Massimo Bergamini
Graziella Barozzi
Anna Trifone

5 Matematica.blu 2.0

Seconda edizione

Matematica e arte

Ellsworth Kelly di Emanuela Pulvirenti

Che cos'è quella strana macchia blu in copertina? Difficile crederlo, ma è un quadro: un'opera di Ellsworth Kelly dal titolo *Blue Panel*. Certo, ha una forma anomala, dimensioni esagerate, non presenta immagini né disegni astratti, non si capisce quale sia il significato... eppure è un dipinto a tutti gli effetti. E come tutti i dipinti, anche quelli più essenziali, nasce dall'esigenza di rappresentare un aspetto della realtà. Nel caso di Kelly, artista americano morto a dicembre del 2015 all'età di 92 anni, quell'aspetto è la forma che hanno le cose, soprattutto quelle della natura e delle piante a lungo disegnate negli anni della formazione.

"Non sono interessato alla struttura di una roccia ma alla sua ombra", amava dire Kelly.

I contorni delle cose, dunque, sono per Kelly più importanti di quello che ci sta dentro; la sagoma del quadro è più interessante del colore con cui è riempito. Si tratta quindi di un'esplorazione precisa e paziente delle infinite geometrie del quadro. Un'operazione di reinvenzione del mondo attraverso un linguaggio "pulito" e astratto. Talmente rigoroso e oggettivo che l'opera deve quasi sembrare essersi fatta da sé, senza l'intervento della volontà dell'artista.

La sua produzione è vicina al movimento del *Hard Edge Painting*, la pittura realizzata con campiture uniformi accostate in modo netto, ed è affine al *Minimalismo*, la corrente artistica che si esprime con elementi geometrici semplici e basilari. Eppure la sua opera sfugge a queste definizioni, perché riduce la tavolozza a pochi colori base, per di più usati separatamente, e poi perché le sue tele, con quelle forme originali e non classificabili, possiedono un dinamismo estraneo all'arte minimalista.

Le sue sagome colorate parlano lo stesso linguaggio essenziale ed esatto della matematica, sono formule visive che raccontano, proprio come fa questo libro, un universo misterioso tutto da scoprire.

Per saperne di più vai **su.zanichelli.it/copertine-bergamini**

Ellsworth Kelly, *Blue Panel*, 1999
olio su tela
203,2 × 220 cm

ZANICHELLI

SOMMARIO

Nell'eBook (Capitolo 21)

1 video (• Dominio di una funzione)

e inoltre 11 animazioni

TUTOR matematica **45 esercizi interattivi in più**

risorsa riservata a chi ha acquistato l'edizione con tutor

Nell'eBook (Capitolo 22)

4 video (• Limite finito di una funzione in un punto • Limite di una funzione in un punto • Limite di una funzione all'infinito • Teorema del confronto)

e inoltre 10 animazioni

TUTOR matematica **45 esercizi interattivi in più**

risorsa riservata a chi ha acquistato l'edizione con tutor

CAPITOLO 23

CALCOLO DEI LIMITI E CONTINUITÀ DELLE FUNZIONI

Nell'eBook

8 video (• Le forme indeterminate $0 \cdot \infty$, $\frac{0}{0}$ • Le forme indeterminate 0^0, ∞^0, 1^∞ • Il limite notevole $\lim_{x \to 0} \frac{e^x - 1}{x}$ • Infinitesimi, infiniti e loro confronto • Continuità • Teoremi sulle funzioni continue • Punti di discontinuità • Asintoti)

e inoltre 12 animazioni

TUTOR matematica **45 esercizi interattivi in più**

risorsa riservata a chi ha acquistato l'edizione con tutor

CAPITOLO 24

SUCCESSIONI E SERIE

Nell'eBook

2 video (• Numero di Nepero • Dimostrazione per induzione)

e inoltre 10 animazioni

TUTOR matematica **45 esercizi interattivi in più**

risorsa riservata a chi ha acquistato l'edizione con tutor

CAPITOLO 25

DERIVATE

Nell'eBook

6 video (• Derivata in un punto • Continuità e derivabilità • Regole di derivazione: quoziente • Derivata della funzione inversa • Retta tangente al grafico di una funzione • La legge oraria del moto)

e inoltre 15 animazioni

TUTOR matematica **60 esercizi interattivi in più**

risorsa riservata a chi ha acquistato l'edizione con tutor

CAPITOLO 26

TEOREMI DEL CALCOLO DIFFERENZIALE

Nell'eBook

2 video (• Teorema di Lagrange • Segno della derivata e funzioni crescenti e decrescenti)

e inoltre 6 animazioni

TUTOR matematica **45 esercizi interattivi in più**

risorsa riservata a chi ha acquistato l'edizione con tutor

CAPITOLO 27

MASSIMI, MINIMI E FLESSI

Nell'eBook

7 video (• Punti di flesso • Punti stazionari e derivata prima di funzioni derivabili • Massimi, minimi e cuspidi • Punti di non derivabilità • Flessi e derivata seconda • Massimi, minimi, flessi e funzioni con parametri • Problemi di massimo e minimo)

e inoltre 10 animazioni

TUTOR matematica **45 esercizi interattivi in più**

risorsa riservata a chi ha acquistato l'edizione con tutor

CAPITOLO 28

STUDIO DELLE FUNZIONI

Nell'eBook

2 video (• Studio di funzioni • Studio di una funzione logaritmica)

e inoltre 12 animazioni

TUTOR matematica **60 esercizi interattivi in più**

risorsa riservata a chi ha acquistato l'edizione con tutor

CAPITOLO 29

INTEGRALI INDEFINITI

Nell'eBook

5 video (• Integrali di funzioni composte: le potenze • Integrali di funzioni composte: il logaritmo • Integrazione per sostituzione • Integrazione per parti • Integrazione delle funzioni razionali fratte)

e inoltre 18 animazioni

TUTOR matematica **45 esercizi interattivi in più**

risorsa riservata a chi ha acquistato l'edizione con tutor

CAPITOLO 30

INTEGRALI DEFINITI

Nell'eBook

4 video (• Valore medio di una funzione in un intervallo • Integrale definito e calcolo delle aree • Volume dei solidi • Integrali impropri)

e inoltre 13 animazioni

TUTOR matematica **45 esercizi interattivi in più**

risorsa riservata a chi ha acquistato l'edizione con tutor

Nell'eBook

2 video (• Biglia nella glicerina • Oscillatore armonico smorzato)

e inoltre 4 animazioni

TUTOR matematica **45 esercizi interattivi in più**

risorsa riservata a chi ha acquistato l'edizione con tutor

Nell'eBook

2 video (• Roulette e distribuzioni di probabilità • Pacchetti di caffè)

e inoltre 8 animazioni

TUTOR matematica **45 esercizi interattivi in più**

risorsa riservata a chi ha acquistato l'edizione con tutor

Fonti delle immagini

Verso l'INVALSI

I2: horiyan/Shutterstock
I9: Sarah2/Shutterstock

Capitolo 21 Funzioni e loro proprietà

1300: Stokkete/Shutterstock
1304 (a): aprilvalery/Shutterstock
1304 (b): Federico Rostagno/Shutterstock
1315: Sergey Peterman/Shutterstock
1324 (a): Andrey_Popov/Shutterstock
1324 (b): Joat/Shutterstock
1327 (a): mandritoiu/Shutterstock
1327 (b): Pakhnyushchy/Shutterstock
1329 (a): Billion Photos/Shutterstock
1329 (b): isak55/Shutterstock
1337: Kostin/Shutterstock
1338 (a): taa22/Shutterstock
1338 (b): Konstantin Chagin/Shutterstock
1338 (c): Pop Paul-Catalin/Shutterstock
1338 (d): Lane V. Erickson/Shutterstock
1343: André Klaassen/Shutterstock

Capitolo 22 Limiti di funzioni

1373: Armin Rose/Shutterstock
1384: TorriPhoto/Shutterstock
1390 (a): Jason Batterham/Shutterstock
1390 (b): Fouad A. Saad/Shutterstock
1394: svarshik/Shutterstock
1396: Robian/Shutterstock
1408 (a): chromatos/Shutterstock
1408 (b): Georgios Kollidas/Shutterstock
1413: Fouad A. Saad/Shutterstock

Capitolo 23 Calcolo dei limiti e continuità delle funzioni

1441: Anton Bocaling, 2000
1448 (a): Ase/Shutterstock
1148 (b): Noumad Soul/Shutterstock
1451: Tatiana Popova/Shutterstock
1460 (a): Istvan Csak/Shutterstock
1460 (b): Chainfoto24/Shutterstock
1465: Singkham/Shutterstock
1469 (a): abcphotosystem/Shutterstock
1469 (b): IM_photo/Shutterstock
1469 (c): Gergely Zsolnay/Shutterstock
1477 (a): Pete Niesen/Shutterstock
1477 (b): Peter Gudella/Shutterstock
1483: Canon Boy/Shutterstock
1488 (a): Tomas Urbelionis
1488 (b): Sergey Nivens/Shutterstock
1495: sva182/Shutterstock
1498: Rodrigo Garrido
1499: angellodeco/Shutterstock
1500: Numeber001/Shutterstock
1506 (a): momente/Shutterstock
1506 (b): zhang kan/Shutterstock
1507 (a): Marcel Clemens/Shutterstock
1507 (b): Andreas Kraus/Shutterstock
1511: SMA Studio/Shutterstock

Capitolo 24 Successioni e serie

1524: Ivica Drusany/Shutterstock
1527 (a): Sony Ho/Shutterstock
1527 (b): Maurits Cornelis Escher, Salita e discesa, 1970, Fondazione Escher
1533 (a): Viacheslav Rubel/Shutterstock
1533 (b): Zholobov Vadim/Shutterstock
1535: Syda Productions/Shutterstock
1536 (a): conrado/Shutterstock
1536 (b): Ian@ThePaperboy.com/flickr
1544: Bildagentur Zoonar GmbH/Shutterstock
1549: Maryna Pleskun/Shutterstock
1554: ch123/Shutterstock
1555 (a): rallev/Shutterstock
1555 (b): Paolo Schorli/Shutterstock
1556 (a): tomertu/Shutterstock
1556 (b): Maurits Cornelis Escher, Square limit colour, 1964
1559: MaleWitch/Shutterstock

Capitolo 25 Derivate

1562: Analia26/Shutterstock
1564: Tim UR/Shutterstock
1587: Mircea Bezergheanu/Shutterstock
1591: Flat Design/Shutterstock
1601: servickuz/Shutterstock
1611 (a): Ivan Smuk/Shutterstock
1611 (b): Comaniciu Dan/Shutterstock
1611 (c): wavebreakmedia/Shutterstock
1607: Winai Tepsuttinun/Shutterstock
1618: Lepas/Shutterstock
1629: Nickolay Stanev/Shutterstock
1630: Barrawel/Shutterstock
1638 (a): PHOTOMDP/Shutterstock
1638 (b): marcovarro/Shutterstock
1639: prochasson frederic/Shutterstock
1640: Pavel Tops/Shutterstock
1641 (a): Lena Pan/Shutterstock
1641 (b): Jacob Lund/Shutterstock
1643: ncristian/Shutterstock
1644: Nova methodus pro maximis et minimis, Leibniz
1645: Franco Nadalin/Shutterstock
1651: leungchopan/Shutterstock
1652 (a): Spantomoda/Shutterstock
1652 (b): allyy/Shutterstock
1653 (a): Maridav/Shutterstock
1653 (b): nattanan726/Shutterstock
1657: Lucy Liu/Shutterstock

Capitolo 26 Teoremi del calcolo differenziale

1670: Zimmytws/Shutterstock, Tim Scott/ Shutterstock
1677 (a): katalinks/Shutterstock
1677 (b): Paulo Goncalves/Shutterstock
1683: Dokmaihaeng/Shutterstock
1700: Vladimir Melnikov/Shutterstock
1701: BestPhotoStudio/Shutterstock

Capitolo 27 Massimi, minimi e flessi

1722: GoodMood Photo/Shutterstock
1724: xoomer.virgilio.it
1737: andersphoto/Shutterstock
1738: Ken Weinrich/Shutterstock
1740: alex7370/Shutterstock
1766: Villiers Steyn/Shutterstock
1767: Vadim Ratnikov/Shutterstock
1768 (a): yurchello108/Shutterstock
1768 (b): Vladimiroquai/Shutterstock
1769: Syda Productions/Shutterstock
1775: Lighthunter/Shutterstock
1776 (a): Coprid/Shutterstock
1776 (b): Beneda Miroslav/Shutterstock
1776 (c): Alexander Chaikin/Shutterstock
1781: Dmitry Kalinovsky/Shutterstock

Capitolo 28 Studio delle funzioni

1787: Jan van der Hoeven/Shutterstock
1806 (a): Elena Kharichkina/Shutterstock
1806 (b): TK Studio/Shutterstock
1811: Mary Rice/Shutterstock
1818: Izf/Shutterstock
1827: Stefan Schurr/Shutterstock
1839: Yuriy Ponomarev/Shutterstock
1840 (a): Scanrail1/Shutterstock
1840 (b): Suwat wongkham/Shutterstock
1840 (c): Artsplav/Shutterstock
1840 (d): urfin/Shutterstock
1845: PHOTOMDP/Shutterstock
1862: eZeePics/Shutterstock
1864 (a): makuromi/Shutterstock
1864 (b): TorriPhoto/Shutterstock
1865: Spasta/Shutterstock
1873: fujji/Shutterstock

Capitolo 29 Integrali indefiniti

1877: Potapov Alexander/Shutterstock
1898 (a): Natalya Chumak/Shutterstock
1898 (b): Berents/Shutterstock
1898 (c): spinetta/Shutterstock
1905: Instituzioni analitiche ad uso della gioventù italiana, Agnesi
1909 (a): Ljupco Smokovsk/Shutterstocki
1909 (b): MimaCZ/Shutterstock
1910 (a): sheff/Shutterstock
1910 (b): Fouad A. Saad/Shutterstock
1917 (a): Designsstock/Shutterstock
1917 (b): PhotoBalance/Shutterstock
1924: Mark Ahn/Shutterstock
1934: canbedone/Shutterstock
1935 (a): M. Unal Ozmen/Shutterstock
1935 (b). DONOT6_Studio/Shutterstock
1935 (c): seahorsetwo/Shutterstock
1939: Ingrid Balabanova/Shutterstock

Capitolo 30 Integrali definiti

1966: Jurie Maree/Shutterstock
1979: allegro/Shutterstock
1980: Pedarilhos/Shutterstock
1992 (a): dvoevnore/Shutterstock
1992 (b): givaga/Shutterstock
1992 (c): givaga/Shutterstock
1995: SherSor/Shutterstock
1997: Goldenarts/Shutterstock
2001: Anneka/Shutterstock
2006: Blue Planet Earth/Shutterstock
2007: T-gomo/Shutterstock
2008 (a): BlueRingMedia/Shutterstock
2008 (b): bouybin/Shutterstock
2009: TADDEUS/Shutterstock
2021: Sekulovski Emilijan/Shutterstock
2022 (a): Syda Productions/Shutterstock
2022 (b): Aleks vF/Shutterstock
2029: Gita Kulinitch Studio/Shutterstock

Capitolo 31 Equazioni differenziali

2035: Daniel Hebert/Shutterstock
2038: Natalia Lukiyanova/Shutterstock
2039: JonikFoto.pl/Shutterstock
2042: Brian A Jackson/Shutterstock
2049: Sean Locke Photography/Shutterstock
2050 (a): Fouad A. Saad/Shutterstock
2050 (b): ConstantinosZ/Shutterstock
2050 (c): topseller/Shutterstock
2051: Anna Jedynak/Shutterstock
2053: Apolikhina Anna/Shutterstock
2054: Shaiith/Shutterstock
2059: Serjio74/Shutterstock
2060 (a): Andrekart Photography/Shutterstock
2060 (b): Debu55y/Shutterstock
2066 (a): pikselstock/Shutterstock
2066 (b): Danshutter/Shutterstock
2067 (a): jonson/Shutterstock
2067 (b): petelin/Shutterstock
2069: Stock image/Shutterstock

Capitolo σ Distribuzioni di probabilità

σ4: kurhan/Shutterstock
σ17: nazarovsergey/Shutterstock
σ21: charles taylor/Shutterstock
σ28: O.Bellini/Shutterstock
σ38: Chutima Chaochaiya/Shutterstock
σ43: rook76/Shutterstock
σ44 (a): mariakraynova/Shutterstock
σ44 (b): Claudio Gennari/Shutterstock
σ45: Artesia Wells/Shutterstock
σ47: Joana Lopes/Shutterstock
σ50: Swapan Photography/Shutterstock
σ57: Tatyana Kokoulina/Shutterstock
σ58: kao/Shutterstock

Verso l'esame

2070: Dmitry Kalinovsky/Shutterstock
2071: molekuul.be/Shutterstock
2072: kanumen/Shutterstock

DERIVATE

Le derivate

Potenze di x		Funzioni goniometriche
$\mathrm{D}\,k = 0$		$\mathrm{D}\sin x = \cos x$
$\mathrm{D}\,x^a = ax^{a-1}$,	$a \in \mathbb{Q}$	$\mathrm{D}\sin x^\circ = \frac{\pi}{180^\circ}\cos x^\circ$
$\mathrm{D}\,x = 1$		$\mathrm{D}\cos x = -\sin x$
$\mathrm{D}\sqrt{x} = \frac{1}{2\sqrt{x}}$,	$x > 0$	$\mathrm{D}\cos x^\circ = -\frac{\pi}{180^\circ}\sin x^\circ$
$\mathrm{D}\sqrt[n]{x} = \frac{1}{n\sqrt[n]{x^{n-1}}}$,	$x > 0, n \in \mathbb{N}$	$\mathrm{D}\tan x = \frac{1}{\cos^2 x} = 1 + \tan^2 x$
$\mathrm{D}\frac{1}{x} = -\frac{1}{x^2}$		$\mathrm{D}\cot x = -\frac{1}{\sin^2 x} = -(1 + \cot^2 x)$
Funzioni logaritmiche ed esponenziali		**Inverse delle funzioni goniometriche**
$\mathrm{D}\,a^x = a^x \ln a$,	$a > 0$	$\mathrm{D}\arctan x = \frac{1}{1+x^2}$
$\mathrm{D}\,e^x = e^x$		$\mathrm{D}\,\mathrm{arccot}\, x = -\frac{1}{1+x^2}$
$\mathrm{D}\log_a x = \frac{1}{x}\log_a e$,	$x > 0$	$\mathrm{D}\arcsin x = \frac{1}{\sqrt{1-x^2}}$
$\mathrm{D}\ln x = \frac{1}{x}$,	$x > 0$	$\mathrm{D}\arccos x = -\frac{1}{\sqrt{1-x^2}}$

Regole di derivazione

$\mathrm{D}[k \cdot f(x)] = k \cdot f'(x)$

$\mathrm{D}[f(x) + g(x)] = f'(x) + g'(x)$

$\mathrm{D}[f(x) \cdot g(x)] = f'(x) \cdot g(x) + f(x) \cdot g'(x)$

$\mathrm{D}[f(x) \cdot g(x) \cdot z(x)] = f'(x) \cdot g(x) \cdot z(x) + f(x) \cdot g'(x) \cdot z(x) + f(x) \cdot g(x) \cdot z'(x)$

$\mathrm{D}[f(x)]^a = a[f(x)]^{a-1} \cdot f'(x), \quad a \in \mathbb{R}$

$\mathrm{D}\left[\frac{1}{f(x)}\right] = -\frac{f'(x)}{f^2(x)}$

$\mathrm{D}\left[\frac{f(x)}{g(x)}\right] = \frac{f'(x) \cdot g(x) - f(x) \cdot g'(x)}{g^2(x)}$

$\mathrm{D}[f(g(x))] = f'(z) \cdot g'(x), \quad \text{con } z = g(x)$

$\mathrm{D}[f(g(z(x)))] = f'(u) \cdot g'(t) \cdot z'(x), \quad \text{con } t = z(x), u = g(t)$

$\mathrm{D}[f(x)]^{g(x)} = [f(x)]^{g(x)}\left[g'(x)\ln f(x) + \frac{g(x) \cdot f'(x)}{f(x)}\right]$

$\mathrm{D}[f^{-1}(x)] = \frac{1}{f'(x)}, \quad \text{con } x = f^{-1}(y)$

INTEGRALI

Integrali immediati delle funzioni fondamentali

$\int x^\alpha dx = \frac{x^{\alpha+1}}{\alpha+1} + c, \quad \text{con } \alpha \neq -1$	$\int \cos x\, dx = \sin x + c$
$\int \frac{1}{x} dx = \ln\lvert x \rvert + c$	$\int \frac{1}{\cos^2 x} dx = \tan x + c$
$\int e^x dx = e^x + c$	$\int \frac{1}{\sin^2 x} dx = -\cot x + c$
$\int a^x dx = \frac{a^x}{\ln a} + c$	$\int \frac{1}{\sqrt{1-x^2}} dx = \arcsin x + c$
$\int \sin x\, dx = -\cos x + c$	$\int \frac{1}{1+x^2} dx = \arctan x + c$

Integrali la cui primitiva è una funzione composta

$\int [f(x)]^\alpha f'(x)\, dx = \frac{[f(x)]^{\alpha+1}}{\alpha+1} + c, \quad \text{con } \alpha \neq -1$	$\int \frac{f'(x)}{\cos^2 f(x)} dx = \tan f(x) + c$
$\int \frac{f'(x)}{f(x)} dx = \ln\lvert f(x) \rvert + c$	$\int \frac{f'(x)}{\sin^2 f(x)} dx = -\cot f(x) + c$
$\int f'(x)\, e^{f(x)} dx = e^{f(x)} + c$	$\int \frac{f'(x)}{\sqrt{1-[f(x)]^2}} dx = \arcsin f(x) + c$
$\int f'(x)\, a^{f(x)} dx = \frac{a^{f(x)}}{\ln a} + c$	$\int \frac{f'(x)}{1+[f(x)]^2} dx = \arctan f(x) + c$
$\int f'(x) \sin f(x)\, dx = -\cos f(x) + c$	$\int \frac{f'(x)}{\sqrt{a^2-[f(x)]^2}} dx = \arcsin \frac{f(x)}{\lvert a \rvert} + c, \quad \text{con } a \neq 0$
$\int f'(x) \cos f(x)\, dx = \sin f(x) + c$	$\int \frac{f'(x)}{a^2+[f(x)]^2} dx = \frac{1}{a} \arctan \frac{f(x)}{a} + c, \quad \text{con } a \neq 0$

Integrazione per sostituzione

$$\int f(x)\, dx = \int f(g(t)) \cdot g'(t)\, dt$$

Integrazione per parti

$$\int f(x) \cdot g'(x)\, dx = f(x) \cdot g(x) - \int f'(x) \cdot g(x)\, dx$$

COME ORIENTARSI NEL LIBRO

Tanti tipi di esercizi

AL VOLO — **Esercizi veloci**
Per esempio: esercizi dal 575 al 577, pagina 1925.

CACCIA ALL'ERRORE — **Evita i tranelli**
Per esempio: esercizi dal 417 al 419, pagina 1914.

COMPLETA — **Inserisci la risposta giusta**
Per esempio: esercizio 54, pagina 1593.

EUREKA! — **Una sfida per metterti alla prova**
Per esempio: esercizio 15, pagina 2042.

FAI UN ESEMPIO — **Se lo sai fare, hai capito**
Per esempio: esercizio 75, pagina 1676.

LEGGI IL GRAFICO — **Ricava informazioni dall'analisi di un grafico**
Per esempio: esercizio 338, pagina 1908.

REALTÀ E MODELLI — **La matematica di tutti i giorni**
Per esempio: esercizio 557, pagina 2006.

RIFLETTI SULLA TEORIA — **Spiega, giustifica, argomenta**
Per esempio: esercizio 269, pagina 1744.

YOU & MATHS — **La matematica in inglese**
Per esempio: esercizio 101, pagina 2048.

VERO O FALSO? **TEST** **ASSOCIA** — **Vedi subito se hai capito**
Per esempio: esercizi dal 18 al 21, pagina 1801.

15 EUREKA! Supponi che la funzione $y = f(x)$ sia la soluzione dell'equazione differenziale

$$y' = y^2 + 1.$$

Verifica che y è soluzione anche dell'equazione $y'' - 2y^3 = 2y$. La funzione $y = \tan x$ è una soluzione per entrambe le equazioni? [sì]

338 LEGGI IL GRAFICO Determina l'equazione della funzione rappresentata nel grafico, sapendo che è una primitiva di $y = 3x^2 - 1$. $[F(x) = x^3 - x + 2]$

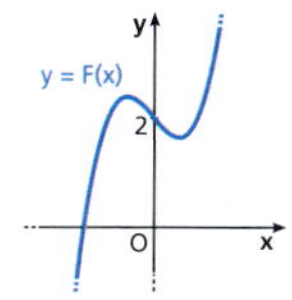

557 REALTÀ E MODELLI **La tromba di Gabriele** La tromba di Torricelli, o di Gabriele, è un solido ottenuto con una rotazione completa intorno all'asse x della curva di equazione $y = \frac{1}{x}$, per $x \geq 1$. Ha la particolarità di avere una superficie infinita ma volume finito. Quanto misura il volume? $[\pi]$

I rimandi alle risorse digitali

Video — **2 ore e 15 minuti di video**
Per esempio: *Punti di flesso*, pagina 1709.

Animazione — **125 animazioni interattive**
Per esempio: esercizi a pagina 1787.

Listen to it — **La lettura di 60 definizioni ed enunciati in inglese**
Per esempio: *Differential equation*, pagina 2030.

TUTOR matematica — risorsa riservata a chi ha acquistato l'edizione con tutor — **570 esercizi interattivi in più**
con suggerimenti teorici, video e animazioni per guidarti nel ripasso.

VERSO L'INVALSI

120 minuti

▸ Su http://online.scuola.zanichelli.it/invalsi trovi tante simulazioni interattive in più per fare pratica in vista della prova INVALSI.

1 Andrea si è dimenticato il codice che deve digitare per aprire il portone del palazzo in cui vive. Sa che è formato da 4 cifre (da 0 a 9), e si ricorda che le cifre diverse che compaiono nel codice sono 3 e che le due cifre uguali sono consecutive. Quanti tentativi dovrebbe fare Andrea, al massimo, per entrare nel palazzo?

2 Considera il polinomio $p(x) = x^3 + 5x^2 + 8x + 4$.

a. $p(x)$ è divisibile per $x+1$. V F

b. $p(-2) = 0$. V F

c. $p(x) > 0$ per $x > -1$. V F

d. $\frac{p(x)}{x+2} \leq 0$ se $x < -2 \vee x \geq -1$. V F

3 La soluzione dell'equazione $2\cos(2x) + 1 = 0$ nell'intervallo $\left[\pi; \frac{3}{2}\pi\right]$ è:

A $\frac{2\pi}{3}$.

B $\frac{4\pi}{3}$.

C $\frac{7\pi}{6}$.

D $\frac{17\pi}{12}$.

4 **5** La pendenza media di una strada si calcola come il rapporto (solitamente espresso in percentuale) $\frac{\Delta h}{\Delta x}$, dove Δh è il dislivello verticale tra il punto iniziale e il punto finale e Δx è la distanza orizzontale (cioè la lunghezza della proiezione sul piano dell'orizzonte).

- Se un tratto di strada con una pendenza costante dell'8% sale di 220 m, qual è la lunghezza, in metri, della strada? (Approssima il risultato all'unità.)

A 2750 m

B 2759 m

C 276 m

D 176 m

- Baldwin Street (a Dunedin, in Nuova Zelanda) è una strada con una pendenza media del 35%. Qual è l'ampiezza dell'angolo che la strada forma con l'orizzonte? Esprimi il risultato in gradi sessagesimali, approssimando il risultato all'unità.

6 **7** Lo specchio in figura ha forma ellittica.

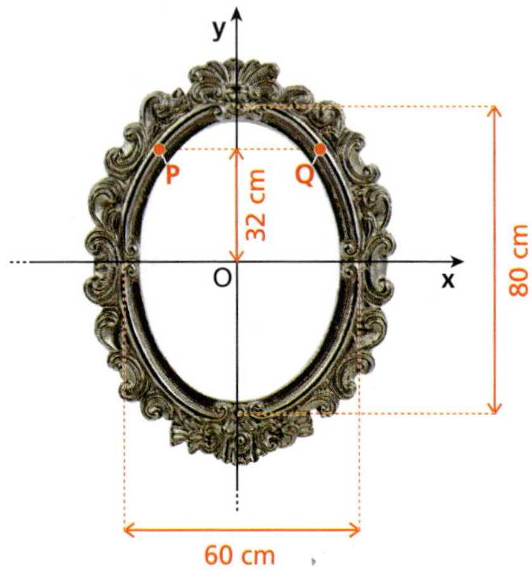

- Qual è l'equazione del bordo dello specchio nel sistema di riferimento cartesiano Oxy?

A $900x^2 + 1600y^2 = 1$

B $3600x^2 + 6400y^2 = 1$

C $\frac{x^2}{900} + \frac{y^2}{1600} = 1$

D $\frac{x^2}{3600} + \frac{y^2}{6400} = 1$

- Lo specchio viene appeso tramite due gancetti situati nei punti P e Q dell'ellisse (sul retro dello specchio). Quanto distano tra loro i due gancetti?

8 Quale delle seguenti coniche ha come centro di simmetria il punto $(1; 1)$?

A $x^2 + \frac{y^2}{4} = 1$

B $x^2 + y^2 + 2x + 2y + 1 = 0$

C $y = x^2 - 3$

D $xy - x - y = 0$

9 Nel seguente grafico è rappresentata una funzione del tipo $y = a^x + b$.

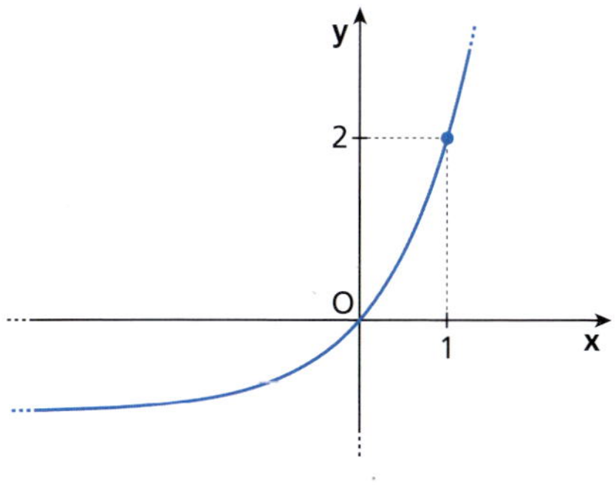

Trova a e b.

A $a = 2, b = 0$

B $a = 2, b = -1$

C $a = 3, b = 0$

D $a = 3, b = -1$

10 Nel gioco della briscola si distribuiscono 3 carte (da un mazzo di 40) a ciascun giocatore. Qual è la probabilità, per un giocatore, di avere una mano formata da 3 assi?

11 Considera un cono con raggio di base R e altezza h. Quale delle seguenti funzioni esprime il raggio della sezione circolare ottenuta intersecando con il cono il piano parallelo alla base e a distanza x da essa?

A $f(x) = \sqrt{R^2 + x^2}$

B $f(x) = \sqrt{R^2 + (h-x)^2}$

C $f(x) = \frac{R}{h}(h-x)$

D $f(x) = \frac{h}{R}(R-x)$

12 Qual è il più grande fra i seguenti numeri?

A $\sqrt{2^5}$

B $\left(\frac{1}{2^{-10}}\right)^{\frac{1}{4}}$

C 4

D $\left(\frac{1}{16}\right)^{-\frac{3}{4}}$

13 Un'urna contiene 5 palline, numerate da 1 a 5. Marco estrae 2 palline consecutivamente, senza rimettere la prima nell'urna. Qual è la probabilità che Marco estragga due palline entrambe contrassegnate da numeri pari?

A $\frac{1}{10}$

B $\frac{4}{25}$

C $\frac{6}{25}$

D $\frac{1}{4}$

14 Quale delle seguenti coppie di equazioni rappresenta una trasformazione geometrica che trasforma la retta di equazione $x = 2y$ in se stessa?

A $\begin{cases} x' = 3x - 4 \\ y' = 3y - 2 \end{cases}$

B $\begin{cases} x' = -y \\ y' = x \end{cases}$

C $\begin{cases} x' = x + 1 \\ y' = y + 2 \end{cases}$

D $\begin{cases} x' = 2 - x \\ y' = 4 - y \end{cases}$

15 La disequazione $\sqrt{x^2} < x + 1$ ha come soluzione:

A $-\frac{1}{2} < x < 0.$

B $x \geq 0.$

C ogni $x \in \mathbb{R}.$

D $x > -\frac{1}{2}.$

16 **17** Alle elezioni universitarie si presentano la lista A e la lista B, ognuna delle quali ha 5 componenti. I seggi da assegnare sono 5. Per ripartirli fra le due liste, si procede come segue:

- si determinano i *quozienti di lista*, dividendo i voti ricevuti da ogni lista per 1, 2, 3, 4 e 5;
- si dispongono in ordine decrescente i quozienti così ottenuti: i primi 5 quozienti determinano la ripartizione dei seggi.

Il totale dei voti validi ricevuti dalle due liste è 220.

■ Se la lista A riceve 152 voti, a quanti seggi ha diritto?

A 2

B 3

C 4

D 5

■ Qual è il numero minimo di voti che deve ricevere A per ottenere tutti e 5 i seggi?

18 Se $a > 0$, quanto vale $\log_a\left(\frac{\sqrt{a}}{a^2}\right)$?

19 Se

$$0 < \alpha < \frac{\pi}{2} \text{ e } \sin\alpha = \frac{4}{5},$$

quanto vale $\tan(2\alpha)$?

20 Quale delle seguenti è la soluzione di $\log_3 x - 2 \leq 0$?

A $0 < x \leq 2$

B $x \geq 2$

C $0 < x \leq 9$

D $x \geq 9$

21 Una stanza a forma di parallelepipedo ha le dimensioni in figura.

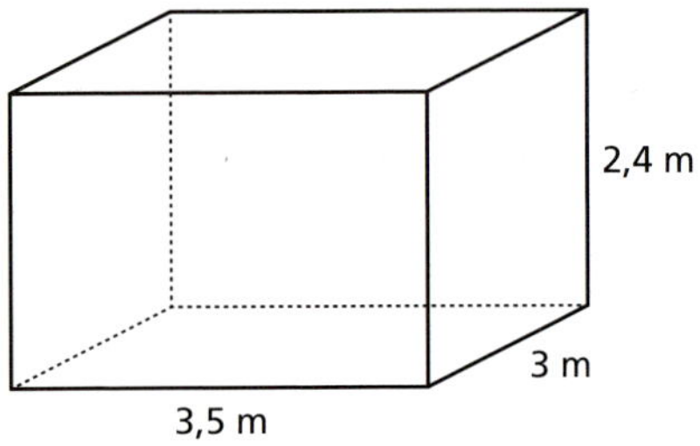

Si vuole passare una mano di vernice sulle pareti e sul soffitto. Se 25 litri di vernice sono sufficienti per 225 m^2, quanti litri di vernice sono necessari per dipingere la stanza? (Approssima il risultato al decimo.)

22 Un rettangolo ha area $\frac{27}{5}$ e perimetro $\frac{51}{5}$. Qual è la lunghezza della sua diagonale?

23
24 Su un articolo di giornale del 2016, intitolato «Fotovoltaico solare: crescita esponenziale fino al 2020», si legge la seguente frase:
«Secondo gli analisti, il fatturato del mercato globale del settore crescerà fino a 179,13 miliardi di dollari nel 2020, con un tasso di crescita annuo del 9,5%».

- Se a è il fatturato del 2015 (in miliardi di dollari), quale delle seguenti funzioni esprime il fatturato dopo n anni a partire dal 2015?

  A $f(n) = a \cdot 109{,}5^n$
  B $f(n) = a \cdot 1{,}095^n$
  C $f(n) = a \cdot 9{,}5^n$
  D $f(n) = a \cdot 0{,}095^n$

- Determina il fatturato del 2015, in miliardi di dollari (approssima il risultato al centesimo).

25 Scrivi l'equazione di una parabola con il vertice di ordinata 2 e tangente nell'origine alla bisettrice del primo e del terzo quadrante.

26 Considera la seguente successione definita ricorsivamente:

$$\begin{cases} a_0 = \frac{1}{2} \\ a_{n+1} = 2a_n \end{cases}.$$

Quanto vale a_{100}?

A 2^{99}
B 2^{100}
C $\frac{1}{2} + 200$
D $\frac{1}{2} + 198$

27 La funzione $f(x) = \sin^2 x$:

a. è periodica. **V** **F**
b. ha come dominio $\mathbb{R}$. **V** **F**
c. ha come insieme immagine l'intervallo $[-1; 1]$. **V** **F**
d. è pari. **V** **F**

28 La soluzione dell'equazione $8 \cdot 7^x - 7 = 0$ è:

A $1 + \log_7 8$.
B $\log_{\frac{7}{8}} 7$.
C $\log_8 7 - 1$.
D $1 - \log_7 8$.

29 Il dominio naturale di $f(x) = \ln(\cos x)$ è:

A $-\frac{\pi}{2} + 2k\pi < x < \frac{\pi}{2} + 2k\pi, k \in \mathbb{Z}$.
B $x \neq \frac{\pi}{2} + k\pi, k \in \mathbb{Z}$.
C $x > 0$.
D $x \in \mathbb{R}$.

30 Un foglio A4 (21 cm × 29,7 cm) viene ritagliato come mostrato in figura.

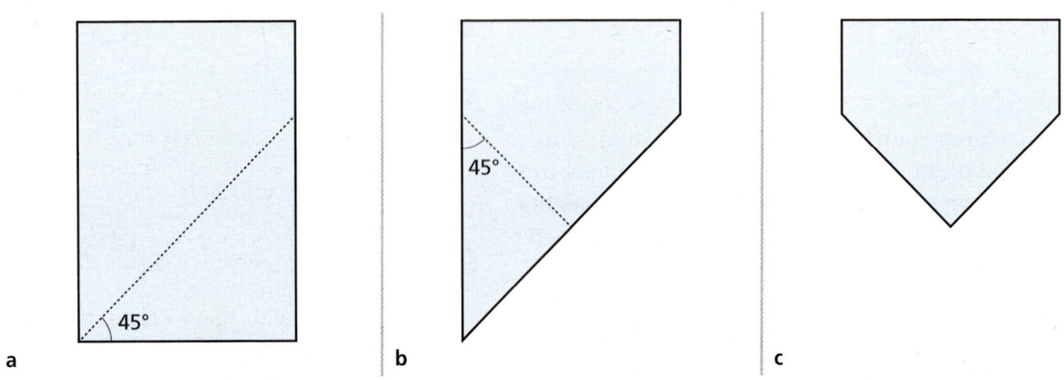

Qual è l'area del foglio (in cm^2) dopo i due tagli? (Approssima il risultato all'unità.)

31 Sul tetto schematizzato in figura si è accumulato uno strato uniforme di neve alto $h = 30$ cm.

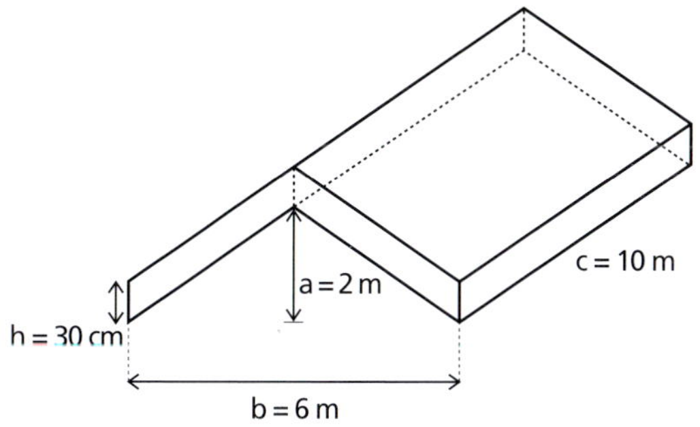

Se la densità della neve è 120 kg/m³, qual è la massa, in kg, della neve sul tetto?

32 Un albero alto 4 m proietta un'ombra lunga 9 m. Qual è, approssimativamente, l'angolo di inclinazione dei raggi solari rispetto all'orizzonte?

A 66°
B 64°
C 25°
D 24°

33 **34** Oggi la professoressa di italiano interroga. Per farlo, apre a caso il libro (che ha 612 pagine) e guarda il numero della pagina. Se coincide con il numero di registro di uno degli studenti, lo sceglie, altrimenti somma le cifre del numero, e ripete il procedimento finché ottiene un numero di registro (la classe è composta da 21 studenti). Per esempio, se esce il numero 599, sommando le cifre si ottiene $5 + 9 + 9 = 23$, che è più grande di 21, quindi viene interrogato il numero $2 + 3 = 5$ sul registro.

- Carlo si sente tranquillo, perché è il secondo sul registro. Qual è la probabilità che Carlo venga interrogato?

A $\frac{1}{612}$
B $\frac{1}{306}$
C $\frac{1}{153}$
D $\frac{1}{102}$

- Il prof. di matematica, invece, per interrogare prende un libro di 210 pagine, lo apre a caso, calcola il resto nella divisione per 21 del numero di pagina e somma 1. Spiega perché questo metodo è più equo rispetto a quello della prof. di italiano.

35 In un triangolo la base è il triplo dell'altezza. Se l'area del triangolo è 24 cm², quanto è lunga, in cm, la base?

36 Determina l'area della figura formata dai punti $(x; y)$ del piano che soddisfano la disuguaglianza $|x| + 2|y| \leq 1$.

37 Nel laboratorio di fisica Johnny sta facendo un esperimento con un pendolo di lunghezza $l = 0,8$ m. Vuole studiare le oscillazioni per piccoli angoli, quindi l'angolo di apertura α non deve superare i 15°.

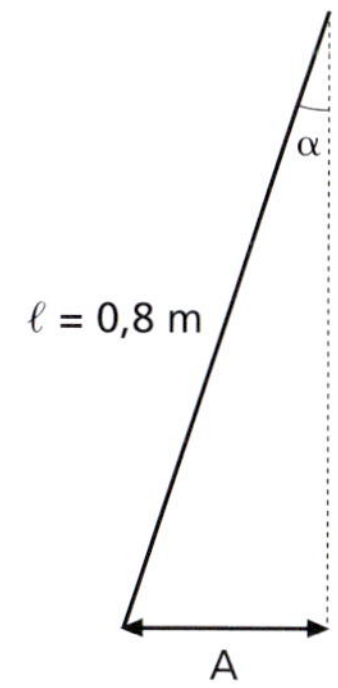

Qual è la massima ampiezza A dalla quale Johnny può far partire l'oscillazione? Esprimi il risultato in centimetri, approssimando al decimo.

38 Il grafico riporta la ripartizione (in percentuale) delle modalità di gestione dei rifiuti urbani in quattro Paesi dell'Unione europea nel 2013 (fonte: Ispra).

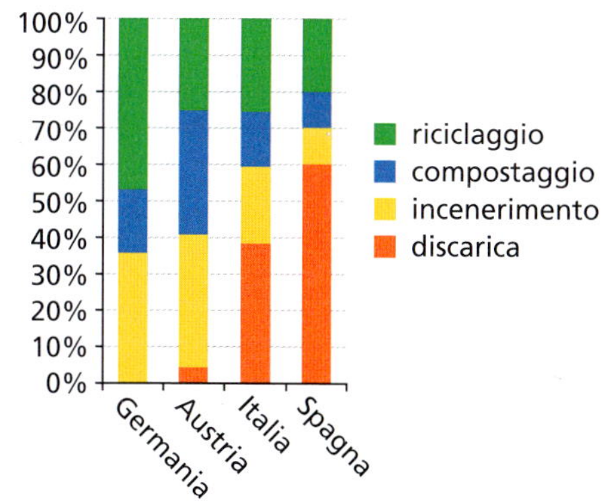

a. L'Austria e la Germania conferiscono in discarica meno del 5% dei rifiuti. V F

b. L'Italia incenerisce una quota percentuale maggiore di rifiuti rispetto alla Germania. V F

c. La Spagna ricicla circa il 20% dei rifiuti. V F

d. La quota di rifiuti italiani avviati al riciclaggio o al compostaggio è maggiore del 40%. V F

VERSO L'INVALSI

120 minuti

▸ Su http://online.scuola.zanichelli.it/invalsi trovi tante simulazioni interattive in più per fare pratica in vista della prova INVALSI.

1 Siano x e y numeri reali tali che $y < 0 < x < \sqrt{x}$. Quale delle seguenti disuguaglianze è sicuramente vera?

A $y^2 > x$

B $x > 1$

C $y < xy$

D $\sqrt{xy^2} < xy$

2 Considera la funzione $f(x) = \dfrac{x^2}{2x+1}$.

a. f è una funzione pari. V F

b. $\lim_{x \to -\frac{1}{2}^+} f(x) = -\infty$ V F

c. $\lim_{x \to +\infty} f(x) = +\infty$ V F

d. $\lim_{x \to +\infty} \dfrac{f(x)}{x} = \dfrac{1}{2}$ V F

3 Con un pentolino di forma cilindrica, pieno d'acqua fino all'orlo, si riescono a riempire completamente 5 bicchieri identici, di forma cilindrica e con la stessa altezza del pentolino. Qual è il rapporto tra il raggio di base del pentolino e quello di un bicchiere?

4 Ogni sabato sera Daria va alla gelateria Pinguino. Può scegliere tra 26 gusti di gelato. Decide che ogni settimana dovrà ordinare una combinazione diversa di tre gusti. Per quante settimane potrà rispettare questa decisione?

5 Quali sono le soluzioni dell'equazione

$$\frac{\sqrt{x^2-1}}{x-3} = -1?$$

6 Quante soluzioni ha l'equazione

$$\sin x + 1 - x^2 = 0?$$

A 1

B 2

C 3

D Infinite.

7 Quale tra le seguenti equazioni rappresenta una retta tangente alla circonferenza di centro $C(1; 0)$ e raggio $r = 2$ nel suo punto di intersezione con l'asse y di ordinata positiva?

A $\sqrt{3}\,y + x - 3 = 0$

B $y = 3$

C $y = \sqrt{3}$

D $x = \sqrt{3}\,y - 3$

8 Qual è la soluzione di $27 \cdot 3^{-x} < 9^{\frac{x}{4}}$?

A $x > 2$ B $x < 2$ C $x > \dfrac{4}{5}$ D $x < \dfrac{4}{5}$

9 Il ramo di un albero è lungo 1,2 m e forma con il tronco un angolo di 38°. Qual è la distanza, in metri, fra il tronco e l'estremità del ramo? (Approssima il risultato alla seconda cifra decimale.)

10 La soffitta di Elena ha la forma in figura.

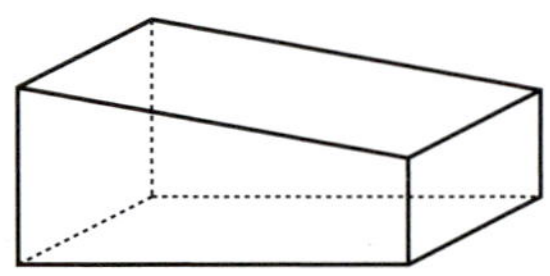

L'area del pavimento è 18 m², l'altezza massima della stanza è 2,6 m e quella minima 1,6 m. Qual è il volume, in m³, della soffitta di Elena?

A 37,8 B 28,8 C 46,8 D 74,88

11 **12** Irene osserva per 15 minuti le auto che passano davanti alla finestra della sua camera, e per ogni auto che passa segna il numero di passeggeri a bordo.

Numero passeggeri	1	2	3	4	5
Numero auto	25	8	6	0	1

- Qual è la moda del numero di passeggeri per auto?
- Qual è la media del numero di passeggeri per auto?

13 Qual è la scomposizione in fattori primi del numero $4^{10} + 4^{11} + 4^{12}$?

A 2^{2640}
C $2^{20} \cdot 3 \cdot 7$
B $2^{22} \cdot 5$
D 2^{1322}

14 **15** Considera la seguente figura.

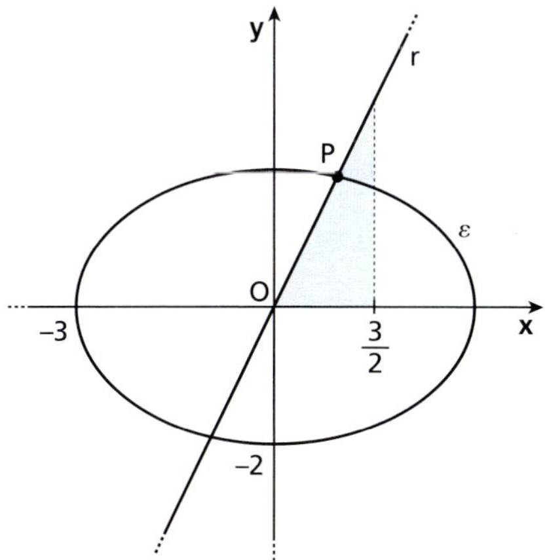

■ Se il triangolo colorato in figura ha area $\frac{9}{4}$, qual è l'equazione della retta *r*?

A $y = -\frac{1}{2}x$
B $y = 2x$
C $y = x - \frac{1}{2}$
D $y = 2x - 1$

■ Qual è l'equazione dell'ellisse ε?

16 La funzione $f(x) = \frac{1}{2^x} - 1$:

a. è crescente. V F
b. ha come dominio $\mathbb{R}$. V F
c. ha come insieme immagine $f(x) > -1$. V F
d. non ha zeri. V F

17 Il volume di un parallelepipedo a base quadrata è 288, mentre la sua superficie laterale è 192. Qual è la superficie totale del parallelepipedo?

18 Due fratelli possiedono un terreno di forma triangolare, rappresentato in figura dal triangolo *ABC*. Vogliono dividerlo in due parti che abbiano la stessa area, posizionando una recinzione lungo il segmento *PQ*, parallelo al lato *BC*.

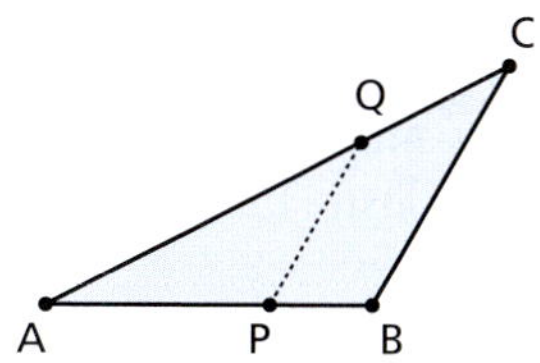

Se il lato *AB* è lungo 80 m, quale deve essere la distanza tra il punto *P* e il punto *A*?

A 60 m
B 40 m
C Circa 57 m.
D Circa 53 m.

19 Quale dei seguenti grafici si ottiene applicando alla circonferenza di equazione $x^2 + y^2 = 1$ la trasformazione di equazioni $\begin{cases} x' = 2x + 2 \\ y' = y - 1 \end{cases}$?

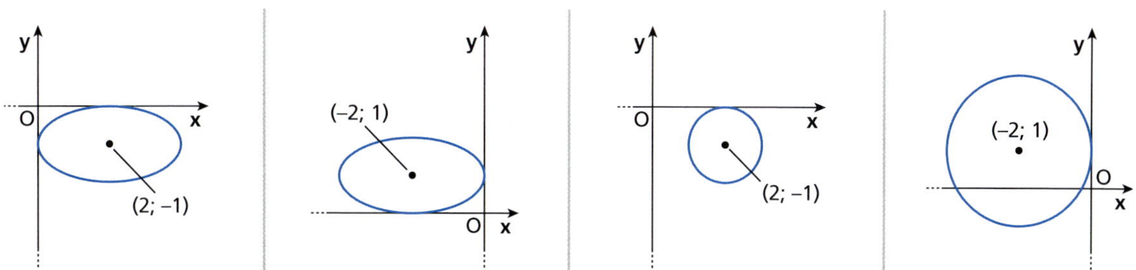

A B C D

20 Il triangolo ABC ha il lato AB di misura 6, e gli angoli in A e B rispettivamente di 20° e 40°. Quanto vale l'area del triangolo? (Approssima il risultato al centesimo.)

21 La figura mostra il profilo di un tratto delle montagne russe di un luna park: quello evidenziato in rosso è un arco di parabola.

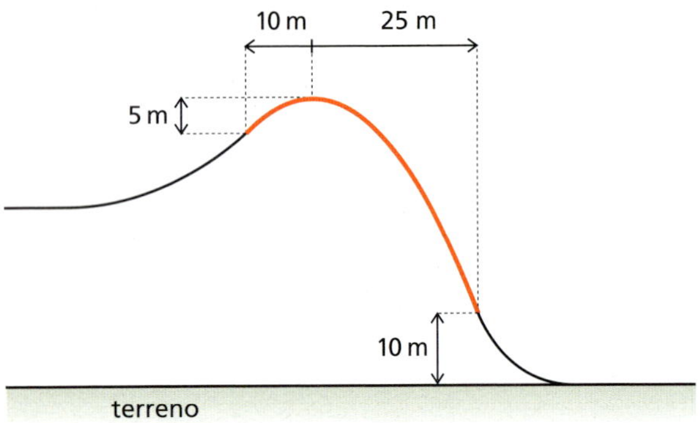

Qual è la massima altezza dal terreno che raggiunge la giostra in questo tratto?

22 **23** Giorgio toglie una torta dal forno. La temperatura della torta al tempo t segue la legge di raffreddamento

$$T(t) = 18 + 182e^{-0,01t},$$

dove il tempo t è misurato in minuti dal momento in cui la torta esce dal forno.

- Qual è la temperatura della torta appena uscita dal forno?

  A 182 °C

  B 201,8 °C

  C 200 °C

  D 18 °C

- Dopo quanti minuti la torta raggiunge la temperatura di 50 °C? (Approssima il risultato all'unità.)

24 Determina le coordinate del punto appartenente alla retta di equazione $2x - y = -5$ più vicino all'origine degli assi.

25 Luigi ha in tasca 3 monete da 50 centesimi, 6 da 20 centesimi, 5 da 10 centesimi e 3 da 5 centesimi. In un negozio deve pagare un articolo da 80 centesimi.
Se prende dalla tasca 4 monete a caso, qual è la probabilità che ottenga la somma giusta?

26 Il dominio di $f(x) = \tan e^x$ è:

A $x \neq e^{\frac{\pi}{2}+k\pi}, k \in \mathbb{Z}$.

B $x \neq \ln\left(\frac{\pi}{2} + k\pi\right), k \in \mathbb{Z}$.

C $x > 0$.

D $x \in \mathbb{R}$.

27 **28** Si stima che il numero di individui di una certa popolazione di parassiti sia rappresentato dalla funzione

$$N(t) = \frac{200}{1 + 4e^{-0,3t}},$$

dove il tempo t è misurato in minuti.

- Qual è il numero iniziale di parassiti, al tempo $t = 0$?

- Cosa succede dopo un tempo molto lungo, secondo questo modello?

  A La popolazione cala fino a raggiungere gli 0 individui.

  B La popolazione si stabilizza intorno ai 200 individui.

  C La popolazione continua a crescere senza limite.

  D La popolazione continua ad aumentare e a diminuire senza stabilizzarsi.

---

29 Se a e b sono numeri reali positivi tali che $ab \neq 1$, $\log_{ab} a + \log_{ab} a^2 + \log_{ab} b + \log_{ab} b^2$ è uguale a:

A $3\log_{ab}(a + b)$.

B 0.

C 2.

D 3.

30 **31** In una rampa inclinata di 18° si vogliono realizzare dei gradini come quello in figura.

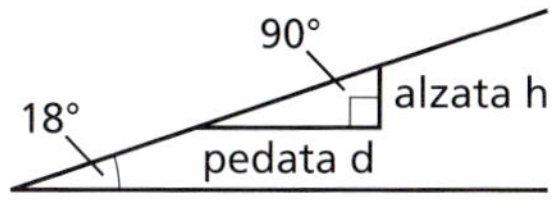

- Se la pedata d del gradino è lunga 40 cm, quanto è lunga, approssimativamente, l'alzata h?

  A 38 cm

  B 123 cm

  C 12 cm

  D 13 cm

- Il dislivello verticale della rampa è 5,8 m. Volendo scavare 40 scalini di uguali dimensioni, qual è la misura, in centimetri, della pedata di ogni gradino? (Approssima il risultato al millimetro.)

32 Per stimare la capacità della damigiana in figura, possiamo approssimare la sua forma all'unione di un tronco di cono e un cono con le dimensioni riportate.

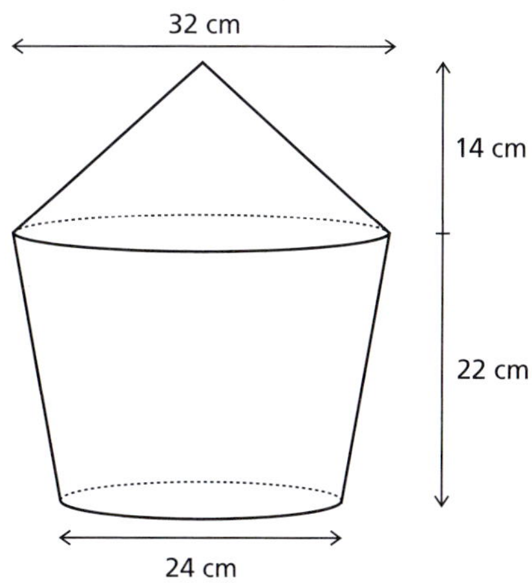

Quanti litri, all'incirca, contiene la damigiana?

A 9 **B** 13 **C** 17 **D** 70

33 **34** Una gallina sta covando 3 uova. Ogni uovo ha una probabilità del 60% di schiudersi.

- Qual è la probabilità che si schiudano tutte e tre le uova?

  A 21,6% **B** 27% **C** 20% **D** 60%

- Qual è la probabilità che si schiuda *almeno* un uovo?

35 Quanto vale la somma dei primi 20 termini della progressione aritmetica di primo termine 4 e ragione 7?

36 Se $\cos\alpha = -\frac{2\sqrt{2}}{3}$, quanto vale $\tan^2(\pi - \alpha)$?

37 Quante sono le soluzioni dell'equazione

$$\sin x^2 = 0$$

nell'intervallo $[-\pi; \pi]$?

A 0 **B** 1 **C** 3 **D** 7

CAPITOLO

21 FUNZIONI E LORO PROPRIETÀ

1 Funzioni reali di variabile reale

Definizione di funzione

▶ Teoria a p. 1302

Richiamiamo il concetto di funzione reale di variabile reale.

Listen to it

A **function** from a subset A of $\mathbb{R}$ to a subset B of $\mathbb{R}$ is a relation that assigns to each element in the set A exactly one element in the set B.

DEFINIZIONE

Dati due sottoinsiemi A e B (non vuoti) di $\mathbb{R}$, una **funzione** f da A a B è una relazione che associa a *ogni* numero reale di A *uno e un solo* numero reale di B.

Scriviamo: $f: A \to B$.

Se a $x \in A$ la funzione f associa $y \in B$, diciamo che y è **immagine** di x mediante f. La legge che definisce la funzione f molto spesso viene indicata con l'equazione $y = f(x)$, detta **espressione analitica** della funzione.
In una funzione $y = f(x)$, x è detta **controimmagine** di y.

A viene detto **dominio** della funzione, e lo indicheremo anche con D, mentre il sottoinsieme di B formato dalle immagini degli elementi di A è detto **codominio** o **immagine** di A ed è indicato con C o con $f(A)$ o con I.

▶ Considera la funzione $y = x^2 - 3$. Quale valore di y associa a $x = 2$?

ESEMPIO

La funzione $f: \mathbb{R} \to \mathbb{R}$, descritta dalla legge matematica $y = -\frac{3}{2}x + 3$, associa a ogni valore di x uno e un solo valore di y. Per esempio, per $x = 4$ si ha $y = -3$.

x è detta **variabile indipendente**, y **variabile dipendente**.
Una funzione può essere anche indicata con un'espressione del tipo $f(x; y) = 0$, detta **forma implicita**, mentre $y = f(x)$ è detta **forma esplicita**. Per esempio, la funzione $3x + 2y - 6 = 0$ è la forma implicita di $y = -\frac{3}{2}x + 3$.

Di una funzione f possiamo disegnare il **grafico**, cioè l'insieme dei punti $P(x; y)$ del piano cartesiano tali che y è immagine di x mediante f, ossia l'insieme dei punti $P(x; f(x))$. Del grafico possiamo cercare le **intersezioni con gli assi**, che si determinano mettendo a sistema l'equazione della funzione con $y = 0$ (equazione dell'asse x) o con $x = 0$ (equazione dell'asse y).

Esistono funzioni, dette **funzioni definite a tratti**, date da espressioni analitiche diverse a seconda dei valori attribuiti alla variabile indipendente.

ESEMPIO

La **funzione valore assoluto** è definita nel seguente modo:

$$y = |x| = \begin{cases} x & \text{se } x \geq 0 \\ -x & \text{se } x < 0 \end{cases}.$$

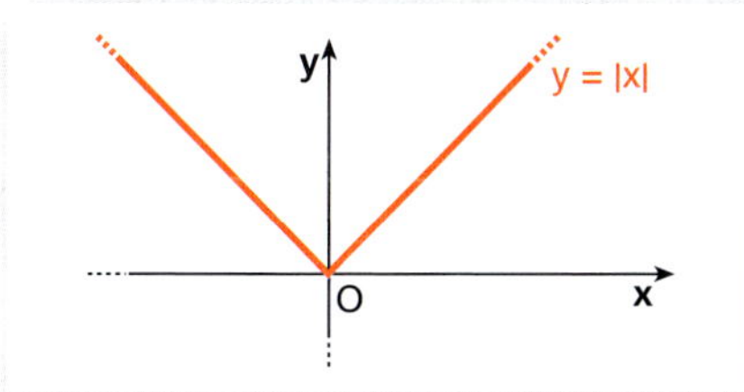

Classificazione delle funzioni

La funzione è **algebrica** se l'espressione analitica $y = f(x)$ che la descrive contiene solo, per la variabile x, operazioni di addizione, sottrazione, moltiplicazione, divisione, elevamento a potenza o estrazione di radice.

Una funzione algebrica è:

- **razionale intera** o **polinomiale** se è espressa mediante un polinomio; in particolare se il polinomio è di primo grado rispetto alla variabile x, la funzione è **lineare**, se il polinomio in x è di secondo grado, la funzione è **quadratica**;
- **razionale fratta** se è espressa mediante quozienti di polinomi;
- **irrazionale** se la variabile indipendente x compare sotto il segno di radice.

Se una funzione $y = f(x)$ non è algebrica, si dice **trascendente**.

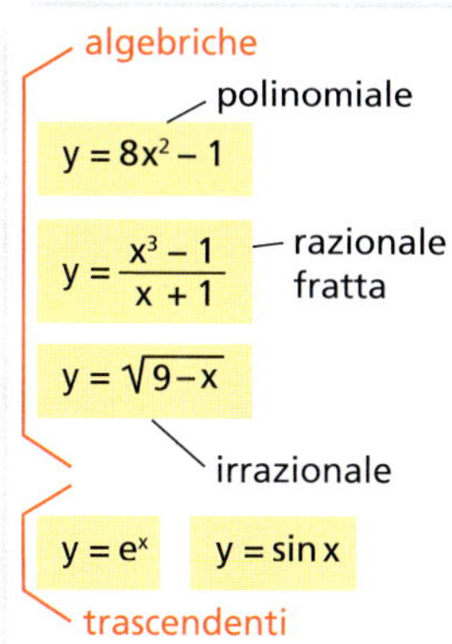

Dominio di una funzione

▶ Teoria a p. 1304

Dominio naturale

Molto spesso una funzione viene assegnata senza indicare il dominio.
In questi casi deve essere determinato il suo *dominio naturale*.

DEFINIZIONE

Il **dominio naturale** (o **campo di esistenza**) della funzione $y = f(x)$ è l'insieme più ampio dei valori reali che si possono assegnare alla variabile indipendente x affinché esista il corrispondente valore reale y.

Chiamiamo il dominio naturale anche soltanto **dominio** e lo indichiamo con D.

ESEMPIO

La funzione $y = \sqrt{x^2 - 4}$ ha come dominio l'insieme dei numeri reali x per i quali il radicando dell'espressione a secondo membro è positivo o nullo, ossia $x \leq -2 \ \vee \ x \geq 2$. In sintesi, D: $x \leq -2 \vee x \geq 2$.

▶ Qual è il dominio di $y = \dfrac{\sqrt{-x^2 + 6x - 8}}{x - 3}$?

Animazione

Nell'animazione, oltre al dominio della funzione dell'esercizio, studiamo anche le intersezioni del suo grafico con gli assi e il segno.

TEORIA

Domini delle principali funzioni

Funzione	Dominio
Funzioni razionali intere: $y = a_0x^n + a_1x^{n-1} + \ldots + a_n$	$\mathbb{R}$
Funzioni razionali fratte: $y = \frac{P(x)}{Q(x)}$ (P e Q polinomi)	$\mathbb{R}$ esclusi i valori che annullano $Q(x)$
Funzioni irrazionali: $y = \sqrt[n]{f(x)}$	$\{x \in \mathbb{R} \mid f(x) \geq 0\}$, se n è pari dominio di $f(x)$, se n è dispari
Funzioni logaritmiche: $y = \log_a f(x)$ $\quad a > 0, a \neq 1$	$\{x \in \mathbb{R} \mid f(x) > 0\}$
Funzioni esponenziali:	
$y = a^{f(x)}$ $\quad a > 0, a \neq 1$	dominio di $f(x)$
$y = [f(x)]^{g(x)}$	$\{x \in \mathbb{R} \mid f(x) > 0\} \cap$ dominio di $g(x)$
$f(x)^\alpha$ $\quad \alpha$ irrazionale	
se $\alpha > 0$	$f(x) \geq 0$
se $\alpha < 0$	$f(x) > 0$
Funzioni goniometriche:	
$y = \sin x$, $y = \cos x$	$\mathbb{R}$
$y = \tan x$	$\mathbb{R} - \left\{\frac{\pi}{2} + k\pi\right\}$, con $k \in \mathbb{Z}$
$y = \cot x$	$\mathbb{R} - \{k\pi\}$, con $k \in \mathbb{Z}$
$y = \arcsin x$, $y = \arccos x$	$[-1; 1]$
$y = \arctan x$, $y = \arccot x$	$\mathbb{R}$

▶ Trova il dominio di
a. $y = (x-1)^{\sqrt{x}}$;
b. $y = x^\pi$;
c. $y = (x-2)^{-\pi}$.

Video

Dominio di una funzione
Il dominio della funzione $f(x) = \tan x \cos x$ è lo stesso di quello della funzione $f(x) = \sin x$? Facciamo alcuni esempi.

Funzioni uguali

DEFINIZIONE
$y = f(x)$ e $y = g(x)$ sono **funzioni uguali** se hanno lo stesso dominio D e $f(x) = g(x)$ per ogni $x \in D$.

ESEMPIO
Le funzioni $f(x) = \frac{x(x^2+1)}{x^2+1}$ e $g(x) = x$ sono uguali perché hanno lo stesso dominio $\mathbb{R}$ e $f(x) = \frac{x(x^2+1)}{x^2+1} = x$ per ogni $x \in \mathbb{R}$.

$f(x) = \frac{x^2 - x}{x-1}$ e $g(x) = x$ *non* sono uguali: $\frac{x(x-1)}{x-1} = x$ *solo se* $x \neq 1$.

Zeri e segno di una funzione

▶ Esercizi a p. 1313

Un numero reale a è uno **zero della funzione** $y = f(x)$ se $f(a) = 0$.

Nel grafico di $f(x)$ gli zeri sono le ascisse dei punti di intersezione con l'asse x. Gli eventuali punti di intersezione con l'asse y si ottengono calcolando $y = f(0)$, se $x = 0$ appartiene al dominio di f.

È possibile anche **studiare il segno** di una funzione $y = f(x)$, cioè cercare per quali valori di x appartenenti al dominio il corrispondente valore di y è positivo, e per quali è negativo. Per esempio, la funzione $y = 2x - 6$ risulta positiva per $x > 3$, nulla per $x = 3$, negativa per $x < 3$.

Animazione

Studiamo i tre casi della figura sotto, partendo dalla funzione $y = 9 - x^2$ e utilizzando una figura dinamica al variare di a e b nel vettore di traslazione $\vec{v}(a; b)$.

Grafici delle funzioni e trasformazioni geometriche

Traslazioni

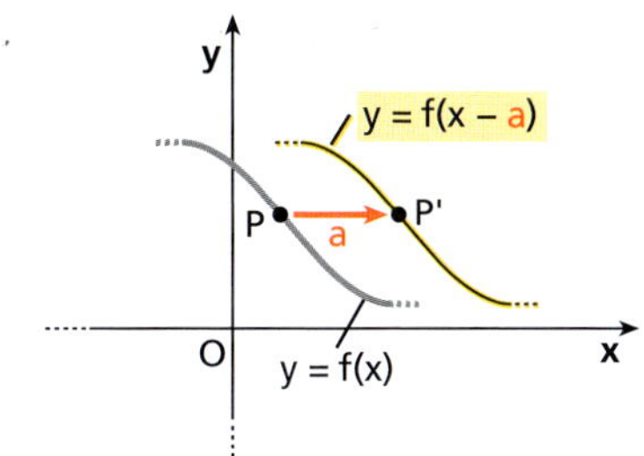

a. Traslazione di vettore parallelo all'asse x.

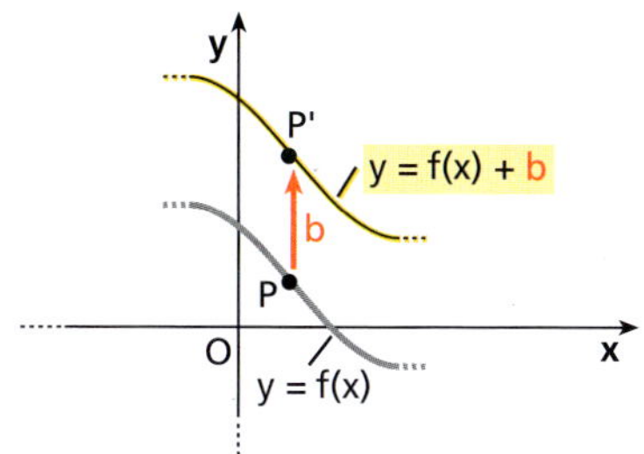

b. Traslazione di vettore parallelo all'asse y.

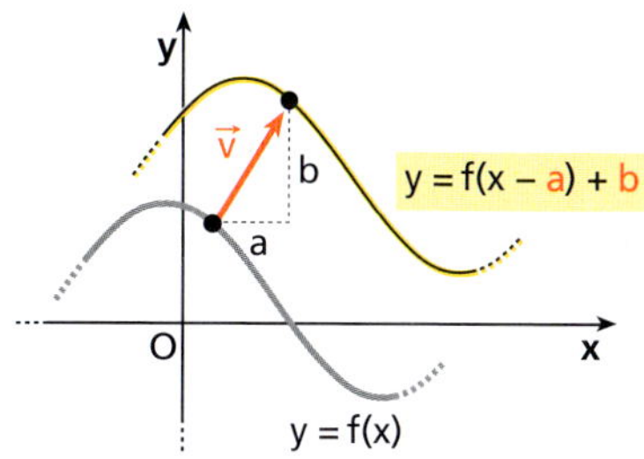

c. Traslazione di vettore $\vec{v}(a;\, b)$.

Simmetrie

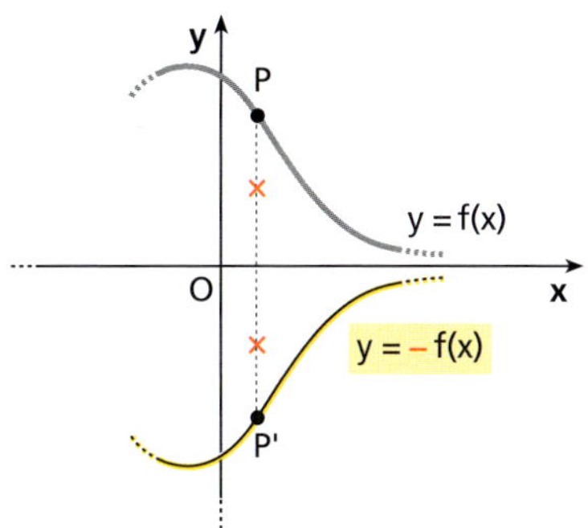

a. Simmetria rispetto all'asse x.

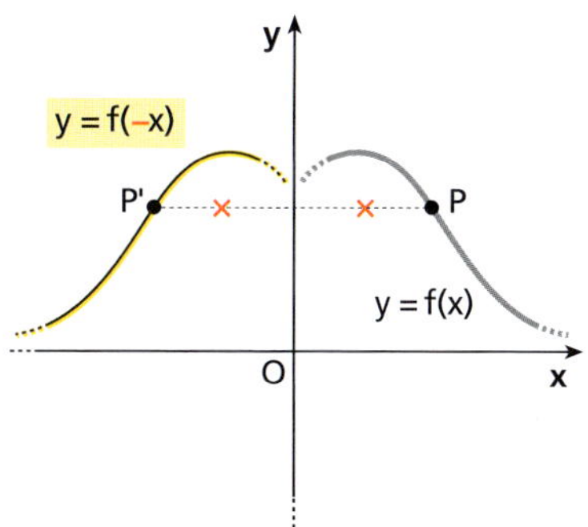

b. Simmetria rispetto all'asse y.

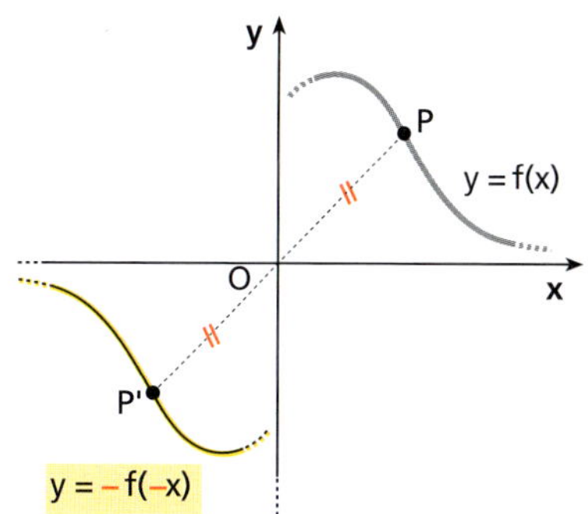

c. Simmetria centrale rispetto a O.

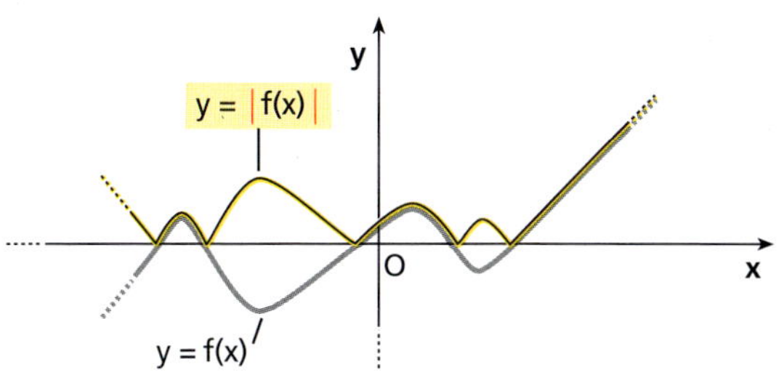

d. Simmetria rispetto all'asse x delle parti del grafico di $y = f(x)$ con $y < 0$.

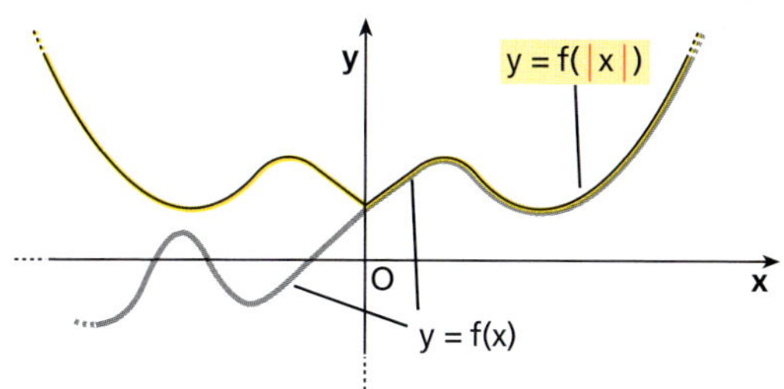

e. Per $x \geq 0$ il grafico è lo stesso di $y = f(x)$, per $x < 0$ il grafico è il simmetrico rispetto all'asse y di quello che $y = f(x)$ ha per $x > 0$.

Dilatazioni

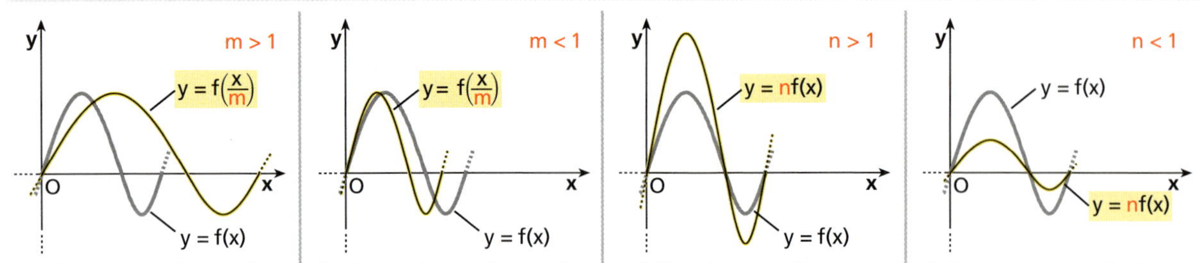

a. Dilatazione orizzontale. **b.** Contrazione orizzontale. **c.** Dilatazione verticale. **d.** Contrazione verticale.

Animazione

Studiamo i quattro casi della dilatazione, partendo dalla funzione $y = x^2 - 3x$ e usando una figura dinamica in cui possiamo variare m e n.

Grafico di $y = f^2(x)$

Dato il grafico di $y = f(x)$, per tracciare l'andamento di quello di $y = f^2(x)$, disegniamo il grafico di $|f(x)|$ e teniamo conto che:

1. se $|f(x)| = 1$, $\quad f^2(x) = 1$;
2. se $|f(x)| = 0$, $\quad f^2(x) = 0$;
3. se $|f(x)| < 1$, $\quad f^2(x) < |f(x)|$;
4. se $|f(x)| > 1$, $\quad f^2(x) > |f(x)|$.

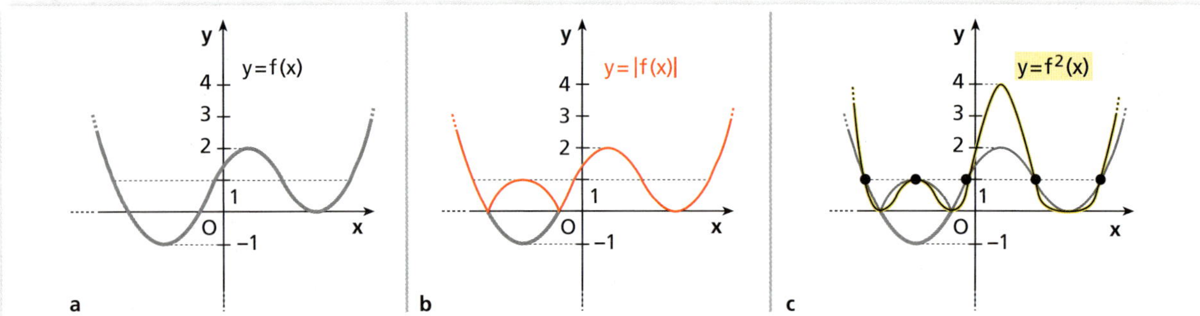

Grafico di $y = \sqrt{f(x)}$

Dato il grafico di $y = f(x)$, per tracciare l'andamento di quello di $y = \sqrt{f(x)}$, osserviamo che:

1. se $f(x) < 0$, $\quad \sqrt{f(x)}$ non esiste;
2. se $f(x) = 0$, $\quad \sqrt{f(x)} = 0$;
3. se $f(x) = 1$, $\quad \sqrt{f(x)} = 1$;
4. se $0 < f(x) < 1$, $\quad f(x) < \sqrt{f(x)} < 1$;
5. se $f(x) > 1$, $\quad 1 < \sqrt{f(x)} < f(x)$.

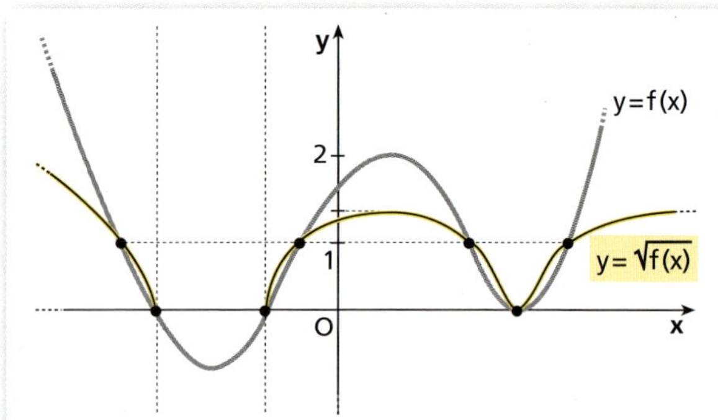

Grafico di $y = \dfrac{1}{f(x)}$

1. Se il grafico di $f(x)$ interseca l'asse x in x_0, per x che si avvicina a x_0:
   - se $f(x) > 0$, $\dfrac{1}{f(x)}$ assume valori positivi sempre più grandi; diciamo che $\dfrac{1}{f(x)}$ tende a $+\infty$;
   - se $f(x) < 0$, $\dfrac{1}{f(x)}$ assume valori negativi, in valore assoluto sempre più grandi; diciamo che $\dfrac{1}{f(x)}$ tende a $-\infty$.

   La retta $y = x_0$ è asintoto verticale.

2. Se $f(x)$ tende a $+\infty$ o $-\infty$, $\frac{1}{f(x)}$ tende a 0.
3. Se $f(a) = 1$ o $f(a) = -1$, a è punto di intersezione fra i grafici di $f(x)$ e di $\frac{1}{f(x)}$.

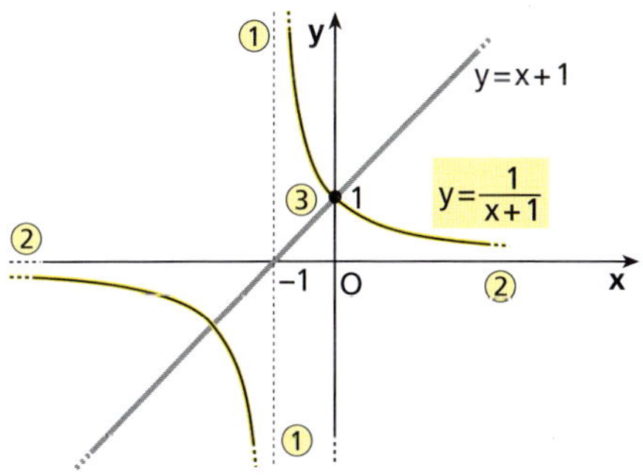

① Se x tende a -1, $\frac{1}{x+1}$ tende a $-\infty$ o a $+\infty$.

② Se $x+1$ tende a $-\infty$ o a $+\infty$, $\frac{1}{x+1}$ tende a 0.

③ Il punto di ordinata 1, appartenente a $y=x+1$, appartiene anche a $y=\frac{1}{x+1}$.

2 Proprietà delle funzioni

Funzioni iniettive, suriettive e biunivoche

▶ Esercizi a p. 1319

DEFINIZIONE

Una funzione da A a B è:
- **iniettiva** se ogni elemento di B è immagine di al più un elemento di A;
- **suriettiva** se ogni elemento di B è immagine di almeno un elemento di A;
- **biunivoca** (o biiettiva) se è sia iniettiva sia suriettiva.

Una definizione equivalente di funzione iniettiva è la seguente:

una funzione è *iniettiva* se a elementi distinti di A corrispondono elementi distinti di B, ossia

$$x_1 \neq x_2 \quad \rightarrow \quad f(x_1) \neq f(x_2).$$

ESEMPIO

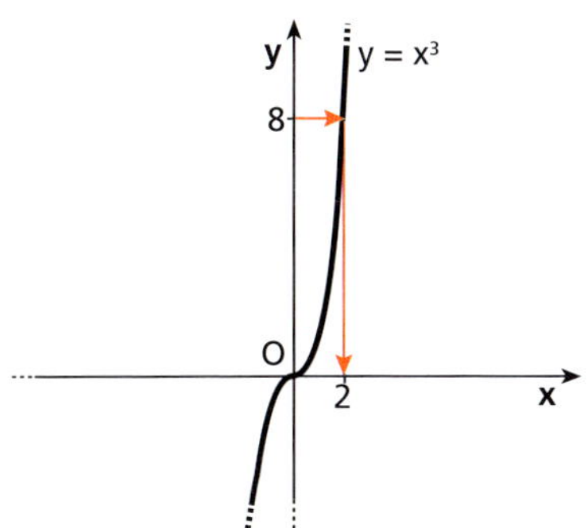

a. La funzione $y = x^3$ è sia iniettiva sia suriettiva perché a ogni valore scelto sull'asse y corrisponde *un* valore (suriettiva) e *un solo* (iniettiva) valore sull'asse x. La funzione è quindi biunivoca.

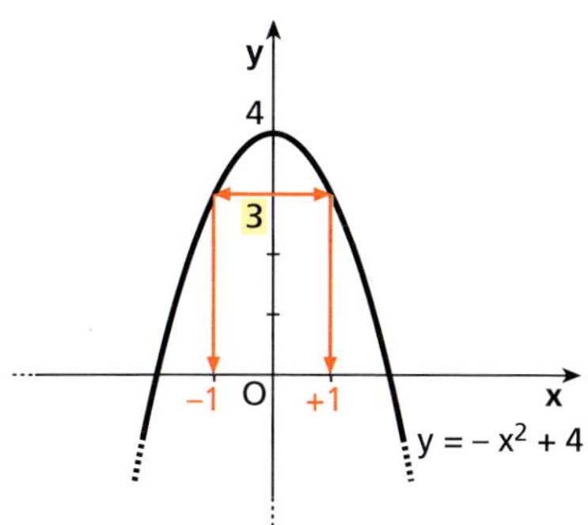

b. La funzione $y = -x^2 + 4$ è suriettiva se si considera come insieme B quello degli y tali che $y \leq 4$, ma *non* è iniettiva perché, scelto nel codominio un y diverso da 4, esso è l'immagine di **due** valori distinti di x.

Listen to it

A **function** from a set A to a set B is said to be:
- an **injection** (or an **injective function**) if it maps distinct objects of set A to distinct objects of set B;
- a **surjection** (or a **surjective function**) if each element of B is the image of at least one element of A;
- a **bijection** (or a **bijective function**) if it is both injective and surjective.

Animazione

Studiamo l'iniettività e la non iniettività delle due funzioni dell'esempio, anche mediante figure dinamiche.

▶ Disegna il grafico di una funzione suriettiva su $\mathbb{R}$ che non sia iniettiva.

TEORIA

Funzioni crescenti, decrescenti, monotòne

▶ Esercizi a p. 1320

Funzioni crescenti

DEFINIZIONE

$y = f(x)$ di dominio $D \subseteq \mathbb{R}$ è una **funzione crescente** in senso stretto in un intervallo I, sottoinsieme di D, se, comunque scelti x_1 e x_2 appartenenti a I, con $x_1 < x_2$, risulta $f(x_1) < f(x_2)$.

ESEMPIO

La funzione $y = \cos x$ è crescente in senso stretto in $[\pi; 2\pi]$.

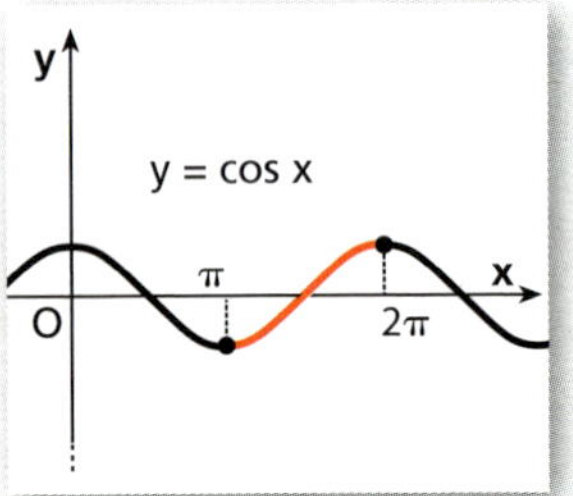

Se nella definizione sostituiamo la relazione $f(x_1) < f(x_2)$ con $f(x_1) \leq f(x_2)$, otteniamo la definizione di funzione **crescente in senso lato**, o anche **non decrescente**. Si può anche dire che la funzione è **debolmente crescente**.

ESEMPIO

$$f(x) = \begin{cases} x + 1 & \text{se } x \leq 1 \\ 2 & \text{se } 1 < x < 4 \\ 2x - 6 & \text{se } x \geq 4 \end{cases}$$

è crescente in senso lato in $\mathbb{R}$.

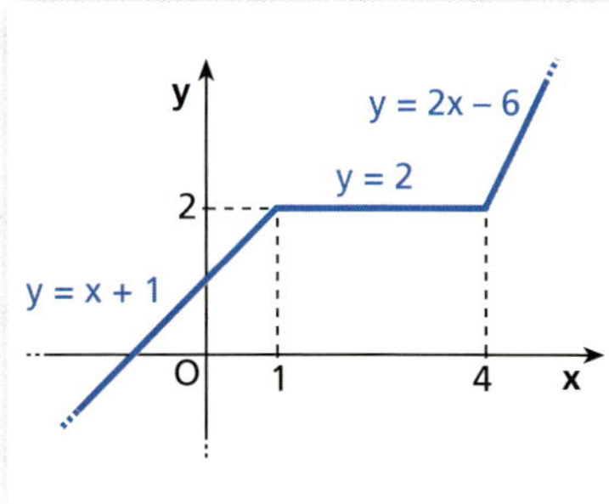

▶ In quale intervallo la funzione $y = x^2 - 2x + 1$ è strettamente crescente?

Funzioni decrescenti

DEFINIZIONE

$y = f(x)$ di dominio $D \subseteq \mathbb{R}$ è una **funzione decrescente** in senso stretto in un intervallo I, sottoinsieme di D, se, comunque scelti x_1 e x_2 appartenenti a I, con $x_1 < x_2$, risulta $f(x_1) > f(x_2)$.

Se nella definizione precedente sostituiamo la relazione $f(x_1) > f(x_2)$ con $f(x_1) \geq f(x_2)$, otteniamo la definizione di funzione **decrescente in senso lato**, o anche **non crescente**. In questo caso si può anche dire che la funzione è **debolmente decrescente.**

In seguito, se diremo che una funzione è crescente (o decrescente), senza aggiungere altro, sarà sottinteso che lo è in senso stretto.

Funzioni monotòne

DEFINIZIONE

Una funzione di dominio $D \subseteq \mathbb{R}$ è **monotòna** in senso stretto in un intervallo I, sottoinsieme di D, se in quell'intervallo è sempre crescente o sempre decrescente in senso stretto. Analoga definizione può essere data per una funzione monotòna in senso lato.

Una funzione f monotòna in senso stretto è sempre iniettiva. Infatti, se f è monotòna in senso stretto, allora per ogni $x_1 \neq x_2$ si ha $f(x_1) < f(x_2)$ oppure $f(x_1) > f(x_2)$; quindi risulta $f(x_1) \neq f(x_2)$, cioè f è iniettiva.

ESEMPIO
$y = \sin x$ è monotòna in senso stretto nell'intervallo $\left[-\frac{\pi}{2}; \frac{\pi}{2}\right]$ e in tale intervallo è iniettiva. Invece, la stessa funzione non è monotòna in $[0; \pi]$, dove non è iniettiva.

► Quale delle due funzioni

$y = x^2 - 4x + 4$,

$y = \frac{1}{2}x + 1$

è monotòna?

Funzioni periodiche

▶ Esercizi a p. 1321

DEFINIZIONE
$y = f(x)$ è una **funzione periodica** di periodo T, con $T > 0$, se, per qualsiasi numero k intero, si ha:

$$f(x) = f(x + kT).$$

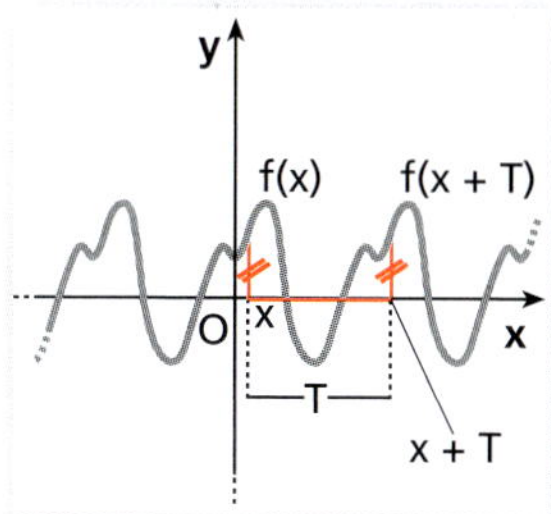

In una funzione periodica il grafico si ripete di periodo in periodo.

Se $f(x)$ è periodica di periodo T, allora non è iniettiva, perché x e $x + kT$ hanno la stessa immagine.

Se una funzione è periodica di periodo T, essa lo è anche di periodo $2T, 3T, 4T, \ldots$

Le dilatazioni modificano il periodo delle funzioni.

Se $f(x)$ è una funzione di periodo T_1, allora $f(kx)$ è periodica di periodo $T = \frac{T_1}{k}$.
Per esempio, $\sin kx$ e $\cos kx$ hanno periodo $\frac{2\pi}{k}$, $\tan kx$ e $\cot kx$ hanno periodo $\frac{\pi}{k}$.

► Qual è il periodo di $y = 2\cos x$? E quello di $y = \cos 2x$?

Funzioni pari e funzioni dispari

▶ Esercizi a p. 1322

DEFINIZIONE
Indichiamo con D un sottoinsieme di $\mathbb{R}$ tale che, se $x \in D$, allora $-x \in D$.
$y = f(x)$ è una **funzione pari** in D se $\boldsymbol{f(-x) = f(x)}$ per qualunque x appartenente a D.

ESEMPIO
$y = f(x) = -x^4 + 2x^2$ è pari perché:

$$f(-x) = -(-x)^4 + 2(-x)^2 = -x^4 + 2x^2 = f(x).$$

► La funzione

$y = \frac{1}{-x^2 + 4}$

è pari?

In generale, se una funzione polinomiale ha espressione analitica contenente soltanto potenze della x con *esponente pari*, allora è pari.
Verifica invece che la funzione $y = f(x) = 2x^4 - x$ **non** è pari perché, sostituendo a x il suo opposto $-x$, non si ottiene $f(x)$.

Se una funzione è **pari**, **il suo grafico è simmetrico rispetto all'asse y**. Infatti, se il punto $P(x; y)$ appartiene al grafico, vi appartiene anche il punto $P'(-x; y)$.

Animazione

Nell'animazione risolviamo i tre esercizi relativi a funzioni pari e funzioni dispari, quello qui sopra e i due della pagina successiva.

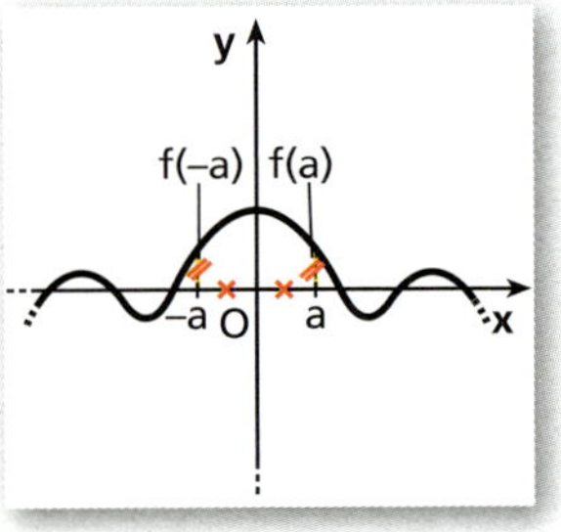

Pertanto, le coordinate di P', pensate come $(x'; y')$, soddisfano le equazioni della simmetria rispetto all'asse y:

$$\begin{cases} x' = -x \\ y' = y \end{cases}.$$

DEFINIZIONE

Indichiamo con D un sottoinsieme di $\mathbb{R}$ tale che, se $x \in D$, anche $-x \in D$. $y = f(x)$ è una **funzione dispari** in D se $\boldsymbol{f(-x) = -f(x)}$ per qualunque x appartenente a D.

▸ Verifica che la funzione $y = f(x) = x^3 + 1$ **non** è dispari.

ESEMPIO

$y = f(x) = 4x^5 - x$ è dispari perché:

$$f(-x) = 4(-x)^5 - (-x) = -4x^5 + x = -(4x^5 - x) = -f(x).$$

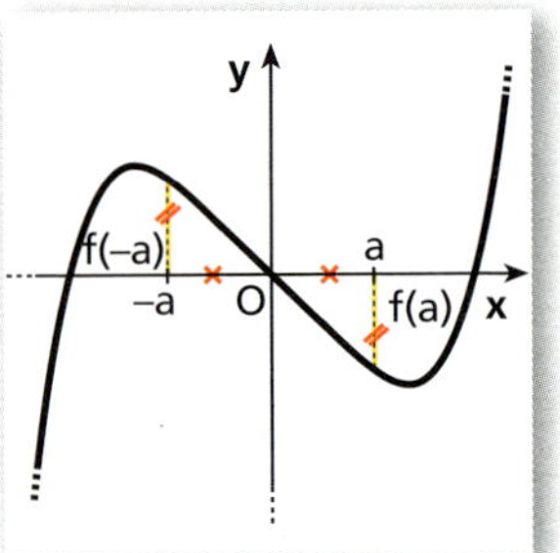

Una funzione polinomiale con espressione analitica contenente solo potenze della x con *esponente dispari* è una funzione dispari.

Se una funzione è **dispari**, **il suo grafico è simmetrico rispetto all'origine degli assi**. Infatti, se il punto $P(x; y)$ appartiene al grafico, vi appartiene anche il punto $P'(-x; -y)$. Pertanto le coordinate di P', pensate come $(x'; y')$, soddisfano le equazioni della simmetria centrale avente come centro l'origine:

$$\begin{cases} x' = -x \\ y' = -y \end{cases}.$$

▸ Verifica che $y = f(x) = x^3 - x^2$ non è né pari né dispari.

Una funzione che non sia pari non è necessariamente dispari (e viceversa).

Proprietà delle principali funzioni trascendenti

Funzione esponenziale

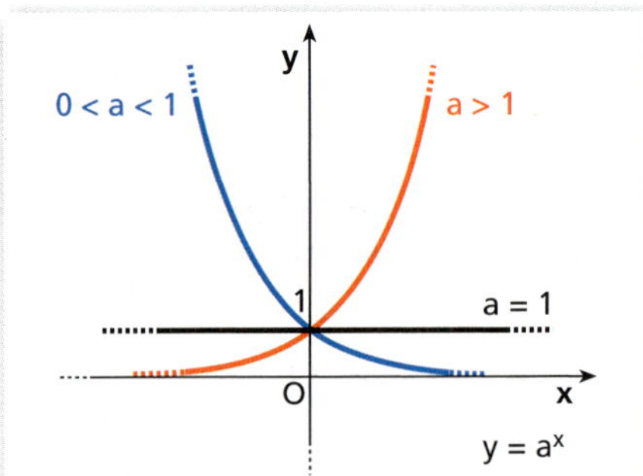

- Ha come **dominio** $\mathbb{R}$ e come **codominio**, se $a \neq 1$, $\mathbb{R}^+$, ossia il suo grafico sta tutto «sopra» l'asse x.
- Il grafico **non interseca** l'asse x, **interseca** l'asse y in $(0; 1)$.
- Se $a > 1$, è una funzione sempre **crescente**; se $0 < a < 1$, è sempre **decrescente**; se $a = 1$, è **costante** e vale 1.

Funzione logaritmica

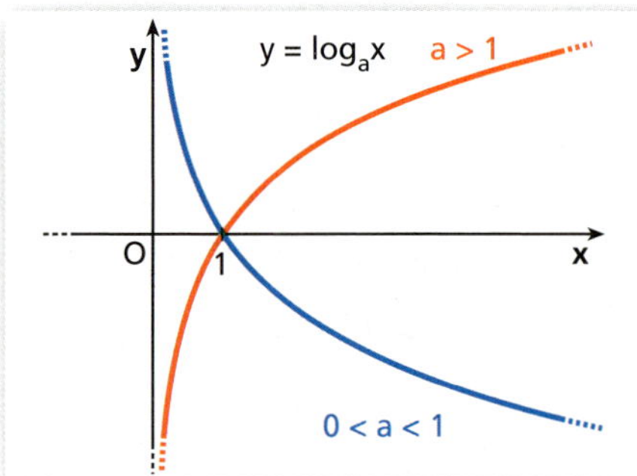

- Ha come **dominio** $\mathbb{R}^+$, come **codominio** $\mathbb{R}$.
- Il grafico **interseca** l'asse x in $(1; 0)$, **non interseca** l'asse y.
- Se $a > 1$, è una funzione sempre **crescente**; se $0 < a < 1$, è sempre **decrescente**.

Funzione seno

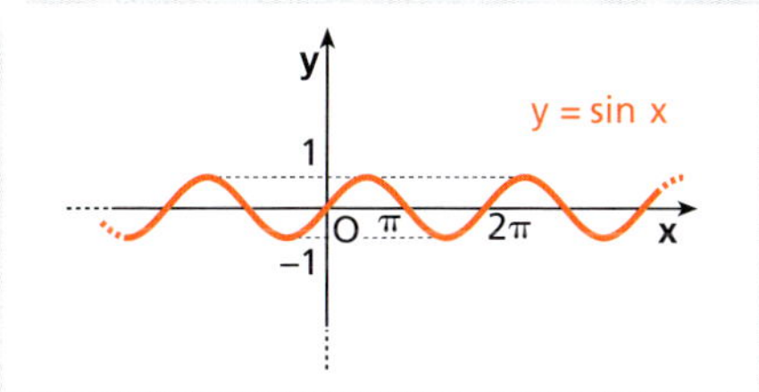

- Ha come **dominio** $\mathbb{R}$ e come **codominio** $[-1; 1]$.
- È una funzione **dispari**: $\sin(-x) = -\sin x$.
- È una funzione periodica di **periodo** 2π: $\sin x = \sin(x + 2k\pi)$, con $k \in \mathbb{Z}$.
- È **crescente** in $\left[-\frac{\pi}{2} + 2k\pi; \frac{\pi}{2} + 2k\pi\right]$.

Animazione

Funzione coseno

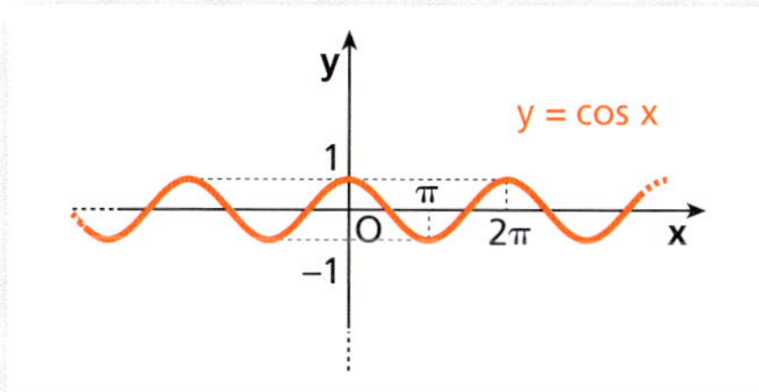

- Ha come **dominio** $\mathbb{R}$ e come **codominio** $[-1; 1]$.
- È una funzione **pari**: $\cos(-x) = \cos x$.
- È una funzione periodica di **periodo** 2π: $\cos x = \cos(x + 2k\pi)$, con $k \in \mathbb{Z}$.
- È **crescente** in $[-\pi + 2k\pi; 0 + 2k\pi]$.

Animazione

Ti riproponiamo due animazioni con le quali abbiamo esaminato, mediante figure dinamiche, le caratteristiche delle funzioni seno e coseno, quando abbiamo studiato le funzioni goniometriche.

Funzione tangente

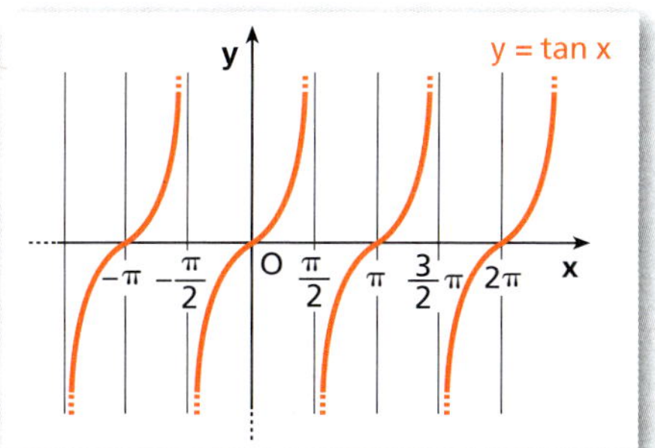

- Ha come **dominio** l'insieme $\mathbb{R}$ privato dei valori $\frac{\pi}{2} + k\pi$, con $k \in \mathbb{Z}$, e come **codominio** l'insieme $\mathbb{R}$.
- È una funzione **dispari**: $\tan(-x) = -\tan x$.
- È una funzione periodica di **periodo** π: $\tan x = \tan(x + k\pi)$, con $k \in \mathbb{Z}$.
- È **crescente** in $\left]-\frac{\pi}{2} + k\pi; \frac{\pi}{2} + k\pi\right[$.

Animazione

Funzione cotangente

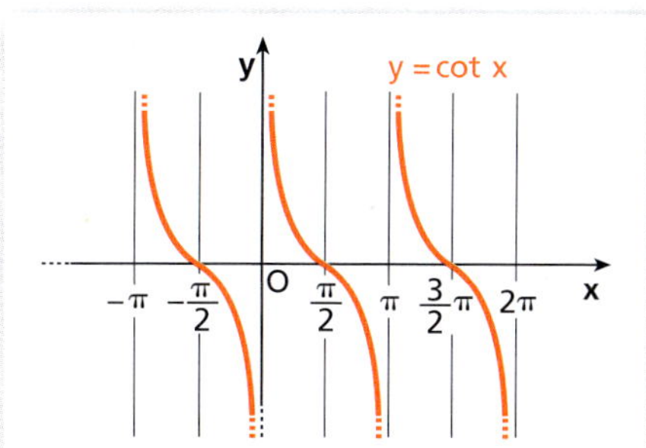

- Ha come **dominio** l'insieme $\mathbb{R}$ privato dei valori $k\pi$, con $k \in \mathbb{Z}$, e come **codominio** l'insieme $\mathbb{R}$.
- È una funzione **dispari**: $\cot(-x) = -\cot x$.
- È una funzione periodica di **periodo** π: $\cot x = \cot(x + k\pi)$, con $k \in \mathbb{Z}$.
- È **decrescente** in $]0 + k\pi; \pi + k\pi[$.

Animazione

In queste animazioni puoi osservare in modo dinamico tutte le caratteristiche delle funzioni tangente e cotangente.

3 Funzione inversa

▶ Esercizi a p. 1325

Listen to it

Given a bijective function f from A to B, its **inverse function** f^{-1} is the bijective function from B to A which associates to each y in B the value x in A such that $y = f(x)$.

DEFINIZIONE

Data la funzione biunivoca

$y = f(x)$ da A a B,

la **funzione inversa** di f è la funzione biunivoca

$x = f^{-1}(y)$ da B ad A

che associa a ogni y di B il valore x di A tale che $y = f(x)$.

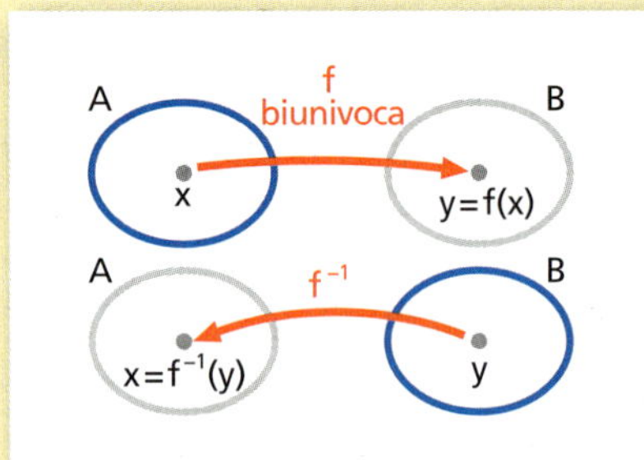

Se una funzione ammette inversa, si dice che è **invertibile**.
Se una funzione $f(x)$ non è biunivoca in A, è possibile effettuare una **restrizione D' del dominio** in cui sia biunivoca. Infatti, per l'invertibilità è sufficiente scegliere in A un sottoinsieme D' in modo che $f(x)$ sia iniettiva in D', perché $f(x)$ è senz'altro suriettiva se come insieme B di arrivo consideriamo l'immagine di $f(x)$.

ESEMPIO

La funzione $y = f(x) = x^2$ ha come dominio $\mathbb{R}$ e non è biunivoca, ma per renderla biunivoca dobbiamo considerare come dominio un insieme più ristretto, quello dei numeri reali positivi o nulli, cioè prendiamo $x \geq 0$. Con la restrizione del dominio operata possiamo considerare la sua funzione inversa,

$$x = f^{-1}(y) = \sqrt{y},$$

definita associando a un numero quel valore che, elevato al quadrato, dà il numero stesso.
Per esempio,

$$f^{-1}(9) = \sqrt{9} = 3,$$

perché $9 = f(3) = 3^2$.

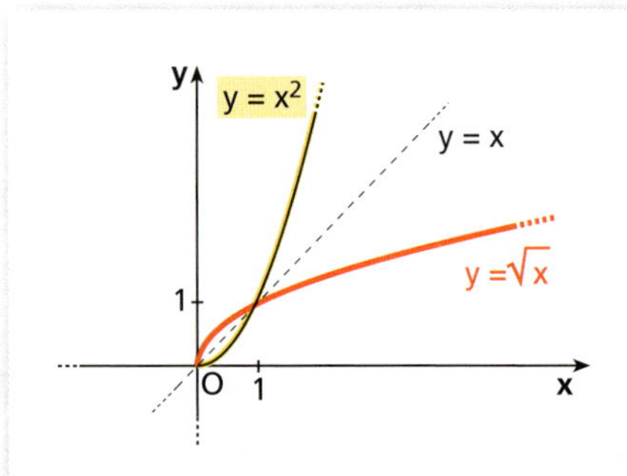

Per rappresentare la funzione f^{-1} insieme alla funzione f, scambiamo le variabili nell'espressione della funzione inversa, considerando:

$$y = \sqrt{x}.$$

▶ Restringi il dominio della funzione
$y = 9 - x^2$
in modo che sia invertibile e determina la funzione inversa.

Animazione

Il grafico di una funzione e quello della sua inversa sono simmetrici rispetto alla bisettrice del primo e del terzo quadrante.

Sfruttando questa proprietà, conoscendo anche soltanto il grafico di una funzione possiamo disegnare il grafico della sua inversa.

Le funzioni monotòne in senso stretto sono biunivoche se si considera come insieme di arrivo la loro immagine.
Quindi esse ammettono sempre la funzione inversa.

Grafici delle funzioni inverse

Funzione esponenziale e funzione logaritmica

La funzione logaritmica è l'inversa della funzione esponenziale (e viceversa). Sono entrambe funzioni strettamente monotòne e quindi biunivoche.

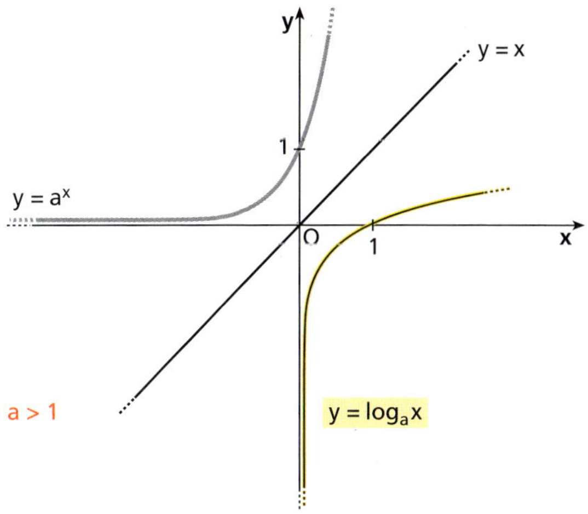

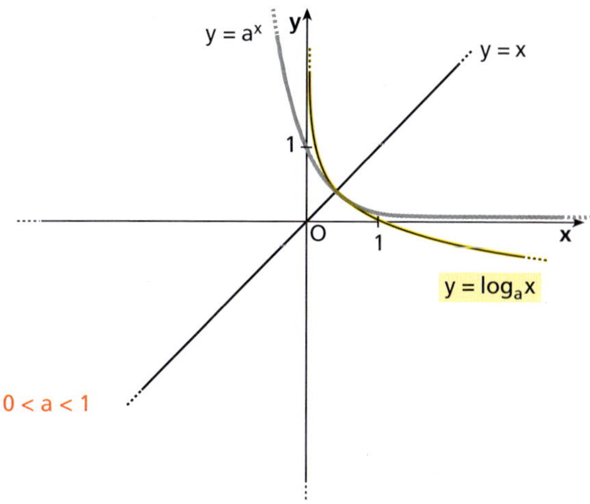

Funzioni goniometriche e loro inverse

Poiché le funzioni goniometriche sono periodiche, e quindi non biunivoche, è necessario effettuare una restrizione del dominio, in modo che risultino biunivoche.

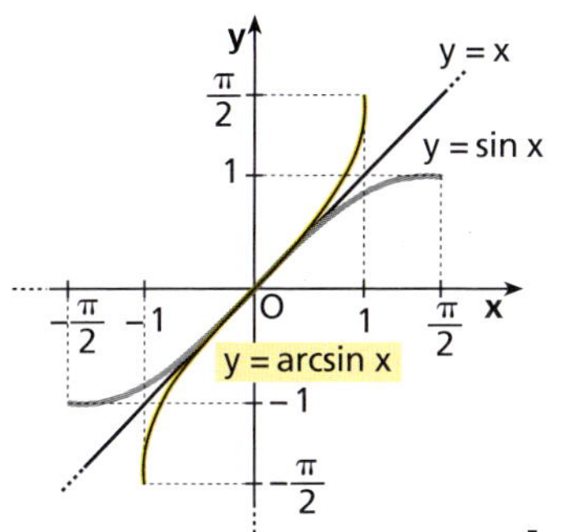

a. Considerata la funzione seno nel dominio $\left[-\frac{\pi}{2}; \frac{\pi}{2}\right]$, la **funzione arcoseno** ha dominio $D = [-1; 1]$ e codominio $C = \left[-\frac{\pi}{2}; \frac{\pi}{2}\right]$.

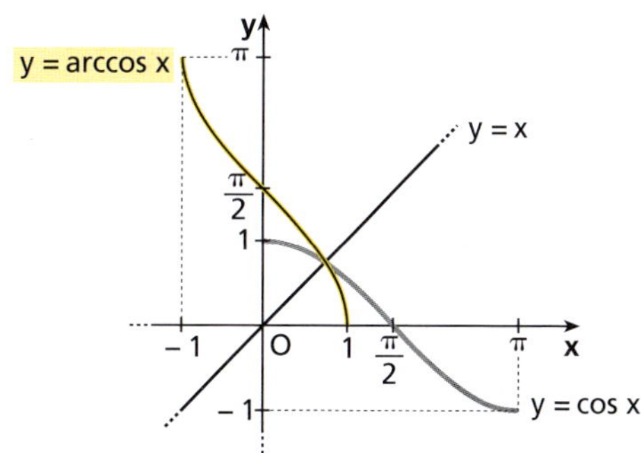

b. Considerata la funzione coseno nel dominio $[0; \pi]$, la **funzione arcocoseno** ha dominio $D = [-1; 1]$ e codominio $C = [0; \pi]$.

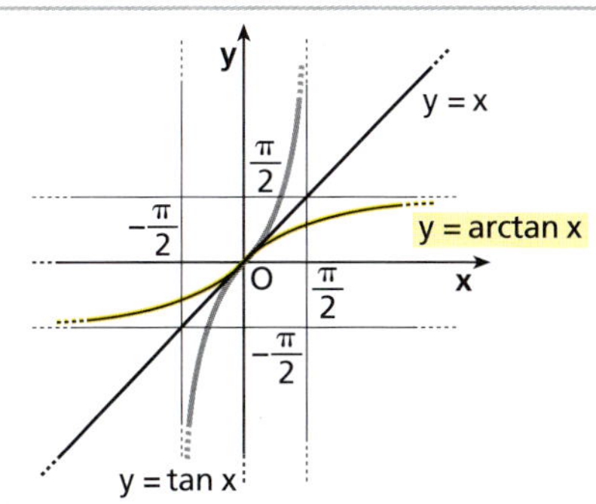

c. Considerata la funzione tangente nel dominio $\left]-\frac{\pi}{2}; \frac{\pi}{2}\right[$, la **funzione arcotangente** ha dominio $D = \mathbb{R}$ e codominio $C = \left]-\frac{\pi}{2}; \frac{\pi}{2}\right[$.

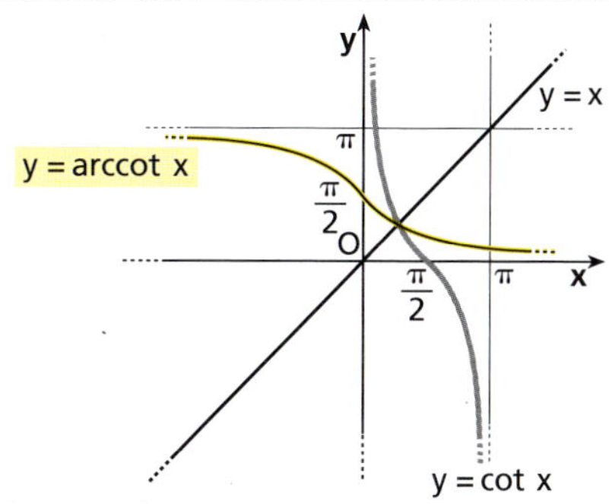

d. Considerata la funzione cotangente nel dominio $]0; \pi[$, la **funzione arcocotangente** ha dominio $D = \mathbb{R}$ e codominio $C =]0; \pi[$.

4 Funzione composta

▶ Esercizi a p. 1327

Date le funzioni f e g, indichiamo con $g \circ f$ (si legge «g composto f») oppure con $y = g[f(x)]$ la **funzione composta** che si ottiene associando a ogni elemento x del dominio di f, che abbia immagine $f(x)$ appartenente al dominio di g, il valore y immagine di $f(x)$ mediante g.

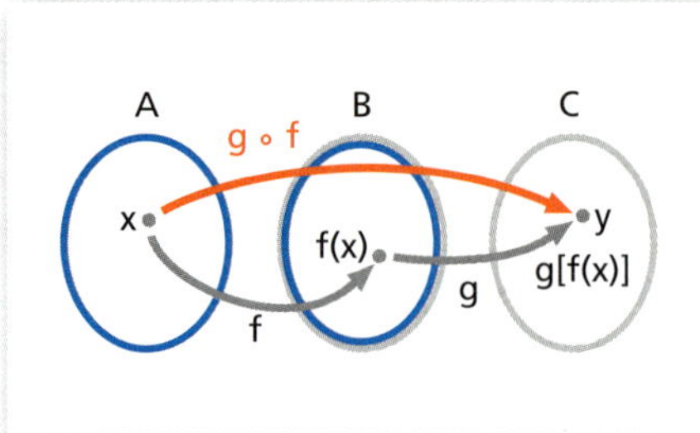

Per comporre le due funzioni, occorre che l'immagine di x mediante la prima funzione, cioè $f(x)$, sia un valore per il quale si può determinare l'immagine tramite la seconda funzione. Quindi il dominio di $y = g[f(x)]$ è costituito da tutti gli x del dominio di f tali che $f(x)$ appartiene al dominio di g.

In generale, **la composizione delle funzioni non è commutativa**: $g \circ f \neq f \circ g$.

ESEMPIO

Consideriamo le funzioni f e g, da $\mathbb{R}$ a $\mathbb{R}$, $f(x) = x^2$, $g(x) = x + 1$.
La funzione composta $g \circ f$ è:

$$y = g[f(x)] = g(x^2) = x^2 + 1.$$

Invece $f \circ g$ è:

$$y = f[g(x)] = f(x + 1) = (x + 1)^2.$$

Per esempio, $g[f(5)] = g(25) = 26$, mentre $f[g(5)] = f(6) = 36$.

▶ Date le seguenti funzioni f e g, determina $f \circ g$ e $g \circ f$:

a. $f(x) = x^2 - 1$, $g(x) = \frac{1}{x}$;

b. $f(x) = x - 1$, $g(x) = x^3$.

Animazione

Se si compone la funzione f con la sua inversa f^{-1}, si ottiene la **funzione identità**, che associa a ogni elemento di un insieme se stesso:

$$f[f^{-1}(x)] = f^{-1}[f(x)] = x.$$

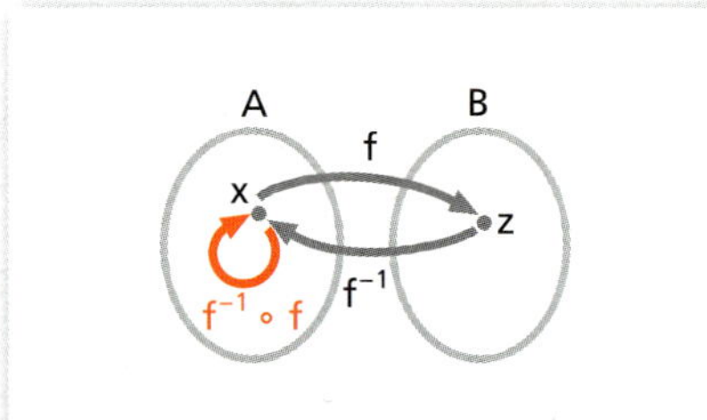

MATEMATICA INTORNO A NOI

Il prezzo giusto Ogni volta che acquistiamo un prodotto o un servizio, paghiamo in cambio una certa cifra di denaro.

▶ Chi stabilisce qual è il prezzo «giusto»?

La risposta

IN SINTESI
Funzioni e loro proprietà

Funzioni reali di variabile reale

- Una **funzione** da A a B è una relazione che a *ogni* elemento di A associa *uno e un solo* elemento di B.
- Il **dominio** della funzione è l'insieme A, il **codominio** è il sottoinsieme di B costituito dalle immagini degli elementi di A, che è anche chiamato **immagine** di A.
- **Funzioni reali di variabile reale**: sono rappresentate in genere da un'**espressione analitica**, ossia un'equazione del tipo $y = f(x)$. y è la **variabile dipendente** e x la **variabile indipendente**.
- **Dominio naturale**: è il più ampio sottoinsieme di $\mathbb{R}$ che può essere preso come dominio. È costituito da tutti i valori per i quali ha significato l'espressione analitica che definisce la funzione.
- Se l'espressione analitica che descrive una funzione contiene soltanto operazioni di addizione, sottrazione, moltiplicazione, divisione, elevamento a potenza o estrazione di radice, la funzione è **algebrica**.
  Una funzione algebrica può essere:
  - **razionale intera**, o **polinomiale**, se è espressa mediante un polinomio nella variabile indipendente;
  - **razionale fratta** se è espressa mediante quozienti di polinomi in x;
  - **irrazionale** se la variabile indipendente compare sotto il segno di radice.
- Se una funzione non è algebrica, è **trascendente**.

Proprietà delle funzioni

- Una funzione da A a B è:
  - **iniettiva** se due qualunque elementi *distinti* di A hanno immagini distinte in B;
  - **suriettiva** se *tutti* gli elementi di B sono immagini di almeno un elemento di A;
  - **biiettiva** (o biunivoca) se è iniettiva e suriettiva.
- Una funzione $y = f(x)$, di dominio D, è:
  - **crescente in senso stretto** in un intervallo $I \subseteq D$, se $\forall x_1, x_2 \in I$, con $x_1 < x_2$, risulta $f(x_1) < f(x_2)$;
  - **decrescente in senso stretto** in un intervallo $I \subseteq D$, se $\forall x_1, x_2 \in I$, con $x_1 < x_2$, risulta $f(x_1) > f(x_2)$.
- Una funzione, di dominio D, è **monotòna** in un intervallo $I \subseteq D$ se in esso è sempre crescente o sempre decrescente.
- Una funzione $y = f(x)$ è **periodica** di periodo T se: $f(x) = f(x + kT)$, $\forall k \in \mathbb{Z}$, con $T > 0$.
- $y = f(x)$, definita in $D \subseteq \mathbb{R}$, è:
  pari se $f(-x) = f(x)$, $\forall x \in D$; **dispari** se $f(-x) = -f(x)$, $\forall x \in D$.

Funzione inversa

Una funzione f ammette la **funzione inversa** f^{-1} se e solo se è biunivoca.

$a = f^{-1}(b) \quad \leftrightarrow \quad b = f(a)$.

Funzione composta

Date le funzioni f e g, la **funzione composta** $g \circ f$ associa a ogni x del dominio di f che ha immagine $f(x)$ nel dominio di g il valore $y = g[f(x)]$.

In generale, $g \circ f \neq f \circ g$.

ESERCIZI

CAPITOLO 21
ESERCIZI

1 Funzioni reali di variabile reale

Definizione di funzione

▶ Teoria a p. 1288

1 LEGGI IL GRAFICO Quali dei seguenti grafici rappresentano una funzione?

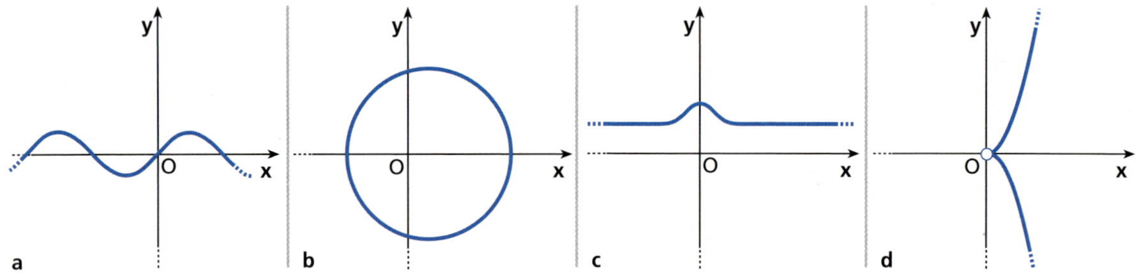

2 Indica il motivo per cui ciascuna delle seguenti scritture non può rappresentare una funzione.

a. $y = 1 - \ln(-\sqrt{x})$

b. $x^2 + y^2 = 9$

c. $x = 6$

d. $y = \begin{cases} x - 1 & \text{se } x \leq 0 \\ x^2 + 3 & \text{se } x \geq 0 \end{cases}$

e. $x + |y| = 0$

f. $x^2 = 4$

3 AL VOLO Quale delle due scritture rappresenta una funzione?

$x^2 = y^3 + 1$ $\qquad$ $x = y^2 - 4$

LEGGI IL GRAFICO

4 Dal grafico deduci:

a. il dominio e l'immagine della funzione;

b. $f(-4), f(0), f(3), f\left(\frac{1}{2}\right)$;

c. l'espressione analitica di $f(x)$.

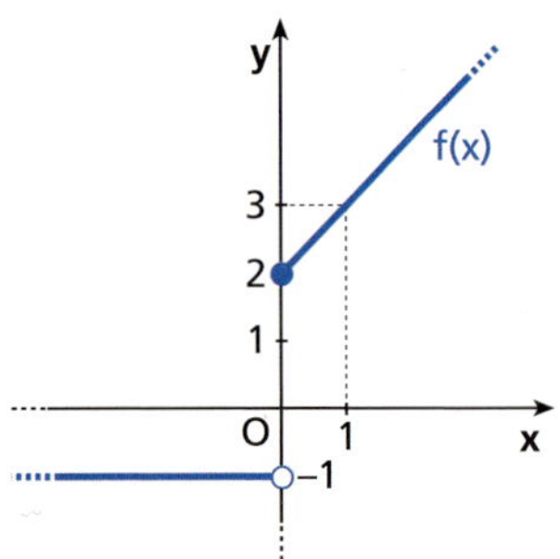

5 Osservando il grafico della figura determina:

a. il dominio e l'immagine della funzione;

b. l'espressione analitica di $f(x)$ che, per $x \leq 1$, è rappresentata da un arco di parabola con vertice sull'asse y;

c. $f(1), f(2), f(-1), f(0), f(-2), f(3)$.

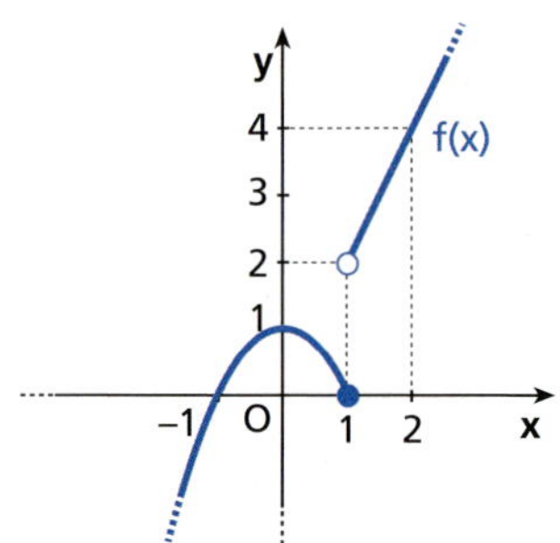

COMPLETA le uguaglianze per ogni funzione assegnata.

6 $f(x)=\frac{3-4x}{x^2+1}$; $\square=f(-1)$, $4=f(\square)$, $\square=f(0)$, $3=f(\square)$.

7 $f(x)=2^{x-1}+2$; $\frac{5}{2}=f(\square)$, $3=f(\square)$, $\square=f(3)$, $\square=f(-2)$.

8 $f(x)=\sin\left(x+\frac{\pi}{6}\right)$; $\frac{1}{2}=f(\square)$, $-\frac{\sqrt{3}}{2}=f(\square)$, $\square=f\left(\frac{\pi}{2}\right)$, $\square=f\left(\frac{\pi}{3}\right)$.

9 $f(x)=2\ln x-1$; $\square=f(1)$, $\square=f(e)$, $-3=f(\square)$, $3=f(\square)$.

10 $f(x)=\arcsin(x+1)$; $f(0)=\square$, $f\left(-\frac{1}{2}\right)=\square$, $-\frac{\pi}{2}=f(\square)$, $0=f(\square)$.

Per ogni funzione calcola, se esistono, i valori indicati a fianco.

11 $f(x)=\frac{x^2-1}{\sqrt{x}}$; $f(0)$, $f(-1)$, $f(4)$, $f(1-x)$.

12 $f(x)=\frac{x-4}{\sqrt{\ln x}}$; $f(4)$, $f(1)$, $f(e)$, $f(x+4)$.

13 $f(x)=\frac{x^2-1}{x}$; $f(-x)$, $f(3x)$, $f(x^2)$, $f^2(x)$.

14 $f(x)=\sqrt{x-1}$; $-f(-x)$, $f(x^2+1)$, $f(x+1)$.

15 Se $f(x)=2^x$, mostrare che:

a. $f(x+3)-f(x-1)=\frac{15}{2}f(x)$;

b. $\frac{f(x+3)}{f(x-1)}=f(4)$.

(*Esame di Stato, Liceo scientifico, Scuole italiane all'estero, Sessione ordinaria*, 2002, *quesito* 2)

16 Trova i valori di a e b per la funzione $f(x)=\frac{ax^2-2}{x+b}$ in modo che $f(-1)=-\frac{4}{5}$ e $f(0)=-\frac{1}{3}$.

[$a=-2, b=6$]

17 Scrivi le seguenti funzioni in forma esplicita.

a. $x^2-2xy+1=0$

b. $x+2\ln y-5=0$

c. $y\sin x+y-1=0$

d. $2xy+y-x-1=0$

e. $2^y+1-x=0$

f. $xy^3-4=0$

18 Scrivi le seguenti funzioni in forma implicita.

a. $y=\frac{x-1}{x+4}$

b. $y=\frac{\ln x-1}{x}$

c. $y=\frac{e^x+1}{e^x}$

Esplicita le seguenti equazioni rispetto alla variabile y e indica le condizioni di esistenza di y.

19 $4x^2+y^2-16=0$

20 $3x^2-4y^2+x-y=0$

21 **YOU & MATHS** For each function in the first row, select the adjective that best describes it.

a. $y=\frac{3}{4}$

b. $y=\log_3 2x$

c. $y=4^x$

d. $y=\frac{1}{5}\tan x$

1. trigonometric
2. exponential
3. logarithmic
4. constant

22 Traccia i grafici corrispondenti alle seguenti equazioni:

a. $y=x-1$;

b. $x^2+y^2-4x=0$;

c. $y=x^2-2x$;

d. $x^2-y^2=9$.

Quali di queste equazioni rappresentano una funzione?

23 Disegna il grafico della seguente funzione.

$$f(x)=\begin{cases} x-2 & \text{se } x>2 \\ x^2-4 & \text{se } x\leq 2 \end{cases}$$

Deduci dal grafico l'immagine di $f(x)$ e calcola $f(-4)$, $f(0)$, $f(2)$, $f(3)$.

ESERCIZI

24 Disegna il grafico della seguente funzione.

$$f(x) = \begin{cases} x+4 & \text{se } x < -1 \\ 2^{x-1} & \text{se } x \geq -1 \end{cases}$$

Indica l'immagine di $f(x)$ e calcola $f(-5)$, $f(-1)$, $f(0)$, $f(2)$. Trova poi per quali valori di x si ha $f(x) = 8$ e $f(x) = -4$.

25 Indica, tra le seguenti funzioni, quali sono razionali (intere o fratte), irrazionali, trascendenti.

$y = \frac{\sqrt{x^2}}{x-1}$, $y = \tan x + 2$, $y = \frac{x^4+1}{x-3}$, $y = \frac{\sqrt{x+1}}{x}$, $y = \frac{1}{x+\sin x}$.

26 Disegna il grafico della funzione $f(x) = \begin{cases} x+2 & \text{se } x < -2 \\ x^2+2x & \text{se } -2 \leq x < 0 \\ 2 & \text{se } x \geq 0 \end{cases}$.

Determina l'immagine di $f(x)$ e calcola $f(-4)$, $f(-1)$, $f(0)$, $f(3)$. Trova poi per quali valori di x si ha $f(x) = -1$.

27 Disegna il grafico della funzione $f(x) = \begin{cases} |x|+1 & \text{se } -2 \leq x < 1 \\ \log_{\frac{1}{2}} x & \text{se } x \geq 1 \end{cases}$.

Trova l'immagine di $f(x)$ e calcola $f(-1)$, $f(0)$, $f(1)$, $f(2)$. Determina per quali valori di x si ha $f(x) = -3$ e $f(x) = 2$.

REALTÀ E MODELLI

28 **Taxi in… funzione!** Alice chiama un taxi per andare in aeroporto.

a. Descrivi con una funzione come varia la tariffa del taxi in base ai kilometri percorsi.

b. Quanto spenderà Alice, che si trova a 18 km dall'aeroporto?

c. Determina dominio e codominio della funzione trovata e traccia il suo grafico.

[b) € 23,50]

tariffe feriali diurne:

€ 3,00	diritto di chiamata
1,20 €/km	per i primi 4 km
1,15 €/km	dal quarto al decimo kilometro
1,10 €/km	dal decimo kilometro in poi

29 **Tra domanda e offerta** Un consulente analizza il modello di marketing di una piccola azienda agricola che vende pomodori. Il consulente trova che la domanda di pomodori sul mercato segue la funzione $q_1 = \frac{600}{p}$, mentre l'offerta è descritta dalla funzione $q_2 = 2p - 40$. In questi modelli, p è il prezzo al quintale dei pomodori.

a. Rappresenta le due funzioni, esplicitando dominio e codominio.

b. Calcola il prezzo di equilibrio, che porta domanda e offerta ad assumere lo stesso valore. [b) $p = 30$ €/q]

Dominio di una funzione

Teoria a p. 1289

30 LEGGI IL GRAFICO Indica il dominio delle seguenti funzioni.

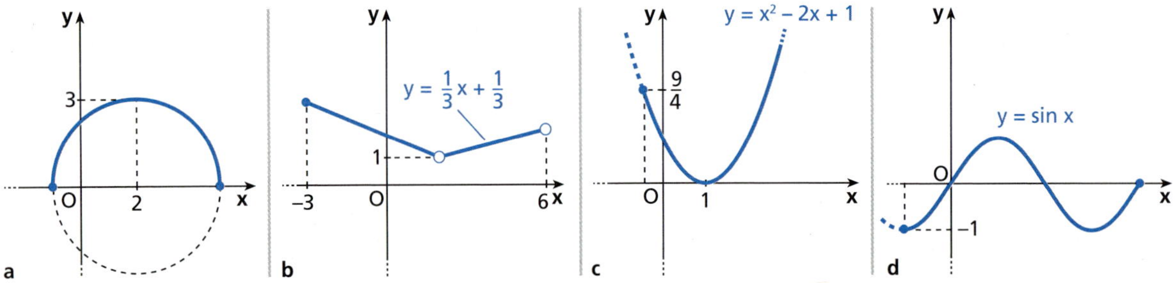

31 ●○ ASSOCIA ogni funzione al proprio dominio.

a. $y = \frac{2}{x^2 - x}$ **b.** $y = \frac{1}{\sqrt{x-1}}$ **c.** $y = x^2 - 1$ **d.** $y = \frac{1}{x + |x|}$ **e.** $y = \frac{1}{x^3 + x}$

1. $\mathbb{R}$ **2.** $x \neq 0$ **3.** $x \neq 0 \wedge x \neq 1$ **4.** $x > 1$ **5.** $x > 0$

Funzioni algebriche

32 ESERCIZIO GUIDA Determiniamo il dominio delle seguenti funzioni:

a. $y = \frac{x^2 - 1}{x^3 - 9x}$; **b.** $y = \sqrt{\frac{x+2}{x^2 - 6x + 5}}$.

a. L'espressione ha significato solo se il denominatore è non nullo:

$$x^3 - 9x \neq 0 \quad \rightarrow \quad x(x^2 - 9) \neq 0.$$

Dominio: $x \neq 0 \ \wedge \ x \neq 3 \ \wedge \ x \neq -3$.

b. L'indice della radice è pari, quindi y esiste soltanto se:

$$\frac{x+2}{x^2 - 6x + 5} \geq 0.$$

Studiamo il segno del numeratore e del denominatore:

$x + 2 > 0$ per $x > -2$;

$x^2 - 6x + 5 > 0$ per $x < 1 \vee x > 5$.

Compiliamo il quadro dei segni.

		−2		1		5	
Segno di N	−	0	+		+		+
Segno di D	+		+	0	−	0	+
Segno di $\frac{N}{D}$	−	0	+	∄	−	∄	+

Dominio: $-2 \leq x < 1 \ \vee \ x > 5$.

Determina il dominio delle seguenti funzioni.

33 ●○ AL VOLO

$y = \frac{1}{4x}$; $y = 2x^3 - x$; $y = \frac{1}{x^2 + 4}$; $y = \sqrt{x + 6}$.

---

34 ●○ $y = \frac{x-1}{x^2(x+5)}$ $[x \neq 0 \wedge x \neq -5]$

35 ●○ $y = \frac{x(x+3)}{x^2 - 9} + \frac{1}{x}$ $[x \neq \pm 3 \wedge x \neq 0]$

36 ●○ $y = \frac{|x|}{x^2 + 3x + 4}$ $[\mathbb{R}]$

37 ●○ $y = \frac{x-1}{x^2 - 4x}$ $[x \neq 0 \wedge x \neq 4]$

38 ●○ $y = \frac{x}{2x^2 - 5x - 3}$ $\left[x \neq -\frac{1}{2} \wedge x \neq 3\right]$

39 ●○ $y = \frac{1}{(2x^2 - 4x)(x+5)}$ $[x \neq 0 \wedge x \neq 2 \wedge x \neq -5]$

40 ●○ $y = \frac{2x - 1}{x^3 + 4x^2 - 2x - 8}$ $[x \neq \pm\sqrt{2} \wedge x \neq -4]$

41 ●○ $y = \frac{x - 5}{x^3 + x + 2}$ $[x \neq -1]$

42 ●○ $y = \frac{1}{|x-2| + 2}$ $[\mathbb{R}]$

43 ●○ $y = \frac{2x}{x^3 - x^2 - x - 2}$ $[x \neq 2]$

44 ●○ $y = \frac{5}{\left(2 - \frac{1}{x}\right)(4 - x^2)}$ $\left[x \neq 0 \wedge x \neq \frac{1}{2} \wedge x \neq \pm 2\right]$

45 ●○ $y = \frac{x}{x^3 - 2x^2 + x}$ $[x \neq 0 \wedge x \neq 1]$

46 ●○ $y = \frac{2 + x}{x - |x|}$ $[x < 0]$

47 ●○ $y = \frac{x}{x^3 - 3x^2 + 2x - 6}$ $[x \neq 3]$

48 ●○ $y = \frac{x - 3}{x^4 - 3x^2 + 2}$ $[x \neq \pm\sqrt{2} \wedge x \neq \pm 1]$

49 ●○ $y = \frac{x - 1}{x^2 - 4|x|}$ $[x \neq 0 \wedge x \neq \pm 4]$

50 ●○ $y = \frac{x + 5}{x^3 + x^2 - 2x}$ $[x \neq -2 \wedge x \neq 0 \wedge x \neq 1]$

51 $y=\frac{1}{|x-1|-3}$ $[x\neq-2 \wedge x\neq 4]$

52 $y=\frac{4x}{4x^2-4x-3}$ $\left[x\neq-\frac{1}{2} \wedge x\neq\frac{3}{2}\right]$

53 $y=\frac{3+x}{(9-x^2)(x^2+2x+3)}$ $[x\neq\pm 3]$

54 $y=\sqrt{\frac{x-3}{3x-5}}$ $\left[x<\frac{5}{3} \vee x\geq 3\right]$

55 $y=\sqrt{13x-4-3x^2}$ $\left[\frac{1}{3}\leq x\leq 4\right]$

56 $y=\sqrt{\frac{-2x}{x^2+4x+4}}$ $[x\leq 0 \wedge x\neq-2]$

57 $y=\sqrt{\frac{2x^2+x-1}{x-1}}$ $\left[-1\leq x\leq\frac{1}{2} \vee x>1\right]$

58 $y=\sqrt{2x-1}+\sqrt{4-x}$ $\left[\frac{1}{2}\leq x\leq 4\right]$

59 $y=\frac{2}{\sqrt{1-3x}}+\sqrt{1-x^2}$ $\left[-1\leq x<\frac{1}{3}\right]$

60 $y=\sqrt{\frac{6+x}{9x-x^2}}$ $[x\leq-6 \ \vee \ 0<x<9]$

61 $y=\frac{\sqrt{x-6}}{x^2(x^2-36)}$ $[x>6]$

62 $y=\frac{2x}{\sqrt[3]{x^2-2x}}$ $[x\neq 0 \wedge x\neq 2]$

63 $y=\sqrt{\frac{x^2-4x}{x^2-5x+4}}$ $[x\leq 0 \vee 1<x<4 \vee x>4]$

64 $y=\sqrt{|x|-2x}$ $[x\leq 0]$

65 $y=\sqrt{\frac{x^3}{x-1}}$ $[x\leq 0 \vee x>1]$

66 $y=\frac{\sqrt{1-x^5}}{x^2-x}$ $[x<1 \wedge x\neq 0]$

67 $y=\sqrt{\frac{x-1}{2x^3-5x^2+2x}}$ $\left[x<0 \vee \frac{1}{2}<x\leq 1 \vee x>2\right]$

68 $y=\frac{x\sqrt{x^2-6x+8}}{|x|}$ $[x\leq 2 \wedge x\neq 0 \vee x\geq 4]$

69 $y=\frac{1}{\sqrt[7]{x^2-2x-8}}$ $[x\neq-2 \wedge x\neq 4]$

70 $y=\frac{1}{\sqrt{x}-\sqrt{x^2-2}}$ $[x\geq\sqrt{2} \wedge x\neq 2]$

71 $y=\sqrt[3]{\frac{1}{|x|-2}}+\frac{2}{x-4}$ $[x\neq\pm 2 \wedge x\neq 4]$

72 $y=\frac{\sqrt{x^4(x+2)}}{|x+1|+x+1}$ $[x>-1]$

73 $y=\sqrt{\frac{|x|}{x-1}}+\sqrt{x^2-9}$ $[x\geq 3]$

74 $y=\sqrt{\frac{2x^2-x-1}{6x+3}}$ $[x\geq 1]$

75 $y=\frac{1}{\sqrt{x^2-5x+6}}+\frac{1}{\sqrt{x-1}}$ $[1<x<2 \vee x>3]$

76 $y=\frac{\sqrt{x}}{|x-1|+|x^2-x|}$ $[x\geq 0 \wedge x\neq 1]$

77 $y=\frac{1}{\sqrt{x^2(x+1)}}+\frac{1}{\sqrt{|x-1|}}$ $[x>-1 \wedge x\neq 0 \wedge x\neq 1]$

78 $y=\frac{1}{\sqrt{x+3}-2x}$ $[x\geq-3 \wedge x\neq 1]$

79 $y=\frac{x-1}{\sqrt{x^2+x}+\sqrt{-x}}$ $[x\leq-1]$

80 $y=\frac{\sqrt{16-x^2}}{\sqrt{2x-1}}$ $\left[\frac{1}{2}<x\leq 4\right]$

81 $y=\sqrt{\frac{x^2-4}{x-3}}+\sqrt{1-\sqrt{x}}$ $[0\leq x\leq 1]$

82 $y=\frac{\sqrt{x^4-x^2-2}}{2x\sqrt{|x-1|}}$ $[x\leq-\sqrt{2} \vee x\geq\sqrt{2}]$

83 $y=\sqrt{1-\sqrt{|x+2x^2|}}$ $\left[-1\leq x\leq\frac{1}{2}\right]$

84 $y=\sqrt{1-\left|\frac{3-2x}{x+1}\right|}$ $\left[\frac{2}{3}\leq x\leq 4\right]$

85 $y=\sqrt{\frac{4x-x^3}{x^3}}+\frac{\sqrt{3-|1-x|}}{x+1}$ $[-2\leq x\leq 2 \wedge x\neq-1 \wedge x\neq 0]$

86 $y=\sqrt[3]{\frac{x}{x^3-3x+2}}+\sqrt{6-|x^2-3|}$ $[-3\leq x\leq 3 \wedge x\neq-2 \wedge x\neq 1]$

Funzioni trascendenti con esponenziali e logaritmi

87 **TEST** Solo una delle seguenti funzioni non ha dominio $\mathbb{R}$. Quale?

A $y=2^{x-4}$

B $y=\ln(x^2+1)$

C $y=\frac{1}{\sqrt{x^4+4x^2}}$

D $y=\sqrt[3]{x-1}$

E $y=\frac{1}{e^{x-1}}$

ESERCIZI

88 ESERCIZIO GUIDA Determiniamo il dominio di:

a. $y = e^{\frac{1}{x^4 - x^2}}$; b. $y = \frac{x}{\ln x - 1}$.

a. L'esponente di e può essere qualsiasi numero reale. L'unica condizione che dobbiamo porre riguarda dunque l'esistenza della frazione: il denominatore deve essere non nullo.

$x^4 - x^2 \neq 0 \quad \rightarrow \quad x^2(x^2 - 1) \neq 0$

Dominio: $x \neq 0 \ \wedge \ x \neq 1 \ \wedge \ x \neq -1$.

b. Per l'esistenza di $\ln x$ deve essere $x > 0$.

Per l'esistenza della frazione deve essere: $\ln x - 1 \neq 0 \rightarrow \ln x \neq \ln e \rightarrow x \neq e$.

Dominio: $x > 0 \ \wedge \ x \neq e$.

Determina il dominio delle seguenti funzioni.

AL VOLO

89 $y = 4^{\ln x^2}$; $y = (1 - 2x)\, e^{-2x}$; $y = \frac{\ln x}{\sqrt{x - 5}}$.

90 $y = \frac{\ln^2 x}{1 - \ln x}$ $[x > 0 \ \wedge \ x \neq e]$

91 $y = \ln(\ln x)$ $[x > 1]$

92 $y = \sqrt{-\ln|x|}$ $[-1 \leq x \leq 1 \wedge x \neq 0]$

93 $y = \ln(x^2 - 4x - 12)$ $[x < -2 \vee x > 6]$

94 $y = \frac{1}{\ln x + 1}$ $\left[x > 0 \wedge x \neq \frac{1}{e}\right]$

95 $y = 2^{\sqrt{\frac{x}{x-3}}}$ $[x \leq 0 \ \vee \ x > 3]$

96 $y = \frac{3^{\sqrt{x^2 - 4}}}{6 + x}$ $[x \leq -2 \ \vee \ x \geq 2 \ \wedge \ x \neq -6]$

97 $y = \frac{1}{2\ln x - 2}$ $[x > 0 \wedge x \neq e]$

98 $y = \sqrt{\ln(x + 3)}$ $[x \geq -2]$

99 $y = \frac{1}{e^{x+2} - 1}$ $[x \neq -2]$

100 $y = \frac{\sqrt{2^x - 1}}{2x}$ $[x > 0]$

101 $y = \ln[\ln(x - 2)]$ $[x > 3]$

102 $y = \sqrt{\ln x} + \sqrt{4x - x^2}$ $[1 \leq x \leq 4]$

103 $y = \ln(2x - \sqrt{x})$ $\left[x > \frac{1}{4}\right]$

104 $y = \frac{1}{\ln(x + 1)}$ $[x > -1 \wedge x \neq 0]$

105 $y = \sqrt{-\ln x} + \sqrt{2x - 1}$ $\left[\frac{1}{2} \leq x \leq 1\right]$

106 $y = \frac{\ln(e^x - 1)}{|x - 1|}$ $[x > 0 \wedge x \neq 1]$

107 $y = \frac{\ln(x - 4)}{\ln x - 4}$ $[x > 4 \ \wedge \ x \neq e^4]$

108 $y = \sqrt{4 \cdot 2^x - 4^x}$ $[x \leq 2]$

109 $y = \ln\frac{3 - x}{1 - x^2}$ $[-1 < x < 1 \ \vee \ x > 3]$

110 $y = \ln(x^2 - 9) + \ln(5x - x^2 - 4)$ $[3 < x < 4]$

111 $y = \sqrt{x}\, \ln|x|$ $[x > 0]$

112 $y = \frac{1}{\ln(2^x - 1)}$ $[x > 0 \wedge x \neq 1]$

113 $y = \frac{1}{9^{x^2} - 3}$ $\left[x \neq \pm\frac{\sqrt{2}}{2}\right]$

114 $y = \ln\frac{1}{x^2 - 4} + \ln(x^3 - x)$ $[x > 2]$

115 $y = \frac{1}{e^{-x}\ln x}$ $[x > 0 \wedge x \neq 1]$

116 $y = \log_{\frac{1}{2}}[\log_2(4 - x^2)]$ $[-\sqrt{3} < x < \sqrt{3}]$

117 $y = \frac{\ln|3^x - 9|}{1 - e^{x^2 - 6x}}$ $[x \neq 0 \wedge x \neq 2 \wedge x \neq 6]$

118 $y = \sqrt{4^x - 2^{x+1} - 8}$ $[x \geq 2]$

ESERCIZI

119 $y = \dfrac{\sqrt{27-9^x}}{3^{1-x}-\sqrt{3^x}}$ $\left[x \le \frac{3}{2} \wedge x \ne \frac{2}{3}\right]$

120 $y = \sqrt{2^x + 2^{2-x} - 5}$ $[x \le 0 \vee x \ge 2]$

121 $y = \sqrt{\ln(x^2+x) - 2\ln(x+4)}$ $\left[-4 < x \le -\frac{16}{7}\right]$

122 $y = \sqrt{\ln \dfrac{x-3}{4x-3}} + \dfrac{1}{\ln^2 x}$ $\left[0 < x < \frac{3}{4}\right]$

123 $y = \dfrac{\sqrt{-\ln x^2}}{\sqrt{1-e^{2x-1}}}$ $\left[-1 \le x < \frac{1}{2} \wedge x \ne 0\right]$

124 $y = \dfrac{\sqrt{x^2-4} + \ln(x^2-5x+6)}{x^2-7x+10}$ $[(x \le -2 \vee x > 3) \wedge x \ne 5]$

125 $y = \sqrt{\ln\sqrt{x}} + \sqrt{(x-2)e^x}$ $[x \ge 2]$

126 $y = \dfrac{\ln|x-3|}{e^{\frac{x-2}{x}} - 1}$ $[x \ne 0 \wedge x \ne 2 \wedge x \ne 3]$

127 $y = \begin{cases} \log_2(x+2) & \text{se } x \ge 0 \\ \dfrac{1}{\sqrt{x^2-4}} & \text{se } x < 0 \end{cases}$ $[x < -2 \vee x \ge 0]$

128 $y = \dfrac{\sqrt{x-2}}{\ln(\ln x)}$ $[x \ge 2 \wedge x \ne e]$

129 $y = \sqrt{\dfrac{\log_2 x + 4}{\log_{\frac{1}{2}}(x+4)}}$ $\left[0 < x \le \frac{1}{16}\right]$

130 $y = \sqrt{\dfrac{x^2+2x+4}{\log_2^2 x - 4\log_2 x + 3}}$ $[0 < x < 2 \vee x > 8]$

131 $y = \sqrt{\log_2^2 x^2 + \log_2 x^3 - 1}$ $\left[0 < x \le \frac{1}{2} \vee x \ge \sqrt[4]{2}\right]$

132 $y = \sqrt{4^{1-x^2} - 8^x}$ $\left[-2 \le x \le \frac{1}{2}\right]$

133 EUREKA! $y = \sqrt{\ln^2(-x) - 2\ln x^2 + 3}$ $[x \le -e^3 \vee -e \le x < 0]$

134 $y = \dfrac{\sqrt{x-2}}{\ln\ln x}$ $[x \ge 2 \wedge x \ne e]$

135 $y = \sqrt{\log_2 \dfrac{x-1}{x-3} - 1}$ $[3 < x \le 5]$

136 $y = \ln\left(\dfrac{x}{\ln x}\right)$ $[x > 1]$

137 $y = \log_x(2x^2 - x)$ $\left[x > \frac{1}{2} \wedge x \ne 1\right]$

138 $y = (2 - \sqrt{x+1})^{\ln(x-2)}$ $[2 < x < 3]$

139 $y = \dfrac{\sqrt{x\ln(x-2)}}{\sqrt{8} - 2^{x-6}}$ $\left[x \ge 3 \wedge x \ne \frac{15}{2}\right]$

---

140 Si determini il dominio della funzione:

$f(x) = \sqrt{3 - \log_2(x+5)}$.

(*Esame di Stato, Liceo scientifico, Corso di ordinamento, Sessione ordinaria*, 2014, *quesito* 9)

$[-5 < x \le 3]$

141 Si determini il dominio della funzione $f(x) = \sqrt{e^{2x} - 3e^x + 2}$.

(*Esame di Stato, Liceo scientifico, Corso di ordinamento, Sessione suppletiva*, 2014, *quesito* 1)

$[x \le 0 \vee x \ge \ln 2]$

Funzioni trascendenti goniometriche

142 ESERCIZIO GUIDA Determiniamo il dominio di $y = \dfrac{\tan x - 1}{2\sin x - 1}$.

Per l'esistenza di $\tan x$: $x \ne \frac{\pi}{2} + k\pi$.

Per l'esistenza della frazione:

$$2\sin x - 1 \ne 0 \quad \rightarrow \quad \sin x \ne \frac{1}{2} \quad \rightarrow \quad x \ne \frac{\pi}{6} + 2k\pi \wedge x \ne \frac{5}{6}\pi + 2k\pi.$$

Quindi il dominio è $x \ne \frac{\pi}{2} + k\pi \wedge x \ne \frac{\pi}{6} + 2k\pi \wedge x \ne \frac{5}{6}\pi + 2k\pi$.

Determina il dominio delle seguenti funzioni.

143 $y = \dfrac{1}{2\cos x - 1}$ $\left[x \ne \pm\frac{\pi}{3} + 2k\pi\right]$

144 $y = 1 - \sqrt{2\sin x - 1}$ $\left[\frac{\pi}{6} + 2k\pi \le x \le \frac{5}{6}\pi + 2k\pi\right]$

145 $y = \dfrac{1}{\tan x - 1}$ $\left[x \ne \frac{\pi}{2} + k\pi \wedge x \ne \frac{\pi}{4} + k\pi\right]$

146 $y = \tan 2x$ $\left[x \ne \frac{\pi}{4} + k\frac{\pi}{2}\right]$

147 $y = \sqrt{\sin x}$ $[2k\pi \le x \le \pi + 2k\pi]$

148 $y = \frac{\sin 2x}{\cos x - 1}$ $[x \ne 2k\pi]$

149 $y = \tan x + \frac{1}{\sin x}$ $\left[x \ne k\frac{\pi}{2}\right]$

150 $y = \frac{1}{\sin x} + \sqrt{\tan x}$ $\left[k\pi < x < \frac{\pi}{2} + k\pi\right]$

151 $y = \frac{\sin x}{\cos^2 x - \cos x}$ $\left[x \ne \frac{\pi}{2} + k\pi \wedge x \ne 2k\pi\right]$

152 $y = \sqrt{\ln(2\sin x)}$ $\left[\frac{\pi}{6} + 2k\pi \le x \le \frac{5}{6}\pi + 2k\pi\right]$

153 $y = \frac{1}{\sin x} + \frac{1}{2\cos x + 1}$ $\left[x \ne k\pi \wedge x \ne \pm\frac{2}{3}\pi + 2k\pi\right]$

154 $y = \ln(\sin x) + \ln(\tan x)$ $\left[2k\pi < x < \frac{\pi}{2} + 2k\pi\right]$

155 $y = \frac{1}{3\cos^2 x - \sin^2 x}$ $\left[x \ne \pm\frac{\pi}{3} + k\pi\right]$

156 $y = \sqrt{2\cos x - 1} + \sqrt{\sin x}$ $\left[2k\pi \le x \le \frac{\pi}{3} + 2k\pi\right]$

157 $y = \frac{\tan x}{1 - \tan^2 x}$ $\left[x \ne \frac{\pi}{2} + k\pi \wedge x \ne \frac{\pi}{4} + \frac{\pi}{2}k\right]$

158 $y = \frac{\cot x}{\tan^2 x - 3}$ $\left[x \ne k\frac{\pi}{2} \wedge x \ne \pm\frac{\pi}{3} + k\pi\right]$

159 $y = \frac{1}{\tan x(1 - 2\cos x)}$ $\left[x \ne k\frac{\pi}{2} \wedge x \ne \pm\frac{\pi}{3} + 2k\pi\right]$

160 $y = \sqrt{\sin x} + \sqrt{\cos x} + \sqrt{\tan x}$ $\left[2k\pi \le x < \frac{\pi}{2} + 2k\pi\right]$

161 $y = (\tan x)^x$ $\left[k\pi < x < \frac{\pi}{2} + k\pi\right]$

162 $y = (\sin x)^{\frac{1}{x}}$ $[2k\pi < x < \pi + 2k\pi]$

163 $y = \frac{1}{2\sin^2 x - 1}$ $\left[x \ne \frac{\pi}{4} + k\frac{\pi}{2}\right]$

164 $y = \sqrt{\ln\cos x}$ $[x = 2k\pi]$

165 $y = \frac{\sqrt{\tan x - 1}}{\sqrt{\sin x}}$ $\left[\frac{\pi}{4} + 2k\pi \le x < \frac{\pi}{2} + 2k\pi\right]$

166 $y = \frac{1}{\sin x \cdot \cos\left(x - \frac{\pi}{4}\right)}$ $\left[x \ne k\pi \wedge x \ne \frac{3}{4}\pi + k\pi\right]$

167 $y = \sqrt{4\sin^2 x - 1}$ $\left[\frac{\pi}{6} + k\pi \le x \le \frac{5}{6}\pi + k\pi\right]$

168 $y = \ln\frac{\sin x}{1 - 2\cos x}$ $\left[\frac{\pi}{3} + 2k\pi < x < \pi + 2k\pi \vee \frac{5}{3}\pi + 2k\pi < x < 2\pi + 2k\pi\right]$

169 $y = \ln(\cos x) + \sqrt{2\sin x - 1}$ $\left[\frac{\pi}{6} + 2k\pi \le x < \frac{\pi}{2} + 2k\pi\right]$

170 $y = \frac{1}{2\sin^2 x - \sin x - 1}$ $\left[x \ne \frac{\pi}{2} + 2k\pi \wedge x \ne \frac{7}{6}\pi + 2k\pi \wedge x \ne \frac{11}{6}\pi + 2k\pi\right]$

171 $y = \sqrt{2^{\sin x - \cos x} - 1}$ $\left[\frac{\pi}{4} + 2k\pi \le x \le \frac{5\pi}{4} + 2k\pi\right]$

172 $y = \log_{\frac{1}{2}}(\sin x - \cos 2x)$ $\left[\frac{\pi}{6} + 2k\pi < x < \frac{5}{6}\pi + 2k\pi\right]$

---

173 $y = \sqrt{\frac{\cos x}{2\sin x - \sqrt{2}}}$ $\left[\frac{\pi}{4} + 2k\pi < x \le \frac{\pi}{2} + 2k\pi \vee \frac{3}{4}\pi + 2k\pi < x \le \frac{3}{2}\pi + 2k\pi\right]$

174 $y = \sqrt{\log_{\frac{1}{2}}\cos x - 1}$ $\left[\frac{\pi}{3} + 2k\pi \le x < \frac{\pi}{2} + 2k\pi \vee \frac{3\pi}{2} + 2k\pi < x \le \frac{5\pi}{3} + 2k\pi\right]$

Funzioni goniometriche inverse

175 ESERCIZIO GUIDA Determiniamo il dominio della funzione $y = \arcsin\frac{x^2}{4}$.

Per l'esistenza di arcsin t deve essere $-1 \le t \le 1$, quindi:

$$-1 \le \frac{x^2}{4} \le 1 \quad \rightarrow \quad -4 \le x^2 \le 4.$$

Si ha $x^2 \ge -4\ \forall x \in \mathbb{R}$, mentre è $x^2 \le 4$ per $-2 \le x \le 2$.

Dominio: $-2 \le x \le 2$.

Determina il dominio delle seguenti funzioni.

176 $y = \begin{cases} \dfrac{x-1}{x} & \text{se } x \leq 1 \\ \arctan x & \text{se } x > 1 \end{cases}$ $[x \neq 0]$

177 $y = \begin{cases} -\arcsin x & \text{se } x \leq 0 \\ \tan\left(x - \dfrac{\pi}{4}\right) & \text{se } x > 0 \end{cases}$ $\left[-1 \leq x \leq 0 \vee x > 0 \wedge x \neq \dfrac{3}{4}\pi + k\pi\right]$

178 $y = \arcsin x + \arctan x$ $[-1 \leq x \leq 1]$

179 $y = \arcsin \dfrac{1}{x}$ $[x \leq -1 \vee x \geq 1]$

180 $y = e^{\arcsin x}$ $[-1 \leq x \leq 1]$

181 $y = \sqrt{\arctan x}$ $[x \geq 0]$

182 $y = \arcsin \sqrt{1-x}$ $[0 \leq x \leq 1]$

183 $y = \arctan \dfrac{x}{1-x^2}$ $[x \neq \pm 1]$

184 $y = \dfrac{1}{\arctan \dfrac{x}{1-x}}$ $[x \neq 0 \wedge x \neq 1]$

185 $y = \arcsin \ln x$ $[e^{-1} \leq x \leq e]$

186 $y = \arccos \dfrac{4-x^2}{x^2}$ $[x \leq -\sqrt{2} \vee x \geq \sqrt{2}]$

187 $y = \arcsin 3^x$ $[x \leq 0]$

Riepilogo: Dominio di una funzione

188 FAI UN ESEMPIO di funzione razionale fratta che abbia dominio:

a. $D = [1; 2]$; **b.** $x \neq 1 \wedge x \neq 2$.

189 FAI UN ESEMPIO di funzione irrazionale che abbia dominio:

a. $x \geq 0$; **b.** $x < -2 \vee x > 1$.

---

190 Si determini il campo di esistenza della funzione $y = (x^2 - 3x)^{\frac{1}{|x-4|}}$.

(*Esame di Stato, Liceo scientifico, Corso di ordinamento, Sessione straordinaria*, 2007, *quesito* 1)

191 Si determini il campo di esistenza della funzione $y = \arcsin(\tan x)$, con $0 \leq x \leq 2\pi$.

(*Esame di Stato, Liceo scientifico, Corso di ordinamento, Sessione suppletiva*, 2007, *quesito* 2)

192 Determinare il dominio della funzione $f(x) = \ln(1 - 2x + \sqrt{x})$.

(*Esame di Stato, Liceo scientifico, Corso di ordinamento, Sessione straordinaria*, 2004, *quesito* 3)

Determina il dominio delle seguenti funzioni.

193 $y = \dfrac{1}{\ln^2 x - 2\ln x + 1}$ $[x > 0 \wedge x \neq e]$

194 $y = \dfrac{1}{1 + \dfrac{1}{1 + \dfrac{1}{x}}}$ $\left[x \neq -1 \wedge x \neq -\dfrac{1}{2} \wedge x \neq 0\right]$

195 $y = \dfrac{\sqrt{1 - \tan^2 x}}{\sin x}$ $\left[-\dfrac{\pi}{4} + k\pi \leq x \leq \dfrac{\pi}{4} + k\pi \wedge x \neq k\pi\right]$

196 $y = \ln(1 - 4\cos^2 x)$ $\left[\dfrac{\pi}{3} + k\pi < x < \dfrac{2}{3}\pi + k\pi\right]$

197 $y = \sqrt{\dfrac{x^8 - 15x^4 - 16}{|x-6|}}$ $[x \leq -2 \vee x \geq 2 \wedge x \neq 6]$

198 $y = \ln(x - \sqrt{4 - x^2})$ $[\sqrt{2} < x \leq 2]$

199 $y = \begin{cases} \dfrac{x-1}{\sqrt{3-x}} & \text{se } x \leq 0 \\ 2^{\frac{1}{x-4}} & \text{se } x > 0 \end{cases}$ $[x \neq 4]$

200 $y = \ln(\ln|x-3|)$ $[x < 2 \vee x > 4]$

201 $y = \ln \dfrac{|x|}{|x-3| - 5}$ $[x < -2 \vee x > 8]$

202 $y = \ln(x - \sqrt{1-2x})$ $\left[-1 + \sqrt{2} < x \leq \dfrac{1}{2}\right]$

203 $y = \sqrt{|x^2 - 3x + 4| - 2}$ $[x \leq 1 \vee x \geq 2]$

204 $y = \sqrt{\sin x - \cos x}$ $\left[\dfrac{\pi}{4} + 2k\pi \leq x \leq \dfrac{5}{4}\pi + 2k\pi\right]$

205 $y = \dfrac{\sqrt{x^2 + x - 12}}{x + 4}$ $[x < -4 \vee x \geq 3]$

206 $y = \sqrt{3^x + 3 \cdot 3^{-x} - 3}$ $[\mathbb{R}]$

207 $y = (x^3 - 4x)^{\pi}$ $[-2 \le x \le 0 \vee x \ge 2]$

208 $y = (x^2 - 1)^{\sqrt{x}}$ $[x > 1]$

209 $y = \dfrac{1}{2x^3 - x^2 - x}$ $\left[x \ne -\dfrac{1}{2} \wedge x \ne 0 \wedge x \ne 1\right]$

210 $y = \sqrt{\dfrac{x^3 - x^2}{x + 1}}$ $[x < -1 \vee x \ge 1 \vee x = 0]$

211 $y = \dfrac{\sqrt{9 - x^2}}{\sqrt{x^2 - 4x}}$ $[-3 \le x < 0]$

212 $y = \dfrac{\ln(x^2 - 5x)}{\ln(7 - x)}$ $[x < 0 \vee 5 < x < 7 \wedge x \ne 6]$

213 $y = \dfrac{\sqrt{\ln(2x - \sqrt{1 - x})}}{\ln(2x + 1)}$ $\left[\dfrac{3}{4} \le x \le 1\right]$

214 $y = \ln\ln\ln|x - 1|$ $[x < 1 - e \vee x > 1 + e]$

215 $y = \arcsin \log_2 \dfrac{x - 1}{x}$ $[x \le -1 \vee x \ge 2]$

216 $y = \arccos\left|\dfrac{2x - 1}{x + 1}\right| + \sqrt{\dfrac{x^2 + 1}{1 - x}}$ $[0 \le x < 1]$

217 $y = \sqrt{\arcsin \ln(x - 1)}$ $[2 \le x \le e + 1]$

218 $y = \sqrt{\log_2|x^2 - x| - 1} + \sqrt{1 - \log_{\frac{1}{3}} x}$ $[x \ge 2]$

219 $y = \dfrac{\sqrt{-2\sin^2 x + 3\sin x - 1}}{\ln\cos x}$ $\left[\dfrac{\pi}{6} + 2k\pi \le x < \dfrac{\pi}{2} + 2k\pi\right]$

220 $y = \sqrt{2\log_2^2 x - 7\log_2 x - 4}$ $\left[0 < x \le \dfrac{\sqrt{2}}{2} \vee x \ge 16\right]$

221 $y = \dfrac{\ln(4^x - 4 \cdot 2^x - 32)}{\sqrt{4^x + 8} - \sqrt{32 - 2 \cdot 2^x}}$ $[3 < x \le 4]$

222 $y = \sqrt{\log_2(x - 2) - \log_4 x} + \sqrt{\log_8 x}$ $[x \ge 4]$

223 $y = \log_2 \dfrac{3 - 2x}{\ln|x - 2|}$ $\left[x < 1 \vee \dfrac{3}{2} < x < 3 \wedge x \ne 2\right]$

224 $y = \dfrac{\sqrt{2x + 3 - \sqrt{x - 1}}}{\ln(4 - x)}$ $[1 \le x < 4 \ \wedge \ x \ne 3]$

225 $y = \dfrac{1}{\log_3^2 x + 3\log_3 x}$ $\left[x > 0 \wedge x \ne \dfrac{1}{27} \wedge x \ne 1\right]$

226 $y = \sqrt{\arcsin(x + 1)}$ $[-1 \le x \le 0]$

227 $y = \ln(x^2 - |x|)$ $[x < -1 \vee x > 1]$

228 $y = \dfrac{\sqrt{\log_{\frac{1}{2}}(1 - x)}}{\log_2(1 - x)}$ $[0 < x < 1]$

229 $y = \ln(\sin x - \cos x)$ $\left[\dfrac{\pi}{4} + 2k\pi < x < \dfrac{5}{4}\pi + 2k\pi\right]$

230 $y = \dfrac{1}{\sqrt{\sin x} + \sqrt{1 - \tan x}}$ $\left[2k\pi \le x \le \dfrac{\pi}{4} + 2k\pi \vee \dfrac{\pi}{2} + 2k\pi < x \le \pi + 2k\pi\right]$

231 $y = \dfrac{2}{\cos^2 x - \sin^2 x - 2\sin x\cos x}$ $\left[x \ne \dfrac{\pi}{8} + k\dfrac{\pi}{2}\right]$

232 $y = \arcsin \dfrac{x - 1}{x}$ $\left[x \ge \dfrac{1}{2}\right]$

233 $y = \sqrt{\left|\dfrac{x - 1}{1 + 2x}\right| - 1}$ $\left[-2 \le x \le 0 \wedge x \ne -\dfrac{1}{2}\right]$

234 $y = \sqrt{x + 3 - \sqrt{x^2 - 2x - 3}}$ $\left[-\dfrac{3}{2} \le x \le -1 \vee x \ge 3\right]$

Dominio e parametri

Trova per quali valori di k le seguenti funzioni hanno dominio $\mathbb{R}$.

235 AL VOLO $y = \dfrac{1}{x + k}$

236 $y = \dfrac{1}{x^2 - 4x + k + 1}$ $[k > 3]$

237 $y = \sqrt{kx^2 - 2x + k}$ $[k > 1]$

238 $y = \sqrt{x^2 + k - 4}$ $[k \ge 4]$

Determina il dominio delle seguenti funzioni al variare del parametro k.

239 $y = \sqrt{kx - 1}$ $\left[k < 0: x \le \dfrac{1}{k}, k = 0: \nexists x \in \mathbb{R}, k > 0: x \ge \dfrac{1}{k}\right]$

240 $y = 2^{\frac{\sqrt{k-1}}{x}}$ $[k < 1: \nexists x \in \mathbb{R}, k = 1: \forall x \in \mathbb{R}, k > 1: x \ne 0]$

241 $y = \ln(x\sqrt{k+3})$ $[k \leq -3: \nexists\, x \in \mathbb{R}, k > -3: x > 0]$

242 $y = \frac{1}{x^2 - k}$ $[k < 0: \forall x \in \mathbb{R}, k = 0: x \neq 0, k > 0: x \neq \pm\sqrt{k}]$

243 EUREKA! Determina il dominio della funzione $y = \sqrt[n]{\frac{x}{x-3}}$ al variare di n. [n dispari: $x \neq 3$; n pari: $x \leq 0 \vee x > 3$]

Determina per quale valore di a le funzioni hanno il dominio indicato.

244 $y = \frac{1}{x^2 + ax - 8}$, $D: x \neq -2 \wedge x \neq 4$. $[a = -2]$

245 $y = \ln(a - 2x)$, $D: x < -6$. $[a = -12]$

246 $y = e^{\frac{1}{x^2 - a}}$, $D: \mathbb{R}$. $[a < 0]$

247 $y = \frac{2}{ax^2 + 2x + 5}$, $D: x \neq -5$. $\left[a = \frac{1}{5}\right]$

248 $y = e^{\frac{2x}{x^2 - kx - k - 1}}$, $D: x \neq -1 \wedge x \neq 3$. $[k = 2]$

249 La funzione $f(x) = \frac{ax^2 + 2x + a}{x - 2b}$ ha dominio $D: x \neq 2$ e il suo grafico passa per $(-1; 1)$. Trova a e b. $\left[a = -\frac{1}{2}, b = 1\right]$

250 Il grafico della funzione $f(x) = \frac{a-5}{2^x - 2^{b-1}}$ interseca l'asse y in $(0; 1)$ e ha dominio $D: x \neq 3$. Determina a e b. $[a = -2, b = 4]$

251 Trova a e b in modo che la funzione $f(x) = \frac{a - x}{2\log_2 x - b}$ attraversi l'asse x nel punto di ascissa 1 e abbia dominio $D: x > 0 \wedge x \neq 2$. $[a = 1, b = 2]$

Ricerca dell'immagine di una funzione

252 ESERCIZIO GUIDA Determiniamo il dominio e l'immagine delle seguenti funzioni:

a. $y = \frac{x^2 - 2}{x}$; **b.** $y = e^{-x} + 1$; **c.** $y = 2\sin 3x - 2$.

a. La funzione $y = f(x) = \frac{x^2 - 2}{x}$ è definita per $x \neq 0$.
Ricaviamo la variabile x in funzione della y:

$$x^2 - xy - 2 = 0 \rightarrow x = \frac{y \pm \sqrt{y^2 + 8}}{2}.$$

I valori dell'immagine di $f(x)$ sono quei valori di y per i quali la x è definita e appartiene al dominio della funzione, cioè $x \neq 0$. Poiché l'espressione di x che abbiamo ottenuto è definita per ogni y reale ed è sempre diversa da 0, l'immagine di $f(x)$ è l'insieme $I = \mathbb{R}$.

b. La funzione è definita per ogni $x \in \mathbb{R}$.
Ricaviamo x in funzione di y:

$$e^{-x} = y - 1 \rightarrow -x = \ln(y-1) \rightarrow$$
$$x = -\ln(y-1).$$

Poiché, per l'esistenza di x, deve essere $y - 1 > 0$, ossia $y > 1$, l'immagine è:

$$I: y > 1.$$

c. La funzione è definita per ogni $x \in \mathbb{R}$. Troviamo ora le condizioni per y. Abbiamo

$$\sin 3x = \frac{y+2}{2},$$

e poiché deve essere $-1 \leq \sin 3x \leq 1$ scriviamo:

$$-1 \leq \frac{y+2}{2} \leq 1 \rightarrow -2 \leq y + 2 \leq 2 \rightarrow$$
$$-4 \leq y \leq 0.$$

Quindi l'immagine di $f(x)$ è:

$$I: -4 \leq y \leq 0.$$

Determina il dominio e l'immagine delle seguenti funzioni.

253 $y = \sqrt{2-x}$ $[D: x \leq 2, I: y \geq 0]$

254 $y = x^2 - 2x$ $[D: \mathbb{R}, I: y \geq -1]$

255 $y = \dfrac{2-x}{x}$ $[D: x \neq 0, I: y \neq -1]$

256 $y = \ln(2-x)$. $[D: x < 2, I: \mathbb{R}]$

257 $y = 1 - \sin\dfrac{1}{x}$ $[D: x \neq 0, I: 0 \leq y \leq 2 \wedge y \neq 1]$

258 $y = e^{\frac{1}{x}} - 1$ $[D: x \neq 0, I: y > -1 \wedge y \neq 0]$

Funzioni uguali

Tra le seguenti coppie di equazioni indica quali rappresentano la stessa funzione.

259 $y = \ln\sqrt{x}$, $y = \dfrac{1}{2}\ln x$.

260 $y = \ln(x-3)^2$, $y = 2\ln(x-3)$.

261 $y = \dfrac{x}{\sqrt{x^2}}$, $y = 1$.

262 $y = \dfrac{\sin x}{\sin x} + 1$, $y = 2$.

263 $y = \sqrt{x} \cdot \sqrt{2-x}$, $y = \sqrt{x(2-x)}$.

264 $y = \dfrac{x^3}{x^2}$, $y = x$.

265 $y = \dfrac{\sqrt[3]{x^2-2x}}{\sqrt[3]{x}}$, $y = \sqrt[3]{x-2}$.

266 $y = x^2 + 4$, $y = |-x^2 - 4|$.

Zeri e segno di una funzione

▶ Teoria a p. 1291

LEGGI IL GRAFICO Osservando i seguenti grafici, indica il dominio e l'immagine di ciascuna funzione. Indica inoltre gli zeri e per quali valori di *x* ogni funzione è positiva o negativa.

267

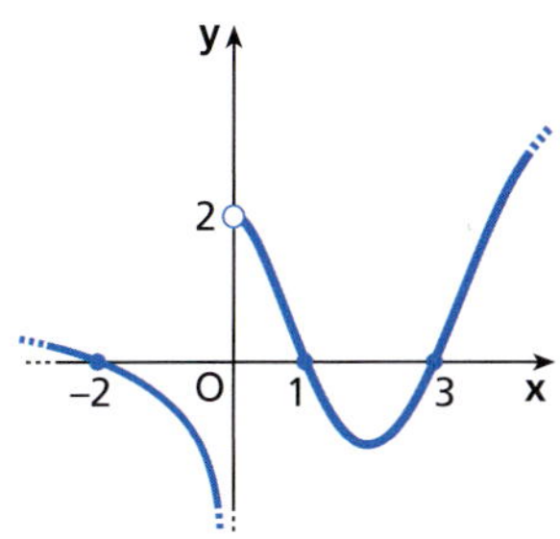

268

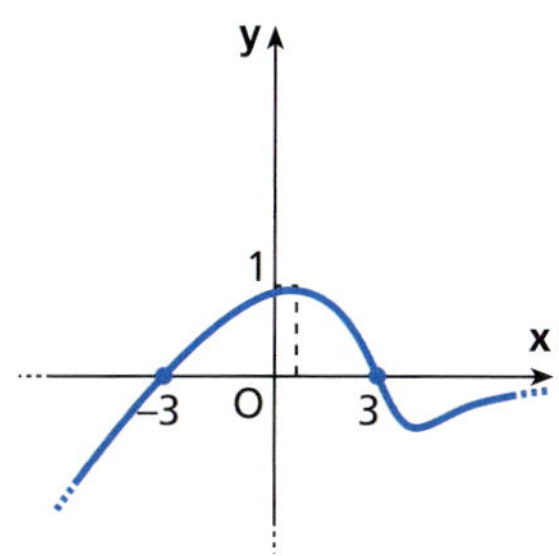

269

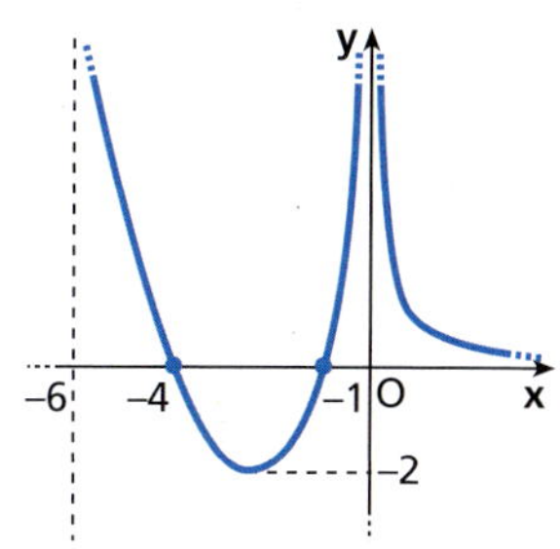

Disegna il grafico delle seguenti funzioni e deduci da esso il dominio, l'immagine e il segno.

270 $y = \sqrt{x-4}$

271 $y = \dfrac{x+3}{4-x}$

272 $y = \dfrac{|x|}{x} - |2x+1|$

273 $y = x^2 - 3|x| - 4$

274 $y = \left|\log_{\frac{1}{2}} x\right|$

275 $y = 2\sin 2x$

276 Indica quali delle seguenti funzioni non ammettono zeri. Giustifica la tua risposta.

$$y = 3\log x; \qquad y = x^4 + x^2; \qquad y = \frac{x^6+1}{2x}; \qquad y = \left(\frac{1}{3}\right)^x; \qquad y = \frac{x}{x^6+1}.$$

277 ESERCIZIO GUIDA Studiamo il segno della seguente funzione nel suo dominio, troviamo gli zeri e rappresentiamo nel piano cartesiano le zone in cui si trova il grafico:

$$y = f(x) = \frac{\ln x - 1}{x\sqrt{x+2}}.$$

▶

- Determiniamo il dominio D:

$$\begin{cases} x > 0 & \text{esistenza di } \ln x \\ x \neq 0 \\ x+2 \neq 0 \end{cases} \left.\right] \text{esistenza della frazione} \quad \to \quad D: x > 0.$$

$$x + 2 \geq 0 \quad \text{esistenza del radicale}$$

- Studiamo il segno della funzione:

$N > 0$: $\ln x - 1 > 0 \quad \to \quad \ln x > 1 \quad \to \quad \ln x > \ln e \quad \to \quad x > e$;

$D > 0$: $x\sqrt{x+2} > 0 \quad \to \quad x > 0$.

Compiliamo il quadro dei segni, ricordando che la funzione $y = f(x)$ esiste soltanto per $x > 0$.

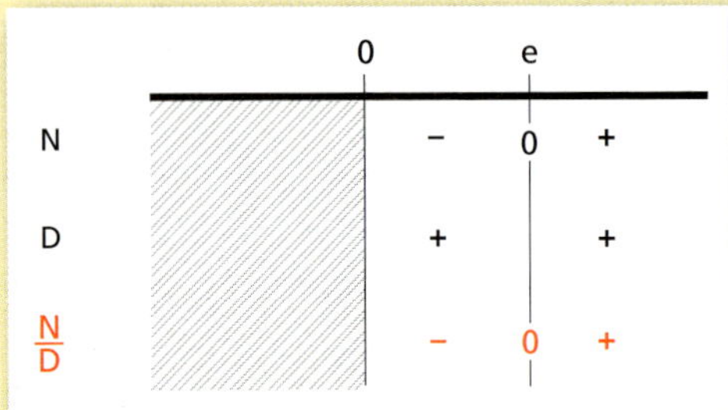

$f(x) > 0$ per $x > e$;

$f(x) < 0$ per $0 < x < e$;

$f(x) = 0$ per $x = e$.

Il grafico della funzione si trova nelle zone non cancellate nel grafico e interseca l'asse x nel punto $(e; 0)$.

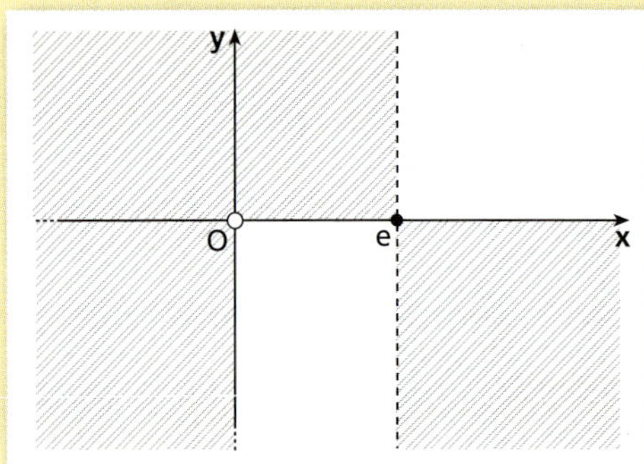

278 ●○ **AL VOLO** Indica il dominio e il segno delle seguenti funzioni.

$y = (x+2)^4$ $\qquad y = -(x-3)^{-2}$ $\qquad y = e^{x^2}$ $\qquad y = \left(\frac{1}{e}\right)^{-3x}$

Studia il segno delle seguenti funzioni nel loro dominio e trova eventuali punti di intersezione del grafico con gli assi (nei risultati indichiamo soltanto gli intervalli in cui le funzioni sono positive). Rappresenta nel piano cartesiano le zone in cui si trova il grafico.

279 ●○ $y = \dfrac{x-4}{x(1-x)^2}$ $\quad [x < 0 \vee x > 4]$

280 ●○ $y = \dfrac{2-|x|}{\sqrt{x-1}}$ $\quad [1 < x < 2]$

281 ●○ $y = \sqrt{\dfrac{x^2-2x}{x^3}}$ $\quad [x > 2]$

282 ●○ $y = \dfrac{x^2-5x+4}{x^2-3x}$ $\quad [x < 0 \vee 1 < x < 3 \vee x > 4]$

283 ●○ $y = \dfrac{x^2-4}{9x^2-x^3}$ $\quad [x < -2 \vee 2 < x < 9]$

284 ●○ $y = \dfrac{x+3}{(x^2-1)(-x^2+4)}$ $\quad [x < -3 \vee -2 < x < -1 \vee 1 < x < 2]$

285 ●○ $y = \dfrac{\sqrt{25-x^2}}{|x|+|x^2-4x|}$ $\quad [-5 < x < 5 \wedge x \neq 0]$

286 ●○ $y = x\sqrt{\dfrac{1}{x} - 1}$ $\quad [0 < x < 1]$

287 ●○ $y = \dfrac{2^x}{2^x - 2}$ $\quad [x > 1]$

288 ●○ $y = \ln\dfrac{x-1}{x-4}$ $\quad [x > 4]$

289 ●○ $y = \dfrac{e^{2x-1}-1}{e^x-1}$ $\quad \left[x < 0 \vee x > \dfrac{1}{2}\right]$

290 ●○ $y = \ln(2\sin x)$ $\quad \left[\dfrac{\pi}{6} + 2k\pi < x < \dfrac{5}{6}\pi + 2k\pi\right]$

291 ●○ $y = \dfrac{2\sin x - 1}{\cos^2 x}$ $\quad \left[\dfrac{\pi}{6} + 2k\pi < x < \dfrac{5}{6}\pi + 2k\pi\right]$

292 ●● $y = \dfrac{x^3-6x^2+11x-6}{x}$ $\quad [x < 0 \vee 1 < x < 2 \vee x > 3]$

293 $y = \dfrac{\ln x}{|x-1|-2}$ $[0 < x < 1 \vee x > 3]$

294 $y = \dfrac{\sqrt{x-1}}{\ln(x-2)}$ $[x > 3]$

295 $y = \dfrac{\ln x}{\ln(x-1)}$ $[x > 2]$

296 $y = \sqrt{\dfrac{1-4x^2}{\log_{\frac{1}{2}} x}}$ $\left[0 < x < \frac{1}{2} \vee x > 1\right]$

297 $y = \dfrac{\sqrt{\log_2 x}}{1-\log_2 x}$ $[1 < x < 2]$

298 $y = \dfrac{\log_{\frac{1}{2}}(x-3)}{\log_3(x-1)}$ $[3 < x < 4]$

299 $y = \cos x + \cos^2 x$ $\left[-\frac{\pi}{2} + 2k\pi \le x < \frac{\pi}{2} + 2k\pi\right]$

300 $y = \dfrac{\arcsin x}{\sqrt{1-4x^2}}$ $\left[0 < x < \frac{1}{2}\right]$

---

301 **ASSOCIA** a ogni funzione la figura che indica la zona in cui si trova il grafico.

a. $y = \dfrac{e^{\sqrt{x+2}}}{x} \cdot (x-1)$ **b.** $y = \dfrac{4x^2-16x+16}{x\sqrt{x+2}}$ **c.** $y = \dfrac{x}{\ln\sqrt{x+2}}$ **d.** $y = \dfrac{\ln(x-1)}{x^2-9x+18}$

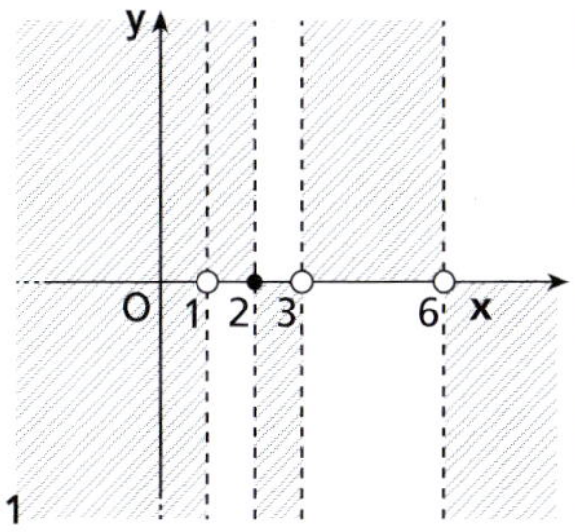

1

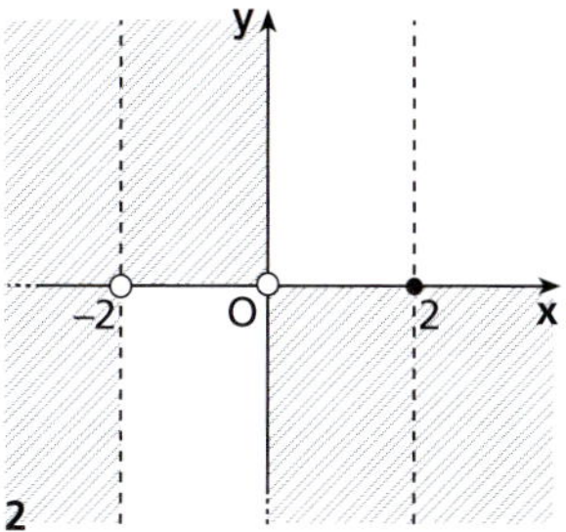

2

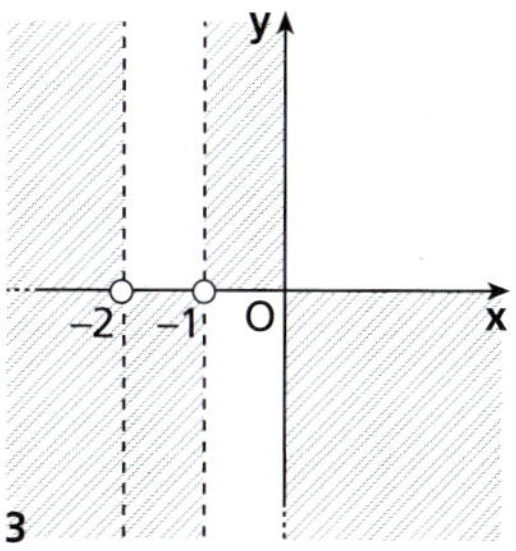

3

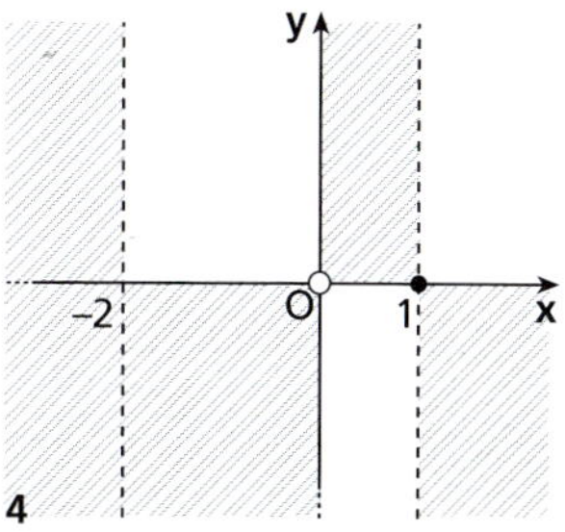

4

302 **REALTÀ E MODELLI** **A delfino!** Valeria analizza la propria bracciata a delfino insieme alla sua allenatrice.

A regime, l'altezza, in centimetri, a cui si trovano le sue mani rispetto al pelo dell'acqua è descritta dalla funzione $h(x) = 20\cos\left(\frac{5}{6}\pi x\right) - 10$, dove x è la distanza, in metri, percorsa in acqua.

a. Indica dominio e immagine di h alla luce del modello che stai analizzando.

b. Studia il segno di h e stabilisci in quali zone della vasca le mani di Valeria sono fuori dall'acqua.

c. Quali sono gli zeri di h? A cosa corrispondono?

$\left[\text{c) } x = \frac{2}{5} + \frac{12}{5}k \vee x = 2 + \frac{12}{5}k\right]$

MATEMATICA AL COMPUTER

Intersezioni Con Wiris determiniamo le intersezioni con gli assi cartesiani del grafico della funzione $f: \mathbb{R} \to \mathbb{R}$ definita dalla legge $y = 12x^4 - 20x^3 - 231x^2 - 145x + 132$; tracciamo il grafico, dove evidenziamo le intersezioni trovate.

Risoluzione – 8 esercizi in più

Grafici delle funzioni e trasformazioni geometriche

Traccia il grafico di $f(x)$ e poi esegui le trasformazioni indicate a fianco; scrivi infine le equazioni delle curve trasformate.

303 $f(x) = x^2 - 2x$

- simmetria rispetto al punto $(0; 1)$
- simmetria rispetto alla retta $y = 3$

304 $f(x) = 2^x$

- simmetria rispetto alla retta $x = 2$
- traslazione di vettore $\vec{v}(-4; 1)$

ESERCIZI

305 $f(x) = \ln x$
- traslazione di vettore $\vec{v}(-3; -1)$
- simmetria rispetto all'asse x

306 $f(x) = \cos x$
- dilatazione verticale con $n = 2$
- traslazione di vettore $\vec{v}\left(\frac{\pi}{3}; 0\right)$

Disegna il grafico di *f*(*x*) e rappresenta nello stesso piano cartesiano le funzioni indicate a fianco, dopo aver individuato quali trasformazioni geometriche devono essere applicate.

307 $f(x) = 2^x$; $\quad y = -2^x + 2$; $\quad y = 2^{x-2} - 1$.

308 $f(x) = \cos x$; $\quad y = \cos\frac{x}{2}$; $\quad y = \frac{\cos x}{2}$.

309 $f(x) = \tan x$; $\quad y = \tan(x + 1)$; $\quad y = \tan x + 1$.

310 $f(x) = \ln x$; $\quad y = \ln(-x)$; $\quad y = -\ln(x)$.

311 YOU & MATHS Graph the function $f(x) = \begin{cases} e^{-x} & \text{if } x < 0 \\ e^x + 1 & \text{if } x \geq 0 \end{cases}$.

(USA *Southern Illinois University Carbondale,* Final Exam)

312 ESERCIZIO GUIDA Disegniamo il grafico delle funzioni: **a.** $y = 2 + \ln(x + 1)$; **b.** $y = -\sin|x| + 1$.

a. Tracciato il grafico di $y = f(x) = \ln x$, otteniamo quello di $y = 2 + f(x + 1) = 2 + \ln(x + 1)$, con una traslazione di vettore $\vec{v}(-1; 2)$.

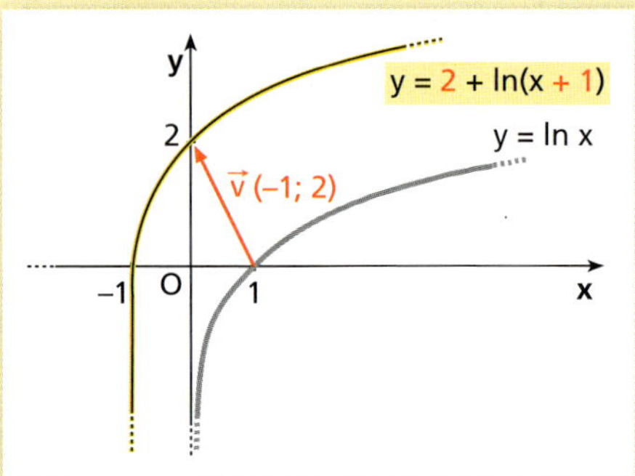

b. Tracciato il grafico di $y = f(x) = \sin x$ (figura **a**), disegniamo separatamente i grafici delle funzioni che si ottengono applicando in sequenza le trasformazioni geometriche. Otteniamo quello di $y = f(|x|) = \sin|x|$ per $x < 0$ con una simmetria rispetto all'asse y del grafico di $y = f(x)$ che si ha per $x \geq 0$ e che rimane invariato (figura **b**).

Otteniamo poi il grafico di $y = -\sin|x|$ con una simmetria rispetto all'asse x (figura **c**). Eseguiamo infine una traslazione di vettore $\vec{v}(0; 1)$ per ottenere il grafico di $y = -\sin|x| + 1$ (figura **d**).

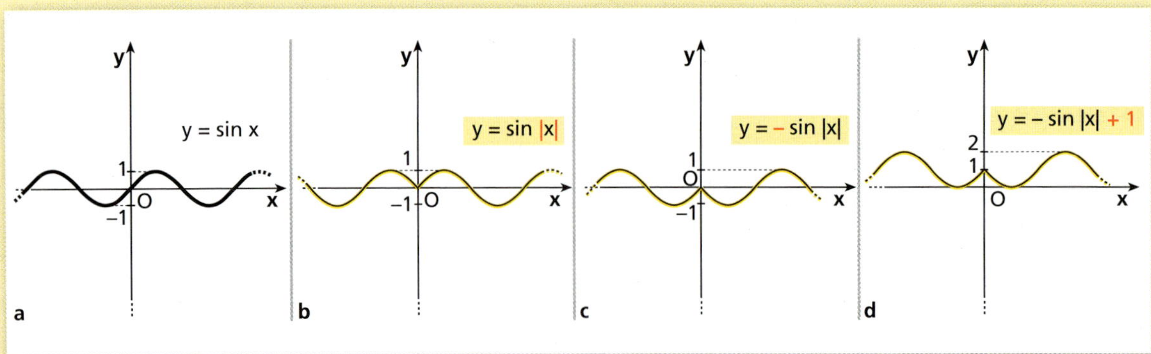

Disegna i grafici delle seguenti funzioni.

313 $y = \cos|x| + 3$; $\quad y = -|\sin x|$.

314 $y = 2|x| - 1$; $\quad y = 2^x - 1$.

315 $y = \cos\left(x - \frac{\pi}{6}\right)$; $\quad y = \frac{1}{2}\cot x$.

316 $y = |2\tan x|$; $\quad y = \cos 2x - 1$.

317 $y = -e^{|x|}$; $\quad y = e^{x-1} + 4$.

318 $y = |-\cos x + 2|$; $\quad y = -\tan 2x$.

319 $y = \sin \dfrac{x}{4} + 2$; $\quad y = \dfrac{1}{4}\sin x + 2$.

320 $y = -2\ln(-x)$; $\quad y = -|\ln x| + 1$.

---

321 Dopo aver disegnato il grafico di $y = f(x) = \sin x$, traccia i grafici di

$y = |f(x)|$, $\quad y = -f(x)$, $\quad y = f(x) + 1$, $\quad y = |f(|x|)|$.

322 Disegna il grafico della funzione $y = f(x) = \log_2 x$. Successivamente traccia i grafici di

$y = -f(x)$, $\quad y = f(x+2)$, $\quad y = f(x) + 2$, $\quad y = f(-x)$.

---

323 Data la funzione $y = f(x)$ rappresentata nel grafico della figura seguente, disegna i grafici delle funzioni:

$$y = |f(x)|,\ y = f(|x|),\ y = -f(x) - 2,\ y = f(-x).$$

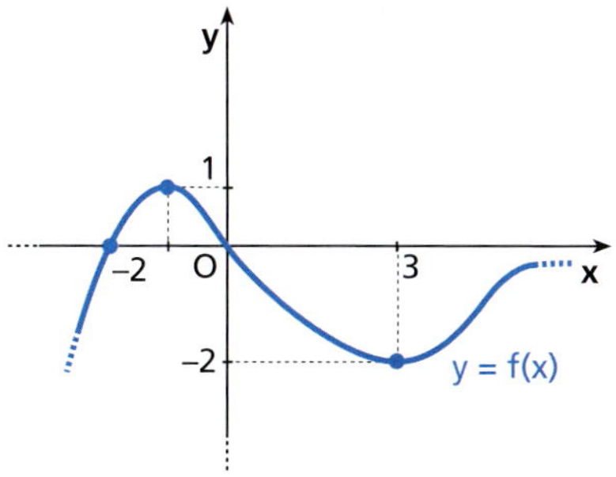

324 In figura è rappresentato il grafico della funzione $y = f(x)$. Disegna i grafici delle funzioni:

$$y = f(x-1),\ y = \frac{f(x) + |f(x)|}{2},\ y = -|f(x)|.$$

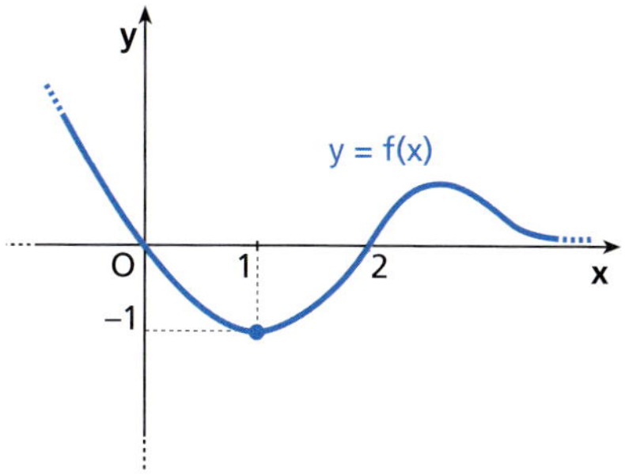

---

325 Disegna il grafico di $f(x) = 2^{x-1}$ e dimostra che $f(-x) \cdot f(x) = f(-1)$.

326 Disegna il grafico di $f(x) = \ln x + 1$ e poi traccia i grafici di $-f(-x)$, $f(x-4)$, $f(x-1) - 1$.

327 Determina la funzione $y = f(x) = ax^2 + bx + c$, il cui grafico passa per $A(-1; -1)$, per $B(-2; 0)$ e per l'origine O degli assi, e rappresentala graficamente. Utilizzando il grafico di $f(x)$ disegna i grafici di

$y = f(-x) + 1$, $\quad y = -2f(-x)$, $\quad y = |f(x)| - 2$. $\quad [y = x^2 + 2x]$

328 Disegna il grafico di $f(x) = -\cos x$ e poi quello delle funzioni $2f(2x)$, $-f(x) - 2$, $\dfrac{f(x)}{|f(x)|} - 2$.

329 **YOU & MATHS** Determine the domain and the image of $f(x) = \dfrac{1}{4}\sin 2x$, then sketch its graph.

330 **ESERCIZIO GUIDA** Utilizziamo il grafico di $f(x) = \dfrac{x-1}{x-2}$ per disegnare i grafici di:

a. $y = f^2(x)$; $\quad$ **b.** $y = \sqrt{f(x)}$; $\quad$ **c.** $y = \dfrac{1}{f(x)}$.

La funzione $f(x) = \frac{x-1}{x-2}$ ha come grafico una funzione omografica, e cioè un'iperbole equilatera con asintoti $x = 2$ e $y = 1$. Ha il centro di simmetria in (2; 1) e interseca gli assi cartesiani in (1; 0) e $\left(0; \frac{1}{2}\right)$.

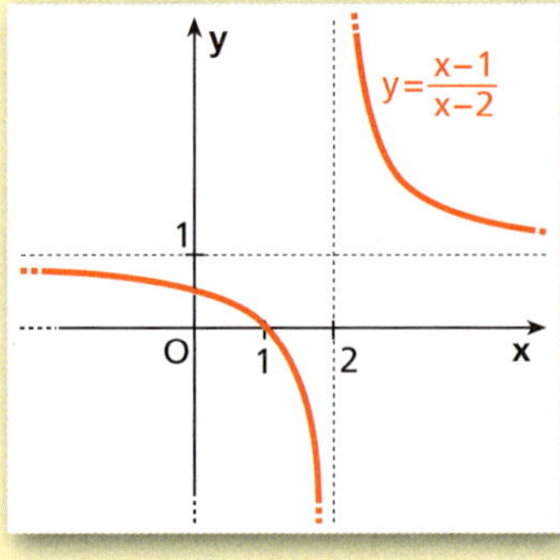

a. Per il grafico di $f^2(x)$ conviene disegnare subito il grafico di $|f(x)|$ e poi sfruttare le seguenti informazioni:

1. per $x = 0$ si ha $f(x) = \frac{1}{2}$, quindi $f^2(x) = \frac{1}{4}$;
2. nell'intervallo in cui $|f(x)| < 1$ si ha $f^2(x) < |f(x)|$;
3. negli intervalli in cui $|f(x)| > 1$ si ha $f^2(x) > |f(x)|$.

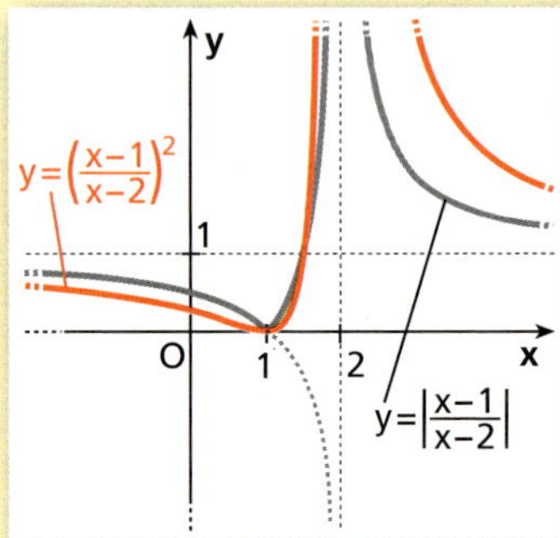

b. L'andamento del grafico di $\sqrt{f(x)}$ si ottiene utilizzando le seguenti informazioni:

1. per $1 < x < 2$, $f(x) < 0$, quindi $\sqrt{f(x)}$ non esiste;
2. per $x = 1$, $f(x) = 0$, quindi $\sqrt{f(x)} = 0$;
3. per $x < 1$, $0 < f(x) < 1$, quindi $f(x) < \sqrt{f(x)} < 1$;
4. per $x > 2$, $f(x) > 1$, quindi $1 < \sqrt{f(x)} < f(x)$.

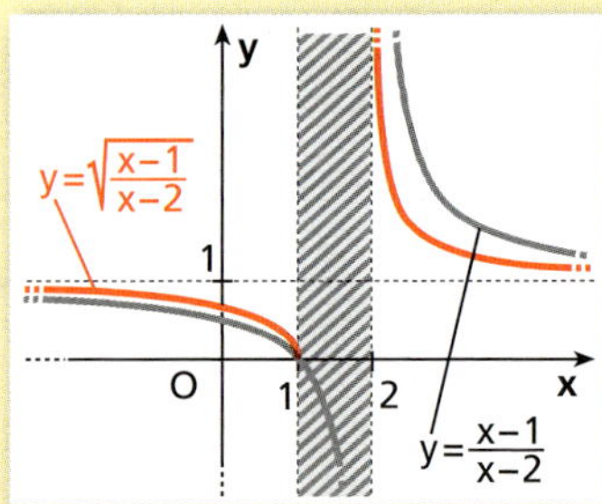

c. Le informazioni utili per disegnare il grafico di $y = \frac{1}{f(x)}$ sono:

1. il valore di x per cui $f(x) = 0$, e cioè $x = 1$; per x che tende a 1: se $f(x) > 0$, $\frac{1}{f(x)}$ tende a $+\infty$; se $f(x) < 0$, $\frac{1}{f(x)}$ tende a $-\infty$;
2. il valore di x per cui $f(x)$ tende a $\pm\infty$, e cioè $x = 2$; per x che tende a 2, $f(x)$ tende a $\pm\infty$, quindi $\frac{1}{f(x)}$ tende a 0;
3. il valore di x per cui $f(x) = \pm 1$; poiché per x che tende a $-\infty$ e a $+\infty$, $f(x)$ tende a 1, anche $\frac{1}{f(x)}$ tende a 1.

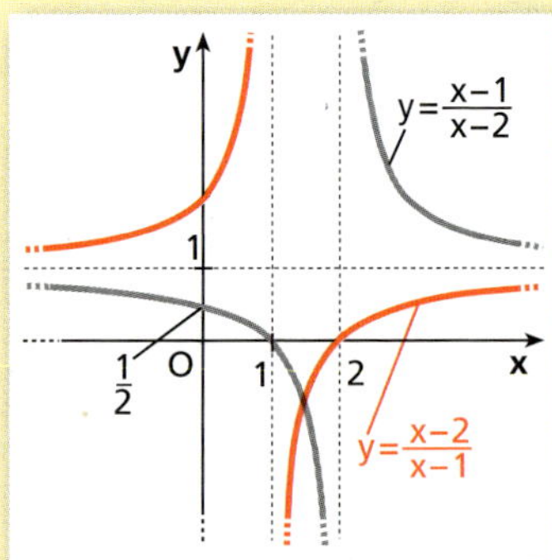

Traccia il grafico della funzione $f(x)$ e poi quello della funzione indicata a fianco.

331 $f(x) = x^2 - 4x$, $\quad y = f^2(x)$.

332 $f(x) = \frac{1}{x-1}$, $\quad y = \sqrt{f(x)}$.

333 $f(x) = \sin x$, $\quad y = \frac{1}{f(x)}$.

334 $f(x) = -\ln(x-1)$, $\quad y = f^2(x)$.

335 $f(x) = e^{x+1} - 1$, $\quad y = \frac{1}{f(x)}$.

336 $f(x) = -\tan x$, $\quad y = \sqrt{f(x)}$.

Disegna i grafici delle seguenti funzioni, interpretandole come funzioni del tipo $f^2(x)$, $\sqrt{f(x)}$, $\frac{1}{f(x)}$.

337 $y = \sqrt{\frac{x-4}{x}}$

338 $y = \frac{1}{x^2 - 4x}$

339 $y = \sqrt{\sin x} + 1$

340 $y = (\ln x - 1)^2$

341 $y = \frac{1}{|x^2 + 2x|}$

342 $y = \tan^2\left(x - \frac{\pi}{4}\right)$

343 $y = \frac{1}{e^{-x} - 1}$

344 $y = \frac{1}{\sqrt{\ln x}}$

345 $y = 2\cos^2 2x$

MATEMATICA E STORIA

Polinomi identici Augustin-Louis Cauchy, nel suo *Cours d'analyse* (1821), scrive:
«I due polinomi $\Phi(x)$ e $\Psi(x)$, entrambi di grado $n - 1$, risultano uguali per ciascuno dei valori $x_0, x_1, x_2, \ldots, x_{n-1}$».

M. AUGUSTIN-LOUIS CAUCHY,

Ingénieur des Ponts et Chaussées, Professeur d'Analyse à l'École polytechnique, Membre de l'Académie des sciences, Chevalier de la Légion d'honneur.

a. Cosa si può dire del grado del polinomio differenza $\Phi(x) - \Psi(x)$?

b. Determina il valore di $\Phi(x_i) - \Psi(x_i)$, per i = 1, 2, …, $n - 1$.

c. Per la risposta precedente e per il teorema di Ruffini, il polinomio $\Phi(x) - \Psi(x)$ risulterà divisibile per n binomi di primo grado: quali?

d. Qual è il grado del prodotto dei precedenti binomi?

e. Le precedenti risposte **a** e **d** sono inconciliabili: perché?

Risoluzione – Esercizio in più

2 Proprietà delle funzioni

Funzioni iniettive, suriettive e biunivoche

Teoria a p. 1293

LEGGI IL GRAFICO Ogni grafico rappresenta una funzione $f: \mathbb{R} \to \mathbb{R}$. Indica se è una funzione iniettiva, suriettiva o biunivoca.

346

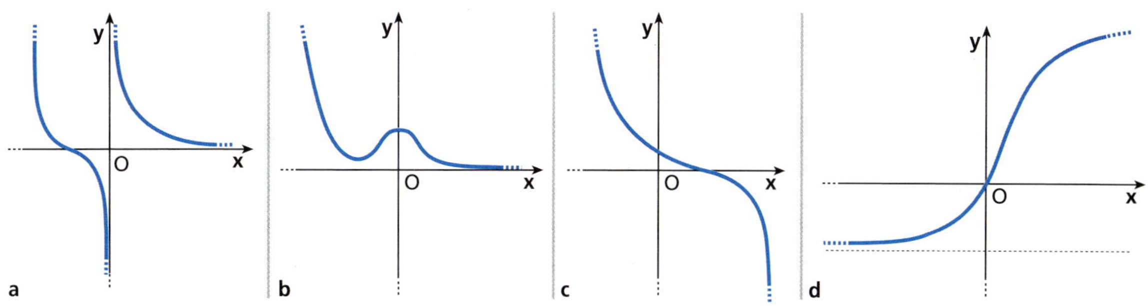

347

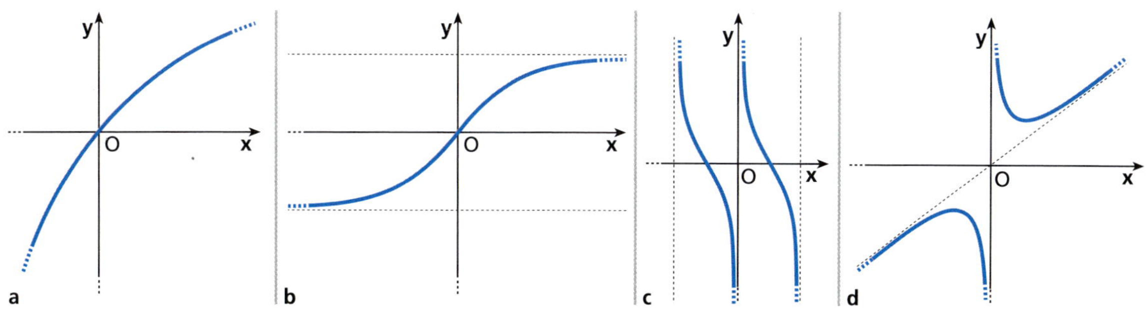

348 ●○ AL VOLO Quali delle seguenti funzioni sono iniettive su $\mathbb{R}$?

a. $y = |x|$ **b.** $y = x^2$ **c.** $y = x$ **d.** $y = 1 + x$

349 ●○ **a.** Determina il dominio, l'immagine e studia il segno della funzione $f(x) = \begin{cases} -x & \text{se } |x| < 1 \\ |x-2| & \text{se } |x| \geq 1 \end{cases}$.

b. Calcola $f(-1), f(3), f\left(\frac{1}{2}\right)$ e determina le controimmagini di 0 e $-\frac{2}{5}$.

c. Rappresenta il grafico di $f(x)$ e conferma graficamente i risultati trovati.

d. $f(x)$ è una corrispondenza biunivoca?

[a) D: $\mathbb{R}$, I: $y > -1$; $f(x) > 0$ per $x < 0 \vee 1 < x < 2 \vee x > 2$; b) $3, 1, -\frac{1}{2}, 0 \vee 2, \frac{2}{5}$; d) no]

350 ●○ Tra le seguenti funzioni, indica quelle che realizzano una corrispondenza biunivoca tra $\mathbb{R}$ e $\mathbb{R}_0^+ = \{x \in \mathbb{R} \mid x > 0\}$:

a. $f(x) = \log_3 x$; **b.** $f(x) = 3^x$; **c.** $f(x) = \frac{1}{x^2}$; **d.** $f(x) = e^{-x}$.

[b, d]

Funzioni crescenti, decrescenti, monotòne

▶ Teoria a p. 1294

351 ●○ LEGGI IL GRAFICO Per ogni grafico studia gli intervalli di monotonia precisando in quali intervalli la funzione rappresentata è sempre crescente o decrescente e se lo è in senso stretto o in senso lato.

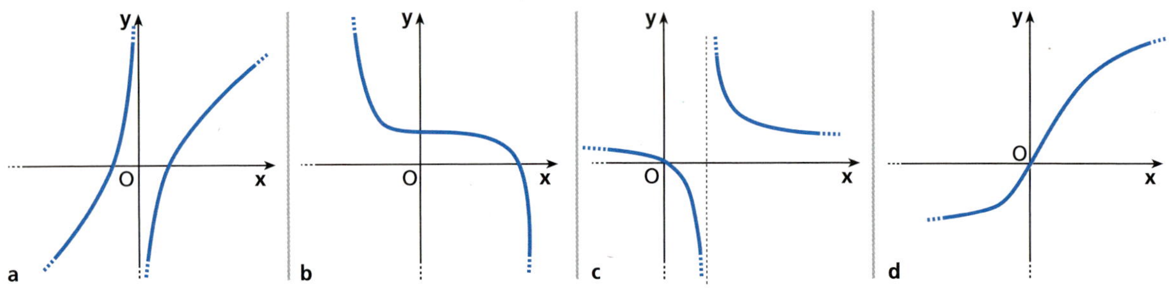

352 ●○ VERO O FALSO?

a. La funzione $y = \tan x$ è crescente in $[0; \pi]$. V F

b. La funzione $y = \cot x$ è sempre decrescente. V F

c. Una funzione biunivoca è sempre monotòna. V F

d. La funzione $y = 3^{-x-1}$ è crescente. V F

353 ●○ YOU & MATHS Is $f(x) = \frac{1}{3}x^2 + 6$ an increasing function?

354 ●○ RIFLETTI SULLA TEORIA Siano f e g due funzioni definite sullo stesso dominio, entrambe crescenti in senso stretto. Cosa puoi dire sulla monotonia di $f + g$? E se f è crescente e g decrescente in senso stretto, cosa si può dire sulla monotonia di $f - g$?

Dopo aver rappresentato le seguenti funzioni, indica in quali intervalli sono crescenti e in quali decrescenti.

355 ●○ $y = \begin{cases} 2x - 1 & \text{se } x \leq 2 \\ 7 - x^2 & \text{se } x > 2 \end{cases}$ [cresc. per $x < 2$; decr. per $x > 2$]

356 $y = \begin{cases} \sin x & \text{se} -\frac{\pi}{2} \le x \le \frac{\pi}{2} \\ -\tan x & \text{se } \frac{\pi}{2} < x < \frac{3}{2}\pi \end{cases}$ $\left[\text{cresc. per } -\frac{\pi}{2} < x < \frac{\pi}{2}; \text{ decr. per } \frac{\pi}{2} < x < \frac{3}{2}\pi\right]$

357 $y = x^2 - 3x - 10$ $\left[\text{decr. per } x < \frac{3}{2}; \text{ cresc. per } x > \frac{3}{2}\right]$

358 $y = \begin{cases} -\ln(x+1) & \text{se} -1 < x < 0 \\ 1 & \text{se } 0 \le x < 1 \\ 2^{x-1} & \text{se } x \ge 1 \end{cases}$ [decr. per $-1 < x < 0$; cresc. in senso lato per $x \ge 0$]

359 Dimostra, utilizzando il suo grafico, che la funzione

$$f(x) = \begin{cases} x-2 & \text{se } 0 \le x < 4 \\ -\frac{1}{2}x + 5 & \text{se } 4 \le x \le 6 \end{cases}$$

è iniettiva ma non è monotòna.

360 ESERCIZIO GUIDA Dimostriamo che la funzione $f(x) = \frac{1}{4^x + 8}$ è decrescente nel suo dominio.

Poiché il denominatore non si annulla mai, il dominio è D: $\mathbb{R}$.

La funzione è decrescente perché se

$x_1 < x_2 \rightarrow$

$4^{x_1} < 4^{x_2} \rightarrow 4^{x_1} + 8 < 4^{x_2} + 8 \rightarrow \underbrace{\frac{1}{4^{x_1}+8}}_{f(x_1)} > \underbrace{\frac{1}{4^{x_2}+8}}_{f(x_2)}$.

$f(x)$ crescente se
$x_1 < x_2 \rightarrow f(x_1) < f(x_2)$
$f(x)$ decrescente se
$x_1 < x_2 \rightarrow f(x_1) > f(x_2)$

Per le seguenti funzioni dimostra ciò che è indicato.

361 $y = 2x^3 - 3$, crescente.

362 $y = \sqrt{x+2} - 1$, crescente.

363 $y = \left(\frac{1}{2}\right)^{x+1} - 4$, decrescente.

364 $y = \ln\left(\frac{4}{x-2}\right)$, decrescente.

365 $y = 2 + e^{-x+1}$, decrescente.

366 $y = \frac{1}{\sqrt{1-2x}} - 3$, crescente.

Funzioni periodiche

▶ Teoria a p. 1295

367 LEGGI IL GRAFICO Indica il periodo delle seguenti funzioni periodiche.

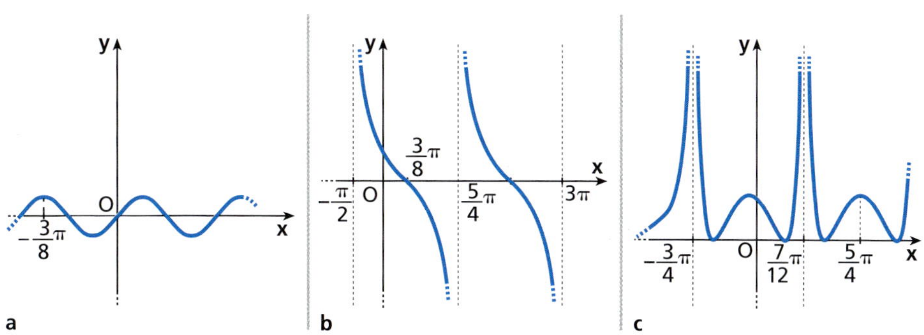

Periodo delle funzioni goniometriche

368 ESERCIZIO GUIDA Determiniamo il periodo di: **a.** $y = \cos\frac{2}{5}x$; **b.** $y = \tan 4x + \sin\frac{3}{2}x$.

Se $f(x)$ è una funzione di periodo T_1, allora $f(mx)$ è periodica di periodo $T = \frac{T_1}{m}$.

a. Il periodo della funzione $y = \cos x$ è 2π, quindi il periodo cercato è $T = \frac{2\pi}{\frac{2}{5}} = 2\pi \cdot \frac{5}{2} = 5\pi$.

b. Il periodo della funzione si ottiene calcolando il m.c.m. dei periodi delle due funzioni $\tan 4x$ e $\sin\frac{3}{2}x$.

Poiché il periodo di $y = \tan x$ è π, il periodo di $y = \tan 4x$ è $T_1 = \frac{\pi}{4}$, mentre il periodo di $y = \sin\frac{3}{2}x$ è $T_2 = \frac{2\pi}{\frac{3}{2}} = \frac{4}{3}\pi$. Calcoliamo:

$$\text{m.c.m.}\left(\frac{\pi}{4}; \frac{4}{3}\pi\right) = \pi \cdot \text{m.c.m.}\left(\frac{1}{4}; \frac{4}{3}\right) = \pi \cdot \text{m.c.m.}\left(\frac{3}{12}; \frac{16}{12}\right) = \frac{\pi}{12} \cdot \text{m.c.m.}\,(3; 16) = \frac{\pi}{12} \cdot 48 = 4\pi.$$

369 Cosa si intende per «funzione periodica»? Qual è il *periodo* di $f(x) = -\sin\frac{\pi x}{3}$? Quale quello di $\sin 2x$?

(*Esame di Stato, Liceo scientifico, Corso sperimentale, Sessione ordinaria,* 2002, *quesito* 5)

Trova il periodo delle seguenti funzioni.

370 $y = \sin\frac{2}{3}x$ [3π]

371 $y = \sin x + \cos\frac{x}{2}$ [4π]

372 $y = \tan x + \sin x$ [2π]

373 $y = 2\cos 2x + \sin x$ [2π]

374 $y = \frac{1}{\cos 4x}$ [$\frac{\pi}{2}$]

375 $y = 4\sin(8x + 2)$ [$\frac{\pi}{4}$]

376 $y = \tan 2x + \cot\frac{1}{2}x$ [2π]

377 $y = 2\cos\frac{x}{4} - \tan\frac{x}{6}$ [24π]

378 $y = \sin 4x + \cos 6x$ [π]

379 $y = 2\cos 4\pi x - \sin 5\pi x$ [2]

380 $y = \cos\frac{2}{3}x + \sin 6x \cos 6x$ [3π]

381 $y = \sin^2 2x$ [$\frac{\pi}{2}$]

382 YOU & MATHS Give an example of a periodic function with period 4π.

Funzioni pari e funzioni dispari

▶ Teoria a p. 1295

FAI UN ESEMPIO

383 Di quali proprietà gode il grafico di una funzione dispari? Completa la tua risposta con un esempio.

384 Scrivi la definizione di funzione pari e fai un esempio. Una delle seguenti funzioni è pari, l'altra no. Spiega perché.

a. $y = x^2 + 1$; **b.** $y = \sqrt{x+1}$.

385 **VERO O FALSO?**

a. Una funzione che non è dispari è pari. V F

b. Il grafico di una funzione pari è simmetrico rispetto all'asse x. V F

c. Il grafico di una funzione dispari è simmetrico rispetto all'asse y. V F

d. Se una funzione $f(x)$ è pari, allora $-f(x)$ è dispari. V F

RIFLETTI SULLA TEORIA

386 Dimostra che, date due funzioni f e g, entrambe dispari, allora $f+g$ è dispari e $f \cdot g$ è pari, e fai un esempio.

387 Date due funzioni f e g, una pari e l'altra dispari, cosa puoi dire del quoziente $\frac{f}{g}$?

388 **LEGGI IL GRAFICO** I seguenti grafici rappresentano alcune funzioni. Indica quali di esse sono pari, quali dispari e quali né pari né dispari, motivando la risposta.

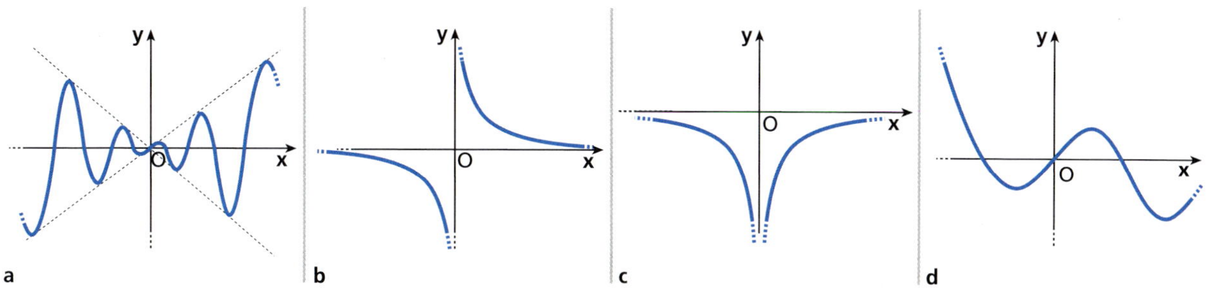

389 **ESERCIZIO GUIDA** Stabiliamo se le seguenti funzioni sono pari o dispari:

a. $f(x) = \dfrac{x^4 - x^2}{-2|x|}$; b. $f(x) = \sqrt[3]{x} + 6x^3$.

---

a. Determiniamo il dominio. La funzione è fratta:

$$-2|x| \neq 0 \;\rightarrow\; D: x \neq 0.$$

Preso un generico x nel dominio:

$$f(-x) = \frac{(-x)^4 - (-x)^2}{-2|-x|} = \frac{x^4 - x^2}{-2|x|} = f(x) \;\rightarrow\; f \text{ è pari.}$$

f è pari se $f(-x) = f(x)$

f è dispari se $f(-x) = -f(x)$

b. Il dominio è $\mathbb{R}$.

$$f(-x) = \sqrt[3]{-x} + 6(-x)^3 = -\sqrt[3]{x} - 6x^3 = -f(x) \;\rightarrow\; f \text{ è dispari.}$$

Verifica che le seguenti funzioni sono pari.

390 $y = \dfrac{1 + x^2}{4 - x^2}$; $\quad y = \dfrac{x^2 - 2}{3x^4}$.

391 $y = \left|\dfrac{3x}{x^2 - 1}\right|$; $\quad y = \dfrac{\sqrt{x^2 - 3}}{2 - x^2}$.

Verifica che le seguenti funzioni sono dispari.

392 $y = \dfrac{3}{x^3} + 2x^3$; $\quad y = \dfrac{\sqrt[3]{x}}{x^2}$.

393 $y = x\sqrt{5 - x^2}$; $\quad y = \dfrac{x}{\sqrt{9 - x^2}}$.

Stabilisci se le seguenti funzioni sono pari, dispari o né pari né dispari.

394 $y = 3x^3 + 2x - 1$

395 $y = x^2 - |5x|$

396 $y = x \cdot \dfrac{|2x|}{3}$

397 $y = \dfrac{\sqrt{7 - x^2}}{x}$

398 $y = \dfrac{x^3 - 1}{1 - x^2}$

399 $y = 2\sqrt{x + 1} - x$

400 $y = \sqrt{x^2 + 9} - x^4$

401 $y = \dfrac{\sqrt[3]{x^2}}{x}$

402 $y = 3x - \sqrt[3]{x}$

403 $y = \dfrac{|x|}{1 + \sqrt{x^2 - 1}}$

404 $y = \dfrac{2x}{2^x + 2^{-x}}$

405 $y = \dfrac{x^4 + 2}{x}$

406 $y = \sqrt{\dfrac{x^2 - 1}{5 + x^2}}$

407 $y = x\sqrt{x^2 - 1}$

408 $y = \ln|x| + 1$

409 $y = \sin\left(x - \dfrac{\pi}{2}\right)$

410 $y = (\sin x - \cos x)^2 - 1$

411 $y = \dfrac{|x| + x^2}{2x}$

412 $y = \arcsin x + 2x^3$

413 $y = \dfrac{e^{-x} - e^x}{e^{2x} - e^{-2x}}$

414 $y = \tan^2 x + \sin|x|$

415 $y = \ln(1 - x) + \ln(1 + x)$

416 $y = \log_2 \dfrac{2 - x}{2 + x}$

417 $y = \dfrac{x\sqrt{4 - x^2}}{x^2 + 1}$

LEGGI IL GRAFICO **Per ognuna delle funzioni rappresentate nei seguenti grafici indica:**
a. il dominio; **b.** l'immagine; **c.** se è pari o dispari; **d.** se è monotòna.

418

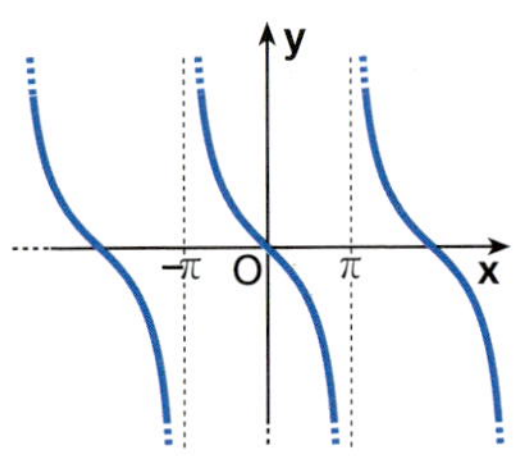

419

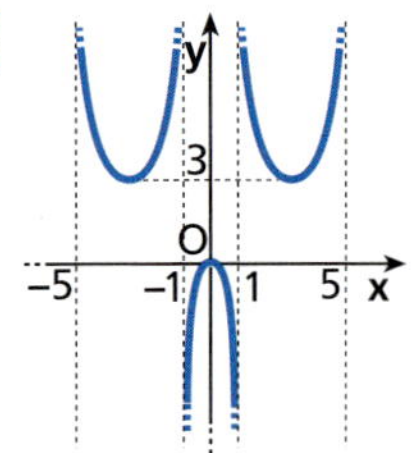

420

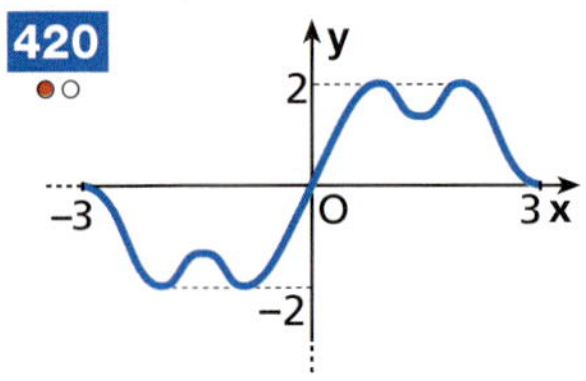

421

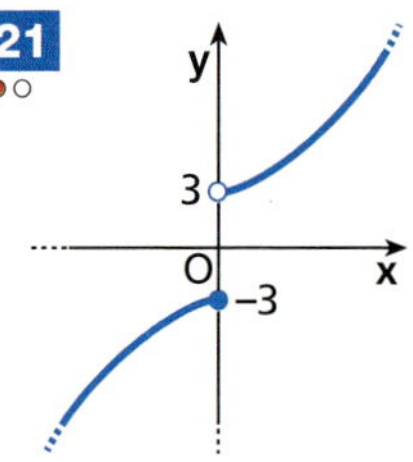

422 Dimostra che la funzione $y = -4\cos\left(x + \dfrac{\pi}{2}\right)$ è dispari e rappresentala graficamente.

423

IN FISICA **Corrente che scalda** La quantità Q di calore prodotta ogni secondo dalla lavatrice di Ernesto per scaldare l'acqua è funzione dell'intensità di corrente i secondo la legge:

$Q(i) = 42i^2$.

a. Traccia il grafico di $Q(i)$ considerando un'opportuna restrizione del dominio.

b. È una funzione iniettiva? È monotòna? È pari?

424 **REALTÀ E MODELLI** **L'orologio** Considera un orologio analogico (a lancette) e costruisci la seguente funzione: la variabile indipendente h corrisponde all'ora (dall'ora 1 all'ora 24), la variabile dipendente è l'angolo (in gradi) che la lancetta delle ore forma con la posizione verticale delle 12.

a. Determina l'espressione analitica della funzione e rappresentala nel piano cartesiano.

b. Costruisci una funzione analoga considerando la lancetta dei minuti nell'arco di un'ora; rappresentala analiticamente e nel piano cartesiano.

c. Quale delle due funzioni è iniettiva? Quale è crescente in senso stretto in tutto il suo dominio?

$\left[\text{a) } f(h) = \begin{cases} 30h & 1 \le h \le 12, h \in \mathbb{N} \\ 30(h - 12) & 12 < h \le 24, h \in \mathbb{N} \end{cases}; \text{ b) } g(m) = 6m, \text{ con } 0 \le m < 60, m \in \mathbb{N}\right]$

ESERCIZI

3 Funzione inversa

Teoria a p. 1298

425 LEGGI IL GRAFICO Per ognuna delle funzioni rappresentate, considera un'eventuale restrizione del dominio in modo che la funzione ammetta la funzione inversa e disegnane il grafico.

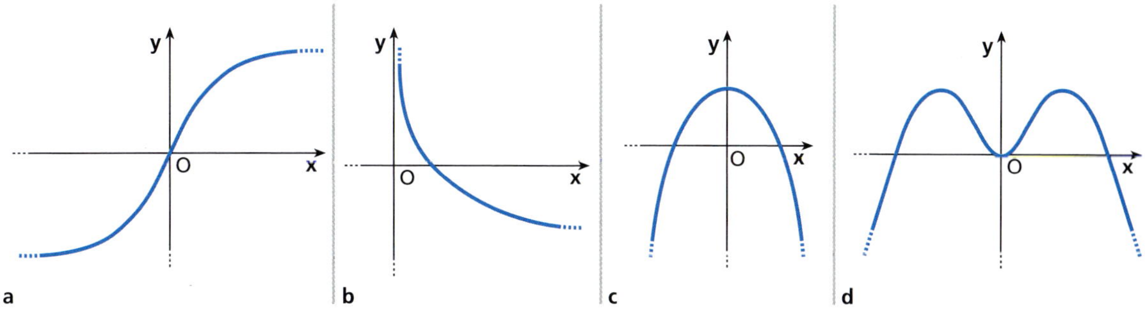

426 Indica quali delle seguenti funzioni sono invertibili e spiega perché, utilizzando eventualmente il loro grafico.

a. $y = 2x - 5$; **b.** $y = \frac{4}{x} + 1$; **c.** $y = \sqrt{x+5}$; **d.** $y = -\tan x$; **e.** $y = \ln(x-2)$.

427 ESERCIZIO GUIDA Determiniamo l'espressione analitica della funzione inversa di:

$$f(x) = \frac{1}{1+e^x}.$$

La funzione $y = \frac{1}{1+e^x}$ è definita $\forall x \in \mathbb{R}$. Determiniamo la relazione inversa $f^{-1}(y)$ ricavando x,

$$1 + e^x = \frac{1}{y} \rightarrow e^x = \frac{1}{y} - 1 \rightarrow x = \ln\left(\frac{1}{y} - 1\right),$$

e notiamo che è una funzione perché a ogni valore di y corrisponde un solo valore di x, pertanto la funzione è invertibile. Poiché y è ora variabile indipendente, scriviamo la funzione inversa scambiando x con y:

$$y = \ln\left(\frac{1}{x} - 1\right).$$

Il dominio della funzione inversa, che coincide con il codominio di $f(x)$, si ottiene risolvendo la disequazione $\frac{1}{x} - 1 > 0$. Esso risulta essere l'insieme $\{x \in \mathbb{R} \mid 0 < x < 1\}$.

Determina l'espressione analitica della funzione inversa delle seguenti funzioni, verificando che sono invertibili.

428 $f(x) = \frac{1}{1+2x}$ $\left[f^{-1}(x) = \frac{1-x}{2x}\right]$

429 $f(x) = \sqrt[3]{x-3}$ $\left[f^{-1}(x) = x^3 + 3\right]$

430 $f(x) = \sqrt{2x-4}$ $\left[f^{-1}(x) = \frac{x^2+4}{2}\right]$

431 $f(x) = 2^{x+3} + 4$ $\left[f^{-1}(x) = \log_2(x-4) - 3\right]$

432 $f(x) = -e^{-2x} - 1$ $\left[f^{-1}(x) = \frac{\ln(-x-1)}{-2}\right]$

433 $f(x) = 1 - 2\ln(x-2)$ $\left[f^{-1}(x) = 2 + e^{\frac{1-x}{2}}\right]$

434 $f(x) = \ln\frac{1}{x}$ $\left[f^{-1}(x) = \frac{1}{e^x}\right]$

435 $f(x) = e^{\frac{x-1}{x}}$ $\left[f^{-1}(x) = \frac{1}{1-\ln x}\right]$

436 $f(x) = 2\arcsin(1-x)$ $\left[f^{-1}(x) = 1 - \sin\frac{x}{2}\right]$

437 $f(x) = -\arctan\frac{2}{x}$ $\left[f^{-1}(x) = -\frac{2}{\tan x}\right]$

438 $f(x) = \sqrt{\frac{1-x}{x}}$ $\left[f^{-1}(x) = \frac{1}{1+x^2}\right]$

439 $f(x) = \frac{1}{\ln x - 1}$ $\left[f^{-1}(x) = e^{\frac{1}{x}+1}\right]$

440 ESERCIZIO GUIDA Determiniamo l'espressione analitica della funzione inversa di $f(x)=\cos\left(x-\frac{\pi}{4}\right)+1$ dopo aver effettuato un'opportuna restrizione del dominio in modo che $f(x)$ sia biunivoca e rappresentiamo la funzione inversa.

Rappresentiamo $f(x)$ con le trasformazioni geometriche a partire dal grafico di $y=\cos x$, eseguendo una traslazione di vettore $\left(\frac{\pi}{4};1\right)$.

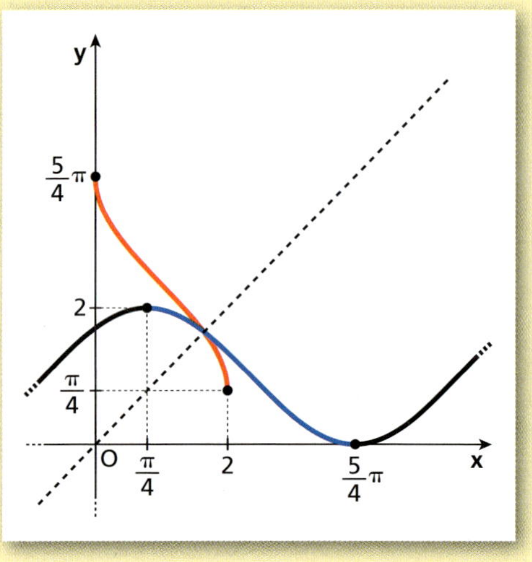

Osserviamo che $f(x)$ ha dominio $\mathbb{R}$ ma non è biunivoca.

Nell'intervallo $\left[\frac{\pi}{4};\frac{5}{4}\pi\right]$ risulta biunivoca.

Determiniamo la funzione inversa ricavando x:

$$y=\cos\left(x-\frac{\pi}{4}\right)+1 \rightarrow \cos\left(x-\frac{\pi}{4}\right)=y-1 \rightarrow$$

$$x-\frac{\pi}{4}=\arccos(y-1) \rightarrow x=\arccos(y-1)+\frac{\pi}{4}.$$

Per poter rappresentare la funzione inversa nello stesso piano cartesiano di $f(x)$, scambiamo x con y:

$$y=\arccos(x-1)+\frac{\pi}{4}.$$

La funzione $f^{-1}(x)$ è definita per

$$-1\le x-1\le 1 \rightarrow 0\le x\le 2.$$

Disegniamo il grafico di $f^{-1}(x)$, tracciando il simmetrico di quello di $f(x)$ rispetto alla bisettrice del primo e terzo quadrante.

In un diagramma cartesiano disegna le seguenti funzioni e le loro inverse, dopo aver considerato, se necessario, opportune restrizioni del dominio, tali che le funzioni siano biunivoche. Scrivi l'espressione analitica della funzione inversa.

441 $y=-4x^2+8x$

442 $y=|\ln x|$

443 $y=\sin\left(x+\frac{\pi}{4}\right)$

444 $y=\cos x+1$

445 $y=x^2-6x+5$

446 $y=|e^{-x}-1|$

447 $y=\begin{cases}4x+1 & \text{se } x\ge 0\\ 2^x-1 & \text{se } x<0\end{cases}$

448 $y=-2\ln x+3$

449 Dimostra che la funzione $f(x)=\frac{2x}{3x-1}$ è invertibile e determina la funzione inversa $f^{-1}(x)$. Disegna i grafici delle due funzioni $f(x)$ e $f^{-1}(x)$. $\left[f^{-1}(x)=\frac{x}{3x-2}\right]$

450 Data la funzione $f(x)=\ln\frac{1}{x-3}$, trova il dominio, traccia il grafico utilizzando le trasformazioni geometriche, determina l'espressione della funzione inversa e traccia il relativo grafico. $[x>3;\ f^{-1}(x)=e^{-x}+3]$

Rappresenta graficamente le funzioni indicando se ammettono la funzione inversa.

451 $y=\arcsin|x|+1$

452 $y=|\arctan x|-\frac{1}{2}$

453 $y=-\left|\arccos x-\frac{\pi}{2}\right|$

454 $y=2\arcsin(x-2)$

455 LEGGI IL GRAFICO Il grafico in figura rappresenta una funzione $f(x)$ che è l'unione di una retta per $x\le -2$, di un arco di parabola per $-2<x\le 2$ e di un altro arco di parabola per $x>2$. Dopo aver trovato l'equazione di f, spiega perché è invertibile nell'intervallo $[0;+\infty[$ e calcola l'equazione della funzione inversa.

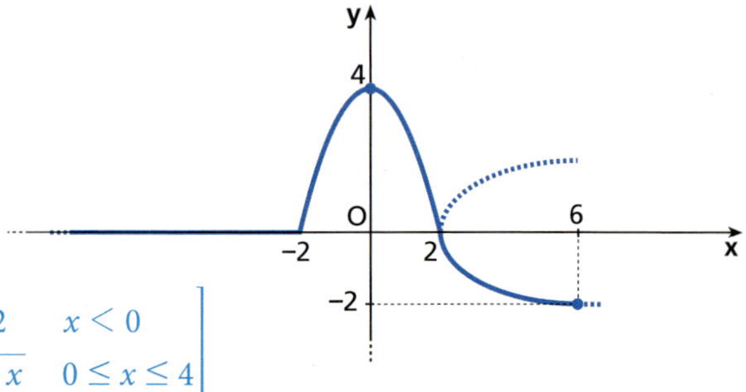

$$\left[f(x)=\begin{cases}0 & x\le -2\\ -x^2+4 & -2<x\le 2\\ -\sqrt{x-2} & x>2\end{cases};\ f^{-1}(x)=\begin{cases}x^2+2 & x<0\\ \sqrt{4-x} & 0\le x\le 4\end{cases}\right]$$

REALTÀ E MODELLI

456 

La crema di bellezza Un'azienda che produce cosmetici deve stabilire il prezzo di una nuova crema di bellezza. La funzione che individua il numero q di confezioni di crema richieste ogni mese a un dato prezzo p è $q = 240 - 0,1p^2$ (funzione della domanda).

a. Scrivi la funzione che determina il prezzo corrispondente al numero di confezioni richieste, indicando dominio e codominio.

b. Quante confezioni al mese potrebbe vendere l'azienda se il prezzo fosse quello suggerito dalla clientela, cioè non più di 26 euro?

[a) $p = \sqrt{2400 - 10q}$; b) almeno 172]

457 **Test tra le nuvole** Arianna e Lucia, appassionate di meteorologia, decidono di lanciare una piccola sonda a motore, programmata per salire in verticale con un andamento della quota espresso da $h(t) = \frac{t^2}{3000} + 2t$ (t è il tempo in secondi trascorso dal lancio), per effettuare alcune misurazioni.
Arianna afferma che non è necessario che a bordo ci sia un orologio o un cronometro, perché t si può ricavare sfruttando l'altimetro.
Ha ragione? Giustifica la tua risposta.

4 Funzione composta

Teoria a p. 1300

458 ESERCIZIO GUIDA Date le funzioni $f(x) = \ln x$ e $g(x) = x^2 - 2x$, determiniamo $f \circ g$ e $g \circ f$.

- Per effettuare la composizione $f \circ g$ si deve applicare prima la funzione g e al risultato applicare la f, e ciò è possibile solo se il codominio di g è contenuto nel dominio di f.
  La funzione f è definita per $x > 0$, per cui occorre che:
  $$g(x) = x^2 - 2x > 0, \text{ cioè } x < 0 \lor x > 2.$$
  Quindi $f \circ g$ è definita sull'insieme $]-\infty; 0[\cup]2; +\infty[$.
  Per determinare la sua espressione, applichiamo alla variabile x la funzione g, per ottenere $z = g(x)$, e a z la funzione f, per ottenere $y = f(z)$:
  $$z = x^2 - 2x \text{ e } y = \ln z = \ln(x^2 - 2x).$$
  La funzione $f \circ g:]-\infty; 0[\cup]2; +\infty[\to \mathbb{R}$ è $y = \ln(x^2 - 2x)$.

- Poiché la funzione g è definita $\forall x \in \mathbb{R}$, la composizione $g \circ f$ si può sempre effettuare e il dominio della funzione composta $g \circ f$ coincide con quello di f, cioè $]0; +\infty[$. Per determinare $g \circ f$, applichiamo alla variabile x la funzione f, per ottenere $z = f(x)$, e a z la funzione g, per ottenere $y = g(z)$:
  $$z = \ln x \quad \text{e} \quad y = z^2 - 2z = \ln^2 x - 2\ln x.$$
  La funzione $g \circ f:]0; +\infty[\to \mathbb{R}$ è $y = \ln^2 x - 2\ln x$.

ESERCIZI

Date le seguenti funzioni *f* e *g*, determina $f \circ g$ e $g \circ f$ negli opportuni domini.

459 $f(x) = \sqrt[3]{x}$; $g(x) = 8x^3 - 8$. $\left[f \circ g = 2\sqrt[3]{x^3-1};\ g \circ f = 8x - 8\right]$

460 $f(x) = \frac{1}{4x^2}$; $g(x) = 4x^2$. $\left[f \circ g = \frac{1}{64x^4};\ g \circ f = \frac{1}{4x^4}\right]$

461 $f(x) = 2^x$; $g(x) = \sqrt{x} - 2$. $\left[f \circ g = 2^{\sqrt{x}-2};\ g \circ f = \sqrt{2^x} - 2\right]$

462 $f(x) = \ln 2x$; $g(x) = e^{-x}$. $\left[f \circ g = -x + \ln 2;\ g \circ f = \frac{1}{2x}\right]$

463 $f(x) = \sin 2x$; $g(x) = \sqrt{x} - 1$. $[f \circ g = \sin(2\sqrt{x} - 2);\ g \circ f = \sqrt{\sin 2x} - 1]$

464 Data la funzione $f(x) = \frac{2}{\ln x - 4}$, dimostra che è invertibile, trova la funzione inversa $f^{-1}(x)$ e verifica che $f(f^{-1}(x)) = x$. $\left[f^{-1}(x) = e^{\frac{2}{x}+4}\right]$

465 Considera le funzioni $f(x) = \sqrt{x} + 3$ e $g(x) = \ln x + 1$. Verifica che $f \circ g \neq g \circ f$. Calcola poi $f \circ f^{-1}$ e $(f \circ g)^{-1}$. $[f \circ f^{-1} = x;\ (f \circ g)^{-1} = e^{(x-3)^2-1}]$

466 Date le funzioni $f(x) = e^{x^2}$ e $g(x) = x + 2$, determina $h(x) = (f \circ g)(x)$ e risolvi la disequazione $h(x) \leq 1$. $[x = -2]$

467 Date le funzioni $f(x) = x + 1$ e $g(x) = 2x - 3$, trova $f(x+1)$ e $g(x-1)$ e risolvi l'equazione:
$f[g(x)] = f(x+1) - g(x-1)$. $[x = 3]$

468 Date le funzioni $f(x) = \frac{x+1}{x}$ e $g(x) = x^2$:

a. determina $h = f \circ g$;

b. risolvi la disequazione $h(x) \leq f(2x)$. $\left[\text{a) } f \circ g = \frac{x^2+1}{x^2};\ \text{b) } x \geq 2\right]$

469 Data $f(x) = \frac{ax+1}{x+b}$, trova a e b in modo che $f(1) = -2$ e $f(4) = \frac{5}{2}$. Verifica che f è invertibile, trova f^{-1} e verifica che $f \circ f^{-1} \neq f^{-1} \circ f$. Determina poi la restrizione del dominio D' tale che $f \circ f^{-1} = f^{-1} \circ f$.
$\left[a = 1;\ b = -2;\ f^{-1} = \frac{2x+1}{x-1};\ D' = \mathbb{R} - \{1, 2\}\right]$

470 Sono date le funzioni $f(x) = \sqrt{x^2+4}$, $g(x) = 2e^x$, $h(x) = \ln\sqrt{x}$. Determina $f \circ (g \circ h)$ e calcola $f \circ (g \circ h)(3)$. $\left[f \circ (g \circ h) = 2\sqrt{x+1};\ 4\right]$

471 Considera $f(x) = 2x - 1$ e $g(x) = \frac{1}{2x+2}$.

a. Per quali x si ha $(f \circ g)(x) = (g \circ f)(x)$?

b. Risolvi l'equazione $(f \circ g)(x) + f(x) = -1$. $\left[\text{a) } \nexists x \in \mathbb{R};\ \text{b) } x = -\frac{1}{2} \vee x = 0\right]$

RIFLETTI SULLA TEORIA

472 Se due funzioni f e g sono entrambe dispari, cosa puoi dire della loro composizione?

473 La composizione di due funzioni iniettive è iniettiva? Fai un esempio a sostegno della tua risposta.

Problemi REALTÀ E MODELLI

RISOLVIAMO UN PROBLEMA

Praline sopraffine

Valentino vuole preparare dei cioccolatini da regalare alla sua fidanzata. Ha degli stampini sferici di raggio 2 cm; la ricetta prevede che il volume di latte da utilizzare sia $\frac{1}{25}$ del volume totale dell'impasto.

Scrivi la funzione che fornisce a Valentino la quantità di latte in funzione del numero di cioccolatini che vuole preparare.

▶ **Esplicitiamo le funzioni che descrivono il problema.**

Chiamiamo V_L il volume di latte, V_T il volume totale dell'impasto. Allora $V_L = \frac{1}{25}V_T$.

Ricordiamo inoltre che la formula per ricavare il volume di una sfera a partire dal raggio è $V_S = \frac{4}{3}r^3\pi$, quindi ciascuno dei cioccolatini di Valentino avrà un volume $V = \frac{4}{3}2^3\pi \text{ cm}^3 = \frac{32}{3}\pi \text{ cm}^3$. Il volume totale dell'impasto per fare n cioccolatini sarà perciò $V_T = n \cdot \frac{32}{3}\pi \text{ cm}^3$.

▶ **Scriviamo la funzione che lega n a V_L.**

Componendo le funzioni trovate al punto precedente otteniamo $V_L(n) = \frac{1}{25}V_T = \frac{1}{25}\left(n \cdot \frac{32}{3}\pi\right) = \frac{32\pi}{75}n \text{ cm}^3$.

474 ●○ **I signori degli anelli** La misura italiana di un anello è data da un numero intero compreso tra 1 e 33. Damiano e Ilaria osservano che approssimativamente la misura I dell'anello si ottiene prendendo il numero intero che più si avvicina al valore ottenuto dalla funzione $I = \frac{29}{25}d^2 + \frac{137}{5}d - \frac{73}{2}$, dove d è il diametro del dito in cm. La misura USA, che indichiamo con U, si ottiene da quella italiana I con la relazione $U = \frac{3}{8}I + \frac{3}{2}$ (anche questa relazione è approssimata e per la misura consideriamo solo valori interi).

a. Sai esprimere la misura americana in funzione del diametro del dito?

b. Il dito di Damiano ha il diametro di 2,1 cm, quello di Ilaria di 1,5 cm. Quali sono le misure (italiana e americana) dei loro anelli?

$\left[\text{a) } U = \frac{87}{200}d^2 + \frac{411}{40}d - \frac{195}{16}\text{; b) } I_{\text{Damiano}} = 26, U_{\text{Damiano}} = 11, I_{\text{Ilaria}} = 7, U_{\text{Ilaria}} = 4\right]$

475 ●○ **Fiumi di agrumi** L'azienda agricola di Ingrid ed Emanuele vende marmellata di arance. La produttività q in kg di un albero di arance in funzione della sua età t in anni ha l'andamento della parabola in figura; il numero di barattoli di marmellata ottenuti è descritto invece dalla funzione $n = \frac{4}{25}q$.

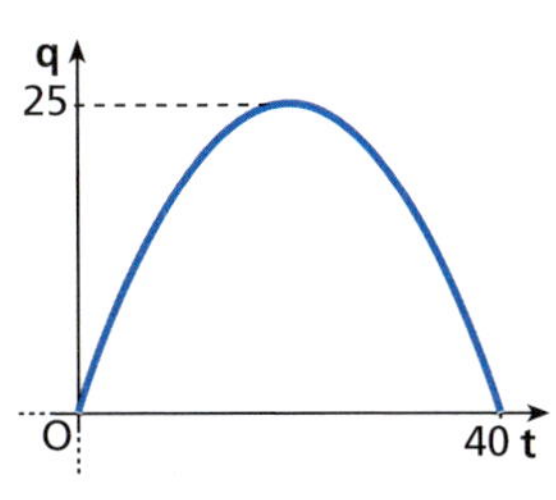

a. Scrivi la funzione che esprime il numero di barattoli ottenuti da un albero in funzione della sua età.

b. Se Ingrid ed Emanuele hanno 300 alberi piantati tutti nello stesso momento, quale funzione descrive il numero di barattoli di marmellata che ottengono in funzione dell'età delle loro piante?

$\left[\text{a) } n(t) = -\frac{1}{100}t^2 + \frac{2}{5}t\text{; b) } n(t) = -3t^2 + 120t\right]$

Riepilogo: Funzioni e loro proprietà

476 VERO O FALSO? Data una funzione $f(x)$:

a. $y = f(x) + f(-x)$ è una funzione pari. V F

b. Se $y = f(x)$ è pari e $y = g(x)$ è dispari, allora $y = f[g(x)]$ è pari. V F

c. Se $y = f(x)$ è dispari, allora $y = f^2(x)$ è dispari. V F

d. Se $y = f(x)$ è dispari, allora $y = f(x^2)$ è pari. V F

TEST

477 Il grafico della funzione $y = \ln|x-1|$ ha come asse di simmetria la retta di equazione:

A $x = 0$.

B $x = 1$.

C $x = -1$.

D $x = 2$.

E $x = -2$.

478 Quale delle seguenti espressioni analitiche rappresenta la funzione inversa di $y = 2^{x+1}$?

A $y = \log_2 x - 1$

B $y = \log_2 (x-1)$

C $y = \log_2 (x+1)$

D $y = \log_2 x + 1$

E $y = \log_2 x$

479 Si calcoli il dominio della funzione $f(x) = \sqrt{1 - \sqrt{2 - \sqrt{3 - x}}}$.

(*Esame di Stato, Liceo scientifico, Corso di ordinamento, Sessione ordinaria*, 2013, *quesito* 2)

$[-1 \leq x \leq 2]$

480 Si determini il campo di esistenza della funzione:

$$y = \arccos(e^{2\sin x - 1}), \quad \text{con } 0 \leq x \leq 2\pi.$$

(*Esame di Stato, Liceo scientifico, Corso di ordinamento, Sessione straordinaria*, 2013, *quesito* 7)

$\left[0 \leq x \leq \frac{\pi}{6} \vee \frac{5}{6}\pi \leq x \leq 2\pi\right]$

481 Si determini il campo di esistenza della funzione: $y = \log \frac{8-x}{3x+2} + \sqrt{5 + 4x - x^2}$.

(*Esame di Stato, Liceo scientifico, Corso di ordinamento, Sessione suppletiva*, 2012, *quesito* 7)

$\left[-\frac{2}{3} < x \leq 5\right]$

482 Disegna il grafico della funzione $y = f(x) = 1 - \frac{1}{|x|}$ utilizzando le trasformazioni geometriche e indica gli insiemi in cui è crescente o decrescente. La funzione $f(x)$ è biunivoca? [cresc. per $x > 0$, decr. per $x < 0$]

483 a. Trova il dominio, l'immagine e disegna il grafico di $f(x) = |-x^2 + 4x| - 4$.

b. Determina il dominio, l'immagine e disegna il grafico di $\frac{|f(x)|}{f(x)}$.

c. Trova il vettore $\vec{v}$ di una traslazione che rende $f(x)$ pari.

[a) D: $\mathbb{R}$, I: $y \geq -4$; b) D: $x \neq 2 \wedge x \neq 2 \pm 2\sqrt{2}$, I: $y = \pm 1$; c) $\vec{v}(-2; 0)$]

484 TEST Se $f((x-1)^{-1}) = x^{-1}$, allora $f(x)$ è:

A $(x-1)^{-1}$.

B $\frac{x}{x+1}$.

C $\frac{x+1}{x}$.

D $\frac{1}{x} - x$.

E Nessuna delle precedenti.

(USA *Furman University Wylie Mathematics Tournament*)

485 Rappresenta graficamente la funzione $f(x) = \sqrt{x^2 + 2x + 5 - |4 + 4x|}$. Trova il suo dominio e la sua immagine. Risolvi algebricamente e graficamente la disequazione $f(x) < x + 2$.

$\left[D: \mathbb{R}, I: y \geq 0; x > -\frac{1}{2}\right]$

486 a. Date le funzioni $f(x) = |x+3| - 5$, $g(x) = x - 2$ e $h(x) = x^2 + 2x$, trova $g \circ h$, $g \circ g$.

b. Determina $(f \circ h) \circ g$.

c. Risolvi la disequazione $f[g(x)] > 2g(x)$.

[a) $(g \circ h)(x) = x^2 + 2x - 2$; $(g \circ g)(x) = x - 4$; b) $((f \circ h) \circ g)(x) = |x^2 - 2x + 3| - 5$; c) $x < 0$]

487 a. Trova il dominio, il segno e le intersezioni con gli assi della funzione $f(x) = e^{-x+1} - 1$.

b. Disegna il grafico di $f(x)$ utilizzando le trasformazioni geometriche.

c. Disegna il grafico di $y = \frac{1}{f(x)}$, di $y = 2 + f(1-x)$ e di $y = \frac{f(x)}{|f(x)|} + 3$.

d. Determina la funzione inversa $f^{-1}(x)$ indicando il dominio, l'immagine e tracciandone il grafico.

[a) D: $\mathbb{R}$, $y > 0$ per $x < 1$, $P(1; 0)$, $Q(0; e-1)$; d) $f^{-1}(x) = 1 - \ln(x+1)$, D: $x > -1$, I: $\mathbb{R}$]

488 a. Determina il dominio, il segno e rappresenta il grafico di $f(x) = \frac{1}{\sqrt{x-2}} - 1$.

b. Verifica se $f(x)$ è una funzione crescente o decrescente e in caso affermativo trova $f^{-1}(x)$.

c. Traccia i grafici di $f(-x)$, $f(x+2)$ e $f^{-1}(x) - 2$.

$\left[\text{a) } D\text{: } x > 2,\ y > 0 \text{ per } 2 < x < 3;\ \text{b) } f(x) \text{ decrescente, } f^{-1}(x) = \frac{1}{(x+1)^2} + 2\right]$

EUREKA!

489 Supponi che f sia una funzione che a ogni numero reale x associa un valore $f(x)$ e supponi che l'equazione

$$f(x_1 + x_2 + x_3 + x_4 + x_5) = f(x_1) + f(x_2) + f(x_3) + f(x_4) + f(x_5) - 8$$

sia soddisfatta da tutti i numeri reali x_1, x_2, x_3, x_4, x_5. Quanto vale $f(0)$?

(USA *Harvard-MIT Mathematics Tournament*)

[2]

490 Qual è il periodo della funzione $y = \sin 4x \cos 4x + \cos 6x$?

491 Considera la funzione $f(x) = \begin{cases} x & \text{se } x < 0 \\ -x+2 & \text{se } 0 \le x < 2 \\ x & \text{se } x \ge 2 \end{cases}$. Dimostra che è biunivoca ma non monòtona.

492 Se $f(x) = \frac{-x}{2x+5}$ e $f[g(x)] = x$, qual è l'espressione di $g(x)$? $\left[g(x) = \frac{-5x}{2x+1}\right]$

493 Indica se sono uguali le funzioni $f(x) = \sqrt{e^{\ln x^2}}$ e $g(x) = \sqrt{\ln e^{x^2}}$ e rappresentale graficamente.

494 Considera la funzione $y = \frac{2x}{x-2}$ e calcola $f^{-1}\left(2 + \frac{1}{\sqrt{2}}\right)$. $[4\sqrt{2} + 2]$

495 a. Trova il dominio, l'immagine e gli zeri della funzione $f(x) = 2\cos\left(x + \frac{\pi}{4}\right) - 1$.

b. Rappresenta graficamente $y = f(x)$ e $y = \frac{1}{f(x)}$.

c. Risolvi l'equazione $2f\left(x - \frac{\pi}{2}\right) + 4 = 0$ nell'intervallo $[-\pi; \pi]$.

$\left[\text{a) } D\text{: } \mathbb{R},\ I\text{: } -3 \le y \le 1;\ y = 0 \text{ per } x = \frac{\pi}{12} + 2k\pi \vee x = \frac{17}{12}\pi + 2k\pi;\ \text{c) } x = -\frac{5}{12}\pi \vee x = \frac{11}{12}\pi\right]$

496 Date le funzioni $f(x) = \frac{3x-1}{2x+3}$ e $g(x) = \frac{3x+a}{3-2x}$, ricava il valore di $a \in \mathbb{R}$ per il quale si ha $(g \circ f)(x) = x$.
Per il valore di a trovato:

a. verifica che si ha anche $(f \circ g)(x) = x$;

b. rappresenta $f(x)$ e $g(x)$ nello stesso riferimento cartesiano; quale relazione sussiste tra i due grafici?

[$a = 1$; b) sono simmetrici rispetto alla retta $y = x$]

497 Determina il dominio D_f e l'immagine I_f di $f(x) = \frac{1}{2} + \frac{|x|}{2x} + e^{-|x|}$ e disegna il suo grafico, utilizzando eventualmente trasformazioni geometriche.
Stabilisci se la funzione $f(x)$ realizza una corrispondenza biunivoca tra D_f e I_f, e se $f(x)$ è monotòna, motivando le risposte.

[$D_f = \mathbb{R} - \{0\}$; $I_f = \{0 < y < 1 \vee 1 < y < 2\}$; $f(x)$ è biunivoca ma non monotòna]

498 EUREKA! Dimostra che la funzione $y = \ln(2x + \sqrt{4x^2 + 1})$ è dispari.

499 È data la funzione $f(x) = -e^{|x|-x} - 2$.

a. Trova il dominio, l'immagine e il segno di $f(x)$.

b. Disegna il grafico di $f(x)$ e di $|f(x)|$.

c. Opera una restrizione del dominio in modo che $f(x)$ sia invertibile e trova $f^{-1}(x)$ graficamente e algebricamente.

$\left[\text{a) } D: \mathbb{R}, I: y \leq -3; y < 0, \forall x \in \mathbb{R}; \text{c) per } I =]-\infty; 0[, f^{-1}(x) = -\frac{1}{2}\ln(-2-x)\right]$

500 Determina dominio, immagine e segno di $f(x) = \ln(|x| - \sqrt{x^2 - 1})$ e stabilisci se la funzione è pari o dispari. Traccia un grafico probabile delle funzioni $g(x) = 1 - f(x-1)$ e $h(x) = \frac{1}{|f(x)|}$.

$[D_f = \{x \leq -1 \lor x \geq 1\}; I_f = \{y \leq 0\}; \text{pari}]$

501 Rappresenta il grafico di $f(x) = \begin{cases} \ln(|x| - 1) & \text{se } x < -1 \\ -x^2 + 1 & \text{se } x \geq -1 \end{cases}$ e utilizzalo per disegnare i grafici di $|f(x)|$ e $\frac{1}{f(x)}$.

Determina poi il numero di soluzioni dell'equazione $|f(x)| = k$ al variare di k in $\mathbb{R}$.

[0 sol.: $k < 0$; 3 sol.: $k = 0 \lor k > 1$; 4 sol.: $k = 1$; 5 sol.: $0 < k < 1$]

502 La funzione $f(x) = \sin 2x + \cos 2\pi x$ è periodica? Se sì, qual è il suo periodo? Motiva le tue risposte.

[no]

503 Si sa che la funzione $f(x)$: $\mathbb{R} \to \mathbb{R}$ è tale che $f(2) = 4$ e $f(0) = 2$. Si consideri la funzione $g(x) = f(2x - 1)$. Quali delle seguenti uguaglianze sono sicuramente vere?

a. $g(2) = 7$

b. $g\left(\frac{3}{2}\right) = 4$

c. $(f \circ g)\left(\frac{1}{2}\right) = 4$

d. $g(1) = f(1)$

[b, c, d]

504 EUREKA! Dimostra che la funzione $f(x) = \sqrt{x - 2\sqrt{x-1}}$ è uguale alla funzione $g(x) = |\sqrt{x-1} - 1|$ e rappresentane il grafico.

Con i parametri

505 Trova il valore del parametro a affinché il grafico di $f(x) = \begin{cases} -x^2 - ax & \text{se } x \leq 2 \\ \ln(x-1) & \text{se } x > 2 \end{cases}$ passi per il punto $P(2; 0)$.

Determina il dominio e disegna il grafico di $f(x)$, e indica se la funzione è invertibile.

$[a = -2; D: \mathbb{R}]$

506 Trova per quali valori di k la funzione $y = \frac{1}{\sqrt{x^2 - kx + k}}$ ha come dominio $\mathbb{R}$.

Rappresenta poi la funzione nel caso di $k = 4$. $[0 < k < 4]$

507 È data la funzione $f(x) = a \sin 2x + b \cos 2x$ che interseca l'asse y nel punto di ordinata 3 e tale che $f\left(\frac{\pi}{12}\right) = 2\sqrt{3}$. Trova a e b, il periodo di $f(x)$ e disegna il suo grafico nell'intervallo $[-\pi; \pi]$.

$[a = \sqrt{3}, b = 3, T = \pi]$

508 Per quali valori di $a \in \mathbb{R}$ il dominio della funzione $f(x) = \ln(\sqrt{2} - \sqrt{\cos x + a})$ è non vuoto?

$[-1 \leq a < 3]$

VERIFICA DELLE COMPETENZE ALLENAMENTO

UTILIZZARE TECNICHE E PROCEDURE DI CALCOLO

1 VERO O FALSO?

a. La funzione $y = x^3 - \frac{2}{x} + 1$ è dispari. V F

b. Il periodo della funzione $y = \sin\left(\frac{x}{3} + \pi\right)$ è $T = \frac{2}{3}\pi$. V F

c. La funzione $y = \frac{1}{\ln(x-1)}$ ha dominio $x > 1$. V F

d. Se $f(x) = x^2 - 1$ e $g(x) = \sqrt{x^2-1}$, allora $(f \circ g)(x) = x^2 - 2$. V F

e. Se $f(x) = 2x$, allora $g(x) = (f \circ f \circ f)(x) = 8x^3$. V F

Determina il dominio delle seguenti funzioni.

2 $y = \frac{2}{x^3 - 25x} + \sqrt{x-1}$ $[x \geq 1 \wedge x \neq 5]$

3 $y = \frac{x}{x^4 - 7x^2 + 12}$ $[x \neq \pm 2 \wedge x \neq \pm\sqrt{3}]$

4 $y = \frac{\sqrt{x}}{\sqrt{x^2 - 2x}}$ $[x > 2]$

5 $y = \frac{\sqrt{(x-2)^3}}{x^2 - 5x + 6}$ $[x > 2 \wedge x \neq 3]$

6 $y = \sqrt{\frac{x-5}{3x^2 - 5x - 2}}$ $\left[-\frac{1}{3} < x < 2 \vee x \geq 5\right]$

7 $y = \ln(2x^2 - 5x - 7)$ $\left[x < -1 \vee x > \frac{7}{2}\right]$

8 $y = \ln(x^2 - 1) + \sqrt{x^2 - x}$ $[x < -1 \vee x > 1]$

9 $y = \frac{\ln(2x-4)}{x^2 - 4x + 3}$ $[x > 2 \wedge x \neq 3]$

10 $y = \frac{e^{\sqrt{1-x^2}}}{|x| - 1}$ $[-1 < x < 1]$

11 $y = \frac{\ln(x+1)}{4^x - 8}$ $\left[x > -1 \wedge x \neq \frac{3}{2}\right]$

12 $y = \frac{1}{2 \cdot 4^x - 5 \cdot 2^x + 2}$ $[x \neq \pm 1]$

13 $y = \sqrt{2^{2x} - 2^x - 2} - \sqrt{2 - 2^x}$ $[x = 1]$

14 $y = \sqrt{e^{\frac{x-1}{x}} - 1}$ $[x < 0 \vee x \geq 1]$

15 $y = \sqrt{\tan x - 1}$ $\left[\frac{\pi}{4} + k\pi \leq x < \frac{\pi}{2} + k\pi\right]$

16 $y = \ln(\sqrt{\tan x})$ $\left[k\pi < x < \frac{\pi}{2} + k\pi\right]$

17 $y = \ln(1 - \tan^2 x)$ $\left[-\frac{\pi}{4} + k\pi < x < \frac{\pi}{4} + k\pi\right]$

18 $y = \frac{\sqrt{x-1}}{\ln(x^2 - 3)}$ $[x > \sqrt{3} \wedge x \neq 2]$

19 $y = \ln(2x + 9) - \sqrt{\ln(5x - 3)}$ $\left[x \geq \frac{4}{5}\right]$

20 $y = \sqrt{\frac{\ln(7x-3) - 1}{x+1}}$ $\left[x \geq \frac{e+3}{7}\right]$

21 $y = \ln\left(\ln \frac{x+1}{2x-3}\right)$ $\left[\frac{3}{2} < x < 4\right]$

22 $y = \frac{\sin x}{1 - \tan x}$ $\left[x \neq \frac{\pi}{4} + k\pi \wedge x \neq \frac{\pi}{2} + k\pi\right]$

23 $y = \frac{\sqrt{\sin x + 1}}{2\cos^2 x + \sin 2x}$ $\left[x \neq \frac{3\pi}{4} + k\pi \wedge x \neq \frac{\pi}{2} + k\pi\right]$

24 $y = \sqrt{\frac{\sin x + \cos x - 1}{\cos x}}$ $\left[2k\pi \leq x < \frac{3\pi}{2} + 2k\pi \wedge x \neq \frac{\pi}{2} + 2k\pi\right]$

25 $y = \sqrt{\frac{|x+1| - 5}{x - |2x| - 3}}$ $[-6 \leq x \leq 4]$

26 $y = \sqrt{\ln(2x + x^2 - 3) - \ln(x^2 - 4)}$ $[x > 2]$

27 $y = \sqrt{\log_{\frac{1}{3}}(x-3)} + \sqrt{\log_3 x - 1}$ $[3 < x \leq 4]$

28 $y = \ln\left(\frac{1 - \sqrt{|x| - 2}}{2^x - 6}\right)$ $[x < -3 \vee \log_2 3 + 1 < x < 3]$

29 $y = \frac{\sqrt{2^{x+1} - 9 + 2^{2-x}}}{\ln(2^x - 1) - \ln 7}$ $[x \geq 2 \wedge x \neq 3]$

30 $y = \sqrt{\frac{x^3}{\log_2|x| - 2}}$ $[-4 < x < 0 \vee x > 4]$

31 $y = \sqrt{\frac{\ln^2 x - \ln x}{\ln|x-4|}}$ $[0 < x \leq 1 \vee e \leq x < 3 \vee x > 5]$

32 $y = \frac{x-3}{\ln|3-x| - \ln(x^2 - 9)}$ $[x < -3 \vee x > 3 \wedge x \neq -4]$

Determina il dominio e il segno delle seguenti funzioni.

33 $y=\sqrt{x+\sqrt{x}}-\sqrt{x-\sqrt{x}}$ $[D\colon x=0 \vee x\geq 1;\ y\geq 0\colon \forall x\in D]$

34 $y=\sqrt{\dfrac{\log_{\frac{1}{2}}(x+2)}{2-\log_3 x}}$ $[D\colon x>9;\ y\geq 0\colon \forall x\in D]$

35 $y=\dfrac{3^{2x}+3^x-6}{\left(\frac{1}{3}\right)^{2x}-3}$ $\left[D\colon x\neq -\frac{1}{2};\ y\geq 0\colon \left]-\frac{1}{2};\log_3 2\right]\right]$

36 $y=\arcsin\dfrac{2^x}{2^{x+1}-1}$ $[D\colon x\leq -\log_2 3 \vee x\geq 0;\ y\geq 0\colon [0;+\infty[\,]$

37 $y=x^3\sqrt{\dfrac{\ln(x+1)}{2x}}$ $[D\colon x>-1 \wedge x\neq 0;\ y\geq 0\colon]0;+\infty[\,]$

38 $y=\dfrac{\sqrt{|x|-2}}{x^4-8x^2+16}$ $[D\colon]-\infty;-2[\,\cup\,]2;+\infty[;\ y\geq 0\colon \forall x\in D]$

39 $y=\sqrt{\dfrac{x^2-x-12}{|x|-6}}$ $[D\colon]-\infty;-6[\,\cup[-3;4]\cup\,]6;+\infty[;\ y\geq 0\colon \forall x\in D]$

40 $y=\ln(3-\sqrt{x^2-16})$ $[D\colon]-5;-4]\cup[4;5[;\ y\geq 0\colon [-2\sqrt{5};-4]\cup[4;2\sqrt{5}]]$

Stabilisci se le seguenti funzioni sono pari o dispari.

41 $y=\dfrac{\sqrt{4-|x|}}{x^3-x}$

42 $y=\dfrac{x^4+x^2+1}{x^2+1}$

43 $y=\dfrac{\ln(1-x^2)}{\sin 2x}$

44 $y=\dfrac{x\arcsin x}{2^x-2^{-x}}$

45 $y=\dfrac{2}{e^x+1}-1$

46 $y=\dfrac{\sin^2 x-\cos x}{\tan x\sin x}$

ANALIZZARE E INTERPRETARE DATI E GRAFICI

LEGGI IL GRAFICO Per ognuna delle funzioni rappresentate nelle figure seguenti indica:

a. il dominio; **b.** l'immagine; **c.** se è pari o dispari; **d.** se è monotòna; **e.** se è invertibile.

47

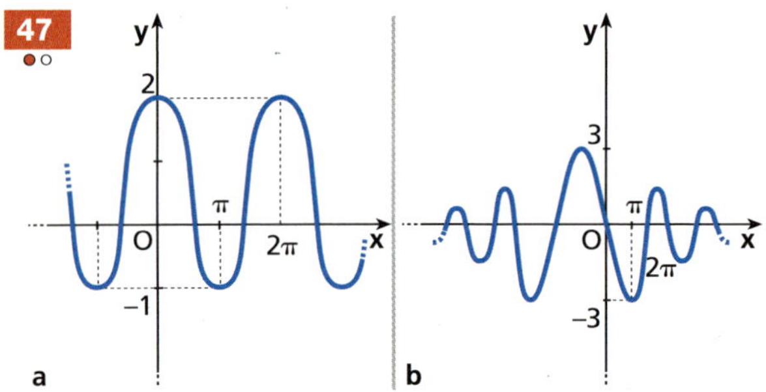

48

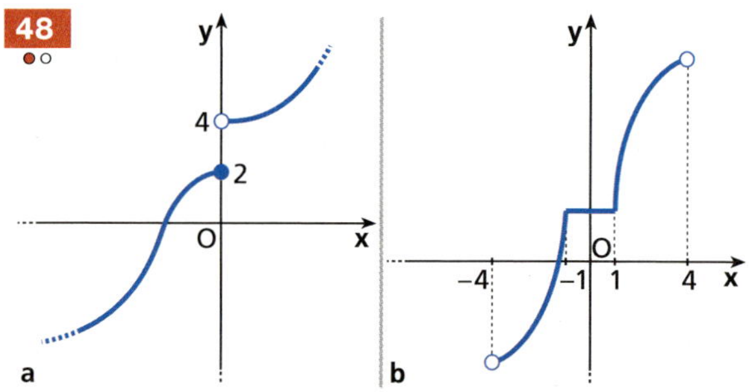

49 Disegna il grafico delle seguenti funzioni applicando le trasformazioni geometriche:

$y=|4-x^2|+2;\quad y=|2\sin(-x)|;\quad y=\cos\left(x+\frac{\pi}{4}\right)-1;\quad y=e^{x+4};\quad y=|\ln(x-2)|.$

50 Disegnato il grafico della funzione $y=\sqrt{x}$, rappresenta graficamente le funzioni $y=\sqrt{|x|}$, $y=1-\sqrt{x}$ e $y=|\sqrt{x}-2|$. Per ciascuna indica il dominio, l'immagine e il segno. Quale di esse è pari? Quale è dispari? Quale ammette inversa?

LEGGI IL GRAFICO

51 L'equazione del grafico della funzione in figura è del tipo

$$f(x)=\frac{1}{ax^2+bx+c}.$$

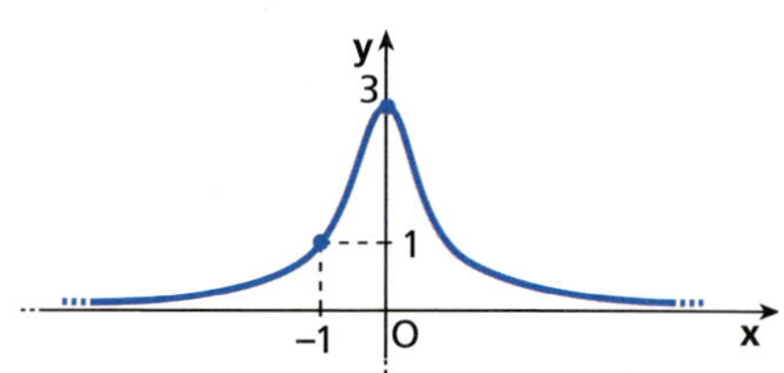

a. Trova a, b, c.

b. Indica il dominio e l'immagine di $f(x)$.

c. Considera la restrizione della funzione per $x>0$, trova l'espressione analitica della funzione inversa e disegnane il grafico.

$\left[\text{a) } a=\frac{2}{3}, b=0, c=\frac{1}{3};\ \text{b) } D\colon \mathbb{R},\ I\colon 0<y<3;\ \text{c) } f^{-1}(x)=\sqrt{\frac{3}{2x}-\frac{1}{2}}\right]$

52 Nel grafico è rappresentata la funzione $y = 2\sin x - 1$ nell'intervallo $]a;b[$. Trova a e b e gli zeri di $f(x)$ appartenenti ad $]a;b[$. Determina il segno di $f(x)$ e gli intervalli in cui è strettamente crescente.

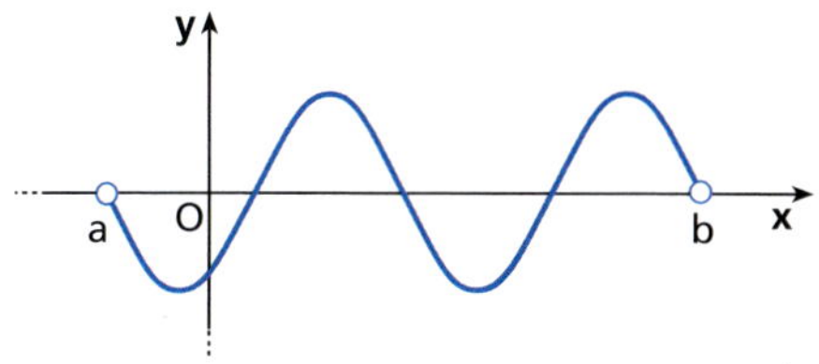

$\left[a = -\frac{7}{6}\pi, b = \frac{17}{6}\pi; \frac{\pi}{6}, \frac{5}{6}\pi, \frac{13}{6}\pi; \left[-\frac{\pi}{2}; \frac{\pi}{2}\right], \left[\frac{3}{2}\pi; \frac{5}{2}\pi\right]\right]$

RISOLVERE PROBLEMI

53 Data la funzione $f(x) = \frac{x^2 - 1}{\sqrt{x}}$,

a. determina il dominio;

b. studia il segno;

c. calcola, se possibile, i seguenti valori:

$f(0)$, $f(-1)$, $f(4)$, $f\left(\frac{1}{2}\right)$, $f(1-x)$.

54 Data la funzione $f(x) = \frac{x - 4}{\sqrt{\ln x}}$,

a. determina il dominio;

b. studia il segno;

c. calcola, se possibile, i seguenti valori:

$f\left(\frac{1}{2}\right)$, $f(1)$, $f(e)$, $f(x + 4)$.

55 **a.** Determina il dominio della funzione $f(x) = \frac{\sin x - 1}{\tan x}$.

b. Studia il segno, determina le intersezioni con gli assi e stabilisci se è pari o dispari.

c. $f(x)$ è periodica?

$\left[\text{a) } D\text{: } x \neq k\frac{\pi}{2}\text{; b) } y > 0 \text{ per } \frac{\pi}{2} + k\pi < x < \pi + k\pi\text{; né pari né dispari; c) } T = 2\pi\right]$

56 Date le funzioni $f(x) = |x + 3| - 5$, $g(x) = x - 2$ e $h(x) = x^2 + 2x$, trova:

a. $f \circ g, g \circ h, f \circ h, g \circ g$; **b.** $(f \circ h) \circ g$; **c.** risolvi la disequazione $f(g(x)) > 2g(x)$.

[a) $f \circ g = |x + 1| - 5$; $g \circ h = x^2 + 2x - 2$; $f \circ h = |x^2 + 2x + 3| - 5$; $g \circ g = x - 4$;
b) $(f \circ h) \circ g = |x^2 - 2x + 3| - 5$; c) $x < 0$]

57 **a.** Trova per quali valori di a la funzione $f(x) = \begin{cases} \frac{x}{x-1} & \text{se } x < 1 \\ \ln x + a & \text{se } x \geq 1 \end{cases}$ risulta invertibile.

b. Rappresenta il grafico di $f(x)$ per $a = 2$, indicandone il dominio, gli zeri, l'immagine e il segno. Determina la funzione inversa e rappresentala graficamente.

$\left[\text{a) } a \geq 1\text{; b) } f^{-1}(x) = \begin{cases} \frac{x}{x-1} & \text{se } x < 1 \\ e^{x-2} & \text{se } x \geq 2 \end{cases}\right]$

58 Data la funzione $f(x) = \frac{2 - a}{1 + \ln x}$,

a. trova per quale valore di a si ha $f(1) = 1$ e determina il dominio;

b. determina l'espressione e il dominio della funzione inversa $f^{-1}(x)$ per il valore di a già trovato.

$\left[\text{a) } a = 1\text{; } D\text{: } x > 0 \wedge x \neq \frac{1}{e}\text{; b) } f^{-1}(x) = e^{\frac{1-x}{x}}\text{, } D\text{: } x \neq 0\right]$

59 **a.** Data la funzione $f(x) = -e^{-x-1} + 2$, determina il suo dominio, gli zeri, studia il suo segno e stabilisci se è pari o dispari. Disegna poi il grafico della funzione.

b. Determina $f(-x) - 2$ e $f(x) - |f(x)|$.

c. Determina $f^{-1}(x)$ graficamente e algebricamente.

$\left[\text{a) } D\text{: } \mathbb{R}\text{; } y > 0 \text{ per } x > -1 - \ln 2\text{; né pari né dispari; c) } f^{-1}(x) = -1 - \ln(2 - x)\right]$

VERIFICA DELLE COMPETENZE VERSO L'ESAME

ARGOMENTARE E DIMOSTRARE

60 ●● Sia $f(x)$ una funzione definita in tutto $\mathbb{R}$ e monotòna crescente. Dimostra che:

a. $f(-x)$ è monotòna decrescente;

b. se $f(x) > 0\ \forall x \in \mathbb{R}$ oppure $f(x) < 0\ \forall x \in \mathbb{R}$, allora $\frac{1}{f(x)}$ è monotòna decrescente.

61 ●○ Considera la funzione

$$f(x) = \ln(1-x) - \ln(1+x)$$

e verifica che per ogni $x_1, x_2 \in]-1;1[$ si ha:

$$f(x_1) + f(x_2) = f\left(\frac{x_1 + x_2}{1 + x_1 x_2}\right).$$

62 ●○ LEGGI IL GRAFICO Si sa che il grafico in figura è relativo a una funzione del tipo $y = ax^3 + b$. Cosa è possibile affermare sul segno dei coefficienti a e b? E in base a quali elementi del grafico?

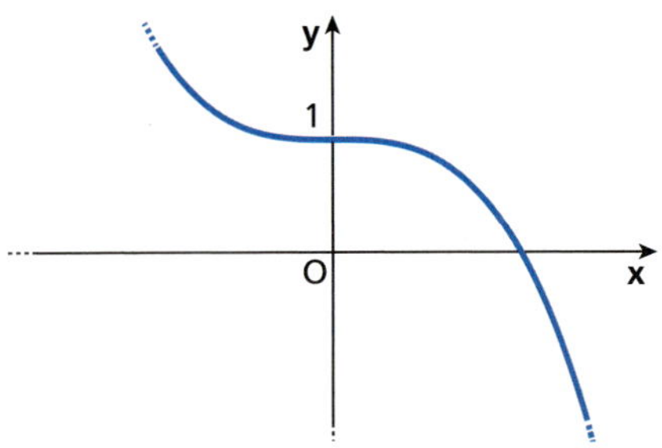

63 ●○ EUREKA! Siano f e g due funzioni definite in tutto $\mathbb{R}$ e sia g una funzione pari: quali delle seguenti funzioni sono pari? Stabiliscilo con alcuni esempi e controesempi.

$$f[g(x)],\quad g[f(x)],\quad f^2(x) + g^2(x),\quad f(x^2).$$

64 ●● Sia $P(x) = x^2 + bx + c$. Si suppone che

$$P[P(1)] = P[P(2)] = 0 \quad \text{e} \quad P(1) \neq P(2).$$

Calcolare $P(0)$.

(Scuole italiane all'estero (Europa), Sessione ordinaria, 2015, quesito 4)

$\left[P(0) = -\frac{3}{2}\right]$

65 ●○ Siano x_1 e x_2 gli zeri di $P(x) = x^2 - x - 2014$, con $x_1 < x_2$. Siano x_3 e x_4 gli zeri di

$$Q(x) = x^2 - 2x - 2014,$$

con $x_3 < x_4$. Si calcoli $(x_4 - x_2) + (x_3 - x_1)$.

(Scuole italiane all'estero (Europa), Sessione ordinaria, 2014, quesito 8)

[1]

66 ●● Si determini il campo di esistenza della funzione:

$$y = \log_{\sin x}(x^2 - 5x + 6), \quad \text{con } 0 \leq x \leq 2\pi.$$

(Esame di Stato, Liceo scientifico, Sessione straordinaria, 2014, quesito 7)

$\left[0 < x < \frac{\pi}{2} \vee \frac{\pi}{2} < x < 2 \vee 3 < x < \pi\right]$

67 ●● TEST Quale delle seguenti funzioni è positiva per ogni x reale?

A $\cos[\sin(x^2+1)]$

B $\sin[\ln(x^2+1)]$

C $\sin[\cos(x^2+1)]$

D $\cos[\ln(x^2+1)]$

Si giustifichi la risposta.

(Esame di Stato, Liceo scientifico, Corso di ordinamento, Sessione ordinaria, 2012, quesito 10)

68 ●● Dimostra che, se una funzione f con dominio $\mathbb{R}$ è tale che $f(a+b) = f(a) + f(b)$, con a e b reali qualsiasi, il suo grafico passa per l'origine.
Quale delle funzioni $y = 7x$ e $y = x + 1$ gode di tale proprietà?

69 ●● Dopo aver dato la definizione di funzione monotòna e di funzione biunivoca, stabilisci se una funzione monotòna è sempre biunivoca e viceversa. Fornisci alcuni esempi.

70 ●● Dimostra che la composizione di due funzioni iniettive è ancora una funzione iniettiva.
Utilizza questo risultato per dimostrare che $f(x) = \ln(4 - x^2)$, definita per $x \geq 0$, è iniettiva e trova la sua inversa. $[f^{-1}(x) = \sqrt{4 - e^x}]$

71 ●○ Se f è una funzione pari, $f \circ f$ è pari? E se invece f è una funzione dispari, $f \circ f$ è dispari? Giustifica le risposte con esempi.

72 ●○ COMPLETA la seguente tabella e motiva le tue risposte.

$f(x)$	$g(x)$	$f(x) + g(x)$	$f(x) \cdot g(x)$	$(f \circ g)(x)$
pari	pari			
dispari	dispari			
pari	dispari			

COSTRUIRE E UTILIZZARE MODELLI

RISOLVIAMO UN PROBLEMA

Un lancio adeguato

Una grande industria di biscotti programma la campagna pubblicitaria televisiva per il lancio di una nuova linea. I minuti dedicati agli spot in funzione dei giorni x trascorsi dall'inizio della campagna pubblicitaria seguono l'andamento della funzione $f(x) = -\frac{5}{12}x^2 + 10x + \frac{800}{3}$; il giorno in cui sarà messo in vendita il prodotto ci sarà il maggior tempo dedicato agli spot.

- Disegna il grafico di f e trova dominio e codominio, giustificandoli alla luce del modello che stai analizzando.
- Dopo quanti giorni dall'inizio della campagna sarà messo in vendita il prodotto? Dopo quanti giorni si concluderà la campagna?
- L'azienda decide di dedicare alla campagna 5 giorni in meno, anticipando l'immissione sul mercato ma mantenendo gli stessi minuti di pubblicità nei giorni precedenti e successivi. Che trasformazione devi applicare al grafico di f per descrivere la campagna? Scrivi l'equazione che descrive il nuovo modello.

▶ Analizziamo f e gli adattamenti che subisce per descrivere il fenomeno.

Il grafico di $f(x)$ è una parabola che assume il valore massimo nel vertice V di ordinata $y_V = -\frac{\Delta}{4a} = \frac{980}{3}$.

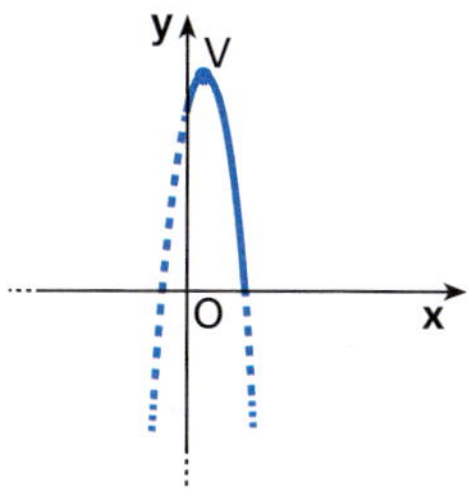

Il dominio naturale di f è $\mathbb{R}$.

Nel nostro caso, però, x sono i giorni trascorsi e $f(x)$ i minuti al giorno dedicati allo spot, quindi ha senso considerare solo valori positivi o nulli per x e $f(x)$.
Pertanto, il dominio D è l'insieme dei valori di x tali che $x \geq 0 \wedge f(x) > 0$.

Risolvendo l'equazione $-\frac{5}{12}x^2 + 10x + \frac{800}{3} = 0$ troviamo l'intersezione $(40; 0)$ con il semiasse positivo delle x.

Quindi D: $0 \leq x \leq 40$ e il codominio è $0 \leq y \leq \frac{980}{3}$.

▶ Troviamo il giorno del lancio e la durata della campagna.

Il giorno del lancio corrisponde all'ascissa del vertice (quando $f(x)$ assume il valore massimo):

$$x_V = -\frac{b}{2a} = 12.$$

La campagna si concluderà in corrispondenza dello zero che ha ascissa positiva. Risolviamo quindi l'equazione

$$-\frac{5}{12}x^2 + 10x + \frac{800}{3} = 0 \rightarrow 5x^2 - 120x - 3200 = 0 \rightarrow x^2 - 24x - 640 = 0 \rightarrow x = 12 \pm 28 \begin{cases} -16, & \text{non accettabile} \\ 40. \end{cases}$$

La campagna durerà quindi 40 giorni.

▶ Cerchiamo il nuovo modello per descrivere la campagna.

L'adattamento richiesto dall'azienda corrisponde a una traslazione di vettore $\vec{v}(-5; 0)$. Il grafico diventa quindi quello a lato, e l'equazione è

$$y = -\frac{5}{12}(x+5)^2 + 10(x+5) + \frac{800}{3} = -\frac{5}{12}x^2 + \frac{35}{6}x + \frac{1225}{4}.$$

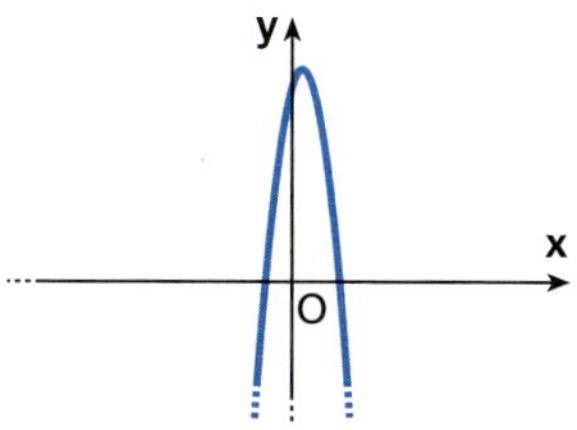

73 •• **Bibita alla spina** Nel bar di Giulio all'inizio di un mese viene rifornito il contenitore di una bibita alla spina. Osservando il calo al passare dei giorni, Giulio vede che in 10 giorni il recipiente si svuota seguendo, in modo approssimato, l'andamento della funzione in figura, di equazione $y = a - \frac{18x}{bx+10}$, dove y è il contenuto in litri e x il tempo in giorni.

a. Trova a e b.

b. Se all'inizio del mese successivo vengono introdotti 6 litri di bibita in più, con un consumo giornaliero identico, in quanti giorni si svuoterà il contenitore?

c. Quanti litri è necessario introdurre all'inizio del mese per avere a disposizione la bibita per 30 giorni?

[a) $a = 9$; $b = 1$; b) 50; c) 13,5]

74 •• **La concentrazione è fondamentale!** In un laboratorio si studia l'andamento di una reazione chimica che a partire dai reagenti A e B porta a ottenere il prodotto C.
La concentrazione dei reagenti nel tempo varia secondo le formule $C_A(t) = \frac{1}{4}e^{-t}$ e $C_B(t) = \frac{3}{4}e^{-t}$.

a. Disegna i grafici delle due funzioni. Sono funzioni monotòne?

b. Se $C_C(t)$ è la concentrazione del prodotto C al tempo t, secondo il principio di conservazione della massa di Lavoisier si ha

$$C_A(0) + C_B(0) + C_C(0) = C_A(t) + C_B(t) + C_C(t), \forall t \geq 0.$$

Se $C_C(0) = 0$, ricava l'equazione di $C_C(t)$ e disegna il suo grafico.

c. La funzione che ottieni è monotòna? Giustifica i risultati ottenuti riflettendo sul fenomeno che descrivono.

[b) $C_C(t) = 1 - e^{-t}$]

75 •• **La diffusione dell'influenza** Un modello matematico prevede che il virus dell'influenza si diffonda all'interno di una popolazione di P persone con una velocità y (numero di nuovi casi giorno per giorno) proporzionale sia al numero x di persone che già hanno contratto la malattia, sia al numero di quelle che non sono state infettate.

a. Scrivi la legge della velocità di diffusione del virus in funzione di x.

b. Calcola il valore della costante di proporzionalità nell'ipotesi che, su un campione di 100 000 persone, 1750 siano ammalate il giovedì e, il venerdì, ci siano 370 nuovi casi.

c. Stima il numero di nuovi casi di infezione al sabato.

d. Mostra che (nell'ipotesi che la popolazione resti costante nel tempo) la velocità massima di diffusione si ha quando il numero di persone potenzialmente infette corrisponde alla metà della popolazione stessa. Il risultato appena trovato è valido in generale per P qualsiasi? [a) $y = kx(P - x)$; b) $k = 2{,}2 \cdot 10^{-6}$; c) 457]

76 ••

IN FISICA **Flash!** Una volta attivato, il flash di una fotocamera può scattare solo dopo che ha accumulato una carica pari ad almeno il 95% del suo valore massimo teorico Q_0.
La funzione che descrive l'aumento della carica in funzione del tempo è del tipo $Q(t) = Q_0(1 - e^{kt})$.
Sapendo che, dopo 0,5 s dall'accensione, la carica accumulata è il 39% di Q_0, calcola:

a. il valore del parametro reale k;

b. il tempo minimo di attesa tra una foto e la successiva;

c. la carica accumulata dopo 1,5 s.

Traccia il grafico indicativo della funzione $Q = Q(t)$.

[a) $k = 2\ln(0{,}61)$; b) 3 s; c) $0{,}773Q_0$]

77 ●● IN FISICA **Goccia dopo goccia** Ipotizziamo che la clessidra ad acqua mostrata in figura sia formata da due coni perfetti sovrapposti. La clessidra impiega 1,5 minuti per svuotarsi e supponiamo che il volume di acqua che passa da C_s a C_i in un secondo sia costante.

a. Determina quanta acqua scorre in un secondo.

b. Esprimi il volume V e l'altezza h dell'acqua scesa in C_i in funzione del tempo t, considerando come istante iniziale quello in cui C_s è pieno.

c. Considera la funzione $V(t)$ trovata al punto precedente non solo per un unico passaggio di acqua, ma tenendo conto del fatto che, appena il cono superiore si è svuotato, la clessidra viene girata e il passaggio di acqua riprende. In un sistema di riferimento cartesiano rappresenta il grafico di tale funzione e descrivine le caratteristiche.

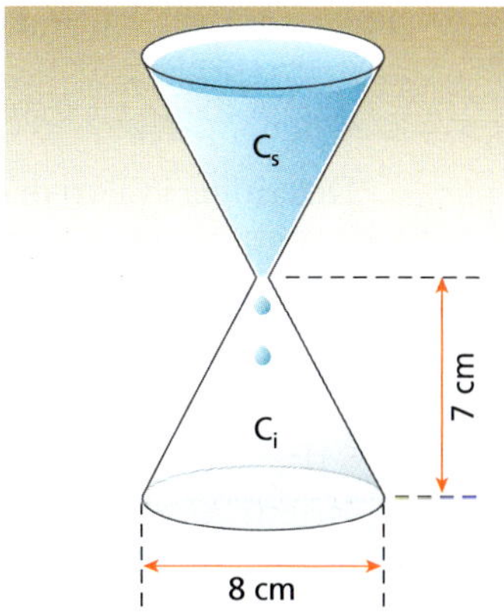

$\left[\text{a) } 1,3\ \text{cm}^3/\text{s; b) } V(t) = 1,3 \cdot t;\ h(t) = 7\left(1 - \sqrt[3]{1 - \frac{t}{90}}\right)\right]$

INDIVIDUARE STRATEGIE E APPLICARE METODI PER RISOLVERE PROBLEMI

78 ●○ Sono date le due funzioni $f(x) = \dfrac{a + 2x^2}{x^2 - 2x}$ e $g(x) = \dfrac{b}{x - 2}$.

a. Determina i valori di a e di b in modo che le curve che le rappresentano si intersechino in due punti di ascisse $\frac{1}{2}$ e 1.

b. Detti rispettivamente D_f il dominio di $f(x)$ e D_g il dominio di $g(x)$, stabilisci se $D_f \subset D_g$ oppure $D_g \subset D_f$.

c. Considera la funzione $g(x)$ come una corrispondenza tra D_g e $\mathbb{R}$, determina, se esistono, le controimmagini di 0 e di -1 e stabilisci se la funzione è suriettiva. $[\text{a) } a = 1, b = 3;\ \text{b) } D_f \subset D_g;\ \text{c) } \nexists\, g^{-1}(0), g^{-1}(-1) = -1]$

LEGGI IL GRAFICO

79 ●○ L'arco di parabola in figura ha equazione

$$f(x) = \frac{1}{k}x\left(-\frac{1}{k}x + 2k\right), \quad x \geq 0.$$

a. Determina il valore di k.

b. Considera la funzione $h(x) = \begin{cases} g(x) & \text{se } x < 0 \\ f(x) & \text{se } x \geq 0 \end{cases}$.

Determina g in modo che h sia una funzione dispari.

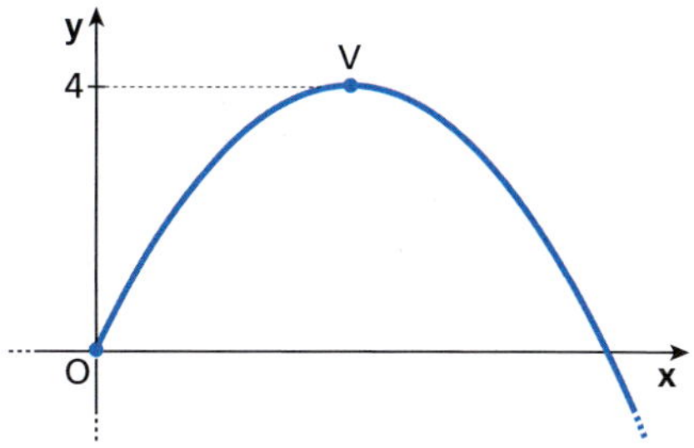

c. Effettua una restrizione del dominio in modo che $h(x)$ sia invertibile e determina la funzione inversa h^{-1} sia graficamente sia algebricamente.

$\left[\text{a) } k = \pm 2;\ \text{b) } g(x) = \frac{1}{4}x^2 + 2x;\ \text{c) su } I = [-4; 4],\ h^{-1}(x) = \begin{cases} 2\sqrt{x+4} - 4 & \text{se } -4 \leq x < 0 \\ 4 - 2\sqrt{4 - x} & \text{se } 0 \leq x \leq 4 \end{cases}\right]$

80 ●○ Il grafico in figura ha equazione $y = a\sin^2 x + b$.

a. Trova i valori di a e b; determina dominio, immagine e periodo della funzione.

b. Trasforma la funzione in modo che diventi una funzione goniometrica di primo grado.

c. Trova il vettore di traslazione $\vec{v}(0; c)$ in modo che l'immagine della funzione traslata diventi $\left[-\frac{1}{2}; \frac{3}{2}\right]$. Determina gli zeri e studia il segno della curva traslata.

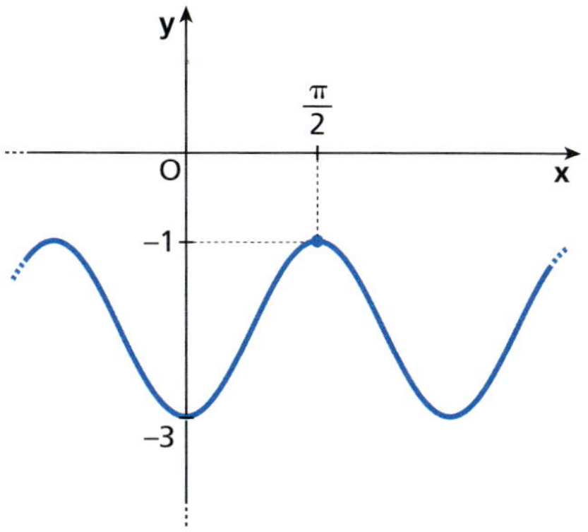

$\left[\text{a) } a = 2;\ b = -3;\ D = \mathbb{R},\ I: -3 \leq y \leq -1,\ T = \pi;\right.$
$\left.\text{b) } y = -\cos 2x - 2;\ \text{c) } \vec{v}\left(0; \frac{5}{2}\right),\ x = \pm\frac{\pi}{6} + k\pi\right]$

81 LEGGI IL GRAFICO Il grafico in figura ha equazione

$$f(x) = a\sin\frac{x}{2} + b\cos\frac{x}{2}.$$

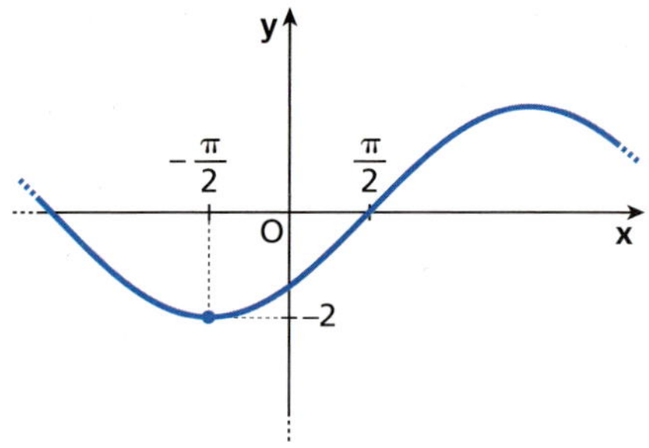

a. Determina i valori di a e b e il periodo di f.
b. Stabilisci se f è una funzione pari, dispari o né pari né dispari.
c. Considerando un'opportuna restrizione del dominio, scrivi l'equazione della funzione inversa.
d. Rappresenta $f\left(x + \frac{\pi}{4}\right)$.

$\left[\text{a) } a = \sqrt{2}; b = -\sqrt{2}; T = 4\pi; \text{ c) } f^{-1}(x) = \frac{\pi}{2} + 2\arcsin\frac{x}{2}\right]$

82 Data la funzione $f(x) = -\ln(-x) - 1$:
a. determina il dominio, studia il segno e stabilisci se è pari o dispari;
b. disegna i grafici di $f(x)$, $|f(x) - 1|$ e $-f(-x)$;
c. determina $f^{-1}(x)$ graficamente e algebricamente, e indica il suo dominio.

$\left[\text{a) } D: x < 0; y > 0 \text{ per } -\frac{1}{e} < x < 0; \text{ né pari né dispari; c) } f^{-1}(x) = -e^{-1-x}, D: \mathbb{R}\right]$

83 Data la funzione:

$$f(x) = \begin{cases} 2^x + a & \text{se } x < 0 \\ x^2 - bx & \text{se } x \geq 0 \end{cases}$$

a. trova a e b in modo che il suo grafico passi per i punti $\left(-4; \frac{17}{16}\right)$ e $(3; -3)$;
b. traccia il grafico di $f(x)$ e da esso deduci l'immagine della funzione;
c. traccia il grafico di $y = |f(x)|$ e di $y = f(|x|)$;
d. risolvi le equazioni $f(|x|) = 5$ e $f(x) = \frac{3}{2}$.

$\left[\text{a) } a = 1, b = 4; \text{ b) } I: y \geq -4; \text{ d) } x = \pm 5; x = -1, x = \frac{4 + \sqrt{22}}{2}\right]$

84 LEGGI IL GRAFICO Considera le funzioni $f(x)$ e $g(x)$ i cui grafici sono rappresentati in figura.
a. Ricava le espressioni di $f(x)$ e $g(x)$.
b. Disegna i grafici delle funzioni $|f(x)|$, $|g(x)|$, $f(|x|)$, $g(|x|)$.
c. Determina l'espressione della funzione composta

$$h(x) = (g \circ f)(x)$$

e tracciane il grafico.

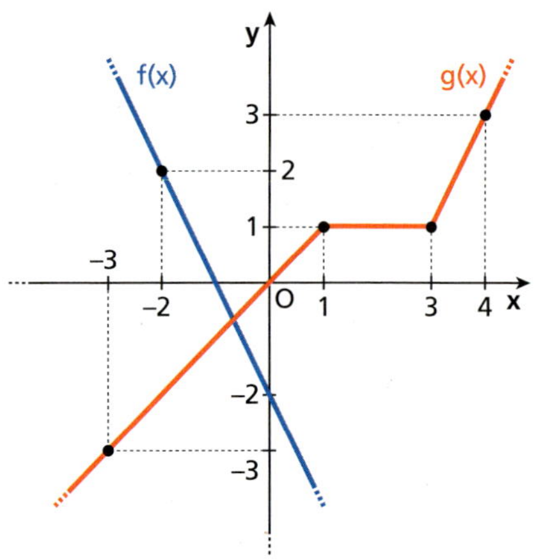

$$\left[\text{a) } f(x) = -2x - 2; g(x) = \begin{cases} x & \text{se } x \leq 1 \\ 1 & \text{se } 1 < x < 3; \\ 2x - 5 & \text{se } x \geq 3 \end{cases} \text{ c) } h(x) = \begin{cases} -4x - 9 & \text{se } x \leq -\frac{5}{2} \\ 1 & \text{se } -\frac{5}{2} < x < -\frac{3}{2} \\ -2x - 2 & \text{se } x \geq -\frac{3}{2} \end{cases}\right]$$

85 Considera la funzione $y = f(x) = 2|\log_2 x| + \log_2 2x - 2$.

a. Trova il dominio, studia il segno di $f(x)$ e disegna il grafico di $f(x)$.

b. La funzione è monotòna? È invertibile? Se non lo è in tutto il suo dominio, effettua una restrizione, trova $f^{-1}(x)$ e mostra che $f[f^{-1}(x)] = x$.

c. Disegna i grafici di $y = f(x) + 1$ e di $y = f(x + 1)$.

[a) D: $x > 0$; $f(x) > 0$ per $0 < x < \frac{1}{2} \vee x > \sqrt[3]{2}$; b) per $x \geq 1$, $f^{-1}(x) = 2^{\frac{x+1}{3}}$]

86 Date le funzioni $f(x) = \sin(\arcsin x)$ e $g(x) = |\arcsin(\sin x)|$,

a. determina dominio e immagine di entrambe;

b. disegna i grafici di $f(x)$ e $g(x)$;

c. stabilisci se sono funzioni periodiche e, in caso affermativo, determina il loro periodo.

[a) D: $-1 \leq x \leq 1$, I: $-1 \leq y \leq 1$; D_g: $\mathbb{R}$, I_g: $0 \leq y \leq \frac{\pi}{2}$; c) $f(x)$ non è periodica, $g(x)$ è periodica di periodo π]

87 LEGGI IL GRAFICO Considera il grafico in figura.

a. Determina dominio e immagine della funzione $f(x)$ rappresentata e stabilisci se è invertibile.

b. Quale tra le seguenti funzioni può essere quella riferibile al grafico? Motiva la tua risposta.

$f(x) = e^{-x} - 1$;

$f(x) = \dfrac{1}{\ln|x|} - 1$;

$f(x) = e^{-\frac{1}{x}} - 1$.

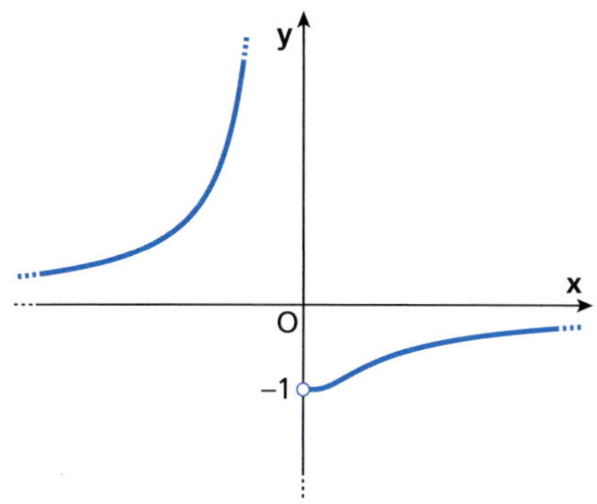

88 Considera la funzione $f(x) = \dfrac{x^2 + ax}{x^2 + b}$, con a e b costanti reali.

a. Determina a e b in modo che i punti di coordinate $\left(1; -\frac{1}{2}\right)$ e $\left(-2; \frac{8}{5}\right)$ appartengano al grafico di $f(x)$.

b. Assegnati ad a e b i valori trovati, determina dominio e immagine di $f(x)$.

c. Osservando che la funzione può essere riscritta, per $x \neq 0$, come $f(x) = \dfrac{1 + \frac{a}{x}}{1 + \frac{b}{x^2}}$, cosa puoi dedurre riguardo al comportamento della funzione per valori molto grandi di x? Utilizza anche questa osservazione per tracciare un grafico probabile di $f(x)$.

[a) $a = -2$, $b = 1$; b) D_f: $\mathbb{R}$, I_f: $-\frac{\sqrt{5} - 1}{2} \leq y \leq \frac{\sqrt{5} + 1}{2}$; c) il grafico della funzione tende alla retta $y = 1$]

89 Considera la funzione $f(x) = \sqrt{\ln^2(-x) - 2\ln x^2 + 4}$.

a. Trova il dominio di $f(x)$ e rappresentala graficamente dopo aver dimostrato che è uguale a $g(x) = |\ln(-x) - 2|$.

b. Scrivi l'equazione della curva simmetrica di $f(x)$ rispetto all'asse y e trova l'equazione della sua funzione inversa nell'intervallo $]0; e^2]$.

[a) D: $x < 0$; b) $y = |\ln x - 2|$; $y = e^{2-x}$]

VERIFICA DELLE COMPETENZE PROVE

1 ora

PROVA A

1 Trova il dominio delle seguenti funzioni.

a. $y = \frac{x^2}{x^2 + 3x - 4}$ b. $y = \frac{1}{\sqrt{x^3 + 5x^2 + 6x}}$ c. $y = \frac{x}{x\ln(x+2)}$

2 Determina dominio, zeri e segno della funzione $y = \frac{x^3 - 9x}{x^2 + 4x + 3}$. Evidenzia nel piano cartesiano le zone in cui la funzione è positiva.

3 Stabilisci se le seguenti affermazioni sono vere o false, giustificando la risposta.

a. $y = 3x^3 - 2x$ è una funzione pari.

b. $y = \frac{x^2 + 4}{x - 2}$ è una funzione dispari.

c. $y = e^{-x+3}$ è una funzione crescente.

4 Spiega perché la funzione $y = \sqrt{x-1}$ è invertibile. Determina la funzione inversa e disegna il suo grafico.

5 Considera la funzione $f(x)$ della figura.

a. Determina il dominio, l'immagine e indica se è monotòna, pari o dispari.

b. Se l'equazione è del tipo $f(x) = \frac{x+a}{x+b}$, trova a e b.

c. Indica se è invertibile e trova la funzione inversa algebricamente e graficamente.

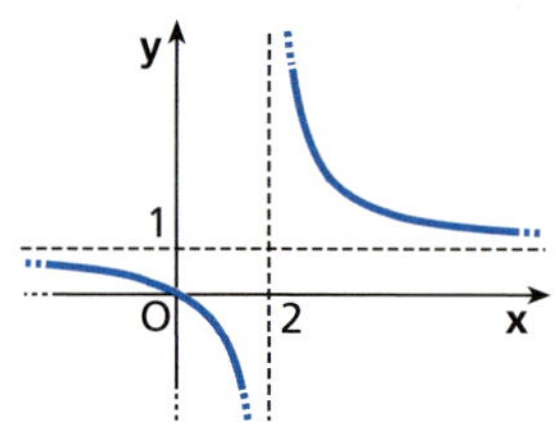

6 Disegna i grafici delle seguenti funzioni utilizzando le trasformazioni geometriche.

a. $y = -\sin\left(x - \frac{\pi}{6}\right) + 1$

b. $y = -\sqrt{x-5}$

c. $y = \log_2(x-1)$

PROVA B

1 Trova il dominio delle seguenti funzioni.

a. $y = \ln(2 - \sqrt{x-2} - \sqrt{x})$ b. $y = \sqrt{4 \cdot 2^x - 2^{1-x} + 2}$ c. $y = \frac{\sqrt{1 - |x+2|}}{(4x^2 - 1)\ln(x+2)}$

2 Studia la funzione $y = \frac{1 - e^{-2x}}{2e^{-x}}$ determinandone il dominio, il segno e gli zeri. È una funzione pari? È una funzione dispari?

3 Spiega perché la funzione $f(x) = -\frac{1}{2}\sin\left(x + \frac{\pi}{3}\right)$ non è invertibile nel suo dominio. Determina una restrizione del dominio in cui $f(x)$ sia invertibile e trova la sua inversa.

4 Considera $f_k(x) = -kx^2 + (k+1)x + k^2 - 3k - 4$. Verifica se esistono valori di k per cui f_k è una funzione:

a. sempre positiva; b. dispari; c. decrescente per $x > 1$.

5 Siano f e g le funzioni così definite:

$$f(x) = \frac{1}{x+2}, \text{ con } x \in \left]-2; 4\right]; \qquad g(x) = 3x - 1, \text{ con } x \in \mathbb{R}.$$

a. Spiega perché f è invertibile e determina la sua inversa.

b. Dimostra che l'equazione $f^{-1}[f(1)] = 4g[f(x)]$ ha come soluzione $\frac{2}{5}$.

6 Siano $f(x) = 4 + \ln(x+2)$ e $g(x) = \sqrt{x} + k$.

a. Determina k in modo che $g \circ f$ passi per il punto $(-1; 4)$.

b. Per il valore di k trovato, calcola $g^{-1}(x)$ e $f^{-1}(x)$.

c. Dimostra che $(g \circ f)^{-1} = f^{-1} \circ g^{-1}$.

PROVA C

Le montagne russe In un luna park, il percorso di un tratto delle rotaie delle montagne russe ha l'andamento della funzione:

$$y = 2\sin\frac{x+\pi}{2} + 2, \qquad \text{con } -3\pi \leq x \leq 3\pi.$$

a. Disegna il grafico della funzione e descrivi le sue proprietà (dominio, codominio, funzione pari o dispari).

b. Stabilisci in quali tratti i vagoni salgono e in quali scendono (i vagoni si spostano, in riferimento al grafico, da sinistra verso destra).

c. Qual è l'altezza massima da terra e in quali punti si trova?

PROVA D

1 Il grafico in figura rappresenta una funzione $f(x)$ ed è costituito da una semicirconferenza e da un arco di parabola.

a. Scrivi l'equazione di $f(x)$, trova gli zeri e gli intervalli in cui f è crescente.

b. Spiega perché f è invertibile nell'intervallo $[0; x_v]$; scrivi l'equazione della funzione inversa e disegna il suo grafico.

c. Utilizza il grafico di $f(x)$ per rappresentare $|f(x)|$ e $\frac{1}{f(x)}$.

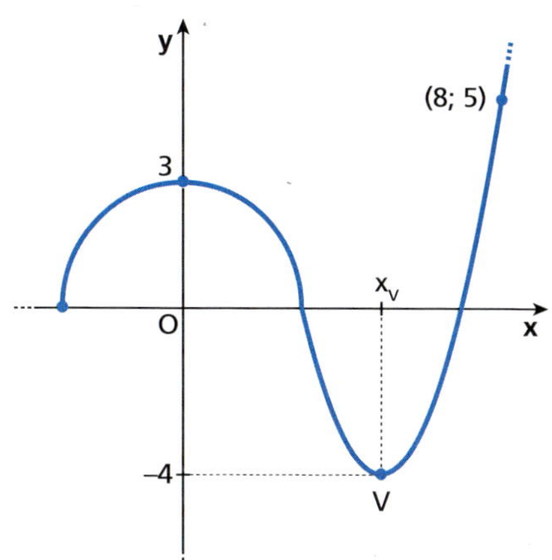

2 a. Trova per quale valore di a il grafico della funzione $f(x) = \frac{x^4 - 3x^2 + 2}{x^3 + ax}$ passa per il punto $P\left(-\frac{1}{2}; \frac{7}{10}\right)$.

b. Determina il dominio di $f(x)$, verifica se la funzione è pari o dispari e studia il segno di $f(x)$ per $x > 0$.

c. Risolvi l'equazione $f(x) - x = 1$.

T

CAPITOLO

22 LIMITI DI FUNZIONI

1 Insiemi di numeri reali

Ricordiamo alcune nozioni fondamentali riguardanti l'insieme $\mathbb{R}$ dei numeri reali. Poiché esiste una corrispondenza biunivoca tra $\mathbb{R}$ e i punti di una retta orientata r, detta **retta reale**, possiamo identificare ogni sottoinsieme di $\mathbb{R}$ (*insieme numerico*) con un *sottoinsieme di punti* della retta r.

Intervalli

▶ Esercizi a p. 1375

Un **intervallo** è un sottoinsieme di numeri reali che corrisponde a una semiretta (intervallo **illimitato**) o a un segmento (intervallo **limitato**) della retta reale.

Un intervallo può essere **chiuso** o **aperto**, a seconda che gli estremi appartengano o meno all'intervallo.

Un intervallo può essere rappresentato in tre modi diversi, come puoi osservare nelle figure seguenti.

Intervalli limitati

[a; b]

$a \leq x \leq b$

a. Intervallo chiuso.

] a; b [

$a < x < b$

b. Intervallo aperto.

[a; b [

$a \leq x < b$

c. Intervallo chiuso a sinistra e aperto a destra.

] a; b]

$a < x \leq b$

d. Intervallo aperto a sinistra e chiuso a destra.

Gli intervalli limitati corrispondono a segmenti della retta reale aventi **estremi** a e b e lunghezza $b - a$, che viene detta **ampiezza** dell'intervallo. I valori $\frac{b-a}{2}$ e $\frac{b+a}{2}$ sono rispettivamente il **raggio** e il **centro** dell'intervallo.

Intervalli illimitati

$[\,a; +\infty\,[$	$]\,a; +\infty\,[$	$]-\infty; a\,]$	$]-\infty; a\,[$
$x \geq a$	$x > a$	$x \leq a$	$x < a$
a. Intervallo chiuso illimitato superiormente.	**b**. Intervallo aperto illimitato superiormente.	**c**. Intervallo chiuso illimitato inferiormente.	**d**. Intervallo aperto illimitato inferiormente.

Un intervallo illimitato corrisponde a una semiretta di origine a; pertanto uno degli estremi dell'intervallo è a, mentre indichiamo l'altro estremo con i simboli $+\infty$ (più infinito) o $-\infty$ (meno infinito). $+\infty$ e $-\infty$ non sono numeri reali e quindi sono sempre *esclusi* dall'intervallo.
L'insieme $\mathbb{R}$ dei numeri reali corrisponde all'intervallo $]-\infty; +\infty[$.
Spesso utilizziamo l'unione di intervalli per indicare particolari insiemi. Per esempio, le soluzioni della disequazione $x^2 - 1 > 0$ sono $]-\infty; -1[\, \cup \,]1; +\infty[$.

▶ Rappresenta nei tre modi che abbiamo esaminato l'insieme $\mathbb{R} - \{4\}$.

Intorni di un punto

▶ Esercizi a p. 1376

DEFINIZIONE

Dato un numero reale x_0, un **intorno completo** di x_0 è un qualunque intervallo aperto $I(x_0)$ contenente x_0:

$$I(x_0) =]\,x_0 - \delta_1;\ x_0 + \delta_2\,[,$$

con δ_1, δ_2 numeri reali positivi.

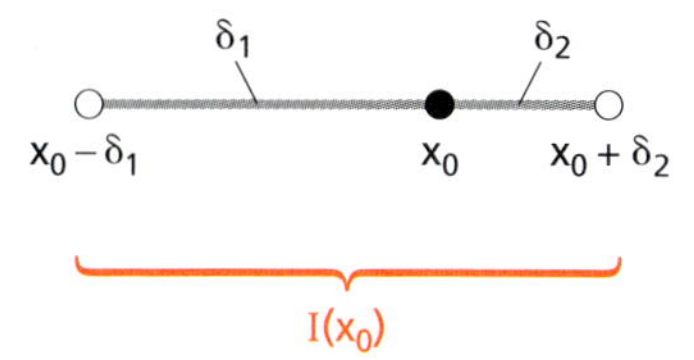

Listen to it

A **neighbourhood** of a point x_0 is an open interval containing x_0.

ESEMPIO

Se $x_0 = 1$, l'intervallo aperto $I =]\,0; 3\,[$ è un intorno completo di 1. In questo caso $\delta_1 = 1$ e $\delta_2 = 2$, perché possiamo scrivere $I =]\,1 - 1; 1 + 2\,[$, e l'ampiezza dell'intervallo è 3.

Anche $]-1;\ 2\,[$ e $\left]\frac{1}{2}; 4\right[$ sono intorni completi di 1.

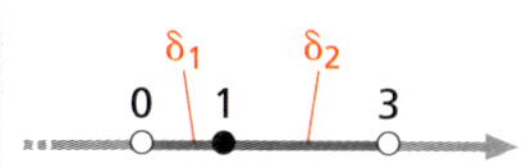

Quando $\delta_1 = \delta_2$, il punto x_0 è il punto medio dell'intervallo. In questo caso parliamo di *intorno circolare* di x_0.

DEFINIZIONE

Dati un numero reale x_0 e un numero reale positivo δ, un **intorno circolare** di x_0, di raggio δ, è l'intervallo aperto $I_\delta(x_0)$ di centro x_0 e raggio δ:

$$I_\delta(x_0) =]\,x_0 - \delta; x_0 + \delta\,[.$$

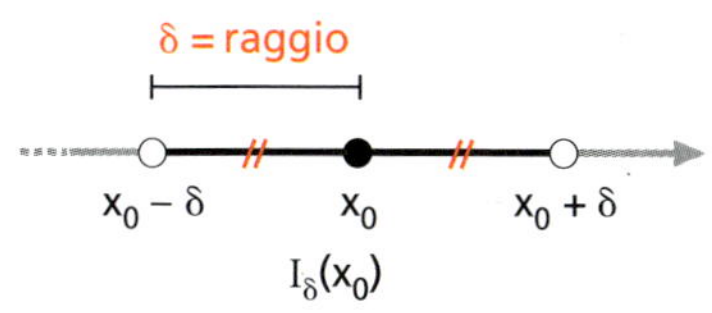

▶ Scrivi un intorno completo e un intorno circolare di 8.

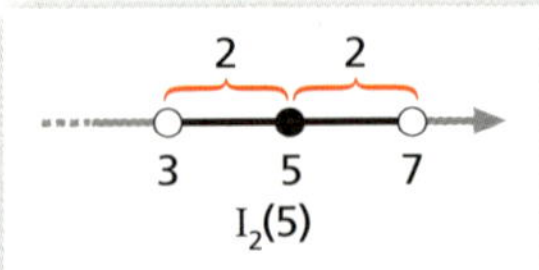

L'intorno circolare del punto 5 di raggio 2 è $]5-2; 5+2[$, ossia $]3; 7[$.

L'intorno circolare di x_0 di raggio δ è l'insieme dei punti $x \in \mathbb{R}$ tali che

$$x_0 - \delta < x < x_0 + \delta,$$

cioè tali che $-\delta < x - x_0 < \delta$. Ricordando che la disequazione $|A(x)| < k$ è equivalente a $-k < A(x) < k$, possiamo anche scrivere:

$$I_\delta(x_0) = \{x \in \mathbb{R}: |x - x_0| < \delta\}.$$

PROPRIETÀ

L'intersezione e l'unione di due o più intorni completi, e in particolare circolari, di x_0 sono ancora degli intorni completi, e in particolare circolari, di x_0.

Intorno destro e intorno sinistro di un punto

Dato un numero $\delta \in \mathbb{R}^+$, chiamiamo:

- **intorno destro** di x_0 l'intervallo $I_\delta^+(x_0) =]x_0; x_0 + \delta[$;
- **intorno sinistro** di x_0 l'intervallo $I_\delta^-(x_0) =]x_0 - \delta; x_0[$.

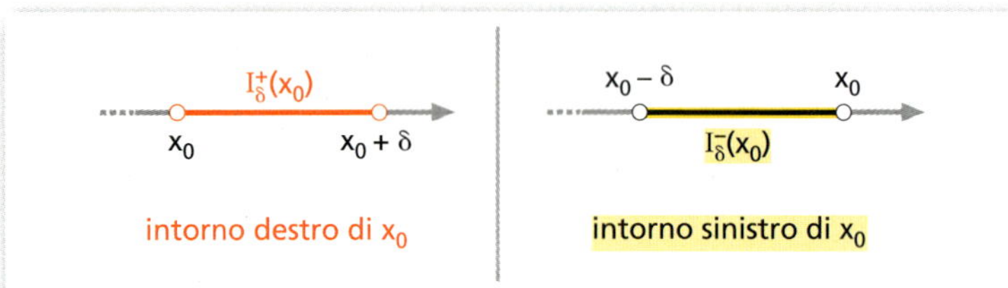

Per esempio, l'intervallo $]2; 2+\delta[$ è un intorno destro di 2; l'intervallo $]-5; -3[$ è sia un intorno sinistro di -3, sia un intorno destro di -5.

Intorni di infinito

▶ Esercizi a p. 1377

Dati $a, b \in \mathbb{R}$, con $a < b$, chiamiamo:

- **intorno di meno infinito** un qualsiasi intervallo aperto illimitato inferiormente:

  $$I(-\infty) =]-\infty; a[= \{x \in \mathbb{R}: x < a\};$$

- **intorno di più infinito** un qualsiasi intervallo aperto illimitato superiormente:

  $$I(+\infty) =]b; +\infty[= \{x \in \mathbb{R}: x > b\}.$$

Si definisce inoltre **intorno di infinito** l'unione tra un intorno di $-\infty$ e un intorno di $+\infty$, cioè:

$$I(\infty) = I(-\infty) \cup I(+\infty) = \{x \in \mathbb{R}: x < a \vee x > b\}.$$

La scrittura ∞, priva di segno, indica contemporaneamente sia $-\infty$ che $+\infty$. Quindi, se si vuole indicare solo $+\infty$, bisogna esplicitamente scrivere il segno $+$ davanti al simbolo ∞.

Per esempio, l'intervallo $]-\infty; -7[$ è un intorno di meno infinito, mentre la scrittura $x < -2 \vee x > 4$ indica un intorno di infinito.

Analogamente al caso di un numero reale x_0, possiamo parlare di **intorno circolare di infinito**:

$$I_c(\infty) =]-\infty; -c[\cup]c; +\infty[, \quad \text{con } c \in \mathbb{R}^+.$$

▶ Considera le soluzioni delle disequazioni:

a. $3x - 9 > 0$;
b. $x^2 - x > 0$;
c. $|x| > 4$.

Indica quale tipo di intorno di infinito è rappresentato da ciascuna di esse.

Insiemi limitati e illimitati

Esistono insiemi numerici che non sono intervalli.
La proprietà di essere limitato o illimitato non è attribuibile solo agli intervalli, ma anche a un qualunque insieme numerico.

Un insieme numerico $F \subset \mathbb{R}$ è detto:

- **superiormente limitato** se è possibile determinare un numero reale α, non necessariamente appartenente a F, tale che $x \leq \alpha \quad \forall x \in F$; il numero α è detto un **maggiorante** di F;
- **inferiormente limitato** se è possibile determinare un numero reale β, non necessariamente appartenente a F, tale che $x \geq \beta \quad \forall x \in F$; il numero β è detto un **minorante** di F;
- **limitato** se è limitato sia superiormente sia inferiormente, cioè se esiste un intervallo limitato che lo contiene. In modo equivalente possiamo dire che F è limitato se esiste un numero reale positivo k tale che $|x| \leq k \ \forall x \in F$.

Osserviamo che un intervallo limitato non è un insieme *finito*, cioè non è costituito da un numero finito di elementi; invece un insieme numerico finito è sempre contenuto in un intervallo limitato.

ESEMPIO

1. Consideriamo l'insieme $A = \left\{x: x = \frac{2n}{n+1}, n \in \mathbb{N}\right\}$. I suoi elementi sono i numeri:

   $$0, 1, \frac{4}{3}, \frac{3}{2}, \frac{8}{5}, \frac{5}{3}, \ldots$$

   Si può dimostrare che la disuguaglianza $\frac{2n}{n+1} < 2$ è verificata $\forall n \in \mathbb{N}$, cioè tutti gli elementi di A sono minori di 2, quindi 2 è un maggiorante di A e tale insieme è superiormente limitato. Inoltre tutti gli elementi di A sono maggiori o uguali a 0, per cui A è anche inferiormente limitato perché 0 è un suo minorante.
   Allora possiamo dire che A è limitato, infatti esso è contenuto nell'intervallo limitato $[0; 2]$. Notiamo che A, pur essendo limitato, è un insieme infinito.

2. L'insieme $F = \{-1, 0, 2, 3\}$ è contenuto nell'intervallo chiuso $I = [-1; 3]$ e quindi è limitato. -1 è un minorante di F e 3 è un suo maggiorante.
   In generale, gli insiemi finiti sono sempre limitati perché, come abbiamo già osservato, essi sono sempre contenuti in qualche intervallo limitato.

▶ Verifica che l'insieme $A = \left\{x: x = \frac{1}{n}, n \in \mathbb{N} - \{0\} \wedge n < 100\right\}$ è limitato.

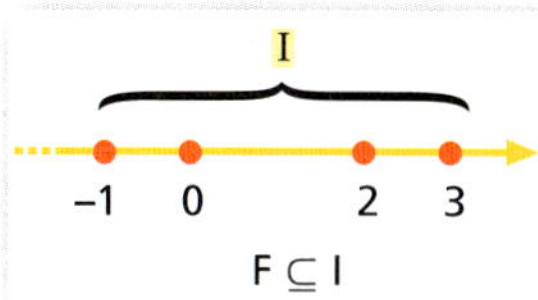

Esistono insiemi non limitati superiormente, per esempio l'insieme dei numeri pari. Tali insiemi si dicono **illimitati superiormente**.
Ci sono anche insiemi non limitati inferiormente, per esempio l'insieme dei numeri razionali minori di 3. Tali insiemi sono detti **illimitati inferiormente**.

In generale, un insieme numerico $F \subset \mathbb{R}$ è detto:

- **illimitato superiormente** se, scelto ad arbitrio un numero reale m, è possibile trovare qualche elemento di F maggiore di m, ossia $\forall m \in \mathbb{R} \ \exists x \in F$ tale che $x > m$;
- **illimitato inferiormente** se, scelto ad arbitrio un numero reale m, è possibile trovare qualche elemento di F minore di m, ossia $\forall m \in \mathbb{R} \quad \exists x \in F$ tale che $x < m$;
- **illimitato** se è illimitato superiormente e inferiormente.

Estremi di un insieme

▶ Esercizi a p. 1377

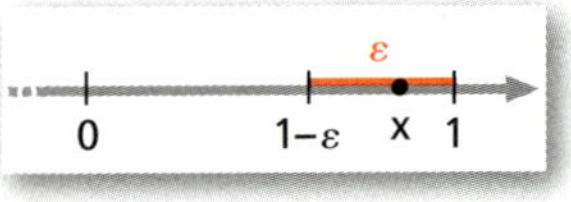

Consideriamo l'insieme $E = \left\{x: x = 1 - \frac{1}{n^2}, n \in \mathbb{N} - \{0\}\right\}$, ossia l'insieme $E = \left\{0, \frac{3}{4}, \frac{8}{9}, \frac{15}{16}, \dots\right\}$. Confrontiamo gli elementi di E con il numero 1. Tutti i numeri di E sono minori di 1; quindi 1 è un maggiorante di E.

Ora scegliamo ad arbitrio un numero reale positivo ε e vediamo se ci sono elementi di E maggiori di $(1-\varepsilon)$. Vogliamo cioè stabilire se la disequazione

$$x > 1 - \varepsilon, \qquad x \in E,$$

ammette soluzioni in E. Sostituiamo a x la sua espressione:

$$1 - \frac{1}{n^2} > 1 - \varepsilon \ \rightarrow\ -\frac{1}{n^2} > -\varepsilon \ \rightarrow\ \frac{1}{n^2} < \varepsilon.$$

Passiamo ai reciproci in entrambi i membri, cambiando anche il verso della disuguaglianza:

$$n^2 > \frac{1}{\varepsilon}.$$

Poiché n ed ε sono numeri positivi possiamo estrarre la radice quadrata e ricavare le soluzioni:

$$n > \frac{1}{\sqrt{\varepsilon}}.$$

Dunque tutti gli elementi x di E calcolati scegliendo n maggiore di $\frac{1}{\sqrt{\varepsilon}}$ risolvono la disequazione. Ciò vuol dire che ogni volta che scegliamo un numero positivo ε è possibile trovare numeri di E maggiori di $(1-\varepsilon)$. 1 ha quindi una particolare proprietà che riassumiamo dicendo che 1 è **estremo superiore** di E.

DEFINIZIONE
Dato un insieme $E \subset \mathbb{R}$ *superiormente limitato*, l'**estremo superiore** di E è quel numero reale M tale che:
- $x \leq M, \quad \forall x \in E$;
- $\forall \varepsilon > 0\ \exists\, x \in E$ tale che $x > (M - \varepsilon)$.

A parole:
- M è un maggiorante di E.
- Qualunque sia ε $(\varepsilon > 0)$, è possibile trovare almeno un elemento di E maggiore di $(M-\varepsilon)$: M è il più piccolo maggiorante di E.

Per indicare l'estremo superiore di un insieme E si usa la notazione sup_E.
L'estremo superiore può appartenere o non appartenere all'insieme; nel primo caso è detto anche **massimo** e si usa la notazione max_E.

Consideriamo ancora l'insieme E dell'esempio precedente. Possiamo osservare che tutti i numeri di E sono maggiori o uguali a 0; quindi 0 è un minorante di E.
Ora scegliamo ad arbitrio un numero reale positivo ε e vediamo se ci sono elementi di E minori di $(0+\varepsilon)$. Per questo stabiliamo se la disequazione

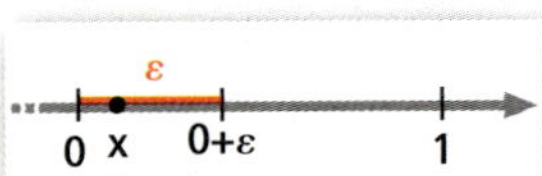

$$x < 0 + \varepsilon, \qquad x \in E,$$

ammette soluzioni in E.

Sostituendo a x la sua espressione, otteniamo:

$$1-\frac{1}{n^2}<0+\varepsilon \quad \rightarrow \quad \frac{1}{n^2}>1-\varepsilon.$$

Vediamo quindi che, qualunque sia il valore di ε, c'è sempre la soluzione corrispondente a $n=1$, ossia $x=0$.

Ciò significa che ogni volta che scegliamo un numero positivo ε troviamo almeno un numero di E minore di $(0+\varepsilon)$.

Per riassumere questa proprietà diciamo che 0 è *estremo inferiore* di E e diamo la seguente definizione.

DEFINIZIONE

Dato un insieme $E \subset \mathbb{R}$ non vuoto e *inferiormente limitato*, l'**estremo inferiore** di E è quel numero reale L tale che:

- $x \geq L, \quad \forall x \in E$;
- $\forall \varepsilon > 0\ \exists x \in E$ tale che $x < (L+\varepsilon)$.

A parole:

- L è un minorante di E.
- Qualunque sia ε ($\varepsilon > 0$), è possibile trovare un elemento di E minore di $(L+\varepsilon)$: L è il più grande minorante di E.

Per indicare l'estremo inferiore di un insieme E si usa la notazione inf_E.

L'estremo inferiore può appartenere o non appartenere all'insieme; nel primo caso è detto anche **minimo** e si usa la notazione min_E.

Vale la seguente proprietà.

PROPRIETÀ

Esistenza e unicità degli estremi superiore o inferiore

L'estremo superiore di un insieme $E \subset \mathbb{R}$ non vuoto e superiormente limitato esiste sempre ed è unico.

L'estremo inferiore di un insieme $E \subset \mathbb{R}$ non vuoto e inferiormente limitato esiste sempre ed è unico.

Estendendo la definizione, se un insieme E è illimitato superiormente, scriviamo $sup_E = +\infty$; se è illimitato inferiormente, scriviamo $inf_E = -\infty$.

Possiamo allora dire che ogni sottoinsieme non vuoto di $\mathbb{R}$ ha sia estremo superiore sia estremo inferiore.

Estremi inferiore e superiore di una funzione

Parlando di una funzione $y=f(x)$, chiamiamo estremo inferiore ed estremo superiore di $f(x)$ l'estremo inferiore e quello superiore dell'immagine della funzione relativi al dominio considerato.

In modo analogo si parla di massimo e di minimo della funzione.

Diciamo poi che una funzione è limitata o illimitata superiormente o inferiormente se lo è la sua immagine.

TEORIA

Punti isolati

▶ Esercizi a p. 1380

DEFINIZIONE

Sia x_0 appartenente a un sottoinsieme A di $\mathbb{R}$. x_0 è un **punto isolato** di A se esiste almeno un intorno I di x_0 che non contiene altri elementi di A diversi da x_0.

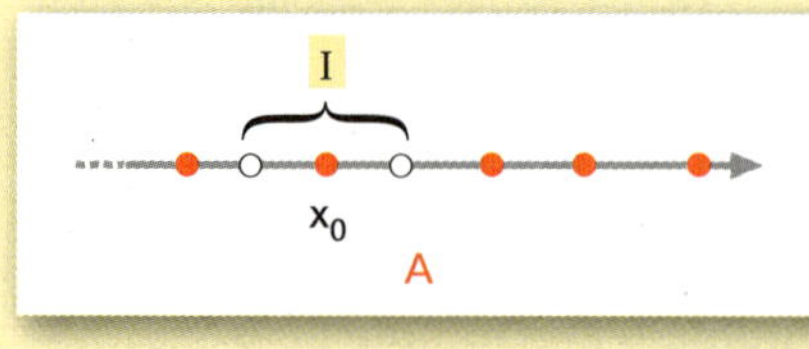

Osserviamo che per verificare che un punto di un insieme è isolato basta determinare **un solo** intorno di quel punto che non contenga altri punti dell'insieme stesso.

ESEMPIO

Consideriamo l'insieme $A = \left\{0, \frac{1}{2}, \frac{2}{3}, \frac{3}{4}, \frac{4}{5}, \frac{5}{6}, \frac{6}{7}, \dots, \frac{n}{n+1}\right\}, n \in \mathbb{N}$.

Rappresentiamo l'insieme A sulla retta orientata e consideriamo il suo punto 0. Osserviamo che è possibile determinare un intorno di 0 che non contenga altri elementi di A, per esempio $\left]-\frac{1}{4}; \frac{1}{4}\right[$. Allora 0 è un punto isolato di A.

Nello stesso modo, è possibile dimostrare che tutti gli elementi dell'insieme A sono punti isolati.

▶ Verifica che l'insieme {1, 2, 8, 10} è formato da punti isolati.

Se un insieme contiene un numero finito di punti, questi sono tutti punti isolati. Per esempio, l'insieme $B = \left\{-2, 0, \frac{1}{2}, 4\right\}$ è formato da quattro punti tutti isolati.

Anche un insieme di infiniti punti può essere costituito da punti tutti isolati.
Per esempio, l'insieme dei numeri naturali $\mathbb{N}$ è un insieme infinito, ma tutti i suoi punti sono punti isolati: basta prendere per ciascun punto il suo intorno circolare di raggio $\frac{1}{2}$ e osservare che non contiene altri numeri naturali.

Punti di accumulazione

▶ Esercizi a p. 1381

DEFINIZIONE

Il numero reale x_0 è un **punto di accumulazione** di A, sottoinsieme di $\mathbb{R}$, se ogni intorno completo di x_0 contiene infiniti punti di A.

Si dimostra che è equivalente alla definizione data dire che x_0 è punto di accumulazione di A se ogni intorno completo di x_0 contiene almeno un elemento di A distinto da x_0.

Listen to it

A point $x_0 \in \mathbb{R}$ is a **limit point** of the subset S of $\mathbb{R}$ if every neighbourhood of x_0 contains at least one point $s \in S$, $s \neq x_0$.

ESEMPIO

Consideriamo l'insieme: $A = \left\{1, \frac{1}{2}, \frac{1}{3}, \frac{1}{4}, \frac{1}{5}, \frac{1}{6}, \frac{1}{7}, \dots, \frac{1}{n}\right\}$, con $n \in \mathbb{N} - \{0\}$, e rappresentiamolo sulla retta reale.

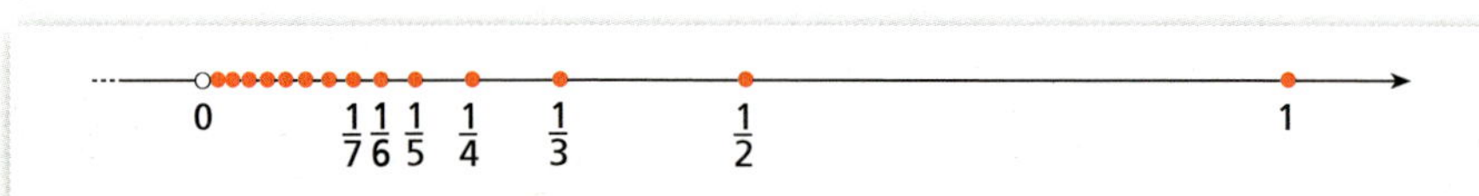

All'aumentare di n, i corrispondenti elementi di A si avvicinano al valore 0.
È possibile verificare che il punto 0 gode della seguente proprietà: comunque scegliamo un intorno completo di 0 (anche di raggio molto piccolo), questo contiene infiniti elementi di A. Quindi 0 è un punto di accumulazione di A.

Per esempio l'intorno $\left]-1; \frac{1}{4}\right[$ del punto 0 contiene infiniti punti di A:

$$\frac{1}{5}, \frac{1}{6}, \frac{1}{7}, \ldots$$

Se scegliamo un intorno di 0 con raggio sempre più piccolo, è sempre possibile trovare qualche elemento di A che cada in quell'intorno.

Osserviamo che il punto 0 è punto di accumulazione di A, ma non appartiene ad A; e inoltre 0 è l'unico punto di accumulazione per A. Infatti, preso un qualunque elemento di A, esiste almeno un suo intorno che non contiene altri elementi di A. Per esempio, scegliendo $\frac{1}{4}$, l'intorno $\left]\frac{1}{5}; \frac{1}{3}\right[$ non contiene elementi di A, eccetto $\frac{1}{4}$.

Un insieme può non avere punti di accumulazione o averne un numero finito o infinito. Per esempio, gli intervalli hanno infiniti punti di accumulazione perché ogni punto di un intervallo è di accumulazione per l'intervallo stesso.
Anche gli estremi dell'intervallo sono suoi punti di accumulazione.

ESEMPIO

Sia A l'insieme dei numeri reali compresi fra 2 e 5, ossia $A =]2; 5[$.

Il punto 3 di A è di accumulazione per A perché ogni intorno di 3 contiene infiniti punti di A.

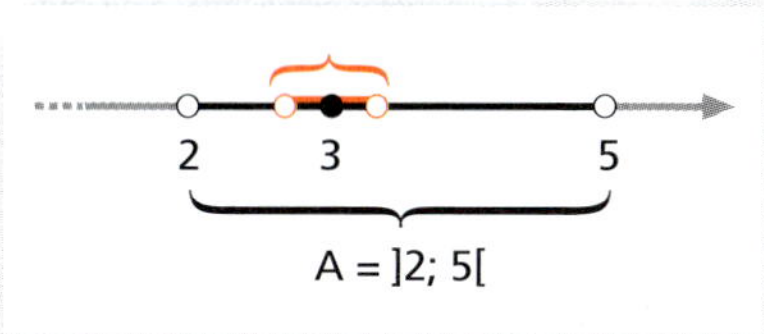

Gli esempi che abbiamo esaminato mostrano che un punto di accumulazione di un insieme può appartenere o non appartenere all'insieme stesso.

2 $\lim_{x \to x_0} f(x) = \ell$

Introduciamo in questo paragrafo il concetto di limite di una funzione.

Definizione e significato

▶ Esercizi a p. 1382

Consideriamo la funzione $y = f(x)$, definita nell'insieme D, e studiamo il suo comportamento quando x assume valori prossimi a x_0, punto di accumulazione per D.

In base al grafico, se x si avvicina a x_0, $f(x)$ si avvicina a l, ma in questo caso l non coincide con $f(x_0)$, perché $x_0 \notin D$.

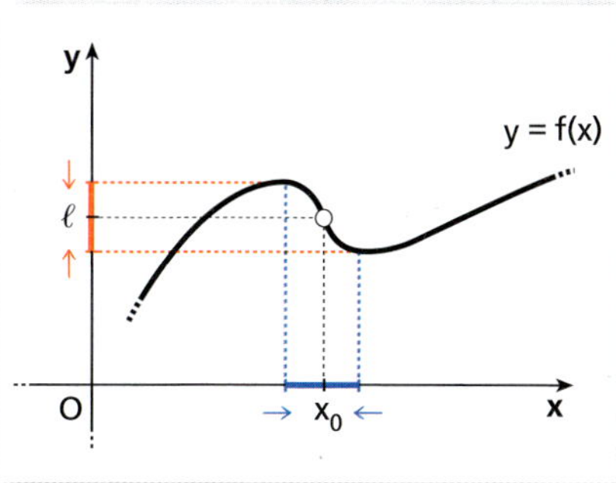

TEORIA

Introduciamo uno strumento matematico che permetta di descrivere con precisione la proprietà vista nella figura: **più scegliamo x vicino al valore x_0 e più la sua immagine $f(x)$ si avvicina a un certo valore l.**
Consideriamo, per esempio, la funzione:

$$y = f(x) = \frac{2x^2 - 6x}{x - 3}, \qquad D = \mathbb{R} - \{3\}.$$

Vogliamo studiare il comportamento della funzione vicino al punto $x_0 = 3$.

Poiché $f(x)$ non è definita in 3, non ha senso considerare $f(3)$. Cerchiamo allora a quale valore l si avvicina la funzione quando x si approssima al valore 3.

Diamo alla variabile x dei valori che si avvicinano sempre più (per eccesso o per difetto) a 3 e calcoliamo le loro immagini $f(x)$, come indicato nella seguente tabella.

x	2,9	2,99	2,999	2,9999	→ 3 ←	3,0001	3,001	3,01	3,1
f(x)	5,8	5,98	5,998	5,9998	→ ? ←	6,0002	6,002	6,02	6,2

Vediamo che quanto più x si avvicina a 3, tanto più $f(x)$ si avvicina al valore 6.

Più in generale, se prendiamo un qualunque valore di x in un intorno di 3 sempre più piccolo, allora $f(x)$ si trova sempre più vicino a 6, cioè si trova in un intorno di 6 sempre più piccolo. Per comodità, consideriamo degli intorni circolari.

► Assegna a x dei valori sempre più vicini a 1 e osserva a che valore si avvicina $f(x) = \frac{x^2 - 1}{x - 1}$.

Possiamo esprimere lo stesso concetto anche in un altro modo: considerato un *qualunque* intorno circolare di 6 di ampiezza ε, che indichiamo con $I_\varepsilon(6)$, esiste sempre un intorno di 3 i cui punti x (con $x \neq 3$) hanno immagine $f(x)$ contenuta in $I_\varepsilon(6)$.
Infatti i punti di tale intorno sono quei valori di x che soddisfano la disequazione

$$|f(x) - 6| < \varepsilon \quad \rightarrow$$

$$\left|\frac{2x^2 - 6x}{x - 3} - 6\right| < \varepsilon.$$

Raccogliamo $2x$ nel numeratore della frazione:

$$\left|\frac{2x(x-3)}{x-3} - 6\right| < \varepsilon \rightarrow \left|\frac{2x(x-3) - 6(x-3)}{x-3}\right| < \varepsilon \rightarrow \left|\frac{(2x-6)(x-3)}{x-3}\right| < \varepsilon.$$

Essendo $x \neq 3$, possiamo semplificare, e otteniamo:

$$|2x - 6| < \varepsilon \rightarrow 2 \cdot |x - 3| < \varepsilon \quad \rightarrow \quad |x - 3| < \frac{\varepsilon}{2} \rightarrow \underline{3 - \frac{\varepsilon}{2} < x < 3 + \frac{\varepsilon}{2}}.$$

Le soluzioni della disequazione sono i punti dell'intorno

$$I(3) = \underline{\left]3 - \frac{\varepsilon}{2}; 3 + \frac{\varepsilon}{2}\right[}.$$

Riassumendo: per ogni $\varepsilon > 0$ esiste un intorno $I(3)$, che dipende da ε, tale che per ogni $x \in I(3)$, con $x \neq 3$,

$$|f(x) - 6| < \varepsilon.$$

Possiamo osservare questa proprietà anche nel grafico della funzione.

Disegniamo il grafico di $f(x) = \frac{2x^2 - 6x}{x - 3}$, che è uguale a quello di $y = 2x$ per $x \neq 3$, e consideriamo degli intorni di 3 assegnando a ε alcuni valori sempre più piccoli.

Animazione

Per studiare

$\lim_{x \to 1}\left(\frac{1}{2}x^2 + \frac{1}{3}\right) = \frac{5}{6}$

in modo dinamico:

- scegliamo $\varepsilon > 0$;
- individuiamo l'intorno I di 1;
- facciamo scegliere a caso al computer $x \in I$;
- verifichiamo che $\left|\left(\frac{1}{2}x^2 + \frac{1}{3}\right) - \frac{5}{6}\right| < \varepsilon$.

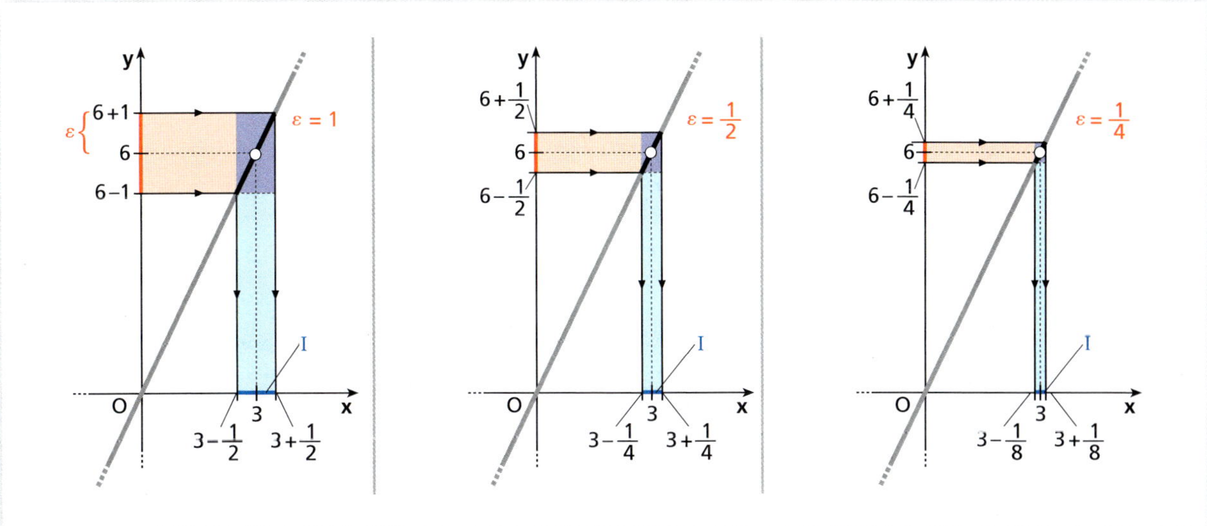

Osserviamo che i valori di $f(x)$ si trovano sempre più *vicini* a 6.
Diciamo allora che «per x che tende a 3, $f(x)$ ha *limite* 6» e scriviamo:

$$\lim_{x \to 3} f(x) = 6.$$

Come abbiamo visto, non è necessario che il punto $x_0 = 3$ appartenga al dominio D della funzione, ma poiché dobbiamo considerare le immagini di punti sempre più vicini a x_0, occorre che la funzione sia definita in questi punti. Ciò significa che x_0 deve essere un *punto di accumulazione* per D.

Diamo ora la seguente definizione generale.

DEFINIZIONE

Limite finito per x che tende a x_0

La funzione $f(x)$ ha per limite il numero reale l, per x che tende a x_0, quando, comunque si scelga un numero reale positivo ε, si può determinare un intorno completo I di x_0 tale che

$$|f(x) - l| < \varepsilon$$

per ogni x appartenente a I, diverso (al più) da x_0.
Si scrive: $\lim_{x \to x_0} f(x) = l$.

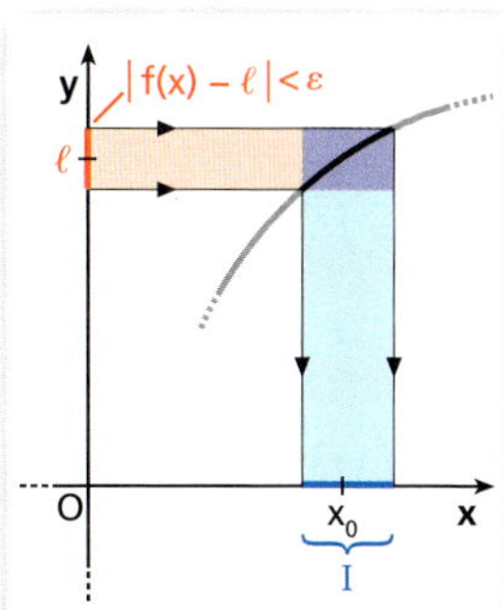

La validità della condizione $|f(x) - l| < \varepsilon$ presuppone che $f(x)$ sia definita in tutti i punti dell'intorno $I(x_0)$ (escluso al più x_0). Il punto x_0 è di accumulazione per il dominio della funzione. Non interessa il valore che la funzione $f(x)$ assume eventualmente in x_0.

In simboli la definizione si può formulare così:

$$\lim_{x \to x_0} f(x) = l \quad \text{se} \quad \forall \varepsilon > 0\ \exists\, I(x_0): |f(x) - l| < \varepsilon, \forall x \in I(x_0), x \neq x_0.$$

per ogni (∀) — esiste (∃) — tale che (:)

▶ Scrivi in forma simbolica il significato di $\lim_{x \to 0} f(x) = 5$.

Nella definizione appena data, considerando ε, pensiamo a valori *che diventano sempre più piccoli*. Diciamo che ε è preso «piccolo a piacere».

Inoltre, se esplicitiamo il valore assoluto nell'espressione $|f(x) - l| < \varepsilon$, otteniamo

$$-\varepsilon < f(x) - l < \varepsilon \quad \rightarrow \quad l - \varepsilon < f(x) < l + \varepsilon,$$

ossia $f(x)$ *appartiene all'intorno* $]l - \varepsilon; l + \varepsilon[$.

Interpretazione geometrica

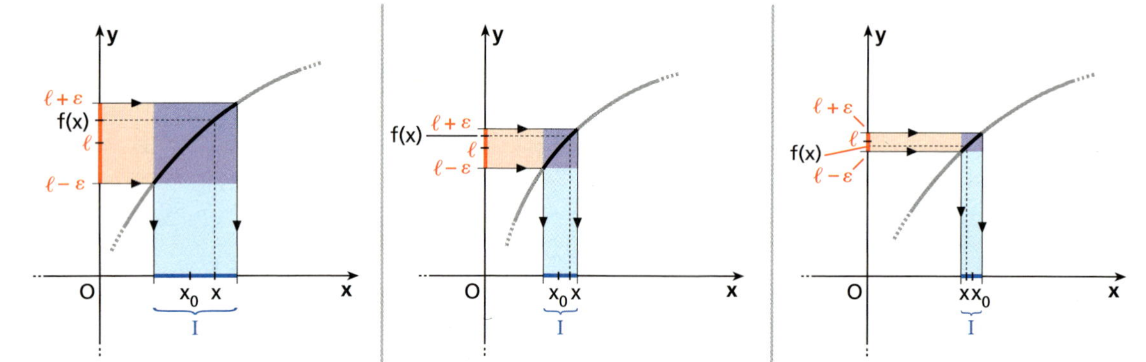

a. Fissiamo $\varepsilon > 0$. Individuiamo un intorno I di x_0 tale che $f(x) \in]\ell - \varepsilon; \ell + \varepsilon[$ per ogni $x \in I$.

b. Se riduciamo ε, troviamo un intorno di x_0 più piccolo.

c. Più piccolo scegliamo ε, più piccolo diventa, in genere, l'intorno I.

In sintesi

In simboli	A parole	Geometricamente
$\forall \varepsilon > 0 \ldots$	Per ogni ε positivo ...	Per ogni fissata distanza ε da l presa piccola a piacere ...
$\ldots \exists I(x_0)$ tale che $\forall x \in I(x_0), x \neq x_0 \ldots$	... troviamo sempre un intorno di x_0 tale che per ogni x dell'intorno diverso (al più) da x_0 ...	... troviamo infiniti punti x *vicini* a x_0 per i quali si verifica che ...
$\ldots |f(x) - l| < \varepsilon$	... $f(x)$ appartiene all'intorno di l di raggio ε.	... $f(x)$ è vicino a l, a distanza minore di ε.

Verifica del limite

La definizione data non permette di calcolare il valore del limite l, ma solo di *verificare* se l è il limite della funzione o no.

ESEMPIO

Verifichiamo che $\lim_{x \to 2} (2x - 1) = 3$.

Dobbiamo provare che, scelto $\varepsilon > 0$, esiste un intorno completo di 2 per ogni x del quale (escluso al più 2) si ha $|\underbrace{(2x - 1)}_{f(x)} - \underbrace{3}_{\ell}| < \varepsilon$, ossia:

$$|2x - 4| < \varepsilon$$ esplicitiamo il valore assoluto

Video

Limite finito di una funzione in un punto
Come possiamo verificare che una funzione ha un limite finito in un punto? Lo spieghiamo con un esempio:
$\lim_{x \to 2} \frac{x^2 - 3x + 2}{x - 2} = 1$.

$-\varepsilon < 2x - 4 < \varepsilon$) aggiungiamo 4 ai tre membri

$4 - \varepsilon < 2x < 4 + \varepsilon$) dividiamo ciascun membro per 2

$2 - \frac{\varepsilon}{2} < x < 2 + \frac{\varepsilon}{2}$.

L'insieme delle soluzioni della disequazione è quindi:

$\left]2 - \frac{\varepsilon}{2}; 2 + \frac{\varepsilon}{2}\right[$.

Abbiamo trovato un intorno circolare di 2 di raggio $\frac{\varepsilon}{2}$ per cui è vera la condizione iniziale, quindi il limite è verificato.

Animazione

Nell'animazione risolviamo l'esercizio che segue e proponiamo anche la verifica grafica, mediante una figura dinamica.

▶ Verifica che $\lim_{x \to 4}\left(\frac{x}{2} + 3\right) = 5$.

Funzioni continue

▶ Esercizi a p. 1385

Abbiamo visto che una funzione può ammettere limite l in un punto x_0, anche se in x_0 non è definita. Quando invece x_0 appartiene al dominio di f, possiamo considerare la sua immagine $f(x_0)$. Se essa coincide con il limite di $f(x)$ per x che tende a x_0, allora si dice che f è **continua in x_0**.

DEFINIZIONE

Siano $f(x)$ una funzione definita in un intervallo $[a; b]$ e x_0 un punto interno all'intervallo. La funzione $f(x)$ è **continua nel punto x_0** quando esiste il limite di $f(x)$ per $x \to x_0$ e tale limite è uguale al valore $f(x_0)$ della funzione calcolata in x_0:

$$\lim_{x \to x_0} f(x) = f(x_0).$$

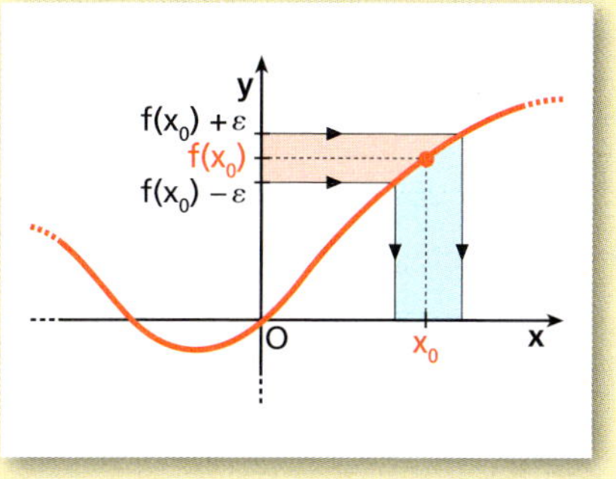

Listen to it

A function f is **continuous** at the point x_0 of its domain if f is defined in x_0 and its limit as x approaches x_0 exists and is equal to $f(x_0)$.

Diciamo poi che f è **continua nel suo dominio D** quando risulta continua in ogni punto di D.
Sono funzioni continue nel loro dominio quelle il cui grafico è una curva senza interruzioni; è il caso, per esempio, di una retta o di una parabola.

Se una funzione è continua in un punto, il calcolo del limite in quel punto risulta semplice, perché basta calcolare il valore della funzione in quel punto. Per esempio, sapendo che la funzione $f(x) = 2x$ è continua nel punto 7, risulta $\lim_{x \to 7} 2x = 2 \cdot 7 = 14$.

Elenchiamo le funzioni continue in $\mathbb{R}$ (o in intervalli di $\mathbb{R}$) più utilizzate.

Funzione costante

La funzione $f(x) = k$ è continua in tutto $\mathbb{R}$. Infatti, in ogni punto x_0 di $\mathbb{R}$ si ha $\lim_{x \to x_0} k = k$.

Funzione polinomiale

La funzione $f(x) = 3x^2 - 2x + 5$, espressa mediante un polinomio, è continua in $\mathbb{R}$.

Per esempio, per $x = -1$: $\lim_{x \to -1} (3x^2 - 2x + 5) = 3(-1)^2 - 2(-1) + 5 = 10$.

In generale, è continua in tutto $\mathbb{R}$ ogni **funzione polinomiale**:

$$f(x) = a_0 x^n + a_1 x^{n-1} + \ldots + a_{n-1} x + a_n.$$

In particolare, sono continue in $\mathbb{R}$ le funzioni che sono potenze di x: $x, x^2, x^3, \ldots$

Funzione radice quadrata

La funzione, definita in $\mathbb{R}^+ \cup \{0\}$, $y = \sqrt{x}$ è continua per ogni x reale positivo o nullo. Per esempio, $\lim_{x \to 2} \sqrt{x} = \sqrt{2}$.

In generale, sono continue in $\mathbb{R}^+$ le funzioni potenza con esponente reale:

$$y = x^\alpha, \quad \text{con } x \in \mathbb{R}^+, \alpha \in \mathbb{R}.$$

Per esempio, $\lim_{x \to 2} x^{\frac{3}{4}} = 2^{\frac{3}{4}} = \sqrt[4]{2^3} = \sqrt[4]{8}$.

Funzioni goniometriche

Sono continue in $\mathbb{R}$ le funzioni $\sin x$ e $\cos x$.

Per esempio, $\lim_{x \to \pi} \sin x = \sin \pi = 0$ e $\lim_{x \to 0} \cos x = \cos 0 = 1$.

È continua anche la funzione tangente in $\mathbb{R} - \left\{\frac{\pi}{2} + k\pi,\ k \in \mathbb{Z}\right\}$. Per esempio, $\lim_{x \to \frac{\pi}{3}} \tan x = \tan \frac{\pi}{3} = \sqrt{3}$.

La funzione cotangente è continua in $\mathbb{R} - \{k\pi, k \in \mathbb{Z}\}$.

Per esempio, $\lim_{x \to \frac{\pi}{4}} \cot x = \cot \frac{\pi}{4} = 1$.

Infine, si può dimostrare che le funzioni secante, cosecante, arcoseno, arcocoseno, arcotangente, arcocotangente sono continue nel loro dominio.

Funzione esponenziale

La funzione esponenziale, definita in $\mathbb{R}$, $y = a^x$, con $a > 0$, è continua in $\mathbb{R}$. Per esempio, $\lim_{x \to 2} 3^x = 3^2 = 9$.

Funzione logaritmica

La funzione logaritmica, definita in $\mathbb{R}^+$, $y = \log_a x$, con $a > 0$, $a \neq 1$, è continua in $\mathbb{R}^+$. Per esempio, $\lim_{x \to 9} \log_3 x = \log_3 9 = 2$.

Limite per eccesso e limite per difetto

▶ Esercizi a p. 1386

Limite per eccesso

Diciamo che $f(x)$ **tende a l per eccesso** e scriviamo

$$\lim_{x \to x_0} f(x) = l^+$$

se $f(x)$ è una funzione con limite finito l per x che tende a x_0 e assume sempre valori maggiori di l in un intorno di x_0, con al più $x \neq x_0$.

Pertanto, la definizione di limite per eccesso si ottiene da quella più generale di limite, che abbiamo già visto, aggiungendo la condizione $f(x) > l$ in un intorno di x_0. Poiché

$$|f(x) - l| < \varepsilon \ \wedge \ f(x) > l \ \rightarrow \ 0 < f(x) - l < \varepsilon,$$

per verificare che $\lim_{x \to x_0} f(x) = l^+$, basta provare che per ogni $\varepsilon > 0$ esiste un intorno I di x_0 tale che per ogni $x \in I$, con al più $x \neq x_0$, si ha $0 < f(x) - l < \varepsilon$, ossia $l < f(x) < l + \varepsilon$.

ESEMPIO

Verifichiamo che $\lim_{x \to 0}(4x^2 - 3) = -3^+$.

Fissiamo $\varepsilon > 0$ e risolviamo la disequazione:

$$0 < (4x^2 - 3) - (-3) < \varepsilon, \qquad \text{ossia} \qquad 0 < 4x^2 < \varepsilon.$$

La prima disuguaglianza è sempre vera perché x^2 è sempre positivo, per ogni x diverso da 0; dalla seconda disuguaglianza invece otteniamo:

$$x^2 < \frac{\varepsilon}{4} \ \rightarrow \ -\frac{\sqrt{\varepsilon}}{2} < x < \frac{\sqrt{\varepsilon}}{2}.$$

Quindi è verificata la condizione $-3 < f(x) < -3 + \varepsilon$, per ogni x, diverso da 0, appartenente all'intorno $\left]-\frac{\sqrt{\varepsilon}}{2}; \frac{\sqrt{\varepsilon}}{2}\right[$ del punto 0.

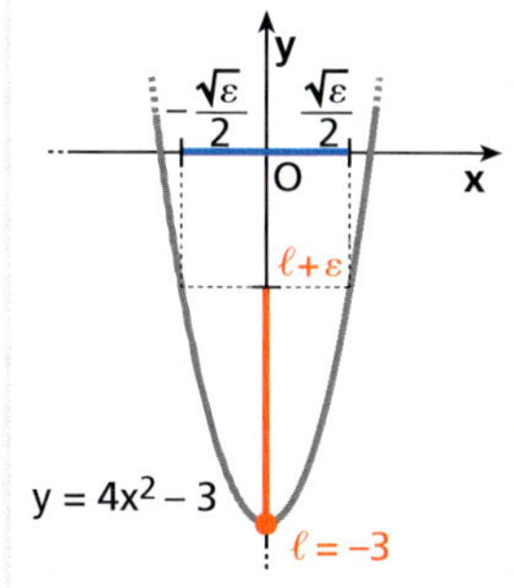

► Verifica che $\lim_{x \to 0}(x^2 - 2) = -2^+$.

Limite per difetto

Diciamo che $f(x)$ **tende a l per difetto** e scriviamo

$$\lim_{x \to x_0} f(x) = l^-$$

se $f(x)$ è una funzione con limite finito l per x che tende a x_0 e assume sempre valori minori di l in un intorno di x_0, con al più $x \neq x_0$.

La definizione di limite per difetto si ottiene, quindi, aggiungendo alla definizione generale di limite la condizione $f(x) < l$ in un intorno di x_0, ossia ponendo:

$$-\varepsilon < f(x) - l < 0.$$

Allora, per verificare che $\lim_{x \to x_0} f(x) = l^-$, basta provare che per ogni $\varepsilon > 0$ esiste un intorno I di x_0 tale che per ogni $x \in I$, con al più $x \neq x_0$, si ha $-\varepsilon < f(x) - l < 0$, ossia $l - \varepsilon < f(x) < l$.

► Verifica che $\lim_{x \to 2}(4x - x^2) = 4^-$.

Limite destro e limite sinistro

► Esercizi a p. 1386

Limite destro

Il limite destro di una funzione viene indicato con il simbolo:

$$\lim_{x \to x_0^+} f(x) = l.$$

$x \to x_0^+$ si legge «x tende a x_0 da destra». Significa che x si avvicina a x_0 restando però sempre maggiore di x_0.

La definizione del limite destro è analoga a quella già data di limite, con la sola differenza che la disuguaglianza $|f(x) - l| < \varepsilon$ deve essere verificata per ogni x appartenente a un intorno *destro* di x_0, ossia a un intorno del tipo $]x_0; x_0 + \delta[$.

Limite sinistro

Il limite sinistro di una funzione viene indicato con il simbolo:

$$\lim_{x \to x_0^-} f(x) = l.$$

$x \to x_0^-$ si legge «x tende a x_0 da sinistra». Significa che x si avvicina a x_0 restando però sempre minore di x_0.
Anche per il limite sinistro valgono le stesse considerazioni fatte per il limite destro, con la sola differenza che $|f(x) - l| < \varepsilon$ deve essere verificata per ogni x appartenente a un intorno *sinistro* di x_0, ossia un intorno del tipo $]x_0 - \delta; x_0[$.

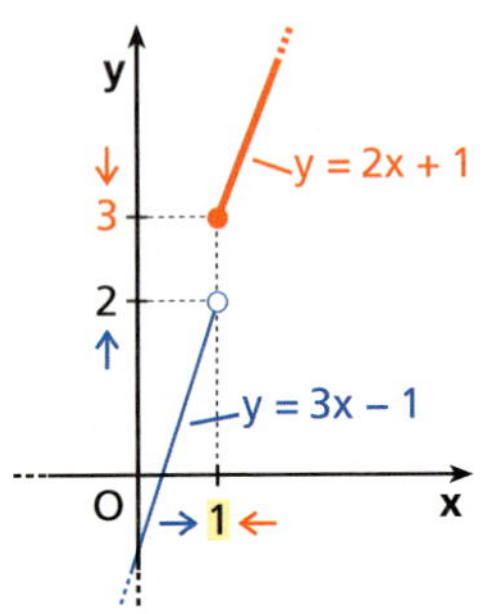

ESEMPIO

Consideriamo la funzione il cui grafico è illustrato nella figura.

$$f(x) = \begin{cases} 3x - 1 & \text{se } x < 1 \\ 2x + 1 & \text{se } x \geq 1 \end{cases}$$

Verifichiamo che $\lim_{x \to 1^+} f(x) = 3$, mentre $\lim_{x \to 1^-} f(x) = 2$.

Limite destro

Fissiamo $\varepsilon > 0$ e verifichiamo che esiste un intorno *destro* di 1 tale che $|f(x) - 3| < \varepsilon$ per ogni x di tale intorno.

Poiché dobbiamo considerare valori di x maggiori di 1, sostituiamo a $f(x)$ la sua espressione nell'intervallo $x \geq 1$ e risolviamo la disequazione:

$$|(2x+1) - 3| < \varepsilon \;\rightarrow$$

$$|2x - 2| < \varepsilon \;\rightarrow\; -\varepsilon < 2x - 2 < \varepsilon \;\rightarrow$$

$$1 - \frac{\varepsilon}{2} < x < 1 + \frac{\varepsilon}{2}.$$

Considerando $x > 1$, la soluzione diventa $1 < x < 1 + \frac{\varepsilon}{2}$, cioè la disuguaglianza iniziale è verificata per x nell'intorno destro $\left]1; 1 + \frac{\varepsilon}{2}\right[$ del punto 1.

Limite sinistro

Fissiamo $\varepsilon > 0$ e verifichiamo che esiste un intorno *sinistro* di 1 tale che $|f(x) - 2| < \varepsilon$, per ogni x di quell'intorno.

Poiché consideriamo valori di x minori di 1, sostituiamo a $f(x)$ la sua espressione per $x < 1$ e risolviamo la seguente disequazione.

$$|(3x - 1) - 2| < \varepsilon \;\rightarrow$$

$$|3x - 3| < \varepsilon \;\rightarrow\; -\varepsilon < 3x - 3 < \varepsilon \;\rightarrow$$

$$1 - \frac{\varepsilon}{3} < x < 1 + \frac{\varepsilon}{3}$$

Considerando $x < 1$, abbiamo

$$1 - \frac{\varepsilon}{3} < x < 1,$$

ossia la disuguaglianza iniziale è verificata per x nell'intorno sinistro $\left]1 - \frac{\varepsilon}{3}; 1\right[$ del punto 1.

▶ Rappresenta la funzione

$$f(x) = \begin{cases} 2x & \text{se } x \geq 2 \\ 6 - x & \text{se } x < 2 \end{cases}$$

e verifica che

$\lim_{x \to 2^+} f(x) = \lim_{x \to 2^-} f(x) = 4$.

TEORIA

Osserviamo che il $\lim_{x \to x_0} f(x) = l$ esiste se e solo se esistono entrambi i limiti destro e sinistro e coincidono:

$$\lim_{x \to x_0} f(x) = l \quad \leftrightarrow \quad \lim_{x \to x_0^+} f(x) = l \ \wedge \ \lim_{x \to x_0^-} f(x) = l.$$

Infatti, fissato $\varepsilon > 0$, la disuguaglianza $|f(x) - l| < \varepsilon$ è verificata in un intorno completo I di x_0, con al più $x \neq x_0$, se e solo se è verificata sia in un intorno destro di x_0 sia in un intorno sinistro di x_0.

I limiti per eccesso e per difetto sono definiti anche per $x \to x_0^+$ oppure $x \to x_0^-$. In questi casi si considerano rispettivamente solo intorni destri o sinistri di x_0.

Listen to it

A **one-sided limit** is either of the two limits of $f(x)$ as x approaches a point x_0 from below (from the **left**) or from above (from the **right**). If the two one-sided limits exist and are equal at a point x_0, then the limit of $f(x)$ at x_0 exists.

3 $\lim_{x \to x_0} f(x) = \infty$

Definizioni e significato

▶ Esercizi a p. 1388

Il limite è $+\infty$

Se per valori di x che si avvicinano a un certo x_0 i valori di una funzione crescono sempre più, diciamo che per x che tende a x_0 la funzione tende a $+\infty$.

DEFINIZIONE

Limite $+\infty$ per x che tende a x_0

Sia $f(x)$ una funzione definita in un intervallo $[a; b]$ e non definita in x_0 interno ad $[a; b]$. $f(x)$ tende a $+\infty$ per x che tende a x_0 quando per ogni numero reale positivo M si può determinare un intorno completo I di x_0 tale che

$$f(x) > M$$

per ogni x appartenente a I e diverso da x_0.

Si scrive: $\lim_{x \to x_0} f(x) = +\infty$.

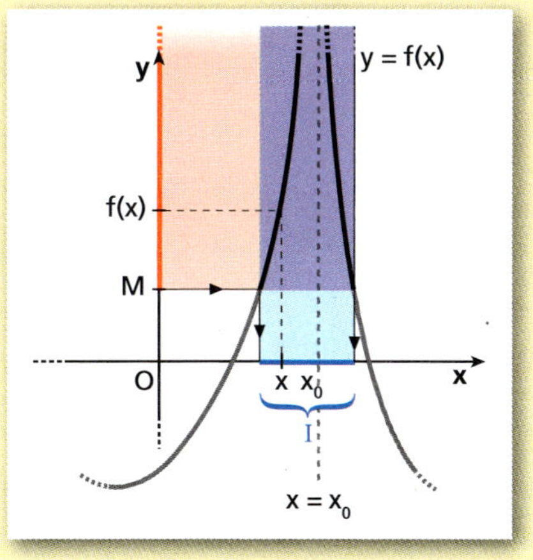

Animazione

Per studiare

$$\lim_{x \to 2} \frac{1}{|x-2|} = +\infty$$

in modo dinamico:

- scegliamo $M > 0$;
- individuiamo l'intorno I di 2;
- facciamo scegliere a caso al computer $x \in I$;
- verifichiamo che

$$\frac{1}{|x-2|} > M.$$

Sinteticamente possiamo dire che:

$$\lim_{x \to x_0} f(x) = +\infty \quad \text{se} \quad \forall M > 0 \ \exists I(x_0): \ f(x) > M, \forall x \in I(x_0), x \neq x_0.$$

Quando diciamo «per ogni numero reale positivo M», pensiamo a valori di M che diventano *sempre più grandi*. Diremo allora che M è preso *grande a piacere*.

Se $\lim_{x \to x_0} f(x) = +\infty$, si dice anche che **la funzione f diverge positivamente**.

▶ Rappresenta graficamente una funzione $y = f(x)$ per la quale $\lim_{x \to 3} f(x) = +\infty$.

Interpretazione geometrica

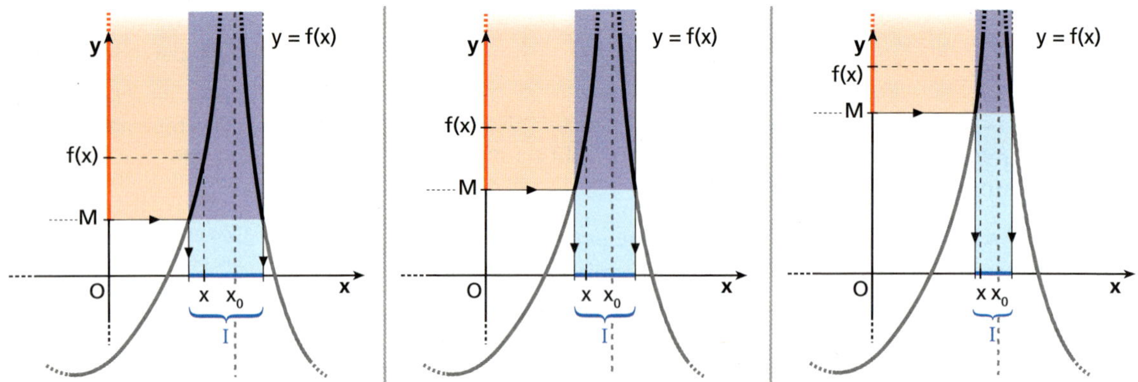

a. Fissiamo $M \in \mathbb{R}^+$. Individuiamo un intorno I di x_0 tale che $f(x) > M$ $\forall x \in I - \{x_0\}$.

b. Se prendiamo M più grande, I esiste ancora e risulta, in genere, più piccolo.

c. Scegliamo un valore di M ancora più grande. Se I è abbastanza piccolo, ossia se x è abbastanza vicino a x_0, allora $f(x)$ supera M.

In sintesi

In simboli	A parole	Geometricamente
$\forall M > 0 \ldots$	Per ogni M positivo …	Per ogni ordinata fissata M presa grande a piacere …
$\ldots \exists I(x_0)$ tale che $\forall x \in I(x_0), x \neq x_0 \ldots$	… troviamo sempre un intorno di x_0 tale che per ogni x dell'intorno diverso da x_0 …	… troviamo infiniti punti x *vicini* a x_0 per i quali si verifica che …
$\ldots f(x) > M.$	… $f(x)$ supera il valore M.	… $f(x)$ è maggiore di M: si *avvicina* a $+\infty$.

Verifica del limite

ESEMPIO

Verifichiamo che $\lim_{x \to 1} \frac{1}{(x-1)^2} = +\infty$.

Fissato ad arbitrio un M reale positivo, risolviamo la disequazione:

$$\frac{1}{(x-1)^2} > M$$

passiamo ai reciproci e cambiamo il verso della disuguaglianza

$$(x-1)^2 < \frac{1}{M}$$

applichiamo la radice quadrata a entrambi i membri, ricordando che $\sqrt{x^2} = |x|$

$$|x-1| < \frac{1}{\sqrt{M}}$$

esplicitiamo il valore assoluto

$$1 - \frac{1}{\sqrt{M}} < x < 1 + \frac{1}{\sqrt{M}}.$$

Video

Limite di una funzione in un punto
Qual è il limite di una funzione per x che tende a x_0? Vediamo come possiamo verificarlo aiutandoci con i grafici di alcune funzioni.

Tenendo conto del dominio, otteniamo come insieme delle soluzioni della disequazione l'intorno di 1 dato da

$$\left]1 - \frac{1}{\sqrt{M}}; 1 + \frac{1}{\sqrt{M}}\right[, \text{ privato del punto 1.}$$

Fissato un generico M, esiste quindi un intorno di 1 in cui i punti verificano la condizione $f(x) > M$, con $x \neq 1$. L'intorno ha il raggio che dipende da M: più M è grande, più il raggio è piccolo.

▶ Verifica che $\lim_{x \to 0} \frac{3}{x^2} = +\infty$.

Il limite è $-\infty$

Ci sono anche funzioni che decrescono sempre di più in prossimità di un certo punto x_0, ossia che tendono a $-\infty$ per x che tende a x_0. In questo caso diciamo che la funzione ha limite $-\infty$ per x che tende a x_0. In generale vale la seguente definizione.

DEFINIZIONE

Limite $-\infty$ per x che tende a x_0

Sia $f(x)$ una funzione definita in un intervallo $[a; b]$ e non definita in x_0 interno ad $[a; b]$. $f(x)$ tende a $-\infty$ per x che tende a x_0 quando per ogni numero reale positivo M si può determinare un intorno completo I di x_0 tale che

$$f(x) < -M$$

per ogni x di I e diverso da x_0.

Si scrive: $\lim_{x \to x_0} f(x) = -\infty$.

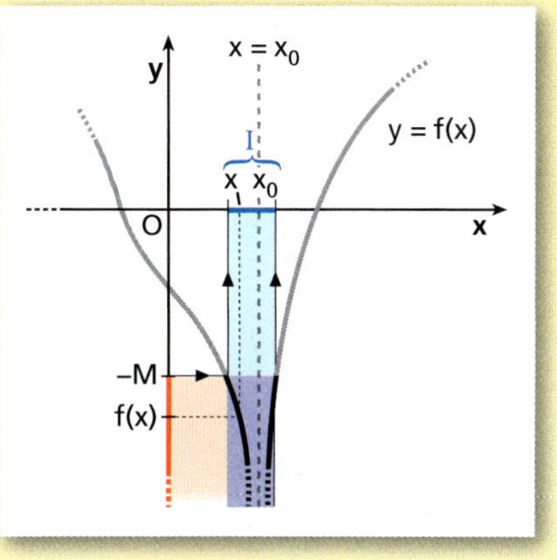

In simboli:

$$\lim_{x \to x_0} f(x) = -\infty \quad \text{se} \quad \forall M > 0\ \exists I(x_0):\ f(x) < -M,\ \forall x \in I(x_0),\ x \neq x_0.$$

Se $\lim_{x \to x_0} f(x) = -\infty$, si dice anche che **la funzione f diverge negativamente**.

Interpretazione geometrica

L'interpretazione della definizione è analoga a quella data per funzioni che divergono positivamente.

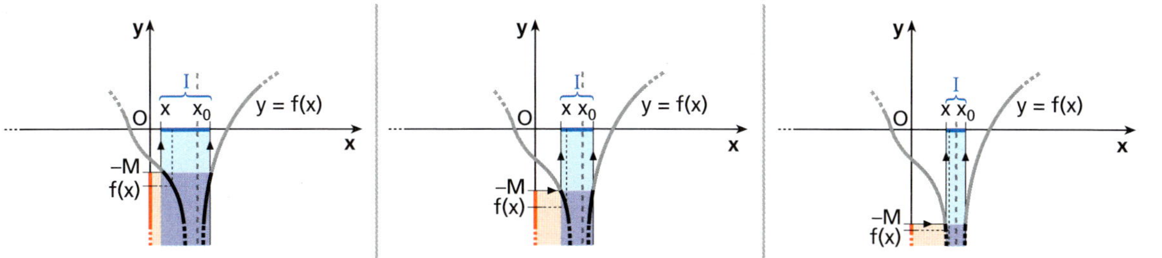

a. Fissiamo $M \in \mathbb{R}^+$. Individuiamo un intorno I di x_0 tale che $f(x) < -M\ \forall x \in I - \{x_0\}$.

b. Se prendiamo M più grande, ossia $-M$ minore, I esiste ancora e risulta, in genere, più piccolo.

c. Scegliamo un valore di M ancora più grande ($-M$ ancora minore). Se I è abbastanza piccolo, ossia se x è abbastanza vicino a x_0, allora $f(x)$ è minore di $-M$.

TEORIA

Animazione

Nell'animazione verifichiamo, sia mediante la definizione, sia con una figura dinamica, che:

$\lim_{x \to 0^+} \ln x = -\infty$.

Limiti destro e sinistro infiniti

Anche per i limiti infiniti si possono distinguere limiti destri e sinistri.

Se ...	scelto $M > 0$ la disequazione ...	è soddisfatta per $x \neq x_0$, in un ...
$\lim_{x \to x_0^+} f(x) = +\infty$	$f(x) > M$	intorno *destro* di x_0
$\lim_{x \to x_0^-} f(x) = +\infty$	$f(x) > M$	intorno *sinistro* di x_0
$\lim_{x \to x_0^+} f(x) = -\infty$	$f(x) < -M$	intorno *destro* di x_0
$\lim_{x \to x_0^-} f(x) = -\infty$	$f(x) < -M$	intorno *sinistro* di x_0

ESEMPIO

Verifichiamo che per la funzione $y = \frac{1}{x}$ è

$$\lim_{x \to 0^+} \frac{1}{x} = +\infty \text{ e } \lim_{x \to 0^-} \frac{1}{x} = -\infty.$$

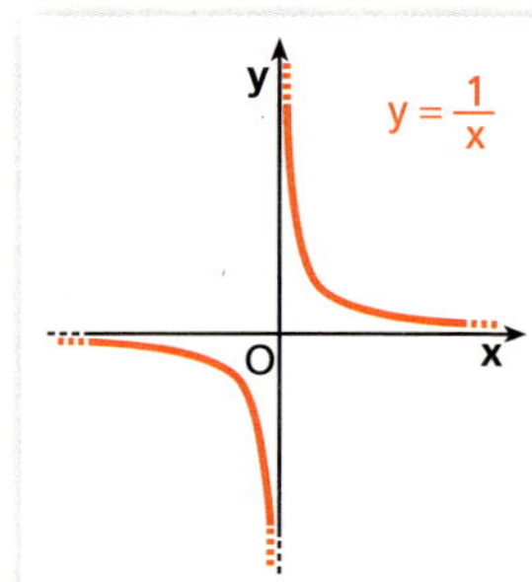

Limite destro

Fissiamo $M > 0$. Risolviamo, con $x \neq 0$:

$$\frac{1}{x} > M \quad \to \quad \frac{1}{x} - M > 0 \quad \to \quad \frac{1 - Mx}{x} > 0.$$

La disequazione ha come soluzione l'intervallo $\left]0; \frac{1}{M}\right[$, che è un intorno destro di 0 (figura **a**, a lato).

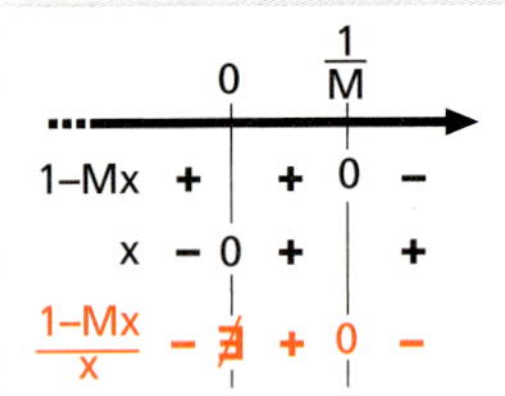

a

Limite sinistro

Fissiamo $M > 0$. Risolviamo, con $x \neq 0$:

$$\frac{1}{x} < -M \quad \to \quad \frac{1}{x} + M < 0 \quad \to \quad \frac{1 + Mx}{x} < 0.$$

La disequazione ha come soluzione l'intervallo $\left]-\frac{1}{M}; 0\right[$, che è un intorno sinistro di 0 (figura **b**, a lato).

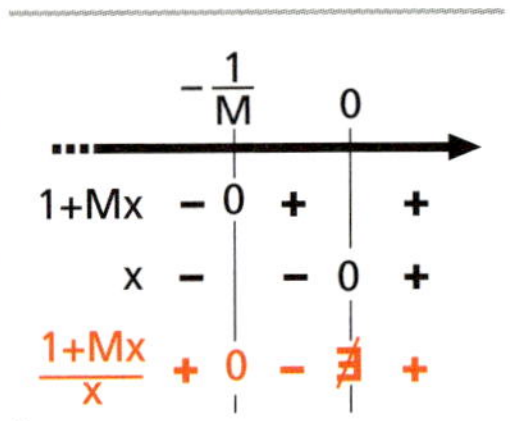

b

Limiti destro e sinistro infiniti con segno opposto

Nell'esempio precedente, per la funzione esaminata nel punto 0, i limiti sinistro e destro valgono $-\infty$ e $+\infty$, quindi *non esiste* il limite per $x \to 0$. Tuttavia, in generale, è utile descrivere questa particolare situazione con la scrittura $\lim_{x \to x_0} f(x) = \infty$, che significa appunto che in x_0 i limiti destro e sinistro sono entrambi infiniti, ma di segno opposto.

Se $\lim_{x \to x_0} f(x) = \infty$, allora per ogni $M > 0$ è possibile trovare un intorno I di x_0 tale che $|f(x)| > M$, per ogni $x \in I$ nel dominio di $f(x)$, con $x \neq x_0$.

La disequazione $|f(x)| > M$ si può scrivere in modo equivalente come

$$f(x) > M \quad \vee \quad f(x) < -M,$$

e quindi le sue soluzioni sono l'unione delle soluzioni delle singole disequazioni.

ESEMPIO

Se consideriamo ancora la funzione $y = \frac{1}{x}$ dell'esempio precedente:

$$\lim_{x \to 0^+} \frac{1}{x} = +\infty, \lim_{x \to 0^-} \frac{1}{x} = -\infty \to \lim_{x \to 0} \frac{1}{x} = \infty.$$

Le soluzioni di $\left|\frac{1}{x}\right| > M$ sono:

$$-\frac{1}{M} < x < \frac{1}{M}, \quad \text{con } x \neq 0,$$

quindi nell'intorno circolare di centro 0 e raggio $\frac{1}{M}$, escluso 0, è vero che

$$\frac{1}{x} < -M \vee \frac{1}{x} > M.$$

▶ Verifica che $\lim_{x \to 0} \frac{8}{x^3} = \infty$.

Asintoti verticali

▶ Esercizi a p. 1391

DEFINIZIONE

Data la funzione $y = f(x)$, se si verifica che

$$\lim_{x \to c} f(x) = +\infty, -\infty \text{ oppure } \infty,$$

la retta $x = c$ è **asintoto verticale** per il grafico della funzione.

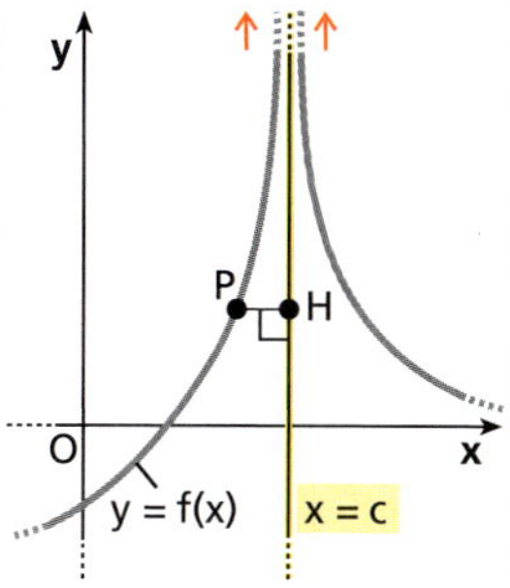

Asintoto verticale

- La definizione di asintoto verticale è ancora valida se consideriamo il limite destro $(x \to x_0^+)$ o il limite sinistro $(x \to x_0^-)$. In questo caso parleremo di asintoto verticale **destro** o **sinistro**, rispettivamente.
- La distanza di un generico punto del grafico di una funzione da un suo asintoto verticale, di equazione $x = c$, tende a 0 quando $x \to c$.
  Infatti, essendo $P(x; y)$ il generico punto del grafico, si ha:

$$\lim_{x \to c} \overline{PH} = \lim_{x \to c} |x - c| = 0.$$

Possiamo esprimere questa proprietà dicendo che per $x \to c$ il grafico della funzione si avvicina sempre più a quello della retta.

▶ Verifica che il grafico di $y = \frac{1}{1-x}$ ha un asintoto verticale di equazione $x = 1$.

Animazione

Nella figura che segue esaminiamo diversi casi di asintoti verticali.

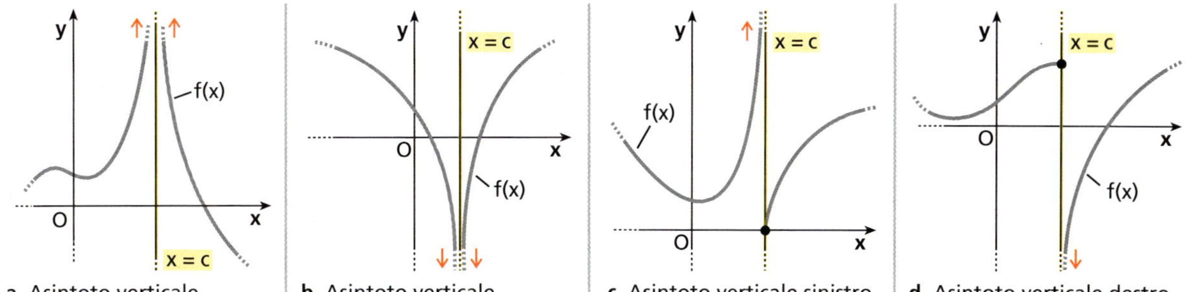

a. Asintoto verticale. $\lim_{x \to c} f(x) = +\infty$

b. Asintoto verticale. $\lim_{x \to c} f(x) = -\infty$

c. Asintoto verticale sinistro. $\lim_{x \to c^-} f(x) = +\infty$

d. Asintoto verticale destro. $\lim_{x \to c^+} f(x) = -\infty$

Il grafico di una funzione può avere più asintoti verticali, anche infiniti, come nel caso di $y = \tan x$.

4 $\lim\limits_{x \to \infty} f(x) = \ell$

Definizioni e significato

▶ Esercizi a p. 1392

x tende a $+\infty$

Dicendo «x tende a $+\infty$» intendiamo dire che consideriamo valori di x sempre più grandi e tali da superare qualsiasi numero reale positivo c fissato.

Animazione

Studiamo

$\lim\limits_{x \to +\infty} f(x) = \ell$

in modo dinamico, utilizzando la funzione

$f(x) = \frac{3}{2}\left(1 - e^{-x-\frac{1}{3}}\right)$.

DEFINIZIONE

Limite finito di una funzione per x che tende a $+\infty$

Una funzione $f(x)$, definita in un intervallo illimitato a destra, tende al numero reale l per x che tende a $+\infty$ quando, per ogni $\varepsilon > 0$ fissato, si può determinare un intorno I di $+\infty$ tale che

$$|f(x) - l| < \varepsilon \quad \text{per ogni } x \in I.$$

Si scrive: $\lim\limits_{x \to +\infty} f(x) = l$.

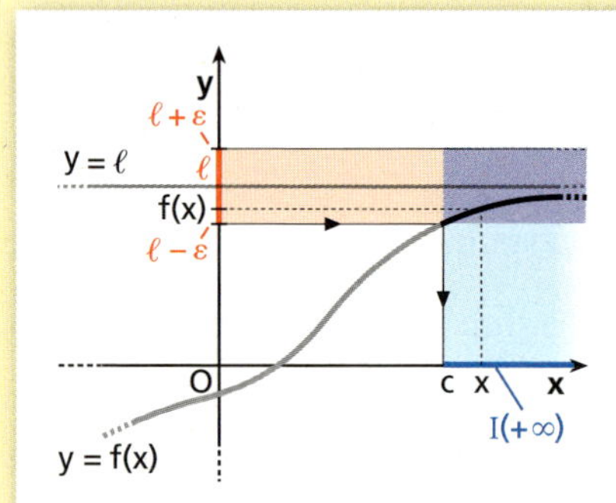

Considerato che un intorno di $+\infty$ è costituito da tutti gli x maggiori di un numero c, possiamo dire che

$$\lim_{x \to +\infty} f(x) = l \quad \text{se} \quad \forall \varepsilon > 0\ \exists c > 0: |f(x) - l| < \varepsilon, \forall x > c.$$

Interpretazione geometrica

Da un punto di vista geometrico verifichiamo che, al crescere dei valori di x, $f(x)$ si avvicina al valore l.

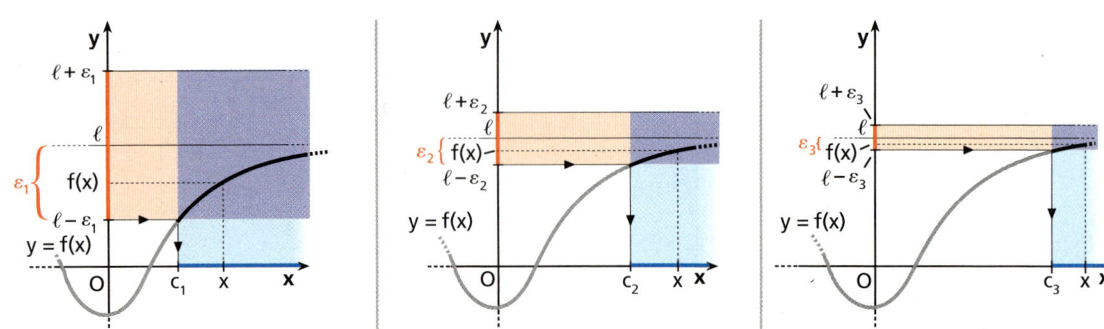

a. Fissiamo $\varepsilon > 0$. Individuiamo $c_1 > 0$ tale che $|f(x) - \ell| < \varepsilon$ per ogni $x > c_1$, ossia per ogni punto dell'intorno di $+\infty$: $]c_1; +\infty[$.

b. Se ε diventa più piccolo, la disuguaglianza $|f(x) - \ell| < \varepsilon$ è ancora vera, per valori di x più grandi di $c_2 > c_1$.

c. Scegliamo ε ancora più piccolo. In genere, perché $f(x)$ sia distante da ℓ meno di ε, dovremo prendere c_3 ancora più grande.

x tende a $-\infty$

Il caso in cui «x tende a $-\infty$» è analogo al precedente.

DEFINIZIONE

Limite finito di una funzione per x che tende a $-\infty$

Una funzione $f(x)$, definita in un intervallo illimitato a sinistra, ha limite reale l per x che tende a $-\infty$ se, per ogni $\varepsilon > 0$ fissato, è possibile trovare un intorno I di $-\infty$ tale che

$$|f(x) - l| < \varepsilon \text{ per ogni } x \in I.$$

Si scrive: $\lim_{x \to -\infty} f(x) = l$.

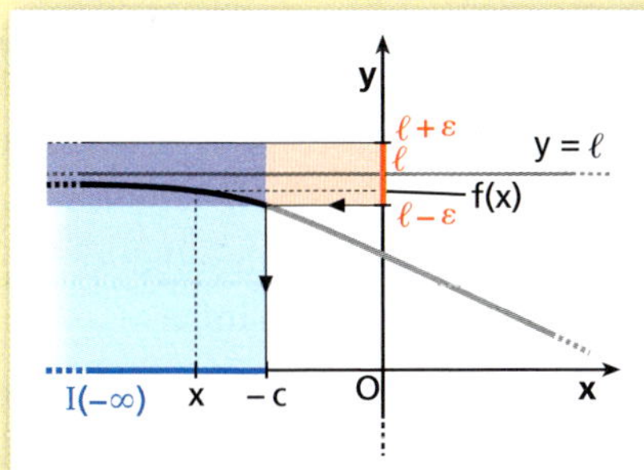

In simboli: $\lim_{x \to -\infty} f(x) = l$ **se** $\forall \varepsilon > 0\ \exists c > 0$: $|f(x) - l| < \varepsilon, \forall x < -c$.

▶ Verifica che $\lim_{x \to -\infty} \frac{2x-1}{x} = 2$.

Animazione

x tende a ∞

I due casi precedenti possono essere riassunti in uno solo se si considera un intorno di ∞ determinato dagli x per i quali

$$|x| > c, \text{ ossia } x < -c \vee x > c,$$

dove c è un numero reale positivo grande a piacere.
Diciamo allora che **x tende a ∞** omettendo il segno + o −:

$\lim_{x \to \infty} f(x) = l$ quando per ogni $\varepsilon > 0$ è possibile trovare un intorno I di ∞ tale che $|f(x) - l| < \varepsilon$ per ogni $x \in I$.

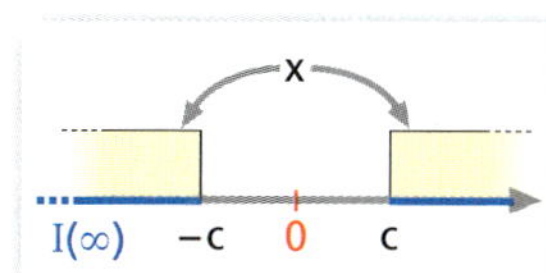

ESEMPIO

Consideriamo la funzione $y = \frac{4x+5}{x}$, definita in $D = \mathbb{R} - \{0\}$.

Verifichiamo che $\lim_{x \to \infty} \frac{4x+5}{x} = 4$. Fissato $\varepsilon > 0$, risolviamo la disequazione:

$$\left|\frac{4x+5}{x} - 4\right| < \varepsilon \;\rightarrow\; \left|\frac{5}{x}\right| < \varepsilon \;\rightarrow\; \left|\frac{x}{5}\right| > \frac{1}{\varepsilon} \;\rightarrow\; |x| > \frac{5}{\varepsilon} \;\rightarrow$$

$$x < -\frac{5}{\varepsilon} \vee x > \frac{5}{\varepsilon}.$$

intorno di ∞

Abbiamo trovato un intorno di ∞ per cui è vera la condizione iniziale, quindi il limite è verificato.

▶ Verifica che $\lim_{x \to \infty} \frac{1}{x^3 - 1} = 0$.

Limiti per eccesso e per difetto

Anche per $x \to -\infty$ o $x \to +\infty$ possiamo parlare di limite per eccesso e limite per difetto: vale ancora la definizione data in precedenza per $x \to x_0$, ma occorre considerare intorni rispettivamente di $-\infty$ e di $+\infty$ anziché intorni di x_0.

Asintoti orizzontali

▶ Esercizi a p. 1395

DEFINIZIONE

Data la funzione $y = f(x)$, se si verifica una delle condizioni

$$\lim_{x \to +\infty} f(x) = q \quad \text{o} \quad \lim_{x \to -\infty} f(x) = q \quad \text{o} \quad \lim_{x \to \infty} f(x) = q,$$

la retta $y = q$ è **asintoto orizzontale** per il grafico della funzione.

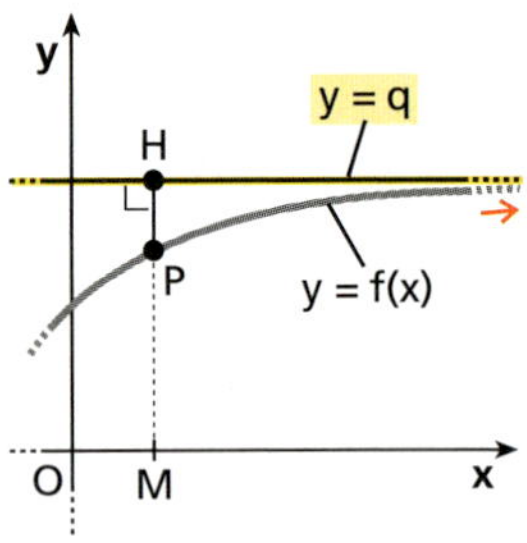

Asintoto orizzontale

- Se il limite esiste finito soltanto per $x \to +\infty$ (o $x \to -\infty$), abbiamo un asintoto orizzontale **destro** (o **sinistro**).
- La distanza di un generico punto $P(x; f(x))$ del grafico di una funzione da un suo asintoto orizzontale, di equazione $y = q$, tende a 0 quando x tende a $+\infty$:

$$\lim_{x \to +\infty} \overline{PH} = \lim_{x \to +\infty} |f(x) - q| = 0.$$

Considerazioni analoghe si hanno per $x \to -\infty$ o $x \to \infty$.

▶ Verifica che il grafico di $y = \frac{3x}{x+1}$ ha un asintoto orizzontale di equazione $y = 3$.

Animazione

Il grafico di una funzione $f(x)$ può ammettere un solo asintoto orizzontale, come nell'esempio precedente, ma anche due, quando i limiti della funzione per $x \to +\infty$ e per $x \to -\infty$ sono entrambi finiti, ma diversi fra loro, ossia:

$$\lim_{x \to +\infty} f(x) = q_1 \quad \text{e} \quad \lim_{x \to -\infty} f(x) = q_2, \quad \text{con } q_1 \neq q_2.$$

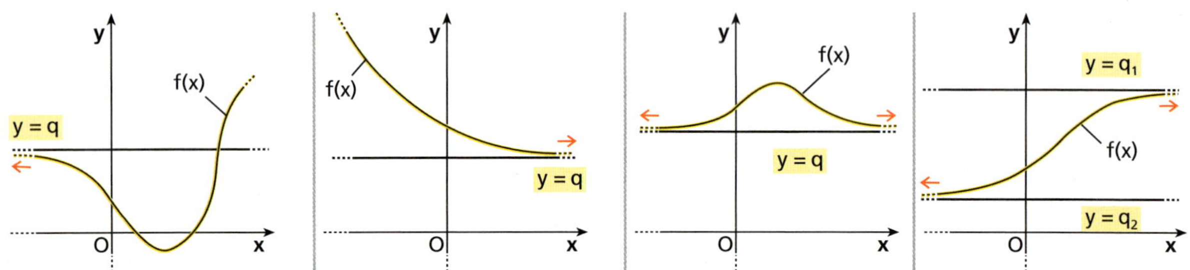

a. Asintoto orizzontale sinistro. $\lim_{x \to -\infty} f(x) = q$

b. Asintoto orizzontale destro. $\lim_{x \to +\infty} f(x) = q$

c. Asintoto orizzontale. $\lim_{x \to \infty} f(x) = q$

d. Due asintoti orizzontali. $\lim_{x \to -\infty} f(x) = q_2$ $\lim_{x \to +\infty} f(x) = q_1$

Rispetto all'asintoto orizzontale, il grafico della funzione può stare tutto «al di sopra» della retta o tutto «al di sotto», ma può anche intersecare l'asintoto stesso in un punto, due punti, ..., infiniti punti.

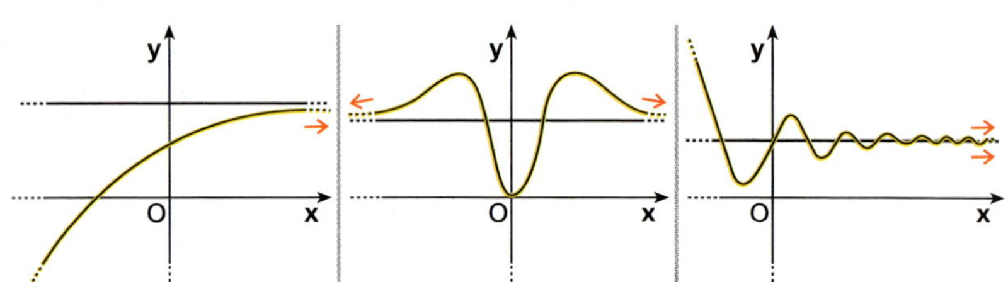

a. Il grafico non interseca l'asintoto.

b. Il grafico interseca l'asintoto in due punti.

c. Il grafico interseca l'asintoto in infiniti punti.

5 $\lim_{x\to\infty} f(x) = \infty$

▶ Esercizi a p. 1396

Il limite è $+\infty$ quando x tende a $+\infty$ o a $-\infty$

In questo caso si può anche dire che **la funzione diverge positivamente**.

Studiamo i due casi: $\lim_{x\to+\infty} f(x) = +\infty$ e $\lim_{x\to-\infty} f(x) = +\infty$.

Consideriamo la funzione $y = x^3$.
Se attribuiamo a x valori positivi crescenti, per esempio 1, 2, 3, 4, …, i corrispondenti valori x^3, ossia 1, 8, 27, 64, …, aumentano sempre più.
Diciamo che quando x tende a $+\infty$ i valori della funzione tendono a $+\infty$ e scriviamo $\lim_{x\to+\infty} x^3 = +\infty$.

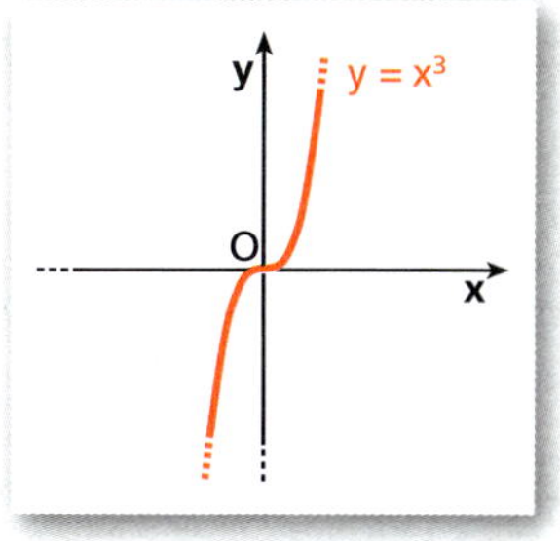

DEFINIZIONE

Limite $+\infty$ di una funzione per x che tende a $+\infty$

Una funzione $f(x)$, definita in un intervallo illimitato a destra, ha per limite $+\infty$ per x che tende a $+\infty$ quando per ogni numero reale positivo M si può determinare un intorno I di $+\infty$ tale che

$f(x) > M$ per ogni $x \in I$.

Si scrive: $\lim_{x\to+\infty} f(x) = +\infty$.

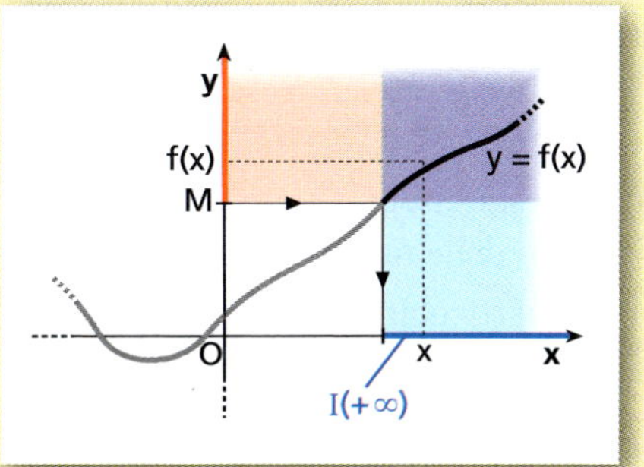

Animazione

Studiamo

$\lim_{x\to+\infty}\left(\frac{1}{12}x^2+1\right) = +\infty$

in modo dinamico.

In simboli:

$$\lim_{x\to+\infty} f(x) = +\infty \quad \text{se} \quad \forall M > 0\ \exists c > 0: f(x) > M, \forall x > c.$$

ESEMPIO

Verifichiamo che $\lim_{x\to+\infty} x^3 = +\infty$, applicando la definizione.

Scelto $M > 0$, dobbiamo determinare un intorno di $+\infty$ tale che risulti:

$x^3 > M$ per ogni x dell'intorno.

Applichiamo la radice cubica a entrambi i membri:

$x > \sqrt[3]{M}$.

L'insieme delle soluzioni è

$]\sqrt[3]{M}; +\infty[$,

che è l'intorno cercato.

▶ Verifica che $\lim_{x\to+\infty} (2+5x) = +\infty$.

Consideriamo ora la funzione $y = x^2$.
Se attribuiamo a x valori negativi decrescenti, per esempio −1, −2, −3, −4, …, i corrispondenti valori x^2, ossia 1, 4, 9, 16, …, aumentano sempre più. Diciamo che quando x tende a $-\infty$ i valori della funzione tendono a $+\infty$ e scriviamo $\lim_{x\to-\infty} x^2 = +\infty$.

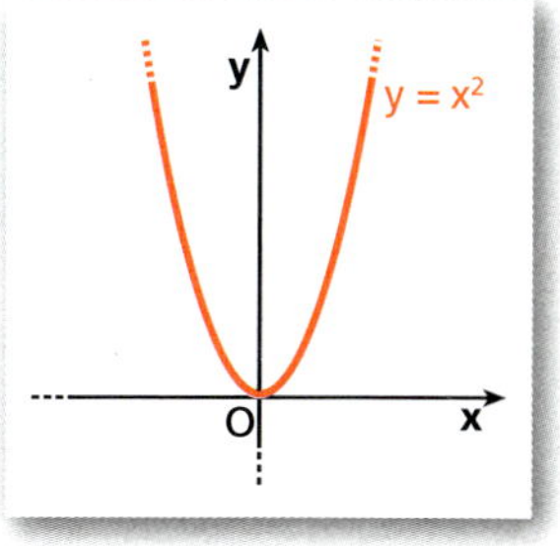

DEFINIZIONE

Limite $+\infty$ di una funzione per x che tende a $-\infty$

Una funzione $f(x)$, definita in un intervallo illimitato a sinistra, ha per limite $+\infty$ per x che tende a $-\infty$ quando per ogni numero reale positivo M si può determinare un intorno I di $-\infty$ tale che

$f(x) > M$ per ogni $x \in I$.

Si scrive: $\lim\limits_{x \to -\infty} f(x) = +\infty$.

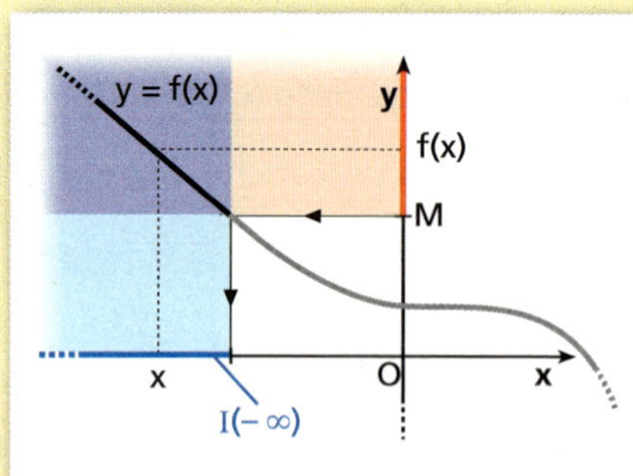

In simboli: $\lim\limits_{x \to -\infty} f(x) = +\infty$ **se** $\forall M > 0\ \exists c > 0$: $f(x) > M, \forall x < -c$.

Listen to it

If the limit of $f(x)$ at a point x_0 or at $\pm\infty$ is $+\infty$, we say that f **diverges** or **grows without bound**.

ESEMPIO

Verifichiamo il limite precedente, $\lim\limits_{x \to -\infty} x^2 = +\infty$, applicando la definizione.

Scelto $M > 0$, dobbiamo determinare un intorno di $-\infty$ tale che risulti:

$x^2 > M$ per ogni x dell'intorno.

Questa disequazione di secondo grado è verificata per valori esterni all'intervallo delle radici $x = \pm\sqrt{M}$, ossia ha per soluzioni $x < -\sqrt{M} \vee x > +\sqrt{M}$.
In particolare, se $x < -\sqrt{M}$, che rappresenta un intorno di $-\infty$, la disuguaglianza è vera, quindi il limite è verificato.

▶ Verifica che $\lim\limits_{x \to -\infty} (4 - 3x) = +\infty$.

Il limite è $-\infty$ quando x tende a $+\infty$ o a $-\infty$

In questo caso si può anche dire che **la funzione diverge negativamente**.

Studiamo i due casi: $\lim\limits_{x \to +\infty} f(x) = -\infty$ e $\lim\limits_{x \to -\infty} f(x) = -\infty$.

DEFINIZIONE

Limite $-\infty$ di una funzione per x che tende a $+\infty$

Una funzione $f(x)$ ha per limite $-\infty$ per x che tende a $+\infty$ quando per ogni numero reale positivo M si può determinare un intorno I di $+\infty$ tale che $f(x) < -M$ per ogni $x \in I$.

Si scrive: $\lim\limits_{x \to +\infty} f(x) = -\infty$.

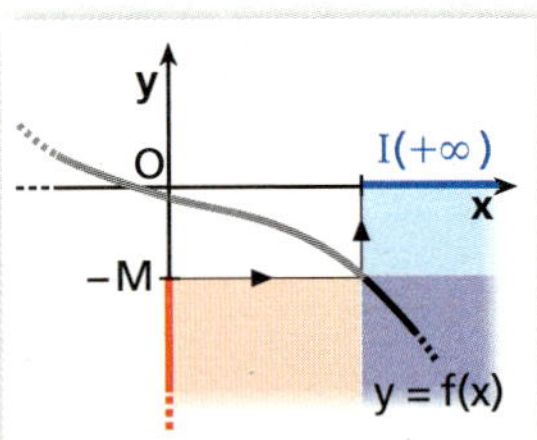

In simboli: $\lim\limits_{x \to +\infty} f(x) = -\infty$ **se** $\forall M > 0\ \exists c > 0$: $f(x) < -M, \forall x > c$.

ESEMPIO

Verifichiamo il limite $\lim\limits_{x \to +\infty} (-\sqrt{x-1}) = -\infty$, applicando la definizione.

La funzione è definita in $D = [1; +\infty[$. Scelto un numero $M > 0$, dobbiamo determinare un intorno di $+\infty$ tale che risulti:

$-\sqrt{x-1} < -M$ per ogni x dell'intorno.

Moltiplichiamo entrambi i membri per -1 ed eleviamoli al quadrato:

$\sqrt{x-1} > M \quad \to \quad x - 1 > M^2 \quad \to \quad x > 1 + M^2$.

Le soluzioni della disequazione sono date da $x > 1 + M^2$, che rappresenta un intorno di $+\infty$, quindi il limite è verificato.

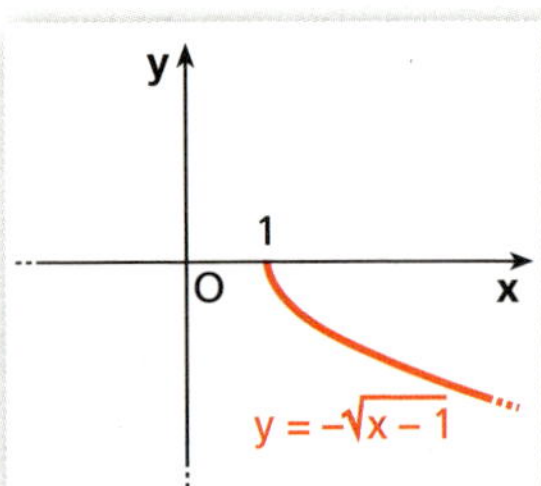

▶ Verifica che $\lim\limits_{x \to +\infty} (2 - \sqrt{x}) = -\infty$.

DEFINIZIONE

Limite $-\infty$ di una funzione per x che tende a $-\infty$

Una funzione $f(x)$ ha per limite $-\infty$ per x che tende a $-\infty$ quando per ogni numero reale positivo M si può determinare un intorno I di $-\infty$ tale che $f(x) < -M$ per ogni $x \in I$.

Si scrive: $\lim_{x \to -\infty} f(x) = -\infty$.

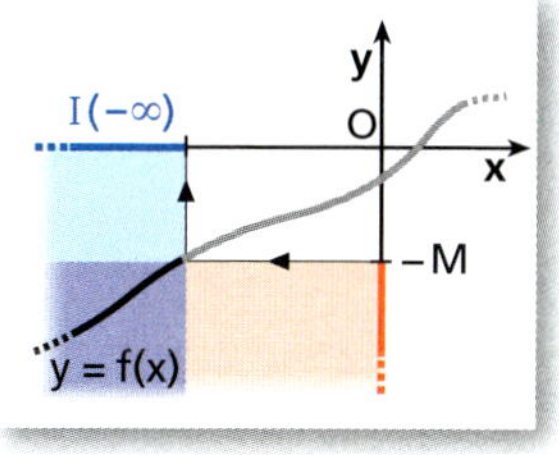

In simboli:

$$\lim_{x \to -\infty} f(x) = -\infty \quad \text{se} \quad \forall M > 0\ \exists c > 0\text{: } f(x) < -M, \forall x < -c.$$

▶ Verifica che $\lim_{x \to -\infty} \frac{1+2x^2}{x} = -\infty$.

Animazione

In sintesi

Se ...	scelto $M > 0$ la disequazione ...	è soddisfatta, con $c > 0$, per ...
$\lim_{x \to +\infty} f(x) = +\infty$	$f(x) > M$	$x > c$
$\lim_{x \to -\infty} f(x) = +\infty$	$f(x) > M$	$x < -c$
$\lim_{x \to +\infty} f(x) = -\infty$	$f(x) < -M$	$x > c$
$\lim_{x \to -\infty} f(x) = -\infty$	$f(x) < -M$	$x < -c$

Video

Limite di una funzione all'infinito

Qual è il limite di una funzione per x che tende all'infinito?
È sempre possibile determinarlo? Vediamo come si comportano due funzioni aiutandoci con il loro grafico.

In generale è possibile dare una definizione unitaria di limite che riassuma tutte quelle già date nei paragrafi precedenti.

DEFINIZIONE

Sia $y = f(x)$ una funzione con dominio D e sia x_0 un punto di accumulazione di D: l è il limite di $f(x)$ per x che tende a x_0 se per ogni intorno $I(l)$ di l esiste, in corrispondenza, un intorno $I(x_0)$ di x_0 tale che $\forall x \in D \cap I(x_0)$, escluso al più x_0, si ha $f(x) \in I(l)$.

Questa definizione coincide con quelle date finora anche nei casi in cui, invece di x_0 o l, abbiamo $-\infty$ o $+\infty$.

6 Primi teoremi sui limiti

▶ Esercizi a p. 1403

I teoremi e le proprietà che enunceremo in questo paragrafo sono validi sia per x che tende a un valore finito x_0, sia per x che tende a infinito.
I teoremi valgono anche se invece di l, valore finito, abbiamo $+\infty$ o $-\infty$.

Teorema di unicità del limite

TEOREMA

Se $f(x)$ ha limite finito l per $x \to x_0$, allora tale limite è unico.

DIMOSTRAZIONE

Supponiamo per assurdo che la tesi sia falsa. Se l non è unico:

$$\lim_{x \to x_0} f(x) = l \quad \text{e} \quad \lim_{x \to x_0} f(x) = l', \quad \text{con } l \text{ e } l' \text{ entrambi finiti e } l' \neq l.$$

Possiamo supporre $l < l'$ e, poiché nella definizione di limite possiamo scegliere ε arbitrariamente purché sia positivo, consideriamo:

$$\varepsilon < \frac{l' - l}{2}.$$

Applichiamo la definizione di limite in entrambi i casi. Dovrebbero esistere due intorni I e I' di x_0 tali che:

$$|f(x) - l| < \varepsilon \text{ per ogni } x \in I, \qquad |f(x) - l'| < \varepsilon \text{ per ogni } x \in I'.$$

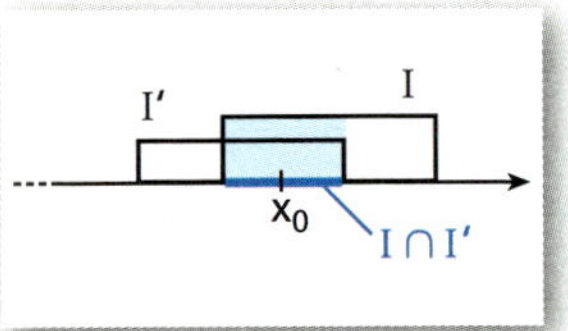

Osserviamo che anche $I \cap I'$ è un intorno di x_0.
In $I \cap I'$ devono valere contemporaneamente le due disequazioni, ossia:

$$\begin{cases} |f(x) - l| < \varepsilon \\ |f(x) - l'| < \varepsilon \end{cases} \to \begin{cases} l - \varepsilon < f(x) < l + \varepsilon \\ l' - \varepsilon < f(x) < l' + \varepsilon \end{cases}.$$

Dal confronto delle disuguaglianze, ricordando che $l < l'$, risulta che

$$l' - \varepsilon < f(x) < l + \varepsilon \quad \to \quad l' - \varepsilon < l + \varepsilon$$ ricaviamo ε

$$-\varepsilon - \varepsilon < l - l' \quad \to \quad -2\varepsilon < l - l' \quad \to \quad 2\varepsilon > l' - l,$$

da cui $\varepsilon > \dfrac{l' - l}{2}$, contro l'ipotesi di $\varepsilon < \dfrac{l' - l}{2}$.

La negazione della tesi è falsa, quindi, se $\lim_{x \to x_0} f(x) = l$, il limite l è unico.

Teorema della permanenza del segno

TEOREMA

Se il limite di una funzione per x che tende a x_0 è un numero l diverso da 0, allora esiste un intorno I di x_0 (escluso al più x_0) in cui $f(x)$ e l sono entrambi positivi oppure entrambi negativi.

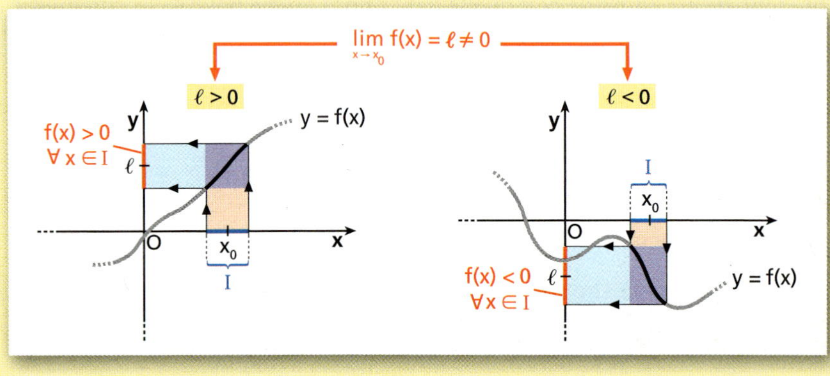

DIMOSTRAZIONE

Dalla definizione di $\lim_{x \to x_0} f(x) = l$, scelto qualsiasi ε positivo, deve essere:

$$|f(x) - l| < \varepsilon \rightarrow l - \varepsilon < f(x) < l + \varepsilon.$$

Posto allora $\varepsilon = |l|$, abbiamo:

$$l - |l| < f(x) < l + |l|.$$

Se $l > 0$, allora $0 < f(x) < 2l \rightarrow f(x) > 0$.

Se $l < 0$, allora $2l < f(x) < 0 \rightarrow f(x) < 0$.

Il teorema afferma che in un intorno di x_0 la funzione $f(x)$ ha lo stesso segno di l.

Il teorema non è valido nel caso in cui il limite l sia uguale a 0.
Per esempio, consideriamo $\lim_{x \to 1}(1 - x) = 0$: in un qualunque intorno completo del punto 1, i valori assunti dalla funzione $y = 1 - x$ sono in parte positivi e in parte negativi. La funzione $f(x)$ è positiva in ogni intorno sinistro di 1 e negativa in ogni intorno destro. Il teorema non si applica.

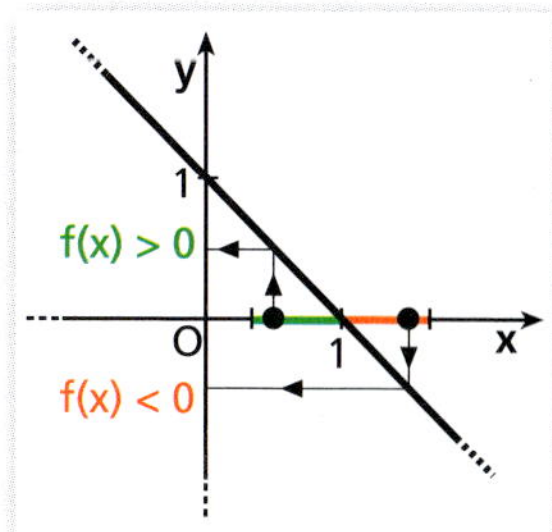

Il teorema della permanenza del segno si può opportunamente invertire: vale il seguente teorema.

TEOREMA

Se una funzione $f(x)$ ammette limite finito l per x che tende a x_0 e in un intorno $I(x_0)$ di x_0, escluso al più x_0, è:

- positiva o nulla, allora $l \geq 0$;
- negativa o nulla, allora $l \leq 0$.

Dimostriamo la prima parte del teorema.

DIMOSTRAZIONE

Ragioniamo per assurdo e supponiamo che $l < 0$. Allora, per il teorema precedente, esiste un intorno $I'(x_0)$ di x_0 tale che $f(x) < 0$ per ogni $x \in I'(x_0)$, con $x \neq x_0$. Ma, per l'ipotesi che $f(x)$ è positiva o nulla in $I(x_0)$, ciò implica che per i punti x dell'intorno $I(x_0) \cap I'(x_0)$ la funzione assume valori sia positivi che negativi. Abbiamo quindi ottenuto una contraddizione, pertanto deve essere $l \geq 0$.

Puoi dimostrare in modo analogo la seconda parte.

Teorema del confronto

Il teorema che ora esamineremo ci dà anche indicazioni per il calcolo di alcuni limiti.

TEOREMA

Siano $h(x)$, $f(x)$ e $g(x)$ tre funzioni definite in uno stesso intorno H di x_0, escluso al più il punto x_0. Se in ogni punto di H diverso da x_0 risulta

$$h(x) \leq f(x) \leq g(x)$$

e il limite delle due funzioni $h(x)$ e $g(x)$, per x che tende a x_0, è uno stesso numero l, allora anche il limite di $f(x)$ per x che tende a x_0 è uguale a l.

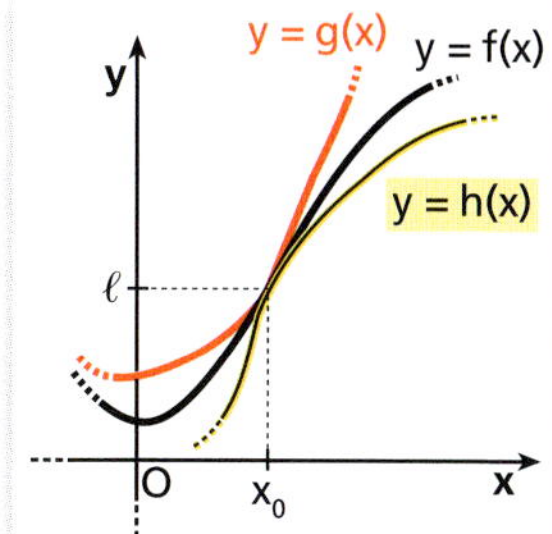

TEORIA

Listen to it

The **squeeze theorem**, or **sandwich theorem**, states that if $h(x) \le f(x) \le g(x)$ in H and $\lim_{x \to x_0} h(x) = \lim_{x \to x_0} g(x) = \ell$, $x_0 \in H$, then $\lim_{x \to x_0} f(x) = \ell$.
The functions h and g are said to be **lower and upper bounds** of f.

Poiché la funzione f viene «costretta», da h e da g, a tendere a l, il teorema viene anche detto *teorema dei due carabinieri*.

DIMOSTRAZIONE

Fissiamo $\varepsilon > 0$ a piacere. È vero che:

$$|h(x) - l| < \varepsilon, \text{ per ogni } x \in I_1 \cap H, \text{ perché } \lim_{x \to x_0} h(x) = l;$$

$$|g(x) - l| < \varepsilon, \text{ per ogni } x \in I_2 \cap H, \text{ perché } \lim_{x \to x_0} g(x) = l.$$

Le disuguaglianze valgono entrambe per ogni x appartenente all'intorno $I = I_1 \cap I_2$, escluso al più x_0.
Quindi, per ogni $x \in I$, abbiamo:

$$l - \varepsilon < h(x) < l + \varepsilon,$$
$$l - \varepsilon < g(x) < l + \varepsilon.$$

Poiché per ipotesi $h(x) \le f(x) \le g(x)$, scriviamo

$$l - \varepsilon < h(x) \le f(x) \le g(x) < l + \varepsilon \text{ per ogni } x \in I,$$

che implica

$$l - \varepsilon < f(x) < l + \varepsilon \text{ per ogni } x \in I,$$

ossia:

$$|f(x) - l| < \varepsilon, \forall x \in I.$$

Quest'ultima relazione significa proprio che $\lim_{x \to x_0} f(x) = l$.

ESEMPIO

Sono date le funzioni

$$h(x) = -x^2 + 4x - 2, \qquad f(x) = 2x - 1, \qquad g(x) = x^2.$$

$h(x)$ e $g(x)$ sono funzioni polinomiali e quindi continue, pertanto:

$$\lim_{x \to 1} h(x) = \lim_{x \to 1} (-x^2 + 4x - 2) = 1, \quad \lim_{x \to 1} g(x) = \lim_{x \to 1} x^2 = 1.$$

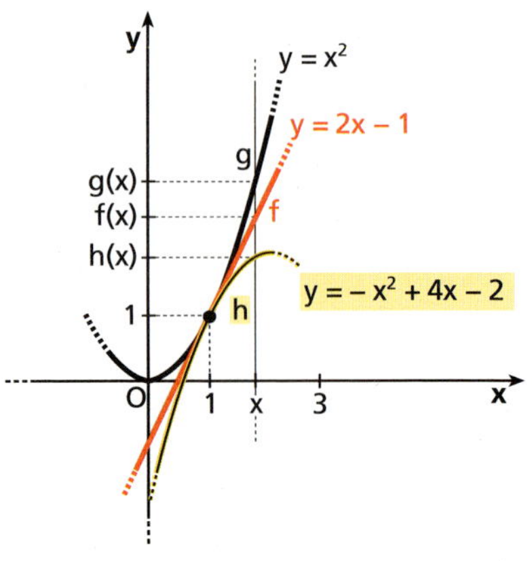

Per x che tende a 1, $h(x)$ e $g(x)$ tendono a 1. Anche $f(x)$, essendo compreso fra $h(x)$ e $g(x)$, deve tendere a 1.

Calcoliamo $\lim_{x \to 1} f(x)$.

Possiamo osservare che per ogni valore x appartenente all'intervallo $]0; 3[$, i rispettivi valori delle tre funzioni h, f e g sono, nell'ordine, uno minore dell'altro, ossia

$$h(x) \leq f(x) \leq g(x).$$

Il teorema permette allora di affermare che è anche vero:

$$\lim_{x \to 1} f(x) = \lim_{x \to 1} (2x - 1) = 1.$$

Il teorema vale anche nel caso dei limiti per $x \to +\infty$ o $x \to -\infty$.

Un esempio grafico nel caso $x \to +\infty$ è illustrato nella figura a fianco.

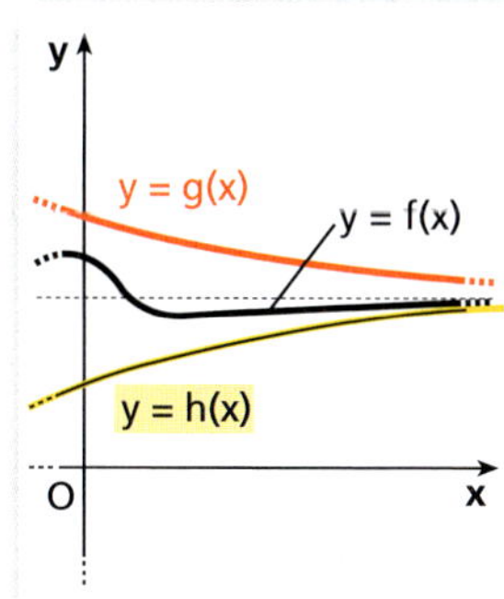

Casi particolari

Si possono dimostrare i seguenti teoremi.

- Date le funzioni $f(x)$ e $g(x)$, definite in uno stesso intorno I di x_0, escluso al più x_0, se per ogni $x \neq x_0$ di I è

$$|f(x)| \leq |g(x)| \quad \text{e} \quad \lim_{x \to x_0} g(x) = 0,$$

allora $\lim_{x \to x_0} f(x) = 0$.

- Date le funzioni $f(x)$ e $g(x)$, definite in uno stesso intorno I di x_0, escluso al più x_0, se per ogni $x \neq x_0$ di I è:

$$|f(x)| \geq |g(x)| \quad \text{e} \quad \lim_{x \to x_0} g(x) = \infty,$$

allora $\lim_{x \to x_0} f(x) = \infty$.

Video

Teorema del confronto

Qual è il limite di $\frac{\sin x}{x}$ per x che tende a 0? Vediamo come si calcola applicando il teorema del confronto.

MATEMATICA E NATURA

Quanto freddo fa? Non c'è limite al caldo, ma esiste un limite al freddo. La temperatura più bassa teoricamente raggiungibile nell'Universo si definisce *zero assoluto* ed è pari a −273,15 °C.

▶ Perché il termometro non può scendere sotto lo zero assoluto?

La risposta

IN SINTESI
Limiti di funzioni

$\lim_{x \to x_0} f(x) = \ell$

- $\lim_{x \to x_0} f(x) = l$ se per ogni $\varepsilon > 0$ esiste un intorno I di x_0 tale che:
  $|f(x) - l| < \varepsilon$ per ogni $x \in I, x \neq x_0$.
- Una funzione è **continua in un punto** x_0 del suo dominio se $\lim_{x \to x_0} f(x) = f(x_0)$.
  Una funzione è **continua nel suo dominio** quando è continua in ogni punto del suo dominio.

$\lim_{x \to x_0} f(x) = \infty$

- $\lim_{x \to x_0} f(x) = +\infty$
- $\lim_{x \to x_0} f(x) = -\infty$

se per ogni $M > 0$ esiste un intorno I di x_0 tale che $f(x) > M$ / $f(x) < -M$ per ogni $x \in I, x \neq x_0$.

- $\lim_{x \to x_0} f(x) = \infty$ se per x che tende a x_0 i limiti destro e sinistro sono entrambi infiniti, con segno opposto.

In questi casi, la retta $x = x_0$ è **asintoto verticale** per il grafico di f.

$\lim_{x \to \infty} f(x) = \ell$

- $\lim_{x \to +\infty} f(x) = l$
- $\lim_{x \to -\infty} f(x) = l$
- $\lim_{x \to \infty} f(x) = l$

se per ogni $\varepsilon > 0$ esiste un intorno I di $+\infty$ / di $-\infty$ / di ∞ tale che $|f(x) - l| < \varepsilon$ per ogni $x \in I$.

In questi casi, la retta $y = l$ è **asintoto orizzontale** per il grafico di f.

$\lim_{x \to \infty} f(x) = \infty$

- $\lim_{x \to +\infty} f(x) = +\infty$
- $\lim_{x \to -\infty} f(x) = +\infty$

se per ogni $M > 0$ esiste un intorno I di $+\infty$ / di $-\infty$ tale che $f(x) > M$ per ogni $x \in I$.

- $\lim_{x \to +\infty} f(x) = -\infty$
- $\lim_{x \to -\infty} f(x) = -\infty$

se per ogni $M > 0$ esiste un intorno I di $+\infty$ / di $-\infty$ tale che $f(x) < -M$ per ogni $x \in I$.

Primi teoremi sui limiti

- **Teorema di unicità del limite**: se per x che tende a x_0 la funzione f ha limite l, allora tale limite è unico.
- **Teorema della permanenza del segno**: se $\lim_{x \to x_0} f(x) = l$, con $l \neq 0$, allora esiste un intorno I di x_0 tale che $f(x) > 0\ (< 0)\ \forall x \in I, x \neq x_0$, quando $l > 0\ (< 0)$.
- **Teorema del confronto**: date le funzioni $h(x), f(x), g(x)$ definite in $H \subseteq \mathbb{R}$, escluso al più il punto $x_0 \in H$, se $h(x) \leq f(x) \leq g(x)$ per ogni $x \in H$, con $x \neq x_0$, e $\lim_{x \to x_0} h(x) = \lim_{x \to x_0} g(x) = l$, allora anche $\lim_{x \to x_0} f(x) = l$.

CAPITOLO 22

ESERCIZI

1 Insiemi di numeri reali

Intervalli

▶ Teoria a p. 1344

1 Indica se i seguenti intervalli sono limitati o illimitati superiormente o inferiormente, chiusi o aperti.

a. $A =]-\infty; 1]$; $B =]1; 4]$; $C = \{x \in \mathbb{R}: 2 \leq x < 7\}$.

b. $A = \{x \in \mathbb{R}: x \geq 4\}$; $B = \left\{x \in \mathbb{R}: -\frac{1}{2} \leq x \leq 1\right\}$; $C =]-3; +\infty[$.

2 **FAI UN ESEMPIO** di intervallo aperto e limitato e uno di intervallo aperto illimitato superiormente.

3 **VERO O FALSO?**

a. L'insieme $I = \{1, 2\}$ è un intervallo. V F

b. Un intervallo limitato è un insieme formato da un numero finito di elementi. V F

c. Un insieme con infiniti elementi è un intervallo. V F

d. L'insieme dei numeri naturali dispari è un intervallo limitato inferiormente. V F

e. Un intervallo chiuso è limitato. V F

f. Un intervallo limitato è chiuso. V F

4 **AL VOLO** L'insieme $I = \left\{4, \frac{11}{2}, 9\right\}$ è un intervallo limitato?

5 Rappresenta con la notazione degli intervalli i seguenti insiemi.

a. $\{x \in \mathbb{R}: -5 \leq x < 2\}$ **b.** $\mathbb{R} - \{8\}$ **c.** $\left\{x \in \mathbb{R}: \frac{1}{x-2} > 0\right\}$ **d.** $\{x \in \mathbb{R}: x^2 - 7x \leq 0\}$

6 Rappresenta con le altre notazioni i seguenti intervalli.

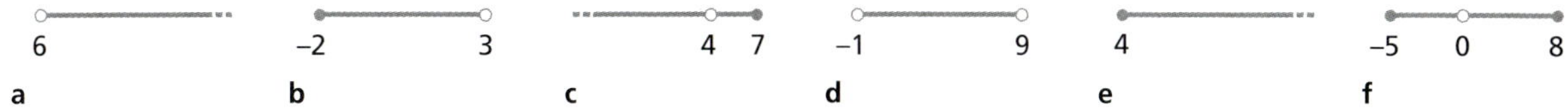

7 L'insieme $I = \{x \in \mathbb{R}: x^2 < 9\}$ è un intervallo limitato? È chiuso?

8 **VERO O FALSO?**

a. $]-\infty; 9]$ è equivalente a $x < 9$. V F

b. $]-\infty; -2[\cup]2; +\infty[$ equivale a $x^2 - 4 > 0$. V F

c. $[-3; 16[$ equivale a $x \leq -3 \vee x > 16$. V F

d. $]-\infty; 5] \cup]5; +\infty[$ equivale a $x \neq 5$. V F

e. $]-\infty; 0[$ rappresenta l'insieme dei numeri reali negativi. V F

9 **LEGGI IL GRAFICO** Deduci il dominio e il codominio delle funzioni rappresentate e indica se sono intervalli (o unioni di intervalli) limitati o illimitati, chiusi o aperti.

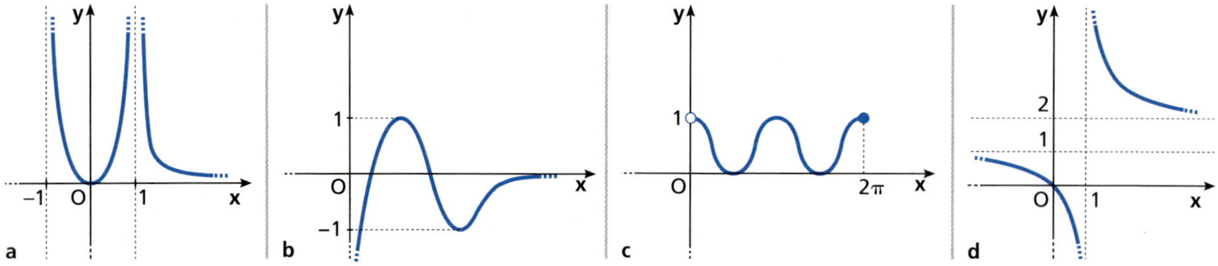

10 L'insieme degli $x \in \mathbb{R}$ tali che $\sqrt{1-x} < 1$ è un intervallo limitato o illimitato inferiormente? Motiva la risposta.

Trova il dominio delle seguenti funzioni e stabilisci se sono intervalli (o unioni di intervalli) limitati o illimitati.

11 **a.** $y = 1 + \sqrt{x^2 - 1}$ **b.** $y = \dfrac{1}{x^2 - 4x - 5}$ **c.** $y = \dfrac{1}{\sqrt{\ln x}}$

[a) $x \leq -1 \vee x \geq 1$; b) $\mathbb{R} - \{-1, 5\}$; c) $x > 1$]

12 **a.** $y = \dfrac{2}{x^2 + 8}$ **b.** $y = \dfrac{1}{x^3 + 8}$ **c.** $y = e^{\sqrt{x-2}}$

[a) $\mathbb{R}$; b) $\mathbb{R} - \{-2\}$; c) $x \geq 2$]

13 Date le funzioni $f(x) = \ln(1 - x)$ e $g(x) = \sqrt{x}$, trova il dominio di $f(x)$, $g(x)$, $(f \circ g)(x)$ e $(g \circ f)(x)$ e indica se sono intervalli limitati o illimitati, chiusi o aperti. [$x < 1$; $x \geq 0$; $0 \leq x < 1$; $x \leq 0$]

14 Considera la funzione $f: \mathbb{R} \to \mathbb{R}$ definita da

$$f(x) = \begin{cases} \dfrac{x^3 - 2x^2 + x - 2}{x - 2} & \text{se } x \neq 2 \\ a & \text{se } x = 2 \end{cases},$$

con a parametro reale.

a. Determina a affinché l'immagine mediante f dell'intervallo $I = [-1; 3]$ sia un intervallo chiuso.

b. Determina gli estremi dell'immagine $f(I)$ di I. [a) 5; b) 2, 10]

Intorni di un punto

▶ Teoria a p. 1345

Stabilisci se i seguenti intervalli sono intorni del punto x_0. In caso affermativo indica se sono intorni circolari.

15 $x_0 = 2$; $]3; 8[$; $]-3; 8[$; $]1; 3[$.

16 $x_0 = -1$; $]-3; 1[$; $]0; 3[$; $]-4; 8[$.

Per ciascuno dei seguenti punti scrivi un intorno destro e un intorno sinistro.

17 2; 8; −3.

18 $\dfrac{1}{3}$; $\dfrac{7}{2}$; 0.

Per ciascuno dei seguenti punti determina almeno due intorni, di cui uno sia l'intorno circolare di raggio assegnato a fianco.

19 $x_0 = 1$ e $\delta = 2$.

20 $x_0 = -3$ e $\delta = 0,5$.

21 $x_0 = 12$ e $\delta = \dfrac{1}{2}$.

22 Dei seguenti intorni trova il centro e l'ampiezza.
$]-1; 2[$, $]4; 9[$, $]4,3; 4,6[$, $]-8; -3[$.

23 Scrivi un intorno circolare di $-\dfrac{1}{2}$ con raggio δ.

24 RIFLETTI SULLA TEORIA L'insieme $A = \{x \in \mathbb{R}: |x + 5| < \delta\}$ è un intervallo? È un intorno completo di un solo punto? È un intorno circolare di 5?

25 VERO O FALSO? Nei seguenti quesiti considera $\delta, \varepsilon \in \mathbb{R}^+$.

a. $|x - 3| < \delta$ è un intorno circolare di 3. V F

b. $|-x - 4| < \delta$ è un intorno circolare di -4 di raggio δ. V F

c. $-5 - 2\delta < x < -5 + 2\delta$ è un intorno circolare di -5 di raggio δ. V F

d. $x > 2$ è un intorno di 3. V F

e. $-\dfrac{\varepsilon}{\varepsilon + 1} < x < 2\varepsilon$ è un intorno di 0. V F

26 Indica se i seguenti intervalli sono intorni completi, destri o sinistri di $\frac{1}{2}$: $\left]0; \frac{1}{2}\right[$; $]0; 1[$; $\left]\frac{1}{2}; \frac{9}{2}\right[$; $]-2; 3[$.

Risolvi le seguenti disequazioni e i sistemi, e indica se l'insieme soluzione è un intorno del punto assegnato, specificando se è circolare, destro o sinistro.

27 $\dfrac{x}{2-x} > 0$; 1.

28 $\dfrac{14-2x}{x^2} < 0$; 7.

29 $x^2 + x - 6 < 0$; 2.

30 $\begin{cases} 1 < x^2 < 9 \\ 2x + 4 < 2 \end{cases}$; -2.

Intorni di infinito

▶ Teoria a p. 1346

Stabilisci se i seguenti intervalli o unioni di intervalli sono intorni di $+\infty$, $-\infty$, ∞.

31 $]-3; +\infty[$; $]2; +\infty[$; $]-\infty; -1[$.

32 $]-\infty; 2[\cup]3; +\infty[$; $]-\infty; -14[$; $]100; +\infty[$.

33 FAI UN ESEMPIO di intorno circolare di ∞.

Rappresenta le soluzioni delle seguenti disequazioni e specifica se si tratta di intorni di $+\infty$, $-\infty$ o ∞.

34 $4x - 1 < 0$

35 $8 - x < 0$

36 $x^2 - 3x + 2 > 0$

37 $5 - |x| > 0$

38 $9 - |x| < 1$

39 $x^2 + 4x - 5 > 0$

40 FAI UN ESEMPIO di disequazione di primo grado che abbia come soluzione un intorno circolare di ∞.

41 TEST Quale di questi insiemi non rappresenta un intorno di ∞?

A $A = \{x \in \mathbb{R}: |x| > 2\}$

B $B = \{x \in \mathbb{R}: x^2 - 2x - 3 > 0\}$

C $C = \{x \in \mathbb{R}: x > 7 \vee x < 2\}$

D $D = \left\{x \in \mathbb{R}: \dfrac{1-x}{x} \geq 0\right\}$

E $E = \{x \in \mathbb{R}: \ln|x| \geq 0\}$

Estremi di un insieme

▶ Teoria a p. 1348

42 ESERCIZIO GUIDA Dato l'insieme

$$E = \left\{x: x = \frac{2n+1}{n}, \quad n \in \mathbb{N} - \{0\}\right\},$$

verifichiamo che 2 e 3 sono rispettivamente l'estremo inferiore e quello superiore dell'insieme, indicando anche se sono il minimo e il massimo.

Verifichiamo che l'estremo inferiore di E è 2.

1. Mostriamo che 2 è un minorante, cioè $\forall x \in E$ deve essere $x \geq 2$, ossia:

$$\frac{2n+1}{n} \geq 2 \rightarrow \frac{\cancel{2n}+1-\cancel{2n}}{n} \geq 0 \rightarrow \frac{1}{n} \geq 0 \text{ vera } \forall n \in \mathbb{N}-\{0\}.$$

2 non appartiene all'insieme. Infatti l'equazione

$$\frac{2n+1}{n} = 2 \rightarrow \frac{2n+1-2n}{n} = 0 \rightarrow \frac{1}{n} = 0$$

è impossibile.

2. Perché 2 sia l'estremo inferiore, $\forall \varepsilon > 0$ la disequazione $x < 2+\varepsilon$ deve ammettere almeno una soluzione in E, ossia deve esistere almeno un $n \in \mathbb{N}-\{0\}$ tale che

$$\frac{2n+1}{n} < 2+\varepsilon \rightarrow \frac{2n+1-2n-\varepsilon n}{n} < 0 \rightarrow \frac{1-\varepsilon n}{n} < 0,$$

ed essendo $n > 0$ la disequazione è verificata se:

$$1-\varepsilon n < 0 \rightarrow -\varepsilon n < -1 \rightarrow \varepsilon n > 1 \rightarrow n > \frac{1}{\varepsilon}.$$

Quindi $\forall \varepsilon > 0$ esiste $n > \frac{1}{\varepsilon}$ per cui la disequazione è verificata.

Concludiamo che 2 è l'estremo inferiore di E ma, dato che non appartiene all'insieme, non è il minimo.

Consideriamo ora il valore 3.
Mostriamo che 3 è un maggiorante, cioè $\forall x \in E$ deve essere $x \leq 3$, ossia:

$$\frac{2n+1}{n} \leq 3 \rightarrow \frac{2n+1-3n}{n} \leq 0 \rightarrow \frac{-n+1}{n} \leq 0 \rightarrow \frac{n-1}{n} \geq 0.$$

La disequazione è verificata per $n \geq 1$.

Inoltre $3 \in E$ perché:

$$\frac{2n+1}{n} = 3 \rightarrow \frac{2n+1-3n}{n} = 0 \rightarrow \frac{-n+1}{n} = 0 \rightarrow n = 1.$$

Per $n = 1$ si ha che $x = 3$.

Possiamo concludere che $x = 3$ è il massimo di E.

Dati i seguenti insiemi, verifica che gli estremi inferiori e superiori sono quelli indicati a fianco, indicando anche se sono minimo e massimo.

43 $E = \left\{x: x = \frac{1}{n^2}, n \in \mathbb{N}-\{0\}\right\}$, [$0, 1$.]

44 $A = \left\{x: x = \frac{2}{1+n}, n \in \mathbb{N}\right\}$, [$0, 2$.]

45 $A = \left\{x: x = \frac{n+3}{4n}, n \in \mathbb{N}-\{0\}\right\}$, [$\frac{1}{4}, 1$.]

46 $B = \left\{x: x = \frac{n-1}{n^2-1}, n \in \mathbb{N}-\{0, 1\}\right\}$, [$0, \frac{1}{3}$.]

47 **ESERCIZIO GUIDA** Dato l'insieme

$$E = \left\{x: x = \frac{n^2-1}{n}, \quad n \in \mathbb{N}-\{0\}\right\},$$

verifichiamo che il suo estremo superiore è $+\infty$, ossia che è illimitato superiormente.

Perché l'insieme sia superiormente illimitato, $\forall k > 0$ deve esistere almeno un elemento dell'insieme che superi k, ossia per ogni k la disequazione $\frac{n^2-1}{n} > k$ deve essere verificata almeno per un valore di n.

Risolviamo la disequazione:

$$\frac{n^2-1}{n} > k \quad \rightarrow \quad \frac{n^2-1-nk}{n} > 0.$$

Essendo $n > 0$, anche il numeratore deve essere positivo:

$$n^2 - nk - 1 > 0, \text{ vera per } n < \frac{k-\sqrt{k^2+4}}{2} \vee n > \frac{k+\sqrt{k^2+4}}{2}.$$

Poiché $n \in \mathbb{N} - \{0\}$, consideriamo solo le soluzioni positive: per ogni $n > \frac{k+\sqrt{k^2+4}}{2}$ il corrispondente elemento dell'insieme è maggiore del k fissato, quindi l'insieme ha per estremo superiore $+\infty$.

Dati i seguenti insiemi, verifica che hanno l'estremo inferiore o superiore indicato a fianco.

48 $A = \{x: x = n^2, n \in \mathbb{N}\}$, $\quad +\infty$.

49 $B = \{x: x = 3 - 2n, n \in \mathbb{N}\}$, $\quad -\infty$.

50 $D = \left\{x: x = \frac{1+n}{2}, n \in \mathbb{N}\right\}$, $\quad +\infty$.

51 $C = \left\{x: x = \frac{2n^2+5}{2}, n \in \mathbb{N} - \{0\}\right\}$, $\quad +\infty$.

Trova, se esistono, l'estremo superiore, l'estremo inferiore, il massimo e il minimo dei seguenti insiemi.

52 $A =]1; 3[$; $\quad B =]-\infty; 1]$; $\quad C = \{1\} \cup \{x \in \mathbb{R}: x \geq 2\}$.

53 $A = \{0, 1, 3\}$; $\quad B =]0; 4] \cup]6; 10[$; $\quad C = [2; +\infty[$.

54 $A = \{2, 3, 4, 5, 20\}$; $\quad B = \{x \in \mathbb{R}: x^2 - 5x + 9 > 0\}$; $\quad C = \{x \in \mathbb{R}: x^2 \leq 1\}$.

LEGGI IL GRAFICO **Per ciascuna delle funzioni descritte dai seguenti grafici, stabilisci se il dominio e l'immagine sono limitati o illimitati. Determina l'estremo inferiore e l'estremo superiore della funzione, indicando anche se sono il massimo e il minimo.**

55

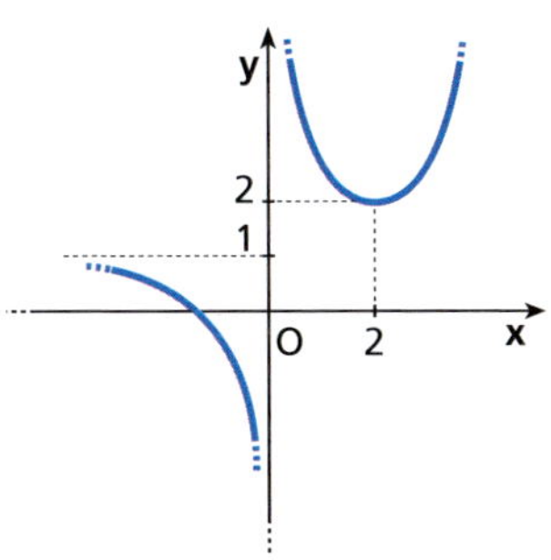

57

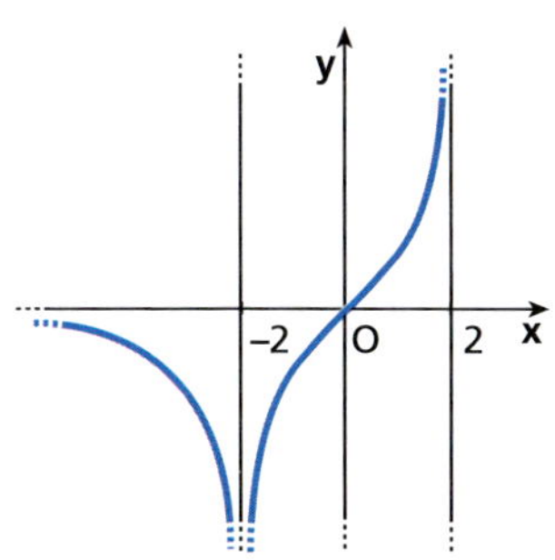

59

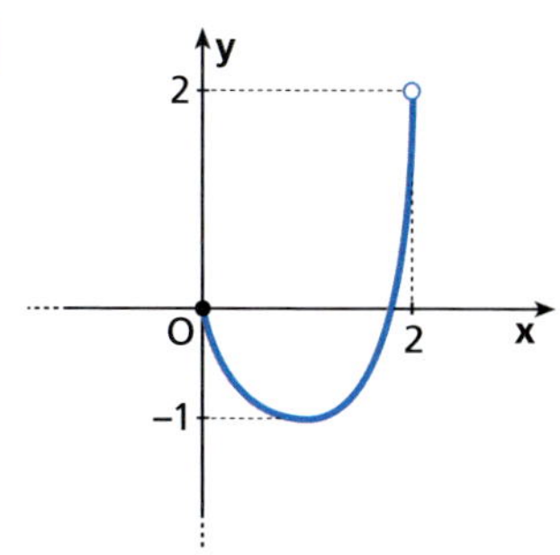

56

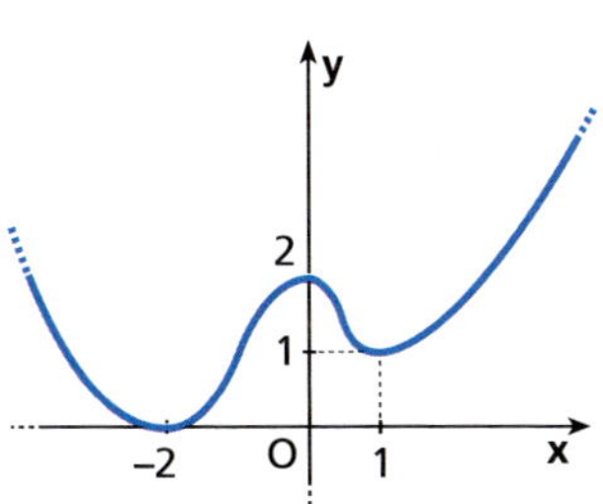

58

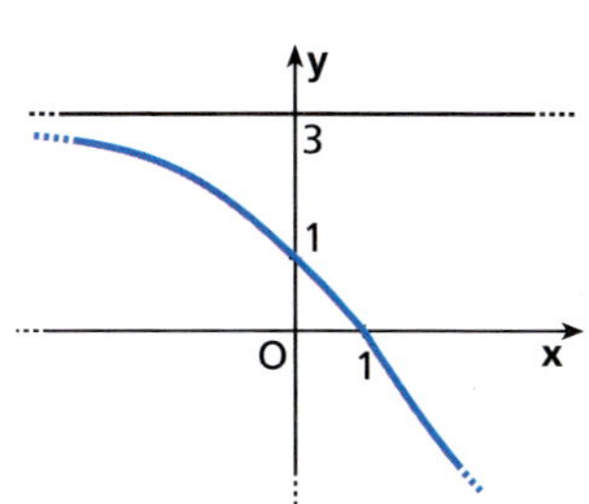

60

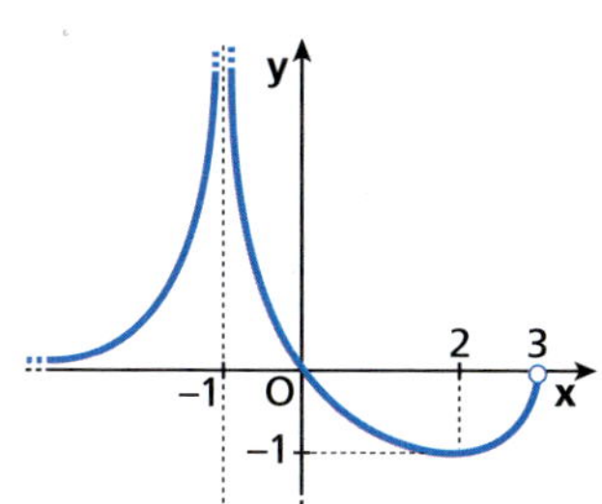

ESERCIZI

61 Rappresenta la funzione:

$$f(x)=\begin{cases} e^x & \text{se } x\le 0 \\ x-1 & \text{se } x>0 \end{cases}.$$

È limitata inferiormente? E superiormente? Ha minimo?

62 Disegna il grafico della funzione:

$$f(x)=\begin{cases} \sin x & \text{se } x\le 0 \\ |\ln x| & \text{se } x>0 \end{cases}.$$

Indica se la funzione ha estremo superiore o inferiore, se ha massimo e minimo.

63 Data la funzione $y=\sqrt{\frac{2}{|x|}}$:

a. trova il dominio;

b. verifica che ha per estremo superiore $+\infty$.

64 Data la funzione $y=\frac{1}{|x|+2x^2}$:

a. trova il dominio;

b. stabilisci se la funzione è pari o dispari;

c. verifica che ha per estremo inferiore $L=0$.

65 Trova il dominio della funzione $y=\sqrt{\ln x-1}$ e stabilisci se si tratta di un intervallo limitato o illimitato. Verifica che la funzione ha per estremo inferiore $L=0$.

66 Date le funzioni $f(x)=\ln(1-x)$ e $g(x)=\sqrt{x-3}$:

a. trova il dominio di $f(x)$, di $g(x)$, di $(f\circ g)(x)$ e di $(g\circ f)(x)$;

b. di ciascun dominio trova l'estremo superiore e inferiore.

[a) $x<1$; $x\ge 3$; $3\le x<4$; $x\le 1-e^3$; b) $1, -\infty$; $+\infty$, 3; $4, 3$; $1-e^3, -\infty$]

Punti isolati

▶ Teoria a p. 1350

67 ESERCIZIO GUIDA Dato l'insieme $A=\left\{x: x=\frac{1}{n}, n\in\mathbb{N}-\{0\}\right\}$, dopo averne rappresentato alcuni elementi, ne scegliamo uno a caso e verifichiamo che è un punto isolato.

Determiniamo alcuni elementi di A costruendo la seguente tabella.

n	1	2	3	4	5	6
x	1	$\frac{1}{2}$	$\frac{1}{3}$	$\frac{1}{4}$	$\frac{1}{5}$	$\frac{1}{6}$

Rappresentiamo sulla retta orientata gli elementi di A trovati.

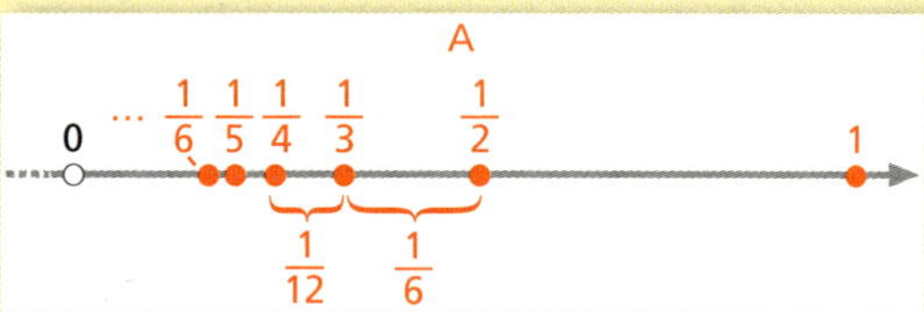

Verifichiamo, per esempio, che $\frac{1}{3}$ è un punto isolato. Dobbiamo trovare un intorno $\left]\frac{1}{3}-\delta; \frac{1}{3}+\delta\right[$ che non contenga altri elementi di A. Dalla figura possiamo osservare che l'elemento di A più vicino a $\frac{1}{3}$ è $\frac{1}{4}$. Infatti la distanza di $\frac{1}{3}$ da $\frac{1}{4}$ è $\frac{1}{3}-\frac{1}{4}=\frac{1}{12}$, mentre la distanza di $\frac{1}{3}$ da $\frac{1}{2}$ è $\frac{1}{2}-\frac{1}{3}=\frac{1}{6}$.

Se poniamo $\delta=\frac{1}{12}$, otteniamo l'intervallo $\left]\frac{1}{3}-\frac{1}{12}; \frac{1}{3}+\frac{1}{12}\right[=\left]\frac{1}{4}; \frac{5}{12}\right[$, che è un intorno di $\frac{1}{3}$ e non contiene altri punti di A, dunque $\frac{1}{3}$ è un punto isolato di A.

Determina alcuni elementi di ciascuno dei seguenti insiemi e rappresentali sulla retta orientata. Scegli uno o più punti dell'insieme e verifica che sono punti isolati.

68 $A=\{x: x=\sqrt{n}, n\in\mathbb{N}\}$

69 $A=\left\{x: x=\frac{n+1}{n}, n\in\mathbb{N}-\{0\}\right\}$

70 $B=\left\{x: x=\frac{2}{n^2}, n\in\mathbb{N}-\{0\}\right\}$

71 $C=\left\{x: x=\frac{n^2-1}{n^2}, n\in\mathbb{N}-\{0\}\right\}$

72 $D=\left\{x: x=\frac{n-3}{n}, n\in\mathbb{N}-\{0\}\right\}$

73 $A=\{x: x=(-1)^n\cdot n, n\in\mathbb{N}\}$

74 ●○ Determina se i seguenti insiemi hanno punti isolati.

$A = \{-2\} \cup [0; 3[$
$B = \{x \in \mathbb{R}: x^2(x-3) \geq 0\}$
$C = \left\{x \in \mathbb{R}: \frac{1}{x} - \frac{1}{x-2} \in \mathbb{R}\right\}$

$D = \{x \in \mathbb{R}: x^2 + x = 0\}$
$E =]-3; 1[\cup]1; 2]$
$F = \{x \in \mathbb{R}: x(x+2)^2 \geq 0\}$

75 ●○ **VERO O FALSO?**

a. Tutti i sottoinsiemi di $\mathbb{N}$ sono formati da punti isolati. V F
b. Gli insiemi con infiniti elementi non hanno punti isolati. V F
c. L'insieme $\{x \in \mathbb{Z}: -2 \leq x \leq 2\}$ non ha punti isolati. V F
d. Se un insieme è formato da un numero finito di elementi, sono tutti punti isolati. V F

Punti di accumulazione

▶ Teoria a p. 1350

76 ●○ **VERO O FALSO?** Se x_0 è un punto di accumulazione per l'insieme A:

a. A è un insieme infinito. V F
b. A può essere un insieme limitato. V F
c. x_0 deve appartenere ad A. V F
d. ogni intorno di x_0 deve contenere almeno un punto di A. V F

77 **ESERCIZIO GUIDA** Dato l'insieme $A = \left\{x: x = \frac{1}{n}, n \in \mathbb{N} - \{0\}\right\}$, verifichiamo che 0 è un punto di accumulazione per A.

Riscriviamo l'insieme A e rappresentiamolo geometricamente.

$$A = \left\{1, \frac{1}{2}, \frac{1}{3}, \frac{1}{4}, \frac{1}{5}, \dots\right\}$$

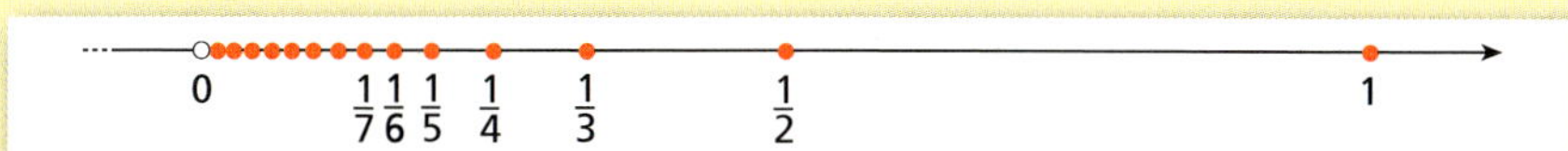

Vediamo che i punti si accumulano vicino a 0. Per dimostrarlo prendiamo un qualunque intorno di 0, di generica apertura δ: $]-\delta; \delta[$. Mostriamo che esistono infiniti valori di A che appartengono a tale intorno.

Affinché un punto di A appartenga a $]-\delta; \delta[$, deve valere: $-\delta < \frac{1}{n} < \delta$.

Poiché $\frac{1}{n} > 0$, è anche $\frac{1}{n} > -\delta$, quindi basta considerare: $\frac{1}{n} < \delta$.

Passiamo alla disuguaglianza fra i reciproci (essendo n e δ numeri positivi): $n > \frac{1}{\delta}$.

Tutti gli elementi di A con $n > \frac{1}{\delta}$ appartengono all'intorno di $]-\delta; \delta[$.

Per esempio, scegliendo $\delta = 0{,}1$, i valori di n che rendono vera $n > \frac{1}{\delta} = \frac{1}{0{,}1} = 10$ sono: 11, 12, 13, … e quindi all'intervallo $]-0{,}1; 0{,}1[$ appartengono i seguenti elementi di A: $\frac{1}{11}, \frac{1}{12}, \frac{1}{13}, \dots$

Scegliendo un qualsiasi altro valore per δ, esistono sempre infiniti numeri naturali maggiori di $\frac{1}{\delta}$, quindi 0 è un punto di accumulazione per A.

Verifica che il punto x_0 scritto a fianco all'insieme dato è un punto di accumulazione per l'insieme.

78 ●○ $A = \left\{x: x = \frac{1}{n+2}, n \in \mathbb{N}\right\}$, $x_0 = 0$.

79 ●○ $B = \left\{x: x = 2 + \frac{1}{n}, n \in \mathbb{N} - \{0\}\right\}$, $x_0 = 2$.

80 ●○ $C = \left\{x: x = \frac{n}{n+1}, n \in \mathbb{N}\right\}$, $x_0 = 1$.

81 ●● $D = \left\{x: x = 3 - \frac{1}{n}, n \in \mathbb{N} - \{0\}\right\}$, $x_0 = 3$.

82 ●● $E = \left\{x: x = \frac{n+2}{n}, n \in \mathbb{N} - \{0\}\right\}$, $x_0 = 1$.

83 ●● $F = \left\{x: x = \frac{4n-5}{n-1}, n \in \mathbb{N} - \{0, 1\}\right\}$, $x_0 = 4$.

Trova i punti di accumulazione dei seguenti insiemi.

84 $[2; 4]$

85 $\{2, 4\}$

86 $\mathbb{R} - \{2, 4\}$

87 $[5; +\infty[$

88 $]5; +\infty[$

89 $[5; 8[$

90 $]-1; 2] \cup \{3\}$

91 $\{x \in \mathbb{N}: 2 < x < 8\}$

92 $\{x \in \mathbb{Q}: 2 < x < 8\}$

2 $\lim_{x \to x_0} f(x) = \ell$

Definizione e significato

▶ Teoria a p. 1351

LEGGI IL GRAFICO Deduci i limiti indicati osservando le figure.

93

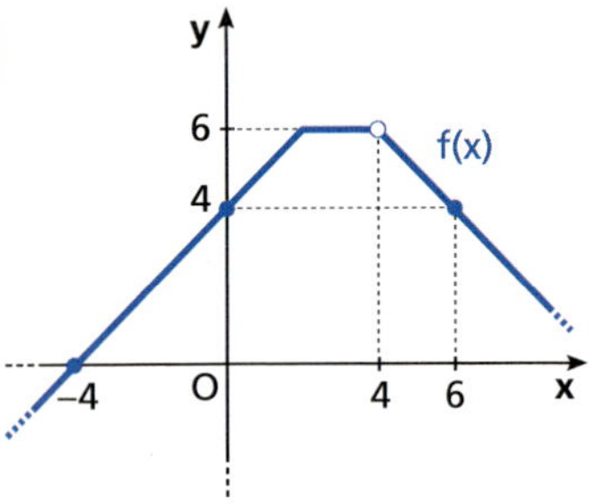

$\lim_{x \to -4} f(x)$; $\lim_{x \to 0} f(x)$; $\lim_{x \to 4} f(x)$; $\lim_{x \to 6} f(x)$.

94

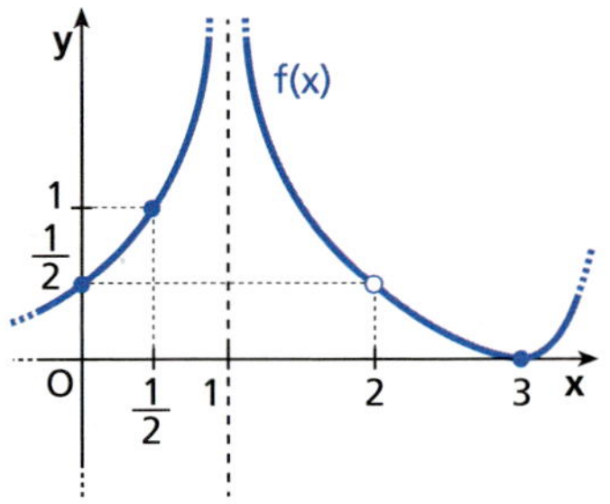

$\lim_{x \to 0} f(x)$; $\lim_{x \to 3} f(x)$; $\lim_{x \to 2} f(x)$; $\lim_{x \to \frac{1}{2}} f(x)$.

95

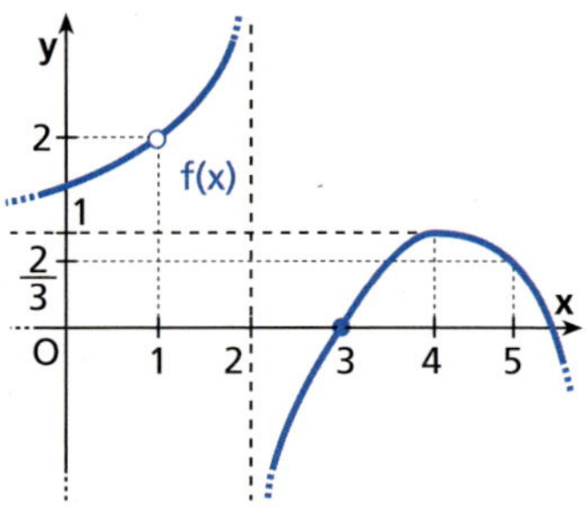

$\lim_{x \to 1} f(x)$; $\lim_{x \to 3} f(x)$; $\lim_{x \to 4} f(x)$; $\lim_{x \to 5} f(x)$.

Rappresenta graficamente le seguenti funzioni, dopo averle eventualmente trasformate, e deduci dai grafici i limiti indicati.

96 $f(x) = x^2 - 1$, $\lim_{x \to -1} f(x)$, $\lim_{x \to 0} f(x)$.

97 $f(x) = \frac{2x^2 - x}{x}$, $\lim_{x \to 0} f(x)$, $\lim_{x \to 2} f(x)$.

98 $f(x) = \frac{x^2 + 2x - 8}{x - 2}$, $\lim_{x \to 2} f(x)$, $\lim_{x \to 0} f(x)$.

99 $f(x) = \frac{x(x-1)}{|x|}$, $\lim_{x \to 0} f(x)$, $\lim_{x \to 1} f(x)$.

100 **COMPLETA** la tabella utilizzando la calcolatrice, per stimare a cosa tende la funzione $f(x) = \frac{x^2 - 4}{2 - x}$ per x che tende a 2.

x	1,9	1,99	1,999	→ 2 ←	2,001	2,01	2,1
f(x)				→ ? ←			

101 Crea una tabella di valori per stimare a cosa tende la funzione $f(x) = \frac{x^2 + x - 2}{x - 1}$ per x che tende a 1.

Scrivi in forma simbolica il significato dei seguenti limiti e rappresentali graficamente utilizzando una funzione $f(x)$ scelta a piacere.

102 $\lim_{x \to 2} f(x) = -1$

103 $\lim_{x \to -1} f(x) = 4$

104 $\lim_{x \to 3} f(x) = 0$

Che cosa significano le seguenti scritture per la funzione $y = f(x)$?

105 $\forall \varepsilon > 0 \, \exists I(0): \forall x \in I(0), x \neq 0, |f(x) - 3| < \varepsilon$.

106 ●○ $\forall \varepsilon > 0\, \exists I(-2): \forall x \in I(-2), x \neq -2, -\varepsilon < f(x) < \varepsilon.$

107 ●● $\forall \varepsilon > 0, \exists \delta > 0: \forall x$ con $\frac{1}{3} - \delta < x < \frac{1}{3} + \delta, |f(x) + 2| < \varepsilon.$

108 ●○ RIFLETTI SULLA TEORIA Il punto (2; 6) appartiene al grafico di una funzione $y = f(x)$, con dominio $\mathbb{R}$. Puoi dedurre da ciò che $\lim_{x \to 2} f(x) = 6$? Viceversa, se $\lim_{x \to 2} f(x) = 6$, puoi affermare che $f(2) = 6$?

Verifica di $\lim_{x \to x_0} f(x) = \ell$

109 ESERCIZIO GUIDA Applicando la definizione, verifichiamo che $\lim_{x \to 2} (x^2 + 1) = 5$.

Scelto un $\varepsilon > 0$, per la disequazione $|(x^2 + 1) - 5| < \varepsilon$, verifichiamo che l'insieme delle soluzioni contiene un intorno di 2.

$\lim_{x \to x_0} f(x) = \ell$: per $\varepsilon > 0$, cerchiamo un intorno di x_0 dove $|f(x) - \ell| < \varepsilon$

$$|(x^2+1)-5| < \varepsilon \rightarrow \begin{cases} x^2 - 4 < \varepsilon \\ x^2 - 4 > -\varepsilon \end{cases} \rightarrow \begin{cases} x^2 < 4 + \varepsilon \\ x^2 > 4 - \varepsilon \end{cases}$$

Prima disequazione Equazione associata: $x^2 - 4 - \varepsilon = 0 \rightarrow x^2 = 4 + \varepsilon \rightarrow x = \pm\sqrt{4+\varepsilon}$.

La prima disequazione ha per soluzioni $-\sqrt{4+\varepsilon} < x < \sqrt{4+\varepsilon}$.

Seconda disequazione Equazione associata:

$$x^2 - 4 + \varepsilon = 0 \rightarrow x^2 = 4 - \varepsilon.$$

ε è positivo e arbitrariamente piccolo, quindi possiamo considerare $\varepsilon < 4$.

Se $\varepsilon < 4$, ossia $4 - \varepsilon > 0$: $x = \pm\sqrt{4-\varepsilon}$.

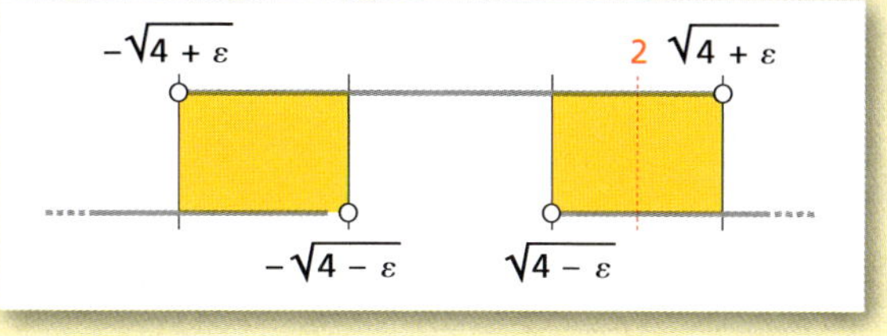

La seconda disequazione ha per soluzioni $x < -\sqrt{4-\varepsilon} \lor x > \sqrt{4-\varepsilon}$.

Dal quadro delle soluzioni deduciamo le soluzioni del sistema:

$$-\sqrt{4+\varepsilon} < x < -\sqrt{4-\varepsilon} \lor \sqrt{4-\varepsilon} < x < \sqrt{4+\varepsilon}.$$

Il primo intervallo, $]-\sqrt{4+\varepsilon}; -\sqrt{4-\varepsilon}[$, costituito da numeri negativi, non è un intorno di 2; invece l'intervallo $]\sqrt{4-\varepsilon}; \sqrt{4+\varepsilon}[$ è un intorno di 2, come possiamo verificare:

$$\sqrt{4-\varepsilon} < 2 < \sqrt{4+\varepsilon} \rightarrow \cancel{4} - \varepsilon < \cancel{4} < \cancel{4} + \varepsilon \rightarrow -\varepsilon < 0 < +\varepsilon.$$

Poiché l'intervallo $]\sqrt{4-\varepsilon}; \sqrt{4+\varepsilon}[$ è un intorno di 2, il limite è verificato.

Utilizzando la definizione, verifica i seguenti limiti.

110 ●○ $\lim_{x \to 1} (2 - 3x) = -1$

111 ●○ $\lim_{x \to \frac{1}{2}} (4x - 1) = 1$

112 ●○ $\lim_{x \to -2} (4 - x^2) = 0$

113 ●○ $\lim_{x \to 1} (x^2 - 2x + 2) = 1$

114 ●○ $\lim_{x \to 0} (x^3 - 1) = -1$

115 ●○ $\lim_{x \to 0} \left(\frac{x^2}{2} - 2\right) = -2$

116 ●○ $\lim_{x \to 1} \frac{1}{x+2} = \frac{1}{3}$

117 ●● $\lim_{x \to -2} \frac{x+4}{x} = -1$

118 ●● $\lim_{x \to 1} \frac{x^2 - x}{x - 1} = 1$

119 ●● $\lim_{x \to 0} \frac{x^2 + x}{x} = 1$

120 ●● $\lim_{x \to 3} \frac{x^2 - 9}{x - 3} = 6$

121 ●● $\lim_{x \to 1} \frac{x^2 + 4x - 5}{x - 1} = 6$

122 ●● $\lim_{x \to 1} \frac{2x^2 - x - 1}{x - 1} = 3$

123 ●● $\lim_{x \to 8} \sqrt{x + 1} = 3$

124 ●● $\lim_{x \to 16} \sqrt{x} = 4$

125 $\lim_{x\to-2}\sqrt{2-x}=2$

126 $\lim_{x\to1}\sqrt{x^2+1}=\sqrt{2}$

127 $\lim_{x\to1}\dfrac{x-1}{\sqrt{x}-1}=2$

128 $\lim_{x\to4}\ln(x-3)=0$

129 $\lim_{x\to1}\log_2(3-x)=1$

130 $\lim_{x\to-\frac{1}{2}}\log_{\frac{1}{2}}(x+1)=1$

131 $\lim_{x\to0}2^x=1$

132 $\lim_{x\to2}[1+\log(x-1)]=1$

133 $\lim_{x\to-1}\left(\dfrac{1}{2}\right)^{1+x}=1$

134 $\lim_{x\to0}e^{-x}=1$

135 $\lim_{x\to1}\left(1-2^{-\frac{1}{x}}\right)=\dfrac{1}{2}$

136 $\lim_{x\to9}2(\log_3\sqrt{x}-5)=-8$

137 $\lim_{x\to2}\dfrac{1}{\log_2 x}=1$

138 $\lim_{x\to1}\left(\dfrac{1}{x}+x-3\right)=-1$

139 $\lim_{x\to3}(4^{-x+3}+1)=2$

---

140 REALTÀ E MODELLI **Quanto compri?** La quantità di un bene richiesta sul mercato dipende dal suo prezzo. La funzione della domanda di un prodotto dolciario realizzato da un panificio è approssimata dalla funzione $f(p)=100-10p$, definita nell'intervallo $[0;10]$, dove p è il prezzo espresso in euro. Verifica, applicando la definizione, che se il prezzo tende a € 4 la domanda è intorno ai 60 pezzi.

141 Dimostra che $\lim_{x\to2}(4x-10)=-2$, trovando un $\delta>0$ tale che $|(4x-10)-(-2)|<\varepsilon$ ogniqualvolta $0<|x-2|<\delta$. (USA *Stanford University*)

142 TEST Poiché $\lim_{x\to4}\dfrac{3x^2-3x-36}{x-4}=21$, per la definizione esiste un numero reale δ tale che

$$\left|\frac{3x^2-3x-36}{x-4}-21\right|<0{,}09 \text{ se } 0<|x-4|<\delta.$$

Il massimo valore valido di δ è:

A 0,01 B 0,03 C 0,3 D 0,4 E 0,07

(*Arkansas Council of Teachers of Mathematics Regional Contest*)

143 ESERCIZIO GUIDA Applicando la definizione di limite verifichiamo che *non* vale $\lim_{x\to4}(2x+1)=7$.

Scelto un $\varepsilon>0$, risolviamo la disequazione $|(2x+1)-7|<\varepsilon$.
La disequazione data è equivalente al sistema:

$$\begin{cases}2x-6<\varepsilon\\2x-6>-\varepsilon\end{cases}\to\begin{cases}2x<6+\varepsilon\\2x>6-\varepsilon\end{cases}\to$$

$$\begin{cases}x<\dfrac{6+\varepsilon}{2}\\x>\dfrac{6-\varepsilon}{2}\end{cases}\to\begin{cases}x<3+\dfrac{\varepsilon}{2}\\x>3-\dfrac{\varepsilon}{2}\end{cases}.$$

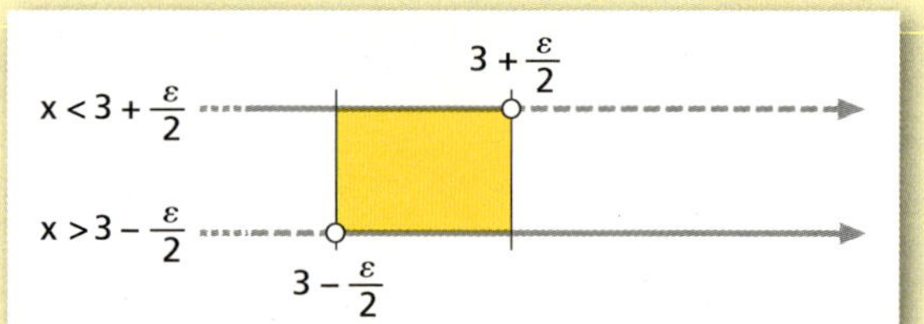

L'intervallo $\left]3-\frac{\varepsilon}{2};3+\frac{\varepsilon}{2}\right[$ può non rappresentare un intorno completo di 4 per *qualsiasi* valore di ε.

Per esempio se $\varepsilon=\frac{1}{2}$, l'intervallo $\left]3-\frac{1}{4};3+\frac{1}{4}\right[$ non è un intorno di 4. Quindi l'uguaglianza $\lim_{x\to4}(2x+1)=7$ è falsa. L'intervallo $\left]3-\frac{\varepsilon}{2};3+\frac{\varepsilon}{2}\right[$ è invece *sempre* un intorno completo di 3 di raggio $\frac{\varepsilon}{2}$, pertanto il limite corretto è $\lim_{x\to3}(2x+1)=7$.

Verifica che i seguenti limiti sono errati.

144 $\lim_{x \to 0} (2 - 3x) = -7$

145 $\lim_{x \to 3} (x + 5) = -2$

146 $\lim_{x \to 1} \sqrt{x} = 0$

147 $\lim_{x \to 1} (4x^2 - 1) = -1$

148 $\lim_{x \to -1} \ln(-x) = 1$

149 $\lim_{x \to -2} \frac{4 - x^2}{x + 2} = 2$

150 $\lim_{x \to 1} (1 - \ln x) = -1$

151 $\lim_{x \to -1} \left(\frac{1}{x} - 5\right) = -4$

152 $\lim_{x \to 1} 2^{2-2x} = 2$

Stabilisci, applicando la definizione, se i seguenti limiti sono corretti o errati.

153 $\lim_{x \to -1} (1 + x^2) = 0$

154 $\lim_{x \to 8} (\sqrt[3]{x} - 2) = 0$

155 $\lim_{x \to 1} \frac{2x - 1}{x + 1} = \frac{1}{2}$

Funzioni continue

▶ Teoria a p.1355

156 LEGGI IL GRAFICO Spiega perché le funzioni con i seguenti grafici non sono continue nei punti indicati.

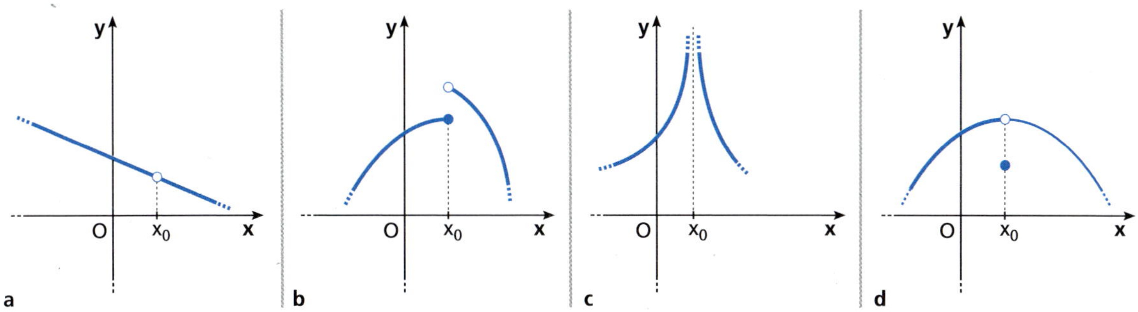

157 ESERCIZIO GUIDA Verifichiamo che la funzione $f(x) = 3x - 5$ è continua nel punto $x_0 = 2$.

Deve essere $\lim_{x \to 2} f(x) = f(2)$, ossia $\lim_{x \to 2} (3x - 5) = 1$.

Scelto $\varepsilon > 0$, risolviamo la disequazione $|(3x - 5) - 1| < \varepsilon$.

$f(x)$ continua in x_0 se $\lim_{x \to x_0} f(x) = f(x_0)$

$$|3x - 6| < \varepsilon \quad \to \quad \begin{cases} 3x - 6 < \varepsilon \\ 3x - 6 > -\varepsilon \end{cases} \quad \to \quad \begin{cases} x < \frac{6 + \varepsilon}{3} \\ x > \frac{6 - \varepsilon}{3} \end{cases} \quad \to \quad \begin{cases} x < 2 + \frac{\varepsilon}{3} \\ x > 2 - \frac{\varepsilon}{3} \end{cases} \quad \to \quad 2 - \frac{\varepsilon}{3} < x < 2 + \frac{\varepsilon}{3}$$

Poiché l'intervallo $\left]2 - \frac{\varepsilon}{3}; 2 + \frac{\varepsilon}{3}\right[$ rappresenta un intorno completo di 2, il limite è verificato e la funzione data è continua nel punto 2.

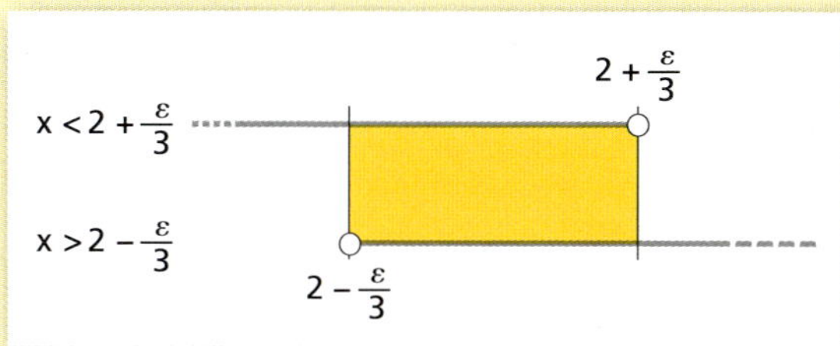

Verifica, applicando la definizione, che le seguenti funzioni sono continue nel punto indicato a fianco.

158 $f(x) = -4x + 1, \quad x_0 = -1.$

159 $f(x) = x^2 - 2x, \quad x_0 = 1.$

160 $f(x) = \sqrt{x}, \quad x_0 = 4.$

161 $f(x) = x^3 + 1, \quad x_0 = 1.$

162 $f(x) = \log_2 x, \quad x_0 = 4.$

163 $f(x) = \left(\frac{1}{2}\right)^x, \quad x_0 = -2.$

164 Verifica con la definizione che la funzione $y = \frac{x^2 - 1}{x - 1}$ *non* è continua in $x_0 = 1$.

Limite per eccesso e limite per difetto

▶ Teoria a p. 1356

165 ●○ VERO O FALSO? Data la funzione $f(x)$ rappresentata in figura, puoi dire che:

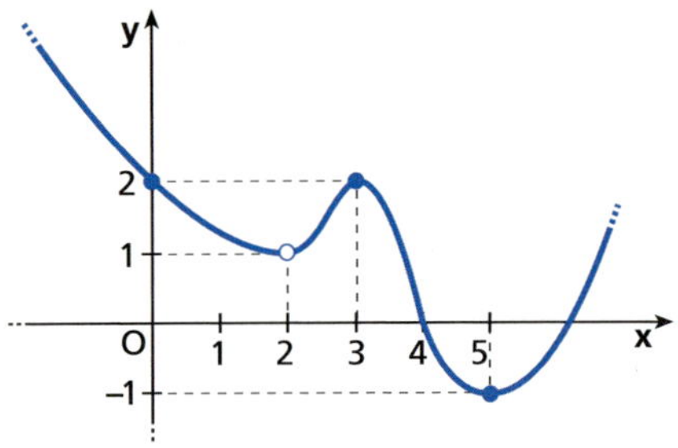

a. $\lim\limits_{x \to 3} f(x) = 2^-$. V F

b. $\lim\limits_{x \to 2} f(x) = 1^+$. V F

c. $\lim\limits_{x \to 0} f(x) = 2^+$. V F

d. $\lim\limits_{x \to 5} f(x) = -1^-$. V F

166 ●○ Rappresenta graficamente una funzione $y = f(x)$ per la quale siano veri i seguenti limiti.

$\lim\limits_{x \to -2} f(x) = -\frac{1}{2}^+$; $\quad \lim\limits_{x \to 1} f(x) = 1^+$; $\quad \lim\limits_{x \to 0} f(x) = 3^-$.

Disegna una funzione che ammetta il limite indicato e scrivilo in forma simbolica.

167 ●○ $\lim\limits_{x \to 1} f(x) = 2^-$

168 ●○ $\lim\limits_{x \to -2} f(x) = -1^+$

169 ●○ $\lim\limits_{x \to 0} f(x) = -1^-$

170 ●○ $\lim\limits_{x \to 4} f(x) = 2^+$

171 ESERCIZIO GUIDA Applicando la definizione di limite, verifichiamo che $\lim\limits_{x \to 0} (-x^2 + 4) = 4^-$.

Dobbiamo verificare che, scelto $\varepsilon > 0$, esiste un intorno di 0 per ogni $x \neq 0$ del quale si ha:

$$4 - \varepsilon < -x^2 + 4 < 4.$$

Risolviamo:

$$-\varepsilon < -x^2 < 0 \quad \to \quad 0 < x^2 < \varepsilon \quad \to \quad -\sqrt{\varepsilon} < x < \sqrt{\varepsilon}.$$

La disequazione è verificata in un intorno completo di 0, pertanto il limite è verificato.

Applicando la definizione, verifica i seguenti limiti.

172 ●○ $\lim\limits_{x \to 1} (-x^2 + 2x) = 1^-$

173 ●○ $\lim\limits_{x \to 3} (-x^2 + 6x - 9) = 0^-$

174 ●○ $\lim\limits_{x \to 0} (|x| + 3) = 3^+$

175 ●○ $\lim\limits_{x \to 0} \sqrt{x^2 + 1} = 1^+$

176 ●○ $\lim\limits_{x \to 3} (x^2 - 6x + 7) = -2^+$

177 ●● $\lim\limits_{x \to 0} \frac{1}{x^2 + 1} = 1^-$

Limite destro e limite sinistro

▶ Teoria a p. 1357

COMPLETA osservando i grafici di $y = f(x)$.

178 ●○

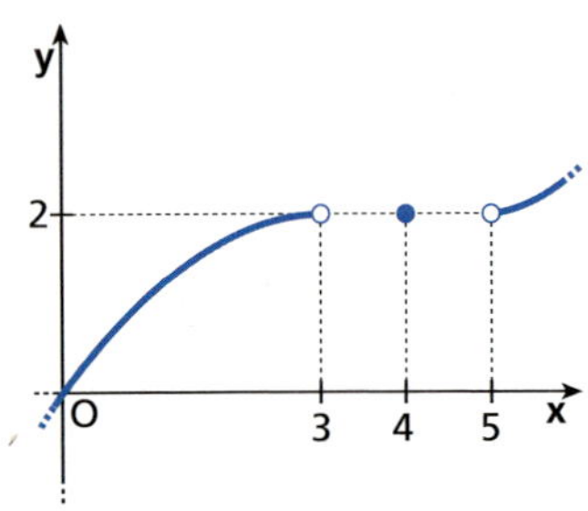

$\lim\limits_{x \to 4} f(x) = \square$; $\lim\limits_{x \to 3} f(x) = \square$;

$\lim\limits_{x \to 3^-} f(x) = \square$; $\lim\limits_{x \to 5^+} f(x) = \square$.

179 ●○

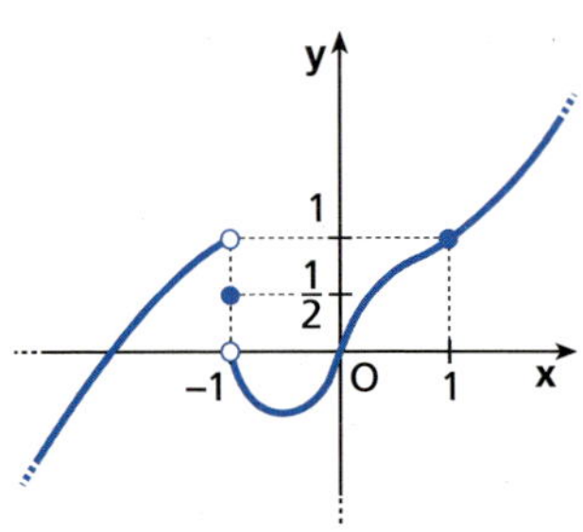

$\lim\limits_{x \to -1} f(x) = \square$; $\lim\limits_{x \to -1^+} f(x) = \square$;

$\lim\limits_{x \to -1^-} f(x) = \square$; $\lim\limits_{x \to 1} f(x) = \square$.

180 ●○

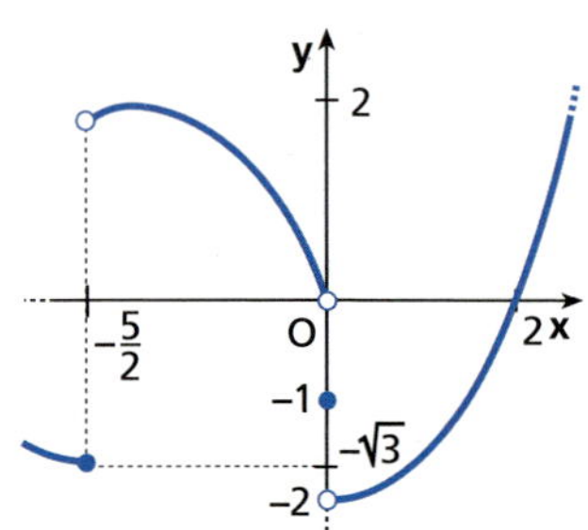

$\lim\limits_{x \to 0^-} f(x) = \square$; $\lim\limits_{x \to 2} f(x) = \square$;

$\lim\limits_{x \to 0^+} f(x) = \square$; $\lim\limits_{x \to -\frac{5}{2}^+} f(x) = \square$.

Rappresenta graficamente una funzione $y = f(x)$ per la quale siano veri i seguenti limiti.

181 $\lim_{x \to 2^+} f(x) = 1$; $\lim_{x \to 2^-} f(x) = 0$.

182 $\lim_{x \to 0^-} f(x) = 1$; $\lim_{x \to 1^+} f(x) = 0^+$.

Scrivi in forma simbolica il significato dei seguenti limiti e rappresenta una funzione che ammette ciascuno dei limiti.

183 $\lim_{x \to 1^+} f(x) = -4$

184 $\lim_{x \to 3^-} f(x) = 1$

185 $\lim_{x \to 2^+} f(x) = \frac{1}{2}$

186 $\lim_{x \to 5^-} f(x) = 2^-$

Che cosa significano le seguenti scritture per la funzione $y = f(x)$?

187 $\forall \varepsilon > 0\ \exists I^+(1): \forall x \in I^+(1), |2 - f(x)| < \varepsilon$.

188 $\forall \varepsilon > 0\ \exists I^-(-2): \forall x \in I^-(-2), |f(x) + 5| < \varepsilon$.

189 RIFLETTI SULLA TEORIA Data la funzione $y = f(x)$, il cui dominio è $D = \{1; 2\} \cup [7; 10[$, indica, motivando le risposte, se è possibile calcolare:

a. $\lim_{x \to 2} f(x)$; **b.** $\lim_{x \to 7^+} f(x)$; **c.** $\lim_{x \to 10^-} f(x)$.

YOU & MATHS

190 Suppose that the graph of $y = f(x)$ is as given below.

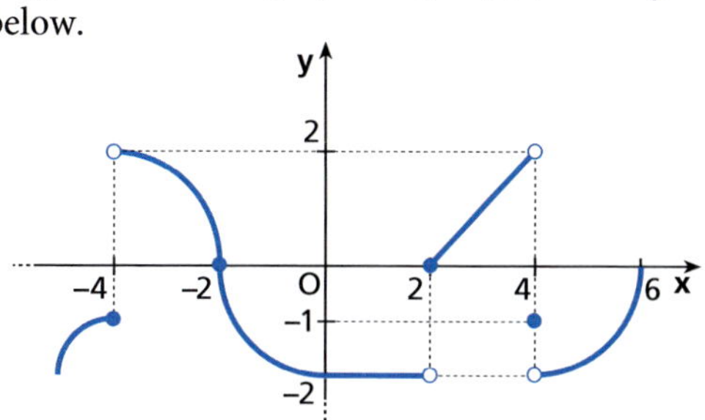

Find the following limits, if they exist:

a. $\lim_{x \to -4} f(x)$; **d.** $\lim_{x \to -4^+} f(x)$;

b. $\lim_{x \to -2} f(x)$; **e.** $\lim_{x \to 4^+} f(x)$;

c. $\lim_{x \to 2^+} f(x)$; **f.** $\lim_{x \to 4^-} f(x)$.

(USA *Southern Illinois University Carbondale*, Final Exam)

[a) it doesn't exist; b) 0; c) 0; d) 2; e) -2; f)2]

191 Suppose the graph of $y = f(x)$ is given below.

a. What is $\lim_{x \to 1^-} f(x)$?

b. What is $\lim_{x \to 1^+} f(x)$?

c. What is $\lim_{x \to 1} f(x)$?

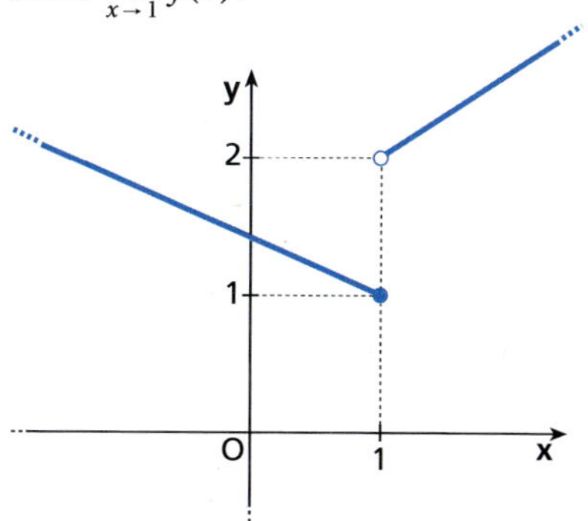

(USA *Southern Illinois University Carbondale*, Final Exam)

[a) 1; b) 2; c) it doesn't exist]

Verifica di $\lim_{x \to x_0^-} f(x) = \ell$ e $\lim_{x \to x_0^+} f(x) = \ell$

192 ESERCIZIO GUIDA Applicando la definizione di limite, verifichiamo che $\lim_{x \to 2^-} (3^x - 1) = 8$.

Dobbiamo verificare che, scelto $\varepsilon > 0$, esiste un intorno sinistro di 2 per ogni x del quale si ha $|(3^x - 1) - 8| < \varepsilon$. Risolviamo la disequazione:

$$|(3^x - 1) - 8| < \varepsilon \ \rightarrow\ -\varepsilon < 3^x - 9 < \varepsilon \ \rightarrow\ 9 - \varepsilon < 3^x < 9 + \varepsilon.$$

Poiché ε è piccolo a piacere, è lecito considerare $\varepsilon < 9$ in modo che sia $9 - \varepsilon > 0$. Applichiamo la funzione logaritmo in base 3 a tutti i membri della disequazione, conservando i versi perché la funzione è crescente.

$$\log_3(9 - \varepsilon) < \log_3 3^x < \log_3(9 + \varepsilon) \ \underset{\log_3 3^x = x}{\rightarrow}\ \log_3(9 - \varepsilon) < x < \log_3(9 + \varepsilon)$$

Osserviamo che:

$\log_3(9-\varepsilon) < \log_3 9 \;\rightarrow\; \log_3(9-\varepsilon) < 2 \quad$ e $\quad \log_3(9+\varepsilon) > \log_3 9 \;\rightarrow\; \log_3(9+\varepsilon) > 2.$

Quindi la disequazione è verificata in un intorno completo di 2. In particolare, è verificata in un suo sottoinsieme, ossia l'intorno sinistro di 2: $]\log_3(9-\varepsilon); 2[$. Pertanto il limite è verificato.

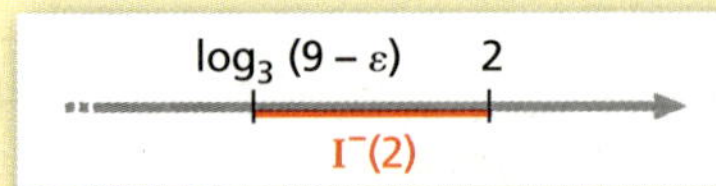

Applicando la definizione, verifica i seguenti limiti.

193 $\lim_{x\to 1^+}(4^x+1)=5$

194 $\lim_{x\to 2^-}\sqrt{2-x}=0$

195 $\lim_{x\to -1^-}(2x+3)=1$

196 $\lim_{x\to -3^+}\dfrac{x^2+5x+6}{x+3}=-1$

197 $\lim_{x\to 0^+}\dfrac{x^2-2x}{|x|}=-2$

198 $\lim_{x\to 0^-}2^{\frac{1}{x}}=0^+$

199 $\lim_{x\to 0^-}(2-\sqrt{-x})=2$

200 $\lim_{x\to 0^+}(x+\sqrt{x})=0^+$

201 $\lim_{x\to 1^-}|\ln x|=0^+$

202 $\lim_{x\to 2^+}e^{x-2}=1$

203 $\lim_{x\to 0^+}(2^x+5)=6$

204 $\lim_{x\to 1^-}\dfrac{x-2}{x}=-1$

---

205 $f(x)=\begin{cases}2x-4 & \text{se } x\geq 1\\ 2-x & \text{se } x<1\end{cases}$ $\qquad \lim_{x\to 1^+}f(x)=-2;\quad \lim_{x\to 1^-}f(x)=1.$

206 $f(x)=\begin{cases}\sqrt{x} & \text{se } x\geq 4\\ x-2 & \text{se } x<4\end{cases}$ $\qquad \lim_{x\to 4^+}f(x)=2;\quad \lim_{x\to 4^-}f(x)=2.$

207 Verifica che $\lim_{x\to 0^+}(\sqrt{x}-1)=1$ è *errato*.

Rappresenta le seguenti funzioni utilizzando eventualmente le trasformazioni geometriche. Deduci poi dal grafico i limiti indicati a fianco e verificali mediante la relativa definizione.

208 $f(x)=-\ln(x+1),\quad \lim_{x\to 0^\pm}f(x).$

209 $f(x)=|\sqrt{x}-1|,\quad \lim_{x\to 0^+}f(x),\quad \lim_{x\to 1^-}f(x).$

210 $f(x)=e^{|x|}-2,\quad \lim_{x\to 0^\pm}f(x).$

211 $f(x)=\dfrac{2x-6}{x-3},\quad \lim_{x\to 3^+}f(x),\quad \lim_{x\to 3^-}f(x).$

---

212 $f(x)=\begin{cases}x^2+4x & \text{se } -5\leq x<0\\ x+1 & \text{se } x\geq 0\end{cases},\quad \lim_{x\to -2}f(x),\quad \lim_{x\to 0^+}f(x),\quad \lim_{x\to 0^-}f(x).$

Verifica che le seguenti funzioni sono continue nei punti segnati a fianco, applicando la definizione di funzione continua.

213 $f(x)=\begin{cases}x-1 & \text{se } x\geq 1\\ -2x+2 & \text{se } x<1\end{cases},\qquad x_0=1.$

214 $f(x)=\begin{cases}-x+3 & \text{se } x<2\\ \sqrt{x-1} & \text{se } x\geq 2\end{cases},\qquad x_0=2.$

3 $\lim_{x\to x_0} f(x)=\infty$

Definizioni e significato

▶ Teoria a p. 1359

LEGGI IL GRAFICO **Deduci i limiti indicati osservando le figure.**

215

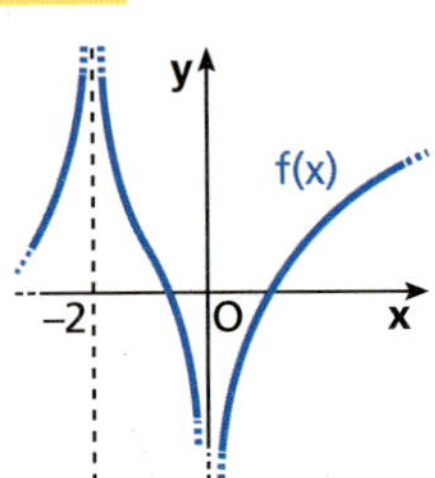

$\lim_{x\to -2^-}f(x);\quad \lim_{x\to 0^-}f(x);$

$\lim_{x\to -2^+}f(x);\quad \lim_{x\to 0^+}f(x).$

216

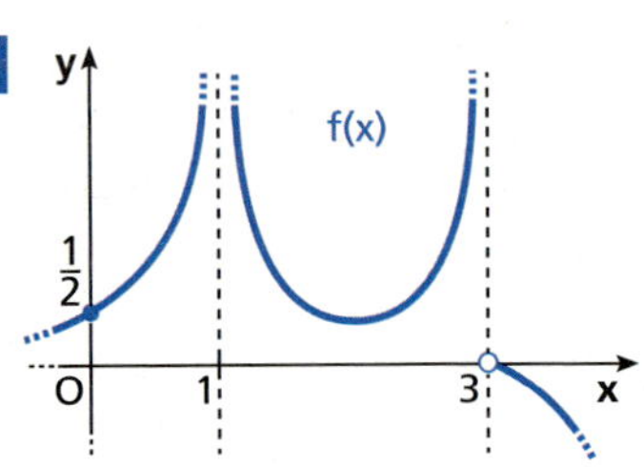

$\lim_{x\to 1^-}f(x);\quad \lim_{x\to 3^-}f(x);$

$\lim_{x\to 1^+}f(x);\quad \lim_{x\to 3^+}f(x).$

217

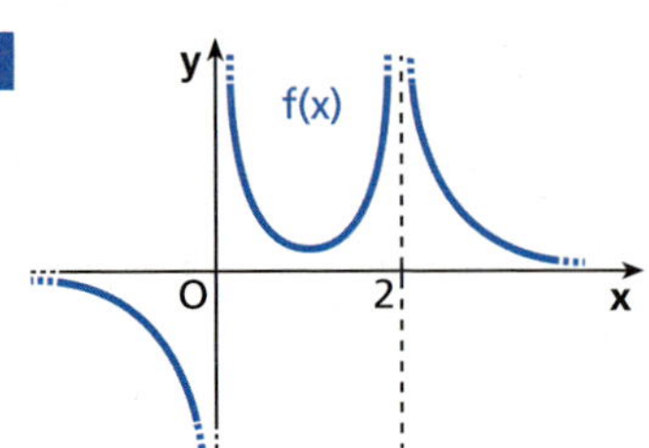

$\lim_{x\to 0^-}f(x);\quad \lim_{x\to 2^-}f(x);$

$\lim_{x\to 0^+}f(x);\quad \lim_{x\to 2^+}f(x).$

ESERCIZI

Rappresenta graficamente una funzione $y = f(x)$ per la quale siano veri i seguenti limiti.

218 $\lim_{x \to -1^-} f(x) = +\infty$; $\lim_{x \to -1^+} f(x) = -\infty$.

219 $\lim_{x \to 0^+} f(x) = +\infty$; $\lim_{x \to 0^-} f(x) = -1^-$.

Rappresenta graficamente le seguenti funzioni e deduci dai grafici i limiti indicati.

220 $f(x) = \frac{1}{x-1}$, $\lim_{x \to 1^-} f(x)$, $\lim_{x \to 1^+} f(x)$.

221 $f(x) = \frac{2-x}{x^2-2x}$, $\lim_{x \to 0^-} f(x)$, $\lim_{x \to 0^+} f(x)$.

222 COMPLETA la tabella utilizzando la calcolatrice per stimare a cosa tende la funzione $f(x) = \frac{x}{x^2 - x^3}$ per $x \to 1^+$.

x	1,3	1,2	1,1	1,01	1,001	1,0001	$\to 1^+$
$f(x)$							$\to ?$

223 Crea una tabella di valori per stimare a cosa tende la funzione $f(x) = 2^{\frac{1}{x-3}}$ per x che tende a 3^+.

Scrivi in forma simbolica il significato dei seguenti limiti.

224 $\lim_{x \to 2} f(x) = +\infty$; $\lim_{x \to 1^+} f(x) = -\infty$.

225 $\lim_{x \to -2^-} f(x) = +\infty$; $\lim_{x \to 1} f(x) = \infty$.

Che cosa significano le seguenti scritture per la funzione $y = f(x)$?

226 $\forall M > 0\ \exists I(-4): \forall x \in I(-4), x \neq -4, f(x) < -M$.

227 $\forall M > 0\ \exists I(0): \forall x \in I(0), x \neq 0, f(x) > M$.

Verifica di $\lim_{x \to x_0} f(x) = +\infty$

228 ESERCIZIO GUIDA Applicando la definizione, verifichiamo che

$$\lim_{x \to -1^+} \frac{1}{x+1} = +\infty.$$

> $\lim_{x \to x_0} f(x) = +\infty$:
> per $M > 0$, cerchiamo un intorno di x_0 dove $f(x) > M$

Fissiamo $M > 0$ e cerchiamo un intorno destro di -1 in cui $\frac{1}{x+1} > M$.

Poiché x tende a -1 da destra, è $x > -1$ e quindi $x + 1 > 0$, per cui:

$$\frac{1}{x+1} > M \to 1 > M(x+1) \to Mx < 1 - M \to x < \frac{1-M}{M}.$$

Poiché $\frac{1-M}{M} = -1 + \frac{1}{M}$, allora $-1 + \frac{1}{M}$ è maggiore di -1, quindi per $x > -1$ otteniamo l'intorno destro di -1: $\left]-1; -1 + \frac{1}{M}\right[$.

Verifica i seguenti limiti applicando la definizione.

229 $\lim_{x \to 3^-} \frac{1}{3-x} = +\infty$

230 $\lim_{x \to 0^+} \frac{1}{\sqrt{x}} = +\infty$

231 $\lim_{x \to 0^+} e^{\frac{2}{x}} = +\infty$

232 $\lim_{x \to 0^+} (-\ln x) = +\infty$

233 $\lim_{x \to \frac{1}{2}} \frac{1}{(2x-1)^2} = +\infty$

234 $\lim_{x \to 0^-} \frac{5+2x}{-x} = +\infty$

235 $\lim_{x \to 2^-} \frac{1}{\sqrt{2-x}} = +\infty$

236 $\lim_{x \to 5} \frac{5}{(x-5)^4} = +\infty$

237 $\lim_{x \to 0} \ln \frac{1}{x^2} = +\infty$

238 $\lim_{x \to 2^+} \frac{3}{\ln(x-1)} = +\infty$

239 $\lim_{x \to 1} \frac{4}{x^2-1} = +\infty$

240 $\lim_{x \to 0^+} \log_{\frac{1}{3}} x = +\infty$

241 $\lim_{x \to 2^+} \frac{1}{\sqrt{x-2}} = +\infty$

242 $\lim_{x \to 1^+} 2^{\frac{1}{x-1}} = +\infty$

243 $\lim_{x \to 1} \frac{x}{(x-1)^2} = +\infty$

244 $\lim_{x \to 0} 2^{\frac{1}{|x|}} = +\infty$

245 $\lim_{x \to 2^-} \frac{1}{4-x^2} = +\infty$

246 $\lim_{x \to 0^+} e^{\sqrt{\frac{1}{x}}} = +\infty$

247 REALTÀ E MODELLI **Un desiderio verso l'alto** Una lanterna cinese sale seguendo un percorso approssimabile con il grafico della funzione $y = \frac{8}{(2-x)^2}$, con $x \geq 0$.

a. A che distanza dal punto di lancio si trova la verticale a cui la traiettoria tende ad avvicinarsi?

b. Formalizza la tua risposta scrivendo un limite e fai la verifica.

[a) 2 m]

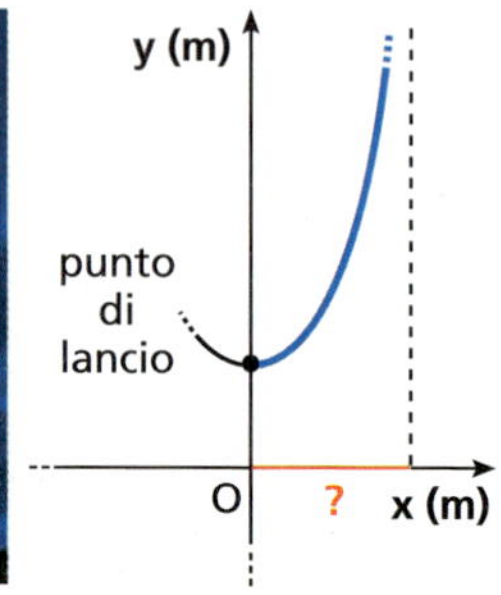

248 IN FISICA **Capacità infinita** La capacità di un condensatore piano le cui armature di area S sono poste a una distanza variabile d è espressa dalla relazione $C = \varepsilon \frac{S}{d}$, dove ε è costante e dipende dal materiale interposto fra le armature.

a. Scrivi per $\varepsilon = 2$ e $S = 25\ \text{cm}^2$ la funzione che esprime la capacità al variare della distanza.

b. Verifica che se avviciniamo indefinitamente le due armature la capacità del condensatore tende a $+\infty$.

$\left[\text{a) } C(d) = \frac{50}{d}\right]$

Verifica di $\lim_{x \to x_0} f(x) = -\infty$

249 ESERCIZIO GUIDA Verifichiamo che $\lim_{x \to 2} \frac{-2}{|x-2|} = -\infty$, mediante la definizione.

$\lim_{x \to x_0} f(x) = -\infty$:
per $M > 0$, cerchiamo un intorno di x_0 dove $f(x) < -M$

Dobbiamo verificare che, scelto $M > 0$, arbitrariamente grande, esiste un intorno completo di 2 per ogni x del quale, escluso al più 2, si ha $\frac{-2}{|x-2|} < -M$.

$$\frac{-2}{|x-2|} < -M \rightarrow \frac{2}{|x-2|} > M \rightarrow \frac{|x-2|}{2} < \frac{1}{M} \rightarrow |x-2| < \frac{2}{M} \rightarrow$$

poiché $x \neq 2$, passiamo ai reciproci

$$-\frac{2}{M} < x-2 < \frac{2}{M} \rightarrow 2 - \frac{2}{M} < x < 2 + \frac{2}{M}$$

Per ogni x, escluso $x = 2$, dell'intorno completo di 2 $\left]2 - \frac{2}{M}; 2 + \frac{2}{M}\right[$, il valore della funzione è minore di $-M$, quindi il limite è verificato.
L'intorno è circolare e ha raggio $\delta = \frac{2}{M}$.

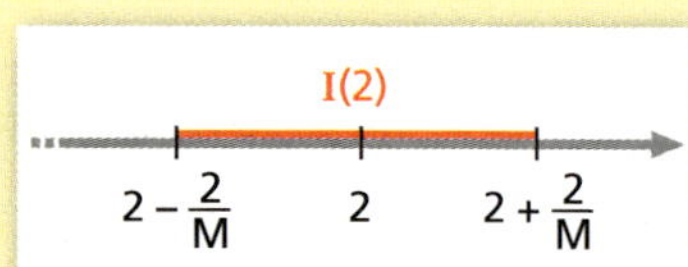

Verifica i seguenti limiti applicando la definizione.

250 $\lim_{x \to 0} -\frac{1}{3x^4} = -\infty$

251 $\lim_{x \to \frac{3}{2}^-} \frac{1}{4x^2-9} = -\infty$

252 $\lim_{x \to -1} \frac{-1}{x^2+2x+1} = -\infty$

253 $\lim_{x \to 3^-} \frac{1}{x-3} = -\infty$

254 $\lim_{x \to 0} \frac{-1}{|x|} = -\infty$

255 $\lim_{x \to -1^+} \frac{3x}{2x+2} = -\infty$

256 $\lim_{x \to 1^-} \frac{1}{\sqrt{x}-1} = -\infty$

257 $\lim_{x \to 2^+} \log_2(x-2) = -\infty$

258 $\lim_{x \to 4} \log_2|x-4| = -\infty$

259 $\lim_{x \to 1^-} \ln\sqrt{6-6x} = -\infty$

260 $\lim_{x \to 1^+} \frac{1}{2-2^x} = -\infty$

261 $\lim_{x \to 1} \frac{10}{\ln x} = \infty$

Verifica che sono errati i seguenti limiti.

262 $\lim_{x \to 2^+} \frac{x}{x^2+2x} = +\infty$

263 $\lim_{x \to 4^+} \frac{-2}{\sqrt{x-4}} = +\infty$

264 $\lim_{x \to 0^+} \ln\frac{1}{x} = -\infty$

Controlla, mediante il procedimento di verifica, se i seguenti limiti sono errati.

265 $\lim_{x \to 4^-} \frac{3}{x-4} = +\infty$

266 $\lim_{x \to -2} \frac{1}{(2-x)^2} = -\infty$

267 $\lim_{x \to 0^+} e^{\frac{2}{x}} = +\infty$

Rappresenta graficamente le seguenti funzioni, deduci dai grafici i limiti nei punti indicati a fianco ed esegui la verifica.

268 $y = \ln x - 1$, in $x = 0$, limite destro.

269 $y = \left|\frac{2x+1}{x}\right|$, in $x = 0$, limite destro.

Asintoti verticali

▶ Teoria a p. 1363

270 VERO O FALSO?

a. Una funzione può avere al massimo un asintoto verticale. V F

b. Se $\lim_{x \to 4} f(x) = +\infty$, allora $x = 4$ è un asintoto verticale per $f(x)$. V F

c. La retta di equazione $x = -2$ è asintoto verticale per $g(x)$ se $\lim_{x \to +\infty} g(x) = -2$. V F

d. La funzione $y = \tan x$ ha infiniti asintoti verticali. V F

271 Utilizzando il linguaggio dei limiti, scrivi che la funzione $y = f(x)$ ha un asintoto verticale di equazione $x = -1$.

LEGGI IL GRAFICO Scrivi le equazioni degli asintoti verticali delle funzioni rappresentate e scrivi i limiti che li esprimono.

272

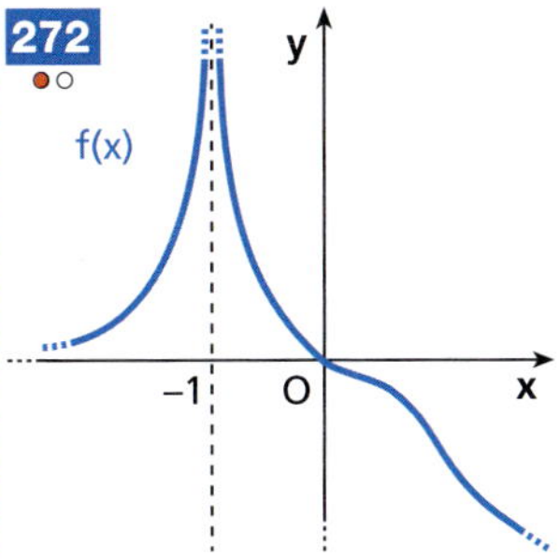

273

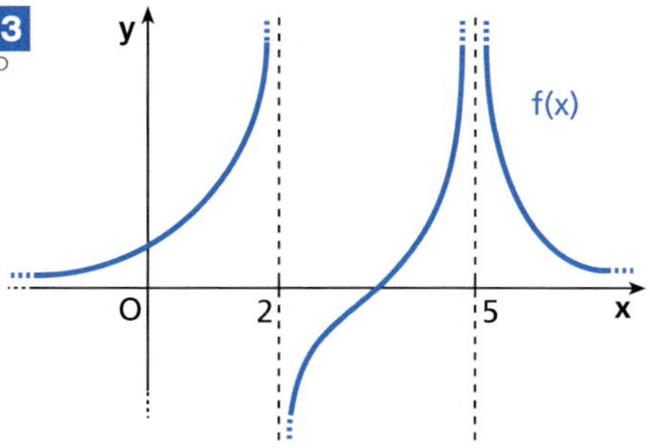

274

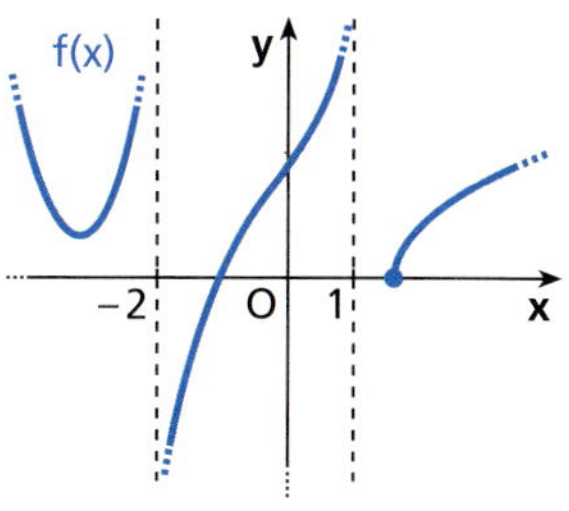

275 FAI UN ESEMPIO Disegna il grafico di una funzione che abbia un asintoto verticale sinistro di equazione $x = -3$ e un asintoto verticale destro di equazione $x = 5$.

276 RIFLETTI SULLA TEORIA Una funzione $y = f(x)$ ha dominio $D = \mathbb{R}$ e immagine $C = [-2; 2]$. Può avere asintoti verticali?

ESERCIZI

277 ESERCIZIO GUIDA Verifichiamo che la funzione $f(x) = \frac{1}{\ln(2x-1)}$ ha un asintoto verticale in $x = 1$.

Deve essere $\lim_{x \to 1} \frac{1}{\ln(2x-1)} = \infty$ (eventualmente anche soltanto il limite destro o il limite sinistro).

Se il limite è vero, allora, scelto $M > 0$, arbitrariamente grande, deve esistere un intorno di 1 per ogni x del quale, escluso 1, si ha:

$$\left|\frac{1}{\ln(2x-1)}\right| > M,$$

cioè $|\ln(2x-1)| < \frac{1}{M}$, $x \neq 1$. Otteniamo:

$$|\ln(2x-1)| < \frac{1}{M} \to -\frac{1}{M} < \ln(2x-1) < \frac{1}{M} \to$$

$$e^{-\frac{1}{M}} < 2x - 1 < e^{\frac{1}{M}} \to$$

$$\frac{1}{2}e^{-\frac{1}{M}} + \frac{1}{2} < x < \frac{1}{2}e^{\frac{1}{M}} + \frac{1}{2}.$$

Essendo $1 = e^0$, possiamo affermare che l'intervallo delle soluzioni è un intorno completo di 1.

Risolvendo separatamente le disequazioni

$$\frac{1}{\ln(2x-1)} > M \quad \text{e} \quad \frac{1}{\ln(2x-1)} < -M,$$

otteniamo come soluzioni rispettivamente un intorno sinistro e un intorno destro di 1, e verificando così che $\lim_{x \to 1^-} f(x) = +\infty$ e $\lim_{x \to 1^+} f(x) = -\infty$.

Pertanto $x = 1$ è asintoto verticale per il grafico della funzione.

Verifica che le seguenti funzioni hanno come asintoto verticale la retta di equazione data.

278 $y = \frac{3}{x}$, $x = 0$.

279 $y = \frac{1}{x-2}$, $x = 2$.

280 $y = \frac{1}{\ln x}$, $x = 1$.

281 $y = \frac{2}{(x-1)^2}$, $x = 1$.

282 $y = \frac{2}{\sqrt{x} - 2}$, $x = 4$.

283 $y = \frac{x-3}{x^2 - x}$, $x = 0$.

4 $\lim_{x \to \infty} f(x) = \ell$

Definizioni e significato

▶ Teoria a p. 1364

LEGGI IL GRAFICO Deduci i limiti indicati.

284

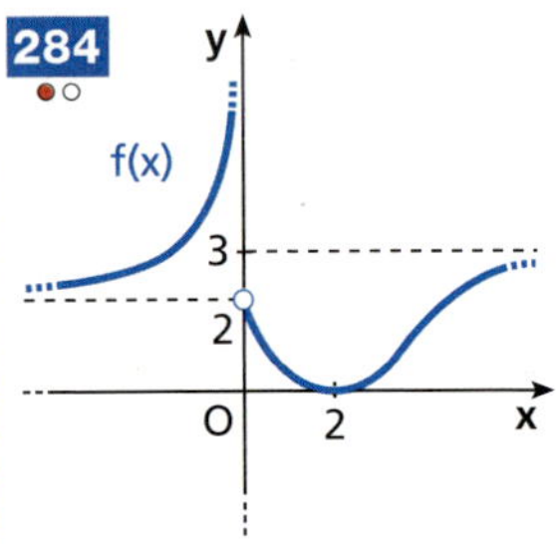

$\lim_{x \to -\infty} f(x)$;
$\lim_{x \to +\infty} f(x)$;
$\lim_{x \to 0^+} f(x)$.

285

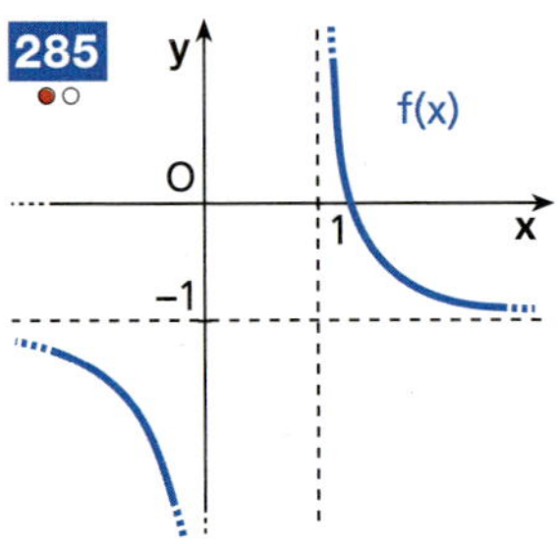

$\lim_{x \to +\infty} f(x)$;
$\lim_{x \to -\infty} f(x)$;
$\lim_{x \to 1^+} f(x)$.

286

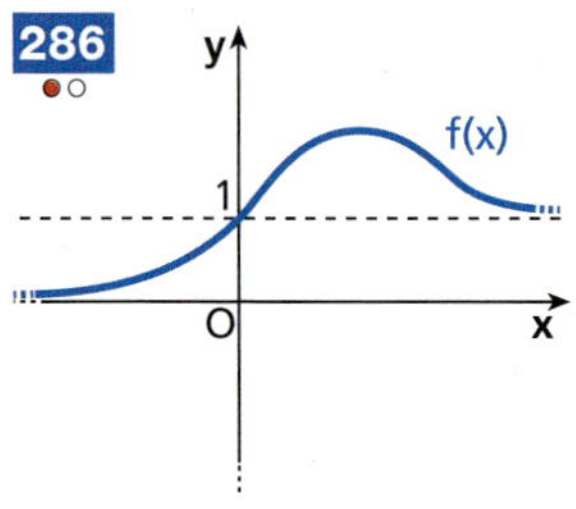

$\lim_{x \to +\infty} f(x)$;
$\lim_{x \to -\infty} f(x)$;
$\lim_{x \to 0} f(x)$.

287

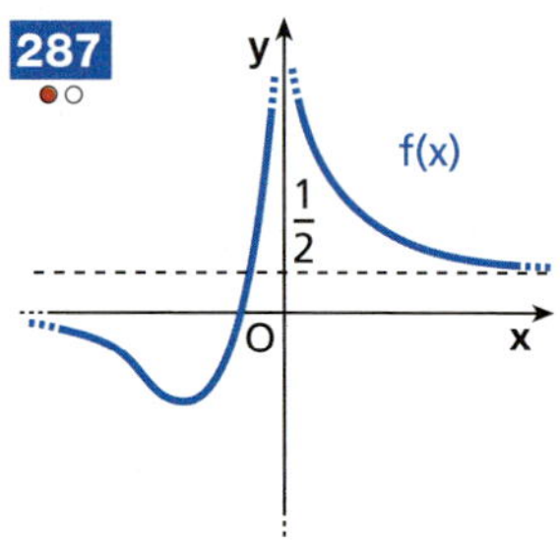

$\lim_{x \to -\infty} f(x)$;
$\lim_{x \to +\infty} f(x)$;
$\lim_{x \to 0} f(x)$.

Rappresenta graficamente le seguenti funzioni e deduci dal grafico i limiti indicati.

288 $f(x) = 1 + \frac{3}{x}$, $\lim_{x\to-\infty} f(x)$, $\lim_{x\to+\infty} f(x)$.

289 $f(x) = e^{-x} + 1$, $\lim_{x\to+\infty} f(x)$, $\lim_{x\to 0} f(x)$.

290 COMPLETA la tabella utilizzando la calcolatrice per stimare a cosa tende la funzione $f(x) = \frac{x^2-2}{4-x^2}$ per x che tende a $+\infty$.

x	1	10	50	100	1000	10 000	$\to +\infty$
$f(x)$							$\to$?

291 Crea una tabella di valori per stimare a cosa tende la funzione $f(x) = \frac{2\ln x}{x}$ per x che tende a $+\infty$.

Rappresenta graficamente una funzione $y = f(x)$ per la quale siano veri i limiti indicati.

292 $\lim_{x\to+\infty} f(x) = 3^-$ e $\lim_{x\to-\infty} f(x) = -1^+$.

293 $\lim_{x\to-\infty} f(x) = 0^+$ e $\lim_{x\to+\infty} f(x) = 1^-$.

294 Scrivi in forma simbolica il significato dei seguenti limiti.

a. $\lim_{x\to+\infty} f(x) = 2$ **b.** $\lim_{x\to-\infty} f(x) = 1$ **c.** $\lim_{x\to\infty} f(x) = -2$

Che cosa significano le seguenti scritture per la funzione $y = f(x)$?

295 $\forall \varepsilon > 0\ \exists c > 0 : \forall x > c, |f(x) - 2| < \varepsilon$.

296 $\forall \varepsilon > 0\ \exists c > 0 : \forall x < -c, |f(x) + 1| < \varepsilon$.

297 RIFLETTI SULLA TEORIA Spiega perché non è possibile calcolare i seguenti limiti.

a. $\lim_{x\to+\infty} \sqrt{4-x^2}$ **b.** $\lim_{x\to+\infty} \ln(1-x)$

298 AL VOLO La funzione $f(x)$ ha dominio $]2; +\infty[$. Correggi le scritture $\lim_{x\to\infty} f(x) = 2$ e $\lim_{x\to 2} f(x) = +\infty$ in modo che abbiano senso.

Verifica di $\lim_{x\to+\infty} f(x) = \ell$

299 ESERCIZIO GUIDA Applicando la definizione di limite, verifichiamo che $\lim_{x\to+\infty} \frac{3x+1}{x} = 3$.

$\lim_{x\to+\infty} f(x) = \ell$: per $\varepsilon > 0$, cerchiamo un intorno di $+\infty$ dove $|f(x) - \ell| < \varepsilon$

Scelto $\varepsilon > 0$, dobbiamo verificare che esiste un intorno di $+\infty$ per ogni x del quale si ha: $\left|\frac{3x+1}{x} - 3\right| < \varepsilon$.

Risolviamo la disequazione, con $x \neq 0$:

$$\left|\frac{3x+1-3x}{x}\right| < \varepsilon \to \left|\frac{1}{x}\right| < \varepsilon \to |x| > \frac{1}{\varepsilon} \to$$

$$x < -\frac{1}{\varepsilon} \vee x > \frac{1}{\varepsilon}.$$

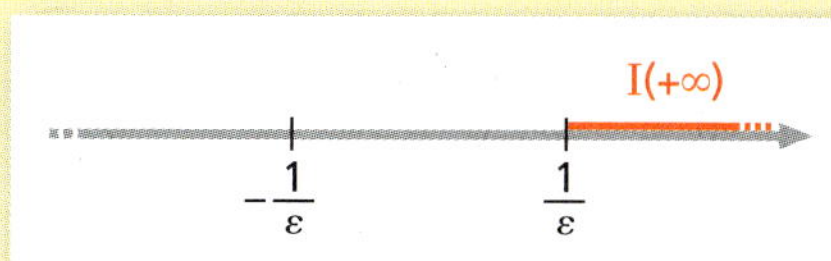

La disequazione è verificata in particolare per $x > \frac{1}{\varepsilon}$, cioè per ogni x dell'intorno $\left]\frac{1}{\varepsilon}; +\infty\right[$ di $+\infty$: il limite è verificato.

Mediante la definizione, verifica i seguenti limiti.

300 $\lim_{x\to+\infty} \frac{2}{x+10} = 0$

301 $\lim_{x\to+\infty} \frac{4}{x-3} = 0$

302 $\lim_{x\to+\infty} \frac{4x-1}{2x+1} = 2$

ESERCIZI

303 $\lim_{x\to+\infty} \frac{2}{\sqrt{x}} = 0$

304 $\lim_{x\to+\infty} \frac{x^3+4}{x^3} = 1$

305 $\lim_{x\to+\infty} \frac{4x-3}{2x} = 2$

306 $\lim_{x\to+\infty} \frac{-3x}{|x|+1} = -3$

307 $\lim_{x\to+\infty} (\sqrt{x^2-1}-x) = 0$

308 $\lim_{x\to+\infty} \ln\frac{x}{x-1} = 0$

309 $\lim_{x\to+\infty} \frac{\ln x}{2\ln x - 1} = \frac{1}{2}$

310 $\lim_{x\to+\infty} 2^{1-x} = 0$

311 $\lim_{x\to+\infty} \frac{1}{1+e^x} = 0$

312 REALTÀ E MODELLI **Verso l'infinito (piano piano)** Una tartaruga scende lungo un sentiero, il cui profilo, indicato in figura, si può modellizzare con il grafico della funzione $y = \frac{x+3}{x+1}$, con $x \geq 0$. Verifica con la definizione di limite che se la tartaruga andasse avanti all'infinito lungo il sentiero non scenderebbe comunque mai al di sotto di 1000 metri s.l.m.

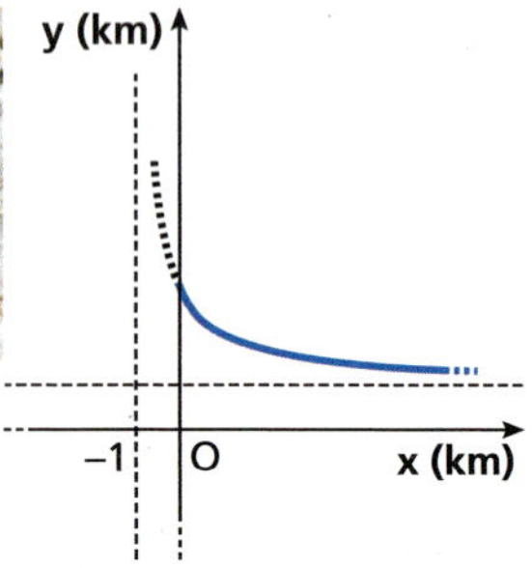

Verifica di $\lim_{x\to-\infty} f(x) = \ell$

313 ESERCIZIO GUIDA Mediante la definizione, verifichiamo $\lim_{x\to-\infty} e^{2x} = 0$.

Dobbiamo verificare che, fissato $\varepsilon > 0$, esiste un intorno di $-\infty$ per ogni x del quale si ha $|e^{2x} - 0| < \varepsilon$. Risolviamo la disequazione:

$$|e^{2x}| < \varepsilon \underset{e^{2x}>0\ \forall x}{\rightarrow} e^{2x} < \varepsilon.$$

Applichiamo il logaritmo in base e a entrambi i membri, mantenendo il verso poiché la base è $e > 1$:

$$\ln e^{2x} < \ln\varepsilon \underset{\ln e^{2x} = 2x}{\rightarrow} 2x < \ln\varepsilon \rightarrow x < \frac{\ln\varepsilon}{2}.$$

La disequazione è verificata in $\left]-\infty; \frac{\ln\varepsilon}{2}\right[$ che è un intorno di $-\infty$; quindi il limite è verificato.

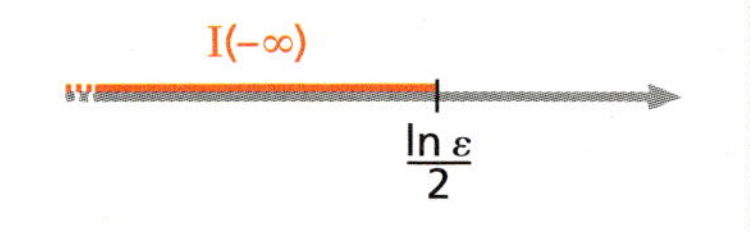

Mediante la definizione, verifica i seguenti limiti.

314 $\lim_{x\to-\infty} \frac{2}{2x+1} = 0$

315 $\lim_{x\to-\infty} \frac{2x-1}{x+1} = 2$

316 $\lim_{x\to-\infty} \frac{x^3+1}{2x^3} = \frac{1}{2}$

317 $\lim_{x\to-\infty} e^{-2+x} = 0$

318 $\lim_{x\to-\infty} \frac{1}{-\ln(-x)} = 0$

319 $\lim_{x\to-\infty} (1-e^{2x}) = 1$

320 $\lim_{x\to-\infty} \frac{1}{\ln x^2} = 0$

321 $\lim_{x\to-\infty} \frac{1}{\sqrt{1-x}} = 0$

322 $\lim_{x\to-\infty} \ln(1+e^x) = 0$

Verifica di $\lim_{x\to\infty} f(x) = \ell$

323 ESERCIZIO GUIDA Verifichiamo $\lim_{x\to\infty} \frac{x}{x-1} = 1$.

Scelto $\varepsilon > 0$, cerchiamo un intorno di ∞ per ogni x del quale si ha $\left|\frac{x}{x-1} - 1\right| < \varepsilon$.

Risolviamo la disequazione, con $x \neq 1$:

$$\left|\frac{x}{x-1}-1\right|<\varepsilon \rightarrow \left|\frac{x-x+1}{x-1}\right|<\varepsilon \rightarrow \left|\frac{1}{x-1}\right|<\varepsilon \rightarrow |x-1|>\frac{1}{\varepsilon} \rightarrow$$

$$x-1<-\frac{1}{\varepsilon} \vee x-1>\frac{1}{\varepsilon} \rightarrow x<1-\frac{1}{\varepsilon} \vee x>1+\frac{1}{\varepsilon}.$$

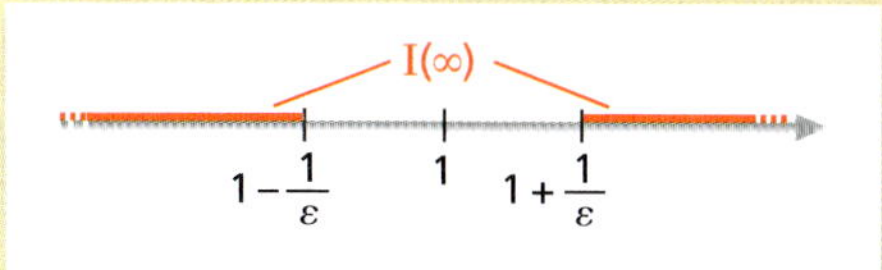

La disequazione è vera in $\left]-\infty;1-\frac{1}{\varepsilon}\right[\cup\left]1+\frac{1}{\varepsilon};+\infty\right[$, che è un intorno di ∞, quindi il limite è verificato.

Verifica i seguenti limiti.

324 $\lim_{x\to\infty}\frac{1}{x^3}=0$

325 $\lim_{x\to\infty}\frac{x+4}{x}=1$

326 $\lim_{x\to\infty}\frac{2x}{x-1}=2$

327 $\lim_{x\to+\infty}\left(\frac{1}{\sqrt{x}}-1\right)=-1$

328 $\lim_{x\to+\infty}\frac{1}{\log_2 x}=0$

329 $\lim_{x\to+\infty}\left(2-\frac{1}{e^{x-2}}\right)=2$

330 $\lim_{x\to\infty}\frac{1}{3^{x^2}}=0$

331 $\lim_{x\to+\infty}2^{\frac{1}{x-1}}=1$

332 $\lim_{x\to\infty}\frac{1}{x^3-1}=0$

333 $\lim_{x\to+\infty}f(x)=2,\ \lim_{x\to-\infty}f(x)=1,\quad f(x)=\begin{cases}\dfrac{x^2}{x^2+1} & \text{se } x<0\\ \dfrac{2x}{x+1} & \text{se } x\geq 0\end{cases}.$

Verifica che i seguenti limiti sono errati.

334 $\lim_{x\to-\infty}\frac{1}{2^x}=1$

335 $\lim_{x\to+\infty}\ln(1+x)=0$

336 $\lim_{x\to\infty}\frac{1}{2|x|-3}=2$

Asintoti orizzontali

▶ Teoria a p. 1366

337 Scrivi, utilizzando il linguaggio dei limiti, che una funzione $y=f(x)$ ha un asintoto orizzontale di equazione $y=4$.

338 LEGGI IL GRAFICO Scrivi le equazioni degli asintoti della funzione $y=f(x)$ rappresentata e scrivi i limiti che li esprimono.

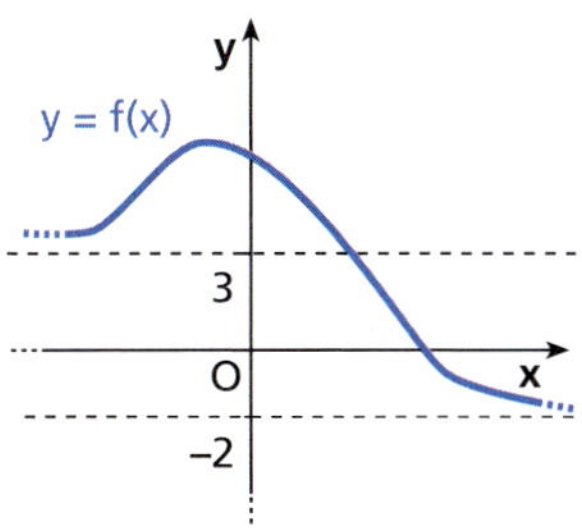

339 Disegna il grafico di una funzione che abbia un asintoto orizzontale sinistro di equazione $y=-\frac{1}{2}$ e che non abbia asintoto orizzontale destro.

340 TEST Una funzione $y=f(x)$:

- **A** ha al massimo un asintoto orizzontale.
- **B** ha al massimo due asintoti orizzontali.
- **C** ha sempre almeno un asintoto orizzontale.
- **D** ha al massimo due asintoti.
- **E** non può avere sia asintoto orizzontale sia asintoto verticale.

RIFLETTI SULLA TEORIA

341 La funzione $y=f(x)$ ha come dominio $D=[0;5]$. Può avere un asintoto orizzontale? E verticale?

342 Una funzione periodica può avere un asintoto orizzontale? E verticale?

ESERCIZI

Verifica, applicando la definizione, che le seguenti funzioni ammettono come asintoti orizzontali le rette le cui equazioni sono indicate a fianco.

343 $y = \frac{x}{1-x}$, $y = -1$ per $x \to \pm\infty$.

344 $y = \frac{1}{x-3}$, $y = 0$ per $x \to \pm\infty$.

345 $y = \frac{\sqrt{x}+1}{\sqrt{x}-1}$, $y = 1$ per $x \to +\infty$.

346 $y = \frac{1}{\ln(x-1)}$, $y = 0$ per $x \to +\infty$.

347 Verifica che la funzione $y = \frac{2|x|-1}{x}$ ha come asintoto orizzontale la retta di equazione $y = 2$. La funzione ha altri asintoti orizzontali? [sì, $y = 2$]

Stabilisci se le seguenti funzioni ammettono come asintoti orizzontali le rette le cui equazioni sono indicate a fianco.

348 $y = \frac{x}{1+x} - \frac{1}{1-x}$, $y = 1$ per $x \to \pm\infty$. [sì]

349 $y = \frac{e^x + e^{-x}}{e^x}$, $y = 0$ per $x \to +\infty$. [no]

350 Rappresenta il grafico della funzione $y = 1 - e^{-x}$ e verifica, applicando la definizione, l'esistenza di un asintoto orizzontale.

Rappresenta graficamente le seguenti funzioni e verifica l'esistenza di un asintoto orizzontale mediante la definizione di limite.

351 $y = \begin{cases} e^x & \text{se } x \le 0 \\ \frac{1}{x^2} & \text{se } x > 0 \end{cases}$

352 $y = \frac{2}{x-1}$

353 $y = \frac{1}{|x|-1}$

354 REALTÀ E MODELLI **Il moscerino della frutta** Un modello che rappresenta l'evoluzione di una popolazione di moscerini della frutta ha equazione:

$$N(t) = \frac{200}{3e^{-\frac{2}{5}t} + 2},$$

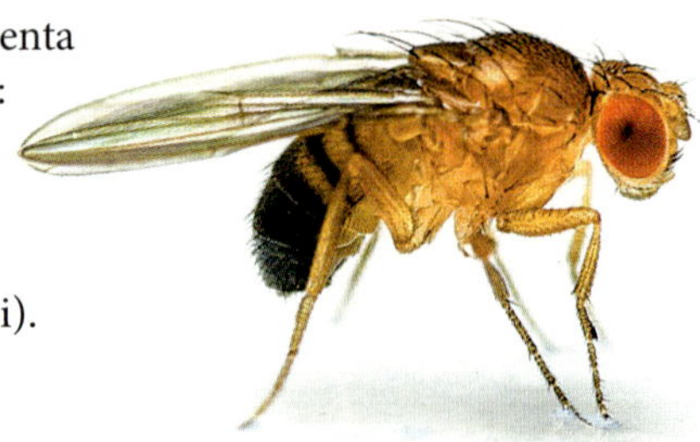

dove $N(t)$ è il numero di moscerini e t è il tempo (misurato in giorni).

a. Quanti sono i moscerini all'inizio dell'osservazione? In quanto tempo la popolazione diventa di 50 individui?

b. Disegna il grafico di $N(t)$ e osserva che ammette un asintoto orizzontale. Che significato assume per la popolazione di moscerini questa retta? Verifica tale risultato attraverso la definizione di limite.

[a) 40, $t \simeq 1$ giorno; b) $N = 100$]

5 $\lim\limits_{x \to \infty} f(x) = \infty$

Teoria a p. 1367

LEGGI IL GRAFICO Deduci i limiti indicati.

355

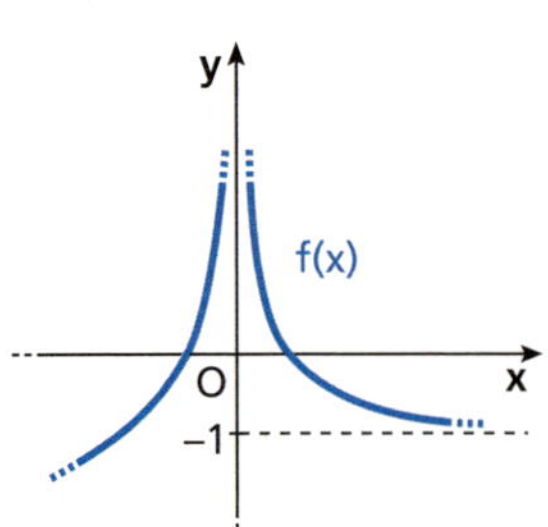

$\lim\limits_{x \to -\infty} f(x)$; $\lim\limits_{x \to 0^-} f(x)$; $\lim\limits_{x \to +\infty} f(x)$; $\lim\limits_{x \to 0^+} f(x)$.

356

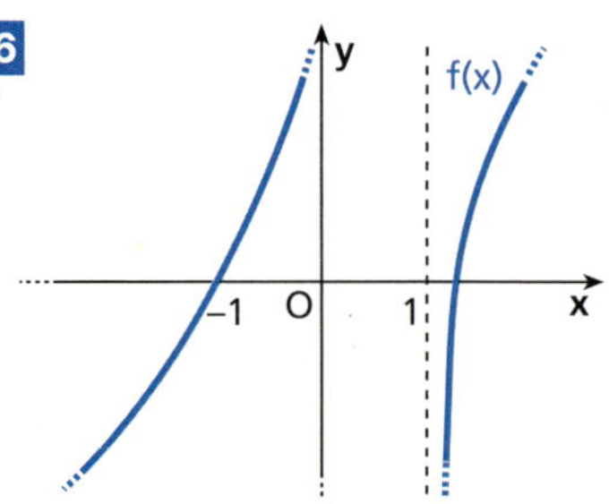

$\lim\limits_{x \to -\infty} f(x)$; $\lim\limits_{x \to 0^-} f(x)$; $\lim\limits_{x \to +\infty} f(x)$; $\lim\limits_{x \to 1^+} f(x)$.

357

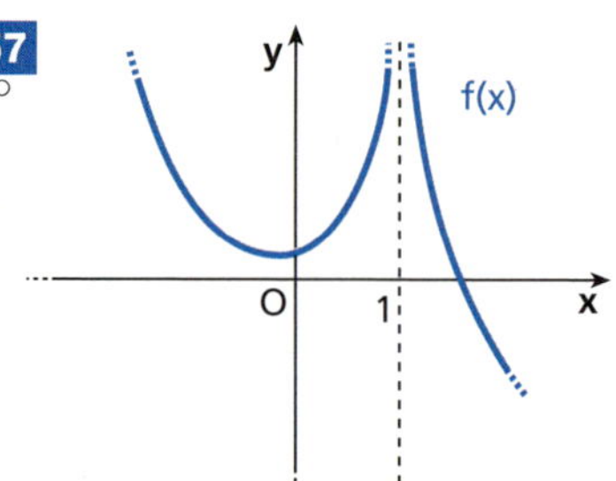

$\lim\limits_{x \to -\infty} f(x)$; $\lim\limits_{x \to 1} f(x)$. $\lim\limits_{x \to +\infty} f(x)$;

Rappresenta graficamente le seguenti funzioni e deduci dai grafici i limiti indicati.

358 $f(x) = x^2 - 4x$, $\lim_{x \to +\infty} f(x)$, $\lim_{x \to -\infty} f(x)$.

359 $f(x) = -\ln x - 1$, $\lim_{x \to +\infty} f(x)$, $\lim_{x \to 0^+} f(x)$.

---

360 Crea una tabella di valori per stimare il limite della funzione $f(x) = e^{2x+1}$ per x che tende a $+\infty$.

361 COMPLETA la tabella utilizzando la calcolatrice per stimare a cosa tende la funzione $f(x) = \frac{x^2+3}{x}$ per x che tende a $-\infty$.

x	-1	-5	-10	-100	-1000	$-10\,000$	$\to -\infty$
***f*(*x*)**							$\to ?$

Scrivi in forma simbolica il significato dei seguenti limiti.

362 $\lim_{x \to +\infty} f(x) = -\infty$; $\lim_{x \to \infty} f(x) = -\infty$.

363 $\lim_{x \to -\infty} \sqrt{1-x} = +\infty$; $\lim_{x \to \infty} (x^4 - 4) = +\infty$.

Che cosa significano le seguenti scritture per la funzione *f*(*x*)?

364 $\forall M > 0\ \exists c > 0: \forall x$ con $x > c$, $f(x) < -M$.

365 $\forall M > 0\ \exists c > 0: \forall x < -c$, $f(x) > M$.

Verifica di $\lim_{x \to \infty} f(x) = \infty$

366 ESERCIZIO GUIDA Verifichiamo i limiti:

a. $\lim_{x \to +\infty} (x^3 + 2) = +\infty$;

b. $\lim_{x \to \infty} (x^2 + 1) = +\infty$.

$\lim_{x \to +\infty} f(x) = +\infty$: per $M > 0$, cerchiamo un intorno di $+\infty$ dove $f(x) > M$

a. Dobbiamo verificare che, scelto $M > 0$, esiste un intorno di $+\infty$ per ogni x del quale si ha $x^3 + 2 > M$. Risolviamo la disequazione:

$$x^3 + 2 > M \quad \to \quad x^3 > M - 2 \quad \to \quad x > \sqrt[3]{M-2}.$$

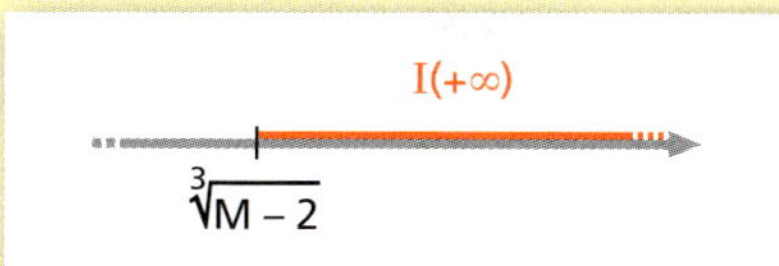

L'insieme delle soluzioni è l'intervallo $]\sqrt[3]{M-2}; +\infty[$, che è un intorno di $+\infty$, quindi il limite è verificato.

b. Scelto $M > 0$, cerchiamo un intorno di ∞, per ogni x del quale si abbia $x^2 + 1 > M$. Risolviamo la disequazione, per la quale, supponendo $M > 1$, otteniamo:

$$x^2 + 1 > M \quad \to \quad x^2 > M - 1 \quad \to$$
$$x < -\sqrt{M-1} \vee x > \sqrt{M-1}.$$

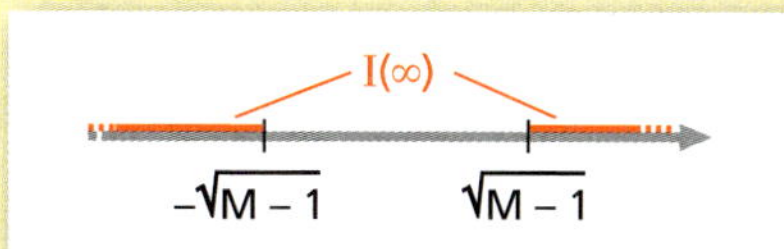

Per ogni x dell'intorno di ∞ $]-\infty; -\sqrt{M-1}[\, \cup\,]\sqrt{M-1}; +\infty[$ è vera la condizione $x^2 + 1 > M$, quindi il limite è verificato.

Verifica i seguenti limiti mediante le relative definizioni.

367 $\lim_{x \to +\infty} \sqrt{x^2+1} = +\infty$

368 $\lim_{x \to +\infty} (-3x^3) = -\infty$

369 $\lim_{x \to +\infty} \sqrt[3]{x} = +\infty$

370 $\lim_{x \to -\infty} (x^2 - 1) = +\infty$

371 $\lim_{x \to +\infty} 2^{x-4} = +\infty$

372 $\lim_{x \to +\infty} (\log_2 x - 2) = +\infty$

373 $\lim_{x \to +\infty} \frac{1+\sqrt{x}}{3} = +\infty$

374 $\lim_{x \to \infty} \ln \frac{|x|}{2} = +\infty$

375 $\lim_{x \to +\infty} e^{x^2} = +\infty$

ESERCIZI

376 $\lim_{x\to+\infty}(8x^3-1)=+\infty$

377 $\lim_{x\to+\infty}(2+2^{2x})=+\infty$

378 $\lim_{x\to+\infty}\ln\frac{3}{x-2}=-\infty$

379 $\lim_{x\to-\infty}2^{x^2-1}=+\infty$

380 $\lim_{x\to\infty}(2x^4-1)=+\infty$

381 $\lim_{x\to-\infty}\sqrt{x^2-3x}=+\infty$

382 $\lim_{x\to-\infty}\log_{\frac{1}{2}}(2-4x)=-\infty$

383 $\lim_{x\to+\infty}(\sqrt{x^2+1}-1)=+\infty$

384 $\lim_{x\to+\infty}(4-2|x|)=-\infty$

385 $\lim_{x\to+\infty}\frac{1-x^2}{x}=-\infty$

386 $\lim_{x\to+\infty}(\sqrt{x^2+2}+x)=+\infty$

387 $\lim_{x\to-\infty}\frac{1-2x^2}{3x}=+\infty$

MATEMATICA AL COMPUTER

Limiti di funzioni Data la famiglia di funzioni $f(x)=\frac{px+q}{ax^2+bx+c}$, con $a\neq 0$, costruiamo un foglio elettronico che, dopo aver ricevuto i valori dei parametri, stabilisca il dominio della funzione corrispondente e permetta di ottenere delle tabelle di valori in prossimità degli estremi del dominio.
Proviamo il foglio supponendo $p=3, q=-6, a=1, b=-5, c=6$.

Risoluzione – 20 Esercizi in più

Verifica che i seguenti limiti sono errati.

388 $\lim_{x\to+\infty}\frac{1}{\sqrt{x-1}}=-\infty$

389 $\lim_{x\to-\infty}2^{x-4}=-\infty$

Controlla, mediante il procedimento di verifica, *se* i seguenti limiti sono errati.

390 $\lim_{x\to-\infty}\ln\frac{1}{1-x}=-\infty$

391 $\lim_{x\to-\infty}(x-x^2)=+\infty$

Rappresenta graficamente le seguenti funzioni, deduci dai grafici i limiti indicati a fianco ed esegui la verifica.

392 $y=\sqrt{x-1}$, $\quad\lim_{x\to+\infty}y$.

393 $y=-\ln(x+2)$, $\quad\lim_{x\to+\infty}y$.

394 $y=\begin{cases}x^2-1 & \text{se } x>0\\ -e^{-x} & \text{se } x\leq 0\end{cases}$, $\quad\lim_{x\to-\infty}y$, $\quad\lim_{x\to+\infty}y$.

Riepilogo: I limiti e la loro verifica

395 RIFLETTI SULLA TEORIA Per quale dei seguenti domini di $f(x)$ ha senso calcolare $\lim_{x\to4}f(x)$?

$D_1=\mathbb{R}-\{4\}$ $\qquad$ $D_2=[1;3]\cup\{4\}$ $\qquad$ $D_3=]-\infty;4]$

396 VERO O FALSO?

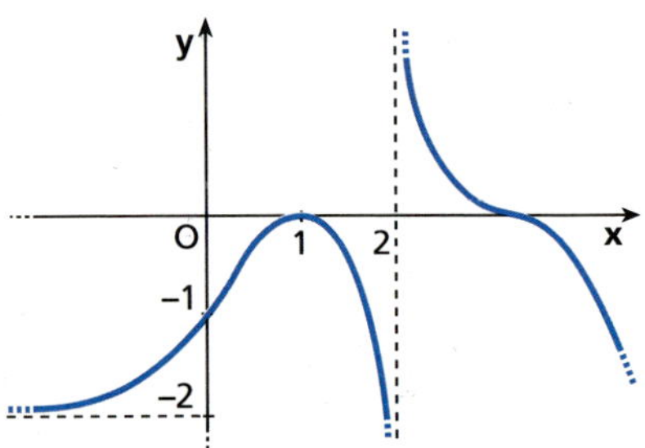

a. $\lim_{x\to-\infty}f(x)=-\infty$ V F

b. $\lim_{x\to0^+}f(x)=-1$ V F

c. $\lim_{x\to1^+}f(x)=1$ V F

d. $\lim_{x\to2^+}f(x)=+\infty$ V F

e. $\lim_{x\to+\infty}f(x)=+\infty$ V F

f. $\lim_{x\to0^-}f(x)=-1$ V F

g. $\lim_{x\to1^-}f(x)=0$ V F

h. $\lim_{x\to2^-}f(x)=-\infty$ V F

LEGGI IL GRAFICO Dal grafico della funzione $y = f(x)$ deduci, se esistono, i limiti indicati.

397 ●○

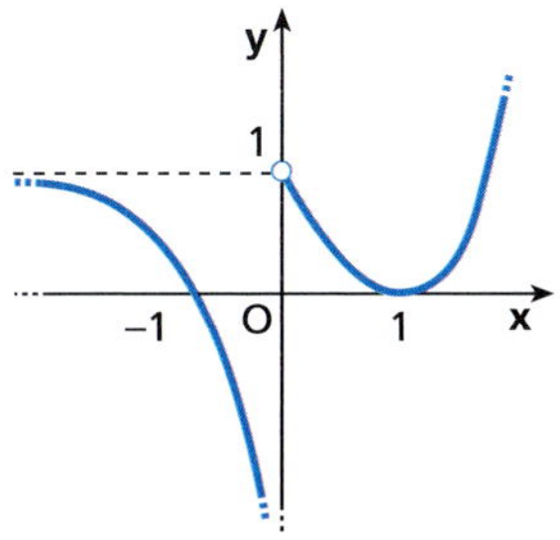

a. $\lim_{x\to-\infty} f(x)$;

b. $\lim_{x\to 0^-} f(x)$;

c. $\lim_{x\to 1} f(x)$;

d. $\lim_{x\to+\infty} f(x)$;

e. $\lim_{x\to 0^+} f(x)$.

Esprimi mediante la definizione i casi **a**, **b**, **d**.

399 ●○

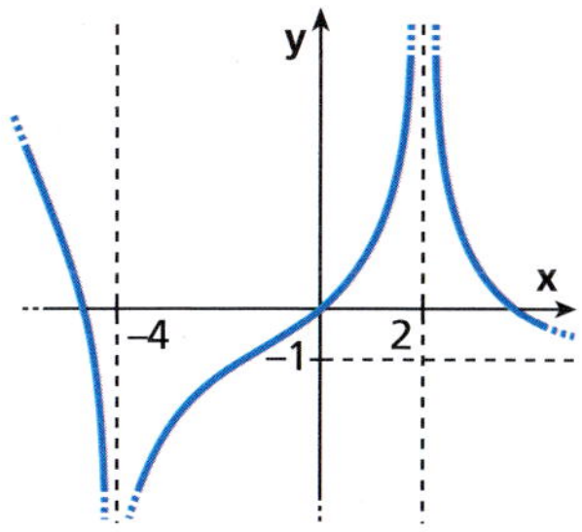

a. $\lim_{x\to-\infty} f(x)$;

b. $\lim_{x\to-4} f(x)$;

c. $\lim_{x\to 0} f(x)$;

d. $\lim_{x\to 2} f(x)$;

e. $\lim_{x\to+\infty} f(x)$.

Esprimi mediante la definizione i casi **b**, **d**.

398 ●○

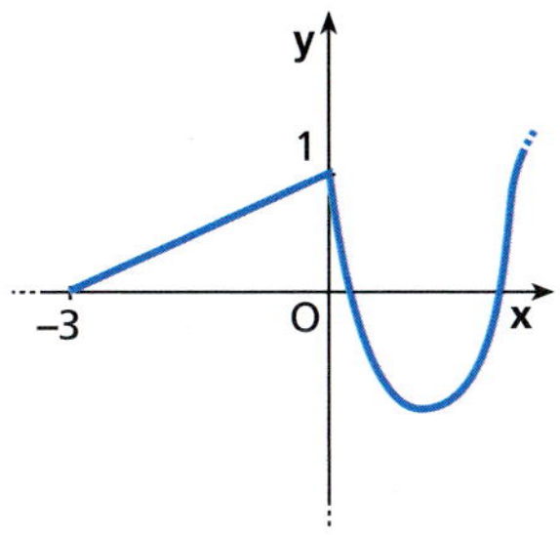

a. $\lim_{x\to-\infty} f(x)$;

b. $\lim_{x\to-3^-} f(x)$;

c. $\lim_{x\to 0^-} f(x)$;

d. $\lim_{x\to-3^+} f(x)$;

e. $\lim_{x\to 0^+} f(x)$.

Esprimi mediante la definizione i casi **d**, **e**.

400 ●○

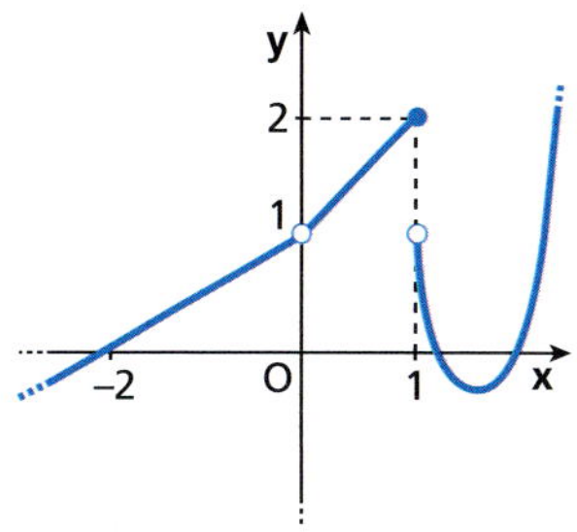

a. $\lim_{x\to-\infty} f(x)$;

b. $\lim_{x\to 0} f(x)$;

c. $\lim_{x\to 1^+} f(x)$;

d. $\lim_{x\to+\infty} f(x)$;

e. $\lim_{x\to 1^-} f(x)$.

Esprimi mediante la definizione i casi **a**, **e**.

Disegna il grafico di una funzione $y = f(x)$ che soddisfi le condizioni date.

401 ●○ $\lim_{x\to 1} f(x) = 3$, $\quad f(1)$ non definita;
$\lim_{x\to 4} f(x) = 1$, $\quad f(4) = 5$.

402 ●○ $\lim_{x\to-1} f(x) = 2$, $\quad f(-1) = 2$;
$\lim_{x\to 3} f(x)$ non esiste, $\quad f(3) = 1$.

---

403 ●○ $D = \mathbb{R}$; $\quad f(0) = 0$; $\quad y > 0$ per $x < -2 \vee x > 0$;
$\lim_{x\to-\infty} f(x) = +\infty$; $\quad \lim_{x\to-2^-} f(x) = 0$; $\quad \lim_{x\to-2^+} f(x) = -\infty$; $\quad \lim_{x\to+\infty} f(x) = 2$.

404 ●○ $D = \mathbb{R}$; $\quad f(-2) = 0$; $\; f(-1) = 0$; $\quad y > 0$ per $x < -2 \vee x > -1$;
$\lim_{x\to-\infty} f(x) = +\infty$; $\quad \lim_{x\to+\infty} f(x) = 0$.

405 ●○ $D =]-1; 1[\cup]1; +\infty[$; $\quad y > 0$ per $-1 < x < 1 \;\vee\; x > 2$;
$\lim_{x\to-1^+} f(x) = +\infty$; $\quad \lim_{x\to 1} f(x) = \infty$; $\quad \lim_{x\to+\infty} f(x) = 1^-$.

406 ●○ $D = \mathbb{R} - \{2\}$; $\quad f(0) = 0$; $\quad y > 0$ per $-3 < x < 0 \;\vee\; x > \frac{3}{2}$;
$\lim_{x\to-\infty} f(x) = -\infty$; $\quad \lim_{x\to 2} f(x) = +\infty$; $\quad \lim_{x\to+\infty} f(x) = 0^+$.

Rappresenta graficamente le seguenti funzioni, mediante le trasformazioni geometriche, e deduci dal grafico i limiti indicati a fianco, se esistono.

407 ●○ $y = -|\sin x|$; $\quad \lim_{x\to+\infty} y$; $\quad \lim_{x\to-\infty} y$; $\quad \lim_{x\to 0} y$; $\quad \lim_{x\to\frac{\pi}{2}} y$.

408 ●○ $y = -\sqrt{x-1} + 1$; $\quad \lim_{x\to 1^+} y$; $\quad \lim_{x\to+\infty} y$; $\quad \lim_{x\to 2} y$.

409 ●○ $y = |\ln(x-1)|$; $\quad \lim_{x\to+\infty} y$, $\quad \lim_{x\to 1^+} y$, $\quad \lim_{x\to 2} y$.

410 ●○ $y = \begin{cases} \ln x & \text{se } x > 1 \\ e^x - 1 & \text{se } x \le 1 \end{cases}$; $\quad \lim_{x\to+\infty} y$; $\quad \lim_{x\to-\infty} y$; $\quad \lim_{x\to 0} y$; $\quad \lim_{x\to 1^+} y$.

411 ●○ $y = \begin{cases} -(x+1)^2 & \text{se } x \le 0 \\ \sqrt{x} & \text{se } x > 0 \end{cases}$; $\quad \lim_{x\to+\infty} y$; $\quad \lim_{x\to-\infty} y$; $\quad \lim_{x\to 0^+} y$; $\quad \lim_{x\to 0^-} y$.

ESERCIZI

412 $f(x) = \frac{3-|x|}{x^2-9}$; $\lim_{x \to 3^-} f(x)$, $\lim_{x \to 3^+} f(x)$, $\lim_{x \to 0} f(x)$, $\lim_{x \to +\infty} f(x)$.

TEST

413 Data la funzione $f(x) = 4 - x_4$, per ogni numero reale positivo m si può sempre determinare un numero reale positivo c_m tale che risulti $4 - x_4 < -m$ per ogni $x > c_m$. Allora:

A $\lim_{x \to -\infty} (4 - x^4) = +\infty$.

B $\lim_{x \to +\infty} (4 - x^4) = 1$.

C $\lim_{x \to +\infty} (4 - x^4) = +\infty$.

D $\lim_{x \to +\infty} (4 - x^4) = -\infty$.

E $\lim_{x \to -\infty} (4 - x^4) = -\infty$.

414 Se $\forall a > 0$ la disequazione $\sin x - f(x) > a$ è vera per $\pi - \frac{3}{a} \leq x \leq \pi + \frac{3}{a}$, allora:

A $\lim_{x \to \pi} [\sin x - f(x)] = +\infty$.

B $\lim_{x \to +\infty} [\sin x - f(x)] = \pi$.

C $\lim_{x \to -\infty} [\sin x - f(x)] = \pi$.

D $\lim_{x \to 0} [f(x) - \sin x] = \pi$.

E $\lim_{x \to a} [\sin x - f(x)] = +\infty$.

415 Risolvendo la disequazione $(x+1)^2 < \varepsilon$, puoi verificare *uno solo* fra i seguenti limiti. Quale?

A $\lim_{x \to -1} (x^2 + 2x) = -1$

B $\lim_{x \to 0} (x^2 + 2x + 1) = 1$

C $\lim_{x \to 1} (x^2 + 2x) = 3$

D $\lim_{x \to 0} (x^2 + 2x) = 0$

E Nessuno dei precedenti.

416 Se $\forall \varepsilon > 0$ la disequazione $|f(x) - 2| < \varepsilon$ è verificata per $x < 3 - \frac{1}{\varepsilon}$, allora:

A $\lim_{x \to -\infty} f(x) = 3$.

B $\lim_{x \to 3^-} f(x) = +\infty$.

C $\lim_{x \to +\infty} f(x) = -2$.

D $\lim_{x \to -\infty} f(x) = 2$.

E $\lim_{x \to +\infty} f(x) = 2$.

Indica quale limite rappresenta ciascuna delle seguenti scritture.

417 $\forall \varepsilon > 0 \, \exists c > 0 \colon \forall x < -c \to f(x) < 1 + \varepsilon$

418 $\forall M > 0 \, \exists c > 0 \colon \forall x > c \to x^3 + 2 > M$

419 $\forall \varepsilon > 0 \, \exists I^+(-2) \colon \forall x \in I^+(-2) \to |f(x) + 4| < \varepsilon$

420 $\forall M > 0 \, \exists I(4) \colon \forall x \, I(4), x \neq 4 \to f(x) < -M$

421 $\forall M > 0, \exists \delta > 0 \colon \forall x$ con $\left|x - \frac{1}{7}\right| < \delta \to |f(x)| > M$.

422 $\forall M > 0, \exists \delta > 0 \colon \forall x$ con $\pi < x < \pi + \delta \to f(x) < -M$.

423 ASSOCIA a ogni limite la sua forma simbolica.

a. $\lim_{x \to +\infty} f(x) = 1$

b. $\lim_{x \to 1} f(x) = +\infty$

c. $\lim_{x \to -\infty} f(x) = -1$

d. $\lim_{x \to +\infty} f(x) = -\infty$

1. $\forall M > 0 \, \exists I(1) \colon f(x) > M, \forall x \in I(1), x \neq 1$

2. $\forall \varepsilon > 0 \, \exists c > 0 \colon |f(x) + 1| < \varepsilon, \forall x < -c$

3. $\forall \varepsilon > 0 \, \exists c > 0 \colon |f(x) - 1| < \varepsilon, \forall x > c$

4. $\forall M > 0 \, \exists c > 0 \colon f(x) < -M, \forall x > c$

424 TEST Usando la definizione per verificare $\lim_{x \to +\infty} 2e^{\frac{1}{x}} = 2$, quale disequazione dobbiamo risolvere?

A $2e^{\frac{1}{x}} > M$, con $M > 0$.

B $\left|2e^{\frac{1}{x}}\right| < 2$.

C $2e^{\frac{1}{x}} - 2 > 2$.

D $\left|2e^{\frac{1}{x}} - 2\right| < \varepsilon$, con $\varepsilon > 0$.

E $\left|2e^{\frac{1}{x}} - 2\right| < 2$.

Verifica i seguenti limiti, utilizzando le definizioni.

425 $\lim_{x \to 3^+} (2 - 3x) = -7$

426 $\lim_{x \to 1} (x^2 + 3x - 1) = 3$

427 $\lim_{x \to 2^+} \frac{1}{2 - x} = -\infty$

428 $\lim_{x \to 7} \frac{1}{(x - 7)^2} = +\infty$

429 $\lim_{x \to -3} \frac{1}{x^2 + 6x + 9} = +\infty$

430 $\lim_{x \to 0^+} \frac{-2}{x^3} = -\infty$

431 $\lim_{x \to -\infty} (x - x^2) = -\infty$

432 $\lim_{x \to -\infty} \sqrt{2 - x} = +\infty$

433 $\lim_{x \to -1^+} \log\left(\frac{2}{x + 1}\right) = +\infty$

434 $\lim_{x \to +\infty} \log \frac{1}{x} = -\infty$

435 $\lim_{x \to -\infty} 2e^{-4x^2} = 0$

436 $\lim_{x \to +\infty} \left(\frac{1}{2}\right)^{2x} = 0$

TEST

437 Sia $g: \mathbb{R} \to \mathbb{R}$. Allora l'espressione «$\forall a > 0, \exists b > 0$ tale che $0 < |x - 5| < b$ implica $g(x) > a$» è la definizione di:

A $\lim_{x \to -\infty} g(x) = 5$.

B $\lim_{x \to +\infty} g(x) = 5$.

C $\lim_{x \to 5} g(x) = +\infty$.

D $\lim_{x \to 5} g(x) = -\infty$.

(*Università di Trento, Facoltà di Matematica, Test di Analisi*)

438 È data $y = f(x), x \in \mathbb{R}$. Sapendo che $\forall \varepsilon > 0$, l'insieme delle soluzioni della disequazione $|f(x) + 5| < \varepsilon$ è l'intervallo $\left]-1 + \frac{4}{\varepsilon}; +\infty\right[$, quale dei seguenti limiti è certamente valido?

A $\lim_{x \to +\infty} f(x) = -5$

B $\lim_{x \to +\infty} f(x) = -1$

C $\lim_{x \to -\infty} f(x) = -5$

D $\lim_{x \to +\infty} f(x) = 4$

E $\lim_{x \to +\infty} f(x) = 1$

439 **EUREKA!** Trova un numero $\delta > 0$ tale che $|\sqrt{5x + 1} - 4| < 0,5$ se $0 < |x - 3| < \delta$.

(USA *University of Central Arkansas Regional Math Contest*)

$[\delta < 0,75]$

440 **ASSOCIA** ogni limite al grafico in cui è rappresentato l'asintoto corrispondente.

a. $\lim_{x \to 1^-} f(x) = +\infty$ **b.** $\lim_{x \to 1} f(x) = \infty$ **c.** $\lim_{x \to +\infty} f(x) = 1^-$ **d.** $\lim_{x \to 1} f(x) = -\infty$

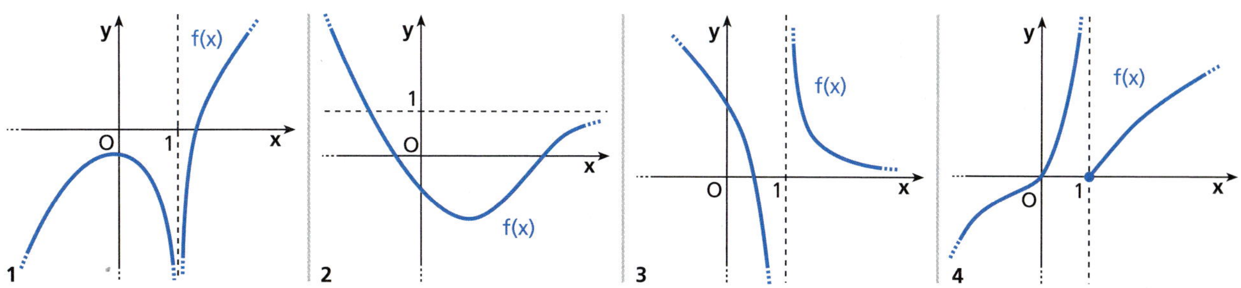

441 **EUREKA!** Per ciascuna delle seguenti affermazioni stabilisci se sia vera o falsa. Motiva le risposte.

a. Se una funzione $f(x)$ è pari e definita per tutti i numeri reali, allora non può essere iniettiva.

b. Se il grafico di $y = f(x)$ ha un asintoto verticale per $x = 5$, allora il grafico di $y = f(2x + 1)$ deve avere un asintoto verticale per $x = 2$.

c. Se il grafico di $y = f(x)$ ha un asintoto orizzontale per $y = -3$, allora il grafico di $y = f(-x) - 1$ deve avere un asintoto orizzontale per $y = 2$.

d. La funzione $g(x) = |x|$ è continua in $x = 0$.

[USA *Stanford University*, Calculus Final Exam]

442 ●● Data la funzione

$$f(x) = \sqrt{x^2 + 2x} - x,$$

a. determina il dominio D_f e studia il segno di $f(x)$;

b. verifica in base alla definizione che $\lim_{x \to -\infty} f(x) = +\infty$.

[a) $D_f =]-\infty; -2] \cup [0; +\infty[$; $f(x) > 0$ per $x \in D_f - \{0\}$]

443 ●○ Traduci la seguente scrittura con il linguaggio dei limiti:

$$\forall M > 0 \, \exists I^-(1): \forall x \in I^-(1), \frac{1}{x-1} < -M.$$

Rappresenta graficamente la funzione evidenziando nel grafico il limite precedente. Poi deduci il limite per $x \to +\infty$ e verificalo con la definizione.

444 ●○ Rappresenta graficamente la funzione

$$y = -\ln(x-2),$$

utilizzando le trasformazioni geometriche.

Dal grafico deduci i valori di $\lim_{x \to 2^+} y$ e $\lim_{x \to +\infty} y$ e verificali mediante le relative definizioni.

445 ●● Determina il dominio della funzione $f(x) = \sqrt{x^4 - x^2}$.

Verificato che $f(0) = 0$, dimostra che non esiste $\lim_{x \to 0} f(x)$. [D: $]-\infty; -1] \cup \{0\} \cup [1; +\infty[$]

446 ●● Dimostra, utilizzando la definizione, che

$$\lim_{x \to 0^-} e^{\frac{1}{x}} = 0, \qquad \lim_{x \to 0^+} e^{\frac{1}{x}} = +\infty, \qquad \lim_{x \to \infty} e^{\frac{1}{x}} = 1.$$

Utilizza le precedenti informazioni per disegnare l'andamento probabile della funzione.

447 ●● Traccia il grafico della funzione $y = |x^2 - 2x - 3|$ e verifica che $\lim_{x \to \pm\infty} f(x) = +\infty$.

448 ●● Data la funzione $f(x) = \dfrac{2}{|1-x|}$:

a. trova il dominio, studia il segno e trova le intersezioni del grafico con gli assi cartesiani;

b. verifica che $\lim_{x \to \pm\infty} f(x) = 0^+$, $\lim_{x \to 1} f(x) = +\infty$;

c. rappresenta graficamente $f(x)$. [a) $x \neq 1$; $f(x) > 0 \; \forall x \neq 1$; $(0; 2)$]

449 ●● Rappresenta graficamente la funzione $f(x) = \begin{cases} x+3 & \text{se } x \leq 1 \\ 4^x & \text{se } x > 1 \end{cases}$.

Osservando il grafico deduci i limiti: $\lim_{x \to -\infty} f(x)$, $\lim_{x \to 1^\pm} f(x)$, $\lim_{x \to +\infty} f(x)$, quindi verificali, usando le definizioni.

450 ●○ LEGGI IL GRAFICO Considera la funzione $f(x)$ rappresentata in figura.

a. Quali sono il dominio D_f e l'immagine I di $f(x)$?

b. Per quali valori di x_0 si ha $\lim_{x \to x_0} f(x) = 1$?

c. Quali sono gli eventuali asintoti, verticali e/o orizzontali, di $f(x)$?

[a) $D_f = \mathbb{R} - \{6\}$; $I = [-1; +\infty[$; b) $0; 5; +\infty$; c) a.o.: $y = 0$, $y = 1$; a.v.: $x = 6$]

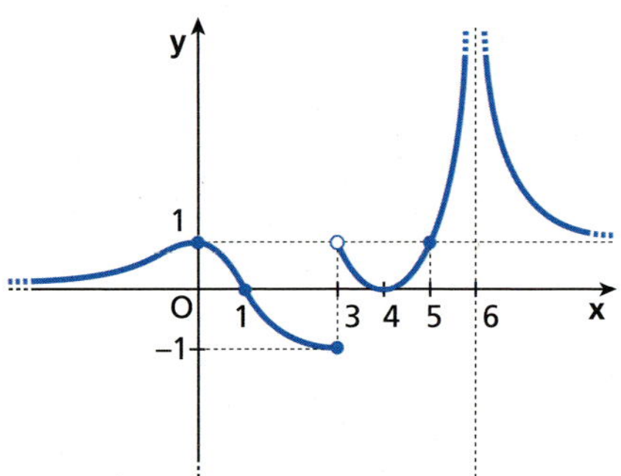

451 ●● **a.** Rappresenta graficamente la funzione $f(x) = \begin{cases} 2^{x+\frac{\pi}{2}} & \text{se } x \leq -\frac{\pi}{2} \\ |\sin x| & \text{se } -\frac{\pi}{2} < x \leq \frac{\pi}{2} \\ 2^{x-\frac{\pi}{2}} & \text{se } x > \frac{\pi}{2} \end{cases}$.

b. Deduci dal grafico i seguenti limiti: $\lim_{x \to -\infty} f(x)$ e $\lim_{x \to +\infty} f(x)$.

c. Come potresti modificare la funzione in modo che $\lim_{x \to -\infty} f(x) = -\infty$ e $\lim_{x \to +\infty} f(x) = 0$? [b) $0; +\infty$]

MATEMATICA E STORIA

Limiti e infinito «Se $a > 1$, allora a^z ha un valore maggiore se il valore di z è maggiore di quanto fosse originariamente, e come z va a infinito, così a^z va a infinito. Se $z = 0$, allora $a^z = 1$; se $z < 0$, allora i valori di a^z diventano minori di 1 e come z va a $-\infty$, a^z va a 0.»

Leonhard Euler, *Introductio in analysin infinitorum*, 1748

a. Illustra con un esempio numerico l'affermazione iniziale: «Se $a > 1$, allora a^z ha un valore maggiore se il valore di z è maggiore di quanto fosse originariamente».
b. Esprimi con il linguaggio dei limiti l'affermazione: «come z va a infinito, così a^z va a infinito».
c. Giustifica con un esempio l'affermazione: «se $z < 0$, allora i valori di a^z diventano minori di 1».
d. Esprimi in termini di limiti l'affermazione conclusiva: «come z va a $-\infty$, a^z va a 0».

Risoluzione – Esercizio in più

6 Primi teoremi sui limiti

▶ Teoria a p. 1369

452 ●○ VERO O FALSO? Considera una funzione $f(x)$.

a. Se $\lim_{x \to 1} f(x) = -2$, allora $f(x) < 0$ in ogni intorno $I(1)$. V F
b. Se $f(x) < 0$ $\forall x \in I(2)$, allora, se esiste $\lim_{x \to 2} f(x)$, esso è negativo. V F
c. Se $0 \leq f(x) \leq x$, allora $\lim_{x \to 0} f(x) = 0$. V F
d. Se $f(x)$ è definita in un intervallo I, allora per ogni $c \in I$ esiste ed è unico $\lim_{x \to c} f(x)$. V F

Teorema della permanenza del segno

453 ●● Sapendo che $\lim_{x \to -1} (4 - 9x^2) = -5$, verifica il teorema della permanenza del segno determinando un intorno di -1 nel quale la funzione $f(x) = 4 - 9x^2$ abbia lo stesso segno del limite.

454 ●● Dopo aver verificato che $\lim_{x \to 0} (1 - x^2) = 1$, individua l'intorno dell'origine di raggio massimo per cui vale il teorema della permanenza del segno.

Per ciascuno dei seguenti limiti verifica il teorema della permanenza del segno.

455 ●○ $\lim_{x \to 1} (2x + 3) = 5$

456 ●○ $\lim_{x \to 1} (2x^2 - 8) = -6$

457 ●○ $\lim_{x \to 2} \frac{x + 4}{x + 1} = 2$

458 ●○ $\lim_{x \to 2} \frac{x}{x + 1} = \frac{2}{3}$

459 ●○ $\lim_{x \to 1} \frac{x^2}{x + 1} = \frac{1}{2}$

460 ●○ $\lim_{x \to 4} (x - \sqrt{2x + 1}) = 1$

Teorema del confronto

461 ESERCIZIO GUIDA Date le funzioni $h(x) = -x^2 + 4x - 3$, $f(x) = 2x - 2$, $g(x) = x^2 - 1$, e sapendo che $\lim_{x \to 1} h(x) = \lim_{x \to 1} g(x) = 0$, calcoliamo $\lim_{x \to 1} f(x)$ usando il teorema del confronto.

Date le funzioni $h(x)$, $f(x)$ e $g(x)$ definite in I, se
1. $h(x) \leq f(x) \leq g(x)$,
2. $\lim_{x \to x_0} h(x) = \lim_{x \to x_0} g(x) = \ell$,

allora $\lim_{x \to x_0} f(x) = \ell$.

Verifichiamo che $h(x) \leq f(x) \leq g(x)$ in un intorno di 1:

$-x^2+4x-3 \leq 2x-2 \leq x^2-1 \rightarrow$

$\begin{cases} -x^2+4x-3 \leq 2x-2 \\ 2x-2 \leq x^2-1 \end{cases} \rightarrow$

$\begin{cases} -x^2+2x-1 \leq 0 \\ -x^2+2x-1 \leq 0 \end{cases} \rightarrow \quad \forall x \in \mathbb{R}.$

Le disequazioni sono verificate $\forall x \in \mathbb{R}$, quindi anche in un intorno di 1. Essendo per ipotesi $\lim_{x\to 1} h(x) = \lim_{x\to 1} g(x) = 0$, possiamo applicare il teorema del confronto e affermare che $\lim_{x\to 1} f(x) = 0$.

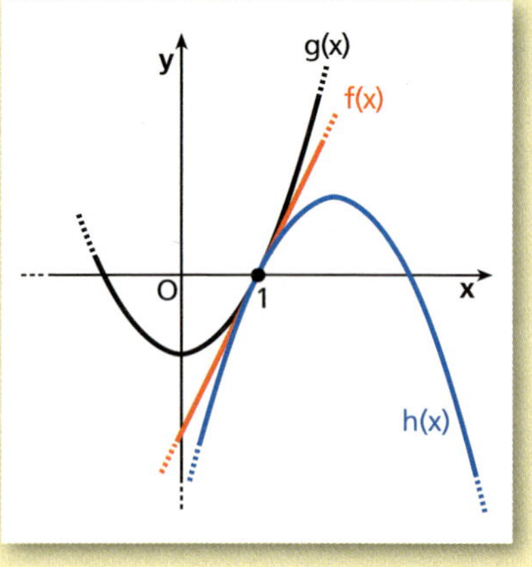

In ciascuno dei seguenti esercizi sono date tre funzioni, di cui due aventi lo stesso limite in un punto. Controlla se sono soddisfatte le ipotesi del teorema del confronto e applicalo per calcolare il limite della terza funzione.

462 $h(x) = \sqrt{1-x^2}$; $\quad f(x) = x^2+1$; $\quad g(x) = 2x^2+1$; $\quad \lim_{x\to 0} h(x) = \lim_{x\to 0} g(x) = 1$.

463 $h(x) = -x^2-4x-4$; $\quad f(x) = x^2+4x+4$; $\quad g(x) = \sqrt{|x+2|}$; $\quad \lim_{x\to -2} h(x) = \lim_{x\to -2} g(x) = 0$.

464 $h(x) = \dfrac{-2x+4}{x-1}$; $\quad f(x) = -\dfrac{3}{4}x + \dfrac{1}{2}$; $\quad g(x) = -x^2+2x$; $\quad \lim_{x\to 2} h(x) = \lim_{x\to 2} g(x) = 0$.

465 Data una funzione $f(x)$ definita $\forall x \in \mathbb{R}$, sapendo che $2 \leq f(x) \leq x^2+2$, determina $\lim_{x\to 0} f(x)$.

Utilizzando il teorema del confronto, verifica i seguenti limiti.

466 $\lim_{x\to 0^+} \sin x = 0$ (SUGGERIMENTO Ricorda che se un angolo $x > 0$ è espresso in radianti, si ha $\sin x < x$.)

467 $\lim_{x\to +\infty} \dfrac{\cos x}{x} = 0$ (SUGGERIMENTO Ricorda che $-1 \leq \cos x \leq 1$.)

468 $\lim_{x\to +\infty} \left| \dfrac{\sin x}{x} \right| = 0$. $\left(\text{SUGGERIMENTO Confronta } \left|\dfrac{\sin x}{x}\right| \text{ con 0 e con } \dfrac{1}{x}.\right)$

469 È data una funzione $f(x)$ definita in $]-1;1[$ e tale che $\cos x \leq f(x) \leq 1$ in $]-1;1[$. È possibile calcolare $\lim_{x\to 0} f(x)$? Se sì, quanto vale?

470 Posto che sia $\lim_{x\to 0} f(x) = 0$, cosa si può dire del limite $\lim_{x\to 0} f(x) \cdot \sin\dfrac{1}{x}$? Motiva la risposta. [0]

471 Dimostra che, date due funzioni $f(x)$ e $g(x)$, definite nello stesso dominio, tali che

$|f(x)| \leq |g(x)|$ e $\lim_{x\to c} g(x) = 0$,

allora $\lim_{x\to c} f(x) = 0$. Applica il risultato per dimostrare che $\lim_{x\to\infty} \dfrac{\sin x}{x} = 0$.

472 Date due funzioni $f(x)$ e $g(x)$, definite nello stesso dominio e tali che $f(x) \geq g(x)$, dimostra che:

- se $\lim_{x\to c} g(x) = +\infty$, allora $\lim_{x\to c} f(x) = +\infty$;
- se $\lim_{x\to d} f(x) = -\infty$, allora $\lim_{x\to d} g(x) = -\infty$.

VERIFICA DELLE COMPETENZE ALLENAMENTO

UTILIZZARE TECNICHE E PROCEDURE DI CALCOLO

1 È dato l'insieme $A = \left\{x \mid x = 3 + \frac{2}{n}, n \in \mathbb{N} - \{0\}\right\}$. Verifica che $x_0 = 3$ è punto di accumulazione per A.

2 Dimostra che l'insieme $A \subset \mathbb{R}$ tale che $A = \left\{x: x = \frac{2n-1}{n+1}, n \in \mathbb{N}\right\}$:

a. ha un minimo ed è limitato superiormente, ma non ha massimo;

b. ammette $x = 2$ come punto di accumulazione.

TEST

3 Se $\forall \varepsilon > 0$ esiste un intorno destro di -2 tale che $4 - \varepsilon < f(x) \leq 4$, allora:

A $\lim_{x \to -2} f(x) = -4$.

B $\lim_{x \to 4} f(x) = -2$.

C $\lim_{x \to -2^-} f(x) = 4^-$.

D $\lim_{x \to -2^+} f(x) = 4^+$.

E $\lim_{x \to -2^+} f(x) = 4^-$.

4 Se $\lim_{x \to 1} (x^2 - 3) = -2$, allora $\forall \varepsilon > 0 \, \exists \, I(1)$ tale che per $x \in I(1)$ si ha:

A $-\sqrt{\varepsilon} < x < \sqrt{\varepsilon}$.

B $-\sqrt{\varepsilon} - 1 < x < \sqrt{\varepsilon} + 1$.

C $\sqrt{1-\varepsilon} < x < \sqrt{1+\varepsilon}$.

D $-\sqrt{1+\varepsilon} < x < -\sqrt{1-\varepsilon}$.

E $-\sqrt{\varepsilon} + 1 < x < \sqrt{\varepsilon} + 1$.

Verifica i seguenti limiti mediante le relative definizioni.

5 $\lim_{x \to +\infty} \frac{2x-1}{x+1} = 2$

6 $\lim_{x \to 3^-} \sqrt{3-x} = 0$

7 $\lim_{x \to 4} (2x - 3) = 5$

8 $\lim_{x \to 2} (x^2 - 8) = -4$

9 $\lim_{x \to 8} \sqrt{2x} - 3 = 1$

10 $\lim_{x \to +\infty} \frac{2^x - 1}{2^x} = 1$

11 $\lim_{x \to -\infty} \frac{1}{e^x} = +\infty$

12 $\lim_{x \to +\infty} \frac{1}{1+\sqrt{x}} = 0^+$

13 $\lim_{x \to +\infty} \frac{\log_2 x + 1}{\log_2 x} = 1$

14 $\lim_{x \to 2^+} \ln(2x - 4) = -\infty$

15 $\lim_{x \to 0} \frac{e^{4x}}{4} = \frac{1}{4}$

16 $\lim_{x \to 1^-} \frac{1}{\ln x} = -\infty$

17 $\lim_{x \to +\infty} (\sqrt{x} + 1) = +\infty$

18 $\lim_{x \to +\infty} (2 - 3^x) = -\infty$

19 $\lim_{x \to +\infty} \frac{3x-5}{1-2x} = -\frac{3}{2}$

20 $\lim_{x \to +\infty} \frac{2x+3}{x^2+1} = 0$

21 $\lim_{x \to \infty} \left(1 + e^{\frac{1}{|x|}}\right) = 2$

22 $\lim_{x \to 0^+} e^{\sqrt{\frac{1}{x}}} = +\infty$

23 $\lim_{x \to +\infty} \log_{\frac{1}{3}} (x + 4) = -\infty$

24 $\lim_{x \to +\infty} \left[\left(\frac{1}{3}\right)^{x+1} + 1\right] = 1.$

25 $\lim_{x \to +\infty} \frac{x^2+3}{x} = +\infty$

26 Considera la funzione $f(x) = \log_2(x+1)$ e dimostra, utilizzando la definizione, che

$$\lim_{x \to -1^+} f(x) = -\infty, \quad \lim_{x \to +\infty} f(x) = +\infty, \quad \lim_{x \to 3} f(x) = 2.$$

Traccia con le trasformazioni geometriche il grafico di $|f(x)|$.

ANALIZZARE E INTERPRETARE DATI E GRAFICI

27 ●○ **LEGGI IL GRAFICO** Dal grafico della funzione $y = f(x)$ deduci, se esistono, i limiti indicati.

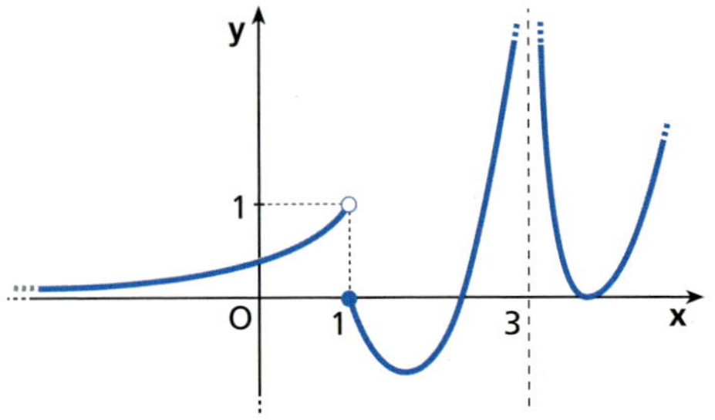

a. $\lim_{x \to -\infty} f(x)$;
b. $\lim_{x \to 1^+} f(x)$;
c. $\lim_{x \to 3^+} f(x)$;
d. $\lim_{x \to +\infty} f(x)$;
e. $\lim_{x \to 1^-} f(x)$;
f. $\lim_{x \to 3^-} f(x)$.

Esprimi mediante la definizione i casi **a**, **b**, **c**.

28 ●○ **TEST** Nella figura è rappresentato il grafico della funzione $f(x)$. Possiamo dedurre che:

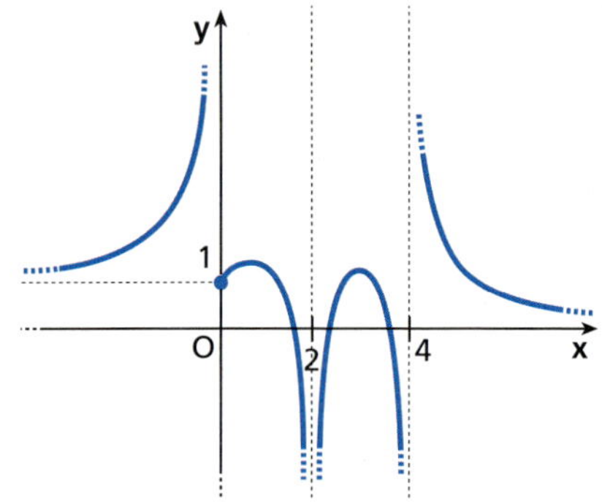

A $\lim_{x \to 4} f(x) = -\infty$.
B $\lim_{x \to 0} f(x) = +\infty$.
C $\lim_{x \to 2} f(x) = -\infty$.
D $\lim_{x \to 1} f(x) = -\infty$.
E $\lim_{x \to 4} f(x) = +\infty$.

Rappresenta le seguenti funzioni utilizzando le trasformazioni geometriche. Deduci poi dal grafico i limiti indicati e verificali utilizzando la definizione.

29 ●○ $f(x) = \dfrac{1}{|x|}$, $\lim_{x \to 0} f(x)$.

30 ●● $f(x) = \dfrac{4 - x^2}{|2 - x|}$, $\lim_{x \to 2^+} f(x)$, $\lim_{x \to +\infty} f(x)$.

31 ●● $f(x) = 1 - \ln x$, $\lim_{x \to 0^+} f(x)$, $\lim_{x \to 1} f(x)$.

32 ●● $f(x) = \begin{cases} e^{-x} & \text{se } x \geq 0 \\ 2x - 1 & \text{se } x < 0 \end{cases}$, $\lim_{x \to 0^-} f(x)$, $\lim_{x \to 0^+} f(x)$.

33 ●● $f(x) = e^{|x|} - 1$; $\lim_{x \to 0^+} f(x)$, $\lim_{x \to 0^-} f(x)$.

34 ●● $f(x) = \log_2\left(x - \dfrac{1}{2}\right)$; $\lim_{x \to \frac{1}{2}^+} f(x)$.

35 ●● $f(x) = \begin{cases} -x^2 + e & \text{se } x < 0 \\ e^{x+1} & \text{se } x \geq 0 \end{cases}$;

$\lim_{x \to -\infty} f(x)$, $\lim_{x \to +\infty} f(x)$.

Disegna il grafico di una funzione $y = f(x)$ che soddisfi le condizioni date.

36 ●○ $D = \mathbb{R} - \{0; 2\}$; $y > 0$ per $-1 < x < 0 \vee x > 2$;

$\lim_{x \to -\infty} f(x) = -\infty$; $\lim_{x \to 0^+} f(x) = 0$; $\lim_{x \to 0^-} f(x) = +\infty$; $\lim_{x \to 2^+} f(x) = +\infty$; $\lim_{x \to 2^-} f(x) = -\infty$.

37 ●○ $D = \mathbb{R} - \{0\}$; $f(-2) = 0$; $y < 0$ per $x < -2$;

$\lim_{x \to -\infty} f(x) = -2^+$; $\lim_{x \to 0^-} f(x) = 0^+$; $\lim_{x \to 0^+} f(x) = +\infty$; $\lim_{x \to +\infty} f(x) = +\infty$.

RISOLVERE PROBLEMI

38 ●● Rappresenta graficamente la funzione $f(x) = 2e^{x+1}$ e verifica che $\lim_{x \to -\infty} f(x) = 0$.
Trova la funzione inversa e rappresentala graficamente. La funzione inversa ha degli asintoti?

39 ●● Dopo aver tracciato il grafico della la funzione $f(x)=\begin{cases}\dfrac{1}{x+1} & se\ x<0\\ e^{-x}-1 & se\ x\geq 0\end{cases}$, verifica l'esistenza di due asintoti orizzontali mediante le definizioni di limite.

40 ●● **a.** Rappresenta graficamente la funzione $y=\left|\dfrac{1}{x-4}\right|$ e verifica l'esistenza di un asintoto verticale e uno orizzontale mediante le definizioni di limite.

b. Deduci dal grafico il valore di $\lim\limits_{x\to 2} y$ ed esegui la verifica mediante la relativa definizione.

41 ●● **a.** Traduci la seguente scrittura utilizzando il linguaggio dei limiti:

$$\forall M>0, \exists\delta>0: \forall x \text{ con } -2<x<-2+\delta, \frac{3+8x}{2x+4}<-M.$$

b. Esegui la verifica.

c. Rappresenta il grafico della funzione evidenziando il limite precedente.

d. Deduci dal grafico i seguenti limiti: $\lim\limits_{x\to+\infty} f(x)$, $\lim\limits_{x\to-2^-} f(x)$, $\lim\limits_{x\to-\infty} f(x)$. [d) 4; $+\infty$; 4]

42 ●● Nel piano è rappresentata la funzione $f(x)=\dfrac{a}{(x+b)^2+4}-1$.
Determina i valori a e b e verifica con la definizione che $y=-1$ è l'asintoto orizzontale della funzione. [$a=8$, $b=2$]

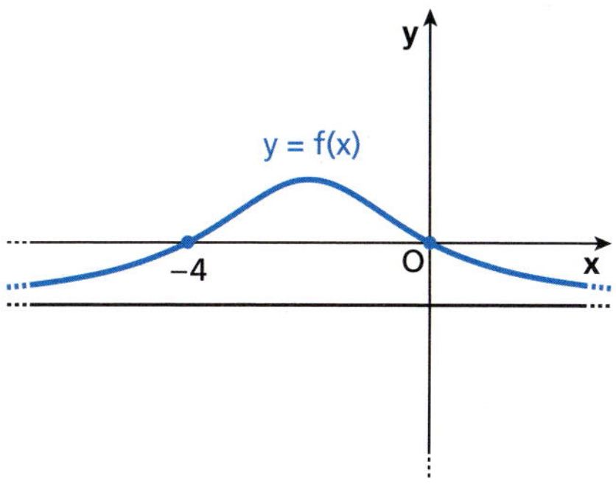

VERIFICA DELLE COMPETENZE VERSO L'ESAME

ARGOMENTARE E DIMOSTRARE

43 ●● Data la funzione $f(x)=\sqrt{x^2+x}-x$, dimostra, applicando la definizione, che la seguente uguaglianza è errata:

$$\lim_{x\to+8} f(x)=0.$$

44 ●○ Dimostra che, se $\lim\limits_{x\to c} f(x)=l$, allora $\lim\limits_{x\to c}[-f(x)]=-l$.

45 ●○ Dimostra che, se $\lim\limits_{x\to c} f(x)=l$, allora $\lim\limits_{x\to c}[f(x)-k]=l-k$.

46 ●○ Dimostra che, se $\lim\limits_{x\to c} f(x)=l$, allora $\lim\limits_{x\to c}|f(x)|=|l|$. (SUGGERIMENTO Ricorda la proprietà $||a|-|b||\leq|a-b|$.)

47 ●○ Dimostra che, se $\lim\limits_{x\to x_0} f(x)=l$, allora $\lim\limits_{x\to x_0}\dfrac{1}{2}f(x)=\dfrac{l}{2}$.

48 ●○ Se $\lim\limits_{x\to 3} f(x)=0$, è corretto affermare che 3 appartiene necessariamente al dominio di f?

E se $\lim\limits_{x\to 3} f(x)=+\infty$?

49 ●○ $f(x)$ è una funzione il cui grafico in un intorno di 0 è compreso tra quello della parabola di equazione $y = x^2 + x - 1$ e quello dell'iperbole di equazione $xy + y + 1 = 0$. Cosa puoi dire di $\lim_{x \to 0} f(x)$?

50 ●● Enuncia e dimostra il teorema del confronto. Utilizzalo poi per dimostrare il limite:

$$\lim_{x \to 0} \frac{1 - \cos^2 x}{x} = 0.$$

51 ●● Verifica applicando la definizione che, se $\lim_{x \to c} f(x) = 1$, allora la funzione $g(x) = \frac{1}{f(x) - 1}$ ha un asintoto, verticale di equazione $x = c$.

52 ●● Dopo aver definito il limite destro e il limite sinistro di una funzione in un punto, ricorrere a tali definizioni per verificare che risulta:

$$\lim_{x \to 0^-} \left(x + \frac{x}{|x|} \right) = -1, \quad \lim_{x \to 0^+} \left(x + \frac{x}{|x|} \right) = 1.$$

(*Esame di Stato, Liceo scientifico, Corso sperimentale, Sessione straordinaria*, 2002, *quesito* 4)

53 ●● Considerata la funzione reale di variabile reale $f(x)$, affermare che $\lim_{x \to +\infty} f(x) = +\infty$ significa che per ogni numero reale M, esiste un numero reale N tale che, per ogni x, se $x > N$ allora $f(x) > M$.
È vero o è falso? Accompagnare la risposta con un'interpretazione grafica.

(*Esame di Stato, Liceo scientifico, Corso di ordinamento, Sessione suppletiva*, 2006, *quesito* 7)

COSTRUIRE E UTILIZZARE MODELLI

IN FISICA

54 ●● **La macchina di Atwood** La macchina di Atwood è composta da una carrucola alla quale sono appesi due blocchi di massa diversa. In riferimento al caso in figura, trascurando gli attriti e la massa della corda, il modulo dell'accelerazione di entrambi i corpi è dato da

$$a = \frac{|x - 1|}{x + 1} g,$$

dove $g \simeq 10 \text{ m/s}^2$ è la costante di accelerazione gravitazionale.

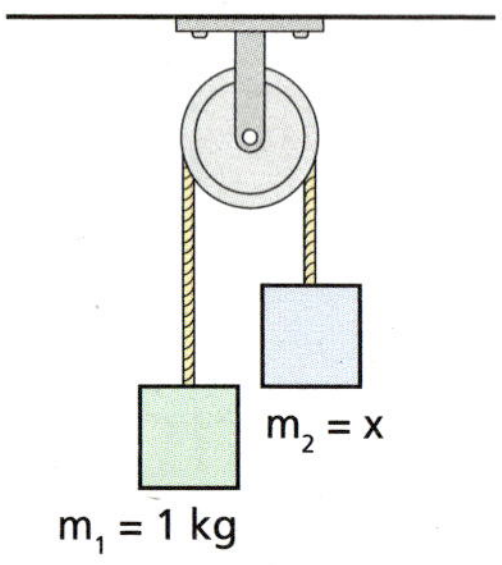

a. Determina il dominio di $a(x)$, tenendo conto del suo significato fisico.
b. Verifica che, sia quando x è molto piccola, sia quando è molto grande, $a(x)$ tende a g. Come interpreti fisicamente questo fatto?
c. Sfruttando le informazioni ricavate e calcolando $a(1)$, disegna il grafico di $a(x)$.

[a) $D: x > 0$]

55 ●○ **Chi più e chi meno** Per la legge di Coulomb, due cariche elettriche di segno opposto Q_+ e Q_- poste a una distanza r nel vuoto si attraggono con una forza di intensità $F = 9 \cdot 10^9 \left| \frac{Q_+ Q_-}{r^2} \right|$, con le grandezze espresse nelle unità di misura del Sistema Internazionale.

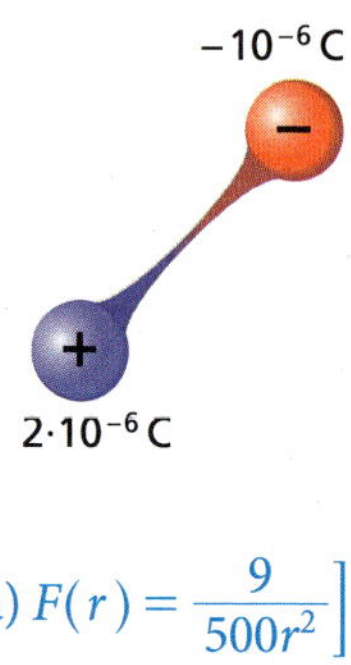

a. Scrivi F come funzione di r considerando le cariche in figura, espresse in coulomb.
b. Verifica, applicando la definizione, che se la distanza tende a 0 la forza tende a $+\infty$, se la distanza tende a $+\infty$ la forza tende a 0.

$\left[\text{a) } F(r) = \frac{9}{500 r^2} \right]$

INDIVIDUARE STRATEGIE E APPLICARE METODI PER RISOLVERE PROBLEMI

56 **LEGGI IL GRAFICO** La funzione $f(x)$, di dominio $\mathbb{R}$, rappresentata in figura è costituita da una semiretta, un segmento e un arco di iperbole equilatera avente per asintoti l'asse y e la retta $y = 1$.

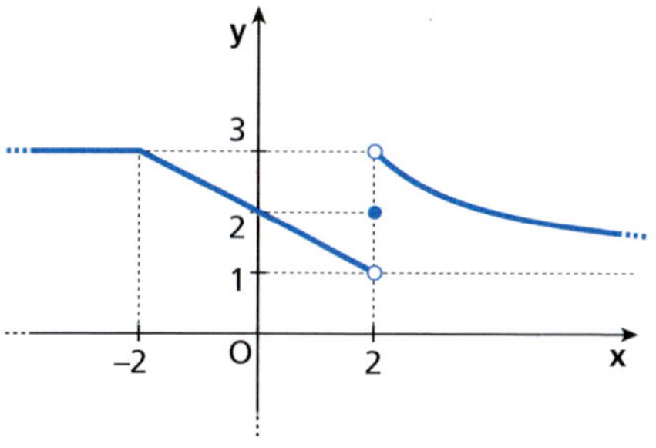

a. Deduci dal grafico i valori dei seguenti limiti

$$\lim_{x\to 2^-} f(x), \quad \lim_{x\to 2^+} f(x), \quad \lim_{x\to -\infty} f(x), \quad \lim_{x\to +\infty} f(x).$$

b. Dopo aver scritto l'espressione della funzione, ricava l'immagine I di $f(x)$ e determina se esistono gli estremi superiore e inferiore di I. [a) 1; 3; 3; 1; b) $I =]1; 3], 3$]

57 Dato l'insieme $A = \left\{0, \frac{1}{6}, \frac{2}{10}, \frac{3}{14}, \frac{4}{18}, \frac{5}{22}, \ldots\right\}$,

a. sapendo che i suoi elementi si ottengono da una funzione da $\mathbb{N}$ a $\mathbb{Q}^+$, scrivi l'espressione analitica della funzione;

b. dimostra che $x_0 = \frac{1}{4}$ è un punto di accumulazione per l'insieme A;

c. scelto un elemento a piacere di A, verifica che è un punto isolato.

d. A è un insieme limitato? È chiuso? È finito? $\left[\text{a) } y = \frac{n}{4n+2}, n \in \mathbb{N}\right]$

58 **LEGGI IL GRAFICO** Nel grafico è rappresentata la funzione

$$f(x) = \begin{cases} e^x + a & \text{se } x < 1 \\ x + b & \text{se } x \geq 1 \end{cases}.$$

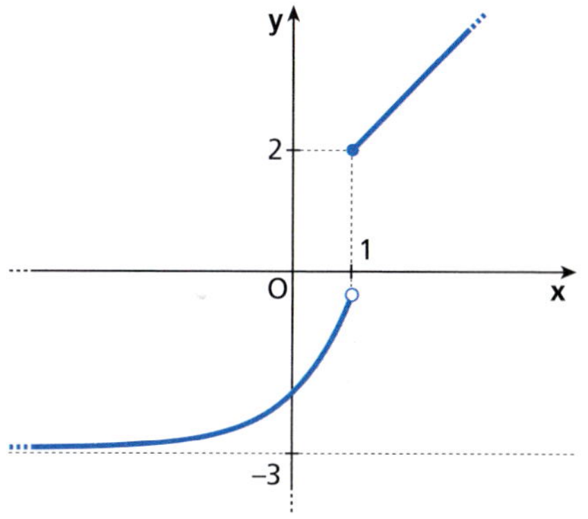

a. Trova a e b.

b. Deduci dal grafico i seguenti limiti:

$$\lim_{x\to \pm\infty} f(x), \quad \lim_{x\to 1^\pm} f(x), \quad \lim_{x\to 0} f(x).$$

c. Esegui la verifica dei limiti dedotti, utilizzando le definizioni. [a) $a = -3$; $b = 1$]

59 **LEGGI IL GRAFICO** Il grafico in figura della funzione $f(x)$, di dominio $\mathbb{R}$, è costituito da un arco di parabola di vertice V, da un segmento e da un arco di funzione omografica.

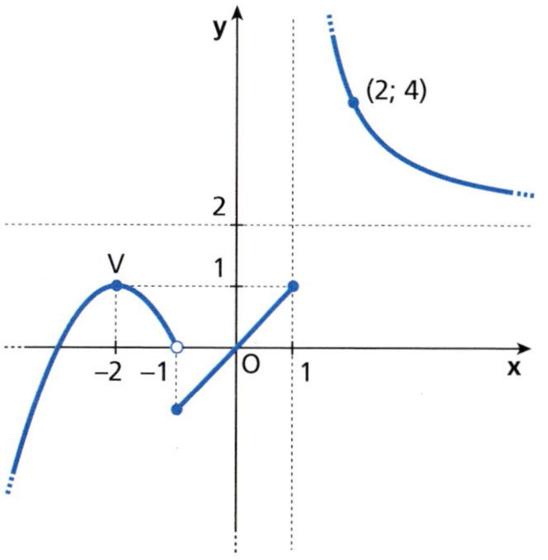

a. Deduci dal grafico i valori dei seguenti limiti:

$$\lim_{x\to -\infty} f(x), \quad \lim_{x\to +\infty} f(x), \quad \lim_{x\to 1^-} f(x), \quad \lim_{x\to 1^+} f(x).$$

b. Scrivi l'espressione analitica di $f(x)$.

c. Indica l'immagine I della funzione e gli estremi superiore e inferiore.

d. Verifica, con la definizione, $\lim_{x\to +\infty} f(x)$.

$$\left[\text{a) } -\infty; 2; 1; +\infty; \text{ b) } f(x) = \begin{cases} -x^2 - 4x - 3 & \text{se } x < -1 \\ x & \text{se } -1 \leq x \leq 1; \text{ c) } I =]-\infty; 1] \cup]2; +\infty[\\ \frac{2x}{x-1} & \text{se } x > 1 \end{cases}\right]$$

60 LEGGI IL GRAFICO Nella figura è rappresentata la funzione

$$f(x) = \frac{1}{2^{\frac{a}{x}} - 2}.$$

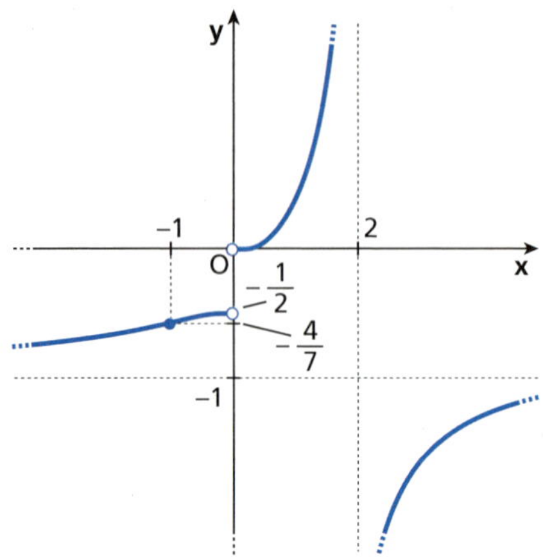

a. Determina il valore di a.

b. Deduci dal grafico il valore dei limiti

$$\lim_{x \to \pm\infty} f(x), \qquad \lim_{x \to 2^{\pm}} f(x),$$

e scrivi le equazioni degli eventuali asintoti.

c. Verifica i limiti dedotti, utilizzando le definizioni.

d. Dimostra che la funzione non è continua in 0, utilizzando la definizione.

[a) $a = 2$]

61 a. Determina il dominio di $f(x) = \sqrt{\frac{x^3 - x^2}{3 - x}}$.

b. Quali tra le seguenti scritture sono prive di significato e perché?

$$\lim_{x \to 1^+} f(x), \quad \lim_{x \to 0} f(x), \quad \lim_{x \to 3^-} f(x), \quad \lim_{x \to 3^+} f(x).$$

c. Considera la funzione $g(x) = \frac{f(x)}{x}$ e verifica, in base alla definizione, che $\lim_{x \to 3^-} g(x) = +\infty$.

d. Disegna un grafico probabile della funzione $g(x)$, dopo averne determinato dominio e segno.

[a) $\{0\} \cup [1; 3[$; b) $\lim_{x \to 0} f(x)$; $\lim_{x \to 3^+} f(x)$; d) $[1; 3[$; $y > 0$ per $x \in\ ]1; 3[$]

62 a. Rappresenta graficamente la funzione

$$f(x) = \begin{cases} \frac{x}{x^2 - x} & \text{se } x < 1 \land x \neq 0 \\ 0 & \text{se } x = 0 \\ -x^2 + 4x - 3 & \text{se } x \geq 1 \end{cases}$$

e deduci dal grafico i seguenti limiti:

$$\lim_{x \to 0} f(x), \qquad \lim_{x \to 1^-} f(x), \qquad \lim_{x \to 1^+} f(x), \qquad \lim_{x \to +\infty} f(x).$$

b. In quali punti del suo dominio la funzione $f(x)$ è continua?

c. Verifica, in base alla definizione, che $\lim_{x \to -\infty} f(x) = 0$.

[a) $-1; -\infty; 0; -\infty$; b) $\mathbb{R} - \{0, 1\}$]

63 a. Determina dominio, zeri e segno della funzione $g(x) = \frac{x}{x^2 + 1}$.

b. Posto che $\lim_{x \to +\infty} \frac{1}{x} = 0$, utilizza il teorema del confronto per dimostrare che $g(x)$ ammette come asintoto orizzontale l'asse delle ascisse.

c. Verifica, in base alla definizione, i limiti

$$\lim_{x \to -\infty} g(x) = 0, \qquad \lim_{x \to 1} g(x) = \frac{1}{2},$$

e rappresenta un grafico probabile di $g(x)$.

[a) $D = \mathbb{R}$; $y \geq 0$ per $x \in [0; +\infty[$]

64 È data la funzione

$$f(x) = \begin{cases} \sqrt{4 - e^x} & \text{se } x \leq 0 \\ \dfrac{1}{\ln \dfrac{1}{x}} & \text{se } x > 0 \end{cases}$$

a. Trova il dominio, studia il segno di $f(x)$ e calcola le intersezioni con gli assi cartesiani.

b. Verifica che $\lim_{x \to -\infty} f(x) = 2^-$, $\lim_{x \to +\infty} f(x) = 0^-$, $\lim_{x \to 0^+} f(x) = 0^+$ e $\lim_{x \to 1} f(x) = \infty$.

c. Rappresenta il grafico probabile di $f(x)$ utilizzando le informazioni ottenute in **a** e **b**.

[a) D: $x \neq 1$; $y > 0$ per $x < 1$; $(0; \sqrt{3})$]

65 Data la funzione $y = \dfrac{1}{e^{x-1} - 1}$:

a. trova il suo dominio;

b. studia il segno e determina le intersezioni con gli assi cartesiani;

c. verifica che $\lim_{x \to +\infty} y = 0$ e che $\lim_{x \to 1} y = \infty$;

d. disegna il grafico probabile di y utilizzando i dati ottenuti in **a**, **b**, **c**, sapendo che la funzione ha un asintoto orizzontale di equazione $y = -1$.

[a) D: $x \neq 1$; b) $y > 0$ per $x > 1$]

66 **a.** Rappresenta graficamente la funzione $f(x) = \begin{cases} \sqrt{-x-1} & \text{se } x \leq -1 \\ 2^x - 1 & \text{se } -1 < x \leq 2 \\ \ln(x-2) & \text{se } x > 2 \end{cases}$ utilizzando le trasformazioni geometriche.

b. Osservando il grafico, deduci i seguenti limiti:

$$\lim_{x \to -1^\pm} f(x), \quad \lim_{x \to 2^\pm} f(x), \quad \lim_{x \to \pm\infty} f(x).$$

c. Verifica, usando le definizioni, i limiti $\lim_{x \to -1^-} f(x)$ e $\lim_{x \to 2^+} f(x)$.

$\left[\text{b)} -\dfrac{1}{2}, 0; -\infty, 3; +\infty\right]$

67 **a.** Trova il dominio e studia il segno della funzione $y = \dfrac{1}{1 - \log_2(x-1)}$.

b. Rappresenta il grafico della funzione mediante le trasformazioni geometriche; osservando il grafico, conferma i risultati del punto **a** e deduci i seguenti limiti:

$$\lim_{x \to 1^+} y, \quad \lim_{x \to 3^\pm} y, \quad \lim_{x \to +\infty} y.$$

c. Esegui la verifica, mediante le definizioni, di $\lim_{x \to 3^+} y$.

[a) D: $x > 1 \wedge x \neq 3$; $y > 0$ per $1 < x < 3$; b) 0^+; $\mp\infty$; 0^-]

68 Data la funzione $y = a + b\log_2 x$:

a. determina a e b, sapendo che il suo grafico passa per $(1; 4)$ ed è intersecato dalla retta di equazione $y = 7$ nel punto di ascissa $\dfrac{1}{8}$, e rappresenta graficamente la funzione;

b. disegna il grafico di $g(x) = \dfrac{1}{f(x)} - 1$;

c. dimostra mediante il procedimento di verifica dei limiti che la funzione $g(x)$ presenta un asintoto orizzontale e uno verticale;

d. determina l'espressione analitica e rappresenta graficamente la funzione $g^{-1}(x)$.

$\left[\text{a) } a = 4, b = -1; \text{ b) } g(x) = \dfrac{1}{4 - \log_2 x} - 1; \text{ c) } x = 16, y = -1; \text{ d) } y = 2^{\frac{4x+3}{x+1}}\right]$

VERIFICA DELLE COMPETENZE PROVE

1 ora

PROVA A

1 COMPLETA osservando il grafico.

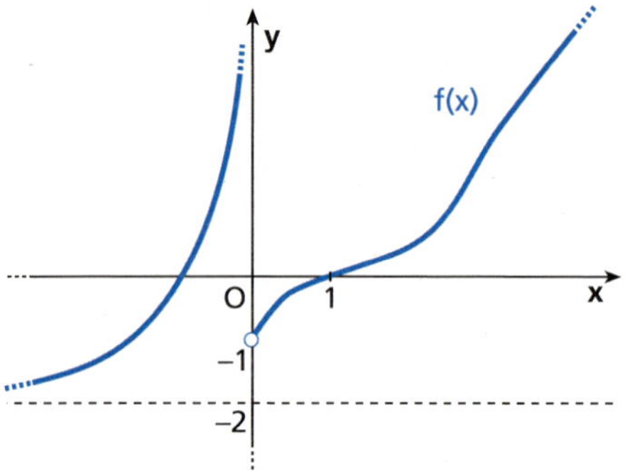

a. $\lim\limits_{x \to \square} f(x) = -2$

b. $\lim\limits_{x \to 0^+} f(x) = \square$;

c. $\lim\limits_{x \to 0^-} f(x) = \square$;

d. $\lim\limits_{x \to +\infty} f(x) = \square$;

e. $\lim\limits_{x \to 1} f(x) = \square$.

2 a. Disegna il grafico di una funzione $y = f(x)$ che abbia le seguenti caratteristiche:

$$\lim_{x \to -1} f(x) = -\infty, \qquad \lim_{x \to -\infty} f(x) = -\infty, \qquad \lim_{x \to +\infty} f(x) = 4.$$

b. Scrivi le equazioni degli asintoti presenti.

Verifica i seguenti limiti mediante le relative definizioni.

3 $\lim\limits_{x \to 2} \sqrt{5x-1} = 3$

4 $\lim\limits_{x \to -\infty} \dfrac{2x}{1-x} = -2$

5 $\lim\limits_{x \to 2^-} \log(2-x) = -\infty$

6 $\lim\limits_{x \to +\infty} \dfrac{x-1}{3x} = \dfrac{1}{3}$

PROVA B

1 Disegna il grafico di una funzione tale che:

$$D = \mathbb{R} - \{-3\}; \qquad f(0) = 0; \qquad \lim_{x \to -\infty} f(x) = 0^-;$$

$$\lim_{x \to +\infty} f(x) = 1^+; \qquad \lim_{x \to -3} f(x) = -\infty.$$

2 Verifica che la funzione $y = 2^{1-x}$ ha come asintoto orizzontale destro l'asse x.

3 Rappresenta graficamente la funzione $y = |\ln(1+x)|$. Deduci e verifica i valori di $\lim\limits_{x \to -1^+} y$ e $\lim\limits_{x \to +\infty} y$.

Verifica i seguenti limiti mediante le relative definizioni.

4 a. $\lim\limits_{x \to 2^+} \dfrac{1}{\sqrt{x-2}} = +\infty$ b. $\lim\limits_{x \to 2} \dfrac{x^2-4}{x} = 0$

5 a. $\lim\limits_{x \to -\infty} (1 - e^{3x}) = 1$ b. $\lim\limits_{x \to \infty} \ln(2x^2+1) = +\infty$

6 Disegna il grafico della funzione

$$f(x) = \begin{cases} \sqrt{x} & \text{se } x \geq 0 \\ 3^x - 1 & \text{se } x < 0 \end{cases},$$

e verifica che è continua in $x_0 = 0$, utilizzando la definizione.

PROVA C

1 **Pressione e volume** Una certa quantità di gas subisce la trasformazione termodinamica rappresentata nel grafico.

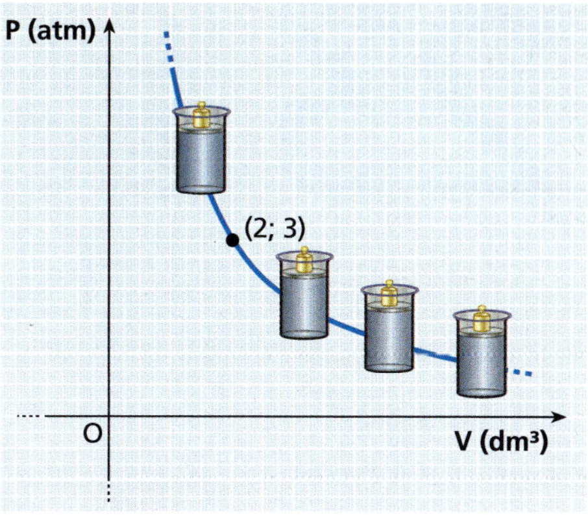

a. Approssimando il grafico con un ramo di iperbole equilatera ricava l'equazione della curva che descrive la trasformazione.

b. Osservando il grafico ipotizza a cosa tende la pressione quando:

- il volume tende ad annullarsi;
- il volume aumenta sempre di più.

Descrivi le due situazioni mediante il linguaggio dei limiti e verifica i due limiti utilizzando le definizioni.

2 **Acclimatarsi** Un corpo che ha una temperatura iniziale di 25 °C viene posto all'istante $t = 0$ in un ambiente dove la temperatura è di 20 °C. Il corpo si raffredda secondo la legge $T(t) = 5e^{-\frac{t}{c}} + 20$, dove t è il tempo in secondi, c è una costante positiva, espressa anch'essa in secondi e $T(t)$ esprime la temperatura in °C. Verifica, graficamente e con la definizione di limite, che al passare del tempo il corpo tende a raggiungere la temperatura dell'ambiente.

PROVA D

1 Nella figura è rappresentata la funzione

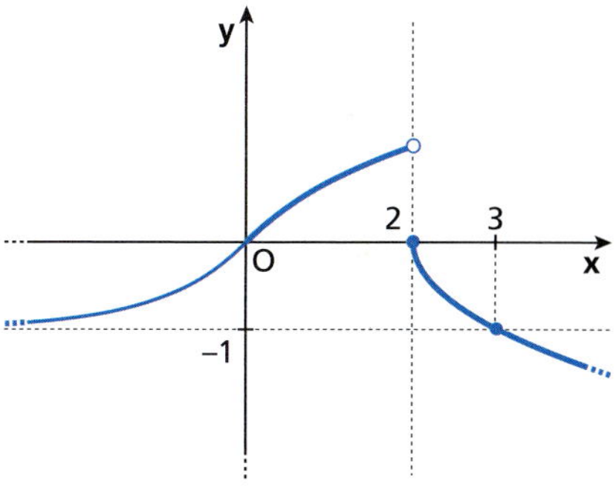

$$f(x) = \begin{cases} e^x + a & \text{se } x < 0 \\ \ln(x+1) & \text{se } 0 \le x < 2, \\ -\sqrt{bx+c} & \text{se } x \ge 2 \end{cases}$$

per particolari valori dei parametri.

a. Determina il valore di a, b e c.

b. Deduci dal grafico i limiti

$$\lim_{x \to \pm\infty} f(x), \qquad \lim_{x \to 2^{\pm}} f(x),$$

e verificali utilizzando le definizioni.

c. Scrivi le equazioni degli eventuali asintoti.

d. Verifica, utilizzando la definizione, che $f(x)$ è continua in $x_0 = 0$.

2 Disegna il grafico della funzione

$$f(x) = \begin{cases} -x-2 & \text{se } x \le -1 \\ \sqrt{2-x^2} & \text{se } -1 < x \le 1. \\ x^2 - 3x + 3 & \text{se } x > 1 \end{cases}$$

a. Deduci dal grafico i limiti: $\lim_{x \to 1} f(x)$, $\lim_{x \to -1^-} f(x)$, $\lim_{x \to -1^+} f(x)$.

b. Stabilisci se esiste $\lim_{x \to -1} |f(x)|$ e disegna il grafico di $y = |f(x)|$.

CAPITOLO

23 CALCOLO DEI LIMITI E CONTINUITÀ DELLE FUNZIONI

1 Operazioni sui limiti

Nel capitolo precedente abbiamo definito e analizzato il concetto di limite. Ora è necessario imparare a calcolarlo.
Il calcolo di $\lim_{x \to x_0} f(x)$ è semplice quando $f(x)$ è una funzione continua in x_0, perché basta valutare la funzione in x_0. Sono poi utili alcuni teoremi relativi alle operazioni sui limiti che ora esaminiamo.

I teoremi che enunceremo sono validi sia nel caso di limite per x che tende a un valore finito, sia nel caso di limite per x che tende a $+\infty$ o $-\infty$.
Perciò, quando non sarà importante distinguere, indicheremo con «$x \to \alpha$» una qualsiasi delle seguenti scritture:

$$x \to x_0;\ x \to x_0^+;\ x \to x_0^-;\ x \to +\infty;\ x \to -\infty.$$

Prima di proseguire, mettiamo in evidenza alcuni importanti limiti di funzioni elementari verificabili con la definizione e che si possono osservare anche nei grafici rispettivi.

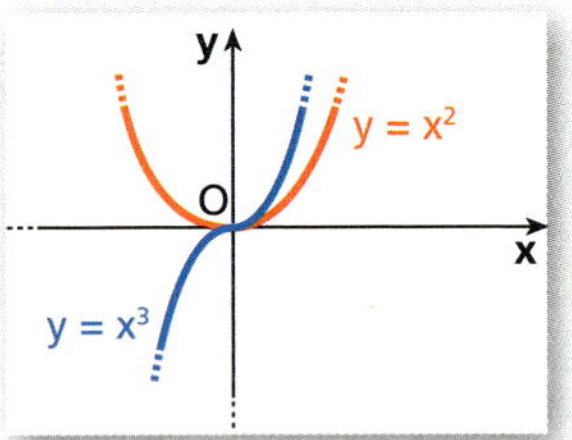

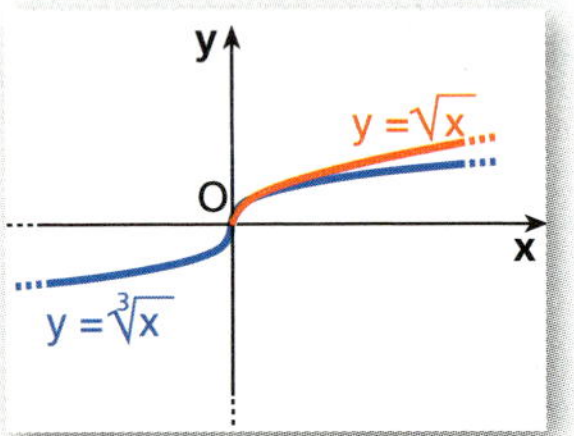

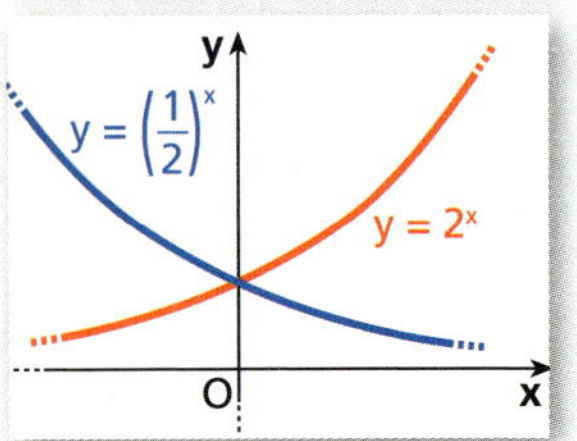

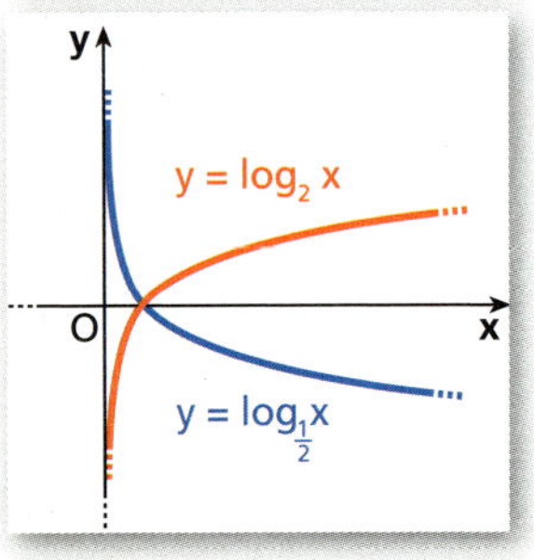

Limiti di funzioni elementari

▶ Esercizi a p. 1446

- **Funzioni potenza $y = x^n$**

  Se n è pari: $\lim_{x \to \pm\infty} x^n = +\infty$.

  Se n è dispari: $\lim_{x \to +\infty} x^n = +\infty$, $\lim_{x \to -\infty} x^n = -\infty$.

- **Funzioni radice $y = \sqrt[n]{x}$**

  Se n è pari: $\lim_{x \to 0^+} \sqrt[n]{x} = 0$, $\lim_{x \to +\infty} \sqrt[n]{x} = +\infty$.

  Se n è dispari: $\lim_{x \to -\infty} \sqrt[n]{x} = -\infty$, $\lim_{x \to +\infty} \sqrt[n]{x} = +\infty$.

- **Funzioni esponenziali $y = a^x$**

  Se $a > 1$: $\lim_{x \to -\infty} a^x = 0$, $\lim_{x \to +\infty} a^x = +\infty$.

  Se $0 < a < 1$: $\lim_{x \to -\infty} a^x = +\infty$, $\lim_{x \to +\infty} a^x = 0$.

- **Funzioni logaritmiche $y = \log_a x$**

  Se $a > 1$: $\lim_{x \to 0^+} \log_a x = -\infty$, $\lim_{x \to +\infty} \log_a x = +\infty$.

  Se $0 < a < 1$: $\lim_{x \to 0^+} \log_a x = +\infty$, $\lim_{x \to +\infty} \log_a x = -\infty$.

Limite della somma

Esercizi a p. 1446

Le funzioni hanno limite finito

ESEMPIO

Consideriamo $f(x) = 2x - 6$ e $g(x) = x + 3$ e i loro limiti per $x \to 4$:

$$\lim_{x \to 4} (2x - 6) = 2 \text{ e } \lim_{x \to 4} (x + 3) = 7,$$

perché f e g sono funzioni continue.

La funzione somma $s(x) = f(x) + g(x)$ è: $s(x) = (2x - 6) + (x + 3) = 3x - 3$.

Il limite di $s(x)$ per x che tende a 4 è: $\lim_{x \to 4} (3x - 3) = 9$.

Osserviamo che $9 = 2 + 7$, ossia il limite di $s(x)$ è uguale alla somma dei limiti di $f(x)$ e di $g(x)$.

In generale, è vero che il limite della somma di due funzioni è uguale alla somma dei loro limiti, quando questi esistono.

▶ Considera le funzioni $f(x) = x$, $g(x) = x^2 - x + 3$ e verifica che $\lim_{x \to 2} [f(x) + g(x)] = \lim_{x \to 2} f(x) + \lim_{x \to 2} g(x)$.

TEOREMA

Se $\lim_{x \to \alpha} f(x) = l$ e $\lim_{x \to \alpha} g(x) = m$, dove $l, m \in \mathbb{R}$, allora:

$$\lim_{x \to \alpha} [f(x) + g(x)] = \lim_{x \to \alpha} f(x) + \lim_{x \to \alpha} g(x) = l + m.$$

Listen to it

The limit of a sum of functions is the sum of the limits of the functions.

DIMOSTRAZIONE

Siccome $\lim_{x \to \alpha} f(x) = l$, dalla definizione segue che per ogni valore positivo $\frac{\varepsilon}{2}$, arbitrariamente piccolo, esiste un intorno I_1 di α tale che:

$$l - \frac{\varepsilon}{2} < f(x) < l + \frac{\varepsilon}{2}, \quad \forall x \in I_1 \text{ con } x \neq \alpha.$$

Analogamente, poiché $\lim_{x \to \alpha} g(x) = m$, in corrispondenza dello stesso $\frac{\varepsilon}{2}$ esiste un intorno I_2 di α tale che:

$$m - \frac{\varepsilon}{2} < g(x) < m + \frac{\varepsilon}{2}, \quad \forall x \in I_2 \text{ con } x \neq \alpha.$$

Per i punti x dell'intorno $I = I_1 \cap I_2$ diversi da α, valgono entrambe le disuguaglianze precedenti e quindi, sommando membro a membro, otteniamo

$$\left(l - \frac{\varepsilon}{2}\right) + \left(m - \frac{\varepsilon}{2}\right) < f(x) + g(x) < \left(l + \frac{\varepsilon}{2}\right) + \left(m + \frac{\varepsilon}{2}\right),$$

ossia:

$$(l + m) - \varepsilon < f(x) + g(x) < (l + m) + \varepsilon, \quad \forall x \in I \text{ con } x \neq \alpha.$$

Abbiamo pertanto verificato che in corrispondenza di ogni arbitrario $\varepsilon > 0$ esiste un intorno di α tale che per ogni suo punto $x \neq \alpha$ si ha $|f(x) + g(x) - (l + m)| < \varepsilon$, cioè, per definizione

$$\lim_{x \to \alpha} [f(x) + g(x)] = l + m.$$

In particolare, questo teorema dice che per ogni x_0 tale che $\lim_{x \to x_0} f(x) = f(x_0)$ e $\lim_{x \to x_0} g(x) = g(x_0)$ si ha $\lim_{x \to x_0} [f(x) + g(x)] = f(x_0) + g(x_0)$.

Questo significa che **la somma algebrica di due funzioni continue è una funzione continua**.

TEORIA

Le funzioni non hanno entrambe limite finito

Cosa succede quando una delle due funzioni ha limite infinito? E quando entrambe hanno limite infinito?
Con i simboli $+\infty$ e $-\infty$ non si possono eseguire operazioni ragionando come se si trattasse di numeri reali. Per esempio, si può dimostrare che se $\lim_{x\to\alpha} f(x) = l$, con $l \in \mathbb{R}$, e $\lim_{x\to\alpha} g(x) = +\infty$, allora $\lim_{x\to\alpha} [f(x) + g(x)] = +\infty$, che è come dire:

$$l + (+\infty) = +\infty.$$

Una relazione simile per i numeri reali $a + b = b$ è vera solo se $a = 0$.

Riassumiamo nella tabella i vari casi che si possono presentare nei calcoli dei limiti della somma di due funzioni quando almeno una delle due funzioni ha limite infinito.

lim $f(x)$	lim $g(x)$	lim $[f(x) + g(x)]$
l	$+\infty$	$+\infty$
l	$-\infty$	$-\infty$
$+\infty$	$+\infty$	$+\infty$
$-\infty$	$-\infty$	$-\infty$

Nella tabella puoi notare che manca il caso in cui si sommano $+\infty$ e $-\infty$, che non ha come risultato 0, come ci si potrebbe erroneamente aspettare.

► Calcola:
a. $\lim_{x\to+\infty} (x + x^2)$;
b. $\lim_{x\to-\infty} (x + 2^x)$.

$+\infty - \infty$ è una **forma di indecisione** o **forma indeterminata.**

Consideriamo, per esempio, la funzione $f(x) = 2x$ e le tre funzioni:

$$g_1(x) = -2x + 1;\quad g_2(x) = -x;\quad g_3(x) = -3x.$$

Per $x \to +\infty$, il limite di $f(x)$ è $+\infty$ e i limiti di $g_1(x)$, $g_2(x)$ e $g_3(x)$ sono $-\infty$.

Calcoliamo le funzioni somma e i loro limiti per $x \to +\infty$:

$$s_1(x) = f(x) + g_1(x) = 2x - 2x + 1 = 1;\qquad \lim_{x\to+\infty} s_1(x) = \lim_{x\to+\infty} 1 = 1;$$

$$s_2(x) = f(x) + g_2(x) = 2x - x = x;\qquad \lim_{x\to+\infty} s_2(x) = \lim_{x\to+\infty} x = +\infty;$$

$$s_3(x) = f(x) + g_3(x) = 2x - 3x = -x.\qquad \lim_{x\to+\infty} s_3(x) = \lim_{x\to+\infty} (-x) = -\infty.$$

Abbiamo ottenuto tre limiti diversi: non può quindi esistere una regola che permetta di ottenere in generale il limite della funzione somma $f(x) + g(x)$ quando i limiti delle funzioni $f(x)$ e $g(x)$ sono rispettivamente $+\infty$ e $-\infty$.
Per questo motivo diciamo che $+\infty - \infty$ è una forma indeterminata. Vedremo nel prossimo paragrafo come eliminare l'indeterminazione e calcolare i limiti che si presentano in questa forma.

Limite del prodotto

► Esercizi a p. 1446

Le funzioni hanno limite finito

TEOREMA
Sia k un numero reale diverso da 0 e $\lim_{x\to\alpha} f(x) = l \in \mathbb{R}$. Allora:

$$\lim_{x\to\alpha} [k \cdot f(x)] = k \cdot \lim_{x\to\alpha} f(x) = k \cdot l.$$

Listen to it
The limit of a product of functions is the product of the limits of the functions.

ESEMPIO
Se $\lim_{x \to 2}(3x-1) = 5$, allora $\lim_{x \to 2} 4 \cdot (3x-1) = 4 \cdot 5 = 20$.

Il teorema precedente, relativo al prodotto di un numero reale per una funzione, si dimostra applicando la definizione di limite.
Per il prodotto di due funzioni vale il teorema seguente.

TEOREMA
Se $\lim_{x \to \alpha} f(x) = l$ e $\lim_{x \to \alpha} g(x) = m$, con $l, m \in \mathbb{R}$, allora:

$$\lim_{x \to \alpha}[f(x) \cdot g(x)] = \lim_{x \to \alpha} f(x) \cdot \lim_{x \to \alpha} g(x) = l \cdot m.$$

DIMOSTRAZIONE
Dimostriamo inizialmente il caso in cui $l = m = 0$.
Applichiamo la definizione di limite: per le ipotesi fatte possiamo dire che, preso $\varepsilon > 0$ arbitrariamente piccolo (possiamo assumere che $\varepsilon < 1$), esistono due intorni I_1 e I_2 di α tali che:

$$|f(x)| < \varepsilon, \forall x \in I_1 \text{ con } x \neq \alpha \quad \text{e} \quad |g(x)| < \varepsilon, \forall x \in I_2 \text{ con } x \neq \alpha.$$

Allora nell'intorno $I = I_1 \cap I_2$ sono verificate entrambe le disuguaglianze e quindi, moltiplicando tra loro entrambi i membri, abbiamo:

$$|f(x) \cdot g(x)| < \varepsilon^2 < \varepsilon, \qquad \forall x \in I \text{ con } x \neq \alpha.$$

Ciò significa che $\lim_{x \to \alpha}[f(x) \cdot g(x)] = 0$.
Sfruttiamo ora questo risultato per dimostrare il caso generale. Osserviamo che

$$\lim_{x \to \alpha} f(x) = l \quad \to \quad \lim_{x \to \alpha}[f(x) - l] = 0;$$

$$\lim_{x \to \alpha} g(x) = m \quad \to \quad \lim_{x \to \alpha}[g(x) - m] = 0;$$

allora: $\lim_{x \to \alpha}[f(x) - l][g(x) - m] = 0$. Poiché

$$[f(x) - l][g(x) - m] = f(x) \cdot g(x) - f(x) \cdot m - l \cdot g(x) + l \cdot m \quad \to$$

$$f(x) \cdot g(x) = [f(x) - l][g(x) - m] + f(x) \cdot m + l \cdot g(x) - l \cdot m,$$

passando al limite in entrambi i membri, risulta:

$$\lim_{x \to \alpha}[f(x) \cdot g(x)] = 0 + l \cdot m + l \cdot m - l \cdot m = l \cdot m.$$

ESEMPIO
Essendo $\lim_{x \to 1} 3x = 3$ e $\lim_{x \to 1}(x+1) = 2$, allora $\lim_{x \to 1} 3x(x+1) = 3 \cdot 2 = 6$.
Infatti, la funzione prodotto è $p(x) = 3x(x+1) = 3x^2 + 3x$, e il limite per x che tende a 1 di tale funzione è proprio uguale a 6.

► Calcola: $\lim_{x \to -1} 4xe^{-x}$.

Analogamente a quanto visto per la somma di due funzioni, questi ultimi due teoremi permettono di affermare che **il prodotto di due funzioni continue** (in particolare **il prodotto di una costante per una funzione continua**) **è una funzione continua**.

Dal teorema del prodotto si può ricavare il seguente, relativo alla potenza di una funzione.

TEOREMA
Se $\lim_{x \to \alpha} f(x) = l$, allora $\lim_{x \to \alpha}[f(x)]^n = l^n$, $\forall n \in \mathbb{N} - \{0\}$.

► Calcola: $\lim_{x \to 1}(3x^2 - x)^4$.

In particolare, per $f(x) = x$ abbiamo: $\lim_{x \to x_0} x^n = x_0^n$.
Inoltre, combinando questo risultato con il teorema sul limite del prodotto di una funzione per una costante e sul limite della somma di due funzioni, possiamo determinare il limite di un polinomio $P(x)$ per x che tende a un valore finito x_0:

$$\lim_{x \to x_0} P(x) = P(x_0), \quad \forall x_0 \in \mathbb{R}.$$

Quindi possiamo dire che **i polinomi sono funzioni continue in** $\mathbb{R}$.

ESEMPIO

$$\lim_{x \to 2} (x^3 - 4x) = 2^3 - 4 \cdot 2 = 0$$

Questa regola si può estendere anche al caso di esponente reale diverso da 0.

ESEMPIO

$$\lim_{x \to 1} \sqrt{5x-1} = \lim_{x \to 1} (5x-1)^{\frac{1}{2}} = \left[\lim_{x \to 1} (5x-1)\right]^{\frac{1}{2}} = 4^{\frac{1}{2}} = \sqrt{4} = 2$$

Le funzioni non hanno entrambe limite finito

Se le funzioni non hanno entrambe limite finito, per il limite del prodotto si possono presentare diversi casi che riassumiamo nella tabella, osservando che anche quando si usano i simboli $+\infty$ e $-\infty$ vale ancora la regola dei segni.

lim $f(x)$	lim $g(x)$	lim $[f(x) \cdot g(x)]$
$l > 0$	$+\infty$ $-\infty$	$+\infty$ $-\infty$
$l < 0$	$+\infty$ $-\infty$	$-\infty$ $+\infty$
$+\infty$	$+\infty$	$+\infty$
$-\infty$	$-\infty$	$+\infty$
$+\infty$	$-\infty$	$-\infty$

ESEMPIO

Supponiamo noti $\lim_{x \to 0^+} (x-2) = -2$ e $\lim_{x \to 0^+} \ln x = -\infty$. Allora:

$$\lim_{x \to 0^+} (x-2) \cdot \ln x = +\infty.$$

▶ Calcola:
$\lim_{x \to +\infty} -xe^x$ e $\lim_{x \to 1^+} x\ln(x-1)$.

Notiamo che nella tabella precedente manca il caso in cui una funzione ha limite $l = 0$ e l'altra ha limite infinito.

Consideriamo, per esempio, le funzioni

$$f(x) = 3x^2, \; g_1(x) = \frac{1}{x^2} \quad \text{e} \quad g_2(x) = \frac{1}{x^4}.$$

Quando $x \to 0$, il limite di $f(x)$ è uguale a 0, mentre applicando la definizione si può verificare che limiti di $g_1(x)$ e $g_2(x)$ sono entrambi $+\infty$.
Calcoliamo le funzioni prodotto:

$$p_1(x) = f(x) \cdot g_1(x) = 3x^2 \cdot \frac{1}{x^2} = 3;$$

$$p_2(x) = f(x) \cdot g_2(x) = 3x^2 \cdot \frac{1}{x^4} = \frac{3}{x^2}.$$

Si ha quindi $\lim_{x \to 0} p_1(x) = 3$, mentre con la definizione si verifica che $\lim_{x \to 0} p_2(x) = +\infty$.

L'esempio mostra che non esiste una regola generale:

$0 \cdot \infty$ è una **forma indeterminata**.

Le regole del prodotto si estendono anche al limite della potenza di una funzione che ha limite ∞. In particolare, per $f(x) = x$ abbiamo:

$$\lim_{x \to +\infty} x^n = +\infty, \quad \lim_{x \to -\infty} x^n = \begin{cases} +\infty & \text{se } n \text{ è pari} \\ -\infty & \text{se } n \text{ è dispari} \end{cases}.$$

Più in generale, per una funzione $f(x)$ che ha limite $+\infty$ abbiamo la tabella a fianco, dove l'esponente $a \in \mathbb{R}$.

f(x)	***a***	**[f(x)]^a**
$+\infty$	$a > 0$	$(+\infty)^a = +\infty$
$+\infty$	$a < 0$	$(+\infty)^a = 0^+$

Il caso di $f(x)$ che tende a $-\infty$ non si può presentare perché la potenza $[f(x)]^a$, con $a \in \mathbb{R}$, è definita solo se $f(x) > 0$.

Limite del quoziente

▶ Esercizi a p. 1447

Le funzioni hanno limite finito

Per il quoziente di due funzioni si può dimostrare un teorema analogo a quello del prodotto.

TEOREMA
Se $\lim_{x \to \alpha} f(x) = l$ e $\lim_{x \to \alpha} g(x) = m$, con $l, m \in \mathbb{R}$ e $m \neq 0$, allora:

$$\lim_{x \to \alpha} \frac{f(x)}{g(x)} = \frac{\lim_{x \to \alpha} f(x)}{\lim_{x \to \alpha} g(x)} = \frac{l}{m}.$$

Listen to it

The limit of a quotient of two functions is the quotient of their limits (provided that the limit of the denominator is not 0).

ESEMPIO

1. Essendo $\lim_{x \to 3} (x - 1) = 2$ e $\lim_{x \to 3} (2x + 1) = 7$, allora $\lim_{x \to 3} \frac{x - 1}{2x + 1} = \frac{2}{7}$.
2. Essendo $\lim_{x \to 3} (x - 3) = 0$ e $\lim_{x \to 3} (2x + 1) = 7$, allora $\lim_{x \to 3} \frac{x - 3}{2x + 1} = \frac{0}{7} = 0$.

▶ Calcola:
a. $\lim_{x \to 0} \frac{\sin x}{x - 1}$;
b. $\lim_{x \to -5} \frac{1}{5 - x}$.

Questo teorema permette di affermare che **il quoziente $\frac{f(x)}{g(x)}$ di due funzioni continue in un punto x_0 è una funzione continua se $g(x_0) \neq 0$.**

In particolare, il quoziente di due polinomi $\frac{P(x)}{Q(x)}$, cioè **una funzione razionale fratta, è una funzione continua in tutti i punti che non annullano il denominatore $Q(x)$.**

Se invece $m = 0$, allora abbiamo due casi.

- $l \neq 0 \quad \to \quad \lim_{x \to \alpha} \frac{f(x)}{g(x)}$ — $f(x)$ tende a ℓ; $g(x)$ tende a 0

Si dimostra che in questo caso il risultato è ∞ e per il segno vale la regola dei segni.

▶ Calcola:

a. $\lim_{x \to 0} \frac{3}{x^2}$;

b. $\lim_{x \to 1^-} \frac{2x}{x^2-1}$.

ESEMPIO

Essendo $\lim_{x \to 3^+} -2x = -6$ e $\lim_{x \to 3^+} (x-3) = 0^+$, allora

$$\lim_{x \to 3^+} \frac{-2x}{x-3} = -\infty.$$

- $l = 0 \quad \to \quad \lim_{x \to \alpha} \frac{f(x)}{g(x)}$ — $f(x)$ tende a 0, $g(x)$ tende a 0

$\frac{0}{0}$ è una **forma indeterminata.**

Le funzioni non hanno entrambe limite finito

▶ Calcola:

a. $\lim_{x \to -\infty} \frac{x+1}{-10}$;

b. $\lim_{x \to +\infty} \frac{-7}{x}$.

Si possono presentare i casi riassunti nella tabella, in cui l può anche essere uguale a 0. Inoltre per il segno del limite vale la regola dei segni.

$\lim f(x)$	$\lim g(x)$	$\lim \frac{f(x)}{g(x)}$
l	∞	0
∞	l	∞

Nella tabella manca il caso in cui entrambe le funzioni $f(x)$ e $g(x)$ hanno limite infinito perché:

$\frac{\infty}{\infty}$ è una **forma indeterminata.**

Limite della potenza del tipo $[f(x)]^{g(x)}$

▶ Esercizi a p. 1447

Consideriamo funzioni potenza del tipo $[f(x)]^{g(x)}$ aventi sia la base sia l'esponente variabili. Per l'esistenza di tali funzioni occorre che $f(x) > 0$.

TEOREMA

Se $\lim_{x \to \alpha} f(x) = l > 0$ e $\lim_{x \to \alpha} g(x) = m$, allora:

$$\lim_{x \to \alpha} [f(x)]^{g(x)} = l^m.$$

ESEMPIO

$$\lim_{x \to 4} (\sqrt{x})^{x-1} = 2^3 = 8$$

Nei calcoli dei limiti di questo tipo,

0^0, 1^∞, ∞^0 sono **forme indeterminate.**

In tutti gli altri casi puoi determinare il valore di $\lim_{x \to \alpha} f(x)^{g(x)}$ utilizzando le proprietà degli esponenziali. Ottieni la tabella a fianco.

$\lim f(x)$	$\lim g(x)$	$\lim [f(x)]^{g(x)}$
$0 \le l < 1$	$+\infty$	0^+
	$-\infty$	$+\infty$
$l > 1$	$+\infty$	$+\infty$
	$-\infty$	0^+

ESEMPIO

a. $\lim_{x \to 0^+} \left(x + \frac{1}{2}\right)^{\frac{1}{x}} = 0^+$. (tende a $+\infty$; tende a $\frac{1}{2}$)

Infatti una potenza con base compresa tra 0 e 1, se l'esponente tende a $+\infty$, tende a 0^+.

b. $\lim_{x \to 0^+} \left(\frac{1}{x}\right)^{-\frac{1}{x}} = 0^+$. (tende a $-\infty$; tende a $+\infty$)

Una potenza con base maggiore di 1, con esponente che tende a $-\infty$, tende a 0^+.

▶ Calcola:

a. $\lim_{x \to +\infty} (x+1)^x$;

b. $\lim_{x \to 0^-} (x+2)^{\frac{1}{x}}$.

Limite delle funzioni composte

Consideriamo due funzioni, $y = f(z)$ e $z = g(x)$, per le quali possiamo fare la composizione $f(g(x))$, cioè tali che $g(x)$ appartiene al dominio di f per ogni x appartenente al dominio di g.

TEOREMA

Siano $y = f(z)$ e $z = g(x)$ tali che $f(z)$ è continua in z_0 e $\lim_{x \to \alpha} g(x) = z_0$. Allora:

$$\lim_{x \to \alpha} f(g(x)) = f(\lim_{x \to \alpha} g(x)) = f(z_0).$$

In particolare, se $g(x)$ è continua in x_0 e $f(z)$ è continua in $z_0 = g(x_0)$, allora:

$$\lim_{x \to x_0} f(g(x)) = f\left(\lim_{x \to x_0} g(x)\right) = f(g(x_0)),$$

cioè **la funzione composta $f(g(x))$ è *continua* in x_0.**

ESEMPIO

La funzione $y = 2^{\sin x}$ è la funzione composta di

$$z = g(x) = \sin x \quad \text{e} \quad y = f(z) = 2^z,$$

quindi:

$$\lim_{x \to \pi} 2^{\sin x} = 2^{\lim_{x \to \pi} \sin x} = 2^0 = 1.$$

▶ Calcola:
$\lim_{x \to 0} \ln \cos x$.

2 Forme indeterminate

Come abbiamo visto nel paragrafo precedente, le forme di indecisione che possiamo incontrare nel calcolo dei limiti sono sette:

$$+\infty - \infty, \ \infty \cdot 0, \ \frac{\infty}{\infty}, \ \frac{0}{0}, \ 1^\infty, \ 0^0, \ \infty^0 .$$

Esaminiamo ora, attraverso alcuni esempi, come calcolare i limiti che si presentano in forma indeterminata. Non esistono regole generali per il calcolo delle forme indeterminate, che vanno quindi risolte caso per caso.

Listen to it

When substitution doesn't give enough information to determine the value of the limit, we have found an **indeterminate form**.

Forma indeterminata $+\infty - \infty$

▶ Esercizi a p. 1451

Limite di una funzione polinomiale

ESEMPIO

$\lim_{x\to+\infty}(x^4 - 3x^2 + 1)$ si presenta nella forma indeterminata $+\infty - \infty$.

Raccogliendo il fattore x^4, il limite diventa:

$$\lim_{x\to+\infty} x^4\left(1 - \frac{3}{x^2} + \frac{1}{x^4}\right).$$

Poiché $\lim_{x\to+\infty}\left(-\frac{3}{x^2}\right) = 0$ e $\lim_{x\to+\infty}\frac{1}{x^4} = 0$, risulta $\lim_{x\to+\infty}\left(1 - \frac{3}{x^2} + \frac{1}{x^4}\right) = 1$.

Inoltre, sappiamo che $\lim_{x\to+\infty} x^4 = +\infty$, quindi, per il teorema del limite del prodotto, risulta:

$$\lim_{x\to+\infty} x^4\left(1 - \frac{3}{x^2} + \frac{1}{x^4}\right) = +\infty.$$

Il procedimento utilizzato nell'esempio si generalizza come segue.

In generale, per calcolare il limite di una funzione polinomiale di grado n per $x \to +\infty$ (o per $x \to -\infty$), con forma indeterminata $+\infty - \infty$, raccogliamo a fattor comune x^n:

$$\lim_{\substack{x\to+\infty \\ (x\to-\infty)}} (a_0x^n + a_1x^{n-1} + \ldots + a_n) = \lim_{\substack{x\to+\infty \\ (x\to-\infty)}} x^n\left(a_0 + \frac{a_1}{x} + \frac{a_2}{x^2} + \ldots + \frac{a_n}{x^n}\right).$$

I limiti di $\frac{a_1}{x}, \frac{a_2}{x^2}, \ldots, \frac{a_n}{x^n}$ valgono 0, quindi:

$$\lim_{\substack{x\to+\infty \\ (x\to-\infty)}} (a_0x^n + a_1x^{n-1} + \ldots + a_n) = \lim_{\substack{x\to+\infty \\ (x\to-\infty)}} a_0x^n.$$

Tale limite vale $+\infty$ o $-\infty$. Il segno si determina applicando la regola dei segni al prodotto a_0x^n.

▶ Calcola:

a. $\lim_{x\to+\infty}(x^2 - 2x)$;

b. $\lim_{x\to-\infty}(x^3 + x^2)$.

Animazione

ESEMPIO

$$\lim_{x\to-\infty}(6x^3 + 4x^2 - 5) = \lim_{x\to-\infty} x^3 \cdot \left(6 + \frac{4}{x} - \frac{5}{x^3}\right) = \lim_{x\to-\infty} 6x^3 = -\infty$$

Limite di una funzione irrazionale

ESEMPIO

$\lim_{x\to+\infty}(x - \sqrt{x^2 + 1})$ si presenta nella forma indeterminata $+\infty - \infty$.

Per calcolare questo limite possiamo riscrivere la funzione data in modo che scompaia la differenza $x - \sqrt{x^2+1}$ e appaia invece la somma $x + \sqrt{x^2+1}$.

Per far ciò, moltiplichiamo e dividiamo la funzione per $x + \sqrt{x^2+1}$, che è sicuramente diverso da 0 per x che tende a $+\infty$, e utilizziamo il prodotto notevole $(a - b)(a + b) = a^2 - b^2$.

$$x-\sqrt{x^2+1}=(x-\sqrt{x^2+1})\cdot\frac{x+\sqrt{x^2+1}}{x+\sqrt{x^2+1}}=\frac{x^2-(x^2+1)}{x+\sqrt{x^2+1}}=\frac{-1}{x+\sqrt{x^2+1}}$$

Se $x\to+\infty$, il denominatore $x+\sqrt{x^2+1}$ tende a $+\infty$, quindi, la frazione tende a 0, ossia:

$$\lim_{x\to+\infty}(x-\sqrt{x^2+1})=\lim_{x\to+\infty}\frac{-1}{x+\sqrt{x^2+1}}=0.$$

▶ Calcola:
$\lim_{x\to+\infty}(x+1-\sqrt{x^2+2x})$.

Animazione

▶ Calcola:
$\lim_{x\to+\infty}(\sqrt{x}-\sqrt{x-1})$.

Forma indeterminata $0\cdot\infty$

▶ Esercizi a p. 1452

ESEMPIO

$\lim_{x\to\frac{\pi}{2}^-}(1-\sin x)\cdot\tan x$ è nella forma indeterminata $0\cdot\infty$, perché:

$$\lim_{x\to\frac{\pi}{2}^-}(1-\sin x)=0 \quad \text{e} \quad \lim_{x\to\frac{\pi}{2}^-}\tan x=+\infty.$$

Ricordiamo che $\tan x=\frac{\sin x}{\cos x}$ e moltiplichiamo e dividiamo la funzione data per $(1+\sin x)$, che è diverso da 0 per x vicino a $\frac{\pi}{2}$:

$$(1-\sin x)\cdot\tan x\cdot\frac{1+\sin x}{1+\sin x}=$$

$$\frac{1-\sin^2 x}{1+\sin x}\cdot\frac{\sin x}{\cos x}=\frac{\cos^{\not 2}x}{1+\sin x}\cdot\frac{\sin x}{\not{\cos x}}=\frac{\sin x\cdot\cos x}{1+\sin x}.$$

Abbiamo semplificato per $\cos x$ poiché è diverso da 0 per $x\to\frac{\pi}{2}^-$.

Il numeratore $\sin x\cdot\cos x$ tende a 0, mentre il denominatore $1+\sin x$ tende a 2, quindi, per il teorema del limite del quoziente, la frazione tende a 0:

$$\lim_{x\to\frac{\pi}{2}^-}(1-\sin x)\cdot\tan x=0.$$

▶ Calcola:
$\lim_{x\to0^+}2(\cos x-1)\cdot\cot x$.

Animazione

▶ Calcola:
$\lim_{x\to0^+}\sin x\cot x$.

Forma indeterminata $\frac{\infty}{\infty}$

▶ Esercizi a p. 1453

Limite di una funzione razionale fratta per $x\to\infty$

Dato il limite

$$\lim_{\substack{x\to+\infty\\(x\to-\infty)}}\frac{a_0x^n+a_1x^{n-1}+\ldots+a_n}{b_0x^m+b_1x^{m-1}+\ldots+b_m},$$

quando almeno un coefficiente delle potenze di x è diverso da 0 sia a numeratore sia a denominatore, questo limite si presenta nella forma $\frac{\infty}{\infty}$, perché il numeratore e il denominatore tendono a ∞ se $n\geq1$ e $m\geq1$ quando x tende a ∞.
Forniamo tre esempi di calcolo di limite con $n>m$, $n=m$, $n<m$, dove n e m sono rispettivamente il grado del numeratore e quello del denominatore.

Il grado del numeratore è maggiore del grado del denominatore

ESEMPIO

Calcoliamo $\lim_{x \to +\infty} \frac{x^5 - 2x^2 + 1}{3x^2 - 2x + 6}$.

Raccogliamo x^5 al numeratore e x^2 al denominatore e semplifichiamo; possiamo infatti supporre $x \neq 0$ perché x tende a $+\infty$ (lo stesso accadrebbe se x tendesse a $-\infty$):

$$\lim_{x \to +\infty} \frac{x^5 \cdot \left(1 - \frac{2}{x^3} + \frac{1}{x^5}\right)}{x^2 \cdot \left(3 - \frac{2}{x} + \frac{6}{x^2}\right)} = \lim_{x \to +\infty} \boxed{x^3} \cdot \frac{\boxed{\left(1 - \frac{2}{x^3} + \frac{1}{x^5}\right)}}{\boxed{\left(3 - \frac{2}{x} + \frac{6}{x^2}\right)}} = +\infty.$$

tende a $+\infty$; tende a 1 ; tende a 3

Il grado del numeratore è uguale al grado del denominatore

ESEMPIO

Calcoliamo $\lim_{\substack{x \to +\infty \\ (x \to -\infty)}} \frac{1 - 2x^2}{3x^2 + 2x - 5}$.

Raccogliamo x^2 e semplifichiamo:

$$\lim_{\substack{x \to +\infty \\ (x \to -\infty)}} \frac{x^2 \cdot \left(\frac{1}{x^2} - 2\right)}{x^2 \cdot \left(3 + \frac{2}{x} - \frac{5}{x^2}\right)} = \lim_{\substack{x \to +\infty \\ (x \to -\infty)}} \frac{\boxed{\left(\frac{1}{x^2} - 2\right)}}{\boxed{\left(3 + \frac{2}{x} - \frac{5}{x^2}\right)}}.$$

tende a −2 ; tende a 3

Per il teorema del quoziente dei limiti, la frazione tende a $-\frac{2}{3}$, pertanto:

$$\lim_{\substack{x \to +\infty \\ (x \to -\infty)}} \frac{1 - 2x^2}{3x^2 + 2x - 5} = -\frac{2}{3}.$$

Osserviamo che $-\frac{2}{3}$ è il rapporto fra i coefficienti della potenza di grado massimo, ossia di x^2, del numeratore e del denominatore.

Il grado del numeratore è minore del grado del denominatore

ESEMPIO

Calcoliamo

$$\lim_{x \to -\infty} \frac{2x - 1}{x^3 + 2x}.$$

Raccogliamo x al numeratore, x^3 al denominatore e semplifichiamo:

$$\lim_{x \to -\infty} \frac{x \cdot \left(2 - \frac{1}{x}\right)}{x^3 \cdot \left(1 + \frac{2}{x^2}\right)} = \lim_{x \to -\infty} \boxed{\frac{1}{x^2}} \cdot \frac{\boxed{\left(2 - \frac{1}{x}\right)}}{\boxed{\left(1 + \frac{2}{x^2}\right)}} = 0.$$

tende a 0 ; tende a 2 ; tende a 1

Quindi:

$$\lim_{x \to -\infty} \frac{2x - 1}{x^3 + 2x} = 0.$$

Limite di una funzione razionale fratta per $x \to \infty$: caso generale

In generale, data una funzione razionale fratta

$$f(x) = \frac{a_0x^n + a_1x^{n-1} + \ldots + a_n}{b_0x^m + b_1x^{m-1} + \ldots + b_m},$$

con il numeratore di grado n e il denominatore di grado m, abbiamo:

$$\lim_{\substack{x\to+\infty \\ (x\to-\infty)}} \frac{a_0x^n + a_1x^{n-1} + \ldots + a_n}{b_0x^m + b_1x^{m-1} + \ldots + b_m} = \begin{cases} \pm\infty & \text{se } n > m \\ \dfrac{a_0}{b_0} & \text{se } n = m \\ 0 & \text{se } n < m \end{cases}.$$

Il segno di ∞ nel caso $n > m$ è dato dal prodotto dei segni di:

$$\lim_{\substack{x\to+\infty \\ (x\to-\infty)}} x^{n-m} \quad \text{e} \quad \frac{a_0}{b_0}.$$

► Calcola:

a. $\lim_{x\to+\infty} \frac{3x}{x^2+1}$;

b. $\lim_{x\to-\infty} \frac{4x^2+x}{-2x^2+3}$;

c. $\lim_{x\to+\infty} \frac{1+x-x^5}{2+x^2}$.

Animazione

Forma indeterminata $\frac{0}{0}$

► Esercizi a p. 1455

ESEMPIO

Calcoliamo il limite

$$\lim_{x\to3} \frac{x^2-2x-3}{2x^2-9x+9},$$

che si presenta in forma indeterminata $\frac{0}{0}$, perché:

$$\lim_{x\to3}(x^2-2x-3) = 0 \quad \text{e} \quad \lim_{x\to3}(2x^2-9x+9) = 0.$$

Poiché il valore 3 annulla sia il polinomio al numeratore sia quello al denominatore, scomponiamo in fattori entrambi,

$$x^2-2x-3 = (x-3)(x+1),$$
$$2x^2-9x+9 = (x-3)(2x-3),$$

e semplifichiamo, poiché per $x \to 3$ possiamo supporre $x - 3 \neq 0$.

$$\lim_{x\to3} \frac{x^2-2x-3}{2x^2-9x+9} = \lim_{x\to3} \frac{(x-3)(x+1)}{(x-3)(2x-3)} = \lim_{x\to3} \frac{x+1}{2x-3} = \frac{4}{3}$$

La tecnica utilizzata in questo esempio si applica, più in generale, al caso del quoziente di due polinomi $f(x)$ e $g(x)$ che si annullino entrambi per $x \to x_0$.

Video

Le forme indeterminate $0\cdot\infty$, $\frac{0}{0}$

► Calcoliamo:

$$\lim_{x\to1^+} \frac{x^2+1}{x^2-1}\cdot(\sqrt{x}-1).$$

► Calcola:

$$\lim_{x\to2} \frac{x^2-4x+4}{x^3-3x^2+4}.$$

Animazione

► Calcola:

$$\lim_{x\to-1} \frac{x+1}{x^2-x-2}.$$

Forme indeterminate 0^0, ∞^0, 1^∞

► Esercizi a p. 1457

Le forme indeterminate 0^0, ∞^0, 1^∞ si incontrano nei calcoli di limite del tipo

$$\lim_{x\to\alpha} f(x)^{g(x)}, \quad \text{con } f(x) > 0.$$

Ricorriamo all'identità

$$a = e^{\ln a}: f(x)^{g(x)} = e^{\ln f(x)^{g(x)}} \quad \to \quad f(x)^{g(x)} = e^{g(x)\ln f(x)}.$$

Allora se, per esempio, $g(x) \to 0$ e $f(x) \to 0^+$, nella funzione $e^{g(x)\ln f(x)}$ all'esponente compare la forma indeterminata $0\cdot\infty$.

Video

Le forme indeterminate 0^0, ∞^0, 1^∞

► Come si calcola il limite di potenze con base a esponente variabile?

TEORIA

▶ Calcola:

$\lim_{x \to 0^+} (3x)^{-\frac{1}{\ln 3x}}$.

ESEMPIO

Calcoliamo $\lim_{x \to +\infty} x^{\frac{1}{\ln x}}$.

Poiché $\lim_{x \to +\infty} \frac{1}{\ln x} = 0$, si ha la forma indeterminata ∞^0.

Scriviamo: $x^{\frac{1}{\ln x}} = e^{\ln x^{\frac{1}{\ln x}}} = e^{\frac{1}{\ln x} \cdot \ln x} = e$. Il limite vale allora e.

3 Limiti notevoli

▶ Esercizi a p. 1461

Illustriamo alcuni limiti particolari, detti *notevoli* perché sono fondamentali nelle applicazioni dell'analisi.

Limiti di funzioni goniometriche

Consideriamo $\lim_{x \to 0} \frac{\sin x}{x}$. Poiché $\lim_{x \to 0} \sin x = 0$ e $\lim_{x \to 0} x = 0$, siamo in presenza della forma indeterminata $\frac{0}{0}$.

Dimostriamo che $\mathbf{\lim_{x \to 0} \frac{\sin x}{x} = 1}$.

DIMOSTRAZIONE

Osserviamo che la funzione $\frac{\sin x}{x}$ è pari, poiché

$$f(-x) = \frac{\sin(-x)}{-x} = \frac{-\sin x}{-x} = \frac{\sin x}{x} = f(x),$$

e perciò il suo grafico è simmetrico rispetto all'asse y. Concludiamo che

$$\lim_{x \to 0^-} \frac{\sin x}{x} = \lim_{x \to 0^+} \frac{\sin x}{x},$$

e possiamo quindi limitarci nella dimostrazione al caso $\lim_{x \to 0^+} \frac{\sin x}{x}$.

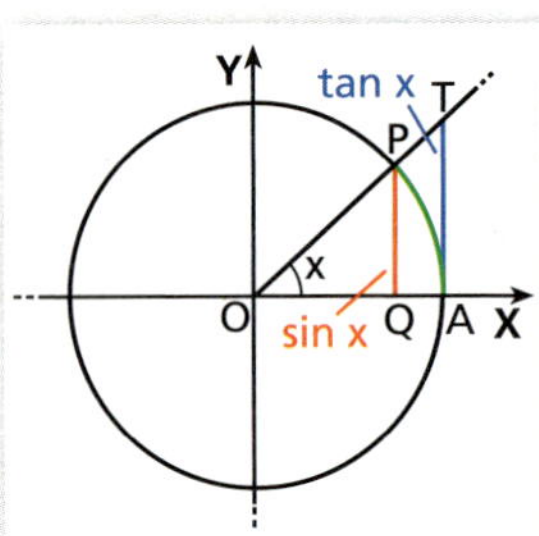

Consideriamo il cerchio trigonometrico e un angolo positivo di ampiezza x.

Poiché $x \to 0^+$, si può supporre $x < \frac{\pi}{2}$.

Se x è in radianti, la sua misura coincide con quella di $\widehat{AP}$, mentre la misura di PQ è $\sin x$ e quella di TA è $\tan x$. Essendo $\overline{PQ} < \widehat{AP} < \overline{TA}$, abbiamo che

$$\sin x < x < \tan x.$$

Dividiamo i termini della disuguaglianza per $\sin x$, mantenendo i versi delle disuguaglianze perché $\sin x > 0$ se $0 < x < \frac{\pi}{2}$:

$$1 < \frac{x}{\sin x} < \frac{1}{\cos x} \to \cos x < \frac{\sin x}{x} < 1.$$

Poiché $\lim_{x \to 0^+} \cos x = 1$ e $\lim_{x \to 0^+} 1 = 1$, per il teorema del confronto si ha che

$$\lim_{x \to 0^+} \frac{\sin x}{x} = 1.$$

Essendo $\lim_{x \to 0^+} \frac{\sin x}{x} = \lim_{x \to 0^-} \frac{\sin x}{x} = 1$, concludiamo che:

$$\lim_{x \to 0} \frac{\sin x}{x} = 1.$$

Se l'angolo è in gradi invece che radianti, si può dimostrare che:

$$\lim_{x^\circ \to 0} \frac{\sin x^\circ}{x^\circ} = \frac{\pi}{180^\circ}.$$

Osservazione. Il limite studiato si può applicare anche quando al posto della variabile x compare una funzione $y = f(x)$ il cui limite è uguale allo stesso valore a cui tende x. Per esempio:

$$\lim_{x \to 0} \frac{\sin 3x}{3x} = 1.$$

Infatti, se poniamo $y = 3x$, per $x \to 0$ anche $y \to 0$, quindi:

$$\lim_{y \to 0} \frac{\sin y}{y} = 1.$$

La stessa osservazione vale per i limiti notevoli che stiamo per analizzare.

Dal limite notevole $\lim_{x \to 0} \frac{\sin x}{x} = 1$ si deducono i seguenti limiti, che si presentano anch'essi nella forma indeterminata $\frac{0}{0}$.

► Calcola:
$\lim_{x \to 0} \frac{\sin x + 4x}{\sin 4x + x}$.

Animazione

$$\lim_{x \to 0} \frac{1 - \cos x}{x} = 0$$

DIMOSTRAZIONE

Moltiplicando numeratore e denominatore per $1 + \cos x$, otteniamo

$$\frac{1 - \cos x}{x} \cdot \frac{1 + \cos x}{1 + \cos x} = \frac{1 - \cos^2 x}{x(1 + \cos x)} = \frac{\sin^2 x}{x(1 + \cos x)} =$$

$$\frac{\sin x}{x} \cdot \sin x \cdot \frac{1}{1 + \cos x},$$

e quindi, per il teorema del prodotto dei limiti, risulta:

$$\lim_{x \to 0} \frac{1 - \cos x}{x} = \lim_{x \to 0} \frac{\sin x}{x} \cdot \sin x \cdot \frac{1}{1 + \cos x} = 1 \cdot 0 \cdot \frac{1}{2} = 0.$$

► Calcola:
$\lim_{x \to 0} \frac{1 - \cos 4x}{3x^2}$.

Animazione

$$\lim_{x \to 0} \frac{1 - \cos x}{x^2} = \frac{1}{2}$$

DIMOSTRAZIONE

Applicando il ragionamento precedente, possiamo scrivere:

$$\lim_{x \to 0} \frac{1 - \cos x}{x^2} = \lim_{x \to 0} \frac{\sin x}{x} \cdot \frac{\sin x}{x} \cdot \frac{1}{1 + \cos x} = 1 \cdot 1 \cdot \frac{1}{2} = \frac{1}{2}.$$

Limiti di funzioni esponenziali e logaritmiche

Consideriamo $\lim_{x \to \pm\infty} \left(1 + \frac{1}{x}\right)^x$.

Poiché $\lim_{x \to \pm\infty} \frac{1}{x} = 0$, siamo in presenza della forma indeterminata 1^∞.

Questo limite tende al numero di Nepero $e = 2{,}71828\ldots$

$$\lim_{x \to \pm\infty} \left(1 + \frac{1}{x}\right)^x = e.$$

► Calcola:
$\lim_{x \to +\infty} \left(\frac{x - 4}{x}\right)^x$.

Animazione

TEORIA

▶ Calcola:
$\lim_{x \to 0} \frac{\ln(1-9x^2)}{x}$.

Animazione

Da questo limite possiamo dedurne altri, nella forma indeterminata $\frac{0}{0}$.

$$\lim_{x \to 0} \frac{\ln(1+x)}{x} = 1$$

DIMOSTRAZIONE

Applicando le proprietà dei logaritmi possiamo scrivere

$$\frac{\ln(1+x)}{x} = \frac{1}{x}\ln(1+x) = \ln(1+x)^{\frac{1}{x}}$$

e quindi, per la continuità della funzione logaritmica:

$$\lim_{x \to 0} \ln(1+x)^{\frac{1}{x}} = \ln\left[\lim_{x \to 0}(1+x)^{\frac{1}{x}}\right].$$

Poniamo ora $y = \frac{1}{x}$, allora $x = \frac{1}{y}$ e per $x \to 0$ abbiamo $y \to \pm\infty$.

Effettuando la sostituzione di variabile nel limite precedente, otteniamo:

$$\lim_{x \to 0} \frac{\ln(1+x)}{x} = \ln\left[\lim_{y \to \pm\infty}\left(1+\frac{1}{y}\right)^y\right] = \ln e = 1.$$

Più in generale, si dimostra che, se $a > 0$ e $a \neq 1$: $\lim_{x \to 0} \frac{\log_a(1+x)}{x} = \log_a e$.

▶ Calcola:
$\lim_{x \to 0} \frac{e^{4x}-e^x}{4x}$.

Animazione

Video

Il limite notevole $\lim_{x \to 0} \frac{e^x-1}{x}$

▶ Calcoliamo:
$\lim_{x \to 0} \frac{x^2}{2^x-1}$.

$$\lim_{x \to 0} \frac{e^x-1}{x} = 1$$

DIMOSTRAZIONE

Poniamo $y = e^x - 1$, allora $e^x = 1 + y$ e $x = \ln(1+y)$. Inoltre, per $x \to 0$ risulta $y \to 0$, quindi, sostituendo la variabile x, otteniamo

$$\lim_{x \to 0} \frac{e^x-1}{x} = \lim_{y \to 0} \frac{y}{\ln(1+y)} = \lim_{y \to 0} \frac{1}{\frac{\ln(1+y)}{y}} = \frac{1}{1} = 1.$$

Più in generale, si dimostra che, se $a > 0$ e $a \neq 1$: $\lim_{x \to 0} \frac{a^x-1}{x} = \ln a$.

$$\lim_{x \to 0} \frac{(1+x)^k-1}{x} = k$$

DIMOSTRAZIONE

Scriviamo $(1+x)^k = e^{\ln(1+x)^k} = e^{k\ln(1+x)}$.
Sostituiamo e moltiplichiamo numeratore e denominatore per $k\ln(1+x)$:

$$\lim_{x \to 0} \frac{e^{k\ln(1+x)}-1}{x} \cdot \frac{k\ln(1+x)}{k\ln(1+x)}.$$

Applichiamo i due limiti notevoli precedenti:

$$\lim_{x \to 0} \frac{e^{k\ln(1+x)}-1}{k\ln(1+x)} \cdot \frac{\ln(1+x)}{x} \cdot k = 1 \cdot 1 \cdot k = k.$$

4 Infinitesimi, infiniti e loro confronto

Infinitesimi

▶ Esercizi a p. 1472

DEFINIZIONE

Una funzione $f(x)$ è un **infinitesimo per $x \to \alpha$** quando il limite di $f(x)$ per $x \to \alpha$ è uguale a 0.

α può essere finito o $+\infty$ o $-\infty$.

ESEMPIO

1. La funzione $f(x) = x - 1$ è un infinitesimo per $x \to 1$ perché $\lim_{x \to 1}(x-1) = 0$.
2. La funzione $f(x) = \dfrac{1}{x+2}$ è un infinitesimo per $x \to +\infty$, perché

$$\lim_{x \to +\infty} \frac{1}{x+2} = 0,$$

e per $x \to -\infty$, perché

$$\lim_{x \to -\infty} \frac{1}{x+2} = 0.$$

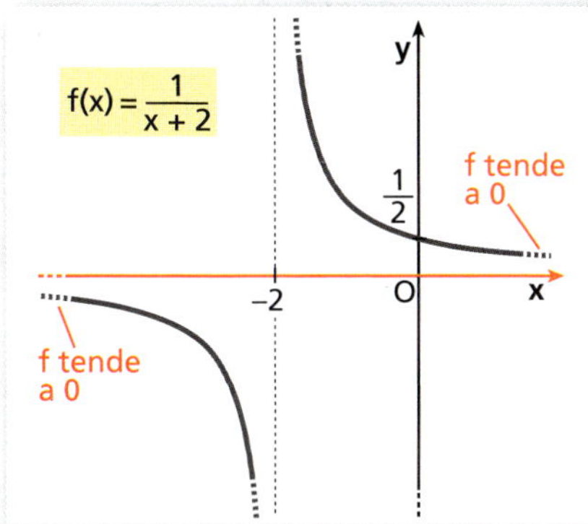

Funzioni del tipo

$$\frac{1}{x}, \frac{1}{x^2}, \frac{1}{x^3}, \ldots \quad \text{e} \quad \frac{1}{\sqrt{x}}, \frac{1}{\sqrt[3]{x}}, \ldots$$

sono tutte infinitesimi per $x \to +\infty$ e per $x \to -\infty$ (da quest'ultimo caso sono esclusi i reciproci delle radici di indice pari).

▶ Verifica che la funzione $f(x) = x^3 - 2x$ è un infinitesimo per $x \to 0$.

Confronto tra infinitesimi

Se $f(x)$ e $g(x)$ sono entrambi degli infinitesimi per $x \to \alpha$, allora $\lim_{x \to \alpha} \dfrac{f(x)}{g(x)}$ si presenta nella forma indeterminata $\dfrac{0}{0}$ e si dice che $f(x)$ e $g(x)$ sono **infinitesimi simultanei**.
In questo caso è interessante vedere quale dei due infinitesimi tende a 0 «più rapidamente»; possiamo stabilire ciò determinando il limite (se esiste) del loro rapporto per $x \to \alpha$.

Siano dunque $f(x)$ e $g(x)$ due infinitesimi simultanei per $x \to \alpha$ e supponiamo che esista un intorno I di α tale che $g(x) \neq 0$ per ogni $x \in I$, con $x \neq \alpha$.

- Se $\lim_{x \to \alpha} \dfrac{f(x)}{g(x)} = l \neq 0$ (l finito), si dice che $f(x)$ e $g(x)$ sono **infinitesimi dello stesso ordine** (vuol dire che tendono a 0 con la stessa rapidità).
- Se $\lim_{x \to \alpha} \dfrac{f(x)}{g(x)} = 0$, si dice che $f(x)$ è un **infinitesimo di ordine superiore** a $g(x)$ (cioè f tende a 0 più rapidamente di g).

TEORIA

- Se $\lim_{x \to \alpha} \frac{f(x)}{g(x)} = \pm\infty$, si dice che $f(x)$ è un **infinitesimo di ordine inferiore** a $g(x)$ (cioè f tende a 0 meno rapidamente di g).
- Se *non esiste* il $\lim_{x \to \alpha} \frac{f(x)}{g(x)}$, si dice che **gli infinitesimi** $f(x)$ e $g(x)$ **non sono confrontabili**.

ESEMPIO

1. Gli infinitesimi $f(x) = \ln(1+x)$ e $g(x) = x$, per $x \to 0$, sono dello stesso ordine perché $\lim_{x \to 0} \frac{\ln(1+x)}{x} = 1 \neq 0$.
2. $f(x) = (x-3)^2$ è un infinitesimo di ordine superiore a $g(x) = x - 3$, per $x \to 3$, perché:
$$\lim_{x \to 3} \frac{(x-3)^2}{x-3} = \lim_{x \to 3} (x-3) = 0.$$
3. $f(x) = e^x - 1$ è un infinitesimo di ordine inferiore a $g(x) = x^3$, per $x \to 0$, perché:
$$\lim_{x \to 0} \frac{e^x - 1}{x^3} = \lim_{x \to 0} \frac{e^x - 1}{x} \cdot \lim_{x \to 0} \frac{1}{x^2} = 1 \cdot (+\infty) = +\infty.$$
4. Gli infinitesimi $f(x) = x \sin \frac{1}{x}$ e $g(x) = x$, per $x \to 0$, non sono confrontabili, perché
$$\lim_{x \to 0} \frac{x \sin \frac{1}{x}}{x} = \lim_{x \to 0} \sin \frac{1}{x}$$
non esiste.

▶ Confronta fra loro gli infinitesimi $f(x) = 1 - \cos x$ e $g(x) = x^4$ per $x \to 0$.

▶ Puoi dimostrare che $x \sin \frac{1}{x}$ è un infinitesimo per $x \to 0$ con il teorema del confronto.

DEFINIZIONE

Per $x \to \alpha$, $f(x)$ è un **infinitesimo di ordine γ** ($\gamma > 0$) rispetto all'infinitesimo $g(x)$, quando $f(x)$ è dello stesso ordine di $[g(x)]^\gamma$, cioè se:
$$\lim_{x \to \alpha} \frac{f(x)}{[g(x)]^\gamma} = l \neq 0.$$

Diciamo inoltre che $g(x)$ è preso come **infinitesimo campione**. In generale, come infinitesimo campione, si prende:

$g(x) = x - x_0$, se $x \to x_0$;

$g(x) = \frac{1}{x}$, se $x \to \pm\infty$.

ESEMPIO

L'infinitesimo $f(x) = \frac{x-4}{x^5+1}$, per $x \to +\infty$, è di ordine 4 $\left(\text{rispetto al campione } \frac{1}{x}\right)$, infatti:
$$\lim_{x \to +\infty} \frac{\frac{x-4}{x^5+1}}{\frac{1}{x^4}} = \lim_{x \to +\infty} \frac{x^5 - 4x^4}{x^5+1} = 1 \neq 0.$$

DEFINIZIONE

Gli **infinitesimi** $f(x)$ e $g(x)$, per $x \to \alpha$, sono **equivalenti**, o **asintoticamente uguali**, se:

$$\lim_{x \to \alpha} \frac{f(x)}{g(x)} = 1.$$

Si scrive $f \sim g$ e uno dei due si dice **parte principale** dell'altro.
Due infinitesimi equivalenti hanno lo stesso ordine.

Esempi di infinitesimi equivalenti, per $x \to 0$, sono:

$$\sin x \sim x, \quad \ln(1+x) \sim x, \quad e^x - 1 \sim x,$$

che abbiamo visto come limiti notevoli.
Si può dimostrare il seguente teorema.

TEOREMA

Principio di sostituzione degli infinitesimi

Se esiste il limite del rapporto di due infinitesimi simultanei $f(x)$ e $g(x)$, allora esso resta invariato se si sostituisce ciascun infinitesimo con la sua parte principale (cioè con un infinitesimo a esso equivalente):

$$f \sim f_1, g \sim g_1 \quad \to \quad \lim_{x \to \alpha} \frac{f(x)}{g(x)} = \lim_{x \to \alpha} \frac{f_1(x)}{g_1(x)}.$$

ESEMPIO

Calcoliamo $\lim_{x \to 0} \frac{\ln(1+5x)}{\sin 2x}$.

Poiché $\ln(1+5x) \sim 5x$ e $\sin 2x \sim 2x$, abbiamo:

$$\lim_{x \to 0} \frac{\ln(1+5x)}{\sin 2x} = \lim_{x \to 0} \frac{5x}{2x} = \frac{5}{2}.$$

Infiniti

▶ Esercizi a p. 1474

DEFINIZIONE

Una funzione $f(x)$ è un **infinito per $x \to \alpha$** quando il limite di $f(x)$ per $x \to \alpha$ vale $+\infty$, $-\infty$ o ∞.

α può essere finito o $+\infty$ o $-\infty$.

ESEMPIO

La funzione $f(x) = \frac{1}{x-1}$ è un infinito per $x \to 1$ perché $\lim_{x \to 1} \frac{1}{x-1} = \infty$.

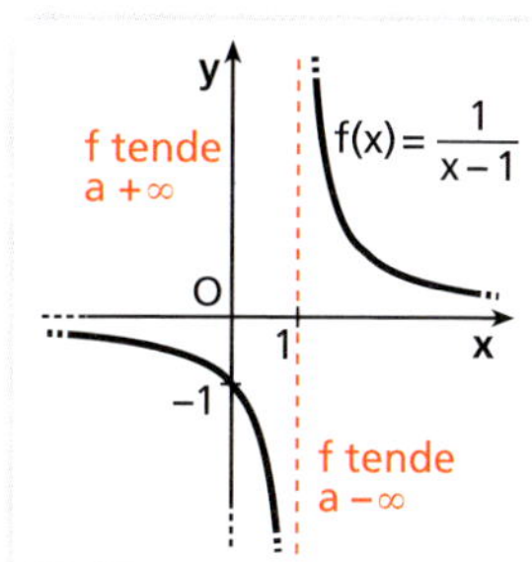

Le funzioni del tipo $x, x^2, x^3, \ldots$ e anche $\sqrt{x}, \sqrt[3]{x}, \ldots$ sono infiniti per $x \to +\infty$ e per $x \to -\infty$ (da quest'ultimo caso sono escluse le radici di indice pari).

Confronto tra infiniti

Per gli infiniti possiamo introdurre dei concetti analoghi a quelli visti per gli infinitesimi. Se $f(x)$ e $g(x)$ sono entrambi infiniti per $x \to \alpha$, allora $\lim_{x \to \alpha} \frac{f(x)}{g(x)}$ si presenta nella forma indeterminata $\frac{\infty}{\infty}$ e $f(x)$ e $g(x)$ sono **infiniti simultanei**.

TEORIA

Video

Infinitesimi, infiniti e loro confronto

▶ Facciamo alcuni esempi per spiegare come si applica il teorema del confronto.

Siano $f(x)$ e $g(x)$ due infiniti simultanei per $x \to \alpha$.

- Se $\lim_{x \to \alpha} \frac{f(x)}{g(x)} = l \neq 0$ (l finito), $f(x)$ e $g(x)$ sono **infiniti dello stesso ordine**.
- Se $\lim_{x \to \alpha} \frac{f(x)}{g(x)} = 0$, $f(x)$ è un **infinito di ordine inferiore** a $g(x)$.
- Se $\lim_{x \to \alpha} \frac{f(x)}{g(x)} = \pm\infty$, $f(x)$ è un **infinito di ordine superiore** a $g(x)$.
- Se *non esiste* il $\lim_{x \to \alpha} \frac{f(x)}{g(x)}$, **gli infiniti** $f(x)$ e $g(x)$ **non sono confrontabili**.

ESEMPIO

Calcolando i limiti indicati nelle precedenti definizioni, puoi verificare le seguenti affermazioni.

1. Gli infiniti $f(x) = x^5$ e $g(x) = 3x^5 + 2$, per $x \to +\infty$, sono dello stesso ordine.
2. $f(x) = (x-1)^2$ è un infinito di ordine superiore a $g(x) = x + 1$, per $x \to +\infty$.
3. $f(x) = \frac{1}{x}$ è un infinito di ordine inferiore a $g(x) = \frac{1}{x^4}$, per $x \to 0$.
4. Gli infiniti $f(x) = x^3(\cos x + 2)$ e $g(x) = x^3$, per $x \to +\infty$, non sono confrontabili.

▶ Confronta fra loro gli infiniti $f(x) = -4x^3 - 1$ e $g(x) = x^4 - x^3$ per $x \to +\infty$.

▶ Dimostra che $x^3(\cos x + 2)$ è un infinito per $x \to +\infty$ mediante il teorema del confronto.

DEFINIZIONE

Dati due infiniti $f(x)$ e $g(x)$, per $x \to \alpha$, si dice che $f(x)$ è un **infinito di ordine** γ ($\gamma > 0$) rispetto a $g(x)$, quando $f(x)$ è dello stesso ordine di $[g(x)]^\gamma$, cioè se:

$$\lim_{x \to \alpha} \frac{f(x)}{[g(x)]^\gamma} = l \neq 0.$$

Diciamo inoltre che $g(x)$ è preso come **infinito campione**. In generale, si considera come infinito campione:

$$g(x) = \frac{1}{x - x_0}, \quad \text{se } x \to x_0;$$

$$g(x) = x, \quad \text{se } x \to \pm\infty.$$

ESEMPIO

L'infinito

$$f(x) = \frac{x+2}{2x^3 - 5x^2},$$

per $x \to 0$, è di ordine 2 $\left(\text{rispetto al campione } \frac{1}{x}\right)$, infatti:

$$\lim_{x \to 0} \frac{\frac{x+2}{2x^3 - 5x^2}}{\frac{1}{x^2}} = \lim_{x \to 0} \frac{x^3 + 2x^2}{2x^3 - 5x^2} = -\frac{2}{5} \neq 0.$$

DEFINIZIONE

Due **infiniti** $f(x)$ e $g(x)$, per $x \to \alpha$, sono **equivalenti**, o **asintoticamente uguali**, se:

$$\lim_{x\to\alpha} \frac{f(x)}{g(x)} = 1.$$

Si scrive $f \sim g$. Due infiniti equivalenti hanno lo stesso ordine.
Inoltre, uno dei due si dice **parte principale** dell'altro.

ESEMPIO

La funzione

$$f(x) = 3x^6 + 4x^3 + 2x - 1$$

è un infinito, per $x \to +\infty$, equivalente a

$$g(x) = 3x^6,$$

allora $3x^6$ è la parte principale di $f(x)$.

TEOREMA

Principio di sostituzione degli infiniti

Se esiste il limite del rapporto di due infiniti simultanei $f(x)$ e $g(x)$, allora esso resta invariato se si sostituisce ciascun infinito con la sua parte principale (cioè con un infinito a esso equivalente):

$$f \sim f_1,\ g \sim g_1 \quad \to \quad \lim_{x\to\alpha} \frac{f(x)}{g(x)} = \lim_{x\to\alpha} \frac{f_1(x)}{g_1(x)}.$$

Gerarchia degli infiniti

Spesso non è facile confrontare due infiniti e calcolare il limite del loro rapporto. Ci aiuta il seguente teorema.

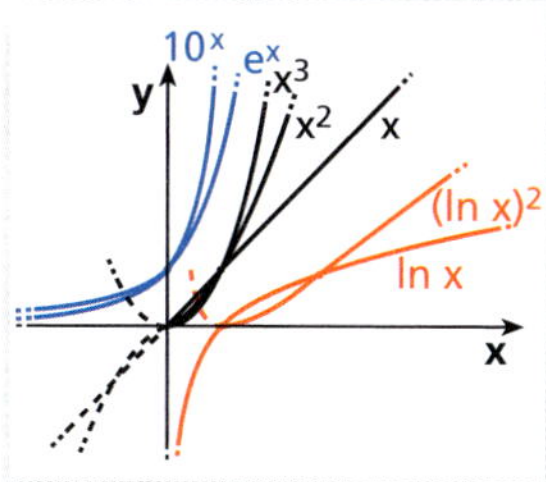

TEOREMA

Date le tre famiglie di funzioni

$$(\log_a x)^\alpha, \quad x^\beta, \quad b^x, \quad \text{con } \alpha, \beta > 0 \text{ e } a, b > 1,$$

allora, per $x \to +\infty$, ognuna è un infinito di ordine inferiore rispetto a quella che si trova a destra nell'elenco, cioè:

$$\lim_{x\to+\infty} \frac{(\log_a x)^\alpha}{x^\beta} = 0, \quad \lim_{x\to+\infty} \frac{x^\beta}{b^x} = 0.$$

Sinteticamente, possiamo scrivere, riferendoci agli ordini di infinito:

$$(\log_a x)^\alpha < x^\beta < b^x.$$

Il teorema dice che, per $x \to +\infty$, le funzioni logaritmiche (con base maggiore di 1) tendono a infinito meno rapidamente delle potenze, le quali a loro volta tendono a infinito meno rapidamente delle funzioni esponenziali (con base maggiore di 1).

ESEMPIO

$$\lim_{x\to+\infty} \frac{(\ln x)^3}{x^2} = 0, \quad \lim_{x\to+\infty} \frac{(\log_2 x)^{100}}{\sqrt{x}} = 0, \quad \lim_{x\to+\infty} \frac{\sqrt{x}}{2^x} = 0.$$

▶ Calcola:

a. $\lim_{x\to+\infty} \frac{(\log x)^{1000}}{x^4}$;

b. $\lim_{x\to+\infty} \frac{x^{50}}{3^x}$;

c. $\lim_{x\to+\infty} \frac{\sqrt[3]{x}}{\left(\frac{3}{2}\right)^x}$.

TEORIA

5 Funzioni continue

Definizioni

▶ Esercizi a p. 1476

Per approfondire il concetto di funzione continua, ricordiamo la definizione.
Una funzione $f(x)$, definita in un intorno di un punto x_0, è **continua in x_0** se:

$$\lim_{x \to x_0} f(x) = f(x_0).$$

Una funzione $f(x)$ è quindi continua in x_0 se:

- è definita in x_0, cioè esiste $f(x_0)$;
- esiste finito $\lim_{x \to x_0} f(x)$;
- il valore del limite è uguale a $f(x_0)$.

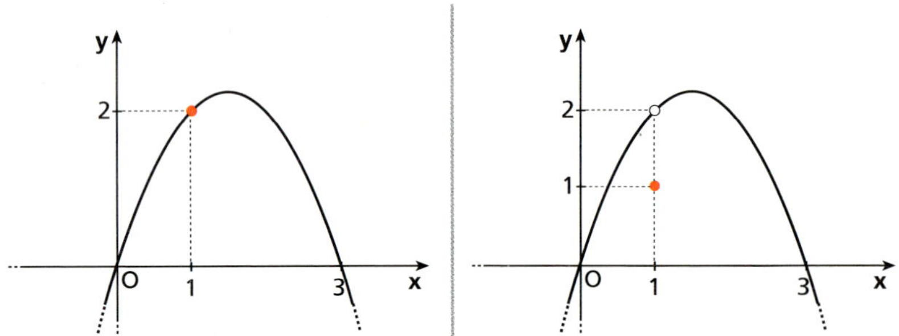

a. La funzione $f(x) = -x^2 + 3x$ è definita in $\mathbb{R}$ e $\lim_{x \to 1} f(x) = 2 = f(1)$.

b. La funzione $f(x) = \begin{cases} -x^2 + 3x & \text{se } x \neq 1 \\ 1 & \text{se } x = 1 \end{cases}$ ha limite $\lim_{x \to 1} f(x) = 2 \neq f(1)$.

Consideriamo le funzioni i cui grafici sono illustrati in figura.

Esse hanno lo stesso limite per x che tende a 1; nel caso **a** tale limite coincide con il valore $f(1)$ della funzione nel punto 1, mentre nel caso **b** questo non accade. Nel primo caso la funzione è *continua in* $x = 1$, mentre nel secondo la funzione è *discontinua in* $x = 1$.

ESEMPIO

1. La funzione $y = 1 - x^4$, di dominio $\mathbb{R}$, è continua in $x_0 = 2$ perché
   - esiste $f(2) = -15$,
   - $\lim_{x \to 2} (1 - x^4) = -15 = f(2)$.

2. La funzione $y = \begin{cases} x^3 & \text{se } x < 1 \\ x + 2 & \text{se } x \geq 1 \end{cases}$ non è continua in $x_0 = 1$.

   La funzione ha dominio $\mathbb{R}$ e $f(1) = 3$, ma $\lim_{x \to 1} y$ non esiste perché

   $\lim_{x \to 1^-} y = 1$ e $\lim_{x \to 1^+} y = 3$.

▶ Stabilisci se la funzione
$f(x) = \begin{cases} 1 - x & \text{se } x < 0 \\ 2e^x - 1 & \text{se } x \geq 0 \end{cases}$
è continua in $x_0 = 0$.

La definizione di funzione continua in x_0 può essere anche espressa in modo equivalente: $\lim_{h \to 0} f(x_0 + h) = f(x_0)$.

Infatti, posto $x_0 + h = x$, se $h \to 0$ si ha che $x \to x_0$, dunque $\lim_{x \to x_0} f(x) = f(x_0)$.

Se consideriamo solo il limite destro o sinistro di una funzione $f(x)$, possiamo dare le seguenti definizioni.

- $f(x)$ è **continua a destra** in x_0, se $f(x_0)$ coincide con il limite destro di $f(x)$ per x che tende a x_0:

  $$\lim_{x \to x_0^+} f(x) = f(x_0).$$

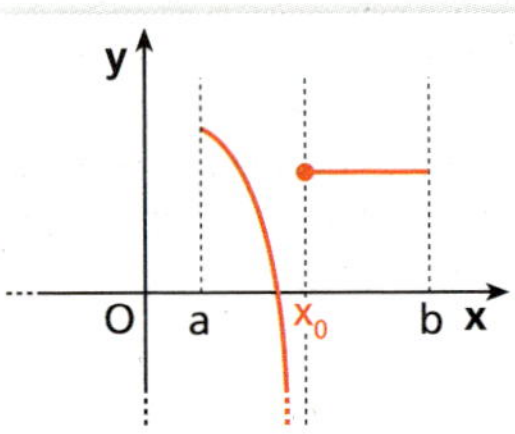

La funzione è continua a destra in x_0.

- $f(x)$ è **continua a sinistra** in x_0, se $f(x_0)$ coincide con il limite sinistro di $f(x)$ per x che tende a x_0:

$$\lim_{x \to x_0^-} f(x) = f(x_0).$$

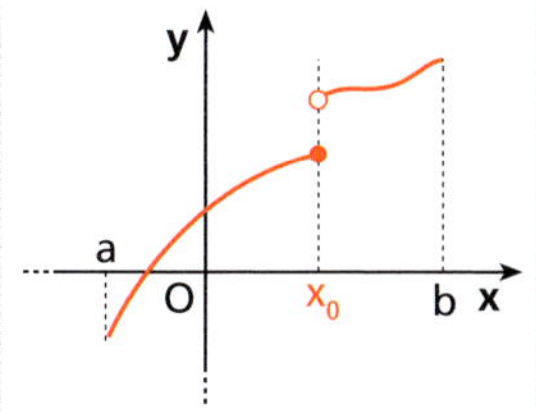

La funzione è continua a sinistra in x_0.

È possibile allora parlare di continuità anche per punti che sono estremi dell'intervallo $[a; b]$ in cui la funzione è definita; nel punto a si parla di continuità a destra, mentre nel punto b si parla di continuità a sinistra.
La funzione dell'esempio 2 è continua a destra in $x_0 = 1$.

DEFINIZIONE
Una funzione definita in $[a; b]$ si dice **continua nell'intervallo $[a; b]$** se è continua in ogni punto dell'intervallo.

Continuità della funzione inversa

Se $y = f(x)$ è una funzione biettiva in un intervallo D, allora esiste la funzione inversa f^{-1} definita nell'insieme immagine di f. Per essa vale il seguente teorema.

Video

Continuità

▶ Dimostriamo che la funzione arcotangente è continua su tutto $\mathbb{R}$.

TEOREMA
Se $y = f(x)$ è una funzione biettiva e continua in D, allora la funzione inversa f^{-1} è continua nell'insieme immagine di f.

ESEMPIO
Calcoliamo $\lim_{x \to 0} (\arccos x + 4x)$.
La funzione $\cos x$ è continua in $\mathbb{R}$ e quindi la funzione $\arccos x$, inversa della restrizione di $\cos x$ all'intervallo $[0; \pi]$, è continua per tutti i valori di $[-1; 1]$, in particolare per $x = 0$. Quindi:

$$\lim_{x \to 0} (\arccos x + 4x) = \lim_{x \to 0} \arccos x + \lim_{x \to 0} 4x = \frac{\pi}{2} + 0 = \frac{\pi}{2}.$$

Teoremi sulle funzioni continue

▶ Esercizi a p. 1480

Enunciamo, senza dimostrare, alcuni teoremi che esprimono proprietà importanti di cui godono le funzioni continue e ne illustriamo graficamente le conseguenze.
Data la funzione $y = f(x)$ definita nell'intervallo I, chiamiamo:

- **massimo assoluto** di $f(x)$, se esiste, il massimo M dei valori assunti dalla funzione in I;
- **minimo assoluto** di $f(x)$, se esiste, il minimo m dei valori assunti dalla funzione in I.

TEOREMA
Teorema di Weierstrass
Se f è una funzione continua in un intervallo limitato e chiuso $[a; b]$, allora essa assume, in tale intervallo, il massimo assoluto e il minimo assoluto.

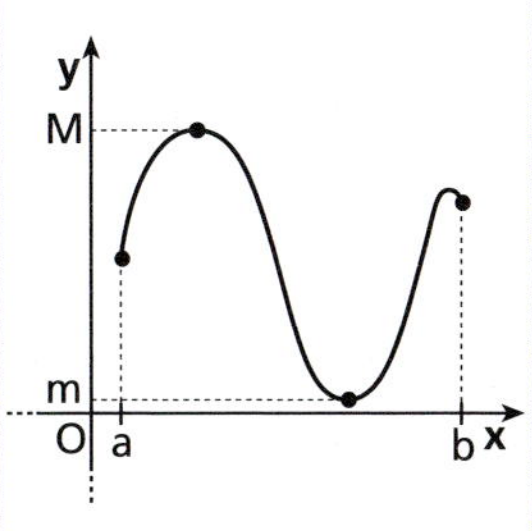

Listen to it

The **Weierstrass extreme value theorem** states that if f is continuous in $[a; b]$, then f must attain a maximum and a minimum in $[a; b]$.

TEORIA

Se alcune ipotesi del teorema non sono verificate, il risultato non è più vero come mostrano i seguenti controesempi.

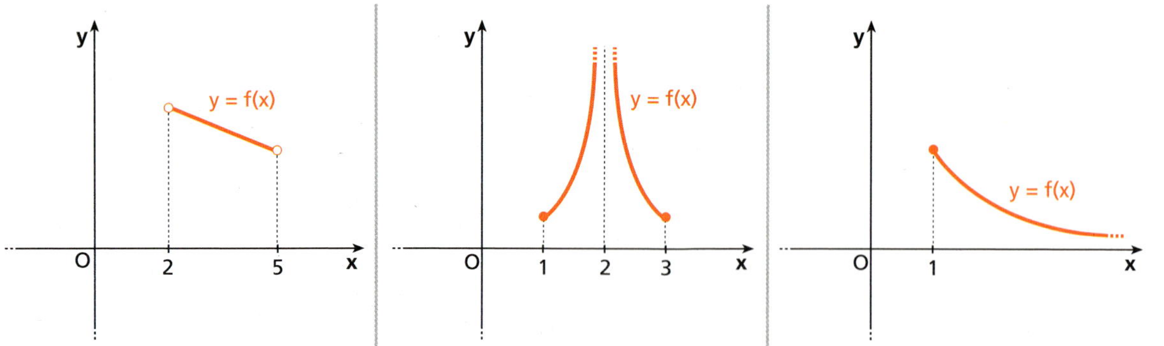

a. La funzione è continua nell'intervallo limitato aperto]2; 5[. Essa è priva di massimo e minimo in questo intervallo, in quanto gli estremi non appartengono all'intervallo.

b. La funzione non è continua nel punto $x = 2$. Nell'intervallo [1; 3] essa assume minimo, ma è priva di massimo.

c. La funzione è continua nell'intervallo illimitato $[1; +\infty[$. Non vale il teorema di Weierstrass e la funzione è priva di minimo assoluto.

TEOREMA

Teorema dei valori intermedi

Se f è una funzione continua in un intervallo limitato e chiuso $[a; b]$, allora essa assume, almeno una volta, tutti i valori compresi tra il massimo e il minimo.

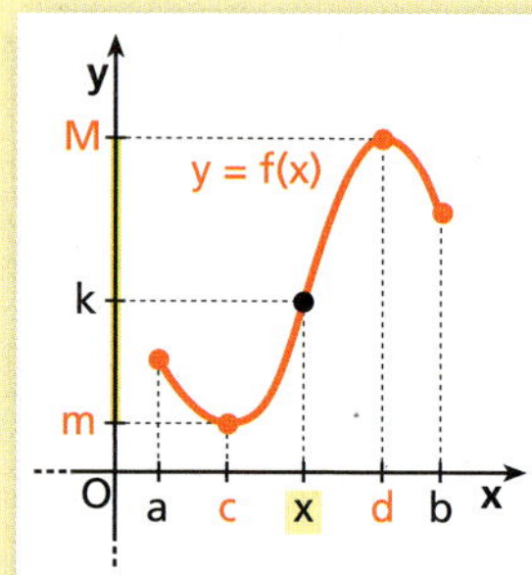

TEOREMA

Teorema di esistenza degli zeri

Se f è una funzione continua in un intervallo limitato e chiuso $[a; b]$ e negli estremi di tale intervallo assume valori di segno opposto, allora esiste almeno un punto c, interno all'intervallo, in cui f si annulla, ossia $f(c) = 0$.

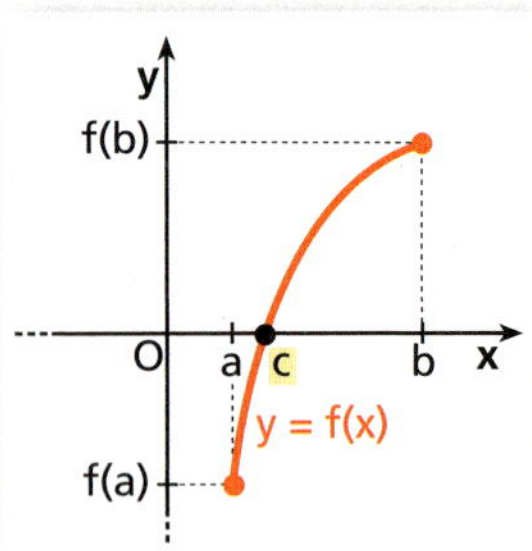

Ciò che afferma il teorema equivale a dire che, nelle ipotesi indicate, l'equazione $f(x) = 0$ ha almeno una soluzione in $]a; b[$.

ESEMPIO

Consideriamo la funzione $f(x) = x + \log_2 x$ nell'intervallo $\left[\frac{1}{2}; 1\right]$.

Poiché il dominio è D: $x > 0$, la funzione è continua in $\left[\frac{1}{2}; 1\right]$. Inoltre:

$$f\left(\frac{1}{2}\right) = \frac{1}{2} + \log_2 \frac{1}{2} = \frac{1}{2} - 1 = -\frac{1}{2} < 0 \text{ e } f(1) = 1 + \log_2 1 = 1 > 0.$$

Sono verificate le ipotesi del teorema degli zeri, quindi l'equazione $f(x) = 0$, e cioè $x + \log_2 x = 0$, ha almeno una soluzione nell'intervallo $\left]\frac{1}{2}; 1\right[$.

Video

Teoremi sulle funzioni continue

▸ Spieghiamo con l'aiuto dei grafici il teorema di Weierstrass, il teorema dei valori intermedi e il teorema di esistenza degli zeri.

Vediamo alcuni controesempi in cui non sono verificate tutte le ipotesi del teorema.

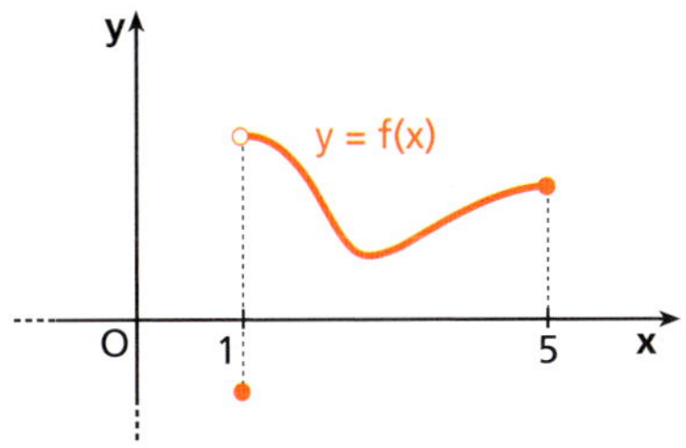

a. La funzione è continua nell'intervallo]1; 5], $f(1) < 0$ e $f(5) > 0$, ma non esiste alcun punto dell'intervallo in cui essa si annulla.

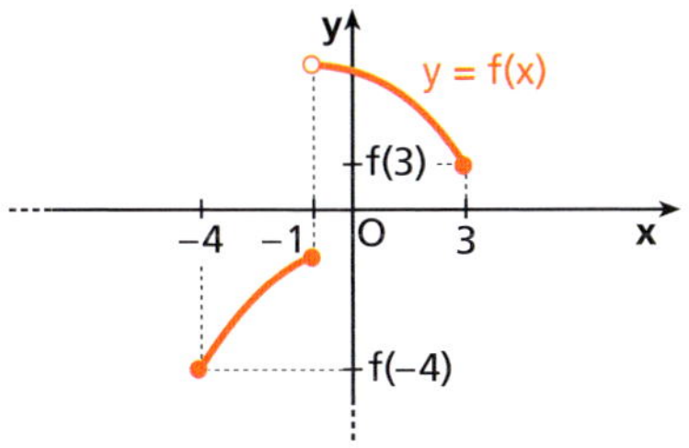

b. La funzione non è continua in $x = -1$; $f(-4) < 0$ e $f(3) > 0$. Non esiste alcun punto dell'intervallo [–4; 3] in cui essa si annulla.

▶ Disegna il grafico di una funzione che non soddisfa tutte le ipotesi e per la quale è falsa la tesi dei teoremi:
- dei valori intermedi;
- di esistenza degli zeri.

6 Punti di discontinuità di una funzione

▶ Esercizi a p. 1485

$f(x)$, definita in un intorno di x_0, **non è continua** in x_0 se $\lim_{x \to x_0} f(x) \neq f(x_0)$.

Diciamo anche che x_0 è un **punto di discontinuità** o **punto singolare** di $f(x)$.

Come si riconoscono i punti x_0 di discontinuità? In x_0 la funzione $f(x)$ può essere definita o non definita, ma quello che è necessario è che sia possibile valutare $\lim_{x \to x_0} f(x)$, ossia che x_0 sia un punto di accumulazione per $f(x)$.

Per esempio, per la funzione $f(x) = \sqrt{x}$, che ha dominio $x \geq 0$, $x_0 = -9$ non è un punto di discontinuità perché per $f(x)$ non è possibile calcolare $\lim_{x \to -9} \sqrt{x}$, in quanto -9 non è punto di accumulazione.

Invece, per la funzione $f(x) = \frac{1}{x-4}$, $x_0 = 4$ è un punto di discontinuità perché non appartiene al dominio ma si può calcolare $\lim_{x \to 4} f(x)$, che vale ∞.

È possibile classificare i punti di discontinuità di una funzione in tre categorie: di prima specie, di seconda specie e di terza specie. Il criterio usato per tale classificazione si basa sullo studio di $\lim_{x \to x_0} f(x)$.

Listen to it

If a function f is not continuous at a point x_0 in its domain, then f has a **discontinuity** in x_0.

Punti di discontinuità di prima specie

DEFINIZIONE

Un punto x_0 è **punto di discontinuità di prima specie** per la funzione $f(x)$ quando, per $x \to x_0$, il limite destro e il limite sinistro di $f(x)$ sono entrambi finiti ma diversi fra loro.

$$\lim_{x \to x_0^-} f(x) = l_1 \neq \lim_{x \to x_0^+} f(x) = l_2.$$

La differenza $|l_2 - l_1|$ è il **salto** della funzione.

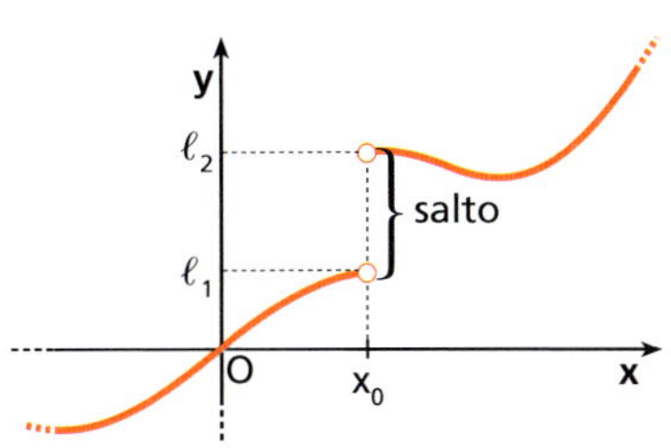

Listen to it

The point x_0 is a **jump discontinuity** for f if the one-sided limits at x_0 exist and are finite but are not equal.

ESEMPIO

Consideriamo la funzione seguente:

$$f(x) = \begin{cases} -3x & \text{se } x < 2 \\ x-1 & \text{se } x \geq 2 \end{cases}.$$

Poiché

$$\lim_{x \to 2^+} (x-1) = 1 \text{ e } \lim_{x \to 2^-} (-3x) = -6,$$

2 è un *punto di discontinuità di prima specie*. La distanza fra i punti A e B in figura è il salto e vale: $1 - (-6) = 7$.

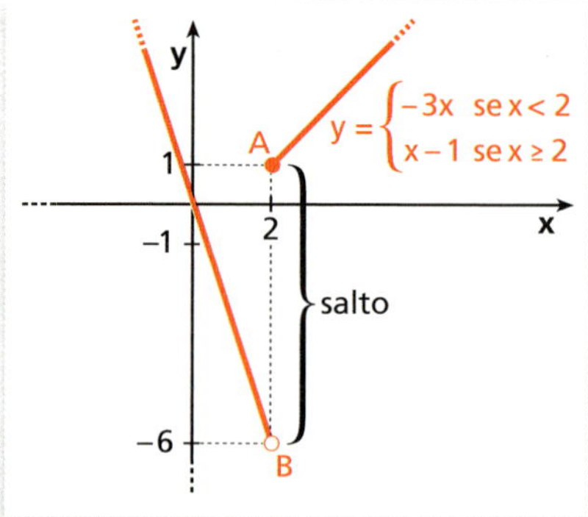

► Verifica che 3 è punto di discontinuità di prima specie per $f(x) = \begin{cases} x & \text{se } x \geq 3 \\ 1-x & \text{se } x < 3 \end{cases}$.

Punti di discontinuità di seconda specie

DEFINIZIONE

Un punto x_0 si dice **punto di discontinuità di seconda specie** per la funzione $f(x)$ quando per $x \to x_0$ almeno uno dei due limiti, destro o sinistro, di $f(x)$ è infinito oppure non esiste.

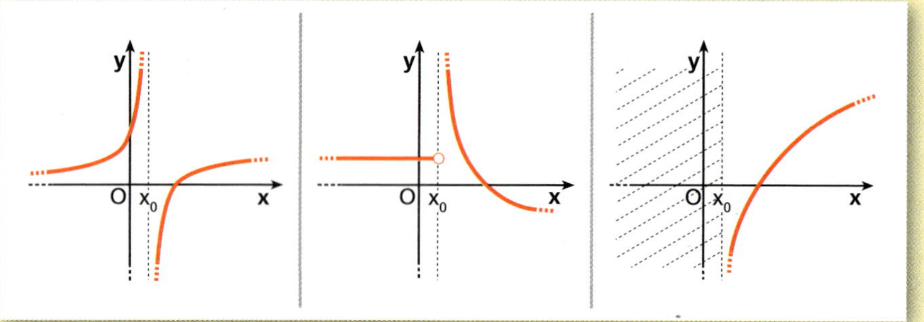

Listen to it

The point x_0 is an **infinite** or **essential discontinuity** for f if *one or both* of the one-sided limits at x_0 don't exist or are infinite.

Consideriamo gli esempi in figura.

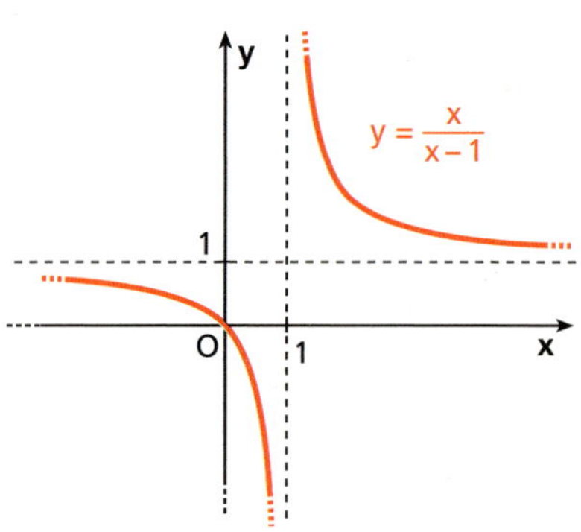

a. La funzione $y = \frac{x}{x-1}$ non è definita nel punto $x_0 = 1$ e $\lim_{x \to 1^-} f(x) = -\infty$, mentre $\lim_{x \to 1^+} f(x) = +\infty$.

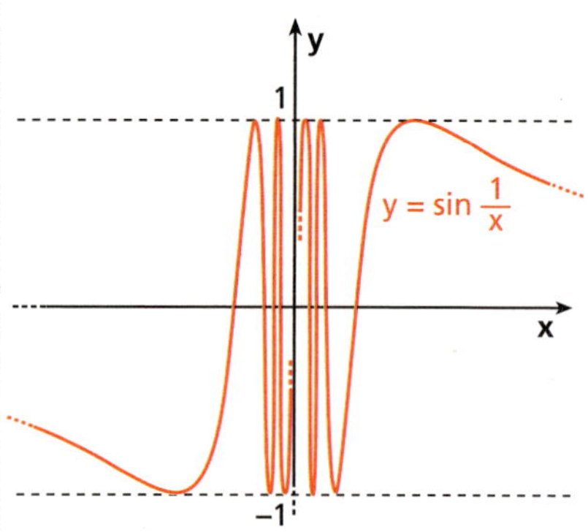

b. La funzione $y = \sin \frac{1}{x}$ non è definita in $x_0 = 0$ e per $x \to 0$ non ammette né limite destro né limite sinistro: infatti $t = \frac{1}{x}$ tende all'infinito e $\sin t$ continua a oscillare tra -1 e 1.

► Stabilisci se la funzione $f(x) = \tan x$ ammette discontinuità di prima o di seconda specie.

In entrambi i casi il punto x_0 è un *punto di discontinuità di seconda specie*.

Video

Punti di discontinuità

► Quando una funzione è continua?

► Cosa sono i punti di discontinuità?

Punti di discontinuità di terza specie (o eliminabile)

DEFINIZIONE

Un punto x_0 si dice **punto di discontinuità di terza specie** per la funzione $f(x)$ quando:

1. esiste ed è finito il limite di $f(x)$ per $x \to x_0$, ossia $\lim_{x \to x_0} f(x) = l$;
2. f non è definita in x_0, oppure, se lo è, risulta $f(x_0) \neq l$.

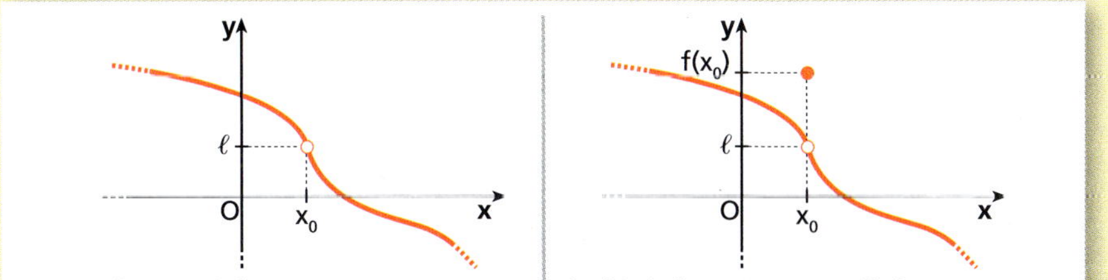

a. f non è definita in x_0. **b.** f è definita in x_0, ma $f(x_0) \neq \ell$.

Listen to it

The point x_0 is a **removable discontinuity** for f if the limit at x_0 exists but is not equal to $f(x_0)$, or if $f(x_0)$ is not defined.

ESEMPIO

Consideriamo $f(x) = \dfrac{1 - x^2}{x - 1}$.

Il dominio è $\mathbb{R} - \{1\}$. La funzione coincide con la funzione $y = -1 - x$ nell'insieme $\mathbb{R} - \{1\}$ ed è discontinua in $x_0 = 1$.

Calcoliamo il limite per $x \to 1$:

$$\lim_{x \to 1} \frac{1 - x^2}{x - 1} = \lim_{x \to 1} \frac{\cancel{(1 - x)}(1 + x)}{-\cancel{(1 - x)}} = \lim_{x \to 1} -(1 + x) = -2.$$

Per la definizione di limite, possiamo dire che, scelto un intorno completo di $x_0 = 1$ sempre più ristretto, la funzione assume valori sempre più vicini a -2, e quindi possiamo dire che $f(x)$ è *quasi continua*, perché rimane escluso il solo punto $x_0 = 1$, come si può osservare nel grafico.

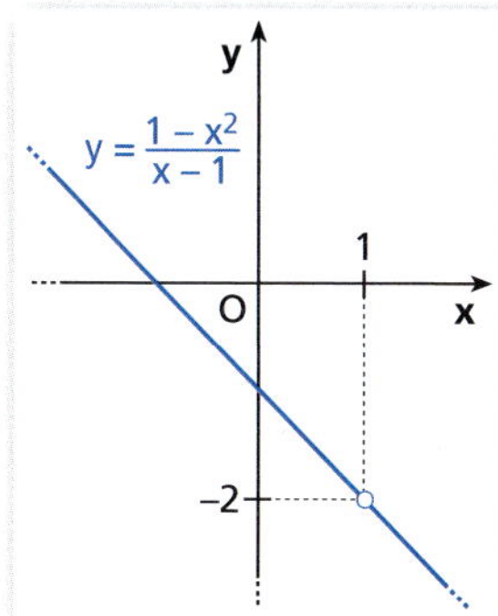

Il punto 1 viene anche detto punto di **discontinuità eliminabile**, perché la funzione può essere modificata nel punto 1 in modo da risultare continua in tale punto, rimanendo invariata nel suo dominio naturale:

$$f(x) = \begin{cases} \dfrac{1 - x^2}{x - 1} & \text{se } x \neq 1 \\ -2 & \text{se } x = 1 \end{cases}$$

Tale funzione è continua in $x = 1$, infatti $\lim_{x \to 1} f(x) = -2 = f(1)$.

▶ Determina il punto di discontinuità di terza specie per la funzione $f(x) = \dfrac{x^2 - 5x + 6}{x - 2}$.

7 Asintoti

Abbiamo visto che all'infinito il grafico di una funzione può avvicinarsi sempre più a quello di una retta. In tal caso la retta è un *asintoto* del grafico della funzione.

DEFINIZIONE

Una retta è un **asintoto** del grafico di una funzione se la distanza di un generico punto del grafico da tale retta tende a 0 quando l'ascissa o l'ordinata del punto tendono a ∞.

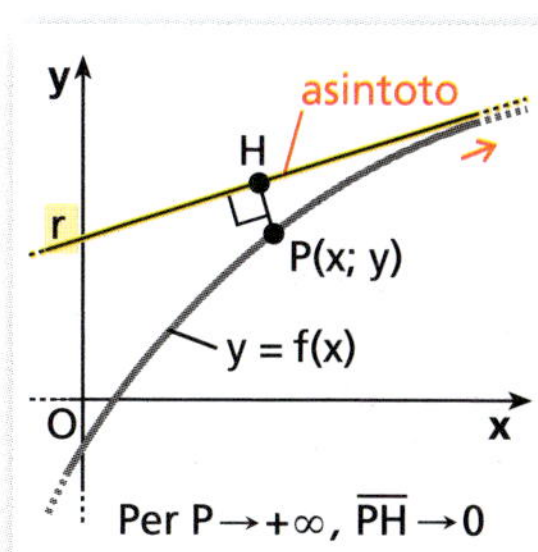

Gli asintoti possono essere verticali, orizzontali, obliqui.

Asintoti verticali e orizzontali

▶ Esercizi a p. 1490

Asintoto verticale

La retta di equazione $x = x_0$ è un asintoto verticale del grafico di una funzione se, al tendere di x a x_0, la funzione tende a $+\infty$ o $-\infty$ o ∞.

Se soltanto il limite sinistro è infinito si ha un asintoto verticale sinistro, mentre se soltanto il limite destro è infinito si ha un asintoto verticale destro.

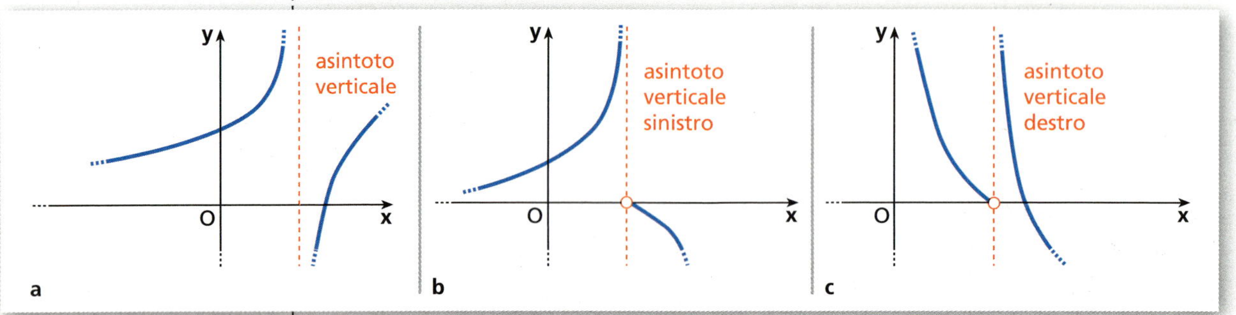

Asintoto orizzontale

La retta di equazione $y = l$ è un asintoto orizzontale del grafico di una funzione $f(x)$ se $\lim\limits_{x \to \infty} f(x) = l$.

Anche in questo caso si parla di

- asintoto orizzontale destro → $\lim\limits_{x \to +\infty} f(x) = l$;
- asintoto orizzontale sinistro → $\lim\limits_{x \to -\infty} f(x) = l$.

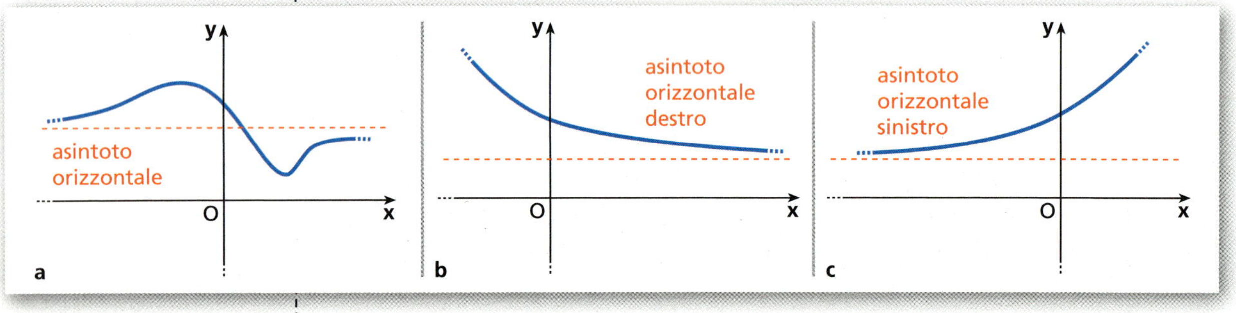

Inoltre, il grafico di una funzione può avere contemporaneamente un asintoto orizzontale destro e un asintoto orizzontale sinistro distinti fra loro, se

$$\lim_{x \to +\infty} f(x) = l_1 \text{ e } \lim_{x \to -\infty} f(x) = l_2, \quad \text{con } l_1 \neq l_2.$$

Ricerca degli asintoti orizzontali e verticali

Per determinare gli asintoti orizzontali e verticali, occorre calcolare i limiti agli estremi del dominio di $f(x)$.

▶ Determina le equazioni degli asintoti orizzontali e verticali della funzione $y = \frac{x+1}{3-x}$.

Animazione

ESEMPIO

Data la funzione $f(x) = \dfrac{4x^2 + 3}{x^2 - 1}$, cerchiamo le equazioni dei suoi asintoti orizzontali e verticali calcolando i limiti agli estremi del dominio D: $\mathbb{R} - \{\pm 1\}$.

$$\lim_{x \to \infty} \frac{4x^2 + 3}{x^2 - 1} = 4$$

La retta di equazione $y = 4$ è asintoto orizzontale per il grafico della funzione.

$$\lim_{x \to +1} \frac{4x^2+3}{x^2-1} = \lim_{x \to -1} \frac{4x^2+3}{x^2-1} = \infty$$

Le rette di equazioni $x = 1$ e $x = -1$ sono asintoti verticali.

Asintoti obliqui

▶ Esercizi a p. 1492

DEFINIZIONE

La retta di equazione $y = mx + q$, con $m \neq 0$, è **asintoto obliquo** per il grafico di una funzione $f(x)$ se

$$\lim_{x \to \infty} [f(x) - (mx + q)] = 0.$$

Analoga definizione si ha se si sostituiscono $+\infty$ o $-\infty$ a ∞. Per $x \to +\infty$ parliamo di **asintoto obliquo destro**, per $x \to -\infty$ di **asintoto obliquo sinistro**.

La definizione è equivalente alla richiesta che la distanza tra il punto P del grafico di $f(x)$ e il punto Q della retta di equazione $y = mx + q$ con la stessa ascissa tenda a 0 per $x \to \infty$.

Dimostriamo, con questa definizione, che la distanza PH di P dall'asintoto tende a 0 quando x tende a ∞.

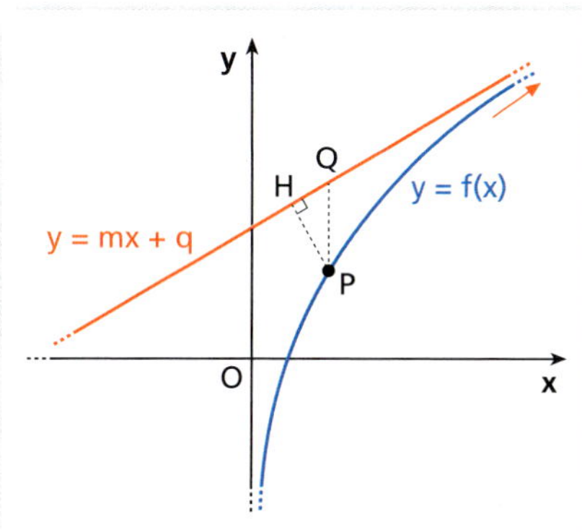

Per la definizione di asintoto obliquo,

$$\lim_{x \to \infty} \overline{PQ} = \lim_{x \to \infty} |f(x) - (mx + q)| = 0,$$

ma, poiché PQ e HP sono rispettivamente l'ipotenusa e un cateto del triangolo rettangolo QHP, si ha: $\overline{PQ} > \overline{PH} > 0$.

Per il teorema del confronto: $\lim_{x \to \infty} \overline{PH} = 0$.

Osservazione. Da $\lim_{x \to \infty} [f(x) - (mx + q)] = 0$ ricaviamo $\lim_{x \to \infty} f(x) = \lim_{x \to \infty} (mx + q)$, da cui: $\lim_{x \to \infty} f(x) = \infty$, condizione necessaria (ma non sufficiente) per l'esistenza dell'asintoto obliquo.

Ricerca degli asintoti obliqui

TEOREMA

Se il grafico della funzione $y = f(x)$ ha un asintoto obliquo di equazione $y = mx + q$, con $m \neq 0$, allora m e q sono dati dai seguenti limiti:

$$m = \lim_{x \to \infty} \frac{f(x)}{x};$$

$$q = \lim_{x \to \infty} [f(x) - mx].$$

Il teorema è valido anche se al posto di ∞ mettiamo $+\infty$ o $-\infty$.

DIMOSTRAZIONE

Se esiste un asintoto obliquo, è vero che

$$\lim_{x \to \infty} [f(x) - (mx + q)] = 0,$$

MATEMATICA E ARCHITETTURA

Un limite da disastro

▶ Perché nei grattacieli si adottano forme aerodinamiche?

La risposta

e quindi, dividendo per $x \neq 0$,

$$\lim_{x\to\infty} \frac{f(x) - (mx+q)}{x} = 0 \rightarrow \lim_{x\to\infty}\left[\frac{f(x)}{x} - m - \frac{q}{x}\right] = 0,$$

e, poiché $\lim\limits_{x\to\infty} m = m$ e $\lim\limits_{x\to\infty} \frac{q}{x} = 0$, deve essere:

$$\boldsymbol{m = \lim_{x\to\infty} \frac{f(x)}{x}}.$$

Per ipotesi è $m \neq 0$, e per calcolare q consideriamo nuovamente:

$$\lim_{x\to\infty}[f(x) - (mx+q)] = 0 \rightarrow \lim_{x\to\infty}[(f(x) - mx) - q] = 0 \rightarrow$$

$$\lim_{x\to\infty}[f(x) - mx] - q = 0 \rightarrow \boldsymbol{q = \lim_{x\to\infty}[f(x) - mx]}.$$

Viceversa, si può dimostrare che se $\lim\limits_{x\to\infty} f(x) = \infty$ ed esistono finiti i limiti $m = \lim\limits_{x\to\infty} \frac{f(x)}{x}$ e $q = \lim\limits_{x\to\infty}[f(x) - mx]$, con $m \neq 0$, allora il grafico della funzione $y = f(x)$ presenta un asintoto obliquo di equazione $y = mx + q$.

Video

Asintoti

- Cos'è un asintoto?
- Come possiamo calcolarlo?

ESEMPIO

Determiniamo, se esiste, l'asintoto obliquo della funzione:

$$y = \frac{3x^2 - 2x + 1}{x - 1}.$$

Essendo $\lim\limits_{x\to\infty} f(x) = \infty$, la curva può avere un asintoto obliquo. Calcoliamo m:

$$m = \lim_{x\to\infty} \frac{f(x)}{x} = \lim_{x\to\infty} \frac{3x^2 - 2x + 1}{x^2 - x} = 3.$$

Calcoliamo q, sostituendo nella formula il valore 3 al posto di m:

$$q = \lim_{x\to\infty}[f(x) - mx] = \lim_{x\to\infty}\left(\frac{3x^2 - 2x + 1}{x - 1} - 3x\right) =$$

$$= \lim_{x\to\infty} \frac{3x^2 - 2x + 1 - 3x^2 + 3x}{x - 1} = \lim_{x\to\infty} \frac{x+1}{x-1} = 1.$$

I calcoli svolti sono validi sia per $x \to +\infty$ sia per $x \to -\infty$; quindi, in entrambi i casi, il grafico della funzione ha un asintoto obliquo di equazione:

$$y = 3x + 1.$$

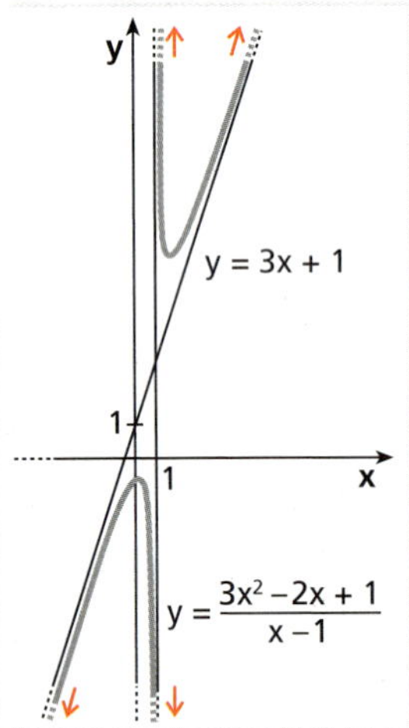

Un asintoto obliquo si può avere sia per $x \to +\infty$ sia per $x \to -\infty$, oppure in uno solo dei due casi, come si può osservare negli esempi della figura seguente.

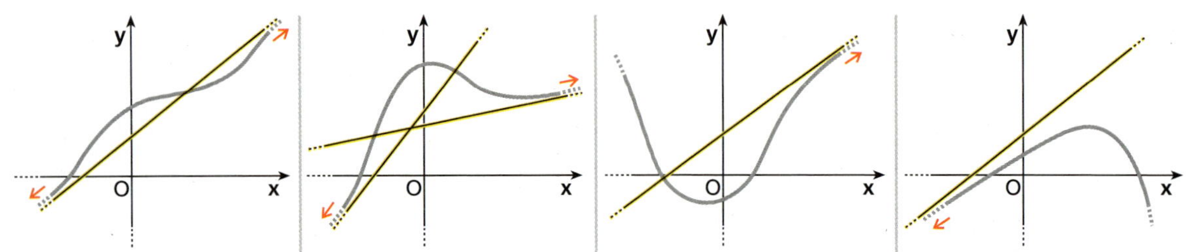

a. La funzione ha lo stesso asintoto obliquo per $x \to +\infty$ e per $x \to -\infty$.

b. La funzione ha due asintoti obliqui diversi per $x \to +\infty$ e per $x \to -\infty$.

c. La funzione ha un asintoto obliquo soltanto per $x \to +\infty$.

d. La funzione ha un asintoto obliquo soltanto per $x \to -\infty$.

Un caso particolare

Sia $f(x)$ una *funzione razionale fratta*

$$f(x) = \frac{A(x)}{B(x)}$$

tale che $A(x)$ sia un polinomio di grado n e $B(x)$ un polinomio di grado $n-1$. Allora, effettuando la divisione tra i due polinomi, possiamo scrivere:

$$A(x) = B(x) \cdot Q(x) + R(x) \to f(x) = Q(x) + \frac{R(x)}{B(x)},$$

dove $Q(x)$ è il quoziente, che è un polinomio di primo grado, e $R(x)$ è il resto, che è un polinomio di grado inferiore a $B(x)$. Quindi:

$$Q(x) = mx + q \text{ e } \lim_{x \to \infty} \frac{R(x)}{B(x)} = 0.$$

Essendo $f(x) = mx + q + \frac{R(x)}{B(x)}$, si ha che $\lim_{x \to \infty} f(x) = \infty$, $\lim_{x \to \infty} \frac{f(x)}{x} = m$ e $\lim_{x \to \infty} [f(x) - mx] = q$.

Allora, la retta di equazione $y = mx + q$, determinata dal quoziente tra $A(x)$ e $B(x)$, è un asintoto obliquo per il grafico di $f(x)$.

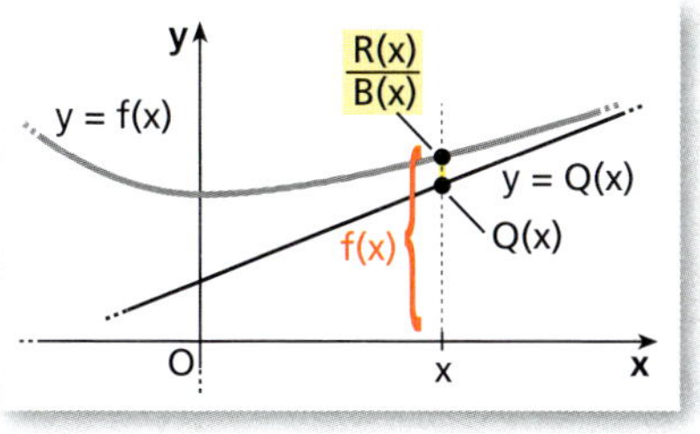

ESEMPIO

Consideriamo la funzione $f(x) = \frac{2x^4 - 2x + 1}{x^3 - 1}$.

Osserviamo che il grado del numeratore supera di una unità quello del denominatore, quindi la funzione ammette un asintoto obliquo, che troviamo eseguendo la divisione tra $A(x) = 2x^4 - 2x + 1$ e $B(x) = x^3 - 1$. Otteniamo come quoziente $Q(x) = 2x$ e come resto $R(x) = 1$, quindi possiamo scrivere

$$f(x) = 2x + \frac{1}{x^3 - 1}$$

e la retta di equazione $y = 2x$ è un asintoto obliquo per il grafico di $f(x)$.

▶ Trova l'equazione dell'asintoto obliquo per la funzione
$f(x) = \frac{x^3 - 10}{x^2 + 1}$.

Animazione

8 Grafico probabile di una funzione

▶ Esercizi a p. 1496

Data una funzione $y = f(x)$, poiché siamo in grado di determinare molte sue caratteristiche, possiamo tracciare il suo grafico anche se solo in modo approssimato. Lo chiameremo **grafico probabile**.

Per rappresentare il grafico probabile di una funzione occorre:

1. determinare il dominio;
2. studiare eventuali simmetrie rispetto all'asse y o rispetto all'origine;
3. determinare le intersezioni con gli assi cartesiani;
4. studiare il segno;
5. calcolare i limiti agli estremi del dominio e studiare i punti di discontinuità;
6. determinare gli asintoti.

TEORIA

IN SINTESI
Calcolo dei limiti e continuità delle funzioni

Operazioni sui limiti

- **Limite della somma e limite del prodotto**
Se $\lim_{x \to \alpha} f(x) = l$ e $\lim_{x \to \alpha} g(x) = m$, con $l, m \in \mathbb{R}$, allora:

$$\lim_{x \to \alpha} [f(x) + g(x)] = l + m,$$

$$\lim_{x \to \alpha} [f(x) \cdot g(x)] = l \cdot m.$$

Se i limiti non sono entrambi finiti valgono i risultati delle tabelle.

I casi non indicati nelle tabelle corrispondono a forme indeterminate.

lim *f*(*x*)	**lim *g*(*x*)**	**lim [*f*(*x*) + *g*(*x*)]**
l	$+\infty$	$+\infty$
l	$-\infty$	$-\infty$
$+\infty$	$+\infty$	$+\infty$
$-\infty$	$-\infty$	$-\infty$

lim *f*(*x*)	**lim *g*(*x*)**	**lim [*f*(*x*) · *g*(*x*)]**
$l > 0$	$+\infty$	$+\infty$
	$-\infty$	$-\infty$
$l < 0$	$+\infty$	$-\infty$
	$-\infty$	$+\infty$
$+\infty$	$+\infty$	$+\infty$
$-\infty$	$-\infty$	$+\infty$
$+\infty$	$-\infty$	$-\infty$

- **Limite della potenza $[f(x)]^n$**
Se $\lim_{x \to \alpha} f(x) = l$, allora $\lim_{x \to \alpha} [f(x)]^n = l^n$, $\forall n \in \mathbb{N} - \{0\}$.

- **Limite del quoziente**
Se $\lim_{x \to \alpha} f(x) = l$ e $\lim_{x \to \alpha} g(x) = m$, con $l, m \in \mathbb{R}$ e $m \neq 0$, allora $\lim_{x \to \alpha} \frac{f(x)}{g(x)} = \frac{l}{m}$.

Se $m = 0$ e $l \neq 0$, $\lim_{x \to \alpha} \frac{f(x)}{g(x)} = \infty$, con segno dato dalla regola dei segni.
Se le funzioni non hanno entrambe limite finito, vale la tabella a fianco.

I casi non considerati portano a forme indeterminate.

lim *f*(*x*)	**lim *g*(*x*)**	**lim $\frac{f(x)}{g(x)}$**
l	∞	0
∞	l	∞

- **Limite della potenza $[f(x)]^{g(x)}$**
Se $\lim_{x \to \alpha} f(x) = l > 0$ e $\lim_{x \to \alpha} g(x) = m$, allora $\lim_{x \to \alpha} [f(x)]^{g(x)} = l^m$.
Per gli altri casi in cui non si abbia una delle forme indeterminate 1^∞, 0^0, ∞^0, il valore del limite si determina mediante le proprietà degli esponenziali.

Forme indeterminate

- **Forme indeterminate:** $+\infty - \infty$, $\infty \cdot 0$, $\frac{\infty}{\infty}$, $\frac{0}{0}$, 1^∞, 0^0, ∞^0.

- **Forma indeterminata $+\infty - \infty$ (funzioni razionali)**

$$\lim_{\substack{x \to +\infty \\ (x \to -\infty)}} (a_0x^n + a_1x^{n-1} + \ldots + a_{n-1}x + a_n) = \lim_{\substack{x \to +\infty \\ (x \to -\infty)}} a_0x^n = \infty,$$ secondo la regola dei segni del prodotto a_0x^n.

- **Limite in forma indeterminata $\frac{\infty}{\infty}$ (funzioni razionali fratte)**

$$\lim_{\substack{x \to +\infty \\ (x \to -\infty)}} \frac{a_0x^n + a_1x^{n-1} + \ldots + a_n}{b_0x^m + b_1x^{m-1} + \ldots + b_m} = \begin{cases} \pm\infty & \text{se } n > m \\ \frac{a_0}{b_0} & \text{se } n = m \\ 0 & \text{se } n < m \end{cases}$$

Limiti notevoli

- $\lim_{x \to 0} \frac{\sin x}{x} = 1;$
- $\lim_{x \to \pm\infty} \left(1 + \frac{1}{x}\right)^x = e;$
- $\lim_{x \to 0} \frac{\log_a(1+x)}{x} = \log_a e;$
- $\lim_{x \to 0} \frac{1 - \cos x}{x} = 0;$
- $\lim_{x \to 0} \frac{\ln(1+x)}{x} = 1;$
- $\lim_{x \to 0} \frac{a^x - 1}{x} = \ln a;$
- $\lim_{x \to 0} \frac{1 - \cos x}{x^2} = \frac{1}{2};$
- $\lim_{x \to 0} \frac{e^x - 1}{x} = 1;$
- $\lim_{x \to 0} \frac{(1+x)^k - 1}{x} = k.$

Infinitesimi, infiniti e loro confronto

- Una funzione $f(x)$ è un:
  - infinitesimo, per $x \to \alpha$, se $\lim_{x \to \alpha} f(x) = 0;$
  - infinito, per $x \to \alpha$, se $\lim_{x \to \alpha} f(x) = \pm\infty.$
- **Gerarchia degli infiniti**: $(\log_a x)^\alpha < x^\beta < b^x$, con $\alpha, \beta > 0$ e $a, b > 1$.

Funzioni continue e discontinuità

- **$f(x)$ continua in x_0**: $\lim_{x \to x_0} f(x) = f(x_0)$; **continua in $[a; b]$**: f è continua in ogni punto di $[a; b]$.
- Teorema di **Weierstrass**: f continua in $[a; b] \to \exists\, c, d \in [a; b] \mid f(c) = m, f(d) = M$, dove m e M sono il minimo e il massimo dell'insieme dei valori assunti dalla funzione quando x varia in $[a; b]$.
- Teorema dei **valori intermedi**: f continua in $[a; b] \to \forall\, k$: $m \leq k \leq M\ \exists\, x \in [a; b]$: $f(x) = k$.
- Teorema di **esistenza degli zeri**: f continua in $[a; b]$, $f(a) \cdot f(b) < 0 \to \exists\, c \in [a; b]$: $f(c) = 0$.
- **x_0 è punto di discontinuità (punto singolare)** se $\lim_{x \to x_0} f(x) \neq f(x_0)$.
- **x_0 è punto di discontinuità di prima specie** se $\lim_{x \to x_0^-} f(x) = l_1 \neq \lim_{x \to x_0^+} f(x) = l_2$.
- **x_0 è punto di discontinuità di seconda specie** se per $x \to x_0$ almeno uno dei due limiti, destro o sinistro, di $f(x)$ è infinito oppure non esiste.
- **x_0 è punto di discontinuità di terza specie** se esiste ed è finito $\lim_{x \to x_0} f(x) = l$, ma f non è definita in x_0 oppure, se lo è, risulta $f(x_0) \neq l$.

Asintoti

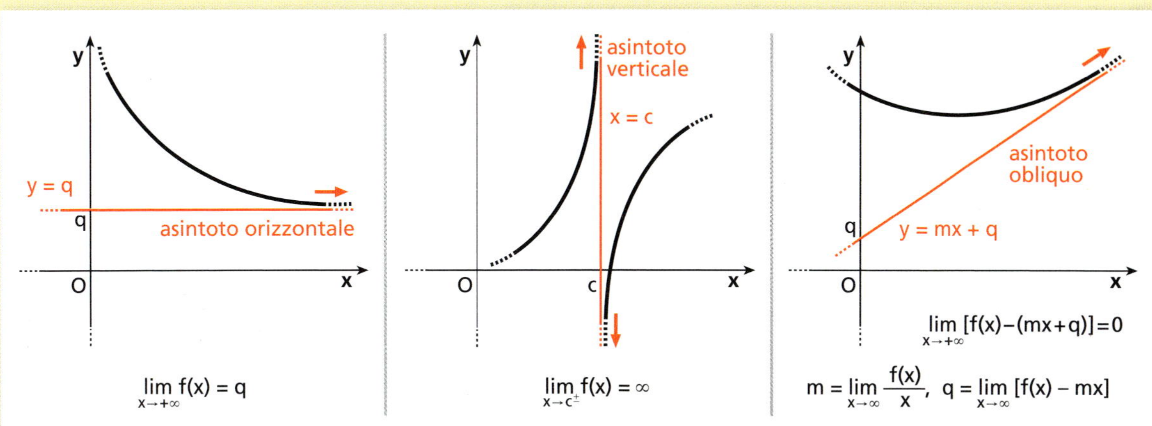

ESERCIZI

CAPITOLO 23
ESERCIZI

1 Operazioni sui limiti

Limiti di funzioni elementari

▶ Teoria a p. 1414

AL VOLO Calcola i seguenti limiti di funzioni elementari.

1 $\lim_{x\to 2} 5e^3$; $\lim_{x\to -\infty} x^5$.

2 $\lim_{x\to 3} e^x$; $\lim_{x\to -\infty} e^x$.

3 $\lim_{x\to 1} \ln x$; $\lim_{x\to -\frac{\pi}{6}} \sin x$.

4 $\lim_{x\to 0} \cos x$; $\lim_{x\to \frac{3}{4}\pi} \cos x$.

5 $\lim_{x\to +\infty} \left(\frac{1}{3}\right)^x$; $\lim_{x\to -\infty} 4^x$.

6 $\lim_{x\to +\infty} \sin x$; $\lim_{x\to 0^+} \log x$.

7 Spiega se ha senso calcolare i seguenti limiti e, in caso affermativo, calcolali.

$\lim_{x\to -\infty} \sqrt{x}$; $\lim_{x\to -\infty} \log(-x)$; $\lim_{x\to +\infty} (-2)^x$.

Limite della somma

▶ Teoria a p. 1415

8 ESERCIZIO GUIDA Calcoliamo i limiti: **a.** $\lim_{x\to 1}(x+\ln x)$; **b.** $\lim_{x\to -\infty}(x^2-2x)$.

a. Abbiamo

$$\lim_{x\to 1} x = 1 \text{ e } \lim_{x\to 1} \ln x = 0,$$

quindi per il teorema del limite della somma:

$$\lim_{x\to 1}(x+\ln x) = 1.$$

b. Abbiamo

$$\lim_{x\to -\infty} x^2 = +\infty, \quad \lim_{x\to -\infty}(-2x) = +\infty,$$

quindi:

$$\lim_{x\to -\infty}(x^2-2x) = +\infty.$$

Calcola i limiti.

9 $\lim_{x\to -2}(2x^3+x^2)$ [-12]

10 $\lim_{x\to -1}(x^4-x^3-4)$ [-2]

11 $\lim_{x\to +\infty}(e^x+\ln x)$ [$+\infty$]

12 $\lim_{x\to -\infty}(-x^2+x)$ [$-\infty$]

13 $\lim_{x\to -1}(\sqrt{2x+6}-x)$ [3]

14 $\lim_{x\to e}(3-\ln x)$ [2]

Limite del prodotto

▶ Teoria a p. 1416

15 ESERCIZIO GUIDA Calcoliamo: **a.** $\lim_{x\to 0^+}(x+1)\cdot\ln x$; **b.** $\lim_{x\to +\infty} x\cdot\frac{e^x}{2}$.

a. $\lim_{x\to 0^+}(x+1) = 1$; $\lim_{x\to 0^+} \ln x = -\infty$.

Il segno dei due limiti è discorde, quindi:

$$\lim_{x\to 0^+}(x+1)\ln x = -\infty.$$

b. $\lim_{x\to +\infty} x = +\infty$; $\lim_{x\to +\infty} \frac{e^x}{2} = +\infty$.

Il segno dei due limiti è concorde, pertanto:

$$\lim_{x\to +\infty} x\cdot\frac{e^x}{2} = +\infty.$$

Calcola i limiti.

16 $\lim_{x\to 0}(1-\cos x)\left(\sin x-\frac{\pi}{2}\right)$ [0]

17 $\lim_{x\to 3^+}\sqrt{x-3}(3-x)$ [0]

18 $\lim_{x\to +\infty}\frac{2-x}{3}(x^3-1)$ [$-\infty$]

19 $\lim_{x\to +\infty}x\ln x$ [$+\infty$]

20 $\lim_{x\to +\infty}(1-x^2)\,e^x$ [$-\infty$]

21 $\lim_{x\to -\infty}(7-2x)^5(x^2+1)$ [$+\infty$]

22 $\lim_{x\to -\infty}(2x^2+1)^6$ [$+\infty$]

23 $\lim_{x\to -\infty}(7-x)^{\frac{3}{5}}$ [$+\infty$]

Limite del quoziente

▶ Teoria a p. 1419

24 ESERCIZIO GUIDA Calcoliamo: **a.** $\lim_{x\to 2}\frac{x^2+3x-1}{x-1}$; **b.** $\lim_{x\to -2^+}\frac{6x+1}{x+2}$.

a. Poiché $\lim_{x\to 2}(x^2+3x-1)=9$ e

$\lim_{x\to 2}(x-1)=1$,

abbiamo

$$\lim_{x\to 2}\frac{x^2+3x-1}{x-1}=\frac{9}{1}=9.$$

b. $\lim_{x\to -2^+}(6x+1)=-11$ e $\lim_{x\to -2^+}(x+2)=0^+$.

Il numeratore tende a un numero negativo, mentre il denominatore tende a 0^+ (cioè resta sempre positivo); i limiti hanno segno discorde, pertanto:

$$\lim_{x\to -2^+}\frac{6x+1}{x+2}=-\infty.$$

Calcola i limiti.

25 $\lim_{x\to -2^-}\frac{4x+3}{x^2-4}$ [$-\infty$]

26 $\lim_{x\to 0}\frac{2x^2+x}{2x+5}$ [0]

27 $\lim_{x\to 1}\frac{2+\ln x}{1-\ln x}$ [2]

28 $\lim_{x\to 1}\frac{x+1}{x^2-2x+1}$ [$+\infty$]

29 $\lim_{x\to -1}\frac{x+1}{x^2-2x+1}$ [0]

30 $\lim_{x\to 0^-}\frac{1}{x^3}$ [$-\infty$]

31 $\lim_{x\to -\infty}\frac{-2}{x^4}$ [0]

32 $\lim_{x\to -7^+}\frac{\sqrt{2-x}+x}{7+x}$ [$-\infty$]

33 $\lim_{x\to 0^+}\frac{\ln(2+\sin x)}{\sin x}$ [$+\infty$]

34 $\lim_{x\to +\infty}\frac{e^{-x}}{x^2+2x}$ [0^+]

Limite della potenza del tipo $[f(x)]^{g(x)}$

▶ Teoria a p. 1420

Calcola i limiti.

35 $\lim_{x\to 2}x^{\sqrt{x-1}}$ [2]

36 $\lim_{x\to 4}(\sqrt{x})^{\frac{1}{x-2}}$ [$\sqrt{2}$]

37 $\lim_{x\to 0^+}(x+3)^{\frac{1}{x}}$ [$+\infty$]

38 $\lim_{x\to 0^+}\left(2x+\frac{1}{3}\right)^{-\frac{2}{x}}$ [$+\infty$]

39 $\lim_{x\to +\infty}\left(\frac{1}{x-1}\right)^x$ [0]

40 $\lim_{x\to +\infty}\left(\frac{1}{x}\right)^{2x+1}$ [0]

41 $\lim_{x\to 1^+}\left(1-\frac{x}{2}\right)^{\frac{1}{1-x}}$ [$+\infty$]

42 $\lim_{x\to +\infty}\left(\frac{1}{\sqrt{x}-1}\right)^{-x}$ [$+\infty$]

43 $\lim_{x\to 0^+}\left(\frac{1}{\sin x}\right)^{\frac{2}{x^2}}$ [$+\infty$]

44 $\lim_{x\to 0^+}(\sin^2 x)^{\frac{1}{x}}$ [0]

ESERCIZI

Riepilogo: Operazioni sui limiti

VERO O FALSO?

45 Se $\lim_{x\to c} f(x) = 0$ e $\lim_{x\to c} g(x) = -\infty$, allora:

a. $\lim_{x\to c}\left[\frac{1}{f(x)} + \frac{1}{g(x)}\right] = \infty$. V F

b. $\lim_{x\to c}\frac{g(x)}{f(x)} = 0$. V F

c. $\lim_{x\to c}\frac{f(x)}{g(x)} = 0$. V F

d. $\lim_{x\to c} f(x)g(x) = \infty$. V F

46 Se $\lim_{x\to c} f(x) = -1$ e $\lim_{x\to c} g(x) = -\infty$, allora:

a. $\lim_{x\to c}[f(x) - g(x)] = -\infty$. V F

b. $\lim_{x\to c}\frac{f(x)}{g(x)} = 0$. V F

c. $\lim_{x\to c}\frac{g(x)}{f(x)} = -\infty$. V F

d. $\lim_{x\to c}[-f(x) - [g(x)]^2] = -\infty$. V F

TEST

47 Se $\lim_{x\to 1} f(x) = +\infty$, quanto vale $\lim_{x\to 1}\frac{f(x)}{-e^{x-1}}$?

A 0 B $+\infty$ C $-\infty$ D 1 E e

48 Se $\lim_{x\to\frac{\pi}{4}}[f(x)\cdot\cos x] = 2$, quanto vale $\lim_{x\to\frac{\pi}{4}} f(x)$?

A $2\sqrt{2}$ B 2 C 1 D $\frac{\sqrt{2}}{2}$ E 0

49 Date le funzioni $g(x) = \frac{3x-1}{x^2}$ e $f(x) = \sqrt{x+2}$, $\lim_{x\to -2^+}(g\circ f)(x)$ vale:

A $\frac{1}{2}$.

B $-\infty$.

C 0.

D $+\infty$.

E 2.

50 Sapendo che $\lim_{x\to 0}[f(x) + \sin x] = -\infty$, quanto vale $\lim_{x\to 0}[-f(x)]$?

A 1 B 0 C $+\infty$ D $-\infty$ E 1

51 Date le funzioni $f(x) = 2x$ e $g(x) = 1 - x^2$, allora:

A $\lim_{x\to 1^-}\frac{f(x)}{g(x)} = +\infty$.

B $\lim_{x\to -2}[f(x)\cdot g(x)] = -20$.

C $\lim_{x\to 0^+}(g\circ f)(x) = 2$.

D $\lim_{x\to 0^-}\frac{g(x)}{f(x)} = +\infty$.

E $\lim_{x\to 1}[f(x) - g(x)] = 0$.

Calcola i limiti.

52 $\lim_{x\to -\infty}\left(x + \frac{5}{x}\right)$ $[-\infty]$

53 $\lim_{x\to 0}\left(\frac{1}{x^4} + \frac{1}{x^2}\right)$ $[+\infty]$

54 $\lim_{x\to -3}\log_3(24 - x)$ $[3]$

55 $\lim_{x\to 1}\frac{x^2 + x + 1}{x^2 - 3x + 3}$ $[3]$

56 $\lim_{x\to\frac{\pi}{3}}(2\cos x - 1)$ $[0]$

57 $\lim_{x\to 3^+}\frac{5x-2}{3-x}$ $[-\infty]$

58 $\lim_{x\to -1^+}\frac{1}{x+1}$ $[+\infty]$

59 $\lim_{x\to -\infty}\frac{1}{6-3x}$ $[0]$

60 $\lim_{x\to -2^\pm}\frac{x+1}{x+2}$ $[\mp\infty]$

61 $\lim_{x\to\frac{3}{2}}\frac{x-2}{(2x-3)^2}$ $[-\infty]$

62 $\lim_{x\to 0^-}\left(\frac{1}{x^2} - \frac{1}{x^3}\right)$ $[+\infty]$

63 $\lim_{x\to +\infty}\frac{e^x + e^{-x}}{e^{-x}}$ $[+\infty]$

64 $\lim_{x\to 4}\frac{\log_2 x + 1}{3\log_4 x}$ $[1]$

65 $\lim_{x\to 1}\frac{2x-1}{\log x - 3}$ $\left[-\frac{1}{3}\right]$

66 $\lim_{x\to 2}\sqrt{x + \log_2 x}$ $[\sqrt{3}]$

67 $\lim_{x\to 0^+}\left[\log(\cos x) + \frac{1}{x}\right]$ $[+\infty]$

68 $\lim_{x\to 3^+}\frac{\ln(x-3)}{1-x}$ $[+\infty]$

69 $\lim_{x\to 0^+}\left(\ln x - \frac{1}{3x^3}\right)$ $[-\infty]$

70 $\lim_{x\to 3}\cos\left(\frac{\log_3 x - 1}{x+3}\right)$ $[1]$

71 $\lim_{x\to 2}\frac{\log(x^2 + x - 5)}{2^x - 1}$ $[0]$

72 $\lim_{x\to\frac{\pi}{2}}\frac{\sin x + \cos x}{2x}$ $\left[\frac{1}{\pi}\right]$

73 $\lim_{x\to 0^-} \frac{2x+1}{\sin x}$ $[-\infty]$

74 $\lim_{x\to 2} \frac{2x^2-x+1}{2^{2x}-2^x+2}$ $\left[\frac{1}{2}\right]$

75 $\lim_{x\to 0^+} \frac{2x+3}{5^x-1}$ $[+\infty]$

76 $\lim_{x\to \pi} \frac{e^{\cos x}+\sin x}{\sqrt{1+\tan x}}$ $\left[\frac{1}{e}\right]$

77 $\lim_{x\to 1} \log(1-\log x)$ $[0]$

78 $\lim_{x\to 3} \frac{\log_3 x + \log_3 \frac{3}{x}}{x-2}$ $[1]$

79 $\lim_{x\to -\infty} \frac{e^x}{x}$ $[0]$

80 $\lim_{x\to 0^+} \frac{3^x \ln x}{2+x}$ $[-\infty]$

81 $\lim_{x\to +\infty} (-x\cdot 3^x \ln x)^2$ $[+\infty]$

82 $\lim_{x\to +\infty} \left(\frac{\ln x}{e^{-x}}+\frac{2}{x}\right)$ $[+\infty]$

83 $\lim_{x\to 1^-} \left(\frac{2^x}{\ln x}+\frac{1}{x-1}\right)$ $[-\infty]$

84 $\lim_{x\to +\infty} \left(\log_{\frac{1}{3}} x - xe^x\right)$ $[-\infty]$

85 $\lim_{x\to 0^+} \left(\frac{\sin x}{\ln x}+\frac{1}{\cos x}\right)$ $[1]$

86 $\lim_{x\to 0} \frac{\arctan x + 2x}{\cos x}$ $[0]$

87 $\lim_{x\to 0^+} \frac{\log_2 x}{-x}$ $[+\infty]$

88 $\lim_{x\to 1^-} \frac{\arcsin x}{x-1}$ $[-\infty]$

89 $\lim_{x\to \left(\frac{\pi}{2}\right)^{\pm}} e^{\frac{1}{\cos x}}$ $[0^+; +\infty]$

90 $\lim_{x\to 1^-} \ln \arccos x$ $[-\infty]$

91 $\lim_{x\to 0^+} \arctan \ln x$ $\left[-\frac{\pi}{2}\right]$

92 $\lim_{x\to 0^+} x^{\frac{1}{x}}$ $[0^+]$

93 $\lim_{x\to +\infty} (\ln x)^x$ $[+\infty]$

94 $\lim_{x\to 0} (1-\cos x)^{\frac{1}{x^2}}$ $[0^+]$

95 $\lim_{x\to 1^-} \left(\frac{1}{1-x}\right)^{x-3}$ $[0^+]$

96 $\lim_{x\to 0^+} \left(\frac{1}{\sin x}\right)^{-\frac{1}{\sin x}}$ $[0^+]$

97 $\lim_{x\to 0^+} \left(\ln \frac{1}{x}\right)^{e^{\frac{1}{x}}}$ $[+\infty]$

98 $\lim_{x\to -\infty} (x^2+1)^{x^2}$ $[+\infty]$

99 $\lim_{x\to 1^+} \frac{\ln \arctan(x-1)}{3x}$ $[-\infty]$

100 $\lim_{x\to 1^+} \left[\frac{1+\cos(x-1)}{4}\right]^{\frac{1}{1-x}}$ $[+\infty]$

101 $\lim_{x\to -1^+} \frac{1}{\tan \ln(x+2)}$ $[+\infty]$

102 $\lim_{x\to 3^+} \left[\frac{\ln(x-3)}{\sqrt[3]{3-x}} - \frac{1}{3-x}\right]$ $[+\infty]$

103 $\lim_{x\to +\infty} (2^x-2)^{\arctan(2-x)}$ $[0]$

104 $\lim_{x\to 3^+} \left(\frac{x}{2x-1}\right)^{\frac{1}{\ln(x-2)}}$ $[0^+]$

105 $\lim_{x\to -\infty} \frac{\ln(e^{2x}+1)}{\ln(1-x)}$ $[0]$

106 $\lim_{x\to 1^+} \left(\frac{1}{\sqrt{x-1}}\right)^{x-2}$ $[0]$

107 $\lim_{x\to -\infty} \frac{2^x}{(x^2-x)\ln(1-x)}$ $[0]$

108 $\lim_{x\to 2^+} \left(\frac{x-2}{e^{x-2}}\right)^{\frac{1}{x-2}}$ $[0^+]$

---

109 IN FISICA **Extracorrente** La funzione $i = \frac{E}{R} e^{-\frac{R}{L}t}$ rappresenta l'intensità di corrente, espressa in ampere (A), che nel tempo t attraversa la sezione di un circuito subito dopo l'apertura, dove E è la forza elettromotrice, R la resistenza e L l'induttanza.

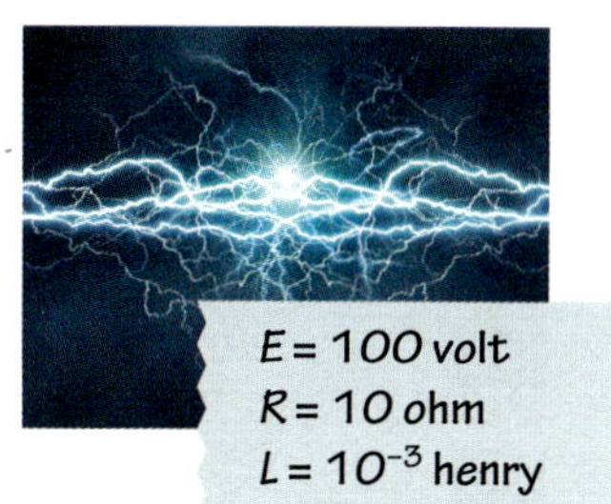

a. Quanto vale i all'istante $t=0$, in base ai dati indicati in figura?

b. A che valore tende l'intensità di corrente al tendere del tempo t a $+\infty$?

$\left[\text{a) } \frac{E}{R} = 10 \text{ A; b) } 0 \text{ A}\right]$

110 REALTÀ E MODELLI **Più veloce!** Pietro percorre 30 km per andare al lavoro. Oggi ha impiegato complessivamente 1 ora tra andata e ritorno.

a. Qual è stata la sua velocità media in km/h?

b. Dette v e w le velocità medie, in km/h, che ha mantenuto rispettivamente all'andata e al ritorno, verifica che $w = \frac{30v}{v-30}$, quindi calcola il valore a cui tende w quando v tende a 30. Come interpreti questo risultato?

$v_m = \frac{\text{spazio totale}}{\text{tempo totale}}$

[a) 60 km/h; b) $w \to \infty$]

ESERCIZI

Con i parametri

111 Trova per quale valore di a la funzione $f(x) = \begin{cases} 2x^2 - ax + 1 & \text{se } x \leq -1 \\ \dfrac{ax-1}{x+2} & \text{se } x > -1 \end{cases}$ ammette limite nel punto $x = -1$. [$a = -2$]

112 Date le costanti a, b e c, sia $f(x) = \begin{cases} ax^2 + b & \text{se } x < 4 \\ c & \text{se } x = 4 \\ \sqrt{x} & \text{se } x > 4 \end{cases}$.

Trova, dandone completa giustificazione, le condizioni necessarie affinché esista $\lim_{x \to 4} f(x)$.

(USA *Stanford University*, Math Final exam)

[$16a + b = 2, c \in \mathbb{R}$]

Determina i valori di k che verificano i seguenti limiti.

113 $\lim_{x \to +\infty} k^{-x} = +\infty$ [$0 < k < 1$]

114 $\lim_{x \to +\infty} x^{k-2} = 0$ [$k < 2$]

115 $\lim_{x \to -\infty} \left(\frac{1}{x^4}\right)^{k^2+k} = 0$ [$k < -1 \vee k > 0$]

116 $\lim_{x \to 0^+} (k^2 - 3)^{\frac{1}{x}} = +\infty$ [$k < -2 \vee k > 2$]

117 $\lim_{x \to +\infty} (k^2 - 8)^x = 0$ [$-3 < k < -2\sqrt{2} \vee 2\sqrt{2} < k < 3$]

Con il teorema del confronto

118 ESERCIZIO GUIDA Calcoliamo $\lim_{x \to +\infty} \frac{3 + \cos x}{x}$.

Il numeratore della funzione $\frac{3 + \cos x}{x}$, se $x \to +\infty$, non ammette limite, quindi non possiamo applicare i teoremi sul calcolo del limiti.

Osserviamo che $-1 \leq \cos x \leq 1$. Se aggiungiamo 3 a tutti i termini, si ha:

$$2 \leq 3 + \cos x \leq 4$$

e quindi, per $x > 0$:

$$\frac{2}{x} \leq \frac{3 + \cos x}{x} \leq \frac{4}{x}.$$

Poiché $\lim_{x \to +\infty} \frac{2}{x} = \lim_{x \to +\infty} \frac{4}{x} = 0$, per il teorema del confronto: $\lim_{x \to +\infty} \frac{3 + \cos x}{x} = 0$.

Utilizzando il teorema del confronto, calcola i seguenti limiti.

119 $\lim_{x \to +\infty} \frac{\sin x}{x}$ [0]

120 $\lim_{x \to -\infty} \frac{\cos x}{x}$ [0]

121 $\lim_{x \to +\infty} \frac{2x}{3 + \sin x}$ [$+\infty$]

122 $\lim_{x \to -\infty} e^{2x} \sin x$ [0]

123 $\lim_{x \to +\infty} \frac{1 + \cos x}{x^2}$ [0]

124 $\lim_{x \to +\infty} 3^x (\sin x + 2)$ [$+\infty$]

125 $\lim_{x \to 0} x \sin \frac{1}{x}$ [0]

126 $\lim_{x \to \infty} \frac{\cos x}{x^2 + 1}$ [0]

127 $\lim_{x \to +\infty} e^{-x} \cos x$ [0]

128 $\lim_{x \to +\infty} (\sin x + 3)x$ [$+\infty$]

129 $\lim_{x \to +\infty} \frac{x^2}{2 + \sin x}$ [$+\infty$]

130 $\lim_{x \to +\infty} (\sin x - 3x)$ [$-\infty$]

131 $\lim_{x \to +\infty} \frac{\cos x}{1 + e^x}$ [0]

132 $\lim_{x \to +\infty} (x^2 + 3\cos x)$ [$+\infty$]

133 $\lim_{x \to 0} x^2 \cos \frac{1}{x}$ [0]

134 $\lim_{x \to +\infty} (e^x + \cos^2 x)$ [$+\infty$]

135 $\lim_{x \to +\infty} x^3 (\cos x - 3)$ [$-\infty$]

136 $\lim_{x \to +\infty} \frac{2 + \cos x}{\ln x}$ [0]

137 $\lim_{x \to +\infty} \frac{\sin x}{(x+4)^2}$ [0]

138 $\lim_{x \to +\infty} \sqrt{x} (\sin x + 2)$ [$+\infty$]

139 ●● IN FISICA **Moto armonico smorzato** Un pendolo oscilla con un moto armonico smorzato con legge oraria:

$$x(t) = \frac{1}{5} e^{-\frac{t}{\tau}} \cos(6t),$$

dove τ è la costante temporale di smorzamento.

a. Sapendo che dopo 10 secondi l'ampiezza $A(t) = \frac{1}{5} e^{-\frac{t}{\tau}}$ si dimezza, determina il valore di τ.

b. Calcola a cosa tende $x(t)$ al passare del tempo.

$\left[\text{a) } \frac{10}{\ln 2}; \text{ b) } \lim_{t \to +\infty} x(t) = 0 \right]$

2 Forme indeterminate

140 ●○ TEST Solo una fra le seguenti è una forma indeterminata. Quale?

A $\frac{\infty}{0}$ B $\frac{0}{\infty}$ C $0 \cdot \infty$ D 0^{∞} E $(+\infty)^{-\infty}$

141 ●○ ASSOCIA ciascun limite alla forma indeterminata corrispondente.

a. $\lim_{x \to -\infty} \frac{2x+1}{x^3-1}$ **b.** $\lim_{x \to +\infty} x^4 - 3x$ **c.** $\lim_{x \to +\infty} \left(\frac{1}{x}\right)^{\frac{2}{x}}$ **d.** $\lim_{x \to 0^+} x \cdot \log x$

1. $+\infty - \infty$ **2.** 0^0 **3.** $\frac{\infty}{\infty}$ **4.** $0 \cdot \infty$

Forma indeterminata $+\infty - \infty$

▶ Teoria a p. 1422

142 ESERCIZIO GUIDA Calcoliamo: **a.** $\lim_{x \to -\infty} (x^3 + 2x^2 - 3)$; **b.** $\lim_{x \to +\infty} (\sqrt{x+7} - \sqrt{x-5})$.

a. Poiché $\lim_{x \to -\infty} x^3 = -\infty$ e $\lim_{x \to -\infty} (2x^2 - 3) = +\infty$, abbiamo la forma indeterminata $-\infty + \infty$.

Raccogliamo a fattor comune x^3:

$$\lim_{x \to -\infty} (x^3 + 2x^2 - 3) = \lim_{x \to -\infty} \left[\boxed{x^3} \cdot \left(1 + \boxed{\frac{2}{x}} - \boxed{\frac{3}{x^3}}\right)\right] = -\infty.$$

(x^3: tende a $-\infty$; $\frac{2}{x}$: tende a 0; $\frac{3}{x^3}$: tende a 0)

b. Poiché $\lim_{x \to +\infty} \sqrt{x+7} = +\infty$ e $\lim_{x \to +\infty} \sqrt{x-5} = +\infty$, abbiamo la forma indeterminata $+\infty - \infty$.

Scriviamo la funzione $f(x) = \sqrt{x+7} - \sqrt{x-5}$ in modo che compaia la somma delle radici anziché la differenza, moltiplicando e dividendo $f(x)$ per $(\sqrt{x+7} + \sqrt{x-5})$:

$$\sqrt{x+7} - \sqrt{x-5} = (\sqrt{x+7} - \sqrt{x-5}) \cdot \frac{\sqrt{x+7} + \sqrt{x-5}}{\sqrt{x+7} + \sqrt{x-5}} = \frac{(x+7) - (x-5)}{\sqrt{x+7} + \sqrt{x-5}} =$$

$$\frac{12}{\sqrt{x+7} + \sqrt{x-5}}.$$

$$\lim_{x \to +\infty} (\sqrt{x+7} - \sqrt{x-5}) = \lim_{x \to +\infty} \frac{12}{\boxed{\sqrt{x+7} + \sqrt{x-5}}} = 0$$

(tende a $+\infty$)

ESERCIZI

Calcola i limiti.

143 $\lim_{x\to-\infty}(x^4 - x^2 - 9)$ $[+\infty]$

144 $\lim_{x\to-\infty}(-2x^5 + 3x^2 - x + 3)$ $[+\infty]$

145 $\lim_{x\to-\infty}\frac{9x^3 + x^2}{2}$ $[-\infty]$

146 $\lim_{x\to+\infty}\left(-x^7 + \frac{1}{2}x + 1\right)$ $[-\infty]$

147 $\lim_{x\to-\infty}(x^3 - 2x)^3$ $[-\infty]$

148 $\lim_{x\to-\infty} -\frac{1}{2}x^2(x^2 - x^3 + 1)$ $[-\infty]$

149 $\lim_{x\to+\infty}(\sqrt{x+1} - \sqrt{x+2})$ $[0]$

150 $\lim_{x\to+\infty}\frac{x}{\sqrt{2x-1} - \sqrt{2x+2}}$ $[-\infty]$

151 $\lim_{x\to-\infty}(\sqrt{1-2x} - \sqrt{3-2x})$ $[0]$

152 $\lim_{x\to-\infty}(-3x^3 + 2x^2 - x)$ $[+\infty]$

153 $\lim_{x\to+\infty}(\sqrt{x^2+1} - \sqrt{x^2-4})$ $[0]$

154 $\lim_{x\to+\infty}(-2x^4 + x^3 - 2x^2)$ $[-\infty]$

155 $\lim_{x\to+\infty}\frac{\sqrt{x} - \sqrt{x-5}}{2}$ $[0]$

156 $\lim_{x\to+\infty}\frac{\sqrt{x^2-1} - x}{3x+1}$ $[0]$

157 $\lim_{x\to-\infty}(4x + \sqrt{16x^2-1})$ $[0]$

158 EUREKA! $\lim_{x\to+\infty}(\sqrt[4]{x^3} - \sqrt[3]{x^2} + \sqrt{x} - x)$ $[-\infty]$

159 $\lim_{x\to+\infty}\frac{1}{-x^4 + x^2}$ $[0^-]$

160 $\lim_{x\to+\infty}\frac{2^{-x}}{-2x^4 + 4x + 1}$ $[0]$

161 $\lim_{x\to+\infty}(\sqrt[3]{x^2} - \sqrt{x})$ $[+\infty]$

162 $\lim_{x\to-\infty}\log_{\frac{1}{2}}\left(\frac{1}{2}x^2 - x\right)$ $[-\infty]$

163 $\lim_{x\to-\infty}4^{x^3+x^2}$ $[0]$

164 $\lim_{x\to0^+}[\ln x - \ln(x^2 + x)]$ $[0^-]$

165 $\lim_{x\to+\infty}(e^{x+1} - e^{4x})$ $[-\infty]$

166 $\lim_{x\to0^+}\left(\frac{2}{\sin x} - \frac{1}{\tan x}\right)$ $[+\infty]$

167 $\lim_{x\to1^+}[2\ln(x-1) - \ln(x^2 - x)]$ $[-\infty]$

Forma indeterminata $0\cdot\infty$

▶ Teoria a p. 1423

168 ESERCIZIO GUIDA Calcoliamo $\lim_{x\to0^+}(\sin 2x \cdot \cot x)$.

Poiché $\lim_{x\to0^+}\sin 2x = 0$ e $\lim_{x\to0^+}\cot x = +\infty$, abbiamo la forma indeterminata $0\cdot\infty$.

Utilizzando le formule goniometriche, trasformiamo $\sin 2x$ e $\cot x$ in modo da semplificare l'argomento del limite:

$$\sin 2x \cdot \cot x = 2\sin x\cos x \cdot \frac{\cos x}{\sin x} = 2\cos^2 x.$$

Quindi:

$$\lim_{x\to0^+}(\sin 2x \cdot \cot x) = \lim_{x\to0^+}(2\cos^2 x) = 2\cdot 1 = 2.$$

Calcola i limiti.

169 $\lim_{x\to\frac{3}{2}\pi}\sin^2\left(\frac{3}{2}\pi - x\right)\tan^2 x$ $[1]$

170 $\lim_{x\to0}(2 - \cot x)\tan x$ $[-1]$

171 $\lim_{x\to0}(1 - \cos 2x)\frac{x+1}{\sin x}$ $[0]$

172 $\lim_{x\to0^+}(2\cot x + 3\cos x)\sin 2x$ $[4]$

173 $\lim_{x\to1}\frac{2x^2}{3-3x^2}(\sqrt{2-x} - 1)$ $\left[\frac{1}{6}\right]$

174 $\lim_{x\to3^-}(x^2 - 9)\sqrt{\frac{2x^3}{3-x}}$ $[0]$

175 $\lim_{x\to-\infty}\frac{1}{x-1}\sqrt{\frac{x^2-2x+1}{4}}$ $\left[-\frac{1}{2}\right]$

176 $\lim_{x\to1^+}(\sqrt{2+x} - \sqrt{3})\frac{6}{(x-1)^2}$ $[+\infty]$

Forma indeterminata $\frac{\infty}{\infty}$

▶ Teoria a p. 1423

177 ESERCIZIO GUIDA Calcoliamo: **a.** $\lim_{x\to+\infty}\frac{-x^4+2x}{x^2-2}$; **b.** $\lim_{x\to+\infty}\frac{1+6x^3}{x^3-x}$; **c.** $\lim_{x\to+\infty}\frac{2x-x^2}{x^3+1}$.

a. Raccogliamo a fattor comune le potenze di grado massimo al numeratore e al denominatore:

$$\lim_{x\to+\infty}\frac{x^4\left(-1+\frac{2}{x^3}\right)}{x^2\cdot\left(1-\frac{2}{x^2}\right)}=\lim_{x\to+\infty}\left(\boxed{x^2}\cdot\boxed{\frac{-1+\frac{2}{x^3}}{1-\frac{2}{x^2}}}\right)=-\infty.$$

(x^2 tende a $+\infty$; la frazione tende a -1)

b. Ordiniamo il numeratore e il denominatore secondo il grado decrescente:

$$\lim_{x\to+\infty}\frac{6x^3+1}{x^3-x}.$$

Raccogliamo a fattor comune i monomi di grado massimo al numeratore e al denominatore:

$$\lim_{x\to+\infty}\frac{x^3\cdot\left(6+\frac{1}{x^3}\right)}{x^3\cdot\left(1-\frac{1}{x^2}\right)}=\lim_{x\to+\infty}\frac{\boxed{6+\frac{1}{x^3}}}{\boxed{1-\frac{1}{x^2}}}=6.$$

(il numeratore tende a 6; il denominatore tende a 1)

c. Ordiniamo il numeratore e il denominatore secondo il grado decrescente:

$$\lim_{x\to+\infty}\frac{-x^2+2x}{x^3+1}.$$

Raccogliamo a fattor comune le potenze di grado massimo al numeratore e al denominatore:

$$\lim_{x\to+\infty}\frac{x^2\cdot\left(-1+\frac{2}{x}\right)}{x^3\cdot\left(1+\frac{1}{x^3}\right)}=\lim_{x\to+\infty}\boxed{\frac{1}{x}}\cdot\boxed{\frac{-1+\frac{2}{x}}{1+\frac{1}{x^3}}}=0\cdot(-1)=0.$$

($\frac{1}{x}$ tende a 0; la frazione tende a -1)

Calcola i limiti.

178 $\lim_{x\to-\infty}\frac{x^6-3x^4}{2x^2-2x+1}$ $[+\infty]$

179 $\lim_{x\to+\infty}\frac{3x^2-2x+1+x^5}{3x^2-2x+1}$ $[+\infty]$

180 $\lim_{x\to+\infty}\frac{3x^3-4x^2+6}{3x^2-2x+x^3}$ $[3]$

181 $\lim_{x\to-\infty}\frac{x^2-6x^4+3x^6}{7x^5+4x^3-2x}$ $[-\infty]$

182 $\lim_{x\to-\infty}\frac{x^2-3x^4-27}{7+4x^3+x}$ $[+\infty]$

183 $\lim_{x\to+\infty}\frac{2x-6x^3+x^2}{x^2-3x^3}$ $[2]$

184 $\lim_{x\to-\infty}\frac{2x^2+x+4x^3}{x^5-x^2}$ $[0]$

185 $\lim_{x\to-\infty}\frac{2x^5-x^3+x^4}{x^5-6x^2}$ $[2]$

186 $\lim_{x\to-\infty}\frac{(3x+1)^2}{(6x-5)^2}$ $\left[\frac{1}{4}\right]$

187 $\lim_{x\to+\infty}\frac{(4x^3+1)^2}{-2x^6+3x^2}$ $[-8]$

188 $\lim_{x\to-\infty}\frac{-x^2(4x^4-5)}{(3-2x^2)^3}$ $\left[\frac{1}{2}\right]$

189 $\lim_{x\to+\infty}e^{\frac{-x^3+2x}{x^2-1}}$ $[0^+]$

ESERCIZI

190 ●● $\lim_{x \to -\infty} \ln \frac{x^2 - x}{x^4 - x^3 + 1}$ $[-\infty]$

191 ●● $\lim_{x \to +\infty} \frac{e^{2x} + e^x - 1}{e^x + 4}$ $[+\infty]$

192 ●● $\lim_{x \to +\infty} \frac{(2^x + 1)^2}{4^x}$ $[1]$

193 ●● $\lim_{x \to -\infty} \left(\frac{x^2 - 2x}{4x^2 + 1} \right)^x$ $[+\infty]$

Determina per quali valori di $n \in \mathbb{N}$ sono verificati i seguenti limiti.

194 ●○ $\lim_{x \to +\infty} \frac{2x^2 + 3}{x^n - 1} = 2$

195 ●○ $\lim_{x \to -\infty} \frac{x + 1}{4 - x^n} = 0$

196 ●○ $\lim_{x \to +\infty} \frac{4x + x^n}{x^3 + 1} = +\infty$

197 ●● Calcola $\lim_{x \to +\infty} \frac{3x^2 + 2x - 1}{3x - x^\alpha}$ al variare di $\alpha \in \mathbb{R}$. $[\alpha \leq 1: +\infty; 1 < \alpha < 2: -\infty; \alpha = 2: -3; \alpha > 2: 0]$

MATEMATICA E STORIA

Un limite notevole Per mostrare che «$\frac{(x+1)^m}{x^m}$ ha l'unità come suo limite quando x viene aumentato senza limite», il matematico inglese Augustus De Morgan (1806-1871), nella sua opera introduttiva al calcolo differenziale e integrale, utilizza l'uguaglianza:

$$\frac{(x+1)^m}{x^m} = 1 + \frac{mx^{m-1} + \text{etc.}}{x^m}$$

a. Verifica che l'uguaglianza è sempre vera comunque si scelga m naturale positivo.

b. Giustifica la seguente affermazione di De Morgan: «Il numeratore di quest'ultima frazione diminuisce indefinitamente se comparato con il suo denominatore» (mostrando, con ciò, che il valore del limite citato all'inizio di questo esercizio è proprio 1).

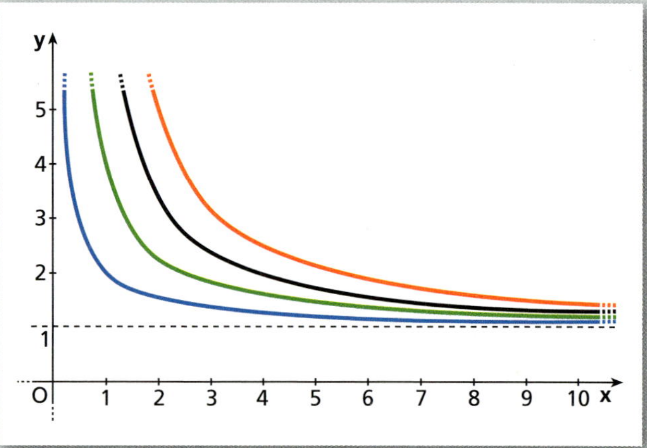

Risoluzione – Esercizio in più

198 ESERCIZIO GUIDA Calcoliamo $\lim_{x \to -\infty} \frac{\sqrt{x^2 + 1}}{2x - 1}$.

Osserviamo che per x che tende a $-\infty$ il numeratore tende a $+\infty$, mentre il denominatore tende a $-\infty$ e quindi il limite è nella forma indeterminata $\frac{\infty}{\infty}$.

Raccogliamo a fattor comune i termini in x di grado massimo all'interno della radice e al denominatore:

$$\lim_{x \to -\infty} \frac{\sqrt{x^2\left(1 + \frac{1}{x^2}\right)}}{x\left(2 - \frac{1}{x}\right)} = \lim_{x \to -\infty} \frac{\sqrt{x^2} \cdot \sqrt{1 + \frac{1}{x^2}}}{x\left(2 - \frac{1}{x}\right)} = \lim_{x \to -\infty} \frac{|x| \cdot \sqrt{1 + \frac{1}{x^2}}}{x\left(2 - \frac{1}{x}\right)}.$$

Poiché x tende a $-\infty$, possiamo supporre $x < 0$, quindi abbiamo $|x| = -x$. Il limite perciò diventa:

$$\lim_{x \to -\infty} \frac{-x\sqrt{1 + \frac{1}{x^2}}}{x\left(2 - \frac{1}{x}\right)} = \lim_{x \to -\infty} \frac{-\sqrt{1 + \frac{1}{x^2}}}{\left(2 - \frac{1}{x}\right)} = -\frac{1}{2}.$$

(numeratore: tende a -1; denominatore: tende a 2)

Calcola i limiti.

199 ●○ $\lim_{x \to +\infty} \frac{\sqrt{4x^2 - 3}}{x + 1}$ $[2]$

200 ●○ $\lim_{x \to +\infty} \frac{x + \sqrt{x^2 + 8}}{2x + 1}$ $[1]$

201 $\lim_{x\to+\infty}\frac{\sqrt{x^2-x}-\sqrt{x^2}}{x-2}$ [0]

202 $\lim_{x\to+\infty}\frac{\sqrt{x^2+3x-1}}{x^2+x-1}$ [0]

203 $\lim_{x\to-\infty}\frac{3x-2}{\sqrt{x^2-x+1}}$ [−3]

204 $\lim_{x\to-\infty}\frac{\sqrt{1-x}-\sqrt{1-2x}}{3x}$ [0]

205 $\lim_{x\to-\infty}\frac{\sqrt{9x^2+2}-\sqrt{4x^2-1}}{x}$ [−1]

206 $\lim_{x\to-\infty}\frac{\sqrt{4-x}}{x^2-4x}$ [0]

207 $\lim_{x\to+\infty}\frac{2x\sqrt{x}-x^2}{x(3x-1)}$ $\left[-\frac{1}{3}\right]$

208 $\lim_{x\to+\infty}\frac{2x-3}{\sqrt{x}+\sqrt[3]{x}}$ [+∞]

209 $\lim_{x\to-\infty}\frac{\sqrt{16x^2+x+4}}{2x+3}$ [−2]

210 $\lim_{x\to-\infty}\frac{2x}{\sqrt{x^2-x}-\sqrt{4x^2-1}}$ [2]

211 $\lim_{x\to+\infty}\frac{x^3+x+2}{\sqrt{2x^2+1}}$ [+∞]

212 $\lim_{x\to+\infty}\frac{5x^2-1}{4+x^2}\sqrt{\frac{2-3x}{1-12x}}$ $\left[\frac{5}{2}\right]$

213 $\lim_{x\to+\infty}(\sqrt{x^2+2x-4}-x)$ [1]

214 $\lim_{x\to+\infty}(\sqrt{x^2+4x+1}-\sqrt{x^2-2x})$ [3]

215 $\lim_{x\to-\infty}(\sqrt{x^2-3x+2}+x)$ $\left[\frac{3}{2}\right]$

216 $\lim_{x\to-\infty}\frac{x^3+2x^2-1}{\sqrt{x^6+3x^2+2}}$ [−1]

217 $\lim_{x\to-\infty}\frac{\sqrt{9x^4+5x^2}}{(x+2)^2}$ [3]

218 $\lim_{x\to-\infty}\frac{\sqrt{x^2-1}+2x}{8x-4}$ $\left[\frac{1}{8}\right]$

219 $\lim_{x\to+\infty}(\sqrt[3]{x^3-x^2}-x)$ $\left[-\frac{1}{3}\right]$

Utilizza: $A^3-B^3=(A-B)(A^2+AB+B^2)$.

220 $\lim_{x\to+\infty}\frac{\sqrt[3]{x^3+x}-\sqrt[3]{x^3-x}}{x}$ [0]

---

221 YOU & MATHS Find $\lim_{x\to+\infty}(\sqrt[3]{x^3+x^2}-\sqrt[3]{x^3-x^2})$. (USA *Harvard-MIT Mathematics Tournament*) $\left[\frac{2}{3}\right]$

Forma indeterminata $\frac{0}{0}$

Teoria a p. 1425

222 ESERCIZIO GUIDA Calcoliamo $\lim_{x\to2}\frac{2x^3-x^2-5x-2}{2x^2-5x+2}$.

Calcolando il limite del numeratore e del denominatore, otteniamo la forma indeterminata $\frac{0}{0}$.

Poiché 2 è uno zero sia del numeratore sia del denominatore, scomponiamo in fattori. Per il numeratore usiamo la regola di Ruffini:

	2	−1	−5	−2
2		4	6	2
	2	3	1	0

→ $2x^3-x^2-5x-2=(x-2)(2x^2+3x+1)$.

Scomponendo il denominatore abbiamo: $2x^2-5x+2=(x-2)(2x-1)$.
Calcoliamo il limite:

$$\lim_{x\to2}\frac{2x^3-x^2-5x-2}{2x^2-5x+2}=\lim_{x\to2}\frac{\cancel{(x-2)}(2x^2+3x+1)}{\cancel{(x-2)}(2x-1)}=\lim_{x\to2}\frac{2x^2+3x+1}{2x-1}=5.$$

Calcola i limiti.

223 $\lim_{x\to1}\frac{(x-1)^2}{3x^2-3x}$ [0]

224 $\lim_{x\to-2}\frac{3x^2+x-10}{x^2-5x-14}$ $\left[\frac{11}{9}\right]$

ESERCIZI

225 $\lim_{x \to -3} \frac{x^3 - 9x}{x^2 + 3x}$ $[-6]$

226 $\lim_{x \to -2} \frac{2x^2 + 3x - 2}{x^2 + 2x}$ $\left[\frac{5}{2}\right]$

227 $\lim_{x \to 1} \frac{x^4 - x^6}{x^6 - x^7}$ $[2]$

228 $\lim_{x \to -5} \frac{x^2 + 3x - 10}{x^2 - 25}$ $\left[\frac{7}{10}\right]$

229 $\lim_{x \to 4^+} \frac{x - 4}{x^2 - 8x + 16}$ $[+\infty]$

230 $\lim_{x \to 1} \frac{x^3 - 1}{x^4 - 1}$ $\left[\frac{3}{4}\right]$

231 $\lim_{x \to \frac{1}{2}^+} \frac{2x^2 + 9x - 5}{4x^2 - 4x + 1}$ $[+\infty]$

232 $\lim_{x \to 2} \frac{x^3 + 2x^2 - 8x}{x^3 - 2x^2 + 2x - 4}$ $[2]$

233 $\lim_{x \to 2} \frac{x^4 - 4x^2}{x^3 - x^2 - 2x}$ $\left[\frac{8}{3}\right]$

234 $\lim_{x \to -1} \frac{x^4 + 2x^3 - 2x - 1}{x^2 + 2x + 1}$ $[0]$

235 $\lim_{x \to -3^-} \frac{x^2 + x - 6}{x^3 + 6x^2 + 9x}$ $[-\infty]$

236 $\lim_{x \to -2} \frac{x^3 + 6x^2 + 12x + 8}{x^2 + 4x + 4}$ $[0]$

237 $\lim_{x \to 1} \frac{x^3 - 7x + 6}{x^2 - 1}$ $[-2]$

238 $\lim_{x \to -3} \frac{x^2 + 3x}{x^3 + 27}$ $\left[-\frac{1}{9}\right]$

239 $\lim_{x \to -1} \frac{x^3 - 3x^2 + 4}{x^3 - x^2 - 2x}$ $[3]$

240 $\lim_{x \to 2} \ln \frac{x^2 + x - 6}{x^3 - 2x^2 + x - 2}$ $[0]$

241 $\lim_{x \to 0} e^{\frac{x^6 - x^5}{x^4 - x^3}}$ $[1]$

242 $\lim_{x \to 2^+} \left[\frac{x^3 - 2x^2}{x^2 - 4x + 4} + \frac{2x^2 - 8}{(x-2)^2}\right]$ $[+\infty]$

243 $\lim_{x \to -2} \frac{2x^3 + 5x^2 - x - 6}{2x^2 + 3x - 2}$ $\left[-\frac{3}{5}\right]$

244 $\lim_{x \to 1^+} \left(\frac{3x^2 - 4x + 1}{x^2 + x - 2}\right)^{\frac{1}{1-x}}$ $[+\infty]$

---

245 Determina per quali valori di a esiste finito

$$\lim_{x \to a} \frac{x^2 + 2x - 8}{x - a}.$$

$[a = 2 \vee a = -4]$

246 Trova a e b in modo che:

$$\lim_{x \to 3} \frac{x^2 + ax + b}{x - 3} = 8.$$

$[a = 2, b = -15]$

247 **TEST** Qual è il limite per $a \to 0^+$ della più grande delle due radici dell'equazione $ax^2 + bx + c = 0$, dove a, b, c sono numeri reali e $b > 0$?

- **A** ∞
- **B** $-\infty$
- **C** $-\frac{c}{b}$
- **D** $4c$
- **E** Nessuno dei precedenti.

(USA *University of North Georgia Mathematics Tournament*)

248 **ESERCIZIO GUIDA** Calcoliamo $\lim_{x \to 0} \frac{1 - \sqrt{x+1}}{x^2 - x}$.

Calcolando il limite, si ha la forma indeterminata $\frac{0}{0}$.

Razionalizziamo il numeratore e scomponiamo il denominatore in fattori. Si ha:

$$\lim_{x \to 0} \frac{1 - \sqrt{x+1}}{x(x-1)} \cdot \frac{1 + \sqrt{x+1}}{1 + \sqrt{x+1}} = \lim_{x \to 0} \frac{\cancel{1} - \cancel{x} - \cancel{1}}{\cancel{x}(x-1)(1 + \sqrt{x+1})} =$$

$$\lim_{x \to 0} \frac{-1}{(x-1)(1 + \sqrt{x+1})} = \frac{1}{2}.$$

Calcola i limiti.

249 $\lim_{x \to 0} \frac{\sqrt{4+x} - 2}{3x}$ $\left[\frac{1}{12}\right]$

250 $\lim_{x \to 9} \frac{3 - \sqrt{x}}{9 - x}$ $\left[\frac{1}{6}\right]$

251 $\lim_{x\to 4^+} \frac{x-4}{\sqrt{x^2-16}}$ [0]

252 $\lim_{x\to 3} \frac{3x-9}{\sqrt{6+x}-3}$ [18]

253 $\lim_{x\to 5^+} \frac{\sqrt{x^2-5x}}{\sqrt{x^2-25}}$ $\left[\frac{\sqrt{2}}{2}\right]$

254 $\lim_{x\to 2^-} \frac{\sqrt{2-x}}{\sqrt{x+2}-\sqrt{2x}}$ $[+\infty]$

255 $\lim_{x\to -1} \frac{\sqrt{x^2+3}-2}{3-\sqrt{8-x^3}}$ $[-1]$

256 $\lim_{x\to 2} \frac{\sqrt{x^2-2x+9}-3}{x-2}$ $\left[\frac{1}{3}\right]$

257 $\lim_{x\to 0} \frac{3x^2}{2\sqrt{1+x^2}-\sqrt{4+x^2}}$ [4]

258 $\lim_{x\to 2} \frac{\sqrt{x^2+5}-\sqrt{x^3+1}}{2x-x^2}$ $\left[\frac{2}{3}\right]$

Forme indeterminate 0^0, ∞^0, 1^∞

▶ Teoria a p. 1425

259 RIFLETTI SULLA TEORIA Riconosci quali fra i seguenti limiti presentano una forma indeterminata.

$\lim_{x\to 0^+} 1^{\frac{1}{x}}$; $\lim_{x\to +\infty} \left(1+\frac{3}{x}\right)^x$; $\lim_{x\to 1} \left(\frac{2}{1-x}\right)^x$; $\lim_{x\to +\infty} x^{\frac{1}{x+1}}$; $\lim_{x\to -\infty} (x^2)^x$.

260 ESERCIZIO GUIDA Calcoliamo $\lim_{x\to 0^+} x^{\frac{1}{\ln x}}$.

Per $x \to 0^+$ si ha $\ln x \to -\infty$, quindi $\frac{1}{\ln x} \to 0^-$, perciò abbiamo la forma indeterminata 0^0.

Usiamo l'identità scritta a fianco:

$f(x)^{g(x)} = e^{g(x)\ln f(x)}$ con $f(x)>0$

$$\lim_{x\to 0^+} x^{\frac{1}{\ln x}} = \lim_{x\to 0^+} e^{\ln x^{\frac{1}{\ln x}}} = \lim_{x\to 0^+} e^{\frac{1}{\ln x}\cdot \ln x} = \lim_{x\to 0^+} e^1 = e.$$

Osservazione. Anche forme indeterminate dei tipi ∞^0 e 1^∞ possono essere risolte utilizzando la proprietà $a = e^{\ln a}$, con $a > 0$.

Calcola i limiti.

261 $\lim_{x\to 0^+} (2x)^{\frac{2}{\ln 2x}}$ $[e^2]$

262 $\lim_{x\to +\infty} x^{\frac{1}{\ln x}}$ $[e]$

263 $\lim_{x\to 0^+} \left(\frac{x^2}{4}\right)^{\frac{1}{3\ln x}}$ $\left[e^{\frac{2}{3}}\right]$

264 $\lim_{x\to 0^+} \left(\frac{x}{2}\right)^{\frac{-3}{\ln x}}$ $\left[\frac{1}{e^3}\right]$

265 $\lim_{x\to +\infty} x^{\frac{1}{\ln^2 x^2}}$ [1]

266 $\lim_{x\to 0^+} x^{-\frac{1}{\ln x^2}}$ $\left[\frac{1}{\sqrt{e}}\right]$

267 $\lim_{x\to +\infty} (x+1)^{\frac{1}{\ln x}}$ $[e]$

268 $\lim_{x\to 0^+} x^{\frac{2}{\ln^2 x}}$ [1]

269 $\lim_{x\to +\infty} x^{\frac{1}{1+\ln x}}$ $[e]$

Riepilogo: Forme indeterminate

TEST

270 Fra i seguenti limiti, solo uno è una forma indeterminata. Quale?

A $\lim_{x\to \infty} \left(\frac{1}{x}-\frac{3}{x^2}\right)$

B $\lim_{x\to 0} -\frac{1}{x^3}$

C $\lim_{x\to 0} \frac{2x+1}{3}$

D $\lim_{x\to 0} (x^2-3x^3)$

E $\lim_{x\to -\infty} (2x^2+x^3)$

ESERCIZI

271 Quale, fra i seguenti limiti, si presenta in forma indeterminata?

A $\lim_{x \to \frac{\pi}{2}} x \cdot \tan x$

B $\lim_{x \to -\infty} \frac{e^x}{x}$

C $\lim_{x \to 1} \frac{x-1}{x+1}$

D $\lim_{x \to +\infty} x^2 \cdot \sin x$

E $\lim_{x \to 0^+} x \cdot e^{\frac{1}{x}}$

Calcola i limiti.

272 $\lim_{x \to +\infty} (x + 2x^3 - x^2)$ $[+\infty]$

273 $\lim_{x \to -\infty} (-x^4 - x^3 + x^6 - x)$ $[+\infty]$

274 $\lim_{x \to -2^+} \frac{x^2+2x}{x^3+2x^2-4x-8}$ $[+\infty]$

275 $\lim_{x \to -3^+} \frac{x+3}{x^3+8x^2+21x+18}$ $[-\infty]$

276 $\lim_{x \to -\infty} \frac{x-5x^3+x^2}{2x^3+4x^2-x}$ $\left[-\frac{5}{2}\right]$

277 $\lim_{x \to -\infty} \frac{x^2-2x^3+x^4}{x^5+x^3-2x}$ $[0]$

278 $\lim_{x \to -\infty} \frac{x^2-2x^3+5}{2x^2-3x^3+1}$ $\left[\frac{2}{3}\right]$

279 $\lim_{x \to -3^-} \frac{x+3}{x^3+9x^2+27x+27}$ $[+\infty]$

280 $\lim_{x \to -\infty} \frac{x-2x^3+x^5+x^7}{x^2-2x^4+10x^6}$ $[-\infty]$

281 $\lim_{x \to -2^+} \frac{x^2+4x+4}{x^3+6x^2+12x+8}$ $[+\infty]$

282 $\lim_{x \to +\infty} \frac{x-2x^3+x^4}{2x^3-x}$ $[+\infty]$

283 $\lim_{x \to 2} \frac{x^3-4x}{x^3-x^2-2x}$ $\left[\frac{4}{3}\right]$

284 $\lim_{x \to +\infty} \left(\frac{x^2+1}{x}\right)^{\pi}$ $[+\infty]$

285 $\lim_{x \to -\infty} (x + \sqrt{x^2+2})$ $[0]$

286 $\lim_{x \to +\infty} (3x - \sqrt{9x^2+1})$ $[0]$

287 $\lim_{x \to +\infty} \frac{1}{\sqrt{x^2-1}-x}$ $[-\infty]$

288 $\lim_{x \to -\infty} \frac{-x+\sqrt{x^2-8}}{6x+7}$ $\left[-\frac{1}{3}\right]$

289 $\lim_{x \to +\infty} \frac{1}{2x-\sqrt{3+4x^2}}$ $[-\infty]$

290 $\lim_{x \to +\infty} \frac{x^2}{x+\sqrt[3]{x^3+2x}}$ $[+\infty]$

291 $\lim_{x \to -\infty} \frac{1}{\sqrt{1+x^2}+x}$ $[+\infty]$

292 $\lim_{x \to -\infty} \frac{8x+2}{x-\sqrt{x^2-3}}$ $[4]$

293 $\lim_{x \to +\infty} \frac{x}{x^2+\sqrt{3+x^4}}$ $[0]$

294 $\lim_{x \to -\infty} \left(\frac{x^3+1}{x+2}\right)^{x^3+4x^2}$ $[0^+]$

295 $\lim_{x \to 5^-} \frac{x^2-10x+25}{x^3-9x^2+15x+25}$ $\left[\frac{1}{6}\right]$

296 $\lim_{x \to +\infty} [\log_2(x^2+1) - 2\log_2 x]$ $[0]$

297 $\lim_{x \to 1} \frac{1-x}{1-\sqrt{x}}$ $[2]$

298 $\lim_{x \to 8} \frac{\sqrt[3]{x}-2}{x-8}$ $\left[\frac{1}{12}\right]$

299 $\lim_{x \to 0} \frac{\sqrt{2-x}-\sqrt{2+x}}{x}$ $\left[-\frac{\sqrt{2}}{2}\right]$

300 $\lim_{x \to -2} e^{\frac{x^2-4}{x+2}}$ $[e^{-4}]$

301 $\lim_{x \to \infty} \log_2\left(\frac{x+1}{x}\right)$ $[0]$

302 $\lim_{x \to +\infty} \left(2^{\frac{1}{x}} - 2^{\frac{x-1}{x+1}}\right)$ $[-1]$

303 $\lim_{x \to 0} \frac{\tan^2 x}{\sin x}$ $[0]$

304 $\lim_{x \to 0^+} \left(\frac{1}{x} - \frac{2}{x^2+4x}\right)$ $[+\infty]$

305 $\lim_{x \to +\infty} 4^{\sqrt{x-4}-\sqrt{x}}$ $[1^-]$

306 $\lim_{x \to -\infty} \ln\frac{1}{x^4-x^3}$ $[-\infty]$

307 $\lim_{x \to 0} \frac{\sqrt{3^x}-1}{9^x-1}$ $\left[\frac{1}{4}\right]$

308 $\lim_{x\to+\infty} \ln\frac{2-x^2}{3-x}$ $[+\infty]$

309 $\lim_{x\to+\infty} e^{\frac{x^2-2}{-2x+1}}$ $[0^+]$

310 $\lim_{x\to+\infty} \frac{\ln^2 x+2\ln x}{\ln x+1}$ $[+\infty]$

311 $\lim_{x\to2}\left(\sqrt{\log 5x}-\frac{x^2-4}{x-2}\right)$ $[-3]$

312 $\lim_{x\to+\infty} \frac{2}{2-2^{\frac{x-1}{x}}}$ $[+\infty]$

313 $\lim_{x\to1} \frac{\sqrt{x+3}-\sqrt{5-x}}{\sqrt{1+x}-\sqrt{2}}$ $[\sqrt{2}]$

314 $\lim_{x\to\frac{\pi}{2}}\left[(1-\sin x)\cdot\frac{1}{\cos x}\right]$ $[0]$

315 $\lim_{x\to\pi}\left[(\cos x+1)\cdot\frac{1}{\sin x}\right]$ $[0]$

316 $\lim_{x\to+\infty} \frac{1}{2^x-2^{3+2x}}$ $[0^-]$

317 $\lim_{x\to-\infty} (2x^2+x)^x$ $[0^+]$

318 $\lim_{x\to+\infty}\left(\frac{1}{x^2-x}\right)^{2x-x^2}$ $[+\infty]$

319 $\lim_{x\to\infty} \arcsin\frac{1+x^2}{2x^2}$ $\left[\frac{\pi}{6}\right]$

320 $\lim_{x\to+\infty}\left(\frac{x+1}{2x-3}\right)^{x-1}$ $[0^+]$

321 $\lim_{x\to+\infty}\left(\frac{4x^2-x}{x+1}\right)^{x^2}$ $[+\infty]$

322 $\lim_{x\to+\infty}\left(\frac{x^2-1}{x}\right)^{-\ln x}$ $[0^+]$

323 $\lim_{x\to+\infty}\left(\frac{3x-2}{x+1}\right)^{\frac{x-1}{2x}}$ $[\sqrt{3}]$

324 $\lim_{x\to-\infty}\left(\frac{\arcsin 2^x}{2^{-x}}+\ln\frac{2+x}{x}\right)$ $[0]$

325 $\lim_{x\to+\infty} (\log_{\frac{1}{3}} x - x\cdot 3^{x+2})$ $[-\infty]$

326 $\lim_{x\to-\infty} \ln\arctan\frac{x-2}{1-x^2}$ $[-\infty]$

327 $\lim_{x\to-\infty} \ln\frac{2^x+3}{2^{3x}}$ $[-\infty]$

328 $\lim_{x\to-\infty} \frac{(x+2)^2}{(3x-1)^2}$ $\left[\frac{1}{9}\right]$

329 $\lim_{x\to+\infty} \frac{\ln(3x-1)-\ln 3x}{3x-1}$ $[0]$

330 $\lim_{x\to0^+} \frac{2\ln x-3}{12-\ln x}$ $[-2]$

331 $\lim_{x\to+\infty} \arcsin\frac{1-e^x}{2e^x+1}$ $\left[-\frac{\pi}{6}\right]$

332 $\lim_{x\to3^-} \frac{\ln(3-x)}{x^3-x^2-6x}$ $[+\infty]$

333 $\lim_{x\to+\infty} \log_2\left(\frac{x^2-8x^3}{1-x^3}\right)^{\frac{1+2x}{x}}$ $[6]$

334 $\lim_{x\to+\infty}\left(\frac{2x-1}{1+4x}\right)^{-x^2+3x}$ $[+\infty]$

335 $\lim_{x\to2} \log_2\frac{\sqrt{x^2+12}-4}{3x^2-4x-4}$ $[-4]$

336 $\lim_{x\to-1} \log_9\frac{\sqrt[3]{x}+1}{x+1}$ $\left[-\frac{1}{2}\right]$

337 $\lim_{x\to\infty} \frac{2x-\sqrt{x^2-1}}{4x-1}$ $\left[\text{se } x\to+\infty: \frac{1}{4}; \text{ se } x\to-\infty: \frac{3}{4}\right]$

---

338 Calcola i limiti della seguente funzione per:
a. $x\to-6$; **b.** $x\to-\infty$; **c.** $x\to3^-$.

$$y=\frac{x^3+6x^2}{x^3+6x^2-9x-54}$$ $\left[\text{a) } \frac{4}{3}; \text{ b) } 1; \text{ c) } -\infty\right]$

339 Calcola i limiti della seguente funzione per:
a. $x\to+\infty$; **b.** $x\to2^+$.

$$y=\frac{-3x^3-15x^2}{x^3+5x^2-4x-20}$$ $[\text{a) } -3; \text{ b) } -\infty]$

---

340 Data la funzione $f(x)$ tale che $\frac{x}{x^2+1}\le f(x)\le\frac{2}{\ln x+1}$, quanto vale $\lim_{x\to+\infty} f(x)$? $[0]$

341 **VERO O FALSO?** Se $n>3$, allora:

a. $\lim_{x\to+\infty} \frac{x^3+1}{x^n-1}=1$. V F

b. $\lim_{x\to-\infty} \frac{x+3}{nx+1}=0$. V F

c. $\lim_{x\to+\infty} \frac{x^n+1}{2x-3x^2}=+\infty$. V F

d. $\lim_{x\to-\infty} \frac{nx+1}{x}=n$. V F

ESERCIZI

TEST

342 Indica per quale valore di $a \in \mathbb{R}$

$$\lim_{x \to 1} \frac{-3x^2 + a^2x + 2a}{x^2 - 1} = -\frac{5}{2}.$$

A -3 B 1 C 0 D $-\frac{5}{2}$ E 2

343 Indica per quale valore di k si ha:

$$\lim_{x \to -\infty} \frac{6x^{2k-1} - 4x + 8}{-2x^{k+1} - 3} = -3.$$

A -2 B 2 C 0 D 1 E 3

344 Data la funzione $f(x) = \frac{x-1}{2a - x^2}$, determina per quale valore di a si ha $\lim_{x \to -1} f(x) = \infty$. $\left[a = \frac{1}{2}\right]$

345 Considera $f(x) = \frac{3ax^2 + 1}{bx - x^2}$. Trova i valori di a e b per cui: $\lim_{x \to +\infty} f(x) = -1$ e $\lim_{x \to 1} f(x) = \infty$. $\left[a = \frac{1}{3}; b = 1\right]$

346 Trova a e b in modo che $\lim_{x \to -3} f(x) = 1$, con $f(x) = \frac{x^2 + ax + b}{x + 3}$. $[a = 7; b = 12]$

347 Determina a e b tali che la funzione $f(x) = 2^{\frac{ax}{x+2b}}$ abbia $\lim_{x \to \infty} f(x) = \frac{1}{2}$ e $\lim_{x \to 1^+} f(x) = 0$. $\left[a = -1; b = -\frac{1}{2}\right]$

COMPLETA

348 $\lim_{x \to \square} \frac{x-1}{x^2 - 5x + 6} = \infty$ $[2; 3]$

349 $\lim_{x \to \square} 2^{\frac{-x^2}{x-2}} = 0$ $[2^+; +\infty]$

350 $\lim_{x \to \square} \frac{x - 5x^2}{2x - x^2} = \infty$ $[2]$

351 $\lim_{x \to \square} \ln \frac{2x+1}{x^2 - x} = +\infty$ $[0^-; 1^+]$

352 $\lim_{x \to \square} \ln \frac{2x+1}{x^2 - x} = -\infty$ $\left[-\frac{1}{2}^+; +\infty\right]$

353 $\lim_{x \to \square} \ln \left|\frac{x}{x-2}\right| = \pm\infty$ $[0; 2]$

354 $\lim_{x \to \square} 3^{\frac{x^3}{x^2-4}} = +\infty$ $[-2^+; 2^+; +\infty]$

355 $\lim_{x \to \square} \ln \frac{x^2 - x}{x+1} = -\infty$ $[0^+; 1^+]$

EUREKA!

356 Discuti, al variare di $k \in \mathbb{R}$, il valore di $\lim_{x \to +\infty} \sqrt{2x-1} + k\sqrt{x}$.
$[k < -\sqrt{2}: -\infty; k = -\sqrt{2}: 0; k > -\sqrt{2}: +\infty]$

357 Puoi trovare un valore di α tale che esista finito e non nullo $\lim_{x \to 3} \frac{x^2 + x - 12}{x - 3x^\alpha}$?
Quanto vale questo limite? $[\alpha = 0; 7]$

358 LEGGI IL GRAFICO Nel grafico è rappresentata la funzione $y = 2^{\frac{ax+3b}{x+c}}$.
Determina il valore di a, b e c. $[a = 2; b = 2; c = -4]$

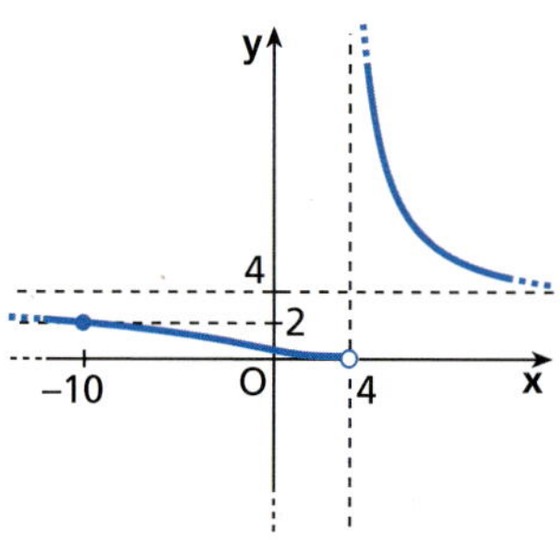

REALTÀ E MODELLI

359 ●● **Allunga lo scivolo** In un parco acquatico, il profilo dello scivolo di una piscina è rappresentato dal tratto di grafico della funzione

$$y = \frac{ax^2 + b}{4x^2 + 5}$$

evidenziato in figura, dove le misure indicate sono in metri (l'acqua è ad altezza 0).

a. Trova a e b.

b. Quale sarebbe l'altezza limite del punto più basso dello scivolo se aumentassimo sempre più la sua lunghezza?

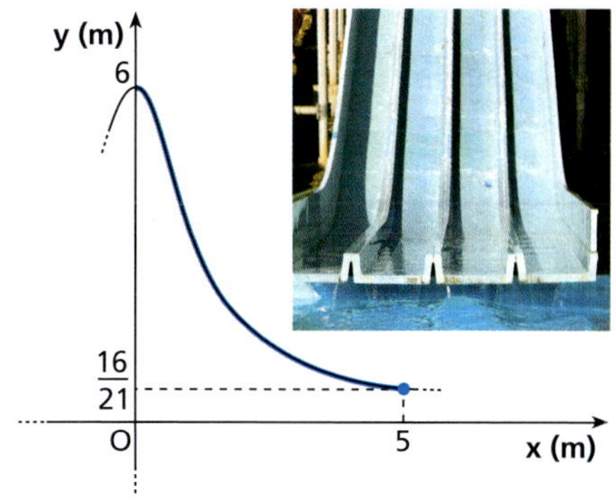

[a) 2; 30; b) 0,5 metri]

360 ●● **Qual è il profilo?** La sezione di uno scavo deve seguire l'andamento rappresentato in figura.

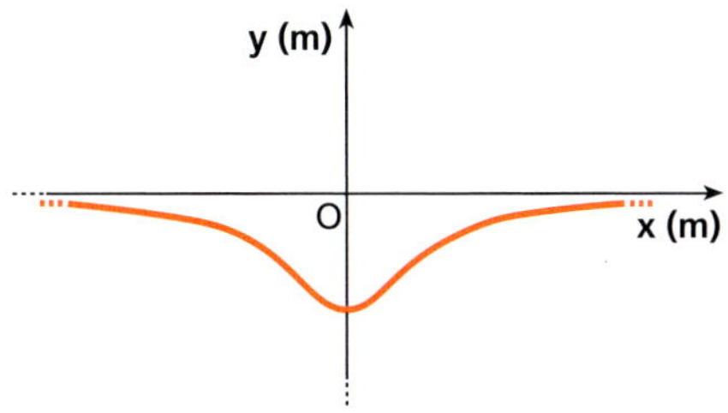

$f(x) = \frac{k - x^2}{x^2 + 2}$ $\quad g(x) = \frac{k}{x^2 + 2}$

a. Quale delle funzioni mostrate rappresenta meglio il grafico dello scavo? Motiva la risposta.

b. Per quale valore di k la profondità massima è di 2 metri? [b) − 4]

3 Limiti notevoli

▶ Teoria a p. 1426

Limiti di funzioni goniometriche

$\lim_{x \to 0} \frac{\sin x}{x} = 1$ $\quad \lim_{x \to 0} \frac{1 - \cos x}{x} = 0$ $\quad \lim_{x \to 0} \frac{1 - \cos x}{x^2} = \frac{1}{2}$

361 **ESERCIZIO GUIDA** Calcoliamo $\lim_{x \to 0} \frac{\tan x + 3x}{x + \sin x}$.

Il limite presenta la forma indeterminata $\frac{0}{0}$. Sostituiamo $\tan x = \frac{\sin x}{\cos x}$, poi raccogliamo x al numeratore e al denominatore:

$$\lim_{x \to 0} \frac{\tan x + 3x}{x + \sin x} = \lim_{x \to 0} \frac{\frac{\sin x}{\cos x} + 3x}{x + \sin x} = \lim_{x \to 0} \frac{\cancel{x}\left(\boxed{\frac{\sin x}{x}} \cdot \boxed{\frac{1}{\cos x}} + 3\right)}{\cancel{x}\left(1 + \boxed{\frac{\sin x}{x}}\right)} = \frac{1 \cdot 1 + 3}{1 + 1} = 2.$$

(tende a 1; tende a 1; tende a 1)

Calcola i limiti.

AL VOLO

362 ●○ $\lim_{x \to 0} \frac{x}{\sin x}$

363 ●○ $\lim_{x \to 0} \frac{\sin x}{2x}$

364 ●○ $\lim_{x \to 1} \frac{(1 - \cos x)^2}{x^2}$

365 ●○ $\lim_{x \to 0} \frac{\cos x - 1}{(4x)^2}$

ESERCIZI

366 $\lim_{x\to 0} \frac{\tan x}{x}$ [1]

367 $\lim_{x\to 0} \frac{x+\sin x}{x}$ [2]

368 $\lim_{x\to 0} \frac{\cos^2 x - 1}{2x}$ [0]

369 $\lim_{x\to 0} \frac{2\tan x + x}{x}$ [3]

370 $\lim_{x\to 0} \frac{x^2+x}{2x+\sin x}$ $\left[\frac{1}{3}\right]$

371 $\lim_{x\to 0} \frac{2x^2}{1-\cos x}$ [4]

372 $\lim_{x\to 0} \frac{1-\cos x}{\sqrt{2-\cos x}-1}$ [2]

373 $\lim_{x\to 0} \frac{\sin x + 5x}{x+2\sin x}$ [2]

374 $\lim_{x\to 0} \frac{1+\cos(x+\pi)}{\tan x \sin x}$ $\left[\frac{1}{2}\right]$

375 $\lim_{x\to 0} \frac{2x\sin x}{\tan^2 x}$ [2]

376 $\lim_{x\to 0} \frac{\sin x + 2x\cos x}{x\cos x + 2\sin x}$ [1]

377 $\lim_{x\to 0} \frac{2\sin x + 5x}{3\sin x - x}$ $\left[\frac{7}{2}\right]$

378 $\lim_{x\to 0} \frac{1-\cos\sqrt{x}-\sin\sqrt{x}}{x}$ $[-\infty]$

379 $\lim_{x\to 0} \frac{x - x\cos x}{\sin^2 x}$ [0]

380 $\lim_{x\to 0^+} \frac{\sqrt{1-\cos x}}{x}$ $\left[\frac{\sqrt{2}}{2}\right]$

381 $\lim_{x\to 0} \frac{1-\sqrt{\cos x}}{x}$ [0]

382 $\lim_{x\to 0^-} e^{\frac{\sin x}{1-\cos x}}$ $[0^+]$

383 $\lim_{x\to 0} \frac{2x\sin x}{\cos^2 x - \cos x}$ $[-4]$

384 $\lim_{x\to 0^+} [\ln(\tan x) - \ln(2x)]$ $\left[\ln\frac{1}{2}\right]$

385 $\lim_{x\to 0} \frac{\sin x - \tan x}{6x^3}$ $\left[-\frac{1}{12}\right]$

386 TEST Sapendo che $\lim_{x\to 0^-} f(x) = 0$, quanto vale il $\lim_{x\to 0^-} \frac{x\cdot f(x)}{\sin x}$?

A $+\infty$ B 0 C 1 D $-\infty$ E -1

387 Trova $\lim_{x\to 0} \frac{-1+\cos x}{3x^2+4x^3}$. $\left[-\frac{1}{6}\right]$

(USA *Rice University Mathematics Tournament*)

$$\lim_{f(x)\to 0} \frac{\sin f(x)}{f(x)} = 1$$

Calcola i limiti.

388 $\lim_{x\to 0} \frac{\sin 5x}{x}$ [5]

389 $\lim_{x\to 0} \frac{\sin^2 2x}{x^2}$ [4]

390 $\lim_{x\to 0} \frac{\sin 6x}{7x}$ $\left[\frac{6}{7}\right]$

391 $\lim_{x\to 0} \frac{\tan 3x}{\sin x}$ [3]

392 $\lim_{x\to 2} \frac{1-\cos(2-x)}{2-x}$ [0]

393 $\lim_{x\to 0^+} \frac{\sin\sqrt{x}}{x}$ $[+\infty]$

394 $\lim_{x\to 0} \frac{\sin^6 x}{\sin x^6}$ [1]

395 $\lim_{x\to 2} \frac{x^2-2x}{\sin(x-2)}$ [2]

396 $\lim_{x\to 0} \frac{\sin 4x}{\sin 7x}$ $\left[\frac{4}{7}\right]$

397 $\lim_{x\to 0} \frac{\sin 3x + 2x}{5x + \sin 3x}$ $\left[\frac{5}{8}\right]$

398 $\lim_{x\to 0} \frac{\sin\frac{x}{6} + 4x}{x}$ $\left[\frac{25}{6}\right]$

399 $\lim_{x\to 0} \frac{\sin x + 4x}{\sin 4x + x}$ [1]

400 $\lim_{x\to 2} \frac{1-\sqrt{\cos(x-2)}}{x^2-4x+4}$ $\left[\frac{1}{4}\right]$

401 TEST $\lim_{x\to 0^+} \tan\left[\frac{\sin(2\pi x)}{6x}\right] =$

A $\frac{1}{\sqrt{3}}$. B 1. C $\sqrt{3}$. D $\frac{\sqrt{2}}{2}$. E Il limite non esiste.

(USA *University of Houston Mathematics Contest*)

Cambiamo la variabile

402 ESERCIZIO GUIDA Calcoliamo $\lim_{x \to \frac{\pi}{2}} \frac{\cos x}{x - \frac{\pi}{2}}$.

Il limite presenta la forma indeterminata $\frac{0}{0}$.

Ci riconduciamo al limite notevole $\lim_{x \to 0} \frac{\sin x}{x} = 1$ con un cambiamento di variabile:

$y = x - \frac{\pi}{2}$, da cui $x = y + \frac{\pi}{2}$.

Per $x \to \frac{\pi}{2}$, $y \to 0$ e quindi il limite dato, utilizzando le formule degli archi associati, diventa:

$$\lim_{x \to \frac{\pi}{2}} \frac{\cos x}{x - \frac{\pi}{2}} = \lim_{y \to 0} \frac{\cos\left(y + \frac{\pi}{2}\right)}{y} = \lim_{y \to 0} \frac{-\sin y}{y} = -1.$$

Calcola i seguenti limiti mediante cambiamenti di variabile (in alcuni casi scritti a fianco).

403 $\lim_{x \to \infty} \left(x \sin \frac{1}{x}\right)$ $[1]$

404 $\lim_{x \to 0} \frac{\arctan x}{x}$ $[1]$

405 $\lim_{x \to \frac{\pi}{2}} \left[\left(x - \frac{\pi}{2}\right) \tan x\right]$ $[-1]$

406 $\lim_{x \to 2} \frac{x-2}{\sin(\pi x)}$, $y = \pi(x-2)$. $\left[\frac{1}{\pi}\right]$

407 $\lim_{x \to -1} \frac{\sin(\pi x)}{x+1}$, $y = \pi(x+1)$. $[-\pi]$

408 $\lim_{x \to 3} \frac{\sin(x^2 - 3x)}{(x-3)(x-1)}$ $\left[\frac{3}{2}\right]$

409 $\lim_{x \to 1^+} \frac{\sqrt{1 - \cos(1-x)}}{2x^2 - x - 1}$ $\left[\frac{\sqrt{2}}{6}\right]$

410 $\lim_{x \to \frac{3}{2}\pi} \frac{\cos x}{2x - 3\pi}$ $\left[\frac{1}{2}\right]$

411 $\lim_{x \to -4} \frac{\tan \pi x}{2x + 8}$ $\left[\frac{\pi}{2}\right]$

412 $\lim_{x \to +\infty} 2x \sin \frac{1}{x+2}$ $[2]$

413 $\lim_{x \to \frac{\pi}{2}} \frac{(2x - \pi)\cos x}{x(1 - \sin x)}$ $\left[-\frac{8}{\pi}\right]$

414 $\lim_{x \to 0} \frac{\arcsin x}{x}$ $[1]$

415 $\lim_{x \to 0} \frac{\arcsin x + \arctan 3x}{\sin x + 3x}$ $[1]$

416 $\lim_{x \to 0} \frac{\sin 2x}{3x + \arctan x}$ $\left[\frac{1}{2}\right]$

Limiti di funzioni esponenziali e logaritmiche

$\lim_{x \to \infty} \left(1 + \frac{1}{x}\right)^x = e$ $\lim_{x \to 0} \frac{\ln(1+x)}{x} = 1$ $\lim_{x \to 0} \frac{e^x - 1}{x} = 1$ $\lim_{x \to 0} \frac{(1+x)^k - 1}{x} = k$

417 ESERCIZIO GUIDA Calcoliamo $\lim_{x \to +\infty} \left(\frac{5+x}{x}\right)^x$.

Per $x \to +\infty$ si ha la forma indeterminata 1^∞.

«Spezziamo» la frazione tra parentesi dividendo ciascun addendo del numeratore per x e semplificando:

$$\lim_{x \to +\infty} \left(\frac{5+x}{x}\right)^x = \lim_{x \to +\infty} \left(\frac{5}{x} + 1\right)^x.$$

Poniamo $y = \frac{x}{5}$, cioè $x = 5y$. Per $x \to +\infty$ anche $y \to +\infty$. Il limite dato diventa:

$$\lim_{x \to +\infty} \left(\frac{5}{x} + 1\right)^x = \lim_{y \to +\infty} \left(\frac{1}{y} + 1\right)^{5y} = \lim_{y \to +\infty} \left[\left(1 + \frac{1}{y}\right)^y\right]^5 = e^5.$$

ESERCIZI

Calcola i limiti.

418 ●○ $\lim\limits_{x\to-\infty}\left(\dfrac{x-7}{x}\right)^x$ $[e^{-7}]$

419 ●○ $\lim\limits_{x\to+\infty}\left(\dfrac{x^2+1}{x^2}\right)^{2x^2}$ $[e^2]$

420 ●○ $\lim\limits_{x\to-\infty}\left(\dfrac{x+2}{x+1}\right)^x$ $[e]$

421 ●○ $\lim\limits_{x\to0}(1+x)^{\frac{1}{x}}$ $[e]$

422 ●○ $\lim\limits_{x\to0}(1+3x)^{\frac{2}{x}}$ $[e^6]$

423 ●○ $\lim\limits_{x\to+\infty}\left(1-\dfrac{2}{x}\right)^x$ $[e^{-2}]$

424 ●○ $\lim\limits_{x\to0}\dfrac{\ln(x+5)-\ln 5}{x}$ $\left[\dfrac{1}{5}\right]$

425 ●○ $\lim\limits_{x\to0}\dfrac{\ln(1-4x)}{x}$ $[-4]$

426 ●○ $\lim\limits_{x\to+\infty}\left(1+\dfrac{1}{4x}\right)^x$ $[\sqrt[4]{e}]$

427 ●○ $\lim\limits_{x\to+\infty}\left(x\ln\dfrac{x+2}{x}\right)$ $[2]$

428 ●○ $\lim\limits_{x\to0}\dfrac{(1+4x^2)^3-1}{x^2}$ $[12]$

429 ●○ $\lim\limits_{x\to0}\dfrac{(1+x)^6-1}{2x}$ $[3]$

430 ●○ $\lim\limits_{x\to0}\dfrac{\sqrt[6]{1+3x}-1}{x}$ $\left[\dfrac{1}{2}\right]$

431 ●○ $\lim\limits_{x\to0}\dfrac{\sqrt[5]{1+x}-1}{x}$ $\left[\dfrac{1}{5}\right]$

432 ●○ $\lim\limits_{x\to0}\dfrac{\ln(1+\sin x)}{2x}$ $\left[\dfrac{1}{2}\right]$

433 ●○ $\lim\limits_{x\to0}\dfrac{\ln(1-x)^2}{x}$ $[-2]$

434 ●○ $\lim\limits_{x\to+\infty}\{x[\ln(x+1)-\ln x]\}$ $[1]$

435 ●○ $\lim\limits_{x\to0}\dfrac{e^{-2x}-1}{x}$ $[-2]$

436 ●○ $\lim\limits_{x\to0^+}\dfrac{e^{\sqrt{4x}}-1}{\sqrt{x}}$ $[2]$

437 ●○ $\lim\limits_{x\to\infty}x\left(1-e^{\frac{1}{x}}\right)$ $[-1]$

438 ●○ $\lim\limits_{x\to-2}\dfrac{e^{2x+4}-1}{x+2}$ $[2]$

439 ●○ $\lim\limits_{x\to0}\dfrac{e^{-4x}-1}{x^2-x}$ $[4]$

440 ●● $\lim\limits_{x\to+\infty}\left(x\ln\dfrac{3x+1}{3x}\right)$ $\left[\dfrac{1}{3}\right]$

441 ●● $\lim\limits_{x\to4}\dfrac{\ln(x-3)}{x-4}$ $[1]$

442 ●● $\lim\limits_{x\to0}\dfrac{e^{3x}-e^{2x}}{x^2-3x}$ $\left[-\dfrac{1}{3}\right]$

443 ●● $\lim\limits_{x\to+\infty}\left(1+\dfrac{x}{2x^2+1}\right)^x$ $[\sqrt{e}]$

444 ●● $\lim\limits_{x\to\infty}\left(\dfrac{3x-1}{3x+2}\right)^{\frac{x}{2}}$ $\left[\dfrac{1}{\sqrt{e}}\right]$

445 ●● $\lim\limits_{x\to+\infty}x[\ln(x^2+4)-2\ln x]$ $[0]$

446 ●● $\lim\limits_{x\to1}\dfrac{e^x-e}{2x-2}$ $\left[\dfrac{e}{2}\right]$

447 ●● $\lim\limits_{x\to\frac{\pi}{2}^-}(1-\cos x)^{\tan x}$ $\left[\dfrac{1}{e}\right]$

448 ●● $\lim\limits_{x\to0}\dfrac{e^x-e^{-x}}{8x}$ $\left[\dfrac{1}{4}\right]$

449 ●● $\lim\limits_{x\to0}\dfrac{(1+2x)^5-1}{5x}$ $[2]$

---

450 ●● **TEST** $\lim\limits_{x\to+\infty}\left(1+\dfrac{1}{2x}\right)^{3x}$ vale:

A $\sqrt{e}$.
B $\dfrac{3}{2}e$.
C $\sqrt{e^3}$.
D $\sqrt[3]{e^2}$.
E $\dfrac{e^3}{2}$.

451 ●● **YOU & MATHS** Compute the *exact* value of $\lim\limits_{x\to\infty}\left(\dfrac{x+8}{x+9}\right)^{7x}$. $[e^{-7}]$

(USA *Florida Gulf Coast University Invitational Mathematics Competition*)

452 **ESERCIZIO GUIDA** Calcoliamo $\lim\limits_{x\to2}\dfrac{(e^{x-2}-1)(3x-6)}{\sin^2(x-2)}$.

Per $x=2$ otteniamo la forma indeterminata $\dfrac{0}{0}$.

Effettuiamo un cambiamento di variabile: poniamo $t = x - 2$, ossia $x = t + 2$. Otteniamo:

$$\lim_{t \to 0} \frac{(e^t - 1) \cdot 3t}{\sin^2 t}.$$

Dividiamo numeratore e denominatore per t^2 (essendo $t \neq 0$):

$$\lim_{t \to 0} \frac{\frac{(e^t - 1) \cdot 3t}{t^2}}{\frac{\sin^2 t}{t^2}} = \lim_{t \to 0} \frac{\frac{3 \cdot (e^t - 1)}{t}}{\frac{\sin^2 t}{t^2}} = \lim_{t \to 0} 3 \cdot \boxed{\frac{e^t - 1}{t}} \left(\boxed{\frac{\sin t}{t}} \right)^{-2} = 3.$$

tende a 1 (for $\frac{\sin t}{t}$); tende a 1 (for $\frac{e^t-1}{t}$)

Calcola i limiti.

453 $\lim_{x \to 0} \dfrac{1 - e^{2x}}{\sin x}$ $[-2]$

454 $\lim_{x \to 0} \dfrac{9 \ln(1 + 2x)}{\sin 3x}$ $[6]$

455 $\lim_{x \to 0} \dfrac{\cos x - \ln(1 + x) - 1}{2x}$ $\left[-\frac{1}{2}\right]$

456 $\lim_{x \to 0} \dfrac{1 - \cos^2 x}{e^{x^2} - 1}$ $[1]$

457 $\lim_{x \to 0} \dfrac{e^{2 + x^2} - e^2}{1 - \cos^2 x}$ $[e^2]$

458 $\lim_{x \to 0} \dfrac{\tan x}{e^{\sin x} - \cos x}$ $[1]$

459 $\lim_{x \to 0} \dfrac{e^{\sin 4x} - 1}{\ln(1 + \tan x)}$ $[4]$

460 $\lim_{x \to 0} \dfrac{\ln(x + 1)}{\sin 2x + \sin x}$ $\left[\frac{1}{3}\right]$

461 $\lim_{x \to 0} \dfrac{\sqrt[6]{1 - x} - 1}{e^{2x} - 1}$ $\left[-\frac{1}{12}\right]$

462 $\lim_{x \to +\infty} \dfrac{\ln\left(1 + \frac{1}{2x}\right)}{1 - e^{\frac{1}{x}}}$ $\left[-\frac{1}{2}\right]$

463 $\lim_{x \to 0} x \cdot \dfrac{\sqrt[7]{1 + \sin x} - 1}{\cos x - 1}$ $\left[-\frac{2}{7}\right]$

464 $\lim_{x \to 0} \dfrac{\sin x (1 - \cos x)}{x^2 (\sqrt[7]{1 + 3x} - 1)}$ $\left[\frac{7}{6}\right]$

---

465 YOU & MATHS Prove that the following limit exists and determine its value:

$$\lim_{x \to 0} \frac{3 \sin 2x - x}{5e^{2x} - 5}.$$ $\left[\frac{1}{2}\right]$

(UK *Manchester Metropolitan University, Centre for Mathematics Education,* Bank of Questions)

466 TEST $\lim_{x \to 0} \dfrac{e^{ax^2} - \cos 2x}{x^2} = 8$. What is a?

A 3
B 6
C 4
D 2
E 1

(USA *University of Houston Math Contest*)

467 REALTÀ E MODELLI **Anno dopo anno** Arianna decide di investire i suoi risparmi e concorda con la banca di versare € 1000 alla fine di ogni anno, a un tasso di interesse annuo composto uguale a i. Dopo n anni, la somma a sua disposizione è data da

$$S = 1000 \frac{(1 + i)^n - 1}{i}.$$

a. Calcola la somma disponibile alla fine del terzo anno se $i = 0{,}06$. Qual è il guadagno totale in tre anni?

b. Calcola il valore a cui tende S alla fine del terzo anno se il tasso i tende a 0 e interpreta il risultato ottenuto.

[a) € 3183,60; € 183,60; b) € 3000]

ESERCIZI

Riepilogo: Calcolo dei limiti

Calcola i limiti.

AL VOLO

468 $\lim_{x\to+\infty}(-x^4+3x^3-5x^2+x)$

469 $\lim_{x\to-\infty}(-5x^3+2x^2+5)$

470 $\lim_{x\to-\infty}\frac{2x}{1-x}$

471 $\lim_{x\to+\infty}(\sqrt{1+2x}-\sqrt{3+2x})$ $[0]$

472 $\lim_{x\to-\infty}\frac{x^4-x^3+x^2}{-x^2+x^3-2x}$ $[-\infty]$

473 $\lim_{x\to-\infty}\frac{-2x^3+x^2+1}{3x^2+4x^3-2x}$ $\left[-\frac{1}{2}\right]$

474 $\lim_{x\to0}\frac{x^3+3x+4x^2}{x^4-2x^3}$ $[-\infty]$

475 $\lim_{x\to1^+}\frac{2x^3+x^2-4x+3}{2x^2-x-1}$ $[+\infty]$

476 $\lim_{x\to-2^+}\frac{x^2-x-6}{2x^2+8x+8}$ $[-\infty]$

477 $\lim_{x\to-3^-}\frac{x^2-x-12}{x^3+6x^2+9x}$ $[-\infty]$

478 $\lim_{x\to+\infty}(\sqrt{1+x+x^2}-\sqrt{3+x^2})$ $\left[\frac{1}{2}\right]$

479 $\lim_{x\to-\infty}(\sqrt{1+4x^2}-\sqrt{3+x^2})$ $[+\infty]$

480 $\lim_{x\to9}\frac{2x-\sqrt{x}}{x^2-x+3}$ $\left[\frac{1}{5}\right]$

481 $\lim_{x\to+\infty}\frac{1}{\sqrt{x+2}-\sqrt{x+5}}$ $[-\infty]$

482 $\lim_{x\to+\infty}\frac{-3x}{\sqrt{2x+1}+\sqrt{x+2}}$ $[-\infty]$

483 $\lim_{x\to-\infty}\frac{x^3+7x^2}{x^4-2x^3+6}$ $[0]$

484 $\lim_{x\to-2}\frac{\sqrt[3]{x^3+8}}{\sqrt[3]{x^2-4}}$ $[-\sqrt[3]{3}]$

485 $\lim_{x\to+\infty}[\log(x^2+2x)-\log(2x^2+3)]$ $\left[\log\frac{1}{2}\right]$

486 $\lim_{x\to+\infty}\{x[\log(2x-1)-\log(x+2)]\}$ $[+\infty]$

487 $\lim_{x\to\frac{1}{2}^+}\frac{2x^2+x-1}{4x^3-8x^2-5x-1}$ $[0]$

488 $\lim_{x\to1}\frac{x^3-2x+1}{x^3-1}$ $\left[\frac{1}{3}\right]$

489 $\lim_{x\to+\infty}\frac{\sqrt{e^3}}{\ln(2\pi)}$ $\left[\frac{\sqrt{e^3}}{\ln(2\pi)}\right]$

490 $\lim_{x\to0^+}\log_{\frac{1}{2}}\frac{x+1}{x^2}$ $[-\infty]$

491 $\lim_{x\to1^+}e^{\frac{x+2}{x-1}}$ $[+\infty]$

492 $\lim_{x\to-\infty}\frac{e^{3x}+2}{e^{2x}-1}$ $[-2]$

493 $\lim_{x\to+\infty}\frac{e^{3x}+2}{e^{2x}-1}$ $[+\infty]$

494 $\lim_{x\to+\infty}\frac{e^{3x}+2e^x}{e^{4x}-e^x}$ $[0]$

495 $\lim_{x\to+\infty}\frac{2e^{3x}+e^{2x}+3e^x}{e^{3x}+e^{2x}-e^x}$ $[2]$

496 $\lim_{x\to-\infty}(x^4)^{e^{-3x}}$ $[+\infty]$

497 $\lim_{x\to+\infty}\frac{(x+1)^{\sqrt{5}}}{e^{-x}}$ $[+\infty]$

498 $\lim_{x\to0}\frac{2^{3x}-1}{2x}$ $\left[\frac{3}{2}\ln2\right]$

499 $\lim_{x\to1^\pm}\frac{1}{1+2^{\frac{1}{x-1}}}$ $[0;1]$

500 $\lim_{x\to0}\frac{e^x+e^{-x}-2}{3x^2}$ $\left[\frac{1}{3}\right]$

501 $\lim_{x\to2}\frac{\log_2 x}{2^{2x}-2^x-2}$ $\left[\frac{1}{10}\right]$

502 $\lim_{x\to+\infty}xe^x\ln x$ $[+\infty]$

503 $\lim_{x\to-\frac{\pi}{2}}\left[\sin\left(x+\frac{\pi}{2}\right)\cdot\tan x\right]$ $[-1]$

504 $\lim_{x\to0}[(3+\cot x)\cdot\sin x]$ $[1]$

505 $\lim_{x\to0}\frac{\sin x-2x}{\sin x+x}$ $\left[-\frac{1}{2}\right]$

506 $\lim_{x\to0}\frac{\cos 2x-\cos x}{\cos x-1}$ $[3]$

507 $\lim_{x\to0^+}(\log\sin x-\log x)$ $[0]$

508 $\lim_{x\to-\infty}\frac{x^2+e^x+1}{x^2+x\sin x}$ $[1]$

509 $\lim_{x\to 1}\frac{4\sin\ln x}{2^x\ln x}$ $[2]$

510 $\lim_{x\to 4}\frac{\sin(x-4)}{x^2-16}$ $\left[\frac{1}{8}\right]$

511 $\lim_{x\to 0}(1-8x)^{\frac{1}{2x}}$ $[e^{-4}]$

512 $\lim_{x\to 0}\frac{x+\tan x}{2x+\sin x}$ $\left[\frac{2}{3}\right]$

513 $\lim_{x\to -\infty}\left(1-\frac{9}{x}\right)^x$ $[e^{-9}]$

514 $\lim_{x\to +\infty}\left(\frac{x}{x+3}\right)^x$ $[e^{-3}]$

515 $\lim_{x\to +\infty}\left(\frac{x}{1+x}\right)^{-x}$ $[e]$

516 $\lim_{x\to -\infty}\left(\frac{x+4}{x+2}\right)^x$ $[e^2]$

517 $\lim_{x\to +\infty}\left(\frac{x+4}{2x+1}\right)^x$ $[0]$

518 $\lim_{x\to +\infty}(\sqrt{3}-\sqrt{2})^x$ $[0^+]$

519 $\lim_{x\to \pm\infty}\left(\frac{x+1}{2x-1}\right)^{\frac{x^2-1}{x}}$ $[0;+\infty]$

520 $\lim_{x\to +\infty}x\ln\left(1+\frac{1}{x}\right)$ $[1]$

521 $\lim_{x\to 2^+}\ln 3^{\frac{-x}{x-2}}$ $[-\infty]$

522 $\lim_{x\to +\infty}\frac{\ln x}{\ln(x+2)}$ $[1]$

523 $\lim_{x\to 0}e^{\frac{-2x}{x^2}}$ [se $x\to 0^+$: 0^+; se $x\to 0^-$: $+\infty$]

524 $\lim_{x\to -\frac{\pi}{4}}\frac{\sin x+\cos x}{\cos 2x}$ $\left[\frac{\sqrt{2}}{2}\right]$

525 $\lim_{x\to \frac{\pi}{4}}\frac{\sin x-\cos x}{\tan\left(\frac{\pi}{8}-\frac{x}{2}\right)}$ $[-2\sqrt{2}]$

526 $\lim_{x\to 0}\frac{\cos x-e^x}{\sin x}$ $[-1]$

527 $\lim_{x\to 0}\frac{3\sin x}{\ln(1+x)^4}$ $\left[\frac{3}{4}\right]$

528 $\lim_{x\to 0}\frac{2x^2\sin^2 x}{\ln(1+4x^4)}$ $\left[\frac{1}{2}\right]$

529 $\lim_{x\to \frac{\pi}{4}}\frac{\sin\left(2x-\frac{\pi}{2}\right)-\ln\left(1+2x-\frac{\pi}{2}\right)}{x-\frac{\pi}{4}}$ $[0]$

530 $\lim_{x\to 4}\left(\frac{1}{3}\right)^{\frac{1}{(x-4)^2}}$ $[0]$

531 $\lim_{x\to 0}\left(\frac{1+x}{1+2x}\right)^{\frac{1}{x}}$ $\left[\frac{1}{e}\right]$

532 $\lim_{x\to \infty}\left(\frac{1+x^2}{x+x^2}\right)^{2x}$ $\left[\frac{1}{e^2}\right]$

533 $\lim_{x\to 0}\frac{e^{x^2}-2+\cos x}{\sin^2 x}$ $\left[\frac{1}{2}\right]$

534 $\lim_{x\to 0}\frac{e^{5x}-\ln[e(x+1)]}{x}$ $[4]$

535 $\lim_{x\to 0}\frac{\ln(x+1)^{e^x}}{x}$ $[1]$

536 $\lim_{x\to 2}\frac{3e^2\sin(x-2)}{4e^x-(2e)^2}$ $\left[\frac{3}{4}\right]$

537 $\lim_{x\to \frac{\pi}{4}}\frac{\sin x-\cos x}{\tan\left(\frac{\pi}{8}-\frac{x}{2}\right)}$ $[-2\sqrt{2}]$

538 $\lim_{x\to 0}\frac{1-\cos^2 2x}{x\sin x}$ $[4]$

539 $\lim_{x\to \infty}\left(\frac{2x+1}{2x-4}\right)^{\frac{x}{3}}$ $[\sqrt[6]{e^5}]$

540 $\lim_{x\to -1}(x+2)^{\frac{2}{x+1}}$ $[e^2]$

541 $\lim_{x\to 0}(\cos x)^{-\frac{4}{x^2}}$ $[e^2]$

542 $\lim_{x\to 0}\frac{\cos 6x-\cos 3x}{x^2}$ $\left[-\frac{27}{2}\right]$

543 $\lim_{x\to +\infty}\frac{\ln x+\ln^2 x}{4-\ln^2 x}$ $[-1]$

544 $\lim_{x\to 0}(1-\sin x)^{\frac{\cos x}{x}}$ $[e^{-1}]$

545 $\lim_{x\to x_0}\frac{1}{1-e^{\frac{x-1}{x}}}$ (con $x_0=0,1,\infty$)
$\left[\text{se } x\to 0^+: 1, \text{ se } x\to 0^-: 0; \infty; \frac{1}{1-e}\right]$

546 $\lim_{x\to 0}\frac{\left(2\sin\frac{x}{2}-\sin x\right)}{x^3}$ $\left[\frac{1}{8}\right]$

547 $\lim_{x\to -\infty}\frac{\sqrt[3]{3x^3-2x^2+5}}{2x+\sqrt{x^2-1}}$ $[\sqrt[3]{3}]$

548 $\lim_{x\to 0}(1+\tan^2 x)^{\frac{1}{x\ln(x+1)}}$ $[e]$

ESERCIZI

549 $\lim_{x \to 0^+} x^{\frac{1}{\ln 4x}}$ $[e]$

550 $\lim_{x \to +\infty} \frac{(1-x)^{2x}}{(1+x^2)^x}$ $\left[\frac{1}{e^2}\right]$

551 $\lim_{x \to e} \frac{\ln x^2 - 2}{x - e}$ $\left[\frac{2}{e}\right]$

552 $\lim_{x \to \frac{\pi}{2}} \frac{\sin x - 1}{\cos x\left(\cos\frac{x}{2} - \sin\frac{x}{2}\right)}$ $\left[-\frac{\sqrt{2}}{2}\right]$

553 $\lim_{x \to 0} \frac{e^{-x} + \sin x - \cos x}{x}$ $[0]$

554 $\lim_{x \to 0} \frac{\sqrt[4]{1+x^3} - 1}{x^3 - x^4}$ $\left[\frac{1}{4}\right]$

555 $\lim_{x \to 5} \log_{10} \frac{x-5}{\sqrt{x+20} - 5}$ $[1]$

556 $\lim_{x \to 0} \frac{e^{\sin 2x} - e^{\sin x}}{\tan x}$ $[1]$

557 $\lim_{x \to +\infty} 2^{-x}\left(2 + \frac{3}{x}\right)^x$ $[\sqrt{e^3}]$

558 $\lim_{x \to +\infty} x[\ln(2x+1) - \ln x - \ln 2]$ $\left[\frac{1}{2}\right]$

559 $\lim_{x \to 0} \frac{e^x - e^{-x}}{\ln(1+x)}$ $[2]$

560 $\lim_{x \to -\frac{1}{2}} \frac{18x^3 - 3x^2 - 4x + 1}{2x^2 + 27x + 13}$ $\left[\frac{1}{2}\right]$

561 $\lim_{x \to +\infty} \frac{2 + \cos x}{2x + \sin x}$ $[0]$

562 $\lim_{x \to 0} \frac{x \sin x (e^x - 1)}{\ln(1+x)(1 - \cos x)}$ $[2]$

563 $\lim_{x \to 0^+} e^{-\frac{1}{x}}(e + 2x)^{\frac{1}{x}}$ $\left[e^{\frac{2}{e}}\right]$

564 $\lim_{x \to 0} \left(\frac{\sin 4x}{x}\right)^{\frac{1}{x}}$ [se $x \to 0^+$: $+\infty$, se $x \to 0^-$: 0^+]

565 $\lim_{x \to +\infty} (e^x - x^x)$ (**SUGGERIMENTO** Trasforma x^x con l'identità $a = e^{\ln a}$: $x^x = e^{\cdots}$, poi raccogli e^x.) $[-\infty]$

EUREKA!

566 $\lim_{x \to +\infty} \frac{\ln(x-1)}{\ln(x+1)}$ $[1]$

567 $\lim_{x \to 0} \frac{\sin^2 x + 3e^x - 3 + x^3}{\ln(x+1)^2 + 2x - \cos x + 1}$ $\left[\frac{3}{4}\right]$

---

568 **YOU & MATHS** Find the following limits. You must show all your work.

a. $\lim_{x \to 4} \frac{x^2 - x - 12}{x^2 - 3x - 4}$

b. $\lim_{x \to 0} \frac{2x}{\sin 3x}$

c. $\lim_{x \to +\infty} (x - \sqrt{x^2 - 2x + 3})$

d. $\lim_{x \to 1^-} \frac{x^2 - 1}{(x-1)^2}$

(USA *Southern Illinois University Carbondale*, Final Exam)

$\left[\text{a) } \frac{7}{5}; \text{ b) } \frac{2}{3}; \text{ c) } 1; \text{ d) } -\infty\right]$

569 Calcola per quale valore di a si ha

$$\lim_{x \to 0} \frac{\sin ax}{5x} = -4.$$ $[-20]$

570 Trova per quale valore di k si ha

$$\lim_{x \to 0} \frac{\ln(1+kx)}{8x} = 3.$$ $[24]$

571 Calcola il valore di a per cui

$$\lim_{x \to 0} \frac{\ln(3-x) - \ln 3}{ax} = -\frac{1}{6}.$$ $[2]$

572 Data la funzione

$$f(x) = \begin{cases} \frac{\sin 5x}{2 \sin 2x} & \text{se } x < 0 \\ \frac{5}{4} + x\ln(1+x) & \text{se } x \geq 0 \end{cases}$$

calcola, se esiste, $\lim_{x \to 0} f(x)$. $\left[\frac{5}{4}\right]$

Discuti il risultato dei seguenti limiti al variare di *k*.

573 $\lim_{x \to +\infty} \frac{2x^k + x + 1}{x^2 - 1}$, $k \in \mathbb{N}$. [se $0 \leq k < 2$: 0; se $k = 2$: 2; se $k > 2$: $+\infty$]

574 $\lim_{x \to 3} \left(2^{\frac{k}{x-3}} + x\right)$, $k \in \mathbb{Z}$.

[se $k = 0$: 4; per $x \to 3^+$, se $k > 0$: $+\infty$, se $k < 0$: 3; per $x \to 3^-$, se $k > 0$: 3; se $k < 0$: $+\infty$]

575 $\lim_{x \to -\infty} \frac{2kx^2 - 1}{x + 4}$, $k \in \mathbb{R}$. [se $k = 0$: 0; se $k > 0$: $-\infty$; se $k < 0$: $+\infty$]

576 $\lim_{x \to 0} \frac{\ln(k + x)}{x}$ $\left[\text{se } k<0\text{: impossibile; se } k=0\text{: si ha solo } \lim_{x \to 0^+} \frac{\ln x}{x} = -\infty\text{; se } k=1\text{: } 1\text{; se } k>0 \wedge k \neq 1\text{: } \infty\right]$

577 $\lim_{x \to 0} \frac{\sin[(k-1)x]}{(2k+3)x}$ $\left[\text{se } k = 1\text{: } 0\text{; se } k = -\frac{3}{2}\text{: impossibile; se } k \neq 1 \wedge k \neq -\frac{3}{2}\text{: } \frac{k-1}{2k+3}\right]$

578 Data la funzione $f(x) = \left(\frac{x^n + 2}{x + 1}\right)^x$, calcola $\lim_{x \to +\infty} f(x)$ nei seguenti casi:

a. $n = 0$; **b.** $n = 1$; **c.** $n = 2$. [a) 0; b) e; c) $+\infty$]

Problemi con i limiti

Problemi REALTÀ E MODELLI

579 **L'alga si allarga** Una riserva naturale sottomarina di 10 000 m² viene infestata da un'alga; al giorno t l'alga occupa un'area

$$A(t) = \frac{10000}{99 \cdot \left(\frac{39}{99}\right)^t + 1} \text{ m}^2.$$

Riuscirà l'alga a colonizzare l'intera riserva? Giustifica la tua risposta calcolando $\lim_{t \to +\infty} A(t)$. [sì]

580 **L'infinito di Giulia** Il grafico della figura ha equazione

$$y = \frac{ax^2 + 10x + b}{(x+1)^2}, \; x \neq -1.$$

a. Determina a e b.

b. Per $x \geq 0$ il grafico approssima il profilo della pista da sci che Giulia sta percorrendo. Se le misure di x e y sono espresse in centinaia di metri, a che altezza si posizionerebbe Giulia se proseguisse all'infinito?

[a) $a = 2$, $b = 8$; b) 200 metri]

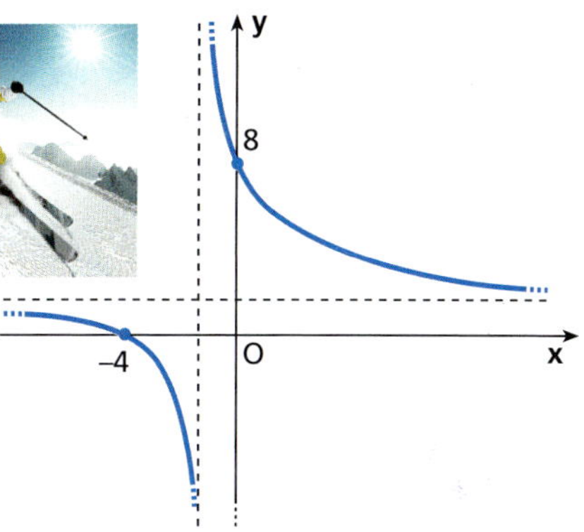

581 **Questione di concentrazione** Un farmaco somministrato per via intramuscolare prima viene iniettato nel muscolo e poi passa nel sangue. La sua concentrazione aumenta inizialmente fino a raggiungere il valore massimo, pari a 1 mg/L, poi decresce riducendosi progressivamente a zero. La legge che la descrive, in funzione del tempo misurato in ore, è del tipo

$$c(t) = 4(2^{-kt} - 2^{-2kt}), \quad \text{con } k \in \mathbb{R}^+.$$

a. Verifica che tale legge descrive bene il modello: la concentrazione è inizialmente nulla, assume solo valori positivi per $t > 0$ e tende ad annullarsi al passare del tempo.

b. Determina il valore del parametro k in modo che la concentrazione massima si raggiunga dopo 5 ore.

$\left[\text{b) } \frac{1}{5}\right]$

Geometria piana

582 Determina il limite a cui tende la misura del raggio della circonferenza inscritta in un triangolo rettangolo con i cateti di misura 4 e x, quando x tende a $+\infty$. [2]

583 Sapendo che

$\overline{AB} \cong 2\overline{BC}$,

trova le aree dei due semicerchi e del triangolo ACE in funzione di x. Calcola quindi il limite per x che tende a 0 del rapporto tra la somma delle aree dei due semicerchi e l'area di ACE. (SUGGERIMENTO Traccia l'altezza EH di ACE e calcola AH in funzione di x.)

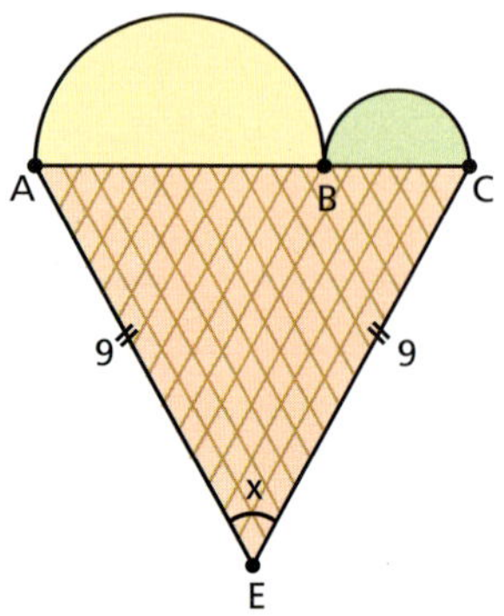

$\left[18\pi \sin^2\frac{x}{2}; \frac{9}{2}\pi \sin^2\frac{x}{2}, \frac{81}{2}\sin x; 0\right]$

584 Nel triangolo ABC si ha: $\overline{AB} = b$, $B\widehat{A}C = 3A\widehat{B}C$. Conduci una semiretta r avente origine in A, che incontri il lato BC in P e tale che risulti: $B\widehat{A}P \cong P\widehat{B}A$.
Calcola il limite del rapporto $\frac{\overline{AP}}{\overline{AC}}$ quando l'angolo $P\widehat{B}A$ tende a 0 e quando tende a $\frac{\pi}{4}$. [2; 0]

585 Nella semicirconferenza di diametro $\overline{AB} = 2r$ in figura, esprimi in funzione dell'angolo x il rapporto tra $\overline{AP} \cdot \overline{CD}$ e l'area del triangolo ACD.

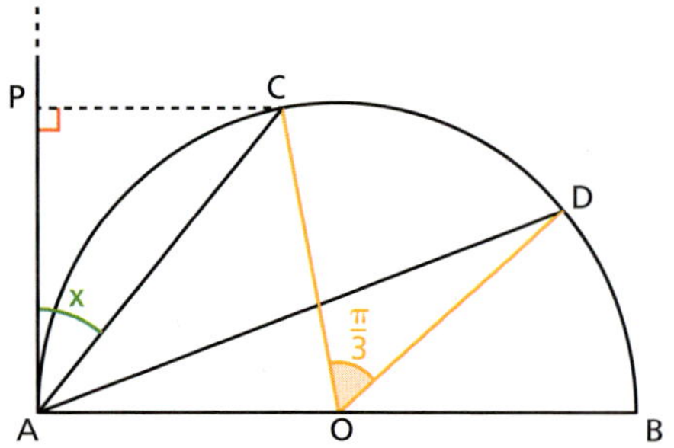

Calcola quindi il limite di tale rapporto al tendere di C ad A. [4]

586 In un trapezio rettangolo $ABCD$ la base maggiore AB e il lato obliquo CB misurano $4a$ e la base minore DC misura $2a$.
Traccia la semicirconferenza di diametro CB che incontra la base maggiore nel punto H. Considera un punto P appartenente all'arco CH e, posto $P\widehat{B}H = x$, calcola

$$\lim_{P \to H} \frac{\overline{PH}^2}{\overline{AP}^2 - \overline{PB}^2}.$$ [0]

587 È dato un quadrante di cerchio OAB di raggio $\overline{OA} = r$. Considera sull'arco AB due punti C e D tali che $A\widehat{O}D = 2A\widehat{O}C$ e indica con C' e D' le proiezioni di C e D su OA. Calcola i limiti:

$$\lim_{D \to A} \frac{\overline{D'A}}{\overline{C'A}}, \quad \lim_{D \to A} \frac{\overline{D'C'}}{\overline{C'A}}.$$ [4; 3]

588 In un quarto di circonferenza di estremi A, B e raggio $r = 1$, traccia la tangente t passante per B e la corda AB. Considera un punto M appartenente all'arco AB e, dette T e C le sue proiezioni ortogonali sulla tangente t e sulla corda AB, calcola il limite:

$$\lim_{M \to B} \frac{\overline{MT}}{\overline{MC}}.$$ [0]

589 Nel parallelogramma $ABCD$ in figura, $\overline{AB} = 6$, $\overline{BC} = 5$, $EF \parallel AB$. Calcola il limite del rapporto fra l'area del triangolo CFG e quella del trapezio $CDEG$ al tendere di F a C. [0]

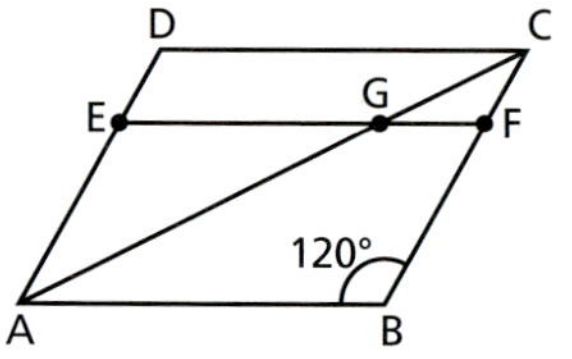

590 Dato il settore circolare AOB di centro O, raggio 1 e angolo al centro $\frac{\pi}{4}$, considera un punto P sull'arco AB e la sua proiezione H su OA. Traccia la circonferenza con centro in H passante per P e sia Q il suo punto di intersezione zione con OA. Determina $\lim_{P \to B} \frac{\overline{OQ}}{\overline{BP}}$. $[\sqrt{2}]$

591 Considera la semicirconferenza di centro O e diametro $\overline{AB} = 2r$, traccia la semiretta t tangente in A e la semiretta s di origine O che interseca la semicirconferenza in P e la semiretta t in Q. Calcola

$$\lim_{P \to A} \frac{\overline{PQ} + \overline{AQ}}{\overline{PA}}.$$ [1]

592 ●● È dato il settore circolare AOB di centro O, raggio r e angolo al centro $\frac{\pi}{4}$. Considera un punto Q sull'arco AB e sia QH la distanza di Q dalla tangente in A all'arco AB. Dal punto Q traccia la parallela a OB che incontra in R il raggio OA. Calcola:

$$\lim_{Q\to A}\frac{\overline{QH}}{\overline{QR}} \text{ e } \lim_{Q\to A}\frac{\overline{QH}}{\overline{QR}^2}.$$ $\left[0; \frac{1}{4r}\right]$

593 ●● Data una circonferenza di raggio r e una sua corda AB a distanza $\frac{r}{2}$ dal centro O, indica con M il punto medio del maggiore dei due archi AB e con P un generico punto dell'arco minore. Il segmento MP interseca la corda AB in Q.

Calcola $\lim_{P\to A}\frac{\overline{PA}}{\overline{AQ}}$. [1]

Geometria analitica

594 ●○ La parabola γ_1 di equazione $y=x^2-4x$ e la parabola γ_2 di equazione $y=-x^2+6x$ si incontrano in due punti A e B $(x_A<x_B)$. La retta di equazione $x=k$, con $x_A \le k \le x_B$, interseca γ_1 in M e γ_2 in N. Determina il valore di:

$$\lim_{k\to x_A}\frac{\overline{MB}}{\overline{NB}}.$$ [1]

595 ●○ Determina in funzione di m la distanza tra il punto $A(3;-1)$ e la retta di equazione $y=mx+2$, quindi calcola il suo limite per $m\to+\infty$ e interpreta graficamente il risultato. [3]

596 ●○ Data la parabola di equazione

$$y=5ax^2+4ax-1-a,$$

determina le ascisse x_1 e x_2 dei punti in cui interseca l'asse x. Quindi calcola

$$\lim_{a\to+\infty}x_1,\quad \lim_{a\to+\infty}x_2,\quad \lim_{a\to+\infty}(x_1-x_2)$$

e interpreta i risultati ottenuti. $\left[\frac{1}{5}; -1; \frac{6}{5}\right]$

597 ●● Studia il fascio di parabole di equazione $y=-x^2+kx$, verificando che ha come punto base l'origine O degli assi. Dopo aver scritto l'equazione della tangente in O alla generica parabola del fascio, considera il punto di intersezione C tra tale tangente e la retta $x=k$ e il punto H, proiezione di C sull'asse x.

Calcola $\lim_{k\to 0}\frac{\overline{OC}-\overline{OH}}{\overline{CH}\cdot\overline{OH}}$. $\left[\frac{1}{2}\right]$

598 ●● Siano date l'iperbole di equazione $x^2-y^2=4$ e la retta r di equazione $y=2x-4$ e siano A e B i loro punti di intersezione (A di ascissa minore). Sull'arco di iperbole AB considera un punto P e calcola:

$$\lim_{P\to A}\frac{\overline{PK}}{\overline{PH}},$$

dove $\overline{PK}$ è la distanza di P dalla retta r e $\overline{PH}$ è la distanza di P dall'asse x. $\left[\frac{1}{\sqrt{5}}\right]$

599 ●● Sono date la circonferenza di equazione $x^2+(y-1)^2=1$ e la parabola di equazione $x^2-3y=0$.
Una retta di equazione $y=k$, con $k\in\mathbb{R}$, interseca nel primo quadrante la circonferenza e la parabola, rispettivamente, nei punti P e Q.

Determina $\lim_{P\to O}\frac{\overline{PQ}}{\overline{PO}}$, dove O è l'origine degli assi. $\left[\sqrt{\frac{3}{2}}-1\right]$

600 ●● Data l'iperbole di equazione $x^2-y^2=1$, sia P un suo punto generico del ramo appartenente al primo quadrante. Considera il triangolo PQR, dove Q e R sono i fuochi $(x_Q<x_R)$; determina, al tendere di P all'infinito, il limite del rapporto fra:

a. il quadrato costruito su QP e quello costruito su RP;
b. la somma dei lati $(\overline{QP}+\overline{RP})$ e la mediana del lato QR. [a) 1; b) 2]

601 ●● In una circonferenza con centro nell'origine degli assi e raggio r indica con B il suo punto di intersezione con la parte positiva dell'asse y.
Considera il punto P sull'arco di circonferenza che si trova nel primo quadrante, la sua proiezione K sulla tangente alla circonferenza in B e calcola:

$$\lim_{P\to B}\frac{\overline{PK}}{\overline{BK}}.$$ [0]

602 ●● Considera l'ellisse $\frac{x^2}{4}+\frac{y^2}{9}=1$ e la retta r di equazione $3x+2y-6=0$. Siano A e B i loro punti di intersezione (A di ascissa maggiore). Sull'arco di ellisse AB prendi un punto P e calcola:

$$\lim_{P\to A}\frac{\overline{PK}}{\overline{PH}},$$

dove $\overline{PK}$ è la distanza di P dalla retta r e $\overline{PH}$ è la distanza dalla tangente all'ellisse in A. $[+\infty]$

ESERCIZI

603 Sono date le funzioni omografiche di equazioni:

$$y = \frac{1-2x}{x+1}, \quad y = \frac{3x}{x+1}.$$

Considera la retta $x = h\ (h < -1)$ e i punti Q e R di intersezione con le iperboli. Calcola:

$$\lim_{h \to -\infty} \frac{\text{area}(AOQ)}{\text{area}(AOR)},$$

essendo $A(-2; 0)$ e O l'origine del sistema di assi cartesiani. $\left[\frac{2}{3}\right]$

604 Nell'iperbole di equazione $y = \frac{x+1}{x+2}$, indica con C il centro e con A il punto di intersezione dell'asintoto verticale con l'asse x.
Sia P un generico punto appartenente al ramo che interseca entrambi gli assi coordinati, K la sua proiezione sull'asse x.
Dopo aver indicato con x l'ascissa del punto P, calcola il limite del rapporto tra l'area del triangolo OCP e quella del triangolo OPK quando $x \to +\infty$ e quando $x \to -2^+$. [1; 1]

605 Considera la parabola γ con l'asse coincidente con l'asse y, avente come vertice il punto $V(0; -4)$ e passante per $A(4; 0)$. Traccia la retta t tangente in A, considera un punto P sull'arco AV di γ e, indicata con Q la sua proiezione su t, calcola:

$$\lim_{P \to A} \frac{\overline{PQ}}{\overline{PA}}.$$ [0]

606 **a.** Nel fascio di parabole

$$y = kx^2 - 2x + 3,$$

determina il punto base B e la tangente comune alle parabole in B.

b. Sia Q il punto di intersezione della retta con l'asse x. Considera il vertice V della generica parabola del fascio e calcola:

$$\lim_{k \to 0} \frac{\overline{BV}}{\overline{QV}}, \quad \lim_{k \to \infty} \frac{\overline{BV}}{\overline{QV}}.$$

[a) $B(0; 3)$, $y + 2x - 3 = 0$; b) 1, 0]

4 Infinitesimi, infiniti e loro confronto

Infinitesimi

▶ Teoria a p. 1429

607 FAI UN ESEMPIO di funzione che sia un infinitesimo: **a.** per $x \to 2$; **b.** per $x \to -\infty$.

Verifica che le seguenti funzioni sono infinitesimi.

608 $f(x) = \frac{x - \sin x}{\sin x}$, per $x \to 0$.

609 $f(x) = x^3 - 2x + 1$, per $x \to 1$.

610 $f(x) = \frac{\tan x}{x} - \cos x$, per $x \to 0$.

611 $f(x) = \frac{1}{x-3}$, per $x \to +\infty$.

Confronto tra infinitesimi

612 ESERCIZIO GUIDA Confrontiamo gli infinitesimi $f(x) = \ln(2x^2+1)$, $g(x) = e^{-x} - 1$, per $x \to 0$.

Le due funzioni sono infinitesimi perché $\lim_{x \to 0} \ln(2x^2+1) = \lim_{x \to 0} (e^{-x} - 1) = 0$.

Consideriamo il rapporto fra i due infinitesimi e calcoliamo il limite per $x \to 0$. Tenendo conto che $x \neq 0$, moltiplichiamo e dividiamo sia per $2x^2$, sia per $-x$, in modo da poter utilizzare i limiti notevoli:

$$\lim_{x \to 0} \frac{\ln(2x^2+1)}{e^{-x}-1} = \lim_{x \to 0} \frac{\ln(2x^2+1)}{2x^2} \cdot \frac{2x^2}{-x} \cdot \frac{-x}{e^{-x}-1} = 1 \cdot 0 \cdot 1 = 0.$$

tende a 1 — tende a 0 — tende a 1

Poiché $\lim_{x \to 0} \frac{f(x)}{g(x)} = 0$, $f(x)$ è un infinitesimo di ordine superiore a $g(x)$.

Confronta tra loro gli infinitesimi.

613 $f(x)=\frac{1}{x^2}$, $g(x)=\frac{1}{x+6}$, per $x\to\infty$. [$f(x)$ ord. sup. a $g(x)$]

614 $f(x)=e^{2x}-1$, $g(x)=\sin x$, per $x\to 0$. [$f(x)$ stesso ordine rispetto a $g(x)$]

615 $f(x)=\ln(1-2x)$, $g(x)=x(1-e^{3x})$, per $x\to 0$. [$f(x)$ ord. inf. a $g(x)$]

616 $f(x)=x^2\sin\frac{1}{x}$, $g(x)=x^2$, per $x\to 0$. [non confrontabili]

617 $f(x)=1-\cos 4x$, $g(x)=\sin 2x$, per $x\to 0$. [$f(x)$ ord. sup. a $g(x)$]

618 Dimostra che le funzioni che esprimono le misure della superficie e del volume di una sfera sono entrambe infinitesimi quando la misura del raggio tende a 0 e confronta gli infinitesimi.

619 Trova per quale valore di k le funzioni $f(x)=kx-k$ e $g(x)=x^2+kx-2$ sono infinitesime per $x\to x_0$, con x_0 valore comune. Determina il valore di x_0 e confronta gli infinitesimi. [$k=1$; $x_0=1$; stesso ordine]

Confronta gli infinitesimi seguenti con i relativi infinitesimi campione.

620 $f(x)=2-\sqrt{x+4}$, per $x\to 0$. [$f(x)$ stesso ordine rispetto a x]

621 $f(x)=\frac{-3}{x^4+2x^2-1}$, per $x\to\infty$. [$f(x)$ ord. sup. rispetto a $\frac{1}{x}$]

622 $f(x)=x^3+x^2-2x$, per $x\to 1$. [$f(x)$ stesso ordine rispetto a $x-1$]

623 $f(x)=\ln^2(1+2x)$, per $x\to 0$. [$f(x)$ ord. sup. rispetto a x]

624 ESERCIZIO GUIDA Determiniamo l'ordine dell'infinitesimo $f(x)=\frac{1}{x^2-2x}$, per $x\to\infty$.

Confrontiamo $f(x)$ con l'infinitesimo $\left(\frac{1}{x}\right)^k$:

$$\lim_{x\to\infty}\frac{\frac{1}{x^2-2x}}{\left(\frac{1}{x}\right)^k}=\lim_{x\to\infty}\frac{1}{x^2-2x}\cdot x^k=\lim_{x\to\infty}\frac{x^k}{x^2\left(1-\frac{2}{x}\right)}.$$

Il limite è finito e diverso da 0 (vale 1) per $k=2$, quindi l'infinitesimo è di ordine 2.

Determina l'ordine dei seguenti infinitesimi.

625 $f(x)=\frac{1}{x+3}$, per $x\to\infty$. [1]

626 $f(x)=\tan x$, per $x\to 0$. [1]

627 $f(x)=\frac{1}{x^3+3x}$, per $x\to\infty$. [3]

628 $f(x)=\ln(1+2x)$, per $x\to 0$. [1]

629 $f(x)=\sin x(e^{2x}-1)$, per $x\to 0$. [2]

630 $f(x)=1-4x^2$, per $x\to\frac{1}{2}$. [1]

631 RIFLETTI SULLA TEORIA Siano $f(x)$ e $g(x)$ due infinitesimi equivalenti per $x\to x_0$. Dimostra che $f(x)-g(x)$ è un infinitesimo di ordine superiore rispetto a $f(x)$ e a $g(x)$ per $x\to x_0$.

Determina per quali valori di $k\in\mathbb{R}$ le seguenti funzioni sono infinitesimi dell'ordine dato.

632 $y=(\sin x)^k x^3$, ordine 5 per $x\to 0$. [$k=2$]

633 $y=(e^{3x}-1)(1-\cos x^2)^k$, ordine 9 per $x\to 0$. [$k=2$]

ESERCIZI

Calcolo di limiti

634 ESERCIZIO GUIDA Con il principio di sostituzione degli infinitesimi calcoliamo $\lim_{x \to 0} \frac{(1-\cos x)\sin 4x}{\ln(1+8x)}$.

Poiché, per $x \to 0$, $1-\cos x \sim \frac{x^2}{2}$, $\sin 4x \sim 4x$ e $\ln(1+8x) \sim 8x$, abbiamo:

$$\lim_{x \to 0} \frac{(1-\cos x)\sin 4x}{\ln(1+8x)} = \lim_{x \to 0} \frac{\frac{x^2}{2} \cdot 4\cancel{x}}{8\cancel{x}} = 0.$$

Utilizzando il principio di sostituzione degli infinitesimi, calcola i seguenti limiti.

635 $\lim_{x \to 0} \frac{\sin 2x}{\ln(1+4x)}$ $\left[\frac{1}{2}\right]$

636 $\lim_{x \to 0} \frac{(e^x-1)\sin 3x}{\ln^2(1-x)}$ [3]

637 $\lim_{x \to 0} \frac{\ln(1+6x)}{\sin 3x}$ [2]

638 $\lim_{x \to 0} \frac{2x^2+\sin x}{5x+x^4\cos x}$ $\left[\frac{1}{5}\right]$

639 $\lim_{x \to 0} \frac{1-\cos x^2+2\sin x}{e^{2x}-1}$ [1]

640 $\lim_{x \to 0} \frac{2x+\sin 2x+1-\cos 4x}{-2x^4+\sin^2 x}$ [∞]

641 $\lim_{x \to 0} \frac{\tan x+3x^2+\ln(1+x)}{\sin^3 x+6x}$ $\left[\frac{1}{3}\right]$

642 $\lim_{x \to -2} \frac{\ln(x^2+4x+5)}{\ln(x+3)^{100}}$ [0]

Infiniti

▶ Teoria a p. 1431

Controlla se le seguenti funzioni sono infiniti.

643 $f(x) = \frac{x-3}{x^3+2}$, per $x \to \infty$. [no]

644 $f(x) = \frac{x^4+1}{2x}$, per $x \to \infty$. [sì]

645 $f(x) = \frac{x}{\cos x}$, per $x \to \frac{\pi}{2}$. [sì]

646 $f(x) = \ln(1+x)$, per $x \to -1^+$. [sì]

647 TEST Fra le seguenti funzioni, solo una *non* è un infinito per $x \to +\infty$. Quale?

A $y = \log_2 x$ B $y = 3e^x$ C $y = -x^5$ D $y = \sqrt{1-x}$ E $y = \frac{x^2}{x+1}$

Confronto tra infiniti

648 ESERCIZIO GUIDA Confrontiamo gli infiniti $f(x) = \frac{1}{x^2}$, $g(x) = \frac{1}{(x^3+x)(x^2-2x)}$, per $x \to 0$.

Le due funzioni sono infiniti, in quanto: $\lim_{x \to 0} \frac{1}{x^2} = \lim_{x \to 0} \frac{1}{(x^3+x)(x^2-2x)} = \infty$.

Calcoliamo il limite del rapporto tra i due infiniti, tenendo conto che $x \neq 0$:

$$\lim_{x \to 0} \frac{\frac{1}{x^2}}{\frac{1}{(x^3+x)(x^2-2x)}} = \lim_{x \to 0} \frac{1}{\cancel{x^2}} \cdot \frac{\cancel{x^2}(x^2+1)(x-2)}{1} = \lim_{x \to 0} (x^2+1)(x-2) = -2.$$

Poiché il limite è finito e diverso da 0, i due infiniti sono dello stesso ordine.

Confronta tra loro i seguenti infiniti.

649 $f(x) = \frac{1}{(x-1)^2}$, $g(x) = \frac{1}{(x^3-x)(2x-2)}$, per $x \to 1$. [stesso ordine]

650 $f(x) = \sqrt{x+1}$, $g(x) = \sqrt{x}+1$, per $x \to +\infty$. [stesso ordine]

651 $f(x) = \frac{1}{(2-x)^2}$, $g(x) = \frac{1}{4-x^2}$, per $x \to 2$. [$f(x)$ ord. sup. a $g(x)$]

Confronta gli infiniti seguenti con i relativi infiniti campione.

652 $f(x) = \frac{1}{x^3 + x^2 - 2x}$, per $x \to 1$. $\left[f(x) \text{ stesso ordine rispetto a } \frac{1}{x-1} \right]$

653 $f(x) = \sqrt{x^2 + 2x} + x$, per $x \to +\infty$. $[f(x) \text{ stesso ordine rispetto a } x]$

654 $f(x) = \frac{1}{\ln(1 + 3x^2)}$, per $x \to 0$. $\left[f(x) \text{ ord. sup. rispetto a } \frac{1}{x} \right]$

655 $f(x) = \frac{1}{\sin 2x + \sin^2 x}$, per $x \to 0$. $\left[f(x) \text{ stesso ordine rispetto a } \frac{1}{x} \right]$

Determina l'ordine dei seguenti infiniti.

656 $f(x) = \frac{2x - 1}{x}$, per $x \to 0$. [1]

657 $f(x) = x^4 + 2x^2 + x$, per $x \to \infty$. [4]

658 $f(x) = \frac{1}{x^3 - 4x}$, per $x \to 2$. [1]

659 $f(x) - \frac{1}{\sin^2 2x}$, per $x \to 0$. [2]

660 $f(x) = \frac{1}{(x-3)^2}$, per $x \to 3$. [2]

661 $f(x) = -x^4 - 1$, per $x \to \infty$. [4]

662 Trova per quali valori di k la funzione $f(x) = \frac{(x^2 + 3)^k}{(x^4 - 1)^3}$ è, per $x \to +\infty$:

a. infinito di ordine 2; **b.** infinitesimo di ordine 6. [a) 7; b) 3]

663 ESERCIZIO GUIDA Con il principio di sostituzione degli infiniti calcoliamo $\lim_{x \to +\infty} \frac{\sqrt{x^2 - 1}}{2x + 1}$.

Osserviamo che per $x \to +\infty$ il numeratore $\sqrt{x^2 - 1} \sim x$ e il denominatore $2x + 1 \sim 2x$.

Quindi: $\lim_{x \to +\infty} \frac{\sqrt{x^2 - 1}}{2x + 1} = \lim_{x \to +\infty} \frac{x}{2x} = \frac{1}{2}$.

Utilizzando il principio di sostituzione degli infiniti, calcola i seguenti limiti.

664 $\lim_{x \to +\infty} \frac{\sqrt{4x^4 + x}}{8x^2 + x}$ $\left[\frac{1}{4} \right]$

665 $\lim_{x \to +\infty} \frac{\sqrt{2x^2 + 3}}{x + 3}$ $[\sqrt{2}]$

666 $\lim_{x \to -\infty} \frac{3x^3 - x}{\sqrt{5x^4 + 1}}$ $[-\infty]$

667 $\lim_{x \to +\infty} \frac{4}{\sqrt{4x^6 + 1} - \sqrt{x^6 - 2}}$ [0]

Gerarchia degli infiniti

AL VOLO Calcola i limiti utilizzando la gerarchia degli infiniti.

668 $\lim_{x \to +\infty} \frac{\ln x}{x^2}$ [0]

669 $\lim_{x \to +\infty} \frac{\ln x^2}{e^x}$ [0]

670 $\lim_{x \to +\infty} \frac{x^4}{\ln x}$ $[+\infty]$

671 $\lim_{x \to -\infty} \frac{e^{-x}}{x^4}$ $[+\infty]$

672 $\lim_{x \to +\infty} \frac{x^3}{\ln^2 x}$ $[+\infty]$

673 $\lim_{x \to +\infty} \frac{x^2}{4 \ln x}$ $[+\infty]$

Disponi in ordine di infinito crescente le seguenti funzioni.

674 $y = x^2$, $y = \ln x^3$, $y = 2^x$, $y = (\ln x)^3$, per $x \to +\infty$.

675 $y = e^{2x}$, $y = (2x)^5$, $y = \sqrt{x^5}$, $y = x \ln x$, per $x \to +\infty$.

ESERCIZI

676 ESERCIZIO GUIDA Utilizzando la gerarchia degli infiniti, calcoliamo:

se $x \to +\infty$
$\ln x < x^n < e^x$

a. $\lim_{x\to+\infty} x^{\frac{1}{3x^3}}$; **b.** $\lim_{x\to 0^+} x \ln x$.

a. Utilizziamo l'identità $a = e^{\ln a} (a > 0)$:

$$\lim_{x\to+\infty} x^{\frac{1}{3x^3}} = \lim_{x\to+\infty} e^{\ln x^{\frac{1}{3x^3}}} = \lim_{x\to+\infty} e^{\frac{1}{3x^3}\ln x} = \lim_{x\to+\infty} e^{\frac{1}{3}\cdot\frac{\ln x}{x^3}}.$$

Per la gerarchia degli infiniti, $\lim_{x\to+\infty} \frac{\ln x}{x^3} = 0$, quindi il limite cercato vale $e^0 = 1$. In conclusione:

$$\lim_{x\to+\infty} x^{\frac{1}{3x^3}} = 1.$$

b. Sostituiamo $x = \frac{1}{t}$, quindi $t = \frac{1}{x}$

Se $x \to 0^+$, allora $t \to +\infty$. Calcoliamo:

$$\lim_{x\to 0^+} x \ln x = \lim_{t\to+\infty} \frac{1}{t} \ln \frac{1}{t} = -\lim_{t\to+\infty} \frac{\ln t}{t} = 0.$$

$\frac{1}{t} = t^{-1}$

Calcola i seguenti limiti utilizzando la gerarchia degli infiniti.

677 $\lim_{x\to 0^+} x^x$ [1]

678 $\lim_{x\to+\infty} x^{\frac{1}{x}}$ [1]

679 $\lim_{x\to 0^+} x^{\frac{1}{4x}}$ [0]

680 $\lim_{x\to+\infty} \ln x^{\frac{1}{x}}$ [0]

681 $\lim_{x\to 0^+} (2x)^{2x}$ [1]

682 $\lim_{x\to+\infty} e^{-6x} x^4$ [0]

683 $\lim_{x\to+\infty} e^{-x} \ln^4 x$ [0]

684 $\lim_{x\to 0^+} x^{\sin x}$ [1]

685 $\lim_{x\to 0^+} \left(1 + \frac{1}{x}\right)^x$ [1]

686 $\lim_{x\to\infty} \left(\frac{1}{x^2}\right)^{\frac{1}{x}}$ [1]

687 $\lim_{x\to+\infty} \frac{\ln^2 x + x^2}{e^{2x}}$ [0]

688 $\lim_{x\to+\infty} \frac{x^4 + 3e^x}{e^x - x^2}$ [3]

689 $\lim_{x\to+\infty} \frac{e^{2x}}{x^3 - \ln x + 1}$ [$+\infty$]

690 $\lim_{x\to+\infty} \frac{\ln^2 x + 2e^x}{x^2}$ [$+\infty$]

691 $\lim_{x\to+\infty} \frac{\ln x}{x^4 - 4x^2 + 6}$ [0]

5 Funzioni continue

Definizioni

Teoria a p. 1434

692 RIFLETTI SULLA TEORIA Se f è una funzione definita nell'intervallo $[a; b]$, c un punto interno a tale intervallo e se vale il limite $\lim_{x\to c} f(x) = l$, possiamo affermare che la funzione f è continua in c? Motiva la risposta aiutandoti con un grafico..

693 Verifica, applicando la definizione, che le seguenti funzioni sono continue nel punto indicato.

a. $y = \frac{9 - x^2}{3 + x}$, $x_0 = 3$; **b.** $y = \frac{3x^2 - x}{x}$, $x_0 = 1$.

694 Indica in quale dei punti $x_0 = 0$ e $x_1 = 2$ la funzione $y = \frac{4x - 2x^2}{x - 2}$ è continua e verificalo rappresentando la funzione.

695 Quali delle funzioni rappresentate dai seguenti grafici non sono continue in c e perché?

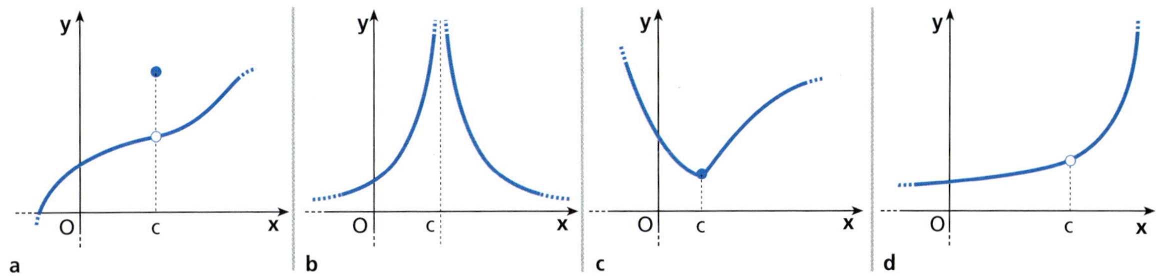

Disegna il grafico delle funzioni, verificando che sono continue nei punti segnati a fianco.

696 $f(x) = 1 - 3x$, $x_0 = 0$.

697 $f(x) = 2 - 3x^2$, $x_0 = 1$.

698 $f(x) = \sqrt{4x+5}$, $x_0 = 5$.

699 $f(x) = \dfrac{x}{2x-1}$, $x_0 = 1$.

700 $f(x) = \begin{cases} x-1 & \text{se } x \geq 1 \\ -2x+2 & \text{se } x < 1 \end{cases}$, $x_0 = 1$.

701 $f(x) = \begin{cases} x^2 & \text{se } x \leq 0 \\ 2x & \text{se } x > 0 \end{cases}$, $x_0 = 0$.

---

702 TEST Solo una delle seguenti funzioni è continua su tutto $\mathbb{R}$. Quale?

A $f(x) = \sqrt{x+2}$

B $f(x) = \dfrac{1}{2^x}$

C $f(x) = \sin\left(\dfrac{1}{x}\right)$

D $f(x) = (x-1)^{-3}$

E $f(x) = \log(1-x)$

Rappresenta le seguenti funzioni e indica se sono continue nel loro dominio.

703 $f(x) = \begin{cases} e^x & \text{se } x < 0 \\ 2x+1 & \text{se } x \geq 0 \end{cases}$ [$f(x)$ continua $\forall x \in \mathbb{R}$]

704 $f(x) = \begin{cases} \sqrt{1-x} & \text{se } x \leq 1 \\ 2x-2 & \text{se } x > 1 \end{cases}$ [$f(x)$ continua $\forall x \in \mathbb{R}$]

705 $f(x) = \begin{cases} -2x+1 & \text{se } x < 1 \\ \ln x & \text{se } x \geq 1 \end{cases}$ [$f(x)$ discontinua in $x = 1$]

706 $f(x) = \begin{cases} -\dfrac{1}{2}x & \text{se } x \leq 0 \\ x^2+1 & \text{se } x > 0 \end{cases}$ [$f(x)$ discontinua in $x = 0$]

---

707 Verifica graficamente che la funzione $y = \dfrac{x^2-4}{x-2}$ *non* è continua in $x_0 = 2$.

708 Verifica graficamente che la seguente funzione è continua a destra in $x_0 = 0$: $f(x) = \begin{cases} -x & \text{se } x < 0 \\ 2x+1 & \text{se } x \geq 0 \end{cases}$.

709 $f(x) = \begin{cases} \dfrac{x^2}{|x|} & \text{se } x \neq 0 \\ 0 & \text{se } x = 0 \end{cases}$. Verifica che $f(x)$ è continua in tutto $\mathbb{R}$.

Verifica se le funzioni sono continue nel loro dominio.

710 $f(x) = \begin{cases} x^3-2 & \text{se } x \leq 1 \\ -x+\ln x & \text{se } x > 1 \end{cases}$ [$f(x)$ continua $\forall x \in \mathbb{R}$]

711 $f(x) = \begin{cases} xe^{x-2} & \text{se } x < 2 \\ x^2-2x+1 & \text{se } x \geq 2 \end{cases}$ [$f(x)$ discontinua in $x = 2$]

712 $f(x) = \begin{cases} \dfrac{x^2-1}{x-2} & \text{se } x < 2 \\ \ln(2x-3) & \text{se } x \geq 2 \end{cases}$ [$f(x)$ discontinua in $x = 2$]

713 $f(x) = \begin{cases} \arcsin x & \text{se } x \leq 1 \\ \pi\left(x^2 - \dfrac{3}{4}\right) & \text{se } x > 1 \end{cases}$ [$f(x)$ discontinua in $x = 1$]

ESERCIZI

TEST

714 Sia $f: \mathbb{R} \to \mathbb{R}$, $f(x) = \frac{\sin(2x)}{x}$ se $x \neq 0$, $f(0) = a$:

A f è discontinua in $x = 0$ per ogni $a \in \mathbb{R}$.

B f è continua su $\mathbb{R}$ se e solo se $a = 2$.

C se $a = 0$, f è dispari.

D f è continua su $\mathbb{R}$ per ogni $a \in \mathbb{R}$.

(Università di Modena, Corso di laurea in Matematica, Test propedeutico)

715 Consideriamo la funzione:

$$f(x) = \begin{cases} \ln(2x-1) & \text{se } x \geq 1 \\ 1-x & \text{se } x < 1 \end{cases}$$

Una delle seguenti affermazioni è *vera*. Quale?

A $f(x)$ è continua soltanto in $x = 1$.

B $f(x)$ presenta una discontinuità in $x = 1$.

C $f(x)$ è continua $\forall x \in \mathbb{R}$.

D $f(x)$ non è definita in $x = 1$.

E Nessuna delle affermazioni precedenti è vera.

Indica per quali valori di *x* le seguenti funzioni sono continue.

716 $y = \frac{2}{x^3 - 2x^2}$ $[x \neq 0 \wedge x \neq 2]$

717 $y = \frac{x^2}{x^2 + 3x - 4}$ $[x \neq -4 \wedge x \neq 1]$

718 $y = \frac{2x}{x^2 - 5x + 7}$ $[\forall x \in \mathbb{R}]$

719 $y = \frac{1}{\ln x}$ $[x > 0 \wedge x \neq 1]$

720 $y = \frac{\tan x}{x}$ $\left[x \neq \frac{\pi}{2} + k\pi \wedge x \neq 0\right]$

721 $y = \frac{2}{\cos x} + \frac{1}{\sin x}$ $\left[x \neq k\frac{\pi}{2}\right]$

722 $y = \frac{1}{\sqrt{x-2}}$ $[x > 2]$

723 $y = \sqrt{12 - x^2 - x}$ $[-4 \leq x \leq 3]$

724 $y = 2^{\frac{1}{x}}$ $[x \neq 0]$

725 $y = \ln(1 - x^2)$ $[-1 < x < 1]$

REALTÀ E MODELLI

726 **Che corsa!** In una gara sui cento metri, un atleta inizia correndo con accelerazione costante secondo la legge $s = 2t^2$, dove s è la distanza dalla linea di partenza e t il tempo. Al tempo $t = 3$ s raggiunge la velocità di 12 m/s e successivamente procede fino al traguardo a velocità costante.

a. Calcola il tempo totale della corsa.

b. Scrivi la funzione che esprime la posizione s rispetto alla linea di partenza al variare del tempo t e tracciane il grafico, indicando se si tratta di una funzione continua.

$$\left[\text{a) } 9{,}83 \text{ s; b) } s(t) = \begin{cases} 2t^2 & \text{se } 0 \leq t \leq 3 \\ 18 + 12(t-3) & \text{se } t > 3 \end{cases}\text{; sì}\right]$$

727 **Sale e scende** In un bacino idrico, al passare del tempo x, espresso in ore, il livello y dell'acqua, espresso in metri, cresce per 5 ore, a partire dall'istante 0, seguendo l'andamento della funzione $y = \frac{x^2}{10} + \frac{5}{2}$.

Si inizia poi a svuotare il bacino e il livello scende seguendo la funzione $y = \frac{30}{1+x}$.

a. Scrivi la funzione complessiva $y = f(x)$, definita a tratti.

b. Rappresenta graficamente $f(x)$ e verifica, anche mediante la definizione, che in $x = 5$ la funzione è continua.

Funzioni continue e parametri

728 ESERCIZIO GUIDA Determiniamo per quali valori di a e b la seguente funzione è continua in tutto $\mathbb{R}$:

$$f(x)=\begin{cases}-x^2-x+1 & \text{se } x\leq 1\\ 2x-a & \text{se } 1<x\leq 3.\\ -x^2+b & \text{se } x>3\end{cases}$$

La funzione $f(x)$ è continua negli intervalli $]-\infty; 1[$, $]1; 3[$ e $]3; +\infty[$. Dobbiamo scegliere il valore dei parametri a e b affinché risulti continua anche in $x=1$ e in $x=3$. Dovrà perciò valere:

$$\lim_{x\to 1^-} f(x)=\lim_{x\to 1^+} f(x)=f(1) \quad\to\quad -1=2-a,$$

$$\lim_{x\to 3^-} f(x)=\lim_{x\to 3^+} f(x)=f(3) \quad\to\quad 6-a=-9+b.$$

Determiniamo a e b risolvendo il sistema:

$$\begin{cases}-1=2-a\\ 6-a=-9+b\end{cases} \to \begin{cases}a=3\\ a+b=15\end{cases} \to \begin{cases}a=3\\ b=12\end{cases}.$$

Determina i valori dei parametri affinché le seguenti funzioni siano continue in tutto $\mathbb{R}$.

729 $f(x)=\begin{cases}x^2+x-6 & \text{se } x\leq -3\\ ax+b & \text{se } -3<x\leq 2\\ x^3+a & \text{se } x>2\end{cases}$ $[a=2, b=6]$

730 $f(x)=\begin{cases}x^2-2b & \text{se } x<-1\\ 2x-b & \text{se } -1\leq x<3\\ \sqrt{2x+a} & \text{se } x\geq 3\end{cases}$ $[a=3, b=3]$

731 $f(x)=\begin{cases}a-x^2 & \text{se } x\leq 1\\ e^{x-1}-3 & \text{se } x>1\end{cases}$ $[a=-1]$

732 $f(x)=\begin{cases}\dfrac{x+a}{3-x} & \text{se } x<2\\ 3^{x-1} & \text{se } x\geq 2\end{cases}$ $[a=1]$

733 $f(x)=\begin{cases}2\cos x-1 & \text{se } x\leq \dfrac{\pi}{6}\\ a\tan x+b & \text{se } \dfrac{\pi}{6}<x\leq\dfrac{\pi}{4}\\ \sin 2x+1 & \text{se } x>\dfrac{\pi}{4}\end{cases}$ $[a=3, b=-1]$

734 $f(x)=\begin{cases}\ln(a-x) & \text{se } x<1\\ \ln ax-\ln 2 & \text{se } x\geq 1\end{cases}$ $[a=2]$

735 $f(x)=\begin{cases}\dfrac{\sin ax}{x} & \text{se } x<0\\ x^2+2a+1 & \text{se } x\geq 0\end{cases}$ $[a=-1]$

736 $f(x)=\begin{cases}2a-\cos x & \text{se } x<\pi\\ 2\sin x+a & \text{se } x\geq \pi\end{cases}$ $[a=-1]$

737 $f(x)=\begin{cases}b-2\cos x & \text{se } x\leq -\pi\\ 2b & \text{se } -\pi<x<\dfrac{3\pi}{2}\\ 2\sin x+a & \text{se } x\geq\dfrac{3\pi}{2}\end{cases}$ $[a=6, b=2]$

738 $f(x)=\begin{cases}\dfrac{x-8a}{x-4} & \text{se } x\leq 0\\ \dfrac{1-\cos ax}{x^2} & \text{se } x>0\end{cases}$ $[a=0 \vee a=4]$

739 $f(x)=\begin{cases}\ln(1-x)-2a & \text{se } x\leq 0\\ \dfrac{\cos x-e^x}{2ax} & \text{se } x>0\end{cases}$ $\left[a=\pm\dfrac{1}{2}\right]$

740 $f(x)=\begin{cases}\dfrac{e^{2x}-1}{x}+ax+b & \text{se } x<0\\ x-a & \text{se } 0\leq x\leq 1\\ \dfrac{2b}{\log_2(1+x)} & \text{se } x>1\end{cases}$ $[a=-5, b=3]$

741 $f(x)=\begin{cases}\dfrac{\sqrt{\dfrac{2x}{\pi}}-1}{2x-\pi} & \text{se } 0\leq x<\dfrac{\pi}{2}\\ \dfrac{a}{2} & \text{se } x=\dfrac{\pi}{2}\\ \dfrac{a\cos x}{\pi-2x} & \text{se } x>\dfrac{\pi}{2}\end{cases}$ $\left[a=\dfrac{1}{\pi}\right]$

742 Trova per quale valore di $k\in\mathbb{R}$ la funzione

$$f(x)=\begin{cases}x^2-k^2 & \text{se } x<k\\ x-3 & \text{se } x\geq k\end{cases}$$

è continua in $\mathbb{R}$, quindi disegna il grafico della funzione trovata. $[k=3]$

743 ●● Data la funzione

$$f(x) = \begin{cases} \dfrac{x+2}{x-1} & \text{se } x < 0 \\ \dfrac{\ln(ax+1)}{x} & \text{se } x > 0 \end{cases},$$

trova per quale valore di a nel punto $x = 0$ ammette limite.
Per il valore trovato di a la funzione risulta continua in $x = 0$? [$a = -2$; no]

744 ●● Considera la funzione $f: \mathbb{R} \to \mathbb{R}$ definita da

$$f(x) = \begin{cases} \dfrac{x^3 - 2x^2 + x - 2}{x-2} & \text{se } x \neq 2 \\ a & \text{se } x = 2 \end{cases},$$

con a parametro reale.

a. Determina a affinché l'immagine mediante f dell'intervallo $I = [-1; 3]$ sia un intervallo chiuso.

b. Determina gli estremi dell'immagine $f(I)$ di I.

[a) 5; b) 2, 10]

Teoremi sulle funzioni continue

▶ Teoria a p. 1435

Teorema di Weierstrass

745 ●○ LEGGI IL GRAFICO Spiega perché, per le funzioni rappresentate nei seguenti grafici, non è possibile applicare il teorema di Weierstrass negli intervalli indicati.

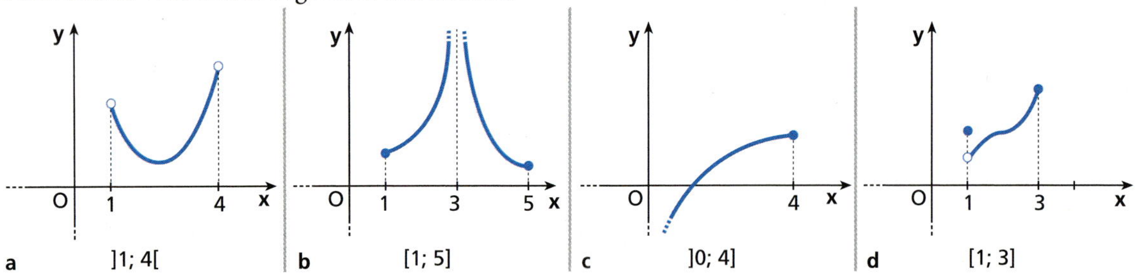

746 ESERCIZIO GUIDA Stabiliamo *se* vale il teorema di Weierstrass per la funzione:

$$f(x) = \begin{cases} -x^2 + 4 & \text{se } x \leq 2 \\ \dfrac{1}{2}x - 1 & \text{se } x > 2 \end{cases}, \quad \text{nell'intervallo } [-1; 3].$$

Dobbiamo verificare l'ipotesi del teorema, ossia che la funzione è continua nell'intervallo $[-1; 3]$.

Per ogni $x \in [-1; 3]$, con $x \neq 2$, la funzione è continua perché sono continue le funzioni $y = -x^2 + 4$ e $y = \dfrac{1}{2}x - 1$ nel loro dominio.

> Se f è una funzione continua in un intervallo limitato e chiuso $[a; b]$, allora f ha in $[a; b]$ il massimo assoluto e il minimo assoluto.

Inoltre, per $x = 2$, si ha:

$$\lim_{x \to 2^-} (-x^2 + 4) = \lim_{x \to 2^+} \left(\frac{1}{2}x - 1\right) = f(2) = 0,$$

quindi anche in 2 la funzione è continua.

Concludiamo che vale il teorema di Weierstrass.

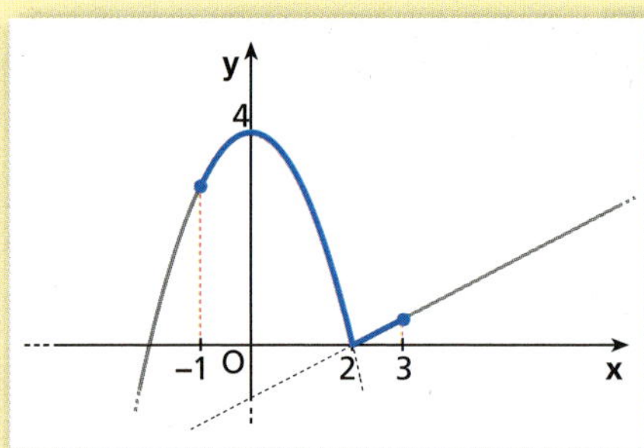

Osservazione. Dal grafico della funzione possiamo dedurre che nell'intervallo $[-1; 3]$ il punto di massimo è $(0; 4)$ e quello di minimo è $(2; 0)$. Il massimo M della funzione è $M = 4$ e il minimo m è $m = 0$.

Stabilisci *se*, per le seguenti funzioni, vale il teorema di Weierstrass, nell'intervallo indicato a fianco.

747 ●○ $y = x + \cos x$, $[0; \pi]$. [sì]

748 ●○ $y = \dfrac{1}{x^2 - 3}$, $[0; 2]$. [no]

749 $y = \frac{1}{2^x - 1}$, $[-1; 2]$. [no]

750 $y = \sqrt{\frac{1}{x-1}}$, $[1; 2]$. [no]

751 $y = \ln \frac{x^2 - x}{x+2}$, $[-1; 0]$. [no]

752 $y = \ln(x+1)$, $[1; 3]$. [sì]

753 $y = \frac{5x}{x^2 - 1}$, $[2; 7]$. [sì]

754 $y = \begin{cases} x^2 & \text{se } 0 \leq x \leq 1 \\ x+1 & \text{se } 1 < x \leq 3 \end{cases}$, $[0; 3]$. [no]

755 $f(x) = \frac{\sin x - x}{2\cos x - 1}$, $\left[0; \frac{\pi}{2}\right]$. [no]

Disegna i grafici delle seguenti funzioni nell'intervallo indicato a fianco, controlla le ipotesi del teorema di Weierstrass e, quando è possibile, determina il massimo *M* e il minimo *m* della funzione.

756 $y = x^2 - 4x$, $[0; 3]$. [sì, $M = 0$, $m = -4$]

757 $y = 1 - \ln x^3$, $[1; 3]$. [sì, $M = 1$, $m = 1 - 3\ln 3$]

758 $y = \frac{x}{x^2 + x - 2}$, $[0; 3]$. [no]

759 $y = \frac{x}{-x^2 + 3x}$, $[1; 2]$. $\left[\text{sì, } M = 1, m = \frac{1}{2}\right]$

760 $y = \begin{cases} -2^x + 1 & \text{se } 0 \leq x < 1 \\ \sqrt{x} & \text{se } 1 \leq x \leq 4 \end{cases}$, $[0; 4]$. [no]

761 TEST In quale intervallo la funzione $f(x) = \frac{\ln x}{x-2}$ soddisfa le ipotesi del teorema di Weierstrass?

- **A** $[0; 1]$
- **B** $[0; 2]$
- **C** $\left[\frac{1}{2}; 1\right]$
- **D** $[1; 2]$
- **E** $[1; 3]$

762 RIFLETTI SULLA TEORIA Se $f(x)$ non è continua in $[a; b]$, allora certamente non assume massimo e minimo assoluti in tale intervallo. È vero? Motiva la tua risposta aiutandoti con un grafico.

Teorema dei valori intermedi

763 FAI UN ESEMPIO Disegna il grafico di una funzione che nell'intervallo $[-2; 2]$:

a. soddisfa le ipotesi del teorema dei valori intermedi;

b. non soddisfa le ipotesi del teorema ma verifica la sua tesi.

764 RIFLETTI SULLA TEORIA Spiega perché la funzione $y = 3x^2 + 2$ assume certamente il valore 10 nell'intervallo $[1; 2]$.

Disegna i grafici delle seguenti funzioni nell'intervallo indicato; determina, quando possibile, il massimo *M* e il minimo *m* e stabilisci se assumono tutti i valori compresi tra *m* e *M*.

765 $y = x + 3x^2$, $[0; 2]$. [sì, $M = 14$, $m = 0$]

766 $y = \frac{1}{\sin x}$, $[0; \pi]$. [no]

767 $y = \begin{cases} x & \text{se } x < 0 \\ x+1 & \text{se } x \geq 0 \end{cases}$, $[-1; 1]$. [no, $M = 2$, $m = -1$]

768 $y = \begin{cases} x+2 & \text{se } x < -2 \\ \log(x+3) & \text{se } x \geq -2 \end{cases}$, $[-3; 7]$. [sì, $M = 1$, $m = -1$]

769 Controlla graficamente che la funzione $f(x) = \begin{cases} x^2 - 1 & \text{se } x \leq 0 \\ 2x+4 & \text{se } x > 0 \end{cases}$ non verifica il teorema dei valori intermedi nell'intervallo $\left[-\frac{1}{2}; 2\right]$.

770 ●○ RIFLETTI SULLA TEORIA Una funzione $f(x)$ considerata in un intervallo $[a; b]$ può assumere tutti i valori compresi tra il minimo e massimo senza essere continua? Motiva la risposta.

Teorema di esistenza degli zeri

771 ESERCIZIO GUIDA Stabiliamo *se* vale il teorema di esistenza degli zeri per la funzione $f(x) = \frac{x}{2x^2 - 1}$, nell'intervallo $\left[-\frac{1}{2}; \frac{1}{2}\right]$.

La funzione è discontinua per i punti in cui $2x^2 - 1 = 0 \rightarrow$

$x^2 = \frac{1}{2}$, ossia per $x = \pm\frac{\sqrt{2}}{2}$.

Poiché tali punti non appartengono all'intervallo $\left[-\frac{1}{2}; \frac{1}{2}\right]$, la funzione è continua nell'intervallo.

Inoltre: $f\left(-\frac{1}{2}\right) = 1 > 0$ e $f\left(\frac{1}{2}\right) = -1 < 0$.

Se f è una funzione continua in un intervallo limitato e chiuso [a; b] e negli estremi di tale intervallo ha valori di segno opposto, allora esiste almeno un c, interno all'intervallo, in cui f(c) = 0.

Sono quindi verificate le ipotesi del teorema di esistenza degli zeri, pertanto esiste almeno un punto c interno all'intervallo $\left[-\frac{1}{2}; \frac{1}{2}\right]$ in cui $f(c) = 0$. Infatti l'equazione $\frac{x}{x^2 - 1} = 0$ ha per soluzione $x = 0$, che appartiene all'intervallo $\left[-\frac{1}{2}; \frac{1}{2}\right]$.

Stabilisci se valgono le ipotesi del teorema di esistenza degli zeri per le seguenti funzioni, negli intervalli indicati.

772 ●○ $y = \frac{1}{x-1} - 2x$, $\left[0; \frac{1}{2}\right]$. [no]

773 ●○ $y = x^4 + 5x + 1$, $[-1; 0]$. [sì]

774 ●○ $y = -1 + x + \sin x$, $\left[0; \frac{\pi}{2}\right]$. [sì]

775 ●○ $y = -\ln|x|$, $\left[\frac{1}{e}; e\right]$. [sì]

776 ●● $y = 1 - x - \ln x$, $[1; 2]$. [no]

777 ●● $y = \begin{cases} x - 4 & \text{se } x \leq 1 \\ x^2 + 1 & \text{se } x > 1 \end{cases}$, $[0; 2]$. [no]

778 ●● $y = 4\arctan\frac{x+1}{x^2+1} + x - 1$, $[-1; 0]$. [sì]

779 ●● $y = x^2 + \frac{1}{x+3}$, $[-1; 2]$ e $[-4; 0]$. [no, no]

780 ●● $y = 2^x + x^2 - 2$, $\left[-2; \frac{1}{2}\right]$. [sì]

781 ●● $y = \begin{cases} -e^x & \text{se } x \leq 0 \\ -\cos x & \text{se } x > 0 \end{cases}$, $[-1; \pi]$. [sì]

782 ●○ RIFLETTI SULLA TEORIA È data la funzione $f(x)$, continua in $[2; 5]$ e tale che $f(3) = 0$. Puoi concludere che $f(2)$ e $f(5)$ sono discordi? Perché?

783 ●○ È data la funzione $f(x)$ continua su $[1; 7]$ e tale che $f(1) \cdot f(7) < 0$. Esiste $x \in]1; 7[$ tale che $f(x) = 0$?

784 ESERCIZIO GUIDA Stabiliamo se l'equazione $e^x - |\ln x| = 0$ ammette soluzioni in $[0; 1]$ e verifichiamo graficamente il risultato ottenuto.

Poiché $\ln x$ non esiste per $x = 0$, invece dell'intervallo dato ne consideriamo uno meno ampio, con il primo estremo di poco maggiore di 0. Per esempio $[0,1; 1]$.

In $[0{,}1;\ 1]$ la funzione $f(x) = e^x - |\ln x|$ è continua. Inoltre

$$f(0{,}1) \simeq -1{,}197 < 0; \quad f(1) = e > 0;$$

quindi agli estremi dell'intervallo la funzione assume valori di segno opposto. Sono vere le ipotesi del teorema degli zeri, perciò $e^x - |\ln x| = 0$ in almeno un punto dell'intervallo: l'equazione ammette soluzione in $[0{,}1;\ 1]$ e, a maggior ragione, anche in $[0;\ 1]$.

Per verificare graficamente la nostra affermazione tracciamo i grafici delle funzioni $y = e^x$ e $y = |\ln x|$.
I due grafici si intersecano in un punto che ha ascissa appartenente all'intervallo $[0;\ 1]$.

In tale punto $e^x = |\ln x| \rightarrow e^x - |\ln x| = 0$.

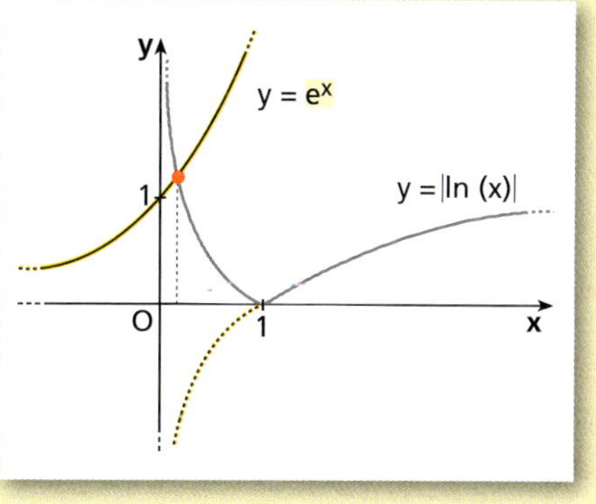

Mediante il teorema di esistenza degli zeri, verifica che le seguenti equazioni ammettono soluzioni nell'intervallo indicato e conferma graficamente il risultato.

785 $x^3 - e^{-x} = 0$, in $[0;\ 2]$.

786 $\ln x + x = 0$, in $\left[\frac{1}{e};\ e\right]$.

787 $-2 + x + \ln(1 + x) = 0$, in $[0;\ 3]$.

788 $e^x + x^2 + 2x - 1 = 0$, in $[-3;\ -1]$.

789 $e^x - \cos x - 1 = 0$, in $[0;\ \pi]$.

790 $\ln x - |\sin x| = 0$, in $\left[\frac{1}{e};\ 2\pi\right]$.

791 $(x - 1)e^x - x = 0$, in $[0;\ 5]$.

792 $x \ln x - 1 = 0$, in $\left[\frac{1}{e};\ e\right]$.

---

793 È data la funzione

$$f(x) = \sqrt{x+1} + \sqrt{x+6} - 5.$$

a. Determina il suo dominio.

b. Ci sono punti interni all'intervallo $[-1;\ 5]$ in cui la funzione si annulla?

c. Il teorema di esistenza degli zeri permette di affermare che nell'intervallo $[4;\ 5]$ non ci sono zeri della funzione?

[a) D: $x \geq -1$; b) sì, perché…; c) no, perché…]

794 REALTÀ E MODELLI **Coincidenze** Elisa parte in treno da Ancona alle 7:00 e arriva a Milano alle 11:00. L'indomani, per rientrare a casa, prende un treno più veloce, che parte alle 7:30 e arriva alle 9:30. Il tragitto è in entrambi i casi di 400 km.

a. Fissando l'origine del sistema di riferimento ad Ancona, scrivi le funzioni $a(t)$ e $r(t)$ che esprimono la posizione in funzione dell'ora del giorno rispettivamente per il viaggio di andata e per quello di ritorno, indicando il dominio delle due funzioni. Supponi che la velocità sia costantemente uguale alla velocità media in entrambi i viaggi.

b. Dimostra che c'è un punto nel tragitto in cui Elisa passa alla stessa ora sia all'andata sia al ritorno e determina a che ora succede.

c. Puoi dimostrare questo fatto anche applicando il teorema degli zeri alla funzione $a(t) - r(t)$? In quale intervallo?

[a) $a(t) = 100(t - 7), 7 \leq t \leq 11$; $r(t) = 400 - 200(t - 7{,}5), 7{,}5 \leq t \leq 9{,}5$; b) alle 8:40 circa; c) sì, $[7{,}5;\ 9{,}5]$]

Riepilogo: Teoremi sulle funzioni continue

TEST

795 Considera la funzione $f(x)$ definita sull'intervallo $[0; 1]$ con tutte le seguenti proprietà:

a. $f(x)$ è continua in $[0; 1]$.

b. $f(x)$ è decrescente sull'intero intervallo $[0; 1]$.

c. $f(0{,}1) = 1$, $f(0{,}3) = 0{,}5$, $f(0{,}7) = -0{,}1$ e $f(0{,}9) = -0{,}5$.

In accordo con il teorema dei valori intermedi, quale dei seguenti valori è soluzione di $f(x) = 0$?

A $x = 0{,}2$

B $x = 0{,}3$

C $x = 0{,}5$

D $x = 0{,}8$

E Nessuno.

(USA *Wolsborn-Drazovich State Math Contest*)

796 Sulla funzione $f(x) = \frac{x}{x+5}$ possiamo affermare che:

A assume massimo e minimo assoluto nell'intervallo $[-10; 0]$.

B per $x \in [-6; 4]$ la funzione assume tutti i valori compresi fra $f(-6)$ e $f(4)$.

C poiché $f(-6) = 6 > 0$ e $f(-4) = -4 < 0$, per il teorema di esistenza degli zeri esiste almeno un punto $x_0 \in [-6; -4]$ in cui $f(x_0) = 0$.

D è continua in tutti i punti del suo dominio e quindi verifica le ipotesi del teorema di Weierstrass.

E è priva di massimo assoluto nell'intervallo $[-6; -5[$.

797 È data la funzione $f(x) = \sqrt{\frac{2x-4}{1-x}} - |x|$.

a. Determina il dominio.

b. Ci sono punti interni all'intervallo $\left[\frac{6}{5}; \frac{9}{5}\right]$ in cui la funzione si annulla?

c. Verifica se l'equazione $f(x) = -1$ ammette almeno una soluzione nell'intervallo $\left[\frac{3}{2}; \frac{9}{5}\right]$.

[a)]1; 2]; b) sì; c) sì]

798 Considera la funzione $f(x) = \frac{2x-3}{4x+8}$.

a. $f(x)$ è continua nell'intervallo $[1; 3]$? E nell'intervallo $[-3; 3]$?

b. Calcola $f(-3)$, $f(1)$ e $f(3)$. Puoi affermare, senza risolvere un'equazione, che esiste uno zero di $f(x)$ in ciascuno degli intervalli $[-3; 3]$, $[-3; 1]$, $[1; 3]$? Motiva la risposta.

[a) sì, no; b) no, no, sì, perché…]

799 Considera le funzioni:

$$f(x) = \begin{cases} -2e^{x-1} & \text{se } 0 \leq x < 1 \\ x^2 & \text{se } 1 \leq x \leq 2 \end{cases}, \quad g(x) = \begin{cases} e^{x-1} & \text{se } 0 \leq x < 1 \\ -x-1 & \text{se } 1 \leq x \leq 2 \end{cases}.$$

Dimostra che nell'intervallo $[0; 2]$:

a. le funzioni f e g non soddisfano le ipotesi del teorema di esistenza degli zeri;

b. la funzione $h(x) = f(x) + g(x)$ soddisfa le ipotesi del teorema di esistenza degli zeri.

800 Considera la famiglia di funzioni $f(x) = x\ln(x-c)$, dove c è un parametro reale.

a. Trova il dominio e stabilisci se sono funzioni continue.

b. Determina per quali valori di c la funzione soddisfa le ipotesi del teorema di Weierstrass in $[0; 2]$.

c. Posto $c = -1$, determina il massimo M e il minimo m della funzione in $[0; 2]$.

[a) D: $x > c$, sì; b) $c < 0$; c) $M = \ln 9$ e $m = 0$]

801 EUREKA! Supponiamo che f sia una funzione continua a valori reali definita sull'intervallo $[0; 2]$ tale che $f(0) = f(2)$. Dimostra che esiste un numero ζ, con $1 \leq \zeta \leq 2$, tale che $f(\zeta) = f(\zeta - 1)$.
(SUGGERIMENTO Considera $g(x) = f(x) - f(x-1)$.) (USA *University of Cincinnati Calculus Contest*)

802 Considera le funzioni:

1. $y=\frac{1}{x^2-1}$, 2. $y=\frac{3x+1}{x-4}$, 3. $y=2^x$, 4. $y=|x|$, 5. $y=\sin x$, 6. $y=\tan 2x$.

a. Quali di queste funzioni verificano, nell'intervallo $[-1; 1]$, le ipotesi del teorema di Weierstrass?

b. Quali di esse verificano le ipotesi del teorema di esistenza degli zeri, nello stesso intervallo?

c. Alcune delle funzioni si annullano in un punto interno a $[-1; 1]$ pur non essendo verificate le ipotesi del teorema di esistenza degli zeri. Quali sono? Perché non c'è contraddizione? [a) 2, 3, 4, 5; b) 2, 5; c) 4, 6]

6 Punti di discontinuità di una funzione

▶ Teoria a p. 1437

803 LEGGI IL GRAFICO Per ciascun grafico classifica la discontinuità nel punto x_0.

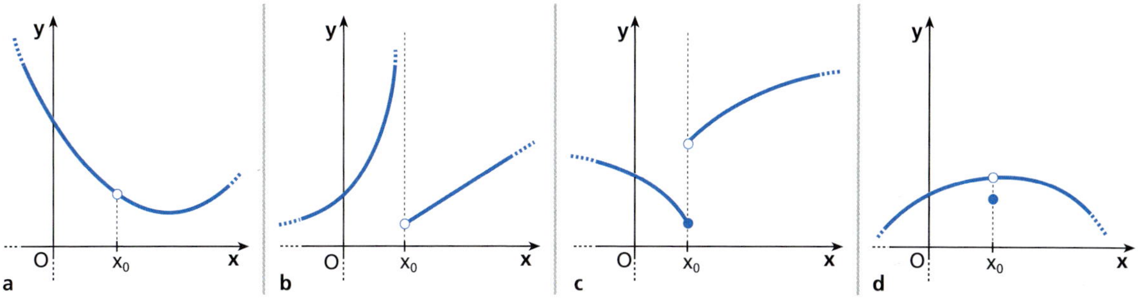

FAI UN ESEMPIO

804 Disegna una funzione che in $x=0$ abbia una discontinuità di terza specie e in $x=2$ una di seconda specie.

805 Disegna una funzione che abbia in $x=-1$ una discontinuità di prima specie con salto uguale a 2.

Disegna il grafico delle seguenti funzioni, classifica i loro punti di discontinuità e, in caso di discontinuità di prima specie, calcola il salto.

806 $y=\frac{3x-9}{x-3}$ [$x=3$: III specie]

807 $y=\frac{4-x^2}{2+x}$ [$x=-2$: III specie]

808 $y=\frac{x^2-1}{x^2+x-2}$ [$x=1$: III specie; $x=-2$: II specie]

809 $y=\frac{(x-2)^2}{x^2-5x+6}$ [$x=2$: III specie; $x=3$: II specie]

810 $f(x)=\begin{cases}-x^2-1 & \text{se } x\leq 0\\ 2x & \text{se } x>0\end{cases}$ [$x=0$: I specie, salto $=1$]

811 $f(x)=\begin{cases}2x & \text{se } x\leq 1\\ \ln(x-1) & \text{se } x>1\end{cases}$ [$x=1$: II specie]

812 $f(x)=\begin{cases}2 & \text{se } x\leq 0\\ \tan x & \text{se } x>0\end{cases}$ $\left[x=\frac{\pi}{2}+k\pi, k\in\mathbb{N}\text{: II specie; } x=0\text{: I specie, salto}=2\right]$

813 $y=\frac{x}{|x|}$ [$x=0$: I specie, salto $=2$]

815 $y=\frac{|x-3|}{x-3}+1$ [$x=3$: I specie, salto $=2$]

814 $y=\frac{2|x|}{x}-3$ [$x=0$: I specie, salto $=4$]

816 $y=\frac{x^2-4}{|x+2|}$ [$x=-2$: I specie, salto $=8$]

817 ESERCIZIO GUIDA Cerchiamo i punti di discontinuità della funzione $f(x) = \dfrac{x+3}{|x^2-9|}$ e classifichiamoli.

I punti di discontinuità di $f(x)$ sono i punti in cui si annulla il denominatore, cioè $x_1 = 3$ e $x_2 = -3$.
Stabiliamo il tipo di discontinuità.
Poiché $x^2 - 9 > 0$ per $x < -3 \vee x > 3$, possiamo scrivere:

$$f(x) = \begin{cases} \dfrac{x+3}{x^2-9} = \dfrac{x+3}{(x-3)(x+3)} = \dfrac{1}{x-3} & \text{se } x < -3 \vee x > 3 \\ \dfrac{x+3}{9-x^2} = \dfrac{x+3}{(3-x)(3+x)} = \dfrac{1}{3-x} & \text{se } -3 < x < 3 \end{cases}$$

Calcoliamo il limite destro e il limite sinistro della funzione per $x \to -3$:

$$\lim_{x\to-3^-} \frac{x+3}{|x^2-9|} = \lim_{x\to-3^-} \frac{1}{x-3} = -\frac{1}{6}, \qquad \lim_{x\to-3^+} \frac{x+3}{|x^2-9|} = \lim_{x\to-3^+} \frac{1}{3-x} = \frac{1}{6}.$$

Poiché il limite destro e quello sinistro sono diversi e finiti, $x = -3$ è un punto di discontinuità di prima specie. Il salto della funzione vale $\frac{1}{3}$.
Calcoliamo il limite destro e il limite sinistro della funzione per $x \to 3$ e otteniamo:

$$\lim_{x\to3} \frac{x+3}{|x^2-9|} = \lim_{x\to3^-} \frac{1}{3-x} = \lim_{x\to3^+} \frac{1}{x-3} = +\infty.$$

Poiché il limite è infinito, $x = 3$ è un punto di discontinuità di seconda specie.

Date le seguenti funzioni, individua e classifica i loro punti di discontinuità.

818 $f(x) = \dfrac{|x^2-16|}{x-4}$ [$x = 4$: I specie]

819 $f(x) = \dfrac{x^2-x}{|x|}$ [$x = 0$: I specie]

820 $f(x) = \dfrac{x^2-16}{x-4}$ [$x = 4$: III specie]

821 $f(x) = \dfrac{\sqrt{x}-2}{x^2-25}$ [$x = 5$: II specie]

822 $f(x) = \dfrac{x^4-1}{x^2-1}$ [$x = \pm 1$: III specie]

823 $f(x) = \dfrac{x^2+5x+6}{x^3+2x^2+4x+8}$ [$x = -2$: III specie]

824 $f(x) = 3 + \log|x|$ [$x = 0$: II specie]

825 $f(x) = e^{-\frac{1}{x}}$ [$x = 0$: II specie]

826 $f(x) = e^{-\frac{1}{x^2}}$ [$x = 0$: III specie]

827 $f(x) = \dfrac{\sin \pi x}{6x}$ [$x = 0$: III specie]

828 $f(x) = \dfrac{x}{2x^2-x}$ [$x = 0$: III sp.; $x = \frac{1}{2}$: II sp.]

829 $f(x) = \dfrac{1}{1+e^{\frac{1}{x+5}}}$ [$x = -5$: I specie]

830 $f(x) = \dfrac{e^{2x}-1}{3x}$ [$x = 0$: III specie]

831 $f(x) = \dfrac{\sin x}{\sin 2x}$ [$x = \frac{\pi}{2} + k\pi$: II specie; $x = k\pi$: III specie]

832 $f(x) = \dfrac{1}{4-2^{\frac{1}{x}}}$ [$x = 0$: I specie; $x = \frac{1}{2}$: II specie]

833 $f(x) = \dfrac{x^2-x}{x^2-3x}$ [$x = 0$: III specie; $x = 3$: II specie]

834 $f(x) = \cos\dfrac{1}{x+2}$ [$x = -2$: II specie]

835 $f(x) = \begin{cases} \dfrac{1}{x} & \text{se } x < 0 \\ -\ln x & \text{se } x > 0 \end{cases}$ [$x = 0$: II specie]

836 $f(x) = \begin{cases} -2-2^x & \text{se } x \le 1 \\ 2+2^x & \text{se } x > 1 \end{cases}$ [$x = 1$: I specie]

837 $f(x) = \begin{cases} 2x+2 & \text{se } x < 0 \\ 1-\sqrt{x} & \text{se } 0 < x < 1 \\ \ln x & \text{se } x \ge 1 \end{cases}$ [$x = 0$: I sp.]

838 $f(x) = \frac{x^2 + 2x - 3}{x^2 - 3x + 2}$ [$x = 2$: II sp.; $x = 1$: III sp.]

839 $f(x) = \ln\left|\frac{2x-1}{x-4}\right|$ $\left[x = \frac{1}{2}, x = 4\text{: II specie}\right]$

840 $f(x) = \frac{x-2}{\sqrt{x+7} - 3}$ [$x = 2$: III specie]

841 $f(x) = \frac{x+2}{|x^2 - 4|}$ [$x = -2$: I specie; $x = 2$: II specie]

842 $f(x) = \ln\frac{x}{x-4}$ [$x = 0$ e $x = 4$: II specie]

843 $f(x) = \frac{x+1}{|x+1|} + \frac{2}{x}$ [$x = 0$: II specie; $x = -1$: I specie]

844 $f(x) = \frac{|x|}{x} \cdot 2^{\frac{1}{x-1}}$ [$x = 0$: I specie; $x = 1$: II specie]

845 $f(x) = \frac{\sqrt{2x+1} - 3}{x-4}$ [$x = 4$: III specie]

846 $f(x) = \ln\left|\frac{x-1}{x+5}\right| + 2$ [$x = 1, x = -5$: II specie]

847 $f(x) = \frac{x+1}{|x^2 - x - 2|}$ [$x = -1$: I specie; $x = 2$: II specie]

848 $f(x) = \frac{\tan 2x}{\sin x}$, in $[0; \pi]$.
$\left[x = 0, x = \pi\text{: III specie; } x = \frac{\pi}{4}, x = \frac{3}{4}\pi\text{: II specie}\right]$

849 $f(x) = \frac{x}{e^{\sqrt{x}} - 1}$ [$x = 0$: III specie]

850 $f(x) = \begin{cases} 2x^2 - 1 & \text{se } x \leq 1 \\ \frac{1}{x-4} & \text{se } x > 1 \end{cases}$ [$x = 1$: I specie; $x = 4$: II specie]

851 $f(x) = \log[\arctan(2x)]$ [$x = 0$: II specie]

852 $f(x) = \frac{x+1}{e - e^{\frac{1}{x}}}$ [$x = 0$: I specie; $x = 1$: II specie]

853 $f(x) = \frac{4x^2}{1 - \cos x}$
[$x = 0$: III specie; $x = 2k\pi$ ($k \in \mathbb{Z} - \{0\}$): II specie]

854 $f(x) = \frac{x}{\sin x}$
[$x = 0$: III specie; $x = k\pi$ ($k \in \mathbb{Z} - \{0\}$): II specie]

855 $f(x) = \frac{\sqrt{3x+3} - 3}{x^2 - 4}$ [$x = 2$: III specie]

856 $f(x) = \begin{cases} \frac{x^2 - x}{x^2 - 1} & \text{se } x < 1 \\ \frac{1}{x+1} & \text{se } x \geq 1 \end{cases}$ [$x = -1$: II specie]

857 $f(x) = \frac{\sqrt[3]{x+4} - 2}{x-4}$ [$x = 4$: III specie]

858 $f(x) = \begin{cases} \frac{1 - e^{2x}}{3x} & \text{se } x < 0 \\ -\frac{2}{3} & \text{se } x = 0 \\ (1+x)^{\frac{1}{x}} & \text{se } x > 0 \end{cases}$ [$x = 0$: I specie]

859 $f(x) = \arctan\frac{2}{x-3}$ [$x = 3$: I specie]

860 $f(x) = \frac{\tan x}{|x|}$ $\left[x = \frac{\pi}{2} + k\pi\text{: II specie; } x = 0\text{: I specie}\right]$

861 $f(x) = \frac{\sin x}{\left|x + \frac{\pi}{2}\right| - \frac{\pi}{2}}$ [$x = 0$ e $x = -\pi$: III specie]

862 $f(x) = \begin{cases} \frac{1}{4^{-x} - 2} & \text{se } -1 \leq x \leq 0 \\ \frac{\ln(6x+1)}{4x} & \text{se } x > 0 \end{cases}$ $\left[x = -\frac{1}{2}\text{: II specie; } x = 0\text{: I specie}\right]$

863 $f(x) = \begin{cases} \frac{e^{2x} - 1}{3x} & \text{se } x < 0 \\ \frac{\sin(x-1)}{x^2 - 1} & \text{se } x \geq 0 \end{cases}$ [$x = 0$: I specie; $x = 1$: III specie]

---

864 Studia i punti di discontinuità della seguente funzione:

$$f(x) = \begin{cases} \frac{2^x - 1}{x} \cdot \log_{\sqrt{2}} e & \text{se } x < 0 \\ x^2 + 3x + 2 & \text{se } 0 < x \leq 3. \\ \frac{12}{x+1} & \text{se } x > 3 \end{cases}$$

Nel caso ci siano punti di discontinuità di terza specie, indica come può essere eliminata la discontinuità modificando la definizione della funzione. [$x = 0$: III specie; $x = 3$: I specie]

865 VERO O FALSO?

a. La funzione $y = \frac{\sin x}{x}$ ha in $x = 0$ una discontinuità eliminabile. V F

b. La funzione $y = \frac{x^2 - 1}{x - 1}$ ha in $x = 1$ una discontinuità di seconda specie. V F

c. La funzione $y = \frac{x}{x(x+2)}$ ha nel punto $x = 0$ una discontinuità eliminabile e nel punto $x = -2$ una discontinuità di seconda specie. V F

d. La funzione $y = \frac{1 - \cos x}{x}$ ha una discontinuità di seconda specie in $x = 0$. V F

REALTÀ E MODELLI

866 **Cara bolletta** La tariffa del metano prevede una quota fissa trimestrale di € 12 e poi un costo di 0,70 €/m^3 per i primi 60 m^3 consumati, 0,80 €/m^3 per gli ulteriori consumi fino a 80 m^3 e 1 €/m^3 per i consumi superiori a 80 m^3.

a. Trova la funzione modello che esprime il costo della bolletta in termini di m^3 consumati.

b. Determina il dominio della funzione modello e rappresentane il grafico. Si tratta di una funzione continua?

c. Se un Comune decide di applicare una sovrattassa ecologica di € 20 una tantum per chi supera gli 80 m^3 di consumo, come si modifica la funzione modello trovata? Si tratta di una funzione continua?

$$\left[\text{a) } c(x) = \begin{cases} 0{,}70x + 12 & \text{se } 0 \le x \le 60 \\ 0{,}80x + 6 & \text{se } 60 < x \le 80; \text{ b) } D = \mathbb{R}_0^+; \text{ c) } c_1(x) = \\ x - 10 & \text{se } x > 80 \end{cases} \begin{cases} 0{,}70x + 12 & \text{se } 0 \le x \le 60 \\ 0{,}80x + 6 & \text{se } 60 < x \le 80,\ x = 80\text{: I specie} \\ x + 10 & \text{se } x > 80 \end{cases}\right]$$

867 **Italia chiama mondo** Una compagnia telefonica offre, per le chiamate internazionali, la tariffa indicata a fianco, a scatti anticipati della durata di 30 secondi.

a. Quanto si spende per una chiamata che dura 20 secondi? E per una di 1′30″?

b. Disegna il grafico della funzione del costo. Si tratta di una funzione continua? Se non lo è, che tipo di discontinuità presenta?

[a) € 1, € 3; b) I specie in $x = 30k$ secondi, $k \in \mathbb{N} - \{0\}$]

MATEMATICA AL COMPUTER

Funzioni continue Con Wiris classifichiamo i punti di discontinuità della funzione $f(x) = \frac{|3x^2 - 7x - 6|}{12x^2 + 5x - 2}$.

Risoluzione – 8 esercizi in più

Discontinuità e parametri

868 AL VOLO Determina per quale valore di k la seguente funzione ha discontinuità eliminabile in $x = -2$:

$$f(x) = \frac{2x + k}{x + 2}.$$

869 Trova per quali valori di a la funzione

$$f(x) = \begin{cases} 2^{1-x} & \text{se } x < 0 \\ \ln(x+1) + a & \text{se } x \ge 0 \end{cases}$$

non ha punti di discontinuità. [$a = 2$]

870 Trova per quali valori di a la funzione

$$f(x) = \frac{x^2 - x}{ax^3 - 3x}$$

ha una discontinuità di seconda specie in $x = 3$. Per tale valore di a determina e classifica gli altri punti di discontinuità.

$\left[a = \frac{1}{3};\ x = 0\text{: III specie; } x = \pm 3\text{: II specie}\right]$

871 Trova per quale valore di k la funzione

$$f(x) = \ln\frac{kx - 1}{x - k}:$$

a. ha una discontinuità di seconda specie in $x - 4$;

b. ha una discontinuità di terza specie in $x = 1$.

$\left[\text{a) } k = \frac{1}{4}, k = 4;\ \text{b) } k = 1\right]$

872 **a.** Determina per quale valore di a la funzione

$$f(x) = \ln\left|\frac{ax^2 - 1}{x - 1}\right|$$

ha una discontinuità di seconda specie in $x = \frac{1}{2}$.

Classifica le altre discontinuità della funzione per il valore di a trovato.

b. Se $a = 1$, che discontinuità presenta $f(x)$?

$\left[\text{a) } a = 4, x = -\frac{1}{2}, x = 1\text{: II specie;}\right.$

$\left.\text{b) } x = -1\text{: II specie, } x = 1\text{: III specie}\right]$

---

873 Trova per quale valore di a si ha per la funzione

$$f(x) = e^{\frac{x-1}{x^2+ax}}:$$

a. in $x = -1$ una discontinuità di seconda specie;

b. in $x = 1$ una discontinuità di terza specie.

[a) $a = 1$; b) $a = -1$]

874 Trova per quali valori di a la funzione

$$f(x) = \begin{cases} e^x + 1 & \text{se } x \le 0 \\ x^2 - a & \text{se } x > 0 \end{cases}$$

ammette una discontinuità di prima specie con salto uguale a 3 in $x = 0$. Rappresenta la funzione ottenuta.

[$a = 1, a = -5$]

875 Determina per quale valore di a si ha, per la funzione

$$y = \frac{-x^2 + ax}{2x + 1},$$

a. una discontinuità di terza specie in $x = -\frac{1}{2}$;

b. una discontinuità di seconda specie in $x = -\frac{1}{2}$.

$\left[\text{a) } a = -\frac{1}{2};\ \text{b) } a \neq -\frac{1}{2}\right]$

Classifica al variare del parametro k la discontinuità della funzione nel punto indicato.

876 $f(x) = \dfrac{\sin x}{x^k}$, in $x = 0$. [$k \le 1$: III specie; $k > 1$: II specie]

877 $f(x) = \dfrac{1 - \cos x}{x^k}$, in $x = 0$. [$k \le 2$: III specie; $k > 2$: II specie]

878 $f(x) = \dfrac{x \sin^2 x}{x^k}$, in $x = 0$. [$k \le 3$: III specie; $k > 3$: II specie]

879 $f(x) = \dfrac{kx + 4}{x + k}$, in $x = -k$. [$k \neq \pm 2$: II specie; $k = \pm 2$: III specie]

ESERCIZI

7 Asintoti

Asintoti verticali e orizzontali

▶ Teoria a p. 1440

880 ●○ COMPLETA osservando la figura e scrivi le equazioni degli asintoti.

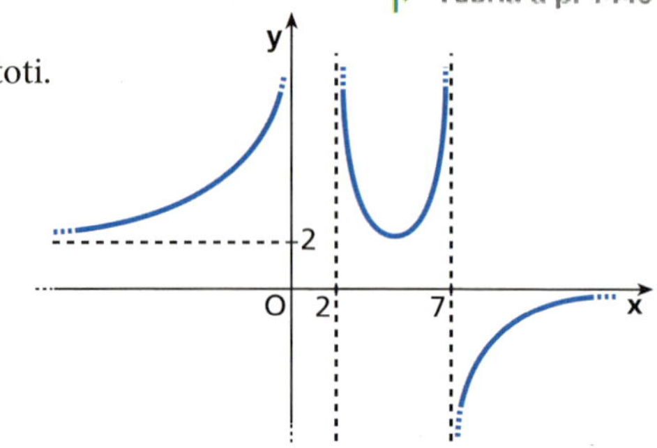

a. $\lim_{x\to-\infty} f(x) = \square$

b. $\lim_{x\to 7} f(x) = \square$

c. $\lim_{x\to 2^+} f(x) = \square$

d. $\lim_{x\to\square} f(x) = 0$

LEGGI IL GRAFICO Scrivi le equazioni degli asintoti delle funzioni rappresentate e i limiti che li definiscono.

881 ●○

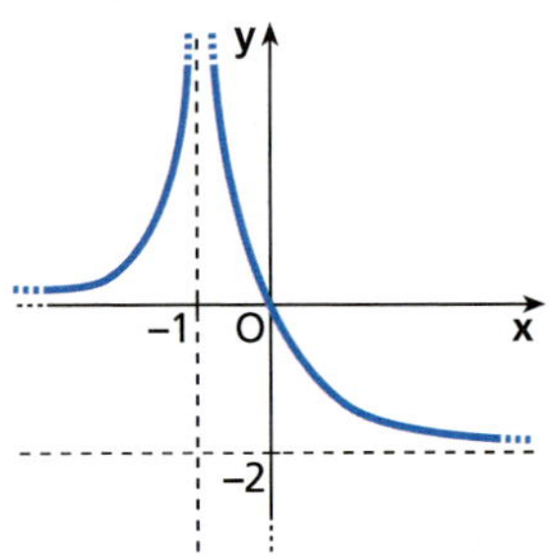

882 ●○

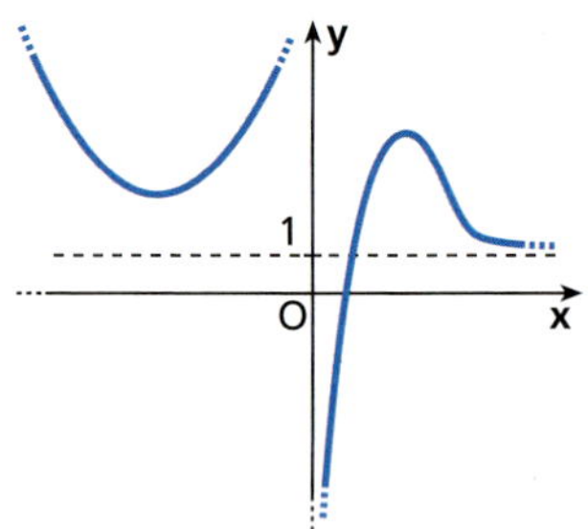

883 ●○

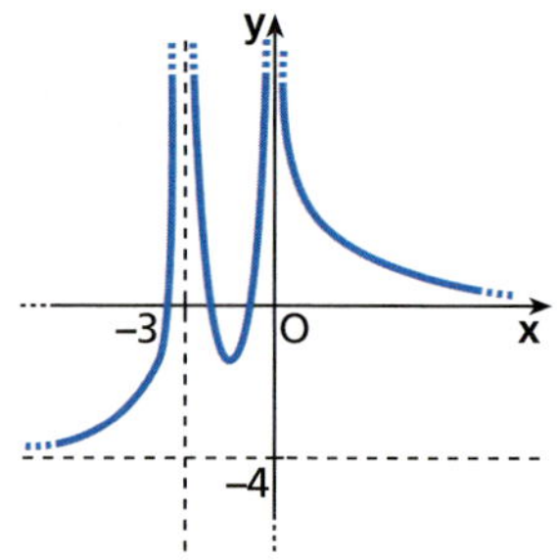

884 ●○ Disegna un grafico possibile per la funzione $f(x)$ e traccia i suoi asintoti, sapendo che:

$$\lim_{x\to-\infty} f(x) = 1^+, \quad \lim_{x\to 0^\pm} f(x) = +\infty, \quad \lim_{x\to+\infty} f(x) = 0^+.$$

885 ●○ Come nell'esercizio precedente, sapendo che:

$$\lim_{x\to-\infty} f(x) = 0^-, \quad \lim_{x\to -1^-} f(x) = -\infty, \quad \lim_{x\to -1^+} f(x) = +\infty, \quad \lim_{x\to+\infty} f(x) = 2^-.$$

AL VOLO Determina gli eventuali asintoti orizzontali e verticali delle seguenti funzioni.

886 ●○ $y = \sin x$

887 ●○ $y = e^x$

888 ●○ $y = \ln x$

889 ●○ $y = \tan x$

890 ●○ $y = \cos 2x$

891 ●○ $y = \log(x-1)$

892 ●○ $y = \dfrac{1}{x}$

893 ●○ $y = 2^{-x}$

894 ESERCIZIO GUIDA Determiniamo le equazioni degli eventuali asintoti orizzontali e verticali di:

a. $y = \dfrac{3x^2+1}{x^2-1}$; b. $y = \dfrac{1}{\sin x - 1}$.

a. La funzione data è una funzione razionale fratta, il cui dominio è D: $x \neq \pm 1$, ossia

$]-\infty; -1[\cup]-1; 1[\cup]1; +\infty[$.

$\lim_{x\to\pm\infty} \dfrac{3x^2+1}{x^2-1} = 3$ → asintoto orizzontale: $y = 3$

$\lim_{x\to -1^\pm} \dfrac{3x^2+1}{x^2-1} = \mp\infty$ → asintoto verticale: $x = -1$

Per la ricerca degli asintoti orizzontali e verticali calcoliamo i limiti agli estremi del dominio.

$$\lim_{x\to 1^{\pm}} \frac{3x^2+1}{x^2-1} = \pm\infty \quad \rightarrow \quad \text{asintoto verticale: } x = 1$$

Osservazione. Possiamo giungere più rapidamente al risultato se notiamo che la funzione è pari e il suo grafico è simmetrico rispetto all'asse y. Quindi basta calcolare i limiti per $x \to +\infty$ e $x \to 1^{\pm}$.

b. La funzione data è una funzione goniometrica fratta, periodica di periodo 2π. Limitiamoci a considerare il suo dominio nell'intervallo $[0; 2\pi]$, che è $D: \left[0; \frac{\pi}{2}\right[\cup \left]\frac{\pi}{2}; 2\pi\right]$.

Essendo la funzione periodica, non esistono asintoti orizzontali.

Consideriamo il valore $\frac{\pi}{2}$ in cui la funzione non esiste perché si annulla il denominatore. Poiché

$$\lim_{x\to \frac{\pi}{2}^{\pm}} \frac{1}{\sin x - 1} = -\infty,$$

la retta $x = \frac{\pi}{2}$ è asintoto verticale in D. Considerando poi la funzione nel suo dominio naturale, i suoi asintoti hanno equazioni: $x = \frac{\pi}{2} + 2k\pi$.

Determina le equazioni degli eventuali asintoti orizzontali e verticali delle seguenti funzioni. (Qui e in seguito, nei risultati, in caso di funzioni periodiche, per brevità indichiamo soltanto gli asintoti relativi a un periodo.)

895 $y = \frac{2x^2-1}{x-3}$ $[x = 3]$

896 $y = \frac{2x^3+9}{x^3-1}$ $[x = 1, y = 2]$

897 $y = \frac{x^2-2x}{x^2-4}$ $[x = -2, y = 1]$

898 $y = \frac{2x+1}{x^2-9}$ $[x = \pm 3, y = 0]$

899 $y = \sqrt{\frac{x-4}{x}}$ $[x = 0, y = 1]$

900 $y = \sqrt{\frac{x^3-1}{x^2-x}}$ $[x = 0]$

901 $y = \tan x + \cot x$ $\left[x = 0, x = \frac{\pi}{2}, x = \pi\right]$

902 $y = \frac{1-\cos x}{\sin x + \cos x}$ $\left[x = \frac{3}{4}\pi, x = \frac{7}{4}\pi\right]$

903 $y = \frac{\cos 2x}{1+\sin x}$ $\left[x = \frac{3}{2}\pi\right]$

904 $y = \frac{2e^{-x}}{x}$ $[x = 0, y = 0]$

905 $y = \frac{1}{\ln x}$ $[y = 0, x = 1]$

906 $y = \frac{1}{e^x - 1}$ $[x = 0, y = 0, y = -1]$

907 $y = \ln\frac{x+1}{x+3}$ $[y = 0, x = -1, x = -3]$

908 $y = 4x^2e^{-x}$ $[y = 0]$

---

909 Trova gli asintoti della funzione $f(x) = \frac{10}{5-e^x}$ e, dopo aver dimostrato che è una funzione biunivoca, scrivi l'espressione della funzione inversa e dei suoi asintoti. $\left[y = 2, y = 0, x = \ln 5; y = \ln\left(5 - \frac{10}{x}\right)\right]$

910 Verifica che la funzione $f(x) = \frac{\cos x}{x}$ ha come asintoto orizzontale la retta $y = 0$.

911 Verifica che la funzione $f(x) = \frac{e^{-x}+2e^x}{e^{-x}+3e^x}$ ha come asintoto orizzontale la retta $y = \frac{2}{3}$. Esistono altri asintoti per $f(x)$? $[y = 1]$

TEST

912 $y = 2$ è asintoto orizzontale, per $x \to +\infty$, di:

- **A** $f(x) = \frac{x^2-x+1}{x^2-2x}$.
- **B** $f(x) = \frac{2x^2-3x+2}{x^3+2x-1}$.
- **C** $f(x) = \log_2\frac{4x+1}{x+2}$.
- **D** $f(x) = \log_2\frac{4x^2+1}{x+2}$.
- **E** $f(x) = \frac{2x^2+1}{x-1}$.

ESERCIZI

913 ●● Per quale delle seguenti funzioni la retta di equazione $x = 1$ è un asintoto verticale?

A $f(x) = \dfrac{x^2+2x-3}{x^2-1}$

B $f(x) = \ln(x^2-1)$

C $f(x) = \dfrac{\sin(x-1)}{x-1}$

D $f(x) = e^{\frac{-1}{(x-1)^2}}$

E $f(x) = \arctan\dfrac{1}{x^2-1}$

Asintoti obliqui

▶ Teoria a p. 1441

914 ●○ LEGGI IL GRAFICO Scrivi le equazioni degli asintoti delle funzioni rappresentate nei seguenti grafici.

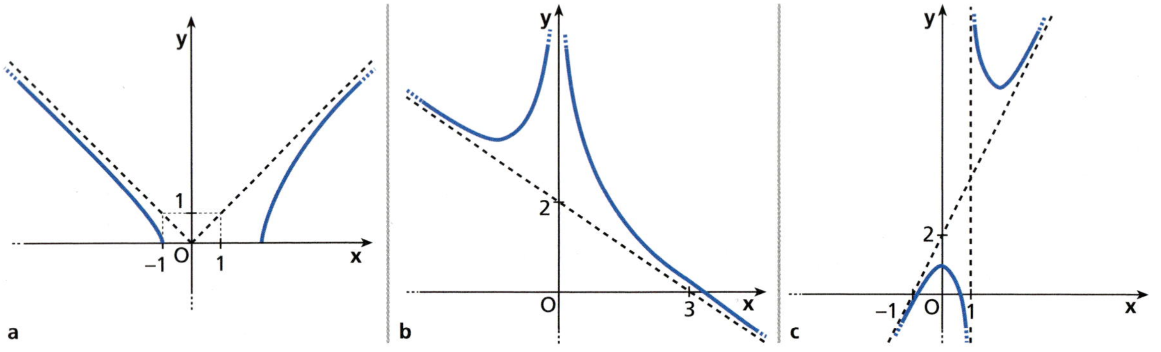

915 ●○ VERO O FALSO?

a. Se una funzione $f(x)$ ha un asintoto obliquo, allora $\lim\limits_{x\to\infty} f(x) = \infty$. V F

b. Se una funzione $f(x)$ ha $\lim\limits_{x\to\infty} f(x) = \infty$, allora ha un asintoto obliquo. V F

c. Una funzione può avere più di un asintoto obliquo. V F

d. Una funzione periodica non può avere asintoti obliqui o asintoti orizzontali. V F

Ricerca degli asintoti obliqui

916 ESERCIZIO GUIDA Data $f(x) = \dfrac{x^2-x+1}{x+3}$, determiniamo le equazioni degli eventuali asintoti obliqui.

Poiché, $\lim\limits_{x\to\infty} \dfrac{x^2-x+1}{x+3} = \infty$, la funzione può ammettere un asintoto obliquo. Calcoliamo i limiti:

$$m = \lim_{x\to\infty} \frac{f(x)}{x} = \lim_{x\to\infty} \frac{x^2-x+1}{x\cdot(x+3)} = \lim_{x\to\infty} \frac{x^2-x+1}{x^2+3x} = 1,$$

$$q = \lim_{x\to\infty} [f(x)-mx] = \lim_{x\to\infty}\left(\frac{x^2-x+1}{x+3} - x\right) = \lim_{x\to\infty} \frac{x^2-x+1-x^2-3x}{x+3} = \lim_{x\to\infty} \frac{-4x+1}{x+3} = -4.$$

L'asintoto obliquo della funzione data è la retta di equazione $y = x - 4$.

> asintoto obliquo
> $y = mx + q$, con $m = \lim\limits_{x\to\infty} \dfrac{f(x)}{x}$
> e $q = \lim [f(x) - mx]$

Determina le equazioni degli eventuali asintoti obliqui delle seguenti funzioni.

917 ●○ $y = \dfrac{2x^2-1}{x+1}$ $[y = 2x - 2]$

918 ●○ $y = \dfrac{4-x^3}{2x^2-1}$ $\left[y = -\dfrac{1}{2}x\right]$

919 ●○ $y = \dfrac{5x^2-3x+2}{2x+4}$ $\left[y = \dfrac{5}{2}x - \dfrac{13}{2}\right]$

920 ●○ $y = \dfrac{3x^3-2}{x}$ [non esiste]

921 ●○ $y = \sqrt{x^2-1}$ $[y = \pm x]$

922 ●○ $y = \sqrt{2x^2-3x}$ $\left[y = \pm\sqrt{2}\,x \mp \dfrac{3}{2\sqrt{2}}\right]$

923 ●○ $y = \dfrac{9x^2-4}{3x-1}$ $[y = 3x + 1]$

924 ●○ $y = \dfrac{x^3-2x}{4-x^2}$ $[y = -x]$

925 $y = \dfrac{2x^4 - 3}{x^3}$ $[y = 2x]$

926 $y = \dfrac{x^3}{2x^2 + 3}$ $\left[y = \dfrac{x}{2}\right]$

927 $y = x + e^x$ $[y = x]$

928 $y = \sqrt{\dfrac{x^3 - 1}{x}}$ $[y = \pm x]$

929 $y = \sqrt{4x^2 - 3x + 2}$ $\left[y = \pm 2x \mp \dfrac{3}{4}\right]$

930 $y = e^x - 2x + 1$ $[y = -2x + 1]$

931 $y = x + \ln x$ [non esiste]

932 $y = x + e^{-x} + 1$ $[y = x + 1]$

933 **EUREKA!** $y = \ln(e^{3x} + 1)$ $[y = 3x]$

934 $y = \arctan x - \dfrac{1}{2}x$ $\left[y = -\dfrac{1}{2}x \pm \dfrac{\pi}{2}\right]$

935 $y = 2x \cdot \sqrt{\dfrac{x+1}{x-1}}$ $[y = 2x + 2]$

936 Dimostra che gli asintoti dell'iperbole di equazione $\dfrac{x^2}{a^2} - \dfrac{y^2}{b^2} = 1$ hanno equazioni $y = \pm\dfrac{b}{a}x$.

Riepilogo: Ricerca degli asintoti

937 **TEST** Data la funzione $y = f(x)$, quale fra le seguenti affermazioni è sicuramente *falsa*?

A Può ammettere 3 asintoti verticali e uno orizzontale.

B Può ammettere 2 asintoti orizzontali.

C Può ammettere un asintoto orizzontale e uno obliquo.

D Può intersecare un suo asintoto orizzontale.

E Può avere 3 asintoti obliqui.

Determina le equazioni degli eventuali asintoti delle seguenti funzioni.

938 $y = \dfrac{4x^2 - x + 1}{x^2 - 1}$ $[x = -1, x = 1, y = 4]$

939 $y = \dfrac{4x^3 - 1}{x^2 - 4}$ $[x = -2, x = 2, y = 4x]$

940 $y = \dfrac{x + 3}{x^2 + 4x + 4}$ $[x = -2, y = 0]$

941 $y = \dfrac{x^4}{1 - x^3}$ $[x = 1, y = -x]$

942 $y = \sqrt{x^2 + 1}$ $[y = \pm x]$

943 $y = \dfrac{\cos x}{1 - 2\sin x}$ $\left[x = \dfrac{\pi}{6}, x = \dfrac{5}{6}\pi\right]$

944 $y = \dfrac{\sin x + \cos x}{\sin 2x}$ $\left[x = 0, x = \dfrac{\pi}{2}, x = \pi, x = \dfrac{3}{2}\pi, x = 2\pi\right]$

945 $y = \sqrt{\dfrac{x + 3}{x}}$ $[x = 0, y = 1]$

946 $y = \dfrac{x^2 - 4x + 1}{2x}$ $\left[x = 0, y = \dfrac{1}{2}x - 2\right]$

947 $y = \dfrac{3}{1 - 2x} + x$ $\left[x = \dfrac{1}{2}, y = x\right]$

948 $y = \sqrt{x^2 - 9}$ $[y = \pm x]$

949 $y = \dfrac{x + 2}{|x| - 2}$ $[x = 2, y = \pm 1]$

950 $y = \ln\dfrac{x + 1}{x - 2}$ $[x = -1, x = 2, y = 0]$

951 $y = \dfrac{\sqrt{x^2 + 4}}{x}$ $[x = 0, y = \pm 1]$

952 $y = \dfrac{\sin x}{x}$ $[y = 0]$

953 $y = x - \sqrt{x^2 - 1}$ $[y = 0, y = 2x]$

954 $y = \dfrac{\ln x}{x}$ $[x = 0, y = 0]$

955 $y = \dfrac{x}{\log x}$ $[x = 1]$

956 $y = \dfrac{e^x + 1}{2 + x^2}$ $[y = 0]$

957 $y = e^{\frac{x^2 + 1}{x^2 - 3x}}$ $[y = e, x = 0, x = 3]$

ESERCIZI

958 $y = \frac{2e^x}{x+4}$ $[x = -4, y = 0]$

959 $y = \frac{3 - 2\ln x}{\ln x - 1}$ $[y = -2, x = e]$

960 $y = \frac{1 - x^4}{8x^3 - 1}$ $\left[x = \frac{1}{2}, y = -\frac{1}{8}x\right]$

961 $y = \frac{x^3 - 2x}{2x^2 - 4x}$ $\left[x = 2, y = \frac{1}{2}x + 1\right]$

962 $y = x - \sqrt{x^2 + 1}$ $[y = 0, y = 2x]$

963 $y = 3x + \arctan x$ $\left[y = 3x \pm \frac{\pi}{2}\right]$

964 $y = \frac{1}{e^x - 1} - 2$ $[y = -3, y = -2, x = 0]$

965 $y = \ln \frac{x^2 + x - 2}{x^2 - 1}$ $[y = 0, x = -2, x = -1]$

966 $y = \frac{xe^x + 2\ln x}{e^x}$ $[x = 0, y = x]$

967 $y = \sqrt{\frac{x^2}{x^2 - 9}}$ $[x = \pm 3, y = 1]$

968 $y = \frac{6x^2 - 9}{|2x + 1|}$ $\left[x = -\frac{1}{2}, y = 3x - \frac{3}{2}, y = -3x + \frac{3}{2}\right]$

969 $y = \ln \frac{x^2 - 4x}{x^2 + 5x + 4}$ $[y = 0, x = \pm 4, x = -1, x = 0]$

970 $y = \frac{\sqrt{x^2 + 1} + \sqrt{x^2 - 4}}{x}$ $[y = \pm 2]$

971 $y = \frac{e^x + 3}{e^x - 1}$ $[y = -3, y = 1, x = 0]$

972 $y = xe^{x+1}$ $[y = 0]$

973 $y = \arctan(1 + x^2)$ $\left[y = \frac{\pi}{2}\right]$

974 $y = \sqrt[3]{x^2(x - 1)}$ $\left[y = x - \frac{1}{3}\right]$

975 $y = \sqrt[3]{x^3 - 2x}$ $[y = x]$

976 $y = 2xe^{\frac{1}{x}}$ $[x = 0, y = 2x + 2]$

977 Si determinino le equazioni degli asintoti della curva $f(x) = -x + 1 + \sqrt{x^2 + 2x + 2}$.

(Esame di Stato, Liceo scientifico, Corso di ordinamento, Sessione suppletiva, 2008, quesito 3)

$[y = 2; y = -2x]$

978 Si determinino le equazioni degli asintoti della curva:

$$f(x) = x + \sqrt{x^2 - 2x + 5}.$$

(Esame di Stato, Liceo scientifico, Corso di ordinamento, Sessione straordinaria, 2014, quesito 6)

$[y = 1; y = 2x - 1]$

Trova il dominio, disegna il grafico (aiutandoti con le trasformazioni geometriche), cerca e classifica eventuali punti di discontinuità, determina l'immagine ed eventuali asintoti delle funzioni.

979 $y = \sqrt{x^2 - |x|}$

980 $y = 1 - \arctan(|x| + 1)$

981 $y = |e^{-x+2} - 1|$

Con i parametri

LEGGI IL GRAFICO

982

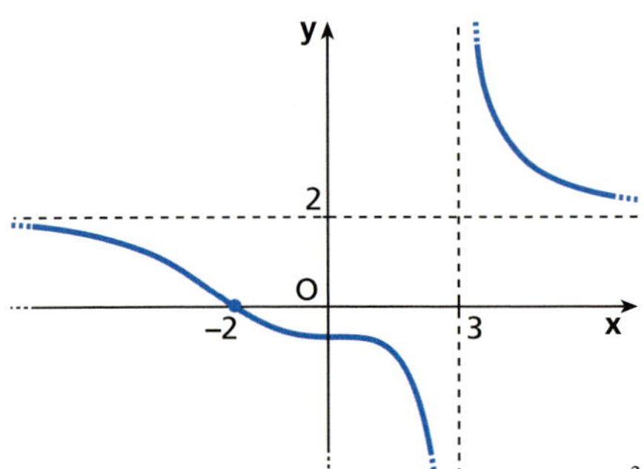

Il grafico rappresenta la funzione $y = \frac{ax^3 + b}{x^3 + c}$ e i suoi asintoti.
Determina il valore di a, b e c.

$[a = 2; b = 16; c = -27]$

983

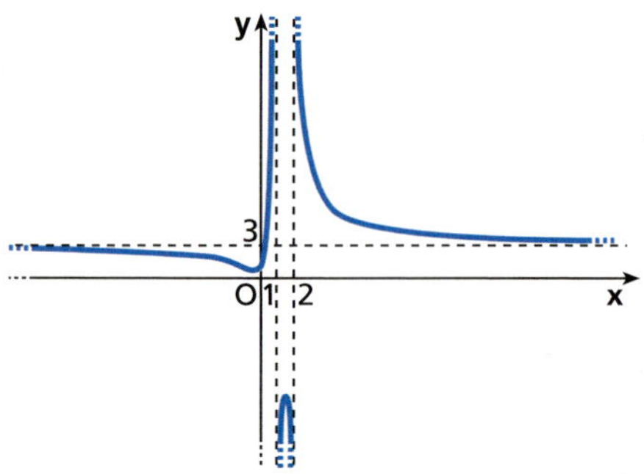

Determina a e b nella funzione $y = \frac{ax^2 + 2}{x^2 + bx + 2}$ rappresentata con i suoi asintoti.
Scrivi le equazioni di tutti gli asintoti.

$[a = 3; b = -3]$

984 Trova a e b in modo che la funzione $y = \frac{ax^2 + b}{x}$ abbia un asintoto di equazione $y = 3x$. [$a = 3, b = 0$]

985 Data la funzione $y = \frac{ax^3 + bx^2 + 4}{x^2 - 1}$, trova a e b in modo che il suo grafico abbia un asintoto di equazione $y = 2x - 1$. [$a = 2, b = -1$]

986 Il grafico della funzione $y = \frac{ax^2 + bx}{cx - 1}$ ha come asintoti le rette di equazione $y = x$ e $x = \frac{1}{4}$. Trova a, b e c. [$a = c = 4, b = -1$]

987 Determina a, b e c nella funzione $y = \frac{ax^3 + bx^2 + x}{x^2 - c}$, sapendo che il suo grafico ha come asintoti le rette $x = \pm 3$ e $y = 2$. [$a = 0, b = 2, c = 9$]

988 Date le funzioni $y = \frac{2x^2 - 1}{x - 4}$ e $y = \frac{ax^3 + bx^2 + 1}{x^2 + 1}$, trova a e b in modo che i loro grafici abbiano un asintoto in comune. [$a = 2, b = 8$]

TEST

989 Per quale valore reale di n la funzione

$$y = \frac{x^{n^2} + 3}{nx^2 + 1}$$

ammette un asintoto obliquo e due verticali?

A $\sqrt{3}$ B $-\sqrt{3}$ C 3 D 1 E 0

990 La funzione $y = \frac{kx^2 + hx}{2x + 3}$ ha come asintoto obliquo la retta $y = x + \frac{3}{2}$ se i parametri k e h sono rispettivamente:

A $2; \frac{1}{3}$. B $2; 6$. C $0; \forall h$. D $2; \frac{9}{2}$. E $\forall k; \frac{3}{2}$.

991 Trova per quali valori di a e b il grafico della funzione $f(x) = \frac{1}{\sqrt{ax + 1}} + bx$ passa per il punto di coordinate $\left(3; -\frac{11}{2}\right)$ e ha come asintoto la retta di equazione $y = -2x$. [$a = 1, b = -2$]

992 **IN FISICA** **Grandine** In presenza di attrito dell'aria, la velocità di caduta è data dalla seguente funzione del tempo: $v = B\frac{e^{At} - e^{-At}}{e^{At} + e^{-At}}$, dove A e B sono costanti che dipendono dalla viscosità dell'aria e dalla massa dell'oggetto.

a. In questo modello, qual è la velocità iniziale?

b. Dimostra che la funzione ammette un asintoto di equazione $v = v_0$. Spiega perché il valore v_0 è detto *velocità limite*.

c. Sapendo che per un chicco di grandine la costante B vale circa 50 m/s, trova la velocità limite di un chicco di grandine. [a) 0 m/s; b) $v = B$; c) 50 m/s]

993 Determina per quali valori di a e b la funzione $y = ax + b + \sqrt{x^2 + 9x + 3}$ ha per asintoto obliquo destro la retta di equazione $y = 2x + 6$. $\left[a = 1, b = \frac{3}{2}\right]$

994 Determina l'equazione della parabola con asse parallelo all'asse y che passa per l'origine O e ha il vertice nel punto di intersezione tra l'asintoto della funzione $y = \ln(2x - 1)$ e l'asintoto obliquo della funzione $y = -3xe^{\frac{1}{x}}$. [$y = 18x^2 - 18x$]

995 Nella funzione $y = \dfrac{a\ln x - 1}{(a+1)\ln x + b - 2}$ trova a e b in modo che il suo grafico abbia per asintoto orizzontale la retta $y = \dfrac{1}{2}$ e per asintoto verticale la retta $x = 1$. $[a = 1, b = 2]$

996 Il grafico della funzione $y = \dfrac{\tan(x+a)}{2\sin x}$ presenta nell'intervallo $[0; 2\pi]$ cinque asintoti verticali e uno di questi ha equazione $x = \dfrac{\pi}{3}$. Trova a e le equazioni degli altri quattro asintoti.

$\left[a = \dfrac{\pi}{6}, a = \dfrac{7}{6}\pi, x = 0, x = \pi, x = \dfrac{4}{3}\pi, x = 2\pi\right]$

Determina per quali valori del parametro *k* le seguenti funzioni hanno asintoti orizzontali, quindi scrivi le equazioni degli asintoti.

997 $f(x) = \dfrac{kx^2+1}{kx^2+kx+2}$ $\left[\text{per } k = 0, y = \dfrac{1}{2}; \text{per } k \neq 0, y = 1\right]$

998 $f(x) = kx\ln\left(1 + \dfrac{1}{x}\right)$ $[\forall k \in \mathbb{R}, y = k]$

999 $f(x) = ke^x + (k+1)e^{-x}$ $[\text{per } k = 0, y = 0; \text{per } k = -1, y = 0]$

8 Grafico probabile di una funzione

▶ Teoria a p. 1443

LEGGI IL GRAFICO determinando per ciascuna funzione: dominio, insieme immagine, eventuali punti di discontinuità (classificandoli) ed eventuali asintoti.

1000

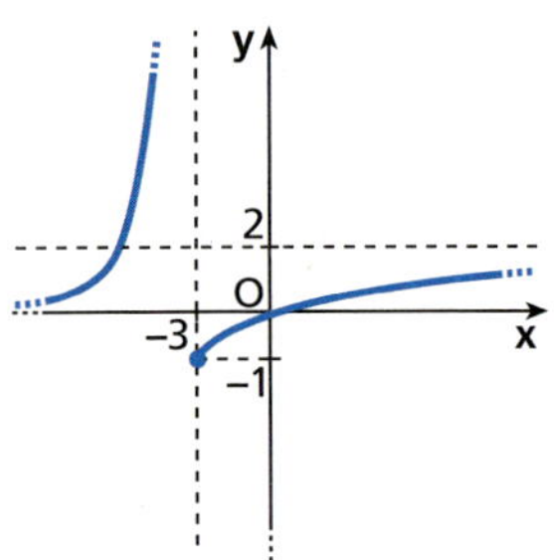

1001

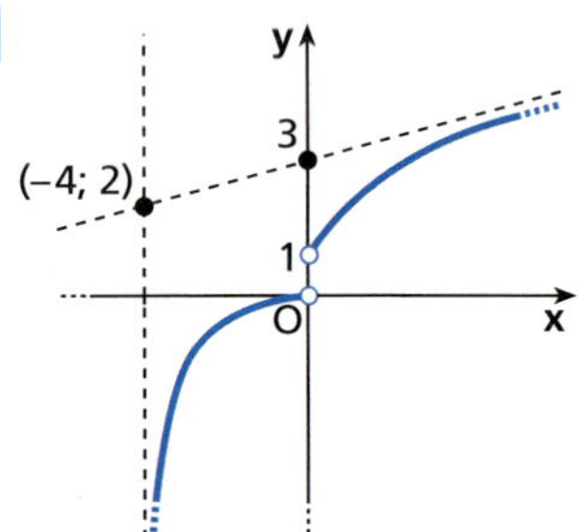

1002

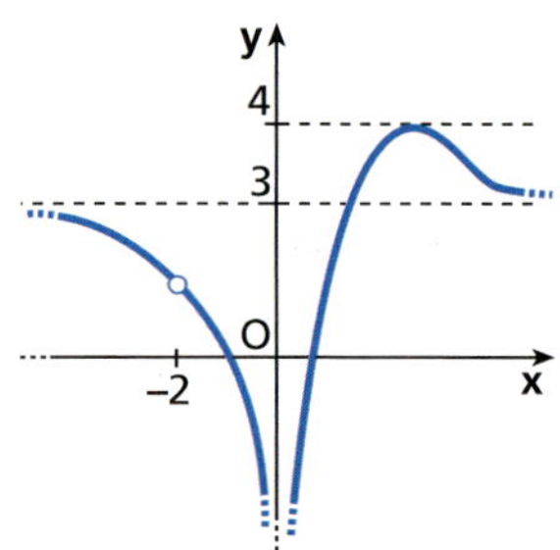

FAI UN ESEMPIO

1003 Traccia il grafico di una funzione tale che:

a. il dominio sia D: $[2; +\infty[$ e l'insieme immagine I sia $\mathbb{R}$;

b. sia continua a destra in $x = 4$ ma abbia in tale punto una discontinuità di prima specie;

c. abbia un asintoto obliquo destro di equazione $y = x$.

1004 Disegna il grafico di una funzione tale che:

a. il dominio sia D: $x \neq -1$ e l'insieme immagine I sia $]-2; +\infty[$;

b. abbia una discontinuità di seconda specie in $x = -1$ e la retta di equazione $x = -1$ sia asintoto verticale sinistro;

c. la retta di equazione $y = -2$ sia asintoto orizzontale destro e $\lim\limits_{x \to -\infty} f(x) = +\infty$.

Funzioni algebriche

1005 **ASSOCIA** ogni funzione al relativo grafico.

a. $y = \dfrac{x^3+1}{x}$ **b.** $y = \dfrac{x^3+1}{x^2}$ **c.** $y = \dfrac{x^3-1}{x^2}$ **d.** $y = \dfrac{x^3+1}{x^4}$

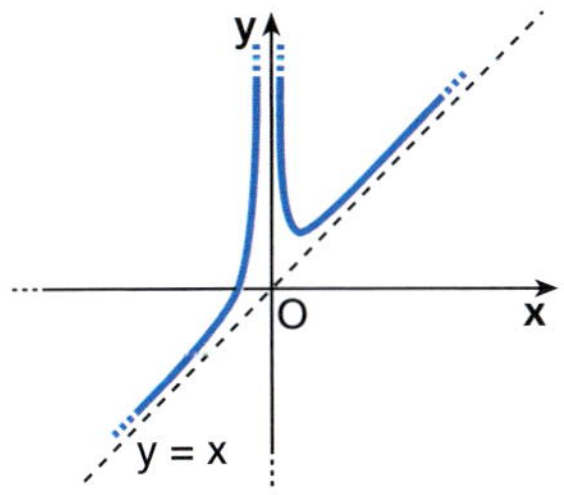

1

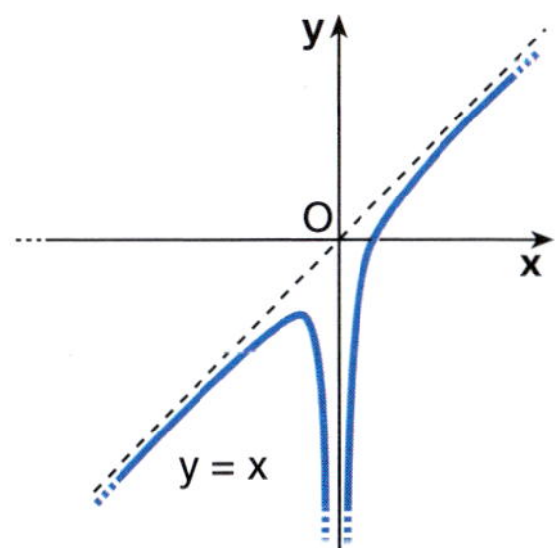

2

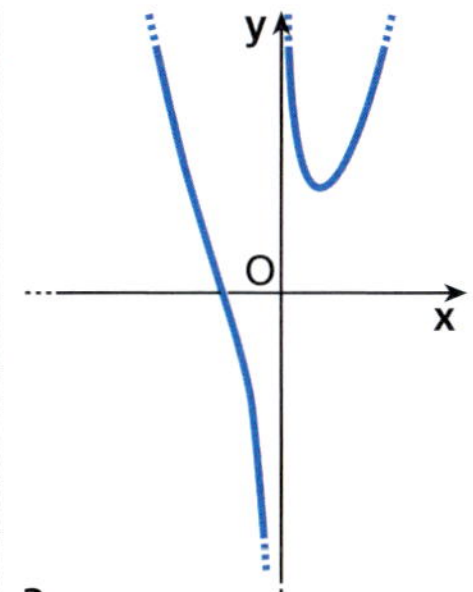

3

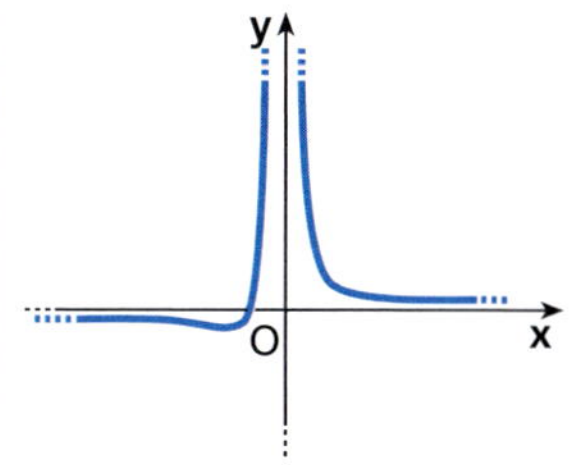

4

1006 **ESERCIZIO GUIDA** Studiamo e rappresentiamo il grafico probabile della funzione $f(x) = \dfrac{x^2-1}{x}$.

1. Dominio: $\mathbb{R} - \{0\}$.
2. Eventuali simmetrie: $f(-x) = \dfrac{(-x)^2-1}{-x} = -\dfrac{x^2-1}{x} = -f(x)$.

   Il grafico è simmetrico rispetto all'origine degli assi.
3. Intersezioni con gli assi.
   Asse y: nessuna intersezione, essendo $x = 0$ escluso dal dominio.
   Asse x:

   $$\begin{cases} y = \dfrac{x^2-1}{x} \\ y = 0 \end{cases} \to \begin{cases} \dfrac{x^2-1}{x} = 0 \\ y = 0 \end{cases} \to \begin{cases} x^2 - 1 = 0 \\ y = 0 \end{cases} \to \begin{cases} x_{1,2} = \pm 1 \\ y = 0 \end{cases} \to A(-1;0), B(1;0).$$
4. Segno della funzione: $\dfrac{x^2-1}{x} > 0$.

   $N > 0$ per $x < -1 \lor x > 1$,

   $D > 0$ per $x > 0$.

   Compiliamo il quadro dei segni.
   $f(x)$ è positiva per $-1 < x < 0$ e per $x > 1$.

		−1		0		1	
N	+	0	−		−	0	+
D	−		−	0	+		+
$\frac{N}{D}$	−	0	+	∄	−	0	+

5. Limiti agli estremi del dominio:
   - $\lim\limits_{x\to\pm\infty} \dfrac{x^2-1}{x} = \pm\infty$; poiché il grado del numeratore supera di 1 quello del denominatore, esiste un asintoto obliquo di equazione $y = mx + q$.

     $$m = \lim_{x\to\pm\infty} \frac{x^2-1}{x} \cdot \frac{1}{x} = \lim_{x\to\pm\infty} \frac{x^2-1}{x^2} = 1,$$

     $$q = \lim_{x\to\pm\infty} \left(\frac{x^2-1}{x}\right) - x = \lim_{x\to\pm\infty} \frac{x^2-1-x^2}{x} =$$

     $$\lim_{x\to\pm\infty} \left(-\frac{1}{x}\right) = 0.$$

     L'asintoto obliquo ha equazione $y = x$.
   - $\lim\limits_{x\to 0^\pm} \dfrac{x^2-1}{x} = \mp\infty \to x = 0$ è un asintoto verticale.

   Tracciamo il grafico probabile della funzione.

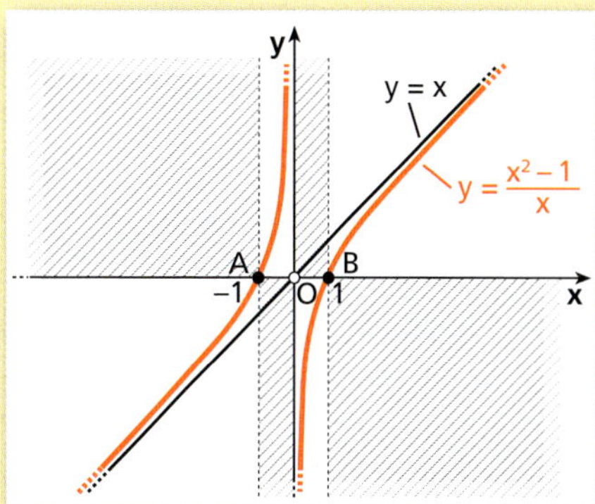

Traccia il grafico probabile delle seguenti funzioni.

1007 ●○ $y = x^3 - x^2 - 2x$

1008 ●○ $y = \dfrac{2x}{x^2 - 9}$

1009 ●○ $y = \dfrac{x^2 - 1}{x^2 - 7x + 6}$

1010 ●○ $y = \dfrac{x^3}{x^2 - 1}$

1011 ●○ $y = \dfrac{2}{x^2 - 6x}$

1012 ●○ $y = \dfrac{2x^4}{x^3 - 8}$

1013 ●○ $y = \dfrac{x + 1}{x^3 - 4x^2}$

1014 ●○ $y = \dfrac{2x}{(x - 1)^2}$

1015 ●○ $y = \sqrt{x^2 - 16}$

1016 ●○ $y = \sqrt{\dfrac{x - 1}{x + 1}}$

1017 ●○ $y = x + \dfrac{4}{x} + 4$

1018 ●○ $y = \dfrac{x}{|x - x^2|}$

1019 ●○ $y = \dfrac{x^3 + 2x^2}{|x|}$

1020 ●● $y = \sqrt{x^2 + 4x + 3} - x$

1021 ●● $y = \dfrac{x^3 - 2x^2 - 8x}{x^2 + 1}$

1022 ●● $y = \dfrac{\sqrt{x^2 - 1}}{x - 3}$

1023 ●● $y = \dfrac{\sqrt{x^2 - 2x}}{x}$

1024 ●● $y = \dfrac{x^3 + 1}{x^2 + 6x}$

1025 ●● $y = \dfrac{x^3 - x}{x^3 + 1}$

1026 ●● Determina i valori dei parametri reali p e q in modo che la funzione $y = \dfrac{x^3 + p}{(x + q)^2}$, con p, $q \in \mathbb{R}$, passi per il punto (1; 0) e abbia come asintoto la retta $x = -2$. Ricerca quindi gli ulteriori asintoti e disegna il grafico probabile.

[$p = -1, q = 2; y = x - 4$]

1027 ●● Data la funzione $f(x) = ax + b + \dfrac{1 - x^2}{x - 2}$:

a. trova per quali valori di a e b si ha $\lim\limits_{x \to +\infty} f(x) = -1$;

b. rappresenta la funzione per i valori trovati.

[a) $a = 1, b = 1$; b) $f(x) = \dfrac{-x - 1}{x - 2}$]

1028 ●● REALTÀ E MODELLI **Il rally** Durante una gara, una macchina percorre un tratto di strada in piano, con una traiettoria che può essere descritta dalla funzione modello $y = \dfrac{3 - x^2}{x + 1}$, con $x < -\sqrt{3}$.

a. Disegna il grafico approssimativo della funzione modello nel suo dominio naturale.

b. Studia la continuità della funzione nel suo dominio naturale.

c. Determina eventuali asintoti.

[b) $x = -1$: II specie; c) $y = -x + 1$]

Funzioni trascendenti

1029 ●○ ASSOCIA ogni funzione al relativo grafico.

a. $y = \dfrac{e^x}{x^2}$ **b.** $y = \dfrac{e^{x+1}}{x + 1}$ **c.** $y = \dfrac{e^{x+1}}{x^2 + 1}$ **d.** $y = \dfrac{e^{1-x}}{x - 1}$

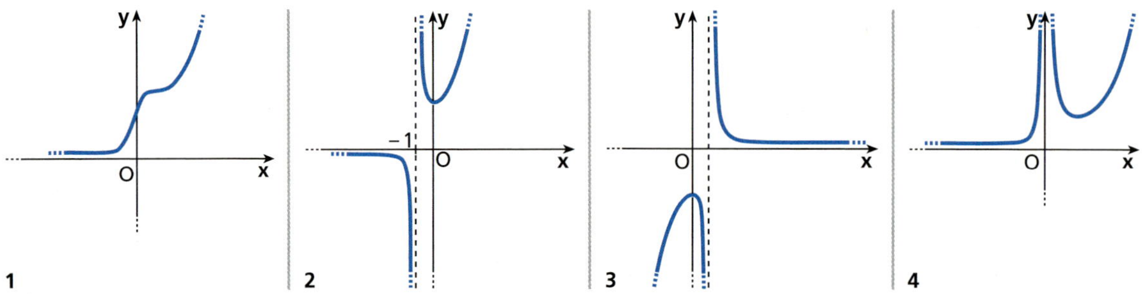

Traccia il grafico probabile delle seguenti funzioni.

1030 $y = e^{\frac{1}{x-3}}$

1031 $y = e^{1-x^2}$

1032 $y = \dfrac{\ln x}{\ln x - 1}$

1033 $y = e^{\frac{x+1}{x^2+1}}$

1034 $y = 2^{\frac{x-1}{x+2}}$

1035 $y = \dfrac{e^x - 1}{e^x + 4}$

1036 $y = \ln \dfrac{x}{x+3}$

1037 $y = \dfrac{1}{\log x - 1}$

1038 $y = \dfrac{\cos x}{\sin x - 1}$

1039 $y = \dfrac{\tan x + 1}{\tan x}$

1040 $y = 2^{\left|\frac{x-4}{3-x}\right|}$

1041 $y = \ln \left| \dfrac{x^2-1}{5x} \right|$

1042 $y = \log_2 \dfrac{x-1}{x-4}$

1043 $y = \dfrac{2 + \log_{\frac{1}{2}} x}{\log_{\frac{1}{2}} x}$

1044 $y = \left(\dfrac{2}{3}\right)^{\frac{4x-1}{x}}$

RISOLVIAMO UN PROBLEMA

Batteri in crescita

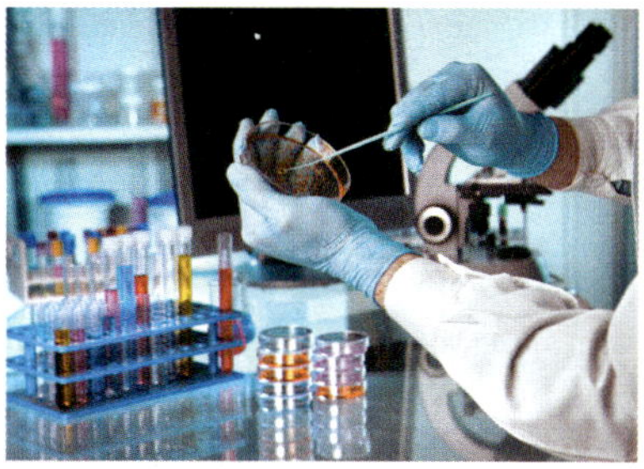

Una particolare popolazione di batteri conta inizialmente 50 individui. Secondo la legge di Malthus il numero di batteri della colonia al tempo t, $N_1(t)$, è dato dalla legge

$$N_1(t) = 50e^{\frac{t}{30}},$$

dove il tempo t è misurato in minuti.
Questa legge non tiene in considerazione i fattori ambientali: secondo tale modello la popolazione cresce senza limite. Il modello di Verhulst elimina questo difetto: il numero $N_2(t)$ di individui al tempo t è dato da

$$N_2(t) = \frac{500}{1 + 9e^{-\frac{t}{30}}}.$$

- Determina il dominio e il segno di $N_2(t)$.
- Calcola $\lim_{t \to +\infty} N_2(t)$. Che significato ha la costante 500 presente nella legge?
- Disegna il grafico di $N_2(t)$ e confrontalo con quello di $N_1(t)$. Dopo quanto tempo la popolazione raggiunge i 400 individui secondo ciascuno dei due modelli?

▶ **Calcoliamo dominio e segno di $N_2(t)$.**

Il denominatore è la somma di due termini positivi, pertanto non si annulla mai. Il dominio è quindi D: $[0; +\infty[$, tenuto conto del fatto che il tempo t non può essere negativo. Il numeratore è positivo, pertanto $N_2(t) > 0$ in tutto il suo dominio.

▶ **Determiniamo il comportamento di $N_2(t)$ per $t \to +\infty$.**

$$\lim_{t \to +\infty} N_2(t) = \lim_{t \to +\infty} \frac{500}{1 + 9\boxed{e^{-\frac{t}{30}}}} = 500.$$

tende a 0

La costante 500 è il limite a cui tende il numero di individui per $t \to +\infty$.

Possiamo dire che rappresenta il limite di popolazione che può essere sostenuto dall'ambiente.

▶ **Disegniamo i grafici di $N_1(t)$ e $N_2(t)$.**

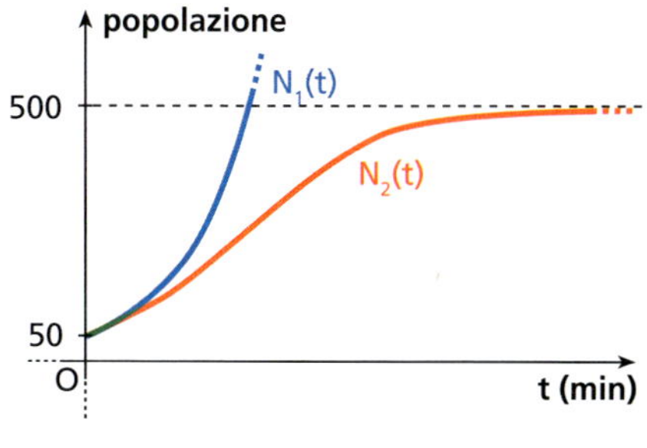

▶ **Calcoliamo dopo quanto tempo la popolazione raggiunge i 400 individui.**

Intersecando le due funzioni con la retta $y = 400$ troviamo:

- $N_1(t) = 400 \rightarrow 50e^{\frac{t}{30}} = 400 \rightarrow \frac{t}{30} = \ln 8 \rightarrow$
  $t = 30 \cdot \ln 8 \simeq 62$;
- $N_2(t) = 400 \rightarrow \dfrac{500}{1 + 9e^{-\frac{t}{30}}} = 400 \rightarrow$

$e^{-\frac{t}{30}} = \frac{1}{36} \rightarrow -\frac{t}{30} = \ln\frac{1}{36} \rightarrow$

$t = -30\ln\frac{1}{36} \simeq 108.$

Secondo Malthus, la popolazione raggiunge le 400 unità dopo circa 62 minuti; secondo Verhulst dopo circa 108 minuti.

1045 ●● REALTÀ E MODELLI **Da asporto** La temperatura T di una pizza tolta dal forno e posta nel cartone, che si trova alla temperatura di 21 °C, diminuisce nel tempo secondo la legge:

$$T(t) = 21 + (T_0 - 21)e^{-\frac{t}{20}},$$

dove T_0 è la temperatura iniziale della pizza e t è il tempo misurato in minuti.

a. Se $T_0 = 110$ °C, qual è la temperatura della pizza dopo 30 minuti?

b. Calcola $\lim_{t \to +\infty} T(t)$ e interpreta il risultato fisicamente.

c. Disegna il grafico probabile della funzione $T(t)$ considerata.

d. Dopo quanti minuti la temperatura della pizza è dimezzata?

[a) $T \simeq 41$ °C; b) 21 °C; d) $\simeq$ 19 minuti]

1046 ●● Data la funzione $y = \dfrac{\ln(1-x)}{x}$:

a. determina il dominio e il segno;

b. ricerca e classifica i punti di discontinuità;

c. trova gli asintoti;

d. cerca eventuali intersezioni del grafico con la curva di equazione $y = \frac{1}{x}$;

e. traccia il grafico probabile.

[a) D: $x < 1 \land x \neq 0$; $y < 0\ \forall x \in D$; b) $x = 0$: III specie; c) $y = 0$ asint. orizz.; $x = 1$ asint. vert.; d) $x = 1 - e$]

1047 ●● Dopo aver determinato il valore di a per il quale la retta $y = x$ è asintoto obliquo destro per la funzione $f(x) = \dfrac{xe^x + 3x}{ae^x - x - 1}$, per tale valore di a:

a. studia il segno di $f(x)$;

b. individua i punti di discontinuità;

c. calcola $\lim_{x \to -\infty} f(x)$;

d. traccia il grafico probabile.

[$a = 1$; a) $y > 0$ per $x > 0$; b) $x = 0$: II specie; c) -3]

VERIFICA DELLE COMPETENZE ALLENAMENTO

UTILIZZARE TECNICHE E PROCEDURE DI CALCOLO

TEST

1 Quale dei seguenti limiti è *errato*?

A $\lim_{x\to 1^+} \log_{\frac{1}{2}}(x-1) = -\infty$

B $\lim_{x\to +\infty} \log_2(x+3) = +\infty$

C $\lim_{x\to \frac{\pi}{2}^+} \tan^2 x = +\infty$

D $\lim_{x\to -\infty} e^{3x} = 0$

E $\lim_{x\to +\infty} 2^{x+1} = +\infty$

2 Quale di queste funzioni soddisfa le condizioni $\lim_{x\to -2^+} f(x) = -\infty$ e $\lim_{x\to -\infty} f(x) = 2$?

A $f(x) = \frac{2x}{x^2-4}$

B $f(x) = \frac{2x-1}{x+2}$

C $f(x) = \frac{2x^2+1}{x+2}$

D $f(x) = \frac{2x^2-10}{x^2-4}$

E $f(x) = \frac{-2x}{-x+2}$

Calcola i limiti.

3 $\lim_{x\to +\infty} \left(\frac{2}{x^2} - x + \frac{1}{x}\right)$ $[-\infty]$

4 $\lim_{x\to -\infty} \frac{5-2x+3x^2}{1+x^2-x^3-x^4}$ $[0]$

5 $\lim_{x\to -2^+} \frac{x^2-3x-10}{x^3+3x^2-4}$ $[+\infty]$

6 $\lim_{x\to +\infty} \frac{1}{\sqrt{2x+1}-\sqrt{x+2}}$ $[0]$

7 $\lim_{x\to 2} \frac{x^3-x^2-2x}{x^3-6x^2+12x-8}$ $[+\infty]$

8 $\lim_{x\to 0} \frac{x(e^x-1)}{\cos x - 1}$ $[-2]$

9 $\lim_{x\to 0} \frac{\sin 2x + x}{x + \sin x}$ $\left[\frac{3}{2}\right]$

10 $\lim_{x\to 1} \frac{x^2-1}{x^4-2x^3+2x-1}$ $[+\infty]$

11 $\lim_{x\to 0} \frac{2-2\cos x}{x \sin x}$ $[1]$

12 $\lim_{x\to 0} \frac{\sin^2 x - \cos x}{x^2}$ $[-\infty]$

13 $\lim_{x\to 0} \frac{x-\sqrt{x^2+x}}{\cos x}$ $[0]$

14 $\lim_{x\to +\infty} (x\cdot 2^x - \log_{\frac{1}{2}} x)$ $[+\infty]$

15 $\lim_{x\to 2^+} \left[\frac{2x-5}{\ln(x-2)}\right]^{\frac{1}{x-2}}$ $[0]$

16 $\lim_{x\to \frac{\pi}{2}^-} \left(\tan^2 x - \frac{1}{\cos x}\right)$ $[+\infty]$

17 $\lim_{x\to +\infty} 2^{-x^4+2x^3}$ $[0^+]$

18 $\lim_{x\to +\infty} \frac{2e^x + x^8}{x^2 - e^x}$ $[-2]$

19 $\lim_{x\to 0} \frac{1+\cos(x+\pi)}{\sin 3x}$ $[0]$

20 $\lim_{x\to 0} \frac{\cos x - 1}{\sin^2 x}$ $\left[-\frac{1}{2}\right]$

21 $\lim_{x\to 0} (1-4x)^{\frac{1}{x}}$ $\left[\frac{1}{e^4}\right]$

22 $\lim_{x\to 0} \frac{\tan x + 2x}{\sin x - x^2}$ $[3]$

23 $\lim_{x\to +\infty} \left(\frac{x+10}{x}\right)^{\frac{x}{2}}$ $[e^5]$

24 $\lim_{x\to \frac{\pi}{2}} \log_2\left(\frac{\cos x + 2\sin x}{\cot x + 1}\right)$ $[1]$

25 $\lim_{x\to 0} \frac{\ln(1+x)^2}{\sin x}$ $[2]$

26 $\lim_{x\to 0} \frac{\ln(6x^2+5x+1)}{x}$ $[5]$

27 $\lim_{x\to 2} \frac{e^{x^2-4}-1}{x-2}$ $[4]$

28 $\lim_{x\to 0} \frac{x^2+4x}{\sqrt{4+\sin x}-\sqrt{4-\sin x}}$ $[8]$

29 $\lim_{x\to 0} \frac{\cos 4x - \cos 2x}{\sin^2 x}$ $[-6]$

30 $\lim_{x\to 0} \frac{\cos 2x - e^{x^2}}{\sin 4x \ln(1-2x)}$ $\left[\frac{3}{8}\right]$

Date le seguenti funzioni, individua i loro punti di discontinuità e la relativa specie.

31 $f(x) = \dfrac{14 - x^2 - 5x}{4 - x^2}$ [$x = 2$: III specie; $x = -2$: II specie]

32 $f(x) = \dfrac{1}{1 - 2^{\frac{x-1}{x}}}$ [$x = 1$: II specie; $x = 0$: I specie]

33 $f(x) = \begin{cases} -x & \text{se } x \leq -1 \\ \dfrac{\ln(x+1)}{-2x} & \text{se } x > -1 \end{cases}$ [$x = -1$: II specie; $x = 0$: III specie]

34 $f(x) = \ln\left|\dfrac{x-1}{x+3}\right|$ [$x = -3$, $x = 1$: II specie]

35 $f(x) = \begin{cases} \dfrac{x}{x+3} & \text{se } x \leq 2 \\ \dfrac{x}{\ln(x-2)} & \text{se } x > 2 \end{cases}$ [$x = -3$, $x = 3$: II specie; $x = 2$: I specie]

Determina le equazioni degli eventuali asintoti delle seguenti funzioni.

36 $y = \dfrac{x^4 + 2}{8 - x^3}$ [$x = 2$; $y = -x$]

37 $y = \dfrac{x^2 - 2}{4 - x^2}$ [$x = \pm 2$; $y = -1$]

38 $y = \ln \dfrac{x}{x-3}$ [$y = 0$, $x = 0$, $x = 3$]

39 $y = \dfrac{\sin x}{x} + \dfrac{x}{4}$ [$y = \frac{1}{4}x$]

40 $y = 2x + \dfrac{1}{\sqrt{x-4}}$ [$x = 4$, $y = 2x$]

41 $y = 5xe^{\frac{1}{x}}$ [$x = 0$, $y = 5x + 5$]

ANALIZZARE E INTERPRETARE DATI E GRAFICI

Discuti al variare di *k* il risultato dei seguenti limiti.

42 $\lim_{x \to +\infty} (x^2 + 3x)^k$ [$k < 0: 0$; $k = 0: 1$; $k > 0: +\infty$]

43 $\lim_{x \to -\infty} \dfrac{x^k + 3x}{x^3 + 1}$, con $k \in \mathbb{N}$. [$0 \leq k \leq 2: 0$; $k = 3: 1$; k pari e $k \geq 4: -\infty$; k dispari e $k > 4: +\infty$]

---

44 Determina per quali valori di a e b la seguente funzione è continua in $\mathbb{R}$.

$$f(x) = \begin{cases} ax + b & \text{se } x \leq 3 \\ -\log(x-2) & \text{se } 3 < x \leq 12 \\ e^{x-b} - 2 & \text{se } x > 12 \end{cases}$$

[$a = -4$, $b = 12$]

45 Si stabilisca per quali valori reali di a e b si ha:

$$\lim_{x \to 0} \frac{\sqrt{a + bx} - 2}{x} = 1.$$

(*Esame di Stato, Liceo scientifico, Corso sperimentale, Sessione ordinaria*, 2014, *quesito* 10)

[$a = b = 4$]

---

46 Data la funzione definita da

$$f(x) = \begin{cases} ax^2 + bx & \text{se } x < 2 \\ bx + c & \text{se } x \geq 2 \end{cases},$$

si determini la terna ordinata (a, b, c) in modo che siano soddisfatte le seguenti condizioni:

a. $f(x)$ è continua; **b.** $f(3) = 20$; **c.** $\lim_{x \to -2} f(x) = 0$.

(*Esame di Stato, Liceo scientifico, Scuole italiane all'estero (Americhe), Sessione ordinaria*, 2013, *quesito* 7)

[$a = 2$, $b = 4$, $c = 8$]

47 ●● Data la funzione $f(x) = \frac{ax^2 + 2x + b}{cx - 1}$, trova a, b, c, sapendo che $\lim_{x \to 0} f(x) = 2$ e che per $x \to -1$ si ha la forma indeterminata $\frac{0}{0}$. $[a = 4; b = -2; c = -1]$

48 ●● Quali valori devono assumere i parametri a e b affinché sia $\lim_{x \to +\infty} \frac{4x + a}{(a + b)x + bx^2} = -2$? $[a = -2; b = 0]$

49 ●● Data la funzione

$$f(x) = \begin{cases} e^{ax+b} & \text{se } x \leq 1 \\ x + \sqrt{e} - 1 & \text{se } x > 1 \end{cases},$$

trova per quali valori di a e b la funzione è continua in $x = 1$ e il suo grafico passa per $A(-2; 1)$. $\left[a = \frac{1}{6}, b = \frac{1}{3}\right]$

50 ●○ Stabilisci se vale il teorema di Weierstrass per la funzione $f(x) = \ln \frac{2x}{x+3}$ negli intervalli $[-5; -4]$ e $[0; 5]$. [sì; no]

51 ●○ Stabilisci se vale il teorema di esistenza degli zeri per la funzione $f(x) = x^3 - \cos x$ nell'intervallo $\left[0; \frac{\pi}{2}\right]$ e verificalo graficamente. [sì]

52 ●○ Stabilisci se l'equazione $\log(x+2) + x = 0$ ammette soluzioni nell'intervallo $[-1; 0]$. [sì]

Disegna il grafico probabile delle seguenti funzioni.

53 ●○ $y = \ln \frac{x+5}{2x}$

54 ●○ $y = \frac{x^3 - 4x + 3}{x^2 + 3x}$

55 ●○ $y = \frac{\sqrt{x-1}}{x-2}$

56 ●○ $y = \frac{e^x}{e^x - 1}$

57 ●○ $y = \frac{x^2 - 1}{x^3 - 4x}$

58 ●○ $y = x + 1 + \frac{1}{x-2}$

59 ●○ $y = e^{-x} + 3x$

60 ●● $y = \frac{3}{2^{\frac{x^2}{3-x}} - 1}$

61 ●● $y = x\sqrt{\frac{x-2}{x+2}}$

62 ●● $y = \sqrt{x^2 - 1} - x$

63 ●● $y = \frac{\log_3 x}{1 - \log_3 x}$

64 ●● $y = \frac{\sin x}{1 - \cos x}$

65 ●● Data la funzione

$$f(x) = \begin{cases} \frac{x-1}{ax+2} & \text{se } x \leq 0 \\ x^2 + 2x + b & \text{se } x > 0 \end{cases}$$

trova per quali valori di a e b la funzione è continua in $x = 0$ e presenta un asintoto verticale in $x = -4$. Rappresenta poi la funzione ottenuta. $\left[a = \frac{1}{2}, b = -\frac{1}{2}\right]$

66 ●● Definisci la continuità di una funzione in un punto, poi classifica le discontinuità delle funzioni:

$$y = 4^{\frac{x^2}{|x|}}; \quad y = 4^{-\frac{x^2}{x}}; \quad y = 4^{-\frac{|x|}{x}}.$$

Rappresenta le funzioni graficamente ed evidenzia le discontinuità precedentemente ottenute. [$x = 0$: III specie; $x = 0$: III specie; $x = 0$: I specie]

RISOLVERE PROBLEMI

67 ●● Il grafico della funzione $y = \frac{ax^2 + bx - 4}{cx^2 - 2x}$ passa per il punto $(-1; 2)$ e ha come asintoti le rette di equazioni $2x + 1 = 0$ e $y - 1 = 0$. Determina i valori di a, b, c e traccia un grafico probabile della funzione. $[a = -4, b = -4, c = -4]$

68 Un triangolo ha i lati che misurano rispettivamente $3a$, $4a$ e $5a$. Sia A l'area del triangolo stesso, A_1 l'area del cerchio inscritto e A_2 quella del cerchio circoscritto. Calcola i seguenti limiti:

a. $\lim_{a \to +\infty} \frac{A_1}{A}$;

b. $\lim_{a \to +\infty} \sqrt{\frac{A_2}{A_1}}$. $\left[\text{a) } \frac{\pi}{6}; \text{ b) } \frac{5}{2}\right]$

69 Considera la funzione $y = \tan x$ per $0 \leq x < \frac{\pi}{2}$. Per un punto P del grafico traccia le proiezioni ortogonali H e K di P rispettivamente sul semiasse delle ordinate positive e sulla retta $y = x$.

a. Dette S_C l'area del cerchio di centro P e raggio $\overline{PK}$ e S_T l'area del triangolo OPH, determina $\lim_{P \to 0} \frac{S_C}{S_T}$.

b. Se x_P è l'ascissa del punto P, determina $\lim_{x_P \to \frac{\pi}{2}^-} \frac{S_C}{S_T}$. [a) 0; b) $+\infty$]

70 Data la funzione $f(x) = \frac{ax^2 + x + b}{cx + 4}$, con $a, b, c \in \mathbb{R}$, determina i valori di a, b, c, sapendo che il suo grafico passa per il punto (1; 1), la retta di equazione $x - 2 = 0$ è asintoto verticale, la retta di equazione $x + 2y + 3 = 0$ è asintoto obliquo. [$a = 1, b = 0, c = -2$]

71 Data la funzione $f(x) = \frac{x + 2}{x^2 + k}$, con $k \in \mathbb{R}$, determina per quali valori di k la funzione $f(x)$ è continua in tutto $\mathbb{R}$ e per quali valori di k ammette punti di discontinuità, indicandone il numero e il tipo.
[$f(x)$ continua per $k > 0$; $k = 0$: $x = 0$, II sp.; $k = -4$: $x = -2$, III sp. e $x = 2$, II sp.; $k < 0 \wedge k \neq -4$: $x = \pm\sqrt{-k}$, II sp.]

72 Esplicita, rispetto alla variabile y, l'equazione della curva $x^2 - xy - 3x - y + 2 = 0$. Stabilisci se la curva presenta degli asintoti e, in caso di risposta affermativa, determinane le equazioni. Individua il punto di intersezione C degli asintoti e verifica che è centro di simmetria per la curva, scrivendo le equazioni della simmetria centrale rispetto al punto C. [$x = -1$, $y = x - 4$; $C(-1; -5)$]

TUTOR matematica — Allenati con **15 esercizi interattivi** con feedback "hai sbagliato, perché..."
su.zanichelli.it/tutor3 risorsa riservata a chi ha acquistato l'edizione con tutor

VERIFICA DELLE COMPETENZE VERSO L'ESAME

ARGOMENTARE E DIMOSTRARE

73 Se $\lim_{x \to -\infty} (x - 2)^m = +\infty$, che cosa puoi dire del numero naturale m?

74 Se $P(x)$ è un polinomio di grado 2, $Q(x)$ è un altro polinomio e $\lim_{x \to \infty} \frac{P(x)}{Q(x)} = 0$, cosa puoi dire sul grado di $Q(x)$?

75 Se $P(x)$ e $Q(x)$ sono due polinomi e $\lim_{x \to +\infty} \frac{P(x)}{Q(x)} = -\infty$, è sempre vero che il coefficiente del termine di $Q(x)$ di grado più alto è negativo? Giustifica la tua risposta.

76 Sia f una funzione continua per cui $\lim_{x \to +\infty} f\left(\frac{1}{2}x\right) = 0$. È vero che $\lim_{x \to +\infty} f(x) = 0$?

77 ●○ Si illustri il significato di *asintoto* e si fornisca un esempio di funzione $f(x)$ il cui grafico presenti un asintoto orizzontale e due asintoti verticali.

(Esame di Stato, Liceo scientifico, Corso di ordinamento, Sessione ordinaria, 2012, quesito 2)

78 ●○ Si consideri la curva d'equazione $f(x) = \sqrt[3]{x^3 - x}$. La curva ha asintoti? In caso affermativo, se ne determinino le equazioni.

(Esame di Stato, Liceo scientifico, Corso di ordinamento, Sessione suppletiva, 2013, quesito 6)

$[y = x]$

79 ●○ Calcolare $\lim_{x \to +\infty} (\sqrt{3x+5} - \sqrt{3x-2})$.

(Esame di Stato, Liceo scientifico comunicazione opzione sportiva, Sessione ordinaria, 2015, quesito 5)

$[0^+]$

80 ●○ Calcolare il valore del limite:

$$\lim_{x \to 6} \frac{6 - \sqrt{5x+6}}{x^2 - 8x + 12}.$$

(Esame di Stato, Liceo scientifico comunicazione opzione sportiva, Sessione ordinaria, 2016, quesito 8)

$\left[-\frac{5}{48}\right]$

81 ●○ Si calcoli il limite della funzione

$$y = \frac{\ln(x+3) - \ln(2x+1)}{x^2 + x - 6},$$

quando x tende a 2.

(Esame di Stato, Liceo scientifico, Corso sperimentale, Sessione straordinaria, 2007, quesito 1)

$\left[-\frac{1}{25}\right]$

82 ●○ Si calcoli il limite della funzione $(1 + \tan x)^{\cot x}$ quando x tende a 0.

(Esame di Stato, Liceo scientifico, Corso di ordinamento, Sessione straordinaria, 2010, quesito 2)

$[e]$

83 ●○ Si consideri la funzione:

$$f(x) = \begin{cases} \sin^2 x \sin \dfrac{1}{x} & \text{per } x \neq 0 \\ 0 & \text{per } x = 0 \end{cases}.$$

Se ne studi la continuità nel punto $x = 0$.

(Esame di Stato, Liceo scientifico, Corso di ordinamento, Sessione straordinaria, 2007, quesito 6)

84 ●○ Si consideri la seguente equazione in x:

$$(k-2)x^2 - (2k-1)x + (k+1) = 0,$$

dove k è un parametro reale diverso da 2.

Indicate con x' e x'' le sue radici, calcolare i limiti di $x' + x''$ quando k tende a 2, a $+\infty$ e a $-\infty$.

(Esame di Stato, Liceo scientifico, Corso di ordinamento, Sessione suppletiva, 2005, quesito 4)

$[\infty; 2; 2]$

85 ●○ Sia data la funzione:

$$f(x) = \begin{cases} 1 - x & \text{per } -1 \leq x \leq 0 \\ \dfrac{e^{x^2} - 1}{x \sin x} & \text{per } 0 < x \leq 1 \end{cases}$$

Si dica se essa è continua nel punto $x = 0$.

(Esame di Stato, Liceo scientifico, Corso di ordinamento, Sessione straordinaria, 2012, quesito 6)

86 ●○ Verificare che la funzione

$$f(x) = \frac{1}{3^{\frac{1}{x}} + 1}$$

ha una discontinuità di prima specie («a salto»), mentre la funzione

$$f(x) = \frac{x}{3^{\frac{1}{x}} + 1}$$

ha una discontinuità di terza specie («eliminabile»).

(Esame di Stato, Liceo scientifico, Scuole italiane all'estero, Sessione ordinaria, 2015, quesito 2)

87 ●○ Si determinino i coefficienti dell'equazione $y = \dfrac{ax^2 + 4}{bx + 2}$ perché la curva rappresentativa ammetta un asintoto obliquo d'equazione $y = x + 2$.

(Esame di Stato, Liceo scientifico, Corso sperimentale, Sessione suppletiva, 2012, quesito 6)

$[a = b = -1]$

88 ●● Si calcoli il limite della funzione $(1 + x^2)^{\frac{1}{\sin^2 x}}$, quando x tende a 0.

(Esame di Stato, Liceo scientifico, Corso di ordinamento, Sessione straordinaria, 2013, quesito 2)

$[e]$

COSTRUIRE E UTILIZZARE MODELLI

RISOLVIAMO UN PROBLEMA

A tutto gas

Un'azienda che produce acqua minerale frizzante conserva l'anidride carbonica in un recipiente in cui la pressione P e il volume V del gas, espressi in unità arbitrarie, sono legati dalla legge:

$$\left(P+\frac{2}{V^2}\right)(V-1)=1.$$

- Esprimi P in funzione di V.
- Studia la funzione $P(V)$ indipendentemente dalla situazione fisica. Classifica le discontinuità e determina gli eventuali asintoti.
- Traccia un grafico probabile della funzione $P(V)$.
- Quale parte del grafico rappresenta la situazione reale?

► **Determiniamo la funzione *P*(*V*).**

$$P(V)=\frac{1}{V-1}-\frac{2}{V^2}$$

La funzione si può scrivere:

$$P(V)=\frac{V^2-2V+2}{V^3-V^2}.$$

Il dominio naturale di $P(V)$, indipendentemente dalla situazione fisica, è D: $]-\infty;0[\,\cup\,]0;1[\,\cup\,]1;+\infty[$.

$P(V)$ è positiva per $V>1$.

► **Studiamo la discontinuità e determiniamo gli asintoti.**

$\lim\limits_{V\to 0^\pm} P(V)=-\infty \to V=0$ asintoto verticale.

$\lim\limits_{V\to 1^\pm} P(V)=\pm\infty \to V=1$ asintoto verticale.

$V=0$ e $V=1$ sono punti di discontinuità di seconda specie.

$\lim\limits_{V\to \pm\infty} P(V)=0 \to P=0$ asintoto orizzontale.

► **Tracciamo il grafico di *P*(*V*).**

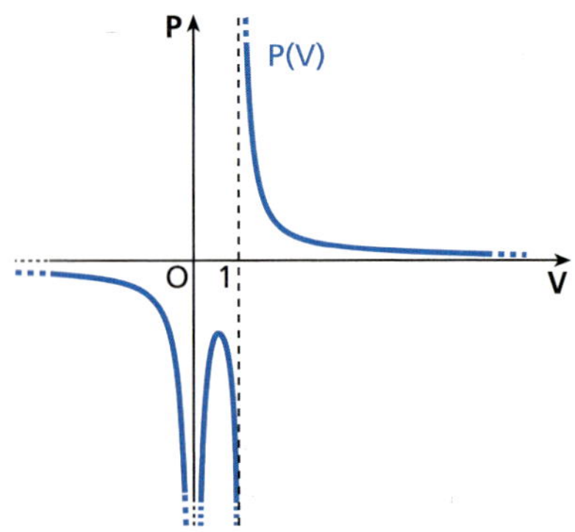

► **Studiamo la situazione reale.**

Osserviamo che sia il volume V sia la pressione $P(V)$ non possono essere negativi e che $P(V)$ è positiva per $V>1$. Quindi la parte di grafico che rappresenta la situazione reale corrisponde al dominio fisico $]1;+\infty[$. Quando il volume tende al valore minimo, la pressione tende all'infinito. Mano a mano che il volume aumenta, la pressione diminuisce e tende a 0 quando il volume tende a $+\infty$.

89 ●○

Tariffe acqua Quest'anno l'ente erogatore dell'acqua potabile applica le seguenti tariffe sul consumo di acqua, per i nuclei formati da due persone.
Per esempio, a fronte di un consumo di 50 m^3, verranno addebitati € 0,20 al m^3 per i primi 40 m^3 e € 0,50 per i $50-40=10$ m^3 restanti.
Scrivi l'espressione analitica della funzione modello $f(x)$ che fornisce il costo fatturato in base al consumo x di acqua nell'ipotesi che x possa assumere qualunque valore reale non negativo. Si tratta di una funzione continua?

Consumo x (m^3/anno)	Prezzo (€/m^3)
$0\le x\le 40$	0,20
$40< x\le 80$	0,50
$80< x\le 120$	0,80
$120< x\le 160$	2,00
$x>160$	3,00

90 ●○ IN FISICA **Gira gira** Ogni corpo di massa m che si trova a distanza r dal centro della Terra è attratto con una forza di intensità $F(r) = \frac{GMm}{r^2}$, dove $G = 6{,}67 \cdot 10^{-11}\ \text{N} \cdot \text{m}^2/\text{kg}^2$ è la costante di gravitazione universale.
Considera un satellite di massa $m = 500$ kg.

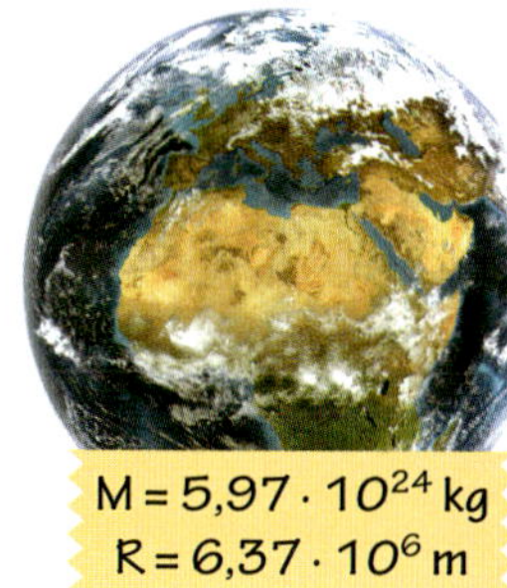

a. Determina il dominio di $F(r)$, tenendo conto del suo significato fisico. Rappresenta la funzione e stabilisci se è continua.

b. Quanto vale $F(R)$? Che cosa rappresenta?

c. Cosa succede se il satellite si allontana sempre più dalla Terra?

[a) $r \geq R$, continua; b) $4{,}9 \cdot 10^3$ N; c) $F(r) \to 0$]

91 ●● **Light blue** In un colorificio, per ottenere una vernice azzurra, un dispositivo immette ogni minuto 4 litri di vernice blu in una vasca che all'inizio contiene 1200 litri di vernice bianca. In ogni litro di vernice blu immessa ci sono 12 grammi di polvere blu. Spiega perché nella vasca, dopo x minuti, la concentrazione C, in grammi per litro, della polvere blu è:

$$C = \frac{48x}{1200 + 4x}.$$

a. Qual è la concentrazione di polvere blu dopo un'ora?

b. Utilizza il limite per $x \to +\infty$ per calcolare a quale valore tende la concentrazione di polvere blu al passare del tempo.

[a) 2 g/L; b) 12 g/L]

INDIVIDUARE STRATEGIE E APPLICARE METODI PER RISOLVERE PROBLEMI

LEGGI IL GRAFICO

92 ●○ Il grafico a fianco rappresenta la funzione $f(x) = \frac{x^2 + ax}{bx + c}$ e i suoi asintoti.

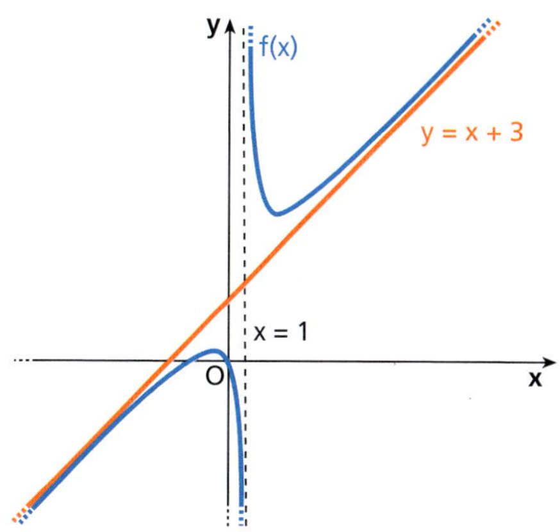

a. Determina il valore di a, b e c.

b. Determina il dominio di f e classifica gli eventuali punti di discontinuità.

c. Stabilisci se è possibile applicare il teorema degli zeri in $[-3; -1]$ e $[-1; 1]$, quindi risolvi l'equazione $f(x) = 0$.

[a) $a = 2, b = 1, c = -1$; b) $D: x \neq 1$, $x = 1$: II specie; c) $x = -2, x = 0$]

93 ●○ Osserva il grafico della funzione $f(x) = \begin{cases} x^3 + a & \text{se } x \leq 0 \\ b[\ln(1 + x) + 2] & \text{se } x > 0 \end{cases}$.

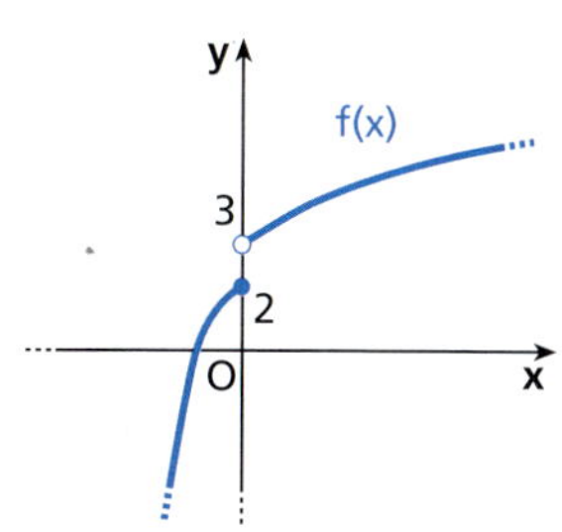

a. Determina il valore di a e b.

b. Studia il segno di f e calcola i limiti agli estremi del dominio, verificando graficamente i risultati ottenuti.

c. Individua un intervallo nel quale sono soddisfatte le ipotesi del teorema di Weierstrass e del teorema degli zeri.

[a) $a = 2, b = \frac{3}{2}$; b) $f(x) > 0$: $x > -\sqrt[3]{2}$]

VERIFICA DELLE COMPETENZE

94 ●○ **a.** Dal grafico deduci il dominio, l'immagine e i limiti di $f(x)$ per $x \to \pm\infty$ e per $x \to 3$.

b. Quale, tra le seguenti, potrebbe essere un'espressione di $f(x)$?

1. $y = \dfrac{4-x}{(x-3)^2}$ **2.** $y = \dfrac{1}{(x-3)^2} - 1$ **3.** $y = 1 - \dfrac{1}{x-3}$

c. Determina gli zeri di $f(x)$, utilizzando l'equazione più probabile.

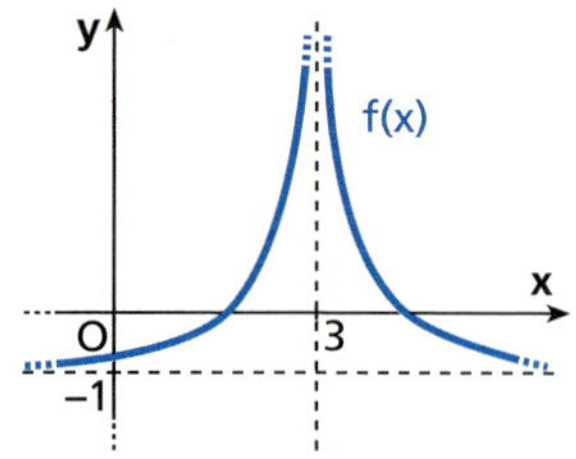

[a) D: $x \neq 3$; I: $]-1; +\infty[$; -1, -1, $+\infty$; b) 2; c) 2, 4]

95 ●● Dal grafico di $f(x) = a(1 - e^{bx})$ deduci i valori di a e b e dei limiti

$$\lim_{x\to 0^+} f(x); \qquad \lim_{x\to +\infty} \frac{1}{f(x)}.$$

Quindi calcola: $\displaystyle\lim_{x\to 0^+} \frac{\sin[2f(x)]}{3f(x)}$; $\displaystyle\lim_{x\to 0^+} \frac{\ln[1+3f(x)]}{f(x)}$.

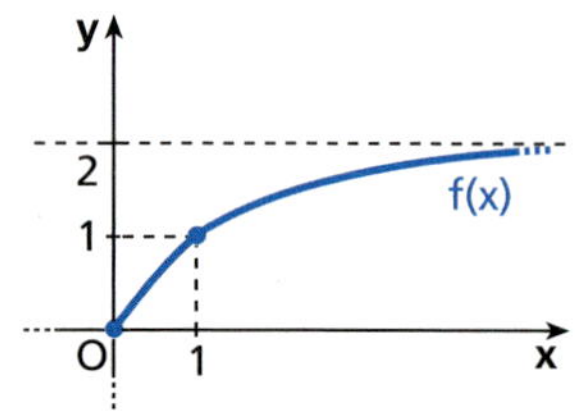

$\left[a = 2; b = -\ln 2; 0^+; \frac{1}{2}; \frac{2}{3}; 3\right]$

96 ●○ Considera la funzione $f(x)$ definita da:

$$f(x) = \begin{cases} c - x^2 & \text{se } x < 2 \\ x^2 - cx + 1 & \text{se } x \geq 2 \end{cases}$$

a. Trova il valore del parametro c in modo che la funzione verifichi le ipotesi del teorema di Weierstrass nell'intervallo $[0; 4]$.

b. Disegna il grafico della funzione per il valore di c trovato.

c. Per il valore di c trovato determina il massimo M e il minimo m della funzione nell'intervallo $[0; 4]$.

[a) $c = 3$; c) $M = 5$, $m = -1$]

97 ●● Data la funzione $f(x) = x - \dfrac{\sin(2\pi x)}{2\pi x}$:

a. determina il dominio, studia il segno e gli eventuali punti di discontinuità;

b. dimostra che la retta $y = x$ è un suo asintoto;

c. in quanti e quali punti il grafico di $f(x)$ interseca l'asintoto?

d. Traccia il grafico probabile di $f(x)$.

$\left[\text{a) } D: x \neq 0;\ f(x) > 0 \text{ per } x > \alpha, \text{ con } 0 < \alpha < 1;\ x = 0\text{: III specie; c) } x = \frac{k}{2}, k \in \mathbb{Z} - \{0\}\right]$

98 ●● Considerata la funzione $f(x) = \dfrac{\ln(|2x+1|-2)}{x-4}$:

a. determina il dominio e studia il comportamento di $f(x)$ ai suoi estremi;

b. dimostra che negli intervalli $\left[-3; -\frac{7}{4}\right]$ e $\left[\frac{3}{4}; 3\right]$ si annulla almeno una volta;

c. calcola le soluzioni di $f(x) = 0$;

d. traccia il grafico possibile.

$\left[\text{a) } D: x < -\frac{3}{2} \vee x > \frac{1}{2} \wedge x \neq 4;\ \text{c) } x_1 = -2, x_2 = 1\right]$

99 ●● Considera la funzione f di variabile reale definita, per $x \neq c$, da $f(x) = \dfrac{(x-a)(x-b)}{x-c}$, con a, b, c parametri reali, a positivo.

a. Determina a, b, c affinché il grafico di f abbia un asintoto verticale di equazione $x = 2$, passi per il punto $A(1; 0)$ e abbia un asintoto obliquo passante per il punto $B(0; 3)$.

b. Disegna il grafico di f e a partire dal grafico di f disegna il grafico della funzione g definita da $g(x) = \dfrac{1}{f(x)}$, mettendo in evidenza intersezioni con gli assi e asintoti.

[a) $a = 1$, $b = -2$, $c = 2$]

100 Dopo aver trovato per quale valore del parametro reale k la funzione

$$f(x)=\begin{cases}\dfrac{\sin kx}{x} & \text{se } x<0\\ \dfrac{x^2-k+1}{x-2} & \text{se } x\geq 0\end{cases}$$

presenta una discontinuità di prima specie con salto $l=1$ in $x=0$, sostituisci a k il valore trovato minore.

a. Determina il dominio.

b. Classifica eventuali altri punti di discontinuità.

c. Ricerca gli asintoti.

[$k=-3$; a) D: $x\neq 2$; b) $x=2$: II specie; c) $y=0$; $x=2$, $y=x+2$]

101 Sia data la funzione $f(x)=\begin{cases}\dfrac{\sin 2x}{x} & \text{se } x<0\\ 2e^{\frac{ax+b}{x-c}} & \text{se } x\geq 0, x\neq c\end{cases}$, con $a, b\in\mathbb{R}$, $c\in\mathbb{R}^+$.

a. Trova i valori di a, b e c in modo tale che: $f(x)$ sia continua in $x=0$; $\lim_{x\to+\infty} f(x)=2e$; $\lim_{x\to 3^-} f(x)=0$.

b. Con i valori a, b e c trovati al punto precedente, calcola: $\lim_{x\to 3^+} f(x)$; $\lim_{x\to-\infty} f(x)$.

c. Stabilisci se esistono i seguenti limiti e, nel caso, calcolali: $\lim_{x\to-\infty} xf(x)$; $\lim_{x\to 0^-} \dfrac{f(x)}{x}$.

[a) $a=1$, $b=0$, $c=3$; b) $+\infty$, 0; c) non esiste, $-\infty$]

102 Considera le funzioni $f(x)=ax+b+\dfrac{x^2}{x+1}$, con a e b parametri reali.

a. Trova per quali valori di a e b si ha $\lim_{x\to+\infty} f(x)=1$ e disegna il grafico di $f(x)$ per i valori trovati.

b. Determina l'equazione della retta tangente t nel punto A in cui $f(x)$ incontra l'asse y.

c. Considera un punto P appartenente all'arco del grafico di $f(x)$, con $x>-1$, e chiama Q il punto in cui la parallela all'asse y per P interseca la retta t. Determina $\lim_{P\to A}\dfrac{\overline{PQ}^2}{\overline{PA}^2}$ al tendere di P ad A sulla curva.

[a) $a=-1$, $b=2$; b) $y=-x+2$; c) 0]

103 Data la funzione $f(x)=\dfrac{e^{ax}-a}{e^{bx}+b}$:

a. trova le coppie di valori di a e b per le quali $\lim_{x\to+\infty} f(x)=1$ e $\lim_{x\to-\infty} f(x)=-1$;

b. tra le coppie trovate al punto precedente, poni $a=1$ e traccia il grafico probabile di $f(x)$;

c. dette A e B le proiezioni del generico punto P del grafico di $f(x)$ (studiato nel punto **b**), rispettivamente sull'asse x e sull'asse y, calcola $\lim_{x\to 0}\dfrac{\overline{PA}}{\overline{PB}}$.

[a) $a=b$, con $a, b>0$; c) $\frac{1}{2}$]

104 È data la famiglia di funzioni $f(x)=\dfrac{ax-8}{2x-a}$, con $a\in\mathbb{R}$.

a. Classifica i punti di discontinuità al variare del parametro a.

b. Poni $a=6$, stabilisci, utilizzando il teorema degli zeri, se l'equazione $f(x)=p(x)$, dove $p(x)=\frac{1}{2}x^2$, ammette radici nell'intervallo $[-3; 0]$ e fornisci un'interpretazione grafica.

c. Poni $a=1$, studia la funzione $g(x)=\ln f(x)$ e traccia il suo grafico probabile.

[a) $a=4$, $x=2$: III specie; $a=-4$, $x=-2$: III specie; $a\neq\pm 4$, $x=\frac{a}{2}$: II specie; b) una soluz. in $[-3; 0]$]

VERIFICA DELLE COMPETENZE PROVE

1 ora

PROVA A

1 Calcola i seguenti limiti:

a. $\lim_{x\to-\infty}(4x-x^3+5)$;

b. $\lim_{x\to1}\frac{x^2+4x-5}{x^2-1}$;

c. $\lim_{x\to0}\frac{x^2+\sin x}{x}$;

d. $\lim_{x\to0}\frac{e^x-1}{x\cos x-x}$;

e. $\lim_{x\to+\infty}\left(1-\frac{4}{x}\right)^{2x}$;

f. $\lim_{x\to+\infty}\frac{\ln x+x^3}{x^3}$.

2 Determina per quale valore di a la funzione

$$y=\begin{cases}ax & \text{se } x<3\\ 2^x+1 & \text{se } x\geq 3\end{cases}$$

è continua in tutto $\mathbb{R}$.

3 Individua e classifica i punti di discontinuità della funzione $y=\frac{x}{x^2-3x}$.

Disegna il grafico probabile delle seguenti funzioni, indicando in particolare eventuali discontinuità e asintoti.

4 $f(x)=\frac{3x^2+1}{4-x^2}$

5 $f(x)=\frac{x^3-9x}{x^2-1}$

6 Il grafico a fianco rappresenta una funzione $f(x)$ che ha equazione

$$y=\ln\frac{x^2+ax+b}{x+c}.$$

Determina a, b, c.

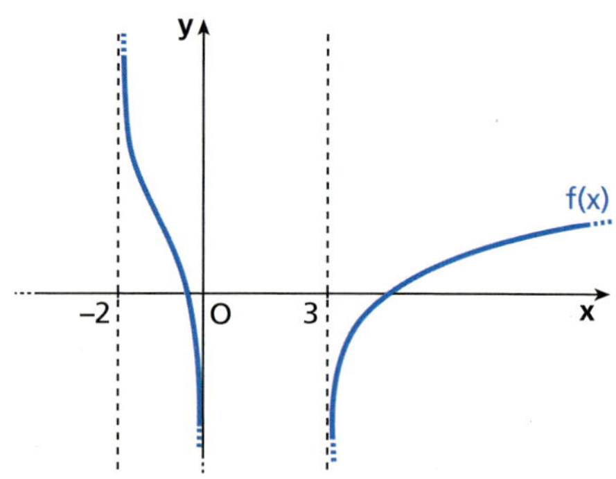

PROVA B

1 Calcola i seguenti limiti:

a. $\lim_{x\to0}\frac{x^2\cos x}{2-2\cos x}$;

b. $\lim_{x\to\infty}\left(1-\frac{2}{x^2}\right)^{4x^2-1}$;

c. $\lim_{x\to0^+}\frac{\log x}{x}\cdot e^{\frac{1}{x}}$;

d. $\lim_{x\to1}\frac{\sqrt{x+3}-\sqrt{3x+1}}{x-1}$;

e. $\lim_{x\to\frac{\pi}{3}^+}(\cos x)^{\frac{1}{x-\frac{\pi}{3}}}$;

f. $\lim_{x\to0}\frac{\sin 8x}{\cos x-e^{2x}}$.

2 Discuti il valore di $\lim_{x\to+\infty}\frac{3x^k+1}{x^2}$ al variare di $k\in\mathbb{R}$.

3 Individua e classifica i punti di discontinuità per la funzione $f(x)=\frac{\ln x-1}{x-4}$. Quindi stabilisci se si può applicare il teorema di esistenza degli zeri nell'intervallo [1; 3].

4 Data la funzione

$$f(x)=\begin{cases}3x^2+a & \text{se } x<0\\ \frac{2x+1}{x-b} & \text{se } x\geq 0\end{cases},$$

trova per quali valori di a e b la funzione è continua in $x=0$ e ha un asintoto verticale di equazione $x=1$.

Disegna il grafico probabile delle seguenti funzioni, indicando in particolare eventuali discontinuità e asintoti.

5 $f(x)=3^{\frac{1}{1-x}}$

6 $f(x)=\sqrt{x^2+2x-3}-x$

PROVA C

Flash in carica Se scatti una foto con il flash, la batteria ricomincia subito a ricaricare il condensatore del flash. La funzione che esprime la carica elettrica Q che si accumula in funzione del tempo t, in secondi, è:

$$Q(t) = a\left(1 - e^{-\frac{t}{b}}\right),$$

dove a e b sono costanti.

a. Utilizza il calcolo di un limite per stabilire qual è la carica massima che è messa a disposizione del flash.

b. Determina il tempo necessario per ottenere il 90% della carica massima se $b = 4$.

c. Disegna un grafico probabile della funzione per $a = 2$ e $b = 1$.

d. Durante la ricarica l'intensità di corrente $I(t)$ non è costante. Si dimostra che l'intensità di corrente all'inizio della ricarica, cioè all'istante $t = 0$, è data da $I(0) = \lim_{t \to 0^+} \frac{Q(t) - Q(0)}{t}$.

Calcola l'intensità di corrente iniziale $I(0)$.

PROVA D

1 Data la funzione $f(x) = \frac{x^2 - 4x + 3}{ax^2 + (1 - 3a)x - 3}$, con $a \in \mathbb{R}$, determina per quali valori di a:

a. risulta $\lim_{x \to 3} f(x) = 1$;

b. ammette come asintoto verticale la retta di equazione $x + 4 = 0$;

c. interseca almeno una volta l'asse delle ascisse.

2 Il grafico a fianco rappresenta la funzione

$$f(x) = \frac{ax^3 + b}{cx^2 - 8}$$

e i suoi asintoti.

a. Determina i valori di a, b e c.

b. Trova il dominio di $f(x)$ e classifica gli eventuali punti di discontinuità.

c. Stabilisci se è possibile applicare il teorema di Weierstrass in $[0; 2]$, $[1; 3]$, $[3; 4]$ e, in caso affermativo, determina il minimo e il massimo di f in quell'intervallo.

d. Considera la funzione $g(x) = e^{f(x)}$, studia la sua continuità e disegna il grafico probabile.

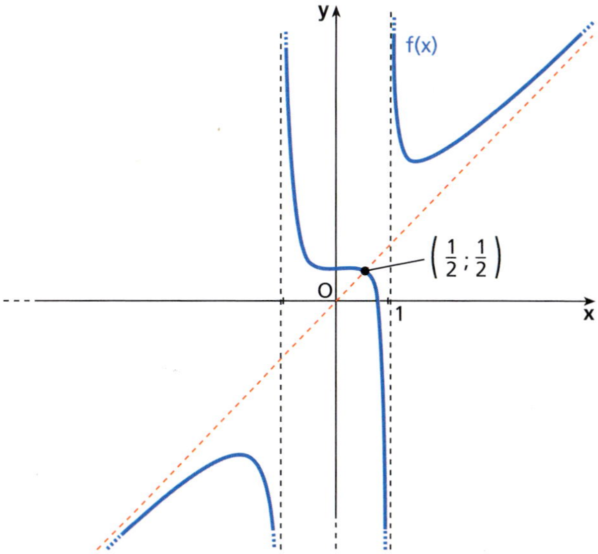

3 Considerata la funzione $f(x) = \frac{\ln x + 1}{\ln x - 1}$,

a. verifica che $\lim_{x \to 0^+} f(x) = 1$;

b. attraverso il calcolo dei rispettivi limiti, dimostra che $f(x)$ ha un asintoto orizzontale e un asintoto verticale; scrivine inoltre le equazioni;

c. traccia il grafico probabile di $f(x)$ e individua la sua immagine.

T

CAPITOLO

24 SUCCESSIONI E SERIE

1 Successioni numeriche

▶ Esercizi a p. 1531

Listen to it

A **numerical sequence** is a function $f: \mathbb{N} \to \mathbb{R}$ that associates with each natural number n a real value a_n:

$a_n = f(n)$.

DEFINIZIONE

Una **successione numerica** è una funzione che associa a ogni numero naturale n un numero reale a_n:

$$a_n = f(n).$$

Una successione è quindi un insieme ordinato e infinito di numeri, che chiamiamo **termini**:

$$a_0, a_1, a_2, \ldots, a_n, \ldots,$$

dove con a_n indichiamo il **termine generico**.

L'**indice** 0,1, … crea la corrispondenza fra i termini a_0, a_1, … e i numeri naturali 0, 1, …

ESEMPIO

La successione costituita da tutte le frazioni con numeratore 1 e denominatore un numero naturale dispari è la funzione:

$$a_n = \frac{1}{2n+1}.$$

Sostituendo a n i valori 0, 1, 2, 3, …, si ha:

$$a_0 = 1, \quad a_1 = \frac{1}{3}, \quad a_2 = \frac{1}{5}, \quad a_3 = \frac{1}{7}, \quad \ldots$$

A volte il primo termine di una successione non si indica con a_0 ma con a_1, oppure con a_k se la successione non è definita per numeri naturali minori di k.

Per esempio, la successione $a_n = \dfrac{2_n + 1}{n}$ ha come primo termine a_1 perché a_0 non esiste.

Rappresentazioni delle successioni

Rappresentazione per enumerazione

Indichiamo i primi termini della successione seguiti dai puntini di sospensione.

▶ Rappresenta per enumerazione la successione dei quadrati dei numeri pari.

ESEMPIO

0, 3, 6, 9, … è la successione dei multipli di 3.

Rappresentazione mediante espressione analitica

Indichiamo la relazione che lega l'indice n e il termine a_n.

ESEMPIO
I multipli di 3 sono descritti dall'espressione $a_n = 3n$.

► Scrivi la successione dei quadrati dei numeri pari in forma analitica.

Rappresentazione ricorsiva o per ricorsione

Consiste nel fornire il primo termine della successione e una relazione che lega il termine generale a_n a quello precedente.

$$\begin{cases} a_0 \\ a_n = f(a_{n-1}) \quad \text{se } n > 0 \end{cases}$$

ESEMPIO

$$\begin{cases} a_0 = \mathbf{0} \\ a_n = a_{n-1} + 3 \quad \text{se } n > 0 \end{cases}$$

Ogni termine si ottiene dal precedente sommando 3:

$$a_0 = \mathbf{0}, \quad a_1 = a_0 + 3 = \mathbf{3}, \quad a_2 = a_1 + 3 = \mathbf{6}, \quad \dots$$

Abbiamo riottenuto la successione dei multipli di 3.

► Scrivi i primi quattro termini della seguente successione.

$$\begin{cases} a_0 = 3 \\ a_n = 2a_{n-1} + 1 \quad \text{se } n > 0 \end{cases}$$

Non è sempre facile passare da un tipo di rappresentazione a un altro.

ESEMPIO

1. La successione $a_n = 2n^2 - 1$ si può rappresentare per enumerazione,

   $-1, \quad 1, \quad 7, \quad 17, \quad \dots,$

   mentre non è facile scriverla in forma ricorsiva.

2. La successione $\begin{cases} a_0 = 3 \\ a_n = 2a_{n-1} + 1 \end{cases}$ si può rappresentare per enumerazione,

   $3, \quad 7, \quad 15, \quad 31, \quad \dots,$

   ma è più complicato trovare l'espressione analitica.

3. Per la successione

   0, 0,2, 0,22, 0,222, ...,

   non è facile ricavare l'espressione analitica o ricorsiva.

In generale:

- la rappresentazione per elencazione è efficace se, leggendo i primi termini, si possono dedurre gli altri senza ambiguità;
- quando è possibile, conviene utilizzare la rappresentazione analitica perché permette di calcolare il termine n-esimo direttamente da n.

2 Progressioni

Progressioni aritmetiche

► Esercizi a p. 1533

Consideriamo la successione

$1, \quad 5, \quad 9, \quad 13, \quad 17, \quad 21, \quad \dots$

TEORIA

Ogni termine si ottiene dal precedente aggiungendo 4. Diciamo anche che la differenza fra ogni termine e il suo precedente è 4.
La successione è una *progressione aritmetica.*

Listen to it

A numerical sequence is an **arithmetic progression** if the difference between any two consecutive terms is constant.

DEFINIZIONE
Una successione numerica è una **progressione aritmetica** quando la differenza fra ogni termine e il suo precedente è costante.

▶ Verifica se la successione $-\frac{1}{4}, -\frac{1}{2}, -\frac{3}{4}, -1, -\frac{5}{4}, \ldots$ è una progressione aritmetica.

La differenza costante fra un termine e il precedente è detta **ragione** e viene indicata con d.

$$a_n - a_{n-1} = d \quad \rightarrow \quad a_n = a_{n-1} + d$$

Se consideriamo un numero finito di termini consecutivi di una progressione, il primo e l'ultimo sono detti **estremi** della progressione.

Calcolo del termine a_n di una progressione aritmetica

Animazione

Nell'animazione ti riproponiamo la dimostrazione del teorema, già vista nel volume 3, insieme alla sua interpretazione geometrica e a un esempio di applicazione con il calcolo della ragione *d* della progressione aritmetica di primo termine 1 e settimo termine 25.

TEOREMA
In una progressione aritmetica, il termine a_n è uguale alla somma del primo termine a_1 con il prodotto della ragione d per $(n - 1)$:

$$a_n = a_1 + (n - 1) \cdot d, \text{ con } n \geq 1.$$

ESEMPIO
Calcoliamo a_{10} nella successione che ha termine iniziale 3 e ragione $\frac{1}{3}$:

$$a_{10} = 3 + 9 \cdot \frac{1}{3} = 3 + 3 = 6.$$

Somma di termini consecutivi di una progressione aritmetica

Animazione

Anche in questa animazione, così come nelle due successive, riproponiamo quanto è stato presentato nel volume 3. Esaminiamo la dimostrazione del teorema e calcoliamo la somma dei primi 6 termini della progressione aritmetica di primo termine 2 e ragione 3.

TEOREMA
La somma S_n dei primi n termini di una progressione aritmetica è uguale al prodotto di n per la semisomma dei due termini estremi a_1 e a_n:

$$S_n = n \cdot \frac{a_1 + a_n}{2}.$$

ESEMPIO
Calcoliamo la somma dei primi 8 termini della progressione aritmetica di primo termine 2 e ragione 3: 2, 5, 8, 11, 14, 17, 20, 23.

$$S_8 = 8 \cdot \frac{2 + 23}{2} = 100$$

Progressioni geometriche

▶ Esercizi a p. 1533

Consideriamo la successione

$$3, \quad 6, \quad 12, \quad 24, \quad 48, \quad \ldots$$

Ogni termine si ottiene dal precedente moltiplicandolo per 2. Si può anche dire che il quoziente fra ogni termine e il suo precedente è uguale a 2.

Una successione di questo tipo è una *progressione geometrica*.

DEFINIZIONE
Una successione numerica è una **progressione geometrica** quando il quoziente fra ogni termine e il suo precedente è costante.

Il quoziente costante fra un termine e il precedente è detto **ragione** e viene indicato con q. La ragione q non può essere mai uguale a 0 e nemmeno i termini della progressione possono essere 0, perché non ha significato la divisione del tipo $\frac{b}{0}$.

$$\frac{a_n}{a_{n-1}} = q \quad \rightarrow \quad a_n = a_{n-1} \cdot q$$

In una progressione geometrica:

- se $q > 0$, i termini sono tutti o **positivi** o **negativi**;
- se $q < 0$, i termini sono **alternativamente** di **segno opposto**.

Se consideriamo un numero finito di termini consecutivi di una progressione geometrica, il primo e l'ultimo termine sono detti **estremi** della progressione.

Calcolo del termine a_n di una progressione geometrica

TEOREMA
In una progressione geometrica il termine a_n è uguale al prodotto del primo termine a_1 per la potenza della ragione con esponente $(n - 1)$:

$$a_n = a_1 \cdot q^{n-1}, \text{ con } n \geq 1.$$

ESEMPIO
Calcoliamo il quinto termine della progressione geometrica che ha 45 come primo termine e ragione $\frac{2}{3}$:

$$a_5 = 45 \cdot \left(\frac{2}{3}\right)^4 = 45 \cdot \frac{16}{81} = \frac{80}{9}.$$

Animazione
Nell'animazione, dimostriamo il teorema.
Inoltre, di tre progressioni geometriche, calcoliamo:
- a_5 sapendo che $q = 3$ e $a_1 = 4$;
- a_1 se $q = 2$ e $a_4 = 96$;
- q sapendo che $a_1 = 2$ e $a_4 = 54$.

Somma di termini consecutivi di una progressione geometrica

TEOREMA
La somma S_n dei primi n termini di una progressione geometrica di ragione q diversa da 1 è:

$$S_n = a_1 \cdot \frac{q^n - 1}{q - 1}.$$

ESEMPIO
Calcoliamo la somma dei primi 6 termini della progressione geometrica

$$\frac{1}{4}, \ \frac{1}{2}, \ 1, \ 2, \ 4, \ 8, \ \ldots$$

Poiché $q = 2$ e $a_1 = \frac{1}{4}$:

$$S_6 = \frac{1}{4} \cdot \frac{2^6 - 1}{2 - 1} = \frac{1}{4} \cdot \frac{64 - 1}{1} = \frac{63}{4}.$$

Animazione
Nell'animazione, dimostriamo il teorema e calcoliamo la somma dei primi 5 termini della progressione geometrica di primo termine 4 e ragione 3.

3 Alcune proprietà delle successioni

Successioni monotòne

Esercizi a p. 1536

Una successione è:

- **crescente** se ogni termine è maggiore del suo precedente, ossia:
  $a_n < a_{n+1}, \quad \forall n \in \mathbb{N};$
- **decrescente** se ogni termine è minore del suo precedente, ossia:
  $a_n > a_{n+1}, \quad \forall n \in \mathbb{N};$
- **non decrescente** (o **crescente in senso lato**) se: $a_n \leq a_{n+1}$, $\forall n \in \mathbb{N}$;
- **non crescente** (o **decrescente in senso lato**) se: $a_n \geq a_{n+1}$, $\forall n \in \mathbb{N}$;
- **costante** se ogni termine è uguale al suo precedente, ossia:
  $a_n = a_{n+1}, \quad \forall n \in \mathbb{N}.$

In generale, una successione per cui vale una di queste proprietà si dice **monotòna**.

ESEMPIO

1. 0, 1, 4, 9, 16, ... è una successione monotòna crescente.
2. $-1, -2, -3, -4, \ldots$ è monotòna decrescente.
3. $0, \frac{1}{2}, \frac{1}{2}, 1, \frac{3}{2}, \ldots$ è monotòna non decrescente.
4. $-1, -1, -\frac{3}{2}, -2, -\frac{5}{2}, \ldots$ è monotòna non crescente.
5. $\sqrt{2}, \sqrt{2}, \sqrt{2}, \ldots$ è costante.

Successioni limitate e illimitate

Esercizi a p. 1537

Una successione è **limitata superiormente** se tutti i suoi termini risultano minori o uguali di un numero reale M, ossia $a_n \leq M$, $\forall n \in \mathbb{N}$.

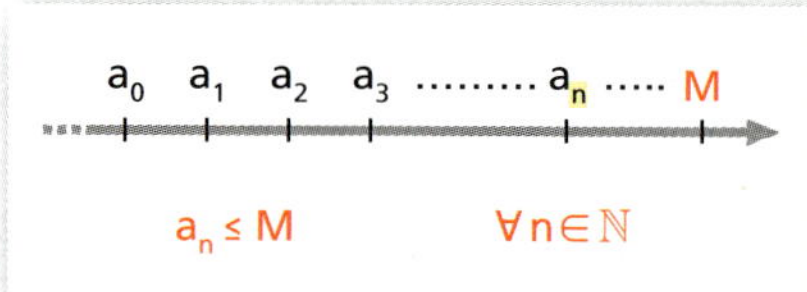

ESEMPIO

La successione

$$2,\ 1,\ \frac{2}{3},\ \frac{2}{4},\ \frac{2}{5},\ \ldots,\ \frac{2}{n+1},\ \ldots$$

è limitata superiormente, perché tutti i suoi termini sono minori o uguali a 2.

Una successione è **limitata inferiormente** se tutti i suoi termini risultano maggiori o uguali a un numero reale m, ossia $a_n \geq m$, $\forall n \in \mathbb{N}$.

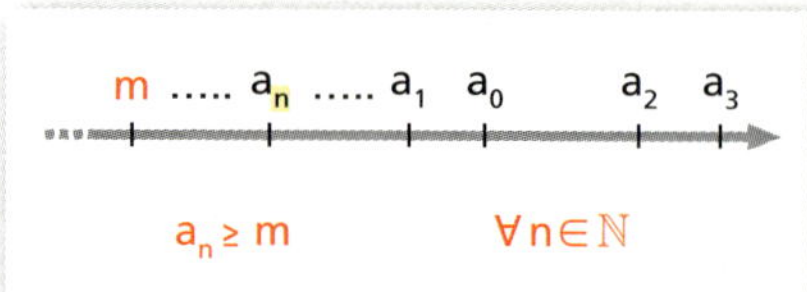

ESEMPIO

$$2,\ \frac{5}{2},\ \frac{10}{3},\ \frac{17}{4},\ \frac{26}{5},\ \ldots,\ \frac{n^2+1}{n},\ \ldots, \quad \text{con } n \neq 0,$$

è una successione limitata inferiormente, perché tutti i suoi termini risultano maggiori o uguali a 2.

Una successione è **limitata** quando è limitata sia superiormente sia inferiormente, ossia quando esistono due numeri reali m e M tali che $m \leq a_n \leq M$, $\forall n \in \mathbb{N}$.

ESEMPIO

$$0, \frac{1}{2}, \frac{2}{3}, \frac{3}{4}, \frac{4}{5}, \frac{5}{6}, \frac{6}{7}, \ldots, \frac{n}{n+1}, \ldots,$$

è una successione limitata inferiormente, perché tutti i suoi termini risultano maggiori o uguali a 0, ed è anche limitata superiormente perché la frazione $\frac{n}{n+1}$ è una frazione propria, pertanto minore di 1. Tutti i termini della successione risultano minori di 1, anche se 1 non fa parte di essi.
La successione è allora una successione limitata.

Una successione non limitata si dice **illimitata**.

ESEMPIO

La successione $a_n = 2n + 1$ dei numeri dispari

$$1, \quad 3, \quad 5, \quad 7, \quad 9, \quad 11, \quad \ldots, \quad 2n+1, \quad \ldots$$

è una successione illimitata.

4 Limite di una successione

Le successioni sono particolari funzioni, dunque il concetto di limite di una successione è analogo a quello di limite di una funzione. Tuttavia, nel caso delle successioni, il dominio è l'insieme dei numeri naturali e non un intervallo; quindi n non può tendere a un valore finito, ma solo a $+\infty$.

Successioni divergenti

▶ Esercizi a p. 1538

$\lim_{n \to +\infty} a_n = +\infty$

Consideriamo la successione $a_n = 3^n$, ossia: $1, \ 3, \ 9, \ 27, \ 81, \ \ldots$

Al crescere di n, i termini diventano sempre più grandi. Diciamo allora che al tendere di n a $+\infty$ la successione tende a $+\infty$ e che, scelto un numero M grande a piacere, da un certo n in poi i termini della successione lo superano. Per esempio, se $M = 10$ si ha $3^n > M$ da $n = 3$ in poi, se $M = 100$ da $n = 5$ in poi, …

DEFINIZIONE

Limite $+\infty$ per n che tende a $+\infty$
Data la successione di termine generale a_n, per n tendente a $+\infty$ la successione ha per limite $+\infty$ quando, fissato ad arbitrio un numero M positivo, è possibile determinare un corrispondente numero p_M positivo tale che:

$$a_n > M \quad \text{per ogni } n > p_M.$$

In questo caso la successione è **divergente positivamente**.

Dire che M è un numero positivo fissato ad arbitrio equivale a dire che quanto enunciato vale *per ogni* $M > 0$.

TEORIA

ESEMPIO

Verifichiamo che la successione dei numeri naturali multipli di 3 è divergente positivamente, ossia che

$$\lim_{n \to +\infty} 3n = +\infty.$$

Fissato $M > 0$, dobbiamo trovare un numero positivo p_M per cui:

$$3n > M \quad \forall n > p_M.$$

Dividendo entrambi i membri per 3, otteniamo la disequazione equivalente:

$$n > \frac{M}{3}.$$

Se poniamo $p_M = \frac{M}{3}$, abbiamo trovato che

$$\forall n > p_M \quad \rightarrow \quad 3n > M,$$

ossia tutti i termini con indice $n > \frac{M}{3}$ sono maggiori di M.

▶ Verifica che $\lim_{n \to +\infty} \left(\frac{n^2}{8} + 1\right) = +\infty$.

Animazione

$\lim_{n \to +\infty} a_n = -\infty$

DEFINIZIONE

Limite $-\infty$ per n che tende a $+\infty$

Data la successione di termine generale a_n, per n tendente a più infinito la successione ha per limite $-\infty$ quando, fissato ad arbitrio un numero M positivo, è possibile determinare un corrispondente numero p_M positivo tale che:

$$a_n < -M \quad \text{per ogni } n > p_M.$$

Quindi, fissato ad arbitrio un numero $M > 0$, da un certo indice in poi tutti i termini della successione sono minori di $-M$.

In questo caso la successione è **divergente negativamente**.

Per esempio, è divergente negativamente la successione:

$$a_n = -n^2.$$

▶ Verifica che $\lim_{n \to +\infty} \left(-\frac{n^2}{9}\right) = -\infty$.

Animazione

Successioni convergenti

▶ Esercizi a p. 1539

$\lim_{n \to +\infty} a_n = \ell$

Consideriamo la successione $a_n = \frac{1}{n^2}$, con $n \neq 0$:

$$1, \frac{1}{4}, \frac{1}{9}, \frac{1}{16}, \dots$$

Al crescere di n i suoi termini si avvicinano sempre più a 0. Diciamo allora che al tendere di n a $+\infty$ la successione tende a 0. Comunque scegliamo un numero positivo ε piccolo quanto vogliamo, da un certo n in poi i termini della successione si discostano da 0 meno di ε, cioè:

$$\left|\frac{1}{n^2} - 0\right| < \varepsilon.$$

Per esempio, se $\varepsilon = 0{,}1$, la condizione $\left|\frac{1}{n^2} - 0\right| < \varepsilon$ è vera da $n = 4$ in poi; se $\varepsilon = 0{,}01$, da $n = 11$ in poi, …

DEFINIZIONE

Limite finito per n che tende a $+\infty$

Data la successione di termine generale a_n, per n tendente a $+\infty$ la successione ha per limite il numero l quando, fissato ad arbitrio un numero ε positivo, è possibile determinare un corrispondente numero p_ε positivo tale che:

$$|a_n - l| < \varepsilon \quad \text{per ogni } n > p_\varepsilon.$$

Una successione di questo tipo è **convergente**.

ESEMPIO

Verifichiamo che $\lim_{n \to +\infty} \frac{1}{2n} = 0$.

Fissato un numero positivo ε, dobbiamo trovare in corrispondenza un numero positivo p_ε per cui risulti:

$$\left|\frac{1}{2n} - 0\right| < \varepsilon \quad \rightarrow \quad \left|\frac{1}{2n}\right| < \varepsilon, \quad \forall n > p_\varepsilon.$$

Poiché $n > 0$, possiamo togliere il valore assoluto:

$$\frac{1}{2n} < \varepsilon.$$

Passiamo alla disuguaglianza tra i reciproci dei due membri, cambiando anche il verso della disuguaglianza, e dividiamo poi per 2:

$$2n > \frac{1}{\varepsilon} \quad \rightarrow \quad n > \frac{1}{2\varepsilon}.$$

Se poniamo $p_\varepsilon = \frac{1}{2\varepsilon}$, abbiamo trovato che $\forall n > p_\varepsilon$ risulta:

$$\left|\frac{1}{2n} - 0\right| < \varepsilon.$$

▶ Verifica che $\lim_{n \to +\infty} (-1)^n \cdot \frac{8}{n+1} = 0$.

Animazione

Successioni indeterminate

▶ Esercizi a p. 1539

Può capitare che una successione non sia né divergente (positivamente o negativamente) né convergente: in questi casi si dice che **non esiste il limite**, oppure che la successione è **indeterminata**.

ESEMPIO

In $a_n = (-1)^n$, con $n \in \mathbb{N}$, tutti i termini hanno come valore $+1$ o -1:

$$a_n = \begin{cases} +1 & \text{se } n \text{ è pari} \\ -1 & \text{se } n \text{ è dispari} \end{cases}.$$

Anche considerando indici molto grandi, la successione oscilla tra $+1$ e -1, pertanto non è possibile determinare un unico valore a cui si avvicina, quindi il limite non esiste.

▶ Scrivi i primi dieci termini della successione $a_n = (-1)^n + 2$ e spiega perché è indeterminata.

Teoremi

I teoremi che abbiamo dimostrato per i limiti delle funzioni sono validi, come casi particolari, anche per le successioni. Ricordiamo quello del confronto.

Teorema del confronto

Date le successioni a_n, b_n, c_n tali che $a_n \le b_n \le c_n$, $\forall n \in \mathbb{N}$, se $\lim_{n \to +\infty} a_n = \lim_{n \to +\infty} c_n = l$, allora esiste anche il limite di b_n per n tendente a $+\infty$ ed è uguale a l.

TEORIA

In particolare, date le successioni a_n e b_n tali che $a_n \leq b_n$, $\forall n \in \mathbb{N}$, se $\lim_{n \to +\infty} a_n = +\infty$, anche b_n tende a $+\infty$ per n tendente a $+\infty$ e, analogamente, se $\lim_{n \to +\infty} b_n = -\infty$, anche a_n tende a $-\infty$ per n tendente a $+\infty$.

Limiti delle successioni monotòne

▶ Esercizi a p. 1540

Per le successioni monotòne vale il seguente teorema.

TEOREMA

Limite di una successione monotòna

- Se una successione *crescente* è limitata superiormente, allora è convergente; se è illimitata superiormente, allora diverge positivamente.
- Se una successione *decrescente* è limitata inferiormente, allora è convergente; se è illimitata inferiormente, allora diverge negativamente.

Si deduce che *una successione monotòna non è mai indeterminata.*

▶ Verifica che ogni termine della successione $a_n = \frac{n}{n+1}$ è minore del suo successivo e che ogni termine è minore di 1.

ESEMPIO

1. La successione $a_n = \frac{n}{n+1}$, ossia

   $$0, \quad \frac{1}{2}, \quad \frac{2}{3}, \quad \frac{3}{4}, \quad \ldots,$$

   è crescente e limitata, quindi è convergente.
2. La successione dei numeri pari è crescente e illimitata, quindi è divergente.

5 Calcolo del limite di una successione

▶ Esercizi a p. 1540

Anche nel calcolo dei limiti di successioni valgono tutti i teoremi e le regole visti per le funzioni, come per esempio quelli dei limiti di somme, prodotti, quozienti, ... In particolare, valgono le regole dei limiti notevoli.

Video

Numero di Nepero
- ▶ Cos'è il numero di Nepero?
- ▶ Perché è legato alla successione $a_n = \left(1 + \frac{1}{n}\right)^n$?

ESEMPIO

1. $\lim_{n \to +\infty} \frac{-2n^3 + n}{n^3 - 1} = -2$ perché il numeratore e il denominatore sono polinomi che hanno lo stesso grado.
2. $\lim_{n \to +\infty} n \sin\frac{1}{n} = \lim_{n \to +\infty} \frac{\sin\frac{1}{n}}{\frac{1}{n}}$ e, poiché $\frac{1}{n} \to 0$, il limite vale 1 per analogia con il limite notevole $\lim_{x \to 0} \frac{\sin x}{x} = 1$.

▶ Calcola $\lim_{n \to +\infty} n^2\left(1 - \cos\frac{1}{n}\right)$.

Per $n \to +\infty$, vale inoltre la seguente **gerarchia degli infiniti**:

se $a > 1$, $\alpha > 0$,

$$\log_a n < n^\alpha < a^n < n! < n^n,$$

dove $n! = n \cdot (n-1) \cdot (n-2) \cdot \ldots \cdot 3 \cdot 2 \cdot 1$.

ESEMPIO

$\lim_{n \to +\infty} \frac{4n}{n!} = 0$ perché $n!$ è un infinito di ordine superiore a 4^n.

► Calcola $\lim_{n \to +\infty} \frac{n^4}{\ln n}$.

Limiti delle progressioni

Limite di una progressione aritmetica

In una progressione aritmetica di ragione d, abbiamo:

$$a_n = a_1 + (n-1) \cdot d,$$

quindi:

1. se $d = 0$, cioè $a_n = a_1$, $\forall n > 1$, allora la successione è costante e $\lim_{n \to +\infty} a_n = a_1$;
2. se $d \neq 0$, allora:

$$\lim_{n \to +\infty} a_n = \lim_{n \to +\infty} [a_1 + (n-1) \cdot d] = \begin{cases} +\infty, & \text{se } d > 0 \\ -\infty, & \text{se } d < 0 \end{cases}.$$

Pertanto vale la seguente proprietà.

PROPRIETÀ
Una progressione aritmetica di ragione $d \neq 0$ è sempre divergente.

► Calcola il limite per $n \to +\infty$ della progressione aritmetica:
$2, \frac{11}{6}, \frac{5}{3}, \frac{3}{2}, \ldots$

Limite di una progressione geometrica

In una progressione geometrica di ragione q, abbiamo:

$$a_n = a_1 \cdot q^{n-1},$$

pertanto:

- se $q \leq -1$, allora a_n cambia alternativamente segno al crescere di n e il suo valore assoluto tende a $+\infty$ per n tendente a $+\infty$, ma *non esiste il limite* $\lim_{n \to +\infty} a_n$;
- se $-1 < q < 1$, allora $\lim_{n \to +\infty} q^n = 0$ e quindi:

$$\lim_{n \to +\infty} a_n = \lim_{n \to +\infty} a_1 q^{n-1} = 0;$$

- se $q = 1$, la progressione geometrica è costante e quindi $\lim_{n \to +\infty} a_n = a_1$;
- se $q > 1$, allora:

$$\lim_{n \to +\infty} a_n = \lim_{n \to +\infty} a_1 q^{n-1} = \begin{cases} +\infty, & \text{se } a_1 > 0 \\ -\infty, & \text{se } a_1 < 0 \end{cases}.$$

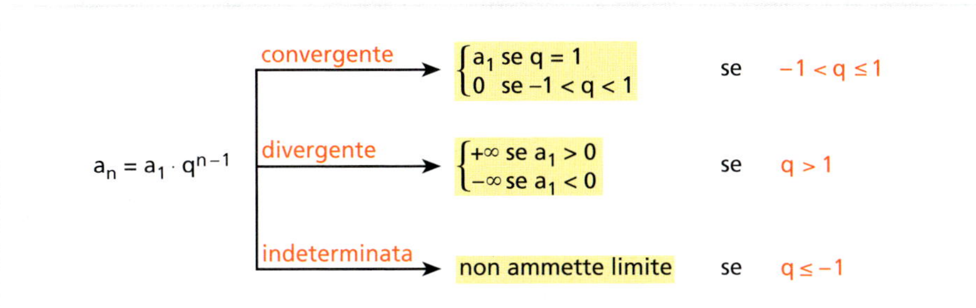

► Calcola i limiti per $n \to +\infty$ delle seguenti progressioni geometriche.

a. $\frac{2}{3}, 1, \frac{3}{2}, \frac{9}{4}, \frac{27}{8}, \ldots$

b. $\frac{3}{2}, 1, \frac{2}{3}, \frac{4}{9}, \frac{8}{27}, \ldots$

c. $2, -1, \frac{1}{2}, -\frac{1}{4}, \frac{1}{8}, \ldots$

6 Principio di induzione

Esercizi a p. 1544

Il principio di induzione è un metodo per dimostrare proprietà che dipendono da un numero naturale n.

È un tipo di ragionamento che si basa su due passi.

Vogliamo dimostrare che una proposizione $P(n)$ dipendente da $n \in \mathbb{N}$ è vera per ogni $n \in \mathbb{N}$.

Primo passo: si dimostra che $P(n)$ è vera per $n = 0$.

Secondo passo: supponendo vera la proposizione $P(n)$, si dimostra che è vera $P(n+1)$, cioè la proposizione associata al valore successivo di n.

In questo modo, a partire da $n = 0$, è *dimostrato* che la proposizione $P(n)$ è vera per ogni $n \in \mathbb{N}$.

Analogamente, si può applicare lo stesso ragionamento anche se si parte, nell'associare le proposizioni P a numeri naturali, invece che da $n = 0$, da un valore $k > 0$.

Abbiamo allora la seguente forma generale del **principio di induzione**.

Data una proposizione $P(n)$, con $n \in \mathbb{N}$ e $n \geq k$, se

1. è vera $P(k)$,
2. supposta vera $P(n)$, è vera anche $P(n+1)$,

allora $P(n)$ è vera per ogni $n \geq k$.

Listen to it

If a statement $P(n)$ whose formulation depends on $n \in \mathbb{N}$ and $n \geq 1$:
- is true for $n = 1$,
- is true for $n+1$ given that it is true for n,

then it is true that $\forall n \geq 1$.

ESEMPIO

Dimostriamo per induzione l'uguaglianza

$$\frac{1}{2} + \frac{1}{2^2} + \frac{1}{2^3} + \ldots + \frac{1}{2^n} = 1 - \frac{1}{2^n} \qquad \forall n \in \mathbb{N}, n \geq 1.$$

Primo passo

Se $n = 1 \rightarrow \frac{1}{2} = 1 - \frac{1}{2} \rightarrow$ l'uguaglianza è vera.

Secondo passo

Ammettiamo che l'uguaglianza sia vera per n e dimostriamo che è vera per $n+1$, cioè dimostriamo che

$$\frac{1}{2} + \frac{1}{2^2} + \ldots + \frac{1}{2^n} + \frac{1}{2^{n+1}} = 1 - \frac{1}{2^{n+1}}.$$

Poiché per ipotesi $\frac{1}{2} + \frac{1}{2^2} + \ldots + \frac{1}{2^n} = 1 - \frac{1}{2^n}$, il primo membro diventa:

$$1 - \frac{1}{2^n} + \frac{1}{2^{n+1}} = 1 - \frac{2-1}{2^{n+1}} = 1 - \frac{1}{2^{n+1}}.$$

L'uguaglianza è verificata.

Essendo vere entrambe le condizioni del principio di induzione, concludiamo che l'uguaglianza data è vera $\forall n \geq 1$.

▶ Mediante il principio di induzione, dimostra che: $1 + 2 + \ldots + n = \frac{n(n+1)}{2}$, con $n \geq 1$.

Animazione

▶ Dimostra per induzione che $\sum_{k=1}^{n} (2k-1) = n^2 \quad \forall n \in \mathbb{N}$.

È possibile riscrivere in modo più sintetico l'uguaglianza dell'esempio utilizzando il simbolo di *sommatoria*:

$$\sum_{i=1}^{n} \frac{1}{2^i} = 1 - \frac{1}{2^n}.$$

In generale, la notazione $\sum_{i=1}^{n} a_i$ si legge «sommatoria in i da 1 a n di a_i» e indica la somma di tutti i termini a_i per i che varia da 1 a n.

7 Che cos'è una serie

▶ Esercizi a p. 1546

Sappiamo che un numero decimale finito può essere scritto come somma di numeri interi e/o di frazioni decimali. Per esempio:

$$2{,}491 = 2 + \frac{4}{10} + \frac{9}{100} + \frac{1}{1000}.$$

Possiamo eseguire l'addizione perché è formata da un numero finito di addendi.
Consideriamo ora un numero decimale illimitato periodico. Per esempio,

$$3{,}\bar{5} = 3{,}5555\ldots = 3 + \frac{5}{10} + \frac{5}{100} + \frac{5}{1000} + \frac{5}{10\,000} + \ldots,$$

che significato diamo a questa addizione di infiniti addendi?
Per rispondere, consideriamo la successione $3, \frac{5}{10}, \frac{5}{100}, \frac{5}{1000}, \frac{5}{10\,000}, \ldots$ e costruiamone un'altra mediante *somme parziali* dei suoi termini:

$$s_1 = 3,$$

$$s_2 = 3 + \frac{5}{10} = 3{,}5,$$

$$s_3 = 3 + \frac{5}{10} + \frac{5}{100} = 3{,}55,$$

$$s_4 = 3 + \frac{5}{10} + \frac{5}{100} + \frac{5}{1000} = 3{,}555,$$

$$\ldots$$

La scrittura $3 + \frac{5}{10} + \frac{5}{100} + \frac{5}{1000} + \ldots$ indica allora la somma di infiniti termini, e il numero $3{,}\bar{5}$ indica il risultato del limite della successione di somme parziali.
In generale, il procedimento che abbiamo esaminato porta ai concetti di *serie* e di *somma di una serie* e serve per studiare l'addizione di infiniti addendi.

DEFINIZIONE

Data una successione di numeri $a_1, a_2, a_3, \ldots, a_n, \ldots$, la **serie numerica** $\sum_{n=1}^{+\infty} a_n$ si ottiene considerando la successione:

$$s_1 = a_1,$$
$$s_2 = a_1 + a_2,$$
$$s_3 = a_1 + a_2 + a_3,$$
$$\ldots$$
$$s_n = a_1 + a_2 + a_3 + \ldots + a_n,$$
$$\ldots$$

Video

Dimostrazione per induzione Dimostriamo che, per qualsiasi n, la somma dei primi n numeri dispari è pari a n^2, cioè $\sum_{i=1}^{n}(2i-1) = n^2$.

Listen to it

A series $\sum_{n=1}^{+\infty} a_n$ is the sequence of the partial sums of the sequence

$a_1, a_2, \ldots, a_n, \ldots$

I numeri $a_1, a_2, a_3, \ldots$ sono i **termini** della serie.
a_n è il **termine generale**.
Le somme $s_1, s_2, s_3, \ldots, s_n, \ldots$ sono le **somme parziali** o **ridotte** della serie.
s_n è la **ridotta n-esima** o **ridotta di ordine n**.
Con il simbolo di sommatoria, la ridotta n-esima può essere scritta così:

$$s_n = \sum_{k=1}^{n} a_k.$$

ESEMPIO

Consideriamo la serie $\sum_{n=1}^{+\infty} \frac{2^n}{n}$.
I suoi termini sono:

$$a_1 = \mathbf{2},\ a_2 = \frac{2^2}{2} = \mathbf{2},\ a_3 = \frac{2^3}{3} = \frac{\mathbf{8}}{\mathbf{3}},\ a_4 = \frac{2^4}{4} = \mathbf{4}, \ldots, a_n = \frac{\mathbf{2^n}}{\mathbf{n}}, \ldots$$

Le ridotte sono:

$$s_1 = \mathbf{2},\ s_2 = 2 + 2 = \mathbf{4},\ s_3 = 2 + 2 + \frac{8}{3} = \frac{\mathbf{20}}{\mathbf{3}}, \ldots$$

La ridotta n-esima è $s_n = \sum_{k=1}^{n} \frac{2^k}{k}$.

▶ Scrivi le ridotte della serie $\sum_{n=1}^{+\infty} \frac{1}{n+1}$ fino all'ordine 5.

È possibile che il valore iniziale di n non sia 1 ma un altro numero naturale. Per esempio,

$$\sum_{n=2}^{+\infty} \frac{n}{n-1} = 2 + \frac{3}{2} + \frac{4}{3} + \ldots$$

Tuttavia, le ridotte continuano a essere ordinate con indici 1, 2, 3, …
Nell'esempio abbiamo:

$$s_1 = 2,\quad s_2 = 2 + \frac{3}{2} = \frac{7}{2},\quad s_3 = 2 + \frac{3}{2} + \frac{4}{3} = \frac{29}{6},\quad \ldots$$

8 Serie convergenti, divergenti, indeterminate

La definizione di serie è stata introdotta per dare significato all'addizione di un numero infinito di termini. Alcune volte tale addizione dà per risultato un numero, altre volte non dà risultato. A seconda del comportamento, una serie può essere *convergente*, *divergente*, *indeterminata*.
Chiamiamo **carattere** della serie il suo comportamento.

Serie convergenti

DEFINIZIONE

Una **serie** $\sum_{n=1}^{+\infty} a_n$ è **convergente** se la successione delle sue ridotte ha un limite finito, cioè se $\lim_{n \to +\infty} s_n = s,\ s \in \mathbb{R}$.

MATEMATICA E STORIA

π in serie

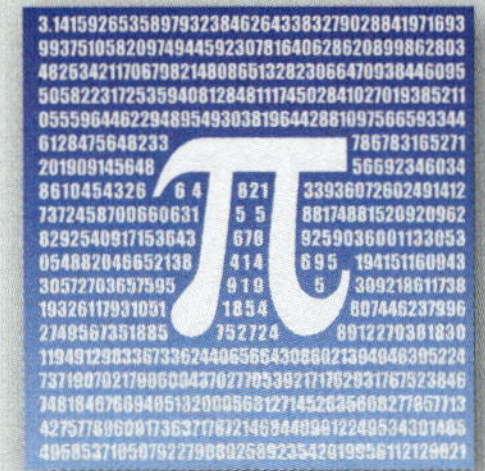

▶ Si possono utilizzare le serie per esprimere il valore di π?

La risposta

Il numero s è la **somma** (o **valore**) della serie e scriviamo anche:

$$\sum_{n=1}^{+\infty} a_n = s.$$

Quindi, per le serie convergenti, la notazione $\sum_{n=1}^{+\infty} a_n$ indica sia la serie, cioè la successione delle ridotte, sia il numero che rappresenta il limite della successione.

ESEMPIO

Consideriamo $\sum_{n=1}^{+\infty} \frac{1}{3^n}$.

Le sue ridotte sono

$$s_1 = \frac{1}{3}, \quad s_2 = \frac{1}{3} + \frac{1}{9} = \frac{4}{9}, \quad s_3 = \frac{1}{3} + \frac{1}{9} + \frac{1}{27} = \frac{13}{27}, \quad \dots$$

$$s_n = \frac{1}{3} + \frac{1}{9} + \frac{1}{27} + \dots + \frac{1}{3^n}.$$

Osserviamo che la ridotta n-esima s_n è la somma dei primi n termini di una progressione geometrica di ragione $\frac{1}{3}$ e primo termine $\frac{1}{3}$.

Dunque, applicando la formula $s_n = a_1 \frac{1-q^n}{1-q}$, abbiamo:

$$s_n = \frac{1}{3} \frac{1-\left(\frac{1}{3}\right)^n}{1-\frac{1}{3}} = \frac{1}{2}\left[1-\left(\frac{1}{3}\right)^n\right].$$

Calcoliamo $\lim_{n\to+\infty} s_n$:

tende a 0

$$\lim_{n\to+\infty} \frac{1}{2}\left[1-\boxed{\left(\frac{1}{3}\right)^n}\right] = \frac{1}{2}.$$

La serie $\sum_{n=1}^{+\infty} \frac{1}{3^n}$ converge a $\frac{1}{2}$.

▶ Calcola $\sum_{n=1}^{+\infty} \left(\frac{3}{5}\right)^n$.

Serie divergenti

▶ Esercizi a p. 1547

DEFINIZIONE

Una **serie** $\sum_{n=1}^{+\infty} a_n$ è:

- **divergente positivamente** se la successione delle sue ridotte ha limite $+\infty$, ossia $\lim_{n\to+\infty} s_n = +\infty$; in simboli: $\sum_{n=1}^{+\infty} a_n = +\infty$;
- **divergente negativamente** se la successione delle sue ridotte ha limite $-\infty$, ossia $\lim_{n\to+\infty} s_n = -\infty$; in simboli: $\sum_{n=1}^{+\infty} a_n = -\infty$.

ESEMPIO

Esaminiamo $\sum_{n=1}^{+\infty} 2n$. I suoi termini sono: 2, 4, 6, …, $2n$ …

Essi costituiscono la progressione aritmetica dei numeri pari, cioè la progressione di ragione $d = 2$, che ha come primo elemento $a_1 = 2$.

Calcoliamo la ridotta n-esima utilizzando la formula della somma dei primi n elementi di una progressione aritmetica:

$$s_n = \frac{a_1 + a_n}{2} \cdot n = \frac{2+2n}{2} n = (n+1)n = n^2 + n.$$

▶ Dimostra che la serie $\sum_{n=1}^{+\infty}(2n+1)$ è divergente.

Dato che $\lim_{n\to+\infty}(n^2+n)=+\infty$, la serie diverge positivamente e scriviamo:

$$\sum_{n=1}^{+\infty} 2n = 2+4+6+\ldots+2n+\ldots=+\infty.$$

Una serie i cui termini sono uguali a una costante diversa da 0 è sempre divergente. Infatti, data la serie $\sum_{n=1}^{+\infty} c$, la generica ridotta è $s_n=\sum_{k=1}^{n} c = c+c+\ldots+c=nc$, quindi:

$$\lim_{n\to+\infty} nc = \begin{cases} +\infty & \text{se } c>0 \\ -\infty & \text{se } c<0 \end{cases} \quad\to\quad \sum_{n=1}^{+\infty} c = \begin{cases} +\infty & \text{se } c>0 \\ -\infty & \text{se } c<0 \end{cases}.$$

Serie indeterminate

▶ Esercizi a p. 1547

DEFINIZIONE

La **serie** $\sum_{n=1}^{+\infty} a_n$ è **indeterminata** se la successione delle sue ridotte è indeterminata, cioè se non è né convergente né divergente.

ESEMPIO

Consideriamo $\sum_{n=1}^{+\infty}(-1)^n$ e scriviamo i suoi termini:

$$a_1=-1, a_2=1, a_3=-1, a_4=1, \ldots, a_n=(-1)^n, \ldots$$

La successione delle ridotte è:

$$s_1=-1, s_2=0, s_3=-1, s_4=0, s_5=-1, \ldots, s_{2n}=0, s_{2n+1}=-1, \ldots$$

Le ridotte hanno alternativamente valori -1 e 0, pertanto la loro successione è indeterminata. La serie data è quindi indeterminata.

Esaminiamo ora due particolari tipi di serie.

Serie geometriche

▶ Esercizi a p. 1548

DEFINIZIONE

Chiamiamo **serie geometrica** di ragione q la serie:

$$\sum_{n=0}^{+\infty} q^n = 1+q+q^2+q^3+\ldots+q^n+\ldots$$

I suoi termini sono quelli della progressione geometrica che ha la stessa ragione q e come primo elemento 1, perché l'indice n parte da 0 (e non da 1 come negli esempi precedenti).

ESEMPIO

$\sum_{n=0}^{+\infty}\left(\frac{1}{5}\right)^n = 1+\frac{1}{5}+\frac{1}{25}+\frac{1}{125}+\ldots$ è la serie geometrica di ragione $\frac{1}{5}$.

Studiamo il comportamento delle serie geometriche.

Se $q = 1$, la somma parziale s_n è data dalla somma di n addendi tutti uguali a 1, cioè:

$$s_n = 1 + 1 + 1 + \ldots + 1 = n.$$

Dunque s_n, e quindi anche la serie, *diverge positivamente.*

Se $q \neq 1$, calcoliamo s_n scrivendo la somma dei primi n termini di una progressione geometrica con ragione q e primo termine uguale a 1:

$$s_n = \frac{1-q^n}{1-q}.$$

Si possono presentare tre casi.

- $q > 1$: $\lim_{n \to +\infty} q^n = +\infty$, quindi $\lim_{n \to +\infty} s_n = \lim_{n \to +\infty} \frac{1-q^n}{1-q} = +\infty$.

  La serie *diverge positivamente.*

- $-1 < q < 1$: $\lim_{n \to +\infty} q^n = 0$, quindi $\lim_{n \to +\infty} s_n = \lim_{n \to +\infty} \frac{1-q^n}{1-q} = \frac{1}{1-q}$.

  La serie *converge.*

- $q \leq -1$: $\lim_{n \to +\infty} q^n$ non esiste perché q^n cambia alternativamente di segno all'aumentare di n e il suo valore assoluto tende a $+\infty$, quindi anche

  $$\lim_{n \to +\infty} s_n = \lim_{n \to +\infty} \frac{1-q^n}{1-q} \quad \text{non esiste.}$$

  La serie è *indeterminata.*

In sintesi, abbiamo il seguente schema.

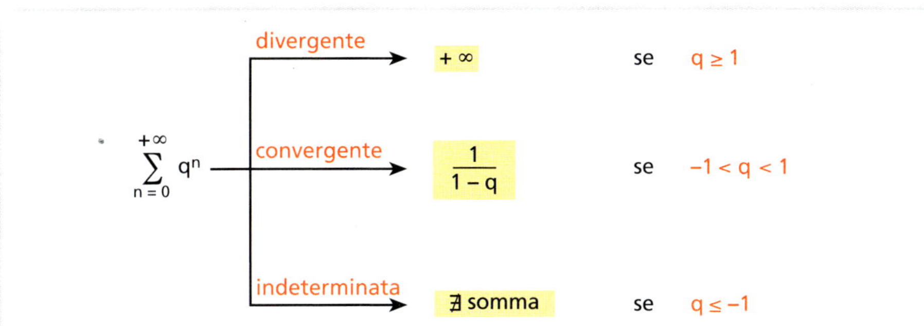

MATEMATICA E CURIOSITÀ

1 con infinite cifre Il numero periodico 0,999... è un modo diverso di scrivere 1.

► Come possiamo giustificare questa affermazione con una serie geometrica?

La risposta

► Studia il comportamento delle seguenti serie.

a. $\sum_{n=0}^{+\infty} 2^n \cdot 4^{-n}$;

b. $\sum_{n=0}^{+\infty} \frac{6^{2n}}{12^n}$;

c. $\sum_{n=0}^{+\infty} \left(-\frac{9}{2}\right)^n$.

Animazione

MATEMATICA E FILOSOFIA

I paradossi di Zenone e le serie Il concetto di infinito si presta a diversi paradossi. Nell'immagine puoi osservarne uno visivo di Maurits C. Escher.
Già nel V secolo a.C. furono formulati paradossi da parte del filosofo greco Zenone di Elea.

► Come possiamo matematizzare i paradossi di Zenone mediante le serie?

La risposta

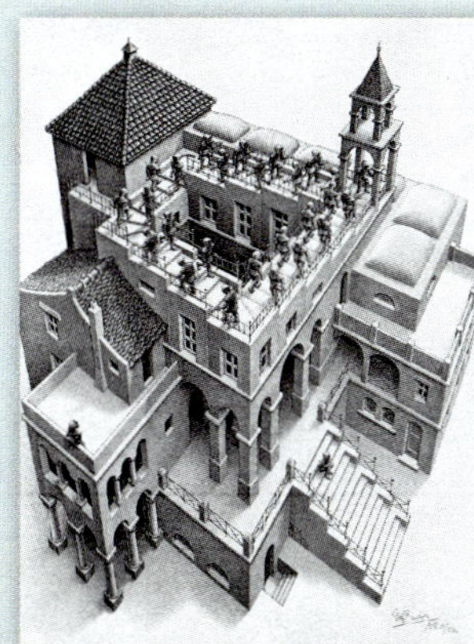

TEORIA

Serie telescopiche

▶ Esercizi a p. 1550

Una **serie telescopica** è una serie in cui il termine generale si può scrivere come differenza fra due termini consecutivi di una successione.

Il comportamento di una serie di questo tipo può essere studiato tenendo conto che la somma parziale ha una forma semplificata. Vediamolo partendo da un esempio.

ESEMPIO

$$\sum_{n=1}^{+\infty} \frac{1}{n(n+1)} = \frac{1}{1\cdot 2} + \frac{1}{2\cdot 3} + \frac{1}{3\cdot 4} + \ldots + \frac{1}{n(n+1)} + \ldots$$

è detta **serie di Mengoli**, dal nome del matematico bolognese Pietro Mengoli (1626-1686).

Il suo termine generale, $\frac{1}{n(n+1)}$, può essere scritto come:

$$\frac{1}{n(n+1)} = \frac{n+1-n}{n(n+1)} = \frac{1}{n} - \frac{1}{n+1}.$$

Quindi la serie di Mengoli è telescopica. Calcoliamo la sua ridotta n-esima:

$$s_n = \left(1 - \cancel{\frac{1}{2}}\right) + \left(\cancel{\frac{1}{2}} - \cancel{\frac{1}{3}}\right) + \left(\cancel{\frac{1}{3}} - \cancel{\frac{1}{4}}\right) + \ldots + \left(\cancel{\frac{1}{n}} - \frac{1}{n+1}\right) =$$

$$1 - \frac{1}{n+1}.$$

Calcoliamo la somma della serie:

$$\sum_{n=1}^{+\infty} \frac{1}{n(n+1)} = \lim_{n\to+\infty}\left(1 - \frac{1}{n+1}\right) = 1.$$

La serie è convergente e la sua somma è 1.

In generale, con lo stesso procedimento, una serie telescopica espressa nella forma $\sum_{n=1}^{+\infty}(b_n - b_{n+1})$ ha somma parziale

$$s_n = (b_1 - \cancel{b_2}) + (\cancel{b_2} - \cancel{b_3}) + (\cancel{b_3} - \cancel{b_4}) + \ldots + (\cancel{b_n} - b_{n+1}) = b_1 - b_{n+1},$$

quindi:

$$\sum_{n=1}^{+\infty}(b_n - b_{n+1}) = b_1 - \lim_{n\to+\infty} b_{n+1}.$$

Se $\lim_{n\to+\infty} b_{n+1}$ è finito, la serie è convergente.

Analogamente, se la serie è espressa nella forma $\sum_{n=1}^{+\infty}(b_{n+1} - b_n)$, si ottiene:

$$\sum_{n=1}^{+\infty}(b_{n+1} - b_n) = -b_1 + \lim_{n\to+\infty} b_{n+1}.$$

▶ Studia il comportamento delle seguenti serie.

a. $\sum_{n=1}^{+\infty}\left[\frac{1}{n^2} - \frac{1}{(n+1)^2}\right]$

b. $\sum_{n=1}^{+\infty}(\sqrt{n+1} - \sqrt{n})$

Animazione

IN SINTESI
Successioni e serie

Successioni

- **Successione numerica**: è una funzione f che associa a ogni numero naturale un numero reale:

  $a_n = f(n).$

  n è l'**indice** e a_n il **termine generico** della successione.

- Una successione di termine a_n è:
  - **crescente** se $a_n < a_{n+1}$, $\forall n \in \mathbb{N}$;
  - **crescente in senso lato** (o **non decrescente**) se $a_n \leq a_{n+1}$, $\forall n \in \mathbb{N}$;
  - **decrescente** se $a_n > a_{n+1}$, $\forall n \in \mathbb{N}$;
  - **decrescente in senso lato** (o **non crescente**) se $a_n \geq a_{n+1}$, $\forall n \in \mathbb{N}$;
  - **costante** se $a_n = a_{n+1}$, $\forall n \in \mathbb{N}$.

  Ogni successione di questo tipo si dice **monotòna**.

- Una successione di termine a_n è:
  - **limitata superiormente** se esiste $M \in \mathbb{R}$ tale che $a_n \leq M$, $\forall n \in \mathbb{N}$;
  - **limitata inferiormente** se esiste $m \in \mathbb{R}$ tale che $a_n \geq m$, $\forall n \in \mathbb{N}$;
  - **limitata** quando è limitata sia superiormente sia inferiormente;
  - **illimitata** quando non è limitata.

Limite di una successione

- $\lim_{n \to +\infty} a_n = +\infty$ se, fissato ad arbitrio un numero M positivo, è possibile determinare un corrispondente numero p_M positivo tale che $a_n > M$, $\forall n > p_M$. La successione è **divergente positivamente**.

- $\lim_{n \to +\infty} a_n = -\infty$ se, fissato ad arbitrio un numero M positivo, è possibile determinare un corrispondente numero p_M positivo tale che $a_n < -M$, $\forall n > p_M$. La successione è **divergente negativamente**.

- $\lim_{n \to +\infty} a_n = l$ se, fissato ad arbitrio un numero ε positivo, è possibile determinare un corrispondente numero p_ε positivo tale che $|a_n - l| < \varepsilon$, per ogni $n > p_\varepsilon$. La successione è **convergente**.

- $\lim_{n \to +\infty} a_n$ **non esiste** se a_n è non divergente e non convergente. La successione è **indeterminata**.

Teoremi sui limiti delle successioni

I teoremi relativi ai limiti di funzioni sono validi anche per le successioni.
In particolare vale il **teorema del confronto**.

Teorema del limite delle successioni monotòne		
Se una successione	**è**	**allora è**
crescente	limitata superiormente	convergente
crescente	illimitata superiormente	divergente positivamente
decrescente	limitata inferiormente	convergente
decrescente	illimitata inferiormente	divergente negativamente

Progressioni e loro limiti

- **Progressione aritmetica di ragione d**: è una successione $a_1, a_2, \ldots, a_n, \ldots$ tale che $a_{n+1} - a_n = d$ per ogni n. In una progressione aritmetica:

$$a_n = a_1 + (n-1)\cdot d;\quad S_n = a_1 + \ldots + a_n = n \cdot \frac{a_1 + a_n}{2};\quad \lim_{n\to+\infty} a_n = \begin{cases} +\infty & \text{se } d > 0 \\ -\infty & \text{se } d < 0. \\ a_1 & \text{se } d = 0 \end{cases}$$

- **Progressione geometrica di ragione q**: è una successione $a_1, a_2, \ldots, a_n, \ldots$ tale che $\frac{a_{n+1}}{a_n} = q$ per ogni n. In una progressione geometrica:

$$a_n = a_1 \cdot q^{n-1};\quad S_n = a_1 + \ldots + a_n = a_1 \frac{q^n - 1}{q - 1};\quad \lim_{n\to+\infty} a_n = \begin{cases} a_1 & \text{se } q = 1 \\ 0 & \text{se } |q| < 1 \\ \pm\infty & \text{se } q > 1 \\ \nexists & \text{se } q \leq -1 \end{cases}.$$

Principio di induzione

Data una proposizione $P(n)$, il cui enunciato dipende da n, con $n \in \mathbb{N}$ e $n \geq k$, se

1. la proposizione è vera per $n = k$,
2. supposta vera per n, la proposizione è vera anche per $n + 1$,

allora la proposizione $P(n)$ è vera per ogni $n \geq k$.

Serie numeriche

- Data una successione di numeri $a_1, a_2, a_3, \ldots, a_n, \ldots$, la **serie numerica** $\sum_{n=1}^{+\infty} a_n$ è la successione dei numeri

$$s_1 = a_1,\quad s_2 = a_1 + a_2,\quad s_3 = a_1 + a_2 + a_3, \ldots,\quad s_n = a_1 + a_2 + a_3 + \ldots + a_n,\quad \ldots$$

$a_1, a_2, a_3, \ldots, a_n, \ldots$ sono i **termini** della serie e $s_1, s_2, s_3, \ldots, s_n, \ldots$ sono le **somme parziali** o **ridotte**.

- **Carattere di una serie**: comportamento della serie, ossia se è convergente, divergente o indeterminata.

- Una serie $\sum_{n=1}^{+\infty} a_n$ è:
  - **convergente** se $\lim_{n\to+\infty} s_n = s$, con $s \in \mathbb{R}$; in simboli: $\sum_{n=1}^{+\infty} a_n = s$; s è la **somma** della serie;
  - **divergente**
    - positivamente se $\lim_{n\to+\infty} s_n = +\infty$; in simboli: $\sum_{n=1}^{+\infty} a_n = +\infty$;
    - negativamente se $\lim_{n\to+\infty} s_n = -\infty$; in simboli: $\sum_{n=1}^{+\infty} a_n = -\infty$;
  - **indeterminata** se non è né convergente né divergente.

- **Serie geometrica di ragione q**: $\sum_{n=0}^{+\infty} q^n = 1 + q + q^2 + q^3 + \ldots + q^n + \ldots$

  Poiché $s_n = \frac{1 - q^n}{1 - q}$, la serie è:
  - divergente se $q \geq 1$;
  - convergente se $-1 < q < 1$, con somma $s = \frac{1}{1-q}$;
  - indeterminata se $q \leq -1$.

- **Serie telescopica**: $\sum_{n=1}^{+\infty} (b_n - b_{n+1}) = b_1 - \lim_{n\to+\infty} b_{n+1}$.

CAPITOLO 24
ESERCIZI

1 Successioni numeriche

▶ Teoria a p. 1512

Rappresentazioni delle successioni

Rappresentazione per enumerazione

Rappresenta le seguenti successioni per enumerazione, elencando almeno 5 termini per ciascuna.

1 Potenze di 5.

2 Multipli pari di 7.

3 Inversi dei multipli di 7.

4 Numeri dispari multipli di 3.

---

5 COMPLETA le seguenti successioni.

a. ☐ 8 −12 16 −20 24 ☐ ☐

b. 1 $\frac{1}{3}$ ☐ $\frac{1}{27}$ ☐ $\frac{1}{243}$ ...

c. ☐ 0,1 ☐ 0,123 0,1234...

d. $\sqrt{2}$ $\sqrt{6}$ ☐ $3\sqrt{6}$ ☐ $9\sqrt{6}$ ...

Rappresentazione mediante espressione analitica

Scrivi i primi cinque termini delle seguenti successioni.

6 $a_n = -n + 8, n \in \mathbb{N}$; $a_n = 3n + 5, n \in \mathbb{N}$; $a_n = n^2 - 4, n \in \mathbb{N}$.

7 $a_n = \frac{1}{\sqrt{n}}, n \in \mathbb{N} - \{0\}$; $a_n = \frac{1}{n+1}, n \in \mathbb{N}$; $a_n = \frac{n+1}{n+2}, n \in \mathbb{N}$.

8 $a_n = 2^n, n \in \mathbb{N}$; $a_n = 3(-1)^n, n \in \mathbb{N}$; $a_n = n \cdot (-1)^n, n \in \mathbb{N}$.

9 $a_n = 2\sin\left(\frac{n}{2}\pi\right), n \in \mathbb{N}$; $a_n = \cos\left(n\frac{\pi}{6}\right), n \in \mathbb{N}$; $a_n = n^{\frac{2}{n}}, n \in \mathbb{N} - \{0\}$.

10 $a_n = \left(\frac{1}{2}\right)^{n+1}, n \in \mathbb{N}$; $a_n = \frac{(-1)^n n}{n+1} \cdot n, n \in \mathbb{N}$; $a_n = n\sin\left(n\frac{\pi}{4}\right), n \in \mathbb{N}$.

11 AL VOLO Tra i termini della successione $\frac{2n+1}{3n}$, $n \in \mathbb{N}$, c'è il termine 1? E il termine 5?

12 ESERCIZIO GUIDA Rappresentiamo mediante una possibile espressione analitica la successione

$$\frac{1}{2}, \frac{2}{5}, \frac{3}{10}, \frac{4}{17}, \frac{5}{26}, \dots$$

Possiamo notare che in ogni frazione al numeratore troviamo i numeri naturali a partire da 1, mentre il denominatore si ottiene aggiungendo 1 al quadrato di ogni numero naturale diverso da 0, cioè $n^2 + 1$, infatti:

$$2 = 1^2 + 1; \quad 5 = 2^2 + 1; \quad 10 = 3^2 + 1; \quad 17 = 4^2 + 1; \quad \dots$$

Dunque il termine generico della successione è:

$$a_n = \frac{n}{n^2+1}, \quad n \in \mathbb{N} - \{0\}.$$

ESERCIZI

Rappresenta mediante espressione analitica le seguenti successioni.

13 $2, \ 6, \ 10, \ 14, \ 18, \ \ldots$

14 $-1, \ 2, \ -4, \ 8, \ -16, \ \ldots$

15 $6, \ 11, \ 16, \ 21, \ 26, \ \ldots$

16 $0, \ \frac{1}{2}, \ \frac{2}{3}, \ \frac{3}{4}, \ \frac{4}{5}, \ \ldots$

17 $0, \ \frac{1}{4}, \ \frac{2}{9}, \ \frac{3}{16}, \ \frac{4}{25}, \ \ldots$

18 $2, \ 2\sqrt{2}, \ 3\sqrt[3]{2}, \ 4\sqrt[4]{2}, \ 5\sqrt[5]{2}, \ \ldots$

19 $4, \ \frac{5}{2}, \ \frac{6}{3}, \ \frac{7}{4}, \ \frac{8}{5}, \ \frac{9}{6}, \ \frac{10}{7}, \ \ldots$

20 $-1, \ \frac{1}{2}, \ -\frac{1}{3}, \ \frac{1}{4}, \ -\frac{1}{5}, \ \ldots$

21 EUREKA! $\frac{1}{2}, \ \frac{1}{6}, \ \frac{1}{12}, \ \frac{1}{20}, \ \frac{1}{30}, \ \frac{1}{42}, \ \ldots$

Rappresentazione ricorsiva o per ricorsione

Scrivi i primi cinque termini delle seguenti successioni definite ricorsivamente, dove $n > 0$.

22 $\begin{cases} a_0 = 1 \\ a_n = \frac{2}{3} a_{n-1} \end{cases}$

23 $\begin{cases} a_0 = 2 \\ a_n = 1 - 2a_{n-1} \end{cases}$

24 $\begin{cases} a_0 = -1 \\ a_n = 4a_{n-1} + 1 \end{cases}$

25 $\begin{cases} a_0 = 1 \\ a_n = a_{n-1}^2 + 1 \end{cases}$

26 $\begin{cases} a_1 = 2 \\ a_n = (a_{n-1} + 1)^2 \end{cases}$

27 $\begin{cases} a_0 = 1 \\ a_n = \frac{1}{2}(a_{n-1} + 3) \end{cases}$

28 $\begin{cases} a_0 = 2 \\ a_{n-1} = 3a_n + 2 \end{cases}$

29 $\begin{cases} a_0 = 4 \\ a_n = \dfrac{2}{a_{n-1}} \end{cases}$

AL VOLO Definisci in modo ricorsivo le seguenti successioni.

30 multipli di 10 diversi da 0

31 potenze di 10 con esponente diverso da 0

32 opposti dei numeri dispari

Scrivi in forma analitica le seguenti successioni espresse ricorsivamente, dove $n > 0$.

33 $\begin{cases} a_0 = 2 \\ a_n = a_{n-1} + 2 \end{cases}; \quad \begin{cases} a_0 = 0 \\ a_n = a_{n-1} + 4 \end{cases}.$ $[a_n = 2(n+1), n \in \mathbb{N}; a_n = 4n, n \in \mathbb{N}]$

34 $\begin{cases} a_0 = 1 \\ a_n = \frac{1}{3} a_{n-1} \end{cases}; \quad \begin{cases} a_0 = 2 \\ a_n = -2a_{n-1} \end{cases}.$ $\left[a_n = \left(\frac{1}{3}\right)^n, n \in \mathbb{N}; a_n = (-1)^n \cdot 2^{n+1}, n \in \mathbb{N}\right]$

35 Data la successione $\begin{cases} a_2 = -1 \\ a_n = \frac{5}{2} a_{n-1} \quad \text{se } n > 0 \end{cases}$:

a. trova a_0, a_1, a_3, a_4;

b. scrivi la successione in forma analitica. $\left[\text{a)} -\frac{4}{25}; -\frac{2}{5}; -\frac{5}{2}; -\frac{25}{4}; \text{b)}\ a_n = -\left(\frac{5}{2}\right)^{n-2}, n \in \mathbb{N}\right]$

Scrivi in forma ricorsiva le seguenti successioni espresse in forma analitica.

36 $a_n = 3n, n \in \mathbb{N}; \qquad a_n = \frac{1}{2^n}, n \in \mathbb{N}.$ $\left[\begin{cases} a_0 = 0 \\ a_{n+1} = a_n + 3 \end{cases}; \begin{cases} a_0 = 1 \\ a_{n+1} = \frac{1}{2} a_n \end{cases}\right]$

37 $a_n = \left(-\frac{1}{2}\right)^n, n \in \mathbb{N}; \qquad a_n = (-1)^n \cdot 3^n, n \in \mathbb{N}.$ $\left[\begin{cases} a_0 = 1 \\ a_{n+1} = -\frac{1}{2} a_n \end{cases}; \begin{cases} a_0 = 1 \\ a_{n+1} = -3a_n \end{cases}\right]$

38 YOU & MATHS A sequence is defined by $a_n = a_{n-1} + a_{n-2} + a_{n-3}$ for $n \geq 4$. Suppose $a_4 = 20$, $a_5 = 36$, $a_7 = 121$. What is the value of a_1?

(USA *Lehigh University: High School Math Contest*)

[4]

REALTÀ E MODELLI

39 

Pini alpini Per ripristinare il bosco di Monte Brullo ogni anno, successivo al primo, si piantano 50 piante più $\frac{1}{5}$ di quelle messe a dimora l'anno precedente.

a. Quale rappresentazione descrive meglio la successione «piante piantate all'n-esimo anno»?

b. Se al terzo anno vengono piantate 210 piante, quante ne erano state piantate il primo anno? [b) 3750]

40 **Mescola e rimescola** La concentrazione di una sostanza A disciolta in una soluzione S può essere espressa dal rapporto tra il volume di A e il volume della soluzione stessa. Per esempio, se 10 mL di A sono mescolati con 90 mL di un solvente, la concentrazione di A nella soluzione S_1 ottenuta è $\frac{10 \text{ mL}}{(10+90) \text{ mL}} = \frac{1}{10}$.

a. Se si mescolano 10 mL della soluzione S_1 precedentemente ottenuta con altri 90 mL di solvente, qual è la concentrazione di A nella soluzione S_2 ottenuta?

b. Come si può modellizzare la concentrazione di A se vengono fatte in sequenza n diluizioni mantenendo costanti le proporzioni e prendendo ogni volta come soluzione da diluire la miscela ottenuta nell'operazione precedente? $\left[\text{a) } c_2 = \left(\frac{1}{10}\right)^2; \text{ b) } c_n = \left(\frac{1}{10}\right)^n\right]$

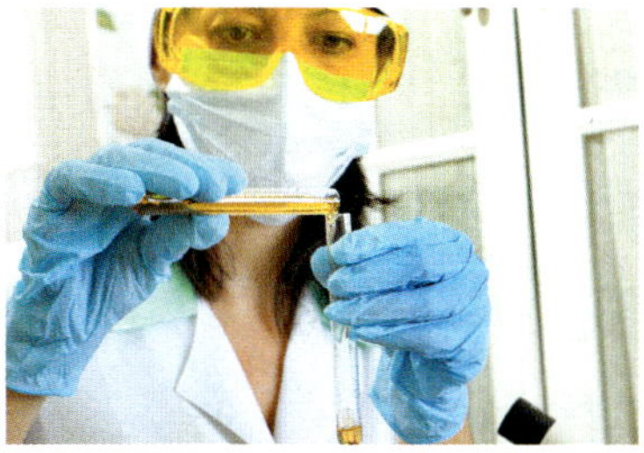

2 Progressioni

Progressioni aritmetiche e progressioni geometriche

▶ Teoria alle pagine 1513 e 1514

41 **ESERCIZIO GUIDA** Stabiliamo se le seguenti successioni, definite per $n \in \mathbb{N}$, sono progressioni aritmetiche o geometriche:

$$a_n = 3n - 2, \quad b_n = 4^{2n+3}, \quad c_n = n^3.$$

- a_n è una progressione aritmetica, perché:

$$a_n - a_{n-1} = (3n-2) - [3(n-1) - 2] = 3,$$

progressione aritmetica: $a_n - a_{n-1} = d$

ossia la differenza fra un termine qualsiasi e il suo precedente è costante. La ragione è $d = 3$.

- b_n è una progressione geometrica, perché:

$$\frac{b_n}{b_{n-1}} = \frac{4^{2n+3}}{4^{2(n-1)+3}} = \frac{4^{2n+3}}{4^{2n+1}} = 4^{(2n+3)-(2n+1)} = 4^2,$$

progressione geometrica: $\frac{b_n}{b_{n-1}} = q$

ossia il quoziente fra un termine qualsiasi e il suo precedente è costante. La ragione è $q = 4^2$.

- c_n non è né una progressione aritmetica né una geometrica, perché:

$$c_n - c_{n-1} = n^3 - (n-1)^3 = \cancel{n^3} - \cancel{n^3} + 3n^2 - 3n + 1 = 3n^2 - 3n + 1,$$

$$\frac{c_n}{c_{n-1}} = \frac{n^3}{(n-1)^3} = \left(\frac{n}{n-1}\right)^3,$$

cioè, sia la differenza sia il quoziente fra un termine e il suo precedente non sono costanti ma dipendono da n.

ESERCIZI

Stabilisci se le seguenti successioni, definite per $n \in \mathbb{N}$, sono progressioni aritmetiche o geometriche e in caso affermativo indica la ragione.

42 $a_n = -2n + 4$ [arit., $d = -2$]

43 $a_n = (-4)^{-n}$ $\left[\text{geom., } q = -\frac{1}{4}\right]$

44 $a_n = \frac{n}{n+1}$ [non è una progr.]

45 $a_n = \frac{n-5}{5}$ $\left[\text{arit., } d = \frac{1}{5}\right]$

46 $a_n = 1 + \ln 8^n$ [arit., $d = \ln 8$]

47 $a_n = \left(\frac{1}{2}\right)^{2n} \cdot 3^{-n+1}$ $\left[\text{geom., } q = \frac{1}{12}\right]$

48 $a_n = 2^{n-3} + 5^n$ [non è una progr.]

49 $a_n = \frac{1}{2}n(n+1)$ [non è una progr.]

Determina se le seguenti successioni sono progressioni aritmetiche o geometriche e, nel caso lo siano, calcola la ragione.

50 13, 16, 19, 22, 25, 28, ... [progressione aritmetica, $d = 3$]

51 3, 12, 48, 192, 768, ... [progressione geometrica, $q = 4$]

52 3, 7, 11, 16, 21, 26, ... [non è una progressione]

53 100, 50, 25, 12,5, 6,25, 3,125, ... [progressione geometrica, $q = 0{,}5$]

54 17, 14, 11, 8, 5, 2, ... [progressione aritmetica, $d = -3$]

Calcolo dei termini di una progressione

55 ESERCIZIO GUIDA

a. Calcoliamo il primo termine, a_1, della progressione aritmetica di ragione $d = \frac{1}{4}$, il cui settimo termine è $a_7 = -4$.

b. Calcoliamo il quinto termine, a_5, della progressione geometrica di ragione $q = -2$ che ha $a_1 = 1$ come primo termine.

---

a. $-4 = a_1 + (7-1) \cdot \frac{1}{4}$ $a_n = a_1 + (n-1)d$

$-4 = a_1 + \frac{3}{2} \to a_1 = -\frac{11}{2}$

La progressione è $-\frac{11}{2},\ -\frac{21}{4},\ -5,\ -\frac{19}{4},\ -\frac{9}{2},\ -\frac{17}{4},\ -4,\ \ldots$

b. $a_5 = 1 \cdot (-2)^4 = 16$ $a_n = a_1 \cdot q^{n-1}$

La progressione è $1,\ -2,\ 4,\ -8,\ 16,\ -32,\ 64,\ \ldots$

Date le seguenti informazioni relative a progressioni, in cui la ragione è indicata con *d* se la progressione è aritmetica o con *q* se è geometrica, determina ciò che è richiesto.

56 $a_1 = 0$ e $d = 5$, calcola a_8. [35]

57 $a_1 = \frac{31}{2}$ e $d = -\frac{1}{2}$, calcola a_5. $\left[\frac{27}{2}\right]$

58 $a_1 = -9$ e $q = -\frac{1}{2}$, calcola a_5. $\left[-\frac{9}{16}\right]$

59 $a_4 = 4$ e $a_1 = -2$, calcola d. [2]

60 $a_{17} = -\frac{8}{5}$ e $d = \frac{1}{8}$, calcola a_1. $\left[-\frac{18}{5}\right]$

61 $a_n = -7$, $d = -4$, $a_1 = -3$, calcola n. [2]

62 $a_1 = 2$, $q = \sqrt{2}$, $a_n = 8$, calcola n. [5]

63 $a_6 = \frac{5}{243}$ e $a_1 = 5$, calcola q. $\left[\frac{1}{3}\right]$

Somma dei termini consecutivi di una progressione

64 TEST La somma dei primi n termini di una progressione aritmetica di ragione d è uguale a:

A $a_1 + (n-1)d$. B $a_1 + nd$. C nd. D $\frac{a_n + a_1}{2} n$. E $\frac{a_n + a_1}{2} d$.

65 ESERCIZIO GUIDA Calcoliamo la somma:

a. dei primi 10 multipli di 3 diversi da 0;

b. delle prime 5 potenze di 4 con esponente diverso da 0.

a. Si tratta dei primi 10 termini della progressione aritmetica di ragione 3 e primo termine 3.
Calcoliamo a_{10}: $a_{10} = 3 + 9 \cdot 3 = 30$. Pertanto $S_{10} = 10 \cdot \frac{3+30}{2} = 165$.

$a_n = a_1 + (n-1)d$

$S_n = n \cdot \frac{a_1 + a_n}{2}$

b. Si tratta dei primi 5 termini della progressione geometrica di ragione 4 e primo termine 4.

$$S_5 = 4 \cdot \frac{4^5 - 1}{4 - 1} = 4 \cdot \frac{1024 - 1}{3} = 4 \cdot \frac{1023}{3} = 4 \cdot 341 = 1364.$$

$S_n = a_1 \cdot \frac{q^n - 1}{q - 1}$

66 Calcola la somma dei primi 7 termini di una progressione aritmetica di ragione $\frac{1}{2}$ il cui primo termine è -2. $\left[-\frac{7}{2}\right]$

67 In una progressione aritmetica di n termini, $a_4 = 23$, $a_8 = 51$, $a_n = 100$. Trova S_n. [765]

68 Calcola la somma delle prime 8 potenze di -2 con esponente diverso da 0. [170]

69 Calcola le seguenti somme.

a. $1 + 5 + 5^2 + \ldots + 5^8$;

b. $1 + 3 + 9 + \ldots + 2187$.

[a) 488 281; b) 3280]

70 Trova la somma dei primi 12 termini della successione 12, 24, 48, 96, ... [49 140]

71 Calcola la somma dei primi 20 numeri dispari e la somma dei primi n numeri dispari. [400; n^2]

72 Determina il numero dei termini di una progressione geometrica di ragione -2, sapendo che la loro somma è 2 e il primo termine è $\frac{2}{43}$. [7]

73 In una progressione geometrica di ragione $\frac{1}{2}$ la somma dei primi 6 termini è $\frac{9}{4}$. Trova il primo termine. $\left[\frac{8}{7}\right]$

74 Calcola la somma dei numeri naturali da 0 a 30 che non sono multipli di 3. [300]

75 Trova quattro numeri in progressione geometrica crescente, sapendo che la loro somma è 370 e che la somma tra i primi due è 37. $\left[\frac{37}{4}, \frac{111}{4}, \frac{333}{4}, \frac{999}{4}\right]$

Problemi REALTÀ E MODELLI

76 **Un post condiviso** «Informiamo i cittadini» è un centro di informazione molto attivo sui social network. Giorni fa ha pubblicato un post condiviso da 15 persone; in ciascuno dei giorni successivi le nuove condivisioni sono state 15 in più di quelle del giorno precedente. Dopo quanti giorni il post sarà stato condiviso da almeno 1800 utenti? [15]

77 **Raddoppio e poi raddoppio** In una coltura batterica ci sono all'inizio 100 batteri; questo numero raddoppia ogni 2 ore.

a. Quanti batteri sono presenti nella coltura dopo 22 ore?

b. Dopo quante ore (dall'inizio) nella coltura è presente il 25% del numero di batteri determinato nel punto precedente?

[a) $100 \cdot 2^{11}$; b) 18]

78 ●○ **Compensi a confronto** Lo zio di Luca si offre di aiutare il nipote nella manutenzione del giardino, chiedendogli di scegliere il tipo di pagamento: o 100 euro a fine mese, o 10 centesimi il primo giorno, 20 il secondo, 40 il terzo, 80 il quarto e così via, fino a fine mese. Cosa conviene a Luca? [la prima opzione]

79 ●● **Un castello da salvare** I 15 membri del comitato urbano di una cittadina medievale lanciano sul Web una campagna di raccolta fondi per restaurare il castello cittadino di grande valore architettonico. La quota di partecipazione è di € 2 e ogni partecipante si impegna a coinvolgere 3 persone per il giorno seguente; ciascuna di queste 3 ne coinvolge altre 3 il giorno successivo e così via.
Dopo quanti giorni si arriverà a raccogliere € 15 000 000? Quante sono le persone coinvolte? [13; 11 957 415]

80 ●●

Il record mondiale del salto triplo Il 7 agosto 1995 Jonathan Edwards ha migliorato il proprio record mondiale nel salto triplo saltando 18,29 m.
Dall'esame del salto si è notato che ciascuno dei 3 balzi era il 5% più lungo del precedente.

a. Verifica che le lunghezze dei tre balzi erano in progressione geometrica e determinane la ragione.
b. Determina la lunghezza s_1 del primo balzo, approssimata al centimetro.
c. Supponendo che il primo balzo fosse di lunghezza s_1 e che a ogni balzo l'atleta avesse saltato solo il 4% in più del precedente, sarebbe riuscito a battere il suo precedente primato di 17,98 m? [a) 1,05; b) 5,80 m; c) sì]

MATEMATICA E STORIA

Progressioni che si vanno dilatando di un tanto e 1/3

Nel suo *General Trattato*, Tartaglia affronta anche le progressioni geometriche; chiede per esempio di trovare la somma dei termini 81, 108, 144, 192, 256.
Secondo la regola proposta da Tartaglia, per trovare tale somma bisogna sottrarre il primo termine dall'ultimo e dividere questo risultato per la ragione diminuita di 1; quello che si ottiene va sommato all'ultimo termine.

a. Individua la ragione della progressione proposta da Tartaglia, esprimendola come somma di un numero intero e di una frazione.
b. Esegui i calcoli indicati nella regola di Tartaglia.
c. Mostra che la regola è equivalente a $S_n = a_1 \frac{q^n - 1}{q - 1}$.

Risoluzione – Esercizio in più

3 Alcune proprietà delle successioni

Successioni monotòne

▶ Teoria a p. 1516

81 ●○ VERO O FALSO?

a. Una successione monotòna è crescente. V F
b. Una successione crescente è monotòna. V F
c. Se una successione non è decrescente, allora non è monotòna. V F
d. Le successioni costanti non possono essere monotòne. V F

82 ●● TEST Le successioni $a_n = \left(\tan \frac{\pi}{3}\right)^n$, $b_n = \left(\sin \frac{\pi}{4}\right)^n$ sono:

A entrambe non monotòne.
B a_n monotòna, b_n non monotòna.
C entrambe crescenti.
D entrambe non crescenti.
E a_n crescente, b_n decrescente.

Per ogni successione scrivi i primi sei termini, rappresentali su una retta orientata e stabilisci se si tratta di una successione crescente, decrescente o costante, oppure crescente in senso lato o decrescente in senso lato.

83 $a_n = -3n + 2$

84 $a_n = \ln(1 + n)$

85 $a_n = \frac{1}{n^2}$

86 $a_n = \sin(2\pi n)$

87 $a_n = \sqrt{n}$

88 $a_n = n(n + 1)$

89 $a_n = e^n$

90 $a_n = -n^2 + 5$

91 $a_n = (-2)^{2n}$

92 ESERCIZIO GUIDA Dimostriamo che la successione $a_n = \frac{3n}{n+2}$ è crescente.

Risolviamo la disequazione:

$$\frac{3n}{n+2} < \frac{3(n+1)}{(n+1)+2} \rightarrow$$

$$\frac{3n}{n+2} < \frac{3n+3}{n+3} \rightarrow \frac{3n(n+3)}{(n+2)(n+3)} < \frac{(n+2)(3n+3)}{(n+2)(n+3)}.$$

una successione è crescente se $a_n < a_{n+1} \quad \forall n \in \mathbb{N}$

Essendo $n > 0$, possiamo eliminare il denominatore e semplificare:

$$3n^2 + 9n < 3n^2 + 6n + 3n + 6 \rightarrow 0 < 6.$$

La disequazione è dunque verificata $\forall n > 0$, pertanto la successione è crescente.

Dimostra che le successioni seguenti sono monotòne.

93 $a_n = \frac{n-5}{5n}, \quad n \in \mathbb{N} - \{0\}.$

94 $a_n = 7 \cdot 3^n$

95 $a_n = \frac{2n+4}{n}, \quad n \in \mathbb{N} - \{0\}.$

96 $a_n = n(n - 1)$

97 $a_n = \left(\frac{1}{10}\right)^{n+2}$

98 $a_n = \log_2(1 + 8n)$

99 $a_n = 4^{-n} + 2$

100 $a_n = \frac{1}{\sqrt{2n+1}}$

101 $a_n = \frac{2n+1}{n^2}, \quad n \in \mathbb{N} - \{0\}.$

102 TEST Solo una delle seguenti successioni è monotòna crescente. Quale?

A $a_n = \frac{n+2}{n}$ B $a_n = \frac{1}{n}$ C $a_n = \frac{(-1)^n}{n}$ D $a_n = \frac{n}{n+2}$ E $a_n = 2 - n$

Successioni limitate e illimitate

▶ Teoria a p. 1516

103 ESERCIZIO GUIDA Stabiliamo se la successione $a_n = \frac{2n}{n-1}$, con $n > 1$, è limitata superiormente, limitata inferiormente, limitata o illimitata.

Scriviamo alcuni elementi della successione e li rappresentiamo su una retta orientata.

$$4, 3, \frac{8}{3}, \frac{5}{2}, \frac{12}{5}, \frac{7}{3}, \ldots, \frac{2n}{n-1}, \ldots$$

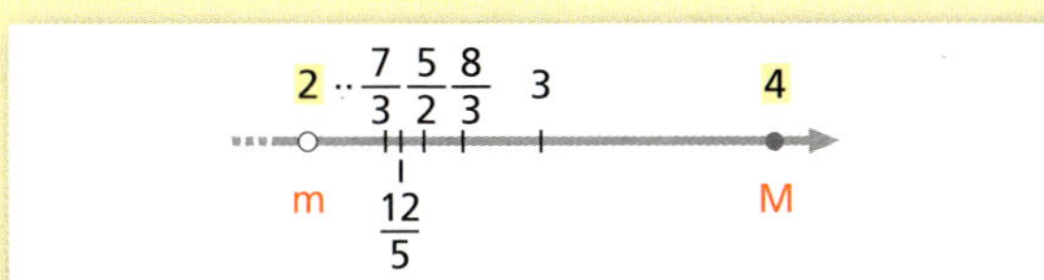

La successione è limitata superiormente, perché tutti i suoi termini risultano minori o uguali a 4. Infatti, la disuguaglianza

$$\frac{2n}{n-1} \leq 4 \rightarrow \frac{2n-4(n-1)}{n-1} \leq 0 \rightarrow \frac{-2n+4}{n-1} \leq 0 \rightarrow -2 \cdot \frac{n-2}{n-1} \leq 0$$

è sempre verificata, essendo $n > 1$.

ESERCIZI

Essa è anche limitata inferiormente, perché tutti i suoi termini risultano maggiori di 2.
Infatti, la disuguaglianza

$$\frac{2n}{n-1} > 2 \quad \rightarrow \quad \frac{2n-2n+2}{n-1} > 0 \quad \rightarrow \quad \frac{2}{n-1} > 0$$

è sempre verificata, essendo $n > 1$.
Tutti i termini della successione sono maggiori di 2, anche se 2 non fa parte di essi.
Pertanto, la successione data è una successione limitata.

Per ogni successione scrivi i primi otto termini e stabilisci se si tratta di una successione limitata superiormente, limitata inferiormente, limitata o illimitata.

104 $a_n = \frac{3n}{n-1}$, $n > 1$.

105 $a_n = \sqrt{n}$

106 $a_n = \frac{1}{n}$, $n > 0$.

107 $a_n = \frac{n+1}{n^2}$, $n > 0$.

108 $a_n = -2n - 1$

109 $a_n = -n^2$

110 $a_n = 1 + 2n^2$

111 $a_n = \frac{5n}{n+1}$

112 **VERO O FALSO?**

a. Una successione limitata è formata da un numero finito di termini. V F

b. Una successione crescente non può essere limitata. V F

c. La successione $a_n = \frac{3}{n}$ è crescente. V F

d. La successione $a_n = 2 + n^2$ è illimitata. V F

113 **FAI UN ESEMPIO** di una successione monotòna crescente limitata superiormente.

114 **TEST** Solo una delle seguenti successioni è limitata superiormente. Quale?

A $a_n = n^2 - 7$

B $a_n = 1 - n$

C $a_n = 1 + \sqrt{n}$

D $a_n = \frac{n^3}{2}$

E $a_n = n(-1)^n$

115 **EUREKA!** Dimostra che la successione $a_n = \frac{2^n}{n!}$ è monotòna per $n > 1$ ed è limitata.
(SUGGERIMENTO $n! = n \cdot (n-1) \cdot \ldots \cdot 3 \cdot 2 \cdot 1$.)

4 Limite di una successione

Successioni divergenti

▶ Teoria a p. 1517

116 **ESERCIZIO GUIDA** Verifichiamo che la successione $a_n = n^2 - 1$ diverge positivamente.

Dobbiamo verificare che $\lim_{n \to +\infty} (n^2 - 1) = +\infty$.

Per ogni numero positivo M, deve esistere un numero positivo p_M tale che, $\forall n > p_M$:

$$n^2 - 1 > M.$$

Risolviamo la disequazione:

$$n^2 > M + 1;$$

poiché i due membri sono positivi, estraiamo la radice quadrata: $n > \sqrt{M+1}$.
Posto $p_M = \sqrt{M+1}$, risulta che $\forall n > p_M$, $n^2 - 1 > M$, pertanto la successione data diverge positivamente.

Verifica che le seguenti successioni divergono positivamente.

117 $a_n = 3n - 1,\ n \in \mathbb{N}$.

118 $a_n = 2n^2 - 3,\ n \in \mathbb{N}$.

119 $a_n = 8n^3 - 2,\ n \in \mathbb{N}$.

120 $a_n = \dfrac{n-3}{2},\ n \in \mathbb{N}$.

121 $a_n = \sqrt{n} + 1,\ n \in \mathbb{N}$.

122 $a_n = 2^{n+1},\ n \in \mathbb{N}$.

Verifica che le seguenti successioni divergono negativamente.

123 $a_n = 1 - 4n,\ n \in \mathbb{N}$.

124 $a_n - -\dfrac{1}{2} - 3n,\ n \in \mathbb{N}$.

125 $a_n = 1 - \sqrt{2n+1},\ n \in \mathbb{N}$.

126 $a_n = 1 - 2n^2,\ n \in \mathbb{N}$.

127 $a_n = \log_{\frac{1}{2}} n,\ n \in \mathbb{N}$.

128 $a_n = 2 - 3^n,\ n \in \mathbb{N}$.

Successioni convergenti

▶ Teoria a p. 1518

129 ESERCIZIO GUIDA Verifichiamo che $\lim_{n \to +\infty} \dfrac{2n-1}{n} = 2$.

Scelto $\varepsilon > 0$, dobbiamo trovare un corrispondente numero positivo p_ε tale che risulti:

$$\left| \frac{2n-1}{n} - 2 \right| < \varepsilon, \quad \forall n > p_\varepsilon.$$

Eseguiamo i calcoli all'interno del valore assoluto:

$$\left| \frac{2n-1-2n}{n} \right| < \varepsilon \quad \to \quad \left| -\frac{1}{n} \right| < \varepsilon.$$

Essendo $n > 0$, $\left| -\frac{1}{n} \right| = \frac{1}{n}$, quindi la disequazione è equivalente a:

$$\frac{1}{n} < \varepsilon \quad \to \quad n > \frac{1}{\varepsilon}.$$

Se poniamo $p_\varepsilon = \frac{1}{\varepsilon}$, abbiamo verificato che $\forall n > p_\varepsilon$ risulta $\left| \frac{2n-1}{n} - 2 \right| < \varepsilon$, quindi la successione converge a 2.

Verifica i seguenti limiti.

130 $\lim_{n \to +\infty} \left(\dfrac{1}{n} + 3 \right) = 3$

131 $\lim_{n \to +\infty} \dfrac{n-1}{n} = 1$

132 $\lim_{n \to +\infty} \dfrac{1}{3n^2 + 10} = 0$

133 $\lim_{n \to +\infty} 4^{1-n^2} = 0$

134 $\lim_{n \to +\infty} \left(\dfrac{1}{\sqrt{n}} + 1 \right) = 1$

135 $\lim_{n \to +\infty} \dfrac{1}{\log_2 n} = 0$

MATEMATICA AL COMPUTER

La successione converge? Per controllare che $\lim_{n \to +\infty} \dfrac{4n+11}{2n+7} = 2$, costruiamo un foglio di calcolo che, letto un $\varepsilon > 0$, permetta la ricerca dell'indice p_ε, tale che $\forall\ n > p_\varepsilon$ valga la disuguaglianza $\left| \dfrac{4n+11}{2n+7} - 2 \right| < \varepsilon$.

Risoluzione – 18 esercizi in più

Successioni indeterminate

▶ Teoria a p. 1519

RIFLETTI SULLA TEORIA Spiega perché le seguenti successioni, con $n \in \mathbb{N}$, non ammettono limite.

136 $a_n = 10 - 2 \cdot (-1)^n$

137 $a_n = \dfrac{1}{2} + 4 \cdot (-1)^n$

138 $a_n = \dfrac{n-1}{n+1} \cdot (-1)^n$

Limiti delle successioni monotòne

▶ Teoria a p. 1520

139 Dimostra che la successione il cui termine generale è $a_n = -\frac{1}{n}$, con $n \in \mathbb{N} - \{0\}$, è monotòna crescente e superiormente limitata da 0. Verifica che $\lim_{n \to +\infty} a_n = 0$.

140 Verifica che la successione $a_n = \frac{2}{n+2}$ è decrescente e limitata inferiormente. È convergente?

141 RIFLETTI SULLA TEORIA Spiega perché la successione $a_n = n^2 + 1$ è divergente utilizzando il teorema sul limite di una successione monotòna.

142 TEST Della successione $a_n = 2 - \frac{1}{n^2}$ puoi dire che:

A è convergente perché è monotòna.
B è divergente perché è monotòna.
C è convergente perché il suo insieme immagine è limitato.
D è indeterminata perché è monotòna.
E non è indeterminata perché è monotòna.

143 Data la successione il cui termine generale è

$$a_n = \frac{2-3n}{n}, n \in \mathbb{N} - \{0\}:$$

a. dimostra che è monotòna decrescente;
b. verifica che $\lim_{n \to +\infty} a_n = -3$.

144 È data la successione il cui termine generale è

$$a_n = \frac{4n-1}{5-n}, n \in \mathbb{N} - \{5\}.$$

a. Dimostra che è monotòna crescente per $n > 5$.
b. Rappresentala graficamente nel suo dominio.
c. Verifica che $\lim_{n \to +\infty} a_n = -4$.

145 Considera la successione $a_n = \frac{3-2^{n+1}}{2}$, $n \in \mathbb{N}$.

a. Calcola a_0, a_1, a_2.
b. Dimostra che la successione è decrescente.
c. Verifica che $\lim_{n \to +\infty} a_n = -\infty$.

[a) $\frac{1}{2}, -\frac{1}{2}, -\frac{5}{2}$]

5 Calcolo del limite di una successione

▶ Teoria a p. 1520

146 VERO O FALSO?

a. Se le successioni a_n e b_n divergono positivamente, allora $\lim_{n \to +\infty} (a_n + b_n) = +\infty$. V F
b. Se $\lim_{n \to +\infty} a_n = +\infty$, allora $\lim_{n \to +\infty} a_n(-1)^n = +\infty$. V F
c. Il prodotto di due successioni convergenti è una successione convergente. V F
d. Se la successione a_n diverge negativamente e $\lim_{n \to +\infty} b_n = 4$, allora $\lim_{n \to +\infty} \frac{a_n}{b_n} = +\infty$. V F

147 ESERCIZIO GUIDA Calcoliamo $\lim_{n \to +\infty} \frac{1-n^2}{2n^2}$.

Poiché $n \to +\infty$, possiamo considerare $n \neq 0$; quindi, raccogliendo n^2 al numeratore, abbiamo:

$$\lim_{n \to +\infty} \frac{1-n^2}{2n^2} = \lim_{n \to +\infty} \frac{\cancel{n^2}\left(\frac{1}{n^2} - 1\right)}{2\cancel{n^2}} = -\frac{1}{2}.$$

Osservazione. In generale, si procede come nel calcolo del limite per $x \to +\infty$ delle funzioni fratte.

Calcola i seguenti limiti.

148 $\lim_{n \to +\infty} (1+n)$ [$+\infty$]

149 $\lim_{n \to +\infty} (2-3n)$ [$-\infty$]

150 $\lim_{n \to +\infty} \sqrt{2+n^2}$ [$+\infty$]

151 $\lim_{n \to +\infty} \left(\frac{7}{8}\right)^n$ [0]

152 $\lim_{n \to +\infty} \left(\frac{3}{2}\right)^n$ [$+\infty$]

153 $\lim_{n \to +\infty} (-1)^n \cdot \sqrt{n}$ [non esiste]

154 $\lim\limits_{n\to+\infty}(\sqrt{n+4}-4)$ $[+\infty]$

155 $\lim\limits_{n\to+\infty}(-2)^n$ [non esiste]

156 $\lim\limits_{n\to+\infty}\left(e^{\frac{1}{n}}-n\right)$ $[-\infty]$

157 $\lim\limits_{n\to+\infty}(2^n+5)$ $[+\infty]$

158 $\lim\limits_{n\to+\infty}\left[\left(\frac{1}{2}\right)^n+\frac{3}{4}\right]$ $\left[\frac{3}{4}\right]$

159 $\lim\limits_{n\to+\infty}\sin\frac{1}{n}$ $[0]$

160 $\lim\limits_{n\to+\infty}(-1)^n\cdot n$ [non esiste]

161 $\lim\limits_{n\to+\infty}\frac{5n+3}{n-2}$ $[5]$

162 $\lim\limits_{n\to+\infty}\frac{n^2}{1-n}$ $[-\infty]$

163 $\lim\limits_{n\to+\infty}\frac{3-n^3}{3n^3}$ $\left[-\frac{1}{3}\right]$

164 $\lim\limits_{n\to+\infty}\frac{1-n}{n^2}$ $[0]$

165 $\lim\limits_{n\to+\infty}\sqrt{\frac{2n-3}{3n+2}}$ $\left[\sqrt{\frac{2}{3}}\right]$

166 $\lim\limits_{n\to+\infty}\frac{2n^2+5}{3n}$ $[+\infty]$

167 $\lim\limits_{n\to+\infty}\frac{5-n^3}{1+n}$ $[-\infty]$

168 $\lim\limits_{n\to+\infty}(\sqrt{n}-\sqrt{n+1})$ $[0]$

169 $\lim\limits_{n\to+\infty}(n-\sqrt{n})$ $[+\infty]$

170 $\lim\limits_{n\to+\infty}\frac{n^5+3}{9+n^2+2n^5}$ $\left[\frac{1}{2}\right]$

171 $\lim\limits_{n\to+\infty}\frac{n^2}{2n+1}$ $[+\infty]$

172 $\lim\limits_{n\to+\infty}\frac{n}{2n+1}\cdot(-1)^n$ [non esiste]

173 $\lim\limits_{n\to+\infty}\frac{n^2-2n}{3n^3}$ $[0]$

174 $\lim\limits_{n\to+\infty}\frac{2n^2}{3n^2+1}$ $\left[\frac{2}{3}\right]$

175 $\lim\limits_{n\to+\infty}\frac{1-2n^2}{n^2+1}$ $[-2]$

176 $\lim\limits_{n\to+\infty}\log_{10}\left(\frac{n^4+3}{2+n^4}\right)$ $[0]$

177 $\lim\limits_{n\to+\infty}e^{\frac{n^2+5}{4-n^2}}$ $[e^{-1}]$

178 $\lim\limits_{n\to+\infty}\frac{(-1)^n\cdot n^5}{n^6-1}$ $[0]$

179 $\lim\limits_{n\to+\infty}\log_3\frac{4-3n^2}{2-n^2}$ $(n\geq 2)$ $[1]$

180 $\lim\limits_{n\to+\infty}(-1)^n\cdot 2^n$ [non esiste]

181 $\lim\limits_{n\to+\infty}(\sqrt{3n-5}-\sqrt{4n+1})$ $[-\infty]$

182 $\lim\limits_{n\to+\infty}\tan\frac{\pi n^3-1}{4+4n^3}$ $[1]$

183 $\lim\limits_{n\to+\infty}\sqrt{\frac{4n^3-2}{5n+n^3}}$ $[2]$

184 $\lim\limits_{n\to+\infty}\frac{\sqrt{n}-n^3}{n}$ $[-\infty]$

185 $\lim\limits_{n\to+\infty}(-1)^n\cdot\frac{n^3}{n^4+1}$ $[0]$

186 $\lim\limits_{n\to+\infty}\frac{n}{2n-1}\cdot(-1)^n$ [non esiste]

187 $\lim\limits_{n\to+\infty}\sqrt[n]{n}$ $[1]$

188 $\lim\limits_{n\to+\infty}\frac{n^2+1}{n+1}\cos\frac{1}{n}$ $[+\infty]$

189 $\lim\limits_{n\to+\infty}\log_2\left(\frac{n^2+4}{n^3}\right)$ $[-\infty]$

190 $\lim\limits_{n\to+\infty}\frac{\cos n}{n}$ $[0]$

191 $\lim\limits_{n\to+\infty}\left(1+\frac{1}{n+1}\right)^n$ $[e]$

192 $\lim\limits_{n\to+\infty}\left(\frac{n+1}{n-3}\right)^{2n}$ $[e^8]$

193 $\lim\limits_{n\to+\infty}\frac{\sqrt{4n^2+1}-2n}{\sqrt{n^2-1}-n}$ $\left[-\frac{1}{2}\right]$

194 $\lim\limits_{n\to+\infty}\left(\frac{2n+1}{2n+5}\right)^n$ $\left[\frac{1}{e^2}\right]$

195 $\lim\limits_{n\to+\infty}n\sin\frac{5n+2}{n^2}$ $[5]$

196 $\lim\limits_{n\to+\infty}n\ln^2\left(\frac{n+1}{n}\right)$ $[0]$

197 $\lim\limits_{n\to+\infty}\left(\frac{3n}{4n^3-5n}-\frac{7n^2-n}{8n^2+9}\right)$ $\left[-\frac{7}{8}\right]$

198 $\lim\limits_{n\to+\infty}\sqrt{\frac{n-6n^2}{11n-3n^2}}$ $[\sqrt{2}]$

ESERCIZI

TEST

199 La successione $a_n = \left(\frac{n}{1+n}\right)^n$:

A tende a 1.
B tende a e^{-1}.
C è divergente.
D tende a $-e$.

(*Università di Trento, Facoltà di Ingegneria, Test di autovalutazione*)

200 Data la successione $a_n = \frac{(-1)^n n}{2n-1}$, puoi affermare che:

A $\lim_{n\to+\infty} a_n = \frac{1}{2}$.
B è indeterminata.
C $\lim_{n\to+\infty} a_n = -\frac{1}{2}$.
D $\lim_{n\to+\infty} a_n = 0$.
E $\lim_{n\to+\infty} a_n = +\infty$.

Gerarchia degli infiniti

se $a > 1$ e $\alpha > 0$:
$\log_a n < n^\alpha < a^n < n! < n^n$

Calcola i seguenti limiti applicando la gerarchia degli infiniti.

201 $\lim_{n\to+\infty} \frac{10^n}{n^n}$ [0]

202 $\lim_{n\to+\infty} \frac{6^n}{\log_3 n}$ [$+\infty$]

203 $\lim_{n\to+\infty} \frac{e^n}{8^n}$ [0]

204 $\lim_{n\to+\infty} \frac{n!}{5^n}$ [$+\infty$]

205 $\lim_{n\to+\infty} \frac{(n-1)!}{n!}$ [0]

206 $\lim_{n\to+\infty} \frac{n}{\ln n^5}$ [$+\infty$]

207 $\lim_{n\to+\infty} \frac{\log_2 n}{n^6}$ [0]

208 $\lim_{n\to+\infty} \frac{(n+1)!}{n!3^n}$ [0]

209 $\lim_{n\to+\infty} \frac{n!}{(n-1)!e^n}$ [0]

TEST

210 Considerata la successione $a_n = \frac{n!}{10^{2n}}$, allora:

A $\lim_{n\to+\infty} a_n = +\infty$.
B $\lim_{n\to+\infty} a_n = \frac{e}{10}$.
C non esiste $\lim_{n\to+\infty} a_n = +\infty$.
D $\lim_{n\to+\infty} a_n = 0$.

(*Università di Trento, Facoltà di Architettura, Test di Analisi*)

211 La successione $a_n = \frac{3^n - 5n}{2^n - n^2}$:

A è infinitesima.
B tende a $+\infty$.
C tende a $-\infty$.
D non esiste il limite per n che tende a $+\infty$.

(*Università di Trento, Facoltà di Ingegneria, Test di autovalutazione*)

212 EUREKA! Stabilisci se è vero o falso che $\lim_{n\to+\infty} \frac{1+2+3+\ldots+n}{n^2} = 0$. [falso: vale $\frac{1}{2}$]

YOU & MATHS

213 If $S_n = \frac{1}{n}\sqrt{1+2+3+\ldots+n}$, find $\lim_{n\to+\infty} S_n$. (IR *Leaving Certificate Examination*, Higher Level) $\left[\frac{\sqrt{2}}{2}\right]$

214 Find the limit $\lim_{n\to+\infty} \frac{1}{n}\left(2^{\frac{1}{n}} + 2^{\frac{2}{n}} + \ldots + 2^{\frac{n}{n}}\right)$.

A $\frac{1}{\ln 2}$
B $2\ln 2$
C $\sqrt{\ln 2}$
D $\ln 2$

(USA *University of North Georgia Mathematics Tournament*)

Limiti e parametri

215 Calcola per $k = 1, 2, 3$: $\lim_{n\to+\infty} \frac{2-n^2}{4n-(3-k)n^k}$. [$-\infty; 1; -\infty$]

Discuti il valore del limite al variare del parametro k.

216 $\lim_{n\to+\infty} \frac{kn^2+n}{-2n^2+3}$ $\left[\forall k \in \mathbb{R}: -\frac{k}{2}\right]$

217 $\lim_{n\to+\infty} \frac{(k-1)n^3+2n^2}{4n^2+3}$ $\left[\text{se } k=1: \frac{1}{2}; \text{ se } k>1: +\infty; \text{ se } k<1: -\infty\right]$

218 ●● $\lim_{n\to+\infty} e^{\frac{kn^2}{kn-1}}$ [se $k=0$: 1; se $k\neq 0$: $+\infty$]

219 ●● EUREKA! Calcola il limite della successione $a_n = \frac{n}{n+1}\cdot\frac{k^n}{1+e^n}$ nei casi indicati.

a. $k=-3$ b. $k=-2$ c. $k=e$ [a) non esiste; b) 0; c) 1]

Limiti delle progressioni

Stabilisci se le seguenti successioni, definite per $n\in\mathbb{N}$, sono progressioni aritmetiche o geometriche e calcolane i limiti per $n\to+\infty$.

220 ●○ $a_n = 3^n$ [geometrica, $+\infty$]

221 ●○ $a_n = 2n+1$ [aritmetica, $+\infty$]

222 ●○ $a_n = 2^{n+1}$ [geometrica, $+\infty$]

223 ●○ $a_n = \left(\frac{2}{3}\right)^n$ [geometrica, 0]

224 ●○ $a_n = 4(-2)^{n+2}$ [geometrica, $\nexists$]

225 ●○ $a_n = -\frac{1}{2}\cdot 3^{3n+1}$ [geometrica, $-\infty$]

226 ●○ $a_n = 3^{1-n}\cdot 5^n$ [geometrica, $+\infty$]

227 ●○ $a_n = 2-\log_3 2^{n-1}$ [aritmetica, $-\infty$]

Stabilisci quali di queste successioni sono progressioni aritmetiche e quali geometriche. Scrivi il termine generale a_n in funzione di n e calcola il limite per $n\to+\infty$.

228 ●○ $\frac{1}{2}$, $-\frac{3}{4}$, $\frac{9}{8}$, $-\frac{27}{16}$, $\frac{81}{32}$, … $\left[\text{geom., } a_n = \frac{1}{2}\left(-\frac{3}{2}\right)^{n-1}, \nexists\right]$

229 ●○ 2, 1, $\frac{1}{2}$, $\frac{1}{4}$, … $\left[\text{geom., } a_n = 2\left(\frac{1}{2}\right)^{n-1}, 0\right]$

230 ●● 2^x, 2^{x-3}, 2^{x-6}, … (con $x\in\mathbb{R}$) [geom., $a_n = 2^{-3n+x+3}$, 0]

231 ●● $\log_2 5$, $\log_2 15$, $\log_2 45$, … [arit., $a_n = \log_2(5\cdot 3^{n-1})$, $+\infty$]

---

232 ●○ Data la progressione geometrica con $a_1 = 2$ e ragione $\frac{3}{2}$, determina a_n e calcola il limite per $n\to+\infty$. $\left[a_n = 2\left(\frac{3}{2}\right)^{n-1}, +\infty\right]$

233 ●● È data la successione definita da:

$$\begin{cases} a_1 = 2 \\ a_{n+1} = 2a_n - \frac{1}{5}a_n \end{cases}.$$

Verifica che è una progressione geometrica, determina il termine a_n in funzione di n e calcola il limite per $n\to+\infty$. $\left[a_n = 2\left(\frac{9}{5}\right)^{n-1}, +\infty\right]$

RISOLVIAMO UN PROBLEMA

Il tappeto geometrico

Un designer organizza un'area quadrata di lato 8 m destinata a bambini piccoli all'interno di un giardino pubblico. L'area è suddivisa in quadrati concentrici, ognuno dei quali è individuato dai punti medi dei lati del quadrato a esso esterno.

- Qual è il termine generale della successione l_n che esprime la lunghezza del lato dei quadrati?
- Trova, in funzione di n, la somma S_n dei primi n termini della successione l_n.
- Calcola il limite di l_n e S_n per $n\to+\infty$.

ESERCIZI

▶ **Cerchiamo il termine generale della successione dei lati dei quadrati.**

Il quadrato più grande (che indichiamo con Q_1) ha il lato di lunghezza $l_1 = 8$ m.
Il lato del quadrato successivo Q_2 è l'ipotenusa di un triangolo rettangolo isoscele di lato $\frac{l_1}{2}$, quindi la sua lunghezza è:

$$l_2 = \frac{l_1}{2} \cdot \sqrt{2} = 8 \cdot \frac{\sqrt{2}}{2}.$$

Analogamente, il lato del quadrato successivo Q_3 è l'ipotenusa di un triangolo rettangolo isoscele di lato $\frac{l_2}{2}$, quindi la sua lunghezza è:

$$l_3 = \frac{l_2}{2} \cdot \sqrt{2} = l_1 \cdot \left(\frac{\sqrt{2}}{2}\right)^2 = 8 \cdot \left(\frac{\sqrt{2}}{2}\right)^2.$$

Analogamente, $l_4 = \frac{\sqrt{2}}{2} l_3 = 8\left(\frac{\sqrt{2}}{2}\right)^3$; e così via.
In generale, il lato del quadrato Q_n ha lunghezza:

$$l_n = 8 \cdot \left(\frac{\sqrt{2}}{2}\right)^{n-1}.$$

▶ **Calcoliamo la somma dei primi n termini della successione ℓ_n.**

La successione ottenuta l_n è una progressione geometrica di ragione $q = \frac{\sqrt{2}}{2}$ e primo termine $l_1 = 8$. Applichiamo la formula per ottenere la somma dei primi n termini della progressione:

$$S_n = l_1 \cdot \frac{q^n - 1}{q - 1} \rightarrow S_n = 8 \cdot \frac{\left(\frac{\sqrt{2}}{2}\right)^n - 1}{\frac{\sqrt{2}}{2} - 1}.$$

▶ **Calcoliamo i limiti di ℓ_n e S_n per $n \to +\infty$.**

- $\lim_{n \to +\infty} l_n = \lim_{n \to +\infty} 8\left(\frac{\sqrt{2}}{2}\right)^{n-1} = 0.$
- $\lim_{n \to +\infty} S_n = \lim_{n \to +\infty} 8 \cdot \frac{\left(\frac{\sqrt{2}}{2}\right)^n - 1}{\frac{\sqrt{2}}{2} - 1} = 8 \cdot \frac{-1}{\frac{\sqrt{2}}{2} - 1} =$

$$\frac{16}{2-\sqrt{2}} = \frac{16(2+\sqrt{2})}{(2-\sqrt{2})(2+\sqrt{2})} = \frac{16(2+\sqrt{2})}{2} =$$

$$8(2+\sqrt{2}).$$

234 ●○ REALTÀ E MODELLI **Modello di Verhulst** Una popolazione di rane tropicali viene tenuta sotto osservazione e censita ogni anno. Il primo censimento conta 1000 esemplari. Negli anni seguenti si verifica che l'andamento segue il modello di Verhulst: all'anno n le rane osservate sono $p_n = \frac{5000}{1 + 4e^{-\frac{n}{5}}}$.

a. Dopo quanti anni le rane sono raddoppiate?

b. Calcola il valore limite di p_n per $n \to +\infty$. [a) $\simeq 5$ anni; b) 5000]

235 ●● YOU & MATHS An infinite series of similar right triangles converges to point C. If $\overline{AE} = 16$, and $\overline{ED} = 8$, what is the sum of all the vertical segments ($\overline{AE} + \overline{BD} + \ldots$)?

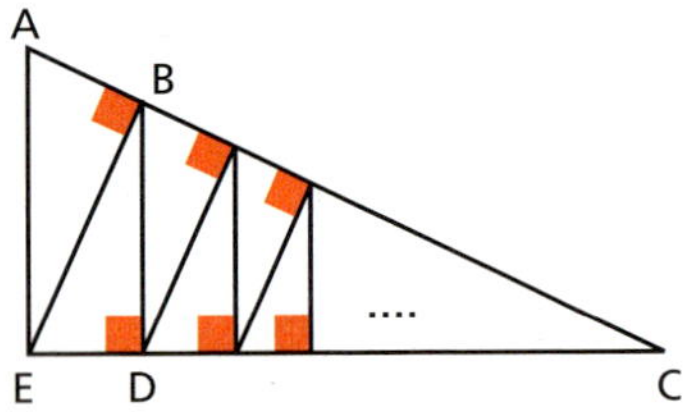

(USA *Rice University Mathematics Tournament*)
[32]

6 Principio di induzione

▶ Teoria a p. 1522

236 ESERCIZIO GUIDA Dimostriamo, applicando il principio di induzione, l'uguaglianza

$$4 + 8 + 12 + 16 + \ldots + 4n = 2n(n+1) \quad \forall n \in \mathbb{N}, n \geq 1.$$

Primo passo
Se $n = 1$, l'uguaglianza è vera; infatti il primo membro vale 4 e il secondo $2 \cdot 1 \cdot (1 + 1) = 4$.

Secondo passo
Ammettiamo che l'uguaglianza sia vera per n, allora dimostriamo che è vera per $n + 1$, cioè dimostriamo che:

$$\underbrace{4 + 8 + 12 + 16 + \ldots + 4n}_{\text{è uguale a } 2n(n+1) \text{ per ipotesi}} + 4(n + 1) = 2(n + 1)(n + 2)$$

Il primo membro diventa:

$$2n(n + 1) + 4(n + 1) = 2(n + 1)(n + 2).$$

raccogliamo $2(n+1)$

L'uguaglianza è verificata. Poiché sono vere entrambe le condizioni del principio di induzione, concludiamo che l'uguaglianza è vera $\forall n \geq 1$.

Principio di induzione:
data una proposizione P,
- dimostra che è vera per $n = 1$,
- dimostra che, se è vera per n, allora è vera per $n + 1$.

Puoi concludere che P è vera $\forall n \geq 1$.

Dimostra con il principio di induzione le seguenti uguaglianze per $n \in \mathbb{N} - \{0\}$.

237 $3 + 6 + 9 + \ldots + 3n = \frac{3}{2}n(n + 1)$

238 $1 + 3 + 5 + \ldots + (2n - 1) = n^2$

239 $2 + 4 + 6 + \ldots + 2n = n(n + 1)$

240 $1^2 + 2^2 + 3^2 + \ldots + n^2 = \frac{1}{6}n(n + 1)(2n + 1)$

---

241 $1 \cdot 2 + 2 \cdot 3 + 3 \cdot 4 + \ldots + (n - 1) \cdot n = \frac{1}{3}n(n^2 - 1)$

242 $\frac{1}{1 \cdot 2} + \frac{1}{2 \cdot 3} + \frac{1}{3 \cdot 4} + \ldots + \frac{1}{n(n+1)} = \frac{n}{n+1}$

243 $1 + 4 + 16 + 64 + \ldots + 4^{n-1} = \frac{1}{3}(4^n - 1)$

244 $5 + 5^2 + 5^3 + \ldots + 5^n = \frac{5^{n+1} - 5}{4}$

Sommatorie

245 Scrivi per esteso le somme $\sum_{k=1}^{6} (2k - 3)$, $\sum_{k=1}^{4} k^2$, $\sum_{k=1}^{3} (k + 1)^3$.

246 Esprimi le seguenti somme con il simbolo di sommatoria.

a. $\frac{4}{3} + \frac{5}{4} + \frac{6}{5} + \frac{7}{6} + \ldots + \frac{41}{40}$

b. $\frac{1}{2} - \frac{1}{3} + \frac{1}{4} - \frac{1}{5} + \ldots + \frac{1}{94} - \frac{1}{95}$

Sommatorie e induzione

Utilizzando il principio di induzione, dimostra che $\forall n \in \mathbb{N} - \{0\}$ sono vere le seguenti uguaglianze.

247 $\sum_{k=1}^{n} (4k - 1) = n(2n + 1)$

248 $\sum_{k=1}^{n} (5k + 2) = \frac{n(5n + 9)}{2}$

249 $\sum_{k=1}^{n} 3^{k-1} = \frac{3^n - 1}{2}$

250 $\sum_{k=1}^{n} \frac{1}{4^k} = \frac{4^n - 1}{3 \cdot 4^n}$

251 $\sum_{k=1}^{n} (4 + 3k) = \frac{n}{2}(3n + 11)$

252 $\sum_{k=2}^{n} \frac{1}{\sqrt{k-1} + \sqrt{k}} = \sqrt{n} - 1$

ESERCIZI

7 Che cos'è una serie

▶ Teoria a p. 1523

RIFLETTI SULLA TEORIA

253 ●○ Fra le seguenti scritture, indica quali rappresentano una serie.

a. $\sum_{n=1}^{+\infty} n^2 \cos n$ **b.** $\sum_{n=2}^{23} \frac{3n^2}{n-1}$ **c.** $\sum_{n=1}^{+\infty} \sqrt{1-n^2}$ **d.** $\sum_{n=1}^{+\infty} e^{-n}$

254 ●○ Spiega perché ciascuna delle seguenti scritture non rappresenta una serie.

a. $\sum_{n=1}^{+\infty} \frac{n}{n-1}$ **b.** $\sum_{n=1}^{+\infty} \ln(1-n)$ **c.** $\sum_{n=1}^{+\infty} \sqrt{4-n}$

255 ●○ Scrivi per esteso la serie $\sum_{n=1}^{+\infty} \frac{n}{n+1}$; indica i primi quattro termini, le prime quattro ridotte e la ridotta di ordine n.

256 ●○ Per ogni serie scrivi il terzo termine e la ridotta di ordine 3.

a. $\sum_{n=1}^{+\infty} \frac{n^2}{2n+1}$ **b.** $\sum_{n=1}^{+\infty} \frac{(-1)^n}{n+1}$ **c.** $\sum_{n=0}^{+\infty} \frac{n+1}{2^n}$

257 **ESERCIZIO GUIDA** Scriviamo la seguente serie utilizzando il simbolo di sommatoria:

$$2+\frac{3}{2}+\frac{4}{3}+\frac{5}{4}+\frac{6}{5}+\ldots.$$

Dobbiamo determinare:

a. l'espressione del termine a_n;

b. il valore iniziale di n.

a. I termini della serie sono frazioni i cui denominatori rappresentano la successione dei numeri naturali, mentre ogni numeratore è sempre il successivo del denominatore. Dunque:

$$a_n = \frac{n+1}{n}.$$

b. Il primo termine della serie è 2, che si ottiene assegnando a n in a_n il valore 1.

La scrittura cercata è pertanto $\sum_{n=1}^{+\infty} \frac{n+1}{n}$.

Osservazione. Tale scrittura non è univocamente determinata. Infatti, si può anche notare che i numeratori costituiscono la successione dei numeri naturali a partire da 2, mentre ogni denominatore è il precedente del numeratore.

Si può quindi scrivere: $\sum_{n=2}^{+\infty} \frac{n}{n-1}$.

Scrivi le seguenti serie utilizzando il simbolo di sommatoria.

258 ●○ $1+\frac{2}{2}+\frac{4}{3}+\frac{8}{4}+\frac{16}{5}+\ldots$ $\left[\sum_{n=0}^{+\infty} \frac{2^n}{n+1}\right]$

259 ●○ $1-\frac{1}{2}+\frac{1}{4}-\frac{1}{8}+\frac{1}{16}-\ldots$ $\left[\sum_{n=0}^{+\infty} \left(-\frac{1}{2}\right)^n\right]$

260 ●● $-1+2-3+4-5+6+\ldots$ $\left[\sum_{n=1}^{+\infty} (-1)^n n\right]$

261 ●● $\frac{1}{3}+\frac{2}{5}+\frac{3}{7}+\frac{4}{9}+\frac{5}{11}+\ldots$ $\left[\sum_{n=1}^{+\infty} \frac{n}{2n+1}\right]$

262 ●● $\frac{3}{4}+\frac{4}{9}+\frac{5}{16}+\frac{6}{25}+\frac{7}{36}+\ldots$ $\left[\sum_{n=2}^{+\infty} \frac{n+1}{n^2}\right]$

263 ●● $1+\frac{2}{4}+\frac{5}{7}+\frac{10}{10}+\frac{17}{13}+\ldots$ $\left[\sum_{n=0}^{+\infty} \frac{n^2+1}{3n+1}\right]$

264 ●● $1+\frac{2}{3}+\frac{3}{9}+\frac{4}{27}+\frac{5}{81}+\ldots$ $\left[\sum_{n=0}^{+\infty} \frac{n+1}{3^n}\right]$

265 ●● $\frac{4}{2}+\frac{16}{3}+\frac{36}{4}+\frac{64}{5}+\frac{100}{6}+\ldots$ $\left[\sum_{n=1}^{+\infty} \frac{(2n)^2}{n+1}\right]$

Per ogni coppia, indica se le seguenti scritture rappresentano la stessa serie.

266 ●○ $\sum_{n=0}^{+\infty} \frac{3(n+1)}{n^2+1}$; $\sum_{n=1}^{+\infty} \frac{3n}{n^2-2n+2}$. [V]

267 ●● $\sum_{n=1}^{+\infty} \frac{3^n}{n+1}$; $\sum_{n=2}^{+\infty} \frac{3^{n+1}}{n+2}$. [F]

COMPLETA le seguenti uguaglianze.

268 ●○ $\sum_{n=3}^{+\infty} \frac{n+1}{n-2} = \sum_{n=\square}^{+\infty} \left(1+\frac{3}{n}\right)$

269 ●○ $\sum_{n=1}^{+\infty} \left(\frac{1}{2n-1}+n\right) = \sum_{n=2}^{+\infty} \frac{\square}{2n-3}$

270 ●○ $\sum_{n=0}^{+\infty} \frac{\sqrt{n}}{n^2+1} = \sum_{n=1}^{+\infty} \frac{\sqrt{n-1}}{\square}$

8 Serie convergenti, divergenti, indeterminate

Serie divergenti

▶ Teoria a p. 1525

271 ESERCIZIO GUIDA Applicando la definizione, verifichiamo che la serie $\sum_{n=1}^{+\infty} \frac{4n-3}{2}$ è divergente.

Scriviamo la serie in forma estesa: $\frac{1}{2}+\frac{5}{2}+\frac{9}{2}+\frac{13}{2}+\ldots+\frac{4n-3}{2}+\ldots$

Osserviamo che da ogni termine possiamo ottenere il successivo sommando $\frac{4}{2}$, ovvero 2.

Gli addendi della serie formano una progressione aritmetica di ragione 2, che ha come primo elemento $\frac{1}{2}$.

Pertanto, possiamo calcolare la ridotta s_n ricordando che, se a_n è una progressione aritmetica, vale:

$$s_n = n\frac{a_1+a_n}{2}.$$

Poiché $a_1 = \frac{1}{2}$ e $a_n = \frac{4n-3}{2}$, otteniamo:

$$s_n = \frac{n}{2}\left(\frac{1}{2}+\frac{4n-3}{2}\right) = \frac{n}{2}\cdot\frac{4n-2}{2} = \frac{n}{2}(2n-1) = n^2-\frac{1}{2}n.$$

Calcolando infine $\lim_{n\to+\infty} s_n$, possiamo stabilire il carattere della serie.

Poiché $\lim_{n\to+\infty}\left(n^2-\frac{1}{2}n\right) = +\infty$, la serie diverge positivamente.

Applicando la definizione, verifica che le seguenti serie sono divergenti.

272 ●○ $\sum_{n=0}^{+\infty} (1-n)$

273 ●○ $\sum_{n=0}^{+\infty} \frac{2}{5}$

274 ●○ $\sum_{n=0}^{+\infty} \frac{2+n}{2}$

275 ●● $\sum_{n=1}^{+\infty} \left(\frac{5n^2+n}{n^2}-\frac{1}{n}\right)$

276 ●● $\sum_{n=0}^{+\infty} \frac{1-4n^2}{1+2n}$

277 ●● $\sum_{n=1}^{+\infty} (\sqrt{n}-\sqrt{n-1})$

Serie indeterminate

▶ Teoria a p. 1526

278 ESERCIZIO GUIDA Applicando la definizione, verifichiamo che la serie $\sum_{n=1}^{+\infty} \sin\left(\frac{\pi}{2}+n\pi\right)$ è indeterminata.

Scriviamo la serie in forma estesa:

$$\sum_{n=1}^{+\infty} \sin\left(\frac{\pi}{2}+n\pi\right) = \sin\left(\frac{\pi}{2}+\pi\right)+\sin\left(\frac{\pi}{2}+2\pi\right)+\sin\left(\frac{\pi}{2}+3\pi\right)+\ldots = -1+1-1+\ldots,$$

da cui $s_1 = -1$, $s_2 = 0$, $s_3 = -1$, $s_4 = 0, \ldots$

Le ridotte assumono valore -1 o 0 a seconda che n sia dispari o pari.
Pertanto, $\lim_{n\to+\infty} s_n$ non esiste e la serie è indeterminata.

ESERCIZI

Applicando la definizione, verifica che le seguenti serie sono indeterminate.

279 $\sum_{n=1}^{+\infty} \cos(n\pi)$

280 $\sum_{n=1}^{+\infty} \frac{(-1)^n}{3}$

Stabilisci se le seguenti serie sono convergenti, divergenti oppure indeterminate.

281 $\sum_{n=0}^{+\infty} \frac{14+3n}{6}$ [divergente]

282 $\sum_{n=1}^{+\infty} n\cos\frac{\pi}{3}$ [divergente]

283 $\sum_{n=1}^{+\infty} \sin\left(n\frac{\pi}{2}\right)$ [indeterminata]

284 $\sum_{n=1}^{+\infty} \tan(n\pi)$ [convergente]

Serie geometriche

▶ Teoria a p. 1526

285 ESERCIZIO GUIDA Studiamo la seguente serie geometrica. Se la serie è convergente, calcoliamo la sua somma.

$$\sum_{n=0}^{+\infty} \left(\frac{3}{7}\right)^n.$$

Si tratta di una serie geometrica di ragione $q = \frac{3}{7}$.

Poiché $-1 < q < 1$, la serie converge.

Calcoliamo la somma $s = \frac{1}{1-q}$:

$$s = \frac{1}{1-\frac{3}{7}} = \frac{7}{4}.$$

La serie geometrica $\sum_{n=0}^{+\infty} q^n$:
- se $-1 < q < 1$, converge a $\frac{1}{1-q}$;
- se $q \geq 1$, diverge;
- se $q \leq -1$, è indeterminata.

Studia le seguenti serie, verificando che si tratta di serie geometriche. Se la serie è convergente, calcola la sua somma.

286 $\sum_{n=0}^{+\infty} \left(\frac{3}{5}\right)^n$ $\left[\text{convergente; } \frac{5}{2}\right]$

287 $\sum_{n=0}^{+\infty} 10^{-n}$ $\left[\text{convergente; } \frac{10}{9}\right]$

288 $\sum_{n=0}^{+\infty} \left(\frac{2}{7}\right)^{2n}$ $\left[\text{convergente; } \frac{49}{45}\right]$

289 $\sum_{n=0}^{+\infty} \left(\frac{8}{5}\right)^n$ [divergente]

290 $\sum_{n=0}^{+\infty} \frac{2^{2n}}{3^n}$ [divergente]

291 $\sum_{n=0}^{+\infty} \left(\frac{1}{2^n}\right)^4$ $\left[\text{convergente; } \frac{16}{15}\right]$

292 $\sum_{n=0}^{+\infty} (3-\sqrt{8})^n$ $\left[\text{convergente; } \frac{\sqrt{2}+1}{2}\right]$

293 $\sum_{n=0}^{+\infty} (4-\sqrt{8})^n$ [divergente]

294 $\sum_{n=0}^{+\infty} \frac{(-10)^n}{6^n}$ [indeterminata]

295 $\sum_{n=0}^{+\infty} \frac{(-3)^{3n}}{2^{2n}}$ [indeterminata]

Scrivi i seguenti numeri periodici come somma di una serie geometrica e trova la frazione generatrice calcolando la somma della serie.

296 a. $0,\overline{4}$ b. $0,3\overline{2}$

297 a. $2,2\overline{6}$ b. $6,\overline{3}$

298 ESERCIZIO GUIDA Determiniamo per quali valori reali di x la serie geometrica $\sum_{n=1}^{+\infty} (x^2-3x+1)^n$ converge.

La ragione q è x^2-3x+1 e, per la convergenza, deve essere $-1 < q < 1$. Quindi risolviamo il sistema:

$$\begin{cases} x^2-3x+1 > -1 \\ x^2-3x+1 < 1 \end{cases}$$

$$\begin{cases} x^2-3x+2 > 0 \\ x^2-3x < 0 \end{cases} \rightarrow \begin{cases} (x-1)(x-2) > 0 \\ x(x-3) < 0 \end{cases} \rightarrow \begin{cases} x < 1 \vee x > 2 \\ 0 < x < 3 \end{cases} \rightarrow 0 < x < 1 \vee 2 < x < 3.$$

Perciò la serie converge se $0 < x < 1 \vee 2 < x < 3$.

Determina per quali valori reali di x le seguenti serie geometriche sono convergenti.

299 $\sum_{n=1}^{+\infty}(x+6)^n$ $[-7<x<-5]$

300 $\sum_{n=1}^{+\infty}(5x-9)^n$ $\left[\frac{8}{5}<x<2\right]$

301 $\sum_{n=0}^{+\infty}\left(\frac{1}{1+x^2}\right)^n$ $[x\neq 0]$

302 $\sum_{n=1}^{+\infty}(2x^2)^n$ $\left[-\frac{\sqrt{2}}{2}<x<\frac{\sqrt{2}}{2}\right]$

303 $\sum_{n=0}^{+\infty}(x^2+3x+3)^n$ $[-2<x<-1]$

304 $\sum_{n=0}^{+\infty}(x^2-x+4)^n$ $[\nexists x\in\mathbb{R}]$

305 $\sum_{n=1}^{+\infty}\left(\frac{1+x}{1-x}\right)^n$ (per $x\neq 1$) $[x<0]$

306 $\sum_{n=0}^{+\infty}e^{\frac{2n}{x}}$ $[x<0]$

307 $\sum_{n=0}^{+\infty}10^{-nx}$ $[x>0]$

308 $\sum_{n=0}^{+\infty}\left(\frac{2x+1}{x-4}\right)^n$ $[-5<x<1]$

---

309 CACCIA ALL'ERRORE Considera le seguenti affermazioni riguardanti la serie $\sum_{n=0}^{+\infty}(-1)^n$. Spiega perché sono entrambe errate.

a. $\sum_{n=0}^{+\infty}(-1)^n=(1-1)+(1-1)+\ldots=0+0+\ldots=0$

b. $\sum_{n=0}^{+\infty}(-1)^n=1-(1-1)-(1-1)-\ldots=1-0-0-\ldots=1$

310 EUREKA! Utilizzando le proprietà della serie geometrica calcola $\sum_{n=0}^{+\infty}\frac{3^n+4^n}{7^n}$.

REALTÀ E MODELLI

311 **Investimenti e donazioni** Un'azienda progetta un piano di investimenti e donazioni a lungo termine. All'inizio del primo anno del piano, destina € 100 000 a un investimento che garantisce una resa del 5% annuo. Del capitale ottenuto a fine anno, destina il 5% a una fondazione umanitaria e reinveste il restante 95% sempre al 5% annuo, e così via.

a. Quanti soldi l'azienda ha investito complessivamente dopo 10 anni? E a quanto ammonterebbe il denaro investito considerando il limite per il numero di anni che tende a infinito?

b. In questo modello, quanti soldi verrebbero donati dopo infiniti anni?

[a) € 988 825, € 40 000 000; b) € 2 100 000]

312 **Rimbalzi** Una palla viene lasciata cadere da 1,5 m d'altezza e a ogni rimbalzo perde il 20% dell'energia potenziale gravitazionale U, dove $U=mgh$.

a. Quanto in alto risale la palla dopo il primo rimbalzo?

b. Quanti rimbalzi sono necessari affinché essa non risalga più oltre il metro d'altezza?

c. Qual è la distanza che la palla percorrerebbe in infiniti rimbalzi? [a) 1,2 m; b) 2; c) 13,5 m]

313 **Cerchi e quadrati** Il quadrato Q_1 è inscritto nella circonferenza C_1 centrata nell'origine e di raggio unitario. Nel quadrato Q_1 viene inscritta una seconda circonferenza C_2 centrata nell'origine, e un secondo quadrato Q_2 viene inscritto nella seconda circonferenza. Questa costruzione viene ripetuta infinite volte. Trova il valore della somma delle aree $\sum_{i=1}^{\infty}[\text{area}(C_i)-\text{area}(Q_i)]$, che corrisponde all'area colorata in verde nella figura.

(*University of Cincinnati Calculus Contest*)

$[2\pi-4]$

Serie telescopiche

▶ Teoria a p. 1528

314 ESERCIZIO GUIDA Applicando la definizione, verifichiamo che la serie $\sum_{n=2}^{+\infty} \frac{1}{n^2-n}$ è convergente e ne determiniamo la somma.

Dobbiamo verificare che il limite della successione s_n delle ridotte per $n \to +\infty$ è un numero reale, ossia che $\lim_{n \to +\infty} s_n = s$.

Riscriviamo il termine generale $a_n = \frac{1}{n^2-n} = \frac{1}{n(n-1)}$ e calcoliamo s_n:

$$s_n = a_2 + a_3 + a_4 + a_5 + a_6 + \ldots + a_n = \frac{1}{2 \cdot 1} + \frac{1}{3 \cdot 2} + \frac{1}{4 \cdot 3} + \frac{1}{5 \cdot 4} + \frac{1}{6 \cdot 5} + \ldots + \frac{1}{n(n-1)}.$$

Poiché non siamo in grado di calcolare il limite di questa espressione, cerchiamo di scrivere il termine generico a_n come somma algebrica di due frazioni, ovvero cerchiamo due numeri A e B tali che:

$$a_n = \frac{1}{n(n-1)} = \frac{A}{n} + \frac{B}{n-1}.$$

Svolgiamo i calcoli:

$$\frac{A}{n} + \frac{B}{n-1} = \frac{A(n-1)+Bn}{n(n-1)} = \frac{(A+B)n-A}{n(n-1)}.$$

Per il principio di identità dei polinomi, deve essere:

$$\begin{cases} A+B=0 \\ -A=1 \end{cases} \to \quad A=-1, \quad B=1.$$

Riscriviamo a_n e la serie assegnata:

$$a_n = \frac{-1}{n} + \frac{1}{n-1} = \frac{1}{n-1} - \frac{1}{n} \quad \to \quad \sum_{n=2}^{+\infty} \frac{1}{n^2-n} = \sum_{n=2}^{+\infty} \left(\frac{1}{n-1} - \frac{1}{n} \right).$$

Questa è una serie telescopica, e la sua ridotta s_n ha forma:

$$s_n = \left(\frac{1}{1} - \frac{1}{2}\right) + \left(\frac{1}{2} - \frac{1}{3}\right) + \left(\frac{1}{3} - \frac{1}{4}\right) + \ldots + \left(\frac{1}{n-2} - \frac{1}{n-1}\right) + \left(\frac{1}{n-1} - \frac{1}{n}\right) = 1 - \frac{1}{n}.$$

Siamo in grado ora di calcolare il limite di s_n per $n \to +\infty$, ossia $\lim_{n \to +\infty} \left(1 - \frac{1}{n}\right) = 1$.

Concludiamo che la serie $\sum_{n=2}^{+\infty} \frac{1}{n^2-n}$ è convergente e la sua somma vale 1.

Dopo aver scritto le seguenti serie nella forma caratteristica delle serie telescopiche, verifica che convergono e determina la somma.

315 ●○ $\sum_{n=0}^{+\infty} \frac{1}{(n+1)(n+2)}$ [1]

316 ●○ $\sum_{n=1}^{+\infty} \frac{1}{4n^2+4n}$ $\left[\frac{1}{4}\right]$

317 ●○ $\sum_{n=0}^{+\infty} \frac{1}{n^2+5n+6}$ $\left[\frac{1}{2}\right]$

318 ●○ $\sum_{n=0}^{+\infty} \left(\frac{1}{n+3} - \frac{1}{n+4} \right)$ $\left[\frac{1}{3}\right]$

319 ●● $\sum_{n=6}^{+\infty} \frac{1}{n^2-3n+2}$ $\left[\frac{1}{3}\right]$

320 ●● $\sum_{n=1}^{+\infty} \left(\frac{1}{\sqrt{n}} - \frac{1}{\sqrt{n+1}} \right)$ [1]

321 ●● $\sum_{n=3}^{+\infty} \left(\frac{1}{n^2-4n+4} - \frac{1}{n^2-2n+1} \right)$ [1]

322 ●● $\sum_{n=2}^{+\infty} \left(2^{\frac{1}{n-1}} - 2^{\frac{1}{n}} \right)$ [1]

VERIFICA DELLE COMPETENZE ALLENAMENTO

UTILIZZARE TECNICHE E PROCEDURE DI CALCOLO

1 Quanto vale la somma dei primi 8 termini della seguente successione?

$$3, -\frac{3}{2}, \frac{3}{4}, -\frac{3}{8}, \frac{3}{16}, \dots$$ $\left[\frac{255}{128}\right]$

2 TEST La successione $a_n = \frac{n-2}{n+2} \cdot (-1)^n$, con $n \in \mathbb{N}$, è:

A una progressione geometrica di ragione $q = -1$.

B indeterminata.

C convergente.

D divergente negativamente.

E divergente positivamente.

3 Calcola la somma dei primi 6 termini di una progressione geometrica di ragione $\frac{1}{3}$ il cui primo termine è 3. $\left[\frac{364}{81}\right]$

4 Calcola la somma $\frac{1}{5} + \frac{4}{5} + \frac{7}{5} + 2 + \dots + 5$. $\left[\frac{117}{5}\right]$

5 Calcola la somma dei primi 10 termini della successione definita da $\begin{cases} a_1 = \frac{1}{6} \\ a_{n+1} = a_n + 2 \quad \text{se } n \geq 1 \end{cases}$. $\left[\frac{275}{3}\right]$

6 Calcola la somma delle prime 9 potenze di 4 con esponente diverso da 0. [349524]

7 In una progressione aritmetica la somma dei primi 5 termini è 75 e il quinto termine è 23. Trova il primo termine. [7]

8 In una progressione geometrica crescente il primo termine è $\frac{1}{7}$ e la somma dei primi 3 termini è $\frac{19}{28}$. Trova il terzo termine. $\left[\frac{9}{28}\right]$

Calcola i seguenti limiti.

9 $\lim_{n\to+\infty} \frac{5n^3 + 2n^2 + 4}{n^4}$ [0]

10 $\lim_{n\to+\infty} \frac{2 - e^{-n}}{3}$ $\left[\frac{2}{3}\right]$

11 $\lim_{n\to+\infty} (2n - \sqrt{n^2 - 1})$ $[+\infty]$

12 $\lim_{n\to+\infty} \frac{n^5 + 1}{(n^2+1)(n^3+1)}$ [1]

13 $\lim_{n\to+\infty} n \tan\frac{1}{n}$ [1]

14 $\lim_{n\to+\infty} (2n - \sqrt{5n^2 + n})$ $[-\infty]$

15 $\lim_{n\to+\infty} \frac{-n^4 + \sqrt{n}}{n}$ $[-\infty]$

16 $\lim_{n\to+\infty} \frac{6^n \cdot 3^{-n}}{\ln n}$ $[+\infty]$

17 $\lim_{n\to+\infty} \frac{3n - \sqrt{4n^2 + 8}}{2n}$ $\left[\frac{1}{2}\right]$

18 $\lim_{n\to+\infty} \left(\frac{n}{n+3}\right)^n$ $[e^{-3}]$

19 $\lim_{n\to+\infty} \frac{2^{2n}}{3^{n-1}}$ $[+\infty]$

20 $\lim_{n\to+\infty} \frac{2n - \sqrt{n^2 - 9}}{n}$ [1]

21 $\lim_{n\to+\infty} \frac{2^{-n} \cdot 4^n}{n!}$ [0]

22 $\lim_{n\to+\infty} n \ln\frac{n+1}{n}$ [1]

23 $\lim_{n\to+\infty} \frac{n + \sqrt{n^2 + 5}}{n}$ [2]

24 $\lim_{n\to+\infty} \left[\sin\left(\frac{\pi}{n}\right) + \cos\left(\frac{\pi}{n}\right)\right]$ [1]

25 $\lim_{n\to+\infty} (n - \sqrt{n^2 + 4})$ [0]

26 $\lim_{n\to+\infty} \frac{1}{\sqrt{n+3} - \sqrt{n}}$ $[+\infty]$

27 $\lim_{n\to+\infty} n^2\left(1 - \cos\frac{1}{n}\right)$ $\left[\frac{1}{2}\right]$

28 $\lim_{n\to+\infty} \frac{2 - n^2}{4n^3}$ [0]

29 $\lim_{n\to+\infty} \log_{\frac{1}{4}} \frac{4n+3}{2n+1}$ $\left[-\frac{1}{2}\right]$

30 Discuti, al variare del parametro k in $\mathbb{R}$, il valore di $\lim_{n\to+\infty} e^{\frac{kn^3 - n^2 - 1}{(k-2)n^3 + n}}$.

$\left[\text{se } k = 0\text{: } 0\text{; se } k = 2\text{: } +\infty\text{; se } k \neq 0 \wedge k \neq 2\text{: } \frac{k}{k-2}\right]$

VERIFICA DELLE COMPETENZE

Calcola la somma delle seguenti serie.

31 $\sum_{n=1}^{+\infty} \frac{3}{n^2+3n+2}$ $\left[\frac{3}{2}\right]$

32 $\sum_{n=1}^{+\infty} 2^{2n} \cdot 5^{-n}$ [4]

Dopo aver scritto le seguenti serie nella forma caratteristica delle serie telescopiche, verifica che convergono e determina la somma.

33 $\sum_{n=1}^{+\infty} \frac{10}{n^2+n}$ [10]

34 $\sum_{n=2}^{+\infty} \left(\frac{1}{\sqrt{n-1}} - \frac{1}{\sqrt{n}}\right)$ [1]

---

35 **TEST** Le serie $\sum_{n=0}^{+\infty} \frac{3^{1-n}}{2^n}$ e $\sum_{n=0}^{+\infty} \left(\ln \frac{3}{4}\right)^n$ sono:

- A entrambe divergenti.
- B entrambe indeterminate.
- C entrambe convergenti.
- D la prima convergente, la seconda divergente.
- E la prima divergente, la seconda convergente.

RISOLVERE PROBLEMI

36 In un triangolo ABC, rettangolo in A e isoscele, con il cateto che misura l, traccia l'altezza AH relativa all'ipotenusa. Da H manda la perpendicolare al cateto AB fino a incontrarlo in A'. Ottieni il triangolo rettangolo isoscele $A'HB$. Ripeti il procedimento.

a. Determina la successione a_n delle misure delle altezze AH, $A'H'$, $A''B''$, …

b. Calcola $\lim_{n\to+\infty} a_n$.

$\left[\text{a) } a_n = \frac{\sqrt{2}}{2} l \left(\frac{1}{2}\right)^n, n \in \mathbb{N}; \text{ b) } 0\right]$

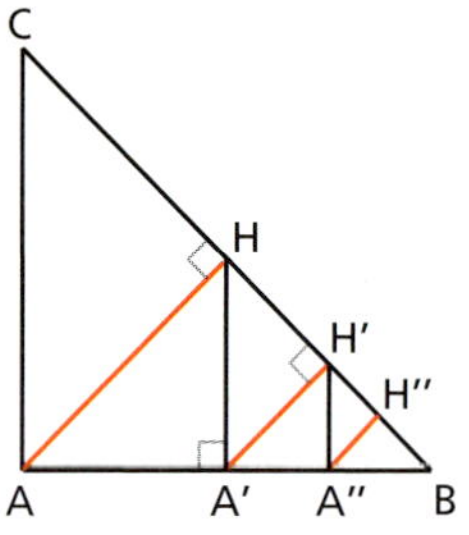

37 In una successione di infiniti segmenti ciascuno è doppio del successivo. Se la misura del primo segmento in una arbitraria unità è l, quanto vale la somma delle misure di tutti i segmenti? [$2l$]

38 **YOU & MATHS** A geometric sequence is one where the ratio between each two consecutive terms is constant (for example, 3, 6, 12, 24, …). The fifth term of a geometric series is 5!, and the sixth term is 6!. What is the fourth term? (**SUGGESTION** $5! = 1\cdot2\cdot3\cdot4\cdot5$, $6! = 1\cdot2\cdot3\cdot4\cdot5\cdot6$.)

(USA *Rice University Mathematics Tournament*, General Test)

[20]

39 Data la successione $\begin{cases} a_4 = -2 \\ 2a_n = -\frac{1}{3} a_{n-1} + a_{n-1} \end{cases}$,

a. calcola a_1, a_2, a_3, a_5, a_6;

b. verifica se si tratta di una progressione aritmetica o geometrica e trova la ragione;

c. trova la forma analitica della successione e calcola il limite per $n \to +\infty$.

$\left[\text{a) } -54, -18, -6, -\frac{2}{3}, -\frac{2}{9}; \text{ b) geometrica, } q = \frac{1}{3}; \text{ c) } a_n = -54\left(\frac{1}{3}\right)^{n-1}, 0\right]$

VERIFICA DELLE COMPETENZE VERSO L'ESAME

ARGOMENTARE E DIMOSTRARE

40 Dopo aver dato la definizione di limite di una successione numerica, fornisci un esempio per ciascun tipo di successione: convergente, divergente e indeterminata. Calcola poi il limite $\lim_{n \to +\infty} \left(\frac{n+1}{n-5}\right)^{n-2}$. [$e^6$]

41 È assegnato un triangolo equilatero di lato lungo L. Si costruisce un secondo triangolo, avente per vertici i punti medi dei lati del primo e, così proseguendo, un n-esimo triangolo avente per vertici i punti medi dei lati del triangolo $(n-1)$-esimo. Calcolare il limite cui tende la somma delle aree degli n triangoli quando n tende a ∞. (*Esame di Stato, Liceo scientifico, Corso di ordinamento, Sessione suppletiva*, 2006, *quesito* 8) $\left[\frac{\sqrt{3}}{3} L^2\right]$

---

42 Determinare il più grande valore dell'intero n per cui l'espressione $\sum_{k=0}^{n} 3^k$ non supera 10 000.
(*Esame di Stato, Liceo scientifico, Corso di ordinamento, Sessione straordinaria*, 2005, *quesito* 5) [$n = 8$]

43 Calcolare: $\lim_{n \to +\infty} \frac{3^n}{n!}$.
(*Esame di Stato, Liceo scientifico, Corso sperimentale, Sessione ordinaria*, 2002, *quesito* 4)
(SUGGERIMENTO $n! = n(n-1) \cdot (n-2) \cdot \ldots \cdot 3 \cdot 2 \cdot 1, \ldots$) [0]

44 Considerata la successione di termine generale: $a_n = 1 + 2 + 4 \ldots + (2 \cdot 2^{n-1}) + (2 \cdot 2^n)$, calcolare il limite: $\lim_{n \to +\infty} \frac{a_n}{2^{2n}}$.
(*Esame di Stato, Liceo scientifico, Corso sperimentale, Sessione ordinaria*, 2002, *quesito* 7) [0]

45 S_n rappresenta la somma di n numeri in progressione geometrica di ragione $\frac{3}{7}$ e primo termine $\frac{7}{3}$. Calcolare $\lim_{n \to \infty} S_n$.
(*Esame di Stato, Liceo scientifico, Scuole italiane all'estero (America Latina), Sessione ordinaria*, 2001, *quesito* 1) $\left[\frac{49}{12}\right]$

46 Indicata con S_n la somma di n termini in progressione geometrica di primo termine $\frac{1}{2}$ e ragione $\frac{1}{2}$, si calcoli il $\lim_{n \to \infty} \frac{S_n}{n}$.
(*Esame di Stato, Liceo scientifico, Scuole italiane all'estero, Sessione ordinaria*, 2005, *quesito* 1) [0]

47 Verificare il carattere della serie
$$\sum_{n=0}^{+\infty} \frac{1}{n^2 + 7n + 12}$$
e, nel caso in cui sia convergente, determinare la sua somma.
(*Simulazione ministeriale*, 22 aprile 2015, *quesito* 4) $\left[\frac{1}{3}\right]$

48 Detta $A(n)$ l'area del poligono regolare di n lati inscritto in un cerchio C di raggio r, verificare che $A(n) = \frac{n}{2} r^2 \sin \frac{2\pi}{n}$ e calcolarne il limite per $n \to \infty$. (*Esame di Stato, Liceo scientifico, Sessione ordinaria*, 2015, *quesito* 7) [πr^2]

49 Quanto vale $\lim_{n \to +\infty} \frac{3n(n+1)}{3 + 5 + 7 + \ldots + (2n+1)}$?
Giustifica la risposta. [3]

---

50 YOU & MATHS Show that $\frac{1}{n+2} - \frac{1}{n+3} = \frac{1}{(n+2)(n+3)}$.

Hence show that $\sum_{r=1}^{n} \frac{1}{(r+2)(r+3)} = \frac{1}{3} - \frac{1}{n+3}$ and find the sum to infinity of this series.

(UK *Manchester Metropolitan University: Centre for Mathematics Education*, Question Bank)

$\left[\frac{1}{3}\right]$

COSTRUIRE E UTILIZZARE MODELLI

RISOLVIAMO UN PROBLEMA

Che bel fiocco!

La costruzione geometrica che permette di disegnare il profilo stilizzato di un fiocco di neve si chiama *fiocco di Koch*.

Al passo $n = 0$, si considera un triangolo equilatero di lato 1 cm.

Al passo $n = 1$, si divide ogni lato del triangolo equilatero in tre parti uguali e sul segmento centrale, di ogni lato di lunghezza $\frac{1}{3}$ cm, si costruisce un triangolo equilatero, esterno al triangolo precedente. Si ottiene un poligono concavo.

Si prosegue in questo modo: a ogni passo, ogni lato del poligono viene suddiviso in tre parti uguali e sul segmento centrale di ogni lato si costruisce un triangolo equilatero, esterno al poligono stesso.

Calcoliamo l'area e il perimetro del poligono che si ottiene con un numero infinito di passi.

▶ **Cerchiamo una formula per l'area.**

n	Triangoli equilateri costruiti nel passo	Lunghezza lato	Area dei triangoli costruiti nel passo
0	1	1	$A_0 = \frac{1}{2} \cdot 1 \cdot \frac{\sqrt{3}}{2} = \frac{\sqrt{3}}{4}$
1	3	$\frac{1}{3}$	$A_1 = 3 \cdot \frac{1}{2} \cdot \frac{1}{3} \cdot \frac{1}{3} \cdot \frac{\sqrt{3}}{2} = \frac{\sqrt{3}}{3 \cdot 4}$
2	$3 \cdot 4$	$\frac{1}{3} \cdot \frac{1}{3} = \left(\frac{1}{3}\right)^2$	$A_2 = (3 \cdot 4) \cdot \frac{1}{2} \cdot \left(\frac{1}{3}\right)^2 \cdot \left(\frac{1}{3}\right)^2 \cdot \frac{\sqrt{3}}{2} = \frac{\sqrt{3}}{3^3}$
3	$3 \cdot 4^2$	$\left(\frac{1}{3}\right)^3$	$A_3 = (3 \cdot 4^2) \cdot \frac{1}{2} \cdot \left(\frac{1}{3}\right)^3 \cdot \left(\frac{1}{3}\right)^3 \cdot \frac{\sqrt{3}}{2} = \frac{4 \cdot \sqrt{3}}{3^5}$
4	$3 \cdot 4^3$	$\left(\frac{1}{3}\right)^4$	$A_4 = (3 \cdot 4^3) \cdot \frac{1}{2} \cdot \left(\frac{1}{3}\right)^4 \cdot \left(\frac{1}{3}\right)^4 \cdot \frac{\sqrt{3}}{2} = \frac{4^2 \cdot \sqrt{3}}{3^7}$

Indichiamo con A_n, l'area dei triangoli costruiti nel passo n. Abbiamo:

$$\begin{cases} A_0 = \dfrac{\sqrt{3}}{4} \\ A_n = \dfrac{4^{n-2} \cdot \sqrt{3}}{3^{2n-1}} = \dfrac{3\sqrt{3}}{4^2}\left(\dfrac{4}{3^2}\right)^n = \dfrac{3\sqrt{3}}{16}\left(\dfrac{4}{9}\right)^n \quad \text{se } n > 0 \end{cases}.$$

Osserviamo che

$$A_0 = \frac{\sqrt{3}}{4} = \frac{4\sqrt{3}}{16} = \frac{\sqrt{3}}{16} + \frac{3\sqrt{3}}{16}.$$

▶ **Calcoliamo l'area del fiocco.**

L'area totale si ottiene sommando le aree dei triangoli costruiti in un numero infinito di passi:

$$\sum_{n=0}^{+\infty} A_n = A_0 + \sum_{n=1}^{+\infty} A_n = \frac{\sqrt{3}}{16} + \frac{3\sqrt{3}}{16} + \sum_{n=1}^{+\infty} \frac{3\sqrt{3}}{16}\left(\frac{4}{9}\right)^n = \frac{\sqrt{3}}{16} + \frac{3\sqrt{3}}{16}\sum_{n=0}^{+\infty}\left(\frac{4}{9}\right)^n.$$

La serie $\sum_{n=0}^{+\infty} \left(\frac{4}{9}\right)^n$ è una serie geometrica di ragione $q = \frac{4}{9}$.

Poiché $-1 < q < 1$, la serie converge a $\frac{1}{1-q} = \frac{1}{1-\frac{4}{9}} = \frac{9}{5}$. L'area totale del poligono allora vale:

$$\frac{\sqrt{3}}{16} + \frac{3\sqrt{3}}{16} \cdot \frac{9}{5} = \frac{\sqrt{3}}{16}\left(1 + \frac{27}{5}\right) = \frac{\sqrt{3}}{16} \cdot \frac{32}{5} = \frac{2}{5}\sqrt{3} \simeq 0{,}69 \text{ cm}^2.$$

▶ **Cerchiamo una formula per il perimetro.**

n	Numero lati poligono	Lunghezza lato	Perimetro poligono
0	3	1	$2p_0 = 3 \cdot 1 = 3$
1	$3 \cdot 4$	$\frac{1}{3}$	$2p_1 = 3 \cdot 4 \cdot \frac{1}{3} = 3 \cdot \left(\frac{4}{3}\right)$
2	$3 \cdot 4 \cdot 4 = 3 \cdot 4^2$	$\frac{1}{3} \cdot \frac{1}{3} = \left(\frac{1}{3}\right)^2$	$2p_2 = 3 \cdot 4^2 \cdot \left(\frac{1}{3}\right)^2 = 3 \cdot \left(\frac{4}{3}\right)^2$
3	$3 \cdot 4^2 \cdot 4 = 3 \cdot 4^3$	$\left(\frac{1}{3}\right)^3$	$2p_3 = 3 \cdot 4^3 \cdot \left(\frac{1}{3}\right)^3 = 3 \cdot \left(\frac{4}{3}\right)^3$
4	$3 \cdot 4^4$	$\left(\frac{1}{3}\right)^4$	$2p_4 = 3 \cdot 4^4 \cdot \left(\frac{1}{3}\right)^4 = 3 \cdot \left(\frac{4}{3}\right)^4$
n	$3 \cdot 4^n$	$\left(\frac{1}{3}\right)^n$	$2p_n = 3 \cdot 4^n \cdot \left(\frac{1}{3}\right)^n = 3 \cdot \left(\frac{4}{3}\right)^n$

▶ **Calcoliamo il perimetro del fiocco.**

Il perimetro del fiocco si ottiene facendo tendere n a $+\infty$ e il limite diverge:

$$\lim_{n \to +\infty} p_n = \lim_{n \to +\infty} 3\left(\frac{4}{3}\right)^n = +\infty.$$

51 ●○ **Cara TV...** Luigi ha deciso di comprare un nuovo televisore che costa € 1500. Il primo mese mette da parte € 100 e in ciascuno dei mesi successivi € 20 in più rispetto al mese precedente.

a. Dopo quanti mesi avrà a disposizione la somma necessaria?

Se vuole avere a disposizione la somma necessaria dopo 6 mesi, utilizzando lo stesso piano di accantonamento, determina:

b. quanto dovrebbe mettere da parte in più ogni mese, partendo dalla somma di € 100;

c. da quale somma dovrebbe partire il primo mese, aggiungendo ogni mese € 20 in più rispetto al mese precedente.

[a) 9; b) € 60; c) € 200]

52 ●● Una palla lasciata cadere da un'altezza di 8 piedi tocca terra dopo 8 decimi di secondo. A ogni rimbalzo successivo, il tempo che la palla impiega a cadere è l'80% rispetto al rimbalzo precedente. Dopo quanto tempo la palla smette di rimbalzare? (*Furman Wylie Mathematics Tournament*)

[7,2 secondi]

53 ●○ **Aspetto o non aspetto?** Vinci un concorso a premi e puoi scegliere se:

1. riscuotere subito € 21 100, oppure

2. incassare € 8100 il primo anno e ogni anno successivo i due terzi di quanto incassato l'anno precedente.

a. Quanti anni devono passare perché convenga l'opzione 2?

b. In un tempo infinito, quanto incasseresti con l'opzione 2?

[a) 5; b) € 24 300]

54 ●○

Riempi il tangram! Nel tangram ci sono 3 tipi di triangoli rettangoli: T_1, T_2 e T_3. T_1 ha l'ipotenusa lunga come il lato l del tangram e i suoi cateti misurano come l'ipotenusa di T_2; i cateti di T_2 misurano come l'ipotenusa di T_3.

a. Se continuassi a costruire triangoli più piccoli con la stessa regola, quale sarebbe l'area A_n del triangolo T_n?

b. Quanti triangoli della successione T_n sarebbero necessari per riempire l'intera area del tangram?

$\left[\text{a) } A_n = \left(\frac{1}{2}\right)^{n+1} l^2\right]$

55 ●○ **Quadrati all'infinito** In figura sono rappresentate l'opera *Limite del quadrato* di M.C. Escher e la sua struttura: partendo dal quadrato centrale vengono costruite delle cornici di quadrati di lato dimezzato. Il quadrato centrale ha lato $l = 11,39$ cm.

a. Immaginando che le cornici proseguano all'infinito, quale sarà la dimensione dell'opera?

b. Sapendo che invece l'opera reale ha lato 34 cm, quante cornici è riuscito effettivamente a disegnare Escher?

[a) 34,17 cm; b) 7]

INDIVIDUARE STRATEGIE E APPLICARE METODI PER RISOLVERE PROBLEMI

56 ●● È data la successione $a_n = (\ln x)^{-n}$, $n \in \mathbb{N}$.

a. Trova l'insieme dei valori di x per i quali esiste la successione e stabilisci il tipo di successione.

b. Determina per quali valori di x è crescente e per quali è decrescente.

c. Studia il carattere della successione in funzione di x.

[a) $(x > 0 \wedge x \neq 1)$, pr. geom. $q = (\ln x)^{-1}$; b) cresc. se $1 < x < e$, decr. se $x > e$; c) indeter. se $e^{-1} \leq x < 1$, div. a $+\infty$ se $1 < x < e$, costante se $x = e$, conv. a 0 se $(0 < x < e^{-1} \vee x > e)$]

57 ●● Su una semiretta di origine P_0 è dato il segmento P_0P_1 che misura 2. Considera i segmenti adiacenti P_1P_2, P_2P_3, …, $P_{n-1}P_n$, … tali che il rapporto tra un segmento e il suo precedente sia $\frac{5}{4}$. Dopo aver costruito su ogni segmento un quadrato che abbia per lato il segmento stesso:

a. dimostra che le misure delle aree dei quadrati sono i termini di una progressione geometrica e calcolane la ragione;

b. esprimi il termine generico l_n della progressione in funzione di n e calcola il limite per $n \to +\infty$.

$\left[\text{a) } q = \frac{25}{16}; \text{ b) } l_n = 4\left(\frac{25}{16}\right)^n, n \in \mathbb{N}; +\infty\right]$

58 ●● È data la successione così definita: $\begin{cases} a_{n+1} = \frac{5}{3}a_n \\ a_2 = 3 \end{cases}$.

a. Calcola a_0, a_1, a_3.

b. Dimostra che è una progressione geometrica e trova la ragione.

c. Dimostra che è monotòna.

d. Determina il termine a_n in funzione di n e calcola il limite per $n \to +\infty$.

$\left[\text{a) } \frac{27}{25}, \frac{9}{5}, 5; \text{ b) } \frac{5}{3}; \text{ d) } a_n = \frac{9}{5}\left(\frac{5}{3}\right)^{n-1}, +\infty\right]$

59 La successione definita ricorsivamente da

$$\begin{cases} x_0 = 1 \\ x_{n+1} = \frac{1}{2}\left(x_n + \frac{2}{x_n}\right) \text{ se } n \geq 1 \end{cases}$$

è un esempio di un antico metodo di calcolo della radice quadrata di 2 introdotto dai matematici babilonesi.

a. Scrivi i primi quattro termini della successione.

b. Dimostra che $x_n \geq 1$, per ogni $n \in \mathbb{N}$.

60 La spezzata in figura è costruita unendo segmenti tra loro perpendicolari a partire da A_0A_1, inclinato di 30° rispetto all'asse x.

a. Dimostra che le lunghezze dei lati della spezzata sono in progressione geometrica.

b. Proseguendo nella costruzione fino a n segmenti, calcola la lunghezza l_n della spezzata.

c. Calcola $\lim\limits_{n \to +\infty} l_n$.

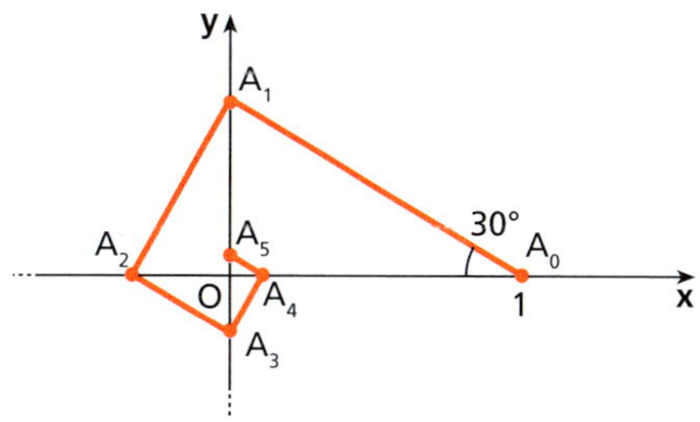

$\left[\text{b) } l_n = (\sqrt{3}+1)\left[1 - \left(\frac{\sqrt{3}}{3}\right)^n\right]; \text{ c) } \sqrt{3}+1\right]$

61 Dato un segmento di misura a, dividi il segmento in tre parti congruenti e sostituisci quella centrale con due segmenti in modo che questi ultimi formino con il segmento eliminato un triangolo equilatero. Ottieni così una spezzata di quattro segmenti consecutivi: a ognuno di questi applica lo stesso procedimento e così via.

prima spezzata — seconda spezzata — terza spezzata

a. Esprimi la successione delle misure spezzate indicando se è una progressione aritmetica o geometrica.

b. Calcola la misura della somma s_5 delle lunghezze delle prime cinque spezzate.

c. Determina la somma s_n di n spezzate e calcola $\lim\limits_{n \to +\infty} s_n$.

$\left[\text{a) } a_n = a\left(\frac{4}{3}\right)^n, n \in \mathbb{N}; \text{ b) } s_5 = \frac{781}{81}a; \text{ c) } s_n = 3 \cdot \left[\left(\frac{4}{3}\right)^n - 1\right] \cdot a, +\infty\right]$

62 Nel quadrato $ABCD$ di lato l, sui quattro lati prendi A', B', C', D' tali che $\overline{AA'} = \overline{BB'} = \overline{CC'} = \overline{DD'} = \frac{1}{8}l$; congiungi i punti in modo da ottenere un nuovo quadrato, su cui ripeti lo stesso procedimento.

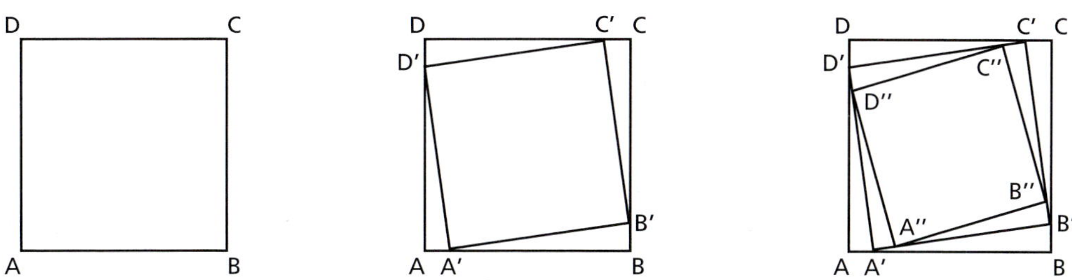

a. Determina la successione delle misure dei perimetri dei quadrati e quella delle misure delle aree e stabilisci se sono progressioni geometriche o aritmetiche.

b. Trova il termine generico di ciascuna successione e calcola i loro limiti per $n \to +\infty$.

$\left[\text{a) geometriche; b) } a_n = 4l\left(\frac{5}{8}\sqrt{2}\right)^n; b_n = l^2\left(\frac{25}{32}\right)^n, n \in \mathbb{N}; 0; 0\right]$

VERIFICA DELLE COMPETENZE PROVE

1 ora

PROVA A

1 Scrivi l'espressione analitica delle seguenti successioni e calcola il loro limite per $n \to +\infty$.

a. Progressione aritmetica di ragione $-\frac{1}{2}$ e primo termine 4.

b. Progressione geometrica di ragione $\frac{\sqrt{3}}{3}$ e primo termine 1.

c. Numeri pari multipli di 7.

2 Determina la somma s_n dei primi n multipli di 3 diversi da 0 e calcola $\lim_{n\to+\infty} \frac{3n^2}{s_n}$.

3 Calcola il limite per $n \to +\infty$ della successione $\begin{cases} a_1 = 3 \\ a_{n+1} = a_n - \frac{3}{4}a_n \quad \text{se } n > 0 \end{cases}$.

4 Dimostra per induzione che $2 + 5 + 8 + 11 + \ldots + (3n - 1) = \frac{n}{2}(3n + 1)$.

5 Calcola i limiti per $n \to +\infty$ delle seguenti successioni.

a. $a_n = \frac{9n^2}{4n^2+1} - 2$ **b.** $b_n = \frac{1-n^2}{n+1}$ **c.** $c_n = n \cdot \sin\left(\frac{1}{n}\right)$ **d.** $d_n = \ln\left(\frac{n}{n-1}\right)^n$

6 Calcola la somma delle serie seguenti.

a. $\sum_{n=1}^{+\infty} \left(\frac{1}{5}\right)^n$ **b.** $\sum_{n=1}^{+\infty} \frac{\sin(n\pi)}{n^2}$

PROVA B

1 Stabilisci quale delle seguenti successioni è una progressione aritmetica e quale una geometrica. Definisci ogni successione in modo ricorsivo e in forma analitica. Calcola poi il limite di ciascuna per $n \to +\infty$.

a. $0, \ln\frac{1}{2}, \ln\frac{1}{4}, \ln\frac{1}{8}, \ldots$ **b.** $e^{-2}, e^{-1}, 1, e, e^2, \ldots$

2 Calcola i seguenti limiti di successioni.

a. $\lim_{n\to+\infty} (-1)^n \cdot \frac{n^3}{3n^3 - 2n^2}$ **b.** $\lim_{n\to+\infty} \frac{n^2+2n}{n-1}$ **c.** $\lim_{n\to+\infty} \left(\frac{3n}{3n+2}\right)^n$ **d.** $\lim_{n\to+\infty} \left(-n^2 \cdot \sin\frac{1}{n}\right)$

3 Discuti, al variare del parametro k in $\mathbb{R}$, il valore di $\lim_{n\to+\infty} \frac{(k+1)n^3+n}{(k-2)n^2-3}$.

4 Il triangolo ABC della figura è equilatero. Dimostra che i segmenti AH_1, H_1H_2, H_2H_3, H_3H_4 sono in progressione geometrica e calcola la loro somma. Calcola il limite della somma dei segmenti che si ottengono continuando il procedimento all'infinito.

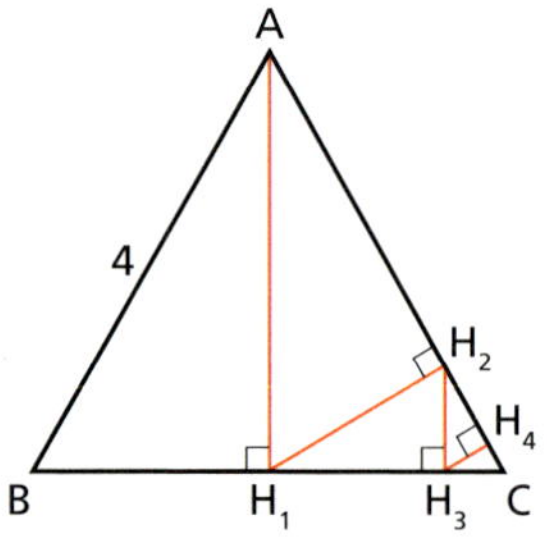

5 Dimostra che la serie $\sum_{n=1}^{+\infty} \frac{7}{n(n+1)}$ è telescopica e calcolane la somma.

6 Determina per quali valori di k la serie $\sum_{n=1}^{+\infty} \frac{1}{(1+k)^n}$:

a. è a termini positivi; **b.** è convergente; **c.** ha somma $\frac{1}{5}$.

PROVA C

Fontana geometrica Un'amministrazione comunale decide di abbellire il nuovo parco cittadino con una fontana. Il progetto è costituito da vari muretti concentrici, alternativamente quadrati e rotondi, costruiti a partire da un quadrato esterno, come in figura. Gli zampilli d'acqua fuoriescono dai punti di tangenza dei muretti. Il costo di un metro lineare di muretto, completo di canaline per l'acqua, viene stimato in € 80; le spese fisse ammontano a € 9000. Per l'intera opera il Comune stanzia € 33 000.

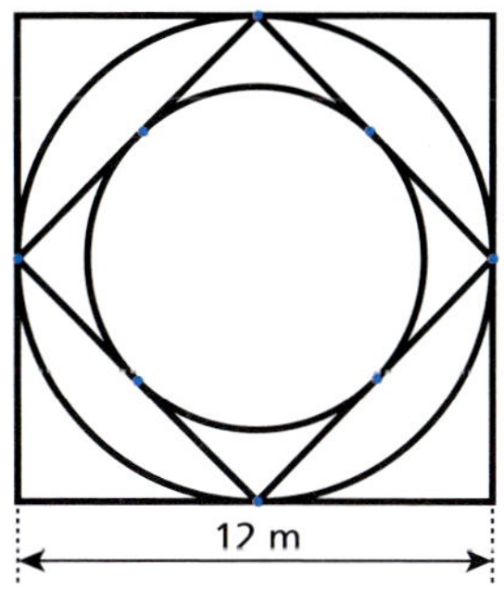

a. Trova le successioni che descrivono le misure dei perimetri dei quadrati e delle circonferenze.

b. Qual è la spesa per realizzare la fontana della figura?

c. Ammettendo di proseguire la costruzione all'infinito, quale sarebbe la lunghezza totale dei muretti? Lo stanziamento fissato verrebbe superato?

PROVA D

1 Calcola la somma dei primi 20 multipli di 15.

2 Le misure dei lati di un triangolo sono tra loro in progressione aritmetica di ragione 3. Il lato più lungo misura 15. Stabilisci se il triangolo è rettangolo.

3 Verifica, utilizzando le definizioni, i limiti seguenti.

a. $\lim_{n \to +\infty} \frac{2n+1}{n+2} = 2$

b. $\lim_{n \to +\infty} \sqrt[3]{n^2+1} = +\infty$

4 Una curva «a spirale» inizia nel punto A, come indicato in figura, ed è formata congiungendo un numero infinito di semicirconferenze di diametri sempre più piccoli.
Il diametro d_1 della prima semicirconferenza è di 80 cm. Il diametro d_2 della seconda è pari ai $\frac{3}{5}$ di d_1. Il diametro d_3 della terza è pari ai $\frac{3}{5}$ di d_2 e così via:

$$d_{n+1} = \frac{3}{5} d_n$$

per ogni n.

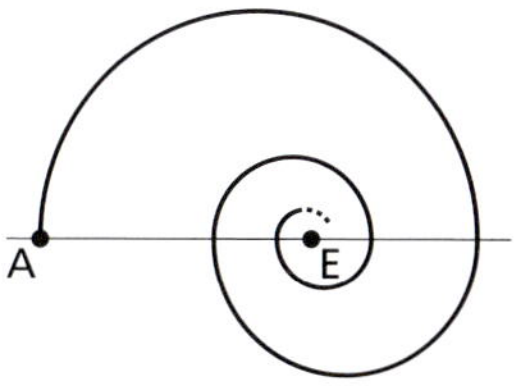

Con lo sviluppo della curva, gli estremi delle varie semicirconferenze tendono al cosiddetto «occhio» E della spirale (ossia l'unico punto contenuto in tutti i vari diametri).

Qual è la distanza (in linea retta) tra il punto A e il punto E?
E qual è la lunghezza del cammino che va da A a E, percorrendo l'intera curva?

(*Esame di Stato, Liceo scientifico, Corso di ordinamento, Sessione suppletiva,* 2016, *quesito* 9)

CAPITOLO 25 DERIVATE

1 Derivata di una funzione

Problema della tangente

Uno dei problemi classici che portarono al concetto di derivata è quello della determinazione della retta tangente a una curva in un punto.
In alcuni casi, come per esempio quello della parabola, sappiamo già come procedere. L'equazione della tangente a una parabola in un suo punto $P(x_0; y_0)$ si ottiene scrivendo il sistema fra l'equazione $y - y_0 = m(x - x_0)$ del fascio di rette passanti per P e quella della parabola, $y = ax^2 + bx + c$, e ponendo la condizione $\Delta = 0$ nell'equazione risolvente.
Infatti, se una retta è tangente, ha due intersezioni con la parabola coincidenti in P.

Lo stesso metodo non si può applicare in generale.

Per esempio, se vogliamo determinare la tangente al grafico di $y = e^x$ in (0; 1), e scriviamo il sistema

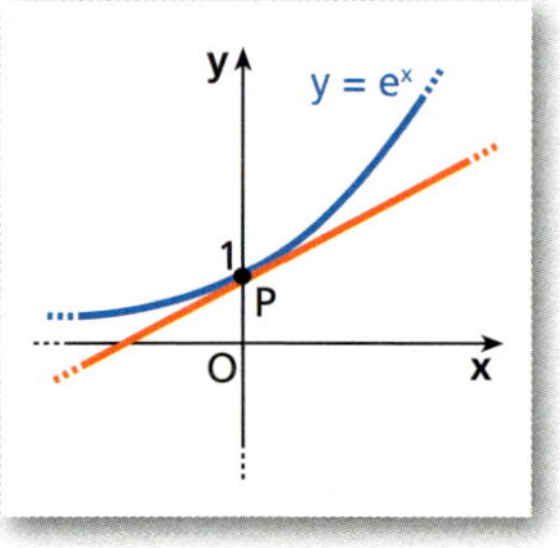

$$\begin{cases} y - 1 = mx & \text{equazione del fascio per } P \\ y = e^x & \text{equazione della funzione} \end{cases},$$

notiamo che l'equazione risolvente $mx + 1 = e^x$ non è di secondo grado, quindi non possiamo porre $\Delta = 0$.
Per ottenere allora m, utilizziamo un metodo valido in generale, basato sul concetto di limite, pensando a un procedimento nuovo secondo il quale si può approssimare la tangente mediante rette secanti che le si avvicinano sempre di più.

DEFINIZIONE

La **retta tangente a una curva** in un punto P è la posizione limite, se esiste, della secante PQ al tendere (sia da destra sia da sinistra) di Q a P.

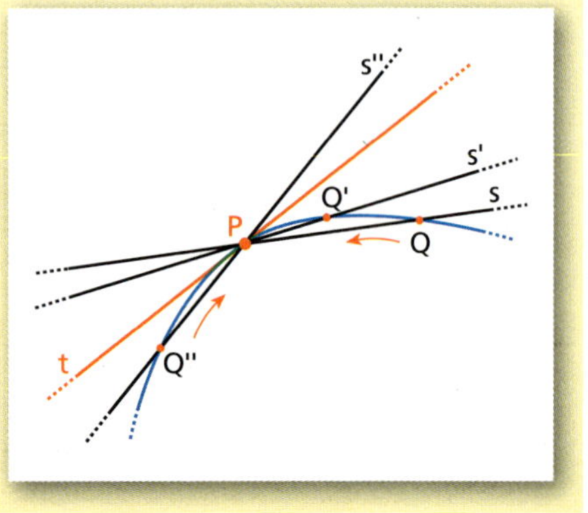

Consideriamo una funzione $y = f(x)$ e troviamo il coefficiente angolare della tangente al grafico in un suo punto applicando la definizione appena data.
Dobbiamo innanzitutto considerare il *rapporto incrementale*.

Rapporto incrementale

▶ Esercizi a p. 1590

Dati una funzione $y = f(x)$, definita in un intervallo $[a; b]$, e un punto del suo grafico $A(c; f(c))$, incrementiamo l'ascissa di A di una quantità $h \neq 0$ e così otteniamo il punto B di coordinate:

$$x_B = c + h, \qquad y_B - f(x_B) - f(c + h) \rightarrow B(c + h; f(c + h)).$$

Sia c sia $c + h$ devono appartenere all'intervallo $]a; b[$, ossia essere **interni** all'intervallo $[a; b]$. h può essere positivo o negativo.
Consideriamo gli incrementi:

$$\Delta x = x_B - x_A = h \qquad \text{e} \qquad \Delta y = y_B - y_A = f(c + h) - f(c).$$

Il rapporto dei due incrementi è $\dfrac{\Delta y}{\Delta x}$.

DEFINIZIONE

Dati una funzione $y = f(x)$, definita in un intervallo $[a; b]$, e due numeri reali c e $c + h$ (con $h \neq 0$) interni all'intervallo, il **rapporto incrementale** di f nel punto c (o relativo a c) è il numero:

$$\frac{\Delta y}{\Delta x} = \frac{f(c + h) - f(c)}{h}.$$

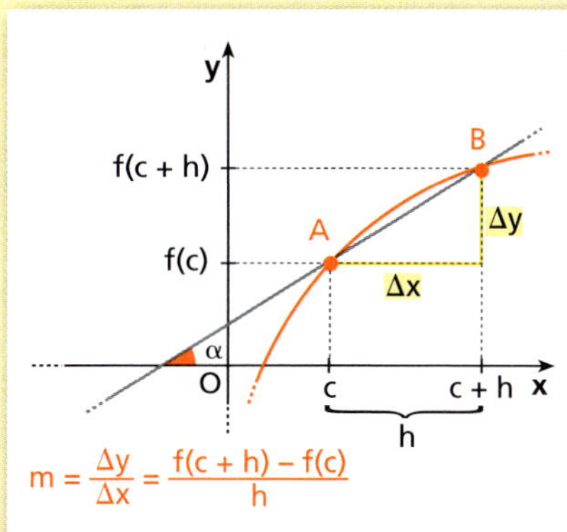

Considerati i punti $A(c; f(c))$ e $B(c + h; f(c + h))$ del grafico di f, *il rapporto incrementale di f nel punto c è* **il coefficiente angolare della retta passante per A e B.**

ESEMPIO

Calcoliamo il rapporto incrementale di $y = f(x) = 2x^2 - 3x$ relativo al punto $c = 1$ per un generico incremento $h \neq 0$.
Applicando la formula, troviamo:

$$\frac{\Delta y}{\Delta x} = \frac{f(1 + h) - f(1)}{h}.$$

Determiniamo $f(1 + h)$ sostituendo alla x della funzione l'espressione $1 + h$:

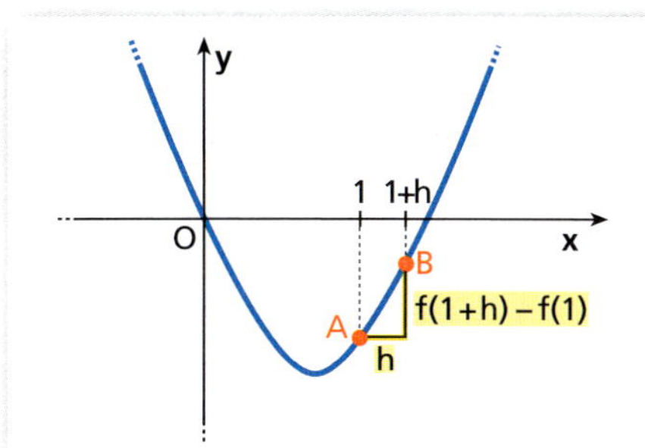

$$f(1+h) = 2(1+h)^2 - 3(1+h) = 2(1 + 2h + h^2) - 3 - 3h = -1 + h + 2h^2.$$

Determiniamo $f(1) = -1$.
Calcoliamo il rapporto incrementale:

$$\frac{f(1 + h) - f(1)}{h} = \frac{\cancel{-1} + h + 2h^2 \cancel{-(-1)}}{h} = \frac{\cancel{h}(2h + 1)}{\cancel{h}} = 2h + 1.$$

Listen to it

The **difference quotient** is the average rate of change of a function $y = f(x)$ with respect to x. It is the ratio of the change in output to the change in input.

Animazione

Considerata

$f(x) = -x^2 + 6x - 4$,

nell'animazione calcoliamo il rapporto incrementale in $x_0 = 1$ e con una figura dinamica esaminiamo come cambia al variare di h.

▶ Calcola il rapporto incrementale della funzione $f(x) = -x^2 + 2x$ nel suo punto $c = 2$ e per un generico incremento h.

L'espressione trovata rappresenta, al variare di h, il coefficiente angolare di una generica retta secante passante per il punto A del grafico di ascissa $c = 1$.

Il valore del rapporto incrementale in un punto c dipende dal valore dell'incremento di h. Nell'esempio precedente, se $h = 0{,}2$, il rapporto incrementale vale $2(0{,}2) + 1 = 1{,}4$; se $h = 0{,}1$, vale $2(0{,}1) + 1 = 1{,}2$ e così via.

MATEMATICA E STORIA

Chi è il padre del calcolo? Nel 1712 Newton accusò Leibniz di plagio.

▶ Chi è l'inventore del calcolo differenziale?

La risposta

Derivata di una funzione

▶ Esercizi a p. 1592

Consideriamo una funzione $y = f(x)$ definita in un intervallo $[a; b]$. Del grafico della funzione consideriamo i punti $A(c; f(c))$ e $B(c + h; f(c + h))$, con c e $c + h$ interni all'intervallo. Il punto A è fissato, il punto B varia al variare di h.
Tracciamo la retta AB, secante il grafico, per diversi valori di h. Disegniamo inoltre la retta t tangente al grafico in A.

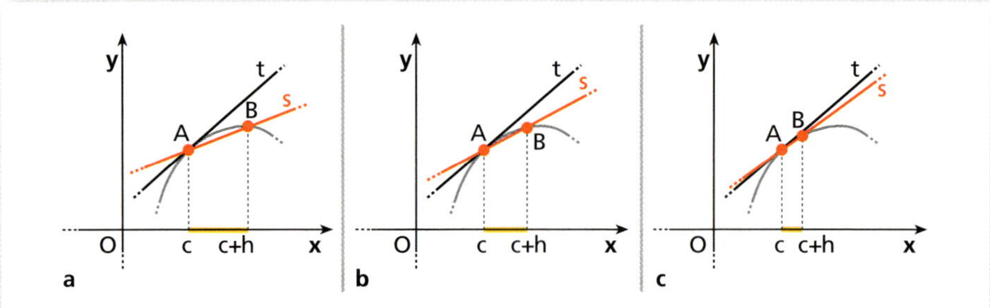

Attribuendo a h valori sempre più piccoli, il punto B si avvicina sempre di più al punto A. Quando $h \to 0$, il punto B tende a sovrapporsi al punto A e la retta AB tende a diventare la retta tangente alla curva in A. Il coefficiente angolare della secante AB, ossia il rapporto incrementale nel punto c, tende al coefficiente angolare della tangente in A, che viene chiamato *derivata* della funzione nel punto c.

DEFINIZIONE

Data una funzione $y = f(x)$, definita in un intervallo $[a; b]$, la **derivata della funzione** nel punto c interno all'intervallo, che indichiamo con $f'(c)$, è il limite, se esiste ed è *finito*, per h che tende a 0, del rapporto incrementale di f relativo a c:

$$f'(c) = \lim_{h \to 0} \frac{f(c+h) - f(c)}{h}.$$

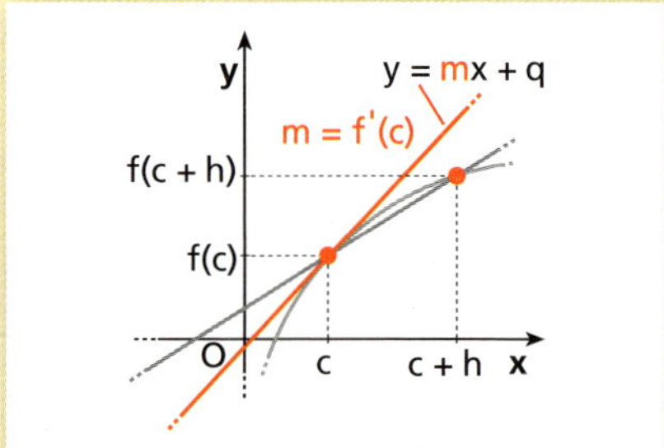

La derivata di una funzione in un punto c rappresenta il **coefficiente angolare *m* della retta tangente** al grafico della funzione nel suo punto di ascissa c.

Calcolato m, possiamo scrivere l'equazione della tangente in $A(c; f(c))$:

$$y - f(c) = m(x - c).$$

Una funzione è **derivabile** in un punto c se esiste la derivata $f'(c)$.
Quindi, se una funzione è derivabile in c:

1. la funzione è definita in un intorno del punto c;

2. esiste il limite del rapporto incrementale, relativo a c, per h che tende a 0, cioè esistono il limite destro e il limite sinistro di tale rapporto e tali limiti coincidono;
3. questo limite è un numero finito.

Indichiamo la derivata di una funzione $y = f(x)$ in un punto generico x con uno dei simboli seguenti:

$$f'(x); \quad \mathrm{D}\, f(x); \quad y'.$$

Se il limite per h che tende a 0 del rapporto incrementale di una funzione in un punto *non esiste o è infinito*, la funzione **non è derivabile** in quel punto.

In sintesi

Rapporto incrementale e derivata di una funzione

Concetto	Figura	Definizione	Significato geometrico
Rapporto incrementale	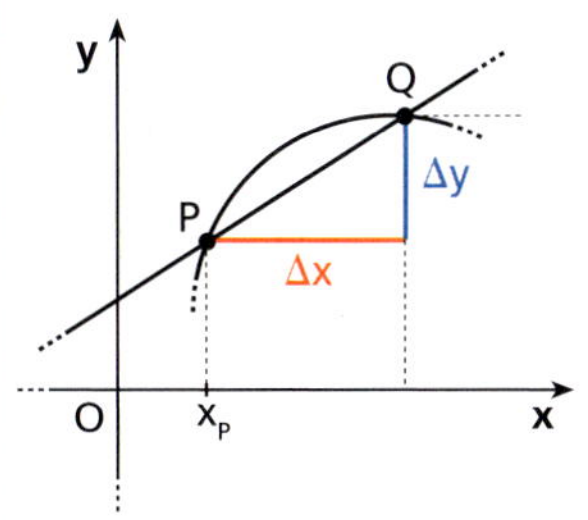	$\dfrac{\Delta y}{\Delta x}$	Coefficiente angolare della **secante** al grafico della funzione nei punti P e Q
Derivata in x_P	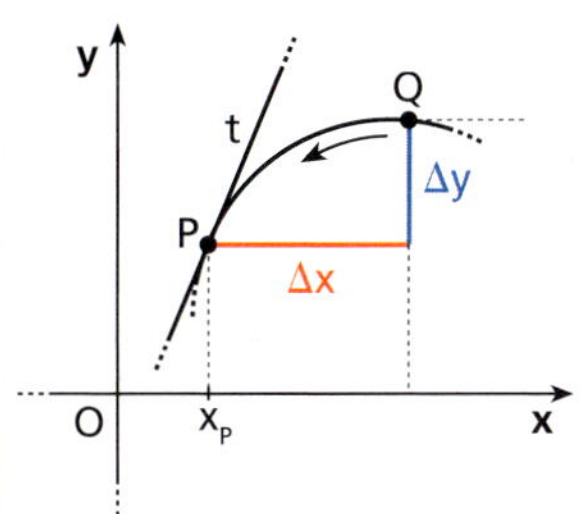	$\lim\limits_{\Delta x \to 0} \dfrac{\Delta y}{\Delta x}$	Coefficiente angolare della **tangente** al grafico della funzione nel punto P

Calcolo della derivata con la definizione

Calcoliamo la derivata di $f(x) = x^2 - x$ in $c = 3$ mediante la definizione:

$$f'(3) = \lim_{h \to 0} \frac{f(3+h) - f(3)}{h}.$$

Calcoliamo i valori che assume la funzione nei punti di ascissa 3 e $3 + h$:

$$f(3) = 6; \quad f(3+h) = (3+h)^2 - (3+h) = 6 + 5h + h^2.$$

Sostituiamo nel rapporto incrementale:

$$f'(3) = \lim_{h \to 0} \frac{6 + 5h + h^2 - 6}{h} = \lim_{h \to 0} \frac{h(5+h)}{h} = \lim_{h \to 0} (5 + h) = 5.$$

Quindi $f'(3) = 5$.

La derivata $f'(3)$ è un numero reale ed è il coefficiente angolare della tangente al grafico di $f(x)$ nel punto $(3; f(3))$.

Video

Derivata in un punto

▶ Com'è definita la derivata in un punto? Vediamolo con un esempio:

$f(x) = \frac{1}{4}x^2 - x + 3$.

Possiamo calcolare la derivata di una funzione anche in un punto generico x. In questo caso il valore $f'(x)$ che otteniamo è funzione di x e, per questo, parliamo anche di **funzione derivata**.

La funzione derivata, al variare di x, fornisce il coefficiente angolare di tutte le rette tangenti al grafico della funzione data.

ESEMPIO

Calcoliamo la derivata della funzione $f(x) = 4x^2$ in un generico punto x:

$$f'(x) = \lim_{h \to 0} \frac{f(x+h) - f(x)}{h} = \lim_{h \to 0} \frac{4(x+h)^2 - 4x^2}{h} =$$

$$\lim_{h \to 0} \frac{\cancel{4x^2} + 4h^2 + 8hx - \cancel{4x^2}}{h} = \lim_{h \to 0} \frac{4h(h+2x)}{h} = \lim_{h \to 0} 4(h+2x) = 8x.$$

La derivata $f'(x) = 8x$ è una funzione di x.

▶ Calcola la derivata di $f(x) = x^2 + 1$ in un generico punto x.

Animazione

Derivata e velocità di variazione

Velocità di variazione di una grandezza rispetto a un'altra

Se versiamo del liquido in un bicchiere a forma conica come quello a lato, con quale velocità varia il volume del liquido al variare della sua altezza nel bicchiere?
Schematizziamo il problema con un modello matematico, considerando un cono il cui raggio di base è lungo la metà dell'altezza: $\overline{GA} = \frac{1}{2}\overline{GC}$.

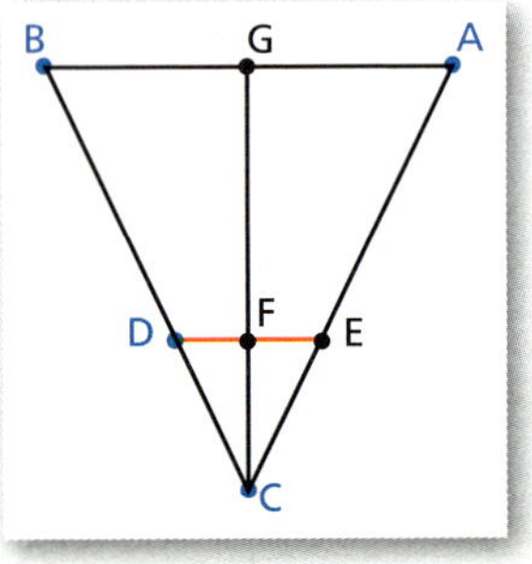

Esprimiamo il volume V del liquido in funzione dell'altezza FC, tenendo presente che, essendo simili i triangoli CFE e CGA, $\overline{FE} = \frac{1}{2}\overline{FC}$:

$$V = \frac{1}{3}\pi\,\overline{FE}^2 \cdot \overline{FC} = \frac{1}{3}\pi\left(\frac{1}{2}\overline{FC}\right)^2 \cdot \overline{FC} = \frac{1}{12}\pi\,\overline{FC}^3.$$

Se x è l'altezza del liquido e y il suo volume, abbiamo la funzione:

$$y = \frac{1}{12}\pi x^3, \quad \text{con } x \geq 0.$$

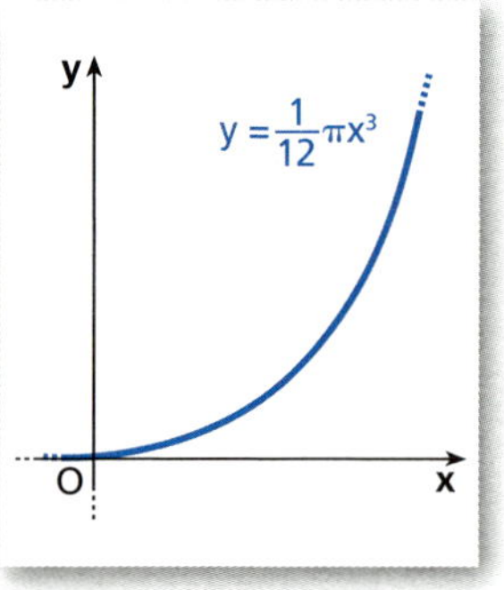

Dal suo grafico rappresentato in figura vediamo che all'aumentare dell'altezza il volume cresce sempre più rapidamente.
Mediante il concetto di derivata possiamo calcolare la velocità di variazione del volume.

Consideriamo i punti x e $x + h$.
All'incremento $\Delta x = h$ corrisponde un incremento Δy. Il rapporto $\frac{\Delta y}{\Delta x}$ è la **velocità media** di variazione di y rispetto a x, perché indica l'incremento di y per ogni unità di incremento di x. Da un punto di vista geometrico, esso è il coefficiente angolare della retta PQ.
La **velocità istantanea** di variazione è il limite a cui tende il rapporto incrementale per $h \to 0$, cioè la derivata di y rispetto a x, ed è il coefficiente angolare della retta tangente in P.
Applicando quindi la definizione di derivata, otteniamo la velocità di variazione di y in funzione di x.

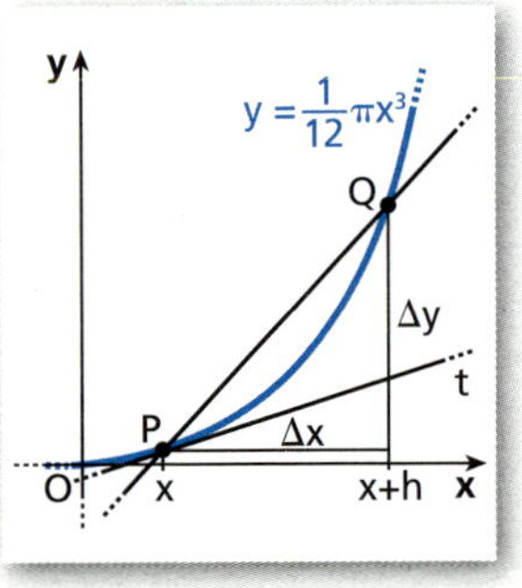

$$\lim_{h\to 0}\frac{\Delta y}{\Delta x}=\lim_{h\to 0}\frac{\frac{\pi}{12}(x+h)^3-\frac{\pi}{12}x^3}{h}=\lim_{h\to 0}\frac{\pi}{12}\cdot\frac{\cancel{x^3}+3x^2h+3xh^2+h^3-\cancel{x^3}}{h}=$$

$$\lim_{h\to 0}\frac{\pi}{12}\frac{\cancel{h}(3x^2+3xh+h^2)}{\cancel{h}}=\frac{\pi}{12}\cdot 3x^2=\frac{\pi}{4}x^2$$

Derivata sinistra e derivata destra

▶ Esercizi a p. 1594

Poiché la derivata è il limite del rapporto incrementale, in analogia a quanto abbiamo detto per i limiti, possiamo definire la *derivata sinistra* e la *derivata destra* di una funzione.

DEFINIZIONE

Data una funzione $y=f(x)$, in un punto c:

la **derivata sinistra è**

$$f'_-(c)=\lim_{h\to 0^-}\frac{f(c+h)-f(c)}{h};$$

la **derivata destra è**

$$f'_+(c)=\lim_{h\to 0^+}\frac{f(c+h)-f(c)}{h}.$$

Una funzione è derivabile in un punto c se esistono *finite* e *uguali* tra loro la derivata sinistra e la derivata destra.

ESEMPIO

Consideriamo la funzione $f(x)=|x|$. Nel punto $x=0$ abbiamo:

$$f'_-(0)=\lim_{h\to 0^-}\frac{f(0+h)-f(0)}{h}=\lim_{h\to 0^-}\frac{-h-0}{h}=-1;$$

$|h|=-h$ se $h<0$

$$f'_+(0)=\lim_{h\to 0^+}\frac{f(0+h)-f(0)}{h}=\lim_{h\to 0^+}\frac{h-0}{h}=1.$$

$|h|=h$ se $h>0$

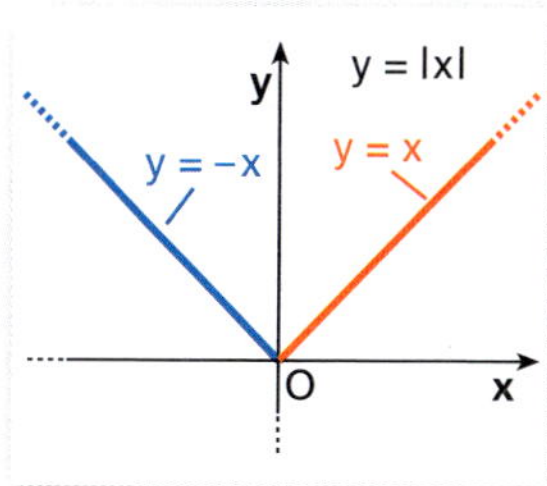

La derivata destra e quella sinistra esistono ma sono diverse, quindi nel punto $x=0$ **non** esiste la derivata della funzione $y=|x|$.
A destra di $x=0$, il grafico coincide con la retta $y=x$, cioè con la tangente di coefficiente angolare 1, quindi $f'_+(0)=1$.
A sinistra di $x=0$, il grafico della funzione e quello della tangente coincidono con la retta $y=-x$; il coefficiente angolare è -1, quindi $f'_-(0)=-1$.

▶ Verifica che, per $y=|x|$, nel punto $x=2$, le derivate sinistra e destra coincidono e sono uguali alla derivata nel punto.

Esaminiamo graficamente un altro esempio nella figura a lato.

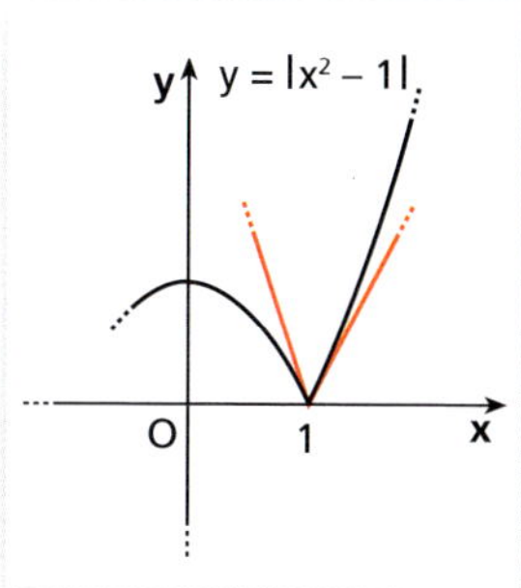

Nel punto $x=1$, il grafico ha due tangenti diverse: la derivata sinistra e la derivata destra non coincidono.

DEFINIZIONE

Una funzione $y=f(x)$ è **derivabile in un intervallo** chiuso $[a; b]$ se è derivabile in tutti i punti interni di $[a; b]$ e se esistono e sono finite la derivata destra in a e la derivata sinistra in b.

ESEMPIO

La funzione $y = |x|$ è derivabile nell'intervallo $[0; 2]$. Infatti:

- si può dimostrare che è derivabile in tutti i punti interni dell'intervallo;
- nell'esempio precedente abbiamo visto che esistono la derivata destra in 0 e la derivata sinistra in 2.

Continuità e derivabilità

▶ Esercizi a p. 1596

Esaminiamo ora il legame tra continuità e derivabilità di una funzione.
Ci sono dei punti in cui una funzione è continua ma non è derivabile.

ESEMPIO

1. La funzione $y = |x|$ è continua in $x = 0$, perché $\lim_{x\to 0}|x| = f(0) = |0| = 0$; tuttavia essa non è derivabile in $x = 0$. Abbiamo già visto infatti che:

   $f'_-(0) \neq f'_+(0)$.

   Nel punto di ascissa $x = 0$ la derivata sinistra è diversa dalla derivata destra.

2. La funzione $y = \sqrt[3]{x-1}$ è continua in $x = 1$, ma non è derivabile in questo punto perché il limite del rapporto incrementale non è finito, infatti:

$$\lim_{h\to 0}\frac{\sqrt[3]{\cancel{1}+h-\cancel{1}}-\sqrt[3]{1-1}}{h} = \lim_{h\to 0}\frac{\sqrt[3]{h}}{h} = \lim_{h\to 0}\sqrt[3]{\frac{h}{h^3}} = \lim_{h\to 0}\frac{1}{\sqrt[3]{h^2}} = +\infty.$$

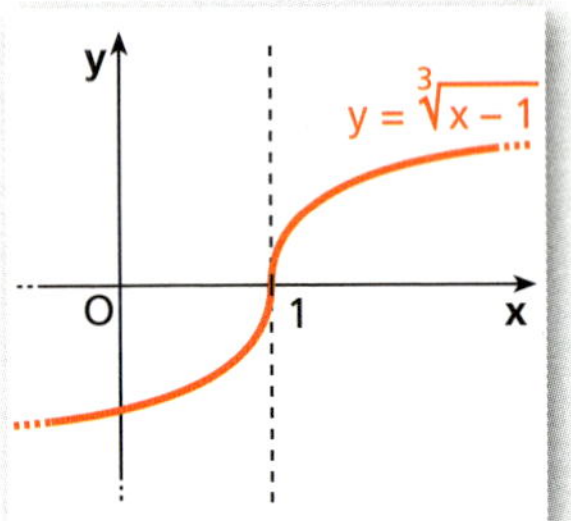

Viceversa, esistono punti in cui una funzione è derivabile ma non è continua? Il teorema seguente lo esclude.

TEOREMA

Se una funzione $f(x)$ è derivabile nel punto x_0, in quel punto la funzione è anche continua.

Ipotesi $\lim_{h\to 0}\frac{f(x_0+h)-f(x_0)}{h} = f'(x_0)$

Tesi $\lim_{x\to x_0} f(x) = f(x_0)$

DIMOSTRAZIONE

Scriviamo la seguente relazione, che è un'identità (per $h \neq 0$):

$$f(x_0+h) = f(x_0) + \frac{f(x_0+h)-f(x_0)}{h}\cdot h.$$

Calcoliamo il limite per $h \to 0$ dei due membri, ricordando che $f(x)$ è derivabile in x_0 per ipotesi:

$$\lim_{h\to 0} f(x_0+h) = \boxed{\lim_{h\to 0} f(x_0)} + \boxed{\lim_{h\to 0}\frac{f(x_0+h)-f(x_0)}{h}}\cdot\boxed{\lim_{h\to 0} h} = f(x_0).$$

tende a $f(x_0)$ — tende a $f'(x_0)$ — tende a 0

Posto $x_0 + h = x$, se $h \to 0$, si ha che $x \to x_0$. Sostituendo nella relazione precedente, concludiamo che la funzione $f(x)$ è continua in x_0, in quanto:

$$\lim_{x\to x_0} f(x) = f(x_0).$$

Nella dimostrazione del teorema abbiamo visto che la scrittura $\lim_{h \to 0} f(x_0 + h) = f(x_0)$ è equivalente a $\lim_{x \to x_0} f(x) = f(x_0)$.

Possiamo quindi assumerla come definizione di funzione continua:

una funzione è continua in x_0 se $\lim_{h \to 0} f(x_0 + h) = f(x_0)$.

Per quanto abbiamo detto, possiamo affermare che l'insieme D delle funzioni derivabili è un sottoinsieme dell'insieme C delle funzioni continue. Esistono funzioni continue ma non derivabili, mentre le funzioni derivabili sono sempre continue: $D \subset C$.

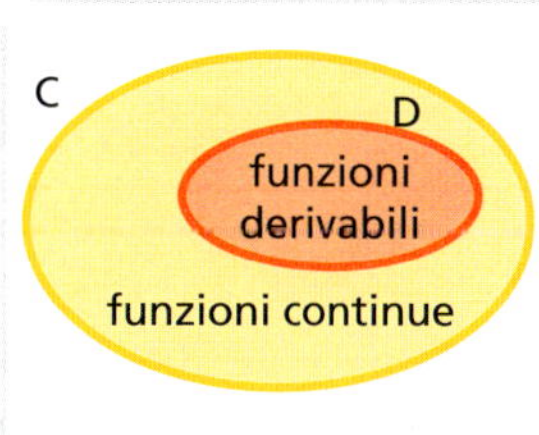

Video

Continuità e derivabilità

- La funzione $f(x) = \sqrt{|x| + 1}$ è continua?
- È derivabile?

2 Derivate fondamentali

Esercizi a p. 1598

Determiniamo ora le formule di derivazione che permettono di calcolare le derivate di alcune funzioni senza dover applicare la definizione.

Derivata della funzione costante

TEOREMA

La derivata di una funzione costante è 0: $\mathbf{D}\, \boldsymbol{k} = \mathbf{0}$.

DIMOSTRAZIONE

Ricordando che, se $f(x) = k$, anche $f(x + h) = k$, calcoliamo:

$$f'(x) = \lim_{h \to 0} \frac{f(x+h) - f(x)}{h} = \lim_{h \to 0} \frac{k - k}{h} = 0.$$

Evidenziamo che $\lim_{h \to 0} \frac{k-k}{h}$ non è una forma indeterminata perché il numeratore è costante e vale 0 prima ancora di calcolare il limite.

Interpretazione grafica

Dal grafico della funzione $y = k$ è intuitivo notare che la tangente al grafico in ogni suo punto è rappresentata da una retta parallela all'asse x, quindi con coefficiente angolare $m = f'(x) = 0$.

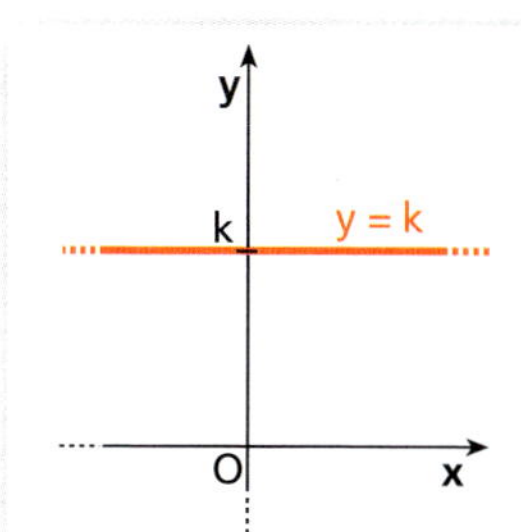

Derivata della funzione identità

TEOREMA

La derivata di $f(x) = x$ è $f'(x) = 1$: $\mathbf{D}\, \boldsymbol{x} = \mathbf{1}$.

DIMOSTRAZIONE

Se $f(x) = x$, risulta che $f(x + h) = x + h$. Calcoliamo $f'(x)$:

$$f'(x) = \lim_{h \to 0} \frac{f(x+h) - f(x)}{h} = \lim_{h \to 0} \frac{x + h - x}{h} = \lim_{h \to 0} \frac{h}{h} = 1.$$

TEORIA

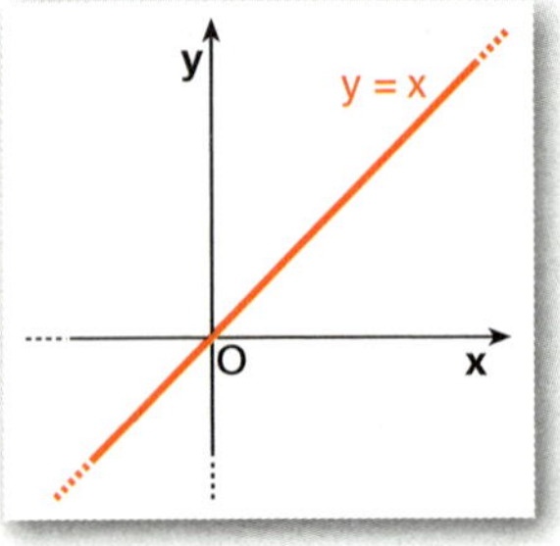

Interpretazione grafica

La funzione $y = x$ ha come grafico la bisettrice del primo e del terzo quadrante e coincide con la tangente al grafico stesso in ogni suo punto; il suo coefficiente angolare è $m = f'(x) = 1$.

Derivata della funzione potenza

TEOREMA

La derivata di $f(x) = x^\alpha$, con $\alpha \in \mathbb{R}$ e $x > 0$, è $f'(x) = \alpha x^{\alpha-1}$:

$$\mathbf{D}\, x^\alpha = \alpha x^{\alpha-1}.$$

DIMOSTRAZIONE

$$f'(x) = \lim_{h\to 0} \frac{f(x+h) - f(x)}{h} = \lim_{h\to 0} \frac{(x+h)^\alpha - x^\alpha}{h} =$$

$$\lim_{h\to 0} \frac{x^\alpha\left(1+\frac{h}{x}\right)^\alpha - x^\alpha}{h} = \lim_{h\to 0} x^\alpha \frac{\left(1+\frac{h}{x}\right)^\alpha - 1}{h} = \quad x^\alpha = x^{\alpha-1}\cdot x = \frac{x^{\alpha-1}}{\frac{1}{x}}$$

raccogliamo x^α al numeratore

$$\lim_{h\to 0} x^{\alpha-1} \frac{\left(1+\frac{h}{x}\right)^\alpha - 1}{\frac{h}{x}} = \alpha x^{\alpha-1}$$

non dipende da h

tende ad α per il limite notevole $\lim_{f(x)\to 0} \frac{[1+f(x)]^k - 1}{f(x)} = k$

Se α è intero, oppure $\alpha = \frac{m}{n}$ con n dispari, il teorema vale anche con $x < 0$.

Per le potenze con esponente naturale, cioè per $n \in \mathbb{N} - \{0\}$ e $\forall x \in \mathbb{R}$, si ha:

$$\mathbf{D}\, x^n = n x^{n-1}.$$

ESEMPIO

1. $y = x^2 \quad\to\quad y' = 2x.$
2. $y = x^7 \quad\to\quad y' = 7x^6.$
3. $y = \frac{1}{x} = x^{-1} \quad\to\quad y' = -1x^{-1-1} = -\frac{1}{x^2}$, con $x \neq 0$.
4. $y = \sqrt[4]{x^3} = x^{\frac{3}{4}} \quad\to\quad y' = \frac{3}{4}x^{\frac{3}{4}-1} = \frac{3}{4}x^{-\frac{1}{4}} = \frac{3}{4}\cdot\frac{1}{\sqrt[4]{x}}$, con $x > 0$.
5. $y = \frac{1}{x^4} = x^{-4} \quad\to\quad y' = -4x^{-5} = \frac{-4}{x^5}$, con $x \neq 0$.

► Calcola la derivata delle funzioni:

a. $y = \frac{1}{x^6}$;

b. $y = \sqrt[5]{x^3}$.

Animazione

Derivata della funzione radice quadrata

Se come esponente di x^α, con $x > 0$, abbiamo $\alpha = \frac{1}{2}$:

$$\mathrm{D}\, x^{\frac{1}{2}} = \frac{1}{2}x^{\frac{1}{2}-1} = \frac{1}{2}x^{-\frac{1}{2}} = \frac{1}{2\sqrt{x}} \quad\to\quad \mathbf{D}\,\sqrt{x} = \frac{1}{2\sqrt{x}}.$$

Per $x = 0$ esiste la funzione $\sqrt{x}$, ma non la sua derivata.

Derivata della funzione seno

TEOREMA

La derivata di $f(x) = \sin x$, con x espresso in radianti, è $f'(x) = \cos x$:

$$\mathbf{D} \sin x = \cos x.$$

DIMOSTRAZIONE

$$f'(x) = \lim_{h \to 0} \frac{f(x+h) - f(x)}{h} =$$

$$\lim_{h \to 0} \frac{\sin(x+h) - \sin x}{h} =$$ $\sin(\alpha + \beta) = \sin\alpha \cos\beta + \cos\alpha \sin\beta$

$$\lim_{h \to 0} \frac{\sin x \cos h + \cos x \sin h - \sin x}{h} =$$

$$\lim_{h \to 0} \frac{\sin x (\cos h - 1) + \cos x \sin h}{h} =$$

$$\lim_{h \to 0} \left(\sin x \cdot \boxed{\frac{\cos h - 1}{h}} + \cos x \cdot \boxed{\frac{\sin h}{h}} \right) =$$

tende a 0 — tende a 1

$$\sin x \cdot 0 + \cos x \cdot 1 = \cos x$$

Se x è misurato in gradi, si dimostra che: D $\sin x° = \frac{\pi}{180°} \cdot \cos x°$.

In modo analogo si può dimostrare il seguente teorema.

Derivata della funzione coseno

TEOREMA

La derivata di $f(x) = \cos x$, con x espresso in radianti, è $f'(x) = -\sin x$:

$$\mathbf{D} \cos x = -\sin x.$$

Se x è misurato in gradi, si dimostra che: D $\cos x° = -\frac{\pi}{180°} \cdot \sin x°$.

Derivata della funzione esponenziale

TEOREMA

La derivata di $f(x) = a^x$ è $f'(x) = a^x \ln a$:

$$\mathbf{D}\, a^x = a^x \ln a.$$

DIMOSTRAZIONE

$$f'(x) = \lim_{h \to 0} \frac{f(x+h) - f(x)}{h} = \lim_{h \to 0} \frac{a^{x+h} - a^x}{h} =$$

$$\lim_{h \to 0} \frac{a^x (a^h - 1)}{h} = \lim_{h \to 0} \left(a^x \cdot \boxed{\frac{a^h - 1}{h}} \right) = a^x \ln a$$

non dipende da h — tende a $\ln a$

In particolare, quando $a = e$, $\ln e = 1$: $\mathbf{D}\, e^x = e^x$.

Derivata della funzione logaritmica

TEOREMA

La derivata di $f(x) = \log_a x$ è $f'(x) = \frac{1}{x} \cdot \log_a e$:

$$\mathbf{D} \log_a x = \frac{1}{x} \cdot \log_a e.$$

DIMOSTRAZIONE

$$f'(x) = \lim_{h \to 0} \frac{f(x+h) - f(x)}{h} = \lim_{h \to 0} \frac{\log_a(x+h) - \log_a x}{h}$$

Per la proprietà dei logaritmi $\log_a x - \log_a y = \log_a \frac{x}{y}$:

$$\log_a(x+h) - \log_a x = \log_a \frac{x+h}{x} = \log_a\left(1 + \frac{h}{x}\right),$$

$$f'(x) = \lim_{h \to 0} \frac{\log_a\left(1+\frac{h}{x}\right)}{h} = \lim_{h \to 0} \frac{\frac{1}{x}\log_a\left(1+\frac{h}{x}\right)}{\frac{1}{x}h} =$$

$$\lim_{h \to 0}\left[\frac{1}{x} \cdot \boxed{\frac{\log_a\left(1+\frac{h}{x}\right)}{\frac{h}{x}}}\right] = \frac{1}{x} \cdot \log_a e.$$

tende a $\log_a e$

In particolare, per $a = e$, si ha: $\mathbf{D} \ln x = \frac{1}{x}$.

3 Operazioni con le derivate

Derivata del prodotto di una costante per una funzione

▶ Esercizi a p. 1599

TEOREMA

La derivata del prodotto di una costante k per una funzione derivabile $f(x)$ è uguale al prodotto della costante per la derivata della funzione:

$$\mathbf{D}\,[k \cdot f(x)] = k \cdot f'(x).$$

DIMOSTRAZIONE

$$y' = \lim_{h \to 0} \frac{k \cdot f(x+h) - k \cdot f(x)}{h} = \lim_{h \to 0} \frac{k \cdot [f(x+h) - f(x)]}{h} =$$

$$\lim_{h \to 0} k \cdot \boxed{\frac{f(x+h) - f(x)}{h}} = k \cdot f'(x)$$

tende a $f'(x)$

ESEMPIO

1. $y = -3 \cdot \ln x \quad \rightarrow \quad y' = -3 \cdot \frac{1}{x} = -\frac{3}{x}$
2. $y = \frac{2}{3} \cdot \cos x \quad \rightarrow \quad y' = \frac{2}{3} \cdot (-\sin x) = -\frac{2}{3} \sin x$

▶ Calcola la derivata di:
a. $y = -5 \sin x$;
b. $y = \frac{4}{3} e^x$.

Derivata della somma di funzioni

▶ Esercizi a p. 1599

TEOREMA
La derivata della somma algebrica di due o più funzioni derivabili è uguale alla somma algebrica delle derivate delle singole funzioni:

$$\mathrm{D}\,[f(x) + g(x)] = f'(x) + g'(x).$$

Listen to it

If f and g are differentiable functions, then the **derivative of their sum** is defined as $D[f(x)+g(x)] = f'(x) + g'(x)$.

DIMOSTRAZIONE
Calcoliamo il limite del rapporto incrementale di $f(x) + g(x)$:

$$y' = \lim_{h \to 0} \frac{[f(x+h) + g(x+h)] - [f(x) + g(x)]}{h} =$$

$$\lim_{h \to 0} \frac{[f(x+h) - f(x)] + [g(x+h) - g(x)]}{h}.$$

Ricordando che il limite di una somma è uguale alla somma dei limiti e l'ipotesi di derivabilità delle funzioni $f(x)$ e $g(x)$, possiamo scrivere:

$$y' = \lim_{h \to 0} \frac{f(x+h) - f(x)}{h} + \lim_{h \to 0} \frac{g(x+h) - g(x)}{h} = f'(x) + g'(x).$$

ESEMPIO

1. $y = x + 2 \cdot \sin x \quad \rightarrow \quad y' = 1 + 2 \cdot \cos x$
2. $y = 2 \cdot e^x - 3 \cdot \cos x + 1 \quad \rightarrow \quad y' = 2 \cdot e^x + 3 \cdot \sin x$

▶ Calcola la derivata di:
a. $y = 3x + \cos x$;
b. $y = \ln x - x$.

Derivata del prodotto di funzioni

▶ Esercizi a p. 1601

Animazione

Nell'animazione trovi sia la risoluzione dell'esercizio appena proposto, sia quelle degli esercizi successivi, relativi a derivate di prodotti.

TEOREMA
La derivata del prodotto di due funzioni derivabili è uguale alla somma della derivata della prima funzione moltiplicata per la seconda non derivata e della derivata della seconda funzione moltiplicata per la prima non derivata:

$$\mathrm{D}\,[f(x) \cdot g(x)] = f'(x) \cdot g(x) + f(x) \cdot g'(x).$$

Listen to it

If f and g are differentiable functions, then the **derivative of their product** is defined as $D[f(x) \cdot g(x)] = f'(x) \cdot g(x) + f(x) \cdot g'(x)$.

DIMOSTRAZIONE

$$y' = \lim_{h \to 0} \frac{f(x+h) \cdot g(x+h) - f(x) \cdot g(x)}{h} =$$

sottraiamo e sommiamo $g(x+h) \cdot f(x)$

$$\lim_{h \to 0} \frac{f(x+h) \cdot g(x+h) - g(x+h) \cdot f(x) + g(x+h) \cdot f(x) - f(x) \cdot g(x)}{h} =$$

$$\lim_{h \to 0} \frac{g(x+h) \cdot [f(x+h) - f(x)] + f(x) \cdot [g(x+h) - g(x)]}{h} =$$

$$\lim_{h \to 0} \left[g(x+h) \cdot \frac{f(x+h) - f(x)}{h} \right] + \lim_{h \to 0} \left[f(x) \cdot \frac{g(x+h) - g(x)}{h} \right] =$$

$$\lim_{h\to 0} g(x+h)\cdot\lim_{h\to 0}\frac{f(x+h)-f(x)}{h}+\lim_{h\to 0} f(x)\cdot\lim_{h\to 0}\frac{g(x+h)-g(x)}{h}$$

Poiché $g(x)$ è derivabile, e quindi anche continua, per ipotesi, abbiamo:

$$\lim_{h\to 0} g(x+h)=g(x).$$

Inoltre, $\lim_{h\to 0} f(x)=f(x)$ perché $f(x)$ è una costante rispetto a h. Di conseguenza:

$$y'=g(x)\cdot f'(x)+f(x)\cdot g'(x).$$

▶ Calcola la derivata di:
a. $y=e^x\cos x$;
b. $y=x\cos x+(x+2)\sin x$.

ESEMPIO

Calcoliamo la derivata della funzione $y=x\cdot\sin x$:

$$y'=1\cdot\sin x+x\cdot\cos x.$$

▶ Calcola la derivata di $y=x\sin x\cos x$.

Estendendo il teorema al prodotto di più funzioni, si può dimostrare che, per esempio, data la funzione $y=f(x)\cdot g(x)\cdot z(x)$, la sua derivata è:

$$y'=f'(x)\cdot g(x)\cdot z(x)+f(x)\cdot g'(x)\cdot z(x)+f(x)\cdot g(x)\cdot z'(x).$$

In generale la derivata del prodotto di più funzioni derivabili è la somma dei prodotti della derivata di ognuna delle funzioni per le altre funzioni non derivate.

Derivata del reciproco di una funzione

TEOREMA

La derivata del reciproco di una funzione derivabile non nulla è uguale a una frazione in cui:

- il numeratore è l'opposto della derivata della funzione;
- il denominatore è il quadrato della funzione.

$$\mathbf{D}\frac{1}{f(x)}=-\frac{f'(x)}{f^2(x)},\qquad \textbf{con } f(x)\neq 0.$$

DIMOSTRAZIONE

$$y'=\lim_{h\to 0}\frac{\dfrac{1}{f(x+h)}-\dfrac{1}{f(x)}}{h}=\lim_{h\to 0}\frac{\dfrac{f(x)-f(x+h)}{f(x)f(x+h)}}{h}=$$

$$\lim_{h\to 0}\frac{f(x)-f(x+h)}{hf(x)\,f(x+h)}=\lim_{h\to 0}\left[-\frac{f(x+h)-f(x)}{h}\cdot\frac{1}{f(x)f(x+h)}\right]=$$

$$-\lim_{h\to 0}\frac{f(x+h)-f(x)}{h}\cdot\lim_{h\to 0}\frac{1}{f(x)f(x+h)}$$

Essendo $f(x)$ derivabile (e quindi anche continua), si ha

$$\lim_{h\to 0} f(x+h)=f(x).$$

Quindi: $y'=-\dfrac{f'(x)}{f^2(x)}$.

ESEMPIO

1. $y=\dfrac{1}{\sin x} \rightarrow y'=-\dfrac{\cos x}{\sin^2 x}$

2. $y=\dfrac{5}{x^3-2} \rightarrow y'=-5\cdot\dfrac{3x^2}{(x^3-2)^2}=-\dfrac{15x^2}{(x^3-2)^2}$

▸ Calcola la derivata di $y=\dfrac{1}{e^x}$.

Derivata del quoziente di due funzioni

▸ Esercizi a p. 1603

TEOREMA

La derivata del quoziente di due funzioni derivabili (con funzione divisore non nulla) è uguale a una frazione che ha:

- per numeratore la differenza fra la derivata del dividendo moltiplicata per il divisore non derivato e il dividendo non derivato moltiplicato per la derivata del divisore;
- per denominatore il quadrato del divisore.

$$D\left[\frac{f(x)}{g(x)}\right]=\frac{f'(x)\cdot g(x)-f(x)\cdot g'(x)}{g^2(x)}, \qquad \text{con } g(x)\neq 0.$$

Listen to it

For f and g differentiable functions, with $g(x)$ never equal to 0, the **derivative of the ratio** $\dfrac{f(x)}{g(x)}$ is

$D\left[\dfrac{f(x)}{g(x)}\right]=\dfrac{f'(x)\cdot g(x)-f(x)\cdot g'(x)}{g^2(x)}$.

DIMOSTRAZIONE

Consideriamo la funzione quoziente come prodotto di due funzioni:

$$y=f(x)\cdot\frac{1}{g(x)}.$$

Applichiamo la regola della derivata di un prodotto:

$$D\left[\frac{f(x)}{g(x)}\right]=D\left[f(x)\cdot\frac{1}{g(x)}\right]=f'(x)\cdot\frac{1}{g(x)}+f(x)\cdot D\left[\frac{1}{g(x)}\right].$$

Applichiamo la regola della derivata del reciproco di una funzione:

$$D\left[\frac{1}{g(x)}\right]=-\frac{g'(x)}{g^2(x)} \rightarrow D\left[\frac{f(x)}{g(x)}\right]=f'(x)\cdot\frac{1}{g(x)}+f(x)\cdot\left[\frac{-g'(x)}{g^2(x)}\right].$$

Riduciamo allo stesso denominatore e concludiamo:

$$D\left[\frac{f(x)}{g(x)}\right]=\frac{f'(x)\cdot g(x)-f(x)\cdot g'(x)}{g^2(x)}.$$

Video

Regole di derivazione: quoziente

▸ Qual è la derivata della funzione $f(x)=\dfrac{\ln x}{x^2}$?

ESEMPIO

$$y=\frac{3x^2-1}{x^2+x} \rightarrow y'=\frac{3\cdot 2x\cdot(x^2+x)-(2x+1)\cdot(3x^2-1)}{(x^2+x)^2}=$$

$$\frac{\cancel{6x^3}+6x^2-\cancel{6x^3}+2x-3x^2+1}{(x^2+x)^2}=\frac{3x^2+2x+1}{(x^2+x)^2}.$$

▸ Calcola la derivata di $y=\dfrac{\ln x-x}{x^3}$.

Animazione

Dal teorema precedente, come casi particolari, si ricavano le derivate della funzione tangente e della funzione cotangente.

Derivata della funzione tangente e della funzione cotangente

Poiché $y=\tan x=\dfrac{\sin x}{\cos x}$, applichiamo la formula di derivazione di un quoziente.

$$y' = \frac{\cos x \cdot \cos x - \sin x \cdot (-\sin x)}{\cos^2 x} = \frac{\boxed{\sin^2 x + \cos^2 x}}{\cos^2 x} \quad \rightarrow \quad y' = \frac{1}{\cos^2 x},$$

uguale a 1

oppure

$$y' = \frac{\cos^2 x}{\cos^2 x} + \frac{\sin^2 x}{\cos^2 x} = 1 + \tan^2 x.$$

Quindi: $\mathbf{D} \tan x = \frac{1}{\cos^2 x} = 1 + \tan^2 x.$

Analogamente, se scriviamo $y = \cot x = \frac{\cos x}{\sin x}$, otteniamo:

$$\mathbf{D} \cot x = -\frac{1}{\sin^2 x} = -(1 + \cot^2 x).$$

4 Derivata di una funzione composta

▶ Esercizi a p. 1605

Richiamiamo il concetto di funzione composta, spiegando quali simboli utilizzeremo per il calcolo della sua derivata.
Consideriamo per esempio la funzione:

$$y = \ln(x^2 + 2).$$

Essa rappresenta il logaritmo del polinomio $x^2 + 2$, che a sua volta è una funzione di x.
Se poniamo $z = x^2 + 2$, otteniamo $y = \ln z$. In questo modo mettiamo in evidenza che l'argomento della funzione logaritmo non è la variabile indipendente x, ma è a sua volta un'altra funzione, cioè $z = g(x) = x^2 + 2$.
In generale, consideriamo $z = g(x)$ funzione della variabile x, dal dominio A all'immagine B, e $y = f(z)$ funzione della variabile z, dal dominio B all'immagine C.
La funzione $y = f(g(x))$ è una funzione composta (o funzione di funzione) perché y è funzione di z, che a sua volta è funzione di x.
Le due funzioni $z = g(x)$ e $y = f(z)$ sono dette *componenti* della funzione composta.
Vale il seguente teorema.

TEOREMA

Se la funzione g è derivabile nel punto x e la funzione f è derivabile nel punto $z = g(x)$, allora la funzione composta $y = f(g(x))$ è derivabile in x e la sua derivata è il prodotto delle derivate di f rispetto a g e di g rispetto a x:

$$\mathbf{D}\,[f(g(x))] = f'(g(x)) \cdot g'(x).$$

DIMOSTRAZIONE

$$\mathrm{D}[f(g(x))] = \lim_{h \to 0} \frac{f(g(x+h)) - f(g(x))}{h}$$

Poiché $z = g(x)$, allora $g(x+h) - g(x) = \Delta z$, da cui:

$$g(x+h) = g(x) + \Delta z = z + \Delta z.$$

Sostituendo nel limite si ha: $\lim\limits_{h \to 0} \dfrac{f(z+\Delta z) - f(z)}{h}$.

Moltiplichiamo numeratore e denominatore per Δz:

$$\lim_{h \to 0} \frac{f(z+\Delta z) - f(z)}{\Delta z} \cdot \frac{\Delta z}{h}.$$

Poiché la funzione $z = g(x)$ è derivabile per ipotesi e quindi continua, si ha:

$$\lim_{h \to 0} \Delta z = \lim_{h \to 0} [g(x+h) - g(x)] = 0.$$

Calcoliamo allora:

$$\lim_{h \to 0} \frac{f(z+\Delta z) - f(z)}{\Delta z} \cdot \frac{g(x+h) - g(x)}{h} = f'(z) \cdot g'(x).$$

Concludiamo che: $D[f(g(x))] = f'(g(x)) \cdot g'(x)$.

ESEMPIO

Calcoliamo la derivata di $y = \ln(x^2 + 2)$, in cui:

$$y = f(z) = \ln z \text{ e } z = g(x) = x^2 + 2.$$

$$y' = \left(\frac{1}{x^2+2}\right) \cdot (2x)$$

$(2x)$ — derivata della funzione della variabile x, argomento del logaritmo

$\left(\frac{1}{x^2+2}\right)$ — derivata della funzione logaritmica

▶ Calcola la derivata di $y = e^{3x-1}$.

Animazione

Nell'animazione c'è la risoluzione di entrambi gli esercizi che proponiamo, sulla derivazione di $y = e^{3x-1}$ e di $y = (4x^2 - 1)^2$.

Consideriamo un esempio di derivazione della potenza di una funzione.

ESEMPIO

Calcoliamo la derivata di $y = (2x^3 - 3x^2 + x - 1)^4$, in cui consideriamo:

$$g(x) = 2x^3 - 3x^2 + x - 1 \text{ e } y = f(g(x)) = [g(x)]^4.$$

Per la formula di derivazione della funzione composta, otteniamo:

$$y' = 4 \cdot [g(x)]^3 \cdot g'(x), \quad \text{dove } g'(x) = 6x^2 - 6x + 1.$$

Sostituendo:

$$y' = 4 \cdot (2x^3 - 3x^2 + x - 1)^3 \cdot (6x^2 - 6x + 1).$$

▶ Calcola la derivata di $y = (4x^2 - 1)^2$.

Generalizzando, per una funzione $f(x)$ vale la regola di derivazione:

$$\mathbf{D}[f(x)]^{\alpha} = \alpha [f(x)]^{\alpha - 1} f'(x), \quad \text{con } \alpha \in \mathbb{R}.$$

Il teorema della derivazione di una funzione composta può essere esteso a un numero qualunque di funzioni componenti.

Per esempio, nel caso di tre funzioni, essendo $y = f(g(z(x)))$, abbiamo:

$$\mathbf{D}\, f(g(z(x))) = f'(g(z(x))) \cdot g'(z(x)) \cdot z'(x).$$

▶ Calcola la derivata di $y = \ln^4 \cos x$.

Animazione

5 Derivata di $[f(x)]^{g(x)}$

▶ Esercizi a p. 1611

Utilizzando le formule relative alla derivata di una funzione composta e alla derivata di un prodotto, studiamo un metodo per calcolare la derivata della funzione $y = [f(x)]^{g(x)}$, in cui $f(x) > 0$ e $f(x)$ e $g(x)$ sono funzioni derivabili.

Data la funzione

$$y = [f(x)]^{g(x)},$$

essendo $f(x) > 0$, è anche $[f(x)]^{g(x)} > 0$, quindi possiamo calcolare i logaritmi dei due membri:

$$\ln y = \ln[f(x)]^{g(x)}.$$

Per la proprietà $\log_a b^c = c \log_a b$, con $b > 0$, abbiamo:

$$\ln y = g(x) \cdot \ln f(x).$$

Se ora deriviamo, rispetto alla variabile x, i due membri dell'uguaglianza applicando i teoremi per la derivazione delle funzioni composte e del prodotto di due funzioni, otteniamo

$$\frac{1}{y} \cdot y' = g'(x) \cdot \ln f(x) + g(x) \cdot \frac{1}{f(x)} \cdot f'(x),$$

da cui, essendo $y \neq 0$:

$$y' = y \cdot \left[g'(x) \cdot \ln f(x) + \frac{g(x) \cdot f'(x)}{f(x)}\right].$$

Poiché $y = [f(x)]^{g(x)}$:

$$y' = [f(x)]^{g(x)} \cdot \left[g'(x) \cdot \ln f(x) + \frac{g(x) \cdot f'(x)}{f(x)}\right].$$

ESEMPIO

Calcoliamo la derivata della funzione:

$$y = (x+2)^{x-1}.$$

La funzione è definita per $x > -2$ perché la base di una funzione esponenziale deve essere positiva.

Calcoliamo la derivata ripetendo i passaggi della dimostrazione.

Applichiamo il logaritmo a entrambi i membri:

$$\ln y = \ln(x+2)^{x-1} \quad \rightarrow \quad \ln y = (x-1) \cdot \ln(x+2).$$

Calcoliamo le derivate dei due membri:

$$\frac{1}{y} \cdot y' = 1 \cdot \ln(x+2) + (x-1) \cdot \frac{1}{(x+2)} \cdot 1.$$

Possiamo moltiplicare i due membri per y, con $y \neq 0$:

$$y' = y \cdot \left[\ln(x+2) + \frac{x-1}{x+2}\right] \quad \rightarrow \quad y = (x+2)^{x-1}$$

$$y' = (x+2)^{x-1} \cdot \left[\ln(x+2) + \frac{x-1}{x+2}\right].$$

▶ Calcola la derivata di $y = (2x)^{x^2}$.

Animazione

6 Derivata della funzione inversa

▶ Esercizi a p. 1612

TEOREMA

Consideriamo la funzione $y = f(x)$ definita e invertibile nell'intervallo I e la sua funzione inversa $x = f^{-1}(y)$. Se $f(x)$ è derivabile nel punto $x \in I$ con $f'(x) \neq 0$, allora anche $f^{-1}(y)$ è derivabile nel punto $y = f(x)$ e vale la relazione:

$$\mathbf{D}[f^{-1}(y)] = \frac{1}{f'(x)}, \quad \text{con } x = f^{-1}(y).$$

Supponendo che esistano le due derivate, per giustificare la relazione che intercorre fra loro, ricordiamo che:

$$f^{-1}[f(x)] = x.$$

Deriviamo i due membri di questa uguaglianza:

$$\mathrm{D}[f^{-1}(y)] \cdot f'(x) = 1 \quad \to \quad \mathrm{D}[f^{-1}(y)] = \frac{1}{f'(x)}.$$

Di particolare interesse è l'applicazione del teorema nel calcolo delle derivate delle funzioni goniometriche inverse.

$y = f(x) = \arcsin x$, definita per $x \in [-1; 1]$, è l'inversa di $x = f^{-1}(y) = \sin y$, con $y \in \left[-\frac{\pi}{2}; \frac{\pi}{2}\right]$. Inoltre, la funzione seno è derivabile in $\left]-\frac{\pi}{2}; \frac{\pi}{2}\right[$ con derivata non nulla. Per il teorema precedente la funzione $f(x) = \arcsin x$ è derivabile in $]-1; 1[$ e possiamo calcolare la sua derivata utilizzando $f'(x) = \frac{1}{\mathrm{D}[f^{-1}(y)]}$.

Tenendo conto che se $y \in \left]-\frac{\pi}{2}; \frac{\pi}{2}\right[$ si ha $\cos y > 0$, otteniamo:

$$\mathrm{D} \arcsin x = \frac{1}{\mathrm{D} \sin y} = \frac{1}{\cos y} = \frac{1}{\sqrt{1 - \sin^2 y}} = \frac{1}{\sqrt{1 - x^2}}.$$

Quindi: $\mathbf{D} \arcsin x = \frac{1}{\sqrt{1 - x^2}}$.

In modo analogo si ottengono:

$$\mathbf{D} \arccos x = -\frac{1}{\sqrt{1 - x^2}}, \quad \mathbf{D} \arctan x = \frac{1}{1 + x^2}, \quad \mathbf{D} \operatorname{arccot} x = -\frac{1}{1 + x^2}.$$

▶ Sai che $y = e^x$ ha per derivata se stessa ed è la funzione inversa di $y = \ln x$. Utilizza il teorema della derivata della funzione inversa per dimostrare che:

$\mathrm{D} \ln x = \frac{1}{x}$.

Video

Derivata della funzione inversa

▶ Come possiamo interpretare graficamente la derivata della funzione inversa?

▶ Calcola la derivata $y = \arcsin \sqrt{1 - x}$.

Animazione

▶ Calcola la derivata della funzione inversa di $y = f(x) = \ln x + 2x$ nel punto $y_0 = 2$, sapendo che $f(x)$ è invertibile nel suo dominio.

Animazione

7 Derivate di ordine superiore al primo

▶ Esercizi a p. 1619

Consideriamo la funzione:

$$y = f(x) = x^3 - 2x + 1, \quad \text{con } x \in \mathbb{R}.$$

La sua derivata,

$$y' = f'(x) = 3x^2 - 2,$$

TEORIA

è, a sua volta, una funzione della variabile x, definita sempre per $x \in \mathbb{R}$. Anche di tale funzione possiamo calcolare la derivata:

$$\mathrm{D}\, y' = 6x.$$

A tale derivata diamo il nome di **derivata seconda** di $f(x)$, e la indichiamo con y'' oppure con $f''(x)$.
Per analogia, $y' = f'(x)$ è anche detta **derivata prima**.

Anche la derivata seconda ottenuta è una funzione che possiamo derivare; derivando quindi $y'' = 6x$ otteniamo la **derivata terza**:

$$y''' = 6.$$

▶ Calcola la derivata terza della funzione $y = \ln x - \ln^2 x$ nel punto $x_0 = 1$.

Animazione

In generale, data una funzione $y = f(x)$, con il procedimento esaminato si possono ottenere la derivata seconda, terza, quarta, … che sono le **derivate di ordine superiore** della funzione data.

In generale, indichiamo la derivata di ordine n di una funzione $y = f(x)$ con $y^{(n)}$.

▶ Calcola la derivata nona di $y = \cos x$.

ESEMPIO
Le derivate prima, seconda, terza e quarta di $y = \sin x$ sono:

$$y = \sin x, \quad y' = \cos x, \quad y'' = -\sin x, \quad y''' = -\cos x, \quad y^{(4)} = \sin x.$$

8 Retta tangente

Retta tangente

▶ Esercizi a p. 1621

Abbiamo visto nel primo paragrafo che il coefficiente angolare della tangente in un punto $P(x_0; y_0)$ al grafico di una funzione $f(x)$ si calcola con la derivata di $f(x)$ in x_0.

In generale, data la funzione $y = f(x)$, l'equazione della retta tangente al grafico di f nel punto $(x_0; f(x_0))$, se tale retta esiste e non è parallela all'asse y, è:

$$\boldsymbol{y - f(x_0) = f'(x_0) \cdot (x - x_0).}$$

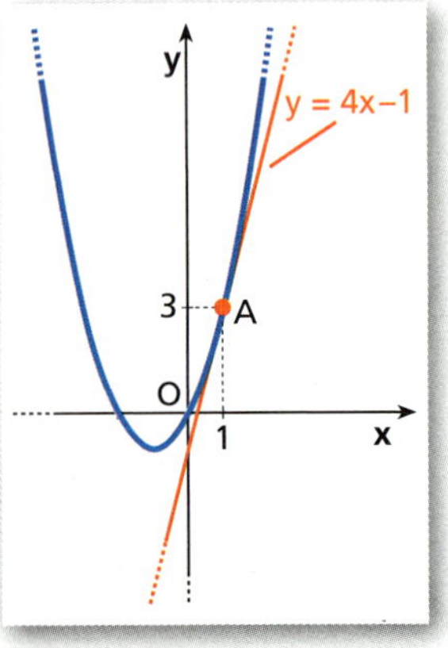

Animazione

Considerata la funzione

$f(x) = 2x^3 - x^4 + \frac{1}{4}$,

nell'animazione prima determiniamo la tangente nel punto di ascissa 1, poi, con una figura dinamica, esaminiamo come essa varia se consideriamo un punto di ascissa generica x_0.

ESEMPIO
Determiniamo l'equazione della retta tangente alla parabola $f(x)$ di equazione $y = x^2 + 2x$ nel suo punto $A(1; 3)$.
L'equazione della retta passante per $A(1; 3)$ è:

$$y - 3 = m(x - 1).$$

Il coefficiente angolare m è $f'(1)$:

$$f'(x) = 2x + 2 \quad \rightarrow \quad f'(1) = 2 + 2 = 4.$$

L'equazione della retta tangente in $A(1; 3)$ è: $y - 3 = 4(x - 1) \rightarrow y = 4x - 1$.

Punti stazionari

Nella figura vediamo alcuni esempi in cui la retta tangente al grafico della funzione in un suo punto di ascissa c è parallela all'asse x. In tutti i casi descritti l'equazione della tangente è del tipo $y = k$, ossia il suo coefficiente angolare è 0. Ciò significa che, in quel punto, la derivata è uguale a 0.

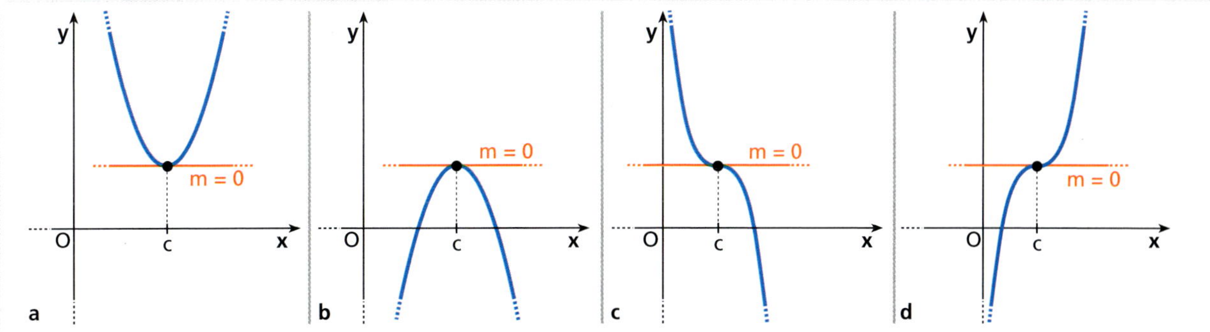

DEFINIZIONE

Dati la funzione $y = f(x)$ e un suo punto $x = c$, se $f'(c) = 0$, allora $x = c$ è un **punto stazionario** o **punto a tangente orizzontale**.

Listen to it

A **stationary point** of a function f is a value in the domain of f where the derivative of f is zero. At a stationary point the graph of f has a horizontal tangent.

Retta normale

▶ Esercizi a p. 1623

La **retta normale** a una curva in un suo punto $(x_0; y_0)$ è la retta perpendicolare alla tangente passante per il punto. L'equazione della retta normale al grafico di f in $(x_0; f(x_0))$ è quindi:

$$y - f(x_0) = -\frac{1}{f'(x_0)}(x - x_0),$$

con $f'(x_0) \neq 0$. Se $f'(x_0) = 0$, la tangente in x_0 è parallela all'asse x, quindi la normale è parallela all'asse y, con equazione $x = x_0$.

ESEMPIO

Determiniamo le equazioni della retta tangente e della retta normale al grafico della funzione $f(x) = \sqrt{x+3}$ nel suo punto A di ascissa 6.

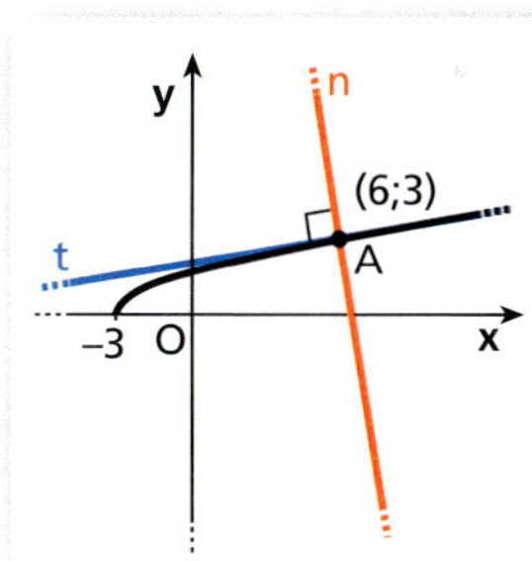

Calcoliamo l'ordinata del punto A:

$$f(6) = \sqrt{6+3} = 3.$$

Calcoliamo la derivata:

$$f'(x) = \frac{1}{2\sqrt{x+3}}.$$

I coefficienti angolari della tangente e della normale nel punto A sono:

$$f'(6) = \frac{1}{6} \quad \text{e} \quad -\frac{1}{f'(6)} = -6.$$

Scriviamo le equazioni:

tangente: $y - 3 = \frac{1}{6}(x - 6) \rightarrow x - 6y + 12 = 0;$

normale: $y - 3 = -6(x - 6) \rightarrow 6x + y - 39 = 0.$

▶ Determina le equazioni della tangente e della normale al grafico di $f(x) = \frac{x}{x+2}$ nel suo punto di ascissa $x_0 = 1$.

Animazione

Grafici tangenti

Esercizi a p. 1632

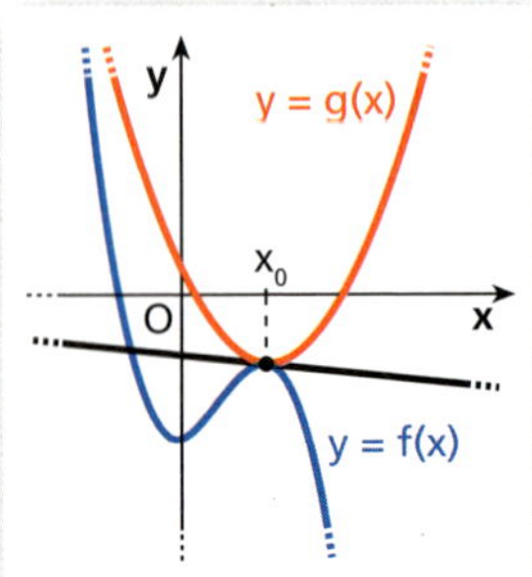

Due curve sono tangenti in un punto se in quel punto hanno la stessa retta tangente.

Consideriamo i grafici di $y = f(x)$ e $y = g(x)$. Le due curve sono tangenti se:

- hanno un punto in comune, cioè esiste x_0 per cui $f(x_0) = g(x_0)$;
- nel punto in comune le rette tangenti alle curve hanno lo stesso coefficiente angolare: $f'(x_0) = g'(x_0)$, supponendo f e g derivabili.

Quindi i grafici di f e g, funzioni derivabili nel loro dominio, sono tangenti in un punto di ascissa x_0 se e solo se

$$\begin{cases} f(x_0) = g(x_0) \\ f'(x_0) = g'(x_0) \end{cases}.$$

ESEMPIO

Determiniamo se i grafici delle funzioni

$$f(x) = x^3 - x^2 - 2x \quad \text{e} \quad g(x) = x^3 + x^2 + \frac{1}{2}$$

sono tangenti in un punto.

Calcoliamo le derivate: $f'(x) = 3x^2 - 2x - 2$; $g'(x) = 3x^2 + 2x$.

Cerchiamo x_0 che soddisfa il sistema

$$\begin{cases} \cancel{x^3} - x^2 - 2x = \cancel{x^3} + x^2 + \frac{1}{2} \\ \cancel{3x^2} - 2x - 2 = \cancel{3x^2} + 2x \end{cases} \rightarrow \begin{cases} 2x^2 + 2x + \frac{1}{2} = 0 \\ 4x = -2 \end{cases}.$$

La seconda equazione ha soluzione per $x = -\frac{1}{2}$. Verifichiamo che questo valore soddisfa anche la prima equazione:

$$2 \cdot \left(\frac{1}{4}\right) + 2 \cdot \left(-\frac{1}{2}\right) + \frac{1}{2} = \frac{1}{2} - 1 + \frac{1}{2} = 0.$$

Le due curve sono tangenti in $x_0 = -\frac{1}{2}$.

▶ Determina se i grafici delle funzioni $f(x) = x^2 - 3x$ e $g(x) = -x^3 + x^2 - 2$ sono tangenti in un punto.

Animazione

9 Punti di non derivabilità

Esercizi a p. 1633

Esaminiamo ora alcuni punti in cui la tangente è parallela all'asse y. In tali punti la funzione è continua ma **non** derivabile.

Flessi a tangente verticale

Osserviamo il grafico della figura **a**. Le rette secanti passanti per A tendono alla retta parallela all'asse y, man mano che gli ulteriori punti di intersezione si avvicinano ad A. Il coefficiente angolare delle secanti, ossia il rapporto incrementale della funzione, per $x \to c$, tende a $+\infty$, sia da destra sia da sinistra. Poiché, per la definizione di derivata, il limite del rapporto incrementale $f'(c)$ dovrebbe essere un valore finito, la funzione non è derivabile in $x = c$. Per esprimere questo concetto possiamo anche scrivere: $f'_-(c) = f'_+(c) = +\infty$.

Si ragiona in modo analogo con la funzione della figura **b**.

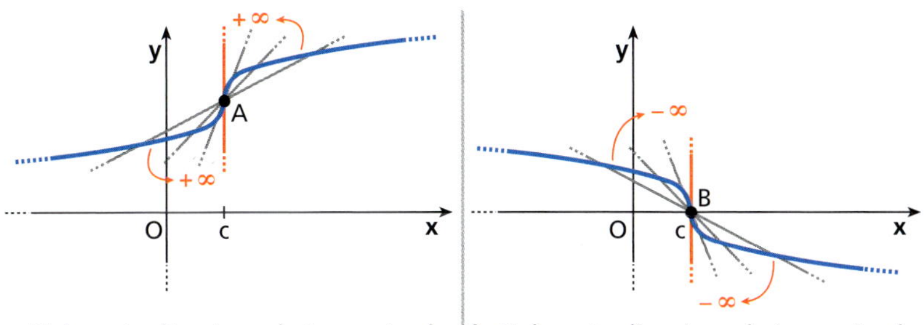

a. Nel punto di ascissa c la tangente al grafico è una retta parallela all'asse y, di equazione $x = c$.
In questo caso $f'_-(c) = f'_+(c) = +\infty$.

b. Nel punto di ascissa c la tangente al grafico è ancora una retta parallela all'asse y, di equazione $x = c$, ma in questo caso $f'_-(c) = f'_+(c) = -\infty$.

Entrambe le funzioni hanno la proprietà che nel punto considerato sono continue e il limite del rapporto incrementale, pur non essendo finito, ha *la stessa tendenza sia da destra sia da sinistra* (o sempre a $+\infty$ o sempre a $-\infty$).
I punti di non derivabilità come A e B dei grafici delle figure **a** e **b** si chiamano punti di **flesso a tangente parallela all'asse y** o **a tangente verticale**.

Cuspidi

Osserviamo ora i grafici della figura seguente.

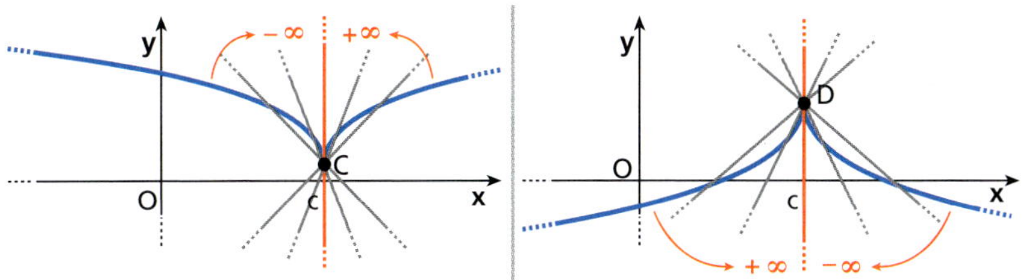

a. Nel punto di ascissa c la tangente al grafico della funzione è ancora una retta parallela all'asse y, di equazione $x = c$, ma $f'_-(c) = -\infty$, mentre $f'_+(c) = +\infty$, quindi $f'_-(c) \neq f'_+(c)$.

b. In questo caso $f'_-(c) = +\infty$, mentre $f'_+(c) = -\infty$; quindi abbiamo ancora: $f'_-(c) \neq f'_+(c)$.

I punti di non derivabilità come C e D dei grafici della figura si chiamano **cuspidi**.
Esistono altri punti in cui una funzione è continua ma non derivabile.

Punti angolosi

Consideriamo i grafici della figura sotto.

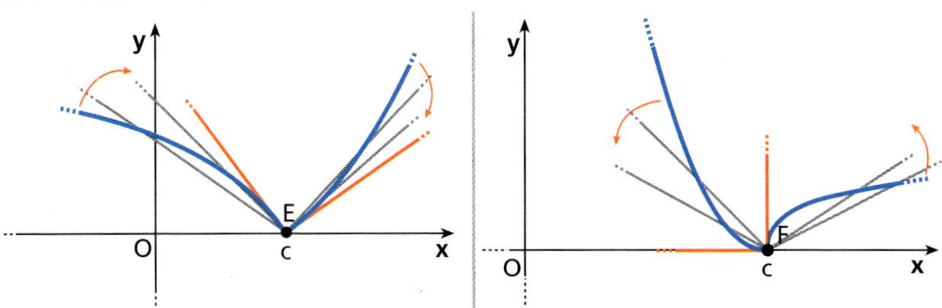

a. La derivata sinistra e la derivata destra nel punto c sono finite ma diverse fra loro: $f'_-(c) \neq f'_+(c)$.

b. Nel punto c la derivata sinistra è finita (uguale a 0), mentre $f'_+(c) = +\infty$.

Video

Retta tangente al grafico di una funzione
Consideriamo la funzione
$f(x) = x^2 - \sqrt[3]{x} + 1$.

▶ Come varia la retta tangente nei suoi punti?

Così come si parla di derivata destra e derivata sinistra, possiamo parlare di tangente destra e tangente sinistra. Nel caso dei punti angolosi esistono due tangenti al grafico nello stesso punto e diverse tra loro.

I punti di non derivabilità come E e F dei grafici della figura si chiamano **punti angolosi**.

In sintesi

Punti di non derivabilità	Grafico	Derivata
flesso a tangente verticale	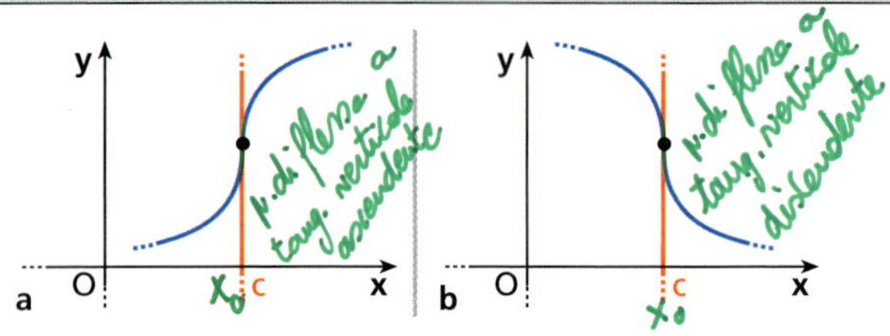	**a.** $f'_-(c) = f'_+(c) = +\infty$ **b.** $f'_-(c) = f'_+(c) = -\infty$
cuspide	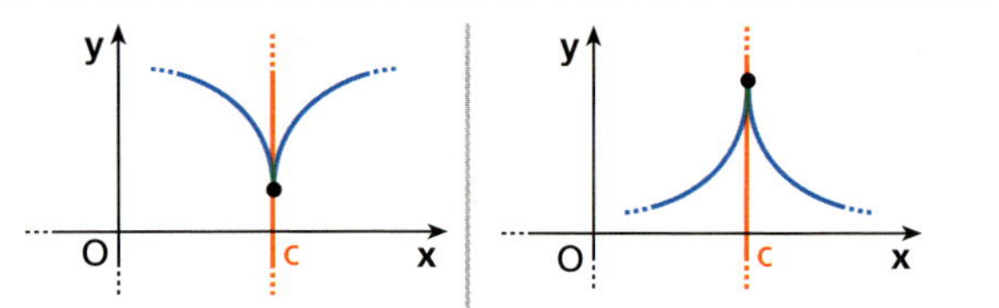 **a.** Verso il basso. **b.** Verso l'alto.	**a.** $f'_-(c) = -\infty$, $f'_+(c) = +\infty$ **b.** $f'_-(c) = +\infty$, $f'_+(c) = -\infty$
punto angoloso	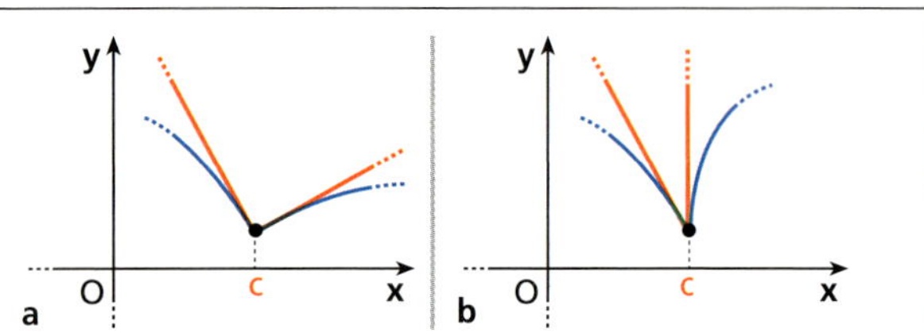	$f'_-(c) \neq f'_+(c)$ **a.** entrambe finite **b.** una finita, l'altra infinita

Criterio di derivabilità

Enunciamo un criterio utile per esaminare la derivabilità di una funzione in un punto senza ricorrere al calcolo del limite del rapporto incrementale.

Lo dimostreremo nel prossimo capitolo.

> Sia $f(x)$ una funzione continua in $[a; b]$, derivabile in $]a; b[$ tranne al più in $x_0 \in\,]a; b[$. Allora:
>
> $$f'_-(x_0) = \lim_{x \to x_0^-} f'(x) \text{ e } f'_+(x_0) = \lim_{x \to x_0^+} f'(x).$$
>
> In particolare, se $\lim_{x \to x_0^-} f'(x) = \lim_{x \to x_0^+} f'(x) = l$, allora la funzione è derivabile in x_0 e risulta $f'(x_0) = l$.

ESEMPIO

Verifichiamo se $f(x) = \begin{cases} \sqrt[3]{x^3 - 1} & \text{se } x \leq 0 \\ -\sqrt{x^2 + 1} & \text{se } x > 0 \end{cases}$ è derivabile in $x = 0$.

La funzione è continua perché $\lim_{x \to 0^-} \sqrt[3]{x^3 - 1} = \lim_{x \to 0^+} -\sqrt{x^2 + 1} = f(0) = -1$.

Calcoliamo la derivata a sinistra e a destra di $x = 0$:

$$f'(x) = \frac{1}{\cancel{3}} \cdot \frac{\cancel{3}x^2}{\sqrt[3]{(x^3-1)^2}} = \frac{x^2}{\sqrt[3]{(x^3-1)^2}} \quad \text{se } x < 0,$$

$$f'(x) = -\frac{1}{\cancel{2}} \cdot \frac{\cancel{2}x}{\sqrt{x^2+1}} = \frac{-x}{\sqrt{x^2+1}} \quad \text{se } x > 0.$$

Poiché $\lim_{x \to 0^-} f'(x) = \lim_{x \to 0^+} f'(x) = 0$, la funzione è derivabile in $x = 0$ e

$f'(0) = 0$.

10 Applicazioni alla fisica

Esercizi a p. 1639

Velocità

In fisica, per lo studio di un moto rettilineo, si scrive la **legge oraria** $s = f(t)$, ossia una funzione in cui la posizione s è la variabile dipendente e il tempo t è la variabile indipendente.

ESEMPIO

1. Nel moto rettilineo uniforme la legge oraria è

   $s = vt + s_0$,

   dove v è la velocità costante e s_0 la posizione al tempo $t = 0$.

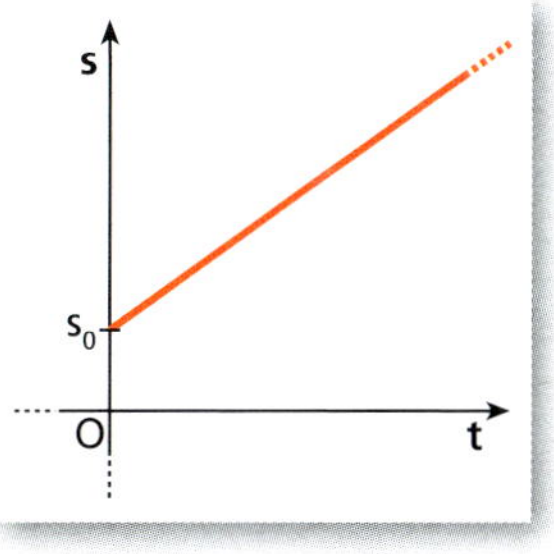

2. Nel moto rettilineo uniformemente accelerato la legge oraria è:

   $$s = \frac{1}{2}at^2 + v_0t + s_0,$$

   con a accelerazione costante, v_0 e s_0 velocità e posizione al tempo $t = 0$.

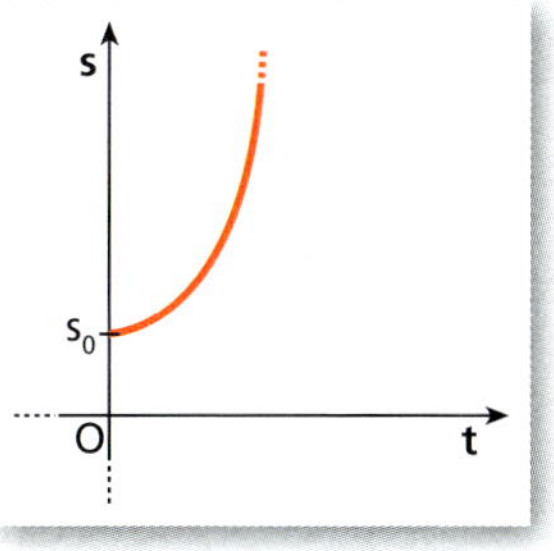

La grandezza *velocità media* è definita dal rapporto fra lo spazio percorso Δs, che è la differenza tra la posizione finale e la posizione iniziale, e il tempo Δt impiegato a percorrerlo, ossia:

$$v_{media} = \frac{\Delta s}{\Delta t} = \frac{f(t+\Delta t) - f(t)}{\Delta t}.$$

Quindi v_{media} rappresenta il rapporto incrementale della legge oraria $s = f(t)$.

La *velocità istantanea* all'istante t è il limite della velocità media v_{media} per $\Delta t \to 0$, ossia il limite del rapporto incrementale $\frac{\Delta s}{\Delta t}$:

$$v_{istantanea} = \lim_{\Delta t \to 0} \frac{\Delta s}{\Delta t} = \lim_{\Delta t \to 0} \frac{f(t+\Delta t) - f(t)}{\Delta t} = f'(t).$$

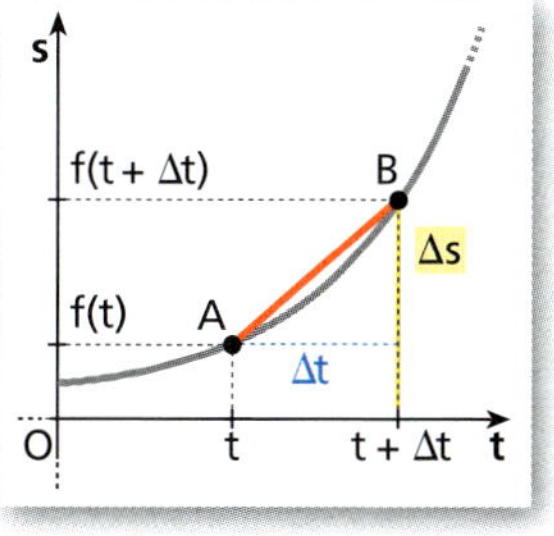

Pertanto la velocità istantanea è la derivata della funzione che rappresenta la legge oraria calcolata nell'istante preso in considerazione.

▶ Il moto di un corpo è descritto dalla legge oraria $s(t) = 3t + 4t^2$. Calcola la sua velocità istantanea a $t = 4$ s.

ESEMPIO

Data la legge oraria $s(t) = 2t + 6t^2$, con s misurato in metri e t in secondi, calcoliamo la velocità istantanea all'istante $t = 3$ s.

$$s'(t) = 2 + 12t \rightarrow v_{\text{istantanea}} = s'(3) = 2 + 36 = 38 \rightarrow v_{\text{istantanea}} = 38 \text{ m/s}.$$

Puoi ricavare informazioni sulla velocità dal grafico di $s = f(t)$, sfruttando il significato geometrico della derivata.

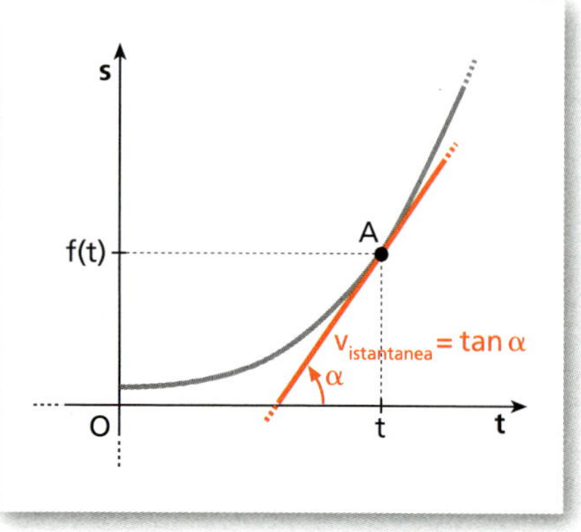

La velocità istantanea indica la «rapidità» con cui varia la posizione al variare del tempo ed è il coefficiente angolare della retta tangente nel punto considerato. Con un grafico come quello della figura, puoi verificare, tracciando in più punti la tangente, che la velocità aumenta all'aumentare del tempo.

Listen to it

The **instantaneous velocity** of a particle, at any particular time, is the derivative of the position with respect to time.

Accelerazione

Data la legge oraria $s = f(t)$ e $v = f'(t)$, la grandezza *accelerazione media* è

$$a_{\text{media}} = \frac{\Delta v}{\Delta t},$$

cioè l'accelerazione media è il rapporto incrementale della funzione $v(t)$.

Passando al limite del rapporto incrementale, al tendere a 0 dell'incremento Δt, questo limite, se esiste, rappresenta l'*accelerazione istantanea* che possiede il punto materiale all'istante t:

$$a_{\text{istantanea}} = \lim_{\Delta t \to 0} \frac{\Delta v}{\Delta t} = \lim_{\Delta t \to 0} \frac{v(t + \Delta t) - v(t)}{\Delta t} = v'(t) = f''(t).$$

L'accelerazione istantanea è quindi la derivata prima della funzione velocità rispetto al tempo, ossia la derivata seconda della posizione rispetto al tempo.
L'accelerazione indica la rapidità con cui varia la velocità.

Video

La legge oraria del moto
Il moto di un oggetto su una rotaia è descritto dalla legge oraria:
$$\ell = \frac{8}{t^2 - 2t + 4}.$$
▶ Qual è la sua velocità iniziale?
▶ E la distanza percorsa all'arresto?

ESEMPIO

Data la legge oraria $s(t) = 5t + 2t^2$, calcoliamo l'accelerazione all'istante $t = 2$ s.

Poiché $s'(t) = 5 + 4t$ e $s''(t) = 4$, possiamo affermare che $a_{\text{istantanea}} = 4 \text{ m/s}^2$.
L'accelerazione risulta costante e uguale a 4 m/s^2, anche al tempo $t = 2$ s; infatti, la legge del moto assegnata è quella di un moto uniformemente accelerato.

▶ Calcola l'accelerazione per $t = 1$ s di un corpo che si muove con la legge oraria $s(t) = -2 + 3t + 6t^2$.

Intensità di corrente

Si definisce *intensità di corrente* la quantità di carica che attraversa una certa sezione di un conduttore nell'unità di tempo. Se conosciamo la funzione $q(t)$ che lega la quantità di carica al tempo, per ottenere l'intensità di corrente media relativa a una quantità di carica Δq passata in un intervallo di tempo Δt, calcoliamo:

$$i_{\text{media}} = \frac{\Delta q}{\Delta t} = \frac{q(t + \Delta t) - q(t)}{\Delta t}.$$

i_{media} è il rapporto incrementale della quantità di carica considerata come funzione del tempo.

Passando al limite del rapporto incrementale al tendere a 0 dell'incremento Δt, ossia calcolando la derivata della funzione $q(t)$, otteniamo, se il limite esiste, l'*intensità istantanea* della corrente che circola nel conduttore all'istante t:

$$i_{istantanea} = \lim_{\Delta t \to 0} \frac{\Delta q}{\Delta t} = \lim_{\Delta t \to 0} \frac{q(t+\Delta t) - q(t)}{\Delta t} = q'(t).$$

ESEMPIO
Data la quantità di carica, misurata in coulomb, che attraversa un conduttore, secondo la legge $q = 3t^2 - 2t + 4$, determiniamo l'intensità di corrente all'istante $t = 3$ s:

$$i_{istantanea} = q'(t) = 6t - 2 \rightarrow i_{istantanea}(3) = 18 - 2 = 16 \rightarrow i_{istantanea} = 16 \text{ A}.$$

Con A indichiamo l'ampere, unità di misura dell'intensità di corrente.

11 Differenziale di una funzione

▶ Esercizi a p. 1644

Sia $f(x)$ una funzione derivabile, e quindi continua, in un intervallo e siano x e $(x + \Delta x)$ due punti di tale intervallo.

DEFINIZIONE
Il **differenziale** di una funzione $f(x)$, relativo al punto x e all'incremento Δx, è il prodotto della derivata della funzione, calcolata in x, per l'incremento Δx. Il differenziale viene indicato con $df(x)$ oppure dy:

$$\boldsymbol{dy = f'(x) \cdot \Delta x}.$$

ESEMPIO
Calcoliamo i seguenti differenziali:

$$d \cos x = -\sin x \cdot \Delta x, \qquad d \ln x = \frac{1}{x} \cdot \Delta x.$$

Notiamo che il differenziale dipende da due elementi: il punto x in cui calcoliamo il differenziale e l'incremento Δx che consideriamo.

ESEMPIO
Il differenziale di $y = 2x^3 + 3$ è $dy = 6x^2 \cdot \Delta x$.

Per $x = 1$ e $\Delta x = 0{,}3$ vale $dy = 6 \cdot (1)^2 \cdot 0{,}3 = 1{,}8$.

Per $x = 2$ e $\Delta x = 0{,}2$ vale $dy = 6 \cdot (2)^2 \cdot 0{,}2 = 24 \cdot 0{,}2 = 4{,}8$.

Consideriamo la funzione $y = x$ e calcoliamone il differenziale:

$$dy = dx = 1 \cdot \Delta x \quad \rightarrow \quad \boldsymbol{dx = \Delta x}.$$

Ciò significa che *il differenziale della variabile indipendente x è uguale all'incremento della variabile stessa.*

Sostituendo nella definizione di differenziale, possiamo scrivere $\boldsymbol{dy = f'(x) \cdot dx}$, cioè *il differenziale di una funzione è uguale al prodotto della sua derivata per il differenziale della variabile indipendente.*

Da quest'ultima relazione, ricavando $f'(x)$, abbiamo: $\boldsymbol{f'(x) = \dfrac{dy}{dx}}$.

La derivata prima di una funzione è dunque il rapporto fra il differenziale della funzione e quello della variabile indipendente.

La scrittura $f'(x) = \dfrac{dy}{dx}$ è utile anche nelle applicazioni relative a funzioni per le quali, nell'espressione analitica, oltre alla variabile indipendente, sono presenti dei parametri. Se per esempio $y = \frac{1}{2}at^2 + kt$, dove t è la variabile indipendente e a e k sono parametri, allora la derivata è:

$$\frac{dy}{dt} = at + k.$$

Interpretazione geometrica del differenziale

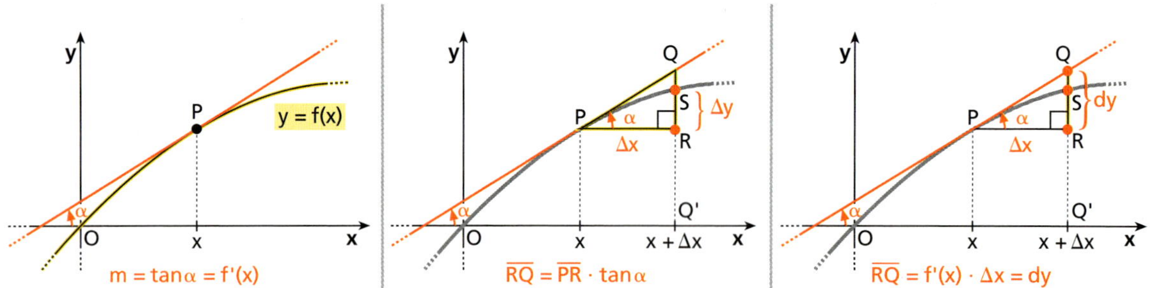

a. Consideriamo il grafico della funzione $y = f(x)$ e la retta tangente nel punto P, di ascissa x.

b. In corrispondenza del punto Q' di ascissa $x + \Delta x$, tracciamo i punti R, S e Q. Il triangolo PRQ è rettangolo in R. Per il teorema dei triangoli rettangoli si ha: $\overline{RQ} = \overline{PR} \cdot \tan\alpha$.

c. Poiché $\overline{PR} = \Delta x$ e $\tan\alpha = f'(x)$, risulta $\overline{RQ} = dy$.

Consideriamo il triangolo rettangolo PRQ. Applicando a esso il teorema dei triangoli rettangoli della trigonometria, si ha:

$$\overline{RQ} = \overline{PR} \cdot \tan\alpha.$$

Ma $\overline{PR} = \Delta x$ e $\tan\alpha = f'(x)$.

Sostituendo, otteniamo:

$$\overline{RQ} = f'(x) \cdot \Delta x = dy.$$

Ciò significa che il differenziale dy è la variazione che subisce l'ordinata della retta tangente alla curva quando si passa dal punto di ascissa x al punto di ascissa $(x + \Delta x)$.

L'incremento Δy della funzione relativo al punto x e al punto $(x + \Delta x)$ è la variazione che subisce l'ordinata della curva, cioè $\overline{RS}$:

$$\overline{RS} = \overline{Q'S} - \overline{Q'R} = f(x + \Delta x) - f(x) = \Delta y.$$

Da quanto detto possiamo concludere che sostituire all'incremento Δy della fun-

Animazione

Considerata $f(x) = -\frac{1}{4}x^2 + 3x - 5$, nell'animazione tracciamo la tangente al suo grafico in $x = 3$ ed esaminiamo con una figura dinamica la differenza fra Δy e dy al variare dell'incremento Δy.

zione il suo differenziale da un punto di vista geometrico significa sostituire al grafico della funzione la sua tangente.

Il differenziale costituisce quindi un'approssimazione dell'incremento della funzione. Nella figura **c** possiamo notare che l'errore commesso nel compiere tale approssimazione è $\overline{QS}$. Più grande viene preso Δx, più tale errore aumenta.

Vediamo ora con il seguente esempio un'applicazione del differenziale.

ESEMPIO

Calcoliamo il valore approssimato di $\sqrt{9{,}12}$.

Consideriamo $f(x) = \sqrt{x}$; scegliendo $x = 9$ e $\Delta x = 0{,}12$, possiamo scrivere:

$$\sqrt{9{,}12} = \sqrt{9 + 0{,}12} = f(x + \Delta x).$$

Calcoliamo:

$$\Delta y = f(x + \Delta x) - f(x) = \sqrt{9 + 0{,}12} - \sqrt{9},$$

$$dy = f'(x) \cdot dx = \frac{1}{2\sqrt{x}} \cdot \Delta x \quad \to \quad dy = \frac{1}{2\sqrt{9}} \cdot 0{,}12.$$

Poiché sappiamo che $\Delta y \simeq dy$, otteniamo:

$$\sqrt{9 + 0{,}12} - \sqrt{9} \simeq \frac{1}{2\sqrt{9}} \cdot 0{,}12.$$

Quindi:

$$\sqrt{9{,}12} \simeq \sqrt{9} + \frac{1}{2\sqrt{9}} \cdot 0{,}12 = 3 + \frac{1}{6} \cdot 0{,}12 = 3 + 0{,}02 \quad \to \quad \sqrt{9{,}12} \simeq 3{,}02.$$

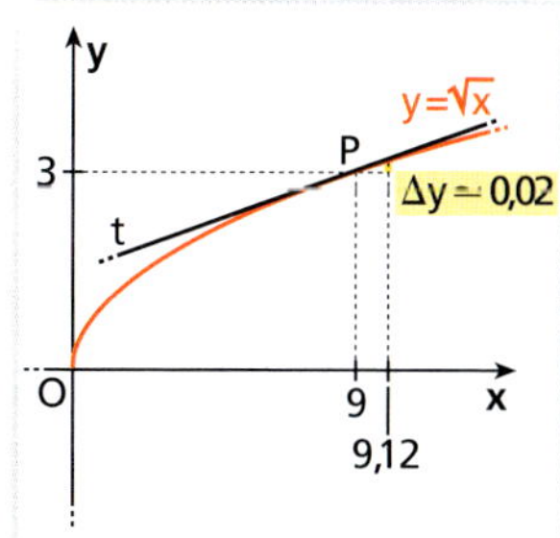

▶ Calcola il valore approssimato di $\sqrt{16{,}09}$.

In generale si può calcolare $f(x + \Delta x)$ in modo approssimato, generalizzando il ragionamento fatto nell'esempio precedente:

$$f(x + \Delta x) = f(x) + \Delta y \simeq f(x) + dy \quad \to \quad \boldsymbol{f(x + \Delta x) \simeq f(x) + f'(x) \cdot \Delta x}.$$

MATEMATICA E NATURA

Frattali I frattali sono curve con alcune caratteristiche particolari: un esempio di frattale è la curva di von Koch, che è continua ma priva di tangente in ogni punto.

▶ Come si costruisce la curva di von Koch?

▶ Quali sono le caratteristiche dei frattali?

La risposta

IN SINTESI
Derivate

Derivata di una funzione

Siano $y = f(x)$ una funzione definita in $[a; b]$ e c e $c + h$, con $h \neq 0$, due numeri reali interni all'intervallo.

- **Il rapporto incrementale** relativo a c è il numero: $\dfrac{f(c+h)-f(c)}{h}$.
- **Interpretazione geometrica**: considerati nel piano cartesiano i punti $A(c; f(c))$ e $B(c+h; f(c+h))$, il rapporto incrementale

$$\frac{\Delta y}{\Delta x} = \frac{f(c+h)-f(c)}{h}$$

è **il coefficiente angolare della retta passante per A e per B.**

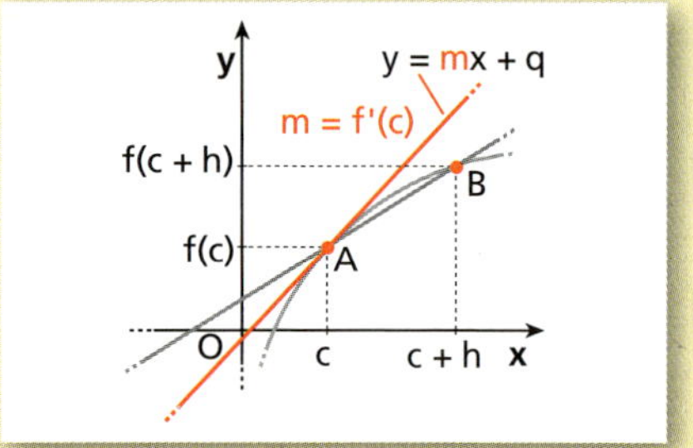

- **La derivata** della funzione f nel punto c interno all'intervallo è il limite, se esiste ed è finito, per h che tende a 0, del rapporto incrementale relativo a c e si indica con $f'(c)$:

$$f'(c) = \lim_{\Delta x \to 0} \frac{\Delta y}{\Delta x} = \lim_{h \to 0} \frac{f(c+h)-f(c)}{h}.$$

- **Interpretazione geometrica**: la derivata di una funzione in un punto c rappresenta il **coefficiente angolare** della retta tangente al grafico della funzione nel punto di ascissa c.
- Data la funzione $y = f(x)$, in un punto c,
  - la **derivata sinistra** è: $f'_-(c) = \lim_{h \to 0^-} \dfrac{f(c+h)-f(c)}{h}$;
  - la **derivata destra** è: $f'_+(c) = \lim_{h \to 0^+} \dfrac{f(c+h)-f(c)}{h}$.

  Una funzione $y = f(x)$ **è derivabile in un punto** c se esistono finite e uguali tra loro la derivata sinistra e la derivata destra.
- Una funzione $y = f(x)$ **è derivabile in un intervallo chiuso** $[a; b]$ se è derivabile in tutti i punti interni di $[a; b]$ e se esistono e sono finite in a la derivata destra e in b la derivata sinistra.
- Se una funzione $f(x)$ è **derivabile** nel punto x_0, in quel punto la funzione è anche **continua**. Invece non è detto che, se una funzione è continua in x_0, allora in x_0 sia anche derivabile.
- Data la funzione $y = f(x)$, la **derivata seconda** $y'' = f''(x)$ è la derivata della derivata prima. In modo analogo si definisce la **derivata terza**, che è la derivata della derivata seconda, e così via.

Punti di non derivabilità

Un punto di ascissa c del grafico di $y = f(x)$ è:

- un **flesso a tangente verticale** se $f'_-(c) = f'_+(c) = \pm\infty$;
- una **cuspide** se $f'_-(c) = -\infty$ e $f'_+(c) = +\infty$ oppure $f'_-(c) = +\infty$ e $f'_+(c) = -\infty$;
- un **punto angoloso** se $f'_-(c) \neq f'_+(c)$, dove almeno una delle due derivate ha un valore finito.

Derivate	
Potenze di x	**Funzioni goniometriche**
$D\,k = 0$	$D \sin x = \cos x$
$D\,x = 1$	$D \cos x = -\sin x$
$D\,x^{\alpha} = \alpha x^{\alpha-1}$ se $\alpha \in \mathbb{N} - \{0\}, x \in \mathbb{R}$; se $\alpha \in \mathbb{R}, x > 0$	$D \tan x = \dfrac{1}{\cos^2 x} = 1 + \tan^2 x$
$D\sqrt{x} = \dfrac{1}{2\sqrt{x}}, \quad x > 0$	$D \cot x = -\dfrac{1}{\sin^2 x} = -(1 + \cot^2 x)$
Funzioni logaritmiche ed esponenziali	**Inverse delle funzioni goniometriche**
$D\,a^x = a^x \ln a, \quad a > 0$	$D \arctan x = \dfrac{1}{1+x^2}$
$D\,e^x = e^x$	$D \operatorname{arccot} x = -\dfrac{1}{1+x^2}$
$D \log_a x = \dfrac{1}{x} \log_a e, \quad x > 0, \quad a > 0 \wedge a \neq 1$	$D \arcsin x = \dfrac{1}{\sqrt{1-x^2}}$
$D \ln x = \dfrac{1}{x}, \quad x > 0$	$D \arccos x = -\dfrac{1}{\sqrt{1-x^2}}$
Regole di derivazione	
$D[k \cdot f(x)] = k \cdot f'(x)$	$D\,\dfrac{f(x)}{g(x)} = \dfrac{f'(x) \cdot g(x) - f(x) \cdot g'(x)}{g^2(x)}$
$D[f(x) + g(x)] = f'(x) + g'(x)$	$D[f(g(x))] = f'(g(x)) \cdot g'(x)$
$D[f(x) \cdot g(x)] = f'(x) \cdot g(x) + f(x) \cdot g'(x)$	$D[f(x)]^{g(x)} = [f(x)]^{g(x)}\left[g'(x)\ln f(x) + \dfrac{g(x) \cdot f'(x)}{f(x)}\right]$
$D\,\dfrac{1}{f(x)} = -\dfrac{f'(x)}{f^2(x)}$	$D[f^{-1}(y)] = \dfrac{1}{f'(x)}, \quad \text{con } x = f^{-1}(y)$

Tangente al grafico di una funzione

- Data la funzione $y = f(x)$, l'**equazione della tangente** al grafico di f nel punto $(x_0; f(x_0))$, quando esiste e non è parallela all'asse y, è $y - f(x_0) = f'(x_0)(x - f(x_0))$.
- Un punto $x = c$ si dice **stazionario** se $f'(c) = 0$.
  La tangente nel punto stazionario $(c; f(c))$ ha coefficiente angolare $m = 0$.

Differenziale

- Il **differenziale** di una funzione $f(x)$, relativo al punto x e all'incremento Δx, è il prodotto della derivata della funzione, calcolata in x, per l'incremento Δx. Lo indichiamo con $\boldsymbol{df(x)}$ oppure $\boldsymbol{dy}$: $\boldsymbol{dy = f'(x) \cdot \Delta x}$.
- Il **differenziale della variabile indipendente** $\boldsymbol{x}$ è uguale all'incremento della variabile stessa: $dx = \Delta x$. Quindi $dy = f'(x) \cdot dx$.
- Il differenziale dy è la variazione che subisce l'ordinata della tangente alla curva quando si passa dal punto della curva di ascissa x, cioè P, al punto della tangente di ascissa $(x + \Delta x)$, cioè Q.
  Sostituire all'incremento Δy della funzione il suo differenziale, **da un punto di vista geometrico**, significa sostituire al grafico della funzione la sua tangente.

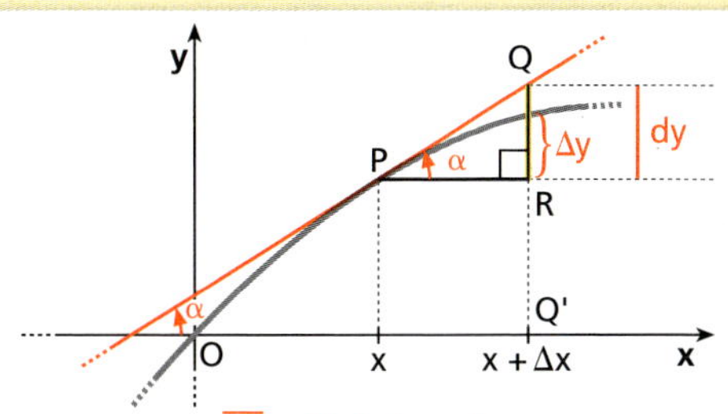

$\overline{RQ} = f'(x) \cdot \Delta x = dy$

CAPITOLO 25
ESERCIZI

1 Derivata di una funzione

Rapporto incrementale

▶ Teoria a p. 1561

Data la funzione *f*(*x*), calcola i valori indicati.

1 $f(x) = (x-1)^2$, $\quad f(1),\ f(-2),\ f(2+a) - f(2)$. $\quad [0; 9; a^2 + 2a]$

2 $f(x) = 2x^2 - 3x$, $\quad f(4),\ f(2c),\ f(c+h) - f(c)$. $\quad [20; 8c^2 - 6c; 2h^2 + 4ch - 3h]$

Esprimi l'incremento $f(c+h) - f(c)$ delle seguenti funzioni nel punto *c* indicato.

3 $y = \sqrt{x+1}$, $\quad c = 2$.

4 $y = \cos x$, $\quad c = \dfrac{\pi}{3}$.

5 $y = \dfrac{x+4}{x}$, $\quad c = 4$.

6 $y = \ln(2x-1)$, $\quad c = 1$.

7 **VERO O FALSO?** Data una funzione $y = f(x)$, definita in un intervallo $[a; b]$, e due numeri reali c e $c+h$ appartenenti ad $]a; b[$, il rapporto incrementale di f rispetto a c:

a. dipende dall'incremento h. V F

b. rappresenta il rapporto tra l'incremento in ascissa e l'incremento in ordinata. V F

c. è un numero reale positivo. V F

d. rappresenta il coefficiente angolare della retta secante il grafico nei punti $(c; f(c))$ e $(c+h; f(c+h))$. V F

e. non si può calcolare per h negativo. V F

LEGGI IL GRAFICO **Determina l'equazione di $f(x)$ e calcola il rapporto incrementale di f nel punto c e incremento h assegnati. Nell'esercizio 8 la curva è una parabola, nell'esercizio 9 è un'iperbole.**

8

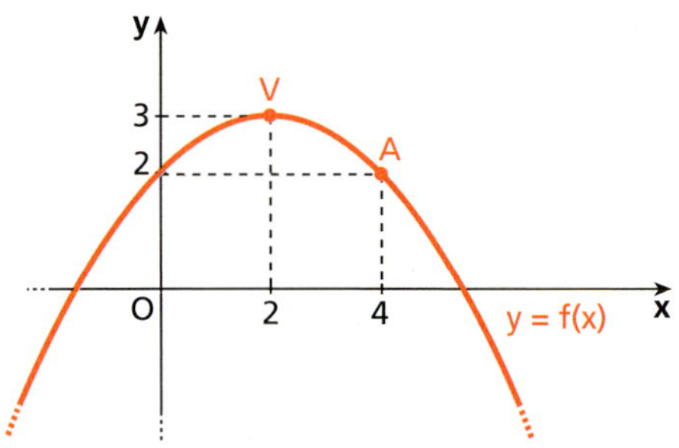

a. $c = 1$, $\quad h = 2$;

b. $c = 5$, $\quad h = 1$. $\quad \left[\text{a) } 0; \text{ b) } -\dfrac{7}{4}\right]$

9

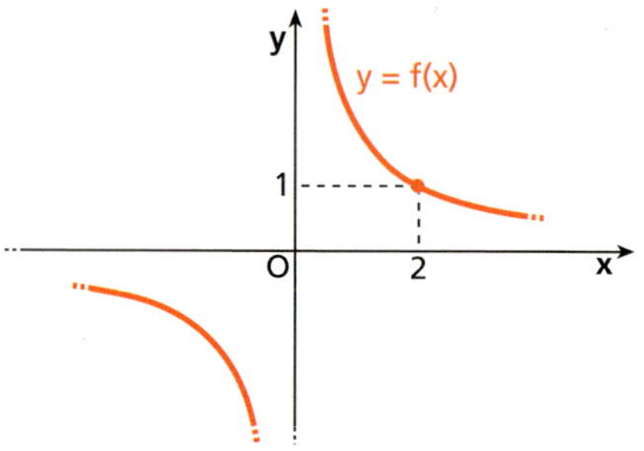

a. $c = 2$, $\quad h = 1$;

b. $c = -1$, $\quad h = -2$. $\quad \left[\text{a) } -\dfrac{1}{3}; \text{ b) } -\dfrac{2}{3}\right]$

10 ●○ REALTÀ E MODELLI **Pubblicità** Nel grafico a fianco vediamo l'andamento delle vendite di automobili in risposta a una spesa in pubblicità, sostenuta dalla casa produttrice.

a. Calcola il rapporto incrementale delle vendite per 0, 20 e 40 milioni di euro spesi con incremento $h = 20$.

b. Il rapporto incrementale cresce o diminuisce? Sapresti interpretare il risultato?

$\left[\text{a) } 3; \frac{3}{2}; 1; \text{ b) diminuisce}\right]$

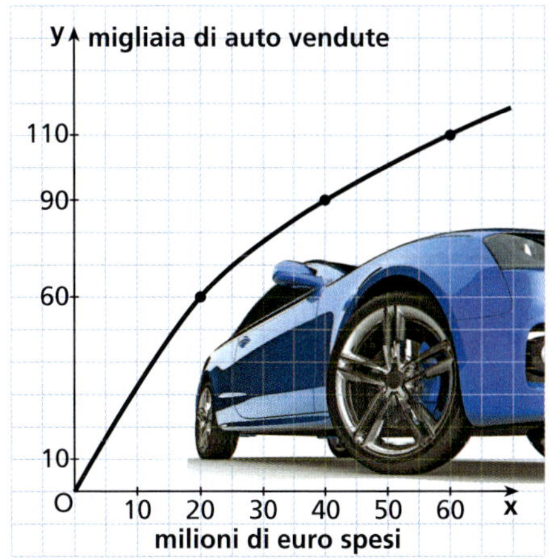

Determina il rapporto incrementale delle seguenti funzioni quando *x* varia nel modo indicato.

11 ●○ $f(x) = 2x - 3$, — *x* varia da -3 a -1. $[2]$

12 ●○ $f(x) = x^4 - 3x^2$, — *x* varia da 0 a 2. $[2]$

13 ●○ $f(x) = \frac{x-1}{x^2}$, — *x* varia da 1 a 3. $\left[\frac{1}{9}\right]$

14 ●○ TEST Il rapporto incrementale di una funzione f nel punto $c = 0$ con incremento h si calcola con l'espressione:

A $\frac{f(h) - f(0)}{h}$. B $\frac{f(0+h) + f(0)}{h}$. C $\frac{f(0) - f(h)}{h}$. D $\frac{f(0+h) - f(h)}{h}$. E $\frac{f(h)}{h}$.

15 ESERCIZIO GUIDA Calcoliamo il rapporto incrementale di $f(x) = x^2 - x$ nel suo punto $c = 2$, e con un generico incremento $h \neq 0$.

Calcoliamo il rapporto $\frac{f(c+h) - f(c)}{h}$, con $c = 2$.

$$f(c+h) = f(2+h) = (2+h)^2 - (2+h) = 4 + 4h + h^2 - 2 - h = h^2 + 3h + 2$$

$$f(c) = f(2) = 2^2 - 2 = 2$$

Quindi: $\frac{f(c+h) - f(c)}{h} = \frac{f(2+h) - f(2)}{h} = \frac{h^2 + 3h \cancel{+2} \cancel{-2}}{h} = h + 3.$

Determina il rapporto incrementale delle seguenti funzioni nel punto *c* indicato e per un incremento *h* generico.

16 ●○ $f(x) = 3x^2 + 2$, $c = -1$. $[-6 + 3h]$

17 ●○ $f(x) = \frac{x-5}{x}$, $c = 4$. $\left[\frac{5}{4(h+4)}\right]$

18 ●○ $f(x) = x^2 - 4x + 8$, $c = -3$. $[h - 10]$

19 ●○ $f(x) = 1 - \frac{\cos 2x}{2}$, $c = \frac{\pi}{4}$. $\left[\frac{\sin 2h}{2h}\right]$

TEST

20 ●○ Il rapporto incrementale di $f(x) = -x^2 + 2x - 3$ relativo al punto $x_0 = 2$ è:

A -6.

B $\frac{-(2+h)^2 + 2 + h - 3}{h}$.

C $-h - 2$.

D $\frac{h-2}{h}$.

E $-h$.

21 ●○ Il rapporto incrementale di $f(x) = -\frac{2}{x}$ relativo al punto $x_0 = 2$ è:

A -1.

B $\frac{1}{h+2}$.

C $-\frac{h}{h+2}$.

D $\frac{h+2}{h}$.

E $-\frac{1}{h+2}$.

ESERCIZI

Determina il rapporto incrementale delle seguenti funzioni nel punto generico *c* del dominio, per un incremento *h* generico.

22 $y = x^2 + x - 1$ $[h + 2c + 1]$

23 $y = \dfrac{x^2 - 4x + 1}{x}$ $\left[\dfrac{ch + c^2 - 1}{c(c+h)}\right]$

24 $y = \dfrac{2}{x} + 1$ $\left[-\dfrac{2}{c(c+h)}\right]$

25 $y = \dfrac{2x-1}{x}$ $\left[\dfrac{1}{c(c+h)}\right]$

26 $y = 2^{-x}$ $\left[\dfrac{2^{-c}(2^{-h}-1)}{h}\right]$

27 $y = -\dfrac{1}{2}\ln x$ $\left[-\dfrac{1}{2h}\ln\dfrac{c+h}{c}\right]$

Derivata di una funzione

▶ Teoria a p. 1562

28 VERO O FALSO?

a. Una funzione è derivabile in un punto se esiste il limite del rapporto incrementale in quel punto. V F

b. La derivata di una funzione in un punto è il coefficiente angolare della tangente al grafico in quel punto. V F

c. La derivata di una funzione in un punto generico è a sua volta una funzione. V F

d. La derivata di una funzione in un punto è un numero reale. V F

LEGGI IL GRAFICO Determina, considerando il suo significato geometrico, la derivata della funzione *f* nel punto indicato in figura, dove la retta *t* è tangente al grafico di *f*.

29

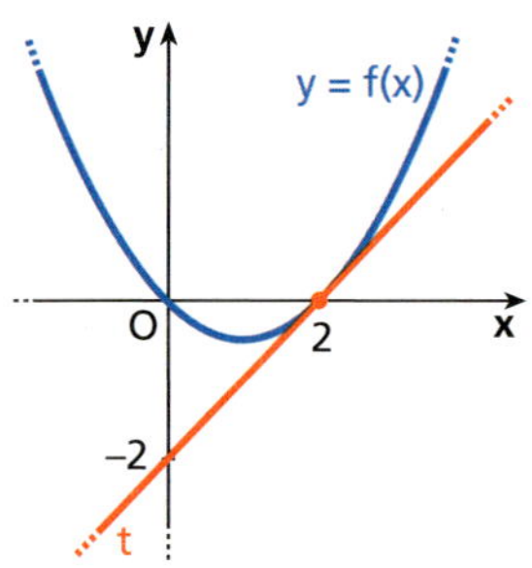

[1]

30

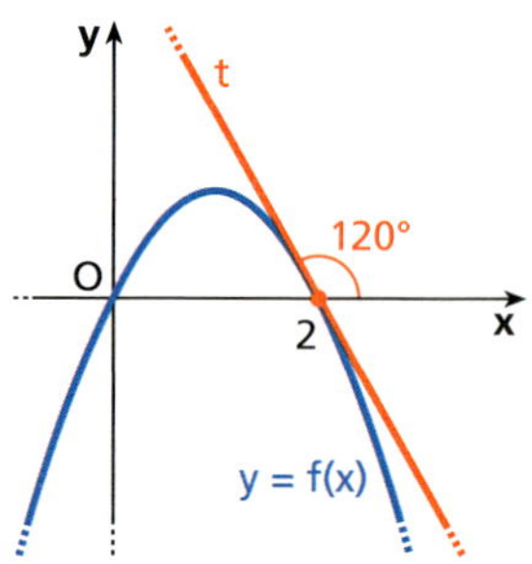

$[-\sqrt{3}]$

31

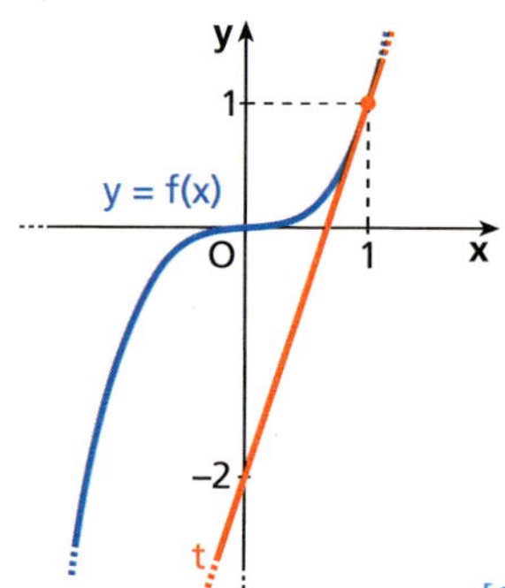

[3]

Calcolo della derivata in un punto assegnato

32 ESERCIZIO GUIDA Calcoliamo la derivata della funzione $f(x) = \dfrac{x^2-2}{x+1}$ nel punto $c = -2$, applicando la definizione di derivata.

Per la definizione di derivata sappiamo che: $f'(c) = \lim\limits_{h \to 0} \dfrac{f(c+h) - f(c)}{h}$.

Calcoliamo prima il rapporto incrementale nel punto $c = -2$:

$$f(-2+h) = \frac{(-2+h)^2 - 2}{-2+h+1} = \frac{h^2 - 4h + 2}{h-1}; \qquad f(-2) = \frac{(-2)^2 - 2}{-2+1} = -2;$$

$$\frac{f(-2+h) - f(-2)}{h} = \frac{\dfrac{h^2-4h+2}{h-1} + 2}{h} = \frac{\dfrac{h^2 - 4h + \cancel{2} + 2h - \cancel{2}}{h-1}}{h} = \frac{h^2 - 2h}{h-1} \cdot \frac{1}{h} = \frac{h-2}{h-1}.$$

Calcoliamo poi il limite del rapporto incrementale per $h \to 0$: $\lim\limits_{h \to 0} \dfrac{h-2}{h-1} = 2$.

Concludiamo che: $f'(-2) = 2$.

Calcola la derivata delle seguenti funzioni nel punto c indicato, applicando la definizione di derivata.

33 $f(x) = 2x - 1$, $c = 6$. $[2]$

34 $f(x) = x^2 + 4x + 1$, $c = 1$. $[6]$

35 $f(x) = 1 + \frac{1}{4}x^2$, $c = 4$. $[2]$

36 $f(x) = 2x^3 - x$, $c = 0$. $[-1]$

37 $f(x) = \frac{1}{2}x^2 - 2x$, $c = -3$. $[-5]$

38 $f(x) = \frac{x-1}{2-x}$, $c = 1$. $[1]$

39 $f(x) = \frac{x-1}{x}$, $c = 2$. $\left[\frac{1}{4}\right]$

40 $f(x) = -\frac{5}{x}$, $c = 2$. $\left[\frac{5}{4}\right]$

41 $f(x) = \frac{3}{x-1}$, $c = 4$. $\left[-\frac{1}{3}\right]$

42 $f(x) = \frac{2-x^2}{1-x^2}$, $c = 0$. $[0]$

43 $f(x) = \frac{4-x^2}{x^2-2x+2}$, $c = -2$. $\left[\frac{2}{5}\right]$

44 $f(x) = -\frac{1}{\sqrt{x}}$, $c = 9$. $\left[\frac{1}{54}\right]$

45 $f(x) = \frac{1}{\sqrt{x-1}}$, $c = 5$. $\left[-\frac{1}{16}\right]$

46 $f(x) = -2\ln x$, $c = 1$. $[-2]$

47 $f(x) = e^{x-1}$, $c = 1$. $[1]$

48 $f(x) = \tan x$, $c = 0$. $[1]$

Dimostra, applicando la definizione, che non esiste la derivata delle seguenti funzioni nel punto c indicato.

49 $y = \sqrt{x-1}$, $c = 1$.

50 $y = \frac{1}{x}$, $c = 0$.

51 $y = \sqrt[3]{x}$, $c = 0$.

52 $y = \frac{1}{x-2}$, $c = 2$.

53 TEST Il limite $\lim_{h\to 0} \frac{(3+h)^2 - 9}{h}$ è per definizione la derivata di:

A $f(x) = x^2 - 9$ in $c = 3$.

B $f(x) = (x+3)^2$ in $c = 0$.

C $f(x) = \frac{(3+x)^2 - 9}{x}$ in $c = 0$.

D $f(x) = (x+1)^2$ in $c = 2$.

E $f(x) = (x+1)^2$ in $c = 3$.

54 COMPLETA con il simbolo $>$, $<$, $=$, ragionando sul significato geometrico di derivata:

a. $f'(-2)$ ☐ 0;

b. $f'(0)$ ☐ 0;

c. $f'(3)$ ☐ 0;

d. $f'(4)$ ☐ 0.

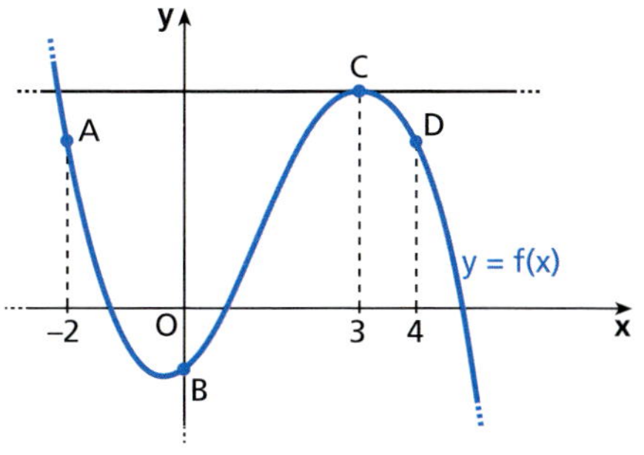

Calcolo della funzione derivata

55 ESERCIZIO GUIDA Data la funzione $f(x) = \sqrt{x+2}$, calcoliamo la sua derivata in un generico punto x.

Applicando la definizione di derivata, otteniamo:

$$f'(x) = \lim_{h\to 0} \frac{\sqrt{x+h+2} - \sqrt{x+2}}{h} = \lim_{h\to 0} \frac{(\sqrt{x+h+2} - \sqrt{x+2})}{h} \cdot \frac{(\sqrt{x+h+2} + \sqrt{x+2})}{(\sqrt{x+h+2} + \sqrt{x+2})} =$$

$$\lim_{h\to 0} \frac{\cancel{x} + h + \cancel{2} - \cancel{x} - \cancel{2}}{h(\sqrt{x+h+2} + \sqrt{x+2})} = \lim_{h\to 0} \frac{\cancel{h}}{\cancel{h}(\sqrt{x+h+2} + \sqrt{x+2})} = \frac{1}{2\sqrt{x+2}}.$$

ESERCIZI

Calcola la funzione derivata delle seguenti funzioni, applicando la definizione.

56 $f(x) = 4x - 9$ $[f'(x) = 4]$

57 $f(x) = -x^2 + 4x$ $[f'(x) = -2x + 4]$

58 $f(x) = 2x^3 - x$ $[f'(x) = 6x^2 - 1]$

59 $f(x) = x^2 - 8x + 7$ $[f'(x) = 2x - 8]$

60 $f(x) = \frac{1}{2}x^2 - 4x$ $[f'(x) = x - 4]$

61 $f(x) = \frac{2}{x}$ $\left[f'(x) = -\frac{2}{x^2}\right]$

62 $f(x) = \frac{1}{x^3}$ $\left[f'(x) = -\frac{3}{x^4}\right]$

63 $f(x) = \frac{x+1}{x}$ $\left[f'(x) = -\frac{1}{x^2}\right]$

64 $f(x) = \frac{5}{x^2+4}$ $\left[f'(x) = -\frac{10x}{(x^2+4)^2}\right]$

65 $f(x) = \frac{x}{x-5}$ $\left[f'(x) = \frac{-5}{(x-5)^2}\right]$

66 $f(x) = \frac{9-x}{x-1}$ $\left[f'(x) = -\frac{8}{(x-1)^2}\right]$

67 $f(x) = \sqrt{3x}$ $\left[f'(x) = \frac{3}{2\sqrt{3x}}\right]$

68 $f(x) = \frac{8}{\sqrt{x}}$ $\left[f'(x) = -\frac{4}{x\sqrt{x}}\right]$

69 $f(x) = \sqrt{x} - 2$ $\left[f'(x) = \frac{1}{2\sqrt{x}}\right]$

70 $f(x) = 1 + \sqrt{1+x^2}$ $\left[f'(x) = \frac{x}{\sqrt{1+x^2}}\right]$

71 $f(x) = 3\ln x$ $\left[f'(x) = \frac{3}{x}\right]$

72 $f(x) = -e^{1+x}$ $[f'(x) = -e^{1+x}]$

73 $f(x) = \sin(-x)$ $[f'(x) = -\cos(-x)]$

74 $f(x) = x\cos x$ $[f'(x) = \cos x - x\sin x]$

75 $f(x) = (x-1)e^x$ $[xe^x]$

---

76 Sia $f(x) = \frac{2x}{x+3}$. Trova una formula per $f'(x)$ utilizzando la definizione di derivata come limite. Mostra i passaggi del tuo calcolo. (USA *Stanford University*)

$\left[\frac{6}{(x+3)^2}\right]$

LEGGI IL GRAFICO Determina l'equazione della retta r e della parabola γ, calcola poi la funzione derivata con la definizione e rappresentala nello stesso piano cartesiano.

77

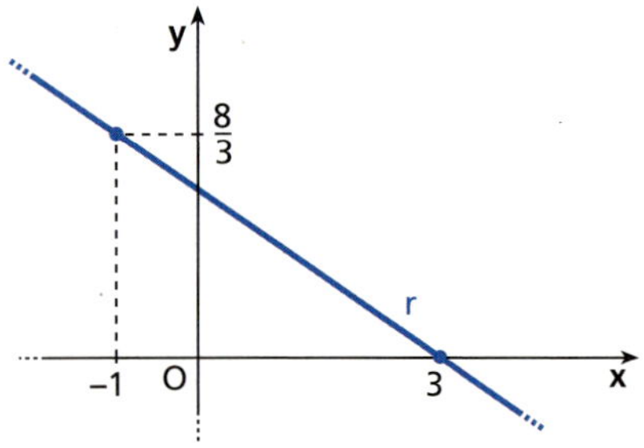

78

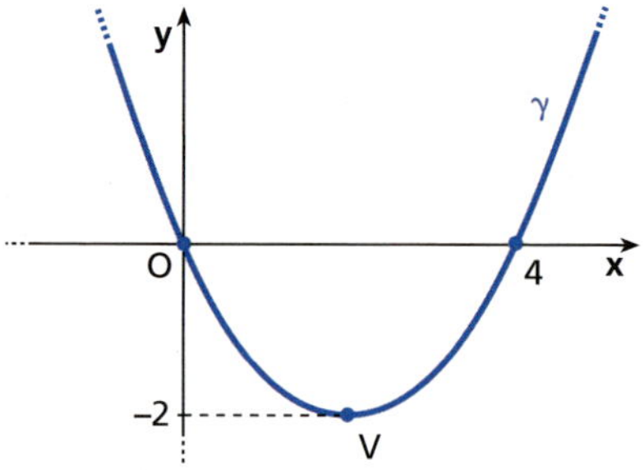

Derivata sinistra e derivata destra

▶ Teoria a p. 1565

79 ESERCIZIO GUIDA Calcoliamo la derivata destra e la derivata sinistra della funzione $y = |x^2 - 4|$, in $x = 2$.

Poiché $x^2 - 4 \geq 0 \rightarrow x \leq -2 \lor x \geq 2$, la funzione può anche essere scritta nella forma

$$y = \begin{cases} x^2 - 4 & \text{se } x \leq -2 \lor x \geq 2 \\ -x^2 + 4 & \text{se } -2 < x < 2 \end{cases},$$

dalla quale notiamo che a sinistra e a destra di 2 la funzione ha due espressioni analitiche diverse, che utilizziamo per il calcolo del rapporto incrementale.

A sinistra di 2, cioè per $h < 0$: $f(2+h) = -(2+h)^2 + 4 = -4 - h^2 - 4h + 4 = -h^2 - 4h$.

A destra di 2, cioè per $h > 0$: $f(2+h) = (2+h)^2 - 4 = h^2 + 4 + 4h - 4 = h^2 + 4h$.

Inoltre: $f(2) = (2)^2 - 4 = 4 - 4 = 0$.

Calcoliamo le due derivate, sostituendo nei rapporti incrementali i valori trovati:

$$f'_-(2) = \lim_{h \to 0^-} \frac{f(2+h) - f(2)}{h} = \lim_{h \to 0^-} \frac{-h^2 - 4h - 0}{h} = \lim_{h \to 0^-} (-h - 4) = -4;$$

$$f'_+(2) = \lim_{h \to 0^+} \frac{f(2+h) - f(2)}{h} = \lim_{h \to 0^+} \frac{h^2 + 4h - 0}{h} = \lim_{h \to 0^+} (h + 4) = 4.$$

Essendo $f'_-(2) \neq f'_+(2)$, nel punto $x = 2$ la funzione non è derivabile.

Calcola la derivata destra e la derivata sinistra delle seguenti funzioni nei punti indicati.

80 $f(x) = |x - 1|$, $c = 1$. $[f'_-(1) = -1;\ f'_+(1) = 1]$

81 $f(x) = |2x| - 1$, $c = 0$. $[f'_-(0) = -2;\ f'_+(0) = 2]$

82 $f(x) = \begin{cases} x - 3 & \text{se } x \leq 3 \\ \frac{1}{3}x - 1 & \text{se } x > 3 \end{cases}$, $c = 3$. $\left[f'_-(3) = 1;\ f'_+(3) = \frac{1}{3}\right]$

83 $f(x) = x^3 - x + 2$, $c = 1$. $[f'_-(1) = f'_+(1) = 2]$

84 $f(x) = \begin{cases} x^2 - 2x & \text{se } x \leq 2 \\ 2x^2 - 5x + 2 & \text{se } x > 2 \end{cases}$, $c = 2$. $[f'_-(2) = 2;\ f'_+(2) = 3]$

85 $f(x) = \begin{cases} x^2 + x & \text{se } x \leq 0 \\ \sqrt{x} & \text{se } x > 0 \end{cases}$, $c = 0$. $[f'_-(0) = 1;\ f'_+(0)$ non esiste finita$]$

86 $f(x) = \sqrt[3]{x^2}$, $c = 0$. $[f'_-(0)$ e $f'_+(0)$ non esistono finite$]$

87 $f(x) = |-x^2 + 2x|$, $c = 2$. $[f'_-(2) = -2;\ f'_+(2) = 2]$

LEGGI IL GRAFICO Esamina i seguenti grafici e ricava, se è possibile, il valore delle derivate, sinistra e destra, nel punto indicato, utilizzando il significato geometrico di derivata.

88

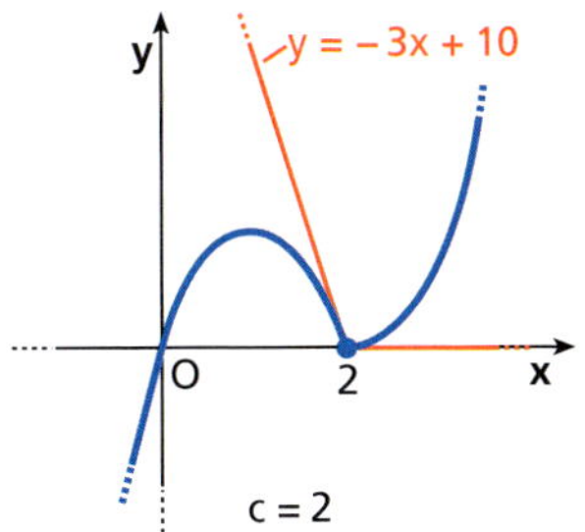

89

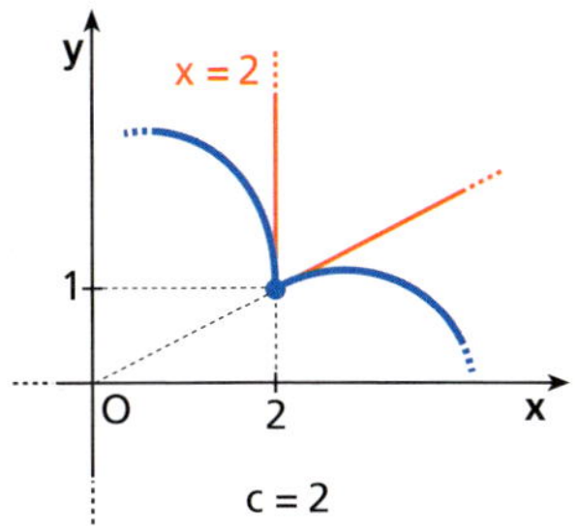

90

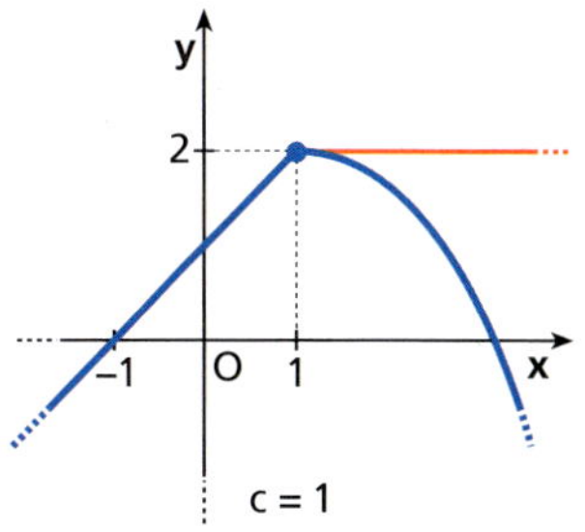

91 ●○

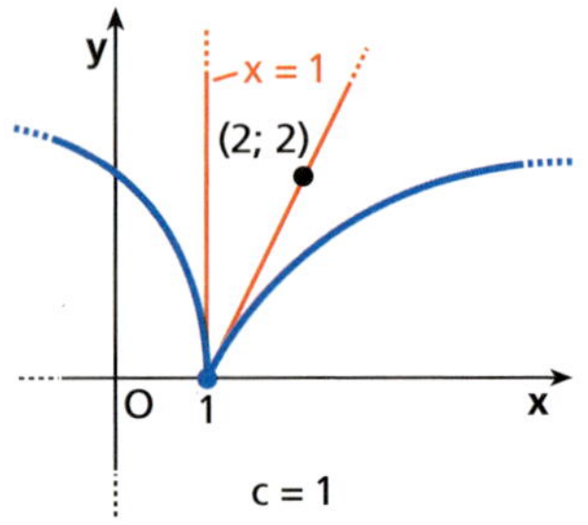

92 ●○

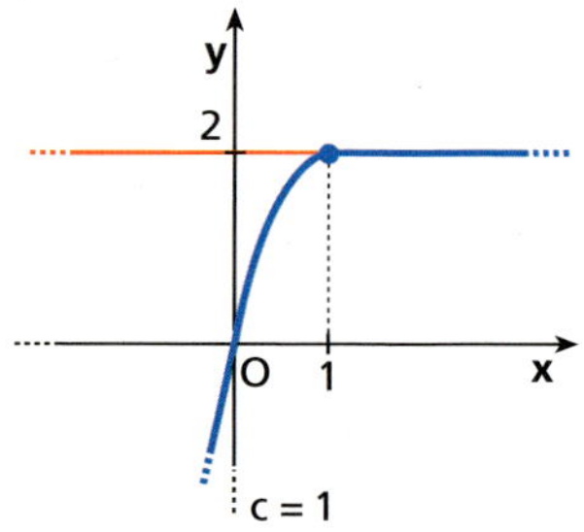

93 ●○

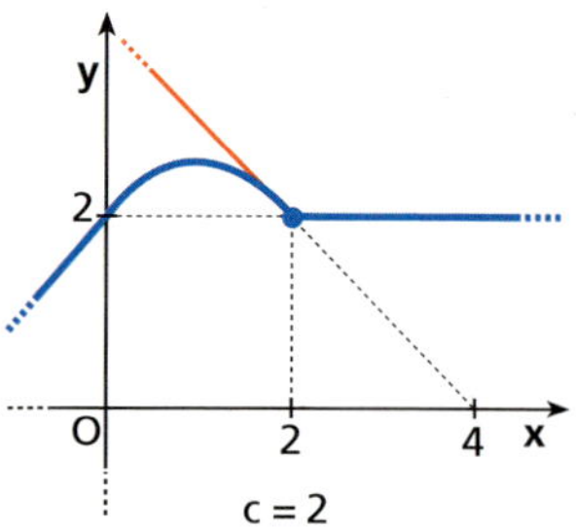

94 ●○ **LEGGI IL GRAFICO** Nel grafico a lato, relativo alla funzione $f(x)$ definita e continua in tutto $\mathbb{R}$, sono rappresentate anche le rette e le semirette tangenti al grafico in alcuni suoi punti.

a. Determina $f'(1)$ e $f'(3)$.

b. Esiste $f'(-1)$? Esistono $f'_-(-1)$ e $f'_+(-1)$? Qual è il loro valore?

c. Indica gli intervalli in cui $f'(x)$ è negativa.

$\left[\text{a) } 0, -\frac{1}{2}; \text{ b) } f'(-1) \text{ non esiste, } f'_-(-1) = -2,\ f'_+(-1) = 0; \text{ c) } x < -1 \vee x > 1\right]$

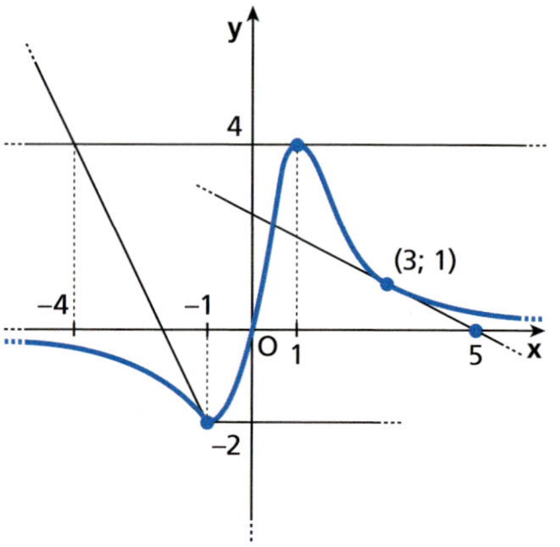

LEGGI IL GRAFICO **Esaminando i grafici e utilizzando il significato geometrico di derivata, deduci se le seguenti funzioni sono derivabili negli intervalli indicati.**

95 ●○

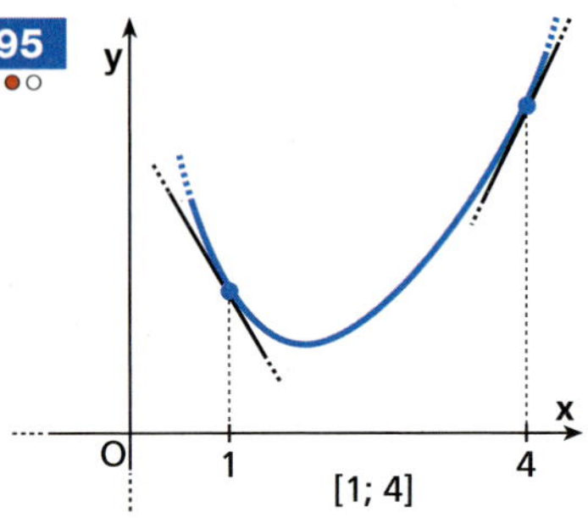

96 ●○

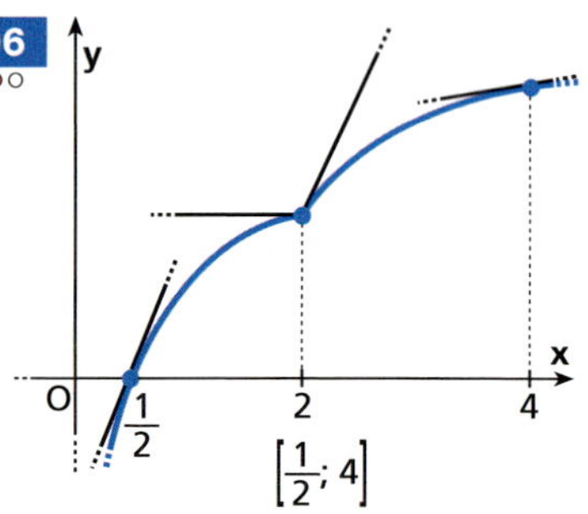

97 ●○

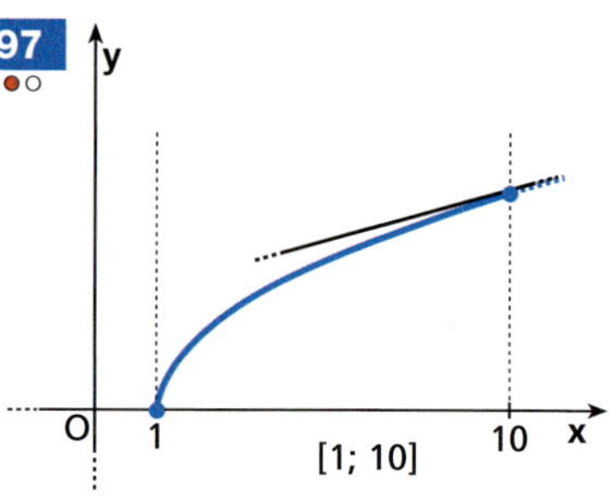

Continuità e derivabilità

▶ Teoria a p. 1566

98 ●○ **LEGGI IL GRAFICO** Indica se i seguenti grafici rappresentano funzioni: **a.** continue in $[a; b]$; **b.** derivabili in $[a; b]$. In caso negativo, giustifica le tue risposte.

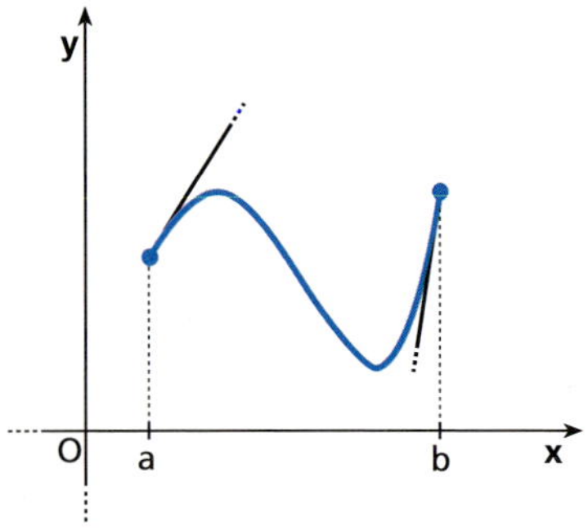

a

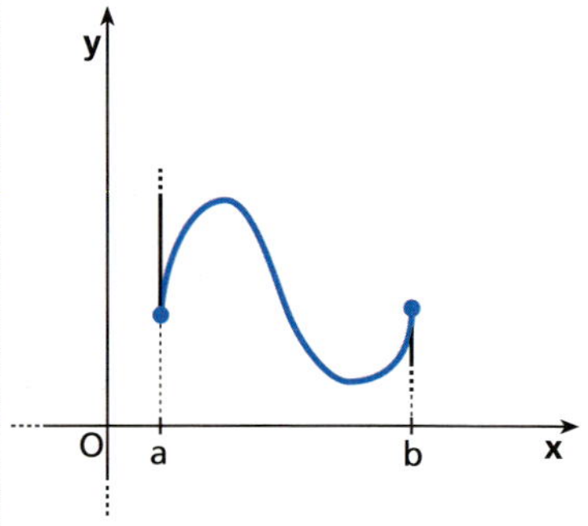

b

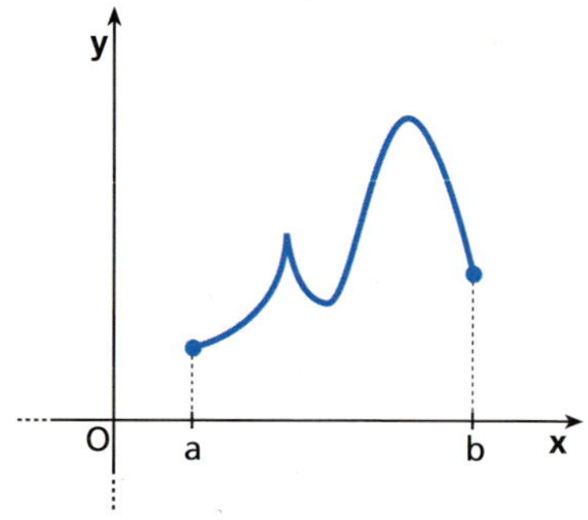

c

99 VERO O FALSO?

a. Una funzione derivabile in $[a; b]$ è sempre continua in $[a; b]$ e viceversa. V F

b. Se esistono, finite, $f'_+(c)$ e $f'_-(c)$, allora $f(x)$ è derivabile nel punto c. V F

c. Se $f'_+(c) = +\infty$, allora $f(x)$ non è derivabile nel punto c. V F

d. Se $f'_+(c) \neq f'_-(c)$, allora $f(x)$ non è derivabile in c, e nel punto c si hanno due tangenti distinte. V F

e. Se in un punto c il grafico di una funzione $f(x)$ ha una tangente parallela all'asse y, allora la funzione è derivabile in c. V F

Rappresenta i grafici di ciascuna funzione e determina l'insieme dei punti in cui la funzione è:
a. continua; b. derivabile.

100 $y = |\cos x|$ $\left[\text{a) } \mathbb{R}; \text{ b) } \mathbb{R} - \left\{\frac{\pi}{2} + k\pi\right\}\right]$

101 $y = |\ln x - 1|$ $[\text{a) }]0; +\infty[; \text{ b) }]0; e[\cup]e; +\infty[]$

102 $y = \begin{cases} 2 & \text{se } x < -1 \\ x+3 & \text{se } -1 \leq x < 1 \\ 0 & \text{se } x \geq 1 \end{cases}$ $[\text{a) } \mathbb{R} - \{1\}; \text{ b) } \mathbb{R} - \{-1; 1\}]$

103 $y = \begin{cases} \frac{1}{2}x^2 & \text{se } x \leq 2 \\ 2x - 2 & \text{se } x > 2 \end{cases}$ $[\text{a) } \mathbb{R}; \text{ b) } \mathbb{R}]$

104 $y = \begin{cases} \sin x & \text{se } x < 0 \\ e^x & \text{se } x \geq 0 \end{cases}$ $[\text{a) } \mathbb{R} - \{0\}; \text{ b) } \mathbb{R} - \{0\}]$

105 $y = \begin{cases} \sqrt{x} & \text{se } x \geq 0 \\ x^2 + x & \text{se } x < 0 \end{cases}$ $[\text{a) } \mathbb{R}; \text{ b) } \mathbb{R} - \{0\}]$

106 $f(x) = 2|x| - 1$ $[\text{a) } \mathbb{R}; \text{ b) } \mathbb{R} - \{0\}]$

107 $f(x) = \frac{2|x|}{x}$ $[\text{a) } \mathbb{R} - \{0\}; \text{ b) } \mathbb{R} - \{0\}]$

Spiega perché le seguenti funzioni non sono derivabili nel punto x_0 indicato.

108 $f(x) = |x - 3| + 1,\ x_0 = 3.$

109 $f(x) = \frac{1}{1 - x^2},\ x_0 = 1.$

110 $f(x) = \tan x,\ x_0 = \frac{\pi}{2}.$

111 ESERCIZIO GUIDA Studiamo la continuità e la derivabilità nel punto $x = 0$ della funzione

$$f(x) = \begin{cases} x^2 - 1 & \text{se } x \leq 0 \\ \sqrt{x} - 1 & \text{se } x > 0 \end{cases}$$

- Per studiare la continuità calcoliamo: $\lim_{x \to 0^-} (x^2 - 1) = -1,\ \lim_{x \to 0^+} (\sqrt{x} - 1) = -1.$

  La funzione è quindi continua in $x = 0$.

- Studiamo la derivabilità.
  Calcoliamo la derivata sinistra e la derivata destra in $x = 0$:

$$f'_-(0) = \lim_{h \to 0^-} \frac{[(0+h)^2 - 1] - (-1)}{h} = \lim_{h \to 0^-} \frac{h^2 - 1 + 1}{h} = \lim_{h \to 0^-} h = 0;$$

$$f'_+(0) = \lim_{h \to 0^+} \frac{[\sqrt{0+h}-1]-(-1)}{h} = \lim_{h \to 0^+} \frac{\sqrt{h}}{h} = \lim_{h \to 0^+} \frac{1}{\sqrt{h}} = +\infty.$$

La derivata sinistra è diversa dalla derivata destra, quindi $f(x)$ non è derivabile in $x = 0$.

Studia la continuità e la derivabilità delle seguenti funzioni nel punto indicato a fianco.

112 $y = \sqrt{4 - |x| + 3x}$, $x = 0$. [continua; non derivabile]

113 $y = |2x - 4| + |x|$, $x = 2$. [continua; non derivabile]

114 $y = \begin{cases} \sqrt{x} - 2 & \text{se } x < 1 \\ x^2 - x - 2 & \text{se } x \geq 1 \end{cases}$, $x = 1$. [non continua; non derivabile]

115 $y = \begin{cases} \dfrac{x+2}{|x|} & \text{se } x < -1 \\ x + 2 & \text{se } x \geq -1 \end{cases}$, $x = -1$. [continua; non derivabile]

116 $y = \begin{cases} 2|x|(x-1) & \text{se } x \leq 1 \\ x^2 - 1 & \text{se } x > 1 \end{cases}$, $x = 1$. [continua; derivabile]

2 Derivate fondamentali

▶ Teoria a p. 1567

AL VOLO Calcola la derivata delle seguenti funzioni.

117 $y = \pi$; $y = \ln x$.

118 $y = \log_2 x$; $y = \sin \frac{\pi}{4}$.

119 $y = e$; $y = \cos \frac{\pi}{2}$.

120 $y = \frac{3}{2}$; $y = \cos x$.

121 $y = 4^x$; $y = x$.

122 $y = \log x$; $y = \sin x$.

123 **CACCIA ALL'ERRORE** Ognuna delle seguenti derivate contiene un errore. Trovalo e correggilo.

$D\, 2^x = 2^x$ $D \cos x = \sin x$ $D \sin \frac{3}{4}\pi = \cos \frac{3}{4}\pi$

$D \sin x = -\cos x$ $D\, e^3 = e^3$ $D \log_3 x = \frac{1}{x}$

Calcola la derivata delle seguenti funzioni.

124 $y = x^2$ $[y' = 2x]$

125 $y = x^9$ $[y' = 9x^8]$

126 $y = \frac{1}{x^2}$ $\left[y' = -\frac{2}{x^3}\right]$

127 $y = \sqrt[7]{x^2}$ $\left[y' = \frac{2}{7} \cdot \frac{1}{\sqrt[7]{x^5}}\right]$

128 $y = \frac{1}{\sqrt[4]{x}}$ $\left[y' = -\frac{1}{4} \cdot \frac{1}{\sqrt[4]{x^5}}\right]$

129 $y = \frac{1}{x}$ $\left[y' = -\frac{1}{x^2}\right]$

130 $y = x^{2\pi}$ $[y' = 2\pi x^{2\pi - 1}]$

131 $y = x^{\sqrt{2}+1}$ $[y' = (\sqrt{2}+1)x^{\sqrt{2}}]$

132 $y = \frac{1}{x^3}$ $\left[y' = -\frac{3}{x^4}\right]$

133 $y = \sqrt{\sqrt[3]{x}}$ $\left[y' = \frac{1}{6\sqrt[6]{x^5}}\right]$

134 $y = \frac{x}{\sqrt{x}}$ $\left[y' = \frac{1}{2\sqrt{x}}\right]$

135 $y = \frac{x^2}{\sqrt[6]{x}}$ $\left[y' = \frac{11}{6}\sqrt[6]{x^5}\right]$

136 $y = x^4\sqrt{x}$ $\left[y' = \frac{9}{2}x^3\sqrt{x}\right]$

137 $y = \pi^x$ $[y' = \pi^x \ln \pi]$

138 $y = (\sqrt{2})^x$ $\left[y' = \sqrt{2}^x \ln \sqrt{2}\right]$

139 $y = \dfrac{6^x \cdot 2^x}{8^x}$ $\left[y' = \left(\dfrac{3}{2}\right)^x \ln \dfrac{3}{2}\right]$

140 $y = \dfrac{\sqrt{x}}{x^2}$ $\left[y' = \dfrac{-3}{2x^2\sqrt{x}}\right]$

141 $y = \sqrt{x}\sqrt[3]{x}$ $\left[y' = \dfrac{5}{6} \cdot \dfrac{1}{\sqrt[6]{x}}\right]$

142 $y = x^e$ $\left[y' = ex^{e-1}\right]$

143 $y = \dfrac{1}{5^x}$ $\left[y' = -\dfrac{1}{5^x} \ln 5\right]$

144 $y = x^2\sqrt{x}$ $\left[y' = \dfrac{5}{2}\sqrt{x^3}\right]$

145 $y = \dfrac{\sqrt{x}\sqrt[4]{x}}{x^2}$ $\left[y' = -\dfrac{5}{4x^2\sqrt[4]{x}}\right]$

146 ASSOCIA a ogni funzione il grafico della sua derivata.

a. $y = \ln x$ b. $y = x^3$ c. $y = \cos x$ d. $y = x^2$

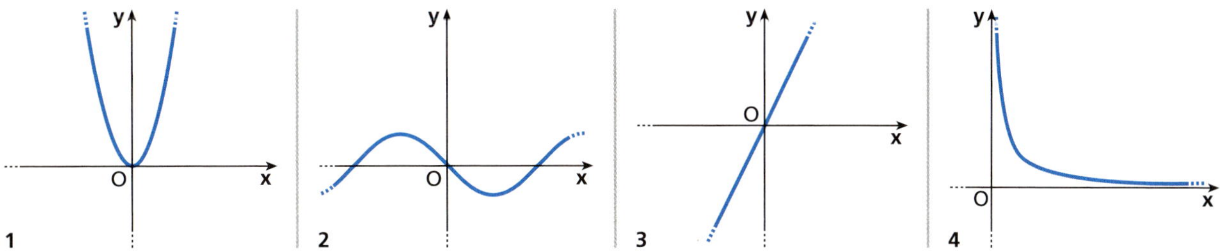

3 Operazioni con le derivate

Derivata del prodotto di una costante per una funzione

▶ Teoria a p. 1570

AL VOLO Calcola la derivata delle seguenti funzioni. $y = kf(x) \rightarrow y' = kf'(x)$

147 $y = 5x$; $y = 2e^x$; $y = 5 \ln x$; $y = 2 \sin x$.

148 $y = -3 \cos x$; $y = 4 \log_2 x$; $y = -\dfrac{3}{4}x$; $y = 3 \cdot 5^x$.

149 $y = \dfrac{3}{x^4}$; $y = \dfrac{2}{3}x$; $y = -5x^2$. $\left[y' = -\dfrac{12}{x^5}; y' = \dfrac{2}{3}; y' = -10x\right]$

150 $y = \dfrac{x^\pi}{\pi}$; $y = \dfrac{1}{4x}$; $y = \sqrt{3}x^5$. $\left[y' = x^{\pi-1}; y' = -\dfrac{1}{4x^2}; y' = 5\sqrt{3}x^4\right]$

151 $y = 3x\sqrt{x}$; $y = \dfrac{9}{\sqrt[3]{x}}$; $y = 4\sqrt{x}$. $\left[y' = \dfrac{9}{2}\sqrt{x}; y' = -\dfrac{3}{\sqrt[3]{x^4}}; y' = \dfrac{2}{\sqrt{x}}\right]$

Derivata della somma di funzioni

▶ Teoria a p. 1571

152 TEST Le seguenti funzioni hanno la stessa derivata, *tranne* una. Quale?

A $y = \sqrt{x} + 1$ B $y = \sqrt{x} - 1$ C $y = \sqrt{x} + 2x$ D $y = \sqrt{x} + 2$ E $y = \sqrt{x}$

AL VOLO Calcola la derivata delle seguenti funzioni. $y = f(x) + g(x) \rightarrow y' = f'(x) + g'(x)$

153 $y = 4x + 2 \ln x - 3$

154 $y = e^x - 3 \ln x^2$

155 $y = 4^x + 3^x - 2$

156 $y = 2^x + \log_3 x$

ESERCIZI

202 ESERCIZIO GUIDA Calcoliamo la derivata di $y = x^2 \ln x$.

$y = f \cdot g \to y' = f' \cdot g + f \cdot g'$

$$y' = D[x^2 \cdot \ln x] = D[x^2] \cdot \ln x + x^2 \cdot D[\ln x] = 2x \ln x + x^2 \cdot \frac{1}{x} = 2x \ln x + x = x(2\ln x + 1)$$

Calcola la derivata delle seguenti funzioni.

203 $y = x^2 \cos x$ $[y' = 2x\cos x - x^2 \sin x]$

204 $y = 5x^3 e^x$ $[y' = e^x(15x^2 + 5x^3)]$

205 $y = 2 \sin x \cdot \cos x$ $[y' = 2\cos 2x]$

206 $y = 5e^x \cdot \sin x$ $[y' = 5e^x \cdot (\sin x + \cos x)]$

207 $y = x \cdot \ln x - \sin x$ $[y' = \ln x + 1 - \cos x]$

208 $y = (\ln x - 3)\ln x$ $\left[y' = \frac{1}{x} \cdot (2\ln x - 3)\right]$

209 $y = 3x \cdot \ln x$ $[y' = 3 \cdot (\ln x + 1)]$

210 $y = (e^x + 3)\ln x$ $\left[y' = e^x \cdot \ln x + \frac{1}{x}(e^x + 3)\right]$

211 $y = e^x(x + 3)$ $[y' = e^x(x + 4)]$

212 $y = \frac{1}{16}x^4 \ln x$ $\left[y' = \frac{1}{16}x^3(4\ln x + 1)\right]$

---

213 $y = (x + 2\ln x) \cdot \cos x$ $\left[y' = \left(1 + \frac{2}{x}\right) \cdot \cos x - (x + 2\ln x) \cdot \sin x\right]$

214 $y = (\cos x - \sin x)(-\sin x - \cos x)$ $[y' = 4\sin x \cos x]$

215 $y = 2xe^x + (x - 2)e^x$ $[y' = e^x(3x + 1)]$

216 $y = x^4 \sin x + (x^2 - 1)\cos x$ $[y' = \sin x(4x^3 - x^2 + 1) + \cos x(x^4 + 2x)]$

217 $y = 2\sqrt{2}x^2 \ln x - \sqrt{2}x^2$ $[y' = 4\sqrt{2}x \ln x]$

218 $y = 2(\sin x - x\cos x)\sin x$ $[y' = -2x\cos 2x + \sin 2x]$

219 $y = \frac{1}{2}e^x(\sin x + \cos x) - e^x \cos x$ $[y' = e^x \sin x]$

220 $y = (x\ln x + 1)(x^2 - 1) + x\left(1 - \frac{x^2}{3}\right)$ $[y' = (3x^2 - 1)\ln x + 2x]$

221 $y = x\sin x - (2x - 1)\cos x$ $[y' = x\cos x + 2x\sin x - 2\cos x]$

222 ESERCIZIO GUIDA Calcoliamo la derivata di $y = 2x \cdot e^x \cdot \cos x$.

$y = f \cdot g \cdot z$
$y' = f' \cdot g \cdot z + f \cdot g' \cdot z + f \cdot g \cdot z'$

$$y' = \underbrace{2 \cdot (1)}_{D[2x]} \cdot e^x \cdot \cos x + 2x \cdot \underbrace{e^x}_{D[e^x]} \cdot \cos x + 2x \cdot e^x \cdot \underbrace{(-\sin x)}_{D[\cos x]} = 2e^x \cdot (\cos x + x \cdot \cos x - x \cdot \sin x).$$

Calcola la derivata delle seguenti funzioni.

223 $y = x \cdot e^x \cdot \ln x$ $[y' = e^x \cdot (\ln x + x \cdot \ln x + 1)]$

224 $y = x \cdot \sin x \cdot (3x + 2)$ $[y' = 6x\sin x + 2\sin x + 3x^2 \cos x + 2x\cos x]$

225 $y = 2x \cdot \ln x \cdot \sin x$ $[y' = 2 \cdot (\ln x \cdot \sin x + \sin x + x \cdot \ln x \cdot \cos x)]$

226 $y = x^2(x - 1)(x^3 + 2x^2)$ $[y' = x^3(6x^2 + 5x - 8)]$

227 $y = x \sin x \cos x$ $[y' = \sin x \cos x + x\cos^2 x - x \sin^2 x]$

228 $y = 2x(x-6)(2x-1) + 14x^2$ $[y' = 12(x-1)^2]$

Derivata del quoziente di due funzioni

▶ Teoria a p. 1573

229 ESERCIZIO GUIDA Calcoliamo la derivata della funzione:

$$y = \frac{3x-2}{x^2-4}.$$

$$y = \frac{f(x)}{g(x)} \rightarrow y' = \frac{f'(x)\cdot g(x) - f(x)\cdot g'(x)}{g^2(x)}$$

Se poniamo $f(x) = 3x - 2$, $g(x) = x^2 - 4$, le loro derivate sono: $f'(x) = 3$ e $g'(x) = 2x$.

Utilizzando la regola di derivazione, abbiamo:

$$y' = \frac{3\cdot(x^2-4) - (3x-2)\cdot(2x)}{(x^2-4)^2} = \frac{3x^2 - 12 - 6x^2 + 4x}{(x^2-4)^2} = \frac{-3x^2+4x-12}{(x^2-4)^2}.$$

Calcola la derivata delle seguenti funzioni.

230 $y = \frac{1}{3-x}$ $\left[y' = \frac{1}{(3-x)^2}\right]$

231 $y = \frac{5+x}{2x^2}$ $\left[y' = -\frac{x^2+10x}{2x^4}\right]$

232 $y = \frac{x^2+1}{6-x}$ $\left[y' = \frac{-x^2+12x+1}{(6-x)^2}\right]$

233 $y = \frac{x^2}{2-x^3}$ $\left[y' = \frac{x\cdot(x^3+4)}{(2-x^3)^2}\right]$

234 $y = \frac{x^2+5}{x^2-1}$ $\left[y' = \frac{-12x}{(x^2-1)^2}\right]$

235 $y = \frac{x^4}{3x+2}$ $\left[y' = \frac{x^3(9x+8)}{(3x+2)^2}\right]$

236 $y = \frac{x^2}{x^2-4x+4}$ $\left[y' = \frac{-4x}{(x-2)^3}\right]$

237 $y = \frac{3x^2-2x+1}{3x-2}$ $\left[y' = \frac{9x^2-12x+1}{(3x-2)^2}\right]$

238 $y = \frac{x^2-3}{x^2+2x+1}$ $\left[y' = \frac{2(x+3)}{(x+1)^3}\right]$

239 $y = \frac{x^2-3x+2}{x(x-1)}$ $\left[y' = \frac{2}{x^2}\right]$

240 $y = \frac{2x}{x^3-x^2-1}$ $\left[y' = -2\frac{2x^3-x^2+1}{(x^3-x^2-1)^2}\right]$

241 $y = \frac{\sin x}{x}$ $\left[y' = \frac{x\cos x - \sin x}{x^2}\right]$

242 $y = \frac{\sin x - \cos x}{\sin x + \cos x}$ $\left[y' = \frac{2}{1+\sin 2x}\right]$

243 $y = \frac{x^2}{\sin x}$ $\left[y' = \frac{2x\sin x + x^2\cos x}{\sin^2 x}\right]$

244 $y = \frac{\cos x}{x^2}$ $\left[y' = \frac{-x\sin x - \cos x}{x^3}\right]$

245 $y = \frac{1-3\sin x}{x^2}$ $\left[y' = \frac{-3x\cos x + 6\sin x - 2}{x^3}\right]$

246 $y = \frac{x+\cos x}{\sin x}$ $\left[y' = \frac{\sin x - x\cos x - 1}{\sin^2 x}\right]$

247 $y = \frac{\sin x \cos x}{1+\sin x}$ $\left[y' = \frac{1-2\sin^2 x - \sin^3 x}{(1+\sin x)^2}\right]$

248 $y = \frac{\ln x - 2}{x}$ $\left[y' = \frac{3-\ln x}{x^2}\right]$

249 $y = \frac{3x^2-2}{e^x}$ $\left[y' = \frac{-3x^2+6x+2}{e^x}\right]$

250 $y = \frac{x^2}{\ln x}$ $\left[y' = \frac{x(2\ln x - 1)}{\ln^2 x}\right]$

251 $y = \frac{2\ln x}{x^2}$ $\left[y' = \frac{2(1-2\ln x)}{x^3}\right]$

252 $y = \frac{x\sin x}{e^x}$ $\left[y' = \frac{(1-x)\sin x + x\cos x}{e^x}\right]$

253 $y = \frac{x^3 - \ln x}{x}$ $\left[y' = \frac{2x^3 - 1 + \ln x}{x^2}\right]$

254 $y = \frac{(x-1)e^x}{x}$ $\left[y' = \frac{e^x(x^2-x+1)}{x^2}\right]$

255 $y = \frac{1-\ln x}{1+\ln x}$ $\left[y' = -\frac{2}{x(1+\ln x)^2}\right]$

256 $y = \frac{\ln x - x}{x^3}$ $\left[y' = \frac{1+2x-3\ln x}{x^4}\right]$

257 $y = \frac{xe^x - 4}{1+xe^x}$ $\left[y' = \frac{5e^x(x+1)}{(1+xe^x)^2}\right]$

258 $y = \frac{1+x^2e^x}{x^2e^x}$ $\left[y' = -\frac{e^{-x}(x+2)}{x^3}\right]$

259 $y = \frac{1+\cos^2 x}{\sin x}$ $\left[y' = \frac{\cos x\,(-\sin^2 x - 2)}{\sin^2 x}\right]$

260 $y = \frac{e^x - 1}{e^x + 1}$ $\left[y' = \frac{2e^x}{e^{2x} + 2e^x + 1}\right]$

261 $y = x - \frac{x\ln x}{1+\ln x}$ $\left[y' = \frac{\ln x}{(1+\ln x)^2}\right]$

262 $y = \frac{x^2 - 4x}{x\ln x}$ $\left[y' = \frac{x\ln x - x + 4}{x\ln^2 x}\right]$

263 $y = \frac{x^2}{6+2x} - \frac{x^2-1}{x+3}$ $\left[y' = \frac{-x^2 - 6x - 2}{2(x+3)^2}\right]$

264 $y = \frac{x(\ln x - 1)}{x^2 - 4}$ $\left[y' = \frac{2x^2 - x^2\ln x - 4\ln x}{(x^2-4)^2}\right]$

---

265 LEGGI IL GRAFICO Date le funzioni f e g i cui grafici sono rappresentati in figura, calcola:

a. $D\left[\frac{f(x)}{g(x)}\right]$;

b. $D\left[\frac{g(x)}{f(x)}\right]$.

Quanto valgono le due derivate nel punto A?

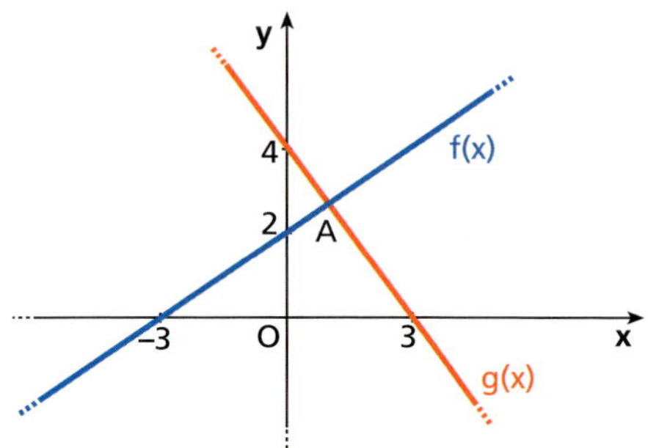

266 YOU & MATHS Evaluate the derivative $\frac{d}{dx}\left[\frac{f(x)g(x)}{x}\right]$ at $x = 3$, given the table below.

	x				
	1	2	3	4	5
f(x)	5	4	1	2	3
f′(x)	4	2	3	1	5
g(x)	2	3	5	1	4
g′(x)	1	4	2	5	3

A $\frac{4}{3}$ B $\frac{5}{3}$ C $\frac{46}{3}$ D $\frac{46}{9}$ E None of these.

(USA *Arkansas Council of Teachers of Mathematics Regional Contest*)

Derivata di $y = \tan x$ e di $y = \cot x$

Calcola la derivata delle seguenti funzioni.

267 $y = \tan x - \cot x$ $\left[y' = \frac{1}{\cos^2 x \sin^2 x}\right]$

268 $y = 2x^2 \cdot \cot x$ $\left[y' = -\frac{2x^2}{\sin^2 x} + 4x\cot x\right]$

269 $y = \ln x \cdot \tan x$ $\left[y' = \frac{\tan x}{x} + \frac{\ln x}{\cos^2 x}\right]$

270 $y = \frac{\tan x}{x}$ $\left[y' = \frac{x - \sin x\cos x}{x^2\cos^2 x}\right]$

271 $y = \frac{4+\tan x}{\tan x}$ $\left[y' = -\frac{4}{\sin^2 x}\right]$

272 $y = \frac{2}{\cot x} - \tan x$ $\left[y' = \frac{1}{\cos^2 x}\right]$

273 $y = \cos x \cdot \cot x$ $[y' = -\cos x(2 + \cot^2 x)]$

274 $y = \frac{\cot x}{e^x}$ $\left[y' = -\frac{1+\sin x\cos x}{e^x \sin^2 x}\right]$

275 $y = \frac{\tan x - 1}{\sin x - \cos x}$ $\left[y' = \frac{\sin x}{\cos^2 x}\right]$

276 $y = \frac{1+\tan x}{\sin x + \cos x} - \frac{1}{\cos x}$ $[y' = 0]$

277 $y = \frac{2(\tan x - 1)}{\cos x - \sin x}$ $\left[y' = -\frac{2\sin x}{\cos^2 x}\right]$

278 $y = \frac{1+\sin x}{\tan x}$ $\left[y' = -\sin x - \frac{1}{\sin^2 x}\right]$

4 Derivata di una funzione composta

▶ Teoria a p. 1574

279 Le funzioni $f(x)$ e $g(x)$ sono definite e derivabili in tutto $\mathbb{R}$. Sapendo che

$$g(1)=2,\ g'(1)=4,\ f(1)=1,\ f'(1)=2,\ f(2)=3,\ f'(2)=\frac{1}{2},$$

calcola $(f \circ g)'(1)$. [2]

280 **ESERCIZIO GUIDA** Calcoliamo la derivata di $y = e^{x^3+2x}$.

$y = f(g(x)) \rightarrow y' = f'(g(x)) \cdot g'(x)$

La funzione presenta due funzioni componenti: $f(x) = e^{g(x)}$, $g(x) = x^3 + 2x$.

Deriviamo: $y' = \underbrace{e^{x^3+2x}}_{\text{derivata dell'esponenziale}} \cdot \underbrace{(3x^2+2)}_{\text{derivata del polinomio all'esponente}}$.

Calcola la derivata delle seguenti funzioni.

281 $y = e^{4x}$ $\left[y' = 4e^{4x}\right]$

282 $y = \ln(2x^2 - x)$ $\left[y' = \frac{4x-1}{2x^2-x}\right]$

283 $y = e^{\frac{2x}{x-1}}$ $\left[y' = -\frac{2e^{\frac{2x}{x-1}}}{(x-1)^2}\right]$

284 $y = e^{x^2-3x}$ $\left[y' = e^{x^2-3x}(2x-3)\right]$

285 $y = e^{-x}$ $\left[y' = -e^{-x}\right]$

286 $y = 5\ln(x^2+3)$ $\left[y' = \frac{10x}{x^2+3}\right]$

287 $y = \ln(x^2-1)+5$ $\left[y' = \frac{2x}{x^2-1}\right]$

288 $y = e^{x^2-2}$ $\left[y' = 2xe^{x^2-2}\right]$

289 $y = \ln(x^4-3x^2)$ $\left[y' = \frac{4x^2-6}{x^3-3x}\right]$

290 $y = \ln\frac{1-x}{1+x}$ $\left[y' = \frac{2}{x^2-1}\right]$

291 $y = \sin 5x$ $\left[y' = 5\cos 5x\right]$

292 $y = \cos x^3$ $\left[y' = -3x^2 \sin x^3\right]$

293 $y = 3\cos 4x$ $\left[y' = -12\sin 4x\right]$

294 $y = \tan 4x^4$ $\left[y' = \frac{16x^3}{\cos^2 4x^4}\right]$

295 $y = \cot 5x$ $\left[y' = -\frac{5}{\sin^2 5x}\right]$

296 $y = \tan(3x^2-2)$ $\left[y' = \frac{6x}{\cos^2(3x^2-2)}\right]$

297 $y = 5\sin x^4$ $\left[y' = 20x^3\cos x^4\right]$

298 $y = \cot(x^3+1)$ $\left[y' = -\frac{3x^2}{\sin^2(x^3+1)}\right]$

299 $y = e^{2x} + 2e^{-x}$ $\left[y' = 2(e^{2x} - e^{-x})\right]$

300 $y = 4\ln 3x + \ln x$ $\left[y' = \frac{5}{x}\right]$

301 $y = \sqrt{2x} + \sqrt{e^{2x}+1}$ $\left[y' = \frac{1}{\sqrt{2x}} + \frac{e^{2x}}{\sqrt{e^{2x}+1}}\right]$

302 $y = \ln(2\ln x)$ $\left[y' = \frac{1}{x\ln x}\right]$

303 $y = e^{-\sqrt{x}}(2-\sqrt{x})$ $\left[y' = \frac{e^{-\sqrt{x}}(\sqrt{x}-3)}{2\sqrt{x}}\right]$

304 $y = \ln\tan x + \ln\cos x$ $\left[y' = \frac{1}{\tan x}\right]$

305 **ESERCIZIO GUIDA** Calcoliamo la derivata di $y = \ln\sin(x^4-2)$.

$y = f(g(z(x))) \rightarrow y' = f'(g(z(x))) \cdot g'(z(x)) \cdot z'(x)$

La funzione presenta tre funzioni componenti:

$$f(x) = \ln g(x), \quad g(x) = \sin z(x) \quad \text{e} \quad z(x) = x^4 - 2.$$

Utilizzando la regola di derivazione delle funzioni composte, otteniamo:

$$y = \ln \sin (x^4 - 2)$$

$$y' = \frac{1}{\sin (x^4 - 2)} \cdot \cos (x^4 - 2) \cdot 4x^3.$$

derivata del logaritmo — derivata del seno — derivata del polinomio

Calcola la derivata delle seguenti funzioni.

306 $y = \sin \ln 2x$ $\left[y' = \frac{\cos \ln 2x}{x} \right]$

307 $y = \ln \sin 3x$ $[y' = 3\cot 3x]$

308 $y = 4 \sin \ln \frac{x}{2}$ $\left[y' = \frac{4}{x} \cos \ln \frac{x}{2} \right]$

309 $y = \cos \ln 2x^2$ $\left[y' = -\frac{2 \sin \ln 2x^2}{x} \right]$

310 $y = e^{\sin x^2}$ $\left[y' = 2x \cos x^2 \cdot e^{\sin x^2} \right]$

311 $y = \tan \sqrt{x}$ $\left[y' = \frac{1}{2\sqrt{x} \cos^2 \sqrt{x}} \right]$

312 $y = \ln \cos \sqrt{2x}$ $\left[y' = -\frac{\tan \sqrt{2x}}{\sqrt{2x}} \right]$

313 $y = \ln(e^{2x} - 1)$ $\left[y' = \frac{2e^{2x}}{e^{2x} - 1} \right]$

314 $y = \sqrt{\sin 2x}$ $\left[y' = \frac{\cos 2x}{\sqrt{\sin 2x}} \right]$

315 $y = e^{\sqrt{x^2+1}}$ $\left[y' = \frac{x \cdot e^{\sqrt{x^2+1}}}{\sqrt{x^2+1}} \right]$

316 $y = \sqrt{\cos \sqrt{x}}$ $\left[y' = \frac{-\sin \sqrt{x}}{4\sqrt{x}\sqrt{\cos \sqrt{x}}} \right]$

317 $y = \ln \sqrt{\frac{1+x}{1-x}}$ $\left[y' = \frac{1}{1-x^2} \right]$

318 $y = \ln \frac{\sqrt{4+x^2}}{x}$ $\left[y' = \frac{-4}{x(4+x^2)} \right]$

319 $y = \ln(\cos \sqrt{x^2+1})$ $\left[y' = -x \cdot \frac{\tan \sqrt{x^2+1}}{\sqrt{x^2+1}} \right]$

320 $y = \ln \tan \frac{x}{2} - \frac{1}{\sin x}$ $\left[y' = \frac{\sin x + \cos x}{\sin^2 x} \right]$

321 $y = \ln \cos \frac{x^2-1}{x^2+1}$ $\left[y' = -\frac{4x}{(x^2+1)^2} \cdot \tan \frac{x^2-1}{x^2+1} \right]$

Derivata della potenza di una funzione, $y = [f(x)]^\alpha$, $\alpha \in \mathbb{R}$

322 ESERCIZIO GUIDA Calcoliamo la derivata di $y = \frac{1}{(7x-3)^4}$.

La funzione $y = \frac{1}{(7x-3)^4}$ può essere scritta $y = (7x - 3)^{-4}$.

Utilizziamo la regola: $D[f(x)]^\alpha = \alpha [f(x)]^{\alpha - 1} \cdot f'(x)$, $\alpha \in \mathbb{R}$.

Quindi: $y' = -4 \cdot (7x-3)^{-4-1} \cdot (7) = -28 \cdot (7x-3)^{-5} = -\frac{28}{(7x-3)^5}$.

Calcola la derivata delle seguenti funzioni.

323 $y = (x^3 - x^2 + 1)^3$ $[y' = 3x \cdot (x^3 - x^2 + 1)^2 \cdot (3x - 2)]$

324 $y = (2x^2 - 3x + 1)^2$ $[y' = 2 \cdot (2x^2 - 3x + 1) \cdot (4x - 3)]$

325 $y = \frac{3}{(2x-1)^2}$ $\left[y' = -\frac{12}{(2x-1)^3} \right]$

326 $y = \sqrt[3]{3x+1}$ $\left[y' = \frac{1}{\sqrt[3]{(3x+1)^2}} \right]$

327 $y = (2 + \sin x)^4$ $[y' = 4(2 + \sin x)^3 \cos x]$

328 $y = 4x^2 + \cos^2 x$ $[y' = 8x - \sin 2x]$

329 $y = 2\sin^2 x$ $[y' = 4\sin x \cos x]$

330 $y = (2x - 1)^5 + \cos^2 x$ $[y' = 10(2x - 1)^4 - \sin 2x]$

331 $y = x^4 + \ln^2 x$ $\left[y' = 4x^3 + \frac{2\ln x}{x}\right]$

332 $y = (\ln x + 1)^8$ $\left[y' = \frac{8(\ln x + 1)^7}{x}\right]$

333 $y = 5 + \ln^2 x$ $\left[y' = \frac{2\ln x}{x}\right]$

334 $y = \frac{1}{\ln^2 x}$ $\left[y' = -\frac{2}{x\ln^3 x}\right]$

335 $y = \cos^8 2x$ $[y' = -16\sin 2x \cos^7 2x]$

336 $y = \ln^4 \cos x$ $[y' = -4\tan x \ln^3 \cos x]$

337 $y = (\cos^2 x - \cos 2x)^2$ $[y' = 4\sin^3 x \cos x]$

338 $y = \sin^2 x \cot x$ $[y' = 2\cos^2 x - 1]$

339 $y = \frac{x^3}{(x^2 - 1)^2}$ $\left[y' = -\frac{x^2(x^2 + 3)}{(x^2 - 1)^3}\right]$

340 $y = \frac{x^2 + 5}{(x + 1)^2}$ $\left[y' = \frac{2(x - 5)}{(x + 1)^3}\right]$

341 $y = \frac{(2x + 1)^2}{(x - 2)^3}$ $\left[y' = \frac{(2x + 1)(-2x - 11)}{(x - 2)^4}\right]$

342 $y = \sqrt[4]{\sin^3(x^2 - 3)}$ $\left[y' = \frac{3x\cos(x^2 - 3)}{2\sqrt[4]{\sin(x^2 - 3)}}\right]$

---

343 YOU & MATHS If $g(\theta) = e^{e^{\theta} + e^{-\theta}}$, then $g'(\ln 2)$ equals:

A 1. B $e^{\frac{5}{2}}$. C $\frac{3}{2}e^{\frac{5}{2}}$. D 4. E None of the above.

(USA *Florida Gulf Coast University Mathematics Competition*)

344 IN FISICA **Bacchette in forno** Una bacchetta in acciaio lunga 30 cm viene messa in un forno. Dalla temperatura iniziale $T_0 = 20$ °C si raggiungono linearmente i 160 °C in 10 minuti. Per effetto del calore la bacchetta si dilata secondo la legge $l = l_0(1 + \lambda\Delta T)$; il coefficiente di dilatazione lineare per l'acciaio vale

$$\lambda = 17 \cdot 10^{-6}\ °C^{-1}.$$

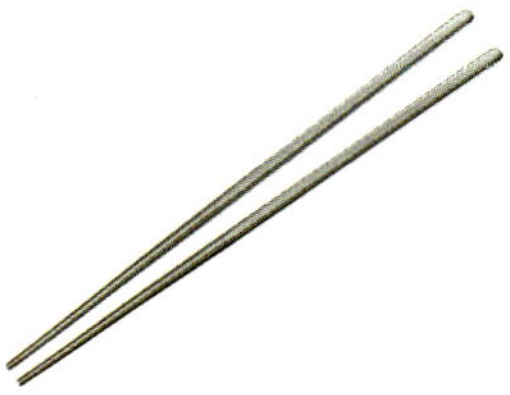

a. Scrivi l'espressione analitica delle funzioni lineari che descrivono la temperatura T e la lunghezza l della bacchetta in funzione del tempo, misurato in minuti.

b. Determina la velocità di allungamento della bacchetta in funzione del tempo. [b) $7{,}140 \cdot 10^{-3}$ cm/min]

Riepilogo: Operazioni con le derivate e funzioni composte

345 ASSOCIA a ogni funzione la sua derivata.

a. $y = 3x^2 + 1$ **b.** $y = \frac{x - 2}{x + 1}$ **c.** $y = 2x^3$ **d.** $y = \frac{1}{x - 1}$

1. $y' = \frac{3}{(x + 1)^2}$ **2.** $y' = -\frac{1}{(x - 1)^2}$ **3.** $y' = 6x$ **4.** $y' = 6x^2$

346 TEST La derivata di $y = \ln x^3 + 4$ è:

A $y' = \frac{3x^2}{x^3 + 4}$. B $y' = \frac{3\ln x^2}{x}$. C $y' = \frac{1}{x^3 + 4}$. D $y' = \frac{3}{x}$. E $y' = \frac{1}{x^3}$.

ESERCIZI

347 ●○ CACCIA ALL'ERRORE

a. $y=\cos(5x+1) \rightarrow y'=-\sin x\cdot 5$

b. $y=\ln x^3 \rightarrow y'=\ln x^3\cdot 3x^2$

c. $y=\sqrt{\cos x} \rightarrow y'=\dfrac{1}{2\sqrt{-\sin x}}$

d. $y=e^{x^2+2x} \rightarrow y'=e^{x^2+2x}+2x+2$

348 ●○ TEST La derivata di $y=f(x^2+1)$ è:

A $y'=2xf'(x)$.

B $y'=(x^2+1)f(x^2+1)$.

C $y'=2xf'(x^2+1)$.

D $y'=(2x+1)f'(x^2+1)$.

E $y'=2xf(x^2+1)$.

RIFLETTI SULLA TEORIA **Verifica che entrambe le funzioni hanno la stessa derivata. Spiega perché.**

349 ●○ $y=5\ln x$ e $y=\ln(2x)^5$

350 ●○ $y=\cos 2x$ e $y=2\cos^2 x+3$

351 ●○ $y=\dfrac{1}{2}\ln(x-1)$ e $y=\ln\dfrac{4\sqrt{x-1}}{3}$

352 ●● LEGGI IL GRAFICO Date le funzioni f e g i cui grafici in figura sono rispettivamente una parabola e una retta, siano $z(x)=f(g(x))$ e $w(x)=g(f(x))$. Calcola $z'(1)$ e $w'(2)$.

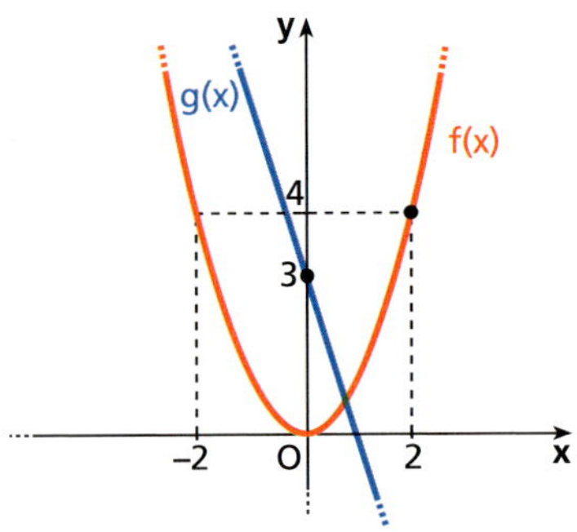

353 ●○ Considera la funzione $f(x)=3x^2$ e verifica che per ogni coppia di numeri reali x_1 e x_2 si ha:

$$f(x_2)-f(x_1)=(x_2-x_1)\,f'\left(\frac{x_1+x_2}{2}\right).$$

354 ●○ Se $y=f(x^2)$, quanto vale y'?

355 ●● Trova una funzione $y=f(g(x))$ che ha come derivata $y'=3x^2\sin(x^3+2)$.

Calcola la derivata delle seguenti funzioni.

356 ●○ $y=\dfrac{1}{x^2-1}$ $\left[y'=\dfrac{-2x}{(x^2-1)^2}\right]$

357 ●○ $y=(5x^2+2)\cdot(x^2-4)^3$ $[y'=(x^2-4)^2(40x^3-28x)]$

358 ●○ $y=\sqrt{6x-5}$ $\left[y'=\dfrac{3}{\sqrt{6x-5}}\right]$

359 ●○ $y=\dfrac{1}{x^2}+3\sin^4 x$ $\left[y'=-\dfrac{2}{x^3}+12\sin^3 x\cos x\right]$

360 ●○ $y=\sqrt[3]{\cos x}$ $\left[y'=-\dfrac{\sin x}{3\sqrt[3]{\cos^2 x}}\right]$

361 ●○ $y=x\ln^2 x$ $[y'=\ln x(\ln x+2)]$

362 ●○ $y=\sqrt{e^x}$ $\left[y'=\dfrac{1}{2}\sqrt{e^x}\right]$

363 ●○ $y=\ln x\cdot\sin^2 x$ $\left[y'=\dfrac{\sin^2 x}{x}+\sin 2x\ln x\right]$

364 ●○ $y=(x^3+3x+1)^3$ $[y'=9(x^2+1)(x^3+3x+1)^2]$

365 ●○ $y=(2+3x^3)^4$ $[y'=36x^2(2+3x^3)^3]$

366 ●○ $y=\dfrac{2}{(x^3+2)^2}$ $\left[y'=-\dfrac{12x^2}{(x^3+2)^3}\right]$

367 ●○ $y=\sqrt[3]{x^3-3x}$ $\left[y'=\dfrac{x^2-1}{\sqrt[3]{(x^3-3x)^2}}\right]$

368 ●○ $y=\sqrt[4]{2x^3-3x^2}$ $\left[y'=\dfrac{3x^2-3x}{2\sqrt[4]{(2x^3-3x^2)^3}}\right]$

369 ●○ $y=3\sin^4 x$ $[y'=12\sin^3 x\cdot\cos x]$

370 ●○ $y=\dfrac{1}{(\sin 3x-1)^3}$ $\left[y'=-\dfrac{9\cos 3x}{(\sin 3x-1)^4}\right]$

371 ●○ $y=\cot^2 x$ $\left[y'=\dfrac{-2\cot x}{\sin^2 x}\right]$

372 ●○ $y=\sqrt[3]{\tan x}$ $\left[y'=\dfrac{1}{3\sqrt[3]{\tan^2 x}\cdot\cos^2 x}\right]$

373 ●○ $y=\dfrac{(3x-2)^2}{(x-1)^3}$ $\left[y'=\dfrac{3x(2-3x)}{(x-1)^4}\right]$

374 $y = (3\sqrt[3]{x} - 2)^4$ $\left[y' = \frac{4(3\sqrt[3]{x}-2)^3}{\sqrt[3]{x^2}}\right]$

375 $y = \frac{x^2 - 2x}{x+1}$ $\left[y' = \frac{x^2+2x-2}{(x+1)^2}\right]$

376 $y = \frac{x^2-4x+3}{x^2-4x+4}$ $\left[y' = \frac{2}{(x-2)^3}\right]$

377 $y = \frac{x^4}{4} + \frac{4}{x^4}$ $\left[y' = \frac{x^8-16}{x^5}\right]$

378 $y = -x(x-2)^2$ $[y' = -3x^2 + 8x - 4]$

379 $y = \sqrt{6x - x^2}$ $\left[y' - \frac{3-x}{\sqrt{6x-x^2}}\right]$

380 $y = \frac{x^2-x-2}{x^2-2x}$ $\left[y' = -\frac{1}{x^2}\right]$

381 $y = 2x - \frac{1}{x} + 2$ $\left[y' = 2 + \frac{1}{x^2}\right]$

382 $y = 1 - \sqrt{2x - x^2}$ $\left[y' = \frac{x-1}{\sqrt{2x-x^2}}\right]$

383 $y = \frac{8x+2}{\sqrt[4]{4x+1}}$ $\left[y' = \frac{6}{\sqrt[4]{4x+1}}\right]$

384 $y = \ln^2(x^2-1)$ $\left[y' = \frac{4x\ln(x^2-1)}{x^2-1}\right]$

385 $y = e^{\ln^2 x}$ $\left[y' = \frac{2\ln x \cdot e^{\ln^2 x}}{x}\right]$

386 $y = x^2 \ln 3x^2$ $[y' = 2x(\ln 3x^2 + 1)]$

387 $y = \frac{\ln(1-x^2)}{x}$ $\left[y' = -\frac{2}{1-x^2} - \frac{\ln(1-x^2)}{x^2}\right]$

388 $y = \ln \frac{3x^2-1}{x}$ $\left[y' = \frac{3x^2+1}{x(3x^2-1)}\right]$

389 $y = 2\ln x - \sqrt{\ln x}$ $\left[y' = \frac{1}{x}\left(2 - \frac{1}{2\sqrt{\ln x}}\right)\right]$

390 $y = \ln(3x-1)^2 - \frac{4}{3x-1}$ $\left[y' = \frac{6(3x+1)}{(3x-1)^2}\right]$

391 $y = 2^{2x+3} - 8 \cdot 4^x$ $[y' = 0]$

392 $y = e^{3x+1}(3x-2)^2$ $[y' = 9xe^{3x+1}(3x-2)]$

393 $y = e^{4x} + \frac{1}{\sqrt{e^x}}$ $\left[y' = \frac{8\sqrt{e^{9x}}-1}{2\sqrt{e^x}}\right]$

394 $y = e^{\sqrt{x}} + \ln\sqrt{x}$ $\left[y' = \frac{\sqrt{x}\,e^{\sqrt{x}}+1}{2x}\right]$

395 $y = \frac{x\ln x}{\sqrt{x}}$ $\left[y' = \frac{\ln x + 2}{2\sqrt{x}}\right]$

396 $y = \ln\frac{x}{2-x}$ $\left[y' = -\frac{2}{x^2-2x}\right]$

397 $y = e^{\frac{x+2}{x-1}}$ $\left[y' = -\frac{3}{(x-1)^2} \cdot e^{\frac{x+2}{x-1}}\right]$

398 $y = \frac{xe^x}{4-e^x}$ $\left[y' = \frac{e^x(4x+4-e^x)}{(e^x-4)^2}\right]$

399 $y = \frac{-4\ln^2 x}{1+\ln x}$ $\left[y' = \frac{-4\ln^2 x - 8\ln x}{x(\ln x+1)^2}\right]$

400 $y = \frac{2-\ln x}{x^2}$ $\left[y' = \frac{2\ln x - 5}{x^3}\right]$

401 $y = xe^x - x$ $[y' = xe^x + e^x - 1]$

402 $y = x^2 e^x$ $[y' = xe^x(2+x)]$

403 $y = \frac{1+e^x}{1-e^x}$ $\left[y' = \frac{2e^x}{(1-e^x)^2}\right]$

404 $y = \frac{1}{xe^x}$ $\left[y' = -\frac{x+1}{x^2e^x}\right]$

405 $y = \frac{1}{2}\ln^2 x - \ln x^2$ $\left[y' = \frac{\ln x - 2}{x}\right]$

406 $y = \frac{1-\sin x}{1+\sin x}$ $\left[y' = -\frac{2\cos x}{(1+\sin x)^2}\right]$

407 $y = \sin^3 x^2$ $[y' = 6x\sin^2 x^2 \cos x^2]$

408 $y = 2\tan^2 x^3$ $\left[y' = \frac{12x^2 \cdot \tan x^3}{\cos^2 x^3}\right]$

409 $y = \sin^2 x - \tan(x^2-1)$ $\left[y' = \sin 2x - \frac{2x}{\cos^2(x^2-1)}\right]$

410 $y = \sin^2 x \cos x$ $[y' = \sin x(3\cos^2 x - 1)]$

411 $y = 3\tan^3 x + \tan x$ $\left[y' = \frac{9\tan^2 x + 1}{\cos^2 x}\right]$

412 $y = 2\tan^2 5x - 3\cot 2x$ $\left[y' = \frac{20\tan 5x}{\cos^2 5x} + \frac{6}{\sin^2 2x}\right]$

413 $y = x \cdot \cos^3 5x$ $[y' = \cos^2 5x(\cos 5x - 15x\sin 5x)]$

414 $y = \frac{1}{\sqrt{\tan x}}$ $\left[y' = -\frac{1}{\sin 2x\sqrt{\tan x}}\right]$

415 $y = \tan^2\sqrt{x}$ $\left[y' = \frac{\tan\sqrt{x}}{\sqrt{x} \cdot \cos^2\sqrt{x}}\right]$

416 $y = \sqrt{\tan 4x^2}$ $\left[y' = \frac{4x}{\cos^2 4x^2 \cdot \sqrt{\tan 4x^2}}\right]$

417 $y = \ln \sin^2 x$ $[y' = 2\cot x]$

418 $y = \ln^3 \sin x^2$ $[y' = 6x \cdot \cot x^2 \cdot \ln^2 \sin x^2]$

ESERCIZI

419 $y = \ln\frac{x^2-1}{2x+3}$ $\left[y' = \frac{2(x^2+3x+1)}{(x^2-1)(2x+3)}\right]$

420 $y = \frac{\sqrt[3]{x}}{e^{x^2}}$ $\left[y' = \frac{1-6x^2}{3e^{x^2}\cdot\sqrt[3]{x^2}}\right]$

421 $y = \sqrt[4]{\ln x^3}$ $\left[y' = \frac{3}{4x\sqrt[4]{\ln^3 x^3}}\right]$

422 $y = \ln\sqrt{x^2+2x+4}$ $\left[y' = \frac{x+1}{x^2+2x+4}\right]$

423 $y = \sqrt[3]{(e^{x^2+1}-2)^2}$ $\left[y' = \frac{4x\cdot e^{x^2+1}}{3\sqrt[3]{e^{x^2+1}-2}}\right]$

424 $y = \ln^2\sqrt{x^2+4}$ $\left[y' = \frac{2x\cdot\ln\sqrt{x^2+4}}{x^2+4}\right]$

425 $y = \frac{x\ln x - x + 1}{1 - x\ln x}$ $\left[y' = \frac{2\ln x - x + 1}{(1-x\ln x)^2}\right]$

426 $y = \frac{1}{2}\tan^2 x + \ln\cos x + \tan^2\frac{\pi}{3}$ $[y' = \tan^3 x]$

427 $y = \frac{3\sin 2x}{2\cos x(1+\sin^2 x)}$ $\left[y' = \frac{3\cos^3 x}{(1+\sin^2 x)^2}\right]$

428 $y = \frac{xe^{4x^2}}{x-1}$ $\left[y' = \frac{e^{4x^2}(8x^3-8x^2-1)}{(x-1)^2}\right]$

429 $y = x\cos\left(\ln x - \frac{3}{4}\pi\right)$ $[y' = \sqrt{2}\sin\ln x]$

430 $y = \ln\frac{1}{x-\sqrt{x^2+1}}$ $\left[y' = \frac{1}{\sqrt{x^2+1}}\right]$

431 $y = \ln\frac{\sqrt{x^2+1}+x}{\sqrt{x^2+1}-x}$ $\left[y' = \frac{2}{\sqrt{x^2+1}}\right]$

432 $y = \frac{1}{2\sqrt{x}}\ln^4 x$ $\left[y' = \frac{\ln^3 x}{4x\sqrt{x}}(8-\ln x)\right]$

433 $y = \frac{\sqrt{x^2+1}}{2^x}$ $\left[y' = \frac{-(x^2+1)\cdot\ln 2 + x}{2^x\cdot\sqrt{x^2+1}}\right]$

434 $y = \frac{2\tan\frac{x}{2}}{1+\tan^2\frac{x}{2}}$ $[y' = \cos x]$

435 $y = \sin^2 x^4$ $[y' = 4x^3\sin 2x^4]$

436 $y = \frac{1-\tan^2 x}{1+\tan^2 x}$ $[y' = -2\sin 2x]$

437 $y = \ln(9-x) - \ln\frac{3-\sqrt{x}}{3+\sqrt{x}}$ $\left[y' = \frac{3-\sqrt{x}}{\sqrt{x}(9-x)}\right]$

438 $y = \ln(1+\cos^2 x^3)$ $\left[y' = \frac{-6x^2\cos x^3\sin x^3}{1+\cos^2 x^3}\right]$

439 $y = x\sqrt{1+x^2} - \ln(x+\sqrt{1+x^2})$ $\left[y' = \frac{2x^2}{\sqrt{1+x^2}}\right]$

440 $y = \ln(x-\sqrt{5+x^2})$ $\left[y' = \frac{-1}{\sqrt{5+x^2}}\right]$

---

441 Calcola, applicando la definizione, la derivata di $y = \sin^3 x$ e conferma il risultato con le regole di derivazione.

442 Utilizzando la definizione, calcola la derivata di $y = 2xe^{x-1}$ nel punto $x = 2$ e conferma il risultato con le regole di derivazione.

443 Siano f e g funzioni derivabili con alcuni valori delle funzioni e delle loro derivate dati nella tabella a fianco. Qual è la derivata di $f(g(x))$ in $x = 2$?

(USA *Texas A&M University Math Contest*)

[16]

	x = 1	2	3	4
f(x)	2	4	3	1
f′(x)	4	3	2	1
g(x)	3	1	4	2
g′(x)	2	4	1	2

444 **EUREKA!** Sia $f(x) = (x-a)^n$, dove a è un parametro reale e n è un numero intero maggiore o uguale a 2. Se i grafici di $y = f(x)$ e $y = f'(x)$ sono rappresentati nello stesso sistema di assi, il numero dei loro punti di intersezione:

A è sempre dispari.

B è sempre pari.

C dipende da a ma non da n.

D dipende da n ma non da a.

E dipende sia da a sia da n.

(GB *University of Oxford-Imperial College London, Mathematics Admissions Test*)

445 **EUREKA!** Se il grafico della funzione u passa per l'origine con pendenza -1, trova $v'(3)$, sapendo che $v(x) = x\cdot u(x^2+4x-21)$.

A -1 B -3 C -30 D 0 E Nessuna delle precedenti.

(USA *Florida Gulf Coast University Invitational Mathematics Competition*)

REALTÀ E MODELLI

446 ●●

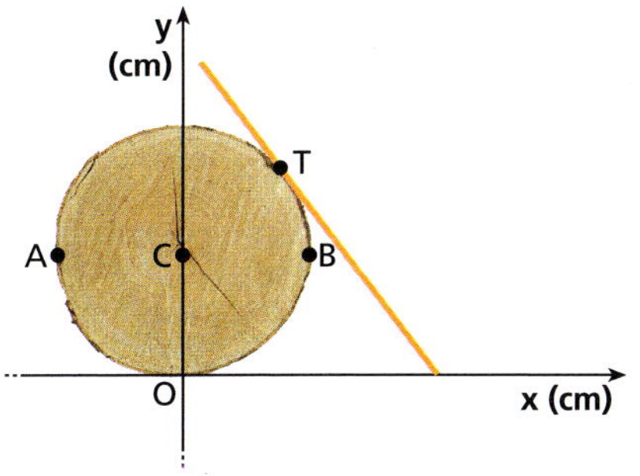

Falegnameria Un'asse di legno è appoggiata a un tronco la cui sezione circolare ha un raggio di 10 cm, come mostra la figura.

a. Verifica che l'equazione della semicirconferenza $\widehat{ATB}$ è

$$y = 10 + \sqrt{100 - x^2}.$$

b. Calcola con le derivate il coefficiente angolare della tangente nel punto di appoggio T che ha ordinata 16.

$\left[\text{b) } -\frac{4}{3}\right]$

447 ●● **Quanti semi** Nello studio in laboratorio di una pianta, si interra un certo numero di semi alla temperatura iniziale di 5 °C. La percentuale di semi che germogliano entro una settimana, in base alla temperatura T a cui viene portato poi il terreno, è data dalla funzione, detta *sigmoide*, $G(T) = \frac{a}{1 + e^{5-T}}$.

a. Determina il valore di a, sapendo che $\lim_{T \to +\infty} G(T) = 100$, e sostituiscilo nella funzione.

b. Per semplificare lo studio nell'intervallo di temperature $4\ °C \leq T \leq 6\ °C$, la curva a sigmoide può essere ben approssimata dalla retta tangente al grafico della funzione nel suo punto di ascissa 5. Determina l'equazione di tale retta.

[a) 100; b) $G = 25T - 75$]

448 ●● **Curva della memoria** Nessuno riesce a ricordare tutto quello che apprende. Secondo la curva della memoria di Ebbinghaus, la percentuale di conoscenze che rimangono impresse dopo t settimane dall'apprendimento segue una curva descritta dalla funzione:

$$P(t) = M + (100 - M)e^{-kt}.$$

Sostituisci nella funzione i parametri di Riccardo indicati in figura, quindi:

a. calcola il limite di $P(t)$ per t che tende a $+\infty$ e stabilisci il significato di M;

b. determina la velocità con cui varia $P(t)$ nel tempo;

c. stabilisci per quale valore di t il valore assoluto della velocità di variazione di $P(t)$ risulta uguale a 10; ciò equivale a dire che da quell'istante in poi Riccardo dimentica, ogni settimana, meno del 10% delle informazioni apprese inizialmente.

$\left[\text{a) } 40;\ \text{b) } P'(t) = -30e^{-\frac{t}{2}}\right]$

5 Derivata di $[f(x)]^{g(x)}$

▶ Teoria a p. 1576

449 ESERCIZIO GUIDA Calcoliamo la derivata di $y = x^x$.

Il dominio della funzione è $x > 0$, quindi è anche $x^x > 0$. Possiamo allora calcolare i logaritmi dei due membri:

$$\ln y = \ln x^x \rightarrow \ln y = x \cdot \ln x.$$

per la proprietà $\log_a b^c = c \log_a b$

Deriviamo entrambi i membri, osservando che al primo membro abbiamo y che è una funzione composta, mentre al secondo membro abbiamo un prodotto di due funzioni:

$$\frac{1}{y} \cdot y' = \ln x + x \cdot \frac{1}{x} \rightarrow y' = y \cdot (\ln x + 1).$$

isoliamo y'

Essendo $y = x^x$, otteniamo: $y' = x^x \cdot (\ln x + 1)$.

Calcola la derivata delle seguenti funzioni.

450 $y = x^{2x+1}$ $\left[y' = x^{2x+1}\left(2\ln x + \frac{1}{x} + 2\right)\right]$

451 $y = x^{x^2}$ $\left[y' = x^{x^2+1}(2\ln x + 1)\right]$

452 $y = (x+2)^{x+1}$ $\left[y' = (x+2)^{x+1}\left[\ln(x+2) + \frac{x+1}{x+2}\right]\right]$

453 $y = x^{\cos x}$ $\left[y' = x^{\cos x}\left(\frac{\cos x}{x} - \sin x \ln x\right)\right]$

454 $y = x^{\frac{2}{x}}$ $\left[y' = x^{\frac{2}{x}}\left[\frac{2}{x^2}(1 - \ln x)\right]\right]$

455 $y = x^{\sqrt{x}}$ $\left[y' = x^{\sqrt{x}}\left[\frac{1}{\sqrt{x}}\left(\frac{\ln x}{2} + 1\right)\right]\right]$

456 $y = (x-1)^x$ $\left[y' = (x-1)^x \cdot \left[\ln(x-1) + \frac{x}{x-1}\right]\right]$

457 $y = (\ln x)^x$ $\left[y' = (\ln x)^x \cdot \left[\ln(\ln x) + \frac{1}{\ln x}\right]\right]$

458 $y = x^{\ln x}$ $\left[y' = 2x^{\ln x}\frac{\ln x}{x}\right]$

459 $y = (\sqrt{x})^x$ $\left[y' = \frac{(\sqrt{x})^x}{2}(\ln x + 1)\right]$

460 $y = (2x^2)^{x^2}$ $\left[y' = 2x(2x^2)^{x^2}(\ln 2x^2 + 1)\right]$

461 $y = (\sin x)^x$ $\left[y' = (\sin x)^x(\ln \sin x + x \cot x)\right]$

462 $y = (\sin x)^{\ln x}$ $\left[y' = (\sin x)^{\ln x} \cdot \left(\frac{\ln \sin x}{x} + \ln x \cdot \cot x\right)\right]$

463 $y = x^{e^x}$ $\left[y' = x^{e^x}e^x\left(\ln x + \frac{1}{x}\right)\right]$

464 YOU & MATHS For $x > 0$, let $f(x) = x^x$. Find all values of x for which $f(x) = f'(x)$.
(USA *Harvard-MIT Mathematics Tournament*)
$[x = 1]$

6 Derivata della funzione inversa

▶ Teoria a p. 1577

465 ESERCIZIO GUIDA Per calcolare la derivata di $y = e^{3x}$, determiniamo prima la sua funzione inversa e poi utilizziamo la regola di derivazione della funzione inversa.

Troviamo la funzione inversa. Applichiamo il logaritmo a entrambi i membri di $y = e^{3x}$:

$$\ln y = \ln e^{3x} \rightarrow \ln y = 3x \ln e \rightarrow \ln y = 3x \rightarrow x = \frac{\ln y}{3}.$$

Applichiamo la regola di derivazione della funzione inversa:

$$D f^{-1}(y) = \frac{1}{f'(x)}, \text{ con } x = f^{-1}(y)$$

$$De^{3x} = \frac{1}{D\left(\frac{\ln y}{3}\right)} = \frac{1}{\frac{1}{3y}} = 3y \rightarrow De^{3x} = 3e^{3x}.$$

Calcola la derivata delle seguenti funzioni, determinando prima la loro funzione inversa e poi applicando la regola di derivazione della funzione inversa. Verifica i risultati con le regole di derivazione che già conosci.

466 $y = 5x;$ $y = x - 2.$

467 $y = 4\ln x;$ $y = \frac{x}{3} + 1.$

468 $y = x^3;$ $y = \sqrt[3]{x}.$

469 $y = \sqrt{x};$ $y = 5e^{4x}.$

470 ESERCIZIO GUIDA Data $f(x) = 2e^{2x}$, calcoliamo la derivata della funzione inversa $x = g(y)$ in $y_0 = 2$.

Determiniamo il punto x_0 tale che $f(x_0) = y_0$:

$$2e^{2x} = 2 \rightarrow e^{2x} = 1 \rightarrow 2x = 0.$$

Quindi $x_0 = 0$. Poiché $f'(x) = 4e^{2x}$, applicando la regola di derivazione della funzione inversa, otteniamo:

$$g'(2) = \frac{1}{f'(0)} = \frac{1}{4e^{2\cdot 0}} = \frac{1}{4}.$$

Data la funzione $y = f(x)$, calcola la derivata della funzione inversa $x = g(y)$ nel punto y_0 indicato a fianco.

471 ●○ $f(x) = 4x + \ln x$, $\quad y_0 = 4$. $\quad \left[g'(4) = \frac{1}{5}\right]$

472 ●○ $f(x) = x + 1 + \arctan x$ $\quad y_0 = 1$. $\quad \left[g'(1) = \frac{1}{2}\right]$

473 ●○ $f(x) = e^{x-1} + x$, $\quad y_0 = 2$. $\quad \left[g'(2) = \frac{1}{2}\right]$

474 ●○ $f(x) = 2\ln(x-2) + x$, $\quad y_0 = 3$. $\quad \left[g'(3) = \frac{1}{3}\right]$

475 **ESERCIZIO GUIDA** Verifichiamo graficamente che la funzione $f(x) = \sqrt{x+2} - 1$ è invertibile, calcoliamo $\mathrm{D}\, f^{-1}(1)$ e interpretiamo geometricamente il risultato.

Tracciamo il grafico di $f(x)$ a partire da $y = \sqrt{x}$ con una traslazione di vettore $\vec{v}(-2; -1)$. È un arco di parabola crescente, perciò è invertibile.

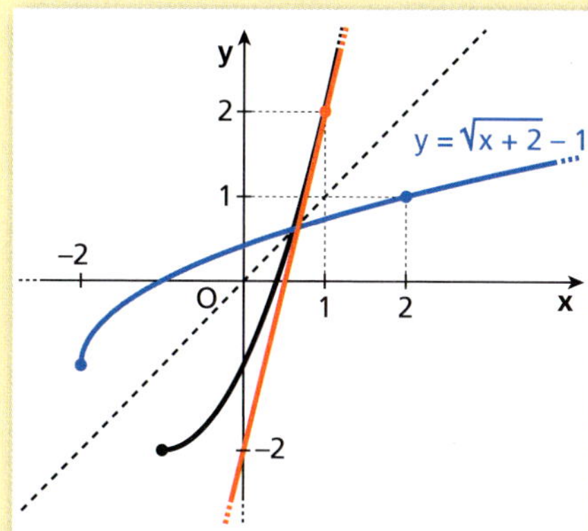

Determiniamo x_0, tale che $f(x_0) = 1$:

$$1 = \sqrt{x_0 + 2} - 1 \;\rightarrow\; \sqrt{x_0+2} = 2 \;\rightarrow$$

$$x_0 + 2 = 4 \;\rightarrow\; x_0 = 2.$$

Calcoliamo $f'(x) = \dfrac{1}{2\sqrt{x+2}}$, quindi:

$$\mathrm{D}\, f^{-1}(1) = \frac{1}{f'(2)} = \frac{1}{\frac{1}{2\sqrt{2+2}}} = \frac{1}{\frac{1}{4}} = 4.$$

Il valore trovato è il coefficiente angolare della retta tangente al grafico della funzione inversa in $(1; 2)$.

Traccia il grafico della funzione $f(x)$ verificando che è invertibile nel suo dominio e calcola $\mathrm{D}\, f^{-1}(y_0)$ nel punto indicato.

476 ●○ $f(x) = x^3 + 4$, $\quad y_0 = 5$. $\quad \left[\mathrm{D}\, f^{-1}(5) = \frac{1}{3}\right]$

477 ●○ $f(x) = \frac{1}{2}x - 3$, $\quad y_0 = -6$. $\quad \left[\mathrm{D}\, f^{-1}(-6) = 2\right]$

478 ●● $f(x) = \dfrac{8}{x+1}$, $\quad y_0 = -4$. $\quad \left[\mathrm{D}\, f^{-1}(-4) = -\frac{1}{2}\right]$

479 ●● $f(x) = \sqrt{25 - 4x}$, $\quad y_0 = 3$. $\quad \left[\mathrm{D}\, f^{-1}(3) = -\frac{2}{3}\right]$

480 ●● $f(x) = \dfrac{1}{e^x - 1}$, $\quad y_0 = 1$. $\quad \left[\mathrm{D}\, f^{-1}(1) = -\frac{1}{2}\right]$

481 ●● $f(x) = -\ln(x-1)$, $\quad y_0 = 0$. $\quad \left[\mathrm{D}\, f^{-1}(0) = -1\right]$

---

482 ●○ **YOU & MATHS** Let $p(x) = x^5 + 2x + 2015$ and $q = p^{-1}$ denote the inverse function of p. Determine the value of $q'(2015)$.
(USA *Florida Gulf Coast University Invitational Mathematics Competition*)

$\left[\frac{1}{2}\right]$

Derivata delle funzioni inverse delle funzioni goniometriche

$$\mathrm{D}[\arcsin x] = \frac{1}{\sqrt{1-x^2}} \qquad \mathrm{D}[\arccos x] = -\frac{1}{\sqrt{1-x^2}}$$

$$\mathrm{D}[\arctan x] = \frac{1}{1+x^2} \qquad \mathrm{D}[\mathrm{arccot}\, x] = -\frac{1}{1+x^2}$$

Calcola la derivata delle seguenti funzioni.

483 ●○ $y = 2\arcsin x + \arccos x$ $\quad \left[y' = \frac{1}{\sqrt{1-x^2}}\right]$

484 ●○ $y = 4x - \arctan x$ $\quad \left[y' = \frac{4x^2+3}{x^2+1}\right]$

ESERCIZI

485 ●○ $y=(1+x^2)\arctan x$ $\left[y'=2x\arctan x+1\right]$

486 ●○ $y=x\arccos x-\sqrt{1-x^2}$ $\left[y'=\arccos x\right]$

487 ●○ $y=\arctan x+\frac{1}{2}\text{arccot}\,x$ $\left[y'=\frac{1}{2(1+x^2)}\right]$

488 ●○ $y=x-\sqrt{1-x^2}\arcsin x$ $\left[y'=\frac{x\arcsin x}{\sqrt{1-x^2}}\right]$

489 ●○ $y=\arctan x+\frac{1}{1+x^2}$ $\left[y'=\frac{(x-1)^2}{(x^2+1)^2}\right]$

490 ●○ $y=\arcsin x+\sqrt{1-x^2}$ $\left[y'=\frac{1-x}{\sqrt{1-x^2}}\right]$

491 ●○ $y=\arcsin x\cdot\arccos x$ $\left[y'=\frac{\arccos x-\arcsin x}{\sqrt{1-x^2}}\right]$

492 ●● $y=\frac{\arccos x}{\arcsin x}$ $\left[y'=-\frac{\arcsin x+\arccos x}{\sqrt{1-x^2}\,(\arcsin x)^2}\right]$

493 ESERCIZIO GUIDA Calcoliamo la derivata di $y=\arcsin(5x+3)$.

La funzione data è una funzione composta.
Chiamando $g(x)=5x+3$, la funzione data si può scrivere $y=\arcsin g(x)$, la cui derivata è

$$y'=\frac{1}{\sqrt{1-g^2(x)}}\cdot g'(x).$$

Poiché $g'(x)=5$, sostituendo otteniamo:

$$y'=\frac{1}{\sqrt{1-(5x+3)^2}}\cdot 5=\frac{5}{\sqrt{1-(5x+3)^2}}.$$

Calcola la derivata delle seguenti funzioni.

494 ●○ $y=\arcsin x^2$ $\left[y'=\frac{2x}{\sqrt{1-x^4}}\right]$

495 ●○ $y=\arccos 4x$ $\left[y'=-\frac{4}{\sqrt{1-16x^2}}\right]$

496 ●○ $y=\arctan x^3$ $\left[y'=\frac{3x^2}{1+x^6}\right]$

497 ●○ $y=\frac{1}{3}\arccos^2 x$ $\left[y'=-\frac{2\arccos x}{3\sqrt{1-x^2}}\right]$

498 ●○ $y=\arctan e^x$ $\left[y'=\frac{e^x}{1+e^{2x}}\right]$

499 ●○ $y=(\arctan x)^4$ $\left[y'=\frac{4(\arctan x)^3}{1+x^2}\right]$

500 ●○ $y=2\arccos\frac{x}{2}$ $\left[y'=-\frac{2}{\sqrt{4-x^2}}\right]$

501 ●○ $y=2\arcsin\sqrt{x}$ $\left[y'=\frac{1}{\sqrt{x(1-x)}}\right]$

502 ●○ $y=\ln(\arcsin x)$ $\left[y'=\frac{1}{\arcsin x\cdot\sqrt{1-x^2}}\right]$

503 ●○ $y=\text{arccot}(\ln x)$ $\left[y'=-\frac{1}{x(1+\ln^2 x)}\right]$

504 ●○ $y=\arcsin^2 x$ $\left[y'=\frac{2\arcsin x}{\sqrt{1-x^2}}\right]$

505 ●○ $y=\ln(\arctan x)$ $\left[y'=\frac{1}{\arctan x\cdot(1+x^2)}\right]$

506 ●○ $y=\text{arccot}(e^x+1)$ $\left[y'=\frac{-e^x}{1+(e^x+1)^2}\right]$

507 ●○ $y=4\,\text{arccot}\frac{x}{2}$ $\left[y'=-\frac{8}{x^2+4}\right]$

508 ●○ AL VOLO $y=\arcsin\left(\sin\frac{x}{2}\right)$ $\left[y'=\frac{1}{2}\right]$

509 ●○ $y=\arccos(\cos x)$ $\left[y'=\frac{\sin x}{|\sin x|}\right]$

510 ●○ $y=x\cdot\arctan 2x$ $\left[y'=\arctan 2x+\frac{2x}{1+4x^2}\right]$

511 ●● $y=\arccos(1-x^2)$ $\left[y'=\frac{2x}{|x|\sqrt{2-x^2}}\right]$

512 ●● $y=2\arcsin\sqrt{1-x^2}$ $\left[y'=-\frac{2x}{|x|\sqrt{1-x^2}}\right]$

513 ●● $y=2\,\text{arccot}\frac{x^2-1}{x^2+1}$ $\left[y'=-\frac{4x}{x^4+1}\right]$

514 ●● $y=\arctan\frac{x-1}{x+1}+\arctan x$ $\left[y'=\frac{2}{1+x^2}\right]$

515 ●● $y=\arcsin 2x+\sqrt{1-4x^2}$ $\left[y'=\frac{2(1-2x)}{\sqrt{1-4x^2}}\right]$

Riepilogo: Calcolo delle derivate

TEST

516 La funzione $y = 1 + \ln x$, con $x > 0$, è la derivata di una sola delle seguenti funzioni. Quale?

A $y = x + \frac{1}{x}$

B $y = x - \frac{1}{x}$

C $y = x + \ln x$

D $y = x - \ln x$

E $y = x \cdot \ln x$

517 La funzione $y = \frac{1 - \ln x}{x^2}$ è la derivata di tutte le seguenti funzioni, *tranne* una. Quale?

A $y = \frac{\ln x + 2x}{x}$

B $y = 1 + \frac{\ln x}{x}$

C $y = \frac{\ln x}{x}$

D $y = x + \frac{\ln x}{x}$

E $y = \frac{\ln x - x}{x}$

CACCIA ALL'ERRORE Ognuna delle seguenti derivate contiene un errore. Trovalo e correggilo.

518 $y = \tan\frac{\pi}{4} \quad \rightarrow \quad y' = \frac{1}{\cos^2\frac{\pi}{4}}$

519 $y = \sqrt{e} \quad \rightarrow \quad y' = \frac{1}{2\sqrt{e}}$

520 $y = \frac{1}{\sin^2 x} \quad \rightarrow \quad y' = \frac{1}{2\sin x \cos x}$

521 $y = \sin(\ln x) \quad \rightarrow \quad y' = \cos\frac{1}{x}$

522 $y = \frac{\sin x}{x^2} \quad \rightarrow \quad y' = \frac{\cos x}{2x}$

523 $y = \sin^2(\ln x) \quad \rightarrow \quad y' = 2\sin(\ln x)$

COMPLETA

524 $y = 5e^{-x} \quad \rightarrow \quad y' = \frac{\square 5}{e^x}$

525 $y = \tan(1 + x^4) \quad \rightarrow \quad y' = \frac{\square}{\cos^{\square}(1 + x^4)}$

526 $y = \cos^4 x \quad \rightarrow \quad y' = \square \sin x$

527 $y = \arctan \cos x \quad \rightarrow \quad y' = \frac{\square}{1 + \cos^2 x}$

528 $y = \sqrt[3]{2x^2 - 1} \quad \rightarrow \quad y' = \frac{4}{3}x^{\square}$

529 $y = \frac{4}{e^{\sqrt{x}}} \quad \rightarrow \quad y' = \frac{-2}{\square e^{\sqrt{x}}}$

530 **LEGGI IL GRAFICO** Dal grafico della funzione $f(x)$ della figura deduci quello della derivata $f'(x)$.

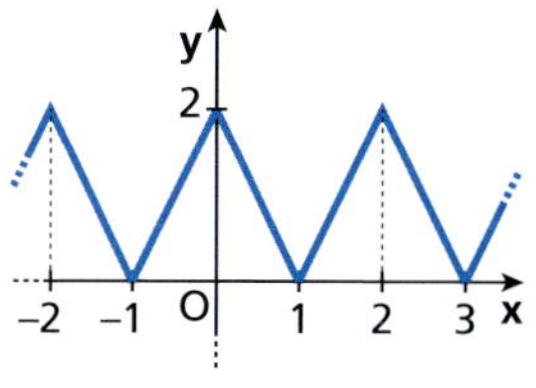

Calcola la derivata delle seguenti funzioni.

531 $y = \frac{x^3}{1 - x^4}$ $\left[y' = \frac{x^6 + 3x^2}{(1 - x^4)^2}\right]$

532 $y = \frac{3x^2 + 4x}{x^2 - 2x}$ $\left[y' = \frac{-10}{(x - 2)^2}\right]$

533 $y = \frac{x^4 - 3x^2 + x}{x}$ $[y' = 3x^2 - 3]$

534 $y = \frac{1}{(1 - 2x)^3}$ $\left[y' = \frac{6}{(1 - 2x)^4}\right]$

535 $y = (3x^2 - 2)^2(2x + 1)$ $[y' = 2(3x^2 - 2)(15x^2 + 6x - 2)]$

536 $y = x^3(4 - x^2)^2$ $[y' = -x^2(4 - x^2)(7x^2 - 12)]$

537 $y = \frac{x^2 - 2x}{(x - 1)^2}$ $\left[y' = \frac{2}{(x - 1)^3}\right]$

538 $y = (x^3 - 1)^2(x + 2)$ $[y' = (x^3 - 1)(7x^3 + 12x^2 - 1)]$

539 $y = \sqrt{\frac{1 - x}{x + 3}}$ $\left[y' = \frac{-2}{(x + 3)^2}\sqrt{\frac{x + 3}{1 - x}}\right]$

540 $y = \frac{\sqrt{1 + x^2}}{2x}$ $\left[y' = \frac{-1}{2x^2\sqrt{1 + x^2}}\right]$

ESERCIZI

541 $y = \dfrac{3x^4 - 2x^2 + 4}{x^3}$ $\left[y' = \dfrac{3x^4 + 2x^2 - 12}{x^4}\right]$

542 $y = x\sqrt{4 - x^2}$ $\left[y' = \dfrac{4 - 2x^2}{\sqrt{4 - x^2}}\right]$

543 $y = \dfrac{1 + \sqrt{x}}{1 - \sqrt{x}}$ $\left[y' = \dfrac{1}{\sqrt{x}\,(1 - \sqrt{x})^2}\right]$

544 $y = \sqrt[5]{x^3} - 2\sqrt[4]{x^3}$ $\left[y' = \dfrac{3}{5} \cdot \dfrac{1}{\sqrt[5]{x^2}} - \dfrac{3}{2} \cdot \dfrac{1}{\sqrt[4]{x}}\right]$

545 $y = \sqrt[3]{x^3 - x^2}$ $\left[y' = \dfrac{3x - 2}{3\sqrt[3]{x(x-1)^2}}\right]$

546 $y = e^{x^2}$ $[y' = 2xe^{x^2}]$

547 $y = (e^x)^2$ $[y' = 2e^{2x}]$

548 $y = e^{x^2 - 2}$ $[y' = e^{x^2-2} \cdot 2x]$

549 $y = 2xe^{-x} + 1$ $[y' = 2e^{-x}(1 - x)]$

550 $y = (x - 1)e^{3-x}$ $[y' = e^{3-x}(2 - x)]$

551 $y = \ln^2 x - 4\ln x + 3$ $\left[y' = \dfrac{2}{x}(\ln x - 2)\right]$

552 $y = \dfrac{xe^x + x^2 - 3}{x}$ $\left[y' = \dfrac{x^2 + x^2e^x + 3}{x^2}\right]$

553 $y = 2x^4 \ln x$ $[y' = 2x^3(4\ln x + 1)]$

554 $y = x^2e^{x^2} + 2$ $[y' = 2xe^{x^2}(1 + x^2)]$

555 $y = \dfrac{2e^x}{e^x - 2}$ $\left[y' = \dfrac{-4e^x}{(e^x - 2)^2}\right]$

556 $y = \dfrac{\ln(x + 2)}{x}$ $\left[y' = \dfrac{x - (x + 2)\ln(x + 2)}{x^2(x + 2)}\right]$

557 $y = \ln x^2 + \dfrac{x - 1}{x}$ $\left[y' = \dfrac{2x + 1}{x^2}\right]$

558 $y = 7 - 2\log_x 2$ $\left[y' = \dfrac{2\ln 2}{x\ln^2 x}\right]$

559 $y = 1 - \dfrac{1}{4}\left(\log_x 4 + \dfrac{1}{\log_4 x}\right)$ $\left[y' = \dfrac{\ln 2}{x\ln^2 x}\right]$

560 $y = \dfrac{(x - 1)^2}{x} - \ln x^3$ $\left[y' = \dfrac{x^2 - 3x - 1}{x^2}\right]$

561 $y = \tan^3 x$ $[y' = 3\tan^2 x(1 + \tan^2 x)]$

562 $y = \tan x^3$ $\left[y' = \dfrac{3x^2}{\cos^2 x^3}\right]$

563 $y = e^{e^{x+1}}$ $[y' = e^{e^{x+1} + x + 1}]$

564 $y = x - \dfrac{1}{2}\ln\cos x^2$ $[y' = 1 + x\tan x^2]$

565 $y = x^3 \sin x$ $[y' = x^2(3\sin x + x\cos x)]$

566 $y = \dfrac{1}{3}x^3e^x \ln x$ $\left[y' = x^2e^x\left(\ln x + \dfrac{1}{3}x\ln x + \dfrac{1}{3}\right)\right]$

567 $y = e^{\sqrt{x}} - \ln(3x + 1)$ $\left[y' = \dfrac{e^{\sqrt{x}}}{2\sqrt{x}} - \dfrac{3}{3x + 1}\right]$

568 $y = \arctan\sqrt{2x - 1}$ $\left[y' = \dfrac{1}{2x\sqrt{2x - 1}}\right]$

569 $y = \arctan\sqrt{x^2 - 1}$ $\left[y' = \dfrac{1}{x\sqrt{x^2 - 1}}\right]$

570 $y = \arctan(x^2 - 1)$ $\left[y' = \dfrac{2x}{x^4 - 2x^2 + 2}\right]$

571 $y = (\cos x + \pi)\cot x$ $\left[y' = -\cos x - \dfrac{\cos x + \pi}{\sin^2 x}\right]$

572 $y = \arctan x + \dfrac{x}{1 + x^2}$ $\left[y' = \dfrac{2}{(1 + x^2)^2}\right]$

573 $y = \ln\ln x + \dfrac{1}{\ln x}$ $\left[y' = \dfrac{\ln x - 1}{x\ln^2 x}\right]$

574 $y = x^\pi$ $[y' = \pi x^{\pi - 1}]$

575 $y = 2x^{1+\pi}$ $[y' = 2(1 + \pi)x^\pi]$

576 $y = 2e^x + x^{2e}$ $[y' = 2e^x + 2e\,x^{2e-1}]$

AL VOLO

577 $y = \ln\sqrt{\sin\dfrac{3}{4}\pi}$

578 $y = e^{\ln x}$

579 $y = \cos^2 x + \sin^2 x$

580 $y = \sqrt[3]{\dfrac{1}{x^3}}$

581 $y = \dfrac{\sin x + \cos x}{2e^x}$ $\left[y' = -\dfrac{\sin x}{e^x}\right]$

582 $y = 3 + \ln\tan\left(\pi - \dfrac{x}{2}\right)$ $\left[y' = \dfrac{1}{\sin x}\right]$

583 $y = \dfrac{x^2\sin x + 2}{x}$ $\left[y' = \dfrac{x^2\sin x + x^3\cos x - 2}{x^2}\right]$

584 $y = 2\cos^2 x\tan x$ $[y' = -2(2\sin^2 x - 1)]$

585 $y = x^2 \sin x \cos x$ $[y' = x(\sin 2x + x\cos 2x)]$

586 $y = \dfrac{6x - x^2}{(3 - x)^2}$ $\left[y' = \dfrac{18}{(3 - x)^3}\right]$

587 $y = \frac{5x^2 - 2x + 1}{(1+x)^2}$ $\left[y' = \frac{4(3x-1)}{(1+x)^3}\right]$

588 $y = 2\cos\left(x - \frac{\pi}{6}\right)\sin x$ $\left[y' = 2\cos\left(2x - \frac{\pi}{6}\right)\right]$

589 $y = \frac{1}{2}\ln(x^2+1) - x\arctan x$ $[y' = -\arctan x]$

590 $y = \frac{1}{3}\sin^3 x - \sin x$ $[y' = -\cos^3 x]$

591 $y = \frac{(x^2-4)^3}{x^2-1}$ $\left[y' = \frac{2x(x^2-4)^2(2x^2+1)}{(x^2-1)^2}\right]$

592 $y = \sqrt{4-x^2} + 2\arcsin\frac{x}{2}$ $\left[y' = \frac{\sqrt{4-x^2}}{2+x}\right]$

593 $y = \ln x^{\sin x}$ $\left[y' = \cos x \ln x + \frac{\sin x}{x}\right]$

594 $y = \sqrt{1-x^4} - \arcsin\sqrt{1-x^4}$ $\left[y' = \frac{2x\sqrt{1-x^2}}{\sqrt{1+x^2}}\right]$

595 $y = x^3\sin x + \frac{\cos x}{x}$ $\left[y' = 3x^2\sin x + x^3\cos x - \frac{x\sin x + \cos x}{x^2}\right]$

596 $y = \frac{1+\sin x}{1-2\sin x}$ $\left[y' = \frac{3\cos x}{(2\sin x - 1)^2}\right]$

597 $y = \tan x \ln\cos x + \tan x - x$ $\left[y' = \frac{\ln\cos x}{\cos^2 x}\right]$

598 $y = \frac{1}{\cos x} + \sin x(1-\tan x)$ $[y' = \cos x - \sin x]$

599 $y = \frac{1-2x^2}{\sqrt{1-x^2}}$ $\left[y' = \frac{2x^3-3x}{\sqrt{(1-x^2)^3}}\right]$

600 $y = \frac{3}{x}\sqrt[3]{(1-x)^2}$ $\left[y' = \frac{3-x}{x^2\sqrt[3]{x-1}}\right]$

601 $y = 4\arcsin\frac{x}{2} + x\sqrt{4-x^2}$ $\left[y' = 2\sqrt{4-x^2}\right]$

602 $y = \ln^2\tan^2 x^2$ $\left[y' = \frac{16x\ln\tan^2 x^2}{\sin 2x^2}\right]$

603 $y = \sqrt{1-x^2} - x\arccos x$ $[y' = -\arccos x]$

604 $y = 2 + (2x)^{2x}$ $[y' = 2(2x)^{2x}(1+\ln 2x)]$

605 $y = (2^x)^{x^2}$ $[y' = 3\cdot 2^{x^3}x^2\ln 2]$

606 $y = \log_x\frac{1}{4}$ $\left[y' = \frac{2\ln 2}{x\ln^2 x}\right]$

607 $y = (x^2 + x\ln x)(4-x^2)$ $[y' = (4-3x^2)\ln x - 4x^3 - x^2 + 8x + 4]$

608 **EUREKA!** $y = \frac{1-\tan^2\frac{x}{2}}{1+\tan^2\frac{x}{2}}$ $[y' = -\sin x]$

609 $y = \sqrt{\tan 3x^2}$ $\left[y' = \frac{3x}{\cos^2 3x^2\cdot\sqrt{\tan 3x^2}}\right]$

610 $y = \frac{\ln(x+1)^2}{2e^x}$ $\left[y' = \frac{1-(x+1)\ln(x+1)}{e^x(x+1)}\right]$

611 $y = \pi^x + x^\pi$ $[y' = \pi^x\ln\pi + \pi x^{\pi-1}]$

612 $y = 2(\sqrt{x})^\pi$ $[y' = \pi(\sqrt{x})^{\pi-2}]$

613 $y = x^4 + 4^x + x^{\sqrt{2}}$ $[y' = 4x^3 + 4^x\ln 4 + \sqrt{2}x^{\sqrt{2}-1}]$

614 $y = (\sin^2 x + \cos 2x)^2$ $[y' = -4\sin x\cos^3 x]$

615 $y = \sin x e^{\cos x}$ $[y' = e^{\cos x}(\cos x - \sin^2 x)]$

616 $y = e^{\cos\frac{1}{x}}$ $\left[y' = \frac{1}{x^2}\sin\frac{1}{x}e^{\cos\frac{1}{x}}\right]$

617 $y = \sqrt{\arctan 3x}$ $\left[y' = \frac{3}{2(1+9x^2)\sqrt{\arctan 3x}}\right]$

618 $y = \ln^2(x^3+3x)$ $\left[y' = \frac{6(x^2+1)}{x(x^2+3)}\ln[x(x^2+3)]\right]$

619 $y = \left(\frac{1}{x}\right)^x$ $\left[y' = -\left(\frac{1}{x}\right)^x(\ln x + 1)\right]$

620 $y = (\sin x)^{\cos x}$ $[y' = (\sin x)^{\cos x}(\text{cotan}\, x\cos x - \sin x\ln\sin x)]$

621 $y = \sin x^x$ $[y' = x^x(\ln x + 1)\cos x^x]$

622 $y = 4\arctan\sqrt{\frac{1+x}{1-x}}$ $\left[y' = \frac{2}{\sqrt{1-x^2}}\right]$

623 $y = \frac{x^{\ln x}}{e^x}$ $\left[y' = \frac{x^{\ln x}}{e^x}\left(2\frac{\ln x}{x} - 1\right)\right]$

624 $y = \arctan(x+1) - \arctan\frac{x}{x+2}$ $[y' = 0]$

625 $y = \ln\sqrt{\frac{1-\cos x}{1+\cos x}}$ $\left[y' = \frac{1}{\sin x}\right]$

626 $y = \sqrt{\frac{1-\sin x}{1+\sin x}}$ $\left[y' = -\frac{\cos x}{|\cos x|(1+\sin x)}\right]$

627 $y = \arctan\frac{x^3-x}{1+x^4} + \arctan x$ $\left[y' = \frac{3x^2}{x^6+1}\right]$

628 $y = \arcsin\frac{x-1}{x+1} - 2\arccos\frac{x-1}{x+1}$ $\left[y' = \frac{3}{(x+1)\sqrt{x}}\right]$

629 $y = \ln\tan\sqrt{e^{5x}}$ $\left[y' = \frac{5\sqrt{e^{5x}}}{\sin 2\sqrt{e^{5x}}}\right]$

630 $y = \ln x^2 + \arctan\frac{x-3}{x+3}$ $\left[y' = \frac{2x^2+3x+18}{x(x^2+9)}\right]$

631 $y = \ln\frac{\sqrt{x}+x}{\sqrt{x}-x} + 2\arctan\sqrt{x}$ $\left[y' = \frac{2}{\sqrt{x}\,(1-x^2)}\right]$

632 $y = \arccos\frac{1}{\sqrt{1+e^{2x^2}}}$ $\left[y' = \frac{2xe^{x^2}}{1+e^{2x^2}}\right]$

633 $y = \ln\frac{1-\sin x}{1+\sin x}$ $\left[y' = \frac{-2}{\cos x}\right]$

634 $y = \arcsin\sqrt{1-x} + \sqrt{x-x^2}$ $\left[y' = -\sqrt{\frac{x}{1-x}}\right]$

635 $y = \ln\sqrt{\arccos x}$ $\left[y' = \frac{-1}{2\sqrt{1-x^2}\arccos x}\right]$

---

636 LEGGI IL GRAFICO Date le funzioni f e g, i cui grafici sono una retta e una parabola, rappresentate in figura, calcola:

a. $D\, f(g(x))$;

b. $D \ln\frac{g(x)}{f(x)}$;

c. $D\,[g(x)]^2$.

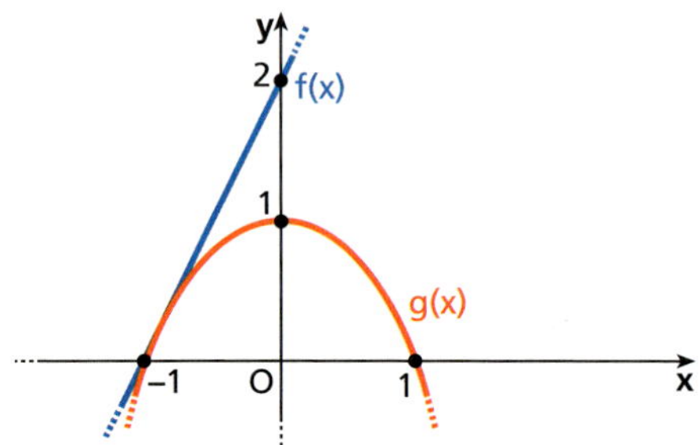

637 REALTÀ E MODELLI **Il profitto marginale** Un laboratorio artigianale produce sciarpe di qualità. Ogni mese ne vende 100 a un commerciante a € 35 l'una e generalmente riesce a vendere le altre a € 45 l'una. L'azienda sostiene un costo fisso mensile di € 1600, ogni sciarpa prodotta costa € 14 e in più c'è un costo variabile, che si può pensare proporzionale al cubo del numero di sciarpe prodotte, con costante di proporzionalità pari a € 0,0001.

a. Esprimi il profitto mensile P in funzione del numero x di sciarpe prodotte, nell'ipotesi che vengano realizzati e venduti almeno 100 pezzi.

b. Calcola la derivata di tale funzione, che viene chiamata *profitto marginale*.

c. Utilizzando la definizione di derivata, interpreta il significato del profitto marginale.

[a) $P(x) = -0{,}0001x^3 + 31x - 2600$, con $x \geq 100$; b) $P'(x) = -0{,}0003x^2 + 31$]

Derivata di una funzione con più variabili

638 ESERCIZIO GUIDA Data la funzione $y = x + \sin \omega t$, deriviamola rispetto a ognuna delle variabili, considerando le altre come costanti.

- Deriviamo rispetto a x. Poiché pensiamo costanti ω e t, anche $\sin \omega t$ è costante, quindi: $D \sin \omega t = 0$. Pertanto: $y'_x = 1$.
- Deriviamo rispetto a ω (x e t costanti): $y'_\omega = t \cos \omega t$.
- Deriviamo rispetto a t (x e ω costanti): $y'_t = \omega \cos \omega t$.

Date le seguenti funzioni, derivale rispetto a ognuna delle variabili (o alle variabili indicate), considerando le altre come costanti.

639 $y = xt^2 + 1$ $[y'_x = t^2;\ y'_t = 2xt]$

640 $y = 4ax^2 + x^4$ $[y'_x = 8ax + 4x^3;\ y'_a = 4x^2]$

641 $y = 5x^2 + ax + b$ $[y'_x = 10x + a;\ y'_a = x;\ y'_b = 1]$

642 $y = 5\sin\omega t + \cos t$ $[y'_t = 5\omega\cos\omega t - \sin t;\ y'_\omega = 5t\cos\omega t]$

643 $y = \frac{1}{2}at^2 + vt$ *t* $[y'_t = at + v]$

644 $y = mgh$ $[y'_m = gh;\ y'_g = mh;\ y'_h = mg]$

645 $F = k\frac{Mm}{r^2}$ *m* *r* $\left[F'_m = \frac{kM}{r^2};\ F'_r = -\frac{2kMm}{r^3}\right]$

646 $y = 2\sqrt{x^2-1}\cdot a$ *a* $\left[y'_a = 2\sqrt{x^2-1}\right]$

647 $y = a\sin(\omega t + b)$ *t* ω $[y'_t = a\omega\cos(\omega t + b);\ y'_\omega = at\cos(\omega t + b)]$

648 $y = e^{-t}\cos\omega t$ ω $[y'_\omega = -t\,e^{-t}\sin\omega t]$

649 $s = t\sin^2 at$ $[s'_t = \sin^2 at + at\sin 2at;\ s'_a = t^2\sin 2at]$

650 $y = x\cos\omega t + \omega t^2$ ω *t* $[y'_\omega = -xt\sin\omega t + 2\omega t;\ y'_t = -x\omega\sin\omega t + \omega^2]$

651 $y = x^2t^2 + 2\sin t$ $[y'_x = 2xt^2;\ y'_t = 2x^2t + 2\cos t]$

7 Derivate di ordine superiore al primo

▶ Teoria a p. 1577

652 ESERCIZIO GUIDA Calcoliamo le derivate prima, seconda e terza di $y = x^2\cdot\ln x$.

Applichiamo la regola di derivazione del prodotto di due funzioni.

Derivata prima: $y' = 2x\cdot\ln x + x^2\cdot\frac{1}{x} = 2x\cdot\ln x + x = x\cdot(2\ln x + 1)$.

Derivata seconda: $y'' = 1\cdot(2\ln x + 1) + x\cdot\left(\frac{2}{x}\right) = 2\ln x + 1 + 2 = 2\ln x + 3$.

Derivata terza: $y''' = \frac{2}{x}$.

Calcola la derivata seconda delle seguenti funzioni.

653 $y = x^4 - 2x^2 - 1$ $[y'' = 4(3x^2 - 1)]$

654 $y = \frac{3}{x+1}$ $\left[y'' = \frac{6}{(x+1)^3}\right]$

655 $y = x^3\cdot(x-2)^2$ $[y'' = 4x(5x^2 - 12x + 6)]$

656 $y = -\frac{2}{x}$ $\left[y'' = -\frac{4}{x^3}\right]$

657 $y = \sqrt{x+3}$ $\left[y'' = -\frac{1}{4\sqrt{(x+3)^3}}\right]$

658 $y = e^{2x} + \ln x$ $\left[y'' = 4e^{2x} - \frac{1}{x^2}\right]$

659 $y = 2x\cdot\ln x$ $\left[y'' = \frac{2}{x}\right]$

660 $y = 3\ln x$ $\left[y'' = -\frac{3}{x^2}\right]$

661 $y = 2x\cdot e^x$ $[y'' = 2e^x(2 + x)]$

662 $y = e^x + x^2$ $[y'' = e^x + 2]$

663 $y = \cos^2 x$ $[y'' = -2\cos 2x]$

664 $y = \sin x + \cos x$ $[y'' = -(\sin x + \cos x)]$

665 $y = x\cdot\sin x$ $[y'' = 2\cos x - x\sin x]$

666 $y = \sin 2x$ $[y'' = -4\sin 2x]$

667 $y = \tan x$ $\left[y'' = \frac{2\sin x}{\cos^3 x}\right]$

668 $y = \ln(\sin x)$ $\left[y'' = -\frac{1}{\sin^2 x}\right]$

669 **ASSOCIA** a ogni funzione la sua derivata seconda.

a. $y = \ln x$ **b.** $y = \frac{1}{x}$ **c.** $y = \ln\frac{1}{x}$ **d.** $y = \ln\frac{1}{x^2}$

1. $y'' = \frac{1}{x^2}$ **2.** $y'' = -\frac{1}{x^2}$ **3.** $y'' = \frac{2}{x^2}$ **4.** $y'' = \frac{2}{x^3}$

670 Data la funzione $y = \sqrt{4x^2 + 1}$, calcola la derivata seconda nel punto $x_0 = 0$. $[y''(0) = 4]$

Calcola la derivata terza delle seguenti funzioni.

671 $y = 2x^4 - 3x^3 + 2x^2$ $[y''' = 6 \cdot (8x - 3)]$

672 $y = \sqrt{2x + 1}$ $\left[y''' = \frac{3}{\sqrt{(2x+1)^5}}\right]$

673 $y = \frac{1}{3}x^3 + x^2 - x - 1$ $[y''' = 2]$

674 $y = 2\sin x + \cos x$ $[y''' = -2\cos x + \sin x]$

675 $y = x - \ln x$ $\left[y''' = -\frac{2}{x^3}\right]$

676 $y = \ln(\cos x)$ $\left[y''' = -\frac{2\sin x}{\cos^3 x}\right]$

677 **FAI UN ESEMPIO** di una funzione $y = f(x)$ non costante che abbia tutte le derivate di ordine superiore al primo uguali, cioè

$$f''(x) = f'''(x) = \ldots = f^{(n)}(x), \quad \forall n \geq 2.$$

678 **FAI UN ESEMPIO** di una funzione non costante che sia uguale alla propria derivata di ordine 4: $f(x) = f^{(4)}(x)$.

679 Determina il dominio della funzione $y = \frac{x^2 - 1}{x + 3}$, individua gli eventuali punti di discontinuità e calcola le derivate prima e seconda nei punti di intersezione del grafico di y con l'asse x.

$\left[D: x \neq -3; x = -3 \text{ punto di discontinuità di II specie}; y'(-1) = -1; y''(-1) = 2; y'(1) = \frac{1}{2}; y''(1) = \frac{1}{4}\right]$

680 Data la funzione $y = \cos x + \sin x + 2$, verifica che $y'' + y = 2$.

681 Considera la funzione $y = xe^x$. Verifica che $x(y' - y'') + y = 0$.

682 Considera la funzione $y = x^2 + \ln x$ e trova per quale valore di x si ha $y''(x) = -2$. $\left[\frac{1}{2}\right]$

683 Verifica che la funzione $y = x\ln x$ risolve l'equazione $y - \frac{y'}{y''} = -x$.

684 Data la funzione $y = ax^4 + bx^2$, trova a e b in modo che risulti $y'(1) = 0$, $y''(0) = 4$. $[a = -1, b = 2]$

685 Data la funzione $y = ax^4 + bx^2 + cx$, trova a, b, c, sapendo che $y''' = 4x$, $y'' = 0$ per $x = 1$ e $y'(3) = 13$.
$\left[a = \frac{1}{6}; b = -1; c = 1\right]$

686 **TEST** La funzione $y = \frac{1}{\sqrt[3]{x}}$ è:

A la derivata prima di $y = \sqrt[3]{x^2}$.

B la derivata seconda di $y = \frac{6}{15}\sqrt[3]{x^5}$.

C la derivata seconda di $y = \frac{2}{3}\sqrt[3]{x^2}$.

D la derivata prima di $y = \frac{2}{3}\sqrt[3]{x}$.

E nessuna delle precedenti.

EUREKA!

687 ●● Trova una formula per la derivata di ordine n della funzione $y = \sin x$. $\left[y^{(n)} = \sin\left(x + n\frac{\pi}{2}\right)\right]$

688 ●● Trova un polinomio $p(x)$ tale che $xp''(x) + p(x) = x^2 + 1$. (USA *University of Cincinnati Calculus Contest*) $[x^2 - 2x + 1]$

689 ●● La funzione $f: \mathbb{R} \to \mathbb{R}$ soddisfa $f(x^2)f''(x) = f'(x)f'(x^2)$ per ogni numero reale x. Sapendo che $f(1) = 1$ e $f'''(1) = 8$, determina $f'(1) + f''(1)$. (USA *Harvard-MIT Mathematics Tournament*) $[6]$

690 ●○ Le funzioni f, g, h sono tali che $f'(x) = g(x+1)$, $g'(x) = h(x-1)$. Segue che $f''(2x)$ è uguale a:

A $h(2x+1)$. B $2h'(2x)$. C $h(2x)$. D $4h(2x)$.

(GB *University of Oxford-Imperial College London, Mathematics Admissions Test*)

8 Retta tangente

Retta tangente

▶ Teoria a p. 1578

691 ●○ **VERO O FALSO?** Se per una funzione $y = f(x)$ si ha che:

a. la tangente nel punto di ascissa $x = 1$ è la retta di equazione $4x - 2y + 1 = 0$, allora $f'(1) = 2$. V F

b. $f'(1) = 0$, allora la tangente nel punto di ascissa $c = 1$ è parallela all'asse x. V F

c. nel punto di ascissa $c = 2$ la tangente è parallela all'asse y, allora la derivata in c è nulla. V F

d. il suo grafico passa per l'origine e $f'(0) = \frac{1}{2}$, allora la tangente nel punto di ascissa 0 ha equazione $x - 2y = 0$. V F

692 **ESERCIZIO GUIDA** Determiniamo l'equazione della retta tangente al grafico della funzione $f(x) = x^2 + x$, nel suo punto P di ascissa $x_P = 1$.

Determiniamo l'ordinata di P sostituendo $x_P = 1$ nell'espressione della funzione: $y_P = 2$, quindi $P(1; 2)$.

La tangente (non parallela all'asse y) che passa per P ha equazione: $y - y_P = f'(x_P)(x - x_P)$.

Troviamo il coefficiente angolare $f'(x_P)$. Calcoliamo la derivata di $f(x)$:

$$f'(x) = 2x + 1 \quad \to \quad f'(1) = 2 + 1 = 3.$$

Sostituendo nell'equazione precedente, otteniamo l'equazione della retta tangente:

$$y - 2 = 3(x - 1) \quad \to \quad y = 2 + 3x - 3 \quad \to \quad y = 3x - 1.$$

Determina l'equazione della retta tangente al grafico della seguente funzione, nel punto indicato a fianco.

693 $y = -x^2 + 4x$, **4.** $[y = -4x + 16]$

694 $y = -\frac{1}{3x}$, **1.** $\left[y = \frac{1}{3}x - \frac{2}{3}\right]$

695 $y = \frac{x}{x-1}$, **0.** $[y = -x]$

696 $y = 1 - \frac{2}{x}$, **−1.** $[y = 2x + 5]$

697 $y = \frac{1}{4\sqrt{x}}$, **1.** $\left[y = -\frac{1}{8}x + \frac{3}{8}\right]$

698 $y = 2xe^x + 1$, **0.** $[y = 2x + 1]$

699 $y = \frac{x^3}{x+1}$, **−2.** $[y = -4x]$

700 $y = \ln(4x^2 - 3)$, **−1.** $[y = -8x - 8]$

701 $y = 2\ln^2 x - x^2$, **1.** $[y = -2x + 1]$

702 $y = x^{x-2}$, **1.** $[y = -x + 2]$

703 **LEGGI IL GRAFICO** In ognuno dei seguenti casi segna sul grafico i punti stazionari (se esistono).

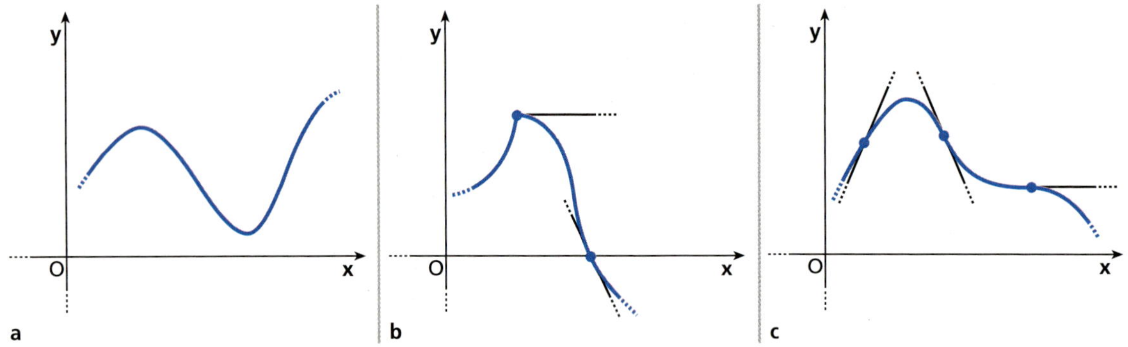

704 **ESERCIZIO GUIDA** Determiniamo le coordinate dei punti nei quali la retta tangente al grafico della funzione $f(x) = x^3 + 2x + 3$ ha il coefficiente angolare $m = 5$.

Il coefficiente angolare della retta tangente al grafico di una funzione in un suo punto di ascissa x_0 è uguale al valore che la derivata prima della funzione assume per $x = x_0$, cioè $m = f'(x_0)$, per cui calcoliamo $f'(x)$ e poi la poniamo uguale al valore di m dato:

$$f'(x) = 3x^2 + 2 \rightarrow 3x^2 + 2 = 5 \rightarrow 3x^2 = 3 \rightarrow x^2 = 1 \rightarrow x = \pm 1.$$

Calcoliamo ora le ordinate dei punti di cui abbiamo trovato l'ascissa:

per $x = +1$, si ha $y = 6$, $P_1(1; 6)$; per $x = -1$, si ha $y = 0$, $P_2(-1; 0)$.

Determina le coordinate dei punti nei quali le rette tangenti ai grafici delle seguenti funzioni hanno il coefficiente angolare indicato a fianco.

705 $y = \frac{x^2 - 1}{x}$, $m = 2$. $[P_1(-1; 0); P_2(1; 0)]$

706 $y = 2\sin x$, $m = -1$. $\left[P_1\left(\frac{2}{3}\pi; \sqrt{3}\right); P_2\left(\frac{4}{3}\pi; -\sqrt{3}\right)\right]$

707 $y = \ln(x^2 + 1)$, $m = 1$. $[P(1; \ln 2)]$

708 $y = \sqrt{1 - x^2}$, $m = 2$. $\left[P\left(-\frac{2\sqrt{5}}{5}; \frac{\sqrt{5}}{5}\right)\right]$

Utilizzando le derivate, individua il punto di tangenza tra la curva e la retta indicata a fianco.

709 $y = 4x^2 - 2x + 1$, $y = 2x$. $\left[P\left(\frac{1}{2}; 1\right)\right]$

710 $y = x^3 + 3x + 1$, $y = 6x + 3$. $[P(-1; -3)]$

711 $y = \frac{4}{x^2}$, $y = x + 3$. $[P(-2; 1)]$

712 $y = 2\sqrt{x+2}$, $x - y + 3 = 0$. $[P(-1; 2)]$

Retta normale

▶ Teoria a p. 1579

Scrivi l'equazione della retta normale al grafico delle seguenti funzioni nei punti di ascissa riportati a fianco.

713 $y = x^3 + 2x^2$, 1. $[x + 7y - 22 = 0]$

714 $y = \dfrac{x^2 - 4}{x}$, 2. $[x + 2y - 2 = 0]$

715 $y = \ln(2 - e^x)$, 0. $[x - y = 0]$

716 $y = x + \ln x$, 1. $[x + 2y - 3 = 0]$

717 $y = \sin x + \cos x$, $\dfrac{\pi}{2}$. $[2x - 2y + 2 - \pi = 0]$

Problemi

718 Determina l'equazione della retta tangente alla curva $y = e^{\frac{x}{x-1}}$ nel suo punto di intersezione con l'asse y. $[y = -x + 1]$

719 Data la curva di equazione $y = \sqrt{x-1} - 1$, determina l'equazione della retta normale a essa nel punto Q di intersezione con l'asse x. $[y = -2x + 4]$

720 LEGGI IL GRAFICO Nella figura le rette r e s sono tangenti al grafico di $y = e^x$ rispettivamente nei punti B e C.

a. Scrivi le equazioni di r e s.

b. Calcola l'area del triangolo AOD.

$\left[\text{a) } r: x - y + 1 = 0,\ s: ex - y = 0;\ \text{b) } \dfrac{e}{2(e-1)}\right]$

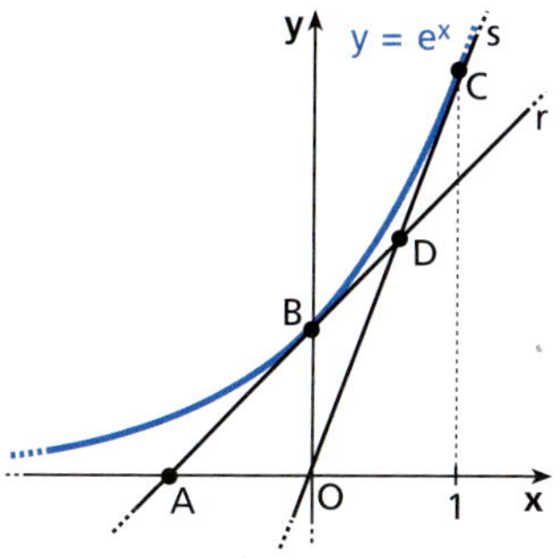

721 Scrivi le equazioni delle rette tangenti alla curva di equazione $y = \dfrac{x^2 - 4}{x + 1}$ nei suoi punti di intersezione con gli assi cartesiani.
$\left[y = 4x - 4;\ y = \dfrac{4}{3}x - \dfrac{8}{3};\ y = 4x + 8\right]$

722 Scrivi l'equazione della tangente t alla curva di equazione $y = x^3 - 5x$ nel punto P di ascissa 2 e verifica che esiste un'altra retta tangente alla curva parallela a t. $[y = 7x - 16;\ y = 7x + 16]$

723 Determina l'equazione della tangente alla curva di equazione $y = \dfrac{4}{1 + x}$ e parallela alla bisettrice del secondo e quarto quadrante. $[y = -x + 3;\ y = -x - 5]$

724 Una corda della parabola $y = \dfrac{1}{2}x^2 - \dfrac{5}{2}x + 2$ congiunge i punti di ascissa $x = -1$ e $x = 3$. Trova l'equazione della retta tangente alla parabola parallela a questa corda. $\left[y = -\dfrac{3}{2}(x - 1)\right]$

725 Determina in quale punto del grafico della funzione $y = \dfrac{3 - x}{(x + 1)^2}$ la tangente è parallela all'asse x. $\left[\left(7; -\dfrac{1}{16}\right)\right]$

726 ●○ Determina l'equazione della perpendicolare alla curva di equazione $y = \frac{6}{\sqrt{x}}$ nel suo punto di ordinata 6. $[x - 3y + 17 = 0]$

727 ●● Scrivi le equazioni delle rette tangenti alla curva $y = -e^{-x} - 4e^{x}$, nei suoi punti di ordinata -5. $[y = -3x - 5;\ y = 3x - 5 + 6\ln 2]$

728 ●○ Individua i punti in cui la tangente al grafico della funzione $y = \frac{x^3 - 8}{x^2}$ è parallela alla bisettrice del secondo e quarto quadrante. $[(-2; -4)]$

729 ●○ Scrivi l'equazione della retta tangente alla curva di equazione $y = \frac{x^3}{6} - x^2 + \frac{3}{2}x$ di coefficiente angolare $-\frac{1}{2}$. $\left[y = -\frac{1}{2}x + \frac{4}{3}\right]$

730 ●○ Scrivi l'equazione della retta t tangente alla curva di equazione $y = \frac{x-1}{x-4}$ nel suo punto di ascissa 3 e determina gli altri eventuali punti che hanno tangente parallela a t. $[y = -3x + 7;\ (5; 4)]$

731 ●○ Trova in quali punti della curva di equazione $y = x^3 - 3x^2$ la retta tangente è perpendicolare alla retta di equazione $x = -9y$. $[(-1; -4), (3; 0)]$

732 ●○ Scrivi l'equazione della retta tangente al grafico della funzione $y = (x+1)^4$ nel punto di ascissa $x_0 = 1$. $[y = 32x - 16]$

733 ●○ Determina in quali punti la retta tangente al grafico della funzione $y = \frac{\sin x}{1 + \cos x}$ è parallela alla retta $y = x$ e in quali invece è parallela alla retta $y = \frac{1}{2}x$. $\left[x = \frac{\pi}{2} + k\pi;\ x = 2k\pi, k \in \mathbb{Z}\right]$

734 ●○ Della funzione biunivoca $f(x)$ si sa che è definita e derivabile per ogni $x \in \mathbb{R}$. Sapendo inoltre che il punto $P(2; 1)$ appartiene al grafico di $f(x)$ e che la retta tangente al grafico della funzione inversa $f^{-1}(x)$ nel suo punto di ascissa $x = 1$ ha pendenza $m = \frac{1}{3}$, determina l'equazione della retta tangente al grafico di $f(x)$ nel punto P. $[y = 3x - 5]$

735 ●○ **YOU & MATHS** What is the equation of the tangent line to the graph of the function $f(x) = \frac{1}{\sqrt{x}}$ at the point $\left(4, \frac{1}{2}\right)$?

(USA *Southern Illinois University Carbondale*, Final Exam)

$\left[y = -\frac{1}{16}x + \frac{3}{4}\right]$

736 ●● Calcola l'area del triangolo definito dall'asse x e dalle due tangenti alla curva $y = \ln\sqrt{2x^2 - 1}$ nei suoi punti di intersezione con l'asse x. [2]

RIFLETTI SULLA TEORIA

737 ●○ Dimostra che il coefficiente angolare della tangente all'iperbole equilatera $xy = k$ in un suo punto di ascissa x_0 vale $-\frac{k}{x_0^2}$.

738 ●○ Spiega perché tutte le rette tangenti alla curva di equazione $y = \frac{5 + 2x}{x}$ formano con l'asse x un angolo ottuso.

739 ●○ **REALTÀ E MODELLI** **Dal pendolo alla normale** Un pendolo oscillando descrive un arco di curva di equazione

$$y = 4 - \sqrt{9 + 8x - x^2},$$

con $x \in [0; 8]$.

Determina l'equazione delle rette su cui giace il filo quando il pendolo passa nei punti A e B. $[4x - 3y - 4 = 0;\ 3x + 4y - 28 = 0]$

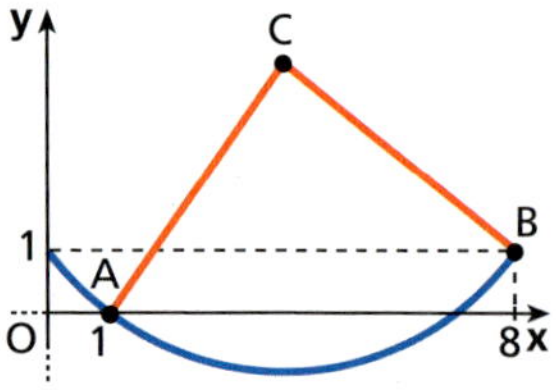

MATEMATICA AL COMPUTER

Derivate Con un software di geometria dinamica costruiamo un disegno che ci permetta di determinare l'equazione della tangente al grafico della funzione $f(x) = 10(x-1)^2e^{-x}$ in un suo punto T. Proviamo con $x_T = 2{,}50$.

Risoluzione – 6 esercizi in più

740 Data la curva di equazione: $y = \frac{-x^2 + x}{x^2 + 1}$, verifica che le rette tangenti ad essa nei punti di ascissa $x = -1$ e $x = 1$ sono simmetriche rispetto all'asse x.

741 La tangente al grafico di $y = f(x)$ nel punto di ascissa $x = 0$ è la retta $y = -x + 2$. Scrivi l'equazione della tangente al grafico della funzione $f\left(\frac{x}{2}\right)$ nel punto di ascissa 0. $\left[y = -\frac{1}{2}x + 2\right]$

742 Data nel piano Oxy la curva γ di equazione $y = \frac{1}{x^2}$, sia P un punto di γ di ascissa $t > 0$ e sia r la retta tangente a γ nel punto P.

a. Esprimi in funzione di t l'area S_1 del triangolo OPA, essendo A l'intersezione di r con l'asse y.

b. Detta n la normale a γ per P, esprimi in funzione di t l'area S_2 del triangolo OPB, essendo B l'intersezione di n con l'asse x.

c. Calcola il limite $\lim_{t \to +\infty} \frac{S_1}{S_2}$. $\left[\text{a) } S_1(t) = \frac{3}{2t}; \text{ b) } S_2(t) = \frac{t^6 - 2}{2t^7}; \text{ c) } 3\right]$

743 Determina l'equazione della tangente alla curva di equazioni parametriche $\begin{cases} x = t + 1 \\ y = t^3 + t + 1 \end{cases}$, $t \in \mathbb{R}$, nel punto di ascissa $x = 1$. $[y = x]$

744 **EUREKA!** Considera una tangente alla curva $y = e^x$. Dimostra che, se la tangente interseca l'asse delle ascisse in x_0, il punto di tangenza ha ascissa $x_0 + 1$.

Tangenti condotte da un punto non appartenente al grafico

745 **ESERCIZIO GUIDA** Scriviamo l'equazione della retta tangente al grafico della funzione di equazione $y = x^3 - 4x$ e passante per il punto $A(0; -2)$ non appartenente al grafico.

Calcoliamo la derivata della funzione: $y' = 3x^2 - 4$.

Un punto generico della curva ha coordinate $P(c; c^3 - 4c)$ e il coefficiente angolare della retta tangente in P è $m = y'(c) = 3c^2 - 4$.

Quindi l'equazione della retta tangente alla curva nel punto P è:

$$y - (c^3 - 4c) = (3c^2 - 4)(x - c).$$

Imponiamo il passaggio della retta per $A(0; -2)$:

$$-2 - (c^3 - 4c) = (3c^2 - 4)(-c) \rightarrow$$
$$2c^3 - 2 = 0 \rightarrow c = 1.$$

Sostituiamo nell'equazione della retta e otteniamo:

$$y = -x - 2.$$

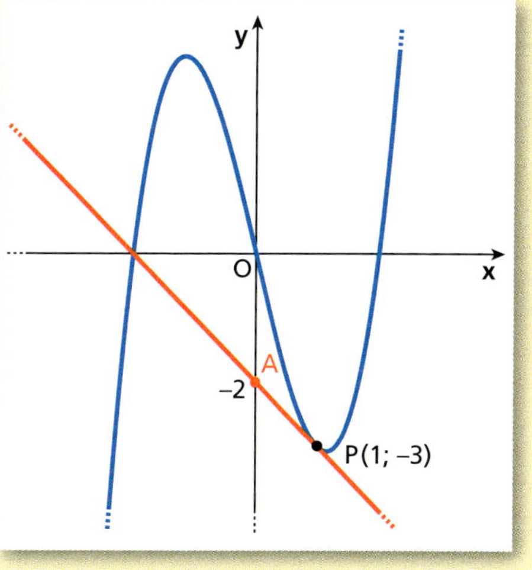

Scrivi le equazioni delle rette tangenti al grafico delle seguenti funzioni condotte dal punto indicato a fianco.

746 $y = x^2 + x - 2$, $(0; -6)$. $[y = 5x - 6; y = -3x - 6]$

747 $y = e^{x-1}$, $(1; 0)$. $[y = ex - e]$

748 $y = \frac{x-1}{x+1}$, $(-1; -1)$. $\left[y = \frac{1}{2}(x - 1)\right]$

ESERCIZI

749 $y = \frac{2x^2+1}{x}$, $(-1;1)$. $[y = x+2;\ y = -7x-6]$

750 $y = x^3 - 3$, $(-1;-8)$. $[y = 3x-5]$

751 $f(x) = e^{x-2} + 1$; $(2;1)$. $[y = ex - 2e + 1]$

752 $f(x) = 1 - \ln x$; $(0;1)$. $\left[y = -\frac{1}{e}x + 1\right]$

753 Scrivi l'equazione della retta che passa per l'origine ed è tangente alla curva di equazione $y = -\ln 2x$. $\left[y = -\frac{2}{e}x\right]$

754 Una retta passante per l'origine è tangente a $y = x^3 + 3x + 1$ nel punto $(a;b)$. Quanto vale a?
(USA *Rice University Mathematics Tournament*)
$\left[\frac{\sqrt[3]{4}}{2}\right]$

755 Verifica che due tra le tangenti condotte alla curva di equazione $f(x) = \frac{1}{4}x^4 - x^2 + 1$ dal punto $\left(0; \frac{5}{4}\right)$ sono perpendicolari tra loro.

EUREKA!

756 **a.** Scrivi le equazioni delle rette r e s che risultano tangenti a entrambe le parabole di equazioni:

$$y = -\frac{1}{2}x^2 + 2x + 3 \quad \text{e} \quad y = x^2 + 8x + 12.$$

b. Rappresenta graficamente le parabole e le rette trovate e determina i punti di tangenza.

[a) $y = 2x+3$; $y = 6x+11$; b) $A(-3;-3)$, $B(-1;5)$, $C(0;3)$, $D(-4;-13)$]

757 Data la curva γ di equazione $y = \frac{1}{1+x^2}$ e il punto $P(0;k)$, dimostra che nessuna retta tangente a γ può essere condotta dal punto P se $k > \frac{9}{8}$.

Con i parametri

758 ESERCIZIO GUIDA Data la funzione di equazione $f(x) = x^3 + 2kx + k - 1$, determiniamo per quale valore di k la tangente al grafico nel punto di ascissa $x_0 = 1$ forma un angolo di 135° con l'asse x.

Il coefficiente angolare m della retta tangente a una curva in un suo punto è uguale a $f'(x_0)$:

$f'(x) = 3x^2 + 2k \ \rightarrow\ m = f'(1) = 3 + 2k$.

Ricordando che il coefficiente angolare m di una retta è uguale alla tangente dell'angolo che la retta forma con l'asse delle x, cioè $m = \tan\alpha$, possiamo scrivere:

$m = \tan 135° \ \rightarrow\ 3 + 2k = -1 \ \rightarrow\ k = -2$.

759 LEGGI IL GRAFICO Determina il valore del parametro k affinché la curva in figura, che è tangente alla retta t in A, sia il grafico della funzione:

$y = kx^2 - 2kx + 1$.

$\left[k = \frac{1}{2}\right]$

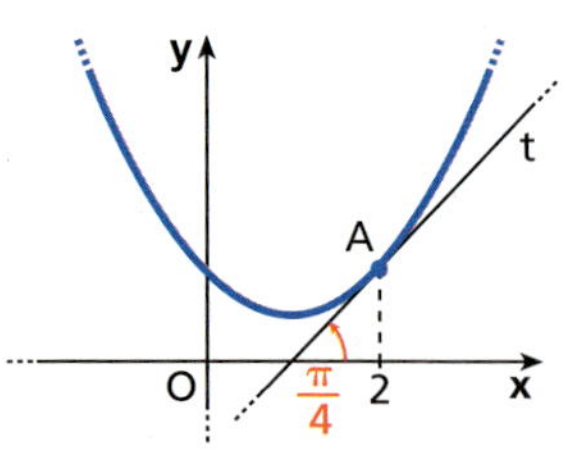

760 ●○ Per quale valore di k la tangente alla parabola di equazione $y=(k-2)x^2-3kx$ nel punto $x_0=2$ forma con l'asse x un angolo di $\frac{3}{4}\pi$? $[k=7]$

761 ●○ Considera la parabola $y=x^2-(k-1)x+k$. Determina il valore di k in modo che la tangente nel suo punto di ascissa $x=-1$ sia parallela alla bisettrice del primo e terzo quadrante. $[k=-2]$

762 ●○ È data la curva di equazione $y=\frac{2+k}{x^2}$. Calcola il valore di k in modo che la tangente al suo grafico nel punto di ascissa $x=1$ sia parallela alla retta $x+2y-1=0$. $\left[k=-\frac{7}{4}\right]$

763 ●● Data l'equazione della parabola

$$y=(2+k)x^2-5kx+7-3k,$$

individua per quale valore di k la retta a essa tangente nel punto $x=1$ è perpendicolare alla retta passante per i punti $A(4;-2)$ e $B(1;4)$. $\left[k=\frac{7}{6}\right]$

764 ●● Determina per quale valore di k la normale al grafico della funzione $y=4x^3-kx^2+1$ nel suo punto di ascissa $x=-1$ forma un angolo di 150° con l'asse delle ascisse. $\left[k=\frac{\sqrt{3}-12}{2}\right]$

765 ●● Data la funzione $y=kx^2-(k-1)x-k+3$, scrivi l'equazione della retta tangente al suo grafico nel punto di ascissa $x=3$ e determina k in modo che la retta tangente passi per il punto $P(1;2)$. $\left[k=\frac{2}{5}\right]$

766 **ESERCIZIO GUIDA** Data la funzione $y=ax^3+bx$, determiniamo a e b in modo che il suo grafico abbia nel punto $P(1;2)$ una tangente di coefficiente angolare $m=1$.

Per trovare a e b sono necessarie due condizioni:

1. il passaggio per $P(1;2)$: $2=a+b$; **2.** la condizione di tangenza: $f'(1)=m$.

Calcoliamo: $f'(x)=3ax^2+b \rightarrow f'(1)=3a+b$.

Impostiamo e risolviamo il sistema:

$$\begin{cases}2=a+b\\3a+b=1\end{cases} \rightarrow \begin{cases}a=-\frac{1}{2}\\b=\frac{5}{2}\end{cases} \rightarrow \text{la funzione richiesta è } y=-\frac{1}{2}x^3+\frac{5}{2}x.$$

767 ●○ Determina i parametri a e b in modo che il grafico della funzione $y=\frac{ax+b}{x}$ abbia nel punto $P(1;1)$ una retta tangente parallela a quella passante per i punti $A(0;2)$ e $B(4;-1)$. $\left[a=\frac{1}{4}, b=\frac{3}{4}\right]$

768 ●○ Considera la funzione $y=\frac{ax+b}{x^2}$, con a e b numeri reali. Trova a e b in modo che il grafico passi per il punto $P(-1;2)$ e in esso abbia tangente parallela alla retta r di equazione $y=5x$. Mostra che le ascisse dei punti in cui la tangente al grafico è perpendicolare a r sono soluzioni dell'equazione $x^3-5x-30=0$. $[a=1, b=3]$

769 ●○ Considera la parabola di equazione

$$y=2ax^2-(3a-b)x-4b.$$

Determina a e b in modo che la retta a essa tangente nel suo punto di ascissa $x=1$ sia parallela alla retta passante per i punti $A(3;5)$ e $B(1;1)$ e passi per il punto $P(-1;2)$. $[a=6, b=-4]$

770 ●● Date le due funzioni $y=2ax^3-2ax+1$ e $y=x^2-ax+5$, individua per quale valore di a la retta tangente al grafico della prima nel suo punto di ascissa $x=0$ e la retta tangente al grafico della seconda nel suo punto di ascissa $x=2$ coincidono. $[a=-4]$

771 ●○ Determina l'equazione della parabola passante per l'origine e tangente alla retta di equazione $y=-2x+8$ nel punto $P(4;0)$. $\left[y=-\frac{1}{2}x^2+2x\right]$

772 ●○ Data la funzione $f(x)=ax^3+2x^2-bx+1$, calcola i valori di a e b in modo che il suo grafico sia tangente alla retta di equazione $2x-y+5=0$ nel punto $A(2;1)$. $\left[a=-\frac{1}{4}, b=3\right]$

773 ●○ Determina i coefficienti a e b in modo che il grafico della funzione $y=a\sin x+b\cos x$ abbia nel punto $A\left(\frac{\pi}{4};0\right)$ tangente parallela alla retta di equazione $y=\sqrt{2}x$. $[a=1, b=-1]$

774 ●● Determina i parametri a, b, c, d in modo che il grafico della funzione $y = ax^3 + bx^2 + cx + d$ passi per l'origine degli assi cartesiani, in cui la tangente sia parallela alla retta $y = x + 5$ e passi per il punto $A(2; 0)$, nel quale la tangente sia perpendicolare alla retta $x + 2y = 1$.
$\left[a = \frac{3}{4}, b = -2, c = 1, d = 0\right]$

775 ●● LEGGI IL GRAFICO Determina l'equazione della curva del tipo $y = ax^3 + bx^2 + cx + d$, tangente in A e B alle rette r e s.
$\left[y = \frac{x^3}{4} - 2x + 2\right]$

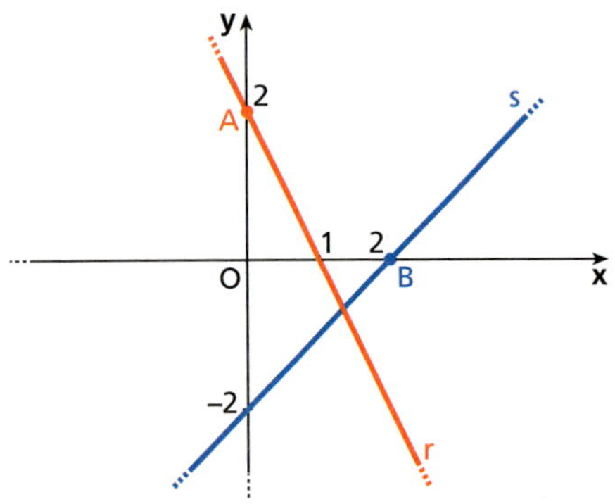

776 ●● Trova i coefficienti a, b e c nell'equazione $y = a\cos^2 x + b\sin x + c$ in modo che il grafico relativo passi per i punti $P(0; 1)$ e $Q\left(\frac{\pi}{2}; 2\right)$ e abbia in P per tangente la retta di equazione $y = 3x + 1$.
$[a = 2, b = 3, c = -1]$

777 ●● È data la parabola di equazione

$$y = (a-1)x^2 - x + b.$$

a. Trova per quali valori di a e b passa per il punto $A(0; 3)$ e ha la tangente nel suo punto di ascissa $x = 1$ parallela all'asse x.

b. Calcola in quale punto della parabola trovata la tangente è inclinata di 225° rispetto all'asse x.

$\left[\text{a) } y = \frac{1}{2}x^2 - x + 3; \text{ b) } P(2; 3)\right]$

778 ●● Determina i coefficienti dell'equazione

$$y = \frac{ax^2 + bx + c}{4x + d},$$

sapendo che il grafico corrispondente passa per il punto $\left(1; -\frac{1}{3}\right)$, nell'origine ha per tangente la retta $y = 2x$ e inoltre si ha $\lim\limits_{x \to \frac{1}{4}} y = \infty$.

$[a = 1, b = -2, c = 0, d = -1]$

779 ●● Trova i coefficienti della funzione $y = \frac{ax + b}{cx^2 + 1}$, sapendo che il suo grafico ha un punto con tangente orizzontale di ascissa -2 e nel punto $\left(0; \frac{1}{2}\right)$ ha per tangente la retta $y = x + \frac{1}{2}$.

$\left[a = 1, b = \frac{1}{2}, c = \frac{1}{2}\right]$

---

780 ●○ LEGGI IL GRAFICO Nel grafico la retta t è tangente a $f(x)$ in A. Utilizzando i dati del grafico:

a. determina $f'(6)$;

b. supponendo che $f(x)$ rappresenti un arco di parabola di vertice V, trova l'equazione di $f(x)$ e la tangente al grafico nel punto di ascissa $\frac{9}{4}$;

c. nel punto V la funzione è derivabile?

$\left[\text{a) } \frac{1}{2}; \text{ b) } y = \sqrt{5x - 5}, y = x + \frac{1}{4}; \text{ c) no}\right]$

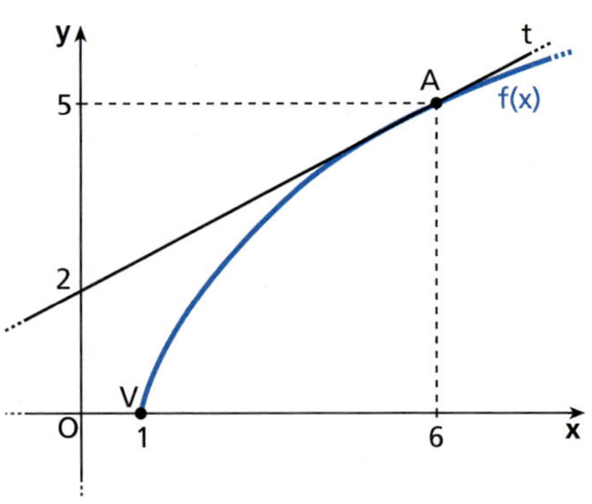

781 ●● Data la funzione $y = \frac{ax^2 + bx - 1}{x - c}$, trova a, b, c sapendo che, nel punto $(0; 1)$, il grafico ha per tangente una retta parallela alla retta $x - 2y + 8 = 0$ e che ha per asintoto obliquo una retta parallela alla retta $4x - y = 0$. Traccia il grafico probabile della funzione.
$\left[a = 4, b = \frac{1}{2}, c = 1\right]$

782 ●○ EUREKA! Considera l'equazione di una tangente alla parabola di equazione $y^2 = 4ax$ e sia m il suo coefficiente angolare. Dimostra che l'equazione della retta tangente è $y = mx + \frac{a}{m}$.

Determina il valore di *a* affinché la retta *r* sia tangente alla curva di equazione $y = f(x)$.

783 $f(x) = \frac{1-x}{x+3}$, r: $y = -4x + a$. $[a = -21, a = -5]$

784 $f(x) = \ln(x-1) + a$, r: $y - 2x = 0$. $[a = 3 + \ln 2]$

785 $f(x) = ax^2 + (a-1)x$, r: $x - y - 1 = 0$. $[a = 4 \pm 2\sqrt{3}]$

Problemi REALTÀ E MODELLI

RISOLVIAMO UN PROBLEMA

Zampillo

La piscina di un albergo ha una fontana ornamentale come quella in figura. La direzione di fuoriuscita del getto superiore forma in A un angolo α rispetto all'orizzontale con $\tan\alpha = \frac{5}{7}$.

Nel sistema di riferimento cartesiano rappresentato (dove l'unità di misura è il decimetro), il punto B è simmetrico di A rispetto a una retta parallela all'asse y. Determiniamo:

- l'equazione della traiettoria del getto superiore;
- le coordinate del punto P in cui il getto tocca l'acqua e l'angolo di impatto (cioè l'angolo tra la tangente alla traiettoria in P e la direzione positiva dell'asse x).

▶ Modellizziamo il problema.

Il getto d'acqua, essendo sottoposto alla sola forza di gravità, ha una traiettoria parabolica; dobbiamo quindi determinare un'equazione del tipo: $y = ax^2 + bx + c$, $x_A \le x \le x_P$. La direzione iniziale dello zampillo è la direzione della tangente alla parabola in A, quindi:

$$y'(x_A) = y'(0) = \frac{5}{7} \underset{y'(x) = 2ax + b}{\rightarrow} b = \frac{5}{7}.$$

Una volta trovata l'equazione, ricaveremo l'angolo di impatto attraverso la derivata della funzione in P.

▶ Determiniamo l'equazione del getto.

Dal passaggio per il punto $A(0; 10)$ ricaviamo:

$$y(0) = 10 \rightarrow c = 10.$$

Inoltre, dalle coordinate del punto B deduciamo che l'asse di simmetria ha equazione $x = \frac{14}{5}$. Quindi:

$$-\frac{b}{2a} = \frac{14}{5} \rightarrow b = -\frac{28}{5}a \rightarrow \frac{5}{7} = -\frac{28}{5}a \rightarrow$$

$$a = -\frac{25}{196}.$$

Pertanto, l'equazione della traiettoria è:

$$y = -\frac{25}{196}x^2 + \frac{5}{7}x + 10, \quad \text{con } 0 \le x \le x_P.$$

▶ Determiniamo le coordinate di *P*.

Il punto P appartiene all'asse x. Intersechiamo la traiettoria con l'asse x e otteniamo l'equazione:

$$-\frac{25}{196}x^2 + \frac{5}{7}x + 10 = 0 \rightarrow 5x^2 - 28x - 392 = 0.$$

Risolviamola:

$$x = \frac{+14 \pm \sqrt{196 + 1960}}{5} = \frac{14 \pm 14\sqrt{11}}{5} = \frac{14}{5}(1 \pm \sqrt{11}).$$

La soluzione negativa non è accettabile, rimane quella positiva, quindi:

$$x_P = \frac{14}{5}(1 + \sqrt{11}) \simeq 12{,}1 \text{ dm}.$$

▶ Calcoliamo l'angolo di impatto.

Il coefficiente angolare della tangente alla parabola nel punto P vale:

$$m_P = y'(x_P) \underset{y'(x) = -\frac{25}{98}x + \frac{5}{7}}{\rightarrow} m = -\frac{25}{98} \cdot \frac{14}{5}(1 + \sqrt{11}) + \frac{5}{7} \rightarrow$$

$$m_P = -\frac{5}{7}\sqrt{11}.$$

Dal segno negativo del coefficiente angolare m_P deduciamo che l'angolo di impatto è ottuso, ed è dunque

$$\beta = \arctan\left(-\frac{5\sqrt{11}}{7}\right) + 180° \simeq 113°.$$

786 **Pallonetto** Matteo si allena a fare dei tiri di precisione lanciando il pallone dal punto O. Il suo obiettivo è quello di sfiorare la tettoia esattamente nel punto T, in modo tale che la traiettoria del pallone non venga deviata.

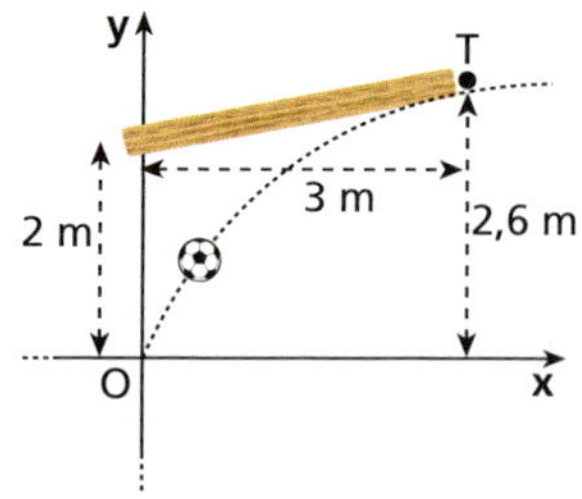

a. Qual è l'equazione della traiettoria parabolica che deve seguire il pallone, nel sistema di riferimento in figura?

b. Con quale angolo Matteo deve lanciare il pallone?

$\left[\text{a) } y = -\frac{2}{9}x^2 + \frac{23}{15}x; \text{ b) } \alpha \simeq 56{,}9°\right]$

787 **Mansarda** Per ultimare l'edificazione di una villetta occorre costruire il tetto a due spioventi sopra la mansarda. Come dato di progetto è noto quanto segue: considerata in un opportuno sistema di riferimento cartesiano una parabola con la concavità rivolta verso il basso, di vertice $V(7; 2)$ e passante per $C(2; 0)$, i due spioventi poggiano sui punti della parabola di ascissa 5 e 9 e risultano tangenti alla parabola nei punti di contatto. Determina, nel sistema utilizzato, l'altezza massima del tetto e l'angolo formato dai due spioventi. $[2{,}32; 144{,}5°]$

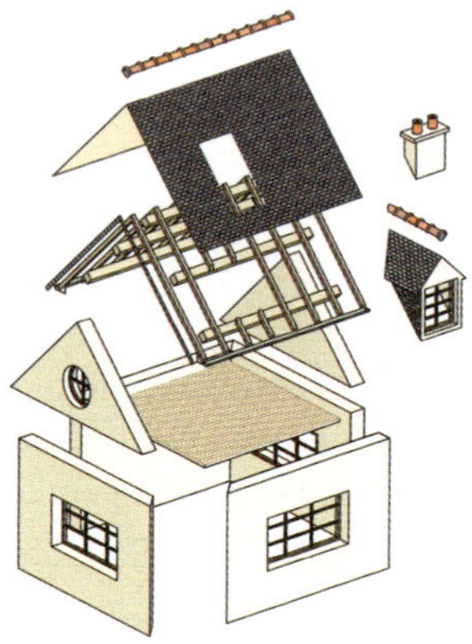

Angolo formato da due curve

788 ESERCIZIO GUIDA Determiniamo l'angolo formato dalle due curve di equazioni

$$y = \frac{1}{x-1} \quad \text{e} \quad y = -\frac{x^2}{8} + \frac{x}{4} - \frac{1}{8}.$$

L'angolo formato da due curve è l'angolo formato dalle rette tangenti alle due curve nel loro punto di intersezione.

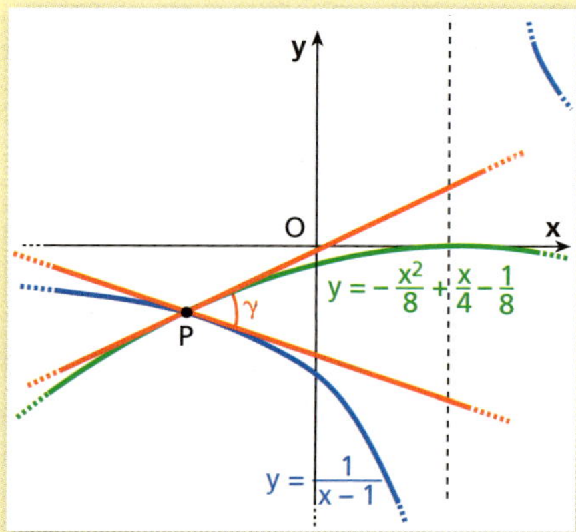

Noti i coefficienti angolari m_1 e m_2 delle due rette, la tangente dell'angolo acuto da esse formato è data da:

$$\tan\gamma = \left|\frac{m_1 - m_2}{1 + m_1 m_2}\right|.$$

Troviamo il punto P di intersezione delle due curve con il sistema:

$$\begin{cases} y = \frac{1}{x-1} \\ y = -\frac{x^2}{8} + \frac{x}{4} - \frac{1}{8} \end{cases} \rightarrow \frac{1}{x-1} = -\frac{x^2}{8} + \frac{x}{4} - \frac{1}{8} \rightarrow x^3 - 3x^2 + 3x + 7 = 0, \quad \text{con } x \neq 1.$$

Applicando la regola di Ruffini si ottiene l'unica soluzione $x = -1$.

Il punto di intersezione è $P\left(-1; -\frac{1}{2}\right)$.

Calcoliamo ora le derivate delle due funzioni:

$$y' = -\frac{1}{(x-1)^2} \quad \text{e} \quad y' = -\frac{1}{4}x + \frac{1}{4}.$$

Determiniamo i coefficienti angolari delle due rette tangenti nel punto di ascissa $x = -1$:

$$m_1 = y'(-1) = -\frac{1}{4} \quad \text{e} \quad m_2 = y'(-1) = \frac{1}{2}.$$

Calcoliamo infine:

$$\tan\gamma = \left| \frac{-\frac{1}{4} - \frac{1}{2}}{1 + \left(-\frac{1}{4}\right)\frac{1}{2}} \right| = \left| \frac{-\frac{3}{4}}{\frac{7}{8}} \right| = \left| -\frac{3}{4} \cdot \frac{8}{7} \right| = \frac{6}{7}.$$

Ricaviamo γ: $\gamma = \arctan\frac{6}{7}$.

789 Determina l'angolo formato dalle rette tangenti alle curve di equazione $y = \sqrt{x}$ e $y = \frac{x}{x+1}$ nel loro punto di intersezione. $\left[\frac{\pi}{4}\right]$

790 Trova l'angolo formato dalle curve di equazione $y = \frac{3x+2}{2-x}$ e $y = e^x$ nel loro punto di intersezione sull'asse y. $\left[\arctan\frac{1}{3}\right]$

791 Date le due curve di equazioni $y = \frac{e^x - 3}{e^x + 1}$ e $y = \frac{1}{e^x}$, individua, se esistono, i punti con la stessa ascissa in cui le rette tangenti sono perpendicolari. $[(0; -1), (0; 1)]$

792 Rappresenta graficamente le curve di equazioni $y = \ln(x-1)$ e $y = \ln(-3+2x)$ e trova l'angolo da esse formato. $\left[\arctan\frac{1}{3}\right]$

793 Determina l'angolo formato dalle due curve di equazioni $y = e^{x^2-x}$ e $y = e^{1-x^2}$ nel loro punto di intersezione di ascissa maggiore. $[\arctan 3]$

794 Determina l'angolo acuto formato dalle rette tangenti alla parabola di equazione $y = 2x^2 - x + 1$ nei suoi punti di ordinata 4. $\left[\arctan\frac{5}{12}\right]$

795 Trova per quale valore di a e b le curve di equazioni $y = ax^2 + bx - \frac{4}{3}$ e $y = 2\ln x$ formano, incontrandosi nel punto di ascissa 1, un angolo di 45°. $\left[\left(a = -1, b = \frac{7}{3}\right) \vee \left(a = -\frac{13}{3}, b = \frac{17}{3}\right)\right]$

796 Determina i valori di a e b in modo che le curve di equazioni $y = ae^{1-x} + b$ e $y = -\frac{8}{3}x^2 + \frac{17}{3}x$, incontrandosi nel punto di ascissa 1, formino un angolo di 45°. $\left[(a = -2, b = 5) \vee \left(a = \frac{1}{2}, b = \frac{5}{2}\right)\right]$

797 Calcola i valori di a e b in modo che le curve di equazione $y = -x^2 + ax + b$ e $y = \ln\frac{x}{2} + 2$ formino nel loro punto comune di ascissa 2 un angolo di 45°. $[a = 7, b = -8]$

798 Date le funzioni $f(x) = ax^2 + x - a$ e $g(x) = x^3 + ax^2 - a$, con $a \in \mathbb{R}$:

a. verifica che, per ogni $a \in \mathbb{R}$, i grafici delle due funzioni si incontrano in tre e solo tre punti distinti;

b. determina i valori di a per i quali i grafici di $f(x)$ e $g(x)$ si intersecano perpendicolarmente in almeno uno dei tre punti comuni;

c. in ciascuno dei casi definiti nel punto precedente, ricava le equazioni delle rette tangenti alle due curve nel punto di intersezione.

$[\text{a}) (0; -a), (-1; -1), (1; 1); \text{b}) a = 1, a = -1; \text{c}) y = -x - 2, y = x; y = -x + 2; y = x]$

ESERCIZI

Grafici tangenti

▶ Teoria a p. 1580

799 ESERCIZIO GUIDA Determiniamo se le curve di equazioni

$$y = x^2 - \frac{15}{2}x + 4 \quad \text{e} \quad y = -\frac{1}{2}x^3 - 2x^2$$

sono tangenti e scriviamo le coordinate dell'eventuale punto di tangenza.

Calcoliamo le derivate:

$$y' = 2x - \frac{15}{2}; \quad y' = -\frac{3}{2}x^2 - 4x.$$

Per essere tangenti le due curve devono avere in comune un punto e la tangente in quel punto:

$$\begin{cases} x^2 - \frac{15}{2}x + 4 = -\frac{1}{2}x^3 - 2x^2 \\ 2x - \frac{15}{2} = -\frac{3}{2}x^2 - 4x \end{cases} \rightarrow \begin{cases} x^3 + 6x^2 - 15x + 8 = 0 \\ x^2 + 4x - 5 = 0 \end{cases}$$

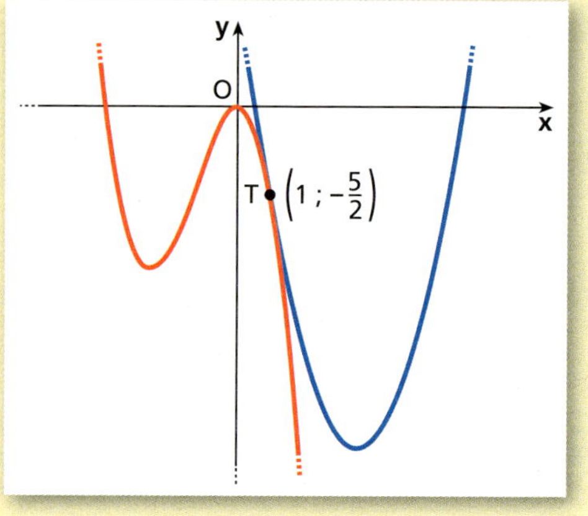

Risolvendo la seconda equazione, otteniamo:

$$x = 1 \vee x = -5.$$

Dei due valori solo $x = 1$ soddisfa la prima equazione, quindi le curve sono tangenti solo in un punto. Sostituiamo $x = 1$ in una delle due equazioni.

$$y = -\frac{1}{2}(1)^3 - 2(1)^2 = -\frac{5}{2} \quad \rightarrow \quad T\left(1; -\frac{5}{2}\right).$$

Determina se le seguenti coppie di curve sono tangenti e scrivi le coordinate dell'eventuale punto di tangenza e l'equazione della retta tangente.

800 $y = 2x^2 - 3x; \quad y = x^2 + x - 4.$ $[(2; 2); y = 5x - 8]$

801 $y = x^3 - 5x^2; \quad y = 4x^2 - 2.$ [nessun punto di tangenza]

802 $y = -3x^2 + 5; \quad y = 2x^2 + 10x + 10.$ $[(-1; 2); y = 6x + 8]$

803 $y = -\frac{3}{x^2}; \quad y = 4x^2.$ [nessun punto di tangenza]

804 $y = -\frac{2}{x+3}; \quad y = x^2 + 6x + 6.$ $[(-2; -2); y = 2x + 2]$

805 $y = e^{x-2}; \quad y = \ln(ex - e).$ $[(2; 1); y = x - 1]$

806 Determina per quale valore non nullo di k le due curve di equazioni $y = -2x^3 + x^2$ e $y = (k+3)x^2 + kx$ sono tangenti. [2]

807 Trova i valori di a e b in modo che le due curve di equazioni $y = \frac{1}{x} + x^2 + 1$ e $y = a\ln(2x - 1) + b$ siano tangenti nel punto $P(1; 3)$. $\left[a = \frac{1}{2}; b = 3\right]$

808 Date le due curve, grafico delle funzioni $f(x) = x^2 + 4x + 5$ e $g(x) = (x+1)^4 + 4$, individua i punti, se esistono, nei quali esse risultano tra loro tangenti. $[P(0; 5)]$

809 Trova per quale valore dei parametri a e b le due curve di equazione

$$y = ae^{2(x-1)} \quad \text{e} \quad y = \frac{x+b}{x^2}$$

sono tangenti nel punto P di ascissa 1 e scrivi l'equazione della tangente comune.

$\left[a = \frac{1}{4}, b = -\frac{3}{4}; 2x - 4y - 1 = 0\right]$

810 Trova per quali valori di a e b le curve di equazioni $y = \sqrt{x+1}$ e $y = x^3 + ax + b$ sono tangenti nel punto di ascissa $x_0 = 0$.

$\left[a = \frac{1}{2}, b = 1\right]$

811 **FAI UN ESEMPIO** Scrivi l'equazione di una parabola tangente alla curva di equazione $y = \frac{2x}{3+x}$ nel punto di ascissa $x_0 = 3$.

812 Sia γ l'iperbole di equazione $y = \frac{1}{x}$ e sia λ la parabola di equazione $y = ax^2 + bx$. Detto P il punto di ascissa t dell'iperbole γ, con $t \in \mathbb{R} - \{0\}$:

a. ricava i valori di a e b per i quali γ e λ sono tangenti nel punto P;

b. verifica che la retta tangente comune alle due curve forma con gli assi coordinati un triangolo rettangolo di area costante al variare di $t \in \mathbb{R} - \{0\}$;

c. ricava l'equazione del luogo descritto dal fuoco di λ al variare di $t \in \mathbb{R} - \{0\}$.

$\left[\text{a) } a = -\frac{2}{t^3}, b = \frac{3}{t^2}; \text{ c) } y = -\frac{8}{27}x^3 + \frac{27}{32x}\right]$

9 Punti di non derivabilità

Teoria a p. 1580

Negli esercizi che seguono, sono dati una funzione e un punto, indicato a fianco. Rappresenta la funzione e calcola la sua derivata. La funzione è continua nel punto? È derivabile nel punto?

813 $y = \begin{cases} x & \text{se } x \geq 0 \\ \sin x & \text{se } x < 0 \end{cases}$, $\quad x = 0.$ $\quad \left[y' = \begin{cases} 1 & \text{se } x \geq 0 \\ \cos x & \text{se } x < 0 \end{cases}; \text{ continua e derivabile}\right]$

814 $y = \begin{cases} \ln x & \text{se } x \geq 1 \\ x & \text{se } x < 1 \end{cases}$, $\quad x = 1.$ $\quad \left[y' = \begin{cases} \frac{1}{x} & \text{se } x > 1 \\ 1 & \text{se } x < 1 \end{cases}; \text{ né continua, né derivabile}\right]$

815 $y = \begin{cases} e^x & \text{se } x \geq 0 \\ \cos x & \text{se } x < 0 \end{cases}$, $\quad x = 0.$ $\quad \left[y' = \begin{cases} e^x & \text{se } x > 0 \\ -\sin x & \text{se } x < 0 \end{cases}; \text{ continua ma non derivabile}\right]$

816 $y = \begin{cases} 0 & \text{se } x < 1 \\ \ln x & \text{se } x \geq 1 \end{cases}$, $\quad x = 1.$ $\quad \left[y' = \begin{cases} 0 & \text{se } x < 1 \\ \frac{1}{x} & \text{se } x > 1 \end{cases}; \text{ continua ma non derivabile}\right]$

817 Data la seguente funzione, calcola la sua derivata, se esiste, in $x = -2$, $x = 0$, $x = 1$, $x = 2$.

$$y = \begin{cases} x+1 & \text{se } x < 0 \\ e^x & \text{se } x \geq 0 \end{cases}$$

$[1; 1; e; e^2]$

Disegna il grafico delle seguenti funzioni, utilizzando le trasformazioni geometriche, e per ciascuna indica i punti del dominio nei quali esse non sono derivabili, specificando il tipo di punto.

818 $y = |x^2 - 3x|$ $\quad [x = 0, x = 3, \text{ punti angolosi}]$

819 $y = |\ln(x-1)|$ $\quad [x = 2, \text{ punto angoloso}]$

820 $y = \left|\frac{x}{x-2}\right|$ $\quad [x = 0, \text{ punto angoloso}]$

821 $y = \sqrt{x^2 - 6x + 9}$ $\quad [x = 3, \text{ punto angoloso}]$

822 $y = -\sqrt{|x|}$ $\quad [x = 0, \text{ cuspide}]$

823 $y = |e^{x-1} - 1|$ $\quad [x = 1, \text{ punto angoloso}]$

824 $y = e^{|x|}$ $\quad [x = 0, \text{ punto angoloso}]$

825 $y = \begin{cases} \sqrt{-x} & \text{se } x \leq 0 \\ -\sqrt{x} & \text{se } x > 0 \end{cases}$ $\quad [x = 0, \text{ flesso a tangente verticale}]$

ESERCIZI

LEGGI IL GRAFICO In ognuno dei seguenti grafici indica i punti di non derivabilità, distinguendo i flessi a tangente parallela all'asse y, le cuspidi e i punti angolosi.

826 ●○

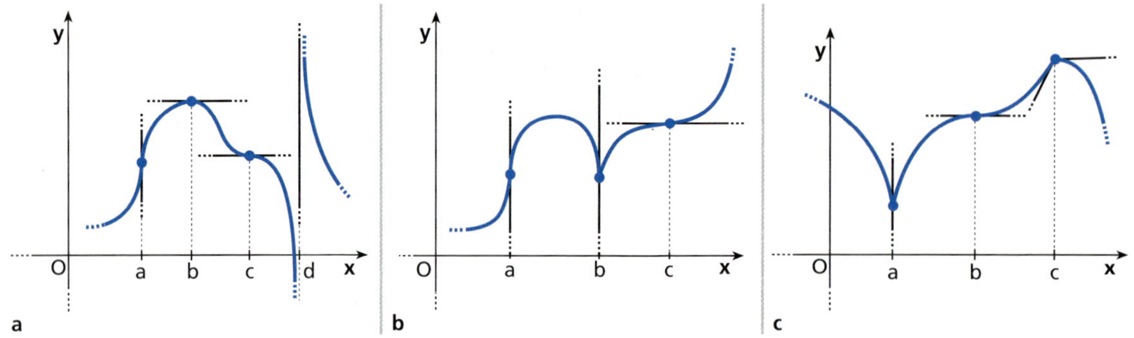

827 ●○

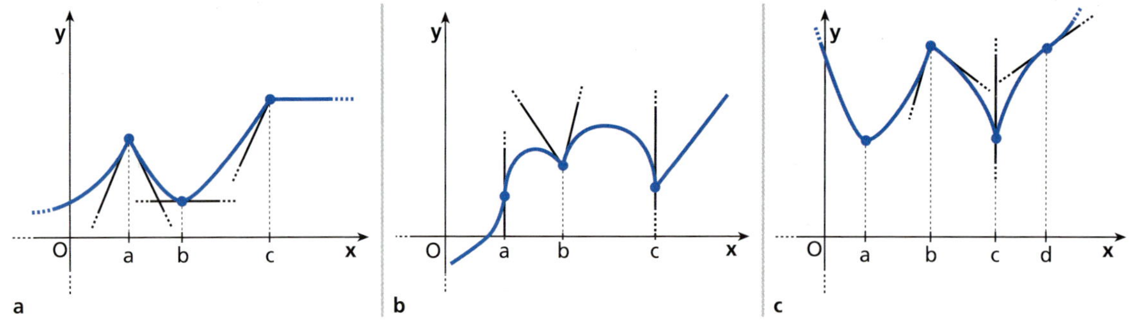

828 ●○ **VERO O FALSO?**

a. Se una funzione ha una cuspide rivolta verso l'alto in x_0, allora $f'_-(x_0) = +\infty$, oppure $f'_+(x_0) = -\infty$. V F

b. Se una funzione, nel punto x_0, è tale che $f'_-(x_0) = -\infty$ e $f'_+(x_0) = -\infty$, allora presenta in x_0 un flesso a tangente verticale. V F

c. Se una funzione $y = f(x)$ non è derivabile in un punto x_0, allora non esiste la tangente alla funzione in x_0. V F

d. Se nel punto x_0 esiste una sola retta tangente, allora la funzione è derivabile in x_0. V F

829 ●○ **FAI UN ESEMPIO** Scrivi una funzione che ha un punto angoloso in $x = 4$.

Traccia il grafico possibile di una funzione $y = f(x)$, date le seguenti informazioni.

830 ●○ Il dominio di $f(x)$ è $\mathbb{R}$. $f(x)$ è positiva per $x < -2$. Il grafico di $f(x)$ ha un flesso a tangente verticale nel punto $(-2; 0)$ e una cuspide nel punto $(0; 0)$.

831 ●● Il dominio di $f(x)$ è $\mathbb{R} - \{1\}$. $x_0 = 1$ è un punto di discontinuità di seconda specie. $f(x)$ non è derivabile soltanto in un punto del dominio. $f(x)$ è positiva per $x > 1$ e il grafico interseca l'asse x in $x_1 = 0$ e $x_2 = 3$. Il punto $(3; 0)$ è angoloso con tangente sinistra di equazione $y = 0$ e tangente destra di equazione $x = 3$.

832 ●● Il dominio di $f(x)$ è $\mathbb{R}$. $f(x)$ è positiva per $x < -1 \vee x > 2$. Il punto $(-1; 0)$ è angoloso con tangente sinistra di equazione $y = -x - 1$ e tangente destra di equazione $y = 0$. Il grafico di $f(x)$ ha un flesso a tangente parallela all'asse y nel punto $(0; -1)$.

833 ●● Il dominio di $f(x)$ è $\mathbb{R} - \{2\}$. $f(x)$ è positiva per $x \geq 0$. $x_0 = 2$ è un punto di discontinuità di seconda specie. I punti $(0; 0)$ e $(4; 1)$ sono stazionari.

834 Il dominio di $f(x)$ è $\mathbb{R}$. $f(x)$ è positiva per ogni $x \in \mathbb{R}$. $x_0 = 1$ è un punto di discontinuità di prima specie con salto 2 e $f(1) = 1$. Il grafico di $f(x)$ ha un flesso a tangente verticale nel punto (2; 2), una cuspide in (− 1; 0) e un punto stazionario in (3; 0).

835 ESERCIZIO GUIDA Studiamo la derivabilità di $f(x) = \sqrt[3]{(x-1)^2}$.

- La funzione è continua $\forall x \in \mathbb{R}$.
- Calcoliamo $f'(x)$ scrivendo $f(x)$ come potenza: $f(x) = (x-1)^{\frac{2}{3}}$.

$$f'(x) = \frac{2}{3}(x-1)^{\frac{2}{3}-1} \to f'(x) = \frac{2}{3(x-1)^{\frac{1}{3}}} \to f'(x) = \frac{2}{3\sqrt[3]{x-1}}$$

La funzione è derivabile per $x \neq 1$.

- Calcoliamo le derivate sinistra e destra in $x = 1$:

$$f'_-(1) = \lim_{x \to 1^-} f'(x) = \lim_{x \to 1^-} \frac{2}{3\sqrt[3]{x-1}} = -\infty;$$

$$f'_+(1) = \lim_{x \to 1^+} f'(x) = \lim_{x \to 1^+} \frac{2}{3\sqrt[3]{x-1}} = +\infty.$$

Poiché $f'_-(1) = -\infty$ e $f'_+(1) = +\infty$, la funzione non è derivabile in $x = 1$ e nel punto $x = 1$ si ha una cuspide rivolta verso il basso, come si può vedere nella figura.

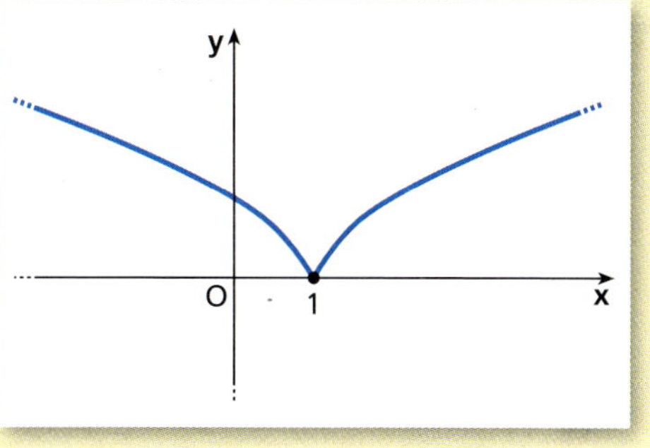

Studia la derivabilità delle seguenti funzioni.

836 $y = -\sqrt[3]{x^2}$ [$x = 0$ cuspide]

837 $y = \sqrt[3]{x^2 - 1}$ [$x = \pm 1$ flessi a tangente verticale]

838 $y = \sqrt[3]{x}$ [$x = 0$ flesso a tangente verticale]

839 $y = \sqrt[3]{x^2} + 2x$ [$x = 0$ cuspide]

840 $y = \frac{1-x}{2+x}$ [continua e derivabile per $x \neq -2$]

841 $y = \begin{cases} -x^2 - 2x & \text{se } x \leq 0 \\ \sqrt{x} & \text{se } x > 0 \end{cases}$ [$x = 0$ punto angoloso]

842 $y = \sqrt[3]{e^{-x} + 1}$ [derivabile $\forall x \in \mathbb{R}$]

843 $y = \sqrt{x^3 + 1}$ [$x = -1$ punto di non derivabilità]

844 $y = \begin{cases} -2x + 1 & \text{se } x < 0 \\ 2x^2 + x + 1 & \text{se } x \geq 0 \end{cases}$ [$x = 0$ punto angoloso]

845 $y = \begin{cases} 2\sin x & \text{se } x < 0 \\ \cos x - 1 & \text{se } x \geq 0 \end{cases}$ [$x = 0$ punto angoloso]

846 $y = \begin{cases} 4 & \text{se } x \leq 0 \\ 4(x^2 - 1) & \text{se } 0 < x < 1 \\ \ln x & \text{se } x \geq 1 \end{cases}$ [$x = 0$ punto di disc. di I specie, $x = 1$ punto angoloso]

847 $y = \begin{cases} e^{|x|} & \text{se } x < 1 \\ \frac{1-x}{x-2} & \text{se } x \geq 1 \wedge x \neq 2 \end{cases}$ [$x = 1$ punto di discontinuità di I specie, $x = 0$ punto angoloso, $x = 2$ punto di discontinuità di II specie]

848 $y = \begin{cases} x \ln x^2 & \text{se } x \neq 0 \\ 0 & \text{se } x = 0 \end{cases}$ [$x = 0$ flesso a tangente verticale]

849 $y = e^x \sqrt[3]{(x-1)^2}$ [$x = 1$ cuspide]

850 $y = \begin{cases} \dfrac{x}{x-1} & \text{se } x \leq 2 \wedge x \neq 1 \\ \sqrt{9-x^2} & \text{se } 2 < x \leq 3 \end{cases}$ [$x = 1$ punto di disc. di II specie, $x = 2$ punto di disc. di I specie, $x = 3$ punto di non derivabilità]

851 $y = \dfrac{\sqrt[3]{1-x}}{3x}$ [$x = 0$ punto di disc. di II specie, $x = 1$ flesso a tangente verticale]

852 $y = \sqrt[3]{x^2 - x^3}$ [$x = 0$ cuspide, $x = 1$ flesso a tangente verticale]

853 Data la funzione $f(x) = \begin{cases} x^2 \sin \dfrac{1}{x} & \text{se } x \neq 0 \\ 0 & \text{se } x = 0 \end{cases}$:

a. dimostra che è continua in $x = 0$;
b. calcola $f'(x)$ per $x \neq 0$ e dimostra che non esiste $\lim\limits_{x \to 0} f'(x)$;
c. calcola $f'(0)$ applicando la definizione di derivata;
d. cosa puoi dedurre dal confronto dei risultati ottenuti in **b** e **c**?

$\left[\text{b) } f'(x) = 2x \sin \dfrac{1}{x} - \cos \dfrac{1}{x}; \text{ c) } 0\right]$

Verifica che le seguenti funzioni sono continue ma non derivabili nel punto indicato.

854 $f(x) = \begin{cases} \sqrt{1-x^2} & \text{se } -1 \leq x \leq 1 \\ x^2 - 5x + 4 & \text{se } x > 1 \end{cases}$, $x_0 = 1$.

855 $f(x) = \begin{cases} \ln(1+x^2) & \text{se } x \leq 0 \\ x^3 + 2x & \text{se } x > 0 \end{cases}$, $x_0 = 0$.

---

856 Date le funzioni $f(x) = -1 - 4x^2$ e $g(x) = \sqrt{x-2}$:

a. dimostra che $f(x)$ è derivabile $\forall x \in \mathbb{R}$ e $g(x)$ non è derivabile in $x = 2$;
b. trova $f \circ g$ e dimostra che la funzione è derivabile nel suo dominio;
c. disegna il grafico di $g(x)$ e determina il punto P di intersezione tra la tangente al grafico nel punto di ascissa 2 e la tangente di coefficiente angolare $\dfrac{1}{2}$.

$\left[\text{b) } f(g(x)) = -4x + 7, \text{ con } x \geq 2; \text{ c) } P\left(2; \dfrac{1}{2}\right)\right]$

Derivabilità e parametri

Determina il valore di *a* e di *b* in modo che la funzione *f*(*x*) risulti continua e derivabile per ogni $x \in \mathbb{R}$.

857 $f(x) = \begin{cases} x^2 + bx - a & \text{se } x \leq 0 \\ x - 2b & \text{se } x > 0 \end{cases}$ [$a = 2, b = 1$]

858 $f(x) = \begin{cases} x^2 - ax - b & \text{se } x < 0 \\ e^x & \text{se } x \geq 0 \end{cases}$ [$a = -1, b = -1$]

859 $f(x) = \begin{cases} -2ax^2 + bx & \text{se } x \leq 1 \\ \dfrac{1}{x^2+1} & \text{se } x > 1 \end{cases}$ $\left[a = \dfrac{1}{2}, b = \dfrac{3}{2}\right]$

860 $f(x) = \begin{cases} ae^x + b & \text{se } x \leq 0 \\ \dfrac{1}{2e^x - 1} & \text{se } x > 0 \end{cases}$ [$a = -2, b = 3$]

861 $f(x) = \begin{cases} a\cos^2 x + b\sin x & \text{se } x < 0 \\ -\dfrac{2}{x+1} & \text{se } x \geq 0 \end{cases}$ $[a = -2, b = 2]$

862 $f(x) = \begin{cases} \dfrac{ax^2 - 1}{x + b} & \text{se } x \leq 1 \\ \ln x + 1 & \text{se } x > 1 \end{cases}$ $[a = 0, b = -2]$

863 $f(x) = \begin{cases} 1 + a\sin\dfrac{x}{2} + b & \text{se } x < 0 \\ \sin 2x + a & \text{se } x \geq 0 \end{cases}$ $[a = 4, b = 3]$

864 $f(x) = \begin{cases} a + \sqrt{x^2 + 3} & \text{se } x \leq 1 \\ b\ln x + (2a + 1)x & \text{se } x > 1 \end{cases}$ $\left[a = 1, b = -\dfrac{5}{2}\right]$

865 Determina a e b affinché la funzione $f(x) = \begin{cases} \dfrac{3}{x-2} & \text{se } x \leq 1 \\ ax^2 + bx + 5 & \text{se } x > 1 \end{cases}$ sia derivabile in $\mathbb{R}$. $[a = 5, b = -13]$

866 Calcola a e b in modo che la seguente funzione sia derivabile nel punto $x = 1$. Scrivi la derivata di $f(x)$.

$f(x) = \begin{cases} x^3 + ax & \text{se } x \leq 1 \\ a\sqrt{x} + b & \text{se } x > 1 \end{cases}$ $\left[a = -6, b = 1;\ f'(x) = \begin{cases} 3x^2 - 6 & \text{se } x \leq 1 \\ -\dfrac{3}{\sqrt{x}} & \text{se } x > 1 \end{cases}\right]$

867 Trova a e b in modo che la seguente funzione sia derivabile nel punto $x = 0$.

$f(x) = \begin{cases} 2a\,e^x & \text{se } x < 0 \\ \dfrac{x + a}{b - x} & \text{se } x \geq 0 \end{cases}$ $\left[a = -1, b = \dfrac{1}{2}\right]$

868 Determinare per quali valori del parametro $a > 0$ la seguente funzione risulta ovunque continua e derivabile.

$f(x) = \begin{cases} \log(4 + ax^5) & x \geq 0 \\ 3a + \cos\left(\dfrac{a}{3}x\right) & x < 0 \end{cases}$

(*Università di Torino, Test di Analisi I*)

$\left[\dfrac{\log 4 - 1}{3}\right]$

869 Data la funzione

$f(x) = \begin{cases} \arctan(x - 2) & \text{se } x \leq 2 \\ a\ln(x - 1) + b - 2a & \text{se } x > 2 \end{cases}$,

trova a e b in modo che risulti continua e derivabile in $x = 2$. Trova poi le equazioni delle tangenti nei punti di ascissa 2 e 3. $\left[a = 1, b = 2;\ y = x - 2,\ y = \dfrac{1}{2}x - \dfrac{3}{2} + \ln 2\right]$

870 Determina il valore dei parametri a, b e c in modo tale che in $x = 0$ la funzione

$f(x) = \begin{cases} ae^x + b & \text{se } x < 0 \\ \dfrac{c}{x+1} & \text{se } x \geq 0 \end{cases}$

sia continua e abbia un punto angoloso con tangente destra la retta $y = -3x + 3$ e tangente sinistra la retta $y = 4x + 3$. $[a = 4, b = -1, c = 3]$

ESERCIZI

REALTÀ E MODELLI

871 ●○

Slalom La traiettoria di uno sciatore è descritta, in un opportuno sistema di riferimento, dalla funzione:

$$f(x) = \begin{cases} -x^3 + 9x^2 - 24x + 18 & \text{se } 0 \leq x < 3 \\ ax^2 + bx - 18 & \text{se } 3 \leq x \leq 7 \end{cases}$$

nell'intervallo $[0; 7]$. Determina il valore dei parametri reali a e b in modo che la funzione $f(x)$ sia continua e derivabile in $[0; 7]$. $[a = -1, b = 9]$

872 ●●

Profili architettonici La Città dello sport è una struttura sportiva progettata dall'architetto Santiago Calatrava e mai completata, situata a sud di Roma. Rispetto al sistema di riferimento indicato in figura (dove l'unità di misura è il decametro), il suo profilo può essere approssimato dalla funzione:

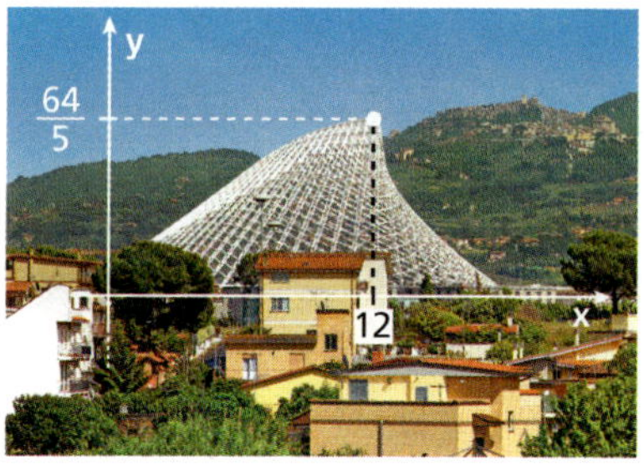

$$f(x) = \begin{cases} \dfrac{ax+b}{cx+3} & \text{se } 0 \leq x \leq 12 \\ \dfrac{1}{5}2^{d-x} & \text{se } x > 12 \end{cases},$$

con a, b, c e d parametri reali. Il grafico di $f(x)$ passa per l'origine del sistema di riferimento e $f'(0) = \frac{16}{3}$.

a. Determina i parametri a, b, c, d.

b. Studia la derivabilità nel punto di ascissa $x = 12$. [a) $a = 16, b = 0, c = 1, d = 18$; b) punto angoloso]

Derivata di una funzione definita a tratti o contenente valori assoluti

Calcola la derivata delle seguenti funzioni nel punto x_0 indicato.

873 ●○ $y = \left|\frac{1}{x-3}\right|$, $x_0 = 0$. $\left[y'(0) = \frac{1}{9}\right]$

874 ●○ $y = \frac{|x|-1}{x^2+1}$, $x_0 = -1$. $\left[y'(-1) = -\frac{1}{2}\right]$

Studia gli eventuali punti di non derivabilità delle seguenti funzioni.

875 ●○ $y = \frac{x}{|x|-1}$ [continua e derivabile per $x \neq \pm 1$]

876 ●○ $f(x) = |\ln\sqrt{x}|$ [$x = 1$ punto angoloso]

877 ●○ $y = \frac{|x^2-4|}{x-2} + 2x^2$ [continua per $x \neq 2$, derivabile per $x \neq \pm 2$]

878 ●○ $y = 2\sqrt{|x-3|} - 1$ [$x = 3$ punto di cuspide]

879 ●○ $y = \sqrt{2|x| - x^2}$ [$x = 0$ punto di cuspide, $x = 2$ e $x = -2$ punti a tangente verticale]

880 ●○ $f(x) = \sqrt{|x| - 1}$ [$x = \pm 1$ punti a tangente verticale]

881 ●○ $f(x) = \begin{cases} \sqrt{4x - x^2} & \text{se } 0 \leq x \leq 4 \\ \sqrt{-x - x^2} & \text{se } -1 \leq x < 0 \end{cases}$ [$x = 0$ cuspide; $x = -1$ e $x = 4$ punti a tangente verticale]

882 ●○ $y = xe^{|x|}$ [derivabile $\forall x \in \mathbb{R}$]

883 ●○ $y = \frac{x|x| - 1}{(x+2)^2}$ [continua e derivabile per $x \neq -2$]

884 ●● $y = |x^2 - 6x|$ [$x = 0$, $x = 6$ punti angolosi]

885 $y = \frac{1}{x} - e^{|x-1|}$ [derivabile per $x \neq 1 \wedge x \neq 0$; $x = 1$ punto angoloso]

886 $y = \frac{|x+1|}{x+1}\sqrt[3]{x}$ [derivabile per $x \neq -1 \wedge x \neq 0$; $x = 0$ flesso a tangente verticale]

887 $y = \ln(|x-1| - 1)$ [continua e derivabile per $x < 0 \vee x > 2$]

888 $f(x) = \begin{cases} \ln(-x+1) & \text{se } x < 0 \\ \arcsin 4x & \text{se } 0 \leq x \leq \frac{1}{4} \end{cases}$ $\left[x = 0 \text{ punto angoloso; } x = \frac{1}{4} \text{ punto a tangente verticale}\right]$

Determina le tangenti, eventualmente destra e sinistra, al grafico delle seguenti curve nei punti di ascissa x_0 indicati a fianco.

889 $y = e^{|x|} - 1$, 0. [$y = \pm x$]

890 $y = |\ln x|$, 1. [$y = \pm(x-1)$]

891 $y = x^2 - |x|$, 0. [$y = \pm x$]

892 $y = -x^2 + 2|x-4|$, 2. [$y = -6x + 12$]

893 $y^2 - x + 1 = 0$, 2. $\left[y = \pm\frac{1}{2}x\right]$

894 $x^2 + y^2 - 2x = 0$, $\frac{1}{2}$. $\left[y = \pm\frac{\sqrt{3}}{3}(x+1)\right]$

---

895 **FAI UN ESEMPIO** Scrivi l'espressione analitica di una funzione $y = f(x)$ non continua in $x = 0$, con un punto angoloso in $x = 1$, non derivabile in $x = -1$.

896 Dimostra che la funzione $f(x) = x|x|$ è derivabile per ogni $x \in \mathbb{R}$ ma la sua derivata seconda $f''(x)$ esiste solo per $x \neq 0$.

897 **REALTÀ E MODELLI** **Brooklyn bridge** Rispetto al sistema di riferimento indicato in figura, il profilo di una delle arcate dei piloni del ponte di Brooklyn può essere approssimato dalla funzione

$$f(x) = \frac{20}{3}\sqrt{-x^2 - 2|x| + 35}.$$

a. Determina l'altezza dell'arcata.

b. Studia i punti di non derivabilità.

$\left[\text{a) } \frac{20}{3}\sqrt{35} \simeq 40 \text{ m; b) } x = 0 \text{ punto angoloso; } x = -5 \text{ e } x = 5 \text{ punti di non derivabilità a tangente verticale}\right]$

10 Applicazioni alla fisica

Teoria a p. 1583

898 **ESERCIZIO GUIDA** Un corpo si muove su una traiettoria rettilinea seguendo la legge oraria $s = 4\ln t - 2t^2$. Determiniamo la velocità v e l'accelerazione a in funzione del tempo e calcoliamo in quale istante risulta $v = 0$ m/s e in quale $a = -20$ m/s^2.

La velocità è la derivata della posizione rispetto al tempo, quindi: $v = \frac{4}{t} - 4t$.

L'accelerazione è la derivata della velocità rispetto al tempo, quindi: $a = -\frac{4}{t^2} - 4$.

$$v = 0 \quad \text{per} \quad \frac{4}{t} - 4t = 0 \quad \to \quad 4 - 4t^2 = 0 \quad \to \quad t = \pm 1.$$

Considerando il valore positivo di t, otteniamo che la velocità è nulla per $t = 1$ s.

$$a = -20 \quad \text{per} \quad -\frac{4}{t^2} - 4 = -20 \;\rightarrow\; \frac{4}{t^2} + 4 = 20 \;\rightarrow\; \frac{1}{t^2} = 4 \;\rightarrow\; t^2 = \frac{1}{4} \;\rightarrow\; t = \pm\frac{1}{2}.$$

Considerando il valore positivo di t, otteniamo che l'accelerazione vale -20 m/s^2 quando $t = 0{,}5$ s.

Determina la velocità e l'accelerazione in funzione del tempo nei moti rettilinei che hanno le seguenti leggi orarie.

899 $s = t^3 + t^2$ $[v = 3t^2 + 2t; a = 6t + 2]$

900 $s = -4t^2 + 2$ $[v = -8t; a = -8]$

901 $s = 3t - \frac{1}{4}t^2$ $\left[v = 3 - \frac{1}{2}t; a = -\frac{1}{2}\right]$

902 $s = 2\sin^2 t$ $[v = 2\sin 2t; a = 4\cos 2t]$

903 $s = \sin 3t + \cos^2 t$ $[v = 3\cos 3t - \sin 2t; a = -9\sin 3t - 2\cos 2t]$

904 $s = \frac{2t+1}{t+2}$ $\left[v = \frac{3}{(t+2)^2}; a = \frac{-6}{(t+2)^3}\right]$

905 Una palla viene lanciata da terra verticalmente verso l'alto. Determina la velocità dopo 1 secondo sapendo che la sua distanza da terra dopo t secondi è $s = 20t - 4{,}9t^2$ (espressa in metri). $[v = 10{,}2$ m/s$]$

906 Il moto di un corpo su un percorso rettilineo segue la legge oraria $s = 4t^2 + 2t$. Calcola la velocità all'istante $t = 2$ s, sapendo che la posizione è misurata in metri. [18 m/s]

907 Una particella si muove lungo l'asse x in modo tale che la sua velocità nella posizione x è data dalla formula $v(x) = 2 + \sin x$. Qual è la sua accelerazione in $x = \frac{\pi}{6}$? (USA *Harvard-MIT Mathematics Tournament*) $\left[\frac{5\sqrt{3}}{4}\right]$

908 REALTÀ E MODELLI **Roller** Paola e Fabio si sfidano in una corsa di pattinaggio. Dall'istante $t = 0$, in cui entrambi oltrepassano il via della pista rettilinea, il loro moto segue la legge oraria:

$s_{Paola} = \frac{1}{18}t^3 + 2t$ per Paola; $s_{Fabio} = \frac{1}{24}t^3 + \frac{5}{2}t$ per Fabio.

Il tempo è misurato in secondi e la posizione in metri.

a. Dopo 3 secondi chi dei due è più veloce?

b. Verifica che dopo 6 secondi sono fianco a fianco. Chi è più veloce ora? [a) Fabio; b) Paola]

909 Un corpo si muove in linea retta seguendo la legge oraria $s = 4t^2 + t + 1$. Determina la velocità e l'accelerazione del corpo al variare del tempo e trova in quale istante la velocità è 17 m/s. $[v = 8t + 1; a = 8; t = 2$ s$]$

910 Un oggetto si muove in linea retta secondo la legge oraria $s = t^3 - 6t^2 + 12t - 1$.

a. Calcola in quali istanti la velocità è 3 m/s.

b. Determina l'istante in cui l'accelerazione è nulla. [a) $t = 1$ s; $t = 3$ s; b) $t = 2$ s]

911 LEGGI IL GRAFICO Il grafico della figura rappresenta la legge oraria $s(t)$ di un moto armonico.

a. Scrivi l'equazione di $s(t)$.

b. Determina la velocità in funzione del tempo e disegna il relativo grafico. [a) $s = 2\sin 2t$; b) $v = 4\cos 2t$]

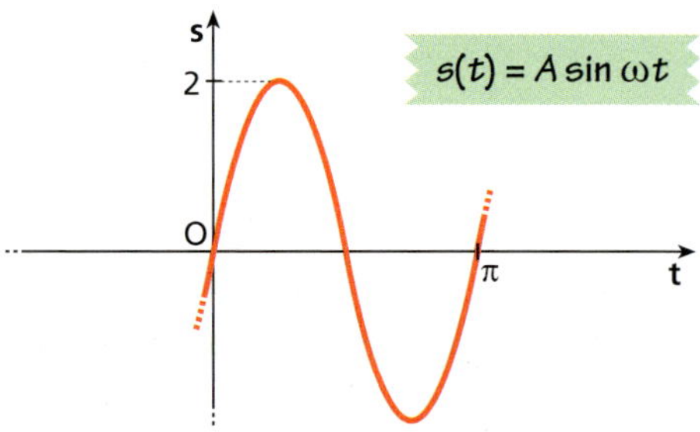

$$\vec{a}(t) = \begin{cases} x''(t) = 0 \\ y''(t) = \frac{4}{9} \end{cases}.$$

L'accelerazione è costante, di modulo $a = \frac{4}{9}$ m/s² e diretta lungo l'asse y, con verso positivo.

923 ●● Un corpo si muove in un piano in cui è stato fissato un riferimento cartesiano. L'espressione delle sue coordinate in funzione del tempo è data da:

$$\begin{cases} x = 4 - t + \frac{1}{2}t^2 \\ y = 3 + 4t \end{cases}.$$

a. Quanto vale il modulo della velocità dopo 4 secondi?

b. Come varia l'accelerazione in funzione del tempo? [a) 5 m/s; b) è costante]

924 ●○ La traiettoria descritta da un oggetto in un piano Oxy ha equazioni $\begin{cases} x = 4t \\ y = \frac{1}{2+t^2} \end{cases}$, dove t rappresenta il tempo in secondi e x e y sono espresse in metri. Scrivi l'equazione cartesiana della traiettoria e il modulo della velocità all'istante $t = 2$ s. $\left[y = \frac{16}{x^2+32}; v(2) = \frac{\sqrt{1297}}{9} \text{ m/s}\right]$

925 ●○ Le equazioni del moto di un punto P sono $x = t + 1$ e $y = 2t^2 - 1$, dove x e y sono espresse in metri e t in secondi.

a. Trova l'equazione cartesiana della traiettoria.

b. Calcola il modulo e la direzione della velocità all'istante $t = 2$ s.

c. Dimostra che l'accelerazione è costante. [a) $y = 2x^2 - 4x + 1$; b) $\sqrt{65}$ m/s, $\simeq 83°$; c) 4 m/s², 90°]

926 ●○ Una pallina si muove su un piano Oxy. Le leggi orarie del moto sono $\begin{cases} x = t + 1 \\ y = 2t^2 \end{cases}$, dove t rappresenta il tempo (in secondi) e x, y la posizione (in metri).

a. Trova l'equazione cartesiana della traiettoria.

b. Determina il modulo della velocità della pallina nell'istante iniziale e dopo 5 s.

c. Dimostra che l'accelerazione della pallina è costante al variare del tempo.

[a) $y = 2(x-1)^2$; b) $v(0) = 1$ m/s; $v(5) = 20{,}02$ m/s; c) $a = 4$ m/s²]

927 ●○ Un corpo si muove in un piano secondo le leggi orarie $\begin{cases} x = \sin t - 1 \\ y = \cos^2 t \end{cases}$, dove t rappresenta il tempo (in secondi) e x, y la posizione (in metri).

a. Scrivi l'equazione cartesiana della traiettoria.

b. Calcola il modulo della velocità e dell'accelerazione all'istante $t = 0$.

[a) $x^2 + y + 2x = 0$; b) $v(0) = 1$ m/s; $a(0) = 2$ m/s²]

928 ●● REALTÀ E MODELLI **Acrobazie in volo** Un aereo acrobatico sta iniziando un'evoluzione su un piano orizzontale; il moto del suo baricentro è descritto dalle seguenti equazioni, in cui x e y sono misurate in metri.

$$\begin{cases} x(t) = 70\cos\left(\frac{t+1}{2}\right)^2 \\ y(t) = 70\sin\left(\frac{t+1}{2}\right)^2 \end{cases}$$

a. Verifica che la traiettoria è una circonferenza e trovane il raggio.

b. Determina la velocità dell'aereo nell'istante $t_0 = 0$ s in cui il pilota inizia la manovra e all'istante $t_1 = 1{,}5$ s.

c. Qual è il primo istante in cui le componenti della velocità sono uguali? [b) 35 m/s; 87,5 m/s; c) 2,07 s]

11 Differenziale di una funzione

▶ Teoria a p. 1585

929 ESERCIZIO GUIDA Calcoliamo il differenziale dy della funzione $y = f(x) = \frac{x-1}{e^x}$.

Essendo $dy = f'(x) \cdot dx$, per calcolare il differenziale della funzione basta calcolare la sua derivata prima e moltiplicarla per dx.

$$f'(x) = \frac{e^x - (x-1)e^x}{e^{2x}} = \frac{e^x(1-x+1)}{e^{2x}} = \frac{2-x}{e^x} \quad \to \quad dy = \frac{2-x}{e^x}dx.$$

Calcola il differenziale dy delle seguenti funzioni.

930 $y = x^2 + \sin x$; $\quad y = \frac{x^4+1}{x}$. $\quad \left[dy = (2x + \cos x)\,dx;\ dy = \frac{3x^4-1}{x^2}dx\right]$

931 $y = \ln^3 x$; $\quad y = \sqrt{x^3 - x}$. $\quad \left[dy = \frac{3\ln^2 x}{x}dx;\ dy = \frac{3x^2-1}{2\sqrt{x^3-x}}dx\right]$

932 $y = \ln\frac{x+5}{x-2}$; $\quad y = \sin(4x^2-1)$. $\quad \left[dy = \frac{-7}{x^2+3x-10}dx;\ dy = 8x \cdot \cos(4x^2-1)\,dx\right]$

MATEMATICA E STORIA

Differenziali secondo Leibniz A Leibniz, assieme a Newton, si devono l'introduzione e i primi studi del calcolo infinitesimale. Fra l'altro, Leibniz coniò il termine «funzione» per indicare le caratteristiche di alcune curve, come l'andamento, la pendenza e la perpendicolare in un punto.
Nel suo *Nova methodus pro maximis et minimis*, del 1684, Leibniz scrive:
«Sia a una quantità data costante, sarà: $da = 0$ e $dax = adx$.
Addizione e sottrazione: se si ha $z - y + w + x = v$
sarà $d(z - y + w + x) = dv = dz - dy + dw + dx$.
Moltiplicazione: $dxv = xdv + vdx$».

a. Ricava la regola $dax = adx$ utilizzando le altre regole.

b. Applica la regola della moltiplicazione nel caso di x^2.

c. Leibniz si riferisce ai segmenti come dx, che compare in figura, come a «segmenti presi ad arbitrio». Spiega il significato geometrico della scrittura simbolica $\frac{dy}{dx}$ utilizzata per indicare la derivata di una funzione $y = f(x)$.

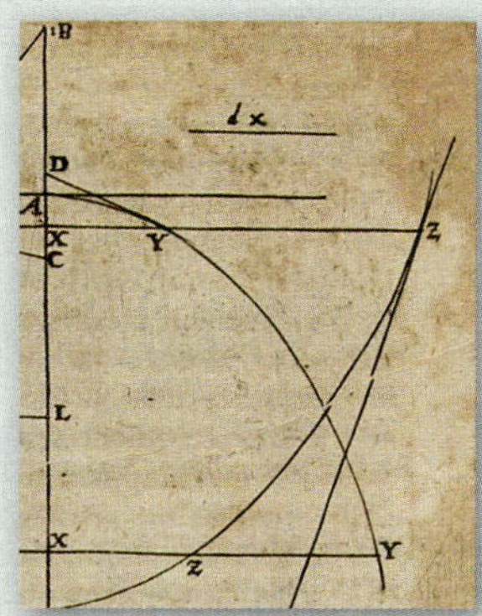

Risoluzione – Esercizio in più

Incremento di una funzione

933 ESERCIZIO GUIDA Calcoliamo l'incremento Δy della funzione $y = x^3 - 2x^2$ quando $x_0 = 1$ viene incrementato di $\Delta x = 0{,}023$.

Calcoliamo Δy direttamente, cioè valutiamo la funzione $f(x) = x^3 - 2x^2$ nei punti 1,023 e 1 e ne calcoliamo la differenza:

$$\Delta y = f(1{,}023) - f(1) = (1{,}023)^3 - 2 \cdot (1{,}023)^2 - (1-2) \simeq -0{,}02246.$$

Utilizzando il differenziale di $f(x)$, possiamo approssimare lo stesso risultato con calcoli più semplici:

$$\Delta y = f(x_0 + \Delta x) - f(x_0) \simeq f'(x_0) \cdot \Delta x = (3x_0^2 - 4x_0) \cdot \Delta x = (3-4) \cdot 0{,}023 = -0{,}023.$$

Calcola, sia direttamente sia con il differenziale, l'incremento Δy delle seguenti funzioni nei punti e per gli incrementi Δx indicati a fianco.

934 $y = 2x^4 - 2x^3$, $\quad x = 2, \Delta x = 10^{-3}$. $\quad [\Delta y \simeq 0{,}04]$

935 $y = \frac{x^3}{6} - 2x + 1$, $\quad x = 4, \Delta x = 0{,}01$. $\quad [\Delta y \simeq 0{,}06]$

936 $y = (2x^2 - 1)^4$, $x = -1, \Delta x = 10^{-4}$. $[\Delta y \simeq -0{,}0016]$

937 $y = x^3 \cdot e^x$, $x = 1, \Delta x = 0{,}05$. $[\Delta y \simeq 0{,}5437]$

938 $y = \dfrac{5}{x^2 - 1}$, $x = -2, \Delta x = 0{,}05$. $[\Delta y = 0{,}\bar{1}]$

939 $y = \dfrac{e^x}{x}$, $x = 2, \Delta x = 0{,}002$. $[\Delta y \simeq 0{,}0037]$

Valore approssimato di una funzione in un punto

940 ESERCIZIO GUIDA Calcoliamo il valore approssimato di $\ln(1{,}34)$.

Osserviamo che $\ln(1{,}34) = \ln(1 + 0{,}34)$. Allora possiamo calcolare il valore approssimato applicando la formula $f(x_0 + \Delta x) \simeq f(x_0) + dy = f(x_0) + \Delta x\, f'(x_0)$ alla funzione $f(x) = \ln x$, con $x_0 = 1$ e $\Delta x = 0{,}34$.

Poiché $f'(x_0) = \dfrac{1}{x_0} = 1$, otteniamo: $\ln(1 + 0{,}34) \simeq \ln(1) + 0{,}34 \cdot 1 = 0{,}34$.

Utilizza il differenziale per calcolare il valore approssimato dei seguenti numeri.

941 $\sqrt{4{,}005}$; $(2{,}039)^2$. $[2{,}00125; 4{,}156]$

942 $(1{,}028)^3$; $\sqrt[3]{8{,}012}$. $[1{,}084; 2{,}001]$

943 $\ln(1{,}03)$; $e^{0{,}09}$. $[0{,}03; 1{,}09]$

Problemi

944 Utilizzando il differenziale, calcola di quanto aumenta l'area di un cerchio se il raggio, lungo 4 m, aumenta di 2 mm. $[0{,}050265\ \text{m}^2]$

945 Un cilindro ha la base di area 4π m^2 e l'altezza lunga 8 m. Di quanto aumenta il volume se si aumenta il raggio di base di 3 cm? $[3{,}015929\ \text{m}^3]$

946 Un cubo ha il lato di 5 m. Di quanto aumenta il suo volume se si aumenta il lato di 4 cm? $[3\ \text{m}^3]$

947 Una sfera di raggio $r = 2$ m, facente parte di un monumento, deve essere completamente ricoperta da circa 5000 piccoli tasselli ceramici. Con il differenziale calcola quale area rimarrebbe scoperta se per un difetto di fabbricazione la sfera avesse il raggio più lungo di 1 cm e non si avessero a disposizione ulteriori tasselli. $[0{,}50\ \text{m}^2]$

948 Di quanto varia la forza gravitazionale tra due masse di 1 kg poste alla distanza di 10 km se si allontanano di 10 m? $\left(\text{Ricorda che la forza di attrazione tra due masse } m_1 \text{ e } m_2 \text{ a una distanza } r \text{ è } F = G\dfrac{m_1 m_2}{r^2}, \text{ con } G = 6{,}67 \cdot 10^{-11}\ \text{Nm}^2/\text{kg}^2.\right)$
[diminuisce di $1{,}334 \cdot 10^{-21}$ N]

949 Una corona circolare ha i raggi rispettivamente di 60 cm e 90 cm. Utilizzando il metodo del differenziale, determina di quanto aumenterebbe l'area della corona se il raggio interno si riducesse a 56 cm o di quanto aumenterebbe l'area se il raggio esterno aumentasse a 92 cm. $[1507{,}96\ \text{cm}^2; 1130{,}97\ \text{cm}^2]$

950 REALTÀ E MODELLI **Un cilindro per il grano** Un silo per contenere del grano ha la forma di un cilindro circolare retto, alto 20 m e con un raggio di 5 m. Calcola, utilizzando il differenziale, di quanto varia il volume del silo per una variazione generica del raggio Δr. Valuta poi la variazione del volume se il raggio aumentasse di 1 cm, 5 cm o 8 cm.
$[\Delta V = 6{,}28\ \text{m}^3; \Delta V = 31{,}4\ \text{m}^3; \Delta V = 50{,}3\ \text{m}^3]$

VERIFICA DELLE COMPETENZE ALLENAMENTO

UTILIZZARE TECNICHE E PROCEDURE DI CALCOLO

TEST

1 Quale funzione ha derivata diversa dalle altre? (Considera $x > 0$.)

A $y = \ln\sqrt{\frac{\pi}{2}} + \ln x^2$

B $y = 2\ln x + e^{\sqrt{2}}$

C $y = 2\ln 2x + \ln\frac{1}{2}$

D $y = \frac{1}{2}\ln 2x^2 + 2$

E $y = 4\ln\sqrt{x}$

2 È data la funzione: $y = (x^3 - 2x)^{\frac{5}{7}}$.

Una delle seguenti proposizioni è *falsa*. Quale?

A y è continua in tutto $\mathbb{R}$.

B $y'(0) = 0$

C Esistono punti in cui y non è derivabile.

D $y'(-1) = \frac{5}{7}$

E $y'(1) = \frac{5}{7}$

Calcola le derivate delle seguenti funzioni nel punto indicato, applicando la definizione, e conferma il risultato con le regole di derivazione.

3 $f(x) = x^2 + 2$, $c = 3$. $[6]$

4 $f(x) = \frac{3}{x^2}$, $c = 1$. $[-6]$

5 $f(x) = \frac{4}{2x-1}$, $c = -\frac{1}{2}$. $[-2]$

6 $f(x) = \sqrt{x+3}$, $c = 1$. $\left[\frac{1}{4}\right]$

7 $y = \sin 2x + 2x$, $c = \frac{\pi}{6}$. $[3]$

8 $y = \ln 4x$, $c = 1$. $[1]$

9 YOU & MATHS Calculate from first principles

$$\lim_{h\to 0}\left\{\frac{1}{h}\left[\frac{1}{(x+h)^3} - \frac{1}{x^3}\right]\right\},$$

where $x \neq 0$. Deduce an expression for $\frac{d}{dx}\left(\frac{1}{x^3}\right)$ from the result you have just found.

(UK *University of Essex*, First Year Examination)

$\left[\frac{d}{dx}\left(\frac{1}{x^3}\right) = -\frac{3}{x^4}\right]$

Calcola le derivate delle seguenti funzioni.

10 $y = x^5 - 3x^2 + \frac{2\sqrt{x}}{\sqrt[5]{x}}$ $\left[y' = 5x^4 - 6x + \frac{3}{5}\cdot\frac{1}{\sqrt[10]{x^7}}\right]$

11 $y = 5x^2 + x\cos x$ $[y' = 10x + \cos x - x\sin x]$

12 $y = x^2e^x + 3$ $[y' = e^x(2x + x^2)]$

13 $y = (x^2 - 2)^3$ $[y' = 6x(x^2 - 2)^2]$

14 $y = x^2e^{-x}$ $[y' = xe^{-x}(2 - x)]$

15 $y = x^3(4 - x^2)^2$ $[y' = -x^2(4 - x^2)(7x^2 - 12)]$

16 $y = \arctan\sqrt{x}$ $\left[y' = \frac{1}{2\sqrt{x}(1+x)}\right]$

17 $y = \ln\sqrt{\tan\frac{\pi}{12}}$ $[y' = 0]$

18 $y = \cos x(2\tan x + 1)$ $[y' = 2\cos x - \sin x]$

19 $y = \frac{\sqrt[3]{x^2}}{\sqrt{x}}$ $\left[y' = \frac{1}{6\sqrt[6]{x^5}}\right]$

20 $y = (2\sqrt{x} - 1)(x^3 - 4)$ $\left[y' = 7x^{\frac{5}{2}} - 3x^2 - 4x^{-\frac{1}{2}}\right]$

21 $y = \frac{2x^2 - x}{x^2 + 4x}$ $\left[y' = \frac{9}{(x+4)^2}\right]$

22 $y = \frac{1}{(x^3 + 4x + 2)^2}$ $\left[y' = \frac{-2(3x^2+4)}{(x^3+4x+2)^3}\right]$

23 ●○ $y = \sqrt{\tan x}$ $\left[y' = \frac{1 + \tan^2 x}{2\sqrt{\tan x}}\right]$

24 ●○ $y = xe^x \ln x$ $[y' = e^x(\ln x + x\ln x + 1)]$

25 ●○ $y = \frac{x}{\ln^2 x}$ $\left[y' = \frac{\ln x - 2}{\ln^3 x}\right]$

26 ●○ $y = e^{2x} + \sin^2 x$ $[y' = 2e^{2x} + 2\sin x \cos x]$

27 ●○ $y = \frac{\sqrt{x^2 + 4x}}{x}$ $\left[y' = \frac{-2}{x\sqrt{x^2 + 4x}}\right]$

28 ●○ $y = \frac{x + 1}{x - 2}$ $\left[y' = -\frac{3}{(x-2)^2}\right]$

29 ●○ $y = \frac{\ln x}{x^3}$ $\left[y' = \frac{1 - 3\ln x}{x^4}\right]$

30 ●○ $y = x^{\ln x}$ $\left[y' = x^{\ln x} \cdot \frac{2\ln x}{x}\right]$

31 ●○ $y = \sqrt{\sin x^2}$ $\left[y' = \frac{x\cos x^2}{\sqrt{\sin x^2}}\right]$

32 ●○ $y = \frac{2\sqrt[4]{x^3} - 3\sqrt[3]{x}}{\sqrt{x}}$ $\left[y' = \frac{1}{2\sqrt[4]{x^3}} + \frac{1}{2\sqrt[6]{x^7}}\right]$

33 ●○ $y = \ln x^2 + \frac{1}{2}\ln^2 x$ $\left[y' = \frac{1}{x}(2 + \ln x)\right]$

34 ●○ $y = \frac{x^2 - 2x + 3}{x - 1}$ $\left[y' = \frac{x^2 - 2x - 1}{(x-1)^2}\right]$

35 ●○ $y = \frac{3x}{(2x-1)^3}$ $\left[y' = -\frac{3(4x+1)}{(2x-1)^4}\right]$

36 ●○ $y = \frac{xe^{-x} + 4}{x}$ $\left[y' = -e^{-x} - \frac{4}{x^2}\right]$

37 ●● $y = \ln\cos x^4$ $[y' = -4x^3 \tan x^4]$

38 ●● $y = \arcsin\frac{x}{\sqrt{1 + x^2}}$ $\left[y' = \frac{1}{1 + x^2}\right]$

---

39 ●● $y = \sqrt{x} + \cos 2 + 2 \cdot 2^x$ $\left[y' = \frac{1}{2\sqrt{x}} + 2 \cdot 2^x \ln 2\right]$

40 ●● $y = x + \cos\frac{e^{\ln x}}{6x}$ $[y' = 1]$

41 ●● $y = 2\arctan\sqrt{\frac{2 - x}{2 + x}}$ $\left[y' = \frac{-1}{\sqrt{4 - x^2}}\right]$

42 ●● $y = \ln\frac{1 - e^x}{e^x} + \frac{1}{e^x - 1}$ $\left[y' = \frac{-1}{(e^x - 1)^2}\right]$

43 ●● $y = \frac{x^3 - 2x^2 + 1}{(x-1)^2} + 2\ln(x - 1)$ $\left[y' = \frac{x^2}{(x-1)^2}\right]$

44 ●● $y = \frac{9}{4}x(\sin\ln 2x - \cos\ln 2x)$ $\left[y' = \frac{9}{2}\sin\ln 2x\right]$

45 ●● **TEST** Data $x^2 + 3xy + y^2 = 5$, ricava $\frac{dy}{dx}$ nel punto $(1; -4)$.

A -2 B 1 C 0 D 3 E $(1; -4)$ non è un punto del grafico.

(USA *Southwest Virginia Community College Math Contest*)

Deriva le seguenti funzioni rispetto alla variabile indicata.

46 ●○ $y = x^2t^2 + 2\sin t$, t. $[y'_t = 2x^2t + 2\cos t]$

47 ●○ $y = x\sin\omega t + \omega^2 t$, ω. $[y'_\omega = xt\cos\omega t + 2\omega t]$

48 ●○ Calcola la derivata terza della funzione $y = xe^{2x}$. $[y''' = 4e^{2x}(3 + 2x)]$

49 ●○ **VERO O FALSO?**

a. La derivata centesima di $y = x^{100}$ è $y^{(100)} = 0$. V F

b. La derivata decima di $y = \frac{1}{x}$ è $y^{(10)} = \frac{1}{x^{10}}$. V F

c. La derivata ottantesima di $y = \cos x$ è $y^{(80)} = \cos x$. V F

50 ●○ Trova per quali valori di a e b per la funzione $y = a\cos x + b\sin x$ si ha:

$$y'''\left(\frac{\pi}{4}\right) = \sqrt{3} \quad \text{e} \quad y'\left(\frac{3}{2}\pi\right) = 4.$$

$[a = -4, b = -6]$

Determina le equazioni delle rette tangenti al grafico delle funzioni condotte dal punto indicato a fianco.

51 $y = \frac{x^2+2x}{x+1}$, $(-1;1)$. $\left[y = \frac{5}{4}x + \frac{9}{4}\right]$

52 $y = \frac{2x-1}{x}$, $(2;2)$. $[y = x]$

53 $y = 1 + \ln 2x$, $(0;0)$. $[y = 2x]$

54 $y = e^{x-3}$, $(2;0)$. $[y = x-2]$

RISOLVERE PROBLEMI

55 Determina le coordinate del punto P in cui la retta tangente al grafico della funzione $y = \frac{x+1}{2x}$ ha coefficiente angolare $m = -\frac{1}{2}$. $[P_1(-1;0); P_2(1;1)]$

56 Date le due curve di equazioni $y = \frac{4x-4}{x}$ e $y = \ln 4(x-1)$, determina gli eventuali punti aventi la stessa ascissa in cui le tangenti sono parallele. $[(2;2); (2;\ln 4)]$

57 Per quale valore del parametro k la tangente al grafico della funzione $y = \frac{kx}{x^2-1}$ nel suo punto di ascissa $x = -2$ è perpendicolare alla retta $2x - y = 1$? $\left[k = \frac{9}{10}\right]$

58 Determina i coefficienti a, b, c della funzione $y = ax^3 + x^2 + bx + c$ in modo che il suo grafico passi per il punto $A(0;2)$ e che nel punto $B(1;-1)$ abbia la tangente di coefficiente angolare -4. $[a=-1; b=-3; c=2]$

59 Scrivi l'equazione della retta che passa per l'origine ed è tangente alla curva di equazione $y = -\ln 2x$. $\left[y = -\frac{2}{e}x\right]$

60
a. Determina i coefficienti dell'espressione analitica della funzione $y = ax^5 + bx^2 + cx + d$, sapendo che la derivata quarta è $y^{(4)} = 24x$, che la derivata seconda y'' si annulla per $x = -1$ e che il grafico ha nel punto $P\left(1;\frac{6}{5}\right)$ una tangente di equazione $5y - 20x + 14 = 0$.
b. Trova l'equazione della retta tangente al grafico della funzione y nel punto di ascissa -1.

$\left[\text{a) } y = \frac{1}{5}x^5 + 2x^2 - x;\ \text{b) } 5y + 20x + 6 = 0\right]$

61 Considera le curve γ_1 e γ_2, rispettivamente di equazioni $y = \sqrt{\frac{x^2+12}{2x}}$ e $y = 2\sqrt{4x-7}$.
a. Verifica che γ_1 e γ_2 hanno un solo punto P in comune e ricavane le coordinate.
b. Trova le equazioni delle rette tangenti in P a entrambe le curve e verifica che sono tra loro perpendicolari.
c. Determina quale punto di γ_2 ha per tangente una retta che passa per l'origine del riferimento.

$\left[\text{a) } P(2;2);\ \text{b) } y = -\frac{1}{4}x + \frac{5}{2};\ y = 4x - 6;\ \text{c) } \left(\frac{7}{2}; 2\sqrt{7}\right)\right]$

62
a. Verifica, applicando la definizione di derivata, che la seguente funzione è derivabile in $x = 1$.

$$f(x) = \begin{cases} -\ln x - 2 & \text{se } 0 < x < 1 \\ x^2 - 3x & \text{se } x \geq 1 \end{cases}$$

b. Disegna il grafico di $f(x)$.
c. Trova eventuali punti che hanno la tangente parallela all'asse x e scrivi le equazioni di tali tangenti.

$\left[\text{c) } P\left(\frac{3}{2}; -\frac{9}{4}\right);\ y = -\frac{9}{4}\right]$

63 È data la funzione $f(x) = \begin{cases} \frac{x^2-4}{2x} & \text{se } x < 2, x \neq 0 \\ x\ln(x-1) & \text{se } x \geq 2 \end{cases}$.
a. Studia la continuità e la derivabilità di $f(x)$ in $x = 2$.
b. Studia la continuità e la derivabilità di $f(x)$ nel suo dominio.
c. Scrivi le equazioni delle tangenti nei punti $x = -1$ e $x = 2$.

$\left[\text{c) } y = \frac{5}{2}x + 4;\ y = x - 2;\ y = 2(x-2)\right]$

64 ●● Considera la funzione $f(x) = x^3 + 4$.

a. Dimostra che f è invertibile e, detta $x = f^{-1}(y)$ la funzione inversa, determina l'insieme dei punti y dove essa è derivabile.

b. Calcola la derivata di $f^{-1}(y)$ nel punto $y = -4$.

c. Nel sistema di riferimento Oxy determina le coordinate di un punto P in cui il grafico della funzione inversa abbia la retta tangente perpendicolare alla retta $y + 3x - 7 = 0$.

$\left[\text{a) } \mathbb{R} - \{4\}; \text{ b) } -\frac{1}{12}; \text{ c) } P_1(5; 1), P_2(3; -1)\right]$

ANALIZZARE E INTERPRETARE DATI E GRAFICI

TEST

65 ●○ È dato il seguente grafico di funzione.

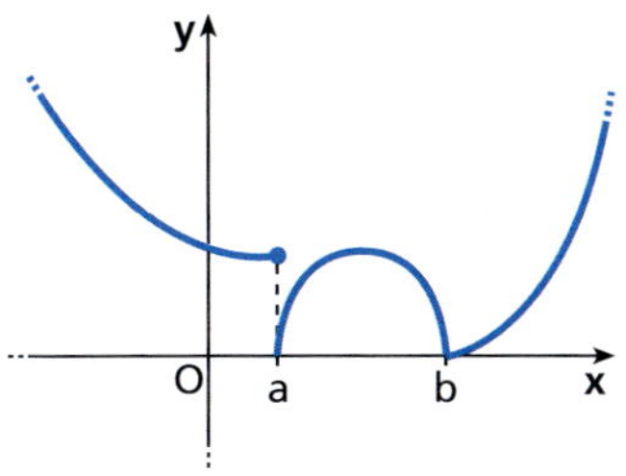

Possiamo affermare che la funzione:

A è continua ma non derivabile in $[0; b]$.

B è continua ma non derivabile in b.

C ha una cuspide in a.

D ha una cuspide in b.

E ha un punto stazionario in a.

66 ●○ La funzione che ha il grafico in figura è la derivata di:

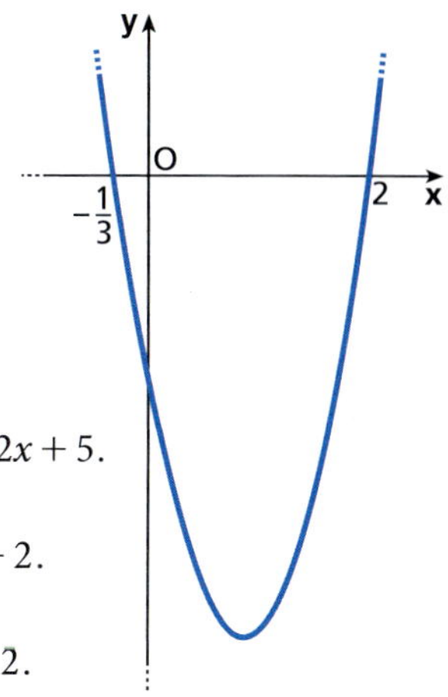

A $y = 3x - 5$.

B $y = x^3 - \frac{5}{2}x^2 - 2x + 5$.

C $y = \frac{x^3}{3} - \frac{5}{2}x^2 - 2$.

D $y = \frac{3}{2}x^2 - 5x - 2$.

E $y = \frac{x^3}{3} + \frac{x^2}{2} - 6x + 1$.

LEGGI IL GRAFICO Individua gli eventuali punti di discontinuità e non derivabilità delle funzioni rappresentate e classificali.

67 ●○

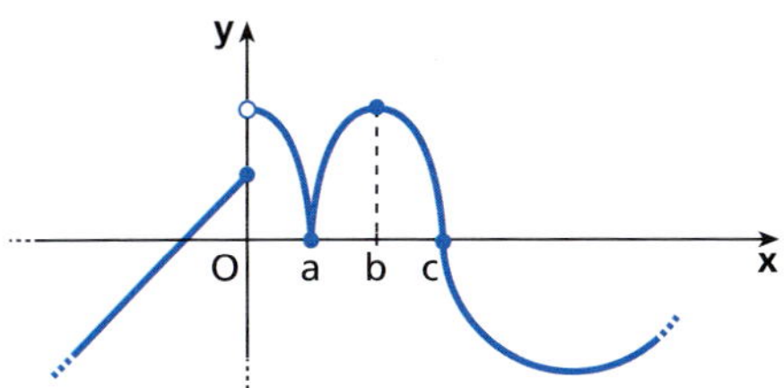

68 ●○

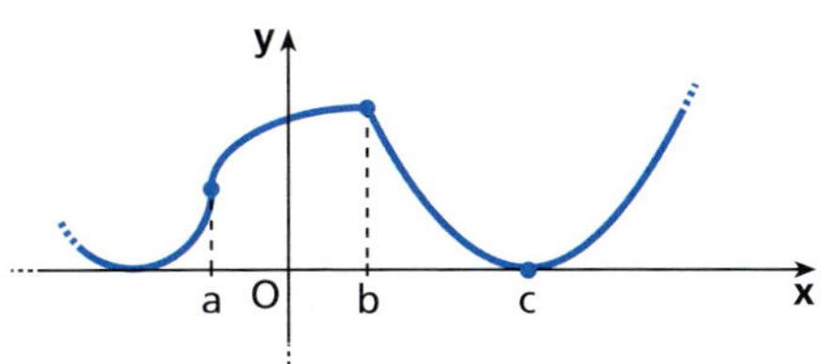

69 ●○ $f(x) = ax^3 - x^2 + bx + c$ e le rette r e s sono tangenti al grafico di $f(x)$ in A e B.

a. Trova a, b, c.

b. Scrivi le equazioni di r e s.

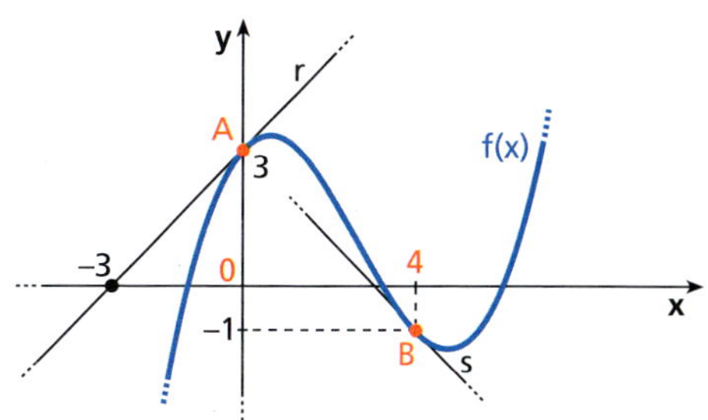

$\left[\text{a) } a = \frac{1}{8}; b = 1; c = 3; \text{ b) } y = x + 3, y = -x + 3\right]$

VERIFICA DELLE COMPETENZE VERSO L'ESAME

ARGOMENTARE E DIMOSTRARE

70 Per quale o quali valori di k la curva d'equazione $y = x^3 + kx^2 + 3x - 4$ ha una sola tangente orizzontale?
(Esame di Stato, Liceo scientifico, Corso di ordinamento, Sessione ordinaria, 2009, quesito 3)

71 Data la famiglia di funzioni $y = -x^3 + 6kx + 33$, trovare la funzione tangente nel punto di ascissa 3 a una retta parallela alla bisettrice del primo quadrante. Determinare l'equazione di detta tangente.
(Esame di Stato, Liceo scientifico, Corso di ordinamento, Sessione suppletiva, 2015, quesito 2)

72 Considera una funzione $f(x)$ pari e derivabile nell'intervallo $[-3; 3]$: puoi affermare che $f'(0) = 0$? Perché? Giustifica la tua risposta con degli esempi.

73 Considera le due funzioni $f(x) = x^2 - 3x + 8$ e $g(x) = x^3 - 11x + 10$, e determina la soluzione x_0 dell'equazione $f'(x) = g'(x)$ nell'intervallo $[1; 3]$. Cosa puoi dire relativamente al punto di ascissa x_0 sui grafici di f e di g?

74 Sia f la funzione definita da $f(x) = \pi^x - x^\pi$. Si precisi il dominio di f e si stabilisca il segno delle sue derivate, prima e seconda, nel punto $x = \pi$.
(Esame di Stato, Liceo scientifico, Corso di ordinamento, Sessione ordinaria, 2008, quesito 8)

75 Si trovi un polinomio di terzo grado $p(x)$ che si annulli per $x = -3$ e tale che la retta tangente alla curva $y = p(x)$ nel suo punto di ascissa zero abbia equazione $2x + y - 6 = 0$.
(Esame di Stato, Liceo scientifico, Scuole italiane all'estero, Sessione ordinaria, 2014, quesito 3)

76 Date le funzioni $f(x) = \sin x$ e $g(x) = |x|$, dimostra utilizzando la definizione di derivata che $f \circ g$ non è derivabile in 0. Rappresenta graficamente la funzione e fornisci un'interpretazione geometrica di questo fatto.

77 Si scriva l'equazione della tangente al diagramma della funzione $f(x) = \log_x 2$ nel punto P di ascissa $x = 2$.
(Esame di Stato, Liceo scientifico, Corso sperimentale, Sessione straordinaria, 2013, quesito 4)

78 Si scrivano le equazioni della tangente e della normale al diagramma della funzione

$$f(x) = \left(\frac{3}{4}x^2 - \frac{1}{4}\right)\log\frac{1+x}{1-x} - \frac{3}{2}x$$

nel punto P di ascissa $x = 0$. *(Esame di Stato, Liceo scientifico, Corso di ordinamento, Sessione suppletiva, 2014, quesito 4)*

79 Per il polinomio non nullo a coefficienti reali $f(x)$ vale la proprietà $f(x) = f'(x)f''(x)$. Qual è il coefficiente del termine di grado massimo di $f(x)$? (USA *Harvard-MIT Mathematics Tournament*)

$\left[\frac{1}{18}\right]$

80 Determinare la velocità di variazione dello spigolo di un cubo, sapendo che il volume del cubo è pari a 0,1 m^3 e sta diminuendo alla velocità di 1200 cm^3/s. *(Esame di Stato, Liceo scientifico, Sessione suppletiva, 2016, quesito 3)*

81 Una sfera ha il raggio che aumenta al passare del tempo secondo una data funzione $r(t)$. Calcolare il raggio della sfera nell'istante in cui la velocità di crescita della superficie sferica e la velocità di crescita del raggio sono numericamente uguali. *(Esame di Stato, Liceo scientifico, Sessione straordinaria, 2015, quesito 8)*

82
a. Considera le funzioni $f(x) = \frac{x^4 - 3x^2}{2x}$ e $g(x) = 2x^6 - x^4$ e indica se sono pari o dispari.
b. Calcola le derivate di $f(x)$ e di $g(x)$ e verifica se sono pari o dispari.
c. Si può generalizzare il risultato del punto b)? Cioè: la derivata di una funzione pari è dispari? La derivata di una funzione dispari è pari?

83 Se la funzione $f(x) - f(2x)$ ha derivata 5 in $x = 1$ e derivata 7 in $x = 2$, qual è la derivata di $f(x) - f(4x)$ in $x = 1$? *(Esame di Stato, Liceo scientifico, Corso sperimentale, Sessione ordinaria, 2013, quesito 2)*

84 Calcolare la derivata $f(x) = x \cdot e^x$, adoperando la definizione di derivata.
(*Esame di Stato, Liceo scientifico, Corso di ordinamento, Sessione suppletiva,* 2015, *quesito* 9)

85 Assegnata la funzione $y = e^{x^3-8}$:
a. verificare che è invertibile;
b. stabilire se la funzione inversa f^{-1} è derivabile in ogni punto del suo dominio di definizione, giustificando la risposta. (*Simulazione ministeriale dell'esame di Stato,* 22 aprile 2015, *quesito* 1)

86 Si determinino le costanti a, b, c in modo che le curve di equazioni $f(x) = x^2 + ax + b$ e $g(x) = x^3 + c$ siano tangenti nel punto $A(1; 0)$. Si determini l'equazione della tangente comune.
(*Esame di Stato, Liceo scientifico, Scuole italiane all'estero, Sessione ordinaria,* 2008, *quesito* 6)

87 Per quale valore del parametro k nella funzione $f(x) = \frac{kx^2 - 2x}{3x - 2}$ si ha $\lim_{x \to \infty} f'(x) = -2$? Che significato geometrico assume tale limite? $[k = -6]$

88 Una particella si muove lungo una certa curva secondo le seguenti leggi:
$$x(t) = 3 - 2\cos(t),\ y(t) = 2 + 3\sin(t).$$
Disegnare la traiettoria percorsa dalla particella per t che va da 0 a 2π secondi e determinare la velocità di variazione di θ, l'angolo formato dalla tangente alla traiettoria con l'asse x, per $t = \frac{2}{3}\pi$ secondi.
(*Esame di Stato, Liceo scientifico, Scuole italiane all'estero, Sessione ordinaria,* 2015, *quesito* 7)

89 Data la funzione $f(x) = \begin{cases} \sin x \log(\sin 2x) & \text{per } 0 < x < \frac{\pi}{2} \\ 0 & \text{per } x = 0 \end{cases}$, si provi che è continua, ma non derivabile, nel punto $x = 0$.
(*Esame di Stato, Liceo scientifico, Corso di ordinamento, Sessione suppletiva,* 2012, *quesito* 2)

90 La funzione $f(x) = \sin\sqrt[3]{x}$ è evidentemente continua nel punto $x = 0$. Si dimostri che nello stesso punto non è derivabile. (*Esame di Stato, Liceo scientifico, Corso di ordinamento, Sessione suppletiva,* 2014, *quesito* 2)

91 Si faccia un esempio di una funzione, definita per tutti i numeri reali x, che sia priva di derivata:
a. in un certo punto; b. in più punti; c. in infiniti punti.
(*Esame di Stato, Liceo scientifico, Scuole italiane all'estero (Europa), Sessione ordinaria,* 2013, *quesito* 5)

COSTRUIRE E UTILIZZARE MODELLI

92 **Verso l'alto** Una palla viene lanciata verticalmente in aria. La legge che descrive l'altezza della palla, misurata in metri, al variare del tempo, misurato in secondi, durante l'ascensione è approssimativamente $h = 1 + 6t - 5t^2$.
a. In quale istante raggiunge l'altezza massima? b. Qual è l'altezza massima raggiunta?
$\left[\text{a) } \frac{3}{5}\text{ s; b) } \frac{14}{5}\text{ m}\right]$

93 **Palloncini gonfiabili** Quando gonfi un palloncino introduci circa 0,5 dm^3 d'aria ogni secondo; supponiamo che la velocità di riempimento sia costante.

a. Scrivi la funzione che esprime il volume in litri dell'aria immessa nel palloncino in funzione del tempo misurato in secondi.
b. Approssimando il palloncino a una sfera, scrivi il suo raggio in funzione del tempo.
c. Determina la velocità con cui aumenta il raggio del palloncino.

$\left[\text{a) } V(t) = 0{,}5t;\ \text{b) } r(t) = \sqrt[3]{\frac{3t}{8\pi}};\ \text{c) } v = \frac{1}{3}\sqrt[3]{\frac{3}{8\pi t^2}}\right]$

RISOLVIAMO UN PROBLEMA

Demolizioni

Una sfera di metallo usata per le demolizioni si sta dilatando a causa di un aumento della temperatura. Indichiamo con $r(t)$ il suo raggio (misurato in cm) in funzione del tempo (misurato in ore) e supponiamo che la funzione $r(t)$ sia derivabile per $t > 0$.
All'istante $t = 1$ h la superficie della sfera è 240 dm^2 e il suo volume aumenta con velocità di 480 cm^3/h. Determina, in tale istante $t = 1$ h:

- il raggio della sfera e la velocità con cui aumenta;
- la velocità con cui aumenta la superficie della sfera.

▶ Modellizziamo il problema.

Scriviamo le funzioni che esprimono la superficie e il volume della sfera in funzione del tempo:

$$S(t) = 4\pi[r(t)]^2 \quad \text{e} \quad V(t) = \frac{4}{3}\pi[r(t)]^3.$$

La funzione che esprime la velocità con cui ciascuna grandezza aumenta è la derivata rispetto al tempo della funzione corrispondente.

▶ Calcoliamo il raggio all'istante $t = 1$ h.

$$S(1) = 24000 \text{ cm}^2 \rightarrow 4\pi[r(1)]^2 = 24000 \rightarrow [r(1)]^2 = \frac{6000}{\pi} \rightarrow r(1) = 10\sqrt{\frac{60}{\pi}} \simeq 43{,}7 \text{ cm}$$

▶ Calcoliamo la velocità con cui aumenta il raggio.

Utilizziamo la funzione volume $V(t)$ che deriviamo con la regola della funzione composta:

$$V'(t) = \frac{4}{3}\pi \cdot 3[r(t)]^2 \cdot r'(t) = 4\pi[r(t)]^2 \cdot r'(t) = S(t) \cdot r'(t).$$

Ricaviamo che $r'(t) = \dfrac{V'(t)}{S(t)}$.

Dai dati iniziali conosciamo $V'(1) = 480 \text{ cm}^3/\text{h}$ e $S(1) = 24000 \text{ cm}^2$, quindi:

$$r'(1) = \frac{V'(1)}{S(1)} = \frac{480 \text{ cm}^3/\text{h}}{24000 \text{ cm}^2} = 0{,}02 \text{ cm/h}.$$

▶ Calcoliamo la velocità con cui aumenta la superficie.

Deriviamo la funzione che esprime la superficie e sostituiamo i valori per $t = 1$ h:

$$S'(t) = 8\pi \cdot r(t) \cdot r'(t) \rightarrow S'(1) = 8\pi \cdot 10\sqrt{\frac{60}{\pi}} \cdot 0{,}02 = 1{,}6\sqrt{60\pi} \simeq 22{,}0 \text{ cm}^2/\text{h}.$$

94 •• **Tuffi** Aldo si tuffa da una piattaforma alta 5 m sopra la superficie del mare. I suoi tuffi possono essere descritti, nel riferimento Oxy in figura, dalla famiglia di parabole:

$$y = -\frac{1+m^2}{10}x^2 + mx + 5, \, m \in \mathbb{R}.$$

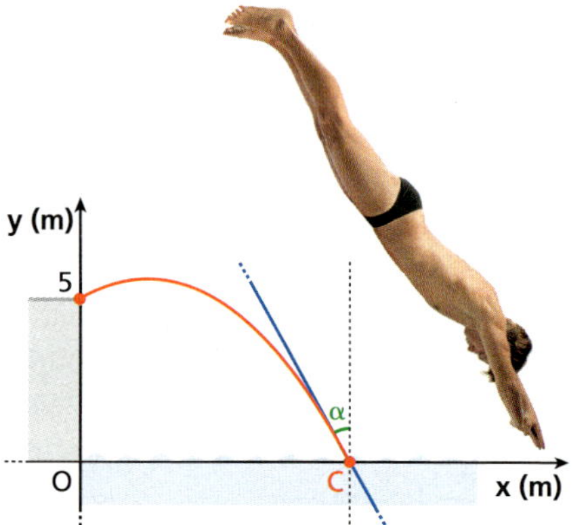

a. Ricava in funzione di m la tangente dell'angolo α $\left(0 < \alpha < \frac{\pi}{2}\right)$ che le braccia di Aldo formano con la verticale nel punto di ingresso in acqua e dimostra che:

$$0 < \tan\alpha \leq \frac{\sqrt{2}}{2}.$$

b. Determina il valore positivo di m per il quale $\alpha = 30°$ e calcola la distanza tra la base della piattaforma e il punto di ingresso in acqua per questo valore di m.

$\left[\text{a) } \tan\alpha = \dfrac{1}{\sqrt{3m^2+2}}; \text{ b) } \dfrac{\sqrt{3}}{3}, x_C \simeq 8{,}66 \text{ m}\right]$

95 •• **Crociera** Un'agenzia organizza una crociera nel Mediterraneo, in cui la nave deve percorrere 1200 miglia. Il consumo di combustibile, espresso in tonnellate per miglio, è proporzionale al quadrato della velocità, con il coefficiente di proporzionalità $k = 0{,}001$. Il costo per una tonnellata di combustibile è di € 407 e la spesa oraria complessiva per il personale di bordo è di € 4050.

a. Determina la funzione che esprime il costo totale della crociera, dovuto al carburante e al personale, in funzione della velocità v di navigazione.

b. Individua il punto stazionario di tale funzione.

$\left[\text{a) } C(v) = 1200\left(0{,}407v^2 + \dfrac{4050}{v}\right);\ \text{b) 17 nodi}\right]$

96 •• **IN FISICA** Un pallone sonda viene rilasciato da terra a un certo istante $t = 0$ e la sua ascesa verticale viene seguita nel tempo. Dai dati telemetrici si estrapola una funzione $y(t)$ che rappresenta la quota y (in metri) raggiunta dal pallone dopo un tempo t (in secondi) dalla partenza:

$$y(t) = \frac{5t(2t^2 - 7t + 8)}{t^2 - 2t + 2}.$$

a. In quali momenti, e a quali quote, la velocità del pallone è nulla?

b. Qual è, in m/s, la velocità di ascesa del pallone dopo 3 secondi dalla partenza?

c. Dimostra che la velocità di ascesa tende a stabilizzarsi nel tempo a un valore costante. Quale?

$\left[\text{a) } t = 1\text{ s},\ y = 15\text{ m};\ t = 2\text{ s},\ y = 10\text{ m};\ \text{b) 8 m/s; c) } \lim_{t \to +\infty} y'(t) = 10\text{ m/s}\right]$

97 •• **Un tuffo in piscina** Una piscina, a pianta rettangolare (5×16 m) e altezza che varia da 1 m a 2 m, viene riempita con delle pompe che forniscono 0,04 m³ di acqua al minuto. Sia $y(t)$ l'altezza (in metri) del livello dell'acqua al tempo t (misurato in minuti).

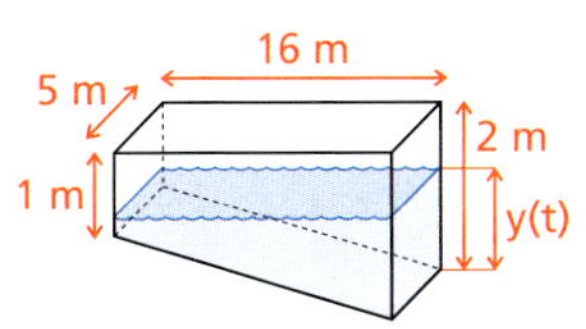

a. Stabilisci il dominio di $y(t)$ e determina la sua espressione analitica.

b. Determina la derivata di $y(t)$. La funzione è derivabile in tutti i punti del dominio?

c. Come puoi interpretare la funzione $y'(t)$?

$\left[\text{a) } D = [0; 3000];\ y(t) = \begin{cases} \dfrac{1}{10\sqrt{10}}\sqrt{t} & \text{se } 0 \le t < 1000 \\ \dfrac{t}{2000} + \dfrac{1}{2} & \text{se } 1000 \le t \le 3000 \end{cases};\ \text{b) derivabile in }]0; 3000[\right]$

98 •• **IN FISICA** Un giocatore di basket lancia il pallone dal punto O del sistema di riferimento in figura.

a. Scrivi l'equazione della traiettoria del pallone.

b. Se nel punto A la componente della velocità v_y è di 6 m/s, calcola quanto vale il modulo della velocità in quel punto.

$\left[\text{a) } y = -x^2 + 3x;\ \text{b) } v = 6\sqrt{2}\text{ m/s}\right]$

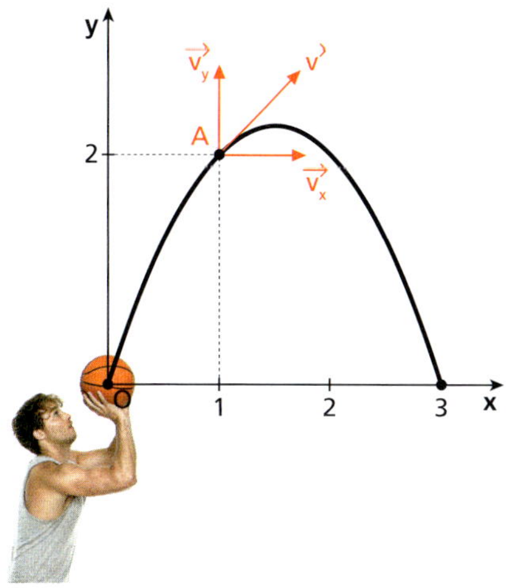

99 •• **Motocross** Prima di una gara di motocross, lo staff tecnico del favorito analizza nel dettaglio una doppia semicurva, il cui andamento è simmetrico rispetto all'origine del sistema cartesiano indicato in figura. In blu è colorata la tangente nel punto A.

a. Supponendo di poter approssimare l'andamento della curva con una funzione polinomiale di terzo grado, determina la sua espressione analitica.

b. Calcola le componenti, espresse in m/s, del vettore velocità in corrispondenza del punto di ascissa $x = -125$ nell'ipotesi di affrontare la curva a 40 m/s.

$\left[\text{a) } f(x) = 1{,}6 \cdot 10^{-5}x^3 + 0{,}1x;\ \text{b) } v_x = 30{,}5\text{ m/s};\ v_y = 25{,}9\text{ m/s}\right]$

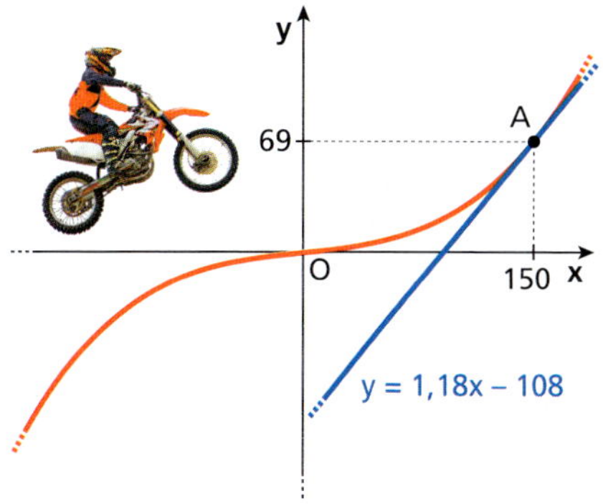

INDIVIDUARE STRATEGIE E APPLICARE METODI PER RISOLVERE PROBLEMI

LEGGI IL GRAFICO

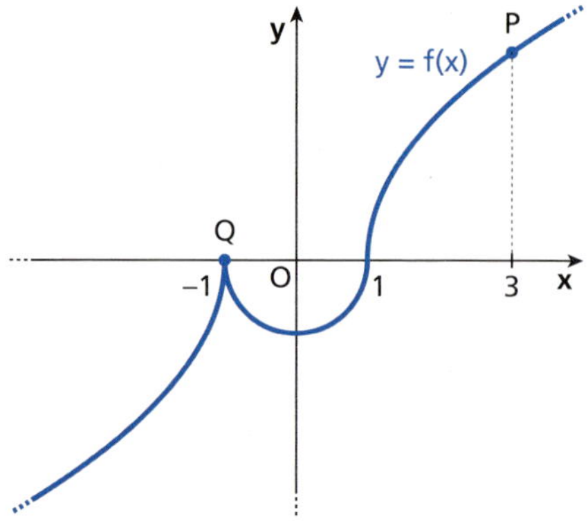

100 Determina l'espressione analitica della funzione $y = f(x)$ il cui grafico è composto da due rami di parabola, con asse coincidente con l'asse x e direttrice l'asse y, e da una semicirconferenza.

a. Studia la derivabilità della funzione e classifica gli eventuali punti di non derivabilità.

b. Verifica che la tangente al grafico in P passa per Q.

c. Ci sono altri punti del grafico con tangente parallela alla tangente in P?

$$\left[y = \begin{cases} -\sqrt{-4x-4} & \text{se } x \leq -1 \\ -\sqrt{1-x^2} & \text{se } -1 < x \leq 1; \text{ c) } (-3; -2\sqrt{2}); \left(\frac{\sqrt{3}}{3}; -\sqrt{\frac{2}{3}}\right) \\ \sqrt{4x-4} & \text{se } x > 1 \end{cases} \right]$$

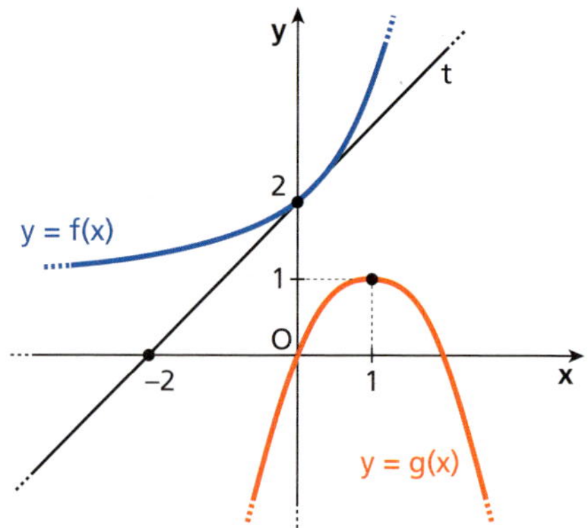

101 **a.** Nella figura è rappresentata la funzione $f(x) = ae^{bx}$ il cui grafico è tangente alla retta t. Trova a e b.

b. Determina l'espressione di $y = g(x)$, il cui grafico è una parabola.

c. Sia $h(x) = f(g(x))$. Determina le normali al grafico di h nei punti di ascissa 0 e 2.

$\left[\text{a) } a = 2, b = \frac{1}{2}; \text{ b) } y = -x^2 + 2x;\right.$

$\left.\text{c) } x + 2y - 4 = 0; x - 2y + 2 = 0\right]$

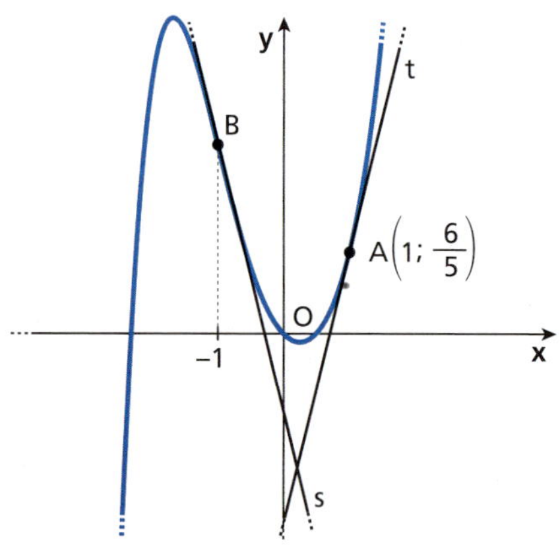

102 **a.** Determina i coefficienti dell'espressione analitica della funzione $y = ax^5 + bx^2 + cx + d$ rappresentata nella figura, sapendo che la derivata quarta è $y^{(4)} = 24x$ e la derivata seconda y'' si annulla per $x = -1$.

b. Applicando la definizione di derivata alla funzione $y''(x)$, verifica che $y'''(x) = 12x^2$.

c. Determina il punto di intersezione delle rette s e t tangenti al grafico in A e B.

$\left[\text{a) } y = \frac{1}{5}x^5 + 2x^2 - x; \text{ c) } \left(\frac{1}{5}; -2\right)\right]$

103 **a.** Trova a, b, c in modo che per la funzione $f(x) = a \ln(x + b) + c$ si abbia $f(0) = 1, f'(0) = 1, f''(0) = -1$.

b. Rappresenta il grafico di $f(x)$ e traccia le tangenti nei suoi punti di intersezione con gli assi cartesiani.

c. Disegna nello stesso piano cartesiano di $f(x)$ il grafico di $f'(x)$ e determina l'angolo formato dalle tangenti al grafico di $f(x)$ e di $f'(x)$ nel loro punto comune.

$\left[\text{a) } a = 1, b = 1, c = 1; \text{ b) } y = ex - 1 + e, y = x + 1; \text{ c) } \frac{\pi}{2}\right]$

104 Date le funzioni $f(x) = x \ln \frac{1}{x}$ e $g(x) = [f(x)]^2 + 2f(x)$:

a. giustifica che $f(x)$ è una funzione derivabile in $\mathbb{R}^+$ e trova la sua derivata prima;

b. giustifica che $g(x)$ è una funzione derivabile in $\mathbb{R}^+$ e che risulta $g'(x) = 2f'(x) \cdot [f(x) + 1]$;

c. dimostra che le tangenti ai grafici di $f(x)$ e $g(x)$ nel punto di ascissa $x = \frac{1}{e}$ sono parallele e che esiste solo un altro punto in cui i due grafici hanno la tangente parallela.

105 Data la funzione $f(x) = ax(b + |x|)$, con $a, b \in \mathbb{R}_0$:

a. verifica che $f(x)$ è derivabile in $\mathbb{R}$;

b. determina i coefficienti a e b in modo che la retta tangente nell'origine sia parallela alla retta $12x - 2y + 5 = 0$ e che la retta tangente nel punto di ascissa $\frac{1}{3}$ abbia coefficiente angolare uguale a 8;

c. considera la funzione $g(x) = e^{f(x)}$ e verifica che è anch'essa derivabile in tutto $\mathbb{R}$ e che $g'(x) = 0$ negli stessi punti in cui $f'(x) = 0$.

[b) $a = 3, b = 2$]

106 **a.** Determina i valori di a, b, c per la funzione $f(x) = \frac{ax^2 + bx + c}{x^2}$, sapendo che il grafico di $f(x)$ ha per asintoto orizzontale la retta $y = 2$ e che nel punto $P(1; -1)$ ha per tangente una retta che forma con gli assi cartesiani un triangolo la cui area è uguale a $\frac{9}{4}$. (Tra i valori trovati considera solo la soluzione con numeri interi.)

b. Traccia il grafico probabile della funzione e individua il punto stazionario.

$\left[\text{a) } a = 2, b = -4, c = 1; \text{ b) } \left(\frac{1}{2}; -2\right)\right]$

107 Sia data la funzione $f(x) = \begin{cases} be^{ax} + a & \text{se } x \leq 0 \\ 2b + \arctan(ax) & \text{se } x > 0 \end{cases}$, con $a, b > 0$.

a. Determina a e b in modo che $f(x)$ sia continua e derivabile per ogni $x \in \mathbb{R}$.

b. Per i valori di a e b trovati, ricava l'equazione della retta tangente al grafico di $f(x)$ nel suo punto di intersezione con l'asse y.

c. La funzione $f(x)$ così determinata ammette derivata seconda per $x = 0$? Motiva la risposta.

[a) $a = b = 1$; b) $y = x + 2$; c) no]

108 **a.** Trova per quali valori di a e $b \in \mathbb{R}$ per la funzione $f(x) = \ln \frac{ax^2}{x^2 + b}$ si ha $f(1) = -\ln 3$, $f'(2) = \frac{1}{3}$ e verifica che $f''(1) = -\frac{20}{9}$.

b. Determina poi il punto A del grafico di $f(x)$ in cui la tangente è parallela alla retta di equazione $4x - 3y = 0$.

c. Detto B il punto del grafico di $f(x)$ di ascissa $x = 2$, ricava $\tan\alpha$, essendo α l'angolo formato dalle rette tangenti nei punti A e B.

$\left[\text{a) } a = 1, b = 2; \text{ b) } A(1; -\ln 3); \text{ c) } \tan\alpha = \frac{9}{13}\right]$

109 Della parabola $f(x) = ax^2 + bx + c$ si hanno le seguenti informazioni, tutte localizzate nel punto $x = 0$: $f(0) = 1$, $f'(0) = 0$, $f''(0) = 2$.

a. Determinata la parabola, si scrivano le equazioni delle tangenti a essa condotte per il punto P dell'asse y di modo che valga 60° l'angolo $A\widehat{P}B$, essendo A e B i rispettivi punti di tangenza.

b. Accertato che il punto P ha ordinata $\frac{1}{4}$, si scriva l'equazione della circonferenza passante per A, B e P.

(Esempio 2 di prova del Nuovo Esame di Stato di Liceo scientifico proposto dal M.P.I. per corsi tradizionali)

$\left[\text{a) } y = x^2 + 1; \ y = \pm\sqrt{3}\,x + \frac{1}{4}; \text{ b) } x^2 + y^2 - \frac{5}{2}y + \frac{9}{16} = 0\right]$

110 Sia $f(x) = x - x^3$ sull'intervallo $[-2; 2]$.

1. Trovare m e n tali che la retta r d'equazione $y = mx + n$ sia tangente al grafico di f nel punto $(-1, 0)$.

2. Una seconda retta s passante per $(-1, 0)$ è tangente al grafico di f in un punto (a, b). Determinare a e b.

3. Dare una valutazione dell'angolo compreso tra le due rette r ed s.

[...] *(Esame di Stato, Liceo scientifico, Scuole italiane all'estero (calendario australe), Sessione suppletiva, 2006, problema 2)*

$\left[1) \ m = -2; n = -2; \ 2) \ a = \frac{1}{2}, b = \frac{3}{8}; \ 3) \simeq 77°\right]$

VERIFICA DELLE COMPETENZE PROVE

1 ora

PROVA A

1 Calcola attraverso la definizione la derivata della funzione $f(x) = x^2 - 2x$ nel punto $x_0 = 2$.

2 Calcola le derivate delle seguenti funzioni:

a. $y = \frac{5x^3 + 1}{3 - x^2}$;

b. $y = \sqrt{x}\, e^{3x^2+1}$;

c. $y = -3e^x + 5x^3$;

d. $y = 2\cos(3 - x^2)$;

e. $y = \left(\tan\frac{1}{x}\right)^2$;

f. $y = \ln\frac{x^5 - 6}{\sqrt{x}}$.

3 Nella figura è rappresentata una funzione $f(x)$. Il grafico è costituito da due archi di parabola che si congiungono nel punto A.

a. Scrivi l'equazione di $f(x)$.

b. Studia la derivabilità di $f(x)$ in A.

c. Scrivi le equazioni delle rette tangenti in O e in B.

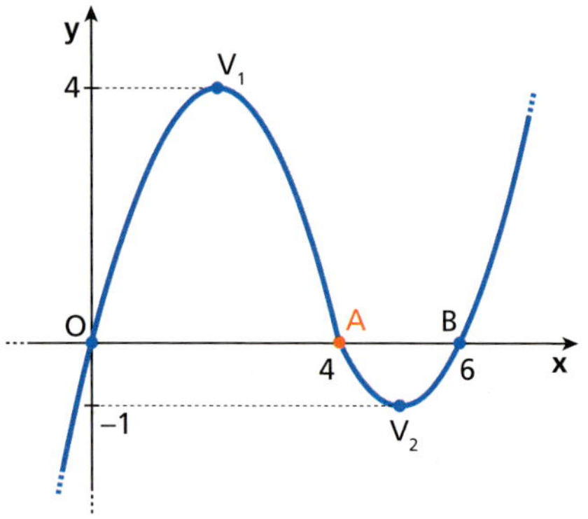

4 Data la curva di equazione $y = \frac{x - 4}{2x + 1}$, determina l'equazione della retta tangente nel suo punto di ascissa 1 e stabilisci se ci sono dei punti della curva con tangente parallela alla precedente.

5 Determina a e b in modo che il grafico della funzione $f(x) = ax^3 + x^2 + bx$ abbia per tangente la retta di equazione $y = 4x - 5$ nel punto $x = 1$.

6 La legge oraria del moto di un corpo che si muove di moto rettilineo è $s(t) = \frac{t^3}{3} - 3t^2 + 8t + 5$.

a. Determina la velocità e l'accelerazione in funzione del tempo.

b. In quale istante la velocità istantanea è 3 m/s?

PROVA B

1 Calcola le derivate delle seguenti funzioni.

a. $y = \sqrt{\arcsin\frac{x}{2}} + \arctan\frac{x}{2}$

b. $y = \frac{3}{x^{\cos x}}$

c. $y = \ln\frac{1 + \cos x}{1 - \cos x}$

d. $y = \frac{x^2 e^x + 2}{4 - x^2 e^x}$

2 Dimostra che $f(x) = x^3$ è derivabile in $x = 0$ ma la sua funzione inversa non è derivabile in tale punto.

3 Trova i coefficienti della funzione $f(x) = \frac{a}{x} + bx^2 + c$, sapendo che $f'''(x) = \frac{6}{x^4}$, il suo grafico passa per $A(1; 4)$ e la derivata prima si annulla per $x = -\frac{1}{2}$.

4 Determina per quale valore dei parametri m e q la retta di equazione $y = mx + q$ è tangente al grafico della funzione $f(x) = \tan x - x$ nel punto di coordinate $\left(\frac{\pi}{4}; 1 - \frac{\pi}{4}\right)$.

5 Dimostra che la funzione

$$f(x) = \sqrt{x+6}$$

è biunivoca. Applicando la regola di derivazione della funzione inversa, deduci l'espressione della derivata di $f^{-1}(x)$. Conferma il risultato determinando la funzione inversa e quindi la sua derivata.

6 Un punto si muove nel piano Oxy secondo le equazioni

$$x(t) = 2\sin t \text{ e } y(t) = \sin^2 2t,$$

con x e y in metri e t in secondi $(t \geq 0)$.

a. Determina l'equazione della traiettoria.

b. Ricava i moduli della velocità e dell'accelerazione all'istante $t = \frac{\pi}{3}$ s.

PROVA C

Parco acquatico Lo scivolo di una piscina ha un profilo come quello rappresentato dal grafico della funzione in figura, composto dall'arco di parabola $\widehat{AB}$ di vertice A, avente come asse di simmetria l'asse y, e dall'arco $\widehat{BCD}$ che ha equazione del tipo

$$y = a - \sqrt{b - x^2 + 16x}\,.$$

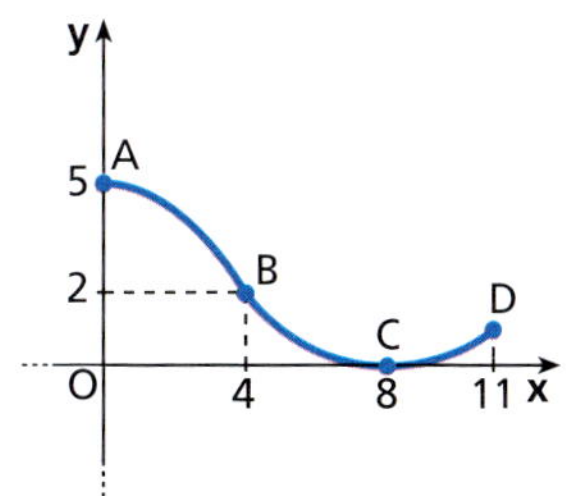

a. Scrivi l'espressione analitica della funzione che esprime il profilo dello scivolo.

b. Se un ragazzo scivola giù dal punto A, con quale direzione lascia il punto D?

c. Stabilisci se la funzione è derivabile nel punto B.

PROVA D

1 Sia f una funzione derivabile in un intorno di $x_0 = 2$, con $f(2) = 5$ e $f'(2) = 10$. Quali sono le derivate delle funzioni

$$g(x) = \sqrt{f(x) - 1} \text{ e } h(x) = \ln f(x)$$

in $x_0 = 2$?

2 Dimostra, con l'utilizzo delle derivate, che la tangente a una circonferenza è perpendicolare al raggio nel punto di tangenza.

3 a. Determina l'equazione della parabola γ, sapendo che la tangente in A è parallela alla retta r.

b. Determina l'espressione della funzione polinomiale di quarto grado $f(x)$ il cui grafico è tangente a γ in A e alla retta r in B, e passa per il punto C.

c. Sia $g(x) = f''(x)$. Determina se esistono delle rette tangenti al grafico di g parallele alla tangente a γ nel suo punto di ascissa -2.

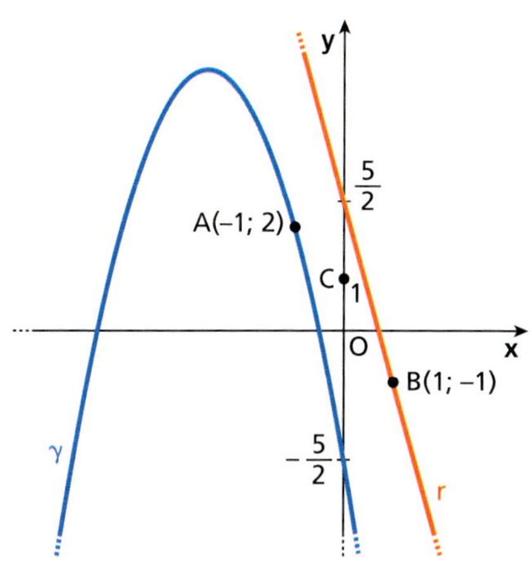

CAPITOLO 26 TEOREMI DEL CALCOLO DIFFERENZIALE

1 Teorema di Rolle

▶ Esercizi a p. 1672

Esaminiamo in questo capitolo alcuni teoremi che permettono di affrontare lo studio dettagliato di una funzione, in quanto forniscono strumenti per la ricerca dei massimi e dei minimi e per il calcolo dei limiti. Iniziamo con il teorema di Rolle.

TEOREMA

Teorema di Rolle

Data una funzione $f(x)$ definita in un intervallo limitato e chiuso $[a; b]$ tale che

- $f(x)$ è continua in $[a; b]$,
- $f(x)$ è derivabile in $]a; b[$,
- $f(a) = f(b)$,

allora esiste almeno un punto c, interno all'intervallo, per il quale risulta $f'(c) = 0$.

DIMOSTRAZIONE

Poiché $f(x)$ per ipotesi è continua nell'intervallo chiuso $[a; b]$, per il teorema di Weierstrass, essa ammette massimo M e minimo m in tale intervallo, cioè esistono $c, d \in [a; b]$ tali che:

$$m = f(c) \leq f(x) \leq f(d) = M \qquad \forall x \in [a; b].$$

- **Primo caso:** $m = M$. Allora:

$$m = f(c) = f(x) = f(d) = M \qquad \forall x \in [a; b],$$

e quindi f è costante. Pertanto la sua derivata è nulla per ogni $x \in [a; b]$.

- **Secondo caso:** $m < M$. La funzione non è costante e, poiché $f(a) = f(b)$ per ipotesi, almeno uno dei punti c e d deve essere interno all'intervallo $[a; b]$.
Per esempio, supponiamo che c sia interno all'intervallo.
Essendo $f(c)$ il valore minimo, per ogni incremento h (positivo o negativo) tale che $c + h \in]a; b[$ si ha:

$$f(c + h) \geq f(c), \quad \text{cioè} \quad f(c + h) - f(c) \geq 0.$$

Allora, considerando i rapporti incrementali relativi al punto c, risulta:

$$\frac{f(c + h) - f(c)}{h} \geq 0, \qquad \text{per } h > 0;$$

$$\frac{f(c+h)-f(c)}{h} \leq 0, \qquad \text{per } h<0.$$

L'inverso del teorema della permanenza del segno afferma che, se esiste un intorno del punto x_0 in cui $f(x) \geq 0$ e se esiste $\lim_{x \to x_0} f(x) = l$, allora $l \geq 0$. Applicandolo, otteniamo:

$$\lim_{h \to 0^+} \frac{f(c+h)-f(c)}{h} \geq 0 \quad \text{e} \quad \lim_{h \to 0^-} \frac{f(c+h)-f(c)}{h} \leq 0.$$

I due limiti rappresentano rispettivamente la derivata destra e sinistra di $f(x)$ in c e, poiché $f(x)$ è derivabile, devono essere finiti e coincidenti, pertanto:

$$f'(c) = \lim_{h \to 0} \frac{f(c+h)-f(c)}{h} = 0.$$

Il teorema si dimostra analogamente nel caso in cui d, anziché c, sia interno all'intervallo $[a; b]$.

Da un punto di vista geometrico, il teorema di Rolle dice che, quando sono verificate le sue ipotesi, esiste sempre un punto c in cui la tangente al grafico è parallela alla retta AB e quindi all'asse x.
Osserviamo che il teorema garantisce l'esistenza di almeno un punto $c \in]a; b[$ in cui la derivata di f si annulla, ma nulla vieta che i punti siano più di uno (figura **a**).
Se una delle ipotesi non è soddisfatta, il teorema può non essere verificato (figura **b**).

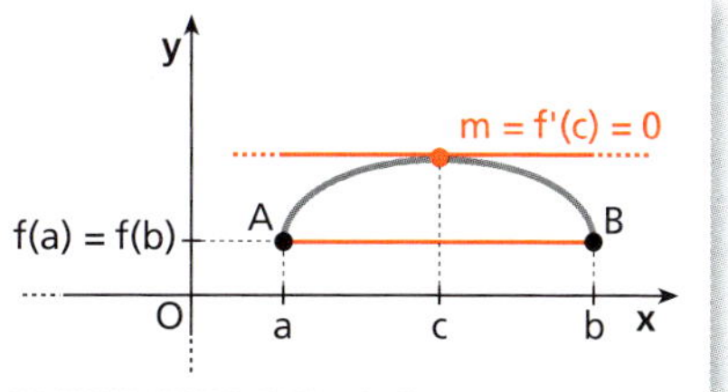

Animazione

Studiamo il significato geometrico del teorema di Rolle utilizzando una figura dinamica, il grafico di
$f(x) = x^3 - 6x^2 + 9x + \frac{1}{2}$
e l'intervallo
$[2-\sqrt{3}; 2+\sqrt{3}]$.

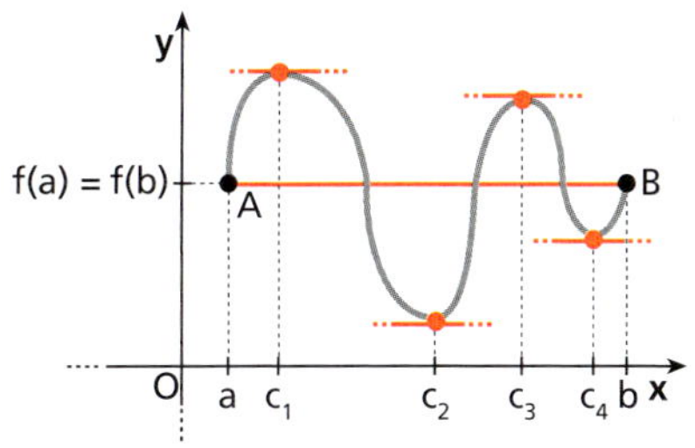

a. Il grafico di questa funzione presenta più punti in cui la tangente è parallela alla retta AB e all'asse x. In questi punti $f'(x) = 0$.

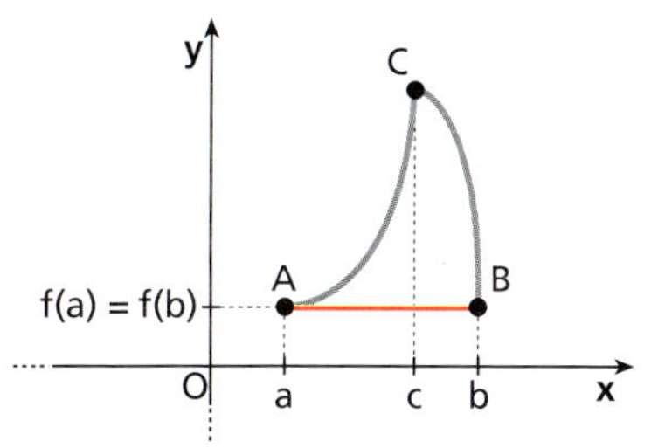

b. Per $x = c$ la funzione non è derivabile. Il suo grafico è privo di punti in cui la tangente è parallela alla retta AB e all'asse x.

▶ Quale delle due funzioni verifica le ipotesi del teorema di Rolle nell'intervallo $[-2; 2]$?
a. $y = |x| - 1$
b. $y = x^4 - x^2$

ESEMPIO

Consideriamo, nell'intervallo $[-1; 1]$, la funzione $f(x) = x^4 - 2x^2$.
$f(x)$ è continua e derivabile $\forall x \in \mathbb{R}$, e ha derivata $f'(x) = 4x^3 - 4x$.
Inoltre $f(-1) = -1 = f(1)$. Quindi sono verificate le ipotesi del teorema di Rolle.
In questo caso, esistono tre punti in $[-1; 1]$ per i quali la derivata si annulla, infatti:

$$f'(x) = 0 \to 4x^3 - 4x = 0 \to x(x^2-1) = 0,$$

da cui:

$$x_1 = -1, \quad x_2 = 0, \quad x_3 = 1.$$

In particolare, $x_2 \in]-1; 1[$ e quindi il teorema è verificato.

TEORIA

Video

Teorema di Lagrange
Perché il teorema di Lagrange vale solo se sono rispettate determinate ipotesi?

2 Teorema di Lagrange

Esercizi a p. 1675

TEOREMA

Teorema di Lagrange o teorema del valore medio

Se una funzione $f(x)$ è

- continua nell'intervallo limitato e chiuso $[a;b]$,
- derivabile in ogni punto interno a esso,

allora esiste almeno un punto c interno all'intervallo per cui vale la relazione:

$$\frac{f(b)-f(a)}{b-a}=f'(c).$$

DIMOSTRAZIONE

Consideriamo la funzione:

$$F(x)=f(x)-kx, \qquad \text{con } k\in\mathbb{R}.$$

- $F(x)$ è continua in $[a;\, b]$, perché somma di funzioni continue in $[a;\, b]$;
- $F(x)$ è derivabile in $]a;\, b[$, perché somma di funzioni derivabili in $]a;\, b[$.

Determiniamo k in modo che $F(x)$ soddisfi la terza ipotesi del teorema di Rolle, e cioè si abbia $F(a)=F(b)$.
Deve essere:

$$f(a)-ka=f(b)-kb \quad\rightarrow\quad k=\frac{f(b)-f(a)}{b-a}.$$

Sostituiamo nella funzione $F(x)=f(x)-\dfrac{f(b)-f(a)}{b-a}x$.

Poiché $F(x)$ soddisfa le ipotesi del teorema di Rolle, esiste almeno un punto $c\in\,]a;\, b[$ tale che $F'(c)=0$. Calcoliamo la derivata di $F(x)$,

$$F'(x)=f'(x)-\frac{f(b)-f(a)}{b-a},$$

da cui:

$$F'(c)=f'(c)-\frac{f(b)-f(a)}{b-a}=0.$$

Otteniamo la tesi:

$$f'(c)=\frac{f(b)-f(a)}{b-a}.$$

Diamo un'interpretazione geometrica del teorema.

Essendo $y=f(x)$ derivabile nell'intervallo aperto $]a;b[$, il corrispondente grafico in tutti i suoi punti è dotato di retta tangente. Il teorema afferma che deve esserci almeno un punto c per il quale questa retta tangente è parallela alla congiungente i punti del grafico A e B rispettivamente di ascisse a e b.

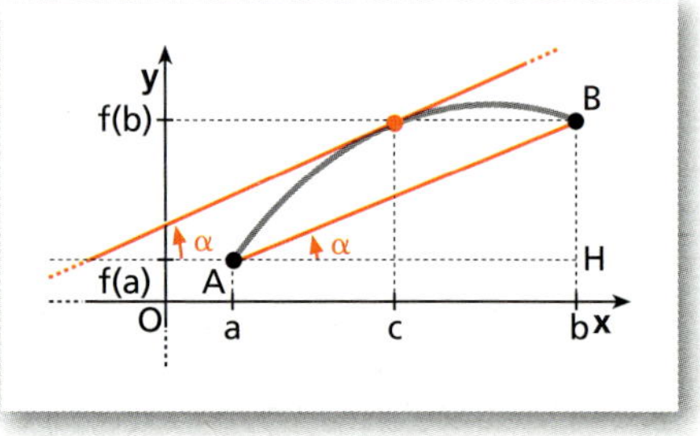

Animazione

Con una figura dinamica, studiamo il significato geometrico del teorema di Lagrange, considerando la funzione
$f(x)=-\dfrac{x^2}{4}+2x$
nell'intervallo [1; 6].

La tangente al grafico della funzione nel punto di ascissa c ha coefficiente angolare $f'(c)$.

Determiniamo il coefficiente angolare della retta AB.

Nel triangolo rettangolo ABH è:

$$\tan\alpha = \frac{\overline{HB}}{\overline{AH}}, \qquad \text{con } \overline{HB} = f(b) - f(a) \text{ e } \overline{AH} = b - a.$$

Il coefficiente angolare di AB è: $\tan\alpha = \dfrac{f(b) - f(a)}{b - a}$.

Se la tangente in c alla curva è parallela ad AB, ha lo stesso coefficiente angolare, perciò:

$$f'(c) = \frac{f(b) - f(a)}{b - a}.$$

Anche per il teorema di Lagrange valgono osservazioni analoghe a quelle fatte per il teorema di Rolle.

Il teorema afferma che esiste *almeno* un punto $c \in]a;b[$, ma nulla vieta che i punti siano più di uno, come si vede nella figura a lato.

Il grafico di questa funzione ha più punti in cui la tangente è parallela alla retta AB.

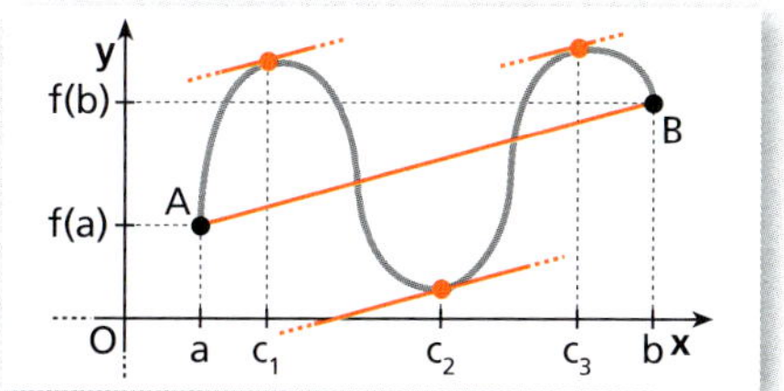

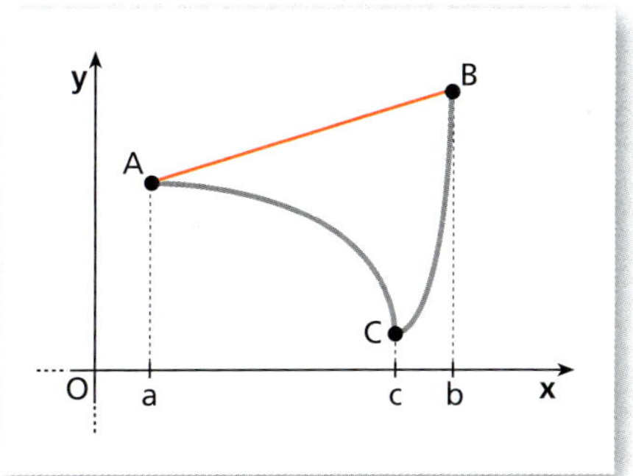

Se una delle ipotesi non è soddisfatta, il teorema può non risultare verificato, come evidenzia l'esempio della figura a lato, in cui nel punto c la funzione non è derivabile. Non esiste alcun punto in cui la tangente alla curva sia parallela alla retta AB. Per $x = c$ la funzione non è derivabile. Il suo grafico **non** ha punti in cui la tangente è parallela alla retta AB.

Listen to it

The **Mean-Value Theorem**, attributed to Joseph Louis Lagrange, has a geometric implication. The theorem guarantees the existence of a tangent line that is parallel to the secant line through the points (a; $f(a)$) and (b; $f(b)$).

ESEMPIO

Consideriamo, nell'intervallo [1; 2], la funzione $f(x) = \dfrac{x^2 + 1}{x}$.

La funzione è continua e derivabile per ogni $x \neq 0$. Quindi sono soddisfatte le ipotesi del teorema di Lagrange.

Verifichiamo che esiste un punto $c \in]1; 2[$ tale che $f'(c) = \dfrac{f(2) - f(1)}{2 - 1}$.

Poiché

$$f'(x) = \frac{2x \cdot x - 1 \cdot (x^2 + 1)}{x^2} = \frac{x^2 - 1}{x^2} = 1 - \frac{1}{x^2}$$

e

$$f(1) = 2,\ f(2) = \frac{5}{2} \quad \to \quad \frac{f(2) - f(1)}{2 - 1} = \frac{5}{2} - 2 = \frac{1}{2},$$

deve essere:

$$1 - \frac{1}{c^2} = \frac{1}{2} \quad \to \quad \frac{1}{c^2} = \frac{1}{2} \quad \to \quad c^2 = 2 \quad \to \quad c = \pm\sqrt{2}.$$

Quindi, per $c_1 = \sqrt{2} \in]1; 2[$, il teorema di Lagrange è verificato.

▶ La funzione $y = \sqrt[3]{x}$ verifica le ipotesi del teorema di Lagrange nell'intervallo [0; 8]?

TEORIA

3 Conseguenze del teorema di Lagrange

▶ Esercizi a p. 1678

Dal teorema di Lagrange discendono i seguenti teoremi.

TEOREMA

Se una funzione $f(x)$ è continua nell'intervallo $[a;b]$, derivabile in $]a;b[$ e tale che $f'(x)$ è nulla in ogni punto interno dell'intervallo, allora $f(x)$ è costante in tutto $[a;b]$.

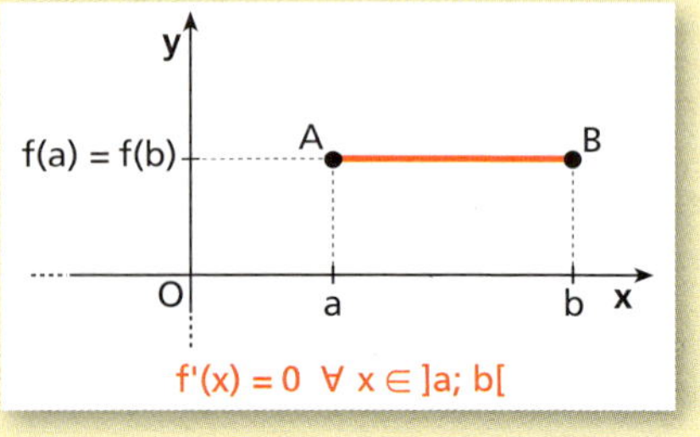

DIMOSTRAZIONE

Applichiamo il teorema di Lagrange all'intervallo $[a; x]$, dove x è un punto qualsiasi di $[a;b]$ diverso da a; esiste un punto $c \in]a; x[$ per cui si ha:

$$f'(c) = \frac{f(x) - f(a)}{x - a}.$$

Essendo $f'(x) = 0$ per ogni punto di $]a;b[$, allora $f'(c) = 0$.
Deve essere allora:

$$f(x) - f(a) = 0 \rightarrow f(x) = f(a) \quad \forall x \in [a; b].$$

Quindi f è costante in tutto $[a;b]$.

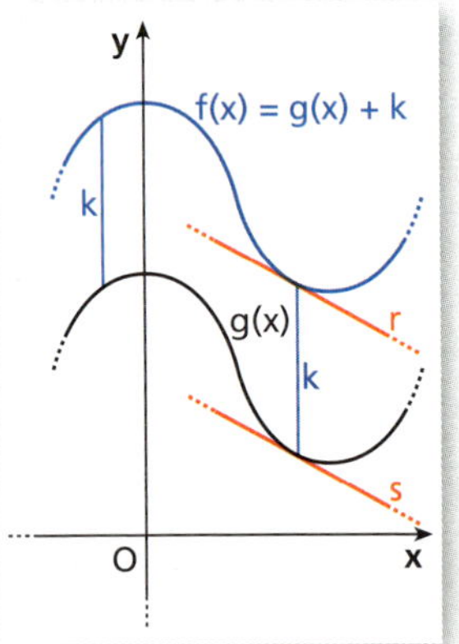

TEOREMA

Se $f(x)$ e $g(x)$ sono due funzioni continue nell'intervallo $[a;b]$, derivabili in $]a;b[$ e tali che $f'(x) = g'(x)$ per ogni $x \in]a; b[$, allora esse differiscono per una costante.

DIMOSTRAZIONE

Chiamiamo $z(x)$ la loro differenza, ossia $z(x) = f(x) - g(x)$; si ha:

$$z'(x) = f'(x) - g'(x).$$

Per ipotesi $f'(x) = g'(x)$, quindi $z'(x) = 0$, per ogni x in $]a;b[$.
Per il teorema precedente, $z(x) = k$ in tutto $[a; b]$ e quindi $f(x) - g(x) = k$.

Criterio di derivabilità

Nel capitolo precedente abbiamo enunciato il teorema che fornisce un criterio per studiare la derivabilità di una funzione, senza ricorrere al calcolo del limite del rapporto incrementale. Vediamo ora la dimostrazione che si serve del teorema di Lagrange.

TEOREMA

Se $f(x)$ è una funzione continua in $[a; b]$, derivabile in $]a; b[$ a eccezione al più di un punto $x_0 \in]a; b[$:

$$f'_-(x_0) = \lim_{x \to x_0^-} f'(x) \text{ e } f'_+(x_0) = \lim_{x \to x_0^+} f'(x).$$

In particolare, se

$$\lim_{x \to x_0^-} f'(x) = \lim_{x \to x_0^+} f'(x) = l,$$

allora la funzione è derivabile in x_0 e risulta:

$$f'(x_0) = l.$$

DIMOSTRAZIONE

Se consideriamo un punto $x < x_0$, allora nell'intervallo $[x; x_0]$ è applicabile il teorema di Lagrange, perché $f(x)$ è continua e derivabile nei punti interni, quindi deve esistere almeno un punto $c \in]x; x_0[$ per il quale si ha:

$$\frac{f(x_0) - f(x)}{x_0 - x} = f'(c).$$

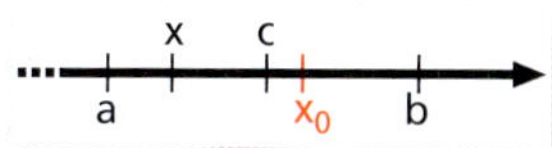

Calcoliamo i limiti dei due membri per $x \to x_0^-$. Al primo membro, per definizione di derivata sinistra, si ha:

$$\lim_{x \to x_0^-} \frac{f(x_0) - f(x)}{x_0 - x} = f'_-(x_0).$$

Al secondo membro, se $x \to x_0^-$ anche $c \to x_0^-$, quindi per ipotesi si ha:

$$\lim_{c \to x_0^-} f'(c) = l.$$

Dunque si ottiene: $f'_-(x_0) = l$.

Si procede in modo analogo se si considera $x > x_0$, ottenendo $f'_+(x_0) = l$.

Si conclude allora che $f'(x_0) = l$.

Funzioni crescenti e decrescenti e derivate

Esaminiamo ora un teorema che studia il legame tra le caratteristiche di una funzione $f(x)$ e le proprietà della sua derivata.

TEOREMA

Data una funzione $y = f(x)$, continua in un intervallo I e derivabile nei punti interni di I:

1. se $f'(x) > 0$ per ogni x interno a I, allora $f(x)$ è crescente in I;
2. se $f'(x) < 0$ per ogni x interno a I, allora $f(x)$ è decrescente in I.

L'intervallo I può essere sia limitato sia illimitato. Questo teorema è una **condizione sufficiente** per affermare che una funzione è crescente o decrescente in un intervallo.

DIMOSTRAZIONE

1. Siano x_1 e $x_2 \in I$, con $x_1 < x_2$.
   Per il teorema di Lagrange, applicato a $f(x)$ nell'intervallo $[x_1; x_2]$, si ha:
   $$\frac{f(x_2) - f(x_1)}{x_2 - x_1} = f'(c), \quad \text{con } c \in]x_1; x_2[.$$
   Essendo $x_2 - x_1 > 0$ e per ipotesi $f'(c) > 0$, anche $f(x_2) - f(x_1) > 0$, da cui:
   $$f(x_2) > f(x_1).$$
   Poiché x_1 e x_2 sono punti qualsiasi di I, la funzione è crescente in I.
2. Procedendo in modo analogo al caso precedente si ottiene:
   $$f(x_2) - f(x_1) < 0.$$

Infatti $x_2 - x_1 > 0$ e per ipotesi $f'(c) < 0$, quindi $f(x_2) < f(x_1)$.
Pertanto la funzione è decrescente in I.

Possiamo utilizzare questo teorema per determinare gli intervalli in cui una funzione è crescente o decrescente, studiando il segno della sua derivata prima.

ESEMPIO

Determiniamo in quali intervalli la funzione $y = 4x^3 - x^2 + 1$, definita per ogni x reale, è crescente e in quali intervalli è decrescente.

Calcoliamo la derivata prima: $y' = 12x^2 - 2x$.

Studiamo il segno di y' e compiliamo il quadro dei segni.

$$12x^2 - 2x > 0 \rightarrow 2x(6x-1) > 0 \rightarrow$$

$$x < 0 \lor x > \frac{1}{6}$$

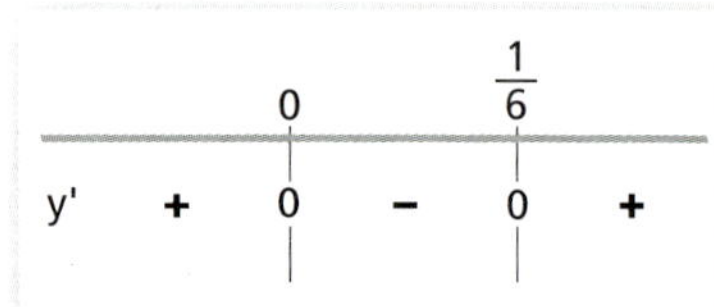

Applicando il teorema precedente, concludiamo che:

- per $x < 0$ $f(x)$ è crescente;
- per $0 < x < \frac{1}{6}$ $f(x)$ è decrescente;
- per $x > \frac{1}{6}$ $f(x)$ è crescente.

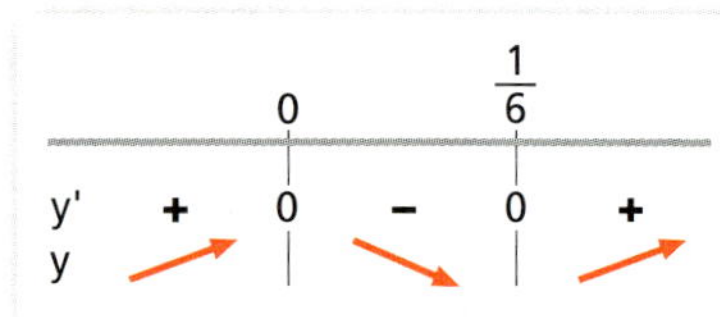

Si può invertire il teorema precedente nel seguente modo.

TEOREMA

Data una funzione $y = f(x)$, continua in un intervallo I e derivabile nei punti interni di I:

1. se $f(x)$ è crescente in I, allora $f'(x) \geq 0$ per ogni x interno a I;
2. se $f(x)$ è decrescente in I, allora $f'(x) \leq 0$ per ogni x interno a I.

Per esempio, la funzione $f(x) = x^3$ è crescente in $\mathbb{R}$, e si ha $f'(x) = 3x^2 \geq 0\ \forall x \in \mathbb{R}$.

▶ Data la funzione $f(x) = \frac{x^2 - 6x + 12}{x^2}$, determina gli intervalli in cui è crescente o decrescente.

Animazione

Video

Segno della derivata e funzioni crescenti e decrescenti

Come varia la funzione $f(x) = -\frac{1}{5}x^5 + \frac{1}{4}x^4 + \frac{2}{3}x^3 + 1$?

Vediamo come risolvere il problema utilizzando le derivate.

4 Teorema di Cauchy

▶ Esercizi a p. 1685

TEOREMA

Teorema di Cauchy

Se le funzioni $f(x)$ e $g(x)$ sono tali che

- $f(x)$ e $g(x)$ sono continue nell'intervallo $[a;b]$,
- $f(x)$ e $g(x)$ sono derivabili in ogni punto interno a questo intervallo,
- $g'(x) \neq 0$, per ogni x interno ad $[a;b]$,

allora esiste almeno un punto c interno ad $[a;b]$ in cui si ha:

$$\frac{f(b) - f(a)}{g(b) - g(a)} = \frac{f'(c)}{g'(c)},$$

cioè il rapporto fra gli incrementi delle funzioni $f(x)$ e $g(x)$ nell'intervallo $[a;b]$ è uguale al rapporto fra le rispettive derivate calcolate in un particolare punto c interno all'intervallo.

DIMOSTRAZIONE

Consideriamo la funzione $F(x) = f(x) - kg(x)$, con $k \in \mathbb{R}$.

Per ipotesi, $F(x)$ è continua in $[a; b]$ e derivabile in $]a; b[$, perché differenza di funzioni continue e derivabili in tali intervalli.

Determiniamo k in modo che $F(x)$ soddisfi la terza ipotesi del teorema di Rolle e cioè $F(a) = F(b)$. Deve essere:

$$f(a) - kg(a) = f(b) - kg(b) \quad \rightarrow \quad k = \frac{f(b)-f(a)}{g(b)-g(a)}.$$

La funzione $F(x)$ diventa allora:

$$F(x) = f(x) - \frac{f(b)-f(a)}{g(b)-g(a)}\, g(x).$$

$F(x)$ soddisfa le ipotesi del teorema di Rolle, perciò esiste almeno un punto $c \in]a; b[$ tale che $F'(c) = 0$. Si ha

$$F'(x) = f'(x) - \frac{f(b)-f(a)}{g(b)-g(a)}\, g'(x) \rightarrow F'(c) = f'(c) - \frac{f(b)-f(a)}{g(b)-g(a)}\, g'(c) = 0.$$

Si ottiene così:

$$\frac{f(b)-f(a)}{g(b)-g(a)} = \frac{f'(c)}{g'(c)}.$$

ESEMPIO

Verifichiamo che il teorema di Cauchy è applicabile alle funzioni:

$$f(x) = 3x^2 - 5x + 1 \qquad \text{e} \qquad g(x) = 2x^2$$

nell'intervallo $[1; 3]$.

Le due funzioni sono continue e derivabili per ogni $x \in \mathbb{R}$.

Inoltre $g'(x) = 4x \neq 0 \quad \forall x \in]1; 3[$.

Quindi le ipotesi del teorema di Cauchy sono soddisfatte. Verifichiamo perciò che esiste un punto $c \in]1; 3[$ tale che:

$$\frac{f(3)-f(1)}{g(3)-g(1)} = \frac{f'(c)}{g'(c)}.$$

Svolgiamo i calcoli nel primo membro:

$$\frac{f(3)-f(1)}{g(3)-g(1)} = \frac{13+1}{18-2} = \frac{14}{16} = \frac{7}{8}.$$

Nel secondo membro, poiché $f'(x) = 6x - 5$ e $g'(x) = 4x$, si ha:

$$\frac{f'(c)}{g'(c)} = \frac{6c-5}{4c}.$$

Allora:

$$\frac{6c-5}{4c} = \frac{7}{8} \quad \rightarrow \quad \frac{12c-10}{8c} = \frac{7c}{8c} \quad \rightarrow \quad 5c = 10 \quad \rightarrow \quad c = 2.$$

Poiché $c = 2 \in]1; 3[$, il teorema di Cauchy è verificato.

▶ Verifica se le funzioni $f(x) = x^3 - x + 1$ e $g(x) = x^2 + 1$ soddisfano le ipotesi del teorema di Cauchy nell'intervallo $[0; 2]$ e trova gli eventuali punti la cui esistenza è assicurata dal teorema.

Animazione

TEORIA

5 Teorema di De L'Hospital

Forme indeterminate $\frac{0}{0}$ e $\frac{\infty}{\infty}$

▶ Esercizi a p. 1689

Il calcolo delle derivate e i teoremi studiati finora sono utili anche nella risoluzione di alcuni limiti che si presentano nelle forme di indecisione del tipo $\frac{0}{0}$ oppure $\frac{\infty}{\infty}$. Ciò è possibile in base al seguente teorema.

TEOREMA

Teorema di De L'Hospital

Date due funzioni $f(x)$ e $g(x)$ definite nell'intorno I di un punto x_0, se

- $f(x)$ e $g(x)$ sono continue in x_0 e $f(x_0) = g(x_0) = 0$,
- $f(x)$ e $g(x)$ sono derivabili in I eccetto al più x_0,
- $g'(x) \neq 0$ in $I - \{x_0\}$,
- esiste $\lim_{x \to x_0} \frac{f'(x)}{g'(x)}$,

allora esiste anche $\lim_{x \to x_0} \frac{f(x)}{g(x)}$ e risulta: $\lim_{x \to x_0} \frac{f(x)}{g(x)} = \lim_{x \to x_0} \frac{f'(x)}{g'(x)}$.

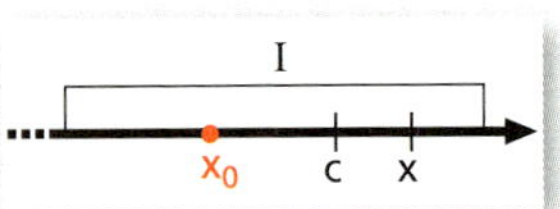

DIMOSTRAZIONE

Se consideriamo un punto qualsiasi x dell'intorno I diverso da x_0, possiamo applicare il teorema di Cauchy alle due funzioni $f(x)$ e $g(x)$ nell'intervallo $[x_0; x]$.
Esiste allora un punto $c \in]x_0; x[$ per cui:

$$\frac{f(x) - f(x_0)}{g(x) - g(x_0)} = \frac{f'(c)}{g'(c)}.$$

Poiché per ipotesi è $f(x_0) = g(x_0) = 0$, scriviamo:

$$\frac{f(x)}{g(x)} = \frac{f'(c)}{g'(c)}.$$

Se $x \to x_0$ anche $c \to x_0$, quindi passando al limite scriviamo:

$$\lim_{x \to x_0} \frac{f(x)}{g(x)} = \lim_{c \to x_0} \frac{f'(c)}{g'(c)},$$

ma poiché è $\lim_{x \to x_0} \frac{f'(x)}{g'(x)} = \lim_{c \to x_0} \frac{f'(c)}{g'(c)}$, concludiamo che:

$$\lim_{x \to x_0} \frac{f(x)}{g(x)} = \lim_{x \to x_0} \frac{f'(x)}{g'(x)}.$$

ESEMPIO

Calcoliamo $\lim_{x \to 1} \frac{4x^2 - 4}{\ln x}$.

Il limite si presenta nella forma indeterminata $\frac{0}{0}$.

Le due funzioni $f(x) = 4x^2 - 4$ e $g(x) = \ln x$ verificano in un intorno di 1 le ipotesi del teorema di De L'Hospital, quindi possiamo scrivere che:

$$\lim_{x \to 1} \frac{\overset{f(x)}{4x^2 - 4}}{\underset{g(x)}{\ln x}} = \lim_{x \to 1} \frac{\overset{f'(x)}{8x}}{\underset{g'(x)}{\frac{1}{x}}} = 8.$$

▶ Calcola:
$\lim_{x \to 1} \frac{\ln x}{x^3 - x}$.

Animazione

Diamo un'interpretazione geometrica del teorema considerando due funzioni $f(x)$ e $g(x)$ tali che $f(x_0) = 0$, $g(x_0) = 0$, entrambe derivabili in x_0.

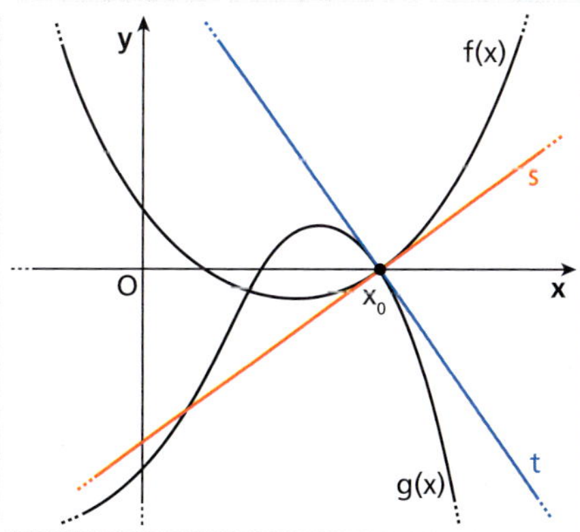

Se nel punto x_0, invece delle funzioni, consideriamo le loro tangenti di equazioni

s: $y = f'(x_0)(x - x_0)$,

t: $y = g'(x_0)(x - x_0)$,

otteniamo:

$$\lim_{x \to x_0} \frac{f(x)}{g(x)} = \lim_{x \to x_0} \frac{f'(x_0)(x - x_0)}{g'(x_0)(x - x_0)} = \lim_{x \to x_0} \frac{f'(x_0)}{g'(x_0)} = \lim_{x \to x_0} \frac{f'(x)}{g'(x)}.$$

Si può dimostrare che il teorema è valido anche quando le due funzioni non sono definite in x_0, ma la prima ipotesi viene sostituita da

$\lim_{x \to x_0} f(x) = \lim_{x \to x_0} g(x) = 0$, oppure:

$\lim_{x \to x_0} f(x) = \lim_{x \to x_0} g(x) = \infty$.

Il teorema è vero anche se I è un intorno *destro* o *sinistro* di x_0, in tal caso ovviamente si considerano i limiti per $x \to x_0^+$ o per $x \to x_0^-$.

Il teorema si estende anche al caso di limite per $x \to +\infty$ (o $-\infty$). In questo caso le condizioni del teorema non devono essere vere per un intorno di un punto, bensì deve esistere un valore $M > 0$ tale che esse siano soddisfatte $\forall x > M$ (o $\forall x < -M$). Si ha allora

$$\lim_{x \to +\infty} \frac{f(x)}{g(x)} = \lim_{x \to +\infty} \frac{f'(x)}{g'(x)},$$

e la relazione è analoga per $x \to -\infty$.

ESEMPIO
Calcoliamo $\lim_{x \to +\infty} \frac{3x + \ln x}{2x + 1}$.
Tale limite si presenta nella forma indeterminata $\frac{\infty}{\infty}$, e sono rispettate le altre ipotesi del teorema di De L'Hospital; possiamo scrivere:

$$\lim_{x \to +\infty} \frac{\overset{f(x)}{3x + \ln x}}{\underset{g(x)}{2x + 1}} = \lim_{x \to +\infty} \frac{\overset{f'(x)}{3 + \frac{1}{x}}}{\underset{g'(x)}{2}} = \frac{3}{2}.$$

▶ Calcola:
a. $\lim_{x \to 1} \frac{\ln x}{x - 1}$;
b. $\lim_{x \to -\infty} \frac{e^x + x}{2x}$.

Osserva che per applicare il teorema di De L'Hospital calcoliamo il rapporto delle derivate e **non** la derivata del quoziente.

Nel caso in cui il limite del rapporto delle derivate si presenti anch'esso come una una forma indeterminata del tipo $\frac{0}{0}$ oppure $\frac{\infty}{\infty}$ e le funzioni $f'(x)$ e $g'(x)$ soddisfino le ipotesi del teorema, si può passare al limite del quoziente delle derivate seconde, e così via per le derivate successive.

ESEMPIO
Consideriamo $\lim_{x\to 0}\frac{\sin x - x}{2x^3}$.

Tale limite si presenta nella forma indeterminata $\frac{0}{0}$.

Applicando il teorema di De L'Hospital, essendo verificate le sue ipotesi, possiamo scrivere:

$$\lim_{x\to 0}\frac{\sin x - x}{2x^3} = \lim_{x\to 0}\frac{\cos x - 1}{6x^2}.$$

Anche questo limite si presenta nella forma indeterminata $\frac{0}{0}$.
Applichiamo ancora il teorema di De L'Hospital:

$$\lim_{x\to 0}\frac{\cos x - 1}{6x^2} = \lim_{x\to 0}\frac{-\sin x}{12x} = -\frac{1}{12}.$$

$\lim_{x\to 0}\frac{\sin x}{x} = 1$

Pertanto:

$$\lim_{x\to 0}\frac{\sin x - x}{2x^3} = -\frac{1}{12}.$$

► Calcola: $\lim_{x\to 0}\frac{e^{x^3}-1}{1-\cos x}$.

Non sempre il teorema di De L'Hospital è utile nel calcolo di un limite; infatti, anche se non esiste $\lim_{x\to c}\frac{f'(x)}{g'(x)}$, può comunque esistere $\lim_{x\to c}\frac{f(x)}{g(x)}$.

ESEMPIO
Consideriamo $\lim_{x\to\infty}\frac{2x+\sin x}{7x}$.
Abbiamo la forma indeterminata $\frac{\infty}{\infty}$ e applicando il teorema di De L'Hospital otteniamo

$$\lim_{x\to\infty}\frac{2+\cos x}{7},$$

che non esiste, mentre, per il limite iniziale, dividendo numeratore e denominatore per x, otteniamo:

$$\lim_{x\to\infty}\frac{2x+\sin x}{7x} = \lim_{x\to\infty}\frac{\left(2+\frac{\sin x}{x}\right)}{7} = \frac{2}{7}.$$

Confronto di infiniti

Applicando il teorema di De L'Hospital, ritroviamo i risultati ottenuti con la gerarchia degli infiniti, nel confronto tra le funzioni $\ln x$, x^α (con $\alpha > 0$), e^x per $x \to +\infty$.

I limiti $\lim_{x\to+\infty}\frac{e^x}{x^\alpha}$ e $\lim_{x\to+\infty}\frac{\ln x}{x^\alpha}$ si presentano nelle forme indeterminate $\frac{\infty}{\infty}$ e le funzioni considerate verificano le ipotesi del teorema di De L'Hospital, per cui:

- $\lim_{x\to+\infty}\frac{e^x}{x^\alpha} = \lim_{x\to+\infty}\frac{e^x}{\alpha x^{\alpha-1}} = \ldots = \lim_{x\to+\infty}\frac{e^x}{\alpha(\alpha-1)\cdot\ldots\cdot 3\cdot 2\cdot 1} = +\infty;$

- $\lim_{x\to+\infty} \frac{\ln x}{x^\alpha} = \lim_{x\to+\infty} \frac{\frac{1}{x}}{\alpha x^{\alpha-1}} = \lim_{x\to+\infty} \frac{1}{\alpha x^{\alpha-1}\cdot x} = \lim_{x\to+\infty} \frac{1}{\alpha x^\alpha} = 0.$

Forma indeterminata $0 \cdot \infty$

Esercizi a p. 1691

Vediamo come il teorema di De L'Hospital può essere utilizzato anche nelle forme indeterminate diverse da $\frac{0}{0}$ e $\frac{\infty}{\infty}$.

Se $\lim_{x\to x_0} f(x) = 0$ e $\lim_{x\to x_0} g(x) = \infty$, per calcolare il limite del prodotto $f(x)\cdot g(x)$ possiamo osservare che:

$$f(x)\cdot g(x) = \frac{f(x)}{\frac{1}{g(x)}}.$$

Quindi ci siamo ricondotti alla forma indeterminata $\frac{0}{0}$ per la quale possiamo applicare il teorema di De L'Hospital.

Analogamente, trasformando il prodotto nella forma

$$f(x)\cdot g(x) = \frac{g(x)}{\frac{1}{f(x)}},$$

ci riconduciamo alla forma indeterminata $\frac{\infty}{\infty}$.

ESEMPIO

Calcoliamo $\lim_{x\to+\infty} 3x\cdot e^{-4x}$.

Questo limite si presenta nella forma indeterminata $0\cdot\infty$.

Applicando il ragionamento precedente, abbiamo:

$$\lim_{x\to+\infty} 3x\cdot e^{-4x} = \lim_{x\to+\infty} \frac{3x}{e^{4x}} = \lim_{x\to+\infty} \frac{3}{4e^{4x}} = 0.$$

▶ Calcola:

$\lim_{x\to-\infty} (x-2)e^x$.

Animazione

Forma indeterminata $+\infty - \infty$

Esercizi a p. 1691

Quando si deve calcolare il limite della differenza di due funzioni che tendono entrambe a $+\infty$ o a $-\infty$, si cerca di scrivere la differenza come prodotto o quoziente di funzioni in modo da ricondursi a una delle forme precedenti.

ESEMPIO

Calcoliamo $\lim_{x\to 0^+} \left(\frac{1}{\text{sen}\, x} - \frac{3}{x}\right)$.

Il limite è nella forma indeterminata $+\infty - \infty$.
Ma poiché

$$\frac{1}{\sin x} - \frac{3}{x} = \frac{x - 3\sin x}{x\sin x}$$

e la seconda espressione tende a $\frac{0}{0}$, possiamo applicare il teorema di De l'Hospital a quest'ultima:

$$\lim_{x\to 0^+} \left(\frac{1}{\sin x} - \frac{3}{x}\right) = \lim_{x\to 0^+} \frac{x - 3\sin x}{x\sin x} = \lim_{x\to 0^+} \frac{1 - 3\cos x}{\sin x + x\cos x} = -\infty.$$

▶ Calcola:

$\lim_{x\to 0} \left[\frac{1}{\ln(x+1)} - \frac{1}{x}\right]$.

Forme indeterminate 0^0, ∞^0, 1^∞

▶ Esercizi a p. 1692

Queste forme indeterminate si presentano quando si deve calcolare il limite

$$\lim_{x\to x_0}[f(x)]^{g(x)} \quad (\text{con } f(x)>0),$$

in uno dei seguenti casi:

- $\lim_{x\to x_0} f(x)=0, \qquad \lim_{x\to x_0} g(x)=0;$
- $\lim_{x\to x_0} f(x)=1, \qquad \lim_{x\to x_0} g(x)=\pm\infty;$
- $\lim_{x\to x_0} f(x)=\pm\infty, \qquad \lim_{x\to x_0} g(x)=0.$

Ma poiché $[f(x)]^{g(x)}=[e^{\ln f(x)}]^{g(x)}=e^{g(x)\ln f(x)}$:

$$\lim_{x\to x_0}[f(x)]^{g(x)}=e^{\lim\limits_{x\to x_0}[g(x)\ln f(x)]}.$$

Quindi basta calcolare $\lim_{x\to x_0}[g(x)\cdot\ln f(x)]$, che è della forma $0\cdot\infty$.

ESEMPIO

Calcoliamo $\lim_{x\to 0^+}(e^x-1)^{2x}$.

Questo limite è nella forma indeterminata 0^0. Riscriviamo il limite:

$$\lim_{x\to 0^+}(e^x-1)^{2x}=\lim_{x\to 0^+}e^{\ln(e^x-1)^{2x}}=\lim_{x\to 0^+}e^{2x\ln(e^x-1)}.$$

Calcoliamo:

$$\lim_{x\to 0^+}[2x\cdot\ln(e^x-1)]=\lim_{x\to 0^+}\frac{\ln(e^x-1)}{\frac{1}{2x}}=\lim_{x\to 0^+}\frac{\frac{e^x}{e^x-1}}{-\frac{1}{2x^2}}=$$

(tende a $-\infty$: $\ln(e^x-1)$; tende a $+\infty$: $\frac{1}{2x}$; per il teorema di De L'Hospital)

$$\lim_{x\to 0^+}e^x\cdot\frac{-2x^2}{e^x-1}=1\cdot\lim_{x\to 0^+}\frac{-2x^2}{e^x-1}=\lim_{x\to 0^+}\frac{-4x}{e^x}=0.$$

(per il teorema del limite del prodotto; per il teorema di De L'Hospital)

Pertanto: $\lim_{x\to 0^+}(e^x-1)^{2x}=e^{\lim\limits_{x\to 0^+}[2x\cdot\ln(e^x-1)]}=e^0=1.$

▶ Calcola: $\lim_{x\to 0^+}(1+x^2)^{\frac{1}{x^3}}$.

MATEMATICA ED ECONOMIA

Inflazione La variazione dei prezzi dei principali beni di consumo è uno degli aspetti dell'economia che interessa più da vicino la nostra vita quotidiana e i nostri risparmi. Spesso si parla di inflazione, ma non sempre si conosce bene il significato di questa parola e ciò può far coltivare speranze illusorie.

▶ Se l'inflazione diminuisce vuol dire che i prezzi calano?

La risposta

IN SINTESI
Teoremi del calcolo differenziale

Teorema di Rolle

Ipotesi: $f(x)$ continua in $[a; b]$;
$f(x)$ derivabile in $]a; b[$;
$f(a) = f(b)$.

Tesi: $\exists c \in]a; b[$ in cui:
$$f'(c) = 0.$$

Teorema di Lagrange

Ipotesi: $f(x)$ continua in $[a; b]$;
$f(x)$ derivabile in $]a; b[$.

Tesi: $\exists c \in]a; b[$ in cui:
$$\frac{f(b) - f(a)}{b - a} = f'(c).$$

Dal teorema di Lagrange discendono i seguenti teoremi.

- Se $f(x)$ è continua nell'intervallo $[a; b]$ e $f'(x)$ è nulla in ogni punto interno dell'intervallo, allora $f(x)$ è costante in tutto $[a; b]$.
- Se in tutto l'intervallo $[a; b]$ due funzioni $f(x)$ e $g(x)$ sono continue, derivabili nei punti interni e le loro derivate prime sono uguali, allora $f(x)$ e $g(x)$ differiscono per una costante.

Funzioni crescenti e decrescenti e derivate

- Data una funzione $y = f(x)$, continua in un intervallo I e derivabile nei suoi punti interni:
  - se $f'(x) > 0$ per ogni x interno a I, allora $f(x)$ è crescente in I;
  - se $f'(x) < 0$ per ogni x interno a I, allora $f(x)$ è decrescente in I.
- Data una funzione $y = f(x)$, continua in un intervallo I e derivabile nei suoi punti interni:
  - se $f(x)$ è crescente in I, allora $f'(x) \geq 0$ per ogni x interno a I;
  - se $f(x)$ è decrescente in I, allora $f'(x) \leq 0$ per ogni x interno a I.

Teorema di Cauchy

Ipotesi: $f(x)$ e $g(x)$ continue in $[a; b]$;
$f(x)$ e $g(x)$ derivabili in $]a; b[$;
$g'(x) \neq 0$ per ogni $x \in]a; b[$.

Tesi: $\exists c \in]a; b[$ in cui:
$$\frac{f(b) - f(a)}{g(b) - g(a)} = \frac{f'(c)}{g'(c)}.$$

Teorema di De L'Hospital

Se due funzioni $f(x)$ e $g(x)$, definite in un intorno I di un punto x_0 (escluso al più x_0), sono derivabili in tale intorno con $g'(x) \neq 0$, e inoltre le due funzioni per $x \to x_0$ tendono entrambe a 0 o a $+\infty$ (o $-\infty$), e se esiste, per $x \to x_0$, il limite del rapporto $\frac{f'(x)}{g'(x)}$ delle derivate delle funzioni date, allora esiste anche il limite del rapporto delle funzioni ed è:

$$\lim_{x \to x_0} \frac{f(x)}{g(x)} = \lim_{x \to x_0} \frac{f'(x)}{g'(x)}.$$

Il teorema si estende anche al caso di limite per $x \to +\infty$ (o $x \to -\infty$), dove le condizioni del teorema non devono essere vere in un intorno di un punto, bensì in un intorno di $+\infty$ (o $-\infty$), cioè deve esistere un valore $M > 0$ tale che esse siano soddisfatte $\forall x > M$ (o $\forall x < -M$). In questo caso:

$$\lim_{x \to +\infty} \frac{f(x)}{g(x)} = \lim_{x \to +\infty} \frac{f'(x)}{g'(x)}.$$

ESERCIZI

CAPITOLO 26
ESERCIZI

1 Teorema di Rolle

▶ Teoria a p. 1658

LEGGI IL GRAFICO Indica quale delle seguenti funzioni verifica il teorema di Rolle nell'intervallo $[a; b]$. Segna nel grafico il punto (o i punti) in cui vale la relazione del teorema.

1 ●○

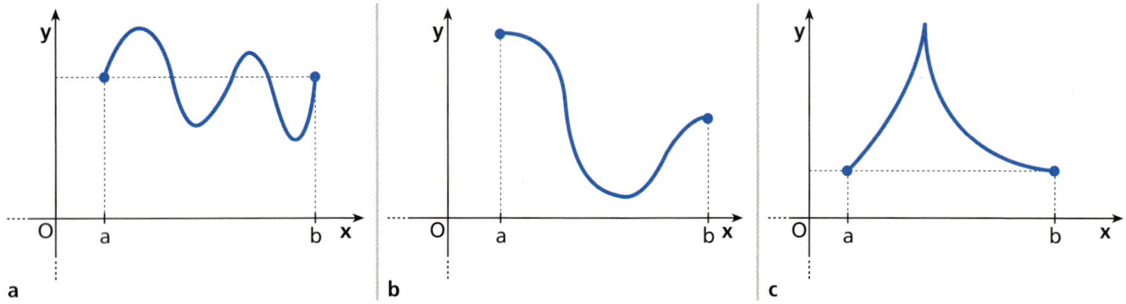

2 ●○

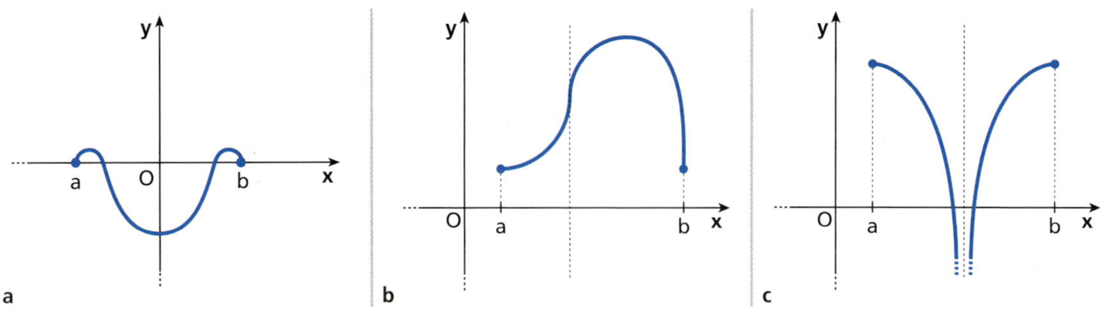

3 **ESERCIZIO GUIDA** Data la funzione $f(x) = -x^3 + 3x$, verifichiamo che nell'intervallo $[-\sqrt{3}; \sqrt{3}]$ valgono le ipotesi del teorema di Rolle e troviamo i punti la cui esistenza è assicurata dal teorema.

Si devono verificare tre condizioni:

- $f(x)$ è continua in $[-\sqrt{3}; \sqrt{3}]$ → la funzione è polinomiale, quindi continua in $\mathbb{R}$;
- $f(x)$ è derivabile in $]-\sqrt{3}; \sqrt{3}[$ → la sua derivata $f'(x) = -3x^2 + 3$ esiste $\forall x \in \mathbb{R}$;
- $f(-\sqrt{3}) = f(\sqrt{3})$ → infatti $f(-\sqrt{3}) = 3\sqrt{3} - 3\sqrt{3} = 0$ e $f(\sqrt{3}) = -3\sqrt{3} + 3\sqrt{3} = 0$.

Poiché vale il teorema, deve esistere almeno un punto c dell'intervallo nel quale $f'(c) = 0$:

$$-3c^2 + 3 = 0 \quad \rightarrow \quad -3c^2 = -3 \quad \rightarrow \quad c^2 = 1 \quad \rightarrow \quad c = \pm 1.$$

Entrambi i valori $c = 1$ e $c = -1$ sono accettabili perché interni all'intervallo $[-\sqrt{3}; \sqrt{3}]$.

> Teorema di Rolle.
> Se $f(x)$
> - è continua in $[a; b]$,
> - è derivabile in $]a; b[$,
> - ha $f(a) = f(b)$,
>
> allora esiste almeno un punto c tale che $f'(c) = 0$.

Date le seguenti funzioni, verifica che nell'intervallo indicato a fianco valgono le ipotesi del teorema di Rolle e trova il punto (o i punti) la cui esistenza è assicurata dal teorema.

4 ●○ $f(x) = \frac{1}{2}x^3 - \frac{3}{2}x$, $\quad [-1; 2]$. $\quad [c = 1]$

5 ●○ $f(x) = x^2 - 5x + 3$, $\quad [-2; 7]$. $\quad \left[c = \frac{5}{2}\right]$

6 $f(x) = -x^2 + 3x$, $[1; 2]$. $\left[c = \frac{3}{2}\right]$

7 $f(x) = \ln(-x^2 + 9)$, $[-2; 2]$. $[c = 0]$

8 $f(x) = x^2 + 2x + 3$, $[-3; 1]$. $[c = -1]$

9 $f(x) = \frac{1}{x^2 + 1}$, $[-1; 1]$. $[c = 0]$

10 $f(x) = 2\cos x$, $\left[\frac{\pi}{4}; \frac{7}{4}\pi\right]$. $[c = \pi]$

11 $f(x) = e^{x^2} + 4$, $[-1; 1]$. $[c = 0]$

12 $f(x) = \begin{cases} x^2 + 2x & \text{se } x \leq 1 \\ -2x^2 + 8x - 3 & \text{se } x > 1 \end{cases}$, $[-3; 3]$. $[c_1 = -1; c_2 = 2]$

13 $f(x) = -x^4 + 2x^2 + 3$, $[-3; 3]$. $[c_1 = -1; c_2 = 0; c_3 = 1]$

14 $f(x) = \begin{cases} \sqrt{1 - x^2} - 1 & \text{se } -1 \leq x < 0 \\ -x^3 & \text{se } 0 \leq x \leq 1 \end{cases}$, $[-1; 1]$. $[c = 0]$

Le seguenti funzioni non verificano le ipotesi del teorema di Rolle nell'intervallo indicato a fianco. Spiega il perché.

15 $f(x) = 4x^2 - 2x$, $[-1; 3]$.

16 $f(x) = \frac{1}{\ln x}$, $\left[\frac{1}{2}; 3\right]$.

17 $f(x) = \sqrt[3]{x} + 1$, $[-1; 1]$.

18 $f(x) = 3x^3 - x$, $[0; 2]$.

19 $f(x) = \sin x$, $[-1; 1]$.

20 $f(x) = 1 + |x|$, $[-2; 2]$.

21 $f(x) = |-2x + 1|$, $[0; 1]$.

22 $f(x) = \begin{cases} x^2 + 3x & \text{se } x < 1 \\ -x^3 + 5 & \text{se } x \geq 1 \end{cases}$, $[0; 2]$.

23 $f(x) = \sqrt[5]{(x-1)^2}$, $[0; 1]$.

24 $f(x) = \begin{cases} \sqrt{-2x} & \text{se } x \leq 0 \\ \sqrt{x} & \text{se } x > 0 \end{cases}$, $[-2; 1]$.

---

25 **TEST** Una sola delle seguenti funzioni non soddisfa le ipotesi del teorema di Rolle nell'intervallo $[-1; 1]$, quale?

A $f(x) = -x^2 + 5$

B $f(x) = |x^2 - 4|$

C $f(x) = x^2 + x - 2$

D $f(x) = \sqrt[3]{x^2 - 9}$

E $f(x) = \begin{cases} \cos x & \text{se } x \leq \pi \\ x - 5 & \text{se } x > \pi \end{cases}$

26 **VERO O FALSO?** Sia $f(x)$ una funzione continua e derivabile in $\mathbb{R}$.

a. Se $f(x)$ è pari, verifica le ipotesi del teorema di Rolle in ogni intervallo del tipo $[-a; a]$, con $a > 0$. V F

b. Se $f(x)$ è dispari, in nessun caso soddisfa le ipotesi del teorema di Rolle. V F

c. Se $f(x)$ è periodica di periodo T, allora soddisfa il teorema di Rolle in ogni intervallo del tipo $[a; a + T]$. V F

d. Se $f(x)$ è strettamente crescente, non soddisfa il teorema di Rolle in nessun intervallo. V F

27 **RIFLETTI SULLA TEORIA** La funzione $f(x)$ è continua nell'intervallo $[a; b]$ e derivabile in $]a; b[$, ma non esiste alcun $c \in \,]a; b[$ tale che $f'(c) = 0$. Cosa puoi dire di $f(a)$ e $f(b)$?

28 **FAI UN ESEMPIO** di funzione definita in un intervallo, che non soddisfa tutte le ipotesi del teorema di Rolle, ma la cui derivata prima si annulla in un punto interno.

EUREKA!

29 Verifica che i punti che soddisfano la tesi del teorema di Rolle per la funzione $y = \sin(kx)$ nell'intervallo $[0; \pi]$ sono k.

30 Dimostra, senza calcolarla, che la derivata della funzione $f(x) = (3 - x)(x + 2)(5 - x)$ è nulla in due punti distinti.

Con i parametri

Trova i valori dei parametri in modo che le seguenti funzioni verifichino il teorema di Rolle nell'intervallo indicato.

31 $f(x) = ax^3 + (a-1)x$, $\quad [-1; 2]$. $\quad \left[a = \frac{1}{4}\right]$

32 $f(x) = \begin{cases} ax^2 - 2x + 1 & \text{se } x \le 2 \\ 2x + b & \text{se } x > 2 \end{cases}$, $\quad \left[-1; \frac{7}{2}\right]$. $\quad [a = 1, b = -3]$

33 $f(x) = \begin{cases} -x^3 + 3x + 1 & \text{se } x < 0 \\ ax^2 + bx + 1 & \text{se } x \ge 0 \end{cases}$, $\quad [-2; 4]$. $\quad \left[a = -\frac{5}{8}, b = 3\right]$

34 $f(x) = \begin{cases} ax^2 + bx + 2 & \text{se } 0 \le x < 2 \\ \dfrac{16}{x+2} & \text{se } 2 \le x \le 6 \end{cases}$, $\quad [0; 6]$. $\quad [a = -1, b = 3]$

35 Determina per quali valori di a e b la funzione:

$$f(x) = \begin{cases} -x^3 + 3x + 1 & \text{se } x < 0 \\ ax^2 + bx + 1 & \text{se } x \ge 0 \end{cases}$$

verifica le ipotesi del teorema di Rolle nell'intervallo $[-2; 4]$. Trova i punti la cui esistenza è assicurata dal teorema. $\quad \left[a = -\frac{5}{8}, b = 3; x_1 = -1, x_2 = \frac{12}{5}\right]$

Applicazioni del teorema di Rolle

36 **ESERCIZIO GUIDA** Dimostriamo che l'equazione $x^3 + 3x - 2 = 0$ ha una sola soluzione reale.

Consideriamo la funzione $f(x) = x^3 + 3x - 2$. Poiché $f(x)$ è continua in $\mathbb{R}$ e $\lim_{x \to -\infty} f(x) = -\infty$ e $\lim_{x \to +\infty} f(x) = +\infty$, il suo grafico interseca l'asse x almeno in un punto, ossia l'equazione ha *almeno* una soluzione.

Supponiamo ora per assurdo che la funzione si annulli in due punti distinti x_1 e x_2 (cioè supponiamo che l'equazione corrispondente abbia due soluzioni).

Poiché $f(x)$ è polinomiale, la funzione è continua e derivabile in tutto $\mathbb{R}$. Inoltre $f(x_1) = f(x_2) = 0$. Quindi $f(x)$ soddisfa le ipotesi del teorema di Rolle nell'intervallo $[x_1; x_2]$. Allora esiste un punto $c \in \,]x_1; x_2[$ tale che $f'(c) = 0$. Ma:

$$f'(x) = 3x^2 + 3 > 0 \qquad \forall x \in \mathbb{R}.$$

La derivata di $f(x)$ è sempre strettamente positiva, quindi non si annulla mai. Abbiamo pertanto raggiunto un assurdo. Dunque $f(x)$ non si può annullare in due punti distinti, cioè l'equazione data non ammette più di una soluzione.

37 Dimostra che il grafico della funzione $y = x^5 + x^3 + 1$ interseca l'asse x in un solo punto.

38 Dimostra che l'equazione $6x^3 + 2x^2 + x + 4 = 0$ ammette una sola soluzione reale.

39 Data la funzione $f(x) = 3x^3 + x + 9$, verifica che l'equazione $f(x) = 0$ ammette una sola soluzione x_0 e dimostra che $x_0 \in [-2; 1]$.

40 Stabilisci se l'equazione $\ln x + 2x = 0$ ammette una sola soluzione nell'intervallo $\left[\frac{1}{8}; 1\right]$.

41 Se $f(x)$ è una funzione che ammette derivata prima e seconda in $[a; b]$ ed è tale che $f(a) = f(b) = f(c)$, con $c \in \,]a; b[$, dimostra che esiste un punto $d \in \,]a; b[$ tale che $f''(d) = 0$.

42 Considera la funzione

$$f(x) = \cos 2x(2 \sin x - \sqrt{3}),$$

con $0 \le x \le 2\pi$. Senza calcolare la derivata, stabilisci il numero minimo di soluzioni dell'equazione $f'(x) = 0$ nell'intervallo $]0; 2\pi[$. $\quad [5]$

2 Teorema di Lagrange

▶ Teoria a p. 1660

LEGGI IL GRAFICO Indica quale delle seguenti funzioni verifica le ipotesi del teorema di Lagrange nell'intervallo [*a*; *b*]. Segna nel grafico il punto (o i punti) in cui vale la relazione del teorema.

43 ●○

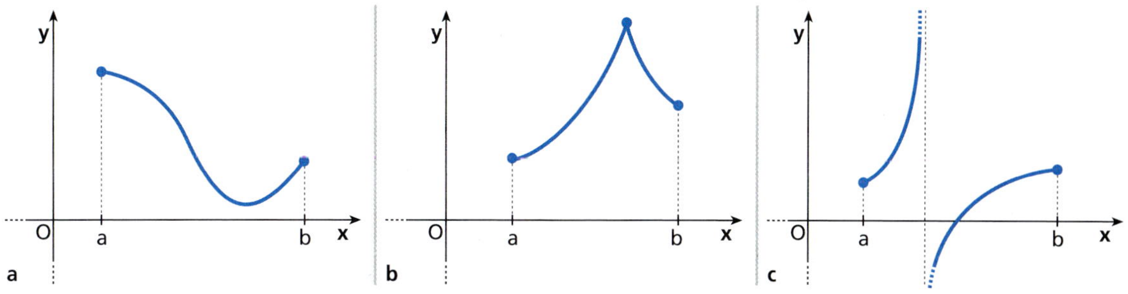

44 ●○

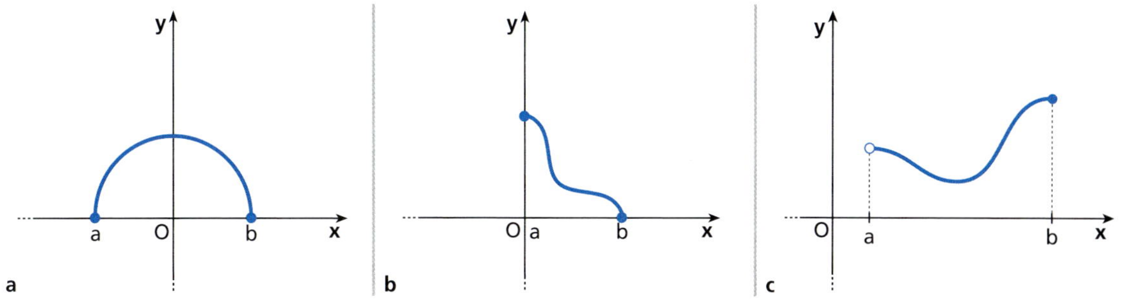

45 **ESERCIZIO GUIDA** Data la funzione $f(x) = x^3 - 2x$, verifichiamo che nell'intervallo $\left[-\frac{1}{2}; 2\right]$ valgono le ipotesi del teorema di Lagrange e troviamo i punti la cui esistenza è assicurata dal teorema.

Si devono verificare due condizioni:

- la funzione è polinomiale, quindi è continua in $\mathbb{R}$ → $f(x)$ è continua in $\left[-\frac{1}{2}; 2\right]$;
- $f(x)$ è derivabile in $\left]-\frac{1}{2}; 2\right[$ → la sua derivata $f'(x) = 3x^2 - 2$ esiste $\forall x \in \mathbb{R}$.

Poiché vale il teorema, deve esistere almeno un punto c interno all'intervallo nel quale:

$$f'(c) = \frac{f(2) - f\left(-\frac{1}{2}\right)}{2 + \frac{1}{2}}.$$

Essendo

$$f'(c) = 3c^2 - 2,\ f(2) = 4,\ f\left(-\frac{1}{2}\right) = \frac{7}{8},$$

si ha:

$$3c^2 - 2 = \frac{4 - \frac{7}{8}}{\frac{5}{2}} \quad \rightarrow \quad 3c^2 = \frac{5}{4} + 2 \quad \rightarrow \quad c^2 = \frac{13}{12} \quad \rightarrow \quad c = \pm\sqrt{\frac{13}{12}}.$$

Solo $c = \sqrt{\frac{13}{12}}$ è accettabile, perché interno all'intervallo $\left[-\frac{1}{2}; 2\right]$.

Teorema di Lagrange.
Se $f(x)$ è
- continua in $[a; b]$,
- derivabile in $]a; b[$,

allora esiste almeno un punto c interno ad $]a; b[$ tale che
$f'(c) = \frac{f(b) - f(a)}{b - a}$.

ESERCIZI

Date le seguenti funzioni, verifica che nell'intervallo indicato a fianco valgono le ipotesi del teorema di Lagrange e trova il punto (o i punti) la cui esistenza è assicurata dal teorema.

46 $f(x) = x^3 + 2x$, $[-2; 1]$. $[c = -1]$

47 $f(x) = \frac{1}{2}x^4 + 1$, $[0; 2]$. $[c = \sqrt[3]{2}]$

48 $f(x) = 2x^2 + x + 1$, $[-2; 3]$. $\left[c = \frac{1}{2}\right]$

49 $f(x) = \frac{x-1}{x}$, $[1; 2]$. $[c = \sqrt{2}]$

50 $f(x) = x^2 + x$, $[1; 2]$. $\left[c = \frac{3}{2}\right]$

51 $f(x) = \sqrt{x} - x$, $[0; 4]$. $[c = 1]$

52 $f(x) = \frac{2x-1}{x-1}$, $\left[-7; \frac{1}{2}\right]$. $[c = -1]$

53 $f(x) = \ln x - x$, $[1; e]$. $[c = e - 1]$

54 $f(x) = \frac{3}{\sqrt{x}}$, $[4; 9]$. $[c = \sqrt[3]{225}]$

55 $f(x) = -\frac{1}{2}x^2 + 5x + 2$, $[-2; 4]$. $[c = 1]$

56 $f(x) = \sqrt[3]{x} - 4x$, $[-1; 0]$. $\left[c = -\frac{\sqrt{3}}{9}\right]$

57 $f(x) = |x^2 - 1|$, $[2; 3]$. $\left[c = \frac{5}{2}\right]$

58 $f(x) = 2e^x + x$, $[0; 1]$. $[c = \ln(e - 1)]$

59 $f(x) = \begin{cases} -2x^2 + x & \text{se } x < 0 \\ \frac{x}{x^2+1} & \text{se } x \geq 0 \end{cases}$, $[-1; 2]$. $\left[c = -\frac{1}{30}\right]$

Le seguenti funzioni non verificano le ipotesi del teorema di Lagrange nell'intervallo indicato. Spiega il perché.

60 $f(x) = \frac{4}{x^2 - x}$, $\left[-\frac{1}{2}; 1\right]$.

61 $f(x) = \sqrt{4x^2 - 1}$, $[-1; 0]$.

62 $f(x) = \ln(x + 1)$, $[-1; 0]$.

63 $f(x) = \sqrt[3]{x} - 1$, $[-2; 1]$.

64 $f(x) = \sin x + \tan x$, $\left[0; \frac{\pi}{2}\right]$.

65 $f(x) = |x| + 7x^2 - x$, $[-2; 4]$.

66 $f(x) = \sqrt[3]{x^2}$, $[-1; 1]$.

67 $f(x) = 2|-x + 2|$, $[1; 3]$.

68 $f(x) = \begin{cases} -x & \text{se } x < 0 \\ \sqrt{x} & \text{se } x \geq 0 \end{cases}$, $[-1; 2]$.

69 $f(x) = \begin{cases} x^2 - 4x + 5 & \text{se } x \leq 2 \\ x & \text{se } x > 2 \end{cases}$, $[0; 3]$.

70 $f(x) = \begin{cases} e^x - 1 & \text{se } x < 0 \\ 3x^2 + 2x & \text{se } x \geq 0 \end{cases}$, $[-1; 2]$.

71 $f(x) = \begin{cases} \frac{x^2+3}{x} & \text{se } x \leq 1 \\ 4x^2 & \text{se } x > 1 \end{cases}$, $\left[\frac{1}{2}; 2\right]$.

72 $f(x) = \begin{cases} -2x + 1 & \text{se } x < 0 \\ 2x^2 + x + 1 & \text{se } x \geq 0 \end{cases}$, $[-1; 3]$.

TEST

73 Solo a una delle seguenti funzioni è possibile applicare il teorema di Lagrange nell'intervallo $[-2; 2]$. Quale?

A $y = |x|$ B $y = 1 - |x|^2$ C $y = |x| - 1$ D $y = |x^2 - 1|$ E $y = |x^2 - 2x|$

74 Riguardo alla funzione $f(x) = |x - 1|^3$, possiamo dire che nell'intervallo $[-1; 2]$ il teorema di Lagrange:

A è valido ed è verificato soltanto in un punto interno.

B è valido ed è verificato in due punti interni.

C non è valido perché $f(x)$ non è derivabile in $x = 1$.

D non è valido perché $f'(1) = 0$.

E non è valido perché $f(-1) \neq f(2)$.

75 FAI UN ESEMPIO di una funzione che non soddisfa le ipotesi del teorema di Lagrange nell'intervallo $[-2; 2]$.

Rappresenta ognuna delle seguenti funzioni e trova (se esiste) il punto *P* del grafico che verifica il teorema di Lagrange nell'intervallo individuato dai punti *A* e *B*. Interpreta poi graficamente i risultati ottenuti.

76 $f(x) = -x^2 + 1$, $A(-1; 0)$, $B(2; -3)$. $\left[P\left(\frac{1}{2}; \frac{3}{4}\right)\right]$

77 $f(x) = -x^3 + 1$, $A(-2; 9)$, $B(1; 0)$. $[P(-1; 2)]$

78 $f(x) = \sin x$, $A\left(\frac{\pi}{4}; \frac{\sqrt{2}}{2}\right)$, $B\left(\frac{3}{4}\pi; \frac{\sqrt{2}}{2}\right)$. $\left[P\left(\frac{\pi}{2}; 1\right)\right]$

79 $f(x) = |x| + 1$, $A(-1; 2)$, $B(2; 3)$. [P non esiste]

---

80 Verifica quale delle due funzioni $f(x) = |x^2 - 2x|$ e $g(x) = \frac{2-x}{x+4}$, con $x \in [1; 3]$, soddisfa le ipotesi del teorema di Lagrange. Trova quindi i punti previsti dal teorema.

81 Data la funzione $f(x) = \frac{x+2}{2-x}$, utilizzando il teorema di Lagrange deduci per quali intervalli $[a; b] \subset]0; 4[$ è vera la disuguaglianza:

$$f(b) - f(a) > b - a.$$

$[[a; b] \subset]0; 2[$ oppure $[a; b] \subset]2; 4[]$

82 **YOU & MATHS** Set $f(x) = x^3 - 6x$. The value of c that satisfies the Mean Value Theorem for Derivatives on the interval $[0, 5]$ for f is

A $\frac{5}{\sqrt{3}}$. **B** 0. **C** $\frac{1}{\sqrt{3}}$. **D** $\frac{5}{3}$. **E** $-\frac{5}{\sqrt{3}}$.

(USA *University of Houston Math Contest*)

83 **RIFLETTI SULLA TEORIA** Utilizza il teorema di Lagrange per spiegare se è vero che quando un automobilista percorre un tratto in autostrada senza soste a una velocità media di 90 km/h, c'è almeno un istante in cui la velocità è uguale a 90 km/h.

REALTÀ E MODELLI

84 **Pronti, partenza, via!** Un atleta si allena per una gara di corsa e in un percorso si può pensare che la sua legge oraria sia $s = 15t(t+1)^2$, dove t è il tempo in minuti e s è lo spazio in metri.

a. Se il percorso è di 1500 m, qual è la velocità media v_m?

b. Esiste almeno un istante in cui la sua velocità è esattamente v_m? Giustifica la risposta. Rappresenta graficamente la situazione. [a) 6,25 m/s]

85 

Attenzione! Un vaso di fiori cade da un balcone a 16 m dal suolo. Durante la caduta, la funzione che descrive la posizione s del vaso, cioè l'altezza da terra a cui si trova, è $s(t) = 16 - 4{,}9t^2$.

a. Calcola la velocità media del vaso.

b. Determina con il teorema di Lagrange il tempo t in cui la velocità istantanea è pari alla velocità media. [a) $v_m = 8{,}9$ m/s; b) $t = 0{,}9$ s]

Con i parametri

86 **ESERCIZIO GUIDA** Determina per quali valori di a e b la funzione

$$f(x) = \begin{cases} x - 2a & \text{se } x < 2 \\ -x^2 + bx - 2 & \text{se } x \geq 2 \end{cases}$$

verifica le ipotesi del teorema di Lagrange nell'intervallo $[0; 3]$.

- $f(x)$ è continua per ogni $x \neq 2$.

In $x = 2$ è continua se

$$\lim_{x \to 2^-} (x - 2a) = \lim_{x \to 2^+} (-x^2 + bx - 2) \to 2 - 2a = -4 + 2b - 2 \to a = -b + 4.$$

ESERCIZI

- $f(x)$ è derivabile per ogni $x \neq 2$ con derivata

$$f'(x) = \begin{cases} 1 & \text{se } x < 2 \\ -2x + b & \text{se } x \geq 2 \end{cases}$$

In $x = 2$ è derivabile se $\lim_{x \to 2^-} 1 = \lim_{x \to 2^+} (-2x + b) \to 1 = -4 + b \to b = 5$.

- Risolviamo il sistema:

$$\begin{cases} a = -b + 4 \\ b = 5 \end{cases} \to a = -1, \quad b = 5.$$

Trova i valori di *a* e *b* in modo che per le seguenti funzioni sia applicabile il teorema di Lagrange nell'intervallo indicato.

87 $f(x) = \begin{cases} x^2 + ax - 1 & \text{se } x < -1 \\ -4x^2 + x + b & \text{se } x \geq -1 \end{cases}$, $[-2; 0]$. $[a = 11, b = -6]$

88 $f(x) = \begin{cases} -x^2 + ax - 11 & \text{se } x \leq 1 \\ \dfrac{b}{x} & \text{se } x > 1 \end{cases}$, $[0; 3]$. $[a = 7, b = -5]$

89 $f(x) = \begin{cases} ax + b & \text{se } x < 2 \\ e^{2-x} & \text{se } x \geq 2 \end{cases}$, $[0; 4]$. $[a = -1, b = 3]$

90 $f(x) = \begin{cases} \dfrac{ax^2 - 1}{x + b} & \text{se } x \leq 1 \\ \ln x + 1 & \text{se } x > 1 \end{cases}$, $[-1; 2]$. $[a = 0, b = -2]$

91 $f(x) = \begin{cases} ae^x + b & \text{se } x \leq 0 \\ \dfrac{1}{2e^x - 1} & \text{se } x > 0 \end{cases}$, $[-1; 1]$. $[a = -2, b = 3]$

92 $f(x) = \begin{cases} a\cos^2 x + b\sin x & \text{se } x < 0 \\ -\dfrac{2}{x + 1} & \text{se } x \geq 0 \end{cases}$, $\left[-\dfrac{\pi}{2}; 2\pi\right]$. $[a = -2, b = 2]$

93 $f(x) = \begin{cases} a + \sqrt{x^2 + 3} & \text{se } x \leq 1 \\ b\ln x + (2a + 1)x & \text{se } x > 1 \end{cases}$, $[-2; 3]$. $\left[a = 1, b = -\dfrac{5}{2}\right]$

94 $f(x) = \begin{cases} \dfrac{3x - 2a}{x + b} & \text{se } 0 \leq x \leq 1 \\ e^{x-1} & \text{se } 1 < x \leq 2 \end{cases}$, $[0; 2]$. $\left[a = \dfrac{1}{2}, b = 1\right]$

95 Data la funzione $f(x) = \begin{cases} 3x^2 + 2ax & \text{se } -2 \leq x \leq 0 \\ -x^2 - ax + 3b & \text{se } 0 < x \leq 4 \end{cases}$ determina per quali valori dei parametri *a* e *b* essa verifica le ipotesi del teorema di Lagrange in $[-2; 4]$. Trova poi le coordinate dei punti la cui esistenza è garantita dal teorema. $\left[a = 0, b = 0; A\left(-\dfrac{7}{9}; \dfrac{49}{27}\right), B\left(\dfrac{7}{3}; -\dfrac{49}{9}\right)\right]$

3 Conseguenze del teorema di Lagrange

Teoria a p. 1662

RIFLETTI SULLA TEORIA

96 È vero che, date le funzioni $f(x)$ e $g(x)$, se $f'(x) = g'(x)$ allora $f(x) = g(x)$? Motiva la risposta aiutandoti con esempi.

97 Dopo aver derivato la funzione $y = \arcsin x + \arccos x$, cosa puoi dedurre sulla funzione?

98 Verifica che le funzioni $f(x)=\ln\frac{x^3}{8}$ e $g(x)=\ln\left(\frac{2}{5}x\right)^3$ hanno la stessa derivata. Cosa si può dedurre per le due funzioni e per i loro grafici?

99 Verifica che le funzioni $y=-\arcsin(x-1)$ e $y=\arccos(x-1)$ differiscono per una costante e individuala.

$\left[-\frac{\pi}{2}\right]$

100 Dimostra che la funzione $y=\arctan x+\arctan\frac{1}{x}$ è costante in $\mathbb{R}^-$ e $\mathbb{R}^+$ e trova il valore di y.

$\left[y=-\frac{\pi}{2} \text{ per } x<0,\ y=\frac{\pi}{2} \text{ per } x>0\right]$

Funzioni crescenti e decrescenti e derivate

101 LEGGI IL GRAFICO Nei seguenti grafici indica gli intervalli in cui le funzioni rappresentate sono crescenti o decrescenti.

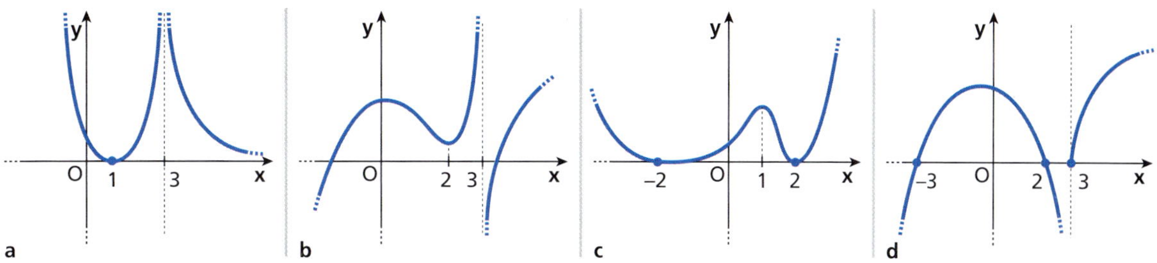

RIFLETTI SULLA TEORIA

102 Spiega perché la funzione $f(x)$ rappresentata non è decrescente nell'intervallo $[0;\ 5]$, mentre lo è in ciascuno dei due intervalli $[0;\ 2[$ e $]2;\ 5]$.

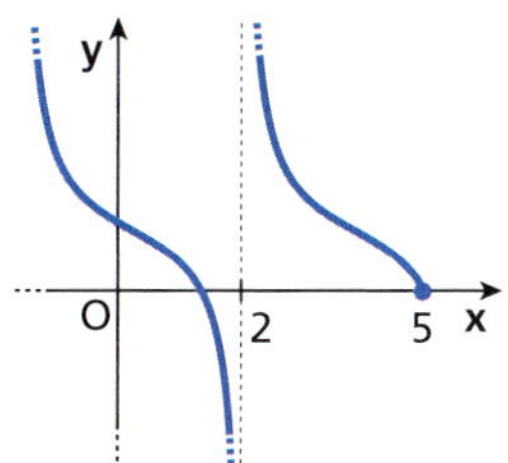

103 Poiché la funzione $f(x)=-\frac{1}{x}$ ha derivata $f'(x)=\frac{1}{x^2}$, positiva per ogni x del dominio di $f(x)$, possiamo concludere che $f(x)$ sia monotòna crescente in tutto il suo dominio. Perché?

104 VERO O FALSO? In un intervallo $[a;\ b]$:

a. se una funzione $f(x)$ è continua e derivabile, allora è certamente crescente. V F

b. se una funzione $f(x)$ è discontinua, non può essere crescente. V F

c. se $f'(x)>0$, allora $f(x)$ è crescente. V F

d. se una funzione $f(x)$ è crescente, allora è derivabile con $f'(x)>0$. V F

LEGGI IL GRAFICO

105 È data la funzione $f(x)$ rappresentata nella figura.

a. È corretto scrivere: «$f(x)$ crescente $\forall x\in\mathbb{R},\ x\neq 1$»?

b. È corretto scrivere: «$f(x)$ crescente in $[0;\ 1[$ e in $]1;\ 2]$»?

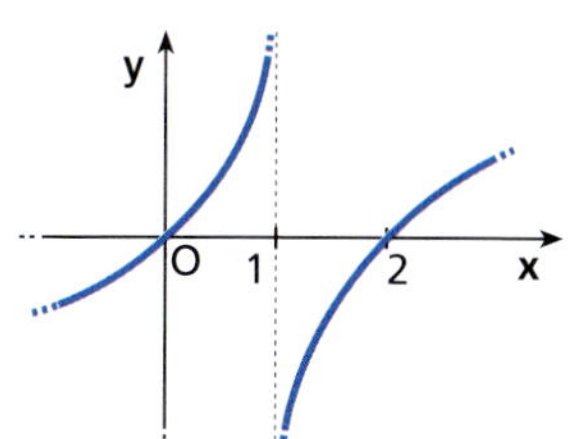

106

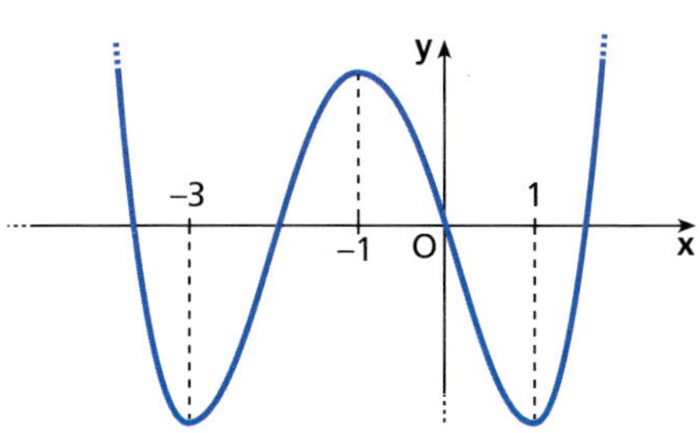

Individua gli intervalli in cui la derivata della funzione rappresentata è positiva.

107 **FAI UN ESEMPIO** Traccia il grafico di una funzione $f(x)$ tale che $f'(x) > 0$ per $x < 0 \vee 3 < x \leq 5$, $f'(x) < 0$ per $0 < x < 3$, $f'(x) = 0$ per $x = 0 \vee x = 3$.

108 **LEGGI IL GRAFICO** Dal grafico di $f(x)$ deduci il segno di $f'(x)$.

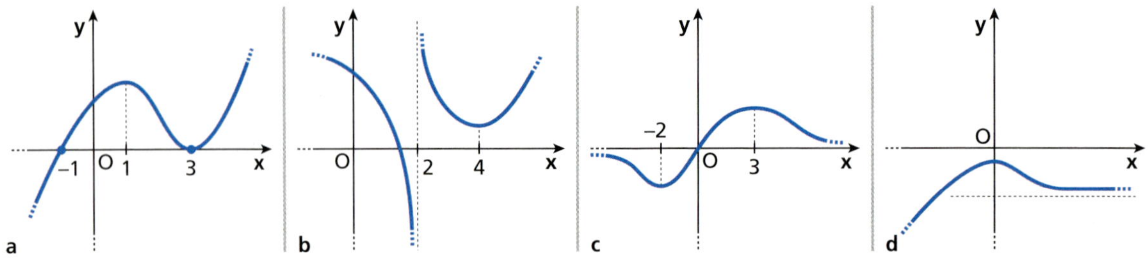

109 **TEST** Solo una delle seguenti affermazioni che riguardano la funzione $f(x)$ è *falsa*. Quale?

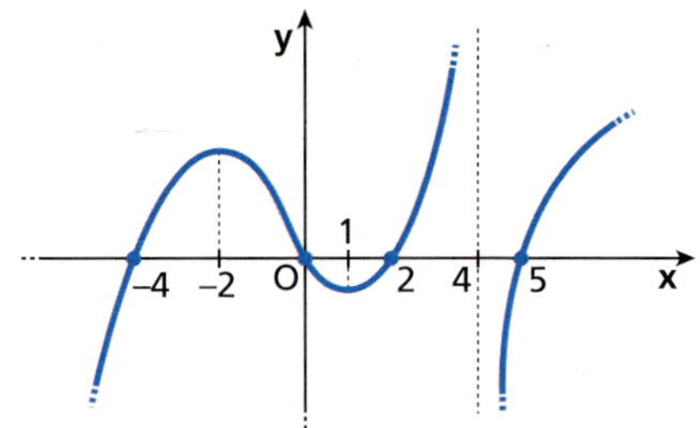

A $f'(x) > 0$ in $[-4; -2[$.

B $f'(x) < 0$ in $]-2; 1[$.

C $f(x)$ crescente in $]-\infty; -2]$.

D $f'(x) \geq 0$ in $[1; 4[$.

E $f(x)$ decrescente in $[0; 2]$.

LEGGI IL GRAFICO I grafici rappresentano la derivata prima $f'(x)$ di una funzione $f(x)$. Indica gli intervalli in cui $f(x)$ è crescente e quelli in cui è decrescente. Deduci dal grafico anche il segno della derivata seconda $f''(x)$.

110

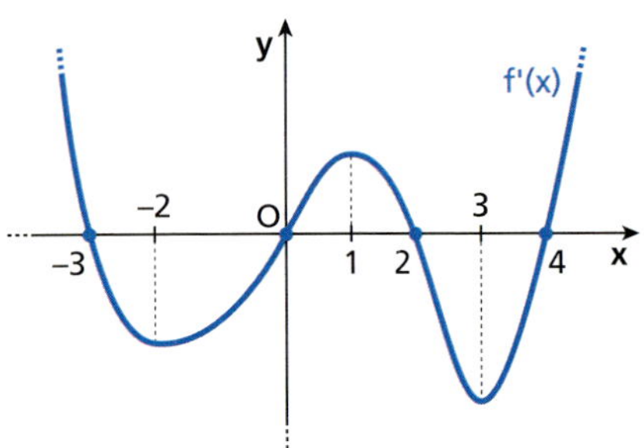

111

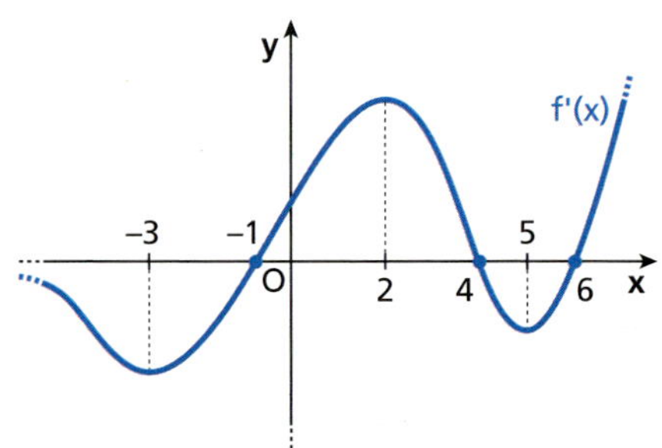

112 Una funzione f è derivabile nell'intervallo $]a; b[$. Quali delle seguenti affermazioni sono sempre vere?

a. Se f è non decrescente in $]a; b[$, allora $f'(x) \geq 0$, per ogni $x \in]a; b[$.

b. Se f è crescente in $]a; b[$, allora $f'(x) > 0$, per ogni $x \in]a; b[$.

c. Se f è crescente in $]a; b[$, allora $f'(x) > 0$, per almeno un $x \in]a; b[$.

d. Se $f'(x) \geq 0$ per ogni $x \in]a; b[$, allora f è crescente in $]a; b[$.

(USA *University of Houston Mathematics Contest*)

[a); c)]

113 **TEST** Se $f(x) = x^3 - 6x^2 + 9x$, allora f è crescente nell'intervallo:

A $x < 1$. B $1 < x < 3$. C $x < 1$ e $x > 3$. D $x > 3$. E Nessuno di questi.

(USA *University of Central Arkansas Regional Math Contest*)

ESERCIZI

114 ●● **LEGGI IL GRAFICO** Il grafico rappresenta la derivata prima, $f'(x)$, di una funzione $f(x)$ continua in $\mathbb{R}$.
In base ai dati deducibili dal grafico:

a. individua e classifica i punti di non derivabilità della funzione $f(x)$;
b. individua gli intervalli in cui $f(x)$ è crescente e quelli in cui è decrescente;
c. spiega se la funzione $f(x)$ è invertibile in $[-2; 3]$.

[b) cresc. per $x < -2 \vee -1 < x < 1 \vee x > 3$]

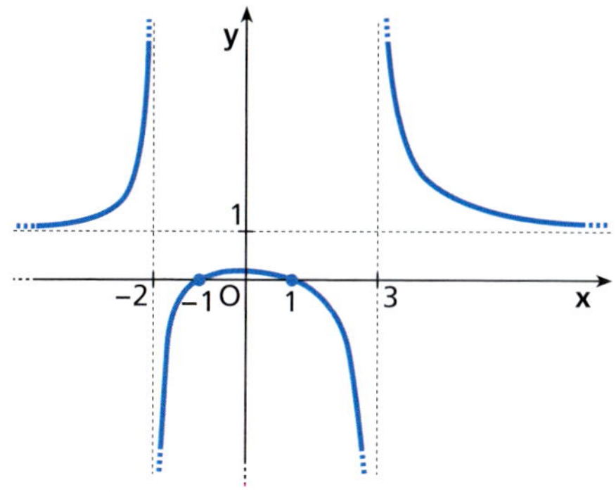

115 **ESERCIZIO GUIDA** Determiniamo gli intervalli in cui la funzione $y = \dfrac{4x^2+1}{2x}$ è crescente e quelli in cui è decrescente.

Dominio $2x \neq 0 \rightarrow D\colon x \neq 0$.
Calcoliamo la derivata prima:

se $f'(x) > 0 \rightarrow f(x)$ crescente
se $f'(x) < 0 \rightarrow f(x)$ decrescente

$$y' = \frac{8x(2x) - 2(4x^2+1)}{(2x)^2} = \frac{16x^2 - 8x^2 - 2}{4x^2} = \frac{4x^2-1}{2x^2}.$$

Studiamo il segno di y'. Essendo il denominatore sempre positivo per $x \neq 0$, il segno dipende solo dal numeratore.

$$4x^2 - 1 > 0 \quad \rightarrow \quad x < -\frac{1}{2} \vee x > \frac{1}{2}$$

		$-\frac{1}{2}$		0		$\frac{1}{2}$	
$4x^2-1$	+	0	−		−	0	+
$f'(x)$	+	0	−	∄	−	0	+
$f(x)$	↗		↘		↘		↗

Dal quadro deduciamo che:

per $x < -\dfrac{1}{2} \vee x > \dfrac{1}{2}$ $\qquad f(x)$ è crescente;

per $-\dfrac{1}{2} < x < 0 \vee 0 < x < \dfrac{1}{2}$ $\qquad f(x)$ è decrescente.

Trova gli intervalli in cui le seguenti funzioni sono crescenti e quelli in cui sono decrescenti. Nelle soluzioni indichiamo per brevità solo gli intervalli in cui le funzioni sono crescenti.

116 ●○ **AL VOLO** $y = x^2 + 4$ $\qquad y = \sqrt{x}$ $\qquad y = e^{-x}$ $\qquad y = (x-3)^2$

117 ●○ $y = 2x^3 + x^2 - 4x + 10$ $\quad \left[x < -1 \vee x > \dfrac{2}{3}\right]$

118 ●○ $y = x^3 + 2x^2 + 10x + 1$ $\quad [\forall x \in \mathbb{R}]$

119 ●○ $y = 4x^5 - 10x^2 + 9$ $\quad [x < 0 \vee x > 1]$

120 ●○ $y = 2x^4 - 16x^2 + 1$ $\quad [-2 < x < 0 \vee x > 2]$

121 ●○ $y = -x^3 + \dfrac{11}{2}x^2 - 6x + 3$ $\quad \left[\dfrac{2}{3} < x < 3\right]$

122 ●○ $y = \dfrac{x^4}{4} - 8x + \dfrac{1}{4}$ $\quad [x > 2]$

123 ●○ $y = \dfrac{1}{3}x^3 + 2x^2 + 4x - 1$ $\quad [x \neq -2]$

124 ●○ $y = x^3 - 3x^2$ $\quad [x < 0 \vee x > 2]$

125 ●○ $y = x^2(x-4)^2$ $\quad [0 < x < 2 \vee x > 4]$

126 ●○ $y = x(x-2)^3$ $\quad \left[x > \dfrac{1}{2}\right]$

127 ●○ $y = \dfrac{x-6}{2x+1}$ $\quad \left[x \neq -\dfrac{1}{2}\right]$

128 ●○ $y = \dfrac{2x-1}{x+3}$ $\quad [x \neq -3]$

129 $y = \frac{2}{x^2 - 9}$ $[x < 0 \wedge x \neq -3]$

130 $y = \frac{1}{-x^2 + x}$ $\left[x > \frac{1}{2} \wedge x \neq 1\right]$

131 $y = \frac{x^2 - 6x + 9}{x^2 - 2}$ $\left[x < \frac{2}{3} \vee x > 3, x \neq -\sqrt{2}\right]$

132 $y = \frac{2x^2 - 8x + 8}{x^2 - 1}$ $\left[x < \frac{1}{2} \vee x > 2, x \neq -1\right]$

133 $y = \frac{x^2 - 4x + 2}{x^2}$ $[x < 0 \vee x > 1]$

134 $y = \frac{4x^2}{(x-1)^3}$ $[-2 < x < 0]$

135 $y = \frac{x^2 - 2x}{4x^2 + x}$ $\left[x \neq 0 \wedge x \neq -\frac{1}{4}\right]$

136 $y = \frac{x^2 - 4x + 2}{x^2 - 1}$ $[x \neq \pm 1]$

137 $y = \frac{(x-3)^2}{x^2 - 3x + 2}$ $\left[x < \frac{5}{3} \vee x > 3, x \neq 1\right]$

138 $y = \sqrt{x - 1}$ $[x > 1]$

139 $y = \sqrt{9 - x^2}$ $[-3 < x < 0]$

140 $y = \sqrt{\frac{x-2}{x}}$ $[x < 0 \vee x > 2]$

141 $y = \sqrt{4x - x^2}$ $[0 < x < 2]$

142 $y = \sqrt[3]{x^2}$ $[x > 0]$

143 $y = \frac{\sqrt{x-2}}{x}$ $[2 < x < 4]$

144 $y = \sqrt{3x - 2}$ $\left[x > \frac{2}{3}\right]$

145 $y = \sqrt[3]{x^2 - 16}$ $[x > 0]$

146 $y = \sqrt[3]{x + 1}$ $[x \neq -1]$

147 $y = \frac{2}{\sqrt{x}} - \sqrt{x}$ [decresc. per $x > 0$]

148 ESERCIZIO GUIDA Determiniamo gli intervalli in cui la funzione $y = \ln\frac{x-1}{x+2}$ è crescente e quelli in cui è decrescente.

La funzione è definita per $\frac{x-1}{x+2} > 0$, cioè per $x < -2 \vee x > 1$.

Calcoliamo ora la derivata prima:

$$y' = \frac{1}{\frac{x-1}{x+2}} \cdot \frac{1(x+2) - 1(x-1)}{(x+2)^2} = \frac{x+2}{x-1} \cdot \frac{\cancel{x} + 2 - \cancel{x} + 1}{(x+2)^2} = \frac{3}{(x-1)(x+2)}.$$

Studiamo il segno di y'. Poiché il numeratore è sempre positivo, y' ha lo stesso segno del denominatore:

$$y' > 0 \quad \rightarrow \quad (x-1)(x+2) > 0 \quad \text{per } x < -2 \vee x > 1.$$

Dallo schema deduciamo che $f(x)$ è crescente per $x < -2 \vee x > 1$. Poiché questi intervalli coincidono con il dominio, la funzione non è mai decrescente.

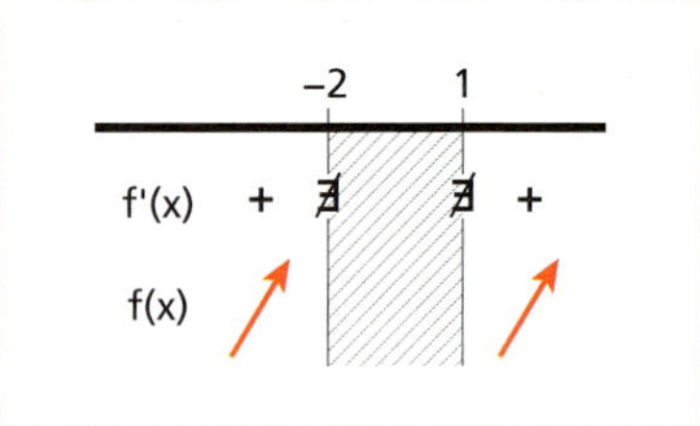

Trova gli intervalli in cui le seguenti funzioni sono crescenti e quelli in cui sono decrescenti. Nelle soluzioni indichiamo per brevità solo gli intervalli in cui $f(x)$ è crescente.

149 $y = e^{-2x^2}$ $[x < 0]$

150 $y = x^2 e^{-x}$ $[0 < x < 2]$

151 $y = \ln(2x + 5)$ $\left[x > -\frac{5}{2}\right]$

152 $y = x + 2\ln x$ $[x > 0]$

153 $y = x \ln x$ $\left[x > \frac{1}{e}\right]$

154 $y = \ln\frac{x+3}{x-5}$ [decresc. per $x < -3 \vee x > 5$]

155 $y = \ln(x^2 - 5x + 6)$ $[x > 3]$

156 $y = xe^x$ $[x > -1]$

157 $y = 4\sin^2 x$ $\left[k\pi < x < \frac{\pi}{2} + k\pi\right]$

158 $y = \cos^2 x - \cos x$ $\left[\frac{\pi}{3} + 2k\pi < x < \pi + 2k\pi \vee \frac{5}{3}\pi + 2k\pi < x < 2\pi + 2k\pi\right]$

159 $y = -2\cos^2 x - 2x + 1$ $\left[\text{decresc. per } x \neq \frac{\pi}{4} + k\pi\right]$

160 $y = 3\tan x - 1$ $\left[-\frac{\pi}{2} + k\pi < x < \frac{\pi}{2} + k\pi\right]$

161 $y = \sqrt{3}\,x + 2\cos x$ $\left[2k\pi < x < \frac{\pi}{3} + 2k\pi \vee \frac{2}{3}\pi + 2k\pi < x < 2\pi + 2k\pi\right]$

162 $y = x + 2\sin x$ $\left[2k\pi < x < \frac{2}{3}\pi + 2k\pi \vee \frac{4}{3}\pi + 2k\pi < x < 2\pi + 2k\pi\right]$

163 $y = 2\ln x + \ln^2 x$ $\left[x > \frac{1}{e}\right]$

164 $y = \ln\sqrt{1 - x^2}$ $[-1 < x < 0]$

165 $y = \ln\frac{4x^2 - 16}{x^2 + 4}$ $[x > 2]$

166 $y = \ln\frac{e^x - 1}{e^x + 1}$ $[x > 0]$

167 $y = \cos^4 x - \cos^2 x + 2$ $\left[\frac{\pi}{4} + k\frac{\pi}{2} < x < \frac{\pi}{2} + k\frac{\pi}{2}\right]$

168 $y = e^{\sqrt{\frac{x-2}{3-x}}}$ $[2 < x < 3]$

169 $y = 2x - |7x^2 - 3x|$ $\left[x < 0 \vee \frac{1}{14} < x < \frac{3}{7}\right]$

170 $y = \left|\frac{x^2 - 3x}{x + 2}\right|$ $[-2 - \sqrt{10} < x < -2 \vee 0 < x < -2 + \sqrt{10} \vee x > 3]$

---

171 REALTÀ E MODELLI **Giochi & auto** Una macchina giocattolo si muove su una traiettoria in base alla legge oraria $s(t) = 4\sin\left(\frac{\pi}{3}t + \frac{\pi}{6}\right)$. Nei primi 6 secondi, in quali intervalli la velocità aumenta e in quali intervalli diminuisce?

$\left[\frac{5}{2} < t < \frac{11}{2} \text{ aumenta; } 0 < t < \frac{5}{2} \vee \frac{11}{2} < t < 6 \text{ diminuisce}\right]$

172 Verifica che l'equazione $x^2 - 2 + \ln x = 0$ ammette un unico zero reale.

173 VERO O FALSO? Sia $f(x)$ una funzione derivabile in $\mathbb{R}$.

a. Se $f(x)$ è crescente in $[a; b]$, allora $f^2(x)$ è crescente in $[a; b]$. V F

b. Se $f(x)$ è decrescente in $[a; b]$, allora $\frac{1}{f(x)}$ è crescente in $[a; b]$. V F

c. Se $f(x)$ è pari, allora $f'(0) = 0$. V F

d. Se $f(x)$ è positiva e decrescente in $[a; b]$, allora $\ln[f(x)]$ è decrescente in $[a; b]$. V F

Con i parametri

174 ESERCIZIO GUIDA Determiniamo per quali valori di k la funzione

$$f(x) = kx^3 - 3kx^2 + x + 8, \quad \text{con } k \in \mathbb{R},$$

è sempre crescente in $\mathbb{R}$.

Calcoliamo $f'(x)$:

$$f'(x) = 3kx^2 - 6kx + 1.$$

Poiché se $f'(x) > 0$ $\forall x \in \mathbb{R}$ la funzione è sempre crescente in $\mathbb{R}$, poniamo:

$$3kx^2 - 6kx + 1 > 0.$$

La disequazione risulta sempre verificata se è $\Delta < 0 \wedge 3k > 0$. Utilizziamo $\frac{\Delta}{4}$:

$$\frac{\Delta}{4} = (3k)^2 - 3k = 9k^2 - 3k.$$

Poniamo $\frac{\Delta}{4} < 0$:

$9k^2 - 3k < 0 \rightarrow 0 < k < \frac{1}{3}$.

Poiché $3k > 0$ per $k > 0$, la funzione assegnata è sempre crescente in $\mathbb{R}$ per $0 < k < \frac{1}{3}$.

175 ●○ Trova per quali valori del parametro reale a la funzione $f(x) = ax^3 + 3x^2 + x + 2$ è sempre crescente in $\mathbb{R}$. $[a \geq 3]$

176 ●○ Determina per quali valori di k la funzione $y = x^3 + 2x^2 - 2kx$ risulta sempre crescente in $\mathbb{R}$. $\left[k < -\frac{2}{3}\right]$

177 ●○ Per quali valori di k la funzione $y = -x^3 + (2k - 1)x$ è sempre decrescente in $\mathbb{R}$? $\left[k < \frac{1}{2}\right]$

178 ●○ Trova per quali valori di a la funzione $y = a\ln x + 1$ è sempre crescente nel suo dominio. $[a > 0]$

179 ●○ Determina per quali valori di a la funzione $y = \frac{ax - 1}{x}$ è sempre crescente in $\mathbb{R}^+$. $[\forall a \in \mathbb{R}]$

180 ●○ Studia, al variare di a in $\mathbb{R}$, quando la funzione $f(x) = \frac{ax}{x^2 + 1}$ è crescente o decrescente.

$[a = 0$: f costante; $a < 0$: f crescente per $x < -1 \vee x > 1$; $a > 0$: f crescente per $-1 < x < 1]$

181 ●● Data la funzione $y = \ln\frac{ae + 2x}{e - x}$, determina $a \in \mathbb{R}$ tale che il grafico della funzione passi per il punto di ordinata 1 sull'asse y. Determina poi gli intervalli in cui la funzione è crescente e quelli in cui è decrescente. $\left[a = e; \text{ cresc. per } -\frac{e^2}{2} < x < e\right]$

Funzioni invertibili

182 ●○ Dimostra che la funzione $f(x) = 2 - \sqrt{5 - x}$ è invertibile nel suo dominio considerando la sua derivata. Trova la funzione inversa $f^{-1}(x)$ e rappresenta graficamente sia $f(x)$ sia $f^{-1}(x)$.

183 ●○ Verifica che la funzione $y = -2\cos^2 x + 2x + 1$ è invertibile in tutto $\mathbb{R}$. Calcola poi la derivata della funzione inversa nel punto y_0 che corrisponde a $x_0 = \pi$. $\left[\frac{1}{2}\right]$

184 ●○ Verifica che la funzione $y = x^3 + 2e^x$ è invertibile $\forall x \in \mathbb{R}$ e calcola la derivata della funzione inversa nel punto $y_0 = 2$. $\left[\frac{1}{2}\right]$

185 ●● Determina il dominio della funzione $y = \ln\frac{x}{x - 6}$ e dimostra che è monotòna per $x < 0 \vee x > 6$. Trova la sua funzione inversa e rappresenta graficamente la funzione data e la sua inversa. $\left[y = \frac{6e^x}{e^x - 1}\right]$

186 ●● Dimostra che la funzione $y = 4x + e^x$ è invertibile in tutto $\mathbb{R}$. Detta $g(y)$ la funzione inversa, calcola $g(1)$ e $g'(1)$. $\left[g(1) = 0; g'(1) = \frac{1}{5}\right]$

187 ●● Dimostra che la funzione $f(x) = \ln x + 2x^5$ è invertibile per $x > 0$. Calcola $f^{-1}(2)$ e determina la derivata della funzione inversa nel punto $y_0 = 2$. $\left[f^{-1}(2) = 1; \frac{1}{11}\right]$

188 ●● Considera la funzione $y = \arcsin\frac{1 - x}{1 + x}$. Determina il suo dominio, dimostra che è invertibile e determina l'equazione della sua funzione inversa. $\left[y = \frac{1 - \sin x}{1 + \sin x}\right]$

189 ●● Data la funzione $y = f(x) = e^x + \arctan 2x$:

a. dimostra che $f(x)$ è invertibile nel suo dominio;

b. detta $g(y)$ la funzione inversa di $f(x)$, calcola $g(1)$ e $g'(1)$. $\left[\text{b) } 0; \frac{1}{3}\right]$

4 Teorema di Cauchy

▶ Teoria a p. 1664

190 **ESERCIZIO GUIDA** Date le funzioni $f(x) = x^2 - 2x + 4$ e $g(x) = 4x^2 + 2x$, verifichiamo che nell'intervallo $[1; 3]$ valgono le ipotesi del teorema di Cauchy e troviamo i punti la cui esistenza è assicurata dal teorema.

Sono verificate le tre condizioni:

- $f(x)$ e $g(x)$ sono continue in $[1; 3]$ perché sono funzioni polinomiali;
- $f(x)$ e $g(x)$ sono derivabili in $]1; 3[$, con $f'(x) = 2x - 2$ e $g'(x) = 8x + 2$;
- $g'(x) \neq 0$ in $]1; 3[$; infatti $g'(x) = 8x + 2 \neq 0$ per $x \neq -\frac{1}{4}$.

Poiché valgono le ipotesi del teorema, deve esistere almeno un punto c nel quale:

$$\frac{f'(c)}{g'(c)} = \frac{f(3) - f(1)}{g(3) - g(1)}.$$

Si ha:

$$\frac{2c-2}{8c+2} = \frac{7-3}{42-6} \rightarrow \frac{c-1}{4c+1} = \frac{1}{9} \rightarrow 9(c-1) = 4c+1 \quad \left(c \neq -\frac{1}{4}\right) \rightarrow c = 2.$$

Il punto cercato è $c = 2$.

> **Teorema di Cauchy**
> Se $f(x)$ e $g(x)$
> - sono continue in $[a; b]$,
> - sono derivabili in $]a; b[$,
> - e $g'(x) \neq 0$ in $]a; b[$,
>
> allora esiste almeno un punto c tale che
> $$\frac{f(b) - f(a)}{g(b) - g(a)} = \frac{f'(c)}{g'(c)}.$$

Date le seguenti funzioni, verifica che nell'intervallo a fianco valgono le ipotesi del teorema di Cauchy e trova il punto (o i punti) la cui esistenza è assicurata dal teorema.

191 $f(x) = -x^2 + 3x$, $g(x) = 2x^2$, $[1; 4]$. $\left[c = \frac{5}{2}\right]$

192 $f(x) = x^3 + 1$, $g(x) = x^2 - 4x$, $[-2; -1]$. $\left[c = \frac{-1-\sqrt{13}}{3}\right]$

193 $f(x) = \sqrt{1+x}$, $g(x) = 2x + 1$, $[0; 3]$. $\left[c = \frac{5}{4}\right]$

194 $f(x) = \frac{1}{x+1}$, $g(x) = \frac{x+1}{x}$, $[1; 2]$. $\left[c = \frac{1+\sqrt{3}}{2}\right]$

195 $f(x) = \sin x - \cos x$, $g(x) = \cos x - 1$, $\left[0; \frac{\pi}{2}\right]$. $\left[c = \frac{\pi}{4}\right]$

196 $f(x) = \ln^2 x - 4\ln x$, $g(x) = 2\ln x + 4$, $[1; e]$. $[c = \sqrt{e}]$

197 $f(x) = 5\cos^2 x - 2\cos x$, $g(x) = \cos x + 3$, $\left[\frac{\pi}{2}; \pi\right]$. $\left[c = \frac{2}{3}\pi\right]$

198 $f(x) = 2\ln x - 1$, $g(x) = 5(x+1)$, $[1; e]$. $[c = e - 1]$

199 $f(x) = \frac{x-2}{x+1}$, $g(x) = 3x + 1$, $[0; 2]$. $[c = \sqrt{3} - 1]$

200 $f(x) = -x^3 + 4x^2$, $g(x) = \frac{1}{2}x^2 + 4$, $[1; 3]$. $\left[c = \frac{13}{6}\right]$

201 $f(x) = 3 + e^x$, $g(x) = 2x + 1$, $[0; 1]$. $[c = \ln(e-1)]$

202 $f(x) = \ln(x^2 - 2x + 1)$, $g(x) = 2x - 1$, $\left[0; \frac{1}{2}\right]$. $\left[c = 1 - \frac{1}{2\ln 2}\right]$

ESERCIZI

Per le seguenti coppie di funzioni non vale il teorema di Cauchy nell'intervallo indicato a fianco. Indica le condizioni che non sono verificate.

203 $f(x) = \frac{1}{x+3}$, $g(x) = 2x^2 - 2x + 1$, $[-2; 1]$.

204 $f(x) = x^3 + 3$, $g(x) = \sqrt{x^2+1}$, $[-1; 1]$.

205 $f(x) = \sqrt[3]{x-2}$, $g(x) = \ln x$, $[1; 4]$.

206 $f(x) = x^2 - 1$, $g(x) = \frac{1}{x}$, $[-1; 2]$.

207 **TEST** Sono date le funzioni $f(x) = \cos x + 2$ e $g(x) = \sin x - 3$, con $x \in \left[0; \frac{\pi}{2}\right]$. Possiamo dire che il teorema di Cauchy:

- **A** non è valido per nessun punto interno all'intervallo.
- **B** non è valido perché $g'\left(\frac{\pi}{2}\right) = 0$.
- **C** è verificato in $x = \frac{\pi}{4}$.
- **D** è verificato in $x = \frac{\pi}{2}$.
- **E** è verificato $\forall x \in \left]0; \frac{\pi}{2}\right[$.

208 **RIFLETTI SULLA TEORIA** Nell'enunciato del teorema di Cauchy non compare l'ipotesi $g(b) - g(a) \neq 0$, pur trattandosi di un'espressione al denominatore. Dimostra che questa ipotesi è superflua perché conseguenza delle altre ipotesi.

209 Stabilisci se $f(x) = x^3 - 3x$ e $g(x) = x^2 - x$ soddisfano le ipotesi del teorema di Cauchy nell'intervallo [0; 1]. In caso affermativo applica il teorema, altrimenti trova un sottointervallo in cui sono verificate le ipotesi e poi determina il punto (o i punti) la cui esistenza è assicurata dal teorema.

$\left[\text{no; esempio: } c = \frac{11-\sqrt{91}}{6} \text{ in } \left[0; \frac{1}{2}\right]\right]$

Riepilogo: Teoremi di Rolle, Lagrange, Cauchy

210 **VERO O FALSO?**

a. Se una funzione verifica il teorema di Lagrange, non può verificare il teorema di Rolle. V F

b. Se una funzione verifica il teorema di Rolle, non verifica il teorema di Lagrange. V F

c. Se due funzioni hanno la stessa derivata e un punto del grafico in comune, allora sono uguali. V F

d. Due funzioni che verificano il teorema di Lagrange e non hanno punti stazionari verificano il teorema di Cauchy. V F

211 **TEST** Sia f definita su [0; 1], continua e derivabile su]0; 1[, e tale che $f(0) = f(1)$. Allora:

- **A** esiste un punto $c \in]0; 1[$ tale che $f'(c) = 0$.
- **B** a f si può applicare il teorema di Lagrange nell'intervallo $\left[\frac{1}{4}; \frac{3}{4}\right]$.
- **C** f è continua nell'intervallo [0; 1].
- **D** a f si può applicare il teorema di Rolle nell'intervallo $\left[\frac{1}{4}; \frac{3}{4}\right]$.

(Politecnico di Torino, Test di autovalutazione)

212 **RIFLETTI SULLA TEORIA** Sia $f(x)$ una funzione derivabile due volte in $\mathbb{R}$, con derivata seconda continua, e siano α, β (con $\alpha < \beta$) punti stazionari per $f(x)$. Esiste almeno un punto $c \in]\alpha; \beta[$ tale che $f''(c) = 0$?

213 ●● Verifica che le funzioni

$$f(x) = \frac{1-x^2}{x^2+2} \quad \text{e} \quad g(x) = \frac{3}{x^2+2}$$

hanno la stessa derivata prima. Questo implica che $f(x) = g(x)\ \forall x \in \mathbb{R}$? Motiva la risposta.

214 ●○ La figura mostra il grafico di una funzione pari $f(x)$.

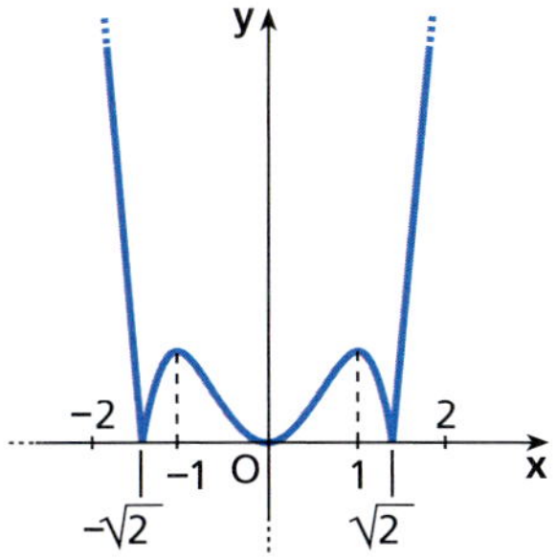

a. In base al grafico, valuta l'esistenza e il segno della derivata prima di $f(x)$, individuando in particolare gli eventuali punti stazionari di $f(x)$.

b. Spiega perché non è possibile applicare il teorema di Rolle a $f(x)$ nell'intervallo $[-2; 2]$.

c. L'esistenza di punti stazionari in tale intervallo è una contraddizione? Motiva la risposta.

215 ●○ Data la curva di equazione:

$$f(x) = \begin{cases} x^2 + bx - 4 + c & \text{se } x < 0 \\ \dfrac{ax-2}{x+3} & \text{se } x \geq 0 \end{cases}$$

individua, senza risolvere l'equazione $f'(x) = 0$, i valori dei parametri a, b e c per cui nell'intervallo $[-1; 2]$ è garantita l'esistenza di un punto in cui la retta tangente alla curva è orizzontale.

$\left[a = \frac{23}{33}, b = \frac{15}{33}, c = \frac{10}{3}\right]$

216 ●○ L'equazione

$$\ln|x-1| - \frac{1}{x-1} = 0$$

ha nell'intervallo $[2; 3]$ una sola soluzione. Spiegane il motivo utilizzando i teoremi a te noti.

217 ●○ Considera la funzione $y = x - 4|x|$ nell'intervallo $[-3; 3]$.

a. Sono verificate le ipotesi del teorema di Rolle?

b. Esistono dei punti interni all'intervallo $[-3; 3]$ in cui $f'(x) = 0$?

c. Le ipotesi del teorema sono una condizione necessaria e sufficiente, solo necessaria, o solo sufficiente per l'esistenza dei punti che verificano il teorema?

218 ●○ **YOU & MATHS**

a. Verify that $f(x) = 2x^3 + x^2 - x - 1$ satisfies the hypotheses of the Mean-Value Theorem on the interval $[0, 2]$.

b. Find all numbers c that satisfy the conclusion of the Mean-Value Theorem.

(USA *University of Wisconsin*, Final Exam)

219 ●● Date le due curve di equazione $f(x) = e^{x^2-4x+4}$ e $g(x) = \cos(x-2)$, dimostra che esiste almeno un valore c interno all'intervallo $[0; 4]$ per il quale le rette tangenti alle curve, rispettivamente nei punti $(c; f(c))$ e $(c; g(c))$, sono parallele.

220 ●● Considera il grafico della funzione

$$f(x) = x^3 - 4x + a, \quad \text{con } a \in \mathbb{R},$$

passante per il punto $A(1; 3)$. Dimostra, mediante il teorema di Lagrange, che esiste almeno una retta tangente al grafico in un punto D di ascissa interna all'intervallo $[-2; 1]$, parallela alla congiungente i punti A e B della curva, con B di ascissa -2. Determina l'area del triangolo BAD.

$[a = 6; y = -x + 8; 6]$

221 ●● **YOU & MATHS** Suppose $f: [a, b] \to \mathbb{R}$ is differentiable and $f'(x) \geq M$ for all $x \in [a, b]$. Prove that

$$f(b) \geq f(a) + M(b-a).$$

(USA *University of Illinois at Chicago*, Analysis I Midterm Exam)

222 ●● **EUREKA!** Dimostra che se $f(x)$ è una funzione derivabile con $f'(x) \geq k$ per ogni $x > 0$ e $f(0) = 0$, allora $f(x) \geq kx$ per $x \geq 0$.

(CAN *University of Windsor, Problem Solving*)

223 ●● Utilizzando il teorema di Lagrange, dimostra che è valida la seguente relazione:

$$|\tan b - \tan a| \geq |b-a| \quad \forall [a; b] \subset \left]-\frac{\pi}{2}; \frac{\pi}{2}\right[.$$

Spiega poi perché non è valida nell'intervallo $[0; \pi]$.

224 ●● **YOU & MATHS** Determine whether the following statement is true or false. If true supply a proof, and if false a counterexample.
«Suppose f is continuous on the closed interval $[a, b]$ and differentiable on the open interval (a, b), and there is a point $\xi \in (a, b)$ such that $f'(\xi) = 0$. Then the Mean Value Theorem tells us that we must have $f(a) = f(b)$.»

(USA *Texas A&M University*, Final Exam)

ESERCIZI

225 ●● LEGGI IL GRAFICO La funzione rappresentata in figura è costituita da un arco di parabola di vertice A, dal segmento AB e da un arco di iperbole equilatera riferita ai propri asintoti e passante per B.

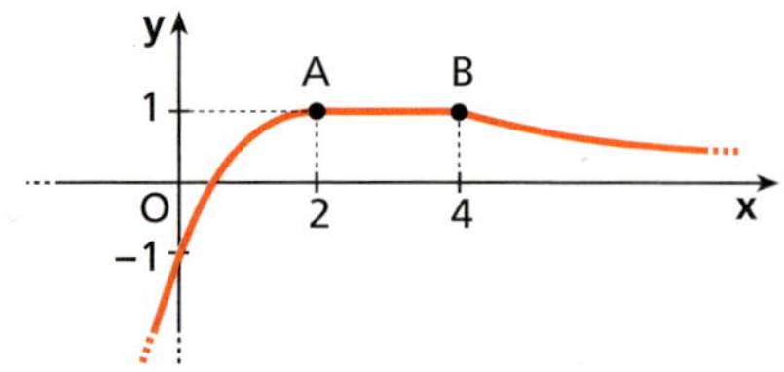

a. Determina l'espressione analitica della funzione.

b. Verifica l'applicabilità del teorema di Lagrange in [0; 4] e determina il punto garantito dal teorema.

$$\left[\text{a) } f(x) = \begin{cases} -\frac{x^2}{2} + 2x - 1 & \text{se } x \leq 2 \\ 1 & \text{se } 2 < x \leq 4; \text{ b) } c = \frac{3}{2} \\ \frac{4}{x} & \text{se } x > 4 \end{cases}\right]$$

226 ●○ LEGGI IL GRAFICO Osserva il grafico della funzione $f(x)$.

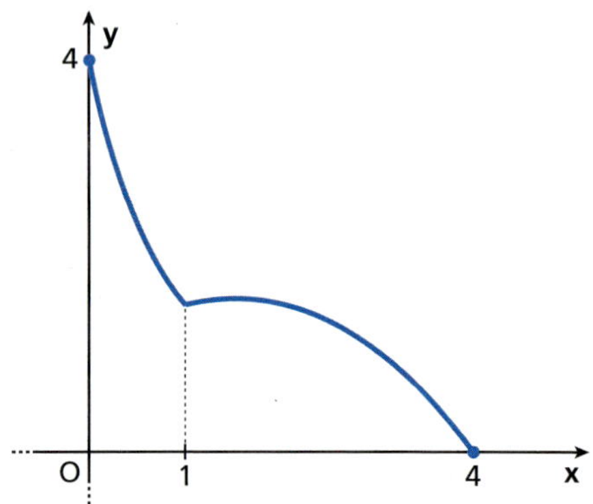

a. Stabilisci se sono vere o false le seguenti affermazioni, motivando le risposte.

1. In base al teorema di Lagrange, deve esistere almeno un valore di x interno all'intervallo $[0; 4]$ tale che $f'(x) = -1$.
2. In base al teorema di Lagrange, non può esistere alcun valore di x interno all'intervallo $[0; 4]$ tale che $f'(x) = -1$.
3. La funzione $f(x)$ non è ovunque derivabile in $[0; 4]$.

b. Date le funzioni $h(x) = \frac{-x + a}{x + 1}$ e $k(x) = -\frac{1}{4}x^2 + \frac{3}{4}x + b$, determina i valori delle costanti a e b in modo tale che sia:

$$f(x) = \begin{cases} h(x) & \text{se } 0 \leq x \leq 1 \\ k(x) & \text{se } 1 < x \leq 4 \end{cases}.$$

[a) 1-F, 2-F, 3-V; b) $a = 4, b = 1$]

EUREKA!

227 ●● Sia $f(x)$ una funzione dispari derivabile due volte nell'intervallo $[-1; 1]$, tale che $f(-1) = 3$ e $f(0) = 0$.
Dimostra che esiste almeno un punto $c \in]-1; 1[$ tale che $f''(c) = 0$.

228 ●● Dimostra che per ogni $x \in \left]0; \frac{\pi}{4}\right[$

$$x \leq \tan x \leq 2x.$$

229 ●● Dimostra che $\forall x \in \mathbb{R}$ si ha $\sin^2 x \leq 2|x|$.

(USA *Texas A&M University*)

230 ●● Data la funzione $f(x) = \begin{cases} ke^{x-1} & \text{se } x < 1 \\ k(x^2 - x) + k & \text{se } x \geq 1 \end{cases}$:

a. dimostra che $f(x)$ è continua e derivabile $\forall x \in \mathbb{R}$;

b. trova il valore di k in modo che la tangente al grafico della funzione nel suo punto di ascissa 1 abbia coefficiente angolare uguale a -1 e rappresenta graficamente $f(x)$;

c. applica il teorema di Lagrange agli intervalli [1; 4] e [0; 2] nelle ipotesi del punto **b**.

$$\left[\text{b) } k = -1; \text{ c) } c_1 = \frac{5}{2}; c_2 = \frac{1}{4}\left(5 - \frac{1}{e}\right)\right]$$

231 ●● IN FISICA Sofia e Filippo si muovono lungo una stessa strada rettilinea, partendo nello stesso istante $t = 0$ e fermandosi entrambi dopo 10 secondi. La velocità media di Sofia è di 0,5 m/s.

a. Supponendo che la legge oraria di Filippo sia $s_F(t) = \frac{at + b}{t + 1}$, $0 \leq t \leq 10$, e che $s_F(10) = 6$ m, quali valori si devono attribuire alle costanti a e b per essere sicuri che in almeno un istante la velocità istantanea di Filippo sia uguale alla velocità media di Sofia?

b. Con i valori di a e b trovati, in quale istante si realizza la richiesta del punto precedente?

c. Qual è l'accelerazione media di Filippo nell'intervallo $0 \leq t \leq 10$?

$$\left[\text{a) } a = \frac{13}{2}, b = 1; \text{ b) } t = 2{,}32 \text{ s; c) } a_M = -\frac{6}{11} \text{ m/s}^2\right]$$

5 Teorema di De L'Hospital

Forme indeterminate $\frac{0}{0}$ e $\frac{\infty}{\infty}$

▶ Teoria a p. 1666

Forma indeterminata $\frac{0}{0}$

232 ESERCIZIO GUIDA Calcoliamo $\lim_{x \to 0} \frac{e^x - 1}{x^2 - x}$.

Poiché per $x \to 0$ sia $e^x - 1$ sia $x^2 - x$ tendono a 0, siamo in presenza della forma indeterminata $\frac{0}{0}$.

Le funzioni $f(x) = e^x - 1$ e $g(x) = x^2 - x$ hanno per derivate $f'(x) = e^x$ e $g'(x) = 2x - 1$, e $g'(x) \neq 0$ in un intorno di 0. Calcoliamo:

$$\lim_{x \to 0} \frac{f'(x)}{g'(x)} = \lim_{x \to 0} \frac{e^x}{2x - 1} = -1.$$

Tutte le ipotesi del teorema di De L'Hospital sono verificate, quindi:

$$\lim_{x \to 0} \frac{f(x)}{g(x)} = \lim_{x \to 0} \frac{f'(x)}{g'(x)} \quad \to \quad \lim_{x \to 0} \frac{e^x - 1}{x^2 - x} = \lim_{x \to 0} \frac{e^x}{2x - 1} = -1.$$

Calcola i seguenti limiti.

233 $\lim_{x \to -2} \frac{x^3 - 4x + 2x^2 - 8}{x + 2}$ [0]

234 $\lim_{x \to -1} \frac{x^5 - x^2 + 2}{x^3 - 2x - 1}$ [7]

235 $\lim_{x \to 2} \frac{x^4 - 4x - 8}{x^5 - 16x}$ $\left[\frac{7}{16}\right]$

236 $\lim_{x \to 1} \frac{x^3 - 1}{x^2 + 2x - 3}$ $\left[\frac{3}{4}\right]$

237 $\lim_{x \to 1} \frac{\sqrt[3]{x} - 1}{x - 1}$ $\left[\frac{1}{3}\right]$

238 $\lim_{x \to 1} \frac{\sqrt{x} - 1}{\sqrt[3]{x} - 1}$ $\left[\frac{3}{2}\right]$

239 $\lim_{x \to 1} \frac{\sqrt{x + 8} - 3}{\sqrt[3]{x} + 2\sqrt{x} - 3}$ $\left[\frac{1}{8}\right]$

240 $\lim_{x \to -1} \frac{x^6 + 2x^2 + 3x}{x^5 + x^2}$ $\left[-\frac{7}{3}\right]$

241 $\lim_{x \to 3} \frac{e^{x-3} - 1}{x^2 - 9}$ $\left[\frac{1}{6}\right]$

242 $\lim_{x \to 1} \frac{1 - e^{x^2 - 1}}{5x - 5}$ $\left[-\frac{2}{5}\right]$

243 $\lim_{x \to 0^+} \frac{\sin x - 4x}{x^2}$ $[-\infty]$

244 $\lim_{x \to 0} \frac{\sin 10x}{\sin 5x}$ [2]

245 $\lim_{x \to 0} \frac{1 - e^{-2x}}{x}$ [2]

246 $\lim_{x \to 0} \frac{e^{2x} - 1 - x^2}{\sin 2x}$ [1]

247 $\lim_{x \to 1} \frac{\ln(2x - 1)}{x - 1}$ [2]

248 $\lim_{x \to 1} \frac{x \ln x}{x^2 - 1}$ $\left[\frac{1}{2}\right]$

249 $\lim_{x \to 0} \frac{\sin x - x}{x^3}$ $\left[-\frac{1}{6}\right]$

250 $\lim_{x \to 0} \frac{\sin x + x}{x + \tan x}$ [1]

251 $\lim_{x \to 0} \frac{x \ln(3x + 1)}{\sin^2 x}$ [3]

252 $\lim_{x \to 0} \frac{x + \sin x}{x^2 + x \cos x}$ [2]

253 $\lim_{x \to 1} \frac{\ln(2x^2 - 1)}{x^3 - 1}$ $\left[\frac{4}{3}\right]$

254 $\lim_{x \to 0} \frac{e^x - 1}{4x^3 - 2x}$ $\left[-\frac{1}{2}\right]$

255 $\lim_{x \to 0} \frac{1 - \cos^3 x}{x^3 - x^2}$ $\left[-\frac{3}{2}\right]$

256 $\lim_{x \to \frac{\pi}{2}} \frac{1 - \sin^3 x}{\cot x}$ [0]

ESERCIZI

257 $\lim_{x \to 0} \frac{e^x - 1 - x}{e^x - 2 + e^{-x}}$ $\left[\frac{1}{2}\right]$

258 $\lim_{x \to 2^+} \frac{\sqrt{x-2} + \sqrt{2x} - 2}{(x-2)^2}$ $[+\infty]$

259 $\lim_{x \to 0} \frac{\ln \cos x}{x \sin x}$ $\left[-\frac{1}{2}\right]$

260 $\lim_{x \to 0} \frac{x \sin^2 x}{\tan x - x}$ $[3]$

261 $\lim_{x \to 0} \frac{\sin^3 x}{\sin 2x - 2x}$ $\left[-\frac{3}{4}\right]$

262 $\lim_{x \to 0} \frac{2x + \sin 3x}{x + \tan 5x}$ $\left[\frac{5}{6}\right]$

263 TEST De L'Hospital, nel suo libro sul calcolo infinitesimale del 1696, illustrava la sua regola utilizzando il limite della funzione

$$f(x) = \frac{\sqrt{2a^3x - x^4} - a\sqrt[3]{a^2x}}{a - \sqrt[4]{ax^3}}$$

per x che tende ad a, con $a > 0$. Trova il limite.

A $\frac{4a}{3}$ B $\frac{16a}{9}$ C 1 D $\frac{3a}{4}$ E Nessuno dei precedenti.

(USA *University of North Georgia Mathematics Tournament*)

Forma indeterminata $\frac{\infty}{\infty}$

Calcola i seguenti limiti.

264 $\lim_{x \to -\infty} \frac{e^{x^2}}{x^2 - 1}$ $[+\infty]$

265 $\lim_{x \to +\infty} \frac{x+5}{e^x + x}$ $[0]$

266 $\lim_{x \to +\infty} \frac{\ln(x+2)}{x^3 + 1}$ $[0]$

267 $\lim_{x \to +\infty} \frac{x^5 - 1}{x \ln x}$ $[+\infty]$

268 $\lim_{x \to \infty} \frac{x^2 + x}{2x^2}$ $\left[\frac{1}{2}\right]$

269 $\lim_{x \to +\infty} \frac{4x^2 + e^x}{e^x}$ $[1]$

270 $\lim_{x \to +\infty} \frac{\ln x + e^x}{x^2}$ $[+\infty]$

271 $\lim_{x \to +\infty} \frac{\ln(1+x^2)}{e^{x^2}}$ $[0]$

272 $\lim_{x \to +\infty} \frac{e^{3x}}{x^3}$ $[+\infty]$

273 $\lim_{x \to +\infty} \frac{\ln^2 x}{2x}$ $[0]$

274 $\lim_{x \to 0^+} \frac{\ln \sin x}{\ln x^2}$ $\left[\frac{1}{2}\right]$

275 $\lim_{x \to +\infty} \frac{3x + \ln x}{7x - 2}$ $\left[\frac{3}{7}\right]$

276 $\lim_{x \to 0^+} \frac{\ln \sin x}{\ln x}$ $[1]$

277 $\lim_{x \to 1^+} \frac{\ln(e^x - e)}{\ln(x-1)}$ $[1]$

278 $\lim_{x \to \frac{\pi}{2}^-} \frac{e^{\tan x}}{\tan x}$ $[+\infty]$

279 $\lim_{x \to -\infty} \frac{5x^3 - 2x^2 + 4}{1 - 2x^3}$ $\left[-\frac{5}{2}\right]$

280 $\lim_{x \to -\infty} \frac{x^2 - 3x + 2}{1 - x^3}$ $[0]$

281 $\lim_{x \to +\infty} \frac{e^x + 5x}{x^2 - 3x}$ $[+\infty]$

282 $\lim_{x \to 0^+} \frac{\ln 3x}{5e^{\frac{1}{x}}}$ $[0]$

283 $\lim_{x \to 3^+} \frac{\ln(x-3)}{\ln(x^2 - 9)}$ $[1]$

284 $\lim_{x \to \pi^+} \frac{\ln(x - \pi)}{\cot 2x}$ $[0]$

285 $\lim_{x \to 0^+} \frac{\ln x^3}{\cot x}$ $[0]$

286 $\lim_{x \to 0^+} \frac{\ln \tan x}{\cot x}$ $[0]$

287 $\lim_{x \to 0^+} \frac{e^{\frac{2}{x}}}{2 \ln x}$ $[-\infty]$

288 $\lim_{x \to +\infty} \frac{x^2 - 1 + e^{2x}}{2x + 4 + e^x}$ $[+\infty]$

289 $\lim_{x \to 0^+} \frac{\ln \cot x}{\ln 2x^3}$ $\left[-\frac{1}{3}\right]$

290 $\lim_{x \to \frac{\pi}{2}^+} \frac{e^{-\frac{1}{\cos x}}}{\tan x}$ $[-\infty]$

Forma indeterminata $0 \cdot \infty$

▶ Teoria a p. 1669

291 ESERCIZIO GUIDA Calcoliamo $\lim_{x \to 0^+} x \cdot \ln x$.

Il limite è nella forma indeterminata $0 \cdot \infty$. Trasformiamo la funzione con l'identità $x = \frac{1}{\frac{1}{x}}$ (se $x \neq 0$):

$$\lim_{x \to 0^+} x \cdot \ln x = \lim_{x \to 0^+} \frac{\ln x}{\frac{1}{x}}.$$

Il limite ottenuto è ora nella forma indeterminata $\frac{\infty}{\infty}$. Calcoliamo:

$$\lim_{x \to 0^+} \frac{D(\ln x)}{D\left(\frac{1}{x}\right)} = \lim_{x \to 0^+} \frac{\frac{1}{x}}{-\frac{1}{x^2}} = \lim_{x \to 0^+} \frac{1}{x} \cdot (-x^2) = \lim_{x \to 0^+} (-x) = 0.$$

Per il teorema di De L'Hospital: $\lim_{x \to 0^+} x \cdot \ln x = 0$.

Calcola i seguenti limiti.

292 ●○ $\lim_{x \to -\infty} x \cdot e^x$ [0]

293 ●○ $\lim_{x \to 0^+} x^2 \cdot \ln x$ [0]

294 ●○ $\lim_{x \to 0^+} x \ln^2 x$ [0]

295 ●○ $\lim_{x \to -\infty} x^2 \cdot e^x$ [0]

296 ●○ $\lim_{x \to 0^+} x \cdot e^{\frac{1}{x}}$ [$+\infty$]

297 ●○ $\lim_{x \to 0} 2x \cdot \cot x$ [2]

298 ●○ $\lim_{x \to 0^+} \ln x \cdot \tan x$ [0]

299 ●○ $\lim_{x \to -\infty} x \cdot e^{2x}$ [0]

300 ●○ $\lim_{x \to -\infty} x^3 \cdot e^{3x}$ [0]

301 ●○ $\lim_{x \to 0} 3x \cdot \cot 4x$ $\left[\frac{3}{4}\right]$

302 ●○ $\lim_{x \to 0^+} 2x \cdot \ln 5x$ [0]

303 ●○ $\lim_{x \to +\infty} x e^{-x^2}$ [0]

304 ●○ $\lim_{x \to +\infty} 2x e^{-x}$ [0]

305 ●○ $\lim_{x \to +\infty} \ln x \cdot e^{-x^2}$ [0]

306 ●○ $\lim_{x \to -\infty} \left(\frac{\pi}{2} - \arctan x^2\right) x^3$ [$-\infty$]

307 ●● $\lim_{x \to 0} (\sin x)^{-1} \cdot \ln(e^x + x)$ [2]

308 ●● $\lim_{x \to \frac{\pi}{4}} \tan 2x \cdot \ln \sin 2x$ [0]

309 ●● $\lim_{x \to \frac{\pi}{2}} (2x - \pi)^2 \cdot \tan^2 x$ [4]

Forma indeterminata $+\infty - \infty$

▶ Teoria a p. 1669

310 ESERCIZIO GUIDA Calcoliamo $\lim_{x \to 0^+} \left(\frac{1}{x} - \cot x\right)$.

Il limite è nella forma indeterminata $+\infty - \infty$. Per poter applicare il teorema di De L'Hospital, cerchiamo di scriverlo nella forma $\frac{0}{0}$ o $\frac{\infty}{\infty}$.

Trasformiamo la funzione:

$$\lim_{x \to 0^+} \left(\frac{1}{x} - \cot x\right) = \lim_{x \to 0^+} \left(\frac{1}{x} - \frac{\cos x}{\sin x}\right) = \lim_{x \to 0^+} \frac{\sin x - x \cos x}{x \sin x}.$$

Il limite si presenta ora nella forma indeterminata $\frac{0}{0}$, quindi possiamo calcolare:

$$\lim_{x \to 0^+} \frac{D(\sin x - x \cos x)}{D(x \sin x)} = \lim_{x \to 0^+} \frac{\cancel{\cos x} - \cancel{\cos x} + x \sin x}{\sin x + x \cos x} = \lim_{x \to 0^+} \frac{x \sin x}{\sin x + x \cos x}.$$

Il limite ottenuto è ancora nella forma indeterminata $\frac{0}{0}$. Calcoliamo:

$$\lim_{x \to 0^+} \frac{D(x \sin x)}{D(\sin x + x \cos x)} = \lim_{x \to 0^+} \frac{\sin x + x \cos x}{\cos x + \cos x - x \sin x} = \lim_{x \to 0^+} \frac{\sin x + x \cos x}{2 \cos x - x \sin x} = 0.$$

Quindi: $\lim_{x \to 0^+} \left(\frac{1}{x} - \cot x\right) = 0$.

ESERCIZI

Calcola i seguenti limiti.

311 $\lim_{x\to 0}\left(\frac{1}{e^x-1}-\frac{1}{x}\right)$ $\left[-\frac{1}{2}\right]$

312 $\lim_{x\to 0^+}\left(\frac{1}{\sin x}-\cot x\right)$ $[0]$

313 $\lim_{x\to 0^+}\left(\frac{2}{\sin x}-\frac{2}{x}\right)$ $[0]$

314 $\lim_{x\to 1^+}\left(\frac{1}{x-1}-\frac{1}{\ln x}\right)$ $\left[-\frac{1}{2}\right]$

315 $\lim_{x\to 0}\left(\cot^2 x-\frac{1}{\sin^2 x}\right)$ $[-1]$

316 $\lim_{x\to +\infty}(\ln x-3x)$ $[-\infty]$

Forme indeterminate 0^0, ∞^0, 1^∞

▶ Teoria a p. 1670

317 ESERCIZIO GUIDA Calcoliamo:

a. $\lim_{x\to 0^+} x^{\tan x}$; b. $\lim_{x\to\infty}(x^2-8x)^{\frac{1}{x}}$; c. $\lim_{x\to 0}(1-x)^{\frac{1}{x}}$.

a. $\lim_{x\to 0^+} x^{\tan x}$ si presenta nella forma indeterminata 0^0.

Ricordando l'identità $A=e^{\ln A}$, se $A=x^{\tan x}$, si può scrivere: $x^{\tan x}=e^{\ln x^{\tan x}}$.

$$\lim_{x\to 0^+} x^{\tan x}=\lim_{x\to 0^+} e^{\ln x^{\tan x}}=\lim_{x\to 0^+} e^{\tan x\cdot \ln x}=e^{\lim\limits_{x\to 0^+}\tan x \ln x}$$

per la proprietà $\log_a b^c = c\log_a b$

Calcoliamo $\lim_{x\to 0^+}\tan x\ln x=\lim_{x\to 0^+}\frac{\ln x}{\cot x}$.

Il limite ottenuto è nella forma indeterminata $\frac{\infty}{\infty}$. Calcoliamo:

$$\lim_{x\to 0^+}\frac{D(\ln x)}{D(\cot x)}=\lim_{x\to 0^+}\frac{\frac{1}{x}}{-\frac{1}{\sin^2 x}}=\lim_{x\to 0^+}\frac{1}{x}(-\sin^2 x)=\lim_{x\to 0^+}\boxed{\frac{\sin x}{x}}(-\sin x)=0.$$

tende a 1

Per il teorema di De L'Hospital: $\lim_{x\to 0^+}\tan x\ln x=0$.

Pertanto: $\lim_{x\to 0^+} x^{\tan x}=e^{\lim\limits_{x\to 0^+}\tan x\ln x}=e^0=1$.

b. $\lim_{x\to\infty}(x^2-8x)^{\frac{1}{x}}$ è nella forma indeterminata ∞^0.

Ragionando come al punto **a**, possiamo scrivere:

$$\lim_{x\to\infty}(x^2-8x)^{\frac{1}{x}}=\lim_{x\to\infty}e^{\ln(x^2-8x)^{\frac{1}{x}}}=\lim_{x\to\infty}e^{\frac{\ln(x^2-8x)}{x}}=e^{\lim\limits_{x\to\infty}\frac{\ln(x^2-8x)}{x}}.$$

Quindi calcoliamo $\lim_{x\to\infty}\frac{\ln(x^2-8x)}{x}$, che si presenta nella forma indeterminata $\frac{\infty}{\infty}$.

Poiché sono verificate le ipotesi, applichiamo il teorema di De L'Hospital:

$$\lim_{x\to\infty}\frac{\ln(x^2-8x)}{x}=\lim_{x\to\infty}\frac{\frac{2x-8}{x^2-8x}}{1}=0.$$

Quindi: $\lim_{x\to\infty}(x^2-8x)^{\frac{1}{x}}=e^{\lim\limits_{x\to\infty}\frac{\ln(x^2-8x)}{x}}=e^0=1$.

c. $\lim_{x\to 0}(1-x)^{\frac{1}{x}}$ è nella forma indeterminata 1^∞. Abbiamo

$$\lim_{x\to 0}(1-x)^{\frac{1}{x}}=\lim_{x\to 0}e^{\ln(1-x)^{\frac{1}{x}}}=\lim_{x\to 0}e^{\frac{\ln(1-x)}{x}}=e^{\lim\limits_{x\to 0}\frac{\ln(1-x)}{x}}.$$

Applichiamo il teorema di De L'Hospital:

$$\lim_{x \to 0} \frac{\ln(1-x)}{x} = -\lim_{x \to 0} \frac{1}{1-x} = -1,$$

per cui:

$$\lim_{x \to 0} (1-x)^{\frac{1}{x}} = e^{\lim\limits_{x \to 0} \frac{\ln(1-x)}{x}} = e^{-1} = \frac{1}{e}.$$

Calcola i seguenti limiti.

318 $\lim\limits_{x \to 0^+} (\sin x)^{2x}$ [1]

319 $\lim\limits_{x \to 0^-} (-2x)^x$ [1]

320 $\lim\limits_{x \to 2} [\ln(x-1)]^{x-2}$ [1]

321 $\lim\limits_{x \to 0} (e^x + x)^{\frac{1}{x}}$ [e^2]

322 $\lim\limits_{x \to 0^+} \tan x^{\sin x}$ [1]

323 $\lim\limits_{x \to 2^+} (x-2)^{2-x}$ [1]

324 $\lim\limits_{x \to \frac{\pi}{2}^+} \left(x - \frac{\pi}{2}\right)^{\cos x}$ [1]

325 $\lim\limits_{x \to 0^+} x^x$ [1]

326 $\lim\limits_{x \to +\infty} \left(\frac{e^x + 1}{x}\right)^{\frac{1}{x}}$ [e]

327 $\lim\limits_{x \to 1^-} (1-x)^{1-x}$ [1]

328 $\lim\limits_{x \to 0^+} x^{\sin x}$ [1]

329 $\lim\limits_{x \to 0} (1 + \sin x)^{\cot x}$ [e]

330 TEST $\lim\limits_{x \to 0^+} (x+1)^{\frac{2}{\tan x}} =$

A 1 B e C e^2 D $\frac{\pi}{2}$ E $\frac{\pi}{4}$

(USA *Arkansas Council of Teachers of Mathematics State Contest*)

Riepilogo: Teorema di De L'Hospital

TEST

331 Solo uno dei seguenti limiti vale 0. Quale?

A $\lim\limits_{x \to +\infty} \frac{x^3 - x}{e^{3x}}$

B $\lim\limits_{x \to 0^+} e^{\tan x \ln x}$

C $\lim\limits_{x \to 2} \frac{\sqrt{x-1} - 1}{x^2 - 4}$

D $\lim\limits_{x \to 0} \frac{x^2 - 2x}{\sin x}$

E $\lim\limits_{x \to +\infty} \frac{4x^3}{1 - x^2 + x^3}$

332 I seguenti limiti sono tutti uguali a 2, *tranne* uno. Quale?

A $\lim\limits_{x \to \infty} \frac{1 - 2x^2}{4 - x^2}$

B $\lim\limits_{x \to 3} \frac{\sqrt{2}}{2} \cdot \frac{x-3}{\sqrt{x-1} - \sqrt{2}}$

C $\lim\limits_{x \to \infty} \frac{2x^3 - 3x^2}{x^3 - x^4}$

D $\lim\limits_{x \to 0^+} 2e^{\tan x \ln x}$

E $\lim\limits_{x \to \infty} 2(x^2 - 8x)^{\frac{1}{x}}$

333 Utilizzando il teorema di De L'Hospital, calcola il limite $\lim\limits_{x \to +\infty} \frac{e^x}{x^{124}}$ e generalizza il risultato a: $\lim\limits_{x \to +\infty} \frac{e^x}{x^\alpha}$, con $\alpha > 0$. [$+\infty$]

ESERCIZI

CACCIA ALL'ERRORE Ognuno dei seguenti limiti contiene un errore. Trovalo e correggilo.

334 $\lim_{x\to 1}\frac{4x+1}{x^2-1}=\lim_{x\to 1}\frac{4}{2x}=2$

335 $\lim_{x\to 0^+} x\ln x=\lim_{x\to 0^+}(\ln x+1)=-\infty$

336 $\lim_{x\to 0^+}(x^2)^{2x}=\lim_{x\to 0}(2x)^2=0$

337 $\lim_{x\to+\infty}\frac{x}{x-1}=\lim_{x\to+\infty}\frac{(x-1)-x}{(x-1)^2}=0$

In quale di questi limiti è possibile applicare la regola di De L'Hospital e perché?

338 a. $\lim_{x\to+\infty}\frac{2x+\sin x}{x-3\sin x}$; b. $\lim_{x\to 0^+} x\ln x$; c. $\lim_{x\to\frac{\pi}{2}^+}\frac{e^{\tan x}-1}{\tan x+2}$.

339 a. $\lim_{x\to+\infty}\frac{\arctan x}{x}$; b. $\lim_{x\to\frac{\pi}{2}^+}\frac{\tan^2 x-1}{\frac{\pi}{2}-x}$; c. $\lim_{x\to 0}\left(\frac{1}{x}-\frac{1}{x^2+x}\right)$.

340 **RIFLETTI SULLA TEORIA** Considera la funzione $f(x)$, derivabile in $\mathbb{R}$. Dimostra, applicando il teorema di De L'Hospital, che, se $y=3x-2$ è un asintoto obliquo per $f(x)$, allora è vero che $\lim_{x\to+\infty}f'(x)=3$.

Calcola i seguenti limiti.

341 $\lim_{x\to 3}\frac{x^3-7x-6}{x^3+2x^2-14x-3}$ $\left[\frac{4}{5}\right]$

342 $\lim_{x\to 1}\frac{x^6+2x^4-3x}{x^7-x}$ $\left[\frac{11}{6}\right]$

343 $\lim_{x\to 0}\frac{\sqrt{1-x}+\sqrt{x+9}-4}{x^3-2x}$ $\left[\frac{1}{6}\right]$

344 $\lim_{x\to 2}\frac{2-x}{\log_2 x-1}$ $\left[\frac{-2}{\log_2 e}\right]$

345 $\lim_{x\to+\infty}\frac{x+\ln x}{e^x+x}$ $[0]$

346 $\lim_{x\to 0}\frac{\arcsin x^2}{\sin^2 x}$ $[1]$

347 $\lim_{x\to 0}\frac{\arctan 2x}{4x}$ $\left[\frac{1}{2}\right]$

348 $\lim_{x\to 0^+}\frac{e^{\frac{2}{x}}}{2\ln x}$ $[-\infty]$

349 $\lim_{x\to+\infty}\frac{x^2+e^x}{4-x}$ $[-\infty]$

350 $\lim_{x\to 0^+}2x^3\cdot\ln x$ $[0]$

351 $\lim_{x\to+\infty}\frac{x^3}{x+\ln x}$ $[+\infty]$

352 $\lim_{x\to 0}\frac{1-e^{3x}}{\sin 2x}$ $\left[-\frac{3}{2}\right]$

353 $\lim_{x\to 0}\frac{e^{\tan^2 x}-1}{\cos x-1}$ $[-2]$

354 $\lim_{x\to 0^+}\frac{2\sin x-4x}{x^2}$ $[-\infty]$

355 $\lim_{x\to 0}\frac{\ln\cos^2 x}{\sin 2x}$ $[0]$

356 $\lim_{x\to 1^+}\frac{\ln(x^2-x)}{\ln(x^2-1)}$ $[1]$

357 $\lim_{x\to+\infty}\frac{4x}{\ln(2x+e^x)}$ $[4]$

358 $\lim_{x\to 0^+}\frac{\sin^2 x}{\sqrt{x}+x}$ $[0]$

359 $\lim_{x\to 0}\frac{x+\sin x}{x^2+2x}$ $[1]$

360 $\lim_{x\to 2^+}\left(\frac{1}{x-2}-\frac{1}{x^2-4}\right)$ $[+\infty]$

361 $\lim_{x\to+\infty}\frac{\ln 2x}{x^2}$ $[0]$

362 $\lim_{x\to 0^+}\left(\frac{1}{x}-\frac{2}{x^3+x}\right)$ $[-\infty]$

363 $\lim_{x\to+\infty}x^2e^{-2x+1}$ $[0]$

364 $\lim_{x\to-\infty}(x-2)e^x$ $[0]$

365 $\lim_{x\to+\infty}(4x-e^x)$ $[-\infty]$

366 $\lim_{x\to 0^+}(x^2)^x$ $[1]$

367 $\lim_{x\to+\infty}\frac{\ln^2 x}{2x}$ $[0]$

368 $\lim_{x\to 0}\frac{2\sin 3x}{7x}$ $\left[\frac{6}{7}\right]$

369 $\lim_{x\to 3^+}(x-3)\cdot\ln(e^x-e^3)$ $[0]$

370 $\lim_{x\to\frac{\pi}{2}^-}\tan x\cdot\ln(\sin x)$ $[0]$

371 $\lim_{x\to\frac{\pi}{2}^+}\frac{\cos x}{\sin x-1}$ $[+\infty]$

372 $\lim_{x\to 1^+}(x-1)^{\ln x}$ $[1]$

373 $\lim_{x\to 1^+}\left(\frac{1}{\ln x}-\frac{1}{x^2-1}\right)$ $[+\infty]$

374 $\lim_{x\to e}\frac{\ln(x+1-e)}{\ln x-\cos(x-e)}$ $[e]$

375 $\lim_{x\to\frac{\pi}{2}}(1+\cos x)^{\tan x}$ $[e]$

376 $\lim_{x\to 0}\frac{e^x-1-x\cdot\cos x}{\sin^2 x}$ $\left[\frac{1}{2}\right]$

377 $\lim\limits_{x\to 0}\dfrac{1-\cos x^6}{x^{12}}$ $\left[\dfrac{1}{2}\right]$

378 $\lim\limits_{x\to \frac{1}{2}}\dfrac{\frac{1}{4}-x^2}{\cot(\pi x)}$ $\left[\dfrac{1}{\pi}\right]$

379 $\lim\limits_{x\to 0}\dfrac{2\ln(1+e^x)-x-\ln 4}{x^2}$ $\left[\dfrac{1}{4}\right]$

380 $\lim\limits_{x\to 0}\dfrac{\frac{\pi}{2}-\arccos(x^2)-x^2}{x^6}$ $\left[\dfrac{1}{6}\right]$

381 $\lim\limits_{x\to 1^+}\sqrt{x-1}\cdot e^{\frac{1}{x-1}}$ $[+\infty]$

382 $\lim\limits_{x\to 1^+}\left(\dfrac{5}{\ln x}-\dfrac{3}{x-1}\right)$ $[+\infty]$

383 $\lim\limits_{x\to 0^+}x^2\cdot\ln x$ $[0]$

384 $\lim\limits_{x\to 1}\dfrac{e^x-e}{x-1}$ $[e]$

385 $\lim\limits_{x\to 0}\dfrac{\sin 5x}{\sin 3x}$ $\left[\dfrac{5}{3}\right]$

386 $\lim\limits_{x\to +\infty}e^x\cdot\sin\dfrac{1}{x}$ $[+\infty]$

387 $\lim\limits_{x\to 0}\dfrac{e^{x^3}-\cos x}{x\sin x}$ $\left[\dfrac{1}{2}\right]$

388 $\lim\limits_{x\to 0^+}\left(\dfrac{2}{\tan x}-\dfrac{1}{2x}\right)$ $[+\infty]$

389 $\lim\limits_{x\to 0^+}\left(\dfrac{1}{x}+\ln x\right)$ $[+\infty]$

390 $\lim\limits_{x\to 2^+}\left(\dfrac{1}{x-2}-\dfrac{1}{\ln(x-1)}\right)$ $\left[-\dfrac{1}{2}\right]$

391 $\lim\limits_{x\to 0^+}\dfrac{\ln x}{\ln(1-\cos x)}$ $\left[\dfrac{1}{2}\right]$

392 $\lim\limits_{x\to 0}\sin 5x\cdot\cot 3x$ $\left[\dfrac{5}{3}\right]$

393 $\lim\limits_{x\to 0^+}\dfrac{\ln x}{e^{\frac{1}{x}}}$ $[0]$

394 $\lim\limits_{x\to 0^+}2\ln(x+1)\cdot\ln x$ $[0]$

395 $\lim\limits_{x\to 0^+}\left(\dfrac{3}{x}-\dfrac{1}{\sin x}\right)$ $[+\infty]$

396 $\lim\limits_{x\to 0^+}x\cdot\ln(\tan x)$ $[0]$

397 $\lim\limits_{x\to 0^+}x\ln\sin x$ $[0]$

398 $\lim\limits_{x\to 0^+}\left(\dfrac{1}{\sin x}-\dfrac{1}{x^2}\right)$ $[-\infty]$

399 $\lim\limits_{x\to 0^+}x\ln^2 x$ $[0]$

400 $\lim\limits_{x\to 0}\dfrac{x+\tan x}{x^2-x}$ $[-2]$

401 $\lim\limits_{x\to 0^+}\left(\dfrac{1}{x}\right)\ln(x+1)$ $[1]$

402 $\lim\limits_{x\to 2^+}(x-2)^{(x-2)}$ $[1]$

403 $\lim\limits_{x\to +\infty}x\ln\dfrac{x+1}{x}$ $[1]$

404 $\lim\limits_{x\to 0^+}\left[\dfrac{1}{x}-\dfrac{1}{\ln(x+1)}\right]$ $\left[-\dfrac{1}{2}\right]$

405 $\lim\limits_{x\to 1}x^{\frac{1}{x-1}}$ $[e]$

406 $\lim\limits_{x\to \frac{\pi}{3}}\dfrac{\ln\cos 6x}{\sin x+\sqrt{3}\cos x-\sqrt{3}}$ $[0]$

407 $\lim\limits_{x\to 1}\dfrac{\cos^2(x-1)-\cos(x-1)}{x^4-2x^3-3x^2+8x-4}$ $\left[\dfrac{1}{6}\right]$

408 $\lim\limits_{x\to 0}(e^{2x}-1)\cot 3x$ $\left[\dfrac{2}{3}\right]$

409 $\lim\limits_{x\to 0^+}\left(\dfrac{1}{5x}+2\ln x\right)$ $[+\infty]$

---

410 **EUREKA!** Se $\lim\limits_{x\to 0}\dfrac{2x^2-b\sin 2x}{5x^4+6x^2+3x}=6$, quanto vale b?

MATEMATICA E STORIA

Un marchese con l'hobby della matematica Riportiamo la sintesi di un problema presentato dal marchese Guillaume François-Antoine De L'Hospital (1661-1704) nel suo *Analyse des infiniments petits*, sezione IX:
«Stabilire quale sia il valore dell'ordinata y, in corrispondenza del valore a, quando essa sia espressa da una frazione in cui numeratore e denominatore diventano ciascuno zero se $x=a$».

a. Confronta la precedente sintesi del problema di De l'Hospital con l'enunciato dell'omonimo teorema che trovi in questo libro: quali analogie rilevi?

b. Esamina ora il seguente esempio, proposto nel paragrafo 165 di *Analyse*, e verifica l'affermazione in esso contenuta, attraverso l'applicazione del teorema:
«Sia $y=\dfrac{aa-ax}{a-\sqrt{ax}}$. Si trova $y=2a$ quando $x=a$».

165. SOIT $y=\frac{aa-ax}{a-\sqrt{ax}}$. On trouve $y=2a$, lorſque $x=a$.

Risoluzione – Esercizio in più

VERIFICA DELLE COMPETENZE ALLENAMENTO

UTILIZZARE TECNICHE E PROCEDURE DI CALCOLO

Calcola i seguenti limiti applicando, se possibile, il teorema di De L'Hospital.

1 $\lim_{x\to 0^+} x\ln x^3$ [0]

2 $\lim_{x\to +\infty} \frac{e^x+5}{e^{2x}-2x}$ [0]

3 $\lim_{x\to 0} \frac{\ln(1+6x)}{\ln(1+3x)}$ [2]

4 $\lim_{x\to +\infty} \frac{2+\ln^2 x}{2-\ln x}$ $[-\infty]$

5 $\lim_{x\to -\infty} \frac{e^{-x}-e^x}{x^2-1}$ $[+\infty]$

6 $\lim_{x\to 0} \frac{\tan x - x^2}{\sin x}$ [1]

7 $\lim_{x\to 3^+} (x-3)\ln(x^2-9)$ [0]

8 $\lim_{x\to \frac{\pi}{2}^-} \left(\tan x - \frac{1}{\cos x}\right)$ [0]

9 $\lim_{x\to 0^+} x\cdot e^{\frac{1}{x}}$ $[+\infty]$

10 $\lim_{x\to 0} \frac{\tan^2 x}{\cos x - 1}$ $[-2]$

11 $\lim_{x\to 0} \frac{x-\sin x}{x(1-\cos x)}$ $\left[\frac{1}{3}\right]$

12 $\lim_{x\to 0} [\ln(x+1)]^x$ [1]

13 $\lim_{x\to 0^+} \frac{e^{-\frac{1}{x^2}}}{x}$ [0]

14 $\lim_{x\to 0^+} \sin x \ln x$ [0]

15 $\lim_{x\to 0^+} \frac{\ln(1+x^2)}{1-e^{4x^2}}$ $\left[-\frac{1}{4}\right]$

16 $\lim_{x\to 0^+} \arctan x \ln x$ [0]

17 $\lim_{x\to 0} \frac{x^3+x-\sin x}{x(\cos x - 1)}$ $\left[-\frac{7}{3}\right]$

Determina gli intervalli in cui le seguenti funzioni sono crescenti e quelli in cui sono decrescenti.

18 $y=\frac{2x}{x^2-4}$ [decresc. per $x\neq -2 \wedge x\neq 2$]

19 $y=x\sqrt{x+3}$ [cresc. per $x>-2$]

20 $y=\sqrt[5]{(x-4)^2}$ [cresc. per $x>4$]

21 $y=(x-4)e^x$ [cresc. per $x>3$]

22 $y=\frac{1}{x}+\ln x+4$ [cresc. per $x>1$]

23 $y=-\frac{2x^3}{e^x}$ [cresc. per $x>3$]

24 $y=\cos x+\sqrt{3}\sin x$ $\left[\text{cresc. per } -\frac{2}{3}\pi+2k\pi<x<\frac{\pi}{3}+2k\pi\right]$

25 $y=-2\cos^3 x$ [cresc. per $2k\pi<x<\pi+2k\pi$]

26 $y=\ln\sqrt{3x+x^2}$ [cresc. per $x>0$]

27 $y=e^{\sin^2 x}$ $\left[\text{cresc. per } k\pi<x<\frac{\pi}{2}+k\pi\right]$

28 $y=\ln\frac{x^2-4x}{x+1}$ [cresc. per $x>4$]

ANALIZZARE E INTERPRETARE DATI E GRAFICI

29 TEST Il teorema di Lagrange è applicabile alla funzione $y=\sqrt[3]{x}$ nell'intervallo [0; 3]?

A No, perché la funzione non è derivabile in $x=0$.

B Sì, perché la funzione è continua in [0; 3] e derivabile in]0; 3[.

C No, perché la funzione non è continua in tutti i punti dell'intervallo [0; 3].

D No, perché la funzione non è derivabile nell'intervallo [0; 3].

E No, perché $f(b)\neq f(a)$ e cioè $f(3)=\sqrt[3]{3}\neq f(0)=0$.

30 La funzione $f(x)$ rappresentata in figura è continua e derivabile in tutto $\mathbb{R}$. Indica il segno della derivata prima $f'(x)$ e traccia il suo grafico probabile.

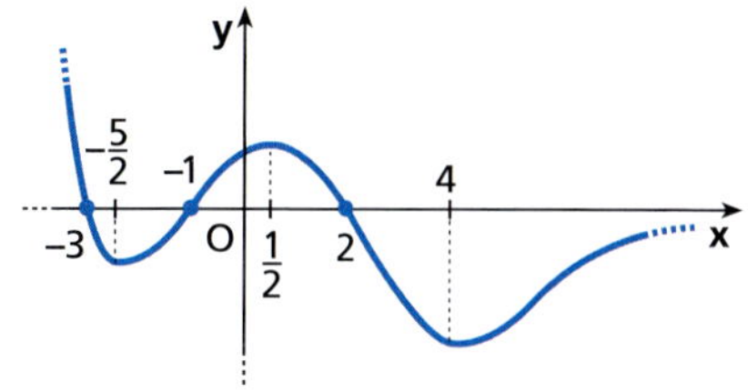

Verifica se le seguenti funzioni rispettano le ipotesi del teorema di Lagrange negli intervalli indicati.

31 $y = \begin{cases} x^2 + 1 & \text{se } x < 1 \\ 3x^2 - 4x + 3 & \text{se } x \geq 1 \end{cases}$, $[0; 2]$. [sì]

32 $y = x^2 - 5|x - 2| + 1$, $[-1; 2]$. [sì]

33 $y = \begin{cases} \dfrac{5}{x+2} & \text{se } x < 3 \\ \dfrac{1}{3}x^2 - 1 & \text{se } x \geq 3 \end{cases}$, $[-1; 4]$. [no]

---

34 Stabilisci se la funzione $f(x) = \ln(-x^2 + 9)$ verifica il teorema di Rolle nell'intervallo $[-2; 2]$; in caso affermativo, determina il punto la cui esistenza è assicurata dal teorema. $[c = 0]$

35 Stabilisci se vale il teorema di Lagrange per la funzione $f(x) = \sqrt{x^2 - 2x}$ nell'intervallo $[2; 4]$ e, in caso affermativo, scrivi l'equazione della tangente la cui esistenza è garantita dal teorema. $[y = \sqrt{2}\,x - \sqrt{2} - 1]$

36 Considera la funzione $f(x) = \begin{cases} \dfrac{4}{x-2} & \text{se } -2 \leq x < 0 \\ 4x^2 - x - 2 & \text{se } 0 \leq x \leq 1 \end{cases}$ nell'intervallo $[-2; 1]$. Verifica la validità delle ipotesi del teorema di Lagrange, determinando il punto che lo soddisfa. $\left[c = \frac{5}{24}\right]$

37 Determina i valori di a e b affinché la funzione

$$f(x) = \begin{cases} \sqrt{-x+1} & \text{se } -8 \leq x < 0 \\ ax^2 + bx + 1 & \text{se } 0 \leq x \leq 1 \end{cases}$$

verifichi le ipotesi del teorema di Rolle nell'intervallo $[-8; 1]$. Trova poi i punti la cui esistenza è garantita dal teorema. $\left[a = \frac{5}{2}, b = -\frac{1}{2}; x_0 = \frac{1}{10}\right]$

38 Data la funzione

$$f(x) = \begin{cases} \sqrt[3]{3x^2} & \text{se } 0 \leq x \leq 3 \\ a + b\sqrt{4-x} & \text{se } 3 < x \leq 4 \end{cases}$$

determina per quali valori dei parametri a e b le ipotesi del teorema di Lagrange sono verficate in $[0; 4]$. $\left[a = \frac{13}{3}, b = -\frac{4}{3}\right]$

39 Determina a e b in modo che la funzione

$$f(x) = \begin{cases} x^2 - 2x + a & \text{se } 0 \leq x \leq 2 \\ -\dfrac{b}{x-4} - 3 & \text{se } 2 < x \leq 3 \end{cases}$$

verifichi le ipotesi del teorema di Lagrange nell'intervallo $[0; 3]$. $[a = 1; b = 8]$

RISOLVERE PROBLEMI

40 Sono date le funzioni: $f(x) = \sin|x|$, $g(x) = \sqrt{\pi x - x^2 + 2\pi^2}$.

Stabilisci quale delle due funzioni non soddisfa le ipotesi del teorema di Rolle nell'intervallo $[-\pi; 2\pi]$. Per l'altra dimostra che il punto di cui il teorema garantisce l'esistenza è unico.

$\left[f(x) \text{ non derivabile in } x = 0; x = \frac{\pi}{2}\right]$

41 Data la funzione $f(x) = \ln x - e^{-x+1}$, dimostra attraverso il teorema di Lagrange che l'equazione $e(x\ln 2 + x - 1) = x(1 + e^{-x+2})$ ammette almeno una soluzione interna all'intervallo $[1; 2]$.

42 Dimostra che la funzione $y = \arcsin(2x+1)$ è strettamente monotòna nell'intervallo $[-1; 0]$ e determina l'espressione analitica della funzione inversa. $\left[y = \frac{1}{2}(\sin x - 1)\right]$

43 La funzione f è continua e indefinitamente derivabile in $\mathbb{R}$. Nell'intervallo $[1; 8]$ ha le seguenti caratteristiche:

- $f(1) = \frac{3}{2}$, $f(8) = 5$;
- $f(x) = \frac{7}{2}$ soltanto in $x = 5$;
- $f''(x) < 0$ per $x \in [1; 5[$; $f''(5) = 0$; $f''(x) > 0$ per $x \in]5; 8]$.

Dimostra che esistono soltanto due punti interni all'intervallo $[1; 8]$ in cui la funzione verifica il teorema di Lagrange.

44 Considera la funzione $f(x) = \begin{cases} 2x - 1 & x \leq 2 \\ ax^2 + bx - 5 & 2 < x \leq 3 \end{cases}$, con a e b parametri reali.

a. Determina i valori di a e b in modo che la funzione $f(x)$ soddisfi le ipotesi del teorema di Lagrange nell'intervallo $[0; 3]$ e trova le coordinate del punto del suo grafico che ne realizza la tesi.

b. Dimostra che la funzione ottenuta è invertibile e determina l'espressione della funzione inversa, specificandone dominio e immagine.

$\left[\text{a) } a = -1, b = 6, \left(\frac{13}{6}; \frac{119}{36}\right); \text{b) } D: x \leq 4, I: y \leq 3\right]$

45 Considera la funzione $f(x) = \frac{1}{1 + e^{-x}}$.

a. Studia la crescenza della funzione e verifica che è invertibile.

b. Determina la funzione inversa $g(x)$ della funzione $f(x)$ esplicitandone dominio e immagine.

c. Calcola $\lim_{x \to -\infty} x^2 f(x)$ e $\lim_{x \to +\infty} x^2 f(x)$ utilizzando, se necessario, il teorema di De L'Hospital.

$\left[\text{b) } g(x) = \ln\frac{x}{1-x}, D =]0; 1[, I = \mathbb{R}; \text{c) } 0; +\infty\right]$

VERIFICA DELLE COMPETENZE VERSO L'ESAME

ARGOMENTARE E DIMOSTRARE

46 Si controlli se la funzione $f(x) = \tan x + \sin x + 7$, nell'intervallo chiuso $[0; \pi]$, verifica le ipotesi del teorema di Rolle e, in caso affermativo, si calcoli l'ascissa dei punti ove si annulla la derivata prima.

(*Esame di Stato, Liceo scientifico, Corso di ordinamento, Sessione suppletiva*, 2013, *quesito* 10)

47 Data la funzione: $f(x) = \frac{x^2 - x - 4}{x - 1}$, si verifichi che esiste un solo punto ξ, interno all'intervallo chiuso $[-1; 0]$, tale che la tangente al diagramma in questo punto è parallela alla corda congiungente i due punti estremi del diagramma.

(*Esame di Stato, Liceo scientifico, Corso di ordinamento, Sessione suppletiva*, 2012, *quesito* 10)

48 ●○ Si provi se per la funzione $f(x) = |x+1| - 2x$, nell'intervallo $[-2; 3]$, sono verificate le condizioni previste per la validità del teorema di Langrange e, in caso affermativo, si trovi il punto in cui si verifica la tesi del teorema stesso.

(*Esame di Stato, Liceo scientifico, Corso sperimentale, Sessione straordinaria*, 2008, *quesito* 3)

49 ●○ Applicando il teorema di Lagrange all'intervallo di estremi 1 e x, provare che:

$$1 - \frac{1}{x} < \ln x < x - 1$$

e dare del risultato un'interpretazione grafica.

(*Esame di Stato, Liceo scientifico, Corso sperimentale, Sessione suppletiva*, 2002, *quesito* 6)

50 ●○ Dimostrare che se $p(x)$ è un polinomio, allora tra due qualsiasi radici distinte di $p(x)$ c'è una radice di $p'(x)$.

(*Esame di Stato, Liceo scientifico, Corso sperimentale, Sessione ordinaria*, 2001, *quesito* 3)

51 ●○ Data la funzione:

$$f(x) = \begin{cases} x^3 & 0 \le x \le 1 \\ x^2 - kx + k & 1 < x \le 2 \end{cases}$$

determinare il parametro k in modo che nell'intervallo $[0; 2]$ sia applicabile il teorema di Lagrange e trovare il punto di cui la tesi del teorema assicura l'esistenza.

(*Esame di Stato, Liceo scientifico, Corso di ordinamento, Sessione ordinaria*, 2015, *quesito* 9)

52 ●○ Dimostrate, senza risolverla, che l'equazione $2x^3 + 3x^2 + 6x + 12 = 0$ ammette una e una sola radice reale.

(*Esame di Stato, Liceo scientifico, Scuole italiane all'estero (Europa), Sessione ordinaria*, 2003, *quesito* 3)

53 ●○ Sia α tale che la funzione $f(x) = \alpha x - \frac{x^3}{1 + x^2}$ risulti crescente. Provare che $\alpha \ge \frac{9}{8}$.

(*Esame di Stato, Liceo scientifico, Scuole italiane all'estero (Americhe), Sessione ordinaria*, 2004, *quesito* 2)

54 ●○ Si calcoli il limite della funzione $\frac{\sin x + \cos x - \sqrt{2}}{\log \sin 2x}$, quando x tende a $\frac{\pi}{4}$.

(*Esame di Stato, Liceo scientifico, Corso di ordinamento, Sessione suppletiva*, 2014, *quesito* 8)

$\left[\frac{1}{2\sqrt{2}}\right]$

55 ●○ Si calcoli $\lim_{x \to 0^+} \frac{2^{3x} - 3^{4x}}{x^2}$.

(*Esame di Stato, Liceo scientifico, Corso sperimentale, Sessione ordinaria*, 2012, *quesito* 1)

$[-\infty]$

56 ●○ Si enunci il teorema di Rolle e si mostri, con opportuni esempi, che se una qualsiasi delle tre condizioni previste non è soddisfatta, il teorema non è valido.

(*Esame di Stato, Liceo scientifico, Corso di ordinamento, Sessione suppletiva*, 2009, *quesito* 10)

57 ●○ La funzione reale di variabile reale $f(x)$ è continua nell'intervallo chiuso e limitato $[1; 3]$ e derivabile nell'intervallo aperto $]1; 3[$. Si sa che $f(1) = 1$ e inoltre $0 \le f'(x) \le 2$ per ogni x dell'intervallo $]1; 3[$. Spiegare in maniera esauriente perché risulta $1 \le f(3) \le 5$.

(*Esame di Stato, Liceo scientifico, Corso di ordinamento, Sessione ordinaria*, 2002, *quesito* 8)

58 ●○ Si calcoli il limite della funzione $y = \frac{x - \sin x}{x(1 - \cos x)}$, quando x tende a 0.

(*Esame di Stato, Liceo scientifico, Corso sperimentale, Sessione suppletiva*, 2007, *quesito* 8)

$\left[\frac{1}{3}\right]$

59 Data la funzione $y = x^3 + kx^2 - kx + 3$, nell'intervallo chiuso $[1; 2]$, si determini il valore di k per il quale sia ad essa applicabile il teorema di Rolle e si trovi il punto in cui si verifica la tesi del teorema stesso.

(*Esame di Stato, Liceo scientifico, Corso sperimentale, Sessione suppletiva*, 2007, *quesito* 3)

60 Calcola la derivata della funzione:

$$f(x) = \arctan x - \arctan \frac{x-1}{x+1}.$$

Quali conclusioni se ne possono trarre per la $f(x)$?

(*Esame di Stato, Liceo scientifico, Corso sperimentale, Sessione suppletiva*, 2001, *quesito* 2)

$\left[f'(x) = 0;\ f(x) = \frac{\pi}{4} \text{ se } x > -1;\ f(x) = -\frac{3}{4}\pi \text{ se } x < -1\right]$

61 Il dominio della funzione $f(x) = 3\arctan x - \arctan \frac{3x - x^3}{1 - 3x^2}$ è l'unione di tre intervalli. Si dimostri, calcolandone la derivata, che la funzione è costante in ciascuno di essi; indi si calcoli il valore di tale costante.

(*Esame di Stato, Liceo scientifico, Scuole italiane all'estero, Sessione ordinaria*, 2006, *quesito* 8)

62 Mediante il teorema di Lagrange, dimostra che $\forall a, b \in \mathbb{R}$ vale la disuguaglianza:

$$|\sin b - \sin a| \leq |b - a|.$$

63 Dimostra che la funzione $f(x) = x^3 - 6x + m$ non può avere due zeri in $[-1; 1]$.

EUREKA!

64 Dimostra che se $f''(x) = 0$ in $]a; b[$, allora la funzione $f(x)$ è un polinomio di grado non superiore a 1.

65 Applicando il teorema di Lagrange, verifica che $|\arctan x| \leq |x|$, $\forall x \in \mathbb{R}$.

COSTRUIRE E UTILIZZARE MODELLI

RISOLVIAMO UN PROBLEMA

Il fiume

Un geologo sta studiando il territorio che circonda un tratto di un fiume. Tale tratto forma un'ansa che può essere rappresentata dalla curva OA del grafico di $f(x) = x + \sin(\pi x)$.

- Scrivi l'equazione della retta OA.

In questa zona si vuole delimitare un'area protetta, per salvaguardare la fauna. Il progetto prevede un'area a forma di parallelogramma in cui sia inscritta la curva OA, cioè il parallelogramma che ha due lati tangenti alla curva e paralleli alla corda OA e due lati sulle rette di equazioni $x = 0$ e $x = 2$.

- Perché è garantita l'esistenza di almeno una delle rette tangenti alla curva e parallele alla corda OA?
- Calcola l'area, in km², che diventerà protetta.

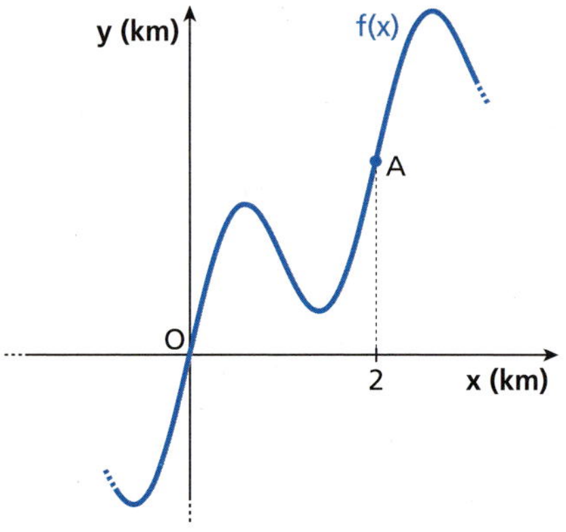

► **Scriviamo l'equazione della retta *OA*.**

Il punto A ha ordinata $f(2) = 2 + \sin(2\pi) = 2$. Quindi $A(2; 2)$ appartiene alla bisettrice del primo quadrante:

$$OA\colon y = x.$$

▶ **Interpretiamo il problema.**

L'esistenza di almeno una delle rette tangenti alla curva parallela a OA è garantita dal teorema di Lagrange.

▶ **Verifichiamo che valgono le ipotesi del teorema di Lagrange nell'intervallo [0; 2].**

La funzione $f(x) = x + \sin(\pi x)$ è continua in $\mathbb{R}$, perché somma di funzioni continue. La derivata

$$f'(x) = 1 + \pi\cos(\pi x)$$

esiste $\forall x \in \mathbb{R}$. In particolare, quindi, $f(x)$ è continua e derivabile nell'intervallo $[0; 2]$. Il teorema garantisce l'esistenza di almeno un punto $c \in]0; 2[$ in cui

$$f'(c) = \frac{f(2) - f(0)}{2 - 0} = 1.$$

▶ **Individuiamo i punti di tangenza.**

Risolviamo l'equazione $f'(c) = 1$. Ci aspettiamo di trovare due soluzioni e quindi due punti di tangenza, T e T'.

$$f'(c) = 1 + \pi\cos(\pi c)$$

$$f'(c) = 1 \to 1 + \pi\cos(\pi c) = 1 \to \cos(\pi c) = 0 \to$$

$$\pi c = \frac{\pi}{2} + k\pi \to c = \frac{1}{2} + k, \quad \text{con } k \in \mathbb{Z}.$$

Le soluzioni in $[0; 2]$ sono $c_1 = \frac{1}{2}$ e $c_2 = \frac{3}{2}$. Quindi T ha ascissa $\frac{1}{2}$ e T' ha ascissa $\frac{3}{2}$. Calcoliamo le ordinate:

$$f\left(\frac{1}{2}\right) = \frac{1}{2} + \sin\frac{\pi}{2} = \frac{1}{2} + 1 = \frac{3}{2},$$

$$f\left(\frac{3}{2}\right) = \frac{3}{2} + \sin\frac{3\pi}{2} = \frac{3}{2} - 1 = \frac{1}{2}.$$

Quindi $T\left(\frac{1}{2}; \frac{3}{2}\right)$, $T'\left(\frac{3}{2}; \frac{1}{2}\right)$.

▶ **Disegniamo il parallelogramma.**

Tracciamo le rette a e b, tangenti alla curva nei punti T e T', e parallele a OA.

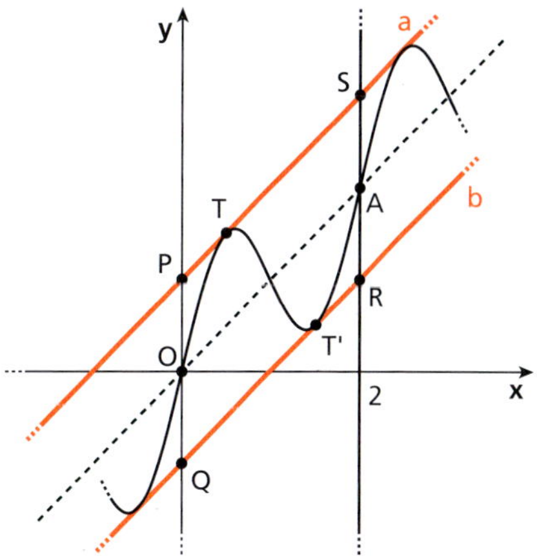

▶ **Troviamo l'equazione di *a* e *b*.**

a è la retta passante per T con coefficiente angolare 1:

$$y - \frac{3}{2} = 1\left(x - \frac{1}{2}\right) \quad \to \quad y = x + 1.$$

b è la retta passante per T' con coefficiente angolare 1:

$$y - \frac{1}{2} = 1\left(x - \frac{3}{2}\right) \quad \to \quad y = x - 1.$$

▶ **Calcoliamo l'area del parallelogramma *PQRS*.**

La base è PQ, dove P e Q sono i punti di intersezione delle rette a e b con l'asse y: $P(0; 1)$, $Q(0; -1)$.

Quindi $\overline{PQ} = 2$.

L'altezza è uguale alla distanza tra le rette di equazioni $x = 0$ e $x = 2$, cioè 2. Allora:

$$A_{PQRS} = 2 \cdot 2 = 4.$$

L'area protetta è quindi di 4 km^2.

66 ●○ **Esposizione di quadri** Un quadro è appeso alla parete sopra al livello dell'osservatore come indicato in figura.

a. Esprimi in funzione di x l'angolo θ sotteso da $a + b$ e l'angolo β sotteso da b.

Calcola poi:

b. $\lim_{x \to +\infty} \frac{\theta}{\beta}$;

c. $\lim_{x \to 0^+} \frac{\theta}{\beta}$.

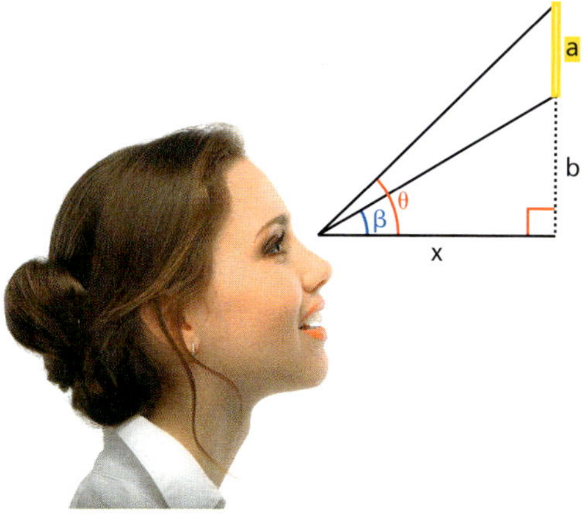

$\left[\text{b) } \frac{a+b}{b}; \text{ c) } 1\right]$

VERIFICA DELLE COMPETENZE

67 ●○ IN FISICA **Intensità di corrente** Sia $q(t) = -t^3 + 4t^2$ la quantità di carica in funzione del tempo, espressa in coulomb, che attraversa la sezione di un conduttore. Il tempo è misurato in secondi e $0 \leq t \leq 2$.

a. Determina l'intensità media di corrente i_m, ossia il rapporto tra la variazione della quantità di carica e l'intervallo di tempo, per un generico intervallo di tempo $[t; t+h]$ e per l'intervallo $\left[0; \frac{3}{2}\right]$.

b. Determina se esiste un istante t interno all'intervallo $\left[0; \frac{3}{2}\right]$ nel quale l'intensità istantanea di corrente è uguale a quella media.

$\left[\text{a) } i_m = \frac{15}{4} \text{ A; b) } t \simeq 0{,}6 \text{ s}\right]$

68 ●● IN FISICA **Moto in fluido viscoso** Un corpo si muove lungo l'asse x sotto l'azione di un sistema di forze; la legge oraria del suo centro di massa G è $x(t) = 8(e^{-t} - e^{-2t})$, per $t > 0$.

a. Scrivi l'espressione della velocità $v(t)$ di G in funzione del tempo e calcola la velocità media nell'intervallo $[0; \ln 2]$. Esiste un istante in cui la velocità istantanea del corpo è uguale alla velocità media? In caso di risposta affermativa, determinalo.

b. Determina gli intervalli di tempo in cui il corpo si allontana o si avvicina all'origine del riferimento.

$\left[\text{a) } v(t) = 8(2e^{-2t} - e^{-t});\ v_m = \frac{2}{\ln 2};\ t \simeq 0{,}3 \text{ s; b) si allontana per } 0 \leq t \leq \ln 2\right]$

INDIVIDUARE STRATEGIE E APPLICARE METODI PER RISOLVERE PROBLEMI

69 ●○ LEGGI IL GRAFICO Considera la funzione $f(x)$, definita nell'intervallo $[-1; 5]$, il cui grafico è costituito da un arco di parabola di vertice V e da un arco di circonferenza di centro C.

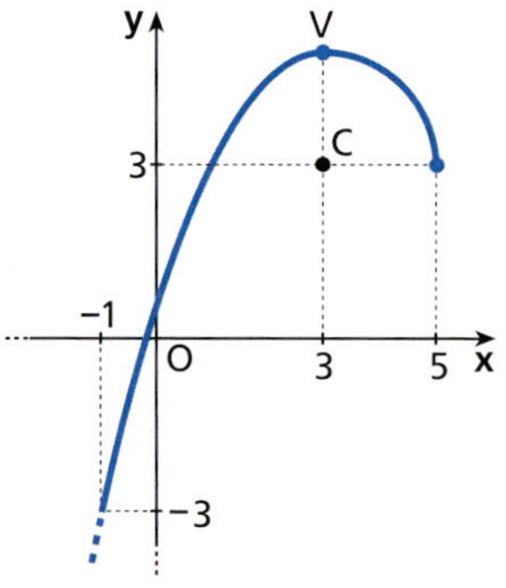

a. Determina l'espressione analitica della funzione.

b. Verifica che la funzione data soddisfa le ipotesi del teorema di Lagrange nell'intervallo $[-1; 5]$ e determina il punto la cui esistenza è garantita da tale teorema. Esiste un intervallo in cui la funzione soddisfa anche le ipotesi del teorema di Rolle?

$\left[\text{a) } f(x) = \begin{cases} -\frac{1}{2}x^2 + 3x + \frac{1}{2} & \text{se } x \leq 3 \\ 3 + \sqrt{-x^2 + 6x - 5} & \text{se } 3 < x \leq 5 \end{cases};\ \text{b) } c = 2\right]$

70 ●● LEGGI IL GRAFICO

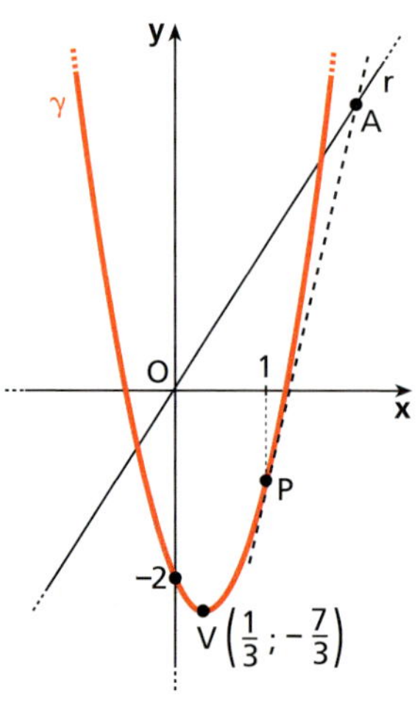

a. Scrivi l'equazione della parabola γ rappresentata nella figura e trova il punto di intersezione A della retta r di equazione $3x - 2y = 0$ con la tangente a γ nel suo punto P di ascissa 1.

b. Data la funzione $f(x) = \left|\frac{mx}{x-3}\right| - 5$, calcola per quale valore di $m \in \mathbb{R}^+$ il suo grafico passa per A e determina gli intervalli in cui $f(x)$ è crescente e decrescente.

c. Spiega perché $f(x)$ non è invertibile nel suo dominio, effettua una restrizione di $f(x)$ nell'intervallo $]0; 3[$ e determina la funzione inversa sia analiticamente che graficamente.

$\left[\text{a) } y = 3x^2 - 2x - 2,\ A(2; 3);\ \text{b) } m = 4;\ f(x) \text{ cresc. per } 0 < x < 3,\right.$ $\left.\text{decresc. per } x < 0 \vee x > 3;\ \text{c) } y = \frac{15 + 3x}{x + 9}\right]$

71 ●● LEGGI IL GRAFICO Data la funzione $f(x) = 2xe^{2+ax} + b$:

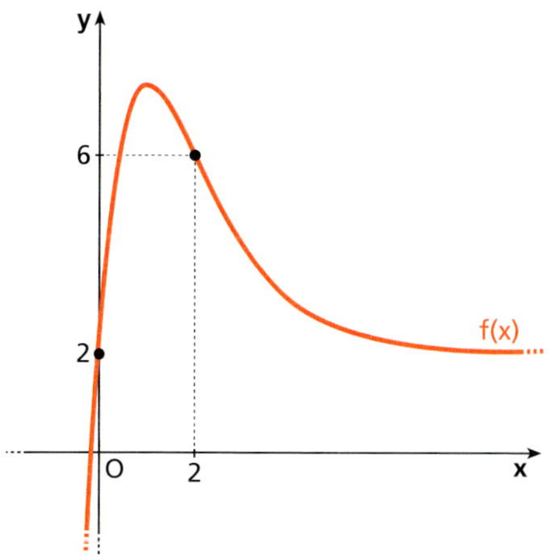

a. trova a e b in modo che il grafico sia quello rappresentato in figura, determina gli intervalli in cui è crescente e decrescente e calcola l'equazione dell'asintoto orizzontale;

b. considera la funzione $g(x) = e^{2-x}$ e verifica se è possibile applicare il teorema di Cauchy per le due funzioni $f(x)$ e $g(x)$ nell'intervallo $[0; 2]$, determinando il punto c che soddisfa il teorema;

c. calcola $\lim_{x \to -\infty} \frac{f(x)}{g^2(x)}$.

$\left[\text{a) } a = -1;\ b = 2;\ \text{cresc. per } x < 1;\ \text{decresc. per } x > 1;\ y = 2;\ \text{b) } c = \frac{e^2-3}{e^2-1};\ \text{c) } 0\right]$

72 ●● **a.** Determina il dominio della funzione $f(x) = \sqrt[3]{x^3 + 6x^2 + 3x - 10}$.

b. Verifica che $f(x)$ soddisfa le ipotesi del teorema di Rolle nell'intervallo $[-5; -2]$, determinando il valore di c la cui esistenza è garantita da tale teorema.

c. Determina gli intervalli di crescenza e quelli di decrescenza della funzione $f(x)$.

d. Verifica che la funzione ammette la retta $y = x + 2$ come asintoto obliquo.

$\left[\text{a) } \mathbb{R};\ \text{b) } c = -2 - \sqrt{3};\ \text{c) cresc. per } x < -2 - \sqrt{3} \vee x > -2 + \sqrt{3}\right]$

73 ●● Sono date le funzioni $f(x) = -x^2 + 3x + 1$ e $g(x) = \frac{1}{3}x^2 + \frac{1}{3}x + 1$.

a. Utilizzando il teorema di Cauchy, dimostra che deve esisistere almeno un valore $c \in]0; 2[$ tale che sia $f'(c) = g'(c)$ e determina esplicitamente tale valore.

b. Dette r e s, rispettivamente, le rette tangenti ai grafici di $f(x)$ e $g(x)$ nei loro punti di ascissa c, e detti A e B i punti di intersezione di r con il grafico di $g(x)$, e C e D i punti di intersezione di s con il grafico di $f(x)$, ricava l'area del trapezio $ABCD$.

$\left[\text{a) } c = 1;\ \text{b) } \frac{8}{9}(3 + \sqrt{3})\right]$

74 ●● **a.** Dimostra che la funzione $f(x) = \sqrt{x^2 + 1}$ è invertibile in $\mathbb{R}^+$, quindi determina e rappresenta nello stesso riferimento la funzione inversa $f^{-1}(x)$.

b. Utilizzando il teorema di De L'Hospital, calcola: $\lim_{x \to 0^+} \frac{f(x) - 1}{\ln f(x)}$.

c. Determina il punto P del grafico di $f(x)$ tale che la retta normale in P al grafico incontri il grafico di $f^{-1}(x)$ nel suo punto A di intersezione con l'asse x.

$\left[\text{a) } f^{-1}(x) = \sqrt{x^2 - 1};\ \text{b) } 1;\ \text{c) } P\left(\frac{1}{2}; \frac{\sqrt{5}}{2}\right)\right]$

75 ●● Considera la funzione $f(x) = x - \arctan x$.

a. Verifica che $f(x)$ è dispari e che ammette due distinti asintoti obliqui.

b. Dimostra che $x - \frac{\pi}{2} < f(x) < x + \frac{\pi}{2}$, per ogni $x \in \mathbb{R}$.

c. Verifica che $f(x)$ non soddisfa le ipotesi del teorema di Rolle in alcun intervallo del tipo $[-k; k]$, dove k è un parametro reale positivo, ma che ammette comunque un punto stazionario.

d. Studia la crescenza della funzione e dimostra che si tratta di una funzione invertibile in $\mathbb{R}$.

VERIFICA DELLE COMPETENZE

76 ●● Considera la funzione:

$$f(x) = \begin{cases} ax^2 + x + 1 & \text{se } -2 \leq x \leq 0 \\ b\tan x + c & \text{se } 0 < x \leq \frac{\pi}{4} \end{cases}$$

a. Trova a, b, c in modo che $f(x)$ soddisfi le ipotesi del teorema di Rolle in $\left[-2; \frac{\pi}{4}\right]$ e determina il punto x_0 che verifica il teorema.

b. Rappresenta graficamente $f(x)$.

c. Determina, se esiste nell'intervallo in cui è definita $f(x)$, un punto P in cui la tangente è parallela alla retta di equazione $4x - 3y - 12 = 0$.

$\left[\text{a) } a = \frac{3}{4}; b = 1; c = 1; x_0 = -\frac{2}{3}; \text{ c) } P\left(\frac{\pi}{6}; \frac{\sqrt{3}}{3} + 1\right)\right]$

77 ●● Data la funzione $f(x) = x^3 + ax^2 + bx + 4$, con a e b parametri reali:

a. determina a e b in modo che la funzione sia crescente solo per $x < 1$ e $x > 3$;

b. con i valori di a e b trovati, verifica le ipotesi del teorema di Rolle nell'intervallo $[2; 2 + \sqrt{3}\,]$ e trova le coordinate del punto P che soddisfa il teorema;

c. dimostra che il grafico della funzione interseca l'asse x una volta sola nell'intervallo $[-1; 0]$.

[a) $a = -6$; $b = 9$; b) $P(3; 4)$]

78 ●● È data la funzione:

$$f(x) = \begin{cases} ax^2 + 2x & \text{se } x \leq 2 \\ \dfrac{bx + 4}{x - 1} & \text{se } x > 2 \end{cases}$$

a. Trova a e b in modo che nell'intervallo $[0; 3]$ siano verificate le ipotesi del teorema di Lagrange e determina le coordinate del punto P che soddisfa il teorema.

b. Traccia il grafico di $f(x)$.

c. Disegna il grafico di $|f(x)|$ e studia i suoi punti di non derivabilità indicando per ciascuno di essi l'equazione della tangente destra e sinistra.

$\left[\text{a) } a = -1; b = -2; P\left(\frac{7}{6}; \frac{35}{36}\right); \text{ c) } (0; 0); (2; 0); y = \pm 2x; y = \pm 2x \mp 4\right]$

79 ●● È data la funzione $f(x) = \dfrac{2x + \cos x}{x}$.

a. Determina il suo dominio e calcola $\lim_{x \to +\infty} f(x)$.

b. Dimostra che tale limite non può essere calcolato con la regola di De L'Hospital. Quale ipotesi viene a mancare?

c. Scrivi l'equazione della tangente al grafico della funzione nel suo punto di ascissa $\frac{\pi}{2}$.

$\left[\text{a) } D: x \neq 0; 2; \text{ c) } y = -\frac{2}{\pi}x + 3\right]$

80 ●● **a.** Determina il dominio della funzione $f(x) = \dfrac{\ln x}{1 - 2\ln x}$ e calcola i limiti per $x \to 0^+$ e per $x \to +\infty$.

b. Dimostra che la funzione è invertibile nel suo dominio e scrivi l'equazione della funzione inversa. Perché la funzione è invertibile pur non essendo crescente?

c. Considera $|f(x)|$ e verifica che assume lo stesso valore agli estremi dell'intervallo $[\sqrt[3]{e}\,; e]$. Si può affermare che vale il teorema di Rolle nell'intervallo $[\sqrt[3]{e}\,; e]$?

$\left[\text{a) } D: x > 0 \land x \neq \sqrt{e}; -\frac{1}{2}; -\frac{1}{2}; \text{ b) } y = e^{\frac{x}{2x+1}}\right]$

VERIFICA DELLE COMPETENZE PROVE

1 ora

PROVA A

1 Determina per quali valori dei parametri a e b la funzione

$$f(x) = \begin{cases} ax^2 + bx + 2 & \text{se } 0 \leq x < 2 \\ \dfrac{16}{x+2} & \text{se } 2 \leq x \leq 6 \end{cases}$$

verifica il teorema di Rolle nell'intervallo $[0; 6]$.

Calcola i seguenti limiti utilizzando il teorema di De L'Hospital.

2 $\lim\limits_{x \to -\infty} x \ln(e^x + 1)$; $\quad \lim\limits_{x \to 0} (1 - \cos x)^{\sin x}$.

3 $\lim\limits_{x \to 1^-} \dfrac{\ln x}{1 + \cos \pi x}$; $\quad \lim\limits_{x \to +\infty} \dfrac{2x^2 - 1}{e^{x^2}}$.

---

4 Considera la funzione $f(x) = 2x + \cos x$.

a. Dimostra che è biunivoca e, detta $g(x)$ la sua inversa, calcola $g'(\pi)$.

b. Dimostra che, nell'intervallo $[0; 2\pi]$, $f(x)$ soddisfa le ipotesi del teorema di Lagrange e determina i punti che lo verificano.

5 Date le funzioni $f(x) = x^3 - 3x$ e $g(x) = e^{-3x}$, dimostra mediante il teorema di Cauchy che esiste almeno una soluzione interna all'intervallo $[0; 1]$ per l'equazione $(1 - e^3)(1 - x^2) + 2e^{3(1-x)} = 0$.

6 Determina gli intervalli in cui le seguenti funzioni sono crescenti:

a. $y = x^3 + 3x^2$; **b.** $y = x^5 e^x$.

PROVA B

1 LEGGI IL GRAFICO Il grafico a fianco corrisponde a una funzione del tipo $f(x) = ax^3 + bx + c$, con $a, b, c \in \mathbb{R}$.

a. Determina i coefficienti a, b, c, sapendo che la tangente al grafico nel punto P è parallela alla retta s.

b. Scrivi l'equazione delle tangenti al grafico nei punti di ascissa $\pm \dfrac{1}{2}$.

c. Dimostra che nell'intervallo $[-1; 1]$ la funzione soddisfa il teorema di Rolle e determina i punti che lo verificano.

d. Determina gli intervalli in cui $f(x)$ è crescente e quelli in cui è decrescente.

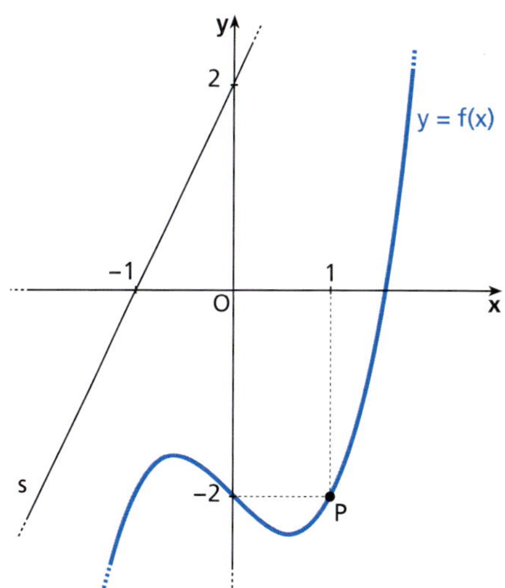

2 È data la funzione:

$$f(x) = \begin{cases} ax^3 + 3x^2 - ax - 3 & \text{se } x < 1 \\ x - \dfrac{1}{x} & \text{se } x \geq 1 \end{cases}$$

a. Dimostra che è continua per ogni valore reale di a.

b. Determina a in modo che la funzione sia derivabile su tutto $\mathbb{R}$.

c. Trova per quale intervallo $[0; q]$, con $q > 1$, il punto di ascissa 1 è uno di quelli previsti dal teorema di Lagrange.

CAPITOLO 27

MASSIMI, MINIMI E FLESSI

1 Definizioni

▶ Esercizi a p. 1727

Massimi e minimi assoluti

DEFINIZIONE

Data una funzione $y = f(x)$ il cui dominio è D, x_0 è il **punto di massimo assoluto** se $f(x) \leq f(x_0)$ per ogni $x \in D$. Il valore $f(x_0) = M$ è il **massimo assoluto** della funzione.

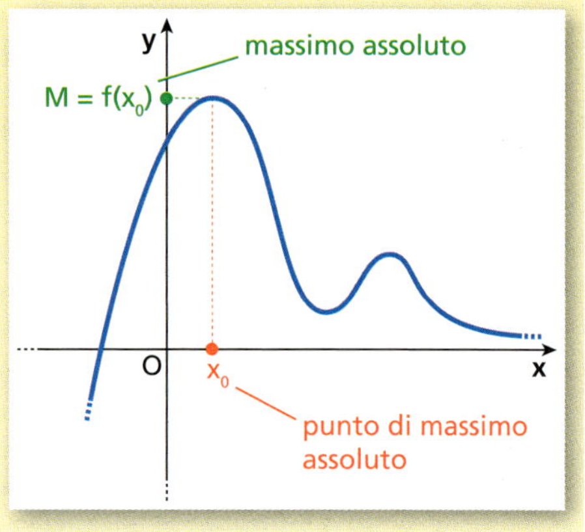

DEFINIZIONE

Data una funzione $y = f(x)$ il cui dominio è D, x_0 è il **punto di minimo assoluto** se $f(x) \geq f(x_0)$ per ogni $x \in D$. Il valore $f(x_0) = m$ è il **minimo assoluto** della funzione.

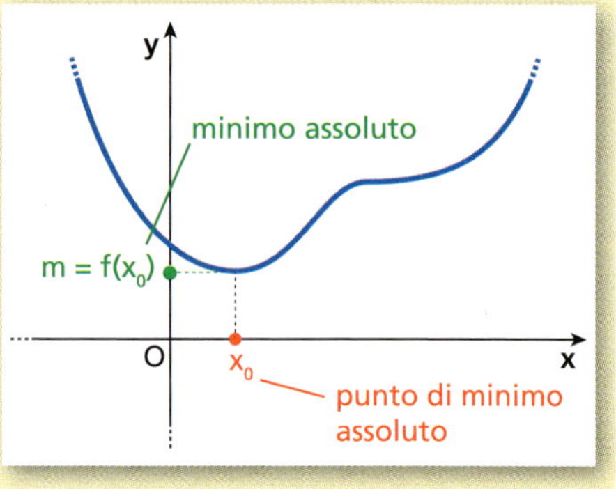

I punti di massimo e minimo assoluti di una funzione si dicono anche **punti di estremo assoluto**.
Il massimo e il minimo assoluti di una funzione, se esistono, sono unici.

Ricordiamo che, per il **teorema di Weierstrass**, se una funzione è continua in un intervallo limitato e chiuso $[a; b]$, allora essa assume, in tale intervallo, il massimo assoluto e il minimo assoluto.

Massimi e minimi relativi

DEFINIZIONE

Data una funzione $y = f(x)$, definita in un intervallo $[a; b]$, $x_0 \in [a; b]$ è un **punto di massimo relativo** se esiste un intorno I del punto x_0 tale che $f(x_0) \geq f(x)$ per ogni x dell'intorno I.

Il valore $f(x_0)$ è detto **massimo relativo** della funzione in $[a; b]$.

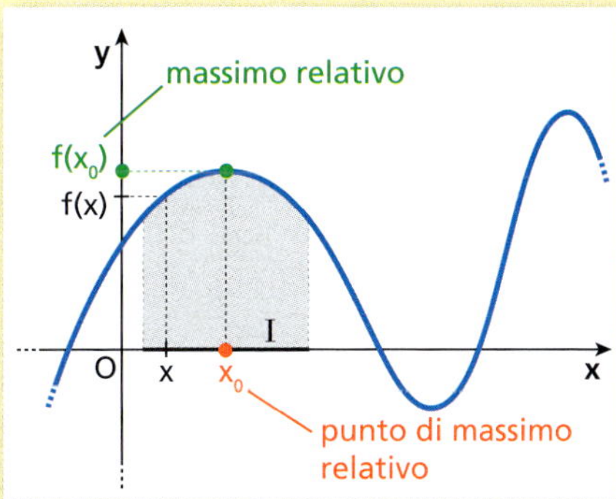

DEFINIZIONE

Data una funzione $y = f(x)$, definita in un intervallo $[a; b]$, $x_0 \in [a; b]$ è un **punto di minimo relativo** se esiste un intorno I del punto x_0 tale che $f(x_0) \leq f(x)$ per ogni x dell'intorno I.

Il valore $f(x_0)$ è detto **minimo relativo** della funzione in $[a; b]$.

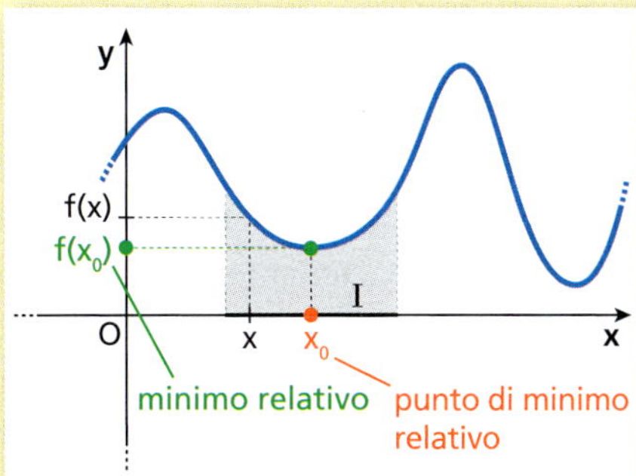

Nelle definizioni appena date, l'intorno del punto x_0 deve avere le seguenti caratteristiche:

- se x_0 è interno all'intervallo $[a; b]$, l'intorno considerato di x_0 deve essere completo;
- se x_0 coincide con a, l'intorno di x_0 è destro;
- se x_0 coincide con b, l'intorno di x_0 è sinistro.

Una funzione definita in $[a; b]$ può avere più punti di massimo o minimo relativi in $[a; b]$.
I punti di massimo e minimo relativi si dicono **punti estremanti relativi** di $f(x)$.

I valori assunti dalla funzione in questi punti si chiamano **estremi relativi** di $f(x)$.

Un punto di estremo assoluto è anche un punto di estremo relativo, ma non è sempre vero il viceversa.

Per esempio, per la funzione della figura x_0 è un punto di massimo relativo e assoluto, x_2 è un punto di massimo relativo, x_1 è un punto di minimo relativo; non esiste il punto di minimo assoluto.

Nelle definizioni date non è richiesta la continuità o la derivabilità della funzione $f(x)$.

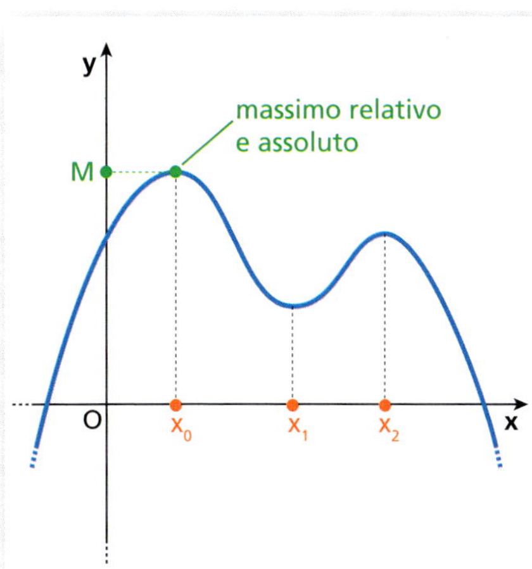

Listen to it

$f(x_0)$ is a **relative maximum** if there exists within the domain of f an open interval I_{x_0} containing x_0 such that $f(x_0) \geq f(x)$, for all x in I_{x_0}.

▶ Verifica, applicando la definizione, che la funzione

$f(x) = 3x^3 - 9x + 2$

ha un punto di massimo relativo in $x = -1$.

Animazione

Questo significa che $f(x)$ può avere un punto di estremo relativo o assoluto in un punto in cui non è continua oppure non è derivabile. Per esempio, la funzione del grafico ha in x_0, punto di discontinuità, un punto di massimo relativo, mentre in x_1, punto di non derivabilità, ha un punto di minimo relativo.

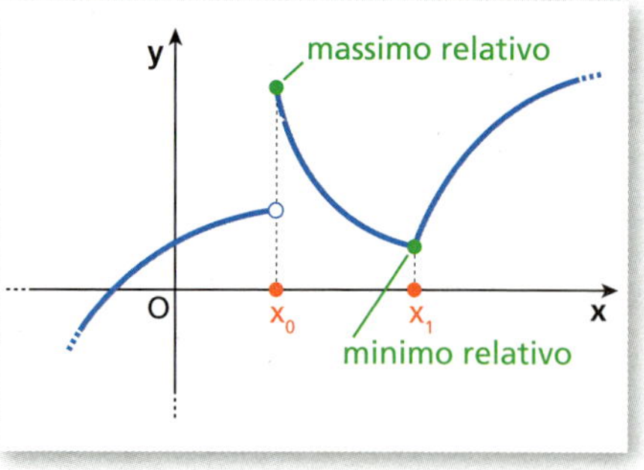

Concavità

Siano date la funzione $y = f(x)$, definita e derivabile nell'intervallo $]a; b[$, e la retta di equazione $y = t(x)$, tangente al grafico di $f(x)$ nel suo punto di ascissa x_0, interno all'intervallo $]a; b[$. Poiché $f(x)$ è derivabile in $]a; b[$, la retta tangente esiste in ogni punto.

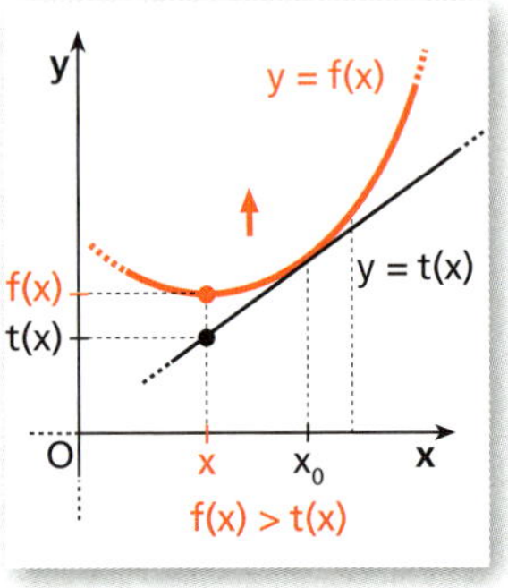

DEFINIZIONE

Diciamo che in x_0 la funzione $f(x)$ ha la **concavità rivolta verso il semiasse positivo delle y (verso l'alto)** se esiste un intorno completo I di x_0 tale che, per ogni x appartenente all'intorno e diverso da x_0, la funzione assume valori maggiori di quelli di $t(x)$ nei punti aventi la stessa ascissa, ossia:

$$f(x) > t(x) \quad \forall x \in I \wedge x \neq x_0.$$

Questo significa che $f(x)$ è concava verso l'alto in x_0 se il suo grafico, in un intorno di x_0, escluso x_0, si trova al di sopra della retta tangente.

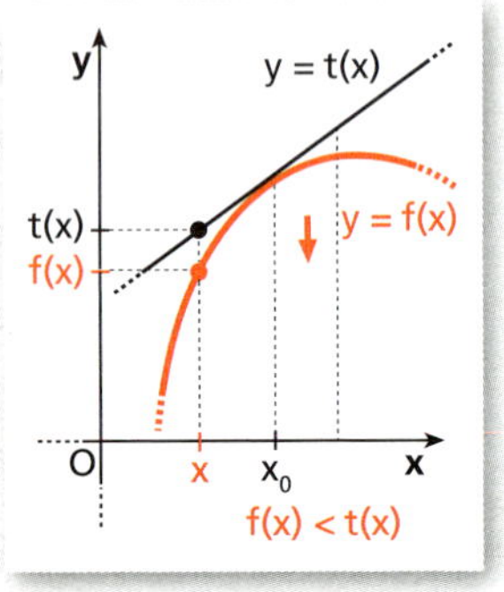

DEFINIZIONE

Diciamo che in x_0 la funzione $f(x)$ ha la **concavità rivolta verso il semiasse negativo delle y (verso il basso)** se esiste un intorno completo I di x_0 tale che, per ogni x appartenente all'intorno e diverso da x_0, la funzione assume valori minori di quelli di $t(x)$ nei punti aventi la stessa ascissa, ossia:

$$f(x) < t(x) \quad \forall x \in I \wedge x \neq x_0.$$

Questo significa che $f(x)$ è concava verso il basso in x_0 se il suo grafico, in un intorno di x_0, escluso x_0, si trova al di sotto della retta tangente.
Dato un intervallo $]a; b[$, diciamo che il grafico ha la concavità verso l'alto (oppure verso il basso) **nell'intervallo**, se ha la concavità verso l'alto (o verso il basso) in ogni punto interno dell'intervallo.

Una funzione il cui grafico rivolge la concavità verso l'alto si dice anche **convessa**.
Una funzione il cui grafico rivolge la concavità verso il basso si dice anche **concava**.

Flessi

Listen to it

An **inflection point** is a point across which the direction of concavity changes.

DEFINIZIONE

Data la funzione $y = f(x)$ definita e continua in $]a; b[$, diciamo che presenta in x_0, interno a $]a; b[$, un punto di **flesso** se in tale punto il grafico di $f(x)$ cambia concavità.

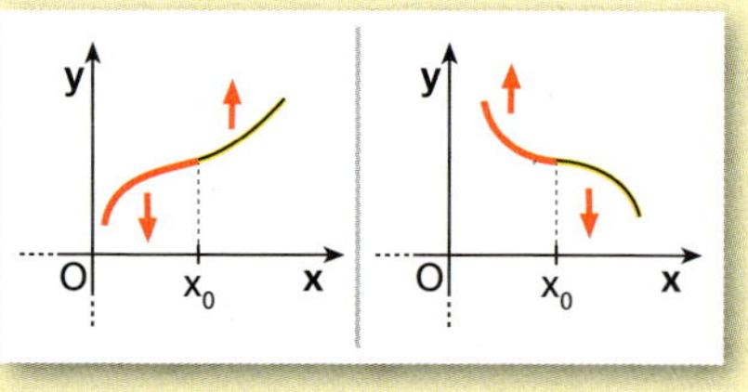

Se la funzione è derivabile nel punto di flesso, esiste la tangente alla curva in tale punto ed è obliqua o parallela all'asse x; se la derivata è infinita, la tangente è parallela all'asse y.

La tangente in un punto di flesso viene anche detta **tangente inflessionale**.
Essa ha la caratteristica di attraversare la curva. Inoltre, il punto di tangenza è un «punto triplo», come si nota nella figura a fianco.
Facendo tendere la secante AB passante per F alla posizione della tangente, i punti A e B si avvicinano sempre più al punto F. Il punto F può quindi essere considerato come un punto in cui la tangente ha tre intersezioni coincidenti con la curva.

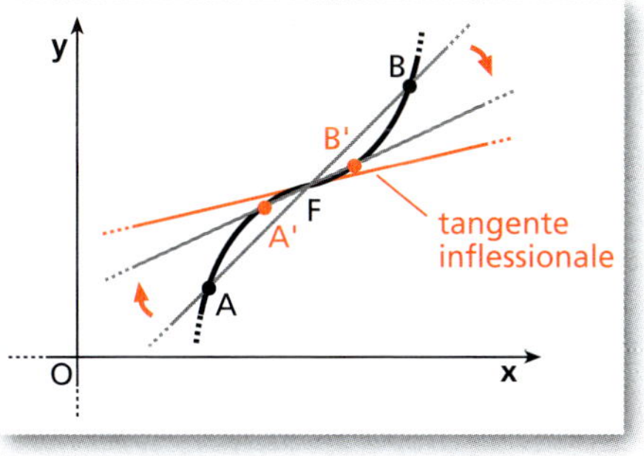

Video

Punti di flesso
Spieghiamo cosa sono i punti di flesso dal punto di vista grafico.

Se in un punto di flesso esiste la retta tangente, il flesso viene detto:

- **orizzontale** se la tangente nel punto di flesso è parallela all'asse x;
- **verticale** se la tangente è parallela all'asse y;
- **obliquo** se la tangente non è parallela a uno degli assi.

Se esiste un intorno del punto di flesso in cui il grafico della funzione ha:

- concavità verso il basso a sinistra del punto di flesso e verso l'alto a destra, il flesso è **ascendente**;

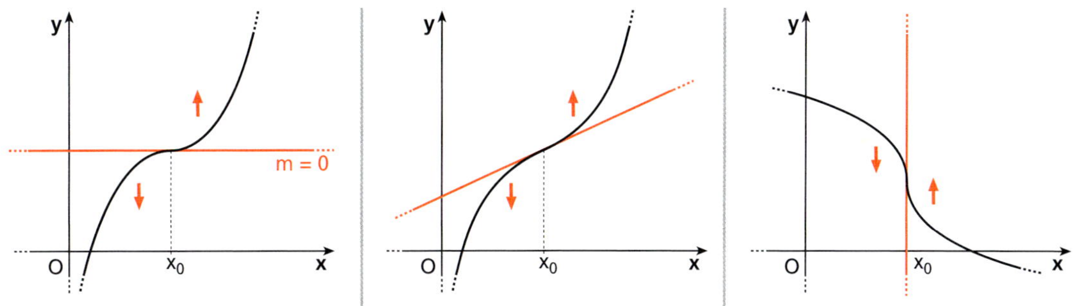

a. x_0 è punto di flesso orizzontale ascendente.

b. x_0 è punto di flesso obliquo ascendente.

c. x_0 è punto di flesso verticale ascendente.

- concavità verso l'alto a sinistra del punto di flesso e verso il basso a destra, il flesso è **discendente**.

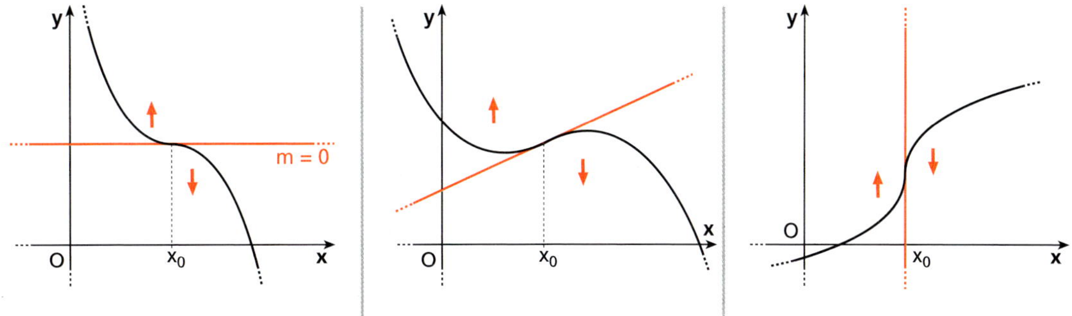

a. x_0 è punto di flesso orizzontale discendente.

b. x_0 è punto di flesso obliquo discendente.

c. x_0 è punto di flesso verticale discendente.

2 Massimi, minimi, flessi orizzontali e derivata prima

▶ Esercizi a p. 1730

Dati una funzione derivabile $y = f(x)$ in un suo punto $x = c$, se $f'(c) = 0$, allora $x = c$ è un **punto stazionario**.

Se $f'(c) = 0$, allora, per il significato geometrico di derivata, la tangente nel punto del grafico della funzione che ha ascissa $x = c$ è parallela all'asse x.

Teorema di Fermat

TEOREMA

Teorema di Fermat

Data una funzione $y = f(x)$, definita in un intervallo $[a; b]$ e derivabile in $]a; b[$, se $f(x)$ ha un massimo o un minimo relativo nel punto x_0, *interno* ad $[a; b]$, la derivata della funzione in quel punto si annulla, cioè: $f'(x_0) = 0$.

DIMOSTRAZIONE

Supponiamo che x_0 sia un punto di massimo relativo. Allora, per definizione, esiste un intorno completo I di x_0 tale che

$$f(x) \leq f(x_0) \quad \forall x \in I,$$

ossia:

$$f(x_0 + h) \leq f(x_0) \quad \forall h \in \mathbb{R} \quad \text{tale che} \quad x_0 + h \in I.$$

Quindi si ha:

$$\frac{f(x_0 + h) - f(x_0)}{h} \leq 0, \quad \text{per } h > 0,$$

$$\frac{f(x_0 + h) - f(x_0)}{h} \geq 0, \quad \text{per } h < 0.$$

Per l'inverso del teorema della permanenza del segno, risulta:

$$\lim_{h \to 0^+} \frac{f(x_0 + h) - f(x_0)}{h} \leq 0 \quad \text{e} \quad \lim_{h \to 0^-} \frac{f(x_0 + h) - f(x_0)}{h} \geq 0.$$

Poiché $f(x)$ è derivabile in x_0, entrambi i limiti coincidono con $f'(x_0)$. Quindi:

$$f'(x_0) \leq 0 \quad \text{e} \quad f'(x_0) \geq 0.$$

Concludiamo che deve essere

$$f'(x_0) = 0.$$

Con un ragionamento analogo si dimostra il caso in cui x_0 è un punto di minimo relativo.

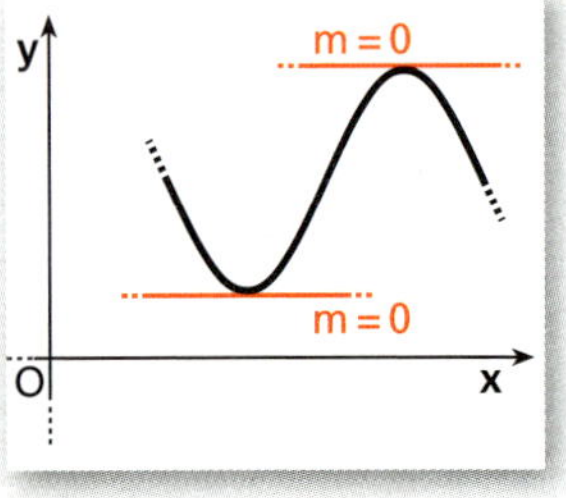

Il teorema afferma che i punti di massimo e di minimo relativo di una funzione derivabile, interni all'intervallo di definizione, sono punti stazionari.

Dal teorema si deduce allora che la tangente in un punto del grafico di massimo o minimo relativo (che non sia un estremo dell'intervallo) è parallela all'asse x.

Il teorema di Fermat fornisce una *condizione necessaria* per l'esistenza di un massimo o di un minimo relativo in un punto interno ad $[a; b]$, ma tale condizione *non* è *sufficiente*.

Può infatti accadere che in un punto la retta tangente al grafico della funzione sia parallela all'asse x, ma che in quel punto non ci sia né un massimo né un minimo.

Per esempio, consideriamo la funzione $y = x^3$ e il suo grafico. Calcoliamo la derivata della funzione, $y' = 3x^2$.

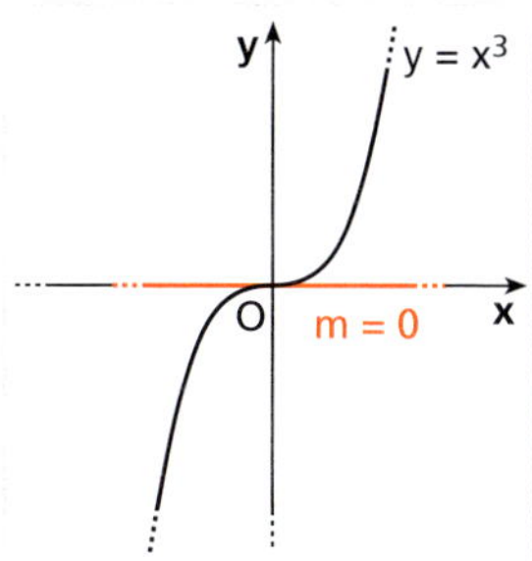

La derivata prima si annulla per $x = 0$. D'altra parte, poiché la derivata è positiva (ossia la funzione è crescente) sia a destra sia a sinistra di 0, in tale punto non può esserci né un massimo né un minimo.

Inoltre il teorema parla dei punti *interni* all'intervallo di definizione. Come si vede nell'esempio della figura **a**, per un estremo dell'intervallo la condizione del teorema può non essere neppure necessaria, ossia un estremo può essere un punto di massimo o minimo con $f'(x) \neq 0$ e quindi con tangente non parallela all'asse x.

Anche quando viene a mancare l'ipotesi della derivabilità in tutti i punti interni dell'intervallo, la condizione del teorema può non essere necessaria (figure **b** e **c**).

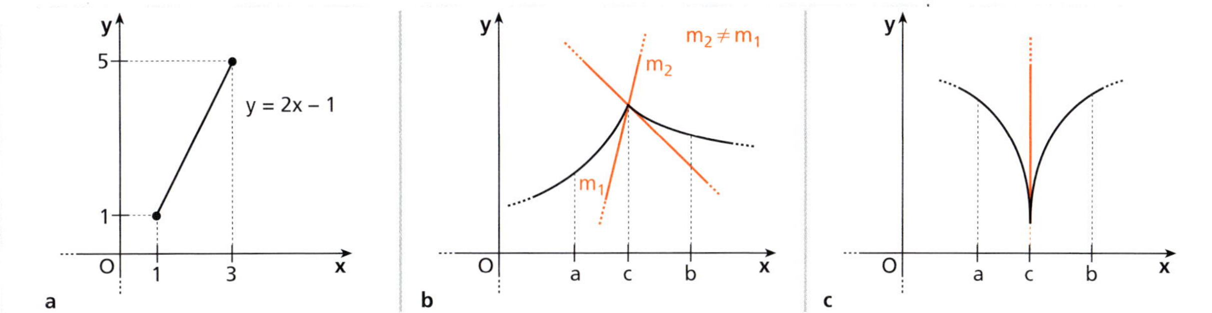

Possiamo concludere che, data una funzione $y = f(x)$ definita in un intervallo $[a; b]$, i possibili punti di massimo e minimo vanno ricercati tra:

- i punti in cui $f'(x) = 0$;
- gli estremi dell'intervallo;
- i punti in cui la funzione non è derivabile.

Ricerca dei massimi e minimi relativi con la derivata prima

Esaminiamo ora una condizione sufficiente per l'esistenza di un massimo o minimo relativo in un punto interno a un intervallo.

TEOREMA

Data la funzione $y = f(x)$ definita e continua in un intorno completo I del punto x_0 e derivabile nello stesso intorno per ogni $x \neq x_0$:

a. se per ogni x dell'intorno si ha $f'(x) > 0$ quando $x < x_0$ e $f'(x) < 0$ quando $x > x_0$, allora x_0 è un punto di massimo relativo;

b. se per ogni x dell'intorno si ha $f'(x) < 0$ quando $x < x_0$ e $f'(x) > 0$ quando $x > x_0$, allora x_0 è un punto di minimo relativo;

c. se il segno della derivata prima è lo stesso per ogni $x \neq x_0$ dell'intorno, allora x_0 non è un punto estremante.

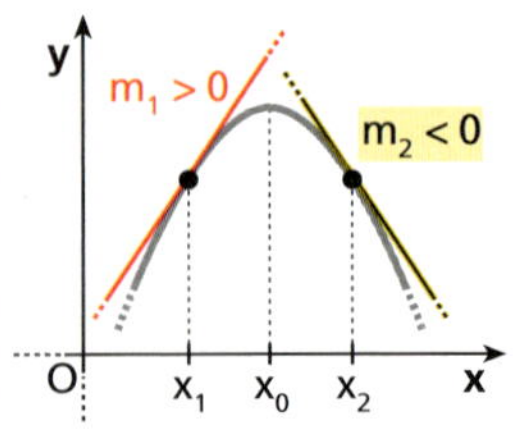

a

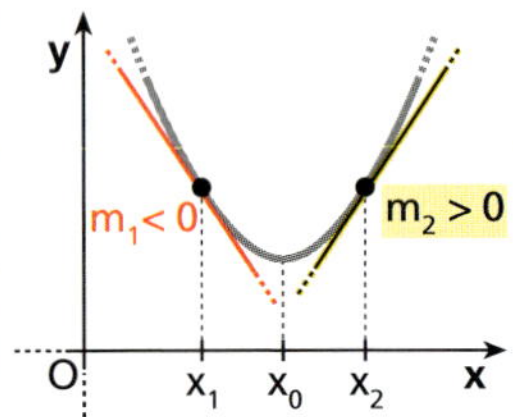

b

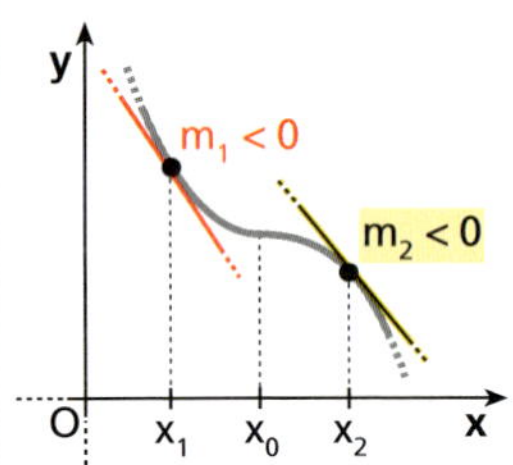

c

DIMOSTRAZIONE

a. Per $x < x_0$ si ha $f'(x) > 0$, quindi $f(x)$ è crescente (per il teorema delle funzioni crescenti e decrescenti); pertanto, se $x < x_0, f(x) < f(x_0)$.
Per $x > x_0$ si ha $f'(x) < 0$, quindi $f(x)$ è decrescente; pertanto, se $x > x_0$, $f(x) < f(x_0)$.
Per ogni $x \neq x_0$ dell'intorno si ha $f(x) < f(x_0)$, quindi x_0 è punto di massimo relativo (figura **a**).

b. Si dimostra in modo analogo al precedente (figura **b**).

c. Supponiamo che per ogni $x \neq x_0$ dell'intorno si abbia $f'(x) < 0$ (dimostrazione analoga si ha se $f'(x) > 0$). La funzione è decrescente sia per $x < x_0$ sia per $x > x_0$. Pertanto se $x < x_0, f(x) > f(x_0)$, mentre se $x > x_0$, $f(x) < f(x_0)$. Concludiamo che x_0 non è né punto di massimo né punto di minimo (figura **c**).

ESEMPIO

Consideriamo la funzione $y = f(x) = x^3 - 3x$.

La funzione è continua $\forall x \in \mathbb{R}$. La sua derivata è $f'(x) = 3x^2 - 3$.
Studiamo il segno di $f'(x)$:

$$3x^2 - 3 > 0 \rightarrow 3(x^2 - 1) > 0 \rightarrow x^2 - 1 > 0 \rightarrow x < -1 \lor x > 1.$$

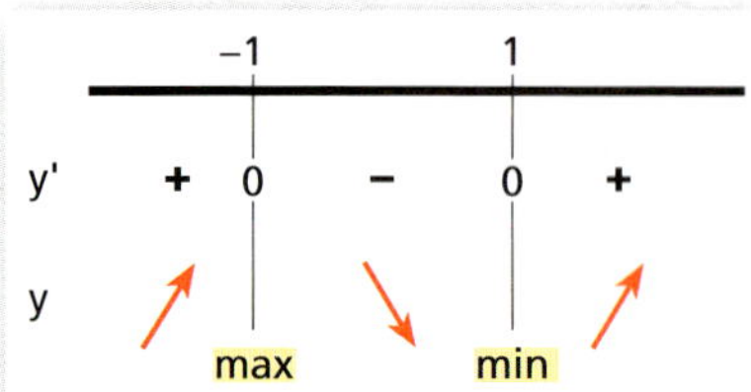

Compiliamo il quadro relativo al segno della derivata prima $y' = 3x^2 - 3$, determinando gli intervalli in cui la funzione è crescente o decrescente.

La condizione sufficiente permette di affermare che $x = -1$ è un punto di massimo relativo, mentre $x = 1$ è di minimo relativo.
I corrispondenti valori della funzione sono:

$$M = f(-1) = 2 \quad \text{e} \quad m = f(1) = -2.$$

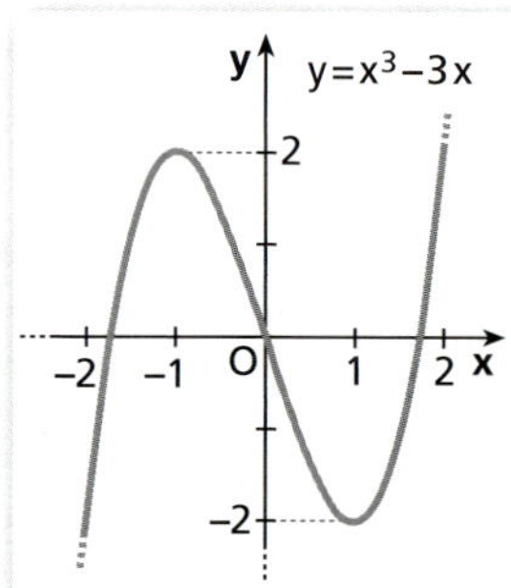

▶ Determina gli eventuali punti di massimo e di minimo della funzione:
$y = 2x^3 + 4x^2$.

Osserviamo che il teorema non richiede che la funzione sia derivabile in $x = x_0$. Se ciò avviene, allora, per il teorema dei massimi e dei minimi relativi di funzioni derivabili, si ha $f'(x_0) = 0$, e quindi x_0 è un punto stazionario per $f(x)$.

Se **in x_0 la funzione non è derivabile**, invece, non si ha un punto stazionario anche se x_0 è un punto di massimo o di minimo relativo.

Animazione

Data la funzione
$y = \sqrt[3]{(x-1)^2} + 1$,
ricaviamo che ha un punto di minimo relativo a tangente verticale e lo verifichiamo con una figura dinamica.

ESEMPIO

Consideriamo la funzione $y = |x^2 - 1|$, ossia:

$$y = \begin{cases} x^2 - 1 & \text{se } x \leq -1 \lor x \geq 1 \\ -x^2 + 1 & \text{se } -1 < x < 1 \end{cases}.$$

La funzione è continua $\forall x \in \mathbb{R}$. La sua derivata non esiste per $x = \pm 1$:

$$y' = \begin{cases} 2x & \text{se } x < -1 \lor x > 1 \\ -2x & \text{se } -1 < x < 1 \end{cases}.$$

Poiché $2x > 0$ per $x > 0$ e $-2x > 0$ per $x < 0$, per lo studio del segno della derivata otteniamo il quadro a lato.
La derivata della funzione in $x = \pm 1$ non esiste, ma il teorema può essere applicato ugualmente.

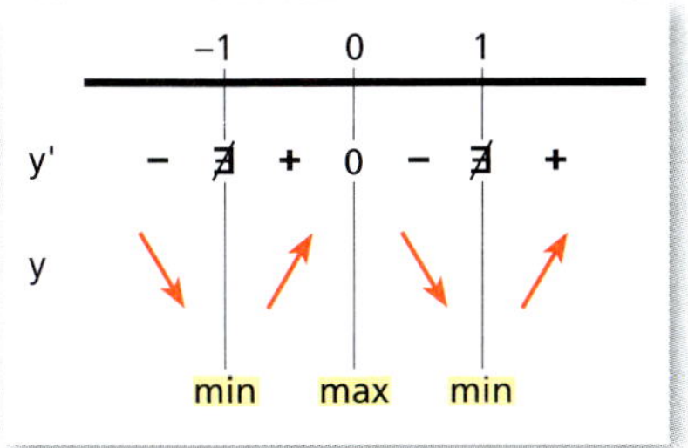

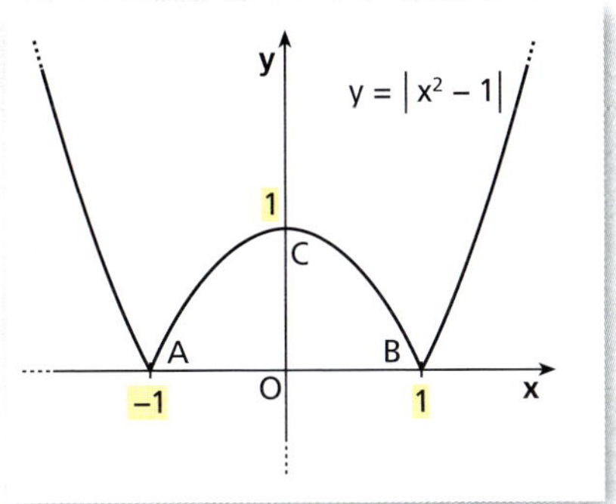

La funzione ha due minimi relativi in -1 e 1, mentre ha un massimo relativo in 0. I corrispondenti punti del grafico sono $A(-1; 0)$, $B(1; 0)$, $C(0; 1)$.

I due punti A e B sono punti di minimo relativo e punti angolosi. Il punto C è punto di massimo relativo e punto stazionario.

Se **in x_0 la funzione non è continua**, il verificarsi delle altre ipotesi del teorema non è sufficiente per poterlo applicare.
Consideriamo due esempi in cui la funzione non è continua in un punto.

ESEMPIO

1. Nell'intervallo [0; 2], la funzione

$$y = \begin{cases} x^2 - 2x & \text{se } x \neq 1 \\ \dfrac{1}{2} & \text{se } x = 1 \end{cases}$$

presenta nel punto $x = 1$ un massimo relativo, pur essendo la derivata $y' = 2x - 2$ negativa prima di 1 e positiva dopo.

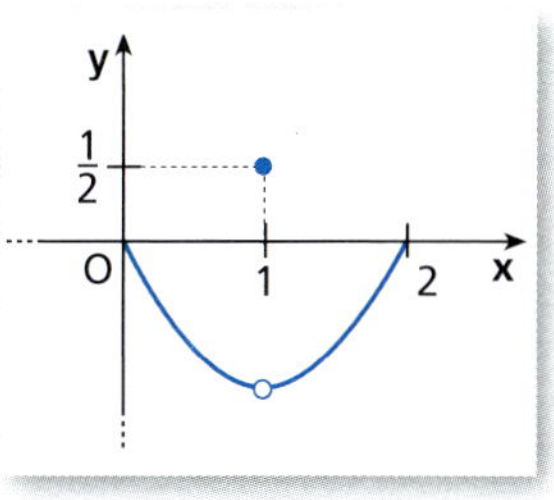

2. Nell'intervallo [0; 2], la funzione

$$y = \begin{cases} x & \text{se } x < 1 \\ x - 2 & \text{se } x \geq 1 \end{cases}$$

presenta nel punto $x = 1$ un minimo relativo, pur essendo la derivata $y' = 1$ positiva sia prima sia dopo 1.

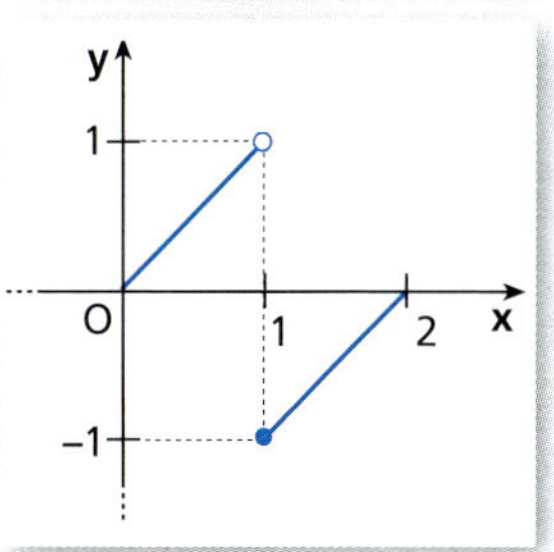

Punti stazionari di flesso orizzontale

TEOREMA
Data la funzione $y = f(x)$ definita e continua in un intorno completo I del punto x_0 e derivabile nello stesso intorno, x_0 è un punto di flesso orizzontale se sono soddisfatte le seguenti condizioni:

- $f'(x_0) = 0$;
- il segno della derivata prima è lo stesso per ogni $x \neq x_0$ dell'intorno I.

▶ Determina ed esamina i punti di massimo e di minimo relativo della funzione
$f(x) = \frac{1}{3}x^3 - 4|x| + 3$,
indicando i punti stazionari e quelli angolosi.

Animazione

▶ Determina gli eventuali punti di massimo e di minimo relativo della funzione
$y = \left| -\frac{1}{2}x^2 + x \right|$
e stabilisci se tali punti sono stazionari.

Video

Punti stazionari e derivata prima di funzioni derivabili
Studiamo la funzione
$f(x) = -\frac{1}{5}x^5 + \frac{1}{4}x^4 + \frac{2}{3}x^3 + 1$.

Video

Massimi, minimi e cuspidi
Studiamo la funzione
$f(x) = x - \frac{5}{4}\sqrt[5]{x^4}$.

▶ Determina gli eventuali punti di flesso orizzontale di $y = x^4 - 4x^3$.

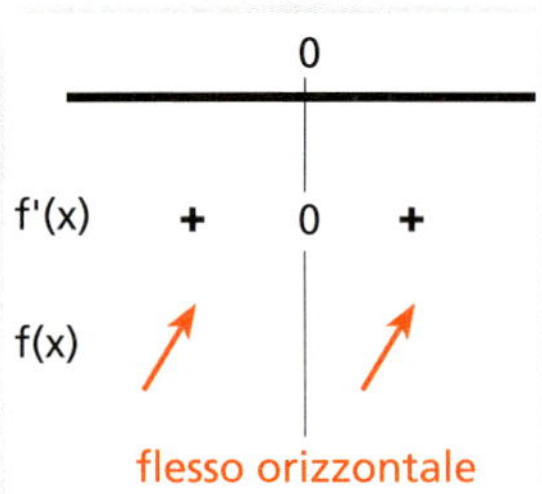

Animazione

Studiamo, con una figura dinamica, massimi e minimi relativi e flessi orizzontali di
$f(x) = \frac{3}{4}x^4 - 2x^3 + 2$ e
$g(x) = -\frac{x^4}{4} + \frac{3}{2}x^2 + 2x$.

▶ Trova i punti di massimo, di minimo relativo e di flesso orizzontale della funzione
$f(x) = \frac{1}{8}(3x^5 - 20x^3)$.

Animazione

I casi possibili sono due.

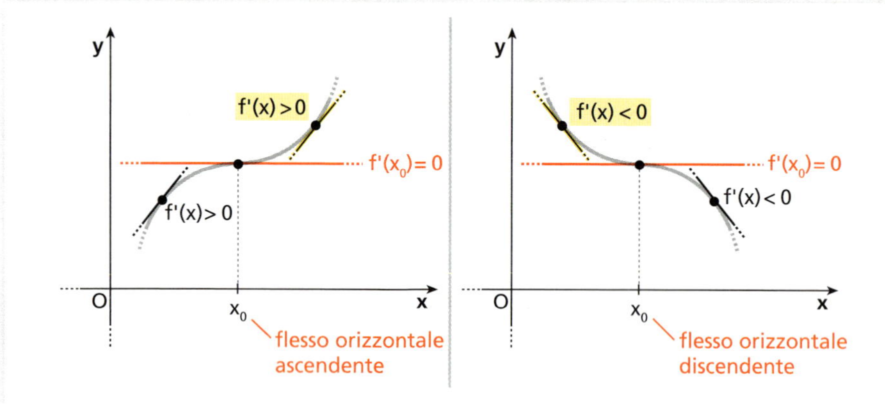

ESEMPIO

Consideriamo la funzione $y = 3x^5 + 1$.
Calcoliamo la derivata prima e studiamo il segno:

$$f'(x) = 15x^4; \qquad 15x^4 = 0 \;\rightarrow\; x = 0; \qquad 15x^4 > 0 \;\rightarrow\; \forall x \neq 0.$$

Compiliamo il quadro dei segni e concludiamo che $x = 0$ è un punto di flesso orizzontale.

In sintesi

Data una funzione $f(x)$ continua, per la **ricerca dei massimi e dei minimi relativi e dei flessi orizzontali** con lo studio del segno della derivata prima:

- calcoliamo $f'(x)$ e determiniamo il suo dominio per trovare gli eventuali punti in cui la funzione non è derivabile (cuspidi, flessi verticali, punti angolosi);
- risolviamo l'equazione $f'(x) = 0$ per trovare i punti stazionari;
- studiamo il segno di $f'(x)$ per trovare i punti di massimo e minimo *relativo* (anche non stazionari) e i punti di flesso a tangente orizzontale.

I casi possibili per i punti stazionari sono indicati in figura.

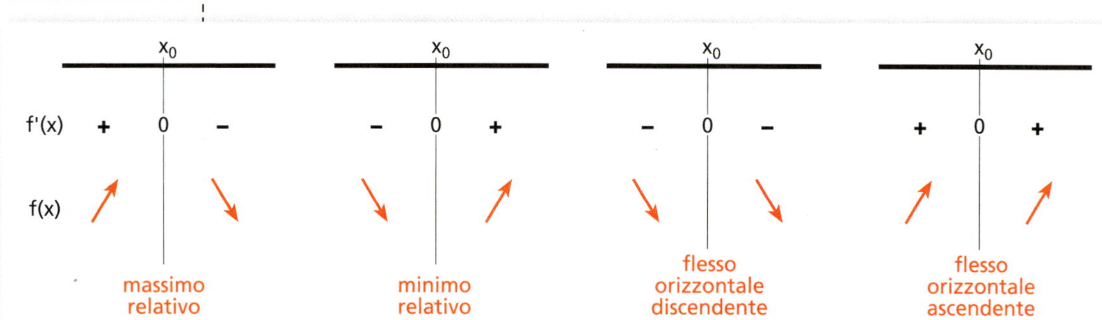

I teoremi enunciati valgono per i punti interni agli intervalli di definizione della funzione, pertanto occorre esaminare anche i valori che la funzione assume negli eventuali estremi di tali intervalli.

Se inoltre dobbiamo trovare **il massimo e il minimo *assoluti***:

- se la funzione $f(x)$ è continua e l'intervallo I di definizione della funzione è chiuso e limitato, il teorema di Weierstrass assicura l'esistenza di massimo e minimo assoluti; per determinarli si confrontano le ordinate dei punti di massimo e minimo relativi tra di loro e con i valori che $f(x)$ assume negli estremi dell'intervallo: il valore maggiore corrisponde al punto di massimo assoluto e quello minore corrisponde al punto di minimo assoluto;
- se l'intervallo I non è chiuso o non è limitato, massimo e minimo assoluti potrebbero non esistere. In questo caso, oltre allo studio degli eventuali punti stazionari e di non derivabilità, si calcolano i limiti della funzione agli estremi di I, finiti o infiniti.

▶ Determina i punti di massimo e di minimo assoluto della funzione $f(x)=\frac{1}{2}x^4-4x^2+4$ nell'intervallo $[-1;3]$.

Animazione

3 Flessi e derivata seconda

Concavità e segno della derivata seconda

▶ Esercizi a p. 1743

Criterio per la concavità

Un criterio per stabilire la concavità del grafico di una funzione in un suo punto di ascissa x_0 è dato dal seguente teorema.

TEOREMA

Sia $y=f(x)$ una funzione definita e continua in un intorno completo I del punto x_0, insieme con le sue derivate prima e seconda. Se in x_0 è $f''(x_0)\neq 0$, il grafico della funzione volge in x_0:

- la concavità verso l'alto se $f''(x_0)>0$;
- la concavità verso il basso se $f''(x_0)<0$.

DIMOSTRAZIONE

Consideriamo l'equazione della retta tangente $y=t(x)$ al grafico di $f(x)$ nel punto $(x_0;f(x_0))$:

$$y-f(x_0)=f'(x_0)\cdot(x-x_0) \quad\rightarrow\quad t(x)=f(x_0)+f'(x_0)(x-x_0).$$

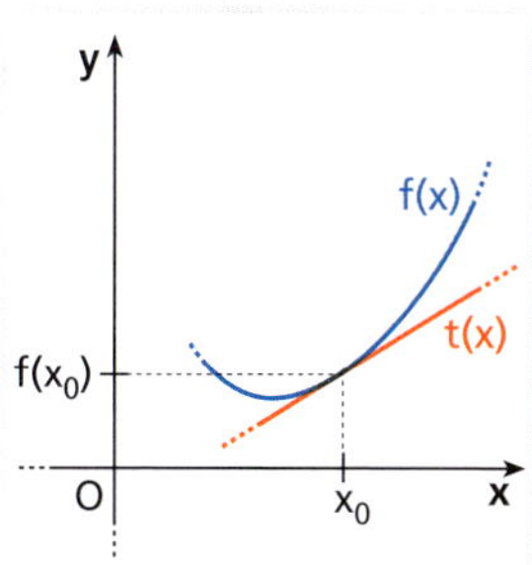

La differenza tra le ordinate dei punti del grafico di $f(x)$ e della tangente $t(x)$, aventi la stessa ascissa x, è:

$$g(x)=f(x)-t(x)=f(x)-[f(x_0)+f'(x_0)\cdot(x-x_0)].$$

La funzione $g(x)$ è derivabile due volte perché differenza di due funzioni derivabili due volte, e si ha:

$$g'(x)=f'(x)-f'(x_0) \quad \text{e} \quad g''(x)=f''(x).$$

In particolare per $x=x_0$ si ha:

$$g(x_0)=0 \quad \text{e} \quad g'(x_0)=0.$$

- Sia $f''(x_0)>0$. Poiché $g''(x)=f''(x)$ è continua:

$$\lim_{x\to x_0} g''(x)=g''(x_0)=f''(x_0)>0.$$

TEORIA

Allora, per il *teorema della permanenza del segno*, esiste un intorno I di x_0 tale che $g''(x) > 0$ per ogni $x \in I$, e quindi, essendo $g''(x)$ la derivata prima di $g'(x)$, segue che $g'(x)$ è crescente in I. Pertanto:

$$g'(x) < g'(x_0) = 0 \qquad \forall x \in I, \text{ con } x < x_0;$$

$$g'(x) > g'(x_0) = 0 \qquad \forall x \in I, \text{ con } x > x_0.$$

Quindi, per la condizione sufficiente per i massimi e i minimi relativi, x_0 è un punto di minimo relativo per $g(x)$, cioè:

$$g(x) > g(x_0) = 0 \qquad \forall x \in I, \text{ con } x \neq x_0.$$

Ossia, per ogni $x \in I$, con $x \neq x_0$:

$$f(x) - t(x) > 0 \quad \rightarrow \quad f(x) > t(x).$$

Per definizione, questo significa che la funzione $f(x)$ ha in x_0 la concavità rivolta verso l'alto.

- Sia $f''(x_0) < 0$. Con ragionamento analogo al precedente, si dimostra che la funzione $f(x)$ ha in x_0 la concavità rivolta verso il basso.

ESEMPIO

Data la funzione $y = f(x) = 2x^3 - 5$, cerchiamo gli intervalli in cui il grafico della funzione volge la concavità verso l'alto o verso il basso.
Calcoliamo le derivate prima e seconda:

$$f'(x) = 6x^2, \quad f''(x) = 12x.$$

Studiamo il segno della derivata seconda:

$$f''(x) > 0 \quad \rightarrow \quad 12x > 0 \quad \rightarrow \quad x > 0.$$

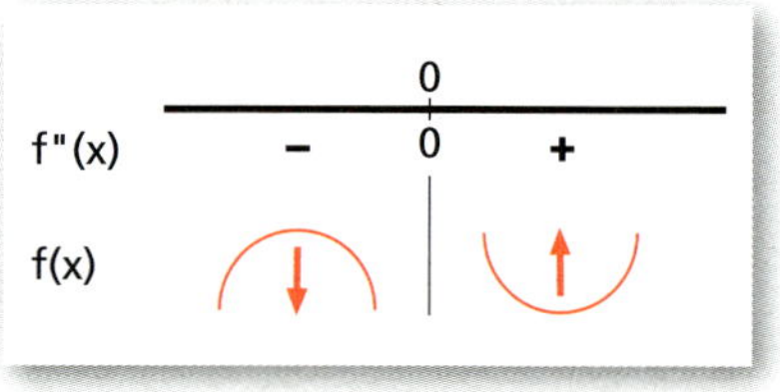

Se $x < 0$, la concavità è rivolta verso il basso.

Se $x > 0$, la concavità è rivolta verso l'alto.

► Studia la concavità della funzione $y = x^4 - 6x^2$.

Sappiamo che una parabola di equazione $y = ax^2 + bx + c$ ha la concavità rivolta verso l'alto se $a > 0$, verso il basso se $a < 0$. Ora possiamo comprenderne il motivo: infatti $f''(x) = 2a$, e quindi la concavità dipende dal segno di a.

Condizione necessaria per i flessi

Ricordiamo che un punto di flesso è un punto in cui la funzione cambia concavità. Per la ricerca dei flessi è utile il seguente teorema di cui ci limitiamo a fornire l'enunciato.

TEOREMA

Sia data una funzione $y = f(x)$ definita in un intervallo $[a; b]$ e in tale intervallo esistano le sue derivate prima e seconda. Se $f(x)$ ha un flesso nel punto x_0, interno ad $[a; b]$, la derivata seconda della funzione in quel punto si annulla, cioè: $f''(x_0) = 0$.

Il teorema fornisce una *condizione necessaria* ma *non sufficiente* per l'esistenza di un flesso in un punto.

ESEMPIO

La funzione $y = x^6$ ha come derivate:

$$y' = 6x^5; \quad y'' = 30x^4.$$

La derivata seconda è nulla in $x = 0$.
Studiamo il segno della derivata prima:

$$6x^5 > 0 \quad \rightarrow \quad x > 0.$$

Il quadro dei segni è quello della figura a lato. La derivata seconda è nulla in 0, ma nel punto c'è un minimo relativo e non un flesso.

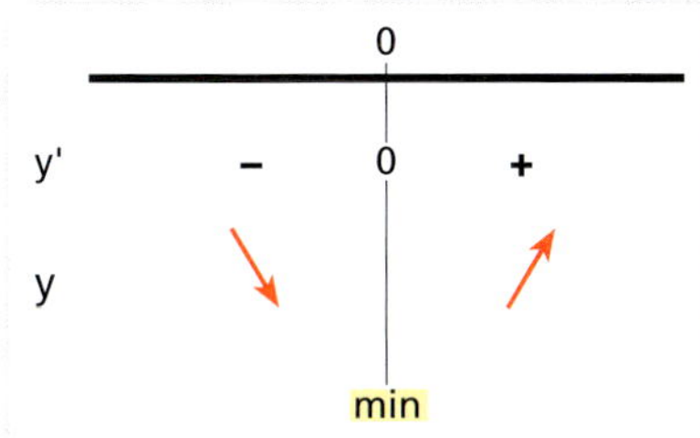

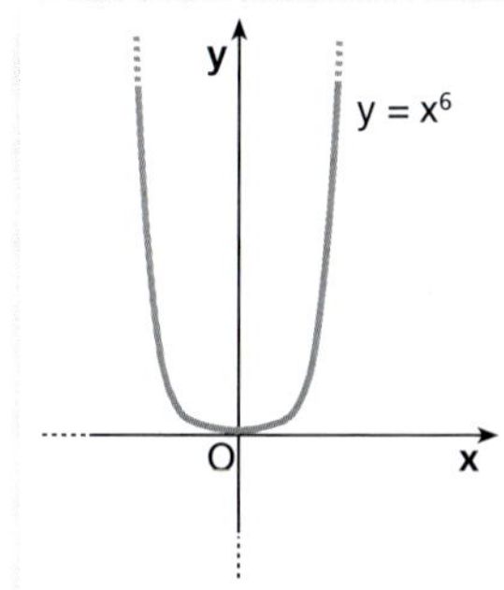

Se **in x_0 la funzione non è derivabile**, non è possibile applicare il teorema precedente, ma nel punto può esserci ugualmente un flesso.

ESEMPIO

$$y = \begin{cases} -x^2 & \text{se } x \leq -1 \\ 2x^2 + 4x + 1 & \text{se } x > -1 \end{cases}$$

è continua in $\mathbb{R}$, ma non è derivabile in $x = -1$, in quanto:

per $x < -1$ $\quad y' = -2x \quad \rightarrow \quad y'_{-}(-1) = 2.$

per $x > -1$ $\quad y' = 4x + 4 \quad \rightarrow \quad y'_{+}(-1) = -4 + 4 = 0.$

Il punto $x = -1$ è un punto angoloso.

Poiché il grafico della funzione è costituito da due rami di parabola, il primo con concavità verso il basso e il secondo con concavità verso l'alto, esso ha per definizione un flesso in $x = -1$, anche se la derivata prima non esiste.

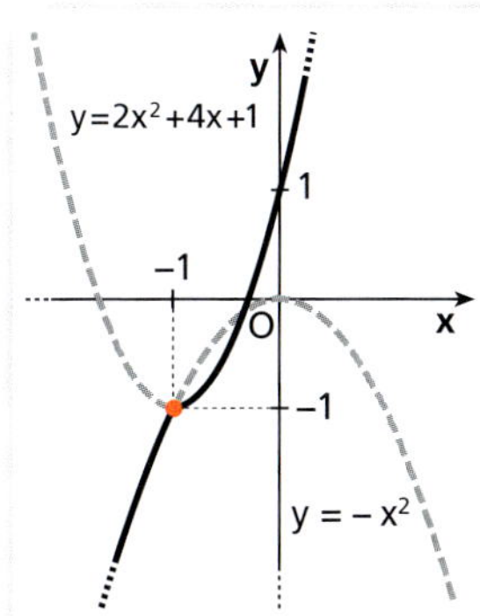

In particolare, se

$$\lim_{x \to x_0} f'(x) = +\infty \quad \text{oppure} \quad \lim_{x \to x_0} f'(x) = -\infty,$$

nel punto x_0 c'è un flesso verticale rispettivamente discendente oppure ascendente.

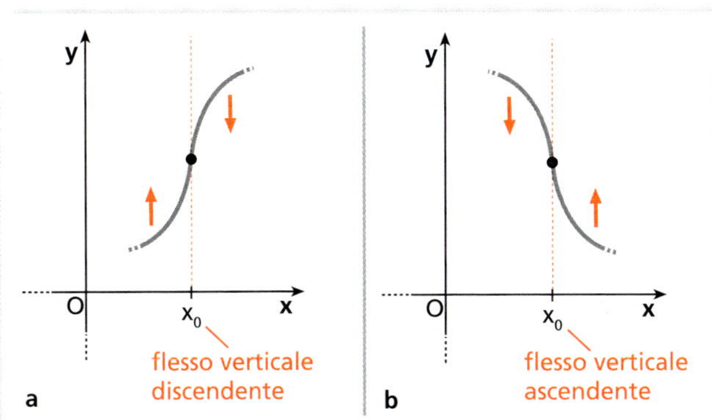

Video

Punti di non derivabilità
Vediamo alcuni esempi di punti in cui la funzione non è derivabile.

Ricerca dei flessi e derivata seconda

▶ Esercizi a p. 1744

Per trovare i punti di flesso possiamo studiare il segno della derivata seconda. Vale infatti il seguente teorema.

TEOREMA

Sia data la funzione $y = f(x)$ definita e continua in un intorno completo I del punto x_0 e in tale intorno esistano le sue derivate prima e seconda per ogni $x \neq x_0$.

Se per ogni $x \neq x_0$ dell'intorno si ha

- $f''(x) > 0$ per $x < x_0$ e $f''(x) < 0$ per $x > x_0$, oppure
- $f''(x) < 0$ per $x < x_0$ e $f''(x) > 0$ per $x > x_0$,

allora x_0 è un punto di flesso.

ESEMPIO

La funzione $f(x) = x^3 - 2x^2 + x$ è continua $\forall x \in \mathbb{R}$; calcoliamo $f'(x)$ e $f''(x)$:

$$f'(x) = 3x^2 - 4x + 1; \quad f''(x) = 6x - 4.$$

Studiamo il segno di $f''(x)$ e deduciamo la concavità:

$$6x - 4 > 0 \quad \rightarrow \quad x > \frac{2}{3}.$$

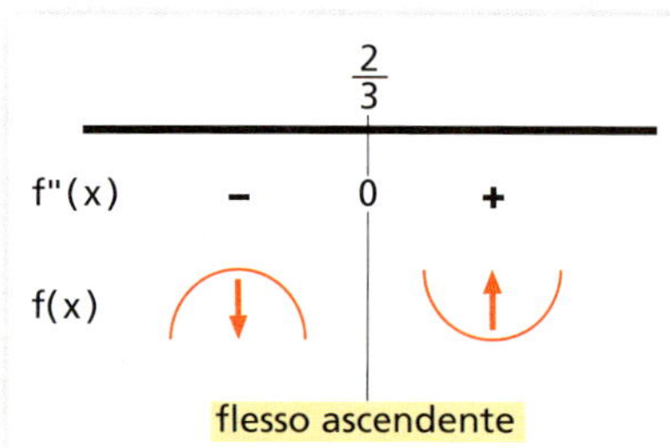

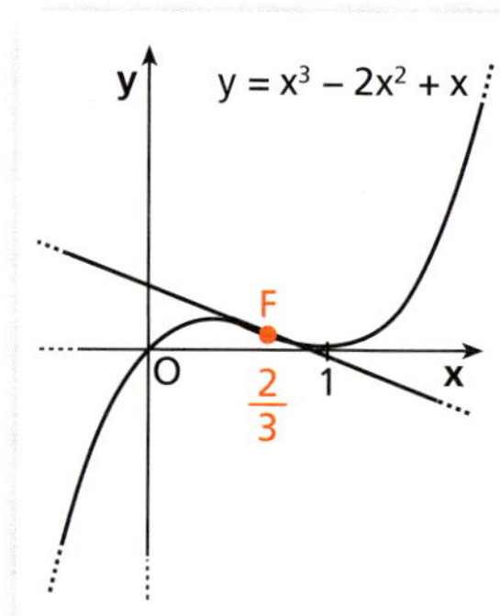

▶ Trova i punti di flesso della funzione $y = f(x) = -\frac{1}{4}x^4 + x^3 - 2$.

Animazione

Se, oltre alle ipotesi del teorema precedente, è vero che in x_0 la derivata seconda è continua, allora necessariamente $f''(x_0) = 0$. Quindi, i punti di flesso delle funzioni che hanno derivate prima e seconda continue vanno cercati fra le soluzioni dell'equazione $f''(x) = 0$. Inoltre, nei punti x_0 di flesso, se $f'(x_0) \neq 0$ il flesso è obliquo, se $f'(x_0) = 0$ il flesso è orizzontale.

Nell'esempio precedente, poiché $f''(x)$ è una funzione continua, possiamo cercare i punti di flesso risolvendo l'equazione $f''(x) = 0$, ossia:

$$6x - 4 = 0 \rightarrow x = \frac{2}{3}.$$

Lo studio del segno di $f''(x)$ completa la ricerca; inoltre, poiché $f'\left(\frac{2}{3}\right) = -\frac{1}{3} \neq 0$, il flesso è obliquo.

Esaminiamo ora un esempio in cui una funzione $f(x)$ presenta anche un flesso a tangente verticale.

ESEMPIO

$f(x) = \sqrt[3]{8 - x^3}$ è continua $\forall x \in \mathbb{R}$; calcoliamo la derivata prima e seconda:

$$f'(x) = \frac{1}{3} \cdot \frac{-3x^2}{\sqrt[3]{(8 - x^3)^2}} = -\frac{x^2}{\sqrt[3]{(8 - x^3)^2}};$$

Video

Flessi e derivata seconda

Studiamo la funzione $f(x) = x - \ln(x^2 + 1)$.

$$f''(x)=\frac{-2x\sqrt[3]{(8-x^3)^2}+x^2\cdot\dfrac{-2x^2}{\sqrt[3]{8-x^3}}}{(8-x^3)\cdot\sqrt[3]{8-x^3}}=\frac{-2x\cdot(8-x^3)-2x^4}{(8-x^3)\cdot\sqrt[3]{(8-x^3)^2}}=$$

$$\frac{-16x}{(8-x^3)\cdot\sqrt[3]{(8-x^3)^2}}.$$

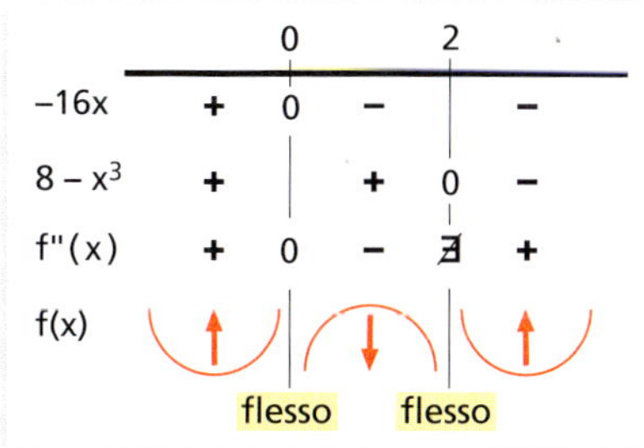

$f'(x)$ e $f''(x)$ hanno come dominio $\mathbb{R}-\{2\}$.
Studiamo il segno di $f''(x)$:
il numeratore è positivo per $x<0$; il denominatore è positivo se $8-x^3>0$, cioè per $x<2$.

Quindi, per $x<0$ e $x>2$ la concavità è rivolta verso l'alto, mentre per $0<x<2$ la concavità è rivolta verso il basso.

In $x=0$, la funzione ha un flesso discendente; inoltre:

$f'(0)=0 \quad \to \quad$ il punto $F_1(0;2)$ è un flesso discendente orizzontale.

In $x=2$, la funzione ha un flesso ascendente; inoltre:

$\lim_{x\to 2} f'(x)=-\infty \quad \to \quad$ il punto $F_2(2;0)$ è un flesso ascendente verticale.

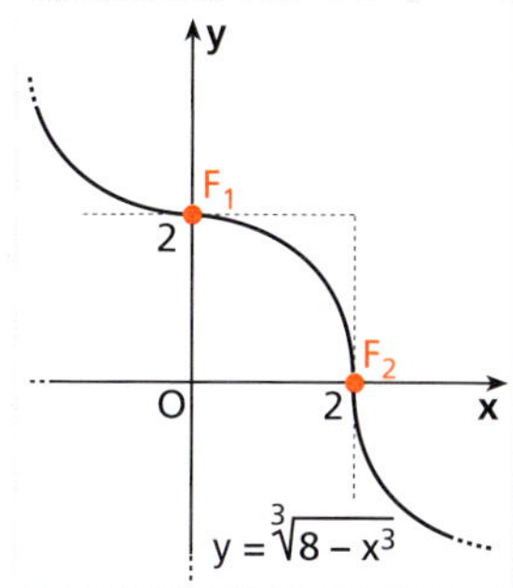

In sintesi

Data una funzione $f(x)$, continua e derivabile, per la **ricerca dei flessi**:

- calcoliamo la derivata seconda $f''(x)$ e determiniamo il suo dominio;
- studiamo il segno di $f''(x)$ e cerchiamo i punti in cui la concavità cambia, ossia i punti di flesso;
- se x_0 è un punto di flesso e:

  $f'(x_0)=0$, il flesso è **orizzontale**;

  $f'(x_0)\neq 0$, il flesso è **obliquo**.

Se la funzione $f(x)$ non è derivabile in x_0 dove $f''(x)$ cambia segno, allora, quando $\lim_{x\to x_0} f'(x)=+\infty$ oppure $\lim_{x\to x_0} f'(x)=-\infty$, in x_0 c'è un flesso **verticale**.

Video

Massimi, minimi, flessi e funzioni con parametri
Consideriamo la funzione $f(x)=x^4+ax^3+bx^2+cx$.
Determiniamo i valori dei parametri a, b, c in modo da avere un flesso orizzontale per $x=0$ e un flesso obliquo per $x=1$.

4 Massimi, minimi, flessi e derivate successive

Massimi, minimi, flessi orizzontali e derivate successive

▶ Esercizi a p. 1749

Esaminiamo un'altra condizione sufficiente che, come vedremo negli esercizi, è utile per la ricerca di massimi, minimi e flessi orizzontali nei casi in cui non è facile studiare il segno della derivata prima o se non si vogliono risolvere disequazioni. In questi casi utilizziamo le *derivate successive* alla prima. Per indicare le derivate successive alla terza utilizziamo indici che ne precisano l'**ordine**. Per esempio,

$$f^{(5)}(x),\ f^{(8)}(x),\ f^{(n)}(x)$$

indicano rispettivamente la derivata quinta, la derivata ottava e la generica derivata n-esima di $f(x)$.
Diremo che la derivata è di **ordine pari** se l'indice è pari, è di ordine **dispari** se l'indice è dispari. Vale il seguente teorema.

TEOREMA

Sia $y = f(x)$ una funzione definita in un intervallo $[a; b]$, tale che nei punti interni dell'intervallo esistano le sue derivate fino alla n-esima, continue in $]a; b[$. Sia x_0 un punto interno all'intervallo in cui:

$$f'(x_0) = f''(x_0) = \dots = f^{(n-1)}(x_0) = 0 \ \text{ e } \ f^{(n)}(x_0) \neq 0, \text{ con } n \geq 2.$$

Se la derivata n-esima diversa da 0 è di ordine pari, allora in x_0 si ha:

a. un massimo relativo se $f^{(n)}(x_0) < 0$;

b. un minimo relativo se $f^{(n)}(x_0) > 0$.

Se la derivata n-esima diversa da 0 è di ordine dispari, allora in x_0 si ha un flesso orizzontale che è:

c. un flesso discendente se $f^{(n)}(x_0) < 0$;

d. un flesso ascendente se $f^{(n)}(x_0) > 0$.

DIMOSTRAZIONE

Per semplicità, dimostriamo i casi a) e b) per $n = 2$ e i casi c) e d) per $n = 3$.

a. Sia $f'(x_0) = 0$ e $f''(x_0) < 0$. Poiché la derivata seconda è continua in x_0, si ha

$$\lim_{x \to x_0} f''(x) = f''(x_0) < 0,$$

e quindi, per il teorema della permanenza del segno, esiste un intorno completo I di x_0 tale che:

$$f''(x) < 0 \qquad \forall x \in I.$$

Essendo $f''(x)$ la derivata prima di $f'(x)$, segue che $f'(x)$ è decrescente in I, e poiché $f'(x_0) = 0$:

$$f'(x) > 0, \qquad \text{per } x < x_0 \ \text{ e } \ x \in I;$$

$$f'(x) < 0, \qquad \text{per } x > x_0 \ \text{ e } \ x \in I.$$

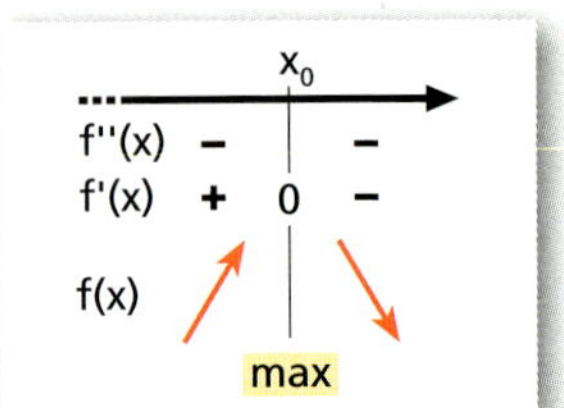

Questo significa che nell'intorno I:

$$f(x) \text{ è crescente per } x < x_0 \quad \rightarrow \quad f(x) < f(x_0) \ \text{ per } x < x_0;$$

$$f(x) \text{ è decrescente per } x > x_0 \quad \rightarrow \quad f(x) < f(x_0) \ \text{ per } x > x_0.$$

Dunque x_0 è un punto di massimo relativo.

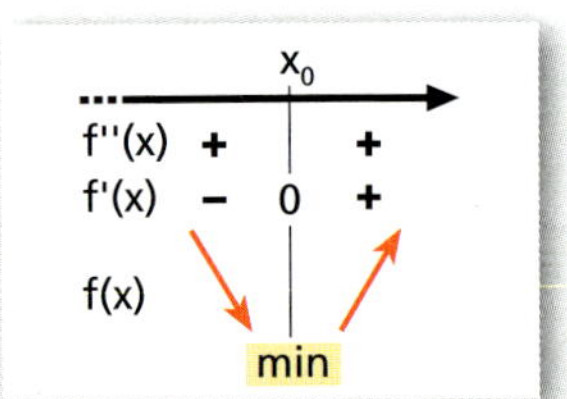

b. Sia $f'(x_0) = 0$ e $f''(x_0) > 0$. Con un ragionamento analogo al precedente si dimostra che x_0 è un punto di minimo relativo.

c. Sia $f'(x_0) = f''(x_0) = 0$ e $f'''(x_0) < 0$. La funzione $f'(x)$ soddisfa le ipotesi del risultato **a** di questo teorema perché la derivata prima di $f'(x)$, cioè $f''(x)$, si annulla in x_0 e la derivata seconda di $f'(x)$, cioè $f'''(x)$, è negativa in x_0, per ipotesi. Quindi possiamo dire che x_0 è un punto di massimo relativo per $f'(x)$.

Allora esiste un intorno completo I di x_0 in cui:

$$f'(x) < f'(x_0) = 0 \qquad \text{per } x \neq x_0.$$

Quindi, per il teorema sui punti stazionari di flesso orizzontale, x_0 è un punto di flesso orizzontale. Inoltre, essendo $f'(x) < 0$, sappiamo che $f(x)$ è decrescente sia per $x < x_0$, sia per $x > x_0$. Pertanto a sinistra di x_0 la concavità di $f(x)$ è rivolta verso l'alto, mentre a destra di x_0 la concavità è rivolta verso il basso, cioè x_0 è un punto di flesso discendente.

d. Sia $f'(x_0) = f''(x_0) = 0$ e $f'''(x_0) > 0$. Con un ragionamento analogo al precedente si dimostra che x_0 è un punto di flesso orizzontale ascendente.

ESEMPIO

Consideriamo $f(x) = 4x^3 - 3x + 1$.
Calcoliamo $f'(x)$ e $f''(x)$:

$$f'(x) = 12x^2 - 3; \qquad f''(x) = 24x.$$

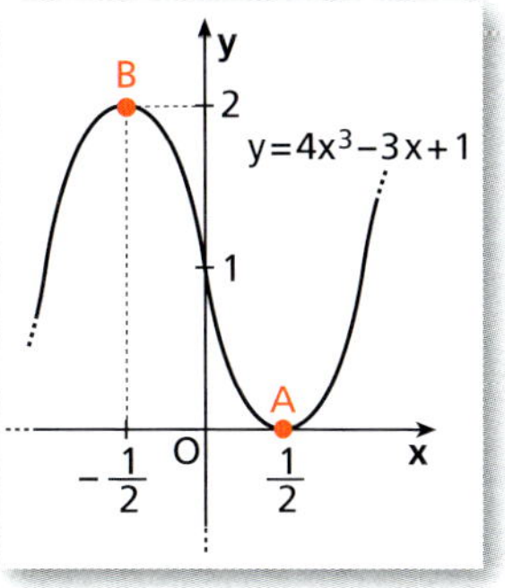

Poniamo

$$f'(x) = 0 \;\rightarrow\; 12x^2 - 3 = 0 \;\rightarrow$$

$$3(4x^2 - 1) = 0 \;\rightarrow\; x = \pm\frac{1}{2}.$$

Poiché

$$f''\left(\frac{1}{2}\right) = 12 > 0 \text{ e } f''\left(-\frac{1}{2}\right) = -12 < 0,$$

in $x = \frac{1}{2}$ si ha un minimo relativo, mentre in $x = -\frac{1}{2}$ si ha un massimo relativo.

▶ Determina gli eventuali massimi, minimi o flessi orizzontali della funzione

$y = x^4 - 2x^2$

con il metodo delle derivate successive.

Flessi e derivate successive

▶ Esercizi a p. 1750

TEOREMA

Sia $y = f(x)$ una funzione definita in un intervallo $[a; b]$, tale che nei punti interni dell'intervallo esistano le sue derivate fino alla n-esima, continue in $]a; b[$. Sia x_0 un punto interno all'intervallo in cui:

$$f''(x_0) = f'''(x_0) = \ldots = f^{(n-1)}(x_0) = 0 \text{ e } f^{(n)}(x_0) \neq 0, \text{ con } n \geq 3.$$

Se la derivata n-esima diversa da 0 è di ordine dispari, allora in x_0 si ha un flesso che è:

- un flesso discendente se $f^{(n)}(x_0) < 0$;
- un flesso ascendente se $f^{(n)}(x_0) > 0$.

Se la derivata n-esima diversa da 0 è di ordine pari, allora in x_0 la curva non ha flesso e volge la:

- concavità verso il basso se $f^{(n)}(x_0) < 0$;
- concavità verso l'alto se $f^{(n)}(x_0) > 0$.

In questo teorema si suppone $f'(x_0)$ diversa da 0.
Se invece $f'(x_0) = 0$, si ricade nel teorema precedente e si ha un flesso orizzontale quando n è dispari.

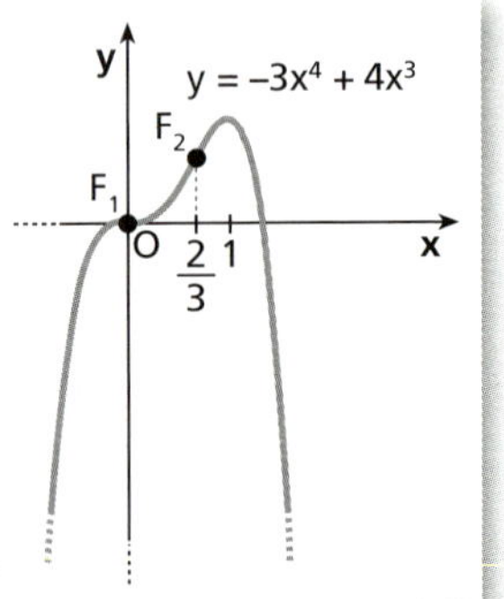

▶ Determina gli eventuali punti di flesso della funzione:

$y = \frac{1}{3}x^4 - x^3$

con il metodo delle derivate successive.

Video

Problemi di massimo e minimo
Fra tutti i coni inscrivibili in una sfera di raggio r_s, qual è quello con la superficie laterale più grande?

MATEMATICA INTORNO A NOI

Una scatola in cartone
Ti trovi con un quadrato di cartone di dimensioni un metro per un metro e devi ricavarne un contenitore. Va benissimo che sia aperto sopra: non ti serve avere un coperchio. Però vuoi che sia il più grande possibile. Per realizzarlo, decidi di tagliare via i quattro angoli e di piegare il cartone per formare le facce laterali.

▶ Come bisogna tagliare un quadrato di cartone per avere il contenitore più capiente di tutti?

La risposta

ESEMPIO
Data la funzione $f(x) = -3x^4 + 4x^3$, continua $\forall x \in \mathbb{R}$, determiniamo le derivate prima, seconda e terza:

$$f'(x) = -12x^3 + 12x^2; \quad f''(x) = -36x^2 + 24x; \quad f'''(x) = -72x + 24.$$

Calcoliamo gli zeri della derivata seconda:

$$f''(x) = 0 \quad \to \quad 12x \cdot (-3x + 2) = 0 \quad \to \quad x_1 = 0, x_2 = \frac{2}{3}.$$

Calcoliamo il segno che la derivata terza assume negli zeri di $f''(x)$:

$f'''(0) = 24 > 0 \quad \to \quad$ in $x = 0$ si ha un flesso ascendente;

$f'''\left(\frac{2}{3}\right) = -24 < 0 \quad \to \quad$ in $x = \frac{2}{3}$ si ha un flesso discendente.

Poiché $f'(0) = 0$, 0 è punto di flesso orizzontale.

Invece, poiché $f'\left(\frac{2}{3}\right) = \frac{16}{9} \neq 0$, $\frac{2}{3}$ è un punto di flesso obliquo.

In sintesi

Per determinare i massimi e i minimi relativi e i flessi, con il metodo delle derivate successive, procediamo in questo modo:

- calcoliamo la derivata prima $f'(x)$ e troviamo gli zeri $x_1, x_2, \ldots$ di questa funzione;
- per ogni x_i calcoliamo i valori che assumono le derivate successive; se la prima derivata $f^{(n)}(x)$ che non si annulla in x_i è di ordine pari, allora x_i è un punto di massimo o di minimo relativo, mentre se è di ordine dispari in x_i si ha un flesso orizzontale;
- cerchiamo gli zeri $z_1, z_2, \ldots$ della derivata seconda $f''(x)$;
- per ogni z_i calcoliamo i valori che assumono le derivate successive; se la prima derivata $f^{(n)}(x)$ che non si annulla in z_i è di ordine dispari, allora in z_i si ha un flesso obliquo.

5 Problemi di ottimizzazione

▶ Esercizi a p. 1753

In un **problema di ottimizzazione**, risolvibile utilizzando una funzione a una variabile, si cerca il valore da assegnare alla variabile per ottenere il miglior valore possibile di una funzione che soddisfi particolari condizioni.
Questo si traduce nella ricerca del **massimo** o del **minimo assoluto** di una funzione in un intervallo. La funzione viene detta **funzione obiettivo**.
Esaminiamo un primo esempio in cui l'intervallo di definizione della funzione obiettivo è chiuso e limitato.

ESEMPIO
Dividiamo un segmento AB, di misura $\overline{AB} = a$, in due parti in modo che la somma delle aree dei quadrati costruiti su di esse sia minima.

La funzione obiettivo è:

$$y = \overline{AP}^2 + \overline{PB}^2.$$

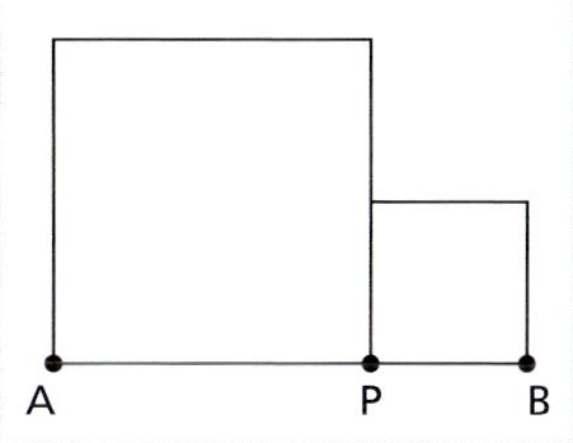

Poniamo $\overline{AP} = x$, con $0 \le x \le a$.

Scriviamo y in funzione di x:

$$y = x^2 + (a-x)^2 \quad \rightarrow \quad y = 2x^2 - 2ax + a^2.$$

Calcoliamo la derivata prima:

$$y' = 4x - 2a.$$

Troviamo gli zeri della derivata e studiamo il suo segno.

$$y' = 0 \quad \rightarrow \quad x = \frac{a}{2}; \qquad y' > 0 \quad \rightarrow \quad x > \frac{a}{2}.$$

Compiliamo il quadro con y' e y.

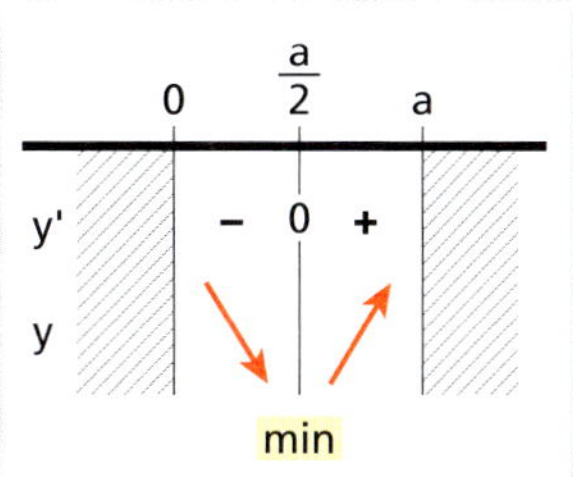

$x = \frac{a}{2}$ è il punto di minimo cercato.

La somma minima delle aree dei quadrati è:

$$y\left(\frac{a}{2}\right) = 2\left(\frac{a}{2}\right)^2 - 2a\left(\frac{a}{2}\right) + a^2 = \frac{a^2}{2}.$$

► Sull'arco $\overset{\frown}{AB}$ di un settore circolare di raggio che misura r, centro O e ampiezza $\frac{2}{3}\pi$, prendi un punto P in modo che l'area del quadrilatero $AOBP$ sia massima.

Esaminiamo ora un esempio in cui l'intervallo di definizione della funzione non è chiuso.

ESEMPIO

Un foglio di carta rettangolare deve contenere un'area di stampa di 50 cm², con margini superiore e inferiore di 4 cm e margini laterali di 2 cm. Quali sono le dimensioni del foglio di carta di area minima che si può utilizzare?

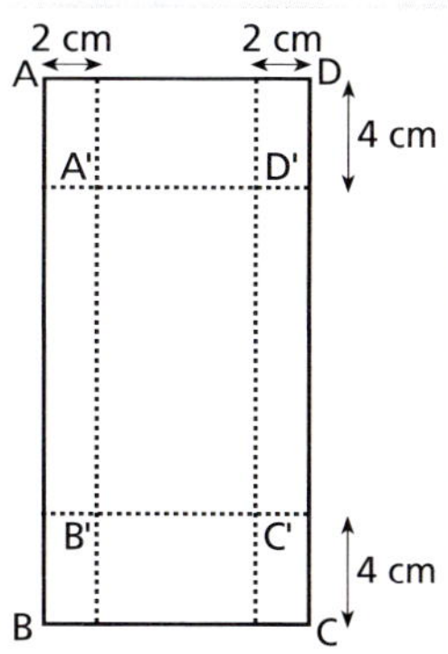

Nella figura è rappresentato il foglio di carta $ABCD$ con area di stampa $A'B'C'D'$.

Poniamo $\overline{AB} = x$, $\overline{BC} = y$:

$$\overline{A'B'} = x - 8, \ \overline{B'C'} = y - 4, \quad \text{con } x > 8 \text{ e } y > 4.$$

L'area di stampa deve essere di 50 cm², quindi:

$$(x-8)(y-4) = 50 \quad \rightarrow \quad y = \frac{4x+18}{x-8}.$$

Pertanto:

$$\text{area}_{ABCD} = \overline{AB} \cdot \overline{BC} = xy = \frac{4x^2 + 18x}{x-8}.$$

L'area è funzione di x e la funzione da minimizzare è:

$$A(x) = \frac{4x^2 + 18x}{x-8}.$$

Calcoliamo la derivata prima e studiamo il suo segno.

$$A'(x) = \frac{(8x+18)(x-8) - (4x^2+18x)}{(x-8)^2} = \frac{4(x+2)(x-18)}{(x-8)^2}.$$

► Dagli estremi A e B di un segmento lungo 5 cm, prendi, perpendicolari ad AB e dalla stessa parte rispetto ad AB, i segmenti AP, lungo 2 cm, e BQ, lungo 4 cm. Determina il percorso minimo per andare da P a Q passando per un punto R di AB.

Animazione

► Determina la distanza minima di un punto dell'iperbole di equazione $xy = 4$, con $x > 0$, dalla retta di equazione $2x + y = 0$.

Animazione

		-2		8		18	
$x+2$	$-$	0	$+$		$+$		$+$
$x-18$	$-$		$-$		$-$	0	$+$
$(x-8)^2$	$+$		$+$	0	$+$		$+$
$A'(x)$	$+$	0	$-$	$\nexists$	$-$	0	$+$
$A(x)$	↗	max	↘	$\nexists$	↘	min	↗

L'area $A(x)$ è minima per $x = 18$. Il corrispondente valore di y è:

$$y = \frac{18 + 4 \cdot 18}{18 - 8} = \frac{90}{10} = 9.$$

Il foglio di carta di area minima ha dimensioni 18 cm e 9 cm.

▶ Determina l'area massima del quadrilatero *OAPB* della figura, inscritto nel quadrante di circonferenza *OAB*, al variare di *P* sull'arco $\widehat{AB}$.

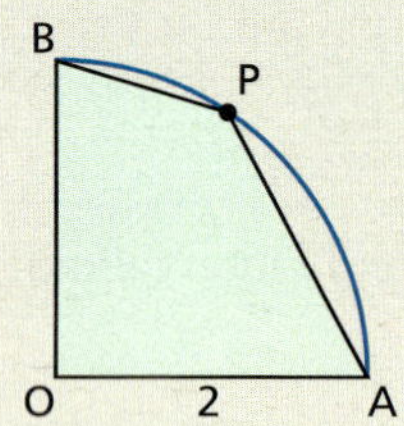

Animazione

In sintesi

Per risolvere problemi di ottimizzazione:

- cerchiamo la **funzione obiettivo** da rendere massima o minima;
- poniamo le **condizioni** (o **vincoli**) relative alla variabile indipendente;
- determiniamo i massimi o i minimi della funzione;
- fra i valori trovati, accettiamo solo quelli che soddisfano le condizioni poste.

MATEMATICA INTORNO A NOI

Il problema di Plateau Spesso è difficile trovare una funzione che descriva la grandezza che si vuole ottimizzare. Si cercano allora strade alternative, come fece Joseph-Antoine-Ferdinand Plateau per risolvere il seguente problema: come si determina, fra tutte le superfici di contorno assegnato, quella di area minima?

▶ Perché Plateau risolse questo problema con le lamine di sapone?

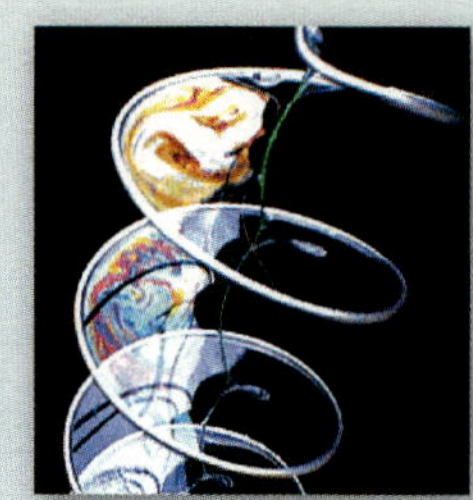

La risposta

Cerca nel Web: lamine saponate, esperimenti Plateau, superfici minime

IN SINTESI
Massimi, minimi e flessi

Definizioni

- Data la funzione $y = f(x)$ di dominio D:
  - M è **massimo assoluto** di $f(x)$ se $M = f(x_0)$, $x_0 \in D \land M \geq f(x), \forall x \in D$; x_0 è **punto di massimo assoluto**;
  - m è **minimo assoluto** di $f(x)$ se $m = f(x_0)$, $x_0 \in D \land m \leq f(x), \forall x \in D$; x_0 è **punto di minimo assoluto**.
- Data una funzione $y = f(x)$, definita in un intervallo $[a; b]$, il punto x_0 di $[a; b]$ è di:
  - **massimo relativo** se esiste un intorno I di x_0 tale che $f(x_0) \geq f(x) \;\; \forall x \in I$;
  - **minimo relativo** se esiste un intorno I di x_0 tale che $f(x_0) \leq f(x) \;\; \forall x \in I$.
- Siano date la funzione $y = f(x)$, definita e derivabile nell'intervallo $[a; b]$, e la retta di equazione $y = t(x)$, tangente alla curva che rappresenta il grafico di $f(x)$ nel suo punto di ascissa x_0 interno all'intervallo.
  Se esiste un intorno completo I di x_0 tale che:
  - $f(x) > t(x) \forall x \in I \land x \neq x_0$, in x_0 la curva ha la **concavità** rivolta **verso l'alto**;
  - $f(x) < t(x) \forall x \in I \land x \neq x_0$, in x_0 la curva ha la **concavità** rivolta **verso il basso**.

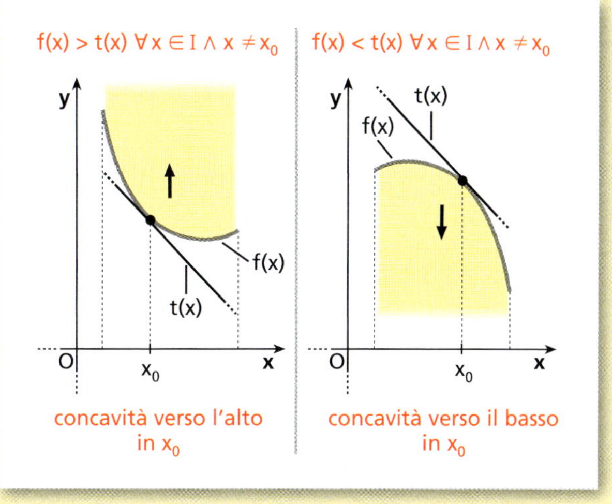

- Una curva ha la concavità verso l'alto (oppure verso il basso) **nell'intervallo $[a; b]$** se ha la concavità verso l'alto (o verso il basso) in ogni punto interno dell'intervallo.
- La funzione $y = f(x)$, definita e continua nell'intervallo $[a; b]$, ha in x_0, interno a $[a; b]$, un punto di **flesso** se, in x_0, il grafico di $f(x)$ cambia concavità. Un flesso, in un punto in cui esiste la tangente, può essere orizzontale, obliquo o verticale.

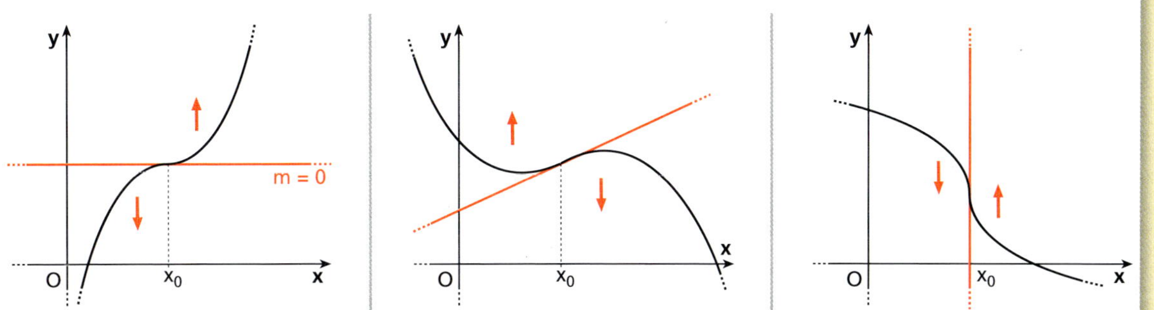

a. x_0 è punto di flesso orizzontale ascendente.

b. x_0 è punto di flesso obliquo discendente.

c. x_0 è punto di flesso verticale ascendente.

Ricerca dei massimi, dei minimi e dei flessi orizzontali

- **Condizione necessaria per i massimi e minimi relativi (funzioni derivabili, punti interni)**
  Data una funzione $y = f(x)$, definita in un intervallo $[a; b]$ e derivabile in $]a; b[$, se $f(x)$ ha un massimo o un minimo relativo nel punto x_0, interno ad $[a; b]$, allora $f'(x_0) = 0$, cioè x_0 è un punto stazionario.

- **Condizione sufficiente per i massimi e minimi relativi**
  Data la funzione $y = f(x)$, definita e continua in un intorno completo I del punto x_0 e derivabile nello stesso intorno per ogni $x \neq x_0$, se per ogni $x \neq x_0$ dell'intorno:
  - si ha $f'(x_0) > 0$ per $x < x_0$ e $f'(x_0) < 0$ per $x > x_0$, allora x_0 è un punto di massimo relativo;
  - si ha $f'(x_0) < 0$ per $x < x_0$ e $f'(x_0) > 0$ per $x > x_0$, allora x_0 è un punto di minimo relativo.

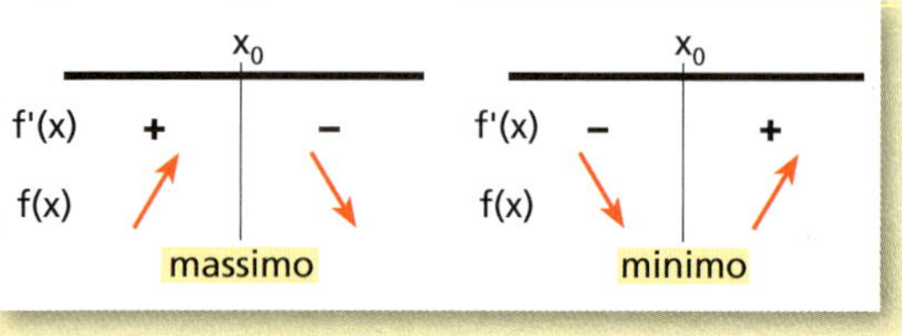

- **Condizione sufficiente per i flessi orizzontali**
  Data la funzione $y = f(x)$ definita e continua in un intorno completo del punto x_0 e derivabile nello stesso intorno, se:
  - $f'(x_0) = 0$,
  - il segno della derivata prima è lo stesso per ogni $x \neq x_0$ dell'intorno, allora x_0 è un punto di flesso orizzontale.

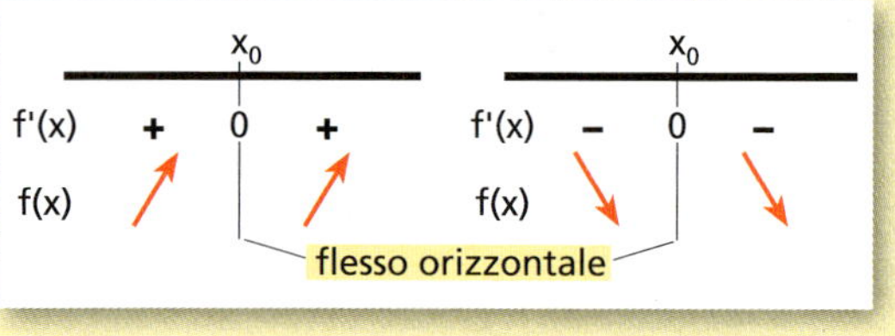

Flessi e derivata seconda

- **Condizione sufficiente per stabilire la concavità**
  Se $y = f(x)$ è una funzione definita e continua in un intervallo I, insieme con le sue derivate prima e seconda, in x_0, punto interno di I, il grafico della funzione volge:
  - la concavità verso l'alto se $f''(x_0) > 0$;
  - la concavità verso il basso se $f''(x_0) < 0$.

- **Condizione necessaria per i flessi**
  Sia $y = f(x)$ una funzione definita in un intervallo $[a; b]$ e tale che esistano le sue derivate prima e seconda. Se $f(x)$ ha un flesso nel punto x_0, interno ad $[a; b]$, la derivata seconda della funzione in quel punto si annulla, cioè: $f''(x_0) = 0$.

- **Condizione sufficiente per i flessi**
  Sia data la funzione $y = f(x)$ definita e continua in un intorno completo I del punto x_0 e tale che esistano le sue derivate prima e seconda per ogni $x \in I$, $x \neq x_0$.
  Se per ogni $x \neq x_0$ dell'intorno si ha
  - $f''(x) > 0$ per $x < x_0$ e $f''(x) < 0$ per $x > x_0$, oppure
  - $f''(x) < 0$ per $x < x_0$ e $f''(x) > 0$ per $x > x_0$,

  allora x_0 è un punto di flesso.

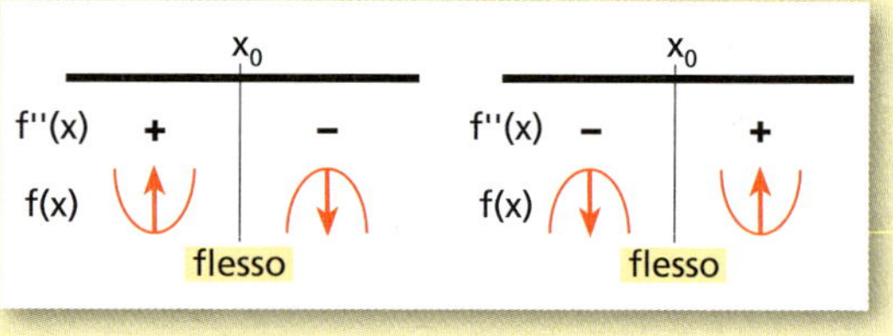

Problemi di ottimizzazione

Per risolvere un **problema di ottimizzazione**:

- si cerca la funzione da rendere massima o minima (**funzione obiettivo**);
- si pongono le **condizioni** (o **vincoli**) relativi alla variabile indipendente;
- si determinano i massimi o i minimi della funzione;
- fra i valori trovati, si accettano soltanto quelli che soddisfano le condizioni poste.

CAPITOLO 27
ESERCIZI

1 Definizioni

▶ Teoria a p. 1706

Massimi e minimi

LEGGI IL GRAFICO

1 ●○ Individua i punti di massimo e di minimo, relativi e assoluti, delle seguenti funzioni nell'intervallo di definizione.

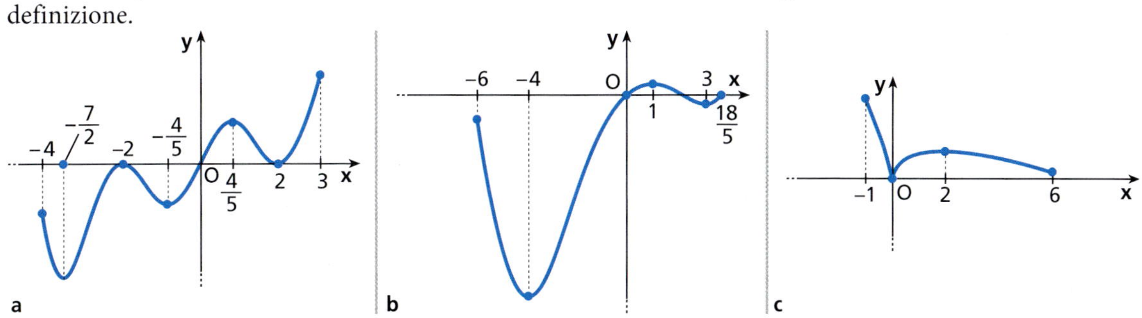

2 ●○ Individua i punti di massimo e di minimo delle seguenti funzioni nel loro dominio, specificando se sono relativi o assoluti.

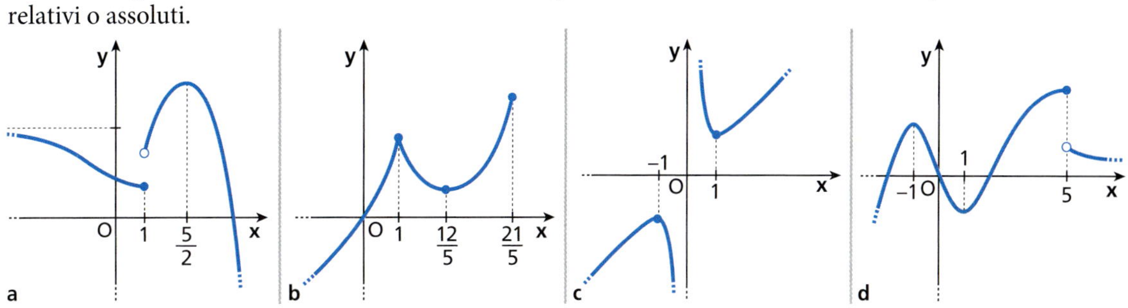

3 ●○ VERO O FALSO? Dal grafico di $f(x)$ si può deduire che:

a. il massimo di $f(x)$ è 3. V F

b. $f(x)$ ha due massimi relativi. V F

c. il punto di minimo relativo è -1. V F

d. $f(x)$ non ha minimo assoluto. V F

e. 2 è un massimo relativo. V F

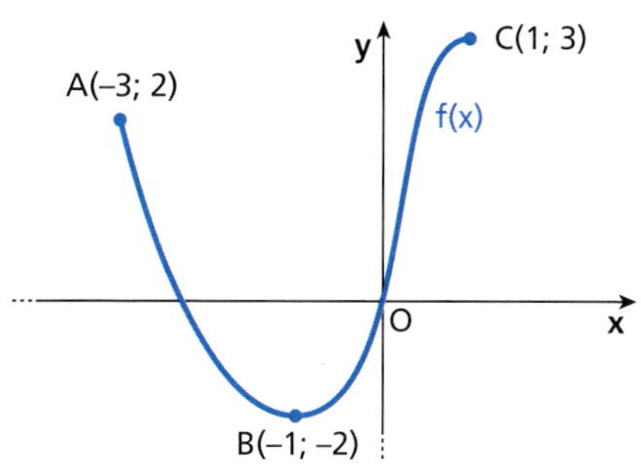

4 ●○ TEST Nella figura è disegnato il grafico della funzione $y = f(x)$. Quale proposizione è vera?

A $x = 2$ e $x = 4$ sono punti di massimo relativo.

B In $x = -2$, $f(x)$ ha un massimo relativo.

C $f(x)$ non ha minimi relativi.

D $x = 0$ e $x = 2$ sono punti di minimo relativo.

E Soltanto $f(-4)$ è massimo relativo.

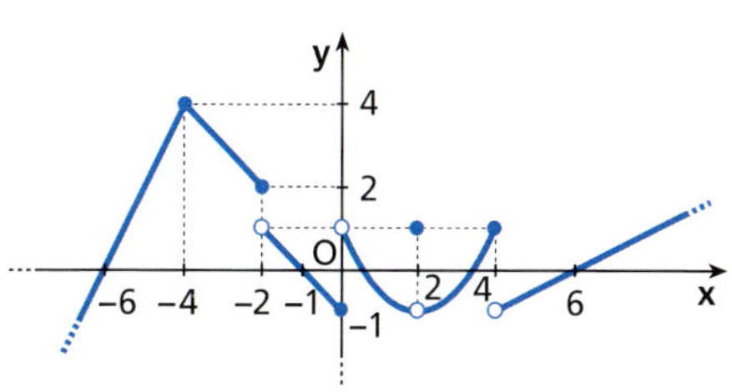

Traccia il grafico delle seguenti funzioni, indica se hanno dei punti di massimo o di minimo, relativi o assoluti, negli intervalli assegnati e scrivi il massimo e il minimo assoluto di $f(x)$.

5 $f(x) = -x^2 + 6x + 9$, $[1; 4]$.

6 $f(x) = x^2 - 2x$, $[-1; 2]$.

7 $f(x) = 1 + e^x$, $]-\infty; 0]$.

8 $f(x) = 2\sin 2x$, $[0; 2\pi]$.

9 $f(x) = \tan x$, $\left[0; \frac{\pi}{2}\right[$.

10 $f(x) = -\ln(x + 2)$, $[-1; 0]$.

---

11 **VERO O FALSO?**

a. Esistono sempre il massimo assoluto e il minimo assoluto di una funzione continua. V F

b. Un estremo relativo è il valore assunto dalla funzione in un punto estremante. V F

c. Un punto di minimo assoluto è anche di minimo relativo. V F

d. Se una funzione ha un punto di massimo assoluto, questo è unico. V F

12 **FAI UN ESEMPIO** Disegna il grafico di una funzione definita in $\mathbb{R}$ che abbia il minimo assoluto uguale a -2, un minimo relativo per $x = 1$ e non ammetta massimo assoluto.

Concavità e flessi

13 Indica per ognuna delle seguenti funzioni se nei punti indicati la curva rivolge la concavità verso l'alto o verso il basso, oppure se i punti evidenziati corrispondono a punti di flesso.

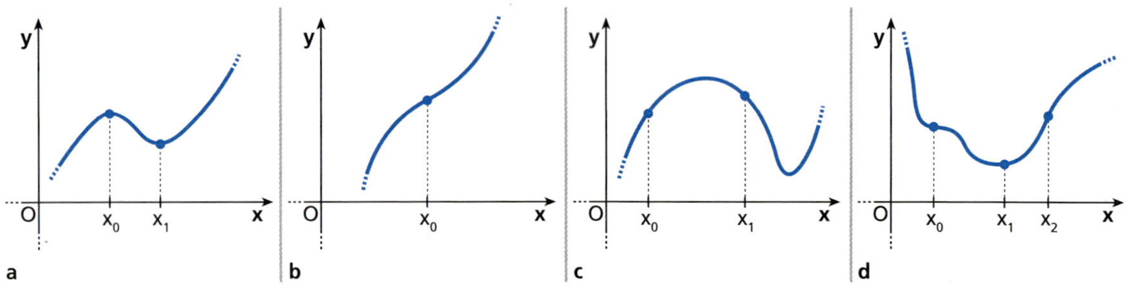

14 Nei seguenti grafici indica i punti di flesso, specificando se sono orizzontali, verticali o obliqui e se sono ascendenti o discendenti.

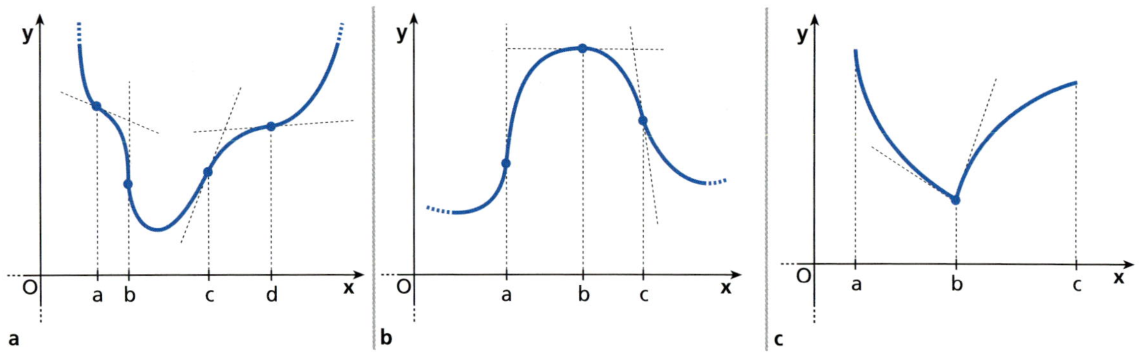

15 **ESERCIZIO GUIDA** Verifichiamo, applicando la definizione, che la funzione $f(x) = x^3 - 12x + 2$ ha un punto di massimo relativo in $x = -2$.

Per verificare che $x = -2$ è punto di massimo relativo è necessario trovare un suo intorno completo nel quale si abbia per ogni x:

$$f(x) \leq f(-2) \to x^3 - 12x + 2 \leq -8 + 24 + 2.$$

Risolviamo la disequazione:

$$x^3 - 12x + 2 \leq 18 \to x^3 - 12x - 16 \leq 0 \to (x + 2)^2 (x - 4) \leq 0.$$

Poiché è $(x + 2)^2 \geq 0$ per ogni x, la disequazione è verificata per $x \leq 4$ e quindi sicuramente in un intorno completo di -2, perciò -2 è punto di massimo relativo.

Applicando le definizioni di massimo e minimo, verifica quanto è indicato a fianco di ogni funzione.

16 $y = |x - 5|$, $x = 5$ punto di minimo relativo e assoluto.

17 $y = 2x^4 + x^2 + 3$, $x = 0$ punto di minimo relativo e assoluto.

18 $y = \frac{x}{(x+3)^2}$, $x = 3$ punto di massimo relativo e assoluto.

19 $y = \sqrt{4 - x^2}$, $x = 0$ punto di massimo relativo e assoluto,
$x = \pm 2$ punti di minimo relativi e assoluti.

20 $y = x^3 + x^2 - x$, $x = -1$ punto di massimo relativo.

21 $y = \sqrt{8x - 4x^2}$, $x = 1$ punto di massimo relativo e assoluto,
$x = 0$ e $x = 2$ punti di minimo relativi e assoluti.

22 $y = |x^2 - 4x|$, $x = 2$ punto di massimo relativo,
$x = 0$ e $x = 4$ punti di minimo relativi e assoluti.

23 $y = 2x^3 - 6x + 9$, $x = -1$ punto di massimo relativo,
$x = 1$ punto di minimo relativo.

24 Verifica che la funzione $f(x) = x^2 e^x$ ha un punto di minimo relativo in $x = 0$. Determina poi il massimo e il minimo assoluto della funzione nell'intervallo $[-1; 1]$, sapendo che non ci sono altri estremanti relativi nell'intervallo.
[$x = 0$: min ass.; $x = e$: max ass.]

25 **ESERCIZIO GUIDA** Verifichiamo, con la definizione, che la funzione $g(x) = \frac{2x}{1 - x^2}$ ha un flesso obliquo ascendente in $x = 0$.

Per verificare che il punto x_0 è di flesso, occorre dimostrare che, in x_0, $g(x)$ cambia concavità, cioè $g(x) < t(x)$ per $x < x_0$ e $g(x) > t(x)$ per $x > x_0$ (o viceversa), essendo $y = t(x)$ l'equazione della tangente in $(x_0; g(x_0))$.

Per $x = 0$, si ha $g(0) = 0$. Essendo $g'(x) = \frac{2(1 + x^2)}{(1 - x^2)^2}$, si ha $g'(0) = 2$. L'equazione della tangente nel punto $x = 0$ è:

$$y - 0 = 2(x - 0) \to y = 2x \to t(x) = 2x.$$

Risolviamo la disequazione che si ottiene con $g(x) < t(x)$:

$$\frac{2x}{1 - x^2} < 2x \to \frac{2x - 2x(1 - x^2)}{1 - x^2} < 0 \to \frac{2x^3}{1 - x^2} < 0.$$

Studiamo il segno della frazione.
Dallo schema deduciamo che la disequazione è verificata in un intorno sinistro di 0, dove si ha quindi $g(x) < t(x)$, mentre in un intorno destro di 0 la frazione è positiva e quindi $g(x) > t(x)$. In 0 abbiamo quindi un flesso che è obliquo in quanto la tangente in (0; 0) non è parallela a uno degli assi.
Il flesso è ascendente perché per $x < 0$ la concavità è rivolta verso il basso, essendo $g(x) < t(x)$, e per $x > 0$ la concavità è rivolta verso l'alto, essendo $g(x) > t(x)$.

		-1		0		1	
$2x^3$	$-$		$-$	0	$+$		$+$
$1-x^2$	$-$	0	$+$		$+$	0	$-$
$\frac{2x^3}{1-x^2}$	$+$	$\nexists$	$-$	0	$+$	$\nexists$	$-$

Applicando la definizione di flesso, verifica quanto è indicato a fianco di ogni funzione.

26 $y = x^4 - 6x^2$, $\quad x = -1$ punto di flesso obliquo discendente.

27 $y = x^3 - 4x$, $\quad x = 0$ punto di flesso obliquo ascendente.

28 $y = \frac{2x^3}{x+2}$, $\quad x = 0$ punto di flesso orizzontale ascendente.

29 $y = x^3 e^{-x}$, $\quad x = 0$ punto di flesso orizzontale ascendente.

30 $y = \frac{1}{2}\sin 2x + \cos x$ in $[0; 2\pi]$, $\quad x = \frac{3}{2}\pi$ punto di flesso orizzontale ascendente.

31 Verifica che la funzione $f(x) = -x^3 + 3x$ ha un punto di minimo relativo in $x = -1$, un punto di massimo relativo in $x = 1$ e un flesso in $x = 0$. Stabilisci il tipo di flesso e trova l'equazione della retta tangente.
[$x = 0$: fl. ob. discendente; $y = 3x$]

2 Massimi, minimi, flessi orizzontali e derivata prima

▶ Teoria a p. 1710

Massimi, minimi e flessi orizzontali di funzioni derivabili

32 ESERCIZIO GUIDA Troviamo i punti di massimo e di minimo relativo e di flesso orizzontale della funzione:

$$f(x) = \frac{1}{4}x^4 - \frac{4}{3}x^3 + 2x^2.$$

La funzione è definita e continua per ogni $x \in \mathbb{R}$.

- **Calcoliamo la derivata prima e determiniamo il suo dominio.**

$$f'(x) = x^3 - 4x^2 + 4x = x(x^2 - 4x + 4) = x(x-2)^2.$$

$f'(x)$ esiste $\forall x \in \mathbb{R}$.

- $\boldsymbol{f'(x) = 0}$: $x(x-2)^2 = 0 \rightarrow x = 0 \vee x = 2$.
Quindi $x = 0$ e $x = 2$ sono punti stazionari.
- **Studiamo il segno di $f'(x)$.**

$$x(x-2)^2 > 0.$$

Il primo fattore è positivo per $x > 0$ e per il secondo fattore abbiamo $(x-2)^2 > 0$ per $x \neq 2$.

Compiliamo il quadro dei segni (figura a lato).
Dallo schema deduciamo che:

- per $x = 0$ si ha un punto di minimo relativo di coordinate $(0; 0)$, essendo $f(0) = 0$;
- per $x = 2$ si ha un flesso orizzontale perché il segno della derivata prima è lo stesso in un intorno di 2; tale punto ha coordinate $\left(2; \frac{4}{3}\right)$, essendo $f(2) = \frac{4}{3}$.

		0		2	
x	–	0	+		+
$(x-2)^2$	+		+	0	+
f'(x)	–	0	+	0	+
f(x)	↘	min	↗	flesso orizzontale	↗

Trova i punti di massimo e di minimo relativo e di flesso orizzontale delle seguenti funzioni.
(Qui e in seguito nelle soluzioni indichiamo con max e min le ascisse dei punti di massimo e di minimo, con fl. quella dei punti di flesso.)

33 $y = 2x^3 + 6x^2$ $[x = -2 \text{ max}; x = 0 \text{ min}]$

34 $y = (x-3)^3$ $[x = 3 \text{ fl. orizz.}]$

35 $y = x^3 + 9x^2 + 27x$ $[x = -3 \text{ fl. orizz.}]$

36 $y = 3x^4 + 8x^3$ $[x = -2 \text{ min}; x = 0 \text{ fl. orizz.}]$

37 $y = 3x^5 - 20x^3$ $[x = 0 \text{ fl. orizz.}; x = -2 \text{ max}; x = 2 \text{ min}]$

38 $y = 3x^4 - 2x^3 - 3x^2$ $\left[x = 0 \text{ max}; x = -\frac{1}{2}, x = 1 \text{ min}\right]$

39 $y = x^3 - 3x^2 + 1$ $[x = 0 \text{ max}; x = 2 \text{ min}]$

40 $y = \frac{x^3}{3} - x^2 + x$ $[x = 1 \text{ fl. orizz.}]$

41 $y = \frac{x^4}{4} - \frac{2}{3}x^3$ $[x = 0 \text{ fl. orizz.}; x = 2 \text{ min}]$

42 $y = x^4 + 4x$ $[x = -1 \text{ min}]$

43 $y = \frac{1}{5}x^5 + \frac{1}{3}x^3$ $[x = 0 \text{ fl. orizz.}]$

44 $y = 6x^5 - 10x^3$ $[x = -1 \text{ max}; x = 0 \text{ fl. orizz.}; x = 1 \text{ min}]$

45 $y = \frac{x^4}{4} - 2x^3 + 1$ $[x = 0 \text{ fl. orizz.}; x = 6 \text{ min}]$

46 $y = \frac{x^4}{2} - x^3 + x + 8$ $\left[x = -\frac{1}{2} \text{ min}; x = 1 \text{ fl. orizz.}\right]$

47 $y = \frac{x^5}{5} - \frac{x^4}{2} - \frac{7}{3}x^3 - 2x^2$ $[x = -1 \text{ fl. orizz.}; x = 0 \text{ max}; x = 4 \text{ min}]$

48 $y = \frac{2x-1}{x+3}$ $[\nexists \text{ max, min, fl. orizz.}]$

49 $y = \frac{5}{x^2+5}$ $[x = 0 \text{ max}]$

50 $y = \frac{x}{x^2+9}$ $[x = -3 \text{ min}; x = 3 \text{ max}]$

51 $y = \frac{x^3}{(1-x)^2}$ $[x = 0 \text{ fl. orizz.}; x = 3 \text{ min}]$

52 $y = \frac{1}{x^2-4}$ $[x = 0 \text{ max}]$

53 $y = \frac{x^2-x-1}{x^2-x+1}$ $\left[x = \frac{1}{2} \text{ min}\right]$

54 $y = \frac{2x^2}{x-1}$ $[x = 0 \text{ max}; x = 2 \text{ min}]$

55 $y = \frac{-x^2+x-1}{2x^2-3x+3}$ $[x = 0 \text{ max}; x = 2 \text{ min}]$

56 $y = \frac{1}{x^2-3x+2}$ $\left[x = \frac{3}{2} \text{ max}\right]$

57 $y = \frac{x^2-3x+1}{2x^2-3x+1}$ $\left[x = 0 \text{ max}; x = \frac{2}{3} \text{ min}\right]$

58 $y = \frac{-x^2+3x}{2x-8}$ $[x = 2 \text{ min}; x = 6 \text{ max}]$

59 $y = \frac{x^2-4}{x^2-1}$ $[x = 0 \text{ min}]$

60 $y = \frac{x-3}{(x-2)^3}$ $\left[x = \frac{7}{2} \text{ max}\right]$

61 $y = \frac{x^3-3x^2+4}{x^2}$ $[x = 2 \text{ min}]$

62 $y = \frac{1}{x^3-x^2}$ $\left[x = \frac{2}{3} \text{ max}\right]$

63 $y = \frac{(x+1)(x-2)}{(x-3)^2}$ $\left[x = \frac{7}{5} \text{ min}\right]$

ESERCIZI

64 $y=\frac{6x^4+2}{x^3}$ [$x=-1$ max; $x=1$ min]

65 $y=\frac{x^2-2x+1}{x^2+x+1}$ [$x=-1$ min; $x=1$ max]

66 $y=\sqrt{2x^2+1}$ [$x=0$ min]

67 $y=\sqrt{x^2-2x+5}$ [$x=1$ min]

68 $y=\frac{-2}{\sqrt{x^2+4}}$ [$x=0$ min]

69 $y=\ln(-x^2-2x+3)$ [$x=-1$ max]

70 $y=(x^2-4x+5)e^x$ [$x=1$ fl. orizz.]

71 $y=x^3e^x$ [$x=0$ fl. orizz.; $x=-3$ min]

72 $y=\frac{1}{2}e^{-x^2}$ [$x=0$ max]

73 $y=\ln x-x$ [$x=1$ max]

74 $y=x\ln x$ $\left[x=\frac{1}{e}\text{ min}\right]$

75 $y=e^x-x$ [$x=0$ min]

76 $y=\frac{x^3}{3}e^{-x}$ [$x=0$ fl. orizz.; $x=3$ max]

77 $y=2x^2\ln x$ $\left[x=\frac{1}{\sqrt{e}}\text{ min}\right]$

78 $y=\frac{\ln x}{x}$ [$x=e$ max]

79 $y=\frac{\ln x}{4x^2}$ [$x=\sqrt{e}$ max]

80 $y=18\ln x-\frac{3}{4}x^2$ [$x=2\sqrt{3}$ max]

81 $y=2x\ln x-5x$ [$x=e\sqrt{e}$ min]

82 $y=e^{2x-1}+\frac{2}{3}e^{-3x}+6$ $\left[x=-\frac{1}{5}\text{ min}\right]$

83 $y=x^3e^x-4e^x+2$ [$x=-2$ fl. orizz.; $x=1$ min]

---

84 $y=4\cos^2x+4\cos x-1$, in $[0;\pi]$. $\left[x=\frac{2}{3}\pi\text{ min}; x=0, x=\pi\text{ max}\right]$

85 $y=1+2\cos 2x+4\sin x$, in $[0;2\pi[$. $\left[x=\frac{\pi}{6}\text{ e }x=\frac{5}{6}\pi\text{ max}; x=\frac{\pi}{2}\text{ e }x=\frac{3}{2}\pi\text{ min}\right]$

86 $y=\arctan x-x$ [$x=0$ fl. orizz.]

87 $y=2\sin 2x$, in $[0;\pi]$. $\left[x=\frac{\pi}{4}, x=\pi\text{ max}; x=0, x=\frac{3}{4}\pi\text{ min}\right]$

88 $y=3\cos^2x$, in $[0;\pi]$. $\left[x=\frac{\pi}{2}\text{ min}; x=0, x=\pi\text{ max}\right]$

89 $y=\frac{1}{\cos x}$ [$x=\pi+2k\pi$ max; $x=2k\pi$ min]

90 $y=-\sin 2x+4\cos x+3x$, in $[0;2\pi]$. $\left[x=\frac{\pi}{6}, x=\frac{5}{6}\pi\text{ fl. orizz.}\right]$

91 $y=2\sin x+\cos 2x+6$, in $[0;2\pi]$. $\left[x=\frac{\pi}{6}, x=\frac{5}{6}\pi\text{ max}; x=\frac{\pi}{2}, x=\frac{3}{2}\pi\text{ min}\right]$

92 $y=\frac{\sin x}{1-\sin x}$, in $[0;2\pi]$. $\left[x=\frac{3}{2}\pi\text{ min}\right]$

93 $y=\frac{1+\cos x}{1+\sin x}$, in $[0;2\pi]$. [$x=\pi$ min]

94 Verifica che la funzione $f(x)=x+\sin x$ ammette infiniti punti di flesso orizzontale ed è strettamente crescente in tutto il dominio.

Punti di massimo e minimo relativi di funzioni non ovunque derivabili

Funzioni con punti angolosi

95 ESERCIZIO GUIDA Troviamo i punti di massimo e di minimo relativi della funzione

$$f(x) = \begin{cases} \dfrac{1}{(x-1)^2} & \text{se } x < 0 \\ x^2 - 2x + 1 & \text{se } x \geq 0 \end{cases},$$

distinguendo i punti stazionari da quelli angolosi.

La funzione è definita e continua in $\mathbb{R}$.

- Calcoliamo la derivata prima e determiniamo il suo dominio:

$$f'(x) = \begin{cases} \dfrac{-2(x-1)}{(x-1)^4} = \dfrac{-2}{(x-1)^3} & \text{se } x < 0 \\ 2x - 2 & \text{se } x > 0 \end{cases}$$

Per $x = 0, f'(x)$ non esiste in quanto $f'_-(0) = 2$ e $f'_+(0) = -2$.

- $f'(x) = 0$ soltanto se:

$2x - 2 = 0 \rightarrow x = 1.$

Quindi $x = 1$ è l'unico punto stazionario.

- Studiamo il segno di $f'(x)$.

Per $x < 0$, $\dfrac{-2}{(x-1)^3} > 0$ se $x < 1$, quindi:

$f'(x) > 0 \quad$ se $x < 0.$

Per $x > 0$, $2x - 2 > 0$ se $x > 1$.

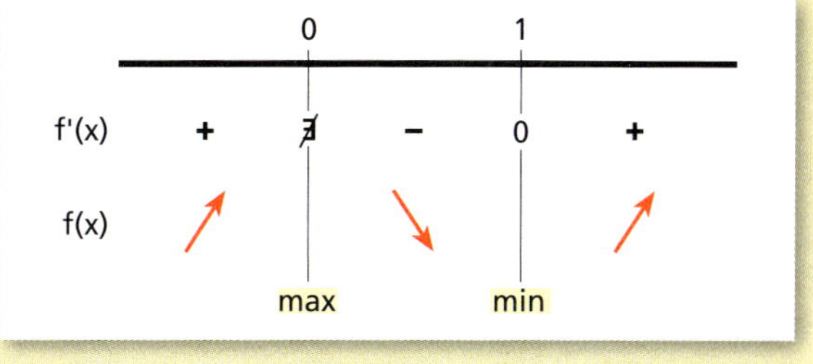

Dallo schema deduciamo che $x = 0$ è un punto di massimo relativo e $x = 1$ è un punto di minimo relativo.
Essendo $f(0) = 1$ e $f(1) = 0$, i corrispondenti punti del grafico sono $(0; 1)$ e $(1; 0)$.

Osservazione. Il punto $x = 0$ è un punto di massimo perché la funzione, pur non essendo derivabile, è continua e la derivata cambia segno nell'intorno di 0, come richiede la condizione sufficiente. Nella figura a fianco puoi osservare il grafico della funzione.

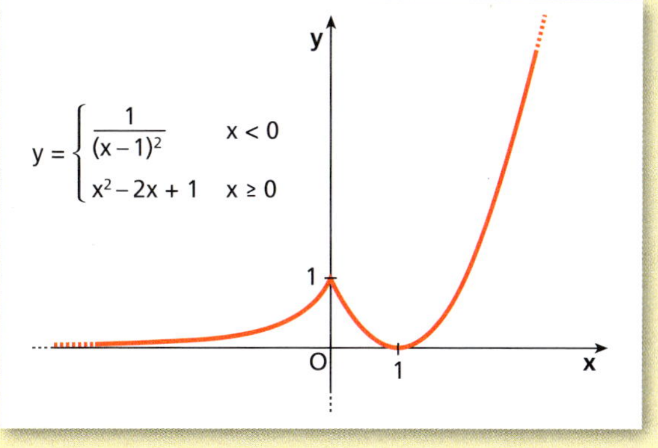

Trova i punti di massimo e di minimo relativi delle seguenti funzioni, distinguendo i punti stazionari da quelli angolosi.

96 $y = \begin{cases} x^2 + 4x & \text{se } x < 0 \\ -3x & \text{se } x \geq 0 \end{cases}$ $[x = -2 \text{ min (staz.)}; x = 0 \text{ max}]$

97 $y = |x^2 - x| + 3$ $\left[x = \frac{1}{2} \text{ max (staz.)}; x = 0, x = 1 \text{ min}\right]$

98 $y = \begin{cases} x^2 + x & \text{se } x < 0 \\ x^3 - 6x^2 + 9x & \text{se } x \geq 0 \end{cases}$ $\left[x = -\frac{1}{2}, x = 3 \text{ min (staz.)}; x = 1 \text{ max (staz.)}\right]$

99 $y = \begin{cases} -2x + 3 & \text{se } x \leq 1 \\ -x^3 + 3x^2 + 9x - 10 & \text{se } x > 1 \end{cases}$ $[x = 1 \text{ min}; x = 3 \text{ max (staz.)}]$

100 ●● $y = \begin{cases} x^3 + 1 & \text{se } x \leq 0 \\ x^4 - 4x + 1 & \text{se } x > 0 \end{cases}$ [$x = 0$ max; $x = 1$ min (staz.)]

101 ●● $y = \begin{cases} \dfrac{9}{x+2} & \text{se } x < 1 \\ \sqrt{x} + 2 & \text{se } x \geq 1 \end{cases}$ [$x = 1$ min]

102 ●● $y = \left| \dfrac{x-1}{x+2} \right|$ [$x = 1$ min]

103 ●● $y = \dfrac{|x^3|}{x^2 - 1}$ [$x = 0$ max (staz.); $x = \pm\sqrt{3}$ min (staz.)]

104 ●● $y = \begin{cases} x^2 + 2x + 2 & \text{se } x \leq 1 \\ 2^{2-x} + 3 & \text{se } x > 1 \end{cases}$ [$x = -1$ min (staz.); $x = 1$ max]

Funzioni con punti di cuspide

105 **ESERCIZIO GUIDA** Troviamo i punti di massimo e di minimo relativi della seguente funzione, specificando se sono punti di cuspide:

$$f(x) = \sqrt[3]{(x-3)^2}.$$

La funzione è continua in $\mathbb{R}$.

- Calcoliamo la derivata prima e determiniamo il suo dominio.

  Poiché si può scrivere $f(x) = (x-3)^{\frac{2}{3}}$, si ha:

  $$f'(x) = \frac{2}{3}(x-3)^{\frac{2}{3}-1} = \frac{2}{3\sqrt[3]{x-3}}.$$

  La derivata non esiste per $x = 3$.

- Risolviamo $f'(x) = 0$. L'equazione

  $$\frac{2}{3\sqrt[3]{x-3}} = 0$$

  non ha soluzioni, quindi non ci sono punti stazionari.

- Studiamo il segno di $f'(x)$:

  $$f'(x) > 0 \rightarrow \frac{2}{3\sqrt[3]{x-3}} > 0 \rightarrow x > 3.$$

  Compiliamo il quadro dei segni (figura **a**).

  In $x = 3$ si ha un punto di minimo relativo, di coordinate $(3; 0)$.

Notiamo che nel punto $x = 3$ la derivata non esiste perché:

$$\lim_{x \to 3^-} f'(x) = -\infty \text{ e } \lim_{x \to 3^+} f'(x) = +\infty.$$

Il punto $x = 3$ è una cuspide. Nella figura **b** puoi osservare il grafico della funzione.

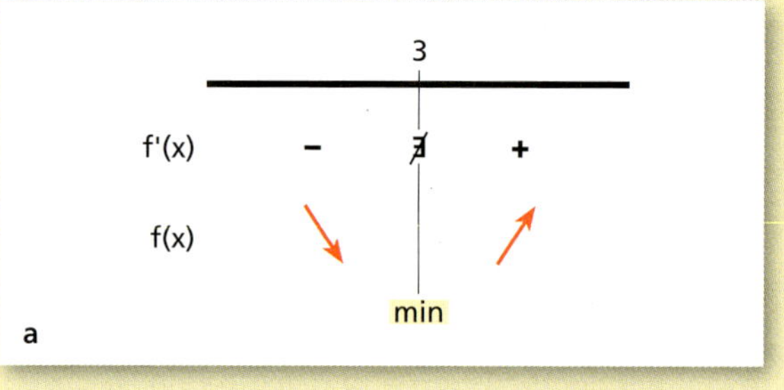

a

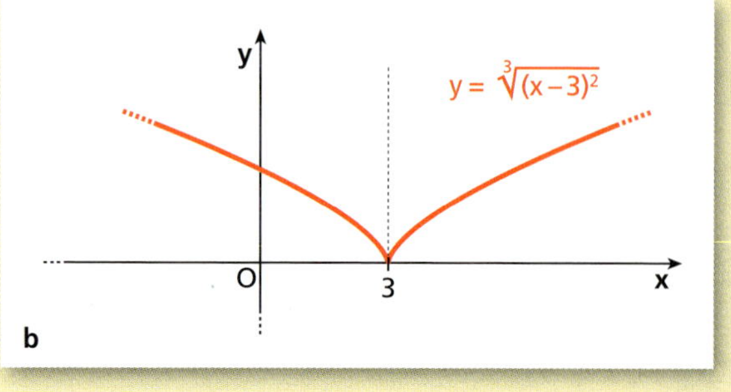

b

Determina i punti di massimo e di minimo relativi delle seguenti funzioni, specificando quando si tratta di cuspidi.

106 $y = \sqrt[3]{x^2} - x$ $\left[x = 0 \text{ min (cuspide)}; x = \frac{8}{27} \text{ max}\right]$

107 $y = \sqrt[3]{x^3 - x^2}$ $\left[x = 0 \text{ max (cuspide)}; x = \frac{2}{3} \text{ min}\right]$

108 $y = x - \frac{3}{2}\sqrt[3]{x^2} + 2$ $[x = 0 \text{ max (cuspide)}; x = 1 \text{ min}]$

109 $y = 1 - \sqrt[3]{x^2 - 2x + 1}$ $[x = 1 \text{ max (cuspide)}]$

110 $y = \sqrt[3]{(x-1)^2}$ $[x = 1 \text{ min (cuspide)}]$

111 $y = \sqrt[5]{x^2}$ $[x = 0 \text{ min (cuspide)}]$

112 $y = \frac{3}{2}\sqrt[3]{(1-2x)^2}$ $\left[x = \frac{1}{2} \text{ min (cuspide)}\right]$

113 $y = 1 - \sqrt[3]{x^3 + x^2}$ $\left[x = -\frac{2}{3} \text{ min}; x = 0 \text{ max (cuspide)}\right]$

Riepilogo: Massimi e minimi relativi e flessi orizzontali

TEST

114 Considera la funzione

$$f(x) = 2x^3 - 15x^2 + 24x + 6.$$

Una delle seguenti affermazioni che la riguardano è *falsa*: quale?

A $x = 1$ è un punto stazionario.

B $f(x)$ è ovunque crescente.

C $f(x)$ ha un punto di massimo relativo e un punto di minimo relativo.

D $f(x)$ è decrescente nell'intervallo $[1; 4]$.

E $x = 4$ è un punto stazionario.

115 Se $f(x)$ ha un massimo in $c = 1$, allora:

A $f(x)$ può essere discontinua in c.

B $f(x)$ deve essere derivabile.

C il grafico di $f(x)$ ha nel punto c la tangente orizzontale.

D $f'(1) = 0$.

E $f(x)$ è continua ma non necessariamente derivabile in c.

116 La funzione $f: \mathbb{R} \to \mathbb{R}$ definita da

$$f(x) = x^2 - |2x - 1|:$$

A ha un punto di massimo relativo ed un punto di minimo relativo.

B ha due punti di minimo relativo ed un punto di massimo relativo.

C ha due punti di minimo relativo e nessun punto di massimo relativo.

D nessuna delle altre risposte è corretta.

(*Università di Modena, Corso di laurea in Matematica, Test propedeutico*)

117 Sia f una funzione derivabile e con derivata prima strettamente positiva in tutti i punti interni al suo dominio. Allora:

A f non ha punti di massimo o di minimo.

B f è strettamente crescente nel suo dominio.

C f è suriettiva.

D f non ammette punti di flesso a tangente orizzontale.

(*Politecnico di Torino, Test di autovalutazione*)

118 **VERO O FALSO?**

a. Se $f'(x_0) = 0$, allora $f(x)$ ha in x_0 un punto di massimo o di minimo relativo. V F

b. In un punto angoloso x_0 la funzione non può mai avere massimo o minimo. V F

c. In un punto x_0 di flesso orizzontale di una funzione $f(x)$ si ha $f'(x_0) = 0$. V F

d. Se in un intorno completo del punto x_0 si hanno $f'(x) > 0$ e $f'(x_0) = 0$, allora x_0 è un punto di flesso orizzontale. V F

ESERCIZI

119 ASSOCIA a ciascuna funzione il suo punto di massimo relativo.

a. $y=\frac{1}{3}x^3+\frac{1}{2}x^2-2x$ b. $y=-x^3+2x^2-x$ c. $y=\frac{1}{3}x^3-x^2-3x$ d. $y=-\frac{1}{3}x^3+\frac{3}{2}x^2-2x$

1. $x_0=-1$ 2. $x_0=2$ 3. $x_0=1$ 4. $x_0=-2$

Trova i punti di massimo e di minimo relativi e quelli di flesso orizzontale delle seguenti funzioni, evidenziando anche i punti angolosi e di cuspide.

120 $y=\frac{x^4}{4}+4$ $[x=0 \text{ min}]$

121 $y=x^3-3x^2+2$ $[x=0 \text{ max}; x=2 \text{ min}]$

122 $y=x^4-2x^2+2$ $[x=-1, x=1 \text{ min}; x=0 \text{ max}]$

123 $y=x^5+1$ $[x=0 \text{ fl. orizz.}]$

124 $y=3x^7-7x^6+1$ $[x=0 \text{ max}; x=2 \text{ min}]$

125 $y=3x-x^3$ $[x=-1 \text{ min}; x=1 \text{ max}]$

126 $y=\frac{x^4}{2}+\frac{x^3}{3}+\frac{1}{4}$ $\left[x=-\frac{1}{2} \text{ min}; x=0 \text{ fl. orizz.}\right]$

127 $y=\begin{cases}2x+1 & \text{se } x<0\\ x^2-2x+1 & \text{se } x\geq 0\end{cases}$ $[x=0 \text{ max (p. ang.)}; x=1 \text{ min}]$

128 $y=2x^4+3x^3+4$ $\left[x=0 \text{ fl. orizz.}; x=-\frac{9}{8} \text{ min}\right]$

129 $y=x^4-\frac{8}{3}x^3+2x^2+3$ $[x=0 \text{ min}; x=1 \text{ fl. orizz.}]$

130 $y=x-1+\frac{3}{x}-\frac{1}{x^2}$ $[x=-2 \text{ max}; x=1 \text{ fl. orizz.}]$

131 $y=\frac{x^3}{3x+3}$ $\left[x=0 \text{ fl. orizz.}; x=-\frac{3}{2} \text{ min}\right]$

132 $y=\frac{2x^3+27}{x^2}$ $[x=3 \text{ min}]$

133 $y=\frac{2-x}{x^2}$ $[x=4 \text{ min}]$

134 $y=2x+\frac{8}{x}$ $[x=-2 \text{ max}; x=2 \text{ min}]$

135 $y=\frac{1}{x^{10}-1}$ $[x=0 \text{ max}]$

136 $y=\frac{x^2-1}{2x-2}$ [né max, né min, né flessi]

137 $y=\frac{4x^3+1}{x}$ $\left[x=\frac{1}{2} \text{ min}\right]$

138 $y=\frac{3x-4}{x^2+1}$ $\left[x=-\frac{1}{3} \text{ min}; x=3 \text{ max}\right]$

139 $y=\frac{x^3}{x-3}$ $\left[x=0 \text{ fl. orizz.}; x=\frac{9}{2} \text{ min}\right]$

140 $y=x-1+\frac{1}{x-3}$ $[x=2 \text{ max}; x=4 \text{ min}]$

141 $y=\frac{x^3}{x^2+x-1}$ $[x=1 \text{ min}; x=-3 \text{ max}; x=0 \text{ fl. orizz.}]$

142 $y=\frac{3-x^2}{x+2}$ $[x=-3 \text{ min}; x=-1 \text{ max}]$

143 $y=\frac{x^2-2x-2}{x^2}$ $[x=-2 \text{ max}]$

144 $y=\frac{x^2-4x+5}{(x-1)^2}$ $[x=3 \text{ min}]$

145 $y=\frac{5-x}{x^2-6x+9}$ $[x=7 \text{ min}]$

146 $y=x-\frac{x-2}{x-1}$ $[x=0 \text{ max}; x=2 \text{ min}]$

147 $y=\frac{1}{x^2+6x+8}$ $[x=-3 \text{ max}]$

148 $y=-2\sqrt{x}+x$ $[x=0 \text{ max}; x=1 \text{ min}]$

149 $y=2-\sqrt{x-3}$ $[x=3 \text{ max}]$

150 $y=1+\sqrt[3]{(x+3)^2}$ $[x=-3 \text{ min (cuspide)}]$

151 $y=2x\sqrt{x+1}$ $\left[x=-1 \text{ max}; x=-\frac{2}{3} \text{ min}\right]$

152 $y=\sqrt[3]{x^2-x}$ $\left[x=\frac{1}{2} \text{ min}\right]$

153 $y=\sqrt{4x-x^2}$ $[x=2 \text{ max}; x=0 \text{ min}; x=4 \text{ min}]$

154 $y=-2\sqrt{x+2}+x-2$ $[x=-2 \text{ max (cuspide)}; x=-1 \text{ min}]$

155 $y=2-\sqrt{3x-x^2}$ $\left[x=0, x=3 \text{ max (cuspide)}; x=\frac{3}{2} \text{ min}\right]$

ESERCIZI

156 $y=\sqrt{\frac{1}{x^2+1}}$ $[x=0 \text{ max}]$

157 $y=\sqrt{\frac{x^2+7}{x+4}}$ $[x=-4+\sqrt{23} \text{ min}]$

158 $y=e^{2x}-2x$ $[x=0 \text{ min}]$

159 $y=e^{\frac{2x^2}{x-1}}$ $[x=0 \text{ max};\ x=2 \text{ min}]$

160 $y=e^x+e^{-x}$ $[x=0 \text{ min}]$

161 $y=2xe^{-x}$ $[x=1 \text{ max}]$

162 $y=3x^2e^x$ $[x=-2 \text{ max};\ x=0 \text{ min}]$

163 $y=e^{8-2x^2}+2x^2-1$ $[x=\pm 2 \text{ min};\ x=0 \text{ max}]$

164 $y=\ln(x+2)-3x$ $\left[x=-\frac{5}{3} \text{ max}\right]$

165 $y=2\ln x-8x$ $\left[x=\frac{1}{4} \text{ max}\right]$

166 $y=|2\ln x|-3$ $[x=1 \text{ min (p. ang.)}]$

167 $y=\ln \sin x-x$ $\left[x=\frac{\pi}{4}+2k\pi \text{ max}\right]$

168 $y=\frac{3}{\sin x}$, in $[0;2\pi]$. $\left[x=\frac{\pi}{2} \text{ min};\ x=\frac{3}{2}\pi \text{ max}\right]$

169 $y=\frac{1+\sin x}{3\sin x}$ $\left[x=\frac{\pi}{2}+2k\pi \text{ min};\ x=\frac{3}{2}\pi+2k\pi \text{ max}\right]$

170 $y=\frac{\sin^2 x}{2\sin x+1}$, in $[0;2\pi]$. $\left[x=0,\ x=\pi,\ x=2\pi \text{ min};\ x=\frac{\pi}{2},\ x=\frac{3}{2}\pi \text{ max}\right]$

171 $y=|2x^2-4x|$ $[x=0 \text{ min (p. ang.)};\ x=2 \text{ min (p. ang.)};\ x=1 \text{ max}]$

172 $y=-x^2+6x-|x+3|$ $\left[x=-3 \text{ (p. ang.)};\ x=\frac{5}{2} \text{ max}\right]$

173 $y=\begin{cases}\frac{x-1}{x} & \text{se } x\le 1\\ 1-x^2 & \text{se } x>1\end{cases}$ $[x=1 \text{ max (p. ang.)}]$

174 $y=|-x^2+6x|-x+3$ $\left[x=\frac{5}{2} \text{ max};\ x=6 \text{ min (p. ang.)};\ x=0 \text{ min (p. ang.)}\right]$

175 $y=\frac{\sqrt{-x^2+5x-6}}{x}$ $\left[x=\frac{12}{5} \text{ max}\right]$

176 $y=\sqrt[3]{3x^3+2x^2}$ $\left[x=-\frac{4}{9} \text{ max};\ x=0 \text{ min (cuspide)}\right]$

177 $y=\frac{x^2-2x}{x^2+x}+\frac{1}{x}$ $\left[x=\frac{1-\sqrt{3}}{2} \text{ max};\ x=\frac{1+\sqrt{3}}{2} \text{ min}\right]$

178 $y=\sqrt[3]{(2-x)^2}$ $[x=2 \text{ min (cuspide)}]$

179 $y=\begin{cases}\sqrt{5-x^2} & \text{se } -2\le x<1\\ \frac{8}{5-x} & \text{se } x\ge 1\end{cases}$ $[x=0 \text{ max};\ x=1 \text{ min}]$

180 $y=\ln\frac{x^2+11}{x+5}$ $[x=1 \text{ min}]$

181 $y=\frac{1}{\tan^2 x}+\frac{2}{\tan x}$, in $[0;\pi]$. $\left[x=\frac{3}{4}\pi \text{ max}\right]$

182 $y=\frac{2\cos x-1}{\cos^2 x}$ $[x=k\pi \text{ max}]$

183 $y=2\ln\cos x-\ln\cos^3 x$ $[x=2k\pi \text{ min}]$

184 $y=\arctan 2x+\ln\sqrt{1+4x^2}$ $\left[x=-\frac{1}{2} \text{ min}\right]$

---

185 $y=\frac{\cos x}{1+2\cos^2 x}$, in $[0;2\pi]$. $\left[x=\frac{\pi}{4},\ x=\pi,\ x=\frac{7}{4}\pi \text{ max};\ x=0,\ x=\frac{3}{4}\pi,\ x=\frac{5}{4}\pi,\ x=2\pi \text{ min}\right]$

186 $y=\frac{\cos 2x}{\cos x+\sin x}-2\cos x-x$ $\left[x=\frac{\pi}{2}+2k\pi \text{ min};\ x=\pi+2k\pi \text{ max}\right]$

Problemi REALTÀ E MODELLI

187

Quanto costa un panettone? Un'azienda dolciaria che produce panettoni ha calcolato che il costo unitario da sostenere per la produzione di x panettoni segue l'andamento della funzione:

$$C(x)=\frac{x^2-50x+10000}{50x}.$$

Determina quanti panettoni occorre sfornare per minimizzare il costo unitario. [100]

ESERCIZI

188 **Pressione del sangue** La funzione $f(x)$ descrive l'andamento della pressione del sangue in seguito all'assunzione di una dose di x grammi di un farmaco, con $0 \leq x \leq 0{,}17$. Determina il dosaggio che produce il massimo della pressione sanguigna. $[x \simeq 0{,}11\ \text{g}]$

$$f(x) = 320x^2 - 1860x^3$$

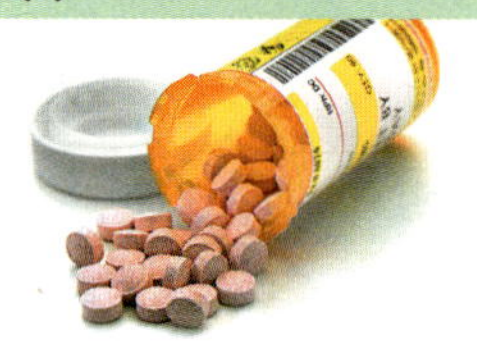

189 IN FISICA Un punto materiale si muove di moto rettilineo secondo la legge oraria:

$$s(t) = \frac{2}{3} + (2 - t)\, e^{-\frac{t^2 - 4t + 3}{2}},$$

dove s è espresso in metri e t in secondi (con $t > 0$).

a. In quali istanti la velocità del punto è nulla? In quali istanti è nulla l'accelerazione? A che cosa corrispondono, da un punto di vista matematico, per la funzione $s(t)$?

b. In quale istante la velocità del punto è massima in modulo?

[a) $v = 0$ per $t = 1 \vee t = 3$; $a = 0$ per $t = 2 \vee t = 2 \pm \sqrt{3}$; b) $t = 2$]

Con i parametri

190 ESERCIZIO GUIDA Data la funzione $y = \frac{ax}{(bx - 1)^2}$, con $a \neq 0$, determiniamo a e b in modo che il grafico che la rappresenta abbia un estremo relativo, cioè un minimo o un massimo, nel punto $\left(-1; -\frac{1}{4}\right)$.

Per trovare i valori di a e b servono due condizioni che, poste a sistema, forniranno i valori richiesti.

- Il punto di coordinate $\left(-1; -\frac{1}{4}\right)$ appartiene alla funzione, quindi sostituendo i valori -1 e $-\frac{1}{4}$ nell'espressione della funzione data otteniamo:

$$\frac{1}{4} = \frac{a}{(-b-1)^2}.$$

- Poiché il punto $\left(-1; -\frac{1}{4}\right)$ deve essere un estremo relativo e nel suo dominio la funzione data è derivabile, in $x = -1$ la derivata prima di y si deve annullare.
Calcoliamo la derivata prima:

$$y' = \frac{a(bx-1)^2 - ax \cdot 2 \cdot (bx-1) \cdot b}{(bx-1)^4} = \frac{a\cancel{(bx-1)}(bx-1-2bx)}{(bx-1)^{\cancel{4}\,3}} = \frac{a(-bx-1)}{(bx-1)^3}.$$

Calcoliamo y' in $x = -1$ e poniamo il risultato uguale a 0, cioè poniamo $y'(-1) = 0$:

$$\frac{a \cdot (b-1)}{(-b-1)^3} = 0.$$

Poniamo a sistema le due equazioni con la condizione $b \neq -1$:

$$\begin{cases} \frac{1}{4} = \frac{a}{(-b-1)^2} \\ \frac{a \cdot (b-1)}{(-b-1)^3} = 0 \end{cases} \rightarrow \begin{cases} \frac{1}{4} = \frac{a}{(-b-1)^2} \\ a(b-1) = 0 \end{cases}.$$

Nella seconda equazione, poiché $a \neq 0$ per ipotesi, deve essere $b = 1$. Sostituendo il valore di b nella prima equazione, otteniamo:

$$\begin{cases} \dfrac{1}{4} = \dfrac{a}{4} \\ b = 1 \end{cases} \quad \rightarrow \quad \begin{cases} a = 1 \\ b = 1 \end{cases}.$$

La funzione diventa $y = \dfrac{x}{(x-1)^2}$.

191 Calcola il valore di a in modo che il grafico della funzione $y = ax^3 + 2x^2 - 1$ abbia un massimo nel punto di ascissa $x = 2$. $\left[-\frac{2}{3}\right]$

192 Determina per quale valore di a la funzione $y = \frac{a}{3}x^3 + \frac{a}{2}x^2 - 6x + 1$ ha un massimo per $x = -3$. $[1]$

193 Stabilisci per quale valore di k la funzione $y = x^3 + (k-1)x^2 + (1-k)x$ ha un minimo nel suo punto di ascissa $\frac{1}{3}$. $[2]$

194 Trova a e b in modo che il grafico della funzione $y = \dfrac{ax^2 - ax - 2}{x - b}$ abbia in $(0; 1)$ un punto di minimo. $[a = -1; b = 2]$

195 Determina a e b in modo che il grafico della funzione $y = -4x^2 + ax + b + 1$ abbia come valore massimo 2 nel punto $x = 1$. $[a = 8; b = -3]$

196 Dimostra che la funzione $y = x^3 + ax^2 - x + 1$ ammette per qualunque valore di a un punto di massimo e un punto di minimo relativo.

LEGGI IL GRAFICO

197 La funzione $y = f(x)$, il cui grafico è rappresentato in figura, è del tipo

$$y = ax^3 + bx + c.$$

Determina a, b e c, sapendo che M è un punto di massimo.

$\left[a = \frac{1}{3}; b = -4; c = 2\right]$

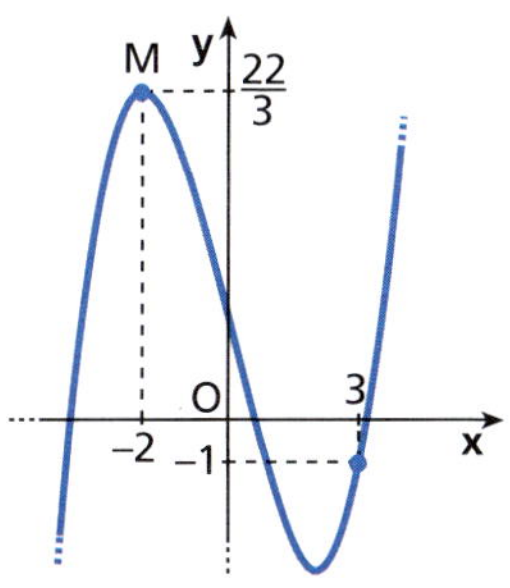

198 Nella figura è rappresentato il grafico di una funzione del tipo

$$y = \frac{ax^2 + b}{2x + c}.$$

Determina a, b e c.

$[a = 1; b = -3; c = -4]$

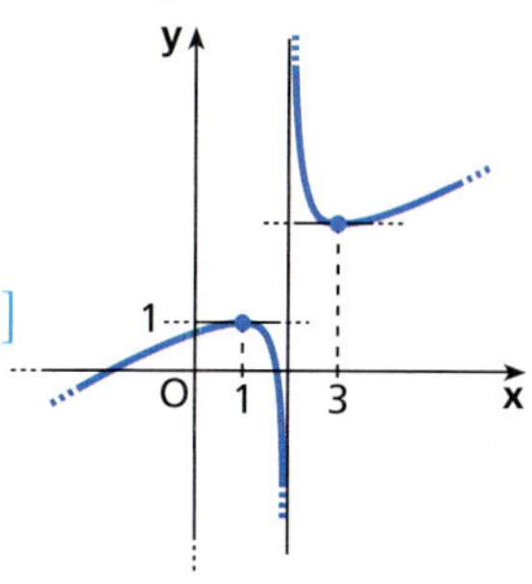

199 EUREKA! Trova per quali valori di a la funzione $y = x^3 - (a+1)x + a$ non presenta né massimi né minimi e per quali valori invece ha sempre un massimo e un minimo relativi. [né max né min per $a < -1; a > -1$]

200 Per quali valori di a la funzione $y = x^3 + 2ax^2 + \frac{1}{3}x - a$ non presenta né massimi né minimi? $\left[-\frac{1}{2} < a < \frac{1}{2}\right]$

201 Trova i coefficienti a, b, c della funzione $y = ax^3 + bx^2 + cx$, sapendo che il suo grafico ha un massimo in $(-1; 2)$ e che passa per il punto $(1; 0)$. $\left[a = \frac{3}{2}; b = 1;\ c = -\frac{5}{2}\right]$

202 Data la funzione $y = a\sin x + b\cos 2x$, calcola i valori di a e b, sapendo che il suo grafico ha un massimo in $\left(\frac{\pi}{6}; \frac{3}{2}\right)$. $[a = 2; b = 1]$

203 Dimostra che per qualunque valore di $a \neq 0$ la funzione $y = -\frac{a}{3}x^3 + 4ax + 12$ possiede un massimo e un minimo di ascisse ± 2.

204 Determina il coefficiente a della funzione $y = x^2e^x + (a-1)x$, sapendo che il suo grafico è tangente all'asse x nell'origine. $[a = 1]$

ESERCIZI

205 ●● Determina i coefficienti a, b, c della funzione di equazione $y = \frac{x^2 + ax + b}{x + c}$, sapendo che possiede l'asintoto di equazione $y = x + 2$ e un massimo in $(1; -1)$. $[a = -3, b = 6, c = -5]$

206 ●● Trova per quali valori di a la funzione di equazione $y = \frac{ax - 2}{x^2 - ax + 1}$:

a. non ammette né massimi né minimi;

b. ammette un massimo relativo in $x = \sqrt{3}$.

[a) $a \leq -2 \vee a \geq 2$; b) $a = \sqrt{3}$]

207 ●● Trova i coefficienti a, b, c e d della funzione $y = ax^4 + bx^3 + cx^2 + dx + 1$ in modo che il suo grafico sia simmetrico rispetto all'asse y e abbia un minimo di coordinate $(1; 0)$. $[a = 1; b = 0; c = -2; d = 0]$

208 ●● Determina per quali valori di a e b la funzione $y = ax^3 + 3x + b - 2$ ha un massimo coincidente con il minimo della funzione $y = x - \ln x$. $[a = -1; b = 1]$

209 ●● YOU & MATHS Determine the real number a having the property that $f(a) = a$ is a relative minimum of $f(x) = x^4 - x^3 - x^2 + ax + 1$.

(USA *Harvard-MIT Mathematics Tournament*)

$[a = 1]$

210 ●● Data la funzione $y = \frac{ax^2 + x + c}{bx}$, determina a, b e c in modo che il suo grafico abbia un massimo nel punto di ascissa $x = 1$ e passi per i punti di coordinate $\left(-1; \frac{1}{2}\right)$ e $\left(2; -\frac{7}{4}\right)$. $[a = 1; b = -2; c = 1]$

211 ●● Data la funzione $y = \frac{ax^3 + bx^2 + cx}{x + 2}$, trova a, b, c in modo che il suo grafico abbia per tangente nel punto $(1; 2)$ la retta di equazione $y = 2x$ e abbia un minimo di ascissa -1. $\left[a = -\frac{1}{6}; b = \frac{7}{3}; c = \frac{23}{6}\right]$

212 ●● Trova i coefficienti a, b, c della funzione

$$y = \frac{x^3 + ax^2 - x + b}{x^2 + c}$$

in modo che il suo grafico abbia come asintoti le rette di equazione $x = 0$ e $y = x - 1$ e abbia un minimo di ascissa 1.

$[a = -1; b = 1; c = 0]$

213 ●● REALTÀ E MODELLI **Montagne russe** Mario vuole descrivere il profilo del tratto dei binari delle montagne russe in figura con una funzione del tipo $f(x) = -\frac{x^5}{5} + ax^4 + bx^3 + 3x^2 + cx + d$.

Adotta come unità di misura il decametro e scegli il sistema di riferimento in modo che la curva parta con un minimo in $(0; 0)$ e presenti un massimo o un minimo nei punti di ascissa 1, 2 e 3. Determina i parametri a, b, c, d.

$\left[a = \frac{3}{2}; b = -\frac{11}{3}; c = d = 0\right]$

214 ●● YOU & MATHS Let $g(x) = ax^3 - \frac{b}{x}$, where a and b are real numbers. If the point $(1, 10)$ lies on the graph of g and g' (NOT g) has a horizontal tangent at $x = 1$, compute the value of $a + b$.

(USA *Florida Gulf Coast University Invitational Mathematics Competition*)

$[-20]$

Ricerca dei massimi e dei minimi assoluti

215 ESERCIZIO GUIDA Troviamo i punti di massimo e di minimo assoluti della funzione $f(x) = x^4 - 2x^2 + 1$, nell'intervallo $-2 \leq x \leq 1$.

La funzione è definita e continua in $\mathbb{R}$, quindi anche $\forall x \in [-2; 1]$.
Per il teorema di Weierstrass esistono il minimo e il massimo assoluti di f nell'intervallo $[-2; 1]$.
Determiniamo i minimi e i massimi relativi.

- Calcoliamo la derivata prima e il suo dominio.

$$f'(x) = 4x^3 - 4x = 4x(x^2 - 1).$$

$f'(x)$ esiste $\forall x \in \mathbb{R}$.

- $f'(x) = 0$:

$$4x(x^2 - 1) = 0 \quad \to \quad x = 0 \vee x = \pm 1.$$

Quindi $x = 0$ e $x = \pm 1$ sono punti stazionari.

- Studiamo il segno di $f'(x)$.

$$f'(x) > 0 \text{ se } 4x(x^2 - 1) > 0.$$

$$4x > 0 \quad \to \quad x > 0.$$

$$x^2 - 1 > 0 \quad \to \quad x < -1 \vee x > 1.$$

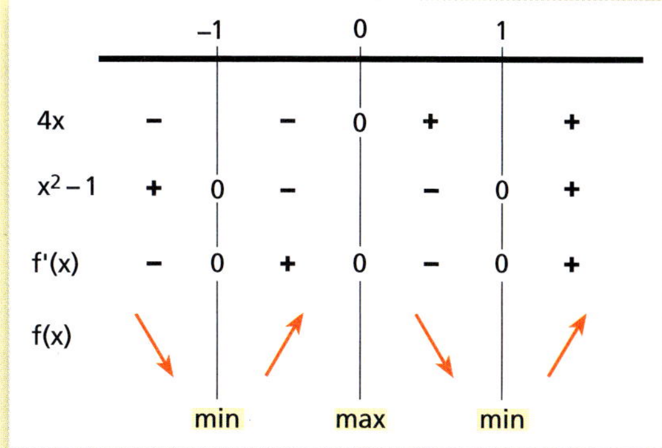

Compiliamo il quadro dei segni di $f'(x)$ e deduciamo che:

- in $x = \pm 1$ la funzione ha due minimi relativi di coordinate $(-1; 0)$ e $(1; 0)$, essendo $f(-1) = 0$ e $f(1) = 0$;
- in $x = 0$ la funzione ha un massimo relativo di coordinate $(0; 1)$, essendo $f(0) = 1$.

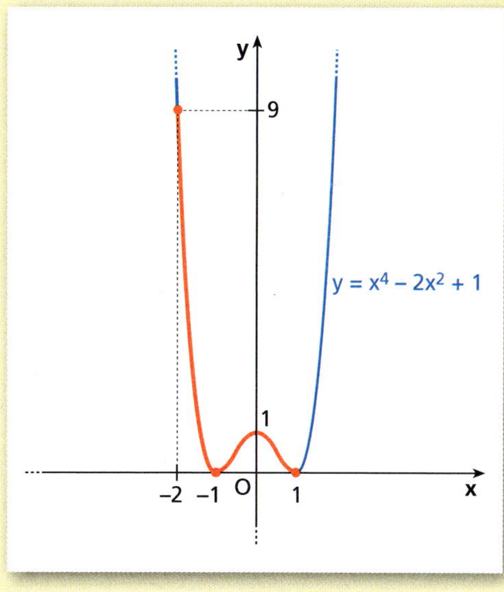

Per determinare ora i massimi e i minimi assoluti calcoliamo il valore della funzione agli estremi dell'intervallo assegnato:

$$f(-2) = 16 - 8 + 1 = 9, \; f(1) = 0.$$

Confrontando le ordinate dei punti considerati si può affermare che il minimo assoluto si ha in $x = -1$ e $x = 1$, mentre il massimo assoluto è in $x = -2$.
Per chiarire il risultato osserviamo il grafico della funzione. Il massimo relativo in $(0; 1)$ non è il massimo assoluto nell'intervallo.

Trova il massimo e il minimo assoluti delle seguenti funzioni negli intervalli indicati a fianco.

216 $y = \dfrac{x^3}{3} - 4x,$ $[0; 3].$ $[x = 0 \text{ max}; x = 2 \text{ min}]$

217 $y = 2e^x - 2x,$ $[-1; 4].$ $[x = 0 \text{ min}; x = 4 \text{ max}]$

218 $y = x^3 + 3x + 2,$ $[0; 3].$ $[x = 0 \text{ min}; x = 3 \text{ max}]$

219 $y = x + \dfrac{2}{x},$ $[1; 4].$ $[x = \sqrt{2} \text{ min}; x = 4 \text{ max}]$

220 $y = \dfrac{1}{2}x^4 - 4x^2 + 4,$ $[-1; 3].$ $[x = 3 \text{ max}; x = 2 \text{ min}]$

ESERCIZI

221 $y = \dfrac{x+3}{2\sqrt{x}}$, $\left[\dfrac{1}{9}; 4\right]$. $\left[x = \dfrac{1}{9} \text{ max}; x = 3 \text{ min}\right]$

222 $y = x\sqrt{4-x^2}$, $[1; 2]$. $[x = \sqrt{2} \text{ max}; x = 2 \text{ min}]$

223 $y = x \ln x$, $[1; e]$. $[x = 1 \text{ min}; x = e \text{ max}]$

224 $y = \dfrac{x^2+4}{4x}$, $[-3; -1]$. $[x = -2 \text{ max}; x = -1 \text{ min}]$

225 $y = (x-2)^4$, $[0; 3]$. $[x = 0 \text{ max}; x = 2 \text{ min}]$

226 $y = \ln\dfrac{x-1}{x+3}$, $[-6; -4]$. $[x = -6 \text{ min}; x = -4 \text{ max}]$

227 $y = \dfrac{x^2+2}{4x}$, $[-5; -1]$. $[x = -5 \text{ min}; x = -\sqrt{2} \text{ max}]$

228 $y = \sin 2x + 2\cos x$, $[0; \pi]$. $\left[x = \dfrac{\pi}{6} \text{ max}; x = \dfrac{5}{6}\pi \text{ min}\right]$

229 $y = e^{-x} + x$, $[-1; 1]$. $[x = -1 \text{ max}; x = 0 \text{ min}]$

230 $y = x(x-2)^3$, $[0; 3]$. $\left[x = \dfrac{1}{2} \text{ min}; x = 3 \text{ max}\right]$

231 IN FISICA La legge che esprime il valore della carica q in funzione del tempo t, durante il processo di carica di un condensatore di capacità C collegato in serie a una resistenza R in un circuito, è $q(t) = CV_0\left(1 - e^{-\frac{t}{RC}}\right)$, dove V_0 è la differenza di potenziale costante erogata da una batteria.

a. Determina l'espressione analitica della corrente elettrica $i(t)$ in funzione del tempo, sapendo che $i(t) = q'(t)$.

b. Se $R = 120\ \Omega$, $C = 3{,}33\ \mu\text{F}$ e $V_0 = 14{,}5$ V, calcola il valore minimo della corrente nell'intervallo di tempo $[0; 0{,}003]$.

$\left[\text{a) } \dfrac{V_0}{R} e^{-\frac{t}{RC}}; \text{ b) } \simeq 6{,}63 \cdot 10^{-5} \text{ A}\right]$

232 ESERCIZIO GUIDA Determiniamo, se esistono, il massimo e il minimo assoluti della funzione $f(x) = xe^x$ nel suo dominio.

La funzione è definita e continua in tutto $\mathbb{R}$.
Cerchiamo innanzitutto i massimi e i minimi relativi.

$$f'(x) = e^x + xe^x = (1+x)e^x$$

$$f'(x) = 0 \;\rightarrow\; (1+x)e^x = 0 \;\rightarrow\; x = -1$$

$$f'(x) > 0 \;\rightarrow\; x > -1$$

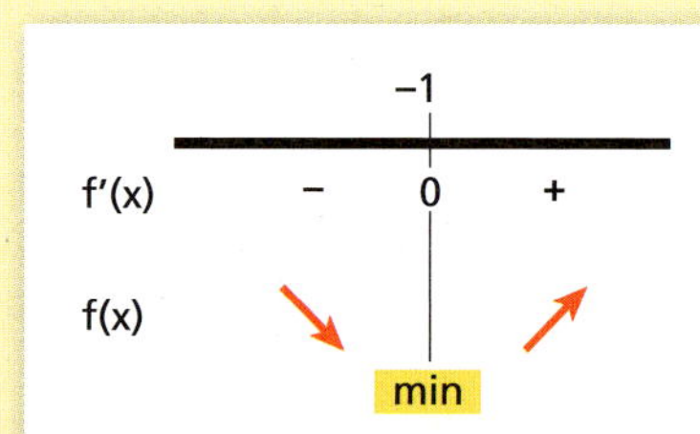

Dallo schema deduciamo che $x = -1$ è un punto di minimo relativo. Il minimo relativo vale $f(-1) = -\dfrac{1}{e}$.

Occorre ora indagare il comportamento della funzione agli estremi del dominio.

Calcoliamo i limiti:

$$\lim_{x \to +\infty} xe^x = +\infty;$$

$\lim\limits_{x \to -\infty} xe^x$ è una forma indeterminata $\infty \cdot 0$.

Trasformiamo $f(x)$ in frazione e applichiamo il teorema di De L'Hospital.

$$\lim_{x \to -\infty} xe^x = \lim_{x \to -\infty} \frac{x}{e^{-x}} = \lim_{x \to -\infty} \frac{1}{-e^{-x}} = 0.$$

Poiché $0 > -\dfrac{1}{e}$, deduciamo che in $x = -1$ si ha un punto di minimo assoluto e il minimo assoluto vale $-\dfrac{1}{e}$, mentre $f(x)$ non ammette il massimo assoluto perché $f(x)$ tende a $+\infty$ per $x \to +\infty$.

Determina gli eventuali punti di massimo e minimo assoluti delle seguenti funzioni.

233 $y = x^5 - \frac{5}{4}x^4$ [né max, né min]

234 $y = \frac{4x^2 + 3x - 1}{x^2}$ $\left[x = \frac{2}{3} \max\right]$

235 $y = \frac{6x - x^2}{x + 2}$ [né max, né min]

236 $y = \sqrt{x^2 - 2x + 4}$ $[x = 1 \min]$

237 $y = \frac{\ln x}{x}$ $[x = e \max]$

238 $y = xe^{-x}$ $[x = 1 \max]$

239 $y = \frac{x^3 - 2x + 16}{x}$ [né max, né min]

240 $y = x\sqrt{x + 2}$ $\left[x = -\frac{4}{3} \min\right]$

241 $y = x\sqrt{2x - x^2}$ $[x = 0 \min]$

242 $y = (x^2 - 2x + 1)\sqrt{x}$ $[x = 0 \text{ e } x = 1 \min]$

243 $y = \ln(x^2 - 2x + 6)$ $[x = 1 \min]$

244 $y = (9x^2 + 5)e^{-x}$ [né max, né min]

245 $y = \ln\left(\frac{x^2 + 7}{x - 3}\right)$ $[x = 7 \min]$

246 $y = (x^2 - 1)e^{-x^2}$ $[x = 0 \min;\ x = \pm\sqrt{2} \max]$

TUTOR matematica — Allenati con **15 esercizi interattivi** con feedback "hai sbagliato, perché…"
su.zanichelli.it/tutor3 risorsa riservata a chi ha acquistato l'edizione con tutor

3 Flessi e derivata seconda

Concavità e segno della derivata seconda

▶ Teoria a p. 1715

247 **ESERCIZIO GUIDA** Determiniamo gli intervalli in cui il grafico della funzione $y = \frac{x^4}{2} - 2x^3 - 9x^2 + 1$ rivolge la concavità verso l'alto o verso il basso.

La funzione è definita su tutto $\mathbb{R}$. Calcoliamo le derivate prima e seconda:

$$y' = 2x^3 - 6x^2 - 18x; \qquad y'' = 6x^2 - 12x - 18.$$

Studiamo il segno della derivata seconda ponendo

$$6x^2 - 12x - 18 > 0 \;\rightarrow\; 6(x^2 - 2x - 3) > 0 \;\rightarrow\; x < -1 \vee x > 3.$$

Compiliamo il quadro dei segni.

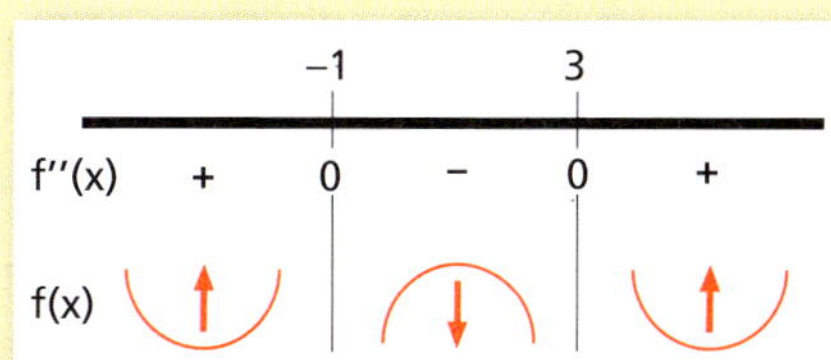

Per $x < -1 \vee x > 3$ la concavità è verso l'alto, per $-1 < x < 3$ la concavità è rivolta verso il basso.

Trova gli intervalli in cui i grafici delle funzioni volgono la concavità verso il basso o verso l'alto. (Nei risultati, dove non c'è una diversa indicazione, indichiamo solo gli intervalli in cui la concavità è rivolta verso l'alto.)

248 $y = x^4 + 4x^3 + 1$ $[x < -2 \vee x > 0]$

249 $y = 2x^3 - 3x^2 + 4x$ $\left[x > \frac{1}{2}\right]$

250 $y = -x^4 + 6x^3 - 12x^2 + 6x$ $[1 < x < 2]$

251 $y = -2(x - 1)^3$ $[x < 1]$

252 $y = \frac{x^2}{x - 1}$ $[x > 1]$

253 $y = \frac{x^2 - x}{x + 2}$ $[x > -2]$

254 $y = \frac{x^4}{2} + \frac{2}{x^4}$ $[x \neq 0]$

255 $y = x + \sqrt{x - 4}$ [verso il basso $x > 4$]

256 $y = \ln\left(1 - \frac{2}{x}\right)$ $[x < 0]$

257 $y = xe^x + x$ $[x > -2]$

258 $y = \frac{5}{2}\sin x - 1$ $[2k\pi < x < \pi + 2k\pi]$

259 $y = x\ln(x-1)$ $[x > 2]$

260 $y = xe^{-x}$ $[x > 2]$

261 $y = \ln\dfrac{x^2+1}{x^2-1}$ [verso il basso $x < -1 \vee x > 1$]

262 $y = e^{\frac{x-1}{x+2}}$ $\left[x < -\frac{1}{2} \wedge x \neq -2\right]$

263 $y = x + \arctan(x-1)$ $[x < 1]$

264 $y = \ln\cos x - 2x$ $\left[\text{verso il basso } -\frac{\pi}{2} + 2k\pi < x < \frac{\pi}{2} + 2k\pi\right]$

265 $y = \frac{1}{2}\sin 2x - 2\cos x$ in $[0; 2\pi]$. $\left[0 < x < \frac{\pi}{6} \vee \frac{\pi}{2} < x < \frac{5}{6}\pi \vee \frac{3}{2}\pi < x < 2\pi\right]$

266 $y = \tan x + \dfrac{1}{\tan x}$ in $[0; \pi]$. $\left[0 < x < \frac{\pi}{2}\right]$

Ricerca dei flessi e derivata seconda

▶ Teoria a p. 1718

267 LEGGI IL GRAFICO Nei seguenti grafici indica le caratteristiche del flesso e se in x_0 le derivate prima e seconda si annullano.

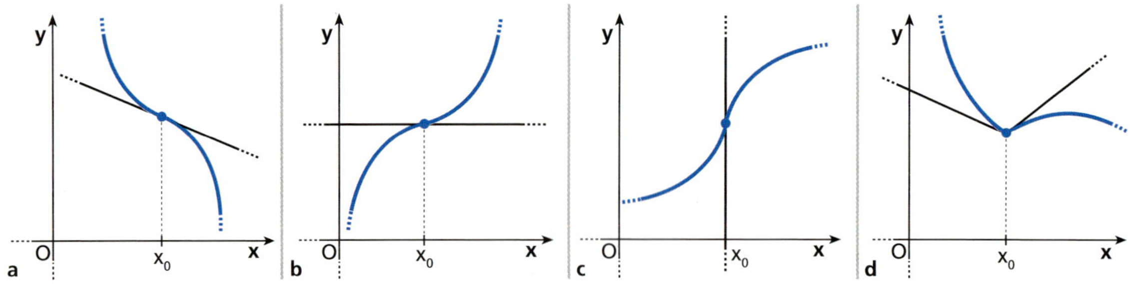

268 VERO O FALSO?

a. In un punto di flesso orizzontale le derivate prima e seconda si annullano sempre. V F

b. Se le derivate prima e seconda si annullano in un punto x_0 di una funzione, allora x_0 è un punto di flesso orizzontale. V F

c. Se $f''(x_0) = 0$, allora si ha un flesso obliquo. V F

d. In un flesso verticale la derivata prima non esiste. V F

269 RIFLETTI SULLA TEORIA Una funzione polinomiale di terzo grado ammette sempre un punto di flesso. Spiega perché aiutandoti anche con un esempio.

270 ESERCIZIO GUIDA Troviamo i punti di flesso delle seguenti funzioni:

a. $f(x) = -x(x+1)^3$;

b. $g(x) = \sqrt[3]{x+2}$.

a. La funzione è definita per ogni $x \in \mathbb{R}$. Calcoliamo la derivata prima e la derivata seconda:

$$f'(x) = -(x+1)^3 - 3x(x+1)^2 = (x+1)^2(-x-1-3x) = (x+1)^2(-4x-1);$$

$$f''(x) = 2(x+1)(-4x-1) + (x+1)^2(-4) = (x+1)(-8x-2-4x-4) =$$

$$(x+1)(-12x-6) = -6(x+1)(2x+1).$$

La derivata seconda è continua, quindi possiamo cercare i punti di flesso imponendo $f''(x) = 0$:

$$-6(x+1)(2x+1) = 0 \quad \rightarrow \quad x = -1 \quad \vee \quad x = -\frac{1}{2}.$$

Studiamo il segno di $f''(x)$:

$$f''(x) > 0 \quad \text{se} \quad -6(x+1)(2x+1) > 0 \quad \rightarrow \quad (x+1)(2x+1) < 0 \quad \rightarrow \quad -1 < x < -\frac{1}{2}.$$

Compiliamo il quadro di confronto della derivata seconda e della funzione.

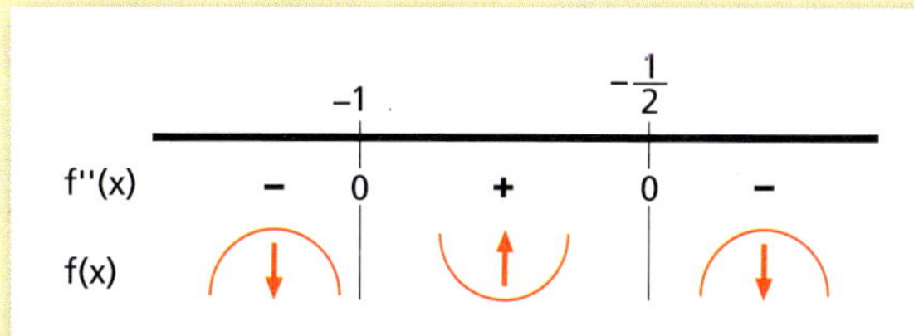

Dal quadro si deduce che $x_1 = -1$ e $x_2 = -\frac{1}{2}$ sono punti di flesso.
Essendo

$$f'(-1) = 0 \text{ e } f'\left(-\frac{1}{2}\right) = \frac{1}{4} \neq 0,\ x_1 = -1$$

è un punto di flesso orizzontale, mentre $x_2 = -\frac{1}{2}$ è un punto di flesso obliquo.

b. La funzione è definita $\forall x \in \mathbb{R}$. Calcoliamo le derivate prima e seconda:

$$g'(x) = \frac{1}{3}(x+2)^{-\frac{2}{3}} = \frac{1}{3} \cdot \frac{1}{\sqrt[3]{(x+2)^2}};$$

$$g''(x) = \frac{1}{3} \cdot \left(-\frac{2}{3}\right)(x+2)^{-\frac{5}{3}} = -\frac{2}{9} \cdot \frac{1}{\sqrt[3]{(x+2)^5}}.$$

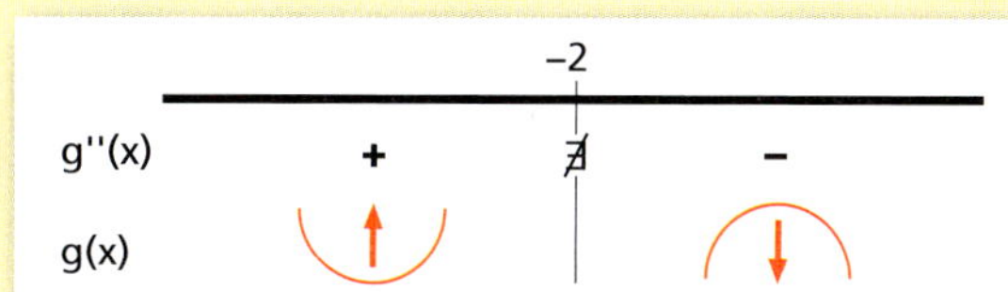

La derivata seconda non esiste in $x = -2$ ed è positiva per $x < -2$ e negativa per $x > -2$.
Il punto $x = -2$ è di flesso. Poiché in -2 anche la $g'(x)$ non esiste e $\lim_{x \to -2} g'(x) = +\infty$, il flesso è verticale.

Determina i punti di flesso delle seguenti funzioni.

271 $y = -x^3(x+1)$ $\left[x = 0 \text{ fl. or.}; x = -\frac{1}{2} \text{ fl. ob.}\right]$

272 $y = 2x^3 - 8x$ $[x = 0 \text{ fl. ob.}]$

273 $y = x^4 - 3x^3 + 2$ $\left[x = 0 \text{ fl. or.}; x = \frac{3}{2} \text{ fl. ob.}\right]$

274 $y = -x(x-1)^2$ $\left[x = \frac{2}{3} \text{ fl. ob.}\right]$

275 $y = x^4 - 2x^2 - 3x$ $\left[x = \frac{\sqrt{3}}{3}, x = -\frac{\sqrt{3}}{3} \text{ fl. ob.}\right]$

276 $y = 2x + \frac{1}{x}$ [nessun flesso]

277 $y = \frac{x^3}{4 + 3x^2}$ $[x = 0 \text{ fl. or.}; x = \pm 2 \text{ fl. ob.}]$

278 $y = \frac{10x}{1 - x^2}$ $[x = 0 \text{ fl. ob.}]$

279 $y = x^2 + \frac{1}{x}$ $[x = -1 \text{ fl. ob.}]$

280 $y = \frac{x^2}{x - 1}$ [nessun flesso]

281 $y = \frac{x^3}{x + 1}$ $[x = 0 \text{ fl. or.}]$

282 $y = \frac{2x^2 - x + 2}{x^2 + 1}$ $[x = 0, x = \pm\sqrt{3} \text{ fl. ob.}]$

283 $y = \frac{x^2 - 4x + 3}{2} + \ln x$ $[x = 1 \text{ fl. orizz.}]$

284 $y = x\sqrt{9 - x^2}$ $[x = 0 \text{ fl. ob.}]$

285 $y = \frac{x + 2}{\sqrt{x + 1}}$ $[x = 2 \text{ fl. ob.}]$

286 $y = \sqrt[3]{4 - x}$ $[x = 4 \text{ fl. ver.}]$

287 $y = \sqrt[3]{x^2 - 4}$ $[x = \pm 2 \text{ fl. ver.}]$

288 $y = x\sqrt[3]{x - 1}$ $\left[x = 1 \text{ fl. ver.}; x = \frac{3}{2} \text{ fl. ob.}\right]$

289 $y = \sqrt{x^2 - 2x - 1}$ [nessun flesso]

290 $y = \ln(x^2 - 5x + 6)$ [nessun flesso]

291 $y = xe^{-x}$ [$x = 2$ fl. ob.]

292 $y = x\ln x - \frac{1}{x}$ [$x = \sqrt{2}$ fl. ob.]

293 $y = e^{\frac{x^3}{3}}$ [$x = 0$ fl. or.; $x = -\sqrt[3]{2}$ fl. ob.]

294 $y = \ln x + \frac{1}{x}$ [$x = 2$ fl. ob.]

295 $y = 2\tan x + 1$, in $\left]-\frac{\pi}{2}; \frac{\pi}{2}\right[$. [$x = 0$ fl. ob.]

296 $y = \frac{1}{2}\sin 2x + 4\sin x$, in $\left[\frac{\pi}{2}; \frac{3}{2}\pi\right]$. [$x = \pi$ fl. ob.]

297 $y = 2\sin x + 2\cos x$, in $[0; 2\pi]$. $\left[x = \frac{3}{4}\pi,\ x = \frac{7}{4}\pi \text{ fl. ob.}\right]$

298 $y = \sqrt{\frac{2-x}{x}}$ $\left[x = \frac{3}{2} \text{ fl. ob.}\right]$

299 $y = \sqrt[3]{x-1}$ [$x = 1$ fl. ver.]

300 $y = 2\sqrt[3]{x+3} + 1$ [$x = -3$ fl. ver.]

301 $y = 1 + \sqrt[3]{x-8}$ [$x = 8$ fl. ver.]

302 $y = 2e^{-x^2} + 2$ $\left[x = \pm\frac{\sqrt{2}}{2} \text{ fl. ob.}\right]$

303 $y = e^{\frac{1}{x-1}}$ $\left[x = \frac{1}{2} \text{ fl. ob.}\right]$

304 $y = 1 + \arcsin x$ [$x = 0$ fl. ob.]

305 $y = \arctan x + x$ [$x = 0$ fl. ob.]

306 $y = \arctan e^x$ [$x = 0$ fl. ob.]

307 $y = \frac{3}{5}\sqrt[3]{(x-1)^5}$ [$x = 1$ fl. orizz.]

308 $y = \sqrt[3]{2-2x^3}$ [$x = 0$ fl. orizz.; $x = 1$ fl. ver.]

---

309 Considera la funzione $y = \sin x + \tan x$ nell'intervallo $]0; 10[$.

a. Verifica che la funzione è crescente.

b. Esistono punti a tangente orizzontale? Di che tipo?

c. Determina nello stesso intervallo eventuali punti di flesso obliquo e scrivi le equazioni delle relative tangenti. [b) $x = \pi$, $x = 3\pi$ fl. orizz.; c) $x = 2\pi$, $y = 2x - 4\pi$]

310 ESERCIZIO GUIDA Determiniamo i punti di flesso della funzione $f(x) = x^3 - 6x + 2$ e scriviamo le equazioni delle tangenti inflessionali.

$f(x)$ è continua e derivabile in $\mathbb{R}$. Calcoliamo le derivate prima e seconda.

$f'(x) = 3x^2 - 6$; $f''(x) = 6x$.

$f''(x) = 0$: $6x = 0 \to x = 0$;

$f''(x) > 0$: $6x > 0 \to x > 0$.

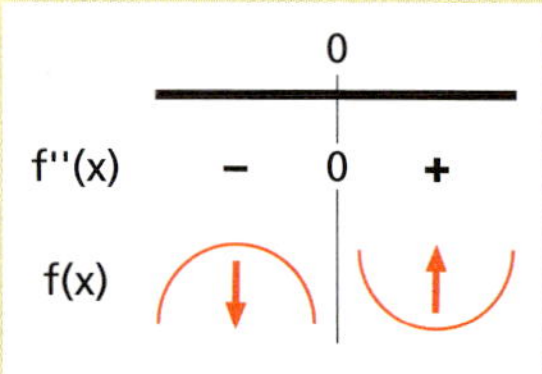

Deduciamo che $x = 0$ è un punto di flesso obliquo perché $f'(0) \neq 0$.
Il coefficiente angolare della tangente inflessionale è $f'(0) = -6$.
Per $x = 0$ si ha $f(0) = 2$, quindi il punto di flesso ha coordinate $(0; 2)$.
L'equazione della tangente è: $y - 2 = -6x \to y = -6x + 2$.

Determina i punti di flesso e scrivi le equazioni delle tangenti inflessionali delle seguenti funzioni.

311 $y = x^3 - 6x^2 + 4x + 5$ [fl. $(2; -3)$; $y = -8x + 13$]

312 $y = x^3 + 4x - 1$ [fl. $(0; -1)$; $y = 4x - 1$]

313 $y = \tan x$, in $\left]\frac{\pi}{2}; \frac{3}{2}\pi\right[$. [fl. $(\pi; 0)$; $y = x - \pi$]

314 $y = x(x+3)^2$ [fl. $(-2; -2)$; $y = -3x - 8$]

315 $y = \arcsin(x-1)$ [fl. $(1; 0)$; $y = x - 1$]

316 $y = \frac{x^4}{12} - \frac{x^3}{6} - x^2$ $\left[\text{fl. } \left(-1; -\frac{3}{4}\right);\ y = \frac{7}{6}x + \frac{5}{12};\ \text{fl. } (2; -4);\ y = -\frac{10}{3}x + \frac{8}{3}\right]$

317 $y = xe^x$ $\left[\text{fl.}\left(-2;-\frac{2}{e^2}\right);\ y=\frac{-x-4}{e^2}\right]$

318 $y = (x-2)^3$ [fl. (2; 0); $y = 0$]

319 $y = 3\sin x$, in $[-\pi;\pi]$. [fl. (0; 0); $y = 3x$]

320 $y = x\sqrt{2-x^2}$ [fl. (0; 0); $y = \sqrt{2}x$]

Funzioni con parametri e flessi

321 ESERCIZIO GUIDA Determiniamo i coefficienti a, b, c, d in modo che il grafico della funzione

$$y = ax^3 + bx^2 + cx + d$$

passi per (0; 1) e abbia un flesso orizzontale in (−1; 0).

Per determinare a, b, c, d servono quattro condizioni ricavabili da:

- passaggio per $(0; 1) \to 1 = d$;
- passaggio per $(-1; 0) \to 0 = -a + b - c + d$;
- punto di flesso; calcoliamo la derivata prima e seconda: $y' = 3ax^2 + 2bx + c$, $y'' = 6ax + 2b$; imponiamo che sia $y''(-1) = 0$, sostituendo -1 a x nella derivata seconda: $-6a + 2b = 0$;
- tangente orizzontale nel punto di flesso: $y'(-1) = 0 \to 3a - 2b + c = 0$.

Esprimiamo le condizioni analiticamente e le poniamo a sistema.

$$\begin{cases} 1 = d \\ 0 = -a + b - c + d \\ -6a + 2b = 0 \\ 3a - 2b + c = 0 \end{cases} \to \begin{cases} 1 = d \\ 0 = -a + 3a - c + 1 \\ b = 3a \\ 3a - 6a + c = 0 \end{cases} \to \begin{cases} d = 1 \\ 2a - c + 1 = 0 \\ b = 3a \\ -3a + c = 0 \end{cases} \to$$

$$\begin{cases} d = 1 \\ 2a - 3a + 1 = 0 \\ b = 3a \\ c = 3a \end{cases} \to \begin{cases} d = 1 \\ -a + 1 = 0 \\ b = 3a \\ c = 3a \end{cases} \to \begin{cases} a = 1 \\ b = 3 \\ c = 3 \\ d = 1 \end{cases}$$

Sostituendo i valori trovati nella funzione iniziale, otteniamo: $y = x^3 + 3x^2 + 3x + 1$.

322 Determina per quali valori di a e b la funzione $y = ax^3 + bx^2$ ha un flesso nel punto $F(-2; 16)$. [$a = 1$; $b = 6$]

323 Trova per quali valori di a e b la funzione $y = ax^3 + bx^2 + x$ ha un flesso nel punto $P(-1; -3)$. [$a = -1$; $b = -3$]

324 Determina a, b, c nella funzione $y = ax^3 + bx^2 + cx + 1$ in modo che il suo grafico abbia un punto di flesso in $A(1; 0)$ e un punto di minimo di ascissa 3. $\left[a=\frac{1}{11};\ b=-\frac{3}{11};\ c=-\frac{9}{11}\right]$

LEGGI IL GRAFICO

325 La funzione $f(x)$ ha un'equazione del tipo

$$y = ax^4 + bx^3 + 6x^2$$

e ha in F un flesso orizzontale.
Calcola a e b. Trova poi le coordinate dell'altro flesso di $f(x)$ e l'equazione della tangente inflessionale.

$\left[a = 3, b = -8; \left(\frac{1}{3}; \frac{11}{27}\right); 48x - 27y - 5 = 0\right]$

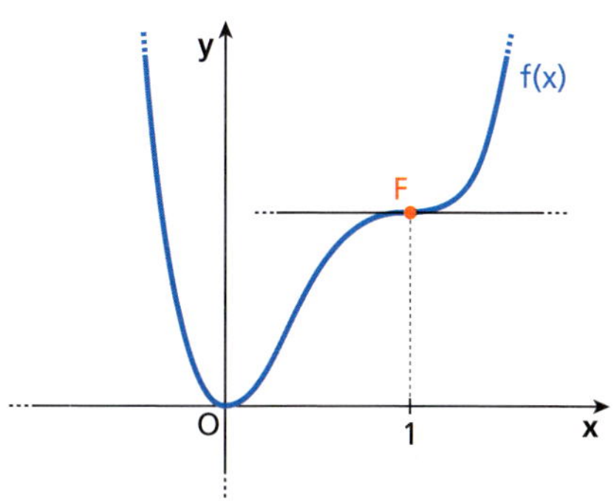

ESERCIZI

326 ●○ Il grafico della figura rappresenta una funzione del tipo

$$y = ax^3 + bx^2 + cx + d.$$

Trova a, b, c, d, sapendo che F è un punto di flesso e che la retta t di equazione $3x + 2y - 6 = 0$ è tangente in F al grafico. Determina le coordinate del massimo e del minimo.

$\left[a = \frac{1}{2}, b = -3, c = \frac{9}{2}, d = -1; (1; 1), (3; -1)\right]$

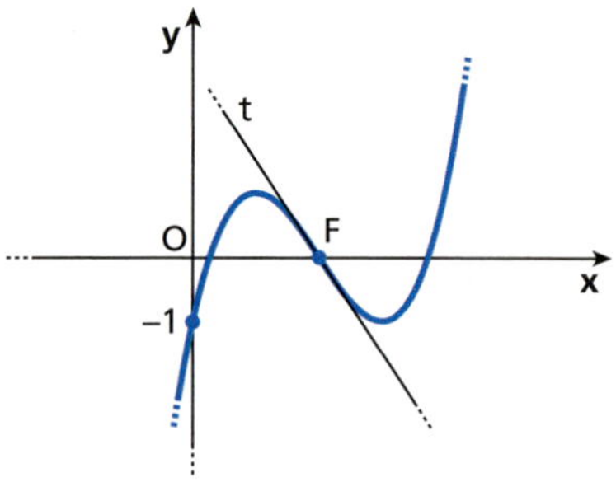

327 ●○ Trova a, b, c nella funzione $y = \frac{ax^3 + bx + c}{x}$ in modo che il suo grafico passi per $(1; 0)$ e abbia un flesso in $(-1; 4)$. $[a = -2; b = 4; c = -2]$

328 ●○ Trova a, b nella funzione $y = e^{ax^2} + b$, in modo che il suo grafico abbia un flesso nel punto di ascissa -1 e passi per $(0; 2)$. $\left[a = -\frac{1}{2}; b = 1\right]$

329 ●○ Determina a, b, c nella funzione $y = ax^3 + bx^2 + cx$, in modo che il suo grafico abbia in $F(1; 2)$ un flesso orizzontale. $[a = 2; b = -6; c = 6]$

330 ●● Determina a, b, c nella funzione $y = ax^3 + bx^2 + cx + a$, in modo che il suo grafico abbia un flesso in $(0; 8)$ e la tangente nel punto di flesso abbia coefficiente angolare -12.
Verifica che il punto di flesso è il punto medio del segmento che congiunge i punti di massimo e minimo. $[a = 8; b = 0; c = -12]$

331 ●● Trova per quali valori di a e b il grafico della funzione $y = a\sin x + b\cos x$ ha un flesso con tangente di coefficiente angolare 2 nel punto di ascissa $\frac{\pi}{6}$. $[a = \sqrt{3}; b = -1]$

332 ●● Nella funzione di equazione $y = ax^3 + bx^2 + cx + d$, trova a, b, c, d in modo che il grafico relativo passi per l'origine e abbia nel punto di ascissa -1 un flesso con tangente di equazione $y = 2x + 2$. $[a = -2; b = -6; c = -4; d = 0]$

333 ●● Determina i coefficienti a e b della funzione $y = \frac{ax^2 - b}{x^2 + b}$ in modo che il suo grafico abbia come asintoto orizzontale la retta di equazione $y = 1$ e un flesso in $x = \frac{2}{3}\sqrt{3}$. $[a = 1; b = 4]$

334 ●● Trova a in modo che il grafico della funzione $y = (x + a)e^{-x}$ abbia un punto di flesso di ascissa 3. $[a = -1]$

335 ●● Considera la funzione $f(x) = \frac{ax^2 + b - 2}{x^2 + c}$ e trova i coefficienti a, b, c in modo che il suo grafico abbia un flesso in $(2; -3)$ e un estremo relativo di ordinata -1. $[a = -9; b = -10; c = 12]$

336 ●● Determina i coefficienti a, b, c e d della funzione di equazione $y = ax^3 + bx^2 + cx + d$, sapendo che passa per il punto $(0; 1)$ e che ha come tangente la retta di equazione $y = -5x$ nel suo punto di flesso di ascissa -1. $[a = 1; b = 3; c = -2; d = 1]$

337 ●● Trova a, b, c, d, e in modo che la funzione di equazione $y = ax^4 + bx^3 + cx^2 + dx + e$ abbia un flesso orizzontale in $(-1; 3)$ e nel punto di intersezione con l'asse y abbia come tangente la retta di equazione $36x + y + 10 = 0$. $[a = 3, b = -4, c = -30, d = -36, e = -10]$

338 Tra le funzioni di equazione

$$y = \frac{1}{3}x^3 + 2kx^2 + k^2x - 30k,$$

con $k \geq 0$, trova quella il cui punto di flesso ha la minima ordinata. $[k = \sqrt{3}]$

339 Data la funzione $y = (x + a)e^{b-x}$, calcola a e b sapendo che il suo grafico ha un flesso di ascissa 4 e un massimo di ordinata e. $[a = -2; b = 4]$

340 Scrivi l'equazione del luogo descritto dai punti di flesso della funzione

$$y = \frac{1}{3}kx^3 - 2x^2$$

al variare di $k \in \mathbb{R} - \{0\}$ e tracciane il grafico. $\left[y = -\frac{4}{3}x^2\right]$

4 Massimi, minimi, flessi e derivate successive

Massimi, minimi, flessi orizzontali e derivate successive

▶ Teoria a p. 1719

341 ESERCIZIO GUIDA Troviamo i punti di massimo, di minimo e di flesso orizzontale della funzione $f(x) = x^4 - \frac{8}{3}x^3 + 2x^2$ con il metodo delle derivate successive.

La funzione è definita per ogni $x \in \mathbb{R}$. Calcoliamo:

$$f'(x) = 4x^3 - 8x^2 + 4x = 4x(x^2 - 2x + 1) = 4x(x - 1)^2.$$

Poniamo $f'(x) = 0$:

$$4x(x-1)^2 = 0 \quad \rightarrow \quad x_1 = 0 \vee x_2 = 1.$$

Calcoliamo ora la derivata seconda: $f''(x) = 12x^2 - 16x + 4$.

Calcoliamo il valore della derivata seconda nei punti x_1 e x_2.

$$f''(0) = 4.$$

Poiché $f'(0) = 0$ e $f''(0) > 0$, in $x_1 = 0$ si ha un minimo.

$$f''(1) = 0.$$

Poiché $f''(1) = 0$, calcoliamo la derivata successiva: $f'''(x) = 24x - 16$.

Calcoliamo ora il valore della derivata terza in $x_2 = 1$: $f'''(1) = 24 - 16 = 8$.

Poiché $f'(1) = 0$, $f''(1) = 0$ e $f'''(1) \neq 0$, allora $x_2 = 1$ è un punto di flesso orizzontale.

Determina i punti di massimo, di minimo e di flesso orizzontale delle seguenti funzioni con il metodo delle derivate successive.

342 $y = x^4 - \frac{4}{3}x^3$ $[x = 1 \text{ min}; x = 0 \text{ fl. orizz.}]$

343 $y = \frac{3}{5}x^5 + \frac{3}{4}x^4$ $[x = 0 \text{ min}; x = -1 \text{ max}]$

344 $y = \frac{x^4}{4} - x^3 + 4x$ $[x = -1 \text{ min}; x = 2 \text{ fl. orizz.}]$

345 $y = x^3(x - 2)^2$ $\left[x = 2 \text{ min}; x = \frac{6}{5} \text{max}; x = 0 \text{ fl. orizz.}\right]$

ESERCIZI

346 $y = x + \frac{1}{x}$ $[x = 1 \text{ min}; x = -1 \text{ max}]$

347 $y = \frac{1}{8}x^8 + \frac{7}{6}x^6$ $[x = 0 \text{ min}]$

348 $y = \frac{x-2}{(x-1)^3}$ $\left[x = \frac{5}{2} \text{ max}\right]$

349 $y = \frac{1}{3}x^3 - \frac{1}{2}x^2 - 6x$ $[x = -2 \text{ max}; x = 3 \text{ min}]$

350 $y = x^4 + \frac{4}{3}x^3 + \frac{x^2}{2} + 3$ $\left[x = -\frac{1}{2} \text{ fl. orizz.}; x = 0 \text{ min}\right]$

351 $y = \cos 2x + 2\sin x$, in $[0; 2\pi]$. $\left[x = \frac{\pi}{2}, x = \frac{3}{2}\pi \text{ min}; x = \frac{\pi}{6}, x = \frac{5}{6}\pi \text{ max}\right]$

352 $y = (x-2)e^x$ $[x = 1 \text{ min}]$

353 $y = e^{x^2-1} - x^2$ $[x = \pm 1 \text{ min}; x = 0 \text{ max}]$

354 $y = \ln(x-1)^2 + 2x$ $[x = 0 \text{ max}]$

355 $y = \cos^2 x - \cos x$, in $[0; 2\pi]$. $\left[x = 0, x = \pi, x = 2\pi \text{ max}; x = \frac{1}{3}, x = \frac{5\pi}{3} \text{ min}\right]$

356 $y = 8\arctan x - 4x$ $[x = -1 \text{ min}; x = 1 \text{ max}]$

Flessi e derivate successive

▶ Teoria a p. 1721

357 ESERCIZIO GUIDA Troviamo i punti di flesso della funzione $f(x) = -2x^4 + 4x^3 + 3x + 1$ con il metodo delle derivate successive.

La funzione è definita per ogni $x \in \mathbb{R}$.
Calcoliamo:

$$f'(x) = -8x^3 + 12x^2 + 3; \qquad f''(x) = -24x^2 + 24x.$$

Troviamo gli zeri della derivata seconda ponendo $f''(x) = 0$:

$$-24x^2 + 24x = 0 \rightarrow 24x(-x+1) = 0 \rightarrow x_1 = 0 \lor x_2 = 1.$$

Calcoliamo la derivata terza,

$$f'''(x) = -48x + 24,$$

e troviamo il segno che essa assume nei punti $x_1 = 0$ e $x_2 = 1$:

$$f'''(0) = 24 > 0$$

$$f'''(1) = -48 + 24 = -24 < 0.$$

Il punto $x_1 = 0$ è di flesso ascendente, $x_2 = 1$ è di flesso discendente.

Trova i punti di flesso delle seguenti funzioni con il metodo delle derivate successive.

358 $y = \frac{x^3}{2} + 2x^2$ $\left[x = -\frac{4}{3} \text{ fl. ascend.}\right]$

359 $y = x^5 - 10x^3 + 25x$ $[x = 0 \text{ fl. discend.}; x = \pm\sqrt{3} \text{ fl. ascend.}]$

360 $y = \frac{1}{10}x^6 - x^4$ $[x = 2 \text{ fl. ascend.}; x = -2 \text{ fl. discend.}]$

361 $y = xe^x$ $[x = -2 \text{ fl. ascend.}]$

362 $y = 2\sin\frac{x}{2}$, in $[\pi; 3\pi]$. $[x = 2\pi \text{ fl. ascend.}]$

363 $y = 4\sin x + \sin 2x$, in $[-\pi; \pi]$. $\left[x = 0 \text{ fl. discend.}; x = \pm\frac{2\pi}{3} \text{ fl. ascend.}\right]$

364 $y = x^3(x-2)$ $[x = 0 \text{ fl. discend.}; x = 1 \text{ fl. ascend.}]$

365 $y = x^2 \ln x$ $\left[x = \frac{1}{\sqrt{e^3}} \text{ fl. ascend.}\right]$

366 $y = \frac{1}{2}x^4 - \frac{7}{6}x^3 + \frac{1}{2}x^2 + x$ $\left[x = \frac{1}{6} \text{ fl. discend.}; x = 1 \text{ fl. ascend.}\right]$

367 $y = \frac{1}{2}\sin^2 x$, in $[0; \pi]$. $\left[x = \frac{\pi}{4} \text{ fl. discend.}; x = \frac{3}{4}\pi \text{ fl. ascend.}\right]$

Riepilogo: Massimi, minimi, flessi e derivate successive

368 AL VOLO Stabilisci se il punto $x = 0$ è di massimo, di minimo o di flesso per le seguenti funzioni.

a. $y = x^4$ b. $y = -x^5$ c. $y = -x^{10}$ d. $y = x^{33}$

TEST

369 Osserva il grafico della funzione $f(x)$.
Le seguenti relazioni sono tutte corrette, *tranne una*. Quale?

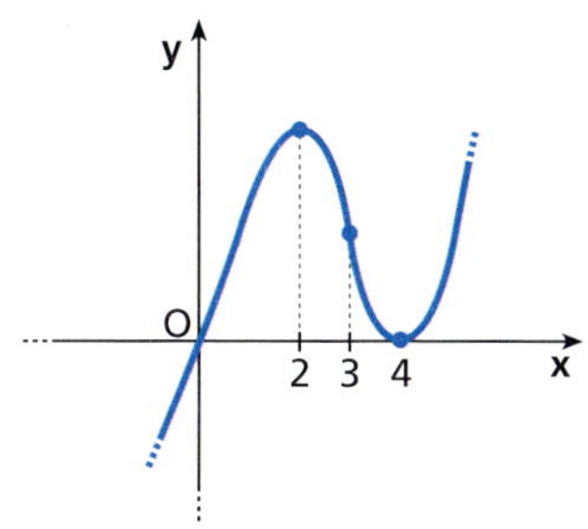

A $f(0) = 0$ e $f'(0) \neq 0$.
B $f'(2) = 0$ e $f''(2) < 0$.
C $f'(3) = 0$ e $f''(3) = 0$.
D $f'(4) = 0$ e $f''(4) > 0$.
E $f''(2) \neq 0$ e $f''(3) = 0$.

370 Sia $f\colon \mathbb{R} \to \mathbb{R}$ continua. Quale delle seguenti affermazioni è sempre vera?

A Se f è due volte derivabile e
$$f'(x_0) = f''(x_0) = 0,$$
allora x_0 non è né massimo né minimo relativo.

B Se, per ogni x, $f(x) > 0$ e se
$$\lim_{x \to -\infty} f(x) = \lim_{x \to +\infty} f(x) = 0,$$
allora f ha massimo in $\mathbb{R}$.

C Se f è due volte derivabile e x_0 è un punto di massimo relativo per f, allora $f''(x_0) < 0$.

D Se f è due volte derivabile e $f''(x_0) < 0$, allora x_0 è un punto di massimo relativo.

(Università di Trento)

371 Sia $f(x)$ una funzione derivabile quante volte si vuole. Quali condizioni devono essere verificate affinché la funzione $f'(x)$ abbia un minimo relativo in $x = x_0$?

A $f'(x_0) = 0$ e $f''(x_0) > 0$.
B $f''(x_0) = 0$ e $f'''(x_0) > 0$.
C $f''(x_0) = 0$ e $f'''(x_0) \leq 0$.
D $f''(x_0) > 0$ e $f'''(x_0) \neq 0$.
E $f'(x_0) \neq 0$ e $f''(x_0) = 0$.

Trova i punti di massimo, di minimo e di flesso delle seguenti funzioni con il metodo delle derivate successive.

372 $y = (x-3)^4$ $[x = 3 \text{ min}]$

373 $y = \frac{x^4}{4} - \frac{4}{3}x^3 + 2x^2 + 1$ $\left[x = 0 \text{ min}; x = \frac{2}{3} \text{ fl. ob. disc.}; x = 2 \text{ fl. orizz. asc.}\right]$

374 $y = -2x^4 + 4x^3 - 3x^2 + x$ $\left[x = \frac{1}{2} \text{ max}\right]$

375 $y = x^4 - \frac{20}{3}x^3 + 14x^2 - 12x$ $\left[x = 3 \text{ min}; x = 1 \text{ fl. orizz. disc.}; x = \frac{7}{3} \text{ fl. ob. asc.}\right]$

ESERCIZI

376 $y = x^4 - \frac{1}{3}x^3 + 2$ $\left[x = \frac{1}{4}\text{ min; } x = 0 \text{ fl. orizz. disc.; } x = \frac{1}{6}\text{ fl. ob. asc.}\right]$

377 $y = \frac{x-3}{(x+1)^3}$ [$x = 5$ max; $x = 7$ fl. ob. asc.]

378 $y = \frac{2x^3}{x^2 - 4}$ [$x = -2\sqrt{3}$ max; $x = 2\sqrt{3}$ min; $x = 0$ fl. orizz. disc.]

379 $y = 2\ln x + \frac{1}{x}$ $\left[x = \frac{1}{2}\text{ min; } x = 1 \text{ fl. ob. disc.}\right]$

380 $y = \frac{\sin x}{1 - \cos x}$, in $[0; 2\pi]$. [$x = \pi$ fl. ob. disc.]

381 $y = e^{2x} - 2e^x$ $\left[x = 0 \text{ min; } x = \ln\frac{1}{2}\text{ fl. ob. asc.}\right]$

382 $y = 2x^2 \ln x$ $\left[x = \frac{1}{\sqrt{e}}\text{ min; } x = \frac{1}{\sqrt[3]{e^2}}\text{ fl. obl. asc.}\right]$

383 $y = 3x^7 - 7x^6 + 1$ $\left[x = 0 \text{ max; } x = 2 \text{ min; } x = \frac{5}{3}\text{ fl. obl. asc.}\right]$

384 $y = x - \arcsin 2x$ [$x = 0$ fl. ob. disc.]

385 $y = 2x\sqrt{x+1}$ $\left[x = -1 \text{ max; } x = -\frac{2}{3}\text{ min}\right]$

386 $y = 2x^4 + 3x^3 + 4$ $\left[x = -\frac{9}{8}\text{ min; } x = -\frac{3}{4}\text{ fl. obl. disc.; } x = 0 \text{ fl. orizz. asc.}\right]$

387 $y = \frac{x^3}{x^2 + x - 1}$ [$x = 1$ min; $x = -3$ max; $x = 0$ fl. orizz. asc.]

388 $y = \frac{x^2 - 4x + 5}{(x-1)^2}$ [$x = 3$ min; $x = 4$ fl. obl. disc.]

389 $y = 2x - \arcsin x$ $\left[x = -1 \text{ max; } x = -\frac{\sqrt{3}}{2}\text{ min; } x = \frac{\sqrt{3}}{2}\text{ max; } x = 1 \text{ min; } x = 0 \text{ fl. obl. asc.}\right]$

390 $y = 2x^4 - 12x^2$ [$x = -\sqrt{3}$ min; $x = 0$ max; $x = \sqrt{3}$ min; $x = -1$ fl. obl. disc.; $x = 1$ fl. obl.asc.]

391 $y = x + \arctan(x-1)$ [$x = 1$ fl. obl. disc.]

392 $y = e^{\frac{x-1}{x+2}}$ $\left[x = -\frac{1}{2}\text{ fl. obl. disc.}\right]$

393 $y = x\ln(x-1) - 2$ [$x = 2$ fl. obl. asc.]

394 $y = \frac{x+2}{\sqrt{x+1}}$ [$x = 0$ min; $x = 2$ fl. obl. disc.]

395 $y = \sqrt[3]{4-x}$ [$x = 4$ fl. obl. disc.]

396 $y = \frac{x^2 - 4x + 5}{1 - |x-1|}$ [$x = -\sqrt{5}$ max; $x = 1$ min; $x = 3$ max]

397 $y = x\sqrt{1-x^2}$ $\left[x = \frac{\sqrt{2}}{2}\text{ max; } x = -\frac{\sqrt{2}}{2}\text{ min; } x = 0 \text{ fl. ob. disc.}\right]$

398 YOU & MATHS Verify that the following function has stationary points at $x = -1, 0, 1$:

$$f(x) = 5x^6 + 12x^5 - 20x^3 - 15x^2 + 1.$$

Classify each of these three stationary points as a maximum, a minimum or a point of inflection.
Are there any other stationary points? If so, find them but do not attempt to classify them.

(UK *University of Essex*, First Year Examination)

[min $(-1, -1)$; max $(0, 1)$; min $(1, -17)$]

5 Problemi di ottimizzazione

▶ Teoria a p. 1722

Problemi sui numeri

399 Trova x e y in modo che sia minima la somma dei loro quadrati, sapendo che $x + y = 20$. [10; 10]

400 Verifica che, se due numeri hanno somma costante a, il loro prodotto è massimo quando sono uguali.

401 La somma di due numeri positivi x e y è 40. Trova quali numeri rendono il prodotto x^2y^3 massimo. [16; 24]

402 Trova x e y in modo che sia minima la somma dei loro quadrati, sapendo che $xy = 36$. $[6, 6 \text{ o } -6, -6]$

403 Verifica che, se due numeri hanno prodotto positivo e costante, la somma dei loro cubi è minima quando i due numeri sono uguali.

404 Trova per quale numero reale è minima la differenza tra il suo cubo e il numero stesso. $\left[\frac{\sqrt{3}}{3}\right]$

Problemi di geometria analitica

405 ESERCIZIO GUIDA È data la parabola di equazione $y = -x^2 + 4$. Determiniamo su di essa un punto P interno al primo quadrante in modo che sia massima la somma delle distanze di P dagli assi cartesiani.

Rappresentiamo graficamente la parabola assegnata.

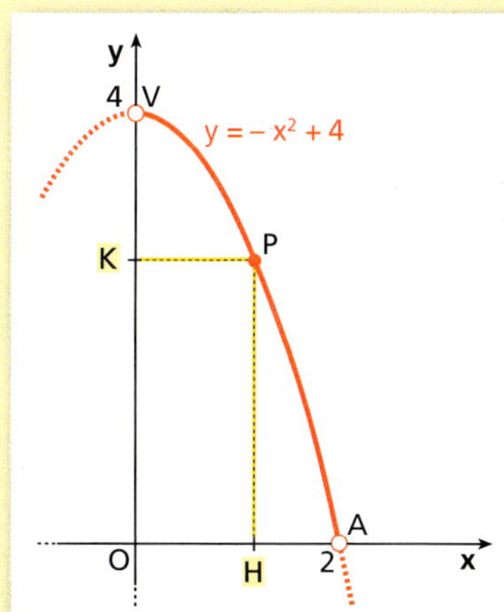

Scegliamo la variabile

Il punto P ha generiche coordinate $(x; y)$ con $y = -x^2 + 4$, quindi scegliendo come variabile l'ascissa di P abbiamo:

$$P(x; -x^2 + 4).$$

Condizioni sulla variabile

La posizione del punto P può variare da $V(0; 4)$ ad $A(2; 0)$. Poiché P deve essere *interno* al primo quadrante, sono esclusi i casi limite di $P \equiv V$ e $P \equiv A$. Pertanto: $0 < x < 2$.

Determiniamo la funzione obiettivo

Se indichiamo con $\overline{PH}$ e $\overline{PK}$ le distanze di P dall'asse x e dall'asse y, la funzione è

$$y = \overline{PH} + \overline{PK} \quad \to \quad y = -x^2 + 4 + x = -x^2 + x + 4.$$

Calcoliamo il massimo

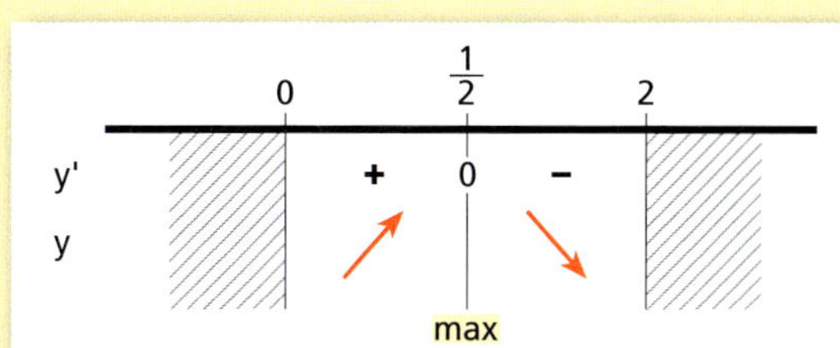

Calcoliamo la derivata prima:

$$y' = -2x + 1,$$

$$y' = 0: -2x + 1 = 0 \quad \to \quad x = \frac{1}{2}.$$

Quindi $x = \frac{1}{2}$ è un punto stazionario.

Studiamo il segno di y':

$$-2x + 1 > 0 \quad \to \quad 2x - 1 < 0 \quad \to \quad x < \frac{1}{2}.$$

Il valore massimo di y si ha per $x = \frac{1}{2}$.

In corrispondenza di questo valore otteniamo $y = -\left(\frac{1}{2}\right)^2 + 4 = \frac{15}{4}$, quindi il punto cercato è $P\left(\frac{1}{2}; \frac{15}{4}\right)$.

406 Determina il punto della retta $y = 4x - 1$ per il quale è minima la distanza dal punto $A(0; 3)$. $\left[P\left(\frac{16}{17}; \frac{47}{17}\right)\right]$

407 Stabilisci qual è il punto P del quarto quadrante, appartenente alla parabola di equazione $y = x^2 - 4$, che ha distanza minima dal punto $Q(0; -2)$. $\left[P\left(\sqrt{\frac{3}{2}}; -\frac{5}{2}\right)\right]$

408 Determina sul segmento AB un punto P in modo che la somma dei quadrati delle sue distanze dagli assi cartesiani sia minima. $\left[P\left(\frac{4}{5}; \frac{8}{5}\right)\right]$

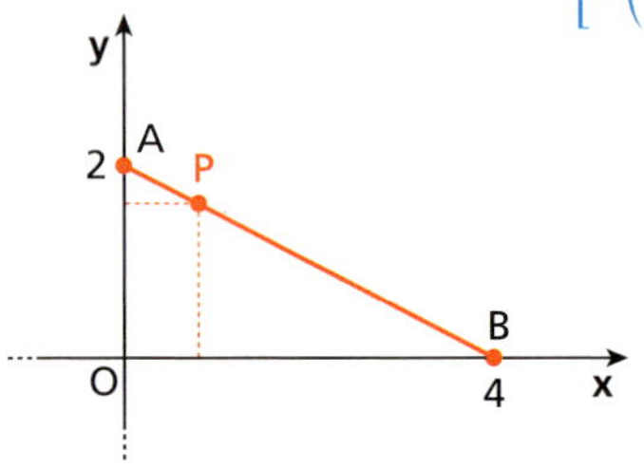

409 Determina le coordinate del punto P del primo quadrante appartenente alla curva rappresentata in figura in modo che l'area del rettangolo colorato sia massima. $[P(1; 1)]$

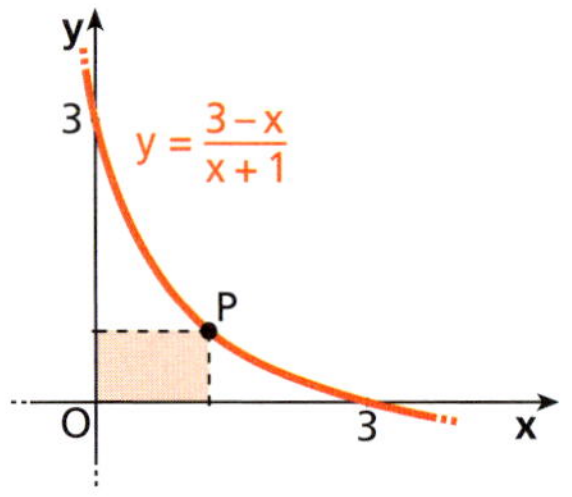

410 Individua il punto della retta $2x + y - 5 = 0$ per il quale è minima la distanza dall'origine degli assi cartesiani. $[P(2; 1)]$

411 Data la parabola di equazione $y = -x^2 + 1$, determina su di essa un punto P di ordinata positiva in modo che sia minima la somma dei quadrati delle distanze di P dai punti di intersezione della parabola con l'asse x. $\left[x = \pm\frac{\sqrt{2}}{2}\right]$

412 Data la parabola di equazione $y = -x^2 + 4x$, inscrivi un rettangolo di area massima nella parte di piano delimitata dalla parabola e dall'asse x.
[indicando con $y = k$ una parallela all'asse x, si ha il massimo per $k = \frac{8}{3}$]

413 Data la parabola di equazione $y = -x^2 + 5$, indica con A e B i punti in cui interseca la retta di equazione $y = k$. Determina k in modo che sia massima l'area della superficie del triangolo OAB, in cui O è l'origine degli assi. $\left[k = \frac{10}{3}\right]$

414 È data la circonferenza di equazione $x^2 + y^2 = 1$. Determina su di essa un punto P in modo che sia massima la somma dei quadrati delle sue distanze dai punti $A(2; 0)$ e $B(0; 2)$.
[se x è l'ascissa di P, $x = -\frac{\sqrt{2}}{2}$]

415 Data la parabola di equazione $y = 4 - x^2$, individua sull'arco $\widehat{VA}$ (dove V è il vertice della parabola e A l'intersezione della parabola con il semiasse positivo delle x) il punto P per il quale è minima la distanza dal punto $B(0; 3)$. $\left[P\left(\frac{\sqrt{2}}{2}; \frac{7}{2}\right)\right]$

416 Determina un punto P sulla retta di equazione $x = 4$ in modo che la somma $\overline{PH}^2 + \overline{PK}^2$ sia minima, essendo $\overline{PH}$ e $\overline{PK}$ le distanze di P dalle rette di equazione $y = 2$ e $y = x - 3$. $\left[\left(4; \frac{5}{3}\right)\right]$

417 Fra tutti i rettangoli inscritti nella circonferenza di equazione $x^2 + y^2 = 4$, determina quello di area massima. [il quadrato di lato $2\sqrt{2}$]

418 Inscrivi un rettangolo nella parte di piano compresa tra la parabola di equazione $y = -x^2 + 2$ e l'asse x in modo che sia massimo il volume del cilindro che si ottiene con una rotazione completa intorno all'asse y. [se $y = k$ è la retta parallela all'asse x, si ha il massimo per $k = 1$]

419 Date la circonferenza di equazione $x^2 + y^2 = 4$ e la retta r di equazione $y = mx$, siano P il loro punto di intersezione nel primo quadrante e A la proiezione di P sull'asse x. Trova per quale valore di m il triangolo OPA ha area massima. [1]

420 Considera una generica retta passante per il punto $(1; 4)$ e di coefficiente angolare m negativo. Siano P e Q i punti di intersezione rispettivamente con gli assi x e y. Determina l'equazione della retta per cui è minima la somma $\overline{OP} + \overline{OQ}$. $[y = -2x + 6]$

421 Individua il punto della parabola di equazione $y = -x^2$ per il quale è minima la distanza dalla retta $y = x + 3$. $\left[P\left(-\frac{1}{2}; -\frac{1}{4}\right)\right]$

422 Detti A e B i punti di intersezione della retta di equazione $x = k$ con, rispettivamente, l'iperbole di equazione $y = \frac{6}{x}$ e la retta di equazione $y = 7 - x$, qual è il valore di k, compreso tra 1 e 6, per cui è massima la lunghezza del segmento AB? $[k = \sqrt{6}]$

423 Siano C e D i punti di intersezione, con ascissa compresa tra 0 e 2, della retta di equazione $y = k^2$, con $0 < k < 1$, con le parabole rispettivamente di equazioni:

$$y = x^2 - 4x + 4 \quad \text{e} \quad y = x^2.$$

Siano poi A e B le proiezioni di D e C sull'asse x. Per quale valore di k il rettangolo $ABCD$ ha area massima? $\left[k = \frac{2}{3}\right]$

424 **YOU & MATHS** Compute the x-coordinate of the point on the curve $y = \sqrt{x}$ that is closest to the point (2, 1). $\left[\frac{2+\sqrt{3}}{2}\right]$

425 Data la parabola

$$y = -x^2 + 8x - 7,$$

inscrivi nella parte di piano limitata dalla parabola e dall'asse x un trapezio isoscele con la base maggiore sull'asse x e di area massima.

[se $y = k$ è la retta della base minore, $k = 8$]

426 La parabola di equazione $y = -2x^2 + x + 1$ interseca l'asse y nel punto C e l'asse x nei punti A e B (A è il punto di ascissa negativa). Considera un punto P variabile sull'arco $\overset{\frown}{CB}$ della parabola e trova l'ascissa di P per la quale è massima l'area del quadrilatero $OCPB$. $\left[x = \frac{1}{2}\right]$

427 Determina le coordinate di un punto P, appartenente alla parabola di equazione $y = -x^2 + 4x$, tale che la sua distanza dalla retta $y = -x + 8$ sia minima. Calcola la misura di tale distanza.

$\left[P\left(\frac{5}{2}; \frac{15}{4}\right); d = \frac{7\sqrt{2}}{8}\right]$

428 Scrivi l'equazione della parabola che passa per l'origine O e per i punti $A(2; 0)$ e $B(-1; 3)$. La retta di equazione $y = mx$ interseca l'arco di parabola $\overset{\frown}{OA}$, oltre che in O, in un punto P. Trova P in modo che l'area del triangolo OPA sia massima. $[P(1; -1)]$

429 **LEGGI IL GRAFICO** Determina le equazioni delle parabole rappresentate in figura e trova il triangolo ABC di area massima, inscritto nella regione da esse delimitata, che ha il lato BC parallelo all'asse y. $\left[C\left(\frac{2}{3}; -\frac{8}{9}\right)\right]$

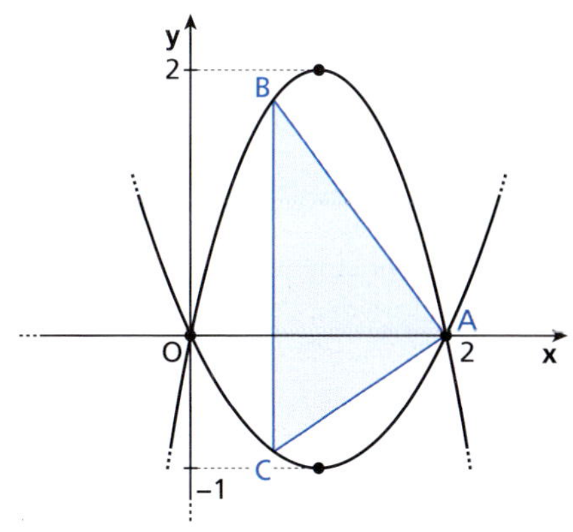

430 Trova per quale valore di a il vertice della parabola di equazione $y = ax^2 - 2x + 4$ ha la minima distanza dall'origine. $\left[a = \frac{1}{2}\right]$

431 Date la parabola di equazione $y = x^2$ e l'iperbole equilatera di equazione $y = -\frac{4}{x}$, considera sulle due curve due punti P e Q con la stessa ascissa $a > 0$. Calcola la distanza $\overline{PQ}$ e trova per quale valore di a essa è minima. $[a = \sqrt[3]{2}]$

432 Date la parabola di equazione $y = -x^2 - 4x$ e la circonferenza di equazione $x^2 + y^2 - 8x + 15 = 0$, conduci una retta parallela all'asse x in modo che la somma dei quadrati delle corde intercettate sulla retta dalle due curve sia massima. $\left[y = -\frac{1}{2}\right]$

433 **LEGGI IL GRAFICO** Trova la posizione del punto P della parabola in figura in modo che l'area del trapezio $RHPV$ sia massima. $\left[x_P = \frac{9+5\sqrt{6}}{6}\right]$

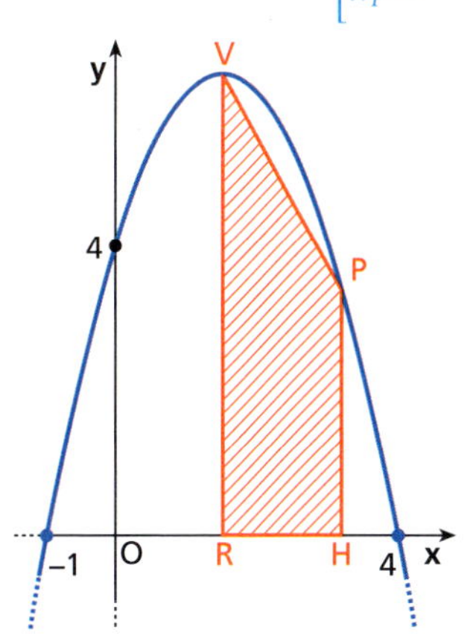

ESERCIZI

434 Trova la distanza minima tra il punto $\left(0; \frac{5}{2}\right)$ e il grafico di $y = \frac{x^4}{8}$.

(USA *Harvard-MIT Mathematics Tournament*)

$\left[\frac{\sqrt{17}}{2}\right]$

435 LEGGI IL GRAFICO Nella figura è rappresentato il grafico della funzione $y = \frac{1}{ax^2 + bx + c}$, simmetrica rispetto all'asse y. Trova a, b, c. La retta $x = k$ parallela all'asse y e la sua simmetrica $x = -k$ determinano un rettangolo $PP'Q'Q$. Trova per quale valore di k l'area di $PP'Q'Q$ è massima.

$[a = 1, b = 0, c = 1; k = 1]$

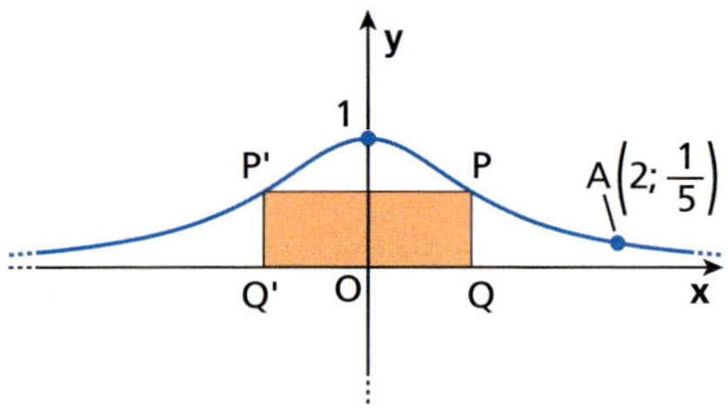

436 LEGGI IL GRAFICO Scrivi l'equazione della parabola di vertice V rappresentata nella figura e trova la posizione di A e B in modo che il triangolo OBA abbia area massima.

$\left[y_A = y_B = \frac{8}{3}\right]$

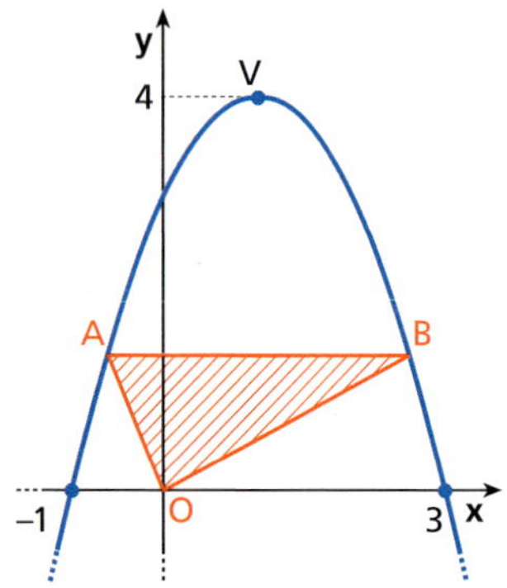

437 Determina il parametro k in modo che sia massima la distanza fra i vertici delle parabole di equazioni:

$y = -2x^2 + kx + 4$ e $y = 2x^2 + (4 - k)x + 2k$.

$[k = 6]$

438 Data l'iperbole di equazione $xy = k$, $0 < k < 1$, sia A un suo punto di ascissa k e siano B e C i suoi vertici. Determina il valore di k che rende massima l'area del triangolo BAC.

$\left[k = \frac{1}{3}\right]$

439 Tra le parabole di fuoco $F(0; 0)$ e asse parallelo all'asse delle ordinate, determina quella per cui sia minima la distanza tra il fuoco e il suo punto di ascissa 1.

$\left[y = \frac{1}{2}x^2 - \frac{1}{2}; y = -\frac{1}{2}x^2 + \frac{1}{2}\right]$

440 Tra le parabole di equazione $y = -x^2 + 2x + c$, determina la parabola avente il vertice sulla retta $y = 2x + 2$. Siano poi A il suo punto di ascissa nulla e B la sua intersezione con il semiasse positivo delle ascisse. Determina un punto P dell'arco $\overset{\frown}{AB}$ tale che la differenza tra le distanze di P dagli assi sia massima.

$\left[P\left(\frac{1}{2}; \frac{15}{4}\right)\right]$

441 Scrivi l'equazione della circonferenza che è tangente all'asse y in $A(0; 4)$ e che ha il centro sulla retta $y = 3x - 2$. Considerando poi una retta passante per l'origine che intersechi la circonferenza nei punti P e Q, determina il suo coefficiente angolare in modo che l'area del triangolo APQ sia massima.

$\left[x^2 + y^2 - 4x - 8y + 16 = 0; \frac{3 + \sqrt{21}}{6}\right]$

442 Inscrivi un rettangolo nella parte di piano compresa tra la parabola $y = -x^2 + 2$ e l'asse x in modo che sia massimo il volume del cilindro che si ottiene con una rotazione completa intorno all'asse y.

[se $y = k$ è la retta parallela all'asse x, $k = 1$]

443 Nella parte di piano delimitata dalla parabola di equazione $y = -x^2 + 12x - 20$ e dall'asse x inscrivi il rettangolo di perimetro massimo.

$[A(5; 0), B(7; 0), C(7; 15), D(5; 15)]$

444 Trova un punto P sulla retta di equazione $y = -2$ in modo che la somma dei quadrati delle distanze dalle rette $x = 5$ e $2x - y - 1 = 0$ sia minima.

$\left[P\left(\frac{23}{9}; -2\right)\right]$

445 Sul ramo dell'iperbole di equazione $y = \frac{2x + 3}{8x - 4}$ posto nel semipiano $x > \frac{1}{2}$ determina il punto per cui è minima la somma dell'ascissa con l'ordinata.

$\left[\left(\frac{1 + \sqrt{2}}{2}; \frac{1 + 2\sqrt{2}}{4}\right)\right]$

446 YOU & MATHS What is the minimum vertical distance between the graphs of $2 + \sin(x)$ and $\cos(x)$?

(USA *Harvard-MIT Mathematics Tournament*)

$[2 - \sqrt{2}]$

447 Sono date l'ellisse di equazione $x^2 + 9y^2 = 9$ e la retta $y = t$ che interseca l'ellisse nei punti D ed E. Determina t in modo che sia minima l'area del triangolo isoscele formato dalle tangenti dell'ellisse in D e in E e dall'asse x.

$\left[t = \pm\frac{\sqrt{2}}{2}\right]$

448 ●● Sia data l'iperbole di equazione

$$y = \frac{(c^2+3)x+b}{(c^2+3)x+c}$$

che interseca l'asse y nel punto $A(0; 4)$. Considera il punto B dell'iperbole simmetrico di A rispetto al centro dell'iperbole. Determina il parametro $c \in \mathbb{R}^+$ in modo che l'area del triangolo AOB sia massima. $[c = \sqrt{3}]$

449 ●● Dopo aver scritto l'equazione della parabola che ha per asse di simmetria la retta $x = 1$ ed è tangente nell'origine all'iperbole di equazione $y = \frac{2x}{1-x}$, trova le coordinate del punto A che le due curve hanno in comune oltre all'origine O. Determina poi un punto P sull'arco di parabola $\overset{\frown}{OA}$ tale che l'area del triangolo OPA sia massima. $\left[x_P = \frac{3}{2}\right]$

450 ●●
a. Determina le coordinate del punto di minimo P della funzione $f(x) = x^3 - 3ax^2 + 6a^2$ al variare di $a > 0$ e trova per quale valore di a il punto P ha la massima ordinata.
b. Rappresenta il grafico di $f(x)$ per il valore di a trovato.
$[\text{a) } P(2a; -4a^3 + 6a^2),\ a = 1]$

451 ●● Scrivi l'equazione dell'ellisse che ha vertice $V(-4; 0)$ e asse minore di lunghezza 2. Trova poi il coefficiente angolare della retta, passante per V, che intersechi l'ellisse nel punto A di ordinata $y \geq 0$ e formi il triangolo VAH di area massima, essendo H la proiezione di A sull'asse x. $\left[\frac{\sqrt{3}}{6}\right]$

452 ●● Data l'equazione $y = ax^4 + bx^2 + c$:
a. determina il valore dei coefficienti a, b, c in modo che la curva α da essa rappresentata abbia un flesso nel punto $F(1; 1)$ con tangente parallela alla retta di equazione $y + 8x = 0$;
b. scrivi l'equazione della parabola, con asse parallelo all'asse y, di vertice $(0; 2)$ e tangente alla curva α;
c. nel segmento parabolico individuato dalla parabola e dall'asse x inscrivi il rettangolo di area massima.
$\left[\text{a) } a = 1, b = -6, c = 6;\ \text{b) } y = -2x^2 + 2;\ \text{c) rettangolo con un lato su } y = \frac{4}{3}\right]$

453 ●● Dopo aver determinato le coordinate dei punti base A e B del fascio di parabole di equazione

$$y(a+1) + 2ax^2 - x(11a+1) = 0,$$

scrivi l'equazione della parabola p del fascio che ha per asse la retta $x = 2$. Nel segmento parabolico delimitato da p e dalla retta AB inscrivi poi il triangolo ABQ di area massima.
$\left[A(0; 0), B(5; 5);\ p: y = x^2 - 4x;\ Q\left(\frac{5}{2}; -\frac{15}{4}\right)\right]$

454 ●● LEGGI IL GRAFICO Scrivi l'equazione della parabola γ in figura, tangente in P alla retta r di equazione $3x - 2y - 14 = 0$.
Considera poi il punto Q di ordinata 8 appartenente all'asse di γ e trova i punti P_1 e P_2 di γ che hanno distanza minima da Q.

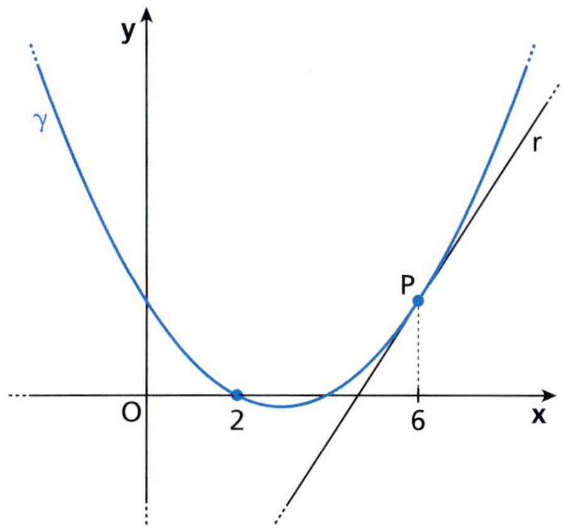

$\left[y = \frac{1}{4}x^2 - \frac{3}{2}x + 2;\ P_1(8; 6);\ P_2(-2; 6)\right]$

455 ●● Sia $y = x + a + \frac{b}{x} + \frac{c}{x^2}$.
a. Trova a, b, c in modo che il grafico abbia un punto di estremo relativo A in $x = 4$ e un flesso in $B(-2; -4)$.
b. Il punto A è di massimo o di minimo? Quale tipo di flesso c'è in B? Motiva le risposte.
c. Considera il triangolo isoscele ABB' di base BB' parallela all'asse x e inscrivi in esso il rettangolo di area massima.
$\left[\text{a) } a = 2, b = 12, c = 8;\ \text{b) } A \text{ min; } B \text{ fl. orizz.;}\ \text{c) rettangolo con un lato su } y = \frac{11}{4}\right]$

456 ●● Considera l'iperbole di equazione $y = \frac{x}{x-2}$, che ha centro di simmetria in C. Trova il coefficiente angolare della retta passante per l'origine, che, intersecando l'iperbole nel punto P, rende minima la distanza $\overline{PC}$. $\left[\pm\frac{\sqrt{2}}{2}\right]$

457 Per quali valori di k l'equazione

$$(k+1)x^2 + 2ky^2 = k-3$$

rappresenta un'ellisse? Dopo aver trovato l'equazione dell'ellisse che ha un fuoco nel punto $\left(\sqrt{\frac{15}{2}}; 0\right)$, inscrivi in essa il rettangolo di perimetro massimo.

$\left[k < -1 \vee k > 3; \frac{x^2}{9} + \frac{2}{3}y^2 = 1;\right.$ altezza del rettangolo $\left. = 2\sqrt{\frac{3}{14}}\right]$

458 Rappresenta nello stesso piano cartesiano le parabole γ_1 e γ_2 aventi rispettivamente equazioni $y = 4x^2 + 1$ e $y = \frac{1}{3}x^2 - x$, e verifica che non hanno punti comuni.
Sia P un punto di γ_1 e R il punto di γ_2 in cui la tangente a γ_2 è parallela alla retta tangente a γ_1 in P. Determina P in modo che sia minima la differenza, in valore assoluto, tra le ordinate di P e R.

$\left[x_P = \pm\frac{\sqrt{77}}{44}\right]$

459 Determina i punti A e B di intersezione della retta di equazione $2x + 2y + 5 = 0$ con la curva γ di equazione $xy = 1$. Considera un punto P di γ appartenente al primo quadrante e trova per quale posizione di P l'area del triangolo ABP è minima.

$\left[A\left(-2; -\frac{1}{2}\right), B\left(-\frac{1}{2}; -2\right); P(1; 1)\right]$

460 Data l'ellisse di equazione $9x^2 + 16y^2 = 144$, traccia una corda PQ parallela all'asse delle ascisse in modo che risulti massima l'area del trapezio avente come basi la corda stessa e l'asse maggiore. Generalizza il problema per un'ellisse qualsiasi $\frac{x^2}{a^2} + \frac{y^2}{b^2} = 1$.

$\left[y = \pm\frac{3\sqrt{3}}{2}; y = \pm\frac{\sqrt{3}}{2}b\right]$

461 Considera le parabole di equazioni $y = 9x^2 - 8x$ e $y = -9x^2 + 10x$ e indica con P il loro punto comune diverso dall'origine. Nella regione finita delimitata dalle due parabole traccia la retta $x = a$ che interseca le parabole in Q e R. Trova per quale valore di a l'area del triangolo PQR è massima.

$\left[a = \frac{1}{3}\right]$

462 Scrivi l'equazione della parabola, con asse parallelo all'asse y, tangente all'asse x in $B(4; 0)$ e passante per $A(0; 16)$. Determina sull'arco $\widehat{AB}$ di parabola un punto P in modo che la tangente alla parabola formi con gli assi cartesiani un triangolo di area massima.

$\left[y = x^2 - 8x + 16; \left(\frac{4}{3}; \frac{64}{9}\right)\right]$

463 Considera la retta r di equazione $y = -x + 3$ e il punto $A(0; 1)$. Per un punto B di r interno al primo quadrante traccia la perpendicolare alla retta AB che interseca l'asse x nel punto P.
Determina il punto B per cui è minima l'area del triangolo AOP. $[B(\sqrt{3}; 3 - \sqrt{3})]$

464 Determina il punto P in cui la parabola di equazione $y = x^2 + 1$ ha distanza minima dal punto $A(5; 0)$.
Trova le equazioni della retta r passante per A e P e della tangente t in P alla parabola e spiega il significato geometrico della reciproca posizione.

$[P(1; 2); r: x + 2y - 5 = 0, t: y = 2x; r \perp t]$

465 Date le parabole di equazioni

$$y^2 = 4x \quad \text{e} \quad x = -\frac{1}{16}y^2 + 4,$$

nella zona finita di piano delimitata dalle due parabole inscrivi un rettangolo con i lati paralleli agli assi. Calcola l'altezza del rettangolo in modo che abbia volume massimo il cilindro ottenuto dalla rotazione completa del rettangolo intorno all'asse x.

$\left[8\sqrt{\frac{2}{5}}\right]$

Problemi di geometria piana

Un segmento come incognita

466 ESERCIZIO GUIDA Fra tutti i rettangoli inscritti in una circonferenza di raggio r, determiniamo quello di perimetro massimo.

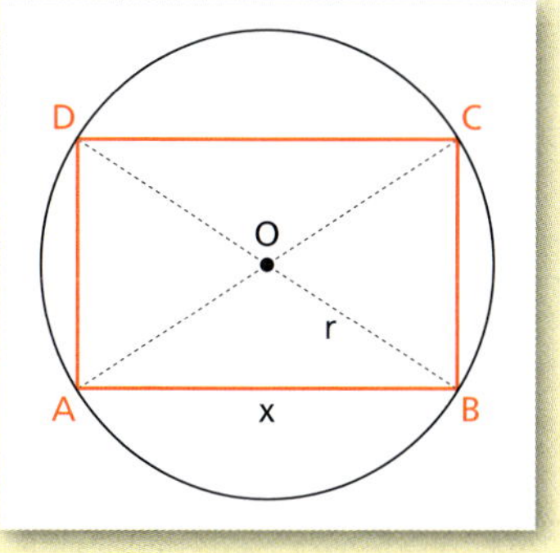

Scegliamo la variabile
Consideriamo un rettangolo qualsiasi $ABCD$ inscritto nella circonferenza; poniamo $\overline{AB} = x$.

Condizioni sulla variabile
Dalla figura deduciamo che deve essere $0 < x < 2r$.

Se $x = 0$ $\rightarrow$ $A \equiv B$ e $C \equiv D$; il rettangolo degenera nel diametro AC.

Se $x = 2r$ $\rightarrow$ $A \equiv D$ e $B \equiv C$; il rettangolo degenera nel diametro AB.

In conclusione: $0 \leq x \leq 2r$.

Determiniamo la funzione obiettivo
Calcoliamo $\overline{AD}$ con il teorema di Pitagora applicato al triangolo rettangolo DAB:

$$\overline{AD} = \sqrt{\overline{DB}^2 - \overline{AB}^2} = \sqrt{4r^2 - x^2}.$$

La funzione che esprime il perimetro del rettangolo è:

$$y = 2\overline{AB} + 2\overline{AD} = 2x + 2\sqrt{4r^2 - x^2} \quad \rightarrow \quad y = 2(x + \sqrt{4r^2 - x^2}), \quad \text{con } 0 \leq x \leq 2r.$$

Calcoliamo il massimo
Calcoliamo la derivata prima:

$$y' = 2\left(1 + \frac{-2x}{2 \cdot \sqrt{4r^2 - x^2}}\right) = 2\frac{\sqrt{4r^2 - x^2} - x}{\sqrt{4r^2 - x^2}}.$$

Studiamo il segno di y':

$$y' > 0 \quad \text{se} \quad 2\frac{\sqrt{4r^2 - x^2} - x}{\sqrt{4r^2 - x^2}} > 0.$$

Osserviamo che il denominatore è sempre positivo, quindi basta risolvere la disequazione irrazionale:

$$\sqrt{4r^2 - x^2} - x > 0 \quad \rightarrow \quad \sqrt{4r^2 - x^2} > x.$$

Eleviamo al quadrato entrambi i membri (senza porre altre condizioni, in quanto sono entrambi positivi):

$$4r^2 - x^2 > x^2 \quad \rightarrow \quad 2x^2 - 4r^2 < 0 \quad \rightarrow$$

$$-\sqrt{2}\,r < x < \sqrt{2}\,r.$$

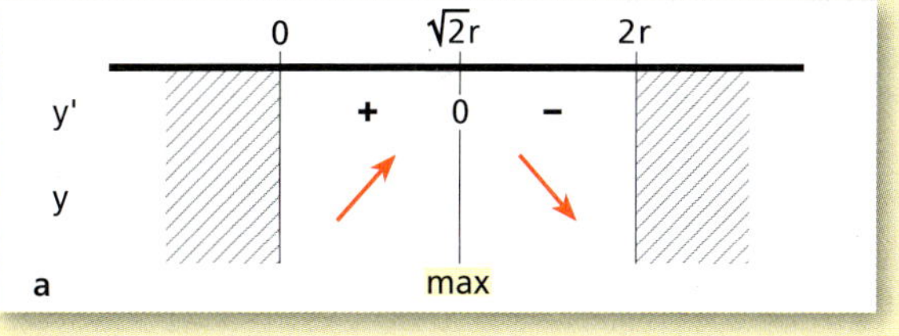

a

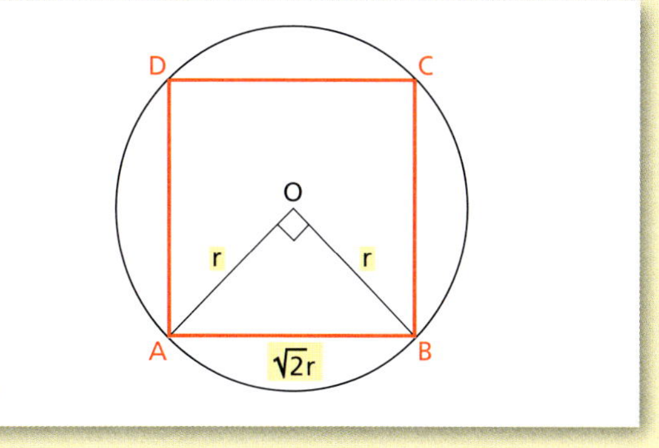

b

Dal quadro dei segni (figura **a**), che tiene conto delle limitazioni $0 \leq x \leq 2r$, deduciamo che il perimetro massimo si ha per $x = \sqrt{2}\,r$.
Notiamo che per il valore trovato il rettangolo inscritto nel cerchio diventa un quadrato (figura **b**).

467 ●○ Fra tutti i rettangoli di area a^2, determina quello la cui diagonale è minima. [il quadrato di lato a]

468 ●○ Fra tutti i rettangoli di diagonale d, trova quello di area massima. $\left[\text{il quadrato di lato } \frac{\sqrt{2}}{2}d\right]$

469 ●○ Verifica che fra tutti i rettangoli di perimetro a, quello di area massima è il quadrato.

470 ●○ Fra tutti i triangoli rettangoli la cui somma dei cateti misura b, determina quello di ipotenusa minima. $\left[\text{il triangolo isoscele con i cateti che misurano } \frac{b}{2}\right]$

ESERCIZI

471 Nel quadrato $ABCD$ di lato a, determina sul lato AB un punto P in modo che la somma dei quadrati delle sue distanze da C e dal punto medio M di AD sia minima. $\left[\overline{AP} = \frac{a}{2}\right]$

472 Fra tutti i triangoli rettangoli nei quali la somma di un cateto e dell'ipotenusa misura $2b$, determina quello di area massima. $\left[\text{il triangolo nel quale un cateto misura } \frac{2}{3}b\right]$

473 Fra tutti i triangoli isosceli inscritti in un cerchio di raggio r, trova quello di area massima. $\left[\text{il triangolo equilatero con altezza che misura } \frac{3}{2}r\right]$

474 Nell'insieme dei triangoli isosceli inscritti in una circonferenza di raggio r, determina quello in cui la somma dell'altezza AH e della base BC è massima. $\left[\text{il triangolo in cui } \overline{AH} = r\cdot\left(1+\frac{\sqrt{5}}{5}\right)\right]$

475 Il settore circolare OAB di una circonferenza di centro O ha perimetro 12. Determina il raggio della circonferenza che rende massima l'area del settore.

(CAN *Canadian Open Mathematics Challenge*)

$[r = 3]$

476 Fra tutti i rombi circoscritti a un cerchio di raggio r, determina quello:

a. di perimetro minimo;

b. di area minima.

[a), b) il quadrato circoscritto]

477 Dati un triangolo equilatero ABC di lato $\overline{AB} = a$ e un punto P di AB, trova la posizione di P che rende massima l'area del trapezio $PBFE$. $\left[\overline{AP} = \frac{a}{3}\right]$

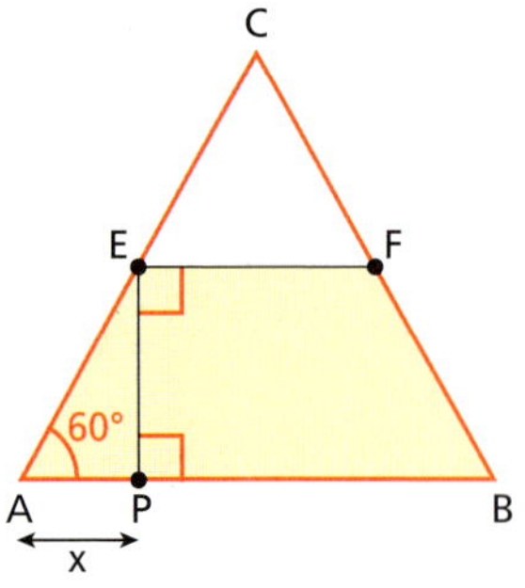

478 Data una circonferenza di centro O e raggio r, siano AB un suo diametro e t la retta tangente in B alla circonferenza. Determina un punto P di AB e un punto Q su t, con

$$\overline{PB} + \overline{QB} = 2r,$$

in modo che PQB abbia area massima. $[P \equiv O]$

479 Fra tutti i triangoli isosceli che hanno per base una corda di un cerchio di raggio r e il vertice nel centro del cerchio stesso, determina quello di area massima. $\left[\text{il triangolo la cui altezza misura } \frac{r}{2}\sqrt{2}\right]$

480 Nell'insieme dei trapezi isosceli inscritti in una semicirconferenza di raggio r, determina quello di perimetro massimo. [il semiesagono inscritto]

481 Data una circonferenza di raggio r, inscrivi in essa un triangolo rettangolo isoscele ABC di ipotenusa AB. Determina un punto P, sull'arco AB non contenente C, tale che l'area del quadrilatero convesso $ACBP$ sia massima. $[\overline{AP} = r\sqrt{2}]$

482 Sia $ABCD$ un trapezio isoscele di area s^2 e con gli angoli adiacenti alla base di 45°. Determina l'altezza del trapezio in modo che abbia perimetro minimo. $\left[\text{misura dell'altezza} = \frac{s}{\sqrt[4]{2}}\right]$

483 Sia $ABCD$ un quadrato di lato a. Determina un punto P sul segmento MN che congiunge i punti medi M e N rispettivamente dei segmenti AB e CB in modo che sia minima la somma $\overline{PH}^2 + \overline{PM}^2$. $\left[\overline{PM} = \frac{\sqrt{2}}{3}a\right]$

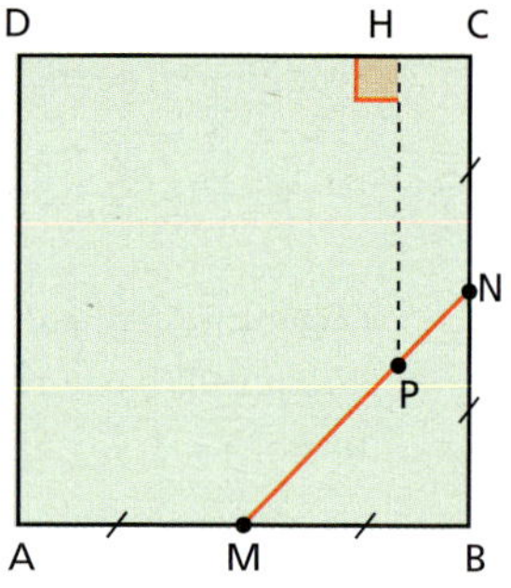

484 Tra tutti i rombi di perimetro a, determina quello di area massima. $\left[\text{il quadrato di diagonale } \frac{a}{2\sqrt{2}}\right]$

485 Sia dato un triangolo rettangolo ABC inscritto in una semicirconferenza di diametro a e sia detta AH l'altezza relativa all'ipotenusa. Sia poi M il punto medio di AH e sia Q l'intersezione tra la retta AC e la retta passante per M e parallela a BC. Determina il punto H tale che l'area del trapezio $MBCQ$ sia massima. $\left[\overline{CH} = \frac{\sqrt{33}-1}{8}a\right]$

486 Sia $ABCD$ un quadrato di lato 3 e M il punto di BC distante 1 da B. Per quale punto P del segmento AM è minima la quantità $\overline{PB}^2 + \overline{PD}^2$? Scegli come incognita $x = \overline{PP'}$, con P' proiezione di P su AB. $\left[\overline{PP'} = \frac{3}{5}\right]$

487 Nell'insieme dei triangoli rettangoli inscritti in una semicirconferenza di raggio r, determina quello per il quale è massima la somma tra la proiezione di un cateto sull'ipotenusa e l'altezza relativa all'ipotenusa.

$\left[\text{il triangolo in cui la proiezione misura } \left(1+\frac{1}{\sqrt{2}}\right)r\right]$

488 Nel triangolo qualsiasi ABC manda la parallela al lato AB che interseca i lati AC e BC rispettivamente nei punti G e F. Indicate con D ed E le proiezioni ortogonali di G e F sulla retta del lato AB, determina il rettangolo $DEFG$ di area massima.

[DG è metà dell'altezza del triangolo]

489 Sia $ABCD$ un rettangolo di base $\overline{AB} = 4$. La perpendicolare alla diagonale AC condotta da B interseca le rette AC e AD rispettivamente nei punti H ed E. Determina il valore di $\overline{BH}$ per cui è massima l'area del triangolo CEH. $[\overline{BH} = 2\sqrt{2}]$

490 Data una semicirconferenza di diametro $\overline{AB} = 2r$, traccia la tangente t in A e, preso sulla semicirconferenza un punto P, indica con C la sua proiezione su t. Trova P in modo che la somma $\overline{PB} + \overline{PC}$ sia massima. $[\overline{AP} = r\sqrt{3}]$

491 Considera un triangolo rettangolo isoscele e trova sull'ipotenusa un punto P in modo che la somma dei quadrati delle sue distanze dai punti medi dei cateti sia massima.

[P coincidente con uno degli estremi dell'ipotenusa]

Un angolo come incognita

492 Determina la misura degli angoli alla base di un trapezio isoscele, con base minore e lati obliqui che misurano 2, in modo che l'area sia massima. $\left[\frac{\pi}{3}\right]$

493 Considera il punto P sull'arco $\widehat{AB}$ in figura.

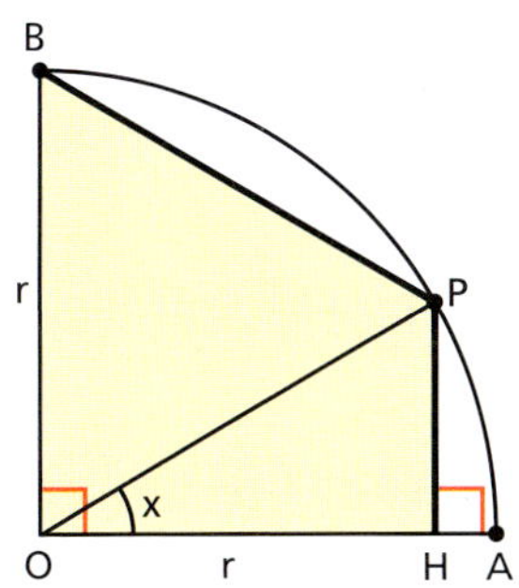

Determina la posizione di P che rende massima l'area del quadrilatero $OHPB$. $\left[x = \frac{\pi}{6}\right]$

494 Sulla semicirconferenza di diametro AB, con $\overline{AB} = 2r$, traccia la corda AC. Indica con P il suo punto medio e con K la proiezione ortogonale di P su AB. Determina l'angolo $B\widehat{A}C$ in modo che sia massimo il segmento PK. $\left[B\widehat{A}C = \frac{\pi}{4}\right]$

495 Sulla semicirconferenza di diametro AB, con $\overline{AB} = 2r$, conduci una corda AD e sia C il punto medio dell'arco BD. Determina l'angolo $B\widehat{A}C$ in modo che l'area del quadrilatero $ABCD$ risulti massima. $\left[B\widehat{A}C = \frac{\pi}{6}\right]$

496 Sulla semicirconferenza di diametro AB, con $\overline{AB} = 2r$, determina un punto P tale che, dette M e H le sue proiezioni ortogonali rispettivamente sulla retta tangente in A alla semicirconferenza e sul diametro AB, sia massima l'area del rettangolo $AHPM$. $\left[P\widehat{B}A = \frac{\pi}{3}\right]$

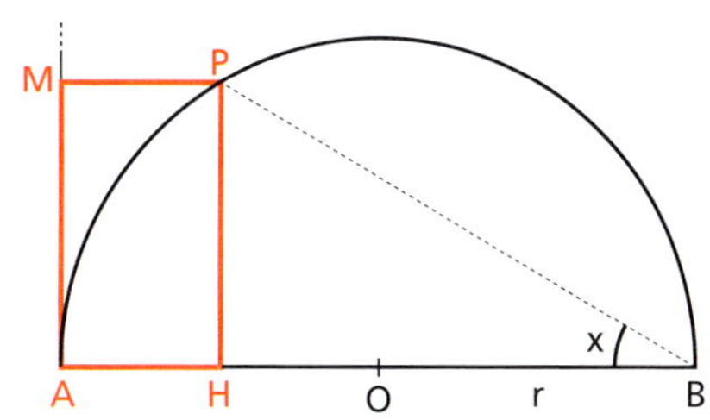

497 Data la semicirconferenza di diametro AB, con $\overline{AB} = 2r$, traccia la retta t tangente in B e da un punto P della semicirconferenza traccia la proiezione Q su t. Determina la posizione di P per cui la somma $\overline{PQ} + \overline{PA}$ è massima. $\left[P\widehat{A}B = x, x = \frac{\pi}{3}\right]$

498 Fra tutti i rombi circoscritti a un cerchio di raggio r, determina quello di perimetro minimo.

[il quadrato]

499 Sull'arco $\widehat{AB}$ di un settore circolare di raggio r, centro O e ampiezza $\frac{\pi}{3}$, prendi un punto P in modo che, indicate rispettivamente con H e K le proiezioni di P su OA e OB, risulti massima la somma dei segmenti PH e PK.

$\left[\text{posto } A\widehat{O}P = x, x = \frac{\pi}{6}\right]$

500 Sia ABC un triangolo rettangolo con l'ipotenusa BC lunga 10 m e l'angolo $A\widehat{B}C$ di ampiezza $\frac{\pi}{3}$. Traccia una semiretta uscente da B e appartenente all'angolo $A\widehat{B}C$ in modo che, dette H e K le proiezioni ortogonali su di essa di A e di C, la somma delle misure dei segmenti AH e CK risulti massima. $\left[\text{posto } H\widehat{B}C = x, x = \frac{\pi}{3}\right]$

501 Sulla circonferenza in figura i punti A e B sono fissi. Determina quale posizione di P rende la somma $\overline{AP}^2 + \overline{PB}^2$ massima. $\left[x = \frac{\pi}{3}\right]$

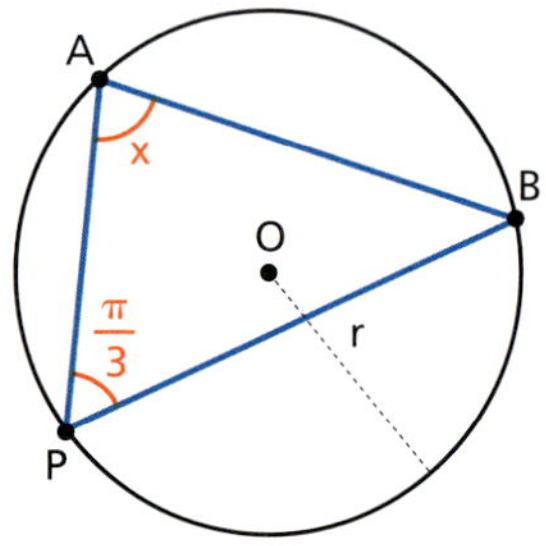

502 Su una semicirconferenza di diametro AB lungo 1 m, individua un punto C, in modo che, se D è il punto medio dell'arco BC, risulti massima la somma $\overline{AC} + \overline{DB}$. Indica l'angolo $C\widehat{A}B$ con $2x$. $\left[x = \arcsin\frac{1}{4} \simeq 0{,}25\right]$

503 Dato un triangolo isoscele ABC che ha $\overline{AC} = 10$ e l'angolo al vertice A tale che $\cos\widehat{A} = -\frac{7}{25}$, sia D un punto della semicirconferenza di diametro BC esterna al triangolo. Determina l'angolo $B\widehat{C}D$ in modo che il perimetro del triangolo BCD sia massimo. $\left[B\widehat{C}D = \frac{\pi}{4}\right]$

504 Sia AOB un settore circolare di ampiezza $\frac{\pi}{2}$. Determina un punto P dell'arco AB in modo che sia minima la somma

$$\overline{BP}^2 + \overline{PC}^2,$$

con C punto medio di AO. $[P\widehat{O}A = \arctan 2]$

505 Fra tutti i triangoli inscritti in una semicirconferenza trova quello di perimetro massimo. [il triangolo rettangolo isoscele]

506 In un cerchio di raggio r considera la corda $\overline{AB} = r\sqrt{3}$. Trova un punto P sul maggiore dei due archi $\widehat{AB}$ in modo che l'area del triangolo PAB sia massima. [il triangolo equilatero]

507 Dato il settore circolare OBA, di centro O, con $A\widehat{O}B = \frac{\pi}{3}$, considera su $\widehat{AB}$ un punto P. Considera inoltre il punto Q intersezione fra OB e la parallela a OA condotta da P. Di Q e di P traccia le rispettive proiezioni R e S su OA. Trova P in modo che sia massimo il perimetro del rettangolo $PQRS$. $\left[\text{posto } P\widehat{O}A = x, x = \arctan\left(1 - \frac{\sqrt{3}}{3}\right)\right]$

508 Sia data una circonferenza di raggio r e una retta l tangente alla circonferenza in un suo punto P. Da un punto variabile R della circonferenza è mandata la perpendicolare RQ a l, con Q appartenente a l.
Determina il valore massimo dell'area del triangolo PQR.

(CAN *Canadian Mathematical Olympiad*)

$\left[\frac{3\sqrt{3}}{8}r^2\right]$

509 In una circonferenza di raggio r e centro O a distanza $\frac{r}{2}$ dal centro si traccia la secante s che la interseca nei punti M e N. Una seconda retta t passante per O incontra s in S ($\overline{NS} < \overline{MS}$) e la circonferenza nei punti A e B (B è il punto più vicino a S). Detto K il punto medio della corda MN, determina per quale valore dell'angolo $M\widehat{S}A = x$ risulta massimo il rapporto fra l'area del rettangolo di lati AS e KS e l'area del rettangolo di lati OS e OK. $\left[x = \arcsin\frac{\sqrt{5}-1}{2}\right]$

510 Data una semicirconferenza di diametro $AB = 2r$, a partire da B considera nell'ordine i punti C e D della semicirconferenza tali che $D\widehat{O}C = 2 \cdot C\widehat{O}B$. Determina questi due punti in modo che la somma delle basi del trapezio $HCDK$ sia massima, essendo H e K proiezioni di C e D su AB. $\left[C\widehat{O}B = \arctan\frac{\sqrt{2}}{2} \simeq 35°\right]$

511 Sia data una circonferenza di raggio r e centro O. Fissati un suo diametro AB e un punto C su di essa, siano t la retta tangente alla circonferenza in C e s la retta per O e perpendicolare al diametro AB. Detto D il punto di intersezione tra le due rette, determina l'angolo $B\widehat{O}C$ in modo che la differenza tra l'area del triangolo AOD e la metà dell'area del triangolo COD sia minima. $\left[B\widehat{O}C = \frac{\pi}{3}\right]$

512 ●● Nel piano cartesiano Oxy sia γ una circonferenza avente raggio 1 e come centro l'origine. Detto P un suo punto, siano Q l'intersezione dell'asse x con la tangente in P alla circonferenza e S l'intersezione tra la retta OP e la retta $y = 2$. Determina l'angolo $P\widehat{O}Q$ in modo che sia minimo il prodotto $\overline{PQ} \cdot \overline{PS}$. $\left[P\widehat{O}Q = \frac{\pi}{6}\right]$

513 ●● Dato il punto P dell'arco $\overset{\frown}{AB}$ del settore circolare in figura di centro O e raggio r, trova per quale posizione di P l'area del rettangolo $RHPQ$ è massima.

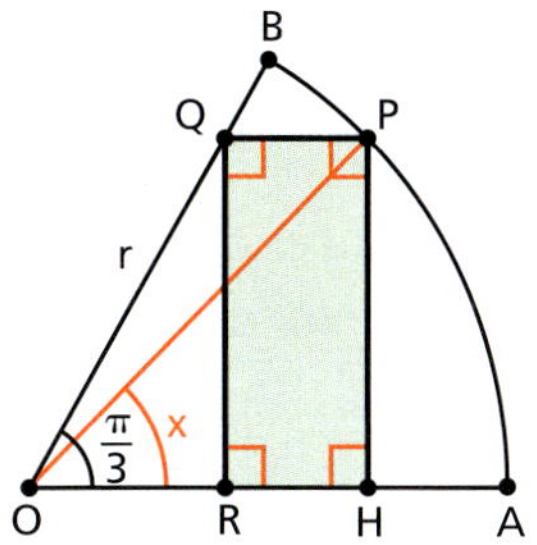

$\left[x = \frac{\pi}{6}\right]$

514 ●● Sia AB una corda di una circonferenza di raggio r, a distanza $\frac{r}{2}$ dal centro O. Detto C un punto del minore dei due archi $\overset{\frown}{AB}$, determina l'angolo $C\widehat{A}B$ in modo che il perimetro di ABC sia massimo. $\left[C\widehat{A}B, = \frac{\pi}{6}\right]$

515 ●● Una semicirconferenza ha diametro AB e centro O, e M è il punto medio di $\overset{\frown}{AB}$. Determina un punto P sull'arco $\overset{\frown}{MB}$ in modo tale che, detta H la sua proiezione su AB, sia minimo il valore di $\overline{MP}^2 + 2\overline{PH}^2$. $\left[\text{posto } P\widehat{O}H = x, x = \frac{\pi}{6}\right]$

516 ●● Sia ABC un triangolo inscritto in una semicirconferenza di diametro $\overline{AB} = 2r$.
Su BC costruisci il rettangolo $BCEF$ tale che, detto M il punto medio di EF, il triangolo CBM sia equilatero.
Per quale valore dell'angolo $x = B\widehat{A}C$ è massima l'area di $ABFE$? $\left[x = \frac{5}{12}\pi\right]$

517 ●● Una semicirconferenza di raggio r ha centro O e diametro AB. Considera il punto P su $\overset{\frown}{AB}$ e la sua proiezione R sulla tangente alla semicirconferenza in B. Dimostra che PB è bisettrice di $O\widehat{P}R$. Individua poi P in modo che sia massima l'area del quadrilatero $OPRB$.

$\left[\text{posto } O\widehat{P}B = x, x = \frac{1}{2}\arccos\frac{\sqrt{3}-1}{2}\right]$

518 ●● **EUREKA!** Un angolo di una pagina di larghezza $a = 8$ pollici viene piegato in modo da toccare il lato opposto, come mostrato in figura. Dopo aver espresso la lunghezza della piega L in funzione dell'angolo θ, trova la larghezza x della parte ripiegata che rende minimo L.

(*University of Cincinnati Calculus Contest*)

[6]

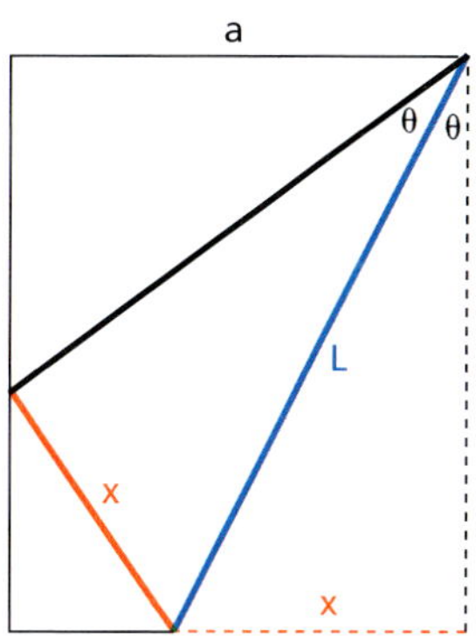

Problemi di geometria solida

519 ●○ Al parallelepipedo in figura viene sottratto un cubo di spigolo x.

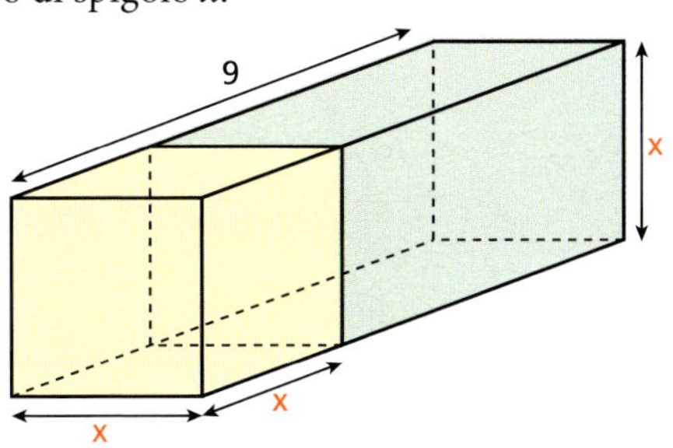

Determina per quale valore di x il parallelepipedo rimanente ha volume massimo. [6]

520 ●○ Dato un triangolo rettangolo la cui ipotenusa misura l, determina l'ampiezza degli angoli acuti affinché il cilindro avente per diametro di base un cateto e per altezza l'altro cateto abbia area laterale massima.

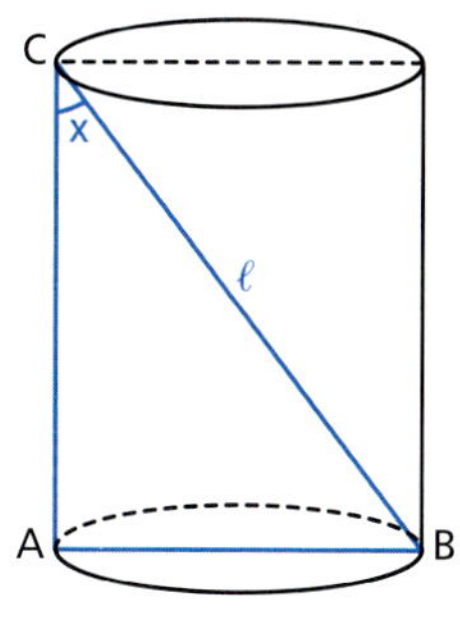

521 Fra tutte le piramidi regolari a base quadrata di apotema 3, determina quella di volume massimo.
[se x = misura dell'altezza, $x = \sqrt{3}$]

522 Fra tutti i cilindri inscrivibili in una sfera di raggio r, determina quello di superficie laterale massima.
[se x = misura dell'altezza del cilindro, $x = r \cdot \sqrt{2}$]

523 Fra i parallelepipedi rettangoli con volume costante V e altezza $h = 4$, determina quello con area laterale minima.
[parallelepipedo a base quadrata]

524 Tra i cilindri di volume V, qual è il raggio di base di quello che ha superficie totale minima?
$\left[r = \sqrt[3]{\frac{V}{2\pi}}\right]$

525 Tra i cilindri inscritti in un cono retto di raggio di base r e altezza $2r$, qual è quello di volume massimo?
[raggio di base del cilindro $= \frac{2}{3}r$]

526 Fra tutti i trapezi isosceli inscritti in una semicirconferenza di raggio che misura r, determina quello per il quale è massimo il volume del solido generato da una rotazione completa intorno al diametro della semicirconferenza.
[se x = misura della proiezione del lato obliquo sulla base maggiore, $x = \frac{r}{6}(7 - \sqrt{13})$]

527 Determina la posizione di una corda AB di una circonferenza di diametro AC, con $\overline{AC} = 2r$, affinché sia massima la superficie generata dalla rotazione completa della corda attorno ad AC.
[posto $B\widehat{C}A = x$, $x = \arccos\frac{\sqrt{3}}{2}$]

528 Fra tutti i triangoli rettangoli ABC di data ipotenusa AB, con $\overline{AB} = a$, determina quello che genera, in una rotazione completa intorno al cateto AC, un cono di volume massimo.
[posto $\overline{CB} = x$, $x = \frac{\sqrt{6}}{3}a$]

529 Fra tutti i triangoli rettangoli ABC, di data ipotenusa AB, con $\overline{AB} = a$, determina quello per il quale è massima la somma delle superfici laterali dei coni generati da una rotazione completa prima intorno a un cateto e poi intorno all'altro cateto.
[se x = misura di un cateto, $x = \frac{\sqrt{2}}{2}a$; il triangolo è rettangolo isoscele]

530 Dato il trapezio rettangolo $ABCD$ (con AB base maggiore e BC lato obliquo) circoscritto a un cerchio di raggio r e centro O, determina l'angolo $B\widehat{O}H$ (dove H è il punto di tangenza del lato obliquo BC con la circonferenza) in modo che sia minima la superficie laterale del solido che si ottiene con una rotazione completa del trapezio rettangolo intorno alla sua base maggiore.
$\left[x = \frac{\pi}{3}\right]$

531 Fra tutti i coni inscritti in una sfera di raggio r, determina quello per il quale è massimo il rapporto tra il suo volume e quello della sfera.
[posto x = misura dell'altezza del cono, $x = \frac{4}{3}r$]

532 Di tutti i parallelepipedi a base quadrata con diagonale di misura d, determina quello di volume massimo.
[posto x = misura dell'altezza del parallelepipedo, $x = \frac{d \cdot \sqrt{3}}{3}$]

533 Determina fra i triangoli inscritti in una semicirconferenza di diametro BC, con $\overline{BC} = 2r$, quelli per i quali è massima la differenza dei volumi dei due coni che si formano in una rotazione completa del triangolo intorno al diametro BC.
[posto x = misura della proiezione di un cateto del triangolo su BC, $x = \left(\frac{3 \pm \sqrt{3}}{3}\right) \cdot r$]

534 Considera il rettangolo $DEFG$, inscritto nel triangolo equilatero ABC di lato l. In una rotazione completa intorno all'altezza AH si formano un cono e un cilindro inscritto in esso. Determina per quale valore di x si ha il cilindro di volume massimo.
$\left[x = \frac{l}{3}\right]$

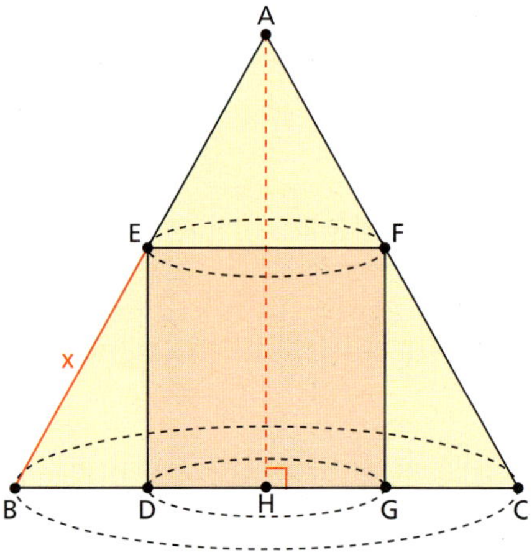

535 Tra i parallelepipedi di base quadrata di lato a e volume 27, trova quello la cui sfera circoscritta abbia superficie minima. [cubo di spigolo 3]

536 Sia dato un cilindro equilatero di diametro $2r$. Detti O il centro di una sua base e AB una corda di questa base, determina l'angolo $A\widehat{B}O$ in modo che il volume del prisma di base ABO e altezza pari a quella del cilindro sia massimo.

$\left[A\widehat{B}O = \frac{\pi}{4}\right]$

537 Un settore circolare, di raggio 2, è lo sviluppo della superficie laterale di un cono.

a. Determina l'ampiezza dell'angolo al centro del settore in modo che il cono abbia volume massimo.

b. Nel cono trovato inscrivi il cilindro di volume massimo e determina tale volume.

$\left[\text{a) } \frac{2}{3}\sqrt{6}\,\pi;\ \text{b) } \frac{4}{9}\sqrt{6},\ \frac{64}{243}\sqrt{3}\,\pi\right]$

538 Una figura solida è formata da un parallelepipedo a base quadrata sormontato da una piramide retta con la base coincidente con la base del parallelepipedo e con l'altezza uguale a metà del lato di base. Stabilisci la misura l del lato della base in modo che il volume della figura solida misuri 63 m^3 e che la superficie laterale (formata dalle superfici laterali del parallelepipedo e della piramide) risulti minima.

$\left[l = 3\sqrt[3]{3\sqrt{2}+2} \simeq 5{,}52 \text{ m}\right]$

539 Data una semicirconferenza di diametro $\overline{AB} = 2r$, sia CD una corda parallela ad AB e siano K e H le proiezioni di C e D sul diametro. Determina la posizione di DC in modo che il solido generato dalla rotazione di $CMDHK$ attorno all'asse di DC abbia volume massimo, con M punto medio dell'arco $\overset{\frown}{CD}$.

$\left[\overline{DH} = r\frac{\sqrt{13}-1}{6}\right]$

540 Una piramide regolare ha per base un quadrato di lato $2l$ e ha altezza $6l$. Calcola a quale distanza d dal vertice si deve tracciare un piano parallelo alla base affinché sia massimo il volume del cilindro che ha per basi il cerchio inscritto nel quadrato intersezione fra il piano secante e la piramide e la proiezione di tale cerchio sulla base della piramide. Determina inoltre il volume massimo. Il cilindro di volume massimo è anche quello che ha massima la superficie laterale?

$\left[d = 4l;\ \frac{8}{9}\pi l^3;\ \text{no: } d = 3l\right]$

541 Sono dati un cono di vertice V, raggio r e altezza $4r$, e un piano parallelo alla base che interseca il cono. Nel cerchio intersezione è inscritto un triangolo ABC equilatero. A quale distanza da V si deve tracciare il piano affinché sia massimo il volume del prisma che ha per basi ABC e la sua proiezione sulla base del cono? Calcola il volume massimo.

$\left[\frac{8}{3}r;\ \frac{4}{9}\sqrt{3}\,r^3\right]$

542 Un cono è generato dalla rotazione completa di un triangolo isoscele ABC, di base AB, intorno alla sua altezza CH. Sapendo che $CH = 4$ cm, determina la base AB in modo che sia minimo il rapporto fra il volume del cono e quello della sfera, di centro O, inscritta nel cono.

$\left[\overline{OH} = x,\ x = 1,\ AB = 2\sqrt{2} \text{ cm}\right]$

543 Un cono di altezza h ha la base di centro O e raggio r. Considera il cono che ha per base la sezione del cono dato con un piano parallelo alla sua base e per vertice il punto O.

a. Determina il raggio di base di questo cono in modo che sia massimo il suo volume.

b. Calcola la superficie della sfera inscritta nel cono di volume massimo, quando $h = r$.

$\left[\text{a) } \frac{2}{3}r;\ \text{b) } \frac{16\pi}{9}r^2(\sqrt{5}-2)^2\right]$

544 Un solido, di volume 8 cm^3, è costituito da un cilindro e da due coni equilateri, esterni al cilindro e ognuno con una base in comune con il cilindro stesso. Trova il raggio di base in modo che sia minima la superficie del solido.

$\left[\sqrt[3]{\frac{3+\sqrt{3}}{\pi}}\right]$

545 Un solido si ottiene come differenza tra una semisfera di raggio r e un cono, in essa inscritto, con la base in comune e altezza r. Le sezioni di tale solido con piani paralleli alla base sono delle corone circolari. Quale di esse ha area massima?

[quella ottenuta dal piano distante $\frac{r}{2}$ dalla base]

546 Sul diametro AB di una sfera di centro O e raggio r fissa due punti C e D equidistanti da O e considera il cono avente come vertice D e come base il cerchio ottenuto sezionando la sfera con un piano passante per C e perpendicolare ad AB. Determina il cono avente la superficie laterale massima.

$\left[\text{posto } \overline{OC} = x,\ x = \frac{r\sqrt{3}}{3}\right]$

Problemi REALTÀ E MODELLI

547 **Beware of dogs** Monica vuole realizzare sul retro della sua casa un recinto per i suoi cani, di forma rettangolare e che abbia un lato appoggiato al muro di casa. Ha a disposizione 5 m di rete. Individua qual è il recinto che consente ai cani di Monica di avere più spazio a disposizione.
[il recinto con il lato parallelo alla casa doppio di quello perpendicolare]

548 **Aquilone** Si vuole costruire un aquilone a forma di settore circolare con una superficie di 8 m^2. Determina l'angolo α del settore in modo che il contorno dell'aquilone sia minimo. $[\alpha = 2]$

549 **Cartelloni minimi** Su un listello di legno si appendono due cartelloni come in figura: uno ha la forma di un quadrato, l'altro quella di un triangolo rettangolo con un cateto doppio dell'altro. Trova la misura di x in modo che la somma delle superfici dei due cartelloni risulti minima. $[x = 2]$

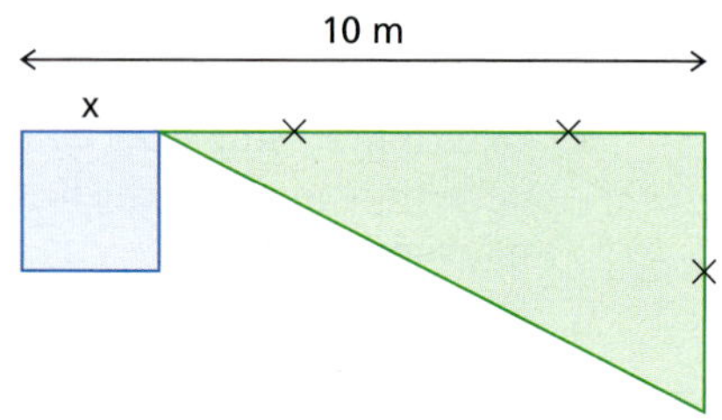

550 **Piscina massima** Una piscina ha la forma di un rettangolo con l'aggiunta di una zona a forma di semicerchio, avente il diametro coincidente con un suo lato. Determina le lunghezze dei lati del rettangolo in modo che la piscina abbia il perimetro esterno di 100 m e la superficie massima. $\left[b = \frac{200}{\pi + 4} \simeq 28 \text{ m}; h = \frac{100}{\pi + 4} \simeq 14 \text{ m}\right]$

551 **Giardini geometrici** Un giardiniere ha avuto l'incarico di realizzare un'aiuola a forma di settore circolare con un'area di 16 m^2. L'interno dell'aiuola sarà ricoperto d'erba, mentre lungo il perimetro saranno piantati dei fiori. Determina il raggio e l'angolo di apertura dell'aiuola in modo che si utilizzi il minor numero di fiori. $[r = 4 \text{ m}; \alpha = 2 \text{ rad}]$

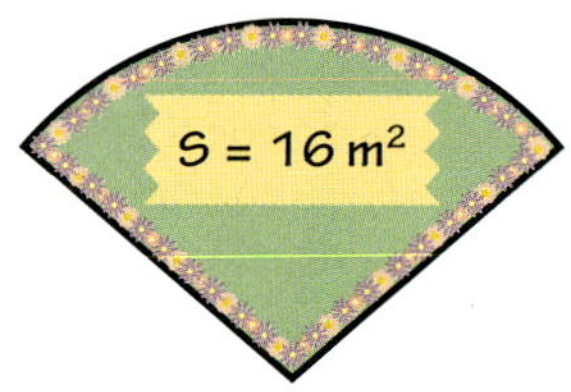

552 In un mercato in regime di monopolio, il prezzo di vendita p di un bene dipende dalla quantità x che rappresenta la domanda del mercato secondo la legge $p(x) = 80 - x$.

a. Determina la funzione ricavo totale $R(x)$ data dal prodotto tra il prezzo e la quantità di merce venduta.

b. Determina per quale quantità di merce venduta il ricavo è massimo.

[a) $R(x) = 80x - x^2$; b) $x = 40$]

553 Per una scenografia teatrale si deve preparare una colonna costituita da un cilindro sormontato da una semisfera con la base coincidente con quella del cilindro. Quali devono essere le dimensioni della colonna se si sa che la sua superficie è di 147π dm^2 e che il volume deve essere il più grande possibile?

$\left[\text{raggio di base} = \text{altezza} = \sqrt{\frac{147}{5}} \text{ dm}\right]$

554 YOU & MATHS What is the sum of the dimensions of the cheapest rectangular box of volume 3 ft^3, with a square base and an open top that can be made if the sides cost \$1 per ft^2 and the base costs \$6 per ft^2?

(USA *Florida Gulf Coast University Invitational Mathematics Competition*)

[5]

555 TEST La Container Company sta disegnando una scatola a forma di parallelepipedo, senza coperchio e con base quadrata, che abbia una capacità di 108 cm^3. Calcola l'area minima che può avere la superficie della scatola.

A 120 cm^2.
B 108 cm^2.
C 102 cm^2.
D 96 cm^2.
E 92 cm^2.

(USA *North Carolina State High School Mathematics Contest*)

RISOLVIAMO UN PROBLEMA

Lavori in corso

Un'impresa edile deve costruire una strada che colleghi tra loro due piccoli paesi, *A* e *B*, che distano tra loro 6 km, e due strade che colleghino *A* e *B* con la città *C*, che dista da entrambi 5 km, in modo che il percorso sia il più breve possibile. Decide quindi di costruire un tratto comune *CH* sull'asse del segmento *AB* per poi costruire due strade rettilinee che colleghino *H* con *A* e con *B*. Quanto deve essere lungo il tratto *CH*?

▶ **Modellizziamo il problema.**

Rappresentiamo con un disegno la situazione: le tre località si trovano ai vertici di un triangolo isoscele (dato che *C* ha la stessa distanza da *A* e da *B*); il tratto *CH* si trova sull'asse del segmento *AB*; *CK* è l'altezza relativa ad *AB*.

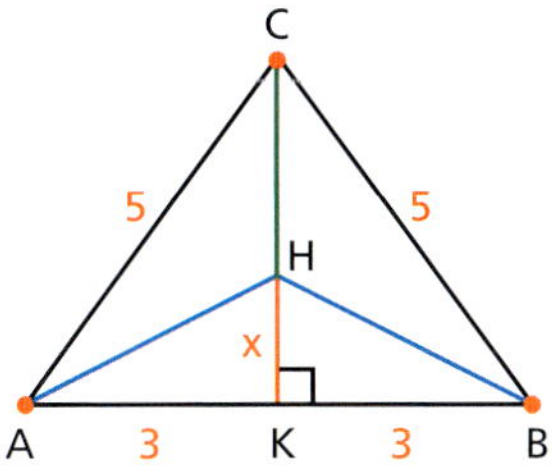

Chiamiamo *x* la misura del tratto *KH*. L'altezza *CK*, per il teorema di Pitagora, è lunga 4 km, quindi: $0 < x < 4$.

▶ **Troviamo la funzione obiettivo.**

Esprimiamo le tre misure in funzione di *x*.

$$\overline{CH} = \overline{CK} - \overline{KH} = 4 - x.$$

I tratti *AH* e *HB* sono uguali, dato che *H* è un punto dell'asse di *AB*. Calcoliamo la loro misura applicando il teorema di Pitagora al triangolo *AHK*:

$$\overline{AH} = \overline{HB} = \sqrt{\overline{AK}^2 + \overline{KH}^2} = \sqrt{9 + x^2}.$$

La funzione che esprime la misura della lunghezza delle strade da costruire è dunque:

$$f(x) = 2\sqrt{9 + x^2} + 4 - x.$$

▶ **Troviamo il minimo.**

Deriviamo la funzione:

$$f'(x) = \frac{2x}{\sqrt{9 + x^2}} - 1 = \frac{2x - \sqrt{9 + x^2}}{\sqrt{9 + x^2}}.$$

Studiamo il segno della derivata prima:

$$f'(x) > 0 \to \frac{2x - \sqrt{9 + x^2}}{\sqrt{9 + x^2}} > 0 \to$$

$$2x - \sqrt{9 + x^2} > 0 \to 2x > \sqrt{9 + x^2}.$$

Dato che $0 < x < 4$ e il radicando è sempre positivo, possiamo elevare al quadrato entrambi i membri:

$$4x^2 > 9 + x^2 \to x^2 > 3 \to x < -\sqrt{3} \vee x > \sqrt{3}.$$

Compiliamo il quadro dei segni tenendo conto delle limitazioni. Dunque $x = \sqrt{3}$ è un minimo per la funzione. Per questo valore il tratto di strada *CH* è lungo circa 2,3 km.

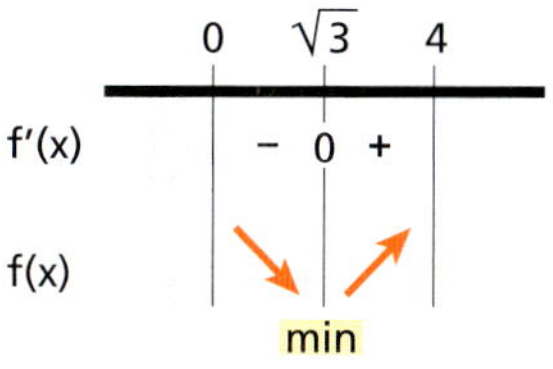

556 ●● **YOU & MATHS** The concentration *C* of an antibiotic in the bloodstream after a time of *t* hours is given by:

$$C = \frac{5t}{1 + \left(\frac{t}{k}\right)^2} \text{ units,}$$

where $k > 0$. If the maximum concentration is reached at $t = 6$ hours, find the value of *k*.

(IR *Leaving Certificate Examination,* Higher Level)

[$k = 6$ h]

557 ●○ Su un cartoncino rettangolare si deve applicare una foto di 300 cm² con il margine superiore e inferiore di 3 cm e con i margini laterali di 4 cm. Che dimensioni deve avere il cartone di area minima che serve allo scopo? [28 cm; 21 cm]

558 ●○ Si deve progettare una vasca a forma di parallelepipedo rettangolo a base quadrata della capacità di 64 m³, da rivestire di piombo. Determina il lato di base *x* affinché sia minima la quantità di piombo utilizzata (trascurando lo spessore delle pareti).

[$x = 4 \cdot \sqrt[3]{2}$]

559 ●○ **IN FISICA** Trova l'altezza massima che raggiunge un corpo lanciato verticalmente verso l'alto con velocità $v_0 = 20$ m/s $\left(\text{legge oraria } s = v_0 t - \frac{1}{2} g t^2,\ g \simeq 10 \text{ m/s}\right)$.

[$h = 20$ m]

560 Fra tutti i recipienti a forma cilindrica di uguale superficie S, determina quello di volume massimo.

$\left[\text{posto } x = \text{raggio di base, } x = \sqrt{\frac{S}{6\pi}}\right]$

561 **Caldo caldo!** Un'azienda produce thermos con capacità di 1 L, a forma di cilindro circolare retto. Il settore *Ricerca e sviluppo* dell'azienda vuole determinare il raggio di base r e l'altezza h del thermos che permettano di minimizzare il calore disperso all'esterno. Calcola la loro lunghezza in centimetri. $[r \simeq 5{,}4 \text{ cm}; h \simeq 10{,}8 \text{ cm}]$

562 Un falegname deve costruire una cassapanca a forma di parallelepipedo, con il coperchio, utilizzando la minima quantità di legno. Se uno spigolo deve essere di 15 dm e il volume di 630 dm^3, quanto saranno lunghi gli altri due spigoli?

$[6{,}48 \text{ dm}; 6{,}48 \text{ dm}]$

---

563 Un silo ha la forma di un cilindro con l'aggiunta di una semisfera con la base coincidente con quella del cilindro. Calcola la lunghezza del raggio di base, supponendo che il volume del silo sia 18 m^3 e la sua superficie laterale (formata dalla superficie della semisfera e dalla superficie laterale del cilindro) sia minima. $\left[c = \frac{3}{\sqrt[3]{\pi}} \simeq 2{,}05 \text{ m}\right]$

564 In una ditta i costi per la produzione sono suddivisi in costi fissi (1000 euro) e costi variabili secondo la quantità q di merce prodotta. I costi variabili seguono la legge $C(q) = 12q^2 - 960q$. Il ricavo rispetto alla quantità di merce venduta v è dato da $R(v) = 10v^2$. Supponendo che la quantità di merce prodotta e la quantità di merce venduta siano uguali, trova il quantitativo di merce per il massimo guadagno. [240]

---

565 **Viaggi d'affari** Il direttore commerciale di una grande azienda viaggia con un autista pagato € 60 l'ora. L'auto ha un costo fisso di € 0,10 al km e, per velocità v superiori a 50 km/h, ha un costo aggiuntivo di € $\frac{3(v-50)}{500}$ al kilometro.

a. Sapendo che il direttore deve fare un viaggio in autostrada di 100 km, calcola il costo fisso in euro di tale viaggio e, supponendo che nel corso del viaggio mantenga costantemente la velocità di crociera v, in km/h, esprimi il costo in euro dell'autista in funzione di v.

b. Scrivi la funzione che esprime il costo totale in euro del viaggio in funzione della velocità v, supponendo $v > 50$ km/h, e determina qual è la velocità di crociera che minimizza il costo del viaggio.

$\left[\text{a) } C_{\text{fisso}} = 10; C_{\text{autista}} = \frac{6000}{v}; \text{ b) } C(v) = \frac{6000}{v} + \frac{3}{5}v - 20; v = 100 \text{ km/h}\right]$

566 Una finestra ha la forma di un rettangolo, senza il lato superiore perché esso è sormontato da due archi uguali, a forma di semicirconferenze affiancate. I due diametri sono sovrapposti esattamente al lato del rettangolo. Determina le sue dimensioni in modo che la luce della finestra sia di 10 m^2 e il contorno abbia la misura minima possibile.

$\left[b = \frac{4\sqrt{10}}{\sqrt{3\pi+8}} \simeq 3{,}03 \text{ m}; h = \frac{\sqrt{10}(\pi+4)}{2\sqrt{3\pi+8}} \simeq 2{,}72 \text{ m}\right]$

567 YOU & MATHS Sammy the Owl wants to design a window that is a rectangle with a semicircle on top. If the total perimeter is constrained to be 24 feet, what dimensions should Sammy pick so that the window admits the greatest amount of light? Give the radius of the semicircular region and the height of the rectangular portion.

(USA *Rice University Mathematics Tournament*)

$\left[\frac{24}{4+\pi}; \frac{24}{4+\pi}\right]$

568 ●● Silas non fa altro che dormire, bere caffè e dimostrare teoremi, e non fa mai più di una di queste cose alla volta. Impiega 5 minuti per bere una tazza di caffè. Quando fa matematica, Silas dimostra $s + \ln c$ teoremi ogni ora, dove c è il numero di tazze di caffè che beve quotidianamente e s è il numero di ore in cui dorme ogni giorno. Quante tazze di caffè deve bere Silas in un giorno per dimostrare il massimo numero di teoremi?

(USA *Rice University Mathematics Tournament*)

[12]

IN FISICA

569 ●● Un corpo compie uno spostamento x sottoposto a una forza costante di intensità $F(x) = e^{-x^2}$, che forma un angolo di 60° con lo spostamento; determina x in modo che sia massimo il lavoro compiuto dalla forza.

$\left[x = \frac{\sqrt{2}}{2} \simeq 0{,}7\right]$

570 ●● Determina l'angolo α formato con la linea di terra per cui la gittata di un proiettile, lanciato da terra verso l'alto, è massima.

$\left[\alpha = \frac{\pi}{4}\right]$

571 ●● **YOU & MATHS** A piece of wire, of length 20 cm, is to be cut into two parts. One of the parts, of length x cm, is to be formed into a circle and the other part into a square. Show that the sum, A cm², of the areas of the circle and the square has a stationary value when $x = \frac{20\pi}{4+\pi}$.

(UK *Northern Examination Assessment Board, NEAB*)

MATEMATICA E STORIA

Il rettangolo massimo Leggi il documento seguente, tratto dal *Methodus ad disquirendam maximam et minimam* di Pierre de Fermat (1601-1665).

> Dividere il segmento AC in E in modo tale che il rettangolo di dimensioni AE ed EC sia massimo.
> Indichiamo con b il segmento AC.
> Se indichiamo con a una delle due parti di b, la restante sarà $b - a$ e il rettangolo che dovrà essere massimo sarà $ba - a^2$. Diventi poi $a + e$ la parte a di b; dunque la parte restante sarà $b - a - e$, per cui il rettangolo sarà $ab - a^2 + be - 2ae - e^2$, che deve essere *adeguagliato* al precedente rettangolo $ba - a^2$. Sottratti i termini comuni, *be adeguaglierà* $2ae + e^2$ e divisi tutti per e, *b adeguaglierà* $2a + e$. Si elida la e; b uguaglia $2a$ e dunque b si deve dividere in due parti uguali per risolvere il problema proposto, né si può dare un metodo più generale.

Interpretiamo il documento attraverso i seguenti punti.

a. Mostra che l'area del rettangolo avente lati (di lunghezza) a e $b - a$ è $ba - a^2$.

b. Mostra che l'area del rettangolo avente lati $a + e$ e $b - a - e$ è $ab - a^2 + be - 2ae - e^2$.

c. Indichiamo con $\approx$ l'«adequazione»; avremo: $ba - a^2 \approx ab - a^2 + be - 2ae - e^2$. Operando analogamente alla risoluzione delle equazioni, esegui le operazioni indicate da Fermat e completa i passaggi per ricavare b avendo anche eliso, cioè eliminato, e.

d. Risolvi attraverso una funzione obiettivo il problema «Dividere un segmento in due parti il cui prodotto sia massimo».

Risoluzione – Esercizio in più

VERIFICA DELLE COMPETENZE

VERIFICA DELLE COMPETENZE ALLENAMENTO

UTILIZZARE TECNICHE E PROCEDURE DI CALCOLO

Determina i punti di massimo, di minimo e di flesso delle seguenti funzioni.

1 $y=\frac{2x}{x^2-4}$ $[x=0 \text{ fl. obl.}]$

2 $y=\frac{3-x}{x^2}$ $[x=6 \text{ min}; x=9 \text{ fl. obl.}]$

3 $y=\frac{8x^3}{1+2x^3}$ $\left[x=0 \text{ fl. orizz.}; x=\frac{\sqrt[3]{2}}{2} \text{ fl. obl.}\right]$

4 $y=\sqrt[3]{4x-x^2-4}$ $[x=2 \text{ max (cuspide)}]$

5 $y=\frac{1}{2}x\sqrt{6-x}$ $[x=4 \text{ max}; x=6 \text{ min}]$

6 $y=\sqrt[7]{x^2-6x+9}$ $[x=3 \text{ min (cuspide)}]$

7 $y=x^2e^{1-x}$ $[x=0 \text{ min}, x=2 \text{ max}; x=2\pm\sqrt{2} \text{ fl. obl.}]$

8 $y=\frac{1}{2x}+\ln x$ $\left[x=\frac{1}{2} \text{ min}, x=1 \text{ fl. obl.}\right]$

---

9 $y=3x^3+\frac{9}{2}x^2-18x+\frac{1}{2}$ $\left[x=-2 \text{ max}; x=1 \text{ min}; x=-\frac{1}{2} \text{ fl. obl.}\right]$

10 $y=6x^4-12x^2+6$ $\left[x=0 \text{ max}; x=\pm 1 \text{ min}; x=\pm\frac{\sqrt{3}}{3} \text{ fl. obl.}\right]$

11 $y=-\frac{1}{4}x^4+x^3-2$ $[x=3 \text{ max}; x=0 \text{ fl. orizz.}; x=2 \text{ fl. obl.}]$

12 $y=\frac{1}{3}x^3-4|x|+3$ $[x=0 \text{ max (p. ang.) e fl.}; x=2 \text{ min}]$

13 $y=\sqrt[3]{x}\,(x-1)$ $\left[x=\frac{1}{4} \text{ min}; x=-\frac{1}{2} \text{ fl. obl.}; x=0 \text{ fl. vert.}\right]$

14 $y=3+\frac{1}{3}\ln(x^2+2x+10)$ $[x=-1 \text{ min}; x=2, x=-4 \text{ fl. obl.}]$

15 $y=\begin{cases} x^3-3x+2 & \text{se } x\leq 0 \\ e^x+1 & \text{se } x<0 \end{cases}$ $[x=-1 \text{ max}; x=0 \text{ min (p. ang.) e fl.}]$

16 $y=\frac{\sqrt[3]{x^2}}{x-2}$ $[x=-4 \text{ min}; x=0 \text{ max (cuspide)}]$

17 $y=|x|+\ln|x+2|$ $[x=0 \text{ min (angoloso)}; x=-1 \text{ max}]$

18 $y=\arctan(x^2-1)$ $\left[x=0 \text{ min}; x=\pm\sqrt{\frac{1+\sqrt{7}}{3}} \text{ fl. obl.}\right]$

19 $y=\frac{\sin x}{1+\cos x}$, in $]-\pi;\pi[$. $[x=0 \text{ fl. obl.}]$

20 $y=e^{\frac{2+x}{x-1}}$ $\left[x=-\frac{1}{2} \text{ fl. obl.}\right]$

ANALIZZARE E INTERPRETARE DATI E GRAFICI

TEST

21 $y=f(x)$ ha derivata nulla in $x=-2$. Quale delle seguenti affermazioni è *vera*?
In $x=-2$, $f(x)$:

A ha un punto stazionario.
B ha un flesso a tangente orizzontale.
C ha un massimo relativo.
D ha un minimo relativo.
E si annulla.

22 Se $f(0)=2$, $f'(0)=1$, $f''(0)=-2$, allora quale può essere, fra i seguenti, il grafico di $f(x)$ in un intorno di $x=0$?

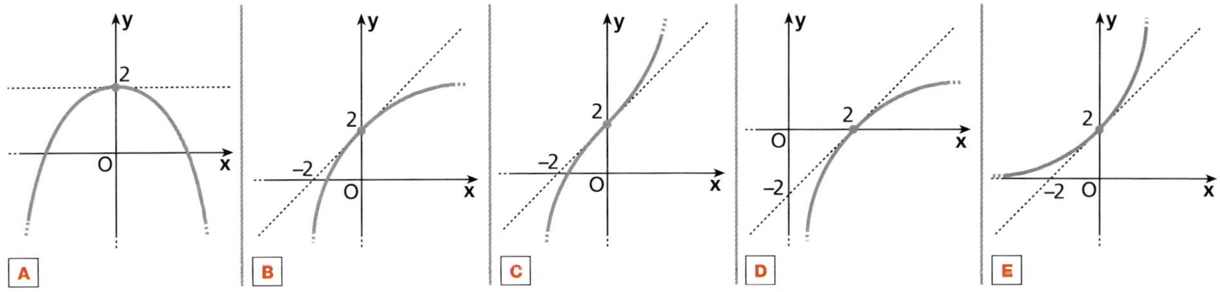

23 Determina per quali valori di $n \in \mathbb{N} - \{0\}$ l'origine $O(0; 0)$ rappresenta un punto di flesso per

$f(x) = x^n$.

24 Trova i coefficienti a, b e c in modo che il grafico della funzione $f(x) = ax^4 + bx^3 + cx$ abbia un flesso orizzontale in $F(2; 4)$.

$\left[a = \frac{1}{4}; b = -1; c = 4\right]$

25 La curva di equazione $y = ax^3 + bx^2 + cx + d$ è tangente in $(1; 0)$ all'asse delle ascisse e ha un flesso in $(2; -2)$. Trova a, b, c, d.

$[a = 1; b = -6; c = 9; d = -4]$

26 **LEGGI IL GRAFICO** In figura è rappresentato il grafico di una funzione del tipo $y = ax^4 + bx^2 + c$. Determina a, b, c.

$[a = 1; b = -2; c = 2]$

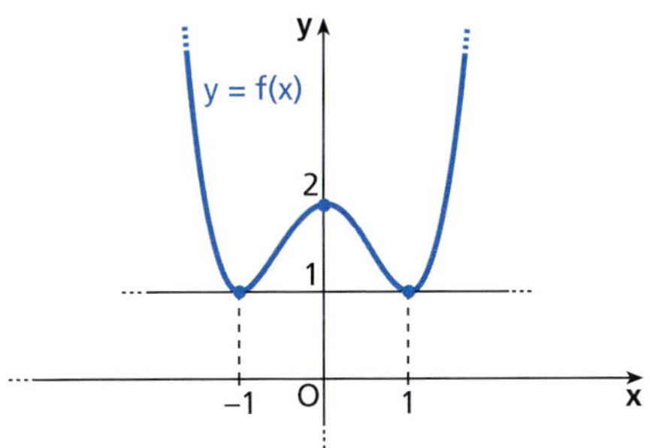

27 Data la funzione $y = e^{3x^2 - ax + b}$, determina i valori dei parametri a e b, sapendo che il suo grafico ha un punto stazionario di ascissa 1 e passa per il punto $(2; 1)$.

$[a = 6; b = 0]$

28 Trova a, b, c, d nella funzione di equazione

$$y = \frac{ax^3 + bx^2 + cx + d}{x^2 - 1},$$

sapendo che ha un asintoto obliquo di equazione $y = x + 1$ e un flesso orizzontale in $x = 0$.

$[a = 1, b = 1, c = 0, d = -1]$

29 Dimostra che la funzione

$$y = a \ln|x| + \frac{b}{x}$$

presenta, per ogni valore diverso da 0 di a e b, un estremo relativo e un punto di flesso di ascissa doppia di quella dell'estremo.

30 **a.** Trova per quali valori di k la curva di equazione $f(x) = kx^3 - (2k+1)x + 2$ ha punti estremanti e determina per quale valore di k ha un punto di flesso orizzontale.

b. Determina k in modo che la curva abbia un minimo di ascissa 1 e trova, in questo caso, l'ordinata del minimo e le coordinate del massimo.

$\left[\text{a) } k < -\frac{1}{2} \vee k > 0; k = -\frac{1}{2}; \text{b) } k = 1; y_m = 0; M(-1; 4)\right]$

31 Determina per quali valori di a e b la funzione $y = (x - a)e^{bx}$, con $a, b \in \mathbb{R}$, presenta un minimo relativo nel punto di ascissa $x = 2$ e un flesso obliquo nel punto di ascissa $x = 1$. Scrivi l'equazione della retta tangente al grafico della funzione nel suo punto di flesso.

$[a = 3, b = 1; y = -ex - e]$

32 ●●
a. Studia al variare di k i massimi, i minimi e i flessi della funzione $y = \frac{1}{3}x^3 - kx$.
b. Considera i casi particolari $k = -3$, $k = 0$, $k = 3$ e trova i massimi, i minimi e i flessi.
[a) $k > 0$ un max e un min, $k \leq 0$ nessun estremante, $\forall k$ un fl. (orizz. se $k = 0$); b) $x = 0$ fl. obl.; $x = 0$ fl. orizz.; $x = \sqrt{3}$ min, $x = -\sqrt{3}$ max, $x = 0$ fl. obl.]

33 ●● Nelle funzioni di equazione $y = a^2x^3 - 3ax^2 + \frac{5}{a}$ $(a \neq 0)$ studia al variare di a gli estremanti e i flessi e verifica che esiste un solo punto di flesso, che è sempre punto medio del segmento che congiunge i punti di massimo e di minimo.
$\left[\text{se } a > 0,\ x = 0 \text{ max},\ x = \frac{2}{a} \text{ min; se } a < 0,\ x = \frac{2}{a} \text{ max},\ x = 0 \text{ min}\right]$

RISOLVERE PROBLEMI

34 ●○ Trova il punto P della parabola di equazione $y = 2x^2 - 3x + 1$ le cui coordinate hanno somma minima. $\left[P\left(\frac{1}{2}; 0\right)\right]$

35 ●○ Fra tutte le rette passanti per il punto $(1; 4)$ determina quella che, intersecando gli assi cartesiani, forma nel primo quadrante il triangolo di area minima. $[y = -4x + 8]$

36 ●○ Determina il punto del primo quadrante appartenente alla curva di equazione $y = \frac{x+1}{x}$ che si trova a distanza minima dalla retta di equazione $x + 4y - 4 = 0$. $\left[P\left(2; \frac{3}{2}\right)\right]$

37 ●○ Rappresenta le parabole γ_1 e γ_2 di equazioni $y = -x^2 + 10x - 9$ e $y = x^2 - 8x + 7$, e trova quale retta parallela all'asse y, intersecando la regione finita di piano delimitata da γ_1 e γ_2, individua la corda PQ di lunghezza massima. $\left[x = \frac{9}{2}\right]$

38 ●○ Dato il quadrato $ABCD$, determina per quale valore di x, ovvero per quale posizione di P sul lato AB, il quadrato inscritto $PQRS$ ha area minima. Quanto misura il lato in questo caso? $[x = 1; \overline{PQ} = \sqrt{2}]$

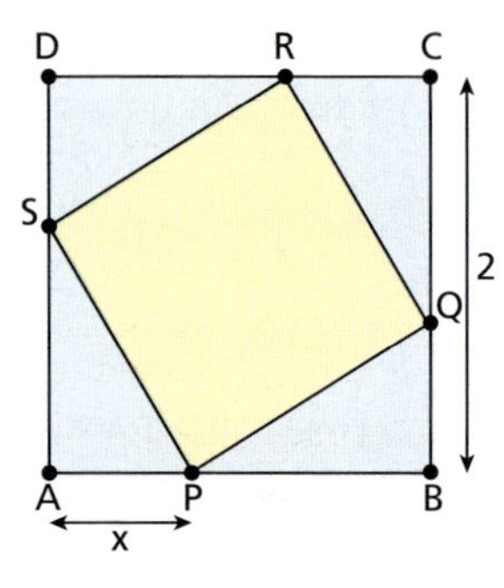

39 ●○ Determina il valore massimo dell'area del trapezio isoscele in figura. $\left[x = \frac{1}{2}; \text{area max} = \frac{7}{4}\sqrt{7}\right]$

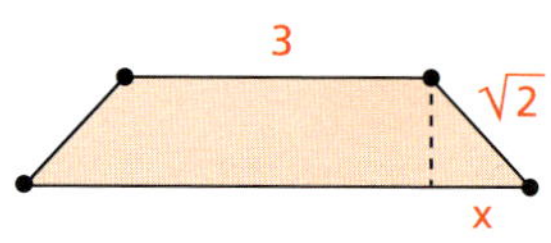

40 ●● Due punti C e P sono presi su una semicirconferenza di diametro $\overline{AB} = 2r$, in modo tale che, detto α l'angolo $C\widehat{A}P$, sia $\cos\alpha = \frac{24}{25}$. Determina la posizione di P per cui è massima l'area di $ABPC$. $\left[\text{posto } B\widehat{A}P = x,\ x = \frac{1}{2}\arctan\frac{24}{7}\right]$

41 ●● Fra tutti i coni inscritti in una sfera di raggio assegnato r, determina quello che ha area laterale massima. $\left[\text{altezza: } \frac{4}{3}r\right]$

42 ●● Dato un triangolo rettangolo ABC inscritto in una semicirconferenza di diametro $\overline{AB} = 2r$, sia CH l'altezza relativa all'ipotenusa.
Detto M il punto medio di CH e Q l'intersezione tra BC e la retta passante per M e parallela ad AB, determina per quale posizione di C il trapezio $MABQ$ ha area massima.
$\left[C\widehat{A}H = \arcsin\sqrt{\frac{\sqrt{33}-1}{8}}\right]$

43 ●● Considera i punti A e B dell'iperbole γ di equazione $xy = -2$ di ascissa -2 e -1 rispettivamente. Trova quale punto C appartenente all'arco $\widehat{AB}$ di γ determina il triangolo ABC di area massima. $[C(-\sqrt{2}; \sqrt{2})]$

44 ●● Sia A vertice di ascissa minore dell'ellisse γ di equazione $\frac{x^2}{25}+\frac{y^2}{4}=1$.

Determina l'equazione di una retta r parallela all'asse y in modo che, detti M e N i punti di intersezione tra r e γ, sia massimo il volume della piramide di base il triangolo AMN e altezza il segmento AP perpendicolare al piano della figura, sapendo che $\overline{AP}$ è pari alla distanza di r da A.

$\left[r: x=\frac{10}{3}\right]$

45 ●● Determina le parabole γ_1 e γ_2 del fascio di equazione $x=ay^2-1$, $a>0$, sapendo che staccano sull'asse y un segmento di lunghezza 2 e 4, rispettivamente. Per il punto P comune a γ_1 e γ_2, traccia una retta r che interseca γ_1 in A e la perpendicolare a r che interseca γ_2 in B. Trova l'equazione della retta r che rende minima l'area del triangolo ABP.

$\left[\gamma_1: x=y^2-1,\ \gamma_2: x=\frac{y^2}{4}-1;\ y=x+1,\ y=-x+1\right]$

46 ●● Come deve essere l'altezza di un trapezio rettangolo avente il lato obliquo e la base minore entrambi uguali a b affinché sia massimo il volume del solido ottenuto dalla rotazione completa del trapezio attorno alla base maggiore?

$\left[2b\sqrt{\frac{\sqrt{3}-1}{3}}\right]$

47 ●● Considera una piramide di base quadrata $ABCD$ e vertice V, la cui altezza VH sia congruente al lato di base. Detto P un punto dell'altezza VH, sia $A'B'C'D'$ la sezione della piramide definita da un piano passante per P e perpendicolare a VH.

a. Determina P in modo che il volume della piramide $A'B'C'D'H$ sia massimo.

b. Determina P in modo che sia massima la superficie laterale del cilindro avente una base inscritta nel quadrato $A'B'C'D'$ e l'altra interna alla base $ABCD$.

$\left[\text{a) } VP=\frac{2}{3}l;\ \text{b) } VP=\frac{l}{2}\right]$

VERIFICA DELLE COMPETENZE VERSO L'ESAME

ARGOMENTARE E DIMOSTRARE

48 ●○ Considera tutte le funzioni del tipo

$$y=ax^3+bx^2+cx+d.$$

a. Quali di esse non possiedono punti stazionari?

b. Dimostra che se una di esse ha un punto di minimo relativo allora ha anche un punto di massimo relativo.

49 ●○ Spiega perché una funzione polinomiale di terzo grado ammette sempre un punto di flesso. Motiva la risposta anche con un esempio.

50 ●○ Dimostra che la funzione $y=\sin\frac{1}{x}$ ha infiniti punti di massimo e minimo relativi nell'intervallo $]0;1[$.

51 ●● La funzione $f(x)$ è definita in tutto $\mathbb{R}$ e derivabile per ogni $x\neq 0$, inoltre $f(0)=0$ e $f'(x)<0$ per $x<0$ e $f'(x)>0$ per $x>0$. Si può affermare che la funzione presenta in $x=0$ un minimo di valore 0? Motiva la risposta.

52 ●● Dimostra che, data una funzione $f(x)$ definita in un intervallo e derivabile almeno due volte in ogni punto del suo dominio con derivata seconda ovunque continua, se $f(x)$ ammette sia un punto di massimo relativo sia un punto di minimo relativo, allora ha almeno un punto di flesso.

53 ●○ Considerata la parabola di equazione $y=4-x^2$, nel primo quadrante ciascuna tangente alla parabola delimita con gli assi coordinati un triangolo. Determinare il punto di tangenza in modo che l'area di tale triangolo sia minima.

(Esame di Stato, Liceo scientifico, opzione Scienze applicate, Scuole italiane all'estero (Americhe), 2015, quesito 5)

$\left[\frac{32\sqrt{3}}{9}\right]$

54 ●○ Qual è la capacità massima, in litri, di un cono di apotema 1 metro?

(Esame di Stato, Liceo scientifico, Corso di ordinamento, Sessione ordinaria, 2012, quesito 4)

[403 L]

55 Una targa d'argento ha la forma di un rettangolo di area 600 cm^2. La zona dove va incisa l'iscrizione è anch'essa rettangolare ed è posta a 2 cm sia dal lato superiore sia dal lato inferiore della targa, lasciando inoltre un bordo di 3 cm a sinistra e di 3 cm a destra. Si determinino le dimensioni della targa in modo che sia massima l'area della zona dedicata all'incisione e si calcoli la percentuale dell'area totale da essa occupata.

(*Esame di Stato, Liceo scientifico, Scuole italiane all'estero (Europa), Sessione ordinaria*, 2014, *quesito* 5)

[20 cm × 30 cm; 64%]

56 Sia f la funzione, definita per tutti gli x reali, da

$$f(x) = (x-1)^2 + (x-2)^2 + (x-3)^2 + \\ +(x-4)^2 + (x-5)^2,$$

determinare il minimo di f.

(*Esame di Stato, Liceo scientifico, Corso di ordinamento, Sessione ordinaria*, 2015, *quesito* 6)

[10]

57 Data una parabola di equazione

$$y = 1 - ax^2, \qquad \text{con } a > 0,$$

si vogliono inscrivere dei rettangoli, con un lato sull'asse x, nel segmento parabolico delimitato dall'asse x. Determinare a in modo tale che il rettangolo di area massima sia anche il rettangolo di perimetro massimo.

(*Esame di Stato, Liceo scientifico, Corso di ordinamento, Sessione ordinaria*, 2016, *quesito* 2)

[$a = 3$]

58 Si dimostri che ogni funzione

$$f(x) = ax^3 + bx^2 + cx + d,$$

dove a, b, c, d sono valori reali con $a \neq 0$, ha un massimo e un minimo relativi oppure non ha estremanti.

(*Esame di Stato, Liceo scientifico, Corso di ordinamento, Sessione straordinaria*, 2010, *quesito* 4)

59 Data una statua AB di altezza $h = 2{,}5$ m, posta su di un piedistallo BP di altezza $a = 2$ m, si determini sul piano orizzontale passante per il punto P d'appoggio del piedistallo un punto O tale che da esso la statua sia vista sotto angolo massimo.

(*Esame di Stato, Liceo scientifico, Corso di ordinamento, Sessione straordinaria*, 2014, *quesito* 3)

[$PO = 3$ m]

60 Risolvere il seguente problema posto nel 1547 da Ludovico Ferrari a Niccolò Tartaglia:
«Si divida il numero 8 in 2 numeri reali non negativi in modo che sia massimo il prodotto di uno per l'altro e per la loro differenza».

(*Esame di Stato, Liceo scientifico, opzione Scienze applicate, Scuole italiane all'estero (Europa)*, 2015, *quesito* 9)

$\left[4 \pm \frac{4\sqrt{3}}{3}\right]$

61 Preso un punto C su una semicirconferenza di diametro $\overline{AB} = 2r$, sia M il punto medio dell'arco BC. Determinare il valore massimo che può assumere l'area del quadrilatero $ABMC$.

(*Esame di Stato, Liceo scientifico, Corso di ordinamento, Sessione suppletiva*, 2015, *quesito* 6)

$\left[\frac{3}{4}\sqrt{3}\, r^2\right]$

62 Si trovi il punto della curva $y = \sqrt{x}$ più vicino al punto di coordinate (4; 0).

(*Esame di Stato, Liceo scientifico, Corso di ordinamento, Sessione ordinaria*, 2011, *quesito* 2)

$\left[\left(\frac{7}{2}; \sqrt{\frac{7}{2}}\right)\right]$

63 Si consideri la funzione $f(x) = (2x-1)^7(4-2x)^5$. Stabilire se ammette massimo o minimo assoluti nell'intervallo $\frac{1}{2} \leq x \leq 2$.

(*Esame di Stato, Liceo scientifico, Corso di ordinamento, Sessione ordinaria*, 2002, *quesito* 6)

64 Fra tutti i triangoli isosceli inscritti in una circonferenza di raggio r, si determini quello per cui è massima la somma dell'altezza e del doppio della base.

(*Esame di Stato, Liceo scientifico, Corso di ordinamento, Sessione suppletiva*, 2007, *quesito* 5)

$\left[\text{altezza} = \left(\frac{17+\sqrt{17}}{17}\right) r\right]$

65 In un piano riferito ad un sistema di assi cartesiani sono assegnati i punti $A(0; 1)$, $B(0; 4)$. Si determini sul semiasse positivo delle ascisse un punto C dal quale il segmento AB è visto con un angolo di massima ampiezza.

(*Esame di Stato, Liceo scientifico, Corso sperimentale, Sessione suppletiva*, 2008, *quesito* 8)

[$C(2; 0)$]

66 Trovare almeno tre funzioni polinomiali $f(x)$ di grado superiore al primo aventi andamenti diversi (per quanto riguarda la concavità o la convessità) in $x_0 = 0$ e tali che: $f(0) = 1$, $f'(0) = 1$ e $f''(0) = 0$.

(*Esame di Stato, Liceo scientifico, Corso sperimentale, Sessione ordinaria*, 2000, *quesito* 1c)

67 ●● Sia $f(x)$ una funzione reale di variabile reale. Si sa che: $f(x)$ è derivabile su tutto l'asse reale; $f(x)=0$ solo per $x=0$; $f(x)\to 0$ per $x\to\pm\infty$; $f'(x)=0$ soltanto per $x=-2$ e $x=1$; $f(-2)=1$ ed $f(1)=-2$. Dire, dandone esauriente spiegazione, se le informazioni suddette sono sufficienti per determinare gli intervalli in cui la funzione è definita, quelli in cui è continua, quelli in cui è positiva, quelli in cui è negativa, quelli in cui cresce, quelli in cui decresce. Si può dire qualcosa circa i flessi di $f(x)$?

(*Esame di Stato, Liceo scientifico,Corso di ordinamento, Sessione suppletiva*, 2002, *quesito* 3)

68 ●● Un serbatoio ha la stessa capacità del massimo cono circolare retto di apotema 80 cm. Quale è la capacità in litri del serbatoio?

(*Esame di Stato, Liceo scientifico, Corso di ordinamento,* 2010, *quesito* 5)

[$\simeq 206$ L]

69 ●● Una piramide, avente area di base B e altezza h, viene secata con un piano parallelo alla base. Si calcoli a quale distanza dal vertice si deve condurre tale piano, affinché il prisma che ha per basi la sezione di cui sopra e la sua proiezione ortogonale sul piano di base della piramide abbia volume massimo.

(*Esame di Stato, Liceo scientifico, Corso di ordinamento, Sessione suppletiva*, 2009, *quesito* 1)

$\left[\frac{2}{3}h\right]$

70 ●● Un trapezio rettangolo è circoscritto ad una semicirconferenza di raggio r in modo che la base maggiore contenga il diametro. Si calcoli in gradi e primi (sessagesimali) l'ampiezza x dell'angolo acuto del trapezio, affinché il solido da esso generato in una rotazione completa attorno alla base maggiore abbia volume minimo.

(*Esame di Stato, Liceo scientifico, Corso di ordinamento, Sessione suppletiva*, 2008, *quesito* 2)

[$48°11'$]

COSTRUIRE E UTILIZZARE MODELLI

RISOLVIAMO UN PROBLEMA

Caldo riposo

In economia si definisce *domanda di un bene economico* la quantità di bene x richiesta a un dato prezzo p.

Un'impresa produce piumini per letti matrimoniali e sostiene per la produzione una spesa fissa mensile di € 1600 e un costo per i materiali e la manodopera di € 80 per ogni pezzo. La domanda di piumini è espressa dalla funzione $x = 120 - 0{,}4p$, con $p \leq$ € 300. Esprimiamo le funzioni del costo mensile totale $C(x)$ e del ricavo $R(x) = x \cdot p(x)$, e determiniamo per quale quantità il guadagno mensile $G(x) = R(x) - C(x)$ è massimo.

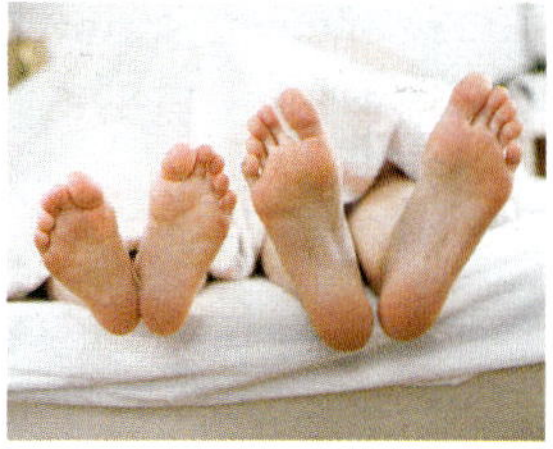

► **Troviamo la funzione del costo.**

La funzione del costo è la somma di una componente fissa e di una variabile data dal prodotto di 80 per il numero x di piumini prodotti. Quindi:

$$C(x) = 1600 + 80x.$$

► **Troviamo la funzione del ricavo.**

Il ricavo è il prodotto tra la quantità di piumini venduti e il prezzo di vendita. Essendo

$$x = 120 - 0{,}4p \quad \to \quad p = 300 - 2{,}5x,$$

otteniamo:

$$R(x) = x \cdot (300 - 2{,}5x) = 300x - 2{,}5x^2.$$

► **Calcoliamo il massimo del guadagno.**

Scriviamo la funzione che esprime il guadagno:

$$G(x) = R(x) - C(x) = 300x - 2{,}5x^2 - (1600 + 80x) = 220x - 2{,}5x^2 - 1600.$$

Deriviamo la funzione e studiamo il segno della derivata:

$$G'(x) = 220 - 5x;$$

$$G'(x) > 0 \quad \to \quad 220 - 5x > 0 \quad \to \quad x < 44.$$

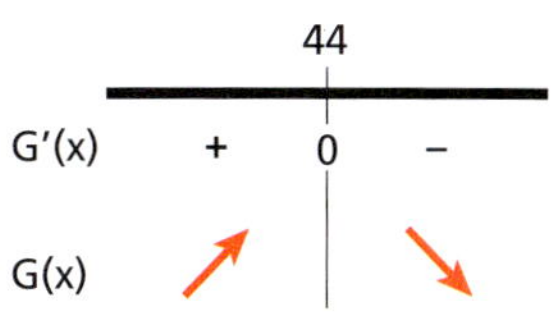

Dal quadro dei segni deduciamo che $x = 44$ è un massimo per la funzione del guadagno.

71 **Vendesi braccialetti** Lucia produce braccialetti etnici che vende online. Sostiene mensilmente una spesa fissa di € 18, delle spese di spedizione, in euro, pari al 2% del quadrato del numero di braccialetti prodotti e un costo di € 2 per ogni braccialetto realizzato.

a. Scrivi la funzione del costo totale.

b. Determina la funzione del costo unitario, definito come rapporto tra il costo totale per produrre x braccialetti e la quantità x di braccialetti prodotti.

c. Calcola il numero x di braccialetti prodotti per i quali il costo unitario è minimo.

$\left[\text{a) } C(x) = 0,02x^2 + 2x + 18;\ \text{b) } C_u = \dfrac{0,02x^2 + 2x + 18}{x};\ \text{c) } x = 30\right]$

72 **Un uovo strano** All'interno di un uovo di cioccolato di forma sferica si inserisce una scatola, di forma cilindrica, che contiene la sorpresa.

a. Trova il volume massimo che può avere la scatola, supponendo che l'uovo contenitore abbia raggio R.

b. Calcola il rapporto tra il diametro di base e l'altezza del cilindro trovati al punto precedente.

$\left[\text{a) } V = \dfrac{4\pi R^3}{3\sqrt{3}};\ \text{b) } \sqrt{2}\right]$

73 **Il maratoneta** Un atleta sta partecipando a una maratona. In un tratto il percorso segue una traiettoria di equazione $y^2 = 2x$ (con $x \geq 0$), rispetto a un opportuno sistema di assi. Nello stesso sistema, il suo allenatore si trova nel punto $A(1; 5)$ e gli deve lanciare una spugna bagnata per farlo idratare. In che punto del percorso il maratoneta si troverà più vicino al suo allenatore per ricevere la spugna?

$\left[\left(\dfrac{\sqrt[3]{10^2}}{2};\ \sqrt[3]{10}\right)\right]$

74 **Mattoncini** Una ditta produttrice di mattoncini per le costruzioni deve predisporre una scatola a forma di parallelepipedo, con due facce parallele quadrate, che abbia una capienza di 64 000 cm^3.
Calcola qual è il quantitativo minimo di cartoncino da utilizzare per realizzare la scatola, supponendo che a causa dei lembi di cartoncino da incollare per chiuderla occorra circa il 5% in più di cartoncino.

[10 080 cm^2]

75 **Il Ponte dei Salti** Il profilo superiore del Ponte dei Salti che si trova a Lavertezzo, in Svizzera, è approssimabile con il grafico di una funzione che ha le seguenti caratteristiche:

- è simmetrica rispetto all'asse y;
- ha un minimo nell'origine e due massimi nei punti $(\pm 7; 2)$.

Tali caratteristiche sono tipiche di una funzione del tipo

$$f(x) = h(x)\, e^{-k \cdot h(x)},$$

dove $h(x) = ax^2 + bx + c$. Determina una possibile espressione analitica di $f(x)$ che rispetti le due condizioni.

$\left[f(x) = \dfrac{2e}{49}\, x^2 e^{-\frac{x^2}{49}}\right]$

76 ●● **Fra Bologna e Praga** Una compagnia aerea pianifica una nuova tratta fra Bologna e Praga, di 664 km. Il consumo di Jet-A1 (il combustibile utilizzato) è di circa 1,2 L/km e il suo costo è di circa € 2 al litro. La spesa oraria complessiva per il personale di bordo è di circa € 1000. Va inoltre previsto un costo variabile proporzionale al cubo della velocità media, con costante di proporzionalità pari a 0,001.

a. Individua la funzione che esprime il costo totale della tratta aerea, dovuto a tutti i fattori indicati, in funzione della velocità media v di volo e determina il punto stazionario di tale funzione.

b. Che significato ha il punto stazionario trovato al punto precedente, sapendo che la velocità media del volo è di 500 km/h?

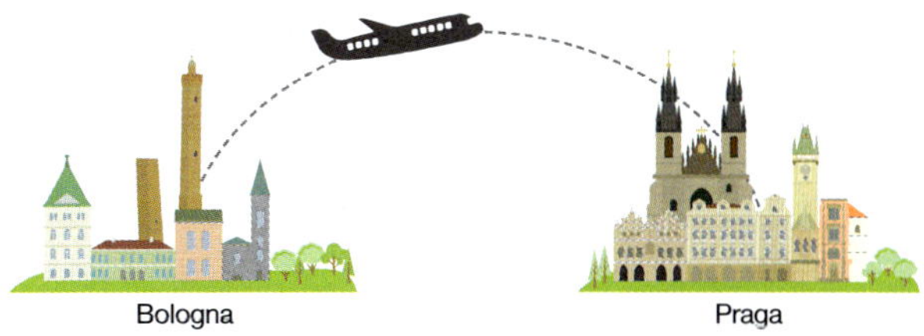

[a) $c(v) = 1593{,}6 + \dfrac{664\,000}{v} + \dfrac{v^3}{1000}$; $c'(v_0) = 0$ per $v_0 \simeq 122$ km/h; b) v_0 è punto di minimo per $c(v)$, ma non ha attinenza con la velocità «reale» dell'aereo]

INDIVIDUARE STRATEGIE E APPLICARE METODI PER RISOLVERE PROBLEMI

77 ●○ Considera la funzione $f(x) = \dfrac{ax+b}{cx^2+1}$, con a, b, c numeri reali.

a. Determina a, b, c in modo che $f(x)$ sia dispari, abbia due punti di flesso in corrispondenza di $x = \pm 1$ e tangente in $x = 1$ con pendenza $\dfrac{1}{4}$.

b. Traccia un grafico probabile $f(x)$.

c. Scrivi l'equazione della retta tangente al grafico nel punto di ascissa $x = 0$.

[a) $a = -2$, $b = 0$, $c = 3$; c) $y = -2x$]

LEGGI IL GRAFICO

78 ●● È data la cubica $y = ax^3 + bx^2 + cx + d$ con $a, b, c, d \in \mathbb{R}$, $a \neq 0$.

a. Verifica che ammette sempre un punto di flesso.

b. Determina il valore dei parametri per cui la curva sia quella rappresentata in figura, in cui il flesso si trova in O.

c. Dopo aver trovato l'equazione della retta t tangente nell'origine O, considera una retta passante per O e compresa tra l'asse x e t. Determina la retta che rende massima l'area del triangolo APB, dove con P si è indicato il punto di intersezione tra la retta e la cubica nel primo quadrante.

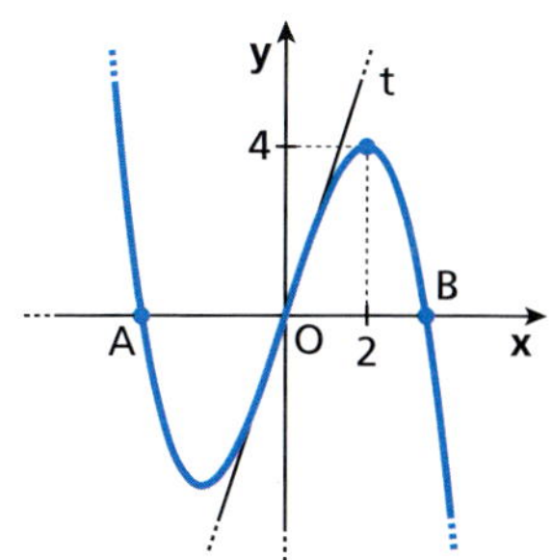

[b) $y = -\dfrac{1}{4}x^3 + 3x$; c) $y = 2x$]

79 ●● **a.** Il grafico rappresentato in figura ha equazione $y = ax^3 + bx^2 + cx + d$, con $a, b, c, d \in \mathbb{R}$, $a \neq 0$. Trova a, b, c, d sapendo che A è un massimo e F è un flesso con tangente t di equazione $y = -3x + 7$.

b. Trovato il minimo B, scrivi l'equazione dell'iperbole equilatera che ha F come centro di simmetria, asintoti paralleli agli assi cartesiani e passa per B.

c. Determina i punti dell'iperbole che hanno la distanza minima da F.

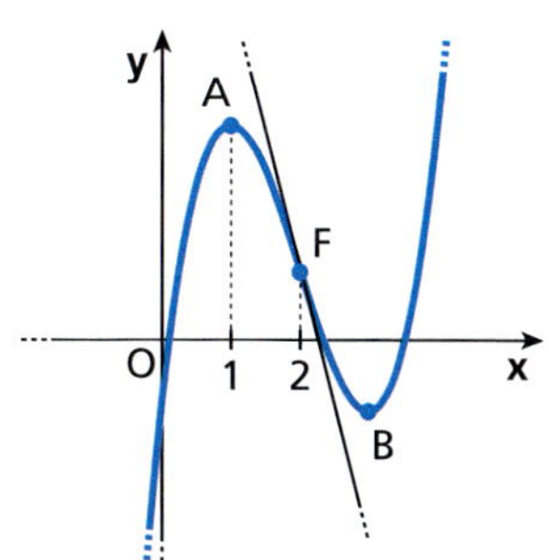

[a) $y = x^3 - 6x^2 + 9x - 1$; b) $B(3; -1)$, $y = \dfrac{x-4}{x-2}$; c) $(2 \pm \sqrt{2}; 1 \mp \sqrt{2})$]

VERIFICA DELLE COMPETENZE

80 ●●

La curva γ rappresentata in figura ha equazione

$$y = \frac{ax^3 + bx^2 + cx + d}{x^2}, \quad \text{con } a, b, c, d \in \mathbb{R}.$$

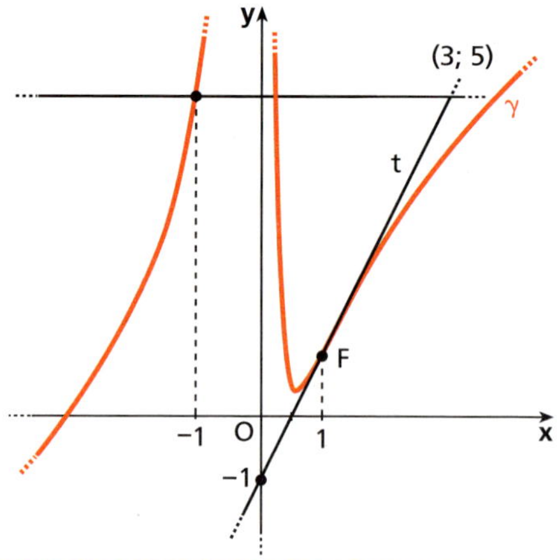

a. Determina a, b, c, d, tenendo conto che F è un punto di flesso con tangente t.

b. Scrivi l'equazione della parabola, con asse parallelo all'asse y, tangente alla curva γ nel suo punto B di ascissa $\frac{1}{2}$ e con il vertice sull'asse y.

c. Determina il rettangolo inscritto nella parabola, individuato dalla retta di equazione $y = k$ e dall'asse x, di area massima.

$\left[\text{a) } a = 1, b = 2, c = -3, d = 1; \text{ b) } y = -3x^2 + \frac{5}{4}; \text{ c) } k = \frac{5}{6}\right]$

81 ●●

Il triangolo rettangolo ABC ha l'ipotenusa $AB = a$ e l'angolo $C\widehat{A}B = \frac{\pi}{3}$.

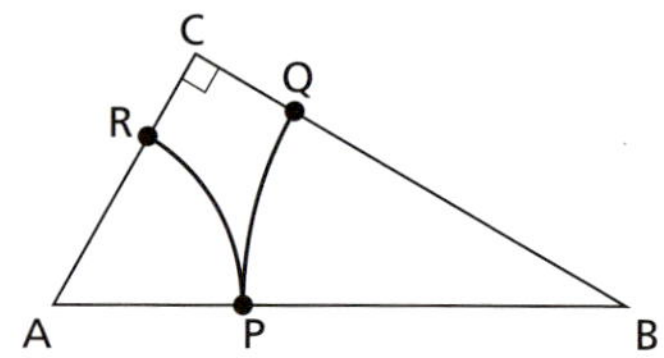

a. Si descriva, internamente al triangolo, con centro in B e raggio x, l'arco di circonferenza di estremi P e Q rispettivamente su AB e su BC. Sia poi R l'intersezione con il cateto CA dell'arco di circonferenza di centro A e raggio AP. Si specifichino le limitazioni da imporre a x affinché la costruzione sia realizzabile.

b. Si esprima in funzione di x l'area S del quadrilatero mistilineo $PQCR$ e si trovi quale sia il valore minimo e quale il valore massimo di $S(x)$.

c. Tra i rettangoli con un lato su AB e i vertici del lato opposto su ciascuno dei due cateti si determini quello di area massima. (*Esame di Stato, Liceo scientifico, Corso di ordinamento, Sessione ordinaria*, 2008, *dal problema* 1)

$\left[\text{a) } \frac{a}{2} \le x \le \frac{\sqrt{3}}{2}a; \text{ b) } \frac{\sqrt{3}}{8}a^2 - \frac{\pi}{12}[x^2 + 2(a-x)^2], S_{max} = \left(\frac{\sqrt{3}}{8} - \frac{\pi}{18}\right)a^2, S_{min} = \left[\frac{\sqrt{3}}{8} - \frac{\pi}{6}\left(\frac{17}{8} - \sqrt{3}\right)\right]a^2;\right.$

$\left.\text{c) } S_{max} = \frac{\sqrt{3}}{16}a^2 \text{ per } \overline{OL} = \frac{\sqrt{3}}{8}a, \text{ con } OL \text{ lato del rettangolo perpendicolare ad } AB\right]$

82 ●●

Un filo metallico di lunghezza λ, viene utilizzato per delimitare il perimetro di un'aiuola rettangolare.

a. Qual è l'aiuola di area massima che è possibile delimitare?

Si pensa di tagliare il filo in due parti e utilizzarle per delimitare un'aiuola quadrata e un'altra circolare. Come si dovrebbe tagliare il filo affinché:

b. la somma delle due aree sia minima?

c. la somma delle due aree sia massima?

Un'aiuola, una volta realizzata, ha la forma di parallelepipedo rettangolo; una scatola, cioè, colma di terreno. Si discute di aumentare del 10% ciascuna sua dimensione.

d. Di quanto terreno in più, in termini percentuali, si ha bisogno?

(*Esame di Stato, Liceo scientifico, Corso di ordinamento, Sessione ordinaria*, 2006, *problema* 1)

$\left[\text{a) quadrato, } A = \frac{\lambda^2}{16}; \text{ d) } 33{,}1\%\right]$

83 ●●

a. Studia la continuità e la derivabilità della funzione, definita nel dominio $D = \{x \mid x > -2\pi\}$:

$$f(x) = \begin{cases} \arctan \sin x & \text{se } -2\pi < x < 0 \\ \ln\sqrt{1 + x^2} & \text{se } x \ge 0 \end{cases}.$$

b. Individua gli intervalli in cui la funzione è crescente e decrescente.

c. Scrivi le equazioni delle tangenti negli eventuali punti angolosi e nei punti di massimo e di minimo.

d. Trova i flessi della funzione.

$\left[\text{a) continua in } D, \text{ derivabile in } D - \{0\}; \text{ b) decresc. per } -\frac{3}{2}\pi < x < -\frac{\pi}{2}, \text{ cresc. per } -2\pi < x < -\frac{3}{2}\pi \vee x > -\frac{\pi}{2};\right.$

$\left.\text{c) } y = 0, y = x, y = \frac{\pi}{4}, y = -\frac{\pi}{4}; \text{ d) } (1; \ln\sqrt{2}), (-\pi; 0)\right]$

84 Date le curve di equazione $y = \frac{x^2 + kx + 2k}{x^2 - 1}$, con $k \in \mathbb{R}$, verifica che tutte le curve passano per uno stesso punto A e studia gli estremanti al variare di k. Considera i casi particolari di $k = -1$ e $k = -\frac{1}{3}$ e rappresenta le funzioni ottenute dopo aver riconosciuto che si tratta di iperboli equilatere.

$\left[A\left(-2; \frac{4}{3}\right)\right.$; 1 estr. per $k = 0$; 2 estr. per $k < -1 \vee -\frac{1}{3} < k < 0 \vee k > 0$; nessun estr. per $\left.-1 \leq k \leq -\frac{1}{3}\right]$

85 Data la funzione $y = \sqrt[3]{(9-x)x^2}$, studia il suo dominio e il segno e calcola i limiti agli estremi del dominio. Determina i punti di massimo e minimo e i punti di flesso, e traccia il grafico della funzione utilizzando le informazioni precedenti.

$\left[D: R,\ y > 0 \text{ per } x < 9 \wedge x \neq 0,\ \lim_{x \to \pm\infty} y = \mp\infty; (0; 0) \text{ min (cuspide)}, (6; 3\sqrt[3]{4}) \text{ max}, (9; 0) \text{ fl. vert.}\right]$

86 **IN FISICA** L'oscillazione di una pallina fissata all'estremità di una molla e libera di muoversi su una retta è descritta dalla legge oraria: $x = ae^{-bt} \cos \omega t$ (a, b, ω costanti positive).

a. Trova il periodo dell'oscillazione e la posizione della pallina dopo due oscillazioni complete.

b. Posto $a = b = \omega = 1$, determina in quali istanti la pallina è ferma e in quali ha la massima velocità.

$\left[\text{a) } \frac{2\pi}{\omega}, x = ae^{-\frac{b}{\omega}4\pi}; \text{ b) } t = \frac{3}{4}\pi + k\pi, k \in \mathbb{Z}^+, t = \pi + 2k\pi\right]$

87 Uno spicchio sferico di ampiezza 20° ha il volume, approssimato a meno di 10^{-2}, uguale a 169,65 cm^3.

a. Si determini il raggio della sfera cui lo spicchio appartiene.

b. Supposto che la sfera sia di ferro (peso specifico = 7,8 g/m^3) e pesi 21,65 kg, si stabilisca se essa è piena o contiene al suo interno qualche cavità.

c. Si calcoli l'altezza del cono di volume minimo circoscritto alla sfera.

(*Esame di Stato, Liceo scientifico, Scuole italiane all'estero, Corso di ordinamento, Sessione ordinaria*, 2002, *problema* 2)

[a) $r = 9$; b) la sfera contiene al suo interno qualche cavità; c) 36 cm]

88 **IN FISICA** Una particella si muove in un piano e le sue coordinate in funzione del tempo sono:

$$\begin{cases} x(t) = 2\cos t - 1 \\ y(t) = \sin t + 2 \end{cases}, \quad t \in [0; 2\pi[.$$

a. Verifica che la traiettoria è un'ellisse e calcola le componenti dei vettori velocità e accelerazione.

b. Verifica che la velocità non si annulla mai e calcola gli istanti in cui il suo modulo è massimo o minimo.

c. Ripeti per l'accelerazione le considerazioni del punto precedente.

$\left[\text{a) } v = (-2\sin t; \cos t), a = (-2\cos t; -\sin t); \text{ b) } v_{max} \text{ per } t = \frac{\pi}{2}, \frac{3\pi}{2}; v_{min} \text{ per } t = 0, \pi;\right.$
$\left.\text{c) } a_{max} \text{ per } t = 0, \pi; a_{min} \text{ per } t = \frac{\pi}{2}, \frac{3\pi}{2}\right]$

89 Il trapezio $ABCD$ è isoscele e circoscritto ad un cerchio di raggio 1. Si ponga la base minore $\overline{CD} = 2x$.

a. Si provi che è: $\overline{AB} = \frac{2}{x}$.

b. Si dimostri che il volume del solido, ottenuto dalla rotazione completa del trapezio attorno alla base maggiore, assume un valore minimo per $x = \frac{\sqrt{2}}{2}$.

c. In corrispondenza di tale valore di x, si calcoli l'area del quadrilatero avente per vertici i quattro punti in cui il trapezio è tangente al cerchio.

(*Esame di Stato, Liceo scientifico, Scuole italiane all'estero, Sessione ordinaria*, 2008, *problema* 2)

$\left[\text{c) } \frac{4}{3}\sqrt{2}\right]$

VERIFICA DELLE COMPETENZE PROVE

1 ora

PROVA A

1 Determina a, b e c in modo che la funzione $y = ax^4 + bx^3 + cx^2 - \frac{1}{3}$ abbia un flesso orizzontale nel punto (2; 1).

2 Trova per quali valori di a la funzione

$$y = \frac{x^2 - x - 2a}{x + a}$$

ammette punti di massimo e di minimo relativi.

3 Determina a, b, c in modo che la curva di equazione

$$y = ax^3 + bx^2 + c$$

abbia un flesso nel punto $x = 2$ con tangente di equazione $12x + y - 16 = 0$.

4 Fra tutti i triangoli isosceli PQR circoscritti al rettangolo $ABCD$ in figura, determina quello di area minima.

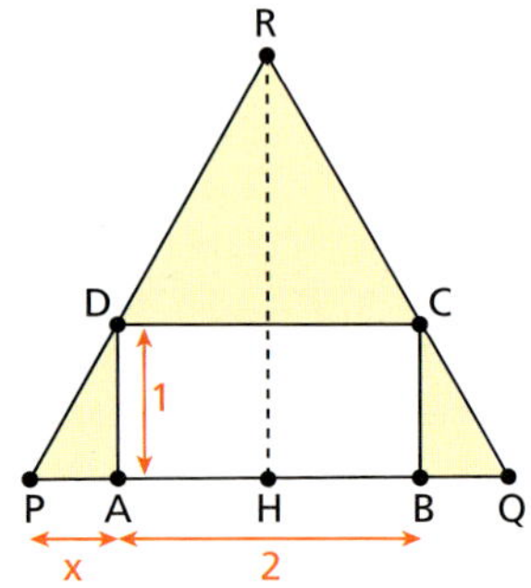

Determina i punti di massimo, di minimo e di flesso delle seguenti funzioni.

5 **a.** $y = -\frac{1}{3}x^3 - \frac{3}{2}x^2 + 4x$

b. $y = \frac{3x^2 - 9}{2 - x}$

6 **a.** $y = e^x + xe^x$

b. $y = \sqrt{x^3 - x}$

PROVA B

Determina gli eventuali punti di massimo, di minimo o di flesso delle seguenti funzioni.

1 **a.** $y = xe^{-\frac{1}{x^3}}$

b. $y = \sqrt[3]{\ln x - 1}$

2 **a.** $y = 1 - \cos^2 x - 2\sin x$

b. $y = x^3 - 2|x|$

3 Determina per quali valori del parametro reale k la funzione

$$f(x) = e^x - kx$$

non ha estremi relativi.

4 Calcola i valori di a e b, sapendo che il grafico della funzione $y = ax + \frac{b}{x} + \frac{1}{x^3}$ ha un massimo in (− 1; 0) e un flesso di ascissa $x = \sqrt{3}$.

5 Il segmento $\overline{AC}$ in figura misura $2r$, mentre la corda DE della semicirconferenza è parallela ad AC. Determina il triangolo DEB che abbia:

a. perimetro massimo;

b. area massima.

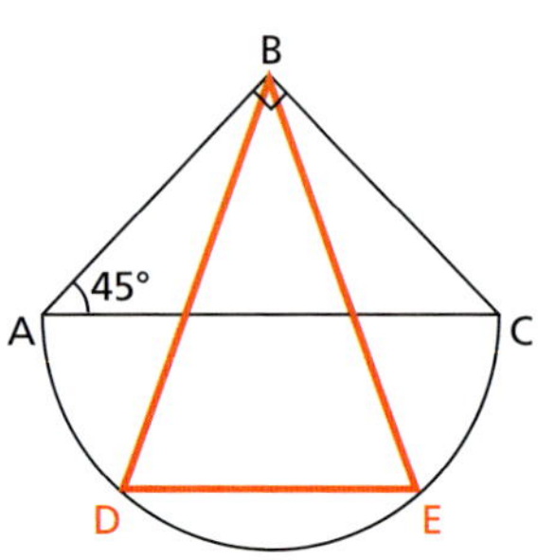

6 Lo sviluppo della superficie laterale di un cono è un settore circolare di raggio 4 cm. Se x è l'angolo al centro del settore, trova per quale valore di x si ha il cono di volume massimo.

PROVA C

1 **Forniture elettriche** Una centrale elettrica sulla sponda di un fiume deve essere collegata a un grande complesso residenziale sull'altra sponda, a 1 km di distanza. La posa del cavo elettrico costa € 100 al metro lungo la riva, mentre costa € 200 sott'acqua.

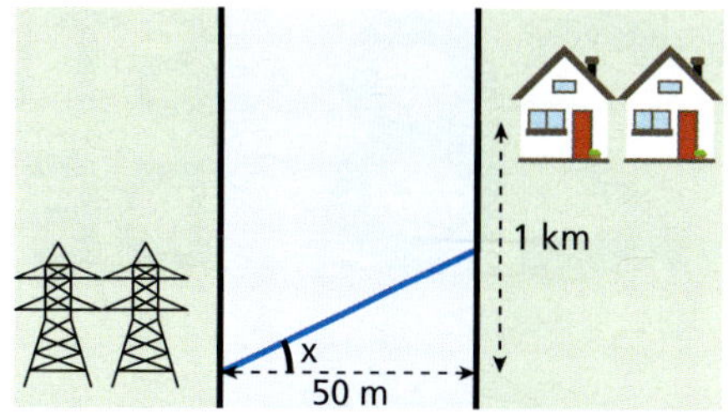

a. Scrivi la lunghezza L_1 del cavo sott'acqua e la lunghezza L_2 del cavo lungo la riva in funzione dell'angolo x in figura.

b. Trova la funzione che esprime il costo totale necessario per posare il cavo in funzione dell'angolo x.

c. Individua la configurazione che consente il costo minimo.

2 **Scorte in magazzino** Un'impresa ha un fabbisogno annuale di 12 000 kg di una certa materia prima. Per l'approvvigionamento, ne ordina ogni volta x kg, con un costo fisso di € 8 per ciascun ordine. Gli ordini vengono fatti in modo che in magazzino entri nuova merce appena è terminato lo stock precedente. Inoltre il consumo della materia prima è costante nel tempo. In media, in magazzino rimane una quantità di materia prima pari a $\frac{x}{2}$ kg e le spese fisse di mantenimento in magazzino ammontano a 1,20 €/kg. Qual è la quantità ottima da ordinare ogni volta per minimizzare i costi, immaginando che il prezzo della merce resti costante?

PROVA D

1 Considera il fascio di funzioni omografiche di equazione:

$$y = \frac{kx + k}{(k+1)x - 1}, \text{ con } k > 0.$$

a. Stabilisci se esistono funzioni degeneri.

b. Mostra che al variare di k tutte le funzioni hanno due punti in comune, di cui si chiedono le coordinate.

c. Determina la funzione γ del fascio il cui centro abbia distanza minima dall'origine.

d. Inscrivi nella regione finita di piano delimitata dalla curva γ, dall'asse x e dall'asse y il rettangolo, con i lati paralleli agli assi cartesiani, di area massima.

2 Determina per quali valori dei parametri reali a e b la curva in figura, che ha un flesso in F, è il grafico della funzione:

$$f(x) = a \sin x + (b-1)\cos x + c.$$

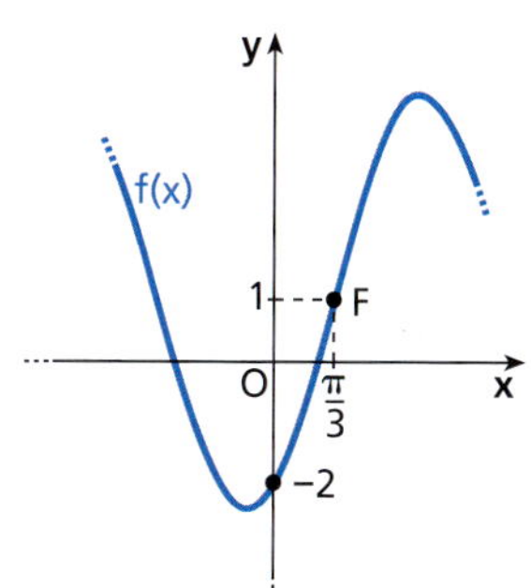

3 TEST Quale delle seguenti funzioni ha un punto di massimo relativo che appartiene all'intervallo $]2; 4[$?

A $f(x) = -\sqrt{x^2 - 6x}$

B $f(x) = e^{x^2 - 6x}$

C $f(x) = x^4 - 8x^3 + 18x^2$

D $f(x) = -(x-3)^4$

E $f(x) = (x-3)^3$

T

CAPITOLO

28 STUDIO DELLE FUNZIONI

1 Studio di una funzione

Gli argomenti svolti finora permettono di studiare le principali proprietà di una funzione e di rappresentarla graficamente nel piano cartesiano.

Schema generale

Per tracciare il grafico di una funzione $y = f(x)$ procediamo esaminando i seguenti punti.

1. *Dominio D* della funzione.
2. Eventuali *simmetrie* rispetto all'asse y e all'origine:
   - se la funzione è *pari*, il grafico è simmetrico rispetto all'asse y:

     $y = f(x)$ è *pari* in D se $f(-x) = f(x)$, $\forall x \in D$;

   - se è *dispari*, il grafico è simmetrico rispetto all'origine:

     $y = f(x)$ è *dispari* in D se $f(-x) = -f(x)$, $\forall x \in D$.

   Se una funzione è pari o dispari, possiamo limitarci a studiarla nell'intervallo $x \geq 0$, perché il grafico per $x < 0$ si può dedurre per simmetria.
   Anche se $f(x)$ è *periodica* di periodo T, possiamo limitarci a studiare la funzione in un solo intervallo di ampiezza T;

   $y = f(x)$ è *periodica* di periodo T $(T > 0)$ se $f(x) = f(x + kT)$, $\forall k \in \mathbb{Z}$.

3. Coordinate degli eventuali *punti di intersezione* del grafico della funzione *con gli assi cartesiani*.
4. *Segno della funzione*: stabiliamo gli intervalli in cui essa è positiva, ponendo $f(x) > 0$ e trovando, di conseguenza, anche dove è negativa.
5. *Comportamento* della funzione *agli estremi del dominio*: calcoliamo i relativi *limiti* e cerchiamo poi gli eventuali *asintoti* della funzione. Classifichiamo inoltre gli eventuali punti di *discontinuità*, specificando se sono di prima, di seconda o di terza specie.
   - Asintoto verticale: $x = x_0$ se $\lim_{x \to x_0} f(x) = +\infty, -\infty$ oppure ∞.
   - Asintoto orizzontale: $y = y_0$ se $\lim_{x \to \infty} f(x) = y_0$.
   - Asintoto obliquo: $y = mx + q$, con $m = \lim_{x \to \infty} \frac{f(x)}{x}$ e $q = \lim_{x \to \infty} [f(x) - m \cdot x]$.

Listen to it

Studying the function $y = f(x)$ involves examining:

1. its **domain** D;
2. its **symmetries**;
3. its **points of intersection** with the Cartesian axes;
4. its **sign**;
5. its end **behaviour**;
6. its **first derivative**;
7. its **second derivative**.

6. *Derivata prima* $f'(x)$. Troviamo il dominio e gli zeri di $f'(x)$ e dallo *studio del segno della derivata prima* determiniamo gli intervalli in cui la funzione è *crescente* ($f'(x) > 0$) e, di conseguenza, quelli in cui è *decrescente* ($f'(x) < 0$); cerchiamo gli eventuali punti di *massimo* o di *minimo relativo* e di *flesso orizzontale* e i punti di non derivabilità per $f(x)$ (*flessi verticali*, *cuspidi* e *punti angolosi*).
7. *Derivata seconda* $f''(x)$. Calcoliamo il dominio e gli zeri di $f''(x)$ e dallo *studio del segno della derivata seconda* determiniamo gli intervalli in cui il grafico volge la *concavità* verso l'alto ($f''(x) > 0$) o verso il basso ($f''(x) < 0$). Cerchiamo inoltre i *punti di flesso* a tangente obliqua ed eventualmente la tangente inflessionale.

Osserviamo che è conveniente, man mano che si studiano i vari elementi di una funzione, riportare i risultati sul grafico per controllarne la coerenza.
Studiamo ora alcuni tipi di funzioni.

Video

Studio di funzioni
Riassumiamo i passaggi di uno studio di funzioni analizzando i grafici di quattro funzioni diverse.

Funzioni polinomiali

▶ Esercizi a p. 1802

Animazione

Con diverse figure dinamiche, studiamo le funzioni cubiche di equazioni:
- $y = x^3 + px + q$,
- $y = a(x^3 + px + q)$,
- $y = ax^3 + bx^2 + cx + d$,

al variare dei parametri presenti.

ESEMPIO

Studiamo e rappresentiamo graficamente la funzione: $y = f(x) = x - x^3$.

1. Il dominio della funzione coincide con $\mathbb{R}$ e non esistono punti di discontinuità.
2. Determiniamo $f(-x)$ per individuare eventuali simmetrie:
   $$f(-x) = (-x) - (-x)^3 = -x + x^3 = -(x - x^3) = -f(x).$$
   Poiché $f(-x) = -f(x)$, la funzione è dispari: il suo grafico è simmetrico rispetto all'origine O degli assi cartesiani.
   Osserviamo inoltre che la funzione non è periodica.
3. Determiniamo i punti di intersezione del grafico con gli assi cartesiani.
   Asse y: $\begin{cases} y = x - x^3 \\ x = 0 \end{cases} \rightarrow \begin{cases} y = 0 \\ x = 0 \end{cases}$
   Il punto di intersezione con l'asse y è $O(0; 0)$.
   Asse x: $\begin{cases} y = x - x^3 \\ y = 0 \end{cases} \rightarrow \begin{cases} x \cdot (1 - x^2) = 0 \\ y = 0 \end{cases}$
   $$\begin{cases} x = 0 \\ y = 0 \end{cases} \vee \begin{cases} x = +1 \\ y = 0 \end{cases} \vee \begin{cases} x = -1 \\ y = 0 \end{cases}$$
   I punti di intersezione con l'asse x sono $O(0; 0)$, $A(-1; 0)$, $B(1; 0)$.
   Il grafico passa per l'origine perché nella funzione $y = x - x^3$ manca il termine noto. D'altra parte ciò si può dedurre dal fatto che la funzione è dispari.
4. Studiamo il segno della funzione ponendo:
   $$x - x^3 > 0 \rightarrow x \cdot (1 - x^2) > 0.$$
   Primo fattore: $x > 0$.
   Secondo fattore: $1 - x^2 > 0 \rightarrow -1 < x < 1$.
   Compiliamo il quadro dei segni.
   La funzione è positiva negli intervalli $x < -1$ e $0 < x < 1$, è negativa negli intervalli $-1 < x < 0$ e $x > 1$.

		−1		0		1	
1° fattore	–		–	0	+		+
2° fattore	–	0	+		+	0	–
f(x)	+	0	–	0	+	0	–

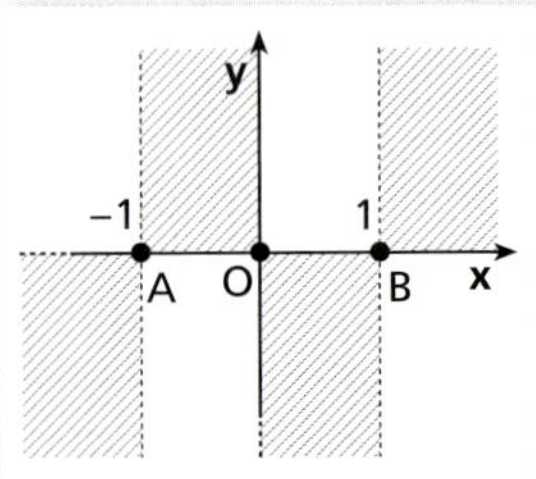

Rappresentiamo nel piano cartesiano gli intervalli in cui deve trovarsi il grafico della funzione. Tratteggiamo le zone che non dovremo poi considerare più, ossia quelle zone del piano cartesiano in cui **non** ci sono punti del grafico della funzione. Per esempio, per $x < -1$, poiché la funzione è positiva, i punti **non** possono essere «al di sotto» dell'asse x. Il grafico della funzione si trova quindi nelle zone **non** tratteggiate.

5. Calcoliamo i limiti della funzione agli estremi del dominio.

Essendo $\lim_{x\to-\infty}(x - x^3) = +\infty$ e $\lim_{x\to+\infty}(x - x^3) = -\infty$, non esistono asintoti orizzontali, ma potrebbero esistere degli asintoti obliqui. Per questo calcoliamo:

$$m = \lim_{x\to\pm\infty}\frac{f(x)}{x} = \lim_{x\to\pm\infty}\frac{x - x^3}{x} = -\infty.$$

Poiché il limite non esiste finito, non esistono nemmeno asintoti obliqui. Inoltre, non essendoci punti esclusi dal dominio, non esistono neppure asintoti verticali.

6. Calcoliamo la derivata prima di $f(x)$ e studiamo il suo segno:

$$f'(x) = 1 - 3x^2.$$

$$1 - 3x^2 > 0 \to -\frac{\sqrt{3}}{3} < x < \frac{\sqrt{3}}{3}.$$

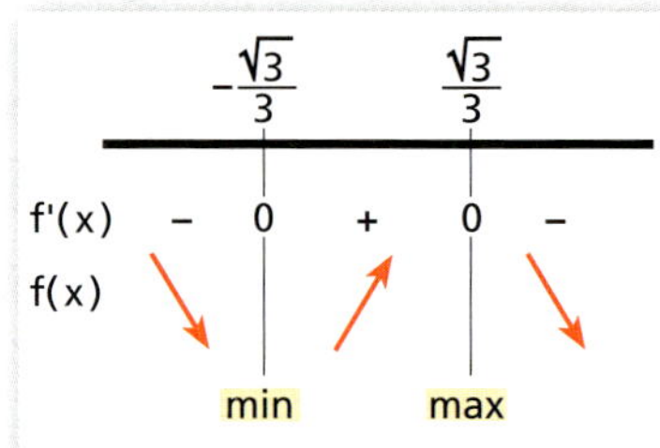

Dal segno di $f'(x)$ si deduce che in $x = -\frac{\sqrt{3}}{3}$ la funzione ha un minimo, mentre in $x = \frac{\sqrt{3}}{3}$ ha un massimo. Calcoliamo le loro ordinate:

$$f\left(-\frac{\sqrt{3}}{3}\right) = -\frac{2}{9}\sqrt{3} \quad \text{e} \quad f\left(\frac{\sqrt{3}}{3}\right) = \frac{2}{9}\sqrt{3}.$$

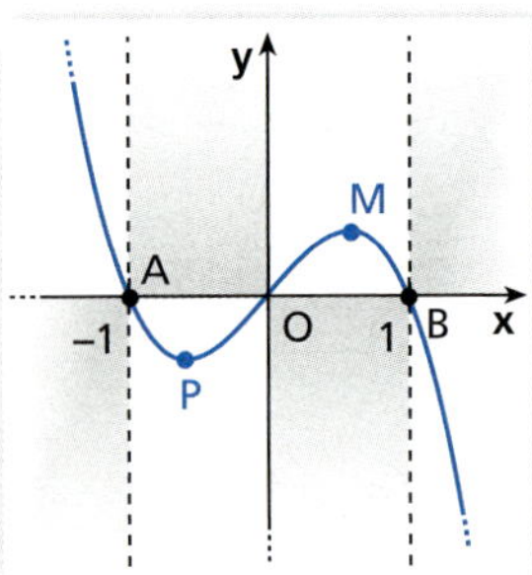

Riportando queste informazioni (insieme con quelle del punto 5) nel piano cartesiano siamo già in grado di tracciare un grafico *probabile* di $f(x)$.

7. Dal grafico ottenuto, considerata anche la simmetria rispetto all'origine, prevediamo la presenza di un flesso obliquo in $O(0; 0)$. Verifichiamolo con lo studio del segno della derivata seconda:

$$f''(x) = -6x > 0 \quad \to \quad x < 0.$$

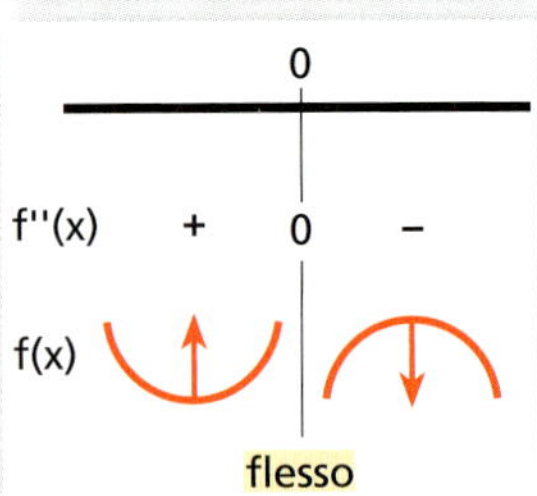

Dal segno di $f''(x)$ si può dedurre che $x = 0$ è l'ascissa di un punto di flesso discendente.

Poiché $f(0) = 0$, $O(0; 0)$ è il punto di flesso. Per disegnare meglio la funzione, calcoliamo l'equazione della retta tangente nel punto di flesso (tangente inflessionale).

Poiché $m = f'(0) = 1$, la retta cercata è $y = x$.

Possiamo ora confermare il grafico già tracciato, disegnando anche la tangente inflessionale.

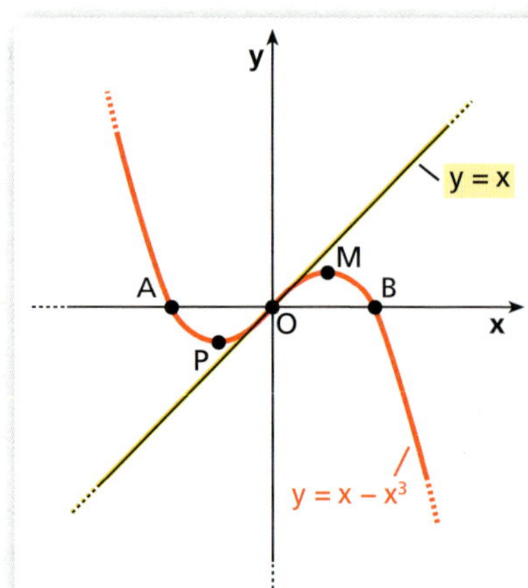

▶ Studia la funzione $y = x^4 - 4x^2$.

In generale, le funzioni polinomiali $y = a_n x^n + \ldots + a_2 x^2 + a_1 x + a_0$, con $n \in \mathbb{N}$, quando $n > 2$:

- hanno come dominio $\mathbb{R}$;
- non hanno punti di discontinuità;
- non hanno asintoti;
- non hanno cuspidi, flessi verticali o punti angolosi;
- se sono funzioni dispari, hanno un flesso in $O(0; 0)$;
- se sono funzioni pari, hanno un punto di massimo o di minimo relativo in $x = 0$.

▶ Studia e rappresenta graficamente la funzione polinomiale $y = x(x+2)^2$.

Animazione

Funzioni razionali fratte

▶ Esercizi a p. 1806

ESEMPIO

Studiamo e rappresentiamo graficamente $y = f(x) = 2x + \frac{5}{x} - 4$.

1. Dominio: $x \neq 0$.
2. Cerchiamo eventuali simmetrie:

$$f(-x) = -2x - \frac{5}{x} - 4 \neq \pm f(x).$$

La funzione non è né pari né dispari.
La funzione non è periodica.

3. Determiniamo le intersezioni con gli assi.
$x = 0$ non appartiene al dominio della funzione, quindi non ci sono intersezioni con l'asse y.
Vediamo se ci sono intersezioni con l'asse x:

$$\begin{cases} y = 2x + \frac{5}{x} - 4 \\ y = 0 \end{cases} \rightarrow \begin{cases} \frac{2x^2 - 4x + 5}{x} = 0 \\ y = 0 \end{cases} \rightarrow \begin{cases} 2x^2 - 4x + 5 = 0 \\ y = 0 \end{cases}$$

$$\frac{\Delta}{4} = 4 - 10 = -6 < 0 \rightarrow \text{non ci sono intersezioni con l'asse } x.$$

Il grafico non interseca né l'asse x né l'asse y.

4. Studiamo il segno della funzione:

$$2x + \frac{5}{x} - 4 > 0 \rightarrow \frac{2x^2 - 4x + 5}{x} > 0.$$

$$N > 0 \quad 2x^2 - 4x + 5 > 0 \quad \forall x \in \mathbb{R}.$$

$$D > 0 \quad x > 0.$$

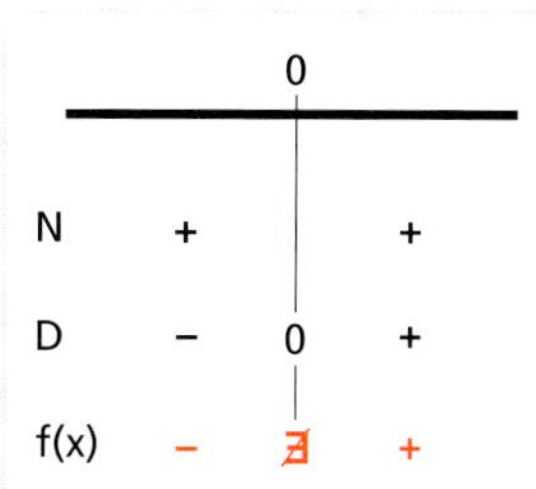

Dal quadro dei segni deduciamo che $f(x) < 0$ per $x < 0$ e $f(x) > 0$ per $x > 0$.

Riportiamo nel piano cartesiano queste informazioni.

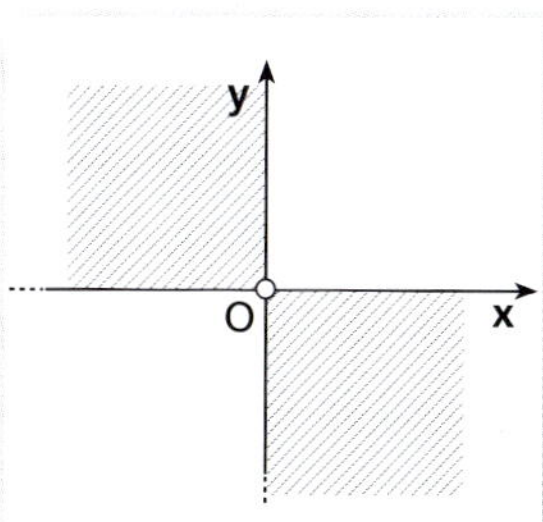

▶ Studia e rappresenta graficamente la funzione razionale fratta $y = \frac{x^3}{6(x-2)}$.

Animazione

5. Determiniamo il comportamento della funzione agli estremi del dominio, ossia in 0, a $-\infty$ e a $+\infty$.

$$\lim_{x\to 0^-} f(x) = -\infty \quad \text{e} \quad \lim_{x\to 0^+} f(x) = +\infty,$$

pertanto $x = 0$ è un asintoto verticale.

$$\lim_{x\to -\infty} f(x) = -\infty \quad \text{e} \quad \lim_{x\to +\infty} f(x) = +\infty,$$

pertanto non ci sono asintoti orizzontali, ma possono esistere asintoti obliqui. Calcoliamo:

$$m = \lim_{x\to\pm\infty} \frac{f(x)}{x} = \lim_{x\to\pm\infty} \frac{2x + \frac{5}{x} - 4}{x} = \lim_{x\to\pm\infty} \frac{2x^2 + 5 - 4x}{x^2} = 2;$$

$$q = \lim_{x\to\pm\infty} [f(x) - mx] =$$

$$\lim_{x\to\pm\infty} \left[\left(2x + \frac{5}{x} - 4\right) - 2x\right] =$$

$$\lim_{x\to\pm\infty} \left(\frac{5}{x} - 4\right) = -4.$$

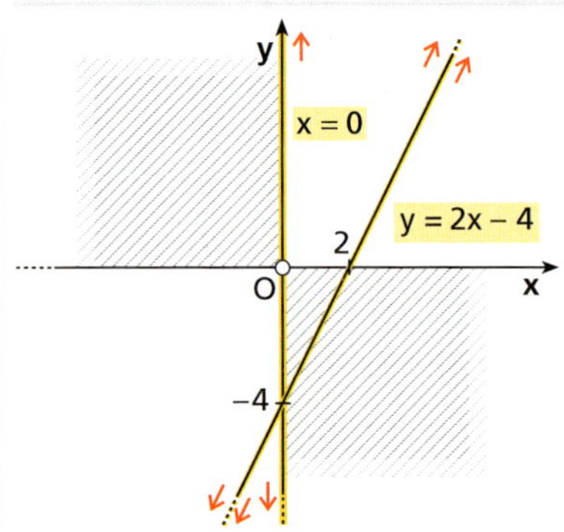

La retta di equazione $y = 2x - 4$ è asintoto obliquo sia per $x \to +\infty$ sia per $x \to -\infty$.

Tracciamo gli asintoti nel piano cartesiano.

6. Determiniamo la derivata prima

$$f'(x) = 2 - \frac{5}{x^2} = \frac{2x^2 - 5}{x^2}.$$

Il dominio della derivata è $x \neq 0$.
Studiamo il segno della derivata:.

$N > 0$: $2x^2 - 5 > 0 \;\rightarrow$

$$x < -\sqrt{\frac{5}{2}} \lor x > \sqrt{\frac{5}{2}}.$$

$D > 0$: $x^2 > 0 \;\rightarrow\; x \neq 0$.

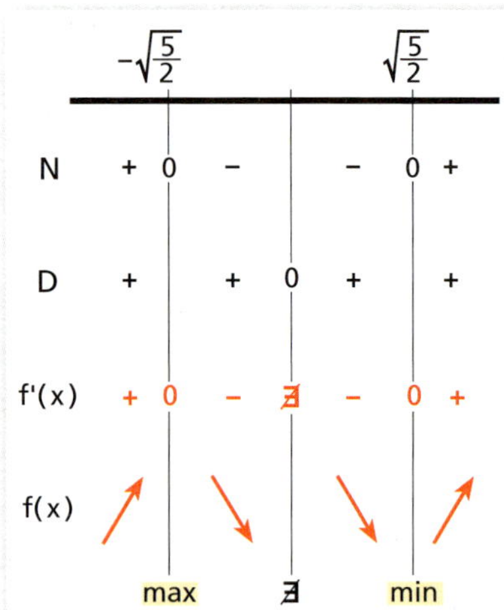

La funzione è crescente per $x < -\sqrt{\frac{5}{2}} \lor x > \sqrt{\frac{5}{2}}$, è decrescente per $-\sqrt{\frac{5}{2}} < x < \sqrt{\frac{5}{2}}$, con $x \neq 0$, e ha un massimo relativo nel punto $M\left(-\sqrt{\frac{5}{2}}; -2\sqrt{10} - 4\right)$, mentre in $P\left(\sqrt{\frac{5}{2}}; 2\sqrt{10} - 4\right)$ ha un minimo relativo.

7. Determiniamo la derivata seconda e studiamone il segno:

$$f''(x) = \frac{10}{x^3}; \qquad D: x \neq 0.$$

▶ Studia e rappresenta graficamente la funzione irrazionale $y = \sqrt{x^3 + 8}$.

Animazione

Animazione

Con diverse figure dinamiche, studiamo le funzioni sinusoidali di equazioni:

- $y = A\sin x$,
- $y = \sin \omega x$,
- $y = \sin(x + \phi)$,
- $y = A\sin(\omega x + \phi)$,

al variare dei parametri presenti.

▶ Studia e rappresenta graficamente la funzione goniometrica $y = \frac{\sin x}{\sin x - 1}$ in $\left[-\frac{3}{2}\pi; \frac{\pi}{2}\right]$.

Animazione

Se $x > 0$, $f''(x) > 0$, quindi la funzione ha la concavità rivolta verso l'alto, mentre se $x < 0$, $f''(x) < 0$, quindi la funzione ha la concavità rivolta verso il basso.
Nonostante il cambio di concavità di $f(x)$ in $x = 0$, non ci sono punti di flesso, perché $x = 0$ non appartiene al dominio di $f(x)$.

I risultati ottenuti permettono di tracciare il grafico della funzione.

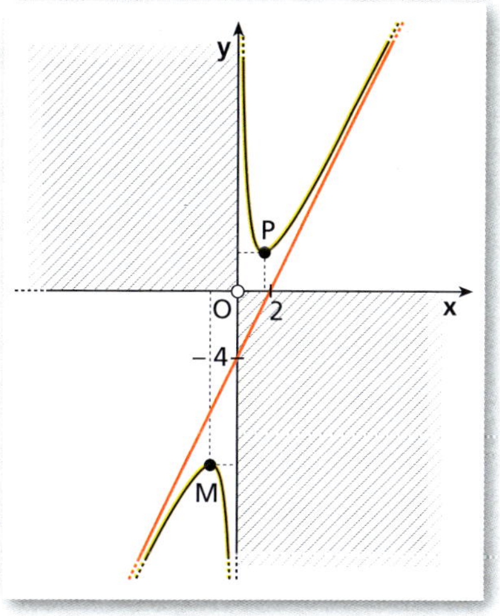

In generale, una funzione fratta del tipo

$$y = \frac{a_m x^m + \ldots + a_1 x + a_0}{b_n x^n + \ldots + b_1 x + b_0},$$

con m grado del numeratore e n grado del denominatore:

- non è definita nei punti in cui si annulla il denominatore;
- ha un asintoto verticale in ogni punto in cui si annulla il denominatore ma nel quale non si annulla contemporaneamente il numeratore;
- ha un asintoto orizzontale se $m = n$, e in tal caso l'asintoto ha equazione $y = \frac{a_m}{b_n}$, oppure se $m < n$, e in tal caso l'asintoto è l'asse x;
- ha un asintoto obliquo (lo stesso per $x \to +\infty$ e $x \to -\infty$) solo quando $m = n + 1$.

Negli esercizi studieremo altri tipi di funzione: le funzioni irrazionali, goniometriche, esponenziali e logaritmiche. Puoi esaminare esempi relativi allo studio di questi tipi di funzione nelle animazioni che proponiamo nella pagina precedente e in questa pagina.

MATEMATICA E FISICA

Fermat e la rifrazione della luce La luce percorre, fra tutti i possibili cammini da un punto a un altro, quello che richiede il minor tempo. Questo principio, formulato da Pierre de Fermat nel 1662, riconduce la determinazione della legge della rifrazione alla ricerca di una funzione che rappresenti il tempo di percorrenza e alla sua successiva minimizzazione.

▶ Come si può determinare la funzione che esprime il tempo di percorrenza della luce da un punto A a un punto B situati in due mezzi diversi?

La risposta

Animazione

Con diverse figure dinamiche, studiamo le funzioni esponenziali:

- $y = a^x$, con $a > 1$,
- $y = a^x$, con $0 < a < 1$,
- $y = e^{x+b} + c$,

al variare dei parametri presenti.

▶ Studia e rappresenta graficamente la funzione esponenziale $y = (2 - x)e^x$.

Animazione

Animazione

Con diverse figure dinamiche, studiamo le funzioni logaritmiche:

- $y = \log_a x$, con $a > 1$,
- $y = \log_a x$, con $0 < a < 1$,
- $y = \ln(x + b) + c$,

al variare dei parametri presenti.

▶ Studia e rappresenta graficamente la funzione logaritmica $y = \frac{\ln x - 1}{x}$.

Animazione

Video

Studio di una funzione logaritmica
Studiamo la funzione $f(x) = \ln(x^2 + 1)$.

2 Grafici di una funzione e della sua derivata

▶ Esercizi a p. 1841

Dato il grafico di una funzione, è possibile ricavare informazioni relative al grafico della funzione derivata e viceversa. In particolare, fra i due grafici esistono i collegamenti mostrati nella figura sotto.

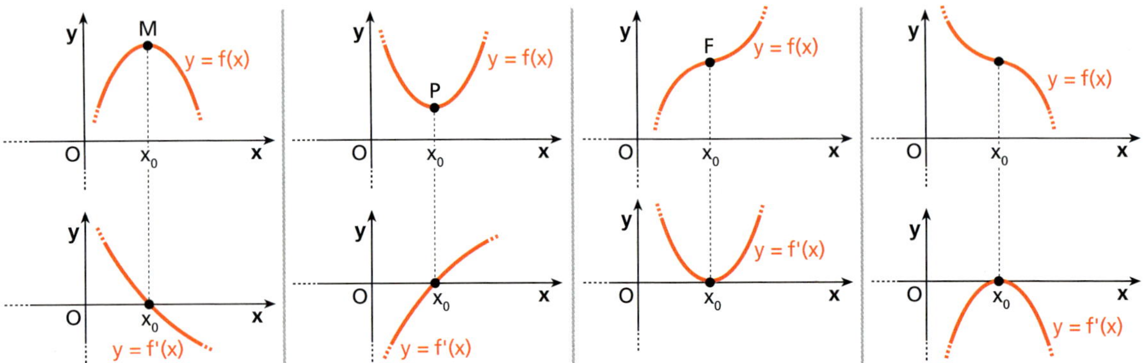

a. In x_0 la funzione $f(x)$ ha un massimo relativo. Nello stesso punto, la derivata $f'(x)$ è nulla e quindi il suo grafico interseca l'asse x in x_0. A sinistra di x_0 la derivata è positiva, a destra è negativa.

b. In x_0 la funzione $f(x)$ ha un minimo relativo: quindi $f'(x_0) = 0$.
Il grafico della derivata interseca l'asse x in x_0; a sinistra di x_0 la derivata è negativa, a destra è positiva.

c. In x_0 $f(x)$ ha un flesso orizzontale ascendente, quindi $f'(x_0) = 0$. Il grafico della derivata interseca l'asse x in x_0 ed è positivo sia a destra sia a sinistra di x_0. Pertanto in x_0 c'è un minimo per $f'(x)$.

d. In x_0 $f(x)$ ha un flesso orizzontale discendente: con considerazioni analoghe al caso precedente, per $x \neq x_0$ $f'(x)$ è negativa.
Pertanto in x_0 c'è un massimo per $f'(x)$.

Se la funzione $f(x)$ è continua e derivabile due volte nell'intervallo considerato, per passare dal grafico di $f(x)$ a quello della sua derivata $f'(x)$ consideriamo che:

- nei punti di massimo e di minimo e nei punti di flesso orizzontale della funzione $f(x)$ si ha $f'(x) = 0$;
- negli intervalli in cui la funzione $f(x)$ è crescente si ha $f'(x) > 0$ e negli intervalli in cui la funzione è decrescente si ha $f'(x) < 0$;
- in tutti i punti di flesso di $f(x)$, sia orizzontali sia obliqui, si ha $f''(x) = 0$ e quindi $f'(x)$ ha la tangente orizzontale e può avere un massimo o un minimo.

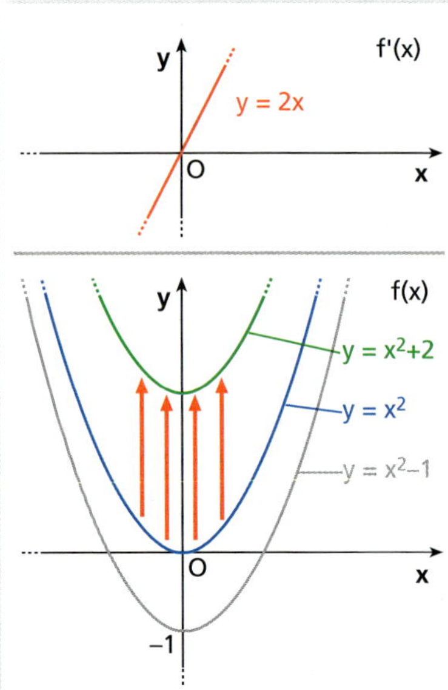

Viceversa, dato il grafico di $f'(x)$, si possono ricavare informazioni sul grafico di $f(x)$, ma non è possibile disegnarlo univocamente. Infatti se $f'(x)$ è la derivata di $f(x)$, è anche la derivata di $f(x) + c$, dove c è una costante qualsiasi, in quanto la derivata di una costante è nulla. I grafici delle infinite funzioni che hanno come derivata $f'(x)$ sono traslati, l'uno rispetto all'altro, di un vettore parallelo all'asse y. Per esempio, la funzione $y = 2x$ è la funzione derivata di $y = x^2$, ma anche di $y = x^2 + 2$, di $y = x^2 - 1$ e in generale di $y = x^2 + c$, con $c \in \mathbb{R}$.

3 Applicazioni dello studio di una funzione

Risoluzione grafica di equazioni e disequazioni

▶ Esercizi a p. 1846

Quando è possibile trovare con un metodo algebrico le soluzioni di un'equazione, si dice anche che esiste un metodo di **risoluzione esatta** dell'equazione.

Per esempio, sappiamo che esiste la risoluzione esatta per le equazioni algebriche dal primo al quarto grado. Tuttavia, la risoluzione esatta di un'equazione non è sempre possibile. Per esempio, ci sono equazioni algebriche di grado superiore al quarto per le quali non esiste un procedimento di risoluzione esatta.

Anche per le equazioni trascendenti non esistono formule risolutive e soltanto alcune di esse si possono risolvere mediante un numero finito di operazioni elementari.

In questi casi è possibile *risolvere graficamente* l'equazione, individuando il numero di soluzioni e dando una stima del loro valore.
Ogni equazione a una incognita può essere scritta nella forma: $f(x) = 0$.
Trovare le radici, ossia le soluzioni, dell'equazione equivale a ricercare gli **zeri** della funzione $y = f(x)$, ossia le intersezioni del grafico con l'asse delle ascisse.
Se è agevole disegnare il grafico di $f(x)$, tracciamo un grafico probabile e individuiamo gli intervalli in cui cadono gli eventuali zeri.
Quando non è semplice disegnare il grafico di $f(x)$, scriviamo l'equazione $f(x) = 0$ nella forma $g(x) = h(x)$ e rappresentiamo le funzioni $g(x)$ e $h(x)$. Le ascisse dei punti di intersezione dei loro grafici sono le soluzioni cercate.

ESEMPIO
Risolviamo graficamente l'equazione $x^3 - 4x - \ln x = 0$.

Scriviamo l'equazione nella forma:

$$x^3 - 4x = \ln x.$$

Poiché $\ln x$ è definito solo per $x > 0$, l'equazione può ammettere soluzioni solo per $x > 0$. Possiamo immaginare l'equazione come l'equazione risolvente del sistema:

$$\begin{cases} y = x^3 - 4x \\ y = \ln x \end{cases}.$$

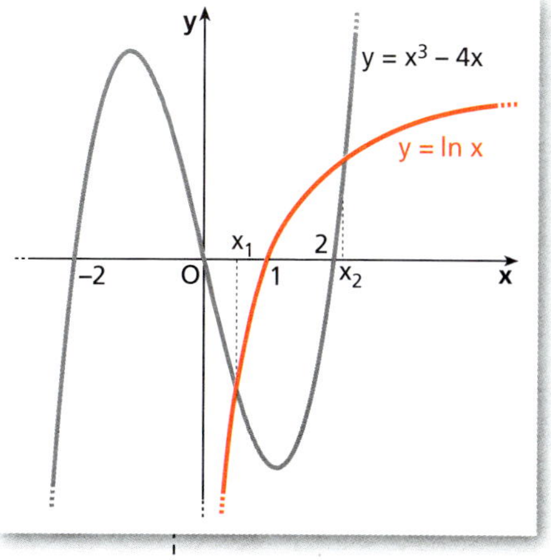

Disegniamo nello stesso piano i grafici delle funzioni.
Le ascisse dei loro punti di intersezione sono le soluzioni dell'equazione.

Osserviamo nel grafico che $x_1 < 1$ e $x_2 > 2$. Per ottenere una migliore approssimazione si può ingrandire il grafico con un software che disegna il grafico delle funzioni oppure applicare uno dei metodi numerici che studieremo in seguito.

In tal caso si osserva che $0{,}3 < x_1 < 0{,}4$ e $2 < x_2 < 2{,}1$.

Si procede in modo analogo anche per disequazioni.

▶ Risolvi graficamente l'equazione $\ln(x+1) + 1 - x^2 = 0$.

Animazione

Discussione di equazioni parametriche

Esercizi a p. 1847

Possiamo applicare lo studio delle funzioni anche nella risoluzione delle **equazioni parametriche**, cioè equazioni nell'incognita x che dipendono da un parametro k, per le quali si vogliono determinare, al variare di k, le soluzioni che appartengono a un intervallo assegnato.

ESEMPIO

Discutiamo, al variare di k in $\mathbb{R}$, l'esistenza e il numero delle soluzioni dell'equazione parametrica $kx = \frac{1}{e^x}$ nell'intervallo $-2 \le x < 4$. Poiché $x = 0$ non è soluzione dell'equazione assegnata, dividiamo per x e otteniamo:

$$k = \frac{1}{xe^x} \rightarrow \begin{cases} y = \frac{1}{xe^x} \\ y = k \\ -2 \le x < 4 \end{cases}.$$

poniamo $k = y$

Dobbiamo trovare le intersezioni tra il grafico della funzione $f(x) = \frac{1}{xe^x}$ e le rette del fascio improprio $y = k$ che si trovano nell'intervallo $[-2; 4[$.
Studiamo la funzione $f(x)$ in questo intervallo.
Osserviamo che $f(x)$ non è definita per $x = 0$ e inoltre:

$$\lim_{x\to 0^-} \frac{1}{xe^x} = -\infty; \quad \lim_{x\to 0^+} \frac{1}{xe^x} = +\infty \rightarrow \text{l'asse } y \text{ è un asintoto verticale.}$$

La funzione non interseca gli assi cartesiani e il suo grafico è compreso tra i punti $A\left(-2; -\frac{e^2}{2}\right)$ e $B\left(4; \frac{1}{4e^4}\right)$. Il punto B non appartiene al grafico della funzione perché $x = 4$ non appartiene all'intervallo considerato.
Poiché e^x è sempre positiva, abbiamo:

$$f(x) > 0 \text{ per } x > 0; f(x) < 0 \text{ per } x < 0.$$

Calcoliamo la derivata prima: $f'(x) = -\frac{e^x + xe^x}{x^2e^{2x}} = -\frac{1+x}{x^2e^x}$.

Il denominatore della derivata è sempre positivo per cui:

per $x < -1$, si ha $f'(x) > 0 \rightarrow f(x)$ è crescente;

per $x > -1$, si ha $f'(x) < 0 \rightarrow f(x)$ è decrescente.

Allora la funzione ha un punto di massimo relativo in $M(-1; -e)$.

Per lo scopo che ci siamo prefissati non è importante procedere con lo studio della derivata seconda per stabilire la concavità e trovare i flessi.
Possiamo dunque tracciare il grafico di $f(x)$.

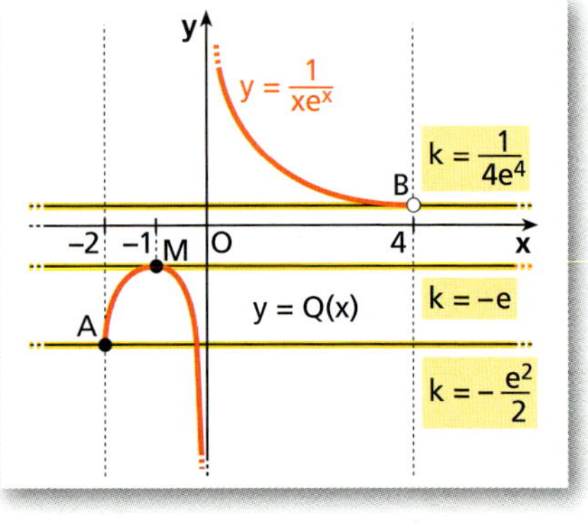

Osservando la figura, vediamo che:

- per $k < -\frac{e^2}{2}$, le rette del fascio intersecano la curva $y = f(x)$ in un solo punto di ascissa x_1, con $-1 < x_1 < 0$;

- per $-\frac{e^2}{2} \leq k \leq -e$, le rette del fascio intersecano la curva in due punti di ascissa x_1 e x_2, con $-2 \leq x_1 \leq -1$ e $-1 < x_2 < 0$ (per $k = -e$, la retta è tangente alla curva nel punto M, che ha ascissa $x_1 = -1$);
- per $-e < k \leq \frac{1}{4e^4}$, le rette del fascio non intersecano la curva;
- per $k > \frac{1}{4e^4}$, le rette del fascio intersecano la curva in un solo punto di ascissa x_1, con $0 < x_1 < 4$.

Riassumendo, nell'intervallo $[-2; 4[$, l'equazione parametrica data:

- non ha soluzioni per $-e < k \leq \frac{1}{4e^4}$;
- ha una soluzione x_1 per $k < -\frac{e^2}{2}$ e per $k > \frac{1}{4e^4}$;
- ha due soluzioni x_1 e x_2 per $-\frac{e^2}{2} \leq k \leq -e$.

▶ Discuti graficamente l'equazione $kx^2 + 1 - x = 0$ nell'intervallo $[-1; 2]$.

In generale, per effettuare la discussione di un'equazione parametrica, si ricava il parametro k in funzione di x, cioè si riscrive l'equazione data nella forma $k = f(x)$. Risolvere questa equazione equivale a risolvere il sistema:

$$\begin{cases} y = f(x) \\ y = k \end{cases}.$$

È necessario, quindi, prima studiare la funzione $y = f(x)$ per poterne disegnare il grafico e poi ricercare le intersezioni tra questa curva e il fascio di rette $y = k$. Le soluzioni dell'equazione sono le ascisse dei punti di intersezione.

4 Risoluzione approssimata di un'equazione

Separazione delle radici

▶ Esercizi a p. 1849

Per determinare le soluzioni di un'equazione non risolubile algebricamente, non sempre è sufficiente la risoluzione grafica. Per ottenere una buona stima delle soluzioni si utilizzano dei procedimenti di **risoluzione approssimata**, o **numerica**.

I metodi di risoluzione numerica di un'equazione si basano sulla costruzione di una successione di numeri reali che converga alla soluzione esatta. I termini della successione sono **valori approssimati** della soluzione e, mediante *iterazioni* successive, cioè ripetendo più volte un certo procedimento, possiamo ottenere un valore approssimato vicino quanto vogliamo alla soluzione.

La ricerca delle soluzioni approssimate è composta da due fasi:

1. la **separazione delle radici**, ossia la determinazione di intervalli che contengono *soltanto una* radice;
2. il **calcolo di un valore approssimato** con la **precisione** voluta.

Listen to it

Numerical root-finding methods consist in producing a sequence of values that gradually approach to the root of the equation.

La separazione delle radici di un'equazione $f(x) = 0$, dove $f(x)$ è una funzione continua, può essere facilitata da uno studio grafico preventivo. Attraverso il grafico possiamo renderci conto del numero di radici contenute in un intervallo.

ESEMPIO

Separiamo le radici dell'equazione $\ln x - x^2 + 2 = 0$.
Scriviamo l'equazione nella forma $\ln x = x^2 - 2$ e confrontiamo i grafici delle funzioni $g(x) = \ln x$ e $h(x) = x^2 - 2$.

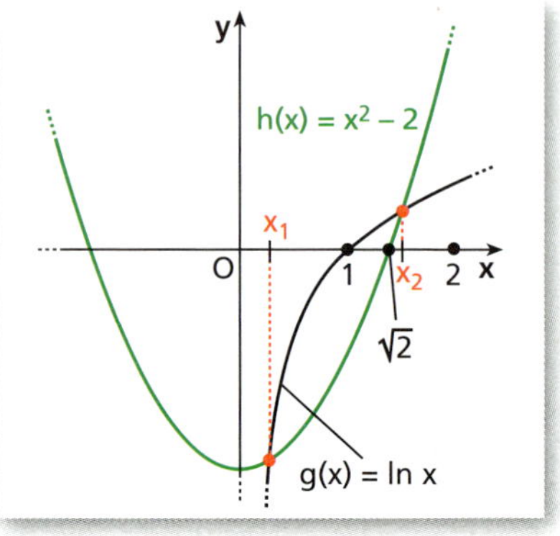

Le intersezioni delle due curve rappresentano gli zeri della funzione $f(x) = \ln x - x^2 + 2$, cioè le soluzioni dell'equazione data.
Dal grafico vediamo che g e h hanno due punti di intersezione, quindi l'equazione ha due soluzioni, x_1 e x_2. Possiamo notare che x_1 appartiene all'intervallo $[0; 1]$, mentre x_2 a $[\sqrt{2}; 2]$, e lo verifichiamo applicando il teorema di esistenza degli zeri.
Osserviamo però che la funzione $f(x)$ non è definita in $x = 0$, quindi consideriamo l'intervallo $[0,1; 1]$.
In tale intervallo $f(x)$ è continua, negli estremi assume valori di segno opposto, cioè $f(0,1) \cdot f(1) < 0$, pertanto, per il teorema degli zeri, ammette almeno una soluzione.
Si procede in modo analogo per x_2.

Il teorema degli zeri assicura l'esistenza di *almeno* una soluzione dell'equazione $f(x)= 0$ nell'intervallo $]a; b[$, ma non ne garantisce l'unicità. Vediamo allora due *condizioni sufficienti* per l'unicità della soluzione.

TEOREMA

Primo teorema di unicità dello zero

Se $f(x)$ è una funzione continua nell'intervallo $[a; b]$ limitato e chiuso, derivabile con derivata prima diversa da 0 nei suoi punti interni e, inoltre, $f(a) \cdot f(b) < 0$, allora esiste *un solo* punto c interno ad $[a; b]$ in cui la funzione si annulla.

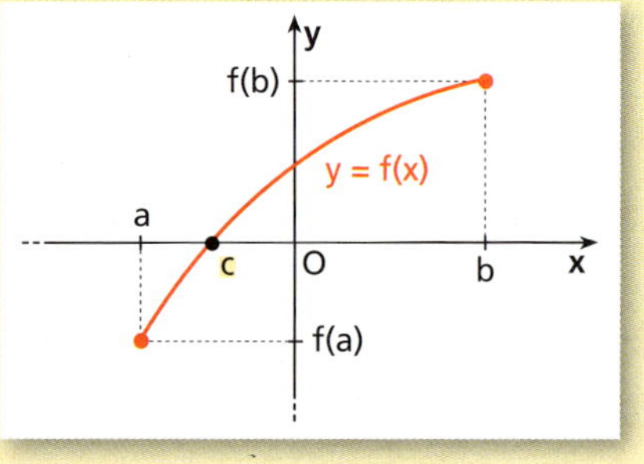

DIMOSTRAZIONE

Per il teorema di esistenza degli zeri esiste almeno un punto $c \in]a; b[$ tale che $f(c) = 0$. Supponiamo, per *assurdo*, che esista un altro punto $c' \in]a; b[$, per esempio maggiore di c, in cui la funzione si annulla. Se applichiamo il teorema di Rolle nell'intervallo $[c; c']$, deduciamo che esiste almeno un punto $m \in]c; c'[$ in cui $f'(m) = 0$.
Ma ciò è contrario alla seconda ipotesi dell'enunciato, quindi la funzione data ammette, nell'intervallo $[a; b]$, soltanto uno zero.

In particolare, il teorema è valido se $f'(x) < 0$ oppure $f'(x) > 0$, quindi se la funzione è monotòna.

TEORIA

ESEMPIO

Consideriamo la funzione $f(x) = x \ln x - 4$ con $x \in [2; 4]$.
Essa è continua nell'intervallo considerato, perché è data dal prodotto di funzioni continue. La sua derivata prima è

$$f'(x) = \ln x + 1 \neq 0 \text{ se } \ln x \neq -1 \rightarrow x \neq \frac{1}{e},$$

quindi $f'(x) \neq 0 \ \forall \ x \in]2; 4[$.

Infine $f(2) = 2 \ln 2 - 4 < 0$ e $f(4) = 4 \ln 4 - 4 > 0$.

La funzione verifica tutte le ipotesi del teorema e quindi si annulla soltanto una volta in $[2; 4]$.

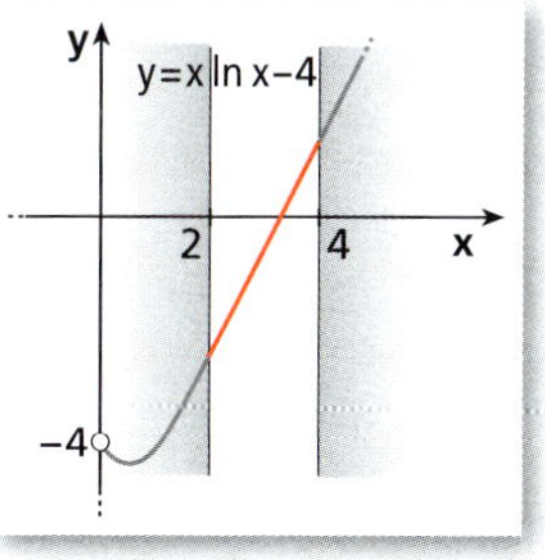

▸ Dimostra che l'equazione $x^3 - 3x + 1 = 0$ ha una e una sola soluzione nell'intervallo $[0; 1]$.

Se invece $f'(x) = 0$ in un punto di $]a; b[$, ossia $f(x)$ non è monotòna, l'equazione $f(x) = 0$ ammette ancora un'unica radice in $[a; b]$ se la concavità è rivolta verso l'alto in ogni punto di $[a; b]$, oppure rivolta verso il basso, ossia se $f''(x)$ ha segno costante in $[a; b]$.

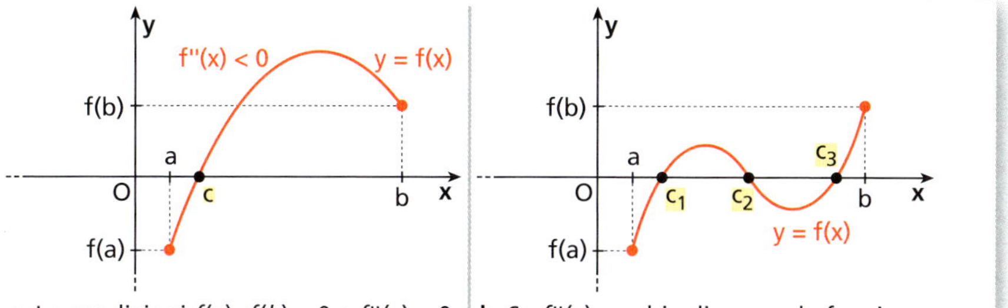

a. Le condizioni $f(a) \cdot f(b) < 0$ e $f''(x) < 0$ $\forall x \in [a; b]$ assicurano l'esistenza di uno zero soltanto.

b. Se $f''(x)$ cambia di segno, la funzione può avere più di uno zero anche se $f(a) \cdot f(b) < 0$.

TEOREMA

Secondo teorema di unicità dello zero

Se f è una funzione continua nell'intervallo $[a; b]$, derivabile due volte nei suoi punti interni, e se $f(a) \cdot f(b) < 0$ e $f''(x) > 0$, oppure $f''(x) < 0$, $\forall x \in]a; b[$, allora esiste *un solo* punto c interno ad $[a; b]$ in cui la funzione si annulla.

DIMOSTRAZIONE

Dimostriamo il teorema supponendo $f(a) > 0$, $f(b) < 0$, $f''(x) > 0$. Negli altri casi la dimostrazione è simile.
Poiché la derivata seconda è positiva, la derivata prima è una funzione strettamente crescente nell'intervallo $]a; b[$. Si possono presentare tre casi.

1. $f'(x) > 0 \ \forall \ x \in]a; b[$; f è allora crescente, ma questo va contro l'ipotesi $f(a) > 0$ e $f(b) < 0$; questa possibilità è quindi da escludere.
2. $f'(x) < 0 \ \forall \ x \in]a; b[$; f è allora decrescente e per il primo teorema di unicità f ha soltanto una radice in $]a; b[$.
3. f' si annulla in un punto m interno all'intervallo. Poiché f' è crescente avremo $f'(x) < 0$ nei punti dell'intervallo $]a; m[$ e $f'(x) > 0$ nei punti dell'intervallo $]m; b[$. Pertanto la funzione data f è decrescente in $[a; m]$, crescente in $[m; b]$. Poiché $f(b) < 0$, sarà anche $f(m) < 0$, perciò, per il primo teorema di unicità, nell'intervallo aperto $]a; m[$, e quindi in $]a; b[$, esiste soltanto un punto c tale che $f(c) = 0$.

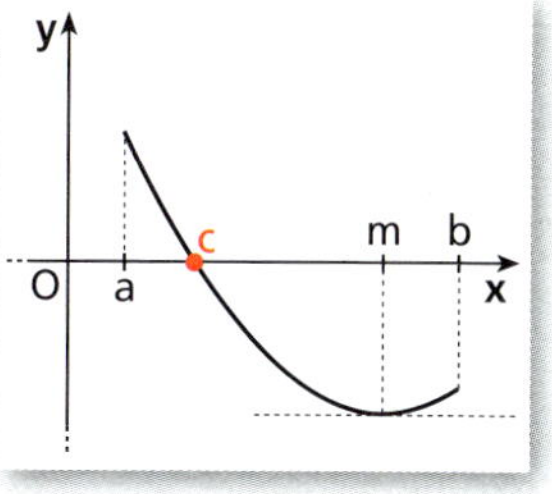

TEORIA

ESEMPIO

Verifichiamo che, nell'intervallo [0; 2], la funzione $y = x^5 - 3x - 1$ presenta soltanto uno zero.

La funzione è continua in tutto l'intervallo e ammette derivata prima e seconda in tutti i suoi punti:

$$y' = 5x^4 - 3, \qquad y'' = 20x^3.$$

Inoltre risulta:

$$y'' > 0 \ \forall\, x \in]0; 2[,$$

$$y(0) = -1 < 0 \text{ e } y(2) = 25 > 0.$$

Per il secondo teorema di unicità, la funzione y si annulla una sola volta nell'intervallo [0; 2].

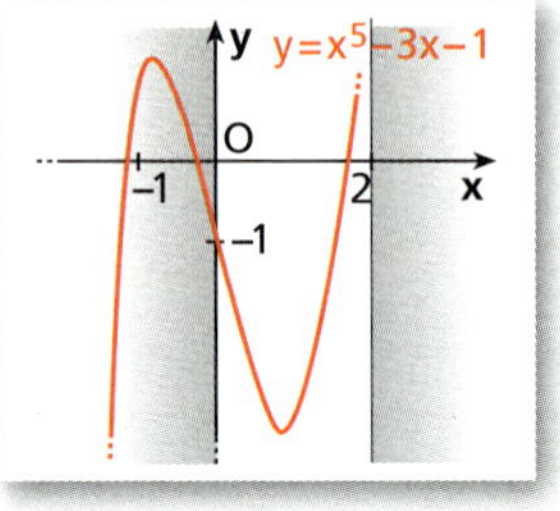

▶ Dimostra che l'equazione $e^x - 5x = 0$ ha solo una soluzione nell'intervallo [1; 3].

Approssimazione delle radici

▶ Esercizi a p. 1850

Vediamo ora due metodi per calcolare un valore approssimato di una radice.

Metodo di bisezione

ESEMPIO

Consideriamo l'equazione

$$x^3 - x + 1 = 0.$$

Cerchiamo eventuali soluzioni e determiniamo il loro valore approssimato con una cifra decimale esatta.

Separiamo le radici dell'equazione

$$x^3 - x + 1 = 0.$$

Scriviamo l'equazione nella forma $x^3 = x - 1$ e rappresentiamo i grafici di $g(x) = x^3$ e $h(x) = x - 1$.

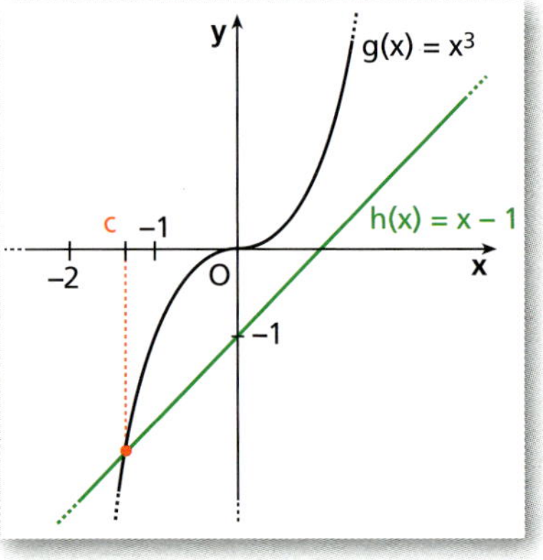

Le due curve si intersecano in un solo punto di ascissa c, appartenente all'intervallo $[-2; -1]$, che rappresenta l'unica soluzione dell'equazione $x^3 - x + 1 = 0$, come si può confermare con i teoremi di esistenza e unicità. Infatti in $[-2; -1]$ la funzione $f(x) = x^3 - x + 1$ è continua e $f(-2)f(-1) = (-5)(1) < 0$. È inoltre derivabile con $f''(x) = 6x < 0$, $\forall\, x \in]-2; -1[$.

Consideriamo l'intervallo

$$[a_0; b_0] = [-2; -1].$$

Il punto medio dell'intervallo è $m_0 = \dfrac{a_0 + b_0}{2} = -\dfrac{3}{2} = -1{,}5$: esso è un valore approssimato della soluzione c.

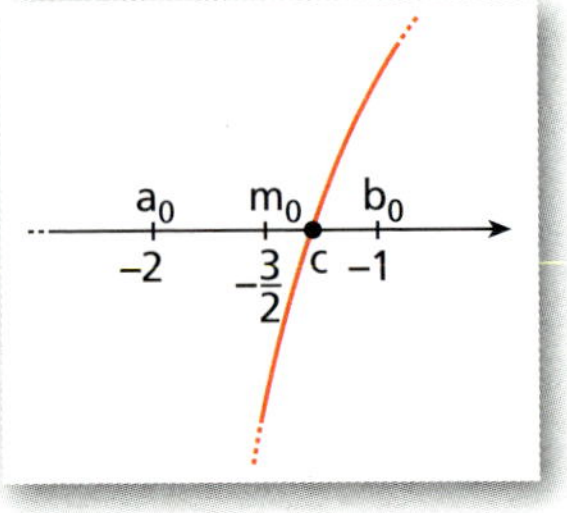

Ricerchiamo un'approssimazione migliore.

Dato che $f(-1{,}5) = -0{,}875 < 0$, per il teorema degli zeri la soluzione esatta è contenuta nell'intervallo $[a_1; b_1] = [-1{,}5; -1]$. Procedendo come prima, otteniamo il seguente valore approssimato per la soluzione:

$$m_1 = \frac{a_1 + b_1}{2} = -\frac{5}{4} = -1{,}25.$$

Poiché $f(-1{,}25) \simeq 0{,}297 > 0$, la soluzione esatta è compresa nell'intervallo $[a_2; b_2] = [-1{,}5; -1{,}25]$.

La prima cifra decimale della soluzione esatta può essere 2, 3, 4 o 5.

Dobbiamo ripetere il procedimento fino a trovare un intervallo sufficientemente piccolo da poter determinare con certezza la prima cifra decimale. Riportiamo i passi successivi nella tabella.

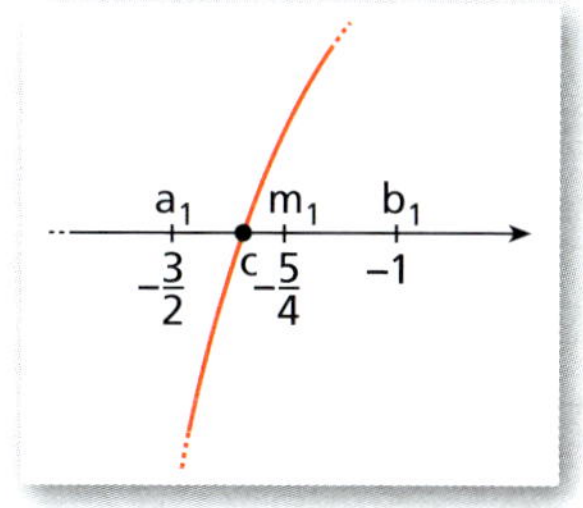

n	a_n	b_n	$f(a_n)$	$f(b_n)$	$m_n = \frac{a_n + b_n}{2}$	$f(m_n)$
0	-2	-1	$-5 < 0$	$1 > 0$	$-1{,}5$	$-0{,}875 < 0$
1	$-1{,}5$	-1	$-0{,}875 < 0$	$1 > 0$	$-1{,}25$	$0{,}297 > 0$
2	$-1{,}5$	$-1{,}25$	$-0{,}875 < 0$	$0{,}297 > 0$	$-1{,}375$	$-0{,}225 < 0$
3	$-1{,}375$	$-1{,}25$	$-0{,}225 < 0$	$0{,}297 > 0$	$-1{,}3125$	$0{,}052 > 0$
4	$-1{,}375$	$-1{,}3125$				

La soluzione esatta appartiene sicuramente all'intervallo $[-1{,}375; -1{,}3125]$, pertanto possiamo dire che la soluzione approssimata con una cifra decimale esatta è $-1{,}3$.

Riassumiamo in modo più generale il procedimento appena illustrato.
Data l'equazione $f(x) = 0$, vogliamo determinare il valore di una sua soluzione con k cifre decimali esatte. Cerchiamo un intervallo $[a_0; b_0]$ tale che $f(a_0) \cdot f(b_0) < 0$ (per esempio $f(a_0) < 0$ e $f(b_0) > 0$) e in cui la funzione f si annulla soltanto una volta.
Successivamente eseguiamo i seguenti passi.

1. Determiniamo il punto medio dell'intervallo $[a_0; b_0]$, $m_0 = \frac{a_0 + b_0}{2}$, poi calcoliamo $f(m_0)$.
2. Se $f(m_0) = 0$, allora m_0 è la soluzione cercata e il procedimento è concluso.
3. Se invece $f(m_0) \neq 0$, allora m_0 è un valore approssimato della soluzione.

Scegliamo il semintervallo contenente la radice ponendo:

$$a_1 = m_0, \quad b_1 = b_0 \quad \text{se } f(m_0) < 0;$$
$$a_1 = a_0, \quad b_1 = m_0 \quad \text{se } f(m_0) > 0.$$

Dobbiamo cioè scegliere il nuovo intervallo $[a_1; b_1]$ in modo che f abbia segno opposto nei due estremi.

4. Se a_1 e b_1 coincidono fino alla k-esima cifra decimale, il procedimento è concluso e la soluzione approssimata coincide con a_1 e b_1 fino alla k-esima cifra. Altrimenti, ritorniamo al punto **1** e ripetiamo il procedimento per $[a_1; b_1]$.

Listen to it

The **bisection method** requires two initial guesses, a_0 and b_0, such that $f(a_0)$ and $f(b_0)$ have opposite signs. You then approach the root by halving the interval and keeping the half on which f changes sign.

▶ Dimostra che l'equazione $x^5 + x + 1 = 0$ ha una sola soluzione reale e determina un suo valore approssimato con due cifre decimali esatte.

Animazione

Stima dell'errore

Se $\bar{x}$ è la soluzione approssimata trovata, vogliamo dare una stima dell'errore di approssimazione ε.
Al passo iniziale, in cui l'intervallo è $[a_0; b_0]$, il punto medio m_0 è un valore approssimato della soluzione c.
Il grado di approssimazione corrisponde alla quantità $|m_0 - c|$, che non possiamo determinare ma che è certamente minore della semiampiezza $\frac{b_0 - a_0}{2}$ dell'intervallo $[a_0; b_0]$. Assumiamo il numero positivo $\varepsilon_0 = \frac{b_0 - a_0}{2}$ come stima del grado di approssimazione.

TEORIA

Alla prima iterazione si ha $\varepsilon_1 = \frac{b_1 - a_1}{2}$, ma poiché $b_1 - a_1 = \frac{b_0 - a_0}{2}$, allora $\varepsilon_1 = \frac{b_0 - a_0}{2^2}$.

Gli intervalli che si ottengono nelle iterazioni successive hanno ampiezza

$$\varepsilon_n = \frac{b_0 - a_0}{2^{n+1}}$$

e ognuno di essi contiene la soluzione esatta. Poiché $\lim_{n \to +\infty} \varepsilon_n = 0$, la successione delle soluzioni approssimate tende alla soluzione esatta.
L'approssimazione raggiunta con l'n-esima iterazione è ε_n.

Nell'esempio precedente, si ha:

$$\varepsilon_0 = 0{,}5, \quad \varepsilon_1 = 0{,}25, \quad \varepsilon_2 = 0{,}125, \quad \varepsilon_3 = 0{,}0625, \quad \varepsilon_4 = 0{,}03125.$$

Possiamo stabilire a priori l'errore di approssimazione massimo che vogliamo ottenere e arrestare il procedimento quando lo raggiungiamo.
Se cerchiamo, per esempio, un'approssimazione con errore minore di 0,3, ci fermiamo al secondo passo e prendiamo $\overline{x} = -1{,}25$ come soluzione approssimata. Se vogliamo un errore minore di 0,1, ci fermiamo al quarto passo e prendiamo $\overline{x} = -1{,}3125$.

Il metodo di bisezione è semplice e intuitivo, ma richiede numerose iterazioni per ottenere una buona precisione.
Esaminiamo ora un secondo metodo che permette di ottenere una precisione migliore con un minor numero di iterazioni.

Metodo delle tangenti

Il metodo delle tangenti, detto anche metodo **di Newton-Raphson**, si applica quando, in un intervallo $[a_0; b_0]$, la derivata seconda della funzione f è continua e mantiene costante il suo segno.

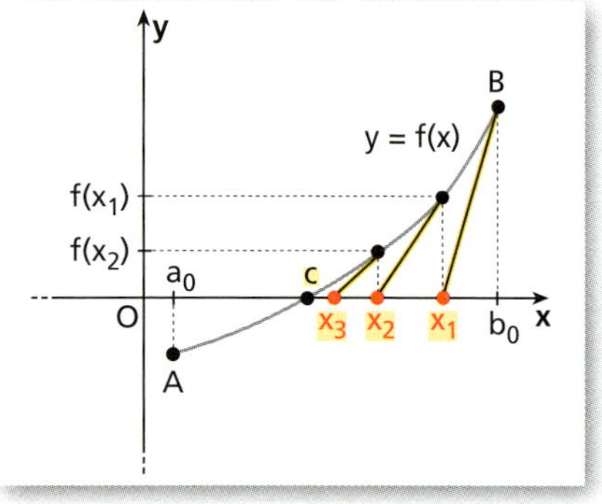

Ogni approssimazione viene calcolata sostituendo al grafico di $f(x)$ una retta tangente, di cui cerchiamo l'intersezione con l'asse x.

Cominciamo determinando la retta tangente al grafico della funzione $y = f(x)$ nell'estremo la cui ordinata è concorde con $f''(x)$.

Nell'esempio in figura abbiamo:

$$f''(x) > 0 \ \forall x \in [a_0; b_0] \ \text{e} \ f(b_0) > 0.$$

L'equazione della tangente in B è:

$$y - f(b_0) = f'(b_0) \cdot (x - b_0).$$

Tale tangente interseca l'asse delle x nel punto di ascissa:

$$x_1 = b_0 - \frac{f(b_0)}{f'(b_0)}.$$

x_1 è un valore approssimato della radice c e non può coincidere con c perché sta sulla tangente e la concavità della curva non cambia.

Listen to it

In the **tangent method** you approach the root by considering the intersection of the x-axis and the tangent of the graph of f at the point $(x_n; f(x_n))$.

Adesso calcoliamo $f(x_1)$ e determiniamo la tangente alla funzione nel punto $(x_1; f(x_1))$:

$$y - f(x_1) = f'(x_1) \cdot (x - x_1).$$

Determiniamo nuovamente il punto di intersezione della tangente con l'asse delle x:

$$x_2 = x_1 - \frac{f(x_1)}{f'(x_1)}.$$

Reiterando il procedimento, otteniamo la seguente **formula di ricorrenza**:

$$x_{n+1} = x_n - \frac{f(x_n)}{f'(x_n)}.$$

La successione $x_1, x_2, \ldots, x_n, \ldots$ è monotòna (in questo caso decrescente) e converge a c. I suoi termini sono valori approssimati (in questo caso per eccesso) di c. Il procedimento sarà arrestato quando comincia a stabilizzarsi la cifra decimale stabilita. La formula di ricorrenza vale in generale e si applica quando $f''(x)$ è continua e ha segno costante in $[a_0; b_0]$; il punto di partenza x_0 della successione approssimante è l'estremo dell'intervallo in cui la funzione ha lo stesso segno della derivata seconda.

ESEMPIO

Analizziamo di nuovo l'equazione $x^3 - x + 1 = 0$ nell'intervallo

$$[a_0; b_0] = [-2; -1].$$

Il punto di partenza è il primo estremo della curva, cioè $(-2; -5)$, perché:

$$f(-2) = -5 < 0 \quad \text{e} \quad f''(x) = 6x < 0, \quad \forall x \in [-2; -1].$$

Utilizzando la formula di ricorrenza, compiliamo una tabella.

n	x_n	$f(x_n) = x_n^3 - x_n + 1$	$f'(x_n) = 3x_n^2 - 1$
0	-2	-5	11
1	$-1,545454545$	$-1,145755071$	6,165289256
2	$-1,359614916$	$-0,153704934$	4,545658159
3	$-1,325801345$	$-0,004624917$	4,273247619
4	$-1,324719049$	$-4,65772 \cdot 10^{-6}$	4,26464168
5	$-1,324717957$	$-4,74043 \cdot 10^{-12}$	4,264632999
6	$-1,324717957$	$-2,22044 \cdot 10^{-16}$	4,264632999

Osserviamo che i valori approssimati della soluzione sono crescenti.
Inoltre, dal sesto in poi sono stabili otto cifre decimali.
Avendo usato 9 cifre decimali, nulla si può dire sull'ultima cifra.
Pertanto, la soluzione approssimata con 8 cifre decimali esatte è $-1,32471795$.

► Calcola, con il metodo delle tangenti, un valore approssimato con 8 cifre decimali esatte della minore delle soluzioni dell'equazione $3x - e^x = 0$.

Il metodo di Newton è molto efficiente se $f'(x_n)$ è grande (in valore assoluto); lo è poco se $f'(x_n)$ è piccola, cioè se f interseca l'asse delle ascisse con una pendenza piccola. In ogni caso, la convergenza è più rapida con il metodo delle tangenti che con il metodo di bisezione.

Uno svantaggio del metodo di Newton è quello di dover calcolare la derivata della funzione f. Quando f è definita da una formula semplice, questo non è un problema, ma nelle applicazioni reali può diventarlo.

IN SINTESI
Studio delle funzioni

Studio di una funzione

Per tracciare il grafico di una funzione $y = f(x)$ procediamo esaminando i seguenti punti.

1. Il **dominio** della funzione.
2. Eventuali **simmetrie** e **periodicità**.
3. Le coordinate degli eventuali **punti di intersezione** del grafico della funzione con gli assi cartesiani.
4. Il **segno della funzione**: stabiliamo gli intervalli in cui essa è positiva, ponendo $f(x) > 0$ e trovando, di conseguenza, anche gli intervalli in cui è negativa.
5. Il comportamento della funzione agli estremi del dominio: calcoliamo i relativi limiti e cerchiamo poi gli eventuali **asintoti** della funzione. Classifichiamo inoltre gli eventuali punti di **discontinuità**, specificando se sono di prima, di seconda o di terza specie.
6. La **derivata prima** e il suo dominio. Dallo studio del segno della derivata prima:
   - determiniamo gli intervalli in cui la funzione è *crescente* ($f'(x) > 0$) e, di conseguenza, quelli in cui è *decrescente* ($f'(x) < 0$);
   - cerchiamo gli eventuali punti di *massimo* o di *minimo relativo* e di *flesso orizzontale* e i punti di non derivabilità per $f(x)$ (*flessi verticali*, *cuspidi* e *punti angolosi*).
7. La **derivata seconda** e il suo dominio. Dallo studio del segno della derivata seconda:
   - determiniamo gli intervalli in cui il grafico volge la *concavità* verso l'alto ($f''(x) > 0$) o verso il basso ($f''(x) < 0$);
   - cerchiamo i *punti di flesso* a tangente obliqua ed eventualmente la tangente inflessionale.

Risoluzione approssimata di un'equazione

- Data l'equazione $f(x) = 0$, la **risoluzione approssimata** è composta da due fasi:
  1. la **separazione delle radici**, ossia la determinazione di intervalli che contengono *soltanto una* radice;
  2. il calcolo di un valore approssimato con la **precisione** voluta.

- **Teoremi**

  Se f è una funzione continua nell'intervallo $[a; b]$ limitato e chiuso e $f(a) \cdot f(b) < 0$, allora esiste *almeno* un punto c interno ad $[a; b]$ tale che $f(c) = 0$. Inoltre:
  - se $f'(x) \neq 0$ in ogni punto di $]a; b[$, la funzione ammette *soltanto uno* zero in $]a; b[$.
  - se $f''(x)$ ha segno costante in $]a; b[$, la funzione ammette *un unico* zero in $]a; b[$.

- **Metodi di approssimazione**

  Sia $[a_0; b_0]$ un intervallo in cui l'equazione $f(x) = 0$ ammette *una* radice, con $f(a_0) < 0$ e $f(b_0) > 0$.
  - **Metodo di bisezione.** Calcoliamo il punto medio m_0 dell'intervallo $[a_0; b_0]$. Se $f(m_0) \neq 0$, poniamo:

    $a_1 = m_0, \quad b_1 = b_0 \quad$ se $f(m_0) < 0$,

    $a_1 = a_0, \quad b_1 = m_0 \quad$ se $f(m_0) > 0$.

    Ripetiamo il procedimento fino alla precisione cercata.
  - **Metodo delle tangenti.** Se $f''(x)$ ha segno costante nell'intervallo $[a_0; b_0]$, costruiamo la successione $x_0, \ldots, x_n$ ponendo:

    $$x_0 = a_0 \text{ e } x_{n+1} = x_n - \frac{f(x_n)}{f'(x_n)} \qquad \text{se } f(a_0) \cdot f''(x) > 0;$$

    $$x_0 = b_0 \text{ e } x_{n+1} = x_n - \frac{f(x_n)}{f'(x_n)} \qquad \text{se } f(a_0) \cdot f''(x) < 0.$$

CAPITOLO 28
ESERCIZI

1 Studio di una funzione

Dal grafico di una funzione alle sue caratteristiche

1 VERO O FALSO? Osserva il grafico.

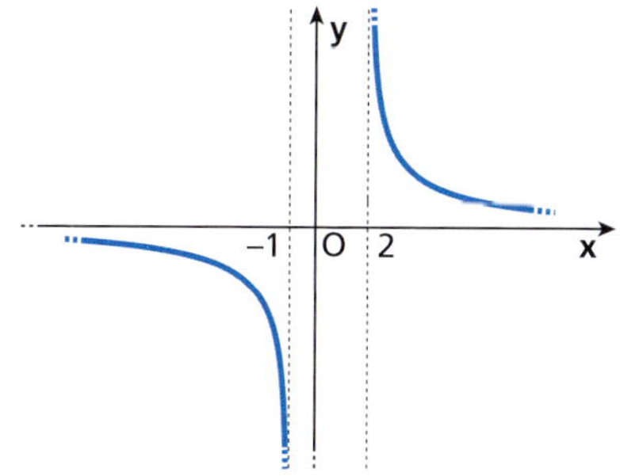

a. La funzione è dispari. V F

b. Non ci sono né massimi né minimi. V F

c. La funzione ha due asintoti. V F

d. Il dominio della funzione è $\mathbb{R}-\{-1, 2\}$. V F

e. La concavità cambia, ma non ci sono flessi. V F

LEGGI IL GRAFICO Da ognuno dei seguenti grafici deduci:

1. il dominio della funzione rappresentata;
2. eventuali simmetrie e periodicità;
3. le intersezioni con gli assi;
4. gli intervalli in cui la funzione è positiva e negativa;
5. i limiti agli estremi del dominio e le equazioni degli asintoti;
6. i punti di massimo e minimo relativi;
7. i punti di flesso, evidenziando la concavità.

2

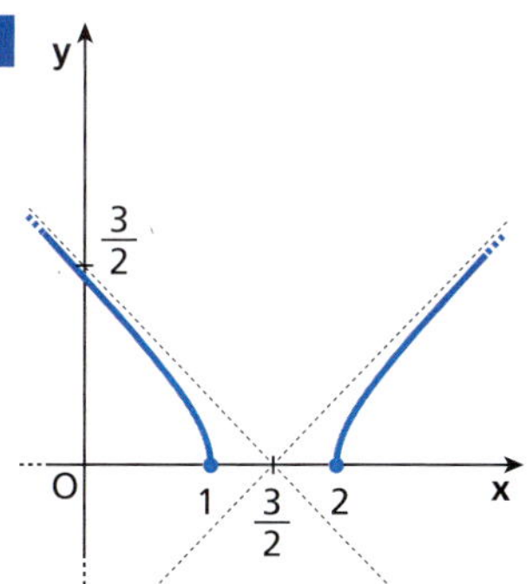

4

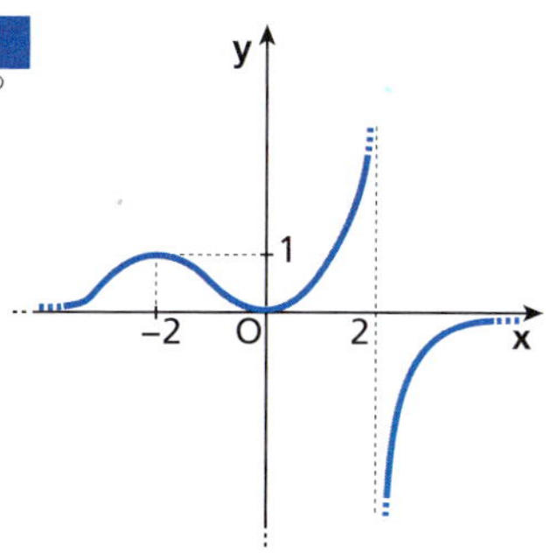

6

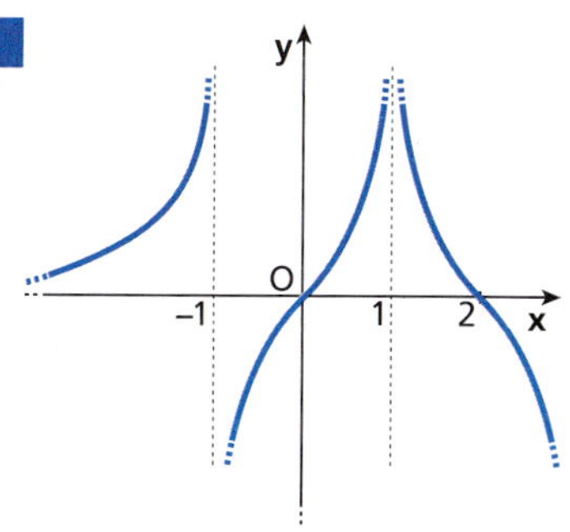

3

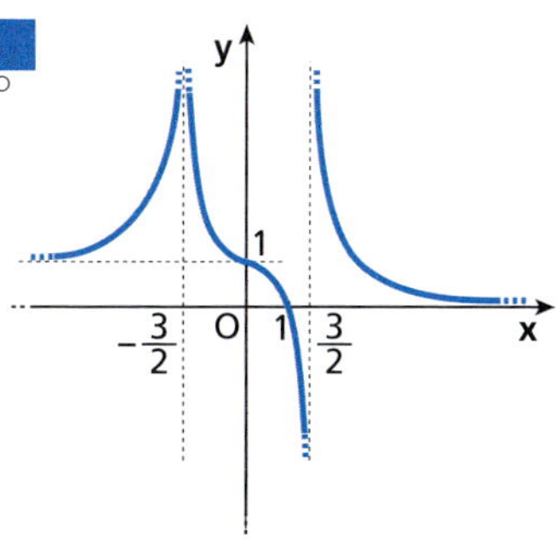

5

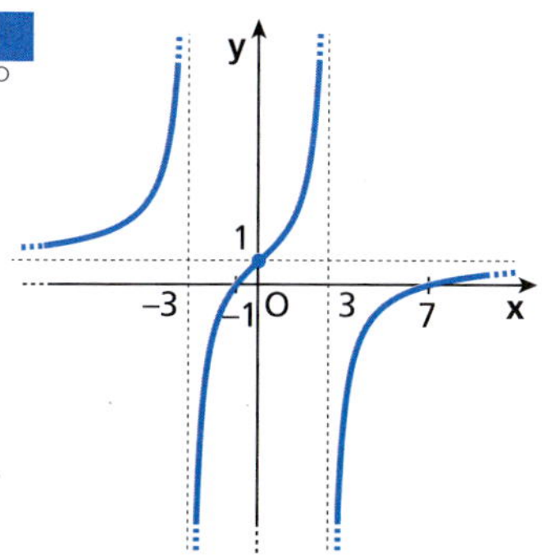

7

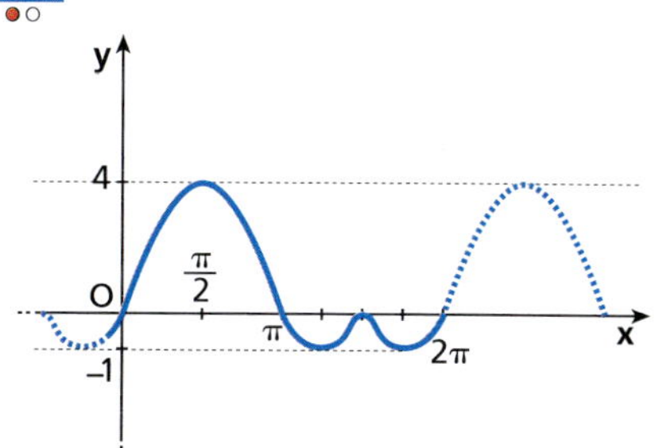

8

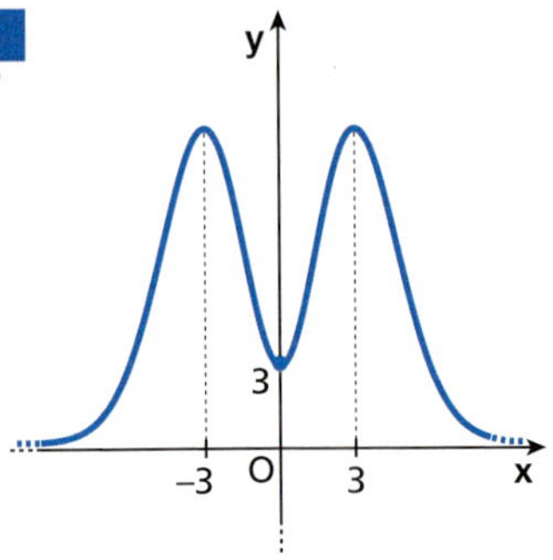

9

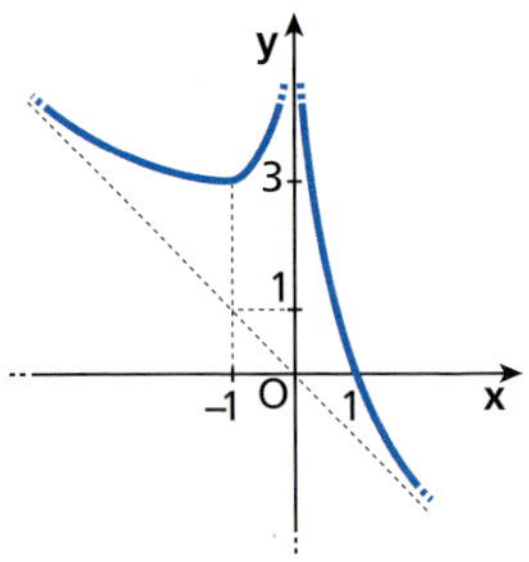

10

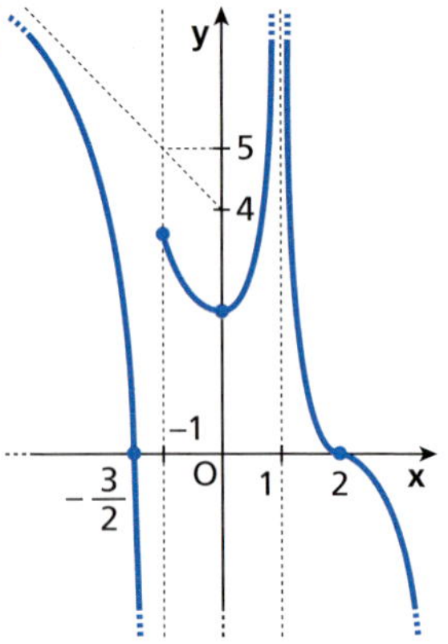

Dalle caratteristiche di una funzione al suo grafico

Traccia il grafico della funzione $y = f(x)$, sapendo che ha le seguenti caratteristiche.

11
1. Il dominio è $\mathbb{R}$.
2. È pari.
3. Le intersezioni con gli assi sono $O(0; 0)$ $(-2; 0)$ e $(2; 0)$.
4. $f(x) > 0$ per $x < -2 \vee x > 2$, $f(x) < 0$ per $-2 < x < 2 \wedge x \neq 0$.
5. Non ci sono asintoti e $\lim_{x \to \pm\infty} f(x) = +\infty$.
6. C'è un massimo in $O(0; 0)$ e due minimi in $(-\sqrt{2}; -4)$ e $(\sqrt{2}; -4)$.
7. Ci sono due flessi obliqui in $\left(\pm\sqrt{\frac{2}{3}}; -\frac{20}{9}\right)$.

12
1. Il dominio è $\mathbb{R} - \{0\}$.
2. Non è né pari né dispari.
3. Non interseca gli assi cartesiani.
4. $f(x) > 0$ per $x > 0$, $f(x) < 0$ per $x < 0$.
5. Esistono un asintoto verticale $x = 0$, un asintoto obliquo a destra di equazione $y = x$ e un asintoto orizzontale a sinistra $y = -1$.
6. C'è un minimo nel punto $(1; 4)$.
7. Non vi sono flessi.

13
1. Il dominio è $\mathbb{R}$.
2. È pari.
3. L'intersezione con gli assi è in $(0; 0)$.
4. $f(x) > 0$ in $\mathbb{R} - \{0\}$.
5. Esiste un asintoto orizzontale $y = 1$.
6. C'è un minimo in $(0; 0)$.
7. Vi sono due flessi obliqui $F_1\left(-2; \frac{1}{2}\right)$ e $F_2\left(2; \frac{1}{2}\right)$.

14
1. Il dominio è $\mathbb{R} - \{0\}$.
2. Non è né pari né dispari.
3. L'intersezione con l'asse x è in $(2; 0)$.
4. $f(x) > 0$ per $x < 2, f(x) < 0$ per $x > 2$.
5. Si ha $\lim_{x \to -\infty} f(x) = 0^+$ e $\lim_{x \to +\infty} f(x) = -\infty$ e $x = 0$ è asintoto verticale.
6. Non sono presenti massimi e minimi.
7. Non ci sono flessi.

15
1. Il dominio è $\mathbb{R} - \{\pm 1\}$.
2. È pari.
3. L'intersezione con gli assi è nell'origine.
4. $f(x) > 0$ per $x < -1 \vee x > 1$, $f(x) < 0$ per $-1 < x < 1 \wedge x \neq 0$.
5. Esistono due asintoti verticali $x = \pm 1$ e un asintoto orizzontale $y = 0$.
6. C'è un massimo nell'origine.
7. Non vi sono flessi.

16
1. Il dominio è $\mathbb{R} - \{1\}$.
2. Non è né pari né dispari.
3. Le intersezioni con gli assi sono in $\left(\frac{1}{2}; 0\right)$, $(-1; 0)$ e in $(0; 1)$.
4. $f(x) > 0$ per $\left(x < \frac{1}{2} \wedge x \neq -1\right) \vee x > 1$, $f(x) < 0$ per $\frac{1}{2} < x < 1$.
5. Esistono un asintoto verticale $x = 1$ e un asintoto orizzontale $y = 0$ a destra $(x \to +\infty)$, mentre si ha $\lim_{x \to -\infty} f(x) = +\infty$.
6. Ci sono un minimo in $(-1; 0)$ e un massimo in $(0; 1)$.
7. C'è un flesso in $\left(-\frac{1}{2}; \frac{1}{2}\right)$.

17
1. Il dominio è $\mathbb{R} - \{-1\}$.
2. Non è né pari né dispari.
3. L'intersezione con gli assi è in $O(0; 0)$.
4. $f(x) > 0$ per $x < -1 \vee x > 0$, $f(x) < 0$ per $-1 < x < 0$.
5. Esistono un asintoto orizzontale $y = 1$ e un asintoto verticale $x = -1$ con $\lim_{x \to -1^{\pm}} f(x) = \mp\infty$.
6. Non ci sono massimi e minimi.
7. Il punto $O(0; 0)$ è un flesso orizzontale ascendente e $F\left(1; \frac{1}{2}\right)$ è un flesso obliquo discendente.

Dalle caratteristiche di una funzione alla sua espressione analitica

TEST Quale delle seguenti funzioni è rappresentata dal grafico?

18

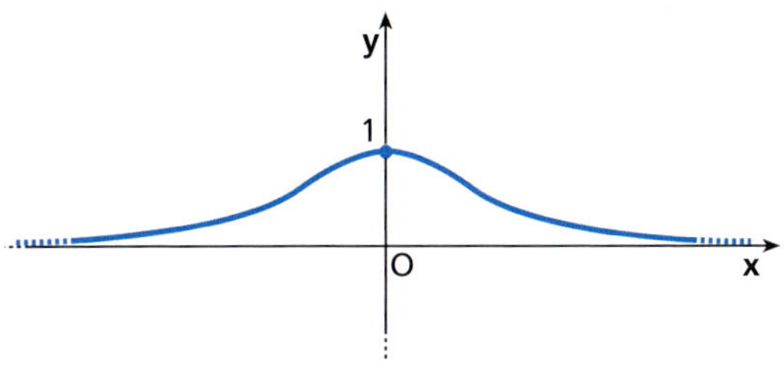

A $y = x^2 + 1$

B $y = \dfrac{1}{x+1}$

C $y = \dfrac{1}{x^2+1}$

D $y = \dfrac{x+1}{x^2+1}$

E $y = \dfrac{-1}{x^2-1}$

19

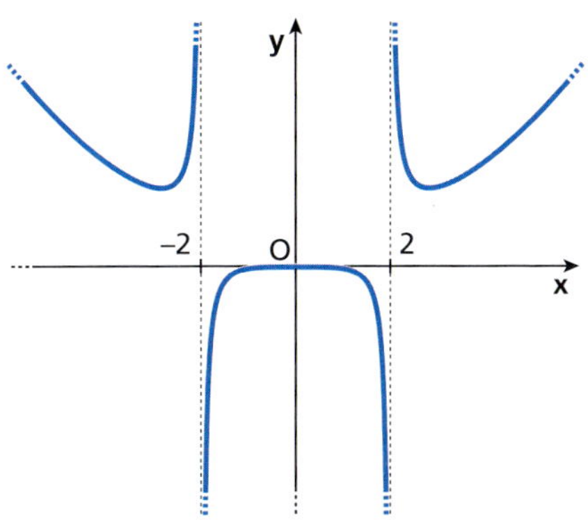

A $y = x(x^2 - 4)$

B $y = \dfrac{x^3}{x^2-4}$

C $y = \dfrac{x^4}{10(x^2-4)}$

D $y = \dfrac{4x^2}{x^2-4}$

E $y = \dfrac{x^2-4}{x^4}$

20

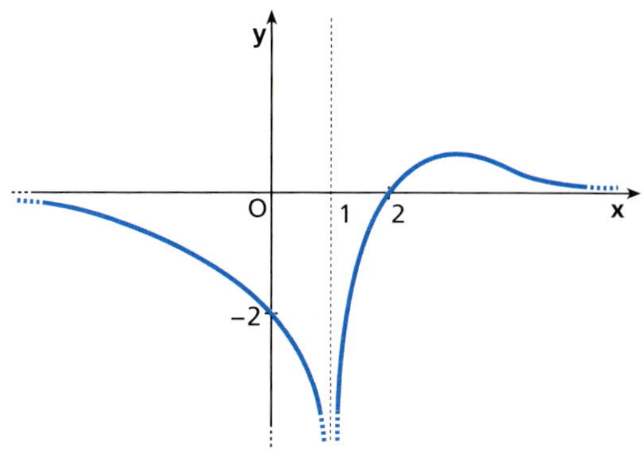

A $y = \dfrac{-x+2}{(x-1)^2}$

B $y = \dfrac{x-2}{(x-1)^3}$

C $y = \dfrac{x-2}{(x-1)^2}$

D $y = \dfrac{x-2}{x-1}$

E $y = \dfrac{x+2}{(x+1)^2}$

21

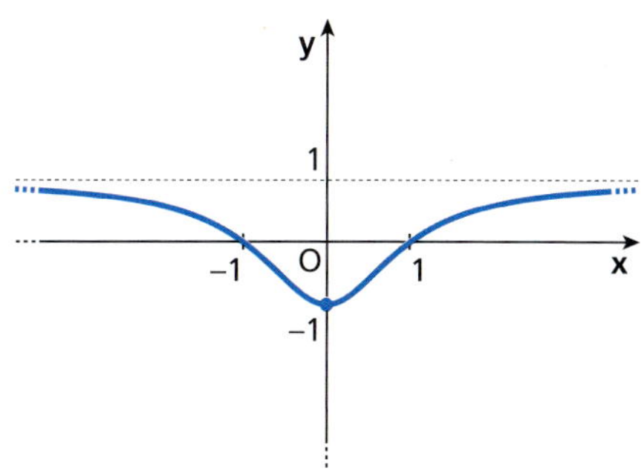

A $y = \dfrac{x^2-1}{x^2+1}$

B $y = \dfrac{x-1}{x+1}$

C $y = -\dfrac{1}{x^2-1}$

D $y = \dfrac{x-1}{x^2+1}$

E $y = \dfrac{x^2+1}{x^2-1}$

22 TEST Sia f una funzione che:

1. ha dominio $\mathbb{R} - \{3\}$;
2. ha intersezioni con gli assi nei punti $(0; 2)$ e $(6; 0)$;
3. ha un asintoto orizzontale di equazione $y = 1$ e uno verticale di equazione $x = 3$;
4. per $x > 6$ ha segno positivo.

Una possibile espressione analitica di f è:

A $y = \dfrac{6}{x-3}$.

B $y = \dfrac{x+6}{x+3}$.

C $y = \dfrac{1}{x+3} + x + 6$.

D $y = \dfrac{x-6}{x-3}$.

E $y = \dfrac{x+6}{x-3}$.

VERO O FALSO?

23 Sia $f(x)$ una funzione pari derivabile due volte in $\mathbb{R}$. Allora:

a. $x = 0$ è un punto di flesso. V F

b. se la retta di equazione $x = 4$ è un asintoto, allora lo è anche $x = -4$. V F

c. se la retta di equazione $y = 3x$ è un asintoto, per $x \to +\infty$ allora lo è anche per $x \to -\infty$. V F

d. se ha dei flessi, ne ha un numero pari. V F

24 Sia $f(x)$ una funzione dispari diversa dalla funzione identicamente nulla e derivabile due volte in $\mathbb{R}$. Allora:

a. $x = 0$ è un estremante. V F

b. se la retta di equazione $y = -5$ è un asintoto, allora lo è anche $y = 5$. V F

c. la retta di equazione $y = -x$ può essere l'unico asintoto obliquo. V F

d. la retta di equazione $y = 2x + 1$ può essere l'unico asintoto obliquo. V F

25 Scrivi l'espressione analitica di una funzione $f(x)$ che presenta le seguenti caratteristiche:

1. il dominio è $\mathbb{R} - \{2\}$;
2. i punti di intersezione con gli assi sono $O(0; 0)$ e $A(3; 0)$;
3. $x = 2$ è asintoto verticale e $y = -2$ è asintoto orizzontale;
4. $f(x) > 0$ per $0 < x < 3$.

Funzioni polinomiali

Teoria a p. 1783

Le funzioni polinomiali,

$$y = a_n x^n + \ldots + a_2 x^2 + a_1 x + a_0, \text{ con } n \in \mathbb{N}, \text{ quando } n > 2,$$

- hanno come dominio $\mathbb{R}$;
- non hanno punti di discontinuità;
- non hanno asintoti;
- non hanno cuspidi, flessi verticali o punti angolosi;
- se sono funzioni dispari, hanno un flesso in $O(0; 0)$;
- se sono funzioni pari, $x = 0$ è un punto di massimo o di minimo relativo.

26 TEST A quale dei seguenti grafici corrisponde la funzione $y = x^4 - 4x^2$?

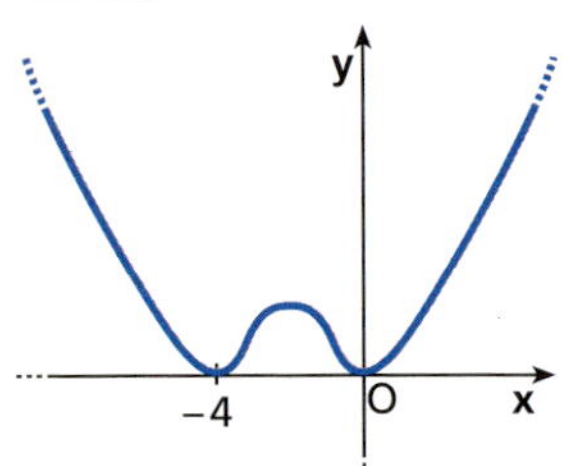

A

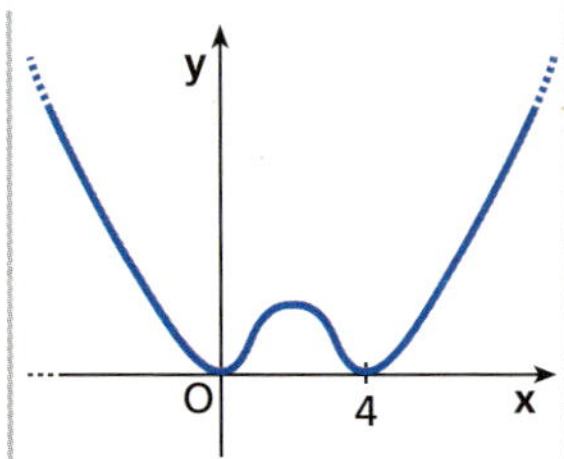

B

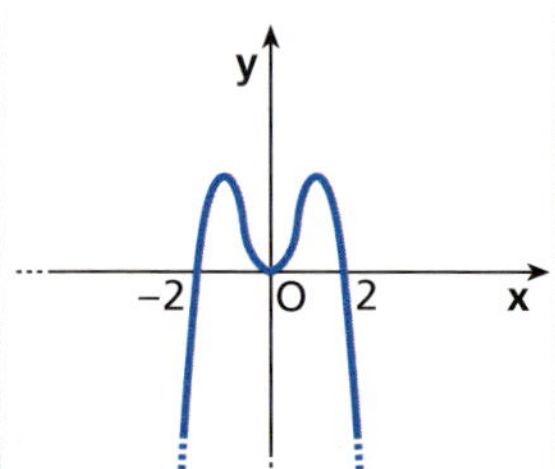

C

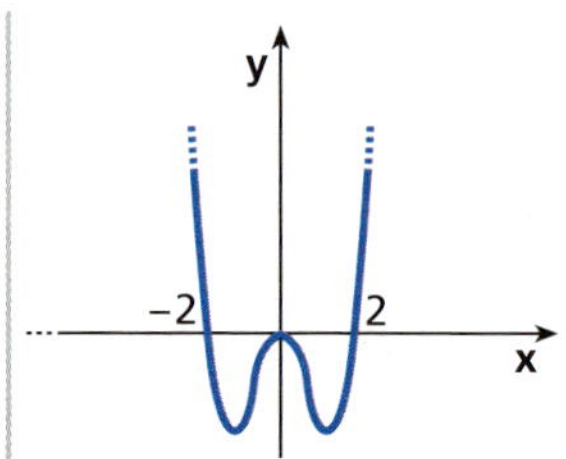

D

27 **ESERCIZIO GUIDA** Studiamo e rappresentiamo graficamente la funzione $y = f(x) = x^4 - 3x^2 + 2$.

1. Dominio: $\mathbb{R}$.
2. Simmetrie.
   Essendo $f(-x) = (-x)^4 - 3(-x)^2 + 2 = x^4 - 3x^2 + 2 = f(x)$, la funzione è pari e il suo grafico è simmetrico rispetto all'asse y.
3. Intersezioni con gli assi.

   Asse y: $\begin{cases} y = x^4 - 3x^2 + 2 \\ x = 0 \end{cases} \rightarrow \begin{cases} y = 2 \\ x = 0 \end{cases} \rightarrow$ il punto di intersezione con l'asse y è $A(0; 2)$.

   Asse x: $\begin{cases} y = x^4 - 3x^2 + 2 \\ y = 0 \end{cases} \rightarrow x^4 - 3x^2 + 2 = 0 \rightarrow x_1 = -1, x_2 = 1, x_3 = -\sqrt{2}, x_4 = +\sqrt{2}$.

   I punti di intersezione con l'asse x sono: $B(-1; 0)$, $C(1; 0)$, $D(-\sqrt{2}; 0)$, $E(\sqrt{2}; 0)$.
4. Segno della funzione.

   $x^4 - 3x^2 + 2 > 0 \rightarrow (x^2 - 2)(x^2 - 1) > 0$.

   1° fattore: $x^2 - 2 > 0 \rightarrow x < -\sqrt{2} \vee x > \sqrt{2}$.

   2° fattore: $x^2 - 1 > 0 \rightarrow x < -1 \vee x > 1$.

   Compiliamo il quadro dei segni.

		$-\sqrt{2}$		-1		1		$\sqrt{2}$	
$x^2 - 2$	+	0	−		−		−	0	+
$x^2 - 1$	+		+	0	−	0	+		+
y	+	0	−	0	+	0	−	0	+

   Rappresentiamo i risultati nel riferimento cartesiano, tratteggiando le zone in cui **non** ci sono punti del grafico della funzione.

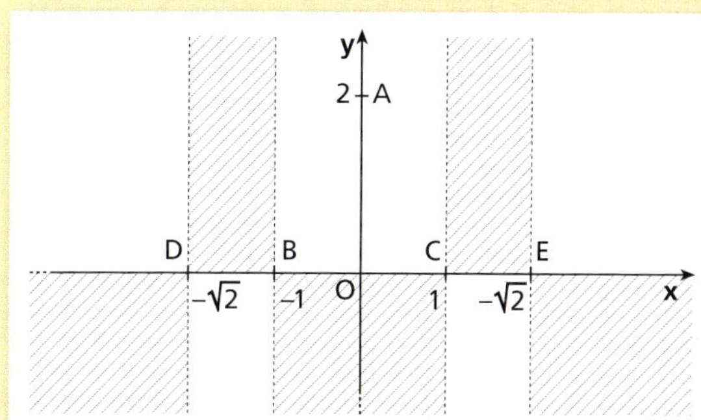

5. Limiti agli estremi del dominio: $\lim_{x \to \pm\infty} (x^4 - 3x^2 + 2) = +\infty$. Poiché la funzione è polinomiale, di quarto grado, **non** esiste un asintoto obliquo.
6. Derivata prima:

   $y' = 4x^3 - 6x$.

   Il dominio di y' è $\mathbb{R}$. Troviamo gli zeri e studiamo il segno.

   $y' = 0 \rightarrow 4x^3 - 6x = 0 \rightarrow 2x(2x^2 - 3) = 0 \rightarrow x = 0 \vee x = \pm\sqrt{\frac{3}{2}}$,

   $y' > 0 \rightarrow 2x(2x^2 - 3) > 0$.

   1° fattore: $2x > 0 \rightarrow x > 0$.

   2° fattore: $2x^2 - 3 > 0 \rightarrow x < -\sqrt{\frac{3}{2}} \vee x > \sqrt{\frac{3}{2}}$.

   Compiliamo il quadro relativo al segno della derivata prima e segniamo gli intervalli in cui la funzione è crescente e quelli in cui è decrescente.

Per $x = \pm\sqrt{\frac{3}{2}}$ si hanno due punti di minimo.

Calcoliamo le relative ordinate, sostituendo il valore delle ascisse nella funzione e otteniamo:

$$G\left(-\sqrt{\frac{3}{2}}; -\frac{1}{4}\right),\ H\left(\sqrt{\frac{3}{2}}; -\frac{1}{4}\right).$$

Per $x = 0$ si ha un massimo: $A(0; 2)$.

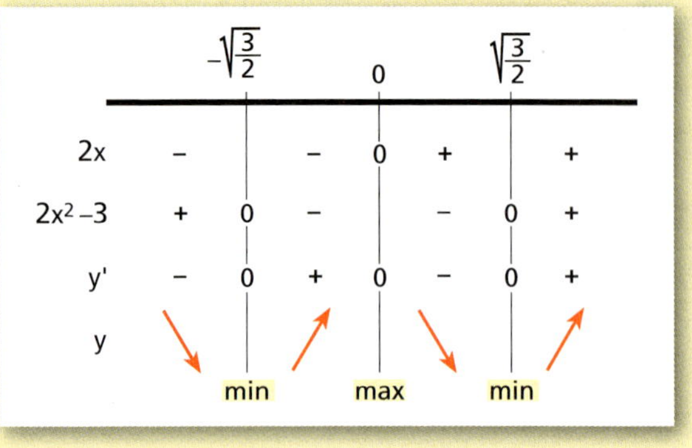

7. Derivata seconda:

$$y'' = 12x^2 - 6 = 6(2x^2 - 1),$$

$$y'' = 0 \quad \rightarrow \quad 2x^2 - 1 = 0 \quad \rightarrow \quad x = \pm\frac{\sqrt{2}}{2},$$

$$y'' > 0 \quad \rightarrow \quad 6(2x^2 - 1) > 0 \quad \rightarrow$$

$$x < -\frac{\sqrt{2}}{2} \lor x > \frac{\sqrt{2}}{2}.$$

Compiliamo il quadro dei segni della derivata seconda e segniamo gli intervalli in cui il grafico della funzione ha concavità verso l'alto e quelli in cui l'ha verso il basso.

In $x = \pm\frac{\sqrt{2}}{2}$ abbiamo due flessi di coordinate:

$$F_1\left(-\frac{\sqrt{2}}{2}; \frac{3}{4}\right) \text{ e } F_2\left(\frac{\sqrt{2}}{2}; \frac{3}{4}\right).$$

Disegniamo il grafico della funzione.

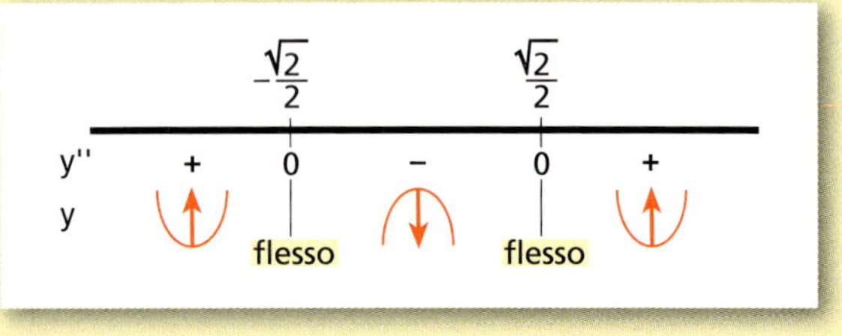

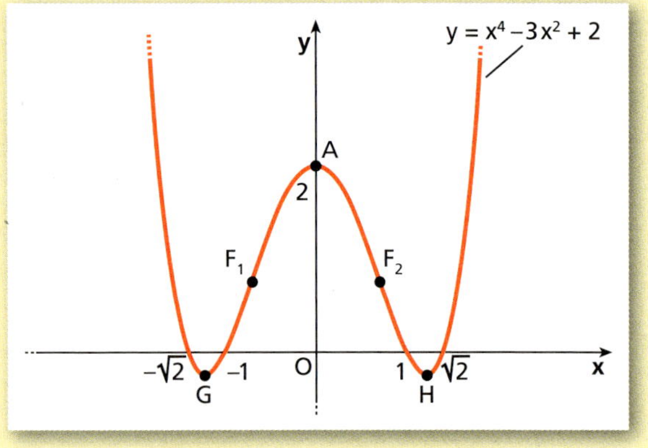

Studia e rappresenta graficamente le seguenti funzioni. (Qui e in seguito nelle soluzioni ci limitiamo a indicare i punti di massimo con max, quelli di minimo con min, quelli di flesso con *F*.)

28 $y = \frac{1}{3}x^3 - 3x^2$ $[\max(0; 0); \min(6; -36); F(3; -18)]$

29 $y = x^4 - 8x^2$ $\left[\min_{1,2}(\pm 2; -16); \max(0; 0); F_{1,2}\left(\pm\frac{2}{3}\sqrt{3}; -\frac{80}{9}\right)\right]$

30 $y = \frac{1}{3}x^3 - 9x$ $[\max(-3; 18); \min(3; -18); F(0; 0)]$

31 $y = x^4 - \frac{4}{3}x^3$ $\left[\min\left(1; -\frac{1}{3}\right); F_1(0; 0), F_2\left(\frac{2}{3}; -\frac{16}{81}\right)\right]$

32 $y = x^3 - 12x$ $[\max(-2; 16); \min(2; -16); F(0; 0)]$

33 $y = x^2 - x^3$ $\left[\min(0; 0); \max\left(\frac{2}{3}; \frac{4}{27}\right); F\left(\frac{1}{3}; \frac{2}{27}\right)\right]$

34 $y = x^3 - 3x + 2$ $[\max(-1; 4); \min(1; 0); F(0; 2)]$

35 $y = x^4 - 16x^2$ $\left[\min_{1,2}(\pm 2\sqrt{2}; -64); \max(0; 0); F_{1,2}\left(\pm\sqrt{\frac{8}{3}}; -\frac{320}{9}\right)\right]$

36 $y = x(x + 2)^2$ $\left[\max(-2; 0); \min\left(-\frac{2}{3}; -\frac{32}{27}\right); F\left(-\frac{4}{3}; -\frac{16}{27}\right)\right]$

37 $y=\frac{x^3}{3}-3x^2+8x$ $\left[\max\left(2;\frac{20}{3}\right);\ \min\left(4;\frac{16}{3}\right);\ F(3;6)\right]$

38 $y=\frac{x^5}{5}+\frac{x^4}{2}$ $\left[\max\left(-2;\frac{8}{5}\right);\ \min(0;0);\ F\left(-\frac{3}{2};\frac{81}{80}\right)\right]$

39 $y=(x^2-4)(x^2-1)$ $\left[\min_{1,2}\left(\pm\sqrt{\frac{5}{2}};-\frac{9}{4}\right);\ \max(0;4);\ F_{1,2}\left(\pm\sqrt{\frac{5}{6}};\frac{19}{36}\right)\right]$

40 $y=\frac{x^3}{6}-x^2+\frac{3}{2}x$ $\left[\max\left(1;\frac{2}{3}\right);\ \min(3;0);\ F\left(2;\frac{1}{3}\right)\right]$

41 $y=x^2-4x^4$ $\left[\max_{1,2}\left(\pm\sqrt{\frac{1}{8}};\frac{1}{16}\right);\ \min(0;0);\ F_{1,2}\left(\pm\sqrt{\frac{1}{24}};\frac{5}{144}\right)\right]$

42 $y=x-\frac{1}{5}x^5$ $\left[\min\left(-1;-\frac{4}{5}\right);\ \max\left(1;\frac{4}{5}\right);\ F(0;0)\right]$

43 $y=-x^4-x^2$ $[\max(0;0)]$

44 $y=x(x^2-4)$ $\left[\max\left(-\frac{2}{3}\sqrt{3};\frac{16}{9}\sqrt{3}\right);\ \min\left(\frac{2}{3}\sqrt{3};-\frac{16}{9}\sqrt{3}\right);\ F(0;0)\right]$

45 $y=x^3-2x^2+x-2$ $\left[\max\left(\frac{1}{3};-\frac{50}{27}\right);\ \min(1;-2);\ F\left(\frac{2}{3};-\frac{52}{27}\right)\right]$

46 $y=x^3\left(1-\frac{1}{4}x\right)$ $\left[\max\left(3;\frac{27}{4}\right);\ F_1(0;0),\ F_2(2;4)\right]$

47 $y=x^3-2x+1$ $\left[\max \text{ in } x=-\sqrt{\frac{2}{3}};\ \min \text{ in } x=\sqrt{\frac{2}{3}};\ F(0;1)\right]$

48 $y=2x^3-x^4$ $\left[\max\left(\frac{3}{2};\frac{27}{16}\right);\ F_1(0;0),\ F_2(1;1)\right]$

49 $y=x^4-2x^3+1$ $\left[\min\left(\frac{3}{2};-\frac{11}{16}\right);\ F_1(0;1),\ F_2(1;0)\right]$

50 $y=3x^4+2x^3-3x^2$ $\left[\min_1(-1;-2),\ \min_2\left(\frac{1}{2};-\frac{5}{16}\right);\ \max(0;0);\ \text{flessi in } x=\frac{-1\pm\sqrt{7}}{6}\right]$

51 $y=\frac{7}{4}x^4-\frac{14}{3}x^3$ $\left[\min\left(2;-\frac{28}{3}\right);\ F_1(0;0),\ F_2\left(\frac{4}{3};-\frac{448}{81}\right)\right]$

52 $y=3x^4+4x^3+1$ $\left[\min(-1;0);\ F_1\left(-\frac{2}{3};\frac{11}{27}\right),\ F_2(0;1)\right]$

53 $y=-x^3+5x^2-8x+4$ $\left[\min\left(\frac{4}{3};-\frac{4}{27}\right);\ \max(2;0);\ F\left(\frac{5}{3};-\frac{2}{27}\right)\right]$

54 $y=\frac{1}{8}(x-1)^3(x+3)^3$ $\left[\min(-1;-8);\ F_1(-3;0),\ F_2(1;0);\ \text{flessi in } x=-1\pm2\frac{\sqrt{5}}{5}\right]$

55 **ASSOCIA** a ogni funzione il suo grafico senza svolgere lo studio completo.

a. $y=x^3+x^2$ b. $y=x^4-x^3$ c. $y=x^4-x^2$ d. $y=x^3-x$

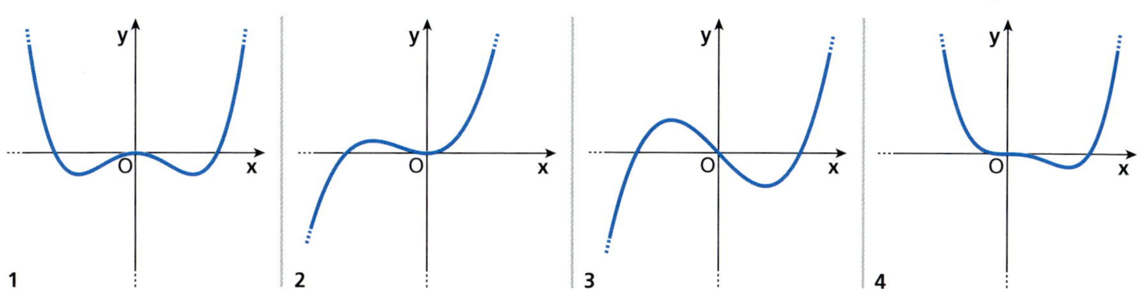

56 **FAI UN ESEMPIO** di funzione polinomiale $f(x)$ che interseca l'asse x in tre punti e tale che $\lim_{x\to\pm\infty} f(x)=+\infty$.

ESERCIZI

REALTÀ E MODELLI

57 ●○

Che tosse! La velocità dell'aria espulsa da un colpo di tosse provocato da un corpo estraneo dipende sia da fattori fisici della persona sia dal diametro r del corpo.
Per Laura, la velocità v (espressa in mm/s) varia in funzione di r (espresso in mm) secondo la legge:

$$v(r) = 15r^2 - r^3, \quad \text{con } 0 \leq r \leq 15.$$

Studia la funzione e rappresentala graficamente.
Calcola per quali dimensioni del corpo estraneo si ha la massima velocità.

[10 mm]

58 ●○ **Ombrelli Rainoff** La ditta Rainoff ha rilevato che quando si va oltre un certo numero di lavoratori addetti alla produzione dei suoi ombrelli pieghevoli, la produzione subisce una flessione.
In tabella sono riportati i dati della rilevazione.

Numero addetti	0	2	5	10
Numero ombrelli prodotti	0	6	30	70

a. Studia la funzione polinomiale di terzo grado il cui grafico passa per i punti corrispondenti ai dati rilevati.

b. Individua il numero di addetti in corrispondenza del quale la produzione inizia a diminuire. [b) 11]

Funzioni razionali fratte

▶ Teoria a p. 1785

Le funzioni razionali fratte,

$$y = \frac{a_n x^n + a_{n-1}x^{n-1} + \ldots + a_0}{b_m x^m + b_{m-1}x^{m-1} + \ldots + b_0} = \frac{A(x)}{B(x)},$$

- hanno come dominio $\mathbb{R}$ con esclusione dei valori che annullano $B(x)$;
- possono avere asintoti verticali che vanno ricercati fra i valori che annullano $B(x)$;
- intersecano l'asse x nei punti in cui $A(x) = 0$;
- se $n = m$, hanno un asintoto orizzontale di equazione $y = \frac{a_n}{b_m}$;
- se $n < m$, hanno come asintoto orizzontale l'asse x;
- se $n > m$, con $n - m = 1$, hanno un asintoto obliquo.

TEST

59 ●○ Quale dei seguenti grafici rappresenta l'andamento della funzione $y = \frac{x-1}{x^2}$?

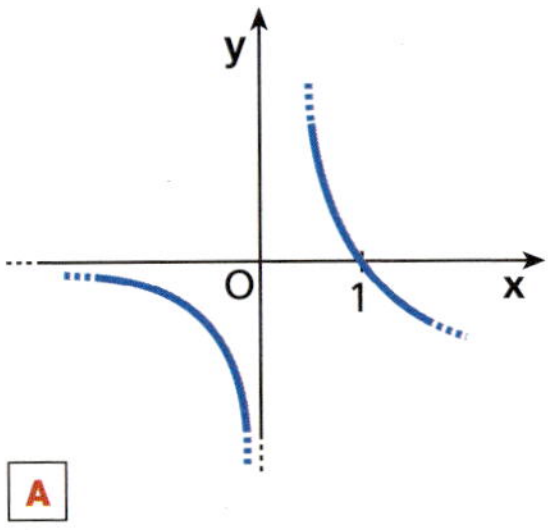

A

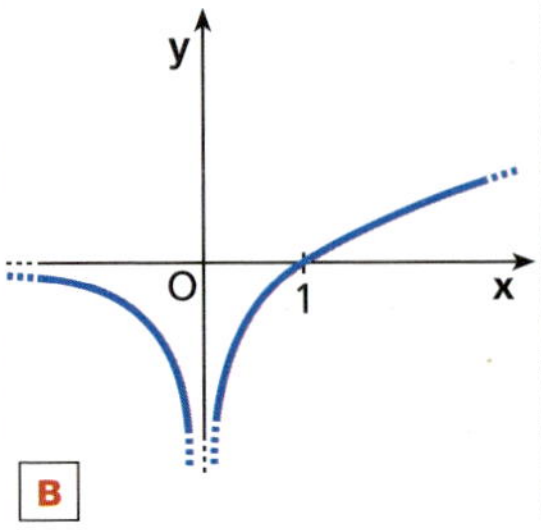

B

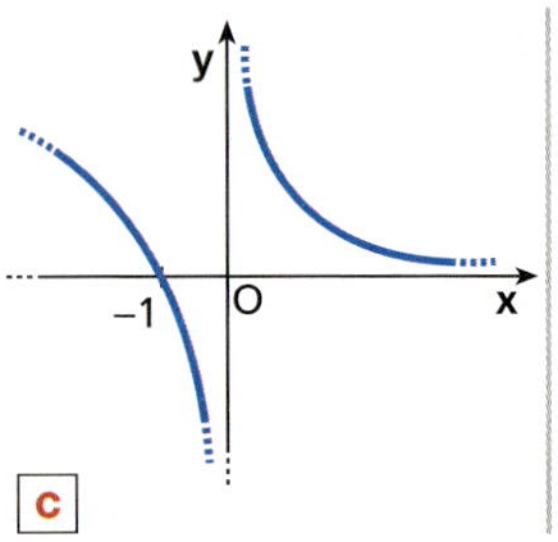

C

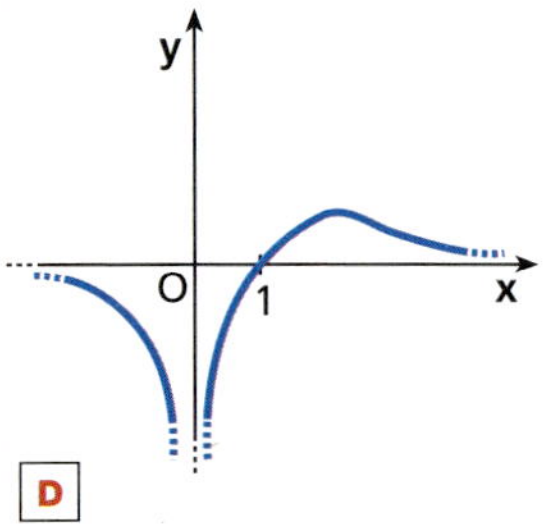

D

60 Fra i seguenti grafici, quale rappresenta l'andamento della funzione $y = x + \frac{1}{x}$?

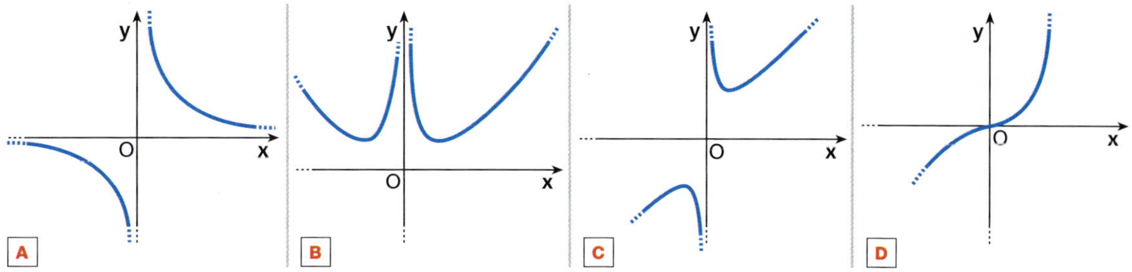

61 **ESERCIZIO GUIDA** Studiamo e rappresentiamo graficamente la funzione:

$$y = f(x) = \frac{(2-x)^3}{3(x-4)}.$$

1. Dominio: il denominatore deve essere $\neq 0$, quindi: D: $x \neq 4$.

2. Cerchiamo eventuali simmetrie:

$$f(-x) = \frac{[2-(-x)]^3}{3(-x-4)} = \frac{(2+x)^3}{-3(x+4)} \neq \pm f(x) \ \rightarrow \ \text{la funzione non è né dispari né pari.}$$

3. Intersezioni con gli assi.

$$\text{Asse } y: \begin{cases} y = \frac{(2-x)^3}{3(x-4)} \\ x = 0 \end{cases} \rightarrow \begin{cases} y = \frac{8}{-12} \\ x = 0 \end{cases} \rightarrow \begin{cases} y = -\frac{2}{3} \\ x = 0 \end{cases} \rightarrow A\left(0; -\frac{2}{3}\right).$$

$$\text{Asse } x: \begin{cases} y = \frac{(2-x)^3}{3(x-4)} \\ y = 0 \end{cases} \rightarrow \begin{cases} \frac{(2-x)^3}{3(x-4)} = 0 \\ y = 0 \end{cases} \rightarrow \begin{cases} (2-x)^3 = 0 \\ y = 0 \end{cases} \rightarrow \begin{cases} 2-x = 0 \\ y = 0 \end{cases} \rightarrow \begin{cases} x = 2 \\ y = 0 \end{cases} \rightarrow B(2; 0).$$

4. Segno della funzione:

$$\frac{(2-x)^3}{3(x-4)} > 0 \qquad N > 0 \text{ per } x < 2$$
$$D > 0 \text{ per } x > 4.$$

Compiliamo il quadro dei segni.

		2		4	
$(2-x)^3$	+	0	−		−
$3(x-4)$	−		−	0	+
y	−	0	+	∄	−

$f(x) > 0 \qquad \text{per } 2 < x < 4.$

Rappresentiamo questi risultati nel piano cartesiano, tratteggiando le zone del piano in cui non ci sono punti del grafico della funzione.

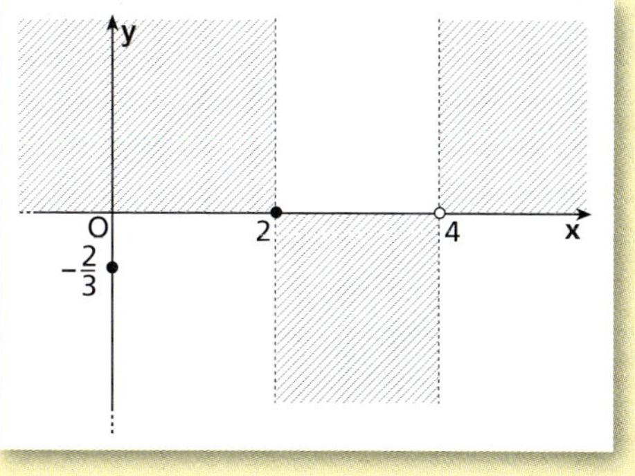

5. Limiti agli estremi del dominio:

- $\lim\limits_{x \to \pm\infty} \frac{(2-x)^3}{3(x-4)} = -\infty;$

  poiché la differenza fra il grado del numeratore e il grado del denominatore è 2, non esiste asintoto obliquo;

- $\lim\limits_{x \to 4^{\pm}} \frac{(2-x)^3}{3(x-4)} = \mp\infty \rightarrow x = 4$ è un asintoto verticale.

ESERCIZI

6. Derivata prima:

$$y' = \frac{1}{3} \cdot \frac{-3(2-x)^2(x-4)-(2-x)^3}{(x-4)^2} =$$

$$\frac{2}{3} \cdot \frac{(2-x)^2(5-x)}{(x-4)^2}.$$

Il dominio di y' è $x \neq 4$ e coincide con quello di y.

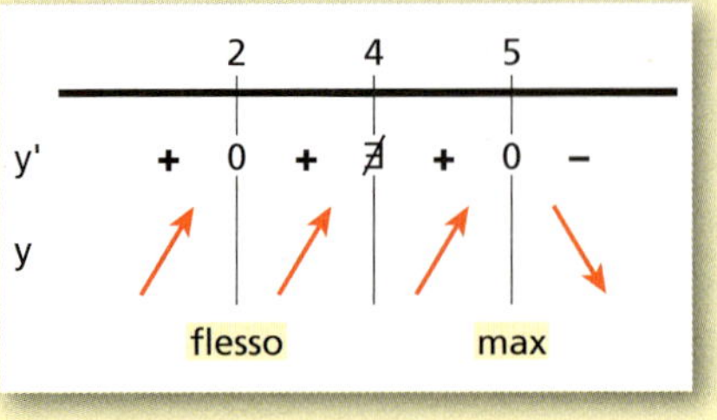

$y' = 0$ per $x = 2$ e $x = 5$, che sono quindi punti stazionari.
Il segno di y' dipende solo da $5 - x$ perché $(2-x)^2$ e $(x-4)^2$ sono sempre positivi per $x \neq 2$ e $x \neq 4$, dunque:

$$y' > 0 \quad \text{per } x < 5 \wedge x \neq 2 \wedge x \neq 4.$$

Per $x = 2$ la funzione ammette un flesso orizzontale e per $x = 5$ presenta un massimo. Quindi il flesso orizzontale è in $B(2; 0)$ e, poiché $f(5) = -9$, il massimo è in $M(5; -9)$.

7. Derivata seconda:

$$y'' = -\frac{2}{3} \cdot \frac{(x-2)(x^2-10x+28)}{(x-4)^3}.$$

Il trinomio $x^2 - 10x + 28$ è sempre positivo perché ha $\Delta < 0$, quindi il segno di y'' dipende da $x - 2$ e $(x-4)^3$. Risulta che:

$y'' < 0$ per $x < 2 \vee x > 4$ → il grafico ha la concavità verso il basso;

$y'' > 0$ per $2 < x < 4$ → il grafico ha la concavità verso l'alto.

In $x = 2$ c'è un punto di flesso (come già trovato con la derivata prima) e in $x = 4$ la funzione non è definita.
Tracciamo il grafico della funzione.

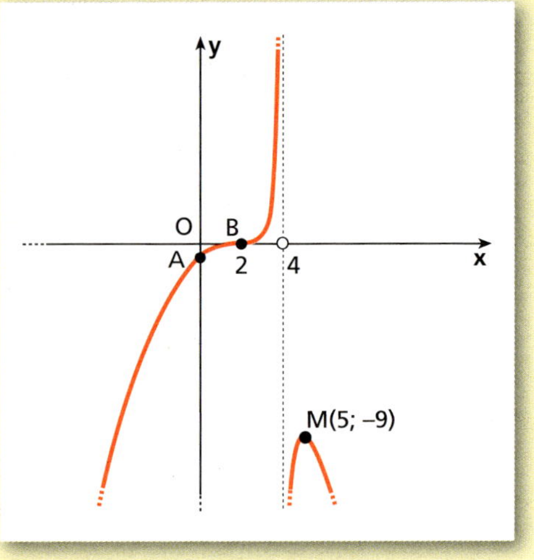

Studia e rappresenta graficamente le seguenti funzioni. (Nei risultati indichiamo con *a* le equazioni degli asintoti.)

62 $y = -\dfrac{2}{1+x^2}$ $\left[a\text{: } y = 0;\ \min(0; -2);\ F_{1,2}\left(\pm\dfrac{\sqrt{3}}{3}; -\dfrac{3}{2}\right)\right]$

63 $y = -\dfrac{x^2}{1+x}$ $[a\text{: } x = -1,\ y = -x + 1;\ \min(-2; 4);\ \max(0; 0)]$

64 $y = x - \dfrac{3}{x+2}$ $[a\text{: } x = -2;\ y = x]$

65 $y = \dfrac{2x^2+2}{x}$ $[a\text{: } x = 0,\ y = 2x;\ \max(-1; -4);\ \min(1; 4)]$

66 $y = \dfrac{3}{x^3-1}$ $\left[a\text{: } y = 0,\ x = 1;\ F_1(0; -3),\ F_2\left(-\dfrac{1}{\sqrt[3]{2}}; -2\right)\right]$

67 $y = \dfrac{4x+1}{(x+1)^2}$ $\left[a\text{: } y = 0,\ x = -1;\ \max\left(\dfrac{1}{2}; \dfrac{4}{3}\right);\ F\left(\dfrac{5}{4}; \dfrac{32}{27}\right)\right]$

68 $y = \dfrac{x^2-1}{x}$ $[a\text{: } x = 0,\ y = x]$

69 $y = \dfrac{x^2-4}{x^2-1}$ $[a\text{: } x = \pm 1,\ y = 1;\ \min(0; 4)]$

70 ●○ $y = \frac{x^2 - 3x + 2}{x^2 - 1}$ [discont. eliminabile per $x = 1$; a: $x = -1$, $y = 1$]

71 ●○ $y = \frac{1}{x^3 - 3x^2}$ $\left[a: x = 3, x = 0, y = 0; \max\left(2; -\frac{1}{4}\right)\right]$

72 ●○ $y = \frac{3 - x^2}{x - 2}$ $[a: x = 2, y = -x - 2; \min(1; -2); \max(3; -6)]$

73 ●○ $y = \frac{x^3 + 27}{x^3}$ $[a: x = 0, y = 1]$

74 ●○ $y = \frac{x^2 - 8}{2x - 1}$ $\left[a: x = \frac{1}{2}, y = \frac{1}{2}x + \frac{1}{4}\right]$

75 ●○ $y = -x - \frac{4}{x} + 6$ $[a: y = -x + 6, x = 0; \min(-2; 10); \max(2; 2)]$

76 ●○ $y = x + \frac{9}{x} - 1$ $[a: y = x - 1, x = 0; \max(-3; -7); \min(3; 5)]$

77 ●○ $y = x + \frac{1}{x}$ $[a: y = x, x = 0; \max(-1; -2); \min(1; 2)]$

78 ●○ $y = \frac{x - 1}{x^2}$ $\left[a: x = 0, y = 0; \max\left(2; \frac{1}{4}\right); F\left(3; \frac{2}{9}\right)\right]$

79 ●○ $y = \frac{-x^3}{x^3 - 1}$ $\left[a: y = -1, x = 1; F_1(0; 0), F_2\left(-\frac{1}{\sqrt[3]{2}}; -\frac{1}{3}\right)\right]$

80 ●○ $y = \frac{x}{x^2 + 4}$ $\left[a: y = 0; \min\left(-2; -\frac{1}{4}\right); \max\left(2; \frac{1}{4}\right); F_1(0; 0), F_2\left(-2\sqrt{3}; -\frac{\sqrt{3}}{8}\right), F_3\left(2\sqrt{3}; \frac{\sqrt{3}}{8}\right)\right]$

81 ●○ $y = \frac{x^2 - 4}{x^2 + 4}$ $\left[a: y = 1; \min(0; -1); F_1\left(-\frac{2\sqrt{3}}{3}; -\frac{1}{2}\right), F_2\left(\frac{2\sqrt{3}}{3}; -\frac{1}{2}\right)\right]$

82 ●○ $y = \frac{x^3 - 8}{x^2}$ $\left[a: x = 0, y = x; \max\left(\sqrt[3]{-16}; \sqrt[3]{-54}\right)\right]$

83 ●○ $y = -\frac{(x + 1)^2}{x}$ $[a: y = -x - 2, x = 0; \min(-1; 0); \max(1; -4)]$

84 ●○ $y = \frac{x^2}{x^2 + 1}$ $\left[a: y = 1; \min(0; 0); F_1\left(-\frac{\sqrt{3}}{3}; \frac{1}{4}\right), F_2\left(\frac{\sqrt{3}}{3}; \frac{1}{4}\right)\right]$

85 ●○ $y = \frac{2x + 1}{x^2 - 2x + 1}$ $\left[a: x = 1, y = 0; \min\left(-2; -\frac{1}{3}\right); F\left(-\frac{7}{2}; -\frac{8}{27}\right)\right]$

86 ●○ $y = \frac{x^2 + 1}{x^2 - 9}$ $\left[a: x = \pm 3, y = 1; \max\left(0; -\frac{1}{9}\right)\right]$

87 ●○ $y = \frac{3}{x^2 + 4}$ $\left[a: y = 0; \max\left(0; \frac{3}{4}\right); F_{1,2}\left(\pm\frac{2\sqrt{3}}{3}; \frac{9}{16}\right)\right]$

88 ●○ $y = \frac{(x + 2)^2}{(x + 1)^2}$ $\left[a: y = 1, x = -1; \min(-2; 0); F\left(-\frac{5}{2}; \frac{1}{9}\right)\right]$

89 ●○ $y = \frac{x - 3}{(x - 2)^3}$ $\left[a: y = 0, x = 2; \max\left(\frac{7}{2}; \frac{4}{27}\right); F\left(4; \frac{1}{8}\right)\right]$

90 ●○ $y = \frac{x^2 - x - 2}{x^2 - 6x + 9}$ $\left[a: x = 3, y = 1; \min\left(\frac{7}{5}; -\frac{9}{16}\right); F\left(\frac{3}{5}; -\frac{7}{18}\right)\right]$

91 ●○ $y = \frac{3 - x}{(x + 1)^2}$ $\left[a: x = -1, y = 0; \min\left(7; -\frac{1}{16}\right); F\left(11; -\frac{1}{18}\right)\right]$

92 ●○ $y = \frac{x^3}{9 - x^2}$ $\left[a: x = \pm 3, y = -x; \min\left(-3\sqrt{3}; \frac{9}{2}\sqrt{3}\right); \max\left(3\sqrt{3}; -\frac{9}{2}\sqrt{3}\right)\right]$

ESERCIZI

93 $y = \dfrac{x^3 - 4}{x^2}$ $[a\colon x = 0,\ y = x;\ \max(-2; -3)]$

94 $y = \dfrac{x^4}{x^3 - 1}$ $\left[a\colon x = 1,\ y = x;\ \max(0; 0);\ \min\left(\sqrt[3]{4}; \frac{4}{3}\sqrt[3]{4}\right);\ F\left(-\sqrt[3]{2}; -\frac{2}{3}\sqrt[3]{2}\right)\right]$

95 $y = \dfrac{1}{3x^5 - 5x^3}$ $\left[a\colon x = \frac{\pm\sqrt{15}}{3},\ x = 0,\ y = 0;\ \min\left(-1; \frac{1}{2}\right);\ \max\left(1; -\frac{1}{2}\right)\right]$

96 $y = \dfrac{(x^2 - 4)^2}{x^3}$ $\left[a\colon x = 0,\ y = x;\ \max(-2; 0);\ \min(2; 0);\ F_1\left(-2\sqrt{3}; -\frac{8}{9}\sqrt{3}\right),\ F_2\left(2\sqrt{3}; \frac{8}{9}\sqrt{3}\right)\right]$

97 $y = \dfrac{2(3 - x)^3}{(x - 2)^2}$ $\left[a\colon x = 2,\ y = -2x + 10;\ \min\left(0; \frac{27}{2}\right);\ F(3; 0)\right]$

98 $y = \dfrac{9(x + 1)}{(x + 2)^3}$ $\left[a\colon x = -2,\ y = 0;\ \max\left(-\frac{1}{2}; \frac{4}{8}\right);\ F\left(0; \frac{9}{8}\right)\right]$

99 $y = \dfrac{2x^2 - 3}{x^2 - 2x + 2}$ $\left[a\colon y = 2;\ \min\left(\frac{1}{2}; -2\right);\ \max(3; 3)\right]$

100 $y = \dfrac{x - 2}{(x + 1)(x^2 - 4)}$ $\left[a\colon x = -1,\ x = -2,\ y = 0;\ \text{discont. eliminabile in } x = 2;\ \max\left(-\frac{3}{2}; -4\right)\right]$

101 $y = \dfrac{x^3 - 3x^2 - x + 3}{x^2 - 2x}$ $[a\colon x = 0,\ x = 2,\ y = x - 1;\ F(1; 0)]$

LEGGI IL GRAFICO

102 L'equazione del grafico a fianco è del tipo:

$$y = \frac{ax^2}{x^2 + b}.$$

a. Determina a e b.

b. La funzione è pari o dispari? Giustifica la risposta con i calcoli.

c. La funzione ha massimi o minimi assoluti? E relativi? Quali?

[a) $a = 1, b = -4$; b) pari; c) $x = 0$ max rel.]

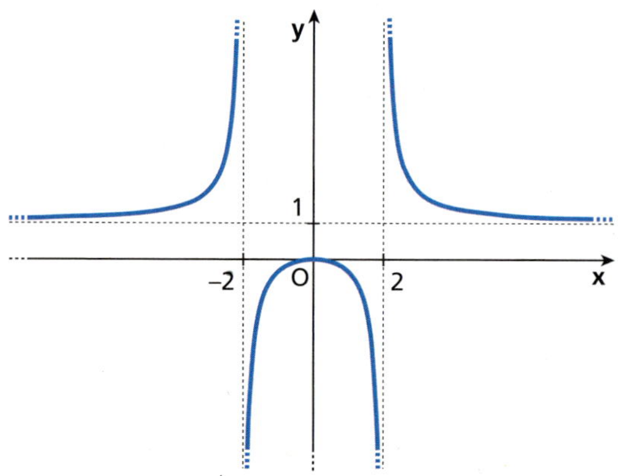

103 In figura è rappresentato il grafico della funzione:

$$f(x) = \frac{x^2 + ax}{4x + b}.$$

a. Trova a e b.

b. Scrivi le equazioni degli asintoti della funzione.

c. Dimostra che la funzione è crescente per

$$x < -\frac{1}{2} \quad \text{e} \quad x > -\frac{1}{2}.$$

$\left[\text{a) } a = 3, b = 2;\ \text{b) } x = -\frac{1}{2};\ y = \frac{1}{4}x + \frac{5}{8}\right]$

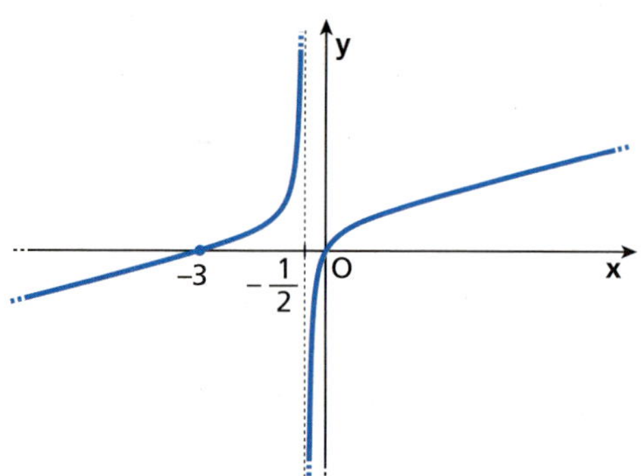

104 Considera la curva di equazione $y = \dfrac{x^3}{(x + 2)^2}$ e rappresentala graficamente individuando, in particolare, i suoi asintoti e i suoi punti di flesso. Determina poi l'equazione della retta t tangente alla curva nel suo punto di flesso. $[a\colon x = -2,\ y = x - 4;\ F(0; 0);\ t\colon y = 0]$

105 FAI UN ESEMPIO di funzione razionale fratta con un asintoto obliquo e uno verticale.

106 CACCIA ALL'ERRORE Data la funzione $y = f(x) = \frac{2x}{1-x^2}$:

a. $f(-x) = \frac{-2x}{1+x^2}$ → non è né pari né dispari;

b. $\lim_{x \to \pm 1} \frac{2x}{1-x^2} = \infty$ → $f(x)$ ha un asintoto orizzontale;

c. $\lim_{x \to \pm\infty} \frac{2x}{1-x^2} = 0$ → la retta di equazione $x = 0$ è asintoto della funzione;

d. $y' = \frac{2x^2+2}{(1-x^2)^2}$ → per $x = \pm 1$ ci sono un massimo e un minimo.

107 TEST Quale tra le funzioni riportate sotto ha tutte le caratteristiche seguenti?

a. È pari.

b. È limitata sia superiormente sia inferiormente.

c. Ha due minimi relativi e un massimo relativo.

A $f(x) = \frac{x^2}{x^4+4}$

B $f(x) = \frac{x^4}{x^2+1}$

C $f(x) = -\frac{x^2}{x^4+1}$

D $f(x) = \frac{x}{x^3+x}$

E $f(x) = \frac{x^2}{x+x^3}$

108 AL VOLO Stabilisci per ognuna delle funzioni se ha asintoti verticali, orizzontali o obliqui, e specifica quali.

a. $y = \frac{3}{x^2+1}$ b. $y = \frac{2-x}{x+1}$ c. $y = \frac{3x^3+1}{x^2+2}$ d. $y = \frac{3+2x}{x-5}$

109 REALTÀ E MODELLI **Croccantini per Maggie** Dal momento in cui è stata lanciata sul mercato una nuova marca di croccantini, il prezzo di una confezione ha avuto il seguente andamento:

$$P(t) = 20 - \frac{10t^2}{(t+2)^2},$$

dove il tempo t è espresso in mesi, con $t \geq 0$, e il prezzo P in euro.
Studia e rappresenta la funzione $P(t)$. Qual è il prezzo iniziale della confezione di croccantini? Su quale valore si assesterà il prezzo al passare del tempo?

[€ 20; € 10]

MATEMATICA E STORIA

Uno studio di funzione... per i giovani La funzione

$$x = \frac{y^3 - 2ayy - aay + 2a^3}{ay}$$

è tratta da *Instituzioni analitiche ad uso della gioventù italiana*, opera del 1748 di Maria Gaetana Agnesi. In questo caso x rappresenta le ordinate, y le ascisse e a è un numero reale positivo.
Studia la funzione e rappresentala graficamente.

Risoluzione – Esercizio in più

Funzioni irrazionali

Le funzioni irrazionali sono quelle che contengono radicali nei cui radicandi compare la variabile indipendente. Se i radicali sono di indice pari, dal dominio si escludono i valori che rendono negativi i radicandi.

110 ESERCIZIO GUIDA Studiamo la funzione $y = f(x) = \sqrt{x^2 - 3x}$.

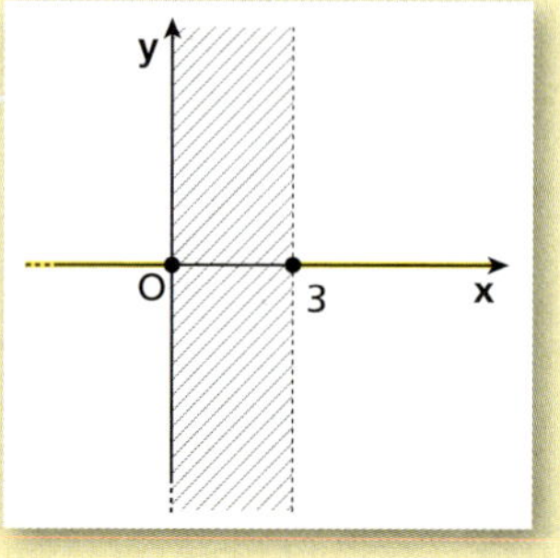

1. Dominio: la radice è di indice pari, quindi poniamo il radicando maggiore o uguale a 0.

$$x^2 - 3x \geq 0 \rightarrow x(x-3) \geq 0 \rightarrow x \leq 0 \vee x \geq 3.$$

Segniamo nel piano cartesiano il dominio, il pallino pieno indica che i punti sono compresi.

2. Sicuramente la funzione non ha simmetrie, dato che il dominio non è simmetrico rispetto all'origine.

3. Intersezioni con gli assi.

Asse x: $\begin{cases} y = \sqrt{x^2 - 3x} \\ y = 0 \end{cases} \rightarrow \begin{cases} 0 = \sqrt{x^2 - 3x} \\ y = 0 \end{cases} \rightarrow \begin{cases} x^2 - 3x = 0 \\ y = 0 \end{cases} \rightarrow \begin{cases} x = 0 \vee x = 3 \\ y = 0 \end{cases} \rightarrow O(0; 0)$ e $A(3; 0)$.

Asse y: $\begin{cases} y = \sqrt{x^2 - 3x} \\ x = 0 \end{cases} \rightarrow \begin{cases} y = 0 \\ x = 0 \end{cases} \rightarrow O(0; 0)$.

Il grafico passa per i punti $O(0; 0)$ e $A(3; 0)$.

4. Segno della funzione: la radice quadrata è sempre positiva o nulla nel dominio della funzione.
Cancelliamo nel piano cartesiano il semipiano sotto l'asse x.

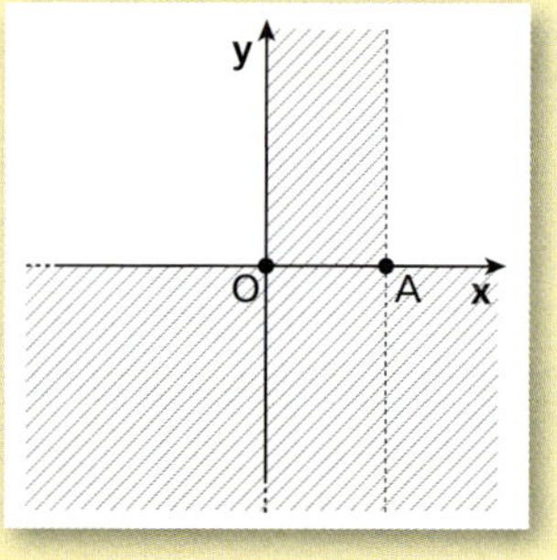

5. Limiti agli estremi del dominio: calcoliamo i limiti solo a $\pm\infty$ perché abbiamo già visto che per $x = 0 \vee x = 3$ si ha $y = 0$.

$$\lim_{x \to +\infty} \sqrt{x^2 - 3x} = +\infty; \qquad \lim_{x \to -\infty} \sqrt{x^2 - 3x} = +\infty.$$

Non ci sono né asintoti verticali né orizzontali.

Cerchiamo eventuali asintoti obliqui. Calcoliamo:

$$\lim_{x \to +\infty} \frac{\sqrt{x^2 - 3x}}{x} = \lim_{x \to +\infty} \frac{|x|\sqrt{1 - \frac{3}{x}}}{x} = \lim_{x \to +\infty} \sqrt{1 - \frac{3}{x}} = 1;$$

raccogliamo ed estraiamo x^2 — $|x| = x$ per $x \to +\infty$

$$\lim_{x \to +\infty} [\sqrt{x^2 - 3x} - x] = \lim_{x \to +\infty} \frac{\cancel{x^2} - 3x - \cancel{x^2}}{\sqrt{x^2 - 3x} + x} = \lim_{x \to +\infty} \frac{-3\cancel{x}}{\cancel{x}\left(\sqrt{1 - \frac{3}{x}} + 1\right)} = -\frac{3}{2}.$$

moltiplichiamo e dividiamo per $\sqrt{x^2 - 3x} + x$ — $|x| = x$ per $x \to +\infty$

Analogamente, per $x \to -\infty$ (ricordando che $|x| = -x$ per $x \to -\infty$):

$$\lim_{x \to -\infty} \frac{\sqrt{x^2 - 3x}}{x} = -1;$$

$$\lim_{x \to -\infty} [\sqrt{x^2 - 3x} + x] = \frac{3}{2}.$$

Abbiamo dunque due asintoti obliqui di equazione

$$y = x - \frac{3}{2}, \text{ per } x \to +\infty, \quad \text{e} \quad y = -x + \frac{3}{2}, \text{ per } x \to -\infty.$$

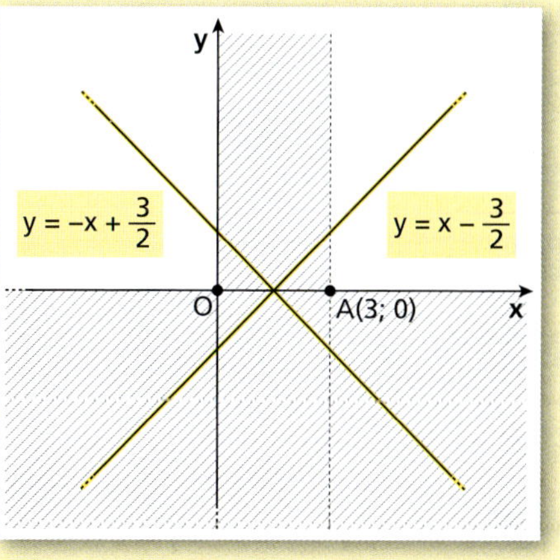

6. Derivata prima: $f'(x) = \dfrac{2x-3}{2\sqrt{x^2-3x}}$.

Il dominio della derivata è $x < 0 \vee x > 3$.

La derivata si annulla per $x = \frac{3}{2}$, punto escluso dal dominio.

Studiamo il segno della derivata:

$$\frac{2x-3}{2\sqrt{x^2-3x}} \geq 0 \;\to\; 2x-3 \geq 0 \;\to\; x \geq \frac{3}{2}.$$

il denominatore è positivo dove esiste

Compiliamo il quadro dei segni limitandoci all'insieme del dominio.

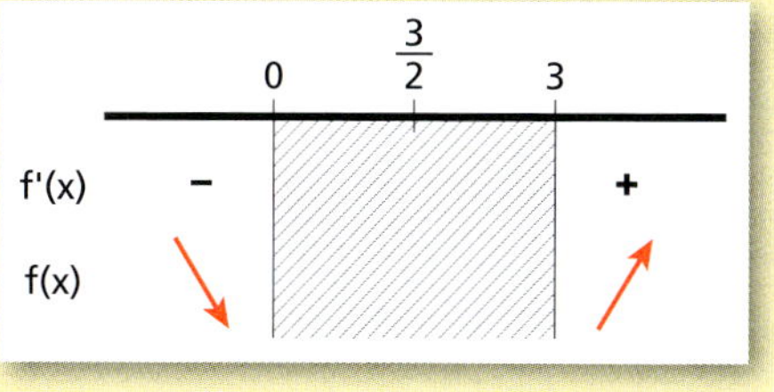

La funzione non ha punti stazionari. Tuttavia è sempre positiva o nulla, è decrescente per $x < 0$ e vale 0 per $x = 0$, quindi in $O(0; 0)$ c'è un minimo; è crescente per $x > 3$ e vale 0 per $x = 3$, quindi anche in $A(3; 0)$ c'è un minimo.

7. Derivata seconda: $f''(x) = -\dfrac{9}{4(x^2-3x)\sqrt{x^2-3x}}$.

La derivata seconda è negativa in tutto il dominio di f, quindi la concavità è rivolta verso il basso e non ci sono flessi.

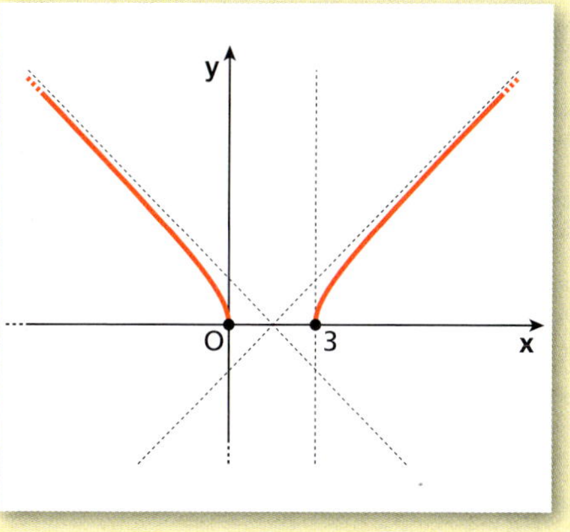

Tracciamo il grafico della funzione in base alle informazioni raccolte. Il grafico non può intersecare gli asintoti, altrimenti avremmo trovato dei massimi e dei flessi.

Per un disegno più accurato possiamo calcolare il limite della derivata prima per $x \to 0^-$ e $x \to 3^+$, per capire con quale pendenza la curva incontra l'asse x:

$$\lim_{x \to 0^-} \frac{2x-3}{2\sqrt{x^2-3x}} = -\infty; \qquad \lim_{x \to 3^+} \frac{2x-3}{2\sqrt{x^2-3x}} = +\infty.$$

I punti $x = 0$ e $x = 3$ sono allora punti a tangente verticale.

Studia e rappresenta graficamente le seguenti funzioni.

111 $y = \sqrt{x^2 - 9}$ $[a\!: y = x,\ y = -x;\ \min(\pm 3; 0)]$

112 $y = x\sqrt{x+3}$ $[\max(-3; 0);\ \min(-2; -2)]$

113 $y = \sqrt[3]{x-2}$ $[F(2; 0)]$

114 $y = \sqrt{\dfrac{x+1}{x-1}}$ $[a\!: x = 1,\ y = 1;\ \min(-1; 0)]$

115 $y = \dfrac{-2}{\sqrt{x+4}}$ $[a\!: y = 0,\ x = -4]$

ESERCIZI

116 $y = 1 + \sqrt{x-2}$ $[\min(2; 1)]$

117 $y = \sqrt{\frac{2x-1}{x}}$ $\left[a: x = 0, y = \sqrt{2}; \min\left(\frac{1}{2}; 0\right)\right]$

118 $y = -\sqrt{x^2-4}$ $[a: y = \pm x; \max_{1,2}(\pm 2; 0)]$

119 $y = x\sqrt{4-x^2}$ $[\min_1(-\sqrt{2}; -2), \min_2(2; 0); \max_1(-2; 0), \max_2(\sqrt{2}; 2); F(0; 0)]$

120 $y = \frac{1}{\sqrt{x+3}}$ $[a: x = -3, y = 0]$

121 $y = \sqrt{\frac{1}{x^2-1}}$ $[a: x = \pm 1, y = 0]$

122 $y = \sqrt{x^3+1}$ $[\min(-1; 0); F(0; 1)]$

123 $y = \frac{\sqrt{x^2-2x}}{x}$ $[a: y = \pm 1, x = 0; \min(2; 0)]$

124 $y = \sqrt{4x-x^2}$ $[\max(2; 2); \min_1(0; 0), \min_2(4; 0)]$

125 $y = \sqrt{x^2-1} - x$ $[a: y = -2x, y = 0; \min_1(-1; 1), \min_2(1; -1)]$

126 $y = \sqrt[3]{8-x^3}$ $[a: y = -x; F_1(0; 2), F_2(2; 0)]$

127 $y = \frac{1+\sqrt{x}}{1-\sqrt{x}}$ $\left[a: x = 1, y = -1; \min(0; 1); F\left(\frac{1}{9}; 2\right)\right]$

128 $y = x - \sqrt{x^2-4}$ $[a: y = 0, y = 2x; \max_1(-2; -2), \max_2(2; 2)]$

129 $y = x - \sqrt{x^2+4x}$ $[a: y = -2, y = 2x+2; \max_1(-4; -4), \max_2(0; 0)]$

130 $y = 1 - \sqrt{x-x^2}$ $\left[\min\left(\frac{1}{2}; \frac{1}{2}\right); \max_1(0; 1), \max_2(1; 1)\right]$

131 $y = 2 + \sqrt{x+6}$ $[\min(-6; 2)]$

132 $y = \frac{2}{\sqrt{2-x}-1}$ $\left[a: x = 1, y = 0; \max(2; -2); F\left(\frac{17}{9}; -3\right)\right]$

133 $y = \sqrt{\frac{(x-1)^3}{x}}$ $\left[a: x = 0; y = x - \frac{3}{2}, y = -x + \frac{3}{2}; \min_1\left(-\frac{1}{2}; \frac{3}{2}\sqrt{3}\right), \min_2(1; 0)\right]$

134 $y = \sqrt[3]{x^2(1-x)}$ $\left[a: y = -x + \frac{1}{3}; \min(0; 0) \text{ con cuspide}; \max\left(\frac{2}{3}; \frac{\sqrt[3]{4}}{3}\right); F(1; 0)\right]$

135 $y = \sqrt{\frac{x^2-4}{x^2-1}}$ $[a: x = \pm 1, y = 1; \min_1(0; 2), \min_{2,3}(\pm 2; 0)]$

136 $y = \frac{x-2}{\sqrt{x^2-x}}$ $[a: x = 0, x = 1, y = 1, y = -1]$

137 $y = \sqrt{\frac{2x-4}{x-4}} - 1$ $[a: x = 4, y = \sqrt{2} - 1; \min(2; -1)]$

138 $y = \sqrt[3]{6x-x^2}$ $[\max(3; \sqrt[3]{9}); F_1(0; 0), F_2(6; 0)]$

139 $y = \sqrt[3]{(x-4)^2}$ $[\min(4; 0) \text{ con cuspide}]$

140 $y = \sqrt[3]{x-1} - \sqrt[3]{x}$ $\left[a: y = 0; \min\left(\frac{1}{2}; -2\sqrt[3]{\frac{1}{2}}\right); F_1(0; -1), F_2(1; -1)\right]$

141 ASSOCIA a ciascuna funzione il suo grafico senza eseguire lo studio.

a. $y = \sqrt{9 - 9x^2}$ **b.** $y = \sqrt{9 - x^2}$ **c.** $y = \sqrt{\frac{x^2}{9} - 1}$ **d.** $y = -\sqrt{1 - \frac{x^2}{9}}$

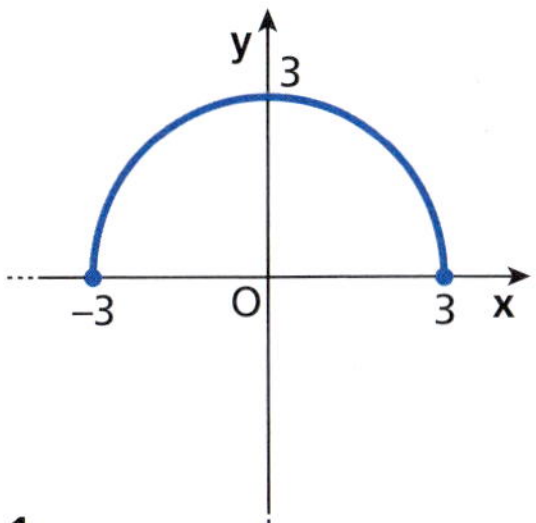

1

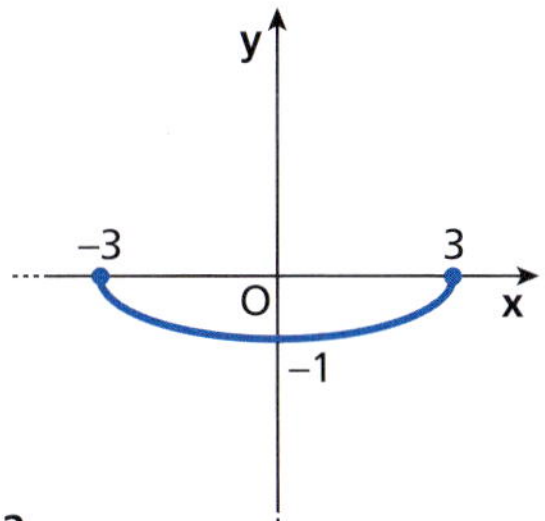

2

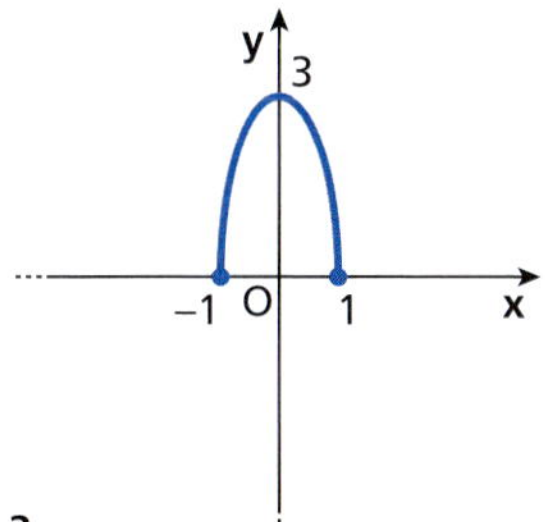

3

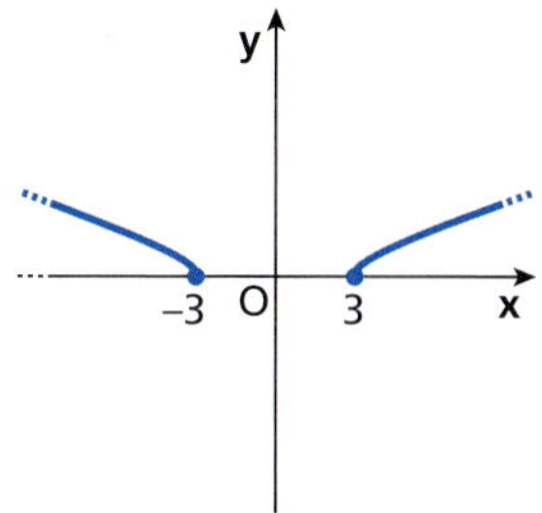

4

LEGGI IL GRAFICO

142 Determina i parametri a e b in modo che la curva in figura rappresenti il grafico di

$$f(x) = ax\sqrt{x^2 + bx}.$$

Scrivi le equazioni delle tangenti al grafico nei punti di ascissa 0 e 1.

$\left[a = \frac{1}{2}, b = -1;\ y = 0, x = 1\right]$

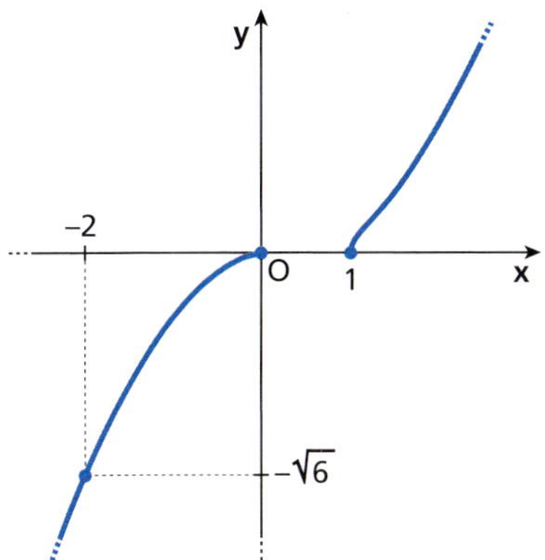

143 L'equazione del grafico in figura è

$$y = \frac{1}{2}x + \sqrt{x^2 + kx}.$$

a. Determina il valore di k.

b. Scrivi le equazioni delle tangenti in O e A.

c. La funzione ha asintoti obliqui?

[a) $k = -2$; b) $x = 0, x = 2$]

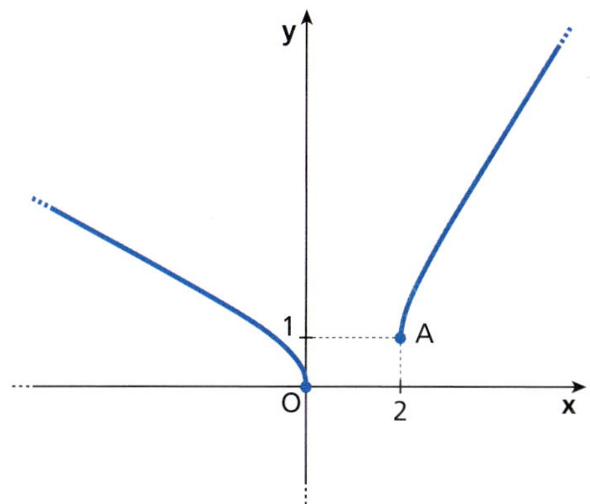

Funzioni esponenziali

144 ESERCIZIO GUIDA Studiamo $y = f(x) = xe^{-2x^2}$.

1. Dominio: $\mathbb{R}$.
2. Cerchiamo eventuali simmetrie:

$$f(-x) = (-x) \cdot e^{-2(-x)^2} = -xe^{-2x^2} = -f(x) \quad \rightarrow \quad \text{la funzione è dispari.}$$

3. Intersezione con gli assi: $O(0; 0)$.

4. Segno della funzione:

$$f(x) > 0 \;\rightarrow\; xe^{-2x^2} > 0 \;\rightarrow\; x > 0 \;\rightarrow\; f(x) \text{ positiva per } x > 0.$$

l'esponenziale è sempre positivo

5. Limiti agli estremi del dominio:

$$\lim_{x\to\pm\infty} xe^{-2x^2} = \lim_{x\to\pm\infty} \frac{x}{e^{2x^2}} =$$

forma $\infty \cdot 0$ — applichiamo il teorema di De L'Hospital

$$\lim_{x\to\pm\infty} \frac{1}{2xe^{2x^2}} = 0.$$

Quindi $y = 0$ è asintoto orizzontale.
La funzione non ha asintoti verticali e nemmeno obliqui.

6. Derivata prima: $f'(x) = (1 - 4x^2)e^{-2x^2}$.
Il dominio della derivata è $\mathbb{R}$.

$f'(x) = 0$ se $1 - 4x^2 = 0$, e cioè per $x = \pm\frac{1}{2}$.

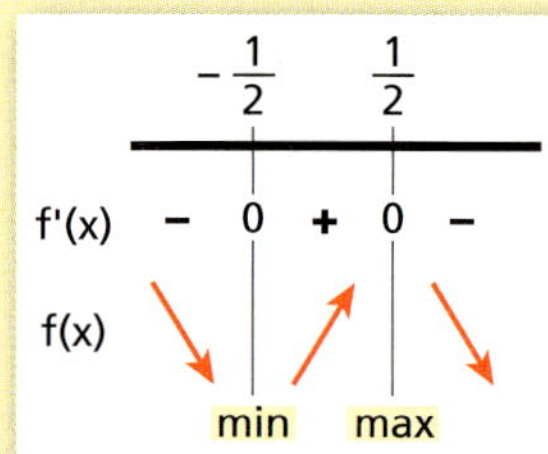

Studiamo il segno di $f'(x)$. Dato che l'esponenziale è sempre positivo, è sufficiente porre:

$$1 - 4x^2 \geq 0 \;\rightarrow\; x^2 \leq \frac{1}{4} \;\rightarrow\; -\frac{1}{2} \leq x \leq \frac{1}{2}.$$

Dal quadro dei segni deduciamo che $x = -\frac{1}{2}$ è un punto di minimo e $x = \frac{1}{2}$ è un punto di massimo.
Sostituendo i valori nella funzione troviamo i punti del grafico:

$$P\left(-\frac{1}{2}; -\frac{1}{2\sqrt{e}}\right); \quad M\left(\frac{1}{2}; \frac{1}{2\sqrt{e}}\right).$$

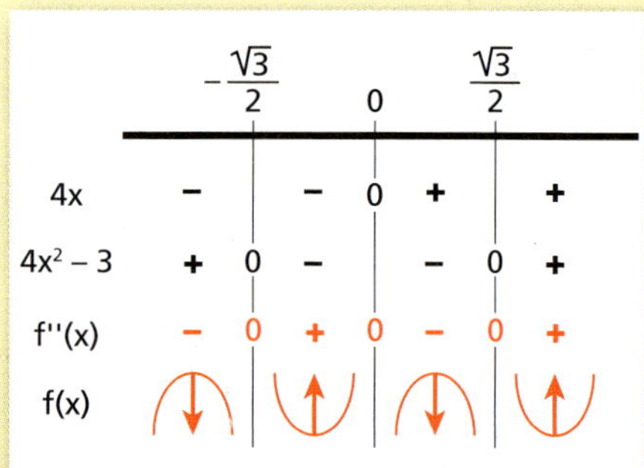

7. Derivata seconda: $f''(x) = 4x(4x^2 - 3)e^{-2x^2}$.
Studiamo il suo segno:

$$f''(x) > 0 \;\rightarrow\; 4x(x^2 - 3)e^{-2x^2} > 0.$$

Dato che $e^{-2x^2} > 0$ per ogni x, studiamo:

$$4x \geq 0 \;\rightarrow\; x \geq 0;$$

$$4x^2 - 3 \geq 0 \;\rightarrow\; x \leq -\frac{\sqrt{3}}{2} \vee x \geq \frac{\sqrt{3}}{2}.$$

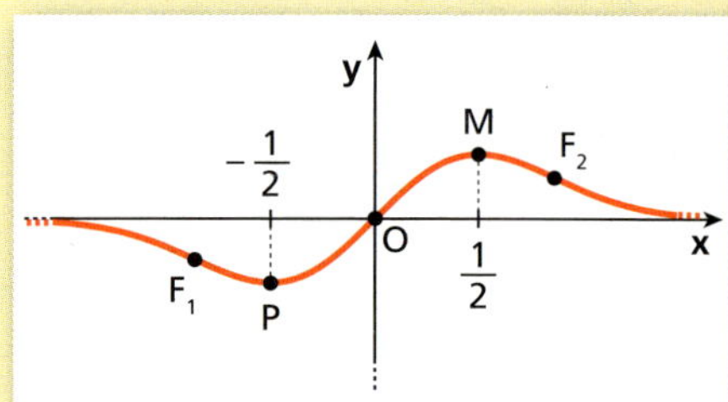

Dal quadro dei segni ricaviamo che la funzione ha tre punti di flesso in corrispondenza di $x = 0$ e $x = \pm\frac{\sqrt{3}}{2}$.
Tracciamo il grafico di $f(x)$ in base alle informazioni raccolte.

Studia e rappresenta graficamente le seguenti funzioni.

145 ●○ $y = xe^x$ $\left[a\text{: } y = 0; \min\left(-1; -\frac{1}{e}\right); F\left(-2; -\frac{2}{e^2}\right)\right]$

146 ●○ $y = x^2e^x$ $\left[a\text{: } y = 0; \max\left(-2; \frac{4}{e^2}\right); \min(0; 0); \text{flessi in } x = -2 \pm \sqrt{2}\right]$

147 $y = (2x-1)e^{-x}$ $\left[a\text{: } y=0;\ \max\left(\frac{3}{2}; \frac{2}{\sqrt{e^3}}\right); F\left(\frac{5}{2}; \frac{4}{\sqrt{e^5}}\right)\right]$

148 $y = 3e^{-(1+x^2)}$ $\left[a\text{: } y=0;\ \max\left(0; \frac{3}{e}\right); F_{1,2}\left(\pm\frac{\sqrt{2}}{2}; \frac{3}{\sqrt{e^3}}\right)\right]$

149 $y = 2e^{\frac{1}{x}}$ $\left[a\text{: } y=2, x=0;\ F\left(-\frac{1}{2}; \frac{2}{e^2}\right)\right]$

150 $y = \frac{e^x}{x^3}$ $\left[a\text{: } x=0,\ y=0;\ \min\left(3; \frac{e^3}{27}\right)\right]$

151 $y = \frac{1}{e^x \cdot x}$ $[a\text{: } x=0,\ y=0;\ \max(-1; -e)]$

152 $y = e^{2x} + e^x$ $[a\text{: } y=0]$

153 $y = \frac{x^2}{e^{2x}}$ $\left[a\text{: } y=0;\ \min(0;0);\ \max\left(1; \frac{1}{e^2}\right); \text{flessi in } x = \frac{2\pm\sqrt{2}}{2}\right]$

154 $y = \frac{1}{e^{x^2}}$ $\left[a\text{: } y=0;\ \max(0;1);\ F_1\left(-\frac{\sqrt{2}}{2}; \frac{1}{\sqrt{e}}\right), F_2\left(\frac{\sqrt{2}}{2}; \frac{1}{\sqrt{e}}\right)\right]$

155 $y = \frac{e^{2x}}{2^x}$ $[a\text{: } y=0]$

156 $y = e^x(e^x - 1)$ $\left[a\text{: } y=0;\ \min\left(-\ln 2; -\frac{1}{4}\right); F\left(-\ln 4; -\frac{3}{16}\right)\right]$

157 $y = (x-1)e^{3-x}$ $[a\text{: } y=0;\ \max(2;e);\ F(3;2)]$

158 $y = \frac{2e^x+4}{e^x-1}$ $[a\text{: } y=2,\ y=-4,\ x=0]$

159 $y = \frac{1+e^x}{1-e^{2x}}$ $[a\text{: } y=1,\ y=0,\ x=0]$

160 $y = e^{\frac{2-x}{x}}$ $\left[a\text{: } y=\frac{1}{e}, x=0;\ F(-1; e^{-3})\right]$

161 $y = e^{x^2-4x+3}$ $\left[\min\left(2; \frac{1}{e}\right)\right]$

162 $y = (x^2-1)e^x$ $[a\text{: } y=0;\ \max \text{ in } x=-1-\sqrt{2};\ \min \text{ in } x=-1+\sqrt{2};\ \text{flessi in } x=-2\pm\sqrt{3}]$

163 $y = e^{\frac{x-1}{2x}}$ $\left[a\text{: } y=\sqrt{e}, x=0;\ F\left(\frac{1}{4}; \frac{1}{e\sqrt{e}}\right)\right]$

164 $y = \sqrt{e^{-x}-1}$ $[F(-\ln 2; 1)]$

165 $y = e^{2x-1} - 2e^x$ $[a\text{: } y=0;\ \min(1;-e);\ \text{flesso in } x=1-\ln 2]$

166 $y = (x+2)^2 e^{-x}$ $[a\text{: } y=0;\ \min(-2;0);\ \max(0;4);\ \text{flessi in } x=\pm\sqrt{2}]$

167 $y = \frac{2e^x}{(x+1)^2}$ $\left[a\text{: } y=0, x=-1;\ \min\left(1; \frac{e}{2}\right)\right]$

168 $y = \frac{\sqrt{x}}{e^x}$ $\left[a\text{: } y=0;\ \min(0;0);\ \max\left(\frac{1}{2}; \sqrt{\frac{1}{2e}}\right); \text{flesso in } x=\frac{1+\sqrt{2}}{2}\right]$

169 $y = xe^{-x^2}$ $\left[a\text{: } y=0;\ \min\left(-\frac{\sqrt{2}}{2}; -\frac{1}{\sqrt{2e}}\right); \max\left(\frac{\sqrt{2}}{2}; \frac{1}{\sqrt{2e}}\right); F_1(0;0);\ \text{flessi in } x=\pm\sqrt{\frac{3}{2}}\right]$

170 $y = \frac{x+2}{e^{x+3}}$ $\left[a\text{: } y=0;\ \max\left(-1; \frac{1}{e^2}\right); F\left(0; \frac{2}{e^3}\right)\right]$

ESERCIZI

171 $y = (x^2 + 4x + 4)e^{-x}$ [a: $y = 0$; min$(-2; 0)$; max$(0; 4)$; flessi in $x = \pm\sqrt{2}$]

172 $y = (4 - x)(e^x - 1)$ [a: $y = x - 4$; $3 < x_{max} < 4$; $F(2; 2(e^2 - 1))$]

173 $y = \dfrac{2(e^{2x} - 1)}{e^x}$ [$F(0; 0)$]

174 $y = \dfrac{e^x}{x^2 - 4}$ [a: $x = \pm 2$, $y = 0$; max in $x = 1 - \sqrt{5}$; min in $x = 1 + \sqrt{5}$]

175 RIFLETTI SULLA TEORIA Spiega perché una funzione esponenziale del tipo $y = x^n e^x$, con $n \in \mathbb{N}$, non può avere asintoti obliqui.

LEGGI IL GRAFICO

176 In figura è rappresentato il grafico di

$$f(x) = x^2 e^{ax}.$$

Determina il valore del parametro a, sapendo che M è un punto di massimo, e trova la sua ordinata. La funzione ha punti di flesso? Quali?

$\left[a = -\dfrac{1}{2};\ M\left(4; \dfrac{16}{e^2}\right);\ x_F = 4 \pm 2\sqrt{2}\right]$

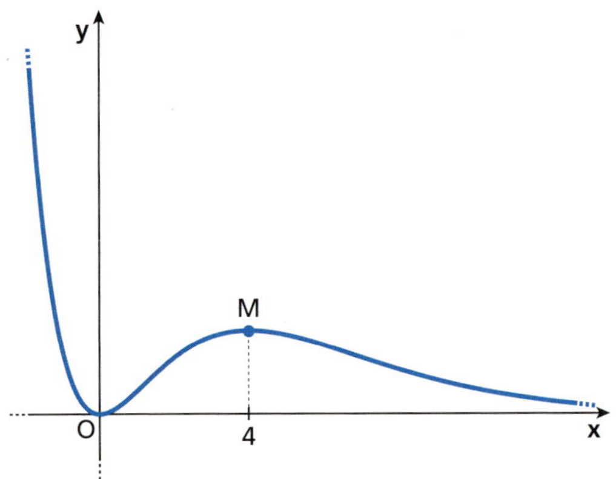

177 Il grafico della funzione in figura ha equazione

$$y = e^{ax^2 + bx + 1}$$

e M è un punto di massimo.

a. Determina i valori di a e b.

b. Trova le coordinate dei punti di flesso.

$\left[\text{a) } a = -2, b = 1; \text{ b) } F_1\left(-\dfrac{1}{4}; e^{\frac{5}{8}}\right), F_2\left(\dfrac{3}{4}; e^{\frac{5}{8}}\right)\right]$

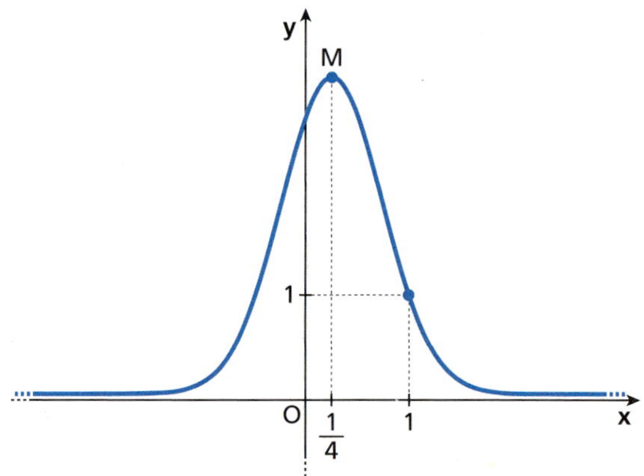

178 REALTÀ E MODELLI **Raccolta fragole** Durante le 10 settimane di raccolta, l'azienda Sempre Verde produce una quantità di fragole, espressa in kilogrammi, che segue l'andamento della funzione:

$$q(t) = \frac{10\,000t}{e^t + 100},$$

dove il tempo t, che varia in modo continuo, è espresso in settimane.
Studia la funzione, tralasciando la derivata seconda, e stabilisci in quale settimana cade il giorno di massima raccolta. [quarta settimana]

179 IN FISICA **Decadimento** In medicina nucleare viene utilizzato un elemento radioattivo, il tecnezio, ottenuto dal decadimento del molibdeno. Il numero di decadimenti al passare del tempo segue la relazione:

$$N_1(t) = N_0 e^{-\lambda_1 t}, \qquad \text{con } t > 0.$$

a. Ricava dal grafico il numero iniziale N_0 di atomi di molibdeno e la costante di decadimento λ_1.

b. Anche il tecnezio effettua un decadimento, per cui il numero di atomi di tecnezio utilizzabili segue l'andamento:

$$N_2(t) = N_0 \frac{\lambda_1}{\lambda_2 - \lambda_1}(e^{-\lambda_1 t} - e^{-\lambda_2 t}), \qquad \text{con } t > 0.$$

Sapendo che $\lambda_2 = 0,1\,h^{-1}$, studia l'andamento di questa funzione e trova dopo quanto tempo si ha il massimo numero di atomi di tecnezio utilizzabili.

[a) $N_0 \simeq 1000$, $\lambda_1 \simeq 0,01$ h^{-1}; b) 25,6 h]

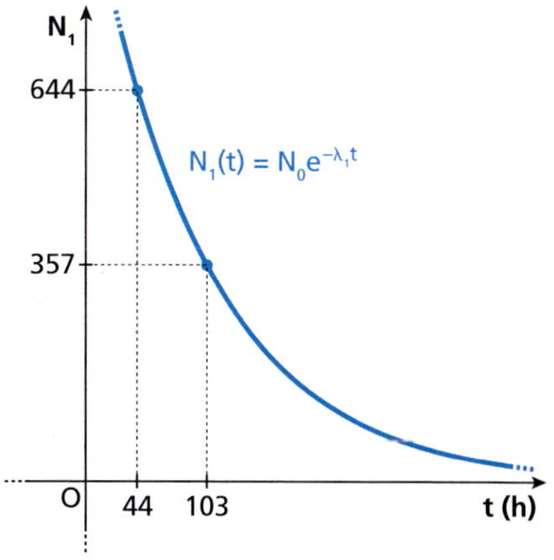

Funzioni logaritmiche

Le funzioni logaritmiche:
- *hanno come dominio l'insieme dei valori di $\mathbb{R}$ che rendono positivo l'argomento del logaritmo;*
- *se sono funzioni del tipo $y = \log \frac{A(x)}{B(x)}$, possono presentare asintoti verticali per i valori che annullano o $A(x)$ o $B(x)$.*

180 ESERCIZIO GUIDA Studiamo e rappresentiamo graficamente la funzione $y = x^2 \cdot \ln x$.

1. Dominio: $x > 0$.
   Poiché l'argomento del logaritmo deve essere positivo, il dominio è D: $x > 0$.

2. La funzione non presenta simmetrie rispetto agli assi cartesiani in quanto il suo dominio riguarda solo le ascisse positive.

3. Intersezioni con gli assi: calcoliamo l'intersezione soltanto con l'asse x, perché quella con l'asse y ($x = 0$) è esclusa dal dominio.
   Asse x: $\begin{cases} y = x^2 \cdot \ln x \\ y = 0 \end{cases} \rightarrow \begin{cases} x^2 \cdot \ln x = 0 \\ y = 0 \end{cases} \rightarrow \begin{cases} \ln x = 0 \\ y = 0 \end{cases} \rightarrow \begin{cases} x = 1 \\ y = 0 \end{cases} \rightarrow A(1; 0).$

4. Segno della funzione: $x^2 \cdot \ln x > 0$.
   Primo fattore: $x^2 > 0 \quad \forall x \in D$.
   Secondo fattore: $\ln x > 0$ per $x > 1$.
   Quindi $y > 0$ per $x > 1$.
   Rappresentiamo le informazioni finora ottenute nel riferimento cartesiano.

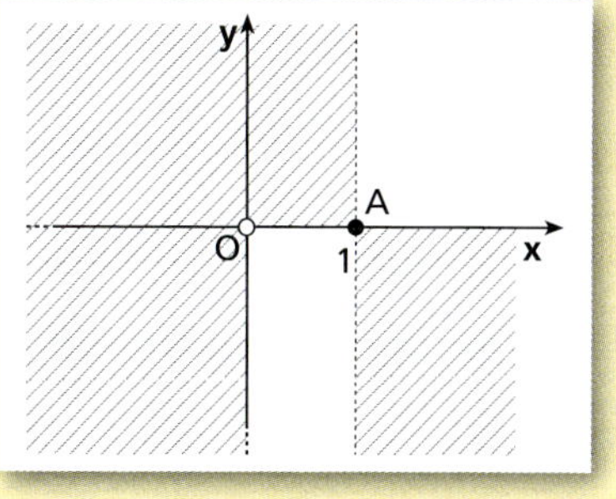

5. Calcoliamo i limiti agli estremi del dominio.
   - $\lim_{x \to 0^+} x^2 \cdot \ln x = \lim_{x \to 0^+} \frac{\ln x}{\frac{1}{x^2}} = \lim_{x \to 0^+} \frac{\frac{1}{x}}{-\frac{2x}{x^4}} = \lim_{x \to 0^+}\left(-\frac{x^2}{2}\right) = 0.$
     forma $0 \cdot \infty$
     applichiamo il teorema di De L'Hospital
   - $\lim_{x \to +\infty} x^2 \cdot \ln x = +\infty.$

Inoltre non esiste un asintoto obliquo, dato che $\lim\limits_{x \to +\infty} \dfrac{x^2 \ln x}{x} = \lim\limits_{x \to +\infty} x \ln x = +\infty$.

6. Derivata prima:

$y' = x \cdot (2\ln x + 1)$.

$y' = 0$ per $x = 0$ non accettabile e per $2\ln x + 1 = 0 \to \ln x = -\dfrac{1}{2} \to x = e^{-\frac{1}{2}} \to x = \dfrac{1}{\sqrt{e}}$.

$y' > 0 \to x \cdot (2\ln x + 1) > 0$.

Primo fattore: è positivo per $x > 0$.

Secondo fattore: $2\ln x + 1 > 0 \to x > \dfrac{1}{\sqrt{e}}$.

Compiliamo il quadro relativo al segno della derivata prima.

Per $x = \dfrac{1}{\sqrt{e}}$ c'è un punto di minimo:

$B\left(\dfrac{1}{\sqrt{e}}; -\dfrac{1}{2e}\right)$.

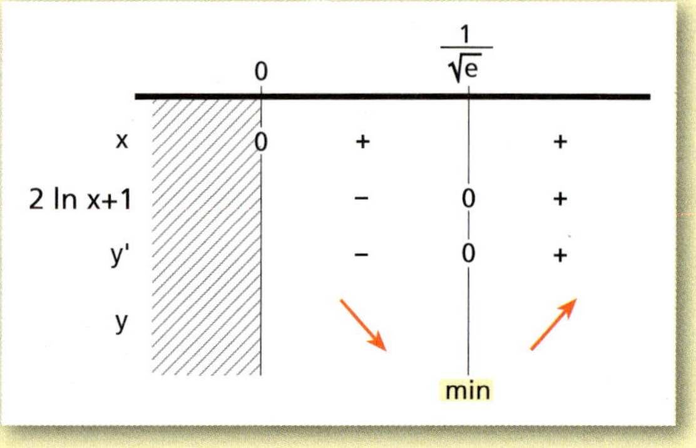

7. Derivata seconda:

$y'' = 2\ln x + 3$;

$y'' > 0 \to 2\ln x + 3 > 0 \to \ln x > -\dfrac{3}{2} \to$

$x > e^{-\frac{3}{2}} \to x > \dfrac{1}{e\sqrt{e}}$.

Compiliamo il quadro dei segni.

Per $x = \dfrac{1}{e\sqrt{e}}$:

$y = -\dfrac{3}{2e^3}$.

Quindi il punto di flesso è $F\left(\dfrac{1}{e\sqrt{e}}; -\dfrac{3}{2e^3}\right)$.

Tracciamo il grafico della funzione.

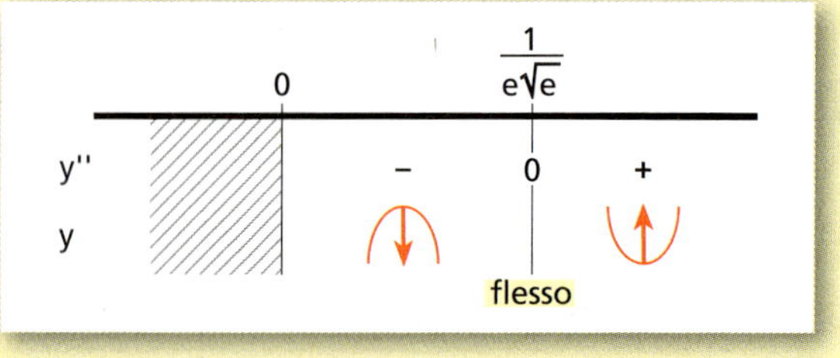

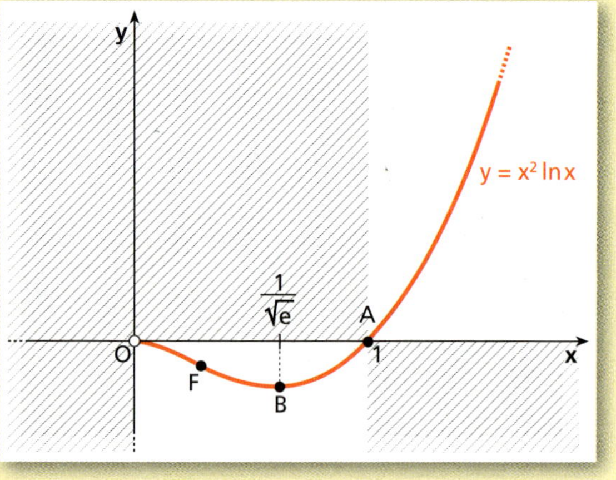

Studia e rappresenta graficamente le seguenti funzioni.

181 $y = 2\ln x^2$ $[a: x = 0]$

182 $y = 3x\ln x$ $\left[\min\left(\dfrac{1}{e}; -\dfrac{3}{e}\right)\right]$

183 $y = \ln\dfrac{1}{(x+1)^2}$ $[a: x = -1]$

184 $y = x^2 \ln\dfrac{2}{x}$ $\left[\max\left(\dfrac{2}{\sqrt{e}}; \dfrac{2}{e}\right); F\left(\dfrac{2}{\sqrt{e^3}}; \dfrac{6}{e^3}\right)\right]$

185 $y = \dfrac{x}{\ln x}$ $\left[a: x = 1; \min(e; e); F\left(e^2; \dfrac{e^2}{2}\right)\right]$

186 $y = \ln(x^2 - 1)$ $[a: x = \pm 1]$

187 $y = \ln\dfrac{x}{x+2}$ $[a: x = -2, x = 0, y = 0]$

188 $y = \dfrac{1}{\ln x}$ $\left[a: x = 1, y = 0; F\left(e^{-2}; -\dfrac{1}{2}\right)\right]$

189 ●○ $y = \frac{1-\ln x}{\ln x}$ $\left[a: x = 1, y = -1; F\left(e^{-2}; -\frac{3}{2}\right)\right]$

190 ●○ $y = \ln\left(1 - \frac{2}{x}\right)$ $[a: y = 0, x = 0, x = 2]$

191 ●○ $y = \ln(x-2) + \ln(x+2)$ $[a: x = 2]$

192 ●○ $y = \frac{\ln x}{x^2}$ $\left[a: x = 0, y = 0; \max\left(\sqrt{e}; \frac{1}{2e}\right); F\left(e^{\frac{5}{6}}; \frac{5}{6e^{\frac{5}{3}}}\right)\right]$

---

193 ●○ $y = \ln(x^2 - 4x)$ $[a: x = 0, x = 4]$

194 ●○ $y = \ln^2 x - 4\ln x + 3$ $[a: x = 0; \min(e^2; -1); F(e^3; 0)]$

195 ●○ $y = \frac{\ln x}{\ln x - 1}$ $\left[a: y = 1, x = e; F\left(\frac{1}{e}; \frac{1}{2}\right)\right]$

196 ●○ $y = \frac{x^2}{2\ln x}$ $[a: x = 1; \min(\sqrt{e}; e)]$

---

197 ●○ $y = \ln\frac{x^2-1}{x^2-4}$ $[a: x = \pm 2, x = \pm 1, y = 0; \max(0; -\ln 4)]$

198 ●○ $y = 2\ln^2 x - \ln x^2$ $\left[a: x = 0; \min\left(\sqrt{e}; -\frac{1}{2}\right); F\left(e^{\frac{3}{2}}; \frac{3}{2}\right)\right]$

199 ●○ $y = \ln\frac{2x-8}{x-3}$ $[a: x = 3, x = 4, y = \ln 2]$

200 ●○ $y = \ln(x^2 - 6x + 5)$ $[a: x = 1, x = 5]$

201 ●○ $y = \frac{4\ln x - 2}{x^2}$ $\left[a: x = 0, y = 0; \max\left(e; \frac{2}{e^2}\right); F\left(e^{\frac{4}{3}}; \frac{10}{3e^{\frac{8}{3}}}\right)\right]$

202 ●○ $y = \frac{\ln x - 1}{\ln x + 1}$ $\left[a: x = \frac{1}{e}, y = 1; F\left(\frac{1}{e^3}; 2\right)\right]$

203 ●○ $y = \ln^2(x+3)$ $[a: x = -3; \min(-2; 0); F(e-3; 1)]$

204 ●● $y = x\ln x^4$ $\left[\text{discont. eliminabile in } x = 0; \max\left(-\frac{1}{e}; \frac{4}{e}\right); \min\left(\frac{1}{e}; -\frac{4}{e}\right)\right]$

205 ●● $y = x\ln(x+2)$ $[a: x = -2; -1 < x_{min} < 0]$

206 ●● $y = \ln x + \frac{1}{\ln x}$ $\left[a: x = 0, x = 1; \max\left(\frac{1}{e}; -2\right); \min(e; 2); 4 < x_F < 5\right]$

207 ●● $y = \sqrt{x}\ln x$ $\left[\min\left(\frac{1}{e^2}; -\frac{2}{e}\right); F(1; 0)\right]$

208 ●● $y = \ln(e^x + 1)$ $[a: y = 0, y = x]$

209 ●● $y = \frac{\ln(-x)}{2x}$ $\left[a: x = 0, y = 0; \min\left(-e; -\frac{1}{2e}\right); F\left(-e^{\frac{3}{2}}; -\frac{3}{4e^{\frac{3}{2}}}\right)\right]$

210 ●● $y = x^2(1 - \ln x)$ $\left[\max\left(\sqrt{e}; \frac{e}{2}\right); F\left(\frac{1}{\sqrt{e}}; \frac{3}{2e}\right)\right]$

211 ●● $y = \ln(-x^3 + 2x)$ $\left[a: x = 0, x = \pm\sqrt{2}; \max\left(\sqrt{\frac{2}{3}}; \ln\frac{4}{3}\sqrt{\frac{2}{3}}\right)\right]$

212 ●○ **FAI UN ESEMPIO** di funzione logaritmica pari che abbia due asintoti verticali di equazioni $x = -2$ e $x = 2$.

ESERCIZI

LEGGI IL GRAFICO

213 Determina a e b in modo che l'equazione

$$f(x) = \ln(ax^2 + bx)$$

rappresenti il grafico della figura.

a. La funzione ha asintoti? Scrivine le equazioni.

b. Scrivi le equazioni delle tangenti in A e B.

$\left[a = 3, b = -2; \text{a) } x = 0, x = \frac{2}{3};\right.$ $\left.\text{b) } y = -4x - \frac{4}{3}, y = 4x - 4\right]$

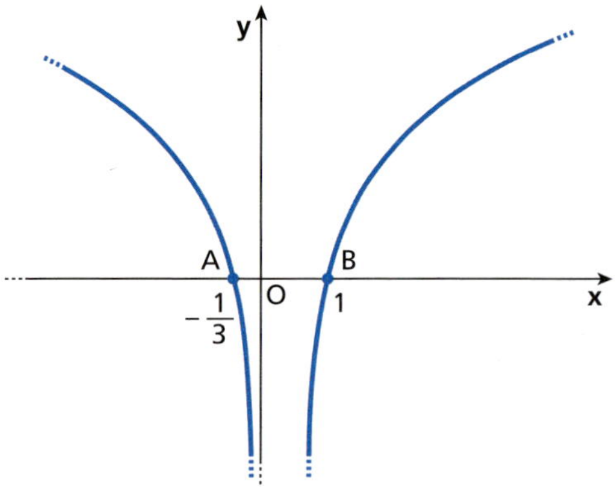

214 In figura è rappresentato il grafico della funzione:

$$f(x) = \ln\left(\frac{x-a}{x}\right), \quad \text{con } a > 0.$$

a. Determina il valore di a.

b. Riconosci gli intervalli in cui la funzione è crescente e quelli in cui è decrescente e verifica la tua risposta analiticamente.

[a) 2]

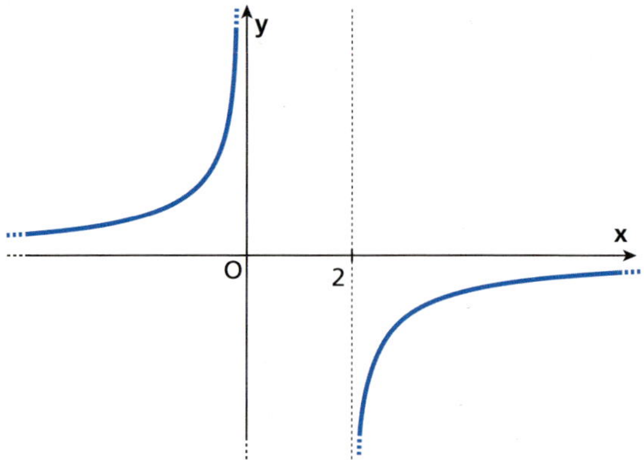

Funzioni goniometriche

215 VERO O FALSO? Sia $f(x)$ una funzione periodica. Allora:

a. ammette infiniti massimi e minimi. V F

b. può ammettere un asintoto orizzontale. V F

c. se ha un asintoto verticale, ne ha infiniti. V F

Le funzioni goniometriche:
- *sono quasi sempre periodiche, e in questo caso basta studiarle in un periodo;*
- *se sono periodiche, non presentano asintoti orizzontali o obliqui; possono avere solo asintoti verticali.*

216 ESERCIZIO GUIDA Studiamo $y = f(x) = 2\sin^3 x$.

1. Dominio: $\mathbb{R}$.
2. Cerchiamo eventuali simmetrie:

$$f(-x) = 2\sin^3(-x) = 2(-\sin x)^3 = -2\sin^3 x = -f(x),$$

la funzione è dispari.
Periodicità: dato che la funzione seno è periodica, anche $f(x)$ è periodica, di periodo 2π. Infatti:

$$f(x + 2\pi) = 2\sin^3(x + 2\pi) = 2\sin^3 x = f(x).$$

Studiamo allora $f(x)$ nell'intervallo $[-\pi; \pi]$, ma poiché $f(x)$ è anche dispari, e cioè simmetrica rispetto a O, possiamo limitarci a $[0; \pi]$.

3. Intersezioni con gli assi in $[0; \pi]$.

Asse y: $\begin{cases} y = 2\sin^3 x \\ x = 0 \end{cases} \rightarrow O(0; 0)$.

Asse x: $\begin{cases} y = 2\sin^3 x \\ y = 0 \end{cases} \rightarrow \begin{cases} \sin^3 x = 0 \\ y = 0 \end{cases} \rightarrow \begin{cases} \sin x = 0 \\ y = 0 \end{cases} \rightarrow O(0; 0), A(\pi; 0)$.

4. Segno della funzione in $[0; \pi]$:

$2\sin^3 x \geq 0 \rightarrow \sin x \geq 0 \rightarrow 0 \leq x \leq \pi$.

5. Limiti agli estremi del dominio: nel dominio $\mathbb{R}$ la funzione è periodica, quindi non ha asintoti: né verticali, né orizzontali, né obliqui. Inoltre non ammette limite per x che tende a $+\infty$ o a $-\infty$.

6. Derivata prima: $f'(x) = 6\sin^2 x \cos x$.
Il dominio di f' è $\mathbb{R}$.

$f'(x) = 0 \rightarrow 6\sin^2 x \cos x = 0$

In $[0; \pi]$:

$\sin^2 x = 0$ per $x = 0 \vee x = \pi$;

$\cos x = 0$ per $x = \frac{\pi}{2}$.

Studiamo il segno:

$\sin^2 x \geq 0 \quad \forall x \in [0; \pi]$;

$\cos x \geq 0 \rightarrow 0 \leq x \leq \frac{\pi}{2}$.

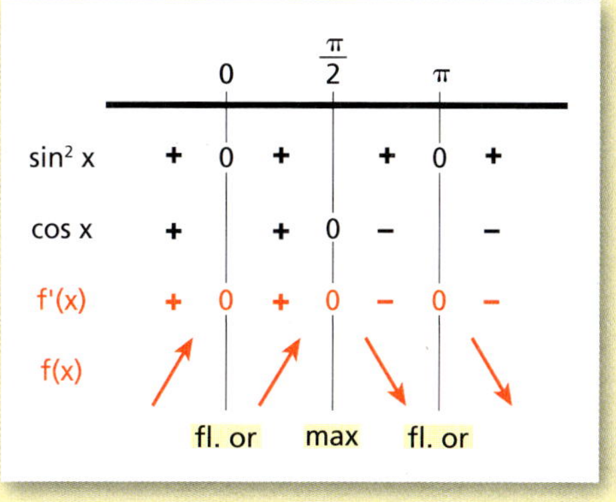

Compiliamo il quadro dei segni, considerando anche il segno di ciascun fattore in un intorno sinistro di 0 e destro di π. Deduciamo che la funzione ha un massimo relativo per $x = \frac{\pi}{2}$ che corrisponde al punto del grafico $M\left(\frac{\pi}{2}; 2\right)$. Il simmetrico di M rispetto a O è $P\left(-\frac{\pi}{2}; -2\right)$, che sarà un minimo relativo per la funzione. Inoltre, rileviamo nel quadro la presenza di due flessi orizzontali per $x = 0$ e $x = \pi$, che corrispondono alle intersezioni con l'asse x.

7. Derivata seconda: $f''(x) = 12\sin x \cos^2 x - 6\sin^3 x$. Studiamo il suo segno.

$12\sin x \cos^2 x - 6\sin^3 x \geq 0 \rightarrow 6\sin x(2\cos^2 x - \sin^2 x) \geq 0$

Primo fattore: $6\sin x \geq 0 \rightarrow 0 \leq x \leq \pi$.

Secondo fattore: $2\cos^2 x - \sin^2 x \geq 0 \rightarrow 2\cos^2 x - 1 + \cos^2 x \geq 0 \rightarrow \cos^2 x \geq \frac{1}{3} \rightarrow$

$\sin^2 x = 1 - \cos^2 x$

$\cos x \leq -\frac{\sqrt{3}}{3} \vee \cos x \geq \frac{\sqrt{3}}{3}$.

Utilizziamo la circonferenza goniometrica:

$0 \leq x \leq \arccos\frac{\sqrt{3}}{3} \vee \arccos\left(-\frac{\sqrt{3}}{3}\right) \leq x \leq \pi$.

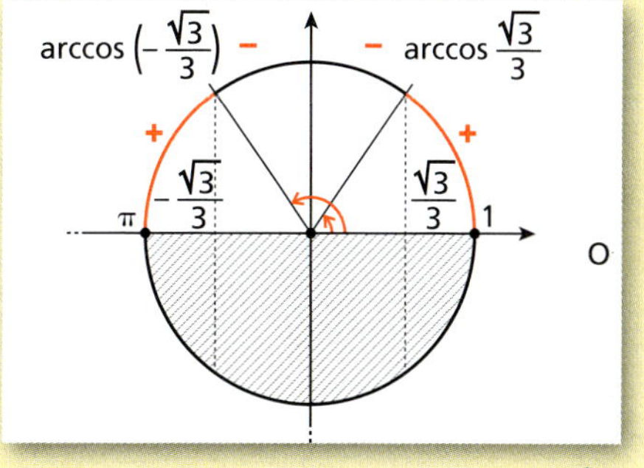

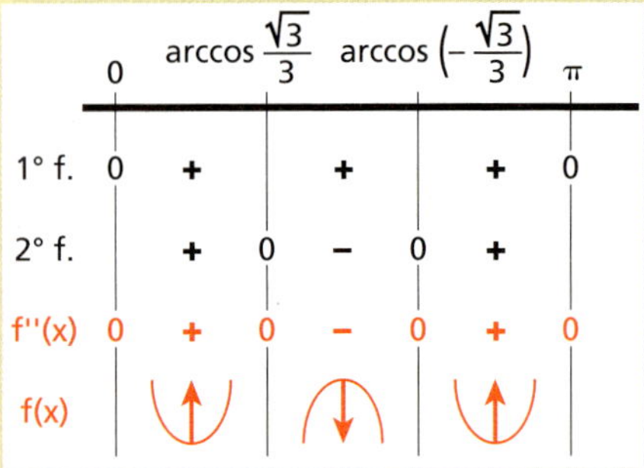

Compiliamo il quadro dei segni e deduciamo che in $[0; \pi]$ la funzione ha due flessi obliqui per:

$$x = \arccos\frac{\sqrt{3}}{3} \quad \text{e} \quad x = \arccos\left(-\frac{\sqrt{3}}{3}\right).$$

Ritroviamo anche i due flessi orizzontali che annullano la derivata seconda, $O(0; 0)$ e $A(\pi; 0)$.

Rappresentiamo nel piano cartesiano il grafico della funzione $f(x)$ inizialmente nell'intervallo $[0; \pi]$, poi per simmetria in $[-\pi; \pi]$, infine in tutto $\mathbb{R}$.

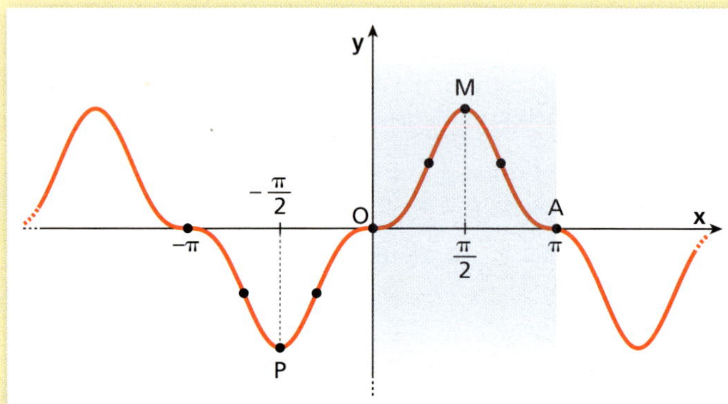

Studia e rappresenta graficamente le seguenti funzioni (indichiamo a fianco l'intervallo in cui studiare la funzione).

217 $y = \cos^3 x$, $[-\pi; \pi]$.
$\left[\max(0; 1); \min_1(-\pi; -1), \min_2(\pi; -1); F_{1,2}\left(\pm\frac{\pi}{2}; 0\right),\right.$ flessi obliqui in $\alpha_{12} = \arccos\left(\pm\sqrt{\frac{2}{5}}\right)$ e in $\left.\alpha_{1,2} - \pi\right]$

218 $y = \sin^2 x + 1$, $[0; \pi]$.
$\left[\max\left(\frac{\pi}{2}; 2\right); \min_1(0; 1), \min_2(\pi; 1); F_1\left(\frac{\pi}{4}; \frac{3}{2}\right), F_2\left(\frac{3}{4}\pi; \frac{3}{2}\right)\right]$

219 $y = \sqrt{2}(\sin x + \cos x)$, $[0; 2\pi]$.
$\left[\max_1(2\pi; \sqrt{2}), \max_2\left(\frac{\pi}{4}; 2\right); \min_1(0; \sqrt{2}), \min_2\left(\frac{5}{4}\pi; -2\right)\right]$

220 $y = 2\sin x \cos x - 1$, $[0; \pi]$.
$\left[\max_1\left(\frac{\pi}{4}; 0\right), \max_2(\pi; -1); \min_1(0; -1), \min_2\left(\frac{3}{4}\pi; -2\right); F\left(\frac{\pi}{2}; -1\right)\right]$

221 $y = 2\sin x(\cos x - 1)$, $[-\pi; \pi]$.
$\left[\max_1\left(-\frac{2}{3}\pi; \frac{3\sqrt{3}}{2}\right), \max_2(\pi; 0); \min_1(-\pi; 0), \min_2\left(\frac{2}{3}\pi; -\frac{3\sqrt{3}}{2}\right)\right]$

222 $y = \sin x + \sqrt{3}\cos x$, $]0; 2\pi[$.
$\left[\max\left(\frac{\pi}{6}; 2\right); \min\left(\frac{7}{6}\pi; -2\right); F_1\left(\frac{2}{3}\pi; 0\right), F_2\left(\frac{5}{3}\pi; 0\right)\right]$

223 $y = \tan x + \sin x$, $[0; 2\pi]$.
$\left[a\colon x = \frac{\pi}{2}, x = \frac{3}{2}\pi; \min(0; 0); \max(2\pi; 0); F(\pi; 0)\right]$

224 $y = \dfrac{1 - \sin x}{1 + \sin x}$, $[0; 2\pi]$.
$\left[a\colon x = \frac{3}{2}\pi; \max(0; 1); \min_1\left(\frac{\pi}{2}; 0\right), \min_2(2\pi; 1)\right]$

225 $y = \dfrac{2\sin x - 1}{\cos^2 x - 1}$, $[0; 2\pi]$.
$\left[\min_1\left(\frac{\pi}{2}; -1\right), \min_2\left(\frac{3}{2}\pi; 3\right)\right]$

226 $y = 2\sin x - 2\sin^2 x$, $]0; 2\pi[$.
$\left[\max_1\left(\frac{\pi}{6}; \frac{1}{2}\right), \max_2\left(\frac{5}{6}\pi; \frac{1}{2}\right); \min_1\left(\frac{\pi}{2}; 0\right), \min_2\left(\frac{3}{2}\pi; -4\right)\right]$

227 $y = \dfrac{1}{\sin^2 x}$, $]0; \pi[$. $\left[a\colon x = 0, x = \pi; \min\left(\frac{\pi}{2}; 1\right)\right]$

228 $y = \dfrac{\cos^2 x - 1}{1 + 2\cos x}$, $[0; 2\pi]$. (trascura y'') $\left[a\colon x = \frac{2}{3}\pi, x = \frac{4}{3}\pi; \max_1(0; 0), \max_2(2\pi; 0); \min(\pi; 0)\right]$

229 $y = 4\cos^3 x - 3\cos x$, $[0; 2\pi]$. $\left[\max_1(0; 1), \max_2\left(\frac{2}{3}\pi; 1\right), \max_3\left(\frac{4}{3}\pi; 1\right), \max_4(2\pi; 1), \min_1\left(\frac{\pi}{3}; -1\right),\right.$ $\left.\min_2(\pi; -1), \min_3\left(\frac{5}{3}\pi; -1\right); F_1\left(\frac{\pi}{6}; 0\right); F_2\left(\frac{\pi}{2}; 0\right), F_3\left(\frac{5}{6}\pi; 0\right), F_4\left(\frac{7}{6}\pi; 0\right), F_5\left(\frac{3}{2}\pi; 0\right), F_6\left(\frac{11}{6}\pi; 0\right)\right]$

230 $y = \dfrac{\sin x + \cos x}{2\sin x \cos x}$, $]0; 2\pi[$. $\left[a\colon x = 0, x = \frac{\pi}{2}, x = \pi, x = \frac{3}{2}\pi, x = 2\pi;\right.$ $\left.\max\left(\frac{5}{4}\pi; -\sqrt{2}\right); \min\left(\frac{\pi}{4}; \sqrt{2}\right); F_1\left(\frac{7}{4}\pi; 0\right), F_2\left(\frac{3}{4}\pi; 0\right)\right]$

231 $y = \dfrac{1 - 4\sin^2 x}{\cos x}$, $[0; 2\pi]$. $\left[a\colon x = \frac{\pi}{2}, x = \frac{3}{2}\pi; \max_1(0; 1), \max_2(2\pi; 1); \min(\pi; -1)\right]$

232 $y = \sqrt{\sin x + 1}$, $[0; 2\pi]$. $\left[\min_1(0; 1), \min_2\left(\frac{3}{2}\pi; 0\right); \max_1\left(\frac{\pi}{2}; \sqrt{2}\right), \max_2(2\pi; 1)\right]$

233 $y = \dfrac{\cos x + \sqrt{3}\sin x}{\cos x - \sin x}$, $[0; 2\pi]$. $\left[a\colon x = \frac{\pi}{4}, x = \frac{5}{4}\pi; \min(0; 1); \max(2\pi; 1);\right.$ $\left.F_1\left(\frac{3}{4}\pi; \frac{1 - \sqrt{3}}{2}\right), F_2\left(\frac{7}{4}\pi; \frac{1 - \sqrt{3}}{2}\right)\right]$

234 $y = \dfrac{1 - \cos x}{\sin x + \cos x}$, $[0; 2\pi]$. $\left[a\colon x = \frac{3}{4}\pi, x = \frac{7}{4}\pi; \min_1(0; 0), \min_2(2\pi; 0), \max\left(\frac{3}{2}\pi; -1\right)\right]$

235 $y = \dfrac{3\cos x}{\sin^2 x - \cos^2 x}$, $[0; 2\pi]$. $\left[\max_1(0; -3), \max_2(2\pi; -3); \min(\pi; 3);\right.$ $\left.a\colon x = \frac{\pi}{4}, x = \frac{3}{4}\pi, x = \frac{5}{4}\pi, x = \frac{7}{4}\pi; F_1\left(\frac{\pi}{2}; 0\right), F_2\left(\frac{3}{2}\pi; 0\right)\right]$

LEGGI IL GRAFICO

236 L'equazione del grafico della figura è $y = a\cos^2 x$.

a. Determina il valore di a.

b. La funzione è periodica? Se sì, qual è il periodo?

c. Scrivi le coordinate dei punti A e B. Cosa rappresentano per la funzione?

$\left[\text{a}) -2; \text{b}) \pi; \text{c}) A\left(-\frac{\pi}{2}; 0\right), B\left(\frac{\pi}{2}; 0\right)\right]$

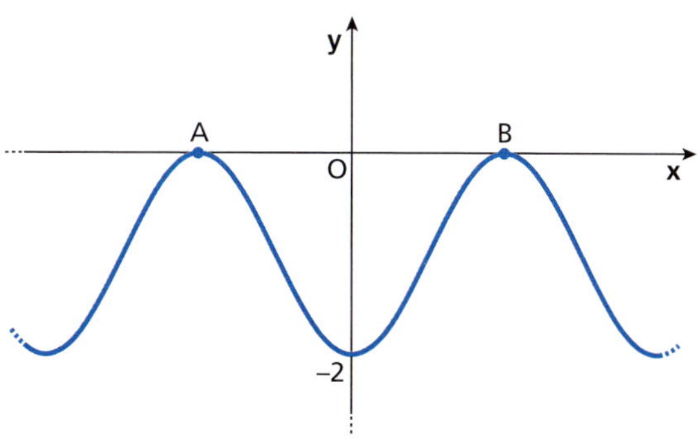

237 Determina per quali valori di a e b

$$y = a\sin(x + b)$$

è l'equazione del grafico in figura.
Trova gli eventuali punti di flesso in un periodo e scrivi le equazioni delle tangenti in quei punti.

$\left[a = -3, b = -\frac{\pi}{4}; F_1\left(\frac{\pi}{4}; 0\right), F_2\left(\frac{5}{4}\pi; 0\right);\right.$ $\left.y = -3x + \frac{3}{4}\pi, y = 3x - \frac{15}{4}\pi\right]$

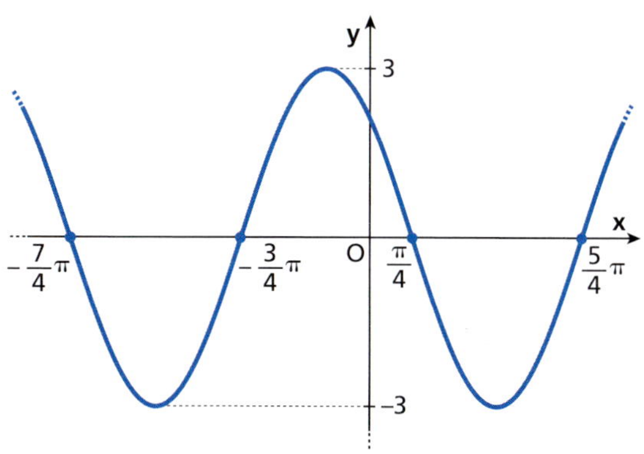

Funzioni inverse delle funzioni goniometriche

238 ESERCIZIO GUIDA Studiamo e rappresentiamo graficamente $y = f(x) = \arctan\frac{1-x^2}{1+x^2}$.

1. Dominio: poiché il denominatore $1 + x^2$ è non nullo per ogni x reale, il dominio è $\mathbb{R}$.
2. Cerchiamo eventuali simmetrie:

$$f(-x) = \arctan\frac{1-(-x)^2}{1+(-x)^2} = f(x).$$

Poiché $f(-x) = f(x)$, la funzione è pari. Il suo grafico è simmetrico rispetto all'asse y.

3. Intersezioni con gli assi.

Asse y: $\begin{cases} y = \arctan\frac{1-x^2}{1+x^2} \\ x = 0 \end{cases} \rightarrow \begin{cases} y = \arctan 1 \\ x = 0 \end{cases} \rightarrow A\left(0; \frac{\pi}{4}\right)$.

Asse x: $\begin{cases} y = \arctan\frac{1-x^2}{1+x^2} \\ y = 0 \end{cases} \rightarrow \begin{cases} \frac{1-x^2}{1+x^2} = 0 \\ y = 0 \end{cases} \rightarrow \begin{cases} x_{1,2} = \pm 1 \\ y = 0 \end{cases} \rightarrow B(1; 0), C(-1; 0)$.

4. Segno della funzione:

$$\arctan\frac{1-x^2}{1+x^2} > 0 \rightarrow \frac{1-x^2}{1+x^2} > 0,$$

$1 - x^2 > 0$ per $-1 < x < 1$,

$1 + x^2 > 0$ per ogni x.

La funzione ha quindi lo stesso segno di $1 - x^2$. Rappresentiamo nel piano cartesiano le informazioni ottenute, tratteggiando le zone del piano in cui non ci sono punti del grafico della funzione.

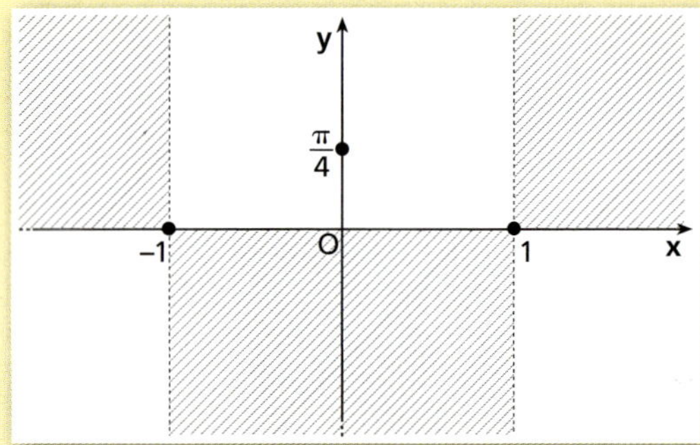

5. Limiti agli estremi del dominio:

$$\lim_{x \to \pm\infty} f(x) = \arctan(-1) = -\frac{\pi}{4} \rightarrow y = -\frac{\pi}{4} \text{ è un asintoto orizzontale.}$$

6. Derivata prima:

$$f'(x) = \frac{1}{1 + \left(\frac{1-x^2}{1+x^2}\right)^2} \cdot \frac{-2x(1+x^2) - 2x(1-x^2)}{(1+x^2)^2} =$$

$$\frac{(1+x^2)^2}{(1+x^2)^2 + (1-x^2)^2} \cdot \frac{-2x - 2x^3 - 2x + 2x^3}{(1+x^2)^2} =$$

$$\frac{-4x}{1 + x^4 + 2x^2 + 1 + x^4 - 2x^2} = \frac{-4x}{2x^4 + 2} = \frac{-2x}{x^4 + 1}.$$

Il dominio di f' è $\mathbb{R}$.

$f'(x) = 0$ per $x = 0$. Per $x < 0$ la funzione è crescente e per $x > 0$ la funzione è decrescente.

La funzione ammette un massimo in $M\left(0; \frac{\pi}{4}\right)$.

7. Derivata seconda:

$$f''(x) = -2\frac{1(x^4+1) - x \cdot 4x^3}{(x^4+1)^2} = -2\frac{x^4 + 1 - 4x^4}{(x^4+1)^2} = -2\frac{-3x^4 + 1}{(x^4+1)^2} = \frac{6x^4 - 2}{(x^4+1)^2},$$

$f''(x) > 0$ per $x < -\sqrt[4]{\frac{1}{3}} \vee x > \sqrt[4]{\frac{1}{3}}$,

$f''(x) < 0$ per $-\sqrt[4]{\frac{1}{3}} < x < \sqrt[4]{\frac{1}{3}}$.

In $x = \pm\sqrt[4]{\frac{1}{3}}$ ci sono due punti di flesso:

$F_{1,2}\left(\pm\sqrt[4]{\frac{1}{3}}; \frac{\pi}{12}\right)$.

Tracciamo il grafico della funzione.

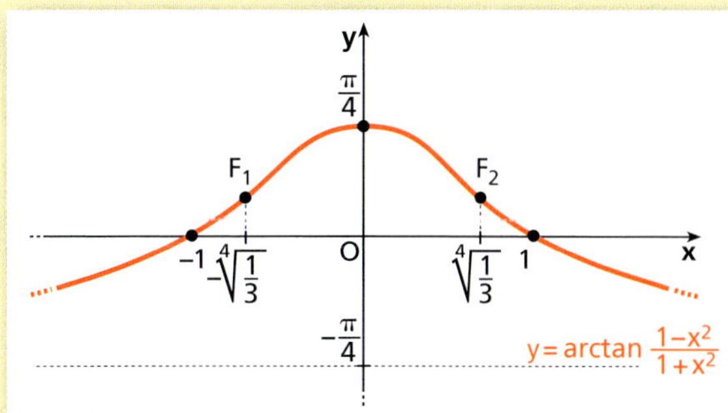

Studia e rappresenta graficamente le seguenti funzioni.

239 $y = \arcsin(x-2)$ $\left[\min\left(1; -\frac{\pi}{2}\right); \max\left(3; \frac{\pi}{2}\right); F(2; 0)\right]$

240 $y = \arctan\frac{2-x}{4-x}$ $\left[a: y = \frac{\pi}{4}; F\left(3; -\frac{\pi}{4}\right)\right]$

241 $y = \arcsin\frac{1-x}{x+2}$ $\left[a: y = -\frac{\pi}{2}\right]$

242 $y = e^{\arctan x}$ $\left[a: y = e^{\frac{\pi}{2}}, y = e^{-\frac{\pi}{2}}; F\left(\frac{1}{2}; e^{\arctan\frac{1}{2}}\right)\right]$

243 $y = \arctan x + x$ $\left[a: y = x + \frac{\pi}{2}, y = x - \frac{\pi}{2}; F(0; 0)\right]$

244 $y = \arctan\frac{1-x}{1+x}$ $\left[a: y = -\frac{\pi}{4}; F\left(0; \frac{\pi}{4}\right)\right]$

245 $y = \arcsin x^2$ $\left[\min(0; 0); \max_1\left(-1; \frac{\pi}{2}\right), \max_2\left(1; \frac{\pi}{2}\right)\right]$

246 $y = \sqrt{\arctan x}$ $\left[a: y = \sqrt{\frac{\pi}{2}}; \min(0; 0)\right]$

247 $y = \arcsin\sqrt{1-x^2}$ $\left[\max\left(0; \frac{\pi}{2}\right); \min_1(-1; 0), \min_2(1; 0)\right]$

248 $y = \arcsin\frac{2}{\sqrt{x}}$ $\left[a: y = 0; \max\left(4; \frac{\pi}{2}\right)\right]$

249 $y = \frac{x}{2} - \arctan 2x$ $\left[a: y = \frac{1}{2}x \pm \frac{\pi}{2}; \max\left(-\frac{\sqrt{3}}{2}; -\frac{\sqrt{3}}{4} + \frac{\pi}{3}\right); \min\left(\frac{\sqrt{3}}{2}; \frac{\sqrt{3}}{4} - \frac{\pi}{3}\right); F(0; 0)\right]$

250 $y = \arctan\frac{1}{e^x - 1}$ $\left[a: y = 0, y = -\frac{\pi}{4}; F\left(\ln\sqrt{2}; \frac{3}{8}\pi\right)\right]$

251 $y = \sqrt{\arctan(1-2x)}$ $\left[a: y = \sqrt{\frac{\pi}{2}}; \min\left(\frac{1}{2}; 0\right)\right]$

252 $y = \frac{1}{\arctan x} + \frac{2}{\pi}$ $\left[a: x = 0, y = 0, y = \frac{4}{\pi}\right]$

253 IN FISICA **In curva** Quando un ciclista affronta una curva di raggio R a velocità v, l'angolo α di inclinazione della bicicletta rispetto alla verticale soddisfa la relazione $\tan\alpha = \frac{v^2}{10R}$.

a. Considera una curva di raggio 30 m. Studia la funzione $\alpha(v)$ che esprime l'angolo α in funzione della velocità, espressa in m/s. Interpreta il significato di $\lim_{v\to+\infty}\alpha(v)$.

b. Se μ è il coefficiente di attrito tra pneumatici e asfalto, affinché le ruote non perdano aderenza, e quindi il ciclista non cada, si deve avere $\frac{v^2}{10R} < \mu$.

Se $\mu = 0{,}6$, qual è il massimo angolo di inclinazione che può raggiungere il ciclista?

$\left[\text{a) } \alpha(v) = \arctan\left(\frac{v^2}{10R}\right), \text{ flesso in } v \simeq 13; \text{ b) } \arctan(0{,}6) \simeq 31°\right]$

ESERCIZI

Funzioni con valori assoluti

254 TEST Solo una delle seguenti funzioni è pari. Quale?

A $y = x|x| + 1$

B $y = |\cos x| - \sin x$

C $y = |x|\cos x - x$

D $y = x^2 \log|x|$

E $y = \dfrac{x|x|}{x^2+1}$

255 ESERCIZIO GUIDA Studiamo e rappresentiamo graficamente $y = f(x) = \dfrac{x^2-1}{|x-2| + 3x}$.

Per la definizione di valore assoluto si ha:

$$f(x) = \begin{cases} \dfrac{x^2-1}{4x-2} & \text{se } x \geq 2 \\ \dfrac{x^2-1}{2x+2} & \text{se } x < 2 \end{cases} \rightarrow f(x) = \begin{cases} \dfrac{x^2-1}{4x-2} & \text{se } x \geq 2 \\ \dfrac{x-1}{2} & \text{se } x < 2 \wedge x \neq -1 \end{cases}.$$

Studiamo $f_1(x) = \dfrac{x^2-1}{4x-2}$ e disegniamo l'arco che si ottiene per $x \geq 2$.

1. Dominio: $x \neq \frac{1}{2}$. Quindi $f_1(x)$ è sempre definita per $x \geq 2$.

2. Simmetrie: potremmo evitare la verifica, in quanto il dominio non è simmetrico. In ogni caso:

$$f_1(-x) = \frac{x^2-1}{-4x-2} \neq \pm f_1(x).$$

3. Intersezioni con l'asse x.

$$\text{Asse } x: \begin{cases} y = 0 \\ y = \dfrac{x^2-1}{4x-2} \end{cases} \rightarrow \begin{cases} y = 0 \\ x^2 - 1 = 0 \end{cases} \rightarrow \begin{cases} y = 0 \\ x_{1,2} = \pm 1 \end{cases}$$

I punti di intersezione sono $A(1; 0)$ e $B(-1; 0)$. Quindi non ci sono intersezioni per $x \geq 2$.

4. Segno della funzione:

$$\frac{x^2-1}{4x-2} > 0 \qquad N > 0 \text{ per } x < -1 \vee x > 1$$

$$D > 0 \text{ per } x > \frac{1}{2}.$$

Compiliamo il quadro dei segni.

Osserviamo che $f_1(x) > 0$ per $x \geq 2$.

		-1		$\frac{1}{2}$		1	
x^2-1	+	0	−		−	0	+
$4x-2$	−		−	0	+		+
y	−	0	+	∄	−	0	+

5. Limiti agli estremi del dominio. Poiché ci interessa solo l'intervallo $x \geq 2$, calcoliamo soltanto il limite per x che tende a $+\infty$:

$$\lim_{x \to +\infty} f_1(x) = +\infty;$$

poiché il grado del numeratore supera di 1 quello del denominatore, esiste un asintoto obliquo di equazione $y = mx + q$.

$$m = \lim_{x \to +\infty} \frac{f_1(x)}{x} = \frac{1}{4},$$

$$q = \lim_{x \to +\infty} [f_1(x) - mx] = \lim_{x \to +\infty} \left(\frac{x^2-1}{4x-2} - \frac{1}{4}x \right) = \lim_{x \to +\infty} \frac{2x^2 - 2 - 2x^2 + x}{4(2x-1)} = \lim_{x \to +\infty} \frac{x-2}{4(2x-1)} = \frac{1}{8}.$$

L'asintoto obliquo ha equazione: $y = \dfrac{1}{4}x + \dfrac{1}{8}$.

6. Derivata prima:

$$f_1'(x) = \frac{2x(4x-2)-4(x^2-1)}{(4x-2)^2} = \frac{8x^2-4x-4x^2+4}{4(2x-1)^2} = \frac{4(x^2-x+1)}{4(2x-1)^2} = \frac{x^2-x+1}{(2x-1)^2}.$$

$f_1'(x) > 0$ per ogni x del dominio, in quanto sia il numeratore che il denominatore sono sempre positivi. Quindi la funzione è sempre crescente in senso stretto e non presenta punti stazionari.

7. Derivata seconda:

$$f_1''(x) = \frac{(2x-1)(2x-1)^2-(x^2-x+1)4(2x-1)}{(2x-1)^4} = \frac{(2x-1)^2-4(x^2-x+1)}{(2x-1)^3} = \frac{-3}{(2x-1)^3}.$$

$f_1''(x) > 0$ per $x < \frac{1}{2}$ concavità verso l'alto;

$f_1''(x) < 0$ per $x > \frac{1}{2}$ concavità verso il basso;

Quindi $f_1(x)$ ha concavità verso il basso per $x \geq 2$.

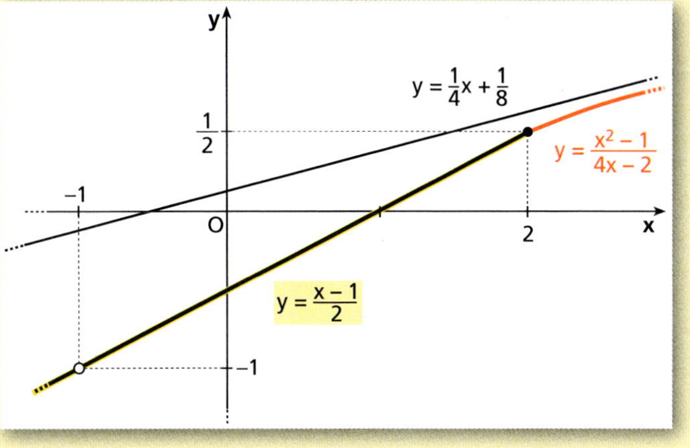

Tracciamo il grafico completo della funzione $f(x) = \frac{x^2-1}{|x-2|+3x}$, considerando il grafico di $f_1(x)$ per $x \geq 2$ e disegnando il grafico della retta $y = \frac{x-1}{2}$ per $x < 2 \wedge x \neq -1$.

Quindi, la retta è privata del punto $(-1; -1)$. I due grafici si uniscono nel punto $\left(2; \frac{1}{2}\right)$.

Studia e rappresenta graficamente le seguenti funzioni.

256 $y = x^3 - 4|x|$ $\left[\max(0;0); \min\left(\frac{2\sqrt{3}}{3}; -\frac{16\sqrt{3}}{9}\right)\right]$

257 $y = \frac{|x|}{x^2-4}$ $[a\text{: } x = \pm 2,\ y = 0; \max(0;0)]$

258 $y = \left|x + \frac{3}{x}\right|$ $[a\text{: } x = 0,\ y = \pm x; \min(\pm\sqrt{3}; 2\sqrt{3})]$

259 $y = \sqrt{|x| - 1}$ $[\min_{1,2}(\pm 1; 0)]$

260 $y = \frac{|x^2-6x+5|}{x^2}$ $\left[a\text{: } x = 0,\ y = 1; \min_1(1;0), \min_2(5;0); \max\left(\frac{5}{3}; \frac{4}{5}\right); F\left(\frac{5}{2}; \frac{3}{5}\right)\right]$

261 $y = \ln(|x+3| - 2x)$ $[a\text{: } x = 3; \text{punto angoloso } (-3; \ln 6)]$

262 $y = |3^{|x-1|} - 3|$ $[\min_1(0;0), \min_2(2;0); \max(1;2)]$

263 $y = \ln\sqrt{\left|\frac{x}{x-1}\right|}$ $\left[a\text{: } y = 0, x = 0, x = 1; F\left(\frac{1}{2}; 0\right)\right]$

264 $y = |x|e^{-2x}$ $\left[a\text{: } y = 0; \max\left(\frac{1}{2}; \frac{1}{2e}\right); \min(0;0); F\left(1; \frac{1}{e^2}\right)\right]$

265 $y = \sqrt{\frac{1-|x|}{4+|x|}}$ $\left[\max\left(0; \frac{1}{2}\right); \min_{1,2}(\pm 1; 0)\right]$

266 $y = x\ln|x|$ $\left[\max\left(-\frac{1}{e}; \frac{1}{e}\right); \min\left(\frac{1}{e}; -\frac{1}{e}\right)\right]$

ESERCIZI

267 $y = e^{\frac{|x|}{x-1}}$ $\left[a: x=1,\ y=e,\ y=\frac{1}{e};\ \max(0;1);\ F\left(\frac{1}{2};\frac{1}{e}\right)\right]$

268 $y = e^{\frac{x^2}{|x|-2}}$ (trascura y'') $[a: x=\pm 2;\ \min_{1,2}(\pm 4; e^8);\ \max(0;1)]$

TEST Quale delle seguenti funzioni è rappresentata dal grafico?

269

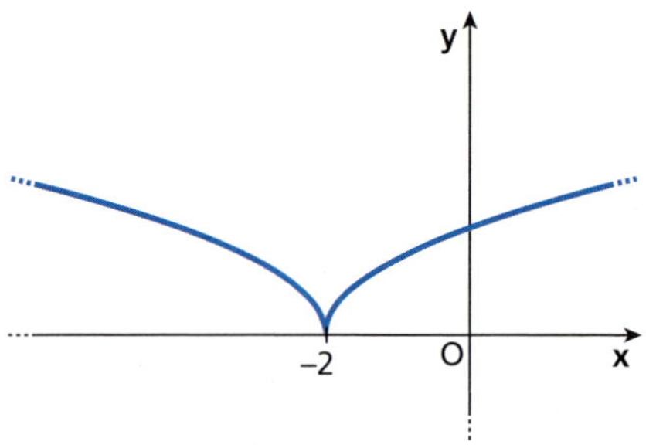

A $y = |\sqrt{x+2}|$

B $y = \sqrt{|x|+2}$

C $y = \sqrt{|x+2|}$

D $y = \sqrt{|x-2|}$

E $y = \sqrt{|x|-2}$

270

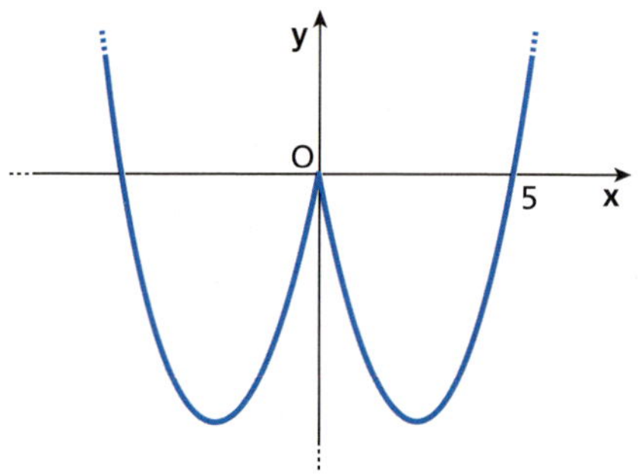

A $y = |x^2 - 5x|$

B $y = x|x^2 - 25|$

C $y = |x^2 - 5|x||$

D $y = x^2 - 5|x|$

E $y = x|x-5|$

Riepilogo: Studio di una funzione

TEST Quale delle seguenti funzioni è rappresentata dal grafico?

271

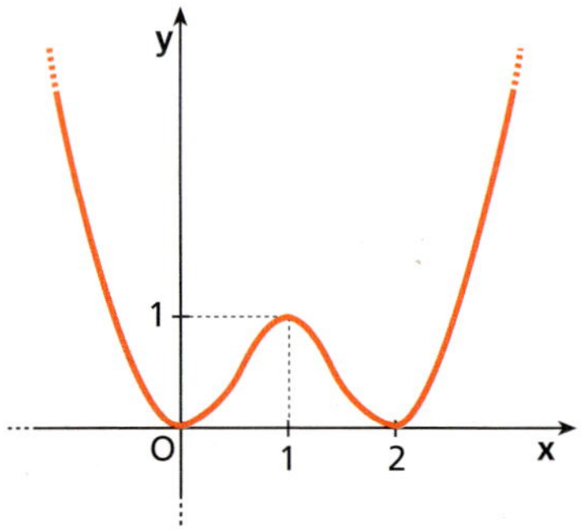

A $y = x(x-2)^2$

B $y = x^2(x-2)^2$

C $y = x(x-1)(x-2)$

D $y = x(x+2)^2$

E $y = \frac{x-1}{x(x-2)}$

272

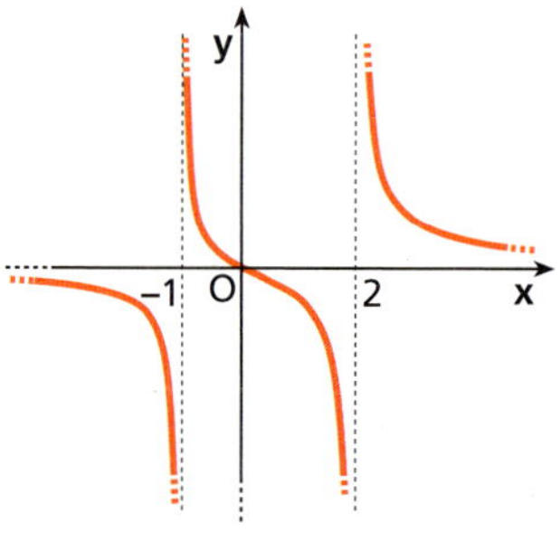

A $y = \frac{x}{(x-1)(x+2)}$

B $y = \frac{x^2}{(x+1)(x-2)}$

C $y = \frac{(x+1)(x-2)}{x}$

D $y = \frac{x}{(x+1)(x-2)}$

E $y = \frac{x^3}{(x+1)(x-2)}$

273 **TEST** Quale dei seguenti grafici rappresenta l'andamento della funzione $y = xe^x$?

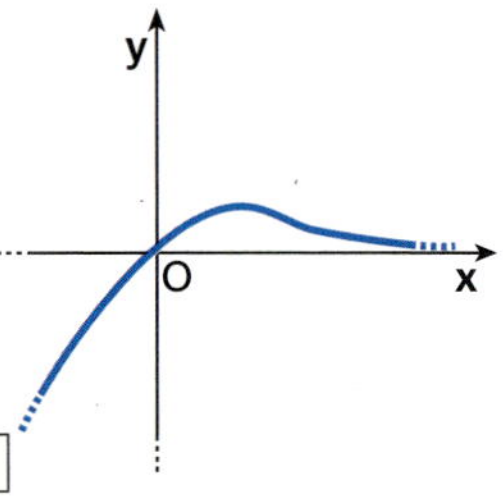

A

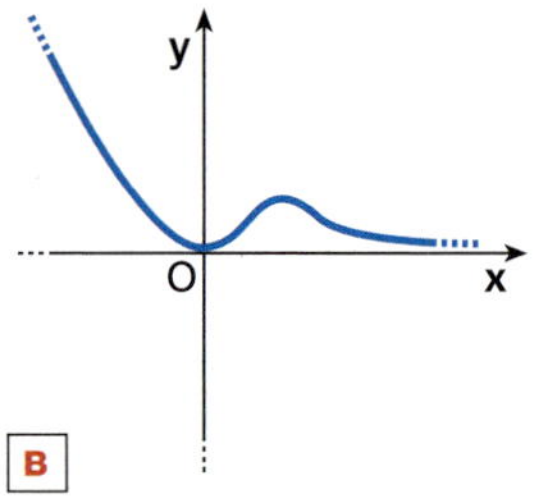

B

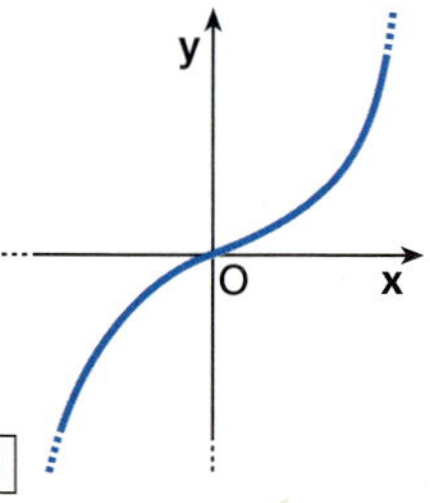

C

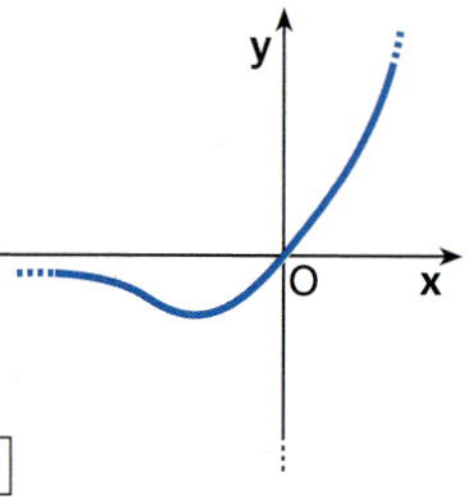

D

274 ●○ **ASSOCIA** a ciascuna funzione il suo grafico.

a. $y = \sqrt{x^2 + 1}$ **b.** $y = e^{x^2+1}$ **c.** $y = \dfrac{1}{x^2 + 1}$ **d.** $y = \ln(x^2 + 1)$

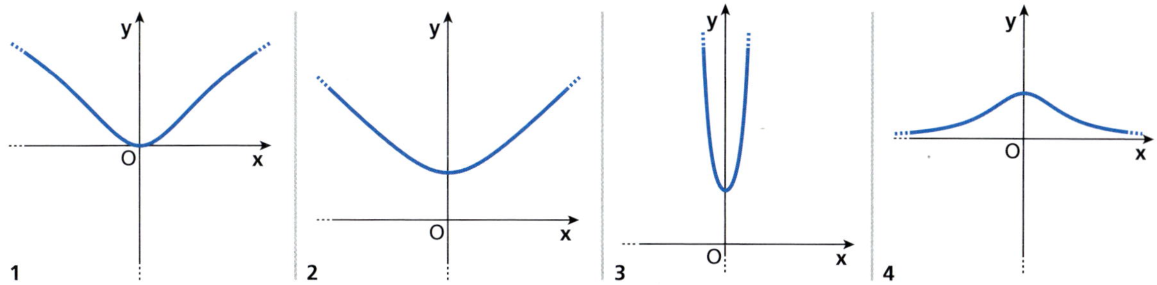

275 ●○ **RIFLETTI SULLA TEORIA** Può una funzione avere punti di intersezione con i suoi eventuali asintoti? (Esamina i casi di asintoti verticali, orizzontali, obliqui.)

TEST

276 ●○ Data la funzione $f(x) = 4x^4 + 4x$, quale delle seguenti affermazioni è vera riguardo a $f(x)$?

- **A** $x = -1$ è un punto stazionario di $f(x)$.
- **B** $(0; 0)$ è un punto di flesso di $f(x)$.
- **C** $f(x)$ è concava verso il basso per $x < 0$.
- **D** $f(x)$ è concava verso il basso per $x > 0$.
- **E** Nessuna delle precedenti.

(USA *Southwest Virginia Community College Math Contest*)

277 ●● Fra le seguenti affermazioni su $y = \dfrac{1}{|x| + x}$, una è *falsa*. Quale?

- **A** Ha un punto angoloso in $x = 0$.
- **B** Esiste solo per $x > 0$.
- **C** Ha un asintoto verticale.
- **D** Ha un asintoto orizzontale.
- **E** È un ramo di iperbole.

278 ●● Quanti punti di flesso ha $f(x) = x^8 - x^2$?

A 0 **B** 1 **C** 2 **D** 3 **E** 4

(USA *Southwest Virginia Community College Math Contest*)

279 ●● Sia $f(x) = \dfrac{8}{3 + e^x}$.

a. Trova il dominio di f.

b. Trova, giustificandole in modo esauriente, le equazioni di tutti gli asintoti verticali di f, oppure spiega perché non ve ne siano.

c. Trova, giustificandole in modo esauriente, le equazioni di tutti gli asintoti orizzontali di f, oppure spiega perché non ve ne siano.

(USA *Stanford University*)

$\left[\text{a) } D: \mathbb{R}; \text{ c) } y = 0, y = \dfrac{8}{3}\right]$

280 ●● **VERO O FALSO?**

a. Se il grafico di $y = f(x)$ ha un asintoto verticale in $x = 5$, allora il grafico di $y = f(2x + 1)$ deve avere un asintoto verticale in $x = 2$. V F

b. Se il grafico di $y = f(x)$ ha un asintoto orizzontale in $y = -3$, allora il grafico di $y = f(-x) - 1$ deve avere un asintoto orizzontale in $y = 2$. V F

c. Il grafico di $y = x^{2006}$ ha un flesso in $x = 0$. V F

(USA *Stanford University*)

Studia e rappresenta graficamente le seguenti funzioni.

281 ●○ $y = 4 - 3x^2 - x^3$ $[\max(0; 4); \min(-2; 0); F(-1; 2)]$

282 ●○ $y = x - \dfrac{1}{3}x^3 + \dfrac{2}{3}$ $\left[\max\left(1; \dfrac{4}{3}\right); \min(-1; 0); F\left(0; \dfrac{2}{3}\right)\right]$

283 ●○ $y = \dfrac{1}{5}x^5 - \dfrac{1}{3}x^3$ $\left[\max\left(-1; \dfrac{2}{15}\right); \min\left(1; -\dfrac{2}{15}\right); F(0; 0); \text{flesso in } x = \pm\dfrac{\sqrt{2}}{2}\right]$

284 ●○ $y = x^3 - 6x^2 + 12x + 7$ $[F(2; 15)]$

ESERCIZI

285 $y = (x^2 - 4x)^2$ $\left[\max(2; 16); \min_1(0; 0), \min_2(4; 0); \text{flessi in } x = \frac{6 \pm 2\sqrt{3}}{3}\right]$

286 $y = (1 - x^2)^2$ $\left[\max(0; 1); \min_{1,2}(\pm 1; 0); F_{1,2}\left(\pm\frac{\sqrt{3}}{3}; \frac{4}{9}\right)\right]$

287 $y = \frac{x^3}{6} + \frac{6}{x^3}$ $\left[a{:}\ x = 0; \max(-\sqrt[3]{6}; -2); \min(\sqrt[3]{6}; 2)\right]$

288 $y = \frac{1}{x^2 - x} - 1$ $\left[a{:}\ x = 0, x = 1; y = -1; \max\left(\frac{1}{2}; -5\right)\right]$

289 $y = (x + 1)(x^2 + x - 1)$ $\left[\max\left(-\frac{4}{3}; \frac{5}{27}\right); \min(0; -1); F\left(-\frac{2}{3}; -\frac{11}{27}\right)\right]$

290 $y = x^2\sqrt{x^2 + 1}$ $[\min(0; 0)]$

291 $y = xe^{\frac{1}{x}}$ $[a{:}\ x = 0, y = x + 1; \min(1; e)]$

292 $y = (x^2 - 4x + 4)e^x$ $[a{:}\ y = 0; \max(0; 4); \min(2; 0); F_{1,2}(\pm\sqrt{2}; (6 \mp 4\sqrt{2})e^{\sqrt{2}})]$

293 $y = \frac{\sqrt{e^x}}{x}$ $\left[a{:}\ x = 0, y = 0; \min\left(2; \frac{e}{2}\right)\right]$

294 $y = |x^3 - 9x^2|$ $[\min_1(0; 0), \min_2(9; 0); \max(6; 108); F(3; 54)]$

295 $y = \frac{(x - 1)^3}{x}$ $\left[a{:}\ x = 0; \min\left(-\frac{1}{2}; \frac{27}{4}\right); F(1; 0)\right]$

296 $y = (x + 1)^2(3x^2 - 2x + 1)$ $\left[\min(-1; 0); F_1(0; 1), F_2\left(-\frac{2}{3}; \frac{11}{27}\right)\right]$

297 $y = \ln\left(x + \frac{1}{x}\right)$ $\left[a{:}\ x = 0; \min(1; \ln 2); \text{flesso in } x = \sqrt{2 + \sqrt{5}}\right]$

298 $y = \frac{-2x^3}{x^2 - 4}$ $[a{:}\ x = \pm 2, y = -2x; \min(-2\sqrt{3}; 6\sqrt{3}); \max(2\sqrt{3}; -6\sqrt{3}); F(0; 0)]$

299 $y = x - 1 - \frac{1}{x} + \frac{1}{x^2}$ $\left[a{:}\ x = 0, y = x - 1; \min(1; 0); F\left(3; \frac{16}{9}\right)\right]$

300 $y = \frac{x^3}{(x + 1)^2}$ $\left[a{:}\ x = -1, y = x - 2; \max\left(-3; -\frac{27}{4}\right); F(0; 0)\right]$

301 $y = \sqrt{\frac{x + 1}{x}}$ $[a{:}\ x = 0, y = 1; \min(-1; 0)]$

302 $y = \sqrt[3]{x^3 - 3x}$ $[a{:}\ y = x; \max(-1; \sqrt[3]{2}); \min(1; -\sqrt[3]{2}); F_1(0; 0) \text{ e } F_2(\pm\sqrt{3}; 0) \text{ flessi verticali}]$

303 $y = \frac{x^2 - 4}{x}$ $[a{:}\ x = 0, y = x]$

304 $y = \sqrt{x^2 - 1} + x$ $[a{:}\ y = 2x, y = 0; \min_1(-1; -1), \min_2(1; 1)]$

305 $y = \frac{x + 1}{\sqrt{x^2 + 2x}}$ $[a{:}\ y = \pm 1, x = -2, x = 0]$

306 $y = 1 - \sqrt{x^2 - 5x + 6}$ $\left[a{:}\ y = x - \frac{3}{2}, y = -x + \frac{7}{2}; \max_1(2; 1), \max_2(3; 1)\right]$

307 $y = \ln\frac{x^2 - 3x + 2}{x^2}$ (trascura y'') $[a{:}\ y = 0, x = 0, x = 1, x = 2]$

308 $y = 2x\ln x$ $\left[\min\left(\frac{1}{e}; -\frac{2}{e}\right)\right]$

309 $y = \ln\sqrt{x^2 - 1}$ $[a{:}\ x = 1, x = -1]$

310 $y = \frac{e^x}{\sqrt{x}} - 1$ $\left[a{:}\ x = 0; \min\left(\frac{1}{2}; \sqrt{2e} - 1\right)\right]$

311 $y = e^x \dfrac{x}{x+4}$ $\quad [a\colon y = 0,\ x = -4;\ F(-2; -e^{-2})]$

312 $y = x^4 e^{-x}$ $\quad [a\colon y = 0;\ \min(0; 0);\ \max \text{ in } x = 4;\ \text{flessi in } x = 2 \text{ e } x = 6]$

313 $y = \ln \dfrac{x^2 - 1}{x^2 + 4}$ $\quad [a\colon x = \pm 1,\ y = 0]$

314 $y = \ln \sin x, \quad]0; \pi[.$ $\quad \left[a\colon x = 0,\ x = \pi;\ \max\left(\dfrac{\pi}{2}; 0\right)\right]$

315 $y = e^{\sin x}, \quad]0; 2\pi[.$ $\quad \left[\min\left(\dfrac{3}{2}\pi; \dfrac{1}{e}\right);\ \max\left(\dfrac{\pi}{2}; e\right);\ \text{flessi in } \alpha = \arcsin \dfrac{-1+\sqrt{5}}{2} \text{ e } \pi - \alpha\right]$

316 $y = \sqrt{\sin x - \cos x}, \quad \left[\dfrac{\pi}{4}; \dfrac{5}{4}\pi\right].$ $\quad \left[\min_1\left(\dfrac{\pi}{4}; 0\right), \min_2\left(\dfrac{5}{4}\pi; 0\right);\ \max\left(\dfrac{3}{4}\pi; \sqrt[4]{2}\right)\right]$

317 $y = \dfrac{1}{\sqrt{\sin 2x}}, \quad]0; 2\pi[.$ $\quad \left[a\colon x = 0,\ x = \dfrac{\pi}{2},\ x = \pi,\ x = \dfrac{3}{2}\pi;\ \min_1\left(\dfrac{\pi}{4}; 1\right), \min_2\left(\dfrac{5}{4}\pi; 1\right)\right]$

318 $y = e^x |1 - 2x|$ $\quad \left[a\colon y = 0;\ \min\left(\dfrac{1}{2}; 0\right);\ \max\left(-\dfrac{1}{2}; \dfrac{2}{\sqrt{e}}\right);\ F\left(-\dfrac{3}{2}; \dfrac{4}{\sqrt{e^3}}\right)\right]$

319 $y = \ln \left|\dfrac{x-1}{x+2}\right|$ $\quad \left[a\colon y = 0,\ x = -2,\ x = 1;\ F\left(-\dfrac{1}{2}; 0\right)\right]$

320 $y = (\ln x - 2)\ln x$ $\quad [a\colon x = 0;\ \min(e; -1);\ F(e^2; 0)]$

321 $y = \dfrac{1}{\cos^4 x} - 1, \quad [0; 2\pi].$ $\quad \left[a\colon x = \dfrac{\pi}{2},\ x = \dfrac{3}{2}\pi;\ \min_1(0; 0), \min_2(\pi; 0), \min_3(2\pi; 0)\right]$

322 $y = \dfrac{1}{(1-2x)^3}$ $\quad \left[a\colon x = \dfrac{1}{2},\ y = 0\right]$

323 $y = 2\arcsin \dfrac{1+x}{1-x}$ $\quad [a\colon y = -\pi;\ \max(0; \pi) \text{ con cuspide}]$

324 $y = \arctan \dfrac{x-1}{2x-1}$ $\quad \left[a\colon y = \arctan \dfrac{1}{2};\ F\left(\dfrac{3}{5}; -\arctan 2\right)\right]$

325 $y = \ln(x^2 - 2x + 3)$ $\quad [\min(1; \ln 2);\ F_1(1 - \sqrt{2}; 2\ln 2);\ F_2(1 + \sqrt{2}; 2\ln 2)]$

326 $y = 2\cos^2 x - 2\cos x, \quad [0; 2\pi].$ $\quad \left[\max_1(0; 0), \max_2(\pi; 4), \max_3(2\pi; 0);\ \min_1\left(\dfrac{\pi}{3}; -\dfrac{1}{2}\right), \min_2\left(\dfrac{5}{3}\pi; -\dfrac{1}{2}\right)\right]$

327 $y = \arctan x - \dfrac{1}{x}$ $\quad \left[a\colon y = \pm\dfrac{\pi}{2},\ x = 0\right]$

328 $y = \sqrt{\ln(x+3)}$ $\quad [\min(-2; 0)]$

329 $y = \dfrac{x^4 - 5x^2 + 4}{\sqrt{x^2 - 1}}$ $\quad [\min_{1,2}(\pm\sqrt{2}; -2)]$

330 $y = \dfrac{\ln(x^2 - 1)}{x^2 - 4}$ (trascura y'') $\quad [a\colon x = \pm 1,\ x = \pm 2,\ y = 0]$

331 $y = \sin 2x + 2\cos^2 x, \quad [0; 2\pi].$ $\quad [\min(0; 2);\ \max(2\pi; 2);\ \max \text{ e } \min \text{ per } \tan x = -1 \pm \sqrt{2};\ \text{flessi per } \tan x = 1 \pm \sqrt{2}]$

332 $y = x^2 \ln|x|$ $\quad \left[\min_{1,2}\left(\pm\dfrac{1}{\sqrt{e}}; -\dfrac{1}{2e}\right);\ F_{1,2}\left(\pm\dfrac{1}{\sqrt{e^3}}; -\dfrac{3}{2e^3}\right)\right]$

333 $y = \sqrt{\dfrac{1 + x^2}{1 + 2x^2}}$ $\quad \left[a\colon y = \dfrac{\sqrt{2}}{2};\ \max(0; 1);\ \text{flessi in } x = \pm\sqrt{\dfrac{\sqrt{10} - 2}{6}}\right]$

334 $y = \ln \dfrac{x^2 - x}{|x| + 2}$ $\quad [a\colon x = 0,\ x = 1]$

335 $y = e^{\sqrt{\frac{1-x}{x+2}}}$ (trascura y'') $\quad [a\colon x = -2;\ \min(1; 1)]$

336 $y = \begin{cases} \dfrac{\sqrt{x^2 - x}}{x} & \text{se } x < 0 \vee x \geq 1 \\ \dfrac{1 - x}{x} & \text{se } 0 < x < 1 \end{cases}$ $[a\colon x = 0,\ y = \pm 1;\ \min(1; 0)]$

337 $y = x^x$ $\left[\min\left(\frac{1}{e}; \sqrt[e]{\frac{1}{e}}\right)\right]$

338 $y = \arctan\sqrt{\dfrac{1+x}{1-x}}$ $\left[\min(-1; 0);\ F\left(0; \frac{\pi}{4}\right)\right]$

339 $y = 2\cos^2 x \tan x$ $\left[\max \text{ in } x = \frac{\pi}{4} + k\pi;\ \min \text{ in } x = \frac{3}{4}\pi + k\pi;\ \text{flessi in } x = k\pi\right]$

340 $y = \sqrt{\dfrac{1 - \sin x}{1 + \sin x}}$, $[0; 2\pi]$. $\left[a\colon x = \frac{3}{2}\pi;\ \min_1\left(\frac{\pi}{2}; 0\right),\ \min_2(2\pi; 1);\ \max(0; 1)\right]$

341 $y = |\ln\sqrt{x}\,|$ $[a\colon x = 0;\ \min(1; 0)]$

342 $y = 2\sqrt{\arcsin x}$ $[\min(0; 0);\ \max(1; \sqrt{2\pi});\ 0 < x_F < 1]$

343 $y = x + 1 - 2\sin^2 x$, $[0; 2\pi]$. $\left[\min_1(0; 1),\ \min_{2,3} \text{ in } x = \frac{5}{12}\pi \text{ e } x = \frac{17}{12}\pi;\ \max_{1,2} \text{ in } x = \frac{\pi}{12} \text{ e } x = \frac{13}{12}\pi,\ \max_3(2\pi; 2\pi + 1);\ \text{flessi in } x = \frac{\pi}{4} + k\frac{\pi}{2}\right]$

344 Dimostra che il grafico della funzione $f(x) = \sqrt{x^2 - x} + 2x$ ammette un punto di massimo relativo e due asintoti obliqui distinti. Ricavane le equazioni e il punto di intersezione.
$\left[\max\left(\frac{1}{2} - \frac{\sqrt{3}}{3}; 1 - \frac{\sqrt{3}}{2}\right);\ y = x + \frac{1}{2},\ y = 3x - \frac{1}{2};\ \left(\frac{1}{2}; 1\right)\right]$

345 Studiare la seguente funzione (dominio, limiti, massimi e minimi, derivata seconda):

$y = \arctan\left(\dfrac{x^3}{4x^2 - 3}\right).$

(Università di Firenze, Facoltà di Ingegneria Industriale, Test di Analisi I)

346 Studiare la funzione $f(x) = \log(x^2 - 2x - |2x - 3| + 4)$ (in particolare specificare: dominio, segno e zeri, limiti agli estremi del dominio, monotonia, concavità e convessità, eventuali massimi e minimi e flessi: tracciare un grafico qualitativo). *(Università di Torino, Corso di laurea in Informatica, Prova di Analisi I)*

YOU & MATHS

347 Let $f(x) = \dfrac{x}{x - 3}$, $x \neq 3$, and $x \in \mathbb{R}$.

a. Show that the curve $f(x)$ has no points of inflection.

b. Find the equations of the asymptotes of the curve $f(x)$.

c. Draw a sketch of the curve $f(x)$.

d. Find how x_1 and x_2 are related if the tangents at $(x_1; f(x_1))$ and $(x_2; f(x_2))$ are parallel.

(IR *Leaving Certificate Examination,* Higher Level)

$[\text{b) } x = 3,\ y = 1;\ \text{d) } x_1 = x_2 \vee x_1 + x_2 = 6]$

348 A curve C has equation $y = (x^2 + 1)e^{-x}$, $x \in \mathbb{R}$.

a. Show that $\dfrac{dy}{dx} = -(x - 1)^2 e^{-x}$. Hence find the coordinates of the stationary point on the curve C. Show that this stationary point is a point of inflection.

b. Show that $\dfrac{d^2y}{dx^2} = (x - a)(x - b)e^{-x}$, where a and b are constants to be determined.
Deduce that the curve has another point of inflection.

c. Sketch the curve C, indicating the two points of inflection.

(UK *Northern Examination Assessment Board, NEAB*)

$\left[\text{a) } \left(1; \frac{2}{e}\right);\ \text{b) } a = 1,\ b = 3;\ F\left(3; \frac{10}{e^3}\right)\right]$

Traccia il grafico di $f(x)$ e a partire da questo traccia quello delle funzioni indicate a fianco.

349 $f(x) = 4x^2 + 4x - 3$; **a.** $f(-x) + 4$; **b.** $\left|f\left(x + \frac{1}{2}\right)\right|$.

350 $f(x) = \frac{x-3}{2x}$; **a.** $e^{f(x)}$; **b.** $\ln f(x)$.

351 $f(x) = \arctan x$; **a.** $-f(x) - 1$; **b.** $e^{f(x)+\frac{\pi}{2}}$.

352 $f(x) = \frac{x^2-4}{2x}$; **a.** $1 - f(x)$; **b.** $|f(x)|$.

353 $f(x) = x^3 - 9x$; **a.** $\frac{1}{f(x)}$; **b.** $\ln f(x)$.

354 $f(x) = \frac{x^2-1}{x^2+1}$; **a.** $|f(x)|$; **b.** $e^{f(x)}$; **c.** $\ln|f(x)|$.

355 Disegna il grafico di $y = -\frac{1}{x^2 - 2x}$ dopo aver rappresentato $y = x^2 - 2x$.

356 Rappresenta la funzione $y = \ln\left|\frac{x}{x+1}\right| + 1$ a partire da $y = \frac{x}{x+1}$.

357 Traccia il grafico di $y = 1 - e^{x^2-6x}$ dopo aver disegnato quello di $y = x^2 - 6x$.

Problemi con le funzioni

358 Trova a in modo che la funzione di equazione $y = \frac{ax^2 - 1}{x + 2}$ abbia un massimo nel punto di ascissa $x = 1$ e rappresentala graficamente. $\left[a = -\frac{1}{5}\right]$

359 Determina a, b, c, d in modo che la funzione $y = ax + b + \frac{c}{x} + \frac{d}{x^2}$ abbia come asintoto la retta di equazione $2y + x + 4 = 0$, nel punto $x = -1$ un minimo e nel punto $x = -2$ un flesso. Rappresenta il suo grafico. $\left[a = -\frac{1}{2}, b = -2, c = \frac{3}{2}, d = 1\right]$

360 Determina a, b, c, d in modo che la funzione $y = \frac{ax^3 + b}{cx^2 + d}$ abbia per asintoti le rette di equazioni $y = 2x$ e $x = 1$ e un flesso in $x = 0$. Rappresenta poi la funzione ottenuta. $\left[y = \frac{2x^3}{x^2 - 1}\right]$

361 Data la funzione $y = \ln\frac{ax^3}{bx^2 + c}$, con $a \neq 0$, trova a, b, c, sapendo che ha un minimo in $\left(3; \ln\frac{9}{2}\right)$ e un asintoto verticale in $x = \sqrt{3}$. Rappresenta graficamente la funzione ottenuta. $\left[y = \ln\frac{x^3}{x^2 - 3}\right]$

362 Dato l'insieme di parabole $y = ax^2 - (2a + 1)x + a + 1$, con $a > 0$:

a. determina le coordinate dei punti di intersezione con l'asse x, A e B ($x_A > x_B$), e quelle del punto di intersezione C con l'asse y;

b. scrivi la funzione che esprime la somma $\overline{OA} + \overline{OC}$ in funzione di a e rappresentala graficamente.

$\left[\text{a) } A\left(\frac{a+1}{a}; 0\right), B(1; 0), C(0; a+1); \text{ b) } f(a) = \frac{(a+1)^2}{a}\right]$

363 Sia γ la circonferenza del piano cartesiano con il diametro di estremi $O(0; 0)$ e $A(4; 4)$. Una retta passante per l'origine, di equazione $y = mx$, interseca la circonferenza in P.

a. Scrivi l'equazione della circonferenza.

b. Scrivi l'ascissa del punto P in funzione di m e studia la funzione ottenuta.

$\left[\text{a) } x^2 + y^2 - 4x - 4y = 0; \text{ b) } f(m) = \frac{4 + 4m}{1 + m^2}\right]$

364 ●● Rappresenta le funzioni $y = -e^{-x}$ e $y = e^{x} - 2$ nello stesso piano cartesiano e determina i loro punti di intersezione. Considera poi la retta $x = k$ che interseca i due grafici rispettivamente nei punti P e Q. Esprimi $\overline{PQ}$ in funzione di k e rappresenta graficamente la funzione ottenuta. $[(0; -1);\ y = e^{k} + e^{-k} - 2]$

365 ●● In un sistema di riferimento cartesiano Oxy considera la semicirconferenza di diametro OA, con $A(4; 0)$, e passante per $B(2; 2)$. Determina la misura dell'area di $OBPA$ al variare del punto P sull'arco BA. Studia la funzione. $[x_P = x\text{: } y = x + \sqrt{4x - x^2},\ 2 \le x \le 4]$

366 ●● Disegna il grafico di $f(x) = e^{ax+3} - e^{2ax+6}$ $(a \in \mathbb{R})$ sapendo che passa per $A(3; 0)$. Dal grafico deduci quello di $y = \dfrac{1}{f(x)}$. $[a = -1]$

367 ●● Data la funzione $y = \sqrt{\dfrac{3 - ax}{6 + x}}$ $(a \in \mathbb{R})$, disegna il suo grafico sapendo che passa per il punto di minimo del grafico di $y = e^{\frac{1}{2}x^2 - 3x + \frac{9}{2}}$. $[a = -2]$

368 ●○ Un prisma di volume 2 cm^3 ha per base un quadrato. Esprimi la misura della superficie totale in funzione del lato del quadrato di base e poi rappresenta graficamente la funzione. $\left[y = \dfrac{8}{x} + 2x^2\right]$

369 ●● Disegna un quarto di cerchio AOB di centro O e delimitato dai raggi AO e BO, di misura $\sqrt{2}$. Sull'arco $\overset{\frown}{AB}$ considera un punto P e chiama T l'intersezione fra la retta OP e la tangente in A. Detto $x = P\widehat{O}A$, determina la funzione che a x associa la misura dell'area del triangolo PTA. Studia e rappresenta la funzione ottenuta. $\left[y = \dfrac{(1 - \cos x)\sin x}{\cos x}\right]$

370 ●● Nel sistema di riferimento Oxy determina l'equazione della parabola, con asse parallelo all'asse x, passante per l'origine e con vertice $V(4; 2)$. Rappresentala graficamente. Considera poi la retta $x = a$ (con $a \ge 0$), che interseca in P e Q la parabola, e proietta P e Q sull'asse y in P' e Q'. Esprimi e studia la misura dell'area di $PP'QQ'$ al variare di a. $[x = -y^2 + 4y;\ A = 2a\sqrt{4 - a},\ 0 \le a \le 4]$

371 ●● Trova per quale valore dei parametri a e b la curva di equazione $f(x) = ax^2 + bx + \ln x$ ha un estremo in $(1; -3)$. Rappresenta il grafico di $f(x)$ così ottenuto. Quale traslazione fa in modo che il punto $(1; -3)$ sia l'origine del sistema di riferimento? Qual è in questo nuovo sistema l'equazione della funzione? $[a = 2, b = -5;\ \vec{v}(-1; 3);\ y = 2x^2 - x + \ln(x + 1)]$

372 ●● Considera un punto P su una semicirconferenza di diametro $\overline{AB} = 2$ e indica con H la sua proiezione sul diametro. Determina l'angolo $P\widehat{A}B = x$ in modo tale che valga $\dfrac{1}{6}$ il rapporto $\dfrac{\overline{AH}}{\overline{AP} + \overline{AB}}$. Studia poi la funzione $f(x) = \dfrac{\overline{AH}}{\overline{AP} + \overline{AB}}$, indipendentemente dalle limitazioni geometriche del problema. $\left[\dfrac{\pi}{3}\right]$

373 ●● Determina il rapporto y tra le aree dei triangoli PBC e PAB nella figura, al variare di P sulla semicirconferenza. Quindi studia la funzione ottenuta ed evidenzia il tratto del suo grafico relativo al problema. $\left[y = \dfrac{\sqrt{3}}{2}\tan x,\ 0 \le x < \dfrac{\pi}{2}\right]$

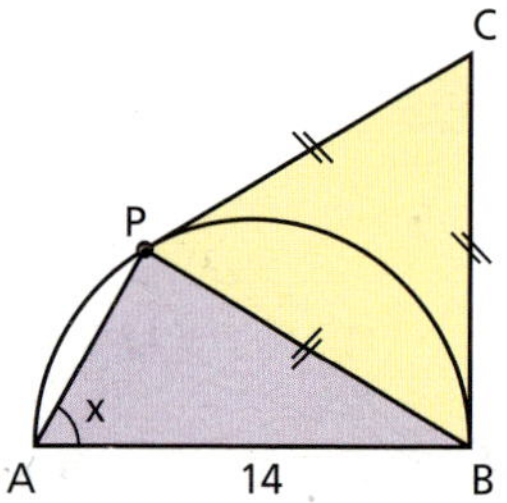

374 ●● Data la semicirconferenza di diametro AB, con $\overline{AB} = 2r$, traccia una corda DC parallela ad AB e trova in funzione dell'angolo $C\widehat{A}B$ il volume V_1 del solido ottenuto dalla rotazione del trapezio $ABCD$ intorno al diametro AB e il volume V_2 del cilindro ottenuto dalla rotazione della corda DC intorno al diametro AB. Studia la funzione $y = \dfrac{V_1}{V_2}$, disegna il suo grafico ed evidenzia il tratto relativo al problema. $\left[V_1 = \dfrac{2}{3}\pi r^3 \sin^2 2x(1 + 2\cos 2x),\ V_2 = 2\pi r^3 \sin^2 2x \cos 2x,\ y = \dfrac{1}{3} \cdot \dfrac{1}{\cos 2x} + \dfrac{2}{3},\ 0 \le x < \dfrac{\pi}{2}\right]$

375 Considera la funzione, dipendente dal parametro p, $f_p(x) = \dfrac{px^2 + (p-6)x + 7}{px - 2}$.

a. Determina p in modo che la corrispondente funzione ammetta estremi nei punti di ascissa 1 e 3; disegna il grafico; verifica che il punto $C(2; -1)$ è il centro di simmetria.

b. Per quali valori di p la funzione ammette estremi relativi? $\left[\text{a) } p = 1; \text{ b) } p > \dfrac{8}{9}\right]$

376 Preso un punto P su una semicirconferenza di diametro AB e raggio r considera la proiezione T di P sulla tangente alla semicirconferenza in B. Determina il volume del solido, ottenuto dalla rotazione completa di $APTB$ intorno al diametro, in funzione di $\overline{AC} = x$, essendo C la proiezione di P su AB.
Fissato $r = 1$, rappresenta graficamente la funzione senza tener conto delle limitazioni ed evidenzia il tratto relativo al problema. $\left[y = \dfrac{2}{3}\pi x(2r - x)(3r - x), 0 \le x \le 2r\right]$

377 Data la funzione $y = e^{\frac{ax-b}{x+c}}$, trova a, b, c, sapendo che nel punto di ascissa 0 ha un flesso con tangente di equazione $y = \dfrac{2}{e}x + \dfrac{1}{e}$. Rappresenta la funzione ottenuta. $[a = 1, b = 1, c = 1]$

378 In un sistema di riferimento Oxy, verifica che tutte le parabole del fascio di equazione $y = x^2 - x(2 + k) + 2k$ passano per uno stesso punto P e trova la parabola γ del fascio che è tangente in P alla retta di equazione $y = -x + 2$.
Considerato poi un punto Q qualsiasi di γ, determina la misura dell'area A_{OPQ} del triangolo OPQ e studia la funzione $y = \dfrac{1}{A_{OPQ}}$. $\left[P(2; 0); \gamma: y = x^2 - 5x + 6; y = \dfrac{1}{|x^2 - 5x + 6|}\right]$

379 Data la curva di equazione:

$$y = -\frac{1}{3}x^3 + 2ax^2 + 3x - 2a,$$

verifica che ha un solo punto di flesso $\forall\, a \in \mathbb{R}$, trova l'equazione del luogo γ da esso descritto al variare di a e rappresenta γ graficamente. $\left[\gamma: y = \dfrac{2}{3}x^3 + 2x\right]$

380 Considera la funzione $f(x) = a\sin^2 x + b\cos x + c$.

a. Trova a, b, c in modo che $f(x)$ abbia un flesso in $x = \dfrac{2}{3}\pi$ e che la tangente nel punto di ascissa $x = \dfrac{\pi}{2}$ abbia equazione $y = -2x + \pi + 1$.

b. Rappresenta $f(x)$ nell'intervallo $[0; 2\pi]$ per i valori di a, b, c trovati.

c. Verifica che il grafico di $f(x)$ è simmetrico rispetto alla retta $x = \pi$. $[\text{a) } a = 1, b = 2, c = 0]$

381 Trova i coefficienti a, b, c, d in modo che la curva di equazione

$$f(x) = \frac{ax^3 + bx^2 + c}{x^2 + d}$$

abbia per asintoti le rette di equazione $x = 0$, $y = x - 3$ e abbia un punto di minimo sull'asse x. Rappresenta la curva e, trovata l'equazione della retta tangente nel suo punto di ascissa -1, calcola l'area del triangolo che tale retta forma con gli asintoti di $f(x)$. $[a = 1, b = -3, c = 4, d = 0; y = 9x + 9; 9]$

382 La funzione

$$y = \log_3 \frac{3a + x}{-4 - x}$$

passa per il punto di intersezione tra la funzione omografica di centro $C(-2; 1)$ e passante per $O(0; 0)$ e la retta di equazione $y = -1$. Determina il valore del parametro a, studia l'andamento della funzione e disegna il suo grafico. $[a = 0]$

ESERCIZI

383 Studia la funzione $f(x) = 2 - \ln(2x - 1) - \ln(2x + 1)$ e traccia il suo grafico.

a. Verifica che la funzione ammette inversa e deduci la legge nella forma $y = f^{-1}(x)$.

b. Rappresenta la funzione inversa nello stesso sistema di assi cartesiani.

$\left[\text{a) } y = \frac{\sqrt{e^{2-x}+1}}{2}\right]$

384 Sia data la funzione $y = f(x) = 3\sin^2 x - \cos^2 x$.

a. Studia il suo andamento in $[-\pi; \pi]$.

b. Dopo aver posto $x = t$ (con $t \geq 0$) e $y = s$, interpreta l'equazione $s = f(t)$ come legge oraria del moto di un punto P su una retta e trova per quali valori di t interni all'intervallo $]-\pi; \pi[$ la velocità e l'accelerazione sono massime in valore assoluto.

$\left[\text{b) velocità max per } t = \frac{\pi}{4}, t = \frac{3}{4}\pi, \text{ accelerazione max per } t = \frac{\pi}{2}, t = 0\right]$

385 Rappresenta graficamente la funzione:

$$y = \begin{cases} \ln(-x^2 + 2x) & \text{se } 0 < x < 2 \\ \dfrac{x^3}{x-1} & \text{se } x \geq 2 \end{cases}.$$

Dal grafico deduci quello di $\frac{1}{f(x)}$.

386 Disegna il grafico della funzione $y = \frac{1}{1 + x^4}$. Considera poi un generico punto P del grafico appartenente al primo quadrante e le sue proiezioni H e K rispettivamente sull'asse delle ascisse e su quello delle ordinate. Determina l'ascissa di P in modo che risulti massimo il volume del solido di rotazione generato dal triangolo OHP in una rotazione completa attorno all'asse x.

$\left[\sqrt[4]{\frac{1}{7}}\right]$

387 Determina a in modo che la funzione $y = (x + a)e^{\frac{x+1}{x}}$ abbia un punto di massimo in $x = -2$. Rappresenta poi la funzione che si ottiene.

$[a = 6]$

388 Determina il punto P per il quale passano tutte le curve del fascio di equazione $y = \frac{2(x^2 + a)}{ax + 1}$, $a > 2$.

Sia r la retta tangente in P alla generica curva del fascio e sia s la perpendicolare a r passante per P. Esprimi l'area $S(a)$ del triangolo individuato dalle rette r, s e dall'asse x al variare di a. Studia la funzione ottenuta ed evidenzia il tratto del suo grafico relativo al problema.

$\left[P(1; 2); S(a) = \frac{5a^2 - 14a + 17}{a^2 - a - 2}, a > 2\right]$

389 Trova a e b in modo che la funzione $y = ax^4 - bx^3$ abbia un massimo nel punto di flesso della funzione

$$y = -4x^3 - 6x^2 + x + \frac{25}{16}$$

e rappresenta il suo grafico.

$[a = -3, b = 2]$

390 La curva γ è definita implicitamente dall'equazione $x^2 - \sqrt{3}\,xy + \sqrt{3}\,y = 0$.

a. Ricava l'espressione analitica $y = f(x)$ di γ.

b. Studia e rappresenta graficamente la funzione $f(x)$.

c. Determina il centro di simmetria O'.

d. Determina l'equazione della curva γ nel sistema $O'XY$ di origine O' e ruotato di $\frac{\pi}{3}$ in senso antiorario rispetto al sistema originale.

$\left[\text{a) } y = \frac{x^2}{\sqrt{3}(x-1)}; \text{ b) } a\text{: } x = 1, y = \frac{\sqrt{3}}{3}(x+1); \max O(0; 0); \min\left(2; \frac{4}{3}\sqrt{3}\right);\right.$
$\left.\text{c) } O'\left(1; \frac{2}{3}\sqrt{3}\right); \text{ d) } x^2 - 3y^2 = 2, \text{ iperbole di semiassi } a = \sqrt{2} \text{ e } b = \frac{\sqrt{6}}{3}\right]$

RISOLVIAMO UN PROBLEMA

Luci sul palco

La potenza elettrica P assorbita da ciascuna lampada utilizzata per illuminare un palcoscenico segue la legge

$$P(r) = \frac{V^2 R}{R^2 + 2Rr + r^2},$$

dove V indica la tensione (misurata in volt) e R la resistenza (misurata in ohm) di ciascuna lampada. r indica invece la resistenza interna al circuito. Abbiamo a disposizione lampade che funzionano a una tensione di 230 V e hanno una resistenza di 100 Ω.

- Studia l'andamento della potenza P di ciascuna lampada in funzione della resistenza interna r del circuito.
- Cosa succede se la resistenza interna al circuito diventa molto grande?
- La potenza P assume un valore massimo?

▶ Studiamo la funzione *P*(*r*).

Sostituiamo i valori della tensione e della resistenza nella funzione della potenza:

$$P(r) = \frac{230^2 \cdot 100}{100^2 + 200r + r^2} \quad \to \quad P(r) = \frac{230^2 \cdot 100}{(r+100)^2}.$$

Il dominio naturale della funzione è $\mathbb{R} - \{-100\}$; poiché r rappresenta una resistenza, deve essere però $r \geq 0$.
Consideriamo dunque come dominio $r \geq 0$.
Intersezioni con gli assi: se $r = 0$, $P(0) = 529$ W.
Non ci sono asintoti verticali, perché il denominatore della funzione è diverso da 0 per ogni $r \geq 0$.
La funzione ammette invece l'asintoto orizzontale $P = 0$, in quanto:

$$\lim_{r \to +\infty} \frac{230^2 \cdot 100}{100^2 + 200r + r^2} = 0.$$

Calcoliamo la derivata prima e studiamone il segno.

$$P(r) = 230^2 \cdot 100 \cdot (r+100)^{-2} \to P'(r) = -2 \cdot 230^2 \cdot 100 \cdot (r+100)^{-3}, \quad \text{con } P'(r) < 0 \text{ per } r \geq 0.$$

La funzione è dunque strettamente decrescente per $r \geq 0$.

Calcoliamo la derivata seconda e studiamone il segno:

$$P''(r) = 6 \cdot 230^2 \cdot 100 \cdot (r+100)^{-4},$$

con $P''(r) > 0$ per $r \geq 0$.

La funzione volge quindi la concavità sempre verso l'alto.
Disegniamo a lato il grafico della funzione $P(r)$.

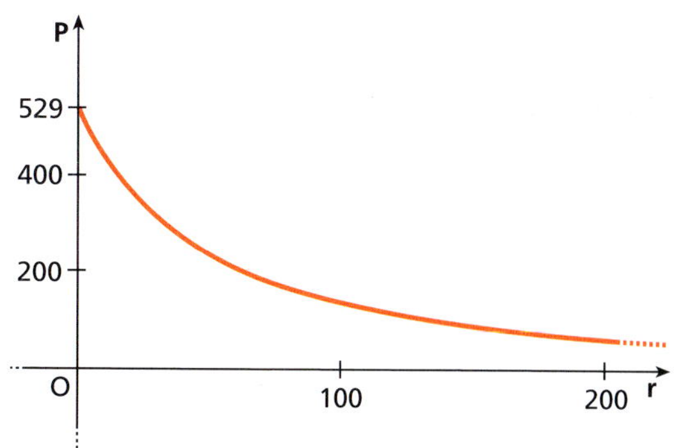

▶ Andamento di *P*(*r*) al crescere di *r*.

Abbiamo già calcolato $\lim_{r \to +\infty} P(r) = 0$.
Possiamo dunque dire che, in linea teorica, la potenza elettrica assorbita da una lampada tende ad annullarsi quando la resistenza interna al circuito diventa molto grande. Una resistenza interna molto alta, infatti, ostacola la circolazione della corrente elettrica, e se non circola corrente i dispositivi non assorbono potenza.

▶ Valore massimo della potenza.

Dallo studio della funzione e dal grafico abbiamo ricavato che l'andamento della potenza è strettamente decrescente.
La potenza assume quindi il valore massimo $P = 529$ W per $r = 0$.

ESERCIZI

REALTÀ E MODELLI

391 ●○ **Smartphone mania** L'andamento delle vendite mensili di un nuovo modello di smartphone segue l'andamento della funzione $f(x) = \frac{3000x^2}{9 + x^2}$, dove x esprime il tempo in mesi e varia in modo continuo nell'intervallo $[0; 8]$.

a. Rappresenta graficamente la funzione.

b. In quale momento l'aumento delle vendite è massimo?

$\left[\text{b) } x = \sqrt{3} \simeq 1 \text{ mese e 22 giorni}\right]$

392 ●● **Più luce!** Una lampada è sospesa al centro di un tavolo rotondo di diametro $d = 2$ m. La funzione che descrive l'intensità dell'illuminazione ai bordi del tavolo è:

$$I = \frac{2}{d} \sin x \cos^2 x,$$

dove x indica l'angolo formato dal diametro del tavolo e dal raggio che colpisce il bordo in un estremo del diametro.

a. Studia come varia l'illuminazione al variare di x.

b. A che altezza del tavolo va posizionata la lampada per avere la massima illuminazione?

$\left[\text{b) circa } 1{,}71 \text{ m } \left(\text{per } x = \arctan\frac{\sqrt{2}}{2}\right)\right]$

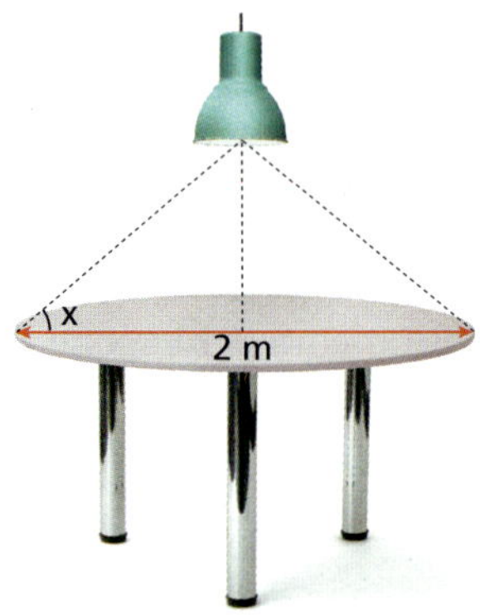

393 ●○ **Medicinale in circolo** La concentrazione di un medicinale nel sangue dopo un'iniezione è descritta dalla funzione

$$C(t) = \frac{50}{t^2 + 1},$$

dove $t \geq 0$ è il tempo espresso in ore e la concentrazione è misurata in mg/mL.

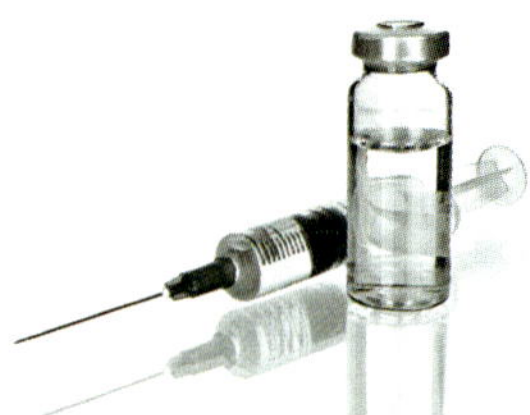

a. Studia e rappresenta graficamente la funzione.

b. Dopo quanto tempo la concentrazione è inferiore a 2 mg/mL?

c. In base al modello, la concentrazione del medicinale sarà mai nulla?

[b) 4 ore e 54 minuti; c) no]

MATEMATICA AL COMPUTER

Funzioni con il foglio elettronico Data la seguente famiglia di funzioni nella variabile reale x, con il parametro k,

$$f(x) = \frac{x^2 - 4}{kx - 4},$$

costruiamo un foglio che, ricevuto un valore del parametro, permetta di ottenere:

a. il dominio della funzione,

b. le coordinate degli eventuali punti di intersezione con gli assi cartesiani,

c. le equazioni degli eventuali asintoti,

d. le coordinate degli eventuali punti di massimo e di minimo relativi,

e. i grafici della funzione e degli asintoti dopo aver inserito gli estremi di variazione della x.

Risoluzione – 19 esercizi in più

2 Grafici di una funzione e della sua derivata

▶ Teoria a p. 1788

Dal grafico di una funzione a quello della sua derivata

Se la funzione $f(x)$ è continua e derivabile due volte nell'intervallo considerato, per passare dal grafico di una funzione a quello della sua derivata consideriamo che:

- nei punti di massimo e di minimo e nei punti di flesso orizzontale della funzione $f(x)$ si ha $f'(x) = 0$;
- negli intervalli in cui la funzione $f(x)$ è crescente si ha $f'(x) > 0$ e negli intervalli in cui la funzione è decrescente si ha $f'(x) < 0$;
- in tutti i punti di flesso di $f(x)$, sia orizzontali sia obliqui, si ha $f''(x) = 0$ e quindi $f'(x)$ ha la tangente orizzontale e può avere un massimo o un minimo.

394 ESERCIZIO GUIDA Dato il grafico di $y = f(x)$ della figura, studiamo l'andamento del grafico della sua derivata $y = f'(x)$.

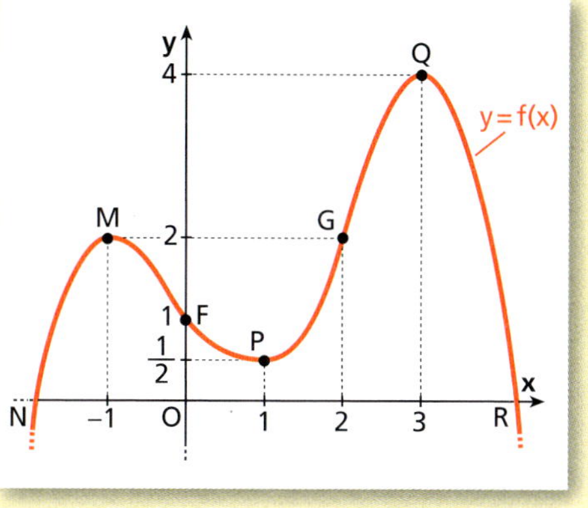

I punti M, P, Q, di ascisse rispettive -1, 1, 3, sono punti di massimo e minimo per $f(x)$, quindi $f'(x) = 0$ per $x = -1$, $x = 1$, $x = 3$.

Nei tratti NM e PQ la funzione $f(x)$ è crescente, quindi $f'(x) > 0$, mentre nei tratti MP e QR $f(x)$ è decrescente, quindi $f'(x) < 0$.

Nei punti di flesso F e G di $f(x)$ si ha $f''(x) = 0$, quindi $f'(x)$ ha un minimo in $x = 0$ e un massimo in $x = 2$.

Rappresentiamo graficamente in modo qualitativo l'andamento di $f'(x)$.

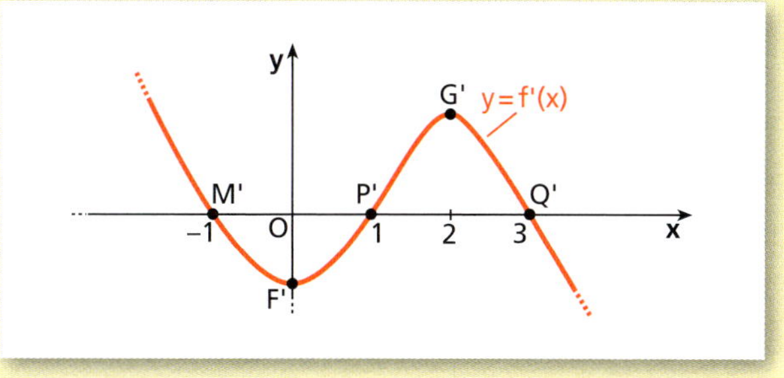

395 Nel grafico sono rappresentate una funzione $f(x)$ e la sua derivata $f'(x)$. Indica qual è il grafico di $f(x)$ e qual è quello di $f'(x)$.

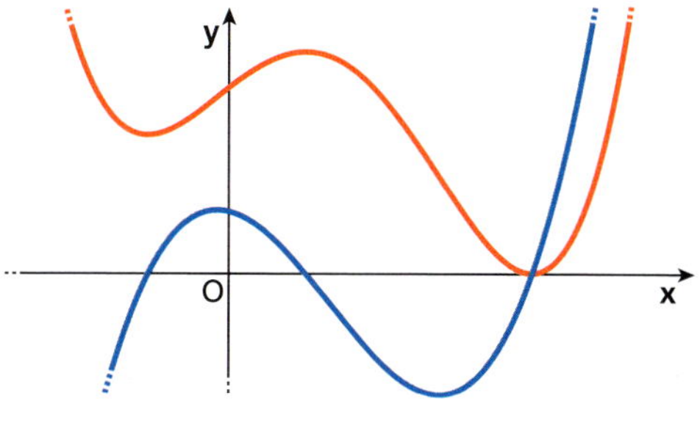

TEST Dato il grafico di $y = f(x)$, individua l'andamento del grafico della sua derivata $y = f'(x)$ fra le tre alternative proposte.

396 ●○

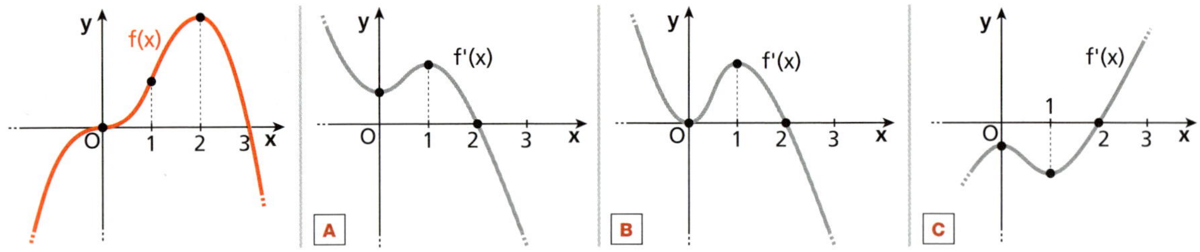

397 ●○

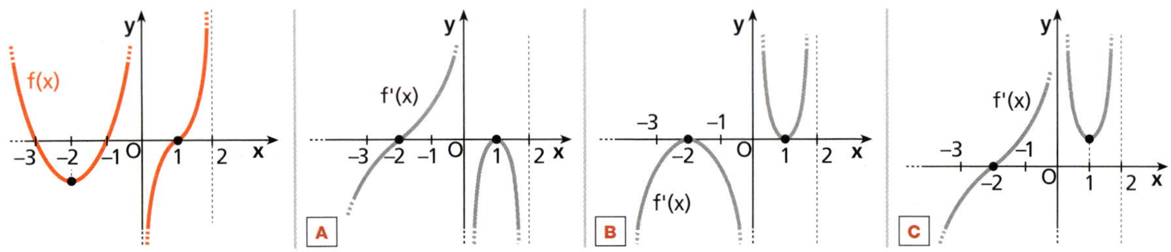

398 ●○ **ASSOCIA** al grafico di ciascuna funzione quello della sua derivata.

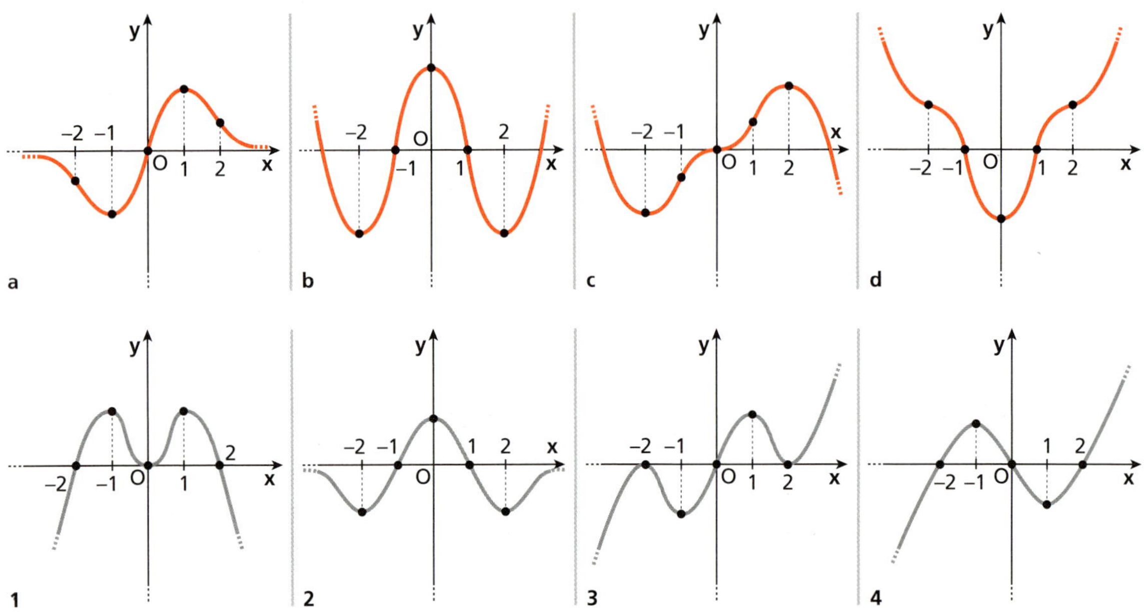

Dato il grafico della funzione $y = f(x)$, traccia l'andamento di quello della sua derivata.

399 ●○

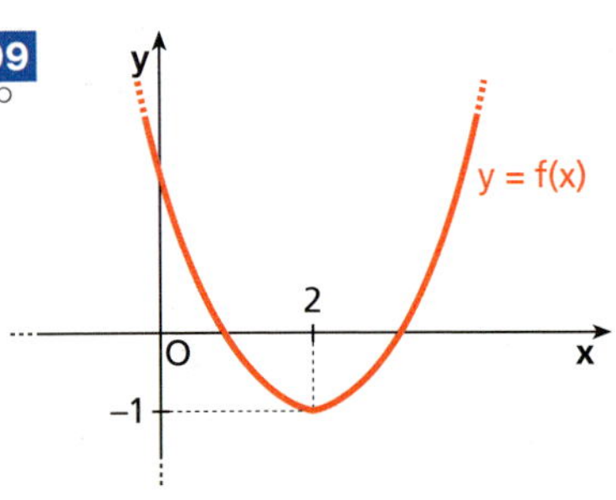

400 ●○

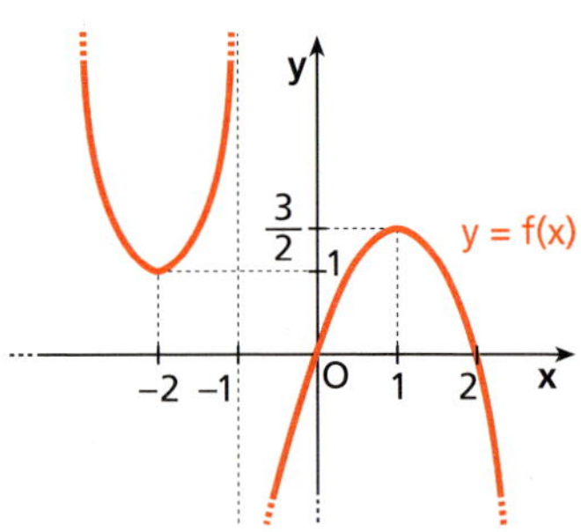

401 ●○

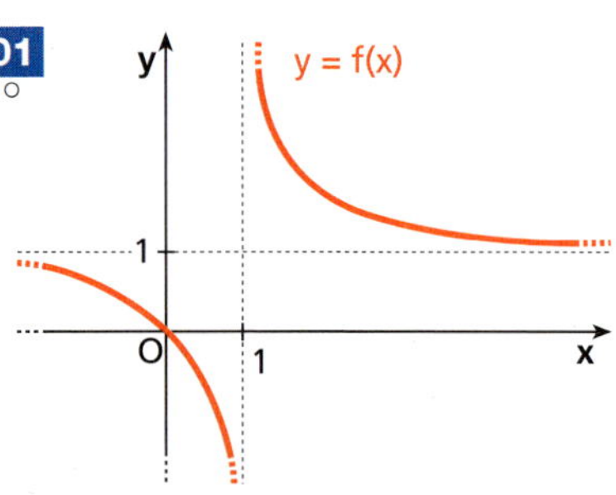

402 ●○

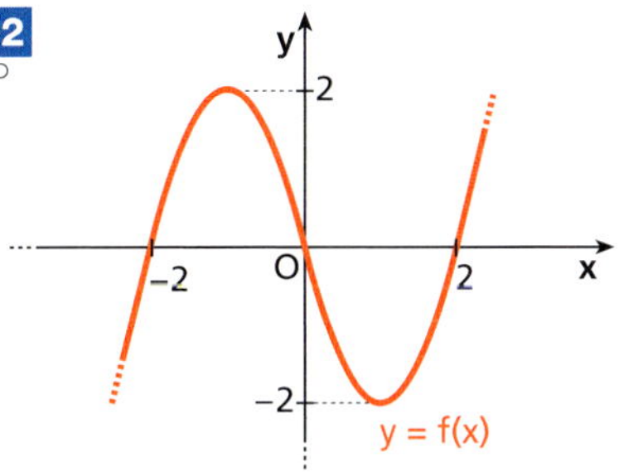

403 ●○

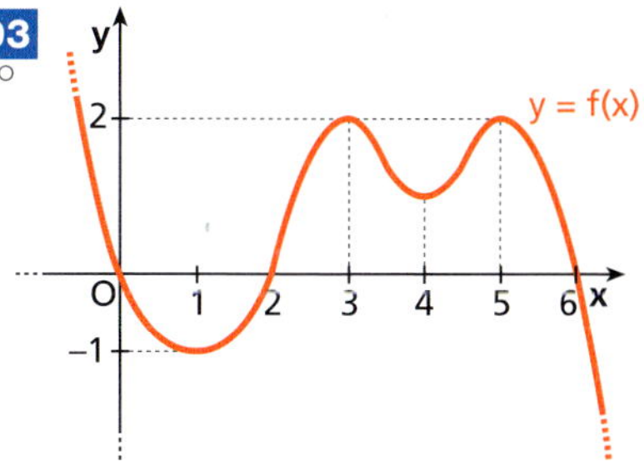

404 ●○

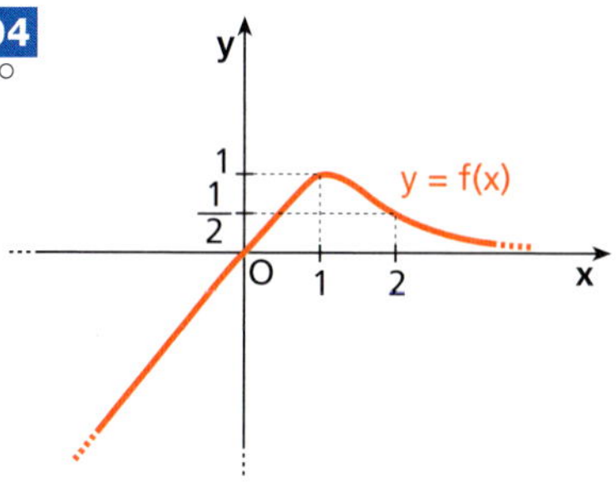

Rappresenta graficamente le seguenti funzioni $f(x)$ e utilizzando il grafico di $f(x)$ disegna quello di $f'(x)$ e di $f''(x)$.

405 ●○ $f(x) = x^3 - 3x^2$

406 ●○ $f(x) = \frac{1}{4}x^4 - 2x^2$

407 ●○ $f(x) = e^{x^2}$

---

408 ●● Traccia nello stesso piano cartesiano il grafico della funzione $y = 2xe^{2x}$ e quello della sua derivata e poi trova le coordinate del loro punto di intersezione. $[P(-1; -2e^{-2})]$

409 ●● LEGGI IL GRAFICO Osserva il grafico della funzione $f(x)$.

a. Determina il segno e gli eventuali zeri della funzione $f'(x)$.

b. Calcola il valore dei limiti:

$\lim_{x \to 0^-} f'(x)$; $\lim_{x \to 0^+} f'(x)$; $\lim_{x \to 3^-} f'(x)$;

$\lim_{x \to 3^+} f'(x)$; $\lim_{x \to \infty} f'(x)$.

Deduci le equazioni degli asintoti di $f'(x)$.

c. Determina qual è il minimo numero di punti di flesso di $f'(x)$ e traccia un grafico indicativo.

[a) $f'(x) \geq 0$ per $x < 0 \vee 2 \leq x < 3 \vee x > 3$;
b) $+\infty, -\infty, +\infty, +\infty, 1$; *a*: $y = 1$, $x = 0$, $x = 3$;
c) un flesso per $0 < x < 3$]

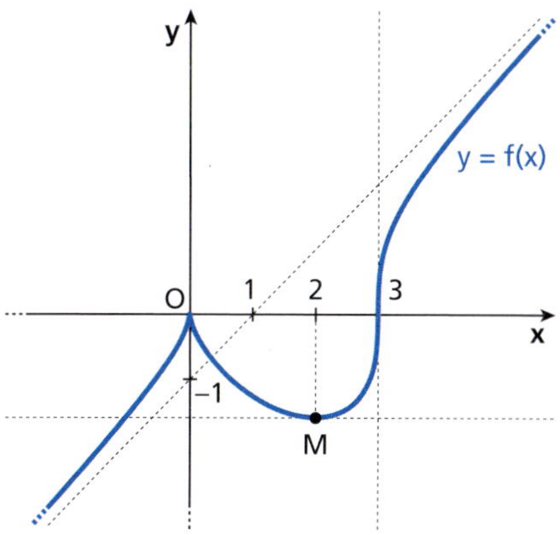

Dal grafico della derivata a quello della funzione

410 ESERCIZIO GUIDA Dato il grafico della funzione $y = f'(x)$ della figura, studiamo il possibile andamento del grafico di una funzione $f(x)$ che abbia $y = f'(x)$ come derivata.

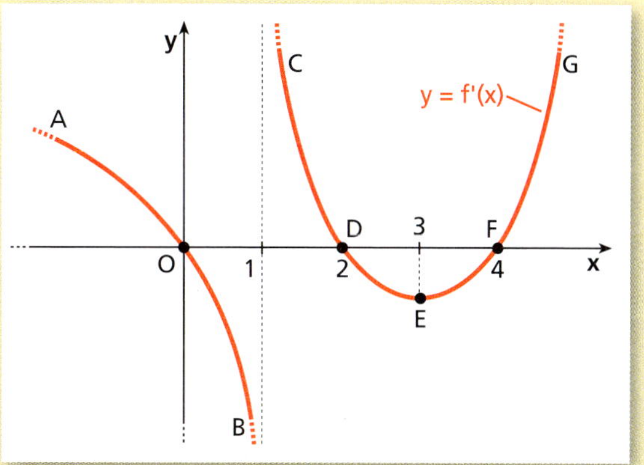

Nei tratti AO, CD, FG in cui $f'(x)$ è positiva, la funzione $y = f(x)$ è crescente, mentre nei tratti OB e DEF in cui $f'(x)$ è negativa $y = f(x)$ è decrescente. In corrispondenza dei punti O, D, F in cui $f'(x) = 0$ si hanno punti del grafico di $f(x)$ a tangente orizzontale. Nel punto E la derivata di f', cioè f'', cambia segno, dunque $x = 3$ è un punto di flesso per f.
Tracciamo quindi un possibile andamento grafico della funzione $y = f(x)$.
Se si trasla il grafico di un vettore parallelo all'asse y, si ottiene ancora il grafico di un'altra funzione che ha per derivata $y = f'(x)$. Rispetto alla precedente la nuova funzione ha come equazione $y = f(x) + c$, con c costante.

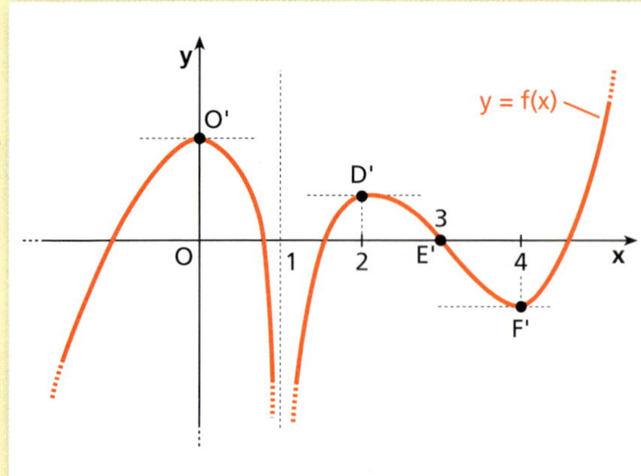

TEST Dato il grafico di $y = f'(x)$, individua un possibile andamento del grafico della funzione $y = f(x)$.

411

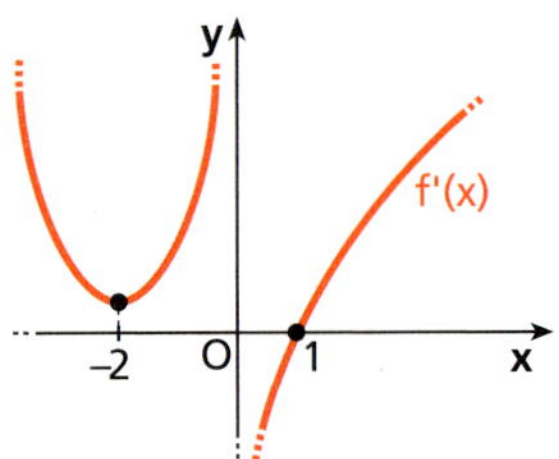

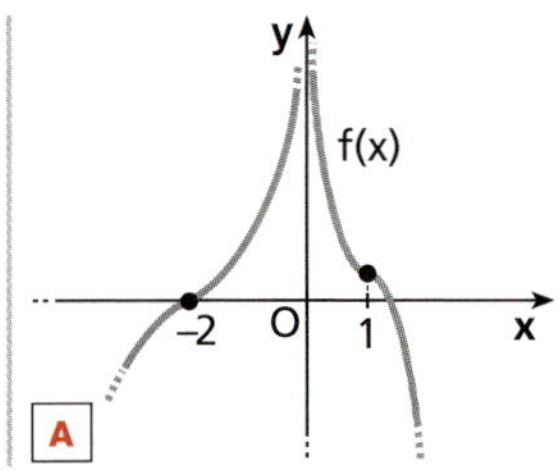

A

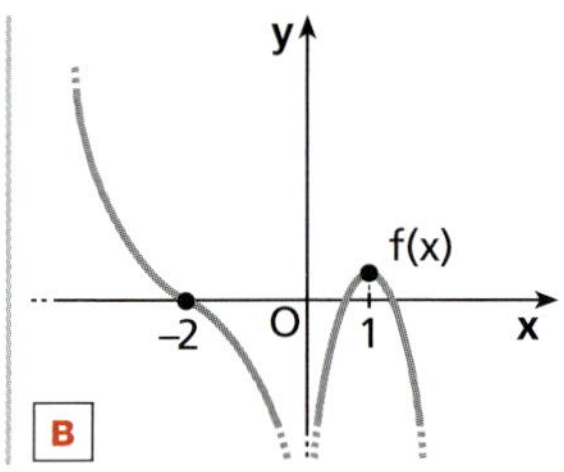

B

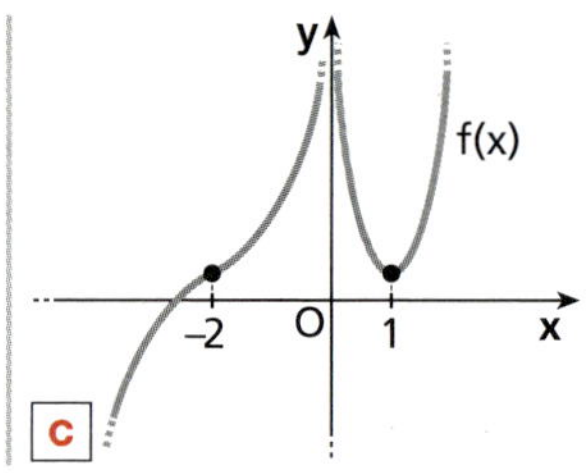

C

412

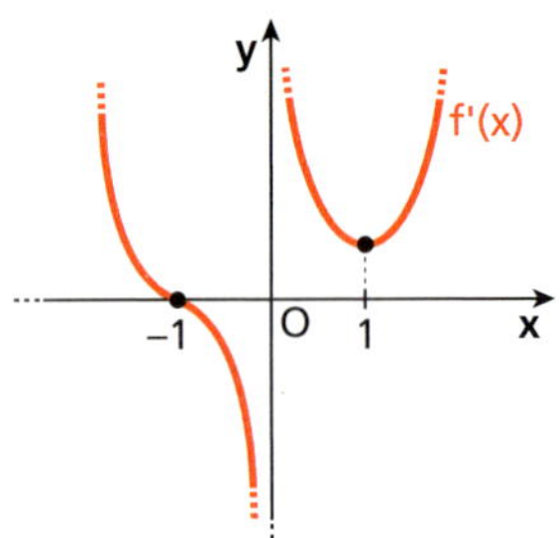

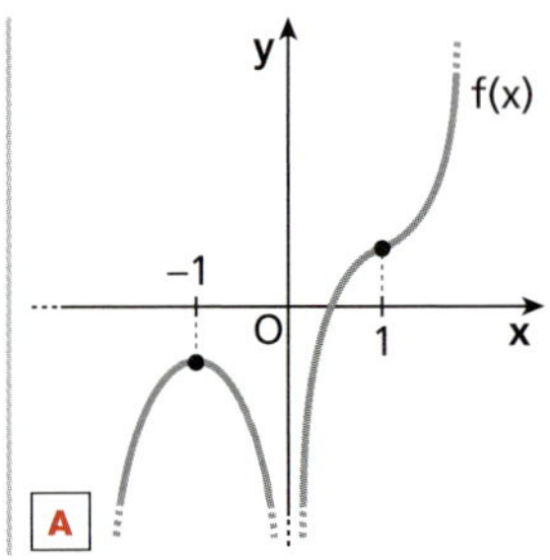

A

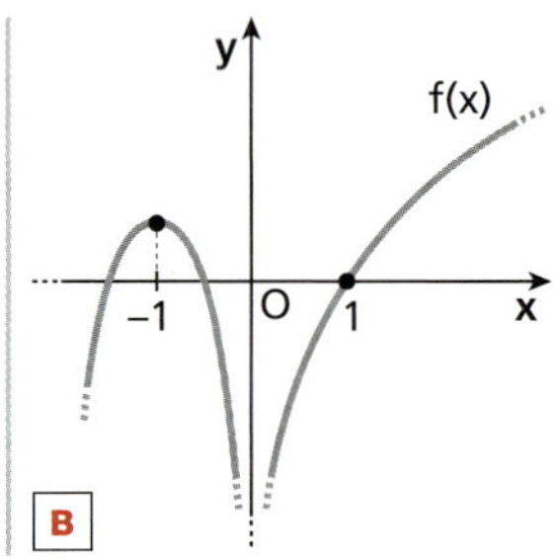

B

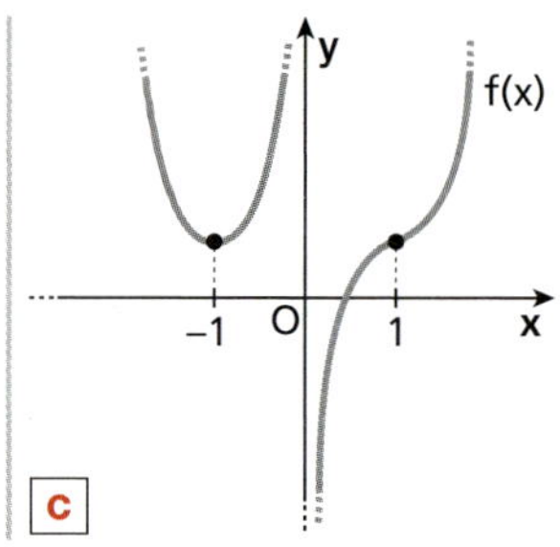

C

Dato il grafico della funzione $y = f'(x)$, traccia un possibile andamento della funzione $y = f(x)$ nei seguenti casi.

413

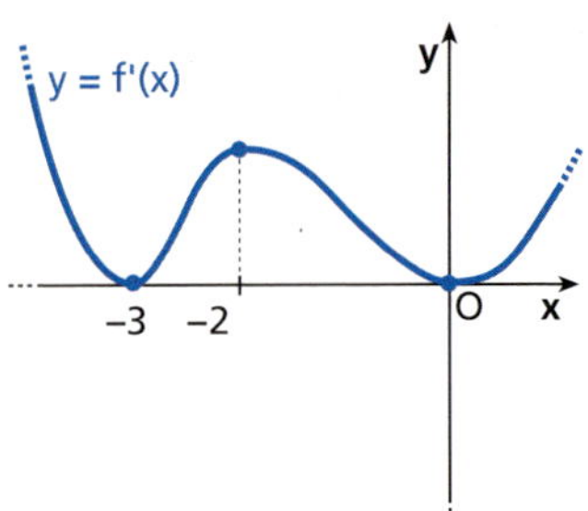

415

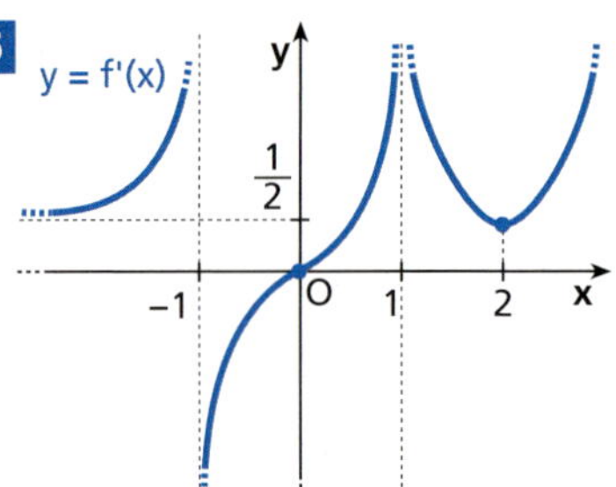

417

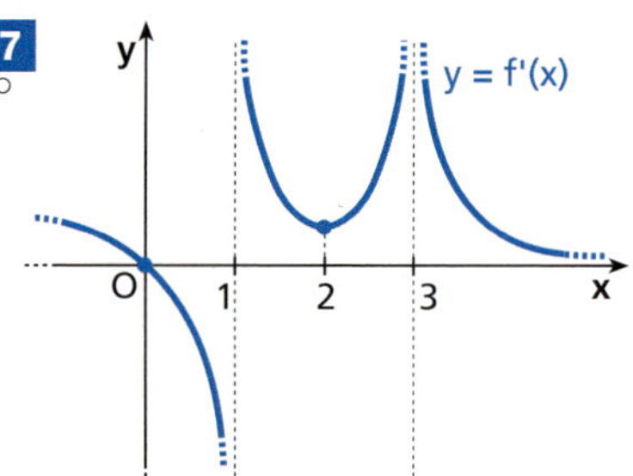

414

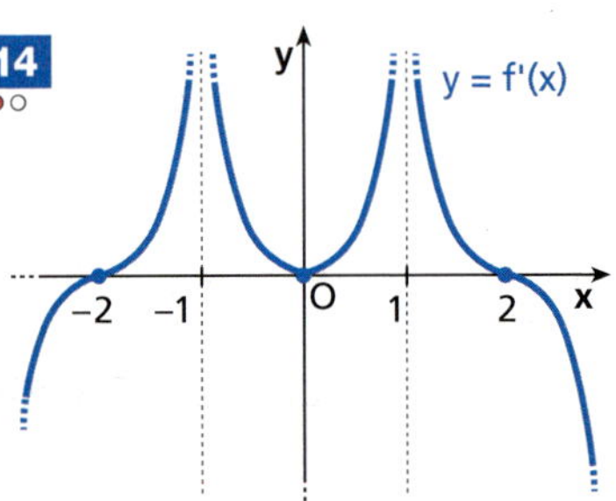

416

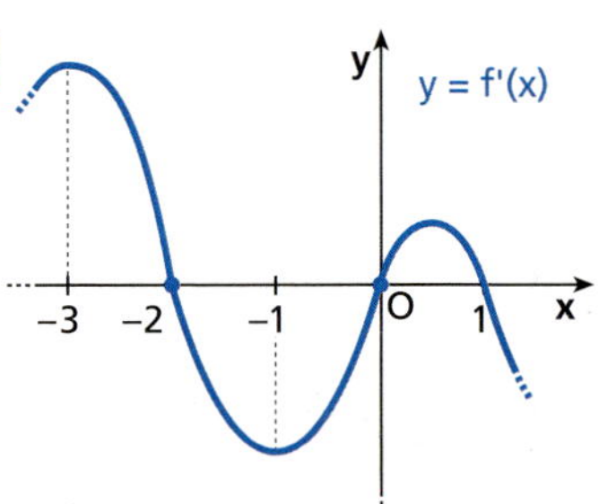

418

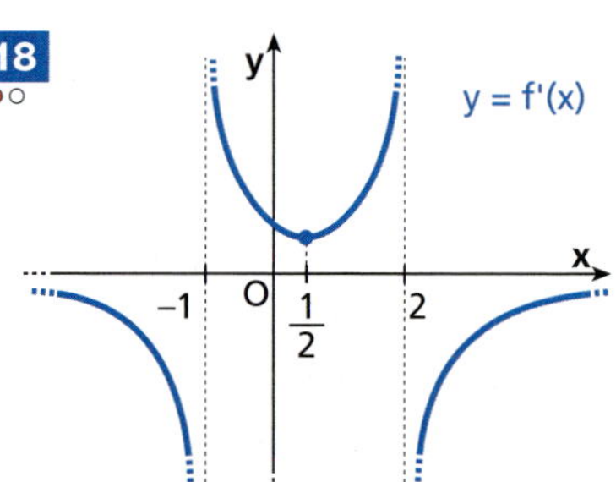

419 Studia la funzione $g(x) = \dfrac{3x+1}{x^2}$ e traccia il suo grafico. Disegna in modo approssimato il grafico della funzione $f(x)$, sapendo che $f'(x) = g(x)$.

420 Una funzione $y = f(x)$ ha per derivata una funzione $f'(x)$ il cui diagramma è una parabola che ha per asse di simmetria la retta $x = 1$ e che nel suo punto di intersezione con l'asse x di ascissa 3 ha per tangente la retta di coefficiente angolare -2.
Disegna l'andamento del grafico della funzione $f(x)$, sapendo che passa per l'origine.

421 **LEGGI IL GRAFICO** La figura mostra il grafico della derivata prima di una funzione $f(x)$, costituito da una semiretta orizzontale, due archi di parabola di vertici A e B e una semicirconferenza di diametro AB.

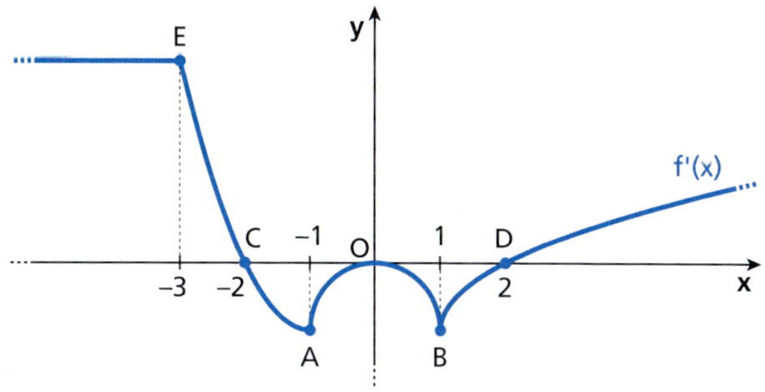

a. Studia la crescenza della funzione $f(x)$ e trovane gli estremanti.

b. Determina il segno di $f''(x)$ e studia i punti in cui non è definita.

c. Trova le ascisse dei punti in cui cambia la concavità di $f(x)$.

d. Spiega se è possibile che la funzione $f(x)$ ammetta asintoti verticali.

[a) cresc. per $x < -2 \vee x > 2$, max in $x = -2$, min in $x = 2$; b) $f''(x) = 0$ per $x < -3 \vee x = 0$, $f''(x) > 0$ per $-1 < x < 0 \vee x > 1$, non definita in $x = -3, -1, +1$; c) $x = -3, -1, +1$, $x = 0$ fl. orizz.; d) no, perché...]

422 **IN FISICA** **Carica & corrente** La carica elettrica che attraversa la sezione di un conduttore segue una legge $q(t)$ il cui grafico è rappresentato in figura.

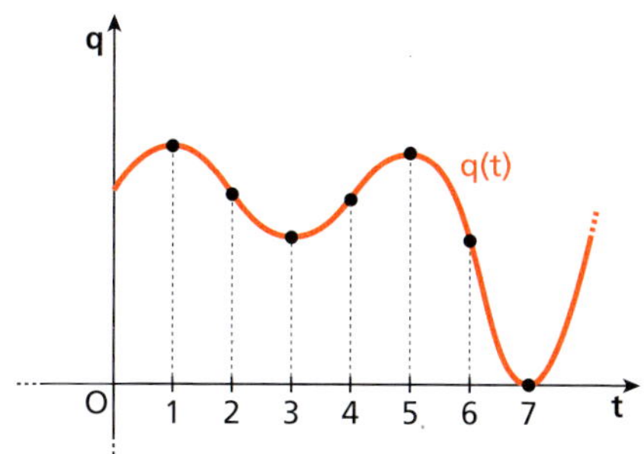

a. In quali intervalli l'intensità di corrente $i(t) = q'(t)$ è positiva e in quali negativa?

b. In quali istanti si hanno dei massimi o dei minimi per $i(t)$?

c. Traccia il grafico possibile per $i(t)$.

[a) positiva $]0; 1[$, $]3; 5[$, $]7; +\infty[$; negativa $]1; 3[$, $]5; 7[$; b) minimo in $t = 2$ e $t = 6$; massimo in $t = 4$]

423 **REALTÀ E MODELLI** **Expo in coda** La rapidità di afflusso/deflusso dei visitatori di un padiglione espositivo nel corso di una data ora è espresso dalla legge:

$$f(t) = n'(t),$$

dove $n(t)$ è il numero di persone presenti nel padiglione all'istante t. Il grafico di $f(t)$ è rappresentato in figura.

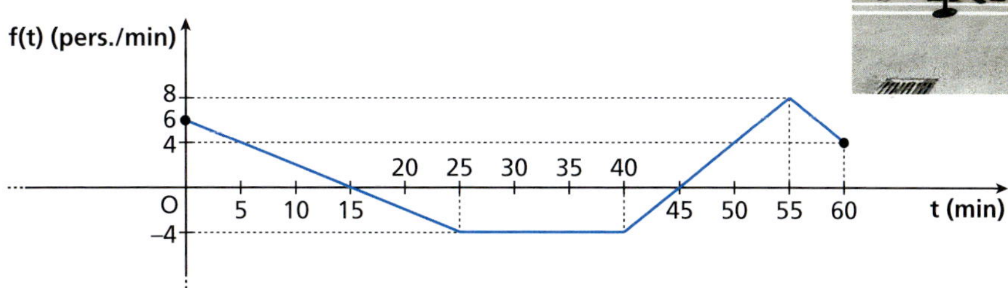

a. In quali momenti si ha un massimo relativo e un minimo relativo del numero di persone presenti nel padiglione?

b. Sapendo che inizialmente ($t = 0$) erano presenti 100 visitatori nel padiglione, traccia un grafico probabile della funzione $n(t)$.

[a) $t = 15$ min, $t = 45$ min]

ESERCIZI

3 Applicazioni dello studio di una funzione

Risoluzione grafica di equazioni e disequazioni

▶ Teoria a p. 1789

TEST

424 Dell'equazione $e^x - 2 = x$ possiamo dire che:
- A non ammette soluzioni reali.
- B ammette soltanto una soluzione reale.
- C ammette due soluzioni reali concordi.
- D ammette due soluzioni reali discordi.
- E non è possibile stabilire a priori il numero delle soluzioni.

425 L'equazione $4x^5 - 4x^2 + 1 = 0$:
- A ha 5 soluzioni.
- B ha soltanto 2 radici.
- C ha soltanto 3 zeri.
- D ha 4 soluzioni.
- E non ha soluzioni.

Risolvi graficamente le seguenti equazioni.

426 $\sin x + 2x = 0$ $[x=0]$

427 $xe^x = 1$ $[0,5<x<0,6]$

428 $\cos x - x + 1 = 0$ $[1,2<x_1<1,3]$

429 $x^4 + x^2 + x = 0$ $[-0,7 < x_1 < -0,6; x_2 = 0]$

430 $x^2 - 2 - \ln x = 0$ $[0,1 < x_1 < 0,2; 1,5 < x_2 < 1,6]$

431 $x + 1 + e^{2x} = 0$ $[-1,2 < x_1 < -1,1]$

432 $2x^3 - x^4 - e^{-x} = 0$ $[0,7 < x_1 < 0,8; 1,9 < x_2 < 2]$

433 $\frac{x-1}{x^2} + 2^x = 0$ $[0,5 < x_1 < 0,6]$

434 $xe^x - \ln(x+4) = 0$ $[-3,5 < x_1 < -3; 0,7 < x_2 < 0,8]$

435 $\ln x + 1 - x^4 + x^2 = 0$ $[0,3 < x_1 < 0,4; 1,3 < x_2 < 1,4]$

436 ESERCIZIO GUIDA Risolviamo graficamente la disequazione $x^2 - 4x - \ln x \geq 0$.

Scritta la disequazione nella forma

$$x^2 - 4x \geq \ln x$$

e considerate le funzioni $y = x^2 - 4x$ e $y = \ln x$, disegniamo i loro grafici. Osservando la figura, dobbiamo considerare gli intervalli in cui la prima funzione si «trova sopra» la seconda, quindi possiamo affermare che le soluzioni della disequazione sono i valori di x tali che

$$0 < x \leq x_1 \vee x \geq x_2.$$

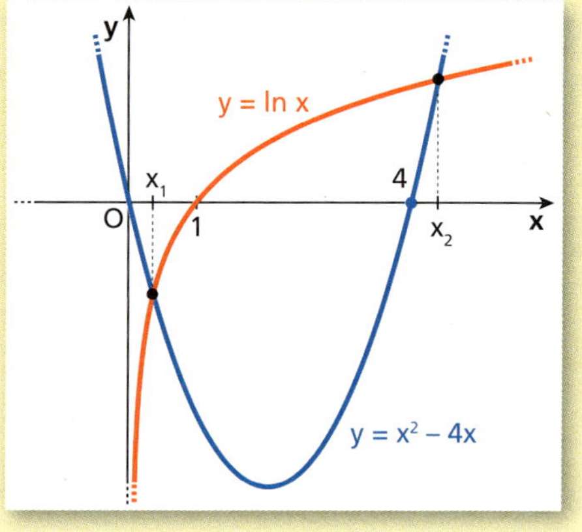

Risolvi graficamente le seguenti disequazioni.

437 $e^x + x^2 + 2x \leq 0$ $[x_1 \leq x \leq x_2, \text{con } -2,0 < x_1 < -1,9 \text{ e } -1,5 < x_2 < -1,4]$

438 $(x-1)^3 - \ln x \leq 0$ $[1 \leq x \leq x_1, \text{con } 1,8 < x_1 < 1,9]$

439 $x^4 + x^3 - x - 2 > 0$ $[x < x_1 \vee x > x_2, \text{con } -1,4 < x_1 < -1,3 \text{ e } 1,1 < x_2 < 1,2]$

440 $\ln(-x) \leq x + 1$ $[-1 \leq x < 0]$

441 $\sin x - x^2 > 0$ $[0 < x < x_1; \text{con } 0,8 < x_1 < 0,9]$

442 $x^3 e^{-x^3} < 1 - x$ $[x < x_1, \text{con } 0,7 < x_1 < 0,8]$

443 $4x - 1 + \ln(x+1) \leq 0$ $[-1 < x \leq x_1, \text{con } 0 < x_1 < 0,25]$

444 Dimostra che la disuguaglianza $\frac{x}{1+x^2} < \arctan x$ è valida $\forall x > 0$.

445 Date le funzioni $f(x) = xe^{-x}$ e $g(x) = xe^{x}$:

a. disegna i grafici e verifica che hanno un unico punto comune;

b. dimostra che nel punto comune le funzioni hanno la stessa tangente;

c. verifica che la funzione $h(x) = g(x) - f(x)$ è non negativa nel suo dominio.

Discussione di equazioni parametriche

▶ Teoria a p. 1790

446 ESERCIZIO GUIDA Determiniamo l'esistenza e il numero delle soluzioni reali della seguente equazione parametrica al variare di k in $\mathbb{R}$:

$$3x^4 - kx^3 + 1 = 0, \quad \text{con} -1 \leq x \leq 2.$$

1. Osserviamo che $x = 0$ non è soluzione dell'equazione parametrica, dunque ricaviamo k dividendo per x^3:

$$k = \frac{3x^4+1}{x^3}.$$

Poniamo $k = y$ e scriviamo il sistema: $\begin{cases} y = \frac{3x^4+1}{x^3} \\ y = k \\ -1 \leq x \leq 2 \end{cases}$.

Dobbiamo trovare le intersezioni del grafico della funzione $f(x) = \frac{3x^4+1}{x^3}$ con le rette del fascio $y = k$ nell'intervallo $[-1; 2]$.

2. Studiamo e rappresentiamo graficamente la funzione $f(x)$.

a. Dominio D: $x \neq 0$.

b. La funzione è dispari perché: $f(-x) = -\frac{3x^4+1}{x^3} = -f(x)$.

c. Non ci sono intersezioni con gli assi.

d. Segno: $\frac{3x^4+1}{x^3} > 0$ per $x > 0$.

e. Limiti agli estremi del dominio:

- $\lim_{x \to 0^\pm} f(x) = \pm\infty$, $\quad x = 0$ asintoto verticale;
- $\lim_{x \to \pm\infty} f(x) = \pm\infty$;

$$m = \lim_{x \to \pm\infty} \frac{f(x)}{x} = 3,$$

$$q = \lim_{x \to \pm\infty} \left(\frac{3x^4+1}{x^3} - 3x \right) = \lim_{x \to \pm\infty} \frac{3x^4 + 1 - 3x^4}{x^3} = 0,$$

quindi $y = 3x$ è l'equazione dell'asintoto obliquo.

f. Derivata:

$$y' = \frac{12x^3 \cdot x^3 - 3x^2(3x^4+1)}{x^6} = \frac{3x^6 - 3x^2}{x^6} = \frac{3(x^4-1)}{x^4}.$$

Si ha $y' > 0$ quando: $x^4 - 1 > 0 \to x < -1 \vee x > 1$.
La funzione è crescente per $x < -1 \vee x > 1$, decrescente per $-1 < x < 1 \wedge x \neq 0$.

Per $x = -1$ si ha un massimo: $M(-1; -4)$.

Per $x = 1$ si ha un minimo: $N(1; 4)$.

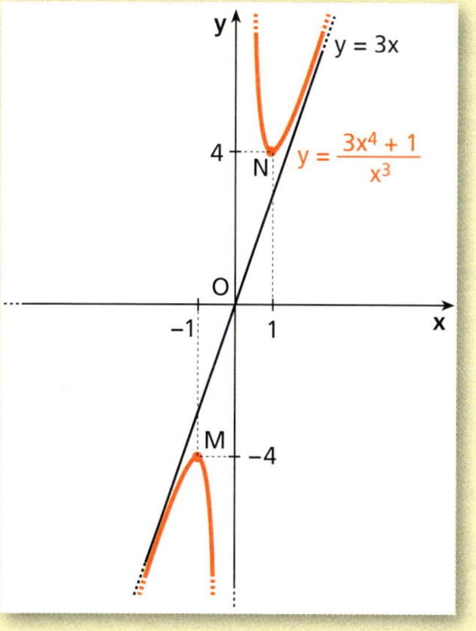

Tralasciamo lo studio di y'' e tracciamo il grafico della funzione $f(x)$.

3. Consideriamo il grafico soltanto per $-1 \leq x \leq 2$ e lo intersechiamo con un fascio di rette di equazione $y = k$, con $k \in \mathbb{R}$.

Abbiamo:

- per $k < -4$, una soluzione;
- per $k = -4 \lor k = 4$, due soluzioni coincidenti;
- per $4 < k < \frac{49}{8}$, due soluzioni distinte;
- per $k = \frac{49}{8}$, due soluzioni delle quali una limite;
- per $k > \frac{49}{8}$, una soluzione.

In sintesi:

- per $k = -4 \lor 4 \leq k \leq \frac{49}{8}$, due soluzioni;
- per $k < -4 \lor k > \frac{49}{8}$, una soluzione.

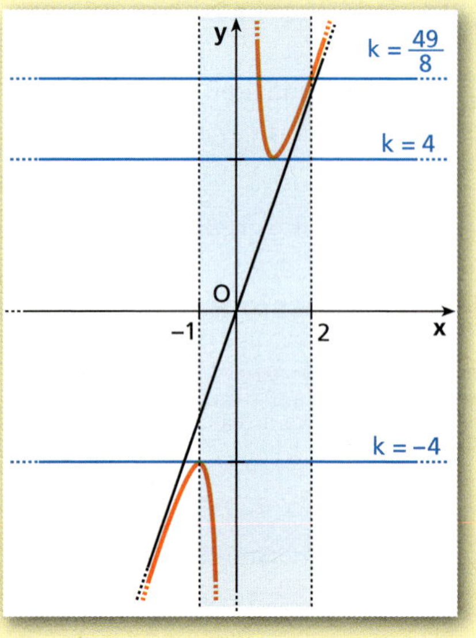

Determina il numero delle soluzioni delle seguenti equazioni, al variare di *k*, nell'intervallo indicato.

447 $x^3 - k - 3x = 0,\quad]-1; +\infty[.$ $[-2 \leq k < 2$ due sol.; $k \geq 2$ una sol.$]$

448 $e^x - 2x - k = 0,\quad]-\infty; +\infty[.$ $[k \geq 2 - 2\ln 2$ due sol.$]$

449 $x^4 - 2k = 0,\quad [-2; +\infty[.$ $[0 \leq k \leq 8$ due sol.; $k > 8$ una sol.$]$

450 $x^4 - kx^3 - 2x^2 + 1 = 0,\quad]-1; +\infty[.$ $[k < 0$ una sol.; $k \geq 0$ due sol.$]$

451 $\ln x - kx = 0,\quad]0; +\infty[.$ $\left[k \leq 0 \text{ una sol.}; 0 < k \leq \frac{1}{e} \text{ due sol.}\right]$

452 $(1 + k)\cos x - 2 = 0,\quad \left[-\frac{\pi}{2}; \pi\right[.$ $[k < -3$ una sol.; $k \geq 1$ due sol.$]$

453 $(k - 2)\ln x + k = 0,\quad]0; e[.$ $[k < 1 \lor k > 2$ una sol.$]$

454 $k\sqrt{x} - k - x = 0,\quad]1; 9].$ $\left[4 \leq k \leq \frac{9}{2} \text{ due sol.}; k > \frac{9}{2} \text{ una sol.}\right]$

455 $x^6 - 8kx^3 - 64 = 0,\quad [-2; 2].$ $[k = 0$ due sol.; $k \neq 0$ una sol.$]$

456 $e^x(1 - k) + k + 2 = 0,\quad]-1; 3].$ $\left[k < \frac{1 + 2e}{1 - e} \lor k \geq \frac{e^3 + 2}{e^3 - 1} \text{ una sol.}\right]$

457 $k\sin^2 x - \tan x = 0,\quad \left[\frac{\pi}{4}; \frac{5}{4}\pi\right[.$ $[-2 < k < 2$ una sol.; $k \leq -2 \lor k \geq 2$ tre sol.$]$

458 $2k\sin x - \cos x - k = 0,\quad [0; \pi].$ $[k \leq -1 \lor k \geq 1$ due sol.; $-1 < k < 1$ una sol.$]$

459 $x^3 - kx^2 + 4k - 2 = 0,\quad [1; 3].$ $\left[k \leq \frac{1}{3} \lor k \geq 5 \text{ una sol.}\right]$

460 $x^4 - 2x^2 - kx - k = 0,\quad]-\infty; 0].$ $[k > 0$ una sol.; $k < 0$ due sol.; $k = 0$ tre sol.$]$

461 $x^4 + 2kx^3 - 4x^2 + 4 = 0\quad]-\infty; +\infty[.$ $[k = 0$ quattro sol.; $k \neq 0$ due sol.$]$

462 Stabilisci per quali valori del parametro reale k l'equazione $\frac{1}{3}x^3 + x^2 - k = 0$ ammette più di una soluzione. $\left[0 \leq k \leq \frac{4}{3}\right]$

463 Determina per quali valori del parametro reale k l'equazione $kx^3 - 3kx^2 + 4 = 0$ ha tre soluzioni. $[k \geq 1]$

464 Discuti graficamente l'esistenza e il numero delle soluzioni dell'equazione

$$(k-2)x^2 + 2(1-3k)x + 9k + 4 = 0$$

al variare di $k \in \mathbb{R}$. $\left[k < -\frac{9}{8} \text{ nessuna sol.}; -\frac{9}{8} \leq k < 2 \vee k > 2 \text{ due sol.}; k = 2 \text{ una sol.}\right]$

465 Discuti il numero delle soluzioni positive dell'equazione

$$\frac{x^2 - 2x}{|x| - 3} = k.$$

$[k \leq 0 \text{ una sol.}; 0 < k < 4 - 2\sqrt{3} \vee k \geq 4 + 2\sqrt{3} \text{ due sol.}; 4 - 2\sqrt{3} < k < 4 + 2\sqrt{3} \text{ nessuna sol.}]$

466 LEGGI IL GRAFICO Nella figura sono rappresentati il grafico della funzione $f(x) = \dfrac{ax^2 + bx + c}{x^2 + x}$ e la retta t, tangente nel punto A di ascissa 1 al grafico di $f(x)$.

a. Determina i parametri $a, b, c \in \mathbb{R}$.

b. Discuti graficamente le soluzioni dell'equazione $f(x) = k$, con $k \in \mathbb{R}$.

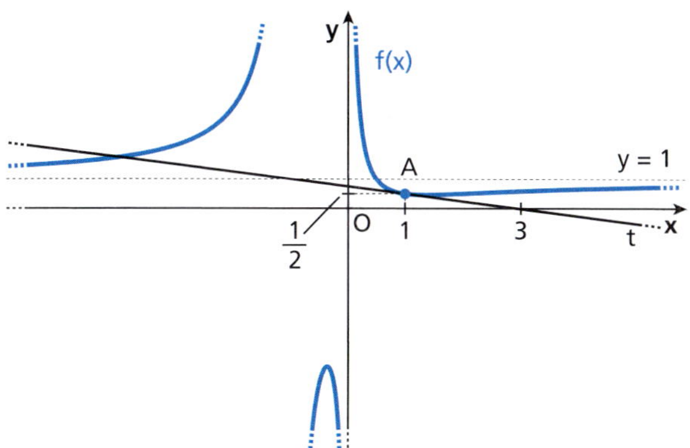

[a) $a=1, b=-1, c=1$; b) $k=1$ una sol.; $k \leq -2\sqrt{3} - 3 \vee 2\sqrt{3} - 3 \leq k < 1 \vee k > 1$ due sol.]

4 Risoluzione approssimata di un'equazione

Separazione delle radici

▶ Teoria a p. 1791

467 TEST Data la funzione f: $[a; b] \rightarrow \mathbb{R}$, con $f(a) < 0$ e $f(b) > 0$, quale fra le seguenti affermazioni è vera?

- **A** f ammette *più di uno* zero se è continua e crescente.
- **B** f ammette sempre *almeno* uno zero indipendentemente dalla continuità.
- **C** Se f ha qualche punto di discontinuità, allora non si annulla per alcun valore di x.
- **D** Se f è continua e $f'(x) > 0$ in ogni punto di $]a; b[$, allora ammette un unico zero.
- **E** Se f è ontinua, derivabile due volte e la derivata seconda è costantemente negativa, allora l'equazione $f(x) = 0$ ha almeno due soluzioni.

468 VERO O FALSO? Data una funzione $f(x)$ continua in $[a; b]$ e derivabile due volte in $]a; b[$:

a. se $f'(x) > 0 \ \forall x \in]a; b[$, allora $f(x) = 0$ ha una soluzione in $]a; b[$. V F

b. se $f(a) \cdot f(b) < 0$ e $f''(x) > 0$, allora $f(x) = 0$ non può avere una soluzione in $]a; b[$. V F

c. se $f(a) \cdot f(b) < 0$, allora $f(x) = 0$ ha una sola soluzione nell'intervallo $]a; b[$. V F

d. se $f(a) \cdot f(b) > 0$, allora f non ammette radici nell'intervallo $[a; b]$. V F

e. se $f(a) < 0$, $f(b) < 0$, $f''(x) < 0 \ \forall x \in]a; b[$, allora $f(x)$ può ammettere zeri. V F

Applicando il primo e il secondo teorema di unicità dello zero, dimostra che le equazioni seguenti hanno una e una sola soluzione nell'intervallo indicato a fianco.

469 $x^6 + x - 1 = 0$, $[0; 1]$.

470 $4x + \cos x = 0$, $[-1; 1]$.

471 $x^8 + 4x^2 - 1 = 0$, $[0; 2]$.

472 $x - 2 + \ln x = 0$, $[1; 4]$.

473 $e^x - 3 = x$, $[-1; 3]$.

474 $\arcsin x = 1 - 2x$, $[0; 1]$.

475 **ESERCIZIO GUIDA** Determiniamo il numero delle soluzioni dell'equazione $\ln(1 + x^2) - x^2 - x - \frac{1}{2} = 0$, separiamo le radici e verifichiamo quanto dedotto con i teoremi di esistenza e unicità.

Scriviamo l'equazione nella forma

$$\ln(1 + x^2) = x^2 + x + \frac{1}{2}$$

e confrontiamo i grafici delle funzioni:

$$g(x) = \ln(1 + x^2) \text{ e } h(x) = x^2 + x + \frac{1}{2}.$$

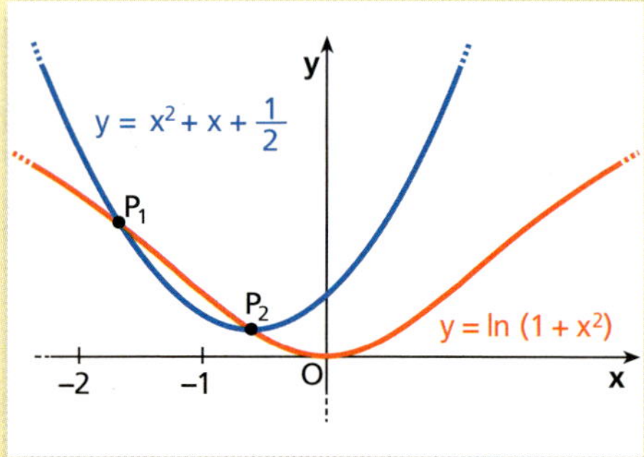

Le ascisse delle intersezioni delle due curve sono gli zeri della funzione $f(x) = \ln(1 + x^2) - x^2 - x - \frac{1}{2}$, cioè le soluzioni dell'equazione data.
Dal grafico vediamo che g e h hanno due punti di intersezione, P_1 e P_2, quindi l'equazione ha due soluzioni, x_1 e x_2, che si trovano rispettivamente negli intervalli $[-2; -1]$ e $[-1; 0]$.

Lo confermiamo con i teoremi di esistenza e unicità. Nell'intervallo $[-1; 0]$ la funzione $f(x)$ è continua e si ha $f(-1) \cdot f(0) = \left(\ln 2 - \frac{1}{2}\right)\left(-\frac{1}{2}\right) < 0$. È inoltre derivabile con derivata $f'(x) = \frac{2x}{1 + x^2} - 2x - 1$ che si annulla in -1, pertanto è diversa da 0 nei punti interni a $[-1; 0]$, come richiede il primo teorema di unicità. In modo analogo, si procede per l'intervallo $[-2; -1]$.

Aiutandoti con un grafico, determina il numero delle soluzioni reali delle seguenti equazioni, individua gli intervalli in cui si trovano e verifica quanto dedotto con i teoremi di esistenza e unicità.

476 $x^3 - 2x - \frac{1}{2} = 0$ [tre sol.]

477 $xe^x - 4 = 0$ [una sol.]

478 $\ln(4 + x^2) + x^2 = 0$ [nessuna sol.]

479 $\sqrt{1 + x^2} = \ln x$ [nessuna sol.]

480 $2x \ln x - 1 = 0$ [una sol.]

481 $e^x + x = 0$ [una sol.]

482 $2x - \sin x = 0$ [una sol.]

483 $x^3 + x + 1 = 0$ [una sol.]

484 $x^4 + x - 2 = 0$ [due sol.]

485 $x^5 + x^3 - 1 = 0$ [una sol.]

486 $\ln(x^2 - x + 1) = x + 1$ [una sol.]

487 $e^x - 2x^2 = 0$ [tre sol.]

Approssimazione delle radici

▶ Teoria a p. 1794

Metodo di bisezione

488 **ESERCIZIO GUIDA** Dimostriamo che l'equazione $x^3 + x^2 - 4 = 0$ ha una sola radice nell'intervallo $[1; 2]$ e determiniamo il suo valore con una cifra decimale esatta, applicando il metodo di bisezione.

Scriviamo l'equazione nella forma

$$x^3 = -x^2 + 4$$

e confrontiamo i grafici delle funzioni

$$y = x^3 \quad \text{e} \quad y = -x^2 + 4.$$

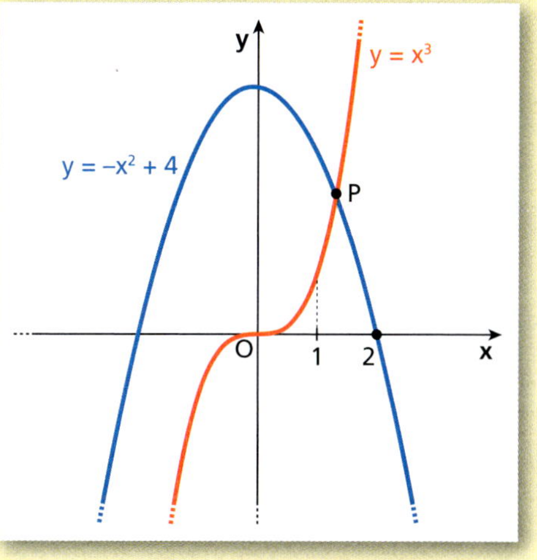

L'ascissa del punto di intersezione P delle due curve è lo zero della funzione $f(x) = x^3 + x^2 - 4$, e cioè la soluzione dell'equazione data.
Dal grafico osserviamo che l'ascissa di P si trova nell'intervallo $[1; 2]$ e lo confermiamo con i teoremi di esistenza e unicità.
Infatti in $[1; 2]$ $f(x)$ è continua e $f(1)f(2) = (-2)(8) < 0$.
Inoltre $f(x)$ è derivabile con derivata prima $f'(x) = 3x^2 + 2x$ diversa da 0 nei punti interni a $[1; 2]$.
Applichiamo ora il metodo di bisezione per trovare un valore approssimato della soluzione. Utilizziamo la tabella seguente.

n	a_n	b_n	$f(a_n)$	$f(b_n)$	$m_n = \frac{a_n + b_n}{2}$	$f(m_n)$	$\varepsilon_n = \frac{b_n - a_n}{2}$
0	1	2	−2	8	1,5	1,625	0,5
1	1	1,5	−2	1,625	1,25	−0,48	0,25
2	1,25	1,5	−0,48	1,625	1,375	0,49	0,125
3	1,25	1,375	−0,48	0,49	1,3125	−0,016	0,0625
4	1,3125	1,375					0,03125

Il valore approssimato della soluzione con una cifra decimale esatta è 1,3. L'errore è $\varepsilon_4 = 0{,}03125$.

Possiamo valutare l'errore anche con la formula $\varepsilon_n = \frac{b_0 - a_0}{2^{n+1}}$, che nel nostro caso diventa

$$\varepsilon_4 = \frac{2-1}{2^5} = \frac{1}{32} = 0{,}03125.$$

Dimostra che le seguenti equazioni hanno una sola radice nell'intervallo indicato e determina il suo valore approssimato con una cifra decimale esatta, mediante il metodo di bisezione.

489 $x^3 - 2x - \frac{1}{2} = 0$, [1; 2]. [1,5]

490 $2x + e^x = 0$, [−1; 0]. [−0,3]

491 $x^3 - x + 2 = 0$, [−2; −1]. [−1,5]

492 $x - \sin x - \frac{3}{2} = 0$, [2; 3]. [2,2]

493 $x^5 + x^3 - 1 = 0$, [0; 1]. [0,8]

494 $\sqrt{4 - x^2} - x^2 - 2x = 0$, [0; 1]. [0,7]

495 $\ln(x^2 - x + 1) - x - 1 = 0$, [−1; 0]. [−0,4]

496 $(x^2 - 2x + 1)\,e^{-x} - 2 = 0$, [−1; 0]. [−0,2]

497 ●○ Verifica graficamente che l'equazione $xe^x + 2x - 1 = 0$ ha una sola soluzione e trova una sua approssimazione con una cifra decimale esatta. [0,3]

498 ●● Considera la curva di equazione $y = ax^5 + bx^3 + c$.

a. Calcola i coefficienti a, b, c in modo che passi per il punto (0; 2), abbia due estremi relativi per $x = \pm\sqrt{3}$ e la tangente nel punto di ascissa 2 sia parallela alla retta $20x - y = 0$.

b. Separa i suoi zeri determinandone il numero.

c. Col metodo di bisezione determina un valore approssimato della radice maggiore con una cifra decimale esatta.

[a) $a = 1, b = -5, c = 2$; b) $I_1 = [-3; -\sqrt{3}]$, $I_2 = [-\sqrt{3}; \sqrt{3}]$, $I_3 = [\sqrt{3}; 3]$; c) 2,1]

Metodo delle tangenti

499 ESERCIZIO GUIDA Determiniamo una soluzione approssimata della radice dell'equazione $e^x + 2x - 4 = 0$ utilizzando il metodo delle tangenti

Dal grafico delle funzioni $g(x) = e^x$ e $h(x) = 4 - 2x$ deduciamo che l'equazione data ha una sola soluzione reale, nell'intervallo $[a_0; b_0] = [0; 2]$.

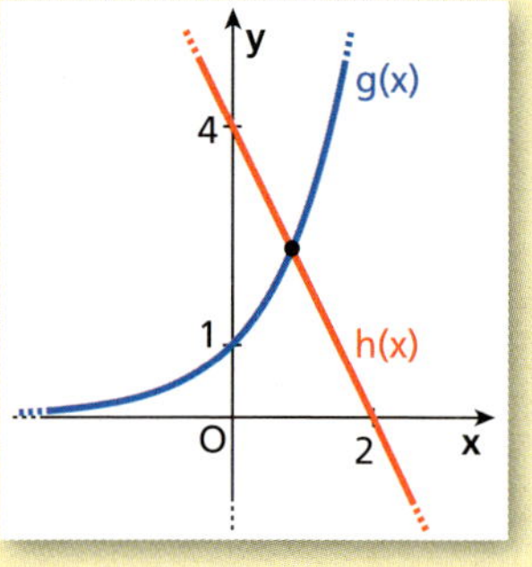

Detta $f(x) = e^x + 2x - 4$, abbiamo:

$$f(0) = -3, \qquad f(2) = e^2;$$

$$f'(x) = e^x + 2, \qquad f''(x) = e^x > 0 \quad \forall x \in [0; 2].$$

Applichiamo il metodo delle tangenti a partire da $x_0 = 2$, perché la sua ordinata è concorde con $f''(x)$.

$$\begin{cases} x_0 = 2 \\ x_{n+1} = x_n - \dfrac{f(x_n)}{f'(x_n)} = x_n - \dfrac{e^{x_n} + 2x_n - 4}{e^{x_n} + 2} = \dfrac{x_n e^{x_n} - e^{x_n} + 4}{e^{x_n} + 2} \end{cases}$$

n	x_n
0	2
1	1,213 013 958
2	0,879 351 364
3	0,841 241 515
4	0,840 841 538
5	0,840 841 495
6	0,840 841 495

Riportiamo i passi dell'iterazione nella tabella.

Osserviamo che, a partire da x_5, sono stabili almeno 8 cifre decimali:

$$\bar{x} = 0,840\,841\,49.$$

Si ha $f(\bar{x}) = -2,3 \cdot 10^{-8}$.

Verifica che le seguenti equazioni hanno una sola soluzione reale e calcolane un valore approssimato con tre cifre decimali esatte, utilizzando il metodo delle tangenti.

500 ●○ $x^3 + x^2 - 4 = 0$ [1,314]

501 ●○ $x^3 - 6x^2 + 11x - 3 = 0$ [0,328]

502 ●○ $x + \frac{1}{2} - \sin x = 0$ [−1,497]

503 ●○ $xe^x - 5 = 0$ [1,326]

504 ●○ $x^5 + x + 1 = 0$ [−0,754]

505 ●○ $e^x + 4x - 5 = 0$ [0,730]

506 $\ln x + 2x = 0$ $[0{,}426]$

507 $x^3 + 12x^2 + 47x + 63 = 0$ $[-5{,}671]$

508 $xe^{2x} - 3 = 0$ $[0{,}716]$

509 $\arcsin x = 2e^{-2x}$ $[0{,}583]$

---

510 Dopo aver dimostrato che la funzione $f(x) = \dfrac{x^2 + 2x}{(x+1)^2}$ è simmetrica rispetto alla retta di equazione $x = -1$:

a. determina l'equazione della parabola γ che ha lo stesso asse di simmetria, passa per il punto $A(-3; 0)$ e ha l'ordinata del vertice uguale a -3;

b. disegna i grafici delle due curve e dimostra che hanno soltanto quattro punti di intersezione;

c. calcola un valore approssimato dell'ascissa della radice maggiore con due cifre decimali esatte.

$\left[\text{a) } y = \frac{3}{4}x^2 + \frac{3}{2}x - \frac{9}{4}; \text{ b) } I_1 = [-4; -3], I_2 = \left[-2; -\frac{4}{3}\right], I_3 = \left[-\frac{2}{3}; 0\right], I_4 = [1; 2]; \text{ c) } 1{,}25\right]$

511 **YOU & MATHS** X_n is the n-th approximation to the positive root of $x^2 - 2 = 0$, and x_{n+1} is the next approximation. Using the Newton-Raphson method, $x_{n+1} = x_n - \dfrac{f(x_n)}{f'(x_n)}$, show that:

$$x_{n+1} = \frac{1}{2}\left(x_n + \frac{2}{x_n}\right).$$

If $x_0 = 1$, find x_2 correct to three places of decimals.

(IR *Leaving Certificate Examination*, Higher Level)

$[1{,}417]$

512 Considera la funzione $f(x) = 4\cos x$ e la parabola di equazione $g(x) = -\dfrac{2}{3}x^2 + \dfrac{2}{3}x$.

a. Rappresenta le due curve sul piano cartesiano.

b. Separa i punti di intersezione.

c. Risolvi l'equazione $f(x) = g(x)$, indicando le soluzioni con tre cifre decimali esatte.

$\left[\text{b) } x_1 \in \left[\frac{\pi}{2}; 2\right], x_2 \in [2; \pi]; \text{ c) } x_1 \simeq 1{,}822, x_2 \simeq 2{,}985\right]$

Riepilogo: Risoluzione approssimata di un'equazione

Dimostra che le seguenti equazioni hanno una sola soluzione reale nell'intervallo indicato e calcolane un valore approssimato con due cifre decimali esatte.

513 $e^{2x} + x - 2 = 0$, $[0; 1]$. $[0{,}27]$

514 $2e^x - x - 3 = 0$, $[0; 1]$. $[0{,}58]$

515 $x = \cos 2x$, $[0; 1]$. $[0{,}51]$

516 $2\sin x + x = 1$, $[0; 1]$. $[0{,}33]$

517 $|x| - e^x = 0$, $[-1; 0]$. $[-0{,}56]$

518 $x^5 - x + 3 = 0$, $[-2; -1]$. $[-1{,}34]$

519 $x + 1 = \sqrt[5]{x+5}$, $[0; 1]$. $[0{,}40]$

520 $\cos x = x^2 - 3x$, $[2; 3]$. $[2{,}66]$

521 $xe^{3x} - 1 - x = 0$, $[-2; -1]$. $[-1{,}04]$

522 $e^{3x} + e^x = 4$, $[0; 1]$. $[0{,}32]$

523 $\sin^2 x - x = 1$, $[-1; 0]$. $[-0{,}64]$

524 $x^2 + 5\cos x - x = 0$, $[1; 2]$. $[1{,}95]$

525 $x - e^{\sin x} = 1$, $[2; 3]$. $[2{,}63]$

526 $\ln(2 + \sin x) = x$, $[1; 2]$. $[1{,}05]$

Individua tutte le radici delle seguenti equazioni e determinane un valore approssimato con due cifre decimali esatte.

527 $x^4 + x^3 - x^2 - 3 = 0$ $[-1{,}93; 1{,}26]$

528 $x^6 + x^5 - x - 2 = 0$ $[-1{,}24; 1{,}08]$

529 $x^4 - x^3 - \dfrac{1}{4} = 0$ $[-0{,}54; 1{,}16]$

530 $e^x + 2x^2 - 5 = 0$ $[-1{,}54; 1{,}04]$

ESERCIZI

531 $e^x - \ln(x+3) = 0$ [$-1{,}82$; $0{,}13$]

532 $x \arctan x - 1 = 0$ [$-1{,}16$; $1{,}16$]

533 $x^2 + \sin x - 2 = 0$ [$-1{,}72$; $1{,}06$]

534 $x^2 + \sin x - \cos x = 0$ [$-1{,}14$; $0{,}56$]

LEGGI IL GRAFICO

535 Nel grafico sono rappresentate le funzioni

$$f(x) = e^x \quad \text{e} \quad g(x) = ax^4 + bx + c.$$

a. Trova a, b, c.

b. Calcola il valore, approssimato con due cifre decimali esatte, dell'ascissa del punto A.

[a) $a = -1$, $b = 1$, $c = 2$; b) $0{,}84$]

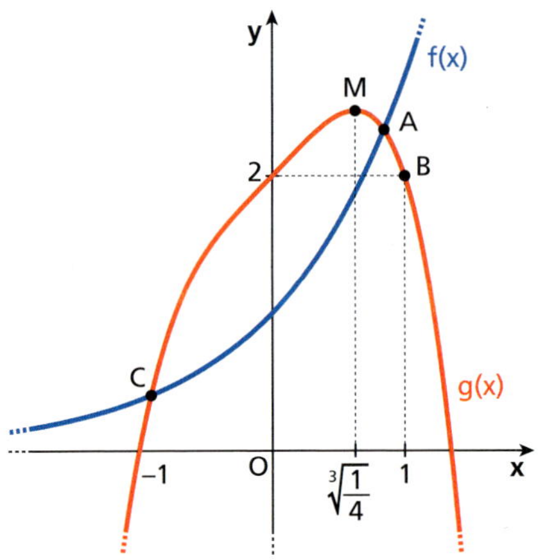

536 Il grafico rappresenta la funzione

$$y = 2x^5 + bx^2 + c.$$

a. Determina il valore di b e c.

b. Calcola il valore, approssimato con due cifre decimali esatte, dell'ascissa del punto B.

[a) $b = -5$, $c = 3$; b) $-0{,}72$]

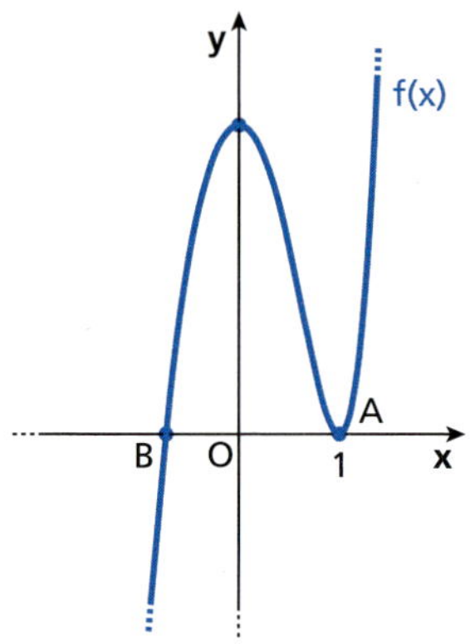

537 Considera le funzioni $f(x) = \sin^2 x$ e $g(x) = \ln\frac{x}{x-1}$.

a. Disegna i grafici utilizzando il medesimo riferimento cartesiano ortogonale.

b. Per via grafica verifica, motivando, che per $x < 0$ f e g non hanno intersezioni, per $x > 0$ ne hanno infinite.

c. Dimostra che nell'intervallo $\left[\frac{4}{3}; \frac{2\pi}{3}\right]$ hanno soltanto un'intersezione. Determina un valore approssimato con due cifre decimali esatte della radice dell'equazione $f(x) - g(x) = 0$. [c) $1{,}58$]

538 Data la famiglia di funzioni

$$f_k(x) = \arctan x + kx^3, \quad \text{con } k \text{ parametro reale,}$$

a. dimostra che tutte hanno lo stesso dominio, sono dispari e, nell'origine, ammettono una tangente comune;

b. posto $k = -\frac{1}{3}$, dimostra che la corrispondente funzione ha due zeri oltre a quello nell'origine; calcola un valore approssimato della radice positiva con tre cifre decimali esatte. [a) tangente: $y = x$; b) $1{,}421$]

539 Dati il fascio di rette $y = mx$ e la funzione $f(x) = x^2 \ln x$:

a. esegui lo studio completo di f e traccia il suo grafico;

b. studia il numero delle intersezioni della generica retta con la funzione, al variare di m;

c. dimostra che l'equazione $f(x) = x$ ha soltanto una radice, quindi determina una sua approssimazione con tre cifre decimali esatte. [b) per $-e^{-1} \leq m < 0$ due intersezioni, per $m \geq 0$ un'intersezione; c) $1{,}763$]

VERIFICA DELLE COMPETENZE ALLENAMENTO

UTILIZZARE TECNICHE E PROCEDURE DI CALCOLO

1 VERO O FALSO?

a. La funzione $f(x)=\dfrac{x-3}{x^2+1}$ non ha asintoti. V F

b. $f(x)=\dfrac{e^{-x}-e^x}{x^2}$ è una funzione pari. V F

c. La funzione $y=x^2e^x$ ha due flessi. V F

d. La funzione $y=4x^3-12x^2$ ha un flesso orizzontale. V F

Studia e rappresenta graficamente le seguenti funzioni.

2 $f(x)=\dfrac{2x-1}{x+2}$ $[a: x=-2,\ y=2;\ f(x) \text{ cresc. } \forall x\in D]$

3 $y=3x(x^2-3)$ $[\max(-1;6);\ \min(1;-6);\ F(0;0)]$

4 $y=\dfrac{1}{12}x^4-\dfrac{1}{2}x^2+1$ $\left[\max(0;1);\ \min_1\left(-\sqrt{3};\frac{1}{4}\right),\ \min_2\left(\sqrt{3};\frac{1}{4}\right);\ F_1\left(1;\frac{7}{12}\right),\ F_2\left(-1;\frac{7}{12}\right)\right]$

5 $y=\dfrac{6}{5}x^5-2x^3$ $\left[\max\left(-1;\frac{4}{5}\right);\ \min\left(1;-\frac{4}{5}\right);\ F_1(0;0),\ F_2\left(-\frac{\sqrt{2}}{2};\frac{7\sqrt{2}}{20}\right),\ F_3\left(\frac{\sqrt{2}}{2};-\frac{7\sqrt{2}}{20}\right)\right]$

6 $y=\dfrac{x^3}{6(x-2)}$ $\left[a: x=2;\ \min\left(3;\frac{9}{2}\right);\ F(0;0)\right]$

7 $y=\dfrac{x^2-7x+10}{6-x}$ $[a: x=6,\ y=-x+1;\ \max(8;-9);\ \min(4;-1)]$

8 $y=\sqrt{x^3-3x}$ $[\max(-1;\sqrt{2});\ \min_1(-\sqrt{3};0),\ \min_2(0;0),\ \min_3(\sqrt{3};0)]$

9 $y=\dfrac{x^3}{3}-\dfrac{9}{4}x^2+2x+\dfrac{7}{3}$ $\left[\max\left(\frac{1}{2};\frac{45}{16}\right);\ \min\left(4;-\frac{13}{3}\right);\ \text{flesso in } x=\frac{9}{4}\right]$

10 $y=\dfrac{x^2-3x+2}{x^2}$ $\left[a: x=0,\ y=1;\ \min\left(\frac{4}{3};-\frac{1}{8}\right);\ \text{flesso in } x=2\right]$

11 $y=\dfrac{x-1}{\sqrt{x-2}}$ $[a: x=2;\ \min(3;2);\ \text{flesso in } x=5]$

12 $y=x\ln x^2$ $\left[\max\left(-\frac{1}{e};\frac{2}{e}\right);\ \min\left(\frac{1}{e};-\frac{2}{e}\right)\right]$

13 $y=\dfrac{\cos x}{1+\cos x}$, $[0;2\pi]$. $\left[a: x=\pi;\ \max_1\left(0;\frac{1}{2}\right),\ \max_2\left(2\pi;\frac{1}{2}\right)\right]$

14 $y=e^x(x^2+1)$ $[a: y=0;\ \text{flessi in } x=-3 \text{ e } x=-1 \text{ (orizzontale)}]$

15 $y=\dfrac{x^3-2}{x^2}$ $\left[a: x=0,\ y=x;\ \max\left(-\sqrt[3]{4};-\frac{3}{\sqrt[3]{2}}\right)\right]$

16 $y=e^{\frac{2x+1}{x-1}}$ $\left[a: y=e^2,\ x=1;\ F\left(-\frac{1}{2};1\right)\right]$

17 $f(x)=e^{\frac{x}{x+1}}+2$ $\left[a: x=-1,\ y=e+2;\ f(x) \text{ cresc. } \forall x\in D;\ F\left(-\frac{1}{2};\frac{1}{e}+2\right)\right]$

VERIFICA DELLE COMPETENZE

18 $f(x) = \ln(3x^2 + 2x)$ $\left[a\colon x = -\frac{2}{3}, x = 0;\ f(x) \text{ cresc. per } x > 0\right]$

19 $y = x^2 \ln|x|$ $\left[\min_{1,2}\left(\pm\frac{1}{\sqrt{e}}; -\frac{1}{2e}\right); F_{1,2}\left(\pm\frac{1}{e\sqrt{e}}; -\frac{3}{2e^3}\right)\right]$

20 $y = \frac{\sin x}{\sin x - 1}$, $\left]-\frac{3}{2}\pi; \frac{\pi}{2}\right[$. $\left[a\colon x = -\frac{3}{2}\pi, x = \frac{\pi}{2}; \max\left(-\frac{\pi}{2}; \frac{1}{2}\right)\right]$

21 $y = \frac{4e^x}{1 - e^x}$ $[a\colon x = 0, y = 0, y = -4]$

22 $y = \frac{2\ln x}{\ln x - 1}$ $\left[a\colon y = 2, x = e; F\left(\frac{1}{e}; 1\right)\right]$

23 $y = \frac{3e^x - 1}{e^x - 1}$ $[a\colon x = 0, y = 1, y = 3]$

24 $y = e^{2x} - 3e^x + 2$ $\left[a\colon y = 2; \min\left(\ln\frac{3}{2}; -\frac{1}{4}\right); F\left(\ln\frac{3}{4}; \frac{5}{16}\right)\right]$

25 $y = x(\ln x - \ln 2)$ $\left[\min\left(\frac{2}{e}; -\frac{2}{e}\right)\right]$

26 $y = \ln^2 x - \ln x$ $\left[a\colon x = 0; \min\left(\sqrt{e}; -\frac{1}{4}\right); F\left(\sqrt{e^3}; \frac{3}{4}\right)\right]$

27 $y = xe^{-x^2}$ $\left[a\colon y = 0; \min\left(-\frac{1}{\sqrt{2}}; -\frac{1}{\sqrt{2e}}\right); \max\left(\frac{1}{\sqrt{2}}; \frac{1}{\sqrt{2e}}\right); \text{flessi in } x = \pm\sqrt{\frac{3}{2}}; F(0; 0)\right]$

28 $y = \frac{xe^x}{x - 2}$ $[a\colon y = 0; \max(1 - \sqrt{3}; \ldots); \min(1 + \sqrt{3}; \ldots); \text{flesso in } x = \alpha, \alpha \in]-2; -1[]$

29 $y = \frac{e^x}{|x| - 1}$ $[a\colon y = 0, x = -1, x = 1; \max(0; -1); \min(2; e^2)]$

30 $y = \frac{2 - |x^2 - 2|}{|x|}$ $[a\colon y = \pm x; \max(\pm\sqrt{2}; \sqrt{2})]$

31 Indica le proprietà comuni alle curve di equazione $y = x^3 + ax^2$ al variare di a in $\mathbb{R}$, con $a \neq 0$, e confermale studiando la funzione $y = x^3 + 3x^2$.

Determina il numero delle soluzioni reali delle seguenti equazioni e verifica quanto dedotto dal grafico con i teoremi di esistenza e unicità.

32 $x^5 + 2x - 4 = 0$ [una sol.]

33 $\ln(x + 1) + x - 2 = 0$ [una sol.]

34 $3x^4 - x - 1 = 0$ [due sol.]

35 $|x|e^x - 5 = 0$ [una sol.]

Dimostra che le seguenti equazioni hanno una sola soluzione reale nell'intervallo indicato e calcola un loro valore approssimato con due cifre decimali esatte.

36 $x^3 + 2x - 4 = 0$, $[1; 2]$. [1,17]

37 $xe^x - 3 = 0$, $[1; 2]$. [1,04]

38 $x\ln x - 4 = 0$, $[3; 4]$. [3,32]

39 $x + \frac{1}{2} - \cos x = 0$, $[0; 1]$. [0,41]

40 $\sin x - x^3 + 1 = 0$, $[1; 2]$. [1,24]

41 $\sqrt{x + 1} + e^{-x} = x$, $[1; 2]$. [1,84]

ANALIZZARE E INTERPRETARE DATI E GRAFICI

TEST

42 Quale delle seguenti funzioni corrisponde al grafico?

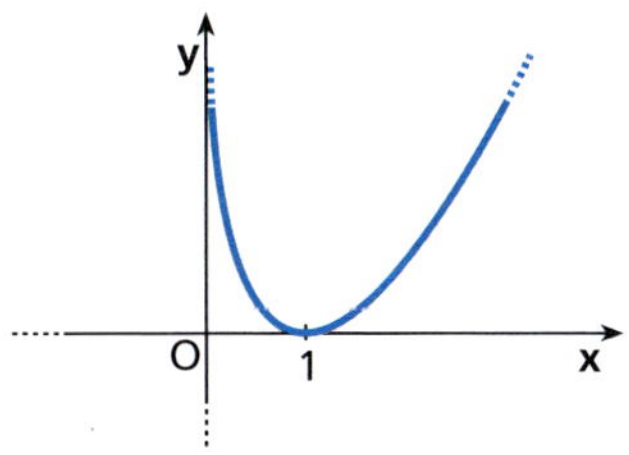

A $y = (x + 1) \ln x$

B $y = x \ln(x - 1)$

C $y = x^2 \ln x$

D $y = \dfrac{\ln x}{x - 1}$

E $y = (x - 1) \ln x$

43 Quale delle seguenti funzioni è rappresentata dal grafico?

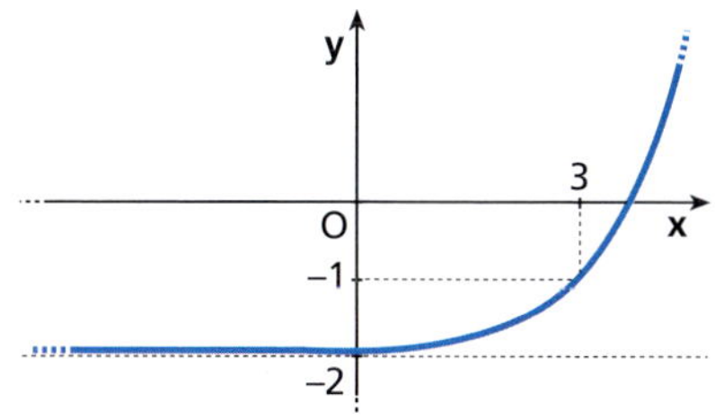

A $y = e^{-x+3} - 2$

B $y = e^{x} - 2$

C $y = e^{x-3} - 2$

D $y = e^{x+3} - 2$

E $y = -e^{x-3} - 2$

44 Data una funzione $y = f(x)$ che

1. ha come dominio $\mathbb{R} - \{\pm 4\}$,
2. interseca l'asse x nei punti $A(-3; 0)$ e $B(3; 0)$,
3. ha come asintoti verticali le rette $x = 4$ e $x = -4$,
4. ha come asintoto orizzontale la retta $y = 2$,

la sua espressione analitica può essere:

A $y = \dfrac{x^2 - 9}{x^2 - 4}$.

B $y = \dfrac{2x^2 - 18}{16 - x^2}$.

C $y = \dfrac{2(x^2 - 16)}{x^2 - 9}$.

D $y = \dfrac{2(x^2 - 9)}{x^2 - 16}$.

E $y = 2(x^2 - 16)(x^2 - 9)$.

LEGGI IL GRAFICO

45 Il grafico della funzione in figura ha equazione

$$y = \frac{e^{-\frac{1}{2}x}}{2x + a} + b.$$

a. Trova a e b.

b. Determina le coordinate dei punti stazionari.

c. Scrivi l'equazione della tangente al grafico nel punto A.

$\left[\text{a) } a = 4, b = 1; \text{ b) } M\left(-4; -\dfrac{e^2 + 4}{4}\right); \text{ c) } x + 4y - 5 = 0\right]$

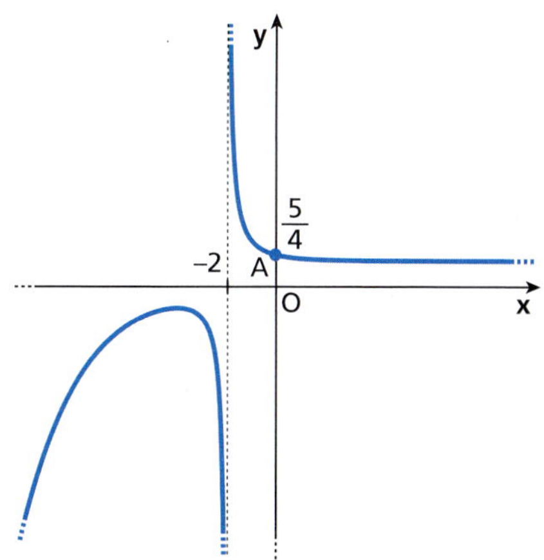

46 Determina per quale valore di k il grafico della funzione in figura ha equazione

$$y = e^{\frac{2x}{x^2 + k}},$$

sapendo che i punti A e B sono rispettivamente un minimo e un massimo. Scrivi le equazioni delle tangenti al grafico in A e B. La funzione ha asintoti? Quali?

$\left[k = 1, y = e; y - \dfrac{1}{e}; \text{asintoto orizz. } y = 1\right]$

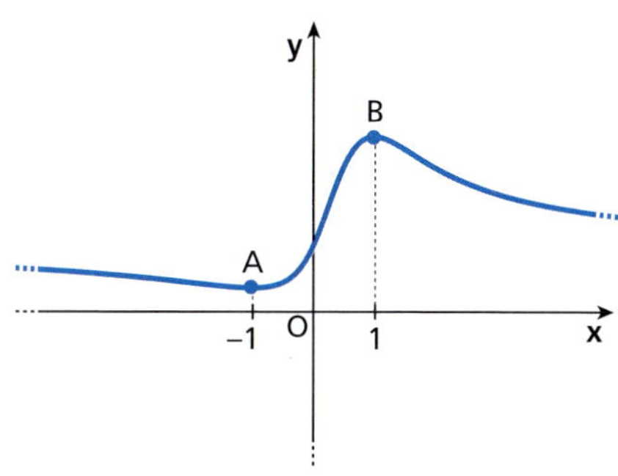

47 ●● Dato il grafico della funzione $y = f(x)$, disegna in modo qualitativo il grafico della funzione derivata $y = f'(x)$.

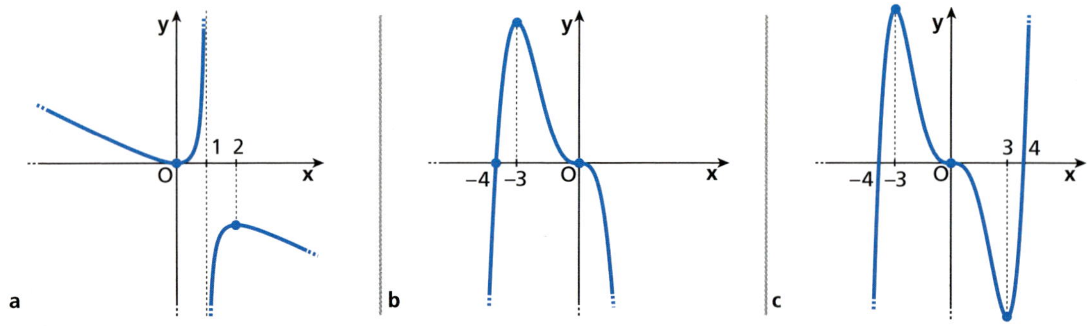

48 ●● Dato il grafico della funzione $y = f'(x)$, disegna in modo qualitativo il grafico della funzione $y = f(x)$.

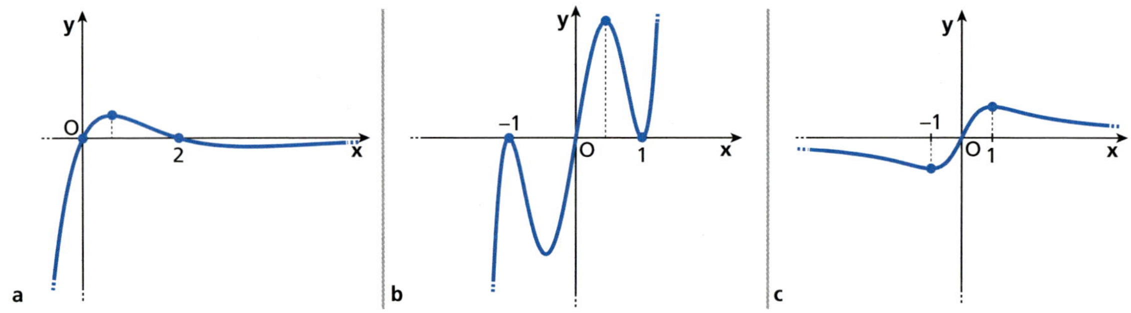

49 ●● **EUREKA!** È dato il grafico della funzione f, insieme ai grafici delle funzioni derivate prima e seconda, rispettivamente f' e f''. Indica quale grafico appartiene a quale funzione e spiega il tuo ragionamento.

(USA *Stanford University*)

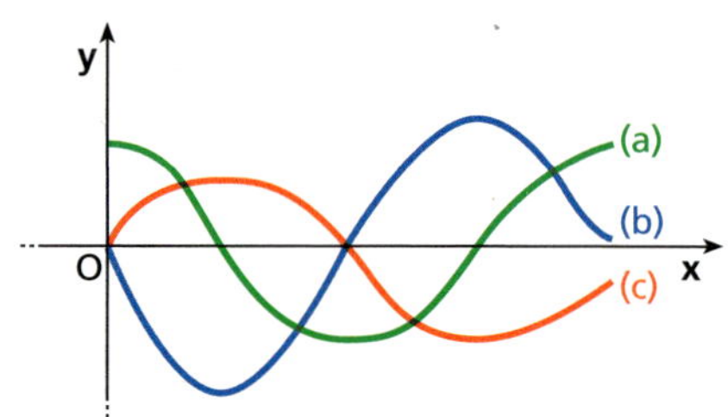

Risolvi graficamente le seguenti equazioni e disequazioni.

50 ●○ $\cos x + x - 1 = 0$ $[x_1 = 0]$

51 ●○ $2e^x - x^2 = 0$ $[-1 < x_1 < -0{,}9]$

52 ●○ $e^x + x^2 - x - 2 > 0$
$[x < x_1 \vee x > x_2,\ \text{con} -1 < x_1 < -0{,}9 \text{ e } 0{,}7 < x_2 < 0{,}9]$

53 ●○ $\ln\sqrt{1 - x^2} - e^x = 0$ [impossibile]

54 ●● $x^3 - 3x^2 + \ln x = 0$ $[2{,}8 < x_1 < 2{,}9]$

55 ●● $\ln(x - 1) - x + 3 \geq 0$
$[x_1 \leq x \leq x_2,\ \text{con } 1{,}1 \leq x_1 \leq 1{,}2 \text{ e } 4{,}1 \leq x_2 \leq 4{,}2]$

56 ●○ Stabilisci al variare di $k \in \mathbb{R}$ il numero di soluzioni dell'equazione:

$$\frac{1}{3}x^3 + \frac{1}{2}x^2 + k = 0.$$

$\left[k < -\frac{1}{6} \vee k > 0 \text{ una sol.}; -\frac{1}{6} \leq k \leq 0 \text{ tre sol.}\right]$

57 ●○ Stabilisci per quali valori del parametro reale k l'equazione $e^x - kx = 0$ ammette soluzione.
$[k < 0 \text{ una sol.}; k \geq e \text{ due sol.}]$

58 ●● Studia e rappresenta graficamente la funzione $f(x) = (x + 2)e^{\frac{1}{x}}$. Discuti l'equazione $f(x) = k$ al variare di k in $\mathbb{R}$.
$\left[k \leq 0 \text{ una sol.}; 0 < k \leq \frac{1}{e} \vee k \geq 4\sqrt{e} \text{ due sol.}\right]$

RISOLVERE PROBLEMI

59 ●○ Trova per quale valore dei parametri a e b la curva di equazione $y = \frac{x^2 + ax + 1}{x + b}$ ha per asintoti le rette di equazioni $x = 3$ e $y = x$. Rappresenta la funzione $y = f(x)$ ottenuta. Utilizzando il grafico precedente, rappresenta il grafico di $y = \frac{1}{f(x)}$.

[$a = b = -3$]

60 ●○ Determina i parametri a e b in modo che la curva γ di equazione $y = \frac{1}{x^2 + ax + b}$ abbia un massimo in $\left(1; -\frac{1}{2}\right)$. Rappresenta il grafico di γ. Detto P il punto della curva di ascissa nulla, stabilisci quali rette del fascio di centro P intersecano γ in due punti C e D distinti oltre P.

[$a = -2$, $b = -1$; tutte tranne $y = -1$ e $y = 2x - 1$]

61 ●○ Dimostra che l'equazione $\ln x = (x-1)^2$ ammette due soluzioni reali distinte. Determina la maggiore delle due con un'approssimazione di due cifre decimali esatte.

[$x_1 = 1$, $x_2 \simeq 1{,}74$]

62 ●○ Dato il quadrato di lato 1 in figura, scrivi la funzione che esprime il rapporto tra la somma delle aree dei rettangoli gialli e la somma delle aree dei quadrati verdi, al variare di P sulla diagonale.
Rappresentala poi graficamente indipendentemente dalle limitazioni geometriche.

[$f(x) = \frac{2x - 2x^2}{2x^2 - 2x + 1}$]

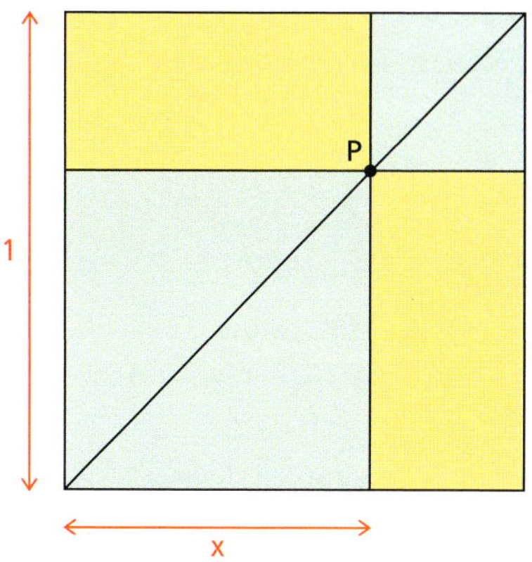

63 ●○

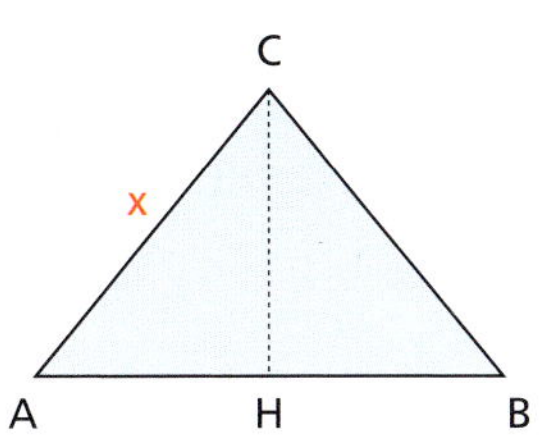

Il triangolo isoscele in figura ha perimetro 6. Studia la funzione $f(x) = \frac{\overline{AB}^2}{\overline{CH}^2}$ e rappresentala graficamente.

[$f(x) = \frac{(6-2x)^2}{6x-9}$]

64 ●●
a. Verifica che, al variare di a e b in $\mathbb{R}$, con $a \neq 0$, la funzione $y = a\ln^2 x + b\ln x$ ammette un solo estremante e un solo flesso e che, indicate con x_M e x_F le loro ascisse, vale la relazione $x_F = e\,x_M$.
b. Rappresenta il grafico della funzione per $a = 1$ e $b = -1$ e verifica la proprietà precedente.

65 ●● Considera le curve γ e γ' di equazioni rispettive $y = x^2$ e $y = \frac{1}{x}$ e, preso su γ un punto A di ascissa $k > 0$, traccia per A le parallele agli assi x e y e siano B e C le rispettive intersezioni con γ'.
a. Dimostra che la retta OA dimezza la corda BC.
b. Studia e rappresenta la funzione che esprime l'area del triangolo ABC al variare di $k \in \mathbb{R}$.

[b) $A(k) = \frac{(k^3-1)^2}{2k^3}$]

66 ●● Data la funzione $y = e^{3x^2 - ax + b}$:
a. determina i valori dei parametri a e b, sapendo che il suo grafico ha un punto stazionario di ascissa 1 e passa per il centro della circonferenza di equazione $x^2 + y^2 - 4x - 2y - 4 = 0$;
b. disegna il grafico della funzione e da questo deduci quello della derivata della funzione.

[a) $a = 6$, $b = 0$]

67 ●○ **a.** Traccia il grafico della funzione $f(x)=\frac{x^3}{6}-\frac{x^2}{2}-\frac{3}{2}x+\frac{11}{6}$ e trova l'equazione della retta r passante per i suoi estremi relativi. Verifica che il punto di flesso della funzione appartiene alla retta r.

b. Disegna il grafico della funzione $g(x)=|f(x)|$ e analizza i suoi punti di non derivabilità.

$\left[\text{a) } y=-\frac{4}{3}x+\frac{4}{3}\right]$

68 ●○ Considera la funzione $f_a(x)=e^x-ax$, con $a\in\mathbb{R}$.

a. Determina l'equazione dell'asintoto obliquo di $f_a(x)$.

b. Trova gli estremi relativi della curva e verifica che per $a=1$ risulta $f_1(x)\geq 1$ per ogni $x\in\mathbb{R}$.

c. Disegna i grafici delle funzioni $f_1(x)$ e $f_e(x)$, verificando che hanno un unico punto comune.

[a) $y=-ax$; b) min in $x=\ln a$]

69 ●○ Determina i parametri reali a, b, c, in modo che la funzione $f(x)=\frac{ax^2+b}{x^2+c}$ ammetta l'asintoto orizzontale di equazione $y=8$ e sia tale che $f''(-2)=0$ e $f'(2)=1$.

a. Verifica che la funzione ottenuta è pari e traccia il suo grafico.

b. Scrivi le equazioni delle tangenti alla curva nei suoi punti A e B rispettivamente di ascissa -2 e 2. Quindi determina l'equazione della parabola tangente alla curva in A e B.

$\left[a=8, b=32, c=12; \text{b) } y=\pm x+2, y=\frac{x^2}{4}+3\right]$

70 ●● Considera le funzioni del tipo $y=ax^4+bx^2+c$.

a. Determina quella che descrive la curva con un flesso nel punto $F(1;-1)$, dove la tangente t è parallela alla retta di equazione $y=-8x+3$. Quindi studia e rappresenta graficamente tale funzione.

b. Verifica che tutte le curve descritte dalle funzioni del tipo indicato hanno la tangente orizzontale nel punto A di ascissa zero.

[a) $y=x^4-6x^2+4$]

71 ●● Dato un quarto di cerchio AOB, di centro O e delimitato dai raggi OA e OB di misura 2, siano P un punto dell'arco $\widehat{AB}$ e C il punto in cui la parallela ad AO condotta per P interseca OB. Da P traccia una semiretta che incontri OA in D, in modo tale che $D\widehat{P}O\cong O\widehat{P}C$. Esprimi il rapporto $y=\frac{\overline{OD}}{\overline{OC}}$ in funzione di $\overline{CP}=x$. Studia la funzione, tenendo conto delle condizioni su x poste dal problema, e disegna il suo grafico.

$\left[y=\frac{2}{x\sqrt{4-x^2}}\right]$

72 ●● Studia il fascio di parabole di equazione $y=kx^2-4kx+2$, verificando che tutte le parabole passano per due punti A e B. Calcola le coordinate del loro vertice V. Considera poi il punto P di intersezione di una generica parabola del fascio con la retta di equazione $x=1$. Determina la misura A_{OVP} dell'area del triangolo OVP, dove O è l'origine degli assi, e la misura di PV, e studia la funzione $y=\frac{A_{OVP}}{PV}$ al variare di k.

$\left[A(0;2), B(4;2), V(2;2-4k); A_{OVP}=|k-1|, \overline{PV}=\sqrt{1+k^2}\right]$

73 ●● Ricava l'equazione del luogo γ descritto dal punto di massimo relativo della curva λ di equazione $y=x^2e^{ax}$ al variare di $a\in\mathbb{R}$. Verifica che la curva λ presenta un minimo relativo (e assoluto) per $x=0$, qualunque sia il valore di $a\in\mathbb{R}$. Quindi rappresenta graficamente λ nel caso $a=1$. [γ: $y=e^{-2}x^2, x\neq 0$]

74 ●● È data una funzione polinomiale $y=f(x)$ tale che:

a. $f(-1)=f(1)=f(2)=0$; **b.** $f(x)\neq 0$ per ogni $x\in\mathbb{R}-\{-1,1,2\}$; **c.** $\lim_{x\to\pm\infty}f(x)=+\infty$.

Determina il grado minimo del polinomio e scrivi una sua possibile espressione analitica. [4° grado]

VERIFICA DELLE COMPETENZE VERSO L'ESAME

ARGOMENTARE E DIMOSTRARE

75 ●○ Nella figura sotto, denotati con I, II e III, sono disegnati tre grafici.
Uno di essi è il grafico di una funzione f, un altro lo è della funzione derivata f' e l'altro ancora di f''.
Quale delle seguenti alternative identifica correttamente ciascuno dei tre grafici?
Si motivi la risposta.

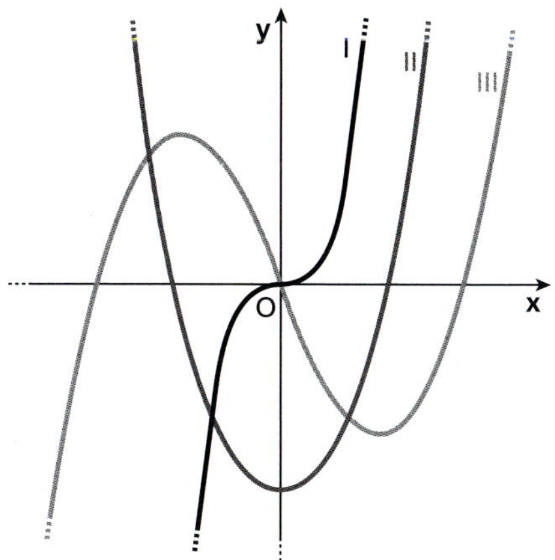

	f	f'	f''
A	I	II	III
B	I	III	II
C	II	III	I
D	III	II	I
E	III	I	II

(*Esame di Stato, Liceo scientifico, Corso di ordinamento, Sessione ordinaria*, 2011, *quesito* 10)

76 ●○ Il grafico in figura è quello della derivata prima $f'(x)$ di una funzione $f(x)$ continua in $\mathbb{R}$. Il grafico riportato è simmetrico rispetto all'origine ed ha come asintoti le rette di equazione $x = 0$ e $5x + 2y = 0$.
Descrivere le principali caratteristiche relative all'andamento della funzione $f(x)$ e tracciarne, indicativamente, un possibile grafico. Tracciare inoltre il grafico della funzione $f''(x)$.

(*Esame di Stato, Liceo scientifico, Scuole italiane all'estero (Americhe), Sessione ordinaria*, 2011, *quesito* 6)

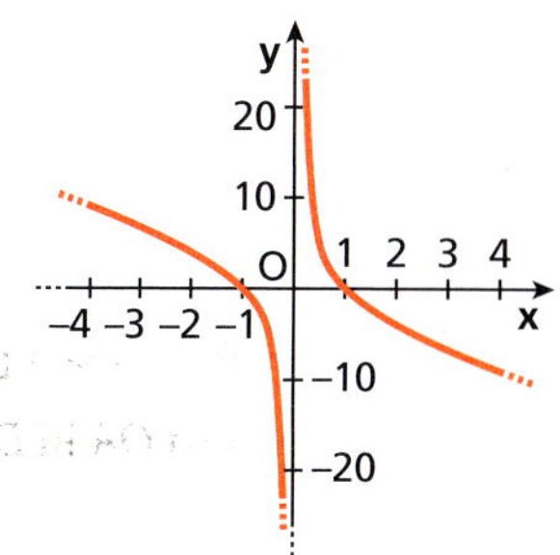

77 ●○ Si spieghi perché l'equazione $\cos x = x$ ha almeno una soluzione.

(*Esame di Stato, Liceo scientifico, Scuole italiane all'estero (Americhe), Sessione ordinaria*, 2011, *quesito* 4)

78 ●○ Si provi che l'equazione: $x^{2011} + 2011x + 12 = 0$ ha una sola radice compresa fra -1 e 0.

(*Esame di Stato, Liceo scientifico, Corso di ordinamento, Sessione ordinaria*, 2011, *quesito* 7)

79 ●○ Si determini, al variare di k, il numero delle soluzioni reali dell'equazione:

$$x^3 - 3x^2 + k = 0.$$

(*Esame di Stato, Liceo scientifico, Corso di ordinamento, Sessione ordinaria*, 2008, *quesito* 7)

[$k < 0 \vee k > 4$: 1 sol.; $0 \leq k \leq 4$: 3 sol.]

80 ●● Si consideri l'equazione:

$$4x^3 - 14x^2 + 20x - 5 = 0.$$

Si dimostri che essa per $0 < x < 1$ ha un'unica radice reale e se ne calcoli un valore approssimato con due cifre decimali esatte.

(*Esame di Stato, Liceo scientifico, Corso sperimentale, Sessione suppletiva*, 2013, *quesito* 8)

[0,31]

VERIFICA DELLE COMPETENZE

81 ●● Si stabilisca per quali valori $k \in \mathbb{R}$ l'equazione $x^2(3-x) = k$ ammette due soluzioni distinte appartenenti all'intervallo $[0; 3]$. Posto $k = 3$, si approssimi con due cifre decimali la maggiore di tali soluzioni, applicando uno dei metodi iterativi studiati.

(*Esame di Stato, Liceo scientifico, Corso sperimentale, Sessione ordinaria*, 2013, *quesito* 10)

$[0 \leq k < 4; 2{,}53]$

82 ●● Si consideri l'equazione $\log|x| - e^x = 0$.
Si dimostri che essa ammette una soluzione reale appartenente all'intervallo $-2 \leq x \leq -1$ e se ne calcoli un valore approssimato con due cifre decimali esatte.

(*Esame di Stato, Liceo scientifico, Corso sperimentale, Sessione suppletiva*, 2013, *quesito* 8)

$[-1{,}31]$

83 ●● Provare che la funzione $y = e^x - \tan x$ ha infiniti zeri, mentre la funzione $y = e^x - \arctan x$ non ne ha alcuno.

(*Esame di Stato, Liceo scientifico, opzione Scienze applicate, Sessione suppletiva*, 2015, *quesito* 8)

84 ●● Sia $f(x)$ una funzione reale di variabile reale. Si sa che: $f(x)$ è derivabile su tutto l'asse reale; $f(x) = 0$ solo per $x = 0$; $f(x) \to 0$ per $x \to \pm\infty$; $f'(x) = 0$ soltanto per $x = -2$ e $x = 1$; $f(-2) = 1$ e $f(1) = -2$.
Dire, dandone esauriente spiegazione, se le informazioni suddette sono sufficienti per determinare gli intervalli in cui la funzione è definita, quelli in cui è continua, quelli in cui è positiva, quelli in cui è negativa, quelli in cui cresce, quelli in cui decresce. Si può dire qualcosa circa i flessi di $f(x)$?

(*Esame di Stato, Liceo scientifico, Corso di ordinamento, Sessione suppletiva*, 2002, *quesito* 3)

[$f(x)$ ha almeno 3 flessi, ma non si può stabilire il numero esatto]

85 ●● Si calcoli con la precisione di due cifre decimali lo zero della funzione $f(x) = \sqrt[3]{x} + x^3 - 1$. Come si può essere certi che esiste un unico zero?

(*Esame di Stato, Liceo scientifico, Corso sperimentale, Sessione ordinaria*, 2010, *quesito* 4)

$[0{,}56]$

COSTRUIRE E UTILIZZARE MODELLI

RISOLVIAMO UN PROBLEMA

Facciamo il pieno

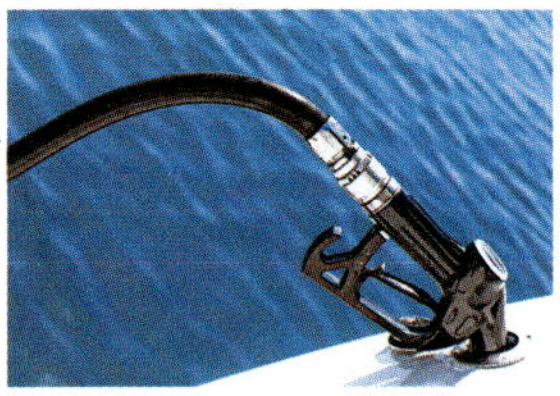

Il serbatoio del carburante di una barca ha la forma di un prisma retto avente per base un triangolo isoscele rovesciato.
Claudio porta la sua barca a fare rifornimento, sapendo che gli restano solo 15 L di carburante. La pompa versa 2 L di carburante al secondo nel serbatoio.

- Scriviamo la funzione che esprime l'altezza del livello del carburante in funzione del tempo e rappresentiamola graficamente.
- Dopo quanto tempo il serbatoio è pieno?

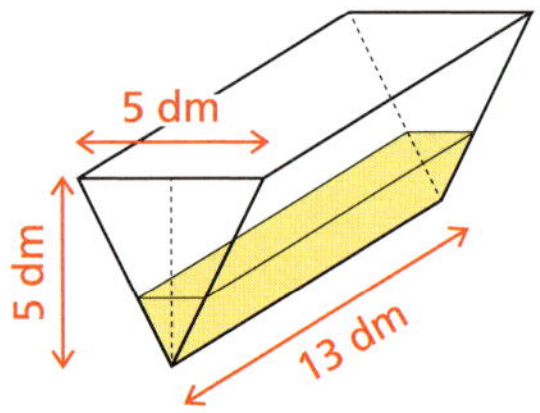

▶ **Esprimiamo il volume del carburante in funzione del tempo.**

Inizialmente, per $t = 0$, il volume è di $15\ \text{L} = 15\ \text{dm}^3$. Quando la pompa inizia a erogare il carburante, il volume aumenta di 2 L al secondo, pertanto:

$$V(t) = 15 + 2 \cdot t, \quad \text{con } t \text{ misurato in secondi.}$$

▶ Esprimiamo il volume in funzione dell'altezza del livello del carburante.

Il liquido prende la forma del recipiente che lo contiene, quindi in ogni istante lo spazio occupato dal carburante è un prisma a base triangolare.

Chiamiamo l la lunghezza del serbatoio, h l'altezza del triangolo di base (che è anche l'altezza del livello del carburante) e b la base. Osserviamo che l è costante nel tempo e misura 13 dm, mentre b e h cambiano.

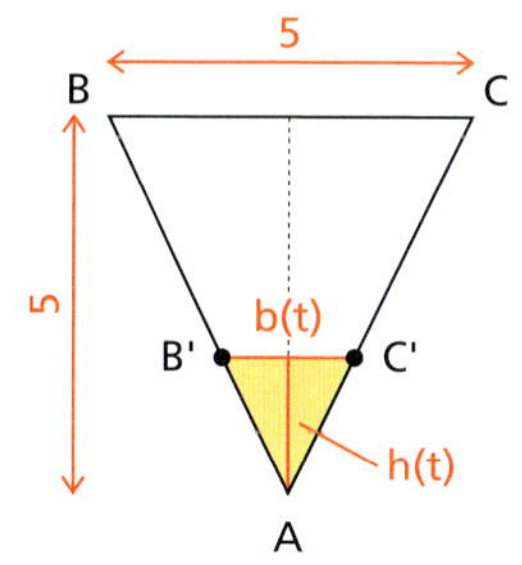

Analizzando una sezione del serbatoio, notiamo che il triangolo ABC è simile al triangolo $AB'C'$, per cui:

$$5:5 = b(t):h(t) \quad \rightarrow \quad b(t) = h(t).$$

Il volume del carburante è:

$$V(t) = \frac{b(t) \cdot h(t)}{2} \cdot l = \frac{13}{2} h(t)^2.$$

▶ Esprimiamo l'altezza del livello del carburante in funzione del tempo.

Uguagliamo le espressioni ottenute per il volume:

$$\frac{13}{2} h(t)^2 = 15 + 2t \quad \rightarrow \quad h(t) = \sqrt{\frac{30+4t}{13}}.$$

▶ Studiamo la funzione $h(t)$.

Il dominio naturale della funzione è dato da:

$$\frac{30+4t}{13} \geq 0 \quad \rightarrow \quad t \geq -\frac{15}{2}.$$

La funzione interseca gli assi in $\left(-\frac{15}{2}; 0\right)$ e $\left(0; \sqrt{\frac{30}{13}}\right)$, dove $\sqrt{\frac{30}{13}} \simeq 1{,}52$ dm è il livello del carburante prima del rifornimento.

Per $t \to +\infty$ è $h(t) \to +\infty$. La funzione non ammette però asintoto obliquo, infatti:

$$m = \lim_{t\to+\infty} \frac{f(t)}{t} = \lim_{t\to+\infty} \frac{1}{t}\sqrt{\frac{30+4t}{13}} = 0.$$

Calcoliamo la derivata prima:

$$h'(t) = \frac{2}{13}\sqrt{\frac{13}{30+4t}}$$

La derivata prima è sempre positiva, quindi $h(t)$ è strettamente crescente (come era prevedibile rappresentando il livello del carburante durante il rifornimento).

▶ Calcoliamo il tempo di riempimento.

L'altezza massima del livello del carburante è data dalle dimensioni del serbatoio ed è di 5 dm, quindi:

$$5 = \sqrt{\frac{30+4t}{13}} \quad \underset{\text{eleviamo al quadrato}}{\rightarrow} \quad 25 = \frac{30+4t}{13} \quad \underset{\text{isoliamo } t}{\rightarrow} \quad t = 73{,}75 \text{ s}.$$

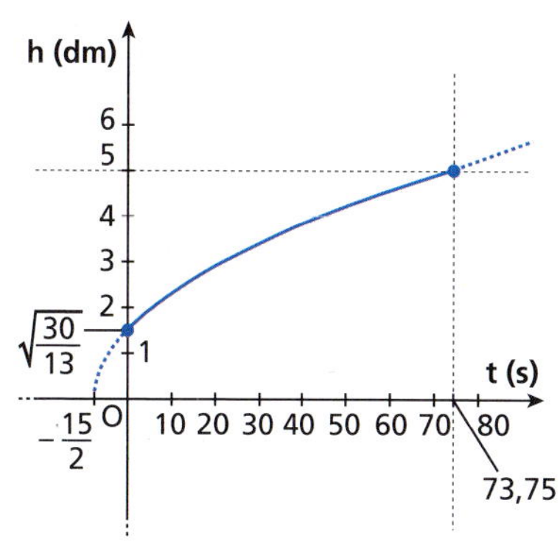

La funzione $h(t)$ è definita matematicamente per $t \geq -\frac{15}{2}$, ma dal punto di vista della situazione reale assume significato solo per $0 \leq t \leq 73{,}75$.

86 ●○ **Cotti a puntino** Pietro accende il forno di casa per preparare dei biscotti e imposta la temperatura indicata sulla ricetta. Durante la cottura legge la temperatura con il termometro del forno e prende nota dei valori. Poi elabora i dati con un foglio di calcolo e ottiene la funzione che descrive la temperatura T (in gradi centigradi) al variare del tempo t (in minuti).

$$T(t) = \frac{100 + 1800t}{5 + 12t}$$

a. Rappresenta graficamente la funzione.

b. A che temperatura Pietro ha impostato il forno? [b) 150 °C]

87 ●● **Solare** Il grafico rappresenta in modo approssimato lo spettro della luce solare che raggiunge la superficie terrestre.

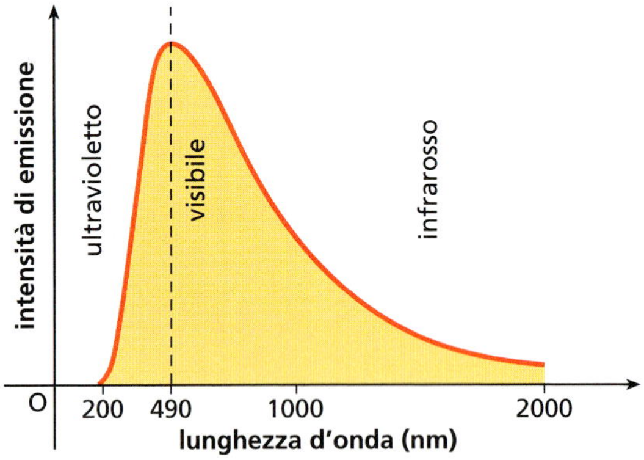

In ascissa è riportata la lunghezza d'onda, espressa in nanometri (10^{-9} m), e la curva rappresentata (densità spettrale) indica com'è distribuita, al variare della lunghezza d'onda, l'intensità della radiazione. L'area evidenziata in giallo corrisponde all'intensità complessiva.
Chiamata $f(x)$ la funzione rappresentata nel grafico, disegna in modo approssimato il grafico della funzione derivata.

88 ●● **Torte e profitti** Un laboratorio di pasticceria produce torte decorate da un noto cake-designer. Ogni mese ne vende 50 a un negozio a € 35 l'una e le altre le vende a € 50 al pubblico.
Il laboratorio paga un affitto mensile di € 800, sostiene una spesa fissa media di € 500 per consumi e manutenzione attrezzature e una spesa variabile direttamente proporzionale al quadrato del numero delle torte prodotte, con costante di proporzionalità pari a € 0,125.
Al laboratorio una torta costa in media € 15.

a. Esprimi il profitto annuo in funzione del numero di torte realizzate, ipotizzando che mediamente (tenendo conto anche dei periodi di chiusura) ogni mese vengano preparate almeno 100 torte.

b. Calcola la derivata della funzione profitto e determina quando si annulla.

c. Rappresenta graficamente la funzione profitto in un opportuno sistema di riferimento e interpreta il significato del numero di torte per cui la derivata si annulla.

[a) $p(x) = -1,5x^2 + 420x - 24\,600$, con $x \geq 100$ torte prodotte al mese; b) $x = 140$; c) profitto max: $x = 140$]

89 ●● **Lo scivolo** La figura a fianco rappresenta il profilo verticale di uno scivolo lungo il quale sale una macchinina telecomandata dalla posizione iniziale A. Si hanno le seguenti informazioni:

- la macchinina è inizialmente ferma; Daniele aziona il telecomando e la fa partire;
- Daniele abbandona improvvisamente il gioco e la macchinina si ferma prima di oltrepassare la sommità dello scivolo;
- la macchinina inizia a indietreggiare ma non riesce a recuperare, scendendo, la sua posizione iniziale.

Nel diagramma sono rappresentate insieme la distanza $s(t)$ dall'origine, la velocità istantanea $v(t)$ e l'accelerazione istantanea $a(t)$ della macchinina in funzione del tempo t.

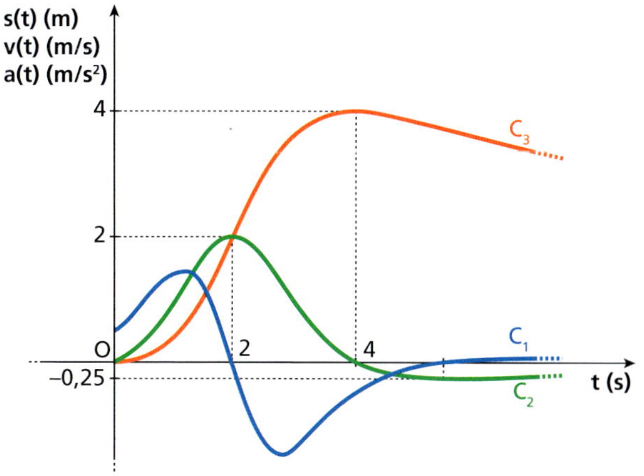

a. Associa ciascuna funzione a una delle curve rappresentate, motivando la tua risposta.

b. In base ai dati riportati sul diagramma, quali sono la massima distanza dall'origine e la massima velocità istantanea raggiunte dalla macchinina? In quali istanti vengono raggiunti tali massimi?

c. Per quali valori dei parametri a, b, c la funzione

$$s(t) = \frac{at^2}{t^2 + bt + c}, \quad \text{con } t \geq 0,$$

può plausibilmente adattarsi ai grafici rappresentati? Quale risulta la posizione finale della macchinina se $t \to +\infty$?

[a) $s(t)$, C_3; $v(t)$, C_2; $a(t)$, C_1; b) $s_M(4) = 4$ m, $v_M(2) = 2$ m/s; c) $a = 2$, $b = -4$, $c = 8$; 2]

90 ●● **In equilibrio** Quando un bene è disponibile in abbondanza, il parametro che equilibra la domanda e l'offerta del bene stesso è il suo prezzo di vendita. Se x è il prezzo in euro a unità di un bene, $d(x) = e^{1-x}$ la legge della domanda e $g(x) = \frac{1}{2}x$ la legge dell'offerta, allora:

a. determina il prezzo di equilibrio del bene con due cifre decimali esatte, ossia il prezzo per il quale domanda e offerta assumono lo stesso valore;

b. traccia il grafico qualitativo della funzione $h(x) = |d(x) - g(x)|$, distanza tra domanda e offerta;

c. stabilisci per quale prezzo $x \in [0,50; 3]$ si ottiene la massima distanza tra domanda e offerta. Che tipo di singolarità rappresenta per $h(x)$ il prezzo di equilibrio del punto **a**?

[a) € 1,37; c) € 0,50, punto angoloso]

91 ●● **Imparo, imparo, imparo** Lo psicologo L.L. Thurstone nel 1916 elaborò un metodo per descrivere l'apprendimento L di una data abilità (imparare a leggere, a guidare un'auto, a risolvere problemi di matematica...) in funzione del grado di pratica x. L'equazione formulata è:

$$L(x) = \frac{x}{a + bx}, \quad a, b \text{ parametri reali positivi, } x \text{ reale positivo.}$$

a. Valori diversi del parametro b si riferiscono a persone che imparano con diversa facilità: a chi attribuire i valori minori di b?

b. Quale significato assume in psicologia dell'apprendimento l'esistenza dell'asintoto orizzontale?

c. Quale significato assume la derivata prima della funzione $L(x)$?

(U.M.I., umi.dm.unibo.it/umi, esempi di terze prove)

[a) persone che apprendono più facilmente; b) l'apprendimento si stabilizza all'aumentare della pratica; c) la velocità di apprendimento]

VERIFICA DELLE COMPETENZE

INDIVIDUARE STRATEGIE E APPLICARE METODI PER RISOLVERE PROBLEMI

LEGGI IL GRAFICO

92 ●● Una funzione $f(x)$ è definita e derivabile, insieme alle sue derivate prima e seconda, in $[0; +\infty[$ e nella figura sono disegnati i grafici Γ e Λ di $f(x)$ e della sua derivata seconda $f''(x)$. La tangente a Γ nel suo punto di flesso, di coordinate $(2; 4)$ passa per $(0; 0)$, mentre le rette $y = 8$ e $y = 0$ sono asintoti orizzontali per Γ e Λ, rispettivamente.

a. Si dimostri che la funzione $f'(x)$, ovvero la derivata prima di $f(x)$, ha un massimo e se ne determinino le coordinate. Sapendo che per ogni x del dominio è $f''(x) \leq f'(x) \leq f(x)$, quale è il possibile andamento di $f'(x)$?

b. Si supponga che $f(x)$ costituisca, ovviamente in opportune unità di misura, il modello di crescita di un certo tipo di popolazione. Quali informazioni sulla sua evoluzione si possono dedurre dai grafici in figura e in particolare dal fatto che Γ presenta un asintoto orizzontale e un punto di flesso?

c. Se Γ è il grafico della funzione $f(x) = \dfrac{a}{1 + e^{b-x}}$, si provi che $a = 8$ e $b = 2$.

(*Esame di Stato, Liceo scientifico, Corso sperimentale, Sessione ordinaria*, 2013, *dal problema* 1)

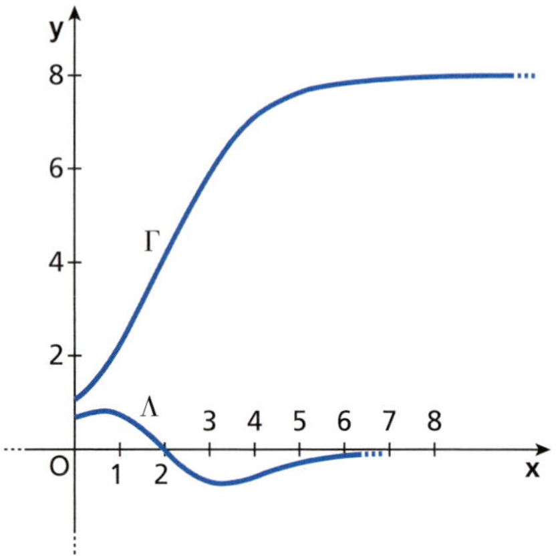

93 ●● Della funzione f, definita per $0 \leq x \leq 6$, si sa che è dotata di derivata prima e seconda e che il grafico della sua derivata $f'(x)$ presenta due tangenti orizzontali per $x = 2$ e $x = 4$. Si sa anche che $f(0) = 9$, $f(3) = 6$ e $f(5) = 3$.

a. Si trovino le ascisse dei punti di flesso di f motivando le risposte in modo esauriente.

b. Per quale valore di x la funzione f presenta il suo minimo assoluto?

c. Sulla base delle informazioni note, quale andamento potrebbe avere il grafico di f?

d. Sia g la funzione definita da $g(x) = xf(x)$. Si trovino le equazioni delle rette tangenti ai grafici di f e di g nei rispettivi punti di ascissa $x = 3$ e si determini la misura, in gradi e primi sessagesimali, dell'angolo acuto che esse formano.

(*Esame di Stato, Liceo scientifico, Corso sperimentale, Sessione ordinaria*, 2012, *dal problema* 1)

[a) $x = 2$, $x = 4$; b) $x = 5$; d) $y = -x + 9$, $y = 3x + 9$, $63°26'$]

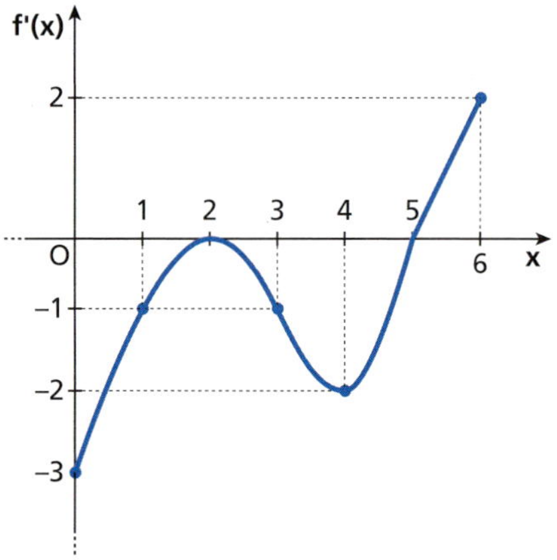

94 ●● La figura mostra il grafico di una funzione $V(x)$.

a. Stabilisci quale delle seguenti funzioni può essere utilizzata come modello per descrivere tale andamento:

$$y = 1 - \cos(kx), \quad y = kx^3 - 3kx^2, \quad y = kx^2e^{k-x}.$$

b. Individuata la famiglia di funzioni, determina il valore del parametro k in modo che M abbia ordinata $4e^{-1}$.

c. La funzione $V(x)$ rappresenta, per $x > 0$, il volume di una scatola con base quadrata di lato x (espresso in dm) e altezza h. Determina le dimensioni della scatola di massimo volume.

[a) $y = kx^2e^{k-x}$; b) $k = 1$; c) $x = 2$, $h = e^{-1}$]

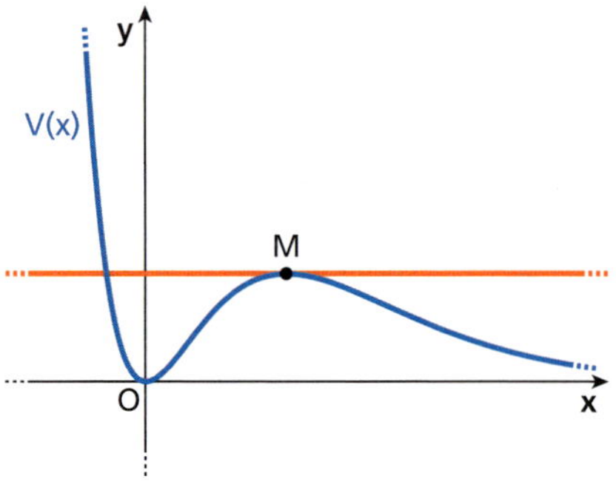

95 ●● La figura mostra il grafico della funzione $f(x)=\dfrac{ax+b}{x+c}$.

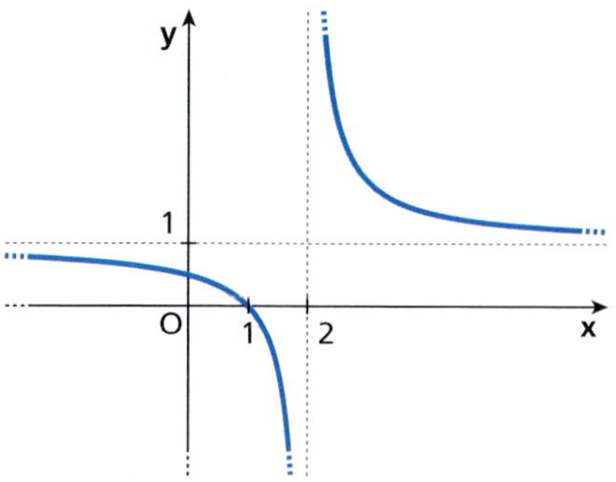

a. Determina il valore dei parametri reali a, b, c.

b. Disegna il grafico della funzione $g(x)=|f(x)|$.

c. Considera la funzione $h(x)=e^{|f(x)|}$, trovane gli intervalli di crescenza, gli eventuali estremanti e determina le equazioni dei suoi asintoti. Quindi traccia il grafico di $h(x)$.

[a) $a=1, b=-1, c=-2$; c) cresc. per $1<x<2$, min$(1;1)$ angoloso, a: $x=2$, $y=e$]

96 ●○ In un piano riferito a un sistema di assi ortogonali Oxy sono assegnate le rette r: $y=tx$ e s: $y=x+2t$, con t parametro reale.

a. Determina le coordinate del punto P intersezione delle rette r e s in funzione di t, quindi ricava l'ordinata di P come funzione $y=f(x)$ della sua ascissa.

b. Stabilito che la funzione richiesta al punto **a** è $f(x)=\dfrac{x^2}{x-2}$, studiala e rappresentala graficamente.

c. Dimostra che dal punto $C(2; 4)$ non può essere condotta nessuna retta che sia tangente al grafico di $f(x)$.

[a) $P\left(\dfrac{2t}{t-1}; \dfrac{2t^2}{t-1}\right)$, $y=\dfrac{x^2}{x-2}$; b) a: $x=2$, $y=x+2$, max $(0; 0)$, min $(4; 8)$, nessun flesso]

97 ●○ Si consideri la funzione $f(x)=|e^{2x}-3e^x|$.

a. Si mostri che

$$\lim_{x\to-\infty} f(x)=0 \quad \text{e} \quad \lim_{x\to+\infty} f(x)=+\infty.$$

b. Si disegni il grafico Γ di $f(x)$.

c. Si dica se alla funzione $f(x)$ si può applicare il teorema di Rolle nell'intervallo $[0; \ln 2]$ e il teorema di Lagrange nell'intervallo $[1; 2]$, giustificando le risposte.

(Esame di Stato, Liceo scientifico, Scuole italiane all'estero (Americhe), Sessione ordinaria, 2014, *dal problema* 1)

98 ●● Considera la famiglia di funzioni $f(x)=2x^4-3x^2-2kx+3$.

a. Determina il punto comune a tutte le funzioni.

b. Trova le coordinate dei punti di flesso in funzione di k e verifica che appartengono a una coppia di rette parallele tra loro.

c. Determina i valori del parametro k in modo che la curva abbia un flesso a tangente orizzontale e verifica che le curve corrispondenti sono tra loro simmetriche rispetto all'asse y.

d. Disegna il grafico delle curve trovate.

[a) $P(0; 3)$; b) $F_1\left(\dfrac{1}{2}; \dfrac{19}{8}-k\right)$, $F_2\left(-\dfrac{1}{2}; \dfrac{19}{8}+k\right)$; c) $k=\pm 1$]

99 ●● Si consideri la funzione:

$$f(x)=x-2\arctan x.$$

a. Si studi tale funzione e si tracci il suo grafico γ, su un piano riferito ad un sistema di assi cartesiani ortogonali Oxy.

b. La curva γ incontra l'asse x, oltre che nell'origine, in altri due punti aventi ascisse opposte. Detta ξ l'ascissa positiva, si dimostri che $1<\xi<\pi$ e se ne calcoli un valore approssimato con due cifre decimali esatte.

c. Si scriva l'equazione della tangente a γ nel suo punto di flesso, si verifichi che essa risulta perpendicolare ad entrambi gli asintoti e si calcoli l'area del triangolo che essa forma con uno degli asintoti e l'asse x.

(Esame di Stato, Liceo scientifico, Corso sperimentale, Sessione suppletiva, 2013, *dal problema* 2)

[b) 2,33; c) $y=-x$, $\dfrac{\pi^2}{4}$]

VERIFICA DELLE COMPETENZE

100 ●● Sono dati un quarto di cerchio AOB e la tangente t a esso in A. Dal punto O si mandi una semiretta che intersechi l'arco AB e la tangente t, rispettivamente, in M ed N.

a. Posto $A\widehat{O}M = \alpha$, si calcoli il rapporto:

$$\frac{MN}{MA}$$

e lo si esprima in funzione di $x = \sin\frac{\alpha}{2}$, controllando che risulta:

$$f(x) = \frac{x}{1-2x^2}.$$

b. Prescindendo dalla questione geometrica, si studi la funzione $f(x)$ e se ne tracci il grafico γ.

c. Si scriva l'equazione della tangente a γ nel punto di flesso; si scriva poi l'equazione della circonferenza con il centro nel suddetto punto di flesso e tangente agli asintoti verticali di γ.

(*Esame di Stato, Liceo scientifico, Corso di ordinamento, Sessione suppletiva*, 2014, *dal problema* 1)

[c) $y = x$, $x^2 + y^2 = \frac{1}{2}$]

101 ●● Considera la funzione $f(x) = e^{x\ln|x|}$.

a. Dopo aver calcolato $\lim_{x\to 0} x\cdot\ln|x|$, studia le discontinuità della funzione $f(x)$ e determina gli eventuali asintoti.

b. Verifica che $f'(x) = f(x)(1+\ln|x|)$ e determina gli estremi della funzione f.

c. Studia la derivabilità della funzione in $x = 0$.

d. Disegna un grafico indicativo della funzione, trascurando lo studio della derivata seconda.

[a) $x = 0$ disc. III sp., *a*: $y = 0$; b) max $\left(-\frac{1}{e}; e^{\frac{1}{e}}\right)$, min $\left(\frac{1}{e}; e^{-\frac{1}{e}}\right)$]

102 ●● Si consideri la funzione: $f(x) = \dfrac{e^x(x-1)}{x^2}$.

a. Si studi tale funzione e si tracci il suo grafico γ, su un piano riferito ad un sistema di assi cartesiani ortogonali (Oxy).

b. Si dimostri che l'equazione $x^3 - 3x^2 + 6x - 6 = 0$ ha, sull'intervallo $1 < x < 2$, un'unica radice reale ξ e se ne calcoli un valore approssimato con due cifre decimali esatte. Dopo aver constatato che ξ altro non è che l'ascissa del punto di flesso della curva γ, si calcoli il valore approssimato dell'ordinata.

c. Si scrivano le equazioni della tangente e della normale a γ nel punto di intersezione con l'asse x e si calcoli l'area del triangolo che esse formano con l'asse y.

(*Esame di Stato, Liceo scientifico, Corso sperimentale, Sessione suppletiva*, 2014, *dal problema* 2)

[b) $\xi \simeq 1{,}59$, $f(\xi) \simeq 1{,}14$; c) t: $y = e(x-1)$, n: $y = \frac{1}{e}(1-x)$, $A \simeq 1{,}54$]

103 ●● A lato è disegnato il grafico Γ della funzione

$$f(x) = x\sqrt{4-x^2}.$$

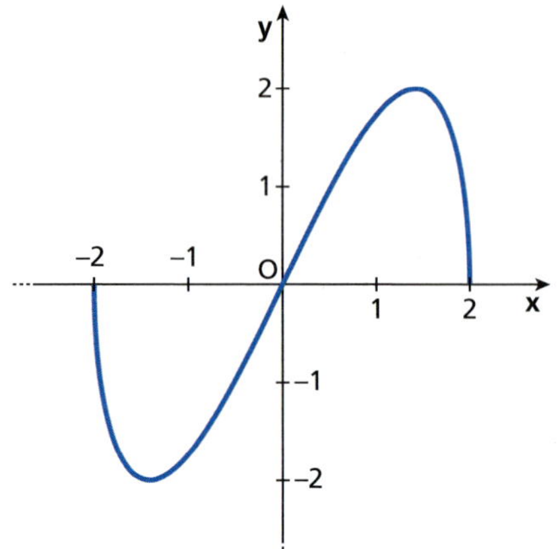

a. Si calcolino il massimo e il minimo assoluti di $f(x)$.

b. Si dica se l'origine O è centro di simmetria per Γ e si calcoli, in gradi e primi sessagesimali, l'angolo che la tangente in O a Γ forma con la direzione positiva dell'asse x.

c. Sia $h(x) = \sin(f(x))$ con $0 \le x \le 2$. Quanti sono i punti del grafico di $h(x)$ di ordinata 1? Il grafico di $h(x)$ presenta punti di minimo, assoluti o relativi? Per quali valori reali di k l'equazione $h(x) = k$ ha 4 soluzioni distinte?

(*Esame di Stato, Liceo scientifico, Corso di ordinamento, Sessione ordinaria*, 2014, *dal problema* 2)

[a) max$(\sqrt{2}; 2)$, min$(-\sqrt{2}; -2)$; b) 63°26′; c) due, min. rel. in $x = \sqrt{2}$, min. ass. in $x = 0$, $x = 2$; $\sin 2 < k < 1$]

104 ●● Fissato $k \in \mathbb{R}$, la funzione $g_k: \mathbb{R} \to \mathbb{R}$ è così definita: $g_k(x) = e^{-kx^2}$.

Si indica con Γ_k il suo grafico, in un riferimento cartesiano Oxy.

a. Descrivi, a seconda delle possibili scelte di $k \in \mathbb{R}$, l'andamento della funzione g_k.

b. Determina per quali $k \in \mathbb{R}$ il grafico Γ_k possiede punti di flesso e dimostra che, in tali casi, le ordinate dei punti di flesso non dipendono dal valore di k e che le rette tangenti nei punti di flesso, qualunque sia k, passano tutte per il punto $T\left(0; \frac{2}{\sqrt{e}}\right)$.

Assumi nel seguito $k > 0$. Sia S_k la regione di piano compresa tra l'asse x e Γ_k.

c. Prova che esiste un unico rettangolo R_k di area massima, tra quelli inscritti in S_k e aventi un lato sull'asse x, e che tale rettangolo ha tra i suoi vertici i punti di flesso di Γ_k. È possibile scegliere k in modo che tale rettangolo R_k sia un quadrato?

(*Esame di Stato, Liceo scientifico, Corso di ordinamento, Sessione suppletiva*, 2016, *dal problema* 2)

[b) $k > 0$; c) quadrato se $k = 2e$]

105 ●● Sia f la funzione definita da $f(x) = (4x - 2) \cdot e^{2x}$.

a. Dimostra che la funzione possiede un unico punto di minimo e un unico punto di flesso. Calcola le coordinate del minimo e del flesso e traccia il grafico G_f della funzione;

b. Dimostra che la funzione $g(x) = (-4x - 2) \cdot e^{-2x}$ è simmetrica a f rispetto all'asse y e tracciane il grafico G_g.

c. Sia f_a la famiglia di funzioni definite da $f_a(x) = (2ax - 2) \cdot e^{ax}$, con $a \in \mathbb{R} - \{0\}$. Per ogni funzione f_a la tangente al grafico nel punto di flesso interseca l'asse x e l'asse y delimitando un triangolo rettangolo. Determina i valori di a per i quali tale triangolo è anche isoscele, spiegando il procedimento seguito.

(*Esame di Stato, Liceo scientifico, Corso di ordinamento, Sessione straordinaria*, 2015, *dal problema* 2)

$\left[\text{a) } \min(0; -2), F\left(-\frac{1}{2}, -\frac{4}{e}\right); \text{c) } a = \pm\frac{e}{2}\right]$

106 ●● Giustifica il fatto che la funzione

$$y = x^2 + \frac{4}{x^2 - a^2}$$

ammette *almeno* tre punti estremanti per qualunque valore di $a \neq 0$.

a. Stabilisci per quali valori di a il numero dei punti estremanti è superiore a 3, precisando anche se si tratta di punti di massimo o di minimo relativi.

b. Utilizzando le informazioni precedenti e le caratteristiche di simmetria della funzione, studia e rappresenta la funzione per $a = 2$ (trascura lo studio della derivata seconda).

c. Discuti il numero di soluzioni dell'equazione $x^2 + \frac{4}{x^2 - 4} = h$ al variare di h nell'insiene dei numeri reali.

[a) per $a < -\sqrt{2} \vee a > \sqrt{2}$ due punti di max e tre di min; c) per $h \geq 8 \vee -1 \leq h \leq 0$ quattro sol.; per $h < -1$ due sol.]

107 ●● Considera il fascio di circonferenze di equazione:

$$x^2 + y^2 - 2kx - 2\left(k + \frac{1}{k-1}\right)y - 1 = 0, \quad k \in \mathbb{R}.$$

a. Determina l'equazione del luogo γ descritto dal centro delle circonferenze al variare di k e rappresenta il suo grafico dopo uno studio completo.

b. Traccia la retta r parallela all'asintoto obliquo di γ passante per il punto $(0; 2)$ e determina il punto di intersezione con γ.

c. Considerati i punti R e S, con uguale ascissa, rispettivamente sulla retta r e su γ, determina la funzione $f(x) = \overline{RS}$. Studia e rappresenta il grafico di $f(x)$.

$\left[\text{a) } y = x + \frac{1}{x-1}; \text{b) } y = x + 2, \left(\frac{3}{2}; \frac{7}{2}\right); \text{c) } f(x) = \left|\frac{2x-3}{x-1}\right|\right]$

108 Data la cubica

$$y = ax^3 + bx^2 - cx + d \text{ con } a, b, c, d \in \mathbb{R},\ a \neq 0,$$

verifica che ammette sempre un punto di flesso.

a. Determina il valore dei parametri per cui la curva ha il punto di flesso nell'origine e il massimo nel punto (2; 8). Studia e rappresenta graficamente la funzione ottenuta.

b. Dopo aver trovato l'equazione della tangente t alla curva nell'origine, considera una retta passante per l'origine e compresa tra l'asse x e t. Determina la retta che rende massima l'area del triangolo APB, dove con P si è indicato il punto di intersezione tra la retta e la cubica nel primo quadrante e con A e B i punti di intersezione tra la cubica e l'asse x diversi dall'origine.

[a) $y = -\frac{1}{2}x^3 + 6x$; b) area max $16\sqrt{3}$, con la retta $y = 4x$]

109 Considera l'insieme di funzioni $f(x) = \dfrac{kx^2 - k + 1}{x^2 + 1}$, con $k \in \mathbb{R}$.

a. Studia al variare di k in $\mathbb{R}$ l'andamento dei grafici delle funzioni (dominio, simmetrie, massimi e minimi).

b. Dopo aver determinato k in modo che il grafico sia tangente alla curva γ di equazione $y = 1 - \sqrt{1 - x^2}$ nel suo punto di minimo relativo, studia e rappresenta graficamente la funzione $f(x)$ ottenuta mettendone in evidenza anche i punti di flesso.

c. Considerato un punto P di ascissa positiva e appartenente al grafico di f, trova, in funzione dell'ascissa del punto, l'area del triangolo PHA, dove H indica la proiezione di P sull'asintoto e A è il punto (0; 1). Determina quindi il punto P per cui risulta massima l'area del triangolo.

[b) $k = 1$; c) $P\left(1; \frac{1}{2}\right)$]

110 IN FISICA Una particella si muove lungo una retta con la seguente equazione oraria: $s(t) = te^{-t}$, con $t \geq 0$.

a. Disegna il grafico di $s(t)$.

b. In quale istante la particella raggiunge la distanza massima dal punto di partenza? Quanto misura tale distanza?

c. Come varia il verso della velocità nel corso del tempo?

d. Calcola velocità e accelerazione negli istanti $t_1 = 1$ e $t_2 = 2$.

[b) $t = 1$; distanza massima $= e^{-1}$; c) velocità positiva per $0 \leq t < 1$, nulla per $t = 1$, negativa per $t > 1$; d) $v_1 = 0$, $a_1 = -e^{-1}$; $v_2 = -e^{-2}$, $a_2 = 0$]

111 Considera la funzione $f(x) = \ln(x^2 - x + 2)$ e il fascio di rette con centro nell'origine.

a. Esegui lo studio di f dimostrando in particolare che ammette minimo assoluto; disegna il grafico.

b. Determina la retta del fascio passante per il punto di minimo e dimostra che non ha ulteriori intersezioni con f.

c. Dimostra che ogni retta del fascio, escluso l'asse delle ascisse, ha almeno un punto in comune con la funzione data.

[a) min $\left(\frac{1}{2}; \ln\frac{7}{4}\right)$; b) $y = 2\left(\ln\frac{7}{4}\right)x$]

112 Considera la funzione $f(x) = \sqrt[3]{x - 2}$.

a. Disegna il grafico e dimostra che è simmetrico rispetto al punto $C(2; 0)$.

b. Scrivi l'equazione del fascio di circonferenze tangenti in C alla retta $x = 2$ e quindi determina la circonferenza γ passante per il punto (6; 0).

c. Aiutandoti anche con il grafico dai una giustificazione del fatto che f e γ hanno soltanto due punti in comune. Con uno dei metodi studiati determina l'ascissa del secondo punto di intersezione fra f e γ con due cifre decimali esatte.

[a) se $P(x; y)$ appartiene al grafico, anche il simmetrico $P'(4 - x; -y)$ appartiene al grafico; b) $x^2 + y^2 + ax - 2a - 4 = 0$; $(x - 4)^2 + y^2 = 4$; c) 5,33]

113 Data la funzione $y = xe^x$, rispondi ai seguenti quesiti.

a. Disegna il grafico.

b. Scrivi l'equazione del fascio di circonferenze con centro nel punto $C(-1; 0)$ e determina per quali valori del raggio tali circonferenze hanno punti in comune con il grafico della funzione.

c. Verifica che la circonferenza avente raggio $r = 1$ interseca la funzione nell'origine O e in un altro punto A. Determina un'approssimazione dell'ascissa di A con uno dei metodi che conosci.

[b) $(x+1)^2 + y^2 = r^2$, $r \geq e^{-1}$; c) $x(xe^{2x} + x + 2) = 0$, $x_A = -1{,}96118\ldots$]

114 Sono dati la funzione $f(x) = e^{\cos x}$ e il fascio Γ di circonferenze:

$$x^2 + y^2 + (k-4)y - ke - e^2 + 4e = 0.$$

a. Studia la funzione e disegna il grafico.

b. Studia la natura di Γ e determina la circonferenza δ con centro nell'origine.

c. Calcola un valore approssimato con due cifre decimali esatte dell'ascissa dei punti di intersezione fra tale circonferenza e la funzione.

[a) f è pari con periodo 2π; max per $x = 2k\pi$, min per $x = (2k+1)\pi$; b) circonferenze tangenti in $(0; e)$ alla retta $y - e = 0$; generatrici $x^2 + (y-2)^2 = (e-2)^2$, $y - e = 0$; $x^2 + y^2 = e^2$; c) $-2{,}68$ e $2{,}68$]

115 Studia la funzione:

$$f(x) = \frac{|x|}{\sqrt{x^2-2}}.$$

a. Sia $h(x)$ la restrizione di $f(x)$ nell'intervallo $]\sqrt{2}; +\infty[$ e γ il suo grafico. Prova che $h(x)$ ammette la funzione inversa h^{-1}, di cui devi precisare dominio e segno. Determina $y = h^{-1}(x)$ e tracciane il grafico γ_1 nello stesso sistema di assi cartesiani di γ.

b. Scrivi le equazioni delle tangenti a γ e a γ_1 nel punto di intersezione tra le due curve.

c. Verifica che γ_1 può essere vista come risultato di una trasformazione geometrica del tipo $\begin{cases} x' = ax \\ y' = by \end{cases}$ applicata alla curva γ.

$\left[\text{a) } y = h^{-1}(x) = \dfrac{\sqrt{2}\,x}{\sqrt{x^2-1}}\text{; b) } y = -2x + 3\sqrt{3},\ y = -\dfrac{1}{2}x + \dfrac{3\sqrt{3}}{2}\text{; c) } a = \dfrac{1}{\sqrt{2}},\ b = \sqrt{2}\right]$

116 Considera la funzione $f(x) = \dfrac{2x+1}{x^2(x+1)^2}$.

a. Determina gli asintoti della funzione $f(x)$.

b. Dimostra che esistono due numeri reali A e B tali che $f(x) = \dfrac{A}{x^2} + \dfrac{B}{(x+1)^2}$ e che la funzione non ammette punti di estremo relativo.

c. Disegna il grafico della funzione, determinando l'equazione della tangente inflessionale.

d. Calcola $\lim\limits_{n \to +\infty} (f(1) + f(2) + f(3) + \ldots + f(n))$.

[a) $x = 0$, $x = -1$, $y = 0$; b) $A = 1$, $B = -1$; c) $y = 32x + 16$; d) 1]

117 L'ellisse Σ ha equazione $x^2 + 4y^2 = 4$ e $P(a; b)$, con $b \geq 0$, è un suo punto.

a. Si determini l'equazione della tangente a Σ in P e se ne indichi con Q l'intersezione con l'asse y.

b. Si determini l'equazione cartesiana del luogo geometrico Ω descritto dal punto medio M del segmento PQ al variare di P.

c. Si studi e si rappresenti Ω avendo trovato che la sua equazione è: $y = \dfrac{(2-x^2)}{2\sqrt{1-x^2}}$.

(*Esame di Stato, Liceo scientifico, Scuole italiane all'estero, Sessione ordinaria*, 2008, *problema* 1)

$\left[\text{a) } y = -\dfrac{ax}{2\sqrt{4-a^2}} + \dfrac{2}{\sqrt{4-a^2}}\text{; b) } y = \dfrac{(2-x^2)}{2\sqrt{1-x^2}}\right]$

VERIFICA DELLE COMPETENZE PROVE

1 ora

PROVA A

Studia e rappresenta graficamente le seguenti funzioni.

1 $y = x^4 + 2x^3 - 2x - 1$

2 $y = \dfrac{x^2 - 1}{x^2 + 1}$

3 $y = (2 - x)e^x$

---

4 **TEST** Quale delle seguenti funzioni è rappresentata dal grafico della figura?

- **A** $y = x^2(x + 2)$
- **B** $y = x(x + 2)^2$
- **C** $y = x(x + 1)(x + 2)$
- **D** $y = x^2(x + 2)^2$
- **E** $y = x^4 + 2x^2$

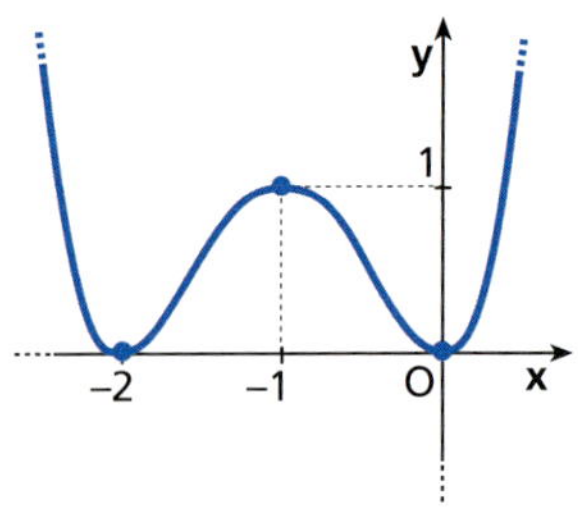

5 Il grafico della figura ha equazione

$$f(x) = (ax + b)e^x.$$

Calcola i valori di a e b. Determina l'ordinata di A e le coordinate del punto di flesso.

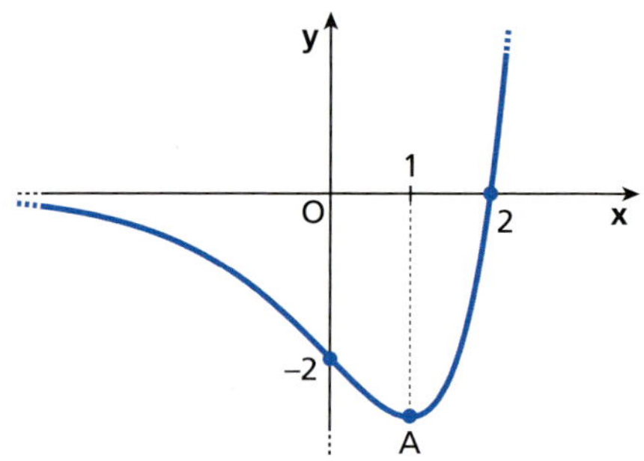

---

6 Risolvi graficamente l'equazione $4e^x + x - 5 = 0$.

PROVA B

1 **TEST** Osserva i grafici che rappresentano $f(x)$ e $g(x)$. Quale relazione è corretta?

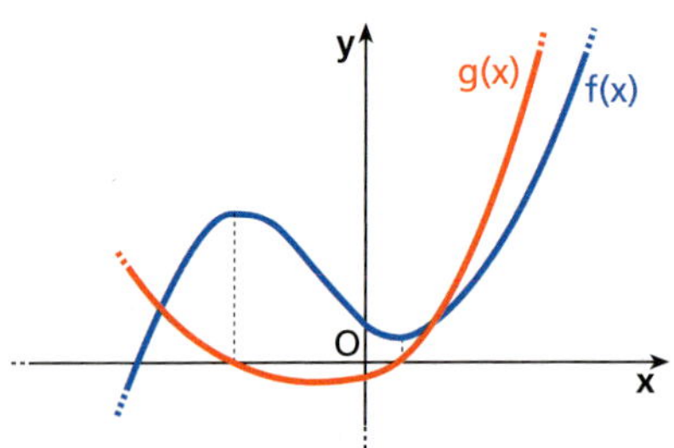

- **A** $f(x) = g'(x)$
- **B** $f(x) = g''(x)$
- **C** $f'(x) = g(x)$
- **D** $f''(x) = g(x)$
- **E** $f'(x) = g'(x)$

2 Considera la funzione $f(x) = \dfrac{x^2}{1 - \ln x}$.

a. Disegna il grafico.

b. Rappresenta il grafico della funzione:

$$g(x) = f(|x|).$$

3 Dimostra che la disuguaglianza $x^2 + \dfrac{1}{x} < e^{x^2}$ è valida per ogni $x \geq 1$.

4 Trova per quali valori di a e $b \in \mathbb{R}$ il grafico della funzione:

$$f(x) = xe^{ax} + b$$

passa per l'origine e ha un flesso di ordinata $\dfrac{2}{e^2}$. Rappresenta $f(x)$ per i valori di a e b trovati.

5 Stabilisci per quali valori del parametro reale k l'equazione $x^3 - k\ln x = 0$ ammette soluzioni.

6 Dimostra che l'equazione $x - 1 - \sin x = 0$ ammette una e una sola soluzione nell'intervallo $\left[\dfrac{\pi}{2}; \pi\right]$ e calcola il suo valore approssimato con due cifre decimali esatte.

PROVA C

Car racing Un veicolo da corsa viaggia su una pista rettilinea e la legge che esprime la sua accelerazione rispetto al tempo è data da

$$a(t) = t^3 - 7t^2 + 12t, \quad \text{con } 0 \leq t \leq 5,$$

dove t è espresso in minuti e a in km al minuto quadrato.

a. Studia e rappresenta graficamente la funzione.

b. In quali intervalli la velocità aumenta e in quali diminuisce?

c. Quale dei seguenti grafici può rappresentare il grafico della velocità?

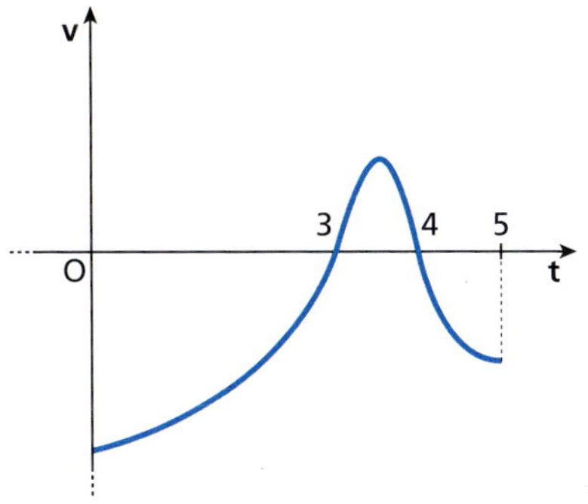

1

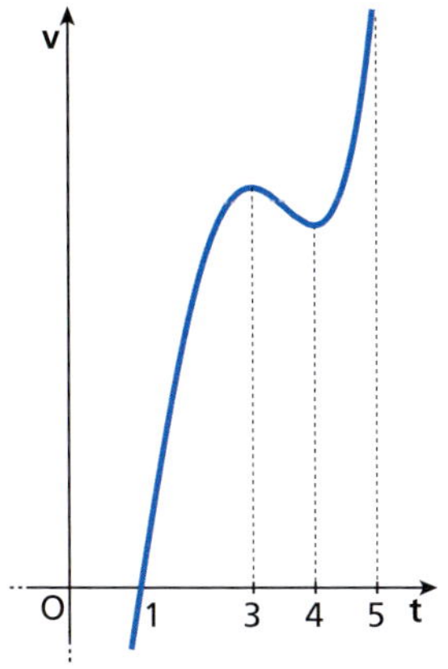

2

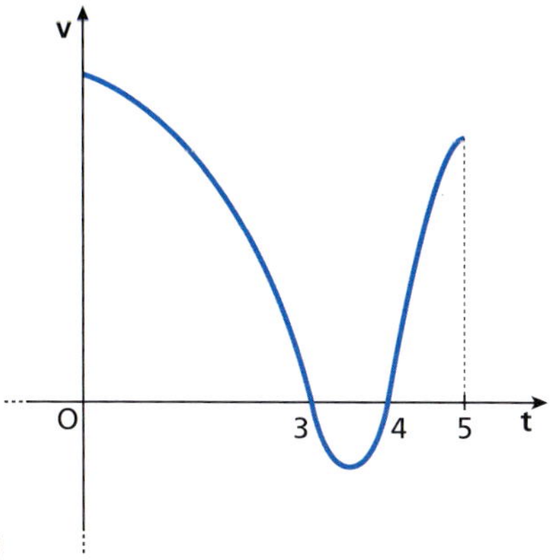

3

PROVA D

1 La funzione $f(x)$ disegnata a fianco rappresenta il grafico della derivata prima di una funzione $g(x)$, definita e continua in $[0; 6]$.

a. Deduci quale punto di non derivabilità potrebbe presentare $g(x)$ per $x = 3$, motivando la risposta in modo esauriente.

b. Indica in quali intervalli $g(x)$ è crescente e in quali rivolge la concavità verso l'alto; stabilisci, inoltre, se $g(x)$ cambia la sua concavità in $x = 3$, motivando la risposta.

c. Sapendo che $g(0) = 0$, rappresenta l'andamento indicativo di $g(x)$.

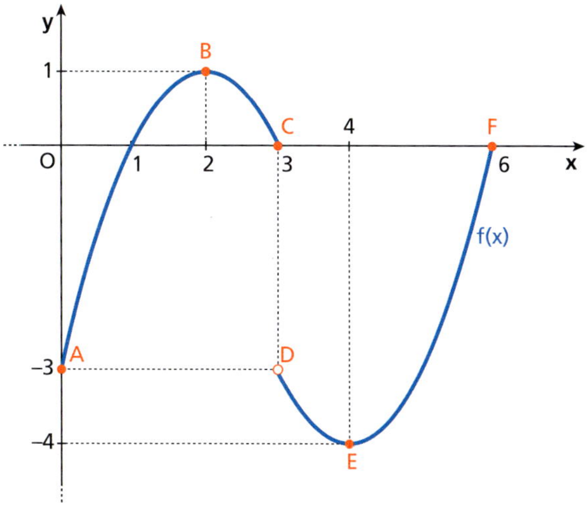

2 Considera la funzione $f(x) = x^2 - \ln x$.

a. Confrontando tra loro i grafici delle funzioni $y = x^2$ e $y = \ln x$, determina il segno della funzione e gli eventuali zeri.

b. Studia la crescenza della funzione f e determina il valore del parametro a in modo che $f(x) \geq a$ per ogni $x > 0$.

c. Traccia il grafico della funzione $y = f(x)$ e determina il numero delle radici reali dell'equazione $f(x) = m$, dove m è un parametro reale.

T

CAPITOLO

29 INTEGRALI INDEFINITI

1 Integrale indefinito

Primitive

▶ Esercizi a p. 1892

Listen to it

An **antiderivative** or **primitive function** of a given function *f* is a differentiable function *F* whose derivative is *f*.

Sappiamo che l'operazione di derivazione, quando è possibile, associa a una funzione un'altra funzione, la sua derivata, che è unica.

Vogliamo ora affrontare il problema inverso della derivazione: data una funzione, esiste una funzione la cui derivata sia uguale alla funzione data? Per esempio, data $f(x) = 2x$, ci chiediamo se esiste una funzione $F(x)$ la cui derivata è $2x$. Una funzione di questo tipo viene detta *primitiva* di $f(x)$. Poiché $F(x) = x^2$ ha come derivata $2x$, allora x^2 è una primitiva di $2x$.

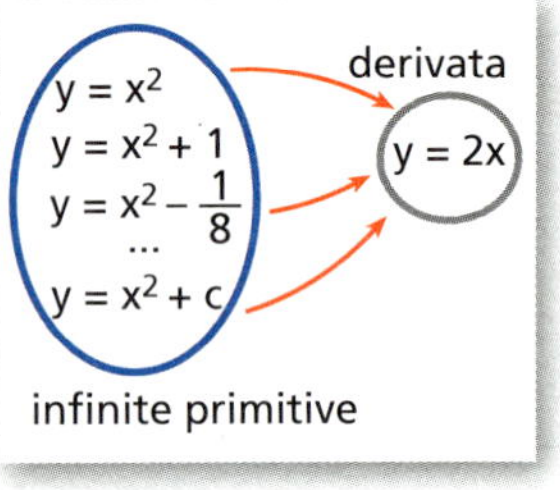

DEFINIZIONE

Una funzione $F(x)$ è una **primitiva** della funzione $f(x)$ definita nell'intervallo $[a; b]$ se $F(x)$ è derivabile in tutto $[a; b]$ e la sua derivata è $f(x)$:

$$F'(x) = f(x).$$

La primitiva di una funzione non è unica. Osserviamo che, oltre a x^2, anche $x^2 + 1$, $x^2 - \frac{1}{8}$ e in generale $x^2 + c$ (con c costante reale) hanno come derivata $2x$, quindi esistono infinite primitive di $2x$.

In generale, se una funzione $f(x)$ ammette una primitiva $F(x)$, allora ammette infinite primitive del tipo $F(x) + c$, con c numero reale qualunque. Infatti, poiché la derivata di una costante è nulla:

$$\mathrm{D}[F(x) + c] = F'(x) = f(x), \quad \forall c \in \mathbb{R}.$$

▶ Scrivi alcune primitive di $f(x) = 3x^2$.

Viceversa, se due funzioni $F(x)$ e $G(x)$ sono primitive della stessa funzione $f(x)$, allora le due funzioni differiscono per una costante. Infatti

$$\mathrm{D}[F(x) - G(x)] = F'(x) - G'(x) = f(x) - f(x) = 0,$$

e, poiché per un corollario del teorema di Lagrange, se una funzione ha come derivata 0 in un intervallo, allora, in tale intervallo, è costante, si ha $F(x) - G(x) = c$. Vale quindi il seguente teorema.

TEOREMA

Se $F(x)$ è una primitiva di $f(x)$, allora le funzioni $F(x) + c$, con c numero reale qualsiasi, sono **tutte** e **sole** le primitive di $f(x)$.

Interpretazione geometrica

Poiché tutte le primitive di una funzione $f(x)$ sono funzioni del tipo $F(x) + c$, geometricamente sono rappresentate da infinite curve piane, dette **curve integrali**, ottenute dal grafico di $F(x)$ mediante una traslazione verticale di vettore $\vec{v}(0; c)$; a ogni valore di c corrisponde una curva. Tutte le funzioni hanno la stessa derivata perché nei punti con la stessa ascissa hanno tangente parallela.

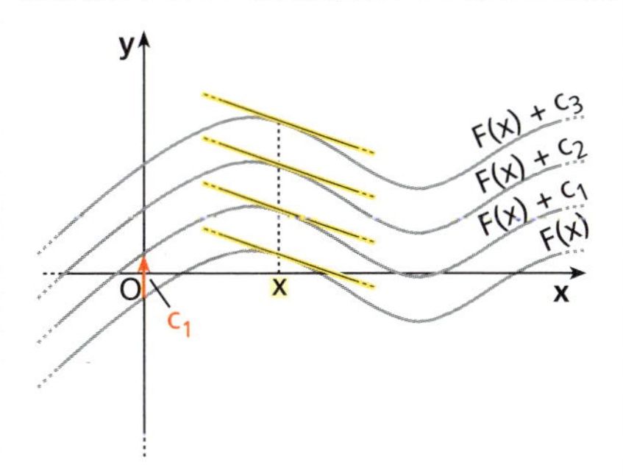

▸ Scrivi la primitiva di $f(x) = -4x$ che passa per il punto $(2; -1)$.

Integrale indefinito

▸ Esercizi a p. 1892

Riprendiamo l'esempio della funzione $f(x) = 2x$. Diamo all'insieme delle sue primitive $x^2 + c$, con c numero reale qualunque, il nome di *integrale indefinito* di $f(x) = 2x$ e usiamo questa scrittura:

$$\int 2x\,dx = x^2 + c.$$

DEFINIZIONE

L'**integrale indefinito** di una funzione $f(x)$ è l'insieme di tutte le primitive $F(x) + c$ di $f(x)$, con c numero reale qualunque.

Si indica con $\int f(x)\,dx$.

$\int f(x)\,dx = \underline{F(x) + c}$

$D[F(x) + c] = f(x)$

- Il simbolo $\int f(x)\,dx$ si legge «integrale indefinito di $f(x)$ in dx», la funzione $f(x)$ è detta **funzione integranda** e la variabile x **variabile di integrazione**.
- La primitiva $F(x)$ che si ottiene per $c = 0$ si chiama **primitiva fondamentale**.
- Per brevità, useremo spesso il termine «integrale» al posto di «integrale indefinito».

ESEMPIO

L'integrale indefinito di $\cos x$ è l'insieme delle primitive di $\cos x$, cioè $\sin x + c$. Scriviamo:

$$\int \cos x\,dx = \sin x + c.$$

$\int \cos x\,dx = \underline{\sin x + c}$

$D[\sin x + c] = \cos x$

▸ Scrivi, in simboli, che l'integrale indefinito di $4x^3$ è $x^4 + c$.

Dalla definizione precedente, poiché $DF(x) = f(x)$, segue che

$$D\left[\int f(x)\,dx\right] = f(x).$$

Questo significa che l'integrazione indefinita agisce come operazione inversa della derivazione.

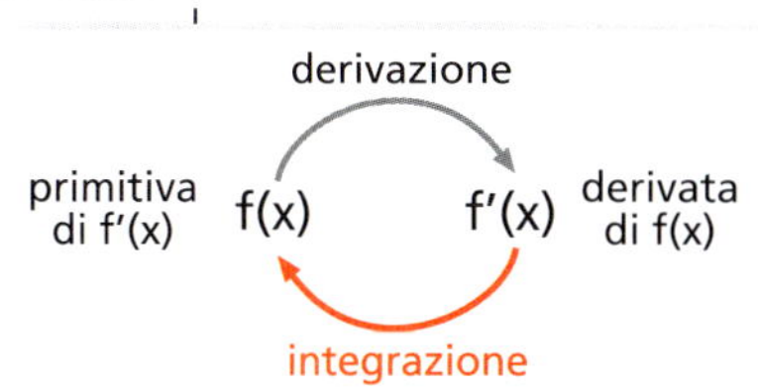

DEFINIZIONE

Una funzione che ammette una primitiva (e quindi infinite primitive) si dice **integrabile**.

Listen to it

A function f is **integrable** if it has an integral.

Sappiamo che non sempre una funzione continua è derivabile. Per esempio, ci sono funzioni continue con punti angolosi, e in tali punti non sono derivabili.

Quali sono, invece, le funzioni integrabili?

Si può dimostrare che è valido il seguente teorema.

TEOREMA

Condizione sufficiente di integrabilità

Se una funzione è continua in $[a; b]$, allora ammette primitive nello stesso intervallo.

Tuttavia, non è sempre facile determinare primitive anche di funzioni continue abbastanza semplici.

Per esempio, l'integrale $\int \frac{\sin x}{x}\, dx$, con $x \neq 0$, non è calcolabile con i metodi che esamineremo in questo capitolo.

Schematizziamo con un diagramma di Venn il legame tra funzioni continue, funzioni derivabili e funzioni integrabili.

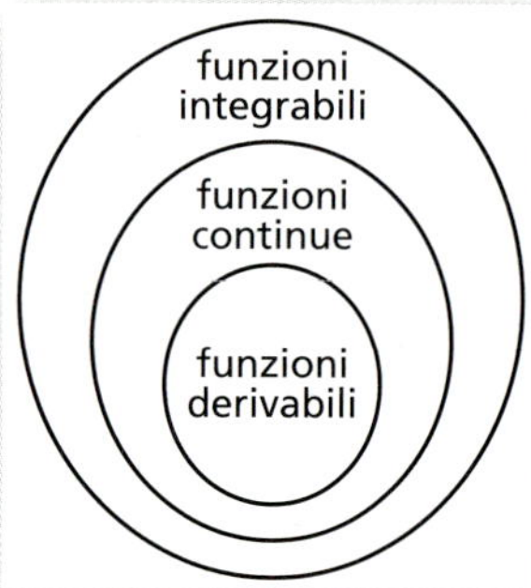

Proprietà dell'integrale indefinito

Esercizi a p. 1896

PROPRIETÀ

Prima proprietà di linearità

L'integrale indefinito di una somma di funzioni integrabili è uguale alla somma degli integrali indefiniti delle singole funzioni:

$$\int [f(x) + g(x)]\, dx = \int f(x)\, dx + \int g(x)\, dx.$$

Infatti, se deriviamo entrambi i membri, otteniamo rispettivamente:

$$\mathrm{D}\left[\int [f(x) + g(x)]\, dx\right] = f(x) + g(x);$$

$$\mathrm{D}\left[\int f(x)\, dx + \int g(x)\, dx\right] = \mathrm{D}\left[\int f(x)\, dx\right] + \mathrm{D}\left[\int g(x)\, dx\right] = f(x) + g(x).$$

I due membri hanno la stessa derivata, quindi rappresentano le primitive della stessa funzione.

ESEMPIO

$$\int (3x^2 + \cos x)\, dx = \int 3x^2\, dx + \int \cos x\, dx = x^3 + c_1 + \sin x + c_2$$

Di solito si scrive una sola costante $c = c_1 + c_2$:

$$\int (3x^2 + \cos x)\, dx = x^3 + \sin x + c.$$

PROPRIETÀ

Seconda proprietà di linearità

L'integrale del prodotto di una costante per una funzione integrabile è uguale al prodotto della costante per l'integrale della funzione:

$$\int k \cdot f(x)\, dx = k \cdot \int f(x)\, dx.$$

Infatti, se deriviamo entrambi i membri, otteniamo derivate uguali,

$$D\left[\int k \cdot f(x)\,dx\right] = k \cdot f(x), \qquad D\left[k \cdot \int f(x)\,dx\right] = kD\left[\int f(x)\,dx\right] = k \cdot f(x),$$

quindi i due membri rappresentano le primitive della stessa funzione.

ESEMPIO

$$\int 4\cos x\,dx = 4 \cdot \int \cos x\,dx = 4\sin x + c$$

Le proprietà di linearità si possono esprimere in un'unica formula:

$$\int [c_1 f(x) + c_2 g(x)]\,dx = c_1 \int f(x)\,dx + c_2 \int g(x)\,dx.$$

Si dice anche che **l'integrale è un operatore lineare**.

Non esistono proprietà riguardanti l'integrale di un prodotto o di un quoziente di funzioni, quindi è necessario studiare per tali casi altri metodi risolutivi. Occorre ricordare in particolare che, date due funzioni $f(x)$ e $g(x)$:

$$\int f(x)g(x)\,dx \neq \int f(x)\,dx \cdot \int g(x)\,dx \quad \text{e} \quad \int \frac{f(x)}{g(x)}\,dx \neq \frac{\int f(x)\,dx}{\int g(x)\,dx}.$$

2 Integrali indefiniti immediati

Dalle regole di derivazione delle funzioni elementari ricaviamo gli integrali indefiniti fondamentali.

Integrale di una potenza di *x*, $f(x) = x^\alpha$, con $\alpha \in \mathbb{R}$

▶ Esercizi a p. 1896

Primo caso: $\alpha \neq -1$

ESEMPIO

$\int x^2\,dx = \frac{x^3}{3} + c$. Infatti, derivando, abbiamo: $D\left[\frac{x^3}{3} + c\right] = \frac{3x^{3-1}}{3} = x^2$.

In generale:

$$\int x^\alpha\,dx = \frac{x^{\alpha+1}}{\alpha+1} + c, \qquad \text{con } \alpha \in \mathbb{R} \text{ e } \alpha \neq -1.$$

Infatti, derivando, abbiamo $D\left[\frac{x^{\alpha+1}}{\alpha+1} + c\right] = \frac{1}{\alpha+1} \cdot (\alpha+1)x^{\alpha+1-1} = x^\alpha$.

Per $\alpha = -1$ la regola non può essere applicata, in quanto il denominatore della frazione sarebbe 0.

Casi particolari

- $\int dx = x + c$, infatti $\int dx = \int 1 \cdot dx = \int x^0\,dx = x + c$;
- $\int x\,dx = \frac{x^2}{2} + c$;
- $\int \sqrt{x}\,dx = \frac{2}{3}\sqrt{x^3} + c$,

MATEMATICA E FISICA

In caduta libera Galileo affermò che in assenza di attrito tutti i corpi cadono con lo stesso moto.

▶ Come si possono ricavare le leggi del moto di caduta di un grave utilizzando l'integrazione indefinita?

La risposta

TEORIA

infatti $\int \sqrt{x}\,dx = \int x^{\frac{1}{2}}\,dx = \frac{x^{\frac{1}{2}+1}}{\frac{1}{2}+1} + c = \frac{2}{3}x^{\frac{3}{2}} + c = \frac{2}{3}\sqrt{x^3} + c.$

Con la regola appena enunciata e le proprietà del paragrafo precedente possiamo calcolare gli integrali delle funzioni polinomiali o di potenze della x con qualsiasi esponente (purché diverso da -1).

ESEMPIO

1. $\int (2x^5 - 4x + 3)dx =$ — prima proprietà di linearità

$\int 2x^5 dx - \int 4x\,dx + \int 3\,dx =$ — seconda proprietà di linearità

$2 \cdot \int x^5 dx - 4 \cdot \int x\,dx + 3 \cdot \int dx =$ — integriamo le potenze di x

$2 \cdot \frac{x^6}{6} - 4 \cdot \frac{x^2}{2} + 3 \cdot x + c = \frac{x^6}{3} - 2x^2 + 3x + c$

2. $\int \frac{1}{\sqrt{x}}\,dx = \int x^{-\frac{1}{2}}\,dx = \frac{x^{-\frac{1}{2}+1}}{-\frac{1}{2}+1} + c = \frac{x^{\frac{1}{2}}}{\frac{1}{2}} + c = 2 \cdot x^{\frac{1}{2}} + c = 2 \cdot \sqrt{x} + c$

$\frac{1}{\sqrt{x}} = \frac{1}{x^{\frac{1}{2}}} = x^{-\frac{1}{2}}$

▶ Calcola $\int (3x^4 + x^2 - 2)dx$.

▶ Calcola $\int \frac{6x + \sqrt{x}}{x^3\sqrt{x}}dx$.

Animazione

Secondo caso: $\alpha = -1$

Consideriamo ora il caso in cui l'esponente di x sia -1, cioè $x^{-1} = \frac{1}{x}$:

$$\int \frac{1}{x}\,dx = \ln|x| + c.$$

Osserviamo che il valore assoluto nell'argomento del logaritmo è necessario perché vogliamo avere una regola valida per tutto il dominio di $\frac{1}{x}$ e quindi anche per valori di x negativi.

Infatti $D[\ln|x| + c] = \frac{1}{x}$ perché:

- se $x > 0$, $D\ln|x| = D\ln x = \frac{1}{x}$;
- se $x < 0$, $D\ln|x| = D\ln(-x) = \frac{1}{(-x)} \cdot (-1) = \frac{1}{x}$.

ESEMPIO

$$\int \frac{3x^2 + 2}{x}\,dx = \int \left(3x + \frac{2}{x}\right)dx = 3\int x\,dx + 2\int \frac{1}{x}\,dx = \frac{3}{2}x^2 + 2\ln|x| + c$$

▶ Calcola $\int \frac{x+5}{x}dx$.

Integrale della funzione esponenziale

▶ Esercizi a p. 1900

$\int e^x\,dx = e^x + c$; infatti $D[e^x + c] = e^x$.

$\int a^x\,dx = \frac{1}{\ln a} \cdot a^x + c$; infatti $D\left[\frac{1}{\ln a} \cdot a^x + c\right] = \frac{1}{\ln a} \cdot a^x \cdot \ln a = a^x$.

ESEMPIO

$$\int (2e^x + 5^x)\,dx = 2\int e^x\,dx + \int 5^x\,dx = 2e^x + \frac{1}{\ln 5}\cdot 5^x + c$$

Integrale delle funzioni goniometriche

▶ Esercizi a p. 1900

$\int \sin x\,dx = -\cos x + c$; infatti $D[-\cos x + c] = -(-\sin x) = \sin x$.

$\int \cos x\,dx = \sin x + c$; infatti $D[\sin x + c] = \cos x$.

$\int \frac{1}{\cos^2 x}\,dx = \tan x + c$; infatti $D[\tan x + c] = \frac{1}{\cos^2 x}$.

$\int \frac{1}{\sin^2 x}\,dx = -\cot x + c$; infatti $D[-\cot x + c] = \frac{1}{\sin^2 x}$.

ESEMPIO

$$\int\left(3\sin x - \frac{4}{\cos^2 x}\right)dx = 3\int \sin x\,dx - 4\int \frac{1}{\cos^2 x}\,dx =$$

$$3\cdot(-\cos x) - 4\cdot\tan x + c = -3\cos x - 4\tan x + c$$

Integrale delle funzioni le cui primitive sono le funzioni goniometriche inverse

▶ Esercizi a p. 1901

Poiché $D[\arcsin x] = \frac{1}{\sqrt{1-x^2}}$, si ha: $\int \frac{1}{\sqrt{1-x^2}}\,dx = \arcsin x + c$.

Oppure, poiché $D[\arccos x] = -\frac{1}{\sqrt{1-x^2}}$:

$$\int \frac{1}{\sqrt{1-x^2}}\,dx = -\int -\frac{1}{\sqrt{1-x^2}}\,dx = -\arccos x + c.$$

Poiché $D[\arctan x] = \frac{1}{1+x^2}$, si ha: $\int \frac{1}{1+x^2}\,dx = \arctan x + c$.

Oppure:

$$\int \frac{1}{1+x^2}\,dx = -\int -\frac{1}{1+x^2}\,dx = -\text{arccot}\, x + c.$$

ESEMPIO

$$\int\left(\frac{1}{3\sqrt{1-x^2}} + \frac{7}{1+x^2}\right)dx = \frac{1}{3}\int \frac{1}{\sqrt{1-x^2}}\,dx + 7\int \frac{1}{1+x^2}\,dx =$$

$$\frac{1}{3}\arcsin x + 7\arctan x + c$$

Integrale delle funzioni la cui primitiva è una funzione composta

▶ Esercizi a p. 1902

Cerchiamo ora di applicare le formule precedenti nel caso di funzioni composte.

► Calcola $\int\left(\frac{6^x}{2^{x+1}} + 2e^x\right)dx$.

Animazione

► Calcola $\int (4\cos x - \sin x)\,dx$.

► Calcola $\int\left(\tan^2 x + \frac{\sin 2x + \sin x}{\sin x}\right)dx$.

Animazione

► Calcola $\int\left(\frac{2}{\sqrt{1-x^2}} + \frac{1}{3+3x^2}\right)dx$.

Animazione

TEORIA

Per esempio, cerchiamo di calcolare $\int (\sin x)^4\,dx$. Pensando alla regola $\int x^\alpha\,dx = \frac{x^{\alpha+1}}{\alpha+1} + c$, potremmo ipotizzare che il risultato sia $\frac{(\sin x)^5}{5} + c$.

Derivando questa funzione dovremmo ottenere $(\sin x)^4$. Abbiamo invece:

$$\mathrm{D}\left[\frac{(\sin x)^5}{5} + c\right] = \frac{\cancel{5}(\sin x)^4}{\cancel{5}}\cdot\cos x = (\sin x)^4\cdot\cos x.$$

Quindi $\int(\sin x)^4\,dx$ non può essere calcolato mediante la regola di $\int x^\alpha dx$.
Dalla precedente uguaglianza deduciamo la seguente:

$$\int (\sin x)^4\cdot\cos x\,dx = \frac{(\sin x)^5}{5} + c.$$

Pertanto, per integrare la potenza di una funzione (che è una funzione composta) applicando la regola della potenza, è necessario che la funzione integranda sia moltiplicata per la derivata della funzione più «interna» nella composizione:

$$\int [f(x)]^\alpha f'(x)\,dx = \frac{[f(x)]^{\alpha+1}}{\alpha+1} + c, \quad \text{con } \alpha \neq -1.$$

Si procede analogamente anche per calcolare integrali di altre funzioni composte riconducibili a regole di integrazione diverse.

$$\int \frac{f'(x)}{f(x)}\,dx = \ln|f(x)| + c$$

$$\int f'(x)\,e^{f(x)}\,dx = e^{f(x)} + c \qquad \int f'(x)\,a^{f(x)}\,dx = \frac{a^{f(x)}}{\ln a} + c$$

$$\int f'(x)\sin f(x)\,dx = -\cos f(x) + c \qquad \int f'(x)\cos f(x)\,dx = \sin f(x) + c$$

$$\int \frac{f'(x)}{\cos^2 f(x)}\,dx = \tan f(x) + c \qquad \int \frac{f'(x)}{\sin^2 f(x)}\,dx = -\cot f(x) + c$$

$$\int \frac{f'(x)}{\sqrt{1-[f(x)]^2}}\,dx = \arcsin f(x) + c \qquad \int \frac{f'(x)}{1+[f(x)]^2}\,dx = \arctan f(x) + c$$

▶ Calcola $\int x\sqrt{x^2+9}\,dx$.

Animazione

▶ Calcola $\int \frac{x}{2x^2+5}\,dx$.

Animazione

▶ Calcola $\int \frac{\arcsin x}{4\sqrt{1-x^2}}\,dx$.

Animazione

ESEMPIO

Calcoliamo i seguenti integrali.

1. $\int \underbrace{3x^2}_{f'(x)}\underbrace{(x^3+2)^2}_{[f(x)]^2}\,dx = \frac{(x^3+2)^3}{3} + c$

2. $\int \tan x\,dx$. Scriviamo la tangente come rapporto fra seno e coseno:

$$\int \tan x\,dx = \int \frac{\sin x}{\cos x}\,dx = -\int -\frac{\overset{f'(x)}{\sin x}}{\underset{f(x)}{\cos x}}\,dx = -\ln|\cos x| + c.$$

Quindi:

$$\int \tan x\,dx = -\ln|\cos x| + c.$$

In modo simile si trova che: $\int \cot x\,dx = \ln|\sin x| + c$.

Video

Integrali di funzioni composte: le potenze

▶ Come possiamo calcolare $\int (e^x+3)^5 e^x\,dx$?
Vediamo questo e altri esempi di funzioni con potenze.

Video

Integrali di funzioni composte: il logaritmo

▶ Come possiamo calcolare $\int \frac{1}{x\ln x}\,dx$?
Vediamo questo e altri esempi con funzioni logaritmiche.

3. $\int x \sin x^2 \, dx$

Osserviamo che, a meno di una costante moltiplicativa, x è la derivata di x^2, argomento della funzione seno. Pertanto, moltiplichiamo e dividiamo per 2:

$$\int x \sin x^2 \, dx = \frac{1}{2} \int \underbrace{2x}_{f'(x)} \underbrace{\sin x^2}_{\sin f(x)} \, dx = -\frac{1}{2} \cos x^2 + c.$$

4. $\int 2e^x \cos e^x \, dx = 2 \int e^x \cos e^x \, dx = 2 \sin e^x + c$

5. $$\int \frac{1}{1+4x^2} \, dx = \int \frac{1}{1+(2x)^2} \, dx = \frac{1}{2} \int \frac{\overset{f'(x)}{2}}{1+\underbrace{(2x)^2}_{[f(x)]^2}} \, dx = \frac{1}{2} \arctan 2x + c$$

D[2x] = 2

> ▶ Calcola $\int 3x \sin(x^2+4) \, dx$.
>
> Animazione

3 Integrazione per sostituzione

▶ Esercizi a p. 1910

Quando l'integrale non è di risoluzione immediata può essere utile applicare il **metodo di sostituzione**, che consiste nell'effettuare un cambiamento di variabile che consenta di riscrivere l'integrale dato in una forma che sappiamo risolvere. Con questo metodo si può riscrivere $\int f(x) \, dx$ così:

$$\int f(x) \, dx = \int f[g(t)] g'(t) \, dt, \text{ dove } x = g(t) \text{ e } dx = g'(t) \, dt.$$

> **Listen to it**
>
> **Integration by substitution**, or ***u*-substitution**, consists in changing the variable of integration to make it easier to identify the primitive.

ESEMPIO

Calcoliamo $\int \frac{1}{1+\sqrt{x}} \, dx$.

- Poniamo $\sqrt{x} = t$, ossia $x = t^2$.
- Calcoliamo il differenziale: $dx = 2t \, dt$.
- Sostituiamo nell'integrale dato e calcoliamo l'integrale rispetto a t,

$$\int \frac{1}{1+\sqrt{x}} \, dx = \int \frac{1}{1+t} 2t \, dt = 2 \int \frac{t}{1+t} \, dt =$$ aggiungiamo e togliamo 1 al numeratore

$$2 \int \frac{t+1-1}{1+t} \, dt = 2 \int \left[\left(\frac{t+1}{1+t} \right) - \left(\frac{1}{1+t} \right) \right] dt = 2 \int dt - 2 \int \frac{1}{t+1} \, dt =$$

$$2t - 2 \ln|t+1| + c.$$

- Utilizzando la posizione iniziale, scriviamo il risultato in funzione di x:

$$\int \frac{1}{1+\sqrt{x}} \, dx = 2\sqrt{x} - 2 \ln(\sqrt{x}+1) + c.$$

> ▶ Calcola $\int \frac{1}{(1+4x)\sqrt{x}} \, dx$.
>
> Animazione

> Video
>
> **Integrazione per sostituzione**
>
> ▶ Applichiamo il metodo di integrazione per sostituzione per calcolare: $\int \frac{\sqrt{x}}{x+x^2} \, dx$, $\int \frac{1}{1+\sqrt[3]{x}} \, dx$ e $\int \sqrt{1-x^2} \, dx$.

Il metodo di sostituzione può essere utilizzato anche per calcolare l'integrale di una funzione composta nei casi già esaminati nel paragrafo precedente.

ESEMPIO

Calcoliamo $\int x \sin x^2 \, dx$ con il metodo di sostituzione.

▶ Calcola
$\int \frac{2e^x}{e^x+1}dx$
ponendo $e^x = t$.

- Poniamo $t = x^2$ e calcoliamo il differenziale: $dt = 2x\,dx$.
- Sostituiamo nell'integrale e risolviamo:

$$\int x \sin x^2 dx = \int \sin t \frac{dt}{2} = \frac{1}{2}\int \sin t\, dt = -\frac{1}{2}\cos t + c.$$

- Scriviamo il risultato in funzione di x:

$$\int x \sin x^2 dx = -\frac{1}{2}\cos x^2 + c.$$

Ritroviamo il risultato già determinato nel paragrafo precedente.

In generale, per calcolare $\int f(x)\,dx$ con il metodo di sostituzione:

- si pone $x = g(t)$, oppure $t = g^{-1}(x)$, dove $g(t)$ è invertibile con $g'(t)$ continua e diversa da 0;
- si calcola il differenziale dx, oppure dt;
- si sostituisce nell'integrale dato, in modo da ottenere un integrale nella variabile t, e si calcola, se possibile, l'integrale rispetto a t;
- si utilizza la posizione iniziale per scrivere il risultato in funzione di x.

4 Integrazione per parti

▶ Esercizi a p. 1914

Date due funzioni $f(x)$ e $g(x)$ derivabili, con derivata continua, in un intervallo $[a; b]$, consideriamo la derivata del loro prodotto:

$$D[f(x) \cdot g(x)] = f'(x) \cdot g(x) + f(x) \cdot g'(x).$$

Integriamo entrambi i membri:

$$\int D[f(x) \cdot g(x)]\,dx = \int [f'(x) \cdot g(x) + f(x) \cdot g'(x)]\,dx,$$

$$f(x) \cdot g(x) = \int f'(x) \cdot g(x)\,dx + \int f(x) \cdot g'(x)\,dx.$$

Isolando $\int f(x) \cdot g'(x)\,dx$, otteniamo:

$$\int f(x) \cdot g'(x)\,dx = f(x) \cdot g(x) - \int f'(x) \cdot g(x)\,dx,$$

detta formula di **integrazione per parti**.
Per semplicità di scrittura, in questa uguaglianza e nelle successive, trascuriamo le costanti relative alle primitive.

La formula è utile nei casi in cui la funzione integranda si può pensare come *prodotto di due fattori*.

$f(x)$ viene chiamato **fattore finito** e $g'(x)\,dx$ **fattore differenziale**.

Nell'applicazione della formula, una delle due funzioni, quella del fattore finito, viene soltanto derivata, mentre l'altra, quella del fattore differenziale, viene solo integrata. È quindi importante scegliere opportunamente i due fattori.

Listen to it

Integration by parts is a technique that allows the integral of a product of functions to be determined by calculating the integral of their derivative and antiderivative.

Video

Integrazione per parti

▶ Applichiamo il metodo di integrazione per parti per calcolare:
$\int x \cdot \ln x\, dx$, $\int \arctan x\, dx$
e $\int \sin x \cdot e^x\, dx$.

ESEMPIO

$$\int x \ln x \, dx = \frac{x^2}{2}\ln x - \int \frac{x^2}{2}\cdot\frac{1}{x}\,dx =$$

g' f

$$\frac{x^2}{2}\ln x - \frac{1}{2}\int x\,dx = \frac{x^2}{2}\ln x - \frac{1}{2}\cdot\frac{x^2}{2} + c =$$

$$\frac{x^2}{2}\left(\ln x - \frac{1}{2}\right) + c$$

Abbiamo scelto $x\,dx$ come fattore differenziale poiché sappiamo calcolare la primitiva di x. Del fattore finito $\ln x$ sappiamo invece calcolare la derivata, che si semplifica con la primitiva di x e permette di ottenere un integrale semplice da calcolare.

▶ Calcola $\int 5x^4 \ln x\,dx$.

Animazione

Al secondo membro della formula di integrazione per parti compare un altro integrale, quindi questo metodo di integrazione risulta utile se riusciamo a passare da un integrale più difficile a uno più facile da calcolare.

ESEMPIO

Calcoliamo $\int x \sin x\,dx$.

Sappiamo calcolare sia la derivata sia la primitiva di entrambe le funzioni. La scelta migliore è quella di derivare x, perché l'integrale si semplifica:

$$\int x \sin x\,dx = x(-\cos x) - \int -\cos x\,dx = -x\cos x + \sin x + c.$$

f g'

Se scegliamo, invece, $\sin x$ come fattore finito, otteniamo:

$$\int x \sin x\,dx = \frac{x^2}{2}\sin x - \int \frac{x^2}{2}\cos x\,dx,$$

dove l'integrale a secondo membro è più complicato di quello di partenza.

▶ Calcola $\int x^2 e^x dx$.

Animazione

In generale, negli integrali del tipo

$$\int x^n \sin x\,dx, \qquad \int x^n \cos x\,dx, \qquad \int x^n e^x\,dx$$

x^n si considera come fattore finito, mentre negli integrali del tipo

$$\int x^n \ln x\,dx, \qquad \int x^n \arctan x\,dx, \qquad \int x^n \arcsin x\,dx$$

$x^n\,dx$ si considera come fattore differenziale. In particolare, negli integrali

$$\int \ln x\,dx, \qquad \int \arctan x\,dx, \qquad \int \arcsin x\,dx$$

si considera come fattore differenziale $x^0\,dx$, ossia $1\cdot dx$.

ESEMPIO

$$\boldsymbol{\int \ln x\,dx} = \int 1 \ln x\,dx = x\ln x - \int x\cdot\frac{1}{x}dx = \boldsymbol{x\ln x - x + c}$$

▶ Calcola $\int \arctan 2x\,dx$.

Animazione

TEORIA

5 Integrazione di funzioni razionali fratte

Affrontiamo qui il calcolo degli integrali di funzioni razionali fratte:

$$\int \frac{N(x)}{D(x)}\,dx,$$

dove il numeratore $N(x)$ e il denominatore $D(x)$ sono dei polinomi.
Nelle nostre considerazioni supporremo che il grado del numeratore sia minore del grado del denominatore perché, se ciò non accade, è sempre possibile eseguire la divisione del polinomio $N(x)$ per il polinomio $D(x)$, ottenendo un polinomio quoziente $Q(x)$, e un polinomio resto $R(x)$ di grado minore di quello di $D(x)$.
Infatti, se consideriamo la divisione tra polinomi $N(x) : D(x)$, il suo quoziente $Q(x)$ e il resto $R(x)$, è vero che

$$N(x) = Q(x) \cdot D(x) + R(x),$$

e dividendo per $D(x)$,

$$\frac{N(x)}{D(x)} = Q(x) + \frac{R(x)}{D(x)}, \quad \text{da cui}$$

$$\int \frac{N(x)}{D(x)}\,dx = \int \left[Q(x) + \frac{R(x)}{D(x)}\right]dx = \underbrace{\int Q(x)\,dx}_{\text{polinomio}} + \underbrace{\int \frac{R(x)}{D(x)}\,dx}_{\text{il grado di } R(x) \text{ è minore di quello di } D(x)}.$$

Nell'addizione dei due integrali, il primo è calcolabile in quanto è l'integrale di un polinomio; il secondo è l'integrale di una funzione razionale fratta con numeratore di grado inferiore al grado del denominatore.

ESEMPIO

Calcoliamo $\int \frac{x^3 + 2x^2 + x + 1}{x^2 + 1}\,dx$.

Il numeratore ha grado maggiore del denominatore.
Eseguiamo la divisione $(x^3 + 2x^2 + x + 1) : (x^2 + 1)$.

$x^3 + 2x^2 + x + 1$	$x^2 + 1$
$-x^3 \quad\quad -x$	$x + 2$
$2x^2 \quad + 1$	
$-2x^2 \quad - 2$	
-1	

$\rightarrow \quad Q(x) = x + 2,\ R(x) = -1$

Il rapporto può essere scritto nel modo seguente:

$$\frac{x^3 + 2x^2 + x + 1}{x^2 + 1} = x + 2 + \frac{-1}{x^2 + 1}.$$

Calcoliamo l'integrale:

$$\int \frac{x^3 + 2x^2 + x + 1}{x^2 + 1}\,dx = \int \left(x + 2 + \frac{-1}{x^2 + 1}\right) dx =$$

$$\int x\,dx + 2\int dx - \int \frac{1}{x^2 + 1}\,dx = \frac{x^2}{2} + 2x - \arctan x + c.$$

► Calcola $\int \frac{x^2 - x}{x + 2}\,dx$.

Animazione

► Calcola $\int \frac{x^2 + 2x - 1}{x + 3}\,dx$.

Studiamo quindi integrali del tipo $\int \frac{R(x)}{D(x)}dx$, con $R(x)$ polinomio di grado inferiore a quello di $D(x)$. I primi due casi descritti sono integrali che abbiamo già incontrato e per loro ci limitiamo a degli esempi.

Il numeratore è la derivata del denominatore

▶ Esercizi a p. 1917

ESEMPIO

$$\int \frac{6x-2}{3x^2-2x-1}dx = \ln|3x^2-2x-1| + c$$

$D[3x^2-2x-1] = 6x-2$

▶ Calcola $\int \frac{8x}{4x^2+3}dx$.

Il denominatore è di primo grado

▶ Esercizi a p. 1918

ESEMPIO

$$\int \frac{1}{3x-2}dx = \frac{1}{3}\int \frac{3}{3x-2}dx = \frac{1}{3}\ln|3x-2| + c$$

▶ Calcola $\int \frac{1}{3-4x}dx$.

Il denominatore è di secondo grado

▶ Esercizi a p. 1919

Per calcolare l'integrale

$$\int \frac{px+q}{ax^2+bx+c}dx, \quad \text{con } a \neq 0,$$

si utilizzano metodi risolutivi diversi a seconda del segno del discriminante del denominatore $\Delta = b^2 - 4ac$.

Il discriminante è positivo: $\Delta > 0$

ESEMPIO

Calcoliamo $\int \frac{5x-1}{x^2-x-2}dx$.

$x^2-x-2=0$ ha $\Delta = 1+8 = 9 > 0$ e $x_1 = -1$, $x_2 = 2$, quindi:

$$x^2-x-2 = (x+1)(x-2).$$

Poniamo:

$$\frac{5x-1}{x^2-x-2} = \frac{A}{x+1} + \frac{B}{x-2},$$ con A e B costanti da determinare.

Calcoliamo la somma delle due frazioni:

$$\frac{A}{x+1} + \frac{B}{x-2} = \frac{Ax-2A+Bx+B}{x^2-x-2} = \frac{(A+B)x-2A+B}{x^2-x-2}.$$

L'uguaglianza

$$\frac{5x-1}{x^2-x-2} = \frac{(A+B)x-2A+B}{x^2-x-2}$$

è valida, per $x \neq -1 \wedge x \neq 2$, soltanto se i numeratori sono polinomi identici, per il principio di identità dei polinomi. Quindi risolviamo il sistema:

$$\begin{cases} A+B=5 \\ -2A+B=-1 \end{cases} \rightarrow \begin{cases} B=5-A \\ -2A+5-A=-1 \end{cases} \rightarrow \begin{cases} A=2 \\ B=3 \end{cases}.$$

Video

Integrazione delle funzioni razionali fratte

▶ Calcoliamo il seguente integrale:
$\int \frac{x^2+2x-4}{x^2-x}dx$.

TEORIA

Possiamo dunque scrivere

$$\frac{5x-1}{x^2-x-2}=\frac{2}{x+1}+\frac{3}{x-2},$$

da cui:

$$\int\frac{5x-1}{x^2-x-2}\,dx=\int\left(\frac{2}{x+1}+\frac{3}{x-2}\right)dx=$$

$$2\int\frac{1}{x+1}\,dx+3\int\frac{1}{x-2}\,dx=2\ln|x+1|+3\ln|x-2|+c.$$

▸ Calcola $\int\frac{6}{x^2+2x-8}\,dx$.

Animazione

In generale, se $\Delta>0$:

- si scompone il denominatore: $ax^2+bx+c=a(x-x_1)\,(x-x_2)$;
- si scrive la frazione data come somma di frazioni con denominatore di primo grado:

$$\frac{px+q}{ax^2+bx+c}=\frac{A}{a(x-x_1)}+\frac{B}{(x-x_2)};$$

- si calcola la somma delle due frazioni al secondo membro;
- si determinano i valori di A e B risolvendo il sistema le cui equazioni si ottengono uguagliando fra loro rispettivamente i coefficienti della x e i termini noti;
- si risolve l'integrale $\int\left[\frac{A}{a(x-x_1)}+\frac{B}{(x-x_2)}\right]dx$.

Questo metodo vale anche se il numeratore è di grado zero, ossia se $p=0$.

Il discriminante è nullo: $\Delta=0$

Se il numeratore è di grado zero (cioè $p=0$), dopo aver scritto il denominatore come un quadrato, il calcolo dell'integrale risulta immediato:

$$\int\frac{q}{ax^2+bx+c}\,dx=\int\frac{q}{a(x-x_1)^2}\,dx=\frac{q}{a}\cdot\frac{(x-x_1)^{-1}}{-2+1}+c=-\frac{q}{a(x-x_1)}+c.$$

ESEMPIO

Calcoliamo $\int\frac{1}{9x^2+6x+1}\,dx$.

Il discriminante del denominatore è $\frac{\Delta}{4}=9-9=0$, possiamo quindi scrivere: $9x^2+6x+1=(3x+1)^2$. Si ha allora:

$$\int\frac{1}{9x^2+6x+1}\,dx=\int\frac{1}{(3x+1)^2}\,dx=\int(3x+1)^{-2}\,dx=$$

$$\frac{1}{3}\int 3(3x+1)^{-2}\,dx=-\frac{1}{3}\cdot\frac{1}{(3x+1)}+c.$$

▸ Calcola $\int\frac{12}{9x^2-6x+1}\,dx$.

Animazione

Vediamo ora come si procede quando il numeratore è di primo grado $(p\neq 0)$.

ESEMPIO

Calcoliamo $\int\frac{2x-3}{x^2-4x+4}\,dx$.

Il denominatore ha $\Delta = 0$, pertanto: $x^2 - 4x + 4 = (x-2)^2$.

La frazione $\frac{2x-3}{x^2-4x+4}$ può essere scritta come somma di due frazioni aventi come denominatori $(x-2)$ e $(x-2)^2$, cioè:

$$\frac{2x-3}{x^2-4x+4} = \frac{A}{x-2} + \frac{B}{(x-2)^2} = \frac{A(x-2)+B}{(x-2)^2} = \frac{Ax-2A+B}{x^2-4x+4}.$$

I numeratori della prima e dell'ultima frazione devono essere identici per ogni $x \neq 2$, quindi:

$$\begin{cases} A = 2 \\ -2A + B = -3 \end{cases} \rightarrow \begin{cases} A = 2 \\ B = 1 \end{cases}.$$

Possiamo scrivere

$$\frac{2x-3}{x^2-4x+4} = \frac{2}{x-2} + \frac{1}{(x-2)^2},$$

da cui:

$$\int \frac{2x-3}{x^2-4x+4}\,dx = \int \left[\frac{2}{x-2} + \frac{1}{(x-2)^2}\right] dx =$$

$$2\int \frac{1}{x-2}\,dx + \int \frac{1}{(x-2)^2}\,dx = 2\int \frac{1}{x-2}\,dx + \int (x-2)^{-2}\,dx =$$

$$2\ln|x-2| + \frac{(x-2)^{-1}}{-2+1} + c = 2\ln|x-2| - \frac{1}{x-2} + c.$$

Osservazione. In questo caso l'integrale può essere ricondotto alla forma $\int \frac{f'(x)}{f(x)}\,dx$. Infatti, essendo $D[x^2-4x+4] = 2x-4$, togliamo e aggiungiamo 1 al numeratore per ottenere:

$$\int \frac{2x-3-1+1}{x^2-4x+4}\,dx = \int \frac{2x-4}{x^2-4x+4}\,dx + \int \frac{1}{x^2-4x+4}\,dx =$$

$$\ln(x-2)^2 + \int (x-2)^{-2}dx = 2\ln|x-2| - \frac{1}{x-2} + c.$$

In generale, se $\Delta = 0$:

- si scompone il denominatore: $ax^2 + bx + c = a(x - x_1)^2$, dove $x_1 = -\frac{b}{2a}$;
- si scrive la frazione data come somma di due frazioni:

$$\frac{px+q}{ax^2+bx+c} = \frac{A}{a(x-x_1)} + \frac{B}{(x-x_1)^2};$$

- si calcola la somma delle frazioni al secondo membro;
- si determinano i valori di A e B risolvendo il sistema le cui equazioni si ottengono uguagliando rispettivamente i coefficienti della x e i termini noti;
- si risolve l'integrale $\int \left[\frac{A}{a(x-x_1)} + \frac{B}{(x-x_1)^2}\right] dx$.

▶ Calcola $\int \frac{2x}{x^2+2x+1}\,dx$.

TEORIA

Il discriminante è negativo: $\Delta < 0$

1. *Il numeratore è di grado zero*, ossia l'integrale è del tipo:

$$\int \frac{1}{ax^2+bx+c}\,dx, \quad \text{con } a \neq 0.$$

ESEMPIO

Calcoliamo $\int \frac{1}{x^2+2x+2}\,dx$.

Il denominatore ha $\Delta = -4 < 0$.

Cerchiamo di ricondurre l'integrale al modello:

$$\int \frac{f'(x)}{[f(x)]^2+1}\,dx = \arctan f(x) + c.$$

Scriviamo il denominatore nella forma $[f(x)]^2+1$ con il metodo del completamento del quadrato:

$$x^2+2x+2 = x^2+2x+1-1+2 = (x+1)^2+1.$$

L'integrale dato diventa:

$$\int \frac{1}{x^2+2x+2}\,dx = \int \frac{\overset{f'(x)}{1}}{\underset{[f(x)]^2}{(x+1)^2}+1}\,dx = \arctan(x+1) + c.$$

► Calcola $\int \frac{3}{x^2+3x+3}\,dx$.

In generale, per calcolare $\int \frac{1}{ax^2+bx+c}\,dx$ se $\Delta < 0$:

- si scrive il denominatore nella forma $[f(x)]^2+1$ con il metodo del completamento del quadrato;
- si trasforma il numeratore in modo che diventi $f'(x)$;
- si calcola l'integrale $\int \frac{f'(x)}{[f(x)]^2+1}\,dx = \arctan f(x) + c$.

► Calcola $\int \frac{1}{x^2-2x+5}\,dx$.

Animazione

2. *Il numeratore è un polinomio di primo grado*, cioè l'integrale è del tipo:

$$\int \frac{px+q}{ax^2+bx+c}\,dx, \quad \text{con } a \neq 0 \text{ e } p \neq 0.$$

ESEMPIO

Calcoliamo $\int \frac{2x}{x^2+4x+5}\,dx$.

Il denominatore ha $\Delta = -4 < 0$. Trasformiamo il numeratore in modo da farvi figurare la derivata del denominatore, ossia $2x+4$:

$$\int \frac{2x}{x^2+4x+5}\,dx = \int \frac{2x+4-4}{x^2+4x+5}\,dx =$$

$$\int \left(\frac{2x+4}{x^2+4x+5} - \frac{4}{x^2+4x+5} \right) dx =$$

$$\int \frac{2x+4}{x^2+4x+5}\,dx - 4\int \frac{1}{x^2+4x+5}\,dx.$$

Calcoliamo separatamente i due integrali:

$$\int \frac{2x+4}{x^2+4x+5}dx = \ln\left|x^2+4x+5\right|+c = \ln\left(x^2+4x+5\right)+c.$$

$x^2+4x+5>0, \forall x$

$$\int \frac{1}{x^2+4x+5}\,dx = \int \frac{1}{x^2+4x+4+1}\,dx = \int \frac{1}{(x+2)^2+1}\,dx =$$

$\arctan(x+2)+c.$

Quindi:

$$\int \frac{2x}{x^2+4x+5}\,dx = \ln(x^2+4x+5) - 4\arctan(x+2)+c.$$

▶ Calcola $\int \frac{4x}{x^2+2x+3}\,dx.$

In generale, per calcolare $\int \frac{px+q}{ax^2+bx+c}\,dx$, con $a \neq 0$, $p \neq 0$ e $\Delta < 0$:

- si opera sul numeratore per farvi figurare la derivata del denominatore;
- si scrive l'integrale come somma di due integrali:
  $$r\int \frac{2ax+b}{ax^2+bx+c}\,dx + s\int \frac{1}{ax^2+bx+c}\,dx;$$
- si calcola il primo integrale ricordando che $\int \frac{f'(x)}{f(x)}\,dx = \ln\left|f(x)\right|+c$, quindi:
  $$\int \frac{2ax+b}{ax^2+bx+c}\,dx = \ln\left|ax^2+bx+c\right|+c_1;$$
- si calcola il secondo integrale con il metodo già visto;
- si sommano i risultati ottenuti.

▶ Calcola $\int \frac{2x+3}{x^2-6x+10}\,dx.$

Animazione

Il denominatore è di grado superiore al secondo

▶ Esercizi a p. 1921

Quando il denominatore è di grado superiore al secondo, occorre, se è possibile, scomporlo in fattori e scrivere la frazione algebrica come somma di frazioni con denominatori di primo e secondo grado, riconducendosi così al calcolo di integrali dei tipi descritti in precedenza.

Per trasformare la frazione algebrica iniziale nella somma di due o più frazioni si procede diversamente a seconda di come è scomposto il denominatore.

ESEMPIO

1. $\frac{4x}{(x-1)(x+1)(x-3)} = \frac{A}{x-1} + \frac{B}{x+1} + \frac{C}{x-3}$

2. $\frac{2x+3}{(x-1)(x+2)^2} = \frac{A}{x-1} + \frac{B}{x+2} + \frac{C}{(x+2)^2}$

3. $\frac{6x-1}{(x-2)^3} = \frac{A}{x-2} + \frac{B}{(x-2)^2} + \frac{C}{(x-2)^3}$

4. $\frac{x-3}{(x+2)(x^2+1)} = \frac{A}{x+2} + \frac{Bx+C}{x^2+1}$

▶ Calcola $\int \frac{6x-1}{(x-2)^3}\,dx.$

Animazione

IN SINTESI
Integrali indefiniti

Integrale indefinito

- **Funzione primitiva:** $F(x)$ si dice primitiva di $f(x)$ nell'intervallo $[a; b]$ se $F(x)$ è derivabile in $[a; b]$ e $F'(x) = f(x)$.
  Se $f(x)$ ammette una primitiva $F(x)$, allora ammette infinite primitive del tipo $F(x) + c$, con $c \in \mathbb{R}$.

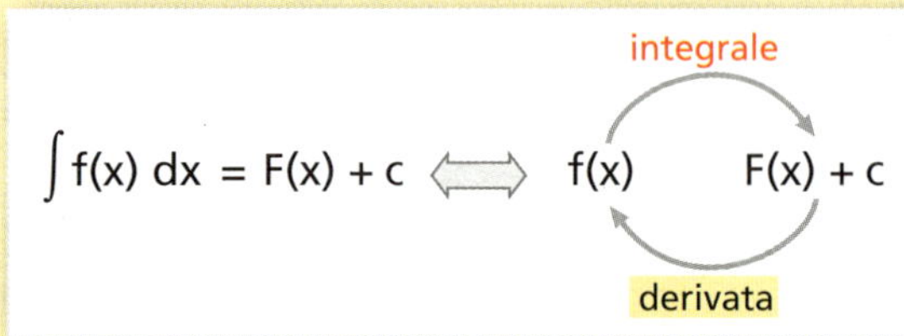

- **Integrale indefinito della funzione $f(x)$:** è l'insieme di tutte le primitive $F(x) + c$, con $c \in \mathbb{R}$. Si indica con $\int f(x)\,dx$. La funzione $f(x)$ è la **funzione integranda** e x è la **variabile di integrazione**.
- **Condizione sufficiente di integrabilità**
  Se una funzione è continua in un intervallo, allora ammette primitive in tale intervallo.
- **Proprietà di linearità**
  Se f e g ammettono integrale indefinito, allora
  - $\int [f(x) + g(x)]dx = \int f(x)\,dx + \int g(x)\,dx$ **prima proprietà;**
  - $\int k \cdot f(x)\,dx = k \cdot \int f(x)\,dx$ **seconda proprietà.**

Integrazione per sostituzione e per parti

- **Metodo di sostituzione** Per calcolare l'integrale $\int f(x)\,dx$:
  - si pone $x = g(t)$, e quindi $t = g^{-1}(x)$, dove $g(t)$ è invertibile, con $g'(t)$ continua e diversa da 0;
  - si calcola il differenziale dx, oppure dt;
  - si sostituisce nell'integrale dato, in modo da ottenere un integrale nella variabile t;
  - si calcola, se possibile, l'integrale rispetto a t;
  - ritornando alla variabile x, si ha il risultato cercato.
- **Formula di integrazione per parti:** $\int f(x)g'(x)\,dx = f(x) \cdot g(x) - \int f'(x)g(x)\,dx$.

  ESEMPIO: $\int \ln x\,dx = \int 1 \ln x\,dx = x \ln x - \int x \cdot \frac{1}{x}\,dx = x \ln x - x + c$.

Integrazione di funzioni razionali fratte

- **Primo caso**
  Nell'integrale $\int \frac{N(x)}{D(x)}dx$ il grado del numeratore $N(x)$ è **minore** del grado del denominatore $D(x)$: ci si riconduce a uno dei modelli che seguono.
  - **Il numeratore è la derivata del denominatore:** $\int \frac{f'(x)}{f(x)}dx = \ln|f(x)| + c$.
  - **Il denominatore è di primo grado:** $\int \frac{1}{ax+b}dx = \frac{1}{a}\ln|ax+b| + c$.

- **Il denominatore è di secondo grado**, con integrale del tipo $\int \frac{px+q}{ax^2+bx+c}dx$.

  a. $\mathbf{\Delta > 0}$, si cercano i valori A e B che rendono vera l'identità:

$$\frac{px+q}{ax^2+bx+c} = \frac{A}{a(x-x_1)} + \frac{B}{x-x_2}, \text{ essendo } ax^2+bx+c = a(x-x_1)(x-x_2);$$

  b. $\mathbf{\Delta = 0}$, si cercano i valori A e B che rendono vera l'identità:

$$\frac{px+q}{ax^2+bx+c} = \frac{A}{a(x-x_1)} + \frac{B}{(x-x_1)^2}, \text{ essendo } ax^2+bx+c = a(x-x_1)^2;$$

  c. $\mathbf{\Delta < 0}$: se $p = 0$, $\int \frac{1}{ax^2+bx+c}dx$ si trasforma in modo da utilizzare la formula:

$$\int \frac{f'(x)}{k^2+[f(x)]^2}dx = \frac{1}{k}\arctan\frac{f(x)}{k} + c;$$

  se $p \neq 0$, $\int \frac{px+q}{ax^2+bx+c}dx$ si trasforma in $r\int \frac{2ax+b}{ax^2+bx+c}dx + s\int \frac{1}{ax^2+bx+c}dx$.

- **Secondo caso**

In $\int \frac{N(x)}{D(x)}dx$ il grado di $N(x)$ è **maggiore o uguale** al grado di $D(x)$: si ritorna al primo caso mediante la divisione $\frac{N(x)}{D(x)} = Q(x) + \frac{R(x)}{D(x)}$, dove $R(x)$ è il resto della divisione e quindi ha grado minore di $D(x)$.

Integrali immediati	Integrali con una funzione composta
$\int x^\alpha dx = \frac{x^{\alpha+1}}{\alpha+1} + c$, con $\alpha \neq -1$	$\int [f(x)]^\alpha f'(x)\,dx = \frac{[f(x)]^{\alpha+1}}{\alpha+1} + c$, con $\alpha \neq -1$
$\int \frac{1}{x}dx = \ln\lvert x\rvert + c$	$\int \frac{f'(x)}{f(x)}dx = \ln\lvert f(x)\rvert + c$
$\int e^x dx = e^x + c$	$\int f'(x)e^{f(x)}dx = e^{f(x)} + c$
$\int a^x dx = \frac{a^x}{\ln a} + c$	$\int f'(x)a^{f(x)}dx = \frac{a^{f(x)}}{\ln a} + c$
$\int \sin x\,dx = -\cos x + c$	$\int f'(x)\sin f(x)\,dx = -\cos f(x) + c$
$\int \cos x\,dx = \sin x + c$	$\int f'(x)\cos f(x)\,dx = \sin f(x) + c$
$\int \frac{1}{\cos^2 x}dx = \tan x + c$	$\int \frac{f'(x)}{\cos^2 f(x)}dx = \tan f(x) + c$
$\int \frac{1}{\sin^2 x}dx = -\cot x + c$	$\int \frac{f'(x)}{\sin^2 f(x)}dx = -\cot f(x) + c$
$\int \frac{1}{\sqrt{1-x^2}}dx = \arcsin x + c$	$\int \frac{f'(x)}{\sqrt{1-[f(x)]^2}}dx = \arcsin f(x) + c$
$\int \frac{1}{1+x^2}dx = \arctan x + c$	$\int \frac{f'(x)}{1+[f(x)]^2}dx = \arctan f(x) + c$

CAPITOLO 29
ESERCIZI

1 Integrale indefinito

Primitive

▶ Teoria a p. 1874

TEST

1 Una primitiva di $f(x) = 3x + 1$ è:

A 3.
B $3x^2 + x$.
C $\frac{3}{2}x^2 + x$.
D $\frac{3}{2}x^2 + 1$.
E $3x$.

2 Una primitiva di $f(x) = \sin 3x$ è:

A $\cos 3x$.
B $-\cos 3x$.
C $-3\cos 3x$.
D $-\frac{1}{3}\cos 3x$.
E $3\cos 3x$.

3 **ASSOCIA** ogni funzione della prima riga a una sua primitiva nella seconda riga.

a. $y = 4x$ **b.** $y = \frac{2}{3}x^3$ **c.** $y = 4$ **d.** $y = x + 4$

1. $y = \frac{x^4}{6}$ **2.** $y = 2x^2$ **3.** $y = 4x + \frac{x^2}{2}$ **4.** $y = 4x + 1$

4 **VERO O FALSO?**

a. $y = \sin x$ è una primitiva di $y = \cos x$. V F
b. $y = 3x + 7$ e $y = 3x + 17$ sono primitive della stessa funzione. V F
c. Le primitive di una funzione, se esistono, sono infinite. V F
d. $y = x^2 + 1$ e $y = x^2 + 3$ hanno le stesse primitive. V F

Sono date due funzioni, $f(x)$ e $F(x)$. Modifica $F(x)$ in modo che sia una primitiva di $f(x)$.

5 $f(x) = x^2$, $F(x) = 3x^3 + 2$.

6 $f(x) = e^{-2x}$, $F(x) = e^{-2x}$.

7 $f(x) = 2\sin 2x$, $F(x) = -\frac{1}{3}\sin^2 x + 4$.

8 $f(x) = \frac{-3x}{x^2 + 1}$, $F(x) = \ln(x^2 + 1)$.

9 **TEST** Il grafico rappresenta una parabola di equazione $y = f(x)$. Individua una primitiva di $f(x)$.

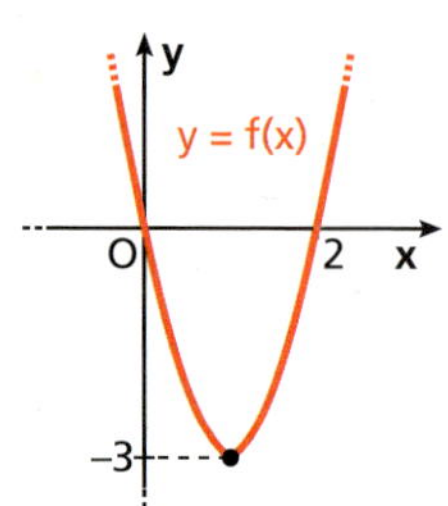

A $F(x) = 6(x - 1)$
B $F(x) = x^3 + 3x^2$
C $F(x) = x^3 + 3x^2 + 1$
D $F(x) = x^3 - 3x^2$
E $F(x) = x^2 - 2x$

Integrale indefinito

▶ Teoria a p. 1875

10 **ESERCIZIO GUIDA** Una delle due funzioni $y = x - x^2 - x^3$ e $y = 1 - 2x - 3x^2$ è una primitiva dell'altra. Determiniamo quale e scriviamo la relazione che lega le due funzioni mediante un integrale indefinito.

Calcoliamo la derivata delle due funzioni:

$D[x - x^2 - x^3] = 1 - 2x - 3x^2$,

$D[1 - 2x - 3x^2] = -2 - 6x$.

La derivata della prima funzione è uguale alla seconda funzione: $y = x - x^2 - x^3$ è una primitiva di $y = 1 - 2x - 3x^2$. Scriviamo:

$$\int (1 - 2x - 3x^2)\,dx = x - x^2 - x^3 + c.$$

Nelle seguenti coppie di funzioni, una delle due funzioni è una primitiva dell'altra. Determina quale e scrivi, mediante un integrale indefinito, la relazione che lega le due funzioni.

11 $y = 4 + 6x$; $y = 4x + 3x^2$.

12 $y = \dfrac{1}{x+1}$; $y = -\dfrac{1}{(x+1)^2}$.

13 $y = \dfrac{2x}{x^2+1}$; $y = \ln(x^2 + 1)$.

14 $y = \sqrt{x^2+1}$; $y = \dfrac{x}{\sqrt{x^2+1}}$.

15 $y = -e^{-x}$; $y = e^{-x}$.

16 $y = 1 + \tan^2 x$; $y = \tan x$.

17 $y = \sin x + \cos x$; $y = \cos x - \sin x$.

18 $y = -\dfrac{1}{x^2}$; $y = \dfrac{2}{x^3}$.

COMPLETA

19 $\int \square \sin 5x^2\,dx = \cos 5x^2 + c$

20 $\int \dfrac{\square}{\sqrt{x^2-2x}}\,dx = \sqrt{x^2-2x} + c$

21 $\int \dfrac{2}{e^x}\,dx = \dfrac{\square}{e^x} + c$

22 $\int \square \ln^3 x\,dx = \ln^4 x + c$

23 $\int \dfrac{1}{1+x} \square\,dx = \arctan\sqrt{x} + c$

24 $\int \square (x^3 + 3x)^5\,dx = (x^3 + 3x)^6 + c$

25 **TEST** Data la funzione $f(x) = \dfrac{-3e^x}{(e^x+2)^2}$, la sua primitiva il cui grafico passa per il punto (0; 1) è:

A $\dfrac{1}{e^x+2} + \dfrac{2}{3}$.

B $\dfrac{-3}{e^x+2} + 2$.

C $\dfrac{9}{(e^x+2)^2}$.

D $\dfrac{9}{(e^x+2)^2} - 1$.

E $\dfrac{3}{e^x+2}$.

VERO O FALSO?

26

a. La derivata di $\int (x^2 + 4x)\,dx$ è $2x + 4$. V F

b. $\int (4x^3 + 7)\,dx = \dfrac{x^4}{4} + 7x + c$. V F

c. Una primitiva di $\int x\,dx$ è $\dfrac{x^3}{6} + 1$. V F

d. La derivata di $\int (\ln x + 4)\,dx$ è $\ln x$. V F

e. Una primitiva di $\sin x - \cos x$ è $-\cos x - \sin x - 6$. V F

27

a. Ogni funzione continua ammette primitive. V F

b. Ogni funzione derivabile è integrabile. V F

c. Ogni funzione integrabile è derivabile. V F

d. Se una funzione è integrabile e positiva, tutte le sue primitive sono crescenti. V F

ESERCIZI

28 LEGGI IL GRAFICO Quali delle seguenti funzioni non sono integrabili in $\mathbb{R}$? Indicane il motivo.

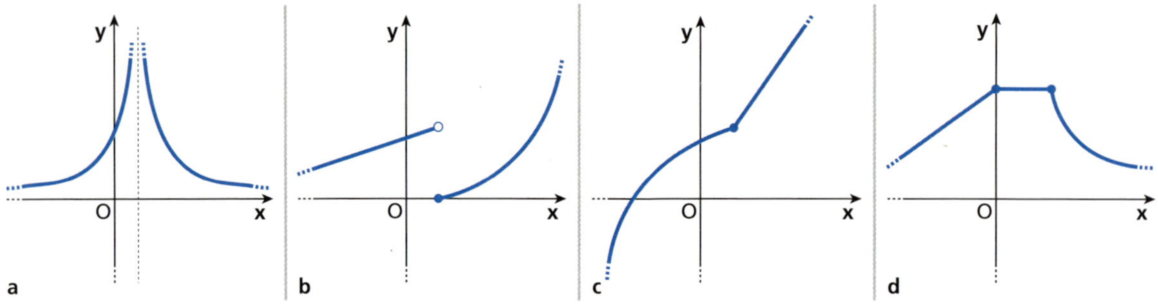

RIFLETTI SULLA TEORIA

29 Spiega perché $D\left[\int \ln 4x^2 dx\right] = \ln 4x^2$.

30 Puoi affermare che la funzione $f(x) = \begin{cases} 2x & \text{se } x < 0 \\ x+3 & \text{se } x \geq 0 \end{cases}$ è integrabile nell'intervallo $[-2; 2]$? Perché?

Dal grafico di una funzione a quello di una primitiva

LEGGI IL GRAFICO In ciascuno dei seguenti grafici, una delle funzioni è una primitiva dell'altra. Determina quale.

31

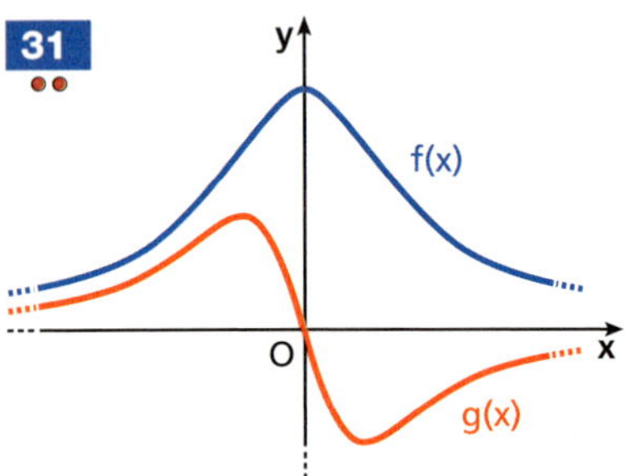

32

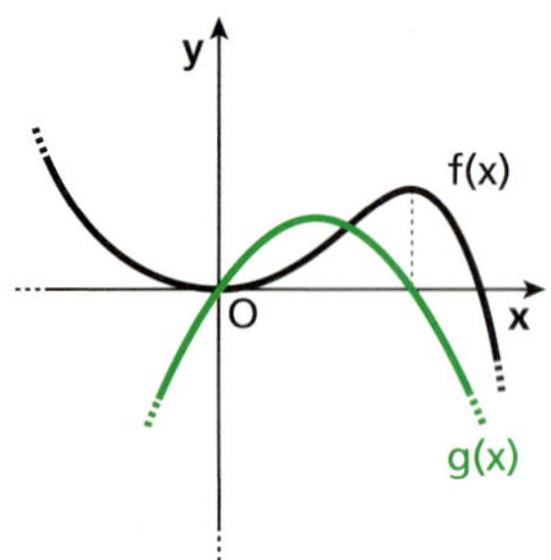

33

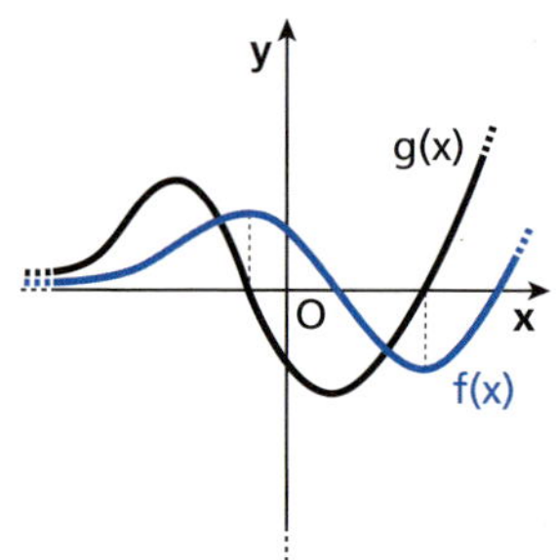

34 ESERCIZIO GUIDA Tracciamo l'andamento della primitiva $F(x)$, passante per l'origine, della funzione $f(x)$ rappresentata in figura.

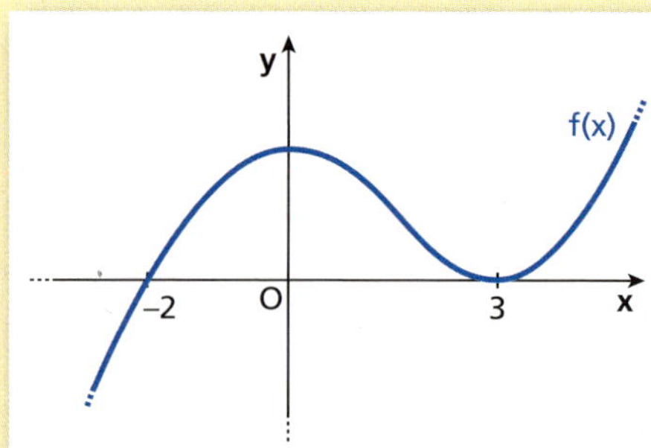

$f(x)$ rappresenta la derivata di $F(x)$. Dal grafico di $f(x)$ deduciamo lo schema che indica dove $F(x)$ è crescente o decrescente.

L'andamento della primitiva $F(x)$ che passa per l'origine può essere quello della figura.

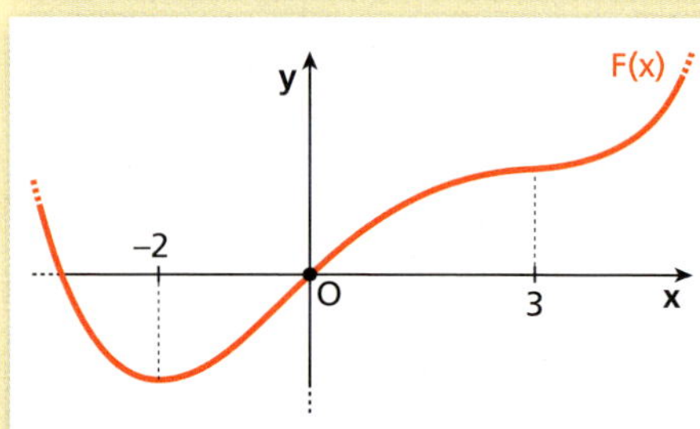

LEGGI IL GRAFICO Dato il grafico $y = f(x)$, traccia un possibile andamento della primitiva $y = F(x)$ che passa per l'origine.

35 ●●

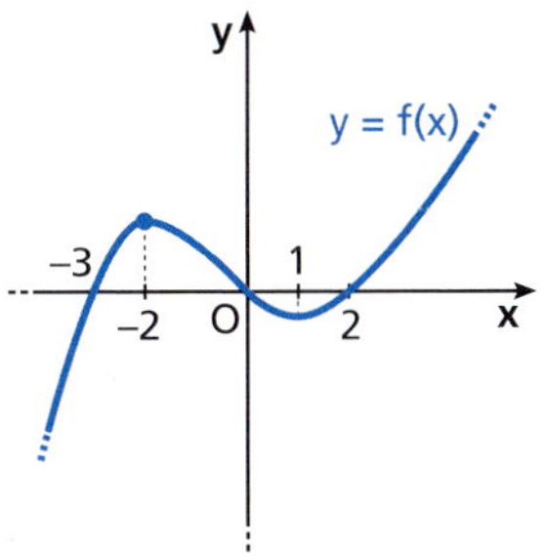

36 ●●

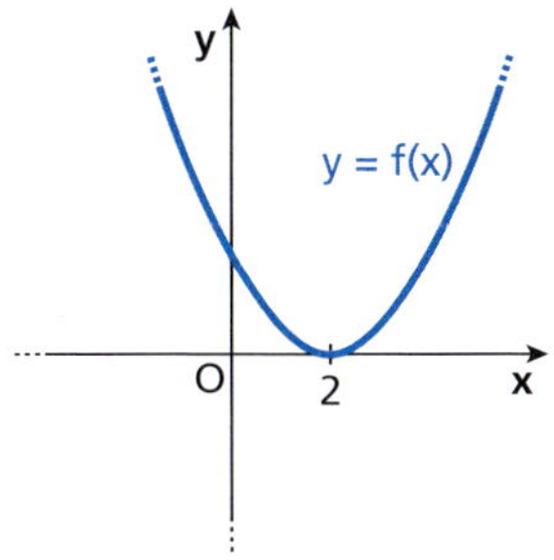

37 ●●

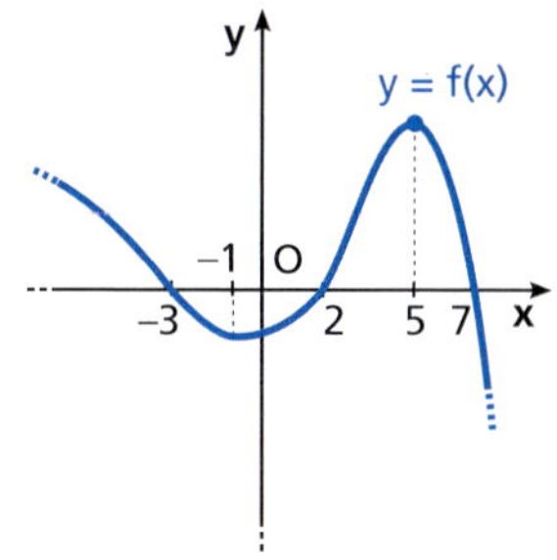

38 ●● Dato il grafico di $y = f(x)$, traccia un possibile andamento della sua primitiva passante:

a. per l'origine;

b. per il punto (0; 2).

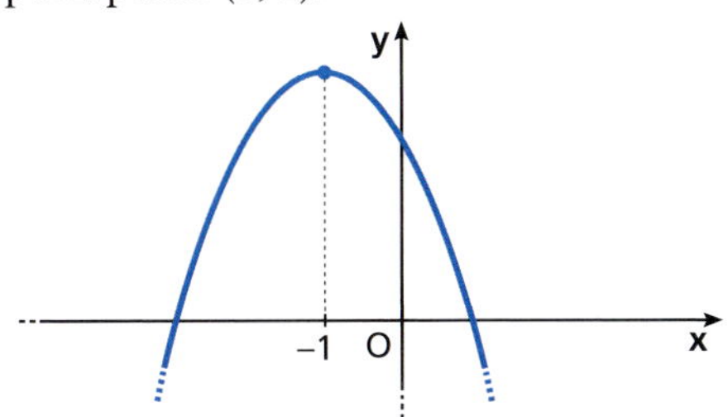

39 ●● Dato il grafico di $y = f(x)$, traccia un possibile andamento della sua primitiva che taglia l'asse y nel punto di ascissa -3.

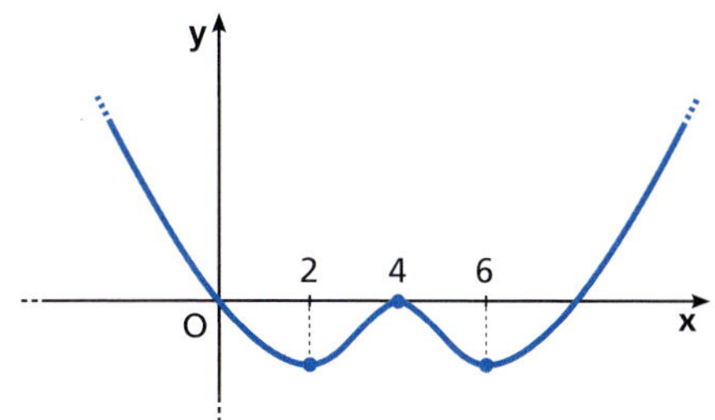

40 ●● **RIFLETTI SULLA TEORIA** Se la funzione $f(x)$ ha un massimo relativo nel punto $P(2; -3)$, esiste una primitiva di $f(x)$ che ammette un flesso in P?

Con i parametri

Determina a e b in modo tale che $F(x)$ sia una primitiva di $f(x)$.

AL VOLO

41 ●○ $F(x) = x^2 + 5x, \quad f(x) = ax + b.$

42 ●○ $F(x) = ax^3 - 2x^2, \quad f(x) = 9x^2 + bx.$

43 ●○ $F(x) = ax^3 + bx^2 + 3, \quad f(x) = 6x^2 - 4x.$ $[a = 2, b = -2]$

44 ●○ $F(x) = a\sin 2x + b\cos x, \quad f(x) = 8\cos 2x + 3\sin x.$ $[a = 4, b = -3]$

45 ●● $F(x) = (a + bx)e^x, \quad f(x) = xe^x.$ $[a = -1, b = 1]$

46 ●○ **TEST** La funzione $F(x) = p\sin x + 2q\sin^3 x$ è una primitiva di $f(x) = 8\cos x - 6\cos^3 x$ se:

A $p = 1, q = 2.$

B $p = 2, q = -1.$

C $p = -2, q = 1.$

D $p = 2, q = 1.$

E non è possibile trovare i valori di p e q.

ESERCIZI

Proprietà dell'integrale indefinito

Teoria a p. 1876

VERO O FALSO?

47 a. $-2\int f(x)dx = -\int 2f(x)dx$ V F

b. $\int x^2 f(x)dx = \int x^2 dx \cdot \int f(x)dx$ V F

c. $\frac{1}{5x}\int 5x\, f(x)dx = \int f(x)dx$ V F

d. $\int [7 + f(x)]dx = 7\int dx + \int f(x)dx$ V F

e. $\int Df(x)dx = D\int f(x)dx$ V F

48 a. $D\left[\int 8x\, dx\right] = 8x + c$ V F

b. $\int (3x - e^x)dx = 3\int x\, dx - \int e^x dx$ V F

c. $\int 5\, dx = 5\int dx$ V F

d. $\int \ln x^2 dx = 2\int \ln x\, dx$ V F

e. $\int 3x^2 dx - \int 3x^2 dx = 0$ V F

2 Integrali indefiniti immediati

Integrale di una potenza di *x*, $f(x) = x^{\alpha}$, con $\alpha \in \mathbb{R}$

Teoria a p. 1877

49 VERO O FALSO?

a. $\int x^2 dx = \left(\int x\, dx\right)^2$ V F

b. $\int 3x\, dx - \int x\, dx = x^2 + c$ V F

c. $\int x^{-1}dx = \frac{x^{-1+1}}{-1+1} + c$ V F

d. $\int \frac{1}{x^2}dx = \ln x^2 + c$ V F

50 ESERCIZIO GUIDA Calcoliamo: a. $\int\left(2x^4 - \sqrt[3]{x^2} + \frac{1}{x^2}\right)dx$; b. $\int\left(3 + \frac{2}{x}\right)dx$.

a. $\int\left(2x^4 - \sqrt[3]{x^2} + \frac{1}{x^2}\right)dx =$) proprietà di linearità

$2\int x^4 dx - \int x^{\frac{2}{3}} dx + \int x^{-2} dx =$) integriamo le potenze di *x*

$\int x^{\alpha} dx = \frac{x^{\alpha+1}}{\alpha+1} + c$, con $\alpha \neq -1$

$2 \cdot \frac{x^{4+1}}{4+1} - \frac{x^{\frac{2}{3}+1}}{\frac{2}{3}+1} + \frac{x^{-2+1}}{-2+1} + c = \frac{2}{5}x^5 - \frac{x^{\frac{5}{3}}}{\frac{5}{3}} - x^{-1} + c = \frac{2}{5}x^5 - \frac{3}{5}x\sqrt[3]{x^2} - \frac{1}{x} + c.$

b. $\int\left(3 + \frac{2}{x}\right)dx = 3\cdot\int dx + 2\cdot\int\frac{1}{x}\, dx = 3\cdot x + 2\ln|x| + c.$

$\int \frac{1}{x} dx = \ln|x| + c$

Calcola i seguenti integrali.

AL VOLO

51 $\int 7x\, dx$; $\int 2\, dx$; $\int 6x^2 dx$.

52 $\int x^3 dx$; $\int \sqrt{x}\, dx$; $\int x^9 dx$.

53 $\int \frac{1}{x^4} dx$; $\int \frac{5}{4}\sqrt[4]{x}\, dx$; $\int x^8 dx$. $\left[-\frac{1}{3x^3} + c; x\sqrt[4]{x} + c; \frac{x^9}{9} + c\right]$

54 $\int \frac{1}{2x^3} dx$; $\int \frac{4}{x} dx$; $\int -\frac{2}{3}x^6 dx$. $\left[-\frac{1}{4x^2} + c; 4\ln|x| + c; -\frac{2}{21}x^7 + c\right]$

55 $\int \frac{3}{\sqrt[3]{x^2}}\,dx;\quad \int 8\sqrt{x}\,dx;\quad \int -\frac{1}{x^4}\,dx.$ $\left[9\sqrt[3]{x}+c;\ \frac{16}{3}x\sqrt{x}+c;\ \frac{1}{3x^3}+c\right]$

56 $\int \frac{\sqrt{x}}{\sqrt[4]{x}}\,dx;\quad \int \sqrt{x\sqrt{2x}}\,dx;\quad \int x^3\sqrt{x}\,dx.$ $\left[\frac{4}{5}x\sqrt[4]{x}+c;\ \frac{4}{7}x\sqrt{x}\sqrt[4]{2x}+c;\ \frac{2}{9}x^4\sqrt{x}+c\right]$

57 $\int \sqrt{2\sqrt{x}}\,dx;\quad \int \frac{3\sqrt[3]{x}}{x}\,dx;\quad \int \frac{1}{4\sqrt{x}}\,dx.$ $\left[\frac{4}{5}\sqrt{2}\sqrt[4]{x^5}+c;\ 9\sqrt[3]{x}+c;\ \frac{\sqrt{x}}{2}+c\right]$

---

58 $\int(3x+1)dx$ $\left[\frac{3}{2}x^2+x+c\right]$

59 $\int(x^2+2x)dx$ $\left[\frac{x^3}{3}+x^2+c\right]$

60 $\int(x+\sqrt{x})dx$ $\left[\frac{x^2}{2}+\frac{2}{3}x\sqrt{x}+c\right]$

61 $\int x^2(4x-6)dx$ $[x^4-2x^3+c]$

62 $\int(x^2+x+10)\,dx$ $\left[\frac{x^3}{3}+\frac{x^2}{2}+10x+c\right]$

63 $\int(x^3-3x^2-8)\,dx$ $\left[\frac{x^4}{4}-x^3-8x+c\right]$

64 $\int\left(\frac{1}{x^3}+\frac{3}{x^2}\right)dx$ $\left[-\frac{1}{2x^2}-\frac{3}{x}+c\right]$

65 $\int\left(3x^2-\frac{6}{x^2}\right)dx$ $\left[x^3+\frac{6}{x}+c\right]$

66 $\int\left(\frac{5}{x^4}-\frac{4}{x^3}+\frac{3}{x^2}\right)dx$ $\left[-\frac{5}{3x^3}+\frac{2}{x^2}-\frac{3}{x}+c\right]$

67 $\int\left(x+\frac{1}{x}+1\right)dx$ $\left[\frac{x^2}{2}+\ln|x|+x+c\right]$

68 $\int\left(3x^2-2x+\frac{3}{x}\right)dx$ $[x^3-x^2+3\ln|x|+c]$

69 $\int\left(\frac{2}{x^3}-x^2-\frac{1}{x}\right)dx$ $\left[-\frac{1}{x^2}-\frac{x^3}{3}-\ln|x|+c\right]$

70 $\int\sqrt{x}(2-\sqrt{x})dx$ $\left[\frac{4}{3}x\sqrt{x}-\frac{x^2}{2}+c\right]$

71 $\int(3\sqrt{x}+\sqrt[4]{x^3})dx$ $\left[2x\sqrt{x}+\frac{4}{7}x\sqrt[4]{x^3}+c\right]$

72 $\int\left(\frac{2}{\sqrt{x}}-\frac{3}{\sqrt[3]{x}}\right)dx$ $\left[4\sqrt{x}-\frac{9}{2}\sqrt[3]{x^2}+c\right]$

73 $\int\left(\sqrt{x}+\frac{2}{\sqrt{x}}\right)dx$ $\left[\frac{2}{3}x\sqrt{x}+4\sqrt{x}+c\right]$

74 $\int\left(x+\frac{5x^2}{\sqrt{x}}-\frac{2}{x^3}\right)dx$ $\left[\frac{x^2}{2}+2\sqrt{x^5}+\frac{1}{x^2}+c\right]$

75 $\int(\sqrt{x}-2)^2dx$ $\left[\frac{x^2}{2}-\frac{8}{3}\sqrt{x^3}+4x+c\right]$

76 $\int(x+1)^2dx$ $\left[\frac{x^3}{3}+x^2+x+c\right]$

77 $\int(x-3)(x+3)dx$ $\left[\frac{x^3}{3}-9x+c\right]$

78 $\int[x^2-(2-x)^2]dx$ $[2x^2-4x+c]$

79 $\int\frac{1}{\sqrt{x}}(x-\sqrt{x\sqrt{x}})dx$ $\left[\frac{2}{3}x\sqrt{x}-\frac{4}{5}x\sqrt[4]{x}+c\right]$

---

80 **TEST** Solo uno dei seguenti grafici rappresenta una primitiva di $y=\frac{1}{2}x-1$. Quale?

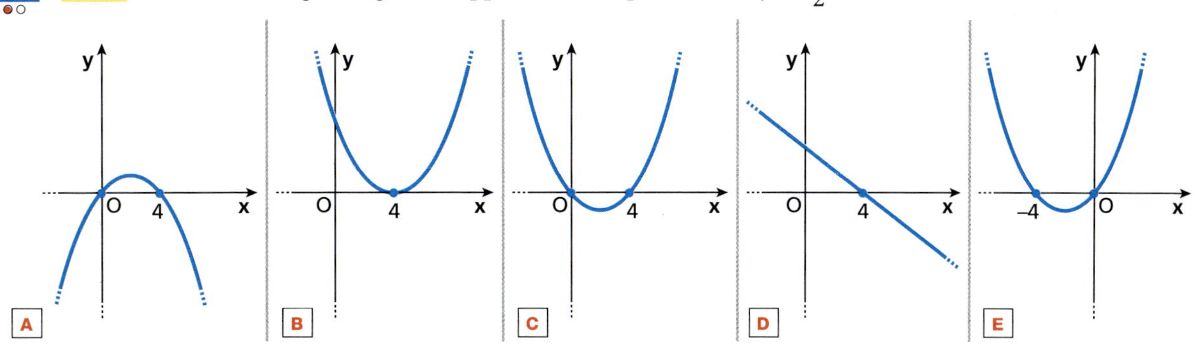

81 **EUREKA!** Spiega perché $\ln|\alpha x|$ è una primitiva di $\frac{1}{x}$ per ogni valore di α non nullo.

82 ESERCIZIO GUIDA Calcoliamo $\int \frac{2x-1+x^3}{x^2}dx$.

Poiché il denominatore della frazione integranda è un monomio, possiamo scomporre la frazione in frazioni più semplici e applicare la prima proprietà di linearità:

$$\int \frac{2x-1+x^3}{x^2}dx = \int \frac{2x}{x^2}dx - \int \frac{1}{x^2}dx + \int \frac{x^3}{x^2}dx = 2\int \frac{1}{x}dx - \int x^{-2}dx + \int x\,dx = 2\ln|x| + \frac{1}{x} + \frac{x^2}{2} + c.$$

Calcola i seguenti integrali.

83 $\int \frac{x+5}{x}dx$ $\left[x+5\ln|x|+c\right]$

84 $\int \frac{4x+x^2}{x}dx$ $\left[4x+\frac{x^2}{2}+c\right]$

85 $\int \frac{1-x^2+6x}{x^2}dx$ $\left[-\frac{1}{x}-x+6\ln|x|+c\right]$

86 $\int \frac{3x^2+2-4x}{3x}dx$ $\left[\frac{x^2}{2}+\frac{2}{3}\ln|x|-\frac{4}{3}x+c\right]$

87 $\int \frac{10x^5+4x+1}{2x}dx$ $\left[x^5+2x+\frac{1}{2}\ln|x|+c\right]$

88 $\int \frac{x^2+2\sqrt{x}}{x^2}dx$ $\left[x-\frac{4}{\sqrt{x}}+c\right]$

89 $\int \frac{x^2(x^2+2)-1}{x}dx$ $\left[\frac{x^4}{4}+x^2-\ln|x|+c\right]$

90 $\int \frac{x^4+x^3-2x}{x^3}dx$ $\left[\frac{x^2}{2}+x+\frac{2}{x}+c\right]$

91 $\int \frac{1+2x^2}{\sqrt{x}}dx$ $\left[2\sqrt{x}+\frac{4}{5}x^2\sqrt{x}+c\right]$

92 $\int \frac{(x-1)(x+2)}{x}dx$ $\left[\frac{x^2}{2}+x-2\ln|x|+c\right]$

93 $\int \frac{x^3+\sqrt{x}-2}{6x^3}dx$ $\left[\frac{1}{6}x-\frac{1}{9x\sqrt{x}}+\frac{1}{6x^2}+c\right]$

94 $\int \frac{(2\sqrt{x}-1)^2}{x^2}dx$ $\left[4\ln x-\frac{1}{x}+\frac{8}{\sqrt{x}}+c\right]$

95 $\int \frac{x^3-5x^2+4x}{x-1}dx$ $\left[\frac{x^3}{3}-2x^2+c\right]$

96 $\int \frac{4-x}{\sqrt{x}+2}dx$ $\left[2x-\frac{2}{3}x\sqrt{x}+c\right]$

97 TEST Che valori devono assumere gli esponenti reali a e b affinché sia vera la seguente uguaglianza?

$$\int \frac{3+2x^a-6x^b}{x^2}dx = -\frac{3}{x}+x^2-2x^3+c$$

A $a=4 \wedge b=5$

B $a=3 \wedge b=5$

C $a=2 \wedge b=4$

D $a=3 \wedge b=4$

E Nessuno dei valori precedenti.

Problemi

98 Rappresenta graficamente due primitive di $f(x)=4x+3$ assegnando alla costante due valori a piacere e verifica che le tangenti nei punti di ascissa -2 sono parallele tra loro.

99 Tra le primitive $F(x)$ di $f(x)=x^2-\frac{1}{x}$, trova quella tale che $F(1)=2$.

$\left[F(x)=\frac{x^3}{3}-\ln|x|+\frac{5}{3}\right]$

100 Tra le primitive $F(x)$ di $f(x)=5-6x+4x^3$, trova quella tale che $F(-1)=4$.

$[F(x)=5x-3x^2+x^4+11]$

101 LEGGI IL GRAFICO La figura mostra i grafici di una funzione $f(x)$, di una sua primitiva $F(x)$ e della sua derivata $f'(x)$. Individuali e determina le loro equazioni, sapendo che uno dei tre grafici ha equazione $y=12x^2-2$.

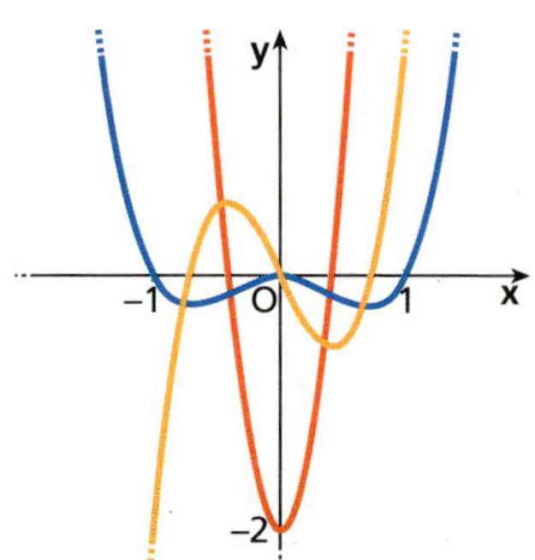

Problemi REALTÀ E MODELLI

RISOLVIAMO UN PROBLEMA

Quanto ci costi!

Il **costo totale** per la produzione di una quantità x di un certo prodotto è espresso dalla funzione $C(x)$.
La sua derivata $C'(x)$ è detta **costo marginale** e rappresenta il costo che un'impresa deve sostenere per produrre un'unità di prodotto in più, ovvero la variazione nei costi totali che si verifica quando varia di una unità la quantità prodotta.

Un caseificio sa che il costo marginale della sua produzione, in euro al kilogrammo, è espresso dalla funzione

$$C'(x) = 5 - 0{,}02x, \text{ per } x \leq 400 \text{ kg}.$$

- Scrivi la funzione costo totale, sapendo che i costi fissi sono di € 200.
- Trova il costo totale per produrre 300 kg di formaggio e il costo unitario medio.

▶ **Troviamo la funzione costo totale.**

Calcoliamo l'integrale di $C'(x)$.

$$\int(5 - 0{,}02x)dx = 5x - 0{,}02\frac{x^2}{2} + c =$$

$$5x - 0{,}01x^2 + c.$$

Quindi $C(x) = 5x - 0{,}01x^2 + c$.

▶ **Determiniamo la costante *c*.**

Sapendo che i costi fissi sono di € 200, possiamo scrivere:

$$C(0) = 200 \quad \rightarrow$$

$$5 \cdot 0 - 0{,}01 \cdot 0 + c = 200 \quad \rightarrow \quad c = 200.$$

Allora $C(x) = 5x - 0{,}01x^2 + 200$.

▶ **Calcoliamo il costo totale per produrre 300 kg di formaggio.**

$$C(300) = 5 \cdot 300 - 0{,}01(300)^2 + 200 = € \, 800.$$

▶ **Calcoliamo il costo unitario medio.**

Per produrre 300 kg di formaggio il costo è di € 800. In questo caso il costo unitario medio è:

$$\frac{800}{300} = 2{,}67 \text{ €/kg}.$$

102 ●○

Dolce fragranza Il costo marginale, espresso in euro a boccetta, per produrre x boccette di profumo è dato da

$$C'(x) = \frac{x^2}{10000} - \frac{x}{10} + 20, \text{ per } x \leq 200,$$

e non ci sono costi fissi.

a. Scrivi la funzione costo totale $C(x)$.

b. Trova il costo per produrre 100 boccette.

$\left[\text{a) } C(x) = \frac{x^3}{30000} - \frac{x^2}{20} + 20x; \text{ b) } € \, 1533\right]$

103 ●○ **A tutta musica** Un sito promotore di eventi vende biglietti per un concerto. Il profitto marginale, che descrive la rapidità di variazione del profitto al variare dei biglietti venduti, è dato dalla funzione

$$P'(x) = \frac{x}{5} - 30,$$

dove x è il numero di biglietti venduti e il profitto è espresso in euro.
Trova il profitto totale ricavato dalla vendita dei primi 500 biglietti, sapendo che il sito ha un guadagno fisso di € 50, indipendente dal numero di biglietti venduti. [€ 10 050]

ESERCIZI

Integrale della funzione esponenziale

▶ Teoria a p. 1878

104 ESERCIZIO GUIDA Calcoliamo gli integrali:

a. $\int(2e^x + 3\cdot 5^x)\,dx$; b. $\int \frac{10^{x-1}}{5^x}dx$.

$\int e^x dx = e^x + c$; $\int a^x dx = \frac{1}{\ln a}\cdot a^x + c$.

a. $\int(2e^x + 3\cdot 5^x)dx = 2\int e^x dx + 3\int 5^x dx = 2e^x + \frac{3}{\ln 5}\cdot 5^x + c$.

proprietà di linearità

b. Semplifichiamo la frazione integranda in modo da ricondurci a un unico esponenziale:

$$\int \frac{10^{x-1}}{5^x}dx = \int \frac{10^x}{5^x}\cdot 10^{-1}dx = \int\left(\frac{10}{5}\right)^x\cdot\frac{1}{10}dx = \frac{1}{10}\int 2^x dx = \frac{1}{10}\cdot\frac{1}{\ln 2}\cdot 2^x + c.$$

Calcola i seguenti integrali.

105 AL VOLO $\int 4e^x dx$; $\int 25^x dx$.

106 $\int e^{x+2}dx$ $[e^{x+2} + c]$

107 $\int(2e^x + 1)dx$ $[2e^x + x + c]$

108 $\int(4e^x + 5\cdot 3^x)dx$ $\left[4e^x + \frac{5}{\ln 3}\cdot 3^x + c\right]$

109 $\int 2^{4x}\cdot 4^{1-2x}dx$ $[4x + c]$

110 $\int(x + 7^{x+1})dx$ $\left[\frac{x^2}{2} + \frac{7}{\ln 7}\cdot 7^x + c\right]$

111 $\int 2^{2x}\cdot 3^x dx$ $\left[\frac{1}{\ln 12}\cdot 12^x + c\right]$

112 $\int \frac{3^{x+1} - 9^x}{3^x}dx$ $\left[3x - \frac{3^x}{\ln 3} + c\right]$

113 $\int \frac{16^x}{4^{x+1}}dx$ $\left[\frac{4^x}{4\ln 4} + c\right]$

114 $\int e^x(1 - 2xe^{-x})dx$ $[e^x - x^2 + c]$

115 $\int 8^x\cdot 2^{-3x+4}dx$ $[16x + c]$

116 $\int(2 - 3^x)^2 dx$ $\left[4x - \frac{4}{\ln 3}3^x + \frac{9^x}{\ln 9} + c\right]$

117 $\int \frac{2\cdot 3^x + 3\cdot 2^x}{6^x}dx$ $\left[-\frac{2}{\ln 2}2^{-x} - \frac{3}{\ln 3}3^{-x} + c\right]$

118 $\int 4^{x-1}\cdot 2^{-x+2}dx$ $\left[\frac{1}{\ln 2}2^x + c\right]$

119 $\int(2^{2x} - 1)^2\cdot 4^x dx$ $\left[\frac{2^{6x}}{6\ln 2} - \frac{2^{4x}}{2\ln 2} + \frac{2^{2x}}{2\ln 2} + c\right]$

Integrale delle funzioni goniometriche

▶ Teoria a p. 1879

$\int \sin x\, dx = -\cos x + c$; $\int \cos x\, dx = \sin x + c$; $\int \frac{1}{\sin^2 x}dx = -\cot x + c$; $\int \frac{1}{\cos^2 x}dx = \tan x + c$.

120 ESERCIZIO GUIDA Calcoliamo $\int\left(2\sin x - \cos x - \frac{4}{\sin^2 x}\right)dx$.

$$\int\left(2\sin x - \cos x - \frac{4}{\sin^2 x}\right)dx = 2\int \sin x\, dx - \int \cos x\, dx - 4\int \frac{1}{\sin^2 x}dx =$$

proprietà di linearità

$$2(-\cos x) - \sin x - 4(-\cot x) + c = -2\cos x - \sin x + 4\cot x + c$$

Calcola i seguenti integrali.

AL VOLO

121 $\int 2\sin x\, dx$

122 $\int(\sin x + 3\cos x)\,dx$

123 $\int(x - 2\sin x)\,dx$

124 $\int \frac{\sin x - \sqrt{3}\cos x}{2}\,dx$ $\left[-\frac{\cos x + \sqrt{3}\sin x}{2} + c\right]$

125 $\int \left(\frac{3}{\sin^2 x} + \frac{\cos x}{2}\right)dx$ $\left[-3\cot x + \frac{\sin x}{2} + c\right]$

126 $\int (\cos x - \sin x + 2e^x)\,dx$ $[\sin x + \cos x + 2e^x + c]$

127 $\int \left(\frac{2}{\sin^2 x} + \frac{1}{x}\right)dx$ $[-2\cot x + \ln|x| + c]$

128 $\int \frac{2\sin^2 x - 4}{\sin^2 x}\,dx$ $[2x + 4\cot x + c]$

129 AL VOLO $\int \cos^2 x\,dx + \int \sin^2 x\,dx$

130 $\int \frac{-2\sin 2x}{\cos x}\,dx$ $[4\cos x + c]$

131 $\int \frac{5\sin x + 2\sin 2x}{\sin x}\,dx$ $[5x + 4\sin x + c]$

132 $\int \tan^2 x\,dx$ $[\tan x - x + c]$

133 $\int \frac{\cos 2x}{4\cos^2 x}\,dx$ $\left[\frac{1}{2}x - \frac{1}{4}\tan x + c\right]$

134 $\int \frac{1 - 8\cos^3 x}{\cos^2 x}\,dx$ $[\tan x - 8\sin x + c]$

135 $\int (2\cot^2 x \quad x)\,dx$ $\left[-2\cot x - 2x - \frac{x^2}{2} + c\right]$

136 $\int \frac{\cos 2x}{\sin^2 2x}\,dx$ $\left[-\frac{1}{2\sin 2x} + c\right]$

137 $\int \frac{1}{\cos^2 x \sin^2 x}\,dx$ $[\tan x - \cot x + c]$

Integrale delle funzioni le cui primitive sono le funzioni goniometriche inverse

▶ Teoria a p. 1879

$$\int \frac{1}{\sqrt{1-x^2}}\,dx = \arcsin x + c = -\arccos x + c; \qquad \int \frac{1}{1+x^2}\,dx = \arctan x + c = -\operatorname{arccot} x + c.$$

138 ESERCIZIO GUIDA Calcoliamo gli integrali:

a. $\int \left(\frac{2}{\sqrt{1-x^2}} + \frac{5}{1+x^2}\right)dx$; b. $\int \frac{6x^2}{1+x^2}\,dx$.

a. $\int \left(\frac{2}{\sqrt{1-x^2}} + \frac{5}{1+x^2}\right)dx = 2\int \frac{1}{\sqrt{1-x^2}}\,dx + 5\int \frac{1}{1+x^2}\,dx = 2\arcsin x + 5\arctan x + c$

b. $\int \frac{6x^2}{1+x^2}\,dx = 6\int \frac{x^2+1-1}{1+x^2}\,dx = 6\int \frac{x^2+1}{1+x^2}\,dx - 6\int \frac{1}{1+x^2}\,dx = 6\int dx - 6\arctan x + c = 6(x - \arctan x) + c$

aggiungiamo e togliamo 1 al numeratore

Calcola i seguenti integrali.

139 $\int \frac{3}{\sqrt{1-x^2}}\,dx$ $[3\arcsin x + c]$

140 $\int \left(1 - \frac{6}{\sqrt{9-9x^2}}\right)dx$ $[x + 2\arccos x + c]$

141 $\int \left(\frac{12}{1+x^2} - 4x\right)dx$ $[12\arctan x - 2x^2 + c]$

142 $\int \left(\frac{1}{x} + \frac{1}{4+4x^2}\right)dx$ $\left[\ln|x| + \frac{1}{4}\arctan x + c\right]$

143 $\int \frac{8x}{x^3 + x}\,dx$ $[8\arctan x + c]$

144 $\int \left(\frac{\sqrt{1-x^2}}{1-x^2} - \frac{\sqrt{x}}{x}\right)dx$ $[\arcsin x - 2\sqrt{x} + c]$

145 $\int \frac{-x^2}{1+x^2}\,dx$ $[-x + \arctan x + c]$

146 $\int \frac{1+2x^2}{1+x^2}\,dx$ $[2x - \arctan x + c]$

147 $\int \frac{2x^2 - 9}{3x^2 + 3}\,dx$ $\left[\frac{2}{3}x - \frac{11}{3}\arctan x + c\right]$

148 $\int \left(\frac{\sqrt{1+x}}{\sqrt{1-x}} + \frac{\sqrt{1-x}}{\sqrt{1+x}}\right)dx$ $[2\arcsin x + c]$

149 $\int \frac{4x^2 - 1}{2x^2 + 2}\,dx$ $\left[2x - \frac{5}{2}\arctan x + c\right]$

150 $\int \frac{x^4}{4+4x^2}\,dx$ $\left[-\frac{1}{4}x + \frac{x^3}{12} + \frac{1}{4}\arctan x + c\right]$

ESERCIZI

Integrale delle funzioni la cui primitiva è una funzione composta

▶ Teoria a p. 1879

151 TEST Solo uno dei seguenti integrali *non* è nella forma $\int [f(x)]^\alpha f'(x)dx$. Quale?

A $\int 3x(x^3-1)^2 dx$

B $\int 2(2x-6)^7 dx$

C $\int 2x(x^2+1)^3 dx$

D $\int 2x\sqrt{x^2+4}\,dx$

E $\int \sqrt{x-1}\,dx$

152 ESERCIZIO GUIDA Calcoliamo $\int 3x^2(x^3-2)^4 dx$.

Applichiamo la formula $\int [f(x)]^\alpha f'(x)\,dx = \frac{[f(x)]^{\alpha+1}}{\alpha+1}+c$, ponendo $f(x)=x^3-2$ e $\alpha=4$:

$$\int \underbrace{(x^3-2)^4}_{[f(x)]^4}\cdot \underbrace{3x^2}_{f'(x)}dx = \frac{(x^3-2)^{4+1}}{4+1}+c = \frac{(x^3-2)^5}{5}+c.$$

Calcola i seguenti integrali.

153 $\int 5(5x-2)^3 dx$ $\left[\frac{(5x-2)^4}{4}+c\right]$

154 $\int 4x(2x^2+3)^6 dx$ $\left[\frac{(2x^2+3)^7}{7}+c\right]$

155 $\int 2x(x^2-1)^3 dx$ $\left[\frac{(x^2-1)^4}{4}+c\right]$

156 $\int 15\sqrt{6-5x}\,dx$ $\left[-2\sqrt{(6-5x)^3}+c\right]$

157 $\int x\sqrt{1-x^2}\,dx$ $\left[-\frac{1}{3}\sqrt{(1-x^2)^3}+c\right]$

158 $\int \frac{x}{\sqrt{1-x^2}}dx$ $\left[-\sqrt{1-x^2}+c\right]$

159 $\int (x^2+2x-1)^5(x+1)\,dx$ $\left[\frac{(x^2+2x-1)^6}{12}+c\right]$

160 $\int x\sqrt{x^2+1}\,dx$ $\left[\frac{\sqrt{(x^2+1)^3}}{3}+c\right]$

161 $\int e^{2x}\sqrt{5+e^{2x}}\,dx$ $\left[\frac{1}{3}\sqrt{(5+e^{2x})^3}+c\right]$

162 $\int \frac{x}{\sqrt{x^2+4}}dx$ $\left[\sqrt{x^2+4}+c\right]$

163 $\int \frac{\ln x}{x}dx$ $\left[\frac{1}{2}\ln^2 x+c\right]$

164 $\int \frac{x^2+1}{(x^3+3x)^3}dx$ $\left[-\frac{1}{6(x^3+3x)^2}+c\right]$

165 $\int \frac{(3\ln x)^2}{x}dx$ $\left[3\ln^3 x+c\right]$

166 $\int \frac{3x}{(x^2+1)^3}dx$ $\left[-\frac{3}{4(x^2+1)^2}+c\right]$

167 $\int \cos^3 x\sin x\,dx$ $\left[-\frac{\cos^4 x}{4}+c\right]$

168 $\int 6\sin^5 x\cos x\,dx$ $\left[\sin^6 x+c\right]$

169 $\int 12\cos^2 x\sin x\,dx$ $\left[-4\cos^3 x+c\right]$

170 $\int \frac{\cos 3x}{2\sqrt{\sin 3x}}dx$ $\left[\frac{1}{3}\sqrt{\sin 3x}+c\right]$

171 $\int \frac{\arcsin^4 x}{\sqrt{1-x^2}}dx$ $\left[\frac{\arcsin^5 x}{5}+c\right]$

172 $\int \frac{x^2+\ln^2 x}{x}dx$ $\left[\frac{x^2}{2}+\frac{\ln^3 x}{3}+c\right]$

173 $\int \frac{4x^3}{\sqrt[3]{(x^4+1)^2}}dx$ $\left[3\sqrt[3]{x^4+1}+c\right]$

174 $\int \frac{\sin x-\sin^2 x}{\cos^4 x}dx$ $\left[\frac{1}{3\cos^3 x}-\frac{\tan^3 x}{3}+c\right]$

175 $\int \frac{8\cos x+\sin^3 x}{\sin^5 x}dx$ $\left[-\frac{2}{\sin^4 x}-\cot x+c\right]$

176 $\int \frac{\arctan x+3}{1+x^2}dx$ $\left[\frac{\arctan^2 x}{2}+3\arctan x+c\right]$

TEST

177 ●● Se $f(x)$ è una funzione continua e derivabile, tale che $f'(x) = 3x$, allora si può scrivere:

A $\int x\, f(x)\,dx = f^2(x) + c$.

B $\int 3x\, f^2(x)\,dx = f^3(x) + c$.

C $\int 2x\, f(x)\,dx = 3f^2(x) + c$.

D $\int x\, f^2(x)\,dx = \frac{1}{9}f^3(x) + c$.

E $\int 6x\, f^5(x)\,dx = f^6(x) + c$.

178 ●● Sapendo che la derivata della funzione $y = f(x)$ è il polinomio $P(x)$, quale delle seguenti uguaglianze è *falsa*?

A $\int \frac{P(x)}{f(x)}\,dx = \ln|f(x)| + c$

B $\int 2P(x)f(x)\,dx = f^2(x) + c$

C $3\int P(x)f^2(x)\,dx = f^3(x) + c$

D $\int \frac{P(x)}{f^2(x)}\,dx = \frac{1}{f(x)} + c$

E $\int \frac{P(x)}{f^3(x)}\,dx = -\frac{1}{2f^2(x)} + c$

179 ESERCIZIO GUIDA Calcoliamo $\int \frac{12x}{2x^2+1}\,dx$.

Osserviamo che il numeratore è un multiplo della derivata del denominatore: $D[2x^2+1] = 4x$.

Applichiamo la seconda proprietà di linearità e $\int \frac{f'(x)}{f(x)}\,dx = \ln|f(x)| + c$:

$$\int \frac{12x}{2x^2+1}\,dx = 3\int \frac{4x}{2x^2+1}\,dx = 3\ln(2x^2+1) + c.$$

non scriviamo $|2x^2+1|$ perché $2x^2+1 > 0\ \forall x$

Calcola i seguenti integrali.

180 ●○ $\int \frac{6x}{3x^2+4}\,dx$ $[\ln(3x^2+4)+c]$

181 ●○ $\int \frac{7}{3+7x}\,dx$ $[\ln|3+7x|+c]$

182 ●○ $\int \frac{1}{2x-5}\,dx$ $\left[\frac{1}{2}\ln|2x-5|+c\right]$

183 ●○ $\int \frac{x^2}{x^3+2}\,dx$ $\left[\frac{1}{3}\ln|x^3+2|+c\right]$

184 ●○ $\int \frac{8x^3}{x^4+1}\,dx$ $[2\ln(x^4+1)+c]$

185 ●○ $\int \frac{x+1}{x^2+2x-3}\,dx$ $\left[\frac{1}{2}\ln|x^2+2x-3|+c\right]$

186 ●○ $\int \frac{3x^2+4x+1}{x^3+2x^2+x}\,dx$ $[\ln|x^3+2x^2+x|+c]$

187 ●○ $\int 3\tan x\,dx$ $[-3\ln|\cos x|+c]$

188 ●○ $\int 2\cot x\,dx$ $[2\ln|\sin x|+c]$

189 ●○ $\int \frac{\sin x}{\cos x+2}\,dx$ $[-\ln(\cos x+2)+c]$

190 ●○ $\int \frac{2x+e^x}{e^x+x^2}\,dx$ $[\ln(e^x+x^2)+c]$

191 ●○ $\int \frac{e^{-x}}{e^{-x}-2}\,dx$ $[-\ln|e^{-x}-2|+c]$

192 ●● $\int \frac{1}{x\ln x}\,dx$ $[\ln|\ln x|+c]$

193 ●● $\int \frac{2}{\sqrt{x}(1+\sqrt{x})}\,dx$ $[4\ln(1+\sqrt{x})+c]$

194 ●● $\int \frac{\tan x}{1+\ln\cos x}\,dx$ $[-\ln|1+\ln(\cos x)|+c]$

195 ●● $\int \frac{7x+\arctan^3 x}{1+x^2}\,dx$ $\left[\frac{7}{2}\ln(1+x^2)+\frac{\arctan^4 x}{4}+c\right]$

196 ESERCIZIO GUIDA Calcoliamo $\int e^{x^2-x}(4x-2)\,dx$.

$\int f'(x)e^{f(x)}dx = e^{f(x)} + c;\quad \int f'(x)a^{f(x)}dx = \frac{a^{f(x)}}{\ln a} + c.$

$$\int e^{x^2-x}(4x-2)\,dx = 2\int e^{x^2-x}(2x-1)\,dx = 2e^{x^2-x} + c$$

raccogliamo 2; $e^{f(x)}$; $f'(x)$

ESERCIZI

Calcola i seguenti integrali.

197 ●○ $\int e^{-x}dx$ $\quad [-e^{-x}+c]$

198 ●○ $\int 3e^{-3x}dx$ $\quad [-e^{-3x}+c]$

199 ●○ $\int 5e^{4x-2}dx$ $\quad \left[\frac{5}{4}e^{4x-2}+c\right]$

200 ●○ $\int e^{x^2}\cdot x\,dx$ $\quad \left[\frac{1}{2}e^{x^2}+c\right]$

201 ●○ $\int e^{2x^3}\cdot 6x^2dx$ $\quad [e^{2x^3}+c]$

202 ●○ $\int (4x-6)e^{x^2-3x}dx$ $\quad [2e^{x^2-3x}+c]$

203 ●○ $\int (2x^3+x)e^{x^4+x^2}dx$ $\quad \left[\frac{1}{2}e^{x^4+x^2}+c\right]$

204 ●○ $\int e^{\cos x}\sin x\,dx$ $\quad [-e^{\cos x}+c]$

205 ●○ $\int e^{x\sin x}(\sin x+x\cos x)\,dx$ $\quad [e^{x\sin x}+c]$

206 ●○ $\int \frac{e^{\frac{1}{x}}}{x^2}dx$ $\quad \left[-e^{\frac{1}{x}}+c\right]$

207 ●○ $\int \frac{e^{\sqrt{x}}}{\sqrt{x}}dx$ $\quad [2e^{\sqrt{x}}+c]$

208 ●● $\int \frac{3^{\ln x}}{x}dx$ $\quad \left[\frac{3^{\ln x}}{\ln 3}+c\right]$

209 ●● $\int e^x 5^{2e^x}dx$ $\quad \left[\frac{5^{2e^x}}{2\ln 5}+c\right]$

210 ●● $\int 2^{x^3-x^2}(6x^2-4x)\,dx$ $\quad \left[\frac{2^{x^3-x^2+1}}{\ln 2}+c\right]$

$$\int f'(x)\sin f(x)\,dx=-\cos f(x)+c;\quad \int f'(x)\cos f(x)\,dx=\sin f(x)+c.$$

211 ESERCIZIO GUIDA Calcoliamo $\int \frac{\sin \ln x}{x}dx$.

$$\int \frac{\sin \ln x}{x}dx=\int \underbrace{\frac{1}{x}}_{f'(x)}\underbrace{\sin \ln x}_{\sin f(x)}\,dx=-\cos \ln x+c$$

Calcola i seguenti integrali.

212 ●○ $\int \sin 4x\,dx$ $\quad \left[-\frac{\cos 4x}{4}+c\right]$

213 ●○ $\int \cos\left(x-\frac{\pi}{3}\right)dx$ $\quad \left[\sin\left(x-\frac{\pi}{3}\right)+c\right]$

214 ●○ $\int (\cos 4x-\sin 2x)\,dx$ $\quad \left[\frac{1}{4}\sin 4x+\frac{1}{2}\cos 2x+c\right]$

215 ●○ $\int 2x\cos x^2dx$ $\quad [\sin x^2+c]$

216 ●○ $\int \frac{\cos \ln x}{x}dx$ $\quad [\sin \ln x+c]$

217 ●○ $\int \frac{\sin\sqrt{x}}{\sqrt{x}}dx$ $\quad [-2\cos\sqrt{x}+c]$

218 ●○ $\int (x+2)\cos(x^2+4x)\,dx$ $\quad \left[\frac{\sin(x^2+4x)}{2}+c\right]$

219 ●● $\int \frac{\sin e^{-x}}{e^x}dx$ $\quad [\cos e^{-x}+c]$

$$\int \frac{f'(x)}{\cos^2 f(x)}dx=\tan f(x)+c;\quad \int \frac{f'(x)}{\sin^2 f(x)}dx=-\cot f(x)+c.$$

Calcola i seguenti integrali.

220 ●○ $\int \frac{2}{\cos^2 2x}dx$ $\quad [\tan 2x+c]$

221 ●○ $\int \frac{x}{\sin^2 x^2}dx$ $\quad \left[-\frac{\cot x^2}{2}+c\right]$

222 ●○ $\int \frac{e^x}{\cos^2 e^x}dx$ $\quad [\tan e^x+c]$

223 ●○ $\int \frac{4x+1}{\sin^2(2x^2+x)}dx$ $\quad [-\cot(2x^2+x)+c]$

224 ●● $\int \frac{1}{x\cos^2\ln x}dx$ $\quad [\tan \ln x+c]$

225 ●● $\int \sec^2\left(2x+\frac{\pi}{4}\right)dx$ $\quad \left[\frac{\tan\left(2x+\frac{\pi}{4}\right)}{2}+c\right]$

226 ●● $\int \frac{x}{\cos^2 4x^2}dx$ $\quad \left[\frac{\tan 4x^2}{8}+c\right]$

227 ●● $\int \frac{1+\sin^3 x}{\sin^2 2x}dx$ $\quad \left[-\frac{\cot 2x}{2}+\frac{1}{4\cos x}+c\right]$

$$\int \frac{f'(x)}{\sqrt{1-[f(x)]^2}}dx = \arcsin f(x) + c; \quad \int \frac{f'(x)}{1+[f(x)]^2}dx = \arctan f(x) + c.$$

228 ESERCIZIO GUIDA Calcoliamo $\int \frac{1}{x + x\ln^2 x}dx$.

$$\int \frac{1}{x + x\ln^2 x}dx = \int \frac{1}{x} \cdot \frac{1}{1+\ln^2 x}dx = \arctan \ln x + c$$

raccogliamo x a denominatore; $\frac{1}{x}$ è $f'(x)$; $\frac{1}{1+\ln^2 x}$ è $\frac{1}{1+[f(x)]^2}$

Calcola i seguenti integrali di funzioni composte la cui primitiva è una funzione goniometrica inversa.

229 ●○ $\int \frac{2}{1+4x^2}dx$ $[\arctan 2x + c]$

230 ●○ $\int \frac{3}{\sqrt{1-9x^2}}dx$ $[\arcsin 3x + c]$

231 ●○ $\int \frac{6x}{1+9x^4}dx$ $[\arctan 3x^2 + c]$

232 ●○ $\int \frac{4x}{\sqrt{1-4x^4}}dx$ $[\arcsin 2x^2 + c]$

233 ●○ $\int \frac{e^x}{1+e^{2x}}dx$ $[\arctan e^x + c]$

234 ●○ $\int \frac{x}{1+x^4}dx$ $\left[\frac{1}{2}\arctan x^2 + c\right]$

235 ●○ $\int \frac{e^x}{\sqrt{1-e^{2x}}}dx$ $[\arcsin e^x + c]$

236 ●● $\int \frac{1}{\sqrt{x} + x\sqrt{x}}dx$ $[2\arctan \sqrt{x} + c]$

237 ●● $\int \frac{x^2}{\sqrt{1-x^6}}dx$ $\left[\frac{\arcsin x^3}{3} + c\right]$

238 ●● $\int \frac{1}{\sqrt{9-25x^2}}dx$ $\left[\frac{1}{5}\arcsin \frac{5x}{3} + c\right]$

239 ●● $\int \frac{2}{9+4x^2}dx$ $\left[\frac{1}{3}\arctan \frac{2x}{3} + c\right]$

240 ●● $\int \frac{\sin x}{4+\cos^2 x}dx$ $\left[-\frac{1}{2}\arctan \frac{\cos x}{2} + c\right]$

MATEMATICA E STORIA

Integrali nella notazione d'oltremanica La notazione usuale oggi per gli integrali, $\int f(x)dx$, è dovuta a Leibniz. Nella traduzione inglese di *Instituzioni analitiche ad uso della gioventù italiana* (1748) di Maria Gaetana Agnesi appare invece la notazione newtoniana. In questo caso si parla di «integrale completo» (anziché indefinito) e lo si indica facendo seguire il simbolo $\dot{x}$ alla funzione da integrare; per esempio, l'integrale completo di $f(x) = x$ si indica con $x\dot{x}$. Ecco un passo preso dal libro III di Agnesi:

«Dunque, l'integrale completo di $\dot{x}$, per esempio, sarà $x \pm a$, dove a indica una quantità costante. Quello di $x^2\dot{x}$ sarà $\frac{1}{3}x^3 \pm a$; e così via».

$$\frac{bx^m\dot{x} + aax^{m-1}\dot{x}}{aa - bb}$$

a. Trascrivi nella notazione di Leibniz i due esempi.

b. Calcola il seguente integrale: $\frac{bx^m\dot{x} + aax^{m-1}\dot{x}}{xx}$.

Risoluzione – Esercizio in più

Riepilogo: Integrali indefiniti immediati

COMPLETA in modo che siano corretti i seguenti integrali.

241 ●○ $\int \square (3x+1)^3 dx = \frac{(3x+1)^4}{4} + c$

242 ●○ $\int (x^2+6x)^5(2x + \square)dx = \frac{(x^2+6x)^6}{6} + c$

243 ●○ $\int 2\square e^{x^2} dx = e^{x^2} + c$

244 ●○ $\int \frac{2(\square)}{3x^2+4x}dx = \ln|3x^2+4x| + c$

ESERCIZI

TEST

245 Uno dei seguenti integrali *non* è calcolabile con la regola della funzione composta. Quale?

A $\int \frac{2x}{\sin^2 x^2} dx$

B $\int 4x^3 \sqrt{x^4+2}\, dx$

C $\int \frac{3}{\cos^2 3x^2} dx$

D $\int \frac{\sin(\ln x)}{x} dx$

E $\int \frac{2x}{\sqrt{1-x^4}} dx$

246 L'uguaglianza $\int \frac{1}{2\sqrt{f(x)}} dx = \sqrt{f(x)} + c$ è generalmente falsa. Tuttavia vale per *una* delle seguenti funzioni. Quale?

A $f(x) = \sin x$

B $f(x) = 3x$

C $f(x) = x + 28$

D $f(x) = e^x$

E $f(x) = x^2$

247 Quale delle seguenti uguaglianze è *errata*?

A $\int x^{-n} dx = \frac{x^{1-n}}{1-n} + c \ (n \neq 1)$

B $\int a^x dx = \ln a \cdot a^x + c$

C $\int -\sin x\, dx = \cos x + c$

D $\int \frac{-1}{\sin^2 x} dx = \cot x + c$

E $\int \left(-\frac{1}{\sqrt{1-x^2}}\right) dx = \arccos x + c$

248 Affinché $\int \frac{dx}{x^2+8} = \frac{\sqrt{2}}{4} \arctan f(x) + c$ occorre che $f(x)$ sia uguale a:

A $\frac{\sqrt{2}}{8} x$.

B $\frac{x}{2\sqrt{2}}$.

C $\frac{4}{\sqrt{2}\, x}$.

D $\frac{\sqrt{2}\, x}{2}$.

E $\frac{2}{\sqrt{2}\, x}$.

249 ASSOCIA alle seguenti funzioni $f(x)$ le corrispondenti primitive $F(x)$.

a. $f(x) = \frac{4x-6}{x^2-3x}$ b. $f(x) = (2x-3)(x^2-3x)^2$ c. $f(x) = \frac{4x-6}{(x^2-3x)^2}$

1. $F(x) = \frac{1}{3}(x^2-3x)^3 + c$ 2. $F(x) = \ln(x^2-3x)^2 + c$ 3. $F(x) = \frac{2}{3x-x^2} + c$

Calcola i seguenti integrali.

250 $\int (5x^4 - 4x^3 + 2x)\, dx$ $[x^5 - x^4 + x^2 + c]$

251 $\int \left(\frac{3}{2}\sqrt{x} + 3x^2 - 3\right) dx$ $[x\sqrt{x} + x^3 - 3x + c]$

252 $\int \left(\frac{x^4+x^3-1}{3}\right) dx$ $\left[\frac{x^5}{15} + \frac{x^4}{12} - \frac{x}{3} + c\right]$

253 $\int \frac{3-x}{x} dx$ $[3\ln|x| - x + c]$

254 $\int \left(\frac{x^4+x^2}{4} - 4\right) dx$ $\left[\frac{x^5}{20} + \frac{x^3}{12} - 4x + c\right]$

255 $\int \left(-\frac{3}{x} + x\sqrt{x}\right) dx$ $\left[-3\ln|x| + \frac{2x^2 \cdot \sqrt{x}}{5} + c\right]$

256 $\int 2\sqrt{2x+10}\, dx$ $\left[\frac{2}{3}\sqrt{(2x+10)^3} + c\right]$

257 $\int x(3x^2-1)^2 dx$ $\left[\frac{(3x^2-1)^3}{18} + c\right]$

258 $\int \left(x + \frac{2}{x^2}\right)^2 dx$ $\left[\frac{x^3}{3} - \frac{4}{3x^3} + 4\ln|x| + c\right]$

259 $\int \frac{(\sqrt{x}-1)^2}{x^2} dx$ $\left[\frac{4}{\sqrt{x}} - \frac{1}{x} + \ln|x| + c\right]$

260 $\int \frac{x^3+x-1}{1+x^2} dx$ $\left[\frac{x^2}{2} - \arctan x + c\right]$

261 $\int \frac{3x}{\sqrt{x^2-5}} dx$ $[3\sqrt{x^2-5} + c]$

262 $\int \frac{5x^2}{x^2+1} dx$ $[5x - 5\arctan x + c]$

263 $\int \frac{x}{1+9x^2} dx$ $\left[\frac{1}{18}\ln(1+9x^2) + c\right]$

264 $\int \frac{3x^2-2}{\sqrt{2x^3-4x}} dx$ $[\sqrt{2x^3-4x} + c]$

265 $\int \frac{4x+2}{x^2+x} dx$ $[2\ln|x^2+x| + c]$

266 $\int 3x^2 \sin 4x^3\, dx$ $\left[-\frac{\cos 4x^3}{4} + c\right]$

267 $\int e^{4x^2-x}\left(2x - \frac{1}{4}\right) dx$ $\left[\frac{1}{4} e^{4x^2-x} + c\right]$

268 $\int \frac{\ln^3 x}{x}dx$ $\left[\frac{\ln^4 x}{4}+c\right]$

269 $\int \frac{3\sin x - 2\cos x}{4}dx$ $\left[-\frac{3}{4}\cos x - \frac{1}{2}\sin x + c\right]$

270 $\int \left(\frac{2}{\cos^2 x} - \frac{1}{\sin^2 x}\right)dx$ $[2\tan x + \cot x + c]$

271 $\int \frac{2\cos x + \sin 2x}{\cos x}dx$ $[2x - 2\cos x + c]$

272 $\int \left(\frac{1}{\sqrt{x}} - \frac{1}{\sqrt{1-x^2}}\right)dx$ $[2\sqrt{x} - \arcsin x + c]$

273 $\int \frac{\cos x + \sin x}{\sin x - \cos x}dx$ $[\ln|\sin x - \cos x| + c]$

274 $\int \frac{1}{x\sqrt{1-\ln^2 x}}dx$ $[\arcsin \ln x + c]$

275 $\int \frac{\cos\sqrt{x}}{\sqrt{x}}dx$ $[2\sin\sqrt{x} + c]$

276 $\int \frac{e^{\sqrt{2x+1}}}{\sqrt{2x+1}}dx$ $[e^{\sqrt{2x+1}} + c]$

277 $\int \frac{\cos x}{2-\cos^2 x}dx$ $[\arctan \sin x + c]$

278 $\int \frac{1}{(1+x^2)\arctan x}dx$ $[\ln|\arctan x| + c]$

279 $\int (2\tan^2 x - 1)dx$ $[2\tan x - 3x + c]$

280 $\int (x^2+1)\sin(x^3+3x)\,dx$ $\left[\frac{-\cos(x^3+3x)}{3}+c\right]$

281 $\int \frac{e^{x+1}}{3+e^x}dx$ $[e\cdot\ln(3+e^x)+c]$

282 $\int \frac{1-x^2}{1+x^2}dx$ $[2\arctan x - x + c]$

283 $\int \frac{9x-3}{x^2+1}dx$ $\left[\frac{9}{2}\ln(x^2+1) - 3\arctan x + c\right]$

284 $\int \frac{(\sin x - \cos x)^2}{\cos^2 x}dx$ $[\tan x + 2\ln|\cos x| + c]$

285 $\int x^2\sin(x^3-1)\,dx$ $\left[-\frac{1}{3}\cos(x^3-1)+c\right]$

286 $\int \frac{4^{1+2x}}{8^x}dx$ $\left[\frac{4}{\ln 2}2^x + c\right]$

287 $\int (2x-1)^8 dx$ $\left[\frac{(2x-1)^9}{18}+c\right]$

288 $\int \frac{x}{\sin^2 x^2}dx$ $\left[-\frac{1}{2}\cot x^2 + c\right]$

289 $\int \frac{x}{\sqrt{x^2-9}}dx$ $[\sqrt{x^2-9}+c]$

290 $\int \frac{e^{\sqrt{x}-4}}{\sqrt{x}}dx$ $[2e^{\sqrt{x}-4}+c]$

291 $\int \frac{x^3}{\sqrt{1-x^8}}dx$ $\left[\frac{1}{4}\arcsin x^4 + c\right]$

292 $\int (\cos x - \cos^3 x)\,dx$ $\left[\frac{\sin^3 x}{3}+c\right]$

293 $\int \frac{\arcsin x}{4\sqrt{1-x^2}}dx$ $\left[\frac{1}{8}\arcsin^2 x + c\right]$

294 $\int \frac{\cos x}{9+\sin^2 x}dx$ $\left[\frac{1}{3}\arctan\frac{\sin x}{3}+c\right]$

295 $\int \cos 2x\cos x\,dx$ $\left[\sin x - \frac{2}{3}\sin^3 x + c\right]$

296 $\int \frac{dx}{x(1+4\ln^2 x)}$ $\left[\frac{\arctan(2\ln x)}{2}+c\right]$

297 $\int \frac{\ln x + 1}{x\ln^2 x}dx$ $\left[\ln|\ln x| - \frac{1}{\ln x} + c\right]$

298 $\int \frac{e^{1+\sqrt{6x}}}{\sqrt{x}}dx$ $\left[\frac{\sqrt{6}}{3}\cdot e^{1+\sqrt{6x}}+c\right]$

299 $\int \sin^5 x\,dx$ $\left[-\cos x - \frac{\cos^5 x}{5} + \frac{2\cos^3 x}{3} + c\right]$

300 $\int \frac{4x+x^3}{\sqrt{1-x^4}}dx$ $\left[2\arcsin x^2 - \frac{1}{2}\sqrt{(1-x^4)}+c\right]$

301 $\int \frac{\sin 2x}{4+4\sin^2 x}dx$ $\left[\frac{\ln(\sin^2 x + 1)}{4}+c\right]$

302 $\int (\cos^2 x + \cos 2x)\,dx$ $\left[\frac{1}{2}x + \frac{3\sin 2x}{4}+c\right]$

303 $\int \frac{1}{5+e^x}dx$ $\left[\frac{1}{5}x - \frac{1}{5}\ln(5+e^x)+c\right]$

304 $\int \frac{x^4-16}{1+x^2}dx$ $\left[\frac{x^3}{3} - x - 15\arctan x + c\right]$

305 $\int (\tan x + 1)^2 dx$ $[\tan x - 2\cdot\ln|\cos x| + c]$

306 $\int \frac{e^{\frac{1}{x^2}}}{x^3}dx$ $\left[-\frac{e^{\frac{1}{x^2}}}{2}+c\right]$

307 $\int \frac{1}{25+4x^2}dx$ $\left[\frac{1}{10}\arctan\frac{2x}{5}+c\right]$

308 $\int \sin x\sec x\,dx$ $[-\ln|\cos x| + c]$

309 $\int \frac{1}{\sqrt{16-9x^2}}dx$ $\left[\frac{1}{3}\arcsin\frac{3x}{4}+c\right]$

310 $\int 6^{2\sin x+1}\cos x\,dx$ $\left[\frac{3\cdot 6^{2\sin x}}{\ln 6}+c\right]$

ESERCIZI

311 $\int \frac{x^4 + \ln x}{x}dx$ $\left[\frac{x^4}{4} + \frac{\ln^2 x}{2} + c\right]$

312 $\int \frac{3x\sqrt{4x^2-6}}{2}dx$ $\left[\frac{2x^2-3}{4}\sqrt{4x^2-6} + c\right]$

313 $\int \frac{1}{16+3x^2}dx$ $\left[\frac{\sqrt{3}}{12}\arctan\frac{\sqrt{3}}{4}x + c\right]$

314 $\int \left(\frac{16^x}{2^{3x+2}} + 3x^2\right)dx$ $\left[\frac{1}{\ln 16}2^x + x^3 + c\right]$

315 $\int \frac{dx}{(x-2)\ln(x-2)}$ $[\ln|\ln(x-2)| + c]$

316 $\int \frac{x^4}{\sqrt{1-x^{10}}}dx$ $\left[\frac{1}{5}\arcsin x^5 + c\right]$

317 $\int \frac{e^x \tan e^x}{\cos^2 e^x}dx$ $\left[\frac{1}{2}\tan^2 e^x + c\right]$

318 $\int \frac{x}{1+4x^4}dx$ $\left[\frac{1}{4}\arctan 2x^2 + c\right]$

319 $\int \frac{\arctan^2 4x}{1+16x^2}dx$ $\left[\frac{1}{12}\arctan^3 4x + c\right]$

320 $\int \frac{\cos x \cdot e^{\sqrt{\sin x}}}{2\sqrt{\sin x}}dx$ $[e^{\sqrt{\sin x}} + c]$

321 $\int \frac{2x-1}{\sqrt{1-4x^2}}dx$ $\left[-\frac{1}{2}(\sqrt{1-4x^2} + \arcsin 2x) + c\right]$

322 $\int \frac{1}{x}\cos\left(\ln\frac{1}{x^2}\right)dx$ $\left[-\frac{1}{2}\sin\left(\ln\frac{1}{x^2}\right) + c\right]$

323 $\int \left(\frac{x^2}{x-1}\right)^3 \cdot \frac{x^2-2x}{(x-1)^2}dx$ $\left[\frac{1}{4}\left(\frac{x^2}{x-1}\right)^4 + c\right]$

324 $\int x\tan(4x^2-5)\,dx$ $\left[-\frac{1}{8}\ln|\cos(4x^2-5)| + c\right]$

325 $\int \frac{dx}{x(1+\ln^2 x^3)}$ $\left[\frac{1}{3}\arctan(\ln x^3) + c\right]$

326 $\int \frac{2x-4}{\sqrt{1-x^2}}dx$ $[-4\arcsin x - 2\sqrt{1-x^2} + c]$

327 $\int \frac{4\sin^2 x + \cos^2 x}{\sin^2 2x}dx$ $\left[\tan x - \frac{1}{4}\cot x + c\right]$

328 $\int \frac{x\arcsin 4x^2}{\sqrt{1-16x^4}}dx$ $\left[\frac{(\arcsin 4x^2)^2}{16} + c\right]$

329 $\int \tan 2x \cdot \ln\cos 2x\,dx$ $\left[-\frac{1}{4}\ln^2\cos 2x + c\right]$

330 $\int \frac{\tan 4x}{\cos 4x}dx$ $\left[\frac{1}{4\cos 4x} + c\right]$

EUREKA!

331 $\int \frac{1}{\sin x\cos x}dx$ $[\ln|\tan x| + c]$

332 $\int \frac{1}{1+\sin x}dx$ $\left[\frac{\sin x - 1}{\cos x} + c\right]$

Per ciascuna delle seguenti funzioni, trova la primitiva passante per il punto *P* dato.

333 $f(x) = \frac{1+3x^2}{x}$, $P(1;3)$. $\left[F(x) = \ln|x| + \frac{3}{2}x^2 + \frac{3}{2}\right]$

334 $f(x) = 2e^x + x$, $P(0;-1)$. $\left[F(x) = 2e^x + \frac{x^2}{2} - 3\right]$

335 $f(x) = \cos 2x + \sin 3x$, $P\left(\frac{\pi}{2};4\right)$. $\left[F(x) = \frac{\sin 2x}{2} - \frac{\cos 3x}{3} + 4\right]$

336 $f(x) = 2x - \frac{1}{x}$, $P(1;-2)$. $[F(x) = x^2 - \ln|x| - 3]$

337 Trova i valori di a e b in modo che la funzione $F(x) = a\ln|x| + bx$ sia una primitiva della funzione $f(x) = \frac{-2+x}{x} + \frac{1}{2}$. $\left[a = -2, b = \frac{3}{2}\right]$

338 **LEGGI IL GRAFICO** Determina l'equazione della funzione rappresentata nel grafico, sapendo che è una primitiva di $y = 3x^2 - 1$. $[F(x) = x^3 - x + 2]$

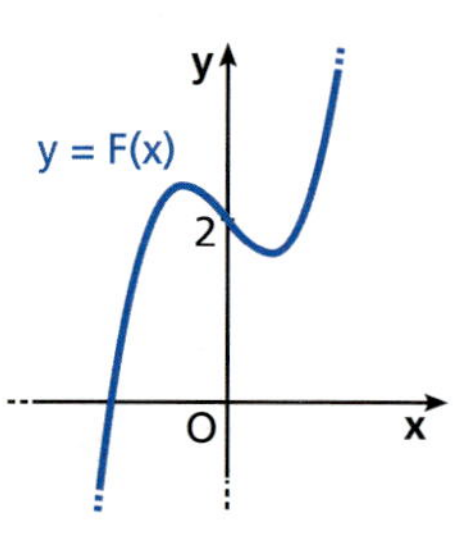

339 Tra le primitive della funzione $y = 2\cos 2x$, individua quella il cui grafico nel punto di ascissa $\frac{\pi}{2}$ ammette per tangente la retta di equazione $y = -2x + \pi + 2$. $[y = \sin 2x + 2]$

340 Data la funzione $f(x) = 3x^2 - x$, determina fra le sue primitive $F(x)$ quella che ha un punto di massimo di ordinata 2. $\left[F(x) = x^3 - \frac{x^2}{2} + 2\right]$

341 La funzione $f(x)$ ha derivata seconda uguale a $\cos x + \sin 2x$ e $f'(0) = \frac{1}{2}$.

Quanto vale $f(2\pi) - f(\pi)$? $[\pi - 2]$

342 Trova la primitiva della funzione

$$f(x) = x^2 - 2x + 1$$

che ha un flesso di ordinata $\frac{4}{3}$.

$\left[F(x) = \frac{x^3}{3} - x^2 + x + 1\right]$

343 Della funzione $f(x)$ si sa che $f(x_0) = -1$, che x_0 è un punto di minimo relativo e che:

$$f'(x) = -\frac{1}{2}\sin 2x.$$

Determina e rappresenta $f(x)$.

$\left[f(x) = \frac{\cos 2x}{4} - \frac{3}{4}\right]$

MATEMATICA AL COMPUTER

Primitive Con Wiris troviamo le primitive della funzione $g(x) = \frac{2x^3 - 2}{x^2}$ passanti rispettivamente per i punti $P(2; 6)$ e $Q(2; 0)$.

Tracciamo i grafici di $g(x)$ e delle due primitive, dove evidenziamo i punti assegnati.

Risoluzione – 6 esercizi in più

Determina la funzione f che soddisfa le condizioni date.

344 $f(0) = 3, \quad f'(0) = 2, \quad f''(x) = 4(e^{2x} + 6x).$ $[f(x) = e^{2x} + 4x^3 + 2]$

345 $f(0) = 0, \quad f'(\pi) = 2, \quad f''(x) = -\cos x.$ $[f(x) = 2x + \cos x - 1]$

346 $f(1) = 0, \quad f'\left(\frac{1}{2}\right) = 3, \quad f''(x) = \frac{2x^2 - 1}{x^2}.$ $[f(x) = \ln|x| + x^2 - 1]$

347 $f(0) = 4, \quad f'(0) = 3, \quad f''(x) = 3(3e^{3x} + 4x^2).$ $[f(x) = e^{3x} + x^4 + 3]$

Problemi REALTÀ E MODELLI

348 **Superlancio** Un giocoliere lancia una palla verso l'alto con velocità iniziale $v_0 = 15$ m/s da un'altezza $h_0 = 1$ m. L'accelerazione è $g = -10$ m/s.

a. Scrivi la legge oraria $h(t)$ che descrive il moto della palla.

b. Trova l'altezza raggiunta dalla palla dopo 1 secondo.

[a) $h(t) = -5t^2 + 15t + 1$; b) 11 m]

349

Scarico abusivo Un'industria inquina un fiume scaricando liquami tossici con una portata, espressa in litri al mese, descritta dalla funzione $N'(t) = 250t^{\frac{3}{2}}$.

a. Determina la funzione $N(t)$ che esprime il volume di rifiuti immessi al tempo t, misurato in mesi.

b. Se la densità dei liquami è paragonabile a quella dell'acqua, quanti rifiuti saranno stati dispersi nell'acqua dopo un anno?

[a) $N(t) = 100t^{\frac{5}{2}}$; b) $\simeq 50$ tonnellate]

350 ●● **Punge ma fa bene** Ad Agata viene somministrato un farmaco. La concentrazione massima del farmaco nel sangue è di 12 mg/L, dopodiché inizia a diminuire con una velocità pari a $C'(t) = -4e^{-\frac{t}{3}}$, dove il tempo è misurato in ore.

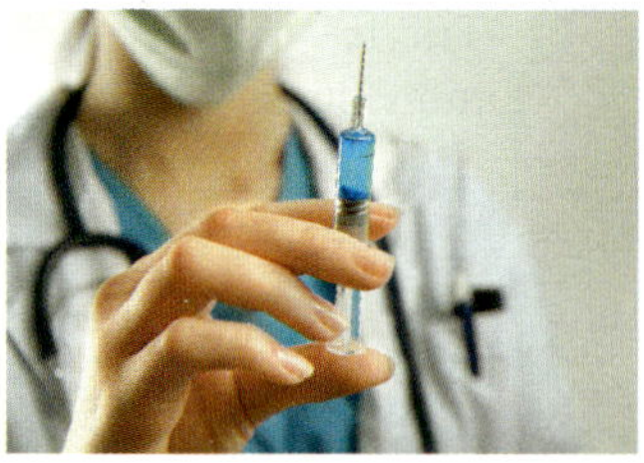

a. Scrivi la funzione $C(t)$ che esprime la concentrazione del farmaco nel sangue.

b. Dopo quante ore la concentrazione sarà dimezzata?

$\left[\text{a) } C(t) = 12e^{-\frac{t}{3}}; \text{ b)} \simeq 2 \text{ ore}\right]$

351 ●○ IN FISICA **Induzione elettromagnetica** Per la legge di Faraday-Neumann-Lenz, se la prima bobina in figura è attraversata da una corrente variabile $i_1(t)$, nella seconda bobina circola una corrente indotta $i_2(t)$ proporzionale alla variazione del flusso del campo magnetico concatenato. Sapendo che, se si considerano soltanto i valori numerici delle grandezze, $i_2(t) = -\frac{di_1}{dt}$, $i_2(t) = \frac{t}{\sqrt{(t^2+9)^3}}$ e $i_1(4) = 1$, determina l'espressione di $i_1(t)$.

$\left[\frac{1}{\sqrt{t^2+9}} + \frac{4}{5}\right]$

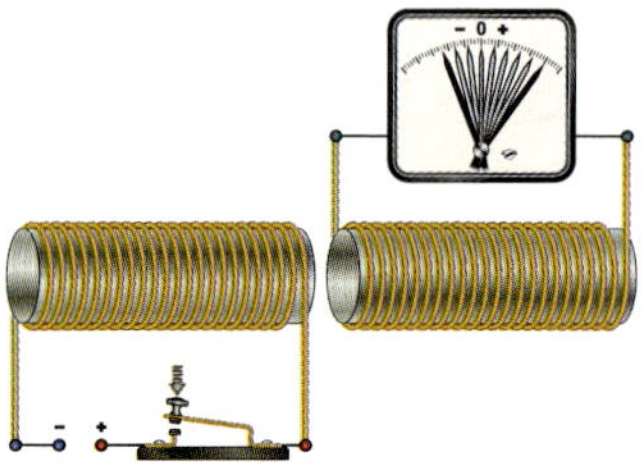

3 Integrazione per sostituzione

Teoria a p. 1881

COMPLETA determinando il differenziale.

352 ●○ $2x+1=t \rightarrow dx = \square\, dt$

353 ●○ $\sqrt{x+1}=t \rightarrow dx = \square\, dt$

354 ●○ $2+\sin x = t \rightarrow \square\, dx = dt$

355 ●○ $x^2+1=t \rightarrow \square\, dx = dt$

356 ●○ $e^x = t \rightarrow \square\, dx = dt$

357 ●○ $3\cos x = t \rightarrow -3\square\, dx = dt$

TEST

358 ●○ L'integrale $\int \frac{x}{\sqrt{x+1}}dx$ con la sostituzione

$\sqrt{x+1} = t$

diventa:

A $\int \frac{t^2-1}{t}dt$.

B $\int (t^2-1)dt$.

C $\int 2(t^2-1)dt$.

D $\int \frac{2(t^2-1)}{t}dt$.

E $\int (t-1)dt$.

359 ●○ L'integrale $\int \frac{e^x}{2+e^x}dx$ con la sostituzione $e^x = t$ diventa:

A $\int \frac{dt}{2+t}$.

B $\int \frac{t}{2+t}dt$.

C $\int \frac{e^t}{2+e^t}dt$.

D $\int \frac{1}{t(2+t)}dt$.

E $\int \frac{t}{2+t}e^t dt$.

360 ESERCIZIO GUIDA Calcoliamo per sostituzione l'integrale $\int \frac{1}{2\sqrt{x}(1+x)}dx$.

Poniamo $t = \sqrt{x}$, da cui: $x = t^2 \to dx = 2t\,dt$. Sostituiamo nell'integrale:

$$\int \frac{1}{2t(1+t^2)} 2t\,dt = \int \frac{1}{1+t^2} dt = \arctan t + c.$$

Sostituiamo, nella primitiva trovata, $\sqrt{x}$ a t: $\int \frac{1}{2\sqrt{x}(1+x)} dx = \arctan \sqrt{x} + c$.

Calcola i seguenti integrali per sostituzione, utilizzando il suggerimento scritto a fianco.

361 $\int \frac{x}{\sqrt{x-1}} dx$ $\quad t = \sqrt{x-1}$ $\quad \left[\frac{2}{3}\sqrt{x-1}(x+2) + c\right]$

362 $\int \frac{1 + e^{\sqrt{x}}}{\sqrt{x}} dx$ $\quad t = \sqrt{x}$ $\quad [2(e^{\sqrt{x}} + \sqrt{x}) + c]$

363 $\int \frac{1}{x\sqrt{2x-1}} dx$ $\quad t = \sqrt{2x-1}$ $\quad [2\arctan\sqrt{2x-1} + c]$

364 $\int \frac{x}{\sqrt[3]{1+x}} dx$ $\quad x = t^3 - 1$ $\quad \left[\frac{6x-9}{10}\sqrt[3]{(x+1)^2} + c\right]$

365 $\int \frac{1}{\sqrt{x}\sqrt{1-x}} dx$ $\quad t = \sqrt{x}$ $\quad [2\arcsin\sqrt{x} + c]$

Calcola i seguenti integrali per sostituzione.

366 $\int \frac{6}{\sqrt{8-3x}} dx$ $\quad [-4\sqrt{8-3x} + c]$

367 $\int \frac{1}{\sqrt[3]{1-x}} dx$ $\quad \left[-\frac{3}{2}\sqrt[3]{(1-x)^2} + c\right]$

368 $\int \frac{x}{\sqrt{2x+1}} dx$ $\quad \left[\frac{1}{3}\sqrt{2x+1}(x-1) + c\right]$

369 $\int \frac{1}{x - \sqrt{x}} dx$ $\quad [\ln(\sqrt{x}-1)^2 + c]$

370 $\int \frac{1}{e^x + e^{-x}} dx$ $\quad [\arctan e^x + c]$

371 $\int \frac{e^x}{e^x - e^{-x}} dx$ $\quad \left[\frac{1}{2}\ln|e^{2x}-1| + c\right]$

372 $\int \frac{dx}{\sqrt{x}+3}$ $\quad [2\sqrt{x} - 6\ln(\sqrt{x}+3) + c]$

373 $\int \frac{3dx}{2\sqrt{x} + x\sqrt{x}}$ $\quad \left[3\sqrt{2}\arctan\frac{\sqrt{2x}}{2} + c\right]$

374 $\int \frac{x+3}{\sqrt{x+2}} dx$ $\quad \left[\frac{2}{3}\sqrt{x+2}(x+5) + c\right]$

375 $\int \frac{3x}{\sqrt{8-x}} dx$ $\quad [-2\sqrt{8-x}(x+16) + c]$

376 $\int \frac{4\sqrt{x}}{1+x} dx$ $\quad [8\sqrt{x} - 8\arctan\sqrt{x} + c]$

377 $\int \frac{x+3}{\sqrt{1-x}} dx$ $\quad \left[-\frac{2}{3}\sqrt{1-x}(x+11) + c\right]$

378 $\int \frac{\sqrt{x}}{x+2} dx$ $\quad \left[2\sqrt{x} - 2\sqrt{2}\arctan\frac{\sqrt{2x}}{2} + c\right]$

379 $\int \frac{1}{1+2\sqrt{x}} dx$ $\quad \left[\sqrt{x} - \frac{1}{2}\ln(2\sqrt{x}+1) + c\right]$

380 **TEST** A quale dei seguenti integrali è equivalente $\int 3 f\left(\frac{x}{2}\right) dx$?

A $\int 6 f(t)\,dt$ **B** $\int \frac{3}{2} f(t)\,dt$ **C** $\int \frac{2}{3} f(t)\,dt$ **D** $\int 3 f(t)\,dt$ **E** $\int 4 f\left(\frac{t}{3}\right) dt$

Indica come si trasformano i seguenti integrali con la sostituzione indicata a fianco.

381 $\int f(3x)\,dx$ $\quad t = 3x$

382 $\int f(x^2)\,dx$ $\quad t = x^2$

383 $\int 2f(2x-1)\,dx$ $\quad t = 2x - 1$

384 $\int 6f(\sqrt{x})\,dx$ $\quad t = \sqrt{x}$

ESERCIZI

385 ESERCIZIO GUIDA Calcoliamo l'integrale $\int \frac{\tan^2 x + 1}{\tan x + 1} dx$.

Poniamo $\tan x = z$ e utilizziamo il metodo di sostituzione senza ricavare la variabile x in funzione di z. Poiché $\tan x = z$, calcolando il differenziale di entrambi i membri otteniamo:

$$(1 + \tan^2 x)dx = dz.$$

Sostituiamo:

$$\int \frac{\tan^2 x + 1}{\tan x + 1} dx = \int \frac{dz}{z+1} = \ln|z+1| + c = \ln|\tan x + 1| + c.$$

Calcola i seguenti integrali.

386 $\int \sqrt{1 + 2\cos x}\,\sin x\,dx$ $t = \cos x$ $\left[-\frac{1}{3}(1+2\cos x)^{\frac{3}{2}} + c\right]$

387 $\int \frac{\sin x}{\sqrt{1-\cos x}} dx$ $t = 1 - \cos x$ $[2\sqrt{1-\cos x} + c]$

388 $\int \cos x \sqrt{3 + 2\sin x}\,dx$ $t = 3 + 2\sin x$ $\left[\frac{1}{3}\sqrt{3+2\sin x}\,(3+2\sin x) + c\right]$

389 $\int \frac{e^x}{e^{2x}+1} dx$ $t = e^x$ $[\arctan e^x + c]$

390 $\int \sin^2 x \cos^3 x\,dx$ $t = \sin x$ $\left[\frac{\sin^3 x}{3} - \frac{\sin^5 x}{5} + c\right]$

391 $\int \frac{e^x \sin e^x}{\cos e^x} dx$ $t = \cos e^x$ $[-\ln|\cos e^x| + c]$

392 $\int \frac{\sin x}{3 + 2\cos x} dx$ $\left[-\frac{1}{2}\ln|3 + 2\cos x| + c\right]$

393 $\int \frac{\tan x}{3 + \cos^2 x} dx$ $\tan x = t$ $\left[\frac{1}{6}\ln(4 + 3\tan^2 x) + c\right]$

394 $\int \frac{2\arctan x + 1}{x^2+1} dx$ $t = \arctan x$ $[\arctan^2 x + \arctan x + c]$

395 $\int \tan^3 x\,dx$ $\left[\frac{1}{2\cos^2 x} + \ln|\cos x| + c\right]$

396 $\int \frac{\sin x}{4 + \cos^2 x} dx$ $\left[-\frac{1}{2}\arctan\frac{\cos x}{2} + c\right]$

397 $\int \frac{2e^{2x}}{1+e^x} dx$ $[2e^x - 2\ln(e^x + 1) + c]$

398 $\int \frac{1}{\tan^3 x} dx$ $\left[-\frac{1}{2\sin^2 x} - \ln|\sin x| + c\right]$

399 $\int \frac{\tan^3 x + \tan x}{\tan x + 2} dx$ $t = 2 + \tan x$ $[\tan x - \ln(\tan x + 2)^2 + c]$

Integrazione per sostituzione con le formule parametriche

400 ESERCIZIO GUIDA Calcoliamo $\int \frac{2}{1 + \sin x} dx$.

Poniamo $\sin x = \frac{2t}{1+t^2}$, con $t = \tan\frac{x}{2}$, da cui:

$\frac{x}{2} = \arctan t \rightarrow x = 2\arctan t,\quad dx = \frac{2}{1+t^2}dt.$

Se la funzione integranda contiene al denominatore $\sin x$ o $\cos x$ al primo grado, si pone

$\sin x = \frac{2t}{1+t^2},\quad \cos x = \frac{1-t^2}{1+t^2},\quad$ con $t = \tan\frac{x}{2}$.

Sostituiamo:

$$\int\frac{2}{1+\sin x}dx = \int\frac{2}{1+\frac{2t}{1+t^2}}\cdot\frac{2}{1+t^2}dt = 4\int\frac{\cancel{1+t^2}}{1+t^2+2t}\cdot\frac{1}{\cancel{1+t^2}}dt =$$

$$4\int\frac{1}{(t+1)^2}dt = 4\int(t+1)^{-2}dt = \frac{-4}{t+1}+c = \frac{-4}{\tan\frac{x}{2}+1}+c.$$

Calcola i seguenti integrali.

401 $\int\frac{4}{1+\cos x}dx$ $\left[4\tan\frac{x}{2}+c\right]$

402 $\int\frac{1}{\sin x - 1}dx$ $\left[\frac{2}{\tan\frac{x}{2}-1}+c\right]$

403 $\int\frac{2}{\sin x}dx$ $\left[2\ln\left|\tan\frac{x}{2}\right|+c\right]$

404 $\int\frac{2\sin^2 x-1}{\sin x}dx$ $\left[-2\cos x-\ln\left|\tan\frac{x}{2}\right|+c\right]$

405 $\int\left(\cos x+\frac{4}{3\sin x}\right)dx$ $\left[\sin x+\frac{4}{3}\ln\left|\tan\frac{x}{2}\right|+c\right]$

406 $\int\frac{3}{4+4\sin x}dx$ $\left[-\frac{3}{2}\cdot\frac{1}{\tan\frac{x}{2}+1}+c\right]$

407 $\int\left(\frac{1}{\sin x}-\frac{2}{\sin^2 x}\right)dx$ $\left[\ln\left|\tan\frac{x}{2}\right|+2\cot x+c\right]$

408 $\int\frac{\sin x+3}{2\sin x}dx$ $\left[\frac{1}{2}x+\frac{3}{2}\ln\left|\tan\frac{x}{2}\right|+c\right]$

409 $\int\frac{1}{\cos x}dx$ $\left[\ln\left|\frac{1+\tan\frac{x}{2}}{1-\tan\frac{x}{2}}\right|+c\right]$

410 $\int\frac{1}{3+\sin x+3\cos x}dx$ $\left[\ln\left|3+\tan\frac{x}{2}\right|+c\right]$

Integrazione di particolari funzioni irrazionali

Integrali del tipo $\int\sqrt{a^2-x^2}\,dx$

411 ESERCIZIO GUIDA Calcoliamo $\int\sqrt{1-x^2}\,dx$.

Il dominio della funzione è D: $-1 \le x \le 1$.

Possiamo porre $x = \sin t$, con $t \in\left[-\frac{\pi}{2};\frac{\pi}{2}\right]$, per l'invertibilità della funzione.

Calcoliamo $dx = \cos t\,dt$ e sostituiamo:

$$\int\sqrt{1-x^2}\,dx = \int\sqrt{1-\sin^2 t}\cos t\,dt = \int\sqrt{\cos^2 t}\cos t\,dt = \int\cos^2 t\,dt,$$

poiché $t\in\left[-\frac{\pi}{2};\frac{\pi}{2}\right]$, allora $\cos t \ge 0$, e quindi $\sqrt{\cos^2 t} = \cos t$.

Utilizziamo la formula di bisezione $\cos\frac{\alpha}{2} = \pm\sqrt{\frac{1+\cos\alpha}{2}}$ per $\alpha = 2t$ ed eleviamo al quadrato:

$$\int\cos^2 t\,dt = \int\frac{1+\cos 2t}{2}dt = \frac{1}{2}t+\frac{1}{4}\sin 2t+c = \frac{1}{2}t+\frac{1}{2}\sin t\cos t+c.$$

$\sin 2t = 2\sin t\cos t$

Essendo $x = \sin t$, si ha $t = \arcsin x$, quindi:

$$\int\sqrt{1-x^2}\,dx = \frac{1}{2}\arcsin x+\frac{1}{2}x\sqrt{1-x^2}+c.$$

ESERCIZI

Osservazione. In generale si può ottenere, ripetendo lo stesso procedimento, ma ponendo $x = a\sin t$:

$$\int\sqrt{a^2-x^2}\,dx = \frac{1}{2}a^2\arcsin\frac{x}{a}+\frac{1}{2}x\sqrt{a^2-x^2}+c, \text{ con } a>0.$$

Calcola i seguenti integrali.

412 $\int\sqrt{9-x^2}\,dx$ $\left[\frac{9}{2}\arcsin\frac{x}{3}+\frac{x}{2}\sqrt{9-x^2}+c\right]$

413 $\int\sqrt{1-4x^2}\,dx$ $\left[\frac{1}{4}\arcsin 2x+\frac{x}{2}\sqrt{1-4x^2}+c\right]$

414 $\int\sqrt{16-4x^2}\,dx$ $\left[4\arcsin\frac{x}{2}+x\sqrt{4-x^2}+c\right]$

415 $\int\sqrt{36-4x^2}\,dx$ $\left[9\arcsin\frac{x}{3}+x\sqrt{9-x^2}+c\right]$

416 EUREKA! Calcola $\int\frac{1}{\sqrt{x^2+1}}dx$, ponendo $t = x+\sqrt{x^2+1}$. $[\ln(x+\sqrt{x^2+1})+c]$

4 Integrazione per parti

Teoria a p. 1882

$$\int f(x)\cdot g'(x)\,dx = f(x)\cdot g(x)-\int f'(x)\cdot g(x)\,dx$$

CACCIA ALL'ERRORE Correggi i calcoli seguenti, applicando correttamente la formula di integrazione per parti.

417 $\int x\cos x\,dx = -x\sin x+\int\sin x\,dx = -x\sin x-\cos x+c$

418 $\int x\ln x\,dx = \frac{x^2}{2}\ln x-\int x\cdot\frac{1}{x}dx = \frac{x^2}{2}\ln x-x+c$

419 $\int xe^{-x}dx = xe^{-x}-\int e^{-x}dx = xe^{-x}-e^{-x}+c$

420 TEST Nell'uguaglianza

$$\int 2x\,e^{h(x)}\,dx = 2x\,e^{h(x)}-2\int e^{h(x)}dx$$

è stato applicato il metodo di integrazione per parti. $h(x)$ è uguale a:

A $2x$. B x. C $\frac{x}{2}$. D x^2. E $\frac{x}{4}$.

421 ESERCIZIO GUIDA Calcoliamo, applicando la formula di integrazione per parti, l'integrale $\int x^2\ln x\,dx$.

$$\int \underset{g'}{x^2}\,\underset{f}{\ln x}\,dx = \underset{g}{\frac{x^3}{3}}\,\underset{f}{\ln x}-\int\underset{g}{\frac{x^3}{3}}\cdot\underset{f'}{\frac{1}{x}}\,dx = \frac{x^3}{3}\ln x-\int\frac{x^2}{3}dx = \frac{x^3}{3}\ln x-\frac{x^3}{9}+c$$

Calcola i seguenti integrali applicando la formula di integrazione per parti.

422 $\int 2x\ln x\,dx$ $\left[x^2\left(\ln x-\frac{1}{2}\right)+c\right]$

423 $\int 3x\cos x\,dx$ $[3x\sin x+3\cos x+c]$

424 $\int xe^x dx$ $[e^x(x-1)+c]$

425 $\int\frac{\ln x}{x^2}dx$ $\left[-\frac{1}{x}(\ln x+1)+c\right]$

426 $\int\arctan x\,dx$ $\left[x\arctan x-\frac{1}{2}\ln(x^2+1)+c\right]$

427 $\int 4xe^{2x}dx$ $[(2x-1)e^{2x}+c]$

428 $\int\arcsin x\,dx$ $[x\arcsin x+\sqrt{1-x^2}+c]$

429 $\int x\,2^x\ln 2\,dx$ $\left[2^x\left(x-\frac{1}{\ln 2}\right)+c\right]$

430 $\int\frac{\ln x}{2\sqrt{x}}dx$ $[\sqrt{x}(\ln x-2)+c]$

431 $\int\frac{x+2}{e^x}dx$ $\left[-\frac{x+3}{e^x}+c\right]$

432 ●○ $\int (x+2)\sin x\,dx$ $\quad [-(x+2)\cos x + \sin x + c]$

433 ●○ $\int \ln^2 x\,dx$ $\quad [x(\ln^2 x - \ln x^2 + 2) + c]$

434 ●○ $\int \sqrt[3]{x}\ln 2x\,dx$ $\quad \left[\frac{3}{4}x\sqrt[3]{x}\left(\ln 2x - \frac{3}{4}\right) + c\right]$

435 ●○ $\int xe^{-x}\,dx$ $\quad [-(x+1)e^{-x} + c]$

436 ●○ $\int \frac{\ln x}{x^3}\,dx$ $\quad \left[-\frac{\ln x}{2x^2} - \frac{1}{4x^2} + c\right]$

437 ●○ $\int 5x^4 \ln x\,dx$ $\quad \left[x^5 \ln x - \frac{x^5}{5} + c\right]$

438 ●○ $\int \ln 4x\,dx$ $\quad [x\ln 4x - x + c]$

439 ●○ $\int x\sin 2x\,dx$ $\quad \left[-\frac{x}{2}\cos 2x + \frac{1}{4}\sin 2x + c\right]$

440 ●○ $\int \frac{x}{2\sqrt{x+1}}\,dx$ $\quad \left[\frac{1}{3}\sqrt{x+1}(x-2) + c\right]$

441 ●○ $\int 2x\,e^{2x}\,dx$ $\quad \left[e^{2x}\left(x - \frac{1}{2}\right) + c\right]$

442 ●○ $\int x^2 \sin x\,dx$ $\quad [-x^2\cos x + 2x\sin x + 2\cos x + c]$

443 ●○ $\int x^2 \cos x\,dx$ $\quad [x^2 \sin x + 2x\cos x - 2\sin x + c]$

444 ●○ $\int 4x\cos 2x\,dx$ $\quad [2x\sin 2x + \cos 2x + c]$

445 ●● $\int e^{\sqrt{x}}\,dx$ $\quad [2e^{\sqrt{x}}(\sqrt{x} - 1) + c]$

446 ●● $\int x^2 e^x\,dx$ $\quad [e^x(x^2 - 2x + 2) + c]$

447 ●● $\int \ln(2x+1)\,dx$ $\quad \left[\ln(2x+1)\left(\frac{1}{2} + x\right) - x + c\right]$

448 ●● $\int \sqrt{x}\ln x\,dx$ $\quad \left[\frac{2x\sqrt{x}}{3}\left(\ln x - \frac{2}{3}\right) + c\right]$

449 ●● $\int \frac{x}{\cos^2 x}\,dx$ $\quad [x\tan x + \ln|\cos x| + c]$

450 ●● $\int \arccos x\,dx$ $\quad [x\arccos x - \sqrt{1-x^2} + c]$

451 ●● $\int \frac{\ln x^2}{x^2}\,dx$ $\quad \left[-\frac{1}{x}(2 + \ln x^2) + c\right]$

452 ●● $\int 2x\arctan x\,dx$ $\quad [(x^2+1)\arctan x - x + c]$

453 ●● $\int 8x\sin x\cos x\,dx$ $\quad [-2x\cos 2x + \sin 2x + c]$

---

454 ●● $\int \frac{x}{\sqrt{1-x^2}}\arcsin x\,dx$ $\quad [-\sqrt{1-x^2}\arcsin x + x + c]$

455 ●● $\int \ln(x^2+1)\,dx$ $\quad [x\ln(x^2+1) - 2x + 2\arctan x + c]$

456 ●● $\int \ln(x + \sqrt{1+x^2})\,dx$ $\quad [x\ln(x + \sqrt{1+x^2}) - \sqrt{1+x^2} + c]$

457 ●● $\int x\arctan\sqrt{x-1}\,dx$ $\quad \left[\frac{x^2}{2}\arctan\sqrt{x-1} - \frac{x+2}{6}\sqrt{x-1} + c\right]$

458 ●● $\int \left(x^2\ln^2 x - \frac{2}{9}x^2\right)dx$ $\quad \left[\frac{x^3}{3}\ln^2 x - \frac{2}{9}x^3\ln x + c\right]$

459 ESERCIZIO GUIDA Calcoliamo $\int e^x \sin x\,dx$ applicando la formula di integrazione per parti.

$$\int \underset{g'}{e^x}\,\underset{f}{\sin x}\,dx = \underset{g}{e^x}\,\underset{f}{\sin x} - \int \underset{g}{e^x}\,\underset{f'}{\cos x}\,dx$$

Applichiamo nuovamente all'integrale $\int e^x \cos x\,dx$ la formula di integrazione per parti:

$$\int \underset{g'}{e^x}\,\underset{f}{\cos x} = \underset{g}{e^x}\,\underset{f}{\cos x} - \int \underset{g}{e^x}\,\underset{f'}{(-\sin x)}\,dx = e^x \cos x + \int e^x \sin x\,dx.$$

Dunque l'integrale dato diventa:

$$\int e^x \sin x\,dx = e^x \sin x - e^x \cos x - \underbrace{\int e^x \sin x\,dx}_{\text{è lo stesso integrale del primo membro}}.$$

ESERCIZI

Portando al primo membro dell'uguaglianza il termine $-\int e^x \sin x\,dx$ e sommando, otteniamo:

$$2\int e^x \sin x\,dx = e^x \sin x - e^x \cos x + c_1 \rightarrow \int e^x \sin x\,dx = \frac{e^x \sin x - e^x \cos x}{2} + c, \quad \text{dove } c = \frac{c_1}{2}.$$

In conclusione: $\int e^x \sin x\,dx = \frac{e^x}{2}(\sin x - \cos x) + c$.

Calcola i seguenti integrali applicando la formula di integrazione per parti.

460 $\int e^x \cos x\,dx$ $\left[\frac{e^x}{2}(\sin x + \cos x) + c\right]$

461 $\int \frac{\cos x}{e^{x+1}}\,dx$ $\left[\frac{\sin x - \cos x}{2e^{x+1}} + c\right]$

462 $\int e^{2x} \sin x\,dx$ $\left[\frac{e^{2x}}{5}(2\sin x - \cos x) + c\right]$

463 $\int \frac{\sin x}{e^x}\,dx$ $\left[\frac{-(\sin x + \cos x)}{2e^x} + c\right]$

464 $\int \sin(\ln x)\,dx$ $\left[\frac{x}{2}[\sin(\ln x) - \cos(\ln x)] + c\right]$

465 $\int e^{3x} \sin 2x\,dx$ $\left[\frac{e^{3x}}{13}(3\sin 2x - 2\cos 2x) + c\right]$

---

466 EUREKA! Calcola $\int \cos \ln x\,dx$ con il metodo di sostituzione. $\left[\frac{x}{2}[\sin(\ln x) + \cos(\ln x)] + c\right]$

467 Calcola $\int \cos^2 x\,dx$ in due modi: con l'integrazione per parti e con la sostituzione $\cos\frac{\alpha}{2} = \pm\sqrt{\frac{1+\cos\alpha}{2}}$.
$\left[\frac{x + \sin x \cos x}{2} + c\right]$

468 EUREKA! Verifica che integrando xe^x, poi il risultato con $c = 0$ e così via per n volte si ottiene $(x-n)e^x$.

469 YOU & MATHS Let $I_n = \int x^n e^x\,dx$. Use integration by parts to establish the reduction formula $I_n = x^n e^x - nI_{n-1}$. Hence find $\int x^3 e^x\,dx$. (AUS *University of Sidney, Math* 1003)
$[e^x(x^3 - 3x^2 + 6x - 6) + c]$

470 Fra tutte le primitive della funzione $f(x) = \frac{x-3}{e^x}$, determina quella il cui grafico interseca l'asse y nel punto di ordinata 3. $\left[\frac{2-x}{e^x} + 1\right]$

471 Tra le primitive della funzione $f(x) = 3x\cos x$ trova quella il cui grafico passa per il punto $\left(\frac{\pi}{3}; \frac{3}{2}\right)$.
$\left[3x\sin x + 3\cos x - \frac{\sqrt{3}}{2}\pi\right]$

LEGGI IL GRAFICO

472 Determina l'equazione di $y = F(x)$, sapendo che è una primitiva di $y = 2x\ln x$.
$\left[F(x) = x^2 \ln x - \frac{x^2}{2} + \frac{1}{2}\right]$

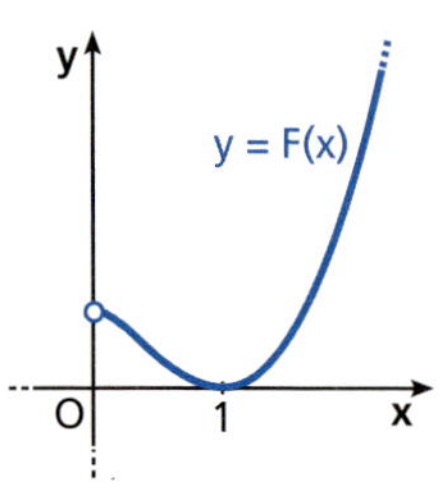

473 Trova l'equazione di $y = F(x)$, sapendo che è una primitiva di $y = -xe^x$.
$[F(x) = e^x(1-x) + 3]$

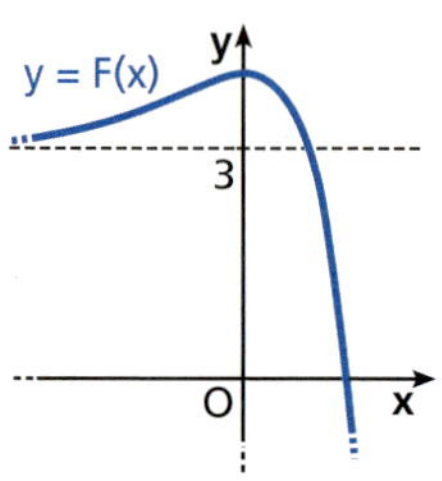

474 Determina $f(x)$, sapendo che $f''(x) = (2-x^2)\sin x + 4x\cos x$, $f'(0) = 3$ e $f(0) = 0$.
$[f(x) = x^2 \sin x + 3x]$

475 Determina i valori dei parametri m, n e p per i quali sia soddisfatta la seguente identità:

$$\int (mx^2 + nx + p) e^{-3x} dx = \frac{1}{27} e^{-3x}(-9x^2 + 3x - 17) + c.$$ $[m = 1, n = -1, p = 2]$

476 REALTÀ E MODELLI **Fitness** Nel corso di un allenamento al tapis roulant, Marco ha registrato sul tablet l'andamento della propria velocità istantanea $v(t)$ (espressa in m/s) in funzione del tempo t (in minuti); ha ricavato così il diagramma in figura.

a. Sapendo che la funzione $v(t)$ è del tipo $v(t) = ate^{1-t} + 1$, ricava il valore della costante a in modo che la massima velocità di 6 m/s sia raggiunta dopo un minuto.

b. Verificato che $a = 5$, qual è la distanza $s(t)$ che (virtualmente) Marco ha percorso dopo t minuti dall'inizio dell'allenamento?

$[\text{a) } a = 5; \text{ b) } s(t) = 60t + 300[e - e^{1-t}(t+1)]]$

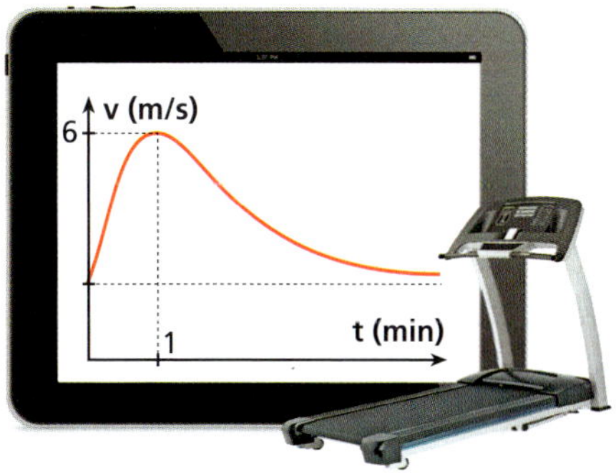

5 Integrazione di funzioni razionali fratte

Il numeratore è la derivata del denominatore

▶ Teoria a p. 1885

477 ESERCIZIO GUIDA Calcoliamo $\int \frac{6x^2 + 8x}{x^3 + 2x^2 + 3} dx$.

Osserviamo che, raccogliendo 2 al numeratore, otteniamo $3x^2 + 4x$, derivata del denominatore, quindi applichiamo $\int \frac{f'(x)}{f(x)} dx = \ln|f(x)| + c$:

$$\int \frac{6x^2 + 8x}{x^3 + 2x^2 + 3} dx = 2\int \frac{3x^2 + 4x}{x^3 + 2x^2 + 3} dx = 2\ln|x^3 + 2x^2 + 3| + c = \ln(x^3 + 2x^2 + 3)^2 + c.$$

Calcola i seguenti integrali.

478 $\int \frac{2x + 1}{x^2 + x} dx$ $[\ln|x^2 + x| + c]$

479 $\int \frac{4x + 12}{x^2 + 6x} dx$ $[\ln(x^2 + 6x)^2 + c]$

480 $\int \frac{12x}{2 + 3x^2} dx$ $[\ln(2 + 3x^2)^2 + c]$

481 $\int \frac{6x}{4 + x^2} dx$ $[\ln(x^2 + 4)^3 + c]$

482 $\int \frac{x^2 - 1}{x^3 - 3x + 1} dx$ $[\ln\sqrt[3]{|x^3 - 3x + 1|} + c]$

483 $\int \frac{3x + 3}{x^2 + 2x + 9} dx$ $\left[\frac{3}{2}\ln(x^2 + 2x + 9) + c\right]$

484 $\int \frac{4 - 6x^2}{x^3 - 2x} dx$ $[-2\ln|x^3 - 2x| + c]$

485 $\int \frac{x^3 - 1}{x^4 - 4x + 2} dx$ $\left[\frac{1}{4}\ln|x^4 - 4x + 2| + c\right]$

Calcola i seguenti integrali, dopo aver svolto la divisione

486 $\int \frac{4x^2 + 10x + 3}{2x^2 + 3x} dx$ $[\ln|2x^2 + 3x| + 2x + c]$

487 $\int \frac{2x^3 + x^2 + 1}{x^2 + 1} dx$ $[x^2 + x - \ln(x^2 + 1) + c]$

488 $\int \frac{6x^3 + 16x}{3x^2 - 1} dx$ $[\ln|3x^2 - 1|^3 + x^2 + c]$

489 $\int \frac{x^4 + 2x - 1}{x^2 - 1} dx$ $\left[\frac{x^3}{3} + x + \ln|x^2 - 1| + c\right]$

Il denominatore è di primo grado

▶ Teoria a p. 1885

490 ESERCIZIO GUIDA Calcoliamo: **a.** $\int \frac{2x^2+5x+1}{2x+1}dx$; **b.** $\int \frac{2x-1}{x+4}dx$.

a. Poiché il grado del numeratore è maggiore del grado del denominatore, eseguiamo la divisione:

$$\begin{array}{rr|l} 2x^2+5x+1 & & 2x+1 \\ \hline -2x^2-\ x & & x+2 \\ \hline 4x+1 & & \\ -4x-2 & & \\ \hline /\ -1 & & \end{array} \quad \to \quad Q(x)=x+2;\quad R(x)=-1.$$

Riscriviamo la funzione: $\frac{2x^2+5x+1}{2x+1} = x+2+\frac{-1}{2x+1}$.

L'integrale diventa:

$$\int \frac{2x^2+5x+1}{2x+1}dx = \int\left(x+2-\frac{1}{2x+1}\right)dx = \int(x+2)\,dx - \int\frac{1}{2x+1}dx =$$

$$\int(x+2)\,dx - \frac{1}{2}\int\frac{2}{2x+1}dx = \frac{x^2}{2}+2x-\frac{1}{2}\ln|2x+1|+c.$$

b. Essendo il grado del numeratore uguale al grado del denominatore, possiamo svolgere la divisione ma possiamo giungere allo stesso risultato aggiungendo e togliendo 8 al numeratore in modo da far apparire al numeratore un multiplo del denominatore:

$$\frac{2x-1+8-8}{x+4} = \frac{2(x+4)}{x+4}-\frac{9}{x+4} = 2-\frac{9}{x+4}.$$

Calcoliamo:

$$\int\frac{2x-1}{x+4}dx = \int 2\,dx - 9\int\frac{1}{x+4}dx = 2x-\ln|x+4|^9+c.$$

Calcola i seguenti integrali.

AL VOLO

491 $\int \frac{1}{x+7}dx$

492 $\int \frac{2}{x-1}dx$

493 $\int -\frac{4}{1-2x}dx$

494 $\int \frac{5}{2x-3}dx$ $\left[\frac{5}{2}\ln|2x-3|+c\right]$

495 $\int \frac{x+5}{x+3}dx$ $[x+\ln(x+3)^2+c]$

496 $\int \frac{2x-5}{x+4}dx$ $[2x-13\ln|x+4|+c]$

497 $\int \frac{4x+1}{2x-1}dx$ $\left[2x+\frac{3}{2}\ln|2x-1|+c\right]$

498 $\int \frac{x^2+1}{x+1}dx$ $\left[\frac{x^2}{2}-x+\ln(x+1)^2+c\right]$

499 $\int \frac{x^2+x+1}{x-4}dx$ $\left[\frac{x^2}{2}+5x+21\ln|x-4|+c\right]$

500 $\int \frac{x^2-x+3}{3-x}dx$ $\left[-\frac{x^2}{2}-2x-9\ln|3-x|+c\right]$

501 $\int \frac{2x^2-3x+4}{2x-3}dx$ $\left[\frac{x^2}{2}+\ln(2x-3)^2+c\right]$

Il denominatore è di secondo grado

▶ Teoria a p. 1885

Il discriminante è positivo: $\Delta > 0$

502 ESERCIZIO GUIDA Calcoliamo $\int \frac{x-1}{x^2+5x+6}dx$.

Calcoliamo il discriminante del denominatore: $\Delta = 25 - 24 = 1 > 0$.

Le soluzioni dell'equazione associata al denominatore sono: $x_1 = -2$ e $x_2 = -3$.

Il denominatore si scompone nel prodotto: $x^2 + 5x + 6 = (x+2)(x+3)$.

Scriviamo la funzione integranda come somma di due frazioni aventi come denominatori i fattori trovati. Dati $A, B \in \mathbb{R}$, si ha:

$$\frac{x-1}{x^2+5x+6} = \frac{A}{x+2} + \frac{B}{x+3} = \frac{Ax+3A+Bx+2B}{(x+2)(x+3)} = \frac{(A+B)x+3A+2B}{x^2+5x+6}.$$

Affinché tale uguaglianza sia un'identità, dobbiamo porre:

$$\begin{cases} A+B=1 & \text{uguaglianza dei coefficienti della } x \\ 3A+2B=-1 & \text{uguaglianza dei termini noti} \end{cases} \rightarrow \begin{cases} A=-3 \\ B=4 \end{cases}$$

L'integrale diventa:

$$\int \frac{x-1}{x^2+5x+6}dx = \int\left(\frac{-3}{x+2} + \frac{4}{x+3}\right)dx = -3\int\frac{1}{x+2}dx + 4\int\frac{1}{x+3}dx =$$

$$-3\ln|x+2| + 4\ln|x+3| + c.$$

Calcola i seguenti integrali.

503 $\int \frac{6}{x^2-9}dx$ $\left[\ln\left|\frac{x-3}{x+3}\right| + c\right]$

504 $\int \frac{1}{2x-x^2}dx$ $\left[\frac{1}{2}\ln\left|\frac{x}{2-x}\right| + c\right]$

505 $\int \frac{1}{x^2+x}dx$ $\left[\ln\left|\frac{x}{x+1}\right| + c\right]$

506 $\int \frac{3}{3x-2x^2}dx$ $\left[\ln\left|\frac{x}{3-2x}\right| + c\right]$

507 $\int \frac{3x-5}{x^2-2x-3}dx$ $[2\ln|x+1| + \ln|x-3| + c]$

508 $\int \frac{3x-9}{x^2-x-2}dx$ $\left[\ln\frac{|x+1|^4}{|x-2|} + c\right]$

509 $\int \frac{-5}{3x^2-x-2}dx$ $\left[\ln\left|\frac{3x+2}{x-1}\right| + c\right]$

510 $\int \frac{x^4+x^3+6}{x^2+x}dx$ $\left[\frac{x^3}{3} + 6\ln\left|\frac{x}{x+1}\right| + c\right]$

511 $\int \frac{1-x}{2x^2+5x+2}dx$ $[\ln\sqrt{|2x+1|} - \ln|x+2| + c]$

512 $\int \frac{x^4+3x}{x^2-1}dx$ $\left[\frac{x^3}{3} + x + 2\ln|x-1| + \ln|x+1| + c\right]$

Il discriminante è nullo: $\Delta = 0$

513 ESERCIZIO GUIDA Calcoliamo $\int \frac{x+5}{x^2+6x+9}dx$.

Il denominatore ha $\Delta = 0$ e può essere scritto come quadrato di un binomio: $x^2+6x+9 = (x+3)^2$.
La funzione integranda può allora essere scritta come la somma di due frazioni aventi come denominatori $(x+3)$ e $(x+3)^2$:

$$\frac{x+5}{x^2+6x+9} = \frac{A}{x+3} + \frac{B}{(x+3)^2} = \frac{A(x+3)+B}{(x+3)^2} = \frac{Ax+3A+B}{x^2+6x+9}.$$

Affinché questa uguaglianza sia un'identità, dobbiamo porre:

$$\begin{cases} A = 1 \\ 3A + B = 5 \end{cases} \rightarrow \begin{cases} A = 1 \\ B = 2 \end{cases}.$$

L'integrale diventa:

$$\int \frac{x+5}{x^2+6x+9}dx = \int\left[\frac{1}{x+3} + \frac{2}{(x+3)^2}\right]dx = \int\frac{1}{x+3}dx + 2\int(x+3)^{-2}dx =$$

$$\ln|x+3| + 2\frac{(x+3)^{-2+1}}{-2+1} + c = \ln|x+3| - \frac{2}{x+3} + c.$$

Calcola i seguenti integrali.

514 $\int \frac{2}{x^2-6x+9}dx$ $\left[-\frac{2}{x-3}+c\right]$

515 $\int \frac{1}{4x^2+12x+9}dx$ $\left[-\frac{1}{2(2x+3)}+c\right]$

516 $\int \frac{3}{x^2-10x+25}dx$ $\left[\frac{3}{5-x}+c\right]$

517 $\int \frac{x}{x^2-4x+4}dx$ $\left[\ln|x-2| - \frac{2}{x-2}+c\right]$

518 $\int \frac{2x-1}{x^2+2x+1}dx$ $\left[\ln(x+1)^2 + \frac{3}{x+1}+c\right]$

519 $\int \frac{4x+1}{4x^2+4x+1}dx$ $\left[\ln|2x+1| + \frac{1}{4x+2}+c\right]$

520 $\int \frac{2x+1}{4x^2-12x+9}dx$ $\left[\frac{\ln|2x-3|}{2} - \frac{2}{2x-3}+c\right]$

521 $\int \frac{x^2-x+1}{x^2-2x+1}dx$ $\left[x + \ln|x-1| - \frac{1}{x-1}+c\right]$

Il discriminante è negativo: $\Delta < 0$

522 ESERCIZIO GUIDA Calcoliamo $\int \frac{1}{x^2-6x+10}dx$.

Calcoliamo il discriminante del denominatore: $\Delta = 36 - 40 = -4 < 0$.
Utilizzando il metodo del completamento del quadrato, cerchiamo di ricondurre l'integrale al modello:

$$\int \frac{f'(x)}{[f(x)]^2+1}dx = \arctan f(x) + c.$$

Possiamo scrivere: $x^2 - 6x + 10 = x^2 - 6x + 9 + 1 = (x-3)^2 + 1$.

L'integrale diventa: $\int \frac{1}{x^2-6x+10}dx = \int \frac{1}{(x-3)^2+1}dx = \arctan(x-3) + c$.

Calcola i seguenti integrali.

523 $\int \frac{1}{x^2+4x+5}dx$ $[\arctan(x+2)+c]$

524 $\int \frac{1}{x^2+2x+2}dx$ $[\arctan(x+1)+c]$

525 $\int \frac{2}{9x^2+4}dx$ $\left[\frac{1}{3}\arctan\frac{3x}{2}+c\right]$

526 $\int \frac{1}{9x^2-6x+5}dx$ $\left[\frac{1}{6}\arctan\frac{3x-1}{2}+c\right]$

527 $\int \frac{4}{x^2+6x+11}dx$ $\left[2\sqrt{2}\arctan\frac{x+3}{\sqrt{2}}+c\right]$

528 $\int \frac{-1}{4x^2+4x+5}dx$ $\left[-\frac{1}{4}\arctan\left(x+\frac{1}{2}\right)+c\right]$

529 ESERCIZIO GUIDA Calcoliamo $\int \frac{x-1}{x^2-4x+5}dx$.

Calcoliamo il discriminante del denominatore: $\Delta = 16 - 20 = -4 < 0$.
Trasformiamo il numeratore in modo da poter ottenere la derivata del denominatore:

$$D[x^2 - 4x + 5] = 2x - 4.$$

$$\int \frac{x-1}{x^2-4x+5}dx = \frac{1}{2}\int \frac{2x-2}{x^2-4x+5}dx = \frac{1}{2}\int \frac{2x-4+4-2}{x^2-4x+5}dx$$

moltiplichiamo e dividiamo per 2 — aggiungiamo e togliamo 4

Scriviamo quindi l'integranda come somma di due frazioni:

$$\frac{1}{2}\int\left(\frac{2x-4}{x^2-4x+5}+\frac{4-2}{x^2-4x+5}\right)dx = \frac{1}{2}\int \frac{2x-4}{x^2-4x+5}dx + \int \frac{1}{x^2-4x+5}dx.$$

Calcoliamo separatamente i due integrali; osserviamo che $x^2-4x+5>0$, $\forall x \in \mathbb{R}$, poiché $\Delta < 0$.

$$\int \frac{2x-4}{x^2-4x+5}dx = \ln(x^2-4x+5)+c_1,$$

$$\int \frac{1}{x^2-4x+5}dx = \int \frac{1}{x^2-4x+4-4+5}dx = \int \frac{1}{(x-2)^2+1}dx = \arctan(x-2)+c_2.$$

Otteniamo:

$$\int \frac{x-1}{x^2-4x+5}dx = \frac{1}{2}\ln(x^2-4x+5)+\arctan(x-2)+c.$$

Calcola i seguenti integrali.

530 $\int \frac{x+2}{4x^2+9}dx$ $\left[\frac{1}{8}\ln(4x^2+9)+\frac{1}{3}\arctan\frac{2x}{3}+c\right]$

531 $\int \frac{x-1}{x^2+25}dx$ $\left[\frac{1}{2}\ln(x^2+25)-\frac{1}{5}\arctan\frac{x}{5}+c\right]$

532 $\int \frac{2x+3}{x^2-6x+10}dx$ $[\ln(x^2-6x+10)+9\arctan(x-3)+c]$

533 $\int \frac{x+3}{x^2+4x+5}dx$ $\left[\frac{1}{2}\ln(x^2+4x+5)+\arctan(x+2)+c\right]$

534 $\int \frac{8x-3}{4x^2-4x+5}dx$ $\left[\ln(4x^2-4x+5)+\frac{1}{4}\arctan\frac{2x-1}{2}+c\right]$

535 $\int \frac{x^2+x+2}{x^2+16}dx$ $\left[x+\frac{1}{2}\ln(x^2+16)-\frac{7}{2}\arctan\frac{x}{4}+c\right]$

536 $\int \frac{x^3+4x+4}{x^2+4}dx$ $\left[\frac{x^2}{2}+2\arctan\frac{x}{2}+c\right]$

Il denominatore è di grado superiore al secondo

Teoria a p. 1889

537 ESERCIZIO GUIDA Calcoliamo $\int \frac{x^2+5x-1}{x^3+x^2-2}dx$.

Scomponiamo il denominatore applicando il teorema di Ruffini. Poiché $P(1)=0$, il polinomio è divisibile per $(x-1)$. Eseguiamo la divisione con la regola di Ruffini:

	1	1	0	−2
1		1	2	2
	1	2	2	0

$\rightarrow P(x)=(x-1)(x^2+2x+2)$.

Il trinomio x^2+2x+2 ha discriminante $\Delta=-4<0$ ed è perciò irriducibile.

ESERCIZI

Scriviamo la frazione algebrica iniziale come somma di due frazioni:

$$\frac{x^2+5x-1}{x^3+x^2-2}=\frac{A}{x-1}+\frac{Bx+C}{x^2+2x+2}=\frac{A(x^2+2x+2)+(Bx+C)(x-1)}{(x-1)(x^2+2x+2)}=$$

$$\frac{Ax^2+2Ax+2A+Bx^2+Cx-Bx-C}{x^3+x^2-2}=\frac{(A+B)x^2+(2A-B+C)x+2A-C}{x^3+x^2-2}.$$

Affinché l'uguaglianza

$$\frac{x^2+5x-1}{x^3+x^2-2}=\frac{(A+B)x^2+(2A-B+C)x+2A-C}{x^3+x^2-2}$$

sia un'identità, dobbiamo porre:

$$\begin{cases}A+B=1\\2A-B+C=5\\2A-C=-1\end{cases}\rightarrow\begin{cases}A=1\\B=0.\\C=3\end{cases}$$

L'integrale diventa:

$$\int\frac{x^2+5x-1}{x^3+x^2-2}dx=\int\left(\frac{1}{x-1}+\frac{3}{x^2+2x+2}\right)dx=\int\frac{1}{x-1}dx+3\int\frac{1}{x^2+2x+2}dx=$$

$$\ln|x-1|+3\int\frac{1}{(x+1)^2+1}dx=\ln|x-1|+3\arctan(x+1)+c.$$

Calcola i seguenti integrali.

538 $\int\frac{2x}{(x-1)^3}dx$ $\left[\frac{1-2x}{(x-1)^2}+c\right]$

539 $\int\frac{4}{(2x+3)^3}dx$ $\left[-\frac{1}{(2x+3)^2}+c\right]$

540 $\int\frac{8}{x^3+4x}dx$ $\left[2\ln|x|-\ln(x^2-4)+c\right]$

541 $\int\frac{2}{x(1+x)^2}dx$ $\left[2\ln\frac{|x|}{|1+x|}+\frac{2}{1+x}+c\right]$

542 $\int\frac{x+4}{x^3-4x^2+4x}dx$ $\left[\ln\left|\frac{x}{x-2}\right|-\frac{3}{x-2}+c\right]$

543 $\int\frac{4}{x^4-1}dx$ $\left[\ln\left|\frac{x-1}{x+1}\right|-2\arctan x+c\right]$

544 $\int\frac{x-3}{x^3-x^2-x+1}dx$ $\left[\ln\left|\frac{x-1}{x+1}\right|+\frac{1}{x-1}+c\right]$

545 $\int\frac{x^2+5x+4}{x^3+3x^2+x-5}dx$ $\left[\ln|x-1|+\arctan(x+2)+c\right]$

546 $\int\frac{1}{(x^2-1)(x+2)}dx$ $\left[\frac{1}{6}\ln\frac{|x-1|(x+2)^2}{|x+1|^3}+c\right]$

547 $\int\frac{3x+2}{x^3+3x^2+2x}dx$ $\left[\ln\frac{|x^2+x|}{(x+2)^2}+c\right]$

548 EUREKA! Trova un polinomio di primo grado P tale che $P(0)=1$ e $\int\frac{P(x)}{x^2(x-1)^2}dx$ sia una funzione razionale.

(USA *University of Houston Mathematics Contest*)
$[P=-2x+1]$

Riepilogo: Integrazione di funzioni razionali fratte

Calcola i seguenti integrali.

549 $\int\frac{1}{9-6x+x^2}dx$ $\left[\frac{1}{3-x}+c\right]$

550 $\int\frac{1}{x^2-4}dx$ $\left[\frac{1}{4}\ln\left|\frac{x-2}{x+2}\right|+c\right]$

551 $\int\frac{x-7}{x+3}dx$ $\left[x-10\ln|x+3|+c\right]$

552 $\int\frac{12}{9x^2-6x+1}dx$ $\left[\frac{-4}{3x-1}+c\right]$

553 $\int \frac{x+1}{x^2-3x}dx$ $\left[\frac{4}{3}\ln|x-3|-\frac{1}{3}\ln|x|+c\right]$

555 $\int \frac{1+2x}{2x-x^2-1}dx$ $\left[\ln\frac{1}{(x-1)^2}+\frac{3}{x-1}+c\right]$

554 $\int \frac{x^2-x}{x+2}dx$ $\left[\frac{x^2}{2}-3+6\ln|x+2|+c\right]$

556 $\int \frac{5}{x^2-4x+5}dx$ $[5\arctan(x-2)+c]$

---

557 $\int \frac{x^4+2}{x-1}dx$ $\left[\frac{x^4}{4}+\frac{x^3}{3}+\frac{x^2}{2}+x+3\ln|x-1|+c\right]$

558 $\int \frac{x^2+8x+18}{x^2+6x+9}dx$ $\left[x+\ln(x+3)^2-\frac{3}{x+3}+c\right]$

559 $\int \frac{1}{x^2+6x+13}dx$ $\left[\frac{1}{2}\arctan\frac{x+3}{2}+c\right]$

560 $\int \frac{x^4-3x^3+5x-3}{x^2-4x+4}dx$ $\left[\frac{x^3}{3}+\frac{x^2}{2}+\ln|x-2|+\frac{1}{x-2}+c\right]$

561 $\int \frac{x^2-3x}{x^2-6x+8}dx$ $[x+\ln|x-2|+\ln(x-4)^2+c]$

562 $\int \frac{x^2+2}{x^3-3x^2+3x-1}dx$ $\left[\ln|x-1|-\frac{4x-1}{2(x-1)^2}+c\right]$

563 $\int \frac{2x^2+9x-3}{x^2+2x-3}dx$ $[2x+\ln(x-1)^2+\ln|x+3|^3+c]$

564 $\int \frac{2x^2+2}{x^3+x^2-x-1}dx$ $\left[\ln|x^2-1|+\frac{2}{x+1}+c\right]$

565 $\int \frac{2x+3}{x^3+3x^2-4}dx$ $\left[\frac{5}{9}\ln\left|\frac{x-1}{x+2}\right|-\frac{1}{3(x+2)}+c\right]$

Per ciascuna delle seguenti funzioni trova la primitiva passante per il punto *P* dato.

566 $f(x)=\frac{1}{x^2-2x+5}$, $P(1;1)$. $\left[F(x)=\frac{1}{2}\arctan\frac{x-1}{2}+1\right]$

567 $f(x)=\frac{8x^2-12x+2}{2x-3}$, $P(2;6)$. $[F(x)=2x^2+\ln|2x-3|-2]$

568 **LEGGI IL GRAFICO** Determina l'equazione di $y=F(x)$, sapendo che è una primitiva di $f(x)=\frac{4}{x^2-16}$.

$\left[F(x)=\frac{1}{2}\ln\left|\frac{x-4}{x+4}\right|+2\right]$

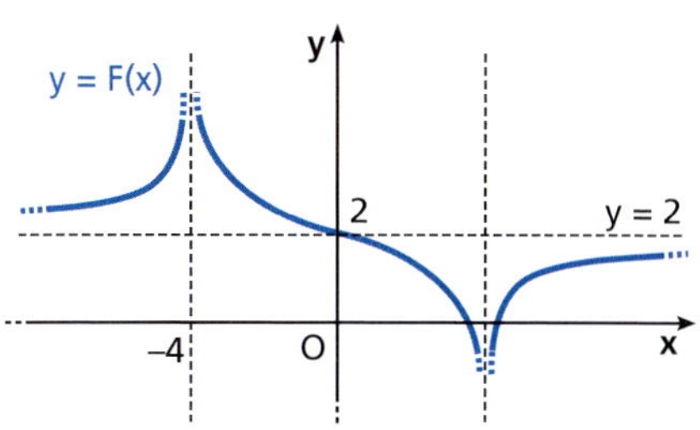

569 Determina il valore del parametro $a \neq 0$ per il quale sia soddisfatta la seguente identità:

$$\int \frac{x^2-6x}{12+ax}dx=-\frac{1}{4}x^2+c.$$ $[a=-2]$

570 Determina il valore dei parametri a e b per i quali sia soddisfatta la seguente identità:

$$\int \frac{ax^3+b}{x+1}dx=\frac{2}{3}x^3-x^2+2x+8\ln|x+1|+c.$$ $[a=2, b=10]$

ESERCIZI

571 •• LEGGI IL GRAFICO Considera la funzione $f(x) = \dfrac{x^2 + 3x + 6k}{x(x+k)^2}$, con $k \in \mathbb{R}$.

a. Determina il valore di k in modo che il grafico di $f(x)$ sia quello della figura.

b. Trova le costanti A, B e C in modo che risulti

$$f(x) = \frac{A}{x} + \frac{B}{x+k} + \frac{C}{(x+k)^2}.$$

c. Tra le primitive di $f(x)$ individua quella il cui grafico passa per il punto $(1; 0)$.

d. Aiutandoti con il grafico, dimostra che la primitiva trovata non ammette estremi relativi né assoluti.

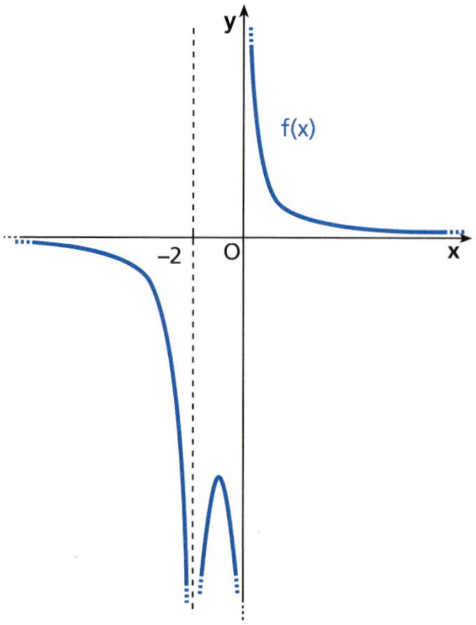

$\left[\text{a) } k = 2; \text{ b) } A = 3, B = -2, C = -5; \right.$
$\left. \text{c) } F(x) = 3\ln|x| - 2\ln\left|\dfrac{x+2}{3}\right| + \dfrac{5-5x}{3x+6}\right]$

572 •• REALTÀ E MODELLI **Downhill** Il concorrente di una gara di mountain bike, specialità downhill, deve affrontare un tratto sterrato. La pendenza del sentiero, rispetto a un asse orizzontale di riferimento x, è individuata dall'angolo $\alpha(x)$ che la retta tangente alla strada in ogni punto forma con l'asse x. La tangente dell'angolo è espressa dalla relazione:

$$\tan\alpha(x) = \frac{a(x-8)}{x^2 - 16x + 65}, \quad \text{con } a \text{ costante reale positiva.}$$

Trova l'equazione della curva $y(x)$ che rappresenta il profilo verticale del percorso in un riferimento Oxy, supponendo che per $x = 8$ sia $y = 0$ (l'unità sugli assi x e y corrisponde a 100 m), e determina a in modo che sia $y(0) = 3$.

$\left[y(x) = \frac{a}{2}\ln(x^2 - 16x + 65); a = \frac{6}{\ln 65}\right]$

Riepilogo: Integrali indefiniti

573 •• ASSOCIA a ciascun integrale della prima riga il risultato corrispondente nella seconda riga, senza effettuare calcoli.

a. $\displaystyle\int \frac{1}{x^2 + 8x + 16}dx$ b. $\displaystyle\int \frac{dx}{4x^2 + 4x + 2}$ c. $\displaystyle\int \frac{1}{x^2 + 2x}dx$

1. $-\dfrac{1}{x+4} + c$ 2. $\dfrac{1}{2}\ln\left|\dfrac{x}{x+2}\right| + c$ 3. $\dfrac{1}{2}\arctan(2x+1) + c$

574 •○ TEST Data l'uguaglianza $\displaystyle\int f(x)\ln x\, dx = -\frac{1}{x}\ln x + \int \frac{1}{x^2}dx$, $f(x)$ è uguale a:

A $-\dfrac{1}{x^2}$.   B $-x^2$.   C $\dfrac{1}{x}$.   D $\dfrac{1}{x^2}$.   E $-\dfrac{1}{x}$.

ESERCIZI

Calcola i seguenti integrali.

AL VOLO

575 $\int(\sin^2 2x+\cos^2 2x)\,dx$

576 $\int \frac{x\ln x^4}{\ln x}\,dx$

577 $\int \frac{4\cdot 2^{3x-2}}{8^x}\,dx$

578 $\int\left(\frac{1}{2}\sqrt[3]{x}-\frac{5}{6}\sqrt[6]{x}\right)dx$ $\left[\frac{3}{8}x\cdot\sqrt[3]{x}-\frac{5}{7}x\cdot\sqrt[6]{x}+c\right]$

579 $\int\left(\frac{3}{x}+\sqrt[4]{x^3}\right)dx$ $\left[3\ln|x|+\frac{4}{7}\sqrt[4]{x^7}+c\right]$

580 $\int\frac{8x+2x^2-x^3}{2x}dx$ $\left[4x+\frac{x^2}{2}-\frac{x^3}{6}+c\right]$

581 $\int(x^4-1)^2 4x^3\,dx$ $\left[\frac{(x^4-1)^3}{3}+c\right]$

582 $\int\frac{1}{\sqrt[4]{2x+1}}dx$ $\left[\frac{2}{3}\sqrt[4]{(2x+1)^3}+c\right]$

583 $\int\frac{3x^2}{\sqrt{x^3+4}}dx$ $[2\sqrt{x^3+4}+c]$

584 $\int\frac{6x^2+4}{x^3+2x+1}dx$ $[\ln(x^3+2x+1)^2+c]$

585 $\int\frac{x^2-5\sqrt[3]{x}+4}{x^3}dx.$ $\left[\ln|x|+\frac{3}{x\sqrt[3]{x^2}}-\frac{2}{x^2}+c\right]$

586 $\int\frac{x+2}{\cos^2(x^2+4x)}dx$ $\left[\frac{1}{2}\tan(x^2+4x)+c\right]$

587 $\int\left(2x^2-\frac{1}{x}\right)^2dx$ $\left[\frac{4}{5}x^5-\frac{1}{x}-2x^2+c\right]$

588 $\int\frac{3}{\sqrt{x+2}}dx$ $[6\sqrt{x+2}+c]$

589 $\int\frac{3}{2}\cos x\sqrt{8+\sin x}\,dx$ $[(8+\sin x)\sqrt{8+\sin x}+c]$

590 $\int\frac{x}{x-10}dx$ $[x+10\ln|x-10|+c]$

591 $\int\frac{x+2}{x^2+10x+25}dx$ $\left[\ln|x+5|+\frac{3}{x+5}+c\right]$

592 $\int x\cos(x-3)\,dx$ $[\cos(x-3)+x\sin(x-3)+c]$

593 $\int\frac{1}{\sqrt{1-9x^2}}dx$ $\left[\frac{\arcsin 3x}{3}+c\right]$

594 $\int\frac{2x^2-x+1}{x+3}dx$ $[x^2-7x+22\ln|x+3|+c]$

595 $\int\frac{5x-1}{5x^2-2x-2}dx$ $[\ln\sqrt{|5x^2-2x-2|}+c]$

596 $\int\frac{x-4}{x^2-14x+49}dx$ $\left[\ln|x-7|-\frac{3}{x-7}+c\right]$

597 $\int\frac{15-x}{x^2+5x-6}dx$ $[\ln(x-1)^2-3\ln|x+6|+c]$

598 $\int\frac{4x}{\sqrt{1-x^2}}dx$ $[-4\sqrt{1-x^2}+c]$

599 $\int\frac{1}{x(1+x)}dx$ $[\ln|x|-\ln|1+x|+c]$

600 $\int\frac{2}{x\ln^2 x}dx$ $\left[-\frac{2}{\ln x}+c\right]$

601 $\int\frac{\sin x}{\sqrt{1+\cos x}}dx$ $[-2\sqrt{1+\cos x}+c]$

602 $\int\left(-\frac{\cos x}{3-\sin x}\right)dx$ $[\ln(3-\sin x)+c]$

603 $\int e^{x^2+3x+1}(2x+3)\,dx$ $[e^{x^2+3x+1}+c]$

604 $\int\frac{\cos(\ln x)}{x}dx$ $[\sin(\ln x)+c]$

605 $\int\frac{e^x}{\sqrt{1-e^{2x}}}dx$ $[\arcsin e^x+c]$

606 $\int xe^{2-x}\,dx$ $[-e^{2-x}(x+1)+c]$

607 $\int\ln(x-1)\,dx$ $[(x-1)\ln(x-1)-x+c]$

608 $\int\frac{e^x-e^{-x}}{e^x+e^{-x}}dx$ $[\ln(e^x+e^{-x})+c]$

609 $\int\frac{1}{\sqrt{x}\cos^2\sqrt{x}}dx$ $[2\tan\sqrt{x}+c]$

610 $\int\frac{1}{x\sin^2(\ln 3x)}dx$ $[-\cot(\ln 3x)+c]$

611 $\int\sin^3 x\cos^4 x\,dx$ $\left[\frac{\cos^7 x}{7}-\frac{\cos^5 x}{5}+c\right]$

612 $\int\frac{\sin 2x}{4\sin^2 x}dx$ $\left[\frac{1}{2}\ln|\sin x|+c\right]$

613 $\int\frac{2^{3x-1}}{3^{x-2}}dx$ $\left[\frac{9}{2(\ln 8-\ln 3)}\cdot\left(\frac{8}{3}\right)^x+c\right]$

614 $\int(1+\tan^2 2x)\cdot 3^{\tan 2x}\,dx$ $\left[\frac{3^{\tan 2x}}{2\ln 3}+c\right]$

615 $\int\frac{\ln x\cdot\sqrt[3]{\ln^2 x-2}}{x}dx$ $\left[\frac{3}{8}(\ln^2 x-2)\cdot\sqrt[3]{\ln^2 x-2}+c\right]$

616 $\int\frac{8}{1-\cos x}dx$ $\left[-8\cot\frac{x}{2}+c\right]$

617 $\int\sqrt{1-9x^2}\,dx$ $\left[\frac{1}{6}\arcsin 3x+\frac{x\sqrt{1-9x^2}}{2}+c\right]$

618 $\int\frac{9-9x}{9x^2-1}dx$ $\left[\ln\frac{|3x-1|}{(3x+1)^2}+c\right]$

619 $\int \frac{2x-3}{1+4x^2}\,dx$ $\left[\frac{1}{4}\ln(1+4x^2)-\frac{3}{2}\arctan 2x+c\right]$

620 $\int \frac{x^2+2}{x^3-1}\,dx$ $\left[\ln|x-1|-\frac{2}{\sqrt{3}}\arctan\frac{2x+1}{\sqrt{3}}+c\right]$

621 $\int 2e^{\sqrt{x}}\,dx$ $[4e^{\sqrt{x}}(\sqrt{x}-1)+c]$

622 $\int \frac{1}{x^3+5x^2+7x+3}\,dx$ $\left[\ln\left|\sqrt[4]{\frac{x+3}{x+1}}\right|-\frac{1}{2(x+1)}+c\right]$

623 $\int \frac{1}{5+(3x+1)^2}\,dx$ $\left[\frac{1}{3\sqrt{5}}\arctan\frac{3x+1}{\sqrt{5}}+c\right]$

624 $\int \frac{x^2}{1+x^6}\,dx$ $\left[\frac{\arctan x^3}{3}+c\right]$

625 $\int \frac{3}{\sqrt{4-9x^2}}\,dx$ $\left[\arcsin\frac{3x}{2}+c\right]$

626 $\int \frac{x+1}{9x^2+16}\,dx$ $\left[\frac{1}{18}\ln(9x^2+16)+\frac{1}{12}\arctan\frac{3x}{4}+c\right]$

627 $\int \frac{2x+3}{x^2+2x+2}\,dx$ $[\ln(x^2+2x+2)+\arctan(x+1)+c]$

628 $\int x^3\ln x\,dx$ $\left[\frac{x^4}{4}\left(\ln x-\frac{1}{4}\right)+c\right]$

629 $\int (x+2)\cos(x+\pi)\,dx$ $[-(x+2)\sin x-\cos x+c]$

630 $\int \frac{3x^3+1}{x^2-1}\,dx$ $\left[\frac{3}{2}x^2+\ln(x-1)^2+\ln|x+1|+c\right]$

631 $\int \sin\sqrt{x}\,dx$ $[2(\sin\sqrt{x}-\sqrt{x}\cos\sqrt{x})+c]$

632 $\int \frac{e^{-x}}{9+e^{-2x}}\,dx$ $\left[-\frac{\arctan\frac{e^{-x}}{3}}{3}+c\right]$

633 $\int \frac{1}{1+\sqrt{x}}\,dx$ $[2[\sqrt{x}-\ln(\sqrt{x}+1)]+c]$

634 $\int \sin\left(x-\frac{\pi}{2}\right)\cos^2 x\,dx$ $\left[-\sin x+\frac{\sin^3 x}{3}+c\right]$

635 $\int \frac{2+\sqrt[4]{x-1}}{x-1}\,dx$ $[2\ln|x-1|+4\sqrt[4]{x-1}+c]$

636 $\int \frac{x^4+1}{x^2+1}\,dx$ $\left[\frac{x^3}{3}-x+2\arctan x+c\right]$

637 $\int x(x-9)^8\,dx$ $\left[\frac{(x-9)^{10}}{10}+(x-9)^9+c\right]$

638 $\int \frac{1}{2(\sqrt{x}-2)}\,dx$ $[\sqrt{x}+2\ln|\sqrt{x}-2|+c]$

639 $\int \frac{\sin x}{1+\cos^2 x}\,dx$ $[-\arctan(\cos x)+c]$

640 $\int \frac{(x-1)^4}{\sin^2(x-1)^5}\,dx$ $\left[-\frac{1}{5}\cot(x-1)^5+c\right]$

641 $\int \frac{x}{\sqrt{1-x}}\,dx$ $\left[-\frac{2}{3}\sqrt{1-x}\,(x+2)+c\right]$

642 $\int \frac{e^{\tan x}}{\cos^2 x}\,dx$ $[e^{\tan x}+c]$

643 $\int \frac{x-2}{\sqrt{x+3}}\,dx$ $\left[\frac{2}{3}\sqrt{x+3}\,(x-12)+c\right]$

644 $\int (\ln x-\ln^2 x)\,dx$ $[3x\ln x-x\ln^2 x-3x+c]$

645 $\int \sqrt{e^x-1}\,dx$ $[2\sqrt{e^x-1}-2\arctan\sqrt{e^x-1}+c]$

646 $\int \frac{-4x}{x^4+2x^2+1}\,dx$ $\left[\frac{2}{x^2+1}+c\right]$

647 $\int \frac{1}{x^3}\sin\frac{1}{x}\,dx$ $\left[\frac{1}{x}\cos\frac{1}{x}-\sin\frac{1}{x}+c\right]$

648 $\int \frac{dx}{(x+2)\sqrt{2x+3}}$ $[2\arctan\sqrt{2x+3}+c]$

649 $\int \frac{1}{\sqrt{x}(\sqrt[3]{x}+\sqrt{x})}\,dx$ poni $\sqrt[6]{x}=t$ $[6\ln(\sqrt[6]{x}+1)+c]$

650 $\int \frac{4x\arcsin 2x}{\sqrt{1-4x^2}}\,dx$ $[-\sqrt{1-4x^2}\arcsin 2x+2x+c]$

651 $\int \frac{dx}{4e^{2x}+3}$ $\left[\frac{1}{6}\ln\left(\frac{e^{2x}}{4e^{2x}+3}\right)+c\right]$

652 $\int e^{3x}\ln e^{3x}\,dx$ $\left[e^{3x}\left(x-\frac{1}{3}\right)+c\right]$

653 $\int \sin x\ln(1+\cos x)\,dx$ poni $\cos x=t$ $[\cos x-(1+\cos x)\ln(1+\cos x)+c]$

654 $\int \frac{e^x}{e^{2x}+e^x+1}\,dx$ $\left[\frac{2\sqrt{3}}{3}\arctan\left(\frac{2e^x+1}{\sqrt{3}}\right)+c\right]$

655 $\int \frac{dx}{\sqrt{-x^2+4x}}$ $\left[\arcsin\left(\frac{x-2}{2}\right)+c\right]$

656 $\int \frac{\sqrt{x}+1}{\sqrt{x}(x+4)}\,dx$ $\left[\ln|x+4|+\arctan\frac{\sqrt{x}}{2}+c\right]$

657 $\int \frac{\sin^4 x}{\cos^6 x}\,dx$ $\left[\frac{\tan^5 x}{5}+c\right]$

658 $\int \frac{x}{(2+x)^6}\,dx$ $\left[\frac{-5x-2}{20(x+2)^5}+c\right]$

659 $\int x\frac{e^x+e^{-x}}{1+e^{2x}}\,dx$ $[e^{-x}(-x-1)+c]$

660 $\int \frac{e^{2x}}{\sqrt{e^x+1}}\,dx$ $\left[\frac{2}{3}(e^x-2)\sqrt{e^x+1}+c\right]$

661 $\int \cos^2 x\sin^2 x\cos 2x\,dx$ $\left[\frac{\sin^3 2x}{24}+c\right]$

ESERCIZI

662 ●● EUREKA! $\int \frac{4x^2 - x}{(x+1)^7}\,dx$ $\left[\frac{9}{5(x+1)^5} - \frac{1}{(x+1)^4} - \frac{5}{6(x+1)^6} + c\right]$

663 ●● $\int \frac{dx}{1 - \cos x - 2\sin x}$ $\left[\frac{1}{2}\ln\left|\frac{\tan\frac{x}{2}}{\tan\frac{x}{2} - 2}\right| + c\right]$

664 ●● $\int \frac{1}{\sqrt{x} + 2\sqrt[4]{x}}\,dx$ $[16\ln(\sqrt[4]{x} + 2) + 2\sqrt{x} - 8\sqrt[4]{x} + c]$

665 ●● $\int \left(\frac{1}{\sqrt{x}} - \sqrt{x}\right)e^{\sqrt{x}}\,dx$ $[e^{\sqrt{x}}(-2 - 2x + 4\sqrt{x}) + c]$

666 ●● $\int \cos^3 x\,\sqrt[3]{\sin x}\,dx$ $\left[\frac{3}{4}\sqrt[3]{\sin^4 x} - \frac{3}{10}\sqrt[3]{\sin^{10} x} + c\right]$

667 ●● $\int x\arctan 2x\,dx$ $\left[-\frac{1}{4}x + \frac{1}{2}\left(x^2 + \frac{1}{4}\right)\arctan 2x + c\right]$

668 ●● $\int (\tan^3 x - \tan^2 x)\,dx$ $\left[\ln|\cos x| - \tan x + \frac{\tan^2 x}{2} + x + c\right]$

669 ●● $\int \frac{\cos x}{\cos^2 x - 4\sin x - 8}\,dx$ poni $\sin x = t$ $\left[-\frac{\sqrt{3}}{3}\arctan\frac{2 + \sqrt{3}\sin x}{3} + c\right]$

670 ●● $\int \frac{1 + \cos^2 x}{\sin 2x}\,dx$ $\left[\ln|\sin x| - \frac{1}{2}\ln|\cos x| + c\right]$

671 ●● $\int \frac{1 + \tan x}{\cos x}\,dx$ $\left[\ln\left|\frac{1 + \tan\frac{x}{2}}{1 - \tan\frac{x}{2}}\right| + c\right]$

---

672 ●○ Si calcoli il seguente integrale: $\int \frac{e^{2x}}{e^{2x-b}}\,dx$.

(*Università di Bologna, Scienze di Internet, Prova di Matematica Generale*)

$[xe^b]$

673 ●● Determina $\int \frac{1}{e^{2x} + 3e^x + 2}\,dx$.

(USA *Youngstown State University, Calculus Competition*)

$\left[\frac{1}{2}[\ln(e^x + 2) - \ln(e^{2x} + 2e^x + 1) + x] + c\right]$

674 ●● Determina l'integrale $\int x^3 \sin x^2\,dx$.

(USA *University of Cincinnati, Calculus Contest*)

$\left[\frac{\sin x^2}{2} - \frac{x^2\cos x^2}{2} + c\right]$

675 ●● Determina $\int \frac{1}{1 + e^x}\,dx$.

(USA *Youngstown State University, Calculus Competition*)

$[x - \ln(e^x + 1) + c]$

---

676 ●● YOU & MATHS Calculate the following integral and check your result by differentiation.

$$\int \frac{1}{x^7 - x}\,dx$$

(USA *University of Cincinnati Calculus Contest*)

$\left[\frac{1}{6}\ln(1 - x^6) - \ln x\right]$

Problemi

Per ciascuna delle seguenti funzioni, trova la primitiva il cui grafico passa per il punto *P* dato.

677 ●○ $f(x) = \frac{3x}{x-4}$, $P(5; 10)$. $[F(x) = 3x + 12\ln|x - 4| - 5]$

678 ●○ $f(x) = \frac{3x^3 + 1}{x}$, $P(-1; 2)$. $[F(x) = x^3 + \ln|x| + 3]$

679 ●○ $f(x) = 2xe^{-x}$, $P(0; 1)$. $[F(x) = -2e^{-x}(x + 1) + 3]$

680 Trova a e b in modo che la funzione

$$F(x) = e^{ax^2} + bx^2$$

sia una primitiva di $f(x) = 4x(e^{2x^2} - 1)$.
$[a = 2, b = -2]$

681 Trova la funzione $f(x)$, sapendo che $f(0) = 1$, $f'(1) = 4$ e $f''(x) = 12x + 2$.
$[f(x) = 2x^3 + x^2 - 4x + 1]$

682 **LEGGI IL GRAFICO** Trova l'equazione della funzione $f(x)$, sapendo che $f''(x) = e^x - 2$ e che la retta r è tangente al grafico di $f(x)$ in T.
$[f(x) = e^x - x^2]$

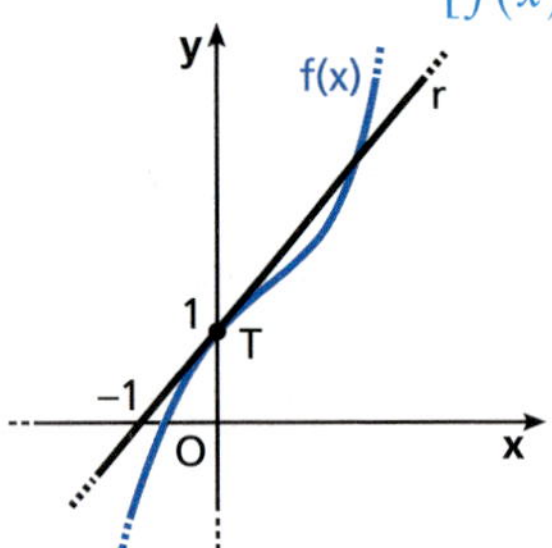

683 La derivata seconda di $f(x)$ è uguale a $\frac{1}{x^2}$ e si sa che $f'(1) = 3$. Quanto vale $f(e) - f(1)$? $[4e - 5]$

684 Tra le primitive della funzione $y = e^x \sin e^x$, individua quella il cui grafico passa per il punto $(\ln \pi; 1)$ e studia gli estremi relativi della funzione trovata. $[y = -\cos e^x; (\ln k\pi; (-1)^{k+1}), k \in \mathbb{N}_0]$

685 Data la funzione $g(x) = \frac{x-1}{(x^2 - 2x)^2}$, determina la primitiva $y = f(x)$ passante per il punto di coordinate $\left(1; -\frac{1}{2}\right)$.
Studia e rappresenta graficamente $f(x)$ e verifica, spiegandone i motivi, che il suo estremo relativo ha la stessa ascissa del punto di intersezione con l'asse x di $g(x)$. $\left[y = -\frac{1}{2(x^2 - 2x)} - 1\right]$

686 **a.** Tra le primitive di $f(x) = \frac{5x + 7}{x - 1}$ determina quella che passa per il punto $A(2; 10)$.
b. Trova l'equazione della parabola con asse parallelo all'asse y, passante per l'origine e avente vertice nel punto di intersezione tra il grafico della primitiva determinata nel punto **a** e la retta $y = 5x$. (Scegli il punto di intersezione con ascissa maggiore.)
$\left[\text{a) } y = 5x + 12\ln|x - 1|; \text{ b) } y = -\frac{5}{2}x^2 + 10x\right]$

687 Determina $f(x)$, sapendo che $f''(x) = \ln x + 3$, $f'(1) = 2$ e $f(1) = \frac{3}{4}$.
$\left[f(x) = \frac{x^2}{2}\ln x + \frac{3}{4}x^2\right]$

688 Trova la primitiva $F(x)$ di $f(x) = \frac{x^2 + 1}{x^2 - 1}$ tale che $F(2) = -\ln 3$.
$\left[F(x) = x + \ln\left|\frac{x-1}{x+1}\right| - 2\right]$

689 Trova la funzione $f(x)$, sapendo che

$$f''(x) = 12x^2 - 24x + 1$$

nel punto di ascissa 1 ha per tangente la retta di equazione $8x + 2y - 9 = 0$.
$\left[f(x) = x^4 - 4x^3 + \frac{1}{2}x^2 + 3x\right]$

690 Fra tutte le primitive di

$$f(x) = \sqrt{\frac{e^x}{1 - e^x}},$$

determina quella passante per il punto P di coordinate $\left(-\ln 2; \frac{\pi}{2}\right)$. $[F(x) = 2\arcsin\sqrt{e^x}]$

691 Tra le primitive di $f(x) = \frac{x^2 + 4x + 2}{(x+2)^2}$, trova quella che ha per asintoto obliquo la retta di equazione $y = x - 1$. $\left[F(x) = \frac{x^2 + x}{x + 2}\right]$

692 Determina il valore del parametro reale a e la funzione $f(x)$, sapendo che:
a. $f''(x) = a + \ln x$;
b. $f'(1) = -1$, $f(1) = -\frac{1}{4}$, $\lim_{x \to 0} f(x) = 0$.
Trova l'equazione della retta tangente al grafico di $f(x)$ nel suo punto di flesso.
$\left[-\frac{5}{4}x^2 + \frac{1}{2}x^2\ln x + x; \; y = (1 - e)x + \frac{e^2}{4}\right]$

693 Tra le primitive di $y = \frac{x^2 - 1}{x + 2}$ determina quella che presenta un massimo relativo di valore $\frac{5}{2}$, quindi scrivi l'equazione della retta tangente al grafico della funzione trovata nel suo punto di ascissa $x = 0$.
$\left[y = \frac{1}{2}x^2 - 2x + 3\ln|x + 2|; \; y = -\frac{1}{2}x + 3\ln 2\right]$

694 •• LEGGI IL GRAFICO Determina l'equazione della funzione $f(x)$, sapendo che $f'(x)$ ha il grafico mostrato in figura e che $f''(x) = \frac{2x^2 - 1}{x^2}$.

$[f(x) = x + x^2 + \ln|x|]$

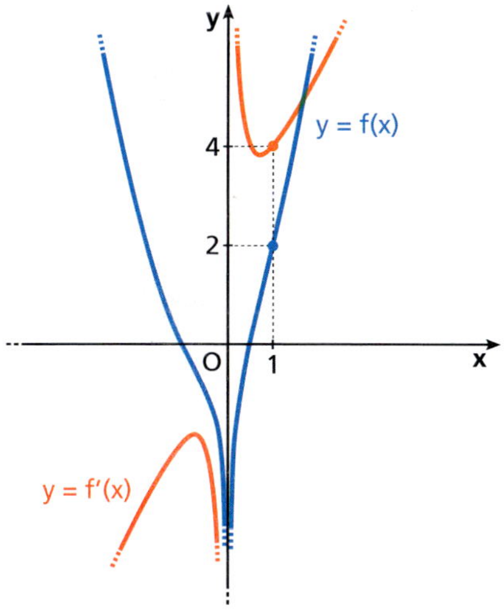

695 •• Dopo aver calcolato l'integrale indefinito della funzione $f(x) = x \ln x$, determina la primitiva $F(x)$ di $f(x)$ il cui grafico passa per $(2; 0)$.
Dimostra che tutte le primitive hanno il minimo assoluto nel punto di ascissa $x = 1$.

$\left[\frac{1}{2}x^2 \ln x - \frac{1}{4}x^2 + k, k = 1 - 2\ln 2\right]$

696 •• La funzione $f(x)$ ammette un minimo nel punto x_0 tale che $f(x_0) = -1$. Individua e rappresenta graficamente $f(x)$, sapendo che la sua derivata prima è $y' = \frac{\sin 2x}{4}$.

$\left[y = \frac{1}{4}\sin^2 x - 1\right]$

697 •• Tra le primitive di $f(x) = \frac{1}{e^x + 1}$ individua quella il cui grafico passa per $A(0; -\ln 2)$ e rappresentala graficamente.
Determina l'equazione della retta tangente alla curva nel suo punto di ascissa 0.

$\left[y = -\ln(1 + e^{-x}); y = \frac{1}{2}x - \ln 2\right]$

698 •• Studia la funzione $f(x) = 2\cos x + \cos^3 x$ nell'intervallo $[0; 2\pi]$ e rappresentala graficamente. Determina poi i valori dei parametri reali a e b affinché $F(x) = (a + b)\sin x - 3a\sin^3 x$ sia una primitiva di $f(x)$.

$\left[a = \frac{1}{9}, b = \frac{26}{9}\right]$

699 ••
a. Dimostra che tutte le primitive della funzione $f(x) = e^{\sqrt{x}}$ rivolgono la concavità verso l'alto.
b. Determina la primitiva $F(x)$ di $f(x)$ che passa per l'origine degli assi.
c. Rappresenta il grafico di $f(x)$.
d. Usando il grafico di $f(x)$, rappresenta nello stesso piano cartesiano il grafico della sua derivata $f'(x)$ e quello della sua primitiva $F(x)$.

$[\text{b) } F(x) = 2e^{\sqrt{x}}(\sqrt{x} - 1) + 2]$

700 •• Determina la funzione $y = f(x)$, sapendo che $y'' = 2e^x \cos x$ e che il suo grafico ha come tangente nell'origine la bisettrice del primo e terzo quadrante. Verifica che la funzione $f(x)$ ammette massimo per $x = \frac{3}{4}\pi$.

$[y = e^x \sin x]$

701 ••
a. Trova la funzione $y = f(x)$, sapendo che $y'' = xe^x$ e che la tangente di flesso ha equazione $y = -x - 2$.
b. Verifica che $f(x)$ ammette un minimo assoluto e non ammette massimi.
c. Rappresenta graficamente $f(x)$ e deduci il grafico di $y = |f(x)|$.

$[\text{a) } f(x) = (x - 2)e^x]$

702 •• La derivata prima di una funzione $y = f(x)$ è $y' = 2 - \frac{1}{(x + 2)^2}$.
a. Determina e rappresenta graficamente la funzione $f(x)$, sapendo che ha per asintoto obliquo la retta $y = 2x + 1$.
b. Determina e rappresenta graficamente la funzione $y = g(x)$, sapendo che $g'(x) = f'(x)$ e che ha per asintoto la retta $y = 2x$. Quale relazione esiste tra $f(x)$ e $g(x)$?

$\left[\text{a) } f(x) = 2x + 1 + \frac{1}{x + 2};\right.$
$\left.\text{b) } g(x) = 2x + \frac{1}{x + 2}, f(x) = g(x) + 1\right]$

703 ••
a. Studia la primitiva $F(x)$ della funzione $f(x) = e^x \cos x$ che passa per il punto di minimo di $g(x) = \frac{1}{2}x^2 + \frac{1}{2}$ nell'intervallo $[0; 2\pi]$.
b. Determina massimi, minimi e flessi di $F(x)$.

$\left[\text{a) } F(x) = \frac{1}{2}e^x(\sin x + \cos x); \text{ b) max: } x = \frac{\pi}{2};\right.$
$\left.\text{min: } x = \frac{3\pi}{2}; \text{ flessi: } x = \frac{\pi}{4}, x = \frac{5\pi}{4}\right]$

VERIFICA DELLE COMPETENZE

VERIFICA DELLE COMPETENZE ALLENAMENTO

UTILIZZARE TECNICHE E PROCEDURE DI CALCOLO

TEST

1 Dato il polinomio $p(x) = 4x^3 + 2x^k - 4$, indica per quale valore di k una primitiva di $p(x)$ è

$$P(x) = x^4 + x^2 - 4x + c.$$

A 0

B 1

C −1

D 2

E Nessuno dei valori precedenti.

2 Sia $F(x) = x\sin(\pi x)$ una primitiva di una funzione $f(x)$ continua e derivabile in un intervallo $[a; b]$.
Se $2 \in [a; b]$, $f(2)$ vale:

A $\frac{\pi}{2}$.

B -2π.

C 2π.

D $\frac{3}{2}\pi$.

E non è possibile calcolare $f(2)$.

3 Quale dei seguenti integrali indefiniti è uguale a $\frac{1}{2}\arctan\frac{x}{2} + c$?

A $\int \frac{x}{2+x^2}dx$ B $\int \frac{1}{2+x^2}dx$ C $\int \frac{x}{4+x^2}dx$ D $\int \frac{1}{4+x^2}dx$ E $\int \frac{1}{4-x^2}dx$

Calcola i seguenti integrali.

4 $\int\left(\frac{1}{\sqrt[3]{x}} - \frac{2}{x^3}\right)dx$ $\left[\frac{3}{2}\sqrt[3]{x^2} + \frac{1}{x^2} + c\right]$

5 $\int x^3(x^4+1)\,dx$ $\left[\frac{1}{8}(x^4+1)^2 + c\right]$

6 $\int x\sqrt{x^2+9}\,dx$ $\left[\frac{1}{3}(x^2+9)\sqrt{x^2+9} + c\right]$

7 $\int \frac{4x^2}{2x^3+3}dx$ $\left[\frac{2}{3}\ln|2x^3+3| + c\right]$

8 $\int 3x\sin(x^2+4)\,dx$ $\left[-\frac{3}{2}\cos(x^2+4) + c\right]$

9 $\int \frac{3\ln^3 x}{x}dx$ $\left[\frac{3}{4}\ln^4 x + c\right]$

10 $\int x\sqrt{x+4}\,dx$ $\left[\frac{2}{15}(x+4)(3x-8)\sqrt{x+4} + c\right]$

11 $\int \frac{6}{x^2+2x-8}dx$ $[-\ln|x+4| + \ln|x-2| + c]$

12 $\int \frac{2-x}{x^2-6x+9}dx$ $\left[-\ln|x-3| + \frac{1}{x-3} + c\right]$

13 $\int \sqrt{6-5x}\,dx$ $\left[-\frac{2}{15}(6-5x)^{\frac{3}{2}} + c\right]$

14 $\int \frac{1}{\sqrt{x}(1+\sqrt[3]{x})}dx$ poni $\sqrt[6]{x} = t$ $[6(\sqrt[6]{x} - \arctan\sqrt[6]{x}) + c]$

15 $\int \frac{x^2}{e^x}dx$ $\left[-\frac{x^2+2x+2}{e^x} + c\right]$

16 $\int x\ln^2 x\,dx$ $\left[\frac{1}{2}x^2\ln^2 x - \frac{1}{2}x^2\ln x + \frac{x^2}{4} + c\right]$

17 $\int \frac{3}{8x-1}dx$ $\left[\frac{3}{8}\ln|8x-1| + c\right]$

18 $\int \frac{x}{9-x^2}dx$ $\left[-\frac{1}{2}\ln|9-x^2| + c\right]$

19 $\int \frac{1}{e^x+e^{-x}}dx$ $[\arctan e^x + c]$

20 $\int \frac{15}{4x^2-4x+26}dx$ $\left[\frac{3}{2}\arctan\left(\frac{2x-1}{5}\right) + c\right]$

21 $\int x\arctan x\,dx$ $\left[\frac{1}{2}(x^2+1)\arctan x - \frac{1}{2}x + c\right]$

22 $\int x^3 e^{-x}dx$ $[-e^{-x}(x^3+3x^2+6x+6) + c]$

23 $\int \frac{\arctan x - 4}{1+x^2}dx$ $\left[\frac{1}{2}\arctan^2 x - 4\arctan x + c\right]$

24 $\int \frac{x^4}{1+x^2}dx$ $\left[\frac{x^3}{3} - x + \arctan x + c\right]$

25 $\int \frac{5x-9}{x^2-4x+3}dx$ $[\ln[(x-1)^2|x-3|^3] + c]$

26 $\int \frac{\ln x}{x^2}dx$ $\left[-\frac{1}{x}(\ln x + 1) + c\right]$

27 $\int \frac{x^2-5x+4}{x^2-6x+9}dx$ $\left[x + \ln|x-3| + \frac{2}{x-3} + c\right]$

28 ●● $\int \frac{2x^2-3x+4}{x+4}dx$ $[x^2-11x+48\ln|x+4|+c]$

29 ●● $\int \frac{2}{x^2-6x+12}dx$ $\left[\frac{2}{\sqrt{3}}\arctan\frac{x-3}{\sqrt{3}}+c\right]$

30 ●● $\int \frac{x-4}{x^2+x-2}dx$ $[\ln(x+2)^2-\ln|x-1|+c]$

31 ●● $\int \frac{x+1}{9x^2+6x+1}dx$ $\left[\frac{\ln|3x+1|}{9}-\frac{2}{27x+9}+c\right]$

32 ●● $\int \frac{2\sin^2 x}{\cos^4 x}dx$ $\left[\frac{2}{3}\tan^3 x+c\right]$

33 ●● $\int \frac{1+\tan x}{1-\tan x}dx$ $[-\ln|\cos x-\sin x|+c]$

34 ●● $\int \frac{\ln\sqrt{x+1}}{x+1}dx$ $[\ln^2\sqrt{x+1}+c]$

35 ●● $\int \sin^3 x\,dx$ $\left[-\cos x+\frac{1}{3}\cos^3 x+c\right]$

36 ●● $\int 2x\tan^2 x\,dx$ $[2\ln|\cos x|+2x\tan x-x^2+c]$

37 ●● $\int \sin^4 x\cos^3 x\,dx$ $\left[\frac{\sin^5 x}{5}-\frac{\sin^7 x}{7}+c\right]$

38 ●● $\int \sqrt{\frac{x+1}{1-x}}\,dx$ $[\arcsin x-\sqrt{1-x^2}+c]$

39 ●● $\int \ln\frac{x}{x+1}dx$ $\left[x\ln\frac{x}{x+1}-\ln|x+1|+c\right]$

40 ●● $\int \sin^4 x\,dx$ $\left[\frac{3}{8}x-\frac{1}{4}\sin 2x+\frac{1}{32}\sin 4x+c\right]$

41 ●● $\int \frac{dx}{2+e^{3x}}$ $\left[\frac{1}{6}\ln\left(\frac{e^{3x}}{2+e^{3x}}\right)+c\right]$

42 ●● $\int (x-1)^2 e^{x+1}dx$ $[(x^2-4x+5)e^{x+1}+c]$

43 ●● $\int (x^2\ln x+\cos x)dx$ $\left[\frac{x^3}{3}\ln x-\frac{x^3}{9}+\sin x+c\right]$

44 ●● $\int \frac{x-4}{x^2-14x+49}dx$ $\left[\ln|x-7|-\frac{3}{x-7}+c\right]$

45 ●● $\int \frac{x}{\sqrt{2x+1}}dx$ $\left[\frac{1}{3}\sqrt{2x+1}(x-1)+c\right]$

46 ●● $\int x\sqrt{x-4}\,dx$ $\left[\frac{2}{5}\sqrt{x-4}(x-4)\left(x+\frac{8}{3}\right)+c\right]$

47 ●● $\int \frac{x}{x^4+2x^2+1}dx$ $\left[-\frac{1}{2(x^2+1)}+c\right]$

ANALIZZARE E INTERPRETARE DATI E GRAFICI

Trova il valore di *a* e *b* in modo che *F*(*x*) sia una primitiva di *f*(*x*).

48 ●○ $F(x)=ax+b\ln|x|$; $f(x)=\frac{4x-1}{x}$. $[a=4, b=-1]$

49 ●○ $F(x)=a\sin x+b\cos x$; $f(x)=2\sin x+3\cos x$. $[a=3, b=-2]$

50 ●● Determina per quali valori di a e b si ha:

$$\int \frac{ax^3-5x}{x+b}dx=\frac{5x^3}{3}+\frac{5x^2}{2}+c.$$

$[a=5, b=-1]$

51 ●○ Trova a e b in modo che la funzione

$$F(x)=a\ln|x|+bx^2$$

sia una primitiva di

$$f(x)=\frac{4x^2-1}{x}-3x.$$

$\left[a=-1, b=\frac{1}{2}\right]$

52 ●○ Fra tutte le primitive di $f(x)=(x-2)e^{-x}$, determina quella il cui grafico passa per (0; 1).

$[F(x)=e^{-x}(1-x)]$

53 ●○ Scrivi l'equazione della primitiva di $y=\frac{3x+2}{x}$ il cui grafico passa per il punto (1; 5).

$[F(x)=3x+2\ln|x|+2]$

54 LEGGI IL GRAFICO Tra le primitive della funzione $f(x) = -3x^2 e^{-x^3}$, determina quella il cui grafico è rappresentato nella figura. $[F(x) = e^{-x^3} - 1]$

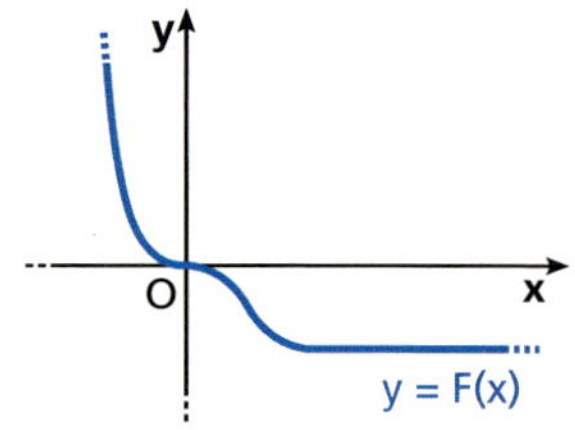

RISOLVERE PROBLEMI

55 Determina l'unica primitiva di $f(x) = e^x \sin x$ che ha per asintoto orizzontale la retta di equazione $y = 5$. $\left[\frac{e^x(\sin x - \cos x)}{2} + 5\right]$

56 Determina, fra le primitive della funzione

$$y = \frac{x^2 + 2x - 2}{x^2 + 2x + 1},$$

quella che ha per asintoto obliquo la retta

$$y = x - 3.$$

$\left[y = \frac{x^2 - 2x}{x + 1}\right]$

57 Sia $f(x) = x^2 \ln x$.

a. Ricava la funzione $F(x)$, primitiva di $f(x)$, tale che $F(1) = 0$.

b. Dimostra che $x = 1$ è un minimo relativo per $F(x)$. $\left[\text{a) } \frac{1}{3}x^3 \ln x - \frac{1}{9}x^3 + \frac{1}{9}\right]$

58 Data la funzione $f(x) = \frac{x + k}{x^2 - 3x + 2}$, determina tra le sue primitive $F(x)$ quella la cui tangente nel punto $P(4; 4\ln 2)$ forma un angolo di 45° col semiasse positivo delle ascisse.
$[F(x) = -3\ln|x - 1| + 4\ln|x - 2| + 3\ln 3]$

59 Data la funzione

$$f(x) = x\left(\frac{3}{2} - \ln x\right),$$

determina fra le sue primitive $F(x)$ quella per cui la retta tangente al grafico di $F(x)$ nel suo punto di flesso passa per il punto di intersezione di ascissa maggiore del grafico di $f(x)$ con l'asse delle x.
$\left[F(x) = x^2\left(1 - \frac{\ln x}{2}\right) + \frac{e}{4} - e^2\right]$

60 Date $f(x) = e^x \sin x$ e $g(x) = e^x \cos x$, siano $P(x)$ e $Q(x)$ primitive rispettivamente di $f(x) + g(x)$ e di $f(x) - g(x)$ tali che: $P(0) + Q(0) = -1$, $P(0) - Q(0) = 5$. Determina $P(x)$ e $Q(x)$.
$[P(x) = e^x \sin x + 2, Q(x) = -e^x \cos x - 2]$

61 **a.** Rappresenta graficamente in $[0; 2\pi]$ la funzione $y = f(x)$ che ammette nell'origine la retta tangente $y = -2x$, sapendo che $y'' = \sin\frac{x}{2}$.

b. Deduci dal grafico di $f(x)$ quello delle funzioni $y = |f(x)|$ e $y = -f(x)$. $\left[\text{a) } y = -4\sin\frac{x}{2}\right]$

62 **a.** Determina l'espressione analitica della funzione $y = f(x)$, sapendo che il suo grafico è tangente alla retta $y = 6x + 11$ in un punto del secondo quadrante e che $f'(x) = -2x^2 + 8$, per ogni x reale.

b. Studia la crescenza della funzione e verifica che il suo punto di flesso appartiene all'asse y.

c. Dimostra che l'equazione $f(x) = 0$ ammette un'unica radice reale.
$\left[\text{a) } f(x) = -\frac{2}{3}x^3 + 8x + \frac{37}{3}; \text{ b) crescente per } -2 < x < 2\right]$

63 **a.** Considera la funzione $g(x) = -(\cos 2x + \cos x)$ e, dopo averne individuato il periodo, studiane la positività.

b. Determina la funzione $f(x)$ che ha un estremo relativo nel punto $\left(\frac{3}{2}\pi; -\frac{7\pi + 1}{4}\right)$ e ammette per derivata seconda la funzione di equazione $y = g(x)$.
$\left[\text{a) } T = 2\pi,\ y \geq 0 \text{ per } \frac{\pi}{3} + 2k\pi \leq x \leq \frac{5}{3}\pi + 2k\pi; \text{ b) } y = -x + \frac{1}{2}\cos^2 x + \cos x - \frac{\pi + 1}{4}\right]$

VERIFICA DELLE COMPETENZE VERSO L'ESAME

ARGOMENTARE E DIMOSTRARE

64 Scrivi la definizione di primitiva di una funzione e spiega la differenza che esiste fra primitiva e integrale indefinito di una funzione.

65 TEST Indica quale delle seguenti affermazioni è *falsa*:

A se una funzione è discontinua in qualche punto di un intervallo $[a; b]$, allora non è integrabile in $[a; b]$.

B se una funzione è continua in $[a; b]$, allora è integrabile in $[a; b]$.

C se una funzione è derivabile in $[a; b]$, allora è integrabile in $[a; b]$.

D le primitive di una funzione sono funzioni continue.

E se una funzione è sempre negativa in un intervallo $[a; b]$, allora ogni sua primitiva è una funzione decrescente in $[a; b]$.

66 Indica la condizione sufficiente di integrabilità di una funzione e spiega perché le seguenti funzioni sono integrabili negli intervalli assegnati.

a. $f(x) = \begin{cases} 2x-1 & \text{se } x < 0 \\ x^2+2x-1 & \text{se } x \geq 0 \end{cases}$, in $[-2; 2]$; **b.** $g(x) = \dfrac{1}{x}$, in $[1; 2]$.

67 Si ricorda la seguente definizione: «Considerata una funzione reale di variabile reale, definita in un intervallo I, ogni funzione, derivabile in I e tale che $F'(x) = f(x)$, si dice primitiva di $f(x)$ in I». Stabilire se la funzione:

$$f(x) = \begin{cases} 1 & \text{se } 1 \leq x \leq 2 \\ 2 & \text{se } 2 \leq x \leq 3 \end{cases}$$

ammette primitiva nell'intervallo $[1; 3]$.

(*Esame di Stato, Liceo scientifico, Corso sperimentale, Sessione straordinaria*, 2006, *quesito* 6)

68 Dire se è corretto o no, affermare che si ha: $\int \frac{1}{x} dx = \ln(x) + c$ dove c è una costante arbitraria e fornire una esauriente spiegazione della risposta.

(*Esame di Stato, Liceo scientifico, Corso sperimentale, Sessione suppletiva*, 2006, *quesito* 6)

69 TEST Una primitiva della funzione $f(x) = \dfrac{1}{2x} + \dfrac{1}{2x+4}$ è:

A $\ln\dfrac{x}{x+2}$. B $\ln\dfrac{x+2}{x}$. C $\ln\sqrt{x^2+2x}$. D $\ln\sqrt{2x^2+x}$.

Una sola alternativa è corretta: individuarla e fornire una spiegazione della scelta operata.

(*Esame di Stato, Liceo scientifico, Corso di ordinamento, Sessione suppletiva*, 2002, *quesito* 7)

70 Trova l'equazione di una curva sapendo che il suo coefficiente angolare nel punto $(x; y)$ è $x\sqrt{1+x^2}$ e passa per il punto $(0; -2)$.

(*Esame di Stato, Liceo scientifico, Scuole italiane all'estero (Europa), Sessione ordinaria*, 2002, *quesito* 5)

$\left[y = \frac{1}{3}(1+x^2)^{\frac{3}{2}} - \frac{7}{3}\right]$

71 Si determinino le costanti a e b in modo che la funzione

$$F(x) = a\sin^3 x + b\sin x + 2x$$

sia una primitiva della funzione $f(x) = \cos^3 x - 3\cos x + 2$.

(*Esame di Stato, Liceo scientifico, Corso di ordinamento, Sessione straordinaria*, 2007, *quesito* 10)

$\left[a = -\frac{1}{3}, b = -2\right]$

VERIFICA DELLE COMPETENZE

72 Determinare l'espressione analitica della funzione $y = f(x)$, sapendo che la retta $y = -2x + 5$ è tangente al grafico di f nel secondo quadrante e che $f'(x) = -2x^2 + 6$.

(Esame di Stato, Liceo scientifico, Corso di ordinamento, Sessione ordinaria, 2015, quesito 1)

$\left[f(x) = -\frac{2}{3}x^3 + 6x + \frac{47}{3} \right]$

73 Fra le primitive di $y = 3\cos^3 x$ trovare quella il cui diagramma passa per $P(0; 5)$.

(Esame di Stato, Liceo scientifico, Scuole italiane all'estero (Europa), Sessione ordinaria, 2003, quesito 7)

$[F(x) = 3\sin x - \sin^3 x + 5]$

74 Il coefficiente angolare della tangente al diagramma di $f(x)$ è, in ogni suo punto P, uguale al doppio dell'ascissa di P. Determinate $f(x)$ sapendo che $f(0) = 4$.

(Esame di Stato, Liceo scientifico, Scuole italiane all'estero (Europa), Sessione ordinaria, 2003, quesito 8)

$[f(x) = x^2 + 4]$

75 $F(x)$ e $G(x)$ sono due primitive rispettivamente di $y = x^2$ e $y = x$. Sapendo che è $G(0) - F(0) = 3$, quanto vale $G(1) - F(1)$?

(Esame di Stato, Liceo scientifico, Scuole italiane all'estero (Europa), Sessione suppletiva, 2003, quesito 7)

$\left[\frac{19}{6} \right]$

76 Di una funzione $f(x)$ si sa che la sua derivata seconda è 2^x e si sa ancora che $f(0) = \left(\frac{1}{\ln 2} \right)^2$ e $f'(0) = 0$.
Qual è $f(x)$?

(Esame di Stato, Liceo scientifico, Corso di ordinamento, Sessione suppletiva, 2003, quesito 8)

$\left[f(x) = \frac{2^x}{(\ln 2)^2} - \frac{x}{\ln 2} \right]$

77 Di una funzione $f(x)$ si sa che ha derivata seconda uguale a $\sin x$ e che $f'(0) = 1$. Quanto vale $f\left(\frac{\pi}{2}\right) - f(0)$?

(Esame di Stato, Liceo scientifico, Corso sperimentale, Sessione ordinaria, 2003, quesito 9)

$[\pi - 1]$

78 Sia la derivata seconda di una funzione reale $f(x)$ data da $f''(x) = 3x - 6$. Determinare l'espressione di $f(x)$, sapendo che il grafico della funzione passa per il punto $P(2; -7)$ e che l'angolo formato dalla tangente al grafico di $f(x)$ con l'asse y nel punto di ascissa $x = 0$ vale 45°.

(Esame di Stato, Liceo scientifico, Corso di ordinamento, Sessione suppletiva, 2015, quesito 10)

$\left[f(x) = \frac{x^3}{2} - 3x^2 + x - 1 \vee f(x) = \frac{x^3}{2} - 3x^2 - x + 3 \right]$

COSTRUIRE E UTILIZZARE MODELLI

RISOLVIAMO UN PROBLEMA

Capitale in espansione

La velocità con cui è cresciuta la popolazione di Roma tra il 1870 e il 1970 si può esprimere come $P'(t) = \frac{9}{10}e^{\frac{t}{20}}$, dove t è il tempo in anni a partire dal 1870 e $P'(t)$ è espressa in migliaia di persone per anno.

- Determina la funzione $P(t)$ che esprime la popolazione in migliaia di persone, sapendo che nel 1870 si contavano circa 210 000 residenti, e calcola la popolazione nel 1970.
- A partire dagli anni Settanta la situazione è cambiata e il modello non è più valido. Calcola la popolazione prevista per l'anno 2014 e confronta il calcolo con il dato reale: circa 2,9 milioni di persone.

▶ **Determiniamo $P(t)$ integrando $P'(t)$.**

$$\int \frac{9}{10}e^{\frac{t}{20}}\,dt = 20 \cdot \frac{9}{10}e^{\frac{t}{20}} + c = 18e^{\frac{t}{20}} + c.$$

Quindi

$$P(t) = 18e^{\frac{t}{20}} + c.$$

▶ **Calcoliamo il valore di c.**

Sapendo che nel 1870 la popolazione contava 210 000 unità e considerando il 1870 come anno 0, possiamo scrivere:

$P(0) = 210$ (migliaia di persone) →

$18 \cdot e^0 + c = 210 \quad \rightarrow \quad c = 210 - 18 = 192.$

Allora $P(t) = 18e^{\frac{t}{20}} + 192.$

▶ **Troviamo la popolazione nel 1970.**

Il 1970 corrisponde a $t = 100$, quindi:

$$P(100) = 18 \cdot e^5 + 192 \simeq 2864.$$

Secondo il modello, nel 1970 gli abitanti di Roma erano quasi 2,9 milioni.

▶ **Calcoliamo la previsione per il 2014.**

Il 2014 corrisponde a $t = 144$:

$$P(144) = 18 \cdot e^{\frac{36}{5}} + 192 \simeq 24300.$$

Il modello prevede 24 milioni di abitanti, cifra che si discosta molto dalla realtà.

79 ●○

Domanda e offerta Il reparto marketing di un'azienda che produce gelati ha calcolato che la velocità con cui la quantità di prodotto richiesta dai consumatori varia rispetto al prezzo è data dalla funzione domanda marginale

$$D'(x) = -\frac{3000}{x^2},$$

dove il prezzo x è in euro.

a. Trova la funzione domanda $D(x)$, sapendo che quando il prezzo è di € 3 a confezione la domanda è di 1500 unità.

b. Calcola il numero di confezioni richieste quando il prezzo sale a € 4.

$\left[\text{a) } D(x) = \frac{3000}{x} + 500; \text{ b) } 1250\right]$

80 ●●

L'ora del tè Una tazza di tè, inizialmente alla temperatura di 90 °C, in un ambiente con una temperatura di 20 °C si raffredda a una velocità che si può esprimere come $T'(t) = -14e^{-\frac{t}{5}}$, dove t è misurato in minuti e la velocità di raffreddamento è misurata in gradi centigradi al minuto.

a. Trova la temperatura del tè in funzione dei minuti che passano.

b. Quanti minuti devi aspettare se vuoi bere il tè a 40 °C?

c. Cosa prevede il modello per tempi di raffreddamento molto lunghi?

$\left[\text{a) } T(t) = 70e^{-\frac{t}{5}} + 20; \text{ b) } \simeq 6 \text{ min; c) } T(t) \to 20 \text{ °C}\right]$

81 ●●

Rotola, rotola... Rotolando lungo il pendio innevato, una piccola palla di neve aumenta via via il proprio raggio fino a diventare una pericolosa valanga.

Indichiamo con r il raggio (variabile) della palla nel corso della discesa e con x la misura (in metri) del tratto percorso in discesa, a partire dalla sommità del pendio. Evidentemente r varia al variare di x, e quindi, indicando con $r_0 = r(0)$ il raggio della palla alla sommità del pendio, possiamo scrivere

$$r(x) = r_0 \cdot f(x) \quad \to \quad \frac{r(x)}{r_0} = f(x),$$

con $f(0) = 1$.

Sappiamo che il valore della funzione $f(x)$ varia in base alla relazione:

$$f'(x) = \frac{1}{2} \cdot \frac{x}{1 + \sqrt{x}}.$$

a. Ricava la funzione $f(x)$.

b. Qual è il raggio della palla dopo una discesa lunga 100 m se il raggio iniziale è $r_0 = 2$ cm?

$\left[\text{a) } f(x) = \frac{1}{3}x\sqrt{x} - \frac{x}{2} + \sqrt{x} - \ln(1 + \sqrt{x}) + 1; \text{ b) } r \simeq 297 \text{ cm}\right]$

INDIVIDUARE STRATEGIE E APPLICARE METODI PER RISOLVERE PROBLEMI

LEGGI IL GRAFICO

82 La funzione $F(x)$ rappresentata ha un flesso nel punto A ed è una primitiva di $f(x) = ax^2 + bx + c$.

a. Determina l'espressione analitica di $F(x)$ e di $f(x)$.

b. Sull'arco $\widehat{OA}$ determina il punto P per il quale è massimo il prodotto delle sue distanze dagli assi cartesiani.

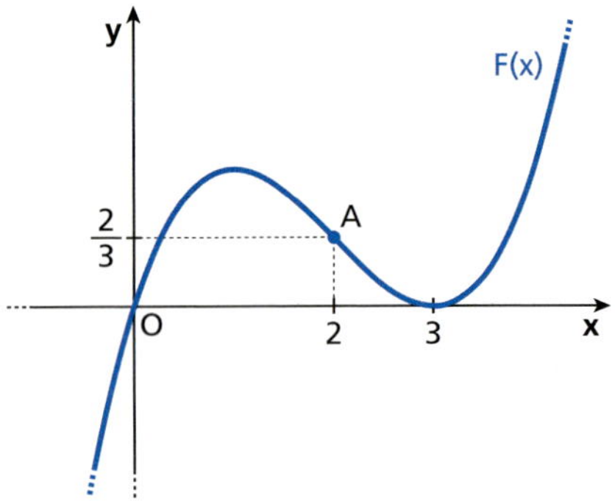

$\left[\text{a) } F(x) = \frac{x^3}{3} - 2x^2 + 3x,\ f(x) = x^2 - 4x + 3;\ \text{b) } P\left(\frac{3}{2}; \frac{9}{8}\right)\right]$

84 La funzione $F(x)$ rappresentata nel grafico ha un minimo in A, è una primitiva di $f(x) = (ax + b)e^x$ ed è tangente in B alla retta r.

a. Determina $F(x)$ e $f(x)$ e rappresenta graficamente $f(x)$.

b. Trova il punto T di intersezione delle tangenti ai due grafici di $f(x)$ e $F(x)$ nel loro punto di ascissa nulla.

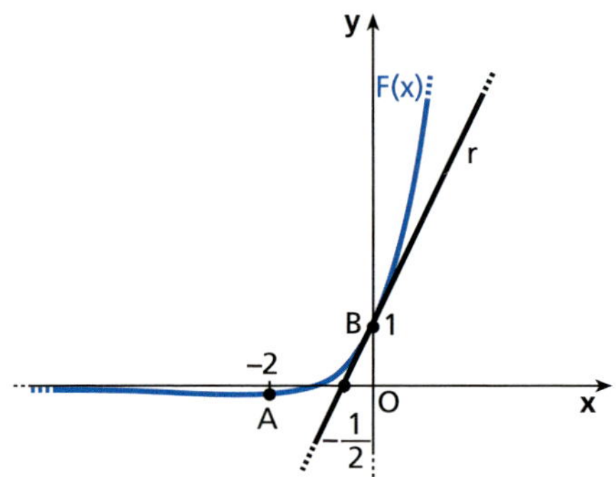

$[\text{a) } F(x) = (x+1)e^x,\ f(x) = (x+2)e^x;\ \text{b) } T(-1; -1)]$

83 Considera la funzione $f(x) = x^2 \ln(kx)$, con $k > 0$, il cui grafico è riportato sotto.

a. Determina il valore di k in modo che $f(x)$ sia tangente alla retta AB.

b. Tra le primitive di $f(x)$, sia $F(x)$ quella passante per il punto $\left(2, -\frac{8}{9}\right)$. Determina $F(x)$ e disegnane il grafico.

c. Dai dati ricavati deduci il grafico delle funzioni $y = |F(x)|$ e $y = \frac{1}{F(x)}$.

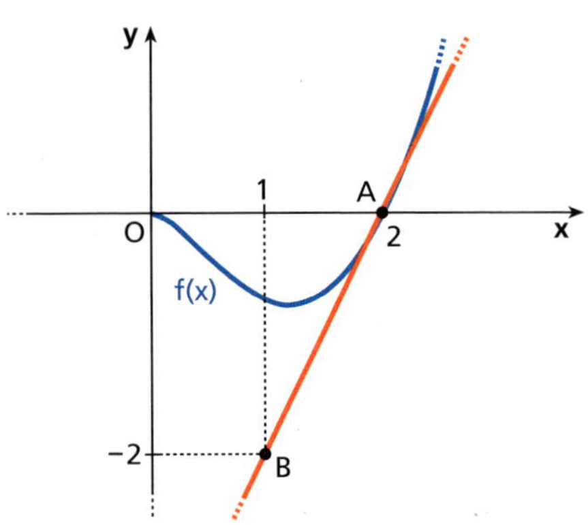

$\left[\text{a) } k = \frac{1}{2};\ \text{b) } F(x) = \frac{x^3}{3}\ln\left(\frac{x}{2}\right) - \frac{x^3}{9}\right]$

85 **a.** Indica quale delle seguenti funzioni può descrivere l'andamento del grafico in figura:

$$f(x) = 2e^{-x^2} + k,\quad f(x) = \cos(kx) - 1,$$
$$f(x) = kx^4 - 2kx^2,$$

e determina il valore di k.

b. Tra le primitive della funzione, determina quella che passa per il punto A e disegnane il grafico.

c. Detta C l'intersezione tra la primitiva trovata e l'asse y, verifica che il grafico della primitiva è simmetrico rispetto a C.

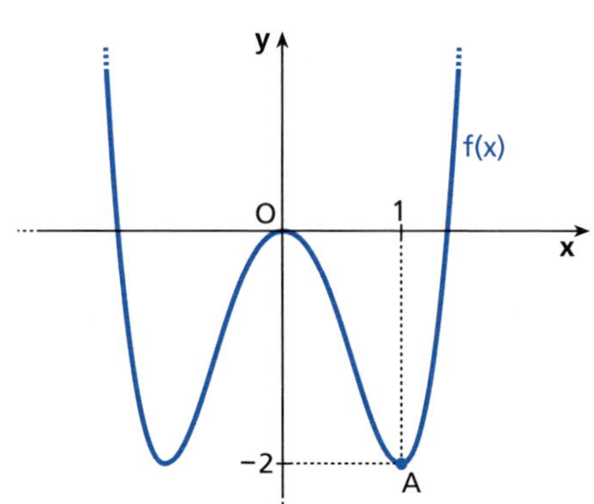

$\left[\text{a) } f(x) = 2x^4 - 4x^2;\ \text{b) } F(x) = \frac{2}{5}x^5 - \frac{4}{3}x^3 - \frac{16}{15}\right]$

86 Dividendo il polinomio $f(x) = 4x^3 + ax + a - 1$ per il binomio $x - a$, con $a \in \mathbb{R}$, si ottiene resto 5.

a. Determina il valore di a e verifica che, per tale valore del parametro, l'equazione $f(x) = 0$ ammette un'unica soluzione reale.

b. Tra le primitive della funzione $f(x)$, sia $F(x)$ quella che passa per il punto $A(1; 3)$; verifica che è una funzione pari e tracciane il grafico.

c. Trova l'equazione della retta t, tangente in A al grafico di $y = F(x)$ e calcola l'area del triangolo OAB, dove B è l'intersezione di t con l'asse y e O è l'origine degli assi.

$\left[\text{a) } a = 1; \text{ b) } F(x) = x^4 + \frac{x^2}{2} + \frac{3}{2}; \text{ c) } y = 5x - 2; 1\right]$

87 a. Calcola tutte le primitive $F(x)$ di $f(x) = \dfrac{x^2(x-6)}{3(x-2)^3}$, ponendo $x - 2 = t$, e determina i minimi delle funzioni $F(x)$ e $f(x)$.

b. Trova il valore del paramctro c in modo che la primitiva $F(x)$ abbia come asintoto la retta di equazione $y = \frac{1}{3}x + \frac{1}{3}$ e studia la funzione $F(x)$.

$\left[\text{a) } F(x) = \dfrac{x^3 - 6x^2 + 24x - 24}{3(x-2)^2} + c; F(x): \left(6; c + \frac{5}{2}\right); f(x): (0; 0); \text{ b) } c = 1\right]$

88 Si consideri la funzione: $y = \sin x(2\cos x + 1)$.

a. Tra le sue primitive si individui quella il cui diagramma γ passa per il punto $P(\pi; 0)$.

b. Si rappresenti graficamente la curva γ nell'intervallo $0 \le x \le 2\pi$ e si dimostri che essa è simmetrica rispetto alla retta $x = \pi$.

c. Si scrivano le equazioni delle rette tangenti alla curva nei suoi due punti A e B di ascisse $\frac{\pi}{2}$ e $\frac{3}{2}\pi$ e si determini il loro punto d'intersezione C.

(*Esame di Stato, Liceo scientifico, Corso di ordinamento, Sessione suppletiva*, 2008, *dal problema* 2)

$\left[\text{a) } F(x) = -\cos x(\cos x + 1); \text{ c) } y = x - \frac{\pi}{2}, y = -x + \frac{3}{2}\pi, C\left(\pi; \frac{\pi}{2}\right)\right]$

89 Nel piano riferito a coordinate cartesiane *Oxy*:

a. si studi la funzione $f(x) = \dfrac{x^2 + 1}{\sqrt{3}\,x}$ e se ne tracci il grafico γ;

b. si determini l'ampiezza degli angoli individuati dai due asintoti;

c. si verifichi che il parallelogramma, avente due lati consecutivi sugli asintoti e un vertice su γ, ha area costante, mentre il suo perimetro ammette un valore minimo ma non un valore massimo;

d. tra le infinite primitive di $f(x)$ si determini quella che passa per il punto di coordinate $(1; 0)$.

(*Esame di Stato, Liceo scientifico, Scuole italiane all'estero (Americhe), Sessione ordinaria*, 2010, *problema* 1)

$\left[\text{b) } 60°, 120°; \text{ d) } \dfrac{x^2 - 1}{2\sqrt{3}} + \dfrac{1}{\sqrt{3}}\ln|x|\right]$

90 Se il polinomio $f(x)$ si divide per $x^2 - 1$ si ottiene x come quoziente ed x come resto.

a. Determinare $f(x)$.

b. Studiare la funzione $y = \dfrac{f(x)}{x^2 - 1}$ e disegnare il grafico G.

c. Trovare l'equazione della retta t tangente a G nel suo punto di ascissa $\frac{1}{2}$.

d. Dopo aver determinato i numeri a, b tali che sussista l'identità:

$$\frac{x}{x^2 - 1} = \frac{a}{x + 1} + \frac{b}{x - 1},$$

calcolare una primitiva della funzione $\dfrac{f(x)}{x^2 - 1}$.

(*Esame di Stato, Liceo scientifico, Corso di ordinamento, Sessione suppletiva*, 2002, *dal problema* 1)

$\left[\text{a) } f(x) = x^3; \text{ c) } y = -\frac{11}{9}x + \frac{4}{9}; \text{ d) } a = b = \frac{1}{2}, F(x) = \frac{1}{2}(x^2 + \ln|x^2 - 1|)\right]$

VERIFICA DELLE COMPETENZE

VERIFICA DELLE COMPETENZE PROVE

1 ora

PROVA A

1 Scrivi due primitive della funzione

$$f(x) = \frac{2x^2 + 5x}{x}$$

e traccia i loro grafici nello stesso piano cartesiano.

Calcola i seguenti integrali.

2 a. $\int xe^{x^2-2}dx$ b. $\int \frac{x^3}{2x^4+1}dx$ c. $\int x\sqrt{4-x^2}\,dx$

3 a. $\int \frac{x-4}{x+3}dx$ b. $\int x\sin 2x\,dx$ c. $\int \frac{\ln 5x}{x}\,dx$

4 a. $\int \frac{x^2-4}{x^2+1}dx$ b. $\int \frac{x}{x^2+2x+1}dx$ c. $\int \frac{x^4+4x^2-1}{2x^3}dx$

5 Calcola $\int \frac{3x}{\sqrt{x+5}}dx$ ponendo $\sqrt{x+5} = t$.

6 Tra le primitive $F(x)$ della funzione $f(x) = 6x\cos 3x^2$, determina quella il cui grafico è rappresentato in figura.

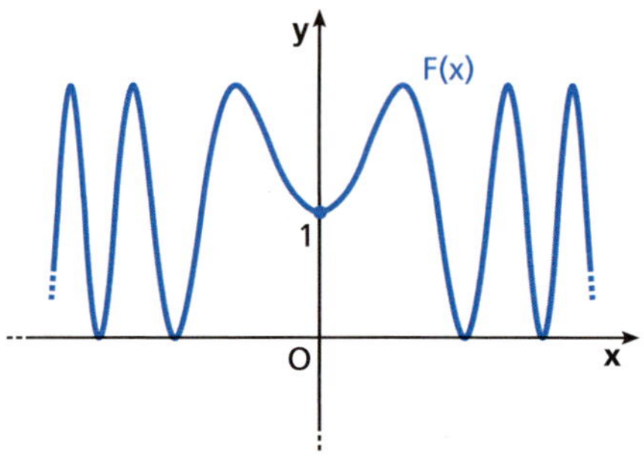

PROVA B

Calcola i seguenti integrali.

1 a. $\int \cos x\sqrt{3-2\sin x}\,dx$ b. $\int \frac{x^2}{e^x}dx$ c. $\int \frac{x}{\sqrt{2-x}}dx$

2 a. $\int 2x^2\cos x\,dx$ b. $\int \cos(\ln x)dx$ c. $\int 15\cos^5 x\,dx$

3 a. $\int \frac{x-1}{3x^2+2}dx$ b. $\int \frac{x-3}{4x^2-4x+1}dx$ c. $\int x^3\ln(x-1)dx$

4 La funzione $f(x)$ è derivabile in $\mathbb{R}$ con derivata $f'(x) = -e^{-x} + x$ e il suo grafico passa per il punto (0; 2). Trova $f(x)$ e l'insieme delle sue primitive $F(x) + c$, con $c \in \mathbb{R}$.

5 Determina i valori dei parametri a e b per i quali è soddisfatta la seguente identità:

$$\int \frac{ax^2+b}{x+2}dx = x^2 - 4x + \frac{9}{2}\ln|2x+4| + c.$$

6 Determina la funzione $f(x)$ tale che $f(0) = 4$, $f'(\pi) = 4\pi^3$, $f''(x) = 3(4x^2 - \cos x)$.

PROVA C

Vicini di casa Due piccoli Comuni limitrofi si stanno espandendo grazie alle buone opportunità di lavoro che offrono.

La velocità con cui la popolazione cresce è

- $P'(t) = 45$ per il primo Comune,
- $S'(t) = 50e^{\frac{t}{100}}$ per il secondo Comune,

dove t è il tempo in anni, a partire dal 2000.
$P'(t)$ e $S'(t)$ esprimono il numero di nuovi abitanti per anno.

a. Determina le funzioni $P(t)$ e $S(t)$ che descrivono l'andamento della popolazione a partire dal 2000, sapendo che in quell'anno il primo Comune contava 5200 abitanti e il secondo 5000.

b. Quanti abitanti avevano i due Comuni nel 2010?

c. Disegna i grafici di $P(t)$ e $S(t)$. Stima a partire da quale anno, secondo questi modelli, il secondo Comune avrà più abitanti del primo.

PROVA D

1 a. Tra le primitive di

$$f(x) = \frac{1}{9 + 4x^2}$$

individua la funzione $F(x)$ il cui grafico passa per il punto $A\left(\frac{3}{2}; \frac{\pi}{24}\right)$.

b. Rappresenta il grafico della funzione $F(x)$ e da esso deduci quello di $y = e^{F(x)}$.

2 Nel grafico è rappresentata la funzione $F(x)$, che è una primitiva della funzione $f(x) = a + b\sin x$.

a. Trova tutte le primitive di $f(x)$ che soddisfano le condizioni date nel grafico.

b. Determina le ascisse dei minimi di queste funzioni.

c. Fra tutte le primitive trovate, determina quella tangente alla retta r: $y = \frac{x}{2}$ nel punto di ascissa π. In quali altri punti la funzione è tangente a r?

d. Trova le coordinate dei punti di flesso della funzione trovata.

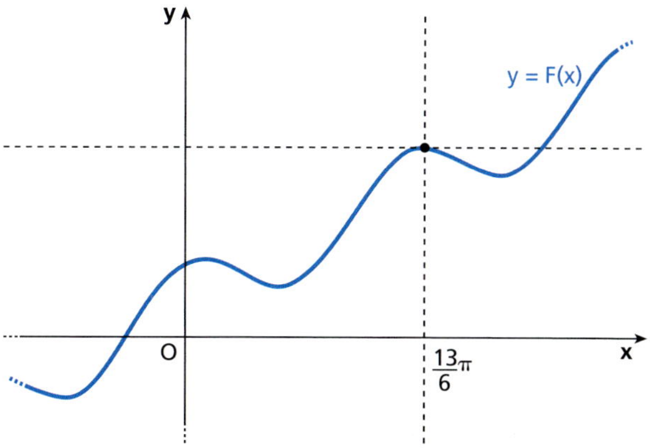

3 Considera la funzione

$$f(x) = \frac{\ln x}{\sqrt{x}}.$$

a. Verifica che la generica primitiva di $f(x)$ è crescente in $[1; +\infty[$.

b. Trova la primitiva $F(x)$ il cui grafico passa per il punto $P(1; -4)$ e determina i suoi eventuali asintoti.

c. Traccia il grafico di $F(x)$ e determina graficamente il numero di soluzioni dell'equazione $F(x) = 1$.

CAPITOLO 30

INTEGRALI DEFINITI

1 Integrale definito

Problema delle aree

L'introduzione del calcolo degli integrali definiti nasce dalla necessità di determinare le *aree* di figure piane aventi *contorno curvilineo* chiuso. Mentre per i poligoni il calcolo dell'area si riconduce a quella di un quadrato, per le figure il cui contorno è una curva qualsiasi il problema è più complesso.
L'esempio più semplice è il cerchio, la cui area è stata determinata da Archimede di Siracusa mediante il *metodo di esaustione*. Se si considerano due successioni di poligoni regolari di n lati inscritti e circoscritti al cerchio, si può dimostrare che l'area del cerchio coincide con il limite comune delle due successioni costituite rispettivamente dalle aree dei poligoni regolari inscritti e circoscritti al cerchio.

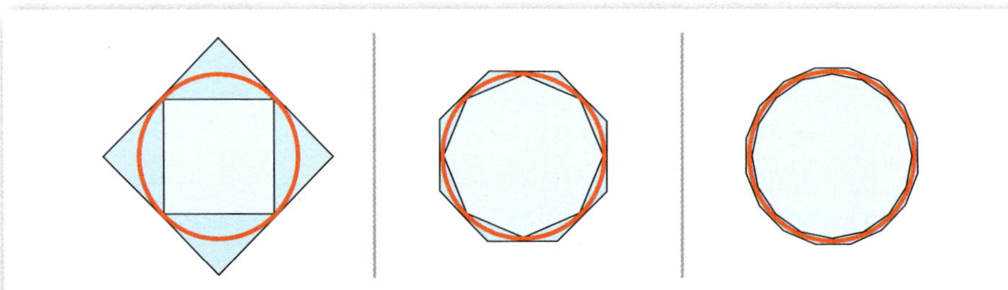

Con un ragionamento analogo vedremo che è possibile determinare l'area di un particolare tipo di superficie a contorno curvilineo, che chiamiamo *trapezoide*. Questo procedimento ha portato al concetto più generale e astratto di *integrale definito* che si presta a determinare aree e volumi e a risolvere anche problemi di natura diversa.

Definizione di integrale definito

▶ Esercizi a p. 1969

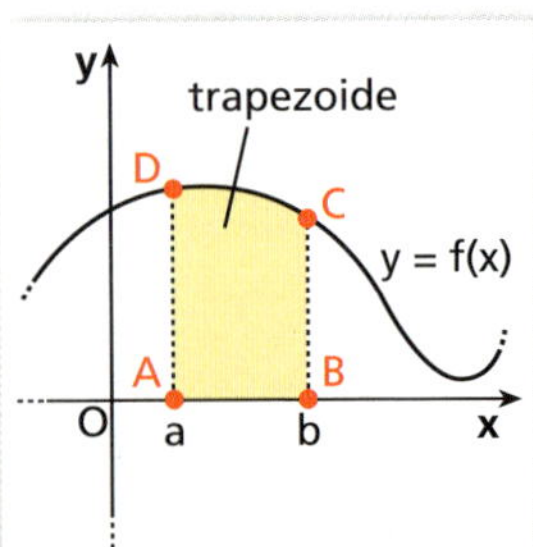

Trapezoide

Dati una funzione $y = f(x)$ e un intervallo chiuso e limitato $[a; b]$ nel quale la funzione è *continua* e *positiva* (o nulla), il **trapezoide** è la figura piana delimitata dall'asse x, dalle rette $x = a$ e $x = b$ e dal grafico di $f(x)$. Si tratta di un quadrilatero mistilineo di vertici $A(a; 0)$, $B(b; 0)$, $C(b; f(b))$, $D(a; f(a))$, che viene chiamato trapezoide perché somiglia a un trapezio con le basi parallele all'asse y.

L'*area S di un trapezoide* non può essere calcolata in modo elementare, tuttavia possiamo approssimarla utilizzando il seguente procedimento:

- dividiamo l'intervallo $[a; b]$ in n parti uguali di ampiezza $h = \frac{b-a}{n}$;
- consideriamo gli n rettangoli aventi ciascuno per base un segmento di suddivisione e per altezza il segmento associato al minimo m_i che la funzione assume in tale intervallo, la cui esistenza è garantita dal teorema di Weierstrass;
- indichiamo con s_n la somma delle aree di tutti questi n rettangoli:

$$s_n = m_1 h + m_2 h + \ldots + m_n h = \sum_{i=1}^{n} m_i h.$$

L'area del trapezoide viene così approssimata per difetto da s_n.

Con considerazioni analoghe, possiamo approssimare per eccesso l'area del trapezoide tramite la somma delle aree dei rettangoli associati a una scomposizione di $[a; b]$ in n parti uguali e aventi per altezza il segmento associato al massimo M_i della funzione nel corrispondente intervallo. Indichiamo la somma con S_n:

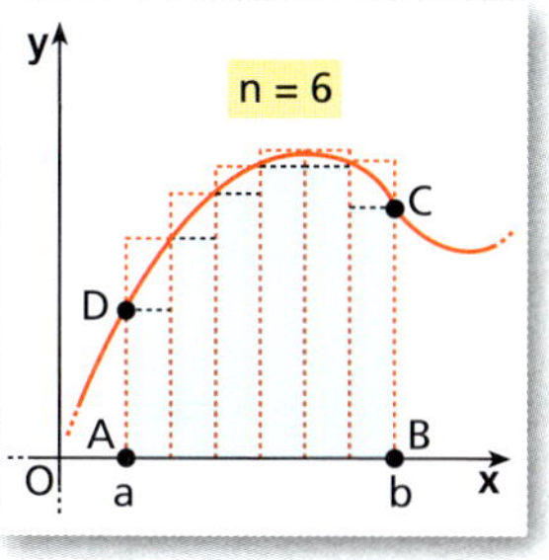

$$S_n = M_1 h + M_2 h + \ldots + M_n h = \sum_{i=1}^{n} M_i h.$$

s_n e S_n vengono chiamate rispettivamente **somma integrale inferiore** e **somma integrale superiore**. L'area S del trapezoide risulta compresa fra l'area per difetto e quella per eccesso, ossia possiamo scrivere:

$$s_n \leq S \leq S_n.$$

Integrale definito di una funzione continua positiva o nulla

Vediamo in che modo le somme integrali portano a determinare l'area del trapezoide. Osserviamo che l'approssimazione delle due aree s_n e S_n risulta migliore man mano che si scelgono più piccoli gli intervalli di suddivisione di $[a; b]$.

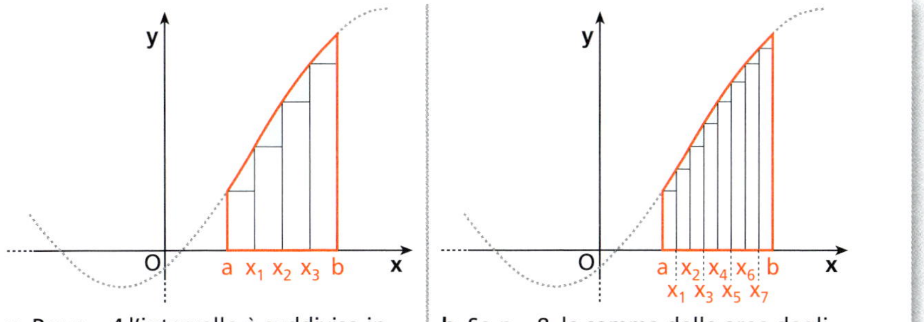

a. Per $n = 4$ l'intervallo è suddiviso in 4 parti. La somma delle aree dei 4 rettangoli approssima, per difetto, l'area del trapezoide.

b. Se $n = 8$, la somma delle aree degli 8 rettangoli approssima meglio della precedente, per difetto, l'area del trapezoide.

Per $n = 1, 2, 3, \ldots$ i valori di s_n e S_n formano le due successioni:

$$s_1, s_2, s_3, \ldots, s_n, \ldots$$

$$S_1, S_2, S_3, \ldots, S_n, \ldots$$

Si può dimostrare, utilizzando l'ipotesi della continuità della funzione $f(x)$ in $[a; b]$, che tali successioni convergono allo stesso limite, ossia che:

$$\lim_{n \to +\infty} s_n = \lim_{n \to +\infty} S_n.$$

MATEMATICA E STORIA

Integrali ante litteram Nel III secolo a.C., Archimede determinò con buona approssimazione le misure della lunghezza della circonferenza, dell'area del cerchio, del segmento parabolico (nella figura), quelle di numerose altre superfici e di molti volumi di rotazione.

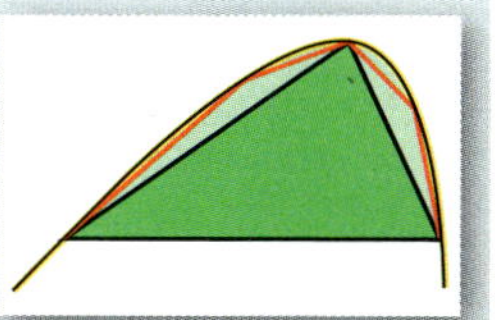

▶ Quale metodo usò?

La risposta

TEORIA

► Calcola un valore approssimato per difetto e per eccesso dell'area del trapezoide definito dalla funzione $y = x^2$ nell'intervallo [0; 4], utilizzando prima 4 intervalli e poi 8 intervalli.

Il limite comune delle due successioni si chiama **integrale definito** e viene indicato con il simbolo

$$\int_a^b f(x)\,dx,$$

che si legge «integrale da a a b di $f(x)$ in dx».

Tale limite fornisce la misura dell'area S del trapezoide relativo a $f(x)$, considerato nell'intervallo $[a; b]$.
Il simbolo $\int$ rappresenta una S allungata per ricordare che, nella rappresentazione grafica, a un integrale corrisponde una somma di aree di rettangoli aventi altezza $f(x)$ e base dx.

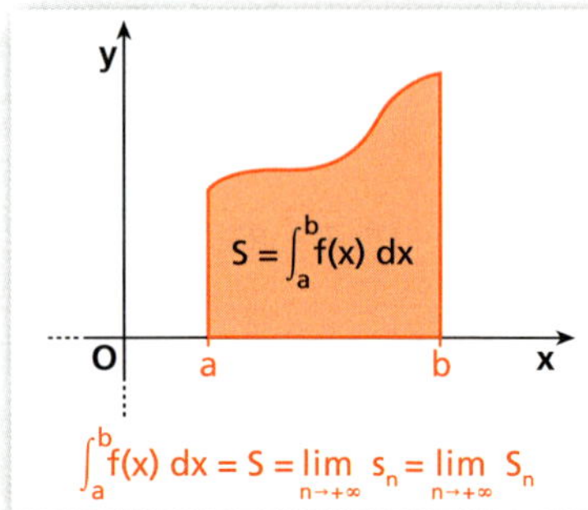

Integrale definito di una funzione continua di segno qualsiasi

Il procedimento seguito per una funzione $f(x)$ positiva nell'intervallo $[a; b]$ può essere ripetuto anche per una funzione che cambia segno in $[a; b]$ e si dimostra che, se una funzione $f(x)$ è continua in $[a; b]$, le successioni s_n e S_n per $n \to +\infty$ sono convergenti e ammettono lo stesso limite:

$$\lim_{n\to+\infty} s_n = \lim_{n\to+\infty} S_n.$$

Diamo allora la seguente definizione.

DEFINIZIONE
Data una funzione $f(x)$ continua in $[a; b]$, l'**integrale definito** esteso all'intervallo $[a; b]$ è il valore comune del limite per $n \to +\infty$ delle due successioni s_n, per difetto, e S_n, per eccesso.

Tale valore viene indicato con la scrittura $\int_a^b f(x)\,dx$, dove a e b sono gli **estremi di integrazione**, a è l'**estremo inferiore**, b l'**estremo superiore** e $f(x)$ è detta **funzione integranda**.

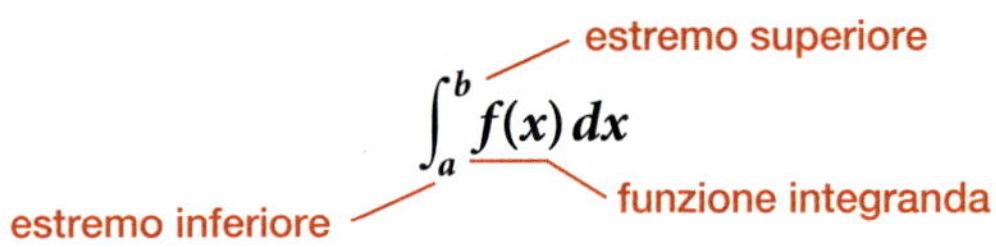

Il risultato del calcolo di un integrale definito è un numero reale qualsiasi e non rappresenta necessariamente l'area del trapezoide.

- Se $f(x) > 0$ in $[a; b]$, allora $\int_a^b f(x)\,dx > 0$ e il valore dell'integrale definito rappresenta l'area del trapezoide (figura **a**).
- Se $f(x) < 0$ in $[a; b]$, allora $\int_a^b f(x)\,dx < 0$. Per determinare l'area compresa tra il grafico di $f(x)$ e l'asse x (figura **b**) occorre calcolare il valore assoluto di $\int_a^b f(x)\,dx$.

- Se $f(x)$ cambia segno in $[a; b]$, allora $\int_a^b f(x)$ può essere positivo, negativo o nullo.

Per calcolare l'area compresa tra il grafico di $f(x)$ e l'asse x occorre suddividere l'intervallo $[a; b]$ in sottointervalli in ognuno dei quali la funzione mantiene lo stesso segno (figura **c**). Riprenderemo l'argomento nel paragrafo 3.

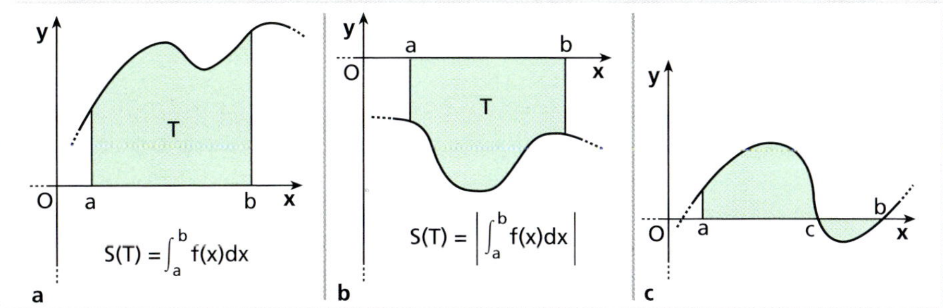

A differenza dell'integrale indefinito, che è un insieme di funzioni, l'integrale definito è un numero e non dipende dalla variabile x.

Definizione generale di integrale definito

Nella definizione di integrale definito non è necessario, come abbiamo ipotizzato finora, considerare dei sottointervalli di $[a; b]$ tutti della stessa ampiezza e neppure prendere per $f(x)$ i valori minimi e massimi negli intervalli.

Consideriamo una funzione $y = f(x)$ continua in $[a; b]$ e dividiamo l'intervallo in n intervalli chiusi mediante i punti $x_0, x_1, x_2, x_3, \ldots, x_n$, con:

$$a = x_0 < x_1 < x_2 < x_3 < \ldots < x_n = b.$$

x_0 coincide con a; x_n coincide con b.

Le ampiezze degli n intervalli possono essere diverse fra loro e sono date da:

$$\Delta x_1 = x_1 - a, \qquad \Delta x_2 = x_2 - x_1, \qquad \ldots, \qquad \Delta x_n = b - x_{n-1}.$$

Per ognuno degli intervalli fissiamo poi un qualsiasi punto dell'intervallo stesso, $c_1, c_2, c_3, \ldots, c_n$, e consideriamo i corrispondenti valori della funzione, $f(c_1), f(c_2), f(c_3), \ldots, f(c_n)$.

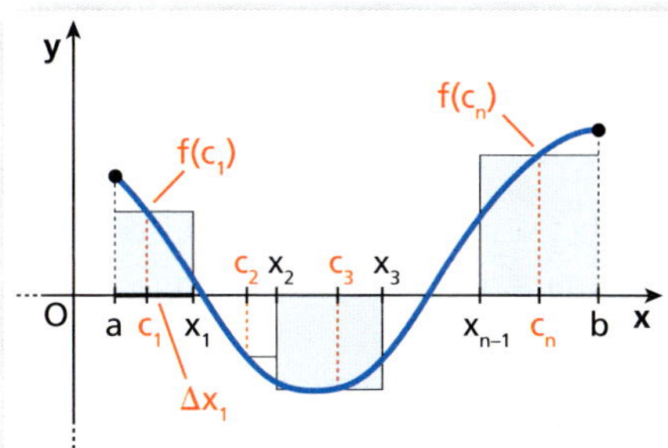

Scriviamo poi la somma $\overline{S}$ data da:

$$\overline{S} = f(c_1) \cdot \Delta x_1 + f(c_2) \cdot \Delta x_2 + f(c_3) \cdot \Delta x_3 + \ldots + f(c_n) \cdot \Delta x_n.$$

La somma $\overline{S}$ dipende:

- dal numero di suddivisioni;
- dalle ampiezze $\Delta x_1, \Delta x_2, \ldots, \Delta x_n$ degli intervalli;
- dai punti $c_1, c_2, \ldots, c_n$ scelti all'interno dei diversi intervalli.

Fra le ampiezze degli intervalli indichiamo quella massima con $\Delta x_{\max}$:
se $\Delta x_{\max} \to 0$, anche tutte le altre ampiezze tendono a 0.

Si può dimostrare che se $\Delta x_{\max}$ tende a 0, tutte le somme $\overline{S}$, ottenute scegliendo in qualsiasi modo la suddivisione dell'intervallo e i punti all'interno dei diversi intervalli, tendono a uno stesso valore.

TEORIA

Listen to it

Given a continuous real-valued function f defined on a closed interval $[a; b]$, $\int_a^b f(x)\,dx$ is called the **definite integral** over the interval $[a; b]$. The points a and b are called the **limits** of the integral.

Diamo allora la seguente definizione.

DEFINIZIONE

Data una funzione $f(x)$, continua in $[a; b]$, l'**integrale definito** esteso all'intervallo $[a; b]$ è il valore del limite per Δx_{max} che tende a 0 della somma $\overline{S}$:

$$\int_a^b f(x)\,dx = \lim_{\Delta x_{max} \to 0} \overline{S}.$$

Poiché per calcolare il limite precedente si possono scegliere a piacere gli intervalli di suddivisione Δx_i e i valori $f(x_i)$, allora se suddividiamo l'intervallo $[a; b]$ in parti uguali e in ciascuna di queste consideriamo il valore minimo o massimo di $f(x)$, ritroviamo la definizione di integrale data nel sottoparagrafo precedente.

Per convenzione si pone:

- $\int_a^a f(x)\,dx = 0$;
- $\int_a^b f(x)\,dx = -\int_b^a f(x)\,dx \quad$ se $a > b$.

Se per una funzione esiste l'integrale definito in un intervallo $[a; b]$, si dice che la **funzione** è **integrabile in** $[a; b]$. Tutte le funzioni continue sono integrabili, ma vedremo nel paragrafo 5 che non è necessario che f sia continua in $[a; b]$ per essere integrabile in $[a; b]$.

Proprietà dell'integrale definito

▶ Esercizi a p. 1971

Enunciamo, senza dimostrarle, le seguenti proprietà.

Additività dell'integrale rispetto all'intervallo di integrazione

Se $f(x)$ è continua in un intervallo e a, b, c sono punti qualunque di tale intervallo, allora:

$$\int_a^c f(x)\,dx = \int_a^b f(x)\,dx + \int_b^c f(x)\,dx.$$

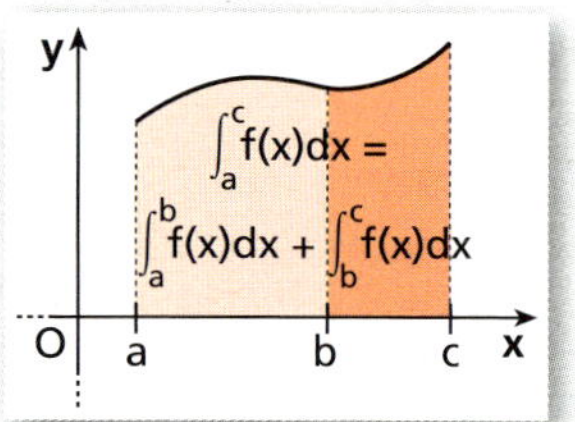

Integrale della somma di funzioni

Se $f(x)$ e $g(x)$ sono funzioni continue in $[a; b]$, allora è continua anche la loro somma $f(x) + g(x)$, e risulta:

$$\int_a^b [f(x) + g(x)]dx = \int_a^b f(x)\,dx + \int_a^b g(x)\,dx.$$

Integrale del prodotto di una costante per una funzione

Se $f(x)$ è una funzione continua in $[a; b]$, allora è continua anche la funzione $k \cdot f(x)$, con $k \in \mathbb{R}$, e risulta:

$$\int_a^b k \cdot f(x)\,dx = k \cdot \int_a^b f(x)\,dx.$$

Confronto tra gli integrali di due funzioni

Se $f(x)$ e $g(x)$ sono due funzioni continue e tali che $f(x) \leq g(x)$ in ogni punto dell'intervallo $[a; b]$, allora:

$$\int_a^b f(x)\,dx \leq \int_a^b g(x)\,dx.$$

▶ Dimostra che $\int_1^3 x\,dx \leq \int_1^3 x^2\,dx$ e verificalo graficamente.

Integrale del valore assoluto di una funzione

Se $f(x)$ è una funzione continua nell'intervallo $[a; b]$, allora:

$$\left| \int_a^b f(x)\,dx \right| \leq \int_a^b |\,f(x)\,|\,dx.$$

Integrale di una funzione costante

Se una funzione $f(x)$ è costante nell'intervallo $[a; b]$, cioè $f(x) = k$, allora:

$$\int_a^b k\,dx = k(b - a).$$

Interpretiamo graficamente questa proprietà quando k è positivo. L'integrale $\int_a^b k\,dx$ rappresenta l'area del rettangolo in figura, che è appunto $k(b - a)$.

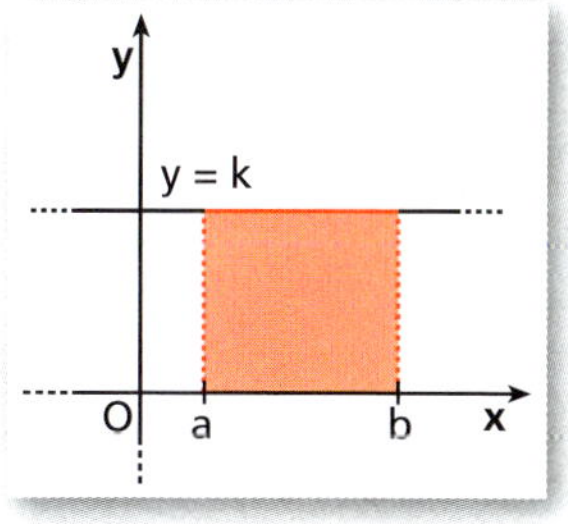

Teorema della media

▶ Esercizi a p. 1972

TEOREMA
Se $f(x)$ è una funzione continua in un intervallo $[a; b]$, esiste almeno un punto z dell'intervallo tale che:

$$\int_a^b f(x)\,dx = (b - a) \cdot f(z), \qquad \text{con } z \in [a; b].$$

Listen to it

The first **Mean-Value theorem** for definite integrals states that if *f* is a continuous function on the interval [*a*; *b*], then *f* achieves its mean value at some point *z* in [*a*; *b*].

DIMOSTRAZIONE
Poiché la funzione $f(x)$ è continua nell'intervallo $[a; b]$, allora per il teorema di Weierstrass la funzione assume in $[a; b]$ il suo valore massimo M e il suo valore minimo m. Quindi, per ogni x di $[a; b]$, vale la disuguaglianza:

$$m \leq f(x) \leq M.$$

Per le proprietà degli integrali, vale anche la disuguaglianza:

$$\int_a^b m\,dx \leq \int_a^b f(x)\,dx \leq \int_a^b M\,dx.$$

Applicando la proprietà dell'integrale di una funzione costante, otteniamo:

$$m(b - a) \leq \int_a^b f(x)\,dx \leq M(b - a).$$

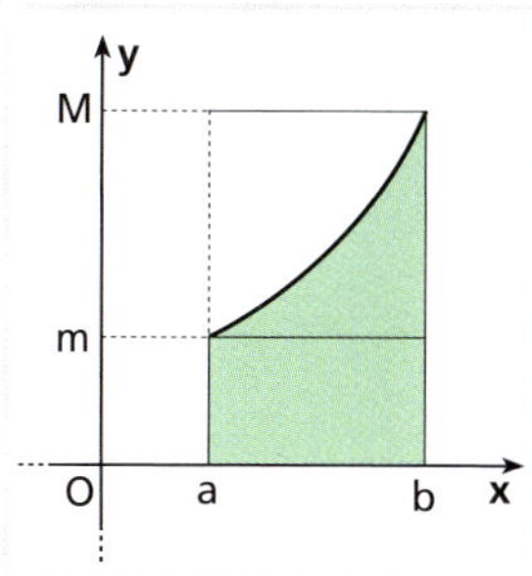

Dividiamo tutti i membri della disuguaglianza per $(b - a)$:

$$m \leq \frac{\int_a^b f(x)\,dx}{b - a} \leq M.$$

Per il teorema dei valori intermedi, la funzione deve assumere almeno una volta tutti i valori compresi fra il suo massimo e il suo minimo, quindi deve esistere un punto z appartenente ad $[a; b]$ tale che:

$$f(z) = \frac{\int_a^b f(x)\,dx}{b - a}.$$

Pertanto esiste almeno un punto z appartenente ad $[a; b]$ tale che:

$$\int_a^b f(x)\,dx = f(z)(b - a).$$

Animazione

Mediante una figura dinamica, studiamo il significato geometrico del teorema della media, applicandolo a $f(x) = -\frac{x^3}{6} + 2x^2 - 6x + \frac{19}{3}$ in [1; 8].

Geometricamente, se la funzione è positiva in $[a; b]$, il teorema della media esprime l'equivalenza fra un trapezoide, la cui area misura $\int_a^b f(x)\,dx$, e un rettangolo, aventi uguale base $b - a$. L'altezza del rettangolo è data dal valore di f in un particolare punto z dell'intervallo $[a; b]$:

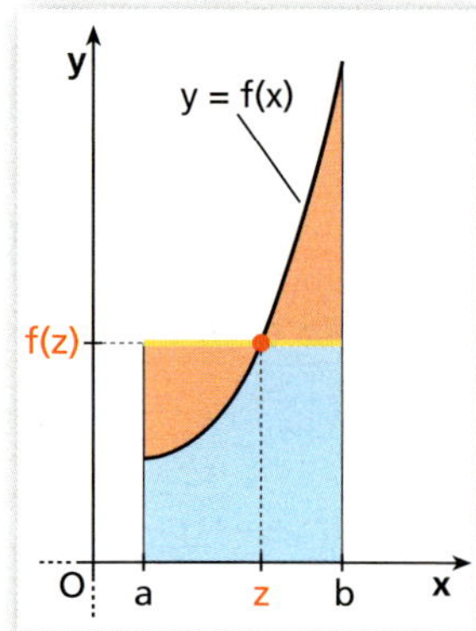

$$f(z) = \frac{\int_a^b f(x)\,dx}{b - a}.$$

Questo valore si chiama **valore medio** della funzione $f(x)$ in $[a; b]$.

Spieghiamo perché lo chiamiamo valore medio. Pensiamo all'integrale come limite per $n \to +\infty$ della somma $\bar{S} = f(c_1)\Delta x_1 + \ldots + f(c_n)\,\Delta x_n$ e consideriamo degli intervalli Δx_i di ampiezza costante $\Delta x = \frac{b-a}{n}$.

Allora $$\frac{\bar{S}}{b-a} = \frac{f(c_1)\frac{b-a}{n} + \ldots + f(c_n)\frac{b-a}{n}}{b-a} = \frac{(f(c_1) + \ldots + f(c_n))}{b-a} \cdot \frac{b-a}{n} =$$

raccogliamo $\frac{b-a}{n}$

$$\frac{f(c_2) + \ldots + f(c_n)}{n}.$$

Questo rapporto è la media aritmetica dei numeri $f(c_1), \ldots, f(c_n)$. Al crescere di n la media viene calcolata su un numero sempre maggiore di valori della funzione f. Interpretiamo allora il limite $\lim_{n \to +\infty} \frac{\bar{S}}{b-a} = \frac{\int_a^b f(x)dx}{b-a}$ come media degli infiniti valori che assume f nell'intervallo $[a; b]$.

2 Teorema fondamentale del calcolo integrale

Il calcolo dell'integrale definito risulta molto laborioso se applichiamo la definizione. In questo paragrafo faremo vedere che è possibile calcolare rapidamente l'integrale definito di una funzione utilizzando gli integrali indefiniti.

Animazione

Con figure dinamiche, studiamo la funzione integrale di una funzione $f(x)$, continua in $[a; b]$, quando nell'intervallo $f(x)$ assume valori:

- sempre positivi;
- sempre negativi;
- sia positivi sia negativi.

Funzione integrale

▶ Esercizi a p. 1972

Sia f una funzione continua nell'intervallo $[a; b]$. Consideriamo un punto qualsiasi x di $[a; b]$.

Definiamo **funzione integrale** di f in $[a; b]$ la funzione

$$F(x) = \int_a^x f(t)\,dt,$$

che associa a ogni $x \in [a; b]$ il numero reale $\int_a^x f(t)\,dt$, dove la variabile indipendente x coincide con l'estremo superiore di integrazione.

Per non creare confusione fra variabili, indichiamo la funzione integranda con $f(t)$, dove t diventa la variabile di integrazione.

Se la funzione $f(t)$ è *positiva* in $[a; b]$, la funzione integrale $F(x)$ rappresenta l'area del trapezoide $ABCD$. Tale area dipende dal valore di x, variabile nell'intervallo $[a; b]$.

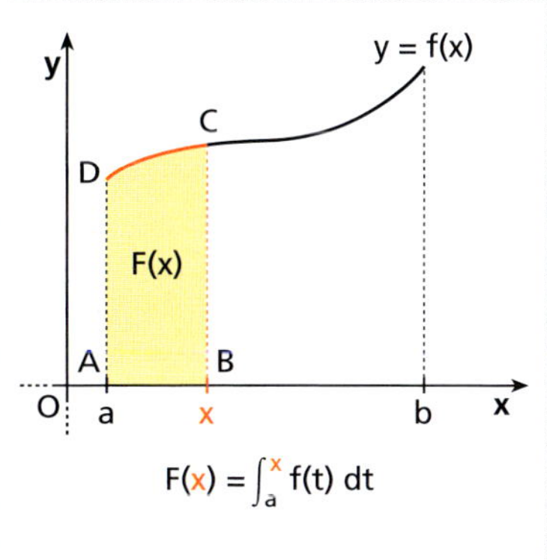

Dalla definizione di $F(x)$ otteniamo le seguenti relazioni:

$$F(a) = \int_a^a f(t)\,dt = 0, \quad F(b) = \int_a^b f(t)\,dt.$$

▶ Considera $F(x) = \int_0^x t\,dt$, con $x > 0$.

Disegna $f(t) = t$ e calcola $F(0)$, $F(1)$, $F(3)$.

Teorema fondamentale

Il teorema fondamentale del calcolo integrale, chiamato anche **teorema di Torricelli-Barrow**, permette di collegare il concetto di integrale definito a quello di integrale indefinito, attraverso la funzione integrale.

TEOREMA

Teorema fondamentale del calcolo integrale

Se una funzione $f(x)$ è continua in $[a; b]$, allora esiste la derivata della sua funzione integrale

$$F(x) = \int_a^x f(t)\,dt$$

per ogni punto x dell'intervallo $[a; b]$ ed è uguale a $f(x)$, cioè:

$$F'(x) = f(x),$$

ovvero $F(x)$ è una primitiva di $f(x)$.

DIMOSTRAZIONE

Dimostriamo che esiste la derivata di $F(x)$ e calcoliamo tale derivata applicando la definizione.

Incrementiamo la variabile x di un valore $h \neq 0$ tale che $a < x + h < b$ e calcoliamo la differenza $F(x + h) - F(x)$ utilizzando l'espressione della funzione integrale:

$$F(x+h) - F(x) = \int_a^{x+h} f(t)\,dt - \int_a^x f(t)\,dt.$$

Applichiamo la proprietà di additività dell'integrale:

$$F(x+h) - F(x) = \int_a^x f(t)\,dt + \int_x^{x+h} f(t)\,dt - \int_a^x f(t)\,dt = \int_x^{x+h} f(t)\,dt.$$

Per il teorema della media, il valore dell'integrale è uguale al prodotto dell'ampiezza h dell'intervallo di integrazione per il valore $f(z)$, dove z è un particolare punto dell'intervallo $[x; x + h]$, nel caso in cui sia $h > 0$, oppure dell'intervallo $[x + h; x]$, se $h < 0$; pertanto possiamo scrivere:

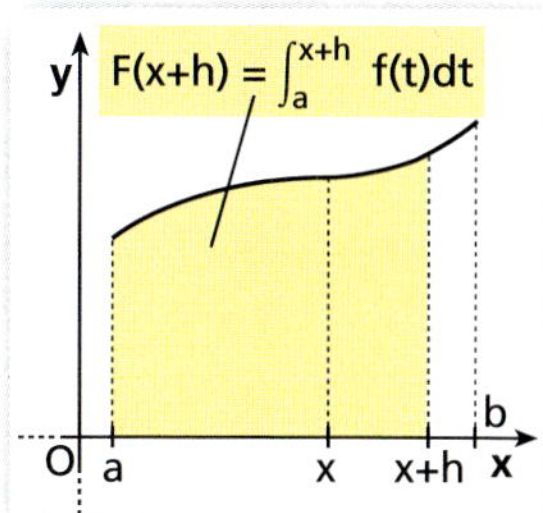

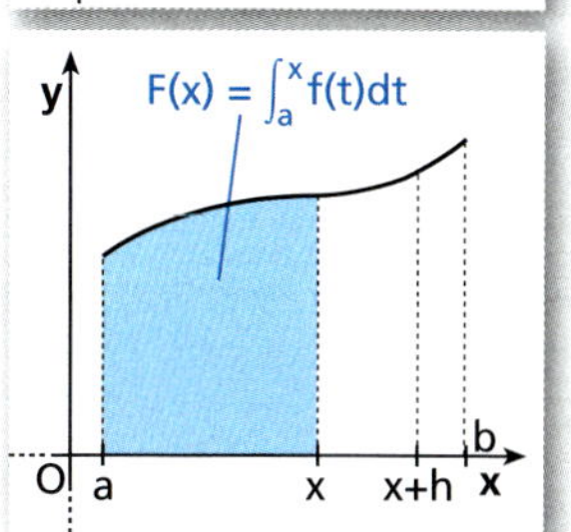

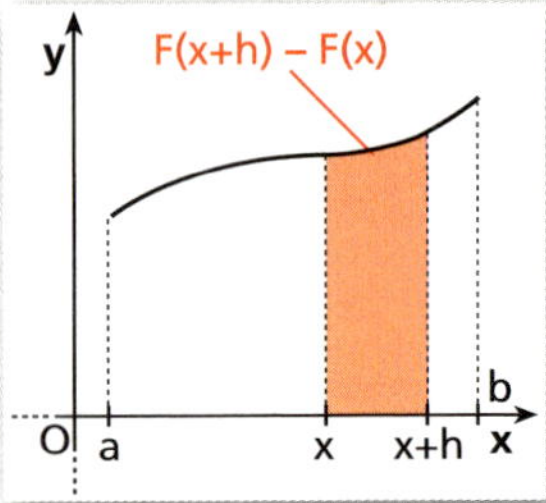

$$F(x+h) - F(x) = h \cdot f(z).$$

Dividiamo i due membri per h:

$$\frac{F(x+h) - F(x)}{h} = f(z).$$

Analizziamo il comportamento di $f(z)$ al tendere a 0 di h. Sia $h > 0$; poiché z è compreso fra x e $x+h$, se h tende a 0 (da destra), allora z tende a x (da destra) e $\lim_{h \to 0^+} f(z) = \lim_{z \to x^+} f(z) = f(x)$ perché f è continua per ipotesi.
Con ragionamento analogo, se $h < 0$, si deduce che

$$\lim_{h \to 0^-} f(z) = \lim_{z \to x^-} f(z) = f(x).$$

Dunque: $\lim_{h \to 0} f(z) = \lim_{z \to x} f(z) = f(x)$.

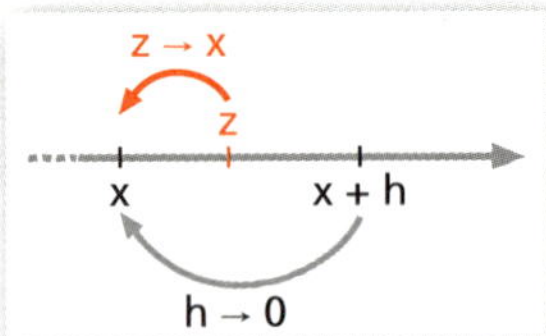

Possiamo pertanto concludere che esiste anche il limite, per h tendente a 0, dell'espressione al primo membro, cioè del rapporto incrementale della funzione F nel punto x, e:

$$\lim_{h \to 0} \frac{F(x+h) - F(x)}{h} = \lim_{h \to 0} f(z) = f(x).$$

La funzione F è dunque derivabile, e quindi anche continua, e risulta:

$$F'(x) = f(x).$$

La derivata di $F(x)$ coincide con il valore che la funzione integranda $f(t)$ assume nell'estremo x di integrazione, ossia

$$F'(x) = \mathrm{D}\int_a^x f(t)\,dt = f(x).$$

Per il teorema ora dimostrato, una funzione f continua in $[a; b]$ ammette come primitiva fondamentale la funzione integrale $F(x)$, con x variabile nell'intervallo $[a; b]$. Pertanto, l'integrale indefinito di f, inteso come la totalità delle sue primitive, si esprime come:

$$\int \boldsymbol{f(x)\,dx} = \int_a^x \boldsymbol{f(t)\,dt + c},$$

dove c è una qualunque costante reale.

Calcolo dell'integrale definito

▶ Esercizi a p. 1972

Dal teorema fondamentale del calcolo integrale possiamo ottenere la formula per calcolare l'integrale definito.
Sia $\varphi(x)$ una primitiva qualsiasi di $f(x)$. Dal teorema fondamentale del calcolo integrale sappiamo che la funzione integrale $F(x)$ è una *particolare* primitiva della funzione f. Pertanto $\varphi(x)$ risulta della forma:

$$\varphi(x) = F(x) + c = \int_a^x f(t)\,dt + c,$$

dove c è una costante reale arbitraria.

- Calcoliamo $\varphi(a)$ (sostituiamo all'estremo di integrazione x il valore a):

$$\varphi(a) = \int_a^a f(t)\,dt + c = 0 + c = c.$$

- Calcoliamo $\varphi(b)$ (sostituiamo all'estremo di integrazione x il valore b):

$$\varphi(b) = \int_a^b f(t)\,dt + c.$$

Poiché $\varphi(a) = c$, otteniamo:

$$\varphi(b) = \int_a^b f(t)\,dt + \varphi(a) \rightarrow \varphi(b) - \varphi(a) = \int_a^b f(t)\,dt.$$

portiamo al primo membro $\varphi(a)$

Scriviamo l'uguaglianza da destra a sinistra e, poiché non ci sono più ambiguità di variabili, riutilizziamo la variabile x. Otteniamo la formula di **Leibniz-Newton**:

$$\int_a^b f(x)\,dx = \varphi(b) - \varphi(a),$$

primitiva di f(x)

ovvero la seguente regola.

L'integrale definito di una funzione continua $f(x)$ è uguale alla differenza tra i valori assunti da una qualunque primitiva $\varphi(x)$ di $f(x)$ rispettivamente nell'estremo superiore di integrazione e nell'estremo inferiore.

Di solito nella totalità delle primitive si sceglie quella corrispondente a $c = 0$. Indichiamo in modo sintetico:

$$\varphi(b) - \varphi(a) = [\varphi(x)]_a^b.$$

La formula trovata permette di ricondurre il calcolo di un integrale definito a quello di un integrale indefinito. Si supera in tal modo la difficoltà del calcolo del limite della successione s_n, che, in generale, non è facile da determinare.

▶ Trova il valore medio della funzione $f(x) = \sqrt{x-1}$ nell'intervallo [2; 5] e determina il punto z in cui la funzione assume tale valore.

Animazione

ESEMPIO

Calcoliamo $\int_2^3 2x\,dx$.

Utilizziamo l'integrale indefinito per determinare le primitive di $2x$:

$$\int 2x\,dx = x^2 + c.$$

Scegliamo la primitiva con $c = 0$, ossia x^2:

$$\int_2^3 2x\,dx = [x^2]_2^3.$$

Sostituiamo a x prima il valore 3 e poi il valore 2, ottenendo:

$$[x^2]_2^3 = 3^2 - 2^2 = 9 - 4 = 5.$$

▶ Verifica che il risultato non cambia se scegliamo come primitiva, per esempio, $x^2 + 3$.

Video

Valore medio di una funzione in un intervallo

Qual è il valore medio di $y = \ln x$ in $[1; e]$ e in quali punti la funzione assume questo valore?

▶ Calcola il valore dell'integrale $\int_0^1 \frac{3x}{1+9x^2}dx$.

Animazione

3 Calcolo delle aree

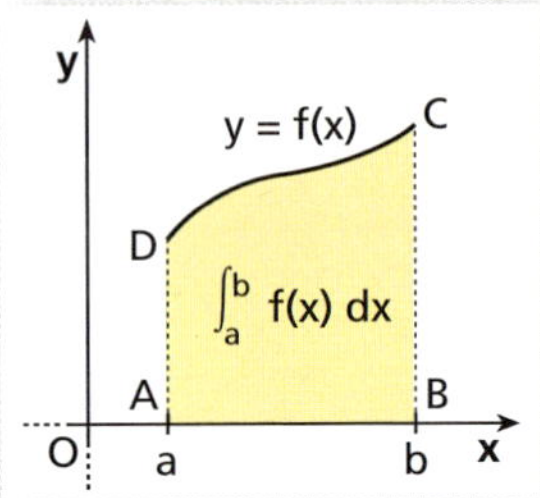

Area compresa tra una curva e l'asse *x*

▶ Esercizi a p. 1983

Abbiamo visto che l'integrale definito $\int_a^b f(x)\,dx$, con $a < b$, se $f(x) > 0$, rappresenta l'area della regione di piano delimitata dal grafico di $f(x)$, dall'asse x e dalle rette $x = a$ e $x = b$.

Se invece $f(x) < 0$, l'area è uguale a $-\int_a^b f(x)\,dx$.

Se $f(x)$ cambia segno nell'intervallo $[a; b]$, per determinare l'area compresa tra il suo grafico e l'asse x occorre suddividere l'intervallo $[a; b]$ in sottointervalli tali che in ciascuno di essi la funzione mantenga lo stesso segno. Si calcolano poi gli integrali nei diversi intervalli e si sommano algebricamente i risultati.

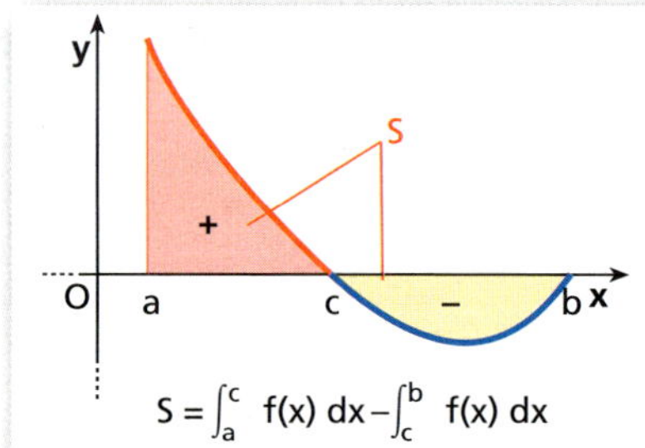

ESEMPIO

Calcoliamo l'area della superficie compresa tra il grafico della funzione $y = x^3$ e l'asse x nell'intervallo $[-1; 1]$:

$$S = -\int_{-1}^{0} x^3 dx + \int_0^1 x^3 dx =$$

$$-\left[\frac{x^4}{4}\right]_{-1}^{0} + \left[\frac{x^4}{4}\right]_0^1 =$$

$$-\left(-\frac{1}{4}\right) + \frac{1}{4} = \frac{1}{2}.$$

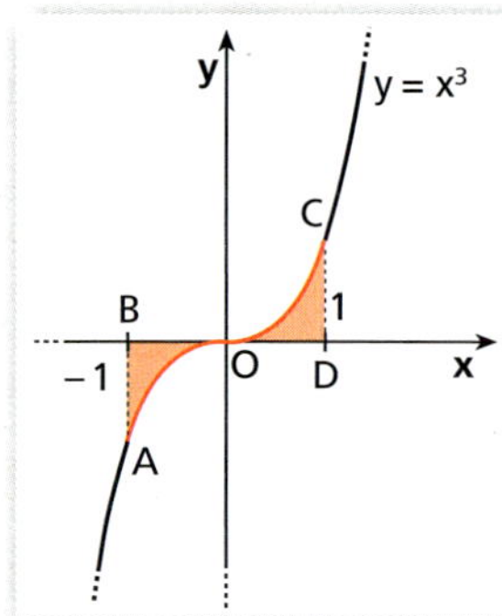

Osserviamo che se calcoliamo $\int_{-1}^{1} x^3 dx$ otteniamo il valore 0, che non fornisce la misura dell'area considerata.

▶ Calcola l'area della superficie compresa tra il grafico di $y = \cos x$ e l'asse x nell'intervallo $\left[-\frac{\pi}{2}; \frac{\pi}{2}\right]$.

Nell'esempio abbiamo considerato una funzione dispari, che ha pertanto il grafico simmetrico rispetto all'origine. Ricordiamo che le funzioni pari, invece, hanno il grafico simmetrico rispetto all'asse y. In generale:

- se f è **pari**: $\int_{-a}^{a} f(x)dx = 2\int_0^a f(x)dx$;
- se f è **dispari**: $\int_{-a}^{a} f(x)dx = 0$.

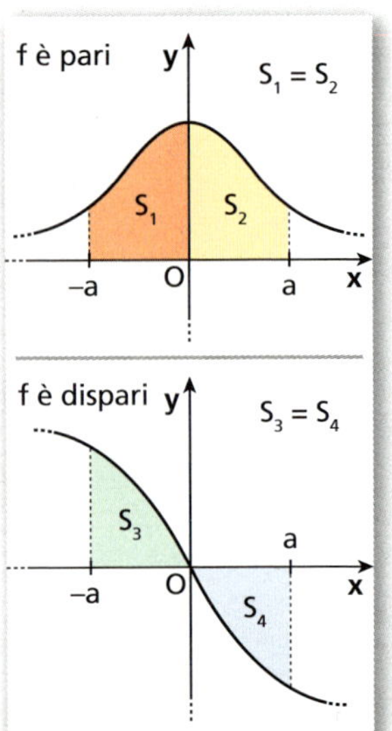

In entrambi i casi, l'area compresa tra il grafico di f e l'asse x nell'intervallo $[-a; a]$ misura: $2\int_0^a |f(x)|dx$.

Area compresa tra due curve

▶ Esercizi a p. 1986

Consideriamo due funzioni $f(x)$ e $g(x)$ continue, entrambe positive e con $f(x) \geq g(x)$ nell'intervallo $[a; b]$. L'area S della superficie racchiusa dai loro grafici nell'intervallo $[a; b]$ si può ottenere facendo la differenza tra l'area del trapezoide individuato da $f(x)$ e l'area del trapezoide individuato da $g(x)$, cioè:

$$S = \int_a^b f(x)dx - \int_a^b g(x)dx.$$

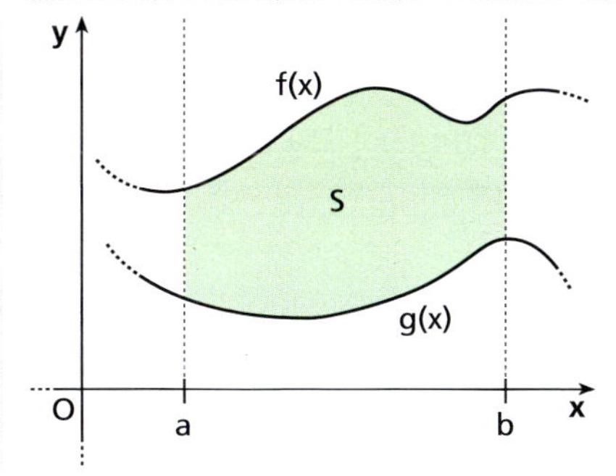

Applicando la proprietà dell'integrale definito della somma di funzioni si ha:

$$S = \int_a^b [f(x) - g(x)]dx.$$

Questo vale in particolare per il calcolo dell'area chiusa delimitata dai grafici di due funzioni.

ESEMPIO

Calcoliamo l'area della superficie racchiusa dalle due parabole di equazioni $y = x^2 - 4x + 4$ e $y = -4x^2 + 16x - 11$.

Le due parabole si intersecano nei punti $A(1; 1)$ e $B(3; 1)$.
L'area S cercata è quindi data dalla differenza fra l'area del trapezoide $A'AV'BB'$ e l'area del trapezoide $AA'B'B$.

$$S = \text{area}(A'AV'BB') - \text{area}(AA'B'B) =$$

$$\int_1^3 (-4x^2 + 16x - 11)\,dx - \int_1^3 (x^2 - 4x + 4)\,dx =$$ proprietà dell'integrale della somma di funzioni

$$\int_1^3 (-4x^2 + 16x - 11 - x^2 + 4x - 4)\,dx =$$

$$\int_1^3 (-5x^2 + 20x - 15)\,dx =$$

$$\left[\frac{-5x^3}{3} + \frac{20x^2}{2} - 15x\right]_1^3 =$$

$$-45 + 90 - 45 + \frac{5}{3} - 10 + 15 = \frac{20}{3}.$$

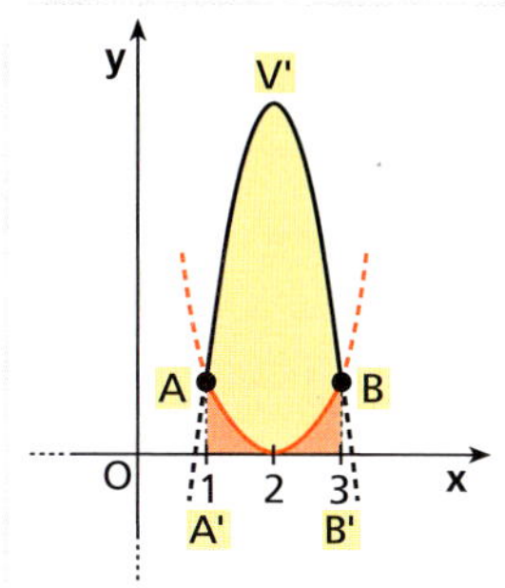

La formula resta valida anche se una o entrambe le funzioni sono negative. Infatti se la superficie non si trova tutta al di sopra dell'asse x, si può effettuare una traslazione in modo che essa sia tutta al di sopra dell'asse x e l'area non cambia.

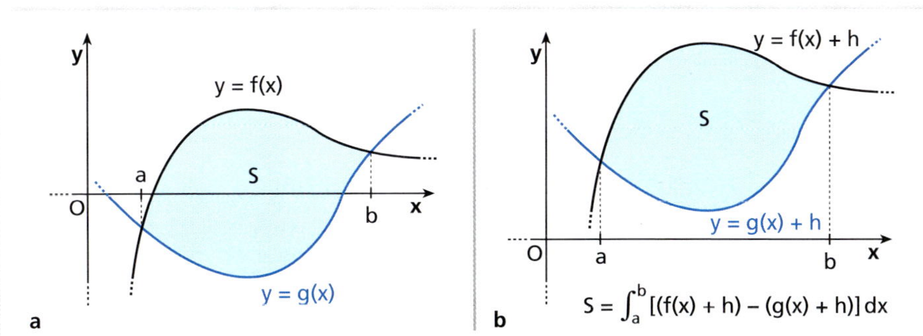

Allora:

$$S = \int_a^b [(f(x) + h) - (g(x) + h)]\,dx = \int_a^b [f(x) - g(x)]\,dx.$$

Video

Integrale definito e calcolo delle aree
Consideriamo la funzione polinomiale
$f(x) = -\frac{1}{15}(3x^4 - 35x^3 + 126x^2 - 136x)$.
- Quanto vale l'integrale definito $\int_1^6 f(x)dx$?
- Quanto vale l'area compresa tra $f(x)$ e l'asse x?

- Trova il valore dell'area racchiusa dalla retta di equazione $y = 4x$ e dalla parabola di equazione $y = x^2 + 3x$.

- Determina l'area della superficie racchiusa dai grafici delle funzioni di equazione $y = \sqrt{x}$, $y = \frac{2}{x+1}$ e dalla retta di equazione $x = 4$.

Animazione

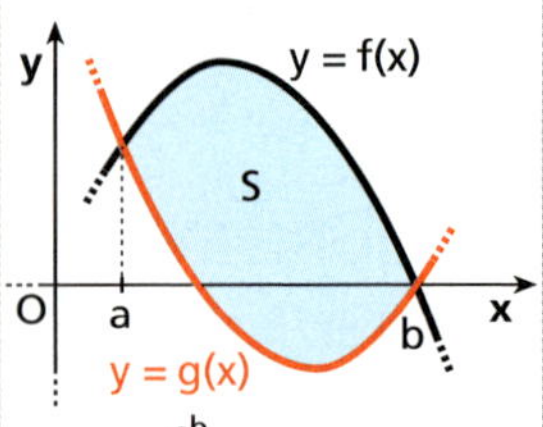

$S = \int_a^b [f(x) - g(x)]\, dx$

Quindi in generale vale la seguente regola.

REGOLA

Area della superficie delimitata dai grafici di due funzioni

Siano $f(x)$ e $g(x)$ due funzioni continue definite nello stesso intervallo $[a; b]$, con $f(x) \geq g(x)$ per ogni x in $[a; b]$, i cui grafici racchiudano una superficie; allora l'area S della superficie è data da: $S = \int_a^b [f(x) - g(x)]\, dx$.

Area compresa tra una curva e l'asse *y*

▶ Esercizi a p. 1987

Con ragionamenti analoghi a quelli fatti per calcolare l'area compresa tra il grafico della funzione $y = f(x)$ e l'asse x, possiamo determinare l'area compresa tra il grafico di una curva di equazione $x = f(y)$ e l'asse y.

L'integrale $\int_a^b f(y) dy$ si calcola tenendo conto del fatto che: se $f(y) > 0$ in $[a; b]$, l'integrale fornisce l'area del trapezoide limitato da $x = f(y)$, l'asse y e le rette di equazioni $y = a$ e $y = b$; se invece $f(y) < 0$ in $[a; b]$, l'area è uguale a $-\int_a^b f(y) dy$.

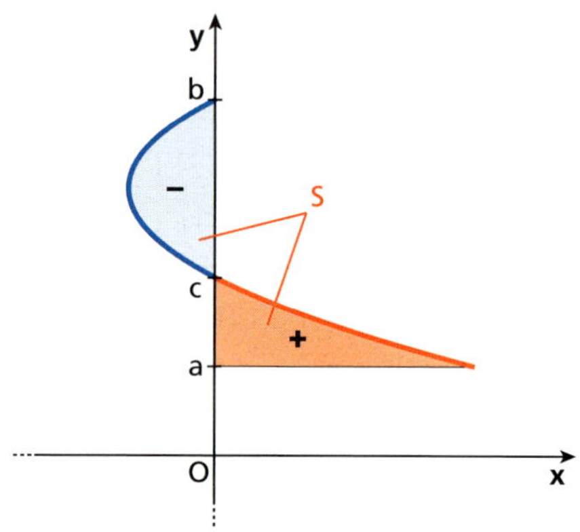

$S = \int_a^c f(y)\, dy - \int_c^b f(y)\, dy$

Per calcolare l'area della regione finita di piano delimitata da due grafici di equazioni $x = f(y)$ e $x = g(y)$ continue in $[a;\ b]$ e tali che $f(y) \geq g(y)$ per ogni $a \leq y \leq b$, bisogna calcolare:

$$\int_a^b [f(y) - g(y)] dy.$$

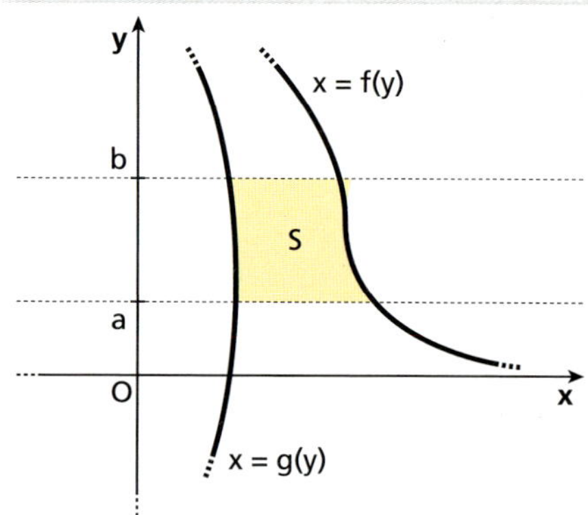

ESEMPIO

Calcoliamo l'area compresa tra il grafico della funzione $y = \sqrt{2x}$, l'asse y e le rette di equazioni $y = 2$ e $y = 4$.

Possiamo invertire la funzione per portarla nella forma $x = f(y)$:

$$y^2 = 2x \rightarrow x = \frac{y^2}{2}.$$

Calcoliamo l'area:

$$\int_2^4 \frac{y^2}{2} dy = \left[\frac{y^3}{6}\right]_2^4 = \frac{64}{6} - \frac{8}{6} = \frac{56}{6} = \frac{28}{3}.$$

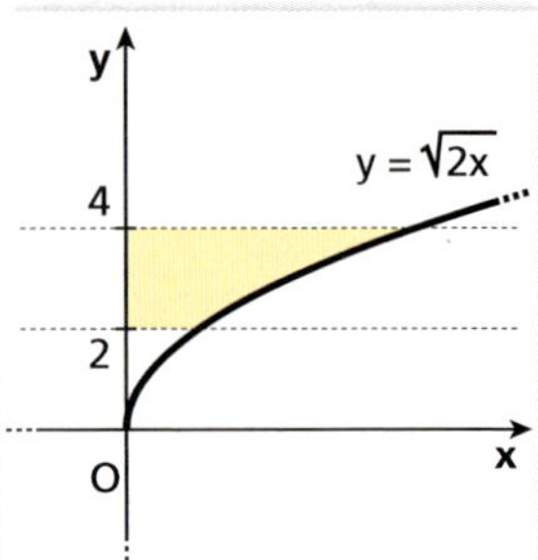

▶ Determina l'area del trapezoide individuato dalla parabola di equazione $x = y^2 - 3y - 4$ e dall'asse y.

4 Calcolo dei volumi

Volume di un solido di rotazione

Esercizi a p. 1994

Rotazione intorno all'asse *x*

Consideriamo la funzione $y = f(x)$, continua nell'intervallo $[a; b]$ e non negativa, e il trapezoide esteso all'intervallo $[a; b]$. Se facciamo ruotare il trapezoide attorno all'asse x di un giro completo (ossia di 360°), otteniamo un solido di rotazione.

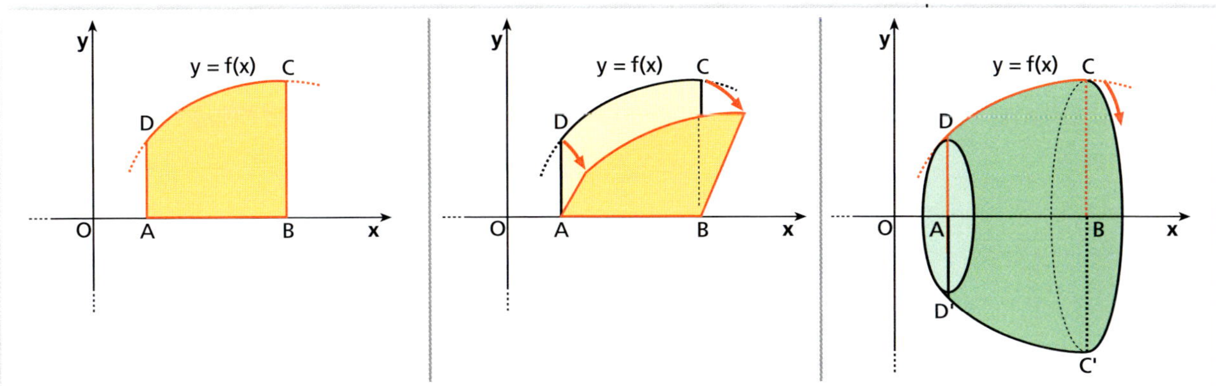

Notiamo che ogni sezione del solido con un piano perpendicolare all'asse x è un cerchio. Calcoliamo il volume del solido ottenuto.

Dividiamo l'intervallo $[a; b]$ in n parti uguali, ognuna di lunghezza $h = \dfrac{b-a}{n}$.

In ogni intervallo consideriamo il minimo m_i e il massimo M_i di $f(x)$ e disegniamo i rettangoli inscritti e circoscritti al trapezoide di altezze m_i e M_i.

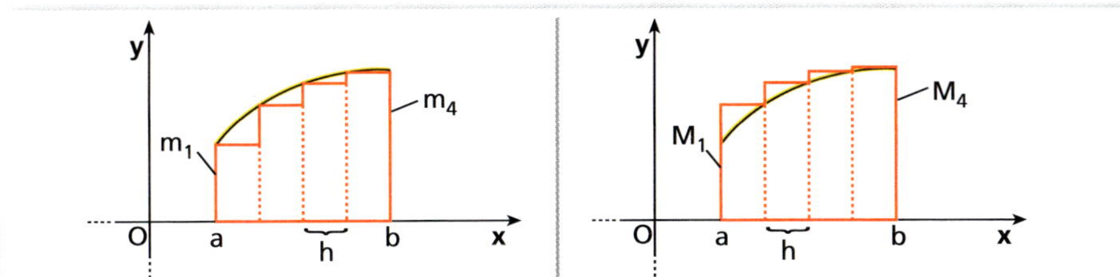

a. Rettangoli che approssimano l'area del trapezoide per difetto.

b. Rettangoli che approssimano l'area del trapezoide per eccesso.

Nella rotazione completa intorno all'asse delle x ogni rettangolo descrive un cilindro circolare retto di altezza h e raggio di base m_i o M_i.

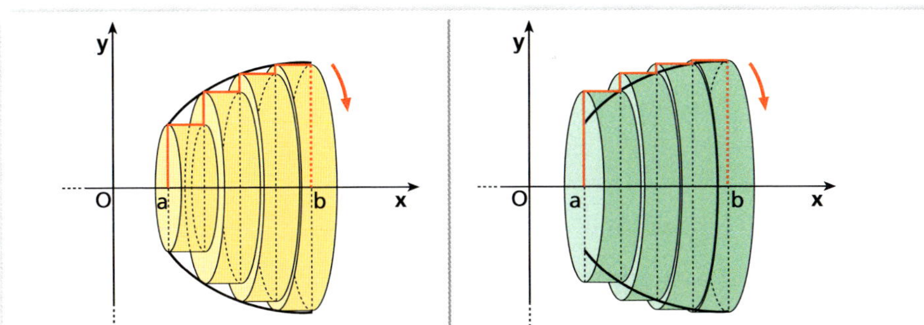

a. Ogni cilindro per difetto ha per base un cerchio di raggio m_i e per altezza h.

b. Ogni cilindro per eccesso ha per base un cerchio di raggio M_i e per altezza h.

TEORIA

APPROFONDIMENTO
Area di una superficie di rotazione

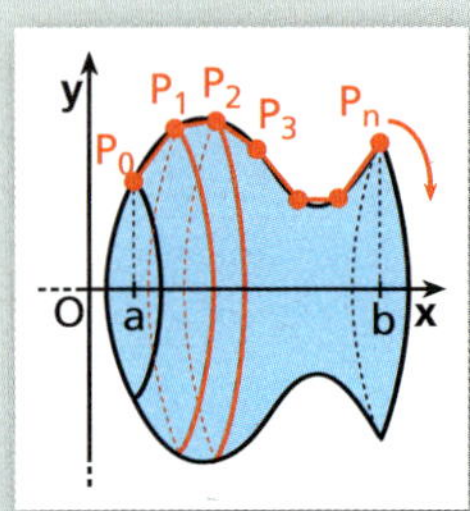

▶ Come puoi ottenere l'area di una superficie di rotazione?

La risposta – 15 esercizi in più

La somma dei volumi degli n cilindri con base i cerchi di raggi m_i approssima per difetto il volume del solido di rotazione iniziale, e la somma dei volumi degli n cilindri con base i cerchi di raggi M_i approssima per eccesso il volume dello stesso solido.

Poiché la formula del volume del cilindro circolare di raggio r e altezza h è $\pi r^2 h$, il volume v_n dei cilindri approssimanti il solido per difetto e il volume V_n dei cilindri approssimanti per eccesso sono:

$$v_n = \pi m_1^2 h + \pi m_2^2 h + \pi m_3^2 h + \ldots + \pi m_n^2 h;$$

$$V_n = \pi M_1^2 h + \pi M_2^2 h + \pi M_3^2 h + \ldots + \pi M_n^2 h.$$

Si può dimostrare che, per $n \to +\infty$, le due successioni hanno lo stesso limite:

$$\lim_{n\to+\infty} v_n = \lim_{n\to+\infty} V_n = \int_a^b \pi \cdot [f(x)]^2\, dx = \pi \cdot \int_a^b [f(x)]^2\, dx.$$

Diamo allora la seguente definizione.

Video
Volume dei solidi
Calcoliamo il volume di alcuni solidi.

DEFINIZIONE
Dato il trapezoide esteso all'intervallo $[a; b]$, delimitato dal grafico della funzione $y = f(x)$ (positiva o nulla), dall'asse x e dalle rette $x = a$ e $x = b$, il **volume del solido di rotazione** che si ottiene ruotando il trapezoide intorno all'asse x di un giro completo è:

$$V = \pi \cdot \int_a^b [f(x)]^2\, dx.$$

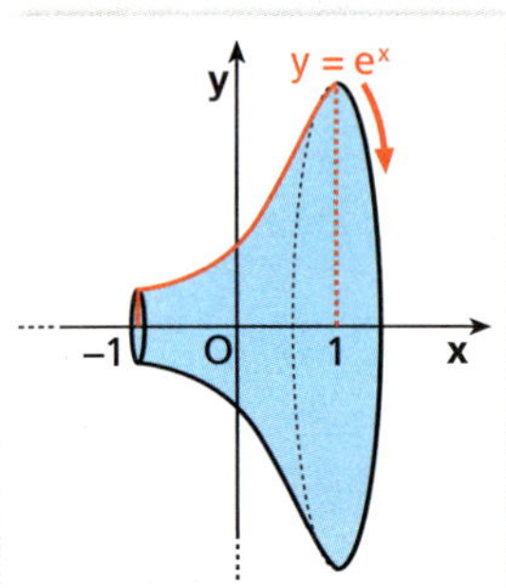

ESEMPIO
Calcoliamo il volume V del solido ottenuto dalla rotazione completa attorno all'asse x della regione di piano delimitata dal grafico della funzione $y = e^x$, con x appartenente all'intervallo $[-1; 1]$:

$$V = \pi \cdot \int_{-1}^{1} (e^x)^2\, dx = \pi \cdot \int_{-1}^{1} e^{2x}\, dx = \pi \cdot \left[\frac{e^{2x}}{2}\right]_{-1}^{1} = \pi \cdot \left(\frac{e^2}{2} - \frac{e^{-2}}{2}\right).$$

▶ Calcola il volume del solido generato dalla rotazione completa attorno all'asse x del trapezoide individuato dal grafico della funzione $f(x) = x^2 - 2x + 2$ nell'intervallo $[0; 1]$.

Animazione

Volume del cono

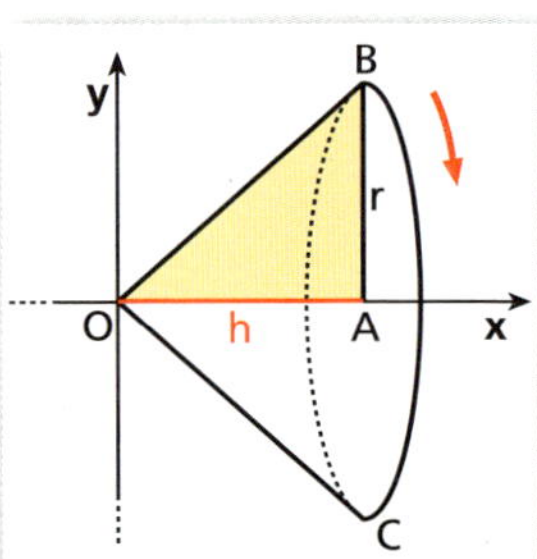

Consideriamo il cono ottenuto dalla rotazione del triangolo OAB attorno a OA. Se r è il raggio della base e h è l'altezza del cono, allora i punti A e B hanno coordinate $A(h; 0)$ e $B(h; r)$.

Il triangolo OAB è il trapezoide delimitato dal grafico della retta OB che ha equazione $y = \frac{r}{h} \cdot x$. Allora, applicando la definizione, il volume del cono è dato da:

$$V = \pi \cdot \int_0^h \left(\frac{r}{h} \cdot x\right)^2 dx = \pi \cdot \frac{r^2}{h^2} \cdot \int_0^h x^2\, dx = \pi \cdot \frac{r^2}{h^2}\left[\frac{x^3}{3}\right]_0^h = \frac{1}{3}\pi r^2 h.$$

Volume della sfera

L'equazione della semicirconferenza in rosso nella figura è $y = \sqrt{r^2 - x^2}$.

Quindi, il volume della sfera è:

$$V = \pi \cdot \int_{-r}^{r} (\sqrt{r^2 - x^2})^2 dx = \pi \cdot \int_{-r}^{r} (r^2 - x^2)\, dx = \pi \cdot \left[r^2 x - \frac{x^3}{3} \right]_{-r}^{r} =$$

$$\pi \cdot \left(r^3 - \frac{r^3}{3} + r^3 - \frac{r^3}{3} \right) = \frac{4}{3} \pi r^3.$$

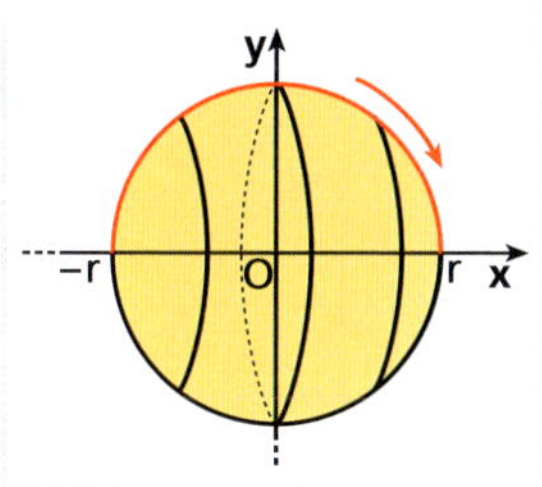

Rotazione intorno all'asse *y*

Consideriamo ora un solido che sia generato dalla rotazione intorno all'asse *y* di un trapezoide compreso tra il grafico di $x = f(y)$, l'asse *y* e le rette di equazioni $y = a$ e $y = b$. Si procede come per i solidi generati da una rotazione attorno all'asse *x*, giungendo a dare la seguente definizione.

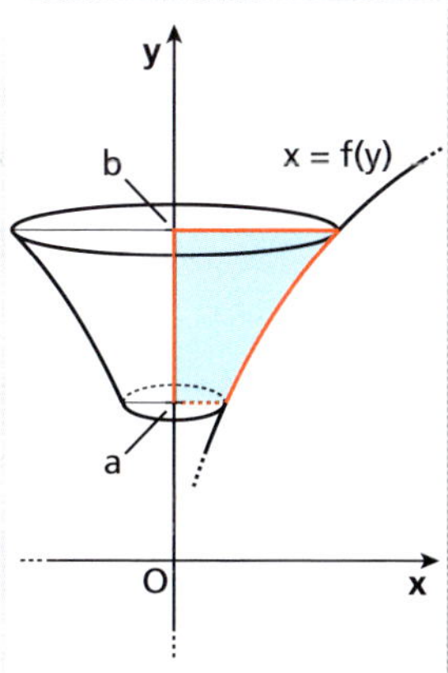

DEFINIZIONE

Dato il trapezoide delimitato dal grafico della funzione $x = f(y)$ (positiva o nulla), dall'asse *y* e dalle rette $y = a$ e $y = b$, il valore del volume del solido di rotazione che si ottiene ruotando il trapezoide intorno all'asse *y* di un giro completo è il numero espresso dal seguente integrale: $V = \pi \int_a^b [f(y)]^2 dy$.

ESEMPIO

Calcoliamo il volume del solido ottenuto dalla rotazione completa attorno all'asse *y* della regione di piano delimitata dal grafico della funzione $y = x^2$, dall'asse *y* e dalle rette di equazioni $y = 1$ e $y = 4$, nel primo quadrante.
Per poter utilizzare la formula dobbiamo calcolare la funzione inversa di $y = x^2$ nell'intervallo $[1; 2]$:

$$x = \sqrt{y}, \text{ per } 1 \leq y \leq 4.$$

Calcoliamo il volume:

$$V = \pi \int_1^4 \left(\sqrt{y}\right)^2 dy = \pi \int_1^4 y\, dy = \pi \left[\frac{y^2}{2} \right]_1^4 = \pi\left(8 - \frac{1}{2}\right) = \frac{15\pi}{2}.$$

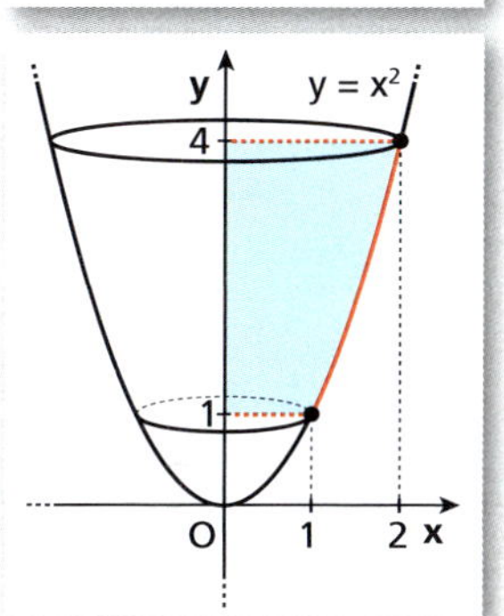

▶ Determina il volume del solido ottenuto dalla rotazione completa attorno all'asse *y* del trapezoide individuato dal grafico di $x = y^3$ e dall'asse *y*, per $0 \leq y \leq 1$.

Metodo dei gusci cilindrici

Vediamo ora cosa succede se facciamo ruotare intorno all'asse *y* il trapezoide delimitato dal grafico della funzione $y = f(x)$, dall'asse *x* e dalle rette di equazioni $x = a$ e $x = b$.

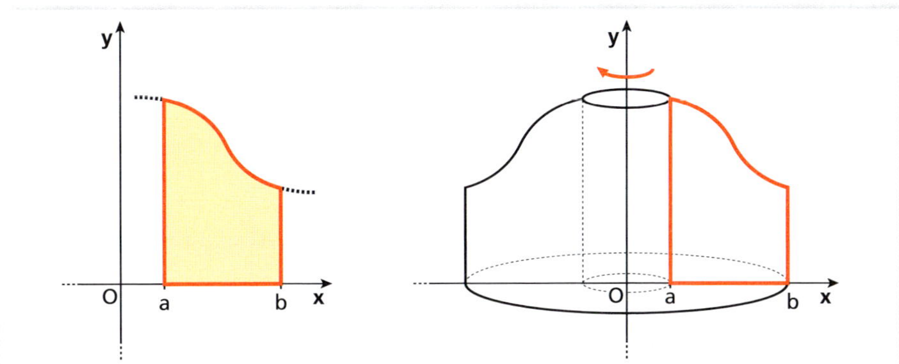

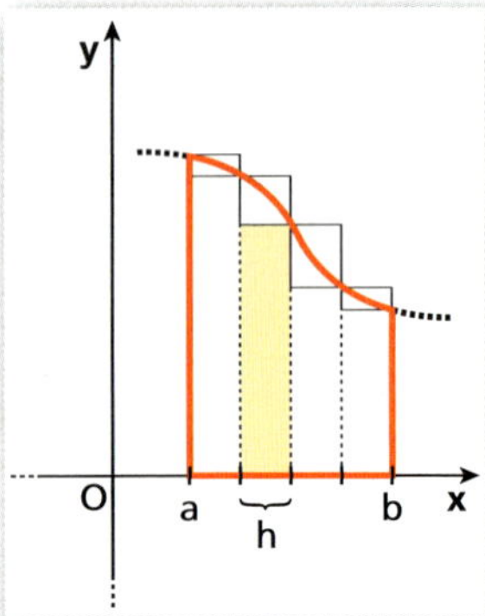

Dividiamo l'intervallo $[a; b]$ in n parti uguali, ognuna di lunghezza $h = \frac{b-a}{n}$. In ogni intervallo, consideriamo il minimo m_i e il massimo M_i di $f(x)$ e disegniamo i rettangoli inscritti e circoscritti al trapezoide di altezze m_i e M_i. Nella rotazione completa intorno all'asse y ogni rettangolo descrive un *guscio cilindrico*.

La somma dei volumi di tutti i gusci cilindrici di altezza m_i approssima per difetto il volume del solido, mentre la somma dei volumi dei gusci di altezza M_i lo approssima per eccesso.
Se h è sufficientemente piccola, possiamo approssimare il volume del guscio di altezza $f(x_i) = m_i$ con il volume di un parallelepipedo di lunghezza uguale alla circonferenza generata dalla rotazione del punto P, cioè $2\pi x_i$, di altezza $f(x_i)$ e di profondità h:

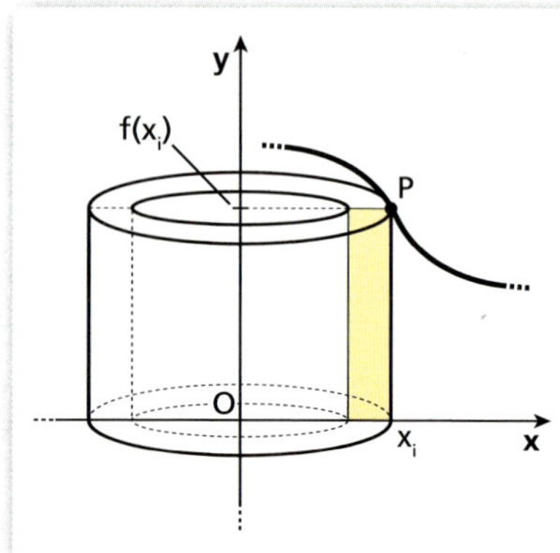

$$V_i \simeq 2\pi x_i\, f(x_i)h.$$

Si può dimostrare che, quando $n \to +\infty$, le somme dei volumi dei gusci cilindrici che approssimano il solido rispettivamente per difetto e per eccesso tendono allo stesso valore, cioè $2\pi\int_a^b x\, f(x)dx$. Possiamo quindi dare la seguente definizione.

DEFINIZIONE

Dato il trapezoide esteso all'intervallo $[a; b]$, delimitato dal grafico della funzione $y = f(x)$ (positiva o nulla), dall'asse x e dalle rette $x = a$ e $x = b$, il volume del solido che si ottiene ruotando il trapezoide intorno all'asse y di un giro completo è il numero espresso dal seguente integrale:

$$V = 2\pi\int_a^b x\, f(x)dx.$$

ESEMPIO

Calcoliamo il volume del solido ottenuto dalla rotazione completa attorno all'asse y del trapezoide individuato dal grafico di $y = x - \frac{x^2}{2}$ e dall'asse x.

Disegniamo il grafico della parabola di equazione

$$y = x - \frac{x^2}{2}$$

che interseca l'asse x nell'origine e in $A(2; 0)$.

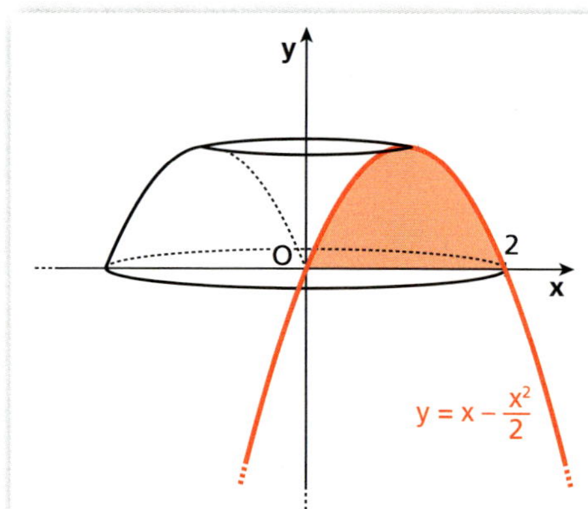

Costruiamo il solido generato dalla rotazione di 360° intorno all'asse y dell'area colorata.

Il volume di tale solido è:

$$2\pi\int_0^2 x\left(x - \frac{x^2}{2}\right)dx =$$

$$2\pi\int_0^2\left(x^2 - \frac{x^3}{2}\right)dx = 2\pi\left[\frac{x^3}{3} - \frac{x^4}{8}\right]_0^2 = 2\pi\left(\frac{8}{3} - 2\right) = \frac{4}{3}\pi.$$

▶ Determina il volume del solido ottenuto dalla rotazione completa intorno all'asse y del trapezoide individuato dal grafico di $y = x^3$ e dall'asse x nell'intervallo $[1; 2]$.

Volume di un solido con il metodo delle sezioni

▶ Esercizi a p. 2000

Vediamo come i risultati ottenuti per i solidi di rotazione possono essere utilizzati per solidi qualsiasi.

Dato il solido T della figura, consideriamo due piani paralleli α e β che delimitano T, sono perpendicolari all'asse x e lo intersecano in a e b.

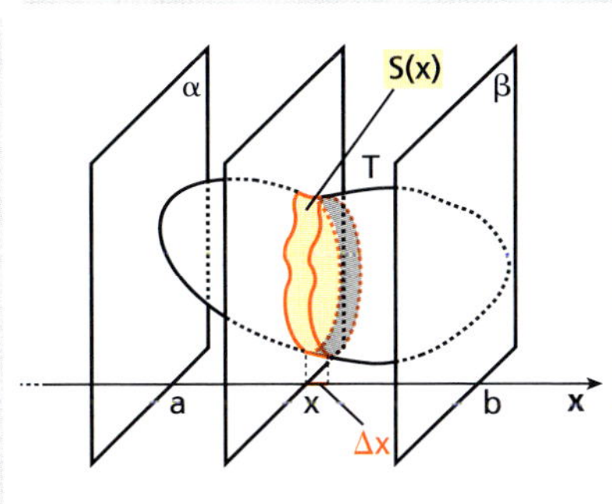

Dividiamo l'intervallo $[a; b]$ in n parti uguali di lunghezza $\Delta x = \frac{b-a}{n}$ e per ognuno dei punti di suddivisione conduciamo un piano parallelo ad α e a β.
Ogni piano, intersecando il solido, determina una sezione di area generica.
Se è nota la funzione $S(x)$ che esprime l'area della generica sezione del solido al variare di x, in modo simile a quello visto per i solidi di rotazione possiamo definire il volume V del solido T con l'integrale:

$$V = \int_a^b S(x)\,dx.$$

Osserviamo che possiamo ritrovare la formula vista per i solidi di rotazione quando le sezioni sono dei cerchi di raggio $f(x)$ e quindi $S(x) = \pi [f(x)]^2$.

APPROFONDIMENTO
Lunghezza dell'arco di una curva

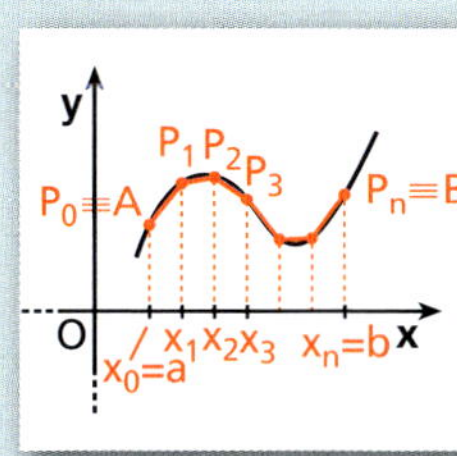

▶ Come puoi ottenere la lunghezza di un arco di curva mediante un integrale?

La risposta – 13 esercizi in più

ESEMPIO

Consideriamo la regione di piano $\mathscr{A}$ che la parabola di equazione $y = -x^2 + 3x$ delimita nell'intervallo $[0; 3]$ con l'asse x (figura **a**).

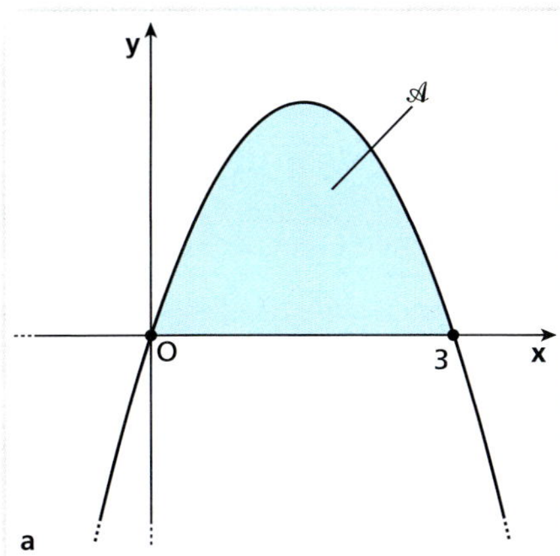

Calcoliamo il volume del solido che ha come base $\mathscr{A}$ e le cui sezioni con piani perpendicolari all'asse x sono quadrate (figura **b**).

L'area della generica sezione è $(-x^2 + 3x)^2$, quindi il volume è dato da

$$V = \int_0^3 (-x^2 + 3x)^2\,dx.$$

Calcoliamo l'integrale definito:

$$\int_0^3 (-x^2 + 3x)^2\,dx =$$

$$\int_0^3 (x^4 - 6x^3 + 9x^2)\,dx =$$

$$\left[\frac{x^5}{5} - \frac{3}{2}x^4 + 3x^3\right]_0^3 = \frac{81}{10}.$$

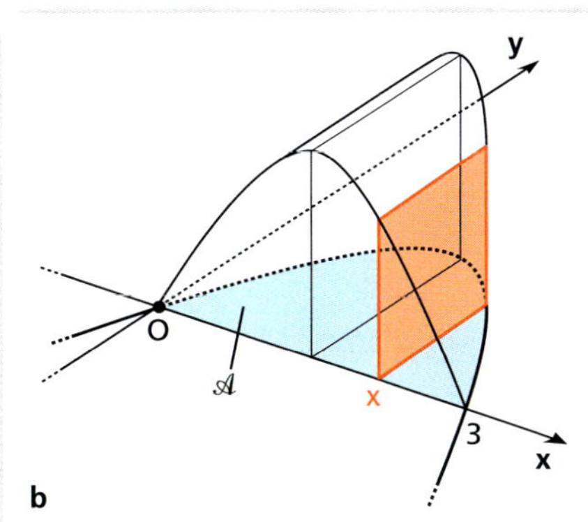

▶ Trova il volume del solido che ha come base la regione S delimitata dal grafico della funzione $f(x) = \sqrt{x-2}$, dall'asse x, nell'intervallo $[2; 6]$, e come sezioni perpendicolari all'asse x rettangoli con altezza tripla della base.

Animazione

TEORIA

5 Integrali impropri

Nei precedenti paragrafi abbiamo calcolato gli integrali definiti di funzioni continue in intervalli limitati e chiusi $[a; b]$. In questo paragrafo vedremo come il concetto di integrale possa essere ampliato considerando funzioni con un numero finito di punti di discontinuità in un intervallo limitato oppure considerando intervalli illimitati.

Integrale di una funzione con un numero finito di punti di discontinuità in [*a*; *b*]

▶ Esercizi a p. 2001

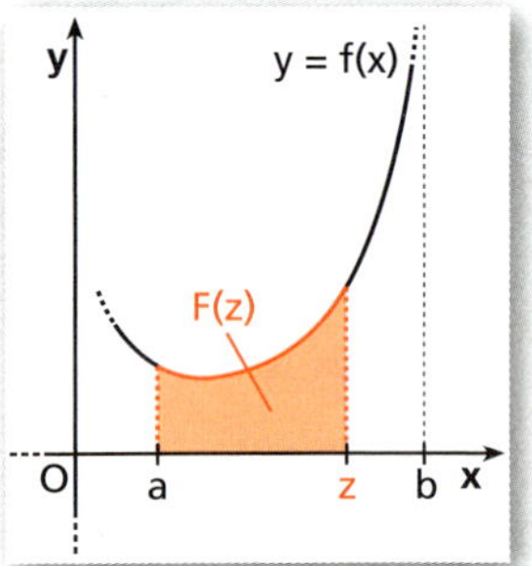

Consideriamo per primo il caso in cui la funzione $f(x)$ sia continua in tutti i punti dell'intervallo $[a; b[$ ma non in b.

Consideriamo un punto z interno all'intervallo $[a; b[$: la funzione $f(x)$ è continua nell'intervallo $[a; z]$, quindi esiste l'integrale $\int_a^z f(x)\,dx$, il cui valore è un numero reale. Questo vale per tutti i punti z dell'intervallo $[a; b[$, perciò possiamo costruire la funzione integrale

$$F(z) = \int_a^z f(x)\,dx,$$

definita in $[a; b[$.

- Se esiste finito il limite di $F(z)$ quando z tende a b da sinistra, cioè se esiste

  $$\lim_{z \to b^-} F(z),$$

  allora si dice che la funzione $f(x)$ è **integrabile in senso improprio** (o **generalizzato**) **in [*a*; *b*]** e si definisce:

  $$\int_a^b f(x)\,dx = \lim_{z \to b^-} \int_a^z f(x)\,dx.$$

  L'integrale $\int_a^b f(x)\,dx$ è detto **integrale improprio** della funzione $f(x)$ in $[a; b]$ e si dice anche che tale integrale è **convergente**.

- Se il limite considerato non esiste oppure è infinito, si dice che la funzione non è integrabile in senso improprio in $[a; b]$ o anche che l'integrale è rispettivamente **indeterminato** oppure **divergente**.

La definizione data è utile per calcolare l'integrale per tutti i casi di discontinuità in b. Essa può anche essere applicata quando in b la funzione è continua. In questo caso si ottiene lo stesso risultato che si ha utilizzando la definizione già data di integrale definito.

Listen to it

An **improper integral** $\int_a^b f(x)\,dx$ can be **convergent** or **divergent**.

ESEMPIO

Calcoliamo, se possibile, l'integrale improprio della funzione $f(x) = \frac{1}{\sqrt[3]{x^2}}$ nell'intervallo $[-2; 0]$. Osserviamo che la funzione tende a $+\infty$ per $x \to 0^-$.

Determiniamo la funzione $F(z)$:

$$F(z) = \int_{-2}^{z} \frac{1}{\sqrt[3]{x^2}}\,dx = \left[\frac{x^{-\frac{2}{3}+1}}{-\frac{2}{3}+1}\right]_{-2}^{z} = \left[\frac{x^{\frac{1}{3}}}{\frac{1}{3}}\right]_{-2}^{z} = \left[3\sqrt[3]{x}\right]_{-2}^{z} =$$

Animazione

Studiamo graficamente il significato dell'integrale improprio convergente $\int_0^4 \frac{3}{2\sqrt{4-x}}\,dx$.

$$3\sqrt[3]{z}+3\sqrt[3]{2}.$$

Calcoliamo $\lim_{z\to 0^-} F(z)$:

$$\lim_{z\to 0^-}(3\sqrt[3]{z}+3\sqrt[3]{2})=3\sqrt[3]{2}.$$

La funzione $f(x)=\dfrac{1}{\sqrt[3]{x^2}}$ è integrabile in senso improprio nell'intervallo $[-2;0]$ e vale:

$$\int_{-2}^{0}\frac{1}{\sqrt[3]{x^2}}\,dx=3\sqrt[3]{2}.$$

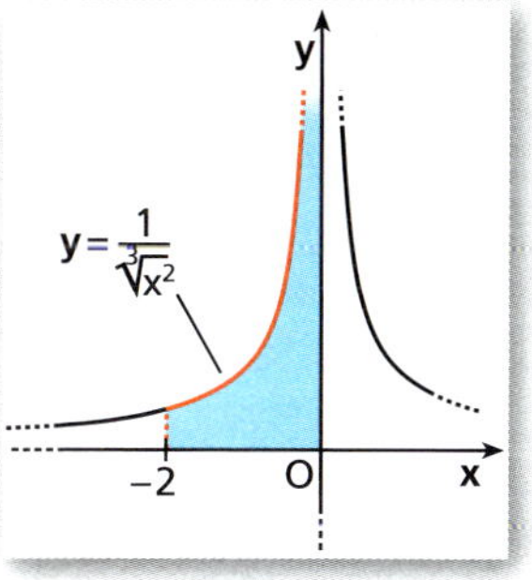

La regione colorata non è limitata, ma la sua area è finita.

▸ Calcola, se possibile, l'integrale improprio $\int_1^5 \frac{1}{\sqrt{5-x}}\,dx$.

Animazione

Studiamo graficamente il significato dell'integrale improprio divergente $\int_0^4 \frac{1}{(x-4)^2}\,dx$.

Se la funzione $f(x)$ è continua in tutti i punti dell'intervallo $]a;b]$, ma non in a, possiamo definire l'integrale $\int_a^b f(x)\,dx$ in modo analogo.
Considerato $z\in\,]a;b]$, se esiste finito il limite della funzione $F(z)=\int_z^b f(x)\,dx$ quando z tende ad a da destra, cioè se esiste

$$\lim_{z\to a^+}F(z),$$

allora si dice che la funzione $f(x)$ è **integrabile in senso improprio in [*a*; *b*]** e si definisce:

$$\int_a^b f(x)\,dx=\lim_{z\to a^+}\int_z^b f(x)\,dx.$$

▸ Dimostra che la funzione $f(x)=\frac{1}{x}$ non è integrabile in senso improprio in $[0;1]$.

Se la funzione ha un punto di discontinuità di qualunque specie in un punto c interno all'intervallo $[a;b]$, l'integrale $\int_a^b f(x)\,dx$ può essere definito, in senso improprio, come la somma degli integrali $\int_a^c f(x)\,dx$ e $\int_c^b f(x)\,dx$, se tali integrali esistono, in base alle definizioni precedenti:

$$\int_a^b f(x)\,dx=\lim_{t\to c^-}\int_a^t f(x)\,dx+\lim_{z\to c^+}\int_z^b f(x)\,dx.$$

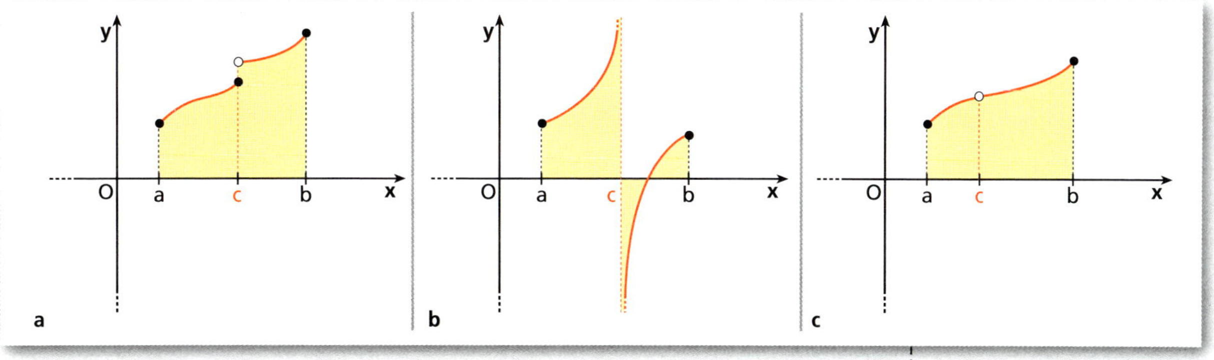

In modo analogo la definizione di integrale può essere estesa al caso di una funzione con un numero finito di punti di discontinuità.

TEORIA

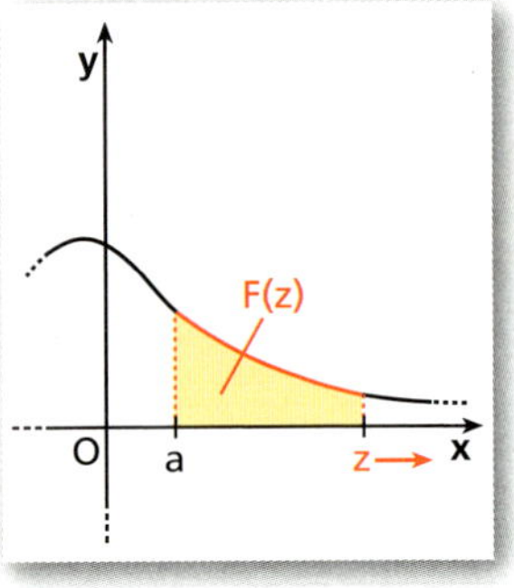

Animazione

Studiamo graficamente il significato dell'integrale improprio convergente $\int_0^{+\infty} 4xe^{-x}\,dx$.

Animazione

Studiamo graficamente il significato dell'integrale improprio divergente $\int_1^{+\infty} \frac{1}{\sqrt{x}}\,dx$.

▶ Calcola, se esiste, l'integrale $\int_3^{+\infty} \frac{1}{(x-2)^2}\,dx$.

Animazione

Video

Integrali impropri

Consideriamo la funzione

$$f(x) = \begin{cases} \frac{4}{\sqrt{x}} - 3 & x \in]0;1] \\ \frac{1}{x^2} & x \in [1;+\infty[\end{cases}.$$

▶ Quanto vale l'area compresa tra la funzione $f(x)$ e l'asse x?

▶ Calcola, se esiste, l'integrale improprio $\int_{-\infty}^{0} e^x\,dx$.

Integrale di una funzione in un intervallo illimitato

▶ Esercizi a p. 2003

Consideriamo una funzione $f(x)$ continua in tutti i punti di $[a; +\infty[$.
Comunque si scelga un punto z interno all'intervallo $[a; +\infty[$, esiste l'integrale $\int_a^z f(x)\,dx$ il cui valore è un numero reale, quindi possiamo costruire anche in questo caso la funzione integrale:

$$F(z) = \int_a^z f(x)\,dx,$$

definita in $[a; +\infty[$.

- Se esiste finito il limite della funzione $F(z)$ quando z tende a $+\infty$, cioè se esiste

  $$\lim_{z \to +\infty} F(z),$$

  allora si dice che la funzione $f(x)$ **è integrabile in senso improprio in** $[a; +\infty[$ e si definisce:

  $$\int_a^{+\infty} f(x)\,dx = \lim_{z \to +\infty} \int_a^z f(x)\,dx.$$

  Anche in questo caso si dice che l'integrale $\int_a^{+\infty} f(x)\,dx$ è **convergente**.

- Se il limite considerato è infinito, si dice che l'integrale $\int_a^{+\infty} f(x)\,dx$ è **divergente**. Se il limite non esiste, l'integrale $\int_a^{+\infty} f(x)\,dx$ è **indeterminato**.

  In entrambi i casi diciamo che la funzione $f(x)$ non è integrabile in senso improprio in $[a; +\infty[$.

In modo del tutto analogo, se una funzione è continua in $]-\infty; a]$ e se esiste finito il limite $\lim_{z \to -\infty} \int_z^a f(x)\,dx$, diciamo che la funzione $f(x)$ è integrabile in senso improprio in $]-\infty; a]$ e definiamo:

$$\int_{-\infty}^a f(x)\,dx = \lim_{z \to -\infty} \int_z^a f(x)\,dx.$$

ESEMPIO

Calcoliamo, se esiste, l'integrale improprio della funzione $f(x) = \frac{1}{x^2}$ nell'intervallo $[1; +\infty[$.

Determiniamo la funzione integrale $F(z)$, con z appartenente a $[1; +\infty[$:

$$F(z) = \int_1^z \frac{1}{x^2}\,dx = \left[-\frac{1}{x}\right]_1^z = -\frac{1}{z} + 1.$$

Calcoliamo $\lim_{z \to +\infty} F(z)$:

$$\lim_{z \to +\infty}\left(-\frac{1}{z} + 1\right) = 1.$$

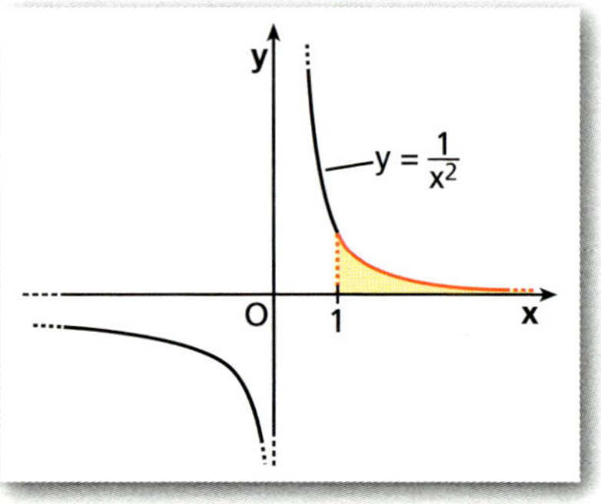

$f(x) = \frac{1}{x^2}$ è integrabile in senso improprio in $[1; +\infty[$ e $\int_1^{+\infty} \frac{1}{x^2}\,dx = 1$.

Anche in questo caso, la regione colorata non è limitata, ma la sua area è finita.

6 Applicazioni degli integrali alla fisica

▶ Esercizi a p. 2006

Gli integrali definiti non sono utilizzati solo in ambito geometrico, ma trovano larga applicazione anche in fisica. Vediamo alcuni esempi.

Posizione, velocità e accelerazione

In un moto rettilineo sappiamo che, se $s(t)$ è la posizione, cioè l'ascissa di un punto materiale all'istante t, allora:

$v(t) = s'(t)$ velocità;

$a(t) = v'(t) = s''(t)$ accelerazione.

Quindi, la velocità $v(t)$ è una primitiva dell'accelerazione $a(t)$ e la posizione $s(t)$ è una primitiva della velocità $v(t)$. Pertanto, nota l'accelerazione in funzione del tempo t, per determinare la velocità e la legge del moto, basta integrare successivamente $a(t)$ applicando il teorema fondamentale del calcolo integrale:

$$v(t) - v(t_0) = \int_{t_0}^{t} a(z)\,dz \quad \to \quad v(t) = v(t_0) + \int_{t_0}^{t} a(z)\,dz;$$

$$s(t) - s(t_0) = \int_{t_0}^{t} v(z)\,dz \quad \to \quad s(t) = s(t_0) + \int_{t_0}^{t} v(z)\,dz.$$

ESEMPIO

Determiniamo la legge del moto di un punto che si muove lungo una retta con accelerazione $a(t) = -3t^2 + 1$, sapendo che per $t = 2$ s la posizione è $s(2) = 4$ m e la velocità è $v(2) = 2$ m/s.
Possiamo applicare le formule precedenti prendendo $t_0 = 2$:

$$v(t) = v(2) + \int_2^t (-3z^2 + 1)\,dz = 2 + [-z^3 + z]_2^t = -t^3 + t + 8;$$

$$s(t) = s(2) + \int_2^t (-z^3 + z + 8)\,dz =$$

$$4 + \left[-\frac{z^4}{4} + \frac{z^2}{2} + 8z\right]_2^t = -\frac{t^4}{4} + \frac{t^2}{2} + 8t - 10.$$

▶ Determina la legge oraria di un punto materiale che si muove lungo una retta con accelerazione $a(t) = 4$ m/s^2, sapendo che parte da fermo e che $s(0) = 5$ m.

Se fissiamo l'istante finale t_1 e calcoliamo

$$\int_{t_0}^{t_1}(t)\,dt = \int_{t_0}^{t_1} s'(t)\,dt = s(t_1) - s(t_0),$$

otteniamo lo *spostamento* compiuto dal punto materiale tra gli istanti t_0 e t_1.
Se $v(t) \geq 0$ nell'intervallo $[t_0; t_1]$, otteniamo la distanza effettivamente percorsa dal punto. Altrimenti è necessario tenere conto delle inversioni di moto e quindi, per calcolare la distanza percorsa, occorre calcolare $\int_{t_0}^{t_1} |v(t)|\,dt$.

ESEMPIO

Determiniamo lo spostamento di un punto materiale che si muove lungo una retta con velocità $v(t) = 3 - t$ (in m/s) tra gli istanti $t_0 = 0$ s e $t_1 = 6$ s, e calcoliamo la distanza effettivamente percorsa.

Determiniamo lo spostamento:

$$\int_0^6 v(t)\,dt = \int_0^6 (3-t)\,dt = \left[3t - \frac{t^2}{2}\right]_0^6 = 18 - 18 = 0.$$

Quindi lo spostamento totale è nullo, cioè il punto materiale è tornato al punto di partenza. Calcoliamo lo spazio percorso.
Osserviamo che $3 - t > 0$ se $t < 3$.

$$\int_0^6 |v(t)|\,dt = \int_0^3 (3-t)\,dt + \int_3^6 (t-3)\,dt =$$

$$\left[3t - \frac{t^2}{2}\right]_0^3 + \left[\frac{t^2}{2} - 3t\right]_3^6 = 9 - \frac{9}{2} + \cancel{18} - \cancel{18} - \frac{9}{2} + 9 = 9.$$

La distanza percorsa è di 9 m.

▶ Calcola la distanza percorsa tra gli istanti $t_0 = 4$ s e $t_1 = 10$ s da un punto materiale che si muove su una retta con velocità $v(t) = 3t + 1$.

Analogamente

$$\int_{t_0}^{t_1} a(t)\,dt = \int_{t_0}^{t_1} v'(t)\,dt = v(t_1) - v(t_0)$$

è la variazione della velocità del punto.

In generale, data una grandezza $f(t)$ variabile nel tempo, $\int_{t_0}^{t_1} f'(t)\,dt = f(t_1) - f(t_0)$ esprime la variazione della grandezza tra gli istanti t_0 e t_1.

Lavoro di una forza

Consideriamo una forza avente per direzione costante una retta r e intensità variabile al variare del punto di applicazione, per esempio la forza di richiamo di una molla oppure la forza gravitazionale tra due corpi. Supponiamo che il punto di applicazione si muova lungo la retta orientata r e indichiamo con x la sua ascissa. Esprimeremo perciò l'intensità della forza come funzione $F(x)$ dell'ascissa del punto di applicazione.

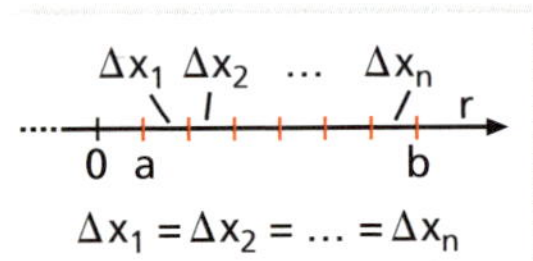

Per determinare in modo approssimato il lavoro compiuto dalla forza per uno spostamento da un punto di ascissa a a un punto di ascissa b, possiamo suddividere l'intervallo in n parti, Δx_1, Δx_2, ..., Δx_n, all'interno delle quali si possa ritenere l'intensità della forza approssimativamente costante, con valori $F(c_1)$, $F(c_2)$, ... e calcolare il lavoro nel modo seguente:

$$L_n = \Delta x_1 F(c_1) + \Delta x_2 F(c_2) + \ldots + \Delta x_n F(c_n).$$

L_n è un valore che dipende dalla suddivisione e varia al variare di n; si ha quindi una successione. Facendo tendere n all'infinito, se la successione L_n ammette limite, tale limite è l'integrale da a a b di $F(x)$ e coincide con il lavoro della forza, ossia:

$$L = \int_a^b F(x)\,dx.$$

ESEMPIO

Determiniamo il lavoro compiuto dalla forza elastica di una molla che sposta il suo punto di applicazione dal punto di ascissa $x_0 = 0$ al punto di ascissa $x_1 = 2$, sapendo che la forza varia con la legge $F(x) = -kx$, dove $k = 40$ è la costante elastica della molla.

Utilizzando la formula precedente, otteniamo:

$$L = \int_{x_0}^{x_1} F(x)\,dx = \int_0^2 -40x\,dx = -40\int_0^2 x\,dx = -40\left[\frac{1}{2}x^2\right]_0^2 = -80.$$

▶ Calcola il lavoro necessario per allungare una molla da 2 cm a 8 cm, sapendo che la costante elastica della molla è 500 N/m.

Quantità di carica

L'intensità di una corrente è la quantità di carica che attraversa la sezione di un conduttore nell'unità di tempo. Per esprimere l'intensità della corrente che circola nel conduttore all'istante t, ossia l'intensità istantanea, si utilizza la derivata della funzione $q(t)$, che lega la quantità di carica al tempo:

$$i(t) = q'(t).$$

Possiamo dedurre che la quantità di carica $q(t)$ è una primitiva dell'intensità di corrente $i(t)$. Se vogliamo determinare la quantità di carica che attraversa la sezione di un conduttore nell'intervallo di tempo che va da t_0 a t_1, basta allora cal colare il seguente integrale:

$$Q = \int_{t_0}^{t_1} i(t)\, dt.$$

ESEMPIO

Calcoliamo la quantità di carica che attraversa la sezione di un circuito nel primo secondo dopo la chiusura del circuito stesso, sapendo che l'intensità di corrente varia con la legge $i(t) = k(1 - e^{-ht})$, con k e h costanti.

Utilizzando la formula precedente, poniamo $t_0 = 0$ e $t_1 = 1$, quindi scriviamo:

$$Q = \int_0^1 k(1 - e^{-ht})\, dt = \int_0^1 k\, dt - k \int_0^1 e^{-ht}\, dt = k \int_0^1 dt + \frac{k}{h} \int_0^1 -he^{-ht}\, dt =$$

$$k[t]_0^1 + \frac{k}{h}[e^{-ht}]_0^1 = k + \frac{k}{h}(e^{-h} - 1).$$

▶ In un circuito l'intensità della corrente all'istante t è $i(t) = t^2 + 2t$. Calcola la quantità di carica che attraversa una sezione del circuito tra $t_0 = 0$ e $t_1 = 3$.

7 Integrazione numerica

Introduzione

L'integrazione numerica di una funzione $f(x)$ è un modo approssimato per calcolare un integrale definito di f. Si utilizza nelle applicazioni sperimentali o nell'analisi statistica, in particolare quando:

- la funzione è nota soltanto per punti, ossia è assegnata mediante una tabella oppure attraverso una rilevazione sperimentale o statistica;
- è nota l'espressione analitica della funzione, ma essa non è integrabile con le regole di integrazione;
- l'applicazione delle regole di integrazione conduce a calcoli laboriosi.

Il calcolo numerico di un integrale definito si basa sul suo significato geometrico. Sappiamo che l'integrale definito di una funzione su un intervallo $[a; b]$ rappresenta, quando $f(x) \geq 0$ in $[a; b]$, la misura dell'area della superficie delimitata dal grafico della funzione, dall'asse delle ascisse e dalle rette di equazioni $x = a$ e $x = b$ (figura a lato).

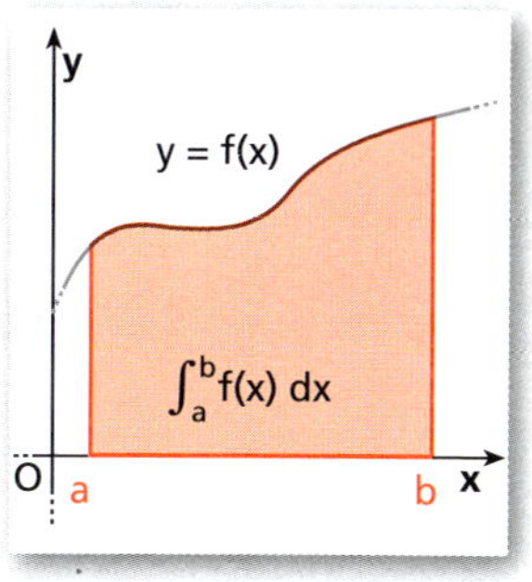

Ognuno dei metodi che studieremo non è altro che un modo approssimato di calcolare tale area.

Per semplicità, noi considereremo l'integrazione numerica soltanto nel caso di una funzione continua e derivabile in un intervallo limitato e chiuso.

Listen to it

Numerical integration consists in using different numerical techniques to calculate an approximate value of a definite integral.

La continuità è condizione sufficiente per l'esistenza dell'integrale

$$\int_a^b f(x)\,dx;$$

se inoltre la f è derivabile più volte, è possibile anche la stima dell'errore commesso.

Metodo dei rettangoli

▶ Esercizi a p. 2009

Consideriamo una funzione f continua nell'intervallo $[a; b]$ e, per semplicità, sia $f(x) \geq 0$ in $[a; b]$. Dividiamo l'intervallo $[a; b]$ in n parti di uguale ampiezza $h = \frac{b-a}{n}$, mediante i punti di suddivisione:

$$x_0 = a,\ x_1 = a + h,\ x_2 = a + 2h,\ \ldots,\ x_n = a + nh = b.$$

Ai punti di suddivisione corrispondono i seguenti valori della funzione:

$$y_0 = f(a),\ y_1 = f(x_1),\ y_2 = f(x_2),\ \ldots,\ y_{n-1} = f(x_{n-1}),\ y_n = f(b).$$

Sui segmenti di suddivisione disegniamo i rettangoli che hanno ciascuno:

- per base un intervallo di suddivisione;
- per altezza il segmento determinato dal valore di f calcolato nel primo estremo di tale intervallo oppure nel secondo.

Otteniamo così due figure costituite da n rettangoli la cui base è $h = \frac{b-a}{n}$. Ciascuna di queste figure si chiama **plurirettangolo**.

x	y
$x_0 = a$	$f(a)$
x_1	y_1
x_2	y_2
x_3	y_3
...	...
...	...
...	...
x_{n-2}	y_{n-2}
x_{n-1}	y_{n-1}
$x_n = b$	$f(b)$

a. Nella tabella sono riportati i valori della funzione che hanno per ascissa un punto della suddivisione.

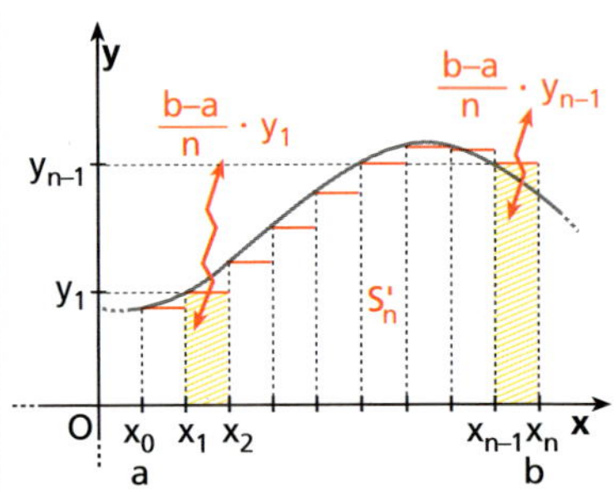

b. I rettangoli hanno come misura dell'altezza l'ordinata della funzione calcolata nel primo estremo degli intervalli di suddivisione.

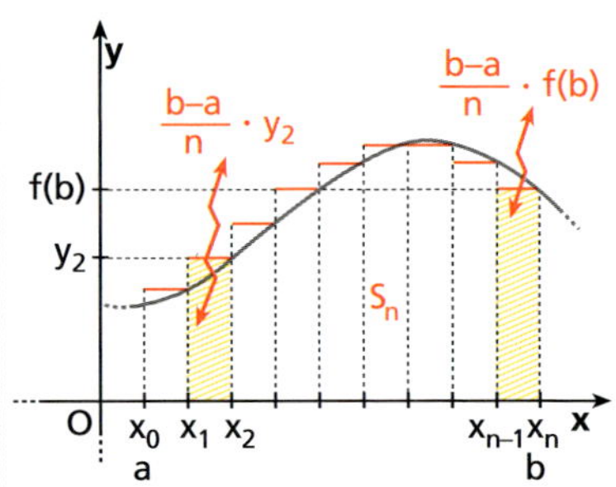

c. I rettangoli hanno come misura dell'altezza il valore della funzione calcolata nel secondo estremo degli intervalli di suddivisione.

Se consideriamo come altezza dei rettangoli il valore di f calcolato nel primo estremo degli intervalli di suddivisione, l'area del plurirettangolo, cioè la somma delle aree dei rettangoli, è data dalla formula:

$$S'_n = \frac{b-a}{n}[f(a) + y_1 + y_2 + \ldots + y_{n-1}] = \frac{b-a}{n}\sum_{i=0}^{n-1} f(x_i).$$

Se invece consideriamo come altezza dei rettangoli il valore di f nel secondo estremo degli intervalli, l'area del plurirettangolo è:

$$S_n = \frac{b-a}{n}[y_1 + y_2 + \ldots + y_{n-1} + f(b)] = \frac{b-a}{n}\sum_{i=1}^{n} f(x_i).$$

Queste somme costituiscono due valori approssimati dell'integrale della funzione e sono dette **formule dei rettangoli**.

Poiché la funzione è integrabile, tali somme convergono allo stesso limite per n tendente a $+\infty$; quindi la loro differenza si può rendere piccola a piacere aumentando opportunamente il numero degli intervalli di suddivisione.

Se la funzione ammette derivata prima continua, si dimostra che l'errore E_n commesso è minore o uguale alla quantità:

$$\boldsymbol{\varepsilon_n = \frac{(b-a)^2}{2n} \cdot M}, \qquad \text{dove } M \text{ è il massimo di } |f'(x)| \text{ in } [a; b].$$

ESEMPIO

Con le formule dei rettangoli calcoliamo due valori approssimati dell'integrale $\int_2^3 x^3\,dx$, valutiamo l'errore commesso e confrontiamo i risultati ottenuti con l'integrale esatto.

Dividiamo l'intervallo in 10 intervalli di ampiezza $h = \frac{3-2}{10} = 0{,}1$ e quindi scriviamo i valori della funzione in una tabella.

x_i	2	2,1	2,2	2,3	2,4	2,5	2,6	2,7	2,8	2,9	3
$x_i = x_i^3$	8	9,261	10,648	12,167	13,824	15,625	17,576	19,683	21,952	24,389	27

Ora calcoliamo le due somme:

$$S'_n = 0{,}1 \cdot (8 + 9{,}261 + 10{,}648 + \ldots + 24{,}389) = 15{,}3125;$$

$$S_n = 0{,}1 \cdot (9{,}261 + 10{,}648 + \ldots + 24{,}389 + 27) = 17{,}2125.$$

I due valori approssimati dell'integrale sono pertanto:

$$\int_2^3 x^3\,dx \simeq 15{,}3125 \quad \text{e} \quad \int_2^3 x^3\,dx \simeq 17{,}2125.$$

Osserviamo che la derivata $f'(x) = 3x^2$ è continua nell'intervallo $[2; 3]$ e il suo massimo è $M = \max\limits_{[2;3]} |3x^2| = 27$; possiamo quindi valutare l'errore commesso mediante la relazione:

$$E_{10} \le \varepsilon_{10} = \frac{(3-2)^2}{2 \cdot 10} \cdot 27 = 1{,}35.$$

I due risultati hanno, pertanto, un'approssimazione minore o uguale a 1,35.
Calcoliamo l'integrale in modo esatto:

$$\int_2^3 x^3\,dx = \left[\frac{x^4}{4}\right]_2^3 = \frac{1}{4} \cdot (81 - 16) = 16{,}25.$$

Le differenze fra questo valore e quelli approssimati sono

$$|S'_n - 16{,}25| = 0{,}9375 \text{ e } |S_n - 16{,}25| = = 0{,}9625,$$

quindi entrambe minori di 1,35.

▸ Applicando il metodo dei rettangoli, con $n = 4$, calcola due valori approssimati di $\int_0^1 (3x^2 + 1)dx$ e confronta i risultati con il valore esatto.

Metodo dei trapezi

▸ Esercizi a p. 2011

Consideriamo una funzione $f(x)$ continua nell'intervallo $[a; b]$ e dividiamo $[a; b]$ in n parti di uguale ampiezza, $h = \frac{b-a}{n}$, mediante i punti di suddivisione $x_0 = a,\ x_1 = a + h,\ \ldots,\ x_n = a + nh = b$.

TEORIA

APPROFONDIMENTO

Metodo delle parabole
Per l'integrazione numerica si può anche utilizzare il **metodo delle parabole**, che si basa sull'approssimazione del grafico della funzione con archi di parabole.

▶ Come si procede?

La risposta – 21 esercizi in più

Il metodo dei trapezi consiste nel sostituire, in ogni intervallo di suddivisione, il grafico della funzione $y = f(x)$ con la corda sottesa (cioè il segmento che congiunge i punti del grafico di $f(x)$ corrispondenti al primo e al secondo estremo dell'intervallo). Otteniamo così n trapezi rettangoli aventi tutti uguale altezza h.

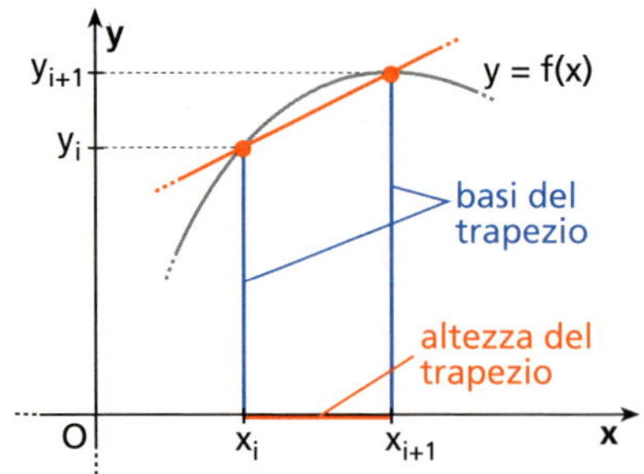

a. Il trapezio che si ottiene per ogni intervallo ha come misure delle basi le ordinate corrispondenti al primo e secondo estremo e come misura dell'altezza l'ampiezza dell'intervallo.

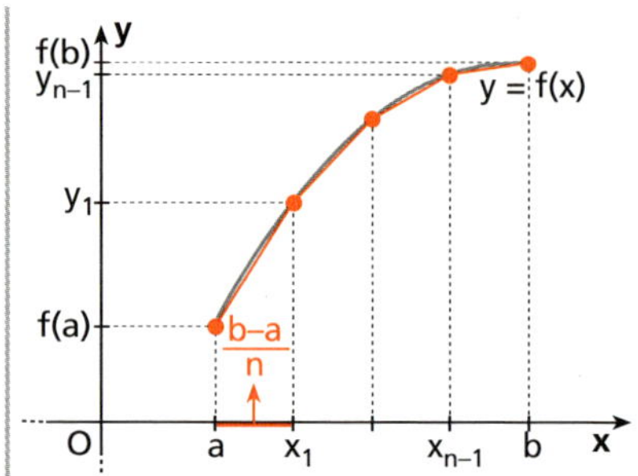

b. Il trapezoide è costituito dalla somma di n trapezi rettangoli aventi altezza uguale a:

$$h = \frac{b-a}{n}.$$

Possiamo così determinare un valore approssimato dell'integrale calcolando la somma delle aree dei trapezi. Tale area è espressa dalla seguente **formula dei trapezi**:

$$\int_a^b f(x)\,dx \simeq h \cdot \frac{f(a) + y_1}{2} + h \cdot \frac{y_1 + y_2}{2} + \ldots + h \cdot \frac{y_{n-1} + f(b)}{2} =$$

$$\frac{b-a}{n}\left[\frac{f(a)+f(b)}{2} + y_1 + y_2 + \ldots + y_{n-1}\right].$$

Se la funzione ammette derivata seconda continua, si dimostra che l'errore E_n commesso è minore o uguale alla quantità

$$\varepsilon_n = \frac{(b-a)^3}{12n^2} \cdot M,$$

dove M è il massimo di $|f''(x)|$ in $[a; b]$.

Nell'animazione e negli esercizi trovi esempi di applicazione del metodo dei trapezi.

▶ Applicando la formula dei trapezi, con $n = 10$, calcola un valore approssimato di $\int_0^2 \frac{4}{x+1}\,dx$.
Confronta il risultato ottenuto con quello relativo al calcolo esatto.

Animazione

MATEMATICA E ARCHITETTURA

La torre Eiffel Il simbolo di Parigi, costruito per l'Esposizione universale del 1889, è una struttura in ferro forgiato, alta 312 metri.

▶ Perché Gustave Eiffel le ha dato proprio quella forma?

La risposta

IN SINTESI
Integrali definiti

Integrale definito

- Data $f(x)$ continua su $[a; b]$, l'**integrale definito** esteso ad $[a; b]$ si indica con $\int_a^b f(x)dx$. a e b sono gli **estremi di integrazione**, $f(x)$ è la **funzione integranda**.
- L'integrale definito è un numero e non dipende dalla variabile x. Se $f(x) \geq 0$ in $[a; b]$, $\int_a^b f(x)dx$ rappresenta l'area del trapezoide determinato da f.
- $\int_b^a f(x)\,dx = -\int_a^b f(x)\,dx$, se $a < b$; $\int_a^a f(x)\,dx = 0$.
- **Proprietà dell'integrale definito**
  - Se $a < b < c$, $\int_a^c f(x)\,dx = \int_a^b f(x)\,dx + \int_b^c f(x)\,dx$.
  - $f(x) \leq g(x) \to \int_a^b f(x)\,dx \leq \int_a^b g(x)\,dx$.
  - $\int_a^b [f(x) + g(x)]\,dx = \int_a^b f(x)\,dx + \int_a^b g(x)\,dx$.
  - $\left| \int_a^b f(x)\,dx \right| \leq \int_a^b |f(x)|dx$.
  - $\int_a^b k \cdot f(x)\,dx = k \cdot \int_a^b f(x)\,dx$.
  - $\int_a^b k\,dx = k(b-a)$.
- **Teorema della media**
  Se f è una funzione continua nell'intervallo $[a; b]$, allora $\exists z \in [a; b]$ tale che $\int_a^b f(x)\,dx = (b-a) \cdot f(z)$.
  $f(z) = \frac{1}{b-a} \int_a^b f(x)dx$ è il **valore medio** di $f(x)$ in $[a; b]$.

Teorema fondamentale del calcolo integrale

- Se f è una funzione continua in $[a; b]$, si dice **funzione integrale** di f in $[a; b]$ la funzione:
  $F(x) = \int_a^x f(t)\,dt, \ \forall x \in [a; b]$.
- **Teorema fondamentale del calcolo integrale**
  Se f è continua in $[a; b]$, allora la sua funzione integrale $F(x)$ è derivabile in $[a; b]$ e $F'(x) = f(x)$, $\forall x \in [a; b]$.
- **Calcolo dell'integrale definito**: se $\varphi(x)$ è una primitiva qualunque di $f(x)$ nell'intervallo $[a; b]$, allora:
  $\int_a^b f(x)\,dx = [\varphi(x)]_a^b = \varphi(b) - \varphi(a)$.

Calcolo di aree

Aree di superfici piane

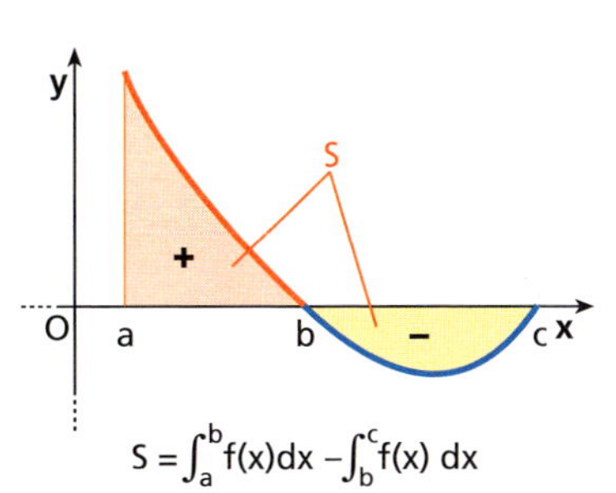

Area S della parte di piano compresa tra il grafico di una funzione e l'asse x.

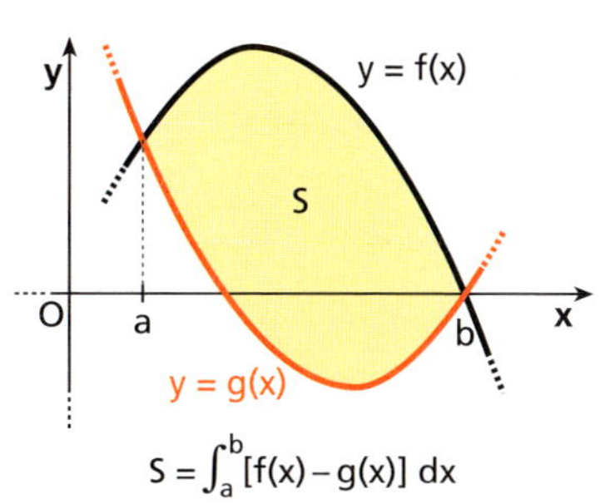

Area S della parte di piano compresa tra i graficidi duefunzioni $f(x)$ e $g(x)$, con $f(x) \geq g(x)$.

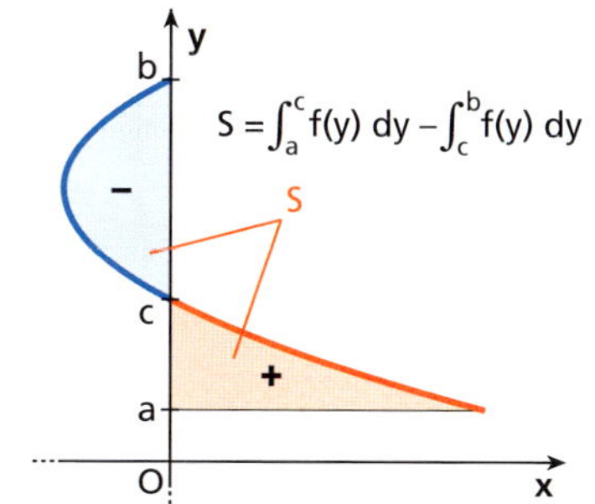

Area S della parte di piano compresa tra la funzione e l'asse y.

Calcolo di volumi

- **Solidi di rotazione attorno all'asse x**
  Dato il trapezoide della figura esteso all'intervallo $[a; b]$, delimitato dal grafico di $y = f(x)$ (positiva o nulla), dall'asse x e dalle rette $x = a$ e $x = b$, il **volume del solido** che si ottiene ruotando il trapezoide intorno all'asse x di un giro completo è:
  $$V = \pi \cdot \int_a^b [f(x)]^2 dx.$$

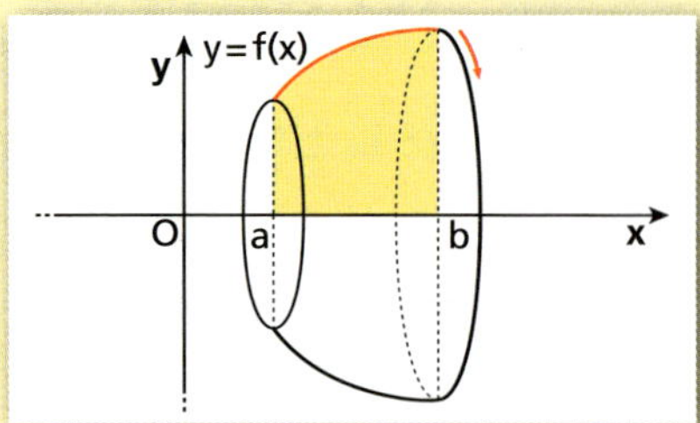

- **Solidi di rotazione attorno all'asse y**
  Dato il trapezoide in figura, delimitato dal grafico di $x = f(y)$ (positiva o nulla), dall'asse y e dalle rette $y = a$ e $y = b$, il **volume del solido** che si ottiene ruotando il trapezoide intorno all'asse y di un giro completo è:
  $$V = \pi \int_a^b [f(y)]^2 dy.$$

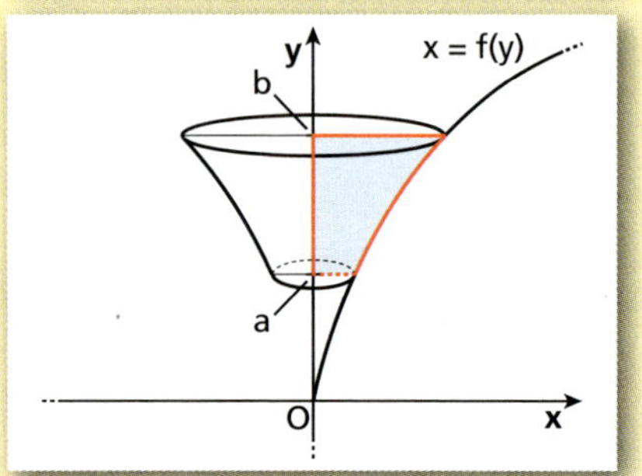

- **Metodo dei gusci cilindrici**
  Dato il trapezoide in figura, delimitato dal grafico di $y = f(x)$, dall'asse x e dalle rette $x = a$ e $x = b$, il **volume del solido** che si ottiene ruotando il trapezoide intorno all'asse y di un giro completo è:
  $$V = 2\pi \int_a^b x f(x)\, dx.$$

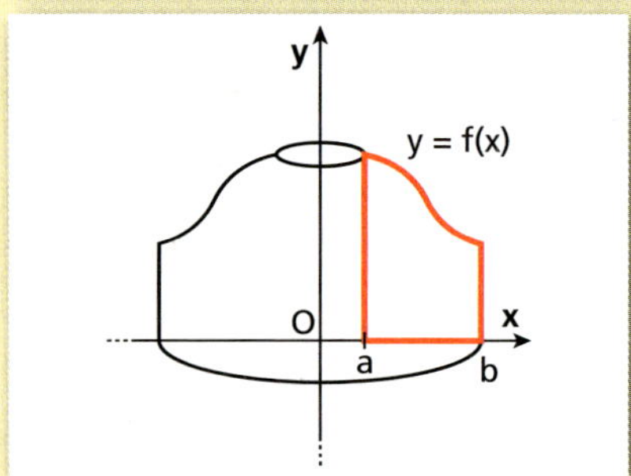

- **Volumi dei solidi con il metodo delle sezioni**
  Dato il solido T della figura, consideriamo i due piani paralleli α e β che delimitano T, sono perpendicolari all'asse x e lo intersecano in a e b. Consideriamo $x \in [a; b]$; se prendiamo il piano parallelo ad α e a β passante per x, esso, intersecando il solido, determina una sezione di area generica $S(x)$. Il volume V del solido è allora:
  $$V = \int_a^b S(x)\, dx.$$
  Per poter utilizzare questa formula, deve essere nota la funzione $S(x)$, che esprime l'area della generica sezione del solido al variare di x.

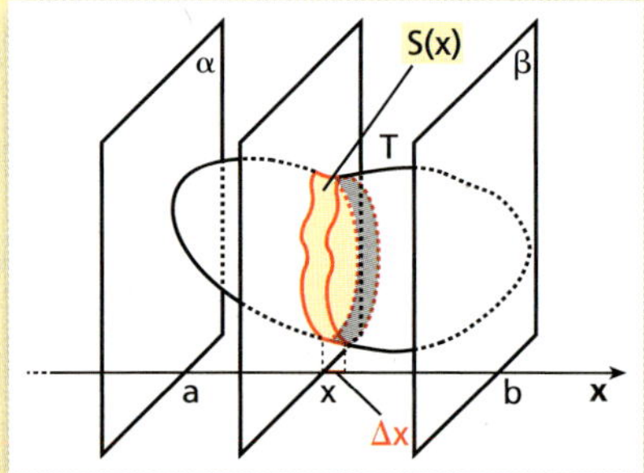

Integrali impropri

- **Discontinuità in un punto**
  - Se $f(x)$ è continua in $[a; b[$ ma discontinua in b: $\int_a^b f(x)\, dx = \lim_{z \to b^-} \int_a^z f(x)\, dx.$
  - Se $f(x)$ è continua in $]a; b]$ ma discontinua in a: $\int_a^b f(x)\, dx = \lim_{z \to a^+} \int_z^b f(x)\, dx.$
  - Se $f(x)$ è continua in $[a; b]$ tranne che in $c \in [a; b]$: $\int_a^b f(x)\, dx = \lim_{z \to c^-} \int_a^z f(x)\, dx + \lim_{z \to c^+} \int_z^b f(x)\, dx.$
- **Intervallo di integrazione illimitato**
  - Se $f(x)$ è continua in $[a; +\infty[$: $\int_a^{+\infty} f(x)\, dx = \lim_{z \to +\infty} \int_a^z f(x)\, dx.$
  - Se $f(x)$ è continua in $]-\infty; a]$: $\int_{-\infty}^a f(x)\, dx = \lim_{z \to -\infty} \int_z^a f(x)\, dx.$

CAPITOLO 30
ESERCIZI

1 Integrale definito

Definizione di integrale definito

▶ Teoria a p. 1940

Trapezoide

Disegna il trapezoide individuato dalla funzione nell'intervallo scritto a fianco.

1 $y = x^2 + 2$, $[-1; 4]$.

2 $y = \sqrt{x}$, $[1; 3]$.

3 $y = x^3 - 1$, $[1; 2]$.

4 $y = \ln(x+1)$, $[0; e]$.

5 $y = \cos x$, $\left[-\frac{\pi}{4}; \frac{\pi}{2}\right]$.

6 $y = \frac{x+1}{x+2}$, $[-1; 2]$.

Trova, utilizzando sei suddivisioni di uguale ampiezza, un valore approssimato per eccesso e uno per difetto dell'area del trapezoide individuato dal grafico della funzione *f*(*x*) nell'intervallo indicato a fianco.

7 $f(x) = -x^2 + 8x$, $[2; 8]$.

8 $f(x) = \frac{1}{x+1}$, $[0; 4]$.

Integrale definito

9 COMPLETA in modo che gli integrali indichino la misura dell'area corrispondente.

a. $A_1 = \int_{-1}^{\square} f(x)dx$

b. $A_1 \cup A_2 = \int_{\square}^{\square} f(x)dx$

c. $A_3 = \left| \int_{\square}^{\square} f(x)dx \right|$

d. $A_2 \cup A_3 = \int_{\square}^{\square} f(x)dx - \int_{\square}^{\square} f(x)dx$

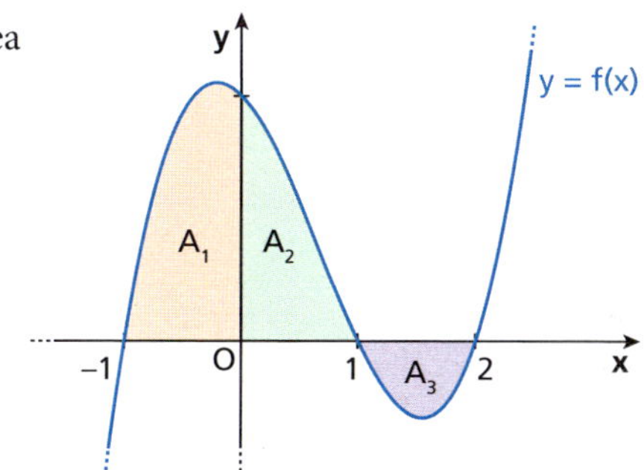

LEGGI IL GRAFICO Scrivi gli integrali che esprimono i valori delle aree delle regioni rappresentate nelle figure. (I grafici in cui non è indicato il tipo di equazione sono rette o parabole.)

10

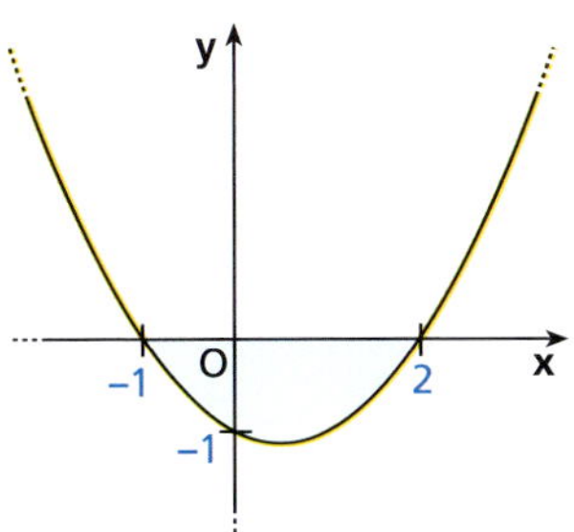

11

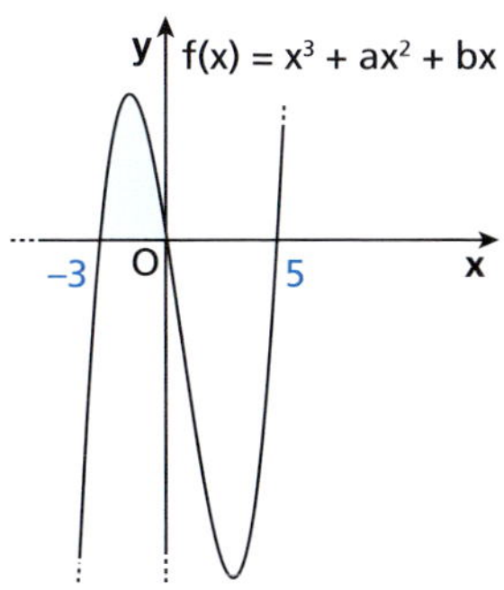

12

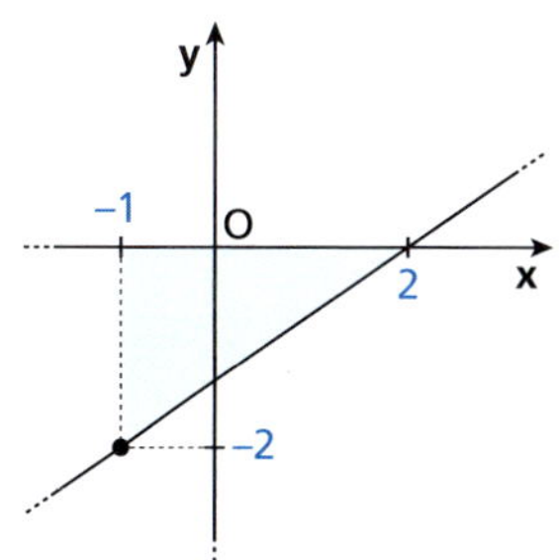

Rappresenta graficamente le regioni le cui aree sono date dagli integrali.

13 a. $\int_1^3 2x^2 dx$; b. $\int_0^{\frac{\pi}{4}} \cos x \, dx$.

14 a. $\int_1^4 (-x^2 + 4x)\, dx$; b. $\int_{\frac{1}{2}}^1 (-\ln x)\, dx$.

15 a. $\left| \int_1^3 (1 - x) dx \right|$; b. $\int_{-4}^0 \sqrt{-x}\, dx$.

16 a. $\int_{-1}^1 e^x dx$; b. $\left| \int_{\pi}^{2\pi} \sin x \, dx \right|$.

ESERCIZI

RIFLETTI SULLA TEORIA Quali delle seguenti scritture non hanno significato? Motiva la risposta.

17 a. $\int_{-2}^{1}\sqrt{x}\,dx$; b. $\int_{0}^{4}\arcsin x\,dx$; c. $\int_{0}^{6}\sqrt{x+3}\,dx$. [a,b]

18 a. $\int_{-\pi}^{\pi}\sin x\,dx$; b. $\int_{-1}^{1}\frac{1}{x^2}dx$; c. $\int_{0}^{2}\frac{1}{x-1}dx$. [b,c]

19 **VERO O FALSO?** Osserva il grafico di $f(x)$ e rispondi.

a. $\int_{0}^{2} f(x)dx > 0$ V F

b. $\int_{-3}^{4} f(x)dx > 0$ V F

c. $\int_{-7}^{-1} f(x)dx < 0$ V F

d. $\int_{-5}^{-3} |f(x)|dx < 0$ V F

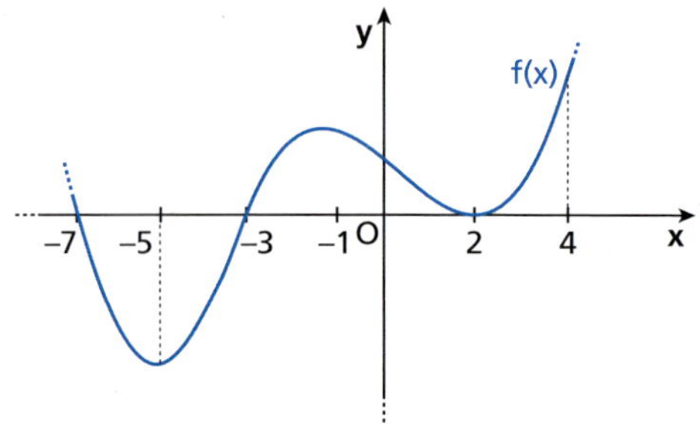

COMPLETA utilizzando i simboli >, <, =, dopo aver interpretato geometricamente ogni integrale.

20 $\int_{-6}^{-2} 3\,dx$ ☐ 0; $\int_{-3}^{-1} 2x^2dx$ ☐ 0; $\int_{5}^{1} x^4dx$ ☐ 0; $\int_{0}^{1}(x^2-1)dx$ ☐ 0.

21 $\int_{3}^{3} x\ln x\,dx$ ☐ 0; $\int_{-1}^{1}(x^3-1)dx$ ☐ 0; $\int_{-\frac{\pi}{4}}^{0}\tan x\,dx$ ☐ 0; $\int_{2}^{1} 3x\,dx$ ☐ $-\int_{1}^{2} 3x\,dx$.

VERO O FALSO?

22 a. $\int_{1}^{2}f(x)\,dx=-\int_{2}^{1}f(x)\,dx$ V F

b. $\int_{4}^{4}\ln x\,dx=0$ V F

c. Se f è continua in $[a; b]$, allora esiste $\int_{a}^{b} f(x)dx$. V F

d. Se f è integrabile in $[a; b]$, allora è continua in $[a; b]$. V F

23 Se una funzione $f(x)$ è continua in $\mathbb{R}$, $\int_{1}^{5}f(x)dx$:

a. è una funzione. V F

b. è un numero positivo. V F

c. è la misura dell'area di un trapezoide se $f(x)\geq 0$ in $[1; 5]$. V F

d. è opposto a $\int_{5}^{1} f(x)dx$. V F

e. è uguale a $\int f(x)dx$. V F

LEGGI IL GRAFICO Calcola il valore degli integrali indicati, riferendoti alle aree determinate dalla funzione rappresentata nelle figure.

24 a. $\int_{-2}^{-1} f(x)dx$ b. $\int_{0}^{2} f(x)dx$ c. $\int_{-2}^{0} f(x)dx$ d. $\int_{2}^{4} f(x)dx$

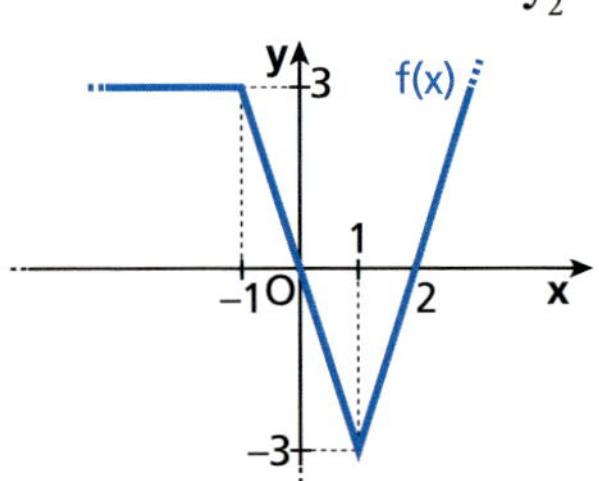

25 a. $\int_{-4}^{0} f(x)dx$ b. $\int_{0}^{2} f(x)dx$ c. $\int_{0}^{4} f(x)dx$ d. $\int_{4}^{6} f(x)dx$

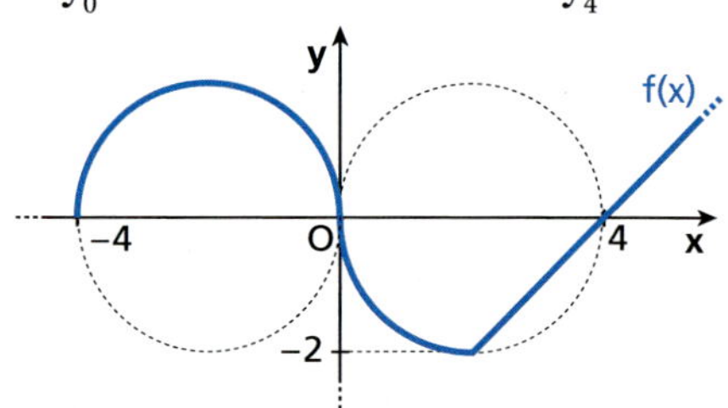

Rappresenta graficamente le regioni le cui aree sono date dagli integrali e calcola i loro valori.

26 $\left|\int_{-2}^{1}(x-1)dx\right|$ $\left[\frac{9}{2}\right]$

27 $\int_{0}^{2}\sqrt{4-x^2}\,dx$ $[\pi]$

28 $\int_{0}^{2}(2-|x|)dx$ $[2]$

Proprietà dell'integrale definito

▶ Teoria a p. 1944

VERO O FALSO?

29

a. $2\int_{1}^{4}(x-1)\,dx=\int_{1}^{4}(2x-2)\,dx$ V F

b. $\int_{0}^{\frac{\pi}{4}}\tan^2 x\,dx=\left(\int_{0}^{\frac{\pi}{4}}\tan x\,dx\right)^2$ V F

c. $\int_{-2}^{6}(2x^2+4)\,dx=-2\int_{6}^{-2}(x^2+2)\,dx$ V F

d. $\int_{1}^{4}3\,dx=9$ V F

e. $\int_{2}^{3}k\,dx=k$ V F

f. $\int_{-1}^{2}x\,dx-\int_{2}^{-1}x\,dx=0$ V F

30

a. $\int_{1}^{3}(x^2+3x)dx=\int_{1}^{3}x^2dx+3\int_{1}^{3}x\,dx$ V F

b. $\int_{-1}^{0}xe^x\,dx=\left(\int_{-1}^{0}xdx\right)\left(\int_{-1}^{0}e^x\,dx\right)$ V F

c. $\int_{2}^{4}\sqrt{x+3}\,dx+\int_{4}^{2}\sqrt{x+3}\,dx=0$ V F

d. $\int_{0}^{\pi}x\sin x dx=x\int_{0}^{\pi}\sin x dx$ V F

e. $\int_{0}^{1}x^2dx\le\int_{0}^{1}x^4dx$ V F

f. Se $f(x)>0$ in $[a;b]$, allora $\left|\int_{a}^{b}f(x)\,dx\right|=\int_{a}^{b}|f(x)|dx.$ V F

31 **TEST** L'integrale $\int_{1}^{4}xdx$ *non* è uguale a:

A $\int_{-1}^{-4}x\,dx.$

B $\int_{1}^{2}x\,dx+\int_{2}^{4}x\,dx.$

C $\int_{1}^{5}x\,dx+\int_{5}^{4}x\,dx.$

D $\int_{4}^{1}(-x)dx.$

E $\int_{4}^{1}x\,dx.$

32 Sapendo che $\int_{0}^{2}f(x)dx=4$ e $\int_{2}^{5}f(x)dx=6$, calcola:

a. $\int_{0}^{5}f(x)dx;$ b. $\int_{0}^{2}3f(x)dx;$ c. $\int_{5}^{2}f(x)dx.$ [a) 10; b) 12; c) − 6]

33 Sapendo che $\int_{1}^{5}f(x)dx=3$ e $\int_{1}^{5}g(x)dx=7$, calcola:

a. $\int_{1}^{5}[f(x)+g(x)]dx;$ b. $\int_{1}^{5}[g(x)-4f(x)]dx.$ [a) 10; b) − 5]

Calcola il valore dei seguenti integrali utilizzando i valori degli integrali definiti scritti a fianco e sfruttando le proprietà dell'integrale definito.

34 $\int_{0}^{1}(2^x\ln 2+1)\,dx;$ $\int_{0}^{1}2^x\,dx=\frac{1}{\ln 2},$ $\int_{0}^{1}dx=1.$ [2]

35 $\int_{1}^{3}(4x^3+2)\,dx;$ $\int_{1}^{2}x^3dx=\frac{15}{4},$ $\int_{2}^{3}x^3dx=\frac{65}{4},$ $\int_{1}^{3}2\,dx=4.$ [84]

36 $\int_{1}^{9}(1+3\sqrt{x})\,dx;$ $\int_{1}^{4}\sqrt{x}\,dx=\frac{14}{3},$ $\int_{4}^{9}\sqrt{x}\,dx=\frac{38}{3},$ $\int_{1}^{9}dx=8.$ [60]

Dimostra le seguenti disuguaglianze.

37 $\int_{1}^{2}x^2dx\le\int_{1}^{2}x^3dx$

38 $\int_{0}^{1}x^2dx\ge\int_{0}^{1}x^4dx$

39 $\int_{2}^{5}\sqrt{x^2+5}\,dx\ge 9$

Teorema della media

▶ Teoria a p. 1945

Indica quali delle seguenti funzioni rispettano le ipotesi del teorema della media nell'intervallo scritto a fianco.

40 $y = \ln(x+3)$, $[-2; 0]$. [sì]

41 $y = \dfrac{x-2}{x^2-x-2}$, $[0; 3]$. [no]

42 $y = \dfrac{1}{\sqrt{x^2-1}}$, $[1; 3]$. [no]

43 $y = 6 + \dfrac{|x|}{x}$, $[-1; 1]$. [no]

Rappresenta graficamente le funzioni indicate nei seguenti integrali e verifica che il punto di ascissa dato soddisfa la tesi del teorema della media.

44 $\int_0^4 (x+2)\,dx$, $z = 2$.

45 $\int_{-3}^1 (4-3x)\,dx$, $z = -1$.

2 Teorema fondamentale del calcolo integrale

Funzione integrale

▶ Teoria a p. 1946

46 TEST Sia $F(x) = \int_{-1}^x t^2\,dt$. Allora vale:

A $F(0) = 0$.
B $F(1) = 0$.
C $F(-1) = 0$.
D $F(1) = 2$.
E $F(-1) = 1$.

LEGGI IL GRAFICO

47 Sia $F(x) = \int_{-1}^x f(t)\,dt$.

Osserva il grafico e calcola:

a. $F(-1)$;
b. $F(0)$;
c. $F(-2)$;
d. $F(1)$.

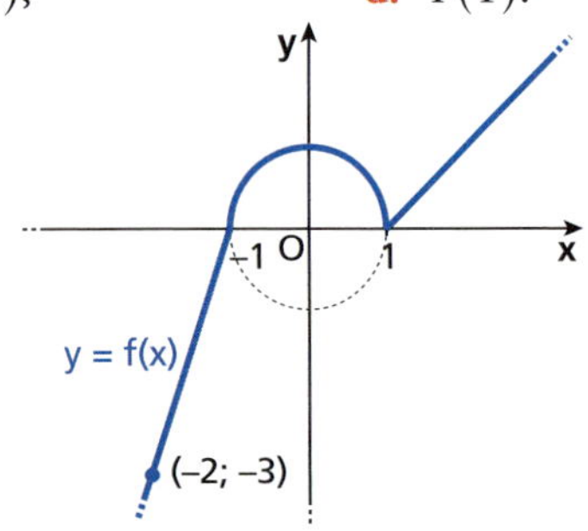

48 Sia $G(x) = \int_0^x g(t)\,dt$.

Osserva il grafico e calcola:

a. $G(-2)$;
b. $G(0)$;
c. $G(4)$;
d. $G(-4)$.

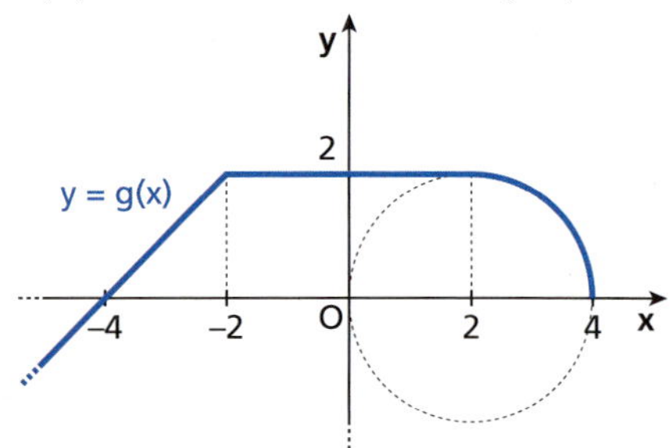

49 Il grafico della funzione $f(x)$ in figura è costituito da tre archi di circonferenza.

a. Ricava l'espressione analitica di $f(x)$ e metti in evidenza gli eventuali punti di non derivabilità della funzione stessa.

b. Senza far ricorso al calcolo integrale determina $F(1)$, $F(2)$, $F(3)$ e $F(4)$, dove $F(x)$ è la funzione integrale di f in $[0; 4]$.

$\left[\text{b) } F(1) = 1 - \frac{\pi}{4}, F(2) = 2, F(3) = 3 + \frac{\pi}{4}, F(4) = 4\right]$

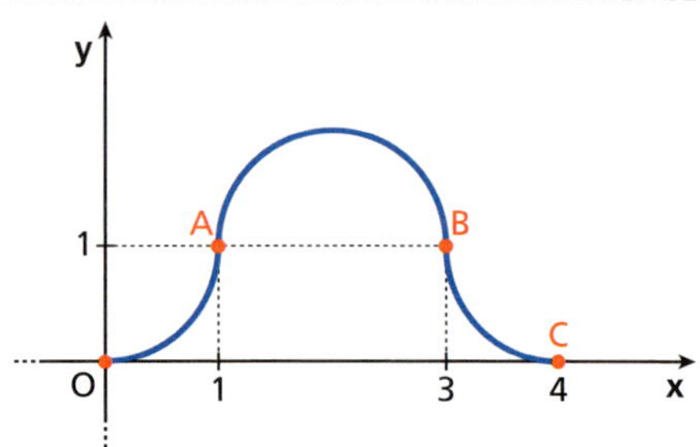

Calcolo dell'integrale definito

▶ Teoria a p. 1948

50 ESERCIZIO GUIDA Calcoliamo l'integrale definito $\int_1^2 (3x^2 + x)\,dx$.

Utilizziamo la formula fondamentale:

$$\int_a^b f(x)\,dx = [\varphi(x)]_a^b = \varphi(b) - \varphi(a),$$

dove $\varphi(x)$ è una qualunque primitiva di $f(x)$.
Determiniamo le primitive di $3x^2 + x$:

$$\int (3x^2 + x)\,dx = x^3 + \frac{1}{2}x^2 + c.$$

Una primitiva è dunque $\varphi(x) = x^3 + \frac{1}{2}x^2$.

Pertanto si ha:

$$\int_1^2 (3x^2 + x)\,dx = \left[x^3 + \frac{1}{2}x^2\right]_1^2.$$

Sostituiamo alla variabile x dentro la parentesi quadra prima 2 e poi 1 e calcoliamo la differenza:

$$\left[x^3 + \frac{1}{2}x^2\right]_1^2 = (8 + 2) - \left(1 + \frac{1}{2}\right) = \frac{17}{2}.$$

Quindi $\int_1^2 (3x^2 + x)\,dx = \frac{17}{2}$.

Calcola i seguenti integrali definiti.

51 $\int_3^4 (5 - 6x)\,dx$ $[-16]$

52 $\int_{-2}^0 (3x^2 - x)\,dx$ $[10]$

53 $\int_0^1 (x^2 + x)\,dx$ $\left[\frac{5}{6}\right]$

54 $\int_{-2}^1 \frac{3x^2 + 2x - 1}{3}\,dx$ $[1]$

55 $\int_1^2 \left(x^2 + \frac{1}{x^2}\right)dx$ $\left[\frac{17}{6}\right]$

56 $\int_4^9 (3\sqrt{x} + 2x)\,dx$ $[103]$

57 $\int_0^1 (\sqrt[3]{x} - x)\,dx$ $\left[\frac{1}{4}\right]$

58 $\int_2^3 \left(2x + \frac{1}{x} + 1\right)dx$ $\left[6 + \ln\frac{3}{2}\right]$

59 $\int_0^1 4(x + 1)^3\,dx$ $[15]$

60 $\int_{-3}^0 (2x^2 + 5)\,dx$ $[33]$

61 $\int_{-1}^1 (x^3 - 3x^2 + 1)\,dx$ $[0]$

62 $\int_0^3 |x - 1|\,dx$ $\left[\frac{5}{2}\right]$

63 $\int_{\frac{1}{4}}^{\frac{1}{2}} \left(\frac{1}{x^3} + \frac{1}{x^2}\right)dx$ $[8]$

64 $\int_1^4 \frac{x - 1}{x}\,dx$ $[3 - 2\ln 2]$

65 $\int_2^7 \frac{1}{\sqrt{x + 2}}\,dx$ $[2]$

66 $\int_1^{\pi + 1} \sin(x - 1)\,dx$ $[2]$

67 $\int_0^2 \frac{4x}{1 + x^2}\,dx$ $[2\ln 5]$

68 $\int_3^8 \frac{3\sqrt{x + 1}}{2}\,dx$ $[19]$

69 $\int_{-1}^{-\frac{1}{2}} \left(\frac{3}{x^4} - \frac{2}{x^2}\right)dx$ $[5]$

70 $\int_{-2}^{-1} \frac{x^2 + 1}{x}\,dx$ $\left[-\frac{3}{2} - \ln 2\right]$

71 $\int_1^2 \frac{3x^3 - 2}{x}\,dx$ $[7 - \ln 4]$

72 $\int_1^e \frac{1 - x}{x^2}\,dx$ $\left[-\frac{1}{e}\right]$

73 $\int_0^1 \frac{4x}{1 + 6x^2}\,dx$ $\left[\frac{1}{3}\ln 7\right]$

74 $\int_0^{\frac{1}{2}} \frac{4}{1 + 4x^2}\,dx$ $\left[\frac{\pi}{2}\right]$

75 $\int_0^1 x^3(x^4 + 1)^5\,dx$ $\left[\frac{21}{8}\right]$

76 $\int_0^2 x(x^2 - 1)^3\,dx$ $[10]$

77 $\int_{-1}^4 x|3 - x|\,dx$ $\left[\frac{9}{2}\right]$

78 $\int_0^{\sqrt{8}} 6x\sqrt{x^2 + 1}\,dx$ $[52]$

79 $\int_{-1}^0 \frac{x^3}{x^4 + 1}\,dx$ $\left[-\frac{1}{4}\ln 2\right]$

80 $\int_0^1 \frac{x}{(x^2 - 2)^4}\,dx$ $\left[\frac{7}{48}\right]$

81 $\int_1^e \frac{6\ln^2 x}{x}\,dx$ $[2]$

82 $\int_0^{\frac{\pi}{3}} \tan x\,dx$ $[\ln 2]$

83 $\int_1^3 \frac{4x + 3}{2x^2 + 3x}\,dx$ $[\ln 27 - \ln 5]$

84 $\int_2^{\sqrt{5}} 6x\sqrt{x^2 - 4}\,dx$ $[2]$

ESERCIZI

85 $\int_0^1 \frac{2}{x^2+6x+9}\,dx$ $\left[\frac{1}{6}\right]$

86 $\int_2^4 \frac{2x^2+x+1}{2x-1}\,dx$ $[8+\ln 7-\ln 3]$

87 $\int_1^5 \left(3\sqrt{x}+\frac{1}{2\sqrt{x}}\right)dx$ $[11\sqrt{5}-3]$

88 $\int_{-\frac{\pi}{2}}^{\frac{\pi}{2}} x\cos x\,dx$ $[0]$

89 $\int_{-1}^4 (x+\ln 2\cdot 2^x)\,dx$ $[23]$

90 $\int_{\frac{\pi}{6}}^{\frac{\pi}{2}} \frac{\cos x}{\sin x+1}\,dx$ $[\ln 4-\ln 3]$

91 $\int_0^\pi (\sin x-\cos x)\,dx$ $[2]$

92 $\int_0^\pi \sin 2x\,dx$ $[0]$

93 $\int_2^4 x\ln\left(\frac{x}{2}\right)dx$ $[8\ln 2-3]$

94 $\int_1^e (\ln x+x)\,dx$ $\left[\frac{e^2}{2}+\frac{1}{2}\right]$

95 $\int_0^1 \frac{e^x}{e^x+1}\,dx$ $\left[\ln\frac{e+1}{2}\right]$

96 $\int_0^1 2xe^{x^2}\,dx$ $[e-1]$

97 $\int_1^{e^2} \ln x\,dx$ $[e^2+1]$

98 $\int_0^1 (2x-1)\,5^{x^2-x}\,dx$ $[0]$

99 $\int_{-1}^2 xe^x\,dx$ $\left[e^2+\frac{2}{e}\right]$

100 $\int_0^1 xe^{x-1}\,dx$ $\left[\frac{1}{e}\right]$

101 $\int_0^{\frac{\pi}{2}} \frac{\cos x}{(\sin x+1)^2}\,dx$ $\left[\frac{1}{2}\right]$

102 $\int_1^2 \frac{1}{x\sqrt{1-\ln^2 x}}\,dx$ $[\arcsin \ln 2]$

103 $\int_1^2 2x\ln x\,dx$ $\left[4\ln 2-\frac{3}{2}\right]$

104 $\int_4^9 \frac{e^{2\sqrt{x}-4}}{2\sqrt{x}}\,dx$ $\left[\frac{e^2}{2}-\frac{1}{2}\right]$

105 $\int_{\frac{\pi}{6}}^{\frac{\pi}{3}} 2\tan x\,dx$ $\left[-2\ln\frac{\sqrt{3}}{3}\right]$

106 $\int_{\frac{\pi^2}{36}}^{\frac{\pi^2}{9}} \frac{\cos\sqrt{x}}{\sqrt{x}}\,dx$ $[\sqrt{3}-1]$

107 $\int_0^\pi \frac{\sin x}{\sqrt{3+\cos x}}\,dx$ $[4-2\sqrt{2}]$

108 $\int_0^2 \frac{e^x}{(e^x+1)^2}\,dx$ $\left[\frac{e^2-1}{2(e^2+1)}\right]$

109 $\int_{-\frac{\pi}{10}}^{\frac{\pi}{10}} \tan 2x\,dx$ $[0]$

110 $\int_{\frac{\pi}{8}}^{\pi} (\sin 2x+\cos 4x)\,dx$ $\left[\frac{\sqrt{2}-3}{4}\right]$

111 $\int_1^3 \frac{1}{x(1+x)}\,dx$ $\left[\ln\frac{3}{2}\right]$

112 $\int_1^4 \left(5x\sqrt{x}-\frac{1}{x}\right)dx$ $[62-\ln 4]$

113 $\int_{\frac{2}{3}}^{\frac{e+1}{3}} \frac{3}{3x-1}\,dx$ $[1]$

114 $\int_1^e \frac{1}{x(1+\ln^2 x)}\,dx$ $\left[\frac{\pi}{4}\right]$

115 $\int_{\sqrt{2}}^{2\sqrt{2}} \frac{6x}{(x^2+1)^2}\,dx$ $\left[\frac{2}{3}\right]$

116 $\int_{\frac{1}{3}}^{\frac{1}{2}} \frac{e^{\frac{1}{x}}}{x^2}\,dx$ $[e^3-e^2]$

117 $\int_0^{\ln\frac{1}{4}} \frac{e^x}{\cos^2(\pi e^x)}\,dx$ $\left[\frac{1}{\pi}\right]$

118 $\int_0^8 \frac{1}{\sqrt{64-x^2}}\,dx$ $\left[\frac{\pi}{2}\right]$

119 $\int_0^{\frac{\sqrt{3}}{3}} \frac{4x}{1+9x^4}\,dx$ $\left[\frac{\pi}{6}\right]$

120 $\int_{\frac{\pi}{2}}^{\frac{2}{3}\pi} \frac{\sin 2x}{4\sin^2 x}\,dx$ $\left[\frac{1}{2}\ln\frac{\sqrt{3}}{2}\right]$

121 $\int_0^1 \arctan x\,dx$ $\left[\frac{\pi-\ln 4}{4}\right]$

122 $\int_e^{e^2} \frac{2}{x\ln^2 x}\,dx$ $[1]$

123 $\int_0^1 \arcsin x\,dx$ $\left[\frac{\pi-2}{2}\right]$

124 $\int_0^{\frac{\sqrt{3}}{2}} \frac{4x}{\sqrt{1-x^2}}\,dx$ $[2]$

125 $\int_{-\frac{\pi}{2}}^{\frac{\pi}{2}} x\sin x\,dx$ $[2]$

126 $\int_3^4 \frac{1}{(x-1)\ln(x-1)}\,dx$ $[\ln\ln 3-\ln\ln 2]$

127 $\int_0^1 x\cdot 3^x\,dx$ $\left[\frac{3\ln 3-2}{\ln^2 3}\right]$

128 $\int_0^{\frac{\pi}{2}} e^x\cos x\,dx$ $\left[\frac{1}{2}\left(e^{\frac{\pi}{2}}-1\right)\right]$

129 $\int_0^2 \frac{x+2}{e^{x-3}}\,dx$ $[3e^3-5e]$

130 ●● $\int_1^{e^\pi} \sin(\ln x)\,dx$ $\left[\frac{e^\pi+1}{2}\right]$

131 ●● $\int_1^{e^2} \frac{\ln x}{\sqrt{x}}\,dx$ $[4]$

132 ●● $\int_0^1 x^2 e^x\,dx$ $[e-2]$

133 ●● $\int_0^{\frac{\pi}{2}} (\sin x \cos x + 1)\,dx$ $\left[\frac{\pi+1}{2}\right]$

134 ●● $\int_{-\frac{\pi}{2}}^0 x\cos 2x\,dx$ $\left[\frac{1}{2}\right]$

135 ●● $\int_{-\frac{\pi}{4}}^{\frac{\pi}{4}} \frac{\sin x}{\sqrt{1+\cos x}}\,dx$ $[0]$

136 ●● $\int_{-\frac{1}{2}}^{\frac{1}{2}} \frac{1}{4x^2+4x+5}\,dx$ $\left[\frac{\pi}{16}\right]$

137 ●● $\int_{-2}^0 \frac{3x+5}{x^2+2x-3}\,dx$ $[-\ln 3]$

138 ●● $\int_1^e \frac{\ln x}{x^2}\,dx$ $\left[1-\frac{2}{e}\right]$

139 ●● $\int_0^1 \ln(x^2+1)\,dx$ $\left[\ln 2 - 2 + \frac{\pi}{2}\right]$

140 ●● $\int_0^{\frac{\pi}{2}} \sin^2 x \cos^3 x\,dx$ $\left[\frac{2}{15}\right]$

141 ●● $\int_1^2 x^3 e^x\,dx$ $[2e(e+1)]$

142 ●● $\int_0^1 \frac{x^2+1}{e^x}\,dx$ $\left[3-\frac{6}{e}\right]$

143 ●● $\int_{e^{\frac{\pi}{4}}}^{e^{\frac{\pi}{2}}} \frac{1}{x\sin^2(\ln x)}\,dx$ $[1]$

144 ●● $\int_0^1 \frac{x^3+3x^2+3x+2}{x^2+2x+1}\,dx$ $[2]$

145 ●● $\int_1^2 \frac{2x^2+5x+1}{x^2+x}\,dx$ $[2+\ln 9 - \ln 2]$

---

146 ●○ $\int_{-1}^1 f(x)\,dx$, con $f(x) = \begin{cases} x+2 & \text{se } -1 \le x < 0 \\ \frac{1}{x+1} & \text{se } 0 \le x \le 1 \end{cases}$. $\left[\frac{3}{2}+\ln 2\right]$

147 ●● Calcolare il seguente integrale definito: $\int_1^e x^3(\ln x)^2\,dx$. $\left[\frac{1}{32}(5e^4-1)\right]$

(*Università di Milano, Corso di laurea in Biologia, Prova di Matematica generale*)

148 ●○ Se $f(1)=3$, $f(5)=3$ e $f'(x)$ è continua nell'intervallo $[1;5]$, quanto vale $\int_1^5 f'(x)\,dx$?

Trova per quale valore del parametro l'integrale assume il valore assegnato.

149 ●○ $\int_1^2 (-x^2+kx)\,dx = \frac{2}{3}$ $[2]$

150 ●○ $\int_1^3 (x+2a)^3\,dx = 60$ $\left[\frac{1}{2}\right]$

151 ●○ $\int_0^{e-1} \frac{1}{x+a}\,dx = 1 \quad (a>0)$ $[1]$

152 ●○ $\int_0^{\frac{\pi}{8}} k\cos 4x\,dx = 4$ $[16]$

153 ●○ $\int_\alpha^2 (3x-1)\,dx = -16$ $\left[-\frac{10}{3}, 4\right]$

154 ●● $\int_0^\alpha \sin 3x\,dx = \frac{1}{3}$ $\left[\frac{\pi}{6}+k\frac{\pi}{3}\right]$

---

155 ●● **TEST** Per quale α reale si ha $\int_1^\alpha \frac{1}{1+x^2}\,dx = \frac{\pi}{12}$?

A $\alpha = \frac{\pi}{3}$ B $\alpha = \sqrt{3}$ C $\alpha = 1$ D $\alpha = \arctan 1$ E $\alpha = \tan 1$

156 ●○ Verifica che $\int_a^{a+2\pi} \sin x\,dx = 0$. Se $f(x)$ è periodica di periodo T, è vero in generale che $\int_a^{a+T} f(x)\,dx = 0$?

Determina l'espressione analitica delle seguenti funzioni integrali e calcola il valore richiesto.

157 ●○ $F(x) = \int_1^x 4\,dt$, $F(0)$. $[F(x)=4(x-1); -4]$

158 ●○ $F(x) = \int_{-2}^x (t+3)\,dt$, $F(2)$. $\left[F(x)=\frac{x^2}{2}+3x+4; 12\right]$

159 ●○ $G(x) = \int_1^x \frac{6t}{3t^2+4}\,dt$, $G(-1)$. $\left[G(x)=\ln\frac{3x^2+4}{7}; 0\right]$

ESERCIZI

160 $F(x) = \int_x^3 \frac{5}{t^2}\,dt$, $F(1)$. $\left[F(x) = \frac{5}{x} - \frac{5}{3}; \frac{10}{3}\right]$

161 $G(x) = \int_\pi^x \sin 2t\,dt$, $G\left(\frac{\pi}{2}\right)$. $\left[G(x) = \frac{1 - \cos 2x}{2}; 1\right]$

162 $F(x) = \int_0^x 10te^{t^2}\,dt$, $F(0)$. $\left[F(x) = 5(e^{x^2} - 1); 0\right]$

Trova gli zeri delle seguenti funzioni.

163 $F(x) = \int_0^x (t^3 + t)\,dt$ $[x = 0]$

164 $G(x) = \int_1^x (4t^3 - 1)\,dt$ $[x = 0, x = 1]$

165 $F(x) = 3 - \int_0^x e^t\,dt$ $[x = \ln 4]$

166 $G(x) = 1 + \int_1^x \frac{5}{t}\,dt$ $\left[x = e^{-\frac{1}{5}}\right]$

Con il metodo di sostituzione

COMPLETA

167 L'integrale $\int_0^2 \frac{1}{e^{\sqrt{2x}}}\,dx$, con la sostituzione $\sqrt{2x} = t$, diventa $\int_{\square}^{\square} \frac{\square}{e^t}\,dt$.

168 Se poniamo $\sqrt{x} = t$, l'integrale $\int_1^4 \frac{1}{\sqrt{x}\,(x+1)}\,dx$ si scrive come $2\int_1^{\square} \frac{dt}{1 + \square}$.

169 ESERCIZIO GUIDA Calcoliamo l'integrale definito $\int_0^{\frac{\pi}{2}} \frac{\cos x}{\sqrt{1 + \sin x}}\,dx$.

Calcoliamo l'integrale definito per sostituzione, cambiando anche gli estremi di integrazione.
Poniamo $t = 1 + \sin x$ e calcoliamo il differenziale di t: $dt = D[1 + \sin x]\,dx = \cos x\,dx$.
Determiniamo il valore della variabile t in corrispondenza dei valori che la x assume negli estremi di integrazione:

$$\text{Per } x = 0 \quad \to \quad t = 1 + \sin 0 = 1; \qquad \text{per } x = \frac{\pi}{2} \quad \to \quad t = 1 + \sin\frac{\pi}{2} = 1 + 1 = 2.$$

Riscriviamo l'integrale dato e sostituiamo le espressioni ricavate in precedenza:

$$\int_0^{\frac{\pi}{2}} \frac{1}{\sqrt{1 + \sin x}} \cdot \cos x\,dx = \int_1^2 \frac{1}{\sqrt{t}}\,dt = [2\sqrt{t}\,]_1^2 = 2\sqrt{2} - 2.$$

Osservazione. In alternativa avremmo potuto calcolare per sostituzione l'integrale *indefinito*

$$\int \frac{\cos x}{\sqrt{1 + \sin x}}\,dx = 2\sqrt{1 + \sin x} + c$$

e poi utilizzare tale risultato per il calcolo dell'integrale definito:

$$\int_0^{\frac{\pi}{2}} \frac{\cos x}{\sqrt{1 + \sin x}}\,dx = [2\sqrt{1 + \sin x}\,]_0^{\frac{\pi}{2}} = 2\sqrt{1 + \sin\frac{\pi}{2}} - 2\sqrt{1 + \sin 0} = 2\sqrt{2} - 2.$$

In questo modo si evita di calcolare gli estremi di integrazione per la variabile t.

Calcola i seguenti integrali utilizzando il metodo di sostituzione.

170 $\int_4^9 \frac{1}{x - \sqrt{x}}\,dx$ $[2\ln 2]$

171 $\int_{-3}^0 \frac{1}{\sqrt{3x + 25}}\,dx$ $\left[\frac{2}{3}\right]$

172 $\int_1^3 \frac{1}{\sqrt{x}\,(1 + x)}\,dx$ $\left[\frac{\pi}{6}\right]$

173 $\int_0^{\pi^2} \sin\sqrt{x}\,dx$ $[2\pi]$

174 $\int_0^{\frac{\sqrt{2}}{2}} \frac{x^2}{\sqrt{1-x^2}}\,dx$ $\left[\frac{\pi-2}{8}\right]$

175 $\int_2^5 \frac{x}{\sqrt{x-1}}\,dx$ $\left[\frac{20}{3}\right]$

176 $\int_{-1}^0 x^2\sqrt{x+1}\,dx$ $\left[\frac{16}{105}\right]$

177 $\int_{-1}^1 \frac{x+1}{\sqrt{x+2}}\,dx$ $\left[\frac{4}{3}\right]$

178 $\int_{-1}^6 \frac{x}{\sqrt[3]{x+2}}\,dx$ $\left[\frac{48}{5}\right]$

179 $\int_0^{\frac{7}{8}} \frac{x}{\sqrt{1-x}}\,dx$ $\left[\frac{4}{3}-\frac{23}{24\sqrt{2}}\right]$

180 $\int_{-\frac{2}{3}}^2 \frac{1}{\sqrt{x+1}\,(2+x)}\,dx$ $\left[\frac{\pi}{3}\right]$

181 $\int_0^1 \sqrt{1-x^2}\,dx$ $\left[\frac{\pi}{4}\right]$

182 $\int_{\frac{\pi}{4}}^{\frac{\pi}{2}} \sqrt{1+\cos x}\,dx$ $\left[2-\sqrt{4-2\sqrt{2}}\right]$

183 $\int_0^{\frac{1}{2}} \sqrt{\frac{x+1}{1-x}}\,dx$ $\left[\frac{\pi}{6}-\frac{\sqrt{3}}{2}+1\right]$

Cambiare gli estremi di integrazione

184 ESERCIZIO GUIDA Calcoliamo l'integrale $\int_0^2 f\left(\frac{x}{2}\right)dx$, sapendo che $\int_0^1 f(x)\,dx = 4$.

Poniamo $\frac{x}{2} = t$; allora: $x = 2t \rightarrow dx = 2dt$.

Per $x = 0 \rightarrow t = 0$; per $x = 2 \rightarrow t = 1$.

Sostituiamo e integriamo:

$$\int_0^2 f\left(\frac{x}{2}\right)dx = \int_0^1 2f(t)\,dt = 2\int_0^1 f(t)\,dt = 2\cdot 4 = 8.$$

Abbiamo applicato la formula: $\int_a^b f(g(x))\,g'(x)\,dx = \int_{g(a)}^{g(b)} f(t)\,dt.$

Calcola il valore dei seguenti integrali definiti, noto il valore dell'integrale indicato a fianco.

185 $\int_0^4 f(2x)\,dx$, $\int_0^8 f(x)\,dx = 10.$ [5]

186 $\int_2^4 f\left(\frac{x}{4}\right)dx$, $\int_{\frac{1}{2}}^1 f(x)\,dx = 6.$ [24]

187 $\int_1^2 3f\left(\frac{x}{2}\right)dx$, $\int_{\frac{1}{2}}^1 f(x)\,dx = 9.$ [54]

188 $\int_0^8 2f(x)\,dx$, $\int_0^4 f(2x)\,dx = 10.$ [40]

189 $\int_0^3 xf(x^2)\,dx$, $\int_0^9 f(x)\,dx = 2.$ [1]

190 $\int_2^0 x^2 f(x^3)\,dx$, $\int_0^8 f(x)\,dx = 6.$ [−2]

---

191 Calcola, se è possibile, i seguenti integrali, sapendo che $\int_1^2 f(x)\,dx = -4$ e che $\int_1^4 f(x)\,dx = 9$.

a. $\int_2^4 2f\left(\frac{x}{2}\right)dx$ b. $\int_4^8 f\left(\frac{x}{2}\right)dx$ c. $\int_1^2 f(4x)\,dx$

[a) − 16; b) 26; c) impossibile]

192 Sapendo che $\int_1^4 f(x)dx = 3$, determina in quale intervallo $[a; b]$ è noto $\int_a^b f(3x+2)dx$ e calcola il suo valore. $\left[\left[-\frac{1}{3}; \frac{2}{3}\right], 1\right]$

193 VERO O FALSO?

a. $\int_2^4 f(4x)\,dx = \int_1^2 f(2x)\,dx.$ V F

b. Se $\int_{-4}^2 f\left(\frac{x}{2}\right)dx = 9$, allora $\int_{-2}^1 f(x)\,dx = \frac{9}{2}.$ V F

c. Se $\int_{-2}^1 f(x)\,dx = 1$ e $\int_1^4 f(x)\,dx = 8$, allora $\int_{-4}^8 f\left(\frac{x}{2}\right)dx = 18.$ V F

d. Se $\int_0^2 f(2x)\,dx = 4$ e $\int_2^5 f(2x)\,dx = 10$, allora $\int_0^{10} f(x)\,dx = 14.$ V F

194 ●● YOU & MATHS A continuous real function f satisfies the identity $f(2x) = 3f(x)$ for all x. If $\int_0^1 f(x)\,dx = 1$, what is $\int_1^2 f(x)\,dx$?

(USA *Harvard-MIT Mathematics Tournament, HMMT*)

[5]

195 ●● Sia f una funzione definita e continua su $\mathbb{R}$. Determina a e b in modo che $\int_1^b f\left(\frac{x-2}{3}\right)dx = -3\int_1^a f(x)dx$.

$\left[a = -\frac{1}{3}, b = 5\right]$

196 ●● Data la funzione $f(x)$ definita e continua su $\mathbb{R}$, calcola $\int_4^9 f(\sqrt{x})dx$, sapendo che $\int_{\frac{2}{3}}^1 x\,f(3x)dx = \frac{7}{18}$. [7]

Valore medio di una funzione

197 ESERCIZIO GUIDA Calcoliamo il valore medio della funzione $y = \sqrt{x}$ nell'intervallo [0; 9] e determiniamo il punto z in cui la funzione assume tale valore. Interpretiamo geometricamente il risultato.

Verificato che la funzione è continua nell'intervallo dato, per calcolare il valore medio $f(z)$ della funzione utilizziamo il teorema della media: $f(z) = \frac{1}{b-a}\int_a^b f(x)\,dx$.

$$f(z) = \frac{1}{9-0}\int_0^9 \sqrt{x}\,dx = \frac{1}{9}\left[\frac{2}{3}x\sqrt{x}\right]_0^9 = \frac{1}{9}(18-0) = 2.$$

Poiché $f(z) = \sqrt{z} = 2$, possiamo ricavare il valore di z, punto in cui la funzione vale 2:

$$z = 2^2 = 4.$$

Riportiamo i risultati ottenuti in un diagramma cartesiano. L'area del rettangolo azzurro è uguale a quella del trapezoide relativo all'intervallo [0; 9].

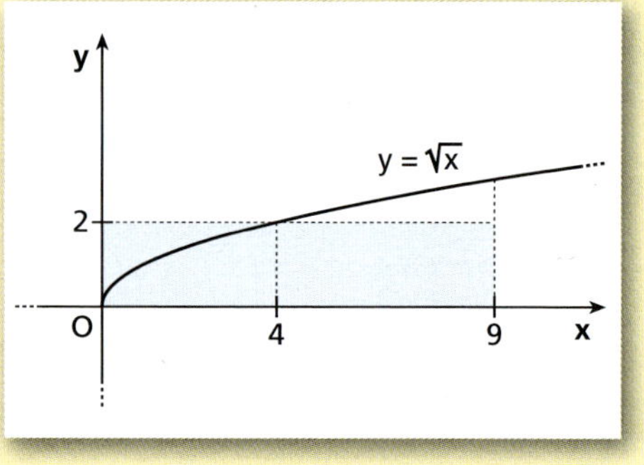

Determina il valore medio delle seguenti funzioni nell'intervallo scritto a fianco. Calcola il punto z in cui la funzione assume tale valore. Interpreta geometricamente il risultato.

198 ●○ $y = 2x + 4$, $[-1; 2]$. $\left[f(z) = 5; z = \frac{1}{2}\right]$

199 ●○ $y = 4 - x^2$, $[1; 2]$. $\left[f(z) = \frac{5}{3}; z = \sqrt{\frac{7}{3}}\right]$

200 ●○ $y = \sqrt{x+2}$, $[-1; 2]$. $\left[f(z) = \frac{14}{9}; z = \frac{34}{81}\right]$

201 ●○ $y = \frac{1}{1+x^2}$, $[0; 1]$. $\left[f(z) = \frac{\pi}{4}; z = \sqrt{\frac{4}{\pi} - 1}\right]$

202 ●○ $y = \frac{1}{(x-2)^2}$, $[3; 6]$. $\left[f(z) = \frac{1}{4}; z = 4\right]$

203 ●○ $y = \frac{x+2}{x-1}$, $[2; e+1]$. $\left[f(z) = \frac{2+e}{e-1}; z = e\right]$

LEGGI IL GRAFICO Determina le coordinate del punto P in modo che i rettangoli colorati siano equivalenti ai trapezoidi definiti negli intervalli indicati in figura.

204 ●○

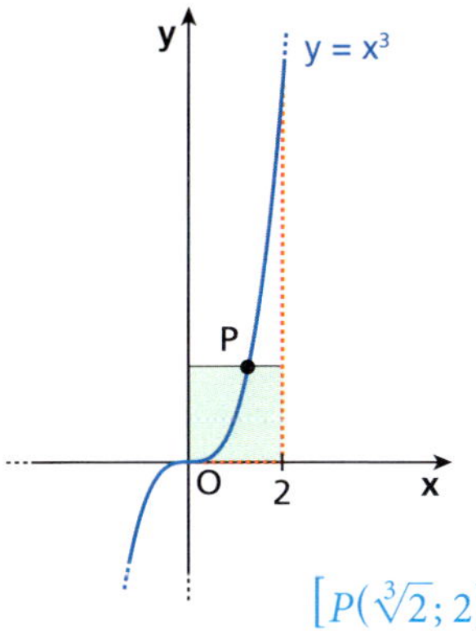

$[P(\sqrt[3]{2}; 2)]$

205 ●○

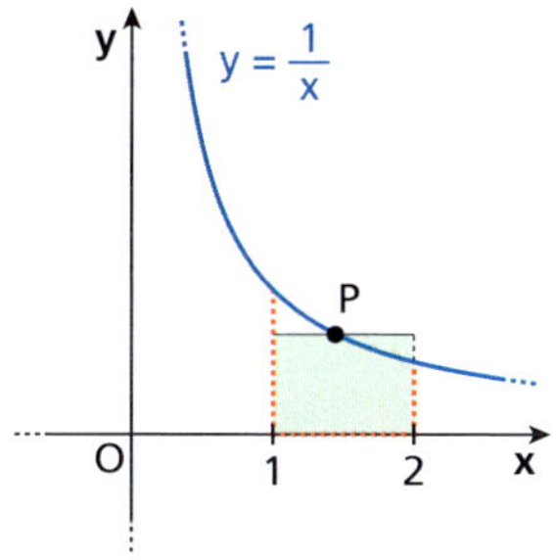

$\left[P\left(\frac{1}{\ln 2}; \ln 2\right)\right]$

206 ●○

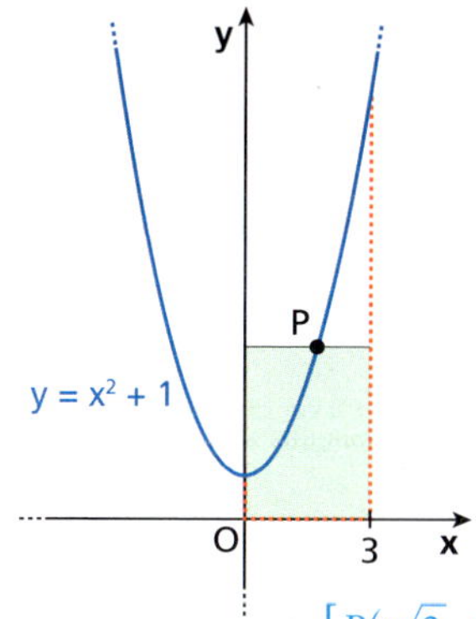

$[P(\sqrt{3}; 4)]$

Calcola il valore medio delle seguenti funzioni nell'intervallo dato.

207 ●○ $y = \frac{\cos x}{1 + \sin x}$, $\left[0; \frac{\pi}{2}\right]$. $\left[\frac{2\ln 2}{\pi}\right]$

208 ●● $y = 4x^3 - 3\sqrt{x+1}$, $[0; 3]$. $\left[\frac{67}{3}\right]$

209 ●● $y = 2xe^{-x^2}$, $[0; 2]$. $\left[\frac{1 - e^{-4}}{2}\right]$

210 ●● $y = xe^{2x}$, $[0; 1]$. $\left[\frac{e^2 + 1}{4}\right]$

211 ●● Studia e rappresenta graficamente la funzione $y = xe^x$ e determina poi l'altezza del rettangolo equivalente al trapezoide definito dal grafico nell'intervallo $[0; 2]$. $\left[\frac{e^2 + 1}{2}\right]$

212 ●● Come nell'esercizio precedente, ma con la funzione $y = \frac{x}{\sqrt{1 + x^2}}$ nell'intervallo $[0; 2\sqrt{2}]$. $\left[\frac{\sqrt{2}}{2}\right]$

213 ●● Si calcoli il valore medio della funzione: $y = \frac{x^5 - 1}{x^2 + 1}$, nell'intervallo $0 \leq x \leq 1$.

(*Esame di Stato, Liceo scientifico, Corso di ordinamento, Sessione straordinaria*, 2012, *quesito* 9)

$\left[\frac{\ln 4 - 1 - \pi}{4}\right]$

214 ●● Si calcoli il valore medio della funzione: $y = \frac{x}{\cos^2 x}$, nell'intervallo $0 \leq x \leq \frac{\pi}{3}$.

(*Esame di Stato, Liceo scientifico, Corso di ordinamento, Sessione straordinaria*, 2013, *quesito* 9)

$\left[\sqrt{3} - \frac{3}{\pi}\ln 2\right]$

215 ●● Si calcoli il valore medio della funzione: $f(x) = \frac{1 + e^{\sqrt{x}}}{\sqrt{x}}$, nell'intervallo $1 \leq x \leq 4$.

(*Esame di Stato, Liceo scientifico, Corso di ordinamento, Sessione suppletiva*, 2013, *quesito* 9)

$\left[\frac{2}{3}(1 + e^2 - e)\right]$

216 ●● Disegna il grafico della funzione $y = x\sqrt{1 + x^2}$. Calcola il suo valore medio nell'intervallo $[0; 1]$ e dimostra che esiste un unico punto interno all'intervallo in cui la funzione è uguale al valor medio. $\left[\frac{2\sqrt{2} - 1}{3}\right]$

Problemi REALTÀ E MODELLI

217 ●○ **Saldi online** Un'azienda che vende vestiti online lancia il mese dei saldi. Le vendite danno un guadagno, in euro, $G(t) = 100(e^{2t} - 1)$, dove t sono le settimane a partire dall'inizio dei saldi. Calcola il guadagno medio a settimana nelle prime 4 settimane. $[\simeq € 37\,149]$

218 ●○

Aria di primavera La temperatura, misurata in °C, in una località marina tra le 8 e le 20 varia secondo la funzione $T(x) = -\frac{x^2}{4} + 3x + 10$, dove x è la variabile che misura il tempo in ore a partire dalle 8, quindi $x = 0$ indica le 8. Qual è la temperatura media nell'arco di tempo considerato? [16 °C]

Con i parametri

219 ●○ Trova per quale valore di a la funzione $y = \frac{a}{\sqrt{x}}$ ha valore medio uguale a $\frac{12}{5}$ nell'intervallo [4; 9]. [6]

TEST

220 ●○ Per quale valore di $a \in \mathbb{R}$ la funzione $f(x) = x^2$ ha valore medio $\frac{4}{3}$ nell'intervallo $[0; a]$?

A 1 B 2 C 3 D 4 E 5

221 ●○ Nell'intervallo $[1; a]$, con $a > 1$, la funzione $y = 3x^2 - 2x$ ha valore medio uguale a 9. Qual è il valore di a?

A 2 B 3 C $\sqrt{3}$ D 9 E $\frac{1+\sqrt{28}}{3}$

222 ●○ Il valor medio della funzione $f(x) = x^3$ sull'intervallo chiuso $[0; k]$ è 9. Si determini k.

(Esame di Stato, Liceo scientifico, Corso di ordinamento, Sessione ordinaria, 2014, quesito 7)

$[\sqrt[3]{36}]$

223 ●○ Determina il valore medio della funzione $y = ax - x^3$, con $a > 0$, nell'intervallo $[0; \sqrt{a}]$. Trova per quale valore di a il valore medio è uguale 2 e stabilisci quanti sono i punti interni all'intervallo in cui la funzione è uguale al suo valore medio. $\left[\frac{1}{4}\sqrt{a^3}; a = 4; \text{due}\right]$

Funzione integrale e sua derivata

224 ESERCIZIO GUIDA Calcoliamo la derivata di: **a.** $G(x) = \int_0^x \cos t \, dt$; **b.** $G(x) = \int_2^{x^2} \frac{\ln t}{t} dt$, con $x \neq 0$.

a. Per il teorema fondamentale del calcolo integrale:

se $F(x) = \int_a^x f(t)\,dt$, allora $F'(x) = f(x)$,

quindi se $G(x) = \int_0^x \cos t \, dt$, allora $G'(x) = \cos x$.

b. La funzione $G(x)$ si ottiene dalla composizione di due funzioni:

$G(x) = F(x^2) = F(z)$, con $F(z) = \int_2^z \frac{\ln t}{t} dt$ e $x^2 = z$.

$F(z)$ è la funzione integrale della funzione $\frac{\ln t}{t}$ e quindi, per il teorema fondamentale del calcolo integrale:

$$F'(z) = \frac{\ln z}{z}.$$

Applicando la regola di derivazione delle funzioni composte, otteniamo:

$$G'(x) = F'(x^2) \cdot 2x = \frac{\ln x^2}{x^2} \cdot 2x = 2\frac{\ln x^2}{x}.$$

In generale: se $G(x) = \int_{x_0}^{f(x)} g(t)\,dt$, allora $G'(x) = g(f(x)) \cdot f'(x)$.

Calcola la derivata prima delle seguenti funzioni.

225 ●○ $G(x) = \int_0^x (2t^2 + 1)\,dt$ $[G'(x) = 2x^2 + 1]$

226 ●○ $F(x) = \int_{-1}^x e^t \, dt$ $[F'(x) = e^x]$

227 ●○ $G(x) = \int_3^x \sin 4t \, dt$ $[G'(x) = \sin 4x]$

228 $G(x) = \int_1^x \frac{t^2}{1+t} dt$ $\left[G'(x) = \frac{x^2}{1+x}\right]$

229 $G(x) = \int_x^2 \sqrt{t}\, dt$, con $x \geq 0$. $[G'(x) = -\sqrt{x}]$

230 $F(x) = \int_x^1 \frac{3}{t^2+1} dt$ $\left[F'(x) = -\frac{3}{x^2+1}\right]$

231 $G(x) = \int_0^{3x} (t+4) dt$ $[G'(x) = 9x + 12]$

232 $G(x) = \int_4^{\ln x} e^t dt$ $[G'(x) = 1]$

233 $G(x) = \int_1^{e^{x^2}} \ln^2 t\, dt$ $[G'(x) = 2x^5 e^{x^2}]$

234 $G(x) = \int_2^{x^4} \arctan t\, dt$ $[G'(x) = 4x^3 \arctan x^4]$

235 $G(x) = \int_1^{2x^2} \sqrt{4+t^3}\, dt$ $[G'(x) = 8x\sqrt{1+2x^6}]$

COMPLETA

236 $F(x) = \int_1^x (3t^2+1) dt$, $F'(0) = \square$.

237 $F(x) = \int_{-2}^x \frac{t+2}{t} dt$, $F'(2) = \square$.

238 $F(x) = \int_0^{2x} e^t dt$, $F'(0) = \square$.

239 $F(x) = \int_1^{x^2} \frac{1}{t^2+1} dt$, $F'(-1) = \square$.

240 **ESERCIZIO GUIDA** Calcoliamo la derivata prima della funzione integrale $F(x) = \int_x^{3x} (1+t) dt$.

$$F(x) = \int_x^0 (1+t)dt + \int_0^{3x}(1+t)dt = -\int_0^x (1+t)dt + \int_0^{3x}(1+t)dt, \text{ quindi:}$$

$$F'(x) = -\left[\int_0^x (1+t)dt\right]' + \left[\int_0^{3x}(1+t)dt\right]' = -(1+x) + (1+3x)\cdot 3 = 8x + 2.$$

Calcola la derivata prima delle seguenti funzioni.

241 $F(x) = \int_x^{x+2} \ln t\, dt$, con $x > 0$. $\left[F'(x) = \ln \frac{x+2}{x}\right]$

242 $G(x) = \int_{x-1}^x e^{-t} dt$ $[G'(x) = e^{-x}(1-e)]$

243 $F(x) = \int_x^{2x} 3\sqrt{t-1}\, dt$, con $x \geq 1$. $[F'(x) = 3(2\sqrt{2x-1} - \sqrt{x-1})]$

244 $G(x) = \int_x^{x^2} (3t-1) dt$ $[G'(x) = 6x^3 - 5x + 1]$

Calcola i seguenti limiti applicando, se possibile, il teorema di De L'Hospital.

245 $\lim_{x\to 0} \frac{\int_0^x \cos t\, dt}{4x}$ $\left[\frac{1}{4}\right]$

246 $\lim_{x\to 1} \frac{\int_1^x (3t+1)dt}{e^{1-x}-1}$ $[-4]$

247 $\lim_{x\to 0} \frac{1}{x}\int_0^x \ln(1+t)\, dt$ $[0]$

248 $\lim_{x\to 0} \frac{\int_0^{x^3} e^{t^2} dt}{6x^3}$ $\left[\frac{1}{6}\right]$

249 $\lim_{x\to 2} \frac{\int_{e^2}^{e^x} \frac{t}{\ln t} dt}{x-2}$ $\left[\frac{e^4}{2}\right]$

250 $\lim_{x\to 0} \frac{\int_0^x \sqrt{4+t^2}\, dt}{2x+x^2}$ $[1]$

251 $\lim_{x\to 0^+} \frac{1}{x}\int_0^{\sqrt{x}} \frac{\ln(1+t^2)}{t} dt$ $\left[\frac{1}{2}\right]$

252 $\lim_{x\to 0} \frac{\int_0^{\frac{\pi}{4}x^2} (1-\cos t)\, dt}{x^6}$ $\left[\frac{\pi^3}{384}\right]$

253 Calcolare $\lim_{x\to 0} \frac{1}{x^3}\int_0^x \frac{t^2}{t^4+1} dt$.

(Esame di Stato, Liceo scientifico, Corso sperimentale, Sessione suppletiva, 2002, quesito 5)

$\left[\frac{1}{3}\right]$

ESERCIZI

254 Calcolare $\lim_{x \to 0} \frac{\int_0^x \sin t^3 \, dt}{x^4}$.

(*Esame di Stato, Liceo scientifico, Corso sperimentale, Sessione suppletiva*, 2002, *quesito* 4)

$\left[\frac{1}{4}\right]$

255 Sia $f(x)$ una funzione reale di variabile reale, derivabile con derivata continua in tutto il campo reale, tale che $f(0) = 1$ ed $f'(0) = 2$. Calcolare: $\lim_{x \to 0} \frac{\int_0^x f(t)\,dt - x}{\cos 2x - 1}$.

(*Esame di Stato, Liceo scientifico, Corso di ordinamento, Sessione suppletiva*, 2001, *quesito* 4)

$\left[-\frac{1}{2}\right]$

256 Trova gli intervalli in cui la funzione $F(x) = \int_0^x (t^2 + 7t + 6)\,dt$ è crescente. $[x < -6 \vee x > -1]$

257 Determina massimi e minimi della funzione $F(x) = \int_{-2}^x \frac{2t^2 - t - 6}{1 + t^2}\,dt$. $\left[\text{max in } x = -\frac{3}{2}; \text{ min in } x = 2\right]$

258 Trova gli intervalli in cui la funzione $G(x) = \int_1^x te^{-t^2}\,dt$ volge la concavità verso l'alto. $\left[-\frac{\sqrt{2}}{2} < x < \frac{\sqrt{2}}{2}\right]$

259 Trovare $f(4)$ sapendo che $\int_0^x f(t)\,dt = x \cos \pi x$.

(*Esame di Stato, Liceo scientifico, Corso sperimentale, Sessione ordinaria*, 2002, *quesito* 9)

[1]

260 VERO O FALSO? Osserva il grafico di $y = f(x)$. Detta $F(x) = \int_0^x f(t)\,dt$, allora:

a. $F(0) = 1$; V F

b. $F(5) > 0$; V F

c. $F'(5) = 0$; V F

d. $F(x)$ è crescente per $x < 5$; V F

e. $F(x)$ ha un solo punto di flesso. V F

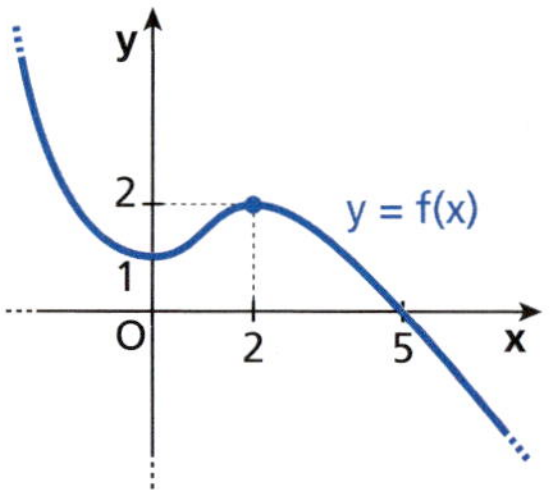

261 Sapendo che $f''(x) = -x^2 + 2x + 1$ e che $f'(0) = 1$, $F(1) = 1$, calcola la funzione integrale $F(x)$ di $f(x)$ con punto iniziale $x_0 = 0$. $\left[F(x) = -\frac{x^5}{60} + \frac{x^4}{12} + \frac{x^3}{6} + \frac{x^2}{2} + \frac{4}{15}x\right]$

262 Trova gli intervalli in cui la funzione $f(x) = -\ln^2 x + \int_1^x \ln t \, dt$ è crescente. $[\,]0; 1[\, \cup \,]2; +\infty[\,]$

263 Trova i massimi e i minimi relativi della funzione integrale:

$F(x) = \int_0^x \frac{\sin t}{t}\,dt$, con $x > 0$. $[\text{max in } x_n = (2n-1)\pi, \text{ min in } x_n = 2n\pi, \text{ con } n \in \mathbb{N} \wedge n \geq 1]$

264 Trova l'equazione della tangente al grafico di $f(x) = 2 + \int_0^x (5 - t^2)\,dt$ nel punto di ascissa 0. $[y = 5x + 2]$

3 Calcolo delle aree

Area compresa tra una curva e l'asse *x*

▶ Teoria a p. 1950

La funzione è positiva

LEGGI IL GRAFICO Calcola l'area del trapezoide rappresentato in ciascuna delle seguenti figure utilizzando gli integrali definiti.

265 ●○

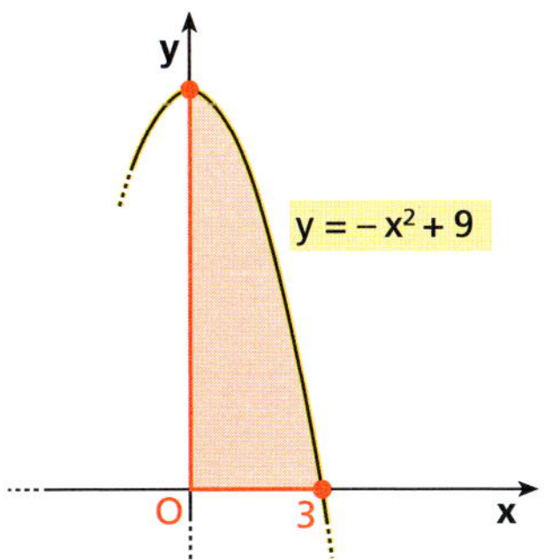

[18]

266 ●○

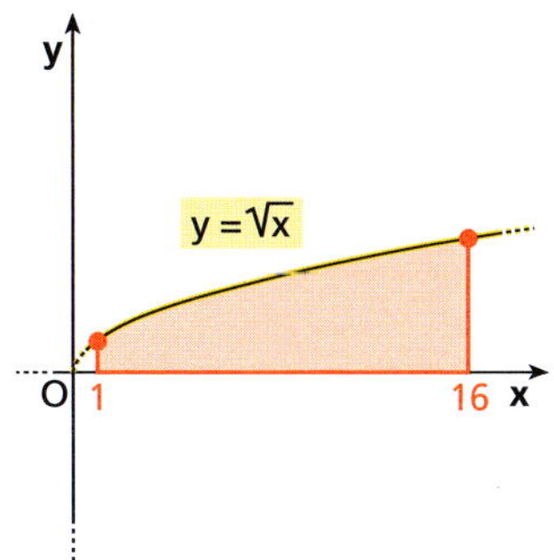

[42]

267 ●○

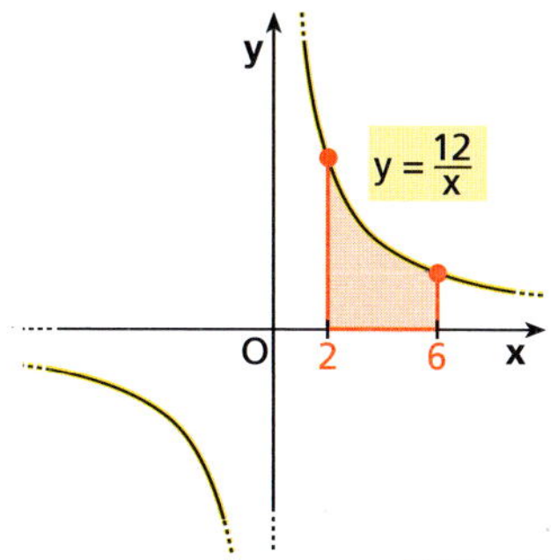

[12 ln 3]

Disegna i trapezoidi definiti dai grafici delle seguenti funzioni negli intervalli scritti a fianco e calcolane l'area utilizzando gli integrali definiti.

268 ●○ $y=-x^2+2x,\quad [0;2].$ $\left[\frac{4}{3}\right]$

269 ●○ $y=\sqrt{x+1},\quad [-1;1].$ $\left[\frac{4}{3}\sqrt{2}\right]$

270 ●○ $y=\ln(x+1),\quad [0;1].$ $[2\ln 2-1]$

271 ●○ $y=e^{-2x}+1,\quad [-1;0].$ $\left[\frac{1}{2}(1+e^2)\right]$

272 ●○ $y=2\tan x,\quad \left[0;\frac{\pi}{4}\right].$ $\left[-2\ln\frac{\sqrt{2}}{2}\right]$

273 ●● $y=4\sin^2 x+2,\quad \left[\frac{\pi}{4};\frac{\pi}{2}\right].$ $[\pi+1]$

LEGGI IL GRAFICO Determina l'area colorata nelle figure.

274 ●○

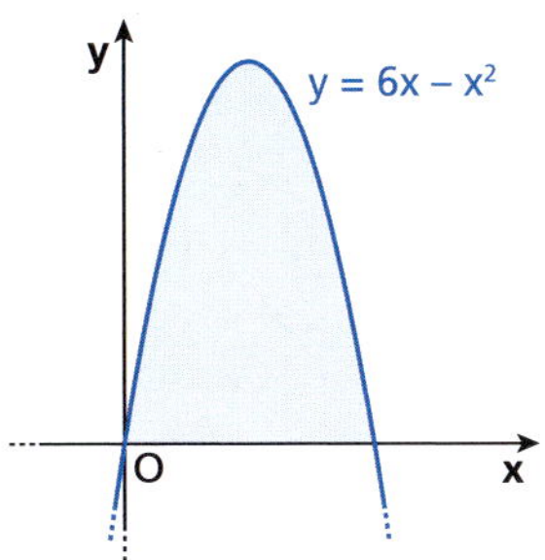

[36]

275 ●○

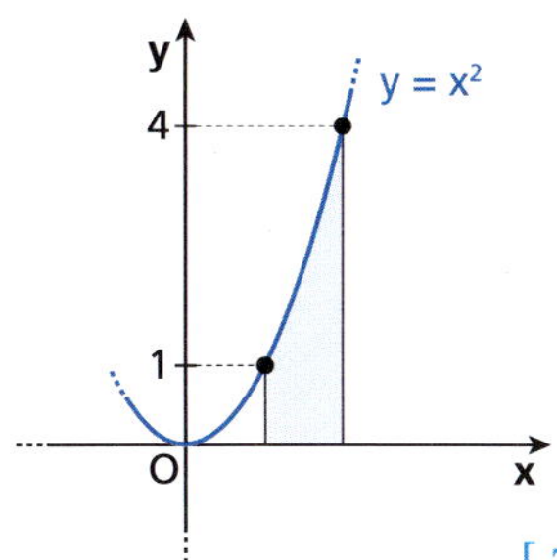

$\left[\frac{7}{3}\right]$

276 ●○

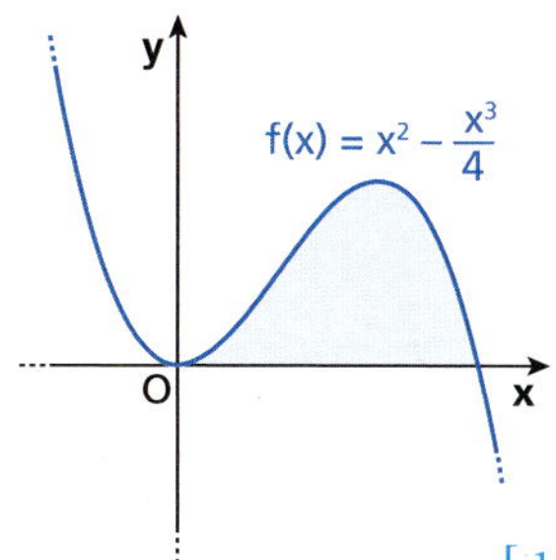

$\left[\frac{16}{3}\right]$

277 ●● Disegna il grafico di $f(x)=4x^3-2x^4$ e trova l'area che $f(x)$ delimita con l'asse x nel primo quadrante. $\left[\frac{16}{5}\right]$

La funzione è negativa

278 **ESERCIZIO GUIDA** Determiniamo l'area S della superficie delimitata dall'asse x e dal grafico della funzione $y=x^2-9$ definita sull'intervallo $[0;2]$.

Il grafico della funzione è una parabola di vertice $V(0;-9)$, che ha la concavità rivolta verso l'alto e incontra l'asse x nei punti di ascissa ± 3. ▶

Disegniamo il grafico ed evidenziamo la superficie considerata.
Calcoliamo l'integrale definito esteso da 0 a 2:

$$\int_0^2 (x^2-9)\,dx = \left[\frac{x^3}{3}-9x\right]_0^2 = \frac{8}{3}-18-0=-\frac{46}{3}.$$

Poiché la funzione è negativa in tutto l'intervallo, allora dobbiamo far precedere l'integrale definito da un segno meno, ossia:

$$S=-\int_0^2 (x^2-9)\,dx = -\left(-\frac{46}{3}\right)=\frac{46}{3}.$$

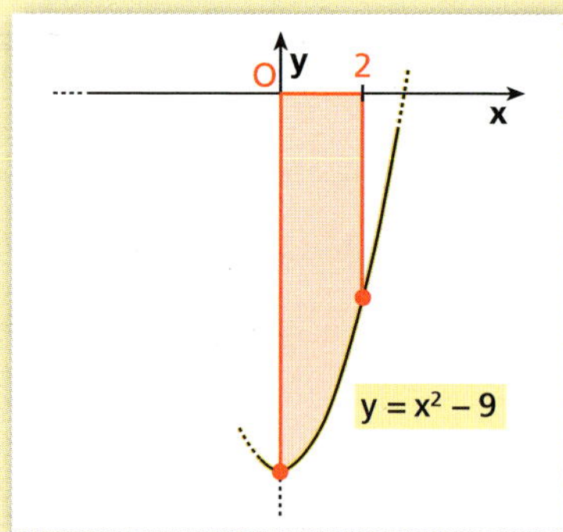

Dopo aver disegnato le superfici delimitate dall'asse x e dal grafico delle seguenti funzioni definite negli intervalli indicati, calcolane l'area.

279 $y=x^3$, $[-2;0]$. $[4]$

280 $y=x^2-5x$, $[1;4]$. $\left[\frac{33}{2}\right]$

281 $y=x^2-6x+5$, $[2;4]$. $\left[\frac{22}{3}\right]$

282 $y=-\frac{3}{x}$, $[3;6]$. $[3\ln 2]$

283 $y=\sin x$, $[\pi;2\pi]$. $[2]$

284 $y=\ln x$, $\left[\frac{1}{2};1\right]$. $\left[\frac{1}{2}(1-\ln 2)\right]$

La funzione è in parte positiva o nulla e in parte negativa

285 ESERCIZIO GUIDA Determiniamo l'area S della superficie delimitata dall'asse x e dal grafico della funzione $y=-x^2+4$ definita sull'intervallo $[-1;3]$.

Il grafico della funzione è una parabola di vertice $V(0;4)$, che ha la concavità rivolta verso il basso e incontra l'asse x nei punti di ascissa ± 2. Evidenziamo nel grafico la superficie considerata.
Per calcolare l'area scomponiamo la superficie in due superfici: $ABCV$, delimitata dall'arco di curva CVA, in cui la funzione assume valori positivi, e CDE, delimitata dall'arco di curva CD, in cui la funzione assume valori negativi.
Calcoliamo i due integrali e cambiamo segno al secondo:

$$S=\int_{-1}^{2}(-x^2+4)\,dx-\int_2^3(-x^2+4)\,dx=$$

$$\left[-\frac{x^3}{3}+4x\right]_{-1}^{2}-\left[-\frac{x^3}{3}+4x\right]_2^3=$$

$$\left(-\frac{8}{3}+8-\frac{1}{3}+4\right)-\left(-\frac{27}{3}+12+\frac{8}{3}-8\right)=$$

$$-\frac{9}{3}+12+\frac{19}{3}-4=\frac{34}{3}.$$

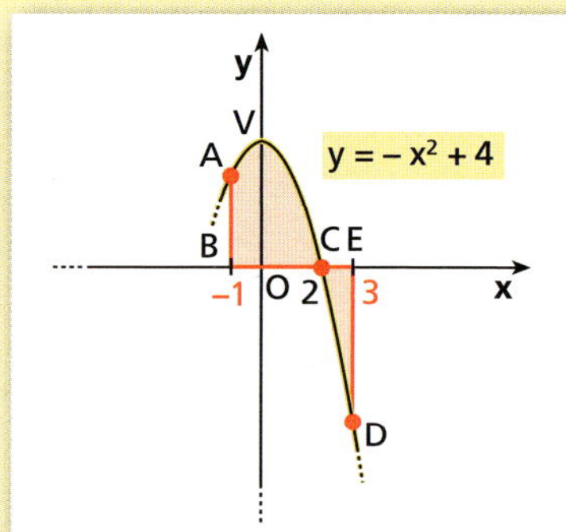

Dopo aver disegnato le superfici delimitate dall'asse x e dal grafico delle seguenti funzioni definite negli intervalli indicati, calcolane l'area.

286 $y=-x^3$, $[-1;2]$. $\left[\frac{17}{4}\right]$

287 $y=x^2-3x$, $[-2;2]$. $[12]$

288 $y=3x^2+6x$, $[-1;3]$. $[56]$

289 $y=-x^2+6x-8$, $[2;5]$. $\left[\frac{8}{3}\right]$

290 $y=\sqrt{x}-1$, $[0;4]$. $[2]$

291 $y=\cos x$, $\left[0;\frac{5\pi}{6}\right]$. $\left[\frac{3}{2}\right]$

Funzioni pari e funzioni dispari

AL VOLO

292

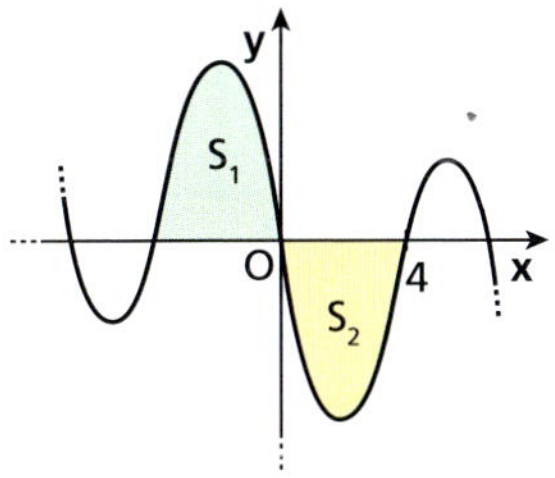

Sapendo che $f(x)$ è una funzione dispari e che $\int_0^4 f(x)dx = -7$, calcola il valore dell'area di:

a. S_1; **b.** S_2; **c.** $S_1 \cup S_2$.

293

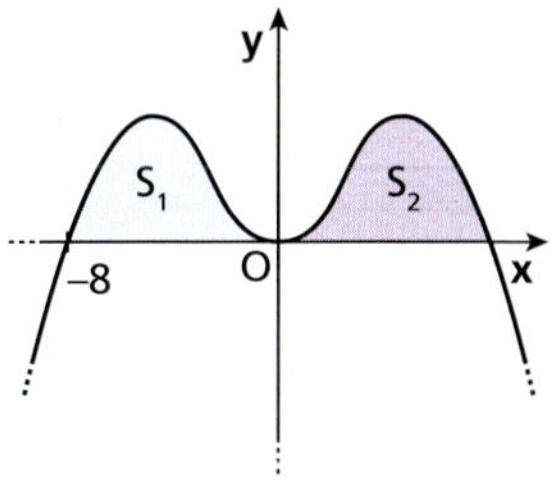

Sapendo che $f(x)$ è una funzione pari e che $\int_{-8}^{8} f(x)dx = 18$, calcola il valore dell'area di:

a. S_1; **b.** S_2; **c.** $S_1 \cup S_2$.

VERO O FALSO?

294

a. $\int_{-2}^{2} x^3 dx = 0$ V F

b. $\int_{-1}^{1} x^3 dx = 2\int_0^1 x^3 dx$ V F

c. $\int_{-3}^{0} x^3 dx = \int_0^3 x^3 dx$ V F

d. $\int_{-1}^{-2} x^3 dx = \int_1^2 x^3 dx$ V F

295

a. $\int_4^{-4} x^2 dx = 0$ V F

b. $\int_0^3 x^4 dx = \frac{1}{2}\int_{-3}^{3} x^4 dx$ V F

c. $\int_0^2 x^2 dx + \int_0^{-2} x^2 dx = 0$ V F

d. $\int_{-2}^{2} (4x + x^3)dx = 0$ V F

296 **AL VOLO** Calcola il valore dei seguenti integrali.

a. $\int_{-6}^{6} 3x^5 dx$ **b.** $\int_5^{-5} (x - x^3) dx$ **c.** $\int_{-1}^{1} xe^{x^2} dx$

Determina l'area della regione delimitata dall'asse *x* e dalla funzione data negli intervalli indicati.

297 $y = 5x^4$; $[-1; 1]$, $[0; 1]$. $[2; 1]$

298 $y = \cos x - 1$; $\left[-\frac{3}{2}\pi; 0\right]$, $\left[-\frac{3}{2}\pi; \frac{3}{2}\pi\right]$. $\left[\frac{3}{2}\pi + 1; 3\pi + 2\right]$

299 $y = 4x^3 - x$; $[0; 2]$, $[-2; 2]$. $\left[\frac{113}{8}; \frac{113}{4}\right]$

300 Sapendo che $\int_{-6}^{6} f(x)dx = 12$ e che f è una funzione pari, calcola:

$\int_0^6 f(x)dx$, $\int_0^{-6} f(x)dx$, $\int_{-6}^{6} f(-x)dx$. $[6; -6; 12]$

301 Sapendo che $\int_0^3 f(x)dx = 8$ e che f è una funzione dispari, calcola:

$\int_{-3}^{3} f(x)dx$, $\int_0^3 f(-x)dx$, $\int_0^{-3} f(x)dx$. $[0; -8; 8]$

RIFLETTI SULLA TEORIA

302 Se $f(x)$ è pari, quanto vale $\int_{-2}^{2} xf(x)dx$?

303 Se $f(x)$ è dispari, quanto vale $\int_{-4}^{4} x^4 f(x)dx$?

304 Se f è una funzione dispari continua in $\mathbb{R}$, qual è il valore medio di f nell'intervallo $[-a; a]$?

ESERCIZI

Area compresa tra due curve

Teoria a p. 1950

LEGGI IL GRAFICO Calcola l'area delle superfici evidenziate nelle seguenti figure.

305 ●○

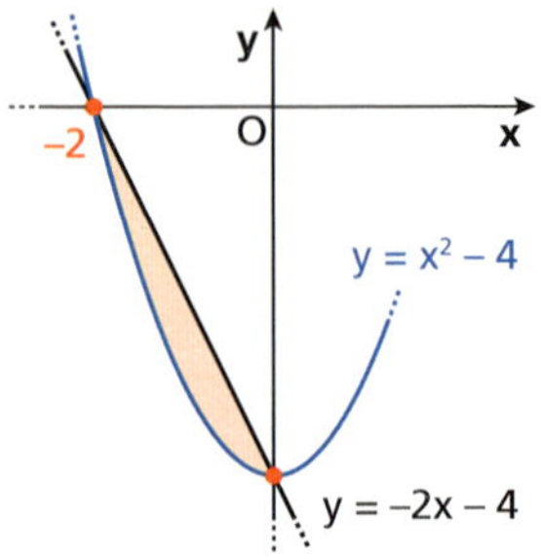

$\left[\frac{4}{3}\right]$

306 ●○

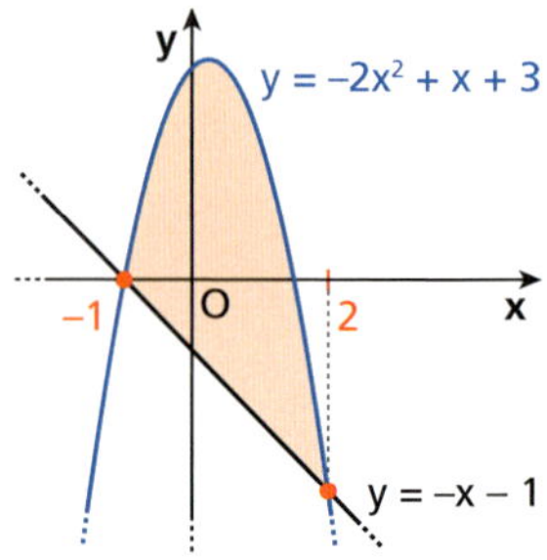

[9]

307 ●○

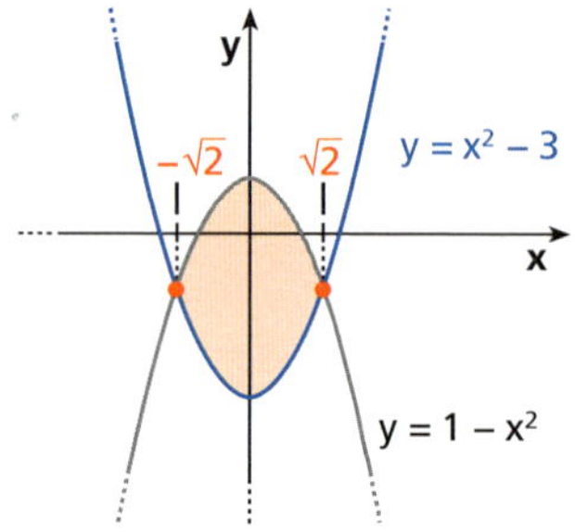

$\left[\frac{16}{3}\sqrt{2}\right]$

308 **ESERCIZIO GUIDA** Determiniamo l'area della superficie racchiusa dalle parabole di equazioni:

$y = x^2 + 1$ e $y = -x^2 + 4x + 1$.

Tracciamo le due parabole. La prima ha vertice nel punto $V_1(0; 1)$, asse di simmetria l'asse y e concavità rivolta verso l'alto. La seconda ha vertice nel punto $V_2(2; 5)$, asse di simmetria la retta di equazione $x = 2$ e concavità rivolta verso il basso.

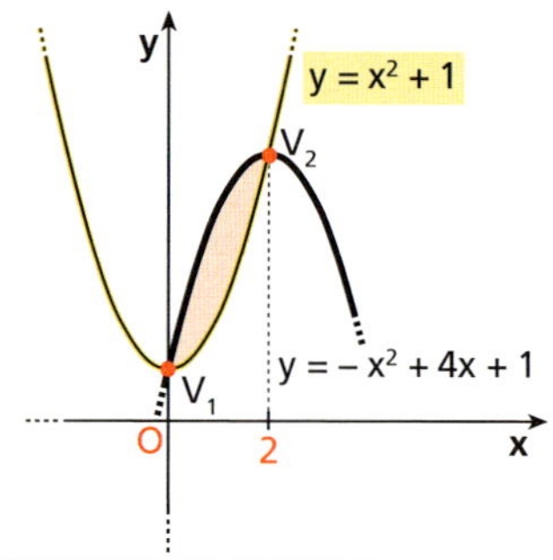

Le due parabole si intersecano nei punti V_1 e V_2, perciò gli estremi di integrazione sono 0 e 2.

L'area della superficie da esse racchiusa è data dall'integrale della differenza tra la funzione maggiore (che sta sopra) e quella minore (che sta sotto), perciò:

$$S = \int_0^2 [(-x^2 + 4x + 1) - (x^2 + 1)]dx = \int_0^2 (-2x^2 + 4x)\,dx = \left[-\frac{2}{3}x^3 + 2x^2\right]_0^2 = -\frac{16}{3} + 8 = \frac{8}{3}.$$

Rappresenta ogni coppia di funzioni e determina l'area della regione finita di piano da esse individuata.

309 ●○ $y = x^2 - 1;\quad y = -x^2 - 3x - 1.$ $\left[\frac{9}{8}\right]$

310 ●○ $y = x^2 + 4x;\quad y = -2x^2 - 2x + 9.$ [32]

311 ●○ $y = x + 4;\quad y = -\frac{3}{x}.$ $[4 - 3\ln 3]$

312 ●○ $y = \frac{1}{1 + x^2};\quad y = \frac{x^2}{2}.$ $\left[\frac{\pi}{2} - \frac{1}{3}\right]$

313 ●● $y = \frac{4}{x};\quad y = x^2 - 6x + 9.$ $[8\ln 2 - 3]$

314 ●● $y = \sqrt{5 - x};\quad y = |3 - x|.$ $\left[\frac{13}{6}\right]$

315 ●○ Determina l'area della regione finita di piano contenuta nel primo quadrante e individuata dalla parabola di equazione $y = -x^2 + 2$, dalla curva di equazione $y = x^3$ e dall'asse y. $\left[\frac{17}{12}\right]$

316 ●○ Determina la misura dell'area della superficie chiusa individuata nel secondo quadrante dalle parabole di equazioni $y = -x^2 + 2x + 4$ e $y = \frac{x^2}{4} + 2x + 4$ e dalla retta di equazione $y = 1$. [1]

317 ●○ Calcola l'area della regione piana delimitata dalla curva di equazione $y = \frac{1}{1 - x}$, dall'asse y e dalla retta di equazione $y = 4$. $[3 - \ln 4]$

318 ●○ Dopo aver verificato che la parabola di equazione $y = -\frac{1}{2}x^2 + 1$ incontra la curva di equazione $y = 2^x$ nei punti $A\left(-1; \frac{1}{2}\right)$ e $B(0; 1)$, determina l'area della regione finita di piano delimitata dalle due curve. $\left[\frac{5}{6} - \frac{1}{\ln 4}\right]$

319 ●○ Trova l'area della regione finita di piano delimitata dalle curve di equazioni $y = \sin x$ e $y = -\cos x$ nell'intervallo $\left[-\frac{\pi}{4}; \frac{3\pi}{4}\right]$. $[2\sqrt{2}]$

320 ●○ YOU & MATHS Determine the area enclosed by the curve $y = x^2 + 1$ and the line $y = 5$.
(IR *Leaving Certificate Examination*, Higher Level)
$\left[\frac{32}{3}\right]$

321 ●○ Trova l'area della regione finita di piano delimitata dalla parabola di equazione $y = x^2 + 2x + 1$, dalla tangente passante per il suo punto di ascissa 1 e dall'asse x. $\left[\frac{2}{3}\right]$

322 ●○ Calcola l'area della regione finita di piano compresa tra le parabole di equazioni $y = x^2$ e $y = x^2 - 6x + 6$ e la bisettrice del secondo e quarto quadrante. $\left[\frac{5}{3}\right]$

323 ●○ Calcola le aree delle regioni di piano comprese tra le curve di equazioni $y = x^2$ e $y = \sqrt{|x|}$. $\left[\frac{1}{3}; \frac{1}{3}\right]$

324 ●○ Calcola l'area della regione finita di piano delimitata dalla parabola con asse parallelo all'asse x, avente vertice $V(-4; 0)$ e passante per il punto $A(0; 2)$, e dalla retta parallela alla bisettrice del secondo e quarto quadrante passante per A. $\left[\frac{125}{6}\right]$

325 ●○ Determina l'area del triangolo ABC, dove A è il vertice della parabola $y = -x^2 + 4x$ e B e C sono i punti della parabola di ordinata -5. Trova inoltre l'area della regione finita di piano compresa fra la parte di parabola che contiene il triangolo e il triangolo stesso. $[S_1 = 27; S_2 = 9]$

326 ●● Trova l'equazione della parabola, con asse di simmetria parallelo all'asse delle ordinate, che interseca la retta di equazione $y = 2x + 1$ nei punti di ascissa 0 e 5 delimitando con essa una regione di piano di area $\frac{125}{18}$.
$\left[y = \frac{1}{3}x^2 + \frac{1}{3}x + 1; y = -\frac{1}{3}x^2 + \frac{11}{3}x + 1\right]$

Area compresa tra una curva e l'asse y

▶ Teoria a p. 1952

Determina l'area della superficie delimitata dal grafico delle seguenti funzioni, dall'asse y e dalle rette date.

327 ●○ $x = y^2 - 6y$; $y = 0, y = 2$. $\left[\frac{28}{3}\right]$

328 ●○ $x = \sqrt{y-3}$; $y = 4, y = 7$. $\left[\frac{14}{3}\right]$

329 ●○ $y = \sqrt{3x+1}$; $y = 0, y = 1$. $\left[\frac{2}{9}\right]$

330 ●○ $y = \ln x$; $y = 0, y = 1$. $[e - 1]$

331 ●○ $y = \sqrt{x} + 2$; $y = 2, y = 4$. $\left[\frac{8}{3}\right]$

332 ●○ $y = \frac{4}{x}$; $y = 1, y = 4$. $[8\ln 2]$

333 ESERCIZIO GUIDA Determiniamo l'area della superficie racchiusa dalle curve di equazioni $y = \frac{6}{x}$ e $x = -y^2 + 2y + 5$.

Disegniamo i grafici delle due curve.
Determiniamo i loro punti di intersezione: ponendo le due equazioni a sistema troviamo $A(2; 3)$, $B(6; 1)$, $C(-3; -2)$.
Per calcolare l'area colorata, esplicitiamo la prima equazione in x:

$$x = \frac{6}{y}.$$

Quindi calcoliamo:

$$\int_1^3\left(-y^2 + 2y + 5 - \frac{6}{y}\right)dy = \left[-\frac{y^3}{3} + y^2 + 5y - 6\ln|y|\right]_1^3 =$$

$$-9 + 9 + 15 - 6\ln 3 + \frac{1}{3} - 1 - 5 = \frac{28}{3} - 6\ln 3.$$

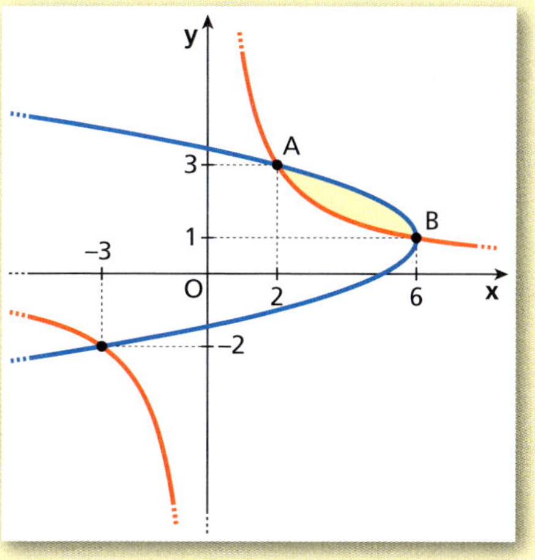

ESERCIZI

334 Determina l'area della regione finita di piano delimitata dai grafici di $x = y^2$ e $x + y - 2 = 0$. $\left[\frac{9}{2}\right]$

335 Determina l'area della superficie racchiusa dalle curve di equazioni $x = -y^2 + y + 8$ e $x = y^2 - 3y + 2$. $\left[\frac{64}{3}\right]$

336 Trova l'area della regione finita di piano delimitata da $y = x^3$ e $x = y^2$. $\left[\frac{5}{12}\right]$

337 Calcola l'area della regione finita di piano delimitata dai grafici di $y = \sqrt{x-5}$ e $x = -y^2 + 6y + 1$. $\left[\frac{1}{3}\right]$

Riepilogo: Calcolo delle aree

LEGGI IL GRAFICO **In ognuna delle seguenti figure sono evidenziate delle superfici: calcolane l'area mediante gli integrali.**

338

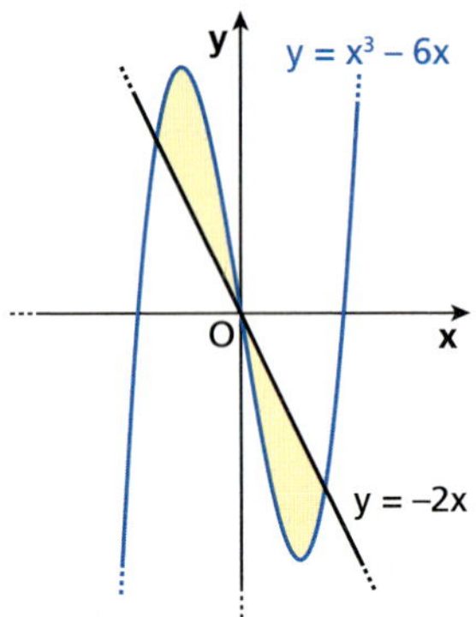

[8]

339

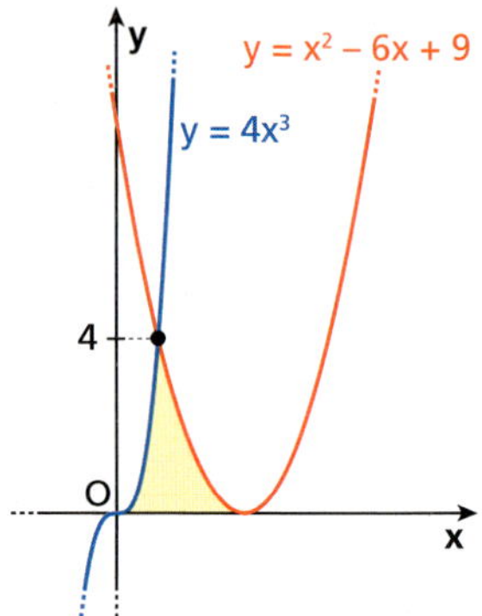

$\left[\frac{11}{3}\right]$

340

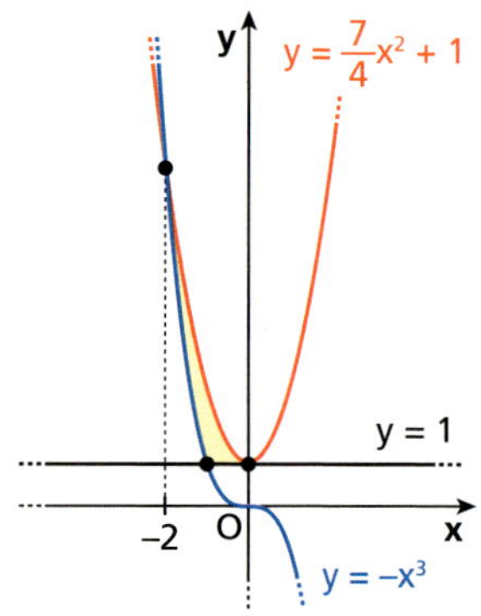

$\left[\frac{23}{12}\right]$

341 Disegna le parabole di equazioni $y = x^2 - 4x - 5$ e $y = -x^2 + 2x + 3$. Calcola poi l'area delle due zone delimitate dalle parabole e dal segmento che congiunge i loro punti di intersezione. $\left[S_1 = S_2 = \frac{125}{6}\right]$

342 Calcolare l'area della regione di piano individuata dal grafico della funzione $f(x) = \frac{1}{\sqrt{x} - 1}$, dalle rette $x = 4$ e $x = 9$ e dall'asse delle x.

(*Politecnico di Torino, Test di Analisi I*)

$[2 + \ln 4]$

343 **LEGGI IL GRAFICO** Trova la misura dell'area della superficie colorata racchiusa dalle due parabole γ_1 e γ_2, con γ_2 di equazione $y = -x^2 + 5x - 2$. $\left[\frac{40}{3}\right]$

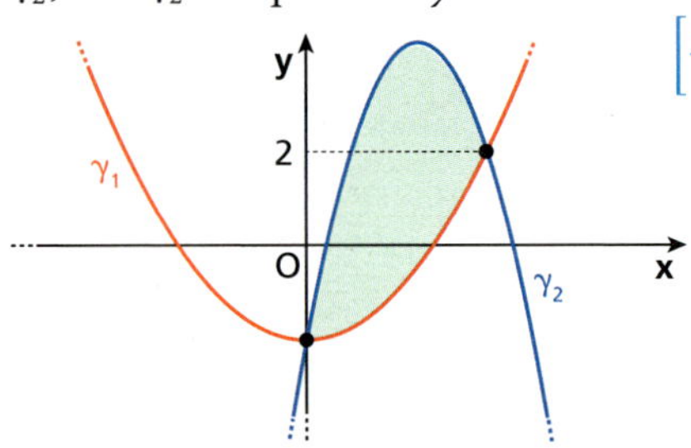

344 **LEGGI IL GRAFICO** Nel grafico la retta è tangente alla parabola in A.
Trova l'area della regione colorata.

$\left[y = x^2 - 2x + 2; \frac{23}{8}\right]$

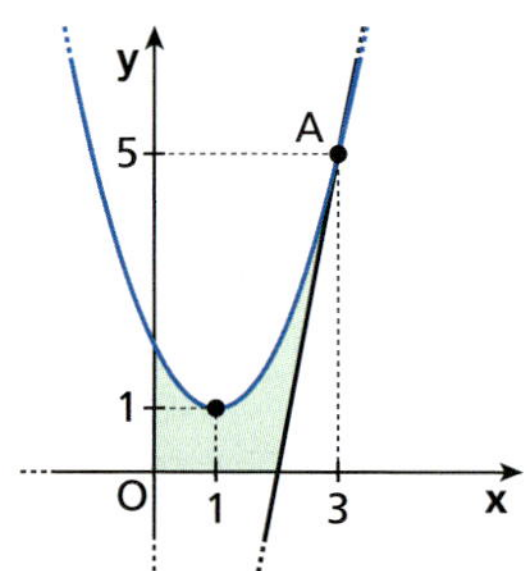

345 Rappresenta graficamente la funzione di equazione $y = 2 + \frac{4}{x-1}$. Calcola l'area della regione finita di piano delimitata dalla curva data, dalla tangente alla curva nel suo punto di ascissa 0 e dall'asse x. $\left[4\ln 2 - \frac{5}{2}\right]$

346 **YOU & MATHS** Find the area of the bounded region enclosed by the curve $y = \frac{2x}{x^2 + 1}$, the x-axis, the line $x = 1$, and the line $x = 2\sqrt{2}$.

(IR *Leaving Certificate Examination,* Higher Level)

$\left[\ln\left(\frac{9}{2}\right)\right]$

347 Calcola l'area della regione finita di piano delimitata dalla parabola di equazione $y = -x^2 + 4$ e dalle tangenti condotte alla parabola nei suoi punti di intersezione con l'asse x. $\left[\frac{16}{3}\right]$

348 Trova l'area delle parti finite di piano racchiuse dalle due parabole di equazioni $y = \frac{x^2}{2} - \frac{3}{2}x$ e $x = y^2$. $\left[\frac{20}{3}; \frac{1}{12}\right]$

349 Considera la parabola di equazione

$$y = -\frac{1}{2}x^2 + 4x - \frac{7}{2}$$

e trova le equazioni delle rette tangenti s e t nei suoi punti di ascissa 2 e 5. Determina l'area della parte finita di piano delimitata dalle rette s, t e dal grafico della parabola. $\left[\frac{9}{8}\right]$

350 Disegna le parabole di equazioni

$$y = x^2 - 7x + 10 \text{ e } y = -x^2 + 8x - 12.$$

Conduci una retta parallela all'asse y nella zona S racchiusa dalle due parabole in modo che la corda intercettata su di essa dalle parabole abbia lunghezza massima. Calcola poi l'area di S e delle due parti in cui S resta divisa dalla retta trovata. $\left[x = \frac{15}{4}; S = \frac{343}{24}; S_1 = S_2 = \frac{343}{48}\right]$

351 Le rette r e s sono tangenti alla parabola di equazione

$$y = -\frac{1}{2}x^2 + 2x$$

rispettivamente in O e A. Trova l'area della zona colorata. $\left[\frac{9}{8}\right]$

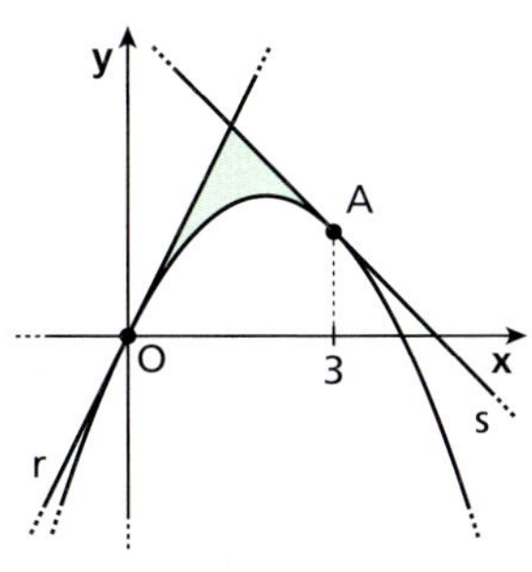

352 Determina l'equazione della parabola con asse parallelo all'asse y, con il vertice di ascissa $x = 2$ e passante per i punti $A(4; 0)$ e $B(-2; 12)$. Considera la retta t tangente in A alla parabola e la retta r parallela all'asse x passante per B. Calcola l'area della regione delimitata dalla parabola e dalle rette r e t. $\left[y = x^2 - 4x; S = \frac{14}{3}\right]$

353 Calcola l'area della regione contenuta nel semipiano delle ordinate positive delimitata dall'ellisse di equazione $\frac{x^2}{16} + \frac{y^2}{4} = 1$. $[4\pi]$

354 Trova l'equazione della parabola con asse parallelo all'asse y, che ha il vertice di ordinata $-\frac{9}{4}$, passa per $A(0; 10)$ e ha la tangente in A di coefficiente angolare -7. Disegna la curva, considera la retta di equazione $y = -1$ e trova l'area della parte finita di piano delimitata dalla parabola e dalla retta. $\left[y = x^2 - 7x + 10; \frac{5}{6}\sqrt{5}\right]$

355 Trova l'equazione della parabola che ha l'asse di equazione $y = \frac{5}{2}$, passa per il punto $(2; 1)$ e interseca l'asse x nel punto di ascissa 6.
Calcola l'area della regione di piano compresa tra la curva e l'asse delle ordinate. $\left[x = y^2 - 5y + 6; \frac{1}{6}\right]$

356 Determina l'area della regione di piano delimitata dall'ellisse di equazione $\frac{x^2}{9} + \frac{y^2}{16} = 1$. $[12\pi]$

357 LEGGI IL GRAFICO La parabola rappresentata in figura è tangente in A alla retta di equazione $y = 4x + 4$ e ha equazione $y = ax^2 + bx + 3$.

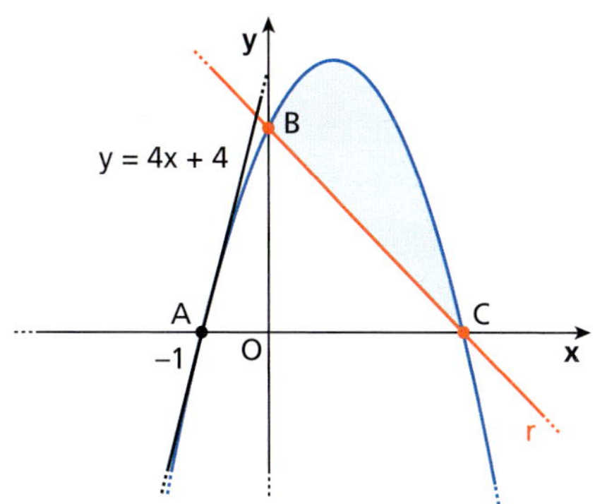

a. Trova a e b.

b. Determina l'equazione della retta r che passa per B e C.

c. Trova la misura dell'area della superficie colorata.

$\left[\text{a) } a = -1, b = 2; \text{ b) } y = 3 - x; \text{ c) } \frac{9}{2}\right]$

358 Calcola l'area della regione finita di piano delimitata dalla curva di equazione $y = \cos x$ e dalle rette di equazioni $x = \frac{\pi}{2}$ e $y = -2x + 1$. $\left[1 + \frac{\pi^2}{4} - \frac{\pi}{2}\right]$

359 Trova $f(x)$ sapendo che $f'(x) = 2e^{-x}(1 - x)$ e che $f(0) = 1$. Rappresenta il suo grafico e calcola l'area compresa tra la curva e l'asse x nell'intervallo $[0; 1]$. $[f(x) = 2xe^{-x} + 1; 3 - 4e^{-1}]$

360 Traccia il grafico della funzione $y = x^4 - 2x^3 + 2$ e le sue tangenti nei punti di flesso A e B. Detto C il punto di intersezione delle due tangenti, calcola l'area del triangolo mistilineo ABC. $\left[\frac{1}{20}\right]$

361 Traccia il grafico della parabola di equazione $x = y^2 - 2y$ e calcola l'area della regione finita di piano compresa tra la curva e l'asse y. $\left[\frac{4}{3}\right]$

362 Dopo aver disegnato il grafico della funzione $y = 1 - xe^{-x}$, calcola l'area della regione finita di piano delimitata dallo stesso grafico, dal suo asintoto, dall'asse y e dalla retta di equazione $x = 2$. $[1 - 3e^{-2}]$

363 Rappresenta la funzione $y = \frac{x^2+1}{x+1}$ e determina l'area della regione finita delimitata dagli assi x e y, dal grafico della funzione e dalla retta parallela all'asse y passante per il punto di minimo relativo della funzione. $\left[\frac{5-4\sqrt{2}}{2} + \ln 2\right]$

364 Traccia il grafico di $f(x) = \frac{x^2 - 3x + 1}{x - 3}$ e successivamente calcola l'area della regione finita di piano delimitata dal grafico di $f(x)$, dal suo asintoto obliquo, dall'asse y e dalla retta di equazione $x = 2$. $[\ln 3]$

365 Rappresenta graficamente la funzione $y = \frac{2x}{\sqrt{1-x^2}}$ e calcola l'area della regione finita di piano compresa fra il grafico della funzione, l'asse x e la retta di equazione $x = \frac{1}{2}$. $[2 - \sqrt{3}]$

366 Calcola l'area delle due regioni finite di piano individuate dall'intersezione tra la parabola di equazione $y = 2x^2 + 2x$ e la curva di equazione $y = x^3 + 3x^2$. $\left[\frac{8}{3}; \frac{5}{12}\right]$

367 Rappresenta graficamente la funzione $y = \sqrt{\frac{x}{4-x}}$ e determina l'area della regione finita di piano compresa fra la curva, l'asse y e la retta tangente alla curva nel suo punto di flesso. (SUGGERIMENTO Per il calcolo dell'integrale poni $x = 4\sin^2 t$.) $\left[\frac{11}{9}\sqrt{3} - \frac{2}{3}\pi\right]$

368 Determina la misura dell'area della regione finita di piano delimitata dal grafico della funzione $f(x) = 2^x$, dall'asse y e da quello della retta di equazione $y = 2x$. $\left[\frac{1}{\ln 2} - 1\right]$

369 EUREKA! Osserva il grafico. Cosa puoi dire delle aree di S_1 e di S_2?

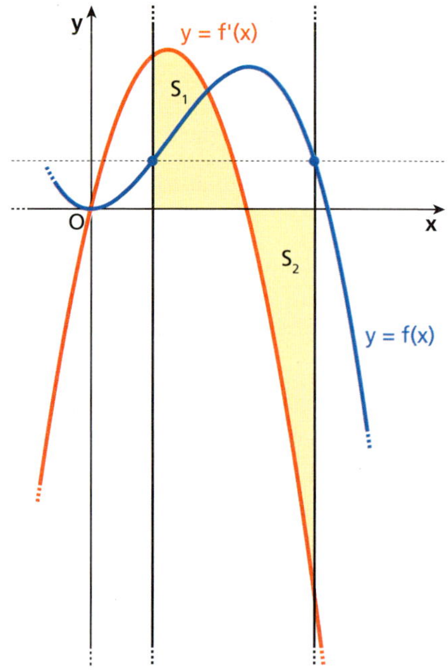

370 Trova l'area della parte di piano finita delimitata dalla parabola di equazione $y = \frac{3}{2}x^2 - 1$, dall'iperbole di equazione $y = \frac{x+3}{x-1}$ e dalla retta di equazione $3x - 8y + 1 = 0$. $\left[8\ln 2 + \frac{1}{2}\right]$

371 LEGGI IL GRAFICO Nel grafico sono rappresentate l'iperbole di equazione $y = \frac{a}{x}$, per $x > 0$, e le sue tangenti r e s rispettivamente in A e B.

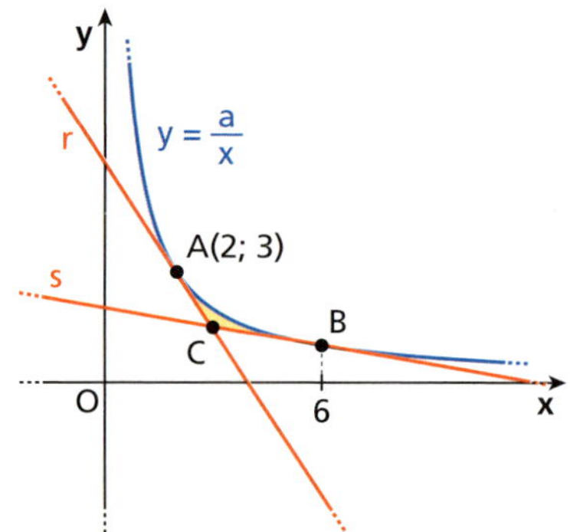

a. Trova il valore di a.

b. Determina le equazioni di r e s e le coordinate di C.

c. Calcola l'area del triangolo mistilineo ABC.

$\left[\text{a) } 6; \text{ b) } y = -\frac{3}{2}x + 6,\ y = 2 - \frac{x}{6},\ C\left(3; \frac{3}{2}\right);\ \text{c) } 6(\ln 3 - 1)\right]$

372 •• Dopo aver rappresentato graficamente il luogo dei centri delle iperboli di equazione

$$y = \frac{(m^2-3)x+2}{(m+2)x+4}, \quad \text{con } m \in \mathbb{R},$$

determina l'area della regione finita di piano compresa fra il luogo geometrico, la retta a esso tangente nel punto di minimo e la retta di equazione $x = -2$. $\left[4\ln 2 - \frac{5}{2}\right]$

373 •• Trova l'area della regione del primo quadrante delimitata inferiormente dal grafico di $y = \arcsin x$, superiormente dal grafico di $y = \arccos x$.

(USA *Harvard-MIT Mathematics Tournament, HMMT*)

$[2 - \sqrt{2}]$

374 ••
a. Rappresenta la curva di equazione $y = xe^{-2x}$.
b. Determina l'area della regione finita di piano delimitata dalla curva, dall'asse x e dalla retta $x = \ln 2$. $\left[\text{b)} -\frac{1}{8}\ln 2 + \frac{3}{16}\right]$

375 ••
a. Studia e rappresenta graficamente la funzione $f(x) = \dfrac{4x^2+x+2}{x^2+1}$.
b. Detto A il punto di intersezione del grafico con l'asintoto orizzontale, determina l'equazione della tangente t in A e calcola l'area della regione finita di piano delimitata dall'asse y, dalla retta t e dal grafico di $f(x)$.

$\left[\text{b)}\ 2\arctan 2 - \frac{\ln 5}{2} - \frac{2}{5}\right]$

376 •• Scrivi l'equazione della circonferenza con centro $C(2; -3)$ e raggio $r = 3\sqrt{2}$ e quella della parabola con asse parallelo all'asse y e tangente alla circonferenza nei punti A e B in cui quest'ultima interseca l'asse x. Calcola infine l'area della regione finita di piano racchiusa fra l'arco di circonferenza e quello di parabola. $\left[15 - \frac{9}{2}\pi\right]$

377 ••
a. Studia la funzione $f(x) = \dfrac{2x-5}{(x-2)^3}$ e rappresentane il grafico γ.
b. Determina l'equazione della parabola che passa per i punti F, A, B, essendo F il flesso di γ, A l'ulteriore punto di intersezione di γ con la tangente inflessionale e B il punto di intersezione di γ con l'asse x. Calcola poi l'area della regione finita di piano delimitata dalle due curve. $\left[\text{b)}\ y = 2x^2 - 9x + 10; \frac{7}{24}\right]$

378 ••
a. Considera la funzione $y = x^3 - 4x$ e rappresentala graficamente. Traccia la tangente t alla curva nel suo punto di intersezione con il semiasse positivo delle ascisse.
b. Calcola l'area della regione finita di piano delimitata dalla curva data, dalla retta t e dall'asse y. [a) $y = 8x - 16$; b) $S = 12$]

379 •• Calcola l'area della regione finita di piano i cui punti hanno coordinate $(x; y)$ che soddisfano il seguente sistema di disequazioni nelle due variabili x e y:

$$\begin{cases} y \le -x^2 + 6x - 5 \\ y - 3 \le 0 \\ y \ge 3 - \sqrt{12 - 3x} \end{cases} \qquad \left[\frac{14}{3}\right]$$

380 •• **EUREKA!** Calcola il valore dell'area colorata.

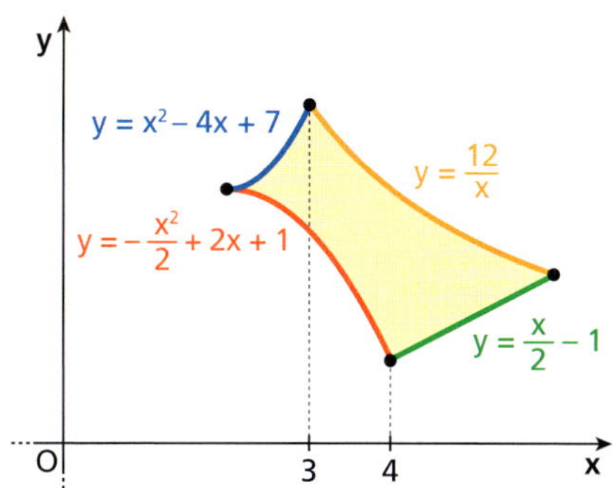

$\left[12\ln 2 - \frac{13}{3}\right]$

MATEMATICA AL COMPUTER

Area di una superficie Costruiamo una figura che permetta di assegnare un valore ai coefficienti a, b e c della parabola di equazione $q(x) = ax^2 + bx + c$ e che mostri, in corrispondenza, l'area dell'eventuale superficie finita di piano compresa fra la parabola di equazione $y = q(x)$ e la parabola di equazione $p(x) = -x^2 + 4$.
In particolare consideriamo:

$q(x) = x^2 - 4x + 4$.

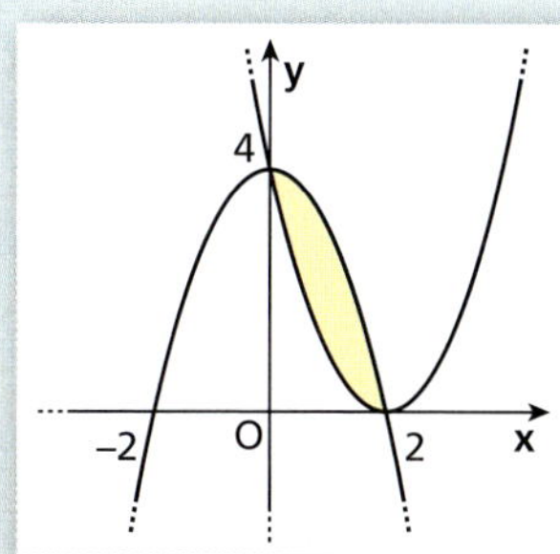

Risoluzione – 7 esercizi in più

ESERCIZI

Problemi REALTÀ E MODELLI

RISOLVIAMO UN PROBLEMA

L'aiuola

Un'aiuola in un parco ha, vista in pianta, la forma indicata in figura.

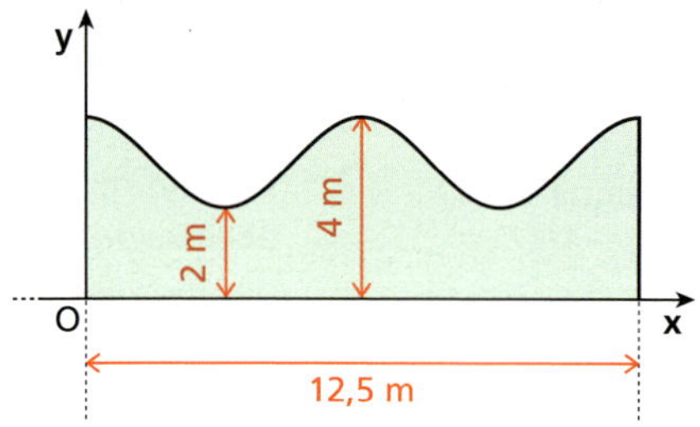

- Sapendo che il bordo superiore è descrivibile con la funzione $y = a\cos x + b$, determina a e b.
- Trova l'area occupata dall'aiuola.
- Bisogna riempire l'aiuola con uno strato, alto circa 70 cm, di terriccio speciale, che viene venduto in sacchi da 80 litri e costa € 11,80 al sacco. Calcola il costo totale del terriccio.

► **Determiniamo *a* e *b*.**

La distanza tra i «picchi» e le «valli» della cosinusoide è 2, pertanto l'ampiezza è 1. Allora $a = 1$.
Il grafico della funzione passa per il punto (0; 4):

$$\cos 0 + b = 4 \quad \rightarrow \quad 1 + b = 4 \quad \rightarrow \quad b = 3.$$

La funzione è $y = \cos x + 3$.

► **Calcoliamo l'area.**

$$\int_0^{12,5} (\cos x + 3)dx = [\sin x + 3x]_0^{12,5} =$$

$$\sin 12,5 + 37,5 - 0 \simeq 37,4 \text{ m}^2.$$

► **Determiniamo il volume di terra necessario.**

Per calcolare il volume moltiplichiamo l'area di base per l'altezza:

$$V = 37,4 \cdot 0,70 = 26{,}18 \text{ m}^3 = 26\,180 \text{ L}.$$

► **Calcoliamo il costo totale.**

I sacchi da acquistare sono

$$\frac{26\,180}{80} = 327,25 \simeq 328.$$

Il costo totale è quindi:

$$328 \cdot € \, 11,80 = € \, 3870,40.$$

381 ●○

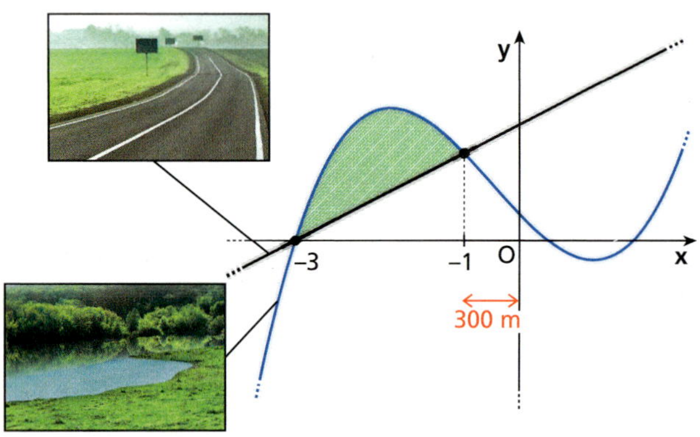

Turismo nel verde Una strada di campagna e un fiume delimitano un'area verde che il Comune decide di attrezzare per i turisti. Scegliendo sugli assi cartesiani l'unità uguale a 300 m, la strada e il fiume possono essere descritti come una retta di equazione $y = \frac{x+3}{2}$ e una curva di equazione $y = \frac{x^3}{4} + \frac{x^2}{2} - \frac{3}{4}x$, rispettivamente.

Quanto è estesa l'area verde? [120 000 m^2]

382 ●● **Il portale** All'ingresso di un parco pubblico c'è un portale che ha il profilo mostrato in figura. Il portale deve essere rivestito di marmo, che viene venduto in lastre quadrate di 1 m^2 ciascuna.

a. Le equazioni delle curve che delimitano il portale sono $f(x) = 3 + \frac{a}{x^2+1}$ e $g(x) = bx^2 + c$. Trova a, b e c.

b. Determina il numero minimo di lastre necessarie per rivestire tutta la facciata.

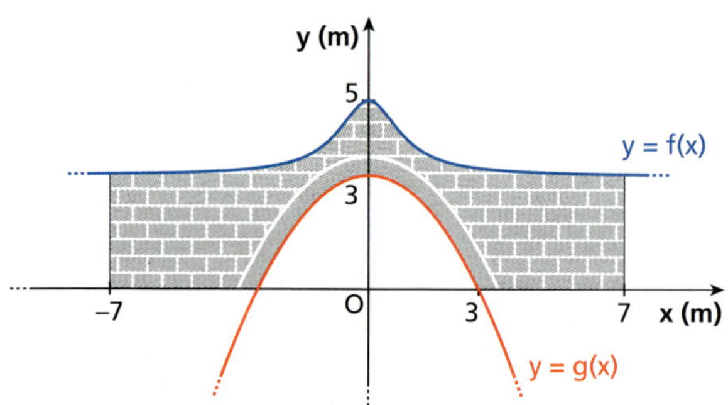

$\left[\text{a) } a = 2, b = -\frac{1}{3}, c = 3; \text{ b) } 36\right]$

383 ●● IN FISICA In una trasformazione isoterma di un gas ideale il prodotto $p \cdot V$ di pressione e volume rimane costante. Inoltre, il lavoro termodinamico è dato dall'area sottesa alla curva che descrive la trasformazione nel piano p-V. Determina il lavoro compiuto da un gas ideale che si espande a temperatura costante dallo stato iniziale $p_A = 2 \cdot 10^5$ Pa e $V_A = 5\ \text{m}^3$ al volume finale $V_B = 20\ \text{m}^3$. $[1{,}39 \cdot 10^6\ \text{J}]$

Aree, integrali definiti e parametri

384 ●○ Determina per quali valori di k l'area della regione finita di piano individuata dalla retta di equazione $y = kx$ e dalla parabola di equazione $y = 3x^2$ è uguale a 32. $[k = \pm 12]$

385 ●○ Data la parabola di equazione $y = ax^2 + 3x + 5$, con $a \in \mathbb{R}$, determina il valore di a in modo che l'area della regione finita di piano individuata dalla parabola e dalla retta di equazione $y = x + 5$ sia uguale a $\frac{1}{3}$. $[a = \pm 2]$

386 ●○ Dimostra che l'area compresa fra la curva di equazione $y = \frac{1}{x}$, le rette di equazioni $x = a$ e $x = 2a$ e l'asse x non dipende da a.

387 ●● Trova per quale valore di k l'integrale $\int_k^1 2\sqrt{1-x}\,dx$ è uguale all'area della parte finita di piano delimitata dalla parabola di equazione $y = x^2 - 2x$ e dall'asse x. $[k = 0]$

388 ●● Rappresenta graficamente la funzione $y = xe^{-a^2x^2}$, con $a > 0$, e determina l'area della regione finita di piano sottesa alla curva nell'intervallo $[0; a]$. Calcola il limite a cui tende l'area quando a tende a $+\infty$. $\left[\frac{1}{2a^2}(1 - e^{-a^4}); 0\right]$

389 ●● Dato il fascio di parabole di equazione $y = -kx^2 + 2(k-1)x$, trova quale parabola (con $k > 1$) individua con l'asse x una regione finita di area uguale a $\frac{1}{3}$. $[k = 2]$

390 ●● Trova la retta passante per l'origine che divide il segmento parabolico individuato dalla parabola di equazione $y = -x^2 + 4x$ e dall'asse x in due regioni di piano equivalenti. $[y = (4 - \sqrt[3]{32})x]$

391 ●●
a. Determina per quale valore del parametro reale a ($a \geq 0$) l'area del trapezoide individuato dalla curva $y = \frac{a+x}{x^2+1}$ e dalle rette di equazioni $x = 0$ e $x = 1$ vale $\frac{\pi + \ln 4}{4}$.
b. Rappresenta graficamente la curva trovata.
c. Determina l'equazione della retta tangente alla curva nel suo punto di flesso di ascissa positiva.

$\left[\text{a) } a = 1;\ \text{c) } y = -\frac{1}{2}x + \frac{3}{2}\right]$

392 ●● Determina il valore positivo di a tale che la parabola $y = x^2 + 1$ divida in due l'area del rettangolo con vertici $(0; 0)$, $(a; 0)$, $(0; a^2 + 1)$ e $(a; a^2 + 1)$.
(USA *Harvard-MIT Mathematics Tournament, HMMT*)
$[a = \sqrt{3}]$

393 ●● Considera la parabola γ di equazione $y = kx^2 + 2$ con $k > 0$, traccia le tangenti r ed s passanti per il punto $(0; 1)$ e, detti R ed S i punti di contatto, verifica che il rapporto tra l'area del triangolo ORS e quella della regione delimitata da γ e dal segmento RS non dipende da k.

ESERCIZI

394 ●● LEGGI IL GRAFICO Considera la funzione $f(x) = \sin x$ nell'intervallo $\left[0; \frac{\pi}{2}\right]$. La retta $y = k$ interseca il grafico nel punto P in modo che le superfici S_1 e S_2 abbiano area uguale. Determina le coordinate di P. $\left[P\left(\arcsin\frac{2}{\pi}; \frac{2}{\pi}\right)\right]$

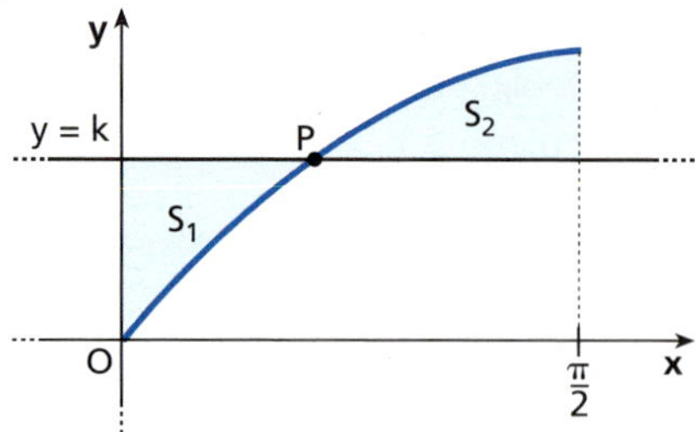

4 Calcolo dei volumi

Volume di un solido di rotazione

▶ Teoria a p. 1953

Rotazione intorno all'asse *x*

395 ESERCIZIO GUIDA Consideriamo la funzione $y = x^2 + 1$ e calcoliamo il volume del solido di rotazione ottenuto facendo ruotare attorno all'asse x di un giro completo il trapezoide esteso all'intervallo $[1; 2]$.

- Disegniamo il solido: tracciamo il grafico della funzione nell'intervallo considerato e il suo simmetrico rispetto all'asse x (figura **a**).
Tracciamo, in prospettiva, due circonferenze di raggio, rispettivamente, AB e CD. Rappresentiamo così il solido generato dalla rotazione completa intorno all'asse x del trapezoide $ABCD$ (figura **b**).

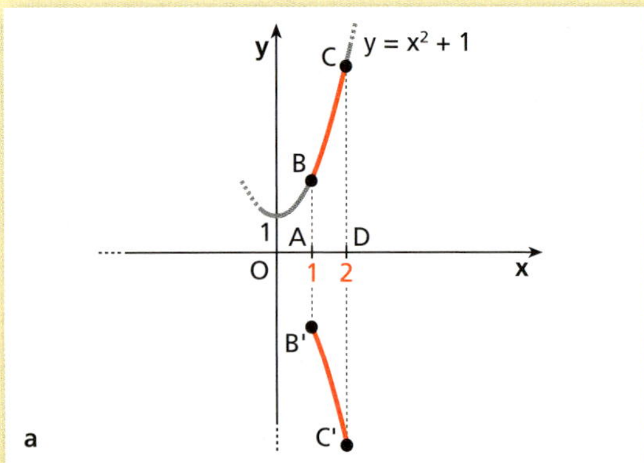

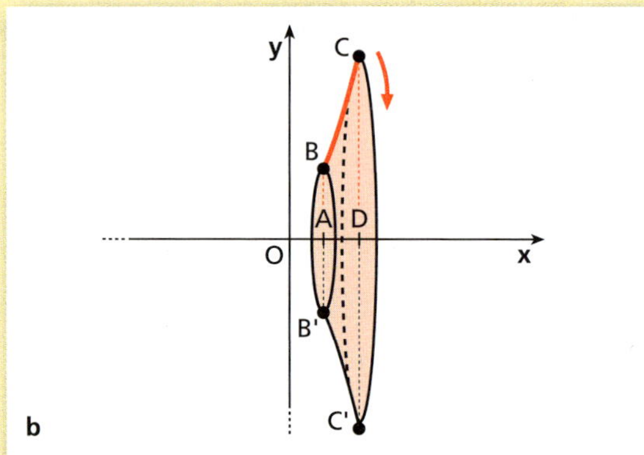

- Calcoliamo il volume di tale solido, applicando la formula $V = \pi \cdot \int_a^b f^2(x)\,dx$:

$$V = \pi \cdot \int_1^2 (x^2+1)^2 dx = \pi \cdot \int_1^2 (x^4 + 2x^2 + 1)\,dx = \pi \cdot \left[\frac{x^5}{5} + \frac{2x^3}{3} + x\right]_1^2 =$$

$$\pi \cdot \left(\frac{32}{5} + \frac{16}{3} + 1 - \frac{1}{5} - \frac{2}{3}\right) = \frac{178}{15}\pi.$$

Calcola il volume del solido generato dalla rotazione completa attorno all'asse x del trapezoide individuato dal grafico della funzione data, nell'intervallo indicato.

396 ●○ $y = x\sqrt{x}$, $[2; 4]$. $[60\pi]$

397 ●○ $y = \sqrt{x+4}$, $[0; 6]$. $[42\pi]$

398 ●○ $y = \frac{3}{5}\sqrt{25 - x^2}$, $[-5; 5]$. $[60\pi]$

399 ●○ $y = \sqrt{\sin x}$, $\left[0; \frac{\pi}{2}\right]$. $[\pi]$

400 ●○ $y = \frac{1}{\cos x}$, $\left[0; \frac{\pi}{4}\right]$. $[\pi]$

401 ●● $y = x^2 - 3x + 1$, $[0; 1]$. $\left[\frac{11}{30}\pi\right]$

REALTÀ E MODELLI

402 **Coppette** Una ditta di casalinghi produce delle coppette in legno la cui forma può essere schematizzata come il solido ottenuto dalla rotazione intorno all'asse x del grafico della funzione $y = \sqrt[4]{27x}$, se si utilizza 1 cm come unità di misura. Determina la capienza di una coppetta, trascurandone lo spessore e sapendo che è alta 3 cm. [56,5 cm^3]

403 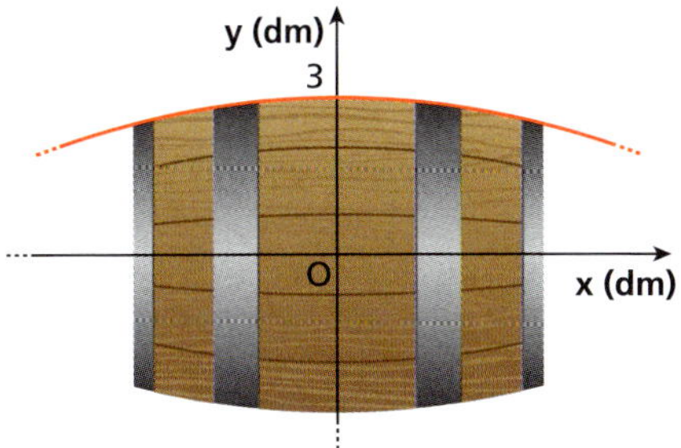

Botte piccola, vino buono Una botte *barrique* alta 80 cm ha il diametro di base di 50 cm e il diametro massimo di 60 cm. Può essere ottenuta ruotando un arco di parabola attorno all'asse x, come mostrato nella figura.

a. Determina l'equazione della parabola.

b. Quanti litri di vino può contenere questa botte?

$\left[\text{a) } y = -\frac{x^2}{32} + 3; \text{ b) } 202 \text{ L}\right]$

404 Rappresenta la retta di equazione $y = 4 - 2x$ nell'intervallo $[0; 2]$ ed esegui una rotazione di 360° attorno all'asse x del grafico. Calcola il volume del solido ottenuto e verifica il risultato applicando la relativa formula geometrica. $\left[\frac{32}{3}\pi\right]$

405 Calcola il volume del solido che si ottiene ruotando di 360° attorno all'asse x il grafico della funzione $y = \sqrt{1 - x^2}$ definita in $[-1; 1]$. Verifica il risultato applicando la relativa formula geometrica. $\left[\text{sfera; } \frac{4}{3}\pi\right]$

406 Trova il volume del solido ottenuto ruotando di 360° attorno all'asse x il trapezoide definito dalla funzione $y = \frac{x}{2 - x}$ nell'intervallo $[0; 1]$. $[\pi(3 - 4\ln 2)]$

407 Rappresenta la funzione $y = 3 + x$ nell'intervallo $[0; 3]$. Che solido ottieni ruotando di 360° attorno all'asse x il grafico di tale funzione? Calcola il volume del solido ottenuto e verifica il risultato applicando la relativa formula geometrica. [tronco di cono; 63π]

408 Rappresenta graficamente la funzione $y = \sqrt{e^{3x}}$ e determina il volume del solido ottenuto mediante una rotazione completa del grafico attorno all'asse x, con $x \in [0; 1]$. $\left[\frac{\pi}{3}(e^3 - 1)\right]$

409 Dopo aver studiato la funzione di equazione

$$y = \sqrt{\frac{x + 1}{x - 2}},$$

determina il volume del solido generato da una rotazione di 360° attorno all'asse x della regione finita di piano delimitata dal grafico della funzione e dalle rette di equazioni $x = 3$ e $x = 4$. $[\pi + 3\pi \ln 2]$

410 Data la curva di equazione $y = x \cdot e^{x^3}$, considera la regione finita del piano cartesiano delimitata dalla curva, dall'asse delle ascisse e dalla retta di equazione $x = -1$. Calcola il volume del solido generato da tale regione nella rotazione completa attorno all'asse x. $\left[\frac{\pi}{6}(1 - e^{-2})\right]$

411 **EUREKA!** Trova il volume del solido generato dalla rotazione completa attorno alla retta di equazione $y = 1$ della regione finita di piano individuata da $y = -\frac{x^2}{4} + 2$ e dalla retta stessa. $\left[\frac{32}{15}\pi\right]$

412 ●● REALTÀ E MODELLI **Giochiamo a football americano** La forma di un pallone da football americano può essere approssimata matematicamente con un solido di rotazione come in figura; le sezioni perpendicolari all'asse di rotazione sono quindi dei cerchi.

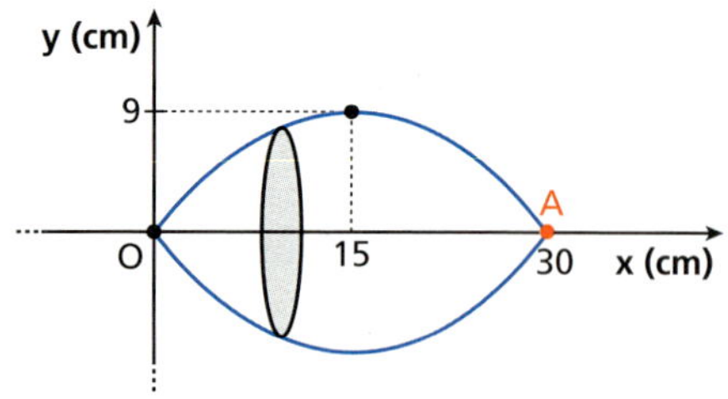

a. Determina la funzione polinomiale di secondo grado
$$y = ax^2 + bx$$
che rappresenta l'arco superiore $\widehat{OA}$.

b. Ricava il volume del pallone in cm^3, approssimato all'unità.

$\left[\text{a) } y = -\frac{1}{25}x^2 + \frac{6}{5}x; \text{ b) } 4072 \text{ cm}^3\right]$

413 ●● Determinare il volume del solido generato dalla rotazione attorno alla retta di equazione $y = 3$ della regione di piano delimitata dalla curva di equazione $y = x^3 - 3x + 3$ e dalla retta stessa.

(Esame di Stato, Liceo scientifico, Corso di ordinamento, Sessione straordinaria, 2015, *quesito* 1)

$\left[\frac{144}{35}\sqrt{3}\,\pi\right]$

414 ESERCIZIO GUIDA Consideriamo la regione finita di piano delimitata dalla retta di equazione $y = \frac{x}{2} + 1$ e dalla parabola di equazione $y = \frac{x^2}{4} + 1$, e determiniamo il volume del solido ottenuto facendo ruotare di 360° attorno all'asse x questa regione.

Disegniamo le due funzioni e individuiamo la regione da ruotare. Disegniamo la regione simmetrica rispetto all'asse x. Il solido ottenuto è il tronco di cono ottenuto dalla rotazione della retta $y = \frac{x}{2} + 1$, «svuotato» del solido ottenuto dalla rotazione della parabola.

Calcoliamo il suo volume per sottrazione:

$$V = \pi\int_0^2\left(\frac{x}{2} + 1\right)^2 dx - \pi\int_0^2\left(\frac{x^2}{4} + 1\right)^2 dx =$$

$$\pi\int_0^2\left(\frac{x^2}{4} + x + \cancel{1} - \frac{x^4}{16} - \frac{x^2}{2} - \cancel{1}\right)dx =$$

$$\pi\int_0^2\left(-\frac{x^2}{4} + x - \frac{x^4}{16}\right)dx = \pi\left[-\frac{x^3}{12} + \frac{x^2}{2} - \frac{x^5}{80}\right]_0^2 =$$

$$\pi\left(-\frac{8}{12} + 2 - \frac{32}{80}\right) = \pi\left(-\frac{2}{3} + 2 - \frac{2}{5}\right) = \frac{14}{15}\pi.$$

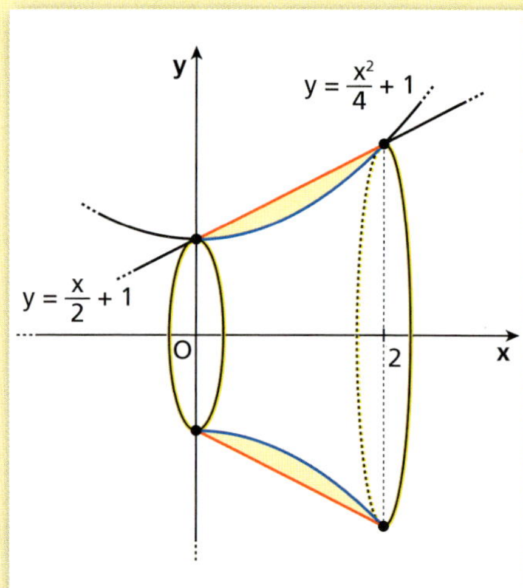

Calcola il volume del solido ottenuto dalla rotazione completa attorno all'asse x della regione finita di piano delimitata dalle due funzioni date.

415 ●○ $y = 3, \quad y = x^2 + 2.$ $\left[\frac{104}{15}\pi\right]$

416 ●○ $y = 2 - x^2, \quad y = -x + 2.$ $\left[\frac{8}{15}\pi\right]$

417 ●○ $y = 5 - x^2, \quad y = -x + 3.$ $\left[\frac{153}{5}\pi\right]$

418 ●○ $y = 1, \quad y = \frac{x^2}{2} - x + 1.$ $\left[\frac{16}{15}\pi\right]$

419 ●● Nel piano cartesiano xOy disegna la parabola di equazione $y^2 = 4x$ e considera il suo punto P di ascissa 1 e di ordinata positiva. Determina il volume del solido generato dalla rotazione completa intorno all'asse x della superficie che ha come contorno l'arco $\widehat{OP}$ e il segmento OP. $\left[\frac{2}{3}\pi\right]$

420 ●● Sull'iperbole di equazione $xy = 6$, considera i punti A e B di ascissa 1 e 3 rispettivamente, e traccia la retta r parallela all'asse x passante per B. Determina la misura del volume del solido ottenuto dalla rotazione intorno all'asse x della zona delimitata dall'arco $\widehat{AB}$, dalla retta r e dalla retta di equazione $x = 1$. $[16\pi]$

Con i parametri

421 Trova per quale valore di $a > 0$ il solido generato dalla rotazione completa attorno all'asse x del trapezoide individuato dalla funzione $y = ax^2$ nell'intervallo $[0; 1]$ ha volume 5π. $[a = 5]$

422 Determina per quale valore di k il solido generato dalla rotazione di 360° attorno all'asse x del trapezoide individuato dalla funzione $y = \sqrt{x + k}$ nell'intervallo $[1; 4]$ ha volume 30π. $\left[k = \frac{15}{2}\right]$

423 Trova a in modo che il solido generato dalla rotazione completa intorno all'asse x del grafico della funzione $y = \frac{x+a}{x}$, definita in $[1; 3]$, abbia volume $\left(\frac{14}{3} - 4\ln 3\right)\pi$. $[a = -2, a = 2 - 3\ln 3]$

424 Il solido generato dalla rotazione completa intorno all'asse x del trapezoide individuato dalla funzione $y = \sqrt{4 - 3x^2}$ nell'intervallo $[-1; a]$ ha volume 6π. Quanto vale a? $[a = 1]$

Rotazione intorno all'asse y

Calcola il volume del solido generato dalla rotazione completa attorno all'asse y del trapezoide individuato dal grafico della funzione data e dall'intervallo sull'asse y indicato.

425 $y = \sqrt{1 + x}$, $0 \le y \le 1$. $\left[\frac{8}{15}\pi\right]$

426 $y = \frac{1}{2}x + 1$, $1 \le y \le 3$. $\left[\frac{32}{3}\pi\right]$

427 $y = x^2 + 1$, $1 \le y \le 5$. $[8\pi]$

428 $y = 2x^2$, $0 \le y \le 8$. $[16\pi]$

429 $y = \sqrt{2x}$, $1 \le y \le 2$. $\left[\frac{31}{20}\pi\right]$

430 $y = \sqrt{\frac{3}{2x}}$, $1 \le y \le 3$. $\left[\frac{13}{18}\pi\right]$

---

431 Data la curva di equazione $x = 4y^2$, rappresentala graficamente nel semipiano $y \ge 0$. Determina il volume V del solido generato in una rotazione di 360° attorno all'asse delle y del tratto di curva, con $y \in [0; 2]$. $\left[\frac{512}{5}\pi\right]$

432 Determina il volume del solido che si ottiene dalla rotazione completa intorno all'asse y della superficie delimitata dalla curva di equazione $x = y^2 - 3y$ e dall'asse y. $\left[\frac{81}{10}\pi\right]$

433 Calcola il volume del solido generato dalla rotazione di 180° attorno all'asse y del trapezoide individuato dal grafico della funzione $y = \frac{2}{x} + 1$ e dall'intervallo $[2; 3]$ sull'asse y. $[\pi]$

434 EUREKA! Determinare il volume del solido generato dalla rotazione attorno alla retta di equazione $x = 2$ della parte di piano delimitata dalla parabola di equazione $y^2 = 8x$ e dalla retta stessa.

(*Esame di Stato, Liceo scientifico, Corso di ordinamento, Sessione suppletiva*, 2015, *quesito* 5)

$\left[\frac{256\pi}{15}\right]$

435 REALTÀ E MODELLI **Il tempo scorre!** Rispetto al sistema di riferimento in figura, con unità di misura il decimetro, il profilo che assume l'acqua quando è tutta contenuta nella parte superiore della clessidra è descritto nel primo quadrante dalla funzione $y = \sqrt{1 - \sqrt{1 - x}}$, con $0 \le x \le 1$. Sapendo che il liquido al suo interno passa attraverso la strozzatura con una portata di $\frac{10}{3}$ cm³/s, calcola l'intervallo di tempo misurato dalla clessidra. $[\simeq 320 \text{ s}]$

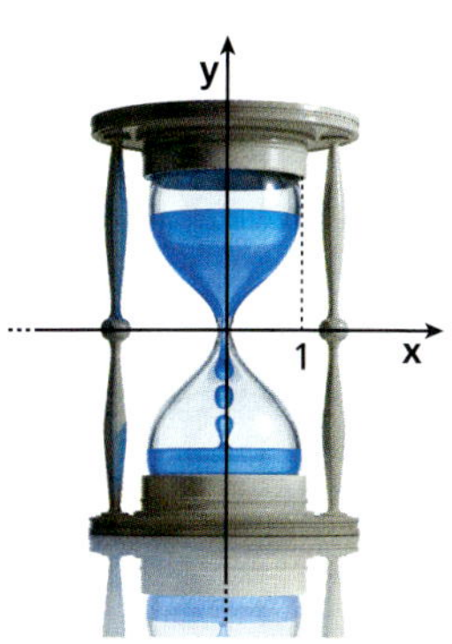

Metodo dei gusci cilindrici

436 ESERCIZIO GUIDA Calcoliamo il volume del solido ottenuto dalla rotazione completa intorno all'asse y del trapezoide individuato dal grafico di $y = 2x^3$, dall'asse x e dalla retta di equazione $x = 1$.

Disegniamo il trapezoide e facciamolo ruotare intorno all'asse y.
Il volume del solido ottenuto si può calcolare con il metodo dei gusci cilindrici:

$$V = 2\pi \int_a^b x f(x)\, dx,$$

con $f(x) = 2x^3$, $a = 0$ e $b = 1$.

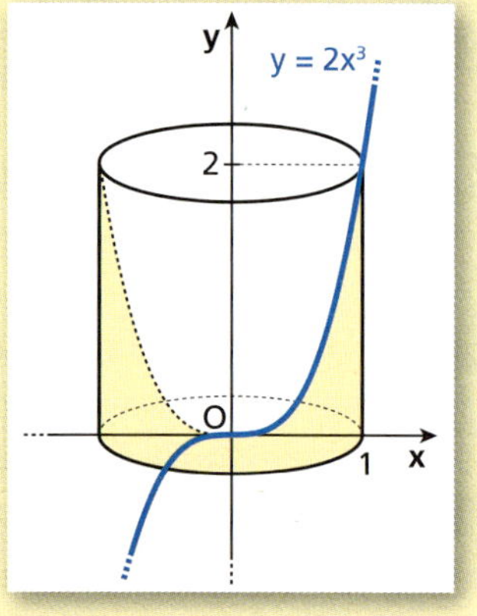

Calcoliamo:

$$V = 2\pi \int_0^1 x\, 2x^3 dx = 4\pi \int_0^1 x^4 dx = 4\pi \left[\frac{x^5}{5}\right]_0^1 = \frac{4}{5}\pi.$$

Osservazione. Questo volume di può calcolare, anche senza ricorrere al metodo dei gusci, come differenza tra il cilindro con raggio di base 1 e altezza 2 e il solido ottenuto ruotando il trapezoide individuato dalla funzione con l'asse y, tra 0 e 2:

$$V = \pi \cdot 1^2 \cdot 2 - \pi \int_0^2 \left(\sqrt[3]{\frac{y}{2}}\right)^2 dy.$$

Si ottiene lo stesso risultato, ma il calcolo dell'integrale è meno immediato.

Calcola il volume del solido generato dalla rotazione completa attorno all'asse y del trapezoide individuato dal grafico della funzione data e dall'intervallo sull'asse x indicato.

437 $y = 4x - x^2$, $[0; 2]$. $\left[\frac{40}{3}\pi\right]$

438 $y = \frac{x^3 - 8}{x}$, $[2; 4]$. $[88\pi]$

439 $y = \sqrt{x}$, $[0; 4]$. $\left[\frac{128}{5}\pi\right]$

440 $y = e^{-x^2}$, $[0; 1]$. $\left[\left(1 - \frac{1}{e}\right)\pi\right]$

441 $y = \frac{3\cos x}{x}$, $\left[\frac{\pi}{4}; \frac{\pi}{2}\right]$. $[(6 - 3\sqrt{2})\pi]$

442 $y = \frac{\ln(x^2)}{x^2}$, $[1; 2]$. $[2\pi \ln^2 2]$

---

443 Siano f e g le funzione definite da $f(x) = e^x$ e $g(x) = \ln x$.

a. Fissato un sistema cartesiano Oxy, si disegnino i grafici di f e g e si calcoli l'area della regione R che essi delimitano tra $x = \frac{1}{2}$ e $x = 1$.

b. La regione R, ruotando attorno all'asse x, genera il solido S e, ruotando intorno all'asse y, il solido T. Si scrivano, spiegandone il perché, ma senza calcolarli, gli integrali definiti che forniscono i volumi di S e di T.

(*Esame di Stato, Liceo scientifico, Corso sperimentale, Sessione ordinaria*, 2012, *dal problema* 2)

$\left[\text{a) } e - \sqrt{e} - \ln\sqrt{2} + \frac{1}{2}; \text{ b) } V(S) = \pi \int_{\frac{1}{2}}^1 f^2(x)\,dx, V(T) = 2\pi \int_{\frac{1}{2}}^1 x[f(x) - g(x)]dx\right]$

444 Disegna il grafico della funzione

$$f(x) = 1 + \cos x$$

e considera il trapezoide T formato da questa curva con l'asse x, l'asse y e la retta di equazione $x = \pi$. Calcola il volume del solido di rotazione ottenuto da una rotazione completa di T attorno all'asse delle ordinate.

$[\pi^3 - 4\pi]$

Riepilogo: Volume di un solido di rotazione

445 ●● Studia le funzioni

$$\gamma: y = 1 - \frac{1}{8}x^3 \quad \text{e} \quad \gamma': y = \sqrt{1 - \frac{1}{8}x^3}$$

e disegna i loro grafici nello stesso piano cartesiano Oxy. Calcola poi il volume del solido generato dalla rotazione intorno all'asse x della regione finita piana delimitata da γ e γ'. $\left[\frac{3}{14}\pi\right]$

446 ●● Dopo aver rappresentato graficamente le parabole di equazioni $y = x^2$ e $x = y^2$, determina il volume del solido generato dalla rotazione intorno all'asse x della parte finita di piano delimitata dalle due parabole. $\left[\frac{3}{10}\pi\right]$

447 ●● Si disegni in un piano cartesiano ortogonale Oxy la curva C di equazione $y = \frac{\sqrt{2x^2 - 1}}{x}$ e si calcoli il volume del solido ottenuto facendo ruotare di un giro completo attorno all'asse delle ascisse la regione finita di piano compresa tra l'arco della curva C, i cui estremi sono i punti di ascissa $\frac{\sqrt{2}}{2}$ e 1, e le rette tangenti a C negli estremi stessi.

(*Esame di Stato, Liceo scientifico, Corso di ordinamento, Sessione suppletiva*, 1991, *problema* 2)

$\left[\pi\left(\frac{23}{12}\sqrt{2} - \frac{8}{3}\right)\right]$

448 ●● Calcola il volume del solido generato dalla rotazione completa attorno all'asse y del trapezoide individuato dalla porzione di parabola di equazione $x = 9 - y^2$ contenuta nel semipiano positivo delle y, dall'asse y e dalla retta di equazione

$$y = \frac{3}{5}x - 1.$$

$\left[\frac{4492}{135}\pi\right]$

449 ●● Sia R la regione piana limitata compresa tra il grafico della funzione $y = \sqrt{16x + 25}$, l'asse x e l'asse y. Determina il rapporto tra il volume del solido generato da una rotazione di 120° di R attorno all'asse x e il volume del solido generato dalla rotazione completa di R attorno all'asse y. [1]

450 ●● Data la parabola di equazione $y = x^2 - 4x + 4$, determina il volume del solido che si ottiene facendo ruotare attorno all'asse y la parte finita di piano che si trova nel I quadrante, delimitata dalla parabola e dagli assi cartesiani. $\left[\frac{8}{3}\pi\right]$

451 ●● Dimostra con gli integrali che il volume di un tronco di cono di altezza h e raggi di base r e R è

$$V = \frac{1}{3}\pi h(R^2 + r^2 + Rr).$$

452 ●● Data la parabola di equazione $y = -4x^2 + 8x$, traccia le tangenti t_1 e t_2 nei suoi punti O e A di ascissa 0 e $\frac{3}{2}$. Detto B il punto di intersezione delle due rette, determina il volume del solido generato in una rotazione completa attorno all'asse x del triangolo mistilineo OBA. $\left[\frac{189}{20}\pi\right]$

453 ●● Considera la parabola γ di equazione

$$y = -x^2 + 4x$$

e la retta r di equazione $y = 3$. Trova il volume del solido ottenuto dalla rotazione completa intorno a r della parte di piano delimitata da γ e da r. $\left[\frac{16}{15}\pi\right]$

454 ●● **YOU & MATHS** Find the volume of the solid formed by the complete revolution about the x-axis of the area in common to the circles with equations $x^2 + y^2 - 4y + 3 = 0$ and $x^2 + y^2 = 3$.

(USA *Atlantic Provinces Council on the Sciences, APICS, Mathematics Contest*)

$\left[\pi\left(\frac{4}{3}\pi - \sqrt{3}\right)\right]$

455 ●● Calcola l'area della parte di piano S racchiusa dall'asse delle ascisse e dalle due curve di equazioni

$$y = \sqrt{x} \text{ e } y = \sqrt{8 - x}.$$

Determina poi il rapporto tra i volumi dei solidi generati dalla superficie S in una rotazione completa attorno all'asse delle ascisse e in una rotazione completa attorno all'asse delle ordinate.

$\left[A = \frac{32}{3}; \frac{V_x}{V_y} = \frac{3}{16}\right]$

Con i parametri

456 ●○ Data la retta $y = 2x + a$, trova per quale valore di $a > 0$ il volume del solido generato dalla rotazione attorno all'asse x della parte di piano limitata dalla retta, dall'asse x e dalle rette $x = 2$ e $x = 3$, è uguale a $\frac{109}{3}\pi$.

$[a = 1]$

ESERCIZI

457 Considera la parabola di equazione $y = ax^2 + bx$ e determina i coefficienti a e b sapendo che il grafico passa per $A(1; 1)$ e che il volume del solido generato dalla rotazione completa attorno all'asse x della parte di piano limitata dalla parabola e dalle rette $x = 0$ e $x = 1$ è uguale a $\frac{2}{15}\pi$. $[a = 2, b = -1 \vee a = 3, b = -2]$

Volume di un solido con il metodo delle sezioni

▶ Teoria a p. 1957

458 ESERCIZIO GUIDA Consideriamo la regione di piano finita $\mathscr{A}$ delimitata dalla curva di equazione $y = e^{-x}$, dall'asse x, dall'asse y e dalla retta di equazione $x = 2$. Calcoliamo il volume del solido che ha come base $\mathscr{A}$ e le cui sezioni ottenute con piani perpendicolari all'asse x sono dei quadrati.

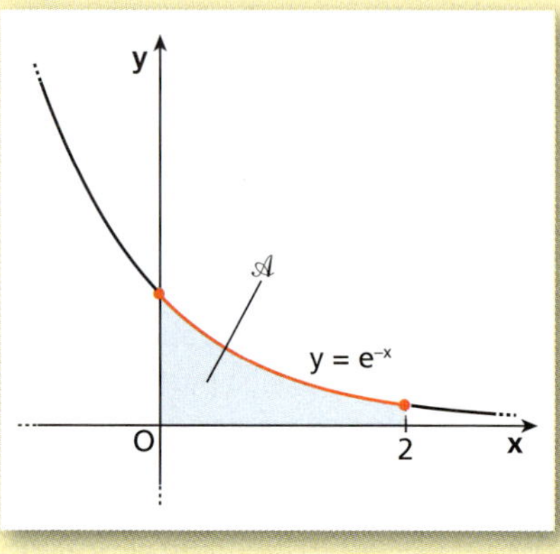

Tracciamo il grafico di $y = e^{-x}$ ed evidenziamo la regione $\mathscr{A}$. Costruiamo il solido che ha come base $\mathscr{A}$ e avente come sezioni perpendicolari all'asse x dei quadrati. L'area della generica sezione quadrata è $(e^{-x})^2$, quindi il volume si calcola con

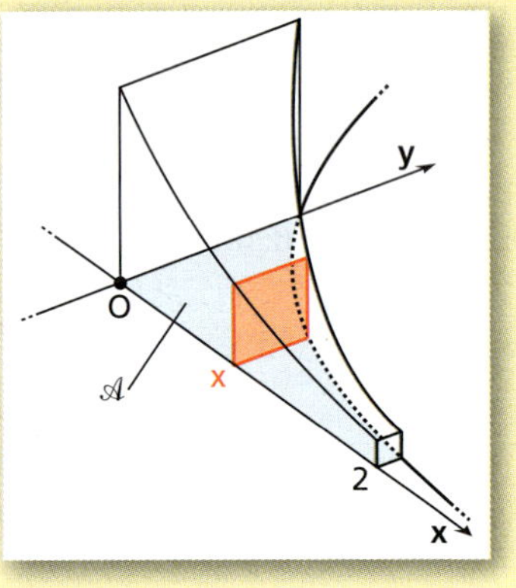

$$V = \int_0^2 (e^{-x})^2 dx.$$

Calcoliamo l'integrale definito:

$$\int_0^2 e^{-2x} dx = \left[-\frac{1}{2}e^{-2x}\right]_0^2 = -\frac{1}{2}e^{-4} + \frac{1}{2}.$$

Il volume del solido è $V = \frac{1}{2}\left(1 - \frac{1}{e^4}\right)$.

Calcola il volume dei solidi che hanno come base le regioni finite di piano delimitate dalle curve di equazioni assegnate e dall'asse x negli intervalli indicati a fianco e come sezioni perpendicolari all'asse x quelle scritte.

459 $y = -2x^2 + 8x$, $[0; 4]$; sezioni: quadrati. $\left[\frac{2048}{15}\right]$

460 $y = 2\sqrt{x}$, $[1; 4]$; sezioni: quadrati. $[30]$

461 $y = \frac{2}{x}$, $[1; 3]$; sezioni: rettangoli con base doppia dell'altezza. $\left[\frac{4}{3}\right]$

462 $y = -x^2 + 6x$, $[1; 3]$; sezioni: semicerchi. $\left[\frac{301}{5}\pi\right]$

463 $y = \sqrt{\frac{x}{x-1}}$, $[2; 3]$; sezioni: rettangoli con altezza tripla della base. $[3 + 3\ln 2]$

464 $y = 4\sqrt{x+1}$, $[3; 8]$; sezioni: triangoli equilateri. $[130\sqrt{3}]$

465 $y = x\sqrt{x}$, $[1; 3]$; sezioni: esagoni regolari. $[30\sqrt{3}]$

466 $y = \sin x$, $[0; \pi]$; sezioni: quadrati. $\left[\frac{\pi}{2}\right]$

467 $y = 2\ln x$, $[1; e]$; sezioni: quadrati. $[4e - 8]$

468 Un solido Ω ha per base la regione R delimitata dal grafico $f(x) = e^{\frac{1}{x}}$ e dall'asse x sull'intervallo $[-2; -1]$. In ogni punto di R di ascissa x, l'altezza del solido è data da $h(x) = \frac{1}{x^2}$. Si calcoli il volume del solido.

(Esame di Stato, Liceo scientifico, Corso di ordinamento, Sessione ordinaria, 2014, quesito 4)

$\left[\frac{\sqrt{e} - 1}{e}\right]$

469 ●● La regione del I quadrante delimitata dall'iperbole di equazione $9x^2 - 4y^2 = 36$ e dall'asse x nell'intervallo $2 \leq x \leq 4$ è la base di un solido S, le cui sezioni, ottenute con piani perpendicolari all'asse x, sono tutte esagoni regolari. Si calcoli il volume di S.

(*Esame di Stato, Liceo scientifico, Corso di ordinamento, Sessione straordinaria*, 2014, *quesito* 5)

$[36\sqrt{3}]$

470 ●● La base di un solido è la regione limitata da un'ellisse di equazione $\frac{x^2}{25} + \frac{y^2}{9} = 1$ e le sezioni ottenute tagliando il solido con i piani perpendicolari all'asse y sono dei quadrati. Trova il volume del solido. [400]

471 ●● Un solido ha per base la regione R del piano cartesiano compresa tra il grafico della funzione $y = \frac{1}{x^2+1}$ e l'asse delle x nell'intervallo $[0; 3]$.
Per ogni punto P di R, di ascissa x, l'intersezione del solido col piano passante per P e ortogonale all'asse delle x è un rettangolo di altezza $3x$. Calcolare il volume del solido.

(*Esame di Stato, Liceo scientifico, opzione internazionale italo-inglese, Sessione ordinaria*, 2015, *quesito* 4)

$\left[\frac{3}{2}\ln 10\right]$

472 ●● REALTÀ E MODELLI **Un modello di stagno** Il profilo di uno stagno può essere descritto, in un piano cartesiano, da una curva chiusa costituita da due archi di parabola di equazioni rispettivamente $y = -x^2 + 4x$ e $y = 2x^2 - 8x$.
La profondità dello stagno può essere modellizzata, punto per punto, dalla funzione $h(x) = \frac{1}{x+1}$. Calcola il volume d'acqua, in litri, supponendo che l'unità di misura del sistema di riferimento sia il metro. $[3(12 - 5 \cdot \ln 5) \cdot 10^3]$

473 ESERCIZIO GUIDA Calcoliamo con il metodo delle sezioni il volume della piramide retta di altezza h e area di base B.

Detta $S(x)$ l'area di una generica sezione a distanza x dal vertice O e parallela alla base, vale la proporzione:

$$S(x) : x^2 = B : h^2 \to S(x) = \frac{B}{h^2}x^2.$$

Sostituiamo nella formula del volume:

$$V = \int_0^h \frac{B}{h^2}x^2 dx = \left[\frac{B}{h^2} \cdot \frac{x^3}{3}\right]_0^h = \frac{Bh}{3}.$$

Ritroviamo la formula già nota del volume della piramide.

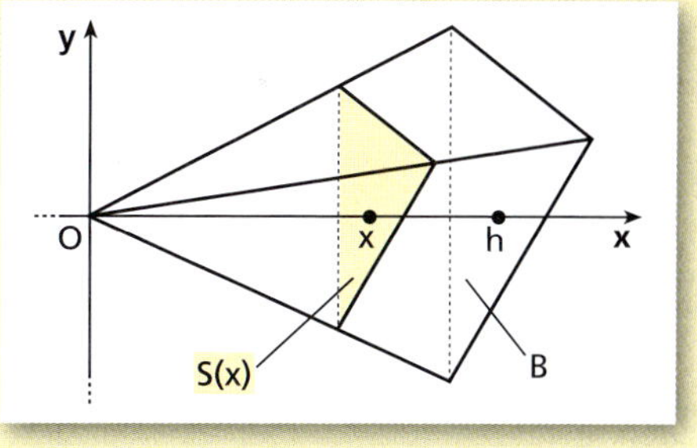

474 ●○ Utilizzando il metodo delle sezioni, calcola il volume di un cono retto con raggio di base r e altezza h.

475 ●● Con il metodo delle sezioni, determina il volume di un tronco di piramide che ha altezza h e basi di aree A e B.

5 Integrali impropri

Integrale di una funzione con un numero finito di punti di discontinuità in [*a*; *b*]

▶ Teoria a p. 1958

TEST

476 ●○ Solo uno dei seguenti integrali è improprio. Quale?

A $\int_1^3 \ln x\, dx$ B $\int_0^1 \frac{1}{e^x} dx$ C $\int_2^3 \frac{1}{x-1} dx$ D $\int_1^4 \frac{x}{x-3} dx$ E $\int_{-1}^0 \frac{x}{x+3} dx$

ESERCIZI

477 Solo uno dei seguenti integrali *non* è improprio. Quale?

A $\int_0^2 \ln x \, dx$ B $\int_0^2 \frac{3x}{1-x} dx$ C $\int_{-2}^{-1} \frac{4}{x} dx$ D $\int_0^1 \frac{2}{e^x - 1} dx$ E $\int_{-1}^1 \frac{1}{\sin x} dx$

478 RIFLETTI SULLA TEORIA Spiega perché non è vero che $\int_{-1}^1 \frac{1}{x} dx = [\ln|x|]_{-1}^1$.

479 ESERCIZIO GUIDA Calcoliamo l'integrale $\int_0^3 \frac{1}{\sqrt[3]{(x-2)^2}} dx$, se è convergente.

La funzione $f(x)$ è continua per $x \neq 2$, quindi è integrabile negli intervalli $[0; t]$, con $0 < t < 2$, e $[z; 3]$, con $2 < z < 3$.
Determiniamo una primitiva $\varphi(x)$ della funzione $f(x)$:

$$\int \frac{1}{\sqrt[3]{(x-2)^2}} dx = \int (x-2)^{-\frac{2}{3}} dx = \frac{(x-2)^{\frac{1}{3}}}{\frac{1}{3}} = 3\sqrt[3]{x-2} + c \rightarrow \varphi(x) = 3\sqrt[3]{x-2}.$$

Allora:

$$\int_0^3 \frac{1}{\sqrt[3]{(x-2)^2}} dx = \lim_{t \to 2^-} \int_0^t \frac{1}{\sqrt[3]{(x-2)^2}} dx + \lim_{z \to 2^+} \int_z^3 \frac{1}{\sqrt[3]{(x-2)^2}} dx =$$

$$\lim_{t \to 2^-} [3\sqrt[3]{x-2}]_0^t + \lim_{z \to 2^+} [3\sqrt[3]{x-2}]_z^3 =$$

$$\lim_{t \to 2^-} (3\sqrt[3]{t-2} - 3\sqrt[3]{-2}) + \lim_{z \to 2^+} (3\sqrt[3]{1} - 3\sqrt[3]{z-2}) = -3\sqrt[3]{-2} + 3 = 3\sqrt[3]{2} + 3.$$

La funzione è integrabile nell'intervallo $[0; 3]$ e l'integrale $\int_0^3 \frac{1}{\sqrt[3]{(x-2)^2}} dx = 3(\sqrt[3]{2} + 1)$ è convergente.

Calcola i seguenti integrali, se sono convergenti.

480 $\int_0^1 \frac{1}{x^2} dx$ [diverge a $+\infty$]

481 $\int_0^1 \frac{1}{\sqrt{x}} dx$ [2]

482 $\int_0^3 \frac{1}{\sqrt{3-x}} dx$ [$2\sqrt{3}$]

483 $\int_0^9 \frac{1}{\sqrt[3]{x-1}} dx$ [$\frac{9}{2}$]

484 $\int_1^2 \frac{3}{x-2} dx$ [diverge a $-\infty$]

485 $\int_0^1 \frac{x+1}{\sqrt{x}} dx$ [$\frac{8}{3}$]

486 $\int_1^2 \frac{2x}{x^2-1} dx$ [diverge a $+\infty$]

487 $\int_0^1 \frac{1}{\sqrt{1-x^2}} dx$ [$\frac{\pi}{2}$]

488 $\int_{-4}^0 \frac{6}{(x+3)^4} dx$ [diverge a $+\infty$]

489 $\int_{\frac{\pi}{4}}^{\frac{\pi}{2}} \frac{1}{\cos^2 x} dx$ [diverge a $+\infty$]

490 $\int_0^1 2\ln x \, dx$ [-2]

491 $\int_{\frac{\pi}{2}}^{\pi} \frac{\cos x}{\sqrt[4]{\sin^3 x}} dx$ [-4]

492 $\int_{-1}^0 \frac{x+3}{x+1} dx$ [diverge a $+\infty$]

493 $\int_0^9 \frac{1}{\sqrt{x}\sqrt{9-x}}$ [π]

494 $\int_0^2 \frac{1}{x^2-5x+6}$ [diverge a $+\infty$]

495 RIFLETTI SULLA TEORIA Dimostra che $\int_0^1 \frac{1}{x^\alpha} dx$ converge se e solo se $\alpha < 1$.

Integrale di una funzione in un intervallo illimitato

▶ Teoria a p. 1960

496 ESERCIZIO GUIDA Calcoliamo l'integrale $\int_1^{+\infty} \frac{1}{(x+3)^2}dx$, se è convergente.

La funzione integranda è continua in tutti i punti dell'intervallo $[1; +\infty[$, perciò determiniamo la funzione integrale $F(z)$, con z appartenente a $[1; +\infty[$:

$$F(z) = \int_1^z \frac{1}{(x+3)^2}dx = \left[-\frac{1}{x+3}\right]_1^z = -\frac{1}{z+3} + \frac{1}{4}.$$

Calcoliamo $\lim_{z\to+\infty} F(z)$:

$$\lim_{z\to+\infty}\left(-\frac{1}{z+3} + \frac{1}{4}\right) = \frac{1}{4}.$$

L'integrale è convergente e vale $\int_1^{+\infty} \frac{1}{(x+3)^2}dx = \frac{1}{4}$.

Calcola i seguenti integrali, se sono convergenti.

497 $\int_{-\infty}^{-1} \frac{1}{x^4}dx$ $\left[\frac{1}{3}\right]$

498 $\int_0^{+\infty} \frac{1}{\sqrt{2x+1}}dx$ [diverge a $+\infty$]

499 $\int_5^{+\infty} \frac{1}{(x-3)^2}dx$ $\left[\frac{1}{2}\right]$

500 $\int_2^{+\infty} \frac{8x}{x^2-2}dx$ [diverge a $+\infty$]

501 $\int_2^{+\infty} \frac{1}{\sqrt[3]{(x-1)^4}}dx$ [3]

502 $\int_0^{+\infty} \frac{1}{2x+3}dx$ [diverge a $+\infty$]

503 $\int_1^{+\infty} \frac{1}{x^2+1}dx$ $\left[\frac{\pi}{4}\right]$

504 $\int_3^{+\infty} \frac{\ln x}{x}dx$ [diverge a $+\infty$]

505 $\int_{-\infty}^{-1} e^x dx$ $\left[\frac{1}{e}\right]$

506 $\int_0^{+\infty} xe^{-x}dx$ [1]

507 $\int_{-\infty}^{0} \frac{1}{x^2+2x+2}dx$ $\left[\frac{3\pi}{4}\right]$

508 $\int_{-\infty}^{0} \frac{e^x}{\sqrt{1-e^{2x}}}dx$ $\left[\frac{\pi}{2}\right]$

509 RIFLETTI SULLA TEORIA Dimostra che $\int_1^{+\infty} \frac{1}{x^\alpha}dx$ converge se e solo se $\alpha > 1$.

MATEMATICA E STORIA

Aree e iperbole Il gesuita belga Grégoire de Saint-Vincent (1584-1667) fece una notevole scoperta riguardo all'iperbole di equazione $xy = 1$: se si scelgono k, x_1, x_2, x_3, x_4 tali che $x_3 = kx_1$ e $x_4 = kx_2$, allora le aree A_1 e A_2 sottostanti all'iperbole e delimitate dalle rette verticali passanti per x_1 e x_2 e per x_3 e x_4, come indicato in figura, risultano uguali.

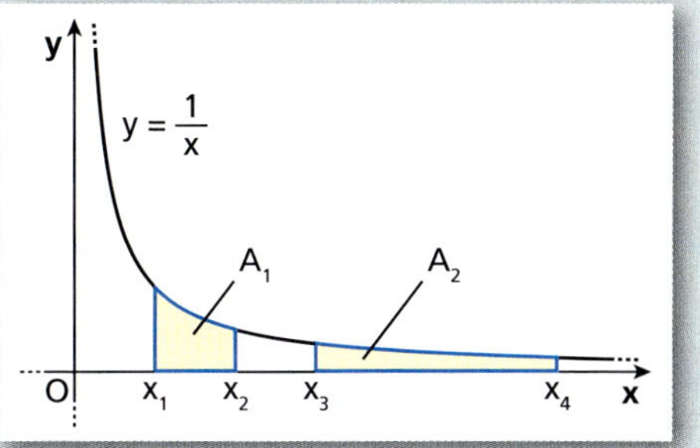

Alphonse Antonio de Sarasa (1618-1667), un altro matematico gesuita, nato nelle Fiandre, fece un'altra osservazione sull'iperbole $xy = 1$; ripercorriamo i suoi ragionamenti rispondendo alle seguenti domande.

a. Indicati con α e β due numeri maggiori di 1, utilizza i risultati precedenti di Grégoire de Saint-Vincent per mostrare che l'area della zona sottostante all'iperbole compresa fra le rette di equazioni $x = 1$ e $x = \beta$ è uguale all'area della zona sottostante all'iperbole compresa fra le rette $x = \alpha$ e $x = \alpha\beta$.

b. Considera la funzione $A(x)$, che esprime l'area della zona sottostante all'iperbole compresa fra 1 e x. Mostra che $A(\alpha\beta) = A(\alpha) + A(\beta)$.

c. Quale funzione a te nota gode di quest'ultima proprietà?

d. Attraverso l'utilizzo degli integrali, verifica la proprietà $A_1 = A_2$ individuata da Grégoire de Saint-Vincent.

Risoluzione – Esercizio in più

ESERCIZI

Riepilogo: Integrali impropri

510 TEST La funzione $f(x)$ è continua $\forall x \in \mathbb{R} - \{0\}$ ed è tale che $\lim_{x \to 0} f(x) = +\infty$. Quale, fra i seguenti integrali, *non* è improprio?

A $\int_{2}^{+\infty} f(x)\,dx$ B $\int_{-\infty}^{-1} f(x)\,dx$ C $\int_{0}^{3} f(x)\,dx$ D $\int_{-1}^{1} f(x)\,dx$ E $\int_{2}^{100} f(x)\,dx$

Calcola i seguenti integrali, se sono convergenti.

511 $\int_{\frac{3}{2}}^{2} \frac{1}{2x-3}\,dx$ [diverge a $+\infty$]

512 $\int_{0}^{1} \frac{3x}{\sqrt{1-x^4}}\,dx$ $\left[\frac{3}{4}\pi\right]$

513 $\int_{4}^{+\infty} \frac{\sqrt{x}}{x^3}\,dx$ $\left[\frac{1}{12}\right]$

514 $\int_{0}^{7} \frac{1}{x-7}\,dx$ [diverge a $-\infty$]

515 $\int_{1}^{2} \frac{1}{\sqrt{x-1}}\,dx$ [2]

516 $\int_{-\infty}^{+\infty} \frac{3}{1+x^2}\,dx$ [3π]

517 $\int_{2}^{+\infty} \frac{x+4}{2x+3}\,dx$ [diverge a $+\infty$]

518 $\int_{5}^{+\infty} \frac{1}{x(x+1)}\,dx$ $\left[\ln\frac{6}{5}\right]$

519 $\int_{-\infty}^{0} \frac{x}{1+9x^4}\,dx$ $\left[-\frac{\pi}{12}\right]$

520 $\int_{-\infty}^{-4} \frac{x}{9-x^2}\,dx$ [diverge a $+\infty$]

521 $\int_{-2}^{0} \frac{dx}{x^2+6x+8}$ [diverge a $+\infty$]

522 $\int_{2}^{5} \frac{x}{(x-2)^2}\,dx$ [diverge a $+\infty$]

523 $\int_{-\infty}^{1} \frac{1}{x^2-10x+25}\,dx$ $\left[\frac{1}{4}\right]$

524 $\int_{2}^{+\infty} 2xe^{x^2}\,dx$ [diverge a $+\infty$]

525 $\int_{-\infty}^{0} 4x^2e^{x^3}\,dx$ $\left[\frac{4}{3}\right]$

526 $\int_{-\infty}^{-2} xe^{-x^2}\,dx$ $\left[-\frac{1}{2e^4}\right]$

527 $\int_{-\infty}^{1} e^{\frac{x}{2}}\,dx$ [$2\sqrt{e}$]

528 $\int_{-\frac{\pi}{2}}^{0} \frac{\sin x}{\sqrt{\cos x}}\,dx$ [-2]

529 $\int_{0}^{\frac{1}{\sqrt[3]{2}}} \frac{x^2}{\sqrt{1-4x^6}}\,dx$ $\left[\frac{\pi}{12}\right]$

530 $\int_{0}^{+\infty} \frac{e^x}{1+4e^{2x}}\,dx$ $\left[\frac{\pi}{4}-\frac{1}{2}\arctan 2\right]$

531 $\int_{-2}^{-1} \frac{x+3}{\sqrt{x+2}}\,dx$ $\left[\frac{8}{3}\right]$

532 $\int_{3}^{+\infty} \frac{dx}{x\sqrt{x+1}}$ [$\ln 3$]

533 $\int_{-\infty}^{2} \frac{2}{x^2-4x+5}\,dx$ [π]

534 $\int_{-\infty}^{0} xe^x\,dx$ [-1]

535 $\int_{0}^{1} \ln x^2\,dx$ [-2]

536 $\int_{-1}^{0} \ln\frac{1}{x+1}\,dx$ [1]

537 $\int_{0}^{1} 4x\ln x\,dx$ [-1]

538 $\int_{2}^{+\infty} \frac{1}{x\ln^3 2x}\,dx$ $\left[\frac{1}{2\ln^2 4}\right]$

539 $\int_{-\infty}^{-1} \frac{1}{x^2-3x}\,dx$ $\left[\frac{2}{3}\ln 2\right]$

540 $\int_{2}^{+\infty} \frac{2\ln x}{x^3}\,dx$ $\left[\ln\sqrt[4]{2}+\frac{1}{8}\right]$

---

541 $\int_{-1}^{\pi} f(x)\,dx$, con $f(x) = \begin{cases} -x^2+1, & \text{se } -1 \le x \le 0 \\ \sin x, & \text{se } 0 < x \le \pi \end{cases}$. $\left[\frac{8}{3}\right]$

LEGGI IL GRAFICO Verifica che le superfici colorate nelle figure hanno area finita e calcolane il valore.

542 ●●

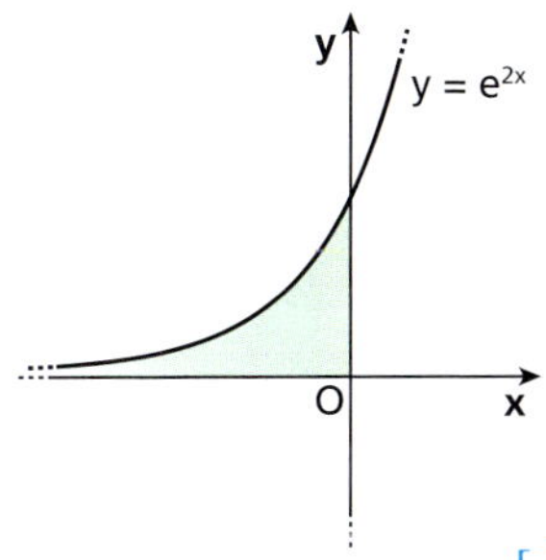

$\left[\frac{1}{2}\right]$

543 ●●

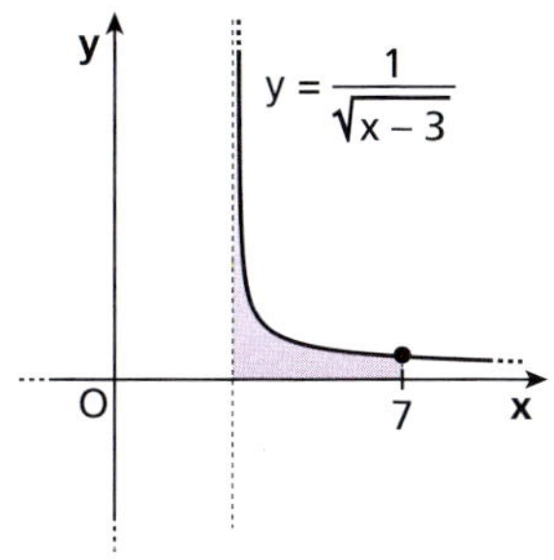

[4]

544 ●●

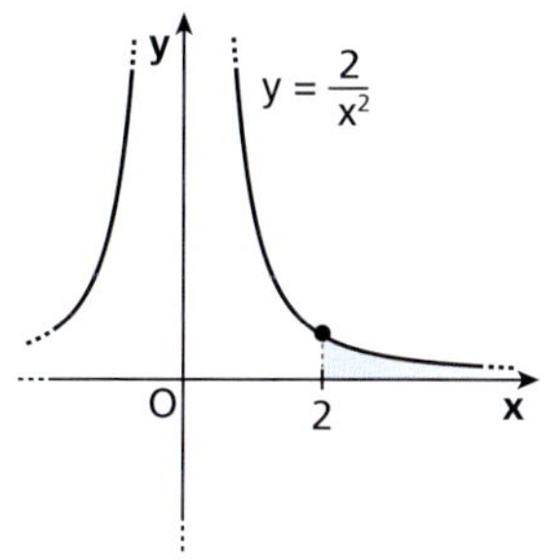

[1]

545 ●○ Traccia il grafico della funzione $y = e^{-x} + 1$ e quello simmetrico rispetto al suo asintoto orizzontale. Calcola l'area delimitata dai due grafici per $x \geq 1$. $\left[\frac{2}{e}\right]$

546 ●○ Calcola l'area della regione illimitata del quarto quadrante compresa fra il grafico della funzione $y = \ln x$ e l'asintoto verticale. [1]

547 ●● Studia e rappresenta graficamente la funzione $y = \frac{3 \ln x}{x^2}$ e trova l'area della regione illimitata compresa tra il grafico della funzione e l'asse delle ascisse con $x \geq 1$. [3]

548 ●● Rappresenta il grafico della funzione $f(x) = \frac{1}{x^2 + x}$ e trova l'area della regione illimitata compresa tra il grafico di $f(x)$ e l'asse x per $x \geq 5$. $\left[\ln \frac{6}{5}\right]$

549 ●● Dopo aver disegnato il grafico della funzione $y = \frac{1}{\sqrt{1 - x^2}}$, calcola l'area delimitata dal grafico della funzione, dall'asse x e dalle rette di equazioni $x = -1$ e $x = 1$. $[\pi]$

550 ●● Disegna il grafico della funzione $y = \frac{x^2}{4 + x^2}$ e trova l'area della regione illimitata compresa tra il grafico della funzione e l'asintoto. $[2\pi]$

551 ●● **LEGGI IL GRAFICO** Nel grafico è rappresentata la funzione $f(x) = \frac{ax + b}{x^3}$.

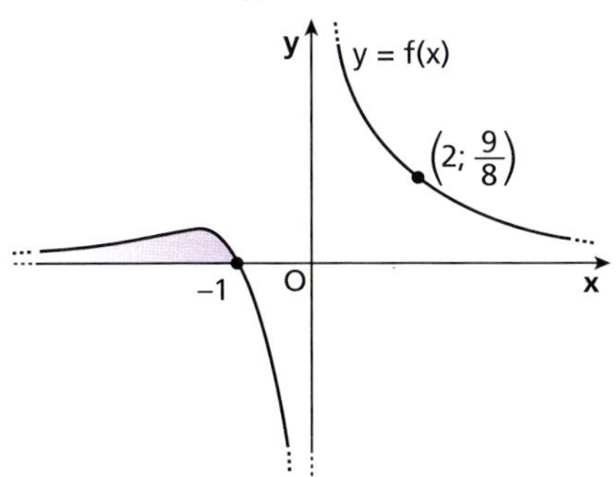

a. Trova a e b.

b. Calcola la misura dell'area colorata.

$\left[\text{a) } a = b = 3; \text{ b) } \frac{3}{2}\right]$

552 ●● Dopo aver rappresentato graficamente la funzione $y = \frac{2x^2 + 1}{x^2}$, determina l'area della regione illimitata compresa fra il grafico e l'asintoto orizzontale della funzione, i cui punti hanno ascissa maggiore di 1. [1]

553 ●● Rappresenta graficamente la funzione $y = x e^{-x^2}$ e calcola l'area della regione illimitata contenuta nel terzo quadrante e delimitata dall'asse x e dal grafico della funzione. $\left[\frac{1}{2}\right]$

554 ●● Determina l'area della regione illimitata del primo quadrante compresa fra il grafico della funzione $y = \frac{x}{\sqrt{1 - x^2}}$ e l'asintoto verticale. [1]

ESERCIZI

555 ●● Rappresenta graficamente la funzione

$$y = \frac{1}{x^2 + x + 1}$$

e trova l'area della regione illimitata compresa tra l'asse x e il grafico della funzione. $\left[\frac{2}{3}\sqrt{3}\,\pi\right]$

556 ●● Calcola il volume del solido generato dalla rotazione di 360° attorno all'asse x della funzione $y = e^{-x}$, per $x \geq 0$. $\left[\frac{\pi}{2}\right]$

557 ●● REALTÀ E MODELLI **La tromba di Gabriele** La tromba di Torricelli, o di Gabriele, è un solido ottenuto con una rotazione completa intorno all'asse x della curva di equazione $y = \frac{1}{x}$, per $x \geq 1$. Ha la particolarità di avere una superficie infinita ma volume finito. Quanto misura il volume? $[\pi]$

558 ●● **a.** Studia e rappresenta il grafico di $f(x) = \frac{\sqrt{9 - x^2}}{x}$.

b. Calcola il volume del solido di rotazione intorno all'asse y della regione delimitata dal grafico di $f(x)$, dall'asse x e dalla retta di equazione $y = \sqrt{3}$.

c. Trova il volume, se esiste, del solido generato da una rotazione dell'intero grafico intorno all'asse y.

[b) $3\pi^2$; c) $9\pi^2$]

559 ●● EUREKA! Determina l'equazione dell'asintoto orizzontale della funzione integrale $F(x) = \int_0^x te^{-t^2}dt$. $\left[y = \frac{1}{2}\right]$

Con i parametri

560 ●○ Determina per quale valore del parametro $k \in \mathbb{R}$ si ha: $\int_2^k \frac{1}{\sqrt{x-2}}\,dx = 6$. $[k = 11]$

561 ●○ Trova il valore di $a \in \mathbb{R}$ in modo che $\int_{-\infty}^{+\infty} \frac{a}{x^2 + 1}\,dx = 5\pi$. $[a = 5]$

562 ●○ Dato l'integrale $\int_2^{+\infty} \frac{ax}{(x-1)^4}\,dx$, trova a in modo che il suo valore sia 5. $[a = 6]$

563 ●● Trova per quale valore di $a > 0$ si ha $\int_1^{+\infty} \frac{\ln ax}{x^2}\,dx = 2$. $[a = e]$

564 ●● LEGGI IL GRAFICO Nel grafico è rappresentata la funzione $y = \frac{1}{(ax+b)^2}$.

Determina a e b, sapendo che la regione illimitata colorata ha area $\frac{1}{2}$.

$[a_1 = 2, b_1 = -1; a_2 = -2, b_2 = 1]$

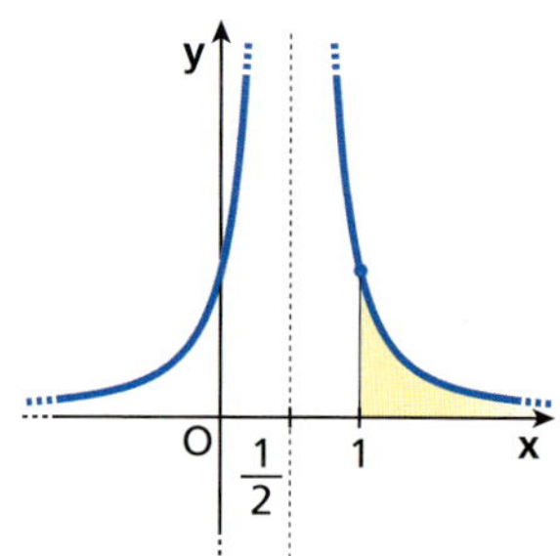

6 Applicazioni degli integrali alla fisica

▶ Teoria a p. 1961

Posizione, velocità e accelerazione

565 ESERCIZIO GUIDA Determiniamo la distanza percorsa, nell'intervallo di tempo compreso fra gli istanti $t_0 = 2$ s e $t_1 = 5$ s, da un punto materiale che si muove su una retta con una velocità $v(t)$, espressa in m/s, che è funzione del tempo t ed è definita dalla legge $v(t) = 2t^2 + 1$.

Se $v(t) \geq 0$ nell'intervallo $[t_0; t_1]$, la distanza percorsa da un punto materiale nell'intervallo di tempo dall'istante t_0 all'istante t_1 è data da $s = \int_{t_0}^{t_1} v(t)\,dt$. Sostituiamo i dati:

$$s = \int_{t_0}^{t_1} v(t)\,dt = \int_{2}^{5} (2t^2 + 1)\,dt = \left[\frac{2t^3}{3} + t\right]_2^5 = \frac{2 \cdot 125}{3} + 5 - \left(\frac{2 \cdot 8}{3} + 2\right) = \frac{265 - 22}{3} = \frac{243}{3} = 81.$$

La distanza percorsa dal punto materiale è perciò 81 m.

566 In un moto rettilineo la velocità di un punto materiale in m/s è data dalla legge $v(t) = 3t^2 - 2$. Determina la distanza percorsa nell'intervallo compreso fra gli istanti $t_0 = 1$ s e $t_1 = 5$ s. [116 m]

567 Un punto materiale si muove su una retta con accelerazione uguale a 2 m/s^2. Determina la velocità al tempo $t = 15$ s, sapendo che la velocità iniziale è di 10 m/s. [40 m/s]

568 Andrea lancia un sasso in verticale, con velocità iniziale $v_0 = 12$ m/s, da un'altezza $h_0 = 1$ m. Trova la legge del moto del sasso, sapendo che $a(t) = -10$ m/s^2.

[$s(t) = 1 + 12t - 5t^2$]

569 In un moto rettilineo la velocità di un punto materiale in m/s è funzione del tempo ed è espressa dalla legge: $v(t) = \dfrac{t}{t^2 + 2}$. Determina la velocità media e la distanza percorsa nell'intervallo di tempo compreso fra gli istanti $t_0 = 2$ s e $t_1 = 8$ s.

[$v_m = 0{,}20$ m/s; $s = 1{,}20$ m]

570 Un'automobile si muove su un rettilineo con accelerazione che varia nel tempo secondo la legge $a(t) = \dfrac{t^2}{81} + \dfrac{2}{\sqrt{t}}$, dove t è in secondi e $a(t)$ in m/s^2. Calcola la velocità dopo 9 secondi dall'istante iniziale $t = 0$ s in cui $v_0 = 3{,}6$ km/h.

[16 m/s]

571 LEGGI IL GRAFICO Nel grafico è rappresentata la funzione velocità di un'automobile che si muove su una strada rettilinea. Calcola la distanza percorsa dall'auto, senza determinare l'espressione analitica di $v(t)$. [1,1 km]

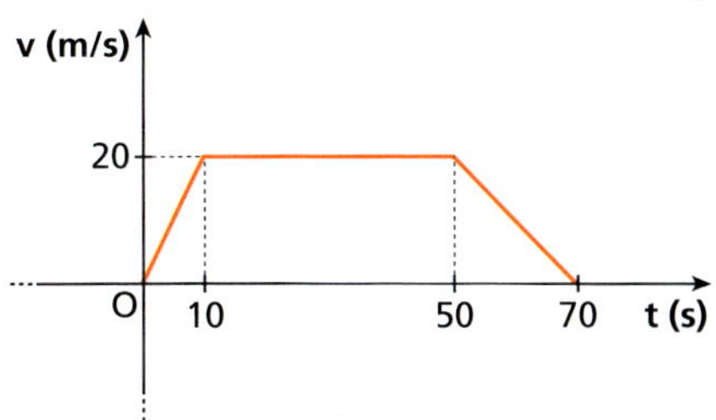

572 Un punto materiale si muove su una retta, su cui è stato fissato un sistema di riferimento, con velocità $v(t) = \cos \pi t$. Sapendo che la posizione occupata dal corpo all'istante iniziale $t_0 = 0$ s è $s_0 = 1$, determina la legge oraria del moto del punto materiale.

$\left[s(t) = \dfrac{\sin \pi t}{\pi} + 1\right]$

573 Una pallina, collegata a una molla, oscilla di moto armonico con velocità $v(t) = 2 \sin 4t$ misurata in m/s. Determina la posizione e l'accelerazione in funzione del tempo, sapendo che nell'istante iniziale $s_0 = 2$ m. Rappresenta graficamente le tre leggi $s(t)$, $v(t)$ e $a(t)$ durante un'oscillazione completa.

$\left[s(t) = -\dfrac{1}{2}\cos 4t + \dfrac{5}{2};\ a(t) = 8\cos 4t\right]$

574 Determina lo spostamento e la distanza percorsa tra gli istanti $t_0 = 0$ s e $t_1 = 3$ s da un punto materiale che si muove su una retta con velocità $v(t) = t^2 - 1$, espressa in m/s. [6 m; 7,3 m]

575 Un punto materiale P si muove su un tratto rettilineo con accelerazione $a = a(t) = 6t + 2$, dove a è misurata in m/s^2 e t in secondi. Calcola la distanza percorsa tra l'istante $t_1 = 2$ s e $t_2 = 8$ s e la velocità al tempo t_2, sapendo che al tempo $t_3 = 1$ s la velocità è $v_3 = 1$ m/s e si trova a una distanza $s_3 = 1$ m dall'origine del sistema di riferimento scelto. [$s = 540$ m; $v(t_2) = 204$ m/s]

576 ●● Un carrello inizia a muoversi su un binario rettilineo con accelerazione che varia nel tempo secondo la legge $a(t) = (2 - t)e^t$. In quale istante è massima la velocità? Che distanza ha percorso fino a quel momento? $[t = 2; s(2) = 2e^2 - 10]$

577 ●● In un moto su una retta orientata, la velocità in m/s di un punto materiale è data dalla legge $v(t) = t \cdot e^{-t}$. Trova la legge oraria del moto, sapendo che all'istante iniziale $t_0 = 0$ s il punto ha ascissa 1 m. $[s(t) = 2 - (t+1) \cdot e^{-t}]$

578 ●● Una pallina si muove in linea retta con velocità istantanea $v(t) = 32k - 4t^3$, dove k è un parametro reale positivo, t è il tempo espresso in secondi e v è misurata in metri al secondo. Sapendo che nell'istante iniziale $(t = 0)$ la pallina si trovava in $x = 1$ m, quanto deve valere k affinché la pallina raggiunga l'ascissa massima di 4 metri? $\left[k = \frac{1}{8}\right]$

REALTÀ E MODELLI

579 ●○

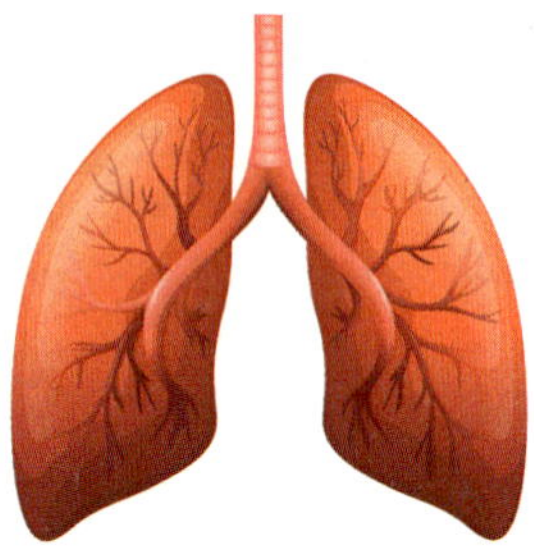

A pieni polmoni Un ciclo inspiratorio normale dura circa 5 s. La velocità con cui si inspira ed espira l'aria può essere modellizzata con la funzione $v(t) = \frac{1}{2}\sin\left(\frac{2\pi t}{5}\right)$, dove il tempo t è misurato in secondi e $v(t)$ in litri al secondo.

a. Determina dopo quanto tempo dall'inizio di un ciclo respiratorio la velocità di inspirazione/espirazione è massima e dopo quanto è minima.

b. Calcola la quantità d'aria inalata in un ciclo. [a) 1,25 s; 3,75 s; b) 0,8 L]

580 ●● **L'estate è finita** Michela ha una piscina di lati 4 m e 10 m, riempita d'acqua per una profondità di 1,5 m. Una volta aperta la saracinesca per svuotarla, l'acqua esce con una velocità di $200 - \frac{t}{6}$ litri al minuto, dove t indica il tempo trascorso, in minuti.

a. Quanta acqua esce nella prima ora?

b. Dopo quante ore la piscina sarà vuota?

[a) 11 700 L; b) $\simeq 6$ h]

Lavoro di una forza

$$L = \int_a^b F(x)\,dx$$

581 ●○ Un punto materiale si muove su una retta, su cui è stato fissato un sistema di riferimento, sotto l'azione di una forza elastica F, misurata in newton, la cui intensità è legata all'ascissa del punto dalla legge $F(x) = -10x$. Determina il lavoro L compiuto dalla forza quando il punto materiale si sposta dalla posizione $x_0 = 5$ m alla posizione $x_1 = 1$ m. [120 J]

582 ●○ Su un punto materiale P che si muove lungo una retta orientata, su cui è stato fissato un sistema di riferimento, agisce una forza F, misurata in newton, che è legata all'ascissa di P dalla relazione $F(x) = x\sqrt{x^2+1}$. Determina il lavoro compiuto su P dalla forza F quando P si sposta dalla posizione $x_1 = 1$ m alla posizione $x_2 = 3$ m. [9,59 J]

583 ●○ Una forza misurata in newton, variabile a seconda della posizione in cui viene applicata, induce un corpo a spostarsi di un certo tratto. Calcola il lavoro, in joule (J), compiuto nello spostare il corpo dalla posizione $s_0 = 3$ m alla posizione $s_1 = 5$ m, se $F = 3s^2 - 4s + 2$. [70 J]

584 ●○ **RIFLETTI SULLA TEORIA** Un punto materiale si muove su una retta orientata sotto l'azione di una forza $F(x)$, dove x indica l'ascissa del punto. Spiega perché il lavoro di F è nullo quando sposta il punto materiale da $x_0 = a$ e lo riporta a $x_1 = a$.

585 ●● Una molla a riposo è lunga 15 cm e quando viene estesa a una lunghezza di 20 cm esercita una forza elastica di richiamo di intensità 45 newton (N).

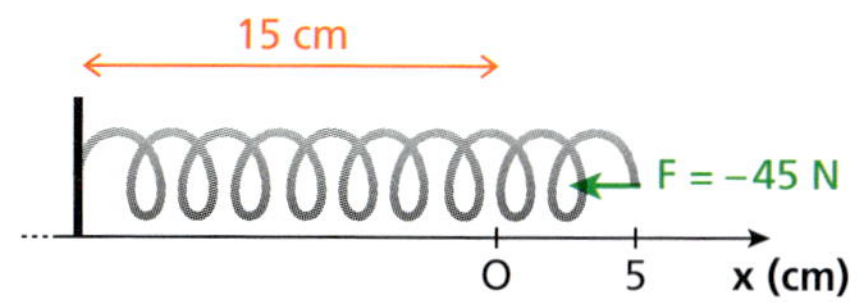

a. Ricordando che $F = -kx$, calcola k.

b. Determina il lavoro che bisogna compiere per allungare la molla da 20 cm a 25 cm.

[a) 900 N/m; b) 3,375 J]

Quantità di carica $Q = \int_{t_0}^{t_1} i(t)\,dt$

586 ●○ In un circuito l'intensità della corrente, misurata in ampere (A), all'istante t è data da $i(t) = 3t^2 + 4t$. Calcola la quantità di carica, in coulomb (C), che attraversa una sezione del circuito nell'intervallo di tempo che va dall'istante $t_0 = 1$ s all'istante $t_1 = 5$ s. [172 C]

587 ●● In un circuito l'intensità della corrente, misurata in ampere, all'istante t è data da $i(t) = -\frac{e^{-100t}}{100}$.
Calcola la quantità di carica, in coulomb (C), che attraversa una sezione del circuito nell'intervallo di tempo che va dall'istante $t_0 = \frac{1}{100}$ s all'istante $t_1 = 1$ s. [$-3,68 \cdot 10^{-5}$ C]

588 ●● Un filo conduttore è attraversato da una corrente alternata di intensità $i(t) = 5\sin(250\pi t)$, misurata in ampere (A). Determina la quantità di carica che fluisce attraverso una sezione del filo nell'intervallo di tempo tra 0 e 0,1 s e il valore medio dell'intensità di corrente nello stesso intervallo.

[0,0127 C; 0,127 A]

7 Integrazione numerica

Metodo dei rettangoli

▶ Teoria a p. 1964

589 ●○ Utilizzando il metodo dei rettangoli, calcola due valori approssimati dell'integrale della funzione definita dalla seguente tabella, nell'intervallo preso in considerazione.

x_i	0	0,1	0,2	0,3	0,4	0,5	0,6	0,7	0,8	0,9	1
y_i	1	1,123	1,125	1,236	1,254	2,256	2,321	1,254	1,287	2,125	3

[1,498; 1,698]

590 ESERCIZIO GUIDA Determiniamo due valori approssimati dell'integrale $\int_0^2 \sqrt{1+x}\,dx$ utilizzando il metodo dei rettangoli, valutiamo l'errore commesso e confrontiamo i risultati ottenuti con l'integrale esatto.

Dividiamo l'intervallo in 10 intervalli di ampiezza $h = \frac{2-0}{10} = 0,2$. Compiliamo una tabella con i punti di suddivisione dell'intervallo [0; 2] e i corrispondenti valori della funzione integranda.

x	0	0,2	0,4	0,6	0,8	1	1,2	1,4	1,6	1,8	2
$\sqrt{1+x}$	1	1,095	1,183	1,265	1,342	1,414	1,483	1,549	1,612	1,673	1,732

Ora calcoliamo le somme:

$S'_n = 0,2 \cdot (1 + 1,095 + 1,183 + \ldots + 1,612 + 1,673) \simeq 2,723;$

$S_n = 0,2 \cdot (1,095 + 1,183 + \ldots + 1,673 + 1,732) \simeq 2,870.$

I valori approssimati dell'integrale sono:

$$\int_0^2 \sqrt{1+x}\,dx \simeq 2{,}723 \quad \text{e} \quad \int_0^2 \sqrt{1+x}\,dx \simeq 2{,}870.$$

Ricordiamo che, se la funzione ammette derivata prima continua, l'errore commesso E_n è minore o uguale alla quantità ε_n, ossia:

$E_n \leq \varepsilon_n = \dfrac{(b-a)^2}{2n} \cdot M,$ dove M è il massimo di $|f'(x)|$ in $[a; b]$.

Poiché la derivata $f'(x) = \dfrac{1}{2\sqrt{1+x}}$ è continua nell'intervallo $[0; 2]$ e

$$M = \max_{[0;2]} \left| \frac{1}{2\sqrt{1+x}} \right| = f'(0) = \frac{1}{2\sqrt{1+0}} = 0{,}5,$$

possiamo valutare l'errore commesso:

$$E_{10} \leq \varepsilon_{10} = \frac{(2-0)^2}{2 \cdot 10} \cdot 0{,}5 = 0{,}1.$$

I due risultati hanno pertanto un'approssimazione minore o uguale a 0,1.
Calcolando l'integrale in modo esatto, otteniamo:

$$\int_0^2 \sqrt{1+x}\,dx = \left[\frac{2}{3}(1+x)\sqrt{1+x}\right]_0^2 \simeq 2{,}797.$$

Le differenze fra questo valore e quelli approssimati sono $|S'_n - 2{,}797| = 0{,}074$ e $|S_n - 2{,}797| = 0{,}073$, entrambe minori di 0,1.

Utilizzando il metodo dei rettangoli, calcola due valori approssimati dei seguenti integrali e valuta, se possibile, l'errore commesso. (Suddividi l'intervallo nel numero *n* di parti indicato a fianco.)

591 $\int_1^3 (x^2+2)\,dx$, $n = 5$. [11,12; 14,32; 2,4]

592 $\int_{-4}^{-1} \frac{1}{x^2}\,dx$, $n = 6$. [0,55; 1,02; 1,5]

593 $\int_e^{e+1} \ln x\,dx$, $n = 10$. [1,149; 1,180; 0,018]

594 $\int_0^{\frac{1}{2}} e^{x^2+1}\,dx$, $n = 5$. [1,446; 1,523; 0,087]

595 $\int_0^3 \sqrt{1+x^3}\,dx$, $n = 10$. [6,717; 8,004; 1,148]

596 $\int_2^3 \sqrt[3]{x-2}\,dx$, $n = 10$. [0,687; 0,787; imp.]

597 $\int_0^{\pi} (x+\cos x)\,dx$, $n = 6$. [4,64; 5,23; 0,82]

598 $\int_0^{\frac{\pi}{4}} \tan x\,dx$, $n = 8$. [0,298; 0,396; 0,077]

Calcola due valori approssimati dei seguenti integrali, utilizzando il metodo dei rettangoli, e confronta i risultati ottenuti con il valore esatto dell'integrale.

599 $\int_2^4 (5x^2+3x^3)\,dx$, $n = 10$. [250,96; 296,56; 273,33]

600 $\int_1^5 x\ln x\,dx$, $n = 8$. [12,14; 16,16; 14,12]

601 $\int_0^1 x\sqrt[3]{x^2+1}\,dx$, $n = 8$. [0,49; 0,65; 0,57]

602 **IN FISICA** I valori della velocità di un corpo sono stati raccolti sperimentalmente nella seguente tabella. Determina un valore approssimato dello spostamento compiuto dal corpo nell'intervallo di tempo preso in esame.

t (s)	0	0,3	0,6	0,9	1,2	1,5	1,8	2,1	2,4
v (m/s)	0	10	12	13	11	9	8	10	11

[21,9 m; 25,2 m]

603 EUREKA! Calcola due valori approssimati di $\int_2^4 \frac{x^2+1}{x}dx$, suddividendo l'intervallo in un numero di parti tale che l'errore risulti minore di 0,2. $[6,52; 6,87; n = 10]$

Metodo dei trapezi

▶ Teoria a p. 1965

604 Utilizzando il metodo dei trapezi, calcola un valore approssimato dell'integrale della funzione definita dalla seguente tabella, nell'intervallo preso in considerazione.

x_i	0	0,3	0,6	0,9	1,2	1,5	1,8	2,1
y_i	10	12	11	13	14	15	12	11

[26,25]

605 ESERCIZIO GUIDA Utilizzando la formula dei trapezi, calcoliamo un valore approssimato di $\int_1^2 \ln x\, dx$, valutiamo l'errore commesso e confrontiamo il risultato con quello del calcolo esatto.

Dividiamo l'intervallo in 5 intervalli di ampiezza $h = \frac{2-1}{5} = 0,2$. Compiliamo una tabella con i punti di suddivisione dell'intervallo [1; 2] e i corrispondenti valori della funzione integranda.

x	1	1,2	1,4	1,6	1,8	2
$\ln x$	0	0,182	0,336	0,470	0,588	0,693

Applichiamo la formula dei trapezi:

$$\int_1^2 \ln x\, dx \simeq \frac{2-1}{5}\left(\frac{0+0,693}{2} + 0,182 + 0,336 + 0,470 + 0,588\right) \simeq 0,385.$$

Ricordiamo che, se la funzione ammette derivata seconda continua, l'errore commesso E_n è minore o uguale alla quantità ε_n, ossia:

$$E_n \leq \varepsilon_n = \frac{(b-a)^3}{12n^2} \cdot M, \quad \text{dove } M \text{ è il massimo di } |f''(x)| \text{ in } [a; b].$$

Poiché la derivata seconda $f''(x) = -\frac{1}{x^2}$ è continua nell'intervallo [1; 2] e

$$M = \max_{[1;2]} |f''(x)| = |f''(1)| = 1,$$

possiamo valutare l'errore:

$$E_5 \leq \varepsilon_5 = \frac{(2-1)^3}{12 \cdot 25} \cdot 1 = 0,00\bar{3}.$$

Il risultato dell'integrale ha pertanto un'approssimazione minore o uguale a $0,00\bar{3}$.

Calcolando l'integrale in modo esatto, otteniamo :

$$\int_1^2 \ln x\, dx = [x \ln x]_1^2 - \int_1^2 1 dx = 2\ln 2 - [x]_1^2 = 2\ln 2 - 1 \simeq 0,386.$$

La differenza fra questo valore e quello approssimato è $|0,385 - 0,386| = 0,001$, minore di $0,00\bar{3}$.

Utilizzando la formula dei trapezi, calcola il valore approssimato dei seguenti integrali e valuta l'errore. (Suddividi l'intervallo nel numero *n* di parti indicato a fianco.)

606 $\int_e^{e+2}(1+2x)\,dx, \quad n = 8.$ $[16,873; 0]$

607 $\int_1^3 \frac{x^4}{4}dx, \quad n = 5.$ $[12,45; 0,72]$

608 $\int_{-\frac{\pi}{2}}^0 \sin x\, dx, \quad n = 4.$ $[-0,99; 0,02]$

609 $\int_0^{\frac{1}{2}} 5e^x dx, \quad n = 5.$ $[3,25; 3,4 \cdot 10^{-3}]$

Utilizzando la formula dei trapezi, calcola il valore approssimato dei seguenti integrali, suddividendo l'intervallo nel numero n di parti indicato.

610 $\int_0^3 \sqrt{1+5x^2}\,dx$, $n = 10$. [10,772]

611 $\int_3^5 \frac{1}{1+x^4}\,dx$, $n = 8$. [0,0097]

612 $\int_1^{\frac{3}{2}} \ln x\,dx$, $n = 5$. $[0,1079;\ 4,2 \cdot 10^{-4}]$

613 $\int_0^{\pi} \sqrt{\sin^2 x + 1}\,dx$, $n = 6$. $[3,820;\ 7,2 \cdot 10^{-2}]$

614 $\int_0^{\frac{1}{2}} \sqrt{\frac{1}{1+x}}\,dx$, $n = 5$. [0,4497]

615 $\int_{-\pi}^{\pi} \ln(\cos x + 2)\,dx$, $n = 10$. [3,920]

Utilizzando la formula dei trapezi, calcola il valore approssimato dei seguenti integrali e confronta il risultato con quello del calcolo esatto. (Suddividi l'intervallo nel numero n di parti indicato a fianco.)

616 $\int_1^5 (x^3 + 3x)\,dx$, $n = 10$. [192,96; 192]

617 $\int_{-1}^0 e^{x+1}\,dx$, $n = 10$. $[1,72;\ e - 1]$

618 $\int_2^3 \ln x\,dx$, $n = 5$. $\left[0,909;\ \ln\left(\frac{27}{4}\right) - 1\right]$

619 $\int_0^{\frac{\pi}{4}} \frac{\cos x}{\sin x + 1}\,dx$, $n = 6$. $\left[0,535;\ \ln\left(\frac{\sqrt{2}}{2} + 1\right)\right]$

---

620 **IN FISICA** L'intensità di corrente i (misurata in ampere) che percorre un conduttore, al variare del tempo t (in secondi), è stata misurata sperimentalmente e i dati sono stati raccolti nella seguente tabella. Utilizzando il metodo dei trapezi, calcola un valore approssimato della quantità di carica che passa attraverso una sezione del conduttore nell'intervallo di tempo tra 0 s e 0,5 s.

***t* (s)**	0	0,1	0,2	0,3	0,4	0,5
***i* (A)**	3	5	6	12	15	18

[4,85 C]

621 Per calcolare il volume di un recipiente di forma irregolare, alto 20 cm, vengono misurate le aree A di alcune sezioni, a varie altezze h. I dati sono riportati nella tabella qui sotto. Calcola un valore approssimato del volume, utilizzando il metodo dei trapezi.

***h* (cm)**	2	4	6	8	10	12	14	16	18	20
***A* (cm²)**	10	12	14	12	15	13	10	12	10	10

[216 cm³]

622 **EUREKA!** Trova il numero n minimo di parti in cui bisogna suddividere l'intervallo [1; 2] affinché il valore approssimato di $\int_1^2 xe^x\,dx$, calcolato con il metodo dei trapezi, abbia un errore sicuramente minore di 10^{-3}. $[n = 50]$

Riepilogo: Integrazione numerica

623 Calcola con uno dei metodi numerici di integrazione il valore approssimato di $\int_0^2 \ln(x+1)\,dx$, utilizzando una suddivisione in 8 parti. Confronta il valore ottenuto con quello esatto.

624 Utilizza il metodo dei trapezi per calcolare un'approssimazione di $\int_0^1 \ln(x+e)\,dx$, valutando l'errore commesso nel considerare una suddivisione in 10 parti dell'intervallo dato. $[1,1647;\ 1,13 \cdot 10^{-4}]$

625 Calcola due valori approssimati di $\int_e^{e+2} x^2 \ln x\,dx$, utilizzando il metodo dei rettangoli e dei trapezi con una scomposizione dell'intervallo in 8 parti. Con quale precisione puoi dire di aver determinato il valore dell'integrale? [34,851; 38,245]

626 Sapendo che $\int_0^1 \frac{1}{1+x^2}\,dx = \frac{\pi}{4}$, calcola un'approssimazione di π, utilizzando uno dei metodi di integrazione numerica.

627 Sapendo che $\int_0^{\frac{\pi}{4}} \tan x\,dx = \frac{1}{2}\ln 2$, determina un valore approssimato di $\ln 2$, utilizzando uno dei metodi di integrazione numerica.

628 LEGGI IL GRAFICO Nella figura è rappresentato il grafico della funzione $y = x\ln(x+k)$.

a. Determina il valore di k.

b. Calcola un valore approssimato dell'area colorata.

[a) $k = 2$; b) 2,4]

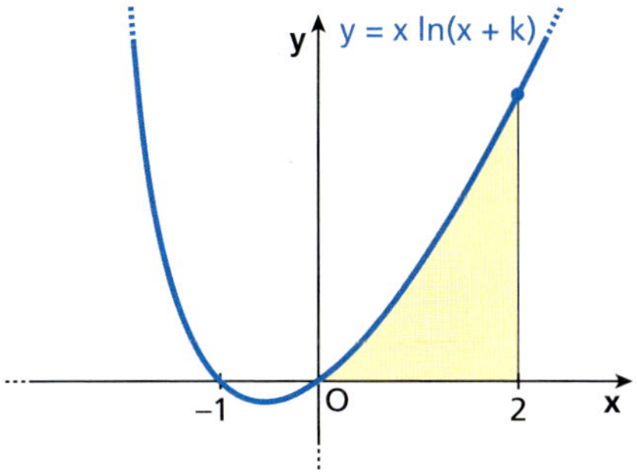

629 Utilizzando uno dei metodi di integrazione numerica studiati, calcola il valore di $\int_0^{\sqrt{\pi}} \sin x^2\,dx$.
Rappresenta la funzione integranda ed evidenzia la parte di piano la cui area è rappresentata dall'integrale riportato sopra. [0,8855]

630 IN FISICA L'accelerazione di un punto materiale, che si muove su una linea retta, è espressa in m/s^2 da $a(t) = e^{-t^2} + 1$. Il moto dura 3 secondi. Suddividendo l'intervallo di tempo [0; 3] in 10 parti uguali, calcola un valore approssimato della velocità raggiunta dopo 3 secondi, utilizzando il metodo dei trapezi. [3,886 m/s]

631 a. Data la funzione $f(x) = \frac{x}{1+x^4}$, esegui lo studio e disegna il grafico.

b. Mediante la formula dei rettangoli determina un'approssimazione per difetto e una per eccesso dell'integrale $\int_0^2 f(x)\,dx$, dividendo l'intervallo in 8 parti, e valuta l'errore commesso.

$\left[\text{b) } S_8' = 0{,}6421514\ldots,\ S_8 = 0{,}6715632\ldots;\ \varepsilon_8 = \frac{1}{4}\right]$

632 Considera la funzione: $f(x) = \begin{cases} 0 & \text{se } x = 0 \\ x^2\ln x & \text{se } x > 0 \end{cases}$.

a. Dimostra che è continua in tutto il dominio, esegui lo studio e disegna il grafico.

b. Con il metodo dei trapezi calcola in modo approssimato $\int_0^1 f(x)\,dx$ dividendo l'intervallo in 6 parti.

[b) $I_6 = -0{,}1086574\ldots$]

633 Sia data la funzione $y = \sin kx + \cos kx$, con k parametro reale positivo.

a. Determina il valore minimo di k per cui la funzione ha un estremo relativo in $x = \pi$ e verifica che si tratta di un massimo assoluto.

b. Col metodo dei rettangoli calcola un'approssimazione per difetto e una per eccesso dell'integrale $\int_0^{\pi} y\,dx$ utilizzando 8 intervalli.

c. Calcola l'integrale esatto e confrontalo con la media delle due approssimazioni trovate al punto precedente.

$\left[\text{a) } k = \frac{1}{4};\ \text{b) } S_8' = 3{,}915456\ldots;\ S_8 = 4{,}078117\ldots;\ \text{c) } I = 4,\ S_m = 3{,}996780\ldots\right]$

VERIFICA DELLE COMPETENZE

VERIFICA DELLE COMPETENZE ALLENAMENTO

UTILIZZARE TECNICHE E PROCEDURE DI CALCOLO

TEST

1 Se $\int_a^b f(x)\,dx = 0$, allora è necessario che:

A $a = b$.

B $f(x) = 0$.

C $a = -b$ e $f(x)$ sia dispari.

D $a = b = 0$.

E nessuna delle precedenti.

2 Quale delle seguenti uguaglianze è *errata*?

A $\int_a^b f(x)\,dx = -\int_b^a f(x)\,dx$

B $\int_a^a f(x)\,dx = \int_b^b f(x)\,dx$

C $\int_a^c f(x)\,dx = \int_a^b f(x)\,dx + \int_b^c f(x)\,dx$, con $a < b < c$.

D $\int_a^b [f(x) - g(x)]dx = \int_b^a [g(x) - f(x)]dx$

E $\int_{k\cdot a}^{k\cdot b} f(x)\,dx = k \cdot \int_a^b f(x)\,dx$

3 Solo uno dei seguenti integrali non è nullo. Quale?

A $\int_1^1 3x\,dx$ B $\int_{-1}^1 x^5 dx$ C $\int_{-2}^2 x^4 dx$ D $\int_0^{2\pi} \cos x\,dx$ E $\int_3^{-3} \sin x\,dx$

Calcola i seguenti integrali.

4 AL VOLO $\int_{-5}^5 (x + 3x^3)dx$

5 $\int_{-1}^1 (3x^5 + 3x^2 - 1)\,dx$ $[0]$

6 $\int_1^2 x\sqrt{x^2 - 1}\,dx$ $[\sqrt{3}]$

7 $\int_0^4 (4\sqrt{x} - 3x^2)dx$ $\left[-\frac{128}{3}\right]$

8 $\int_1^2 \frac{x^2 + 5}{x}dx$ $\left[\frac{3}{2} + 5\ln 2\right]$

9 $\int_{-2}^0 \frac{x + 3}{x}dx$ [diverge a $-\infty$]

10 $\int_1^3 \frac{-4}{(2x - 1)^3}dx$ $\left[-\frac{24}{25}\right]$

11 $\int_{-2}^{-1} \frac{3x^2 + 2}{x^3 + 2x}dx$ $[-\ln 4]$

12 $\int_0^1 xe^{1-x^2} dx$ $\left[\frac{e - 1}{2}\right]$

13 $\int_3^7 \frac{5}{\sqrt{x - 3}}dx$ $[20]$

14 $\int_0^{\frac{\pi}{2}} \cos x \cdot e^{\sin x} dx$ $[e - 1]$

15 $\int_{-1}^0 \frac{2x}{(x^2 - 1)^2}dx$ [diverge a $-\infty$]

16 $\int_1^5 |4 - x|dx$ $[5]$

17 $\int_{\frac{\pi}{3}}^{\pi} \frac{\sin x}{1 - \cos x}dx$ $[\ln 4]$

18 $\int_e^{e^3} \frac{1}{x\ln x}dx$ $[\ln 3]$

19 $\int_{\pi^2}^{4\pi^2} \frac{\sin\sqrt{x}}{\sqrt{x}}dx$ $[-4]$

20 $\int_{-\infty}^0 xe^{x^2} dx$ [diverge a $-\infty$]

Calcola la derivata delle seguenti funzioni.

21 $F(x) = \int_x^1 \frac{t}{2 + 3t^2}dt$ $\left[F'(x) = -\frac{x}{2 + 3x^2}\right]$

22 $F(x) = \int_0^{2x} 3e^t\,dt$ $[F'(x) = 6e^{2x}]$

23 ●○ $F(x) = \int_2^{x^2} \sin t \, dt$ $[F'(x) = 2x \sin x^2]$

24 ●● $G(x) = \int_x^{x+2} (2t^3 - t) dt$ $[G'(x) = 12x^2 + 24x + 14]$

Calcola i seguenti limiti.

25 ●● $\lim_{x \to 0} \frac{\int_0^x (1 - \cos t) dt}{2x^3}$ $\left[\frac{1}{12}\right]$

26 ●● $\lim_{x \to 0} \frac{\int_0^x 4 \sin t \, dt}{e^{x^2} - 1}$ $[2]$

27 ●○ Data la funzione $F(x) = \int_0^x \frac{t^2 - 1}{t^4 + 1} dt$, calcola il limite $\lim_{x \to 0^+} \frac{x}{F(x)}$. $[-1]$

28 ●● Utilizzando uno dei metodi di integrazione numerica studiati, calcola $\int_1^4 \frac{\ln x}{x} dx$, dividendo l'intervallo di integrazione in sei parti di uguale ampiezza. Confronta quindi il risultato con quello ottenuto dal calcolo esatto.

ANALIZZARE E INTERPRETARE DATI E GRAFICI

Trova l'area delle regioni colorate.

29 ●○

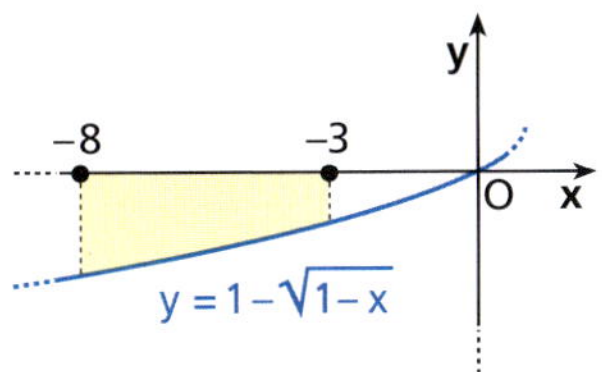

$\left[\frac{23}{3}\right]$

30 ●○

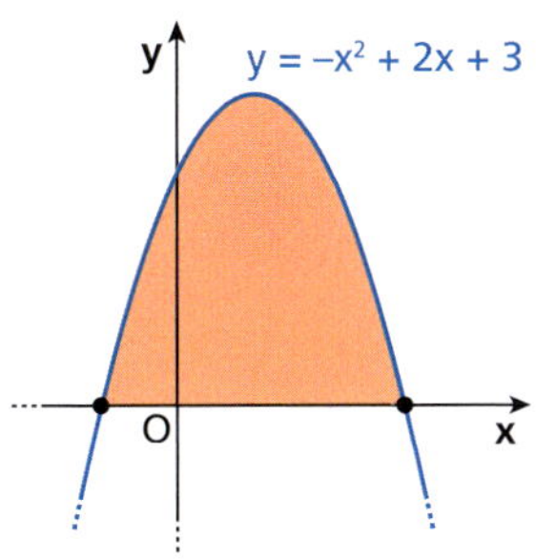

$\left[\frac{32}{3}\right]$

31 ●○

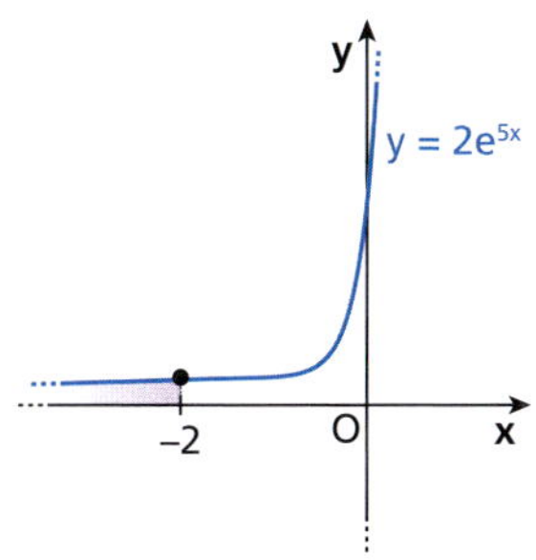

$\left[\frac{2}{5e^{10}}\right]$

32 ●○ Trova per quale valore di $k \in \mathbb{R}$ il valore medio della funzione $f(x) = 1 - x + 9x^2$ nell'intervallo $[0; k]$ è 1. $\left[k = \frac{1}{6}\right]$

33 ●○ Determina per quale valore di $a \in \mathbb{R}$ si ha:

$$\int_1^4 \frac{ax^2 - 8}{x} dx = 15 - 8 \ln 4.$$ $[a = 2]$

34 ●○ Considera $F(x) = \int_1^x (6t^2 - 8t - 1) dt$ e calcola:

$F'(0)$, $F''(1)$, $F(1)$, $F(-1)$. $[-1; 4; 0; -2]$

35 ●○ Data $G(x) = \int_{-3}^x \frac{6t - 1}{3t^2 - t + 5} dt$, calcola:

$G'(1)$, $G(-3)$, $G(0)$. $\left[\frac{5}{7}; 0; -\ln 7\right]$

36 ●○ Trova il valore medio della funzione $g(x) = \frac{3}{(1 + x)^2}$ nell'intervallo $[0; 8]$ e determina il punto z in cui g assume tale valore. $\left[g(z) = \frac{1}{3}, z = 2\right]$

37 ●● Verifica che le funzioni $f(x) = 6x - x^2$ e $g(x) = 9\pi \sin(\pi x)$ hanno lo stesso valore medio nell'intervallo $[0; 3]$.

38 ●● Calcola la derivata di $y = (1 + x^2) \int_0^x \arctan t \, dt$ nel punto $x = \sqrt{3}$. $\left[\frac{10}{3}\pi - \sqrt{3} \ln 4\right]$

39 Data la funzione integrale $F(x) = \int_0^x \frac{2-3t+t^2}{t^4+1}dt$, determina gli intervalli in cui $F(x)$ è crescente (o decrescente) e gli eventuali punti di massimo e di minimo relativo. $[x < 1 \vee x > 2;\ \text{min in } x = 2;\ \text{max in } x = 1]$

40 Trova per quali $a \in \mathbb{R}$ la funzione $F(x) = \int_0^x [t^2 - (a+2)t + a + 2]dt$ è sempre crescente. $[-2 < a < 2]$

41 f è una funzione definita e continua su tutto l'asse reale. Calcola $\int_2^3 f(5x)\,dx$ sapendo che $\int_0^{10} f(x)\,dx = 2$ e $\int_0^{15} f(x)\,dx = 12$. $[2]$

42 È data $f(x)$ continua, come pure le sue derivate prima e seconda. Se $\int_0^{x^2} f(t)\,dt = x^2(1+x)$ per ogni $x \in \mathbb{R}$, quanto vale $f(1)$? $\left[\frac{5}{2}\right]$

43 Tenuto conto che:

$$\ln 2 = \frac{1}{2}\int_4^9 \frac{1}{x-\sqrt{x}}\,dx,$$

calcola un valore approssimato di $\ln 2$, utilizzando un metodo di integrazione numerica.

RISOLVERE PROBLEMI

Calcolo di aree

44 Considera la regione finita di piano individuata dall'iperbole di equazione $y = \frac{1}{x}$, dal ramo di parabola di equazione $y = \sqrt{x}$ e dalla retta di equazione $x = 9$. Calcola l'area. $\left[\frac{52}{3} - \ln 9\right]$

45 Trova l'area della regione finita di piano delimitata dalla curva di equazione $y = \frac{2x-6}{x-4}$ e dagli assi cartesiani. $[6 - 4\ln 2]$

46 LEGGI IL GRAFICO Trova l'equazione della parabola e della retta r rappresentate in figura e determina l'area della superficie colorata. $\left[y = x^2 - 2x - 2,\ y = x - 2;\ \frac{9}{2}\right]$

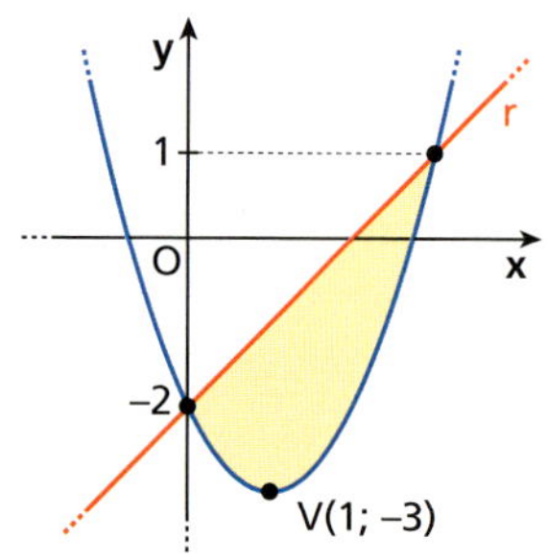

47 Calcola l'area della regione compresa fra l'asse x, la retta di equazione $x = -1$ e il grafico della funzione $y = \ln(x+1)$. $[1]$

48 Studia la funzione $y = \frac{8-x^3}{3x^2}$ e rappresenta il suo grafico. Calcola l'area della parte di piano compresa tra l'asintoto obliquo e il grafico nel semipiano $x \geq 2$. $\left[\frac{4}{3}\right]$

49 La parabola di equazione $y = ax^2 + bx + c$ ha asse di equazione $x = 2$, passa per il punto $P(8; 4)$ e interseca l'asse y nel punto Q di ordinata -4. Trova a, b e c, quindi calcola l'area della parte di piano delimitata dalla parabola e dalla retta PQ. $\left[a = \frac{1}{4}, b = -1, c = -4;\ \mathcal{A} = \frac{64}{3}\right]$

50 Rappresenta graficamente la funzione $y = \frac{2x+1}{x^2-4x+4}$ e calcola l'area della regione finita di piano compresa fra l'asse x, la retta di equazione $x = 1$ e la retta parallela all'asse y passante per il punto di minimo della funzione. $\left[2\ln\frac{4}{5} + 2\right]$

51 ●● Sono dati il fascio di rette $y = q$ e la funzione $y = \frac{e^x}{e^x + 1}$. Trova quale retta determina un rettangolo equivalente al trapezoide definito dal grafico della funzione nell'intervallo $[-1; 1]$. Trova quindi in quali punti interni all'intervallo il valore della funzione è uguale all'altezza del rettangolo. $\left[q = \frac{1}{2}; x = 0\right]$

52 ●● Considera la funzione $y = x^2 e^{-2x}$ e rappresentala graficamente. Determina poi il valore del parametro reale $a > 0$ in modo che l'area della regione finita di piano delimitata dal grafico della funzione data, dall'asse x e dalla retta di equazione $x = a$ valga $\frac{1}{4}(1 - 25e^{-6})$. $[a = 3]$

53 ●● Calcola a, b, c, d in modo che il grafico della funzione $y = \frac{ax^2 + bx + c}{x^2 + d}$ passi per il punto $(0; 1)$, abbia come asintoti le rette di equazioni $x = -1$ e $y = 1$ e l'area compresa tra il grafico e l'asse x nell'intervallo $\left[0; \frac{1}{2}\right]$ sia uguale a $\frac{1}{2} - 2\ln\frac{3}{4}$. $[a = 1, b = -4, c = -1, d = -1]$

Calcolo di volumi

54 ●○ Determina il volume del solido generato dalla rotazione completa attorno all'asse x del trapezoide individuato dal grafico della funzione $y = \sqrt{3x^2 + 1}$ nell'intervallo $[-2; -1]$. $[8\pi]$

55 ●○ Calcola il volume del solido generato dalla rotazione completa attorno all'asse x della porzione di piano limitata dalla curva di equazione $y = \frac{x}{\sqrt{1 + x^2}}$ e dalle rette $x = 0$ e $x = 1$. $\left[\pi - \frac{\pi^2}{4}\right]$

56 ●● Rappresenta graficamente le curve di equazioni $y = 2\sqrt{x - 1}$ e $y = \sqrt{x}$ e calcola il volume del solido ottenuto dalla rotazione di 360° intorno all'asse x della figura definita dai due grafici e dall'asse x. $\left[\frac{2}{3}\pi\right]$

57 ●● Data la curva di equazione $x = \sqrt{3y}$, calcola l'area della parte finita di piano S delimitata dalla curva, dalla retta r passante per i punti $A(3; 3)$ e $B(0; 4)$ e dall'asse y.
Determina poi il volume del solido generato dalla rotazione completa attorno all'asse y della superficie S. $\left[\frac{15}{2}, \frac{33}{2}\pi\right]$

58 ●● Data la parabola di equazione $y = ax^2 + bx + c$, con $a, b, c \in \mathbb{R}$, trova i coefficienti a, b, c in modo che la parabola intersechi l'asse x nell'origine e in $A(1; 0)$ e in modo che l'arco OA di parabola generi nella rotazione di 360° intorno all'asse x un solido di volume uguale a $\frac{49}{30}\pi$. $[a = \pm 7, b = \mp 7, c = 0]$

Calcola il volume dei solidi che hanno come base le regioni finite di piano delimitate dalle curve di equazioni assegnate e dall'asse x negli intervalli segnati a fianco e come sezioni perpendicolari all'asse x quelle indicate.

59 ●○ $y = e^{-x}$, $[0; 1]$; sezioni: rettangoli con altezza doppia della base. $[1 - e^{-2}]$

60 ●○ $y = \frac{6}{x}$, $[2; 3]$; sezioni: semicerchi. $\left[\frac{3}{4}\pi\right]$

61 ●○ $y = -x^2 + 2x$, $[1; 2]$; sezioni: quadrati. $\left[\frac{8}{15}\right]$

62 ●○ $y = \sqrt{\frac{8}{x+1}}$, $[1; 7]$; sezioni: triangoli equilateri. $[4\sqrt{3}\ln 2]$

63 ●○ Determina il volume di un solido avente come base la regione delimitata dalla curva di equazione $y = \frac{1}{x+1}$ e dall'asse x nell'intervallo $[0; 3]$, e come sezione perpendicolare all'asse x un semicerchio. $\left[\frac{3}{8}\pi\right]$

VERIFICA DELLE COMPETENZE VERSO L'ESAME

ARGOMENTARE E DIMOSTRARE

64 Fornisci degli esempi relativi alla seguente affermazione: se una funzione è continua in un intervallo $[a; b]$, allora è integrabile, mentre se una funzione è integrabile in $[a; b]$, non è detto che sia continua.

65 Spiegare in maniera esauriente perché una funzione reale di variabile reale integrabile in un intervallo chiuso e limitato $[a; b]$ non necessariamente ammette primitiva in $[a; b]$.

(Esame di Stato, Liceo scientifico, Corso sperimentale, Sessione suppletiva, 2005, quesito 7)

66 Sia $f(x)$ una funzione continua in $\mathbb{R}$ e sempre positiva. Dimostra che la funzione $F(x) = \int_a^x f(t)\,dt$ è crescente.

67 Si dimostri che $\int_1^2 \frac{x}{x-1}\,dx = +\infty$.

(Esame di Stato, Liceo scientifico, Corso sperimentale, Sessione straordinaria, 2012, quesito 6)

68 Dimostra che per ogni numero reale a si ha: $\int_0^1 \frac{a}{1+a^2x^2}\,dx = \int_0^a \frac{dx}{1+x^2}$.

69 Sia $f(x)$ una funzione continua per ogni x reale tale che $\int_0^2 f(x)\,dx = 4$. Dei seguenti integrali:

$$\int_0^1 f(2x)\,dx \text{ e } \int_0^1 f\left(\frac{x}{2}\right)dx$$

se ne può calcolare uno solo in base alle informazioni fornite. Dire quale e spiegarne la ragione.

(Esame di Stato, Liceo scientifico, Corso di ordinamento, Sessione straordinaria, 2005, quesito 8)

70 Si calcoli il valore medio della funzione:

$$y = \frac{1}{x^2}$$

nell'intervallo $a \leq x \leq b$, con $0 < a < b$, e si dimostri che esso è uguale alla media geometrica tra i due valori che la funzione assume nei due estremi dell'intervallo.

(Esame di Stato, Liceo scientifico, Corso di ordinamento, Sessione suppletiva, 2012, quesito 9)

71 La funzione $f(x)$ è continua per $x \in [-4; 4]$ il suo grafico è la spezzata passante per i punti:

$$(-4; 0), (-3; 1), (-2; 0), (0; -2), (1; 0), (3; 2), (4; 1).$$

Qual è il valore medio di $f(x)$ per $x \in [-4; 4]$?

(Esame di Stato, Liceo scientifico, Scuole italiane all'estero (Europa), Sessione ordinaria, 2015, quesito 1)

$\left[\frac{3}{16}\right]$

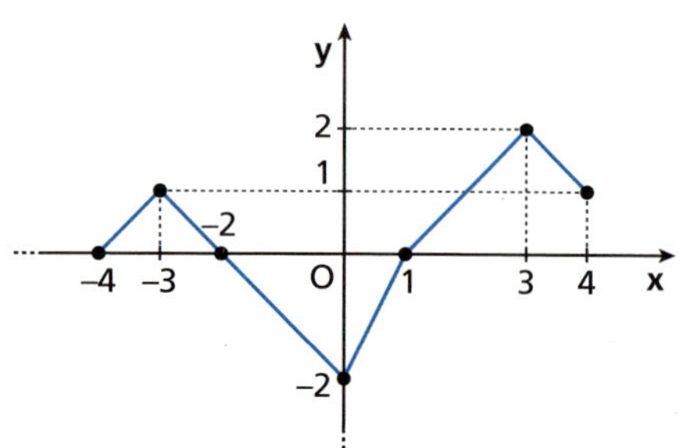

72 Calcolare il valor medio della funzione

$$f(x) = \begin{cases} x-1 & 1 \le x \le 3 \\ e^{x-3}+1 & 3 < x \le 6 \end{cases}$$

nell'intervallo $[1; 6]$ e determinare il valore della x in cui la funzione assume il valore medio.

(*Esame di Stato, Liceo scientifico, Corso di ordinamento, Sessione straordinaria*, 2015, *quesito* 7)

$\left[\frac{e^3+4}{5}; x \simeq 4,3\right]$

73 Se $f(x) = \int_1^{x^3} \frac{1}{1+\ln(t)} dt$ per $x \ge 1$, qual è il valore di $f'(2)$?

(*Esame di Stato, Liceo scientifico, Scuole italiane all'estero (Europa), Sessione ordinaria*, 2015, *quesito* 8)

$\left[f'(2) = \frac{12}{1+3\ln 2}\right]$

74 Sono date le funzioni $f(x) = e^{3-x}$ e $g(x) = e^{2x}$. Determinare l'area della regione limitata racchiusa dall'asse y e dai grafici di f e di g. (*Esame di Stato, Liceo scientifico, Scuole italiane all'estero (Europa), Sessione ordinaria*, 2016, *quesito* 7)

$\left[e^3 - \frac{3}{2}e^2 + \frac{1}{2}\right]$

75 Il grafico della funzione $f(x) = \sqrt{x}$ $(x \in \mathbb{R}, x \ge 0)$ divide in due porzioni il rettangolo $ABCD$ avente vertici $A(1; 0)$, $B(4; 0)$, $C(4;2)$ e $D(1; 2)$. Calcolare il rapporto tra le aree delle due porzioni.

(*Esame di Stato, Liceo scientifico, Corso di ordinamento, Sessione ordinaria*, 2015, *quesito* 10)

$\left[\frac{7}{2}\right]$

76 Una primitiva della funzione $f(x)$ è $\sin 2x$. Se è possibile, calcolare $\int_0^{\frac{\pi}{2}} f\left(\frac{x}{3}\right) dx$. Altrimenti spiegare perché il calcolo non è possibile.

(*Esame di Stato, Liceo scientifico, Corso sperimentale, Sessione ordinaria*, 2001, *quesito* 4)

$\left[\frac{3\sqrt{3}}{2}\right]$

77 Calcolare il seguente limite: $\lim_{x \to 0} \frac{\int_0^x (1-e^{-t})\, dt}{\sin^2 x}$, essendo e la base dei logaritmi naturali.

(*Esame di Stato, Liceo scientifico, Corso di ordinamento, Sessione straordinaria*, 2003, *quesito* 10)

$\left[\frac{1}{2}\right]$

78 La superficie piana S, delimitata dalla curva γ di equazione $y = 1 + \tan x$ e dall'asse x nell'intervallo $0 \le x \le \frac{\pi}{4}$, è la base di un solido Σ, le cui sezioni, ottenute con piani perpendicolari all'asse x, sono tutte triangoli equilateri. Si calcoli il volume di Σ. (*Esame di Stato, Liceo scientifico, Corso di ordinamento, Sessione suppletiva*, 2012, *quesito* 4)

$\left[\frac{\sqrt{3}}{4}(1+\ln 2)\right]$

79 Un solido Ω ha per base la regione R delimitata dal grafico di $f(x) = \ln x$ e dall'asse x sull'intervallo $[1; e]$. In ogni punto di R a distanza x dall'asse y, la misura dell'altezza del solido è data da $h(x) = x$. Quale sarà il volume del solido? (*Esame di Stato, Liceo scientifico, Corso di ordinamento, Sessione suppletiva*, 2013, *quesito* 4)

$\left[\frac{e^2+1}{4}\right]$

80 Data la funzione integrale $\int_1^x \ln(t) dt$, determinare per quali valori di x il suo grafico incontra la retta di equazione $y = 2x + 1$. (*Esame di Stato, Liceo scientifico, Corso di ordinamento, Sessione suppletiva*, 2015, *quesito* 1)

$[e^3]$

81 ●● Sia R la regione del piano racchiusa tra il grafico di $y = \sqrt{x-1}$, la retta $x = 10$ e l'asse x. Si trovi il volume del solido generato da R nella rotazione attorno alla retta $y = -1$.

(Esame di Stato, Liceo scientifico, Scuole italiane all'estero (Europa), Sessione ordinaria, 2012, quesito 3)

$\left[\frac{153\pi}{2}\right]$

82 ●● Un solido ha per base la regione R del piano cartesiano compresa tra il grafico della funzione $y = \frac{1}{x^2+1}$ e l'asse delle x nell'intervallo $[0; 3]$. Per ogni punto P di R, di ascissa x, l'intersezione del solido col piano passante per P e ortogonale all'asse delle x è un rettangolo di altezza $3x$. Calcolare il volume del solido.

(Esame di Stato, Liceo scientifico, opzione sportiva, Sessione ordinaria, 2015, quesito 4)

$\left[\frac{3}{2}\ln 10\right]$

83 ●● Sia R la regione delimitata, per $x \in [0; \pi]$, dalla curva $y = \sin x$ e dall'asse x e sia W il solido ottenuto dalla rotazione di R attorno all'asse y. Si calcoli il volume di W.

(Esame di Stato, Liceo scientifico, Corso sperimentale, Sessione ordinaria, 2011, quesito 3)

$[2\pi^2]$

84 ●● Un solido ha per base la regione R del piano cartesiano compresa tra il grafico della funzione:

$$f(x) = \frac{1}{x^2+1}$$

e l'asse delle x nell'intervallo $[0; 3]$; le sue sezioni ottenute su piani perpendicolari all'asse x sono tutte triangoli isosceli di altezza kx, con $k \in \mathbb{R}$. Determinare k in modo che il volume del solido sia pari a 2.

(Esame di Stato, Liceo scientifico, Scuole italiane all'estero (Americhe), Sessione ordinaria, 2016, quesito 4)

$\left[k = \frac{8}{\ln 10}\right]$

85 ●● Il volume di una sfera è pari ai $\frac{2}{3}$ del cilindro ad essa circoscritto. È questo uno dei risultati più noti che si attribuisce ad Archimede, tant'è che una sfera e un cilindro furono scolpiti sulla sua tomba. Si ritrovi tale risultato mediante l'applicazione del calcolo integrale.

(Esame di Stato, Liceo scientifico, Scuole italiane all'estero (Americhe), Sessione ordinaria, 2013, quesito 5)

86 ●● Posto, per $n \in \mathbb{N}$, $A_n = \int_0^1 x^n e^x\,dx$, stabilire il valore di A_1 e dimostrare che, per ogni $n > 0$, si ha $A_n = e - nA_{n-1}$.

(Esame di Stato, Liceo scientifico, Corso di ordinamento, Sessione suppletiva, 2016, quesito 4)

87 ●● È noto che $\int_{-\infty}^{+\infty} e^{-x^2}\,dx = \sqrt{\pi}$.

Stabilire se il numero reale u, tale che $\int_{-\infty}^{u} e^{-x^2}\,dx = 1$, è positivo oppure negativo. Determinare inoltre i valori dei seguenti integrali, motivando le risposte:

$$A = \int_{-u}^{u} x^7 e^{-x^2}\,dx, \qquad B = \int_{-u}^{u} e^{-x^2}\,dx, \qquad C = \int_{-\infty}^{+\infty} e^{-5x^2}\,dx.$$

(Esame di Stato, Liceo scientifico, Corso di ordinamento, Sessione ordinaria, 2016, quesito 1)

$\left[u > 0; A = 0; B = 2 - \sqrt{\pi}; C = \sqrt{\frac{\pi}{5}}\right]$

88 ●● Un recipiente sferico con raggio interno r è riempito con un liquido fino all'altezza h. Utilizzando il calcolo integrale, dimostrare che il volume del liquido è dato da:

$$V = \pi \cdot \left(rh^2 - \frac{h^3}{3}\right).$$

(Esame di Stato, Liceo scientifico, Corso di ordinamento, Sessione ordinaria, 2016, quesito 3)

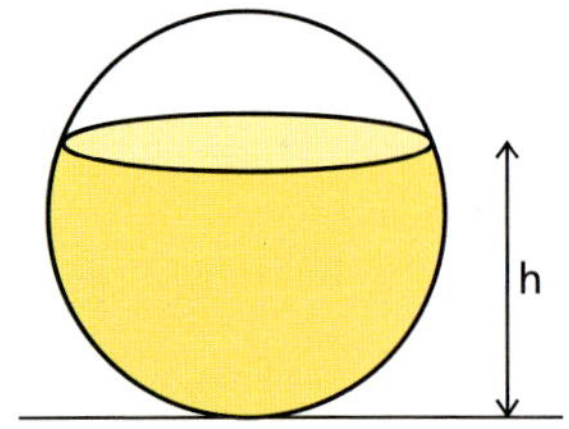

COSTRUIRE E UTILIZZARE MODELLI

RISOLVIAMO UN PROBLEMA

In palestra

Claudio si iscrive in una palestra e l'istruttore gli assegna alcuni esercizi per le braccia da eseguire con pesi in plastica riempiti di sabbia. Ciascun attrezzo può essere modellizzato con un solido ottenuto dalla rotazione intorno all'asse x del grafico della funzione rappresentata: si tratta di due archi di parabola e un segmento (misure in centimetri).

- Scrivi l'equazione dei tratti delle funzioni rappresentate.
- Calcola il volume a disposizione per inserire la sabbia.
- Sapendo che il peso specifico della sabbia è 1,4 kg/dm^3, trova il peso degli attrezzi pieni.

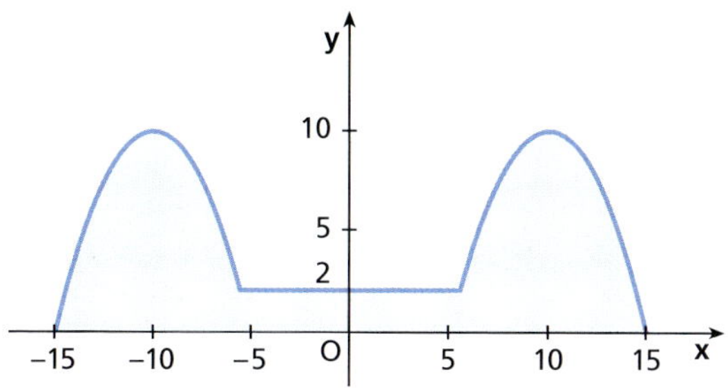

▶ Determiniamo l'equazione della retta.

Il segmento appartiene alla retta di equazione $y = 2$.

▶ Determiniamo l'equazione della parabola del primo quadrante.

La parabola ha vertice in (10; 10) e passa per (15; 0).

$$\begin{cases} -\dfrac{b}{2a} = 100 \\ 10 = 100a + 10b + c \\ 0 = 225a + 15b + c \end{cases} \rightarrow \begin{cases} b = -20a \\ 10 = 100a - 200a + c \\ 0 = 225a - 300a + c \end{cases}$$

$$\begin{cases} b = -20a \\ 10 = -25a \\ 75a = c \end{cases} \rightarrow \begin{cases} b = 8 \\ a = -\dfrac{2}{5} \\ c = -30 \end{cases}$$

Quindi la parabola ha equazione $y = -\frac{2}{5}x^2 + 8x - 30$.

▶ Troviamo l'intersezione tra il segmento e la parabola.

$$-\frac{2}{5}x^2 + 8x - 30 = 2 \quad \rightarrow \quad x^2 - 20x + 80 = 0$$

Le soluzioni sono: $x_{1,2} = 10 \pm \sqrt{20}$.

L'ascissa del punto di intersezione tra il segmento e la parabola è $10 - \sqrt{20} \simeq 5{,}5$.

▶ Determiniamo l'equazione della seconda parabola.

La parabola del secondo quadrante è la simmetrica rispetto all'asse y della parabola del primo quadrante, perciò la sua equazione è:

$$y = -\frac{2}{5}x^2 - 8x - 30.$$

▶ Calcoliamo il volume dell'attrezzo.

Teniamo conto del fatto che la funzione è pari.

$$V = 2\pi\left[\int_0^{5,5} 4dx + \int_{5,5}^{15}\left(-\frac{2}{5}x^2 + 8x - 30\right)^2 dx\right]$$

Svolgendo i calcoli otteniamo:

$$V = 3487 \text{ cm}^3 = 3{,}487 \text{ dm}^3.$$

▶ Determiniamo il peso.

Il peso dell'attrezzo pieno di sabbia sarà:

$$P = 1{,}4 \cdot 3{,}487 = 4{,}88 \text{ kg}.$$

89 ●● **Decoro** Nel piano cartesiano è riportato il motivo a petalo di fiore rappresentato in figura su una piastrella quadrata di lato 3 dm. Il profilo superiore del petalo è rappresentato da una funzione del tipo $f(x) = \sqrt{ax}$, con $a > 0$ e $x \in [0; 3]$. Il profilo inferiore è dato dalla funzione $g(x) = f^{-1}(x)$.

a. Determina l'espressione di $f(x)$ e $g(x)$.

b. Calcola l'area racchiusa dal petalo.

[a) $f(x) = \sqrt{3x}$, $g(x) = \frac{x^2}{3}$; b) 3 dm^2]

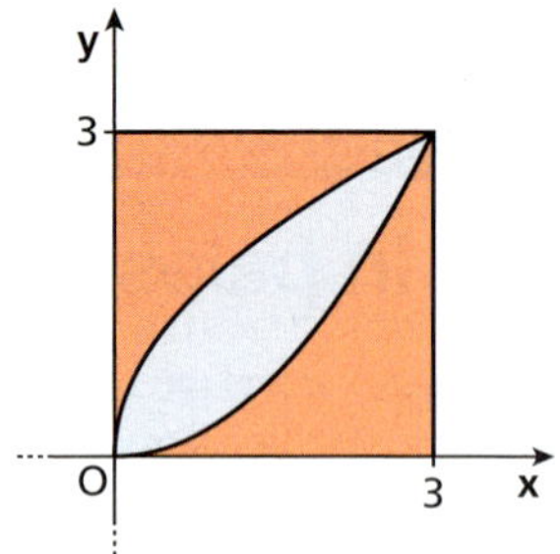

90 ●○ 

Consumo benzina Un'automobile, inizialmente ferma, parte con un'accelerazione costante di 2,5 m/s^2, che mantiene per 10 s. Successivamente prosegue a velocità costante per altri 10 s e infine decelera fino a fermarsi, con decelerazione costante pari a 5 m/s^2 in valore assoluto.

a. Qual è la distanza totale percorsa dall'automobile?

b. Il consumo di benzina in fase di accelerazione, espresso in litri al secondo, è $3 \cdot 10^{-5} t^2$, mentre a velocità costante è 0,002 litri al secondo. Se trascuriamo il consumo di benzina in fase di frenata, quanti litri di carburante ha consumato la macchina?

[a) 437,5 m; b) 0,03 L]

91 ●● **Sui cieli inglesi** Il dirigibile britannico R101, costruito tra il 1926 e il 1930, aveva una forma approssimativamente ellissoidale, generata dalla rotazione completa della curva di equazione $y = \frac{5}{28}\sqrt{112^2 - x^2}$ attorno all'asse x, avendo scelto 1 m come unità di misura.

a. Determina la lunghezza e il diametro massimo del dirigibile.

b. Calcola il volume occupato dal dirigibile.

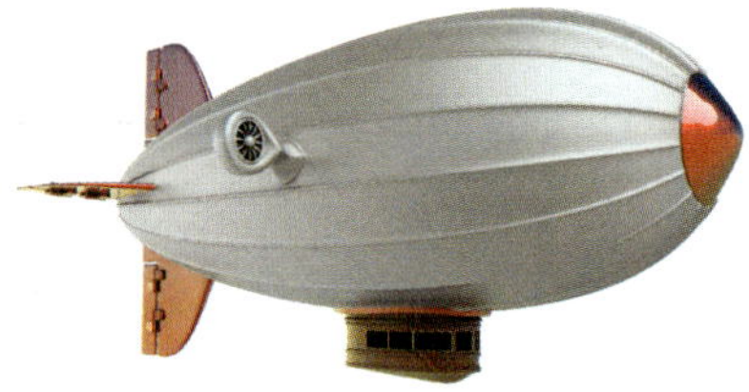

[a) 224 m, 40 m; b) 187 657 m^3]

92 ●● IN FISICA In un circuito in moto rispetto a un campo magnetico B, la forza elettromotrice indotta varia al variare del tempo secondo la legge $f = -3t^2 + 2t$, dove f è espressa in volt e t in secondi. Calcola il flusso del campo magnetico B all'istante $t = 4$ s, sapendo che all'istante $t = 0$ s il flusso vale $\phi = 0$ Wb. (Per la legge di Faraday-Neumann si ha $f(t) = -\phi'(t)$.) [48 Wb]

93 ●● LEGGI IL GRAFICO **Test su strada** Durante il test di un'automobile su una pista rettilinea, viene registrata la sua accelerazione $a(t)$ per un breve intervallo di tempo; il suo andamento è rappresentato in figura.

a. Ricava le espressioni della velocità istantanea $v(t)$ e della posizione $s(t)$ nell'intervallo [0; 8], sapendo che l'auto parte da ferma dalla posizione iniziale zero.

b. Traccia i grafici di $v(t)$ e $s(t)$, quindi determina i valori massimi v_{max} e s_{max} delle due funzioni.

c. Vi sono istanti di tempo, nell'intervallo [0; 8], in cui una delle funzioni $a(t)$, $v(t)$, $s(t)$ presenta punti di non derivabilità? Se sì, quali?

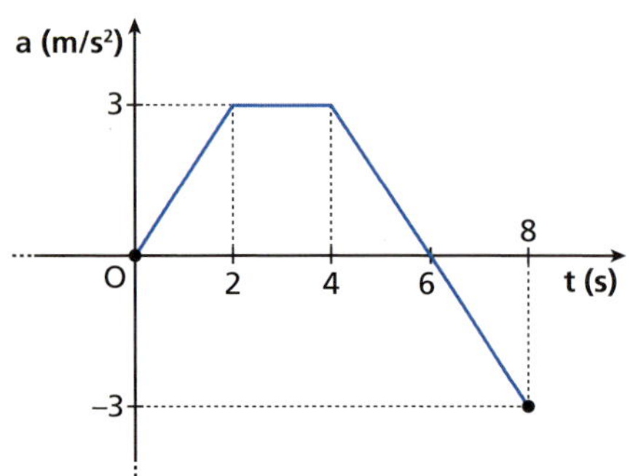

[b) $v_{max} = 12$ m/s, $s_{max} = 58$ m; c) $a(t)$ per $t = 2$ s, $t = 4$ s]

94 ●● **Una vasca di gasolio** In un magazzino di prodotti petroliferi il gasolio è stoccato in una vasca il cui contorno, riferito a un sistema di riferimento cartesiano Oxy, è delimitato dalle curve di equazione $y = f(x) = -x^3 + 64x$ e $y = 0$, con x e y espressi in decimetri. La profondità della vasca è invece data, in ogni punto, dalla funzione $h(x) = x^2 - 2x$.
Calcola il peso massimo del gasolio che può essere immagazzinato, sapendo che il suo peso specifico è 0,85 kg/dm^3. [$\simeq$ 11141 kg]

95 ●● Per il progetto di una piscina, un architetto si ispira alle funzioni f e g definite, per tutti gli x reali, da:

$$f(x) = x^3 - 16x \quad \text{e} \quad g(x) = \sin\frac{\pi}{2}x.$$

a. L'architetto rappresenta la superficie libera dell'acqua nella piscina con la regione R delimitata dai grafici di f e di g sull'intervallo $[0; 4]$. Si calcoli l'area di R.

b. Ai bordi della piscina, nei punti di intersezione del contorno di R con le rette $y = -15$ e $y = -5$, l'architetto progetta di collocare dei fari per illuminare la superficie dell'acqua. Si calcolino le ascisse di tali punti (è sufficiente un'approssimazione a meno di 10^{-1}).

c. In ogni punto di R a distanza x dall'asse y, la misura della profondità dell'acqua nella piscina è data da $h(x) = 5 - x$. Quale sarà il volume d'acqua nella piscina? Quanti litri d'acqua saranno necessari per riempire la piscina se tutte le misure sono espresse in metri?

(*Esame di Stato, Liceo scientifico, Corso sperimentale, Sessione ordinaria*, 2011, *dal problema* 2)

$\left[\text{a) } 64;\ \text{b) } x_1 \simeq 0,3;\ x_2 \simeq 3,8;\ \text{c) } \frac{2752\pi + 120}{15\pi}\ \text{m}^3 \simeq 186013,15 \text{ litri}\right]$

INDIVIDUARE STRATEGIE E APPLICARE METODI PER RISOLVERE PROBLEMI

LEGGI IL GRAFICO

96 ●○ Nel grafico è rappresentata la funzione

$$f(x) = \frac{ax + 1}{x^2 + b}.$$

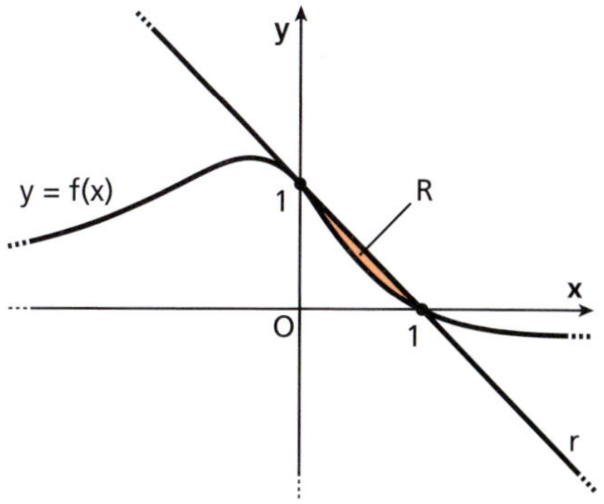

a. Determina a e b.

b. Trova l'equazione della retta r e verifica che è tangente a $f(x)$ in $(0; 1)$.

c. Determina l'area della regione finita R delimitata dal grafico di $f(x)$ e dalla retta r.

$\left[\text{a) } a = -1, b = 1;\ \text{b) } y = -x + 1;\ \text{c) } \frac{1}{2} + \ln\sqrt{2} - \frac{\pi}{4}\right]$

97 ●● In figura è rappresentato il grafico di una funzione $f(x)$.

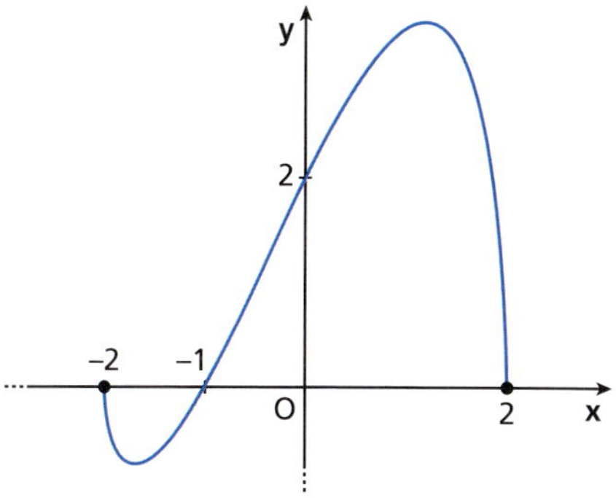

a. Una delle seguenti funzioni è l'espressione analitica del grafico di $f(x)$. Individuala motivando la tua scelta.

- $f_1(x) = (x+1)\ln(\sqrt{4 - x^2} + 1)$
- $f_2(x) = \sqrt{x+1}(4 - x^2)$
- $f_3(x) = (x+1)\sqrt{4 - x^2}$

b. Dimostrato che $f(x) = f_3(x)$, considera la funzione integrale $g(x) = \int_0^x f(t)dt$ e ricava l'equazione della retta tangente al grafico di $g(x)$ nel suo punto di ascissa $x = 0$.

c. Sia R la regione di piano sottostante al grafico di $f(x)$ nel semipiano delle ordinate positive. Calcola il volume V del solido di base R le cui sezioni con piani perpendicolari all'asse x sono dei quadrati.

$\left[\text{b) } y = 2x;\ \text{c) } \frac{189}{10}\right]$

98 ●● In figura è rappresentato il grafico della funzione $g(x) = f'(x)$. I tratti AB e BC sono segmenti di retta, il tratto CDE appartiene a un arco di parabola con asse parallelo all'asse y, e in C la funzione $g(x)$ è derivabile.

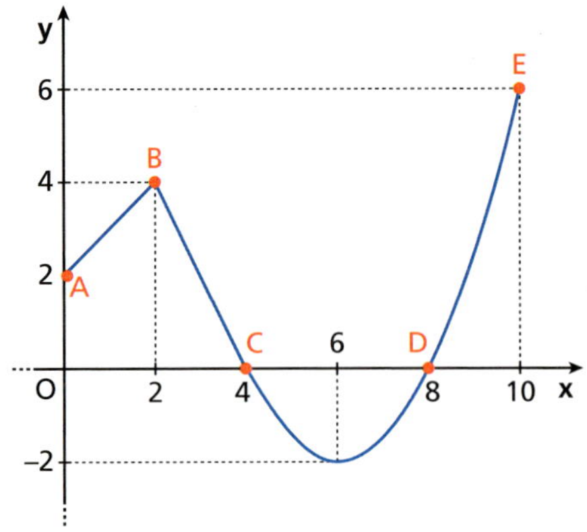

a. Sapendo che $f(0) = 0$, calcola $f(2)$ e $f(4)$, quindi traccia un grafico plausibile della funzione $f(x)$.

b. Ricava l'espressione analitica di $g(x)$, quindi calcola $f(8)$ e $f(10)$.

c. Calcola il volume del solido generato dalla rotazione completa attorno all'asse x dell'arco di parabola $\overset{\frown}{CD}$.

$\left[\text{a) } f(2) = 6,\ f(4) = 10;\ \text{b) } f(8) = \frac{14}{3},\ f(10) = 10;\ \text{c) } \frac{128}{15}\pi\right]$

99 ●● Nel piano Oxy sono tracciate la semicirconferenza γ_1 e la curva γ_2, grafico della funzione:

$$f(x) = \frac{ax}{x^4 + b},$$

con $x \geq 0$, a e b costanti reali positive.

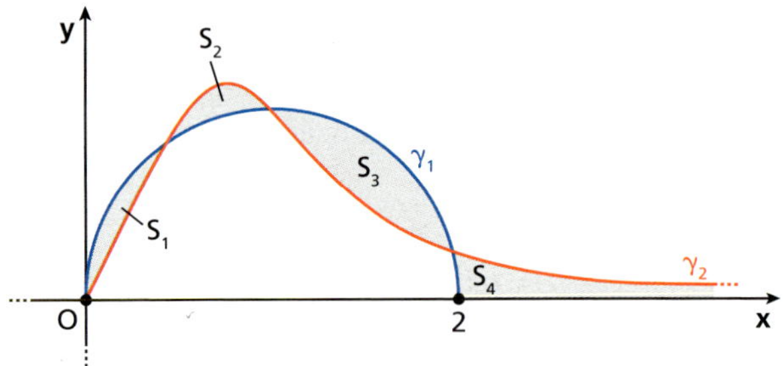

a. Determina a e b in modo che γ_1 e γ_2 si intersechino nel punto di ascissa $x = 1$ e γ_2 presenti il massimo relativo in corrispondenza di $x = \frac{1}{\sqrt[4]{3}}$.

b. Per i valori di a e b trovati al punto precedente, dimostra che le regioni S_1 e S_2 delimitate dalle due curve hanno la stessa area.

c. Dimostra che, nelle stesse ipotesi, anche le regioni S_3 e S_4 hanno superfici equivalenti.

$[\text{a) } a = 2, b = 1]$

100 ●● La curva riportata in figura è il grafico di una funzione $f(x)$, definita nell'intervallo $[-1; 6]$, derivabile e con derivata seconda continua.

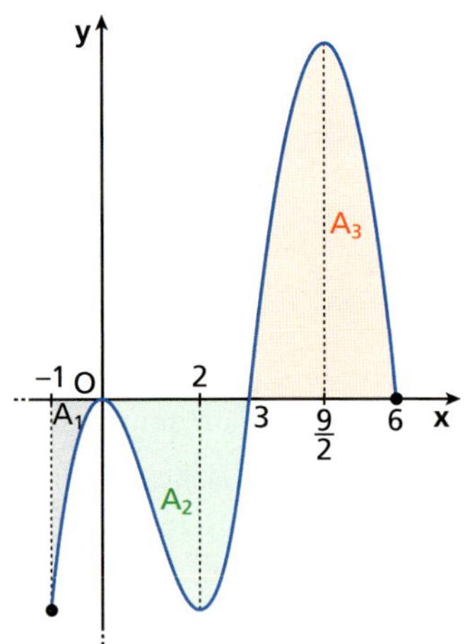

a. Dimostra che tra due punti stazionari di $f(x)$ c'è almeno uno zero della sua derivata seconda. Stabilisci, inoltre, qual è il minimo numero di flessi di $f(x)$ compatibile con le ipotesi.

Considera poi la funzione $F(x) = \int_0^x f(t)\,dt$, primitiva di $f(x)$ che si annulla in $x = 0$.

b. Sapendo che le aree di A_1, A_2 e A_3 valgono rispettivamente $\frac{5}{4}$, $\frac{27}{4}$ e $\frac{27}{2}$, calcola $F(-1)$, $F(3)$ e $F(6)$.

c. Calcola il limite:

$$\lim_{x \to 3} \frac{27 + 4F(x)}{x^2 - x - 6}.$$

$\left[\text{a) } 2;\ \text{b) } F(-1) = \frac{5}{4},\ F(3) = -\frac{27}{4},\ F(6) = \frac{27}{4};\ \text{c) } 0\right]$

101 ●● Considera la funzione $g(x) = \frac{x}{\sqrt{x^2 + 1}}$ e il fascio di rette parallele all'asse x di equazione $f(x) = \frac{a}{4}$, con a parametro reale positivo.

a. Rappresenta $g(x)$ in un riferimento Oxy.

b. Determina per quale valore di a si realizza l'uguaglianza: $\int_0^a f(x)\,dx = \int_0^a g(x)\,dx$.

c. Calcola $\int_{-1}^1 [g(x)]^2\,dx$.

$\left[\text{b) } 2\sqrt{2};\ \text{c) } 2 - \frac{\pi}{2}\right]$

102 ●● Considera la funzione $y = \frac{1 - x^2}{1 + x^2}$, con $x \geq 0$, e il fascio improprio di rette di equazione $y = k$, con $0 \leq k \leq 1$.

a. Calcola il valor medio m della funzione nell'intervallo [0; 1].

b. Dimostra che per $k = m$ la figura delimitata dall'asse y, dalla funzione e dalla retta $y = k$ risulta equivalente a quella individuata dalla funzione, dalla retta $x = 1$ e dalla retta $y = k$.

c. Verifica che la figura illimitata individuata dall'asse y, dalla funzione e dalla retta $y = -1$ ha area uguale a quella di un cerchio di raggio 1.

$\left[\text{a) } m = \frac{\pi}{2} - 1\right]$

103 ●● È data la famiglia di funzioni $y_k = x^3 + kx - k$, con k parametro reale.

a. Dimostra che l'integrale $\int_0^2 y_k dx$, calcolato in modo esatto, è indipendente da k.

b. Verifica che i grafici di tutte le funzioni passano per uno stesso punto P.

c. Posto $k = 2$, calcola un valore approssimato dell'integrale $\int_{-1}^1 y_2 dx$, applicando uno dei metodi numerici studiati. Confronta il risultato con quello dell'integrazione esatta.

$\left[\text{a) } \int_0^2 y_k dx = 4; \text{ b) } P(1; 1)\right]$

104 ●● Data la funzione $f(x) = \frac{ax^3 + 6x^2 + b}{cx^2}$, con $a, b \neq 0$:

a. determina i coefficienti a, b, c in modo che il punto $M(-2; 0)$ sia un massimo relativo e la retta $2x - 3y + 6 = 0$ sia asintoto obliquo;

b. esegui lo studio e disegna il grafico;

c. calcola l'area della regione finita di piano delimitata dal grafico di f, dall'asse delle ascisse e dalla retta $x - 4 = 0$;

d. applicando uno dei metodi numerici studiati calcola un'approssimazione dell'area e confronta il risultato con il valore esatto.

[a) $a = 2, b = -8, c = 3$; c) 9]

105 ●● Nel piano Oxy è data la funzione $f(x) = \frac{2\sqrt{x^2 - 1}}{x}$.

a. Dopo aver dimostrato che è una funzione dispari, studiala in modo completo e tracciane il grafico.

b. Calcola l'area del trapezoide T definito dalla curva nel I quadrante, con le ascisse comprese tra $x = 1$ e $x = 2$.

c. Determina il volume del solido di rotazione ottenuto facendo ruotare di un giro completo il trapezoide T attorno all'asse delle ascisse.

d. Calcola il seguente integrale improprio e spiegane il significato geometrico:

$$\int_1^{+\infty} [2 - f(x)] dx.$$

$\left[\text{b) } 2\left(\sqrt{3} - \frac{\pi}{3}\right); \text{ c) } 2\pi; \text{ d) } \pi - 2\right]$

106 ●● Considera la funzione $f(x) = \frac{2x^2}{x^2 + 4}$.

a. Studia in modo completo la funzione $f(x)$ e tracciane il grafico γ.

b. Trova tutte le primitive di $f(x)$ e tra queste studia quella passante per l'origine degli assi.

c. Calcola l'area della superficie situata nel primo quadrante, delimitata dalla curva γ, dall'asse y e dalla retta di equazione $y = 2$.

d. Utilizzando il metodo dei trapezi (dividi in 4 parti uguali l'intervallo di integrazione) fornisci un'approssimazione dell'integrale $\int_0^2 f(x) dx$ e confrontala con il valore esatto.

$\left[\text{b) } F(x) = 2x - 4\arctan\frac{x}{2}; \text{ c) } 2\pi; \text{ d) } I_4 = 0{,}8688235\ldots; I = 4 - \pi\right]$

107 ●● Sia data la famiglia di funzioni $f(x) = axe^{-bx^2}$, con $a, b \in \mathbb{R}$.

a. Determina a e b in modo che $f(x)$ abbia un massimo relativo per $x = \frac{\sqrt{6}}{6}$ e che il suo valore medio nell'intervallo $[0; 1]$ sia $\frac{e^3 - 1}{3e^3}$.

b. Avendo dimostrato che i valori di a e b di cui al punto precedente sono $a = 2$ e $b = 3$, sia $f(x)$ la funzione corrispondente a tali valori. Ricava, se esiste, il limite seguente:

$$\lim_{k \to +\infty} \int_0^k f(x)\,dx.$$

c. Sia P un punto del grafico di $f(x)$ appartenente al primo quadrante e siano Q e R le sue proiezioni sugli assi x e y, rispettivamente. Ricava P in modo che sia massima l'area del rettangolo $PQOR$.

$\left[\text{a) } a = 2, b = 3; \text{ b) } \frac{1}{3}; \text{ c) } P\left(\frac{\sqrt{3}}{3}; \frac{2\sqrt{3}}{3e}\right)\right]$

108 ●● Sia R la regione del primo quadrante degli assi cartesiani delimitata da $y = \sqrt{x}$ e da $y = \frac{x}{4}$.

a. Si determini la retta $y = k$ che dimezza l'area di R.

b. Si disegni la regione piana simmetrica di R rispetto alla retta $y = 4$, e si scrivano le equazioni delle curve che la delimitano.

c. Si calcoli il volume del solido generato dalla rotazione di R attorno alla retta $y = 4$.

d. R è la base di un solido W le cui sezioni con piani ortogonali all'asse y sono tutte quadrati. Si calcoli il volume di W.

(*Esame di Stato, Liceo scientifico, Scuole italiane all'estero (Americhe), Sessione ordinaria*, 2013, *problema* 2)

$\left[\text{a) } k = 2; \text{ b) } y = -\frac{x}{4} + 8, y = 8 - \sqrt{x}; \text{ c) } \frac{128\pi}{3}; \text{ d) } \frac{512}{15}\right]$

109 ●● Considerata la funzione $G: \mathbb{R} \to \mathbb{R}$ così definita:

$$G(x) = \int_0^{2x} e^t \sin^2(t)\,dt,$$

svolgi le richieste che seguono.

a. Discuti campo di esistenza, continuità e derivabilità della funzione $G(x)$. Individua gli intervalli di positività/negatività e le eventuali intersezioni con gli assi cartesiani.

b. Determina l'esistenza degli asintoti della funzione $G(x)$, motivando opportunamente la risposta.

c. Individua i punti stazionari della funzione $G(x)$, riconoscendone la tipologia, e i punti di flesso. Disegna quindi il grafico della funzione, motivando le scelte fatte.

(*Esame di Stato, Liceo scientifico, Scuole italiane all'estero (Americhe), Sessione ordinaria*, 2016, *dal problema* 1)

$\left[\text{a) } D = \mathbb{R}, G(x) > 0 \text{ se } x > 0, G(x) < 0 \text{ se } x < 0; \text{ b) } a\text{: } y = -k, \text{ con } 0 < k < 1; \text{ c) flessi in } x = \frac{k\pi}{2}, \text{ con } k \in \mathbb{Z}\right]$

110 ●● La funzione $f: \mathbb{R} \to \mathbb{R}$ è così definita:

$$f(x) = \begin{cases} \dfrac{\sin x}{x} & \text{per } x \neq 0 \\ 1 & \text{per } x = 0 \end{cases}.$$

a. Prova che f è una funzione pari e che essa è derivabile in $x = 0$. Dimostra inoltre che la funzione f ha un massimo assoluto in $x = 0$.

b. Detta R_0 la regione piana di area finita delimitata dal grafico di f, dall'asse x e dall'asse y, si indica con V_0 il volume del solido generato ruotando R_0 intorno all'asse y. Si indica inoltre con R_n la regione piana delimitata dal grafico di f e dal tratto dell'asse x compreso tra $n\pi$ e $(n+1)\pi$, qualsiasi sia $n \in \mathbb{N}$, e con V_n il volume del rispettivo solido di rotazione. Dimostra che risulta:

$$V_0 = V_n = 4\pi.$$

(*Esame di Stato, Liceo scientifico, Comunicazione, opzione sportiva, Sessione ordinaria*, 2016, *dal problema* 1)

111 ●● Nella figura a lato è disegnato il grafico Γ di $g(x)=\int_0^x f(t)dt$, con f funzione definita sull'intervallo $[0; w]$ e ivi continua e derivabile. Γ è tangente all'asse x nell'origine O del sistema di riferimento e presenta un flesso e un massimo rispettivamente per $x=h$ e $x=k$.

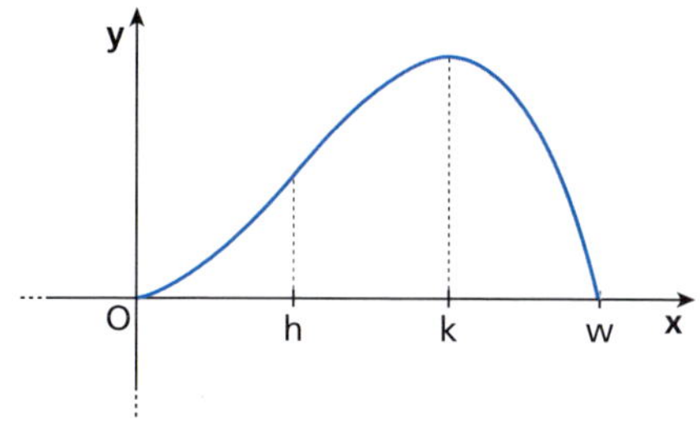

a. Si determinino $f(0)$ e $f(k)$; si dica se il grafico della funzione f presenti punti di massimo o di minimo e se ne tracci il possibile andamento.

b. Si supponga, anche nei punti successivi **c** e **d**, che $g(x)$ sia, nell'intervallo considerato, esprimibile come funzione polinomiale di terzo grado. Si provi che, in tal caso, i numeri h e k dividono l'intervallo $[0; w]$ in tre parti uguali.

c. Si determini l'espressione di $g(x)$ nel caso $w=3$ e $g(1)=\frac{2}{3}$ e si scrivano le equazioni delle normali a Γ nei punti in cui esso è tagliato dalla retta $y=\frac{2}{3}$.

d. Si denoti con R la regione che Γ delimita con l'asse x e sia W il solido che essa descrive nella rotazione completa intorno all'asse y. Si spieghi perché il volume di W si può ottenere calcolando:

$$\int_0^3 (2\pi x)g(x)dx.$$

Supposte fissate in decimetri le unità del sistema monometrico Oxy, si dia la capacità in litri di W.

(*Esame di Stato, Liceo scientifico, Corso di ordinamento, Sessione ordinaria*, 2014, *problema* 1)

[a) $f(0)=f(k)=0$, max in $x=h$, min in $x=0$, $x=w$;
c) $g(x)=-\frac{1}{3}x^3+x^2$, $y=-x+\frac{5}{3}$, $y=\frac{1}{2}x+\frac{1-3\sqrt{3}}{6}$; d) 25,45 L]

112 ●● Nella figura è rappresentato il grafico Γ della funzione continua $f:[0;+\infty[\to\mathbb{R}$, derivabile in $]0;+\infty[$, e sono indicate le coordinate di alcuni suoi punti.

È noto che Γ è tangente all'asse y in A, che B ed E sono un punto di massimo e uno di minimo, che C è un punto di flesso con tangente di equazione $2x+y-8=0$.

Nel punto D la retta tangente ha equazione $x+2y-5=0$ e per $x\geq 8$ il grafico consiste in una semiretta passante per il punto G. Si sa inoltre che l'area della regione delimitata dall'arco $\widehat{ABCD}$, dall'asse x e dall'asse y vale 11, mentre l'area della regione delimitata dall'arco $\widehat{DEF}$ e dall'asse x vale 1.

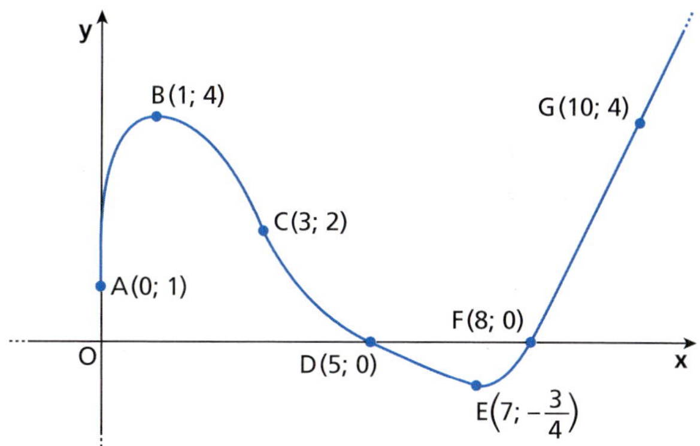

a. In base alle informazioni disponibili, rappresenta indicativamente i grafici delle funzioni

$$y=f'(x);$$

$$F(x)=\int_0^x f(t)dt.$$

Quali sono i valori di $f'(3)$ e $f'(5)$? Motiva la tua risposta.

b. Determina i valori medi di $y=f(x)$ e di $y=|f(x)|$ nell'intervallo $[0; 8]$, il valore medio di $y=f'(x)$ nell'intervallo $[1; 7]$ e il valore medio di $y=F(x)$ nell'intervallo $[9; 10]$.

c. Scrivi le equazioni delle rette tangenti al grafico della funzione $F(x)$ nei suoi punti di ascissa 0 e 8, motivando le risposte.

(*Esame di Stato, Liceo scientifico, Corso di ordinamento, Sessione ordinaria*, 2016, *dal problema* 2)

VERIFICA DELLE COMPETENZE PROVE

1 ora

PROVA A

Calcola i seguenti integrali.

1 a. $\int_1^4 (8x-1)dx$ b. $\int_1^2 \frac{4x+6}{x^2+3x}dx$ c. $\int_0^1 (2x+1)e^{x^2+x}dx$

2 a. $\int_{-\infty}^1 \frac{dx}{3-2x}$ b. $\int_0^4 \frac{1}{\sqrt{4-x}}dx$ c. $\int_0^{+\infty} e^{-3x}dx$

3 a. Considera $F(x)=\int_1^x (3t^2-4t+1)dt$ e determina l'espressione analitica di $F'(x)$.

b. Calcola $F(0)$, $F(1)$, $F(3)$.

4 a. Trova il valore medio della funzione $f(x)=3x^2-1$ nell'intervallo $[0; 2]$.

b. Determina il punto z in cui la funzione assume tale valore.

5 Calcola l'area della regione finita di piano delimitata dalla parabola di equazione $y=x^2-6x+8$ e dalla retta di equazione $y=4-x$.

6 Determina il volume del solido generato dalla rotazione completa attorno all'asse x del trapezoide individuato dal grafico della funzione $y=\sqrt{6x+1}$ nell'intervallo $[0; 2]$.

PROVA B

1 Calcola i seguenti integrali.

a. $\int_0^{\frac{\pi}{2}} (2-x)\cos x\, dx$ b. $\int_0^1 \frac{1}{4-x^2}dx$ c. $\int_0^{+\infty} x^2 e^{-x}dx$

2 Determina il valore medio della funzione $f(x)=e^x(1-x)$ nell'intervallo $[0; 1]$.

3 Data la funzione integrale $F(x)=\int_0^x \frac{t-1}{t^2+1}dt$, determina gli intervalli in cui $F(x)$ è crescente (o decrescente) e gli eventuali punti di massimo e di minimo relativo di $F(x)$.

4 La funzione reale $f(x)$ ha dominio $\mathbb{R}$, è continua in $\mathbb{R}$ e soddisfa le seguenti condizioni:

$$\int_0^2 f(x)\,dx = 3, \quad \int_0^3 f(x)\,dx = 4.$$

Dimostra che è possibile calcolare l'integrale $\int_6^9 f\left(\frac{x}{3}\right)dx$ e determina il suo valore.

5 Un solido ha per base la regione R delimitata dal grafico di $f(x)=\sqrt{x-3}$ e dall'asse x nell'intervallo $[3; 5]$, e le sue sezioni perpendicolari all'asse x sono quadrati. Calcola il volume del solido.

6 Con uno dei metodi numerici studiati, calcola un valore approssimato di $\int_1^2 \ln x\, dx$. Confronta il valore ottenuto con quello esatto.

PROVA C

1 **Il vaso** In figura è rappresentata una sezione di un vaso da fiori, dove i dati sono in centimetri.
Il suo profilo è costituito da:

- un arco di parabola per $0 \leq x \leq 12$ di vertice V;
- un arco della curva di equazione $y = e^{12-x} + k$ per $12 < x \leq 26$.

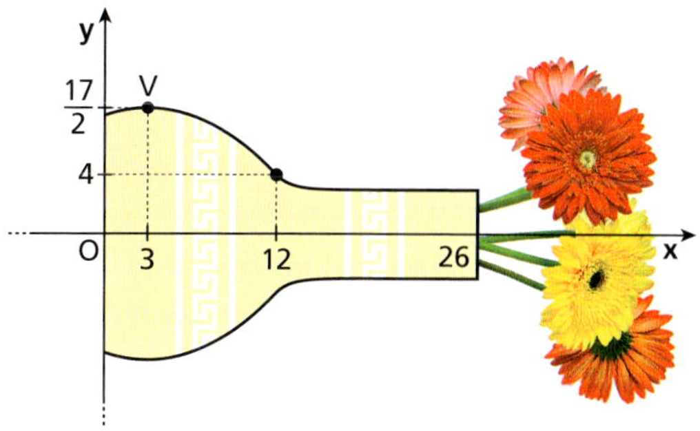

a. Determina l'equazione del profilo del vaso.

b. Verifica che si tratta di una funzione continua e derivabile in tutto il suo dominio.

c. Calcola l'area della sezione del vaso rappresentata in figura, esprimendola in dm^2.

d. Determina la massima capienza del vaso, in dm^3.

2 **Al comando** Una macchina radiocomandata percorre una strada rettilinea; la sua velocità compare sul display del telecomando e nella seguente tabella ne vengono riportati alcuni valori.

***t* (min)**	0	1	2	3	4	5	6	7	8	9	10
***v* (m/s)**	0	1	1,8	2	2,1	2	1,8	1,3	1,1	1,1	1,2

Con uno dei metodi di integrazione numerica studiati, calcola lo spazio percorso dalla macchina nell'intervallo di tempo indicato in tabella.

PROVA D

La funzione g, continua e derivabile in tutto $\mathbb{R}$, ha il grafico Γ riportato in figura, simmetrico rispetto al punto di coordinate $(0; 1)$. Presenta un asintoto orizzontale e un flesso di ascissa $x = \sqrt{3}$. Inoltre, l'area della regione evidenziata vale $\ln 2$.

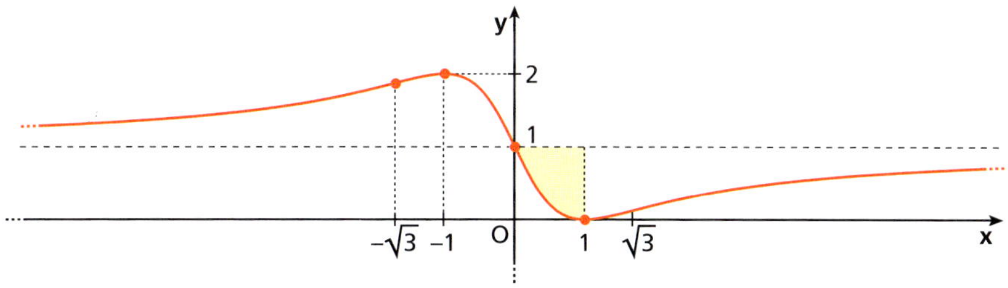

a. Indicata con G la funzione integrale $G(x) = \int_0^x g(t)\,dt$, determina $G(0)$, $G(1)$ e $G(-1)$.

b. Deduci da Γ l'andamento del grafico di G e scrivi le equazioni delle rette tangenti a quest'ultimo nei punti di ascissa $x = 1$ e $x = -1$.

c. Se come punto iniziale della funzione integrale fosse stata considerata l'ascissa 1 anziché l'ascissa 0, come sarebbe cambiato il grafico di G? Determina, in funzione di $G(x)$, l'equazione della funzione integrale $H(x) = \int_1^x g(t)\,dt$.

d. Sapendo che $g(x) = \dfrac{(x-1)^2}{x^2+1}$, stabilisci se la regione illimitata racchiusa da Γ e dall'asintoto per $x \geq 1$ ha area finita.

T

CAPITOLO

31 EQUAZIONI DIFFERENZIALI

1 Che cos'è un'equazione differenziale

▶ Esercizi a p. 2041

Sappiamo per esperienza che, se ci prepariamo una tazza di una bevanda bollente, con il passare del tempo la temperatura della bevanda tende a scendere e si avvicina sempre di più a quella dell'ambiente circostante. All'inizio la temperatura della bevanda scende molto velocemente, mentre quando la bevanda ha quasi raggiunto la temperatura dell'ambiente la variazione è molto più lenta. Effettuando misure precise, si scopre che la velocità con cui varia la temperatura è proporzionale in ogni istante alla differenza tra la temperatura del corpo e quella dell'ambiente.

La legge di raffreddamento è espressa da un'equazione che lega la temperatura della bevanda T alla sua variazione nel corso del tempo, cioè alla derivata T', e permette di ricavare la temperatura della bevanda istante per istante: se T_A è la temperatura dell'ambiente, per ogni istante di tempo t si ha $T'(t) = k[T(t) - T_A]$, dove k è una costante di proporzionalità.

Un'equazione di questo tipo, che mette in relazione una funzione con le sue derivate, è un'equazione differenziale.

Listen to it

A **differential equation** relates a function with its derivatives.

DEFINIZIONE

Un'**equazione differenziale** è un'equazione che ha per incognita una funzione y nella variabile x e che stabilisce una relazione fra x, y e almeno una delle sue derivate (y', y'', ...), cioè è un'equazione del tipo $F(x; y; y'; ...; y^{(n)}; ...) = 0$.

ESEMPIO

$y'' + y - 2x = 0$ e $y' - 4x^2 + 1 = 0$ sono equazioni differenziali.

L'**ordine** di un'equazione differenziale è l'ordine massimo delle derivate che compaiono nell'equazione. Per esempio, $y''' - 2y' = 3xy$ è un'equazione differenziale del terzo ordine, perché compare la derivata terza di y.

Ognuna delle funzioni che verifica un'equazione differenziale si chiama **soluzione** o **integrale** dell'equazione. Il grafico di una soluzione si chiama **curva integrale**. In generale, le soluzioni di un'equazione differenziale sono infinite.
Risolvere un'equazione differenziale significa determinare tutte le sue soluzioni.

TEORIA

ESEMPIO
L'equazione differenziale $y' - 6x^2 = 0$, che può essere scritta come $y' = 6x^2$, si risolve cercando le primitive di $6x^2$:

$$y = \int 6x^2\, dx = 2x^3 + c.$$

Le infinite soluzioni del tipo $y = 2x^3 + c$, al variare di $c \in \mathbb{R}$ costituiscono l'**integrale generale** dell'equazione differenziale. Se poi vogliamo che il grafico della soluzione passi per il punto $(0; 1)$, troviamo $c = 1$ e otteniamo la funzione $y = 2x^3 + 1$, che rappresenta un **integrale** o **soluzione particolare**.

► Trova la soluzione dell'equazione differenziale $y' - 4x = 0$ il cui grafico passa per il punto $(2; 1)$. $[y = 2x^2 - 7]$

Dunque, l'**integrale generale** di un'equazione differenziale è l'insieme di tutte le sue infinite soluzioni, dipendenti da uno o più parametri. Imponendo delle condizioni, si ottiene invece una soluzione che rappresenta un **integrale** o **soluzione particolare** dell'equazione.

Noi studieremo alcuni tipi di equazioni differenziali del **primo ordine**, in cui compare solo la derivata prima della funzione incognita, e del **secondo ordine**, in cui compaiono solo la derivata prima e la derivata seconda.

2 Equazioni differenziali del primo ordine

Definizione e problema di Cauchy

► Esercizi a p. 2043

Un'equazione differenziale del primo ordine è riconducibile alla forma:

$$F(x; y; y') = 0,$$

ossia è un'equazione che stabilisce una relazione tra x, y e la sua derivata prima y'.

ESEMPIO
L'equazione $y' - 6x^2 = 0$ dell'esempio precedente è un'equazione differenziale del primo ordine.

Data un'equazione differenziale del primo ordine $F(x; y; y') = 0$, l'**integrale generale** è una famiglia di funzioni $y = f(x; c)$; le **soluzioni particolari** si ottengono attribuendo al parametro c determinati valori, che dipendono dalle condizioni poste.

ESEMPIO
L'equazione $y' - e^x = x$ è un'equazione differenziale del primo ordine. La riscriviamo come $y' = e^x + x$. Una funzione $y = f(x)$ è soluzione dell'equazione se e solo se è una primitiva di $e^x + x$; l'integrale generale dell'equazione differenziale è quindi dato dall'integrale indefinito:

$$y = \int (e^x + x)\, dx = e^x + \frac{x^2}{2} + c.$$

Allora l'integrale generale è $y = e^x + \frac{x^2}{2} + c$, mentre una soluzione particolare è la funzione $y = e^x + \frac{x^2}{2} + 2$, ottenuta per $c = 2$.

Spesso, in un'equazione differenziale del primo ordine, si cerca una soluzione particolare la cui curva integrale passa per un punto $(x_0; y_0)$ assegnato. In questo caso la risoluzione dell'equazione differenziale consiste nella determinazione di una funzione $y = f(x)$ che soddisfi le due condizioni:

TEORIA

Listen to it

A **Cauchy problem** is given by a differential equation that satisfies certain conditions.

$$\begin{cases} F(x; y; y') = 0 \\ y_0 = f(x_0) \end{cases}.$$

Un problema di questo genere è detto **problema di Cauchy** e la condizione $y_0 = f(x_0)$ è detta **condizione iniziale del problema di Cauchy**.

ESEMPIO
Determiniamo la soluzione del problema di Cauchy, con $y = f(x)$:

$$\begin{cases} y' - 2x = 1 \\ 5 = f(2) \end{cases}.$$

L'integrale generale è $y = x^2 + x + c$, rappresentato, al variare di $c \in \mathbb{R}$, da infinite parabole, ciascuna delle quali interseca l'asse y nel punto $(0; c)$.
Poniamo la condizione $f(2) = 5$:

$$(2)^2 + 2 + c = 5 \rightarrow c = -1.$$

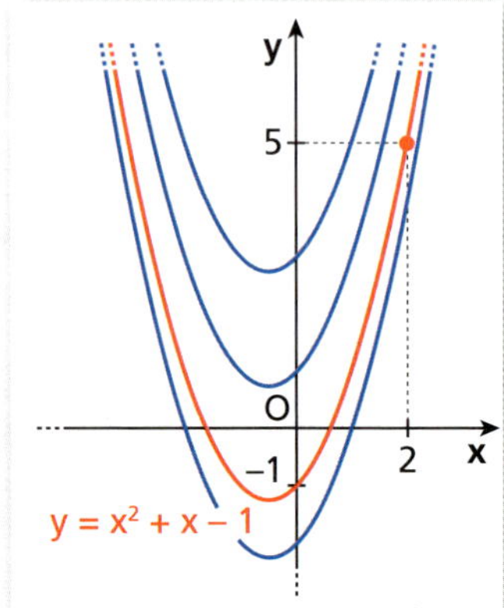

La soluzione del problema è $y = x^2 + x - 1$.
La parabola che rappresenta questa equazione passa per il punto di coordinate $(2; 5)$.

► Determina la soluzione del problema di Cauchy, con $y = f(x)$:
$\begin{cases} y' - 6x - 2 = 0 \\ 3 = f(-1) \end{cases}$.
$[y = 3x^2 + 2x + 2]$

Fra le equazioni differenziali del primo ordine studieremo:
- le equazioni del tipo $y' = f(x)$;
- le equazioni **a variabili separabili**;
- le equazioni **lineari**.

Animazione

Nell'animazione calcoliamo la soluzione dell'esercizio qui sopra e poi, con una figura dinamica, esaminiamo come varia la soluzione se si cambia la condizione iniziale.

Equazioni del tipo $y' = f(x)$

► Esercizi a p. 2043

ESEMPIO
Risolviamo l'equazione differenziale:

$$y' - 2\cos x = 0.$$

- Isoliamo y': $y' = 2\cos x$.
- Integriamo entrambi i membri rispetto alla variabile x:

$$\int y'\,dx = \int 2\cos x\,dx \rightarrow$$

$$y = \int 2\cos x\,dx = 2\sin x + c.$$

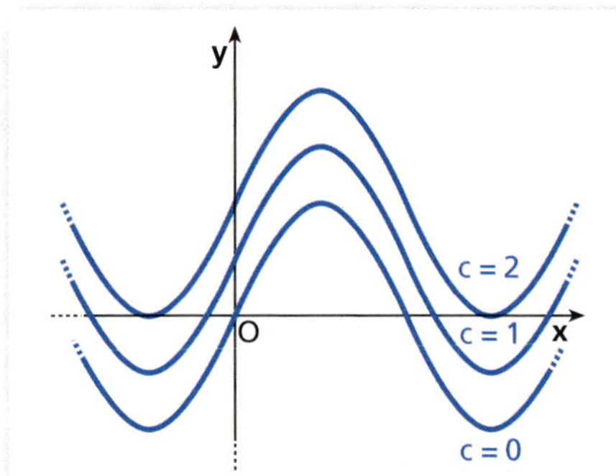

Le soluzioni sono rappresentate dalle curve integrali di equazione $y = 2\sin x + c$, con $c \in \mathbb{R}$.

► Quali sono le soluzioni dell'equazione differenziale $y' = \frac{1}{\sqrt{x}}$?
$[y = 2\sqrt{x} + c]$

In generale, per risolvere un'equazione differenziale del primo ordine, riconducibile al tipo $y' = f(x)$, si integrano entrambi i membri:

$$\int y'\,dx = \int f(x)\,dx.$$

L'integrale generale è: $y = \int f(x)\,dx$.

Equazioni a variabili separabili

▶ Esercizi a p. 2045

DEFINIZIONE

Un'equazione differenziale del primo ordine è **a variabili separabili** quando può essere scritta nella forma $y' = g(x) \cdot h(y)$, con $g(x)$ e $h(y)$ funzioni continue rispettivamente nella sola variabile x e nella sola y.

$$y' = \boxed{g(x)} \cdot \boxed{h(y)}$$

funzione di x — funzione di y

Per esempio, l'equazione $y' = 2x(y-1)^2$ è un'equazione differenziale a variabili separabili con $g(x) = 2x$ e $h(y) = (y-1)^2$.
Invece, l'equazione $y' = 2x + (y-1)^2$ non è a variabili separabili.
Vediamo ora con un esempio come risolvere un'equazione a variabili separabili.

ESEMPIO

Consideriamo l'equazione differenziale $y' = 4xy^2$.
In questo caso $g(x) = 4x$ e $h(y) = y^2$.

Utilizziamo la notazione $y' = \frac{dy}{dx}$ e riscriviamo l'equazione

$$\frac{dy}{dx} = 4xy^2.$$

Separiamo le variabili in modo da avere al primo membro la y e al secondo membro la x. Per ottenere ciò, moltiplichiamo entrambi i membri per la quantità $\frac{1}{y^2} \cdot dx$, supponendo che sia $y \neq 0$:

$$\frac{dy}{y^2} = 4x\,dx.$$

Integriamo entrambi i membri:

$$\int \frac{1}{y^2}\,dy = \int 4x\,dx \quad \to \quad -\frac{1}{y} = 2x^2 + c \quad \to \quad y = -\frac{1}{2x^2 + c}.$$

Riprendiamo il caso precedentemente escluso di $y = 0$.
Per $y = 0$ abbiamo che $y' = 0$ e l'equazione data è soddisfatta.

La soluzione dell'equazione data è quindi:

$$y = -\frac{1}{2x^2 + c} \vee y = 0.$$

In generale, per risolvere un'equazione differenziale riconducibile alla forma

$$y' = g(x) \cdot h(y):$$

- si scrive $y' = \frac{dy}{dx}$ e quindi $\frac{dy}{dx} = g(x) \cdot h(y)$;
- si separano le variabili, moltiplicando entrambi i membri per $\frac{1}{h(y)} \cdot dx$ e supponendo $h(y) \neq 0$:

$$\frac{dy}{h(y)} = g(x)\,dx;$$

Listen to it

A first order differential equation can be solved by **separation of variables** when it can be written as $y' = g(x) \cdot h(y)$, where $g(x)$ and $h(x)$ are continuous functions.

▶ Quali delle seguenti equazioni sono a variabili separabili?
a. $y' = xy + y$
b. $y' = xy + y^2$
c. $y' = e^{2x+y}$

Video

Biglia nella glicerina
Una biglia di 100 g e con un volume di 14 cm³ viene lasciata affondare in un recipiente di glicerina, un liquido molto viscoso.

- Quale velocità raggiunge dopo 4 secondi?
- Quale velocità massima potrebbe raggiungere se il recipiente fosse molto profondo?

▶ Quali sono le soluzioni dell'equazione differenziale $y' = 3x^2y^2$?
$\left[y = \frac{1}{c - x^3} \vee y = 0\right]$

▶ Determina la soluzione $y = f(x)$ dell'equazione $y' = \frac{3\sin x}{y}$ tale che $f(0) = -2$.

Animazione

TEORIA

- si integrano entrambi i membri, $\int \frac{1}{h(y)}\,dy = \int g(x)\,dx$, e si ricava y in funzione di x dall'uguaglianza fra le primitive trovate;
- si esaminano a parte i casi derivanti da $h(y) = 0$.

Equazioni lineari del primo ordine

▶ Esercizi a p. 2050

DEFINIZIONE

Un'equazione differenziale del primo ordine è **lineare** quando può essere scritta nella forma

$$y' = a(x)y + b(x),$$

dove $a(x)$ e $b(x)$ rappresentano funzioni note e continue in un opportuno intervallo.

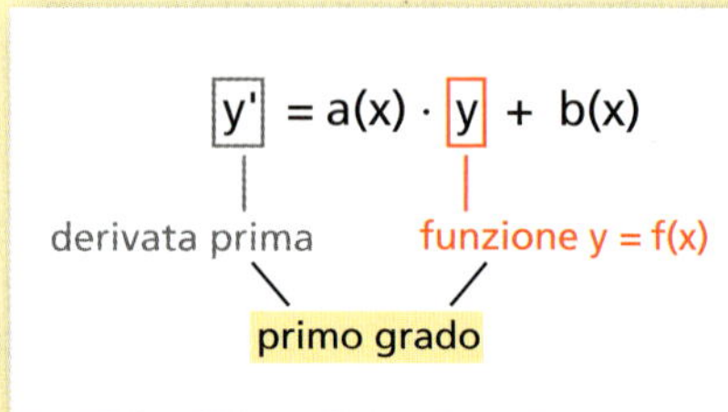

Listen to it

A first order differential equation is said to be **linear** if it can be written as $y' = a(x)y + b(x)$, where $a(x)$ and $b(x)$ are continuous functions in a given domain.

L'equazione differenziale $y' - 3xy - x^4 = 0$ è lineare; l'equazione differenziale $y' = 4xy^2$ **non** è lineare, perché y compare al quadrato.

Se $b(x) = 0$, l'equazione è detta **omogenea**; se $b(x) \neq 0$, è detta **completa**.

$b(x) = 0$: equazione omogenea

$y' = a(x)y$ è lineare omogenea a variabili separabili. Risolviamola. Se $y \neq 0$:

$$y' = a(x)y \rightarrow \frac{dy}{dx} = a(x)y \rightarrow \frac{dy}{y} = a(x)\,dx \rightarrow$$

$$\int \frac{dy}{y} = \int a(x)\,dx \rightarrow \ln|y| + c = \int a(x)\,dx \rightarrow$$

integriamo entrambi i membri

$$\ln|y| = -c + \int a(x)\,dx \rightarrow |y| = e^{-c+\int a(x)\,dx} \rightarrow$$

$$y = \pm e^{-c+\int a(x)dx} \rightarrow y = \pm e^{-c}e^{\int a(x)dx}, \text{ con } c \in \mathbb{R}.$$

per la proprietà delle potenze

Poiché e^{-c} e $-e^{-c}$ sono costanti reali diverse da 0, possiamo indicarle genericamente con k e scrivere:

$$y = ke^{\int a(x)dx}, \quad \text{con } k \neq 0.$$

Se $y = 0$, anche $y' = 0$ e l'equazione differenziale è verificata. Questa soluzione è compresa nella scrittura precedente se poniamo $k = 0$. Quindi la soluzione è:

$$y = ke^{\int a(x)\,dx}, \text{ con } k \in \mathbb{R}.$$

ESEMPIO

Risolviamo $y' = 3x^2y$. L'equazione è lineare omogenea con $a(x) = 3x^2$.
Utilizziamo la formula che fornisce direttamente la soluzione:

$$y = ke^{\int 3x^2 dx} = ke^{x^3}.$$

Per la presenza di k, non è necessario scrivere $x^3 + c$, introducendo una seconda costante.

▶ Risolvi l'equazione lineare omogenea $y' = (2x - 1)y$. $[y = ke^{x^2 - x}]$

$b(x) \neq 0$: equazione completa

Per trovare la soluzione dell'equazione lineare completa $y' = a(x)y + b(x)$ seguiamo i seguenti passi.

- Determiniamo una primitiva $A(x)$ di $a(x)$:

  $$A(x) = \int a(x)dx.$$

- Portiamo il termine $a(x)y$ dell'equazione al primo membro e moltiplichiamo entrambi i membri per $e^{-A(x)}$:

  $$y'e^{-A(x)} - a(x)ye^{-A(x)} = b(x)e^{-A(x)}.$$

  Per la regola di derivazione di una funzione composta, il primo membro risulta essere la derivata di $e^{-A(x)}y$. Infatti, ricordando che y è una funzione di x, si ha:

  $$\mathrm{D}(e^{-A(x)}y) = e^{-A(x)}y' - A'(x)e^{-A(x)}y = e^{-A(x)}y' - a(x)e^{-A(x)}y.$$

- Integriamo entrambi i membri:

  $$\int \mathrm{D}(e^{-A(x)}y)dx = \int b(x)e^{-A(x)}dx \quad \rightarrow$$
  $$e^{-A(x)}y = \int b(x)e^{-A(x)}dx + c \quad \rightarrow$$
  $$y = e^{A(x)}\left[\int b(x)e^{-A(x)}dx + c\right].$$

  Enunciamo allora il teorema.

TEOREMA

L'integrale generale di un'equazione differenziale lineare del primo ordine del tipo $y' = a(x)y + b(x)$ è dato da:

$$y = e^{\int a(x)\,dx}\left[\int b(x)\,e^{-\int a(x)\,dx}\,dx + c\right].$$

ESEMPIO

Risolviamo $y' + \dfrac{y}{x} = x$, con $x > 0$.

L'equazione lineare è completa. Scriviamola nella forma $y' = a(x)y + b(x)$, per individuare $a(x)$ e $b(x)$.

$$y' = -\frac{1}{x}\cdot y + x \quad \rightarrow \quad a(x) = -\frac{1}{x} \quad \text{e} \quad b(x) = x.$$

Per facilitare l'applicazione della formula risolutiva, scomponiamola in varie parti, calcolando alcuni integrali che vi compaiono.

- $\int a(x)\,dx = \int -\frac{1}{x}\,dx = -\ln|x| = -\ln x.$

  Possiamo trascurare il valore assoluto perché per ipotesi è $x > 0$.

- $e^{-\int a(x)\,dx} = e^{+\ln x} = x$ e $e^{\int a(x)\,dx} = e^{-\ln x} = e^{\ln\frac{1}{x}} = \frac{1}{x}.$

- $\int b(x)e^{-\int a(x)\,dx}\,dx = \int x\cdot x\,dx = \int x^2\,dx = \frac{x^3}{3}.$

Sostituendo nella formula, otteniamo:

$$y = \frac{1}{x}\cdot\left[\frac{x^3}{3} + c\right] = \frac{x^2}{3} + \frac{c}{x}.$$

MATEMATICA E NATURA

Prede e predatori In natura prede e predatori coesistono sempre in uno stesso ambiente.

▶ Esiste un modello matematico che descrive questa situazione?

La risposta

▶ Risolvi l'equazione $y' = \frac{3}{x}y + 4x^3$.

Animazione

3 Equazioni differenziali del secondo ordine

▶ Esercizi a p. 2055

Un'equazione differenziale del secondo ordine è riconducibile alla forma:

$$F(x; y; y'; y'') = 0.$$

Si dice che è in **forma normale** quando è scritta come

$$y'' = G(x; y; y'),$$

ossia è esplicitata rispetto alla derivata seconda della funzione incognita y.

ESEMPIO
L'equazione differenziale $y' - y'' = xy$ è del secondo ordine, perché contiene anche la derivata seconda della funzione incognita.
Scritta in forma normale è $y'' = y' - xy$.

Le soluzioni delle equazioni differenziali del secondo ordine sono funzioni della variabile x, contenenti *due* costanti reali arbitrarie, che indicheremo con c_1 e c_2.

L'integrale generale di un'equazione differenziale del secondo ordine è dato quindi da una famiglia di funzioni del tipo $y = f(x; c_1; c_2)$.
Le soluzioni particolari si ottengono attribuendo ai parametri c_1 e c_2 determinati valori. Poiché l'integrale generale dipende da due parametri, occorre dare due condizioni se si vuol determinare una soluzione particolare.

Fra le equazioni differenziali del secondo ordine studieremo solo quelle **lineari con i coefficienti costanti**, ossia le equazioni del tipo

$$y'' + by' + cy = r(x),$$

dove b e c sono numeri reali e $r(x)$ è una funzione continua in un opportuno intervallo. Tali equazioni si dicono:

- **omogenee**, se $r(x) = 0$ in tutti i punti dell'intervallo in cui è definita;
- **complete**, se $r(x) \neq 0$ in qualche punto dell'intervallo in cui è definita.

$r(x) = 0$: equazione omogenea

Se $r(x) = 0$, l'equazione diventa:

$$y'' + by' + cy = 0, \qquad \text{con } b, c \in \mathbb{R}.$$

Verifichiamo che la funzione esponenziale $y = e^{zx}$, dove z è un'opportuna costante, può essere una soluzione. Calcoliamo le derivate $y' = ze^{zx}$ e $y'' = z^2e^{zx}$ e sostituiamo nell'equazione di partenza:

$$z^2 \cdot e^{zx} + bz \cdot e^{zx} + c \cdot e^{zx} = 0 \underset{\text{raccogliamo } e^{zx}}{\rightarrow} (z^2 + bz + c) \cdot e^{zx} = 0 \underset{\text{dividiamo per } e^{zx} \neq 0}{\rightarrow} z^2 + bz + c = 0.$$

La funzione $y = e^{zx}$ è soluzione dell'equazione differenziale data se z è soluzione dell'equazione

$$z^2 + bz + c = 0,$$

che si chiama **equazione caratteristica dell'equazione differenziale**. Tale equazione ha gli stessi coefficienti dell'equazione differenziale iniziale $y'' + by' + cy = 0$.

Risolvendo l'equazione caratteristica, si trovano soluzioni particolari dell'equazione differenziale con le quali è possibile costruire quella generale.

Il tipo delle soluzioni particolari che si ottengono è determinato dalle radici dell'equazione caratteristica, che, a loro volta, dipendono dal valore del discriminante.

In generale, per risolvere un'equazione lineare omogenea del secondo ordine scritta nella forma

$$y'' + by' + cy = 0, \qquad \text{con } b, c \in \mathbb{R},$$

si applica il seguente procedimento, che illustriamo senza dimostrazione.

- Si scrive l'equazione caratteristica dell'equazione differenziale data e si calcola il suo discriminante:

$$z^2 + bz + c = 0, \qquad \Delta = b^2 - 4c.$$

- Si distinguono tre casi.

1. **$\Delta > 0$**
   - si determinano le due soluzioni reali e distinte z_1 e z_2;
   - la soluzione generale dell'equazione differenziale è

   $$\boldsymbol{y = c_1 e^{z_1 x} + c_2 e^{z_2 x}}, \qquad \text{con } c_1, c_2 \in \mathbb{R}.$$

2. **$\Delta = 0$**
   - si determinano le due soluzioni reali coincidenti $z_1 = z_2$;
   - la soluzione generale dell'equazione differenziale è

   $$y = c_1 e^{z_1 x} + c_2 x e^{z_1 x}, \qquad \text{con } c_1, c_2 \in \mathbb{R},$$

   ossia, raccogliendo $e^{z_1 x}$:

   $$\boldsymbol{y = e^{z_1 x}(c_1 + c_2 x)}, \qquad \text{con } c_1, c_2 \in \mathbb{R}.$$

3. **$\Delta < 0$**
   - si determinano le due soluzioni complesse coniugate $z_{1,2} = \alpha \pm i\beta$;
   - la soluzione generale dell'equazione differenziale è

   $$y = c_1 e^{\alpha x} \cos \beta x + c_2 e^{\alpha x} \sin \beta x, \quad \text{con } c_1, c_2 \in \mathbb{R},$$

   ossia, raccogliendo $e^{\alpha x}$:

   $$\boldsymbol{y = e^{\alpha x}(c_1 \cos \beta x + c_2 \sin \beta x)}, \qquad \text{con } c_1, c_2 \in \mathbb{R}.$$

ESEMPIO

1. Risolviamo $y'' - 5y' + 6y = 0$.
   Scriviamo la sua equazione caratteristica: $z^2 - 5z + 6 = 0$.
   Risolviamo tale equazione: $\Delta = 25 - 24 = 1 > 0 \to z_1 = 2, z_2 = 3$.
   Le funzioni $y_1 = e^{2x}$ e $y_2 = e^{3x}$ sono soluzioni particolari dell'equazione differenziale data.
   La soluzione generale è: $y = c_1 e^{2x} + c_2 e^{3x}$, con $c_1, c_2 \in \mathbb{R}$.
2. Risolviamo $y'' - 2y' + y = 0$.
   L'equazione caratteristica associata è $z^2 - 2z + 1 = 0$.
   Si ha: $\Delta = 0$; $z_1 = z_2 = 1$.
   La soluzione generale dell'equazione differenziale data è:

   $$y = e^x(c_1 + c_2 x), \quad \text{con } c_1, c_2 \in \mathbb{R}.$$

Video

Oscillatore armonico smorzato

Consideriamo un cubo attaccato a una molla, fissata a sua volta a una parete, e immerso in un fluido viscoso.

▶ Qual è la funzione che descrive il suo moto in funzione del tempo?

▶ Scrivi gli integrali generali delle seguenti equazioni differenziali:

a. $y'' - 4y' + 3y = 0$;
b. $y'' + 6y' + 9y = 0$;
c. $y'' + y = 0$.

[a) $y = c_1 e^x + c_2 e^{3x}$; b) $y = e^{-3x}(c_1 + c_2 x)$; c) $y = c_1 \cos x + c_2 \sin x$]

TEORIA

▶ Risolvi il problema di Cauchy, con $y = f(x)$:
$$\begin{cases} y'' + 4y' - 5y = 0 \\ f'(0) = -9 \\ f(0) = 3 \end{cases}.$$

Animazione

3. Risolviamo $y'' - 4y' + 13y = 0$.
   Scriviamo l'equazione caratteristica associata: $z^2 - 4z + 13 = 0$.
   Calcoliamo: $\frac{\Delta}{4} = -9$; $z_{1,2} = 2 \pm 3i$.
   La soluzione generale dell'equazione differenziale data è:
   $$y = e^{2x}(c_1 \cos 3x + c_2 \sin 3x), \quad \text{con } c_1, c_2 \in \mathbb{R}.$$

$r(x) \neq 0$: equazione completa

Per risolvere un'equazione lineare del secondo ordine completa e a coefficienti costanti, del tipo

$$\boldsymbol{y'' + by' + cy = r(x)}, \quad \text{con } b, c \in \mathbb{R},$$

si utilizza il seguente teorema, di cui non forniamo la dimostrazione.

TEOREMA
La soluzione generale y dell'equazione $y'' + by' + cy = r(x)$ si ottiene addizionando a una sua soluzione particolare la soluzione generale dell'equazione omogenea associata $y'' + by' + cy = 0$.

Ci limitiamo a considerare il caso particolare in cui $\boldsymbol{b = 0}$, $\boldsymbol{c = 0}$ e $r(x)$ è una qualsiasi funzione. L'equazione differenziale diventa della forma $y'' = r(x)$ e possiamo risolverla procedendo con due integrazioni successive.

ESEMPIO
Risolviamo
$$y'' = 12x^2 + 4.$$
Determiniamo la derivata prima della funzione y integrando ciascun membro dell'equazione:
$$y' = \int (12x^2 + 4)\, dx = 4x^3 + 4x + c_1.$$
Determiniamo la funzione con un'ulteriore integrazione:
$$y = \int (4x^3 + 4x + c_1)\, dx = x^4 + 2x^2 + c_1 x + c_2.$$

▶ Risolvi l'equazione differenziale $y'' = \cos x$.
[$y = -\cos x + c_1 x + c_2$]

MATEMATICA ED ENERGIA
Il decadimento radioattivo Il problema più grande dell'energia nucleare è che le scorie prodotte rimangono radioattive per molto tempo. Per stimarlo bisogna conoscere il tempo di dimezzamento della sostanza radioattiva dispersa nell'ambiente. Si chiama anche *emivita* ed è il tempo che la sostanza impiega per dimezzare la quantità dei suoi nuclei instabili. Il tempo di dimezzamento dell'uranio 238 è di circa 4 miliardi e mezzo di anni. Per questo motivo, lasciare scorie vuol dire lasciare un problema in eredità alle generazioni future.

▶ Come si fa a stimare la vita di una scoria radioattiva?

La risposta

4 Equazioni differenziali e fisica

▶ Esercizi a p. 2059

Studiando fisica hai incontrato spesso esempi di equazioni differenziali.
Cercando relazioni che leghino una grandezza e la sua variazione nel tempo si ottengono equazioni del primo ordine; sono esempi di equazioni differenziali del primo ordine la legge oraria del moto uniforme, la legge di raffreddamento di un corpo, le leggi di carica e scarica di un condensatore.
Si ottengono equazioni del secondo ordine se si è invece interessati a studiare come evolve nel tempo la variazione di una certa grandezza. In questo caso, si considera anche la sua derivata seconda. Sono esempi di equazioni differenziali del secondo ordine la legge oraria di un moto accelerato o le equazioni dinamiche che descrivono le azioni di forze di varia natura su un corpo.

ESEMPIO

L'arco da competizione di Simona ha una costante elastica di 490 N/m. Supponiamo di concentrare nel punto P la massa $m = 0,1$ kg della corda e determiniamo la funzione $x(t)$ che descrive il moto di P quando Simona rilascia la corda dopo averla tesa di 60 cm.

All'istante $t = 0$, $x(0) = -0,6$ m nel sistema di riferimento in figura. Simona lascia la corda e P è sottoposto a una forza elastica $F_E = -490 \cdot x(t)$.

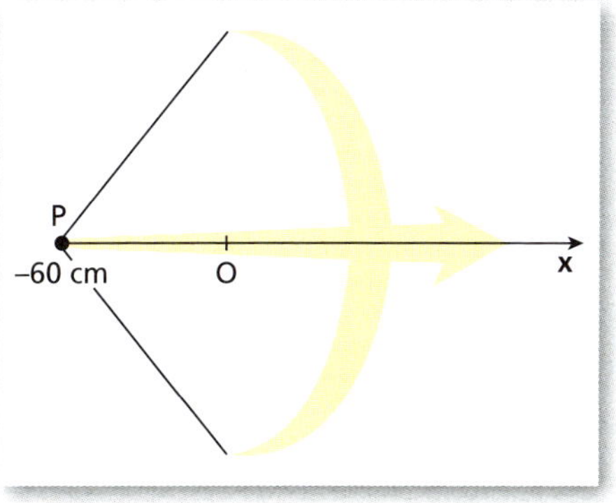

Per il secondo principio della dinamica, $F = m \cdot a$, possiamo esprimere F_E come $F_E = m\underbrace{x''(t)}_{a}$.

Pertanto, il moto di P è descritto dall'equazione differenziale

$$\frac{1}{10} \cdot x''(t) = -490 \cdot x(t).$$

Si tratta di un'equazione lineare omogenea del secondo ordine. Risolviamo l'equazione caratteristica:

$$\frac{1}{10} z^2 = -490 \rightarrow z = \pm i\sqrt{4900} = \pm 70i.$$

La soluzione generale dell'equazione è:

$$x(t) = c_1 \cos(70t) + c_2 \sin(70t).$$

La condizione $x(0) = -0,6$ ci permette di determinare un vincolo sui parametri:

$$c_1 = -0,6.$$

È però necessaria un'altra condizione per determinare c_2 (per esempio, l'istante t_1 in cui P passa per l'origine del riferimento).

MATEMATICA E FISICA

Un modello per il condensatore
Un condensatore inserito in un circuito chiuso si carica.

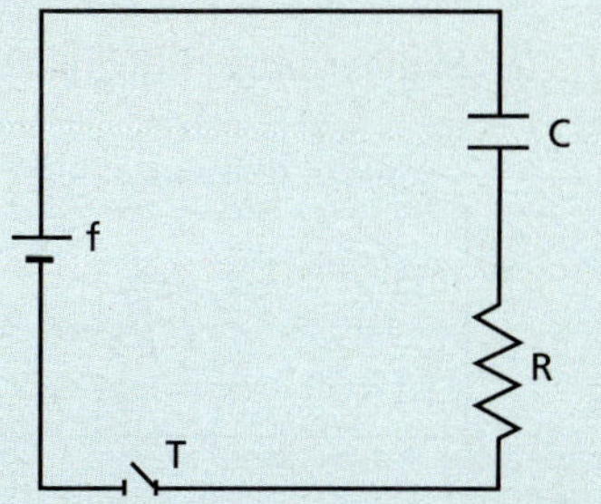

▶ Come varia nel tempo la carica Q accumulata?

La risposta

IN SINTESI
Equazioni differenziali

Equazioni differenziali del primo ordine

- **Equazione differenziale del primo ordine**: è riconducibile alla forma $F(x; y; y') = 0$.
- **Integrale generale**: è una famiglia di funzioni $f(x; c)$ con c parametro reale.
- **Integrale particolare**: ogni soluzione ottenuta attribuendo a c un valore.
- **Problema di Cauchy**: data l'equazione del primo ordine $F(x; y; y') = 0$, consiste nella ricerca di una soluzione particolare $y = f(x)$ il cui grafico passi per un punto dato $(x_0; y_0)$, cioè che risolva il sistema:

  $$\begin{cases} F(x; y; y') = 0 \\ y_0 = f(x_0) \qquad \textbf{condizione iniziale.} \end{cases}$$

- **Equazione del tipo $y' = f(x)$**
  1. Si isola y' e si integrano entrambi i membri rispetto alla variabile x: $\int y'\,dx = \int f(x)\,dx$.
  2. La soluzione generale è $y = \int f(x)\,dx$.

- **Equazione a variabili separabili**: $y' = g(x) \cdot h(y)$, con $g(x)$ e $h(y)$ funzioni continue.
  1. Essendo $y' = \frac{dy}{dx}$, si ottiene $\frac{dy}{dx} = g(x) \cdot h(y)$.
  2. Si separano le variabili, supponendo $h(y) \neq 0$: $\frac{dy}{h(y)} = g(x)\,dx$.
  3. Si integrano entrambi i membri, $\int \frac{1}{h(y)}\,dy = \int g(x)\,dx$, e si ricava y in funzione di x.
  4. Si esaminano a parte i casi derivanti da $h(y) = 0$.

- **Equazione lineari del primo ordine**: $y' = a(x) \cdot y + b(x)$, dove $a(x)$ e $b(x)$ rappresentano funzioni note e continue in un opportuno intervallo.
  - **$b(x) = 0$ (equazione omogenea)**: la soluzione è $y = ke^{\int a(x)dx}$, con $k \in \mathbb{R}$.
  - **$b(x) \neq 0$ (equazione completa)**: la soluzione è $y = e^{\int a(x)dx}\left[\int b(x)\,e^{-\int a(x)dx}\,dx + c\right]$.

Equazioni differenziali del secondo ordine

- **Equazioni lineari con coefficienti costanti omogenee: $y'' + by' + cy = 0$.**
  1. Si trovano le radici (reali o complesse) dell'equazione caratteristica $z^2 + bz + c = 0$.
  2. Si determina l'integrale generale dell'equazione differenziale secondo lo schema seguente.

Radici dell'equazione caratteristica		Integrale generale
$\Delta > 0 \rightarrow z_1 \neq z_2$	(reali distinte)	$y = c_1 e^{z_1 x} + c_2 e^{z_2 x}$
$\Delta = 0 \rightarrow z_1 = z_2$	(reali coincidenti)	$y = (c_1 + c_2 x)\,e^{z_1 x}$
$\Delta < 0 \rightarrow z_{1,2} = \alpha \pm i\beta$	(complesse coniugate)	$y = e^{\alpha x}(c_1 \cos \beta x + c_2 \sin \beta x)$

- **Equazioni lineari con coefficienti costanti complete del tipo: $y'' = r(x)$.**
  Si determina direttamente la *soluzione generale* mediante due integrazioni successive.

CAPITOLO 31

ESERCIZI

1 Che cos'è un'equazione differenziale

▶ Teoria a p. 2030

1 Riconosci fra le seguenti equazioni quelle differenziali, indicandone l'ordine.

a. $y' = 3$;
b. $y - 3x^2 + 2 = y'$;
c. $\frac{y''}{y'} = x$;
d. $y' + e^x = -1$;
e. $y^2 y' - x = 0$;
f. $x^2 + y^2 = 1$;
g. $x + y' - 2 = 0$;
h. $y''' + y'' - y' = x$.

2 Determina per quali valori di a le seguenti equazioni differenziali sono del secondo ordine.

a. $y^2 - (a+1)y'' = 2ay'$
b. $8ay^3 + ay'' - (a-2)y^2 = 0$

3 ESERCIZIO GUIDA Verifichiamo se la funzione $y = e^{x^2} - \frac{1}{2}$ risolve l'equazione differenziale del primo ordine $y' = 2xy + x$.

Primo membro: derivando $y = e^{x^2} - \frac{1}{2}$, otteniamo $y' = 2xe^{x^2}$.

Secondo membro: sostituendo l'espressione di y, abbiamo $2xy + x = 2xe^{x^2} - x + x = 2xe^{x^2}$.

Confrontiamo i risultati e otteniamo l'identità: $2xe^{x^2} = 2xe^{x^2}$. Quindi l'equazione è verificata.

Verifica se le seguenti funzioni sono soluzioni delle equazioni differenziali scritte a fianco.

4 $y = 2x^2 - 3x + 1$, $\quad y' - 4x + 3 = 0$.

5 $y = x^4 - x^2 + 1$, $\quad y'' - 12x^2 + 2 = 0$.

6 $y = x^3 - x + 2$, $\quad y' + y + x - 1 = 0$.

7 $y = x + \ln x$, $\quad y'x - x - 1 = 0$.

8 $y = x \ln x$, $\quad y' - y - 1 = 0$.

9 $y = \sin x - 2$, $\quad y' + y - (\cos x + \sin x) + 2 = 0$.

TEST

10 Di quale delle seguenti equazioni differenziali è soluzione la funzione $y = x^2 + 1$?

A $y' = \frac{2x}{x^2+1}y$
B $y' = \frac{x}{x^2+1}y$
C $y' = \frac{1}{2(x^2+1)}y$
D $y' = \frac{x}{2(x^2+1)}y$
E $y' = \frac{2}{x(x^2+1)}y$

11 Quale tra le seguenti funzioni risolve entrambe le equazioni differenziali $y'' - 4y = 3$ e $y'' - 2y' = 0$?

A $y = e^{-2x}$
B $y = e^{2x} - \frac{3}{4}$
C $y = e^{2x} + \frac{3}{4}$
D $y = e^{2x} - e^{-2x}$
E $y = 2x$

12 Quale delle seguenti funzioni è soluzione di $y' + y = e^{-x}$?

A $y = \frac{x}{e^x}$
B $y = x \cdot e^x$
C $y = e^{2x}$
D $y = \frac{x^2}{e^x}$
E $y = e^x$

ESERCIZI

FAI UN ESEMPIO

13 Scrivi un'equazione differenziale del primo ordine che abbia come soluzione $y = x^2 - 1$.

14 Scrivi un'equazione differenziale del secondo ordine che abbia come soluzione $y = 4x^3 + x$.

15 **EUREKA!** Supponi che la funzione $y = f(x)$ sia la soluzione dell'equazione differenziale

$$y' = y^2 + 1.$$

Verifica che y è soluzione anche dell'equazione $y'' - 2y^3 = 2y$. La funzione $y = \tan x$ è una soluzione per entrambe le equazioni? [sì]

16 Calcola per quali valori di a e b la funzione $y = ax^3 - bx^2$ è soluzione dell'equazione differenziale $y'' - y' + 2 = 3x^2 - 4x$. $[a = -1, b = 1]$

YOU & MATHS

17 Given the equation $4y'' + 3y' - y = 0$ and its solution $y = e^{\lambda t}$, what are the values of λ?

(USA *Rice University Mathematics Tournament*)

$\left[-1 \vee \frac{1}{4}\right]$

18 Show that the function

$$y = ae^x + be^{-2x} + ce^{3x}$$

satisfies the (differential) equation

$$\frac{d^3y}{dx^3} - 2\frac{d^2y}{dx^2} - 5\frac{dy}{dx} + 6y = 0$$

for all values of the constants a, b and c.

(CAN *University of New Brunswick*, Final Exam)

19 **EUREKA!** Il valore di A tale che $y = Axe^x$ soddisfi $\frac{dy}{dx} - y = 4e^x$ è:

- **A** 1.
- **B** 2.
- **C** 4.
- **D** 5.
- **E** nessuno di questi.

(USA *University of Central Arkansas Regional Math Contest*)

20 Sia c un parametro reale e siano

$$y_1 = ce^{3x} + 2 \quad \text{e} \quad y_2 = 2e^{3x} + c$$

due famiglie di funzioni. Data l'equazione differenziale del primo ordine $y' = 3y - 6$, per quali valori di c la funzione y_1 è soluzione dell'equazione? Per quali valori di c la funzione y_2 è soluzione dell'equazione? $[\forall c \in \mathbb{R}; c = 2]$

21 Data la funzione $y = 6x^2 - 2x$, determina quale valore occorre assegnare a k affinché la funzione sia soluzione dell'equazione differenziale

$$y' - 2y'' + y - 6x^2 - 10x + k = 0.$$

$[k = 26]$

22 **LEGGI IL GRAFICO** Trova l'equazione della parabola in figura e stabilisci se è soluzione dell'equazione differenziale $y' = \frac{y}{x} + x$. $[y = x^2 - x]$

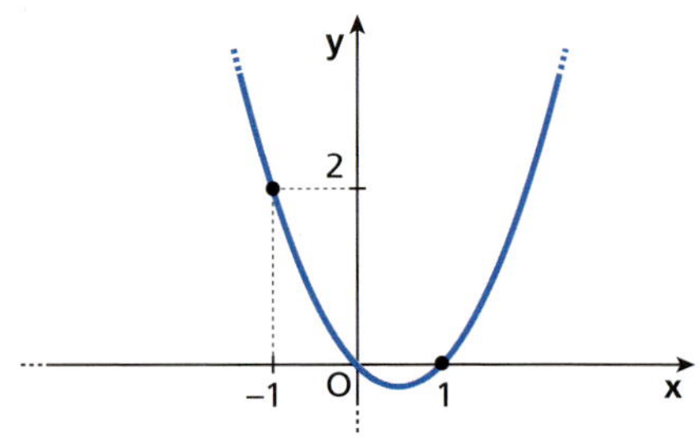

23 **REALTÀ E MODELLI** **Scena del crimine** La polizia scientifica sta effettuando i rilievi su una vittima di omicidio. Il cadavere si trova in un luogo in cui la temperatura ambiente è di 25 °C. Si presuppone che la temperatura del cadavere $T(t)$ vari nel tempo secondo la legge empirica $T'(t) = -\frac{6}{5}[T(t) - 25]$, dove t è il tempo in ore misurato a partire dall'ora del decesso.

a. Verifica che le soluzioni dell'equazione differenziale sono del tipo $T(t) = 25 + Ce^{-\frac{6}{5}t}$.

b. Determina il valore di C supponendo che all'ora del decesso il corpo avesse una temperatura di 36,5 °C.

c. Se il cadavere è stato rinvenuto alle 2:00, quando la sua temperatura era di 30 °C, qual è l'ora presunta del decesso?

$\left[\text{b) } T(t) = 11{,}5e^{-\frac{6}{5}t} + 25; \text{ c) } 1{:}18\right]$

2 Equazioni differenziali del primo ordine

Definizione e problema di Cauchy

▶ Teoria a p. 2031

24 Riconosci quali tra le seguenti sono equazioni differenziali del primo ordine.

a. $y'' = 2x + 4$; b. $y' - x^2 + y = 0$; c. $\frac{y'}{y} = \frac{1}{2}x^2$; d. $y'(y-1) = 0$.

TEST

25 Stabilisci quale delle seguenti funzioni $y = f(x)$ è la soluzione del problema di Cauchy:

$$\begin{cases} y' = \dfrac{x+2}{x} \\ f(1) = 2 \end{cases}.$$

A $y = x + \ln x^2 + 2$

B $y = x^2 + \ln|x| + 1$

C $y = x + \ln|x| + 1$

D $y = x + \ln x^2 + 1$

E $y = x^2 + \ln|x^2| + 1$

26 Determina quale delle seguenti funzioni $y = f(x)$ è la soluzione del problema di Cauchy:

$$\begin{cases} y' = -y\tan x \\ f(0) = 2 \end{cases}.$$

A $y = \sin x + 2$

B $y = 2\cos x$

C $y = \cos x + 1$

D $y = 2 - \sin x$

E $y = \cos x$

27 Verifica che la funzione $y = \frac{1}{4}(1 - e^{2x}) + \frac{1}{2}x$ è soluzione del seguente problema di Cauchy, con $y = f(x)$:

$$\begin{cases} y' = 2y - x \\ f(0) = 0 \end{cases}.$$

28 Stabilisci se la funzione $y = e^x - \sin x + 1$ è soluzione del problema di Cauchy, con $y = f(x)$:

$$\begin{cases} y' + \cos x - e^x = 0 \\ f(0) = 1 \end{cases}.$$

[no, perché...]

Equazioni del tipo $y' = f(x)$

▶ Teoria a p. 2032

29 ESERCIZIO GUIDA Risolviamo l'equazione differenziale $2y' - \sin x - 1 = 0$.

$$2y' - \sin x - 1 = 0 \rightarrow y' = \frac{\sin x + 1}{2} \rightarrow \int y'dx = \int \frac{\sin x + 1}{2} dx \rightarrow y = \frac{1}{2}(-\cos x + x) + c.$$

isoliamo y' — integriamo entrambi i membri rispetto a x

La soluzione generale dell'equazione è:

$$y = \frac{x - \cos x}{2} + c.$$

Risolvi le seguenti equazioni differenziali.

AL VOLO

30 $y' = 2x$

31 $y' = 3\cos x$

32 $y' = e^x$

ESERCIZI

33 $y' - 3x^2 - 2x + 1 = 0$ $\quad [y = x^3 + x^2 - x + c]$

34 $y' - 4x + \cos x = 0$ $\quad [y = 2x^2 - \sin x + c]$

35 $2y' + \sqrt{x} = 0$ $\quad \left[y = -\frac{1}{3}\sqrt{x^3} + c\right]$

36 $y' - 3e^x + 2x = 0$ $\quad [y = 3e^x - x^2 + c]$

37 $(1 + x^2)y' = 1$ $\quad [y = \arctan x + c]$

38 $\tan^2 x - y' = 0$ $\quad [y = \tan x - x + c]$

Cerchiamo un integrale particolare

39 TEST Supponi che $f'(x) = \cos x$, $f(0) = 2$. Allora:

A f è periodica di periodo π.

B $f(x) = \sin x$.

C $f(\pi) = 2$.

D Le funzioni che soddisfano le condizioni differiscono per una costante additiva.

E Le funzioni che soddisfano le condizioni differiscono per una costante moltiplicativa.

40 ESERCIZIO GUIDA Determiniamo la soluzione particolare $y = f(x)$ dell'equazione differenziale $y' = \frac{x+1}{x}$, che soddisfa la condizione iniziale $f(1) = 2$.

- Risolviamo l'equazione integrando entrambi i membri rispetto alla variabile x:

$$\int y'dx = \int \frac{x+1}{x}dx \quad \to \quad y = \int\left(1 + \frac{1}{x}\right)dx = x + \ln|x| + c, \text{ con } c \in \mathbb{R}.$$

L'integrale generale è $y = x + \ln|x| + c$, con $c \in \mathbb{R}$.

- Imponiamo la condizione $f(1) = 2$, sostituendo alla y il valore 2 e alla x il valore 1.

$$2 = 1 + \ln 1 + c \quad \to \quad 2 = 1 + c \quad \to \quad c = 1.$$

La soluzione particolare cercata è: $y = x + \ln|x| + 1$.

Determina la soluzione particolare $y = f(x)$ di ognuna delle seguenti equazioni differenziali, verificante la condizione iniziale posta a fianco di ciascuna.

41 $y' = x + \cos x - 1$, $\quad f(0) = 2.$ $\quad \left[y = \frac{x^2}{2} + \sin x - x + 2\right]$

42 $x^2y' - x + 1 = 0$, $\quad f(1) = 2.$ $\quad \left[y = \ln|x| + \frac{1}{x} + 1\right]$

43 $y' = 6xe^{x^2} - 1$, $\quad f(0) = 4.$ $\quad \left[y = 3e^{x^2} - x + 1\right]$

44 $\frac{y' - x}{x^2 + 1} = \frac{3}{x}$, $\quad f(1) = 0.$ $\quad [y = 3\ln|x| + 2x^2 - 2]$

45 $(x + 1)y' = x + 2$, $\quad f(-2) = -1.$ $\quad [y = x + \ln|x + 1| + 1]$

46 $e^x y' - x = 0$, $\quad f(1) = \frac{1}{e}.$ $\quad \left[y = -\frac{x+1}{e^x} + \frac{3}{e}\right]$

47 Determina la curva integrale dell'equazione differenziale $4y' = 12x^2 - 1$ che passa per il punto $P\left(1; \frac{3}{4}\right)$ e traccia il suo grafico. $\quad \left[y = x^3 - \frac{1}{4}x\right]$

48 Traccia il grafico della curva integrale dell'equazione differenziale $(x - 1)y' = 2$ che passa per $P(2; 2)$. $\quad [y = 2\ln|x - 1| + 2]$

49 ●○ **LEGGI IL GRAFICO** Verifica se l'equazione dell'iperbole in figura è soluzione dell'equazione differenziale

$$y' + \frac{4}{x^2} = 0.$$

Trova poi un'altra funzione che sia soluzione della stessa equazione differenziale.

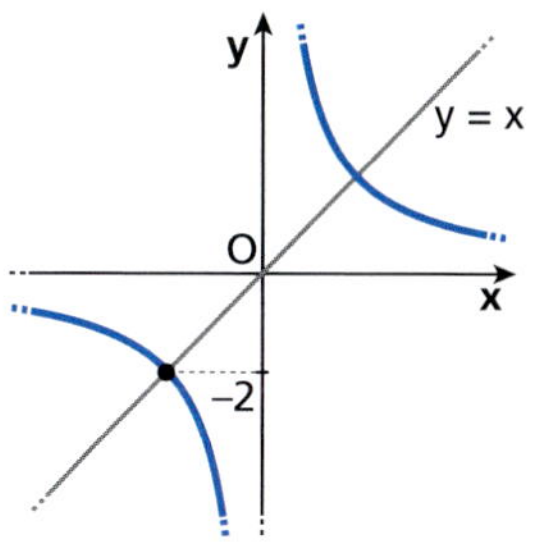

50 ●● Determina la soluzione dell'equazione differenziale $(x-3)y' = \frac{2}{6x - x^2 - 9}$ che ha come asintoto orizzontale la retta $y = -\frac{1}{2}$. $\left[y = \frac{1}{(x-3)^2} - \frac{1}{2}\right]$

51 ●○ **TEST** Trova la soluzione particolare dell'equazione $f'(x) = 4x^{-\frac{1}{2}}$ che soddisfi la condizione $f(1) = 12$.

A $8\sqrt{x} + c$.
B $2\sqrt{x} + 10$.
C $\frac{1}{2}\sqrt{4x} + 11$.
D $8\sqrt{x} + 4$.
E Nessuno di questi.

(USA *Arkansas Council of Teachers of Mathematics, State Mathematics Contest*)

52 ●● Determina la soluzione del seguente problema di Cauchy, con $y = f(x)$:

$$\begin{cases} y' = \dfrac{2x-1}{x^2+1} \\ f(0) = 1 \end{cases}.$$

$[y = \ln(x^2+1) - \arctan x + 1]$

53 ●● **EUREKA!** Sapendo che $y = f(x)$ è una soluzione di $(x^2+1)y' = 3$, calcola il valore di $f(1) - f(-1)$. $\left[\frac{3}{2}\pi\right]$

Equazioni a variabili separabili

▶ Teoria a p. 2033

Riconosci fra le seguenti equazioni differenziali quelle a variabili separabili.

54 ●○ a. $y' = 2y - 4x$; b. $xy' = 6x + y$; c. $e^x y' - x = xy$.

55 ●○ a. $y' = e^{x-y}$; b. $y' = \sin x - \cos y$; c. $y = 2y'(x-1) + \frac{4}{y}$.

56 ●○ **TEST** Quale delle seguenti equazioni differenziali *non* è a variabili separabili?

A $3y^2 \cdot y' = 2x + 1$
B $\sqrt{x} \cdot y \cdot y' + \frac{3}{x} = 0$
C $y' + xy - 2x^2 = 0$
D $y' = \frac{y^2}{1+x^2}$
E $\frac{y'}{x^3} = 1 + y^2$

57 **ESERCIZIO GUIDA** Risolviamo l'equazione differenziale $y' = 4x(y-3)$.

L'equazione è a variabili separabili, perché è del tipo $y' = g(x) \cdot h(y)$.

Sostituiamo $y' = \frac{dy}{dx}$: $\frac{dy}{dx} = 4x(y-3) \rightarrow dy = 4x(y-3)dx$.

- $y \neq 3$: $dy = 4x(y-3)dx \underset{\text{dividiamo per } y-3}{\rightarrow} \frac{dy}{y-3} = 4x\,dx \underset{\text{integriamo entrambi i membri}}{\rightarrow} \int \frac{1}{y-3}dy = \int 4x\,dx \rightarrow$

  $\ln|y-3| = 2x^2 + c \rightarrow |y-3| = e^{2x^2+c} \rightarrow y = \pm e^{2x^2+c} + 3.$

- $y = 3$: $y' = 0$. $y = 3$ è una soluzione dell'equazione.

Le soluzioni trovate sono $y = \pm e^{2x^2+c} + 3 \vee y = 3$.

Poiché $e^{2x^2+c} = e^c \cdot e^{2x^2}$, poniamo $k = \pm e^c$ e scriviamo le soluzioni nella forma $y = ke^{2x^2} + 3$; per $k = 0$ si ottiene la soluzione $y = 3$.

Pertanto, le soluzioni ammissibili hanno la forma $y = ke^{2x^2} + 3$, con $k \in \mathbb{R}$.

Risolvi le seguenti equazioni differenziali a variabili separabili.

58 $y' = xy$ $\left[y = ce^{\frac{x^2}{2}}\right]$

59 $\frac{y'}{y} = \frac{1}{(x-6)^2}$ $\left[y = ce^{-\frac{1}{x-6}}, c \neq 0\right]$

60 $y' = -2xy^2$ $\left[y = \frac{1}{x^2+c} \vee y = 0\right]$

61 $y' = ye^x(1+e^x)$ $\left[y = ce^{\frac{(1+e^x)^2}{2}}\right]$

62 $2y' = xy + 2y$ $\left[y = ce^{\frac{x^2}{4}+x}\right]$

63 $y' - 2y^2 = 0$ $\left[y = -\frac{1}{2x+c} \vee y = 0\right]$

64 $y' = e^{4x-y}$ $\left[y = \ln\left(\frac{1}{4}e^{4x} + c\right)\right]$

65 $\frac{y'}{y-3} = 4x^2$ $\left[y = 3 + ce^{\frac{4}{3}x^3}, c \neq 0\right]$

66 $y' = \frac{1+2x}{x^2+x}y$ $[y = c(x^2+x)]$

67 $yy' = \frac{x^2-1}{2x^2}$ $\left[y = \pm\sqrt{x + \frac{1}{x} + c}\right]$

68 $3y^2y' = x + 1$ $\left[y = \sqrt[3]{\frac{x^2}{2} + x + c}\right]$

69 $yy' - 3x^2 = 2$ $\left[y = \pm\sqrt{2x^3 + 4x + c}\right]$

70 $\sin x + 3yy' - 2 = 0$ $\left[y = \pm\sqrt{\frac{2}{3}(2x + \cos x) + c}\right]$

71 $\sqrt{x}\,yy' + \frac{1}{x} = 2$ $\left[y = \pm\sqrt{\frac{8x+4}{\sqrt{x}} + c}\right]$

72 $y' = \frac{y^3}{1+x^2}$ $\left[y = \pm\frac{1}{\sqrt{c - 2\arctan x}} \vee y = 0\right]$

73 $\frac{y'}{x} = 1 + y^2$ $\left[y = \tan\left(\frac{x^2}{2} + c\right)\right]$

74 $y' = \frac{y}{x^2 - 2x + 1}$ $\left[y = ce^{\frac{-1}{x-1}}\right]$

75 $y' = \frac{1}{y\sqrt{1-x^2}}$ $\left[y = \pm\sqrt{2\arcsin x + c}\right]$

76 $y' + y\tan x = 0$ $[y = c\cos x]$

77 $\frac{y'}{y} = \frac{x+6}{x(x+2)}$ $\left[y = c\frac{x^3}{(x+2)^2}, c \neq 0\right]$

78 $y'\ln y = y$ $\left[y = e^{\pm\sqrt{2x+c}}\right]$

79 $5y' = y(y+5)$ $\left[y = \frac{5}{ce^{-x} - 1} \vee y = 0\right]$

80 $y' = xy^2 - 4xy$ $\left[y = \frac{4}{1 - ce^{-2x^2}} \vee y = 0\right]$

81 $y' - xy + 4x = 0$ $[y = ce^{\frac{x^2}{2}} + 4]$

82 $yx - x = 2y'$ $\left[y = 1 + c \cdot e^{\frac{x^2}{4}}\right]$

83 $2yy' - y^2x - 2x = 0$ $\left[y = \pm\sqrt{e^{\frac{x^2}{2}+c} - 2}\right]$

84 $3y' - (x-1)y = 0$ $\left[y = c \cdot e^{\frac{x^2}{6} - \frac{x}{3}}\right]$

85 $y' = \frac{y\ln y}{x}$ $[y = e^{cx}]$

86 $\sqrt{y+3} - y' = 0$ $\left[y = -3 + \left(\frac{x+c}{2}\right)^2 \vee y = -3\right]$

87 $y' = e^{-x+y}$ $\left[y = \ln\frac{e^x}{1 + ce^x}\right]$

---

88 Ricava l'integrale generale dell'equazione differenziale $x^2y = x^2 - 2y'$ e verifica che la funzione costante $y = 1$ è un integrale particolare dell'equazione stessa. $\left[y = 1 + ce^{-\frac{x^3}{6}}\right]$

89 **RIFLETTI SULLA TEORIA** Una funzione derivabile $y = f(x)$ è tale che la sua derivata prima, moltiplicata per $\sin x$, è uguale al prodotto tra la funzione stessa e $\cos x$. Ricava ogni possibile funzione che soddisfi la condizione richiesta. $[y = c\sin x$, con $c \in \mathbb{R}]$

90 Determinare la soluzione generale dell'equazione differenziale $y'(x) = \frac{e^{3x}}{1 + e^{3x}} y(x)$.

(*Università di Firenze, Corso di laurea in Chimica, Prova di Matematica generale*)

$\left[y(x) = c\sqrt[3]{1 + e^{3x}}\right]$

Cerchiamo un integrale particolare

91 ESERCIZIO GUIDA Determiniamo la soluzione $y = f(x)$ dell'equazione $y' - \frac{2x-1}{y} = 0$ tale che $f(1) = 1$.

Troviamo l'integrale generale:

$$y' = \frac{2x-1}{y} \rightarrow \frac{dy}{dx} = \frac{2x-1}{y} \rightarrow y\,dy = (2x-1)\,dx \rightarrow \int y\,dy = \int(2x-1)\,dx \rightarrow$$

$$\frac{y^2}{2} = x^2 - x + c' \rightarrow y^2 = 2x^2 - 2x + c \rightarrow y = \pm\sqrt{2x^2 - 2x + c}.$$

Poiché la soluzione deve soddisfare la condizione $f(1) = 1$, la y deve essere positiva, quindi consideriamo soltanto: $y = \sqrt{2x^2 - 2x + c}$.

Determiniamo c, ponendo nell'equazione trovata $x = 1$ e $y = 1$:

$$1 = \sqrt{2 \cdot 1^2 - 2 \cdot 1 + c} \rightarrow \sqrt{c} = 1 \rightarrow c = 1.$$

La soluzione particolare cercata è: $y = \sqrt{2x^2 - 2x + 1}$.

Determina la soluzione particolare $y = f(x)$ di ognuna delle seguenti equazioni differenziali che soddisfa la condizione data.

92 $yy' - \cos x + \sin x = 0$, $f(\pi) = -2$. $\left[y = -\sqrt{2\sin x + 2\cos x + 6}\right]$

93 $e^x y^2 - y' = 0$, $f(0) = -\frac{1}{3}$. $\left[y = -\frac{1}{e^x + 2}\right]$

94 $y' = \frac{1}{2y(x^2+1)}$, $f(1) = 0$. $\left[y = \pm\sqrt{\arctan x - \frac{\pi}{4}}\right]$

95 $y' = e^{x-y}$, $f(0) = 0$. $[y = x]$

96 $y' = \frac{x\cos x}{3y^2}$, $f(0) = 2$. $\left[y = \sqrt[3]{\cos x + x\sin x + 7}\right]$

97 $y' = \frac{y^2+1}{x^2}$, $f(-1) = 0$. $\left[y = -\tan\frac{x+1}{x}\right]$

98 Determina la soluzione dell'equazione differenziale $\frac{y'}{y} = -\tan x$ che assume $y = 8$ come valore massimo.

$[y = 8\cos x]$

99 Trova la funzione costante che verifica l'equazione differenziale $y' = 4y$. $[y = 0]$

100 Scrivi le soluzioni dell'equazione differenziale $y'y = 2$ che ha come dominio $x \geq -\frac{1}{2}$.

$\left[y = \pm\sqrt{4x+2}\right]$

ESERCIZI

YOU & MATHS

101 Solve the initial value problem:

$$xy\frac{dy}{dx} = \ln x, \quad y(1) = 2.$$

(CAN *University of New Brunswick,* Final Exam)

$\left[y = \sqrt{\ln^2 x + 4}\right]$

102 Find $y(x)$ if $\frac{dy}{dx} = y + 2xy$ and $y(0) = 3$.

(CAN *University of New Brunswick,* Final Exam)

$\left[y = 3e^{x+x^2}\right]$

Risolvi i problemi di Cauchy, con $y = f(x)$.

103 $\begin{cases} y' = \left(\frac{y}{\cos x}\right)^2 \\ f(0) = -1 \end{cases}$ $\left[y = -\frac{1}{\tan x + 1}\right]$

104 $\begin{cases} y'y = xe^{-y^2} \\ f(0) = 1 \end{cases}$ $\left[y = \sqrt{\ln(x^2 + e)}\right]$

105 Sia $y = f(x)$ soluzione del seguente problema di Cauchy:

$$\begin{cases} y' - x\sqrt{y} = 0 \\ f(0) = 1 \end{cases}.$$

Quanto vale $f(1)$? $\left[\frac{25}{16}\right]$

TEST

106 Sia $y = f(x)$ soluzione del problema di Cauchy

$$\begin{cases} e^y \cdot y' = \frac{2(x-1)}{5} \\ f(4) = 0 \end{cases}.$$

Allora il dominio di f è:

A $-3 < x < 1$.

B $x < -3 \vee x > 1$.

C $x < -1 \vee x > 3$.

D $\mathbb{R}$.

E $-1 < x < 3$.

107 Sia $y = f(x)$ soluzione del problema di Cauchy

$$\begin{cases} y' = \frac{2x}{\sin y} \\ f(0) = \frac{\pi}{2} \end{cases}.$$

Allora f è definita per:

A $x \leq 1$.

B $x \neq 0$.

C nessun x reale.

D ogni x reale.

E $-1 \leq x \leq 1$.

108 Sia $y = f(x)$ un integrale particolare dell'equazione differenziale $x^2y' = y^2 - 2x^2y^2$ tale che $f(1) = \frac{1}{3}$.
Senza risolvere l'equazione differenziale, ricava l'equazione della retta tangente al grafico di $y(x)$ nel suo punto di ascissa 1. $\left[y = -\frac{x}{9} + \frac{4}{9}\right]$

Problemi REALTÀ E MODELLI

109 **La forza d'interesse!** I regimi finanziari possono essere descritti analizzando come cresce nel tempo il capitale investito. Per studiare questo andamento si considera l'«intensità istantanea d'interesse», o «forza d'interesse», $\delta(t) = \frac{f'(t)}{f(t)}$. La forza d'interesse $\delta(t)$ dipende dalla legge di capitalizzazione utilizzata nell'investimento, in particolare dal «fattore di montante» $f(t)$ associato alla legge. Un capitale C in un tempo t dà origine a una somma, il montante, pari a $C \cdot f(t)$.

Se la forza d'interesse è $\delta(t) = \frac{3t^2}{2 + t^3}$:

a. determina il fattore di montante $f(t)$, sapendo che $f(0) = 1$ e $f(t) > 0$ $\forall\, t \geq 0$;

b. calcola il montante ottenuto dopo 3 anni da un capitale C di 500 euro.

$\left[\text{a) } f(t) = 1 + \frac{1}{2}t^3; \text{ b) € } 7250\right]$

RISOLVIAMO UN PROBLEMA

Pinza rovente

Alla fine di una grigliata con gli amici Marco dimentica sulle braci ancora calde una pinza di metallo, che raggiunge in breve una temperatura di 80 °C. Per raffreddarla, immerge la pinza in un contenitore pieno d'acqua a 25 °C. Supponendo che la temperatura dell'acqua resti costante, la diminuzione della temperatura x della pinza (espressa in gradi centigradi) in funzione del tempo t (espresso in minuti) è descritta dalla seguente equazione differenziale:

$$\frac{dx}{dt} = k(x-25),$$

con k parametro reale (misurato in min^{-1}).

- Determina la soluzione generale $x = f(t)$ dell'equazione differenziale.
- Trova la soluzione che soddisfa la condizione iniziale $f(0) = 80$ °C.
- Calcola il valore del parametro k sapendo che, 4 minuti dopo la sua immersione in acqua, la pinza ha raggiunto una temperatura di 65 °C.
- Determina la temperatura della pinza quando sono trascorsi 24 minuti dalla sua immersione in acqua.

▶ Troviamo la soluzione generale.

Applichiamo al metodo di separazione delle variabili:

$$\frac{dx}{dt} = k(x-25) \to \frac{dx}{x-25} = kdt \to \int \frac{dx}{x-25} = \int kdt \to \ln|x-25| = kt + c \to \ln(x-25) = kt + c,$$

con c costante reale e $x > 25$ °C.

Esplicitiamo la variabile x in funzione del tempo:

$$\ln(x-25) = kt + c \to x - 25 = e^{kt+c} \to x - 25 = e^{kt} \cdot e^{c} \to x = 25 + a \cdot e^{kt}, \text{ con } a > 0.$$

▶ Cerchiamo la soluzione particolare.

Imponiamo la condizione iniziale:

$$f(0) = 25 + a = 80 \to a = 55 \text{ °C}.$$

Quindi la soluzione cercata è:

$$x = 25 + 55 \cdot e^{kt}.$$

▶ Determiniamo il valore del parametro *k*.

Imponiamo le condizioni per trovare il parametro k:

$$f(4) = 25 + 55 \cdot e^{4k} = 65 \to e^{4k} = \frac{8}{11} \to 4k = \ln\frac{8}{11} \to k = \frac{1}{4}\ln\frac{8}{11} \simeq -0{,}08.$$

k vale dunque circa $-0{,}08\ \text{min}^{-1}$.

▶ Troviamo cosa succede dopo 24 minuti.

Per determinare la temperatura della pinza dopo 24 minuti di immersione, basta valutare $f(t)$ per $t = 24$:

$$f(24) = 25 + 55 \cdot e^{24\cdot\left(\frac{1}{4}\ln\frac{8}{11}\right)} = 25 + 55 \cdot e^{6\ln\frac{8}{11}} = 25 + 55 \cdot e^{\ln\left(\frac{8}{11}\right)^6} = 25 + 55 \cdot \left(\frac{8}{11}\right)^6 \simeq 33.$$

La temperatura della pinza è circa 33 °C.

IN FISICA

110 ●○ **In espansione** Marco ha verificato sperimentalmente che la velocità con cui aumenta il volume di un gas in espansione è inversamente proporzionale al volume stesso. Come può determinare il volume in funzione del tempo, sapendo che all'istante $t = 0$ esso misura 50 cm^3? $[V = \sqrt{2kt + 2500}]$

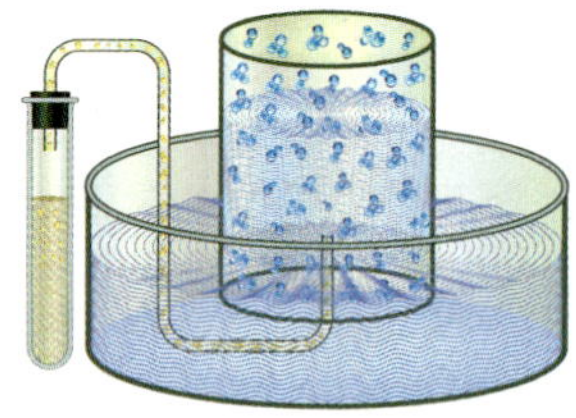

111 ●● **Presto sarà vuoto** Martina ha notato la presenza di un foro sul fondo di un recipiente cilindrico pieno d'acqua e vuole sapere quanto tempo occorre perché esso si svuoti del tutto. Esprime la variazione del volume del liquido in due modi: dette S_1 e S_2, rispettivamente, l'area di base del recipiente e l'area del foro, h l'altezza del liquido nel recipiente e g l'accelerazione di gravità, ottiene le relazioni

$$dV = S_1 dh \quad \text{e} \quad dV = -S_2\sqrt{2gh}\, dt.$$

a. Determina come varia h in funzione del tempo t risolvendo l'equazione differenziale che si ottiene uguagliando le due espressioni di dV, supponendo che il diametro di base del contenitore sia di 0,4 m, il raggio del foro di 6 mm e il livello h_0 del liquido all'istante $t = 0$ sia pari a 1 m.

b. Quanto tempo occorre affinché il recipiente si svuoti completamente?

$\left[\text{a) } h = \left(1 - \frac{9}{4}\sqrt{4{,}9} \cdot 10^{-4} t\right)^2; \text{ b) } \simeq 33 \text{ min } 27 \text{ s}\right]$

112 ●● **Come neve al sole** Quando una palla di neve si scioglie, il suo raggio diminuisce con una velocità proporzionale alla superficie della palla.

a. Scrivi l'equazione differenziale che governa il fenomeno.

b. Sapendo che all'inizio la palla ha un raggio di 6 cm e che dopo 6 minuti il raggio è di 4 cm, determina la funzione che descrive il variare del raggio nel tempo t calcolato in minuti.

c. Quanto tempo ci vuole affinché la palla dimezzi il suo volume?

$\left[\text{a) } r'(t) = kr^2(t); \text{ b) } r = \frac{72}{t+12}; \text{ c) } \simeq 3 \text{ min}\right]$

Equazioni lineari del primo ordine

▶ Teoria a p. 2034

113 ●○ TEST Quale fra le seguenti equazioni differenziali *non* è lineare del primo ordine?

A $xy' + 2y - x = 0$

B $y' + \frac{y}{x^2+1} = 1 - \sqrt{x}$

C $y' + 2xy = e^{-x}$

D $y' + 3x^2y^2 = x^2$

E $y' + y\cos x = \cos x$

114 ●○ Riconosci fra le seguenti equazioni differenziali quelle lineari del primo ordine.

a. $y' + xy - 4 = 0$;

b. $y' + x^2 = y$;

c. $y' + x = y^2$;

d. $y'x^2 + xy + 2 = 0$;

e. $yx^2 + (y')^2 = 1$;

f. $2x^3 + x^2y' + xy = 0$;

g. $y' + xy^2 - y = 0$.

115 ESERCIZIO GUIDA Risolviamo l'equazione differenziale $y' + 2xy - 2x = 0$.

Osserviamo che l'equazione è lineare, perché possiamo scriverla nella forma $y' = a(x) \cdot y + b(x)$:

$$y' = -2xy + 2x.$$

Deduciamo che $a(x) = -2x$ e $b(x) = 2x$.

Utilizziamo la formula risolutiva $y = e^{\int a(x)dx} \cdot \left[\int b(x) e^{-\int a(x)dx} dx + c\right]$ in cui:

$$\int a(x)\,dx = \int -2x\,dx = -x^2; \quad e^{\int a(x)dx} = e^{-x^2}; \quad e^{-\int a(x)dx} = e^{x^2}; \quad \int b(x) e^{-\int a(x)dx}\,dx = \int 2xe^{x^2}dx = e^{x^2}.$$

Sostituiamo nella formula e otteniamo le soluzioni dell'equazione:

$$y = e^{-x^2} \cdot (e^{x^2} + c) = 1 + \frac{c}{e^{x^2}} \quad \to \quad y = 1 + \frac{c}{e^{x^2}} = 1 + ce^{-x^2}.$$

Risolvi le seguenti equazioni differenziali lineari del primo ordine.

116 $y' + 3y - 1 = 0$ $\left[y = \frac{1}{3} + \frac{c}{e^{3x}}\right]$

117 $y' + 2y - x = 0$ $\left[y = \frac{1}{2}\left(x - \frac{1}{2}\right) + \frac{c}{e^{2x}}\right]$

118 $y' - y = 2x$ $[y = ce^x - 2(x+1)]$

119 $y' + \frac{y}{x} = 7x\sqrt{x}$ $\left[y = 2x^2\sqrt{x} + \frac{c}{x}\right]$

120 $y' + xy - x = 0$ $\left[y = 1 + \frac{c}{e^{\frac{x^2}{2}}}\right]$

121 $y' + 3x^2y = x^2$ $\left[y = \frac{1}{3} + \frac{c}{e^{x^3}}\right]$

122 $y' + y = e^{-x}$ $\left[y = \frac{x+c}{e^x}\right]$

123 $xy' + y = x\ln x$ $\left[y = \frac{x}{2}\left(\ln x - \frac{1}{2}\right) + \frac{c}{x}\right]$

124 $y' + y\cos x = \cos x$ $\left[y = 1 + \frac{c}{e^{\sin x}}\right]$

125 $y' - e^{x^2} = 2xy$ $[y = e^{x^2}(x + c)]$

126 $y' - y\tan x = x$ $\left[y = x\tan x + 1 + \frac{c}{\cos x}\right]$

127 $y' + 2xy = x^3$ $\left[y = \frac{1}{2}(x^2 - 1) + \frac{c}{e^{x^2}}\right]$

128 $xy' + y = x$ $\left[y = \frac{x^2 + c}{2x}\right]$

---

129 Risolvi il seguente problema di Cauchy, con $y = f(x)$: $\begin{cases} y' - \frac{y}{x} = \ln x \\ f(1) = 1 \end{cases}$. $\left[y = \frac{1}{2}x\ln^2 x + x\right]$

130 Se $y = f(x)$ è la soluzione del problema di Cauchy: $\begin{cases} y' + (\sin x)(y-1) = 0 \\ f(0) = 1 + e \end{cases}$, quanto vale $f(\pi)$? $\left[1 + \frac{1}{e}\right]$

---

131 REALTÀ E MODELLI **L'isola delle vacanze** Su un'isola del Mediterraneo vivono stabilmente 5000 persone, che possono arrivare fino a 50 000 nel periodo estivo. Dal 1° giugno l'andamento del numero di abitanti al giorno t è descritto dalla relazione $N'(t) = k[50\,000 - N(t)]$.

a. Calcola il valore di k, approssimato alla seconda cifra decimale, se dopo 20 giorni sull'isola vivono 25 000 persone.

b. Calcola il numero medio di presenze nei primi 30 giorni usando il valore approssimato di k. [a) $k \simeq 0{,}03$; b) 20 328]

MATEMATICA AL COMPUTER

Equazioni differenziali Data l'equazione differenziale

$$y' - \frac{2}{x}y = \frac{1}{x^2},$$

determiniamo con Wiris, fra le curve integrali che soddisfano l'equazione, quella che ammette un flesso nel punto di ascissa 1. Verifichiamo il risultato ottenuto e tracciamo il grafico della funzione.

Risoluzione – 5 esercizi in più

ESERCIZI

Riepilogo: Equazioni differenziali del primo ordine

TEST

132 Se $y = y(x)$ è la soluzione del problema $\begin{cases} y' = xy \\ y(0) = 1 \end{cases}$, allora $y(1) =$

A $\sqrt{e}$. B $\frac{1}{\sqrt{e}}$. C e^2. D e^{-2}.

(*Università di Trento, Facoltà di Ingegneria, Test di analisi*)

133 Le soluzioni di $2xy\frac{dy}{dx} = 1 + y^2$ sono date da:

A $3y^2 = cx(3 + y^3)$.
B $1 + y^2 = cx$.
C $1 + y^2 = cx^2$.
D $3y^2 = cx(3 + x^3)$.
E nessuna delle precedenti.

Risolvi le seguenti equazioni differenziali.

134 $y' + x = e^x - 1$ $\left[y = e^x - \frac{x^2}{2} - x + c\right]$

135 $x^3y' - 2x - 1 = 0$ $\left[y = -\frac{1}{2x^2} - \frac{2}{x} + c\right]$

136 $y' + \frac{2xy}{x^2+2} - 4x = 0$ $\left[y = \frac{x^4 + 4x^2 + c}{x^2 + 2}\right]$

137 $\frac{y'}{2y} = x + 1$ $\left[y = ce^{x^2+2x}, c \neq 0\right]$

138 $y' + \frac{y}{x} = \frac{1}{x^3 + x}$ $\left[y = \frac{\arctan x + c}{x}\right]$

139 $y'\cos^2 x = y\ln y$, $\left[y = e^{e^{\tan x}}\right]$

Determina la soluzione particolare $y = f(x)$ di ognuna delle seguenti equazioni differenziali che verifica la condizione data.

140 $y' + y - 3x = 0$, $f(1) = 1$. $\left[y = 3x - 3 + e^{1-x}\right]$

141 $y' + \frac{y}{x} = 1$, $f(1) = 0$. $\left[y = \frac{x^2 - 1}{2x}\right]$

142 $y' + xy - 2x = 0$, $f(0) = -1$. $\left[y = 2 - 3e^{-\frac{x^2}{2}}\right]$

143 $y' - \frac{y}{x} = 2x$, $f(-1) = -1$. $\left[y = 2x^2 + 3x\right]$

144 $y' - 2xy = e^{x^2}$, $f(0) = 2$. $\left[y = (x+2)e^{x^2}\right]$

145 $xy' = y + 1$, $f(1) = 1$. $[y = 2x - 1]$

146 $y' - y\tan x = 1$, $f(\pi) = 0$. $[y = \tan x]$

147 $y' - y = 2y^2$, $f(0) = 1$. $\left[y = \frac{1}{3e^{-x} - 2}\right]$

148 Data l'equazione differenziale

$$y'(x) = y(x) + \sin x,$$

determinare la soluzione generale e la soluzione che soddisfa la condizione iniziale $y(0) = 1$.

(*Università di Firenze, Corso di laurea in Chimica, Prova di Matematica generale*)

$\left[y = ce^x - \frac{1}{2}(\sin x + \cos x);\ c = \frac{3}{2}\right]$

149 Risolvere il problema di Cauchy:

$$\begin{cases} x'(t) = \frac{t-1}{t}x(t) + 1 \\ x(-3) = -4 \end{cases}.$$

(*Università di Torino, Facoltà di Ingegneria, Test di Analisi*)

$\left[x = -\frac{1}{t}e^t[(1+t)e^{-t} - 10e^3]\right]$

150 ●● EUREKA! Supponi che y sia una funzione di x che soddisfa $\dfrac{dy}{dx} = \dfrac{\sqrt{1-y^2}}{x^2}$ e $y = 0$ in $x = \dfrac{2}{\pi}$.

Qual è il valore di y in $x = \dfrac{3}{\pi}$?

(USA *Youngstown State University, Calculus Competition*)

$\left[\dfrac{1}{2}\right]$

151 ●● Per quale valore di $a \in \mathbb{R}$ il seguente problema di Cauchy

$$\begin{cases} y' + 4y = e^{-x} \\ f(0) = a \end{cases}$$

ha una soluzione $y = f(x)$ tale che $f'(0) = 0$?

$\left[a = \dfrac{1}{4}\right]$

Risolvi le seguenti equazioni differenziali e rappresenta le curve integrali assegnando alla costante il valore scritto a fianco.

152 ●● $x^2y' - x^2 - 1 = 0$, $c = 1$. $\left[y = x - \dfrac{1}{x} + 1\right]$

153 ●● $y' = \dfrac{x+1}{y}$, con $y > 0$, $c = 0$. $\left[y = \sqrt{x^2 + 2x}\right]$

Determina la soluzione particolare dell'equazione differenziale il cui grafico passa per il punto dato.

154 ●○ $y' = \dfrac{2xy}{x^2 - 1}$, $A(0; 2)$. $[y = -2x^2 + 2]$

155 ●○ $\dfrac{y'}{x+1} + 2y^2 = 0$, $B(0; 1)$. $\left[y = \dfrac{1}{(x+1)^2}\right]$

156 ●○ $y'y = x + 3$, $P(1; 3)$. $\left[y = \sqrt{x^2 + 6x + 2}\right]$

157 ●● $2xy' = y(y - 4)$, $A\left(1; \dfrac{16}{3}\right)$. $\left[y = \dfrac{16}{4 - x^2}\right]$

158 ●○ Determina e rappresenta la soluzione particolare dell'equazione differenziale $y' + y = -x^2$ che ha un massimo nel punto di ascissa $x = 1$. $[y = -x^2 + 2x - 2]$

159 ●○ Traccia il grafico della funzione che ha un massimo nel punto di ascissa $x = 0$ ed è soluzione dell'equazione differenziale $y' + y = e^{-x}$. $[y = (x+1)\, e^{-x}]$

160 ●○ Rappresenta la funzione che è soluzione dell'equazione differenziale $y' - \dfrac{y}{x} = 2x^2$ e il cui grafico ha per tangente nel punto di ascissa $x = 1$ la retta di equazione $y = 2x - 2$. $[y = x^3 - x]$

161 ●○ Rappresenta il grafico della funzione che ha un massimo nel punto di ascissa $x = -2$ ed è soluzione dell'equazione differenziale $xy' - y = x^3$. $\left[y = \dfrac{x^3}{2} - 6x\right]$

162 ●● Verifica che tutte le curve integrali dell'equazione $y'(x^2 - x - 6) = 5y$ passano per uno stesso punto. Quali sono le sue coordinate? $[(3; 0)]$

163 ●● **Sapore di sale** Una cisterna contiene 10 000 L d'acqua con 50 kg di sale disciolto. Al tempo $t = 0$ si inizia a versare nella cisterna acqua pura con una portata costante di 120 L/min. Il liquido nella cisterna viene mescolato continuamente. Contemporaneamente, dal fondo della cisterna viene fatto defluire il liquido con una portata di 120 L/min. Chiama $d(t)$ la concentrazione del sale (espressa in kg/L) presente nella cisterna al minuto t.

a. Com'è legata la velocità $v(t)$ con cui varia la quantità di sale nella cisterna alla concentrazione $d(t)$?

b. Scrivi, sotto forma di integrale, la quantità $Q(t)$ di sale che è fuoriuscita dalla cisterna dopo t minuti.

c. Scrivi un'equazione differenziale che caratterizzi la concentrazione $d(t)$ e risolvila con i dati iniziali.

d. Trova in quanto tempo la concentrazione del sale si dimezza rispetto all'inizio.

$\left[\text{a) } v(t) = 120d(t); \text{ b) } Q(t) = \int_0^t 120d(\tau)d\tau; \text{ c) } d(t) = \dfrac{1}{200}e^{-0{,}012t}; \text{ d) } \simeq 58 \text{ min}\right]$

RISOLVIAMO UN PROBLEMA

Sempre più dolce

In un esperimento di chimica si versa in un contenitore cilindrico contenente 30 litri di acqua, attraverso un foro, una soluzione zuccherata al 20% (in ogni litro di soluzione sono disciolti 200 g di zucchero). La portata con cui si versa è di 1,5 litri/min. La miscela così ottenuta, mantenuta uniforme mescolando per tutta la durata dell'esperimento, esce da un secondo foro posto all'estremità inferiore del contenitore, con la stessa portata con cui viene versata la soluzione zuccherata.

- Scrivi l'equazione differenziale che descrive l'andamento della massa di zucchero disciolta nel contenitore in funzione del tempo t, misurato in minuti.
- Risolvila, tenendo conto delle condizioni iniziali.
- Determina la quantità di zucchero nel recipiente dopo 5 minuti.

▶ Scriviamo la massa di zucchero che entra ed esce.

La quantità di zucchero che entra in ciascun minuto è:

$$0,20\ \text{kg/L} \cdot 1,5\ \text{L/min} = 0,30\ \text{kg/min}.$$

La quantità che esce è proporzionale alla massa m dello zucchero all'istante t, con costante di proporzionalità:

$$k = 1,5\ \text{L/min} \cdot \frac{1}{30\ \text{L}} = 0,05\ \text{min}^{-1}.$$

▶ Ricaviamo l'equazione differenziale che descrive la variazione della massa m nel tempo.

La variazione della massa di zucchero nell'unità di tempo è data dalla quantità fissa che entra diminuita della quantità che esce:

$$m' = 0,30 - 0,05m.$$

▶ Risolviamo l'equazione.

È un'equazione lineare del tipo $m' = a(t)m + b(t)$, con $a(t) = -0,05$ e $b(t) = 0,30$.

Applichiamo la formula risolutiva per il calcolo dell'integrale generale:

$$m(t) = e^{\int a(t)dt} \cdot \left[\int b(t) e^{-\int a(t)dt} dt + c\right]$$

$$m(t) = e^{-0,05\int dt} \cdot \left[0,30 \int e^{0,05\int dt} dt + c\right]$$

$$m(t) = e^{-0,05t} \cdot \left[0,30 \int e^{0,05t} dt + c\right]$$

$$m(t) = e^{-0,05t} \cdot \left[\frac{0,30}{0,05} e^{0,05t} + c\right] = 6 + c \cdot e^{-0,05t}.$$

▶ Determiniamo la soluzione particolare.

Per determinare la costante c basta osservare che all'istante iniziale $(t = 0)$ è $m(0) = 0$, da cui:

$$0 = 6 + c \cdot e^{-0,05 \cdot 0} \to c = -6 \to$$

$$m(t) = 6 - 6 \cdot e^{-0,05t}.$$

▶ Calcoliamo la quantità di zucchero dopo 5 minuti.

Dopo $t = 5$ minuti nel recipiente sono contenuti:

$$m(5) = 6 - 6 \cdot e^{-0,05 \cdot 5} \simeq 1,3\ \text{kg di zucchero}.$$

MATEMATICA E STORIA

Matematici illustri per equazioni speciali Un'equazione differenziale del tipo

$$y' = a(x) \cdot y^2 + b(x) \cdot y + c(x),$$

con $a(x)$, $b(x)$ e $c(x)$ funzioni continue, è chiamata **equazione di Riccati**, dal nome del matematico italiano Jacopo Riccati (1676-1754). Considera in particolare l'equazione:

$$y' = \left(\frac{3}{4} - y - y^2\right)\cos x.$$

a. Mostra che, ponendo $y = \frac{1}{2} + \frac{1}{z}$, si ottiene l'equazione $z' - 2z\cos x = \cos x$.

b. Risolvi questa equazione lineare del primo ordine, quindi ricava la soluzione $y(x)$ dell'equazione di partenza.

Risoluzione – Esercizio in più

ESERCIZI

3 Equazioni differenziali del secondo ordine

Teoria a p. 2036

164 Fra le seguenti equazioni differenziali del secondo ordine, riconosci quelle lineari, omogenee e con i coefficienti costanti.

a. $y'' + y' - xy = 0$; c. $y' + 2x = y'' + y$; e. $y'' + y + 2y' = 0$; g. $1 - y' + y - y'' = 0$;
b. $y'' + 2y = y'$; d. $2y' + y'' = y^3$; f. $y' + y'' = 2y' - y$; h. $y' + xy - y'' = 0$.

165 ASSOCIA ogni equazione differenziale alla sua equazione caratteristica.

a. $y'' + 3y' = 0$ b. $y'' + 3y = 0$ c. $y'' + y' + 3y = 0$ d. $3y'' + y = 0$

1. $z^2 + 3z = 0$ 2. $3z^2 + 1 = 0$ 3. $z^2 + 3 = 0$ 4. $z^2 + z + 3 = 0$

Il caso $\Delta > 0$

166 ESERCIZIO GUIDA Risolviamo l'equazione differenziale $y'' - 2y' - 3y = 0$.

$\Delta > 0$: l'integrale generale di $y'' + by' + cy = 0$ è $y = c_1 e^{z_1 x} + c_2 e^{z_2 x}$, con z_1 e z_2 soluzioni di $z^2 + bz + c = 0$

L'equazione caratteristica dell'equazione differenziale è:

$$z^2 - 2z - 3 = 0 \rightarrow \frac{\Delta}{4} = 4 > 0 \rightarrow \text{soluzioni reali distinte: } z_1 = -1,\ z_2 = 3.$$

Le soluzioni dell'equazione iniziale sono:

$$y = c_1 \cdot e^{-x} + c_2 \cdot e^{3x}.$$

Risolvi le seguenti equazioni differenziali.

167 $y'' - 6y' + 5y = 0$ $[y = c_1 \cdot e^{x} + c_2 \cdot e^{5x}]$

168 $y'' - 4y = 0$ $[y = c_1 \cdot e^{-2x} + c_2 \cdot e^{2x}]$

169 $y'' - 25y = 0$ $[y = c_1 \cdot e^{-5x} + c_2 \cdot e^{5x}]$

170 $2y'' + 3y' - 2y = 0$ $\left[y = c_1 \cdot e^{-2x} + c_2 \cdot e^{\frac{x}{2}}\right]$

171 $y'' - 6y' = 0$ $[y = c_1 + c_2 \cdot e^{6x}]$

172 $6y'' + y' - y = 0$ $\left[y = c_1 \cdot e^{\frac{x}{3}} + c_2 \cdot e^{-\frac{x}{2}}\right]$

173 $y'' + 8y' = 0$ $[y = c_1 + c_2 \cdot e^{-8x}]$

174 $y'' - 2y' - 8y = 0$ $[y = c_1 \cdot e^{-2x} + c_2 \cdot e^{4x}]$

Il caso $\Delta = 0$

175 ESERCIZIO GUIDA Risolviamo l'equazione differenziale $y'' + 4y' + 4y = 0$.

$\Delta = 0$: l'integrale generale di $y'' + by' + cy = 0$ è $y = (c_1 + c_2 x) e^{z_1 x}$, con z_1 soluzione doppia di $z^2 + bz + c = 0$

L'equazione caratteristica dell'equazione differenziale è:

$$z^2 + 4z + 4 = 0 \rightarrow \frac{\Delta}{4} = 0 \rightarrow \text{soluzioni reali coincidenti: } z_1 = z_2 = -2.$$

Le soluzioni dell'equazione iniziale sono:

$$y = e^{-2x}(c_1 + c_2 x).$$

Risolvi le seguenti equazioni differenziali.

176 $y'' - 4y' + 4y = 0$ $[y = e^{2x}(c_1 + c_2 x)]$

177 $y'' + 6y' + 9y = 0$ $[y = e^{-3x}(c_1 + c_2 x)]$

178 $y'' + 8y' + 16y = 0$ $[y = e^{-4x}(c_1 + c_2 x)]$

179 $25y'' - 20y' + 4y = 0$ $\left[y = e^{\frac{2}{5}x}(c_1 + c_2 x)\right]$

180 $24y' - 9y = 16y''$ $\left[y = e^{\frac{3}{4}x}(c_1 + c_2 x)\right]$

181 $4y'' - 4y' + y = 0$ $\left[y = e^{\frac{x}{2}}(c_1 + c_2 x)\right]$

Il caso $\Delta < 0$

$\Delta < 0$: l'integrale generale di $y'' + by' + cy = 0$ è $y = e^{\alpha x}(c_1 \cdot \cos \beta x + c_2 \cdot \sin \beta x)$, con $z_{1,2} = \alpha \pm i\beta$ soluzioni di $z^2 + bz + c = 0$

182 ESERCIZIO GUIDA Risolviamo l'equazione differenziale

$$y'' - 2y' + 5y = 0.$$

L'equazione caratteristica dell'equazione differenziale è:

$$z^2 - 2z + 5 = 0 \quad \rightarrow \quad \frac{\Delta}{4} = -4 \quad \rightarrow \quad \text{soluzioni complesse coniugate: } z_{1,2} = 1 \pm 2i.$$

Poiché $\alpha = 1$ e $\beta = 2$, le soluzioni dell'equazione iniziale sono:

$$y = e^x(c_1 \cdot \cos 2x + c_2 \cdot \sin 2x).$$

Risolvi le seguenti equazioni differenziali.

183 $y'' + 2y' + 2y = 0$ $\quad [y = e^{-x}(c_1 \cdot \cos x + c_2 \cdot \sin x)]$

184 $y'' - 2y' + 10y = 0$ $\quad [y = e^x(c_1 \cdot \cos 3x + c_2 \cdot \sin 3x)]$

185 $y'' - 4y' + 8y = 0$ $\quad [y = e^{2x}(c_1 \cdot \cos 2x + c_2 \cdot \sin 2x)]$

186 $y'' + 16y = 0$ $\quad [y = c_1 \cdot \cos 4x + c_2 \cdot \sin 4x]$

187 $y'' + 25y = 0$ $\quad [y = c_1 \cdot \cos 5x + c_2 \cdot \sin 5x]$

188 $y'' + 2y' + 5y = 0$ $\quad [y = e^{-x}(c_1 \cdot \cos 2x + c_2 \cdot \sin 2x)]$

Equazioni differenziali del tipo $y'' = r(x)$

189 ESERCIZIO GUIDA Risolviamo l'equazione differenziale $y'' = 6x + \sin x$.

Poiché nell'equazione differenziale non compaiono né y' né y, procediamo con una doppia integrazione.

Determiniamo la derivata prima della funzione y integrando:

$$y' = \int (6x + \sin x)\, dx = 3x^2 - \cos x + c_1.$$

Determiniamo la funzione y con un'ulteriore integrazione:

$$y = \int (3x^2 - \cos x + c_1)\, dx = x^3 - \sin x + c_1 x + c_2.$$

Risolvi le seguenti equazioni differenziali.

190 $y'' = 1$ $\quad \left[y = \frac{x^2}{2} + c_1 x + c_2\right]$

191 $y'' = 6x + 2$ $\quad [y = x^3 + x^2 + c_1 x + c_2]$

192 $y'' = \sin x + \cos x$ $\quad [y = -\sin x - \cos x + c_1 x + c_2]$

193 $y'' = e^x$ $\quad [y = e^x + c_1 x + c_2]$

194 $y'' = \frac{1}{x}$ $\quad [y = x \ln|x| + c_1 x + c_2]$

195 $y'' = \frac{1}{x^2}$ $\quad [y = -\ln|x| + c_1 x + c_2]$

196 $y'' = 4x - \sin x$ $\quad \left[y = \frac{2}{3}x^3 + \sin x + c_1 x + c_2\right]$

197 $3y'' = 6e^x - x^2$ $\quad \left[y = 2e^x - \frac{x^4}{36} + c_1 x + c_2\right]$

198 $x^4 y'' = x + 1$ $\quad \left[y = \frac{1}{6x^2} + \frac{1}{2x} + c_1 x + c_2\right]$

199 $e^x y'' = x + 1$ $\quad [y = e^{-x}(x + 3) + c_1 x + c_2]$

Cerchiamo un integrale particolare

200 ESERCIZIO GUIDA Determiniamo la soluzione dell'equazione differenziale $y'' - 2y' - 15y = 0$, che soddisfa le condizioni: $y(0) = 5$, $y'(0) = 9$.

Troviamo tutte le soluzioni dell'equazione differenziale. La sua equazione caratteristica è:

$$z^2 - 2z - 15 = 0 \quad \to \quad \frac{\Delta}{4} = 16 > 0 \quad \to \quad \text{soluzioni reali e distinte: } z_1 = -3,\ z_2 = 5.$$

Le soluzioni dell'equazione data sono: $y = c_1 \cdot e^{-3x} + c_2 \cdot e^{5x}$.
Determiniamo i valori delle costanti c_1 e c_2. Calcoliamo y':

$$y' = c_1 e^{-3x}(-3) + c_2 e^{5x}(5) = -3c_1 e^{-3x} + 5c_2 e^{5x}.$$

Affinché siano soddisfatte le condizioni date, occorre che le uguaglianze trovate siano soddisfatte per $x = 0$, $y = 5$ e $y' = 9$.
Impostiamo un sistema con le due uguaglianze trovate:

$$\begin{cases} y = c_1 \cdot e^{-3x} + c_2 \cdot e^{5x} \\ y' = -3c_1 \cdot e^{-3x} + 5c_2 \cdot e^{5x} \end{cases}.$$

Sostituiamo nel sistema i valori $x = 0$, $y = 5$ e $y' = 9$:

$$\begin{cases} 5 = c_1 \cdot e^0 + c_2 \cdot e^0 \\ 9 = -3c_1 e^0 + 5c_2 e^0 \end{cases} \to \begin{cases} 5 = c_1 + c_2 \\ 9 = -3c_1 + 5c_2 \end{cases}.$$

Risolviamo il sistema nelle due incognite c_1 e c_2 per sostituzione:

$$\begin{cases} c_1 + c_2 = 5 \\ -3c_1 + 5c_2 = 9 \end{cases} \to \begin{cases} c_1 = 5 - c_2 \\ -3(5 - c_2) + 5c_2 = 9 \end{cases} \to \begin{cases} c_1 = 5 - c_2 \\ -15 + 3c_2 + 5c_2 = 9 \end{cases} \to \begin{cases} c_1 = 5 - c_2 \\ 8c_2 = 9 + 15 \end{cases} \to \begin{cases} c_1 = 2 \\ c_2 = 3 \end{cases}.$$

La soluzione particolare cercata è: $y = 2e^{-3x} + 3e^{5x}$.

Determina le soluzioni particolari $y = f(x)$ delle seguenti equazioni differenziali che verificano le condizioni poste a fianco di ciascuna.

201 $y'' - 3y' - 4y = 0$, $f(0) = -1$, $f'(0) = -9$. $[y = e^{-x} - 2e^{4x}]$

202 $y'' - 49y = 0$, $f(0) = 0$, $f'(0) = 14$. $[y = -e^{-7x} + e^{7x}]$

203 $y'' + y' = 0$, $f(0) = 2e$, $f'(0) = -e$. $[y = e + e^{1-x}]$

204 $2y'' + 5y' + 2y = 0$, $f(0) = -2$, $f'(0) = 4$. $[y = -2e^{-2x}]$

205 $y'' - 2y' + y = 0$, $f(0) = 1$, $f'(0) = 3$. $[y = e^x + 2xe^x]$

206 $y'' = e^x + \sin x$, $f(0) = 1$, $f'(0) = 2$. $[y = e^x - \sin x + 2x]$

207 $y'' + 10y' + 25y = 0$, $f(0) = 1$, $f'(0) = -3$. $[y = e^{-5x}(1 + 2x)]$

208 $y'' - 2y' + 2y = 0$, $f(0) = 1$, $f'(0) = 2$. $[y = e^x(\cos x + \sin x)]$

209 $y'' + 16y = 0$, $f(\pi) = -3$, $f'(\pi) = 20$. $[y = -3\cos 4x + 5\sin 4x]$

ESERCIZI

210 Risolvi il seguente problema di Cauchy, con $y = f(x)$:

$$\begin{cases} y'' - 2y' - 3y = 0 \\ f'(0) = 0 \\ f(0) = 4 \end{cases}.$$

$[y = 3e^{-x} + e^{3x}]$

211 RIFLETTI SULLA TEORIA Sia $y = f(x)$ soluzione del problema di Cauchy

$$\begin{cases} y'' + 4y' - y = 1 \\ f'(0) = 6 \\ f(0) = 3 \end{cases}.$$

Quanto vale $f''(0)$? $[-20]$

Riepilogo: Equazioni differenziali del secondo ordine

Risolvi le seguenti equazioni differenziali.

212 $y'' + 7y' = 0$ $[y = c_1 + c_2 \cdot e^{-7x}]$

213 $25y'' + 10y' + y = 0$ $\left[y = e^{-\frac{x}{5}}(c_1 + c_2 x)\right]$

214 $y'' + 4y = 0$ $[y = c_1 \cdot \cos 2x + c_2 \cdot \sin 2x]$

215 $y'' + 2y' - 3y = 0$ $[y = c_1 \cdot e^{x} + c_2 \cdot e^{-3x}]$

216 $y'' + 9y' - 10y = 0$ $[y = c_1 \cdot e^{x} + c_2 \cdot e^{-10x}]$

217 $9y'' + 12y' + 4y = 0$ $\left[y = e^{-\frac{2}{3}x}(c_1 + c_2 x)\right]$

218 $9y'' - 24y' + 16y = 0$ $\left[y = e^{\frac{4}{3}x}(c_1 + c_2 x)\right]$

219 $y'' = e^x - \cos x$ $[y = e^x + \cos x + c_1 x + c_2]$

220 $y'' - 6y' - 7y = 0$ $[y = c_1 \cdot e^{-x} + c_2 \cdot e^{7x}]$

221 $y'' - 9y = 0$ $[y = c_1 \cdot e^{-3x} + c_2 \cdot e^{3x}]$

222 $10y'' - 7y' + y = 0$ $\left[y = c_1 \cdot e^{\frac{x}{5}} + c_2 \cdot e^{\frac{x}{2}}\right]$

223 $y'' + 20y' + 100y = 0$ $[y = e^{-10x}(c_1 + c_2 x)]$

224 $12y' - 36y - y'' = 0$ $[y = e^{6x}(c_1 + c_2 x)]$

225 $e^x y'' = e^x + 1$ $\left[y = e^{-x} + \frac{x^2}{2} + c_1 x + c_2\right]$

---

226 $y'' - 6y' + 10y = 0$ $[y = e^{3x}(c_1 \cdot \cos x + c_2 \cdot \sin x)]$

227 $y'' + y' - 12y = 6$ $\left[y = -\frac{1}{2} + c_1 e^{-4x} + c_2 e^{3x}\right]$

228 Calcola l'integrale generale dell'equazione differenziale $y'' + 2y' + y = 0$ e successivamente determina e rappresenta la soluzione particolare che ha per tangente nel punto di ascissa $x = 0$ la retta di equazione $y = 2x - 1$. $[y = (x - 1)\, e^{-x}]$

229 Calcola l'integrale generale dell'equazione differenziale $y'' + y = 0$ e successivamente determina e rappresenta la soluzione particolare che incontra l'asse x nei punti $x = \frac{3}{4}\pi + k\pi$, con $k \in \mathbb{Z}$, e passa per il punto $P(0; 1)$. $[y = \cos x + \sin x]$

230 TEST Il valore della costante A tale che $y = A \sin 3t$ soddisfi $\frac{d^2y}{dt^2} + 2y = 4 \sin 3t$ è:

A $-\frac{4}{7}$. B $\frac{4}{7}$. C 4. D $\frac{3}{4}$. E nessuno di questi.

(USA *Arkansas Council of Teachers of Mathematics, State Mathematics Contest*)

231 Verifica che la funzione $y(x) = he^{5x} + ke^{x} + 2xe^{-x}$ è soluzione dell'equazione differenziale

$$y'' - 6y' + 5y = 8(3x - 2)e^{-x}$$

per ogni $h, k \in \mathbb{R}$. Determina poi la soluzione del seguente problema di Cauchy:

$$\begin{cases} y'' - 6y' + 5y = 8(3x - 2)e^{-x} \\ y(0) = 0 \\ y'(0) = 0 \end{cases}.$$

$\left[h = -\frac{1}{2}; k = \frac{1}{2}; y(x) = -\frac{1}{2}e^{5x} + \frac{1}{2}e^{x} + 2xe^{-x}\right]$

232 Data la funzione

$$y(x) = (x + k)\ln x,$$

con $x > 0$ e $k \in \mathbb{R}$, ricava il valore di k per il quale $y(x)$ è soluzione dell'equazione differenziale:

$$xy'' + y' - y = 2 - x\ln x.$$

Determina poi $y(e)$ e $y'(1)$.

$[k = 1;\ y(e) = e + 1;\ y'(1) = 2]$

4 Equazioni differenziali e fisica

▶ Teoria a p. 2039

233 **ESERCIZIO GUIDA** In un film di animazione un treno si muove con velocità $v(t) = 3x(t) + 2$, dove x è l'ascissa del suo baricentro ed è funzione del tempo t. Sapendo che la posizione che il baricentro occupa al tempo $t = 0$ è $x_0 = 1$, calcoliamo come varia l'ascissa $x(t)$ del punto al variare del tempo t.

Poiché la velocità è $v(t) = \frac{dx}{dt} = x'(t)$, allora l'uguaglianza iniziale diventa:

$$x'(t) = 3x(t) + 2.$$

Conosciamo la posizione iniziale, quindi dobbiamo determinare una soluzione particolare dell'equazione. Risolviamo l'equazione che è un'equazione differenziale lineare del primo ordine:

$$x' = 3x + 2 \quad \rightarrow \quad a(t) = 3 \text{ e } b(t) = 2.$$

Applichiamo la formula risolutiva, scomponendola in varie parti e calcolando alcuni integrali che vi compaiono, ossia calcoliamo:

$$\int a(t)\,dt = \int 3dt = 3t; \qquad e^{\int a(t)dt} = e^{3t}; \qquad e^{-\int a(t)dt} = e^{-3t};$$

$$\int b(t)\,e^{-\int a(t)dt}\,dt = \int 2e^{-3t}\,dt = -\frac{2}{3}\int(-3e^{-3t})\,dt = -\frac{2}{3}e^{-3t}.$$

L'integrale generale è:

$$x = e^{3t}\left(-\frac{2}{3}e^{-3t} + c\right) = -\frac{2}{3} + ce^{3t}.$$

Determiniamo la costante c imponendo la condizione iniziale, ponendo cioè nell'equazione che abbiamo ottenuto $t = 0$ e $x = 1$:

$$1 = -\frac{2}{3} + ce^0 \rightarrow c - \frac{2}{3} = 1 \rightarrow c = 1 + \frac{2}{3} \rightarrow c = \frac{5}{3}.$$

La legge cercata è perciò: $x(t) = -\frac{2}{3} + \frac{5}{3}e^{3t} = \frac{5e^{3t} - 2}{3}$.

234 In un software di simulazione un'automobile si muove in linea retta con velocità $v(t) = 3 + x(t)$, dove $x(t)$ è l'ascissa del baricentro all'istante t. Sapendo che la posizione iniziale occupata al tempo $t = 0$ dal baricentro è $x_0 = 1$, calcola come varia l'ascissa x al variare del tempo t.

$[x = 4e^t - 3]$

235 Una barca si muove sulla superficie di un lago con velocità $v = 4 - 4x$ (x è l'ascissa del baricentro). La posizione al tempo $t = 0$ è $x_0 = 2$. Determina come varia x al variare di t. $[x = e^{-4t} + 1]$

236 Un palloncino gonfiato con elio si muove verso l'alto a una velocità che varia in funzione del tempo secondo la legge: $v = 3t^2 + 1$. Sapendo che la posizione iniziale al tempo $t = 0$ è $y_0 = 1$, calcola come varia l'ordinata y del palloncino al variare del tempo t. $[y = t^3 + t + 1]$

237 L'accelerazione di uno yo-yo è $a = -4y$, dove y è l'ordinata del punto. La posizione e la velocità dello yo-yo al tempo $t = 0$ sono rispettivamente $y_0 = 4$ e $v_0 = 0$. Trova come varia y al variare di t. $[y = 4\cos 2t]$

238 Il pendolo di un orologio si muove in orizzontale con un'accelerazione $a = -9x$, dove x è l'ascissa del pendolo. Sapendo che la posizione e la velocità del pendolo al tempo $t = 0$ sono rispettivamente $x_0 = 0$ e $v_0 = 12$, calcola come varia x al variare di t. $[x = 4\sin 3t]$

239 Le armature del condensatore di capacità $C = 10^{-4}$ F che è all'interno di un motore elettrico sono inizialmente cariche con una quantità di carica $q_0 = 10^{-2}$ C. Determina il valore della carica q presente sul condensatore al variare del tempo t, se si collegano tra loro le armature del condensatore con un conduttore di resistenza $R = 10\ \Omega$, ricordando che $\frac{q}{C} = -R\frac{dq}{dt}$. $\left[q = \frac{e^{-10^3 t}}{100}\right]$

240 Un circuito costituito da una resistenza $R = 5\ \Omega$ e da un'induttanza $L = 10$ H disposte in serie viene collegato all'istante $t = 0$ a un generatore di f.e.m. costante pari a $f = 50$ V. Determina l'intensità della corrente al variare del tempo, ricordando che $f - L\frac{di}{dt} = Ri$. $\left[i = 10\left(1 - e^{-\frac{t}{2}}\right)\right]$

241 All'interno di un orologio antico una massa $m = 1$ kg oscilla lungo una retta orizzontale a causa di una forza elastica $F = -4x$ dovuta a una molla a cui è agganciata la massa. Sapendo che nell'istante iniziale la massa si trova nella posizione di equilibrio $x = 0$ e ha velocità $v = 2$ m/s e che l'attrito è trascurabile, determina l'equazione oraria del moto. $[x = \sin 2t]$

242 Un attrezzo per la riabilitazione di massa $m = 2$ kg è agganciato a una molla di costante elastica $k = 6$ N/m. L'attrezzo viene sottoposto a una forza che determina un allungamento della molla di 0,2 m e quindi viene rilasciato e inizia a oscillare. Trascurando l'attrito e ipotizzando che la velocità iniziale sia nulla, determina l'equazione oraria del moto (il sistema è appoggiato su un piano orizzontale). $[x = 0{,}2\cos\sqrt{3}\,t]$

243 Un carrello di massa 1 kg, inizialmente fermo, viene trascinato lungo un piano orizzontale da una forza costante di 10 N parallela al piano. A causa dell'attrito, la velocità del carrello (in m/s) varia secondo la legge:

$$x' = 10t - 2tx.$$

a. Ricava la legge oraria $x(t)$, nell'ipotesi che sia $x(0) = 0$.

b. Dimostra che il carrello non può percorrere più di 5 metri. [a) $x(t) = 5 - 5^{-t^2}$; b) $\lim_{t \to +\infty} x(t) = 5$]

244 ●● Una valvola termostatica è un dispositivo usato per mantenere costante la temperatura di un dato sistema fisico. Sia $T(t)$ la temperatura (in gradi centigradi) del sistema in funzione del tempo t (in secondi), T_F una temperatura costante assegnata e k un coefficiente costante positivo.

a. Interpreta dal punto di vista fisico l'equazione differenziale: $T' = -k(T - T_F)$.

b. Determina la soluzione generale $T(t)$ dell'equazione e verifica che: $\lim_{t \to +\infty} T(t) = T_F$.

[b) $T(t) = T_F + ce^{-kt}$]

245 ●● Un pendolo di massa $m = 0,5$ kg sta compiendo piccole oscillazioni, cosicché l'arco descritto dal peso può essere approssimato da un tratto rettilineo di ascissa $x(t)$. Il corpo è soggetto alla forza elastica $F_e = -2mx$ e alla forza di attrito dell'aria $F_a = -x'$.

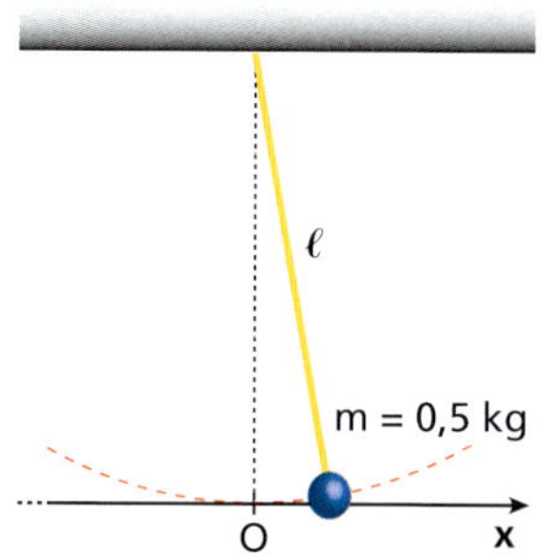

a. Partendo dalla seconda legge della dinamica $F_e + F_a = mx''$, verifica che l'equazione differenziale che descrive la posizione $x(t)$ della massa del pendolo in un riferimento in cui $x = 0$ è la posizione di equilibrio è:

$$x'' + 2x' + 2x = 0.$$

b. Risolvi l'equazione differenziale con le condizioni iniziali $x(0) = 10^{-1}$ m, $x'(0) = 0$ m/s, e rappresenta graficamente la soluzione trovata in un riferimento Otx.

[b) $x(t) = 10^{-1}e^{-t}(\cos t + \sin t)$]

246 ●● Se l'atmosfera fosse isoterma, la variazione di pressione seguirebbe la legge $dp = -g\frac{\rho_0}{p_0}p\,dy$, dove ρ_0 e p_0 rappresentano rispettivamente la densità dell'aria e la sua pressione a livello del mare. Determina la legge che esprime la pressione in funzione dell'altezza y dal livello del mare.

$\left[p = p_0 e^{-g\frac{\rho_0}{p_0}y}\right]$

247 ●● In un gioco per bambini, una massa $m = 1,25$ kg è agganciata a una molla di costante elastica $k = 5$ N/m ed è inizialmente ferma a 0,5 m dalla posizione di equilibrio. La massa viene rilasciata e inizia a oscillare attorno alla posizione di equilibrio. Supponendo la presenza di una forza di attrito di modulo $F_a = 3v$, dove v è la velocità della massa, determina la legge oraria del moto (il sistema è appoggiato su un piano orizzontale).

$[x = e^{-1,2t}[0,5\cos(1,6t) + 0,375\sin(1,6t)]]$

248 ●● Un condensatore di capacità C, caricato con una carica q_m, viene collegato a una bobina di resistenza trascurabile e di induttanza L. Calcola come varia, in funzione del tempo, la carica presente sulle armature del condensatore, sapendo che la legge che regola il fenomeno è $L\frac{d^2q}{dt^2} + \frac{q}{C} = 0$ e che all'istante iniziale tutta la carica si trova sulle armature del condensatore e l'intensità della corrente nel circuito è nulla.

$\left[q = q_m \cos\left(\frac{t}{\sqrt{LC}}\right)\right]$

249 ●● **EUREKA!** Un cono circolare retto con un'altezza di 12 pollici e un raggio di base di 3 pollici è riempito con acqua e sospeso con il vertice rivolto verso il basso. L'acqua esce da un foro praticato nel vertice con una portata in pollici cubici al secondo numericamente uguale all'altezza dell'acqua nel cono. (Per esempio, quando l'altezza dell'acqua nel cono è di 4 pollici, l'acqua esce a una velocità di 4 pollici cubici al secondo.) Determina il tempo necessario affinché tutta l'acqua esca dal cono.

(USA *Harvard-MIT Mathematics Tournament*)

$\left[\frac{9\pi}{2}\text{ s}\right]$

VERIFICA DELLE COMPETENZE ALLENAMENTO

UTILIZZARE TECNICHE E PROCEDURE DI CALCOLO

TEST

1 È data l'equazione differenziale:

$$y' + y - 6x^2 - 10x + k = 0.$$

Della funzione $y=6x^2-2x$ possiamo dire che:

A $\forall k \in \mathbb{R}$ *non* è soluzione dell'equazione.

B è l'integrale generale.

C è un integrale particolare se $k = 0$.

D $\forall k \in \mathbb{R}$ è un integrale dell'equazione.

E è un integrale particolare se $k = 2$.

2 Quale delle seguenti funzioni è soluzione di

$$y'' = e^x + e^{-x}?$$

A $e^x - e^{-x} + 3$

B $e^x + \frac{1}{e^x} + 2x - 1$

C $e^x + 2x - 1$

D $e^x + \frac{1}{e^x} + x^2$

E $2e^x + 2e^{-x}$

VERO O FALSO?

3
a. Un'equazione differenziale del secondo ordine ha sempre due soluzioni. V F

b. Esistono infinite funzioni che soddisfano l'equazione $y' = y$. V F

c. Se due funzioni f e g sono soluzioni della stessa equazione differenziale, allora esiste sempre $k \in \mathbb{R}$ per cui $f(x) = kg(x)$. V F

4
a. L'equazione $y' = 4e^{3x-y}$ è a variabili separabili. V F

b. L'equazione $y' = y - 3x$ si risolve separando le variabili. V F

c. Tutte le soluzioni dell'equazione $\frac{y'}{y^2} = -2$ sono funzioni decrescenti. V F

d. Risolvere l'equazione $y' = x \sin 3x$ equivale a calcolare l'integrale indefinito della funzione $f(x) = x \sin 3x$. V F

Verifica se le funzioni date sono soluzioni delle equazioni differenziali.

5 $y' - 2y = 0$, $y = 4e^{2x}$, $y = e^{2x} + 1$.

6 $y' = 3yx - 6y$, $y = 0$, $y = -e^{3x}$.

7 $yy' = x - 3$, $y = \sqrt{x^2 - 6x}$, $y = x - 3$.

8 $y'' + y'x = (2 + x^2)\cos x$, $y = x \sin x$, $y = x \cos x$.

Risolvi le seguenti equazioni differenziali.

9 $y' - 2x + 4 = 0$ $[y = x^2 - 4x + c]$

10 $3y' - e^x = 6x$ $\left[y = x^2 + \frac{e^x}{3} + c\right]$

11 $y' = 4x^3 - 1$ $[y = x^4 - x + c]$

12 $y' = y \cos x$ $[y = ce^{\sin x}]$

13 $y' = y^2 - xy^2$ $\left[y = \frac{2}{x^2 - 2x + c}\right]$

14 $y'' = 6x - 2e^{2x}$ $\left[y = x^3 - \frac{e^{2x}}{2} + c_1x + c_2\right]$

15 $y'' - 36y = 0$ $\quad [y = c_1 e^{6x} + c_2 e^{-6x}]$

16 $y'' + 3y' = 0$ $\quad [y = c_1 e^{-3x} + c_2]$

17 $y' - 6x^2 y + 12x^2 = 0$ $\quad [y = 2 + ce^{2x^3}]$

18 $e^x y' - y^2 = 1$ $\quad [y = \tan(c - e^{-x})]$

19 $y'' + 9y = 0$ $\quad [y = c_1 \cos 3x + c_2 \sin 3x]$

20 $9y'' - 6y' + y = 0$ $\quad \left[y = e^{\frac{x}{3}}(c_1 + c_2 x)\right]$

21 $y'' - 10y' + 34y = 0$ $\quad [y = e^{5x}(c_1 \cos 3x + c_2 \sin 3x)]$

22 $y' = \dfrac{4y}{x} - x^2$ $\quad [y = x^3 + cx^4]$

---

23 Verifica che sia la funzione $y = \sin(2x) + e^{2x}$ sia la funzione $y = 3\cos(2x) + e^{2x}$ sono integrali dell'equazione differenziale $y'' + 4y = 8e^{2x}$.

ANALIZZARE E INTERPRETARE DATI E GRAFICI

24 **ASSOCIA** a ciascuna equazione differenziale il grafico di una sua soluzione.

a. $y' = 2x$ **b.** $y' = x - 1$ **c.** $y' = 2x + 2$ **d.** $y' = x$

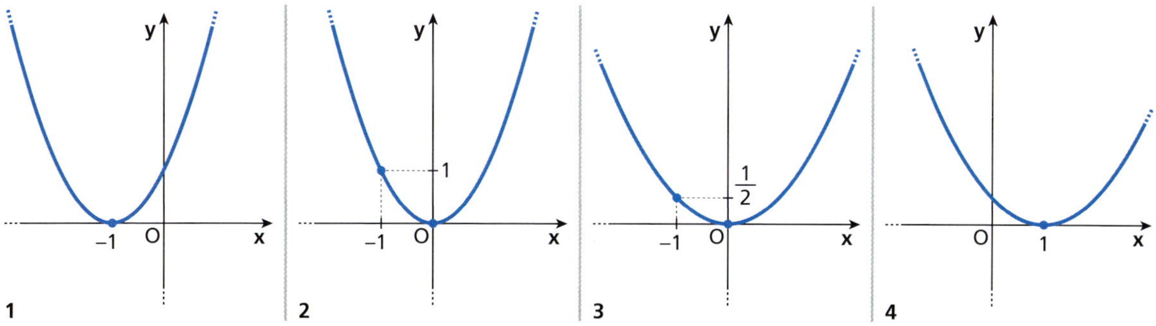

Determina la soluzione particolare $y = f(x)$ di ognuna delle equazioni date che soddisfa la condizione iniziale indicata.

25 $y' = 3x^2 - e^x$, $\quad f(0) = 5.$ $\quad [y = x^3 - e^x + 6]$

26 $y' = y(x - 5)$, $\quad f(0) = -4.$ $\quad \left[y = -4e^{\frac{x^2}{2} - 5x}\right]$

27 $y' - xy + 4x = 0$, $\quad f(2) = e^2 + 4.$ $\quad \left[y = 4 + e^{\frac{x^2}{2}}\right]$

28 $y'' - 3y' = 0$, $\quad f(0) = 4, \quad f'(0) = 3.$ $\quad [y = 3 + e^{3x}]$

29 $y'' + 6y' + 5y = 0$, $\quad f(0) = 3, \quad f'(0) = -11.$ $\quad [y = e^{-x} + 2e^{-5x}]$

30 Determina per quali valori di $k \in \mathbb{R}$ la funzione $y = \dfrac{e^x}{x+1}$ è soluzione dell'equazione differenziale $e^x y' - kxy^2 = 0$. $\quad [k = 1]$

31 Verifica che le funzioni della famiglia $y(x) = Axe^{-x}$, con $A \in \mathbb{R}$, risolvono l'equazione differenziale lineare del secondo ordine:

$$y'' + 2y' + y = 0.$$

Determina A in modo che sia $y(1) = 1$. $\quad [A = e]$

32 Determina l'integrale generale dell'equazione differenziale $y'' + y' = 0$ e successivamente calcola e rappresenta la soluzione particolare che ha un asintoto orizzontale di equazione $y = 1$ e passa per il punto $P(0; 2)$. $\quad [y = 1 + e^{-x}]$

33 ●● Il grafico della funzione $y = f(x)$, definita e derivabile in tutto $\mathbb{R}$, è tale che in ogni suo punto la retta tangente ha coefficiente angolare pari alla somma di ordinata e ascissa del punto stesso.

a. Scrivi e risolvi l'equazione differenziale che deve essere soddisfatta dalla funzione y.

b. Determina la soluzione il cui grafico passa per l'origine. [a) $y' = y + x$; b) $y(x) = e^x - (x+1)$]

34 ●● Determina la famiglia di tutte e sole le curve $y = f(x)$ la cui retta tangente nel punto di ascissa x abbia coefficiente angolare $\ln x + 3$. In particolare, ricava l'equazione della curva che passa per il punto $(1; 0)$ e tracciane un grafico plausibile. [$y = x\ln x + 2x + c$; $c = -2$]

RISOLVERE PROBLEMI

35 ●○ Determina la soluzione dell'equazione differenziale $4y'' + 4y' + y = 0$ il cui grafico è tangente alla retta $5x + 2y - 2 = 0$ nel suo punto di ascissa $x = 0$. [$y = e^{-\frac{x}{2}}(1 - 2x)$]

36 ●○ Determina la soluzione particolare di

$$y' = (2x - 4)y$$

che nel punto di minimo assume valore 1. [$y = e^{x^2 - 4x + 4}$]

37 ●○ Scrivi l'equazione della retta tangente nel punto di ascissa 0 al grafico della curva integrale di equazione $y = f(x)$ che risolve il problema di Cauchy

$$\begin{cases} y' + 3\ln(1+x)y = \dfrac{e^x}{3+x} \\ f(0) = 1 \end{cases}.$$

[$y = \frac{x}{3} + 1$]

38 ●○ Risolvi il seguente problema di Cauchy per la funzione $y = f(x)$.

$$\begin{cases} yx = y'\sqrt{x^2+1} \\ f(0) = 1 \end{cases}$$

Quanto vale $f'(\sqrt{3})$?

[$y = e^{\sqrt{x^2+1}-1}$; $f'(\sqrt{3}) = \frac{\sqrt{3}\,e}{2}$]

39 ●○ Della funzione $y = f(x)$ si conosce la derivata seconda, $y'' = \cos x - 2\sin x$, e si sa che la derivata prima è nulla per $x = 0$. Determina $f(\pi) - f(0)$. [$2(1 - \pi)$]

40 ●○ Risolvi il problema di Cauchy

$$\begin{cases} y' = y\sin x \\ f(\pi) = -1 \end{cases}, \quad \text{con } y = f(x).$$

Sono tutte periodiche le soluzioni dell'equazione differenziale $y' = y\sin x$? Giustifica la tua risposta. [$y = -e^{-\cos x - 1}$]

41 ●○ Considera l'equazione $y'' - 8y' + 12y = 0$.

a. Calcola l'integrale generale.

b. Determina se ha soluzioni in comune con l'equazione $y'' - 4y' + 4y = 0$.

[a) $y = c_1e^{2x} + c_2e^{6x}$; b) $y = c_1e^{2x}$]

42 ●● Si sa che il prodotto di due funzioni $z(x)$ e $y(x)$ vale:

$$z(x) \cdot y(x) = z(x) - y'(x).$$

Determina $y(x)$ sapendo che $z(x) = 2x$ e $y(0) = 0$. [$y(x) = 1 - e^{-x^2}$]

IN FISICA

43 ●○ Una pallina si muove lungo un binario con un'accelerazione $a = 4x$, dove x è l'ascissa del punto. Sapendo che la posizione e la velocità della pallina al tempo $t = 0$ sono rispettivamente $x_0 = 0$ e $v_0 = 8$, calcola come varia l'ascissa x della pallina al variare del tempo t. [$x = -2e^{-2t} + 2e^{2t}$]

44 ●○ Un circuito è costituito da una resistenza $R = 10\ \Omega$ e da un condensatore di capacità $C = 10^{-4}$ F, disposti in serie, ed è alimentato da una f.e.m. $f = 100$ V. Determina il valore della carica q presente sul condensatore al variare del tempo t, sapendo che nell'istante iniziale, cioè nell'istante di chiusura del circuito, $q_0 = 0$, e ricordando che $f = \frac{q}{C} + Ri$, dove $i = \frac{dq}{dt}$. [$q = \frac{1 - e^{-10^3 t}}{100}$]

45 ●● Un corpo di massa $m = 1$ kg è agganciato a una molla di costante elastica $k = 4$ N/m. Il sistema è appoggiato su un piano orizzontale. La molla viene allungata fino a 0,2 m dalla posizione di equilibrio. Se il corpo viene rilasciato e se su di esso agisce una forza di attrito di modulo $F = hv$, con v velocità del corpo, quale deve essere il valore minimo di h affinché non vi siano oscillazioni attorno alla posizione di equilibrio? Determina in tal caso la legge oraria del moto. [$h = 4$ kg/s; $x = e^{-2t}(0{,}4t + 0{,}2)$]

46 ●● È data l'equazione differenziale:

$$3y'' - 2y' - y = x - 1.$$

a. Ricava per quali valori reali di a e b la funzione $y(x) = ax + b$ è una soluzione particolare dell'equazione.

b. Posto che $y_1(x)$ e $y_2(x)$ siano soluzioni dell'equazione, determina la relazione che deve esistere tra i coefficienti reali c e d affinché anche $y(x) = c \cdot y_1(x) + d \cdot y_2(x)$ sia soluzione dell'equazione stessa.

[a) $a = -1, b = 3$; b) $c + d = 1$]

VERIFICA DELLE COMPETENZE VERSO L'ESAME

ARGOMENTARE E DIMOSTRARE

47 ●○ In quali casi un'equazione differenziale del primo ordine è detta lineare e in che modo si procede per risolverla?

48 ●○ In che modo può essere scritta un'equazione differenziale lineare omogenea del secondo ordine a coefficienti costanti e in quale caso le sue soluzioni sono del tipo $y = e^{zx} \cdot (c_1 + c_2 x)$? Fai almeno un esempio.

49 ●○ Dimostra che, se y è una soluzione dell'equazione differenziale lineare $y' - x^2 y = 0$, allora la funzione $Y = xy$ è soluzione dell'equazione differenziale lineare $Y' - \frac{1 + x^3}{x} Y = 0$.

50 ●○ Di quale delle seguenti equazioni differenziali la funzione $y = \frac{\ln(x)}{x}$ è soluzione?

$$y'' + 2 \cdot \frac{y'}{x} = y, \qquad y' + x \cdot y'' = 1, \qquad x \cdot y' = \frac{1}{x} + y, \qquad x^2 \cdot y'' + x \cdot y' + \frac{2}{x} = y.$$

(*Esame di Stato, Liceo scientifico, Corso di ordinamento, Sessione ordinaria,* 2015, *quesito* 4)

51 ●○ Si consideri questa equazione differenziale: $y'' + 2y' + 2y = x$. Quale delle seguenti funzioni ne è una soluzione? Si giustifichi la risposta.

a. $y = e^{-x}(\sin x + \cos x) + x$ **b.** $y = 2e^{-x} + x$ **c.** $y = e^{-x}(\sin x + \cos x) + \frac{1}{2}(x - 1)$ **d.** $y = e^{-2x} + x$

(*Esame di Stato, Liceo scientifico, Corso di ordinamento, Sessione suppletiva,* 2016, *quesito* 1)

52 ●● Considera l'equazione differenziale $y' = \frac{y}{x^2}$.

a. Dimostra, senza risolvere l'equazione, che ogni sua soluzione ha derivata seconda nulla in corrispondenza di $x = \frac{1}{2}$.

b. Si può affermare che per $x = \frac{1}{2}$ il grafico di ogni soluzione che non si riduca alla funzione nulla $y = 0$ presenta un punto di flesso? Motiva la risposta.

53 ●● Determina quali funzioni $y = f(x)$ risolvono l'equazione differenziale $y'' = \cos x$. Stabilisci poi se le seguenti affermazioni sono vere o false, motivando la risposta.

a. Tutte le soluzioni dell'equazione precedente sono funzioni periodiche.

b. Tutte le soluzioni dell'equazione precedente sono funzioni non periodiche.

[$y(x) = -\cos x + c_1 x + c_2$; a) F; b) F]

54 ●● Dimostra, senza risolvere l'equazione, che le soluzioni dell'equazione $y' = x^2 y$ non possono essere funzioni pari.

55 ●● Dimostra che le equazioni differenziali $y' + y = 0$ e $y' = \frac{1}{e^x}$ hanno in comune una sola soluzione. Calcola la soluzione comune.

COSTRUIRE E UTILIZZARE MODELLI

56 La popolazione di una colonia di batteri è di

4000 batteri al tempo $t = 0$ e di 6500 al tempo $t = 3$.

Si suppone che la crescita della popolazione sia esponenziale, rappresentabile, cioè, con l'equazione differenziale

$$\frac{dy}{dt} = k \cdot y,$$

dove k è una costante e y la popolazione di batteri al tempo t.
Al tempo $t = 10$, la popolazione supererà i 20 000 batteri?

(*Esame di Stato, Liceo scientifico, Scuole italiane all'estero (Europa), Sessione ordinaria*, 2015, *quesito* 6)

[sì, 20 179 batteri al tempo $t = 10$]

57 **Novità sul mercato** In vista del lancio sul mercato di un nuovo modello di cuffie, l'azienda produttrice ha elaborato il seguente modello di previsione dell'incremento delle vendite, dove $n(t)$ è il numero (in milioni) di esemplari venduti dopo t mesi dal lancio in un dato Paese:

$$n'(t) = 10t - 2t \cdot n(t).$$

a. Ricava la soluzione particolare $n(t)$, data la condizione iniziale $n(0) = 0$.

b. Determina il momento in cui si ha il massimo incremento delle vendite.

c. Dimostra che in base al modello le vendite non supereranno comunque i 5 milioni di esemplari.

$\left[\text{a) } n(t) = 5(1 - e^{-t^2})\text{; b) } t \simeq 0{,}7 \text{ mesi}\right]$

---

58 **Il tempo vola!** La sabbia della clessidra in figura, costituita da due coni di vetro, scende dal cono superiore con una velocità di 1 mm^3/s.

a. Determina quanto volume occupa uno strato di sabbia di altezza h dal fondo della clessidra.

b. Detta $h(t)$ l'altezza dal fondo in funzione del tempo t misurato in secondi, scrivi l'equazione differenziale che caratterizza $h(t)$.

c. Determina la funzione $h(t)$ risolvendo l'equazione differenziale del punto **b**, con la condizione iniziale $h(0) = 0$.

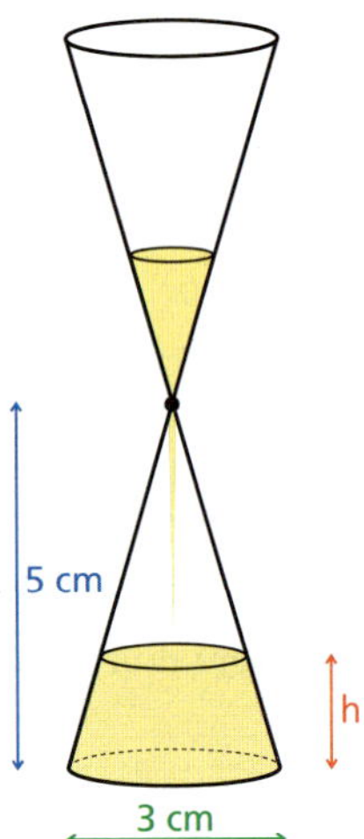

$\left[\text{a) } V(h) = \pi[3750 - 0{,}03(50 - h)^3] \text{ mm}^3;\right.$
$\left.\text{b) } 0{,}09\pi(50 - h)^2 h' = 1\text{; c) } h(t) = 50 - \sqrt[3]{50^3 - \frac{t}{0{,}03\pi}}\right]$

59 **Il paracadute** Nel momento in cui apre il paracadute, il paracadutista sta cadendo alla velocità di 180 km/h. Nella discesa a paracadute aperto si può ipotizzare che la resistenza dell'aria, cioè la forza che si oppone al moto di caduta, sia proporzionale al peso complessivo uomo-paracadute e al quadrato della velocità, con la costante di proporzionalità pari a $\frac{1}{36} s^2/m^2$. Il paracadutista ha una massa di 76 kg e il paracadute di 5 kg.

Scrivi l'equazione differenziale modello della situazione descritta (supponi, per semplicità, che la velocità sia sempre maggiore di 6 m/s).

$\left[v'(t) = 9{,}81 - \frac{9{,}81}{36} v^2(t), v(0) = 50\right]$

60 ●● **Goccia a goccia** Una goccia d'acqua di massa 0,1 g che cade a terra con velocità v è soggetta alla forza-peso, $F_P \simeq 10^{-3}$ N, diretta verso il basso, e alla resistenza dell'aria, che esercita una forza $F_R \simeq 10^{-4}$ kg/s $\cdot\, v$ diretta verso l'alto.

a. Spiega perché l'equazione differenziale $y''(t) = 10 - y'(t)$ ha a che fare con il moto della goccia. Cosa descrive la funzione $y(t)$?

b. Partendo dall'equazione precedente, determina la funzione che descrive l'andamento della velocità della goccia. È univocamente determinata? (SUGGERIMENTO Poni $v(t) = y'(t)$.)

c. Determina la velocità limite raggiunta dalla goccia.

[b) $v(t) = 10 + ce^{-t}$; c) 10 m/s]

RISOLVIAMO UN PROBLEMA

Fuori tutto

Un piccolo impianto di irrigazione è alimentato utilizzando un recipiente di forma cubica, di lato $l = 20$ cm, con un piccolo foro circolare sul fondo di superficie $s = 4$ mm^2. Il recipiente inizialmente è pieno di acqua. L'acqua defluisce dal foro con una velocità istantanea $v(t)$, misurata in metri al secondo, espressa dalla legge:

$$v(t) = 2\sqrt{5h(t)},$$

dove $h(t)$ è l'altezza in metri del livello dell'acqua rispetto al fondo all'istante t, misurato in secondi.

- Ricava il problema di Cauchy per la funzione $h(t)$ che descrive il problema.
- Determina il tempo t_F necessario allo svuotamento del recipiente.

▶ **Descriviamo la situazione con le equazioni differenziali.**

La perdita dV del volume di acqua contenuto nel recipiente in un intervallo di tempo dt è data dal volume di acqua che esce dal foro, che corrisponde al volume di un cilindro di base s e altezza $dx = vdt$, cioè $dV = -svdt$. Considerando che nel recipiente si ha una diminuzione di volume $dV = l^2 dh$, possiamo scrivere la seguente equazione per $h(t)$:

$$l^2 dh = -svdt \rightarrow h' = -\frac{sv}{l^2} \rightarrow h' = -\frac{2s}{l^2}\sqrt{5h}.$$

▶ **Scriviamo il problema di Cauchy.**

Posto $l = 0,2$ m e $s = 4 \cdot 10^{-6}$ m^2, otteniamo

$$h' = -2\sqrt{5} \cdot 10^{-4}\sqrt{h},$$

$$\begin{cases} h' = -2\sqrt{5} \cdot 10^{-4}\sqrt{h} \\ h(0) = 0,2 \end{cases}.$$

▶ **Esprimiamo h in funzione di t.**

Risolviamo l'equazione differenziale, che è a variabili separabili:

$$\int \frac{dh}{2\sqrt{h}} = \sqrt{5} \cdot 10^{-4} \int (-1)dt \rightarrow$$

$$\sqrt{h} = \sqrt{5} \cdot 10^{-4}(-t + c) \rightarrow$$

$$h(t) = 5 \cdot 10^{-8}(c - t)^2.$$

▶ **Determiniamo la soluzione del problema di Cauchy.**

Poniamo $h(0) = 0,2$:

$$5 \cdot 10^{-8}c^2 = 0,2 \rightarrow c = 2000.$$

Quindi $h(t) = 5 \cdot 10^{-8}(2000 - t)^2$.

▶ **Troviamo il tempo t_F di svuotamento.**

$$5 \cdot 10^{-8}(2000 - t)^2 = 0 \rightarrow t = 2000 \text{ s}.$$

Pertanto $t_F = 33'\,20''$.

61 ●● **Crescono o calano?** In una coltura batterica di laboratorio sono presenti inizialmente 250 batteri. Supponiamo che:

- la velocità di crescita giornaliera del numero n di batteri nella coltura, cioè il numero di nuovi batteri al giorno, sia proporzionale al numero di batteri presenti nella coltura, con costante di proporzionalità $k = \frac{3}{2}$.
- la velocità di decrescita giornaliera del numero n di batteri nella coltura, cioè il numero di batteri morti al giorno, sia una costante $h = 300$.

a. Scrivi un'equazione differenziale per la funzione $n(t)$, essendo t il numero di giorni trascorsi dall'inizio del processo di coltura, e risolvila.

b. Determina il numero di batteri dopo 4 giorni.

$\left[\text{a) } n'(t) = \frac{3}{2}n(t) - 300;\ n(t) = 50e^{\frac{3t}{2}} + 200;\ \text{b) } n(4) \simeq 20371\right]$

INDIVIDUARE STRATEGIE E APPLICARE METODI PER RISOLVERE PROBLEMI

62 ●○ **IN FISICA** Il moto rettilineo di un'astronave in un videogioco avviene in modo che, in ogni istante t (il tempo è misurato in secondi), la somma dei valori numerici della velocità istantanea $x'(t)$ (in m/s) e dell'accelerazione istantanea $x''(t)$ (in m/s^2) equivale al doppio della coordinata $x(t)$ che rappresenta la posizione istantanea dell'astronave.

a. Ricava le possibili leggi orarie $x(t)$.

b. Ricava la posizione del punto all'istante $t = 0$, sapendo che $x'(0) = -2$ e che $\lim_{t \to +\infty} x(t) = 0$.

$[\text{a) } x(t) = c_1e^t + c_2e^{-2t};\ \text{b) } x(0) = 1]$

63 ●● Una famiglia di curve è definita dall'equazione differenziale $yy' = x - 2x^3$.

a. Dopo averla classificata, trova l'equazione cartesiana di tutte le curve della famiglia.

b. Risolvi il problema di Cauchy, con $y = f(x)$, $\begin{cases} yy' = x - 2x^3 \\ f(0) = 0 \end{cases}$ e disegna il grafico della curva ottenuta.

c. Nella curva trovata al punto precedente determina gli insiemi dei valori assunti dalle variabili x e y e le rette tangenti alla curva nei punti di ascissa $\frac{1}{2}$.

$\left[\text{a) equazione del primo ordine a variabili separabili, } y^2 = x^2 - x^4 + c;\ \text{b) } y^2 = x^2 - x^4;\right.$
$\left.\text{c) } x \in [-1; 1],\ y \in \left[-\frac{1}{2}; \frac{1}{2}\right];\ y = \pm\frac{1}{\sqrt{3}}x \pm \frac{\sqrt{3}}{12}\right]$

64 ●● **IN FISICA** Considera il circuito mostrato in figura. Inizialmente l'interruttore I viene posizionato in a, e il condensatore si carica secondo la legge $Rq'(t) + \frac{q(t)}{C} = \varepsilon$, dove $q(t)$ indica la carica del condensatore al tempo t, C la sua capacità e R la sua resistenza.

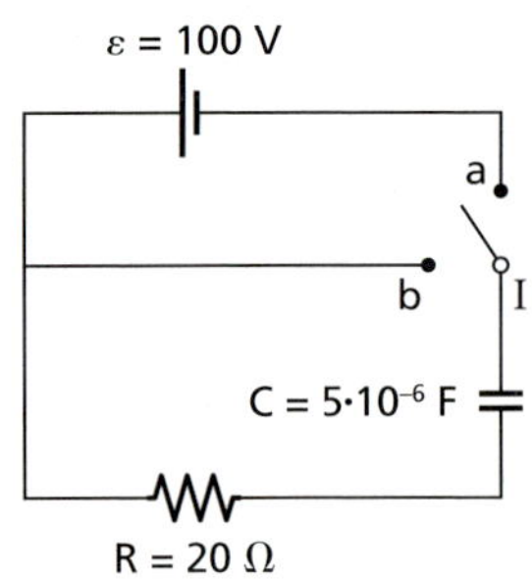

a. Determina la funzione $q(t)$, sapendo che al tempo $t = 0$ la carica è nulla.

b. Qual è il limite per $t \to \infty$ di $q(t)$? Che significato ha?

Dopo un tempo sufficiente a caricare completamente il condensatore, l'interruttore I viene posizionato in b, e il condensatore comincia a scaricarsi, secondo l'equazione

$$Rq'(t) + \frac{q(t)}{C} = 0.$$

c. Verifica che $q(t) = e^{-\frac{t+k}{RC}}$ è una generica soluzione di questa equazione differenziale e determina la costante k.

d. Dopo quanto tempo il condensatore avrà il 60% della sua carica iniziale?

$\left[\text{a) } q(t) = \varepsilon C\left(1 - e^{-\frac{t}{RC}}\right);\ \text{b) } \lim_{t \to +\infty} q(t) = \varepsilon C;\ \text{c) } k = -RC\ln(\varepsilon C);\ \text{d) } \simeq 5{,}1 \cdot 10^{-5}\ \text{s}\right]$

VERIFICA DELLE COMPETENZE PROVE

1 ora

PROVA A

1 Risolvi le seguenti equazioni differenziali:

a. $y' = 4x^3(y^2+1)$;
b. $y'y = x^2$;
c. $y'' = -2x - 4e^x$;
d. $y' - 5\cos x = 0$;
e. $y'' - y' - 12y = 0$;
f. $y' + 6xy + x = 0$.

2 Dimostra che il grafico di tutte le soluzioni dell'equazione differenziale $\frac{y'}{y} = 5$ ha un asintoto orizzontale. Scrivi l'equazione di questo asintoto.

3 Verifica che la funzione $y = x\ln x - 1$ è soluzione dell'equazione $xy'' - xy' + y + x = 0$.

4 Determina la soluzione particolare $y = f(x)$ dell'equazione $y'' + 10y' = 0$ tale che $f(0) = 3$ e $f'(0) = 10$.

5 Senza risolvere il problema di Cauchy

$$\begin{cases} y' = 4y\sin x \\ f\left(\frac{\pi}{2}\right) = -5 \end{cases},$$

scrivi l'equazione della retta tangente nel punto di ascissa $\frac{\pi}{2}$ al grafico della curva integrale di equazione $y = f(x)$, soluzione del problema di Cauchy dato.

6 Verifica che, se la funzione $y = f(x)$ è soluzione dell'equazione $y' = 4x - y$, allora è anche soluzione dell'equazione $y'' - y = 4(1 - x)$.

PROVA B

1 In occasione di una riunione di condominio, un rilevatore di CO_2 installato nella sala indica una concentrazione dello 0,3%; i condomini chiedono di accendere l'impianto di aerazione, in modo che all'ora di inizio della riunione la concentrazione sia stata ridotta allo 0,15%. Il sistema di aerazione immette nella sala 20 m^3/min di aria fresca contenente lo 0,1% di CO_2.

a. Approssimando il volume della sala a 130 m^3, ricava l'equazione differenziale che descrive l'andamento della concentrazione $c(t)$ in funzione del tempo t (espresso in minuti). Verifica inoltre che la funzione $c(t) = k \cdot e^{-\frac{2}{13}t} + h$ è una soluzione di tale equazione differenziale.

b. Determina i valori da assegnare alle costanti k e h in modo che la funzione $c(t)$ rappresenti l'andamento della concentrazione di CO_2 a partire dall'istante $t = 0$ di accensione dell'aeratore. Stabilisci quindi quanto tempo prima dell'inizio della riunione esso deve essere acceso, per soddisfare la richiesta dei condomini.

c. L'impianto è in funzione da 10 minuti, quando i 50 partecipanti alla riunione accedono alla sala. Considerando che l'impianto rimane acceso anche durante la riunione e che un essere umano mediamente espira 8 litri/minuto di aria contenente il 4% di CO_2 (fonte: OSHA, *Occupational Safety and Health Administration*), descrivi in termini qualitativi come cambierà l'andamento di $c(t)$ dopo l'ingresso dei condomini nella sala, giustificando la tua risposta.

(*Esame di Stato, Liceo scientifico, Corso di ordinamento, Sessione suppletiva,* 2016, *dal problema* 1)

2 

Un drone telecomandato si muove verso l'alto con accelerazione $a = -2v$, dove v è la velocità istantanea. La posizione e la velocità del drone al tempo $t = 0$ sono rispettivamente $y_0 = 1$ e $v_0 = 2$.

a. Determina come varia y in funzione di t.

b. Il drone continuerà a salire o si fermerà a una certa altezza? Quale?

CAPITOLO

σ

DISTRIBUZIONI DI PROBABILITÀ

1 Variabili casuali discrete e distribuzioni di probabilità

Variabili casuali discrete

▶ Esercizi a p. σ31

Abbiamo un'urna contenente 6 palline verdi e 4 gialle. Estraiamo senza reimmissione 3 palline e valutiamo quante volte potrebbe uscire la pallina verde. Essa può non uscire mai, oppure una volta, o due, o tre volte.

Indichiamo con X una funzione, definita sullo spazio dei campioni dell'esperimento, che indica il numero di palline verdi estratte.

Se si verifica l'evento E = «non escono palline verdi», la funzione X vale 0. Quindi possiamo scrivere

$$E = «X = 0».$$

Analogamente possiamo scrivere l'evento «escono 2 palline verdi» come «$X = 2$», dato che in tal caso la funzione X vale 2. Per ogni valore assunto da X possiamo calcolare, perciò, la probabilità che X assuma quel valore. Avremo:

$$p_0 = p(X = 0) = p \text{ (non escono palline verdi)} = \frac{4}{10} \cdot \frac{3}{9} \cdot \frac{2}{8} = \frac{1}{30};$$

$$p_1 = p(X = 1) = p \text{ (esce una pallina verde)} = 3 \cdot \frac{6}{10} \cdot \frac{4}{9} \cdot \frac{3}{8} = \frac{3}{10};$$

$$p_2 = p(X = 2) = p \text{ (escono due palline verdi)} = 3 \cdot \frac{6}{10} \cdot \frac{5}{9} \cdot \frac{4}{8} = \frac{1}{2};$$

$$p_3 = p(X = 3) = p \text{ (escono tre palline verdi)} = \frac{6}{10} \cdot \frac{5}{9} \cdot \frac{4}{8} = \frac{1}{6}.$$

Valori assunti da *X*	0	1	2	3
Evento	$X = 0$	$X = 1$	$X = 2$	$X = 3$
Probabilità	$\frac{1}{30}$	$\frac{3}{10}$	$\frac{1}{2}$	$\frac{1}{6}$

Osserviamo che per qualunque valore x diverso da 0, 1, 2 e 3,

$$p(X = x) = p(\varnothing) = 0.$$

La funzione X è una *variabile casuale discreta*: *variabile* perché assume valori diversi, *casuale* perché i valori dipendono da un esperimento aleatorio, *discreta* perché assume un numero finito di valori.

DEFINIZIONE

Una **variabile casuale** (o **aleatoria**) **discreta** X è una funzione, definita sullo spazio dei campioni di un esperimento aleatorio, che assume un numero finito, o al più un'infinità numerabile, di valori.

Listen to it

A **random variable** is a function whose value depends on the outcome of a random experiment; it is said **discrete** if the set of all possible values it can take is finite or countably infinite.

Indichiamo con «$X = x$» l'evento «la variabile casuale X assume il valore x», e con $p(X = x)$ la probabilità di tale evento.
La variabile aleatoria X che descrive il numero di palline verdi estratte dall'urna del nostro esempio è una variabile **teorica**, perché la probabilità degli eventi associati ai valori che essa assume è calcolata teoricamente o in senso classico.

Consideriamo un'altra situazione.
Nel corso di un mese rileviamo ogni giorno il prezzo al kilogrammo di un certo prodotto venduto al banco in un supermercato. Su indicazioni della direzione il prezzo può variare ogni giorno, mantenendosi però sempre tra 4,60 e 5,40 €/kg.
Suddividiamo l'intervallo [4,60; 5,40] in quattro intervalli uguali e riassumiamo i valori rilevati per il prezzo nella seguente tabella di frequenza.

Prezzo al kg in euro	4,60-4,80	4,80-5,00	5,00-5,20	5,20-5,40
Frequenza	9	3	12	6

Consideriamo una funzione Y che assume il valore 4,70 se il prezzo appartiene al primo intervallo, 4,90 se appartiene al secondo, 5,10 nel caso del terzo e 5,30 nel caso del quarto. Secondo la definizione, Y è una variabile casuale discreta, ed è **empirica**, in quanto attribuiamo le probabilità ai diversi valori dopo che l'esperimento è stato condotto, utilizzando la probabilità statistica.

Valori assunti da *Y*	4,70	4,90	5,10	5,30
Frequenza relativa (Probabilità statistica)	$\frac{3}{10}$	$\frac{1}{10}$	$\frac{2}{5}$	$\frac{1}{5}$

Distribuzioni di probabilità

▶ Esercizi a p. σ31

Torniamo alle tre estrazioni dell'urna. Consideriamo la funzione $f(x) = p(X = x)$.
Abbiamo che:

$$f(0) = \frac{1}{30}, \qquad f(1) = \frac{3}{10}, \qquad f(2) = \frac{1}{2}, \qquad f(3) = \frac{1}{6}.$$

Possiamo osservare che:

- $0 \leq f(x) \leq 1$;
- $f(0) + f(1) + f(2) + f(3) = 1$.

La funzione f si chiama *distribuzione di probabilità* della variabile aleatoria X.

DEFINIZIONE

Data una variabile casuale discreta X, la **distribuzione di probabilità** di X è la funzione $f(x)$ che associa a ogni valore $x \in \mathbb{R}$ la probabilità che questo sia assunto:

$$f(x) = p(X = x).$$

▶ Stabilisci per quale valore di c la funzione

$$f(x)=\begin{cases}0{,}3 & \text{se } x=-1\\ 0{,}1 & \text{se } x=2\\ c & \text{se } x=4\\ 0 & \text{altrimenti}\end{cases}$$

è una distribuzione di probabilità e quali sono i valori assunti dalla variabile X di cui f è distribuzione. [0,6]

Spesso indicheremo con f_X la distribuzione di probabilità di una variabile casuale discreta X.

Se X è una variabile casuale discreta che assume i valori x_1, x_2, … x_n e f è la sua distribuzione di probabilità, allora:

- $0 \leq f(x) \leq 1$;
- $f(x_1)+f(x_2)+\ldots+f(x_n)=1$.

Possiamo rappresentare la distribuzione di probabilità di una variabile casuale discreta per mezzo di un istogramma o di un diagramma cartesiano.

ESEMPIO

Abbiamo un'urna con tre palline numerate da 1 a 3. Estraiamo consecutivamente due palline, rimettendo ogni volta la pallina estratta nell'urna. Costruiamo la distribuzione di probabilità della variabile casuale X = «somma dei due numeri estratti». Le coppie di palline che possiamo estrarre sono:

	somma dei numeri estratti
(1, 1)	2
(1, 2); (2, 1)	3
(1, 3); (3, 1); (2, 2)	4
(2, 3); (3, 2)	5
(3, 3)	6

dove per ogni coppia la probabilità di estrazione è $\frac{1}{9}$.

Quindi la variabile casuale X può assumere i valori 2, 3, 4, 5, 6, a cui corrispondono le probabilità:

$$p(X=2)=p(X=6)=\frac{1}{9}; \quad p(X=3)=p(X=5)=\frac{2}{9};$$

$$p(X=4)=\frac{3}{9}=\frac{1}{3}.$$

La variabile casuale X ha la seguente distribuzione di probabilità.

X	2	3	4	5	6
f	$\frac{1}{9}$	$\frac{2}{9}$	$\frac{1}{3}$	$\frac{2}{9}$	$\frac{1}{9}$

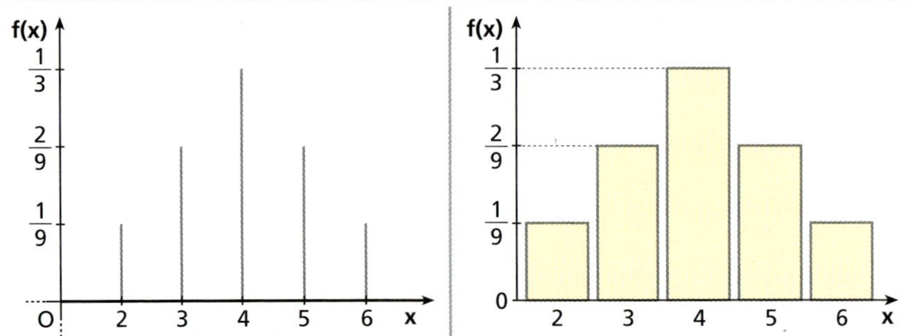

a. Diagramma cartesiano della distribuzione di probabilità di X.

b. Istogramma della distribuzione di probabilità di X.

MATEMATICA ED ECONOMIA

Matematica antifrode

Nel 1992 il matematico statunitense Mark Nigrini propose un metodo, utilizzato ancora oggi, per stanare gli evasori fiscali.

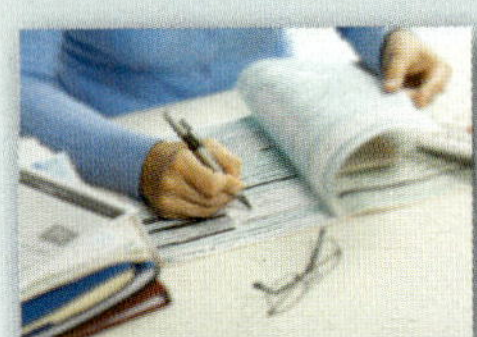

▶ Come si può riconoscere se una dichiarazione dei redditi non è veritiera?

La risposta

▶ In una classe ci sono 15 maschi e 10 femmine. Vengono interrogati due alunni. Se X è la variabile casuale che indica il numero di maschi interrogati, determina la distribuzione della variabile X.

Animazione

Funzione di ripartizione

▶ Esercizi a p. σ32

Riprendiamo il problema in cui estraiamo senza reimmissione 3 palline da un'urna contenente 6 palline verdi e 4 gialle e consideriamo la distribuzione di probabilità relativa al numero di palline verdi uscite.

X	0	1	2	3
f	$\frac{1}{30}$	$\frac{3}{10}$	$\frac{1}{2}$	$\frac{1}{6}$

Ci domandiamo qual è la probabilità che le palline verdi escano al massimo una volta, oppure al massimo due volte ecc.
Per il teorema della probabilità totale, a questa domanda possiamo rispondere associando a ciascun valore della variabile casuale la somma delle probabilità dei valori che lo precedono e della probabilità del valore stesso.

Per esempio, indicando con F la funzione che a ogni $x = 0, 1, 2, 3$ associa $F(x) = p(X \leq x)$, abbiamo quanto segue.

X	0	1	2	3
f	$\frac{1}{30}$	$\frac{3}{10}$	$\frac{1}{2}$	$\frac{1}{6}$
F	$\frac{1}{30}$	$\frac{1}{30} + \frac{3}{10} = \frac{1}{3}$	$\frac{1}{3} + \frac{1}{2} = \frac{5}{6}$	$\frac{5}{6} + \frac{1}{6} = 1$

Possiamo definire la funzione F su tutto $\mathbb{R}$, infatti:

- se $x < 0$, $F(x) = p(X \leq x) = 0$: la probabilità che esca un numero negativo di palline verdi è 0;
- se $x > 3$, $F(x) = p(X \leq x) = 1$: al massimo X può valere 3, quindi è certo che X vale meno di un numero maggiore di 3;
- se per esempio $x = 1{,}5$, $F(1{,}5) = F(1)$: la probabilità che X non sia superiore a 1,5 si ottiene sommando le probabilità che X assuma il valore 0 oppure 1:

$$F(1{,}5) = p(X \leq 1{,}5) = p((X = 0) \cup (X = 1)) = p(X = 0) + p(X = 1) = \frac{1}{3}.$$

Otteniamo il grafico della funzione F in figura.

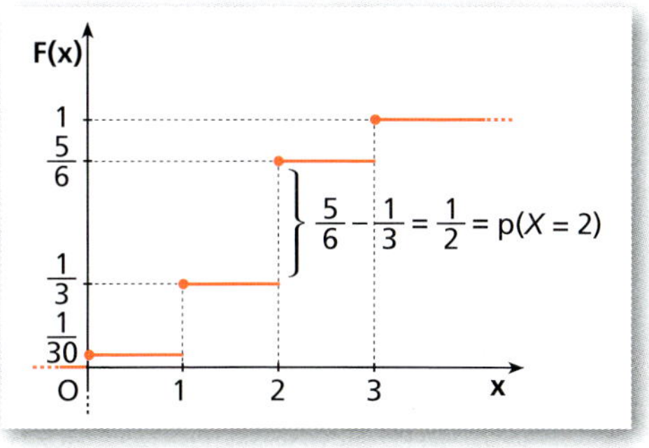

Osserviamo che la funzione F ha i punti di discontinuità in corrispondenza dei valori assunti dalla X e l'ampiezza del salto in ognuno di questi punti è uguale alla probabilità che X assuma quel valore.

La funzione F è detta *funzione di ripartizione* di X.

DEFINIZIONE

La **funzione di ripartizione** di una variabile casuale X è la funzione $F(x)$ che, per ogni $x \in \mathbb{R}$, fornisce la probabilità che X assuma un valore non superiore a x:

$$F(x) = p(X \leq x),$$

dove con «$X \leq x$» indichiamo l'evento «la variabile casuale X assume un valore minore o uguale a x».

TEORIA

Se la variabile casuale discreta X assume i valori $x_1 < x_2 < \ldots < x_n$ con probabilità $p_1, p_2, \ldots, p_n$, si ha

$$F(x_i) = p(X \leq x_i) = p_1 + p_2 + \ldots + p_i = \sum_{k=1}^{i} p_k, \quad \text{con } i = 1, 2, \ldots, n,$$

e in generale:

$$F(x) = \begin{cases} 0 & \text{se } x < x_1 \\ \sum_{k=1}^{i} p_k & \text{se } x_i \leq x < x_{i+1} \\ 1 & \text{se } x \geq x_n \end{cases}.$$

▶ Determina la funzione di ripartizione della variabile casuale X che indica il numero di maschi interrogati dell'esercizio precedente.

Nel caso dell'esempio delle palline verdi e gialle, la funzione di ripartizione è:

$$F(x) = \begin{cases} 0 & \text{se } x < 0 \\ \frac{1}{30} & \text{se } 0 \leq x < 1 \\ \frac{1}{3} & \text{se } 1 \leq x < 2 \\ \frac{5}{6} & \text{se } 2 \leq x < 3 \\ 1 & \text{se } x \geq 3 \end{cases}.$$

Possiamo utilizzare la funzione di ripartizione per calcolare, per esempio, la probabilità che le palline verdi si presentino più di una volta, cioè la probabilità dell'evento «$X > 1$». Questo è l'evento contrario di «$X \leq 1$», quindi:

$$p(X > 1) = 1 - p(X \leq 1) = 1 - F(1) = 1 - \frac{1}{3} = \frac{2}{3}.$$

Operazioni sulle variabili casuali

▶ Esercizi a p. σ33

Operazioni tra una variabile e delle costanti

Un'urna contiene 12 palline, di cui una pallina con il numero 3, quattro palline con il 4, due con il 7 e cinque con il 9. Estraiamo una pallina.
Consideriamo la variabile casuale X = «numero della pallina estratta» e la sua distribuzione di probabilità.

X	3	4	7	9
f_X	$\frac{1}{12}$	$\frac{1}{3}$	$\frac{1}{6}$	$\frac{5}{12}$

Da questa variabile casuale possiamo ottenerne altre, i cui valori sono distribuiti con *le stesse probabilità* dei valori di X, moltiplicando e/o sommando delle costanti ai suoi valori.

Per esempio, se moltiplichiamo i valori di X per 5, otteniamo la variabile casuale, indicata con $5X$, avente la seguente distribuzione di probabilità.

5X	15	20	35	45
f_{5X}	$\frac{1}{12}$	$\frac{1}{3}$	$\frac{1}{6}$	$\frac{5}{12}$

▶ Una variabile casuale X ha distribuzione di probabilità:

$$f(x) = \begin{cases} 0{,}1 & \text{se } x = -5 \\ 0{,}2 & \text{se } x = -3 \\ 0{,}4 & \text{se } x = 0 \\ 0{,}3 & \text{se } x = 1 \\ 0 & \text{altrimenti} \end{cases}.$$

Determina la distribuzione di $3X$ e di $X + 5$.

Se invece ai valori della variabile X aggiungiamo 3, otteniamo la variabile casuale, indicata con $X + 3$, avente la seguente distribuzione di probabilità.

$X+3$	6	7	10	12
f_{X+3}	$\frac{1}{12}$	$\frac{1}{3}$	$\frac{1}{6}$	$\frac{5}{12}$

In generale, date una variabile casuale discreta X e una costante h, si denota con:

- hX la variabile casuale i cui valori sono dati dal prodotto di h per i valori della variabile X;
- $X + h$ la variabile casuale i cui valori sono dati dalla somma dei valori della variabile X con h.

Per entrambe queste variabili, i valori assunti hanno le **stesse probabilità dei corrispondenti valori di X**.

Somma di due variabili

I) Prendiamo ora anche una seconda urna. Questa contiene due palline con il numero 1 e tre con il 2. Estraiamo una pallina.
Consideriamo la variabile casuale Y = «numero della pallina estratta dalla seconda urna» e la sua distribuzione di probabilità.

Y	1	2
f_Y	$\frac{2}{5}$	$\frac{3}{5}$

Estraiamo una pallina dalla prima urna e una pallina dalla seconda.

Consideriamo la variabile casuale «somma dei due numeri estratti». Indichiamo questa variabile con la notazione $X + Y$ e diciamo che è la **somma delle variabili casuali** X e Y.

Per determinare la distribuzione di probabilità di $X + Y$, costruiamo la tabella della **distribuzione congiunta** di X e Y in cui le righe corrispondono ai valori della X e le colonne corrispondono a quelli della Y.

$X \backslash Y$	1	2
3	$\frac{1}{30}$	$\frac{1}{20}$
4	$\frac{2}{15}$	$\frac{1}{5}$
7	$\frac{1}{15}$	$\frac{1}{10}$
9	$\frac{1}{6}$	$\frac{1}{4}$

All'interno della tabella, ogni casella contiene la probabilità di estrazione di due palline aventi rispettivamente il valore x_i e y_j, corrispondenti alla riga i-esima e alla colonna j-esima che individuano la casella.

Tale probabilità è la **probabilità congiunta** del prodotto dei due eventi:

«$X = x_i$» = «estrazione del numero x_i dalla prima urna», $i = 1, 2, 3, 4$;

«$Y = y_j$» = «estrazione del numero y_j dalla seconda urna», $j = 1, 2$.

In questo caso tutte le coppie di eventi sono indipendenti, quindi la probabilità dell'intersezione è uguale al prodotto delle probabilità.
Abbiamo, per esempio:

$$p((X=3)\cap(Y=1)) = p(X=3)\cdot p(Y=1) = \frac{1}{12}\cdot\frac{2}{5} = \frac{1}{30}.$$

La variabile casuale $Z = X + Y$ ha per valori le possibili somme tra i valori delle due variabili X e Y. Per ogni valore z_i assunto da Z, la probabilità che Z sia uguale a z_i è uguale alla somma delle probabilità (contenute nella tabella) delle possibili coppie di numeri la cui somma è uguale a z_i; infatti tali coppie corrispondono a eventi incompatibili e $Z = z_i$ corrisponde al loro evento unione.

▶ In un'urna ci sono 4 palline verdi e 2 rosse, in un'altra 3 verdi e 4 rosse. Da ogni urna si estraggono due palline. Dette X e Y le variabili che indicano, rispettivamente, il numero di palline verdi estratte dalla prima urna e quello delle palline verdi estratte dalla seconda, trova la distribuzione di $X + Y$.

Per esempio, la somma 5 si ottiene con 4 e 1 o con 3 e 2, quindi:

$$p(Z=5)=p(((X=4)\cap(Y=1))\cup((X=3)\cap(Y=2)))=\frac{2}{15}+\frac{1}{20}=\frac{11}{60}.$$

X + Y	4	5	6	8	9	10	11
f_{X+Y}	$\frac{1}{30}$	$\frac{11}{60}$	$\frac{1}{5}$	$\frac{1}{15}$	$\frac{1}{10}$	$\frac{1}{6}$	$\frac{1}{4}$

Se, come in questo caso, le coppie di eventi «$X=x_i$» e «$Y=y_j$» sono indipendenti per ogni coppia x_i e y_j, si dice che le variabili casuali X e Y sono **indipendenti**.

Osserviamo che:

- la distribuzione di X e la distribuzione di Y sono date, rispettivamente, dalla somma dei valori sulle righe e dalla somma dei valori sulle colonne; queste vengono dette **distribuzioni marginali** della X e della Y;
- nel caso di indipendenza delle variabili casuali, **le probabilità congiunte sono uguali al prodotto di quelle marginali**.

X \ Y	1	2	f_X
3	$\frac{1}{30}$	$\frac{1}{20}$	$\frac{1}{12}$
4	$\frac{2}{15}$	$\frac{1}{5}$	$\frac{1}{3}$
7	$\frac{1}{15}$	$\frac{1}{10}$	$\frac{1}{6}$
9	$\frac{1}{6}$	$\frac{1}{4}$	$\frac{5}{12}$
f_Y	$\frac{2}{5}$	$\frac{3}{5}$	1

II) Consideriamo ancora l'urna contenente una pallina con il numero 3, quattro con il 4, due con il 7 e cinque palline con il 9 e la variabile casuale X = «numero della pallina estratta».

X	3	4	7	9
f_X	$\frac{1}{12}$	$\frac{1}{3}$	$\frac{1}{6}$	$\frac{5}{12}$

Estraiamo consecutivamente due numeri senza reimmissione.
Indichiamo con Y la variabile casuale corrispondente al numero della pallina estratta nella seconda estrazione.

Vogliamo determinare la distribuzione di probabilità della variabile casuale $X+Y$ = «somma dei due numeri estratti».

Questa volta gli eventi

«$X=x_i$» = «estrazione del numero x_i come prima pallina»,

«$Y=y_j$» = «estrazione del numero y_j come seconda pallina»

sono dipendenti: diremo che le variabili casuali X e Y sono **dipendenti**.

Per calcolare le probabilità congiunte dobbiamo, perciò, usare la probabilità condizionata.

Per esempio:

$$p((X=3)\cap(Y=3))=p(X=3)\cdot p\left(Y=3\,|\,X=3\right)=0;$$

$$p((X=3)\cap(Y=4))=p(X=3)\cdot p\left(Y=4\,|\,X=3\right)=\frac{1}{12}\cdot\frac{4}{11}=\frac{1}{33}.$$

Proseguendo nello stesso modo otteniamo la distribuzione congiunta di X e Y.

X \ Y	3	4	7	9
3	0	$\frac{1}{33}$	$\frac{1}{66}$	$\frac{5}{132}$
4	$\frac{1}{33}$	$\frac{1}{11}$	$\frac{2}{33}$	$\frac{5}{33}$
7	$\frac{1}{66}$	$\frac{2}{33}$	$\frac{1}{66}$	$\frac{5}{66}$
9	$\frac{5}{132}$	$\frac{5}{33}$	$\frac{5}{66}$	$\frac{5}{33}$

La distribuzione di probabilità della variabile casuale $X + Y$ si ottiene procedendo in modo analogo al caso precedente.

$X+Y$	7	8	10	11	12	13	14	16	18
f_{X+Y}	$\frac{2}{33}$	$\frac{1}{11}$	$\frac{1}{33}$	$\frac{4}{33}$	$\frac{5}{66}$	$\frac{10}{33}$	$\frac{1}{66}$	$\frac{5}{33}$	$\frac{5}{33}$

Anche in questo caso, se di due variabili casuali X e Y conosciamo la distribuzione congiunta, addizionando righe e colonne possiamo ottenere le distribuzioni marginali di X e di Y. Nel caso di variabili dipendenti, però, si può osservare che **le probabilità congiunte *non* sono il prodotto delle probabilità marginali**.

X \ Y	3	4	7	9	f_X
3	0	$\frac{1}{33}$	$\frac{1}{66}$	$\frac{5}{132}$	$\frac{1}{12}$
4	$\frac{1}{33}$	$\frac{1}{11}$	$\frac{2}{33}$	$\frac{5}{33}$	$\frac{1}{3}$
7	$\frac{1}{66}$	$\frac{2}{33}$	$\frac{1}{66}$	$\frac{5}{66}$	$\frac{1}{6}$
9	$\frac{5}{132}$	$\frac{5}{33}$	$\frac{5}{66}$	$\frac{5}{33}$	$\frac{5}{12}$
f_Y	$\frac{1}{12}$	$\frac{1}{3}$	$\frac{1}{6}$	$\frac{5}{12}$	1

Quadrato di una variabile

Consideriamo una variabile casuale X con la seguente distribuzione di probabilità.

X	-1	0	1	2
f_X	$\frac{1}{8}$	$\frac{1}{4}$	$\frac{1}{2}$	$\frac{1}{8}$

A partire da X possiamo costruire la variabile casuale X^2, **quadrato della variabile casuale** X, elevando al quadrato i valori di X. Le probabilità associate ai valori di X^2 si ottengono dalle probabilità dei rispettivi valori di X, facendo attenzione al fatto che uno stesso valore di X^2 si può ottenere da due diversi valori di X. Nel nostro esempio:

$$p(X^2 = 0) = p(X = 0) = \frac{1}{4};$$

▶ In un'urna ci sono 4 palline numerate da 1 a 4. Se ne estraggono 2 contemporaneamente. Indichiamo con X la variabile che indica il numero minore e con Y quella che indica il numero maggiore. Stabilisci se X e Y sono indipendenti e trova la distribuzione di $X + Y$.

Animazione

$$p(X^2 = 1) = p((X = -1) \cup (X = 1)) = \frac{1}{8} + \frac{1}{2} = \frac{5}{8};$$

$$p(X^2 = 4) = p(X = 2) = \frac{1}{8}.$$

Dunque X^2 ha la seguente distribuzione di probabilità.

X^2	0	1	4
f_{X^2}	$\frac{1}{4}$	$\frac{5}{8}$	$\frac{1}{8}$

2 Valori caratterizzanti una variabile casuale discreta

▶ Esercizi a p. σ35

Valore medio

Un'urna contiene 4 palline con il numero 50, 5 palline con il 54, 8 con il 58 e 3 con il 62.
Effettuiamo 50 estrazioni di una pallina nelle stesse condizioni, cioè rimettendo ogni volta la pallina estratta nell'urna. Otteniamo la seguente tabella.

Valore	Frequenza assoluta
50	10
54	12
58	24
62	4

Se calcoliamo la media aritmetica, otteniamo:

$$M = \frac{50 \cdot 10 + 54 \cdot 12 + 58 \cdot 24 + 62 \cdot 4}{50} = 55{,}76.$$

Avremmo anche potuto scrivere la media nella forma:

$$M = 50 \cdot \frac{10}{50} + 54 \cdot \frac{12}{50} + 58 \cdot \frac{24}{50} + 62 \cdot \frac{4}{50} = 55{,}76,$$

dove compaiono le frequenze relative.
Consideriamo la variabile casuale X che indica il numero ottenuto in un'estrazione. Calcolando teoricamente la probabilità, abbiamo la seguente distribuzione.

X	50	54	58	62
f	$\frac{1}{5}$	$\frac{1}{4}$	$\frac{2}{5}$	$\frac{3}{20}$

La somma dei prodotti di ogni valore per la sua probabilità dà il *valore medio* di X:

$$M(X) = 50 \cdot \frac{1}{5} + 54 \cdot \frac{1}{4} + 58 \cdot \frac{2}{5} + 62 \cdot \frac{3}{20} = 56.$$

Il valore ottenuto, $\mu = 56$, esprime in modo sintetico la variabile casuale ed è un **valore teorico** che, come in questo caso, può non essere mai assunto dalla variabile casuale.

DEFINIZIONE

Data una variabile casuale discreta X che assume i valori $x_1, x_2, \dots, x_n$ con probabilità $p_1, p_2, \dots, p_n$, il **valore medio** (o **speranza**) $M(X)$ di X è la somma dei prodotti di ogni valore assunto dalla variabile casuale per la corrispondente probabilità:

$$M(X) = x_1p_1 + x_2p_2 + \dots + x_np_n = \sum_{i=1}^{n} x_ip_i.$$

Listen to it

The **expected value** of a discrete random variable is the sum of every possible value weighted by its probability.

Significato del valore medio

Se consideriamo un numero elevato di prove relative a un esperimento aleatorio, per la legge empirica del caso la frequenza relativa di un evento approssima la sua probabilità teorica. Pertanto, se consideriamo le frequenze relative degli eventi corrispondenti ai valori della variabile casuale discreta X che descrive l'esperimento, abbiamo che la media aritmetica ponderata approssima il valore medio di X.

▶ La variabile casuale X assume i valori -5, 3, 10 rispettivamente con probabilità 0,3, 0,5 e 0,2. Determina il valore medio di X. [2]

Riferendoci all'esempio precedente, notiamo che la media aritmetica ottenuta nell'esperimento delle 50 estrazioni, cioè il valore 55,76, è molto vicino al valore medio 56. All'aumentare del numero di estrazioni, la media aritmetica tenderà al valore medio teorico.

Quindi possiamo dire che *il valore medio permette di fare una previsione teorica* sul risultato dell'esperimento aleatorio quando il numero di prove è molto grande.

Esaminiamo un esempio.
Una ditta produce sedie da giardino e deve stabilire la quantità da produrre per la prossima stagione estiva, in relazione alla probabilità di vendita. La distribuzione di probabilità che esprime il numero di sedie che si venderanno è la seguente.

X	1500	1800	2000	2100	2500
f	0,30	0,35	0,15	0,12	0,08

Il numero di sedie che si prevede di vendere durante la prossima stagione estiva è:

$$M(X) = 1500 \cdot 0,30 + 1800 \cdot 0,35 + 2000 \cdot 0,15 + 2100 \cdot 0,12 + 2500 \cdot 0,08 =$$
$$450 + 630 + 300 + 252 + 200 = 1832.$$

Proprietà del valore medio

PROPRIETÀ

Siano X e Y due variabili casuali discrete e k, h due costanti numeriche.

1. Se X è *costante*, cioè assume sempre uno stesso valore a, allora $M(X) = a$;
2. $M(k \cdot X) = k \cdot M(X)$;
3. $M(X + h) = M(X) + h$;
4. $M(X + Y) = M(X) + M(Y)$;
5. Se X assume i valori $x_1, x_2, \dots, x_n$ con probabilità $p_1, p_2, \dots, p_n$:

$$M(X^2) = x_1^2p_1 + x_2^2p_2 + \dots + x_n^2p_n = \sum_{i=1}^{n} x_i^2p_i.$$

TEORIA

Combinando la seconda e la terza proprietà, otteniamo:

$$M(k \cdot X + h) = k \cdot M(X) + h.$$

Varianza e deviazione standard

Sono date le seguenti variabili discrete e le relative distribuzioni di probabilità.

X	9	12	15	18	21
f_X	0,1	0,2	0,4	0,2	0,1

Y	3	9	15	21	27
f_Y	0,15	0,2	0,3	0,2	0,15

Esse hanno la stessa media $M(X) = M(Y) = \mu = 15$. Tuttavia, osserviamo le rappresentazioni grafiche delle distribuzioni di probabilità.

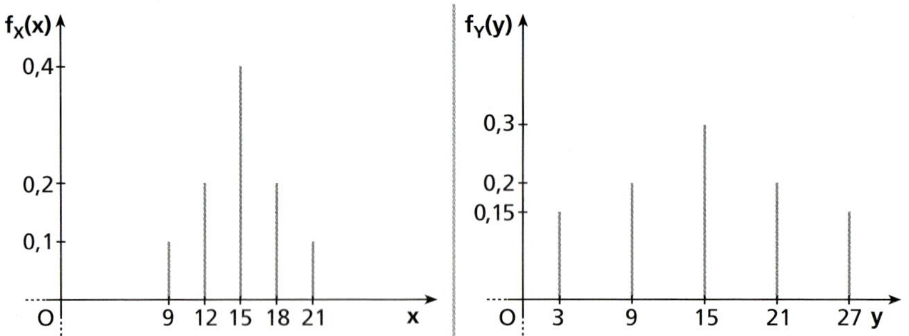

a. Grafico della distribuzione di probabilità di *X*.

b. Grafico della distribuzione di probabilità di *Y*.

Vediamo che nel primo caso i valori risultano più vicini al valore medio, pertanto c'è una minore *dispersione*.
Per misurare questa dispersione possiamo considerare gli scarti di ogni valore dal valore medio, creando così la variabile casuale $X - \mu$, che chiamiamo *variabile casuale scarto*, con la seguente distribuzione di probabilità.

$X-\mu$	-6	-3	0	3	6
$f_{X-\mu}$	0,1	0,2	0,4	0,2	0,1

Osserviamo che il valore medio della variabile casuale scarto è nullo:

$$M(X - \mu) = -6 \cdot 0{,}1 - 3 \cdot 0{,}2 + 3 \cdot 0{,}2 + 6 \cdot 0{,}1 = 0.$$

Nello stesso modo $M(Y - \mu) = 0$. Il valore medio dello scarto non è quindi adatto per esprimere la dispersione. Consideriamo allora i *quadrati degli scarti dal valore medio*, cioè la variabile $(X - \mu)^2$.

Assumiamo come indice della dispersione il valore medio di questa variabile casuale, che chiamiamo *varianza* e indichiamo con $var(X)$:

$$var(X) = M\left[(X - \mu)^2\right] = (-6)^2 \cdot 0{,}1 + (-3)^2 \cdot 0{,}2 + 0^2 \cdot 0{,}4 +$$

$$+ 3^2 \cdot 0{,}2 + 6^2 \cdot 0{,}1 = 10{,}8.$$

Possiamo anche considerare, come indice della dispersione, la radice quadrata della varianza, detta *deviazione standard* $\sigma(X)$:

$\sigma(X) = \sqrt{var(X)} = \sqrt{10,8} \simeq 3,29.$

La variabile casuale scarto di Y ha la seguente distribuzione di probabilità.

$Y-\mu$	-12	-6	0	6	12
$f_{Y-\mu}$	0,15	0,2	0,3	0,2	0,15

$$var(Y) = M\left[(Y-\mu)^2\right] = (-12)^2 \cdot 0,15 + (-6)^2 \cdot 0,2 + 0^2 \cdot 0,3 + 6^2 \cdot 0,2 +$$
$$+ 12^2 \cdot 0,15 = 57,6; \qquad \sigma(Y) = \sqrt{57,6} \simeq 7,59.$$

Questi valori confermano la maggiore dispersione della variabile Y che avevamo rilevato confrontando i grafici di X e Y.
Generalizziamo.

DEFINIZIONE
Data una variabile casuale discreta X, si chiama **variabile casuale scarto** di X la variabile casuale che ha per valori le differenze fra i valori di X e il valore medio $M(X)$, cioè la variabile $X - M(X)$.

Questa variabile non è molto significativa perché **il suo valore medio è sempre nullo**. Per avere informazioni riguardo alla dispersione dei valori di una variabile X, si considera allora la variabile casuale quadrato dello scarto di X.

DEFINIZIONE
Data una variabile casuale discreta X che assume i valori $x_1, x_2, \ldots, x_n$ con probabilità $p_1, p_2, \ldots, p_n$, e con valore medio $M(X) = \mu$, si chiama **varianza** di X, e si indica con $var(X)$, il valore medio della variabile casuale quadrato dello scarto di X:

$$var(X) = M[(X-\mu)^2] = \sum_{i=1}^{n}(x_i-\mu)^2 \cdot p_i = (x_1-\mu)^2 \cdot p_1 +$$
$$+ (x_2-\mu)^2 \cdot p_2 + \ldots + (x_n-\mu)^2 \cdot p_n.$$

Listen to it

The **variance** of a discrete random variable is the expected value of the squared differences between the possible values and the expected value of the random variable.

La varianza ci dice quanto sono concentrati i valori della variabile X attorno al valore medio μ. La varianza si può anche indicare con $\sigma^2(X)$.

DEFINIZIONE
La **deviazione standard** (o **scarto quadratico medio**) $\sigma(X)$ di una variabile casuale X è la radice quadrata della varianza di X:

$$\sigma(X) = \sqrt{var(X)}.$$

Attraverso il **valore di sintesi μ** e **il valore di dispersione σ^2**, possiamo, individuare le **caratteristiche di una variabile casuale**.

Si può inoltre dimostrare che vale il seguente teorema.

TEOREMA
Sia X una variabile casuale. La varianza di X è uguale alla differenza tra il valore medio della variabile X^2 e il quadrato del valore medio di X:

$$var(X) = M(X^2) - [M(X)]^2.$$

▶ Verifica l'uguaglianza $var(X) = M(X^2) - [M(X)]^2$ nel caso particolare della variabile casuale X con la seguente distribuzione e poi nel caso generale.

X	-3	1	2	3
f	0,1	0,15	0,3	0,45

Animazione

TEORIA

Proprietà della varianza

PROPRIETÀ

Siano X e Y due variabili casuali discrete e k, h due costanti numeriche:

1. $var(k \cdot X) = k^2 \cdot var(X)$;
2. $var(X + h) = var(X)$;
3. se le variabili sono *indipendenti*, $var(X + Y) = var(X) + var(Y)$.

Combinando le prime due proprietà, otteniamo:

$$var(k \cdot X + h) = k^2 \cdot var(X).$$

La semidifferenza tra $var(X + Y)$ e $[var(X) + var(Y)]$ viene detta **covarianza** di X e Y e si indica con $cov(X, Y)$:

$$\boldsymbol{cov(X, Y) = \frac{var(X + Y) - [var(X) + var(Y)]}{2}}.$$

La covarianza è un indice di variabilità che lega le due variabili.
Sappiamo che, se le variabili sono indipendenti, $var(X + Y) = var(X) + var(Y)$, quindi in tal caso $cov(X, Y) = 0$.

▶ Si estraggono consecutivamente senza reimmissione due palline da un'urna che contiene quattro palline numerate da 1 a 4. Indica con X il primo numero estratto e con Y il secondo numero estratto. Calcola $var(X + Y)$ e $cov(X, Y)$.

Animazione

La covarianza può anche essere calcolata direttamente (senza conoscere le varianze) nel seguente modo:

- si determinano gli scarti dei valori della variabile X;
- si determinano gli scarti dei valori della variabile Y;
- si calcola la somma dei prodotti degli scarti per le rispettive probabilità congiunte.

Notiamo che, quando conosciamo la covarianza di due variabili casuali X e Y, possiamo ricavare la varianza della loro somma dalla formula precedente:

$$var(X + Y) = var(X) + var(Y) + 2cov(X, Y).$$

3 Distribuzioni di probabilità di uso frequente

Per ogni fenomeno specifico si può costruire una sua variabile casuale. Lo statistico ha il compito di esaminare i fenomeni e di classificarli, andando oltre l'apparente diversità, per ricondurli a quelle «regolarità» che li descrivono.

Distribuzione uniforme discreta

▶ Esercizi a p. σ40

Un'urna contiene cinque palline con i numeri 3, 5, 7, 9 e 11. Si estrae una pallina. Indichiamo con X_1 la variabile casuale che rappresenta l'esito dell'estrazione. Ogni pallina ha la stessa probabilità delle altre di essere estratta, quindi, indicando con f la distribuzione di probabilità di X_1, abbiamo:

$$f(3) = f(5) = f(7) = f(9) = f(11).$$

Poiché

$$f(3) + f(5) + f(7) + f(9) + f(11) = 1,$$

deve essere:

$$f(3) = f(5) = f(7) = f(9) = f(11) = \frac{1}{5}.$$

Pertanto, la distribuzione di X_1 e la sua funzione di ripartizione sono le seguenti.

X_1	3	5	7	9	11
f	$\frac{1}{5}$	$\frac{1}{5}$	$\frac{1}{5}$	$\frac{1}{5}$	$\frac{1}{5}$
F	$\frac{1}{5}$	$\frac{2}{5}$	$\frac{3}{5}$	$\frac{4}{5}$	1

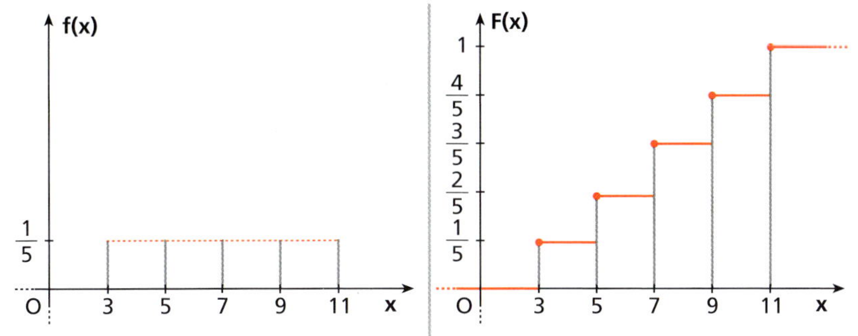

a. Grafico della distribuzione di probabilità di X_1.

b. Grafico della funzione di ripartizione di X_1.

In questo caso la distribuzione di probabilità è detta *uniforme*. Il grafico della sua distribuzione di probabilità ha un andamento rettilineo orizzontale. Il grafico della funzione di ripartizione è a gradini, con tutti i salti uguali e di ampiezza $\frac{1}{5}$.

DEFINIZIONE

Una variabile casuale discreta X ha una **distribuzione di probabilità uniforme** se tutti i suoi valori hanno la stessa probabilità, cioè, se X assume i valori $x_1, x_2, \dots, x_n$ e la probabilità è data da:

$$p(X = x_i) = \frac{1}{n}, \qquad i = 1, 2, \dots, n.$$

Listen to it

If a discrete random variable follows a **discrete uniform distribution**, then $p(X = x) = \frac{1}{n}$.

Più semplicemente diremo che una variabile casuale è *uniforme* o *distribuita uniformemente* se ha una distribuzione di probabilità uniforme.

Per calcolare il valore medio e la varianza di una distribuzione uniforme, in genere bisogna usare le solite formule, ma se i valori di una variabile casuale X sono 1, 2, 3, …, n e tutti hanno probabilità $p = \frac{1}{n}$, si può dimostrare che:

$$\boldsymbol{M(X) = \frac{n+1}{2}} \quad \text{e} \quad \boldsymbol{var(X) = \frac{n^2-1}{12}}.$$

Per esempio, se la variabile casuale X assume i valori 1, 2, 3, 4, 5, tutti con probabilità $\frac{1}{5}$, abbiamo:

$$\mu = \frac{5+1}{2} = 3, \qquad \sigma^2 = \frac{5^2-1}{12} = 2, \qquad \sigma = \sqrt{2}.$$

TEORIA

▶ Quattro libri hanno rispettivamente i seguenti numeri di pagine: 57, 117, 177 e 237. Se ne sceglie uno a caso. Se X è la variabile che indica il numero di pagine del libro scelto, trova la distribuzione, il valore medio e la varianza di X.

Animazione

Consideriamo di nuovo X_1. I suoi valori si possono ottenere dai valori 1, 2, 3, 4, 5 di una variabile X moltiplicando questi ultimi per 2 e aggiungendo 1 al prodotto. Pertanto X_1 è la variabile casuale $2 \cdot X + 1$ e quindi applicando le proprietà del valore medio e della varianza otteniamo:

$$\mu_1 = M(2X + 1) = 2M(X) + 1 = 2 \cdot 3 + 1 = 7;$$

$$\sigma_1^2 = var\,(2X + 1) = 2^2\, var\,(X) = 2^2 \cdot 2 = 8;$$

$$\sigma_1 = 2\sqrt{2}.$$

Distribuzione binomiale

▶ Esercizi a p. σ41

Un'urna contiene 8 palline nere e 24 bianche. Si estraggono consecutivamente cinque palline rimettendo ogni volta la pallina estratta nell'urna. Consideriamo l'evento «uscita della pallina nera».

Abbiamo un evento, con probabilità costante $p = \frac{1}{4}$, sottoposto a 5 prove tutte nelle stesse condizioni.

Consideriamo la variabile casuale X corrispondente al numero delle volte in cui l'evento può verificarsi. La variabile X assume i valori 0, 1, 2, 3, 4 e 5. Secondo lo schema delle prove ripetute, la probabilità che X assuma il valore x è:

$$p(X = x) = \binom{5}{x}\left(\frac{1}{4}\right)^x\left(\frac{3}{4}\right)^{5-x}.$$

La distribuzione e la funzione di ripartizione di X quindi sono le seguenti.

X	0	1	2	3	4	5
f	0,237305	0,395508	0,263672	0,087891	0,014648	0,000977
F	0,237305	0,632813	0,896484	0,984375	0,999023	1

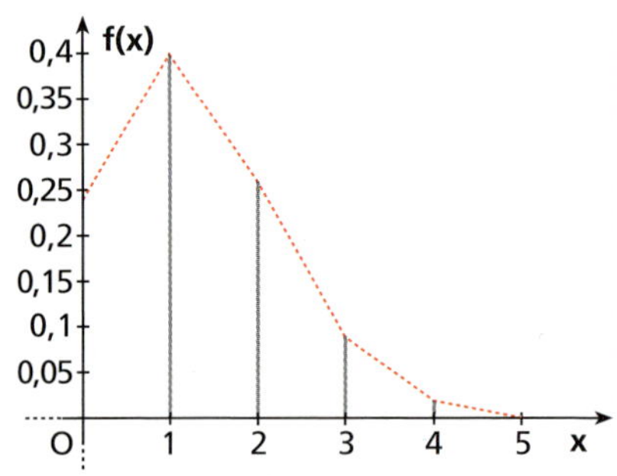

a. Grafico della distribuzione di probabilità di X.

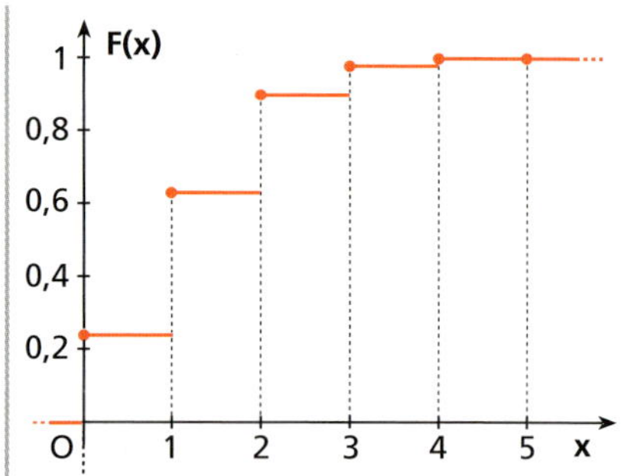

b. Grafico della funzione di ripartizione di X.

In questo caso la distribuzione è detta *binomiale* di parametri 5 e $\frac{1}{4}$.

DEFINIZIONE

Una variabile casuale discreta X, con valori $x = 0, 1, 2, \ldots, n$, ha una **distribuzione di probabilità binomiale** di *parametri* n e p (con $0 < p < 1$) se:

$$p(X = x) = \binom{n}{x} p^x (1 - p)^{n-x}.$$

Una variabile casuale con distribuzione binomiale, detta *variabile binomiale*, de-

Listen to it

If a discrete random variable follows a **binomial distribution**, then

$p(X = x) = \binom{n}{x} p^x (1 - p)^{n-x}$.

scrive il numero di volte in cui si può verificare un evento aleatorio di probabilità p su n prove indipendenti.
Supponiamo di effettuare una sola prova. Abbiamo la seguente distribuzione di probabilità.

X_1	0	1
f	$1-p$	p

Questa particolare variabile binomiale di parametri 1 e p è detta **di Bernoulli** (o **bernoulliana**).

Il valore medio di X_1 è

$$M(X_1) = 0 \cdot (1-p) + 1 \cdot p = p$$

e la varianza vale:

$$var(X_1) = M(X_1^2) - [M(X_1)]^2 = p - p^2 = p(1-p).$$

In generale, per una variabile binomiale X di parametri n e p, si può dimostrare che:

$$\boldsymbol{M(X) = np} \quad \text{e} \quad \boldsymbol{var(X) = np(1-p)}.$$

ESEMPIO

Una macchina di precisione produce pezzi di ricambio per elettrodomestici con una percentuale del 2% di pezzi difettosi.
Calcoliamo il numero medio di pezzi difettosi che si possono prevedere su una produzione giornaliera di 400 pezzi e la deviazione standard.

Essendo $n = 400$, $p = 0{,}02$ e $1 - p = 0{,}98$, otteniamo:

$$\mu = 400 \cdot 0{,}02 = 8 \quad \text{e} \quad \sigma = \sqrt{400 \cdot 0{,}02 \cdot 0{,}98} = 2{,}8.$$

► Al poligono di tiro Andrea colpisce il bersaglio una volta su dieci. Fa 6 tiri. Qual è la probabilità che colpisca il bersaglio almeno 4 volte? [0,00127]

Video

Roulette e distribuzioni di probabilità
Alla roulette si può puntare su un gruppo di numeri.

► Qual è la probabilità di vincere almeno 40 volte se puntiamo 100 volte sulla prima dozzina di numeri?

► Usando i dati dell'esercizio precedente, qual è il numero medio di bersagli colpiti da Andrea? [0,6]

Distribuzione di Poisson

▶ Esercizi a p. σ43

Un evento ha probabilità $p = 0{,}005$. Calcoliamo la probabilità che su 800 prove, *effettuate nelle stesse condizioni*, l'evento si verifichi 6 volte.
Possiamo considerare una variabile casuale X binomiale di parametri $n = 800$ e $p = 0{,}005$ e calcolare:

$$p(X=6) = \binom{800}{6} \cdot 0{,}005^6 \cdot 0{,}995^{794} \simeq 0{,}10433.$$

Si può dimostrare che se, come in questo caso, n è grande e p è piccolo, allora posto $np = \lambda$, la quantità $\binom{n}{x} p^x (1-p)^{n-x}$ si può approssimare con $\frac{\lambda^x}{x!} \cdot e^{-\lambda}$.

Nel nostro caso, per esempio, osservato che $\lambda = n \cdot p = 800 \cdot 0{,}005 = 4$, possiamo calcolare:

$$p(X=6) = \frac{4^6}{6!} e^{-4} \simeq 0{,}104196,$$

che è una buona approssimazione del valore precedente.
Si può provare che l'approssimazione diventa migliore al crescere di n.

Possiamo costruire, quindi, una variabile casuale X immaginando che il numero di prove sia infinito. La variabile X perciò può assumere un qualunque valore x intero non negativo, e la probabilità che assuma tale valore è:

$$p(X = x) = \frac{\lambda^x}{x!} \cdot e^{-\lambda}.$$

Questa distribuzione si chiama *distribuzione di Poisson*.

Listen to it

If a discrete random variable follows a **Poisson distribution** with parameter λ, then $p(X = x) = \frac{\lambda^x}{x!} \cdot e^{-\lambda}$.

DEFINIZIONE

Una variabile casuale discreta X, che assume valori $x = 0, 1, 2, \dots$, ha una **distribuzione di probabilità di Poisson** di *parametro* λ (con $\lambda > 0$) se:

$$p(X = x) = \frac{\lambda^x}{x!} \cdot e^{-\lambda}.$$

La distribuzione di Poisson approssima quella binomiale quando il numero delle prove n è elevato e la probabilità di successo p è piccola, ponendo $\lambda = np$. Per questo si usa indicare la distribuzione di Poisson come *distribuzione degli eventi rari*.
Una *variabile di Poisson*, cioè una variabile che ha una distribuzione di Poisson, può assumere tutti i **valori interi non negativi**.
Le variabili di Poisson sono utilizzate, per esempio, per modellizzare importanti fenomeni in fisica (decadimento radioattivo), in medicina (malattie rare) o in campo economico (file di attesa).

Il parametro λ di una distribuzione di Poisson assume particolare interesse perché si può dimostrare che, per una variabile casuale discreta X con questa distribuzione di probabilità, esso coincide con il valore medio e la varianza della variabile:

$$M(X) = var(X) = \lambda.$$

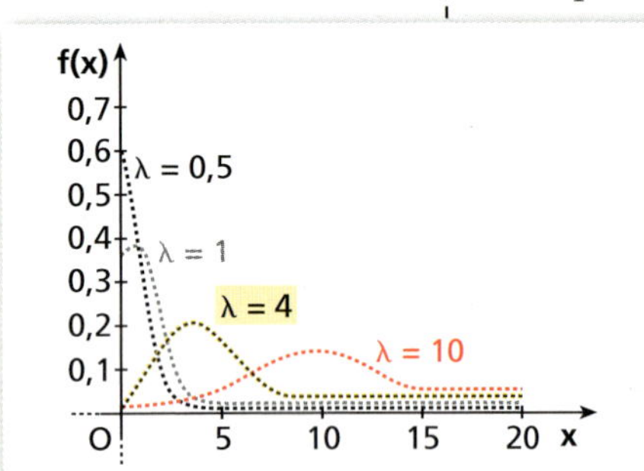

Confrontiamo i grafici di quattro distribuzioni di Poisson con $\lambda = 0{,}5,\ 1,\ 4,\ 10$.

Osserviamo che all'aumentare del valore di λ la distribuzione della probabilità tende a diventare simmetrica attorno al valore medio.

ESEMPIO

A uno sportello bancario arrivano in media 30 persone all'ora.
Calcoliamo la probabilità che in 5 minuti:

- arrivino 4 persone;
- arrivino meno di 3 persone.

Calcoliamo in media quante persone arrivano in 5 minuti; essendo 30 le persone e 60 i minuti in un'ora, indicando con λ il valore medio cercato, abbiamo:

$$30 : 60 = \lambda : 5 \rightarrow \lambda = 2{,}5.$$

Modellizziamo gli arrivi con una variabile di Poisson X di parametro $\lambda = 2{,}5$. Per ogni $x \in \mathbb{N}$,

$$p(X = x) = \frac{2{,}5^x}{x!} e^{-2{,}5},$$

pertanto $p(X = 4) = \frac{2{,}5^4}{4!} e^{-2{,}5} \simeq 0{,}133602$.

La probabilità che arrivino meno di 3 persone è

$$p(X \le 2) = F(2) = p(X = 0) + p(X = 1) + p(X = 2) \simeq 0{,}543813.$$

▶ A un distributore di benzina arrivano ogni ora mediamente 5 auto per fare rifornimento. Calcola la probabilità che in un'ora arrivino 6 auto al distributore. [$\simeq 0{,}15$]

4 Giochi aleatori

Esercizi a p. σ45

Una persona decide di partecipare al seguente gioco. Viene lanciato un dado. Se esce il numero 1 essa riceve € 7, se esce un numero pari riceve € 4, altrimenti deve pagare € 2.

Consideriamo la variabile casuale X che rappresenta i guadagni (positivi e negativi) e la sua distribuzione di probabilità.

X	7	4	-2
f_X	$\frac{1}{6}$	$\frac{1}{2}$	$\frac{1}{3}$

Calcoliamo il valore medio di X.

$$M(X) = 7 \cdot \frac{1}{6} + 4 \cdot \frac{1}{2} - 2 \cdot \frac{1}{3} = 2{,}5.$$

Il valore ottenuto rappresenta non la vincita di una partita, ma quello che il giocatore può sperare di realizzare in media giocando un numero elevato di volte. Dal momento che la speranza di guadagno è positiva, possiamo pensare che il gioco sia favorevole per il giocatore.

In generale, se:

- $M(X) = 0$, si ha un **gioco equo**;
- $M(X) > 0$, il **gioco è favorevole**;
- $M(X) < 0$, il **gioco è sfavorevole**.

Consideriamo il caso di due giocatori, A e B, che giocano uno contro l'altro. Indichiamo con S_A e S_B le somme che essi pagano in caso di vincita dell'avversario e siano p la probabilità di vincita di B e $q = 1 - p$ la probabilità di vincita di A. Quindi, pensando al giocatore B, egli vince S_A con probabilità p e perde S_B con probabilità q. La speranza di vincita per B è $S_A \cdot p - S_B \cdot q$. Il gioco è equo se $S_A \cdot p - S_B \cdot q = 0$. Possiamo anche scrivere: $S_A \cdot p = S_B \cdot q$, cioè $S_A : S_B = q : p$.

Quindi *in un gioco equo le poste dei due giocatori sono proporzionali alla probabilità di vincita.*

Applicando la proprietà del comporre, si ha $(S_A + S_B) : S_B = (q + p) : p$; essendo $(S_A + S_B) = V$, dove V è il piatto, cioè la somma delle poste, e $(p + q) = 1$, si ha:

$$V : S_B = 1 : p, \quad \text{cioè} \quad S_B = V \cdot p.$$

Riprendiamo l'esempio precedente. La speranza di vincita del giocatore è 2,5, quindi possiamo dire che il gioco gli è favorevole.

Calcoliamo quanto dovrebbe essere la somma P (cioè la posta) che il giocatore dovrebbe pagare, se esce un numero dispari diverso da 1, affinché il gioco sia equo. Scriviamo la relazione $M(X) = 0$ come equazione con incognita P:

$$7 \cdot \frac{1}{6} + 4 \cdot \frac{1}{2} - P \cdot \frac{1}{3} = 0 \quad \rightarrow \quad P = 9{,}5.$$

Quindi la distribuzione di X, in caso di equità, dovrebbe essere la seguente.

X	7	4	$-9{,}5$
f_X	$\frac{1}{6}$	$\frac{1}{2}$	$\frac{1}{3}$

guadagni (positivi o negativi) in caso di gioco equo

Consideriamo ora lo stesso gioco con un'altra «organizzazione».
Al giocatore viene chiesto un *prezzo* di € 9,5 per partecipare al gioco gestito da un *banco*. Questo prezzo non è altro che la posta da pagare prima che il gioco inizi.

TEORIA

Per la condizione di equità, a fronte di una posta di € 9,5 pagata prima di iniziare il gioco, il giocatore dovrebbe ricevere:

- € 7 + € 9,5 = € 16,5 se esce la faccia 1;
- € 4 + € 9,5 = € 13,5 se esce un numero pari;
- € − 9,5 + € 9,5 = € 0 altrimenti.

Il gioco è lo stesso, solo che qui stiamo considerando le vincite lorde.

Consideriamo una nuova variabile, $V = X + 9{,}5$, che indica la vincita lorda del giocatore, cioè la somma della vincita netta e della posta.

V	16,5	13,5	0
f_V	$\frac{1}{6}$	$\frac{1}{2}$	$\frac{1}{3}$

Osserviamo che $M(V) = 16{,}5 \cdot \frac{1}{6} + 13{,}6 \cdot \frac{1}{3} = 9{,}5$, che potevamo calcolare usando le proprietà della media:

$$M(V) = M(X + 9{,}5) = M(X) + 9{,}5 = 9{,}5.$$

Ciò vuol dire, affinché il gioco sia equo, la posta deve essere uguale al valore medio delle vincite lorde del giocatore contro il banco.

In generale, se V è la variabile casuale che rappresenta le vincite lorde che si possono ottenere in un gioco, si ha equità se la posta P è uguale al valore medio di V:

$$\boldsymbol{P = M(V)}.$$

ESEMPIO

In un gioco con un mazzo di 40 carte si estraggono contemporaneamente 2 carte. Se sono due figure, si vincono 52 euro, e se è una sola figura, si vincono 26 euro. Per partecipare al gioco viene richiesta una posta di 20 euro.

Le probabilità di vincita sono $\frac{11}{130}$ e $\frac{28}{65}$, quindi la distribuzione delle vincite lorde è la seguente.

V	52	26	0
f_V	$\frac{11}{130}$	$\frac{28}{65}$	$\frac{63}{130}$

Affiché il gioco sia equo, la posta dovrebbe essere uguale al valore medio di V. Poiché

$$M(V) = 52 \cdot \frac{11}{130} + 26 \cdot \frac{28}{65} = 15{,}6,$$

il gioco è sfavorevole essendo la posta richiesta superiore.

Possiamo anche verificare che la speranza dei guadagni $X = V - 20$, in base alla posta richiesta di 20 euro, è negativa, e il risultato è proprio la differenza fra la posta in caso di equità e la posta richiesta:

$$M(X) = (52 - 20) \cdot \frac{11}{130} + (26 - 20) \cdot \frac{28}{65} - 20 \cdot \frac{63}{130} = -4{,}4.$$

▶ In una piccola lotteria, su 100 biglietti venduti ce n'è uno che permette di vincere € 200, 2 che permettono di vincere € 100 e 3 che permettono di vincere € 50. Ogni biglietto costa € 10. Il gioco è equo? Se non lo è, determina il prezzo del biglietto affinché la lotteria sia equa. [€ 5,5]

MATEMATICA INTORNO A NOI

Conviene giocare? Esistono tanti tipi di slot machine, ma tutte si basano sullo stesso tipo di procedimento: si inseriscono i soldi, i rulli iniziano a ruotare e si fermano in modo casuale indipendentemente l'uno dall'altro.

▶ Con l'aiuto di una slot semplificata proviamo a capire se questo gioco è equo.

Approfondimento

5 Variabili casuali standardizzate

▶ Esercizi a p. σ46

Le seguenti variabili casuali discrete mostrano il punteggio di due test sottoposti ai 23 alunni di una classe, in momenti successivi. I test si differenziano per il numero dei quesiti, e quindi per il punteggio massimo ottenibile, e per la difficoltà.

X_1	0	1	2	3	4	5	6	7	8
f_{X_1}	$\frac{2}{23}$	$\frac{2}{23}$	$\frac{2}{23}$	$\frac{6}{23}$	$\frac{3}{23}$	$\frac{3}{23}$	$\frac{2}{23}$	$\frac{1}{23}$	$\frac{1}{23}$

X_2	0	1	2	3	4	5
f_{X_2}	$\frac{2}{23}$	$\frac{4}{23}$	$\frac{5}{23}$	$\frac{5}{23}$	$\frac{4}{23}$	$\frac{3}{23}$

I valori assunti dalle variabili corrispondono ai punteggi possibili, mentre le distribuzioni di probabilità sono determinate dalle frequenze relative dei punteggi nella classe (per esempio, nel secondo test 5 alunni su 23 hanno ottenuto 3 punti).

Le due variabili casuali hanno rispettivamente valori medi:

$$\mu_1 \simeq 3{,}478 \quad \text{e} \quad \mu_2 \simeq 2{,}609.$$

Consideriamo un alunno che ha conseguito 4 punti nel primo test e 3 nel secondo e calcoliamo gli scarti dalle medie dei suoi punteggi:

$$4 - \mu_1 \simeq 0{,}522;$$

$$3 - \mu_2 \simeq 0{,}391.$$

Potremmo concludere che l'alunno ha avuto un peggioramento, in quanto con il primo test ha uno scarto positivo, rispetto alla media della classe, maggiore di quello del secondo test.

La differenza con la media non è però sufficiente a valutare la situazione, in quanto non tiene conto della diversa difficoltà dei test.
La difficoltà è misurata dalla variabilità dei risultati, e pertanto rapportiamo le differenze dal valore medio con le deviazioni standard, cioè misuriamo gli scarti dai valori medi in unità di σ.

Essendo $\sigma_1 \simeq 2{,}061$ e $\sigma_2 \simeq 1{,}496$,

abbiamo: $\frac{4-\mu_1}{\sigma_1} \simeq 0{,}253$ e $\frac{3-\mu_2}{\sigma_2} \simeq 0{,}261.$

Dobbiamo concludere che, per il secondo test, l'alunno ha conseguito un miglioramento rispetto alla situazione complessiva della classe.

TEORIA

Se operiamo la stessa trasformazione per tutti i valori della variabile casuale X_1, otteniamo una **nuova variabile casuale Z_1**, detta *standardizzata*, **che ha la stessa distribuzione di probabilità**:

$$Z_1 = \frac{X_1 - \mu_1}{\sigma_1} \simeq \frac{X_1 - 3,478}{2,061}.$$

Z_1	$-1,688$	$-1,202$	$-0,717$	$-0,232$	0,253	0,738	1,224	1,709	2,194
f_{Z_1}	$\frac{2}{23}$	$\frac{2}{23}$	$\frac{3}{23}$	$\frac{6}{23}$	$\frac{3}{23}$	$\frac{3}{23}$	$\frac{2}{23}$	$\frac{1}{23}$	$\frac{1}{23}$

Listen to it

Given a random variable X whose expected value and **standard deviation** are respectively μ and σ, the **standardized random variable** associated with X is given by: $Z = \frac{X-\mu}{\sigma}$.

DEFINIZIONE

Data una variabile casuale X con valore medio μ e deviazione standard σ, la **variabile casuale standardizzata di X** è la variabile casuale:

$$Z = \frac{X - \mu}{\sigma}.$$

Effettuando la standardizzazione di una variabile casuale si possono fare confronti tra fenomeni descritti da grandezze diverse, cioè da variabili aventi unità di misura diverse, in quanto la variabile Z è indipendente dall'unità di misura.

I valori assunti dalla variabile standardizzata Z di una variabile casuale X vengono chiamati **punti zeta** e hanno la stessa distribuzione di probabilità di X.

Applicando le proprietà del valore medio e della varianza osserviamo che

$$M(Z) = M\left(\frac{X-\mu}{\sigma}\right) = \frac{1}{\sigma}M(X-\mu) = \frac{1}{\sigma}[M(X)-\mu] = \frac{1}{\sigma}(\mu-\mu) = 0$$

e

$$var(Z) = M(Z^2) - [M(Z)]^2 = M\left[\left(\frac{X-\mu}{\sigma}\right)^2\right] - 0 = \frac{1}{\sigma^2}M[(X-\mu)^2] =$$

$$\frac{1}{\sigma^2}\cdot\sigma^2 = 1.$$

Pertanto vale la seguente proprietà.

▶ Una variabile casuale X assume i valori -3, 2 e 5, e ha valore medio 1,5 e varianza 4. Trova i punti zeta della variabile standardizzata. [$-2,25; 0,25; 1,75$]

PROPRIETÀ

Una variabile standardizzata Z ha valore medio nullo e varianza e deviazione standard unitarie:

$$M(Z) = 0, \quad var(Z) = \sigma(Z) = 1.$$

6 Variabili casuali continue

Consideriamo un esperimento in cui abbiamo un cronometro che fermiamo, in modo casuale, premendo un pulsante. Vogliamo determinare la probabilità che venga fermato, per esempio, esattamente dopo 8 secondi. La grandezza legata al fenomeno aleatorio è il tempo, che varia con continuità: a seconda della sensibilità del cronometro, possiamo pensare di considerare, oltre ai secondi, i decimi di secondo, i centesimi e così via. Se consideriamo un intervallo di tempo, per esempio fra 0 e 10 secondi, a ogni istante possiamo far corrispondere un numero reale e viceversa. In generale, diamo la seguente definizione.

DEFINIZIONE
Una **variabile casuale** (o **aleatoria**) **continua** X è una funzione, definita sullo spazio dei campioni di un esperimento aleatorio, che può assumere tutti i valori reali contenuti in un intervallo (limitato o illimitato).

Listen to it

A random variable is said to be **continuous** if it can take any value in a finite or infinite interval of real values.

Riprendiamo il nostro esempio.
La possibilità di fermare il cronometro dopo 8 secondi esatti è praticamente nulla, in quanto si tratta di «centrare» un istante preciso fra gli infiniti istanti possibili. Questo è vero anche per qualsiasi altro istante.

Il modello matematico che serve per descrivere le probabilità associate a una variabile casuale continua X che varia entro un intervallo $I = [a; b]$, dove $I \subseteq \mathbb{R}$, non si basa quindi sulle probabilità dei singoli valori di X, bensì sulla probabilità che X assuma valori compresi fra due estremi $x_1, x_2 \in I$.

Per esempio, nel caso del cronometro, potremmo chiederci qual è la probabilità di fermarlo in un istante compreso fra 7 e 9 secondi.

Per il calcolo della probabilità utilizziamo una funzione $f(x) \geq 0$, definita punto per punto in $\mathbb{R}$, chiamata *funzione densità di probabilità di X*: il valore della probabilità $p(x_1 \leq X \leq x_2)$ **è uguale all'area compresa fra il grafico di $f(x)$ e l'asse delle ascisse nell'intervallo $[x_1; x_2]$.**

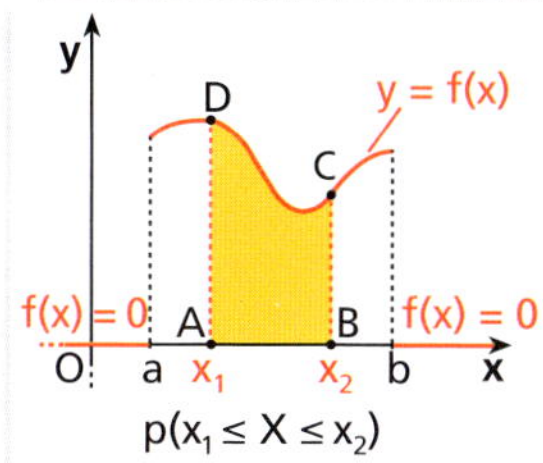

DEFINIZIONE
La **funzione densità di probabilità** di una variabile casuale continua X è una funzione $f(x)$ tale che:

$$f(x) \geq 0, \quad \forall x \in \mathbb{R}; \qquad \int_{-\infty}^{+\infty} f(x)\,dx = 1;$$

$$p(x_1 \leq X \leq x_2) = \int_{x_1}^{x_2} f(x)\,dx, \qquad \forall x_1 < x_2.$$

▶ Verifica che la funzione

$$f(x) = \begin{cases} 3e^{-3x} & \text{se } x \geq 0 \\ 0 & \text{se } x < 0 \end{cases}$$

è la densità di probabilità di una variabile casuale X e calcola $p(-3 \leq X < 4)$. $[1 - e^{-12}]$

Il fatto che $f(x) \geq 0$ ci assicura che, per ogni $x_1 < x_2$, effettivamente

$$p(x_1 \leq X \leq x_2) \geq 0.$$

La condizione $\int_{-\infty}^{+\infty} f(x)dx = 1$ corrisponde alla condizione che l'evento «$X \in \mathbb{R}$» sia un evento certo, ed è l'analoga della condizione $f(x_1) + f(x_2) + \ldots + f(x_n) = 1$ per le variabili casuali discrete.

Con questa definizione si verifica facilmente che, per ogni $x \in \mathbb{R}$,

$$p(X = x) = p(x \leq X \leq x) = \int_x^x f(t)\,dt = 0,$$

cioè la probabilità che una variabile casuale continua X assuma un certo valore x è nulla.

Per questo motivo abbiamo anche che

$$p(x_1 \leq X \leq x_2) = p(x_1 < X \leq x_2) = p(x_1 \leq X < x_2) = p(x_1 < X < x_2).$$

Osserviamo che, quando l'intervallo I in cui varia X ha estremi finiti a e b, la

TEORIA

Listen to it

The **probability density function** associated with a continuous random variable X is the function which computes the probability that X will assume some value within a given interval, while the **cumulative distribution function** gives the probability that X will assume a value smaller than or equal to a given value.

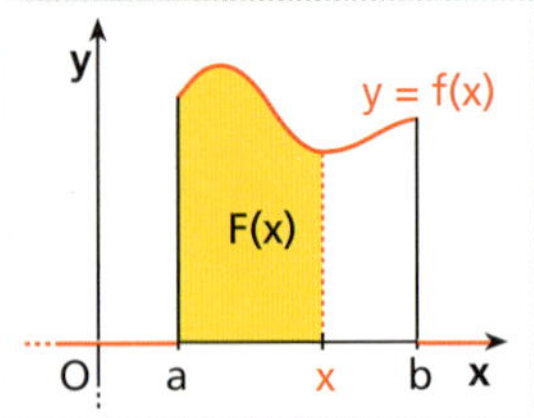

funzione densità di probabilità ha valore $f(x) = 0$, per $x < a$ e per $x > b$. L'area complessiva compresa tra il grafico di $f(x)$ e l'asse x coincide con quella relativa all'intervallo $I = [a; b]$.

Analogamente al caso discreto, introduciamo il concetto di funzione di ripartizione.

DEFINIZIONE

La **funzione di ripartizione** di una variabile casuale continua X con densità di probabilità $f(x)$ è la funzione $F(x)$ che, per ogni $x \in \mathbb{R}$, fornisce la probabilità che X assuma un valore non superiore a x:

$$F(x) = p(X \leq x) = \int_{-\infty}^{x} f(t)\, dt.$$

- $F(x)$ è uguale all'area compresa tra il grafico della funzione densità di probabilità $f(x)$ e l'asse delle ascisse nell'intervallo $]-\infty; x]$.
- Essa è una **primitiva della funzione densità di probabilità** $f(x)$, cioè:

$$F'(x) = \frac{dF(x)}{dx} = f(x).$$

- Possiamo utilizzare $F(x)$ per calcolare $p(x_1 \leq X \leq x_2)$ applicando la relazione

$$p(x_1 \leq X \leq x_2) = F(x_2) - F(x_1).$$

Anche per le variabili casuali continue possiamo parlare di valore medio, varianza e deviazione standard. Le formule sono l'estensione nel continuo di quelle per le variabili casuali discrete; l'integrale sostituisce la sommatoria.

Valore medio: $\boldsymbol{M(X) = \int_{-\infty}^{+\infty} x \cdot f(x)\, dx}$.

Varianza: $\boldsymbol{var(X) = \int_{-\infty}^{+\infty} [x - M(X)]^2 f(x)\, dx}$.

Deviazione standard: $\boldsymbol{\sigma(X) = \sqrt{var(X)}}$.

Possiamo inoltre definire la somma e il prodotto tra una variabile casuale continua e una costante.
Continuano a valere le proprietà:

$$M(X + h) = M(X) + h; \qquad M(kX) = kM(X);$$
$$var(X + h) = var(X); \qquad var(kX) = k^2 var(X).$$

La standardizzata di una variabile casuale continua X con media μ e deviazione standard σ è

$$Z = \frac{X - \mu}{\sigma},$$

per la quale $M(Z) = 0$ e $var(Z) = 1$.

La probabilità che X assuma un valore compreso tra x_1 e x_2 coincide con la probabilità che la sua standardizzata Z assuma un valore compreso tra i relativi punti zeta, cioè, se $z_1 = \frac{x_1 - \mu}{\sigma}$ e $z_2 = \frac{x_2 - \mu}{\sigma}$, allora:

$$p(x_1 \leq X \leq x_2) = p(z_1 \leq Z \leq z_2).$$

È anche possibile definire la variabile casuale X^2, che ha media

$$M(X^2) = \int_{-\infty}^{+\infty} x^2 f(x)\,dx.$$

Come per le variabili casuali discrete, vale il teorema:

$$var(X) = M(X^2) - [M(X)]^2.$$

ESEMPIO

Una variabile casuale continua X varia nell'intervallo $[0; 2]$ e la sua funzione densità di probabilità è:

$$f(x) = \begin{cases} \dfrac{x^3}{4} & \text{se } 0 \le x \le 2 \\ 0 & \text{se } x < 0 \text{ o } x > 2 \end{cases}.$$

Determiniamo la funzione di ripartizione:

$$F(x) = \begin{cases} 0 & \text{se } x < 0 \\ \displaystyle\int_0^x \frac{t^3}{4}dt = \left[\frac{t^4}{16}\right]_0^x = \frac{1}{16}x^4 & \text{se } 0 \le x \le 2. \\ 1 & \text{se } x > 2 \end{cases}$$

Calcoliamo la probabilità che X assuma un valore compreso tra 1 e 1,5,

$$p(1 \le X \le 1{,}5) = \int_1^{1{,}5} \frac{x^3}{4}dx = \left[\frac{x^4}{16}\right]_1^{1{,}5} = \frac{1}{16}(5{,}0625 - 1) \simeq 0{,}2539.$$

Il valore medio è $M(X) = \displaystyle\int_0^2 x \cdot \frac{x^3}{4}dx = \frac{8}{5}$.

La varianza è:

$$var(X) = \int_0^2 \left(x - \frac{8}{5}\right)^2 \frac{x^3}{4}dx = \frac{8}{75}.$$

Più semplicemente, applicando la proprietà $var(X) = M(X^2) - [M(X)]^2$:

$$var(X) = \int_0^2 x^2 \cdot \frac{x^3}{4}dx - \left(\frac{8}{5}\right)^2 = \int_0^2 \frac{x^5}{4}dx - \frac{64}{25} = \frac{8}{3} - \frac{64}{25} = \frac{8}{75}.$$

▶ Una variabile casuale X ha la seguente funzione di ripartizione:

$$F(x) = \begin{cases} 0 & \text{se } x < 1 \\ \ln x & \text{se } 1 \le x \le e. \\ 1 & \text{se } x > e \end{cases}$$

Calcola:
- $p(0 \le X \le \sqrt{e})$;
- $M(X)$;
- $var(X)$.

Animazione

Distribuzione uniforme continua

▶ Esercizi a p. σ49

Consideriamo una variabile casuale continua X a valori nell'intervallo $[0; 10]$, che abbia una funzione densità di probabilità del tipo:

$$f(x) = \begin{cases} 0 & \text{se } x < 0 \\ c & \text{se } 0 \le x \le 10, \\ 0 & \text{se } x > 10 \end{cases} \quad \text{con } c \text{ un numero reale positivo costante.}$$

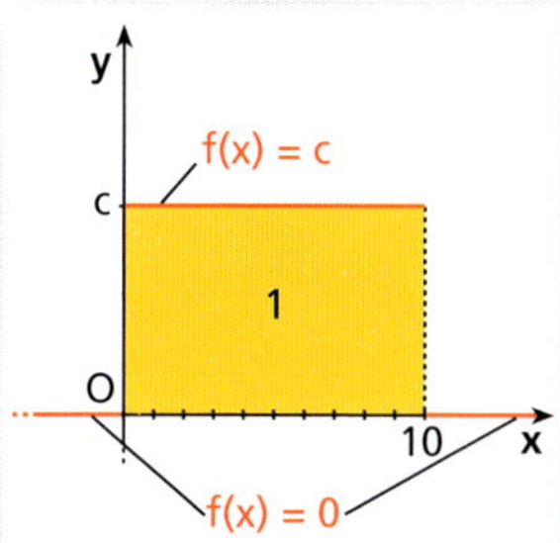

Il grafico di $f(x)$ è rappresentato nella figura a lato.

Per la definizione di funzione densità di probabilità, l'area nell'intervallo $[0; 10]$ compresa tra questa retta e l'asse delle ascisse, cioè l'area del rettangolo di base 10 e altezza c, deve essere uguale a 1, pertanto:

$$10 \cdot c = 1 \;\rightarrow\; c = \frac{1}{10}, \quad f(x) = \frac{1}{10} \text{ per } 0 \le x \le 10.$$

Una distribuzione di questo tipo è detta *uniforme*.

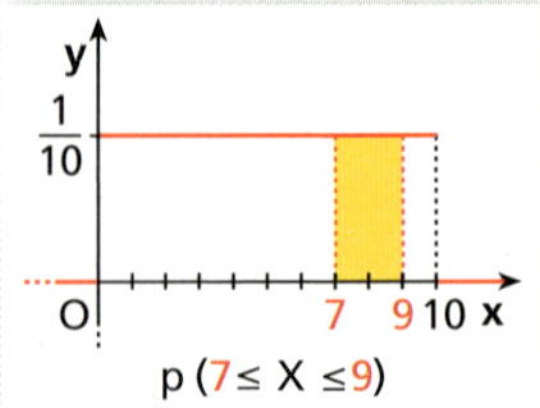

La probabilità che la variabile X assuma valori contenuti in un intervallo $[x_1; x_2]$, per esempio $x_1 = 7$ e $x_2 = 9$, è:

$$p(7 \leq X \leq 9) = \int_7^9 \frac{1}{10}\, dx = \left[\frac{x}{10}\right]_7^9 = \frac{1}{5}.$$

Determiniamo la funzione di ripartizione $F(x) = p(X \leq x) = \int_{-\infty}^{x} f(t)dt$.

Se $x < 0$ integriamo f su un intervallo in cui essa è nulla, quindi $F(x) = 0$.
Se $0 \leq x \leq 10$, allora:

$$F(x) = p(X \leq x) = \int_0^x \frac{1}{10}\, dt = \left[\frac{t}{10}\right]_0^x = \frac{x}{10}.$$

Se $x > 10$ integriamo f su un intervallo in cui essa è non nulla solo tra 0 e 10, quindi:

$$F(x) = \int_{-\infty}^{x} f(t)dt = \int_0^{10} \frac{1}{10}\, dt = 1.$$

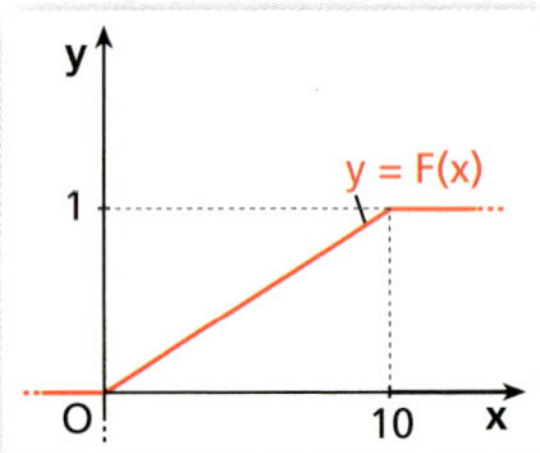

Il grafico della funzione di ripartizione è rappresentato nella figura a lato.

Utilizzando la funzione di ripartizione, possiamo calcolare in modo alternativo la probabilità che X assuma un valore compreso fra 7 e 9:

$$p(7 \leq X \leq 9) = F(9) - F(7) = \frac{9}{10} - \frac{7}{10} = \frac{1}{5}.$$

In generale abbiamo la seguente definizione.

DEFINIZIONE

Si dice che una variabile casuale continua X, a valori in $[a; b]$, ha una **distribuzione uniforme** se la sua funzione densità di probabilità è:

$$f(x) = \begin{cases} 0 & \text{se } x < a \\ \dfrac{1}{b-a} & \text{se } a \leq x \leq b. \\ 0 & \text{se } x > b \end{cases}$$

La probabilità che X assuma valori contenuti nell'intervallo $[x_1; x_2]$ (con $a \leq x_1 \leq x_2 \leq b$) è:

$$p(x_1 \leq X \leq x_2) = \int_{x_1}^{x_2} \frac{1}{b-a}\, dx = \left[\frac{x}{b-a}\right]_{x_1}^{x_2} = \frac{x_2 - x_1}{b-a}.$$

La funzione di ripartizione di X è:

$$F(x) = \begin{cases} 0 & \text{se } x < a \\ \displaystyle\int_a^x \frac{1}{b-a}\, dt = \frac{x-a}{b-a} & \text{se } a \leq x \leq b. \\ 1 & \text{se } x > b \end{cases}$$

Inoltre si può dimostrare che:

$$\boldsymbol{M(X) = \frac{a+b}{2}} \quad \text{e} \quad \boldsymbol{var(X) = \frac{(b-a)^2}{12}}.$$

► Una variabile casuale X è uniformemente distribuita sull'intervallo $[-3; 5]$. Determina: $p(-2 \leq X \leq 4)$, $p(X \geq 0)$, $M(X)$ e $var(X)$.

Animazione

Distribuzione normale o gaussiana

► Esercizi a p. σ50

La *distribuzione normale* è una funzione densità di probabilità che è stata individuata come il modo con il quale si distribuiscono le misure ripetute, che differiscono fra loro per motivi accidentali, di una stessa grandezza X.

DEFINIZIONE

Si dice che una variabile casuale continua X ha una **distribuzione normale** (o **gaussiana**) se la sua funzione densità di probabilità è definita in $\mathbb{R}$ e ha espressione:

$$f(x) = \frac{1}{\sigma\sqrt{2\pi}} \cdot e^{-\frac{(x-\mu)^2}{2\sigma^2}},$$

dove μ e σ sono parametri reali e $\sigma > 0$.
Indichiamo questa distribuzione con

$$N(\mu; \sigma^2).$$

Sono molto frequenti i fenomeni collettivi naturali, sociali e produttivi i cui valori si possono rappresentare con una *variabile casuale normale*, cioè una variabile casuale continua con distribuzione normale.

Per una variabile casuale normale, i parametri μ e σ coincidono con il valore medio e la deviazione standard. Vale a dire, se X ha distribuzione $N(\mu; \sigma^2)$:

$$M(X) = \mu, \qquad var(X) = \sigma^2, \qquad \sigma(X) = \sigma.$$

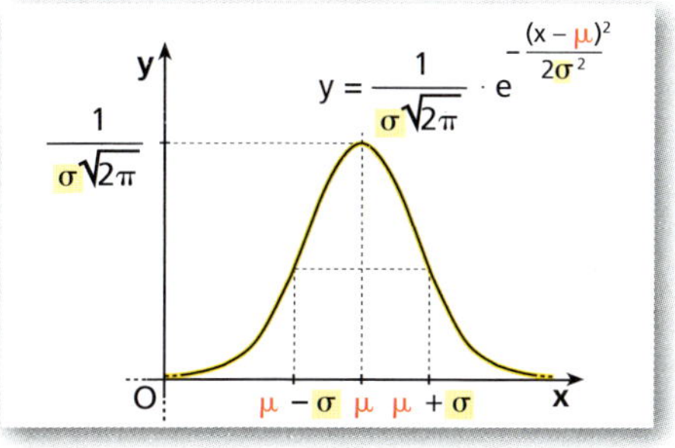

La curva che rappresenta il grafico di una densità gaussiana è chiamata *curva degli errori accidentali* o, dalla sua forma dovuta alla simmetria, *curva a campana*.

Sottolineiamo alcune caratteristiche di questa curva:

- è simmetrica rispetto all'asse di equazione $x = \mu$;
- la curva ha un massimo in corrispondenza del punto $\left(\mu; \frac{1}{\sigma\sqrt{2\pi}}\right)$;
- ha l'asse delle ascisse come asintoto orizzontale;
- presenta due punti di flesso in corrispondenza di $\mu - \sigma$ e $\mu + \sigma$.

Se consideriamo più variabili casuali normali con uguale valore medio μ, ma diverso valore di σ, vediamo che *la curva si appiattisce all'aumentare della deviazione standard* (figura a lato).

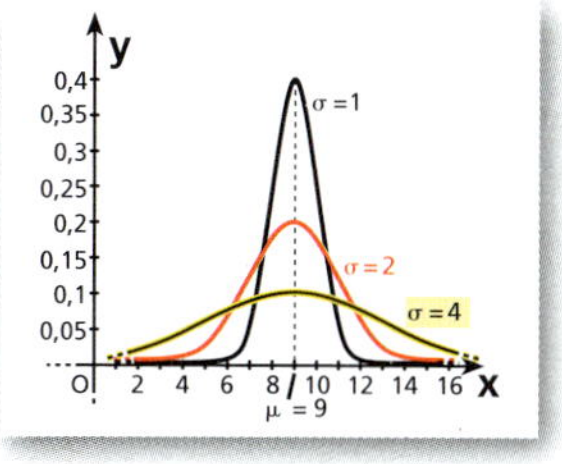

Consideriamo una variabile casuale Z con distribuzione $N(0; 1)$. Per calcolare, per esempio, $p(0 \leq Z \leq 1{,}35)$, dovremmo calcolare $\int_0^{1,35} \frac{1}{\sqrt{2\pi}} e^{-\frac{x^2}{2}} dx$.

Non esiste però una primitiva esplicita della funzione densità di probabilità gaussiana. Con metodi di approssimazione, tuttavia, è stata costruita la **tavola di Sheppard**, che fornisce i valori approssimati delle aree sotto la curva di una distribuzione $N(0; 1)$ nell'intervallo $[0; z]$, cioè i valori di

$$p(0 \leq Z \leq z) = \int_0^z \frac{1}{\sqrt{2\pi}} e^{-\frac{x^2}{2}} dx.$$

Riportiamo la tavola di Sheppard alla fine del volume.

In questa tavola, le righe corrispondono alla parte intera e alla prima cifra decimale del valore z e le colonne alla cifra dei centesimi.

Per esempio, per trovare $p(0 \leq Z \leq 1,35)$, occorre individuare la riga in cui compare il numero 1,3 e scorrerla fino alla colonna corrispondente a 0,05. La casella così individuata contiene il valore cercato:

$$p(0 \leq Z \leq 1,35) \simeq 0,4115.$$

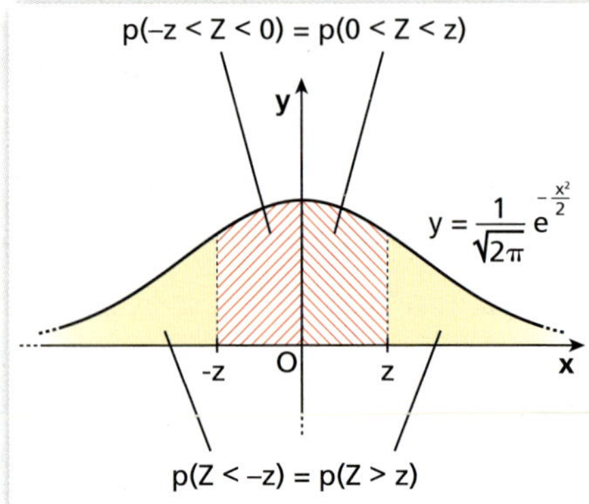

La simmetria della curva gaussiana rispetto all'asse y comporta che *la stessa tavola possa essere utilizzata anche per valori negativi della variabile* Z:

$$\boldsymbol{p(-z < Z < 0) = p(0 < Z < z)}.$$

Osservato che $p(Z > 0)$ corrisponde alla metà dell'area totale sottostante la curva gaussiana (che vale 1), abbiamo anche:

$$\boldsymbol{p(Z < -z)} = p(Z > z) = p(Z > 0) - p(0 < Z < z) = \boldsymbol{0,5 - p(0 < Z < z)}.$$

Vedremo alcuni esempi negli esercizi.
Osserviamo che nella tavola non compaiono numeri z maggiori di 3,99 e che l'area sotto il grafico nell'intervallo [0; 3,99] è circa 0,5. Ciò vuol dire che l'area sotto il grafico a destra di 3,99 è praticamente nulla.

Calcoliamo ora la probabilità che la variabile casuale normale X con distribuzione $N(3; 4)$ assuma valori compresi nell'intervallo [4; 6].

Per usare la tavola di Sheppard, *standardizziamo* la variabile X nella variabile Z:

$$Z = \frac{X - \mu}{\sigma} = \frac{X - 3}{2}.$$

In questo modo abbiamo ottenuto ancora una *variabile casuale normale*, ma con valore medio $\mu = 0$ e deviazione standard $\sigma = 1$, quindi con distribuzione $N(0; 1)$.

I punti zeta corrispondenti ai valori $x_1 = 4$ e $x_2 = 6$ sono:

$$z_1 = \frac{4-3}{2} = 0,5 \quad \text{e} \quad z_2 = \frac{6-3}{2} = 1,5.$$

Quindi, utilizzando la tavola di Sheppard:

$$p(4 \leq X \leq 6) = p(0,5 \leq Z \leq 1,5) = p(0 \leq Z \leq 1,5) - p(0 \leq Z \leq 0,5) \simeq$$
$$0,4332 - 0,1915 = 0,2417.$$

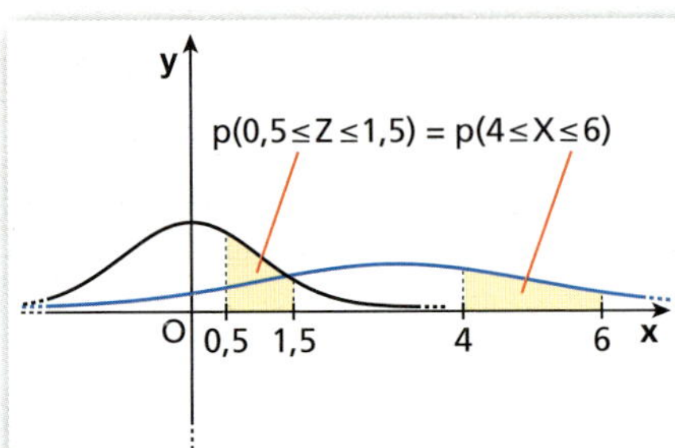

Video

Pacchetti di caffè
Un'azienda confeziona pacchetti di caffè il cui peso è una grandezza distribuita normalmente, con valore medio di 250 g e deviazione standard di 14 g.

▶ Qual è la probabilità che un pacchetto pesi fra 245 e 255 grammi?
▶ Su 100 pacchetti, quanti avranno un peso inferiore a 230 grammi?

▶ Il tempo necessario per eseguire un test diagnostico sulle auto si distribuisce come una variabile normale X con media di 2 ore e deviazione standard di 15 minuti. Calcola la probabilità che per eseguire un test occorrano:
- più di 2 ore;
- più di un'ora e mezza;
- più di un'ora e meno di 3 ore.

Animazione

IN SINTESI
Distribuzioni di probabilità

Variabili casuali discrete

- **Variabile casuale discreta**: funzione definita sullo spazio dei campioni di un esperimento aleatorio, che assume un numero finito o al più un'infinità numerabile di valori.
- **Distribuzione di probabilità** di una variabile casuale discreta X: funzione $f(x)$ che associa a ogni valore $x \in \mathbb{R}$ la probabilità che questo sia assunto, cioè:

  $$f(x) = p(X = x).$$
- **Funzione di ripartizione** di una variabile casuale discreta X: la funzione $F(x)$ che, per ogni $x \in \mathbb{R}$, fornisce la probabilità che X assuma un valore non superiore a x, cioè:

  $$F(x) = p(X \leq x).$$
- Se X è una variabile casuale discreta e h è una costante, i valori assunti dalle variabili $\boldsymbol{hX}$ e $\boldsymbol{X+h}$ sono dati rispettivamente dal prodotto e dalla somma dei valori di X con h, e hanno le stesse probabilità dei corrispondenti valori di X.
- **Somma di due variabili casuali discrete** X e Y: la variabile $X + Y$ che ha come valori tutte le possibili somme di un valore di X con un valore di Y.
  Dato un valore z assunto da $X + Y$, il valore $p(X + Y = z)$ si trova sommando le **probabilità congiunte** $p[(X = x_i) \cap (Y = y_j)]$ per ogni coppia di valori x_i e y_j tali che $x_i + y_j = z$.
- X e Y sono variabili casuali **indipendenti** se le coppie di eventi «$X = x_i$» e «$Y = y_j$» sono indipendenti per ogni coppia di valori x_i e y_j assunti rispettivamente da X e Y.

Variabili casuali continue

- **Variabile casuale continua**: funzione definita sullo spazio dei campioni di un esperimento aleatorio, che assume tutti i valori reali compresi in un intervallo I (limitato o illimitato).
- **Funzione densità di probabilità** di una variabile casuale continua X: funzione $f(x)$ tale che

  $$f(x) \geq 0, \quad \forall x \in \mathbb{R}; \qquad \int_{-\infty}^{+\infty} f(x)\,dx = 1; \qquad p(x_1 \leq X \leq x_2) = \int_{x_1}^{x_2} f(x)\,dx, \qquad \forall x_1 < x_2.$$
- **Funzione di ripartizione** di una variabile casuale continua X con densità $f(x)$:

  $$F(x) = p(X \leq x) = \int_{-\infty}^{x} f(t)\,dt.$$

Valori caratterizzanti una variabile casuale

	Variabile casuale discreta X che assume i valori $x_1, x_2, \ldots, x_n$, con probabilità $p_1, p_2, \ldots, p_n$	Variabile casuale continua X con densità di probabilità $f(x)$
Valore medio di X	$M(X) = \sum_{i=1}^{n} x_i p_i$	$M(X) = \int_{-\infty}^{+\infty} x f(x)\,dx$
Varianza di X	$var(X) = \sum_{i=1}^{n} [x_i - M(X)]^2 p_i$	$var(X) = \int_{-\infty}^{+\infty} [x - M(X)]^2 f(x)\,dx$
Deviazione standard di X	$\sigma(X) = \sqrt{var(X)}$	

- **Proprietà del valore medio**

  $M(kX) = kM(X)$; $\qquad M(X+k) = M(X)+k$; $\qquad M(X+Y) = M(X)+M(Y)$.

- **Proprietà della varianza**

  $var(kX) = k^2 var(X)$; $\qquad var(X+k) = var(X)$;

  se X e Y sono indipendenti,

  $var(X+Y) = var(X)+var(Y)$.

  $var(X) = M(X^2) - [M(X)]^2$,

  dove $M(X^2) = \sum_{i=1}^{n} x_i^2 p_i$ se X è discreta e $M(X^2) = \int_{-\infty}^{+\infty} x^2 f(x)dx$ se X è continua.

Giochi aleatori

- Un gioco in cui le vincite nette (positive o negative) sono rappresentate dalla variabile casuale X è **equo** se $M(X) = 0$, **favorevole** se $M(X) > 0$ e **sfavorevole** se $M(X) < 0$.
- In un gioco in cui si conseguono vincite lorde rappresentate dalla variabile casuale V, la posta P da pagare affinché il gioco sia equo è uguale al valore medio di V: $P = M(V)$.

Variabili casuali standardizzate

Standardizzata di una variabile casuale X con valore medio μ e deviazione standard σ: la variabile casuale $Z = \frac{X-\mu}{\sigma}$. Valgono le proprietà $M(Z) = 0$ e $var(Z) = \sigma(Z) = 1$.

Distribuzioni di probabilità di uso frequente

- Una variabile casuale *discreta* ha una distribuzione di probabilità **uniforme** se tutti i suoi valori hanno la stessa probabilità.
  Se X è distribuita uniformemente e assume i valori 1, 2, ..., n, ognuno con probabilità $\frac{1}{n}$:

  $M(X) = \frac{n+1}{2}$; $\qquad var(X) = \frac{n^2-1}{12}$.

- Una variabile casuale *discreta* X che assume i valori $x = 0, 1, 2, \ldots, n$ ha una distribuzione di probabilità **binomiale** di parametri n e p (con $0 < p < 1$) se

  $p(X=x) = \binom{n}{x} p^x (1-p)^{n-x}$.

  $M(X) = np$; $\qquad var(X) = np(1-p)$.

- Una variabile casuale *discreta* X che assume i valori $x = 0, 1, 2, \ldots$ ha una distribuzione di probabilità **di Poisson** di parametro $\lambda > 0$ se

  $p(X=x) = \frac{\lambda^x}{x!} e^{-\lambda}$.

  $M(X) = \lambda$;

  $var(X) = \lambda$.

- Una variabile casuale *continua* X che assume valori in un intervallo $[a; b]$ ha una distribuzione di probabilità **uniforme** se la sua funzione densità di probabilità è

  $$f(x) = \begin{cases} 0 & \text{se } x < a \vee x > b \\ \frac{1}{b-a} & \text{se } a \leq x \leq b \end{cases}.$$

  $M(X) = \frac{a+b}{2}$;

  $var(X) = \frac{(b-a)^2}{12}$.

- Una variabile casuale continua X che assume valori in tutto $\mathbb{R}$ ha una distribuzione di probabilità **normale** (o **di Gauss**) di parametri $\mu \in \mathbb{R}$ e $\sigma > 0$ se la sua funzione densità di probabilità è

  $$f(x) = \frac{1}{\sigma\sqrt{2\pi}} \cdot e^{-\frac{(x-\mu)^2}{2\sigma^2}}.$$

  $M(X) = \mu$; $\qquad var(X) = \sigma^2$.

CAPITOLO σ
ESERCIZI

1 Variabili casuali discrete e distribuzioni di probabilità

Variabili casuali discrete

▶ Teoria a p. σ2

1 **TEST** Si premono due tasti a caso su un tastierino numerico (numeri da 0 a 9). Quale delle seguenti frasi descrive una variabile casuale?

A Si premono due 9.

B La probabilità che si premano due nove è $\frac{2}{81}$.

C La funzione che indica la somma dei due numeri premuti.

D La funzione che associa a ogni coppia di numeri la probabilità che essi siano premuti.

E Si preme un 1 e un 9.

2 **ASSOCIA** Su 20 ragazzi 6 non hanno fratelli, 10 hanno un fratello e 4 hanno due fratelli. Indica con X la funzione che indica il numero di fratelli di un ragazzo scelto a caso tra i 20. Associa a ogni elemento l'oggetto matematico che rappresenta.

X	probabilità
«$X = 1$»	variabile casuale
$p(X=1) = \frac{1}{2}$	evento

3 **FAI UN ESEMPIO** Considera una o più estrazioni da un'urna che contiene 6 palline rosse, 5 bianche e 4 nere. Fai un esempio di una variabile casuale teorica e un esempio di una variabile casuale empirica.

Distribuzioni di probabilità

▶ Teoria a p. σ3

Nei seguenti esercizi determina la distribuzione di probabilità della variabile casuale indicata e rappresentala graficamente.

4 Si lancia un dado regolare. Variabile casuale: X = «valore della faccia del dado che è uscita».

$\left[1, 2, \ldots; \frac{1}{6}, \frac{1}{6}, \ldots\right]$

5 Si lancia tre volte una moneta regolare. Variabile casuale: X = «numero delle facce testa uscito».

$\left[0, 1, \ldots; \frac{1}{8}, \frac{3}{8}, \ldots\right]$

6 Si lanciano contemporaneamente due dadi regolari. Variabile casuale: X = «somma dei due punteggi usciti».

$\left[2, 3, 4, \ldots; \frac{1}{36}, \frac{2}{36}, \frac{3}{36}, \ldots\right]$

7 Da un'urna contenente 4 palline nere e 5 rosse si estraggono consecutivamente senza reimmissione 4 palline. Variabile casuale: X = «numero delle palline nere uscite».

$\left[0, 1, 2, \ldots; \frac{5}{126}, \frac{20}{63}, \frac{10}{21}, \ldots\right]$

8 Da un'urna contenente 2 palline nere e 1 rossa si estraggono consecutivamente, con reimmissione della pallina estratta, 4 palline. Variabile casuale: X = «numero delle palline nere uscite».

$\left[0, 1, 2, \ldots; \frac{1}{81}, \frac{8}{81}, \frac{8}{27}, \ldots\right]$

Funzione di ripartizione

▶ Teoria a p. σ4

9 ●○ COMPLETA Considera la seguente distribuzione di probabilità.

x	4	6	11	15
f	0,3	0,1	0,2	0,4

Completa la sua funzione di ripartizione.

$$F(x) = \begin{cases} 0 & \text{se } x < 4 \\ \square & \text{se } 4 \le x < 6 \\ 0,4 & \text{se } \square \le x < \square \\ \square & \text{se } 11 \le x < 15 \\ 1 & \text{se } x \ge \square \end{cases}$$

10 ●○ LEGGI IL GRAFICO Osserva il grafico della funzione di ripartizione di una variabile casuale X. Stabilisci i valori assunti da X e la sua distribuzione di probabilità.

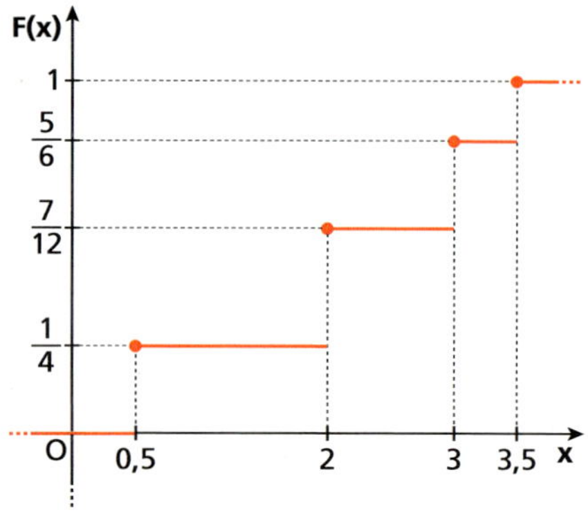

11 ●○ Rappresenta la funzione di ripartizione dell'esercizio 9 e rispondi.

a. In quali valori di ascissa la funzione è discontinua? Che cosa rappresentano rispetto alla variabile casuale?

b. Quanto vale l'ampiezza di ciascun salto nei punti di discontinuità?

12 ESERCIZIO GUIDA Da un'urna contenente 5 palline numerate da 1 a 5 se ne estraggono contemporaneamente due. Detta X la variabile casuale che indica il numero maggiore estratto, determiniamo la relativa distribuzione di probabilità, la funzione di ripartizione e calcoliamo la probabilità di avere un valore minore di 5.

La variabile casuale X può assumere i valori 2, 3, 4, 5.
L'evento «$X = 2$» corrisponde all'evento «escono 1 e 2», cioè alla coppia non ordinata $\{1; 2\}$:

$$p(X=2) = \frac{1}{\binom{5}{2}} = \frac{1}{\frac{5!}{3!2!}} = \frac{1}{\frac{5 \cdot 4}{2}} = \frac{1}{10}.$$

L'evento «$X = 3$» corrisponde all'evento «escono un 3 e un 1 o un 3 e un 2» cioè alle coppie non ordinate $\{1; 3\}$ e $\{2; 3\}$:

$$p(X=3) = \frac{2}{10} = \frac{1}{5}.$$

Analogamente:

$$p(X=4) = \frac{3}{10}; \qquad p(X=5) = \frac{4}{10} = \frac{2}{5}.$$

La funzione di ripartizione è

$$F(x) = \begin{cases} 0 & \text{se } x < 2 \\ \frac{1}{10} & \text{se } 2 \le x < 3 \\ \frac{1}{10} + \frac{1}{5} = \frac{3}{10} & \text{se } 3 \le x < 4 . \\ \frac{3}{10} + \frac{3}{10} = \frac{6}{10} = \frac{3}{5} & \text{se } 4 \le x < 5 \\ \frac{3}{5} + \frac{2}{5} = 1 & \text{se } x \ge 5 \end{cases}$$

La probabilità che X assuma un valore minore di 5 è

$$p(X < 5) = p(X \le 4) = F(4) = \frac{3}{5}.$$

13 ●○ Un'urna contiene 4 palline rosse, 2 gialle e 3 nere. Si estraggono contemporaneamente due palline. Considera la variabile casuale X = «escono due palline con uguale colore», assegnando valore 1 se l'evento si verifica e valore 0 in caso contrario. Determina la distribuzione di probabilità e la funzione di ripartizione.

$\left[0, 1; \frac{13}{18}, \frac{5}{18}; \frac{13}{18}, 1\right]$

14 Preso un campione di 1000 famiglie, si rileva che la spesa media mensile per gli alimentari è la seguente: 450 famiglie spendono € 600, 300 famiglie € 700, 150 famiglie € 850 e 100 famiglie € 1100. Costruisci la distribuzione di probabilità e la funzione di ripartizione della variabile che indica la spesa media alimentare e calcola qual è la probabilità che si spendano non più di € 850. [600, 700, ...; 0,45, 0,3, ...; 0,45, 0,75, ...; 0,9]

15 Un'urna contiene i 90 numeri del lotto. Si estrae una pallina. Considera la variabile casuale X = «esce un numero multiplo di 6», assegnando valore 1 se l'evento si verifica e valore 0 in caso contrario. Determina la distribuzione di probabilità e la funzione di ripartizione. $\left[0, 1; \frac{5}{6}, \frac{1}{6}; \frac{5}{6}, 1\right]$

16 Due concorrenti tirano contemporaneamente a un bersaglio. Il primo ha la probabilità di colpirlo del 90% e il secondo del 70%. Determina la distribuzione di probabilità della variabile casuale relativa a quante volte viene colpito il bersaglio. [0, 1, 2; 0,03, 0,34, 0,63]

Operazioni sulle variabili casuali

▶ Teoria a p. σ6

17 COMPLETA Data la variabile casuale:

X	10	20	30	40
f_X	0,25	0,18	0,44	0,13

completa le seguenti tabelle.

$X+15$	25	☐	☐	☐
f_{X+15}	☐	☐	☐	☐

$\frac{1}{2}X$	5	☐	☐	☐
$f_{\frac{1}{2}X}$	☐	☐	☐	☐

18 ESERCIZIO GUIDA La variabile casuale X indica il numero delle giornate di assenza per malattia degli impiegati di un'azienda in una settimana e ha la seguente distribuzione di probabilità rilevata statisticamente.

X	0	1	2	3	4	5
f_X	0,49	0,18	0,12	0,1	0,09	0,02

a. Determiniamo le distribuzioni di probabilità delle variabili $2X$, $X-3$ e $5X+1$.

b. Consideriamo la variabile casuale Y che indica il numero delle giornate di assenza degli impiegati per motivi diversi dalla malattia, avente la seguente distribuzione di probabilità.

Y	0	1	2
f_Y	0,9	0,08	0,02

Determiniamo la distribuzione di probabilità della somma $X+Y$ supponendo che le variabili X e Y siano indipendenti.

---

a. La variabile casuale $2X$ assume i valori di X moltiplicati per 2, con le stesse probabilità.

$2X$	0	2	4	6	8	10
f_{2X}	0,49	0,18	0,12	0,1	0,09	0,02

▶

La variabile casuale $X-3$ assume i valori di X sommati alla costante -3, con la stessa distribuzione delle probabilità.

$X-3$	-3	-2	-1	0	1	2
f_{X-3}	0,49	0,18	0,12	0,1	0,09	0,02

La variabile casuale $5X+1$ assume i valori di X moltiplicati per 5 e sommati a 1; le probabilità non cambiano.

$5X+1$	1	6	11	16	21	26
f_{5X+1}	0,49	0,18	0,12	0,1	0,09	0,02

b. Costruiamo la tabella della distribuzione congiunta. Poiché le variabili sono indipendenti, le coppie di eventi «$X=i$» e «$Y=j$» sono indipendenti per ogni $i=0,1,\ldots,5$ e $j=0,1,2$, quindi la probabilità dell'intersezione dei due eventi è uguale al prodotto delle probabilità.

X \ Y	0	1	2	f_X
0	0,441	0,0392	0,0098	0,49
1	0,162	0,0144	0,0036	0,18
2	0,108	0,0096	0,0024	0,12
3	0,09	0,008	0,002	0,1
4	0,081	0,0072	0,0018	0,09
5	0,018	0,0016	0,0004	0,02
f_Y	0,9	0,08	0,02	1

$p((X=0)\cap(Y=2))=p(X=0)\cdot p(Y=2)$

$p(X=0)$

$p(Y=2)$

Abbiamo perciò per esempio:

$$p(X+Y=0)=p((X=0)\cap(Y=0))=0,441;$$

$$p(X+Y=1)=p((X=1)\cap(Y=0))+p((X=0)\cap(Y=1))=0,162+0,0392=0,2012.$$

Proseguendo in questo modo otteniamo la distribuzione di $X+Y$.

$X+Y$	0	1	2	3	4	5	6	7
f_{X+Y}	0,441	0,2012	0,1322	0,1032	0,0914	0,0272	0,0034	0,0004

Considera la variabile casuale X avente la seguente distribuzione di probabilità.

X	1	2	5	8	9	12
f_X	0,42	0,08	0,15	0,02	0,23	0,1

Determina le distribuzioni di probabilità delle variabili indicate.

19 ●○ **a.** $4X$ **b.** $X+6$ **c.** $X-2$

20 ●○ **a.** $3X+8$ **b.** $-2X+1$ **c.** $4X+2$

21 Considera le variabili casuali indipendenti X e Y aventi le seguenti distribuzioni di probabilità.

X	2	3	4
f_X	0,2	0,3	0,5

Y	1	2	3	5
f_Y	0,1	0,2	0,4	0,3

Costruisci la tabella delle probabilità congiunte e quindi la distribuzione di probabilità della variabile casuale $X + Y$. $[3, 4, \dots, 9;\ 0,02,\ 0,07,\ \dots,\ 0,15]$

22 COMPLETA la seguente tabella determinando la distribuzione congiunta, sapendo che le variabili X e Y sono indipendenti.

$X \backslash Y$	2	3	6	f_X
3				0,3
4				0,6
5				0,1
f_Y	0,2	0,1	0,7	1

Determina la distribuzione di probabilità della variabile casuale $X + Y$.
$[5, 6, \dots, 11;\ 0,06,\ 0,15,\ \dots,\ 0,07]$

23 COMPLETA la tabella della seguente distribuzione congiunta di X e Y.

$X \backslash Y$	0	1	4	f_X
1	0,35	0,1	0,05	
2	0,21	0,06	0,03	
3	0,14	0,04	0,02	
f_Y				1

Stabilisci se X e Y sono indipendenti e determina la distribuzione di probabilità della loro somma.
$[\text{indip.}; 1, 2, \dots, 7; 0,35,\ 0,31,\ \dots,\ 0,02]$

2 Valori caratterizzanti una variabile casuale discreta

▶ Teoria a p. σ10

Valore medio, varianza e deviazione standard

24 VERO O FALSO?

a. Il valore medio permette di fare una previsione teorica sul risultato di un esperimento aleatorio. V F
b. Il valore medio coincide sempre con uno dei valori assunti dalla variabile X. V F
c. La varianza è un valore che indica il grado di dispersione dei valori di una variabile X rispetto al suo valore medio. V F
d. Date due variabili X e Y con uguale valore medio, ha valori più vicini al valore medio quella con varianza maggiore. V F
e. Il valore medio della variabile scarto è sempre uguale a 0. V F

25 ESERCIZIO GUIDA Un'urna contiene 5 palline che portano i numeri 1, 2, 3, 6 e 7. Estraiamo consecutivamente due palline senza rimettere nell'urna la pallina estratta per prima, e consideriamo come variabile casuale X il valore del minore tra i due numeri estratti. Calcoliamo il valore medio, la varianza e la deviazione standard di X.

Troviamo la distribuzione di probabilità della variabile casuale X.
La variabile X può assumere i valori 1, 2, 3, 6.
L'evento «$X = 1$» si verifica se una delle due palline estratte ha il numero 1; quindi:

$$p(X = 1) = \frac{\binom{1}{1}\binom{4}{1}}{\binom{5}{2}} = \frac{4}{10} = \frac{2}{5}.$$

Procedendo allo stesso modo abbiamo la seguente distribuzione.

X	1	2	3	6
f_X	$\frac{2}{5}$	$\frac{3}{10}$	$\frac{1}{5}$	$\frac{1}{10}$

Il valore medio di X è:

$$M(X) = 1 \cdot \frac{2}{5} + 2 \cdot \frac{3}{10} + 3 \cdot \frac{1}{5} + 6 \cdot \frac{1}{10} = \frac{11}{5} = 2,2.$$

$M(X) = x_1 p_1 + x_2 p_2 + \ldots + x_n p_n$

Per determinare la varianza, consideriamo la variabile casuale degli scarti dalla media.

$X - M(X)$	$-1,2$	$-0,2$	$0,8$	$3,8$
$f_{X-M(X)}$	$\frac{2}{5}$	$\frac{3}{10}$	$\frac{1}{5}$	$\frac{1}{10}$

$var(X) = [x_1 - M(X)]^2 p_1 + [x_2 - M(X)]^2 p_2 + \ldots + [x_n - M(X)]^2 p_n$

Il valore medio dei *quadrati* degli scarti è la varianza di X:

$$var(X) = 1,44 \cdot \frac{2}{5} + 0,04 \cdot \frac{3}{10} + 0,64 \cdot \frac{1}{5} + 14,44 \cdot \frac{1}{10} = 2,16.$$

Dalla varianza si ottiene la deviazione standard:

$$\sigma(X) = \sqrt{var(X)} = \sqrt{2,16} \simeq 1,47.$$

La variabile casuale considerata è caratterizzata dal valore di sintesi $\mu = 2,2$ e dal valore di dispersione $\sigma^2 = 2,16$.

Per ognuno dei seguenti esercizi determina il valore medio μ e la deviazione standard σ che caratterizzano la variabile casuale.

26 Si lancia un dado regolare. Variabile casuale: X = «valore della faccia del dado che è uscita». [3,5; 1,708]

27 Si lancia tre volte una moneta regolare. Variabile casuale: X = «numero delle facce testa uscito». [1,5; 0,866]

28 Si lanciano contemporaneamente due dadi regolari. Variabile casuale: X = «somma dei due punteggi usciti». [7; 2,415]

29 In una lista di candidati all'elezione nel consiglio di istituto di una scuola ci sono cinque ragazzi aventi le seguenti età: uno di 14 anni, uno di 15, uno di 16, uno di 17, uno di 18. Per scegliere il capolista, si estraggono contemporaneamente due nomi, ma si tiene conto solo di quello con età maggiore. Variabile casuale: X = «età maggiore ottenuta». [17; 1]

30 In una classe ci sono 13 maschi e 15 femmine. Si estraggono a caso e contemporaneamente i nomi di due ragazzi. Variabile casuale: X = «valore 1 se escono due femmine e valore 0 in caso contrario». [0,278; 0,4478]

31 Le vendite di un prodotto espresse in kg sono previste secondo la seguente distribuzione di probabilità.

Quantità venduta (kg)	60	80	100	120
Probabilità	0,2	0,3	0,35	0,15

Determina la quantità media, in kilogrammi, che si prevede di vendere e la deviazione standard. [89; 19,47]

32 ●●

Una macchina durante un ciclo di lavorazione produce pezzi in 5 lotti da 10. Se durante la produzione di un lotto ci sono problemi, tutti i 10 pezzi risultano difettosi. Il numero di pezzi difettosi per ciclo ha la seguente distribuzione di probabilità.

Pezzi difettosi	10	20	30	40	50
Probabilità	0,4	0,3	0,2	0,05	0,05

Determina il numero medio dei pezzi difettosi, la deviazione standard e la probabilità che la macchina produca non più di 20 pezzi difettosi. [20,5; 11,17 circa; 0,7]

33 ●●

In un'impresa i dipendenti hanno la facoltà di entrare con una flessibilità oraria di mezz'ora. Una rilevazione statistica ha mostrato la seguente distribuzione di probabilità.

Numero minuti	5	10	15	20	25	30
Probabilità	$\frac{2}{25}$	$\frac{7}{50}$	$\frac{9}{25}$	$\frac{1}{10}$	$\frac{3}{25}$	$\frac{1}{5}$

Determina il tempo medio e la deviazione standard. [18,2; 7,795]

REALTÀ E MODELLI

34 ●●

Investimenti rischiosi Un investimento in Borsa determina guadagni o perdite con diverse probabilità. Sono considerati interessanti sia i guadagni medi, sia il rischio dell'investimento. Un indicatore di rischio è la varianza: maggiore è la varianza, più rischioso è l'investimento.

Anita può scegliere tra i due seguenti investimenti.

INVESTIMENTO A

Guadagno (€)	3000	6000	9000	−2000	−1500
Probabilità	0,3	0,25	0,1	0,25	0,1

INVESTIMENTO B

Guadagno (€)	2000	7000	10 000	−5000	−400
Probabilità	0,2	0,3	0,1	0,15	0,25

a. Qual è il guadagno medio per ciascun investimento?

b. Se Anita ha una bassa propensione al rischio, quale dei due investimenti deve scegliere?

[a) € 2650; b) A]

35 ●○

Qualità media Da un controllo sulle magliette prodotte da un'azienda, risulta che il 2% delle magliette contiene due difetti, il 3,5% un solo difetto e le rimanenti nessun difetto. Si decide di rivedere il ciclo produttivo nel caso in cui la deviazione standard del numero di difetti risulti maggiore di 0,5. In base all'ultimo controllo, sarà necessario rivedere il ciclo produttivo? [no, $\sigma = 0,331$]

36 ●○

Un'urna contiene i 90 numeri del lotto. Si estrae una pallina. Samuel vince € 4 nel caso esca un multiplo di 8 e perde € 1 in caso contrario. Indicando con X la variabile che rappresenta i guadagni di Samuel, quali sono la vincita media di Samuel e la deviazione standard delle vincite? [$\simeq$ € $-0,4$; $\simeq$ € $1,64$]

37 ●●

Un'urna contiene 24 palline di cui 12 con il numero uno, 6 con il numero due, 3 con il numero tre, 2 con il numero quattro e 1 con il numero cinque. Quando si estrae una pallina, si vince o si perde una somma (in euro) corrispondente al numero indicato sulla pallina: se il numero è pari si vince, se il numero è dispari si perde. Quali sono la vincita media e la deviazione standard? [€ $-0,25$; $\simeq$ € $2,22$]

38 ●● YOU & MATHS Two fair dice are thrown. If the scores are unequal, the larger of the two scores is recorded. If the scores are equal, then that score is recorded. Let X be the number recorded.

a. Draw up a table showing the probability distribution of X and show that $p(X = 3) = \frac{5}{36}$.

b. Find the mean and the variance of X.

[b) 4.472; 1.97]

Proprietà del valore medio e della varianza

39 ●○ TEST Una variabile casuale X ha valore medio $\mu = 2$ e varianza $\sigma^2 = 0{,}09$. La variabile casuale $2 \cdot X + 3$ ha valore medio e varianza:

A 4 e 0,36.
B 4 e 0,12.
C 7 e 0,09.
D 7 e 0,36.
E 4 e 0,39.

40 ●○ Considera la seguente distribuzione di probabilità di una variabile casuale X.

$M(hX + k) = hM(X) + k$

$var(hX + k) = h^2 var(X)$

X	−4	−2	5	8	10
f	0,25	0,10	0,20	0,15	0,30

Calcola il valore medio e la varianza delle variabili casuali $X_1 = 2X$ e $X_2 = 2X + 8$. [X_1: 8; 132; X_2: 16; 132]

41 ●● Calcola il valore medio e la varianza della variabile casuale X avente la seguente distribuzione di probabilità.

X	4	6	11	18	25
f	0,25	0,10	0,20	0,15	0,30

Determina, applicando le relative proprietà, il valore medio e la varianza delle seguenti variabili casuali aventi la stessa distribuzione di probabilità.

a.

Y	0	2	7	14	21

b.

T	0	4	14	28	42

c.

W	2	3	5,5	9	12,5

[a) 10; 71,9; b) 20; 287,6; c) 7; 17,975]

42 ●● Un'urna contiene 5 palline con il numero due, 3 palline con l'otto e 2 con il venti. Dopo aver costruito la variabile casuale X = «numero della pallina che si ottiene dopo un'estrazione», calcola il valore medio e la varianza di X e della variabile casuale $X + X$ = «somma dei numeri di due palline estratte consecutivamente *con* reimmissione della prima estratta nell'urna». [7,4; 46,44; 14,8; 92,88]

43 ●● REALTÀ E MODELLI **Fotocopiatrici e affari** Andrea è rappresentante di un'azienda che vende macchine fotocopiatrici. Dall'analisi dello storico delle vendite, Andrea nota che nel mese di agosto gli affari calano sensibilmente rispetto al resto dell'anno. La variabile aleatoria che rappresenta il numero di fotocopiatrici vendute in agosto ha la distribuzione di probabilità rappresentata in tabella.

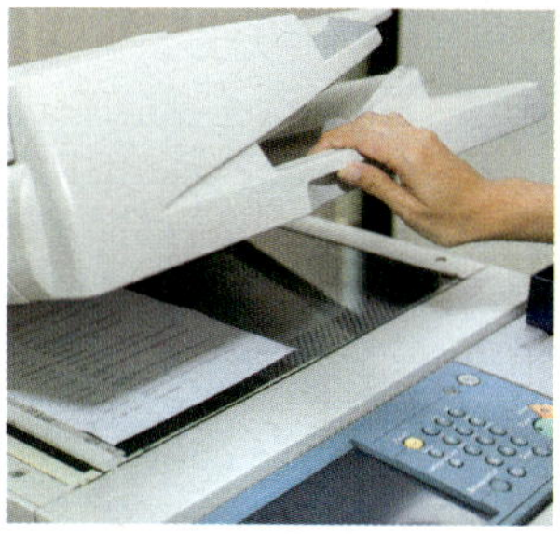

X	0	1	2	3	4	5	6
f	0,03	0,14	0,22	0,26	0,17	0,12	0,06

a. Considerando che, con le stesse probabilità, Andrea nel mese di settembre pensa di triplicare il numero di fotocopiatrici vendute, determina il numero medio e la deviazione standard delle vendite nel mese di settembre.

b. Sapendo che il guadagno di Andrea dipende dal numero X di fotocopiatrici vendute secondo la relazione $G = 750 + 150X$, stima il guadagno atteso da Andrea nel mese di settembre.

[a) 9; ≃ 4,49; b) € 2100]

ESERCIZI

44 **ESERCIZIO GUIDA** Date due variabili casuali dipendenti X e Y aventi le probabilità congiunte indicate in tabella, calcoliamo il valore medio e la varianza della somma $X + Y$ e la covarianza di X e Y.

X \ Y	3	4	7	9
3	0	$\frac{1}{33}$	$\frac{1}{66}$	$\frac{5}{132}$
4	$\frac{1}{33}$	$\frac{1}{11}$	$\frac{2}{33}$	$\frac{5}{33}$
7	$\frac{1}{66}$	$\frac{2}{33}$	$\frac{1}{66}$	$\frac{5}{66}$
9	$\frac{5}{132}$	$\frac{5}{33}$	$\frac{5}{66}$	$\frac{5}{33}$

Troviamo la distribuzione di X:

$$p(X=3)=0+\frac{1}{33}+\frac{1}{66}+\frac{5}{132}=\frac{1}{12};\qquad p(X=4)=\frac{1}{33}+\frac{1}{11}+\frac{2}{33}+\frac{5}{33}=\frac{1}{3};$$

$$p(X=7)=\frac{1}{66}+\frac{2}{33}+\frac{1}{66}+\frac{5}{66}=\frac{1}{6};\qquad p(X=9)=\frac{5}{132}+\frac{5}{33}+\frac{5}{66}+\frac{5}{33}=\frac{5}{12}.$$

Poiché Y assume gli stessi valori di X e le colonne sono uguali alle righe corrispondenti, Y ha la stessa distribuzione di X.
Il valore medio e la varianza delle due variabili sono: $\mu_X = \mu_Y = 6{,}5$ e $\sigma^2{}_X = \sigma^2{}_Y = 5{,}75$.
Calcoliamo la media μ della variabile casuale $X + Y$:

$$\mu = M(X+Y) = \mu_X + \mu_Y = 6{,}5 + 6{,}5 = 13.$$

$M(X+Y) = M(X) + M(Y)$

Poiché X e Y sono dipendenti, la varianza di $X + Y$ non è la somma delle varianze. Utilizziamo la distribuzione congiunta per determinare $cov(X, Y)$ e poi usiamo la covarianza per trovare $var(X + Y)$.
Troviamo la covarianza calcolando:

- gli scarti dei valori della variabile X;
- gli scarti dei valori della variabile Y;
- la somma dei prodotti degli scarti per le rispettive probabilità congiunte.

Nella tabella seguente sono esposti i calcoli effettuati.

$X-\mu_X$ \ $Y-\mu_Y$	−3,5	−2,5	0,5	2,5	Σ
−3,5	0	0,2652	−0,0265	−0,3314	−0,0927
−2,5	0,2652	0,5682	−0,0758	−0,9470	−0,1894
0,5	−0,0265	−0,0758	0,0038	0,0947	−0,0038
2,5	−0,3314	−0,9470	0,0947	0,9470	−0,2367
					−0,5226

$(-3,5)\cdot(-2,5)\cdot\frac{1}{33}$

$0 + 0,2652 - 0,0265 - 0,3314$

$cov(X, Y)$

$-0,0927 - 0,1894 - 0,0038 - 0,2367$

Troviamo la varianza della somma $X + Y$:

$var(X + Y) = var(X) + var(Y) + 2 \cdot cov(X, Y)$

$$var(X+Y) = 5{,}75 + 5{,}75 + 2\cdot(-0{,}5226) = 10{,}4548.$$

ESERCIZI

45 ●● COMPLETA la seguente tabella delle probabilità congiunte e marginali di due variabili casuali X e Y.

X \ Y	1	2	3	5	f_X
2	0,01	0,03	0,07	0,09	☐
3	0,02	0,07	0,03	0,18	☐
4	0,07	0,10	0,30	0,03	☐
f_Y	☐	☐	☐	☐	1

Determina la distribuzione di probabilità della variabile casuale $X + Y$. Verifica che X e Y sono dipendenti. Calcola il valore medio e la varianza di X, Y e $X + Y$. Determina la covarianza di X e Y in due modi diversi.
[3, 4, ..., 9; 0,01, 0,05, ..., 0,03; 3,3, 0,61; 3,2, 1,76; 6,5, 1,63; − 0,37]

46 ●● COMPLETA la seguente tabella delle probabilità congiunte e marginali di due variabili casuali X e Y.

X \ Y	0	1	2	f_X
0	0,45	0,03	0,01	☐
1	0,16	0,015	0,005	☐
2	0,11	0,008	0,002	☐
3	0,08	0,018	0,002	☐
4	0,0812	0,008	0,0008	☐
5	0,0188	0,001	0,0002	☐
f_Y	☐	☐	☐	1

Stabilisci se le variabili sono dipendenti. Calcola il valore medio e la varianza di X, Y e $X + Y$. Calcola la covarianza di X e Y.
[dipendenti; 1,18, 2,1076; 0,12, 0,1456; 1,3, 2,2908; 0,0188]

EUREKA!

47 ●● Si lanciano due dadi. Indichiamo con X la variabile che rappresenta l'esito sul primo dado e con Y la variabile che rappresenta la somma degli esiti sui due dadi. Determina la media e la varianza di $X + Y$ e la covarianza di X e Y.
[10,5; 14,6; 2,92]

48 ●● La variabile casuale X ha valore medio 1 e varianza 16. La variabile Y ha valore medio −3 e varianza 9. Inoltre si ha che $cov(X, Y) = 3$. Calcola $var(X + Y)$ e $M[(X + Y)^2]$.

3 Distribuzioni di probabilità di uso frequente

Distribuzione uniforme discreta

▶ Teoria a p. σ14

49 ESERCIZIO GUIDA Un'urna contiene 30 palline numerate da 1 a 30. Consideriamo la variabile casuale X che rappresenta il resto della divisione tra il numero presente sulla pallina estratta e il numero 6.
Determiniamo la distribuzione di probabilità, la funzione di ripartizione, il valore medio, la varianza e la deviazione standard di X.

I possibili resti della divisione con divisore 6 sono 0, 1, 2, 3, 4, 5 e ognuno di questi valori ha probabilità costante di verificarsi pari a $p = \frac{5}{30} = \frac{1}{6}$. Infatti i numeri sulle palline che divisi per 6 danno resto 1 sono: 1, 7, 13, 19, 25; i numeri che divisi per 6 danno resto 2 sono: 2, 8, 14, 20, 26; e così via.

Abbiamo una **distribuzione uniforme**

X	0	1	2	3	4	5
f	$\frac{1}{6}$	$\frac{1}{6}$	$\frac{1}{6}$	$\frac{1}{6}$	$\frac{1}{6}$	$\frac{1}{6}$
F	$\frac{1}{6}$	$\frac{1}{3}$	$\frac{1}{2}$	$\frac{2}{3}$	$\frac{5}{6}$	1

con i seguenti valori di media, varianza e deviazione standard:

$$\mu = \frac{0+1+2+3+4+5}{6} = \frac{15}{6} = 2{,}5;$$

$$\sigma^2 = \frac{(0-2{,}5)^2+(1-2{,}5)^2+(2-2{,}5)^2+(3-2{,}5)^2+(4-2{,}5)^2+(5-2{,}5)^2}{6} = \frac{17{,}5}{6} = 2{,}91\bar{6};$$

$$\sigma = \sqrt{2{,}91\bar{6}} \simeq 1{,}708.$$

50 ●○ Viene lanciato un dado regolare. Determina la distribuzione di probabilità della variabile casuale $X =$ «valore della faccia» e calcola il valore medio, la varianza e la deviazione standard. Determina la probabilità di ottenere un numero inferiore a 4. $[3{,}5; 2{,}917; 1{,}708; 0{,}5]$

51 ●○ **AL VOLO** Una variabile casuale X può assumere tutti i valori naturali da 1 a 1000 e ha distribuzione uniforme. Trova il valore medio e la varianza della variabile $\frac{X}{4}$.

52 ●● **RIFLETTI SULLA TEORIA** È possibile che una variabile casuale discreta X con distribuzione uniforme assuma come valori tutti i numeri naturali pari? Perché?

53 ●○ **LEGGI IL GRAFICO** Considera il grafico della funzione di ripartizione della variabile casuale X. Stabilisci i valori assunti da X e la sua distribuzione di probabilità.

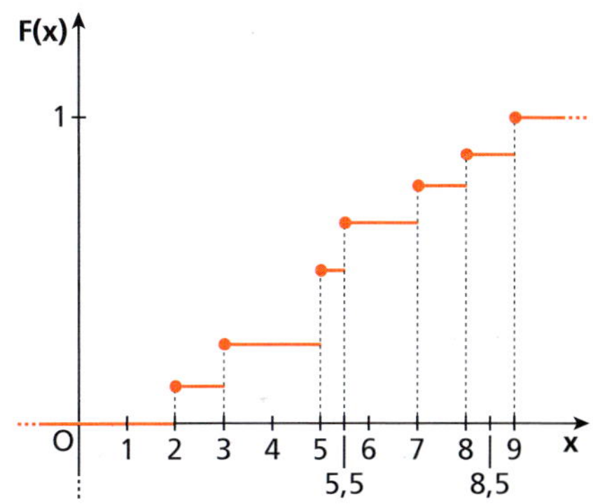

Distribuzione binomiale

Teoria a p. σ16

54 **ESERCIZIO GUIDA** Vengono lanciate contemporaneamente quattro monete non regolari. La probabilità di uscita della faccia testa è $\frac{2}{3}$ e quella di uscita della faccia croce è $\frac{1}{3}$.

a. Determiniamo la distribuzione di probabilità e la funzione di ripartizione della variabile casuale X che esprime il numero di croci uscite.

b. Calcoliamo la probabilità che il valore della variabile casuale X non superi il valore 2.

c. Calcoliamo la probabilità che il valore della variabile casuale X superi il valore 1.

d. Troviamo il valore medio e la varianza di X.

a. Il numero di volte che la faccia croce può comparire varia da 0 a 4. La probabilità che esca croce, che consideriamo il successo, è $p = \frac{1}{3}$, quindi:

$$p(X = x) = \binom{n}{x} p^x (1-p)^{n-x}$$

$p(X=0) = \binom{4}{0}\left(\frac{1}{3}\right)^0\left(\frac{2}{3}\right)^4 = \frac{16}{81}$ → nessuna croce (e quattro teste);

$p(X=1) = \binom{4}{1}\left(\frac{1}{3}\right)\left(\frac{2}{3}\right)^3 = \frac{32}{81}$ → una croce (e tre teste);

$p(X=2)=\binom{4}{2}\left(\frac{1}{3}\right)^2\left(\frac{2}{3}\right)^2=\frac{8}{27}$ → due croci (e due teste);

$p(X=3)=\binom{4}{3}\left(\frac{1}{3}\right)^3\left(\frac{2}{3}\right)=\frac{8}{81}$ → tre croci (e una testa);

$p(X=4)=\binom{4}{4}\left(\frac{1}{3}\right)^4\left(\frac{2}{3}\right)^0=\frac{1}{81}$ → quattro croci (e nessuna testa).

La distribuzione di probabilità e la funzione di ripartizione della variabile casuale X sono le seguenti.

X	0	1	2	3	4
f	$\frac{16}{81}$	$\frac{32}{81}$	$\frac{8}{27}$	$\frac{8}{81}$	$\frac{1}{81}$
F	$\frac{16}{81}$	$\frac{16}{27}$	$\frac{8}{9}$	$\frac{80}{81}$	1

b. $p(X \le 2) = F(2) = \frac{8}{9}$.

c. $p(X > 1) = 1 - F(1) = 1 - \frac{16}{27} = \frac{11}{27}$.

d. La variabile casuale X è binomiale di parametri $n = 4$ e $p = \frac{1}{3}$, quindi:

$M(X) = \frac{4}{3}$;

$var(X) = 4 \cdot \frac{1}{3} \cdot \frac{2}{3} = \frac{8}{9}$.

$M(X) = np$
$var(X) = np(1-p)$

55 ●○ Supponendo equiprobabile la nascita di un maschio e di una femmina, considera la variabile casuale X = «numero dei figli maschi» in famiglie aventi quattro figli. Calcola il valore medio, la varianza e la deviazione standard di X e la probabilità che in una famiglia vi sia almeno un figlio maschio. [2; 1; 1; 0,9375]

56 ●○ Da un'analisi di mercato è risultato che il 32% della popolazione usa il prodotto A. In un gruppo di 12 persone considera la variabile casuale X = «numero di persone che usa il prodotto A» e determina il valore medio, la varianza e la deviazione standard. Calcola la probabilità che le persone che usano detto prodotto sia un numero compreso tra 2 e 5. [3,84; 2,611; 1,616; 0,783]

57 ●○ REALTÀ E MODELLI **Tiratore alla prova** Gianni è un appassionato di tiro a segno che ha la probabilità di colpire un bersaglio del 98%. A una gara di qualificazione ha a disposizione 8 tiri.

a. Quali sono il valore medio e la varianza del numero dei bersagli colpiti durante la gara?

b. Per qualificarsi non deve fare alcun errore, cioè deve colpire sempre il bersaglio. Qual è la probabilità che Gianni si qualifichi?

[a) 7,84; 0,1568; b) 0,8508]

58 ●○ Da una statistica è risultato che lo 0,32% della popolazione possiede un terrario con rettili. In un gruppo di 12 persone qual è la probabilità che ci siano più di 2 e meno di 5 proprietari di rettili? [0,000007]

59 ●● REALTÀ E MODELLI **Assicurati** Un'agenzia di una compagnia di assicurazione ha rilevato che, su 300 assicurati nel corso dell'anno precedente, 120 hanno denunciato un sinistro. Nel primo mese dell'anno nuovo si sono avuti 25 nuovi assicurati.

a. Qual è il valore medio del numero dei nuovi assicurati che denunceranno un sinistro?

b. Qual è la probabilità che al più 4 dei nuovi assicurati denuncino un sinistro?

[a) 10; b) 0,0095]

60 ●● Si lancia un dado regolare 6 volte. Determina la distribuzione di probabilità della variabile casuale X = «numero delle volte di uscita di una faccia con un numero dispari» e calcola il valore medio, la varianza, la deviazione standard. Rappresenta graficamente la distribuzione e calcola la probabilità che un numero dispari si presenti al massimo 4 volte. [3; 1,5; 1,225; 0,89]

61 ●● Un produttore di bulbi garantisce la fioritura al 90% avendo constatato sperimentalmente che il 5% di essi non germoglia. I bulbi che pone in commercio sono confezionati in scatole da 40 unità. Quali sono il valore medio e la deviazione standard del numero di bulbi non fioriti in una scatola e qual è la probabilità che una confezione non raggiunga il livello garantito? [2; 1,378; 0,048]

62 ●○ REALTÀ E MODELLI **Bianco o nero?** Alberto e Beatrice si sfidano al seguente gioco. Beatrice ha davanti a sé una normale scacchiera di $8 \times 8 = 64$ caselle bianche e nere e una sola pedina; ogni turno di gioco Beatrice colloca la pedina in una casella a suo piacimento e chiede ad Alberto, che non può vedere la scacchiera, di indovinare il colore della casella occupata. Ogni turno di gioco dura esattamente 10 secondi. Il gioco prosegue per 5 minuti.

a. Qual è la probabilità, in percentuale approssimata al primo decimale, che Alberto indovini il colore *esattamente* 20 volte?

b. Qual è, in percentuale, la probabilità che Alberto lo indovini *almeno* 10 volte?

c. Qual è la probabilità, espressa in frazione dell'unità, che Alberto non indovini mai il colore della casella?

$\left[\text{a) } 2,8\%;\ \text{b) } 97,9\%;\ \text{c) } \frac{1}{2^{30}} = \frac{1}{1073741824}\right]$

MATEMATICA E STORIA

999 palline bianche e nere L'astronomo e statistico belga Lambert-Adolphe-Jacques Quetelet (1796-1874), in una sua pubblicazione del 1846, esaminò la situazione di un'urna contenente un gran numero di palline, metà delle quali bianche, le altre nere. Considerò l'estrazione casuale di 999 palline e determinò la probabilità di ottenere 500 palline nere (e 499 bianche), 501 nere, 502 nere e così via. Dato che la distribuzione è simmetrica, calcolò effettivamente solo i valori corrispondenti ai casi con più palline nere che bianche.

a. Esprimi la probabilità $P(n)$ di ottenere n palline nere, supponendo di estrarre in tutto 999 palline, con reinserimento della pallina estratta.

La determinazione di $P(n)$ per ogni n avrebbe richiesto calcoli davvero gravosi, così Quetelet abbreviò la procedura calcolando le probabilità relative, cioè pose il valore di $P(500)$ uguale a 1.

b. Esprimi $P(n+1)$ in funzione di $P(n)$ e verifica che $P(501) = \frac{499}{501} \cdot P(500)$.

c. Considerando l'ipotesi $P(500) = 1$, determina, come fece Quetelet, i valori approssimati alla sesta cifra decimale di $P(501)$ e $P(502)$.

Risoluzione – Esercizio in più

Distribuzione di Poisson

▶ Teoria a p. σ17

63 ESERCIZIO GUIDA Un'edizione di *Guerra e pace* di Tolstoj è composta da 2500 pagine. Si è constatato che la probabilità che una pagina contenga almeno un refuso, e quindi vada ristampata, è dello 0,002. Determiniamo il numero medio di pagine da ristampare in tutto il libro e la probabilità di dover ristampare un numero di pagine superiore o uguale alla media.

La variabile X che conta il numero delle pagine da ristampare è, a priori, una binomiale di parametri $n = 2500$ e $p = 0,002$.
Il numero medio di pagine da ristampare è quindi:

$$M(X) = 2500 \cdot 0,002 = 5.$$

Poiché n è molto grande e p è molto piccolo, possiamo considerare la variabile X con distribuzione di Poisson di parametro $\lambda = 5$.
Pertanto:

$$p(X = x) = \frac{\lambda^x}{x!} e^{-\lambda}$$

$$p(X \geq 5) = 1 - p(X < 5) = 1 - [p(X=0) + p(X=1) + p(X=2) + p(X=3) + p(X=4)] =$$

$$1 - \left[e^{-5} + 5e^{-5} + \frac{5^2}{2}e^{-5} + \frac{5^3}{3!}e^{-5} + 5^4\frac{e^{-5}}{4!}\right] \simeq 1 - 0,44 = 0,56.$$

ESERCIZI

64 Un esame di laboratorio, effettuato su 20 000 campioni, fornisce un risultato non attendibile nello 0,01% dei casi. Considera la variabile casuale $X =$ «numero dei risultati non corretti» e determina il numero medio degli esami con risultato non corretto, la varianza e la deviazione standard. Calcola la probabilità che il risultato non sia corretto per non più del numero medio determinato. [2; 2; 1,414; 0,677]

65 Un'azienda che produce bulloni ha osservato che l'1% dei bulloni prodotti è fuori standard per misura o peso. L'azienda vende i bulloni in lotti da 500 pezzi. Qual è il numero medio di pezzi fuori standard in un lotto? Usando la distribuzione di Poisson calcola la probabilità che in un lotto ci siano:

a. un numero di bulloni difettosi superiore a metà del numero medio (estremi esclusi);

b. un numero di bulloni difettosi inferiore al numero medio (estremi esclusi). [a) 0,88; b) $\simeq$ 0,44]

REALTÀ E MODELLI

66 **Overbooking** Una compagnia aerea ha valutato che il 4% di coloro che prenotano un volo non si presenta o non riesce ad arrivare in tempo al check-in. Perciò decide di praticare l'*overbooking*, cioè di accettare un numero di prenotazioni superiore a quello dei posti disponibili.

a. Su 450 prenotazioni accettate, quante persone mediamente non si presenteranno?

b. Usando la distribuzione di Poisson, calcola la probabilità, su 450 prenotazioni, che la compagnia debba far restare a terra almeno 8 passeggeri per un volo con 440 posti a disposizione.
(SUGGERIMENTO Vuol dire che si sono presentate almeno 448 persone.) [a) 18; b) $\simeq 2,76 \cdot 10^{-6}$]

67 

Le ferrovie vicentine La stazione di Vicenza è aperta dalle 6:00 alle 24:00; in questa fascia oraria arrivano 216 treni.

a. Utilizzando una variabile di Poisson, calcola la probabilità che tra le 16:00 e le 16:30 arrivino almeno 3 treni.

b. In realtà, per agevolare la mobilità degli studenti, nella fascia oraria compresa tra le 6:00 e le 8:00 arrivano a Vicenza 15 treni l'ora. Questa nuova informazione modifica la probabilità calcolata precedentemente? [a) $\simeq$ 0,938; b) sì: $\simeq$ 0,929]

68 A un call center arrivano mediamente 20 telefonate all'ora. Modellizzando il numero di telefonate in entrata con una variabile di Poisson, calcola la probabilità che in 15 minuti arrivino più di 4 telefonate e meno di 6. [$\simeq$ 0,18]

69 A un servizio di autolavaggio automatico, aperto 24 ore su 24, arrivano in media 42 macchine ogni giorno.

a. Determina il valore medio e la varianza della distribuzione relativa al numero di auto all'ora.

Calcola la probabilità che in un'ora:

b. non arrivi alcun veicolo;

c. ne arrivino 2;

d. ne arrivino almeno 2.

[a) 1,75; 1,75; b) 0,174; c) 0,266; d) 0,522]

4 Giochi aleatori

▶ Teoria a p. σ19

70 ESERCIZIO GUIDA Un giocatore partecipa a un gioco organizzato e paga un prezzo di 4 euro. Il gioco consiste nell'estrarre consecutivamente senza reimmissione due carte da un mazzo di 40: se sono due figure dello stesso seme, il giocatore vince 45 euro, mentre se hanno lo stesso valore vince 17 euro.

a. Verifichiamo che il gioco non è equo e determiniamo la posta corretta affinché lo sia.

b. Lasciando immutata la posta modifichiamo l'importo della prima vincita affinché il gioco sia equo.

---

a. La variabile V che rappresenta le vincite lorde assume i valori 45 e 17 con probabilità, rispettivamente, $\frac{2}{130}$ e $\frac{10}{130}$. Determiniamo il valore della posta in caso di gioco equo calcolando la speranza di V:

$$P = 45 \cdot \frac{2}{130} + 17 \cdot \frac{10}{130} = 2.$$

in caso di gioco equo: $P = p_1 v_1 + p_2 v_2 + \ldots + p_n v_n$

Essendo il prezzo inferiore alla posta richiesta, il gioco è sfavorevole.

b. Per rispondere al secondo quesito impostiamo la seguente equazione, sempre relativa alla speranza della vincita lorda

$$x \cdot \frac{2}{130} + 17 \cdot \frac{10}{130} = 4 \quad \rightarrow \quad x = 175.$$

71 ●○ Si partecipa a un gioco estraendo contemporaneamente tre carte da un mazzo di 52 carte. Se le carte estratte sono dello stesso seme, viene corrisposta la somma di 78 euro. Determina la posta da pagare affinché il gioco sia equo. [4,26 euro circa]

72 ●○ Per partecipare a un gioco si pagano 20 euro. Si vince se vengono estratte contemporaneamente tre palline di colore uguale da un'urna che ne contiene 7 bianche e 3 nere. Calcola la somma corrisposta in caso di vincita se il gioco è equo. [66,67 euro circa]

73 ●○ Nel gioco delle 3 campanelle ci sono tre campanelle rovesciate. Sotto una è nascosta una pallina, sotto le altre due non c'è niente. Chi tiene il banco mescola le campanelle e chiede al giocatore di indovinare sotto quale campanella c'è la pallina. Per giocare bisogna pagare una posta P. In caso di vittoria del giocatore il banco paga il doppio della posta. Il gioco, nell'ipotesi che non ci siano trucchi o inganni, è equo? Se non lo è, quanto dovrebbe pagare il banco perché il gioco sia equo? [no; $3P$]

74 ●● Matteo partecipa a un gioco. Paga € 10 per tirare 5 volte di seguito una coppia di dadi regolari e, a ogni lancio, vince € 4 se su entrambi i dadi escono numeri pari. Sia X la variabile aleatoria che rappresenta il numero di «mani» vinte da Matteo.

a. Determina la distribuzione di probabilità di X.

b. Stabilisci quale tra i seguenti eventi è il più probabile:

E_1: «Matteo non vince più di due mani»;
E_2: «Matteo vince almeno quattro mani».

c. $Y = 4X - 10$ è la variabile che rappresenta la vincita di Matteo. Calcola la *vincita attesa*, cioè il valore medio di Y. Si tratta di un gioco equo?

$\left[\text{a) } \frac{243}{1024}, \frac{405}{1024}, \frac{270}{1024}, \ldots; \text{ b) } p(E_1) \simeq 0{,}9;\ p(E_2) \simeq 0{,}02; \text{ c) } -5\right]$

ESERCIZI

REALTÀ E MODELLI

75 **Lotto e numeri ritardatari** Salvo è solito giocare al lotto. Ogni volta gioca 1 euro sul numero 45 sulla ruota di Bari. Sa che puntando sull'estrazione di un solo numero vincerà € 11,23 nel caso in cui venga estratto quel numero.

a. Il gioco è equo? Se no, quale dovrebbe essere il premio in caso di gioco equo?

b. Decide di giocare per 8 settimane. Qual è la probabilità che vinca almeno una volta? Qual è la probabilità che non vinca nemmeno una volta?

c. Qual è la vincita netta media considerando le giocate di 8 settimane?

d. Come cambia la risposta precedente se si sa che nelle prime 7 settimane non ha vinto nulla?

[a) no; € 18; b) 0,37; 0,63; c) € −3; d) € −7,59]

76 **Gratta e vinci** Quando si acquista un «gratta e vinci» sarebbe opportuno informarsi sulle probabilità di vincita. Sia sul retro del biglietto, sia sul sito dell'AAMS (Amministrazione autonoma dei monopoli di Stato, ora assorbita dall'Agenzia delle dogane e dei monopoli - Area monopoli) sono disponibili i dati sul numero di biglietti vincenti per ogni tipo di vincita. Prendiamo per esempio il gioco «Turista per sempre». Ogni biglietto costa 5 euro. Sul sito dell'AAMS puoi trovare la tabella a fianco.

a. Qual è la vincita lorda media?

b. Il gioco è equo? Quale dovrebbe essere il costo del biglietto perché il gioco sia equo?

[a) € 3,63; b)no; € 3,63]

Importo vincita (€)	N. biglietti vincenti per lotto iniziale di biglietti (N. 100 800 000)	Probabilità di vincita
1 450 000,00	35	1 ogni 2 880 000,00 biglietti
50 000,00	35	1 ogni 2 880 000,00 biglietti
10 000,00	210	1 ogni 480 000,00 biglietti
5000,00	420	1 ogni 240 000,00 biglietti
1000,00	8400	1 ogni 12 000,00 biglietti
500,00	16 800	1 ogni 6000,00 biglietti
200,00	117 600	1 ogni 857,14 biglietti
100,00	231 000	1 ogni 436,36 biglietti
50,00	420 000	1 ogni 240,00 biglietti
20,00	1 785 000	1 ogni 56,47 biglietti
15,00	2 520 000	1 ogni 40,00 biglietti
10,00	8 400 000	1 ogni 12,00 biglietti
5,00	13 440 000	1 ogni 7,50 biglietti

5 Variabili casuali standardizzate

▶ Teoria a p. σ21

77 TEST Una variabile aleatoria X ha valore medio 12,3 con deviazione standard 1,8. Al valore $x = 8,3$ corrisponde il valore della variabile standardizzata Z:

A $-2,2$. B 4,25. C 0,53. D 0,45. E 11,44.

78 ESERCIZIO GUIDA La variabile casuale X ha la seguente distribuzione.

X	0	1	2
f_X	0,25	0,5	0,25

Determiniamo la distribuzione della variabile standardizzata Z.

Troviamo il valore medio e la deviazione standard di X.

$$\mu = M(X) = 0 \cdot 0,25 + 1 \cdot 0,5 + 2 \cdot 0,25 = 1$$

$$\sigma = \sqrt{var(X)} = \sqrt{0 \cdot 0,25 + 1 \cdot 0,5 + 4 \cdot 0,25 - 1^2} = \sqrt{0,5}$$

La standardizzata di X è:

$$Z = \frac{X-1}{\sqrt{0,5}}.$$

standardizzata di X: $Z = \frac{X-\mu}{\sigma}$

Quindi:

$$z_1 = \frac{x_1 - 1}{\sqrt{0,5}} = \frac{0-1}{\sqrt{0,5}} = -\sqrt{2}; \qquad z_2 = \frac{x_2 - 1}{\sqrt{0,5}} = 0; \qquad z_3 = \frac{2-1}{\sqrt{0,5}} = \sqrt{2}.$$

La distribuzione di Z è la seguente.

Z	$-\sqrt{2}$	0	$\sqrt{2}$
f_Z	0,25	0,5	0,25

Si verifica che:

$$M(Z) = -\sqrt{2} \cdot 0,25 + 0 \cdot 0,5 + \sqrt{2} \cdot 0,25 = 0;$$

$$\sigma(Z) = \sqrt{2 \cdot 0,25 + 0 \cdot 0,5 + 2 \cdot 0,25} = 1.$$

79 Trasforma la seguente variabile casuale X nella variabile casuale standardizzata Z e verifica che il valore medio è 0 e la deviazione standard è 1.

X	5	10	15	20	25
f	0,1	0,2	0,2	0,2	0,3

[Z: $-1,769$; $-1,032$; ...]

80 Una variabile aleatoria X ha media 6,3 e deviazione standard 2,1. Calcola i punti zeta per i seguenti valori della variabile: $x = 5,2$ e $x = 8,8$. [$-0,52$; $1,19$]

81 Una variabile casuale X ha valore medio 12,5 e varianza 4,41. Calcola i valori della variabile X a cui corrispondono i punti zeta -2 e 2,4. [8,3; 17,54]

82 Una variabile casuale X ha valore medio 9,8 e per il valore $x = 6,3$ il punto zeta corrispondente è $z = -2,5$. Calcola la varianza di X. [1,96]

REALTÀ E MODELLI

83 **Studenti a confronto** In terza A il voto medio degli alunni in matematica è stato 7,3, con una deviazione standard di 2,8, e in terza B il voto medio è stato 6,8, con una deviazione standard di 1,2. Cristina, che è in terza A, ha come voto 6, mentre Sandro, in terza B, ha come voto 6,2. Rispetto all'andamento della classe, chi dei due ha il rendimento migliore? [Cristina]

84 **Stesso film, località diverse** Il venerdì sera, il numero medio di spettatori nella sala cinematografica di una cittadina è di 80 con una deviazione standard di 30, mentre in una seconda località è di 130 con una deviazione standard di 45. Viene proiettato lo stesso film e il numero degli spettatori è rispettivamente di 105 e 160. Determina in quale località il film ha avuto maggiore successo. [$z_1 = 0,83$; $z_2 = 0,67$]

6 Variabili casuali continue

85 ESERCIZIO GUIDA Dopo aver verificato che la seguente funzione è una funzione densità di probabilità, consideriamo in [0; 4] una variabile casuale continua X avente tale funzione densità.

$$f(x) = \begin{cases} 0 & \text{se } x < 0 \\ \frac{1}{8}x & \text{se } 0 \leq x \leq 4 \\ 0 & \text{se } x > 4 \end{cases}$$

a. Determiniamo la funzione di ripartizione $F(x)$ di X.

b. Rappresentiamo graficamente $f(x)$ e $F(x)$.

c. Calcoliamo $p(1 \leq X \leq 3)$.

d. Calcoliamo il valore medio e la varianza di X.

Verifichiamo che la funzione $f(x)$ è una funzione densità di probabilità:

$$f(x) \geq 0 \text{ in } \mathbb{R} \quad \text{e} \quad \int_{-\infty}^{+\infty} f(x)\,dx = \int_0^4 \frac{1}{8}x\,dx = \left[\frac{1}{8}\cdot\frac{x^2}{2}\right]_0^4 = 1.$$

a. Determiniamo la funzione di ripartizione $F(x)$:

$$F(x) = \int_{-\infty}^{x} f(t)\,dt = \int_0^x f(t)\,dt = \int_0^x \frac{1}{8}t\,dt = \left[\frac{1}{8}\cdot\frac{t^2}{2}\right]_0^x = \frac{x^2}{16}, \quad \text{per} \quad 0 \leq x \leq 4;$$

$$F(x) = 0, \quad \text{per} \quad x < 0; \qquad F(x) = 1, \quad \text{per} \quad x > 4.$$

b. Rappresentiamo graficamente le funzioni $f(x)$ e $F(x)$:

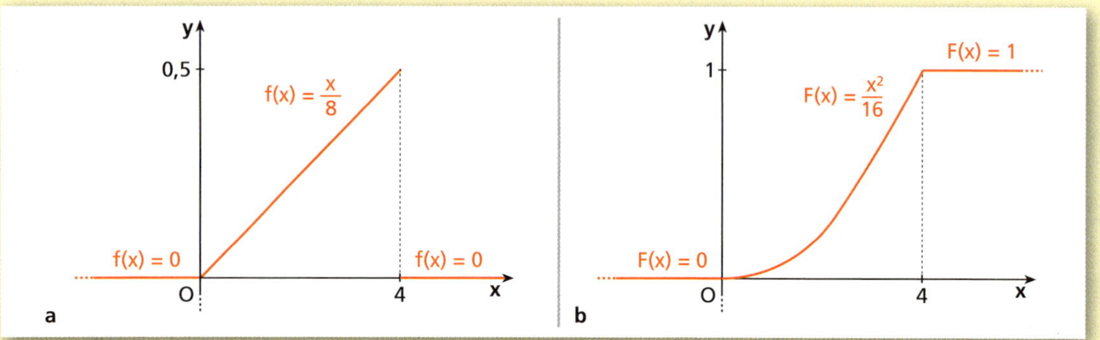

c. Calcoliamo $p(1 \leq X \leq 3)$ in due modi, cioè mediante la funzione densità di probabilità o mediante la funzione di ripartizione:

$$p(1 \leq X \leq 3) = \int_1^3 \frac{1}{8}x\,dx = \left[\frac{x^2}{16}\right]_1^3 = \frac{9}{16} - \frac{1}{16} = \frac{1}{2};$$

$$p(1 \leq X \leq 3) = F(3) - F(1) = \frac{9}{16} - \frac{1}{16} = \frac{1}{2}.$$

d. Calcoliamo il valore medio di X:

$$M(X) = \int_{-\infty}^{+\infty} x\cdot f(x)\,dx = \int_0^4 x\cdot f(x)\,dx = \int_0^4 x\cdot\frac{1}{8}x\,dx = \left[\frac{1}{8}\cdot\frac{x^3}{3}\right]_0^4 = \frac{8}{3}.$$

Calcoliamo la varianza:

$$var(X) = M(X^2) - [M(X)]^2 = \int_0^4 x^2\cdot\frac{1}{8}x\,dx - \left(\frac{8}{3}\right)^2 = \left[\frac{1}{8}\cdot\frac{x^4}{4}\right]_0^4 - \frac{64}{9} = 8 - \frac{64}{9} = \frac{8}{9}.$$

Negli esercizi che seguono indichiamo le funzioni $f(x)$, definite in $\mathbb{R}$, solo negli intervalli in cui non si annullano. Verifica che esse sono funzioni densità di probabilità. Determina la funzione di ripartizione $F(x)$, il valore medio e la varianza della variabile casuale continua X avente $f(x)$ come funzione densità di probabilità. Rappresenta graficamente $f(x)$ e $F(x)$ e calcola la probabilità che X assuma valori compresi tra i due valori x_1 e x_2 indicati. (La funzione di ripartizione è indicata soltanto per gli intervalli in cui non vale 0 o 1.)

86 ●○ $f(x) = \frac{1}{5}$, $[0; 5]$; $x_1 = 1$, $x_2 = 4$. $\left[F(x) = \frac{1}{5}x; 2,5; \frac{25}{12}; 0,6\right]$

87 ●○ $f(x) = \frac{2}{9}x$, $[0; 3]$; $x_1 = 1,3$, $x_2 = 2,3$. $\left[F(x) = \frac{x^2}{9}; 2; \frac{1}{2}; 0,4\right]$

88 ●○ **AL VOLO** La variabile casuale X ha la seguente funzione di ripartizione. Calcola i valori di p indicati.

$$F(x) = \begin{cases} 0 & \text{se } x < -2 \\ \frac{x^3}{35} + \frac{8}{35} & \text{se } -2 \leq x < 3 \\ 1 & \text{se } x \geq 3 \end{cases}$$

$p(16 < X < 128)$ $\quad$ $p(X > -3)$ $\quad$ $p(-3 < X < 4)$

Negli esercizi che seguono indichiamo le funzioni *f*(*x*), definite in $\mathbb{R}$, solo negli intervalli in cui non si annullano. Verifica che esse sono funzioni densità di probabilità. Determina la funzione di ripartizione *F*(*x*) della variabile casuale continua *X* avente *f*(*x*) come funzione densità di probabilità. Rappresenta graficamente *f*(*x*) e *F*(*x*) e calcola la probabilità che *X* assuma valori compresi tra i due valori x_1 e x_2 indicati.

89 ●○ $f(x) = \frac{2}{x^2}$, $[2; +\infty[$; $x_1 = 2$, $x_2 = 4$. $\left[F(x) = 1 - \frac{2}{x}; \frac{1}{2}\right]$

90 ●○ $f(x) = e^{-x}$, $[0; +\infty[$; $x_1 = 0$, $x_2 = 2$. $\left[F(x) = 1 - e^{-x}; 1 - e^{-2}\right]$

91 ●● Data la funzione di ripartizione $F(x) = \frac{x^4}{16}$ di una variabile casuale continua X che può assumere valori nell'intervallo $[0; 2]$, determina la funzione densità di probabilità di X. Calcola $P(0{,}5 \leq X \leq 1{,}5)$ e rappresenta graficamente $F(x)$ e $f(x)$. $\left[f(x) = \frac{1}{4}x^3; 0{,}31\right]$

92 ●● REALTÀ E MODELLI **Quanto durerà?** La durata di un componente elettronico per il settore navale si può misurare in mesi e si può modellizzare come una variabile casuale X con la seguente densità di probabilità.

$$f(x) = \begin{cases} \frac{1}{10}e^{-\frac{1}{10}x} & \text{se } x \geq 0 \\ 0 & \text{se } x < 0 \end{cases}$$

$M(X) = \int_{-\infty}^{+\infty} xf(x)\,dx$

a. Qual è la durata media del componente elettronico?

b. Il componente viene montato su una nave che sarà in mare per 10 mesi. Qual è la probabilità che il componente duri almeno per tutta la navigazione? [a) 10 mesi; b) e^{-1}]

93 ●● YOU & MATHS The wait time for starting service at a checkout line has probability distribution

$$f(x) = \begin{cases} 0{,}5e^{-0{,}5x} & \text{if } x \geq 0 \\ 0 & \text{otherwise} \end{cases}$$

(x is measured in minutes). What is the probability that the wait time will be between 1 and 3 minutes?

(USA *Arkansas Council of Teachers of Mathematics Regional Contest*)

$[\simeq 0{,}38]$

Distribuzione uniforme continua

▶ Teoria a p. σ25

94 ●○ TEST Una variabile casuale continua ha funzione di densità $f(x) = \frac{1}{6}$ nell'intervallo $[2; 8]$. Il valore medio e la varianza sono rispettivamente:

A 3 e 8,3. B 5 e 3. C 4 e 1,3. D 5 e 2. E 3 e 3.

95 ●○ LEGGI IL GRAFICO Osserva il grafico che rappresenta la densità di una variabile casuale X uniformemente distribuita.

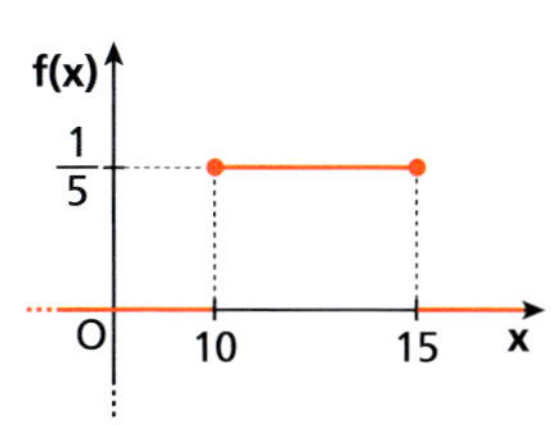

a. Calcola il valore medio e la varianza di X.

b. Trova la probabilità che X sia maggiore di 13,5.

$\left[\text{a) } 12{,}5; \frac{25}{12}; \text{b) } 0{,}3\right]$

96 ESERCIZIO GUIDA Consideriamo una variabile casuale continua X che si distribuisce uniformemente nell'intervallo $[2; 7]$.

a. Calcoliamo la funzione di ripartizione, il valore medio, la varianza e la deviazione standard di X.

b. Calcoliamo la probabilità che X assuma valori compresi tra 2,5 e 3.

La funzione densità di probabilità di X è $f(x) = \frac{1}{7-2} = \frac{1}{5}$ se $x \in [2; 7]$, altrimenti $f(x) = 0$.

ESERCIZI

a. La funzione di ripartizione è:

$$F(x) = \int_2^x \frac{1}{5}\,dt = \left[\frac{t}{5}\right]_2^x = \frac{x-2}{5} \text{ se } 2 \le x < 7,\ F(x) = 0 \text{ se } x < 2,\ F(x) = 1 \text{ se } x \ge 7.$$

I valori di media, varianza e deviazione standard di X sono:

$$\mu = \frac{7+2}{2} = \frac{9}{2};\quad \sigma^2 = \frac{(7-2)^2}{12} = \frac{25}{12};\quad \sigma = \frac{5}{2\sqrt{3}}.$$

b. $p(2{,}5 \le X \le 3) = \int_{2,5}^{3} \frac{1}{5}\,dx = \left[\frac{x}{5}\right]_{2,5}^{3} = \frac{3}{5} - \frac{1}{2} = 0{,}1$, oppure, con la funzione di ripartizione,

$$p(2{,}5 \le X \le 3) = F(3) - F(2{,}5) = \frac{1}{5} - \frac{0{,}5}{5} = \frac{0{,}5}{5} = 0{,}1.$$

Calcola la funzione densità di probabilità e la funzione di ripartizione di una variabile casuale continua, con una distribuzione uniforme, che assume valori nell'intervallo indicato. Determina inoltre il valore medio, la varianza e la deviazione standard di tale variabile. Calcola $P(x_1 \le X \le x_2)$.

97 $[1; 5]$, $x_1 = 0{,}5$, $x_2 = 0{,}75$. $\left[f(x) = \frac{1}{4}; F(x) = \frac{x}{4} - \frac{1}{4}; 3; \frac{4}{3}; \frac{2}{\sqrt{3}}; 0{,}0625\right]$

98 $[-3; 5]$, $x_1 = -1$, $x_2 = 0{,}2$. $\left[f(x) = \frac{1}{8}; F(x) = \frac{x+3}{8}; 1; \frac{16}{3}; \frac{4}{\sqrt{3}}; 0{,}15\right]$

99 $[4; 11]$, $x_1 = 5$, $x_2 = 6{,}5$. $\left[f(x) = \frac{1}{7}; F(x) = \frac{x-4}{7}; 7{,}5; \frac{49}{12}; \frac{7}{2\sqrt{3}}; 0{,}21\right]$

100 Determina l'ampiezza massima dell'intervallo di valori che può assumere una variabile casuale continua X affinché abbia $f(x) = 8$ come funzione densità di probabilità. [0,125]

REALTÀ E MODELLI

101 **Velocisti** Durante gli allenamenti Carl ha visto che il tempo che impiega per correre i 100 metri si comporta come una variabile casuale uniformemente distribuita tra gli 11,5 e i 12,3 secondi.

a. Qual è il tempo medio in cui Carl corre i 100 metri?

b. Qual è la probabilità che in gara Carl impieghi meno di 12 secondi per correre i 100 metri?

[a) 11,9 secondi; b) 0,625]

102 **Tagliare la corda!** Carlotta lavora in un negozio di ferramenta. Un cliente le chiede un pezzo di corda lungo 1 m. Carlotta si avvicina al rotolo da 10 m e, fidandosi della sua esperienza, srotola un po' di corda e taglia in un punto a caso. Supponendo che la lunghezza del pezzo di corda che ottiene tagliando a caso abbia una lunghezza distribuita uniformemente, indica qual è la probabilità che Carlotta sia riuscita a tagliare un pezzo di corda:

a. della lunghezza esatta di 1 m.

b. di lunghezza compresa tra 0,90 m e 1,10 m. [a) 0; b) 0,02]

Distribuzione normale o gaussiana

▶ Teoria a p. σ26

103 ESERCIZIO GUIDA Un'impresa costruisce rasoi elettrici la cui durata è una grandezza che si distribuisce normalmente. La durata media è di 6 anni, con una deviazione standard di 1,5 anni. Calcoliamo:

a. la probabilità che un rasoio abbia una durata fino a 8 anni;

b. la probabilità che abbia una durata di almeno 7 anni;

c. il numero di rasoi, su una produzione di 400, con una durata compresa tra 4 e 9 anni.

Indichiamo con X la variabile casuale che indica la durata dei rasoi e che, quindi, ha una distribuzione normale $N(6;\ 2{,}25)$, con una funzione densità di probabilità che ha il grafico riportato nella figura.

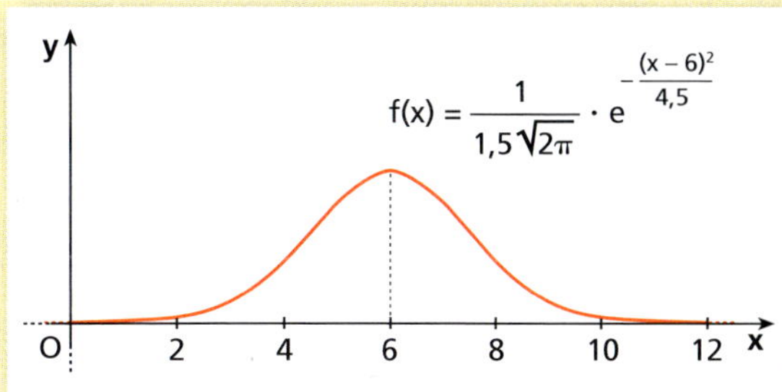

Utilizziamo la variabile standardizzata $Z = N(0; 1)$, che si ottiene con la trasformazione $Z = \dfrac{X-6}{1{,}5}$, in modo da usare la tavola di Sheppard.

a. Il punto zeta corrispondente a $x = 8$ è $z = \dfrac{8-6}{1{,}5} \simeq 1{,}33$. Sfruttiamo la simmetria di $f(z)$ e utilizziamo la tavola:

$$p(X \leq 8) \simeq p(Z \leq 1{,}33) = p(Z < 0) + p(0 \leq Z \leq 1{,}33) \simeq 0{,}5 + 0{,}4082 = 0{,}9082.$$

b. Il punto zeta corrispondente a $x = 7$ è $z = \dfrac{7-6}{1{,}5} \simeq 0{,}67$:

$$p(X \geq 7) \simeq p(Z \geq 0{,}67) = 0{,}5 - p(0 < Z < 0{,}67) \simeq$$
$$0{,}5 - 0{,}2486 = 0{,}2514.$$

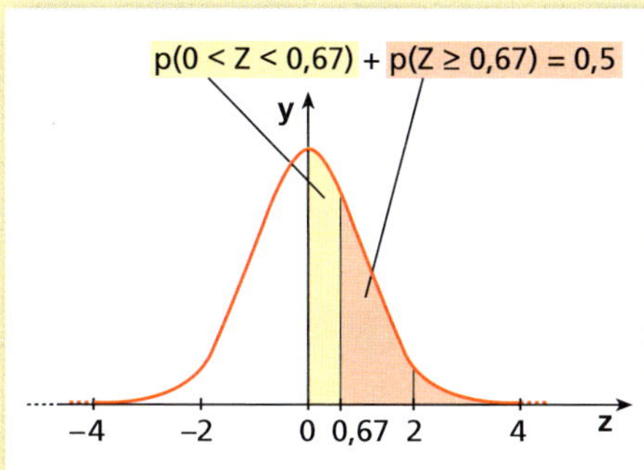

c. Calcoliamo la probabilità che un rasoio abbia una durata compresa tra 4 e 9 anni.
Trasformando $x_1 = 4$ e $x_2 = 9$ otteniamo $z_1 \simeq -1{,}33$ e $z_2 = 2$:

$$p(4 \leq X \leq 9) \simeq p(-1{,}33 \leq Z \leq 2) =$$
$$p(0 \leq Z \leq 1{,}33) + p(0 \leq Z \leq 2) \simeq$$
$$0{,}4082 + 0{,}4772 = 0{,}8854.$$

Possiamo valutare il numero di rasoi che, su una produzione di 400, avranno una durata compresa tra 4 e 9 anni. Otteniamo: $400 \cdot 0{,}8854 \simeq 354$.

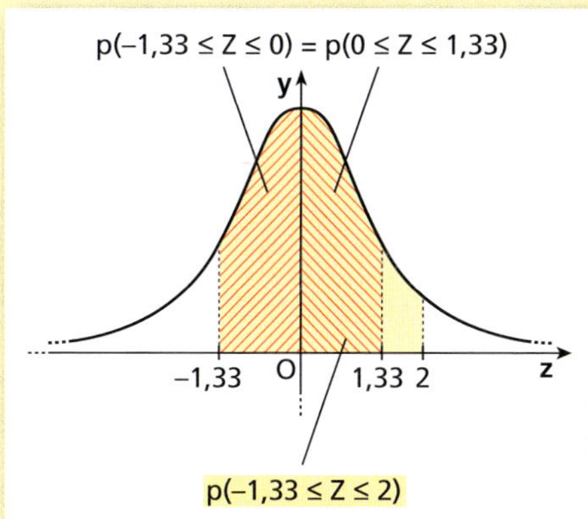

104 ●○ TEST Il valore medio del numero dei visitatori di una fiera campionaria che si svolge ogni anno è di 850 persone al giorno con una deviazione standard di 34 visitatori. Essendo la distribuzione del numero dei visitatori normale, la probabilità che in un certo giorno il numero dei visitatori superi il valore medio del 10% è:

A 0,7462. B 0,2469. C 0,0062. D 0,9938. E 0,4938.

105 ●○ Il tempo per rispondere a un test con quesiti a risposta multipla ha una distribuzione gaussiana con un tempo medio di 20 minuti e una varianza pari a 16 minuti. Qual è la probabilità che un test venga restituito entro 15 minuti? [0,1056]

106 ●○ La misura del diametro interno di alcuni tubi di plastica ha un andamento che si distribuisce secondo la curva di Gauss con una media di 8,5 cm e una deviazione standard di 0,08 cm. Calcola la percentuale di tubi che potrebbero avere un diametro:

a. maggiore di 8,7 cm; **b.** minore di 8,4 cm; **c.** compreso tra 8,48 cm e 8,52 cm.

[a) 0,62%; b) 10,56%; c) 19,74%]

ESERCIZI

107 Un'industria dolciaria che produce canditi compra cedri dolci sempre dallo stesso coltivatore in Calabria. I frutti di cui si rifornisce possono essere considerati uguali nelle dimensioni e la quantità di buccia che si ottiene da ogni frutto ha una distribuzione che si ritiene normale, con un valore medio di 1,2 kg e una deviazione standard di 0,2 kg. Determina qual è la probabilità che un frutto preso a caso abbia una scorza che pesa:

a. meno di 1 kg; **b.** tra 0,9 kg e 1,2 kg; **c.** più di 1,4 kg.

[a) 0,1587; b) 0,4332; c) 0,1587]

108 Una macchina confeziona sacchetti di cioccolatini e il loro peso si distribuisce normalmente. Sapendo che il peso medio è di 250 grammi e la deviazione standard è di 15 grammi, calcola la probabilità che un sacchetto abbia un peso compreso tra 240 e 260 grammi. [0,4972]

109 La durata media delle pile prodotte da un'impresa è di 400 ore (h), con una varianza di 225 h^2. Sapendo che la durata è una grandezza di tipo gaussiano, determina la percentuale di pile che avranno una durata compresa tra 380 e 420 ore. [81,65%]

110 REALTÀ E MODELLI **Data di scadenza** Un'azienda produce burro in confezioni da 250 grammi, la cui durata dalla data di confezionamento si distribuisce normalmente con una media di 30 giorni e una deviazione standard di 8 giorni. La data di scadenza di un lotto prodotto viene fissata 38 giorni dopo la data di confezionamento. Calcola la percentuale di confezioni che andranno a male prima della data di scadenza. [0,1587]

111 Una macchina produce sfere di acciaio il cui diametro è una grandezza distribuita normalmente, con valore medio di 18 mm e deviazione standard di 0,5 mm. Calcola la probabilità di produrre sfere con diametro nell'intervallo indicato; calcola il corrispondente numero di sfere su un lotto di 400:

a. $[18 - \sigma; 18 + \sigma]$; **b.** $[18 - 2\sigma; 18 + 2\sigma]$; **c.** $[18 - 3\sigma; 18 + 3\sigma]$.

[a) 0,6826; 273; b) 0,9544; 381; c) 0,9974; 398]

REALTÀ E MODELLI

112 **Durata delle lampadine** La vita media di una lampadina a lunga durata è di 1500 ore con una deviazione standard di 200 ore. Sapendo che la durata è una grandezza normale, calcola la probabilità che sia:

a. di almeno 1300 ore; **b.** al massimo di 1700 ore; **c.** al massimo di 1300 ore.

[a) 0,8413; b) 0,8413; c) 0,1587]

113 **Tolleranza per i diametri dei dadi** In una fase di assemblaggio di biciclette per bambini si devono montare su viti dei dadi con un foro avente un diametro di 1,80 cm. Sono ammessi anche dadi che hanno un foro con un diametro compreso tra 1,75 cm e 1,85 cm. I dadi utilizzati hanno fori con diametri la cui misura si distribuisce normalmente con una media di 1,82 cm e con una deviazione standard di 0,02 cm.

a. Qual è la probabilità che un dado abbia un diametro compreso nei limiti di accettabilità?

b. Prendendo due dadi, qual è la probabilità che almeno un dado abbia un diametro inferiore a 1,75 cm?

c. Qual è il valore del diametro per cui l'1% dei dadi ha un valore maggiore? [a) 0,9330; b) 0,0004; c) 1,87]

MATEMATICA AL COMPUTER

Le distribuzioni di probabilità Una fabbrica produce rasoi la cui durata si distribuisce normalmente. Costruiamo un foglio elettronico che determini la probabilità che un rasoio duri
a. sino a m anni, **b.** almeno n anni, **c.** un tempo compreso fra p e q anni,
e calcoli il numero dei rasoi corrispondenti, dopo aver ricevuto la durata media μ, la deviazione standard σ, i numeri m, n, p, q espressi in anni e il numero r dei rasoi prodotti.
Proviamo con $\mu = 6$, $\sigma = 1{,}5$, $m = 8$, $n = 7$, $p = 4$, $q = 9$ e $r = 10000$.

Risoluzione – 16 esercizi in più

VERIFICA DELLE COMPETENZE ALLENAMENTO

RISOLVERE PROBLEMI

1 TEST Nel laboratorio linguistico di una scuola vi sono 24 postazioni che funzionano in modo indipendente. La probabilità che un apparecchio audio si guasti in un mese è del 12,5%. In media, gli apparecchi che si guastano in un mese sono:

A 0. B 20,5. C 3. D 1,2. E 12,5.

2 Dai risultati delle verifiche di matematica e italiano, sono risultate le seguenti tabelle, in cui le variabili sono: X = «numero insufficienze in matematica» e Y = «numero insufficienze in italiano». Determina la distribuzione di probabilità della variabile $X + Y$, che rappresenta il numero di insufficienze complessive.

X	0	1	2	3	4	5
f_X	0,15	0,05	0,10	0,15	0,35	0,20

Y	0	1	2	3
f_Y	0,30	0,25	0,25	0,20

$[0, 1, \ldots; 0{,}045, 0{,}0525, \ldots]$

3 Un'urna contiene 8 palline numerate da 1 a 8 e si estrae una pallina. Costruisci la variabile casuale che indica il numero della pallina estratta e determina il valore medio e la varianza. $[4{,}5; 5{,}25]$

4 Da un mazzo di 40 carte si estrae per 5 volte una carta rimettendo ogni volta la carta estratta nel mazzo. Data la variabile casuale X = «numero delle volte di uscita dell'asso di coppe», calcola, applicando la distribuzione binomiale e quella di Poisson:

a. il valore medio, la varianza e la deviazione standard;
b. la probabilità che l'asso di coppe esca al massimo una volta;
c. la probabilità che l'asso di coppe esca almeno una volta.

[binomiale: a) $0{,}125; 0{,}122; 0{,}349$; b) $0{,}994$; c) $0{,}119$; Poisson: a) $0{,}125; 0{,}125; 0{,}354$; b) $0{,}993$; c) $0{,}118$]

5 L'ora di arrivo in ufficio degli impiegati di un'azienda varia dalle ore 8 alle ore 8:30 a causa del traffico. La funzione densità di probabilità, che misura la probabilità di arrivo a una certa ora, è stata individuata nella funzione $f(x) = \frac{65}{32} - (x-8)^3$. Determina:

a. la funzione di ripartizione $F(x)$;
b. il valore medio e la varianza;
c. la probabilità che ha un impiegato di arrivare fra le 8:12 e le 8:24;
d. la probabilità che ha un impiegato di arrivare negli ultimi 15 minuti.

$\left[\text{a) } F(x) = \frac{65}{32}x - \frac{(x-8)^4}{4} - \frac{65}{4}\text{; b) 8:15; 1 min e 15 s; c) } 0{,}400\text{; d) } 0{,}493\right]$

6 Il tempo impiegato per effettuare la rifinitura di pezzi meccanici ha una distribuzione normale con una media di 60 minuti e una deviazione standard di 12 minuti. Determina la probabilità che il tempo impiegato:

a. sia di almeno 50 minuti;
b. sia compreso tra 50 e 70 minuti;
c. sia al massimo di 50 minuti;
d. sia di almeno 70 minuti;
e. sia di almeno 60 minuti;
f. sia al massimo di 60 minuti.

[a) $0{,}7967$; b) $0{,}5934$; c) $0{,}2033$; d) $0{,}2033$; e) $0{,}5$; f) $0{,}5$]

VERIFICA DELLE COMPETENZE VERSO L'ESAME

ARGOMENTARE E DIMOSTRARE

7 Spiega che cosa si intende per variabile casuale, precisando come può essere utilizzata per descrivere gli eventi e come si costruisce la relativa distribuzione di probabilità. Aiutati con un esempio costruito considerando come esperimento il lancio di tre dadi.

8 Sia X una variabile casuale discreta e siano k e h due costanti reali. Dimostra le proprietà $M(kX) = kM(X)$ e $M(X+h) = M(X)+h$, utilizzando la definizione di valore medio. Estendi poi la dimostrazione al caso in cui X è continua.

9 Giustifica la seguente affermazione:
«una variabile binomiale di parametri n e p è la somma di n variabili bernoulliane indipendenti di parametro p».
A partire da questo fatto, dimostra le formule $M(X) = np$ e $var(X) = np(1-p)$ per una variabile binomiale X.

10 Dimostra che, se X è una variabile binomiale di parametri n e p, allora $p = 1 - \frac{var(X)}{M(X)}$.

11 Vengono lanciati due dadi. Dei due punteggi, viene considerato il maggiore; se sono uguali, viene considerato il punteggio comune dei due dadi. Detto X il punteggio registrato, riportare in una tabella la distribuzione di probabilità di X e mostrare che $P(X=3) = \frac{5}{36}$. Calcolare inoltre la media e la varianza di X.

(*Esame di Stato, Liceo scientifico, Corso di ordinamento, Sessione suppletiva*, 2015, *quesito* 3)

12 Una fabbrica produce mediamente il 3% di prodotti difettosi. Determinare la probabilità che in un campione di 100 prodotti ve ne siano 2 difettosi, usando:
- la distribuzione binomiale;
- la distribuzione di Poisson.

(*Esame di Stato, Liceo scientifico, Corso di ordinamento, Sessione suppletiva*, 2015, *quesito* 7)

13 Da un'analisi di mercato è risultato che il 32% della popolazione usa il prodotto A. Scelto a caso un gruppo di 12 persone, determinare il valore medio, la varianza e la deviazione standard della variabile casuale X = «numero di persone che usa il prodotto A». Calcolare inoltre la probabilità che, all'interno del gruppo scelto, il numero di persone che usano detto prodotto sia compreso tra 2 e 5, estremi inclusi.

$[M(X) = 3,84; V(X) \simeq 2,61; \sigma(X) \simeq 1,62; P(2 \le X \le 5) \simeq 78,3\%]$

(*Esame di Stato, Liceo scientifico, Scuole italiane all'estero (Europa), Sessione ordinaria*, 2015, *quesito* 2)

14 Determinare la funzione densità di probabilità di una variabile casuale continua che assume valori nell'intervallo $[2; 5]$ con una distribuzione uniforme. Determinare inoltre il valore medio, la varianza, la deviazione standard di tale variabile e la probabilità che sia $\frac{7}{3} \le x \le \frac{17}{4}$. $[3,5; 0,75; \simeq 0,87; p \simeq 63,9\%]$

(*Esame di Stato, Liceo scientifico, Corso di ordinamento, Sessione straordinaria*, 2015, *quesito* 6)

15 Supponiamo che l'intervallo di tempo t (in anni) tra due cadute di fulmini in un'area di 100 m^2 sia dato da una variabile casuale continua con funzione di ripartizione:

$$P(t \le z) = \int_0^z 0,01 \cdot e^{-0,01s}\,ds.$$

a. Si calcoli la probabilità che, in tale area, i prossimi due fulmini cadano entro non più di 200 anni l'uno dall'altro.

b. Si determini qual è il minimo numero di anni z tale che sia almeno del 95% la probabilità che i prossimi due fulmini cadano in tale area entro non più di z anni l'uno dall'altro.

(*Esame di Stato, Liceo scientifico, Corso di ordinamento, Sessione suppletiva*, 2016, *quesito* 8)

COSTRUIRE E UTILIZZARE MODELLI

RISOLVIAMO UN PROBLEMA

Rispettare gli standard

In una falegnameria una macchina taglia assi di legno le cui lunghezze sono rappresentate da una variabile casuale normale con media di 1 m.
La ditta che ha venduto la macchina ha assicurato una deviazione standard, cioè un margine di errore, di 5 mm. Per verificare questa dichiarazione vengono tagliate alcune assi ed empiricamente si verifica che la probabilità che la macchina tagli delle assi di lunghezza inferiore a 100,5 cm e superiore a 99,5 cm è del 68%.

- Si può considerare vera l'affermazione della ditta che ha venduto la macchina?

Per una commessa, l'azienda deve tagliare 10 assi. Il committente ha richiesto la massima precisione. Rimanderà indietro tutte le assi di lunghezza inferiore a 99,7 cm e superiore a 100,2 cm.

- Su 10 assi tagliate, qual è il numero medio di pezzi che non soddisfano lo standard del committente?
- Qual è la probabilità che a lavoro ultimato il cliente rimandi indietro più della metà delle assi?

▶ Verifichiamo l'affermazione della ditta.

Indichiamo con X la variabile casuale che indica la lunghezza, in cm, dell'asse tagliata.
Sappiamo che è una variabile casuale normale che ha media 1 m e deviazione standard σ. Dobbiamo verificare che $\sigma = 5$ mm. Riscriviamo la relazione $p(99{,}5 < X < 100{,}5) = 0{,}68$ usando la variabile standardizzata.

I punti zeta relativi a 99,5 e 100,5 sono $\frac{99{,}5-100}{\sigma} = -\frac{0{,}5}{\sigma}$ e $\frac{100{,}5-100}{\sigma} = \frac{0{,}5}{\sigma}$, dunque:

$$0{,}68 = p(99{,}5 < X < 100{,}5) = p\left(-\frac{0{,}5}{\sigma} < Z < \frac{0{,}5}{\sigma}\right) = 2 \cdot p\left(0 < Z < \frac{0{,}5}{\sigma}\right) \rightarrow p\left(0 < Z < \frac{0{,}5}{\sigma}\right) = 0{,}34.$$

Cerchiamo nella tavola di Sheppard il numero più vicino a 0,34. Il valore z corrispondente è 1, quindi:

$$\frac{0{,}5}{\sigma} = 1 \rightarrow \sigma = 0{,}5.$$

L'affermazione della ditta può considerarsi vera.

▶ Determiniamo la probabilità che un pezzo non soddisfi lo standard del committente.

Un'asse non soddisfa le richieste del committente se la sua lunghezza è inferiore a 99,7 cm o superiore a 100,2 cm.
La probabilità che ciò accada è $p(X \leq 99{,}7) + p(X \geq 100{,}2)$. Passiamo alla variabile standardizzata:

$$p(X \leq 99{,}7) + p(X \geq 100{,}2) = p\left(Z \leq \frac{99{,}7-100}{0{,}5}\right) + p\left(Z \geq \frac{100{,}2-100}{0{,}5}\right) = p(Z \leq -0{,}6) + p(Z \geq 0{,}4).$$

Per la simmetria della densità gaussiana, abbiamo

$$p(Z \leq -0{,}6) = p(Z \geq 0{,}6) = 0{,}5 - p(0 \leq Z \leq 0{,}6) \quad \text{e} \quad p(Z \geq 0{,}4) = 0{,}5 - p(0 < Z \leq 0{,}4),$$

quindi:

$$p(Z \leq -0{,}6) + p(Z \geq 0{,}4) = 0{,}5 - p(0 \leq Z \leq 0{,}6) + 0{,}5 - p(0 \leq Z \leq 0{,}4) \simeq 1 - 0{,}23 - 0{,}16 = 0{,}61.$$

▶ Stabiliamo il numero medio di pezzi che non soddisfano lo standard.

La variabile Y che conta le assi tagliate in modo non conforme ha una distribuzione binomiale di parametri $n = 10$ e $p = 0{,}61$, quindi il numero medio delle assi che non rispettano lo standard è $np = 6{,}1$, cioè circa 6 assi.

▶ Calcoliamo la probabilità che più della metà delle assi non soddisfi lo standard.

L'evento «Più della metà delle assi non soddisfa lo standard» corrisponde all'evento «$Y > 5$», che è unione di eventi incompatibili, quindi:

$$p(Y > 5) = p(Y = 6) + p(Y = 7) + p(Y = 8) + p(Y = 9) + p(Y = 10) =$$

$$\binom{10}{6} 0{,}61^6 \cdot 0{,}39^4 + \binom{10}{7} 0{,}61^7 \cdot 0{,}39^3 + \binom{10}{8} 0{,}61^8 \cdot 0{,}39^2 + \binom{10}{9} 0{,}61^9 \cdot 0{,}39 + \binom{10}{10} 0{,}61^{10} \simeq 0{,}66.$$

16 ●● Le pile di una certa marca hanno la probabilità del 60% di superare 2000 ore. Un negozio compra 400 pile di tale marca. Calcola il valore medio, la varianza e la deviazione standard della variabile casuale $X =$ «numero delle pile che potrebbero superare le 2000 ore». Determina la probabilità che tutte le pile superino le 2000 ore. $[240; 96; 9{,}798; 1{,}8 \cdot 10^{-89}]$

17 ●● In un sistema produttivo formato da 15 elementi funzionanti in modo indipendente, la probabilità che ha ciascuno di guastarsi è del 2%. Determina il valore medio del numero di elementi non funzionanti e la deviazione standard. Il sistema è funzionante se almeno 12 elementi lo sono. Determina la probabilità che il sistema si blocchi e quella che il sistema funzioni. [binomiale 0,3; 0,5422; 0,000183; 0,999817]

18 ●● **Scarti per peso eccessivo** Il peso di una piccola sbarra costruita automaticamente da una macchina è una grandezza con distribuzione normale avente un valore medio di 0,8 kg e una varianza di 0,0004 kg^2.

a. Se il peso accettabile di una sbarra è compreso tra 0,77 kg e 0,83 kg, qual è la probabilità che una sbarra sia nell'intervallo fissato?

b. Qual è la probabilità che una sbarra sia scartata a causa del suo peso maggiore del limite superiore?

c. Su 100 sbarre costruite, qual è la probabilità che solo due siano scartate perché superano il limite superiore consentito? [a) 0,8664; b) 0,0668; c) 0,03]

19 ●● **Prima e seconda mano** Il tempo che impiega una vernice ad asciugarsi ha andamento normale, con un valore medio di 20 minuti e una deviazione standard di 4 minuti. Quattro imbianchini finiscono contemporaneamente di imbiancare le quattro stanze a loro assegnate. Qual è la probabilità che almeno uno di essi possa iniziare la seconda mano dopo meno di 12 minuti? [0,09]

20 ●● **La giusta quantità** Una macchina riempie brik da 1 L di latte fresco. La quantità di latte è una grandezza che si distribuisce normalmente con una deviazione standard di 0,02 L. Se le confezioni contengono meno di 0,95 L, devono essere ritirate dalla distribuzione in quanto non conformi allo standard stabilito, e se contengono più di 1,05 L, potrebbero esserci fuoriuscite.

a. Quali sono gli estremi dell'intervallo centrato sul valore medio contenente il 95% delle confezioni?

b. Qual è la percentuale delle confezioni che contiene più del limite superiore tollerato?

c. Qual è la percentuale delle confezioni che rispettano i limiti stabiliti?

[a) [0,9608; 1,0392]; b) 0,62%; c) 98,76%]

21 ●● **Al tornio** Il tempo di lavorazione per la rifinitura di un pezzo al tornio ha una distribuzione normale con una media di 300 secondi e una deviazione standard di 50 secondi.

a. Quale durata di lavorazione non viene superata nel 5% dei casi?

Dopo la rifinitura al tornio il pezzo passa a un'altra macchina che ha un tempo di lavorazione distribuito normalmente con una media di 240 secondi e una deviazione standard di 25 secondi.

b. Quali sono la media e la deviazione standard del tempo totale di lavorazione del pezzo, considerando il tempo del tornio e quello dell'altra macchina indipendenti? [a) 218 secondi; b) 540 secondi; $\simeq$ 56 secondi]

INDIVIDUARE STRATEGIE E APPLICARE METODI PER RISOLVERE PROBLEMI

22 ●● REALTÀ E MODELLI **Esame di Stato** Per le tre prove scritte previste all'Esame di Stato, il presidente di commissione decide di numerare i posti e di far estrarre in ognuna delle prove a ciascuno dei 35 candidati il numero del posto dove siederà.

a. Calcola la probabilità che un candidato estragga esattamente 2 volte il numero 1.

b. Calcola la probabilità che un candidato estragga esattamente 2 volte uno dei tre numeri 1, 2 o 3 (anche ripetuti), corrispondenti ai posti della prima fila.

c. Uno dei commissari osserva che 26 studenti non si sono seduti in prima fila in nessuna delle tre prove e si chiede se tale risultato è in accordo con il valore teorico della probabilità. Qual è il numero atteso teorico di candidati che non si siedono mai in prima fila?

[a) 0,24%; b) 2,02%; c) $\simeq$ 27]

23 ●● REALTÀ E MODELLI **Il bersaglio** Le circonferenze numerate che formano il bersaglio in figura hanno raggi in progressione aritmetica, a partire da quello centrale di raggio $\frac{r}{10}$ fino a quello più esterno di raggio r.

a. Supponendo che ogni lancio colpisca un punto a caso all'interno del bersaglio, ricava la distribuzione di probabilità della variabile casuale X = «punteggio ottenuto in un lancio» e rappresentala in un istogramma.

b. Qual è il valore medio μ della variabile X?

c. Qual è la probabilità, effettuando 3 lanci, di ottenere almeno una volta un punteggio superiore o uguale a 8?

[a) $P(X = x) = \frac{21 - 2x}{100}$, con $x = 1, 2, \ldots, 10$; b) $\mu = 3{,}85$; c) $p = 24{,}64\%$]

24 ●● La durata di un particolare componente di una cella solare è di X anni, dove X è una variabile casuale continua la cui densità è espressa dalla seguente funzione:

$$f(x) = \begin{cases} \frac{1}{2}e^{-\frac{1}{2}x} & \text{se } x \geq 0 \\ 0 & \text{se } x < 0 \end{cases}.$$

a. Calcola la probabilità che un componente smetta di funzionare nei primi 6 mesi.

b. Sapendo che ciascuna cella solare ha tre componenti, che funzionano indipendentemente l'uno dall'altro, e che la cella continua a funzionare se almeno due componenti lavorano correttamente, determina la probabilità che una cella solare si guasti entro sei mesi. [a) 22,1%; b) 12,4%]

25 ●● Durante un allenamento di pallacanestro, Matteo e Leonardo si sfidano in una gara al tiro da 3 punti, in cui ogni giocatore batte 5 tiri. Le statistiche stagionali mostrano che Leonardo ha fatto 33 canestri su 92 tiri da 3 punti e Matteo 38 canestri su 118 tiri. Siano X e Y le variabili casuali che contano i tiri realizzati rispettivamente da Leonardo e da Matteo.

a. Determina le distribuzioni di X e Y e i rispettivi valori attesi.

b. Calcola la probabilità dei seguenti eventi:

A: «Leonardo segna almeno 3 volte»;

B: «la gara si chiude in parità»;

C: «Matteo vince la gara».

[a) $M(X) = 1{,}8$; $M(Y) = 1{,}6$; b) 24,9%; 25,9%; 32,3%]

26 ●● Si è osservato che in un liceo ogni studente arriva a scuola X minuti dopo le 7:15, dove X è una variabile casuale normalmente distribuita. In particolare, il 1° aprile 2016 si è osservato che il 40% degli studenti è arrivato prima delle 7:25 e il 90% è arrivato prima delle 7:40.

a. Calcola la media e la deviazione standard di X.

b. Sapendo che la scuola ha 1043 studenti e che le lezioni iniziano alle 7:45, stima il numero di studenti che sono arrivati in ritardo.

c. Se Lucrezia non è arrivata entro le 7:25, qual è la probabilità che sia arrivata in ritardo?

[a) $\mu = 12{,}5$; $\sigma = 9{,}62$; b) 36; c) 5,7%]

VERIFICA DELLE COMPETENZE PROVE

1 ora

PROVA A

1 Per sei mesi si sono rilevati i tempi di percorrenza di un treno in un determinato tragitto. Nella seguente distribuzione di probabilità la variabile casuale X rappresenta i minuti di ritardo. Calcola il valore medio e la deviazione standard del ritardo. Qual è la probabilità che il treno abbia non più di 10 minuti di ritardo?

X	0	5	10	15	20
f	$\frac{1}{20}$	$\frac{9}{20}$	$\frac{5}{20}$	$\frac{3}{20}$	$\frac{2}{20}$

2 A uno sportello la probabilità che il disbrigo di una pratica duri più di 10 minuti è del 2%. Usando la distribuzione di Poisson determina la probabilità che su 60 pratiche ve ne siano 3 che comportano tale durata.

3 Dopo aver verificato che la funzione

$$f(x) = \begin{cases} \frac{1}{9}x^2 & \text{se } 0 \leq x \leq 3 \\ 0 & \text{se } x < 0 \text{ o } x > 3 \end{cases}$$

rappresenta la funzione densità di probabilità di una variabile casuale continua X, calcola $p(0 \leq X \leq 2)$, $M(X)$ e $var(X)$.

4 **Monolocale** In una città, capoluogo di provincia, l'importo dell'affitto di un monolocale arredato di 40 m^2 è distribuito normalmente con un valore medio di € 600 mensili e una deviazione standard di € 80. Determina qual è la probabilità che venga pagato un affitto:

a. compreso tra € 560 e € 600;

b. maggiore di € 650.

c. Quale valore massimo sarebbe disposto a pagare il 90% degli affittuari?

PROVA B

1 **Fusibili** Un settore di un'impresa di materiale elettrico produce fusibili e, su un campione di 100 elementi, 8 si sono rivelati difettosi. I fusibili vengono venduti in confezioni di 50. Calcola il valore medio, la varianza e la deviazione standard della variabile casuale X = «numero di fusibili difettosi in una confezione». Determina la probabilità che vi siano al massimo due fusibili difettosi.

2 **Tre anelli** Al luna park Alessandra osserva un gioco in cui bisogna lanciare degli anelli in modo che si infilino in un'asta verticale. In ogni partita, il cui costo è di 1 euro, si hanno a disposizione tre anelli, e per ogni anello infilato nell'asta si vincono 2 euro. Dopo aver esaminato molti tiri da parte di diversi giocatori, Alessandra valuta che la probabilità di infilare un anello nell'asta è del 15%.

a. Se X indica la variabile casuale che rappresenta la vincita netta per ogni partita (cioè tre anelli), quali valori assume e qual è la sua distribuzione di probabilità?

b. Qual è la vincita netta media? Il gioco è equo?

c. Quale dovrebbe essere la posta in caso di equità?

d. Tenendo fissa la posta di 1 euro, quale dovrebbe essere la vincita per ogni anello infilato?

PROVA C

1 Un esperimento aleatorio viene ripetuto n volte e le singole prove, indipendenti l'una dall'altra, vengono eseguite nelle medesime condizioni. La variabile aleatoria X che conta il numero dei successi ottenuti in n prove ha media 0,4 e deviazione standard 0,6. Determina:

a. la probabilità di successo di una singola prova;

b. il numero di prove eseguite.

2 L'esito del lancio di un dado a forma di tetraedro irregolare ha la seguente distribuzione di probabilità.

Punteggio	1	2	3	4
Probabilità	$\frac{1}{5}$	$\frac{2}{5}$	$\frac{1}{10}$	$\frac{3}{10}$

Si lancia il dado due volte. Considera le variabili casuali X e Y che esprimono, rispettivamente, i punteggi ottenuti al primo e al secondo lancio. Costruisci la tabella della distribuzione congiunta di X e Y e, servendoti di essa, determina la probabilità degli eventi:

A: «la somma dei risultati è 6»;

B: «la somma dei risultati è dispari».

3 Data la funzione $f(x) = ae^{-\frac{|x-2|}{2}}$,

a. determina il valore del parametro reale a in modo tale che la funzione rappresenti una densità di probabilità di una variabile casuale continua X;

b. rappresenta graficamente la funzione.

Con il valore ottenuto determina:

c. il valore medio e la varianza di X;

d. la funzione di ripartizione $F(x)$.

PROVA D

1 Al servizio di guardia medica festivo in 24 ore arrivano in media 84 richieste. Calcola la probabilità che in un'ora:

a. vi siano 5 chiamate;

b. il numero delle chiamate sia al massimo 3;

c. il numero delle chiamate sia compreso tra 2 e 6.

d. Sapendo che le chiamate sono state effettuate dal 40% da donne che per l'80% hanno richiesto l'intervento a domicilio, mentre questa percentuale per gli uomini è stata del 70%, determina la probabilità che un intervento a domicilio sia stato effettuato in seguito alla richiesta di un uomo.

2 L'altezza e il peso di un gruppo di giocatori di volley sono considerati due grandezze indipendenti con distribuzione normale. Sapendo che l'altezza media è 1,85 m con una deviazione standard di 5 cm e che il peso medio è 74 kg con una deviazione standard di 6 kg, determina la probabilità che:

a. un giocatore abbia un'altezza compresa tra 1,82 m e 1,87 m e un peso tra 71 kg e 77 kg;

b. un giocatore abbia un'altezza inferiore a 1,80 m e un peso superiore a 78 kg;

c. il peso non superi la media di più di 8 kg.

3 Una macchina produce sbarrette meccaniche della lunghezza nominale di 22 mm e sono accettate solo le sbarrette con lunghezza superiore. Sapendo che la funzione di ripartizione per lo scarto in lunghezza è $F(x) = \frac{x^2}{4}$, determina entro quale limite superiore le sbarrette sono accettate, la funzione densità di probabilità e la probabilità che una sbarretta sia difettosa al massimo di 1,2 mm.

VERSO L'ESAME

Problemi

1 **Un tunnel impegnativo**

Un gruppo di ingegneri civili è al lavoro per realizzare una condotta idraulica. Per questo scopo si rende necessario lo scavo di un tunnel sotto a un terrapieno, la cui sezione trasversale è rappresentata dal grafico sottostante; l'asse x rappresenta il piano orizzontale, l'asse y la direzione verticale e l'unità di misura su entrambi gli assi è il metro.

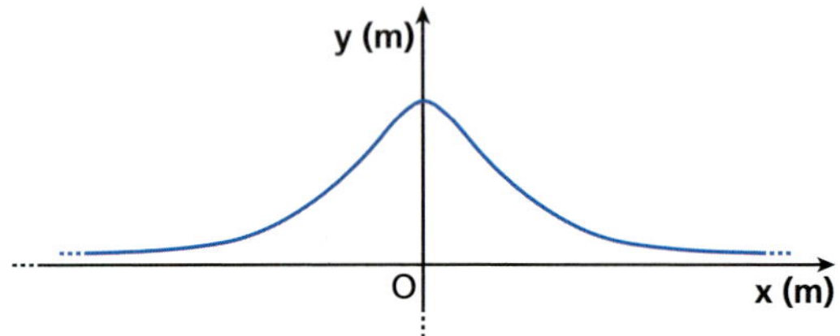

a. Quale fra questi due tipi di funzione ritieni che sia stato scelto dal gruppo di ingegneri per meglio rappresentare il profilo del terrapieno? Motiva la tua risposta.

$$y_1(x) = \frac{x^2 + A}{1 + x^2}, \qquad y_2(x) = \frac{A}{1 + x^2}.$$

b. Appurato che la scelta è ricaduta su una funzione del secondo tipo, dimostra che deve essere $A = 2$ affinché i punti di massima pendenza (in valore assoluto) del profilo del terrapieno si trovino a un'altezza di 1,5 m dal livello del suolo. Studia e rappresenta la funzione così determinata.

Per quanto riguarda la realizzazione del tunnel della condotta, nel gruppo di ingegneri emergono due progetti alternativi. Il primo prevede un tunnel a sezione semicircolare, e per massimizzare l'area della sezione si deve determinare il punto P_1 del profilo del terrapieno che si trova alla minima distanza dal centro O della sezione. Il secondo progetto prevede un tunnel a sezione rettangolare, determinato dal punto P_2 del profilo che definisce il rettangolo inscritto di area massima.

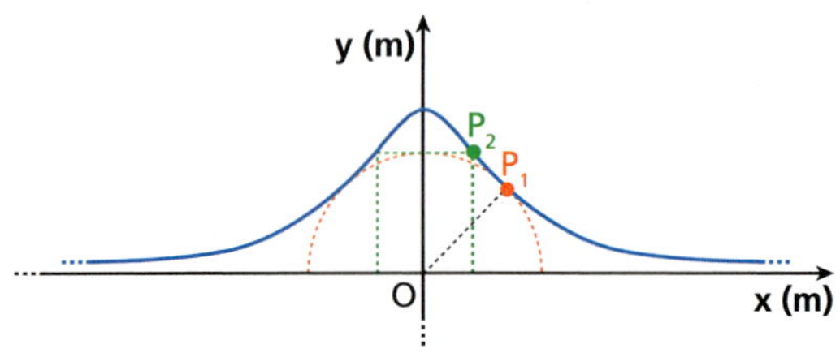

c. Ricava P_1 e P_2 e dimostra che il secondo progetto è comunque da scartare se si vuole ottimizzare la portata della condotta.

d. Ricava la portata massima, in litri/secondo, delle due possibili condotte, supponendo che la sezione della tubatura coincida con quella del tunnel e che l'acqua vi scorra a una velocità uniforme e costante di 2 m/s.

e. Dimostra che sarebbe possibile realizzare una condotta completamente interrata di portata ancora maggiore se la sezione fosse un triangolo isoscele rettangolo con l'ipotenusa sull'asse delle ascisse. Calcola anche in questo caso la portata massima, nelle stesse condizioni precedenti.

[c) $P_1(1; 1)$, $P_2(1; 1)$; d) $p_1 \simeq 6283$ litri/secondo, $p_2 = 4000$ litri/secondo; e) $p_3 = 8000$ litri/secondo]

2 **Un modello per la secrezione dell'insulina**

Nel corpo umano la concentrazione di glucosio nel sangue, detta *glicemia*, è normalmente compresa fra 60 mg/dL e 110 mg/dL quando si è a digiuno. Il glucosio è assorbito dai tessuti più rapidamente quando la glicemia è alta, più lentamente quando è bassa. Questo processo di assorbimento più o meno rapido è regolato dall'*insulina*, un ormone secreto dal pancreas. Se la glicemia è alta, l'insulina è prodotta più rapidamente per accelerare l'assorbimento del glucosio; se la glicemia è bassa, la produzione è più lenta, per un minore assorbimento.

In un modello semplificato, la rapidità di secrezione dell'insulina S in funzione della glicemia g è espressa dalla funzione:

$$S(g) = \frac{100}{1 + 19e^{-\frac{g}{30}}},$$

con $g \geq 0$ misurata in mg/dL e S misurata in mU/min, cioè in milliUnità al minuto.

a. Perché è stata posta la condizione $g \geq 0$ se la funzione matematica $S(g)$ può essere calcolata per qualsiasi valore di g? Ritieni che dovrebbero essere poste altre condizioni sul valore di g?
Rappresenta il grafico di $S(g)$ per $g \geq 0$.

b. Qual è, secondo il modello, la massima rapidità possibile di secrezione dell'insulina da parte del pancreas? Per quale valore della glicemia la rapidità di secrezione dell'insulina è pari al 90% della potenzialità massima?

c. Esiste un valore della glicemia in corrispondenza del quale è massimo l'aumento della rapidità di secrezione dell'insulina in seguito a un aumento, piccolo quanto si vuole, della glicemia stessa. A quale punto del grafico corrisponde? Determina il valore.

d. In condizioni fisiologiche normali la glicemia non scende sotto i 60 mg/dL. Si vuole studiare la rapidità di secrezione dell'insulina per $60 \leq g \leq 130$, cioè i valori che si hanno a digiuno e dopo un pasto non abbondante, utilizzando una retta anziché la funzione del modello $S(g)$. Nello stesso riferimento cartesiano del grafico di $S(g)$ disegna dunque la retta $\bar{s}(g)$ che assume lo stesso valore di $S(g)$ per $g = 60$ mg/dL, e la pendenza in tale punto coincide con quella di $S(g)$.
Di quanto differiscono percentualmente le previsioni sulla rapidità di secrezione dell'insulina per $g = 130$ mg/dL da parte di $S(g)$ e di $\bar{s}(g)$?

[b) 100 mU/min, $g = 30 \ln 171 \simeq 154$; c) $30 \ln 19 \simeq 88,3$; d) $\bar{s}(g) = 0,67g - 12,2$; 6,4%]

3 Sei il responsabile del controllo della navigazione della nave indicata in figura con il punto P. Nel sistema di riferimento cartesiano Oxy le posizioni della nave P, misurate negli istanti $t = 0$ e $t = 10$ (il tempo t è misurato in minuti, le coordinate x e y sono espresse in miglia nautiche), sono date dai punti $P_1(14; 13)$ e $P_2(12; 11)$. Negli stessi istanti la posizione di una seconda nave Q è data dai punti $Q_1(12; -2)$ e $Q_2(11; -1)$. Entrambe le navi si muovono in linea retta e con velocità costante, come rappresentato in figura (non in scala).

L'area indicata con ZMP è una «Zona Marittima Pericolosa». Il raggio luminoso di un faro posto nel punto F di coordinate $(0; 1)$ spazza un quarto di un cerchio di raggio 10 miglia (vedi figura).

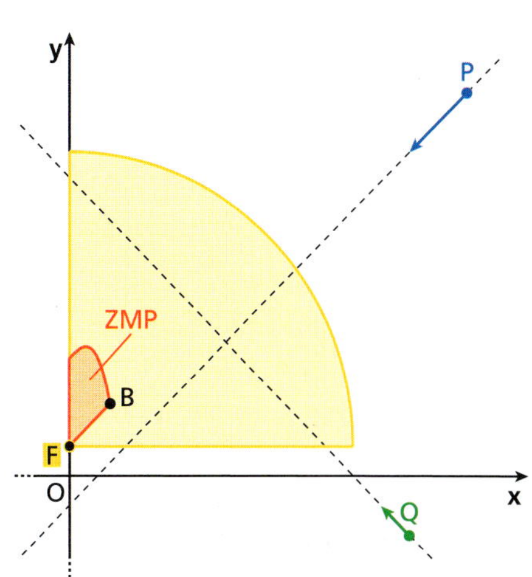

a. Calcola dopo quanto tempo, rispetto all'istante in cui la nave P avvista per la prima volta il faro F, essa raggiunge la minima distanza dal faro, e la misura di tale distanza.

b. Determina la posizione della nave P nell'istante in cui per la prima volta la sua distanza dalla nave Q è pari a 9 miglia.

c. Determina l'istante t nel quale la distanza tra le due navi è minima e calcola il valore di tale distanza.

Nel punto $B(X_B; Y_B)$ si trova una boa che segnala l'inizio della ZMP. La delimitazione della ZMP può essere descritta dai grafici delle funzioni f e g che si intersecano nel punto B e sono definite da:

$$f(x) = -x^3 + x + 4, \quad x \in \mathbb{R}, \quad 0 \leq x \leq x_B,$$

$$g(x) = x + 1, \quad x \in \mathbb{R}, \quad 0 \leq x \leq x_B,$$

e dalla retta $x = 0$.

d. Calcola l'area della ZMP.

(*Esame di Stato, Liceo scientifico, Scuole italiane all'estero (Europa), Sessione ordinaria,* 2015, *problema* 1)

[a) 35 min, $d = \sqrt{2} \simeq 1{,}41$ mi; b) $P(10; 9)$; c) $t_{\text{min}} = 47$ min, $d_{\text{min}} \simeq 2{,}85$; d) $A_{\text{ZMP}} \simeq 3{,}25$ mi^2]

4 **Le Mont Saint-Michel** In una località sul canale della Manica la marea ha una notevole escursione e per questo è importante prevederne l'andamento. In prima approssimazione si è visto che il livello del mare può essere descritto dalla seguente funzione del tempo t:

$$h(t) = A - A\cos\left[\frac{\pi}{6}(t - b)\right], \quad \text{con } A, b \in \mathbb{R}^+.$$

a. Esprimendo t in ore e h in metri, determina i valori dei parametri A e b in modo che valgano contemporaneamente le seguenti condizioni:

- l'escursione tra il livello minimo e quello massimo sia di 8,0 m;
- si abbia il livello massimo per $t = 8{,}0$ ore (si scelga il minor valore positivo possibile per b).

b. Verificato che si ha $A = 4$ e $b = 2$, traccia il grafico della funzione h così determinata. Determina poi in che istanti nel corso delle prime ventiquattro ore a partire da $t = 0$ la variazione del livello è più rapida (sia in crescita sia in diminuzione) e quanto vale in tali istanti la velocità di variazione.

c. Calcola la velocità di variazione del livello del mare all'istante $t = 4$ ore. Supponendo che nelle due ore successive la velocità di innalzamento delle acque sia costante e pari al valore appena determinato, stima il livello del mare all'istante $t = 6$ ore. Che interpretazione geometrica si può dare di questo procedimento?

d. Un turista, meravigliato da una marea che sale così rapidamente, ne misura costantemente la velocità a partire da $t = 15$ ore e osserva preoccupato che tale velocità aumenta continuamente. A che istante potrà rilassarsi rilevando che la velocità comincia a diminuire? Che cosa rappresenta questo istante per il grafico di $h(t)$?

e. Supponi di installare sul livello del mare, in verticale, un tubo cavo della sezione di 1 m^2, in modo che l'acqua possa risalirvi all'interno durante l'aumento di marea. Assunto come 0 il livello dell'acqua nel tubo all'istante di bassa marea, calcola il volume medio di acqua contenuta nel tubo nell'intervallo di tempo [2; 8].

[b) $v_{\text{max}} = \frac{2}{3}\pi \simeq 2{,}09$ km/h per $t = 5$ h e $t = 17$ h, $v_{\text{min}} = -\frac{2}{3}\pi \simeq -2{,}09$ km/h per $t = 11$ h e $t = 23$ h;
c) $\frac{\sqrt{3}}{3}\pi \simeq 1{,}81$ m/h; 5,63 m; d) $t = 17$ h, flesso; e) 4 m^3]

5 Stai seguendo un corso, nell'ambito dell'orientamento universitario, per la preparazione agli studi di Medicina. Il docente introduce la lezione dicendo che un medico ben preparato deve disporre di conoscenze, anche matematiche, che permettano di costruire modelli ed interpretare i dati che definiscono lo stato di salute e la situazione clinica dei pazienti. Al tuo gruppo di lavoro viene assegnato il compito di preparare una lezione sul tema: «come varia nel tempo la concentrazione di un farmaco nel sangue?».

Se il farmaco viene somministrato per via endovenosa, si ipotizza per semplicità che la concentrazione del farmaco nel sangue raggiunga subito il valore massimo e che immediatamente inizi a diminuire, in modo proporzionale alla concentrazione stessa; nel caso che il docente ti ha chiesto di discutere, per ogni ora che passa la concentrazione diminuisce di $\frac{1}{7}$ del valore che aveva nell'ora precedente.

a. Individua la funzione $y(t)$ che presenta l'andamento richiesto, ipotizzando una concentrazione iniziale $y(0) = 1\ \mu\text{g/mL}$ (microgrammi a millilitro), e rappresentala graficamente in un piano cartesiano avente in ascisse il tempo t espresso in ore e in ordinate la concentrazione espressa in μg/mL.

Se invece la somministrazione avviene per via intramuscolare, il farmaco viene dapprima iniettato nel muscolo e progressivamente passa nel sangue. Si ipotizza pertanto che la sua concentrazione nel sangue aumenti per un certo tempo, raggiunga un massimo e poi inizi a diminuire con un andamento simile a quello riscontrato nel caso della somministrazione per via endovenosa.

b. Scegli tra le seguenti funzioni quella che ritieni più adatta per rappresentare l'andamento descritto per il caso della somministrazione per via intramuscolare, giustificando la tua scelta:

$$y(t) = 1 - \frac{(t-4)^2}{16}$$

$$y(t) = \sin(3t) \cdot e^{-t}$$

$$y(t) = -t^3 + 3t^2 + t$$

$$y(t) = \frac{7}{2}\left(e^{-\frac{t}{7}} - e^{-\frac{t}{5}}\right).$$

c. Traccia il grafico della funzione scelta in un piano cartesiano avente in ascisse il tempo t espresso in ore e in ordinate la concentrazione y espressa in μg/mL e descrivi le sue caratteristiche principali, in rapporto al grafico della funzione relativa alla somministrazione per via endovenosa.
Per evitare danni agli organi nei quali il farmaco si accumula è necessario tenere sotto controllo la concentrazione del farmaco nel sangue. Supponendo che in un organo il farmaco si accumuli con una velocità v, espressa in $\mu\text{g/mL} \cdot \text{h}$ (microgrammi a millilitro all'ora), proporzionale alla sua concentrazione nel sangue:

$$v(t) = k \cdot y(t)$$

d. determina la quantità totale di farmaco accumulata nell'organo nel caso della somministrazione endovenosa e di quella intramuscolare studiate in precedenza. In quale delle due l'accumulo sarà maggiore?

(*Esame di Stato, Liceo scientifico, Corso di ordinamento, Sessione straordinaria,* 2015, *problema* 1)

$\left[\text{a) } y(t) = \left(\frac{6}{7}\right)^t; \text{ b) } y(t) = \frac{7}{2}\left(e^{-\frac{t}{7}} - e^{-\frac{t}{5}}\right); \text{ d) } Q_e \simeq 6{,}49k\ \mu\text{g/mL}, Q_i = 7k\ \mu\text{g/mL}\right]$

6 **Un gelato conveniente**

Alberto lavora in una ditta che produce gelati, nel reparto che si occupa di realizzare gli incarti. Oggi deve progettare un involucro di forma conica, ricavato tagliando un settore circolare da un disco di raggio R assegnato, in modo che R sia l'apotema del cono.

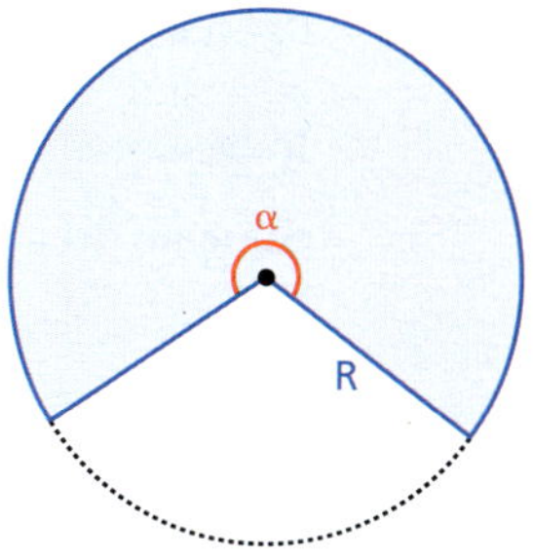

a. Posta $2x$ la misura in radianti dell'angolo α al centro del settore circolare che rappresenta lo sviluppo del cono, spiega dettagliatamente come Alberto può ricavare il volume del cono in funzione di x.

Alberto ha ottenuto la seguente espressione per il volume del cono:

$$V(x) = \frac{R^3}{3\pi^2} x^2 \sqrt{\pi^2 - x^2}, \text{ con } 0 \leq x \leq \pi.$$

b. Dopo aver verificato la correttezza dell'espressione precedente, in base a considerazioni generali e senza ricorrere a calcoli spiega perché Alberto può essere certo che vi sia un particolare valore di x, nell'intervallo $[0; \pi]$, in corrispondenza del quale il volume del cono è massimo.

c. Posto $R = \sqrt[3]{\pi^2}$ dm, studia e rappresenta la corrispondente funzione $V(x)$. Determina il valore di x che realizza l'incarto con la capienza massima, esprimendone la misura sia in radianti sia in gradi e primi. Calcola anche il valore della capienza massima, approssimando il dato ai cm^3.

Ora Alberto deve affrontare un secondo problema: realizzare la base circolare di ciascun contenitore conico. Poiché la realizzazione di ciascun involucro lascia come scarto un secondo settore circolare, Alberto si chiede se sia possibile utilizzare tale scarto, ricavandone il cerchio di maggior raggio possibile, cioè quello inscritto nel settore stesso.

d. Spiega ad Alberto, utilizzando semplici considerazioni geometriche qualitative, perché non sia possibile realizzare la sua idea nel caso dell'involucro di capienza massima.

e. Dimostra che il raggio s della circonferenza inscritta nel settore circolare scartato è dato, sempre in funzione di x, dall'espressione:

$$s(x) = \frac{R\sin x}{1+\sin x}.$$

[c) $\sqrt{\frac{2}{3}}\pi \simeq 146° \, 58'$, $V_{max} \simeq 3978 \text{ cm}^3$]

7 LEGGI IL GRAFICO In figura è riportato il grafico γ della funzione:

$$f(x) = \frac{\pi(1-x)}{x^2-2x+2}.$$

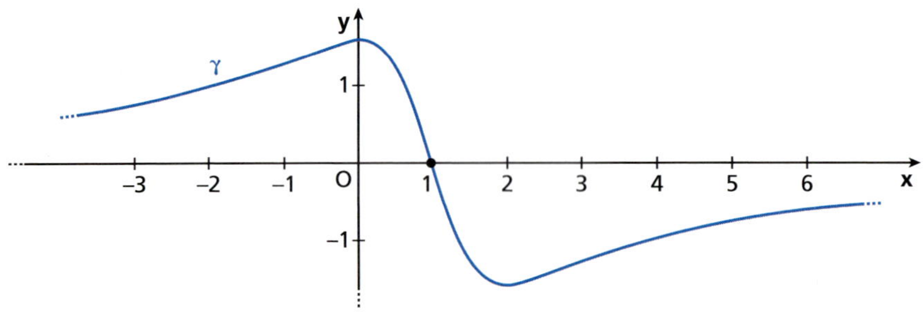

a. Dimostra che la curva γ è simmetrica rispetto al punto $(1; 0)$ e che $-\frac{\pi}{2} \le f(x) \le \frac{\pi}{2}$. Traccia un grafico probabile della funzione $g(x) = \cos(f(x))$ e stabilisci quanti punti di estremo relativo ha tale funzione.

b. Dal punto $\left(\frac{1}{2}; \frac{\pi}{2}\right)$ conduci le rette tangenti a γ e determina le loro equazioni.

c. Dopo aver indicato con r e s le rette tangenti che passano rispettivamente per i punti $\left(0; \frac{\pi}{2}\right)$ e $(1; 0)$ di γ, calcola l'area della regione di piano delimitata da γ e dalle rette r e s.

d. Indicata con F la funzione integrale $F(x) = \int_0^x f(t)\,dt$, determina $F(0)$, $F(1)$, $F(2)$. Quindi deduci da y l'andamento del grafico di F e scrivi l'equazione della retta tangente a quest'ultimo nel punto di ascissa $x = 2$.

[a) $x = 0$, $x = 1$, $x = 2$; b) $y = \frac{\pi}{2}$, $y = -\pi x + \pi$, $y = \frac{2}{25}\pi x + \frac{23}{50}\pi$; c) $\frac{\pi}{8}(3 - 4\ln 2)$; d) $F(0) = F(2) = 0$, $F(1) = \frac{\pi}{2}\ln 2$; $y = \frac{\pi}{2}(2-x)$]

8 LEGGI IL GRAFICO Nella figura è rappresentato in modo qualitativo il grafico cartesiano di una funzione reale $f(x)$, definita, continua e derivabile in $\mathbb{R}$, e di cui si sa che:

- $\lim_{x\to\pm\infty} f(x) = 0$;
- è simmetrica rispetto all'origine O del riferimento;

- ammette un solo massimo relativo e un solo minimo relativo.

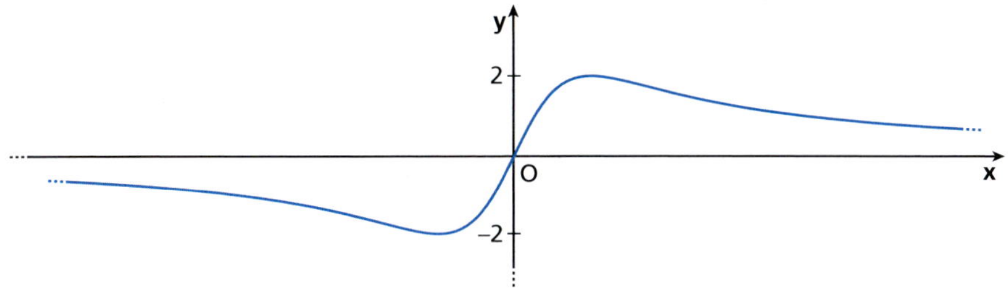

a. Stabilisci, motivando la risposta, a quale tra le seguenti famiglie di funzioni può appartenere $f(x)$:

$$f_1(x) = \frac{ax}{1+b^2x^2}, \qquad f_2(x) = bxe^{ax^2}, \qquad \text{con } a, b \in \mathbb{R}^+.$$

b. Dopo aver dimostrato che $f(x)$ è del tipo $f_1(x)$, determina i rispettivi valori di a e b per i quali sono soddisfatte le seguenti condizioni:

- $f(x)$ presenti il massimo relativo in corrispondenza di $x = 2$;
- il coefficiente angolare della retta tangente al grafico di $f(x)$ nell'origine sia 2.

c. Stabilito che i valori di a e b richiesti nel punto precedente sono $a = 2$ e $b = \frac{1}{2}$, sia $f(x)$ la funzione corrispondente. Calcola l'area della regione finita del piano delimitata dal grafico della funzione e dalle rette tangenti al grafico nell'origine O e nel punto di massimo M.

d. Supponi che, per $x \geq 0$, x rappresenti il tempo (in secondi) e $f(x)$ la velocità istantanea (in m/s) di un punto in moto rettilineo. In quali intervalli di tempo l'accelerazione istantanea è positiva, in quali è negativa, e in quali istanti è nulla? Qual è la distanza complessivamente percorsa dal punto rispetto all'origine nell'intervallo di tempo compreso tra $x = 0$ e $x = T$? Tale distanza ha un limite superiore o cresce indefinitamente al crescere del tempo T? Motiva la risposta.

$\left[\text{c) } 3 - 4\ln 2;\ \text{d) positiva: } 0 \leq x < 2,\ \text{negativa: } x > 2,\ \text{nulla: } x = 2;\ d = 4\ln\left(\frac{4+T^2}{4}\right)\right]$

Quesiti

Questionario 1

1 Si deve formare una delegazione di 5 rappresentanti scelti in un gruppo di 12 ragazzi. Lisa e Valentina vogliono farne parte insieme oppure essere escluse entrambe. Enrico e Davide, invece, non vogliono parteciparvi insieme. In quanti modi si può scegliere la delegazione? [308]

2 Si dimostri che la funzione $f(x) = x^5 + x^3 + x$ è invertibile. Detta $g(x)$ la funzione inversa, si determini l'equazione della tangente a $g(x)$ nel suo punto di ascissa 3. $[x - 9y + 6 = 0]$

3 Si calcoli il valore medio della funzione $y = \frac{4x^2}{x^2+1}$ nell'intervallo $[-1; 1]$ e i valori di x in cui la funzione assume tale valore. $\left[4 - \pi;\ x = \pm\sqrt{\frac{4-\pi}{\pi}}\right]$

4 Si inscriva in un cono di raggio a e altezza b il cilindro che ha massimo volume. Tale cilindro ha anche massima superficie laterale?

5 Si determini, se esiste, il limite: $\lim_{x \to 0^+} \frac{4x + \int_0^{2x^2} \cos t\, dt}{\ln(x+1)}$. [4]

6 È data la funzione: $F(x) = \int_1^x \frac{dz}{1+z^3}$, $x \in [1; +\infty[$. Si stabilisca se ammette flessi e se è biunivoca. Si determini l'equazione dell'eventuale tangente nel punto di ascissa $x = 1$. [non ci sono flessi; $x - 2y - 1 = 0$]

7 Si dimostri che la curva di equazione $y = \frac{x^2 - 2x - 1}{6x - 3x^2}$ presenta un asse di simmetria r parallelo all'asse y. Effettuata una traslazione che porti r a sovrapporsi all'asse y, si verifichi che la funzione ottenuta è pari.

8 Si considerino la curva γ di equazione $y = \frac{x-1}{x-2}$ e la retta r di equazione $y = k(x-1)$.
Determinati i punti A e B di intersezione di γ e r, si scriva l'equazione del luogo geometrico descritto dal punto medio M del segmento AB al variare di k e si rappresenti il grafico corrispondente.
$\left[A(1; 0), B\left(\frac{2k+1}{k}; k+1\right); y = \frac{x-1}{2x-3}\right]$

9 Per quali valori di h l'equazione $|x|^3 - x + h = 0$ ammette solo una soluzione? $\left[h = \frac{2\sqrt{3}}{9}\right]$

10 Scrivere in forma frazionaria l'equazione della retta r che si ottiene intersecando i piani di equazioni $x - y + z + 2 = 0$ e $x + y = 0$ e determinare l'equazione del piano α passante per il punto $A(2; 2; 2)$ e perpendicolare a r.
$\left[r: -x = y = \frac{z+2}{2}; \alpha: x - y - 2z + 4 = 0\right]$

Questionario 2

1 Un recipiente vuoto riceve un litro d'acqua il primo minuto. Il secondo minuto ne riceve la metà, il terzo minuto la metà della metà e così via senza mai interrompere il versamento. Quale deve essere la capacità del recipiente affinché l'acqua non tracimi? Rispondere motivando adeguatamente la risposta. [almeno 2 litri]

2 Si consideri la sfera di centro $C(3; 0; 4)$. Scrivere l'equazione del piano passante per il punto $Q(1; 1; 1)$ e parallelo al piano tangente alla sfera nel suo punto $P(0; 5; 0)$. [$3x - 5y + 4z - 2 = 0$]

3 Qual è l'inclinazione dei raggi del Sole quando l'ombra di un campanile è lunga il doppio della sua altezza? Determinare la variazione dell'inclinazione in gradi, primi e secondi per cui, rispetto alla situazione precedente, l'ombra del campanile aumenta del 10%. [$\alpha \simeq 26°33'54''$; $-2°7'16''$]

4 Si illustri la formula per lo sviluppo del binomio di Newton. Si determini n sapendo che nello sviluppo di $(x^2 - 2y)^n$, ordinato secondo le potenze crescenti di y, il coefficiente del terzo termine è 144.

5 Si estrae una cinquina del Lotto n volte. Determinare in funzione di n la probabilità che si ottenga almeno una volta 13. Calcolare il limite di tale funzione per $n \to +\infty$ e interpretare il risultato ottenuto. $\left[1 - \left(\frac{17}{18}\right)^n\right]$

6 Condurre dall'origine la retta t tangente al grafico della funzione $y = \sqrt[3]{x-1}$ e calcolare il volume del solido ottenuto dalla rotazione completa attorno all'asse delle ascisse della regione di piano delimitata dalla retta t, dal grafico della funzione e dall'asse delle ascisse. $\left[\frac{\pi\sqrt[3]{2}}{10}\right]$

7 Si vuole realizzare un contenitore della capacità di 4 litri impiegando la minima quantità di materiale. Supponendo che non vi siano sprechi nella lavorazione, è più conveniente realizzare il contenitore a forma di cubo o di cilindro equilatero? Motivare la risposta.

8 Un punto materiale si muove nel piano e le sue coordinate, espresse in metri, sono date dalle relazioni $\begin{cases} x = e^t \\ y = 3e^{-t} + 2 \end{cases}$, dove t è il tempo in secondi. Determinare l'equazione della traiettoria e il valore minimo del modulo della velocità. $\left[y = \frac{3}{x} + 2, x \geq 1; \sqrt{6} \text{ m/s}\right]$

9 Determinare i valori dei parametri reali a e b affinché sia applicabile il teorema di Rolle alla funzione

$$f(x) = \begin{cases} ax + x^2 & \text{se } x < 0 \\ b\sin(2x) & \text{se } x \geq 0 \end{cases}$$

in $\left[-\frac{\pi}{2}; \frac{\pi}{2}\right]$. Trovare poi il punto o i punti la cui esistenza è assicurata dal teorema.
$\left[a = \frac{\pi}{2}, b = \frac{\pi}{4}; x = \pm\frac{\pi}{4}\right]$

10 Sia $y = f(x)$ una funzione continua in $\mathbb{R}$. Sapendo che $f(1) = 1$ e $\int_0^1 f(x)\,dx = 2$, calcolare i valori delle seguenti espressioni:

a. $\int_0^2 f\left(\frac{x}{2}\right)dx$;

b. $\int_0^1 x \cdot f'(x)\,dx$.

[a) 4; b) -1]

Questionario 3

1 Individua quale delle seguenti funzioni è soluzione dell'equazione differenziale $y'' - 2y' + 10y = 0$, giustificando la risposta:

a. $y = e^x \cos x$; **b.** $y = e^{3x}\cos x$; **c.** $y = e^x \cos 3x$; **d.** $y = e^{3x}\sin 3x$.

2 Si considerino i punti $A(1; 0; 0)$, $B(-2; 2; 2)$ e $C(1; 1; 4)$ in un sistema di riferimento ortogonale $Oxyz$. Dopo aver dimostrato che tali punti non sono allineati, determinare l'equazione del piano α passante per A, B, C e l'equazione parametrica della retta perpendicolare ad α condotta dal punto C.

$$\left[\alpha: 2x + 4y - z - 2 = 0; r: \begin{cases} x = 1 + 2t \\ y = 1 + 4t \\ z = 4 - t \end{cases} \text{con } t \in \mathbb{R}\right]$$

3 Calcolare il volume del solido generato dalla rotazione completa attorno all'asse y del cerchio avente come perimetro la circonferenza di equazione $x^2 + y^2 - 2x = 0$. $[2\pi^2]$

4 Data l'iperbole γ di equazione $f(x) = \frac{1}{x}$ e la retta s di equazione $g(x) = 3x + 2$, determinare nel semipiano $x > 0$, al variare di una generica retta r parallela all'asse y, il luogo geometrico Γ descritto dai punti medi dei segmenti che hanno per estremi i punti in cui r interseca γ e s. Determinare, inoltre, l'asintoto obliquo di Γ.
$\left[\Gamma: y = \frac{3x^2 + 2x + 1}{2x}; a: y = \frac{3}{2}x + 1\right]$

5 15 squadre partecipanti a un torneo devono essere distribuite in tre gironi, A, B e C, ciascuno composto da cinque squadre. Le tre squadre classificatesi al primo posto l'anno precedente devono necessariamente essere collocate in gironi distinti. Calcola il numero complessivo di composizioni possibili dei tre gironi. [207 900]

6 In un sistema di riferimento cartesiano Oxy, si consideri la parabola di equazione $y = x^2 - 4x + 4$ che interseca gli assi cartesiani nei punti A e B. Si tracci la retta tangente in un qualunque punto dell'arco $\widehat{AB}$ e, considerato il triangolo che tale retta forma con gli assi cartesiani, si trovi il volume massimo del solido che il triangolo genera in una rotazione completa attorno all'asse x. $\left[\frac{18432\pi}{3125}\right]$

7 Per giungere a un appuntamento con un'amica, Veronica sceglie in modo del tutto casuale tra una bicicletta, con cui percorre il tragitto in 30 minuti e ha una probabilità di ritardo pari al 15%, e un'automobile, con cui percorre il tragitto in 10 minuti e ha una probabilità di ritardo pari al 25%.
Supponendo che, indipendentemente dal mezzo scelto, Veronica sia uscita con l'intenzione di arrivare a destinazione puntuale ma non ci sia riuscita, qual è la probabilità che abbia scelto l'automobile? $\left[\frac{5}{8}\right]$

8 Si consideri la funzione $f(x) = axe^{-x} + 2b$ e si determinino a e b in modo che

$$\lim_{x \to +\infty} f(x) = 4 \text{ e } \int_{-1}^{1} f(x)\,dx = 4.$$

$[a = 2e; b = 2]$

9 Determinare, al variare del parametro reale a, il dominio della funzione:

$$f(x) = \sqrt{\frac{ax - 2x}{1 - x^2}}.$$

Studiare e rappresentare il grafico della funzione che si ottiene per $a = 4$ (tralasciare lo studio della derivata seconda).

10 Individuare i valori del parametro reale a per i quali, relativamente all'intervallo $x \geq 0$, l'area della regione compresa tra l'asse x e la curva di equazione

$$f(x) = \frac{|a|}{1 + x^2} + e^{-ax}$$

ha valore finito. $[a > 0]$

Questionario 4

1 Si calcoli il seguente limite, applicando almeno due metodi: $\lim_{x \to 0} \frac{1 - \cos x + \sin x}{1 - \cos x - \sin x}$. $[-1]$

2 Si determinino gli eventuali asintoti della funzione $f(x) = \ln(e^x - 1)$. $[x = 0, y = x]$

3 Considerato un particolare bersaglio per freccette a forma di semicerchio con disegnato all'interno il trapezio isoscele inscritto di area massima, si calcoli la probabilità che, lanciando a caso una freccetta che colpisce il bersaglio, la sua punta si conficchi nella parte del semicerchio esterna al trapezio. $\left[1 - \frac{3\sqrt{3}}{2\pi} \simeq 0,17\right]$

4 La quantità q domandata, e venduta, di un bene di consumo in funzione del prezzo unitario p (in euro) è espressa dalla seguente relazione: $q = 500 - 25p$.
Se il prezzo unitario non supera € 15, per quale valore del prezzo il ricavo che si ottiene dalla vendita è massimo?
Si disegnino i grafici del ricavo in funzione del prezzo unitario e in funzione della quantità venduta. [€ 10]

5 Si determini il valore di $a \in \left]-\frac{\pi}{2}; \frac{3}{2}\pi\right[$ per il quale la funzione

$$f(x) = \begin{cases} -\frac{4}{\pi}\sin(x - a) & \text{se } x \leq a \\ \frac{4x^2}{\pi^2} - \frac{8x}{\pi} + 3 & \text{se } x > a \end{cases}$$

soddisfa le ipotesi del teorema di Rolle nell'intervallo $\left[-\frac{\pi}{2}; \frac{3}{2}\pi\right]$. $\left[a = \frac{\pi}{2}\right]$

6 Nel piano cartesiano Oxy si consideri la parabola γ di equazione $y = kx^2$, con $k > 0$. Preso un punto P di ascissa positiva su γ, si considerino la tangente a γ in P, che interseca l'asse x in Q, e la parallela all'asse x passante per P, che interseca γ in un altro punto P'. Si determini il limite del rapporto fra l'area del segmento parabolico individuato dalla corda PP' e l'area del triangolo curvilineo individuato da PQ, QO e dall'arco $\widehat{OP}$, al tendere di P all'infinito. [16]

7 Sia data la funzione $F(x) = \int_x^{2x} f(t)\,dt$, con $f(t)$ continua in $\mathbb{R}$. Sapendo che $f(0) = -\frac{1}{2}$, $f\left(\frac{1}{2}\right) = \frac{1}{4}$ e $f(1) = 1$, si calcolino $F(0)$, $F'(0)$ e $F'\left(\frac{1}{2}\right)$. $\left[0, -\frac{1}{2}, \frac{7}{4}\right]$

8 È data la funzione $f(x) = \begin{cases} x^3 - 2x & \text{se } x < 1 \\ \ln x & \text{se } x \geq 1 \end{cases}$. Si stabilisca, dando adeguata motivazione, il valore di verità della seguente proposizione:

«Poiché $\lim_{x \to 1^-} f'(x) = \lim_{x \to 1^+} f'(x) = 1$, la funzione è derivabile in $x = 1$ con derivata uguale a 1».

9 Determina l'area del triangolo che ha per lati le rette

$$r: \begin{cases} x = -5 - 3\alpha \\ y = 9 + 4\alpha \\ z = 1 \end{cases} \text{con } \alpha \in \mathbb{R}, \quad s: \begin{cases} x - y - z + 8 = 0 \\ 2x + y + 2z - 3 = 0 \end{cases}, \quad t: \begin{cases} x = -\frac{4}{3}z + \frac{7}{3} \\ y = 1 \end{cases}.$$

$\left[\frac{\sqrt{481}}{2}\right]$

10 Si consideri la seguente funzione definita a tratti: $f(x) = \begin{cases} x^2 + p^2 & \text{se } x < 0 \\ p & \text{se } 0 \leq x < 2 \\ \frac{x+q}{x+1} & \text{se } x \geq 2 \end{cases}$, dove p e q sono due costanti reali. Per quali coppie ordinate $(p; q)$ di valori delle costanti la funzione $f(x)$ è continua in $\mathbb{R}$?

$[(0; -2), (1; 1)]$

Questionario 5

1 Dato il triangolo di lati 2 cm, 3 cm e 4 cm, si dimostri che è ottusangolo.

2 Si determini il dominio della funzione: $y = \sqrt{\frac{\ln(x-2)}{\ln x - 2}}$. $[2 < x \leq 3 \vee x > e^2]$

3 Scrivere l'equazione della sfera avente centro nel punto $C(1; 3; -2)$ e passante per il punto $P(-2; 3; 2)$. Determinare poi l'equazione del piano tangente alla sfera nel suo punto P.

$[x^2 + y^2 + z^2 - 2x - 6y + 4z - 11 = 0; 3x - 4z + 14 = 0]$

4 Senza fare uso del teorema di De L'Hospital, si calcoli: $\lim_{x \to \pi} \frac{\sin x}{e^{\pi} - e^x}$. $[e^{-\pi}]$

5 Una scatola contiene palline bianche e palline nere per un totale di 100 palline. Sapendo che estraendone due la probabilità che siano dello stesso colore è uguale alla probabilità che siano di colore diverso, si determini il numero di palline di ciascun colore. [45 bianche e 55 nere oppure 55 bianche e 45 nere]

6 Si calcoli per quali valori di $k \in \mathbb{R}$ si ha:

$$\int_0^k \frac{2}{x-1}\,dx < \int_0^1 \frac{x-1}{x+1}\,dx.$$

$\left[1 - \frac{\sqrt{e}}{2} < k < 1\right]$

7 Angela vuole farsi una collana composta da perle di plastica colorate: 6 rosse, 10 arancioni e 8 gialle da chiudere con un fermaglio. Quante sono le possibili sequenze differenti? Qual è invece il numero delle sequenze nel caso in cui Angela voglia mettere agli estremi perle di colore arancione?

8 Una sfera di raggio 1 è secata da due piani paralleli tra loro e distanti 1. Si individui la posizione dei due piani affinché la somma delle aree delle sezioni così individuate sia massima.

$\left[\text{entrambi distanti } \frac{1}{2} \text{ dal centro della sfera}\right]$

9 Si determini il valore del parametro k affinché l'equazione $\frac{x + kx}{e^x} = k$ ammetta due soluzioni coincidenti.

$\left[k = \frac{1}{e-1}\right]$

10 La figura a fianco rappresenta il grafico di una funzione f e le sue tangenti nei punti $O(0; 0)$, $M(3; -2)$ e $F(6; -1)$. La funzione è continua e derivabile almeno due volte in $\mathbb{R}$ e ha due flessi in O e F. Si disegni un grafico probabile della derivata prima dando adeguata giustificazione, indicando in particolare le coordinate dei suoi punti di massimo e minimo relativi.

$\left[\min(0; -1), \max\left(6; \frac{1}{2}\right)\right]$

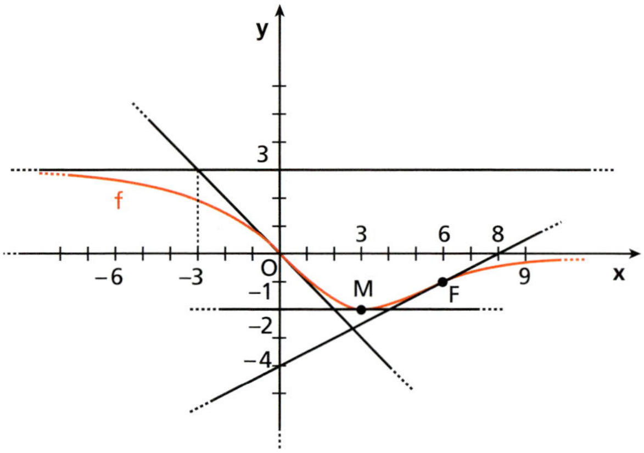

Questionario 6

1 In una parete deve essere ricavata una finestra mistilinea di forma rettangolare con una semicirconferenza al posto della base superiore. Determinare quali devono essere le dimensioni della finestra affinché il profilo sia di 4 metri e la superficie sia massima.

$\left[\text{base rettangolo } \frac{8}{4+\pi} \text{ m, altezza rettangolo } \frac{4}{4+\pi} \text{ m, raggio semicirconferenza } \frac{4}{4+\pi} \text{ m}\right]$

2 Si consideri la funzione $F(x) = \int_1^x \frac{t}{\ln(1+t)} dt$ e si dimostri che è invertibile nell'intervallo $]0; +\infty[$. Detta $G(y)$ la funzione inversa, si calcoli $G'(0)$.

$[\ln 2]$

3 Stabilire il numero di soluzioni dell'equazione $e^{x+1}x^2|x+2| = k$ al variare del parametro reale k.

4 In un sistema di riferimento $Oxyz$ ortogonale e monometrico sono assegnati la superficie sferica Σ di equazione $x^2 + y^2 + z^2 - 4y - 4 = 0$ e la retta r di equazione $\begin{cases} x = -y \\ z = x \end{cases}$.

a. Determina le coordinate dei punti A e B di intersezione di Σ con r e scrivi le equazioni dei piani tangenti in essi alla sfera.

b. Scrivi in forma parametrica le equazioni della retta s ottenuta dall'intersezione dei due piani tangenti e verifica che r e s sono sghembe.

$\left[\text{a) } A(-2; 2; -2), B\left(\frac{2}{3}; -\frac{2}{3}; \frac{2}{3}\right), x + z + 4 = 0, x - 4y + z - 4 = 0; \text{ b) } \begin{cases} x = t \\ y = -2 \\ z = -4 - t \end{cases}\right]$

5 Determinare il volume del solido avente come base la regione di piano sottesa nell'intervallo $[1; 2]$ dalla curva di equazione $f(x) = \frac{1}{x}$, e le cui sezioni, ottenute con piani perpendicolari all'asse x, siano semicerchi di diametro $f(x)$.

$\left[\frac{\pi}{16}\right]$

6 Supponi che la funzione $y = f(x)$ sia soluzione dell'equazione differenziale $y' = 2y^2 - 1$. Verifica che y è soluzione anche dell'equazione $y'' = 8y^3 - 4y$.

7 Determinare il valore di $a \in]-1; 3[$ per il quale la funzione:

$$f(x) = \begin{cases} e^{a-x} & \text{se } x < a \\ \frac{x^2+1}{1+x} & \text{se } x \geq a \end{cases}$$

soddisfa le ipotesi del teorema di Lagrange nell'intervallo $[-1; 3]$.

$[a = 0]$

8 Calcolare il volume del solido generato dalla rotazione di 180°, rispetto alla retta r di equazione $x = 2$, dell'arco di parabola γ di equazione $x = y^2 - 2y + 3$ avente per estremi i punti che γ ha in comune con la retta s di equazione $y = \frac{1}{2}x$. $\left[\frac{16}{5}\pi\right]$

9 Si calcoli il seguente limite: $\lim_{x \to 1}(1 + \ln x)^{\frac{1}{x-1}}$. $[e]$

10 Data la funzione

$$f(x) = \begin{cases} e^{\frac{1}{x}} & \text{se } x < 0 \\ 0 & \text{se } x = 0 \end{cases},$$

si studi la continuità di $f'(x)$.

Simulazione 1

Risolvi uno dei problemi e rispondi a 5 quesiti del questionario.

Problemi

1 **Trekking in montagna** Al termine di un'escursione di trekking in montagna, Giulia ha raggiunto un rifugio. Grazie alla nuova app che ha scaricato, ha potuto rilevare con esattezza alcuni dati relativi al percorso effettuato, riassunti nella seguente tabella.

Distanza percorsa (km)	0	3	12	20	27	30
Tempo trascorso (h)	0	1	3	5	6	7
Altitudine s.l.m. (m)	1000	1640	1800	1460	1900	2350
Velocità min/max		$v_{min} = 3$ km/h		$v_{max} = \frac{17}{3}$ km/h		

a. Supponiamo che negli intervalli di cui conosciamo gli estremi la pendenza sia costante; disegna il grafico a tratti che rappresenta l'altitudine raggiunta sul livello del mare (in metri) in funzione della distanza percorsa (in kilometri).

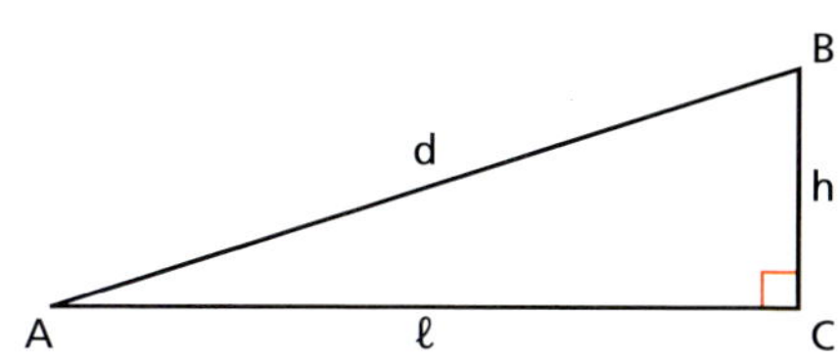

La pendenza relativa al percorso AB della figura è data dal rapporto $\frac{h}{l}$.

Per calcolare la pendenza del suo percorso, Giulia decide di approssimare, in ognuno dei tratti, la lunghezza in orizzontale l con la distanza d percorsa sul terreno.

b. Se accettiamo questa approssimazione, considerando solo l'altitudine del punto di partenza e di quello d'arrivo, qual è la pendenza percentuale media del percorso di Giulia?

c. Possiamo perfezionare il nostro modello pensando che, come avviene nella realtà, il grafico negli estremi dei tratti non abbia punti angolosi e la funzione sia quindi derivabile in ogni punto. In questa ipotesi, giustifica che deve esistere almeno un punto del cammino, distinto dalla partenza e dall'arrivo, in cui la pendenza del sentiero è del 4,5%.

d. Ricava l'altitudine media sul livello del mare a cui si svolge la camminata, con la precisione di una cifra decimale, mostrando dettagliatamente il procedimento seguito.

Ora Giulia decide di ricavare una funzione $v(t)$ che approssimi la velocità istantanea in funzione del tempo trascorso.

e. Dimostra che esiste una sola funzione polinomiale di terzo grado $v(t) = at^3 + bt^2 + ct + d$ (dove t è il tempo trascorso espresso in ore) che presenta nell'intervallo $0 \leq t \leq 7$ un minimo e un massimo relativi corrispondenti a quelli indicati in tabella e ricava i valori dei coefficienti a, b, c, d. Una volta mostrato che la funzione cercata è

$$v(t) = -\frac{1}{12}t^3 + \frac{3}{4}t^2 - \frac{5}{4}t + \frac{43}{12},$$

rappresentala nell'intervallo $0 \leq t \leq 7$.

f. Spiega cosa rappresenta l'area delimitata dal grafico di $v(t)$ nell'intervallo $0 \leq t \leq 7$, calcolane la misura e utilizzala per stimare la velocità media tenuta da Giulia durante la camminata, approssimando il risultato ai centesimi.
Qual è l'errore relativo percentuale che si compie utilizzando il grafico di $v(t)$ per calcolare la stima della distanza percorsa da Giulia rispetto al dato reale riportato in tabella?

2 **Una cura efficace** Nell'ambito di uno studio epidemiologico riguardante la diffusione di una patologia influenzale in presenza di determinate strategie di prevenzione e cura, alcuni ricercatori hanno elaborato un semplice modello matematico per esprimere l'andamento temporale del numero di persone infette in un dato campione.
Indicato con t il tempo trascorso, in giorni, dall'inizio della diffusione della patologia nel campione, secondo il modello il numero $n(t)$ di persone infette al giorno t è espresso da una funzione del tipo:

$$n(t) = \frac{ae^t}{(b + e^t)^2}, \qquad \text{con } a \text{ e } b \text{ costanti reali positive e } t \text{ variabile reale positiva.}$$

a. Dimostra che, comunque si scelgano le costanti a e b, il modello prevede l'estinzione della patologia nel campione.

b. Dimostra che, se $b > 1$, vi è comunque un picco di massima diffusione in un momento $\bar{t}$ e che il numero di malati è nuovamente quello iniziale per $t = 2\bar{t}$.

c. Sempre con $b > 1$, supponi che il numero iniziale di malati sia $n_0 = 16$ e che il numero massimo di malati si verifichi per $\bar{t} = 2\ln 2$. Dimostra che i valori delle costanti sono allora $a = 400$ e $b = 4$, quindi rappresenta la funzione $n(t)$ così ottenuta per $t \geq 0$, tralasciando lo studio della derivata seconda.

Assumi ora che $n(t)$ sia la funzione determinata al punto precedente.

d. Qual è stato il numero medio di persone infette in un giorno nel periodo $0 \leq t \leq 2\bar{t}$? Mostra in dettaglio il procedimento seguito.

e. La funzione $n(t)$ si riferisce a un campione che mappa l'1‰ dell'intera popolazione. Se ogni ammalato è rimasto infettato in media due giorni, qual è stato approssimativamente il numero totale di ammalati fra la popolazione nei primi 100 giorni di studio?

Questionario

1 Considera la curva γ di equazione $y = -x^2 + 4x$ e il fascio di rette di equazione $y = mx$, con $m \in \mathbb{R}$. Ricava i valori di m per i quali la corrispondente retta del fascio e la curva γ delimitano una regione piana di area $\frac{9}{2}$.

2 Per decidere la meta del fine settimana, Mario lancia un dado regolare a sei facce: se esce 1 o 3, sceglierà la località A, altrimenti la località B. Le previsioni meteo per il fine settimana indicano cielo nuvoloso con probabilità 30% nella località A e 40% nella località B. Al suo ritorno, Mario incontra Lucia e le dice di aver trascorso un bel weekend di sole. Qual è la probabilità che Mario abbia trascorso il fine settimana nella località A?

3 Un rubinetto versa acqua in un recipiente di capacità 20 litri, inizialmente vuoto, con una portata variabile (misurata in litri/minuto) espressa dalla legge $p(t) = \frac{10}{1+t}$. Calcola il tempo, in minuti e secondi, necessario per riempire il recipiente.

4 Assegnata la funzione $f(x) = 3\ln x + 2x^2$, ricava l'equazione della retta tangente al grafico della funzione

$F(x) = f^{-1}(x)$, inversa di $f(x)$, nel suo punto di ascissa 2, dopo aver dimostrato che $f(x)$ è una funzione invertibile.

5 Anna e Berto si trovano sulla stessa riva di un fiume, a 50 m di distanza l'una dall'altro. Per guardare uno stesso albero che si trova sulla riva opposta, Anna deve girare lo sguardo di 45° rispetto alla perpendicolare alla riva, Berto di 60°. Le informazioni assegnate sono sufficienti per determinare in modo univoco la larghezza del fiume? Motiva adeguatamente la risposta.

6 Un contenitore di assegnata capacità V ha la forma di un cilindro sormontato alle basi da due coni equilateri aventi le basi coincidenti con quelle del cilindro. Determina per quale valore del raggio di base del cilindro la superficie totale del contenitore risulta minima.

7 In un riferimento cartesiano $Oxyz$ sono assegnate una sfera, con centro nell'origine O e raggio 5, e la retta r rappresentata dal sistema parametrico:

$$\begin{cases} x = -4t + 4 \\ y = -7t + 3, \quad \text{con } t \in \mathbb{R}. \\ z = 3t \end{cases}$$

Ricava le coordinate dei punti A e B in cui la retta interseca la superficie sferica, la lunghezza del segmento AB e la misura in gradi sessagesimali, primi e secondi dell'angolo acuto α che la retta r forma con il piano xy.

8 $f(x)$ è una funzione continua nell'intervallo $[2; 4]$, derivabile nell'intervallo aperto $]2; 4[$ e tale che:

- $f(2) = 1$;
- $2 \leq f'(x) \leq 3 \quad \forall x \in]2; 4[$.

Stabilisci se è possibile che sia $f(4) = 8$, motivando adeguatamente la risposta.

9 Una pallina, lasciata cadere da un'altezza di 1 m, rimbalza verticalmente sul pavimento. Nell'urto (anelastico) si perde parte dell'energia cinetica, pertanto la pallina risale fino a un'altezza pari ai $\frac{9}{10}$ di quella da cui era caduta, e così via per ogni rimbalzo. Ipotizzando infiniti rimbalzi, stabilisci se la distanza (complessivamente) percorsa dalla pallina nei suoi rimbalzi è infinita o finita e in tal caso a quanto ammonta tale distanza. Motiva la risposta con un opportuno modello matematico.

10 Determina gli eventuali asintoti verticali, orizzontali e obliqui della funzione:

$$f(x) = 3x - 4\ln x.$$

Risoluzione

Problemi

1 a. Disegniamo il grafico.

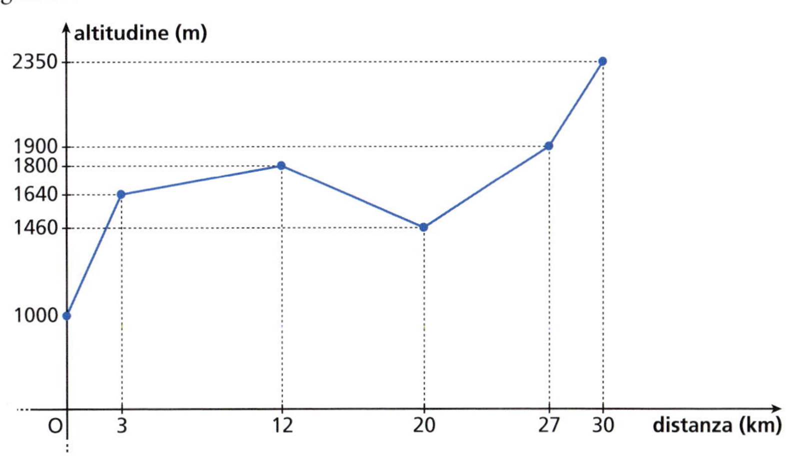

b. Calcoliamo la pendenza media come rapporto fra il dislivello arrivo-partenza e la lunghezza totale del cammino:

$$\frac{2350-1000}{30000}=0,045 \rightarrow 4,5\%.$$

c. Il grafico a tratti disegnato al punto **a** è quello di una funzione continua. Supponendo di «smussare» ogni punto angoloso, e lo possiamo fare scegliendo un archetto di raggio piccolo quanto vogliamo, la funzione risulta anche derivabile.

Indichiamo con $f(x)$ tale funzione, dove $0 \leq x \leq 30$ rappresenta la distanza percorsa, espressa in kilometri.

In base al teorema di Lagrange sulle funzioni continue in un intervallo chiuso $[a; b]$ e derivabili almeno nell'aperto $]a; b[$, deve esistere almeno un punto c interno all'intervallo $[0; 30]$ tale che:

$$f'(c)=\frac{f(30)-f(0)}{30}=\frac{2350-1000}{30}=45.$$

Esiste dunque un punto del cammino in cui la pendenza locale è pari a:

$$45\frac{\text{m}}{\text{km}}=45\frac{\text{m}}{1000\text{ m}}=0,045 \rightarrow 4,5\%,$$

cioè è uguale alla pendenza media dell'intero percorso.

d. L'altitudine media si può ricavare come media integrale sull'intervallo $[0; 30]$ della funzione rappresentata dalla spezzata del punto **a**, cioè come il rapporto tra l'area sottesa dal grafico e l'ampiezza dell'intervallo:

$$\text{altitudine media}=\frac{1320\cdot 3+1720\cdot 9+1630\cdot 8+1680\cdot 7+2125\cdot 3}{30}\simeq 1687,2\text{ m}.$$

e. Si tratta di determinare la funzione $v(t)=at^3+bt^2+ct+d$ in modo che sia:

$$\begin{cases} v(1)=3 \\ v(5)=\frac{17}{3} \\ v'(1)=0 \\ v'(5)=0 \end{cases} \rightarrow \begin{cases} a+b+c+d=3 \\ 125a+25b+5c+d=\frac{17}{3} \\ 3a+2b+c=0 \\ 75a+10b+c=0 \end{cases} \rightarrow \begin{cases} a=-\frac{1}{12} \\ b=\frac{3}{4} \\ c=-\frac{5}{4} \\ d=\frac{43}{12} \end{cases}.$$

La funzione polinomiale cercata è quindi:

$$v(t)=-\frac{1}{12}t^3+\frac{3}{4}t^2-\frac{5}{4}t+\frac{43}{12}, \quad \text{con } 0 \leq t \leq 7.$$

Per rappresentarla, osserviamo che:

- $v(0)=\frac{43}{12}\simeq 3,583$;
- $v(7)=3$;
- $v'(t)=-\frac{1}{4}t^2+\frac{3}{2}t-\frac{5}{4}$, con $v'(t)<0$ per $0 \leq t<1 \vee 5<t\leq 7$ e $v'(t)>0$ per $1<t<5$;
- $v''(t)=-\frac{1}{2}t+\frac{3}{2}$, con $v''(t)<0$ per $3<t\leq 7$ e $v''(t)>0$ per $0\leq t<3$;
- la funzione ha un punto di flesso di coordinate $\left(3; \frac{13}{3}\right)$.

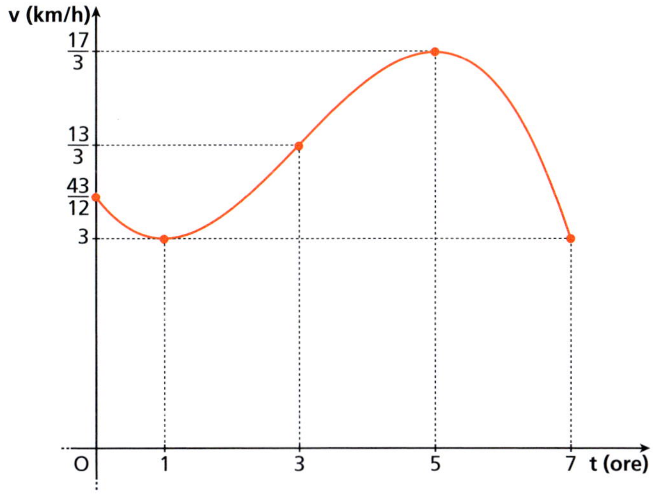

f. Il grafico di $v(t)$ riporta i tempi sull'asse delle ascisse e le velocità sull'asse delle ordinate. L'area sottesa dal grafico, dimensionalmente, è data da una velocità per un tempo, quindi rappresenta uno spazio. In particolare, l'area sottesa dal grafico nell'intervallo $[0; 7]$ rappresenta la distanza percorsa da Giulia; dividendo tale valore per la larghezza dell'intervallo $[0; 7]$, otteniamo la velocità media tenuta da Giulia. In questo modo, stiamo stimando la velocità media di Giulia ricorrendo al teorema della media:

$$D = \int_0^7 \left(-\frac{1}{12}t^3 + \frac{3}{4}t^2 - \frac{5}{4}t + \frac{43}{12}\right)dt = \left[-\frac{1}{48}t^4 + \frac{1}{4}t^3 - \frac{5}{8}t^2 + \frac{43}{12}t\right]_0^7 \simeq 30{,}19;$$

$$\bar{v} = \frac{D}{7} \simeq 4{,}31.$$

Quindi, dal grafico di $v(t)$ possiamo stimare che Giulia ha percorso circa 30,19 km, mantenendo una velocità media di circa 4,31 km/h.

L'errore relativo percentuale che si commette nello stimare mediante $v(t)$ la distanza percorsa da Giulia è pari a:

$$\varepsilon_r = \frac{|\text{distanza stimata} - \text{distanza reale}|}{\text{distanza reale}} \cdot 100 = \frac{|30{,}19 - 30|}{30} \cdot 100 \simeq 0{,}63\%.$$

2 La funzione $n(t)$ è definita nell'intervallo $[0; +\infty[$ e quindi possiamo applicare i concetti di limite e derivata su tale intervallo.

a. Si tratta di mostrare che, comunque si scelgano le costanti a e b positive, risulta:

$$\lim_{t \to +\infty} n(t) = \lim_{t \to +\infty} \frac{ae^t}{(b+e^t)^2} = 0.$$

Il limite è verificato, in quanto:

$$\lim_{t \to +\infty} \frac{ae^t}{(b+e^t)^2} = \lim_{t \to +\infty} \frac{ae^t}{[e^t(be^{-t}+1)]^2} = \lim_{t \to +\infty} \frac{a}{e^t(be^{-t}+1)^2} = 0.$$

b. Consideriamo la derivata della funzione $n(t)$:

$$n'(t) = \frac{ae^t(b+e^t)^2 - ae^t \cdot 2(b+e^t)e^t}{(b+e^t)^4} = \frac{ae^t(b+e^t) - ae^t \cdot 2e^t}{(b+e^t)^3} \rightarrow$$

$$n'(t) = \frac{ae^t(b+e^t-2e^t)}{(b+e^t)^3} = \frac{ae^t(b-e^t)}{(b+e^t)^3}, \quad \text{con } D_n = D_{n'}.$$

Poiché $(b+e^t)^3 > 0$ per ogni b costante reale e positiva, per studiare il segno di $n'(t)$ basta studiare il segno del numeratore.
Se $b > 1$, allora:

$$n'(t) = 0 \rightarrow b - e^t = 0 \rightarrow \bar{t} = \ln b.$$

Risulta poi:
$n'(t) > 0$ per $0 < t < \ln b$; in tale intervallo il numero $n(t)$ di persone infette è in aumento;
$n'(t) < 0$ per $t > \ln b$; in tale intervallo il numero $n(t)$ di persone infette decresce.

Per $\bar{t} = \ln b$ la funzione $n(t)$ ha un massimo relativo che, per quanto dimostrato in **a**, è anche il massimo assoluto della funzione $n(t)$, cioè il picco di massima diffusione della patologia.

Per quanto riguarda il numero di persone infette agli istanti $t = 0$ e $t = 2\bar{t} = 2\ln b$, risulta:

$$n(0) = \frac{ae^0}{(b+e^0)^2} = \frac{a}{(1+b)^2};$$

$$n(2\bar{t}) = n(2\ln b) = \frac{ae^{2\ln b}}{(b+e^{2\ln b})^2} = \frac{ab^2}{(b+b^2)^2} = \frac{ab^2}{b^2(1+b)^2} = \frac{a}{(1+b)^2} = n(0).$$

c. Imponiamo le condizioni:

$$\begin{cases} \bar{t} = 2\ln 2 \\ n(0) = 16 \end{cases}.$$

Poiché il massimo di $n(t)$ si ha per $\bar{t} = \ln b$ il sistema diventa:

$$\begin{cases} \ln b = 2\ln 2 \\ \dfrac{a}{(1+b)^2} = 16 \end{cases} \rightarrow \begin{cases} \ln b = \ln 4 \\ \dfrac{a}{(1+b)^2} = 16 \end{cases} \rightarrow \begin{cases} b = 4 \\ \dfrac{a}{(1+4)^2} = 16 \end{cases} \rightarrow \begin{cases} a = 400 \\ b = 4 \end{cases}.$$

La funzione ottenuta è dunque:

$$n(t) = \frac{400e^t}{(4+e^t)^2}, \quad \text{con } t \geq 0.$$

Studiamo $n(t)$.
La funzione è ovunque definita, continua e derivabile per $t \geq 0$.
Come già mostrato, si ha:

$$\lim_{x \to +\infty} n(t) = 0, \qquad \text{quindi } y = 0 \text{ è asintoto orizzontale.}$$

Inoltre $n(t) > 0$ su tutto il dominio.
La derivata prima risulta

$$n'(t) = \frac{400e^t(4-e^t)}{(4+e^t)^3};$$

$$n'(t) > 0 \quad \text{per} \quad 0 < t < 2\ln 2;$$

$$n'(t) < 0 \quad \text{per} \quad t > 2\ln 2;$$

$$n'(t) = 0 \quad \text{per} \quad t = 2\ln 2.$$

Quindi la funzione $n(t)$ è crescente per $0 < t < 2\ln 2$ e decrescente per $t > 2\ln 2$.
All'istante iniziale vale $n(0) = 16$; il valore massimo si ha per $t = 2\ln 2$ e vale:

$$n_{\max} = n(2\ln 2) = \frac{400e^{2\ln 2}}{(4+e^{2\ln 2})^2} = \frac{400 \cdot 4}{(4+4)^2} = 25.$$

La funzione non ha minimi relativi e tende asintoticamente all'asse delle ascisse, quindi deve esistere un punto di flesso a tangente obliqua con ascissa $t_2 > 2\ln 2$. Non avendo effettuato lo studio della derivata seconda, possiamo soltanto dire che la funzione volge la concavità verso il basso in un intorno sinistro di t_2 e verso l'alto in un intorno destro di t_2. Non possiamo escludere che vi siano altri punti di flesso a tangente obliqua corrispondenti ad altrettanti cambi di concavità.
Disegniamo un possibile grafico di $n(t)$.

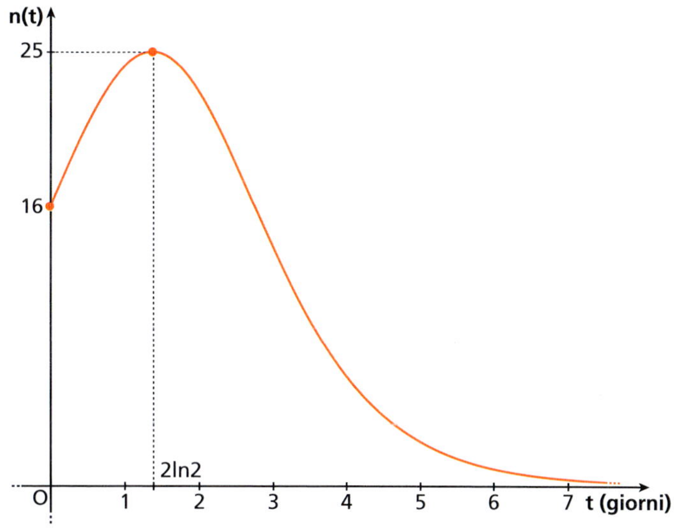

d. Sappiamo che $2\bar{t} = 4\ln 2 \cdot 3$.
Il numero medio di persone infette al giorno nel periodo $[0; 4\ln 2]$ è fornito dal teorema del valore medio:

$$\bar{n} = \frac{1}{4\ln 2}\int_0^{4\ln 2} \frac{400e^t}{(4+e^t)^2}\,dt.$$

Calcoliamo l'integrale:

$$\int_0^{4\ln 2} \frac{400e^t}{(4+e^t)^2}\,dt = 400\int_0^{4\ln 2} e^t(4+e^t)^{-2}\,dt = 400[-(4+e^t)^{-1}]_0^{4\ln 2} = 400\left[-\frac{1}{4+e^t}\right]_0^{4\ln 2} =$$

$$400\left(-\frac{1}{20}+\frac{1}{5}\right) = 400\cdot\frac{3}{20} = 60.$$

Allora:

$$\bar{n} = \frac{1}{4\ln 2}\cdot 60 = \frac{15}{\ln 2} \simeq 22.$$

In media, nei primi 3 giorni circa, nel campione considerato ci sono circa 22 ammalati al giorno.

e. Per calcolare il numero approssimato totale N di ammalati nei primi 100 giorni dell'indagine, contiamo quante persone sono infette giorno per giorno nel periodo in esame, sommiamo tali valori, dividiamo il risultato per 2 (i giorni medi di malattia di ciascuna persona) e moltiplichiamo per 1000. Il calcolo si traduce nell'integrale:

$$N = 100\cdot\frac{1}{2}\int_0^{100} \frac{400e^t}{(4+e^t)^2}\,dt.$$

Con lo stesso calcolo dell'integrale effettuato nel punto precedente otteniamo allora:

$$N = 500\cdot 400\left[-\frac{1}{4+e^t}\right]_0^{100} = 200\,000\left(-\frac{1}{4+e^{100}}+\frac{1}{5}\right) \simeq 40\,000.$$

Questionario

1 La generica retta del fascio e la curva γ si intersecano nei punti le cui coordinate sono date dal sistema:

$$\begin{cases} y = -x^2+4x \\ y = mx \end{cases} \to \begin{cases} x = 0 \\ y = 0 \end{cases} \vee \begin{cases} x = 4-m \\ y = m(4-m) \end{cases}.$$

La retta del fascio e la curva γ si intersecano quindi nei punti di coordinate $O(0; 0)$ e $A(4-m; 4m-m^2)$. Notiamo che se $m > 4$ l'ascissa di A è negativa, mentre se $m < 4$ allora A ha ascissa positiva. Per $m = 4$ il sistema ha soluzione $(0; 0)$ doppia e quindi la retta $y = mx$ è tangente alla curva γ in O.

L'area della regione finita di piano individuata dalla retta del fascio e dalla curva γ corrisponde al valore assoluto dell'integrale definito della funzione differenza delle due funzioni, calcolato fra gli estremi 0 e $4-m$:

$$\left|\int_0^{4-m}(-x^2+4x-mx)dx\right| = \left|\left[-\frac{1}{3}x^3+\frac{4-m}{2}x^2\right]_0^{4-m}\right| = \left|\frac{1}{6}(4-m)^3\right|.$$

Imponiamo che tale area sia pari a $\frac{9}{2}$:

$$\left|\frac{1}{6}(4-m)^3\right| = \frac{9}{2} \rightarrow (4-m)^3 = \pm 27 \rightarrow 4-m = \pm 3 \rightarrow m = 1 \vee m = 7.$$

2 Consideriamo gli eventi elementari:

A: «Mario si è recato nella località A»,

N: «è stato nuvoloso nel fine settimana»,

$\overline{N}$: «non è stato nuvoloso nel fine settimana».

Dobbiamo quindi calcolare la probabilità condizionata $p(A\,|\,\overline{N})$, cioè la probabilità che Mario si sia recato nella località A, sapendo che non è stato nuvoloso nel fine settimana.
Calcoliamo innanzitutto la probabilità dell'evento come somma delle probabilità di due eventi disgiunti:

$\overline{N_A}$: «Mario si è recato in A e non è stato nuvoloso in A»,

$\overline{N_B}$: «Mario si è recato in B e non è stato nuvoloso in B».

Otteniamo:

$$p(\overline{N}) = p(\overline{N_A}) + p(\overline{N_B}) = \frac{2}{6}\cdot\frac{7}{10} + \frac{4}{6}\cdot\frac{6}{10} = \frac{19}{30}.$$

Possiamo ora calcolare la probabilità condizionata richiesta:

$$p(A\,|\,\overline{N}) = \frac{p(A \cap \overline{N})}{p(\overline{N})} = \frac{\frac{2}{6}\cdot\frac{7}{10}}{\frac{19}{30}} = \frac{7}{30}\cdot\frac{30}{19} = \frac{7}{19} \rightarrow p \simeq 36,84\%.$$

3 Indichiamo con $l(t)$ la quantità di litri presenti nel recipiente dopo t minuti, con $l(0) = 0$.
Poiché $p(t) = \frac{dl(t)}{dt}$, abbiamo:

$$l(t) - l(0) = \int_0^t p(x)dx \rightarrow l(t) = \int_0^t \frac{10}{1+x}dx \rightarrow l(t) = 10\ln(1+t).$$

Calcoliamo quando il recipiente di 20 litri sarà colmo:

$$10\ln(1+t) = 20 \rightarrow t = e^2 - 1 \simeq 6,389 \rightarrow t \simeq 6'23''.$$

4 La funzione $f(x)$ è derivabile in tutto il suo dominio $\mathbb{R}^+$ con derivata $f'(x) = \frac{3}{x} + 4x$ sempre positiva nel dominio di $f(x)$; la funzione è dunque monotona crescente nel suo dominio e quindi invertibile.
In particolare $f(x)$ realizza una corrispondenza biunivoca tra il dominio $\mathbb{R}^+$ e il codominio $\mathbb{R}$ (come si deduce dai limiti $\lim_{x\to 0^+} f(x) = -\infty$ e $\lim_{x\to\infty} f(x) = +\infty$).
Poiché

$$f(1) = 3\ln 1 + 2 = 2 \rightarrow F(2) = f^{-1}(2) = 1,$$

applicando il teorema della derivata della funzione inversa, ricaviamo:

$$F'(2) = \frac{1}{f'(1)} = \frac{1}{3+4} = \frac{1}{7}.$$

La retta tangente al grafico di $F(x)$ nel punto di coordinate $(2;1)$ ha equazione:

$$y - 1 = \frac{1}{7}(x-2) \rightarrow y = \frac{1}{7}x + \frac{5}{7}.$$

5 Il problema ammette due soluzioni, poiché non si specifica da quale parte rispetto alla perpendicolare ciascuno dei due osservatori debba girare lo sguardo per guardare l'albero, cioè non si specifica se l'albero sia in un punto compreso tra le due perpendicolari o se invece si trovi esternamente a esse.
Rappresentiamo le due situazioni in figura, indicando con A, B e C le posizioni rispettivamente di Anna, di Berto e dell'albero. Sia poi L la larghezza incognita del fiume.

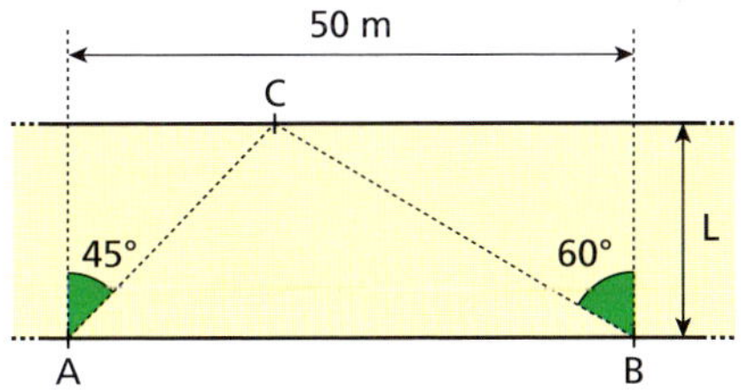

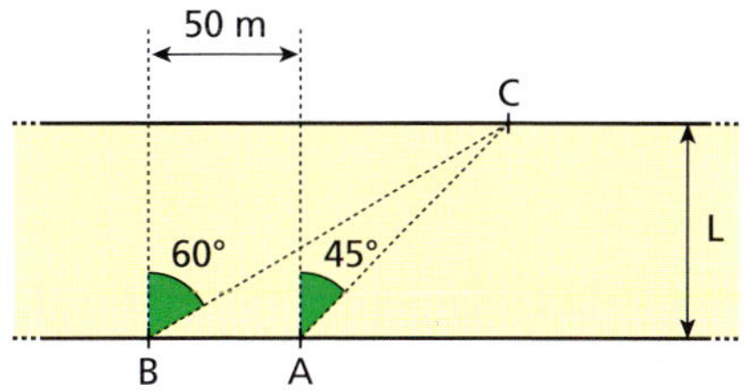

Nel primo caso è: $L\tan 60° + L\tan 45° = 50 \rightarrow L = \dfrac{50}{\sqrt{3}+1} = 25(\sqrt{3}-1) \rightarrow L \simeq 18{,}3\text{ m}$.

Nel secondo caso è: $L\tan 60° + L\tan 45° = 50 \rightarrow L = \dfrac{50}{\sqrt{3}-1} = 25(\sqrt{3}+1) \rightarrow L \simeq 68{,}3\text{ m}$.

6 Rappresentiamo in figura il contenitore, ricordando che in un cono equilatero il diametro di base è uguale all'apotema.
Indicati con h l'altezza del cilindro e con r il suo raggio di base, il volume V del contenitore è espresso dalla formula:

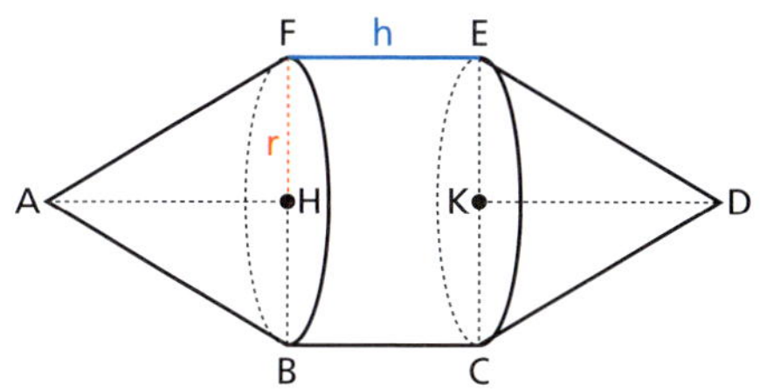

$$V = h\pi r^2 + \frac{2}{3}\pi r^3\sqrt{3} \rightarrow h = \frac{V}{\pi r^2} - \frac{2}{3}r\sqrt{3}.$$

Tenendo conto del fatto che l'apotema del cono retto è $2r$, possiamo esprimere la superficie totale S del contenitore in funzione di r:

$$S(r) = 4\pi r^2 + 2\pi rh = 4\pi r^2 + \frac{2V}{r} - \frac{4}{3}\pi\sqrt{3}\,r^2.$$

Derivando, otteniamo:

$$S'(r) = 8\pi r - \frac{2V}{r^2} - \frac{8\pi r\sqrt{3}}{3} = \frac{8\pi r^3(3-\sqrt{3}) - 6V}{3r^2}.$$

Cerchiamo l'estremante di $S(r)$ ponendo $S'(r) = 0$:

$$\frac{8\pi r^3(3-\sqrt{3}) - 6V}{3r^2} = 0 \rightarrow 8\pi r^3(3-\sqrt{3}) - 6V = 0 \rightarrow r_0 = \sqrt[3]{\frac{(3+\sqrt{3})V}{8\pi}}.$$

Poiché $S'(r) < 0$ per $r < r_0$ e $S'(r) > 0$ per $r > r_0$, il valore r_0 corrisponde al minimo cercato, in corrispondenza del quale la superficie totale del contenitore è minima.

7 La superficie della sfera di raggio 5 e centro O, nel riferimento $Oxyz$, ha equazione:

$$x^2 + y^2 + z^2 = 25.$$

Per determinare le intersezioni della retta r con la superficie sferica, basta allora sostituire le equazioni parametriche della retta nell'equazione della superficie:

$$(-4t+4)^2 + (-7t+3)^2 + (3t)^2 = 25 \rightarrow t^2 - t = 0 \rightarrow t_1 = 0 \vee t_2 = 1.$$

I due valori di t trovati corrispondono ai punti di coordinate:

$$A:\begin{cases} x = -4\cdot 0 + 4 \\ y = -7\cdot 0 + 3 \\ z = 3\cdot 0 \end{cases} \rightarrow \begin{cases} x = 4 \\ y = 3 \\ z = 0 \end{cases} \rightarrow A(4;3;0); \quad B:\begin{cases} x = -4\cdot 1 + 4 \\ y = -7\cdot 1 + 3 \\ z = 3\cdot 1 \end{cases} \rightarrow \begin{cases} x = 0 \\ y = -4 \\ z = 3 \end{cases} \rightarrow B(0;-4;3).$$

Calcoliamo la lunghezza del segmento AB: $\overline{AB} = \sqrt{(4-0)^2 + (3+4)^2 + (0-3)^2} = \sqrt{74}$.

Per individuare l'angolo α procediamo nel seguente modo.
Il punto A appartiene al piano xy, mentre il punto B ha proiezione $H(0; -4; 0)$ sul piano xy; l'angolo α formato dalla retta r con il piano xy è quindi individuato dall'angolo acuto $B\widehat{A}H$:

$$\alpha = \arcsin\frac{\overline{HB}}{\overline{AB}} = \arcsin\frac{3}{\sqrt{74}} \simeq 0{,}3562 \text{ rad} \rightarrow \alpha \simeq 20°24'32''.$$

8 In base al teorema di Lagrange, possiamo dire che esiste almeno un punto $c \in]2; 4[$ per il quale è:

$$\frac{f(4)-f(2)}{4-2} = f'(c).$$

Per le ipotesi **a** e **b**, deve allora essere:

$$2 \leq \frac{f(4)-1}{2} \leq 3 \rightarrow 4 \leq f(4)-1 \leq 6 \rightarrow 5 \leq f(4) \leq 7.$$

Non è pertanto possibile che sia $f(4) = 8$.

9 Indichiamo con D_n la distanza (misurata in metri) percorsa dalla pallina in ogni rimbalzo:

$D_0 = 1$ (caduta della pallina dall'altezza di un metro);

$D_1 = \frac{9}{10} \cdot 2$ (primo rimbalzo: risalita fino all'altezza di 0,9 m e successiva ricaduta);

$D_2 = \frac{9}{10} \cdot \frac{9}{10} \cdot 2 = \left(\frac{9}{10}\right)^2 \cdot 2;$

...

$D_n = \left(\frac{9}{10}\right)^n \cdot 2.$

La distanza percorsa complessivamente dalla pallina è descritta dall'espressione:

$$D = \sum_{n=0}^{+\infty} D_n = 1 + \sum_{n=1}^{+\infty}\left(\frac{9}{10}\right)^n \cdot 2 = 1 + 2\sum_{n=1}^{+\infty}\left(\frac{9}{10}\right)^n.$$

Poiché una serie geometrica $\sum_{n=0}^{+\infty} q^n$ di ragione q, con $|q| < 1$, converge a $\frac{1}{1-q}$, ricaviamo

$$\sum_{n=1}^{+\infty}\left(\frac{9}{10}\right)^n = \sum_{n=1}^{+\infty}\left(\frac{9}{10}\right)^n + \left(\frac{9}{10}\right)^0 - \left(\frac{9}{10}\right)^0 = \sum_{n=1}^{+\infty}\left(\frac{9}{10}\right)^n - \left(\frac{9}{10}\right)^0 = \frac{1}{1-\frac{9}{10}} - 1 = 9,$$

e di conseguenza: $D = 1 + 2 \cdot 9 = 19$. La pallina percorrerà, in tutto, 19 m.

10 La funzione $f(x)$ è definita in $]0; +\infty[$ ed è continua. Calcoliamo i limiti agli estremi del dominio.

$$\lim_{x \to 0^+}(3x - 4\ln x) = +\infty \rightarrow x = 0 \rightarrow \text{asintoto verticale.}$$

$$\lim_{x \to +\infty}(3x - 4\ln x) = \lim_{x \to +\infty} x\left(3 - 4\frac{\ln x}{x}\right) = +\infty \rightarrow \text{non ci sono asintoti orizzontali.}$$

Studiamo se la funzione ammette asintoti obliqui:

$$m = \lim_{x \to +\infty}\frac{f(x)}{x} = \lim_{x \to +\infty}\left(3 - 4\frac{\ln x}{x}\right) = 3,$$

$$q = \lim_{x \to +\infty}[f(x) - mx] = \lim_{x \to +\infty}(3x - 4\ln x - 3x) = \lim_{x \to +\infty}(-4\ln x) = -\infty.$$

Pertanto la funzione non ha asintoti obliqui.

Simulazione 2

Risolvi uno dei problemi e rispondi a 5 quesiti del questionario.

Problemi

1 **Conversazioni telefoniche** È stata condotta un'indagine su un gruppo di studenti di una scuola superiore; a ciascuno studente è stato chiesto di registrare, nel corso di una settimana, la durata totale di tutte le conversazioni telefoniche effettuate e ricevute tramite il proprio cellulare. I dati raccolti sono stati riassunti nell'istogramma sotto, in cui l'altezza di ogni rettangolo rappresenta il numero di studenti che hanno dichiarato una durata totale delle conversazioni settimanali maggiore di t ore e minore o uguale a $t + 1$ ore. La spezzata in colore, che congiunge i punti corrispondenti ai valori centrali di ogni classe, è il grafico di una funzione di t, lineare a tratti, detta *poligono delle frequenze*.

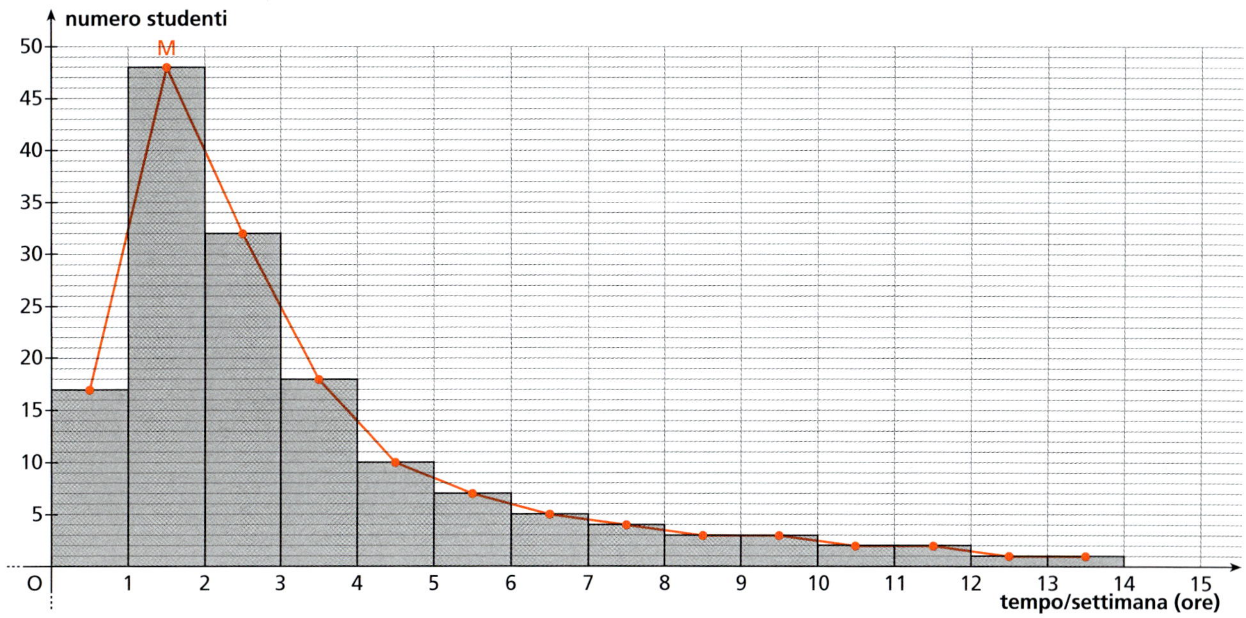

Si vuole cercare una funzione del tempo t, definita, continua e derivabile per ogni $t \geq 0$, che approssimi l'andamento del poligono delle frequenze dell'istogramma.

a. Dimostra che, comunque si scelgano le costanti reali positive A e B, la funzione

$$f(t) = Ate^{-Bt},$$

ristretta al dominio $\mathbb{R}_0^+$, ha un andamento qualitativamente simile a quello del poligono delle frequenze.

Osservando l'istogramma si deduce che le classi hanno tutte la stessa ampiezza, pari a un'ora. La quantità $S(t)$ = «somma delle aree dei rettangoli le cui basi sono comprese nell'intervallo $[0; t]$», con t intero positivo, corrisponde quindi al numero di studenti che hanno dichiarato un tempo totale di conversazioni settimanali minore o uguale a t ore. $S_{14} = S(14) = 153$ rappresenta allora il numero totale degli studenti coinvolti nell'indagine.

b. Ricava i valori delle costanti A e B in modo che siano soddisfatte le due condizioni seguenti:

- il massimo relativo di $f(t)$ si ha in corrispondenza della stessa ascissa del massimo M dell'istogramma;
- l'area del sottografico della funzione $f(t)$ nell'intervallo $[0; +\infty[$ è uguale a S_{14}.

c. Verificato che i valori delle costanti che soddisfano le richieste precedenti sono $A = 68$ e $B = \frac{2}{3}$, studia e rappresenta la corrispondente funzione $f(t)$. In particolare, determina il valore massimo di $f(t)$.

d. Calcola $\int_0^4 f(t)\,dt$ e spiega che cosa rappresenta per la situazione in contesto.

e. Che significato ha il rapporto $p(4) = \dfrac{\int_0^4 f(t)\,dt}{S_{14}}$?

f. Calcola la percentuale di studenti che hanno dichiarato una durata delle conversazioni maggiore di 2 ore e minore o uguale a 3 ore, sia secondo i dati dell'istogramma sia secondo il modello della funzione $f(t)$.

2 **Previsioni meteorologiche** Nel sito web della stazione meteorologica cittadina sono stati pubblicati, come ogni giorno, due grafici. Il primo grafico visualizza la distribuzione locale della *pressione atmosferica* al suolo mediante linee di livello (*isobare*) che uniscono i punti aventi la stessa pressione (misurata in kilopascal, kPa). Le linee di livello corrispondono a valori consecutivi della pressione atmosferica (100, 101, 102, ...). La diagonale AB passa per i punti L e H, dove la pressione assume rispettivamente un minimo (100 kPa) e un massimo (120 kPa). Il secondo grafico rappresenta l'andamento della pressione $p(x)$ in funzione della posizione x lungo la diagonale AB (x è espresso in kilometri, con origine in A).

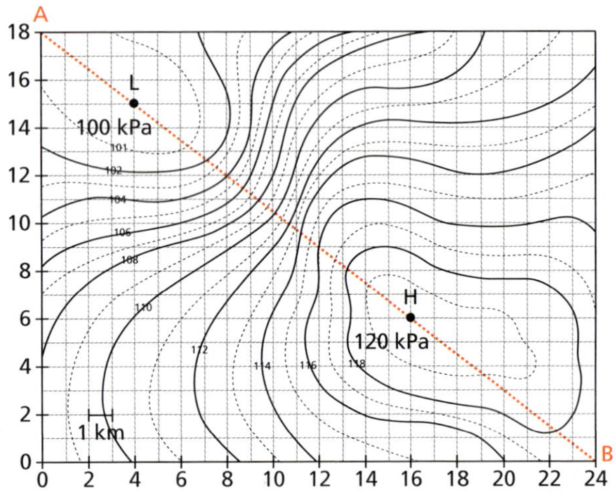

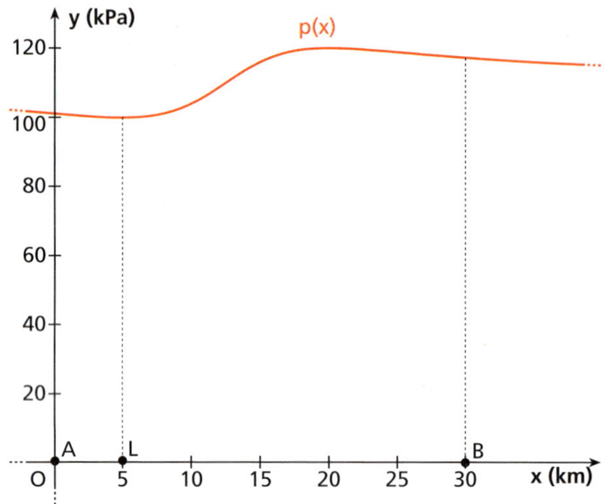

a. Utilizzando i dati del primo grafico, individua sul secondo grafico il punto corrispondente a H, fornendone ascissa e ordinata.

b. Una delle seguenti funzioni rappresenta la funzione $p(x)$ nell'intervallo $0 \le x \le 30$, con a e b costanti reali non nulle. Stabilisci quale, in base ai dati forniti nei grafici.

$$y_1(x) = 500(a + be^{-x}) \qquad y_2(x) = \frac{300(2x+a)}{(2x+a)^2 + 225} + b$$

Per la funzione così determinata, ricava i valori delle costanti a e b.

c. Verificato che è la seconda funzione a rappresentare i dati riportati nel grafico, con $a = -25$ e $b = 110$, studia la corrispondente funzione $p(x)$ nel suo dominio naturale, indicando in particolare quanti punti di flesso ammette senza ricorrere allo studio della derivata seconda.

d. Ricava il valore medio della pressione atmosferica lungo il tratto AB.

Considera ora il riferimento cartesiano $Oxyz$ avente origine nel vertice in basso a sinistra della mappa delle isobare, l'asse passante per B come asse x, quello passante per A come asse y e l'asse z uscente dal foglio. Un programma di grafica permette di rappresentare tridimensionalmente l'andamento della pressione $z = p(x; y)$ in funzione della posizione $(x; y)$ nel piano della mappa delle isobare.

e. In tale riferimento ricava le equazioni parametriche e quelle cartesiane della retta r congiungente i punti $L'(x_L; y_L; p(x_L; y_L))$ e $H'(x_H; y_H; p(x_H; y_H))$.

Questionario

1 Esiste un valore della costante reale a per il quale l'equazione differenziale $xy'' + ay' = 2a - 1$ abbia come soluzione la funzione $y(x) = \ln x + x$? Motiva la risposta.

2 Una vasca cubica di 2 m per lato contiene inizialmente 2 m^3 d'acqua. A un istante $t = 0$ si apre un rubinetto che immette acqua nella vasca al ritmo costante di 10 m^3 all'ora e nello stesso istante si apre lo scarico della vasca. Sapendo che l'acqua defluita dallo scarico dopo t ore è pari a $t(10 - e^{1-t})$ m^3, qual è il massimo livello raggiunto dall'acqua nella vasca? La vasca finirà per svuotarsi?

3 Dato nel riferimento $Oxyz$ il piano α di equazione $2\sqrt{2}\,x + 3y + 2\sqrt{2}\,z - 4 = 0$ e dette A, B, C le sue intersezioni con gli assi x, y e z, calcola l'area del triangolo ABC e la distanza di O dal piano α, poi determina il volume della piramide $ABCO$.

4 Sia $f(x)$ una funzione definita e continua in $\mathbb{R}$ tale che: $\lim_{x \to 0} \frac{f(x)}{x} = \frac{1}{2}$.

Calcola, giustificando il procedimento, il seguente limite: $\lim_{x \to 0} \frac{\int_0^{2x} f(t)\,dt}{x^2}$.

5 Data la funzione $f(x) = \frac{4}{x^2 + 1}$, ricava le equazioni di tutte le rette tangenti al suo grafico passanti per $A(0; 4)$.

6 Data la funzione $f(x) = a\sqrt{x^2 + 9}$, determina per quale valore della costante reale positiva a risultano equivalenti i solidi ottenuti ruotando di 360° il sottografico di $f(x)$ compreso tra le ascisse $x = 0$ e $x = 4$ prima intorno all'asse x e poi intorno all'asse y.

7 Considera la funzione $f(x) = x(|x| - 1)$. Stabilisci se $f(x)$:

a. soddisfa le ipotesi del teorema di Rolle nell'intervallo $[-1; 1]$;

b. ammette punti di flesso nell'intervallo $[-1; 1]$.

8 Nella figura a fianco sono riportati i grafici di una funzione $f(x)$, della sua derivata prima $f'(x)$ e della sua derivata seconda $f''(x)$. Associa $f(x)$, $f'(x)$ e $f''(x)$ al proprio grafico.
Se uno dei tre grafici ha equazione

$$y(x) = \frac{-2x}{(x^2 + 1)^2},$$

determina le equazioni degli altri due.

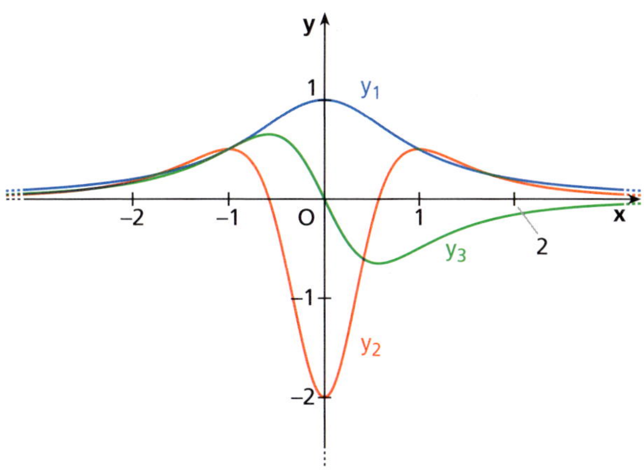

9 In un quiz televisivo un concorrente deve rispondere a 10 domande, ciascuna delle quali ha 4 risposte possibili, di cui una sola è corretta. Rispondendo a caso, qual è la probabilità che il concorrente dia la risposta corretta a esattamente 6 domande, sufficienti per passare al gioco successivo?

10 Si lanciano 5 dadi regolari a sei facce. Detto x il numero dei dadi che presentano un valore maggiore o uguale a 3, compila la tabella della distribuzione di probabilità della variabile casuale $X = x$ e ricavane il valore medio e la deviazione standard.

VERSO L'UNIVERSITÀ

Sei alla fine del tuo percorso scolastico. Che cosa farai adesso?

Ti vuoi iscrivere a un corso universitario? Vuoi fare uno stage o un corso professionalizzante? Oppure preferisci cercare di entrare subito nel mondo del lavoro?
Studiare e lavorare insieme è possibile?

Su http://online.scuola.zanichelli.it/ideefuturo/ troverai le indicazioni per avere un'idea più dettagliata sulle realtà universitaria e lavorativa, per sapere a chi rivolgerti e per scoprire come affrontare al meglio i test universitari. Nella sezione **Lo sapevi che...**, invece, troverai risposta ai dubbi più immediati che ti si parano davanti mentre decidi che cosa fare da grande.

In **A chi rivolgersi**, infine, sono riportati alcuni enti e istituti certificati, che possono tornarti utili se hai bisogno di informazioni sul complesso mondo dell'università e del lavoro in Italia.

Le prove di ammissione

L'accesso ad alcuni corsi di laurea è filtrato da una **prova di ammissione**, che comprende una parte di cultura generale e ragionamento logico e una parte sulle materie che caratterizzano lo specifico indirizzo universitario.

La grande maggioranza delle prove, tra cui quelle per Medicina e Chirurgia, Professioni sanitarie e Ingegneria, è ricca di **quesiti di matematica**.

Struttura della prova

Tipicamente, la prova di ammissione consiste in **domande a scelta multipla**.
Ogni domanda presenta **5 risposte** e devi individuare l'unica corretta, scartando le conclusioni errate, arbitrarie o meno probabili.
Le 5 risposte proposte potrebbero sembrare inizialmente tutte plausibili. Sarai tu a dover scegliere basandoti non solo sulla tua conoscenza della materia, ma anche sulle tue capacità di ragionamento logico applicato ai vari ambiti.

Consigli pratici su come prepararsi alla prova di ammissione

Per superare la prova di ammissione devi essere in grado di rispondere correttamente al maggior numero di domande nel tempo che hai a disposizione. Uno dei fattori decisivi per la buona riuscita della prova di ammissione è la *gestione del tempo*. È fondamentale che ti prepari per sfruttare in modo efficiente tutti i minuti a tua disposizione, evitando di soffermarti troppo su alcuni quesiti.
Un altro consiglio utile è quello di esercitarti cercando di dedicare non più di un minuto e mezzo a ciascuna domanda. Questo ti aiuterà a ottimizzare il tempo, garantendoti di rispondere velocemente alle domande di cui sei certo e permettendoti di dedicare più attenzione alle domande su cui non sei sicuro.

Per affrontare con serenità questo tipo di prova devi esercitarti rispondendo a domande simili a quelle proposte nel test, in modo da abituarti sia alla struttura dei quesiti, sia al tempo a disposizione.

Puoi iniziare a metterti alla prova risolvendo i quesiti che ti proponiamo.

---

1 Quale tra i seguenti è l'unico risultato equivalente a $\frac{\sin 20°}{\sin 70°}$?

- **A** $\tan 20°$
- **B** $\sin\left(\frac{2°}{7}\right)$
- **C** $\cos 20°$
- **D** $\frac{2}{7}$
- **E** $\tan 70°$

(*Prova di ammissione ad Architettura*, 2015)

2 La retta di equazione $y = 2x$ interseca la circonferenza di equazione $x^2 + y^2 = 20$ nel punto di coordinate $(a; b)$, dove $a \geq 0$ e $b \geq 0$.
Qual è il valore di $a + b$?

- **A** 6
- **B** 2
- **C** 4
- **D** 8
- **E** 3

(*Prova di ammissione a Medicina veterinaria*, 2015)

3 Quale delle seguenti è un'equazione di una retta perpendicolare alla retta $4x+6y=5$?

A $3x-2y=14$
B $6x+4y=17$
C $2x+3y=5$
D $4x-6y=21$
E $x+3y=1$

(Prova di ammissione a Medicina e Chirurgia e a Odontoiatria e protesi dentaria, 2016)

4 La probabilità con cui un paziente deve attendere meno di dieci minuti il proprio turno in un ambulatorio medico è 0,8.
Qual è la probabilità che una paziente che si reca due volte presso l'ambulatorio medico attenda, almeno una delle due volte, meno di dieci minuti prima di essere ricevuta dal medico?

A 0,96
B 0,25
C 0,64
D 0,04
E 0,8

(Prova di ammissione a Medicina e Chirurgia e a Odontoiatria e protesi dentaria, 2016)

5 Calcolare il valore dell'espressione:

$$\cos\pi+\cos 2\pi+\cos 3\pi+\cos 4\pi+\ldots+\cos 10\pi$$

[gli angoli sono misurati in radianti].

A 0
B 1
C -1
D 10
E -10

(Prova di ammissione a Medicina veterinaria, 2015)

6 Risolvere la seguente disequazione: $(2x+1)^2<9$.

A $-2<x<1$
B $-1<x<2$
C $-\frac{1}{2}<x<1$
D $x<-2$ o $x>1$
E $x<1$

(Prova di ammissione ad Architettura, 2016)

7 Calcolare il valore della seguente frazione:

$$\frac{127^2-73^2}{2}.$$

A 5400
B 1458
C 10 000
D 10 800
E 20 000

(Prova di ammissione a Medicina e Chirurgia e a Odontoiatria e protesi dentaria, 2015)

8 Semplificare la seguente espressione:

$$(4x)^{-2}\sqrt{16x^6},\ \text{con } x>0.$$

A $\frac{x}{4}$
B x
C $64x$
D $\frac{x^2}{4}$
E x^2

(Prova di ammissione a Medicina e Chirurgia e a Odontoiatria e protesi dentaria, 2015)

9 Calcolare: $\log_2 16-\log_2(0,25)-2\log_2 32$.

A -4
B 9
C 4
D 0
E 8

(Prova di ammissione ad Architettura, 2015)

10 Trovare l'equazione della retta passante per i punti $(2;\,5)$ e $(6;\,-1)$.

A $2y+3x=16$
B $3y+2x=16$
C $2y=3x-20$
D $3y=2x-15$
E $2y=3x+4$

(Prova di ammissione ad Architettura, 2015)

11 Tre amici ricevono complessivamente € 36 da suddividere tra di loro nelle seguenti proporzioni 2:3:7. Qual è la differenza tra l'ammontare più grande e quello più piccolo ricevuti dai tre amici?

A € 15
B € 3
C € 6
D € 9
E € 12

(Prova di ammissione a Medicina e Chirurgia e a Odontoiatria e protesi dentaria, 2015)

UNITUTOR

UniTutor Zanichelli ti prepara per il **test di ammissione ai corsi di laurea con accesso programmato.**

Il sito UniTutor
Nel sito online.zanichelli.it/unitutor/ trovi:
- il link a **ZTE (Zanichelli Test)** per esercitarti online su oltre 2500 quiz interattivi divisi per materia, con feedback che ti dice perché hai sbagliato, e per simulare la prova di ammissione;
- tutte le informazioni aggiornate sulla prova di ammissione di:
  - Ingegneria;
  - Medicina;
  - Professioni sanitarie.

UniversitApp
Sei pronto per il test di ammissione all'università?
UniversitApp ti prepara alle prove di ammissione a Medicina, Odontoiatria, Veterinaria e Professioni sanitarie.
Ti alleni con lo smartphone quando e dove vuoi con 300 quiz di Logica, Biologia, Chimica, Fisica e Matematica tratti dalle prove ufficiali.
Rispondi alle domande, supera i livelli e sarai pronto per affrontare molti quesiti del test di ammissione.

http://online.scuola.zanichelli.it/unitutor/universitapp/

TAVOLA DI SHEPPARD

Aree sotto la curva normale standardizzata da 0 a z.

z	0,00	0,01	0,02	0,03	0,04	0,05	0,06	0,07	0,08	0,09
0,0	0,0000	0,0040	0,0080	0,0120	0,0160	0,0199	0,0239	0,0279	0,0319	0,0359
0,1	0,0398	0,0438	0,0478	0,0517	0,0557	0,0596	0,0636	0,0675	0,0714	0,0753
0,2	0,0793	0,0832	0,0871	0,0910	0,0948	0,0987	0,1026	0,1064	0,1103	0,1141
0,3	0,1179	0,1217	0,1255	0,1293	0,1331	0,1368	0,1406	0,1443	0,1480	0,1517
0,4	0,1554	0,1591	0,1628	0,1664	0,1700	0,1736	0,1772	0,1808	0,1844	0,1879
0,5	0,1915	0,1950	0,1985	0,2019	0,2054	0,2088	0,2123	0,2157	0,2190	0,2224
0,6	0,2257	0,2291	0,2324	0,2357	0,2389	0,2422	0,2454	0,2486	0,2517	0,2549
0,7	0,2580	0,2611	0,2642	0,2673	0,2704	0,2734	0,2764	0,2794	0,2823	0,2852
0,8	0,2881	0,2910	0,2939	0,2967	0,2995	0,3023	0,3051	0,3078	0,3106	0,3133
0,9	0,3159	0,3186	0,3212	0,3238	0,3264	0,3289	0,3315	0,3340	0,3365	0,3389
1,0	0,3413	0,3438	0,3461	0,3485	0,3508	0,3531	0,3554	0,3577	0,3599	0,3621
1,1	0,3643	0,3665	0,3686	0,3708	0,3729	0,3749	0,3770	0,3790	0,3810	0,3830
1,2	0,3849	0,3869	0,3888	0,3907	0,3925	0,3944	0,3962	0,3980	0,3997	0,4015
1,3	0,4032	0,4049	0,4066	0,4082	0,4099	0,4115	0,4131	0,4147	0,4162	0,4177
1,4	0,4192	0,4207	0,4222	0,4236	0,4251	0,4265	0,4279	0,4292	0,4306	0,4319
1,5	0,4332	0,4345	0,4357	0,4370	0,4382	0,4394	0,4406	0,4418	0,4429	0,4441
1,6	0,4452	0,4463	0,4474	0,4484	0,4495	0,4505	0,4515	0,4525	0,4535	0,4545
1,7	0,4554	0,4564	0,4573	0,4582	0,4591	0,4599	0,4608	0,4616	0,4625	0,4633
1,8	0,4641	0,4649	0,4656	0,4664	0,4671	0,4678	0,4686	0,4693	0,4699	0,4706
1,9	0,4713	0,4719	0,4726	0,4732	0,4738	0,4744	0,4750	0,4756	0,4761	0,4767
2,0	0,4772	0,4778	0,4783	0,4788	0,4793	0,4798	0,4803	0,4808	0,4812	0,4817
2,1	0,4821	0,4826	0,4830	0,4834	0,4838	0,4842	0,4846	0,4850	0,4854	0,4857
2,2	0,4861	0,4864	0,4868	0,4871	0,4875	0,4878	0,4881	0,4884	0,4887	0,4890
2,3	0,4893	0,4896	0,4898	0,4901	0,4904	0,4906	0,4909	0,4911	0,4913	0,4916
2,4	0,4918	0,4920	0,4922	0,4925	0,4927	0,4929	0,4931	0,4932	0,4934	0,4936
2,5	0,4938	0,4940	0,4941	0,4943	0,4945	0,4946	0,4948	0,4949	0,4951	0,4952
2,6	0,4953	0,4955	0,4956	0,4957	0,4959	0,4960	0,4961	0,4962	0,4963	0,4964
2,7	0,4965	0,4966	0,4967	0,4968	0,4969	0,4970	0,4971	0,4972	0,4973	0,4974
2,8	0,4974	0,4975	0,4976	0,4977	0,4977	0,4978	0,4979	0,4979	0,4980	0,4981
2,9	0,4981	0,4982	0,4982	0,4983	0,4984	0,4984	0,4985	0,4985	0,4986	0,4986
3,0	0,4987	0,4987	0,4987	0,4988	0,4988	0,4989	0,4989	0,4989	0,4990	0,4990
3,1	0,4990	0,4991	0,4991	0,4991	0,4992	0,4992	0,4992	0,4992	0,4993	0,4993
3,2	0,4993	0,4993	0,4994	0,4994	0,4994	0,4994	0,4994	0,4995	0,4995	0,4995
3,3	0,4995	0,4995	0,4995	0,4996	0,4996	0,4996	0,4996	0,4996	0,4996	0,4997